Gesamtverzeichnis des deutschsprachigen Schrifttums (GV) 1700 – 1910

Bearbeitet unter der Leitung von
Hilmar Schmuck und Willi Gorzny

Bibliographische und redaktionelle Beratung:
Hans Popst und Rainer Schöller

157

Will - Wok

K · G · Saur München · New York · London · Paris 1987

CIP-Kurztitelaufnahme der Deutschen Bibliothek

Gesamtverzeichnis des deutschsprachigen Schrifttums :
(GV). - München, New York, London, Paris : Saur.
Bd. 1 - 6 bearb. unter d. Leitung von Peter Geils
u. Willi Gorzny.
ISBN 3-598-30000-X

1700 - 1910 / bearb. unter d. Leitung von Hilmar
Schmuck u. Willi Gorzny. Bibliograph. u. red.
Beratung: Hans Popst u. Rainer Schöller

NE: Schmuck, Hilmar [Bearb.]

157. Will - Wok. - 1987.

Techn. Realisierung und Druck: Norbert Gaertner, Mainz-Kastel
Binden: Karl Schaumann, Darmstadt
Printed in the Federal Republic of Germany
ISBN 3-598-30000-X (Gesamtwerk)

Will, Dr. Cornelius, fürstl. Thurn u. Taxis'schen Archivrat, Vorstand des histor. Vereines v. Oberpfalz u. Regensburg. † 8. XII. 1905. Nekrolog. (Von Ludwigs.) (43 S.) 8. Stadtamhof (906). (Regensburg, J. Habbel.)
Sonderabdruck aus: n. — 60
„Verhandlgn. d. hist. Ver. v. Oberpfalz u. Regensburg".

Will Dänemark Frieden? gr. 8. (15 S.) Hamburg 851, Perthes-Besser und Mauke. *

Will das deutsche Volk auf s. höchstes Gut: „Das Recht" verzichten od. f. Erlangung desselben kämpfen? Von Innocens. 8. (17 S.) Zürich 897. C. Speidel. — 30

Will, Der Eselritt zu Hernals vom J. 1783 d. 25. Aug. Wien, 1783. 8°.
Karajan's Bibl. II. no. 5150. — Rarl

Will, das Wesen, der Verlauf, die Fortpflanzung u. die Behandlung der Cholera. 1849. gr. 8. (32 S.) Königsberg 849, Samter in Comm. n. 1/4 ℔

WILL, Alfred: Beiträge zur Kenntnis von Kern- und Wundholz. - Rathenow 1899. 92, IV S., 3 Taf. - Diss. Univ. Bern, Phil. Fak. 1899

Will, Amalie, meine Freuden u. Leiden als Jungfrau u. Gattin, s. a. Fr. Rochlitz.

WILL, Amalie, Meine Freuden und Leiden als Jungfrau und Gattin. Leipzig 1797. 8°.
Bibl. Günther. III. no. 6347. — Zahm.

Will, Andreas [Praes.], s. Stoy, Johann Sigismund: Virtutum homileticarum facile princeps synkatabasis kai synanabasis.

Will, Ant., Anhang zu dem von dem kurfürstlichen Collegio medico herausgegebenen Unterricht, nebst den Mitteln gegen die Viehseuche, den Milzbrand oder gelbe Schelm genannt. 8. Nürnberg 791.

Will, Ant., Bemerkk. über d. alljährl. in Baiern sich vermehrenden Viehseuchen. 8. Münch. 799. (Fleischmann). 9 ✗

Will A.: Bemerkungen d. gewöhnlichsten Entsteh- u. Verbreitungsursachen d. fast alljährlich sich in Bayern so sehr vermehrenden Viehseuchen allerley Art ... Münch. 1799. 157 S.

— u. Konr. Edw. Schwab, Taschenbuch d. Pferdekunde für Stallmeister, Offiziere, Oekonomen u. Thierärzte. 1r—6r Jahrg., mit Kpf. gr. 12. Münch. 817—23. (1r Jahrg. 2e A. 827.) (Lindauer; a. Finsterlin). (ü. J. 1 ℔ 12 ✗) 9 ℔

— — Dasselbe 4r 5r Jahrg. auf die Jahre 1820 u. 1821. gr. 12. München, Thienemann. 820.

— Unterricht über den jetzt herrschenden Zungenkrebs, nebst seinen Kennzeichen u. Heilungsmitteln. 8. Münch. 786.

Will, August [app. Arzt aus Homburg v. d. Höhe]: Aus d. patholog. Institut zu Kiel. Ein interessanter Fall von Durchbruch einer bacillenhaltigen verkästen Trachealdrüse in die Vena cava superior. . . . Kiel, Druck v. H. Fiencke, 1889; 17 + 1 + II S. 8°
Kiel, Med. Fak., Inaug.-Diss. v. 22. Febr. 1889

Will, Aug. Ein interessanter Fall v. Durchbruch e. bacillenhaltigen verkästen Trachealdrüse in die Vena cava superior. Diss. gr. 8. (19 S.) Kiel 889, (Gnevkow u. v. Gellhorn). * — 60

Will, Benno [aus Ratzebuhr]: Ein Fall von Pseudohermaphroditismus masculinus ... Greifswald, Buchdr. C. Sell, 1896; 30 S., 1 Bl. 8.
Greifswald, Med. Fak., Inaug.-Diss. v. 10. März 1896

Will, Carl, s. Will, Karl

Will, C.: Nikolaus Luckner aus Cham, Marschall von Frankreich. Eine Lebensskizze vorgetragen im historischen Verein zu Regensburg am 21. Februar 1894, durch C. W. (Mit 1 Porträt.) Regensburg 1894. 8°

Will, Cornelius, s. Will, Josef Kornelius

Will, Dionysius: Das Koalitionsrecht der Arbeiter in Elsass-Lothringen im Vergleich zu dem in Frankreich und im Deutschen Reiche geltenden Rechte. *(München 1899: Nationale Verlagsanst.)* (XII, 143 S.) 8°
München, Staatswirtsch. Diss. v. 1899

Will, Dionysius, das Koalitionsrecht der Arbeiter in Elsass-Lothringen im Vergleich zu dem in Frankreich u. im Deutschen Reiche geltenden Rechte. gr. 8. (XII, 143 S.) Freiburg i/B. 899. Herder. n. 2. —

Will, Dionysius, der Mietvertrag nach deutschem Recht. Eine gemeinverständl. Abhandlg. über Miete, Pacht u. Arbeitsvertrag. gr. 8. (82 S.) Straßburg 902. Agentur v. B. Herder. n. — 80

— die neueste Steuerreform in Elsaß-Lothringen. Eine gemeinverständl. Abhandlg. üb. die Kapital-, Lohn- u. Besoldungssteuer, nebst einer Kritik des Steuerwesens. (141 S.) gr. 8. Straßburg 903. (F. X. Le Roux & Co.) n.n. 1. —

Will, Eduard, Referendar: Die gesetzlichen Pfandrechte des Seerechts und des Binnenschiffahrtsrechts an Gütern. Borna-Leipzig 1906: R. Noske. (IX, 52 S.) 8°
Heidelberg, Jur. Fak., Ref. Brunner, Diss. v. 21. Dez. 1906
[Geb. 24. Okt. 83 Havana (Cuba); Wohnort: Hamburg; Staatsangeh.: Hamburg; Vorbildung: Wilhelms-Gymn. Hamburg Reife O. 02; Studium: Genf 1, Tübingen 3, Berlin 3 S.; Rig. 28. Juli 06.]

Will, Erich *Elimar Botho Gustav* [pr. Arzt]: Aus d. Kgl. anatom. Institut zu Königsberg i. Pr. No. 14. Über die Articulatio crico-arytaenoidea ... Königsberg i. Pr., Druck v. M. Liedtke, 1895; 2 Bl., 41 S., 1 Bl., 1 Taf. 8.
Königsberg, Med. Fak., Inaug.-Diss. v. 9. März 1895

Will, Erich, üb. d. Articulatio crico-arytaenoidea. Diss. gr. 8. (42 S. m. 1 Taf.) Königsberg 895. (W. Koch.) n. 1. —

Will, F., Aufgabensammlung für das gewerbliche Rechnen, s. Fink, J.

Will, Fr., s. Prichard, J. C., Naturgeschichte des Menschengeschlechts.

Will, Franz, aus Frankfurt a. M.: Zur Kenntnis der Jodiniumverbindungen. *Freiburg i. B.: Speyer & Kaerner 1902.* (26 S.) 8°
Freiburg i. B., Phil. Diss. v. 1903

Will, Friedr., Beiträge z. Anatomie d. zusammengesetzten Augen mit facettirter Hornhaut. gr. 4. (4 B. u. 1 Kpfrt.) Leipzig 840, Voss. *

Geschichte der Loge Libanon zu den 3 Cedern im Or. Erlangen 1757 bis 1907. Als Festgabe zum 150. Jubiläum zsgest. von [Friedr.] **Will**. Erlangen 1907: Handelsdr. VIII, 296 S. 8 Taf. 8°
Recens: Z. 39 (1908—1909) S. 48 (H. Glücksmann).
cf. Bh. 51 (1908) S. 63 (C. Gotthold).
Im Anh. Reden, Verzeichn. der von der Loge hrsg. Druckschr., Stiftungen der Loge u. a. m.

Jubiläum des 150jährigen Bestehens der Loge „Libanon zu den drei Cedern" im Or. Erlangen am 9., 10. und 11. Nov. 1907. Von [Friedr.] **Will.** Frankfurt a. M. 1908: Mahlau & Waldschmidt. 56 S. 8°

[Umschlagtit:] Zum 150jährigen Bestehen der Loge „Libanon zu den drei Cedern" im Or. Erlangen.

Bericht. Reden von F. Will: Gesch. der Loge, u. Bauer: Einst und Jetzt.

Will, Friedrich: Das Geschmacksorgan der Insecten . . . mit einer lithogr. Tafel. Leipzig, W. Engelmann, 1885; 36 S. 8°.
Erlangen, Phil. Fak., Inaug.-Diss. v. 1885.

Will, Friedr., das zoologische Institut in Erlangen 1743—1885. Ein Stück aus der Geschichte der Universität. Bei Gelegenheit der Einweihung des neuen zoolog. Instituts zusammengestellt, unter der Mitwirkung von C. Fisch und R. Kraushaar. gr. 4. (48 S.) Wiesbaden 885, Kreidel's Verlag. *

Will, G. E., am Friedensfeste. Predigt üb. Psalm 118, 15. 16. am 2. Sonntag nach Trin. 1871. gr. 8. (15 S.) Frankfurt a. M. 871. Zimmer. n. — 20

Will, Georg, Volontairarzt in d. medicin. Klinik zu Strassburg, aus Strassburg: **Zur Casuistik der seltenen Urinfisteln der Weiber.** *Strassburg i. E. 1899: C. & J. Goeller.* (24 S.) 8°
Strassburg, Med. Diss. v. 1899

Will, Georg Adam (Segnitz) A. S. 726/5

Dissertatio inauguralis de jurisdictione communi, vulgo Der Gemein=Herrschafft.
Giessen (Vulpius) 8. IX. 1701. 136 S.

36777

***Will*, Geo. Andr.**, († d. 18. Sept. 1798.) Acta colloquii religionis causa Norimbergae A. C. 1523. habiti, praemissa ejus succincta historia. 4. Nürnb. 766.

— Altdorf mit seiner Hofmark u. der umliegenden Gegend. Fol. ... 795.

Will, Georg Andreas (Velden) A. S. 1358/12

Argumentum Cartesii pro existentia Dei probanda ex idea Dei innata desumtum ab objectionibus liberatum.
Präs. Daniel Wilhelm Möller.
Altdorf (Meyer) 3. IV. 1710. 52 S.

Gew.: Christoph Fürer, Gustav Georg Tezel, Karl Wilhelm Welser, Karl Benedikt Geuder.

36779

s. Aussichten in d. gelehrt. Zukunft.

Will, Georg Andreas [Praes.], s. Bauder, Joh. Friedrich: De homoeoteleutis Germanorum poeticis.

s. Bauer, J. J.: Bibliotheca.

s. Beiträge z. Fränk. Kirchengeschichte.

— kleine Beyträge z. Diplomatik u. deren Literatur, m. K. 8. Nürnb. Monath u. K. 789.

— kleine Beiträge zur Diplomatik u. deren Literatur. Mit Kpf. 8. Nürnb. 798. Monath u. K. 12 Kr.

s. Bemerkungen über e. Gegenden d. kathol. Deutschlands.

— Berichtigung d. Nachrichten von Altdorf in Nicolai's Reisebeschreibung. ... 784.

— Beschreibung eines alten deutschen evangel. Codex. Nebst 8 Fortsetzungen. 4. Altdorf 763—65.

— von den Bewegungen über d. Beichtwesen in den Nürnberg. Kirchen rc. 8. Altd. u. Nürnb. 787. Monath u. K. 4 Kr.

— Bibliotheca Norica Williana, oder krit. Verzeichniß aller Schriften, welche d. Stadt Nürnberg angehen rc. 8 Thle. gr. 8. Nürnb. 772—93. Monath u. K. 6 ℔ 4 Kr.

— Bibliotheca norica, od. krit. Verzeichn. aller Schriften, welche die Stadt Nürnberg angehen. 8 Thle. gr. 8. Ebend. 790—93. (I—VI. 4 Rthlr. VII. 1 Rthlr. VIII. 1 Rthlr. 4 gr.)

s. Bibliothek, Altdorf.

s. Bildersaal, Neu eröffn. 14. Thl.

— Briefe über eine Reise nach Sachsen. 8. Altd. 786. Monath u. K. 12 Kr.

— päpstliche Bulle, die Pfarre Poppenreuth betreffend. 8. Altdorf 780.

— Commercium epistolicum Norimbergense, sive virorum celeb. Norimbergens. ad diversos, et diversorum cel. ad Norimberg. epistolae e Mscpt. primum editae. III Ptes. 8. Altdorf 757—60. (Nürnb., Monath a. K.) 18 Kr.

— Denkmal J. B. Bernholds, e. 50jähr. Jubelpriester, in einer Trauerrede errichtet. 4. u. Fol. Altd. 769.

— Denkmal des Dankes, P. K. v. Welser zu Neunhof im Namen d. Universität errichtet. gr. 4. Nürnb. 789. Monath u. K. 6 Kr.

— Denkmal, dem sel. Kasp. Kindsvatter gewidmet. Fol. Altdorf 784.

— Denkmal auf P. K. Welser v. Neuhof. gr. 4. Ebend. 789.

— der Nürnberg. Universität Altdorf Denkwürdigkeiten von Münzen, Steinen, Siegeln u. Gefäßen. Mit 17 Kpf. Fol. Nürnb. 765.

— die Ehre des neuesten deutschen Horaz, gegen eine schlechte u. ungesittete Beurtheilung gerettet. 8. Altd. 759.

s. Einfluß, Von d. schön. Wissenschaften.

s. Entwurf e. Literarhistorie.

— Erläuterung e. Landkarte über d. Orte u. Güter, welche vorhin zu dem Reich auf d. Burg zu Nürnberg gehört haben u. in dem alten Nürnberg. Saalbüchlein vorkommen. 8. ... 795.

— Erläuterung der Lebens- u. Geschlechtsgeschichte des Polnischen oder Böhmischen Grafen Johann von Rosdraszow. 4. Nürnberg 766.

Will, Georg Andreas (Nürnberg) Altd. Thl. 15/21

Exercitatio historico-philologica de ... sive Nethinaeis Levitarum famulis ex sacrae potissimum scripturae fontibus instituta. Präs. Johann David Baier. Altdorf (Hessel) 16. VII. 1745. 32 S.
Gew.: Gustav Philipp Moerl, Johann Adam Tresenreuter, Moritz Hieronymus Lochner, Andreas Schaubert, Johann Konrad Spoerl, Johann Georg Maier, Johann Friedrich Stoy, Johann Sigismund Moerl, Konrad Schoenleben.
W. v.: Präs., Andreas Gottl. Ludwig (Opp.), Michael Händler (Opp.), Christoph Karl Clausner (Opp.), Wolfgang Baptista Kraemer, Karl Hartlieb, Martin Kohlmann, Andreas Georg Beck. 36780

Will, Georg Andreas (Velden) A. S. 1307/20

De fontibus annonae difficultatem portendentibus, vulgo Hunger-Brunnen. Präs. Johann Wilhelm Baier. Aldorf (Meyer) 26. X. 1709. 16 S.

W. v.: Präs. 36778

Will, Georg Andreas (Nürnberg) Altd. lose Phs.

Dissertatio inauguralis de foro Appii et tribus tabernis ad illustrand. Act. Apostol. cap. 23, 15. Präs. Christian Gottlieb Schwartz. Altdorf (Hessel) 11. VIII. 1746. 32 S.

W. v.: Präs., Friedrich Ferdinand Ulmer (Opp.), Johann Konrad Löhe (Opp.), Karl Hartlieb (Opp.), Martin Kohlmann (Opp.), M. Bayerlein, August Martin Ludwig. 36781

Will, Georg Andreas [Praes.], s. F r a n k, Johann Friedrich: Memoria Michaelis de Kaden syndici Norimbergensis et ordinum imp. protestantium ad imp. Carolum V. legati.

— erneuertes Gedächtniß des Nürnberg. Wildbades. gr. 8. Altd. u. Nürnb. 792. Monath u. K. 2 K

— Gedächtniß des vor 200 Jahren gelegten Grundes des Collegiengebäudes d. Universität Altdorf. 4. ... 771.

— Nürnberg. Gelehrten-Lexikon, oder Beschreibung aller Nürnberg. Gelehrten beiderlei Geschlechts rc. in alphabet. Ordnung. 4 Thle. 8. Nürnb. 755—58. (Leipz., Enobloch). 4 rß — Fortsetzung 5r—8r Thl., od. Supplement 1r—4r Bd., v. Chr. Konr. Nopitzsch. 8. Altd. 802—8. Verf. (Nürnb., v. Ebner). 6 rß 8 K

— d. Geschichte des Alumnei zu Altdorf. 4. Altd. 763.

— Geschichte u. Beschreib. d. Nürnberg. Landstadt Altdorf. gr. 8. Nürnb. 796. Monath u. K. 1 rß 4 K

— Geschichte u. Beschreibung d. Nürnberg. Universität Altdorf. gr. 8. Altd. u. Nürnb. 795. 2e Ausg., mit Nachträgen von Chr. Konr. Nopitzsch. Ebd. 808. Monath u. K. 1 rß 4 K

— Geschichte d. Nürnberg. Malerakademie. Altd. 762.

s. G e s c h i c h t e d. Schönbartlaufes.

— von e. vorhabenden Geschichte d. Klosters Gnadenberg, nebst Anzeige der dazu gehörigen Urkunden u. Briefschaften. 8. Altd. 778.

s. G e s c h l e c h t s r e g i s t e r d. v. Praun.

s. G e s e t z e der deutschen Gesellschaft in Altdorf.

— die Größe u. Mannigfaltigkeit in den Reichen der Natur u. Sitten, in 100 Kupferstichen u. soviel physikal. u. moral. Schilderungen vorgestellet u. erläutert. Nürnb. 766.

Will, Georg Andreas [Praes.], s. H a e n e l, Johann Friedrich: De populo meliore et uberiore rerum ad hominem pertinentium cognitione non fraudando.

Will, Georg Andreas [Praes.], s. H e r o l d, Wolfgang Jacob: Quid de anima mundi cum ratione doceri possit.

Will, Georg Andreas [Praes.], s. H e r w i g, Johann Justus: Argumentum pro existentia dei ex essentiis rerum petendum.

s. H i r s c h, C. C.: De vita.

s. K ö l e r, J. D.: Reichshistorie.

Will, Georg Andreas [Praes.], s. K ö n i g, Johann Christoph: De annihilatione aeternis afflicto cruciatibus haud detestanda.

— Nürnberg. Criminalparallele, mit Bemerkk. u. alten Statuten. 782.

— Lebensgeschichte Jh. Wolfg. Brencks, s. a. Brenk.

— Lebensgeschichte Brenks, e. in hoh. Alter verstorben. Mannes. 8. Ansbach, Haueisen. 791.

s. L e b e n s g e s c h. G. J. Deinleins.

s. L e b e n s g e s c h i c h t e Peter III.

— Lehrbuch einer statistischen Genealogie der sämmtl. europ. Potentaten, u. d. vornehmsten Fürsten der jetzigen Zeit. gr. 8. Nürnb. 776. Riegel u. W. 10 K

s. M a g a z i n, histor.-diplom. f. Vaterland.

Will, Geo. Andr., Mnemosynon bissaeculare, continens syllabum Decanorum, qui ordini Philosoph. Altdorf. per duo saecula praefuerunt, nec non Magistrorum, Baccalaureorum et Poetarum, qui ab a. 1581 usque ab a. 1781 in universitate Altdorfina sunt creati. 4. Nürnb. 782. Monath u. K. 5 K

— die Nürnberg. Münzbelustigungen. 4 Thle. Mit Kpf. 4. Altd. 764—67. (Nürnberg., Riegel u. W.) 10 rß 16 K Hauptregister darüber, s. J. C. S. Kiefhaber, Repertorium.

— — Nachtrag dazu, od. Repertorium d. Nürnb. Gesch. und M ü n z k u n d e, fortges. von J. C. S. Kiefhaber. 4. Ebend. 806.

s. M u s e u m Noricum.

— Nachricht von der nach Altdorf gestifteten Bibliothek u. Naturalienkammer, u. deren feierl. Eröffnung. 8. Altd. 770. 2e A. 794.

— Nachricht von G. G. Zeltner's hinterlassenen Handschriften u. Briefwechsel, nebst dessen Rede de Theologis Norimbergens. aliis ad tempus commodatis. 4. ... 774.

— kurze Nachricht von den zu Nürnberg rathsfähigen, nun ausgestorb. von Peßler. 8. Nürnb. 786.

s. N a c h r i c h t von d. Schaubühne v. Petrasch.

— Nachricht von e. adeligen Familie von Weigel, nun v. Weigelsperg im Vorderösterreich. Mit e. Zugabe. ... 784.

— ob d. Entscheidung d. Streitigkeiten über den jetzigen Geschmack in d. Dichtkunst möglich sey? 4. Altd. 761.

Will, Georg Andreas [Praes.], s. O b e r m a y e r, Ernst Friedrich: Caput ontologicum De ratione indeque pendentibus principiis.

Will, G. A., s. J. v. Petrasch, Lustspiele.

Will, Georg Andreas [Praes.], s. R e c k n a g e l, Johann August: De Wenceslao imp. et statu utriusque reipublicae sub eo specimen historicum inaug.

— s. S a m m l u n g aller Handlungen.

— Samml. einiger Trauerreden, auf der hohen Schule zu Altdorf gehalten. 8. Ansbach 752. Posch. 4 gr

Nürnbergisches Schönbart-Buch und Gesellen-Stechen. Aus einem alten Manuscript zum Druck befördert und mit benöthigten Kupfern versehen. IM Iahr aLs Der sChönbart VVelter sICh nIt offenbart. 1765.

s. S c h r i f t e n d. Altdorf. deutsch. Gesellschaft.

— selecta philosophica. (6 Dissertationen 1756 erschienen.)

Will, Georg Andreas [Praes.], s. S e r z, Georg Thomas: Vera macrocosmi et microcosmi eaque inter se comparata notio.

Will, Gg. A. Von der neulichen größten Überschwemmung und Wassersnoth, welche die Stadt N ü r n b e r g erlitten. Nürnberg, Grattenauer, 1784. M i t B e i l a g e n, T i t e l v i g n e t t e (G e d ä c h t n i s m ü n z e), 1 g r o ß e n i l l u m. K a r t e, W. B. M a l t e r d e l. J. L e i t n e r sc. u. 1 d o p p e l b l a t t g r o ß e n K u p f e r v o n J. L. S t a h l. 79 S. 4°. Hpgt. 24.—

Beiliegt ein gleichzeitiges Manuskript von 5 SS.: Beytrag zur Stadt-Nürnbergischen Überschwemmung Ao. 1784 den 27. und 28. Febr.

— vom Ursprunge der Privatbeichte zu Nürnberg u. deren Abschaffung. 4. ... 785.

— s. V e r s u c h im Beitr. z. deutschen Sprache.

Will, G. A.,] Versuch in Beyträgen zur deutschen Sprachlehre, von der deutschen Gesellschaft in Altdorf. Altdorf 1757. 8. . . . . (D.)

— Versuch über d. Gedanken des Weltweisen von Sans-Souci von d. göttl. Vorsehung. 760.

— Versuch einer Lebensgeschichte Jh. Gf. Groß. 8. ... 788.

— Versuch über die Physiokratie, deren Geschichte, Literatur, Inhalt u. Werth. Nebst dem Abrégé des principes de l'économie politique der Markgraf. von Baden. gr. 8. Nürnb. 782. Bauer u. R. 8 gr

— Versuch über d. Rechtschreibung einiger deutschen Wörter. 4. Altd. u. Nürnb. 761. u. Fortsetzung. Ebd. 761.

— Vorlesungen über d. Kantische Philosophie. 8. Nürnb. 788. Monath u. K. 9 gr

— Vorrede u. Regist. zu Jh. Siebmacher (Weigel) Wappenbuch 3r Supplement. 765.

— Vorschlag zur Abänderung d. Privat- oder einzelnen u. Einführung der allgem. Beichte in Nürnberg. 4. Altd. 786. Monath u. K. 3 gr

V o r s t e l l u n g, D e u t l i c h e, d e r N ü r n b e r g i s c h e n T r a c h t e n, in Kupfer gestochen und mit den nöthigsten Erklärungen versehen (von *Georg Andreas Will*). Mit 20 color. Bildern. Nürnberg 1766. 4°.
Anon.-Lex. IV. p. 359 (nach Meusel).

— was d. Rechtsgelahrtheit für eine Verbindung mit der Arzneiwissenschaft habe? 4. Altd. 751.

Will, Geo. Andr. Dissertatio de Wenceslao imperatore et statu utriusque reipublicae sub eodem. 4. Altorf 1766.

Will, Georg Andreas [Praes.], s. W i c k h, Johann David: De iure Dei in conscientias hominum rite determinando.

s. W o c h e n b l a t t, Literar.

Will, Georg Heinrich (Speyer) A. S. 10/37

Dissertatio inauguralis juridica de hodierna autoritate. 25 S.

Diss. Heidelberg 23. IX. 1710.
Druckverm. abgeschnitten. 36782

Will, Georg Heinrich (Speyer) A. S. 637/28

Dissertatio de hodierna auctoritate et reciproca juris civilis et statuum imperii potestate.
In: Moser, Jo. Jakob: Syntagma dissertationum selectiorum ... Tübingen (Sigmund) 1738. S. 829 - 852.

Diss. Heidelberg 1710. 36783

Will, Georg Philipp (Schweinfurt) A. S. 1309/8

Exercitatio medica de styrace.
Präs. Jo. Jakob Kirsten.
Altdorf (Meyer) 26. VI. 1736. 32 S.

W. v.: Johann Martin Wolf. 36784

Will, Georg Philipp (Schweinfurt) A. S. 1311/11

Dissertatio inauguralis medica de usu lactis antidoto.
Altdorf (Meyer) 27. VI. 1737. 32 S.

W. v.: Johann Nikolaus Weiss, H. S. Volcamer (Opp.), Andreas Jakob Kirsten (Opp.), Georg Christoph Starckmann. 36785

Will, Heinrich [aus Retelsdorf (Meckl.-Str.)]: Anatomie von Caryophyllaeus mutabilis Rud. E. Beitr. z. Kenntnis d. Cestoden ... M. 2 lithogr. Taf. u. 2 Textfig. (Aus: Zeitschr. f. wiss. Zool., Bd. LVI Heft 1.) Leipzig, W. Engelmann, 1893; 41 S., 2 Taf. 8.
Rostock, Phil. Fak., Inaug.-Diss. v. [5. Okt.] 1892

Will, Heinr., Anleitung zur chemischen Analyse, zum Gebrauche im chemischen Laboratorium zu Giessen. 2. Aufl. 8. (XVI u. 272 S.) Heidelberg 851, C. F. Winter. n. 1 ₰ 8 ngr

Will, Heinr., Anleitung zur chemischen Analyse, zum Gebrauche im chem. Laboratorium zu Giessen. 3. Aufl. 8. (XVIII und 278 S.) Heidelberg 854. [Leipzig, C. F. Winter'sche Vrlgsh.] *

Will, Heinr., Anleitung zur chemischen Analyse zum Gebrauche im chem. Laboratorium zu Giessen. 4. Aufl. 1857. und 5. Aufl. 8. (XIV und 324 S.) Leipzig 859, C. F. Winter'sche Verlagsh. *

Will, Heinr., **Anleitung** zur chemischen Analyse zum Gebrauche im chemischen Laboratorium zu Giessen. 6. Aufl. 1862. * 1 Thlr. 10 Ngr. und 7. Aufl. 8. (XIV und 378 S.) Leipzig 866, C. F. Winter'sche Verlagsh. *

Will, Heinr., **Anleitung** zur chemischen Analyse zum Gebrauche im chem. Laboratorium zu Giesen. 8. Aufl. (XV, 392 S.) 1869. *M 4,20.; 9. Aufl. (XVI, 408 S.) 1873. *M 4,50., und 10. Aufl. 8. (XVI, 428 S. mit 1 farb. Spectraltaf. in 4.) Leipzig 876, C. F. Winter'sche Verlagsh. *

Will, Heinr., **Anleitung** zur chemischen Analyse zum Gebrauche im chemischen Laboratorium zu Giessen. 11. Aufl. 8. (XVI, 429 S. mit 1 chromolithogr. Fig.-Taf.) Leipzig 878, C. F. Winter'sche Verlagsh. *

Will, Heinr., **Anleitung** zur chemischen Analyse. 12. Aufl. Mit e. Spectraltaf. 8. (XVI, 443 S.) Leipzig 883. C. F. Winter. n. 4.60

Will, Heinr., Anleitung z. qualitativen chemischen Analyse, z. Gebrauche im chem. Laboratorium zu Giessen. 8. (7 B. u. 10 Tab.) Heidelberg 846, C. F. Winter. *

Will, H., Anleitung zur biologischen Untersuchung u. Begutachtung v. Bierwürze, Bierhefe, Bier u. Brauwasser, zur Betriebskontrolle sowie zur Hefenreinzucht, s. a. **Oldenbourg's** technische Handbibliothek. 10. Bd.

Anleitung zur biologischen Untersuchung und Begutachtung von Bierwürze, Bierhefe, Bier und Brauwasser, zur Betriebskontrolle sowie zur Hefenreinzucht. Für Brauerei-Betriebschemiker ... von Prof. Dr. H. Will. Mit 84 Abb. u. 3 Taf. München & Berlin: Oldenbourg 1909. XVIII, 482 S. 8°
(Oldenbourgs technische Handbibliothek. Bd 10.)

— über einen neuen **Bestandtheil** des weissen Senfsamens. [Aus den Sitzungsber. der k. Akad. der Wiss.] Wien 870. (Gerold's Sohn.) Lex.-8. (3 S.) 1⅓ ngr.

Will, H., the climate of Homburg vor der Höhe. With reference to gout a. scrofula. gr. 8. (IV, 47 S.) Homburg 876. Fraunholz. n. 1. 20

Will H.: Ueber den Einfluss d. Einquellens u. Wiederaustrocknens auf die Entwickelungsfähigkeit d. Samen sowie üb. den Gebrauchswerth »ausgewachsener« Samen als Saatgut. Diss. (Erlangen). Berl. 1882. 43 S. P.

Will, Henri. Guide pour l'analyse chimique à l'usage des médecins, des pharmaciens et des étudiants en chimie. Traduction autorisée de la 10e éd. allemande, par *D. Monnier* et *Walter*. In-8°. XIV tableaux de 2 p. chacun. Genève et Bâle, Georg. 1878 cart. 3 —

Will, Heinr., dietetic and therapeutic **hints** to the visitors of Bad Homburg. A word of advice and explanation for English and Americans especially. Translated from the German. gr. 8. (V, 135 S.) Homburg v/d. H. 893. F. Schick. n. 2. 50

Will, Heinr., **Homburg** vor der Höhe, its mineral-springs and climatic curatives. A medical guide for visitors and residents. Translated from the German. gr. 8. (IV, 163 S.) Homburg 880, Fraunholz'sche Buchh. *

—— der Curort **Homburg** vor der Höhe, seine Mineralquellen und klimatischen Heilmittel. Ein Rathgeber für Fremde und Einheimische. gr. 8. (VI, 175 S.) Homburg 880, Fraunholz'sche Buchh. *

Will, Heinr., der Kurort Homburg vor der Höhe, seine Mineralquellen und klimatischen Heilmittel. Ein Rathgeber und Führer für Fremde und Einheimische. 4. Aufl. 8. (XIII, 220 S.) Homburg v. d. H. 885, Fraunholz'sche Buchh. *

— **Jahresbericht** über die Fortschritte der Chemie, s. **Jahresbericht.**

Will, H. Über Materie und Kräfte vom chemischen Standpunkt. Giessen 1870. 4.

Will, Heinrich: **Tafeln** zur qualitativen chemischen Analyse. Heidelberg, 1846. 8vo.

—— Tafeln zur qualitativen chemischen Analyse. 2. Aufl. gr. 8. (III S. und 10 Tab. in qu. gr. 4.) Heidelberg 851, C. F. Winter. *

—— Tafeln zur qualitativen chemischen Analyse. 3. Aufl. gr. 8. (III S. und 10 Tab. in qu. gr. 4.) Heidelberg 854. [Leipzig, C. F. Winter'sche Vrlgsh.] *

—— Tafeln zur qualitativen chemischen Analyse. 4. Aufl. 1857. und 5. Aufl. br. 8. (III S. und 10 Tab. in qu. 4.) Leipzig 859, C. F. Winter'sche Verlagsh. *

—— **Tafeln** zur qualitativen chemischen Analyse. 6. Aufl. 1862. und 7. Aufl. br. 8. (III und 11 Tab. in qu. 4.) Leipzig 865, C. F. Winter'sche Verlagsh. cart. *

—— **Tafeln** zur qualitativen chemischen Analyse. 8.—10. Aufl. br. 8. (13 Tab. in qu. 4., mit eingedr. Holzschn.) Leipzig 869—75, C. F. Winter'sche Verlagsh. cart. *

—— **Tafeln** zur qualitativen chemischen Analyse. 11. Aufl. 8. (12 Tab. in qu. 4.) Leipzig 878, C. F. Winter'sche Verlagsh. *

—— **Tafeln** zur qualitativen chemischen Analyse. 12. Aufl. 8. (13 Bl. in qu. 4.) Leipzig 883, C. F. Winter'sche Verlagsh. cart. *

Will, Heinrich (Weinheim)
Untersuchungen über das aetherische Senfoel.
Giessen: Lichtenberger 1844. 52 S. & Thesen
Habil. phil. 9.1.1844.

— neue Verfahrungsweisen zur Prüfung der Pottasche und Soda rc., s. **Fresenius**, C. Rem.

— diätetische u. therapeutische **Winke** f. die Besucher v. Bad Homburg. Ein Wort zur Mahng. u. Aufklärg. gr. 8. (III, 179 S.) Ebd. 893. n. 2. 50

Will, Heinrich (Weinheim)
Zusammensetzung des Chelidonins und Jervins.
[In: Liebigs Annalen Bd 35 (1840), S. 113-119.]
Dr. phil. Giessen 1.5.1839.

Will, Heinrich Johann (Schweinfurt) A. S. 20/38

Exercitatio inauguralis iuridica de iustis iurisdictionis vogteiae attributis inprimis in Franconia.
Altdorf (Meyer) 4. X. 1736. 36 S. 36786

Will, J., die wichtigsten Forstinsekten. Mit 118 in den Text gedr. Abbildgn. u. 1 Tab. (182 S.) 8. Neudamm 906. J. Neumann. Kart. n. 2. 60

Will J, Musterblätter für das Fachzeichnen. 8. Stellmacher. 6. Aufl. (9 T) qu 4°
Berlin (1904)

Will J. G., Dr.: Einige Bemerkungen über die Vater'schen Körperchen der Vögel. S. A. [illegible]
Separatabdruck

— expedirter **Leichenprediger.** 2 Thle. 8. Ebend. 715.

Will, J. G., Promtuarium **Emphas.** Bibl. V. et N. T. od. Vorrathskammer d. vornehmsten im A. u. N. Test. befindl. Kraftworten, 2 Thle. 4. Dresden, Gerlach. 715.

Will, J. M.

— Modekarikatur auf die übertriebenen Frisuren. „Weil keine frey im Kopfzeug sehen kann" etc. Kupferst. von *J. M. Will*, enth. 12 Figuren u. 6 Zeilen Verse. (Ca. 1770.) Quer-Fol.

— Spottbilder auf die Zöpfe, Perrücken, die hohen Haarputze der Frauen, Reifröcke und andere Modethorheiten. Mit deutschen und französischen Versen. 23 Bll. *J. M. Will* exc. (1781). Qu.-Fol. (3⅓ Rthl. Drugulin II. no. 5054.) Rariss.

Will, Joann., Pars prior Isaiae scripturistice exposita. Bamberg. 1761. 4°. 24 S.

Will, Joannes, Bambergensis: Quae ratio intercedat inter Dionis Cassii de Caesaris bellis Gallicis narrationem et commentarios Caesaris de bello Gallico. *Bambergae 1901: Gaertner.* (73 S.) 8°
Erlangen, Phil. Diss. v. 8. Mai 1901

WILL, Johann Baptist (Amberg): Ueber Arthritis.- München: Deschler 1838. 23 S.
29.1.1838 - Urk (Titel: De arthritide.); F 64
Diss. Ingolst.-Landsh.-Mchn.

Will, Johann Georg Friedrich

Will, J. G. Friedr., über die Absonderung der Galle. Programm zum Eintritt in den k. academ. Senat der Friedrich-Alexanders Universität zu Erlangen. gr. 8. (27 S.) Erlangen 849, Blaesing.

Will, J(ohann) G(eorg) Friedrich: Horae tergestinae oder Beschreibung und Anatomie der im Herbste 1843 bei Triest beobachteten Akalephen. 86 S., gbd., 2 Taf.

Leipzig: Voss 1844

JB 111

—— über die Milchabsonderung. Academische Festschrift. gr. 4. (16 S.) Erlangen 850, Blaesing.

—— über die Secretion des thierischen Samens. Programm zum Eintritt in die medicin. Facultät der k. Friedrich-Alexanders-Universität zu Erlangen. gr. 8. (22 S.) Erlangen 849, Blaesing.

Will, Johann Ludwig (Küstrin) A. S. 1361/15

Dissertatio inauguralis exegetica qua sensus verborum Iobi cap. XVIIII a comm. XXV. usq. ad fin. eruitur.
Präs. Johann Heinrich Michaelis.
Halle (Hendel) 27. VIII. 1735. 16 S.

Gew.: Johann Gustav Reinbeck, Johann Wilhelm von Neve. 36791

Will, Joh. Martin. [Handwerkerdarstellungen.] Joh. Martin Will excud. Aug. Vind. [um 1780].
8 Taf. mit je 3 kol. Kupferst. 8°
Abb. 116

Will, Josa (Josephus Wilden), sidera cordis. Lieder u. Gedichte. (VIII, 88 S.) 8. Dresden 905. E. Pierson. n. 1. 50; geb. n. 2. 50

Will, Jos. Mart., vermischte Gedichte. 2 Thle. 8. Straub. 802—3. Schmid. (Heigl). 1 *rf* 20 *gr*.

WILL, Joseph Martin, Vermischte Gedichte. Erstes (u. wohl einziges) Bändchen. Mit Titelkpfr. u. Titelvign. (J. M. Mettenleiter inv. & sc.) u. gestoch. Titel. Straubing 1802. Bey Joseph Sigmund Reitmayr. 8°. (In Straubing, Magistratsbibl.)

Will, d. jung. Jos. Mart., Wilhelm u. Lieschen, **oder die Folgen** des Friedens. Operette in 2 A. …

— Wilhelm u. Mariane, eine Erzählung in poet. Sprache in 6 Gesängen. 2 Bde. 8. Straubing. 805. Schmid. (Heigl). 1 *rf* 12 *gr*

Will, J. M., Wilhelm u. Marianne; eine Erzählung in poet. Sprache. 2 Bde. 8. Straubing. 805. (Wienbrack in Leipz.) 1 *rf* 12 *gr*

Will, K. P., Sanct Benno, Bischof von Meißen. Quellenmäß. Darstellung seines heil. Lebens und segensreichen Wirkens. 8. (112 S. mit 1 Lichtdr.-Bildnisse des heil. Benno.) Dresden 887, (P. Schmidt.) *

Will, Karl

Will, (C.,) a dictionary of the english and german languages in two Parts. 16. Frankf. (827,) Brönner.

Will, C., a Dictionary of the English and German languages. In II Parts. Carefully corrected and augmented, the irregular parts of the English verbs inserted in their proper places, together with a concise account of the heathen deities, &c. and a Supplement, cont. the variations of the German irregular verbs, simple and compound. II. Edit. breit 16. Frankfurt 834. H. L. Brönner. 2 *rf* — The third edition. 16. Ebd. 839 1½ *rf*

Will, C., a Dictionary of the english and german languages. In two parts. Carefully corrected and augmented, the irregular parts of the english verbs inserted in their proper places, together with a concise account of the heathen deities etc. and a Supplement, cont. the variations of the german irregular verbs, simple and compound. 4. edit. 16. (62 B.) Francfort o. M. 839, Broenner.

Will, C., Dictionary of the english and german languages. Carefully corrected and augmented, the irregular parts of the english verbs inserted in their proper places, together with a concise account of the heathen deities etc. And a supplement, containing the variations of the german irregular verbs, simple and compound. New stereot. edition. gr. 16. (61⅝ B.) Francfort o. M. 841, Brönner. Thlr. *

Will, C(arl), Dictionary of the english and german languages. Carefully corrected and augmented, the irregular parts of the english verbs inserted in their proper places, together with a concise account of the heathen deities, etc. And a supplement, cont. the variations of the german irregular verbs, simple and compound. 3. Ster. edition. gr. 16. (IV und 980 S.) Frankfort o. M. 852, Brönner. *

Will, Karl, der kleine Obstzüchter, s. Metzger, (Joh.)

Will, Karl, der kleine Obstzüchter oder gründliche Belehrung in der Obstbaumzucht (von Joh. Metzger). Mit eingedr. Holzschn. Neue Ausg. 16. (108 S.) Frankfurt a. M. 847, Brönner. n. ⅙ *rf*

—— der kleine Obstzüchter oder gründliche Belehrung in der Obstbaumzucht (von Joh. Metzger). Ster.-Ausg. 12. (X und 108 S. mit 1 Holzschnt. und eingedr. Holzschn.) Frankfurt a. M. 855(56,) Brönner.

Will, Carl, der kleine Obstzüchter oder gründl. Belehrung in der Obstbaumzucht. (Von Joh. Metzger.) Ster.-Ausg. 12. (X und 108 S. mit eingedr. Holzschn. und 1 Holzschnt.) Frankfurt a. M. 861, Brönner. Thlr.

Will, Karl Josef Kornelius

Will, Cornel., Acta et scripta, quae de controversiis ecclesiae graecae et latinae saeculo undecimo composita extant, ex probatissimis libris emendatiora edidit, diversitatem lectionis enotavit, annotationibus instruxit. Praecedunt prolegomena de controversiarum inter Graecos et Latinos agitatarum ratione, origine et usque ad XI. saeculum progressu. gr. 4. (VII und 273 S.) Marburg 861, Elwert'sche Universitäts-Buchh. *

Will, Karl Jos. Cornelius, die Anfänge der Restauration der Kirche im 11. Jahrh. Nach den Quellen kritisch untersucht. 1. Abth. Marburg 858. Elwert. gr. 8. (XII, 140 S.) 20 ngr.

—— die Anfänge der Restauration der Kirche im 11. Jahrh. Nach den Quellen kritisch untersucht. 1. Abthl. Lex.-8. (XII und 140 S.) Marburg 859, Elwert'sche Universitäts-Buchh.

Will, Cornel., die Anfänge der Restauration der Kirche im 11. Jahrhundert. Nach den Quellen kritisch untersucht. 2. Abthl. Lex.-8. (X und 221 S.) Marburg 864, Elwert'sche Universitäts-Buchh.

Will, Dr. K. Archivalische Beiträge zur Geschichte der Erstürmung von Regensburg am 23. April 1809 und deren Folgen. Mit 1 Bld. Stadtamhof 1895. 127 S.

Will, Corn., archivalische Beiträge zur Geschichte der Erstürmg. von Regensburg am 23. Apr. 1809 u. deren Folgen. [Aus: „Verhandlgn. d. histor. Vereins f. Oberpfalz u. Regensburg," 47. Bd.] gr. 8. (129 S. m. 1 Bildn.) Stadtamhof 896. (Regensburg, W. Wunderling.) n. 1.20

—— Beiträge zur Geschichte des französ.-österr. Krieges i. J. 1809. Stadtamhof 1895. 76 S.

Will, Dr. K. Die Einnahme v. Stadt-Kemnath am 12. III. 1634. Stadtamhof o. J. 32 S.
(Sep.-Abdr. a. d. Verh. d. histor. Vereins für Oberpfalz u. Regensburg. Bd 57.)

— die Einnahme v. Stadt-Kemnath am 12. März 1634. Beitrag zur Geschichte d. 30jähr. Krieges in d. Oberpfalz. [Aus: „Verhandlgn. des histor. Vereins f. Oberpfalz u. Regensburg," 47. Bd.] gr. 8. (32 S.) Ebd. 896. n. — 35

Will, Dr. K. Die Explosion des Pulverturmes bei der Emmeramer-Bastei zu Regensburg 8. V. 1624. Stadtamhof 1889. 7 S.

Will, Carl Jos. Corn., Benzo's Panegyricus auf Heinrich IV. mit besonderer Rücksicht auf den Kirchenstreit zwischen Alexander II. und Honorius II. und das Concil zu Mantua kritisch behandelt. gr. 8. (44 S.) Marburg 856, Elwert'sche Universitäts-Buchh.

Will, Cornelius, Konrad v. Wittelsbach, Cardinal, Erzbischof von Mainz und von Salzburg, deutscher Reichskanzler. Zur Feier des 700jähr. Jubiläums des Hauses Wittelsbach. gr. 8. (IV, 118 S.) Regensburg 880, Pustet. *

Will, Kaspar Heinrich (Spangenberg) A. S. 766/31

Dissertatio juridica, de praecisa praestatione rei debitae, insignum naevum juris Romani circa hoc argumentum exhibens. Präs. Hermann Zoll.
Rinteln (Enax) 25. XI. 1707. 26 S.

36794

Will, Kornelius, s. Will, Karl Josef Kornelius

Will, L., Coelenterata, s.: Chun, Carl.

Will, Ludw., s.: Bericht üb. die wissenschaftlichen Leistungon in d. Naturgeschichte d. niederen Thiere.

Will, Ludwig [Dr., Assist. am Zoolog. Inst. Rostock]: Entwicklungsgeschichte der viviparen Aphiden .... Jena, Gustav Fischer, 1888; 2 Bl. + 86 S. u. 5 Taf. 8°
Rostock, Phil. Fak., Hab.-Schr. v. 28. Apr. 1888

Will, Ludw., 1. Ueber das Geweih der Hirsche m. besond. Berücksicht. der Verhältnisse beim Reh. 2. Ueber die W. v. Passow'sche Rehkronensammlung. (6 S.) gr. 8. Rostock 910. H. Warkentien. — 50

— Die Klebkapseln der Aktinien u. der Mechanismus ihrer Entladung. (39 S. m. 2 Taf.) gr. 8. Ebd. 909. 3. —

— üb. d. Verhältnisse d. Urdarms u. d. Canalis neurentericus bei der Ringelnatter (Tropidonotus natrix). [Aus: „Sitzungsber. d. preuss. Akad. d. Wiss."] gr. 8. (10 S.) Berlin 898. (G. Reimer.) n. — 50

— Die sekretorischen Vorgänge bei der Nesselkapselbildung der Coelenteraten. (41 S. m. 7 Fig.) gr. 8. Ebd. 910. 1. 80

— Ueber das Vorkommen kontraktiler Elemente in den Nesselzellen der Coelenteraten. (20 S. m. Abb. u. 1 Doppeltaf.) gr. 8. Ebd. 909. 2. 50
Sonderabdruck aus: „Sitzungsber. u. Abhandlgn. d. naturforsch. Gesellsch. zu Rostock".

Will, M. H., Post- u. Stations-Handbuch von Elsass-Lothringen. Alphabetisches Verzeichnis sämtl. Städte, Dörfer u. Weiler unter Angabe der Einwohnerzahl, der Fernsprechanschlüsse, der Bestellungs-Postanstalt, des Kreises, der nächstlieg. Eisenbahnstation f. den Expressgut- bezw. Frachtverkehr, sowie der Entferng. vom Orte selbst. Mit besond. Abschnitte: Auszug aus dem neuen Posttarif, sowie Zusammenstellg. der wichtigsten Bestimmgn. f. den Eisenbahn-Stückgut-Verkehr (Express-, Fracht- u. Eilgut). Nach dem Stande vom 1. IV. 1908. Auf Grund amtl. Quellen bearb. (VI, 95 S.) Lex. 8. Metz (908). P. Even. Kart. 2. 50

Will, M. S., ausgekämpft. Eine Novelle. 8. (77 S.) Bern 879, Wyß. *

Will, M. S., zwei Novellen. [Es hat nicht sollen sein. — Am Strande.] 8. (76 S.) Bern 880, Wyß. *

Will, **Nicol., († d. 6. März 1804.)** historia de vicissitudinibus theologiae. 8. Const. 779.

Will, Osk. (Ludw. Osc. Willutzky), aus d. Märchenwelt, enth.: Struwelpeter. Schneider Fips. Rotkäppchen. Hans im Glück. Märchensp. m. Gesang u. Tanz in 4 Bild., nebst e. Vorspiel: Im Reiche d. Feen. Musik v. Jul. Major. 16. (68 S.) München (898). Rubinverlag. n. 1. —

— die Zauber-Rute od. Der Herr der Zwerge. Ein Märchensp. in 4 Bildern m. Gesang u. Tanz, nach den Rübezahl-Sagen frei bearb. Vorspiel: Der Geist des Riesengebirges. 16. (79 S.) Ebd. (898). n. 1. —

Will, Otto, aus Guben: Die Tauglichkeit und die Aussichten der englischen Sprache als Weltsprache vom Standpunkte der Sprachwissenschaft und Sprachstatistik. *Breslau 1903: H. Fleischmann.* (99 S.) 8° ¶ (Gekr. Preisschr. — Soll vollst. erscheinen.)
Breslau, Phil. Diss. v. 4. März 1903

Will, Peter

— das deutsche Athen. 8. Berl. 764.

Will, Pt., Lord Byron u. die Griechen. Nach d. Engl. 8. Darmst. 822. (Heyer). 8 gr.

— Materialien zum Uebersetzen aus d. Deutschen ins Englische, nebst Phraseologie u. Aussprache d. Englischen. Für Lehrer u. Lernende. 8. Darmst. 832. Heyer. 16 gr.

— s. A. W. Schreiber, a new guide.

— Sittengemälde von London, s. Gemälde d. merkwürd. Hauptstädte Europas, für 1832, herausg. v. H.

Will, R., im Lichte d. Evangeliums. Vignetten zu bibl. Texten. 8. (VIII, 115 S.) Strassburg 899. F. Bull. n. 1. 80; geb. n. 2. 50

Will, R[obert]. Calvins Bedeutung für unsere Zeit. Referat von Pfarrer R. W'. Vorgetragen in der Sitzung der Konferenz vom 8. Juni 1909. 38 S. 8. Strassburg, J. H. Ed. Heitz, 1909. [M. —. 40]
Beilage zum Archiv der Strassburger Pastoralkonferenz ⟨Band 13⟩.

Will, Rob., der Pietismus, s.: Wesen u. Werden, das, des Protestantismus.

— Jakob Sturm, s.: Lebensbilder, evangelische, aus d. Elsaß.

Will, Roland, der Steiger von Markus-Röhling. Novelle m. e. Vorw. v. Geo. Schirges. 8. (7¾ B.) Hamburg 845, Vogel. *

Will, Rud., der Amtsunterricht f. die Amtsvorstände bei Post- u Telegraphenämtern. I. bis III. Klasse. (VI, 194 S.) gr. 8. Wien 905. C. Konegen. n. 3. —

— dasselbe f. d. k. k. Postverwalter. Hrsg. u. nach amtl. Quellen erläutert. (X, 235 S.) gr. 8. Wien 903. C. Fromme. n. 3. 60

Will, Rud., s.: Bildergeschichten, lustige, u. allerlei Humore.

Will, Rud., Leitfaden f. das Studium der Verfassung u. Verwaltung der österr.-ungar. Monarchie sowie der Postgeographie. Zum Gebrauche bei den Post- und Telegraphen-Lehrcursen u. zur Vorbereitg. f. die Expeditorenprüfg. gr. 8. (IV, 369 S. m. 2 Karten.) Wien 900. C. Fromme. n. 6. —

— der Organismus der österreichischen Post- und Telegraphen-Anstalt. Dargestellt f. d. Gebrauch bei den Post- u. Telegraphen-Lehrcursen u. zur Vorbereitg. f. alle Fachprüfgn. gr. 8. (VII, 223 S.) Ebd. 903. n. 2. 50

Will, Rudolf, a. Bautzen: Über Pfefferanalysen mit besonderer Berücksichtigung des Nachweises von Pfefferschalen. Weida i. Thür. 1906: Thomas & Hubert. (94 S.) 8°
Leipzig, Phil. Fak., Ref. Beckmann-Ostwald, Diss. v. 1. Sept. 1906
[Geb. 6. Apr. 80 Bautzen; Wohnort: Görlitz i. Schl.; Staatsangeb.: Preußen; Vorbildung: Gymn. Görlitz bis Obersekunda M. 96, Approb. als Apotheker Juni 04; Studium: Leipzig 6 S.; Rig. 17. Juli 06.]

— die Postanstalt u. ihre Bediensteten. Hilfsbuch f. die Postmeister-, Posthilfsbeamten- sowie Post- u. Telegraphenmanipulantinnen-Prüfgn. Aus dessen Nachlass hrsg. v. Othmar Natter. (VIII, 226 S.) gr. 8. Wien 905. C. Konegen. n. 3. —

Will, Theophil [app. Arzt aus Pfaffenhofen (Unt.-Els.)]: Über Favusbehandlung ... Strassburg i. E.: Buchdr. C. Goeller, 1895. 26 S. 8°
Strassburg, Med. Fak., Inaug.-Diss. v. 1895

Will, W., Anleitung zur statischen Berechnung v. Eisenkonstruktionen im Hochbau, s.: Schloesser, H.

Will, W.: Beitrag zur Prüfung von Sprengstoffen auf Schlagwettersicherheit. München 1909 (Mitteil. a. d. Zentralstelle f. wissensch.-techn. Untersuch.)

Will, W.: Der Fortschritt der Sprengtechnik seit der Entwicklung der organischen Chemie. Berlin 1904

Will, W.: Zur Frage der Prüfung von Sprengstoffen auf Transportsicherheit. München 1906 (Mitteil. a. d. Zentralstelle f. wissensch.-techn. Untersuch.)

Will, W.: Die internationale Regelung der Vorschriften über den Post-, Eisenbahn- und Seetransport explosiver, leicht brennbarer, ätzender, usw. Produkte. Bonn (1907)

Will, W.: Untersuchungen über die Stabilität von Nitrocellulose. Neu-Babelsberg b. Berlin 1900

Will, W., s.: Versuche zur Prüfg. der Empfindlichkeit gefrorener u. halbgefrorener Nitroglyzerinsprengstoffe usw.

Will-Miltenstein, Maria. Drama in 4 Akten. 8. (57 S.) Leipzig 901. Breitkopf & Härtel. n. 1. —

Will-Will, s. Im gold. Drachen zu Titipu.

Willach, Julius: Beobachtungen über die Wirkung des Chloralamids bei wiederholter Darreichung auf die inneren Organe. . . . Uerdingen, Buchdr. v. Georg Fohrer, 1890; 27 S. + 2 Bl. 8°
Bonn, Med. Fak., Inaug.-Diss. v. [14. Jun.] 1890

Willach, Paul

Willach, P., Beiträge zur Entwicklung der Lunge bei Säugethieren. gr. 8. (23 S.) Osterwieck 888, Zickfeldt. *

Willach, Paul [appr. Thierarzt zu Louisenthal a/S.]: Über die Entwicklung der Krystalllinse bei Säugethieren .... Osterwieck/Harz, Buchdr. v. A. W. Zickfeldt, 1887; 35 S. 8°
Erlangen. Phil. Fak., Inaug. Diss. v. 1887

—— über die Entwicklung der Krystallinse bei Säugethieren. gr. 8. (35 S.) Ebendas. 888. *

— (Hrsg.), s. Wochenschrift, Deutsche thierärztliche.

Willam, Frdr., Anmuthungen und Gebete für alte Leute um im Dienste Gottes ein glückseliges Alter zu verleben u. sich freudig auf den Hingang zum himmlischen Vaterlande vorzubereiten. Mit (4 lith.) Bildern. Einsiedeln 860. Gebr. Benziger. 12. (574 S.) 15½ ngr.

Willam, Friedr., Anmuthungen und Gebete für alte Leute. Ganz großer Druck. 2. Aufl. 8. (610 S. mit 5 Bildern.) Einsiedeln 863, Gebr. Benziger. -

Willam, Friedr., Besuchungen des hochheiligsten Altarssakramentes. Nebst den vorzüglichsten allgemeinen Andachtsübungen. Ein Gebet- u. Erbauungsbuch für fromme Verehrer des heil. Altarssakramentes. Einsiedeln 867. Gebr. Benziger. 16. (414 S. mit 4 chromolith. Bildern.) 10 ngr.

Willam, Friedr. Blüthen d. Gebets. Ein Andachtsbuch f. kathol. Christen. 12. Aufl. 24. (416 S. m. farb. Titel u. 1 Stahlst.) Saarlouis 892, Stein Nachf. — 75

[F. u. Ant.] Bluthen des Gebets. E. Andachtsb. f. kathol. Christen. Von P. Friedrich **Willam**, Kapitular d. Stiftes Einsiedeln. 14. Aufl. . . . *Saarlouis: Hansen & C. [1897?].* (416 S.) 1 Bd 8. [58 4342]

Blüthen des Gebets. Ein Andachtsbuch f. kath. Christen. Von P. Friedrich **Willam**. 15. Aufl. *Saarlouis: Hansen & Co. [1901].* (416 S.) 8° [F.] [01. 3765]

—— das Brod des Lebens, s. a. Brod, das, des Lebens.

Willam, Friedr., das Brod des Lebens. Vollständiges Kommunionbuch für katholische Christen, besonders für solche, die öfter kommuniziren. Enthltd. 30 verschiedene Kommunionandachten aus den Schriften der Väter und erleuchteter Geisteslehrer. Nach dem Lateinischen. Nebst einem Anhange der gewöhnlichen Andachten. Mit 4 Stahlst. 856. (VIII, 405 S.) — 2. verm. Aufl. Einsiedeln 858. Benziger 12. (X, 432 S.) 11 ngr.

— das Brod des Lebens. Vollständiges Kommunionbuch für kathol. Christen, besonders für solche, die öfter kommuniziren. Enthltd. 30 verschiedene Kommunionandachten aus den Schriften der Väter u. erleuchteter Geisteslehrer. Nach dem Latein. Nebst einem Anh. allgemeiner Andachtsübungen. 3., verm. Aufl. Ebend. 865. gr. 16. (446 S. mit 4 Stahlst.) 14 ngr.

Willam, Friedrich. Das Brot des Lebens. Vollständiges Kommunionbuch für katholische Christen, besonders für solche, die öfter kommunizieren. Aus den Schriften der Väter und erleuchteter Geisteslehrer. Nach dem Lateinischen von P. F' W', weiland Kapitular des Stifts Einsiedeln. 5. Aufl. Neu bearb. von einem Ordensmitgliede. [Mit Illustrationen und 3 Tafeln.] 816 S. 8. Einsiedeln *etc.*, Benziger & Co. A. G., 1901. [geb. fr. 2. — u. 3. 75]

—— der Christ bei Maria unter dem Kreuze. Katholisches Betrachtungs- und Gebetbüchlein zur Verehrung der schmerzhaften Mutter. 2., ganz umgearb. und sehr verm. Aufl. 24. (285 S. mit 3 Stahlst. und lithogr. Titel.) Einsiedeln 857, Gebr. Benziger.

—— der Christ bei Maria unter dem Kreuze. Katholisches Betrachtungs- und Gebetbüchlein zur Verehrung der schmerzhaften Mutter. 3., neu durchgeseh. und sehr verm. Aufl. 16. (285 S. mit 3 Stnt.) Einsiedeln 865, Gebr. Benziger.

Gebetsblüthen. Ein Andachtsbuch f. kath. Christen. Von P. Friedrich **Willam**. 15. Aufl. *Saarlouis: Hansen & Co. [1901].* (416 S.) 8° [F.] [01. 3765]

—— Gelobt sei Jesus Christus! Gebet- und Betrachtungsbuch für Alle, die im Gebete ihre Freude finden. Enthaltend: die gewöhnl. Andachten eines frommen Christen, nebst schönen Gebeten und Betrachtungen auf alle Feste des Herrn und der Mutter Gottes, zwölf Novenen auf die Festtage Mariens rc. In 18 Thln. 12. (465 S. mit 4 Stahlst. und lithogr. Titel.) Einsiedeln 859, Gebr. Benziger.

—— Gelobt sei Jesus Christus! Gebet- und Betrachtungsbuch in 18 Theilen. In feinem Druck. 3. Aufl. 12. (448 S. mit 5 Stahlst.) Einsiedeln 866, Gebr. Benziger.
Feine Ausg. mit 5 Stahlst.

—— Herr, erhöre mein Gebet und laß mein Rufen zu Dir kommen. Vollständiges Gebet- und Andachtsbuch für das katholische Volk. 12. (393 S. mit 4 lithogr. Bildern und lithogr. Titel.) Einsiedeln 860, Gebr. Benziger.

—— Herr, erhöre mein Gebet und laß mein Rufen zu Dir kommen. Psalm 5, 32. Vollständiges Gebet- und Andachtsbuch für das kathol. Volk. 3. Aufl. gr. 16. (384 S. mit 5 lithogr. Bildern.) Einsiedeln 867, Gebr. Benziger.
Feine Ausg. mit 4 Stahlst.

— neueröffnete Himmelsschule. Ein Andachts- und Erbauungsbuch mit einem reichen Schatze der innigsten und salbungsvollsten Gebete in einfacher, volksthümlicher Sprache. Für alle heilsbegierigen Seelen neu bearb. Mit 5 (lith.) Bildern. Ebend. 864. 8. (583 S.) 17 ngr.

—— neueröffnete Himmelsschule. Ein Andachts- und Erbauungsbuch mit einem reichen Schatze der innigsten und salbungsvollsten Gebete in einfacher, volksthümlicher Sprache. Für alle heilsbegierige Seelen neu bearb. 8. (583 S. mit 5 lithogr. Bildern.) Einsiedeln 865, Gebr. Benziger.

Willam, Frdr., Jesus, das himmlische Seelenbrot. Für fromme Verehrer des allerhl. Altarssakramentes. Aus den Schriften des W. Neubearb. v. e. Mitgliede des Franziskaner-Ordens. (400 S. m. farb. Titel u. Titelbild.) 11,1×7,8 cm. Saarlouis 908. F. Stein Nachf.
Geb. in Leinw. m. Goldschn. 1. 20

Willam, Frdr., im Kreuz ist Heil! Ein Betrachtungs- u. Gebetbuch zur Verehrg. d. bitteren Leidens u. Sterbens unseres Herrn Jesus Christus. Mit (2) Bildern (in Stahlst.) 16. (382 S.) Einsiedeln 872. Benziger. — 80

— Creszentia-Büchlein. Enthltd. die Lebensbeschreibung der ehrwürdigen Dienerin Gottes Maria Creszentia von Kaufbeuren. Gezogen aus den authent. Akten ihrer Seligsprechung. Nebst Morgen- u. Abend-, Meß-, Beicht- und Kommunion-Andacht rc. Einsiedeln 858. Benziger. 24. (IV, 156 S. u. 1 Lithogr.) $4\frac{1}{2}$ ngr.

—— Creszentia-Büchlein. Enth. die Lebensbeschreibung der ehrwürdigen Dienerin Gottes Maria Creszentia von Kaufbeuren. Gezogen aus den authent. Akten ihrer Seligsprechung. Nebst Morgen- und Abend-, Meß-, Beicht- rc. Andacht rc. 2. Aufl. 24. (157 S. mit 1 Stnt.) Einsiedeln 865, Gebr. Benziger.

— Creszentia-Büchlein. Enthld. die Lebensbeschreibung der ehrwürdigen Dienerin Gottes Maria Creszentia von Kaufbeuren. Gezogen aus den authentischen Akten ihrer Seligsprechung. Nebst Morgen- u. Abend-, Meß-, Beicht- rc. Andacht rc. 2. Aufl. Ebend. 867. 24. (157 S. mit 1 Steintaf.) $3\frac{1}{2}$ ngr.

—— das heilige Land. Eine kurze Beschreibung seiner heil. Orte und deren Umgebung, seiner Kirchen, Heiligthümer und Ablässe. Nach den neuesten Reiseberichten für's Volk bearb. gr. 12. (72 S. mit 12 Ansichten auf 6 Stnt. und 1 lithogr. Karte des gelobten Landes in qu. 4. und auf Leinw.) Einsiedeln 857, Gebr. Benziger.

—— Lilienkrone geflochten von Priesterhänden zum Preise der unbefleckten Gottesmutter Maria. 31 Ansprachen der seligsten Jungfrau an das Herz des Priesters über seine heil. Pflichten. Zum Gebrauche bei den heil. Exerzitien sowie zur Heiligung des Monates Mai. Nebst einer neuntäg. Andacht für Priester zur Verehrung der unbefleckten Empfängniß Mariens. Nach verschied. italien. Werken bearb. 12. (XII und 298 S. mit 1 Stnt.) Einsiedeln 865, Gebr. Benziger.

Willam, P. Fr., O. S. B., der Marien-Monat. Betrachtungen und Gebete zur Verehrung der Gottesmutter Maria auf jeden Tag des Monats Mai. 384 S. 24. Einsiedeln, Gebr. Benziger. —. 75
1871

Willam, Friedr., das heilige Meßopfer. Ein Gebetbuch für Katholiken. Enth.: Eine ausführl. Darstellung und Erklärung über die Ceremonien und Gebete der heil. Messe und zwölf vollständ. Meßandachten, nebst den vorzüglichsten allgemeinen Andachtsübungen. 16. (476 S. mit Bildern und 3 Stahlst. und vielen eingedr. Holzschn. zur Meßandacht.) Einsiedeln 870, Gebr. Benziger.

—— unser Mit-Leiden mit der schmerzhaften Mutter Christi, s. Mitleiden, unser ꝛc.

— die schmerzhafte Mutter. Betrachtungen üb. die sieben Schmerzen Mariä sowie besondere u. allgemeine Andachten f. alle Verehrer Mariens. Aus dem Ital. übersetzt u. bearb. 2. verb. Aufl. 16. (559 S. m. 3 Stahlst.) Ebend. 872. 1. 65

—— Vater, Dein Wille geschehe! Ein Handbüchlein für Priester bei Kranken und Sterbenden und ein Hülfsbüchlein für den Kranken selbst, um daraus Ergebung und Trost für seine Leiden zu schöpfen. 12. (VI und 347 S. mit 6 lithogr. Bildern.) Einsiedeln 856, Gebr. Benziger.

Willam, W., unser Mit-Leiden mit der schmerzhaften Mutter Christi, s. Mit-Leiden, unser ꝛc.

Willamov, Jh. Gli., Pr. Demonstrata veritas judicii Youngiani de logica Pindari. Fol. u. 4. Thor. 763.

s. Dithyramben

Willamov, Jh. Gli., (✝ d. 6. ? 21. Mai 1777.) libellus de ethopeia comica Aristophanis. 8. Berl. 766. Birnstiel. 4 gr.

Willamov, Johann Gottlieb.
Dialogische Fabeln. Neue Ausg. Leipzig 1791. II: *Jördens, Carl Heinrich.* (NN) (OL) (MGT) (Ky)

— dialogische Fabeln. 8. Berl. 765. Neue verb. Ausg. (v. J. K. Jördens). 791. (Reimer). 6 gr.

— dialogische Fabeln. 8. Berl. Matzdorf. (Realschulbuchhdl.) 791.

s. Homer Batrachomyomachia.

— zwo Oden. 8. Berl. 764.

— Rede bei dem Antritt des Inspectorats d. St. Petersschule. 8. St. Petersb. 767.

(—) Sammlung, oder nach der Mode Magazin v. Einfällen. 8. Berl. 763.

— Samml. einiger Schulreden. 8. Reval 771.

— sämmtl. poetische Schriften, mit 8 Vignetten. 8. Leipz. Schwickert. 779.

— Spaziergänge, e. Wochenschrift. 8. Lpz. Sommer.

(—) Spaziergänge, eine Wochenschrift. 8. St. Petersb. 772. (Leipz., W. Nauck.) 1 Rthlr 1 gr.

Willamovius, Christian Friedrich (Königsberg/Pr.)
A. S. 1422/20

Disputatio juridica, de dubio.
Präs. Johann Albert Stephani.
Königsberg (Reusner) 17. IV. 1711. 18 S.

36798

Willan, Robert

— s. Th. Batemann, Abbildd. der Hautkrankheiten.

Willan, (Robert): Praktische Darstellung der Hautkrankheiten. (A practical Synopsis of cutaneous diseases. Second edition. Dt.) Übers. von Abraham Hanemann. Mit Vorrede und Anmerkungen von Kurt (Polykarp Joachim) Sprengel. Halle: 1815

s.: Bateman, Thomas

JB 4.680

Willan, (Robert): Praktische Darstellung der Hautkrankheiten...enthaltend eine genaue Uebersicht der diagnostischen Symptome und der Behandlungsweise. (A practical Synopsis of cutaneous diseases. Seventh edition by Anthony Todd Thomson. Dt.) Übers. von Ludwig Calmann, hrsg. und mit Anmerkungen versehen von Ernst Blasius. Leipzig: 1835

s.: Bateman, Thomas

JB 4.682

Willan, Robert: Die Hautkrankheiten und ihre Behandlung systematisch beschrieben. (Description and treatment of cutaneous diseases. Dt.) Übers. und mit einigen Anmerkungen und einem Anhange begleitet von Friedrich Gotthelf Friese. Bd 1-2, 158 S., gbd.

Bd 1: Breslau, Hirschberg u. Lissa: Korn 1799
Bd 2: Breslau: Korn 1803

JB 4.784

Willan, Robert, die Hautkrankheiten u. ihre Behandlung systematisch; aus d. Engl. mit Anmerkk. u. e. Anhang von F. G. Friese. Mit Kpf. 1r—3r Bd. 4. Bresl. 799—806. J. F. Korn. 14 Rthlr 4r Bd. Aus d. Engl. v. F. G. Friese. Mit 9 Kpft. gr. 4. Ebd. 816. (Graß, Barth u. C.) 4 Rthlr 12 gr.

Willan, Rob., die Hautkrankheiten und ihre Behandlung, systemat. beschrieben. 4r Bd. Aus d. Engl. übers. u. mit Anmerk. begleitet von Friese. Mit 9 Kupfertaf. gr. 4. Breslau, Holäufer. 816.

— üb. d. Krankheiten in London, a. d. Engl. 8. Hamb. Hoffmann. 801.

— über d. Krankheiten in London, besonders während d. J. 1796 bis 1800. Aus d. Engl. v. Geo. Weyscheider. 8. Hamb. 802. (A. Campe). 20 gr.

— über die Kuhpockenimpfung. Aus d. Engl. mit Zusätzen von G. F. Muhry. Mit 2 ill. Kpft. gr. 4. Götting. 808. Vandenhöck u. R. 1 Rthlr 20 gr.

Wieland, Geo. Thom. [illegible] Physicus allda, kurtz jedoch gründl. *Entwurff des nächst Rosenheim ausfliessenden Gesund Brunnens*, [illegible] *Kupferlings* .... München, gedr. bey Mari Magdalena Riedlin. Wittib. 1744. Kl. 8°. Cart.
[illegible] — Selten!

Willapa Harbor Pilot : Apr. 16, 189[illegible] – 19[illegible]

Weekly, published in German, Polish, Swedish, Finnish and Norwegian. Circulation [illegible]. Published by Willapa Harbor Publishing Co.
South Band, WA

Willard, E., Geschichte der Vereinigten Staaten von Nord-Amerika. Fortgesetzt bis zur Gegenwart, einschließend eine übersichtl., gründl. Geschichte des amerikan. Bürgerkrieges von E. Rhold. Schmidt. Mit den Bildnissen der Präsidenten der Vereinigten Staaten. 15 Lfgn. gr. 8. (568 S. mit 15 Holzschntaf. und 1 Stahlst.) Philadelphia 870, Schäfer und Koradi. à Lfg. cplt. geb.

Willareth, Hermann

Willareth, H., üb. die Entwickelung des Taubstummen-Bildungswesens im Großherzogt. Baden. gr. 8. (89 S.) Tauberbischofsheim 891. J. Lang. n. — 60

Willareth, Herm., Joh. Gg. Friedr. Pflüger, weiland Großh. Bad. Oberschulrath, Direktor der Großh. Taubstummen-Anstalt in Meersburg. Ein pädagog. Lebensbild. Auf Grund einer Selbstbiographie bearb. gr. 8. (IV, 68 S.) Lahr 870, Schauenburg.

Willareth, H.: Was könnte und sollte ausserhalb der Taubstummen-Anstalten für die Taubstummen gethan werden? Meersburg 1867.
Schul-Univ.-Schrift

Willareth, Otto: Die Lehre vom Uebel bei Leibniz, seiner Schule in Deutschland und bei Kant. Strassburg i. E. 1898: C. & J. Goeller. (149 S.) 8°
Wurzburg, Phil. Diss. v. 1898

Willareth, Otto, die Lehre vom Uebel bei Leibniz, s. Schule in Deutschland u. bei Kant. gr. 8. (V, 149 S.) Strassburg 898. (Ed. van Hauten.) n. 3. —

Willareth, Otto, Pfarrer Dr., in Sand (Amt Kehl, Baden): Die Lehre vom Übel in den großen Systemen der nachkantischen Philosophie und Theologie. Straßburg 1903: Els.-lothr. Druckerei. (99 S.) 8°
Straßburg, Evangel.-theol. Diss. v. 1903

Willareth, Otto, die Lehre vom Uebel in den grossen Systemen der nachkantischen Philosophie u. Theologie. Dargestellt u. beurteilt. (128 S.) gr. 8. Sand (Amt Kehl) 903. Pfarrer Lic. Dr. Willareth. n. 3. —

Willatzen, Peter Johann

Willatzen, P. J., Blüthenzweige deutscher Lyrik nach Goethe. Eine Anthologie. gr. 16. (XX, 428 S.) Bremen 871. Kühtmann & Co. geb. m. Goldschn. 6. —

Willatzen, P. J., Buch der Lieder. 16. (79 S.) Bremen 866, Müller. geb. *

Elisabeth. Ein Sonettenkranz v. Peter Johann Willatzen. (Manuscript für Freunde.) Bremen. 1864. 8°.

Willatzen, P. J., Gedichte. 16. (VIII und 247 S.) Haberslebe 860, Griem. geb. *

—— Gedichte. 2. Sammlung. 16. (VIII und 200 S.) Bremen 862, Strack. * 1 Thlr.; geb. mit Goldschn. *

—— Gedichte. [Auswahl des Verf.] 16. (XVI, 280 S.) Bremen 871, Tannen. M. 3.; geb. mit Goldschn.

Gedichte v. Peter Johann Willatzen. (Auswahl des Verfassers.) Bremen. 1872. 8°.

Willatzen, P. J., Gedichte. [Auswahl des Verfassers.] 2. Aufl. 16. (XVI, 280 S.) Bremen 873, Tannen. * M. 3.; geb. mit Goldschn. *
—— dass. — 3. verm. Aufl. 16. (VIII, 300 S.) Halle 877, Gesenius. * M. 3.; geb. mit Goldschn. *

– Nordlandsharfe. Elberfeld 858. Bädeker. 8. (191 S.) n. 20 ngr.

Willatzen, P. J. Nordlandsharfe. Ein Ueberblick üb. die neuere Lyrik d. Nordens. Uebersetzungen. 8. (XIV, 512 S.) Brem. 889, Heinsius Nachf. * 6 40; geb. * 7 50

Willatzen, P. J., s.: Novellen, nordische.

—— Hannibals Tod. Ein Gedicht. 16. (77 S.) Bremen 857, Kühtmann und Comp. *

—— Hannibals Tod. Ein Gedicht. 2. (Titel-)Aufl. 16. (77 S.) Bremen (857)70, Kühtmann und Comp.

Willatzen, P. J., Uferblumen. Gedichte. 16. (172 S.) Kiel 853, Schröder und Comp. * —

Willatzen, P. J., s.: Volksballaden, altisländ.

— alt-isländische Volks-Balladen u. Heldenlieder der Färinger. Zum ersten Mal übers. Bremen 865. Hamburg, Boyes & Geisler. 8. (VI, 354 S.) 1 ₰ 21 ngr.

Willberforce, Will., prakt. Ansicht d. herrschenden Religionssystems vorgebl. Christen in den höhern u. mittlern Ständen, verglichen mit d. wahren Christenthum; aus d. Engl. nach d. 18n Aufl. von A. L. P. Schröder. gr. 8. Frankf. a. M. 807 Herrmann. 2 ₰

Willberg, J. Fr., Blätter d. Erziehung u. d. Unterrichte gewidmet ꝛc. 1s Heft. 8. Unna, Hesselmann. -

— kl. Erziehungsbüchlein für Bürger- u. Bauersleute, nebst ein. schon. neuen Liedern. 8. Dortmund, Mallinkrodt. 798. -

— d. Märkische Lehrer- u. Kinderfreund, ein Handbuch für Lehrer in Bürger- u. Landschulen, 2 Thle. 8. Ebend. 795 bis 99. (1r 6 gr. 2r 12 gr.) -

— Lesebuch f. Kinder in Stadt- u. Landschulen. 2 Thl. 8. Elberfeld, Büschler. (a. Hesselmann in Unna.) 806. (1r 2 gr. 2r 3 gr.) -

— Lesebuch f. Kinder in Stadt- u. Landschulen. 1s Bdch. gr. 8. Elberfeld, Büschler. 814. –

— — desselben 2s Bdch. gr. 8. Ebend. 815. –

Willberg, J. F., wenn muß die Erziehung z. Religiosität anfangen? 8. Unna, Hesselmann. 811. –

Willberg, (Lehrer) J. F. G., Vorlegeblätter zum schriftl. Rechnen, Fata, Wincke u. Bemerkk. für Lehrer über die Lösung der Aufgaben aus der Zeitrechnung u. die der Aufgaben von den umgekehrten Proportionen an bis zur Kettenrechnung. 1e Abtheil. Aufgaben der Addition unbenannter Zahl bis zur Regel de tri. III. Hauptpunkt, ꝛc. 8. Prenzlau 830. Ragoczy. 18 K

Willbesser, Milderung in Relig. Gegenständ. 8. Regensb. Daisenberger. Rthlr.

Willborg, Wilh., die Grundlage der Technik des Klavierspiels. Eine Abhandlung über das Gesetzmäßige für die Bewegung der Finger, Hände, Arme und des Fußes beim Pedalgebrauch. 8. (70 S.) Leipzig 887, Merseburger.

Willborn, J., zwei mecklenburgische Herzöge oder Pflicht und Leidenschaft. Historischer Roman aus dem 18. Jahrh. 2 Bde. 8. (III, 338; III, 259 S.) Malchin 869, Wendt.

— Fritz Werner. Historischer Roman aus den Jahren 1800—1815. 3 Thle. Wismar 866. Hinstorff'sche Hofbuchh. 8. (IX, 388 S.) 1 ℛ 15 ngr.

Willborn

Willborn, J. B.: „Der wohlunterwiesene europäische Negotiant oder allgemein theoretisch und practische Anweisung zu allen nützlichen Waaren- und Wechsel-Rechnungen", 1. theoretischer Teil: „Anleitung zu den kaufmännischen Rechnungs-Arten", 2. praktischer Teil: „Wechsel-Reduction", Frankfurt und Leipzig 1773. — Vorh.: Com. Bibl. Hamburg.

Willborn, J. F., der wohlunterwiesene europäische Negotiant oder allgemeine theoret.-prakt. Anweisung zu allen mögl. Waaren- u. Wechselrechnungen. 2 Thle. gr. 4. Stuttg. 773. (Sattler; a. Löflund). 3 ℛ

— Dasselbe. gr. 4. Ulm 788. Stettin. 3 ℛ

Willborn, Johanna, s.: Jahrbuch d. Schweriner Vereins f. Lehrerinnen u. Erzieherinnen.

Willborn, Johanna, warum dürfen Gedichte von Adolf Friedrich v. Schack in den Lesebüchern für die Oberstufe der höheren Mädchenschule nicht fehlen? Vortrag, gehalten auf der 5. Jahresversammlung des mecklenburg. Zweigvereins in Neubrandenburg, den 1. und 2. Oktbr. 1886. gr. 8. (25 S.) Schwerin 886, Stiller'sche Hofbuchh. *

Willborn, Jul., Matthias. Trauerspiel in 5 Aufzügen. (Den Bühnen gegenüber als Mscr. gedr.) 8. (V und 201 S.) Leipzig 857, Matthes. Thlr. *

Willbrand, J. B.
Bedenken und Zweifel betreffend das Verhältniss der chemischen Theorien zu den Erfordernissen des Wissens überhaupt, und zur Physiologie so wie zur ärztlichen Praxis insbesondere. Mainz, 1842. 8vo.

Willbrandt, Joh. Bernh., Darstellung d. gesammt. Organisation. 2 Bde. gr. 8. Gießen, Heyer. 809.

— das Hautsystem in allen seinen Verzweigungen anatomisch, physiologisch u. pathologisch dargestellt. 8. Gießen, Heyer. 813. -

— üb. die Classification d. Thiere. gr. 8. Gießen, Tasché. 815.

Willbrand, J. B., Physiologie des Menschen. gr. 8. Gießen, Tasché. 815. Rthlr.

Willbrand, J. B., üb. den Ursprung u. die Bedeutung d. Bewegung auf Erden. 8. Gießen, Heyer. 813. -

— üb. d. Verhältniß d. Luft z. Organisation, eine nähere Darstellung d. eigentl. Bedeutung d. Respirationsprocesses. gr. 8. Münster, Aschendorff. 807.

Willburg, Anton Karl von, s.a. Wilburg

v. Willburg, A. K., Anleitung für das Landvolk in Absicht auf die Erkenntniß und Heilung der Krankheiten bei ihrer Schafzucht. 8. Klagenfurth 774. (Wien, Ign. Klang.) 1/6 ℛ

Willburg, Anton Karl v. Anleitung für das Landvolk in Absicht auf die Erkänntniß u. Heilung der Krankheiten bey ihrer Schaafzucht. Klgft., Kleinmayer, 1774. 63 S. (Auch in Wien u. Nürnberg in mehreren Aufl. ersch.)

Willburg A. C. v.: Anleitung f. das Landvolk in Absicht auf die Erkänntniss u. Heilungsart d. Krankheiten d. Rind-Viehes ... Nebst Anleit. z. Erkänntniss. u. Heilung d. Krankheiten bey der Schaafzucht. Nürnb. 1776. 352 S.
— — 2. u. verm. Aufl. Sst. 1781. 384 S.
— — 3. Aufl. Sst. 1787. 384 S.
— — 4. Aufl. Sst. 1794. 336 S.
— — 7. Aufl. Sst. 1804. 339 S.
— — 8. durchaus umgearb. u. verb. Aufl. v. J. J. Weidenkeller, m. Tit.: Anleitung z. Erkenntniss u. Heilung d. K. d. Rindviehes nebst einigen Bemerkungen üb. mehrere Krankheiten d. Schaafe ... Sst. 1823. 430 S.

Willburg, Anton Karl von: Anleitung für das Landvolk in Absicht auf die Erkänntniß und Heilungsart der Krankheiten des Rind-Viehes, samt denen Hülfsmitteln und einem Anhang über die Materie der Medicin, und Erläuterung der einfachen Heilungsmittel durch beygefügte lateinische Benennungen. Nebst Anleitung zur Erkänntniß und Heilung der Krankheiten bey der Schaafzucht. 4.Aufl. 339 S., gbd.

Nürnberg: Stein 1794

JB 5.887

v. Willburg, (A. C.,) Anleitung zur Kenntniß u. Heilung d. Krankheiten des Rindviehes. 8e umgearb. Aufl. v. J. J. Weidenkeller. 8. Nürnb. 824, Stein

Willburg, Ant. Carl v., Anleitung zur Erkenntniß und Heilung der Krankheiten des Rindviehes, nebst einigen Bemerkungen über mehrere Krankheiten der Schaafe, und Angabe verschied. Heilmittel. 9., von einem prakt. Thierarzte umgearb., verb. und verm. Aufl. gr. 8. (IX und 357 S.) Nürnberg 858, Geiger.

Willburg, A. K. v., Beschr. d. Purpur- od. Käßliquor, in Absicht auf die Gesundheit f. d. Stadt- u. Landvolk. 8. Nürnb. Stein. 768.

— Betracht. üb. d. bisher gewöhnl. Operationen d. Staars mit d. Anzeige e. leicht. u. verbess. Art dieselben zu machen. 8. Ebend. 785.

Willcox, M. A. [aus Wellesley (Vereinigte Staaten)]: Zur Anatomie von Acmaea fragilis Chemnitz. Jena 1898. 48 S. (Mit 3 Tafeln.) 8°. (S. A. aus Jenaische Zeitschrift Bd. 31.)
Zürich. Phil. Diss. II. S. 1897/98.

Willdenow, s.a. Wildenow.

Willdenow, Karl Ludwig

– s.a. Abbildung d. deutschen Holzarten.

— Abbildung d. deutschen Holzarten, v. Fr. Guimpel, für Forstmänner u. Liebhaber der Botanik. 1r b. 4r Hft. gr. 4. Berlin, Schüppel. 810 u. 11. (à 1 Rthlr. 12 gr.)

— Abbildung d. deutschen Holzarten von Fr. Guimpel, f. Forstmänner u. Liebhaber d. Botanik. 5s—22s Heft, mit illum. K. gr. 4. Berl. Schüppel. 811—15. (à 1 Rthlr. 12 gr.)

— u. J. J. Bernhardi, 2 botan. Abhdl. üb. e. seltne Farrenkräuter u. üb. Asplenium u. e. ihm verwandte Gattungen, m. 4 K. gr. 8. Erfurt, Beyer u. M. 802.

— u. J. J. Bernhardi. 2 botan. Abhandl. über einige seltene Farrenkräuter u. über Asplenium u. einige ihm verwandte Gattungen. Mit 4 Kpf. gr. 8. Erf. 802. (Otto). 12 gr

Willdenow, **Ritter Karl Ldw., († d. 10. Juli 1812.) tract. botan. med. de Achilleis, cui acced. Supplement. generis Tanaretti cum tab. aen. 8. Halle 789. Hendel. 6 gr**

— Anleitung zum Selbststudium d. Botanik; ein Handbuch zum Vorlesen. Mit 4 ill. Kpf. gr. 8. Berl. 804. 2e A. 810. 3e A. v. H. F. Link. 822. 4e A. v. Alb. Dietrich. gr. 8. Ebd. 832. L. Oehmigke. 2 Thlr

— Anleitung zum Selbststudium der Botanik. Nach d. 4n Ausg. u. nach dem Tode des Verf. verbessert von J. A. Schultes. 2 Thle. mit ill. Kpf. gr. 8. Wien 817. Ant. Doll. 3 Thlr

Willdenow, Karl Ludwig: Anleitung zum Selbststudium der Botanik, ein Handbuch zu öffentlichen Vorlesungen. Nach der von...(Heinrich Friedrich) Link besorgten 3.Aufl.hrsg.von Albert Dietrich. 4.verm.u.verbess.Aufl. 583 S., gbd., 4 Taf.

Berlin: Oehmigke 1832

JB 50

— Berlinische (wilde) Baumzucht, oder Beschreibung der in dem k. botan. u. andern Gärten um Berlin im Freien ausdauernder Bäume u. Sträucher. Mit 7 Kpft. gr. 8. Berl. 796. 2e A. 811. W. Nauck in Leipz. 3 Thlr 6 gr ill. 5 Thlr

— u. P. Usteri, Beyträge zur Biographie d. verstorb. Gleditsch. 8. Zürich, Ziegler. 790.

— u. P. Usteri, Beiträge z. Biographie d. verstorbenen Gleditsch. 8. Zürich 796. Ziegler. 8 gr

– s. Bolton, J.: Gesch. d. Pilze.

Willdenow (C. L.). Caricologia . . . Berol. 1805. 8°.

Wildenow, Karl Ludw., enumeratio Plautarum horti regii botanici Berolinensis, continens descriptiones omnium vegetabilium in horto dicto cultorum. 2 Vol. 8. maj. Berl. Realschulbchhdl. 809. Rthlr. Schreibp.

— enumeratio plantarum horti regii botanici Berolinensis, continens descriptiones omnium vegetabilium in horto dicto cultorum. 2 Voll. 8maj. Berl. 809. (Reimer). 5 Thlr 18 gr Schrbp. 7 Thlr 12 gr

Willdenow, Carl Ludwig.

Enumerationis plantarum horti regii Berolinensis Supplementum . . . Berolini 1813. H: *Schlechtendal, Franz Lor. von.* (Ky) (MGT)

— Enumerationis plantarum horti regii Berolinensis. Supplementum, post mortem autoris editum. 8maj. Berol. Realschulbuchh. 813. Schreibp.

— enumerationis plantarum horti regii Berolinensis supplementum, post mortem autoris editum. (F. L. v. Schlechtendahl.) 8maj. Berl. 813. Reimer. 10 gr Schbp. 14 gr

— über die Gattungen d. Brunia u. Staavia; e. Abhandlung. gr. 4. Münch. 809. (Franz). 5 gr

— Grundriß d. Kräuterkunde zu Vorles. entworfen. Mit 9 Kpft. 8. Berl. 798. 2e Aufl. ... 3e A. 802. 4e A. 806. 5e A. Mit 10 Kpf. u. 1 Farbentafel 810. 6e Aufl. nach dem Tode d. Verfass. herausg. v. H. F. Link. 821. 7e A. 831. u. 2r u. 3r Thl. (A. u. d. T.: H. F. Link, Handbuch zur Erkennung d. nutzbarsten u. am häufigsten vorkomm. Gewächse. 1r u. 2r Thl.) 829. Haude u. Sp. (à 2 Thlr 12 gr) 7 Thlr 12 gr

Willdenow, Karl Ludwig: Grundriß der Kräuterkunde zu Vorlesungen entworfen. 2.verbess.u.verm.Ausg. 454 S., gbd., Abb.

Wien: Ghelen 1799

JB 49

Willdenow, Ritter Karl Ldw., Grundr. der Kräuterkunde zu Vorles. entworfen. Nach der 5n vom sel. Verf. verb. u. verm. Aufl. mit Anmerkk. u. Zusätzen herausg. von Dr. J. A. Schultes. Mit 10 Kpf. u. 1 Farbentabelle. gr. 8. Wien 818. A. Doll. 2 Thlr 8 gr

—— Grundriss d. Kräuterkunde, zu Vorlesungen entworfen. Nach dess. Tode hrsg. mit Zusätzen v. H. F. Link. 7., verm. u. verb. Aufl. 1. (theoret.) Thl. 8. (44 B., 10 Kpfrt. u. 1 Farbentab.) Berlin 831, Haude u. Spener.

—— dass. 2—4. (prakt.) Thl. — A. u. d. T.: H. F. Link, Handbuch zur Erkennung d. nutzbarsten u. am häufigsten vorkomm. Gewächse. 3 Thle. 8. Ebds. [2. (54½ B.) 829., 3. (34 B.) 831., 4. Kryptogamen. (35 B.) 833. à 2 Thlr. 12 Gr.]

— historia Amarantorum. Cum XII tabb. aen. pict. Fol. maj. Zürich 790. Ziegler. 6 Thlr

— — id. lib. c. XII Tab. aen. pict. fol. maj. Turici. (Thurneisen Sohn in Paris.) 798.

— Historia Amaranthorum, c. XII Tab. aen. pict. fol. maj. Zürich. Ziegler. 798.

– s. Honkeny, G. A.: Synopsis.

— hortus Berolinensis sive icones et descripsiones plantarum minus cognitarum horti regii acad. Berolinensis. X Fasc. Cum CX tabb. aen. color. 8maj. Berl. 803—10. Schüppel. 38 Thlr 8 gr

— — id. lib. sive icones et descriptiones plantarum minus cognitarum horti regii academici Berolinensis. fasc. IX. cum tab. aen. XII. color. fol. maj. ibidem. 812.

— — id. lib. Fasc. X. 815.

——— Hortus berolinensis . . . Berol. 1816. fol.
Preface by Willdenow, in 1806.

— index alphabeticus filicum in Caroli a Linné specierum plantarum edit. quinta enumerat., adjectis varietat. nominumque genericorum et trivialium synonymia. 8maj. Berl. 821. Nauck. 9 gr

— Index generum ad. K. a Linné spec. plant. Tom. IV. P. II. cur. Hendel. 8. Halae, Hendel. 806.

— s. Leers flora.

— s.: Link, Heinr. Friedr.

— s. Linné: Philosophia botan.

Willdenow, Karl Ludwig (Ed.):

s.: Linné, Karl von: Species plantarum exhibentes plantas rite cognitas ad genera relatas. Editio quarta, post Reichardianam quinta. Berolini: 1797 - 1810

JB 19

— s. Loureiro, De: Flora.

— **Nomenclator botanicus, s. v. *Henkel a Donnersmark*.**

— Nomenclator botanicus sistens plantas omnes in Caroli a Linné spec. plantar. curavit L. F. v. Henckel a Donnorsmark. T. I—IV. et Contin. I—III. 8. maj. Halae, Hendel.

— **Nomenclator botanious sistens plantas omnes in Caroli a Linné spec. plantarum, curavit L. F. v. Henkel a Donnersmark, Tom. V. Contin. IV. 8 maj. Halae, Hendel. 812.**

— **Phytographia seu descriptio rariorum minus cognitarum plantarum. Fasc. I. c. tab. aen. Fol. maj. Erlang. 794. Heyder. 2 ₰ Fasc. II. Fol. maj. ibid. 795. ...**

— Phytographia seu descriptio rariorum minus cognitarum Plantarum. Fasc. I. c. tab. aen. fol. maj. Erlang. Walther. 795.

— u. A. H. Homeyer, gekrönte Preisschriften üb. d. v. d. Akademie nützl. Wissenschaften zu Erfurt aufgegeb. pomolog. Preisfragen. gr. 8. Erfurt, Beyer u. M. 801.

— **u. A. H. Homeyer gekrönte Preisschriften über die von d. Akademie d. nützl. Wissenschaft. z. Erfurt aufgegeb. pomolog. Preisfragen. gr. 8. Erf. 801. (Otto). 12 gr**

— **Florae Berolinensis prodromus, secundum systema Linneanum ab illustr. viro ac Eg. C. P. Thunberg emend. cum VII tabb. aer. incis. 8maj. Berl. 787. W. Vieweg 1 ₰ 16 gr**

— s. Rebentisch, J. F.: Prodrom. florae Neomach.

Willdenow (C. L.). Species plantarum. Ed. 5. Berol. 1797–1810. 5 vols. 8°.

Ends abruptly with vol. v. pt. 1, conclusion of Filices. No Index. Continuation, Cryptogams, see Schwaegrichen, and Link.

— **tabellar. Verzeichniß d. in d. Churmark Brandenburg einheimischen Schmetterlinge ꝛc., f. C. F. Vieweg.**

Willdenow, Klara

Willdenow, Clara, zur Kenntnis der peptischen Vordauung des Kaseins. Diss. gr. 8. (60 S.) Bern 893. (H. Koerber.) n. 1. —

Willdeygud, Antun, van den Duiwele. Et tweite Preuweken int der plattduitschen Muekе. gr. 16. (III, 87 S.) Paderborn 891. Bonifacius-Druckerei. n. — 60

Willdeygud, Antun. Van usſen Hierguede. En Preuweken iut ner plattduitschen Muekе. gr. 16. (59 S.) Paderb. 890, Bonifacius-Druckererei. * — 50

Wille, der, des Herrn ist heilig. Ein Gebet- u. Erbauungs-Büchlein f. folgsame Kinder. 32. (130 Seit. u. Titbild.) Linz 837, (Haslinger.)

—— der, des deutschen Volkes. 8. (4 S.) Leipzig 848, Weller. *

Wille, erster, S. Maj. des hochseel. Königs Friedrich Wilhelm III. ausgesprochen in einer Cabinets-Ordre vom 11. Jan. 1798 gegen Wöllner's Religions-Edict. Fol. (1 lithogr. Blatt in Thondruck mit Randzeichnungen.) Magdeburg 847, Baensch. *

FRANKLINS freier Wille, ein Wink für denkende Menschen über die Macht des Zufalls. (Pikante Reiseerlebnisse eines „Philosophen" u. eines Grafen in Berlin, Paris, Algier etc.). Mit color. Titelkpfr. Leipzig (Wien), bei Johann Georg Mößle. 1787. 8°.

252 S. (incl. Tit. u. 3 Bll. Inh. der 43 Kapitel), 1 Bl. Verlag der Firma. — Sehr seltene erste Ausgabe!

— — Dasselbe. Zweyte Auflage. Mit farbigem Titelkpf. Leipzig (o. Adresse), o. J. (1811). 8°. (10 Mk. Schaper, Hannover, c. 1905.)

252 S. (incl. Tit. u. 2 Bll. Inh. der 44 Kapitel). — Stockholmer Jan.-Auct. 1884.

Wille, Franklins freyer, ein Wink für denkende Menschen über Macht des Zufalls. Leipzig 1787. 2. Aufl. Wien 1789. Wien 1811. 2. Aufl. Leipzig o. J. V: *Huber, Franz Xaver.* (wrztg 1789, S. 833; 1799, S. 980) (KY 2/252) (Hdschr. Mitth. von Gustav Gugitz, Wien) (Neue Annalen der Litteratur. Wien 1811. 2/230) (BIBLPORT)

Wille, der freie. Gedanken zur Beruhigg. gedrückter Gemüter. 8. (VIII, 304 S.) Stuttgart 896. Greiner & Pfeiffer. Geb. in Leinw. n. 4. —

Der HEILIGE Wille Gottes. Der Trappist. Für heilsbegierige Seelen. Pest 1863. Druck v. Gustav Emich, Buchdrucker der ungar. Akademie. 48 S. - 136 mm

Wille, der, zum Kampf. Socialpolitische Fachsimpelei f. Viertelsgebildete v. Semper Michel. gr. 8. (28 S.) Leipzig 899. A. Strauch. n. — 50

Der letzte Wille S. K. M. i. Pr. Friedrichs des Grossen. Berlin 1786. 4. (2 Bl.)

Wille, letzter, eines selig verstorbenen Geistlichen an seine noch lebenden, im kirchlichen Herrenhause zu Eisenach alljährlich tagenden Brüder; oder: Nicht rückwärts, sondern vorwärts auf der Bahn der Freiheit in Religion u. Staatskunst, diesen erhabensten, blutsverwandten Disciplinen, die, recht erwogen, auf ein und dasselbe Ziel hinwirken. Hamburg 856. (G. W. Niemeyer.) gr. 8. (39 S.) n. 6 ngr.

Wille, Oberst U. Gekennzeichnet durch s. eig. Worte von Veritas. gr. 8. (41 S.) Zürich 895. Verlags-Magazin. n. — 40

Wille, üb. Anlage u. Durchführung der Manöver. [Aus: „Schweizer. Ztschr. f. Artill. u. Genie".] gr. 8. (16 S.) Frauenfeld 893. J. Huber's Verl. — 75

— die schweizerische Armee, s.: Estoppey, D.

Wille. Die Ausbildung der Armee. Vortrag, geh. in der allgemeinen Offiziers-Gesellschaft in Zürich. gr. 8. (23 S.) Frauenfeld 892, Huber's Verlag. * — 60
Aus: Schweiz. Zeitschr. f. Artillerie u. Genie, besonders abgedruckt.

(Wille.) Zweijährige Dienstzeit. Offenes Schreiben an den Verfasser von „Ne quid nimis", Herrn Friedrich Wilhelm Schultze, von August Eduard Müller (Pseud.). Berlin 1890. 8°.

Wille, General, siehe: *Militär-Lexikon.*

Wille, A., Anleitung, nach welcher unsere Kinder leicht und sicher lesen und schreiben lernen. Begleitwort zu der Fibel für den ersten Unterricht im Lesen und Schreiben. 8. (87 S.) Neu-Ruppin 877, Petrenz. *

Wille, A., Fibel für den ersten Unterricht im Lesen und Schreiben. 8. (IV und 140 S.) Neustadt-Eberswalde 866, Lemme. [Berlin, G. W. F. Müller.] * 4 Ngr.; geb. * *

Wille A., Fibel für den ersten Unterricht im Lesen u. Schreiben. 1—3. Aufl. Neustadt-Eberswalde 866,70. Berlin, G. W. F. Müller. 8. (IV, 144 S.) n. 4 ngr; geb. n.n. 5 ngr

Wille, A., Fibel für den ersten Unterricht im Lesen und Schreiben bearb. Ausg. A. [Vorschule.] 2. Aufl. 8. (20 S.) Neustadt-Eberswalde 869, Lemme. *

—— dass. — Ausg. B. [Kleine Fibel.] 2. Aufl. 8. (64 S.) Ebendas. 869. * 25 Pf.; geb. **

—— dass. — Ausg. C. [Große Fibel.] 2. Aufl. 8. (144 S.) Ebendas. 869. * 40 Pf.; geb. **

—— dass. — 3. Aufl. 8. (144 S.) Ebendas. 870. * 40 Pf.; geb. **

—— dass. — 4. und 5. Aufl. 8. (144 S.) Berlin 871,73, G. W. F. Müller. * 40 Pf.; geb. **

—— dass. — 1. und 2. Heft. 6. Aufl. 8. Ebendas. 875. [1. Heft. (64 S.) * 25 Pf.; 2. Heft. (80 S.) * 30 Pf.] *

—— Fibel für den ersten Unterricht im Lesen und Schreiben bearb. 19. Aufl. 8. (80 S.) Berlin 879, Buchh. des Pestalozzi-Vereins. *

—— Liederbuch für deutsche Schulen. 3 Hefte. 8. (102 S.) Neu-Ruppin 879, (Petrenz.) *
Einzeln 1. Heft * 10 Pf.; 2. Heft * 15 Pf.; 3. Heft * 20 Pf.

—— 15 Wandtafeln zur Fibel. Fol. Ebendas. *

(Hrsg.), s. Zeitschrift, Schweizerische, für Artillerie und Genie.

Wille, Adph. Osk., die göttliche Gerechtigkeit. Predigt über Römer II, 1—11, am 10. Sonntage p. Trin. 1870 in der Thomaskirche zu Leipzig gehalten. gr. 8. (15 S.) Leipzig 870, (Hinrichs' Verlag.)

Wille, Adolph Oscar, die biblische Geschichte nach d. Texte der Bibel selbst erzählt, geordnet u. f. Bürgerschulen bearb. gr. 8. (17½ B.) Leipzig 845, [Brandstetter.]

Wille, Ad. Oscar, die biblische Geschichte nach dem Texte der Bibel selbst erzählt, geordnet und für Bürgerschulen bearb. gr. 8. Leipzig 845, Einhorn's Verl.-Exped. ½ ₰

Wille, Adph. Osc., die biblische Geschichte. Mit den Worten der heil. Schrift erzählt, geordnet und für Bürgerschulen bearb. 2. Aufl. gr. 8. (VIII und 264 S.) Leipzig 852, Brandstetter.

Wille, Adph. Osc., die biblische Geschichte. Mit den Worten der heil. Schrift erzählt, geordnet und für Bürgerschulen bearb. 3. Aufl. gr. 8. (VIII und 264 S.) Leipzig 860, Brandstetter.

Wille, Adph. Osc., die biblische Geschichte. Mit den Worten der heil. Schrift erzählt, geordnet u. f. Bürgerschulen bearb. 4. Aufl. gr. 8. (VIII, 264 S.) Leipzig 870. Brandstetter. 1. 50

—— christlicher Pilgerstab. Eine Mitgabe auf den Weg durch das Leben für confirmirte Jünglinge und Jungfrauen evangelisch-luther. Confession. 16. (VI und 290 S. nebst 1 Titelkpfr.) Dresden 859, Türk. geb.

—— Was dünket euch um Christo? Wes Sohn ist er? Predigten in der Thomaskirche zu Leipzig gehalten. Mit einem Vorwort von Th. A. Liebner. gr. 8. (VIII und 280 S.) Leipzig 857, C. Fr. Fleischer. *

— worin liegt es, daß die Aussaat des göttlichen Wortes einen so ungleichen Erfolg hat unter den Menschen? Einen festen Glauben an Christum den Herrn bringe ich euch mit! Zwei Predigten, als Gast- u. Antrittspredigt gehalten zu Leipzig Dom. Sexag. u. 1. Adv. 1849. gr. 8. (34 S.) Leipzig 849, Serig n. ⅙ ₰

Wille, Adph. Osk., worin liegt es, daß die Aussaat des göttl. Wortes einen so ungleichen Erfolg hat unter den Menschen? Einen festen Glauben an Christum den Herrn bringe ich euch mit! Zwei Predigten, als Gast- und Antrittspredigt gehalten zu Leipzig Dom. Sexag. und 1. Adv. 1849. gr. 8. (34 S.) Leipzig 850, Serig'sche Buchh. *

Wille, Alexander, katholisches Gebet- und Tugendbuch oder Anleitung zu der großen Kunst, andächtig zu beten, fromm zu leben und selig zu sterben. Für alle Stände. Neu bearb. von J. P. Toussaint. Ausg. Nr. 1. gr. 24. (448 S.) Einsiedeln, Benziger und Comp. * 90 Pf.; geb. *
Feine Ausg. Nr. 2 [in rother Einfassung] * ℳ 1.30.; geb. *

Katholisches Gebet- und Tugendbuch (Bett- und Tugendbuch) oder Anleitung zu d. großen Kunst, andächtig zu beten, fromm zu leben u. selig zu sterben. Für alle Stände. Nach d. Altdeutschen des P. Alex(ander) Wille a. d. G. J. bearb. von J[ohann] P[eter] Toussaint, Priester d. Diöcese Luxemburg. Ausg. No 1. *Einsiedeln, Köln: Benziger & Co. 1897.* (4;; S.) 8° [F.]

Katholisches Gebet- und Tugendbuch (Bett- und Tugendbuch) oder Anleitung zu d. großen Kunst, andächtig zu beten, fromm zu leben u. selig zu sterben. Nach d. Altdeutschen d. P. Alexander Wille a. d. G. J. bearb. von J[ohann] P[eter] Toussaint, Priester d. Diöcese Luxemburg. Ausg. No 2. *Einsiedeln, Köln: Benziger & Co. [um 1902].* (430 S.) 8° [F.]

Wille, Alexander. Siehe *a Gebet- und Tugendbuch.*

Wille, Alex., Gebet- u. Tugendbuch. 8. Augsburg, Veith. 800.

Wille, Alex., Gebet- u. Tugend-Buch f. verschied. Stände. Neu bearb. u. verm. v. Jos. Annegarn. 8. (16½ B.) Münster 833, Aschendorff. 12 Gr., Schrbp.

—— dass. in grobem Druck. 8. (28 B.) Ebds. 833.

Wille, Alex., vollständ. Gebet- u. Tugendbuch oder kurze Lebensregeln u. Uebungen andächtig zu beten rc. herausg. v. J. F. K. Stark. 8. Augsb. 800. N. A. 820. Veith. 12 Kr (N. A.) gr. 12. Insbr. 831. (Krüll in Landsh.) 11 Kr

— vollständ. Gebet- u. Tugendbuch, oder kurze Lebensregeln u. Uebungen andächtig zu beten, fromm zu leben u. selig zu sterben. Zum Nutzen aller Stände verfaßt. Mit 1 Steindr. 8. Einsiedeln 832. (Lindauer, Kranzfelder.) 12 𝒦 Dass. mit 5 Steindrücken. 16 𝒦 (Wahrscheinlich auch e. neue Ausgabe des Obigen.)

—— vollständ. Gebet- u. Tugendbuch, od. kurze Lebensregeln u. Uebungen andächtig zu beten, fromm zu leben u. selig zu sterben. Zum Nutzen aller Stände verfaßt. Neueste, v. P. Jos. Stark verb. u. verm. rechtm. Ausg. 8. ($31\,^2/_3$ B. u. Ttlkpfr.) Augsburg 834. (Regensburg, Manz.)

Wille, Alex., vollständ. Gebet- u. Tugendbuch. Oder: Regeln u. Uebungen, andächtig zu beten, fromm zu leben u. selig zu sterben. Nach der von Pr. Jos. Stark verb. u. verm. einzig rechtmäß. Original-Aufl. neu herausgeg. von Mich. Sintzel. Nebst 1 Stahlst. gr. 12. Augsburg 841, Kollmann'sche B. $^1/_2$ ꝑ — Neue Ausg. Mit 1 Stahlst. 12. Ebend. 844. $^1/_3$ ꝑ Velinp. mit 3 Stahlst. $^7/_{12}$ ꝑ

—— vollständ. Gebet- u. Tugendbuch, od. kurze Lebensregeln u. Uebungen, andächtig zu beten, fromm zu leben u. selig zu sterben. gr. 8. ($28\,^1/_8$ B. u. Ttlkpfr.) Augsburg 845, Herzog. (Regensburg, Manz.)

Wille, Alex., vollständiges Gebet- u. Tugendbuch. Oder Regeln u. Uebungen andächtig zu beten, fromm zu leben u. selig zu sterben. Neu herausg. von Jos. Fuster. 5. Aufl. gr. 12. (456 S. m. 1 Lith. u. 1 lith Titel.) Einsiedeln 850, Gebr. Benziger. 13 ngr Velinpap. m. 8 Lith. u. lithochrom. Titel 21 ngr

Wille, Alex., vollständiges Gebet- und Tugendbuch. Oder Regeln und Uebungen andächtig zu beten, fromm zu leben und selig zu sterben. Neu hrsg. von Jos. Fuster. 5. Aufl. gr. 12. (456 S. mit 1 Stnt. und lithogr. Titel.) Einsiedeln 851, Gebr. Benziger.
Vlnp. mit 8 Stnt. und lithochrom. Titel.

Wille, Alex., vollständiges Gebet- und Tugendbuch, oder Regeln und Uebungen, andächtig zu beten, fromm zu leben und selig zu sterben. Neu durchgeseh. und verm. von einem kathol. Pfarrer. 2. Aufl. gr. 12. (VIII und 396 S. mit 1 Stahlst.) Aachen 854, Hensen und Comp.

Wille, Alex., vollständiges Gebet- und Tugendbuch. Oder: Regeln u. Uebungen, andächtig zu beten, fromm zu leben und selig zu sterben. Nach der Originalausg. neu herausg. von einem Vereine katholischer Weltpriester. Mit Titelkpfr. Regensburg 859. Manz. 8. (558 S.) 18 ngr

— — Oder Regeln und Uebungen andächtig zu beten, fromm zu leben und selig zu sterben. Neu herausg. von Jos. Fuster. 15. Aufl. Einsiedeln 862. Gebr. Benziger. 12. (468 S. u. 3 Lithogr.) 12 ngr

— vollständiges Gebet- u. Tugendbuch. Oder Regeln u. Uebungen andächtig zu beten, fromm zu leben u. selig zu sterben. Neu herausg. von Jos. Fuster. 16. u. 17. Aufl. Einsiedeln 865—67. Gebr. Benziger. 8. (464 S. mit 3 Steintaf.) 12 ngr

—— vollständ. Gebet- u. Unterrichtsbuch, od. Regeln u. Uebungen andächtig zu beten, fromm zu leben u. selig zu sterben. Zum allgem. Nutzen verfaßt. Nach vielfält. Aufl. verbess., u. in e. bequemere Form gebracht v. e. Priester d. Bisthums Brixen. gr. 12. ($16\,^1/_3$ B. u. Ttlkpfr.) Innsbruck 831. (Regensburg, Manz.)

—— die nothwendigsten Gebete eines katholischen Christen. Nach dem Gebet- und Tugendbuche (des Verf.) 24. (VI und 227 S.) Mainz 858, Kirchheim.

Wille, Alex., die nothwendigsten Gebete eines katholischen Christen. Nach dem Gebet- u. Tugendbuche. 2. Aufl. Mainz 866. Kirchheim. 12. (VI, 227 S.) 4 ngr

Wille, Alwin [aus Niederschmon]: Zur Diagnostik des Coniferenholzes. I. Die Grösse des Tüpfelhofes bei den Abietinen. II. Über den sog. Markstrahlcoefficienten .... Halle, Druck v. Ehrhardt Karras, 1887; 38 S. + 1 Bl. 8°.
Halle, Phil. Fak., Inaug.-Diss. v. [4. Febr.] 1887.

Wille, Allwin, zur Diagnostik des Coniferenholzes. I. Die Grösse des Tüpfelhofes bei den Abietinen. II. Ueber den sogenannten Markstrahlcoefficienten. Diss. Halle 1887, Lippertsche Buchh. 8°. 38 S.

Wille, Andreas, Stadtpfarrer: Bischof Julian von Kios, der Nunzius Leos des Großen in Konstantinopel. Kempten 1910: Kösel. XII, 159 S. 8° ¶ (Soll auch als Buch ebd. ersch.)
Würzburg, Theol. Diss. v. 7. Juni 1910, Ref. Merkle
[Geb. 1. Nov. 45 Hohestadt; Wohnort: Günzburg; Staatsangeh.: Bayern; Vorbildung: Gymn. Passau Reife Juli 04; Studium: Passau Lyz. 6 S.; Rig. 22. Juli 09.] [U 10. 4273]

Wille, Andr., der heil. Martyrer Oswald, König von Northumbrien, ein Heiligenbild aus der Zeit der Bekehrung der Angelsachsen, für das Volk dargestellt. gr. 16. (32 S.) Passau 886, Deiters. *

Wille, Anna, Haushalts-Lehren in Versen. 16. (70 S.) Oranienburg 895. E. Freyhoff.
Geb. in Halbdamast n. 1. —

G. August Wille

Geognostische Beschreibung der Gebirgsmassen zwischen dem Taunus-und Vogelsgebirge, von der Lahn nach dem Main, Rhein und der Nahe... Von G. A(ugust) Wille. Mainz: Kupferberg 1828. VIII, 168 S. 8°

v. Wille, Aug. Chr. Ldw., (†d. 15. April 1823.) christl. Religionsvorträge zur Beruhigung bei d. jetzigen beunruh. Zeitumständen in Rücksicht auf Prediger die ähnliche Vorträge halten wollen. gr. 8. Leipz. 794. Barth. 12 𝒦

Wille, Bruno, die Abendburg. Chronika e. Goldsuchers in 12 Abenteuern. Buchausstattung von F. H. Ernst Schneidler. 1.—8. Taus. (524 S.) 8. Jena 909. E. Diederichs. 5.—; geb. in Leinw. 6. 50

Wille, Bruno, das lebendige All. Idealistische Weltanschaug. auf naturwissenschaftl. Grundlage im Sinne Fechners. 1.—6. Taus. (à IV, 84 S.) 8. Hamburg 905. L. Voß. n. 1. —

Wille, Bruno. Ansprachen zur Feier der Jugendaufnahme in der freireligiösen Gemeinde (zu Berlin), s. Vogtherr, E.

— Auferstehung, s. a. Flugschriften des Giordano Bruno-Bundes.

Auferstehung. Ideen über d. Sinn d. Lebens von Dr. Bruno Wille. Nach e. Vortrag z. Osterfeier d. Giordano Bruno-Bundes 1904 zu Berlin. Schmargendorf bei Berlin: 'Renaissance' 1904. (15 S.) 8° [F.]
— Flugschriften d. Giordano Bruno-Bundes. No 2. [05. 93

—— Die „Beweise" vom Dasein Gottes. Vortrag, geh. am 15. Febr. 1891 in der freireligiösen Gemeinde zu Berlin. 8. (16 S.) Berl. 891, (Rubenow). — 15

— die Christus-Mythe als monistische Weltanschauung. Ein Wort zur Verständigg. zwischen Religion u. Wissenschaft. (VIII, 120 S.) schmal 16. Berlin (903). Vita. Kart. n. 1. 20

— s.: Darwin's Weltanschauung.

— Unsere großen Dichter u. Schätze aus ihren Werken. Ein Hausbuch f. das deutsche Volk. (In 4 Bdn.) Mit Bildnissen. 1.—8. Tausd. 1. u. 2. Bd. gr. 8. Berlin, Märkische Verlagsanstalt. à 1.80; geb. à 2.50; in 1 Bd. geb. 4.50; Luxusausg. 6. —
1. Die klassische Blüte. Günther, Klopstock, Lessing, Wieland, Hölty, Voß, Claudius, Hebel, Matthisson, Salis, Herder, Bürger, Schubart, Schiller, Goethe. Bildnisse v. Goethe, Klopstock, Lessing, Bürger, Schiller. (155 S.) (910.)
2. Die Romantik. Jean Paul. Musäus. Hölderlin. Schlegel. Tieck. Novalis. Arnim. Brentano. Grimm. Fouqué. Kleist. Hoffmann. Eichendorff. Bildnisse v. Hölderlin, Tieck, Novalis, Arnim, Kleist, Eichendorff. (IV, 156 S.) (910.)

Wille, Bruno, Einsiedelkunst aus d. Kiefernhaide. 8. (182 S. m. Abb.) Berlin 897. Schuster & Loeffler. 1. 50

— Einsiedler u. Genosse. Soziale Gedichte nebst e. Vorspiel. Vorwort v. Jul. Hart. 8. (VII, 108 S.) Berlin 894. S. Fischer, Verl. n. 1.—

Wille, Bruno, Einsiedler und Genosse. Sociale Gedichte nebst dem Vorspiel. Vorwort von Julius Hart. 8⁰. Berlin, Freie Verlags-Anst., s. a.

Wille, B., die sittliche Erziehung. Vortrag. 8. (14 S.) Berlin 890. (Rubenow.) n. — 15

— die freireligiöse Gemeinde zu Berlin. Geschichtl. Rückblick. Zur Erinnerg. an d. 50jähr. Jubelfeier 1845—1895 im Auftrage d. Gemeinde verf. gr. 8. (34 S. m. 5 Bildn. auf 1 Taf.) Berlin 895. (W. Rubenow.) n n. — 25

— Der hl. Hain. Ausgewählte Gedichte. (Mit Buchausstattg. v. F. H. Ehmcke.) (184 S. m. Bildnis.) 8. Jena 908. E. Diederichs. 3.—; geb. n 4. 50

Wille, Bruno, die freie Hochschule als Mittel zur Steigerung unserer Volkskultur, s.: Bibliothek f. mod. Geistesleben. I. 6.

— Die Jugend. Eine Schrift zur Unterhaltung und Belehrung für Söhne und Töchter des arbeitenden Volkes. 8⁰. Berlin, Freie Verlags-Anst., 1891.

— s.: Jugend, die freie.

—— Das Leben ohne Gott. Vortrag, geh. am 19. März 1890 in der freireligiösen Gemeinde zu Berlin. 8. (19 S.) (Ebd.) 890. — 15

—— Lehrbuch f. den Jugendunterricht freier Gemeinden. Im Auftrage der freireligiösen Gemeinde zu Berlin hrsg. 1.—3. Tl. 12. (Ebd.) ** 3 —
1. Gedichte, Lieder u. Sprüche. (79 S.) 891. ** — 50.
2. Moralische Geschichten u. Fabeln. (112 S.) 891. ** — 50.
3. Kulturbilder, alte u. neue Weltanschauung. (IX, 375 S.) 892. * 2 —.

— Lehrbuch f. den Jugend-Unterricht freier Gemeinden. Im Auftrage der Freireligiösen Gemeinde zu Berlin hrsg. 1. Thl.: Gedichte, Lieder, Sprüche u. freireligiöse Gespräche. 2. veränd. Aufl. 12. (224 S.) Berlin 900. (A. Hoffmann.) Geb. 1. 20

Wille, Bruno. Materie nie ohne Geist. Vortrag im Giordano-Bruno-Bunde zu Berlin gehalten und für den Druck erweitert. 40 S. 8. Berlin-Bern, John Edelheim, 1901. [M. 1. —]

B — Materie nie ohne Geist. 901. (KBL 32.) Jetzt: Berlin-Charlottenburg, Vita.

Bruno Wille. Offenbarungen des Wachholderbaums. Roman eines Allsehers. Den Buchschmuck zeichnete Fidus. Bd 1. 2. *Leipzig: E. Diederichs 1901.* 2 Bde 8° [J.] [04. 10424]

— Offenbarungen d. Wachholderbaums. Roman e. Allsehers. (Den Buchschmuck zeichnete Fidus.) 2 Bde. 2. Aufl. (3. Tausd.) (335 u. 402 S.) gr. 8. Leipzig 903. Jena, E. Diederichs. n. 8. —; geb. n. 10. —

— Offenbarungen des Wachholderbaums. Roman e. Allsehers. 3. Aufl. (4. u. 5. Tausd.) 2 Bde. (336 u. 402 S.) 8. Jena 907. E. Diederichs. 8. —

Wille, Bruno [aus Magdeburg]: Der Phänomenalismus des Thomas Hobbes .... Kiel, Druck v. H. Fiencke, 1888; 2 Bl. + 26 S. + 1 Bl. 8⁰
Kiel, Phil. Fak., Inaug.-Diss. v. 10. März 1888

Wille, Bruno, der Phänomenalismus des Thomas Hobbes. Inaugural-Dissertation. gr. 8. (26 S.) Kiel 888, (Lipsius und Tischer.) *

— Philosophie der Befreiung durch das reine Mittel. Beiträge zur Pädagogik des Menschengeschlechts. gr. 8. (VII, 399 S.) Berlin 894. S. Fischer, Verl. n. 5. —; geb. n. 6. 50

Die Sagenhalle des Riesengebirges (Schreiberhau). Der Mythus von Wotan-Rübezahl in Werken der bildenden Kunst. 8 Bilder von Hermann Hendrich. Standbild von Hugo Schuchardt. Bauwerk von Paul Engler. Erläuterungen von Bruno Wille. *(Warmbrunn: M. Leipelt) 1903.* (16 S., 8 Taf.) 4° [04. 5650]

— die Sagenhalle des Riesengebirges (Schreiberhau). Der Mythus v. Wotan-Rübezahl in Werken der bild. Kunst. 8 (farb.) Bilder v. Herm. Hendrich, Rübezahl-Standbild v. Hugo Schuchardt, Bauwerk v. Paul Engler, der schlaf. Wotan, Standbild v. Rud. Maison, Erläuterg. v. W. 11.—50. Tausd. (16 S. m. 2 Abbildgn.) Lex.-8. Berlin 904. Mittel-Schreiberhau, Verlag d. Sagenhalle. n. 1. —

— Sibirien in Preußen. Auf administrativem Wege — ohne Richterspruch — als religiöser u. polit. Ketzer hinter Schloß u. Riegel gebracht. E. Weckruf aus d. Gefängnis. gr. 8. (71 S.) Stuttgart 896. R. Lutz. n. 1. —

—— Der Tod. Vortrag, geh. am 25. Novbr. 1888 [Todtenfest] in der freireligiösen Gemeinde zu Berlin. 8. (12 S.) (Ebd.) 889. — 15

— Der Tod. Vortrag zum Todtenfest der freireligiösen Gemeinde zu Berlin. Neue Aufl. 8⁰. Berlin, Freie Verlags-Anstalt, 1892.

— Wie die Natur zweckmäßig bildet, s.: Philosophie, moderne.

Wille, C., s.: Für Schule u. Praxis.

Wille, Cph. Ldw. Arn., s. *Tronçon* du Coudray, Beschreib. — Frz. S. Wild, Versuch.

Wille, E., Post-Handbuch für Jedermann, hauptsächlich für die Geschäftswelt und die Bewohner des platten Landes. gr. 8. (48 S.) Berlin 868, Koenig.

Wille, Elise Ottilie, Gedankensplitter (u. Rätsel). (VII, 208 S.) 8. Dresden (907). E. Pierson. 2.—; geb. n 3. —

Wille, Eliza, (geb. Sloman,) Felicitas. Ein Roman. 2 Thle. 8. Leipzig 850, Brockhaus. [1. (XII und 310 S.) 2. (384 S.)] Thlr.

Wille, Eliza, Johannes Olaf. Roman. 3 Bde. 8. (285; 386; 318 S.) Leipzig 872, Brockhaus.

Wille, Eliza, Stillleben in bewegter Zeit. 3 Thle. 8. (X, 243; VI, 303 u. VI, 285 S.) Leipzig 878. Brockhaus. 12.50

Wille, Eliza, geb. Sloman, s. Wagner, Rich.: Fünfzehn Briefe.

Wille, Eliza, s.: Wagner, Rich., an Eliza Wille.

Wille, Emil Auf welche Weise stellt Homer eine Verbindung zwischen der direkten Rede einer Person und dem Folgenden her? 10 S. Progr. Neustettin 1885

Wille, Emil, Prof.: Mein Ausflug von Athen nach Eleusis, Korinth, Mykena und Tiryns in den Sommerferien 1899. I. Neustettin (1901): R. G. Hertzberg. (36 S.) 8°
Neustettin, K. Fürstin-Hedwig-G., P. 1901 [illegible]

Wille, Emil, Prof.: Mein Ausflug von Athen nach Eleusis, Korinth, Mykena und Tiryns in den Sommerferien 1899. II. Neustettin 1904: R. G. Hertzberg. (32 S.) 8° * [Forts. d. P. Beil. 1901.]
Neustettin, K. Fürstin-Hedwig-G. OP 1904 (16..)

[illegible] zur Lokalgeschichte [illegible] Neustettin. Von Prof. E[mil] Wille. Neustettin: [illegible] 1904. 215 S. 8°

Wille, Emil, über ἔλεος καὶ φόβος in Aristoteles' Poetik. gr. 8. (16 S.) Berlin 879, Weber. *

Wille, Aem., de nonnullis Sophoclis locis. Dissertatio inauguralis. Berlin 867. Calvary & Co. 8. (35 S.) n. 8 ngr.

Wille, Emil Wie verfährt Homer, wenn er [illegible] der Rede einer Person einen Gedanken des Dichters [illegible] wieder aufnehmen will, [illegible] wenn er [illegible] eine Rede [illegible] folgen lassen will? [illegible] 11 S. Progr. [illegible] Hedwig-G. Neustettin 188[illegible] (121)

Wille, Emilie, s. Abrantes, Blanka.

s. Abrantes, Etienne Saulnier.

s. Barthet, E.: Das Schloß Montbrun.

s. Beauvoir, R. v.: Frau v. Soubise.

s. Boniface-Saintine, X.: Picciola.

s. Colet, L.: Mirabeau's Jugend.

s. Gay, Soph.: Eleonore.

s. Gay, S.: Leonie von Montbreuse.

s. Gay, Soph.: Marie Louise v. Orleans.

s. Gottis, Mdme.: Tasso u. die Prinzessin E. v. Este.

s. Gozlan: Die Burgen Frankreichs.

s. Gozlan, L.: Casimira v. Camilly.

s. Gozlan, L.: Ein verkannter Mönch.

s. Gozlan, L.: Das Schloß Rambouillet.

s. Jacob, P. L.: Die Gräfin v. Choiseul-Praslin.

s. Keratry: Das Ende des letzten Jahrhunderts.

s. Keratry: Die Baronin v. Kerleya.

s. Mery, ...: Heva.

s. Mery, ...: Hortensia.

s. Reybaud, Mad. Charles: Coralie oder Sieg echter Weiblichkeit.

s. Royer, Alph.: Die Janitscharen.

s. Sand, Geo.: Reise-Novellen.

Wille, Emilie, William Shakspeare nach Clemence Robert. 8. Leipzig 844, Kollmann. $1\frac{1}{8}$ ℛ

s. Thouret, Ant.: Der König der Eschen.

s. Vial-Castel, H.: Bertrand von Kergoet.

Wille, Erich, a. Berlin: Die Schlacht von Othée. 23. September 1408. (Berlin: G. Nauck 1908.) (XI, 74 S.) 8°
Berlin, Phil. Fak., Ref. Delbrück, Diss. v. 12. Aug. 1908
[Geb. 1 April 86 Berlin; Wohnort: Berlin; Staatsangeh.: Preußen; Vorbildung: Königstadt. Gymn. Berlin Reife O. 05; Studium: Berlin 6 S.; Rig. 9 Juli 08.]

[illegible] die Strafanstalten in der Schweiz [illegible] 1862

Wille, Fr., Mettlerkamp, der Führer einer am deutschen Freiheitskriege theilnehmenden Bürgerwehr. Mit Benutzung des handschriftlichen Mettlerkamps. Hamburg 866. O. Meißner. gr. 8. (164 S. mit dem Portr. Mettlerkamps in Holzschn.) $22\frac{1}{2}$ ngr.; geb. 21 ngr.

Wille, Fr., s. Zeit, die, Organ der Epigonen.

Wille, Friedrich Karl [aus Warnau (Prov. Sachsen)]: Über Cysticerken im vierten Hirn-Ventrikel ... Halle a. S., Druck v. Wischan & Wettengel, 1895; 1 Bl., 5—27 S., 2 Bl. 8.
Halle, Med. Fak., Inaug.-Diss. v. 5. Jan. 1895

Wille, Fritz v., Bilder aus der Eifel, s.: Steinzeichnungen deutscher Maler. Nr. 3.

— Bilder vom Rhein u. v. der Eifel, s.: Meyer, Thdr.

Wille, G. A., geognost. Beschreibung d. Gebirgsmassen zwischen d. Taunus- u. Vogelgebirge, von d. Lahn nach d. Main, Rhein u. d. Nahe, nebst besond. Beachtung der daselbst vorkomm. verschiedenart. Mineralquellen. Eine im Göttinger Vereine bergmänn. Freunde zum Vortrage gekomm. Ausarbeitung. gr. 8. (11 B., 2 ill. petrograph. Karten, gr. Fol. u. 1 Tab.) Mainz 828, Kupferberg.)

Wille, (Georg): Bilder aus der Odyssee. (Freie Übertragungen.) Sangerhausen 1910: Arendt. 34 S. 8°
Sangerhausen, G. OP 1910 (346) [S 10. 474

[illegible]
Progr. [illegible] 1886 [illegible]

Wille, Georg Andreas, s. Will

Wille, Gust., zweimal 50 biblische Geschichten aus dem alten und neuen Testamente für die Kinder des 1. bis 4. Schuljahres, nebst Bibelsprüchen, Liederstrophen und Gedenkreimen, Katechismusstücken und Gebeten. 2. verb. und verm. Aufl. gr. 8. (64 S. mit 12 Holzschn.) Leipzig 886, Peter's Verlag. *

Wille, Gust. Zweimal fünfzig biblische Geschichten f. die Unter- u. Mittelstufe. Mit 36 Bildern. 3. verb. u. verm. Aufl. gr. 8. (72 S.) Lpz. 890, Peter. * — 30; cart. * * — 40

Wille, Gust., zweimal 50 biblische Geschichten f. die Unter- u. Mittelstufe. Mit 34 Bildern u. 3 Karten. 5. Aufl. gr. 8. (72 S.) Leipzig 899. E. Peter. n. — 30; geb. n.n. — 40

Wille, Gust., zweimal fünfzig biblische Geschichten f. die Unter- u. Mittelstufe. Mit 34 Bildern u. 3 (farb.) Karten. 6. Aufl. in neuer Rechtschreibg. (72 S.) 8. Leipzig 905. Dürr'sche Buchh. — E. Peter. — 30; geb n.n. — 40

Wille, Gust., zweimal 50 biblische Geschichten f. d. Unter- u. Mittelstufe. 7. Aufl. (72 S. m. 34 Abb. u. 3 farb. Karten.) 8. Leipzig 910. [Dürr'sche Buchh.] E. Peter's Verl. — 30; geb. n — 40

Wille, Gust., zweimal 20 biblische Geschichten aus dem alten und neuen Testament für die Kinder der Unterstufe, nebst Bibelsprüchen, Liederstrophen und Gebetenreimen, Gebeten und Katechismusstücken. gr. 8. (48 S. mit 12 eingedr. Holzschn.) Leipzig 880, Peter's Verlag. cart.

—— die Hauptunterschiede zwischen der evangelischen und römisch-katholischen Kirchenlehre, nebst einem Anhang, welcher in sechs Exkursen wichtige christliche Grundlehren ausführlicher behandelt. Teils zur Selbstbelehrung, teils zum Gebrauche beim Unterrichte dargestellt. 8. (336 S.) Elberfeld 887, Bädeker'sche Buchh. *
—— dass. — Teils zur Selbstbelehrung, teils zum Gebrauche im Konfirmandenunterrichte, sowie in höhern und niedern Lehranstalten dargestellt. [Schulausg. (ohne Anhang.)] 8. (55 S.) Ebendas. 887. *

— das Lebensbild Jesu auf Grund der biblischen Urkunden für Schule u. Haus kurz entworfen. gr. 8. (VIII, 126 S.) Siegen 877. Welle. n. 2. 50

Wille, Gust., die Sünde wider den heiligen Geist, welche nicht vergeben wird. Pfingstpredigt. 8. (31 S.) Siegen 850, Kogler'sche Buchh.

Wille, Gust., der orthographische Unterricht in der Volksschule oder: wie ist in der Volksschule der Unterricht in der Orthographie anzulegen und zu betreiben, damit die Schüler in der Oberklasse zur Sicherheit in derselben gelangen? gr. 8. (28 S.) Wittenberg 874. Herrosé.

Wille, Gust., der orthographische Unterricht in der Volksschule. gr. 8. Wittenberg 874. Berlin, Th. Hofmann.

—— zwei neue Veranschaulichungs-Apparate zum elementaren Rechnen. I. das Zahlenbilder-Rechengestell und II. der Zahlenbilder-Rechenkasten. gr. 8. (110 S.) Delitzsch 870, Pabst. *

— fünf Wandtafeln m. dem kleinen u. großen deutschen Schreib-Alphabet u. den deutschen Ziffern in genet. Folge auf Liniennetz; als deutsches Normal-Alphabet f. den Schulgebrauch entworfen u. hrsg. Lith. gr. Fol. Ebend. 874. n. 2. 50

Wille, Gust., Zahlenbilder. Rechenfibel, das Rechnen in den Zahlenräumen 1 bis 10, 1 bis 20, 1 bis 100 und 1 bis 120 umfassend. Für die Hand der Kinder hrsg. gr. 8. (60 S.) Delitzsch 874, Pabst. *

—— dass. — Ausg. mit Anh. für den Lehrer. gr. 8. (67 S.) Ebendas. 874. *

Wille, H., Kinderleben. Ein Bilderbuch für unsere Kleinen. gr. 8. (7 Chromolithogr.) Langensalza 881, Beyer und Söhne. cart.

Wille, H.: Lehrbuch d. europ. Moden-Akademie. s. Gunkel, A.

Wille, H. Über secundäre Veränderungen im Rükkenmarke nach Oberarm-Exarticulationen. Mit 1 kolor. Doppeltafel u. Tab. In-8°. 38 S. Basel. These.
1895

Wille, H., aus Wald und Flur. Neue Thierbilder. 2. Aufl. qu. 4. (11 Chromolithogr.) Langensalza 879, Beyer und Söhne. cart.

Wille, Heinrich: Pufferbatterien im Strassenbahnbetriebe. 1905. 11 S. 4° ¶ Aus: Elektr. Bahnen u. Betriebe. Jg. 3.
Braunschweig, Dr.-Ing.-Diss. v. 26. 4. 1904

Wille, Hellmuth, s. a.: Blumenreich, Paul.

— der Privatsekretär, s.: Viktoria-Sammlung Nr. 6.

Wille, Hellmuth, todt? Ein Berliner Roman. 8. (308 S.) Leipzig 893. B. Elischer Nachf. n. 4. —

Wille, Hermann, a. Nordhausen: Aus der Frauenklinik zu Jena. Art und Technik der [illegible] Jena 1905: B. Vopelius. [illegible]
Jena, Med. Fak., Ref. Franz, D. [illegible] 1905
[illegible]

Carpser der Aeltere, Peter: Zum höchstverdienten Nachruhme ihres innigstgeliebten seelig [!] verstorbenen Brs. Peter Carpser des Aeltern verlasen in der den 15 ten Aug. 5759 über dessen tödtlichen Hintritt gehaltenen Trauer-Versammlung der sehr ehrw. Loge Absalom [in Hamburg] nachstehende Gedanken **J. H. Wille** und **Matthias Arnold Wodarch.** Hamburg 1760: Piscator. 20 S. 4° [Umschlagtit.]
Kl. 1305. 2 Reden.

Wille, Jakob

Wille, J., Bruchsal, s. a. Neujahrsblätter, badische, 7.

[W.] Bruchsal. Bilder aus einem geistl. Staat im 18. Jh. v. J[acob] Wille. M. 6 in d. Text gedr. Abb. Karlsruhe [illegible] 1897. [illegible] 1 Bd 8
= Neujahrsblätter, Badische. Bl. 7. [illegible]

Wille, Jak., Bruchsal. Bilder aus e. geistlichen Staat im 18. Jahrh. 2. vielfach umgearb. u. verm. Aufl. Lex.=8. (VII, 98 S. m. 8 Abbildgn.) Heidelberg 900. C. Winter.
n. 2. —

Wille, Jak., s.a. Elisabeth Charlotte, Herzogin v. Orleans, e. Auswahl aus ihren Briefen.

Wille, J., Pfalzgräfin Elisabeth Charlotte, Herzogin von Orléans. Vortrag, geh. zu Heidelberg in d. Universitäts-Aula am 19. März 1895. [Aus: „Neue Heidelb. Jahrbb."] gr. 8. (41 S.) Heidelberg 895. G. Koester.
n. 1. —

— Elisabeth Charlotte, Herzogin v. Orleans (Die Pfälzer Liselotte), s.a. Frauenleben. VIII.

Elisabeth Charlotte Herzogin von Orleans. ⟨Die Pfälzer Liselotte⟩ von Prof. Dr. Jakob **Wille**. Mit 5 Kunstdr. Bielefeld & Leipzig: Velhagen & Klasing 1905. (184 S.) 8° [F.]
= **Frauenleben**. 8. [06. 4530

Elisabeth Charlotte, Herzogin von Orleans. ⟨Die Pfälzer Liselotte⟩ Von Prof. Dr. Jakob **Wille**. 2. erw. Aufl. Mit 5 Kunstdr. Bielefeld & Leipzig: Velhagen & Klasing 1908. (188 S.) 8° [F.]
= **Frauenleben**. 8. [08. 16319

Wille, J. Stadt u. Festung Frankenthal während des 30jährigen Krieges. (127.) 8. Heidelberg 1876 2.40.

— Stadt u. Festung Frankenthal während des 30jährigen Kriegs. Nebst einer Vorgeschichte ihrer Entstehung u. Entwicklung. gr. 8. (VII, 127 S.) Heidelberg 877. C. Winter.
n. 2. 40

— **die deutschen Pfälzer Handschriften des XVI. u. XVII. Jahrh., s.a. Katalog der Handschriften der Universitäts-Bibliothek in Heidelberg. II.**

Wille, Jakob: Die deutschen Pfälzer Handschriften des XVI. und XVII. Jahrhunderts der Universitäts-Bibliothek in Heidelberg. Mit einem Anhang: Die Handschriften der Batt'schen Bibliothek. Verzeichnet u. beschrieben. Heidelberg: G. Koester 1903. (XII, 190 S.) 4°
(= Katalog d. Handschriften d. Universitäts-Bibliothek in Heidelberg. Bd 2.) (Nur in beschränkter Zahl für den Austausch)

Wille, Jak., Philipp der Großmüthige von Hessen und die Restitution Ulrichs von Wirtemberg 1526—1535. gr. 8. (VII, 345 S.) Tübingen 882, Laupp'sche Buchh. *

Wille, Jak., s. Regesten der Pfalzgrafen am Rhein.

Karl Zangemeister ⟨geb. 28. Nov. 1837, gest. 9. Juni 1902⟩. Gedächtnissrede geh. 1902 in d. Univ. zu Heidelberg von J[acob] **Wille**. Heidelberg 1902: J. Hörning. (12 S.) 8°

Aus alter und neuer Zeit der Heidelberger Bibliothek. Rede z. Feier d. Vollendung d. neuen Bibliotheksgebäudes geh. 1905 von J[akob] **Wille**. Heidelberg 1906: J. Hörning. (28 S.) 8° [06. 9346

Wille, Jh. de Prado, († ...) kurze Gedanken über wahre u. falsche Aufklärung in Religionssachen; e. Predigt. 8. Füssen 794.

Wille, Jh., Rede auf den sel. Leonhard von Portu Mauritio. 8. Augsb. 798. Doll. (Landsh., Krüll.) 2 gr.

Wille, Johann Christoph (Schmölln) A. S. 1255/7

Disputatio inauguralis medica, de sterilitate sequioris sexus, Von der Unfruchtbarkeit der Weiber.
Präs. Johann Philipp Eysel.
Erfurt (Grosch) 11. III. 1713. 10 Bl.

Gew.: Hermann Friedrich Teichmeyer, Christian Daniel Langhuss. 36799

Wille, Johs., Dinicu, s.: Jessen's, A. Ch., Volks- u. Jugend=Bibliothek, Nr. 94.

Wille, Johs., unser Heldenkaiser Wilhelm. Eine patriot. Festgabe für die Jugend. gr. 8. (IV, 221 S. mit Illustr.) Gera 887, Kanitz' Verlag. geb. *

Wille, Julius [aus Altena '(Westf.)']: Über einen neuen **Apparat zur Anstellung** von Summations-Versuchen ... M. **am** Schlusse befindl. Figurentafel. Würzburg, Druck d. **Stahel'schen k. Hof**buchdr., 1897; 26 S., 1 Taf. 8.
Würzburg, Med. Fak., Inaug.-Diss. v. 1897

Wille, Justus [aus Liebenau]: Die Orthographie in Roger Ascham's Toxophilus und Scholemaster mit besonderer Berücksichtigung der für den Vokalismus sich ergebenden Resultate. . . . Marburg: Georg Schirling, Buchdr., 1889. 64 S., 1 Bl. 8°
Marburg, Phil. Fak., Inaug.-Diss. v. [11. Nov.] 1889

Wille, L. H., merkt auf! e. holländ. deutsches Lesebuch für Lernbegierige. 12. Bremen, Müller. 810.

Wille, L. H., merkt auf! ein holländ.=deutsches Lesebuch für Lernbegierige. 12. Brem. 810. (Krappe in Leipz.) 6 gr. bei Heyse in Brem. Hbg. Pr. 2 gr.

Wille, Ludwig

Wille, L. (Prof.) u. **H. Widmer** (Assistenarzt). Aerztlicher Bericht über die Irrenabtheilung des Bürgerspitals in Basel vom Jahre 1879. In-8°. 31 S. mit Tabellen. Basel, Druck von Ferd. Riehm.
1881

Wille, L. Die klinischen und anatomischen Beziehungen des Alkoholismus chronicus. Wien 1883. 13 S. 8°.

Wille, Ludwig. Über die psycho-physiologischen und pathologischen Beziehungen des Gedächtnisses. Programm zur Rektoratsfeier der Universität Basel. 32 S. 4. Basel, Fr. Reinhardt, 1901.

Wille, L., das Gemüth, s.a. Vorträge, öffentliche, gehalten in der Schweiz.

Wille L., das Gemut. (Vorträge, Offentliche IX, 3) Basel 1887

Wille, L., fortschreitende Paralyse der Irren, s. Sonderabdrücke der Deutschen Medizinal-Zeitung.

Wille, Ludwig: Die elektrochemische Reduktion von Nitro-Formylanilinen und Nitro-Guajakolen. Amorbach 1909: Volkhardt. 40 S. 8°
Gießen, Phil. Diss. v. 31. Dez. 1909, Ref. Elbs
[Geb. 27. Aug. 80 Vilbel; Wohnort: Gießen; Staatsangeh.: Hessen; Vorbildung: Realgymn. Darmstadt Reife O. 01; Studium: Gießen 3, Greifswald 1, Heidelberg 1, Gießen 9 S.; Rig. 27. Juli 09.] [U 10. 1314

—— Spiritismus der Gegenwart, s.a. Vorträge, öffentliche, gehalten in der Schweiz.

— Ludwig (Dr., Professor der Psychiatrie an der Universität in Basel). Der Spiritismus der Gegenwart. In-8⁰., 34 S. Basel, Schweighauser's Verlag. 1 —
1880

Wille L, der Spiritismus der Gegenwart. (Vorträge, Öffentliche VI, 3) Basel 1881

Wille, L., Versuch einer physio-pathologischen Begründung und Eintheilung der Seelenstörungen. gr. 8. (61 S.) Neuwied 863, Heuser's Verlag.

Wille, L., Goethe's Werther und seine Zeit, s.a. Vorträge, öffentliche, gehalten in der Schweiz.

Wille, L. Gœthe's Werther und seine Zeit. Eine psychiatrisch-literar. Studie. 8⁰. Basel, Schweighauser.
Oeffentliche Vorträge, Band IV, Heft 9.
1878

Wille, M: Das metrische Maßsystem und die neuen deutschen Urmaße. Berlin 1891

Wille, Max, s.: Fördertechnik, die.

Wille, N[ordal]: Beiträge z. physiol. Anatomie der Laminariaceen. *Christiania 1897*

Wille, N., Beiträge zur Entwickelungsgeschichte der physiologischen Gewebesysteme bei einigen Florideen. gr. 4. (52 S. mit 6 Stnt.) Halle 887. (Leipzig, Engelmann.) *
Aus: Acta, nova, der kaiserl. Leopold.-Carolinischen deutschen Akademie der Naturforscher, besonders abgedruckt.

Wille, N., Conjugatae, Chlorophyceae, s.: Engler, A., u. K. Prantl, d. natürl. Pflanzenfamilien, I, 2.

—— über die Entwickelungsgeschichte der Pollenkörner der Angiospermen und das Wachsthum der Membranen durch Intussusception. Aus dem Norweg. in's Deutsche übertragen von C. Müller. gr. 8. (71 S. mit 3 Taf.) Christiania 886, Dybwad. *
Aus: Christiania Videnskabs-Selskabs Forhandlinger, besonders abgedruckt.

Wille N.: Ueber Gasvakuolen bei einer Bakterie. 1901. [Rostr. Saml.].

Wille N.: Mittheilungen üb. einige v. C. E. Borchgrevink auf dem antarctischen Festlande gesammelte Pflanzen. 1902. [Rostr. Saml.].

Wille, N., die Schizophyceen der Plankton-Expedition, s. Ergebnisse der usw. Plankton-Expedition der Humboldt Stiftung.

Die Schizophyceen der Plankton-Expedition. Von Prof. Dr. N[orda!] Wille, Christiania. Mit 3 Taf. Kiel & Leipzig: Lipsius & Tischer 1904. (88 S.) 4⁰
(Ergebnisse d. Plankton-Exped. d. Humboldt-Stiftung. Bd 2 [vielm. 4]. M. f.)

Wille, N., Studien üb. Chlorophyceen. I—VII. Lex.-8. (46 S. m. 4 farb. Taf.) Christiania 901. (J. Dybwad.) n. 4. —
Sonderabdruck aus: „Videnskabsselskabets Skrifter".

Wille N.: Kritische Studien üb. die Anpassungen d. Pflanzen an Regen u. Thau. 1886. [Rostr. Saml.].

Algologische Untersuchungen an der biologischen Station in Drontheim 1–7 von N[ordal] Wille. (Hierzu Taf. 1.) Trondhjem 1900: Aktietr. (38 S.) 8°
= Meddelelse fra Trondhjems biol. Station. No 2.
= **Skrifter**, Det Kgl. Norske Videnskabers Selskabs. 1906, No 3.

Wille, O. [aus Braunschweig]: Rotationsluxation des Kniegelenks ... Berlin, gedr. bei L. Schumacher 1888. 48 S. 8⁰
Berlin, Med. Fak., Inaug.-Diss. v. 17. Jul. 1888

Wille, Otto, das Buch des Lebens. Dramatische Dichtgn. 1, 3 u. 4. 12. Leipzig (-Reudnitz, Cichoriusstr. 14 I), Selbstverlag. à n. 1. —
1. Die Weihenacht. Vorspiel in 1 Aufzuge. (32 S.) 899.
3. Das Recht der Mutter. Bühnenspiel in 1 Aufz. (32 S.) 900.
4. Manisto. Bühnenspiel in 2 Aufzügen. (48 S.) 900.
2 ist noch nicht erschienen.

Wille, Otto, s.: Jesus.

Wille, Otto, Nervenleiden u. Frauenleiden. Nach e. Vortrag im ärztl. Verein zu Braunschweig. gr. 8. (III, 48 S.) Stuttgart 902. F. Enke. n. 1. 20

Wille, Oskar, aus Kettenbach: Über einen Fall von Karzinom der weiblichen Genitalien im Anschluß an jahrelanges Tragen eines vernachlässigten Pessars. *Erlangen 1903: Junge & Sohn.* (26 S.) 8°
Erlangen, Med. Diss. v. 31. Juli 1903

Wille, P. A., die 14 Stationen des heiligen Kreuzweges, s. Emmerich, A. K.

Wille, Paul, 7 Predigten in Beziehung auf die für das Vaterland so glückl. Ereignisse d. J. 1813 u. 14. gr. 8. Marb. 814. Krieger. 10 gr.

Wille, Richard

Wille, [R.] (I.), Anleitung zum kriegsmässigen Schiessen aus Feldgeschützen. Zum Gebrauch der Offiziere der schweizer. Feldartillerie, auf dienstl. Veranlassung zusammengestellt. 8. (36 S.) Thun 879, Christen. *

Wille, R., Anleitung zum kriegsmässigen Schiessen aus Feldgeschützen. Zum Gebrauch der Officiere der schweizer. Feldartillerie auf dienstl. Veranlassung zusammengestellt. 2. umgearb. und durch ein Capitel: „Die Leitung des Feuergefechts" und einen „Anhang" verm. Aufl. gr. 8. (52 S.) Thun 880, Christen.

—— urkundliche Beiträge zur Geschichte Hanaus im 30jährigen Kriege aus dem Nachlaß Herzog Bernhards von Weimar. Eine Ergänzung zu des Verf. größerem Werk „Hanau im 30jähr. Kriege". gr. 8. (X, 68 S.) Ebendas. 888. *

—— die Bewaffnung der Feld-Artillerie. gr. 8. (XVIII, 330 S.) Berlin 880, Bath.

Wille, R., Napoleonische Bulletins. Eine Studie f. Vaterlandsfreunde. gr. 8. (70 S.) Braunschweig 893. Gebr. Haering. n. 1. 20

Wille, R., le canon de campagne Fried. Krupp à tir rapide C/99. Traduit de l'allemand par E. Monthaye. gr. 8. (95 S. m. 41 Fig. u. 3 Taf.) Berlin 900. R. Eisenschmidt. n. 6 —

Wille, R. (II.), der Declamator. Ernste und heitere Declamationen für Damen und Herren. 8. (64 S.) Hamburg 877, Kramer. *

Wille, R., Ehrhardt-Geschütze. 1. Tl. Mit 154 Bildern im Text u. auf 4 Taf. (XVIII, 221 u. 312 S.) gr. 8. Berlin 908. R. Eisenschmidt. 25. —

— **Einheitsgeschosse.** (V, 83 u. 18 S. m. 43 Abb. im Text auf 5 Taf.) Lex. 8. Ebd. 910. 10.—; geb. n 11. 50

Wille, R., über das Einheitsgeschütz der Feldartillerie. gr. 8. (116 S. mit eingedr. Holzschn. und 3 lithogr. Taf. Abbild. in Fol.) Berlin 870, Mittler und Sohn. *

Wille, R., Entwicklung der Beschlüsse f. Kanonen unter besond. Berücksicht. der neusten Verschlüsse System Ehrhardt. Mit 158 Bildern im Text u. auf 4 Taf. (VII, 123 S.) gr. 8. Berlin 903. R. Eisenschmidt. n. 4. —

Wille, R., **Étude sur la plastoménite, nouvelle poudre pour canons et fusils.** Traduction de G. Bodenhorst. gr. 8. (134 S. m. 9 Taf. u. 1 Krokis.) Berlin 898. R. Eisenschmidt. 6. —

—— das deutsche Feld-Artillerie-Material vom J. 1873. gr. 8. (VIII, 126 S. mit 24 in den Text gedr. Holzschn. und 4 lithogr. Abbild. auf 2 Taf. in qu. gr. 4.) Berlin 876, Bath. *

—— dass. — 2. Aufl. gr. 8. (XI, 179 S. mit 25 in den Text gedr. Holzschn. und 14 lithogr. Abbild. auf 3 Taf.) Ebendas. 879. *

Wille, R. Das deutsche Feldartillerie-Material. 3. völlig umgearb. Aufl. gr. 8. (X, 167 S. m. 50 Abbildgn.) Berl. 890, Bath. 4 —

—— die Feld-Artillerien Deutschlands, Englands, Frankreichs, Italiens, Oesterreichs und Russlands. Uebersicht ihrer materiellen und ballist. Fortschritte im letzten Jahrzehnt. Imp.-4. (26 S.) Berlin 878, Vossische Buchh.

—— Das Feldgeschütz der Zukunft. gr. 8. (XIV, 324 S.) Berl. 891, Eisenschmidt. 6 —

— das Feldgeschütz der Zukunft u. die Kritik der Gegenwart. gr. 8. (VI, 128 S. m. Abbildgn.) Ebd. 892. n. 3. —

— die kommenden Feldgeschütze. gr. 8. (IV, 170 S. m. Abbildgn.) Ebd. 893. n. 3. 50

— **zur Feldgeschützfrage.** gr. 8. (VIII, 400 S. m. 84 Abb. im Text u. auf 1 Taf.) Ebd. 896. n. 7. 50

— Fortschritt u. Rückschritt des Infanteriegewehrs. Mit 53 Abbildgn. auf 4 Taf. u. im Text. gr. 8. (IV, 216 S.) Ebd. 894. n. 4. 50

Wille, R., zur Frage des Schrapnels m. Langgeschossfüllg. (19 S. m. 2 Fig.) gr. 8. Berlin 909. R. Eisenschmidt. — 75

— **Gebirgs- u. Kolonialartillerie.** (X, 161 u. 16 S. m. 127 Abb. im Text u. auf 12 Taf.) Lex. 8. Ebd. 910. 13.—; geb. 15. —

Wille, R. Der Gebrauch der preuß. Belagerungsgeschütze. Berlin 1877. 144 S.

Wille, Rich., der Gefangene d. Piraten, s.: Volksbücher, Münchener.

— neue Gewehre. [Aus: „Internat. Revue üb. die gesammten Armeen u. Flotten".] gr. 8. (70 S.) Rathenow 893. M. Babenzien. n. 1. 20

— das „kleinste" Gewehrkaliber. gr. 8. (88 S.) Berlin 893. R. Eisenschmidt. n. 2. —

Wille, R., die letzten Grafen von Hanau-Lichtenberg. gr. 8. (VIII. 82 S.) Hanau 886, Alberti. *

—— Hanau im dreißigjährigen Kriege. gr. 8. (XXX, 740 S. mit 5 Taf. in Stein- und Lichtdr.) Ebendas. 886. * geb. *

— vor dreißig Jahren. Lose Tagebuchblätter aus dem Feldzug gegen Dänemark. gr. 8. (283 S.) Berlin 895. R. Siegismund. n. 6. —

—— über Kartätschgeschütze [canons à balles, mitrailleurs]. gr. 8. (VIII, 140 S. mit 55 Abbild. auf 2 lithogr. Taf. in gr. Fol.) Ebendas. 871. *

Wille, R. Keilverschluß System Ehrhardt. Mit Bld. ꝛc. Berlin 1905. 20 S.

— Leitfaden der allgemeinen Maschinenlehre u. der artilleristischen Technologie. Zum Gebrauche in der verein. Artillerie- u. Ingenieur-Schule, sowie f. jüngere Offiziere aller Waffen. 1. Abth. Allgemeine Maschinenlehre. 1—4. Hft. gr. 8. Berlin 874. 75. Bath. n. 16. 60

1. Die einfachen u. die Kraftmaschinen. Mit 42 in den Text gedr. Holzschn. u. 16 metallograph. Abbildgn. auf 2 Taf. (in gr. Fol.) (VI, 111 S.) n. 4. —

2. 1. Abth. Allgemeine Maschinenlehre. (2. Hft.) Die einfachen u. die Kraftmaschinen. Mit 16 in den Text gedr. Holzschn. u. e. Atlas der Werkzeugmaschinen (30 Steintaf. m. erläut. Text in qu. [illegible]) (S. 112—172.) n. 8. —

3. 2. Abth. Artilleristische Technologie. (1. Hft.) Die Anfertigg. d. Schießpulvers u. der Geschützröhre. Mit 10 in den Text gedr. Holzschn. (S. 1—122.) n. 3. —

4. — dasselbe. (2. Hft.) Die Anfertigg. der Laffeten u. Fahrzeuge u. der Geschosse. Mit 7 in den Text gedr. Holzschn. (S. 123—198.) n. 1. 60

— — 2. Aufl. Berlin 1875. 370 S. 8⁰ u. 4⁰

—— Leitfaden der Waffenlehre. Zum Gebrauch in den Kriegsschulen, sowie für jüngere Offiziere aller Waffen der deutschen Armee, unter Zugrundelegung der „genetischen Skizze des Lehrstoffs". gr. 8. (XX, 468 S. mit 61 in den Text gedr. Holzschn. und 19 lithogr. Abbild. auf 4 Taf. in qu. 4.) Ebendas. 874. *

— **Mauser-Selbstlader.** Mit 90 Bild. im Text u. auf 2 Taf. gr. 8. (VIII, 87 S.) Ebd. 897. n. 3. —

—— Mosaik. Geschichtl. Skizzen. 8. (V, 260 S.) Ebendas. 889. *ℳ 3.—; geb. *

— Plastomenit. M. 9 Taf. u. 1 Kurvenblatt im Text. gr. 8. (VII, 128 S.) Ebd. 898. n. 3. 75

— projectiles en tungstène. Traduction de Bodenhorst. gr. 8. (108 S.) Berlin 891. R. Eisenschmidt. 2. 40

—— die Riesengeschütze des Mittelalters und der Neuzeit. gr. 8. (X, 85 S.) Berlin 870, Mittler und Sohn. *

— Fried. Krupps **Schnellfeuer-Feldkanone c/99.** Mit 41 Bildern im Text u. auf 2 Taf. gr. 8. (99 S.) Ebd. 900. n. 4. 50

— **Schnellfeuer-Feldkanonen.** 1. Tl. 103 Bilder auf 7 Taf. u. im Text. gr. 8. (XVI, 384 S.) Ebd. 899. n. 12. —

— Das gezogene Schrapnel. (36 S. m. 3 Abb.) Lex. 8. Ebd. 910. 1. 60

– Gezogenes Schrapnel m. Langgeschossfüllung. (45 S. m. 15 Abb.) gr. 8. Ebd. 908. 1. 80

— v. Mannlichers Selbstlade-Karabiner u. Karabiner-Pistole m/1901. Mit 136 Bildern im Text u. auf 6 Taf. gr. 8. (VII, 47 S.) Ebd. 902. n. 3. 50

— v. Mannlichers Selbstlade-Pistole m/1901. Mit 116 Bildern im Text u. auf 5 Taf. gr. 8. (VII, 40 S.) Ebd. 902. n. 3. —

— Selbstlader-Fragen. Eine Studie. 1. Hft. Mit 15 Bildern auf 4 Taf. gr. 8. (V, 60 S.) Ebd. 902. n. 3.--

— Selbstspanner. (Automat. Handfeuerwaffen.) Mit 67 Abb. auf 7 Taf. u. im Text. gr. 8. (III, 108 S.) Ebd. 896. n. 3. —

Wille, Richard, a. Stettin: Die Verwendung des Wechsels in der deutschen Volkswirtschaft. Halle a. S. 1907: R. Graßmann, Stettin. (VII, 65 S.) 8° [A. u. Ant.] *(Erscheint vollst. im Selbstverl. des Verf.)

Halle, Phil. Fak., Ref. Conrad, Diss. v. 3. Juni 1907

[Geb. 7. Sept. 78 Stettin; Wohnort: Stettin; Staatsangeh.: Preußen; Vorbildung: Friedrich-Wilhelms-Sch. (Realgymn.) Stettin Reife O. 98; Studium: Halle 7 S.; Rig. 13. Nov. 06.]

— Waffenlehre. M. 144 Abb. im Text u. auf 2 Taf. gr. 8. (XXIV, 546 S.) Ebd. 896. n. 12. —; geb. in Halbfrz. n.n. 13. 75

— Waffenlehre. 2. Aufl. 2 Tle. in 1 Bde. gr. 8. (XII, XXIII, 964 S. m. 359 Abbildgn. im Text u. auf 8 Taf.) Ebd. 900. 901. n. 24. —; geb. in Halbfrz. n. 28. —

— Waffenlehre. 3. Aufl. Mit 562 Bildern im Text u auf 12 Taf. 3 Bde. Lex.-8. Ebd. 905. n. 25. —; geb. n. 29. —

1. Mit 183 Bildern im Text u. auf 3 Taf. (XI, 336 S.) 7. 50; geb. 8. 50. — 2. Mit 286 Bildern im Text u. auf 5 Taf. (XI, 432 S.) 9. —; geb. 10. 50. — 3. Mit 93 Bildern im Text u. auf 4 Taf. (VIII, 372 S.) 8. 50; geb. 10. —.

— dasselbe. 3. Aufl. 1. Ergänzungsheft. Handfeuerwaffen, Selbstlader u. Maschinengewehre. Mit 41 Bildern im Text u. auf 2 Taf. in Farbendr. (VI, 71 S.) gr. 8. Ebd. 905. n. 4. —

— Waffenlehre. 3. Aufl. 2.—6. Ergänzungsheft. gr. 8. Ebd. 24. 60

2. Feldartillerie I. Allgemeines; Deutsches Reich; Belgien; Bulgarien; China; England; Frankreich; Griechenland. Mit 35 Bildern im Text. (VII, 102 u. 18 S.) 908. 6. —; geb. 7. —
3. Feldartillerie II. Italien; Japan; Mexiko; Niederlande; Norwegen; Österreich-Ungarn; Persien; Portugal. Mit 26 Bildern im Text. (IV, 57 u. 62 S.) 908 5.60; geb. 6. 60
4. Feldartillerie III. Rumänien; Rußland; Schweden; Schweiz; Serbien; Spanien; Türkei; Vereinigte Staaten v. Amerika. Mit 50 Bildern im Text. (V, 74 S.) 908. 5. —; geb. 6. —
5. Literatur-Nachweis (1904/05 bis Ende 1908). (116 S.) 909. 5.60
6. Literatur-Nachweis f. 1909. (18 S.) 910. 2.40; geb. 3. 20

Hauptwerk u. 1. Erg.-Heft. Ebd. 905. 29. —.

—— Wolfram-Geschosse. gr. 8. (IV, 100 S.) Ebd. 890. *

Wille, Siegfried, Rechtsprakt.: Die Rechtsstellung des Treuhänders im Hypothekenbankgesetz. München 1900: Kastner & Callwey. 73 S. 8°

Erlangen, Jur. Diss. v. 2. Mai 1900, Ref. Sehling

[Geb. 11. März 84 Memmingen; Wohnort: München; Staatsangeh.: Bayern; Vorbildung: Luitpold-Gymn. München Reife 03; Studium: München 5, Freiburg i. B. 1, Erlangen 2 S.; Rig. 23. Jan. 00.] [U 00. 753

Wille, S[iegfried]. Das Vorverfahren des Basler Strafprozesses. Résumé eines im Basler Juristenverein gehaltenen Vortrages. (Separat-Abdruck aus dem Schweizerischen Zentralblatte für Staats- und Gemeinde-Verwaltung. Jahrg. 5, Nr. 12, 13 und 14, August und September 1904.) II + 47 S. 8. Zürich, Orell Füssli, 1904.

Wille, Ulrich

Wille, Ulr.: Anleitung zum kriegsmässigen Schiessen aus Feldgeschützen. Thun 1880.

Wille, Ulr., Beantwortung der im Nationalrate vorgebrachten Anschuldiggn. gr. 8. (44 S.) Bern 896. Buchdr. Berner Tagblatt. n. — 40

— über Befehlsgebung bei uns. Manövern. An Beispielen aus d. Truppenzusammenzügen 1896 u. 1897 erläutert. Mit 2 Karten. 2. Aufl. gr. 8. (91 S.) Zürich 897. (C. Schmidt.) n. 1. 60

Wille, Ulr., die Entwicklung der Manöver in unserer schweizer. Milizarmee, s. Neujahrsblatt, 98., der Feuerwerker-Gesellschaft in Zürich.

Die Entwicklung der Manöver in unserer schweizerischen Milizarmee. Von Ulrich **Wille**. Zürich: Fäsi & Beer in Komm. (1903). (35 S.) 4°

(Neujahrsblatt d. Feuerwerker-Gesellschaft in Zürich. 98).

Wille, Ulr., Gefechtsmethode für die schweizerische Feldartillerie. gr. 8. (III, 32 S.) Frauenfeld 882, Huber. *

— fünf neue militärische Gesetze. Krit. Betrachtgn. gr. 8. (28 S.) Bern 896. Buchdr. Berner Tagblatt. — 48

Wille, Ulr. Die Militärausgaben der schweizerischen Eidgenossenschaft. gr. 8. (15 S.) Frauenfeld 892, (Huber). * — 50

Wille, Ulr., s.: Militärzeitung, allgem. schweizer.

—— Reformen in unserem Heerwesen. 1. Heft: Der Mannschaftsbestand der Kavallerie. Die Remontirg. gr. 8. (III, 27 S.) Ebd. 889. 1. —

– Skizze e. Wehrverfassung der schweizer. Eidgenossenschaft. gr. 8. (VII, 246 S.) Bern 899. K. J. Wyss. n. 3. 20

— alter, wahrer Soldatengeist, s. Einzelschriften, militärische, üb. Tagesfragen der schweiz. Armee. 3. Hft.

Wille, Ulrich [jun.]. «Alter, wahrer Soldatengeist.» Eine Studie. Beitrag zur Frage der Revision unserer Wehrverfassung. [Von] Hauptmann U. W. II + 30 S. 8. Zürich, Arnold Bopp, Komm. Ed. Rascher's Erben, (1904). (fr. —. 60)

(Militärische Einzelschriften über Tagesfragen der Schweiz. Armee... Heft 3.)

Wille, U. (Hrsg.), s. Zeitschrift, Schweizerische, für Artillerie und Genie.

Wille, Valentin

Wille, V., zur Aetiologie des Abdominaltyphus, s.: Mittheilungen u. Auszüge aus dem ärztlichen Intelligenzblatt.

Wille, V., die chemische Diagnose der Magenkrankheiten u. die daraus resultirenden therapeutischen Grundsätze. Für prakt. Aerzte. gr. 8. (VIII, 62 S.) München 889. J. A. Finsterlin. n. 2. 40

Wille, Valent., d. chemische Diagnose d. Magenkrankheiten u. die daraus resultir. therapeut. Grundsätze. 2. Aufl. gr. 8. (VIII, 71 S. m. Abb.) München 890. [Finsterlin.] Seitz & Schauer. n. 2. 60

® **Wille**, Val., chem. Diagnose d. Magenkrankheiten. 890. (KBL 32.) Jetzt: München, Verlag d. ärztl. Rundschau.

Wille, V., üb. den Einfluss d. Bodens auf die Verbreitung der indischen Cholera, s.: Mittheilungen u. Auszüge aus dem ärztl. Intelligenzblatt.

Thesen zu einer Behandlung der Tuberkulose, insbesondere der Tuberkulose der Lungen. Nach e. Vortrag geh. zu Kaufbeuren 1906 von Bezirksarzt Dr. [Valentin] Wille-Markt Oberdorf. München: Seitz & Schauer 1906. (16 S.) 8°

® **Wille**, Thesen z. Behandlung d. Tuberkulose. 906. (KBL 34.) Jetzt: München, Verlag d. ärztl. Rundschau.

Wille, W., Tafel 5—400% der Steuer-Berechnungs-Tabellen f. Gemeinde-, Kirchen- rc. Steuern. Zum Gebrauch bei der Veranlagg., Zu- u. Abgängen, Ermäßiggn. rc. schmal Fol. (à 2 S.) Bielefeld-Gadderbaum (900). W. Bertelsmann. à — 50

Wille, W., neue komische Vorträge. Eine reichhalt. Sammlung ausgezeichneter und erprobter deklamator. Vorträge, Soloscenen, Couplets und Chansonettes. 3 Bdchn. 2. Aufl. 12. (à Bdchn. 64 S.) Oberhausen 882, Spaarmann. à Bdchn. 40 Pf.

Wille, Walter [approb. Arzt]: Die Psychosen des Pubertätsalters. Leipzig und Wien 1897. 218 S. 8°.
Basel. Med. Diss. 1897/98.

Wille, Walt., die Psychosen d. Pubertätsalters. gr. 8. (218 S.) Wien 898. F. Deuticke. n. 5. —

Wille, Wlh., (†d. 17. April 1818.) Anweisung zur christl. Religion, nebst e. kurzen Glaubensbekenntniß e. christl. Konfirmanden. 8. Cassel 779. (Hannov., Hahn). 8 ₰

— der Christ in den Versuchungen allgem. Gefahren. 8. Cassel 759.

— Katechismus d. christl. Religion. 12. Cassel 777. N. Aufl. 16. Ebd. 828. Krieger. 14 ₰

— kurze Nachricht von der Stiftung des Hersfelder Waisenhauses rc. 4. Heresfeld. 788.

— Nachricht von der Stiftskirche zu Hersfeld. 8. Cassel 789.

— s. die Offenbarung des heil. Johannes erläutert. 2 Thle. 4. Halle 769—72.

— die Sittenlehre in Denksprüchen d. Deutschen; e. Versuch. 8. Cassel 781. (Hannov., Hahn.) 11 ₰

Wille, W., d. Sittenlehre in Denksprüchen d. Deutsch. 8. Hannov. Ritscher. 787.

— Wahrheit d. christl. Religion. gr. 8. Ebend. 781

Wille-Theiß, J., siebenbürgische Erzählungen, s.: Volks- u. Jugend-Bibliothek.

Willeba sen., Frz., Frz. Willeba jun. u. Ferd. Uffenheimer. Transport u. Lagerung v. Wein in Caissons. (Vinophore.) gr. 8. (13 S.) Wien 890, (Hölder). — 60
Auch in engl., französ., italien. u. ungar. Sprache zu gleichem Preise.

Willebadessen [Schlagwort]

Willebadessen, s.: Geologische Karten. Karte (Preussen).

Willebrand, Christian Ludwig, s.a. Briefe über Zauberei.

(**Willebrand**, Chr. L.), Briefe über die Zauberei und damit verwandte Materien. Leipz. 778. 8.

s.a. Etwas f. Mütter.

Etwas

* — — für Mütter. In zwo (stellenw. lasciven) Erzählungen. Welchem eine Abhandlung von Romanen überhaupt, u. insonderheit von der episod. Erzählung, vorgesetzt ist (von *Christian Ludw. Willebrand*). (Allegor. Kpf.-Vign., Endner fec.) Breßlau, bey Joh. Friedr. Korn d. ält., 1774. Gr. 8⁰.
Tit., 1 Bl. Inh., LXXXIII+1 S. (die Abhdlg. v. Romanen enth.), 156 S., 2 weiße Bll. — S. 5—88: Bestrafung d. mütterl. Ungerechtigkeit. E. Klostergesch. (Mit Anfangs-Vignette, unsign.); S. 91—156: Unglückl. Folgen d. mütterl. Strenge. (Mit Anf.-Vign., unsign.) — Anon.-Lex. II. p. 68 (nach Meusel u. Kayser).

— s. Gellerts letzte Vorlesungen.

Willebrand, Chr. Ldw., s. a Geschichte eines Hottentotten.

Geschichte

— — eines Hottentotten, von ihm selbst beschrieben (von *Chr. Ludw. Willebrand*). Halle, Schwetschke u. Sohn, 1773. 8⁰.
Anon.-Lex. II. p. 199 (nach Kayser u. Meusel).

Willebrand, Chr. Ldw., Lehrbuch für Jünglinge, die sich d. Welt bilden. 8. Leipz. 778.

Willebrand, Christian Ludwig (Lübeck) A. S. 573/33

Dissertatio inauguralis iuridica de privilegiis circa commercia. Präs. Johann Tobias Carrach.
Halle (Curtius) 29. VI. 1771. 13 S.

W. v.: Präs. 36800

— s. Unterhaltungen für Frauenzimmer.

Verzeichnis von Büchern und Handschriften, Musikalien, Kupferstichen und Münzen der vereinigten Logen in Hamburg: Absalom, St. Georg, Emanuel, Ferdinanda Carolina und Ferdinand zum Felsen. [Zsgest. von Christian Ludw. **Willebrand.**] Nur f. Logen u. Brr. [Hamburg: Campe] 1818. VIII, 332 S. 8⁰
Kl. 9, Tt. 60.

— s.a. Wahl e. Ehegatten.

Über

§ — — die Wahl eines Ehegatten, von dem Verf. der sittlichen u. rührenden Unterhaltungen für Frauenzimmer (von *Chrn. Ludw. Willebrand*). Mit Titelvignette. Leipzig, Hilscher, 1776. 8⁰. XVI u. 204 S.
Anon.-Lex. IV. p. 232 (nach Meusel, Kayser, Schröder).

Willebrand, E. A. v., zur Kenntnis der Blutveränderungen nach Aderlässen. Eine experimentelle Studie. gr. 8. (92 S.) Berlin 900. A. Hirschwald. n. 2.—

Willebrand, H., das Schloss zu Schwerin, s. Stüler, A.

***Willebrand*, Jh. Pt., († d. 22. Juli 1786.) Abrégé de la Police accompagné de reflexions sur l'accroissement des villes. gr. 8. Hamb. 765. ...**

Willebrand, Johann Peter: „Abrégé de la police, accompagné de réflexions sur l'accroissement des villes", Hamburg 1765. — Deutsch u. d. T.: „Inbegriff der Polizey, mit Betrachtungen über das Wachsthum der Städte", aus dem Französischen übersetzt von K. F. Kretschmann, Zittau 1766 (Schöps).

HAMBURGS Annehmlichkeiten, von einem Ausländer beschrieben (verfasst von *Joh. Pet. Willebrand*). Hamburg und Leipzig 1772. 8°. (2 Mk. M. Glogau jr., Hamb., 1906.)
Anon.-Lex. I. p. 76 (nach Kayser u. Meusel). — Selten!

Lübecks Annehmlichkeiten, von einem Ausländer beschrieben (verfasst von *Joh. Pet. Willebrand*). Hamburg 1774.
Anon.-Lex. II. p. 76 (nach Kayser u. Meusel). — Selten!

— historische Berichte u. prakt. Anmerkk. auf Reisen in Deutschland, in den Niederlanden ꝛc. Mit e. Vorrede v. Gf. Schütze. 8. Hamb. 758. N. Ausg. 8. Leipz. 769. Heinsius. 22 K

Willebrandt, Joh. Peter, Historische Berichte und Anmerkungen auf Reisen in Deutschland, in die Niederlande etc. 3. Ausgabe. Leipzig 1761. 8.

— Betrachtungen über verschiedene Gegenstände. 8. Hamb. 763.

— Betrachtt. über die Würde der deutschen Hanse; auch über d. Werth ihrer Geschichte. 8. Hamb. 768.

Hansische Chronick aus beglaubigten Nachrichten zusammen getragen v. Johann Peter **Willebrandt.** Lübeck. 1748. Fol.
Kupfertitel: Monumentum Hansae Teutonicae exstructum a Joann. Petr. Willebrandt. 1748.

— Hansische Chronik, aus beglaubten Nachricht. zusammengetragen. Fol. Hamb. Bedmann. 749.

WILLEBRAND, JOH. PT., Gedanken von den wesentlichen Pflichten und Beschäftigungen der Polizey in Altona. Altona und Hamburg. (1760). Fol. P.

— Grundregeln u. Anleitungssätze z. Beförderung d. gesellschaftl. Glückseligkeit, in den Städten ꝛc. gr. 8. Leipz. 771. (Brockhaus). 22 K

— Grundregeln u. Anleitungssätze z. Beförder. d. gesellschaftl. Glückseligkeit in d. Städten ꝛc. gr. 8. Lpz. Helnsius. (Gleditsch.) 771.

— Grundriß e. schönen Stadt. 3 Thle. gr. 8. Lpz. Hilscher. 775. 76.

— Grundriß einer schönen Stadt, in Absicht ihrer Anlage u. Einrichtung zur Bequemlichkeit ꝛc. gr. 8. Hamb. u. Leipz. 775—76. Compt. f. Lit. 1 ß 16 K

Willebrand, Jean Pierre.

Innbegriff der Polizey . . . a. d. Franz. . . . Leipzig u. Zittau 1766. Ü: *Kretschmann, Carl Friedrich.* (Jl.) (Ky) (MGT)

— Inbegriff der Polizei mit Betrachtungen über Wachsthum der Städte. Aus d. Französ. (v. K. F. Kretschmann.) 8. Zittau 766. Schöps. 10 K

— freundschaftliche Nachricht von einer Brunnenreise mit beigefügten Erinnerungen. gr. 8. Leipz. 780. Compt. f. Literat. 21 K

Willebrandt, Joh. Pet., Vorbereitung zu der hansischen Chronick. . . . Lübeck 1717. Fol. . . . .(ille)

Willebrandt, Johann Peter, s.a. Willebrand

Willebrandt, Johann Peter (Rostock) A. S. 1365/2

Dissertatio inauguralis iuridica de iuribus diversis ex diversitate climatum natis.
Präs. Justus Henning Boehmer.
Halle (Grunert) 16. IV. 1742. 45 S.

W. v.: Präs. 36802

Willebrandt, Martin Albert (Rostock) A. S. 242/15

Dissertatio inauguralis de verbis honoris, vulgo von Complimenten. Präs. Johann Joachim Schöpffer.
Rostock 1717. 91 S.

Diss. 5. XII. 1709. 36803

Willecke, Carl, s. Willecke, Karl

Willecke, Heinrich Franz [pr. Arzt aus Nordhausen]: Zwei Fälle von Hydronephrose bedingt durch Divertikel am Blasenende des Ureters. . . . Marburg: Univ.-Buchdr. (R. Friedrich). 1890; 40 S. 8°
Marburg, Med. Fak., Inaug.-Diss. v. [28. Febr.] 1890

Willecke, Karl

Willecke, Carl, Referendar: Eine **Aktiengesellschaft als Mitglied des Aufsichtsrates einer anderen Aktiengesellschaft.** Göttingen 1908: Kaestner. 109 S. 8°
Göttingen, Jur. Diss. v. 17. Dez. 1908, Ref. Ehrenberg
[Geb. 4. Dez. 86 Otterndorf; Wohnort: Hannover; Staatsangeh.: Preußen; Vorbildung: Wilhelms-Gymn. Hannover Reife O. 05; Rig. 17. Sept. 08.]
[U 09. 1297

Willecke, Kurt, Leutn. a. D.: **Das Recht der Angestellten an ihren Erfindungen in vermögensrechtlicher Hinsicht.** Halle a. S. 1908: Nietschmann. 38 S. 8°
Heidelberg, Jur. Diss. v. 9. Jan. 1909, Ref. Endemann
[Geb. 24. Aug. 79 Stuttbof b. Raudow; Wohnort: Halle a. S.; Staatsangeh.: Preußen; Vorbildung: Gymn. Dramburg Reife O. 00; Studium: Halle 7 S.; Rig. 19. Dez. 08.]
[U 09. 1930

Kurt Hans **Willecke**. Reflexe. (Den Buchschmuck zeichnete Alexander Hausch. Berlin: Borngräber [1910].) 71 S. 8° [11. 317

Willehelm Magister, s.: Bankrott der pädagogischen Oberkonsistorialkünste in Bayern.

Willeke, Heinrich, aus Braunschweig: **Studien über die quantitative Bestimmung der Hexosen, speziell Dextrose, Lävulose und Invertzucker.** *München 1900: F. Straub.* (42 S.) 8°
München, Phil. Diss. v. 1901

Willelmus Gemmeticensis
s. **Guilelmus** Calculus. [10. 11891

Willem un Jedde op Reisen. Humoristisch-satir. Reisebeschreibg. von J. F. F. (48 S.) 8. Hamburg (904). C. H. A. Kloß. n. — 60

Willem, Frdr., O. S. B., s.: Nimm u. lies.

Willemding, E., (wahrscheinlich Psdn. u. dieses nur ein neuer Titel zu K. Fr. Koch, Hand- u. Taschenbuch rc.) unentbehrl. Taschenbuch für den Kauf- u. Geschäftsmann. Enthält eine genaue Berechnung aller in Europa coursirenden Münzsorten; eine vollständige Interessenberechnung; einen Unterricht von Wechseln rc. 8. (Leipz. 818. Köhler.) 1 ℛ

Willemer: Vom Turnen, mit Bezug auf den Zweykampf. Frankfurt a. M. 1819. 110 S.

Willemer, Jh. Helfr., († d. 20. März 1796.) Geschichte Jesu u. d. Apostel bis auf die Zerstörung Jerusalems. Mit Kpf. 8. Hamb. 780. 2e A. 782. Möller. 8 𝒦

Willemer, Jh. Helfr., Geschichte Jesu rc. u. Sittenlehre rc. hat Joachim in Leipzig.

— eigentliche Sittenlehre Jesu. Mit Kpf. 8. Hamb. 783. Möller. 6 𝒦

Willemer, Johann Helfrich (Achim/Bremen)A. S. 309/26

Specimen concordiae fidei et rationis in vindicüs religionis Christianae adversus Petrum Baelium impetentem rempublicam quae tota e veris Christianis est composita conservare se non posse.
Präs. Jakob Wilhelm Feuerlein.
Göttingen (Hager) 22. IV. 1748. 28 S.

Gew.: Gerlach Adolph Fhr. von Münchhausen,
Philipp Adolph Fhr. von Münchhausen.
W. v. Präs. 36804

— Unterricht durch biblische Exempel, zur Erläuterung d. Katechismus. 8. Dessau 783. Gelehrt.-B. 3 𝒦

Willemer, Johann Jakob

— s. Bruchstücke zur Menschen- u. Erziehungskunde. 12 Hefte

Willemer, Jh. Jak., († ...) kurzer Entwurf der ganzen christl Lehre in Fragen u. Antworten. 758. ... 6e Aufl. ... 774.

Willemer, (Geh. Rath u. Banquier) J. J., Deutschlands Erwartung. 8. Frankf. a. M. 817. Andreä. 3 𝒦

— Deutschlands Hoffnungen in Gefolg d. Pariser Convention von 26. Sept. 1815. 8. Ebd. 817. 4 𝒦

J. Jac. **Willemer's** Lebensansichten. 2e wohlfeilere Ausg. *Frankf. a. M.*, Brönner. B. 828. 2 Thle. 8° 1 ℛ 4 gl

— Lebensansichten. (Ein Buch für Jünglinge). 2 Thle. 2e wohlf. Ausg. 8. Frankf. a. M. 828. (Schmerber). 1 ℛ 4 𝒦

— von der Macht der Gewalt des Glaubens. 8. Frankf. 828. (Schmerber). 15 𝒦

— über eine Recension in der Leipziger Literaturzeitung vom 12. Nov. 1819. gr. 8. Frankf. a. M. 820. Andreä. 2 𝒦

— an die Theater-Aktionaire zu Frankfurt a. M. Eine Streitschrift. gr. 8. Frankf. a. M. 814.

— von den Vorzügen d. christl. Moralprinzips u. seinem Einfluß auf Erziehung. Ein Buch für wissenschaftl. gebildete Frauen u. Mütter. 8. Frankf. 826. Andreä. 1 ℛ 8 𝒦 2e wohlf. Ausg. 8. Frankf. 828. (Schmerber). 15 𝒦

— wie verhält sich die Zeit zum heil. Bunde. 8. Frankf. a. M. 819. Andreä. 16 𝒦

Willemer, Karl [Arzt aus Frankfurt a. M.]: Casuistischer Beitrag zur Behandlung des „Tetanus“ ... Jena, Druck v. A. Kämpfe, 1867; 43 S. 8.
Jena, Med. Fak., Inaug.-Diss. v. [5. März] 1867

Willemer, Phil. Helfr., Gebetbuch d. heut. Jüdinnen. 8. Schweidnitz. 734

Willemet, P. Remy, Herbarium mauritanum. 8. Leipz 796. (Schmidt), 7 𝒦

— Monographie p. servir à l'histoire naturelle et botanique de la famille de plantes étoilées. gr. 8. Strasb. 791 König. 8 𝒦

— botanisch-chemische u. pharmaceut. Versuche rc., s. *Coste*.

Willemier, G. A. F. Quarin, Specimen anatom.-patholog. de Otorrhoea, atque de variis modis, quibus pus effluere, et quorsum delabi soleat. 8maj. (5 B.) Trajecti ad Rh. 835, (Natan. ?)

Willemin, L.: Deutsches Lesebuch.
s. Keller - Miroglio, A.

Willemoes-Suhm, Helene v., Savonarola. Tragödie in 5 Akten. 8. (179 S.) Berlin 902. F. Gruneit, Sep.-Cto. n. 2. —; geb. n. 3. —

Helene von Willemoes-Suhm. Savonarola. Tragödie in 5 Akt. 2. Aufl. Berlin 1903.

W i l l e m o e s - S u h m, Rud. v., Challenger-Briefe 1872—1875. Nach dem Tode des Verf. hrsg. von seiner Mutter. Mit einem Vorwort von Prof. Kupffer, der Photogr. des Verstorbenen und einer (photogr.) Darstellung seines Grab-Monumentes. gr. 8. (XII, 180 S.) Leipzig 877, Engelmann. *

Willemoes-Suhm R. v.: Helminthologische Notizen 1. 2. (1 H.). (1869. 70). (12) S. 2 Tfl. (Sertr.). P.

Ueber einige Trematoden u. Nemathelminthen. Diss. Leipz. 1870. 29 S. 3 Tfl. P.

Vorläufiges üb. die Entwicklung d. *Polystoma integerrimum Rud.* 1871. [Krabbes Saml.]

Willems, Antonius (geb. am 26 Mai 1815 in Adendorf Rgbz. Köln): De tubarum Fallopianarum morbis ... Bonnae, typ. C. Georgii 1840. 27 S., 2 Bl. 8.
Bonn, Med. Fak., Diss. v. 7 [nach d. Akten v. 9] Jan. 1840

Willems, August (geb. am 26 Aug. 1852 in Worringen Landkr. Köln. Aus d. pathol. Institut zu Bonn. — Ueber knorpelige Ankylose. Bonn, Univ.-Buchdr. v. C. Georgi 1880. 38 S., 1 Bl. 8.
Bonn, Med. Fak., Diss. v. 14 Aug. 1880

Willems, Bernhard, a. Elsenborn in der Eifel: Über Schopenhauers Erkenntnistheorie. Eine historisch-krit. Abhandlung. Königsberg i. Pr. 1908 [Hartung]. (87 S.) 8°
Königsberg, Phil. Fak., Ref. Walter, Diss. v. 19. Febr. 1908
[Geb. 18 Dez 86 Elsenborn; Wohnort: Königsberg i. Pr.; Staatsangeh.: Preußen; Vorbildung: Gymn. Düsseldorf Reife M. 02; Studium: Münster 3, Berlin 2, Münster 3 S.; Rig. 20 Dez 07.]

Willems, Christoph

Willems, C., „Ekkehard" od.: Wie man fromme Zeitromane schreibt, s.: Volksaufklärung.

Willems, C., die Erkenntnislehre des modernen Idealismus. (127 S.) Lex.8. Trier (906). Paulinus-Druckerei. n. 2. —
Sonderabdruck aus: „Festschrift zum Bischofs-Jubiläum Trier 1906".

— Institutiones philosophicae. Vol. I. Continens logicam, criticam, ontologicam. (XXVII, 578 S.) gr. 8. Ebd. 906. n. 7. —

Willems, C., institutiones philosophicae. Vol. II. Continens cosmologiam, psychologiam, theologiam naturalem. (XVIII, 662 S.) gr. 8. Trier 906. Paulinus-Druckerei. 8. —

— s.: Pastor bonus.

Willems, C. Le pèlerinage de Trèves. Histoire de la sainte robe. gr. 16. (75 S. m. Bildern u. 1 Plan.) Trier 891, Paulinus-Druckerei. * — 30

— Philosophia moralis. (XV, 584 S.) Trier 908. Paulinus-Druckerei. 7. — ; geb. n 9. —

[S.] Prüm und seine Heiligthümer. M. 7 Ill. Von Dr. C[hristoph] Willems, Domvikar. *Trier: Paulinus Dr. 1896.* (86 S., 1 Bl. 7 Taf.) 1 Bl. 8. [illegible]

— La sainte robe de N. S. Jesus-Christ à Trèves. Étude archéologique et historique publiée par ordre de monseigneur l'évêque de Trèves. Traduite avec autorisation de l'auteur par Furcy Raynaud. 8. (339 S. m. Abbildgn.) Ebd. 891. * 2 10

Willems, C. Der hl. Rock zu Trier. Eine archäologisch-histor. Untersuchg., hrsg. im Auftrag d. Hochw. Hrn. Bischofs v. Trier. gr. 8. (VIII, 186 S.) Trier 891, Paulinus-Druckerei. * 1 20

— Der h. Rock zu Trier u. seine Gegner. 8. (122 S. m. 4 Illustr. u. 1 Lichtdr.-Bilde.) Ebd. 892. * 1 —

— Wallfahrt nach Prüm. 12. (32 S. m. 3 Autotyp.) Ebd. 896. n. — 25

— Wallfahrt nach Trier. Geschichte d. hl. Rockes, nebst Anh. v. Anbachtsübgn. 12. (62 S.) Ebd. 891. * — 35
Aus: Der hl. Rock zu Trier, besonders abgedruckt.

Willems, Emil, approb. Arzt aus Grünberg (Hessen): Aus d. Bürgerhospitale zu Köln: Geh. Rat Prof. Dr. Bardenheuer. Zur Therapie der Patellarfracturen. Köln a. Rh. 1904: (Hoursch & Bechstedt). (31 S.) 8°
Gießen, Med. Diss. v. 1904

Willems, Everh. Herm., Dissertatio medica inaug. de cerebri abscessibus. 8maj. (5¾ B.) Groningae 845. (Leer, Prätorius u. Seyde.) *

Willems, Georg, appr. Arzt a. Köln-Deutz: Aus d. patholog. Institut zu München. Ein Fall von Margaritom des Kleinhirns. München 1904: Kastner & Callwey. (21 S.) 8°
München, Med. Fak., Ref. v. Bollinger, Diss. v. 12. Aug. 1905
[Geb. 28. Apr. 77 Cöln-Deutz; Wohnort: Cöln-Deutz; Staatsangeh.: Preußen; Vorbildung: Apostelgymn. Cöln Reife M. 99; Studium: München 5, Berlin 2, München 2 S.; Coll. 28. Juli 04; Approb. 16. Juli 04.]

Willems, H. P., theoret.-practische Anleitung z. Rechtschreiben. 2. Aufl. gr. 12. (4 B.) Bremen 842, Kaiser. *

Willems, H. P., 46 Lectionen aus der Geographie, mit besond. Berücksicht. Deutschlands, des Königr. Hannover und des Fürstenth. Ostfriesland. Zum Auswendiglernen für Kinder. 3., verb. und verm. Aufl. 8. (16 S.) Aurich 853, [Seyde.]

Willems, Heinr. Leerhoff, methodische Anleitung zur leichten Erlernung e. neuen einfachen deutschen Volks-Kurrentschrift. Mit 6 vom Verf. autograph. Taf. gr. 8. (15 S.) Leer 874. Meyer's Buchh. n. — 50

Willems, Heinr. Leerhoff, Anleitung zum Rechtschreiben für den Schul- und Selbstunterricht. Unter strenger Befolgung der amtl. Regeln bearb. gr. 8. (X, 87 S.) Hannover 880, Hahn'sche Buchh. geb. *

Willems, Heinr. Leerhoff, der Baunscheidtismus oder die Heilung durch den Lebenswecker. Ein Wort der Belehrung zur Beherzigung für Laien. Mit einer körperbeschreibenden Abbild. und einer genauen Anleitung zum Gebrauch des Lebensweckers bei jeder einzelnen Krankheit. 8. (VIII, 77 S.) Leipzig 877, Zechel.

— Entwurf zu e. neuen, einfachen deutschen Volks-Kurrentschrift. Mit 2 autograph. Taf. gr. 8. (17 S.) Ebend. 874. n. — 50

— vollständige Lehre von der Interpunktion oder Zeichensetzung im Deutschen, Französischen u. Englischen. Auf Grundlage der in der Einleitung abgehandelten Satzlehre für den allgemeinen Gebrauch bearb. gr. 8. (XII, 72 S.) Emden 882. Haynel. n. 1. —

Willems, Heinr. Leerhoff, die Stenographie Gabelsberger's als Sprachbild dargestellt. Mit 3 autograph. Taf. Dresden 864. Adler. gr. 8. (VIII, 59 S.) n. 10 ngr.

Willems, Heinr. Leerhoff, die Stenographie Gabelsberger's als Sprachbild dargestellt. gr. 8. (VIII und 59 S. mit 3 autograph. Taf.) Dresden 884, G. Adler.

Willems, Heinrich Wilhelm, aus Barmen: Aethylthio- und Methylthio-Verbindungen des Thio-Indigos und Indigos. Göttingen 1910. 34 S. 8° [7. XII. 09.]
Basel, Phil. Diss. 1909/10

Willems, Heinrich Wilhelm. Aethylthio- und Methylthio-Verbindungen des Thio-Indigos und Indigos. Diss. Phil. Basel. 34 S. 8. Göttingen, W. Fr. Kaestner, 1910.

Willems, J. F., s. Collection de Chroniques Belges, Vol. VII. — Elnonensia. — Lieder, alte niederländische, aus Belgien. — Liederen, oude vlaemsche. — Muséum, Belgisch. — Volksboeken.

Willems, J. F., Reinaert de Vos, siehe: Volksboeken.

Willems, (Louis), Erfahrungen über die Impfung der Lungenseuche des Rindviehs. [Abdr. aus den Annalen der Landwirthschaft rc.] gr. 8. (34 S.) Berlin 852, Wiegandt & Grieben. n. ⅓ *ß*

Willems, Louis: Erfahrungen über die Impfung der Lungenseuche des Rindviehes. (34 S.) Berlin 62. Parey.

— die Impfung des Rindviehes als Schutzmittel gegen die verheerende Lungenseuche. Eine Denkschrift an den belg. Minister des Innern. Deutsch von A. Rust. Eine wichtige Schrift für Landwirthe und Thierärzte. 8. (44 S. mit 1 Stnt.) Quedlinburg 852, Basse.

Willems, P., les antiquités romaines envisagées au point de vue des institutions politiques. gr. 8. (VIII, 332 S.) Louvain 871. (Bonn, Marcus.) *

— le droit public romain depuis l'origine de Rome jusqu'a Constantin le Grand ou les antiquités romaines envisagées au point de vue des institutiones politiques. 3. éd. gr. 8. (444 S.) Louvain 874. (Bonn, Strauss.) n. 4. 35

— notes de critique et d'exégèse sur Horace sixième satire dupremier livre. gr. 8. (68 S.) Bruxelles 873. Ebend. n. 1. —

Willems, P., le sénat de la Républiquo romaine. Tome I. La composition du sénat. gr. 8. (638 S.) Louvain 878. (Berlin, Calvary & Co.) n. 7. 50

Willems, Paulet, f. **Wilms.**

Willems, Petr. Guil. (geb. Düsseldorf 9. 8. 1841): De investigatione morborum. Berolini (1862). (32 S.) 8°
Berlin, Med. Diss. v. 31. Juli 1862

Willemsen, Henricus, Crefeldensis: De Varronianae doctrinae apud fastorum scriptores vestigiis. Bonnae 1906: (S. Foppen). (43 S.) 8°
Bonn, Phil. Fak., Ref. Elter, Diss. v. 8. März 1906
[Geb. 3. Okt. 77 Crefeld; Wohnort: Düsseldorf; Staatsangeh.: Preußen; Vorbildung: Gymn. Crefeld Reife O. 97; Studium: Bonn 8 S.; Rig. 20. Dez. 05.]

Willemsen, M., die mittelalterlichen Kunst- u. Reliquienschätze zu Maestricht, s.: Bock, F.

Willemsen, P., chinesische Küstenpunkte, nach Aufnahmen von P. W., im Anschluss an Ruete's Briefe über Routen in der China-See. gr. 4. (4 S. mit eingedr. Holzschn.) Bremen 883, Silomon. *

(**Willemsen, P.,**) die Rheinprovinz unter Preußen, f. Rheinprovinz.

Willemsen, P. Wertschätzungstabellen für die den Rhein befahrenden Dampfer und Segelschiffe. Düsseldorf 1886.

Willemssen, R., nouvelles conversations en quatre langues, français, anglais, allemand et hollandais, selon J. Perrin, et H. E. Lloyd. A. s. l. t.: New conversations en four languages, french, english, german, and dutsch according to J. Perrin, and H. E. Lloyd. 16. Mainz 846, Kupferberg. 18 ngr (Auch mit d. Umschlags-Tit.: Neue Gespräche in 4 Sprachen etc.)

Willen, Karl, der dramatische Inhalt v. Goethes „Faust". 8. (V, 183 S.) Wien 902. C. Konegen. n. 3. —

Willenberg [Sachl. OW]

v. Willenberg, Karl, oder die Erziehung nach der Mode. 8. Bresl. 796. (Sosohorsky). 14 gr

WILLENBERG, Karl v., oder die Erziehung nach der Mode. Ein (stellenw. derbsatyr.) Roman für Eltern u. Erzieher. Bresslau (sic!), bey E. G. Meyer. 1796. 8°. 228 S. (1 Mk. 30 Pfg. Kühl, vor 1885.)

Willenberg [Schlagwort]

Willenberg-Königsberg, s.: Automobilkarten. Automobil-Tourenkarte.

Willenberg-Opalenietz. s.: Geologische Karten. Preussen 98.

Willenberg-Thorn, s.: Automobilkarten. Automobil-Tourenkarte.

Willenberg-Warschau, s.: Automobilkarten. Automobil-Tourenkarte.

Willenberg [Verf.]

Willenberg, G., Leitfaden f. den englischen Unterricht, s.: Deutschbein, K.

Willenberg, G. Historische Untersuchung über den Conjunctiv Praesentis der ersten schwachen Conjugation im Französischen. Diss. Göttingen 1878. 71 S.

Willenberg, G[otthelf]: Bericht über die Einweihungsfeier. *Elmshorn 1898: J. Schüthe.* (5—10 S.) 4°
Elmshorn, st. R, P 1898 (300)

Willenberg, *Gotthelf* [Dir. Dr.]: Zur Geschichte der höheren Schule in Elmshorn. Elmshorn, Druck v. J. Schüthe, 1897; 1—5 S. 4.
Elmshorn, st. R, P 1897 (305)

Willenberg, G., die Quellen von Osbern Bokenhams Legenden, s.a. Studien, englische, 12. Bd. 1. Heft.

Willenberg, Gotthelf [aus Gramschütz in Schlesien]: Die Quellen von Osbern Bokenham's Legenden .... (Aus d. Engl. Studien hrsg. v. Eugen Kölbing.) Marburg, *Verl. v. Gebr. Henninger in Heilbronn,* 1888; 41+1 S. 8°
Marburg, Phil. Fak., Inaug.-Diss. v. [17. Jul.] 1888

Willenberg, Gotthelf, Dir. Dr.: Über Ziele und Wege des Unterrichts am Realgymnasium (Einführungsrede des Direktors). *Oberhausen 1903: R. Kühne Nachf.* (S. 3—7.) 4° [F.]
Oberhausen (Rheinland), st. RG, P 1903 (557)

Willenberg, Gotthold Analyse et examen critique de l'école des femmes, comédie de Molière. 22 S. **Progr.** *Ohrdruf* 1880

Willenbergus, Sam. Frid.: De requisito a judice ingenii acumine Von der von einem Richter erforderten Scharfsinnigkeit commentatio juridica. Gedani 1745.

Willenberg, Samuel Friedrich [Praes.], s. Ammelung, Joh. Jacob: De Prussorum comitiis.

Willenberg, Samuel Friedrich [Praes.], s. Bentzmann, Johann: De jure amoenitatis.

Willenberg, Samuel Friedrich [Praes.], s. Boemeln, Georg Simon von: De abusu canonis juris Lubecensis Hand muss Hand wahren.

Willenberg, Samuel Friedrich [Praes.], s. Bucky, Joh. Christian: De pactis antenuptialibus. Von denen vor der Ehe getroffenen Eh-Packten.

Willenberg, Samuel Friedrich [Praes.], s. Colditz, Benjamin: De matrimonio conscientiae, gallis mariage de conscience.

Willenberg, Samuel Friedrich [Praes.], s. Dilger, Arnold: De unionis, qua Poloniae jungitur Prussia, indole.

Willenberg, Sam. Fr.: Tr. de eo, quod justum est circa excursiones maritimas. *Gedani.* 711. recus. 726. 8.

Willenberg, Samuel Friedrich [Praes.], s. Fischer, Sigismund Friedr.: De periculosa definiendi ratione in jure civili.

Willenberg, Samuel Friedrich [Praes.], s. Groddeck, Konstantin Gottfried: De divina ad officia civitatis secularia vocatione. Vom Göttlichen Beruff zu Weltl. Stadt-Aemptern.

Willenberg, Samuel Friedrich [Praes.], s. H o h e i s e l, Daniel Friedrich: De matrimonio imparium.

Willenbergius, Sam. Frid.: Commentatio iur., de iniuria quae mortuis illata, Ob und wie man die Verstorbenen beschimpfen könne? Ed. 3. Gedani 1760.

Willenberg, Sam. Frid.: Schediasma iur. de innocentia per torturam purgata, von der durch ausgestandene Tortur erhärteten Unschuld. Gedani et Lipsiae 1727.

Willenberg, Samuel Friedrich [Praes.], s. J o r d a n Karl Samuel von: De jure nobilium ducatus Oppoliensis et Rattiboriensis.

Willenbergus, Sam. Friedr.: De jure ultimi gentis suae. Vom Recht des letzten Stammhalters. Jenae 1735.

— de jure ultimi gentis suae, vom Recht des letzten Stammhalters. 4. Danzig, Haude. 746.

Willenberg, Samuel Friedrich [Praes.], s. K l e i s t, Johann Vincenz: De delictis maritimis.

Willenbergius, Sam. Fridr.: Commentatio de matrimonio conscientiae, Gallis mariage de conscience. Jenae 1741.

W i l l e n b e r g, S., de matrimonio imparium et conscientiae. Gedan. 1719. 4.

Willenberg, Samuel Friedrich [Praes.], s. M a t t h i a s c h, Georg: De jure personarum ducatus Oppoliensis et Rattiboriensis.

Willenberg, Samuel Friedrich [Praes.], s. M a u l, Jacob: De denunciatione criminum.

— de metu reverentiali: Ehrfurcht. 4. Ebend. 712.

Willenberg, Sam. F.: Schediasma jurid. de officio ministri eccles. erga condemnatum ad mortem. *Ged.* et *Lips.* 718. 4.

W i l l e n b e r g, Sam. Fr., de officio ministri ecclesiast. erga c o n d e m n a t u m ad mortem. 4. Danzig, Haas. 731.

W i l l e n b e r g, Sam. Fr., tractat. de o f f i c i o vocantis e vocati ad ministerium ecclesiasticum. 8. Iena, Clamner. 757 Rthlr.

Willenberg, Samuel Friedrich [Praes.], s. P e n s k i, Gottfried: Interpretationem rubricae: ne filius pro patre.

Willenbergius, Sam. Frid.: De polygamia a christiana ecclesia ex supposita, sed non probata lege divina monogamica, prohibita adversus Meletium exceptio. Francofurti et Lipsiae 1714.

— — Dasselbe. Halle, Renger, 1744. 4⁰.
Dr. Franz Schnitzer's Bibl. München 1902, no. 588, wo „*Willembergius*"

* **WILLENBERGII,** Sam. Frid. (D. & Prof.), p r a e s i d i a j u r i s d i v i n i q u i b u s t u e t u r t h e s i n i n s c h e d i a s m a t e s u o d e f i n i b u s p o l i g a m i a e (sic!) l i c i t a e, contra imbelles conatus quos post litem bis depulsam, quam superiore anno contra illam moverant duo Theologi Gedanenses in vindiciis Scripturæ Sacræ a pseudhermenia patronorum polygamias etc., de novo ostendit theologus anonymus. Francof. ad Viadr., Jerem. Schrey, 1713. 4⁰. 40 S. (incl. Tit.), 1 Bl. Err. (Auch in Breslau, Stadtbibl.)

Willenbergius, Sam. Frid.: Iterata praesidia juris divini pro defensione thesium suarum de polygamia simultanea Joach. Weickmanni ... justitiae causae opposita. Francofurti et Lipsiae 1714.

Willenberg, Samuel Friedrich [Praes.], s. R e m b s e n, Johann Jakob: De advocatis pauperum.

Willenberg, Sam. Frid.: De retorsione juris ad illustrandum statutum Gedanense. De anno 1723 d. 23. Julii commentatio. Gedani 1736.

Willenberg, Samuel Friedrich [Praes.], s. R o s e n b e r g, Johann Georg: De iure principi negato circa territorium suum, Germanis: Von den mancherley Rechten eines Fürsten wegen seines Landes, und den Fällen, wenn Ihm solche verneinet werden wollen.

Willenberg, Samuel Friedrich [Praes.], s. R o s e n b e r g, Sigismund Albert: De litium incommodis.

Willenberg, Samuel Friedrich [Praes.], s. S c h e l w i g, Gottlieb: De dubiis juramentorum formulis.

Willenbergus, Sam. Frid.: Selecta juris matrimonialis hoc est fundamentorum decidendi causas matrimoniales ... expositio. Halae Magdeb. 1720.

— selecta j u r i s Matrimonialis. 4. Halle, Renger. 720.

Willenbergus, Sam. Frid.: Selecta jurisprudentiae civilis, ad convenientem materiarum ordinem duabus partibus inclusa, et per exercitationes sabbathinas tractata. Ed. 2. P. 1. 2. Gedani 1728.

— selecta j u r i s p r u d, civilis per exercitationes sabbathinas tractata. 4. Danzig, Haas. 728.

— sicilimenta j u r i s gentium prudentiae ex Grotio de jure belli et pacis. 8. Lips. Weidmann. 712.

Willenberg, Samuel Friedrich [Praes.], s. S o m m e r f e l d, Theodor von: Dissertatio iuris feudalis. Vasallum epichaerecacum, Den Lehn-Mann als einen Schadenfroh ... submittit ...

— Tractat v. Recht d. Caperey. 8. Danzig, Haude. 731.

WILLENBERG, Sam. Frid.: Exercitatio de venatione privatis permissa. - Danzig 1722

— — Vindiciæ Scripturæ Sacræ à Pseudhermenia, quæ passim in scriptis patronorum polygamias, inprimis JCti Gedanensis . . . . Sam. Frid. Willenbergs, D. et Prof., schediasmate de finibus polygamiæ licitæ, committitur. Adjectum est in fine ipsum schediasma Willenbergianum. Lipsiæ, hæredes Lanckisii. 1713. 4°. 40 S. (incl. Tit.). (In Breslau, Stadtbibl.)

Willenborg, Clemens, s. Willenborg, Klemens

Willenborg, Fr. Aug., über die Orthodoxie des Marcellus von Ancyra. gr. 8. (79 S.) **Münster 859, Theissing'sche Buchh.** *

Willenborg, F. A., Ueb. die Orthodoxie d. **Marcellus** von Ancyra. 1860. 79 S.

WILLENBORG, Franz August (Lohne/Oldenburg): Utrum Eusebius Caesareensis recte de filio dei senserit nec ne. (Titel nach der Urkunde.)
30.7.1859 – Urk: F W
Diss. Ingolst.-Landsh.-Mchn.

Willenborg, Henr. **Clemens, de Diocle Peparethio ejusque fragmentis deque Niebuhrio antiquissimam gentis romanae memoriam e carminibus manasse adfirmante.** Commentatio philologica. 8maj. **(V und 73 S.) Monasterii 853, Cazin.**

Willenborg, Klemens

Willenborg, Clem., Der Phönixmythus. Vechta 1872. 4°. 30 S. Progr. d. Gymn.

Willenbücher, zwei landschaftliche Fragen beleuchtet. 8. (31 S. m. 1 **Tab. in qu. Fol.)** Posen 875. **Türk in** Comm. n. — 75

Willenbücher: Die Fremdwörter in der deutschen Sprache. Biedenkopf 1864. 17 S. 4°
Schul-/Univ.-Schrift

Willenbücher, Ferdinand, Gerichtsassessor in Darmstadt: Die strafrechtsphilosophischen **Anschauungen** Friedrich des Großen. Ein Beitrag zur Geschichte d. kriminalpolit. **Aufklärung** im 18. Jh. *Breslau: Schletter 1904.* (65 S.) 8°
Tübingen, Jur. Diss. v. 1904

Willenbücher, Ferd., die strafrechtsphilosophischen Anschauungen Friedrichs des Grossen, s. Abhandlungen, strafrechtl. 56.

Die strafrechtsphilosophischen Anschauungen Friedrichs des Großen. Ein Beitrag z. Geschichte d. kriminalpolit. Aufklärung im 18. Jh. Von Dr. Ferdinand **Willenbücher**, Ger. Ass. Breslau: Schletter 1904. (65 S.) 8°
(Abhandlungen, strafrechtliche. H. 56.)

Willenbücher, G., s. Willenbücher, H.

Willenbücher, H.

Willenbücher, das preußische Grundbuchrecht in seiner gegenwärtigen Geltung. Gesetzestext mit erläuternden Anmerkungen. gr. 8. (VIII, 362 S.) Berlin 882, H. W. Müller. cart. *

Willenbücher, das preußische Grundbuchrecht in seiner gegenwärtigen Geltung. Gesetzestext m. erläut. Anmerkgn. 2., umgearb. Aufl. gr. 8. (X, 397 S.) Berlin 893. H. W. Müller. Kart. n. 7. 50

Willenbücher, Grundriß d. Prozeß- u. Zwangsvollstreckungs-Verfahrens nach der deutschen Civilprozeßordng., m. Beispielen. gr. 8. (X, 549 S.) Berl. 889, H. W. Müller. cart. * 10 —

Willenbücher, H., Grundriß des Prozeß- u. Zwangsvollstreckungs-Verfahrens nach der deutschen Civilprozeßordnung, m. Beispielen. 2., umgearb. Aufl. gr. 8. (XII, 482 S.) Berlin 900, H. W. Müller. Kart. n. 8. —

— das allgemeine deutsche Handelsgesetzbuch m. Ausschluß d. Seerechts. Für die Praxis erläutert. gr. 8. (VIII, 596 S.) **Ebd. 891.** * 8 —; geb. * 9 —

Willenbücher, (G.), die Konkursordnung nebst Anfechtungsgesetz, erläutert. 3., vollständig neu bearb. Aufl. v. Fritz Günther. (VI, 408 S.) 8. Berlin 909. H. W. Müller. Geb. in Leinw. 10. —

Willenbücher, das Kostenfestsetzungsverfahren u. die deutsche Gebührenordnung f. Rechtsanwälte m. Erläuterungen u. Beispielen. gr. 8. (VIII, 169 S.) Berlin 883. H. W. Müller. cart. n. 3. 50

— das Kostenfestsetzungsverfahren und die deutsche Gebührenordnung für Rechtsanwälte mit Erläuterungen und Beispielen. gr. 8. (VIII, 169 S.) Ebendas. 884. cart. *

Willenbücher, das Kostenfestsetzungsverfahren und die deutsche Gebührenordnung für Rechtsanwälte mit Erläuterungen und Beispielen. 2. umgearb. Aufl. gr. 8. (VIII, 197 S.) Berlin 888, H. W. Müller. cart. *

— Das Kostenfestsetzungsverfahren u. die deutsche Gebührenordnung f. Rechtsanwälte m. Erläuterungen u. Beispielen. 3. verb. Aufl. gr. 8. (VIII, 216 S.) Ebd. 891. cart. * 4 20

Willenbücher, das Kostenfestsetzungsverfahren u. die deutsche Gebührenordng. f. Rechtsanwälte m. Erläutergn. 4., verb. Aufl. gr. 8. (VIII, 215 S.) **Berlin 895. H. W. Müller. Kart. n. 4. 20**

— das **Kostenfestsetzungsverfahren,** die deutsche Gebührenordnung f. **Rechtsanwälte** u. die **landesgesetzlichen** Vorschriften über die Gebühren der **Rechtsanwälte** in **Preußen, Bayern,** Sachsen, Württemberg u. Baden, m. Erläutergn. 5., verb. Aufl. gr. 8. (VIII, 248 S.) Ebd. 900. Kart. n. 5. —

Willenbücher (H.), das Kostenfestsetzungsverfahren, die deutsche Gebührenordnung für Rechtsanwälte u. die landesgesetzlichen Vorschriften üb. die Gebühren d. Rechtsanwälte in Preußen, Bayern, Sachsen, **Württemberg** u. Baden, m. **Erläutergn.** 6., umgearb. Aufl. (VIII, 293 S.) 8. **Berlin 906. H. W. Müller. Kart. n. 6.** —

— **Das Kostenfestsetzungsverfahren u. die deutsche** Gebührenordnung f. Rechtsanwälte, nebst den landesgesetzlichen Vorschriften in Preußen, Bayern, Sachsen, Württemberg u. Baden erläutert. 7., neu bearb. Aufl. v. Siméon u. W. Fischer. (VIII, 349 S.) 8. Ebd. 910. Geb. in Halbleinw. 7. —

Willenbücher (H.), das Liegenschaftsrecht des bürgerlichen Gesetzbuchs u. die Reichs-Grundbuchordnung m. Erläuterungen. Ausg. f. Preußen. (VII, 518 S.) gr. 8. Berlin 904. H. W. Müller. Geb. in Leinw. n. 10. —

— **dasselbe. Ausg. f. das Reich. (VIII, 404 S.) gr. 8. Ebd. 904. Geb. in Leinw. n. 8. —**

— die **Reichs-Grundbuchordnung v. 24. III. 1897** m. Anmerkgn. u. Sachregister. 12. (VI, 143 S.) Ebd. 898. **Kart. n. 1. 20**

— die Reichs-Grundbuchordnung vom 24. III. 1897 m. Anmerkgn. u. Sachregister. 2., verm. Aufl. Ausg. f. das Reich. 8. (VIII, 148 S.) Ebd. 900. Kart. n. 1. 50; Ausg. f. Preußen. (VIII, 234 S.) Kart. n. 2. 40

— die Reichs-Grundbuchordnung vom 24. III. 1897 (in der Fassung der Bekanntmachung vom 20. V. 1898) m. Anmerkungen u. Sachregister. 3., verm. Aufl. Ausg. f. das Reich. (VI, 149 S.) 8. Ebd. 905. Kart. n. 1. 50; Ausg. f. Preußen. (VI, 242 S.) n. 2. 40

— 2. Aufl. Ausg. für Preußen. 1900.

Willembuecher, [H.]: Die Reichs-Grundbuchordnung vom 24. März 1897 (in der Fassung der Bekanntmachung vom 20. Mai 1898) mit Anm. u. Sachreg. 3. Aufl. Ausg. f. Preußen. Berlin 1905. 8°

—— die Reichs-Konkursordnung und ihre Ergänzungsgesetze. Mit Erläuterungen. gr. 8. (XVI, 330 S.) Ebendas. 885. cart. *

— die Reichs-Konkursordnung. M. Erläutergn. 2., umgearb. Aufl. gr. 8. (VII, 884 S.) Ebd. 896. Kart. n. 7. 50

— Das Zivilprozeß- u. Zwangsvollstreckungsverfahren. Ein Grundriß m. zahlreichen Beispielen. 3., neu bearb. Aufl. v. A. Nöldeke. (XII, 441 S.) 8. Ebd. 909. Kart. 8. —

— dasselbe. Nachtrag. Gesetz. betr. die Zuständigkeit des Reichsgerichts v. 22. V. 1910. (RGBl. 767.) (7 S.) 8. Ebd. (910). — 30

Willenbücher, Heinrich, Dr.: Guyaus soziologische Aesthetik T. 1: Einleitung u. Darstellung d. Prinzipien. *Mainz (1900). H. Prickarts.* (52 S.) 8° [F.]
Mainz, grossh. RG, R. u. h. Handels-S, P. 1900 (695)

Willenbücher, Heinrich, aus Worms: J.-M. Guyaus Prinzip des Schönen und der Kunst. Giessen 1899: v. Münchow. (50 S.) 8°
Erlangen, Phil. Diss. v. 17. Nov. 1898

Willenbücher, Hugo: Cäsars Ermordung am 15. III. 44 v. Chr. s.a. Gymnasial-Bibliothek. 29. Hft.

[F.] Cäsars Ermordung am 15. März 44 v. Chr. Von Dr. Hugo Willenbücher, Gymnl. in Mainz. M. 1 Titelbilde. *Gütersloh: C. Bertelsmann 1898.* (4 Bl., 58 S., 1 Taf.) 1 Bd 8.
— Gymnasial-Bibliothek. H. 29. [98. 8109]

Willenbücher, Hugo (Nieder-Olm)
De nonnullis scriptorum graecorum locis difficilioribus.
Gissae: Keller 1883. 30 S.
Diss. phil. 3.10.1883. vorh. 26. 7.

Tiberius u. d. Verschwörung des Sejan, s.a. Gymnasial-Bibliothek, 25. Hft.

[F.] Tiberius und die Verschwörung des Sejan. Von Dr. H. Willenbücher, Gymnasiall. in Mainz. *Gütersloh: C. Bertelsmann 1896.* (XVI, 47 S., 1 Taf.) 1 Bd 8.
— Gymnasial-Bibliothek. H. 25. [98. 1709]

Willenbücher, J. W., Rede am Sarge des Grafen Franz zu Erbach am 14. März 1823. Nebst Nachrichten aus d. Leben des Vollendeten. 8. Darmst. 823. Leske. 5 gr.

Willenbücher, Johann Peter

s.a. Anweisung, Prakt. zur Kenntniß d. Hauptveränderungen u. Mundarten d. deutschen Sprache.

(Willenbücher, Joh. Pet.,) J. P. Willenbücher's Anweisung zur Kenntniss der Hauptveränderungen u. Mundarten der deutschen Sprache von den ältesten Zeiten bis ins 14. Jahrhundert, in einer Folge von Probestücken aus dem Gothischen, Altfränkischen oder Oberteutschen, Niederdeutschen und Angelsächsischen mit spracherläut. Übersetz. u. Anmerk. Leipzig 1789. 8.

s. Für deutsche Sprache.

Willenbücher, Jh. Pet., († d. 31. Aug. 1794.) Magazin für Jünglinge oder Sammlung von prosaischen Aufsätzen, Gedichten u. kleinen Schauspielen. 2 Thle. 8. Berl. 783—86. (Sander). 1 Rthlr 8 gr.

Willenegger, Rob., graphische Tabellen u. Begleittext z. Alkoholfrage. s.: Stump, J.

Willener, Wilh., Ein Criminal-Process. Inaugural-Dissertation, der h. medicin. Facultät in Bern vorgelegt. 78 Stn. 8. Aarau, Druck v. H. R. Sauerländer.
1873

Willenhag, Wolfgang von [Pseud.], s. Beer, Johann

Willensmeinung, Des Ritters von Rosenkreutz letzte, über den göttlichen und menschlichen Ursprung der Sprache . . . [Königsberg 1772.] V: *Hamann, Johann Georg.* (ML) »1770« (R-N)

Willent's, B., litauische Uebersetzung des Luther'schen Enchiridions und der Episteln und Evangelien, s. Drucke, litauische und lettische, des 16. Jahrh.

Willer, C., Lehrgang für den Zeichenunterricht in Volksschulen. Enth. I. Lehrgang, II. Vorlegeblätter. 8. (VI, 74 S. mit 2 Stnt. und Vorlegeblätter 42 Stnt. in qu. 4. und Fol.) Berlin 869, (Wiegandt und Grieben.)

Willer, Chr., himmlische Influenz u. reicher Segen in den Kräutern. 8. Frankf. Felsecker. 737.

Willer, H. F., Mythologie der Naturanschauung. Beiträge zur vergleichenden Mythenforschung u. zur kulturgeschichtlichen Auffassung der Mythologie. Leipzig 863. Teubner. 8. (118 S.) 18 ngr.

Willerding, A. S., Erkenntniß v. d. Geschöpfen. 8. Frkf. u. Lpz. (Ernst in Quedlinb.) 739.

Willerding, Aug. (Hrsg.), s. Acta medico-clinica academiae Josephinae anno scholast. 1834-35.

Willerding, Eduard: Aus dem pathologischen Institut zu Greifswald. Über Thrombose der Vena cava inferior und deren Folgen. *Greifswald 1898: J. Abel.* (30 S.) 8°
Greifswald, Med. Diss. v. 5. Aug. 1898

WILLERDING, Heinrich (Hohenhameln): Totalexstirpation des Talus bei fungöser Ostitis.- München: Wolf 1884. 22 S.
13.12.1884 - Urk (Titel: De exstirpatione tali totali in ostitide fungosa facta.); Chr 1884/1885,20
Diss.Ingolst.-Landsh.-Mchn.

Willerding, Hnr. Jul., († d. 12. Jan. 1834.) Entwürfe über die Sonn- u. Festtagsevangelien. 1r, 2r Jahrg. f. d. Jahre 1788, 89. gr. 8. Hamb., Herold. 1 Rthlr 16 gr. 3r, 4r, 5r Jahrg. f. d. J. 1790—92. gr. 8. Ebd. (Nauck in Leipz.) (à 20 gr.) Ders. 6r—25r Jahrg. f. d. Jahre 1793 — 1812. gr. 8. Hamb. 794 — 813. Gundermann. 18 Rthlr 20 gr. (6r — 12r J. 793 — 99. à 20 gr. 18r — 23r J. à 1 Rthlr) bei Aue in Altona).

— — derselb. 3r. 4r 5r Jahrg. f. d. J. 1790. 91. u. 92. gr. 8. Ebend. (Sommer in Leipz.) (à 20 gr.)

Willerding, Hnr. Jul., Jubelpredigt von d. Beruf im evangel. Predigtamt. 8. Hamb. 822.

— religiöser Vorschlag am 18. Oct. bei der Feier d. Gedenkens an die Befreiung Deutschlands. gr. 8. Hamb. 814. Perthes u. B. 3 K

Willerding, Josef: Aus dem pathologischen Institut zu Giessen. Hamburger's Blutkörperchenmethode in ihren Beziehungen zu den Gesetzen les osmotischen Drucks. M. 1 Abbildung im Text. *Giessen 1897: v. Münchow.* (68 S.) 8°
Giessen, Med. Diss. v. 1897

Willerding, Justus Christoph (Hildesheim)
U. S. Giessen 1705/1

Disputatio inauguralis juridica de incongrua applicatione juris Langobardici ad feuda Germaniae.
Giessen (Vukpius) 13. VIII. 1705. 48 S.

W. v.: J. N. Hertius, Bernhard Ludwig Mollenbek, Simon Nikolaus Orth, Georg Joseph Wagner, Christian Siegfried Hahn, Franz Michael Gödde, Johann Friedrich Werner Löhr. 36818

WILLERDING, Just. Cph.: Fundamenta juris Canon. *Hanov.* 681. — *Frcf. et Lips.* 707. 8.

Willerding, Iust. Chr., fundam. jur. canon.. 8. Frcf. 731.

Willerding, Justus Christoph (Hildesheim) A. S. 744/8

Dissertatio iuris canonici, de iuribus capituli sede impedita. Präs. Justus Henning Böhmer.
Halle (Henckel) V. 1704. 70 S.

W. v.: Präs. **36817**

Willerding, Justus Christoph (Hildesheim) A. S. 22/3

Dissertatio iuris canonici, de iuribus capituli sede impedita. Präs. Justus Henning Böhmer.
Halle (Grunert) 1737. 70 S.

Diss. V. 1704. 36819

Willerding, Wilh., lateinisches Elementarbuch für Sexta. gr. 8. (IV und 128 S.) Hildesheim 863, Gerstenberg'sche Buchh. *

Willerding, Wilh., lateinisches Elementarbuch für Sexta. 2. verb. Aufl. Hildesheim 869. Gerstenberg'sche Buchh. gr. 8. (IV, 128 S.) n. 10 ngr.

Willerding, W., lateinisches Elementarbuch. 1. Thl. [f. Sexta.] 3. verb. Aufl. gr. 8. (136 S.) Hildesheim 874. Gerstenberg. n. 1. 20

— dasselbe. 2. Thl. [Für Quinta.] gr. 8. (141 S.) Ebend. 870. n. 1. —

Willerding, Wilh., lateinisches Lesebuch für Anfänger, (II. Stufe.) gr. 8. (IV und 95 S.) Hildesheim 856, Fincke'sche Buchh. *

— lateinisches Lesebuch für Anfänger. (II. Stufe.) 2., gänzlich umgearb. und sehr verm. Aufl. gr. 8. (VII und 103 S.) Hildesheim 867, Fincke'sche Buchh. *

Willerding, Wilh., Musterschreibhefte. Griechisch. 3.—6. Hft. 4. (à 24 S.) Harburg 894. G. Elkan. à n. — 20
Bildet die Fortsetzung von F. Hoffmeyer's griech. Musterschreibheften, 1. u. 2. Hft.

Willerding, Wilh., Musterschreibhefte für griechische Schrift. 6 Hefte. 4. (à Heft 24 S.) Harburg 877, Elkan. à Heft * 20 Pf. *

Anna Sophia Willerdingen

Göttliche, wie auch natürliche und elementische Erkäntniß [Erkenntnis], von denen von Gott durch die Natur, auch Elementen entstandenen Geschöpffen; wie solche magnetice ihre Würckungen vollbringen... hrsg. von Henninges Ehe-Frauen Anna Sophia Willerdingen. Franckfurt & Leipzig 1739. 99 S. 8°

Jungfer Margaretha **Willerns** ihr Geschriebenes Koch-Buch. Rüxbüll in Cating. 1747. 8° Handschrift

W[illegible], Bernhard: Essai sur la formation [illegible] **Progr.** [illegible]

Willers, Christoph, approb. Arzt aus Machtsum b. Hildesheim: Beiträge zur Lehre von Purpura im Kindesalter. *Göttingen 1901: L. Hofer.* (36 S.) 8°
Göttingen, Med. Diss. v. [31. Aug.] 1901

Willers, Christoph, Beiträge zur Lehre v. Purpura im Kindesalter. Diss. gr. 8. (36 S.) Göttingen 901. (Vandenhoeck & Ruprecht.) — 80

Willers, F., Tabellen zur Berechnung der Reinerträge [Steuercapitale] der Grundstücke nach Metermaass, in Thalern und Decimaltheilen des Thalers bei Zugrundelegung der pro Katasterstück bestimmten Tarifsätze für das Herzogth. Oldenburg. 4. (82 S.) Oldenburg 871, Schulze'sche Buchh. *

Willers, Franz: Die psychologische Denkweise Herbart's in seiner Schrift: 'Briefe über die Anwendung der Psychologie auf die Pädagogik' im Verhältnis zu der modernen physiologischen Psychologie. Eisleben (1908): Schneider. 46 S. 8°
Eisleben, st. OR i. E. OP 1908 (342) [S 08.535

Willers, Friedrich Adolf, a. Bremervörde: Die Torsion eines Rotationskörpers um seine Achse. Leipzig 1907: B. G. Teubner. (41 S., 4 Taf.) 8° (Aus: Zeitschrift f. Mathematik u. Physik.)
Göttingen, Phil. Fak., Ref. Runge, Diss. v. 26. Juni 1907
[Geb. 29. Jan. 83 Bremervörde; Wohnort: Bremervörde; Staatsangeh.: Preußen; Vorbildung: Gymn. Stade Reife O. 03; Studium: Jena 2, Göttingen 6 S.; Rig. 19 Dez. 06.]

Willers, Gerhard: Ueber Uterusrupturen mit besonderer Berücksichtigung der Abquetschung der unteren Partien des Uterus. *München 1898: Kastner & Lossen.* (29 S.) 8°
München, Med. Diss. v. 1898

Willers, Gustav [approb. Arzt aus Elsfleth]: Ueber die Berechtigung der Castration der Frauen zur Heilung von Neurosen und Psychosen bei intactem Sexualsystem .... Freiburg i. B., Druck d. Fr. Wagner'schen Buchdr., 1887; 61 S. + 1 Bl. u. 6 Tab. 8°
Freiburg i. B., Med Fak., Inaug.-Diss. v. 1887

Willers, Hans [app. Arzt aus Oldenburg i. Gr.]: Ein Fall von Sepsis intestinalis. Beitrag zur Casuistik der Fleischvergiftungen. ... München, Buch- u. Kunstdr. v. Knorr & Hirth, 1890; 34 S. 8°
München, Med. Fak., Inaug.-Diss. v. 1890

Willers, Heinr., die römischen Bronzeeimer v. Hemmoor. Nebst e. Anh. üb. d. röm. Silberbarren aus Dierstorf. gr. 4. (VII, 261 S. m. 82 Abbildgn. u. 18 Lichtdr.-Taf.) Hannover 901. Hahn. n. 15. —

Willers, Heinr., Geschichte der römischen Kupferprägung vom Bundesgenossenkrieg bis auf Kaiser Claudius. Nebst einleit. Überblick üb. die Entwicklg. des antiken Münzwesens. Mit 33 Abb. im Text u. 18 Lichtdr.-Taf. (XVI, 228 S.) Lex. 8. Leipzig 909. B. G. Teubner. 12.—; geb. 15. —

— Neue Untersuchungen üb. die römische Bronzeindustrie v. Capua u. v. Niedergermanien besonders auf die Funde aus Deutschland u. dem Norden hin. Gedruckt m. Unterstützg. d. hannov. Prov.-Verwaltg. (XII, 111 S. m. 56 Abb. u. 8 Lichtdr.-Taf.) Lex. 8. Hannover 907. Hahn. 8. —

Willers, Henricus: De Verrio Flacco glossarum interprete disputatio critica. *Halis Sax. 1898: Hannoverae Culemann.* (47 S.) 8°
Halle, Phil. Diss. v. [9. Apr.] 1898

Willert, Carl Wilhelm, s. Willert, Karl Wilhelm

Willert, Franz, a. Neumark, Westpreußen: Beitrag zur Kasuistik des primären Lungencarcinoms. Würzburg 1905: C. J. Bekker. (34 S.) 8°
Würzburg, Med. Fak., Ref. v. Leube, Diss. v. 26. Mai 1906
[Geb. 14. März 80 Neumark; Wohnort: Würzburg; Staatsangeh.: Preußen; Vorbildung: Gymn. Culm Reife M.00; Studium: Breslau 2, Greifswald 4, Würzburg 5 S.; Coll. 24. Jan. 06; Approb. 16. Dez. 05.]

Willert, Hans. Anmerkungen zur englischen Grammatik. Progr. gr. 4. (24 S.) Berl. 892, Gaertner. * 1 —

Willert, Hans, alliteriorende Bindungen in der neuengl. Bibelübersetzung. (I. u. II. Tl.) Progr. 4. (31 u. 18 S.) Berlin 897. 98. R. Gaertner. à n. 1. —

Willert, Hans (geb. Berlin 25. 11. 1858): Geoffrey Chaucer. The Hous of Fame. ⟨Einleitung und Textverhältniss.⟩ Berlin 1883. (34 S.) 8°
¶ Vollst. ersch. Berlin: Gaertner 1888.
Berlin, Phil. Diss. v. 24. Nov. 1883

Willert, Hans, G. Chaucer. The Hous of Fame. [Text, Varianten, Anmerkungen.] gr. 4. (45 S.) Berlin 888, Gaertner's Verlag. *

Willert, Hans, Erläuterungen zu französischen Schriftstellern im Anschluss an Schulausgaben. Progr. 4. (19 S.) Berlin 902. [R. Gaertner.] Weidmann. n. 1. —

Karl Wilhelm Willert

Carolus Guilelmus Willert: De Psoitide, adnexis morbi historiis. Berolini (1830:) Petsch. 31 S. 8°
Berlin, Med. Diss. v. 28. Apr. 1830

Willert, Max, Dante Alighieri u. seine Zeit. Eine Einführg. (Ornamentaler Schmuck v. Erich Gruner. Einbd. v. Rich. Grimm.) (106 S.) 8. Leipzig (909). Xenien-Verlag. 2.—; in Pappbd. n 3. —

Willert, **Otto Chr., Diss. inaug. med. de morbis aesophagi quaedam. 8. Dorp. 830. (46 S.)**

Willert, Th.: Disquisitiones de curvaturis nonnullarum II. ord. superficierum. 1862. 8°
Diss. Greifswald

Willert, Walter, Apotheker u. Nahrungsmittel-Chemiker a. Neu-Ruppin: Beiträge zur Kenntnis der in 5-Stellung phenylierten 3-Pyrazolone sowie deren Isomere der 5-Reihe. Rostock i. M. o. J.: C. Hinstorff. (98 S.) 8°
Rostock, Phil. Fak., Ref. Michaelis, Diss. v. 11. Febr. 1907
[Geb. 1. Juli 79 Neu-Ruppin; Wohnort: Neu-Ruppin; Staatsangeh.: Preußen; Vorbildung: Gymn. Neu-Ruppin Obersekunda-Reife O. 96; Studium: Freiburg i. B. 1, Rostock 8 S.; Rig. 7. Febr. 07.]

WILLESKY, Joh. Heinr., Betrachtung der so bekannten, als zum Theil angebrachten, zum Theil gottloser Sprichwörter. Leipzig 1714. 8°.
Nopitsch 61; Duplessis 626; Zacher no. 127b. — Rar!

— — Pimprenette.
Confiscirt 1911, laut Ztschr. f. Bücherfr., N. F., Jahrg. III, 1911, Heft 9, S. 336, ohne nähere Angabe.

Willet, Jos., allgem. Kochbuch, od. Anleit. zur geschmackvollsten Zubereitung v. Speisen, Backwerk, Gefrornem, Getränken, so wie zum Einmachen d. Früchte. gr. 12. (13 B.) Karlsruhe 834, Marx.

Willet, Jos., vollkommenes Kochbuch od. Anleitung z. ökonom. u. geschmackvollst. Zubereitung v. Speisen, Backwerk, Gefrornem, sowie z. Einmachen u. Trocknen d. Früchte. 8. (16 B.) Karlsruhe 846, Herder'sche Buchh. *

Willet, W., die landwirthschaftl. Buchhaltung. Zusammenhängend auf 1 Jahrg. berechnet, tabellarisch geordnet u. nach kaufmänn. Art ins Hauptbuch übertragen. gr. 8. Magdeburg 840, Fabricius u. Schäfer. n. 1 ₰

Willet, W., die landwirthschaftliche Buchhaltung, wie sie am bequemsten und übersichtlichsten eingerichtet werden kann zur Anwendung bei kleinen und bei großen Wirthschaften. Zusammenhängend auf einen Jahrg. berechnet, tabellarisch geordnet und nach kaufmänn. Art ins Hauptbuch übertragen. 1. Aufl. (208 S. und 1 Tab.) 1847. und 2. (Titel-)Ausg. gr. 8. (213 S.) Magdeburg 849, Fabricius. *

Willet, W., die landwirthschaftl. Buchhaltung, wie sie am bequemsten u. übersichtlichsten eingerichtet werden kann zur Anwendung bei kleinen u. bei großen Wirthschaften. Zusammenhängend auf einen Jahrgang berechnet, tabellarisch geordnet u. nach kaufmännischer Art ins Hauptbuch übertragen. gr. 8. (208 S. m. 1 Tab.) Magdeburg 847, Rubach. — 2. Aufl. gr. 8. (213 S.) Magdeburg 849, Fabricius. n. 1 ₰

Willett, Hermann Paul: Die chirurgische Bedeutung der Parotistuberkulose. Freiburg i. B. 1910: Wagner. 28 S. 8°
Freiburg i. B., Med. Diss. v. 1910, Ref. Kraske
[Geb. 9. Mai 85 Wiesbaden; Wohnort: Freiburg i. B.; Staatsangeh.: Preußen; Vorbildung: Gymn. Wiesbaden Reife O. 04; Studium: Freiburg i. B. 5, München 2, Berlin 1, Freiburg i. B. 2 S.; Coll. 27. Mai 10.] [U 11. 1120

Die Verwertung des Tageslichtes. Von William **Willett.** (London: Spottiswoode & Co. [1908].) (16 S.) 8°

Willeversch, (J.,) auch ein Wort üb. d. Erscheinung d. Menschenblattern bei wirklich Vaccinirten. Mit ill. Abbild. gr. 8. Teler 827, Gall.

Willfeld, Louise. Rostock u. Leipzig 1801. V: *Kleffel, Gustav.* (Ky)

Willfort, Carl, s. Willfort, Karl

Willfort, Ferd., s.: Hafner, Jos.

Willfort, Karl

Willfort, Dr. Carl, Amtlicher Bericht über die 26. Versammlung deutscher Land- und Forstwirthe zu Wien vom 31. August bis 5. September 1868. gr. 8. (VIII u. 376 S.) Gerold in Comm. 5 fl.
1869

Willfort, Moriz, Preisgekrönte Abhandlung über Errichtung von Land-Feuerwehren. 2. reich illustr. Aufl. 8. Wien 873, v. Waldheim.

Willfort, Mor., f. die Commune Wien u. f. die Wiener Vororte. Ein Beitrag zur Lösg. der schweb. gemeinsamen Angelegenheiten in Wien u. den Vororten. gr. 8. (48 S.) Wien 884. Spielhagen & Schurich. n. 1. —

Willfort, Mor, die Schlacht bei Aspern am 21. u. 22. V. 1809. Populäre Darstellg. derselben. Mit 2 Jllustr. u. e. Schlachtplan. gr. 8. (31 S.) Wien 902. (L. W. Seidel & Sohn.) n. 1. 50

Willfried, H, die Livergnas. Roman. 8. (233 S.) Breslau 882, Schottlinder. *M 3,50.; geb. *

Willfried, L. die Emanzipirten, s. Conrad, M. G.

Willfried, L. Firma Goldberg, s. Conrad, M. G.

Willfuehr, Adolfus: Commentarius in Pindari carmen Nemeaeum decimum. 81 S. 4° (2°)
Halle-Wittenberg, Phil. Diss. v. 11. März 1867
Geb. [Magdeburg 1 2. 1844]

Willführ, Adolf Die Grundgedanken in Kants Kritik der reinen Vernunft. 18 . Progr. *Aschersleben* 1877

Willführ, Gustav [app. Arzt aus Aschersleben]: Aus d. Augenklinik zu Kiel. Ein Beitrag zur Erblichkeitsstatistik der Myopie ... Kie, Druck v. P. Peters, 1896; 27 S. 8.
Kiel, Med. Fak., Inaug.-Diss. v. [17. Sept.] 1896

Willgerodt C. **Ableitung, systematische Entwicklung und Construction de Kohlenstoffkerne.** 8. (31 S.) Freiburg i. Br. 880, (Troemer's Universitäts-Buchh.) *

Willgerodt C., die allgemeinsten chemischen Formeln: ihre Entwicklung und Anwendung zur Ableitung chem. Verbindungen. gr 8. VIII, 203 S.) Heidelberg 878, C. Winter's Universitäts-Buchh. *

—— über Ptomaïne [Cadaveralkaloïde] mit Bezugnahme auf die bei gerichtlich-chemischen Untersuchungen zu berücksichtigenden Pflanzengifte. Ein Vortrag. gr. 8. (32 S.) Freiburg i. Br. 882. (Berlin, Mayer und Müller.) *

— Ueber Ptomaïne (Cadaveralkaloïde) mit Bezugnahme auf die bei gerichtlich chemischen Untersuchungen zu berücksichtigenden Pflanze.gifte. Freiberg, 1890. 8vo.

Willgerodt, L. Ueber das Wesen, die Entwicklung u. Bedeutung der Technologie i. der v. ihr umfaßten Gewerbe. Akademische Antrittsrede, geh. an 20. Novbr. 1889 in der Aula der Universität zu Freiburg i. Br. gr. 8. (28 S.) Freib. i. Br. 890, (Eckslepp). * — 80

Willgerodt, *Georg* Werner *Albert* [app. Arzt aus Braunschweig]: Aus d. Kgl. Augenklinik zu Kiel. Ueber Spontanheilung des Strabismus convergens ... Braunschweig, Druck v. A. Limbach 1892; 14 S., 1 Bl. 8.
Kiel, Med. Fak., Inaug.-Diss. v. [11. Apr.] 1892

Willgeroth, Gust, Bilder aus Wismars Vergangenheit. Gesammelte Beiträge zur Geschichte der Stadt Wismar. Mit 6 Abbldgn. u. e. Register. (VI, 365 S.) gr. 8. Wismar 903. Willgeroth & Menzel Nachf. (Nur direkt.) n. 4. —

Willgeroth, Gust. s.: Blätter, lyrische.

— Gedichte. 12. (X, 90 S.) Wismar 898. Willgeroth & Menzel. Geb. in Leinw. m. Goldschn. n. 2. —

— Geschichte der Stadt Wismar. 1. Thl. Bis zur Mitte d. 16. Jahrh. 8. (123 S.) Ebd. 898. n. 2. —

Willgerodt, Heinrich [app. Arzt aus Strassburg i. E.]: Über das Verhalten des Peritoneum gegen den künstlich in die Bauchhöhle geleiteten Urin und über die experimentelle Erzeugung der Urämie ... Strassburg i. E., Buchdr. C. & J. Goeller, 1897; 45 S. 8.
Strassburg, Med. Fak., Inaug.-Diss. v. 1897

Willgerodt, Wilhelm [app. Arzt aus Harlingerode]: Ueber den hämorrhagischen Infarkt der Lunge ... (Aus: Arb. aus d. pathol. Inst. in Göttingen, 1893.) Berlin, gedr. bei L. Schumacher, 1893; 23 S. 8.
Göttingen, Med. Fak., Inaug.-Diss. v. [27. Mai] 1893

Willgeroth, Wilhelm [app. Arzt aus Hildesheim]: Beitrag zur Kenntnis der subconjunctivalen Bulbusrupturen ... Jena, Druck v. B. Engau, 1896; 28 S., 1 Bl. 8.
Jena, Med. Fak., Inaug.-Diss. v. [12. Mai] 1896

Willgren, Karl. Zur Lehre vom öffentlichen Budget- und Rechnungswesen des Staates. Finanz-Archiv, Bd. 16, 1899.

Willgren, Karl, das Staatsbudget, dessen Aufbau u. Verhältnis zur Staatsrechnung. gr. 8. (X, 137 S.) Helsingfors 899. (Berlin, Puttkammer & Mühlbrecht.) n. 4. —

Das Staatsbudget, dessen Aufbau und Verhältnis z. Staatsrechnung. Von Dr. Karl Willgren. Helsingfors 1899: (Helsingfors Central-Tr.) (X, 137 S.) 8°

Willgrod, Heinrich

Willgrod H. Ueber Flächen, welche sich durch ihre Krümmungslinien in unendlich kleine Quadrate teilen lassen. 1883. 8.
Diss. Göttingen.

Willgrod, Heinr., üb. Flächen, welche sich durch ihre Krümmungslinien in unendliche kleine Quadrate theilen lassen. gr. 8. (50 S.) Göttingen 883. (Vandenhoeck & Ruprecht.) n. 1. 20

Willheim, Adf., **die Verstaatlichung des Assecuranzwesens. Ein Beitrag zur Lösung der volkswirthschaftl. Krise. gr. 8.** (79 S. mit 4 Tab.) **Essek 886. (Budapest, L. Révai.)** *

Willheim, Bertha, harte Prüfungen. Eine Lebensgeschichte. 8. (232 S.) Brünn 885, (G. und R. Karafiat.) *

Willheim, F., üb. die Zerstörungen in tunnelartig gelochten Gesteinen, s.: Mitteilung, II., aus d. mechan.-techn. Laboratorium der k. k. techn. Hochschule in Wien. (Leon, Alfons.)

Willheimer, Jonas, Wegweiser der Erziehung für israelitische Eltern. gr. 8. (VIII und 90 S.) Wien 861, (Knöpflmacher und Söhne.)

Willhelmi, Handbuch für bespannte Batterien u. Bespannungsabteilungen der Fußartillerie. (VI, 114 S. m. Abbildgn.) gr. 8. Berlin 904. E. S. Mittler & Sohn. n. 1. 60; kart. n. 2. —

Leitfaden für den Fahrer der schweren Artillerie. Von **Willhelmi**, Hauptm. im Fußart.-Regt. No 8. Mit 23 Abb. Berlin: E. S. Mittler & Sohn 1907. (VII, 80 S.) 8° [F.] 07. 12533

Willhelmi, O., auch ein Manifest! Historisch-krit. Zeitbetrachtg. (p. adr. des Herrn v. Vollmar.) 8. (32 S.) Berlin 897. F. Cynamon. n. — 50

Willhelmi, O., auch e. Manifest! Historisch-krit. Zeitbetrachtg. (p. adr. des Herrn v. Vollmar.) 8. (32 S.) Berlin (898). F. Cynamon. — 50

Ἔρος und Ἔρις. Lyrik von Otto **Willhelmi**. (Berlin [1893]: F. Cynamon.) (118 S.) 8° [F.] 07. 13542

Willhes, Ueber Arbeit, Regierung und Steuern. Berlin, 1839.

Willhöft, Frdr., aus welchen Gründen empfiehlt sich die ungeteilte Unterrichtszeit f. die Volksschule? Vortrag, geh. im pädagog. Verein zu Altona. Mit e. Anh. v. Herford. Hrsg. v. pädagog. Verein. (32 S.) 8. Altona 908. J. Harder, Sort. — 50

Willi, theatral. Werke, a. d. Italien. v. C. J. Jagemann, 1r Bd. 8. Halle. Franke. 788.

Willi, Andr. (Grossrath in Meiringen). Die Betheiligung der Oberhasler an der Schlacht bei Laupen, 1339. Interlaken, Druck v. Aemmer & Balmer. 1879

*** Der Reinertrag ist für die Brandbeschädigten in Meiringen bestimmt.

Willi, Andr., „Flora Alpina". Sammlung von Sagen und Geschichten aus dem Haslethal. Ein Beitrag zur Heimathskunde. 8. (176 S.) Meyringen 885, Ch. Brennenstuhl. **

—— geschichtliche Mittheilungen aus dem Haslethal. 8. (100 S.) Ebendas. 885. **

Willi, And[reas]. Die Ritter und Edlen des Haslethales. Ein weiterer Beitrag zur Kunde des engern Oberlandes. 8. Interlaken 1881.

Willi, A[ndreas]. Strahler im Hochgebirge. Ein Beitrag zur Heimatkunde des Haslethales. 8. Meyringen 1883.

Willi, And[reas]. Kirchliche Zustände im Oberhasle vor der Reformation, 1200–1500. Ein Beitrag zur Kunde des engern Oberlandes. 8. Interlaken 1880.

Willi, Dominicus. Album Wettingense. Verzeichnis der Mitglieder des exemten und konsistorialen Cistercienser-Stiftes B. V. M. de Maris-stella zu Wettingen-Mehrerau, 1227—1904, von D' W', S. Ord. Cisterc. ([Bischof zu] Limburg a. d. L.). 2., verbesserte Aufl. [Mit 1 Ansicht und 2 Wappenvignetten.] XXXIV + 262 S. gr.-8. Limburg a. d. Lahn, Druck und Komm. der Limburger Vereinsdruckerei, 1904. [geb. M. 6. —]

Willi, Dominicus. (P. Ord. cist.) Die oberdeutsche und schweizer. Cistercienser-Congregation. Ein Beitrag zur Geschichte des Klosters Wettingen-Mehrerau. In-8°, Bregenz, J. H. Teutsch. 1879

Willi Dominicus. Zur Geschichte des Klosters Wettingen-Mehrerau. Wahl, Benediction und Tod der Äbte. Von Fr. D' W' Ord. Cist. [Mit 4 Porträts.] (Sonderabdruck aus der «Cistercienser-Chronik» Jahrg. 14.) 80 S. gr.-8. Bregenz, J. N. Teutsch, 1902.

([Willi,] Dominicus.) Hirtenbrief des Hochwürdigsten Herrn (Dominikus) Bischofs von Limburg an die Gläubigen seiner Diözese beim Herannahen der heiligen Fastenzeit.... Limburg a. d. Lahn, Limburger Vereinsdruckerei.

.. des Jahres 1901. (1901 Februar 2.) [Mit Wappen-Vignette] II + 3 S. 4. Limburg an der Lahn .. 1901.

.. des Jahres 1902 *u.* 1903 *u.* 1904. (1902 Januar 27 *u.* 1903 Februar 9 *u.* 1904 F' 1.) *je* 15 S. 8.

.. des Jahres 1905. (1905 Februar 14.) [Mit Wappen-Vignette.] 15 S. 8.

.. des Jahres 1906 *u.* 1907. (1906 Februar 14 *u.* 1907 F' 1.) [*je* Mit Wappen-Vignette.] *je* 17 S. 8.

([Willi,] Dominicus.) Hirtenbrief des Hochwürdigsten Herrn (Dominikus) Bischofs von Limburg an die Gläubigen seiner Diözese beim Herannahen der heiligen Fastenzeit des Jahres 1908. (1908 Februar 14.) [Mit Wappen-Vignette.] 15 S. 8. Limburg a. d. Lahn, Limburger Vereinsdruckerei.

([Willi,] Dominicus.) Hirtenbrief des Hochwürdigsten Herrn (Dominicus) Bischofs von Limburg an die Gläubigen seiner Diözese beim Herannahen der heiligen Fastenzeit des Jahres 1909. (1909 Februar 14.) [Mit Wappen-Vignette.] 10 S. 8. Limburg a. d. Lahn, Limburger Vereinsdruckerei.

Willi, Dominik, Leichenrede auf Dr. Ernst Lieber. Geh. zu Camberg am 3. IV. 1902. Orig.-Abdr. 12. (7 S. m. 1 Bildn.) Limburg (902). Limburger Vereinsdruckerei. n. — 20

(Willi, Dominicus.) Die Totenliste des konsistorialen Cistercienserklosters Wettingen-Mehrerau. ([Von] Fr. D' W'.) 42 S. 8. Limburg a. d. Lahn, Limburger Vereinsdruckerei, 1905.

(W[illi], D[ominicus].) Vergissmeinnicht. Auszug aus dem Nekrologium des Klosters Wettingen-Mehrerau S. Ord. Cisterc. ([von] F. D. W.). 26 S. 8. Limburg a./L., Limburger Vereinsdruckerei, 1905.

Willi, Georg, lic. jur. von Ems, Kt. Graubünden: Schweizerisches Viehwährschaftsrecht. Chur, Aktien-Gesellschaft Bündner Tagblatt, 1911. VIII, 136 S. 8°.
Freiburg i. Schw. Jur. Diss. 1910 11.

Willi, J. C., s.: Lieder, 11, f. vierstimm. Männerchor.

Willi, Nic., Mülhausen: Specimen medicum inaugurale sistens stupendum abdominis tumorem.
Basel. Med. Diss. 1731

Willi, Philipp, von Mosen, Kanton Luzern: Über Konfusion bei Obligationen nach römischem Rechte. Zür. Orell Füssli Cie Dr. 1857. 30 S., 1 Bl. 8°
Zürich, Jur. Diss. v. 21. Febr. 1857.

William, od. Gesch. jugendl. Unvorsichtigkeiten, s. Romanenmagazin, v. Fr. Schulz. 1r.

William, Geschichte jugendlicher Unvorsichtigkeiten. Mit 1 Kupfer. 8. Berlin, Unger. 791. (Reiner.)

William, oder Geschichte jugendlicher Unvorsichtigkeiten, von Fr. Schulz, mit 1 Kupf. 8. Berlin, 791. Unger. 1 Rthl.
Auch unter dem Titel:
Schulz, Fr. Romanen-Magazin, 1r Theil.

§ — — Dasselbe (Nachdruck). Mannheim 1801. 8°. (In München: P. o. germ. 1355.)

— — Dasselbe (Nachdruck). Zofingen (Leipzig. Joachim) 1802.
Weller, fing. Dr.

William, Die Frau; Geschichte von einem Frauenzimmer; a. d. Engl. Leipzig 1770. Ü: *Gellius, Joh. Gfr.* (Ky)

William, die Frau, Geschichte von einem Frauenzimmer; aus dem Englisch. (von Jh. Gf. Gellius). 8. Leipz. 770. Junius. (Brockhaus). 12 gr

William Gordon, der Korsarenkapitain. Eine romant. Geschichte. Nach dem Engl. N. A. 8. Leipzig, literar. Central-Compt. 817.

William Hellborn u. Julius Anselmus, zwei Maurer-Brüder, oder: über falsche u. wahre Maurerei. 1r Thl. 8. Görl. 803. Anton in Halle. 1 Rthl. 8 gr

William d. arme Kranke, s. a. Schriften, kl., z. Beförderung d. christl. Glaubens 2c., No. 10.

William der arme Kranke. Eine wahre Geschichte. 8. Nürnb. 830. Raw. 1 gr

William der arme Kranke. Eine wahre Geschichte. 2e Aufl. 8. Nürnberg 837. Raw. 1 gr

William Lanzellot, Korsar v. England; eine histor.-romant. Skizze. 2 Bde. Mit 2 Kpf. 8. Rudolst. 801. (Fr. Fleischer in Leipz.) 2 ₰

William, Meister. Schauspiel in fünf Acten. Wien 1880. V: *Rumpelmayer, Johann Nepomuk (Johannes Nordmann).* (EB)

William u. Naila, die treuen Insulaner. Eine Erzähl. f. Kinder u. Kinderfreunde. 8. (4¾ B. u. Ttlkpfr.) Kitzingen 834, Gundelach.

William und Naila, die treuen Insulaner. Eine Erzählung für Kinder u. Kinderfreunde. Mit Titelkupfer. 8. Kitzingen 834. (Köpplinger.) ⅛ ₰

William of Palerne, s. Schüddekopf, Albert.

WILLIAM (ps.), Margarethe von Pflugk. Romantisches Geschichtsbild. 1882.
Weller, Lex. Ps. p. 613.

William, David, s. Williams

William, Eduard, a. Armenheide: Aus der Universitäts-Frauenklinik zu Greifswald. Prof. Dr. Martin. Beitrag zu den Myomoperationen. Greifswald 1906: H. Adler. (25 S.) 8°
Greifswald, Med. Fak., Ref. Martin, Diss. v. 1. Okt. 1906
[Geb. 17. Aug. 81 Armenheide; Wohnort: Stettin; Staatsangeh.: Preußen; Vorbildung: Stadt-Gymn. Stettin Reife M. 00; Studium: Berlin 1, Greifswald 1, Berlin K. W. A. 1, Univ. 3, Greifswald 4 S.; Coll. 2. Febr. 06; Approb. 1. Okt. 06.]

William, Geo., über das Heucheln in der Religion; aus d. Engl. 8. Berl. 777. Rottmann. 20 ℛ

William, Greg., geistreiche Gedanken über die Historie d. Leidens und Sterbens Jesu Christi. 8. Stuttg. 753. v. Cotta. 6 ℛ

William, H. M., s. Williams, Helene Marie

William, J., s. Williams, J.

William, Jh., Naturgeschichte d. Steinkohlengebirge; aus dem Engl. mit Anmerkk. von A. A. F. W. v. Dankelmann. 8. Dresd. 794. Hilscher. 1 ₰

William (J.). Naturgeschichte der Steinkohlengebirge. Aus dem Englischen von v. Dankelmann. Dresden und Leipzig 1798. 8.

William, Joh., Naturgesch. d. Steinkohlengebirge, a. d. Engl. m. Anm. von v. Dankelmann. 8. Dresd. Hilscher. 810.

— Ursprung, Wachsthum u. gegenwärtiger Zustand der Nord. Reiche, nämlich d. vereinigten Niederlande, Dänemark, Schweden, Rußland u. Polen aus glaubwürd. Urkunden u. Geschichtschreibern u. eigenen Bemerkungen gesammelt. Aus d. Engl. bericht. v. Jh. Adelung. 2 Bde. gr. 8. Leipz. 779—81. Weygand. 3 ₰ 16 ℛ

William, Iohannes, Brandenburgensis: Diogenis Oenoandensis fragmenta. (Lipsiae 1907: B. G. Teubner.) (XLVI, 105 S.) 8° ¶[Erschien gleichzeitig in der „Bibliotheca scriptorum Graecorum et Romanorum Teubneriana".]
Berlin, Phil. Fak., Ref. Diels, Diss. v. 1. Juni 1907
[Geb. 15. Juli 82 Crussow (Brandenburg); Wohnort: Berlin; Staatsangeh.: Preußen; Vorbildung: Luisen-Gymn. Berlin Reife M. 00; Studium: Berlin 5, München 1, Berlin 6 S.; Rig. 8. Nov. 06.]

William, Josef, Rechnungs-Unterricht für Handwerker. 8. (108 S.) Wien 861, Mayer und Comp.

(William, Th[eodor].) Die Belagerung und die Schlacht von Nördlingen im August 1634. Ein Bild aus dem dreissigjährigen Kriege. [Mit 1 Portrat-Tafel und 1 Karte.] (Njbl. Feuerw. Zürich 1880.) 4. (Zürich.)

Winterthurer Feuerwerkergesellschaft. Nr. 75. Die Belagerung und die Schlacht von Nördlingen 1. Aug. 1634. Ein Bild aus dem 30jährigen Krieg. Von Th. **William**-Hausheer, Artillerie-Hauptm. Gr. in -4°, 26 S., mit 1 phot.-lith. Portrait und 1 Karte. Zürich, Druck von Orell Füssli & Cie. 1880.

Williams Abenteuer od. d. Engländer unt. d. Wilden, eine Robinsonade. 8. Lpz. Joachim. 801.

Williams, Joseph, von Kilderminster, s. Leben.

Williams, zuverlässige u. bewährte Sicherungsmethode gegen Ansteckung. Ein unentbehrlicher Rathgeber für Männer. Aus dem Engl. Leipzig 865. Poenicke. 16. (16 S.)
5 ℳ

Genossenschaften und Genossenschaftsstädte. (Verf.: Aneurin **Williams**.) Berlin: Deutsche Gartenstadt-Ges. Schlachtensee-Berlin 1904. (10 S.) 8°
= **Flugschrift** d. Gartenstadt-Gesellschaft. No 4.

Williams, C. Greville, Handbuch der chemischen Manipulationen. Aus dem Engl. übers. von A. v. Hammerl. Mit einem Vorworte von G. C. Wittstein. gr. 8. (XX und 567 S. mit 407 in den Text eingedr. Holzschn.) München 860, [Grubert.] *

Williams, Ch., die Wiedererzeugung der Haare und das Erhalten derselben durch ein einfaches Hausmittel. Zugleich als ein Wort der Warnung gegen die vielen schädl. Haarmittel ꝛc. 32. Danzig 855. (Berlin, Abelsdorff.) *

Williams, Charles Albert [aus Aberystwyth (Gr.-Britannien)]: Die Französischen Ortsnamen keltischer Abkunft ... Strassburg: Univ.-Buchdr. v. J. H. E. Heitz 1891. 87 S. 8°
Strassburg, Phil. Fak., Inaug.-Diss. v. 1891

Williams, Charles Allyn: Zur Liederpoesie in Fischarts Gargantua. Halle a. S. 1909: Karras. 70 S. 8° *(Aus: Beiträge z. Gesch. d. dtsch. Sprache u. Liter. Bd 35. H. 2.)
Heidelberg, Phil. Diss. v. 16. Sept. 1909, Ref. Braune
[Geb. 4. Juni 77 Iowa-City; Wohnort: Heidelberg; Staatsangeh.: Vereinigte Staaten; Vorbildung: Iowa State Univ. M. A. Juni 01; Studium: Leipzig 1, Berlin 3, Heidelberg 3 S.; Rig. 12. Juli 09.] [U 10. 2151

Zur Liederpoesie in Fischarts Gargantua. Von Charles Allyn **Williams**. Halle a. S.: Niemeyer 1909. 70 S. 8°
Aus: Beiträge z. Geschichte d. deutschen Sprache u. Lit. 35. 10. 2606

Williams, Charles J. B.

— Elements of medicine. Vol. II. On morbid poisons. gr. 8. London 841. (Leipzig, T. O. Weigel.) n. 7⅓ ₰

William, Ch. J. B., allgem. Pathologie u. Therapie, s. a. Handbibliothek der vorzügl. neueren Werke des Auslandes etc. VII.

Williams, Charles J(ames) B(lasius): Allgemeine Pathologie und Therapie. (Principles of medicine. Dt.) Übers. und mit Anmerkungen begleitet von L(ouis) Posner. 433 S., gbd.

Berlin: Kollmann 1844

JB 2.512

Williams, Charles J(ames) B(lasius): Die Pathologie und Diagnose der Krankheiten der Brust, ins Besondere erläutert durch eine rationelle Erklärung ihrer physikalischen Zeichen nebst neuen Untersuchungen über die Töne des Herzens. (The Pathology and diagnosis of diseases of the chest with new researches on the sounds of the heart. Third edition. Dt.) Übers.und hrsg.von Hermann Velten. 224 S., gbd.

Bonn: Habicht 1835

JB 2.510

Williams, Charles J(ames) B(lasius): Die Pathologie und Diagnose der Krankheiten der Brust, ins Besondere erläutert durch eine rationelle Erklärung ihrer physikalischen Zeichen nebst neuen Untersuchungen über die Töne des Herzens. (The Pathology and diagnosis of diseases of the chest with new researches on the sounds of the heart. Third edition. Dt.) Übers.von Hermann Velten. 2.Aufl. 244 S., gbd., 2 Taf.

Bonn: Habicht 1838

JB 2.511

Williams, Charles J. B., über die Prognose und Behandlung der organischen Krankheiten des Herzens. Aus dem Engl. übers. von Alex. Reumont. gr. 12. (IV und 63 S.) Bonn 851, Habicht.

Williams Charles J. B., Vorlesungen über die Krankheiten der Brust, s. Bibliothek von Vorlesungen etc. über Medicin etc. 20r Bd.

Williams, Ch. J. B., Vorlesungen über die Krankheiten der Brust. Deutsch bearb. unter Redakt. F. J. Behrend. Mit Abbild. gr. 8. Leipzig 841, Kollmann. 2 1/3 ₰

Williams, Cooper, Geschichte d. Krieges in Westindien, im J. 1794. a. d. Engl. v. Ch. W. Fischer. 8. Lpz. Schäfer. (Kühn.) 800.

— Reise a. d. Mittelmeere im Gefolge d. Admirals Nelson, m. e. Beschr. d. Schlacht b. Abukir etc. mit 1 Plan. gr. 8. Hamb. Campe. 803.

Williams, Dav., Abhandlung über die Erziehung, worin die durchgäng. Methode d. offentlichen Anstalten in Europa u. besonders in England, erwogen wird etc. Aus d. Engl. mit Anmerkk. v. E. Chr. Trapp. 8. Berl. 781. Nicolai. 14 ℊ

Williams, David. Deistische Liturgie . . . a. d. Engl. . . . Leipzig 1785. Ü: *Schönemann, Frdr. Leberecht.* (Ky) (MGT)

— deist. Liturgie nach allgem. Grundsätzen der Religion u. Sittenlehre; aus d. Engl. (v. F. L. Schönemann). 8. Leipz. 785. Beer. (Graffe in Weißenfels.) 8 ℊ

— Vorlesungen über die allgemeinen Grundsätze u. Pflichten der Religion u. Sittenlehre. Aus d. Engl. mit Anmerkk. von Jh. Aug. Eberhard. gr. 8. Halle 785. Gebauer. 1 ₰ 12 ℊ

Williams, E. E., „made in Germany". Der Konkurrenzkampf d. deutschen Industrie gegen die englische. Autoris. Uebersetzg. v. C. Willmann. Mit e. Vorwort v. Rob. Wuttke. 8. (XII, 220 S.) Dresden 896. C. Reißner. n. 3. 50; geb. n. 4. 50

Williams, Edw., s. Zolltarif der vereinigten Staaten von Amerika.

Williams, Frank, a new pocket-dictionary of the english and german languages with a pronunciation of the english part in german characters and numerous american words and terms. 1. Edit. (VI und 682 S.) 1850. * 26 Ngr. und 3. Ster.-edition. 2 Parts. (English and german. — German and english.) — Neues Taschen-Wörterbuch der englischen und deutschen Sprache etc. 3. Ster.-Ausg. 2 Thle. 16. (VIII und 682 S.) Braunschweig 852(53,) Westermann.

Williams, Frank, a new pocket-dictionary of the english and german languages with a pronunciation of the english part in german characters and numerous american words and terms. 5. Ster.-edition. 2 Parts. (English and german. — German and english.) — Neues Taschen-Wörterbuch der englischen und deutschen Sprache etc. 5—7. Ster.-Ausg. 2 Thle. 16. (VIII und 682 S.) Braunschweig 854—56, Westermann.

Williams, Frank, a new Pocket-Dictionary of the English and German Languages with a pronunciation of the English part in German characters. — Neues Taschen-Wörterbuch der englischen und deutschen Sprache mit Bezeichnung der englischen Aussprache durch deutsche Buchstaben. 20. Aufl. 16. (VII, 682 S.) Braunschweig 872, Westermann.

Williams, Frank, a new Pocket-Dictionary of the English and German Languages with a pronunciation of the English part in German characters. — Neues Taschen-Wörterbuch der englischen und deutschen Sprache mit Bezeichnung der englischen Aussprache durch deutsche Buchstaben. 21.—24. Aufl. 16. (VII, 682 S.) Braunschweig 872—79, Westermann.

Williams, Frank, a new Pocket-Dictionary of the English and German Languages with a pronunciation of the English part in German characters. — Neues Taschen-Wörterbuch der englischen und deutschen Sprache mit Bezeichnung der englischen Aussprache durch deutsche Buchstaben 25.—27. Aufl. 16. (VII, 682 S.) Braunschweig 879—81, Westermann.

Williams, Frank, a new Pocket-Dictionary of the English and German Languages with a pronunciation of the English part in German characters. — Neues Taschen-Wörterbuch der englischen und deutschen Sprache mit Bezeichnung der englischen Aussprache durch deutsche Buchstaben. 28.—29. Aufl. 16. (VII, 682 S.) Braunschweig 885—89, Westermann.

Williams, Frank, neues Taschen-Wörterbuch der Englischen und Deutschen Sprache mit Bezeichnung der englischen Aussprache durch deutsche Buchstaben und zahlreichen Amerikan. Wörtern und Redensarten. — A new pocket-dictionary of the english and german languages etc. 2 Thle. 5—7. Stereot.-Ausg. Braunschweig 854—56. Westermann. 16. (4 Bl., 392; 2 Bl., 290 S.) 26 *ngr.*

Williams, Frank, neues Taschen-Wörterbuch der englischen und deutschen Sprache mit Bezeichnung der englischen Aussprache durch deutsche Buchstaben. — A new pocket-dictionary of the English and German languages etc. — 2 Thle. 8—14. Stereot.-Ausg. Braunschweig 857—61. Westermann. 16. (6 Bl., 682 S.) 26 *ngr.*

Williams, Frank, neues Taschen-Wörterbuch der englischen und deutschen Sprache mit Bezeichnung der engl. Aussprache durch deutsche Buchstaben. — A new pocket-dictionary of the English and German languages etc. — 2 Thle. 13. Ster.-Ausg. 1862. und 14. Ster.-Ausg. 16. (VII und 682 S.) Braunschweig 864, Westermann.

Williams, G. Handbuch der chemischen Manipulationen. Deutsch von A. v. Hammerl. München 1860

Williams, G[riffith] P[rice]: The preverbal Particle re in Cornish. Halle a. S. 1908: Karras. 41 S. 8°
Freiburg i. B., Phil. Diss. v. 1908, Ref. Thurneysen
[Geb. 10. Juli 74 Penygroes, Wales; Wohnort: Penygroes; Staatsangeh. Großbritannien; Vorbildung: Highschool Oswestry; Studium: Bangor, Aberystwith, Heidelberg 2, Freiburg i. B. 2 S.; Rig. 25 Juli 07.] [U 09. 1659

Williams, H. L: Das olektrische Heizen und Kochen. Auma 1902

Williams, Harold W(hitmore): Grammatische Skizze der Ilocano-Sprache mit Berücksichtigung ihrer Beziehungen zu den anderen Sprachen der Malayo-polynesischen Familie. München 1904: F. Straub. (82 S.) 8°
München, Phil. Fak., Ref. Kuhn, Diss. v. 7. Okt. 1904
[Geb. 6. Apr. 76 Auckland, Neuseeland; Wohnort: Nelson; Staatsangeh.: Neuseeland; Vorbildung: Auckland College, Neuseeland, 6 S. (Abgang 96); Studium: Berlin 5, München 2 S.; Rig. 15. Juli 03.]

Williams, Helen Mary.
Briefe, enthaltend einen Abriss der französischen Angelegenheiten ... Leipzig 1794—96. Ü: *Schatz, Georg & Ludwig Ferdinand Huber.* (BB) »1795—98« (Ky)

Williams, Helene Marie, Briefe aus Frankreich an eine Freundin in England im Sommer 1790, verschiedene Anekdoten die Revolution betreffend u. d. Gesch. d. Herrn u. d. Frau F. 2 Thle. 8. Leipz. 793. Reinecke in Halle. 1 ₰ 4 gr

— s. Briefe über die französ. Revolution.

— Briefe über d. französ. Staatsangelegenheiten; aus d. engl. Handschr. (v. L. F. Huber). 4 Thle. 8. Leipz. 795—98. (Schmidt). 2 ₰ 18 gr

— Correspondance confidentielle inédite de Louis XVI. avec plusieurs personnes célèbres. II Vols. gr. 4. Leipz. 803. (W. Nauck.) 3 ₰

* William, H. M., Correspondance confidentielle inedito de Louis XVI. avec plusieurs personnes célèbres. II Vol. gr. 4. Leips. Sommer. 803.

Williams, Hel. Maria, Julie; aus d. Engl. (von Chr. Fel. Weiße). 2 Thle. 8. Leipz. 791. Weidmann. 1 ₰ 12 gr

— politische u. vertraute Correspondenz Ludwigs XVI. mit seinen Brüdern u. mehrern berühmten Personen. gr. 8. Augsb. 804. Kranzfelder. 10 gr

— — dieselbe französisch. II Vol. gr. 8. Leipz. Sommer. 803.

Williams, Helena Maria. Reize in Zwitserland. 2 Deele. 8. Leyden 1798.

— Skizze von dem Zustande d. Sitten u. Meinungen in d. französ. Republik gegen das Ende d. 18. Jahrh. Aus d. Engl. 2 Thle. 8. Stuttg. 801. v. Cotta. 1 ₰ 16 gr

Williams, Helena Maria. Nouveau voyage en Suisse, Contenant une peinture de ce pays, de ses Mœurs et de ses Gouvernemens actuels: Avec quelques traits de comparaison entre les Usages de la Suisse et ceux de Paris moderne: Par Hélène-Mᵉ Wˢ; Traduit de l'anglais, par J[ean]-B[aptiste] Say. 2 Tomes. 8. Paris An VI (1798).

Williams, Hon. James, die Rechtfertigung der Südstaaten Nordamerika's. Politische Briefe aus dem J. 1860 zur Zeit der letzten amerikan. Präsidentenwahl, nebst einem Sendschreiben an Lord Brougham über John Brown, sowie einer Abhandlung über die Folgen der letzten Präsidentenwahl. Autorisirte deutsche Ausg. Mit einem Vorworte von E. M. Hudson. gr. 8. (XX und 336 S.) Berlin 863, Lüderitz' Verlag.

J. Williams

Anweisung für diejenigen, welche die Gicht haben; enth. practische Beobachtungen über die Behandlung der Patienten in den verschiedenen Zeitpunkten dieser Krankheit und den Mitteln, den heftigen Paroxysmen vorzubeugen,... Von J. Williams. Aus d. Engl. ins Deutsche übers. Hamburg & Güstrow: Buchenröder & Ritter (1773). 90 S. 8°

William, J., Anweisung für diejenigen, welche d. Gicht haben. 8. Hamb. 774. Buchenröder. 4 gr

Williams, J., die Kunst alt und übelriechend gewordene Butter frisch und wohlschmeckend zu machen. qu. gr. 8. Berlin 848, Weyl und Comp.

—— die Kunst aus Mohrrübensaft ein vorzügl. dem bairischen Porter oder englisch Ale ähnl. Bier zu bereiten. qu. 8. Berlin 848, Weyl und Comp.

Williams, J., and H. Döring, the english-german Letter-Writer etc. — A. u. d. T.: Deutsch-engl. Briefsteller, od. Auswahl v. Musterbriefen u. and. Aufsätzen aus d. Privat- u. Handels-Correspondenz. 8. (19½ B.) Jena 839, Mauke.

Williams, J., the Life of Alexander the Great, s. Sammlung gediegener Werke der englischen Literatur.

Williams, J., Taubheit ist heilbar! Hilfe für Ohrenleidende jeder Art. Eine leicht faßliche Anweisung zur Erlangung des Gehörs bei gänzlicher Taubheit, zur Beiseitigung der Schwerhörigkeit u. zur Heilung aller Ohrenkrankheiten, wie Ohrensausen, Ohrenflüsse ꝛc. Unter Berücksichtigung eines einfachen Heilverfahrens u. unter Angabe der Heilmittel. Berlin 866. Mode's Verlag. 8. (18 S.) 7½ ngr

Williams, J., Taubheit ist heilbar! Hilfe für Ohrenleidende jeder Art. Eine leicht faßl. Anleitung zur Erlangung des Gehörs bei gänzl. Taubheit, zur Beseitigung der Schwerhörigkeit und zur Heilung aller Ohrenkrankheiten, wie Ohrensausen, Ohrenflüsse, Ohrenschmerzen ꝛc. Unter Berücksicht. eines einfachen Heilverfahrens und unter Angabe der Heilmittel. 9. Aufl. 8. (48 S.) Berlin 882. B. G. Frank.

Williams, J. A: Progressive agriculture. London 1858

Williams, J. Charles: The report of the census of Oudh. Vol 1. General report. Vol 2. [illegible] and statistical tables. [illegible]

Williams, J. E. Hodder, von der Farm bis z. Kathedrale. Das Leben v. Sir George Williams. Autoris. Übersetzg. v. Herm. Helbing. 2. durchgesch. Aufl. (217 S. m. 5 Taf.) 8. Barmen 908. Westdeutscher Jünglingsbund.
Geb. in Leinw. 3. —
1. Aufl. (VIII, 206 S. m. 5 Taf.) 907. Geb. 3.—.

Williams, James, der engl. Kammerdiener u. Oberkellner, od. ausführl. Darlegung d. Obliegenheiten e. männl. Dieners in vornehmen Familien ꝛc. Frei übertr. a. d. Engl. u. auf deutsche Verhältn. anwendbar dargest. v. Chrstn. Heinr. Schmidt. 8. (14 B. u. 9 Stnt.) Weimar 838, Voigt. Thlr.

William, James, der englische Kammerdiener und Oberkellner oder ausführl. Darlegung der Obliegenheiten eines männl. Dieners in vornehmen Familien; nebst Anweisung, für Frühstück, Mittagsessen und Abendessen die Tafel auf die modernste Weise zu arrangiren und dabei aufzuwarten ꝛc. Frei übertr. aus dem Engl. und auf deutsche Verhältnisse anwendbar dargestellt von Chr. Heinr. Schmidt. 2., verm. Aufl. 8. (X und 236 S. mit 9 Stnt. in qu. 4.) Weimar 849, Voigt.

Williams, James, die Rechtfertigung der Südstaaten Nordamerika's. Politische Briefe aus dem Jahre 1860 zur Zeit der letzten amerikanischen Präsidentenwahl, nebst einem Sendschreiben an Lord Brougham über John Brown, sowie einer Abhandlung über die Folgen der letzten Präsidentenwahl. Autorisirte deutsche Ausg. Mit einem Vorworte von E. M. Hudson. Berlin 863. Lüderitz'sche Verlagsbhdlg. gr. 8. (XX, 336 S.) n. 1 ₰ 15 ngr.

Williams, Johann, s. William

Williams, John (ed). Amerikanischer Anzeiger, oder zuverlässige Nachrichten u. die Zustände u. Hilfsquellen d. VS v. N.-A. m bes. Hinsicht auf die Bedürfnisse u. Aussichten der Auswanderer. NY. 1864.

Williams, John, der Apostel der Südsee. Erzählt v. J. M. (88 S. m. Abbildgn. u. 1 farb. Taf.) 8. Basel (906). Basler Missionsbuchh. Geb. in Leinw. n. 1. 20

Williams, John. Ueber den Krebs der Gebärmutter. Deutsche autoris. Uebersetzg. v. Karl Abel u. Thdr. Landau. gr. 8. (V, 79 S. m. 1 Holzschn. u. 18 Taf., nebst 18 Bl. Erklärgn.) Berl. 890, Hirschwald. * 8 —

Williams, John David Ellis, a. Liverpool, England: Sir William Davenant's relation to Shakespeare. With an Analysis of the Chief Characters of Davenant's Plays. [1905] (120 S.) 8°

Straßburg, Phil. Fak., Ref. Koeppel, Diss. v. 15. Juli 1905

[Geb. 30. Nov. 79 Newtown, Montgomeryshire, Wales; Wohnort: Straßburg i. E.; Staatsangeh.: England; Vorbildung: Victoria University Preliminary Examination 97; Studium: Liverpool, Berlin 4 S.]

Williams, John Francis [C. E., B. S. aus Salem im Staate New York, V. S. v. Nord-Amerika]. Ueber den Monte Amiata in Toscana und seine Gesteine . . . (Aus: N. Jahrbuch f. Mineral., Geol. u. Palaeontol. V. Beil.-Bd. H. 2.) Stuttgart, E. Schweizerbart'sche Verlagsh. (E. Koch), 1887, 3 Bl. + 70 S. + 1 Bl. u. 4 Taf. 8°

Göttingen, Phil. Fak., Inaug.-Diss. v. 11. März 1887

Williams, Jos., die engl. Aussprache in erleichternder Uebersicht f. Schulen u. z. Selbstunterr.; od. d. Walker'sche System f. d. Gebr. d. Deutschen bearb. (Mit Lese-Uebung.) 8. ($4^1/_2$ B.) Offenbach 837, [Heinemann.]

Ohne Lese-Uebung. (2 B.)

—— a handbook of english conversation etc. — A. u. d. T.: Handbuch d. engl. Umgangssprache, od. Samml. v. engl. u. deutschen Gesprächen, nebst Anleit. z. Aussprache d. Englischen nach Walker's System, verbunden mit kaufmänn. Gesprächen, Eisenbahn- u. Seeausdrücken. Ein Reise- u. Schulbuch. 8. (9 B.) Frankfurt a. M. 840, Hermannsche Buchh.

Williams, Irene, a grammatical investigation of the old Kentish glosses, s.: Beiträge, Bonner, zur Anglistik. 19.

Williams, Lorenz, die feindlichen Brüder, s.: Volksbücher, Münchener.

Williams, Mary C., Pearls of poesy, s. Pearls of poesy.

Williams, Mary C., Pearls of Poesy or selections from British Poets for the use of schools and young ladies. 2. edit. 16. (XVIII und 242 S.) Hamburg 863, Nolte. (London, Williams und Norgate.) cart. 15 Ngr.; geb

Williams, Mary C., Pearls of Poesy. 3d edit. 16. Kiel 874. Leipzig, Licht und Meyer. cart. *
geb. mit Goldschn. *

Williams, Mary C., Pearls of Poesy or Selections from British Poets for the use of schools and young ladies. 3d edit. 16. (XX, 268 S.) Kiel 874, v. Wechmar. cart. *
geb. mit Goldschn. *

Williams', M. C., pearls of poesy. Anthologie engl. Gedichte bis auf d. neueste Zeit z. Schulgebrauch u. Privatstudium. 4. Aufl. Mit e. Ergänzg. von Ernst Groth. 16. (XVI, 310 S.) Leipzig 895. H. Licht. Kart. n. 1. 80

***Williams*, Ow., english accent explanied on a new plan etc. A. u. d. T.: das Sprechen d. engl. Sprache. Ein Hülfsbuch für solche, welche eine gute Aussprache d. Engl. mit richtig. Accent, auch ohne Mithülfe eines Lehrers, erlangen wollen. gr. 8. Leipz., Fr. Fleischer. 1 ₰ 16 ℊ**

Williams, Percy, Untersuchungen über die Bildungsverhältnisse der oceanischen Salzablagergn., s.: Hoff, J. H. van't.

Williams, R., siehe: *H. Grandjean.*

— Projectirung u. Veranschlagg. v. Flussbefestiggn., erläutert an e. Flussstrecke der weissen Elster, sowie Beispiele zur Nachprüfung der Fargue'schen Cosotzo m. Hilfe der Methode d. Stossflächen. Mit 6 Textfig. u. 12 Taf. Fol. (66 S.) Ebd. 899. n. 8. —

Williams, R., der einspurige Zwillingstunnel, s. Grandjean, H.

Williams, Richard. Mémoires de R. W. (né [en] 1815), chirurgien, catéchiste de la Société missionnaire pour la Patagonie et pour la Terre de feu. Rédigés et édités par James Hamilton D. D. Traduit de l'anglais. 8. Vevey, Genève, Paris 1857.

Williams, Rob., Elements of practical medicine. Vol. I. Morbid Poisons. Cont.: Typhus. Scarlatina. Morbilli. Variolae. Varicella. Erysipelas Pertussis. gr 8. London 836—839; Leipzig, T. O. Weigel. n $4^1/_6$ ₰

Williams, R., Erläuterungsbericht zum Project f. die Elsterberichtigg. in Gera (Reuss). Ein Beispiel aus der Praxis der Flussberichtiggn. Fol. (51 S. m. 6 Fig. u. 9 Taf.) Leipzig 902. W. Engelmann. n. 5. —

Williams, Robert A(llan), aus Belfast, Irland: Die Vokale der Tonsilben im Codex Wintoniensis. Halle a. S. 1902: E. Karras. (128 S.) 8° [Aus: Anglia, Bd 25, N. F. 13.]
Leipzig, Phil. Diss. v. [29. Nov.] 1902

Williams, Robert Seaton, B. S. a. Boston: Über die Legierungen des Antimons mit Mangan, Chrom, Silicium und Zinn; des Wismuts mit Chrom und Silicium und des Mangans mit Zinn und Blei. Leipzig 1907: Metzger & Wittig. (37 S., 4 Taf.) 8° (Aus: Zeitschr. f. anorgan. Chemie Bd 55.)

Göttingen, Phil. Fak., Ref. Tammann, Diss. v. 3. Aug. 1907

[Geb. 11. Juli 80 Hartford, Conn., Verein. Staaten; Wohnort: Boston; Staatsangeh.: Vereinigte Staaten; Vorbildung: B. S. Bost. u. Massachusetts Institute of Technology; Studium: Boston Mass. Inst. of Technology 6, Göttingen 4 S.; Rig. 3. Juli 07.]

Williams, S. Wells, Geographie, Statistik und Naturgeschichte des Chinesischen Reichs. Aus dem Engl. übers. von C. L. Collmann. Mit Illustr. (Holzschn. im Text) u. 1 (lith.) Karte des Chines. Reichs (in Fol.). Cassel 854. Bollmann. gr. 8. (XVI, 292 S. u. 1 Lithogr.) 1 ₰ 15 ngr.

— Gesetzgebung und Regierung, Erziehung, Sprache und Literatur des Chinesischen Reichs. Aus dem Engl. rc. Mit dem Bildniß des Confucius (in Holzschn.) und Illustr. (Holzschn. im Text). Ebend. 854. gr. 8. (S. 293—612.) 1 ₰ 15 ngr.
Werk erschien bereits 1852 u. d. T.: „Das Reich der Mitte" rc.

Williams, S. Wells, neue Karte des chinesischen Reiches nach den besten chines. u. fremden Autoritäten. Imp. Fol. Lith. Cassel 851, Vollmann. 12 ngr

Williams, S. Wells, das Reich der Mitte. Eine Uebersicht der Geographie, Regierung, Erziehung, des socialen Lebens, der Künste, Religion rc. des chinesischen Reichs und seiner Bewohner. Aus dem Engl. übers. von C. L. Collmann. I., auch für sich bestehende, Abthl. Enthält: China, die Mantschurei, Mongolei, Cobdo, Koko-nor, Ili und Tibet in geograph., statist. und naturhistor. Beziehung. A. u. d. T.: Geographie, Statistik und Naturgeschichte des chines. Reichs. gr. 8. (XVI und 292 S. mit 3 lithogr. Illustr. in Tondr. und 1 neuen lithogr. Karte des chines. Reichs in Imp.-Fol.) Cassel 851(52,) Bollmann. *

—— dass. — 1. Bd. 2. (letzte) Abthl. A. u. d. T.: Gesetzgebung und Regierung, Erziehung, Sprache und Literatur des chines. Reichs. gr. 8. (S. 293—612. mit dem Bildniß des Confucius und Illustr. in Holzschn.) Ebds. 852(53.)

Williams, T., Triunuaktaj Komedioj, s.: Kotzebue, A. v.

Williams, T. S., modern English and German Conversation and idiomatic Phrases. Englisch-deutsche Gespräche, nebst Beispielen über Sprachgebrauch und Grundregeln des engl. Idioms. 22. und 23. umgearb. Aufl. 8. (III, 259 S.) Hamburg 876,79, Nolte. geb. *

Williams, T. S., modern English and German Conversation and idiomatic Phrases. — Englisch-deutsche Gespräche, nebst Beispielen über Sprachgebrauch und Grundregeln des engl. Idioms. 24. umgearb. Aufl. 8. (III, 259 S.) Hamburg 882, Nolte. geb.

—— and P. L. Simmonds, English commercial Correspondence. A collection of modern mercantile letters. 8. (XV und 304 S.) Hamburg 864, Nolte. geb.

Williams, **T. S., modern English and German Dialogues and elementary Phrases for the use of the two nations. — Englisch-deutsche Gespräche, nebst Beispielen über Sprachgebrauch u. Grundregeln d. engl. Idioms. 2e Aufl., umgearb. von C. Krüger.** gr. 12. Hamb. 826. 3e A. 830. Herold. 22 gl.

Williams, T. S., modern English and German Dialogues and elementary Phrases etc. A. u. d. T.: Englisch-Deutsche Gespräche, nebst Beispielen über Sprachgebrauch u. Grundregeln des Englischen Idioms. Das Deutsche bearbeitet u. verbessert von C. Crüger. 4e verm. Aufl. gr. 12. Hamburg 835. Herold jun.; London, Black u. Armstrong. n. 11/12 ₰ — 5e verb. Aufl. gr. 12. Ebd. 838. n. 11/12 ₰

Williams, **T. S., modern English and German Dialogues and elementary Phrases, adapted to the use of learners in both languages. The German revised and corrected by C. Crüger. The sixth enlarged Edition.** gr. 12. Hamburg 840, Herold. 11/12 ₰

Williams, T. S., modern german and english dialogues, and elementary phrases: adapted to the use of learners in both languages. The german revised and corrected by C. Crüger. 12. Edition. — Englisch-deutsche Gespräche nebst Beispielen über Sprachgebrauch und Grundregeln des engl. Idioms. 12. Aufl. 12. (XI und 257 S.) Hamburg 853, [Nolte und Köhler.] *

— an English Dictionary, exhibiting a complete view of the Verbs, Nouns and Adjectives governing the various Prepositions; compreh. 12,000 examples, illustrated by quotations from classical authors, intended to furnish the student, with a guide to this most difficult branch of the language, cont. in no grammar yet given to the public: principally extracted from the larger Dictionaries of Webster and Johnson. With a preface by Dr. Krafft. — A. u. d. T.: 12000 Exempeln aus den Dictionairen von Dr. Webster u. Dr. Johnson, oder Anweisung zum richtigen Gebrauch der Zeit-, Haupt- u. Beiwörter in Verbindung mit d. Vorwörtern. Ein Anhang zu allen Sprachlehren u. Wörterbüchern. gr. 12. Hamburg 833. Herold. n. 1 1/2 ₰

Williams, T. S., englisch-deutsche Gespräche nebst Beispielen über Sprachgebrauch und Grundregeln des englischen Idioms. Das Deutsche bearb. u. verb. von C. Crüger. A. u. d. T.: Modern German and English Dialogues and elementary phrases: adapted to the use of learners in both languages etc. 12. Aufl. Hamburg 853. Herold. (Nolte u. Köhler.) 12. (3 Bl., XI, 257 S.) n. 27 1/2 ngr.

—— und Karl Cruse, englisch-deutsche Handels-Correspondenz. Eine Sammlung neuerer kaufmänn. Briefe in Englisch mit gegenüberstehender deutscher Uebersetzung. 8. (XIX und 319 S.) Hamburg 862, Nolte. geb.

Williams, T. S., practischer Lehrgang für den ersten Unterricht in der engl. Sprache. gr. 12. (VII und 158 S.) Hamburg 848, [Nolte und Köhler.] *

Williams, T. S., praktischer Lehrgang für den ersten Unterricht in der englischen Sprache. 5. Aufl. London 862. Williams & Norgate. — Hamburg, Nolte. 8. (VI, 158 S.) 15 ngr.

—— englisches Lesebuch für die höheren Classen; eine Auswahl der besten engl. Schriftsteller der Vergangenheit und Gegenwart. A. u. d. T.: **The universal class book or selections from the best english authors past and present.** 8. (XV und 351 S.) Hamburg 856, Nolte und Köhler. Thlr. *

— englisches Lese- und Schul-Buch in systematischer Ordnung. Interessante und nutzliche Abschnitte aus Dichtern und Prosaisten enthaltend. In 2 Abthlgn., nebst einem Worter-Verzeichnisse etc. Mit einem Vorwort von Kraft. 1. Abth. A. u. d. T.: The Progressive English Reader and Universal Class Book, systematically arranged etc. 6. verb. Aufl. 853. — 7. verb. Aufl. Hamburg 855. Nolte u. Kohler. 12. (4 Bl., IV, 336 S.) n. 1 ₰.

— — 2. Abth. A. u. d. T.: The Progressive English Reader and Universal Class Book. 3. Aufl. Hamburg 858. Nolte u. Kohler. 16. (4 Bl. 343 S.) 1 ₰.

Williams, T. S., the progressive english reader and universal class book etc. — Engl. Lese- u. Schul-Buch in systemat. Ordn. Interessante u. nützl. Abschnitte aus Dichtern u. Prosaisten enthalt. 2 Abthln. nebst e. Wörter-Verzeichnisse; mit e. Vorr. v. (F. A.) Kraft. gr. 12. (25⅝ B.) Hamburg 834, Herold.

—— the progressive english Reader and universal class-book etc. — A. u. d. T.: Engl. Lese- u. Schul-Buch in systemat. Ordn. Interessante u. nützl. Abschnitte aus Dichtern u. Prosaisten enth. In 2 Abthln. nebst e. Wörter-Verzeichnisse, sehr verb. u. verm., mit e. Vorr. v. Friedr. Carl Kraft. 1. Abthl. 2. Aufl. gr. 12. (13 B.) Hamburg 839, Heroldsche Buchh. *

—— the progressive English-reader and universal class book; systematically arranged and consisting of choice selections in prose and poetry; on the most interesting and improving subjects. In II parts with a dictionary, much improved and enlarged. With a preface by Kraft. 3. edit. Part. I. — Englisches Lese- u. Schul-Buch in systemat. Ordnung etc. In 2 Abthlgn. nebst e. Wörterverzeichnisse. 3. Aufl. 1. Abthl. 12. (13 B.) Hamburg 843, Herold'sche Buchh. *

Williams, T. S., the progressive English reader and universal class book, systematically arranged and consisting of choice selections in prose and poetry on the most interesting and improving subjects. In 2 parts, with a dictionary, much improved and enlarged. With a preface by Kraft. 5. edition. Part I. — Englisches Lese u. Schul-Buch in systemat. Ordnung. In 2 Abthlgn. nebst einem Worter-Verzeichnisse. 5. verb. Aufl. 1. Abth. 12. (XII u. 316 S.) Hamburg 851, Herold. n. 1 ₰

—— the progressive english reader and universal class book, systematically arranged and consisting of choice selections in prose and poetry on the most interesting and improving subjects. In 2 parts, with a dictionary, much improved and enlarged. With a preface by Kraft. 5. Edition. Part 1. — Englisches Lese- und Schul-Buch in systemat. Ordnung. In 2 Abthlgn., nebst einem Wörter-Verzeichnisse. 5., verb. Aufl. 1. Abthl. 12. (XII und 316 S.) Hamburg 851, [Nolte und Köhler.] *

—— the progressive english reader and universal class book, systematically arranged and consisting of choice selections in prose and poetry on the most interesting and improving subjects. In 2 parts, with a dictionary, much improved and enlarged. With a preface by Kraft. 6. Edit. 1853 and 7. improved edition. Part I. — Englisches Lese- und Schul-Buch in systemat. Ordnung. Interessante und nützl. Abschnitte aus Dichtern und Prosaisten enthaltend. 6. Aufl. 1853. und 7., verb. Aufl. I. Abthl. 12. (X und 336 S.) Hamburg 855, Nolte und Köhler. *

—— the progressive English Reader. Selections in prose and poetry. Englisches Lese-Buch. Abschnitte aus Dichtern und Prosaisten in systemat. Ordnung. 1. Abthl. Mit einem Wörterverzeichniss. 15. Aufl. 8. (VIII, 340 S.) Ebendas. 879. geb. *

Williams, T. S., the progressive English-reader and universal class book etc. Part. II. 2. Edit. A. u. d. Tl.: Engl. Lese- u. Schul-Buch in systemat. Ordnung etc. In 2 Abthlgn. nebst e. Wörterverzeichnisse. 2. Abthl. 2. Aufl. 12. (14⅓ B.) Hamburg 846, Herold'sche Buchh. Thlr. *

Williams, T. S., Pipkin's rustic retreat, s. Theatre, the modern English comic.

—— englische Schul-Grammatik oder vollständiger Unterricht in der engl. Sprache mit Beispielen und Uebungen zur Anwendung der Regeln. 16. Aufl. 8. (XV, 354 S.) Ebendas. 881. geb. *

—— theoret.-pract. engl. Schul-Grammatik, od. vollständ. Unterr. in d. engl. Sprache, mit Beispielen u. Uebungen z. Anwend. d. Regeln. 1. Aufl. (18 B.) 836., u. 2. Aufl. gr. 12. (17⅚ B.) Hamburg 838, Heroldsche Buchh. à *

—— theoret.-prakt. engl. Schul-Grammatik od. vollständ. Unterricht in der engl. Sprache, m. Beispielen u. Uebungen z. Anwendung der Regeln. 3. Aufl. 1841, 4. Aufl.? u. 5. Aufl. 12. (à 18 B.) Hamburg 845, Herold'sche Buchh. à *

— theoretisch-practische engl. Schul-Grammatik od. vollständ. Unterricht in der engl. Sprache mit Beispielen u. Uebungen zur Anwendung der Regeln. 6. Aufl. 12. (XVIII u. 404 S.) Ebd. 847. — 7. Aufl. 12. (XVIII u. 404 S.) Ebd. 848. — 8. Aufl. 12. (XVIII u. 404 S.) Ebd. 850. n. 1 ℛ 2 ngr

Williams, T. S., theoretisch-practische englische Schul-Grammatik oder vollständ. Unterricht in der engl. Sprache, mit Beispielen und Uebungen zur Anwendung der Regeln. 10. Aufl. 12. (XVIII und 404 S.) Hamburg 853, [Nolte und Köhler.] *

— theoretisch-practische englische Schul-Grammatik oder vollständiger Unterricht in der englischen Sprache mit Beispielen u. Uebungen zur Anwendung der Regeln. 14. Aufl. Hamburg 863. Nolte. 8. (XVIII, 404 S.) n. 1 ℛ 6 ngr

-- theoretisch-praktische englische Schul-Grammatik oder vollständiger Unterricht in der englischen Sprache mit Beispielen u. Uebungen zur Anwendung der Regeln. 15. Aufl. Hamburg 869. Nolte. 8. (XVIII, 401 S.) In engl. Einb. n. 1 ℛ 6 ngr

—— first Steps in the pract. of engl.-reading etc. — A. u. d. T.: Die ersten Schritte beim Unterr. im Englischen, enth. Prosa u. Gedichte, nebst d. beigefügten Aussprache u. e. deutsch. Wörterverzeichniß am Ende jeder Seite. gr. 12. (11 B.) Hamburg 840, Heroldsche Buchh. *

—— first Steps in the practice of English-reading consisting of prose and poetry, with the pronunciation annexed, and a German vocabulary at the foot of each page. A. u. d. Tl.: die ersten Schritte beim Unterrichte im Englischen, enthalt. Prosa u. Gedichte nebst d. beigefügten Aussprache u. e. deutschen Wörterverzeichniß am Ende jeder Seite. 2., verm. Aufl. 12. (12⅓ B. u. 1 Tab.) Hamburg 846, Herold'sche Bh. *

Williams, T. S., Uebersetzungsbuch aus dem Deutschen ins Englische. Aus neueren Klassikern in stufenweiser Folge. 12. (VIII und 241 S.) Hamburg 849, [Nolte und Köhler.] *

—— Uebungsbuch z. Uebersetzen aus d. Deutschen ins Englische. Als zweiter Curs. u. nach d. Regeln d. Grammatik d. engl. Sprache. gr. 12. (10 B.) Hamburg 839, Heroldsche Buchh. *

Williams, Th. J., the better Half, s. Theatre, the modern English comic.

Williams, Thom. J., "ici on parle français", s.: Theatre, modern English comic., Nr. 81.

Williams', W., Eisenbahn- u. Dampferkarte v. Mittel-Europa. Neu bearb. v. C. Riemer. Farbendr. 60×70,5 cm. Weim. 892, Geograph. Institut. * 1 —

Williams, W., Leitfaden der Botanik. gr. 8. (IV, 208 S.) St. Petersburg 887, Schmitzdorff. cart. *

Williams, W., neue praktische Reisekarte von Deutschland und Oesterreich, Holland, Belgien, Schweiz etc., nach officiellen Unterlagen gezeichnet. Bahnen, Posten, Dampfer, Telegraphenkabel und Zollgrenzen bis Paris, Kopenhagen, Warschau, Venedig. Ausg. 1883. Chromolithogr. qu. gr. Fol. Weimar, Geograph. Institut. In Leinw.-Carton *

Williams, W., neue praktische Reisekarte von Deutschland und Oesterreich, Holland, Belgien, Schweiz etc., nach officiellen Unterlagen gezeichnet. Bahnen, Posten, Dampfer, Telegraphenkabel und Zollgrenzen bis Paris, Kopenhagen, Warschau, Venedig. Ausg. 1889. Chromolithogr. qu. gr. Fol. Weimar, Geograph. Institut. In Leinw.-Carton *

Williams, W., Neue praktische Reisekarte von Deutschland und Oesterreich, Holland, Belgien, Schweiz etc. nach officiellen Unterlagen gez. Bahnen, Posten, Dampfer, Telegraphenkabel u. Zollgrenzen bis Paris, Kopenhagen, Warschau, Venedig. Ausg. 1879. 1889. Weimar, Geogr. Inst. gr. qu.-Fol. Chromolith. M 0,50.

Williams, W., neue praktische Uebersichts- und Reisekarte von Deutschland und Oesterreich, Holland, Belgien, Schweiz etc. Chromolithogr. Imp.-Fol. Weimar 879, Geograph. Institut. In Carton *

—— neue praktische Uebersichts- und Reisekarte von Deutschland und Oesterreich, Holland, Belgien, Schweiz etc., nach officiellen Unterlagen gezeichnet. Ausg. 1881. Chromolithogr. Imp.-Fol. Ebendas. In Leinw.-Carton *

Williamson, s.a. Willyams.

Williamson, Alexander Wilhelm (Wandsworth)
Ueber die Zersetzung einiger Metalloxyde und Salze durch Chlor.
[In: Annalen d. Chemie u. Pharmacie Bd 54 (1845) 153.]
Dr. phil. Giessen 18.8.1845.

Williamson, Charles Norris

— and A. M. **Williamson**, Lady Betty across the water, s.a Collection of British authors.

Lady Betty across the water. By C. N. and A[lice] M[uriel] Williamson. Copyright ed. Leipzig: Tauchnitz 1910. 312 S. 8°
(Collection of British authors. Tauchnitz Ed. Vol. 4177.)

— — Der Blitzchauffeur. Ein Sportsroman. Übers. von E. v. Kraatz. (377 S.) 8. Hannover (907). R. Sponholtz Verl. 3.50; geb. n 4.50

— — The lightning conductor, s.a. Collection of British authors.

The Lightning Conductor. The strange adventures of a motor-car. Edited by C. N. and A[lice] M[uriel] Williamson. Copyright ed. Leipzig: Tauchnitz 1907. 312 S. 8°
(Collection of British authors. Tauchnitz Ed. Vol. 3980.)

— — Das Liebesauto. Humoristischer Automobilroman. Aus dem Engl. v. E. v. Kraatz. (383 S.) 8. Berlin (910). C. Duncker. 3. 50

— — Lord Loveland discovers America, s.a. Collection of British authors.

Lord Loveland discovers America. By C[harles] N[orris] and A[lice] M[uriel] Williamson. Copyright ed. Leipzig: Tauchnitz 1910. 300 S. 8°
(Collection of Brit. Authors. Tauchnitz Ed. Vol. 4220.) (10. 17706

— — The motor maid, s.a. Collection of British authors.

The Motor Maid. By C N. and A[lice] M[uriel] Williamson. Copyright ed. Leipzig: Tauchnitz 1910. 312 S. 8°
(Collection of British authors. Tauchnitz Ed. Vol. 4200.) (11. 8911

Williamson, C. N., fahrendes Volk. Amerikan. Theater-Roman. (Umschlag: Roman aus d. amerikan. Schmierenleben.) Autor. Bearbeitg. v. Berta Katscher. (393 S.) 8. Berlin (907). Verlag Continent. 4.—; geb. 5.—

Williamson, J., auf Chinas Heerstraße. Reiseerinnerungen. Mit Vorwort von Lechler. 8. (VII, 116 S. mit 10 Bildern.) Basel 888, Spittler. *

Williamson, Sidney: Ueber Dekahydrochinolin ... München, k. Hof- u. Univ.-Buchdr. v. Dr. C. Wolf & Sohn, 1892; 58 S. 8.
München, Phil. Fak., Inaug.-Diss. v. [20. Febr.] 1892

Williamson, Thom., Grundsätze d. landwirthschaftl. Maschinenwesens, allgemein faßlich dargestellt u. durch 20 Steintafeln erläutert. Nach d. Engl. bearbeitet von M. H. Schilling. 2 Thle. gr. 8. Leipz. 823. Baumgärtner. 3 ₰

Williard, I., Karte vom Königr. Sachsen, sämmtl. Städte, Dörfer, Eisenbahnen u. Strassen sowie das vollständige Flussnetz enthaltend; nach den besten Quellen gez. u. lith. 2 illum. Bl. in Imp. Fol. Dresden 851, Türk. n. 2/3 ₰

Williards, E., Geschichte von Nordamerika, s. a. Hausbibliothek, historische, 10. Bd.

Williards, E. Geschichte von Nordamerika (bis 1848). Mit dem Portrait Georg Washington's. (10. Bd. der „Historischen Hausbibliothek". Herausgegeben von Prof. Dr. Friedrich Bülau.) 8. Leipzig 1848.

Williard's, E., Geschichte von Nordamerika. Neue (Titel-) Ausg. Leipzig (848)65. Senf. gr. 8. (VII, 352 S. mit dem Portr. Geo. Washington's in Stahlst.) 1 ₰

Willibald, Ritter; od. d. goldne Gefäß. Singsp. in 2 Aufz. v. Hensler. 8. Wien, Wallishauser. 794.

Willibald, Dr., (Balth. v. Ammann), der Hypochondrist; ein Origin.-Lstspl. in 5 Aufz. 8. Ulm 824. Stettin. 16 gl

Willibald, Leben des heiligen Bonifacius. Aus der latein. Urschrift des 8. Jahrh. zum ersten Male übertr. von Heinr. Ed. Bonnell. br. 8. (60 S.) Berlin 856, Wiegandt und Grieben. *

Willibald, Mirandens Schützling, ein Feenmärchen in 8 Gesängen v. Olympiodorus. 8. Erfurt 821, Keyser.

Willibald, A. S., Dichter-Blüthen über Kunst und Leben, s. a. Dichter-Blüthen.

Willibald, A. S., Dichter-Blüthen über Kunst und Leben. Für Künstler und Kunstfreunde gesammelt. Mannheim 854. Löffler. 16. (4 Bl., 79 S.) n. 8 ngr.

Willibald, A. S., s. Perlen für Jungfrauen.

Willibald, B., s.: Kehren, Bertha.

Willibald, E., die Nester und Eier der in Teutschland und den angrenzenden Ländern brütenden Vögel. In systemat. Folge beschrieben und durch 228 nach der Natur gefertigte Abbildungen (auf 8 ill. Stnt.) erläutert, sowie auch mit den nöthigen Belehrungen über Anlage von Eier- und Nester-Sammlungen versehen. 8. (142 S.) Luckau 854, Kutzscher.

Willibald, E., die Nester und Eier der in Deutschland und den angrenzenden Ländern brütenden Vögel. In systemat. Folge beschrieben und durch 228 nach der Natur gefert. Abbildungen erläutert, sowie auch mit den nöth. Belehrungen über Anlage von Eier- und Nester-Sammlungen versehen. 2. verm. Aufl. 8. (142 S. mit 8 color. Stnt.) Leipzig 874, Koch's Verlag. *

Willibald, E., die Nester und Eier der in Deutschland und den angrenzenden Ländern brütenden Vögel. Vollständig umgearb. von Bruno Dürigen. 3. Aufl. 8. (IV, 179 S. mit 229 nach der Natur gefertigten Abbild. [auf 8 chromolithogr. Taf.]) Leipzig 886, C. A. Koch's Verlagsh. *

Willibald, E., die Vögel Teutschlands. Eine genaue Beschreibung u. Naturgeschichte aller in Teutschland vorkommenden Vögel, nebst Anleitung zur Ausstopfung derselben. In systemat. Ordnung f. die Jugend bearb. Mit 6 Taf. col. Abbildgn. gr. 12. (X u. 156 S.) Nordhausen 847, Fürst. (Leipzig, Hentze.) 1 ₰

Willibald, G., d. neuesten Systeme d. Acker- u. Weinbaues, od. Resultate u. Erfahr. d. vorzügl. Oekonomen üb. diese Wissenschaft. 2 Abth. mit 5 Kpf. 8. Wien, 1823. Dirnböck. — 25

Willibald, J. K., die Zigeuner im Tilln-Walde. Volks- u. Kriminalgeschichte aus der letzten Hälfte des vorigen Jahrhunderts. 8. (9 B.) Wien 843, Stöckholzer v. Hirschfeld.

Willibald, W.: Gedichte. Hamburg: Meissner & Schirges 1849.
[HL. 14 (1881) S. 1104.]

Willibaldus, vita S. Bonifatii. Aus der Münchener Handschrift neu hrsg. u. m. textkrit. Apparat versehen v. A. Nürnberger. [Aus: „27. Bericht d. wissenschaftl. Gesellschaft Philomathie zu Neisse".] gr. 8. (69 S.) Breslau 895. Müller & Seiffert. n. 1.—

Willibaldus, S., s.: Descriptiones terrae sanctae.

Willibrord, Leben des heiligen, s. Leben.

Willibrordus-Kirche, die ursprüngliche, in Echternach, die heutige Crypta, die sich unter dem Chor der Basilika u. der Sebastianuskapelle ausdehnt. Illustr. Gelegenheitsschrift zur feierl. Translation der Gebeine des hl. Willibrord aus der Pfarrkirche in die Basilika (4. VI. 1906). Hrsg. v. L. D. (24 S.) kl. 8. Luxemburg 906. (Echternach, M. Jos. Speck.) (Nur direkt.) — 12

Willich, Dr. med. Die giftigen Eigenschaften des Branntweins. Vortrag. Kassel 1886. Mk. —.10.

Willich, Sammlung der im Herzogth. Oldenburg geltenden Gesetze usw., neue Bearbeitg., s.: Fimmen u. Tenge.

Willich, Sammlung der im Herzogthum Oldenburg geltenden Gesetze, Verordnungen und Bekanntmachungen aus den J. 1852 bis 1883. [Gesetzblatt Bd. XIII bis XXVI.] Für den prakt. Gebrauch zusammengestellt und mit Zusätzen und Hinweisen auf die Oldenburg. und Reichsgesetzgebung versehen. 2 Bde. 8. (IV, 1031; 871 S.) Oldenburg 888, Schulze'sche Hofbuchh. **

(Willich, Aug. v.,) im preußischen Heere! Ein Disciplinarverfahren gegen Premier-Lieut. (Aug.) v. Willich, als Folge der durch den Prozeß „Anneke“ in dieser Brigade herbeigeführten Vorgänge, mit Vor- und Nachwort. gr. 8. (XVI und 52 S.) Mannheim 848, Hoff.

Willich, Aug. Vide: Heere (Im preussischen).
— — Kriminal-Zeitung (New Yorker).

Willich, C., das römisch-deutsche Kaiserreich und der deutsche Nationalstaat. gr. 8. (47 S.) Oldenburg 868, Schmidt's Verlag.

Willich, C., über das Verhältniß zwischen Kirche und Staat. Ein Vortrag gelesen im gesellig-literar. Verein zu Oldenburg. gr. 8. (28 S.) Oldenburg 852, Schmidt.

Willich, (Jac.) Christian. (geb. Rheinberg Juni 1815): De phthisi laryngea. Berolini (1840). (29 S.) 8°
Berlin, Med. Diss. v. 7. Febr. 1840

Willich, Christian Ludwig

— illustrationes quaedam botanicae. 8. Götting. 766. Vandenhöck u. R. 2 gr

Christian Ludwig Willich

Christiani Lud[ovici] Willich De Plantis quibusdam observationes. Gottingae: Vandenhoeck 1762. 76 S. 8°

Willich, Ehrenfr. v., aus Schleiermachers Hause. Jugenderinnerungen seines Stiefsohnes. (IV, 220 S. m. 2 Taf.) 8. Berlin 909. G. Reimer. 3.50

Willich, Ernst, wie wird man reich? Vernünftige u. prakt. Ratschläge aus den Lebenserfahrgn. e. armen Teufels, der auf absonderl. aber ehrl. Wegen aus seinen Nöten heraus in gute Verhältnisse kam. (48 S.) 8. Leipzig 909. M. Spohr. — 80

Willich, F. J., s. Kampf u. Sieg eines rheinpfälz. Advocat-Anwalts.

Willich, Friedrich Christoph

— s. Just. Claproth, Einleitung.

Willich, Fr. Cph., churfürstl. Braunschw.-Lüneburg. Landesgeschichte u. Verordnn., Calenberg. u. Grubenhag. Antheils. 3 Bde. Nebst Anh. 4. Götting. u. Dessau 780—83. Gelehrt. Buchh. 6 Thlr Supplement. 4. Götting. 792. ... 2s u. 3s Supplem. 4. Götting. 801—15. 2e Aufl. unter d. T.: des Königreichs Hannover Landesgesetze u. Verordnungen, insbesondere d. Fürstenth. Calenberg, Göttingen u. Grubenhagen. In einem Auszuge nach alphab. Ordnung. 1r—3r Bd. 2e Aufl. 4. Götting. 825, 26. Vandenhöck u. R. (à 4 Thlr) 12 Thlr

— dasselbe im Auszuge nach alphabet. Ordnung. Fol. Dessau 783. Gel. Buchh. 16 gr Schrbp. 20 gr

Willich, Friedrich Christoph (Stralsund) A. S. 1374/7

De Orebhim Eliae nutritoribus I. Reg. XVII. 4. 6. naturalesne corvi an homines intelligantur.
Präs. Brandan Heinrich Gebhard.
Greifswald (Starck) 8. IX. 1707. 12 S.

W. v.: Präs., Jakob Staalkopff, Johann Adam Vehr.
36822

Willich, H., und G. Kaselowsky: Handbuch der Galvanoplastik oder der hydroelektrischen Metallüberziehung ... Nach ... A. Roseleur, [Manipulations hydroplastiques] ... Stuttgart 1862

Willich, Hans, Giacomo Parozzi da Vignola, s. a. Zur Kunstgeschichte des Auslandes.

Giacomo Barozzi da Vignola. Von Hans Willich. Mit 38 Abb. u. 22 Taf. Strassburg: J. H. E. Heitz 1906. (VIII, 172 S.) 4°(8°)
= Kunstgeschichte, Zur, d. Auslandes. H. 44. [c6. 13851

Willich, Hans: Die Kirchenbauten des Giacomo Barozzi da Vignola. Ein Beitrag zur Entwicklungsgeschichte des Barockstils. 1905. 64 S. 8° ¶ Erw. u. d. T.: Giacomo Barozzi da Vignola, als: Zur Kunstgeschichte des Auslandes. H. 44. 1906.
München, Dr.-Ing.-Diss. v. 30. 6. 1905

Willich, Hans, Renaissance u. Barock, s.: Wölfflin, Heinr.

Willich, Hartwig Jonas (Hamburg) A. S. 1160/14 a

Sialographia medica circa solutionem problematis istius physiologici praecipue versans: utrum saliva sit excrementum nec ne.
Präs. Johann Andreas Fischer.
Erfurt (Grosch) 9. VII. 1726. 24 S.

W. v.: Abias Georg Cramer. 36823

Willich, J. C., Bemerkt., Regeln u. Grundsätze zur Verbesserung der Forstwirthschaft. 8. Wien 793. Doll. 8 gr

Willich J. C.: Auf Erfahrung gegründete Bemerkungen, Regeln u. Grundsätze z. Verbesserung d. Forstwirthschaft, nebst e. Anh. v. Bemerkungen üb. verschiedene ökonom.-kameralist. u. Polizey-Gegenstände ... Wien u. Leipz. 1793. 88 S.

Willich, J. C., Bemerkungen zu Verbesserung d. Forstwirthschaft. 8. Wien, Doll, 793.

Herr! dein Wille geschehe. E. vollst. Gebetbuch f. Katholiken. Von P. Jacob Willich. 5. Aufl. ... Saarlouis: Hausen & C. 1899. (447 S.) 1 Bd 8°

Willich, Jac., Herr, Dein Wille geschehe! Ein vollständ. Gebetbuch f. Katholiken. 6. Aufl. (447 S. m. Titelbild.) 16. Saarlouis 903. F. Stein Nachf. n. — 60; geb. in Leinw. n. — 70

Willich, Jakob Christian, s. Willich, Christian

Willich L. der Brand von Chicago am 8. October 1871. Nebst einer kurzen Geschichte in Bezug auf Grosse und Wachstum der Stadt. Neustadt 1871

Willich, Louis. Der Brand von Chicago am 8. Okt 1872. 2d ed. StL. 187-[?].

Willich, Mich. Lorenz, († 1769.) gründl. Vorstellung d. allgem. Reesischen Regel, nebst deren Anwendung auf die üblichen Rechnungsarten. 2 Bde. 8. Götting. u. Bremen 759, 60. Förster. (Müller). 1 Thlr

v. Willich, Dr. Mor., († 181..) Vorläufer einer künftigen Beschreib. d. Gesundbrunnens zu Sagard auf d. Insel Rügen ꝛc. 8. Stralſ. 795. Stiller. 6 gr

Willich, Mor. Ulr., dissertat. inaug. med. de frequenti catarrhorum ex primis viis origine. 4. Götting. 776. Dieterich. 2 gr

Willich, D., Gallerie der merkwürdigsten Reiseabenteuer, s. Gallerie.

Willier, I. F., la medicine practique à Londres etc. II Vol. 12. Bas. Flick. 781.

Willies, Otto, Tierarzt aus Wittingen (Hannover): Ueber Rachitis der Kieferknochen, über die Entstehung von Kieferzysten und von intramandibulären Mundhöhlendivertikeln bei Haustieren. Berlin 1908. 26 S. und vier Tafeln. 8°. S.-A. aus dem Archiv für wissenschaftliche und praktische Tierheilkunde. Bd. 34. 1908. [3. V. 07.]

Bern Vet.-med. Diss. 1908/09.

Willies, Otto. Ueber Rachitis der Kieferknochen, über die Entstehung von Kieferzysten und von intramandibulären Mundhöhlendivertikeln bei Haustieren. Diss. Vet.-Med. Bern. Mit 14 Abbildungen auf Tafel I—IV. (Sonderabdruck aus dem Archiv für wissenschaftl. und prakt. Tierheilkunde. 1908. Bd. 34.) 26 S. 8. Berlin. L. Schumacher, 1908.

Willig, A., s.: Handbuch, statistisches, üb. die Schul- u. Gehaltsverhältnisse usw. des Reg.-Bez. Hannover.

Willig, Eduard: Gustav II. Adolf, König von Schweden im deutschen Drama. Ein literarhistor. Versuch. Parchim 1908: Freise. 95 S. 8°

Rostock, Phil. Diss. v. 18. Okt. 1907, Ref. Golther

[Geb. 31. Aug. 81 Hannover; Wohnort: Rostock; Staatsangeh.: Preußen; Vorbildung: Kaiser-Wilhelms-Gymn. Hannover Reife O. 01; Studium: Göttingen 6, Rostock 5 S.; Rig. 15. Okt. 07.] [U 09. 3773

Willig, Hermann Behandlung der Kegelschnitte mittels Linienkoordinaten. 8 (48 S.) Progr. Rg. u. Rsch. Mainz. 1888 (602)

Willig, Hermann [Realgymnasiallehrer zu Mainz]: Beiträge zur Kenntnis der negativen Fusspunktscurven, insbesondere derjenigen der Kegelschnitte .... Giessen, Druck v. Wilhelm Keller, 1886; 16 S. + 1 Bl. 4°.

Giessen, Phil. Fak., Inaug.-Diss. v. 1886.

Willig, Hermann, Beiträge zur Kenntniss der negativen Fusspunktscurven, insbesondere derjenigen der Kegelschnitte. Diss. Giessen 1886, J. Rickersche Buchh. 4°. 16 S.

Willig, Hermann [Dr.]: Einfache Konstruktionen der rationalen Kurven dritter Ordnung. I. Tl. '(Text u. Fig. 1—16).' Mainz, Druck v. H. Prickarts, 1892; 23 S., 4 Taf. 4.

Mainz, grossh. RG u. R, OP 1892 (630)

Willig, Hermann [Dr.]: Einfache Konstruktionen der rationalen Kurven dritter Ordnung. II. Tl. '(Schluss d. Textes u. Fig. 17—38.)' [Schluss d. P-Beil. 1892.] Mainz, Druck v. H. Prickarts, 1893; 7 S., 6 Taf. 4.

Mainz, grossh. RG u. R, OP 1893 (630)

Willig, Herm., der Sonnenstandsmesser, e. neues Lehrmittel f. den Unterricht in der mathemat. Geographie. Messblatt. Nebst: Hilfsfigur zur Herstellg. der Zeiger f. die Orte zwischen 0° u. 60° geogr. Breite (auf der Rückseite). 49×65 cm. Mit 2 Zeigern. Nebst Begleitheft. (IV, 27 S. m. 8 Fig.) 8. Weinheim 905. F. Ackermann. n.n. 3. 25; Begleitheft allein — 40

Willig, Joh. Chr. Friedr., neue Fibel, oder Elementarbuch für Kinder, die gern lernen wollen. Nach den besten Hülfsmitteln und eigener Erfahrung bearb. 7., verb. Aufl. 8. (48 S.) Einbeck 855, Ehlers.

Willig, Mich. Lor., Vorstellung d. Neesischen allgem. Regel nebst deren Anwend. auf d. üblichen Rechnungsarten. 2 Bde. 8. Bremen, Fetzler. (Müller.) 760.

Willig, Th., Pilgerreise zu unserer lieben Frau v. la Trappe auf dem Oelenberge bei Reiningen, ausgeführt im J. 1846. 2., neu durchges. und verb. Aufl. Aus dem Französ. übers. von einem kathol. Pfarrer. 8. (IX und 91 S.) Münster 852, Theissing'sche Buchh.

Willig, Th. A., kurze methodische Anweisung für den Zeichenunterricht. Ein Leitfaden zu der Zeichenschule für ein- und zweiklass. Schulen. gr. 8. (32 S.) Breslau 888, F. Hirt. *

Willig, Th. A., kurze methodische Anweisung für den Zeichenunterricht. Ein Leitfaden zu der Zeichenschule f. 1- u. 2 klass. Schulen. 2., verm. Aufl. gr. 8. (48 S.) Breslau 890. F. Hirt. n. — 35

Willig, Th. A., kurze methodische Anweisung f. den Zeichenunterricht. Ein Leitfaden zu der neuen Zeichenschule f. ein-, zwei- u. mehrklass. Schulen. (Ausg. A.) 3., erweit. Aufl. gr. 8. (84 S.) Breslau 892. F. Hirt. n. — 50

— dasselbe. Ein Leitfaden f. den Gebrauch v. Willigs neuer Zeichenschule. Ausg. B. gr. 8. (121 S.) Ebd. 894. n. — 75

Willig, Th. A., kurze methodische Anweisung für den Zeichenunterricht. E. Leitfaden f. d. Gebrauch d. Ausg. A u. B v. Willig's neuer Zeichenschule. 4., erweit. Ausg. gr. 8. (127 S.) Breslau 896. F. Hirt. n. 1. —

Willig, Th. A., kurze methodische Anweisung für den Zeichenunterricht. Ein Leitfaden für den Gebrauch der Ausg. A, B u. C v. Willigs neuer Zeichenschule. 5., erweit. Aufl. (134 S.) 8. Breslau 906. F. Hirt. n. 1. —

— Taschenbuch f. Zeichenlehrer. Eine Sammlg. v. mehr als 1100 stufenmässig geordneten Mustervorlagen f. das Wandtafelzeichnen in Volks-, Bürger- u. Fortbildungsschulen, sowie in Präparanden-Anstalten u. Lehrer-Seminarien. gr. 8. (VIII, 150 S.) Ebd. 894. Geb. in Leinw. n. 3. 50

Taschenbuch für Zeichenlehrer. Eine Sammlung von mehr als 1100 stufenmässig geordn. Mustervorlagen für d. Wandtafelzeichnen in Volks-, Bürger- u. Fortbildungsschulen ... von Th. A. **Willig**, Seminarl. in Homberg. 2. Aufl. *Breslau: F. Hirt 1902.* (VIII, 152 S.) 8° [03.3883

—— s. Vorbereitungen u. Entwürfe aus dem gesamten Unterrichtsgebiete der deutschen Volksschule.

— Wandtafeln zu Willigs Neuer Zeichenschule. Insbesondere für einfache Schulverhältnisse. 2 Abtlgn. Je 20 farbige, auf Leinwand gedruckte Tafeln 48×63 cm. In Papphülse mit 2 Holzstäben zum Einhängen der Tafeln. Breslau, F. Hirt. à Abtlg. n. 20. —

1. Abtlg.: Geradlinige Figuren. — 2. Abtlg.: Krummlinige Figuren.

— Wandtafeln zu Willig's neuer Zeichenschule f. 1-, 2- u. mehrklass. Schulen. Auf Grund der „Allgem. Bestimmgn." u. d. „Anweisg. d. kgl. preuß. Ministeriums d. Unterrichts- u. a. Angelegenheiten v. 20. Mai 1887" bearb. 2. Abtlg.: Krummlin. Figuren. 20 farb. auf Leinw. gedr. Taf. à 48 × 63 cm. M. 2 Holzstäben z. Einhängen. Ebd. 895. n. 20. —

—— Neue Zeichenschule. Wandtafeln. 1. Abtlg.: Geradlinige Fig. 20 farb. auf Leinw. gedr. Taf. 48×63 cm. Ebd. 891. * 20 —

—— neue Zeichenschule für ein- und zweiklassige Schulen in 6 Heften. Auf Grund der „Allgemeinen Bestimmungen" und der „Anweisung des kgl. preuß. Ministeriums der Unterrichts- und andern Angelegenheiten vom 20. Mai 1887" bearb. 4. Ebendas. 888. *

Inhalt:

Heft 1. Das Netzzeichnen für die Hand des Lehrers. (32 S.) * 50 Pf.
" 2. Netzheft für die Hand der Schüler. (20 S.) * 10 Pf.
" 3. Symmetrische Figuren, welche auf der Zwei- und Vierteilung beruhen. (16 S.) * 20 Pf.
" 4. Figuren, welche auf der Drei-, Sechs- und Achtteilung beruhen. (24 S.) * 30 Pf.
" 5. Frontansichten und Grundrisse nach verjüngtem Maßstabe. (24 S.) * 30 Pf.
" 6. Schülerheft ohne Zeichnungen, nur mit Centimeterrand. (24 S.) * 15 Pf.

— neue Zeichenschule f. ein- u. zweiklassige Schulen in 11 Hftn. Auf Grund der „Allgemeinen Bestimmgn." u. der „Anweisg. des kgl. preuß. Ministeriums der Unterrichts- u. a. Angelegenheiten vom 20. Mai 1887" bearb. Breslau 888-890. F. Hirt. n. 3. 5
1. (32 S.) n. — 50. — 2. (20 S.) n. — 10. — 3. (16 S.) n. — 20. — 4. (24 S.) n. — 30. — 5. (24 S.) n. — 30. — 6. (24 S.) n. — 15. — 7—11. (à 24 S.) à n. — 30.

—— Neue Zeichenschule. Auf Grund der allgem. Bestimmgn. u. der Anweisg. f. den Zeichenunterricht in den preuß. Volksschulen vom 20. Mai 1887 bearb. Ausg. A. Heft 1—16. 4°. Ebd. ** 5 —
1. Das Netzzeichnen f. die Hand d. Lehrers. 3. Abdr. (32 S.) 891. * — 50.
2. Netzheft f. Schüler. 9. Abdr. (20 S.) 892. ** — 10.
3. Symmetr. Fig., welche auf der Zwei- u. Viertheilg. beruhen. 7. Abdr. (16 S.) 893. * — 20.
4. Fig., welche auf der Drei-, Sechs- u. Achttheilg. beruhen. 6. Abdr. (24 S.) 892. * — 30.
5. Frontansichten u. Grundrisse. 6. Abdr. (24 S.) 893. * — 30.
6. Schülerheft ohne Zeichnungen. 9. Abdr. (24 S.) 892. ** — 15.
7. Symmetr. Fig., welche auf der Sechs-, Acht- u. überhaupt Vieltheilung der Seiten beruhen. 4. Abdr. (24 S.) 892. * — 30.
8. Stichbogen, Spitzbogen, Karnies u. Wellenlinien. 3. Abdr. (24 S.) 892. * — 30.
9. Der Kreisbogen u. seine Verwendg. Spiralen u. Doppelspirale in symmetr. Verbindg. (24 S.) 889. * — 30.
10. Ellipse, Eilinie, Eierstäbe, Wasser- u. Herzlaub nach Grundzug u. Verwendg. Herzform, Palmetten, Wappenschilder. (24 S.) 889. * — 30.
11. Fortsetzung u. Erweiterg. des Stoffes aus Heft 10. Blatt- u. Rosettengebilde; Borten, Perlstab, Kapitäl. (24 S.) 889. * — 30.
12. Zeichnen f. die Oberklassen der Mädchenschulen in besond. Beziehg. zum Handarbeits-Unterricht. 1. Abthl. (32 S.) 891. * — 40.
13. Dass. — 2. Abthl. (8 farb. u. 24 schwarze Taf.) 891. * — 50.
14. Netzheft f. Kreuzstich. (24 S.) 891. ** — 15.
15. Körperzeichnen f. die Oberklassen. 1. Abthl. (32 S.) 891. * — 40.
16. Dass. — 2. Abthl. (32 S.) 891. * — 50.

— neue Zeichenschule. Auf Grund der „Allgemeinen Bestimmgn." u. der „Anweisg. d. kgl. preuß. Ministeriums der Unterrichts- u. a. Angelegenheiten vom 20. Mai 1887" bearb. Ausg. A. 16 Hfte. 4. Ebd. 894. n. 5. —

Geradlinige Figuren.

1. Das Netzzeichnen für die Hand des Lehrers. Enthält den zu verarbeit. Stoff nebst Abänderungsformen in vollständ. Durchführung. (32 S.) — 50
2. Netzheft für die Hand der Schüler. Mit blauem Liniennetz von 1 cm Weite nach amtl. Vorschrift. (20 S.) — 10
3. Symmetrische Figuren, welche auf der Zwei- u. Viertellung beruhen. (16 S.) — 20
4. Figuren, welche auf der Drei-, Sechs- u. Achtteilung beruhen. (24 S.) — 30
5. Frontansichten u. Grundrisse nach verjüngtem Maßstabe. (24 S.) — 30
6. Schülerheft ohne Zeichnungen, nur mit Centimeterrand. (24 S.) — 15
7. Symmetrische Figuren, welche auf der Sechs-, Acht- u. überhaupt Vielteilung der Seiten beruhen. (24 S.) — 30

Dieses Heft schließt planmäßig an Heft 4 an für Schulen, in welchen Heft 5 nicht verwendet wird, oder welche den Stoff bereits verarbeitet haben.

Krummlinige Figuren.

8. Stichbogen, Spitzbogen, Karnies, Wellenlinie, Viertel- u. Halbkreisbogen in symmetrischer Verbindung. (24 S.) — 30
9. Der Kreisbogen u. seine Verwendung. Spiralen u. Doppelspirale in symmetrischer Verbindung. (24 S.) — 30
10. Ellipse, Eilinie, Eierstäbe, Wasser- u. Herzlaub nach Grundzug u. Verwendung; Herzform, Palmetten, Wappenschilder u. s. w. (24 S.) — 30
11. Fortsetzung u. Erweiterung des Stoffes aus Heft 10. Blatt- u. Rosettengebilde; Borten, Perlstab, Kapitäl u. s. w. (24 S.) — 30

Zeichnen in besond. Beziehung zum Handarbeitsunterricht.

12. Zeichnen für die Oberklassen der Mädchenschulen, in besond. Beziehung zum Handarbeitsunterricht. 1. Abtlg.: Muster zu Kettenstich, Litzenbesatz, Borten u. s. w. (32 S.) — 40
13. — dasselbe. 2. Abtlg.: 8 bunte Tafeln für Kreuzstich u. 24 schwarze Tafeln für Plattstich. (32 S.) — 50
14. Netzheft für Kreuzstich. Mit blauem Liniennetz von 3 mm Weite nach amtl. Vorschrift. (24 S.) — 15

Körperzeichnen.

15. Körperzeichnen für die Oberklassen. 1. Abtlg.: Würfel, vierseitige Pyramide, sechsseitige Säule u. Pyramide in verschiedenen Zusammenstellungen u. Lagen. (32 S.) — 40
16. — dasselbe. 2. Abtlg.: Kreis u. Ellipse, Cylinder u. Kegel, Geräte u. Gefäße. (32 S.) — 50

Heft 3, 4, 5, 7—13, 15 u. 16 sind für Lehrer u. Schüler bestimmt.

— **neue Zeichenschule.** Auf Grund der „Allgem. Bestimmgn." u. d. „Anweisg. d. kgl. preuß. Ministeriums des Unterrichts- u. a. Angelegenheiten v. 20. V. 1887" bearb. (In 2 Ausgaben.) Ausg. A. 1.—14. Hft. 4. Ebd. n. 4. 10
1. Das Netzzeichnen f. d. Hand d. Lehrers. Enth. den zu verarbeit. Stoff nebst Abänderungsformen in vollst. Durchführg. 8., durchgeseh. Abdr. (11. u. 12. Tausend.) (32 S.) 897. n. — 50
2. Netzheft f. d. Hand d. Schüler. Mit blauem Liniennetz von 1 cm Weite nach amtl. Vorschrift. 16. Abdr. (596. bis 695. Taus.) (20 S.) 898. n. — 10
3. Symmetr. Figuren, welche auf d. Zwei- u. Vierteilung beruhen. 12., durchgeseh. Abdr. (104. bis 235. Taus.) (16 S.) 898. n. — 20
4. Figuren, welche auf d. Drei-, Sechs- u. Achtteilg. beruhen. 11., durchgeseh. Abdr. (141. bis 160. Taus.) (24 S.) 898. n. — 30
5. Frontansichten u. Grundrisse nach verjüngtem Maßstabe. 9., durchgeseh. Abdr. (55.—68. Taus.) (24 S.) 897. n. — 30
6. Schülerheft ohne Zeichngn. nur m. Centimeterrand. 15. Abdr. (344.—413. Taus.) (24 S.) 898. n. — 15
7. Symmetr. Figuren, welche auf d. Sechs-, Acht- u. überhaupt Vielteilg. d. Seiten beruhen. 9., durchgeseh. Abdr. (50.—65. Taus.) (24 S.) 898. n. — 30
8. Stichbogen, Spitzbogen, Karnies, Wellenlinie, Viertel- u. Halbkreisbogen in symmetr. Verbindg. 7., durchgeseh. Abdr. (32.—40. Taus.) (24 S.) 898. n. — 30
9. Der Kreisbogen u. s. Verwendg. Spiralen u. Doppelspirale in symmetr. Verbindg. 7., durchgeseh. Abdr. (14.—17. Taus.) (24 S.) 897. n. — 30
10. Ellipse, Eilinie, Eierstäbe, Wasser- u. Herzlaub nach Grundzug u. Verwendg.; Herzform, Palmetten, Wappenschilder u. s. w. 5., durchgeseh. Abdr. (12.—14. Taus.) (24 S.) 897. n. — 30
11. Fortsetzg. u. Erweiterg. d. Stoffes aus Hft. 10. Blatt- u. Rosettengebilde; Borten, Perlstab, Kapitäl etc. 4., durchgeseh. Abdr. (8.—10. Taus.) (24 S.) 898. n. — 30
12. Zeichnen f. d. Oberklassen d. Mädchenschulen, in bes. Beziehg. z. Handarbeits-Unterricht. 1. Abtlg. Enth.: Muster für Kettenstich, Litzenbesatz, Borten u. s. w. 6., durchgeseh. Abdr. (11.—13. Taus.) (32 S.) 897. n. — 40
13. Zeichnen f. d. Oberklassen d. Mädchenschulen, in bes. Beziehg. z. Handarbeits-Unterricht. 2. Abtlg. Enth. 8 bunte Taf. f. Kreuzstich u. 24 schwarze Taf. f. Plattstich. 3., durchgeseh. Abdr. 897. n. — 50
14. Netzheft f. Kreuzstich. M. blauem Liniennetz m. 3 mm Weite nach amtl. Vorschrift. 6. Abdr. (10.—13. Taus.) 898. n. — 15

— **neue Zeichenschule.** Auf Grund der „Allgemeinen Bestimmgn." u. der „Anweisg. d. kgl. preuß. Ministeriums der Unterrichts- u. a. Angelegenheiten vom 20. V. 1887" bearb. (In 2 Ausgaben.) Ausg. A. 16 Hfte. 4. Ebd. n. 5. —
1. Das Netzzeichnen f. die Hand des Lehrers. Enth. den zu verarbeit. Stoff nebst Abänderungsformen in vollständ. Durchführung. 7., durchgeseh. Abdr. (13. bis 14. Taus.) (32 S.) 900. n. — 50
2. Netzheft f. die Hand d. Schüler. 20. Abdr. (996.—1005. Taus.) (20 S.) 902. n.n. — 10
3. Symmetrische Figuren, welche auf der Zwei- u. Vierteilung beruhen. 14., durchgeseh. Abdr. (282.—298. Taus.) (16 S.) 902. n. — 20
4. Figuren, welche auf der Drei-, Sechs- u. Achtteilg. beruhen. 13., durchgeseh. Abdr. (206.—222. Taus.) (24 S.) 902. n. — 30
5. Frontansichten u. Grundrisse nach verjüngtem Maßstabe. 10., durchgeseh. Abdr. (69. bis 83. Taus.) (24 S.) 900. n. — 30
6. Schülerheft ohne Zeichngn., nur m. Centimeterrand. 10. Abdr. (634.—708. Taus.) (24 S.) 902. n.n. — 15
7. Symmetrische Figuren, welche auf der Sechs-, Acht- u. überhaupt Vielteilung der Seiten beruhen. 10., durchgeseh. Abdr. (66. bis 78. Taus.) (24 S.) 900. n. — 30
8. Stichbogen, Spitzbogen, Karnies, Wellenlinie, Viertel- u. Halbkreisbogen in symmetrischer Verbindung. 8., durchgeseh. Abdr. (41. bis 48. Taus.) (24 S.) 900. n. — 30
9. Der Kreisbogen u. seine Verwendung. Spiralen u. Doppelspirale in symmetr. Verbindg. 9., durchgeseh. Abdr. (24. bis 28. Taus.) (24 S.) 901. n. — 30
10. Ellipse, Eilinie, Eierstäbe, Wasser- u. Herzlaub nach Grundzug u. Verwendung; Herzform, Palmetten, Wappenschilder etc. 8., durchgeseh. Abdr. (20.—22. Taus.) (24 S.) 902. n. — 30
11. Fortsetzung u. Erweiterung des Stoffes aus Hft. 10. Blatt- u. Rosengebilde; Borten, Perlstab, Kapitäl etc. 5., durchgeseh. Abdr. (11.—13. Taus.) (24 S.) 901. n. — 30
12. Zeichnen f. die Oberklassen der Mädchenschulen, in besond. Beziehg. zum Handarbeits-Unterricht. 1. Abtlg. Enth. Muster f. Kettenstich, Litzenbesatz, Borten etc. 8., durchgeseh. Abdr. (18.—20. Taus.) (32 S.) 902. n. — 40
13. Dasselbe. 2. Abtlg. Enth. 8 bunte Taf. f. Kreuzstich u. 24 schwarze Taf. f. Plattstich. 5., durchgeseh. Abdr. (32 S.) 901. n. — 50
14. Netzheft f. den Kreuzstich. Mit blauem Liniennetz m. 3 mm. Weite nach amtl. Vorschrift. 7. Abdr. (14. bis 18. Taus.) (24 S.) 900. n.n. — 15
15. Körperzeichnen f. die Oberklassen. 1. Abtlg. Enthält Würfel, vierseit. Pyramide, sechsseit. Säule u. Pyramide in verschied. Zusammenstellgn. u. Lagen. 4., durchgeseh. Abdr. (32 S.) 890. n. — 40
16. Dasselbe. 2. Abtlg. Enth. Kreis u. Ellipse, Cylinder u. Kegel, Geräte u. Gefäße. 4., durchgeseh. Abdr. (32 S.) 902. n. — 50

— neue Zeichenschule. Auf Grund der „Allgemeinen Bestimmgn." u. der „Anweisg. des kgl. preuß. Ministeriums der Unterrichts- u. a. Angelegenheiten vom 20. V. 1887" bearb. (In 3 Ausgaben.) Ausg. A. 1.—15. Heft. gr. 8. Ebd. n.n. 4. 50
1. Das Netzzeichnen für die Hand des Lehrers. Enth. den zu verarbeit. Stoff nebst Abänderungsformen in vollständiger Durchführg. 8. Abdr. (15. u. 16. Taus.) (32 S.) 904. n. — 50
2. Netzheft f. die Hand der Schüler. Mit blauem Liniennetz v. 1 cm Weite nach amtlicher Vorschrift. 25. Abdr. (1461. bis 1560. Taus.) (20 S.) 906. n.n. — 10
3. Symmetrische Figuren, welche auf der Zwei- u. Vierteilung beruhen. 18. Abdr. (359.—374. Taus.) (16 S.) 906. n. — 20
4. Figuren, welche auf der Drei-, Sechs- u. Achtteilung beruhen. 16. Abdr. (262.—278. Taus.) (24 S.) 905. n. — 30
5. Frontansichten u. Grundrisse nach verjüngtem Maßstabe. 12. Abdr. (91.—98. Taus.) (24 S.) 905. n. — 30
6. Schülerheft ohne Zeichnungen, nur mit Zentimeterrand. 23. Abdr. (984.—1058. Taus.) (24 S.) 906. n.n. — 15
7. Symmetrische Figuren, welche auf der Sechs-, Acht- u. überhaupt Vielteilung der Seiten beruhen. 14. Abdr. (104. bis 111. Taus.) (24 S.) 906. n. — 30

8. Stichbogen, Spitzbogen, Karnies, Wellenlinie, Viertel- u. Halbkreisbogen in symmetrischer Verbindung. 11. Abdr. (63 bis 69. Taus.) (24 S.) 906. n. — 30
9. Der Kreisbogen u. seine Verwendung. Spiralen u. Doppelspirale in symmetr. Verbindg. 11. Abdr. (35.—45. Taus.) (24 S.) 905. n. — 30
10. Ellipse, Eilinie, Eierstäbe, Wasser- u. Herzlaub nach Grundzug u. Verwendung; Herzform, Palmetten, Wappenschilder usw. 9. Abdr. (23.—26. Taus.) (24 S.) 905. n. — 30
11. Fortsetzung u. Erweiterung des Stoffes aus Heft 10. Blatt- u. Rosettengebilde; Borten, Perlstab, Kapitäl rc. 6. Abdr. (14. u. 15. Taus.) (24 S.) 904. n. — 30
12. Zeichnen f. die Oberklassen der Mädchenschulen, in besond. Beziehung zum Handarbeits-Unterricht. 1. Abtlg. Enth. Muster für Kettenstich, Litzenbesatz, Borten usw. 9., durchgeseh. Abdr. (21.—24. Taus.) (32 S.) 903. n. — 40
13. Zeichnen f. die Oberklassen der Mädchenschulen, in besond. Beziehung zum Handarbeits-Unterricht. 2. Abtlg. Enth. 8 bunte Taf. f. Kreuzstich u. 24 schwarze Taf. f. Plattstich. 6. Abdr. (12.—14. Taus.) (32 S.) 904. n. — 50
14. Netzheft f. Kreuzstich. Mit blauem Liniennetz m. 3 mm Weite nach amtl. Vorschrift. 9. Abdr. (23.—26. Taus.) (24 S.) 905. n.n. — 15
15. Körperzeichnen f. die Oberklassen. 1. Abtlg. Enth. Würfel, vierseit. Pyramide, sechsseit. Säule u. Pyramide in verschiedenen Zusammenstellgn. u. Lagen. 5. Abdr. (32 S.) 904. n. — 40

Willig, Th. A., neue Zeichenschule. Auf Grund der „Allgemeinen Bestimmgn." u. der „Anweisg. des kgl. preuß. Ministeriums der Unterrichts- u. a. Angelegenheiten v. 20. V. 1887" sowie des „Lehrplans f. den Zeichenunterricht in der Volksschule v. J. 1902" bearb. (In 3 Ausgaben.) Ausg. A. 2.—6. 8. u. 12. Heft. gr. 8. Breslau, F. Hirt. nn 1. 75
2. Netzheft f. die Hand der Schüler. Mit blauem Liniennetz v. 1 cm Weite nach amtl. Vorschrift. 26. Abdr. (1561.—1620. Taus.) (20 S.) 907. nn — 10
3. Figuren, welche auf der Zwei- u. Vierteilung beruhen. 19. Abdr. (375.—381. Taus.) (16 S.) 908. — 20
4. Figuren, welche auf der Drei-, Sechs- u. Achtteilg. beruhen. 18. Abdr. (258.—297. Taus.) (24 S.) 908. — 30
5. Frontansichten u. Grundrisse nach verjüngtem Maßstabe. 13. Abdr. (99. u. 100. Taus.) (24 S.) 908. — 30
6. Schülerheft ohne Zeichngn., nur m. Zentimeterrand. 25. Abdruck. (1119.—1166. Taus.) (24 S.) 909. nn — 15
8. Stichbogen, Spitzbogen, Karnies, Wellenlinie, Viertel- u. Halbkreisbogen in symmetrischer Verbindung. 12. Abdr. (70.—72. Taus.) (24 S.) 909. — 30
12. Zeichnen f. die Oberklassen der Mädchenschulen, in besond. Beziehg. zum Handarbeits-Unterricht. 1. Abtlg. Enth. Muster f. Kettenstich, Litzenbesatz, Borten usw. 10. Abdr. (25.—27. Taus.) (32 S.) 904. — 40

— dass. — Ausg. B. 9 Hefte. 4. (à Heft 24 S.) Ebd. 892. à Heft *
1. Symmetr. Fig. auf Grundlage der Zwei- u. Viertheilg. der Seiten.
2. Dass. — auf Grundlage der Vier-, Drei- u. Sechstheilg. der Seiten.
3. Dass. — auf Grundlage der Acht-, Zehn- u. Vieltheilg. der Seiten.
4. Mäanderzüge u. Bänder.
5. Frontansichten u. Grundrisse ebenflächiger Gegenstände.
6. Stich- u. Spitzbogen, Karnies u. Wellenlinien.
7. Der Kreisbogen u. seine Verwendg.
8. Ellipsen, Eilinie, Eierstäbe.
9. Blatt- u. Blütenformen, Rosettengebilde.
Außerdem 1 Schülerheft (ohne Zeichnungen) * — 10.

— dasselbe. Ausg. B. 10 Hfte. 4. Ebd. 894. n. 2. 80
1. Symmetrische Figuren auf Grundlage der Zwei- u. Vierteilung der Seiten. (24 S.) — 30
2. Symmetrische Figuren auf Grundlage der Vier-, Drei- u. Sechsteilung der Seiten. (24 S.) — 30
3. Symmetrische Figuren auf Grundlage der Acht-, Zehn- u. überhaupt Vielteilung der Seiten. (24 S.) — 30
4. Mäanderzüge u. Bänder; Figuren im Sechs-, Acht- u. Zwölfeck. (24 S.) — 30
5. Frontansichten, Grund- u. Seitenrisse ebenflächiger Gegenstände; Kapitäl- u. Perlstab. (24 S.) — 30
6. Stich- u. Spitzbogen, Karnies, Wellenlinie, Viertel- u. Halbkreisbogen in symmetr. Verbindungen; vierteilige Blattrosetten. (24 S.) — 30
7. Der Kreisbogen u. seine Verwendung, vier-, sechs-, acht- u. fünfteilige Rosettengebilde, Spirale u. Doppelspirale in symmetrischen Verbindungen. (24 S.) — 30
8. Ellipsen, Eilinie, Eierstäbe, Wasser- u. Herzlaub nach Grundzug u. Verwendung, Palmetten, Wappenschilder, Blatt- u. Blütenformen; Rankenornamente. (24 S.) — 30
9. Gemischtlinige Figuren; Rosetten u. Rankengebilde unter Verwendung auch einheimischer Blattformen; Stele, Akanthus u. s. w. (24 S.) — 30
10. Schülerheft ohne Zeichnungen. Für das Zeichnen nach Wandtafeln. (20 S.) — 10
Die Hefte 1—9 sind für Lehrer u. Schüler bestimmt.

— dasselbe. Ausg. B. 1., 3., 6., 7. u. 10. Hft. 4. Ebd. n. 1. 30
1. Symmetr. Figuren auf Grundlage d. Zwei- u. Vierteilg. d. Seiten. 3., durchgeseh. Abdr. (24 S.) 897. n. — 30
3. Symmetr. Figuren auf Grundlage d. Acht-, Zehn- u. überhaupt Vielteilg. der Seiten. 3., durchgeseh. Abdr. (24 S.) 898. n. — 30
6. Stich- u. Spitzbogen, Karnies, Wellenlinie, Viertel- u. Halbkreisbogen in symmetr. Verbindgn.; vierteil. Blattrosetten. 2. Abdr. (24 S.) 894. n. — 30
7. Der Kreisbogen u. s. Verwendg.; 4-, 6-, 8- u. 5teil. Rosettengebilde; Spirale u. Doppelspirale in symmetr. Verbindgn. 2. Abdr. (24 S.) 894. n. — 30
10. Zeichnen nach Wandtafeln. 11.—20. Taus. (20 S. Papier.) 897. n. — 10

— dasselbe. Ausg. B. 1., 2., 4., 6., 7. u. 10. Hft. 4. Ebd. n. 1. 60
1. Symmetrische Figuren auf Grundlage der Zwei- u. Vierteilung der Seiten. 4., durchgeseh. Abdr. (24 S.) 900. n. — 30
2. Dasselbe auf Grundlage der Vier-, Drei- u. Sechsteilung der Seiten. 4., durchgeseh. Abdr. (24 S.) 901. n. — 30
4. Mäanderzüge u. Bänder, Figuren im Sechs-, Acht- u. Zwölfeck. 3., durchges. Abdr. (24 S.) 899. n. — 30
6. Stich- u. Spitzbogen, Karnies, Wellenlinie, Viertel- u. Halbkreisbogen in symmetrischen Verbindungen; vierteilige Blattrosetten. 3., durchgeseh. Abdr. (24 S.) 901. n. — 30
7. Der Kreisbogen u. seine Verwendung; 4-, 6-, 8-, u. 5teilige Rosettengebilde; Spirale u. Doppelspirale in symmetrischen Verbindungen. 3., durchgeseh. Abdr. (24 S.) 901. n. — 30
10. Zeichnen nach Wandtafeln. 41.—45. Taus. (10 Bl.) 902. n. — 10

Willig, Th. A., neue Zeichenschule. Auf Grund der Allgemeinen Bestimmgn." u. der „Anweisg. des kgl. preuß. Ministeriums der Unterrichts- u. a. Angelegenheiten vom 20. V. 1887" bearb. (In 3 Ausgaben.) Ausg. B. 1.—3. u. 8. Heft. gr. 8. Breslau, F. Hirt. Ebd. n. 1. 20
1. Symmetrische Figuren auf Grundlage der Zwei- u. Vierteilung der Seiten. 5. Abdr. (24 S.) 904. n. — 30
2. Symmetrische Figuren auf Grundlage der Vier-, Drei- u. Sechsteilung der Seiten. 5. Abdr. (24 S.) 904. n. — 30
3. Symmetrische Figuren auf Grundlage der Acht-, Zehn- u. überhaupt Vielteilung der Seiten. 4. Abdr. (24 S.) 904. n. — 30
8. Ellipsen, Eilinie, Eierstäbe, Wasser- u. Herzlaub nach Grundzug u. Verwendung; Palmetten; Wappenschilder; Blatt- u. Blütenformen; Rankenornamente. 3. Abdr. (24 S.) 904. n. — 30

— dasselbe. Auf Grund der „Allgemeinen Bestimmgn." u. der „Anweisg. des kgl. preuß. Ministeriums der Unterrichts- u. a. Angelegenheiten vom 20. V. 1887" sowie des „Lehrplans für den Zeichenunterricht in der Volksschule vom J. 1902" bearb. Ausg. C. 3 Hefte. (à 20 S. m. Abbildgn.) gr. 8. Ebd. 906. à n. — 25
1. Stoffe f. die Unterstufe (1. bis 3. Schulj.).
2. Stoffe f. die Mittelstufe (4. u. 5. Schulj.).
3. Stoffe f. die Oberstufe (6. bis 8. Schulj.).

Willig, Th. A., der Zeichen-Unterricht in der Volksschule. Ein prakt. Lehrgang in 2 Thln. 1. Thl. 1. Heft und 2. Thl. qu. Fol. Hannover 877, Meyer. *
Inhalt:
Thl. 1. Das Linear- und Freihandzeichnen. 1. Heft: Geradlinige Figuren. (IV S. und 20 Stnt.)
» 2. Das geometrische Zeichnen. Mit einem Begleitworte von G. Schumann. (IV S. mit 12 Stnt. mit Text auf der Rückseite.)

— geometrisches u. Zirkelzeichnen. Für die Oberstufe der Volksschule, für Fach- u. Fortbildungsschulen, Präparanden-Anst. u. Lehrerseminarien bearb. M. 278 Fig. auf 36 lith. Taf. gr. 8. (46 S.) Ebd. 895. n. 1. 60

Willig, Wilhelm: Über den Einfluss der Schwangerschaft auf Ovarialtumoren. *Greifswald 1898: J. Abel.* (30 S.) 8°
Greifswald, Med. Diss. v. 6. Aug. 1898

Willige, Hans, aus Rosdorf: Ein Fall von Erhaltenbleiben der Vena cava superior sinistra. *Göttingen 1904: Dieterich.* (31 S.) 8°
Göttingen, Med. Diss. v. [7. Mai] 1904

Willige, Hans, ein Fall v. Erhaltenbleiben der Vena cava superior sinistra. Diss. (33 S. m. Fig.) 8. Göttingen 904. (Vandenhoeck & Ruprecht.) n. — 80

Willigens, J. F., s. Austria, felix.

Williger, Carl, s. Williger, Karl

Williger, Fritz, zahnärztliche Chirurgie, s.: Leitfäden der prakt. Medizin. II.

Williger, Fritz [Drd. med. aus Cosel O/L.]: Der Dammschutz bei der Geburt. . . . Jena: Druck v. G. Neuenhahn 1889. 34 S., 1 Bl. 8°
Jena, Med. Fak., Inaug.-Diss. v. [1. Sept.] 1889

— Was muss der prakt. Arzt v. d. Zahnkrankheiten wissen?, s.a. Klinik, Medizinische. 1910. VII.

Williger: Was muß der praktische Arzt von den Zahnkrankheiten wissen? [Beihefte zur medizinischen Klinik. VI. Jahrg. Heft 7.] 8°
Wien: Urban & Schwarzenberg 1910.

Williger, J., Beweis des Fermat'schen Satzes. (11 S.) 8. Leipzig 910. F. Jansa. 1. —

Williger, Karl

Williger, K., die Apostelgeschichte in Bibelstunden, s.: Besser, W. F., u. K. Williger, Bibelstunden.

Williger, Karl, Betrachtungen zum Briefe an die Ebräer f. den Israel Gottes. gr. 8. (IV, 184 S.) Neusalz 877. Lange. n. 2. —

Williger, C., Bibelstunden, s. Besser, W. F.

Williger, W. (vorm. R. Weber): Preis-Courant über Raubthierfallen. Haynau (Schlesien) 1889

Willigerod, Jh. Hnr. Zach., Geschichte von Münden in vorzügl. Hinsicht auf Handlung u. Schifffahrt. 8. Götting. 808. Dieterich. 1 ₰ 16 gr

— Instruktion für Vormünder im Königreiche Westphalen nach Napoleons Gesetzbuch u. natürl. Grundsätzen entworfen. gr. 8. Götting. 810. Vandenhöck u. R. 8 gr

— Mündensches Stadtrecht, mit vorzügl. Hinsicht auf Handlung u. Schifffahrt. 8. Götting. 817. Deuerlich. 1 ₰

— Taschenbuch für Gerichtsboten im Königr. Westphalen. gr. 8. Halle u. Berl. 811. Waisenhaus-B. 1 ₰

Willigerod, Johann Konrad Ph.

— latein. Chrestomathie für Anfänger u. Geübtere. gr. 8. Reval 828. (VI u. 465)

Willigerod, Jh. Konr. Ph., Geschichte Esthlands vom ersten Bekanntwerden desselben bis auf unsere Zeiten. gr. 8. Reval 814. (Leipz. 817. Rein.) 12 gr 2e gänzl. umgearb. Aufl. 8. Reval 830. (IX. u. 373 S.)

Willigerod, J. E. Ph.: Geschichte Ehstlands vom ersten Bekanntwerden desselben bis auf unsere Zeiten. 2. gänzl. umgearb. Aufl. — Reval 1830: Lindfors. IX, 373 S. [1. Aufl. 1814.]

— Handbuch d. allgem. Geschichte zum Gebrauch beim öffentlichen u. Privatunterricht. 8. Reval u. Wenden 817. (366 S.)

— das schwarze Häuptercorps zu Reval. Eine histor. Skizze. 8. Reval 817. 2e A. 830. (32 S.)

Willigerod, L., der Held vom Schildhof. Histor. Erzählg. f. unsere Jugend zur Jahrhundertfeier des Tiroler Befreiungskriegs unter Andreas Hofer im J. 1809. Mit 4 Bunt- u. 9 Vollbildern sowie 20 Text-Illustr. 2. Aufl. v. „Treu bis zum Tode". (VIII, 152 S.) 8. Stuttgart (909). Loewe. Geb. in Leinw. 3. —

Willigerod, Lilly, e. deutsches Herz. Erzählung nach wahren Begebenheiten. Für die reifere Jugend. Mit (6) Bildern. 8. (VII, 171 S.) Gotha 895. F. A. Perthes. Geb. in Leinw. n. 3. —

— **Ein deutsches Herz.** Bilder aus dem Seemannsleben, nach wahren Begebenheiten f. die Jugend erzählt. Mit 4 Farbdr.-Bildern u. 26 Textillustr. v. Willy Planck, sowie phot. Aufnahmen v. Schiffsausrüstgn. 2. Aufl. (VII, 152 S.) 8. Ebd. (908). Geb. in Leinw. 3. —

Willigerod, Lilly, aus meinem Tagebuche. Erzählung f. die reifere Jugend. Mit 5 Illustr. 8. (168 S.) Gotha 885. F. A. Perthes. cart. n. 3. —

— dasselbe. 2. Tl. Ein Seemannsleben. Mit 4 Illustr. 8. (219 S.) Ebend. cart. n. 3. —

Willigerod, Lilly, aus meinem Tagebuch. Erzählung f. die reifere Jugend. 3. Tl. 8. Gotha 888. F. A. Perthes. geb. n. 3. — (1—3.: n. 9. —)
Altes u. Neues in Bayern. Erzählungen f. Jung u. Alt aus meinem Tagebuche. Mit 6 Bildern. (225 S.)

Willigerod, Lilly. Treu bis zum Tode. Historische Erzählg. 8. (XII, 165 S. m. 12 Holzschn.) Gotha 889, F. A. Perthes. geb. * 3 —

Maurer-Gesänge für die Loge P[ythagoras] z[u] d[en] 3 St[römen] i. O. v. Münden. Ausgewählt und zsgetr. von S. **Willigerod.** Münden: 1817. VI, 272 S. 8°
145 Lieder ohne Noten.

Williges, Frdr., Hannover u. Preußen 1866. (IV, 167 S. m. 2 Karten.) gr. 8. Hannover 910. Helwing. 4. —

Willigk, Erw.: Die Gesetze der Ernährung als Beitrag zur Beurtheilung des Preises menschlicher Arbeit. S. 52–93. – Prag, d. OR., Progr. 1873.

Willigk, Erw.: Ueber Conservirung des Holzes. S. 50–60. 8° – Prag, d. OR., Progr. 1870.

Willigk, Erwin, Lehrbuch der Chemie für Real- und höhere Bürgerschulen. 2 Thle. 2. Aufl. gr. 8. Prag 864,66, Tempsky. à Thl. 1 Thlr.
Inhalt:
Thl. 1. Unorganische Chemie. (VIII und 274 S. mit 55 in den Text gedr. Abbild. in Holzschn.)
» 2. Organische Chemie. (IV und 260 S. mit in den Text gedr. Abbild. in Holzschn.)

Willigk, Erwin., Lehrbuch der Chemie für Real- und höhere Bürgerschulen. 1. Thl.: Unorganische Chemie. Mit einem Anh.: die Grundzüge der modernen Chemie. 3. Aufl. gr. 8. (V, 330 S. mit 63 in den Text gedr. Abbild. in Holzschn.) Prag 869, Tempsky.

—— Lehrbuch der Chemie. Gemäss der neueren Ansichten mit Rücksicht auf die Bedürfnisse des Technikers. 2 Bde. gr. 8. Ebendas. 872. à Bd. * M. 4. *
Inhalt:
Bd. 1. Lehrbuch der unorgan. Chemie. 4. umgearb. Aufl. (IX, 452 S. mit 77 in den Text gedr. Abbild.)
» 2. Lehrbuch der organ. Chemie. (VI, 400 S. mit 33 in den Text gedr. Abbild.)

Willigk: Über Lehrmittel für Chemie. 14 S. 8°. Prag d.OR., Progr. 1867.

Willigk, Erw.: Ueber den Materialverbrauch bei Beleuchtung mit verschiedenen Leuchtstoffen und die Leuchtkraft des Petroleums. S. 60 73. 8° Prag, d. OR., Progr. 1870.

Willigk, Erwin, Untersuchung der Blätter der Rubia tinctorum. [Aus den Sitzungsberichten 1852 der k. Akademie der Wissenschaften abgedr.] gr. 8. (10 S.) Wien 852. (Braumüller.) n. 2 *ngr*

Willigk, Erwin, Über die Wurzel der *Cephaelis Ipecacuanha*. S. 5 [illegible]
Separatabdruck

(F) **Willim,** J., Die Lauretanische Litanei nach dem wörtlichen Sinne in Gebetsform. 2. Aufl. 16°. (50 S.) kart. K —.40
Graz: Styria 1906

Willim, Joh. Ev., Es lebe † Jesus! Handbuch für die Mitglieder der Ehrenwache vom göttl. Herzen Jesu. Kirchlich errichtet in der Kapelle der Frauen vom guten Hirten in Wien. 8. (92 S.) Wien 872, Mayer und Comp. *

Willim, Jos., Andacht zum allerheiligsten Herzen Jesu u. zum hl. Herzen Mariä. 10. Aufl. 16. (189 S.) Wien **893. „St. Norbertus", Verlagsh.** n. — 60

Willim, Jos., Gebetbuch für die christliche Familie. Wien 866. Sartori. 16. (VIII, 472 S. mit 1 Stahlst.) 15 *ngr*

Willim, Jos., Gebetbuch für die christliche Familie. Neue, verm. Aufl. 16. (VIII, 479 S. mit 1 Stahlst.) Regensburg 885, [Manz.] Verlags-Anstalt.

— Gebetbuch f. die christliche Familie. Neueste, verm. Aufl. 16. (VIII, 479 S. m. 1 Stahlst.) Regensburg 893. Nationale Verlags-Anstalt. 2. —

Willim, Jos., die lauretanische Litanei nach dem wörtlichen Sinne in Gebetsform. 2, verm. Aufl. (60 S.) 16. Graz 906. Styria. Kart. n. — 36

Willim, Josef — Predigt am Patronatsfeste des Kranken- und Pensions-Institutes für Handlungs-Kommis in Wien, gehalten in der Instituts-Kapelle zum heil. Josef am Pfingstmontage, den 1ten **Juni 1857 von — —. Mechitharisten-Buchdruckerei. (22 S. 8.)**

Willim, Melchior *(geb. Pilchowitz in Schles. 25.8.1855)*: Beitrag zu den Operationsmethoden bei genu valgum. Breslau 1879. (37 S.) 8° *[Im Buchhandel 1879 bei Köhler in Breslau]*
Breslau, Med. Diss. v. 27. Nov. 1879

Willim, Melchior, Beitrag zu den Operationsmethoden bei genu valgum. Inaugural-Dissertation. gr. 8. (37 S.) Breslau 879, (Koebner.) *

Willim, Raphael: (Aus d. hygien. Inst. d. Univ. zu Breslau.) Über die Beziehungen zwischen Säuglingssterblichkeit und Sommertemperatur. Leipzig: Veit 1908. 38 S. 8° ¶ (Aus: Zeitschrift f. Hygiene u. Infektionskrankh. Bd 62.)
Breslau, Med. Diss. v. 8. Jan. 1909, Ref. Flügge
[Geb. 4. Mai 82 Breslau; Wohnort: Breslau; Staatsangeb.: Preußen; Vorbildung: Johannes-Gymn. Breslau Reife O. 98; Studium: Breslau 6, Leipzig 1, Freiburg i. B. 1, Breslau 2 S.; Coll. 15. Febr. 08; Approb. 16. Juli 03.] [U 09. 582

Willimann, Joh[ann] Heinrich. Bilder aus Italien nach eigener Anschauung gezeichnet. 8. Luzern 1849.

Willimski, Leop., S. J., Grabreden, s.: Neumaier, J.

Willimsky, Walther, Arzt a. Leschnitz: Die Metastasen des Uteruscarcinoms in entfernteren Organen. Berlin 1904: E. Ebering. (71 S.) 8°
Berlin Med. Fak., Ref. Olshausen, Diss. v. 22. Dez. 1904
[Geb. 23. Aug. 78 Leschnitz O.-Schl.; Heimatsort: Neiße; Staatsangeh.: Preußen; Vorbildung: Gymn. Patschkau Reife O. 99; Studium: Marburg 1, Berlin 3, München 1, Berlin 3, Breslau 1, Berlin 1 S.; Coll. 20. Dez. 04; Approb. 19. Mai 04.]

Willing, kurze Anweisung zur Pflege und Beobachtung der Irren für das Wartpersonal. Dienst-Anweisung für das Wartpersonal in der rhein. Provincial-Irrenheilanstalt zu Siegburg. Unter Zustimmung der Direction übersichtl. dargestellt. gr. 8. (56 S.) Köln 861, Du Mont-Schauberg'sche Buchh. *

Willing, Augustus: De Socratis daemonio quae antiquis temporibus fuerint opiniones. Lipsiae 1909: Teubner. S. 127—183. 8° ¶ (Aus: Commentationes philol. Ienens. Vol. 8, Fasc. 2.)
Jena, Phil. Diss. v. 23. April 1909, Ref. Hirzel
[Geb. 19. Juli 86 Meiningen; Wohnort: Meiningen; Staatsangeb. Sachsen-Meiningen; Vorbildung: Gymn. Meiningen Reife O. 05; Studium: Jena 5, Berlin 1, Jena 5 S.; Rig. 19. Dez. 08.] [J 09. 2235

Willing, Carl. s. Willing, Karl

Willing, Friedr. Ad. Hennig, **Dr. Karl W. E. Mager, Prof.** au collège du Genève etc. als **Universal-Genie mit d. strahl.** Laterne d. Wahrheit beleuchtet, od. d. entlarvte Büchermacher als Anstellungs-Jäger. gr. 8. (1¼ B.) Berlin 838, (Logier.)

Willing, Fr. Ad. Hennig, Wissenschaft der Mathematik nach heuristisch-genetischer Methode. 1r Thl., die Gesetze der sieben Operationen mit wirklichen Zahlen, ferner eine Einleitung über die Methode der Mathematik als Lehrobject u. als Wissenschaft u. endlich eine Formeln-Tafel enthaltend. gr. 8. Berlin 838. Dümmler. 2⅓ *ngr*

Willing, F. A. H., allgemeine Zahlenlehre, nach streng wissenschaftl. Principien bearb., nebst einem Anhange enth. die Elemente des numerischen Rechnens mit einer großen Anzahl von Beispielen und Rechnungskunstgriffen. gr. 8. (VII und 897 S.) Berlin 851, G. Reimer. 3

Willing, F. A. H., allgemeine Zahlenlehre, **nach streng wissenschaftl. Principien bearb., nebst einem Anhange enth. die Elemente des numerischen Rechnens mit einer großen Anzahl von Beispielen u. Rechnungskunstgriffen. gr. 8. (VII u. 897 S.)** Berlin 852, G. Reimer. 3¾ *ngr*

Willing, Franc. Guil. (geb. Munster in Westf. 8. 12. 1829): De carcinomate hepatis. Berolini (1855). (28 S.) 8°
Berlin, Med. Diss. v. 13. Jan. 1855

Willing, Georg, aus Saalfeld im Hzt. Meiningen: Beiträge zur Theorie der Bewegung der Kugel, welche auf einer Ebene rollt, ohne zu gleiten. *Meiningen 1904: Keyßner.* (34 S.) 8°
Leipzig, Phil. Diss. v. 1904

Willing, H., baierische Volks-Sagen, romant. erzählt. 2 Bdchn. Mit 1 Kpf. 8. Nürnb. 826. Zeh. 1 ₰ 8 gr

Willing, Karl

Willing, Carl [Dr.]: Zur Geschichte des Investiturstreites. 1. Das Wormser Concordat. 2. Die Berechtigg d. gregorian. Fordergn. (Th. 1 = Inaug.-Diss. v. Breslau 1896.) Liegnitz, Druck v. C. Seyffarth, 1896; 53 S. 8.
Liegnitz, st. Ev. G, P 1896 (108)

Willing, Carl, zur Geschichte d. Investiturstreites. 1. Das Wormser Concordat. 2. D. Berechtigg. d. gregorian. Fordergn. gr. 8. (53 S.) Liegnitz 896. (Reisner.) n. 1. —

Grundzüge einer genetischen Schulgrammatik der lateinischen Sprache. In 12 Lehrproben entwickelt von Dr. Carl **Willing**, Oberl. zu Liegnitz. *Halle a. S.: Waisenhaus 1903.* (93 S.) 8° [04. 2459 S

Willing, Karl, hütet Eure Töchter! 4.–6. Taus. (115 S.) 8. Berlin (907). C. Georgi. 1.—

Willing, Carl [Oberl. in Liegnitz]: Das Wormser Concordaat ... [= Th. 1 d. Progr. d. Gymn. Liegnitz 1896: Zur Geschichte d. Investiturstreites.] Liegnitz, Kommv. d. Reisnerschen Buchh., 1896; 37 S. 8.
Breslau, Phil. Fak., Inaug.-Diss. v. 25. Apr. 1896

Die Mannstollheit (Nymphomanie). Ihr Wesen u. ihre Behandlung. Von Dr. Carl Willing. Berlin: Georgi [1906]. 115 S. 8°

Willing, Carl, die Mannstollheit (Nymphomanie), ihr Wesen u. ihre Behandlung. (4.–6. Taus.) (115 S.) 8. Berlin (906). C. Georgi. n. 2.—

Willing, Karl, Dr.: Zur Methodik des Lateinunterrichts in den unteren und mittleren Klassen des humanistischen Gymnasiums. Liegnitz 1904: C. Seyffarth. (36 S.) 8°
Liegnitz, st. evangel. G P 1904 (233)

Willing, Carl, s.: Thaten, die, d. Kaisers Augustus.

Willing, (M.,) Stickmuster im französ. Geschmacke f. d. J. 1824. qu. gr. Fol. Hamb. 823, Hoffmann u. C.

Willing, T. J. G., die Siegburger Irren-Heilanstalt und ihre Bedeutung für die Rheinprovinz. Ein Wort an Aerzte und Laien. Bevorwortet von M. Jacobi. Köln 854. DuMont-Schauberg. 8. (50 S.) 7½ ngr.

Willing, Th(eod.) Jos(eph.) Gerardus (geb. Ahaus in Westf. 6. 3. 1813): De nova catheteris specie. Berolini (1844). (29 S.) 8°
Berlin, Med. Diss. v. 20. Jan. 1844

Willinge Tonckens, ex pago Eelde Drenthinus, Janus Henr., Specimen juridicum inaug. selectas observationes continens de curatore ventris. 8maj. Groningae 841. (Emden, Rakebrand.) n. ¼ ₰

— ex pago Emmen Drenthinus, Lucas, Dissertatio chemico-medica inaug. de Strychino. 8maj. ibid. 842. n. ½ ₰

Willingen, Alexander, s. Alexander.

Willingen, Alexander. Ein Charaktergemälde neuerer Zeit. Leipzig [1847]. V: *Kempner, David.* (Brü III, 441) (Zeitschr. f. Büch. N. F. 15, 1923, S. 127)

Willingen, Alexander. Ein Charaktergemälde neuerer Zeit. 2 Bde. 8. (XII, 212 u. 242 S.) Leipzig 847, Steinacker. 2½ ₰

Willinger, Jos., s.: Pilgerfahrt, e., in d. hl. Land.

Willirams deutsche Paraphrase des Hohen Liedes, s. Quellen und Forschungen zur Sprach- und Culturgeschichte der german. Völker.

Williram, ..., s. Salomo, das hohe Lied.

Williram's Uebersetzung u. Auslegung d. Hohenliedes in doppelten Texten aus d. Breslauer u. Leidener Handschrift. Hrsg. u. mit e. vollstaend. Wörterbuche vers. v. H. Hoffmann. gr. 8. (14½ B. u. Fac-simile d. Bresl. HS.) Breslau 827., Grass, Barth u. Comp.

Willis der Lootse oder Abenteuer einer im stillen Meere an unbekannter Küste schiffbrüchig gewordenen Emigranten-Familie. Mit eingestreuten Erzählungen, Reiseerlebnissen und naturgeschichtl. Schilderungen. Aus dem Engl. von O. L. Heubner. 1. Aufl. 1858. und 2. (Titel-)Ausg. 8. (X und 405 S. mit 12 lithogr. und ill. Bildern.) Dresden (858)59, Kuntze.

Willis, d. Polli, einer Waise, Gesch. a. d. Engl. 8 Nürnb. Monath. 768.

Willis der Steuermann. A. d. Engl. Leipzig 1859. Ü: *Hauthal, Louise geb. Velthusen.* (Ky)

—— der Steuermann. Aus dem Engl. 2 Thle. 4. (IV und 371 S. mit 12 lithogr. und ill. Abbild.) Leipzig 859, [Matthes.]*

Willis der Steuermann. Aus dem Engl. (von Louise Hauthal, geb. Velthusen). 2 Thle. Mit 12 (lith. u.) color. Abbildgn. Leipzig 859. Schrader. 4. (2 Bl., 171; 200 S.) n. 2 ₰. 20 ngr.

Willi's Werdegang v. Rideamus, s.: Brettl- u. Theater-Bibliothek, bunte.

Willis, (F.,) über Geisteszerrüttung. Eine Abhandlung, welche d. Gulstonischen Vorlesungen vom May 1822 enthält. Aus d. Engl. mit Zusätzen u. krit. Bemerkk. v. Frz. Amelung. 8. Darmst. 826, Leske.

Willis, Fred[erick] C[harles]: Die niederländische Marinemalerei. Borna-Leipzig (Übergekl.: Halle a. S.) 1910: Noske. IV, 96 S. 8° ¶(Soll erweit. u. ill. ersch. b. Klinkhardt & Biermann, Leipzig.)
Halle, Phil. Diss. v. 19. Sept. 1910, Ref. Goldschmidt
[Geb. 16. April 83 Prag; Wohnort: Leipzig; Staatsangeh.: Sachsen; Vorbildung: Kgl. Gymn. Dresden-N. Reife O. 02; Studium: Jura Freiburg i. B. 1, Berlin 1, Kiel 1, Leipzig 5, Phil. Halle 4, Leipzig 1, Halle 1 S.; Rig 25. Juli 10.] [U 11. 1919

Willis, Ioannes (geb. 1819 in Wallingford a. d. Themse): De lingva Spenseriana eivsqve fontibvs ... Bonnae, form. F. P. Lechneri 1848. 1 Bl., 35 S., 1 Bl. 8.
Bonn, Phil. Fak., Diss. v. 9 Aug. 1848

Willis, Joannes, de lingua Spenseriana ejusque fontibus. Diss. Bonn 1848, Emil Strauss. 8°.

Willis, N. Parker

Willis, N. P., malerische Ansichten der vorzüglichsten Städte, Seen und Flüsse der vereinigten Staaten von America, in Bildern, nach der Natur gez. von W. H. Bartlett und gest. von R. Wallis, J. Cousen, Willmore u. s. w. Aus dem Engl. übers. von Joh. v. Horn. 2 Bde. gr. 4. (1. Bd. 184 S., 2. Bd. IV und 121 S. mit 120 Stahlst.) London 851–52. Hamburg, Berendsohn. *

Willis, N. Parker: Paul Fane, s. Bibliothek, Amerikanische.

– komische Geschichten, s. Bibliothek, Amerikanische.

— Leben, hier u. dort, siehe: Bibliothek, Amerikan. 7. Bd.

— Leute, die ich gekannt, s.: Bibliothek, Amerikan. 8. Bd.

Willis, N. P., das maler. u. romant. Nordamerika, s. Bartlett, W. H.

Willis, N. P., s. Nordamerika, das malerische und romantische.

Willis, Rob., Illustrations of Cutaneous Disease. A series of delineations of the affections of the Skin in their more interesting and frequent forms; with a practical summary of their symptoms, diagnosis, and treatment, including appropriate formulae. The drawnings after nature and lithogr. by Arch. Henning. Fasc. I—XVI. (12 ill. Taf.) ½ gr. Fol. London 839. 40; Leipsic, T. O. Weigel. n. 32 ꝟß

Willis, Rob., die Krankheiten d. Harnsystems u. ihre Behandl. A. d. Engl. übers. mit Anmerkn. u. Zusätzen v. Heusinger. gr. 8. (30½ B.) Eisenach 841, Baerecke.

Willisau und Umgegend. 18 Ansichten in kl. Leporelloalbum. Willisau, Troxler.
1877

Willischii, C. F., Index bibl. Gymnasii Altenburgensis. Altenb. 721. 8. 15 gr.

Wilisch, C. G., Ueber die Fragmente des Epikers Eumelos. Pr. 1875. 41 S. 2.—

Chaldäisches Liebeslied. Aus e. alten Ueberlieferung zsgest. von Gustav **Willisch**. Als Ms. gedr. Rixdorf 1901: W. Greve, Berlin. (7 S.) 8°

Chaldäisches Lied. Aus e. alten Ueberlieferung zsgest. von Gustav Willisch. *Berlin: M. Pasch in Komm. 1907.* (16 S.) 8° [F.] [03. 1431]

General **Willisen**, seine Kriegsführung und sein Rücktritt mit Hinblick auf die gegenwärtige Lage der Herzogthümer, von einem ehemaligen K. K. Östreichischen Offizier. Köln 1851. 8°
(Umschlagt.: Willisen in Schleswig-Holstein.

v. Willisen, Generallieutenant, u. seine Zeit. Acht Kriegsmonate in Schleswig-Holstein. Von einem Schleswig-Holstein'schen Offizier a. D. Mit einer (lith.) Karte des Schlachtfeldes von Idstedt (in qu. Fol.), nach der Karte des General-Quartiermeisteramtes gezeichnet. 8. (VIII u. 236 S.) Stuttgart 850, Metzler. n. 1 ꝟß

Willisen, Generallieutenant v., und seine Zeit. Acht Kriegsmonate in Schleswig-Holstein. Von einem schleswig-holstein'schen Offizier a. D. 8. (VIII und 236 S. mit 1 lithogr. Karte des Schlachtfeldes von Idstedt in qu. Fol., nach der Karte des General-Quartiermeisteramtes gezeichnet.) Stuttgart 851, Metzler'sche Buchh. *

Willisen, Generallieutenant, und seine Zeit. Acht Kriegsmonate in Schleswig-Holstein . . . Stuttgart 1852. V: *Lüders, Theodor Hermann Johannes.* (A) (schles) (schleswHolst) »1857« (Collin, Anonymer. Kiobenh. 1869.)

v. Willisen, Oberst-Lieut., s. Baucher, F., Methode der Reitkunst.

Ansprache des Generals von Willisen an die Armee bei Niederlegung des Oberbefehls. Rendsburg, den 8. December 1850. 2. Bl. Fol. (Handschriftlich.)

Willisen, von, Erklärung gegen die wider ihn erhobenen Beschuldigungen. [illegible] Geh. Ober-Hofbuchdruckerei. 2 S. 8.
Flugblatt. Berlin, 24. April 1848.

(**Proklamation** des General-Lieutenants v. Willisen bei Übernahme des Oberbefehls.) An die Armee von Schleswig-Holstein. Kiel, am 10. April 1850. 1 Bl. Fol.

(Willisen, Frhr v.) Die Übungen der Kavallerie-Regimenter des XV. Armee-Korps bei Hagenau, 1874. (Berlin 1875.) 8°. (Bh. z. M. W. B.)

Willisen, (A.) v., offener Brief an den Herrn Major v. Voigts-Rhetz als Entgegnung auf seine aktenmäßige Darstellung rc. gr. 8. (19 S.) Berlin 848, Duncker und Humblot. *

Dass., s.a. Willisen, Wilhelm von

—— die Heer- und Wehr-Verfassung, s.a. Heer- und Wehr-Verfassung.

W(illisen), A. v. Die Heer- und Wehrverfassung. Eine Abhandlung, gewidmet den Nationalversammlungen zu Frankfurt u. Berlin. Berlin, Duncker u. Humblot 1848. IV 40 S. 8.

Akten und Bemerkungen über meine Sendung nach dem Großherzogthum Posen im Frühjahr 1848. Von [Karl] W[ilhelm] v. **Willisen.** Als Ms. gedr. — Berlin 1849: Draeger. 117 S. 8°

Willisen, W. v., Akten und Bemerkungen über meine Sendung nach dem Großherzogth. Posen im Frühjahr 1848. gr. 8. (115 S.) Kiel 850, Schröder und Comp. *

Willisen, W. v. Der italienische Feldzug des Jahres 1848. Berlin 1849. 308 S.

Willisen, W. v. Der russ.-poln. Feldzug von 1831. Berlin 1840. 8°.

v. Willisen. Die Feldzüge der Jahre 1859 und 1866. (303) 8. Leipzig 1868. 7.00.

(Willisen, W. v., preuss. Generallieut.) Ueber grosse Landes-Vertheidigung oder über Festungsbau und Heer-Bildung in Preussen, von dem Verfasser der Theorie des grossen Krieges. 8. Berlin 1860.

Willisen, W. v., über cavalleristisches Reiten. Dessau 865. Barth. gr. 8. (VIII, 111 S.) 1 ꝟß

Willisen, W. v., **über cavalleristisches Reiten.** gr. 8. (VIII und 111 S.) **Dessau 865, Baumgarten und Comp.**

Willisen, v., über cavalleristisches Reiten. 2. Aufl. (VIII, 111 S.) Dessau 873, Barth. *

Willisen, v., üb. cavalleristisches Reiten. 3. Aufl. gr. 8. (VIII, 111 S.) Dessau 886. Baumann. geb. n. 2. 50

Willisen, W. v., Theorie d. großen Krieges, angewendet auf d. russ.-poln. Feldzug v. 1831. 2 Thle. gr. 8. (24¾ B. u. 6 Stnt.) Berlin 840, Duncker u. Humblot.

— Theorie des großen Krieges. 3. Thl. A. u. d. T.: Der Italienische Feldzug des J. 1848. gr. 8. (XII u. 308 S.) Ebd. 849. 2½ ꝟß (1—3.: 5 ꝟß)

— **Theorie des großen Krieges.** 4 Thle. Leipzig 868. Duncker & Humblot. gr. 8. n. 8 ꝟß 20 ngr.
1. u. 2. Thl. Der russisch-polnische Feldzug des Jahres 1831. 2., reich verm. u. verb. Aufl. 2 Thle. (XL, 523 S. mit 6 Steintaff. in gr. 8. u. 4.) n. 3 ꝟß 20 ngr.
3. Thl. Die italienischen Feldzüge der Jahre 1848 u. 1849. Nebst einem Anh.: der Feldzug in Syrien. — Ueber die Befestigung von Paris. — Ueber große Landesvertheidigung. 2., reich verm. u. verb. Aufl. (XII, 351 S.) n. 2 ꝟß 20 ngr.
4. Thl. Die Feldzüge der Jahre 1859 u. 1866. (VIII, 303 S.) n. 2 ꝟß 10 ngr.

Willisen, (Wilhelm v.). Offener Brief an den Herrn Major von Voigts-Rhetz als Entgegnung auf seine aktenmäßige Darstellung u. s. w. Berlin, Duncker und Humblot 1848. 19 S. 8.

Dass., s.a. Willisen, A. von

Willitzer, C., lose Blätter. Fest-Gabe. 1. Heft. qu. gr. 4. (8 Bl. Silhouetten.) Wien 883, Konegen. In Leinw.-Mappe *

Willitzer, H., wohin soll ich mich wenden? 3 Bilder. (III, 50 S.) 8. Dresden (907). E. Pierson. 1. 50

Willius, G. Neue u. praktische Zuschneideschule zum Selbstunterricht ohne Anwendung d. Reduktionsschemas. 4. (13 S. m. 6 Taf. in 4°. u. 4 Taf. in gr. Fol.) Mainz 892. (Kern). cart. * 5 —

Willius, G. A., Specimen inaugurale histor. de prisca ecclesia in pago Rasch prope Altorfium. Altorfii 1777. 4.

Willius, Georg Andreas, s. Will

Suevicus — Circulus — cum incorporatis et adjacentibus Regionibus etc. Per P. Willium C. Rhaetum 1711 Joh. Ulrich Kraus sculp. Ulmae, apud Dan. Bartholomei 1 : 600,000. 1 Bl.

Willius, Wilhelm Ludwig

— Beschreibung d. natürlichen Beschaffenheit von Hochberg. gr.8. Nürnb. 783. Bischoff. 14 K

Willius, Wlh. Ldw., († d. 24. März 1780.) Grundlegung eines nöthig. Unterrichts für Hebammen in Fragen u. Antworten. 8. Basel 758. (Compt. f. Lit. in Leipz.) 5 K

Willke, Johannes, a. Hildesheim: Über die Aufnahme des Ammoniaks in Gasform durch die Atemluft nebst einigen Orientierungsversuchen über Nikotindampfabsorption. (Hildesheim 1905: J. Kornacker.) (30 S.) 8°
Würzburg, Med. Fak., Ref. Lehmann, Diss. v. 8. Dez. 1905
[Geb. 15. März 78 Hildesheim; Wohnort: Würzburg; Staatsangeh.: Preußen; Vorbildung: Gymn. Josephinum Hildesheim Reife O. 00; Studium: Freiburg i. B. 4, Würzburg 5 S.; Coll. 13. März 05; Approb. 4. März 05.]

Willke, M., Erhebung des Geistes zu Gott. Ein vollständ. Gebetbuch für kathol. Christen. gr. 12. (312 S. mit 1 Stahlst.) Saarlouis 853, Stein.

Willke, Otto, approb. Arzt aus Braunschweig: **Beitrag zur Kenntnis des Zusammenhanges zwischen Nierenentzündung und Geistesstörung.** *Göttingen 1901: W. F. Kaestner.* (34 S.) 8°
Göttingen, Med. Diss. v. [14. Aug.] 1901

Willke, Otto, Beitrag zur Kenntnis des Zusammenhanges zwischen Nierenentzündung u. Geistesstörung. Diss. gr. 8. (34 S.) Göttingen 901. (Vandenhoeck & Ruprecht.) n. — 80

Willkomm in Bad Ems, s. Grieben's Reise-Bibliothek.

Willkomm, Heidelbergs, an sein Fürstenpaar. Darstellung der Feierlichkeiten ... am 9. und 10. Mai 1830 zu Heidelberg. Heidelb. 1831. V: *Zschiegner, L. Chn L.* (Ky)

Der Schwestern **Willkomm.** Am 7. Maerz 1816. [Nürnberg 1816.] 2 Bl. 4° [Umschlagtit.]
Kl. 1814, Tt. 2594. Gedicht zu Ehren J. Merkels.

Willkomm, Anna, oesterreichisches Universal-Muster-Kochbuch. Alles Vorzügliche der deutschen und französischen Kochkunst umfassend, unter Berücksichtigung des Thee's, dann Anleitung, die beliebtesten ungarischen, böhmischen und polnischen National-Gerichte zu bereiten, nebst einer vollständigen Anweisung zum Einmachen der Früchte und Gemüse nach der neuesten und billigsten Verfahrungsweise und einer gründlichen Belehrung über die Tranchirkunst und das Arrangement größerer Tafeln. Dazu ein auserlesener Speisezettel auf alle Tage des Jahres. Für Anfängerinnen und prakt. Köchinnen zusammengestellt. 8. (VIII, 376 S. mit 17 in den Text gedr. Illustr.) Wien 869, Hartleben's Verlag. M. 2,60.; cart. M. 2,80.; geb. *

Willkomm, B., aus der Geschichte der Universität Jena 1558–1908. (32 S.) 8. Jena (908). (G. Neuenhahn.)
Sonderabdr. aus: „Jenaische Zeitg." — 50

Willkomm, Benedikt (Hrsg.), s. Geistesblüthen von Schiller, Goethe ...

Willkomm, Ernst, die Familie Ammer, s. Hausbibliothek belletristische.

Willkomm, Ernst, die Familie Ammer, s. Bibliothek, deutsche.

Willkomm, Ernst Adolf
Die Familie Ammer. Deutscher Sittenroman. Abt. 1-3. Frankfurt a.M.: Meidinger 1855. 8°
(Deutsche Bibliothek. Bd 6.)

Willkomm, Ernst Adolf
Banco. Ein Roman aus dem Hamburger Leben. Th. 1.2. Gotha: Scheube 1857. 8°

Willkomm, Ernst, Banco. Ein Roman aus dem hamburger Leben. 2 Thle. 8. (VIII und 778 S.) Gotha 857. [Leipzig, Zieger.] *

Willkomm, Ernst, im Bann und Zauber von Leidenschaft und Wahn, von Ernst und Scherz. Licht- und Nebelbilder. 3 Bde. 8. (IX und 911 S.) Leipzig 862, Thomas.

Willkomm, Ernst, der deutsche Bauer, s. a. Bauer.

Willkomm, Er., der deutsche Bauer. Ein Volksbuch auf d. Jahr 1844. 1. Jahrg. Mit 1 Portr. u. mehr. Abbild. ... Leipzig 844, Kollmann. n. 1/2 ß

Willkomm, Ernst, Bernhard, Herzog v. Weimar, Trauersp. in 5 Aufz. 8. (12¼ B.) Leipzig 833, [Berger's Vrls.-Expedit.]

—— Blitze. Novellen, Schilderungen u. Skizzen. 2 Bde. 8. (42 B.) Leipzig 846, Kollmann.

Willkomm, Ernst, ein Brautkuß. Irische Novelle. 2 Thle. 8. (468 S.) Leipzig 848, Fr. Fleischer.

—— Buch der Küsse. (33 Gedichte.) 12. (3½ B.) Leipzig 834, [Berger's Vrls.-Expedit.]

Willkomm, Ernst, Buch der Küsse. 2. Ausg. 12. (3⅓ B. u. 1 Stahlst.) Leipzig 837, [Berger's Buchh.]

—— Buch der Küsse. 3. Aufl. 12. (3⅓ B. u. 1 Stahlst.) Leipzig 844, Berger's Buchh.

—— Lord Byron. Ein Dichterleben. Novellen. 3 Bde. 8. (63¾ B.) Leipzig 839, [C. Engelmann jun..]

— Denkwürdigkeiten eines österreichischen Kerkermeisters. Nach wahren Begebenheiten erzählt. gr. 12. Leipzig 843, Reclam jun. 1½ ₰

—— Denkwürdigkeiten e. österreichischen Kerkermeisters. Nach wahren Begebenheiten erzählt. gr. 12. (12⅙ B.) Leipzig 843, [O. A. Schulz.]

— Dichter und Apostel. Roman in vier Büchern. 2 Bde. Frankfurt a. M., 859. Meidinger. (Berlin, Janke.) 8. (VII, 368 S.; VII, 418 S.) 3 ₰

—— Eisen, Gold und Geist, s. a. Inland, das belletristische.

—— Eisen, Gold u. Geist. Ein tragikomischer Roman. 3 Thle. 8. (63 B.) Leipzig 843, Kollmann.

— Auf zerborstener Erde, s. Novellen-Bibliothek.

——, Erich XIV., König v. Schweden. Ein dramat. Gedicht. 3 Thle. 8. (49¼ B.) Leipzig 834, [Berger's Vrls.-Expedit.]

Willkomm, Ernst, Erzählungen. (Neue Ausgabe der „Stalaktiten".) 8. (VI, 398 S.) Gotha 870, Windaus. [Leipzig, Hirt und Sohn.]

—— die Europamüden. Modernes Lebensbild. 2 Thle. 8. (40 B.) Leipzig 838, [Hartung.]

— die Europamüden. Modernes Lebensbild. 2 Thle. 8. Leipzig 838. Wunders Verlagsmagazin. 4 ₰

Willkomm, Ernst, Frau von Gampenstein, s. a. Album. Bibliothek deutscher Originalromane.

Willkomm, Ernst August

Frau von Gampenstein. Roman. Bd 1–3.
Leipzig: Günther 1865. 8°

Aus deutschen Gauen in Süd und Nord. Volks- und Sittenschilderungen von Ernst Willkomm. — Gotha: Opetz 1863. 309 S. 8°

—— aus deutschen Gauen in Nord und Süd. Volks- und Sittenschilderungen. 8. (VIII und 309 S.) Gotha 863, [Windaus' Verlag.]

— Gesellen des Satan. Roman in 12 Büchern. 2 Abthlgn. à 3 Bde. Jena 867. Costenoble. 8. 7 ₰ 15 ngr.
1. Abthl. Die Saat des Bösen. 3 Bde. (851 S.) 4 ₰
2. Abthl. Die Schnitter. 3 Bde. (792 S.) 3 ₰ 15 ngr.

—— Gesellen des Satan. Roman in 12 Büchern. 2 Abthlgn. 2. (Titel-)Ausg. 8. Jena (866)69, Costenoble. à Abthl.
Inhalt:
Abthl. 1. Die Saat des Bösen. 3 Bde. (303; 274; 274 S.)
" 2. Die Schnitter. 3 Bde. (275; 273; 244 S.)

—— im Glück verwildert. Roman. 3 Bde. 8. (191; 214; 161 S.) Berlin 873, Wedekind und Schwieger. *

—— Grenzer, Narren u. Lootsen. Eine Samml. v. Novellen, Land- u. Seebildern. 3 Thle. 8. (72 B.) Leipzig 842, Kollmann.

—— Handbuch für Reisende durch das Riesengebirge. (Die Sudeten.) Nebst Ausflug nach Prag. 4., gänzlich umgearb. Aufl. von „Herloßsohn, das Riesengebirge." 8. (V und 166 S. mit 28 Stahlst.) Leipzig 853, Haendel.

—— am häuslichen Herd. Criminal- und Strandgeschichten 2 Bde. 8. (III und 409 S.) Gotha 859, Opetz' Verlags-Expedition. Thlr.

—— wunde Herzen. Roman. 3 Bde. 8. (239; 200; 224 S.) Ebendas. 874. *

— s. Jahrbuch für Drama.

—— und A. Fischer, Jahrbücher für Drama ꝛc., s. Jahrbücher.

——, Julius Kühn. Eine Novelle. 2 Bücher (Thle). 8. (17 B.) Leipzig 833, [Berger's Vrls.-Expedit.]

Willkomm, Ernst Adolf

Ein unheimlicher Mann. Erzählung. Stuttgart 1859.
In: Hausblätter. Bd 4.

—— Männer der That. Ein Roman aus der Zeit und dem Leben Arndt's. 4 Thle. 8. (XXIV und 1076 S.) Leipzig 861, Thomas.

—— Meteore. Novellen-Cyclus. 2 Bde. 8. (506 S.) Nordhausen 858, Büchting.

—— Mosaik. Ausgewählte Erzählungen. 2 Bde. 8. (VI und 480 S.) Leipzig 860, Hübner.

—— italienische Nächte. Reiseskizzen und Studien. 2 Bde. 8. (XVI und 870 S.) Leipzig 847, Fr. Fleischer.

Willkomm, Ernst: Italienische Nächte. Reiseskizzen und Studien. Bd 1, 2. Leipzig 1847. 1 Bd. N. 412; VI, [illegible] S. 8

—— die Nachtmahlsbrüder in Rom. Ein Roman. 3 Thle. 8. (1009 S.) Leipzig 847, Kollmann.

— Novellen und Erzählungen. 2 Bde. Hannover 856. Rümpler. 8. (4 Bl., 261; 3 Bl., 251 S.) 2 ₰ 15 ngr.

—— neue Novellen. 2 Bde. 8. (VI und 495 S.) Nordhausen 859, Büchting.

— Peter Pommerering, s. Album. Bibliothek deutscher Originalromane.

Willkomm, Ernst August

Peter Pommerering. Historischer Roman. Bd 1.2.
Prag, Leipzig: Expedition d. Albums 1856. 8°
(Album. Bibliothek dt. Originalromane. Jg. 11, Bd 12. 13.)

—— Rheder und Matrose, s. Bibliothek, deutsche.

—— Rheder und Matrose, s. Hausbibliothek, belletristische.

— s. a. Sagen u. Mährchen d. Oberlausitz.

—— Sagen u. Mährchen aus der Oberlausitz. Nacherzählt. Mit (9) Federzeichnungen von G. Osterwald. 2 Thle. 2., (wohlf.) Ausg. gr. 12. (24½ B.) Hannover 845, Kius.
1. Ausg. vgl.: Sagen u. Mährchen.

—— Schattenrisse aus d. Volks- u. Fürstenleben. Novellen u. Wanderskizzen. 8. (21¼ B.) Leipzig 844, Kollmann.

—— verirrte Seelen. Ein Roman. 3 Thle. 8. (XVIII und 1234 S.) Leipzig 860, Brockhaus. *

—— weiße Sclaven od. die Leiden des Volkes. Ein Roman. 5 Thle. 8. (112⅔ B.) Leipzig 845, Kollmann.

—— Stalaktiten. Erzählungen in gebrochenem Licht. 2 Bde. 8. (VI und 398 S.) Gotha 863, [Windaus' Verlag.] à Bd. 22½ Ngr.

— ein Stiefkind des Glücks, s. Album. Bibliothek deutscher Originalromane.

Willkomm, Ernst August

Ein Stiefkind des Glücks. Humoristischer Roman aus dem Leben. Bd 1-3.
Leipzig: Gunther 1867. 8°

— moderne Sünden. Ein Roman. 3 Bde. 8. (727 S.) Nordhausen 861, Büchting.

— Am grünen Tische. Vier Criminalgeschichten. 2 Bde. Leipzig 862. Haesele sen. 8. (4 Bl., 383 S.) 1 Thlr 15 ngr.

— am grünen Tische. Vier Criminalgeschichten. 2 Bde. 8. (VI und 883 S.) Leipzig 862, Luppe.

— die Töchter des Vatican. Roman in 3 Bdn. 8. (XVIII und 874 S.) Leipzig 860, Thomas.

Willkomm, Ernst, der Todseher u. andere geheimnisreiche Geschichten. Illustr. v. Alfr. Kubin. (284 S.) 8. Berlin 910. H. Barsdorf. 4.—; geb. 5.50; Luxusausg. Lex. 8. 20. —

Willkomm, Ernst, der Traumdeuter. Ein Roman. 8. (23 B.) Stuttgart 840. [Berlin, Danz.] 1 Thlr. 18 Gr., hrbgs. Pr. Thlr.

Willkomm, Ernst August

Der Traumdeuter. Roman.
Stuttgart: Hoffmann 1840. 366 S. 8°

— der letzte Trunk. Roman. Berlin 865. Janke. 8. (262 S.) 1 Thlr

Willkomm, Ernst Adolf

Der letzte Trunk. Roman. Berlin 1865.
In: Roman-Zeitung, Deutsche. Bd 2.

Willkomm, E., das gefährliche Vielliebchen, s. Reiselectüre.

— Von Berlin nach Hamburg. Nebst Schildereien aus Lübeck und Hamburg. 8. (III und 146 S.) Leipzig 855, Brockhaus. *
Aus: Brockhaus' Reise-Bibliothek.

— Im Wald und am Gestade. Skizzen und Bilder. 8. (III und 265 S.) Dessau 854, Gebr. Katz.

— Wallenstein. Historischer Roman. 4 Thle. 8. (87 B.) Leipzig 844, Kollmann.

— Wanderungen an der Nord- und Ostsee. 8. (V und 102 S. mit 30 Stahlst.) Leipzig 850, Haendel.

— die Welt des Scheines. Vier Erzählungen. 2 Bde. 8. (III, 302; III, 355 S.) Gera 869, Ißleib und Rietzschel. à Bd. *M. 4,50. *

— Aus alter und neuer Zeit. Vier Erzählungen. 2 Bde. Leipzig 864. Haesele sen. 8. (474 S.) 1 Thlr 24 ngr.

— aus alter und neuer Zeit. Vier Erzählungen. 2 Bde. 8. (474 S.) Leipzig 864, Luppe.

— Civilisationsnovellen. 1. Bd. 8. (24¼ B.) Leipzig 837, [Hartung.]

— Civilisationsnovellen. 1r Bd. 8. Leipzig 837. Wunders Verlagsmagazin. 2 Thlr

Willkomm, Ernst Adolf, s. Willkomm, Ernst

Willkomm, Ernst August, s. Willkomm, Ernst

Willkomm, Gust., die Technologie der Wirkerei f. techn. Lehranstalten u. zum Selbstunterrichte. 1. Thl., enth. die Elemente der Handwirkerei u. die Waaren-Untersuchgn. Mit 8 lith. Taf. in besonderer Mappe (in qu. Fol.) gr. 8. (X, 142 S.) Leipzig 875. Felix. n. 13. —

Willkomm, Gust., die Technologie der Wirkerei für technische Lehranstalten und zum Selbstunterrichte. 1. Thl., enth. die Elemente der Handwirkerei und die Waarenuntersuchungen. 2. Aufl. gr. 8. (XII, 147 S. mit 8 lithogr. Taf. in besonderer Mappe.) Leipzig 887, Felix. *

Willkomm, Gust., die Technologie der Wirkerei f. technische Lehranstalten u. zum Selbstunterricht. 1. Tl., enth. die Elemente der Handwirkerei u. die Warenuntersuchgn. Mit 8 lith. Taf. in besonderer Mappe. (24,5×35 cm.) 3. Aufl. (XII, 147 S.) gr. 8. Leipzig 910. A. Felix. 12. —

Willkomm, Gust., die Technologie der Wirkerei für technische Lehranstalten u. zum Selbstunterrichte. 2. Thl., enthaltend die mechanische Wirkerei, die Herstellung der Formen gewirkter Gebrauchsgegenstände u. das Nähen der Wirkwaaren. Mit 16 lith. Taf. in besond. Mappe (in qu. Fol.). gr. 8. (IX u. S. 143—381.) Leipzig 878. Felix. n. 19. — (cplt.: n. 32. —)

Willkomm, Gust., die Technologie der Wirkerei f. technische Lehranstalten u. zum Selbstunterricht. 2. Thl., enth. die mechan. Wirkerei, die Herstellg. der Formen gewirkter Gebrauchsgegenstände u. das Nähen der Wirkwaaren. Mit 16 lith. Taf. (in gr. Fol.) in besond. Mappe. 2. Aufl. gr. 8. (X, 250 S.) Leipzig 893. A. Felix. n. 16. — (kplt.: n. 28. —)

WILLKOMM, Heinrich Moritz: Führer in's Reich der deutschen Pflanzen. Eine leicht verständliche Anweisung, die in Deutschland wild wachsenden und häufig angebauten Gefässpflanzen schnell und sicher zu bestimmen. - Leipzig 1863. 678 S. - 2. Aufl. u.d.T.: Führer in das Reich der Pflanzen Deutschlands, Österreichs und der Schweiz. Eine leicht verständliche Anweisung die im deutschen Reiche, im cisleithanischen Österreich etc. wild wachsenden und häufig angebauten Gefässpflanzen schnell und sicher zu bestimmen. - ebd. 1882. 928 S.

Willkomm, K. F., s.: Vorträge, apologetische.

Willkomm, Karl Ferdinand

— Predigt bei d. Beerdig. C. G. Altmanns, welcher an d. Folgen e. bei einer Schlägerei empfang. Kopfwunde verstorben war. gr. 8. (1 B.) Zittau 841. [Dresden, Birr.]

Willkomm, Karl Fd., wie verhält sich der Christ am Grabe dieses im Wetter Dahingerafften? Predigt bei der Beerdigung des vom Blitze getroff. Dienstknechtes Anton Mai gehalten und auf wiederholtes Verlangen in Druck gegeben. gr. 8. Zittau 841, Birr. 1½ ngr

Willkomm, Karl Gottlob

s. Begräbnißcollecten, oder Ermunterungen u. Gebete an d. Gräbern unserer Entschlafenen.

Willkomm, Karl Gtlo., Blätter aus d. Gedenkbuche e. alten Landpredigers, od.: Väterl. Winke üb. Vorbereit. z. evangel. Predigtamte u. dess. gewissenhaften Verwaltung. gr. 8. (22 B.) Zittau 835. [Dresden, Birr.]

— Elieser. Eine Weihnachtsgabe f. Dienstboten in d. Stadt u. auf d. Lande, zur Führung e. christl. Wandels in ihrem Stande u. Berufe, nebst einigen Gebeten am Morgen u. Abend, am Beicht- u. Communiontage u. bei andern wicht. Verändern. ihres Lebens. 8. (10½ B.) Zittau 836. [Dresden, Birr.]

— d. Gattin im Umgange mit Gott, bei den wichtigsten Veränderungen ihres Lebens. 8. Leipz. 827. Kollmann. 20 gK

Willkomm, Karl Glo., d. Jungfrau im Umgange mit Gott bei d. wichtigsten Veränderungen ihres Lebens. Zur Erbauung für gebildete Jungfrauen. 8. Leipz. 826. Kollmann. 14 gK

—— die Jungfrau im Umgange mit Gott bei d. wichtigsten Verändern. ihres Lebens. Zur Erbau. f. gebild. Jungfrauen. 2., verb. u. verm. Aufl. 8. (13½ B.) Leipzig 837, Kollmann.

Willkomm, Karl Gtlo., die Mutter u. Witwe im Umgange mit Gott bei d. wichtigsten Veränderungen ihres Lebens. Ein Erbauungsbuch f. gebild. Frauen. 8. (26½ B.) Leipzig 829, Kollmann.

Willkomm, Carl Gottl., die Sacramente der hl. Taufe u. d. heil. Abendmahls. Ein Andachtsbuch bei d. Feier dieser heil. Handlungen. 8. (16½ B. u. 1 Sthlst.) Leipzig 843, Ernst Fleischer. *

Willkomm, K. G., Sammlung alter u. neuer Lieder an den Gräbern unserer Entschlafenen. 8. Zittau, Schöps. 819.

s. Sonntagsblatt zur häusl. Erbauung.

Willkomm, Marie, Freitag-Abende. Ein bildendes Unterhaltungsbuch für junge Mädchen. Dresden 865. Meinhold & Söhne. 8. (III, 139 S. mit 4 chromolith. Bildern.) cart. 18 ngr.

Willkomm, Martin

Willkomm, M., die Adventisten vom siebenten Tage. (19 S.) kl. 8. Zwickau (909). Schriften-Verein. p — 10
Sonderabdruck aus: „Ev.-luth. Freikirche".

— Hie stehet Gottes Befehl! Kurzer Nachweis, daß der Austritt aus der Landeskirche u. der Zusammenschluß zu freien evangelisch-luther. Gemeinden nicht schriftwidr. Separatismus, sondern allen Christen in Gottes Wort geboten sei. (61 S.) kl. 8. Ebd. 910. — 50

Willkomm, Mart., die wahre lutherische Kirche ist auch heute noch fest u. wohl gegründet. Rede üb. Epheser 2, 20, geh. bei Gelegenheit der Grundsteinlegung zu der separierten ev.-luth. Zionskapelle ungeänderter augsburg. Konfession zu Hartenstein am 27. VII. 1902. 8. (18 S.) Zwickau (902). Schriften-Verein. — 15

s. Luthers Schwert u. Kelle.

— s.: Lutherworte u. Bekenntnisstellen als Nachklang zur Kalvinfeier.

— über den Rationalismus od. Vernunftglauben. Predigt, geh. auf Grund v. Joh. 3, 1—15 in der sep. ev.-luth. St. Johanniskirche u. A. K. zu Planitz am Trinitatisfeste des J. 1903. Auf Beschluß der Gemeinde zum Druck überlassen. (16 S.) kl. 8. Ebd. (904). n. — 10

Willkomm, Mart., wer ist e. Lutheraner? Reformationsfestpredigt üb. Offenbarg. Johannis 14, 6. u. 7. (15 S.) kl. 8. Zwickau (905). Schriften-Verein. n. — 10

Willkomm, Moritz

Willkomm, Mor., Anleitung zum Studium der wissenschaftlichen Botanik nach den neuesten Forschungen. Ein Handbuch zum Gebrauch bei dem höheren Unterricht und zum Selbststudium. 2 Thle. gr. 8. (1. Thl.: Allgemeine Botanik. XII und 555 S.) Leipzig 854, Fr. Fleischer. Thlr.

Willkomm, Mor., Atlas der Botanik. 30 Taf. in Holzschn. u. 1 Taf. in Lith. u. Farbendr. nebst erläut. Texte. [Separat-Ausg. aus der 2. Aufl. d. Bilder-Atlas.] qu. Fol. (40 S.) Leipzig 873. Brockhaus. n. 6. —; geb. n. 8. 40

Willkomm, Mor., über die Bedeutung der Pilze im Haushalte der Natur und für das Leben der Menschen, s. Sammlung gemeinnütziger Vorträge.

Willkomm, Mor., Bilder-Atlas des Pflanzenreichs, nach dem natürlichen System bearb. 68 fein kolor. (lithogr.) Taf. mit über 600 Abbild. Fol. (VIII, 88 S.) Eßlingen 885, Schreiber. geb. [*ℳ 16.—.] *

Willkomm, Mor., Bilder-Atlas d. Pflanzenreichs, nach dem natürlichen System bearb. 68 fein kolor. Taf. m. üb. 600 Abbildgn. 2. Aufl. 21 Lfgn. Fol. (VIII, 88 S.) Eßlingen 892. J. F. Schreiber. à n. — 50
(kplt. geb.: n. 12. —)

Willkomm, Mor., Bilder-Atlas d. Pflanzenreichs nach d. natürl. System. 124 fein kolor. Taf. m. üb. 600 Abb. m. Text. 3., verm. Aufl. Lex.-8. (X, XIV, 143 S.) Eßlingen 895. J. F. Schreiber. Geb. in Leinw. n. 9. —
Erschien auch in 15 Lfgn. à n. — 50.

Willkomm, Mor., Bilder-Atlas des Pflanzenreichs, nach dem natürl. System bearb. 124 feine Farbendr.-Taf. m. üb. 600 Abb. u. 143 S. beschrieb. Text. 4. Aufl. gr. 8. (X, XIV S.) Eßlingen (901). J. F. Schreiber. Geb. in Leinw. n. 8. —

Willkomm's, Mor., Bilder-Atlas des Pflanzenreichs, nach dem Englerschen System neu hrsg. v. E. Köhne. 526 Pflanzenbilder auf 124 Farbendr.-Taf., 1 Schwarzdr.-Taf. u. 205 S. Text m. 100 Abbildgn. 5., vollständig umgearb. Aufl. (XXII, 183 S.) Lex. 8. Eßlingen (909). J. F. Schreiber. Geb. in Leinw. 14. —

—— der Böhmerwald und seine Umgebungen. Ein Handbuch für Reisende. Mit einer grossen (zinkogr.) Specialkarte, nebst 17 Tourkarten und Illustr. 8. (VI, 327 S.) Prag 878, Bellmann's Verlag. *

— üb. Charakterpflanzen d. Mittelmeerländer, s. Sammlung gemeinnütz. Vorträge.

WILLKOMM, Moritz: Über Charakterpflanzen der Mittelmeerländer, deren Herkunft und Geschichte. - Prag 1895. 22 S. - (Samml. gemeinnütziger Vortr. 197)

Willkomm, Mor., die mikroskopischen Feinde des Waldes. Naturwissenschaftliche Beiträge zur Kenntniss der Baum- u. Holzkrankheiten für Forstmänner u. Botaniker, bearb. u. in zwanglosen Heften hersg. 1. Heft. Dresden 866. Schönfeld's Verl. Lex.-8. (XI, S. 1—124 mit 4 eingedr. Holzschn. u. 8 Steintaff. nach Originalzeichnungen des Verf. wovon 4 color.) n. 2 ℛℳ 21 ngr.

— — 2. Heft. Ebend. 867. Lex.-8. (S. 125—228 mit 3 eingedr. Holzschn. u. 6 Steintaff. nach Orig.-Zeichnungen des Verf., wovon 2 color.) n. 2 ℛℳ 6 ngr.

Ueber die atlantische Flora, ihre Zusammensetzung und Begrenzung. Eine pflanzengeographische Studie v. Moritz Willkomm. Separatabdruck aus „Lotos, Jahrbuch für Naturw." 1884. Neue Folge. Bd. 5. (Prag. 1885.) 8°

— forstliche Flora v. Deutschland u. Oesterreich od. forstbotan. u. pflanzengeograph. Beschreibg. aller im deutschen Reich u. österreich. Kaiserstaat heim. u. im Freien angebauten Holzgewächse. Nebst e. Anh. der forstl. Unkräuter u. Standortsgewächse. Für Forstmänner, sowie f. Lehrer u. Studirende an höheren Forstlehranstalten. Mit 75 (eingedr.) xylograph. Illustr. Lex.-8. (VIII, 871 S.) Leipzig 875. C. F. Winter. n. 22. —

— forstliche Flora v. Deutschland u. Oesterreich od. forstbotan. u. pflanzengeograph. Beschreibg. aller im Deutschen Reich u. Oesterreich. Kaiserstaat heim. u. im Freien angebauten od. anbauungswürd. Holzgewächse. Nebst e. Uebersicht der forstl. Unkräuter u. Standortsgewächse nach deren Vorkommen. Für Forstmänner, Parkgärtner u. Botaniker, sowie f. Studierende an höheren Forstlehranstalten bearb. 2. Aufl. (In ca. 11 Lfgn.) 1—9. Lfg. gr. 8. (S. 1—710 m. Holzschn.) Leipzig 886. C. F. Winter. à n. 2. —

Willkomm, M., forstliche Flora v. Deutschland u. Oesterreich od. forstbotan. u. pflanzengeograph. Beschreibg. aller im Deutschen Reich u. Oesterreich. Kaiserstaat heim. u. im Freien angebauten od. anbauungswürd. Holzgewächse. Nebst e. Uebersicht der forstl. Unkräuter u. Standortsgewächse nach deren Vorkommen. 2., verm. Aufl. (10.—12. (Schluß-)Lfg. gr. 8. (XII u. S. 721—968 m. 13 Holzschn.) Leipzig 887. C. F. Winter. n. 7. —
(cplt.: n. 25. —)

—— Führer in's Reich der deutschen Pflanzen, eine eicht verständl. Anweisung, die in Deutschland wild wachsenden und häufig angebauten Gefässpflanzen schnell und sicher zu bestimmen. 2 Halbbde. gr. 8. Leipzig, Mendelssohn. [1. Halbbd. (S. 1—286.) 862. * 1 Thlr. 10 Ngr., 2. Halbbd. (X und S. 287—687.) 863. * 1 Thlr. 20 Ngr.] *
geb. *

—— Führer in's Reich der Pflanzen Deutschlands, Oesterreichs und der Schweiz. Eine leicht verständl. Anweisung, die im deutschen Reiche, Oesterreich und der Schweiz wild wachsenden und häufig angebauten Gefässpflanzen schnell und sicher zu bestimmen. 2. umgearb. und vielfach verm. Aufl. des Führers in's Reich der deutschen Pflanzen. Mit 7 (Lichtdr.-)Taf. und ca. 800 (eingedr.) Holzschn. nach Zeichnungen des Verf. 11 Lfgn. gr. 8. (XV, 928 S.) Leipzig 881,82, Mendelssohn. à Lfg. * ℳ 1,25. *

— der botanische Garten der kaiserl. Universität Dorpat. Nachrichten üb. die Geschichte, den gegenwärt. Zustand, die Einrichtgn. n. Sammlgn. d. Dorpater Gartens, zugleich e. Führer f. die Besucher desselben, insbesondere f. die Studirenden. Mit e. v. dem Verf. gezeichneten (lith.) Plane (in gr. 4.). 8. (II, 179 S.) Dorpat 873. (Leipzig, K. F. Köhler.) n. 3. —

—— der k. k. botanische Garten zu Prag und die čechische Universität. Offener Protest gegen die geplante Theilung des Gartens und gegen dessen Mitbenützung von Seiten der čechischen Universität. Nebst einem Verzeichniss der vom Verf. hrsg. Schriften. 8. (IV, 28 S.) Wien 881, Gerold's Sohn. *

Willkomm, Mor., über die Grenzen des Pflanzen- und Thierreichs und den Ursprung des organischen Lebens auf der Erde. Rede, geh. in der Aula der k. k. Karl Ferdinands-Universität am Tage seiner Installation als Rector der deutschen Universität für das Studienj. 1887—88. gr. 8. (31 S.) Prag 888, Calve'sche Hof- und Universitäts-Buchh. *

— Grundzüge d. Pflanzenverbreitg. auf d. iber. Halbinsel, s. a. Vegetation, die, d. Erde, I.

Grundzüge der Pflanzenverbreitung auf der iberischen Halbinsel v. Moritz Willkomm. M. 21 Textfig., 2 Heliogr. u. 2 Kt. *Leipzig: W. Engelmann 1896.* (XIV S., 1 Bl., 395 S., 2 Taf., 2 Kt.) 1 Bd 4.(S.)
= Vegetation, Die, der Erde. [Bd] I. [56. 2151

—— die Halbinsel der Pyrenäen, eine geographisch-statist. Monographie, nach den neuesten Quellen und nach eigener Anschauung bearb. gr. 8. (XIII und 594 S. mit 2 Tab. in qu. und gr. Fol.) Leipzig 855, G. Mayer.

—— die pyrenäische Halbinsel, s. Wissen, das, der Gegenwart.

Willkomm, Moritz: Die pyrenaische Halbinsel. Abth. 1. Physisches Gemälde der Halbinsel und Schilderung von Portugal. Mit 26 Vollbildern und 14 in den Text gedruckten Abbildungen. Abth. 2. Spanien. Politische Geographie und Statistik Schilderung von Central- und Nordspanien. Mit 11 Vollbildern und 27 in den Text gedruckten Abbildungen. Abth. 3. Ost- und Sudspanien. Die Balearen und Pithyusen. Mit 45 in den Text gedruckten Abbildungen. Leipzig u. Prag 1884 u. 1886. 3 Bde. 250; 243; 259 S. 8°.

—— Das Herbar. Anleitung zum Einsammeln, Zubereiten u. Trocknen der Herbarpflanzen u. zur Einrichtg. u. Erhaltg. wissenschaftl. Pflanzensammlgn. 8. (VI, 155 S. m. 47 Illustr.) Wien 892, Pichler's Wwe. u. Sohn. * 1 60; geb. * 2 —

—— aus den Hochgebirgen von Granada. Naturschilderungen, Erlebnisse und Erinnerungen. Nebst granadin. Volkssagen und Märchen. gr. 8. (XVI, 414 S. mit 2 Stnt.) Wien 882, Gerold's Sohn. *

Willkomm, Mor., zwei Jahre in Spanien und Portugal. Reiseerinnerungen. 3 Bde. gr. 12. (1112 S.) Leipzig 847, Arnoldische Buchh.

— zwei Jahre in Spanien und Portugal. Reiseerinnerungen. 3 Bde. 2. (Titel-)Ausg. Leipzig (847.) 856. Arnold. 8. (XIV, 321; VIII, 352; VIII, 410 S.) 2 ℛ︎. 15 ngr.

— icones et descriptiones plantarum novarum criticarum et rariorum Europae austro-occidentalis, praecipue Hispaniae. Tom. I. Fasc. 1. Imp. 4. (S. 1—12. m. 6 in Zink gest. u. col. Taf.) Lipsiae 852, Payne. n. 2 ℛ︎

— icones et descriptiones plantarum novarum criticarum et rariorum Europae Austro-Occidentalis praecipue Hispaniae. Fasc. II—XIII. Lipsiae (853—58.) Payne. Imp.-4. (Tom. I.: S. 17—122 u. 59 color. Kpfrtaf.; Tom. II.: S. 1—56 u. 28 color. Kpfrtaf.) Jedes Heft n. 2 ℛ︎.

— icones et descriptiones plantarum novarum criticarum et rariorum Europae austro-occidentalis praecipue Hispaniae. Fasc. XIV—XIX. Leipzig 859—62. Payne. Imp.-4. (Tom. II.: S. 57—132 u. 57 color. Kpfrtaf.) Jedes Heft n. 2 ℛ︎

Willkomm, Mor., Illustrationes florae Hispaniae insularumque Balearium. Figures de plantes nouvelles ou rares décrites dans le Prodromus florae hispanicae ou récemment découvertes en Espagne et aux îles Baléares, accompagnées d'observations critiques et historiques. 1re—10e livr. ou Vol. I. Fol. (VII, 157 S. mit 92 color. Stnt.) Stuttgart 881—85, Schweizerbart'sche Verlagsh. à Lfg. * ℳ 12. *

—— illustrationes florae Hispaniae insularumque Balearium. Figures de plantes nouvelles ou rares décrites dans le Prodomus Florae Hispanicae ou récemment découvertes en Espagne et aux îles Baléares, accompagnées d'observations critiques et historiques. 11e—14e livr. Fol. (2. Bd. S. 1—64 und Taf. 93—127.) Stuttgart 886—88, Schweizerbart'sche Verlagsh. à Lfg. * ℳ 12.—. *

—— Illustrationes florae Hispaniae insularumque Balearium. Figures de plantes nouvelles ou rares décrites dans le Prodromus Florae Hispanicae ou récemment découvertes en Espagne et aux îles Baléares, accompagnées d'observations critiques et historiques. 15e—20e livr. (Fin.) Fol. (2. Bd. VII, S. 65—156 u. color. Taf. 128—183.) Stuttg. 889—92, Schweizerbart.
à Lfg. * 12 —; * 72 —

—— über Insectenschäden in den Wäldern Liv- und Kurlands. Vortrag gehalten in der Sitzung der Dorpater Naturforscher-Gesellschaft am 14. Septbr. 1871. gr. 8. (16 S.) Dorpat 872, Gläser. [Schnakenburg.] *

—— über europäische Culturpflanzen amerikanischer Herkunft, s. Sammlung gemeinnütz. Vorträge.

—— Deutschlands Laubhölzer im Winter. Ein Beitrag zur Forstbotanik. gr. 4. (IV und 56 S. mit 103 nach Originalzeichnungen des Verf. ausgeführten eingedr. Holzschn. und 1 Tab. in Imp.-Fol.) Dresden 859, Schönfeld's Buchh. *

—— Deutschlands Laubhölzer im Winter. Ein Beitrag zur Forstbotanik. 2. (Titel-)Ausg. gr. 4. (IV und 56 S. mit 1 Tab. in Imp.-Fol. und 103 nach Orig.-Zeichnungen des Verf. ausgeführten eingedr. Holzschn.) Dresden (859)64, Schönfeld's Verlag.) cart. *

—— Deutschlands Laubhölzer im Winter. Ein Beitrag zur Forstbotanik. 3. umgearb. und verm. Ausg. Mit 106 nach Orig.-Zeichnungen des Verf. ausgeführten Holzschn. gr. 4. (IV, 60 S.) Dresden 880, Schönfeld's Verlagsh. geb. *

– Über den Lotos u. Papyros der alten Aegypter u. die Papiererzeugung im Alterthume, s.a. Sammlung gemeinnütziger Vorträge.

Willkomm, M., Ueb. d. Lotos u. Papyros d. alten Aegypter u. d. Papiererzeugung im Alterthume. 1892. 13 S. m. Abbild. —.50

—— zur Morphologie der samentragenden Schuppe des Abietineenzapfens. gr. 4. (14 S. mit 1 lithogr. Taf.) Halle 880. (Leipzig, Engelmann.) *
Aus: Nova Acta der kaiserl. Leop.-Carol. deutschen Akademie der Naturforscher, besonders abgedruckt.

– Üb. die Nadelhölzer u. ihre Beziehungen zur Vegetation der Vorwelt, s.a. Sammlung gemeinnütziger Vorträge.

WILLKOMM, Moritz: Über die Nadelhölzer und ihre Beziehungen zur Vegetation der Vorwelt. - Prag 1891. 19 S. - (Samml. gemeinnütziger Vortr. Nr. 144)

—— Naturgeschichte des Pflanzenreichs, s. Naturgeschichte des Tier-, Pflanzen- und Mineralreichs in kolorierten Bildern.

— die Nonne, der Kiefernspinner und die Kiefernblattwespe. Populäre Beschreibung der Lebensweise und der Vertilgung der forstschädlichen Insekten, im Auftrage der hohen K. Sächs. Staats-Regierung herausgegeben. 1. u. 2. Abdruck. Dresden 858. Schönfeld. Lex.-8. (VI, 34 S. mit Holzschn. im Text.) n. 10 ngr

—— et Joa. Lange, prodromus florae hispanicae seu synopsis methodica omnium plantarum in Hispania sponte nascentium vel frequentius cultarum quae innotuerunt. (In 3 Voll.) Vol. I. Pars 1. und 2. gr. 8. (XXX und S. 1—316.) Stuttgart 861, Schweizerbart'sche Verlagsbuchh. [Pars 1. * 1 Thlr. 10 Ngr., Pars 2. * 1 Thlr. 6 Ngr.] *

—— et Joa. Lange, Prodromus florae hispanicae seu synopsis methodica omnium plantarum in Hispania sponte nascentium vel frequentius cultarum quae innotuerunt. Vol. II. Partes 1 et 2. gr. 8. (S. 1—480.) Stuttgart 865,68, Schweizerbart's Verlag. [Pars 1. * 2 Thlr., Pars 2. * 1 Thlr. 16 Ngr.] *

—— et Joa. Lange, Prodromus florae hispanicae seu synopsis methodica omnium plantarum in Hispania sponte nascentium vel frequentius cultarum. Vol. II, Pars 3, et Vol. III, Pars 1. gr. 8. Stuttgart, Schweizerbart'sche Verlagsh. [Vol. II, 3. (S. 481—680.) 870. * M 5,40.; Vol. III, 1. (240 S.) 874. * M 9.] *

—— et Joa. Lange, Prodromus florae hispanicae seu synopsis methodica omnium plantarum in Hispania sponte nascentium vel frequentius cultarum. Vol. III. pars 2—4 (finis). gr. 8. Stuttgart, Schweizerbart'sche Verlagsh. [Pars 2 (S. 241—512.) 1877. * M 10.; pars 3 (S. 513—736.) 878. * M 9.; pars 4 (S. 737—1144.) 880. * M 16.] *

— prodromus florae hispanicae. Supplementum sive enumeratio et descriptio omnium plantarum inde ab a. 1862 usque ad a. 1893 in Hispania detectarum, quae innotuerunt auctori, adjectis locis novis specierum jam notarum. gr. 8. (IX, 370 S.) Stuttgart 893. E. Schweizerbart. n. 20. — (kplt. m. Suppl.: n. 87. 60)

— recherches sur l'organographie et la classification des globulariées. Avec 4 planches color., dessinées par l'auteur. Imp. 4. (32 S.) Leipsick 850, G. Mayer. 2 ℛ

—— s. Roßmäßler, E. A., der Wald.

—— Schulflora von Österreich. 8. (LIII, 371 S.) Wien 888, Pichler's Wwe. und Sohn. geb. *

—— Sertum florae hispanicae sive enumeratio systematica omnium plantarum, quas in itinere a. 1850 per Hispaniae provincias boreali-orientales et centrales facto legit et observavit. (Seorsim impressum e Flora s. diario botanico ratisbonensi.) 8maj. (173 S.) Leipzig 852, (Hartknoch.) *

Willkomm, M., Spanien u. die Balearen, s. a. Bibliothek f. Wissenschaft u. Literatur.

Willkomm, Dr. M., Spanien und die Balearen. Berlin s. a. (1876). 8.

— Spanien u. die Balearen. Reiseerlebnisse u. Naturschilderungen, nebst wissenschaftlichen Zusätzen u. Erläuterungen. Mit einem (lith.) Plane der Tropfsteinhöhlen von Artá. Neue (Titel-)Ausg. gr. 8. (X, 350 S.) Berlin 879. Th. Hofmann. n. 7. —

—— Spanien und Portugal, s. Stein, C. G. D., und F. Hörschelmann, Handbuch der Geographie.

—— über den gegenwärtigen Stand und Umfang der botanischen Wissenschaft und über die Aufgaben, welche daraus für Lehrer der Botanik an Universitäten und für mit solchen verbundene botan. Gärten erwachsen. Antrittsvorlesung, gehalten am 13. Aug. [1. Septbr.] 1868. gr. 8. (24 S.) [Ebendas.] 869. *

Willkomm, Mor., die Strand- u. Steppengebiete der Iberischen Halbinsel u. deren Vegetation. Ein Beitrag zur physikal. Geographie, Geognosie u. Botanik. Nebst einer (gest. u. color.) geognostisch-botan. Karte der Halbinsel, 1 lith. u. 1 (color.) Kpfrtaf. (in gr. 4.) Lex. 8. (X u. 276 S.) Leipzig 852, Fr. Fleischer. n. 2⅓ ℛ

Willkomm, Moritz: Streifzüge durch die Baltischen Provinzen. Schilderungen von Land und Leuten mit bes. Berücks. der Wälder und der Forstwirtschaft. Th. 1. [Mehr nicht ersch.] — Dorpat: Gläser 1872. VI, 196 S.

—— über Südfrüchte, s. a. Sammlung gemeinverständl. wissenschaftl. Vorträge.

Willkomm, uber Sudfrüchte, deren Verbreitung etc. (Sammlung gemeinverständlicher wissenschaftlicher Vorträge 266-267) Berlin 1877

—— Waldbüchlein. Ein Vademecum für Waldspaziergänger. gr. 16. (XII, 163 S. mit eingedr. Holzschn.) Leipzig 879, C. F. Winter'sche Verlagsh. cart. *

—— Waldbüchlein. Ein Vademecum für Waldspaziergänger. 2. stark verm. Aufl. 12. (XII, 187 S. mit 49 eingedr. Holzschn.) Leipzig 880, C. F. Winter'sche Verlagsh. geb. *

—— Waldbüchlein. Ein Vademecum f. Waldspaziergänger. 3. verm. Aufl. Mit 54 Abbildgn. 12. (XVI, 207 S.) Lpz. 889, C. F. Winter. geb. * 3 —

Willkomm, Mor., Waldbüchlein. Ein Vademecum f. Waldspaziergänger. 4., verm. Aufl. v. Max Neumeister. (XXXI, 223 S. m. 54 Abbildgn.) 12. Leipzig 904. C. F. Winter. Geb. in Leinw. n. 3. —

—— Wanderungen durch die nordöstlichen und centralen Provinzen Spaniens. Reiseerinnerungen aus dem J. 1850. 2 Thle. 8. (XVII und 812 S.) Leipzig 852, Arnoldische Buchh.

—— die Wunder des Mikroskops, s. a. Feierstunden, malerische.

Willkomm M., die Wunder des Mikroskops. 2. Auflage. Leipzig 1861

Willkomm, M. Die Wunder des Mikroskops. Leipzig. 1866.

—— die **Wunder des Mikroskops oder die Welt im kleinsten Raume.** Für Freunde der Natur und mit Berücksicht. der studirenden Jugend bearb. 3. verm. und verb. Aufl. gr. 8. (VIII, 366 S. mit 1200 Text-Abbild. auf 263 Illustr. in Holzschn., 1 Titelbilde, sowie 1 Frontispice in Holzschn. und Tondr.) Leipzig 871, Spamer. (* M. 5.) *
geb. (* M. 6.) *

—— die **Wunder des Mikroskops** oder die Welt im kleinsten Raume. Für Freunde der Natur und mit Berücksicht. der studir. Jugend bearb. 4. wesentlich verm. und umgearb. Aufl. gr. 8. (X, 400 S. mit mehr als 1200 Fig. auf 300 Holzschn.-Illustr., nebst 1 Titelbilde in Tondr.) Leipzig 878, Spamer. *
geb. *

— die **Wunder d. Mikroskops** od. d. Welt im kleinsten Raume. Für Freunde d. Natur u. m. Berücksicht. der studier. Jugend geschild. 5., wesentl. verm. u. umgearb. Aufl., bearb. v. H. Trautzsch u. H. Schlesinger. gr. 8. (VIII, 361 S. m. 464 Abb.) Leipzig 896. O. Spamer. n. 6. —; geb. in Leinw. n.n. 7. —

— die **Wunder des Mikroskops** od. Die Welt im kleinsten Raume. Für Freunde der Natur u. m. Berücksicht. der studier. Jugend geschildert. Bearb. v. H. Trautzsch u. H. Schlesinger. 7., m. der 6. u. 5. gleichlaut. [Titel-] Aufl. gr. 8. (VIII, 361 S. m. 464 Abb.) Leipzig [899.] 902. O. Spamer. n. 4. —; geb. in Leinw. n. 5. —

Willkomm, O. H. Th., Bibel, Lutherbibel, revidierte Bibel. Vortrag, geh. am 19. III. 1900 im Saale des Schwanenschlosses zu Zwickau. Mit e. Vorwort u. etlichen Anhängen. 1. u. 2. Aufl. gr. 8. (à 84 S.) Zwickau 900. 901. J. Herrmann. n. — 40

— **es** ist e. **Gott!** (20 S.) gr. 8. Ebd. (906). n. — 10

— **Es** ist e. **Gott!** 2. u. 3. Aufl. (6.—10. Taus.) (à 20 S.) 8. Ebd. (907). p — 10

— **Gedanken** üb. Religionsfreiheit. Mit besond. Berücksicht. der kirchl. Zustände im Königr. Sachsen. gr. 8. (22 S.) Zwickau 901. Schriften-Verein. — 30

Willkomm, O. H. Th., halte, was Du hast! E. Warng. an d. deutsche luther. Christenvolk vor d. revid. Bibel. 2. Aufl. 12. (27 S.) Zwickau 897. Schriftenverein. — 15

— **halte, was Du hast! Eine Warng. an das deutsche luther. Christenvolk vor der revidierten Bibel.** 3. Aufl. 12. (28 S.) Ebd. 900. n.n. — 15

— **halte, was Du hast.** Eine Warng. an das deutsche luther. Christenvolk vor der revidierten Bibel. 4. Aufl. (30 S.) kl. 8. Ebd. 904. n. — 15

— Handbüchlein zur Vorbereitung auf den Tod, s.: Moller, Mart.

— **s.: Hausfreund, der, ev.-luth.**

Willkomm, O. H. Th., vom täglichen Hausgottesdienste. Predigt, gehalten am Sonntage Kantate 1884. 8. (16 S.) Zwickau 884. (Dresden, H. J. Naumann.) *

— **vom täglichen Hausgottesdienste.** Predigt, geh. am Sonntage Kantate 1884. 2. Aufl. (16 S.) kl. 8. Zwickau (904). Schriften-Verein. n. — 10

s. Jubiläums-Jahrbuch des Hausfreund-Kalenders.

Willkomm, O. H. Th., die öffentliche **Kirchenbuße.** Predigt über den 51. Psalm, geh. am Sonntage Exaudi 1905. (20 S.) 8. Zwickau 906. Schriften-Verein. n. — 10

— **Licht** v. oben. (31 S. m. Abbildgn.) 8. Zwickau 906. J. Herrmann. n. — 20
Sonderabdruck aus: „Ev.-luth. Hausfreund".

Willkomm, O. H. Th., die **Pflicht** treuer Lutheraner bei der gegenwärtigen Not der Kirche. Zur Prüfung und Beherzigung vorgelegt. 8. (71 S.) Dresden 888, H. J. Naumann. *

— **Predigt üb. Evangelium Lucä 2, 41—52, geh. am 1. Sonntage nach Epiphanias 1900 in der sep. ev.-luth. St. Johanniskirche zu Niederplanitz.** 12. (15 S.) Zwickau (900). Schriftenverein. n.n. — 10

— **Predigt** gegen die Weltliebe. (8 S.) 8. Zwickau (907). Schriften-Verein. — 05

—— das gute **Recht** der evangelisch-lutherischen Freikirche, ihrer Lehrstellung und kirchlichen Praxis, gegen die ungerechten Beschuldigungen des Lic. Dr. Buchwald verteidigt. gr. 8. (36 S.) Zwickau 886. (Dresden, H. J. Naumann.) *

—— offenes **Sendschreiben** an die 41 Geistlichen der Ephorie Zwickau, die Unterzeichner des Flugblattes „Ein Wort an unsere Gemeinden". 8. (20 S.) Ebendas. 886. *
Aus: Evangelisch-lutherische Freikirche, besonders abgedruckt.

—— dass. — 2. Aufl. 8. (20 S.) Ebendas. 886.
Vgl.: Buchwald, G., Landeskirche und Freikirche.

— Geistlicher Trostbecher, s.: Schererz, Sigism.

— s.: Ueber die Reform des Religionsunterrichts.

— **Vortrag** üb. die Auferstehung des Fleisches. Geh. am 12. II. 1900 im Saale des Schwanenschlosses zu Zwickau. 1.—3. Aufl. Mit e. Vorwort. gr. 8. (20 S.) Zwickau 900. J. Herrmann. n. — 20

— **Vortrag** üb. die leibhaftige Auferstehg. JEsu Christi als Heilsthatsache. Geh. am Abend des 15. I. 1900 im Saale des Schwanenschlosses zu Zwickau. 1.—3. Aufl. gr. 8. (à 15 S.) Ebd. 900. — 20

— **Was** ist eigentlich das alte **Evangelium JEsu?** Vortrag, geh. am 21. II. 1909 in d. separiert evang.-luther. St. Johanniskirche zu Niederplanitz. (23 S.) 8. Ebd. (909). p — 15

— **was** ist v. der beabsichtigten **Revision** der Lutherschen Bibelübersetzung zu halten? 8. (24 S.) Ebend. 881. — 15

Willkomm, O. H. Th., was ist v. der beabsichtigten Revision der Luther'schen Bibelübersetzung zu halten? 2., verm. Aufl. 12. (32 S.) Zwickau 894. Schriften-Verein. n. — 10

— **was verliert unser Volk durch die Bibelrevision? Vortrag, geh. am 9. V. 1901 in Meinholds Sälen zu Dresden, nebst Diskussion u. e. Vorwort v. A. B. F. Hanewinckel.** gr. 8. (IV, 24 S.) Ebd. 901. n. — 30

— **Was** will aus dem **Kindlein** werden? [Aus: Evang.-luther. Hausfreund".] (35 S. m. Abbildgn.) 8. Zwickau 910. J. Herrmann. — 20

Willkomm, O. H. Th., wie dünket euch um **Christo?** Zur Lehre u. Wehre f. Wahrheit u. Frieden such. Seelen beantwortet. (32 S.) 8. Zwickau 905. Schriften-Verein. n. — 40

Willkomm, O. H. Th., Christi Wiederkunft zum Gericht. Vortrag, geh. in der sep. ev.-luth. St. Johannis-Kirche zu Planitz. (16 S.) 8. Zwickau (908). Schriftenverein. — 10

Willkomm, Otto: Beiträge zur mechanischen Technologie der Wirkerei: Ware und Wirkmuster an Rundstühlen. Leipzig: Martin's Textil-Verl. 1905. 66 S. 4°
¶ Aus: Leipziger Monatsschrift f. Textil-Industrie. Jg. 21. 1906.
Dresden, Dr.-Ing.-Diss. v. 28. 7. 1905

Willkomm, Sophus: Nationalökonomie u. Finanzwissenschaft, s.a. Heymann's Vorbereitungsbücher f. die erste juristische Prüfung.

Willkomm, Sophus. Nationalökonomie u. Finanzwissenschaft. 12. (XI, 222 S.) Berl. 891, C. Heymann. cart. * 2 —

— Rechtsphilosophie, s.a. Heymann's Vorbereitungsbücher f. die erste juristische Prüfung.

—— Rechtsphilosophie. 12. (IX, 140 S.) Ebd. 891. cart. * 2 —

— Deutsche Staats- u. Rechts geschichte, s.a. Heymann's Vorbereitungsbücher f. die erste juristische Prüfung.

—— Deutsche Staats- u. Rechtsgeschichte. 12. (X, 144 S.) Ebd. 892. cart. * 2 —
Vorstehende Schrift bildet Theil v. Heymann's Vorbereitungsbüchern für die erste jurist. Prüfung (s. d.).

Willkomm-Schneider, M., s.: Sartorius, Benvenuto.

Willkommen! Weimar 1814. H: *Goethe, Joh. Wolfgang von.* (BrMm) (Mn)

Willkommen! Illustrirte Wochenschrift für Unterhaltung, Wissenschaft, Natur u. Kunst. Red.: Adf. Mützelburg. 1864. Octbr.—Dezbr. 13 Nrn. (à 1½—2 Bgn. mit Holzschn.) Berlin. Sacco. gr. 4. 15 ngr.

Willkommen! Illustrirte Wochenschrift für Unterhaltung, Wissenschaft, Natur u. Kunst. Redact.: Adf. Mützelburg. Jahrg. 1865. 52 Nrn. (à 1½—2 Bgn. mit ein gedr. Holzschn.) Berlin, Sacco Nachfolger. gr. 4. 2 ℛ

Willkommen! Ein neues Malbuch f. das kleine Volk. Zum Coloriren m. Buntstift od. Pinsel. Enth. 104 Holzschn. nach Zeichngn. v. Lizzie Lawson, Kate Greenaway u. A. Mit Erzählgn. u. Versen v. Helene Binder. 4. (100 S.) München 884. Stroefer. cart. n. 1. 50; geb. n. 2. 50

Willkommen. 8. (8 farb. Taf. auf Karton.) Wesel 894. W. Düms. Geb. — 35

Willkommen! Illustr. Unterhaltungsbibliothek. Erzählendes u. Belehrendes v. namhaften Schriftstellern. (1. u. 2.) Jahrg. 1898 u. 1899. à 18 Bde. 8. (à Bd. ca. 240 S.) Berlin. Leipzig, W. Vobach & Co.
Geb. in Leinw. à Bd. n. — 50

— Illustrierte Unterhaltungsbibliothek. Erzählendes u. Belehrendes v. namhaften Schriftstellern. (3.) Jahrg. 1900. (Septbr. 1899—Aug. 1900.) 18 Bde. 8. (à ca. 250 S.) Berlin [Willkommen-Verlag]. W. Vobach & Co.
Geb. in Halbleinw. à n. — 50; in Leinw. à n. — 60
Fortsetzung, s.: Haus-Bibliothek, illustr.

— Ein Herbergsbuch f. unsere Gäste. Mit Zeichngn. v. Alb. Wagen u. e. Geleitwort v. Pet. Rosegger. gr. 4. (III, 192 S.) Basel (901). F. Reinhardt.
Geb. in Leinw. m. Goldschn. n. 8.—; in Ldr. n. 10.—

Willkommen! Erinnerungen an unsere Gäste. Mit Orig.-Sinnspruch-Beiträgen v. Pet. Rosegger, Frida Schanz, Jul. Lohmeyer u. a. m. gr. 4. (200 S. m. Randverziergn. u. 1 Farbdr.) Konstanz (901). C. Hirsch.
Geb. in Leinw. m. Goldschn. 6.—

Willkommen. Ein Mädchenbuch, zur Unterhaltg. u. Belehrg. hrsg. v. Bertha Clément. Mit Beiträgen v. Bertha Clément, E. v. Ecke, A. Godin u. a. Mit 12 farb. u. 12 schwarzen Vollbildern u. vielen Textillustr. (VIII, 336 S. m. 1 Spielbog.) gr. 8. Stuttgart (903). G. Weise.
Geb. in Leinw. 4. 50

— Ein Herbergsbuch f. unsere Gäste. Mit Zeichngn. v. Alb. Wagen u. e. Geleitwort v. Pet. Rosegger. 2. Aufl. (192 S.) Lex. 8. Basel (905). F. Reinhardt. Geb. in Leinw. 8.—; in Ldr. 10.—

Willkommen! Erinnerungen an unsere Gäste. Mit Sinnsprüchen v. Frida Andreae, Käthe Dorn, Chr. Fr. Eppler. (200 S. m. farb. Titelbild.) Lex. 8. Konstanz (910). Christl. Buch- u. Kunstverlag.
Geb. in Leinw. m. Goldschn. 6.—

— Ein Mädchenbuch, zur Unterhaltg. u. Belehrg. hrsg. v. Bertha Clément. Mit Beiträgen v. Bertha Clément, E. v. Ecke, A. Godin u. a. Mit farb. u. schwarzen Vollbildern u. Textillustr. 2. Aufl. (VII, 352 S.) 8. Stuttgart (910). G. Weise. Geb. in Leinw. 5.—

Willkommen. Gesungen den Kapellmeister K. Aiblinger von seinen Freunden . . . München 1843. V: *Görres, Guido.* (Bibl. Görres III. Cat. XXXIV. Südd. Antiqu. München 1903. S. 24.)

Willkommen an d. Kgl. Bayer. Armee bey ihrer Wiederkehr nach d. Kriege m. Preußen .... s. Baumgartner, Anton

Willkommen, lieber Bildermann! 12 (chromolith.) Bilder zum Anschauungs-Unterricht m. Text. gr. 4. (12 S. auf Carton.) Stuttgart 881. G. Weise. geb. 3 50

Willkommen und Dank an die braven, nun abgelösten Truppen des Hochlobl. Kantons Zürich bey ihrer Rükkunft in das Vaterland am 23. Herbstmonat. Nebst dem Zuruf eines Patrioten an dieselben. 8. *o. O.* 1792.

Willkommen bey der öffentlichen Freudensbezeugung über die auf Gottorff, d. 31. Julii vollzogene Vermählung des Kronprinzen Friederichs mit der Prinzeßin Maria von Hessen, Kgl. Hoheien, von der Stadt Schleswig unter Gottes blauem Himmel gehalen. Gesungen von den Töchtern der frohen Bürgerschaft auf der Freyheit, d. 4. Aug. 1790. [Schleswig. (1790.)] 8°

Willkommen, Grosser Fürst der Preussen . . . Breslau 1741. V: *Volkmar, Johann Tobias.* (Kat. d. Drucksch. üb. Breslau. Breslau 1903. S. 15.)

Willkommen! dem neu geweihten und geliebten Br. Gläser freundlich dargebracht. K. [»Heil dir Bruder! in der Stunde ...«] Ratibor, den 23. April 1835. V: *Kudrass, Karl Immanuel* (?). (wolfstieg I, 800)

Willkommen. Am 27. Jan. 1846. o. O. [1846]. 1 Bl. 8⁰ [Kopftit.]
Lied ohne Noten: „Seid gegrüsst in unsern Hallen, . . .“

Willkommen! Dem Br. [Heinrich] Middeldorpf von den Brüdern der □ Horus [in Breslau]. Breslau, den 21. October 1827. Grass, Barth & Comp. 2 Bl. 8⁰.
„Gegrüsset in dem Kreis der Brüder“ . . .

Willkommen in Nürnberg, 7. April 1899. Nürnberg [1899]. V: *Gerathwohl, F. B.* (Hdschr. Mitth. von Friedrich Müller, München)

Willkommen an die Schwestern. o. O. u. J. 1 Bl. 8⁰ [Kopftit.]
Lied ohne Noten: „Seyd gegrüsst mit Herz und Munde; . . .“

Willkommen des Seelsorgers an seine gläubige Heerde. Zwei Reden an den Frieden. 8. Köln ... N. Aufl. 798. Fabricius. 3 gr

Stephani, Wilh. Alb. Joh.: **Willkommen!** Dem geliebten Bruder [Wilhelm Albert Johann] Stephani am Tage Seiner Aufnahme in der Loge Horus gewidmet. Breslau, den 9. März 1830. [Breslau 1830.] 2 Bl. 8⁰.
„Willkommen, hier, Geliebter, in dem Bund“ . . .

Willkommengruss der Gemeinde Gabelbach an die erlauchte Goethegesellschaft am 25 V. 1902. 2. verm. Aufl. 8. (15 S.) Weimar (902). (A. Huschke Nachf.) n. —35

Willkommengruss der Gemeinde Gabelbach an die erlauchte Goethegesellschaft am 25. Mai 1902. 2. verm. Aufl. Ilmenau (1902): G. Reiter. (15 S.) 8⁰

Willkomms-Gruss und Abschieds-Kuss, das ist: Kurze Rede, welche . . . an einige Salzburgische Emigranten an. 1732 den 30. Jan. . . . gehalten, ein des Ministerii Augustani Candidatus. Augspurg 1732. V: *Gräf, Andr. Chph.* (BB) (Mi.)

Willkoof, James, die Skropheln, der gefährlichste Feind des kindlichen Alters. Gewidmet den Familienmüttern zur Belehrung über das Wesen der Krankheit, deren Ursachen, Auftreten, Verlauf, Folgen und gründl. Heilung. 1. Aufl. 1859. und 2. Aufl. 12. (24 S.) Breslau 860, Fürst.

[F.] (**Willkühr** und Articul der Kauffleute Brüderschafft zu Magdeburg) [beginnend:] Von Gottes gnaden Wir Augustus, ... Herzog Zu Sachssen ..., Bekennen offentlich ... (Nach dem hs. Original neugedruckt. *Magdeburg: Fabersche Buchdr. 1896.*) (8 Bl.) 1 Bd 4.(8.) (97. 451)

Neu-revidirte **Willkühr** der Stadt Danzig, aus Schluß sämmtlicher Ordnungen publiciret anno 1761. Danzig (1761).

Neu-revidirte **Willkühr** der Stadt Danzig, aus Schluß sämtlicher Ordnungen, publicirt anno 1761, und mit beygefügten Zusätzen und Erl. nebst e. Reg. zum 2. mahl abgedr. Danzig 1783.

Willküren der Brockmänner, eines freyen friesischen Volkes. Hrgg., übers. und erläut. v. Tilemann Dothias Wiarda. Berlin. 1820. 8⁰

Willkürsbriefe oder Dorfsbeliebungen aus dem Kreise Flensburg. Hrsg. von O. C. Nerong, Lehrer in Dollerup. *[Dollerup:] Selbstverl. 1900.* (152 S.) 8⁰ [F.] (1900. 1189)

Willm, J.

— essai sur l'éducation du peuple, ou sur les moyens d'améliorer les écoles primaires populaires et le sort des instituteurs. gr. in-8. Strasbourg 843, Ve. Levrault. 2 ₰

Willm, J., († d. 7. Febr. 1853), essai sur l'éducation du peuple, ou sur les moyens d'améliorer les écoles primaires populaires et le sort des instituteurs. Ouvrage couronné par l'Académie Française. 2. édition. 12. (XVI u. 408 S.) Strasbourg 847, Ve Levrault & fils. 1 ₰ 6 gr

Willm, Jos., Essai sur la Philosophie de Hegel. I. Part. — Introduction. (Extrait de la Revue Germanique, année 1835.) gr. in-8. (6½ B.) Strasbourg 836, libr. de Levrault.

— histoire de la philosophie allemande depuis Kant jusqu'à Hegel. Ouvrage couronné par l'Institut (Académie des sciences morales et politiques). 3 Vols. Paris 840, 47. (Leipzig, Gerhard.) à n. 2⅔ ₰

J. **Willm**: histoire de la philosophie allem. dep. Kant jusqu'à Hegel; ouvrage couronné par l'Institut (Acad. d. scienc. moral. et polit.) *Paris* (*Lpz.*, Gerhard). 846-49. 4 vols. gr8⁰ 10 ₰ 16 gr

— Lectures allemandes à l'usage des classes moyennes des écoles primaires, avec un vocabulaire allemand-français. A. u. d. T.: Deutsches Lesebuch für d. mittlern Klassen der Primärschulen, mit Anmerkungen u. einem Wörterverzeichnisse zum Uebersetzen versehen. gr. 12. Straßburg 840. Wittwe Levrault. ⅝ ₰

Willm, Jos., Lectures allemandes à l'usage des classes moyennes des écoles primaires, avec un vocabulaire allemande-français. Ouvrage autorisé par le Conseil royal de l'Instruction publique. 2. édit. — A. u. d. T.: Deutsches Lesebuch für die mittlern Klassen der Primärschulen, mit Anmerkungen u. einem Wörterverzeichnisse zum Uebersetzen versehen. Genehmigt von dem königl. Rath des öffentl. Unterrichts. 2. Aufl. gr. 12. Straßburg u. Paris 841, Wittwe Levrault. $^{7}/_{12}$ ₰

Willm, J., premières lectures françaises, s. Lectures.

— premières lectures françaises. gr. 8. Paris et Strassb. 829. Levrault. 9 gr

— premières lectures françaises pour les écoles primaires de l'Alsace. Avec un vocabulaire français-allemand. Ouvrage autorisé par le Conseil royal de l'Instruction publique. 4. édit. gr. in-12. Strasbourg 840, Ve. Levrault. geb. 3/8 ℛ — 5. édit. gr. in-12. le même 841. geb. 3/8 ℛ

Willm, J., premières lectures françaises pour les écoles primaires avec un vocabulaire français-allemand. 34. éd. 8. (XII, 204 S.) Strassburg 873. Schultz & Co. 1. —

Willm, J., premières lectures françaises pour les écoles primaires. 35e édit. 8. (VIII, 148 S.) Paris 879. (Strassburg, Schultz und Comp.) *
Avec vocabulaire, 42e édit. (XII, 204 S.) *

Willm, S., premières lectures françaises pour les écoles primaires, avec un vocabulaire français-allemand. 36e—51e édit. 8. (VI, 204 S.) Strassburg 880—83, Schultz und Comp. cart. *

Willm, J., premières lectures françaises pour les écoles primaires, avec un vocabulaire français-allemand. 47. éd. 8. (XII, 204 S.) Strassburg 882. Schultz & Co. n. 1. —; sans vocabulaire. 36. éd. (VIII, 148 S.) n. — 80

—— dass. — avec un vocabulaire français-allemand. 57e—71e édit. 8. (VI, 204 S.) Ebendas. 885—88. geb. *

Willm, J., premières lectures françaises pour les écoles primaires, avec un vocabulaire français-allemand. 61. éd. 8. (VI, 204 S) Strassburg 885. Schultz & Co Verl. geb. n. — 80; sans vocabulaire, 42. éd. (VIII, 148 S.) geb. n. — 65

Willm, J., premières lectures françaises pour les écoles primaires. 42e—45e édit. 12. (VIII, 148 S.) Strassburg 885—88, Strassburger Druckerei und Verlagsanstalt, vorm. Schultz und Comp., Verlag. cart. *

Willm, J. Premières lectures françaises pour les écoles primaires. 46e édit. 12. (VIII, 148 S.) Strassb. 891, Strassburger Druckerei u. Verlagsanstalt. cart. * — 65

Willm, J., premières lectures françaises pour les écoles primaires. 47. éd. 12. (VIII, 148 S.) Strassburg 894. Strassburger Druckerei u. Verlagsanstalt. Kart. n. — 65

— dasselbe, avec un vocabulaire français-allemand. 75. éd. 12. (VI, 204 S.) Ebd. 890. cart. n. — 80

—— dass. — avec un vocabulaire français-allemand. 77e édit. 12. (VI, 204 S.) Ebd. 892. cart. * — 80

— dasselbe, avec un vocabulaire français-allemand. 80. éd. 12. (VI, 204 S.) Ebd. 893. Kart. n. — 80

— secondes lectures françaises, à l'usage des classes superieures des écoles primaires; faisant suite aux premières lectures françaises, gr. 8. Paris et Strasb. 832. Levrault. 1 ℛ

—— secondes lectures françaises, à l'usage des écoles primaires supérieures. 18e édit. 8. (X, 406 S.) Ebendas. 870. geb.

Willm, J., secondes lectures françaises, à l'usage des écoles primaires supérieures. 19e et 20e édit. 8. (X, 406 S.) Paris 876. (Strassburg, Schultz und Comp.) *

—— secondes lectures françaises, à l'usage des écoles primaires supérieures. 21e—25e édit. 8. (X, 406 S.) Ebendas. 880—84. *

—— deutsches Lesebuch f. d. mittl. Klassen d. Primärschulen d. Elsasses. 1., u. 2., verb. Aufl. gr. 12. (à 11 1/2 B.) Straßburg 836, 38, Levrault'sche Buchh.

Willm, J., deutsches Lesebuch für die mittlern Klassen der Primärschulen des Elsasses. 6., unveränd. Aufl. 12. (XII und 263 S.) Straßburg 851, Berger-Levrault, Witwe, und Sohn.

Willm, J., deutsches Lesebuch für die mittlern Klassen der Primärschulen des Elsasses. (1. Thl.) 9., unveränd. Aufl. 12. (XII und 263 S.) Straßburg 854, Wwe. Berger-Levrault und Sohn.

—— deutsches Lesebuch für die mittlern Klassen der Primärschulen des Elsasses. (1. Thl.) 10., unveränd. Aufl. 12. (XII und 263 S.) Straßburg 856(57), Wwe. Berger-Levrault und Sohn.

—— deutsches Lesebuch für die mittlern Klassen der Primärschulen mit Anmerkungen und einem Wörterverzeichnisse zum Uebersetzen versehen. — Lectures allemandes à l'usage des classes moyennes des écoles primaires, avec un vocabulaire allemand-français. — 5. Aufl. 1856. 21 Ngr. und 6. Aufl. 12. (XII und 289 S.) Straßburg 859, Berger-Levrault und Sohn.

Willm, J., deutsches Lesebuch für die mittlern Klassen der Primärschulen des Elsasses. 1. Thl. 15. unveränd. Aufl. Straßburg 863. Berger-Levrault. 12. (XII, 263 S.) 12 1/2 ngr.

Willm, J., deutsches Lesebuch für die mittlern Klassen der Primärschulen des Elsasses. 16., unveränd. Aufl. Straßburg 865. Wwe. Berger-Levrault & Sohn. 12. (XII, 263 S.) cart. 12 1/2 ngr.

— Deutsches Lesebuch für die obern Klassen der Primärschulen des Elsasses. 12. (XII u. 446 S.) Ebd. 847. 21 ngr

—— deutsches Lesebuch für die obern Klassen der Primärschulen des Elsasses. 4., unveränd. Aufl. 12. (XII und 446 S.) Straßburg 860, Wwe. Berger-Levrault und Sohn.

—— Morceaux choisis de littérature allemande, avec des notes et de courtes notices sur les auteurs. Publié à l'usage des colléges. 2 Tomes. 2. édit. — Auserlesene Stücke aus der deutschen Literatur ꝛc. 2 Thle. 2. Ausg. gr. 12. (37 3/4 B.) Strasbourg 843, libr. Levrault.

Willm, J., kleine franz. Sprachlehre f. die Anfänger. gr. 12. (7 1/3 B.) Straßburg 830, Levrault.

—— kleine französ. Sprachlehre f. d. Anfänger. Neue verb. Aufl. gr. 12. (7 1/3 B.) Straßburg 841, Levrault'sche Buchh.

—— neue franz. Sprachlehre f. d. deutschen Volksschulen Frankreichs. gr. 12. (18 1/2 B.) Straßburg 829, Levrault.

—— auserlesene Stücke aus der deutschen Literatur, mit Anmerkungen und kurzen Notizen über die angeführten Schriftsteller. 1. Thl. 4. Ausg. und 2. Thl. 5. Ausg. 8. (VIII und 893 S.) Straßburg 861, Wwe. Berger-Levrault und Sohn.

—— auserlesene Stücke aus der deutschen Literatur, mit Anmerkungen und kurzen Notizen über die angeführten Schriftsteller. 1. Thl. 4. Ausg. 12. (VIII und 418 S.) Straßburg 863, Wwe. Berger-Levrault und Sohn.

(——) erster Unterricht in d. franz. Sprache, s. Unterricht.

Willm, S., s. Willm, J.

Willman, E., Der Rhein von Mannheim bis Cöln ... Nach der Natur aufgen. u. gez. ... [1850.] qu.-4. . . . . (Br. Mus.)

Willmann

— —, Karoline. Eine vaterländische Geschichte. 2 Thle. Mit 1 Titelkpfr. (Hofmann inv., Thönert sc.). Berlin, bey George Jakob Decker. 1787. 8°.

Willmann, Karoline; e. vaterländ. Geschichte. 2 Thle. 8. Berl. 787. Rottmann. 2 ₰ 8 gr

Willmann, Eduard, dramatisirt, s. neue Originalromane d. Deutschen 11 Bd.

— Eduard, dramatisirt, 8. Leipzig, 782. Lincke. 20 fgl.

WILLMANN, Eduard. Dramatisirt. Leipzig, Schneider, 1782. 8°. (2/3 Rthl.)
Auch m. d. Titel: Neue Original-Romane der Deutschen. Bd. 1.

Willmann, M. L. L., Leben und Werke, s. Knoblich, A.

Willmann, der eheliche Güterstand nach dem Inkrafttreten des bürgerlichen Gesetzbuches m. besond. Berücksicht. der städt. u. ländl. Verhältnisse im nordwestl. Deutschland. gr. 8. (21 S.) Quakenbrück (E. Eckhart). n. — 45

Der eheliche Güterstand nach dem Inkrafttreten des Bürgerlichen Gesetzbuches mit besond. Berücks. d. städt. u. ländl. Verhältnisse im nordwestl. Deutschland von Dr. **Willmann**, Bürgermeister. *Quakenbrück: J. H. Buddenberg (1899).* (21 S.) 8° [F.] [90. 33] 7

Willmann: Caesar's erstes Consulat. 11 S. Halberstadt, Progr. 1861.

Signalbauanstalt Willmann & Co., G. m. b. H.: Prospekte über Eisenbahnsicherungs-Einrichtungen. Dortmund o. J. (um 1910?)

Willmann. Von der Uebersetzungskunst. Köln, kathol. G., 1827. 12 S. 4. **Progr.**

Willmann, Benedikt

s. Geistesblüthen v. Schiller, Göthe . . .

— Handbuch f. Husiers. 8. Cölln 810. Rommerskirchen. 10 gr

Willmann, Bdkt., Kommentar zur Seberschen Muster-Samml. rc., s. J. J. Dillschneider.

s. Martial, Werke.

Willmann, Bruno von, approb. Arzt aus Darmstadt: **Aus d. Prosektur d. Krankenhauses r. I. in München. Ein Beitrag zur Casuistik der primären Lymphdrüsencarcinome.** *München 1904: Kastner & Callwey.* (33 S.) 8°
München, Med. Diss. v. 1904

Willmann, Carl, s. Willmann, Karl

Willmann, E., s. O'Conell, Irland's Zustände. — Lavergne, H., der Todeskampf u. der Tod rc. — Nassau, d. Herzogthum. — Pusey, E. B., das heil. Abendmahl. — Sibthorp, R. W., mein Rücktritt zur kathol. Kirche.

Willmann, Eduard (Lampertheim)
Ueber die Lebensdauer des Menschen.
Giessen: Keller 1861. 49 S. u. 2 Bl. Thesen.
Diss. med. 7.2.1861. vorh. 7. 11.

Willmann, E[mil] Adolf. Ueber Synthesen von p-Dialkyldioxychinonen durch Ringschluss. Diss. Phil. Basel. 63 S. 8. Loerrach, Ad. Schelle, 1904.

Willmann, Fr. Wilhelm II., s. Amalthea, Blüthenlese . . .

Willmann, F., Amalthea, Blüthenlese aus Deutschlands Dichtern. Enth. Balladen u. Romanzen. Mit Kupf. 8. Cölln, Spitz. 817.

— Anleitung zur Bienenzucht für Lief-, Ehst- u. Curländer. Mit 1 Kpf. 8. Mitau 787. (160 S.)

s. Apollonius Argonauten.

v. Willmann, Fr. Wlh. 1., († d. 20. Jan. 1819.) Fabeln u. Erzählungen, zur Verbesserung d. Witzes u. d. Sitten d. Ehsten, nebst e. Anh. ökonom. Regeln (mit ehstnisch. Titel.) 8. Reval 782. 2e A. 787. 3e verb. Aufl. 804. (XIV u. 255 S.)

s. Platonis Apologia.

— christl. Sittenbüchlein, als Lesebuch in den Schulen, dem Ehstnischen Landvolke gewidmet. 8. Reval 793. 2e verb. Aufl. 804. (96 S.)

Willmann, H. Adnotationes quaedam ad C. Julii Caesaris relationem pugnae Pharsalicae (8.) 4. Halberstadt 1875.

Willmann, Hen(r.) Guil. Ern. (geb. 24. 3. 1811): De pericarditidis acutae diagnosi adnexis morbi historiis. Berolini (1833). (32 S.) 8°
Berlin, Med. Diss. v. 9. Aug. 1833

Willmann, Hermann Ein Brief Ciceros (ad fam. V, 12). S. 7—16.
Progr. G. *Halberstadt* 1883.

Willmann, H[ermannus]: • Planctum qui est in Aeschyli Choephoris interpretatus est, totam autem fabulam cum Sophoclis Electra comparavit. 23 Bl. 4° (2°)
Halle-Wittenberg, Phil. Diss. v. 23. Marz 1852
Geb. [Neutomischel (Posen) 22. 12. 1828]
Verf. erlebte die Diplomerneuerung 1902 als Gymnasialprofessor a. D. in Halberstadt, vgl. Anh. Nr. 627.

[F.] **Willmann,** *Hermann* [Oberl., Prof. Dr.]: *Direktor Dr. Gustav Schmidt, gest. d. 2. Jan. 1892.* Halberstadt, Druck v. C. Doelle & Sohn, *1892;* 4—5 S. 4.
Halberstadt, k. Dom-G, OP 1892 (233)

Willmann, *Hermann Worte aus Veranlassung des Todes des Direktors Dr Gustav Schmidt.* 4 (S. 4—6). Kgl. Dom-G. *Halberstadt* 1892 (233).

Progr.

Drei Feuer mit einer Erinnerung an einen Schäferhund gewidmet meinen geliebten und theuern Brüdern in Freiburg im Br. bei Gelegenheit unseres St. Johannis-Festes im O.·. zu Mülhausen den 4. Okt. 1863 J[os.] **Willmann.** [Mülhausen 1863: Baret & S.] 4 Bl. 4° [Umschlagtit.]
Die kleine Erzählung üb. den Schäferhund enth. eine Mahnung zur Nächstenliebe.

Heyden, Arnold: Paroles composées et prononcées au temple de la parfaite Harmonie a l'Or.·. de Mulhouse par [Jos.] **Willmann** à l'occasion de l'initiation du profane Heyden. Le 6 août 1864. [Mülhausen 1864: Bader.] 2 Bl. 8° [Umschlagtit.]
Gedicht: „Du hast das Licht empfangen . . .“

Willmann, Iulius (geb. am 24 Okt. 1818 in Köln): Quaedam de dignitate pelvis femineae in partu ... Cum tabula lapidi incisa. Bonnae, typ. C. Georgii (1843). 2 Bl., 18 S., 1 Bl., 1 Taf. 4.
Bonn, Med. Fak., Diss. v. 24 März 1843

Willmann, Karl

Willmann's, Carl, illustrierte magische Bibliothek. 1.—6. Bd. 8. Leipzig 900. A. Hahn. Kart. n. 7. 50
1. Die Magie der Zukunft. I. Tl. Planmässige Darstellg. u vollständ. Erklärung aller mag. Experimente, der dazu gehör. Apparate, Hilfsmittel u. Handgriffe. Mit 34 Illustr. (88 S. m. Bildnis.) n. 1. 20
2. Dasselbe. II. Tl. Mit 19 Illustr. (88 S.) n. 1. 20
3. Magische Gesellschaftsspiele. I. Tl. 80 anreg. u. belehr. mag. Spiele u. Scherze zur Unterhaltg. in gesell. Kreisen. Mit 89 Illustr. (88 S.) n. 1. 20
4. Die Kartenschule. I. Tl. Planmässige Darstellg. u. vollständ. Erklärg. aller zur Ausführg. v. Kartenkunststücken erforderl. Handgriffen. Mit 58 Illustr. (112 S.) n. 1. 50
5. Das Buch der Kartenkunststücke. I. Tl. Planmässige Darstellg. u. vollständ. Erklärg. aller Kartenkunststücke u. der zur Ausführg. derselben erforderl. Apparate u. Hilfsmittel. Mit 7 Illustr. (88 S.) n. 1. 20
6. Die magischen Wunder der Neuzeit. I. Tl. Vollständige Erklärung der neuesten Experimente der Spiritisten u. Antispiritisten. Mit 81 Illustr. (88 S.) n. 1. 20

Willmann, Carl, Enthüllungen üb. das Treiben der Spiritisten. Mit 3 Abbildgn. 8. (III, 136 S.) Hamburg 885. O. Meißner. 1. 80

Willmann, Carl. Der Gedächtniskünstler als Hellseher. Vollständige Erklärg. u. Anleitg. der Hellseherei m. Hilfe der Gedächtniskunst. 8. (IV, 85 S.) Lpz. 892, Spamer. * 2 —

Willmann, Carl, d. Gedächtniskünstler als Hellseher. Vollst. Erklärg. u. Anleitg. d. Hellseherei m. Hilfe der Gedächtniskunst (z. Selbststudium f. Dilettanten). 2. [Titel=] Aufl. gr. 8. (IV, 85 S.) Leipzig (892) 897. O. Spamer. n. 2. —

Willmann, Carl, die moderne Salon=Magie. Planmäßige Darlegg. u. vollständ. Erklärg. der bedeutendsten Vorführgn. d. Zauberkunst, ihrer Hilfsmittel u. Kunstgriffe. gr. 8. (L, 460 S. m. 548 Text=Abbildgn.) Leipzig 891. Spamer. n. 7. 50; geb. n.n. 9. —

— Taschenspieler contra Gelehrte. Eine Entgegng. auf die Brochüre „Ein Problem f. Taschenspieler" [v. Frhrn. Dr. Carl du Prel]. Mit 3 Abbildgn. gr. 8. (64 S.) Rostock 886. Ahrens jr. n. 1. —

—— das Telephon. Ein Rückblick auf die Geschichte der Telephonie und eine Anweisung zur Anwendung der Telephone für private und industrielle Zwecke, nebst einer Besprechung der Frage: Besteht ein Telephon-Monopol des deutschen Reiches? gr. 8. (VIII, 88 S. mit 36 Abbild.) Ebendas. 886. *

—— moderne Wunder. Natürl. Erklärung der älteren wie neueren Geheimnisse der Spiritisten und Antispiritisten, Geistercitierer, Hellseher, Gedankenleser, Heilmedien, Mnemotechniker und Rechenkünstler, sowie der neueren sensationellen Wunder und Darstellungen aus dem Gebiete der Optik, Physik und Mechanik. gr. 8. (VIII, 240 S. mit 50 Text-Illustr. und 8 Tonbildern.) Leipzig 886, Spamer. *M 5.—.; geb. *

—— Moderne Wunder. Natürliche Erklärg. der älteren wie neueren Geheimnisse der Spiritisten u. Antispiritisten, Geistercitierer etc. 2. verm. u. verb. Aufl. Mit 63 Text-Illustr. u. 8 Tonbildern. gr. 8. (VIII, 319 S.) Ebd. 891. * 5 —; geb. * 6 50

Willmann, C: Moderne Wunder. 2. Aufl. Leipzig 1892

— moderne Wunder. Natürl. Erklärg. d. neueren u. ält. Geheimnisse d. Spiritisten u. Antispiritisten, Geistercitierer, Hellseher, Gedankenleser, Heilmedien, Mnemotechniker, Rechenkünstler, sow. d. neueren sensationellen Wunder u. Darstellgn. aus d. Gebiete d. Optik, Physik u. Mechanik. M. 63 Text=Illustr. u. 8 Vollbild. 3. [Titel=] Aufl. gr. 8. (VIII, 319 S.) Ebd. (891) 897. n. 5. —; geb. in Leinw. n.n. 6. 50

— s.: Zauberwelt, die.

Willmann, Leo von

Willmann, L. v., Aufgaben aus dem Gebiete der Bauconstructions-Elemente. Zum Gebrauch beim Unterricht an techn. Lehranstalten verfasst und zusammengestellt. 1. und 2. Heft. Fol. Darmstadt, Bergsträsser. [1. Heft. (4 S. mit 30 autogr. Taf.) 882. *M 6.; 2. Heft. (4 S. mit 37 autogr. Taf.) 884. *M 10.] In Mappe *

Willmann, L. v., Aufgaben aus dem Gebiete der Bauconstructions-Elemente. Zum Gebrauch beim Unterricht an techn. Lehranstalten. 2 Hfte. 2. Aufl. Fol. Darmstadt 894. A. Bergsträsser. In Mappe. à n. 8. —
1. Steinschnitt u. Steinverband. Fenster u. Thüren. (4 S. u. 32 Bl. m. 43 Aufgaben u. 525 Fig.)
2. Holzconstructionen. Bauentwürfe. (4 S. u. 32 Bl. m. 19 Aufgaben u. 612 Fig.)

Willmann, L. v., Aufgaben aus d. Gebiete d. Bauconstructions-Elemente. Z. Gebrauch b. Unterricht an techn. Lehranst. verf. u. zusammengestellt. 2 Hfte. 3. Aufl. Fol. Darmstadt 896. A. Bergsträsser's Hofbuchhdlg. In Mappe à n. 8. —
1. Steinschnitt u. Steinverband. Fenster u. Thüren. 32 Blatt m. 19 Aufgaben u. 435 Fig. (4 S. Text.)
2. Holzconstructionen. Bauentwürfe. 32 Blatt m. 19 Aufgaben u. 612 Fig. (4 S. Text.)

Willmann, L. v., Aufgaben aus dem Gebiete der Bauconstructions-Elemente. Zum Gebrauch beim Unterricht an techn. Lehranstalten verf. u. zusammengestellt. Steinschnitt u. Steinverband, Fenster u. Thüren, Holz-Constructionen u. Bau-Entwürfe. 4. Aufl. 62 Bl. m. 59 Aufgaben u. 1015 Fig. Fol. (6 S. Text.) Darmstadt 900. A. Bergsträsser. In Mappe n. 8. —

Willmann, Leo von (Hrsg.), s. Dietrich, Max: Straßenbau ...

Willmann, L. v., Erd- u. Felsarbeiten, s.: Häseler, E.

— u. C. Zschokke, der Grundbau, s.a. Handbuch der Ingenieurwissenschaften. I. 3.

Der Grundbau. Bearb. von L[eo] v. **Willmann** u. C[onradin] Zschokke, hrsg. von Leo v. Willmann, Prof. in Darmstadt. 3. verm. Aufl. Mit 214 Textfig., vollst. Sachreg. u. 14 Taf. Leipzig: W. Engelmann 1900. (XIII, 347, VI S.) 8°
(Handbuch d. Ingenieurwissenschaften. Bd 1, Abth. 3.)

Willmann, L[eo] von, und Zschokke, C(onrad). ... Der Grundbau. Bearb. von L. von W' und C. Z', hrg. von L. von Willmann... . 4. vermehrte Aufl. Mit 304 Textabbildungen, vollständigem Sachverzeichnis und (Atlas ... :) 14 lithographierten Tafeln. XVI + 406 + *Atlas* VI S. gr.-8. Leipzig, Wilhelm Engelmann, 1906. (M. 12. —, geb. 15. —)
Handbuch der Ingenieurwissenschaften in fünf Teilen. Teil 1: Vorarbeiten, Erd-, Grund-, Strassen- und Tunnelbau. Hrg. von L[eo] von Willmann. Band 3. 4. vermehrte Aufl.
Darin S. 315—398: Kapitel 2: Druckluftgründungen. Bearb. von Professor Conrad Zschokke ... in Aarau. ⟨Mit Tafel VIII bis XIV und 77 Textabbildungen⟩

— s.: Handbuch d. Ingenieurwissenschaften.

Willmann, L. v.: Hilfsanlagen für den Materialtransport und die Errichtung von Hochbauten, s. Handbuch der Ingenieurwissenschaften.

Willmann, L. v., maschinelle Hülfsmittel f. Brückenbauten, s.: Handbuch der Ingenieurwissenschaften.

Willmann, Leo v., s.: Lehrbuch des Tiefbaues.

— Lehrbuch des Tiefbaues, s.: Esselborn, Karl.

— Lehrbuch des Tiefbaues, s.: Landsberg.

— Steinschnitt-Aufgaben des Ingenieurs. (III S. u. 62 Sp. m. Fig. u. 3 Taf.) 32,5×24,5 cm. Leipzig 907. W. Engelmann. 1.50
Sonderabdruck aus: „Der Steinbruch".

— Strassenbau, s.a.Handbuch der Ingenieurwissenschaften. IV. (Laissle, F. v.)

— der Strassenbau, s.a.Laissle, F.

— Strassenbau, s.a.Fortschritte d. Ingenieurwissenschaften, II, 4.

Willmann I. v, Strassenbau. (Fortschritte der Ingenieur-Wiss. II, 4) Leipzig 1895

— Vorarbeiten, Erd- etc. -Bau, s.: Meyer, Gust.

— s.: Vorarbeiten, Erd-, Grund-, Strassen- u. Tunnelbau.

Willmann, Ludwig, appr. Arzt a. Herbstein: Aus d. chirurg. Universitäts-Klinik zu Gießen: Ein Beitrag zur Therapie der ischaemischen Kontrakturen und Lähmungen. Gießen 1905: v. Münchow. (27 S.) 8⁰ Gießen, Med. Fak., Ref. Poppert, Diss. v. 2. Sept. 1905
[Geb. 27. Mai 66 Steinfurt; Wohnort: Herbstein; Staatsangeh.: Hessen; Vorbildung: Gymn. Rüdingen Reife O. 87; Studium: Erlangen 4, Heidelberg 4, Straßburg 4 S.; Coll. 14. Aug. 05; Approb. März 03.]

Willmann, O., Die kath. Wahrheit als Schlüssel zur Geschichte der Philosophie. Vortrag, abgedruckt in „Akten des 5. internat. Kongresses kath. Gelehrten zu München v. 24.—28. Sept. 1900", S. 36—47. München, Herder u. Ko., 1901, gr. 8°, V, 517 S. mit 1 Tafel, 8 Mk.

Willmann, Otto, Aristoteles als Pädagog u. Didaktiker, s.a. Erzieher, die grossen. II.

Aristoteles als Pädagog und Didaktiker. Von Dr. Otto Willmann. Berlin: Reuther & Reichard 1909. VIII, 216 S. 8⁰
(Die grossen Erzieher. Bd 2.)

Willmann, Otto, die soziale Aufgabe der höheren Schulen. Vortrag, geh. in der Gehe-Stiftg. zu Dresden am 7. Februar 1891. 8. (24 S.) Braunschweig 891. F. Vieweg & Sohn. — 30

Willmann, Otto, Didaktik, als Bildungslehre nach ihren Beziehungen zur Socialforschung u. zur Geschichte der Bildung dargestellt. 1. Bd. Einleitung. Die geschichtlichen Typen des Bildungswesens. gr. 8. (XV, 421 S.) Braunschweig 882. Vieweg & Sohn. n. 8. —

Willmann, Otto, Didaktik als Bildungslehre, nach ihren Beziehungen zur Socialforschung und zur Geschichte der Bildung dargestellt. 2. Bd.: Die Bildungszwecke. Der Bildungsinhalt. Die Bildungsarbeit. Das Bildungswesen. 1. Abtl. gr. 8. (IV, 224 S.) Braunschweig 888, Vieweg und Sohn. *
1. Bd. Ebendas. 1882. *ℳ 8.—.

Willmann, Otto. Didaktik als Bildungslehre, nach ihren Beziehgn. zur Socialforschg. u. zur Geschichte der Bildg. dargestellt. 2. Bd.: Die Bildungszwecke. Der Bildungsinhalt. Die Bildungsarbeit. Das Bildungswesen. 2. Abtl. (Schluß d. Werkes.) gr. 8. (XVIII, S. 225—514.) Braunschw. 889, Vieweg u. Sohn. * 6 —

— Didaktik als Bildungslehre, nach ihren Beziehgn. zur Socialforschg. u. zur Geschichte der Bildg. dargestellt. 2., verb. Aufl. 1. Bd. Einleitung. Die geschichtl. Typen des Bildungswesens. gr. 8. (XV, 426 S.) Ebd. 894. n. 6.50

Willmann, Otto, Didaktik als Bildungslehre nach ihren Beziehgn. z. Socialforschg. u. z. Geschichte d. Bildg. 2., verb. Aufl. 2. (Schluß-) Bd. Die Bildungszwecke. Der Bildungsinhalt. D. Bildungsarbeit. D. Bildungswesen. gr. 8. (XVIII, 554 S.) Braunschweig 895. F. Vieweg & Sohn. n. 7. 50 (kplt.: n. 14. —)

Willmann, Otto, Didaktik als Bildungslehre, nach ihren Beziehungen zur Socialforschung u. zur Geschichte der Bildung dargestellt. 3. verb. Aufl. 2 Bde. gr. 8. Braunschweig 903. F. Vieweg & Sohn. n. 14. —;
Einbde. in Halbfrz. à n. 2. —
1. Einleitung. — Die geschichtl. Typen des Bildungswesens. (XVI, 485 S. n. 6.50. — 2. Die Bildungszwecke. — Der Bildungsinhalt. — Die Bildungsarbeit. — Das Bildungswesen. (XXIII, 605 S.) n. 7. 50.

— Didaktik als Bildungslehre, nach ihren Beziehungen zur Sozialforschung u. zur Geschichte der Bildung dargestellt. 4. verb. Aufl. (XXVII, 677 S.) gr. 8. Braunschweig 909. F. Vieweg & Sohn. 9.—; geb. 10. —

— dasselbe, Auszug, s.: Wiedemann, Frz., Leitlinien f. die Unterrichtspraxis.

— Didaktik u. Logik in ihrer Wechselbeziehung. Ueber die Anwendung der Psychologie auf die Pädagogik, s.: Zeitfragen, pädagogische. 4. Hft.

Willmann, O., der neue Entwurf eines Volksschulgesetzes, s. Entwurf.

— üb. d. Erhebg. d. Pädagogik z. Wissenschaft, s.: Vorträge u. Abhandlungen, pädagog., 22. Hft.

Willmann, Otto, die wichtigsten philosophischen Fachausdrücke in histor. Anordnung, s.: Sammlung Kösel.

— Geschichte des Idealismus. (In 3 Bdn.) 1. Bd. Vorgeschichte u. Geschichte des antiken Idealismus. gr. 8. (XIV, 696 S.) Braunschweig 894. F. Vieweg & Sohn. n. 10. —

— Geschichte d. Idealismus. (In 3 Bdn.) 2. u. 3. Bd. gr. 8. Braunschweig, F. Vieweg & Sohn. n. 22. —; geb. in Halbfrz. n. 26. — (kplt. n. 32. —; geb. n. 38. —)
2. D. Idealismus d. Kirchenväter u. d. Realismus d. Scholastiker. (VI, 652 S.) 896. n. 9. —; geb. in Halbfrz. n. 11. —
3. Der Idealismus d. Neuzeit. (VI, 961 S.) 897. n. 13. —; geb. in Halbfrz. n. 16. —

Geschichte des Idealismus von Dr. Otto Willmann, Prof. 2. verb. u. verm., mit Namen- u. Sachreg. u. terminolog. Anh. versehene Aufl. In 3 Bden. Bd 1—3. Braunschweig: F. Vieweg & Sohn 1907. 3 Bde 8° [F.]
1. Vorgeschichte u. Geschichte d. antiken Idealismus.
2. Der Idealismus d. Kirchenväter u. d. Realismus d. Scholastiker.
3. Der Idealismus d. Neuzeit. [07. 17477

—— der elementare Geschichts-Unterricht, zugleich Begleitworte für das „Lesebuch aus Herodot". gr. 8. (III, 87 S.) Wien 872, Gerold's Sohn. [Leipzig, Gräbner.] *

Grundlinien Idealer Weltanschauung aus Otto Willmann's 'Geschichte d. Idealismus' u. seiner 'Didaktik' zsgest. von Prof. Dr. J[oh.] B[apt.] Seidenberger. Braunschweig: F. Vieweg & Sohn 1902. (VIII, 300 S.) 8⁰

— die Hochschule der Gegenwart, s.a.Zeit- u. Streitfragen.

Die Hochschule der Gegenwart. Vortrag geh. zu Dresden 1906 von Hofrat Dr. Otto Willmann ⟨Salzburg⟩. Dresden: v. Zahn & Jaensch 1906. (21 S.) 8° [F.]
= Zeit- u. Streit-Fragen, Neue. Jg. 4, H. 1. [06. 14571

— aus Hörsaal u. Schulstube. Gesammelte kleinere Schriften zur Erziehungs- u. Unterrichtslehre. (VIII, 328 S.) gr. 8. Freiburg i/B. 904. Herder. n. 3. 60; geb. in Leinw. n. 4. 60

— Der Lehrstand im Dienste des christlichen Volkes. Gesammelte Reden, Vorträge u. Aufsätze. 2., verm. Aufl. v. Vigilate. (VIII, 126 S. m. Bildnis.) gr. 8. Kempten 910. J. Kösel. 1.50; geb. n 2.10

—— Lesebuch aus Herodot. Ein histor. Elementarbuch. Im Sinne des erziehenden Unterrichts bearb. 8. (III, 208 S. mit 5 lithogr. Karten.) [Ebendas.] 872. *

— Lesebuch aus Herodot. Ein historisches Elementarbuch. Im Sinne des erziehenden Unterrichts bearb. 2., verb. Aufl. Mit 5 (lith.) Karten. 8. (VII, 228 S.) Leipzig 877. Gräbner. n. 2. 40

—— Lesebuch aus Herodot. Ein histor. Elementarbuch. Im Sinne des erziehenden Unterrichts bearb. 4. verb. Aufl. 8. (VII, 228 S. mit 5 lithogr. Karten.) Leipzig 885, Gräbner. *ℳ 2.40.; geb. *

—— Lesebuch aus Herodot. Ein histor. Elementarbuch. Im Sinne d. erzieh. Unterrichts bearb. 5. verb. Aufl. 8. (VII, 228 S. m. 5 Karten.) Lpz. 890, Gräbner. * 2 40; geb. * 2 70

—— Lesebuch aus Homer. Eine Vorschule zur griech. Geschichte u. Mythologie. Leipzig 869. Verl. für erzieh. Unterricht. 8. (V, 168 S.) n. 12 ngr.
Ausg. mit chromolith. Karte. n. 16 ngr.

—— Lesebuch aus Homer. Eine Vorschule zur griech. Geschichte und Mythologie. 1. Aufl. (V, 168 S.) 1869, und 2. verb. Aufl. 8. (V, 146 S. mit 1 chromolithogr. Karte in 4.) Leipzig 874, Gräbner. *
Ohne Karte *

— Lesebuch aus Homer. Eine Vorschule zur griechischen Geschichte u. Mythologie. 3. verb. Aufl. Mit chromolith. Karte (in qu. 4.). 8. (IV, 144 S.) Leipzig 876. Gräbner. n. 1. 60; ohne Karte n. 1. 20

— Lesebuch aus Homer. Eine Vorschule zur griechischen Geschichte u. Mythologie. 4. Aufl. 8. (IV, 144 S. m. 1 chromolith. Karte.) Ebend. 879. n. 1. 60; ohne Karte n. 1. 20

Willmann, O., Lesebuch aus Homer. Eine Vorschule zur griech. Geschichte und Mythologie. 5. Aufl. Nebst 1 chromolithogr. und mit Randzeichnungen versehenen Karte. 8. (IV, 144 S.) Leipzig 884, Gräbner. *ℳ 1,60.; geb. *

—— Lesebuch aus Homer. Eine Vorschule zur griech. Geschichte u. Mythologie. 6. Aufl. 8. (139 S.) Ebd. 890. * 1 20
Mit 1 chromolithogr. u. m. Randzeichngn. versehenen Karte * 1 60
geb. m. Karte * 1 85

Willmann, Otto, die Odyssee im erziehenden Unterrichte. Bevorwortet von Ziller. gr. 8. (VIII und 238 S. mit Titelbild in Holzschn. und 1 chromolithogr. Karte mit Randzeichnungen in gr. 4.) Loipzig 868, Verlag für erziehenden Unterricht. *

— Waitz' prakt. Philosophie, s.: Waitz', Thdr., allgem. Pädagogik.

Philosophische Propädeutik f. d. Gymnasialunterricht u. d. Selbststudium bearb. von Dr. Otto **Willmann**, Prof. Th. 1. 2. Freiburg i. B.: Herder 1901–04. 2 Bde 8° [F.]
1. Logik. 1901. 2. Empirische Psychologie. 1904. [07. 0317 II

Philosophische Propädeutik für den Gymnasialunterricht und das Selbststudium bearb. von Dr. Otto **Willmann**, Univ.Prof. a. D. 2., verb. Aufl. T. 1. 2. Freiburg im Br.: Herder 1905–1908. 8°
1. Logik. 1905. 2. Empir. Psychologie. 1908. [10. 17030

Willmann, Otto, Katholische Reformphilosophie. Katholik 1898, II, S. 481–7. (Auf Jos. Müllers System d. Philos. bezüglich.)

— das Prager pädagogische Universitätsseminar in dem ersten Vierteljahrhundert seines Bestehens. gr. 8. (V, 21 S.) Ebd. 901. n. — 50

— Vigilate! Den christl. Lehrern gewidmet. 1. Ueber die Erhebg. der Pädagogik zur Wissenschaft. 2. Die Volksschulen u. die soziale Frage. 3. Der Volksschullehrer gegenüber dem modernen Zeitgeist. 4. Christliches Volkstum als Grundlage der Jugendbildg. [Sonderausg. aus: „Pädagog. Vorträge u. Abhandlgn."] gr. 8. (IV, 40, 20, 20 u. 20 S. m. Bildnis.) Kempten 900. J. Kösel. n. 1.20

Willmann, Otto: Vigilate. 2. Aufl. 1910
s. **Willmann**: Der Lehrstand im Dienste d. christl. Volkes. [10. 1585

— s.: Vorträge u. Abhandlungen, pädagog. 30–32

—— pädagogische Vorträge über die Hebung der geistigen Thätigkeit durch den Unterricht. gr. 8. (X, 134 S.) Ebendas. 869. *

—— pädagogische Vorträge über die Hebung der geistigen Thätigkeit durch den Unterricht. 2. verb. Aufl. gr. 8. (XV, 132 S.) Ebendas. 886. *

— pädagogische Vorträge üb. d. Hebg. d. geist. Thätigkeit durch d. Unterricht. 3., verm. u. verb. Aufl. M. e. Anh.: D. subjektive u. objektive Faktor d. Bildungserwerbs. gr. 8. (XV, 142 S.) Leipzig 896. G. Gräbner. n. 2. —

— pädagogische Vorträge üb. die Hebung der geistigen Tätigkeit durch den Unterricht. 4., abermals verm. u. verb. Aufl. Mit e. Anh.: Der subjektive u. der objektive Faktor des Bildungserwerbs. (XV, 144 S.) gr. 8. Leipzig 905. G. Gräbner. n. 2.—

—— s. Waitz's, Thdr., allgem. Pädagogik.

Aus der Werkstatt der Philosophia perennis. Gesammelte philos. Schriften von Dr. Otto **Willmann**, Univ.Prof. Freiburg im Br. [usw.] Herder VIII, 311 S. 8° A 12 1697

Willmann, Otto Philipp Gust. (geb. Posen 24. 4. 1839): De figuris grammaticis. Berolini (1862). (70 S.) 8°
Berlin, Phil. Diss. v. 19. Juli 1862

Willmanns, die Creditnoth der Grundbesitzer u. deren Abhilfe durch eine norddeut. Bundes-Hypotheken-Bank. Berlin 868.

Willmanns, Aug., de M. Terenti Varronis libris grammaticis scripsit reliquiasque subjecit. Berlin 864. Weidmann. gr. 8. (VII, 226 S.) n. 1 ₰ 10 ngr.

Willmanns, C., Formularbuch zu dem Reichsgesetz üb. die Zwangsversteigerung, s.: Lorenz, Karl.

Willmanns, C., Die Reception des römischen Rechts und die sociale Frage der Gegenwart. 8⁰. Berlin 1890.

Willmanns, F. W., Darstellung e. sichern Gewinnungsart d. Zuckers, Syrups u. Branntweins aus Runkelrüben. gr. 8. Osnabrück, Crone, 813.

Willmans, J. L., De fronte, morborum interprete. Hal. 4°. 1755

Willmar, Lydie, od. d. Früchte d. Zeiten. 2 Bde. m. K. 8. Lpz. Hinrichs. 809.
Velinpap.

Willmar, A., Abendunterhaltungen für d. frühere Jugend, in 60 Erzählungen. Mit 60 ill. Bildern. 16. Meißen 831. Gödsche. 14 gr.

Willmar, A., Abendunterhaltungen f. d. frühere Jugend, in 60 Erzähln. zur Nahrung f. Verstand u. Herz u. zur Bildung f. d. Leben. 16. (10 B. u. 6 ill. Bild.) Meißen 831. [Leipzig, Rostosky u. Jackowitz.]

— neue Jugendbilder in unterhaltenden u. belehrenden Erzählungen. Mit 6 ill. Bildern. 16. Meißen 831. Gödsche. 14 gr.

Willmar, A., neue Jugendbilder. 16. Meißen 831; Leipzig, Jackowitz. 7/12 ß

—— neue Jugendbilder in unterhalt. u. belehr. Erzähln. Ein Geschenk zur Belohn. f. d. Jugend. 16. (11 B. u. 6 ill. Bild.) Meißen 831. [Leipzig, Rostosky u. Jackowitz.]

— Lust, Spiel u. Lehre für d. Jugend, zur Ausbildung des Verstandes u. Herzens. Mit 55 ill. Steindr. 8. Meißen 829. Gödsche. 1 ß 3 gr.

— Lust, Spiel u. Lehre für die Jugend. 8. Meißen 829; Jackowitz in Leipzig. 1 1/8 ß

—— Lust, Spiel u. Lehre f. d. Jugend, zur Ausbild. d. Verstandes u. Herzens. 8. (21 B. u. 55 ill. Stndr.) Meißen 829. [Leipzig, Rostosky u. Jackowitz.]

Willmar, F. C. L., Predigt über 1. Sam. 7, 12. wegen Wiedereinnahme von Mainz u. Eroberungen d. französ. Festungen Condé u. Valenciennes. 8. Cassel 793. (Luckhardt). 2 gr.

Willmar, Wilhelmine (Hrsg.), s. Abendunterhaltungen f. Damen.

— Amal. Clarus u. Charl. Amal. Eleon. Curtius, Abendunterhaltungen f. Damen. 2 Bde. 8. Leipz. 812—15. Joachim. 2 ß

s. Erheiterungen.

Willmar, Wilhelmine, (Wilhelmine Gensike), Erholungsstunden. 2 Thle. 8. Leipz. 823. Kollmann. 1 ß 18 gr.

Willmar, Wilhelmine, (Wilhelmine Gensike), Florine, oder die Masken. 2 Thle. 8. Meißen 821. Goedsche. 1 ß 12 gr.

— Friederike u. Julie. 2 Bde. 8. Erfurt 816. N. A. 825. Müller. (Leipz., Weygand). 1 ß 12 gr.

— Honorie. Roman. 2 Thle. 8. Meiß. 816. Goedsche. 1 ß 8 gr.

s. Hyacinthen.

Willmar, Wilhelmine, (Wilhelm. Gensicken), der Kindergarten, ein Geschenk für d. Jugend. Mit 6 Kpf. gr. 12. Meißen 818. Gödsche. geb. schwarz 1 ß ill. 1 ß 6 gr.

s. Kleeblätter.

— der Kranz, s. El. Selbig.

— Mädchenspiegel. Eine Bildungs- u. Unterhaltungsschrift f. d. erwachsene weibl. Jugend. Mit 6 ill. Kpf. 8. Meißen (822.) Gödsche. 1 ß Hbg. Pr. 20 gr.

— Oliven. Erzählungen. 2 Thle. 8. Leipz. 818. Weygand. 1 ß 8 gr.

— Rosamunde, oder die Pfänder der Treue, s. Romanenbibliothek, kleine.

— Schmetterlinge, s. Elise Selbig.

— der Traum, das Gärtnermädchen, Maria u. Joseph. 8. Leipz. 814. Joachim. 10 gr.

— Viola, od. das Todtengewölbe. 8. Kiel 812. N. Aufl. 818. Hesse. 20 gr.

WILLMAR, Wilhelmine, Zauberbilder. Kiel, in der akad. Buchh. 1812. 8°. 2 Bll., 220 S.

— Zauberbilder. 8. Kiel ... N. A. 818. Hesse. 18 gr.

Willmars Leben u. Reisen, (von Leop. Aloys Hoffmann). 1r Thl. 8. Prag 783. Schönfeld. 20 gr.

Willmars, G., „Börsenfackel." Mittheilungen üb. Gründgn. u. das Börsenleben. Eine freie Folge v. Flugschriften. 1—4. Hft. 4. Berlin 873. 74. Bohne. n. 2. 25
1. (15 S.) n. — 50. — 2. (37 S.) n. — 75. — 3. (62 S.) n. — 50. — 4. (10 S.) n. — 50.

Willmersdorff, Christian Gotthelf (Jüterbog) A.S. 566/34

De titulis honorum. Präs. Augustin von Leyser. Wittenberg (Eichsfeld) 5. III. 1748. 20 S. 36831

Willmes, Johann Benedikt

— variae conclusiones juridicae. 4. Colon. 792.

Willmes, Jh. Bdkt., Vortrag d. Unterschiede zwischen den vormaligen, nachher französ. Rechten, u. dem Königl. Preuß. Landrechte. gr. 8. Cölln 817. Schmitz. 1 ß 8 gr.

Willmes, Paul, approb. Arzt aus Schmallenberg i. Westf.: Histologische Untersuchungen über Sehnenscheidenhygrome. *Berlin 1904: G. Schade.* (28 S.) 8°
Würzburg, Med. Diss. v. 1904

Willmes, Pt. Ldw., Blumen d. Phantasie (Gedichte). 8. Gött. 821. Deuerlich. 1 ß

— Gedanken u. Betrachtungen auf der Wanderung von Cölln am Rhein nach Göttingen. 8. Götting. 818. Deuerlich. 8 gr.

Willmes, Pet. Ldw., s. v. Spee, Fr., Trutz-Nachtigall.

— poet. Versuche. 8. Cölln 809.

Willms, Agnes, geb. Wildermuth, die Böcklenburg, s.: Jugend- u. Volks-Bibliothek, deutsche.

— die beiden Boie, s.: Volks- u. Jugendschriften, deutsche.

—— die Erbin von Roseneck. Eine Erzählung für erwachsene Töchter. 8. (VII, 224 S.) Stuttgart 882, Krabbe. geb. *

Willms-Wildermuth, Agnes, die Erbin v. Rosenegg. Eine Erzählg. f. junge Mädchen. 2. Aufl. 8. (VII, 224 S.) Stuttgart 894. C. Krabbe. Geb. in Leinw. n. 3. —

— des Menschen Herz u. Gottes Wege, s.: Volks- u. Jugendschriften, deutsche.

Willms, Agnes, geb. Wildermuth. Mariechens Ideale. Greifenstein. Zwei Erzählgn. f. junge Mädchen. 8. (VII, 230 S.) Stuttg. 890, Krabbe. geb. * 3 —

Willms-Wildermuth, Agnes, s.: Jugendgarten, der.

— das Kind der Krabbenfrau, s.: Jugend- u. Volks-Bibliothek, deutsche.

— u. Adelheid Wildermuth, Ottilie Wildermuth's Leben. Nach ihren eigenen Aufzeichngn. zusammengestellt u. ergänzt v. ihren Töchtern. 1. u. 2. Aufl. Mit 3 Abbildgn. 8. (V, 415 S.) Ebd. 888. 889. n. 5. —; geb. n. 6. —

WILLMS, A.. Männersünden an Frauenherzen. (Zahme) Erzählungen. Stuttgart, o. J. 8⁰. (Prachtbd. Mk. 5.50.) (2 Mk. Adolf Gräper, Barmen, 1896.)

Willms, Agnes, Männersünden an Frauenherzen. Erzählungen. gr. 8. (V, 375 S.) Stuttgart 876. Kröner. 4. 50; geb. n. 5. 50

Willms, Agnes, geb. Wildermuth, deutsches National-Kochbuch. Vollständ. Sammlung praktisch erprobter Rezepte für einfachen Tisch und feine Küche. Unter Mitwirkung von mehreren hundert Frauen und Jungfrauen aus allen Ländern deutscher Zunge hrsg. (In 12 Lfgn.) 1. Lfg. gr. 8. (48 S.) Stuttgart 888, Levy und Müller.

Willms, Agnes, geb. Wildermuth. Deutsches National-Kochbuch. Vollständige Sammlg. praktisch erprobter Rezepte für einfachen Tisch u. feine Küche. Unter Mitwirkg. von mehreren hundert Frauen u. Jungfrauen aus allen Ländern deutscher Zunge hrsg. 2.—12. (Schluß-)Lfg. gr. 8. (S. 49—480.) Stuttg. 889, Levy u. Müller. à Lfg. — 40; 4 40

— Friedrich Perthes, e. deutscher Buchhändler u. Patriot. 12. (164 S. m. Titelbild.) Stuttgart 897. J. F. Steinkopf. Geb. in Leinw. n. 1. 50

— dasselbe, s. a. Jugend- u. Volksbibliothek, deutsche.

— das Recht ohne Gott, s.: Familien-Bibliothek.

— Renée od. im Sturm erprobt. Geschichtliche Erzählg. f. junge Mädchen. Mit 1 Heliograv. nach e. Aquarell v. Marie Stüler. gr. 8. (III, 169 S.) Berlin 893. H. J. Meidinger. Geb. in Leinw. n. 3. —

Willms, Agnes, Rose u. Reseda. Beisammen. Zwei Novellen, der weibl. Jugend gewidmet. 8. (VIII, 223 S.) Stuttgart 883. Kröner. n. 3. —; geb. n. 4. —

—— Rose und Reseda. Beisammen. Zwei Novellen, der weibl. Jugend gewidmet. 8. (223 S.) Stuttgart 887, Gebr. Kröner. geb. *

Willms-Wildermuth, Agnes, Friedrich Rückert, der Dichter des deutschen Volkes u. der deutschen Familie. Ein Lebensbild. (212 S. m. 1 Bildnis.) 8. Stuttgart 907. J. F. Steinkopf. Geb. in Leinw. 4. —

— des Marschbauern Tochter, s.: Volks- u. Jugendschriften, deutsche.

—— von Heimath zu Heimath, s. Volks- und Jugendschriften, deutsche.

— s.: Wege u. Ziele.

— hohe Ziele od. D. Wirken d. christl. Jungfrau auf d. Gebiete d. Familie, d. weibl. Diakonie u. d. öffentl. Lebens. 2. Aufl. 8. (VII, 237 S. m. Bildn.) Stuttgart 896. Christl. Verlagshaus. Geb. in Leinw. n. 4. —; in Prachtbd. m. Goldschn. n. 5. —

Willms, Emil

Willms, E., Denkschrift üb. die Neugestaltung der höheren Mädchenschule. (31 S.) 8. Hannover 906. Norddeutsche Verlagsanstalt O. Goedel. n. — 60

Willms, *Emil* [Dir.]: Die Einrichtungen einer öffentlichen Höheren Mädchenschule. Tilsit, gedr. bei H. Post, 1893; 1—40 S. 8.
Tilsit, St. HM, OP 1893**

Willms, E. Ausgeführter Lehrplan f. vollentwickelte höhere Mädchenschulen, auf Grundlage der Verhandlgn. der August-Konferenzen v. 1873 sowie d. vom preuß. Verein i. J. 1888 entworfenen allgem. Lehrplans m. Berücksicht. d. Berliner Lehrplans v. J. 1886 bearb. gr. 8. (61 S.) Gera 891, Hofmann. * 1 —

Willms, E., ausgef. Lehrplan f. höh. Mädchenschulen m. 9- u. 10jähr. Kursus. Nach d. Bestimmgn. v. 31. Mai 1894 bearb. v. W. u. d. Lehrerkollegium d. höh. Mädchenschule zu Tilsit. Nebst e. Anh., enth. d. Prüfungsordng. f. Lehrerinnen u. Schulvorsteherinnen, die Ordng. der wissenschaftl. Prüfg. d. Lehrerinnen u. e. Verzeichnis v. Lehrbüchern. 2., vollst. neu bearb. Aufl. gr. 8. (127 S.) Gera 895. Th. Hofmann. n. 1. 40; Einbd. n. — 20

Willms, E., ausgeführter Lehrplan f. höhere Mädchenschulen m. 10- u. 9 jährigem Kursus. Nach den Bestimmgn. vom 31. V. 1894 bearb. v. W. u. dem Lehrerkollegium der Königin Luisen-Schule (höheren städt. Mädchenschule) zu Tilsit. Nebst e. Anh., enth. e. Schulordng., e. Verzeichnis v. Lehrbüchern u. die Prüfungsordngn. f. Oberlehrerinnen, f. Lehrerinnen, f. Schulvorsteherinnen, f. Lehrerinnen der engl. u. französ. Sprache, f. Handarbeit-, Zeichen- u. Turnlehrerinnen. 3., neu bearb. Aufl. gr. 8 (146 S.) Gera 900. Leipzig, Th. Hofmann. n. 1.60; geb. n. 1.80

Willms, Emil, zur Neugestaltung der Schule. Praktische Vorschläge zur Entlastung und Körperpflege unserer Jugend. gr. 8. (46 S.) [Berlin 883, Cohn.] Leipzig, Klinkhardt. *

Willms, E.: Über die Notwendigkeit des Mädchenturnens und die gesundheitsfördernde Verwertung der Turnhalle. Tilsit 1884. 7 S. 4⁰
Tilsit, Höh. Städt. Mädchenschule P 1884.

Willms, E. Ziel und Gliederung des grammatischen Unterrichts im Französischen auf höheren Lehranstalten. Marienwerder, H. T., 1872. 19 S. Progr.

Willms, F(olkard), aus Meldorf: Ein Beitrag zur Ureterentransplantation. *Heidelberg 1898: J. Hörning.* (19 S.) 8⁰
Heidelberg, Med. Diss. v. [14. Okt.] 1898

Willms, das preuss. Kreisarzt-Examen. Vorbedingungen — Verlauf — Anfordergn. — Vorbereitg. (34 S.) 8. Berlin 906. M. Boas. n. — 80

Willms, H., Beleuchtung u. Widerlegung der von dem Hrn. Pred. Leiner herausgegebenen Schrift „Das Sacrament der heil. Taufe." Emden 862. (Hamburg, Oncken.) 8. (IV, 120 S.) 6 ngr.

Willms, Johannes Eduard, aus Eickel (Kr. Gelsenkirchen): **Eine Untersuchung über den Gebrauch der Farbenbezeichnungen in der Poesie Altenglands.** *Münster i. W. 1902: J. Krick.* (79 S.) 8°
Münster, Phil. Diss. v. (24. Jan.) 1902

Willms, Joseph, approb. Arzt aus Mausbach b. Stolberg (Rheinl.): **Beiträge zur Kenntnis der Zähigkeit unserer Nahrungsmittel.** *Würzburg 1897 [vielm. 1900/1901]: A. Boegler.* (26 S.) 8°
Würzburg, Med. Diss. v. 1897

Willms, Otto, praktisches Diktierbuch f. Stenographen, s.: Kullnick, Max.

Willms, Valentin

—— Zur Erklärung der Evangelien. Ebendaselbst, 1787, 8°, 2 Bde, 4 Mk.

Willms, Valentin, Katechetischer Unterricht auf der Kanzel zur Erklärung des buchstäblichen Verstandes der gewöhnlichen Episteln im ganzen Jahre. Bamberg, Weiché, 1788, 8°, 2 Bde, 4 Mk.

Willms, W., Ostfriesland wie es denkt und spricht, s. Kern, W. G.

Willms, W. J., Rebelköst un Schnipp=Schnapp=Schnaren vor Jan un alle Mann ut de ostfreeske Pott upscheppt. Ein ostfriesisch=plattdeutsches Volksbuch. Aurich 866. Friedrichs. 16. (VIII, 103 S.) n. 6 ngr.

Willms, Wilhelm, appr. Arzt a. Enno-Ludwigs-Groden: **Zur Statistik der Zwillingschwangerschaft.** Freiburg (Baden) 1905: E. Kuttruff. (47 S.) 8°
Freiburg i. B., Med. Fak., Ref. Krönig, Diss. v. 1905
[Geb. 11. Mai 81 Domäne Südwendung, Ostfriesland; Wohnort: Freiburg; Staatsangeh.: Preußen; Vorbildung: Ullrichsgymn. Norden Reife O. 00; Studium: Göttingen 2, München 1, Kiel 1, München 1, Berlin 3, Freiburg 1 S.; Coll. 12. Febr. 05.]

Willms-Wildermuth, Agnes, s. Willms, Agnes

v. **Willmuth,** Lydia, (ed. Pisterchen für Lesekinder. 5s Bdchn.) 18. Straßb. 792. König. 5 %

Willner, A. M. (A. M. Rennlin), Sphinx Amor. Novellen. 8. (295 S.) Dresden 894. E. Pierson. n. 8.—; geb. in Leinw. m. Goldschn. n. 4.—

Willner, A. M.: Die Debutantin, s. Zamara, Alfred.

Willner, A. M.: Das Heimchen am Herd. Oper in 3 Abth., s. Goldmark, Karl.

Willner, A. M., s. Märchen, ein, aus der Champagne. (Erklärender Text.)

— rund um Wien, s.: Gaul, Fr.

Willner, A. M.: Schneeflocke, s. Berté, Heinrich

Die Sprudelfee. Operette in 3 Akten von A. M. Willner u. Julius Wilhelm. Musik von Heinrich **Reinhardt.** Text d. Gesänge. Wien: Karczag & Wallner 1909. 47 S. 8° [10. 16019

—— s. Vater, der, der Debütantin. (Erklärender Text.)

Willner, Ch., Mittel f. Jedermann in landwirthschaftlichen u. häuslichen Verhältnissen. 10. Aufl. gr. 16. (16 S.) (Chemnitz 871. Hager.) — 13

Willner, Ch., Mittel für Jedermann in landwirthschaftlichen und häuslichen Verhältnissen. 8. (15 S.) Chemnitz 880, Hager.

Willner, D., ein Vater an seine Kinder. Ermahnungen u. Ratschläge e. Vaters an seine Kinder. Mitgeteilt v. W. (71 S.) kl. 8. Münster 907. Alphonsus-Buchh. — 35

Willner, Gotthard: Aus dem Institut für Wirtschaftslehre des Landbaues der Königlichen Universität Breslau. Studien über vergleichende Reinertragsberechnungen typischer Groß-, Mittel- und Kleinbetriebe in der Landwirtschaft. Merseburg 1900: F. Stollberg. (58 S.) 4° (8°)
Breslau, Phil. Fak., Ref. von Rümker, Diss. v. 16. Juli 1906
[Geb. 26. Sept. 78 Wüstewaltersdorf, Kr. Waldenburg; Wohnort: Schweidnitz; Staatsangeh.: Preußen; Vorbildung: Magdalenen-Gymn. Breslau Reife O. 97; Studium: Freiburg i. B. 1, Berlin 2, Breslau 5, Kiel 1 S.; Rig. 16. Mai 06.]

Willnor, Hans, s.: Adelard v. Bath, des, Traktat De eodem et diverso.

Willner, Hans, aus Schlesien: Analyse und historisch-kritische Grundlegung des Traktats De eodem et diuerso des Adelard von Bath. *Münster i. W. 1902: Aschendorff.* (70 S.) 8° ¶ [Erschien 1903 mit d. Texte d. Traktats u. 2 Exkursen in: Beiträge zur Gesch. d. Philos. d. Mittelalters, Bd 4, H. 1.]
Leipzig, Phil. Diss. v. [25. Nov.] 1902

Willner, Kurt, a. Wüstewaltersdorf in Schlesien: **Studien über die Schmelzflusselektrolyse der Erdalkalichloride. (Berlin-Wilmersdorf: C. Arnold 1907.)** (41 S.) 8°
Berlin, Phil. Fak., Ref. Nernst, Diss. v. 21. Dez. 1907
[Geb. 23. Juli 82 Wüstewaltersdorf; Wohnort: Charlottenburg; Staatsangeh.: Preußen; Vorbildung: Gymn. St. Maria-Magdalena Breslau Reife M. 01; Studium: Berlin Techn. Hochsch. 5, Univ. 5 S.; Rig. 21 Nov. 07.]

Willuer, M., landwirtsch. Gesellschaftsreise durch die Verein. Staaten v. Amerika, s.: Arbeiten der deutschen Landwirtschafts-Gesellschaft. 89. Hft.

Landwirtschaftliche Gesellschaftsreise durch die Vereinigten Staaten von Amerika. Reisebericht erstattet von Dr. M. **Willner**-Berlin. (Mit 1 Reisekarte.) Berlin: Deutsche Landw.-Ges. 1904. (67 S.) 8°
(Arbeiten d. Deutsch. Landwirtschafts-Gesellschaft. H. 89.)

— s.: Jahres-Bericht üb. d. Erfahrungen u. Fortschritte a. d. Gesamtgebiete d. Landwirtschaft.

Willner, Martin, aus Wüstewaltersdorf: Die **künstlichen Düngemittel,** ihr gegenwärtiger Verbrauch in Deutschland **und** die Bestrebungen zur Erweiterung ihrer Anwendung. *Gießen 1902: (C. Boy in Schweidnitz).* (35 S.) 8°
Gießen, Phil. Diss. v. 1902

Willner, **Meta,** siehe: *Muralt, Lily v.*

Willner, Meta (Lily v. Muralt), Hannas Ferien. E. Erzählg. f. Mädchen im Alter v. 8 bis 12 Jahren. 8. (73 S.) Zürich 896. Art. Institut Orell Füßli, Verl. Geb. in Leinw. n. 1.50

— im Schatten erblüht. E. Erzählg. f. Mädchen im Alter v. 12 bis 15 Jahren. M. 3 Illustr. 8. (103 S.) Ebd. 897. Geb. n. 3.—

Willner, Meyer. Über den Loango-Copal und über den Sierra-Leone-C. Diss. Phil. Bern. 85 S. 8. Grüningen, J. Wirz, 1910.

Willner, *Reinhard Bernhard Paul*. Daniel Caspar von Lohenstein als Dramatiker. 4. (31 S.). Kprg. *Dirschau* 1888 (47)
Progr.

Willoh, Karl, Aberglaube u. Sagen aus dem Herzogt. Oldenburg, s.: Strackerjan, Ludw.

Willoh, Karl, Geschichte d. katholischen Pfarreien im Großherzogt. Oldenburg. 1.—4. Bd. gr. 8. Köln 898. (J. P. Bachem.) à n. 5. – ; geb. à n.n. 6. 50

A. Dekanat Vechta-Neuenkirchen.
1. D. Pfarren Backum, Damme, Dinklage, Goldenstedt, Holdorf. (IX, 490 S.) *
2. Die Pfarren Jever, Langförden, Lohne, Lutten, Neuenkirchen, Oldenburg, Oythe, Steinfeld, Vestrup, Visbeck. (487 S.)
3. Die Pfarren Vechta u. Wildeshausen. (551 S.)

B. Dekanat Cloppenburg.
4. Die Pfarren Altenoythe, Barssel, Bösel, Cappeln, Cloppenburg-Crapendorf, Emsteck, Essen, Friesoythe. (IV, 522 S.)

Willoh, Karl, Geschichte der katholischen Pfarreien im Herzogt. Oldenburg. B. Dekanat Cloppenburg. V. (letzter) Bd.: Die Pfarren Garrel, Lastrup, Lindern, Löningen, Markhausen, Molbergen, Neuscharrel, Ramsloh, Scharrel, Strücklingen. gr. 8. (556 S. m. 1 Tab.) Köln (899). (J. P. Bachem.) n. 5. —; geb. n.n. 6. 50

Willomitzer, Franz

Willomitzer, F., deutsche Grammatik für österreichische Mittelschulen. Nebst einem Abriss der deutschen Metrik und einem Wörterverzeichnis für die Orthographie. gr. 8. (XII, 196 S.) Wien 879, Klinkhardt. *

Willomitzer, F., deutsche Grammatik für österreichische Mittelschulen. Nebst einem Abriss der deutschen Metrik und einem Wörterverzeichnis für die Orthographie. 2. verb. und 3. durchges. Aufl. gr. 8. (XII, 189 S.) Wien 880,81, Klinkhardt. *

Willomitzer, F., deutsche Grammatik für österreichische Mittelschulen. Nebst einem Anhang, enthaltend die Grundzüge der deutschen Prosodik und Metrik und eine Einführung in ein tieferes Verständnis der Lautlehre und Formenbildung. 4. verb. Aufl. gr. 8. (XII, 256 S.) Wien 885, Manz'sche Hof-Verlags- und Universitäts-Buchh. *
geb. *

Willomitzer, F., deutsche Grammatik f. österreichische Mittelschulen. Nebst e. Anh., enth. die Grundzüge der deutschen Prosodik u. Metrik u. e. Einführg. in e. tieferes Verständnis der Lautlehre u. Formenbildg. 5., verb. Aufl. gr. 8. (XII, 256 S.) Wien 890. Manz. geb. n. 2. 40

Willomitzer, F., deutsche Grammatik f. österreichische Mittelschulen. 6., verb. Aufl. gr. 8. (XII, 252 S.) Wien 894. Manz. Geb. in Leinw. n. 2. 40

Willomitzer, F., deutsche Grammatik f. österr. Mittelschulen. 7., unveränd. Aufl. (Unveränd. Abdr. der 6., verb. Aufl.) gr. 8. (XII, 252 S.) Wien 897. Manz. n. 2. —; geb. in Leinw. n. 2. 40

ILLOMITZER, F.
deutsche Grammatik für österreichische Mittelschulen von Prof. Dr. F. Willomitzer. 8. verbesserte Auflage. Mit hohem k. Ministerial-Erlasse vom 5. April 1899, Z. 8429. allgemein zulässig erklärt. Wien. 1899. Manz. Gr.-8°. XII, 252 S.
fl. 1 —, geb. fl. 1.20

Willomitzer, F., deutsche Grammatik f. österreichische Mittelschulen. 9., verb. Aufl. gr. 8. (XII, 252 S.) Wien 902. Manz. n. 2. —; geb. in Leinw. n. 2. 40

Willomitzer, Dr. Franz, Deutsche Grammatik für österreichische Mittelschulen. 10., unveränderte Auflage. Wien 1903. Manz'sche k. und k. Hof-, Verlags- und Universitätsbuchhandlung. Preis, broschiert 2 K. gebunden 2 K 40 h.

Willomitzer, F., deutsche Grammatik f. österreichische Mittelschulen. 11., unveränd. Aufl. (XII, 252 S.) 8. Wien 905. Manz. Geb. n. 2. 10

Willomitzer, F., deutsche Grammatik f. österreich. Mittelschulen. 12. verb. Aufl. (XII, 252 S.) 8. Wien 907. Manz. Geb. 2. 10

Willomitzer, Franz: Katalog der Lehrerbibliothek. 8° S. 3–71.
Progr. I. Staatsrealsch. im d. II. Bezirke Wien 189-

—— Christian Lammfell. Ein Beitrag zur Charakteristik Karl v. Holtei's als Romanschriftsteller. 2. Aufl. gr. 8. (31 S.) Breslau 878, Trewendt. *

—— deutsches Lesebuch für Mittelschulen, s. Schiller, K.

J. P. Hebel. Willomitzer, Franz: Die Sprache und die Technik der Darstellung in J. P. Hebels rheinländischem Hausfreund. 8° S. 3–35.
Progr. K. k. Oberrealsch. im d. II. Bezirke Wien 1891.

— Deutsche Sprachlehre f. österreichische Mittelschulen. 13. Aufl., nach den Lehrplänen vom J. 1908 u. 1909 bearb. v. J. Tschinkel. (X, 252 S.) 8. Ebd. 909. Geb. 2. 10

Willomitzer, Joh. Nep., die Lieb-Frauen-Kirche in Böhm.-Leipa. Zur Feier des Doppel-Jubiläums dieses Gotteshauses. Geschichtliche Erinnerungsblätter aus dem kirchl. Leben der Stadt, als eine Opfergabe dargebracht. gr. 8. (64 S. mit 1 Lichtdr.) Böhm.-Leipa 880, Künstner. *

Willomitzer, Jos., ein deutsch-österreichischer Eskimo, s. Jugendbibliothek.

Willomitzer, Josef. Ein deutsch-österreichischer Eskimo. Ergebnisse Heinrich W. Klutschaks. (Aus Rothaug's Jugendbibliothek III. Abth. 8. 56 S. mit 4 Illustr. v. Jul. Meister u. 1 Uebersichtskärtchen.) Prag, F. Tempsky. In braun. Leinwdbd. 40 kr.

Willomitzer, Josef. Festsp. z. 25jähr. Jubelf. d. dtsch. T. V. in Prag. Leipzig 1887, 20 S., 8°.

Willomitzer, Jos., das unheimliche Gebiß u. Anderes. Scherzgeschichten. 8. (III, 185 S.) Berlin 900. Concordia. n. 3. —; geb. in Leinw. n. 4. —

Willomitzer, Jos., das Geheimnis des Schutthaufens u. andere Humoresken, s.: Hesse's, Max, Volksbücherei.

— **letzte Geschichten u. Gedichte. 8. (IV, XIV, 168 S.)** Ebd. 901. n. 3. —; geb. n. 4. —

Willomitzer, Jos., Gut Heil! Festspiel zur 25jähr. Jubelfeier des deutschen Turnvereins in Prag. 8. (20 S.) Leipzig 887, Strauch. *

— Humoresken in Vers u. Prosa, s.: Hesse's, Max, Volksbücherei.

Willomitzer, Jos., ins Blaue hinein! Heit. Geschichten. 8. (V, 168 S.) Berlin 897. Concordia, Deutsche Verlags-Anstalt. n. 2. 50; geb. in Leinw. n. 3. 50

—— heitere Träume. Zwölf Scherzgeschichten. 8. (VII, 120 S.) Leipzig 882, [Glaser und Garte.] Garte. *

— heitere Träume. Scherzgeschichten. 2. verm. Aufl. 8. (VIII, 159 S.) Ebd. 903. n. 2. —; geb. n. 3. —

— lauter Unica. Scherzgeschichten. 8. (V, 152 S.) Ebd. 898. n. 2. —; geb. in Leinw. n. 3. —

Willoughby, Lady, Tagebuch. Nachrichten über ihr häusl. Leben und die ereignißreichen Zeiten der Regierung Karls des Ersten. Aus dem Engl. übers. gr. 16. (150 S.) Stuttgart 849, (Neff.) *

Willoughby Bernhard: Zwei unbekannte Fassungen von Gedichten über „Die 15 Zeichen“ und „Das Jüngste Gericht“. Text und Untersuchungen.
M. 1909 PN 2655 Diss. [illegible] Univ. 291

Willoughby de Eresby, Beschreibung d. Verfahrens bei dem Pressen d. Torfes u. der dabei verwendeten verschied. Maschinen. Deutsch bearb. v. Joh. Andr. Schubert. gr. 8. (1 ½ B. u. 2 Stnt.) Dresden u. Leipzig 839, Arnoldische Buchh.

Willram, Bruder, s.: Müller, Ant.

— grünes Laub u. weißer Flieder. Gedichte. (165 S.) kl. 8. Münster 906. Alphonsus-Buchh.
Geb. in Leinw. m. Goldschn. n. 3. —

— Grünes Laub u. weißer Flieder. 2., verm. Aufl. (164 S.) kl. 8. Münster 910. Alphonsus-Buchh.
Geb. in Leinw. m. Goldschn. 3. 30

Willrath, Frau Clara, s.: Schelper, Clara.

Willrich, Bad Berka bei Weimar. Seine Geschichte, Einrichtungen und Bedeutung. Eine Festschrift zur Feier des 75jähr. Bestehens des Bades. 8. (62 S. mit 1 Karte und mehreren Bildern in Lichtdr. und Holzschn.) Weimar 888, Hoffmann's Hofbuchh. *
—— dass. — [Ohne die Festschrift.] 8. (24 S.) Ebendas. 888. *

Deutsches Buchgewerbemuseum. Leipzig. Ausstellung Okt. u. Nov. 1907. Die Buchbindekunst der alten Meister, (Einbände u. Buntpapier). (Verf.: Erich Willrich.) Leipzig: Deutscher Buchgewerbeverein 1907. (30 S.) 8° [F.] [07. 16597]

Willrich, Erich, aus Kummerow: Die chronica episcoporum Merseburgensium. *Göttingen 1899: Dieterich.* (72 S.) 8
Göttingen, Phil. Diss. v. [31. Juli] 1899

Willrich, Erich, die chronica episcoporum Merseburgensium. Diss. gr. 8. (73 S.) Göttingen 899. (Vandenhoeck & Ruprecht.) n. 2. —

Willrich, Ernst [aus Vorsfelde]: Ein Fall von Sklerodermie in Verbindung mit morbus Addisonii ... Göttingen, Druck d. Dieterich'schen Univ.-Buchdr., 1892; 15 S. 8.
Göttingen, Med. Fak., Inaug.-Diss. v. [29. Juli] 1892

Willrich, Ernst, e. Fall v. Sklerodermie in Verbindung m. morbus Addisonii. Diss. gr. 8. (15 S.) Göttingen 892. (Vandenhoeck & Ruprecht.) n. — 50

Willrich, George. Erinnerungen. Leipzig. 1856

Willrich, Geo., Erinnerungen aus Texas, s. Bibliothek, amerikanische.

—— Rosen und Dornen. Gedichte. 2. Aufl. gr. 16. (VIII und 210 S.) Hamburg 851, Heller.

Willrich, Hugo [Pomeranus]: De conjurationis Catilinariae fontibus ... Gottingae, offic. acad. Dieterichiana typ. expr., 1893; 53 S. 8.
Göttingen, Phil. Fak., Inaug.-Diss. v. [25. Apr.] 1893

Willrich, Hugo, de conjurationis Catilinariae fontibus. Diss. gr. 8. (58 S.) Göttingen 893. (Vandenhoeck & Ruprecht.) n. 1. —

Willrich, Hugo, Judaica. Forschungen zur hellenistisch-jüd. Geschichte u. Litteratur. gr. 8. (XII, 184 S.) Göttingen 900. (Vandenhoeck & Ruprecht.) n. 5. 60

Willrich, Hugo, Juden u. Griechen vor d. makkabäischen Erhebg. gr. 8. (X, 176 S.) Göttingen 895. Vandenhoeck & Ruprecht. n. 4. —

Willroider, Ludw., Landschaften. I. (12 Bl.) gr. 4. München 903. Leipzig, F. Rothbarth. In Mappe n. 5. —

Willroider, Ludwig. Wörthersee-Bilder. Klgft., Leon. (1889). Folio/Oktav. 1 Bl.

Wills

— Franz, Gesch. od. der Triumph der Mildthätigkeit. 2 Thle. 8. Breslau Korn d. ältere. 776.

Wills, Fr., Historie de, ou le triomphe de la bienfaisance. 8. Berne, Haller. 774.

— — dasselbe englisch, s. the Triomphe.

Wills, C. J. A maiden fair to see. — The fatal Phryne. — Die verhängnissvolle Phryne. — Sybil Ross's marriage. — The Scudamores, s. Philips, F. C.

Wills, Ludi, s.: Weber's, Fr. W., Spruchschatz.

Willsch, Valeska. Für Haus u. Kindergarten. 20 Erzählgn. f. Kinder von 4 bis 7 Jahren. Mit 21 Abbildgn. 8. (V, 88 S.) Mitau 888, Behre's Verlag. cart. * 1 60

Willsch, Valeska, f. Haus u. Kindergarten. 20 Erzählgn. f. Kinder von 4—7 Jahren. Mit 21 Abbildgn. 8. (V, 88 S.) Mitau 889. Behre's Verl. cart. n. 1. 60

Willsch, Valeska, f. Haus u. Kindergarten. 20 Erzählgn. f. Kinder. 8. (V, 88 S. m. 21 Abb.) Mitau 889. Riga, C. J. Sichmann. 1. 60; erm. Pr. kart. n. — 80

Willson, Robert W., über ein empfindliches Galvanometer mit messbarem Reductions-Factor nebst einem Anhange über Daniellsche Normal-Elemente. Diss. Würzburg 1886. Stahelsche Univ.-Buchh. 8°. 32 S. mit 2 Taf.

Willson, Robert W. [aus Cambridge U. S.]: Ueber ein empfindliches Galvanometer mit messbarem Reductions-Factor nebst einem Anhange über Daniell'sche Normal-Elemente .... Würzburg, Druck d. Thein'schen Buchdr. (Stürtz), 1886; 32 S. u. 2 Taf. 8°.
Würzburg, Phil. Fak., Inaug.-Diss. v. 1886.

Willson, Thom. E., östliche u. westliche Physik. Versuch e. Vergleichs der beiden Systeme, unter Mithilfe v. Charles Johnston. Aus dem Engl. (126 S.) 8. Berlin (906.) P. Raatz. n. 2. 50; geb. n. 3. 50

Willst den Narren du fahen, mußt als Gesell d. ihm nahen. Dramat. Sprichw. 8. Petersb. 806.

Willst du fromm u. artig sein, oeffne Kind — u. schau' hinein! 12 Bilder f. kleine Kinder. Original-Zeichngn. v. Ferd. Beck. 4. (4 S. m. 12 Steintaf.) Weißenburg i. E. 873. Wentzel. n. 1. 40; in Tondruck n. 1. 50

Willst du gesund sein? Belehrungen u. Winke, 13.–23. Taus., Lauter i. S., 31 S., Kl.-8°.

[F.] Willst du gesund werden? E. Frage an die Kranken nach Johannes 5, 6. *Elberfeld: Buchh. d. Evang. Ges. [1896?].* (8 S.) 1 Bd 8. [97. 7,4]

Willst Du gesund werden? Zeitschrift f. homöopath. Heilerfolge aus alter u. neuer Zeit. Unt. Mitwirkg. homöopath. Aerzte u. Freunden d. Homöopathie hrsg. v. Rud. Reuther. 1.—4. Jahrg. Oktbr. 1895—Septbr. 1899. à 12 Nrn. (à ca. 10 S.) gr. 8. (Leipzig-Reudnitz (Elsastr. 6, III), R. Reuther. Postfrei à Jahrg. n. 1. 75

Willst Du gesund werden? Zeitschrift f. Homöopathie u. Naturheilkunde. Organ des Verbandes süddeutsch. Vereine f. Homöopathie u. Naturheilkunde usw. Hrsg. u. red. v. Rud. Reuther. 5.—8. Jahrg. Oktbr. 1899—Septbr. 1903. à 12 Nrn. gr. 8. (à ca. 16 S.) Leipzig-Reudnitz (Rathausstr. 50 III), R. Reuther. Postfrei à Jahrg. n. 2. —

Willst du gesund werden? Zeitschrift, Fortsetzg., s.: Rundschau, homöopathische.

Willst du gesund werden? Demmes Haus- u. Volksbibliothek hygien. Schriften. Nr. 5 u. 47—51. 8. Leipzig, E. Demme. n.n. 4. 30

5. Die chronische Darmschwäche od. Stuhlverstopfung, das Grundübel des mod. Kulturmenschen u. deren Einfluss auf die ges. Körperfunktionen, ihre Ursachen u. naturgemässe Heilung. Von Paczkowski. 3. Aufl. (34 S.) 906. — 50

47. Die Zuckerkrankheit ist heilbar. Ein neues Heilverfahren. Von Geo. Reymann. (41 S.) 906. 1. 50

48. Was jedermann v. der Erkennung der Krankheiten u. der Voraussage des Krankheitsverlaufes aus dem Urin wissen muss. Von G. Schultz. (26 S.) 906. n.n. — 6)

49. Die Ohrenerkrankungen, e. Selbst- od. Bakterien-Vergiftung. Wie entgiftet od. heilt man dieselbe radikal durch e. prakt. erprobtes hygienisch-diätet. Behandlungsverfahren? Für Laien populär bearb. Von Walser. (25 S.) 906. n. — 60

50. Arterienverkalkung des Herzens u. des Gehirns. Ursachen, Verhütg. u. Behandlg. m. besond. Berücksicht. der Lähmgn. u. des Schlagflusses. Von F. Honcamp. (16 S.) 906. n. — 50

51. Chronisch kalte Füsse. Wesen u. Wirkg., Verhütg. u. Heilg. Von G. Orlob. (14 S.) 906. n. — 30

Die Bdchen. erschienen bisher ohne Sammeltitel.

Willst du gesund werden? Demme's Haus- u. Volksbibliothek hygien. Schriften. Nr. 6, 10, 13, 34, 52—62, 64—69 u. 80. Leipzig, E. Demme. 18. 65

Bilfinger, das Auge u. seine naturgemässe Pflege. Ein Vortrag. 2. Aufl. (26 S. m. Bildnis.) 8. 905. (Nr. 34.) nn — 60

Kühner, A., Beinleiden, Krampfadern, varicöse Unterschenkelgeschwüre (offene Beine, Kindsbeine, Beinschäden, trockene Flechte, Salzfluss), ihr Wesen, ihre Ursachen, Erscheingn., Verhütg. u. naturgemässe Behandlg. Nach dem neuesten wissenschaftl. Standpunkt sowie nach eigenen reichen Erfahrungen dargestellt. (32 S. m. Abb.) 8. 909. (Nr. 69.) — 60

— Frauenkrankheiten, deren naturgemäße körperl. u. seelische Behandlung, arzneilos u. ohne Operation. Nebst e. Anh. üb. die zur Erlangg. schmerzloser Geburten zu ergreif. Maßregeln. (42 S.) 8. (910.) (Nr 13.) — 80

Paczkowski, Ladisl., jeder sein eigener Kräuterarzt. Anleitg., pass. Tee's zusammenzustellen. Anh.: Wie erlangt man Energie, geist. Frische, Lebensfreude? (Neue Aufl.) (32 S.) 8. (910.) (Nr. 10.) — 25

— Migraine u. sonstige Kopfschmerzen, deren Ursachen, naturgemäße Behandlung u. sicherste Vorbeugung. (16 S.) 8. 907. (Nr. 53.) — 50

— Die schädlichen Nebenwirkungen mancher Arzneimittel. 2. Aufl. (65 S.) 8. 909. (Nr. 6.) 1. —

Plöhn, Rob., Gesundheitspflege im Bett. (34 S.) gr. 8. 909. (Nr. 64.) — 80

Starving, H., Upton Sinclairs Hungerkur od. das v. ihm gelöste Geheimnis: Wie man vollkommen gesund wird u. bleibt. Nebst Bemerkungen üb. die vegetar. Ernährg. (22 S.) 8. (910.) (Nr. 80.) — 30

Walser, Max, das Asthma, dessen Grundursache: Kohlensäurevergiftg. (Carbonacidaemie) u. Harnsäurevergiftung (Collämie). Heilung durch rationelle Entgiftung u. Blutregeneration. Nach eigener Erfahrung u. Beobachtung f. Laien populär dargestellt. (31 S.) 8. 907. (Nr. 55.) — 80

— Die Blinddarmentzündung, e. „moderne“ Krankheit. Entstehen (Ursache), Bedeutg., Erscheingn., frühzeit. Erkennen (Frühdiagnose), Verhütg. resp. operationslose Heilg.; Bau u. Verrichtgn. der Verdauungsorgane. Populär auf Grund eigener Erfahrung dargestellt u. reich illustr. (42 S.) 8. 907. (Nr. 59.) 1. 20

— Die Blutentmischung (Blutarmut, Bleichsucht) u. Organ-Erkrankung. Deren „einheitl.“ Entstehg., Entwicklg. u. Heilg. Bedeutung, Wesen, Ursachen, Erscheingn. (Diagnose), Selbstvergiftg., Selbstregulierg., Reformheilkunde u. s. w. Nach den Grundsätzen der biolog. Reformheilkunde gemeinverständl. u. originell bearb. (58 S.) gr. 8. 909. (Nr. 65.) 1. 20

Walser, Max, die „biologische“ Einheitslehre d. Krankheiten. Besonders berücksichtigt: „Die Tropenkrankheiten“. Einheitl. Entstehg. Autointoxikation (Säuredisposition). Einheitl. Entstehg. Autoinfektion (Bakterienvergiftg.) Einheitl. Heilg. Entgiftg. u. Blutregeneration. Nach eigenem System. Für Einheimische u. Tropenbewohner populär bearb. u. reich illustr. (203 S.) 8. 908. (Nr. 60.) 4. —

— Die Gallen-, Nieren- u. Blasensteine u. deren einheitliche Entstehung, sowie deren Verhütg. u. Heilg. durch Blutentsäurung u. Blutregeneration. Nach eigenem System populär dargestellt. (16 S.) 8. 907. (Nr. 57.) 50

— Die Herzkrankheiten. Ursachen, Entstehen, Erkennen (Diagnose), Formen, Behandlg., Bau u. Verrichtg. des Herzens. Vom neuesten „biolog.“ Standpunkt aus populär bearb. u. reich illustriert. (64 S.) 8. 908. (Nr. 58.) 1. 50

— Der praktische Katechismus des Neurasthenikers (Nervösen) in Fragen u. Antworten. Auf Grund langjähr. ärztl. Erfahrgn. u. wissenschaftl. Feststellgn. gemeinverständl. u. originell dargestellt. (40 S.) 8. 909 (Nr. 67.) — 80

— Die Körper- u. Seelenschmerzen, deren Grundlage: Selbst- u. Fremdvergiftg., physiolog. u. philosoph. Bedeutg., Erscheingn. u. Erkennen (Diagnose). Verhütg. resp. gründl. Heilg. durch e. rationell erprobtes Entgiftungs- u. Blutregenerationsverfahren. Für Laien gemeinverständlich dargestellt. (30 S.) 8. 907. (Nr. 54.) — 80

— Die Magen- u. Darmkrankheiten, deren „einheitl.“ Ursache, Entstehen, Verhütung u. Behandlung. Nach „eigenem biolog. System“ u. auf Grund prakt. Erfahrg. gemeinverständlich dargestellt. (34 S.) gr. 8. 909. (Nr. 66.) — 80

— Nieren- u. Blasenkrankheiten, deren einheitlich „biologische“ Entstehg., Ursache u. Behandlg. Von e. neuen Standpunkt aus u. auf Grund biochem. Grundsätze u. langjähr. Erfahrung gemeinverständlich u. originell dargestellt. (35 S.) 8. 909. (Nr. 68.) — 80

— Die Selbstvergiftung (Autointoxikation), die Grundursache aller Krankheiten. Gründliche Heilung resp. Verhütung derselben durch e. erprobte „Blutentgiftungskur“: Blutentsäuerg. u. Blutentgasg. Für Laien populär dargestellt. (24 S.) 8. 907. (Nr. 52.) — 80

— Die unnatürliche Speisenwürzung als Krankheitsursache. Wann, wie, was soll man würzen? Bedeutung, Wirkung, Gebrauch der einzelnen Gewürze im allgemeinen u. besonderen. Die natürl. u. künstl. Gewürze; Genussmittel u. s. w. Auf Grund vielfacher Stoffwechseluntersuchgn. u. prakt. Erfahrgn. gemeinverständl. bearb. (22 S.) gr. 8. (909.) (Nr. 62.) — 30

— Was u. wie soll ich rauchen? od.: der gifthaltige u. giftfreie Tabak, dessen Bedeutung, Wirkung u. Gebrauch. Hygien. Skizze. (11 S.) 8. 907. (Nr. 56.) — 30

Wie wird man alt? I. Löbel, Maya-bulgare Yoghurt, e. erprobtes Hausmittel I. Ranges zur Verhütung u. Behandlung vieler Darm- u. Stoffwechselerkrankungen. II. Walser, Krankheiten entstehen durch Selbstvergiftung, deshalb können sie nur verhütet u. behandelt werden durch Entgiftung, Entsäuerung u. Entgasung des Blutes. (14 S.) 8. 908. (Nr. 61.) Unberechnet.

Willst Du gesund werden und gesund bleiben, so ... schmal 8. (16 S.) Düsseldorf 888, Köpping. cart.

Willstätter, Worte der Ermunterung. 8. (2½ Bog.) Leipzig 853, Schnauß. (Ladenpr. ??)

Wurde nicht durch den Buchhandel debitirt.

Willstätter, B., Predigt u. Gebete bei Einweihung der neuen Synagoge in Offenburg am 24. Septbr. 1875. gr. 8. (20 S.) Offenburg 875. (Trube.) n.n. — 30

Willstätter, Benj., Rede und Gebete, gesprochen am 8. März 1847 in der Synagoge zu Karlsruhe für die bei dem Brande des Hoftheaters Verunglückten. 8. (15 S.) Karlsruhe 847, Macklot. *.

Willstätter, Benj., Rede am Grabe d. Rabbin. Elias Willstätter, geb. zu Karlsruhe. gr. 8. (1 B.) Karlsruhe 843, Bielefeld.

Willstätter, El., Predigten bei verschied. Gelegenheiten. gr. 8. (5 B.) Carlsruhe 829, (Marx.)

Willstätter, Ephraim, allgemeine Geschichte des Israelitischen Volkes. Von der Entstehung desselben bis auf unsere Zeit. Ein kurzer Abriß nach den vorliegenden Quellen u. größern Werken der Geschichte für die ersten Klassen israelit. Elementarschulen u. zum Selbststudium bearb. gr. 12. Karlsruhe 836. Marx. 5/6 ℳ

– s. Pentateuch.

– s. Schrift. Die heil., in d. Ursprache.

Willstätter, Rich., u. Eug. **Mayer,** über Chinondiimid. (S. 59–62.) gr. 8. München 904. (G. Franz' Verl.) n. — 20
Sonderabdruck aus: „Sitzungsber. d. bayer. Akad. d. Wiss."

Willstätter, Richard [aus Karlsruhe]: Über die Konstitution und Reduktion der p-Methylendihydrobenzoësäure … München, Druck v. V. Höfling, 1894; 122 S. 8.
München, Phil. Fak., Inaug.-Diss. v. 1894

Willstätter, Richard [Dr. phil. aus Karlsruhe]: Untersuchungen in der Tropingruppe … München, Druck v. V. Höfling, 1896; 122 S. 8.
München, Phil. Fak., Habil.-Schr. v. 1896
(Nicht für den Austausch)

Willuhn, Ant., Jons Tomoschus. Roman. (169 S.) 8. Leipzig 909. Modernes Verlagsbureau. 2. 50

Jons Tomoschus. Roman von Anton **Willuhn.** Berlin-Leipzig: C. Wigand 1909. 169 S. 8°

Willum, Heinr., Wahrheit! Eine kunstgerechte kosmosophische Naturcopie, herausgegriffen aus dem innersten menschlichen u. kosmischen Organismus. 8. (28 S.) Wien 882. Kugler. — 72

—— im Zeitgeiste. Humoristische Novelle. 12. (41 S.) Ebendas. 882.

Willutzki, Eduard *Julius* [pr. Arzt]: Über ein primaeres Sarkom des Ureters. … Königsberg i. Pr.: Druck v. M. Liedtke, 1891. 24 S., 2 Bl., 4 Taf. 8°
Königsberg, Med. Fak., Inaug.-Diss. v. 30. Mai 1891

Willutzki, Ed., üb. e. primaeres Sarkom d. Ureters. Diss. gr. 8. (23 S. m. 3 Taf.) Königsberg i/Pr. 891. (W. Koch.) n. 1. 50

Willutzky, Ludw. Osc., s.: Will, Osk.

Willvonseder, Bened., die Schule im Dienste der Fürsorgeaktion f. das Kind. (Konferenzvortrag.) Mit Benützung der Schriften des I. österreich. Kinderschutzkongresses in Wien 1907, I. Bd., Abhandlgn. v. Jos. M. Baernreither, Gust. Schuster v. Bonnott, Lydia v. Wolfring, der Broschüren „Soziale Fürsorge f. Kinder im schulpflichtigen Alter" v. Schmid-Monart, „Fürsorge f. d. schulentlassene Jugend" v. Hans Suck u. der I. Abhandlung von Gust. Schaefer in d. Fachzeitschrift „Jugendfürsorge" (Berlin). VIII. Jahrg. 1907, I. u. II. Heft. (40 S.) 8. Wien 910. A. Pichler's Wwe. & Sohn. — 50

WILLVONSEDER, Franz: De genesi et propagatione peccati originalis. — (1849) 60 S. 4° (Handschr.) Diss. 76
Diss. Wien, Univ.

Willweber, Paul, aus Berlin, Referendar am Kgl. Amtsgericht zu Spandau: Das Recht der Untermiethe nach dem Gemeinen Recht und dem Recht des Bürgerlichen Gesetzbuches. *Berlin 1901: R. Kühn.* (x, 71 S.) 8° [℞.]
Erlangen, Jur. Diss. v. 1. Juni 1901

Willwoll, Joseph [von Rorschach, St. Gallen]: Die Nebenfolgen der Ehescheidung nach schweizerischem Recht unter Berücksichtigung der Gesetzgebungen von Frankreich, Deutschland, Oesterreich und Italien und des Vorentwurfes für ein schweiz. Civilgesetzbuch. Rorschach 1902. 110 S. 8°.
Bern. Jur. Diss 1902/1903.

Willwoll, Jos[eph]. Die Nebenfolgen der Ehescheidung nach schweizerischem Recht, unter Berücksichtigung der Gesetzgebungen von Frankreich, Deutschland, Österreich und Italien und des Vorentwurfes für ein schweiz. Civilgesetzbuch. Diss. Jur. Bern. VIII + 110 S. 8. Rorschach, J. M. Cavelti-Hubatka, 1902.

Willy, (Henry Gauthier-Villars), die Beichte, s.: Bibliothek berühmter Autoren.

Willy, Colette, ein sauberer kleiner Alter. Autoris. Übersetzg. aus dem Franz. (264 S.) 8. Budapest 908. G. Grimm. 2. —

– Claudine geht. Einzig berecht. Verdeutschg. nach der 58. Aufl. des Originals v. Geo. Nördlinger. (280 S.) gr. 8. Budapest 903. G. Grimm. n. 3. —

(F) Willy. Claudine in Paris. Einzig berechtigte Verdeutschung nach der fünfunddreissigsten Auflage des Originals von Franz Hofen. Budapest. 1901. Grimm. Gr.-8°. 300 S. K 3.60

– Claudine in Paris. Einzig berecht. Verdeutschg. nach der 58. Aufl. des Originals v. Frz. Hofen. 2. Aufl. 8. (300 S.) Ebd. 902. n. 3. —

Willy, Claudine's Ehe (Claudine en ménage). Einzig berecht. Verdeutschg. nach der 69. Aufl. des Originals v. Geo. Nördlinger. 8. (303 S.) Budapest 902. G. Grimm. n. 3. —

Ⓑ – Claudine's Ehe. – Claudine in Paris. – Claudine's Schuljahre. 902. (RGBl. 30.) Im Deutschen Reiche verboten.

– Minnas Eheirrungen. Autoris. Uebersetzg. (234 S.) 8. Ebd. 906. n. 2. —
Im Deutschen Reiche verboten.

Willy, Die Geliebte des Prinzen Jean. Roman. Gr.-8°. (ill. 352 S.) K 3.60
Budapest: Grimm 1903.

– die Geliebte des Prinzen Jean. Roman. Illustrationen v. Wely. Einzig berecht. Uebersetzg. v. Thdr. Wolfgang. Mit der Verteidigungsrede des Maître Paul Boncour vor Gericht. (XXIX, 352 S.) 8. Ebd. 904. n. 3. —

– Annies Geständnisse. (Fortsetzung der Claudine-Bücher.) Autoris. Übersetzg. (213 S.) 8. Ebd. 907. 2. —
Im Deutschen Reich verboten.

– Ein häßl. Herr. Übersetzg. aus d. Franz. v. M. Stein. (213 S.) 8. Budapest 908. G. Gimm. 2. —

– Minna. Autoris. Uebersetzg. (263 S.) 8. Ebd. 906. n. 2. —

Ⓑ – Minna. 906. (RGBl. 14.) Im Deutschen Reiche verboten.

WILLY. Pariser Nächte. (La môme Picrate.) Einzig autorisierte Übersetzung aus dem Französischen. Wien und Leipzig, Wiener Verlag (um 1900). 8°.
Verb. d. Ldg. München IV 785/05.

– Pariser Nächte. (La môme Picrate.) Einzig autoris. Uebersetzg. aus dem Franz. 1.–5. Taus. (332 S.) kl. 8. Wien (904). Wiener Verlag. n. 3. —; geb. nn. 4. 50
Im Deutschen Reiche verboten.

Willy, Colette, Prinzenspiele. Eine moreniсche Hofgeschichte. Aus dem Franz. übers. (208 S.) 8. Budapest 907. G. Grimm. 2. —
Im Deutschen Reiche verboten.

— Claudine's Schuljahre (Claudine à l'école). Einzig bercht. Verdeutschg. nach der 55. Aufl. des Originals v. Geo. Nördlinger. 8. (317 S.) Ebd. 902. n. 3. —

— Suzette will mich verlassen! Roman. (206 S.) 8. Ebd. 907. 2. —
Im Deutschen Reiche verboten.

— Ysolde. Vollständige Uebersetzg. aus dem Franz. v. F. L. Leipnik. (208 S.) 8. Budapest (904). F. Sachs. n. 2. —
Im Deutschen Reiche verboten.

Willy, Florian [prakt. Arzt von Schiers (Graubünden)]: Ueber einen Fall von Lymphosarkom des vorderen Mediastinums. Zürich 1898. 40 S. 8°.
Zürich. Med. Diss. 1897/98.

Willy, M., Heros und Eros. Gedichte. 16. (VIII, 80 S.) Leipzig 880, (Roßberg'sche Buchh.) *
geb. mit Goldschn. *

Willy, Peter. Adressbuch für Handel und Gewerbe der Stadt Chur und des Kantons Graubünden. Gr. in-8°, 96 S. Chur, Hitz'sche Buchhandlung. 1880 Geb. 2 80

Willy, Rud., Karl Viktor v. Bonstetten, s. a. Neujahrs-Blatt der litterar. Gesellschaft Bern. 1899.

Karl Viktor von Bonstetten ‹1745–1832›. Eine litter.-psychol. Skizze von Rudolf Willy. *Bern: K. J. Wyss 1898.* (68 S.) 4° [F.]
= Neujahrs-Blatt d. Litterarischen Gesellschaft, Bern. 1899.

Willy, Rud., die Gesamterfahrung vom Gesichtspunkt des Primärmonismus. (IV, 176 S.) 8. Zürich 908. Schulthess & Co. 2. 40

— Ideal u. Leben vom sozialen Gesichtspunkte. (96 S.) 8. Ebd. 909. 1. —

— die Krisis in der Psychologie. gr. 8. (XVI, 253 S.) Leipzig 899. O. R. Reisland. n. 5. —

Willy, Rud., Friedrich Nietzsche. Eine Gesamtschilderg. (279 S.) gr. 8. Zürich 904. Schulthess & Co. n. 4. 20

Willy, Rudolf, aus Mels, Ct. St. Gallen: Schopenhauer in seinem Verhältniss zu J. G. Fichte und Schelling. Hottingen-Zür. H. Zürcher Dr. 1883. 2 Bl., 98 S., 1 Bl. 8°.
Zürich. Phil. Diss. I. S. [v. 23. Dec. 1882].

Willy, Rud., Schopenhauer in seinem Verhältnisse zu J. G. Fichte u. Schelling. Eine Abhandlg. gr. 8. (98 S.) Zürich 883. Höhr. n 1. 80

— gegen die Schulweisheit. Eine Kritik der Philosophie. (219 S.) gr. 8. München 905. A. Langen. n. 5. —; geb. n. 6. 50

— Der deutsche Tiefsinn u. der welsche Bousens. Eine Kultur-Perspektive in Beispielen. (IV, 271 S.) 8. Ebd. 911. 3. 60

Willyams, Cooper, Geschichte des Kriegs in Westindien im J. 1794. Aus d. Engl. von Chr. Aug. Fischer. Leipz. 800. Kühn. 18 gr

— Reise auf dem Mittelmeere im Gefolge d. Admirals Nelson mit einem Bericht der Schlacht bei Abukir. Mit Plan. gr. 8. Hamburg, (A. Campe). 1 ₰ 8 gr

Willys, A. A., Schweizer Helden, s. a. Jugendbibliothek, deutsche.

Schweizer Helden. Hist. Erzählung aus d. Zeit Karls d. Kühnen von A. A. Willys. Mit 3 Abb. 3. Aufl. Leipzig: Geibel & Brockhaus [1902]. (143 S.) 8°
[Jugendbibliothek, Deutsche. Bd 51.]

Wilm, (W. J. L. Müller,) Ueber London und Paris nach Rom. Ein italien. Reise. 2 Thle. gr. 8. (XX und 873 S.) Berlin 853, Müller's Verlag. *

Wilm, (Joan.) Augustus (Guil.) (geb. Butow in Pomm. 16. 11. 1816): De pathologia typhi abdominalis. Berolini (1842). (29 S.) 8°
Berlin, Med. Diss. v. 15. Apr. 1842

Wilm, Bernh., Gott u. Teufel im Menschen. (IX, 81 S.) 8. Leipzig 909. F. Eckardt. 2. 50

Wilm, Bernh., der Weg zum Ewig-Lebendigen. (95 S.) 4. Leipzig 903. Jena, E. Diederichs. n. 3. —; geb. n. 4. 50

Wilm, Egbert. Religion u. Wissenschaft. Ein Sühneversuch. gr. 8. (63 S.) [Lpz. 890, Fock.] Colberg, Post'sche Buchh. * 1 —

Wilm, Elise, Sprachvergleiche u. Sprachgeschichte in Mädchenschule u. Seminar. Ein Hilfsbuch f. Lehrer u. Schüler. gr. 8. (VIII, 56 S.) Halle 903. Gebauer-Schwetschke. n. — 80

Wilm, F., die alte Geschichte der morgenländischen Völker u. der Griechen. Für Hauslehrer bearb. Berlin 865. Hayn's Erben. gr. 8. (IV, 112 S.) 15 ngr.

Wilm, Franz [aus Schönwarling W./Pr.]: Aus d. chirurg. Klinik zu Greifswald. Über Hydrocele bilocularis abdominalis m. bes. Berücks. e. in d. Greifswalder chirurg. Klinik beobacht. Falles ... Greifswald, Druck v. J. Abel, 1896; 31 S. 8.
Greifswald, Med. Fak., Inaug.-Diss. v. 23. Okt. 1896

Wilm, Fritz [aus Nieder-Schellendorf in Schles.]: Ein Beitrag zur Amputatio uteri myomatosi supravaginalis mit extraperitonealer Stielversorgung ... Halle a. S., Hofbuchdr. v. C. A. Kaemmerer & C., 1896; 75 S., 2 Bl. 8°
Halle, Med. Fak., Inaug.-Diss. v. 5. März 1896.

Wilm, H., die innere Herrlichkeit des Wortes Gottes. (34 S.) 8. Gütersloh 904. C. Bertelsmann. n. — 50

Wilm, Hans, aus Stettin: Die Augenheilkunde des Alkoatim ‹1159›. Th. 2. Zum ersten Male ins Deutsche übers. u. mit Anm. versehen. *Berlin (1899): G. Schade.* (31 S.) 8°
Berlin, Med. Diss. v. 13. Jan. 1899

Wilm, Hub., Besuchs-Karten. 6 Radiergn., m. e. Geleitworte v. Rich. Braungart. (6 farb. Taf. m. III S. Text.) 18,5×23,5 cm. München-Gern 910. München, O. Schönhuth Nachf. Geb. 10. —

— Exlibris. Mit e. Einführg. v. Hans Brandenburg. (30 Bl. m. 5 Bl. Text.) Lex. 8. Frankfurt a/M. (907). C. F. Schulz. Geb. nn 25. —

— 10 Exlibris-Radierungen. Mit e. Vorwort v. Rich. Braungart. (10 Bl. m. III S. Text.) 32,5×23,5 cm. München-Gern 909. (München, O. Schönhuth Nachf.) In Leinw.-Mappe 25. —

Wilm, Hub., 20 Exlibris-Zeichnungen. Mit e. Einführg. v. Rich. Braungart. (20 Bl. m. III S. Text.) 32,5×24 cm. München-Gern 909. (München, O. Schönhuth Nachf.) Geb. 10. —

— Ein Parkmärchen. (7 farb. Bl. m. 2 Bl. Text.) 45,5 × 32 cm. München 908. Verlagsgesellschaft München. 15.—

Wilm, Johann August Wilhelm, s. Wilm, August

Wilm, Marie v., Mann u. Weib. Beleuchtung des so benannten Betterschen Buches nebst eigenen Betrachtgn. üb. dies Thema. gr. 8. (63 S.) Berlin 902. L. Oehmigke's Verl. n. 1. —

Wilm, Martin, Referendar a. Berlin: Die im Verkehr als wesentlich angesehenen Eigenschaften (B.G.B. § 119 Abs. 2) und das Verhältnis der Anfechtung gemäß § 119 Abs. 2 des B.G.B. zu dem Anspruch auf Wandelung resp. Minderung. Borna-Leipzig 1904: R. Noske. (38 S.) 8°
Heidelberg, Jur. Fak., Ref. Bekker, Diss. v. 22. Dez. 1904.]
[Geb. 2. März 79 Berlin; Wohnort: Berlin; Staatsangeh.: Preußen; Vorbildung: Friedrich Wilhelm-Gymn. Berlin Reife O. 99; Studium: Freiburg i. B., Leipzig, Berlin; Rig. 29. Juli 04.]

Wilm, Max [aus Wollin, prakt. Arzt]: Ueber Exercierknochen im Anschluss an einen im Marine-Lazareth zu Wilhelmshaven behandelten Fall .... Berlin, Buchdr. v. M. Niethe (1887). 32 S. 8°
Berlin, Med. Fak., Inaug.-Diss. v. 16. Jul. 1887.

Wilm, Max, über Exercierknochen im Anschluss an einen im Marine-Lazareth zu Wilhelmshaven behandelten Fall. Diss. Berlin 1887, Mayer & Müller. 8°. 32 S.

Wilm, Nicolai v., ein Gruß aus der Ferne. Gedichte. 12. (120 S.) Riga 881, Stieda. * M 2,20.; geb. *

Wilm, Thdr., zur Chemie der Platinmetalle. (Inaugural-Dissertation.) gr. 8. (83 S.) St. Petersburg 882. (Dorpat, Karow.)

Wilm, Valentin

— katechet. Unterricht b. Evangelien. 2 Bde. 8. Bamb. 787. (Wesché in Frankf.) 1 fl 8 Kr

Wilm, Val., katechet. Unterricht auf d. Kanzel zur Erklärung d. buchstabl. Verstandes d. gewöhnlichen Episteln im ganzen Jahre. 2 Bde. 8. Bamb. 788. (Wesché in Frankf. a. M.) 1 fl 8 Kr

— Zergliederung einiger Schrifttexte zum leichtern Unterricht der kleinen christkathol. Jugend in Kirchen u. Schulen auf d. Lande. 8. Bamb. 788. (Wesché in Frankf.) 9 Kr

Wilm, Wern., Thomas Alva Edison, s.: Persönlichkeiten.

Wilm, Werner, Erziehung, Schulbildung, Berufswahl f. Knaben u. Mädchen, s.: Buch, das praktische.

— der Geldverkehr u. die Kapitalsanlage, s.: Buch, das praktische.

— der Kaiser u. die Jugend. Die Bedeutung der Reden Kaiser Wilhelm II. f. Deutschlands Jugend. Erläutert. Mit e. Geleitswort v. Keßler. (VIII, 142 S. m. 1 Bildnis.) Lex.-8. Berlin (906). Hempel. Geb. in Leinw. 4. —

— Die gute Lebensart. Ein Handbuch f. den feinen Umgang zum prakt. Gebrauch in allen Lebenslagen. (144 S.) Lex. 8. Potsdam (910). Bonneß & Hachfeld. Geb. in Leinw. 3. —
Sonderabdruck aus: „Das prakt. Buch f. jedermann".

— Umgangslehre, s.: Buch, das praktische.

— s.: Verkehr, der schriftliche, u. die Redekunst in jeder Lebenslage.

— das Verkehrswesen, s.: Buch, das praktische.

— Wörterverzeichnis. Rechtschreibung u. Fremdwörterbuch. (70 S.) Lex. 8. Potsdam (910). Bonneß & Hachfeld. 1. 50
Sonderabdruck aus: „Das prakt. Buch f. jedermann".

— orthogr. Wörterverzeichnis, s.: Buch, das praktische.

Wilmanns, August

Wilmanns, A., Cincius Romanus. S. A. 1899. 18 S.

Wilmanns, Avgvstvs (geb. am 25. März 1833 [nicht 1835] in Vegesack): De M. Terenti Varronis libris grammaticis Particvla ... Bonnae, typ. C. Georgi (1863). 2 Bl., 36 S., 1 Bl. 8. ¶ Erschien vollständig 1864 bei Weidmann in Berlin.
Bonn, Phil. Fak., Diss. v. 13. Aug. 1863

Wilmanns, Aug., de M. Terenti Varronis libris grammaticis scripsit reliquiasque subiecit. gr. 8. (VII und 226 S.) Berlin 864, Weidmann'sche Buchh. *

[Gedicht.] Zur fünf und zwanzigsten Stiftungsfeyer der Loge zum silbernen Schlüssel von A[ug.] C[hristian] **Wilmanns.** Bremen am 14. IV. 5792. [Bremen 1792]: D. Meier. 2 Bl. 8° [Umschlagtit.]
„Weg mit Festen und Gepränge, ..."

***Wilmanns*, Aug. Chr., Diss inaug. de culparum praestationibus in contractibus ex principiis juris Romani ad sedes hujus materiae L. 5. §. 2 ff. de commod. et L. 23 ff. de Reg. Jur. 4. Rindeln 782.**

Pundsack, Joh.: Trauer-Rede, dem Andenken Seiner Magnificenz des Herrn Joh. Pundsack geweihet, und in der grossen Versammlung beyder Logen [in Bremen] am 25ten Oct. 1788 gehalten von d[em] B[r.] R[edner] A[ug.] C[hristian] **W[ilmanns].** Bremen [1788]: D. Meier. 19 S. 4° [Umschlagtit.]

— s. Wiedergeburt d. Stadt Bremen.

Wilmanns, C., Formularbuch zu dem Gesetz, betr. die Zwangsvollstreckung in das unbewegliche Vermögen vom 13. Juli 1883. Auf amtl. Veranlassg. hrsg. gr. 8. (32 S.) Berlin 883. R. Kühn. n. 1. —

Wilmanns, C., die „goldene" Internationale und die Nothwendigkeit einer socialen Reformpartei. 1. und 2. Aufl. (106 S.); 3. Aufl. gr. 8. (107 S.) Berlin 876, [Niendorf's Verlagsh.] Verlagsh. Graf Behr.

Wilmanns, C., Conflict des jetzigen Grundsteuer-Systems, s. a. Conflict.

(Wilmanns) Conflict des jetzigen Grundsteuer-Systems mit den bestehenden Stände-Versammlungen. Berlin, Stilke und v. Muyden. 1870. gr. 8. (56 S.)

—— die Credit-Noth der Grundbesitzer und deren Abhülfe durch eine norddeutsche Bundes-Hypotheken-Bank. gr. 8. (IV, 91 S.) Berlin 868, Guttentag. *

—— zur Reform der deutschen Banken. gr. 8. (56 S.) Berlin 872, Bahlen. *

—— zur Reform der Hypotheken- und Subhastations-Gesetzgebung. gr. 8. (III, 55 S.) Berlin 868, Guttentag. *

Wilmanns, C. Die Reception des römischen Rechtes u. die sociale Frage der Gegenwart. gr. 8. (112 S.) Berl. 890, F. Luckhardt. * 2 40

Wilmanns, C., d. Reception d. römischen Rechtes u. d. sociale Frage der Gegenwart. 2. (Titel-) Aufl. m. e. Vorwort: Stellungnahme z. Entwurf d. bürgerl. Gesetzbuches. gr. 8. (IX, 112 S.) Leipzig (890) 895. F. Luckhardt. n. 2. —

***Wilmanns*, C. A., commentatio de anthelminticis regni vegetabilis. 4maj. Götting. 826. (Vandenhöck u. R.) 8 gr.**

Wilmanns, Ernst, a. Freiburg i. B.: Der Lübecker Friede 1629. Bonn 1904: C. Georgi. (VII, 83 S.) 8° [F.]
Bonn, Phil. Fak., Ref. Ritter, Diss. v. 25. Jan. 1905
[Geb. 13. März 82 Durango (Mexiko); Heimatsort: Berlin-Großlichterfelde; Staatsangeb.: Preußen u. Baden; Vorbildung: Gymn. Gr.-Lichterfelde Reife O. 00; Studium: Freiburg i. B. 4, Bonn 5 S.; Rig. 9. Nov. 04.]

Wilmanns, E., der Lübecker Friede 1629. (IX, 83 S.) gr. 8. Bonn 905. H. Behrendt. n. 1. 50

Wilmanns, F. W., s. Wilmans, Friedrich Wilhelm

Wilmanns, *Franz Heinrich Carl*: Aus d. pharmakolog. Institut zu Bonn. Die directe Erregung der Athmungscentra durch den Weingeist . . . (Aus: Arch. f. d. ges. Physiol., Bd. 66.) Bonn, E. Strauss, 1897; 2 Bl., 167—209 S. 8°
Bonn, Med. Fak., Inaug.-Diss. v. [16.] Febr. 1897.

Wilmanns, Gustav

Wilmanns, G., die römische Bergwerksordnung von Vipasca. [Aus: „Zeitschr. f. Bergrecht" XIX. 2.) gr. 8. (16 S.) Bonn 878. A. Marcus. n.n. — 50

Wilmanns, Gust. (geb. Halle in Westf. 9. 5. 1818): De blepharoblennorrhoea anno 1843 in Borussorum legione praetoria Francisci Imperatoris observata. Berolini (1843). (44 S.) 8°
Berlin, Med. Diss. v. 21. Aug. 1843

—— s. Ephemeris epigraphica.

Wilmanns, Gust., Exempla inscriptionum latinarum in usum praecipue academicum. 2 Tomi. gr. 8. (XVI, 532; 737 S.) **Berlin 873, Weidmann'sche Buchh.** *

Wilmanns, Gust. (geb. [Jüterbog] 30. 12. 1845): De sacerdotiorum p. p. r. quodam genere. Praecedit quaestio de Laurento et Lavinio oppidis. Berolini: S. Calvary ejusque soc. 1867. (58 S.) 8°
Berlin, Phil. Diss. v. 18. Dez. 1867

—— de sacerdotiorum p. p. r. quodam genere. Praecedit quaestio: De Laurento et Lavinio oppidis. 8. (III, 58 S.) **Berlin 868, Calvary und Comp.** *

Wilmanns, G., Inscriptiones Africae latinae, s. Corpus inscriptionum latinarum.

Wilmanns, Gustav Friedrich: Über die Säureimidohydrine. Bonn a. Rh. 1904: J. Bach Wwe. (52 S.) 8°
Heidelberg, Naturw.-math. Fak., Ref. Curtius, Diss. v. 3. Okt. 1904
[Geb. 8. Okt. 81 Bremen; Wohnort: Bonn; Staatsangeb.: Bremen; Vorbildung: Realgymn. Bremen Reife M. 99; Studium: Hannover T.H. 3, Bonn 4, Heidelberg 1 S.; Rig. 31. Mai 04.]

Die Goldwährung zu Anfang 1898. Eine währungspol. Studie v. H[ilmar] **Wilmanns**, Vize-Konsul der Ver. Staaten v. Mexiko. Berlin: H. Walther 1898. (82 S.) 8°

Wilmanns, H., Währung — Industrie — Minenbetrieb. gr. 8. (30 S.) Berlin 894. H. Walther. n. — 50

— dasselbe. 2., verm. u. verb. Aufl. gr. 8. (48 S.) Ebd. 894. n. — 50

Wilmanns, Karl, Dr., Hilfsarzt an der Großh. Bad. Irrenklinik: Ergebnisse einer Untersuchung geisteskranker Landstreicher. Leipzig: J. A. Barth 1906. (VI, 96 S.) 8°
Mit: Einladung zur . . Probe-Vorlesung . . d. 1. März 1906 . . Thema: Die Cyclothymie und ihre Beziehungen zu körperlichen Erkrankungen. Heidelberg: J. Hörning. (1 Bl.) 8°
Heidelberg, Med. Fak., Hab.-Schrift v. 1906

Wilmanns, Karl, die leichten Fälle des manisch-depressiven Irreseins (Zyklothymie) u. ihre Beziehungen zu Störungen der Verdauungsorgane, s. a. Sammlung klinischer Vorträge.

Die leichten Fälle des manisch-depressiven Irreseins (Zyklothymie) u. ihre Beziehungen zu Störungen d. Verdauungsorgane. Von Karl **Wilmanns**, Heidelberg. Leipzig: Breitkopf & Härtel 1906. (26 S.) 4° (8°)
= **Sammlung** Klinischer Vorträge. N. F. No 434. [06. 11760

Wilmanns, Karl, über Gefängnispsychosen, s. a. Sammlung zwangloser Abhandlungen aus dem Gebiete der Nerven- u. Geisteskrankheiten. VIII, 1.

Über Gefängnispsychosen. Von Karl **Wilmanns**, Heidelberg. Halle: C. Marhold 1908. (65 S.) 8°
= **Sammlung** zwangloser Abhandlungen aus d. Geb. d. Nerven- u. Geisteskrankheiten. Bd 8, H. 1 [08. 3338 3

— Das Landstreicher- und Bettlertum der Gegenwart. Vortrag. 8°. Gautzsch bei Leipzig, Fel. Dietrich, 1911. (Kultur u. Fortschritt, 393/4.)

— zur Psychopathologie des Landstreichers. Eine klin. Studie. (XI, 418 S. m. 16 farb. Taf.) gr. 8. Leipzig 906. J. A. Barth. n. 15. —

Wilmanns, K., s.: Zeitschrift f. die gesamte Neurologie u. Psychiatrie.

Wilmanns, R(ichard), approb. Arzt aus Freiburg i. B.: Ueber Implantationsrecidive von Tumoren. *Tübingen 1904: H. Laupp jr.* (18 S.) 8° ¶ (Aus: Beiträge zur klinischen Chirurgie, Bd 42, Heft 2.)
Freiburg i. B., Med. Diss. v. 1904

Wilmanns, Wilhelm

Wilmanns, W., Beiträge zur Erklärung u. Geschichte des Nibelungenliedes. gr. 8. (VI, 90 S.) Halle 877. Buchh. d. Waisenh. n. 1. 50

Wilmanns, W., Beiträge zur Geschichte der älteren deutschen Litteratur. 1. u. 2. Hft. 8. Bonn, Weber. n. 4. 50
1. Der sogenannte Heinrich v. Melk. (62 S.) 885. n. 1. 50
2. Ueber das Annolied. [Quellen. Kaiserchronik. Vita Annonis. De origine Francorum.] (136 S.) 886. n. 3. —

Wilmanns, W., Beiträge zur Geschichte der älteren deutschen Litteratur. 3. u. 4. Hft. 8. Bonn, Weber's Verl. à n. 4. — (1—4.: n. 12. 50)
3. Der altdeutsche Reimvers. (153 S.) 887.
4. Untersuchungen zur mhd. Metrik. 1. Der daktylische Rhythmus im Minnesang. 2. Die Kürenberges wise. 3. Gebrauch der Wörter m. kurzer Stammsilbe bei den Minnesängern. (196 S.)

Wilmanns, Guil. (geb. Jüterbog 14. 3. 1842): De didascaliis Terentianis. Berolini (1864). (66 S.) 8°
Berlin, Phil. Diss. v. 16. Jan. 1864

Wilmanns, W., die Entwickelung der Kudrundichtung untersucht. gr. 8. (VIII, 275 S.) Halle 873. Buchh. d. Waisenh. n. 6. —

Wilmanns, W., deutsche Grammatik. Gotisch, Alt-, Mittel- u. Neuhochdeutsch. 1. Abtlg.: Lautlehre. 4 Lfgn. gr. 8. (XIX, 332 S.) Strassburg i/E. 893. K. J. Trübner, Verl. n. 6. 50

Wilmanns, W., deutsche Grammatik. Gotisch, Alt-, Mittel- u. Neuhochdeutsch. 1. Abtlg. u. 2. Abtlg. 1. u. 2. Hälfte. gr. 8. Strassburg, K. J. Trübner. n. 20. 50; geb. in Halbfrz. n. 25. —
I. Lautlehre. 2., verb. Aufl. (XX, 425 S.) 897. n. 8. —; geb. in Halbfrz. n. 10. —
II, 1. Wortbildung. (352 S.) 896. n. 6. 50
II, 2. Dasselbe. 2. Hälfte. (XVI u. S. 353—663.) 896. n. 6. —; Einbd. in Halbfrz. zur 2. Abtlg. n. 2. 50

Wilmanns, W., deutsche Grammatik. Gotisch, Alt-, Mittel- u. Neuhochdeutsch. 2. Abtlg.: Wortbildung. 2. Aufl. gr. 8. (XVI, 671 S.) Strassburg 899. K. J. Trübner. n. 12. 50; geb. in Halbfrz. n. 15. —

Wilmanns, Wilh., deutsche Grammatik. Gotisch, Alt-, Mittel- u. Neuhochdeutsch. III. Abtlg.: Flexion. 1. Hälfte: Verbum. 1. u. 2. Aufl. (X, 315 S.) gr. 8. Strassburg 906. K. J. Trübner. n. 6. — (I—III, 1: 26.50)

Wilmanns, Wilh., deutsche Grammatik. Gotisch, Alt-, Mittel- u. Neuhochdeutsch. III. Abtlg.: Flexion. 2. Hälfte: Nomen u. Pronomen. 1. u. 2. Aufl. (VIII u. S. 317—772.) gr. 8. Strassburg 909. K. J. Trübner. 9.—; geb. in Halbfrz. 11.— (I—III: 35.50; geb. 44.—)
I. u. II. Abtlg. Ebd. 897 906. 26.50.

—— deutsche Grammatik für die Unter- und Mittelklassen höherer Lehranstalten. Nebst Regeln und Wörterverzeichnis für die deutsche Orthographie. 8. (VI, 242 S.) Berlin 877, [Wiegandt, Hempel und Parey.] Parey. *ℳ 2.; geb. *

Wilmanns, W., deutsche Grammatik für die Unter- und Mittelklassen höherer Lehranstalten. Nebst Regeln und Wörterverzeichnis für die deutsche Orthographie nach der amtl. Festsetzung. 2. Aufl. (224 S.); 3. verb. Aufl. 8. (VIII, 240 S.) Berlin 880, Wiegandt, Hempel und Parey. *

—— dass. — 4. und 5. durchges. Aufl. gr. 8. (VIII, 240 S.) Berlin 881,83, Parey. *

— Kommentar zur preußischen Schulorthographie. gr. 8. (V, 218 S.) Berlin 880. Weidmann. n. 1. 90

—— Leben und Dichten Walthers von der Vogelweide. gr. 8. (XXIV, 456 S.) Bonn 882, Weber's Verlag. *

—— die Orthographie in den Schulen Deutschlands. 2. umgearb. Ausg. des Kommentars zur preußischen Schulorthographie. gr. 8. (XII, 269 S.) Berlin 887, Weidmann'sche Buchh. *

— Quellenstudien zu Goethe's Götz v. Berlichingen. [Aus: „Festschrift zur 3. Saecularfeier d. Berl. Gymnasiums zum Grauen Kloster."] gr. 8. (20 S.) Berlin 874. Weidmann. n. — 60

—— die Reorganisation des Kurfürsten-Collegiums durch Otto IV. und Innocenz III. gr. 8. (VIII, 116 S.) Berlin 873, Weidmann'sche Buchh. *

Wilmanns, deutsche Schulgrammatik, nebst Regeln und Wörterverzeichnis für die deutsche Rechtschreibung nach der amtlichen Festsetzung. 6. umgearb. und 7. Aufl. 2 Tle. 8. Berlin 885,87, Parey. cart. **
Inhalt:
Tl. 1. Für die untersten Klassen bis Sexta, hrsg. von H. Poppelreuter und W. Wilmanns. (IV, 98 S.) ** 75 Pf.
» 2. Für die Klassen von Quinta bis Tertia. (VI, 146 S.) **ℳ 1.25.
Vgl.: Bandow, K., Uebungsaufgaben.

Wilmanns' deutsche Schulgrammatik nebst Regeln u. Wörterverzeichnis f. die deutsche Rechtschreibung nach der amtlichen Festsetzung. 8. Aufl. 2 Tle. 8. Berl. 891, Parey. cart. ** 2 —
1. Für die untersten Klassen bis Sexta, hrsg. v. H. Poppelreuter u. W. Wilmanns. (IV, 98 S.) ** — 75.
2. Für die Klassen von Quinta bis Tertia. (VI, 147 S.) ** 1 25.
Uebungsaufgaben dazu, s. Bandow, Karl.

— deutsche Schulgrammatik, nebst Regeln u. Wörterverzeichnis f. d. deutsche Rechtschreibg. nach d. amtl. Festsetzg. 2. Tl., f. d. Klassen v. Quinta bis Tertia. 9., durchgesch. Aufl. 8. (VI, 147 S.) Berlin 896. Weidmann. Kart. n.n. 1. 25

[Wilhelm] Wilmanns Deutsche Schulgrammatik nebst Regeln u. Wörterverzeichnis f. d. deutsche Rechtschreibg nach d. amtl. Festsetzg. Tl 1. . . . hrsg. v. Dr. H[ans] Poppelreuter, Dir. . . . in Oberhausen, u. W. Wilmanns, o. Prof. an d. Univ. Bonn. 10. Aufl. Berlin: Weidmann 1899. 8°

— deutsche Schulgrammatik nebst Regeln u. Wörterverzeichnis f. die deutsche Rechtschreibung nach der amtl. Festsetzung. 2 Tle. 8. Berlin, Weidmann. Kart. n. 2. 05
1. Für die untersten Klassen bis Sexta, hrsg. v. H. Poppelreuter u. W. Wilmanns. 11. Aufl. (IV, 111 S.) 903. n. — 80
2. Für die Klassen v. Quinta bis Tertia. 10., durchgesl. Aufl. (VI, 147 S.) 903. n. 1. 25

— Deutsche Schulgrammatik nebst Regeln u. Wörterverzeichnis f. die deutsche Rechtschreibung nach der amtlichen Festsetzung. 1. u. 2. Tl. 8. Berlin, Weidmann. 2.05
1. Für die untersten Klassen bis Sexta, hrsg. v. Hans Poppelreuter u. W. Wilmanns. 12. Aufl. (IV, 110 S.) 908. Kart. — 80
2. Für die Klassen von Quinta bis Tertia. 11., durchgesehn. Aufl. (VI, 147 S.) 910. Geb. 1. 25

— dasselbe, Übungsaufgaben, s.: Bandow, K.

—— über die preußische Schulorthographie. Vortrag, gehalten am 15. März 1880 im Bonner Bildungsverein. gr. 8. (20 S.) Köln 880, DuMont-Schauberg'sche Buchh.

Wilmanns: Die deutsche Sprache und Orthographie als Unterrichtsobjekt in den untersten Gymnasialklassen. 32 S. 4° Berlin gr. Kl. Progr. 1870.

—— altdeutsche Studien, s. Jänicke, O.

— der Untergang der Nibelunge in alter Sage u. Dichtung, s. a. Abhandlungen der königl. Gesellschaft der Wissenschaften zu Göttingen. Phil.-histor. Klasse N. F. VII. 2.

Der Untergang der Nibelunge in alter Sage und Dichtung. Von Wilhelm Wilmanns. *Berlin: Weidmann 1903.* (43 S.) 4°
= Abhandlungen d. Königl. Gesellschaft d. Wiss. zu Göttingen. Phil.-hist. Kl. N. F. Bd 7, No 2.

Wilmans, Krankenkassen u. Krankenhäuser grösserer Betriebe. gr. 8. (62 S. m. 1 Taf. u. 1 Tab.) Berlin 901. R. Schröder. n. 2. —; geb. n. 2. 60

Wilmans, Fr.

— s. Manuel des postes pour l'Allemagne.

Wilmans, Fr., Manuel des postes pour l'Allemagne et les routes principales de l'Europe. Frankfurt a. M. 1831. . . . . (RPA.)

Wilmans, Fr., s. Post-Buch für Deutschland.

Wilmans, Friedr. Wilh., Beytrag zur genauen u. vollständ. Unterscheidung d. Varioloid- von d. Variola- u. d. Varicellen-Krankheit; nebst besond. Einwürfen geg. d. Identität d. Contagien jener beyden ersteren Exantheme, u. Erinnerung an Regeln f. d. Ausübung d. Vaccination. 8. (7½ B.) Lemgo 831, Meyer.

Wilmans, Fr. W., neue Beobachtungen u. Erfahrungen üb. Zona s. Zoster etc. Denkschrift ꝛc. 8. (..B.) Lemgo 836, (Meyersche Hofbuchh.)

— neue Beobachtungen über d. chronischen Pemphygus u. seine vollständ. Unterscheidung vom Blasenfieber, nebst chem. Untersuchungen d. in den Blasen d. Pemphygus enthalt. Feuchtigkeit. gr. 8. Hannov. 817. Hahn.

— neues sicheres Gewinnungsverfahren d. Zuckers, Syrups u. Branntweins aus Runkelrüben. gr. 8. Osnabrück 813. Crone. 12 gl.

— tägliche Warnungstafeln, oder Uebersicht alles dessen, welches dem Menschen schädlich u. gefährlich werden u. schwere Krankheiten bringen kann. Fol. Hannov. 817. Hahn.

Wilmans, J., hinter den Kulissen. Sportplaudereien. 113 S.) 8. Leipzig (906). Grethlein & Co.
Geb. in Leinw. n. 2. 50

Wilmans, K., s. Wilmanns, Karl

Wilmans, R., die deutsche Gottheit Thegathon und die ältesten Documente zur Geschichte des Stifts Nottuln. Abdr. aus der Zeitschrift für vaterländ. Geschichte ꝛc. Münster 857. Regensberg. gr. 8. (41 S.) n. 5 ngr.

Wilmans, [illegible]
[illegible]
[illegible] Phil. Diss. [illegible] Dez. 1835

Wilmans, Rog., de Dionis Cassii fontibus et auctoritate. 8maj. (3 B.) Berolini 836, [Thome.]

— Jahrbücher unter Otto III., s. Jahrbücher d. deutsch. Reichs ꝛc., 2. Bd. 2. Abthl.

Wilmans, Roger, Index zu H. A. Erhard's Regesta historiae Westfaliae. Hrsg. von dem Verein für Geschichte und Alterthumskunde Westfalens. Nach den vom Dr. Ludw. Perger gesammelten Materialien bearb. gr. 4. (VII und 110 S.) Münster 861, (Regensberg.) * *

— die Kaiserurkunden der Provinz Westfalen 777—1313 kritisch, topographisch und historisch, nebst anderweit. Documenten und Excursen. 1. Bd.: Die Urkunden des Karolingischen Zeitalters 777—900. gr. 8. (XV und 570 S. mit 2 Stnt. in qu. 4.) Münster 867, Regensberg. *

Wilmans, Roger, die Kaiser-Urkunden der Provinz Westfalen 777—1313 kritisch, topographisch und historisch, nebst anderweit. Documenten und Excursen. 2. Bd.: Die Urkunden der J. 901—1254. 1. Abthl.: Die Texte, bearb. von F. Philippi. Mit 4 Taf. Siegelabbildungen. 1. Heft. gr. 8. (S. 1—160 mit 1 Lichtdr.) Münster 879, Regensberg. *
1. Bd. Ebendas. 1867. *M 9.

Wilmans, Roger, die Kaiser-Urkunden der Prov. Westfalen 777—1313 kritisch, topographisch und historisch, nebst anderweit. Documenten und Excursen. 2. Bd.: Die Urkunden der J. 901—1254. 1. Abthl.: Die Texte, bearb. von F. Philippi. 2. und 3. (Schluß-)Heft. gr. 8. (XVI, S. 161—433 mit 4 Taf. Siegelabbild. und Facs. und 3 Lichtdr.) Münster 880,81, Regensberg. à Lfg. * M 3. *
1. Bd. und 2. Bd. 1. Abthl. 1. Heft. Ebendas. 1867,79. *M 12.

Wilmans, R., die Urkunden des Bisthums Paderborn, s. Urkundenbuch, westfälisches.

— westfälisches Urkunden-Buch, s. Urkunden-Buch.

— die Urkundenfälschungen d. Klosters Abdinghof u. die Vita Meinwerci. [Aus: „Zeitschr. f. Gesch. u. Alterthumskunde Westfalens".] Mit 1 photolith. Taf. (in Imp.-4.). gr. 8. (38 S.) Münster 876. Regensberg. n. 1.20

Wilmar, Emilie v., v. d. Verf. d. Familie v. Bernheim. 12. Braunschw. Schulbchhdl. 798.

v. Wilmar, Em., s. Kinderalmanach. 2s B.

Wilmar, (Wilhelm.) Erholungsstunden. 2 Thle, mit 1 Kpf. 8. Leipz. 823, Kollmann.

— Friederike u. Julie; oder Keine v. Beiden. Neue unveränd. Aufl. 2 Thle. 8. Erfurt 825, Müller.

Wilmarshof, Karl

Wilmarshof, Carl, Geschichte von Böhmen. gr. 8. (18½ B.) Leipzig 844, [Brandstetter.]

Wilmarshof, Karl, Geschichte von Böhmen. gr. 8. Leipzig 844, Einhorn. 1 ₰

Wilmarshof, Karl, das Jenseits. Ein wissenschaftlicher Versuch zur Lösung der Unsterblichkeits-Frage. 1. Abth.: Der ontologische Beweis. Leipzig 863. Amelang. 8. (VIII, 111 S.) 15 ngr.

— — 2. Abth.: Der kosmologische Beweis. Ebend. 864. 8. (170 S.) 22½ ngr.

Wilmarshof, Karl, das Jenseits. Ein wissenschaftl. Versuch zur Lösung der Unsterblichkeits-Frage. 3. u. 4. Abthlg. Leipzig, Amelang's Verl. 8.
3. Abthlg. Der theologische Beweis. (Beweis aus dem Dasein Gottes.) 865. 15 ngr.
4. Abthlg. Ort u. Beschaffenheit des künftigen Lebens. (IV, 208 S.) 866. 27½ ngr.

Wilmart Dom André, O. S. B.: *La tradition des opuscules dogmatiques de Foebadius, Gregorius Illiberitanus, Faustinus* (mit 3 Taf.). S. 159/1 . . . .
Separatabdruck

Wilmart, André, O. S. B., la tradition des opuscules dogmatiques de Foebadius, Gregorius Illiberitanus, Faustinus. (34 S. m. 3 Taf.) gr. 8. Wien 908. A. Hölder. 1. 65
Sonderabdruck aus: „Sitzungsber. d. k. Akad. d. Wiss."

Wilmer, Franz, aus Batavia (Java): Beiträge zur Kenntnis des diluvialen Addagletschers. Mit Karte, Profiltafel und Lichtdrucken. Bern 1904. 48 S. 8°. [29. I. 04.]
Bern. Phil. Diss. 1904/1905.

Wilmer, Franz. Beiträge zur Kenntnis des diluvialen Addagletschers. Mit Karte, Profiltafel und Lichtdrucken [3 Tafeln]. Diss. Phil. Bern. [Sep.-Abdr. aus den Mitteilungen der Naturforschenden Gesellschaft in Bern aus dem Jahre 1904.] 48 S. 8. Bern, K. J. Wyss, 1904.

Wilmer, Hermann: Ueber Entzündung des linken Vorhofes. Halle (1872: Plötz. 31 S. 8°
Halle-Wittenberg, Med. Diss. v. 28. März 1872
Geb. Ahaus (Westf.) 20. 12. 1845. V.

Samlung von Freunden und Gönnern gewidmet -- v. Friederich **Wilmerding** auf Augustenburg den 1. Januar 1799. quer 8° [Handschrift.]

Wilmerding, Philipp Wilhelm (Braunschweig)
A. S. 1269/12

De differentia medici et practici medicinae.
Präs. Friedrich Hoffmann.
Halle (Henckel) IV. 1716. 36 S. 36833

Wilmerding, Wlh. Alb., Verzeichniß d. Universitäten, Akademien gelehrt. Gesellschaften rc. in Spanien, Portugal, Italien, Großbrittanien, d. Schweiz, Schweden, Dänemark, Preußen, Polen, Rußland u. d. vereinigten Niederlande, nebst einer kurzen Uebersicht d. Zustands der Gelehrsamkeit in den Ländern. 8. Leipz. 796. Schwickert. 18 gl.

Wilmernst, Hans, das Werk der Arbeiter. Sozialpolitischer Roman. (316 S.) 8. Leipzig-Gohlis 910. Raschwitz b. Leipzig, B. Volger. 3. —

Wilmers, Gustav, Zahnarzt aus Dortmund. Aus d. chirurg. Klinik in Bonn. Über Nervennaht und Nervenlösung. *Bonn 1899: J. Buch Wwe.* (37 S.) 8°
Bonn, Med. Diss. v. [1. Juli] 1899

Wilmers, John, s. a. Beler, Thdr.

Wilmers, John, vor dem Mast, s.: Eckstein's Miniaturbibliothek.

Wilmers, Wilhelm

(Wilmers, Guil.,) Animadversiones in quattuor contra Rom. Pontificis infallibilitatem editos libellos. Neapoli, typis Vincentii Manfredi, 1870, in 8°, 114 pp.

Wilmers, Wilh., S. J., de Christi ecclesia libri VI. gr. 8. (III, 691 S.) Regensburg 897. F. Pustet. n. 8. —; geb. in Halbchagrin n. 9. 50

Wilmers, Wilh., S. J., de fide divina libri IV. Opus postumum, post mortem auctoris ed. cura August. Lohmkuhl, S. J. gr. 8. (IV, 416 S.) Regensburg 902. F. Pustet. n. 4. 80; geb. in Halbchagrin n. 6. 80

Wilmers, W., Geschichte der Religion als Nachweis der göttlichen Offenbarung. Für höhere Lehranstalten und zum Selbstunterrichte. Münster 856. Aschendorff. gr. 8. (2 Bl., 371 S.) n. 20 ngr.

Wilmers, W., Geschichte der Religion als Nachweis der göttlichen Offenbarung in ihrer Erhaltung durch die Kirche. Für höhere Lehranstalten und zum Selbstunterrichte. 4., mit besond. Bezugnahme auf die kirchl. Lehrgewalt umgearb. Aufl. gr. 8. (III, 638 S.) Münster 872, Aschendorff'sche Buchh.

Wilmers, W., Geschichte der Religion als Nachweis der göttlichen Offenbarung u. ihrer Erhaltung durch die Kirche m. besond. Bezugnahme auf die kirchl. Lehrgewalt. Für höhere Lehranstalten u. zum Selbstunterrichte. 5., verb. Aufl. gr. 8. (IV, 644 S.) Münster 879. Aschendorff. 4. —

Wilmers, W., Geschichte der Religion als Nachweis der göttlichen Offenbarung u. ihrer Erhaltung durch die Kirche. Im Anschluß an das „Lehrbuch der Religion". 2 Bde. 6., neubearb., verm. Aufl. gr. 8. (XVI, 451 u. XI, 492 S.) Münster i/W. 891. Aschendorff. n. 9. —

Wilmers, W., S. J., Geschichte der Religion als Nachweis der göttlichen Offenbarung u. ihrer Erhaltung durch die Kirche. Im Anschluß an das „Lehrbuch der Religion". 2 Bde. 7., neu bearb., verm. Aufl. (XIX, 535 u. XII, 413 S.) gr. 8. Münster 904. Aschendorff. n. 9. 50; geb. in Halbfrz. n.n. 12. —

—— Kurzgefaßtes Handbuch der katholischen Religion. 3. durchgeseh. Aufl. gr. 8. (IV, 587 S.) Regensb. 891, Pustet. * 3 20; geb. * 4 —

— kurz gefaßtes Handbuch der kathol. Religion. 4., durchgeseh. Aufl. (IV, 587 S.) gr. 8. Regensburg 905. F. Pustet. n. 3. 20; geb. in Leinw. n. 4. —

—— Handbuch der Religion für Studierende an höheren Lehranstalten und für gebildete Laien überhaupt. 1. Aufl. (IV, 527 S.) 1871. *ℳ 2,40., und 2. verb. und verm. Aufl. gr. 8. (VIII, 502 S.) Regensburg 875, Pustet. *

—— Lehrbuch der Religion. Ein Handbuch zu Deharbe's katholischem Katechismus und ein Lesebuch zum Selbstunterrichte. 1. Bd.: Religionsgeschichte als Nachweis der göttl. Offenbarung und Unterlage der Religionslehre. 2., theilweise umgearb. Aufl. gr. 8. (IV und 368 S.) Münster 855, Aschendorff'sche Buchh. *

—— dass. — 2. und 4. Bd. (Lehre vom Glauben. — Lehre von den Gnadenmitteln.) 2., theilweise umgearb. Aufl. gr. 8. (1803 S.) Ebds. 856. [2. Thl. * 1 Thlr. 18 Ngr., 4. Thl. * 1 Thlr. 10 Ngr.] *

Wilmers, W., Lehrbuch der Religion. Ein Handbuch zu Deharbe's kathol. Katechismus und einem Lesebuch zum Selbstunterrichte. 3. Bd.: (Sittenlehre.) 2. Aufl. gr. 8. (640 S.) Münster 857, Aschendorff'sche Buchh. *
1., 2. und 4. Bd. 2. Aufl. Ebendas. 1855,56. * 3 Thlr. 16 Ngr.

Wilmers, W., Lehrbuch der Religion. Ein Handbuch zu Deharbe's katholischem Katechismus u. e. Lesebuch zum Selbstunterrichte. 1—3. Bd. 4. Aufl. gr. 8. Münster 885. 86. Aschendorff. n. 11. 40
1. Lehre vom Glauben überhaupt u. vom Glauben an Gott den Dreieinigen u. Erschaffer [1. Glaubensartikel] insbesondere. (XII, 500 S.) n. 4. 80
2. Von Jesus Christus, dem verheißenen Erlöser, vom h. Geiste, v. der Kirche, v. der Vollendg. [2—12. Glaubensartikel.] (XVI, 684 S.) n. 6. 60
3. Von den Geboten. (XVI, 554 S.) n. 5. 40

Wilmers, W., Lehrbuch der Religion. Ein Handbuch zu Deharbe's kathol. Katechismus u. e. Lesebuch zum Selbstunterrichte. 4. Bd.: Von der Gnade u. den Gnadenmitteln. 4., verm. Aufl. gr. 8. (XXIV, 958 S.) Münster 886. Aschendorff. n. 9. 20

— dasselbe. Alphabetisches Personen- u. Sachregister zu den 4 Bdn. gr. 8. (56 S.) Ebd. 888. n. — 60 (cplt. m. Register: n. 26. 60)

Wilmers, W., Lehrbuch der Religion. Ein Handbuch zu Deharbe's kathol. Katechismus u. e. Lesebuch zum Selbstunterrichte. 1. u. 2. Bd. 5., überarb. u. verm. Aufl. gr. 8. Münster 894. Aschendorff. n. 13. —
1. Lehre vom Glauben überhaupt u. vom Glauben an Gott den Dreieinigen u. Erschaffer (1. Glaubensartikel) insbesondere. (XV, 662 S.) n. 6. —
2. Von Jesus Christus dem verheißenen Erlöser, vom h. Geiste, v. der Kirche, v. der Vollendung. (2.—12. Glaubensartikel.) (XVI, 770 S.) n. 7. —

— Lehrbuch d. Religion. Ein Handbuch zu Deharbe's kathol. Katechismus u. e. Lesebuch z. Selbstunterrichte. 3. u. 4. Bd. 5., überarb. u. verm. Aufl. gr. 8. Münster, Aschendorff. n. 15. 75 (kplt.: n. 28. 75)
3. Von d. Geboten. (XVI, 662 S.) 894. n. 6. —
4. Von d. Gnade u. d. Gnadenmitteln. (XIX, 1043 S.) 895. n. 9. 75

— Lehrbuch der Religion. Ein Handbuch zu Deharbes kathol. Katechismus u. e. Lesebuch zum Selbstunterrichte. 6., verb. Aufl., nach dem Tode des Verf. hrsg. v. Aug. Lehmkuhl, S.J. 2 Bde. gr. 8. Münster 902. Aschendorff. n. 13.45
1. Lehre vom Glauben überhaupt u. vom Glauben an Gott den Dreieinigen u. Erschaffer (1. Glaubensartikel) insbesondere. (XVI, 698 S.) n. 6. 25
2. Von Jesus Christus dem verheißenen Erlöser, vom hl. Geiste, v. der Kirche, v. der Vollendung. (2.—12. Glaubensartikel.) (XVI, 792 S.) n. 7. 20

— Lehrbuch der Religion. Ein Handbuch zu Deharbes kathol. Katechismus u. e. Lesebuch zum Selbstunterrichte. 6., verb. Aufl., nach dem Tode des Verf. hrsg. v. Aug. Lehmkuhl, S. J. 3. Bd. Von den Geboten. (XV, 679 S.) gr. 8. Münster 903. Aschendorff. n. 6. —: geb. n. 7. 20 (1.—3.: n. 19. 45)

Wilmers, W., S. J., Lehrbuch der Religion. Ein Handbuch zu Deharbes kathol. Katechismus u. e. Lesebuch zum Selbstunterrichte. 1., 2. u. 4. Bd. gr. 8. Münster, Aschendorff. 24.25; geb. in Halbfrz. 28. 05
Inhalt umseitig.
1. Lehre vom Glauben überhaupt u. vom Glauben an Gott den Dreieinigen u. Erschaffer (1. Glaubensartikel) insbesondere, 7. Aufl., neu bearb. v. Jos. Hontheim, S. J. 909. (XVI, 728 S.) 6. 50; geb. 7. 70
2. Von Jesus Christus dem verheißenen Erlöser, vom h. Geiste, v. der Kirche, v. der Vollendg. (2.—12. Glaubensartikel.) 7. Aufl., neu bearb. v. Jos. Hontheim, S. J. (XVI, 886 S.) 910. 8.—; geb. n 9. 20
4. Von der Gnade u. den Gnadenmitteln. 6., verb. Aufl., nach dem Tode des Verf. hrsg. v. Aug. Lehmkuhl, S. J. (XIX, 1024 S.) 903. 9.75; geb. n 11. 15

De religione revelata libri quinque. Auct. Guilelmo **Wilmers**, S. J. . . . Ratisbonae, Neo Eboraci & Cincinnati: F. Pustet 1897. (IV, 686 S., 1 Bl.) 1 Bd 8°

Wilmersdorf [Schlagwort]

— s. a. Berlin. Kiessling. — Straube, Jul.

Wilmersdorf, s. a. Charlottenburg. Straube.

Wilmersdorf. Uebersichtsplan v. den Bebauungs-Plänen der Gemarkungen Dt.-Wilmersdorf, Schmargendorf u. Friedenau, Amtsbez. Dt.-Wilmersdorf, Kreis Teltow. 1 : 4000. 2 Sektionen. Farbendr. Berlin 894. D. Reimer. n.n. 13. —
1. Nach Neumessung angefertigt im Apr. 1892. 113,5×91 cm. n.n. 8. —
2. Nach Neumessung angefertigt im Aug. 1890. 108,5×68,5 cm. n.n. 5. —

Wilmersdorf [Verfasser]

Wilmersdorf, A., hebräische Sprachlehre für israelitische Volksschulen u. die Mittelklassen der Gymnasien. [Mesilath Haloschon.] Emmendingen 860. (Leipzig, C. L. Fritzsche.) gr. 8. (VI, 66 S.) n. 7 ngr.

Dalmatien-Fahrten. Reise- und Tourenkarte d. österr.-ungar. Küstenlandes u. d. Inseln. Bearb. von C. A. **Wilmersdorf.** Maßst. 1:750,000. [Mit 1 Nebenkarte.] *Wien: M. Perles 1899; Kart. lith. Anst. Ph. Bannwarth.* (1 Kartenbl. 57×40 cm.) 8° [kol.]
[Umschlagt.:] Viaggi in Dalmazia. Dalmatien-Fahrten. ⟨Vožnje po Dalmaciji ... von C. A. Wilmersdorf.

[Umschlagt.:] Viaggi in Dalmazia. Dalmatien-Fahrten. '(Vožnje po Dalmaciji.)' Reise- u. Touren-Karte d. oesterr.-ungar. Küstenlandes u. dessen Inseln. Bearb. v. C. A. **Wilmersdorf.** (Massst.: 1:750000.) Wien: M. Perles (1899). (1 Ktnbl.) 1 Bd 8°

Wilmersdorf, Joh., s.: Beamten-Taschenkalender.

— s.: Militär- u. Marine-Taschenkalender.

— s.: Welt-Taschenkalender.

Max Ritter von **Wilmersdörffer**'sche Münzen- und Medaillen-Sammlung. Serie 4: Münzen u. Medaillen von Rußland, Polen, Baltischen Ländern, Schweden, Dänemark, Norwegen. . . . Auktion Montag, den 4. Nov. 1907 u. folgende Tage . . . unter Leitg. des Joseph Hamburger. — Frankfurt a. M.: Hamburger 1907. 76 S., 4 Taf. 4° (8°)

Wilmes, Franz, approb. Arzt aus Heggen i. Westf: Aus d. Universitäts-Augenklinik in Gießen: Bericht über 628 Star-Operationen. *Gießen 1904: v. Münchow.* (38 S.) 8°
Gießen, Med. Diss. v. 1904

Wilmet, M. Chrn., Lebensbeschreibung des heil. Johannes von Gott, Stifters des Ordens der barmherzigen Brüder. Aus dem Französ. übers. Regensburg 856. Manz. 8. (XVI, 200 S.) 19½ ngr.

Wilmingtons, Die. Roman. Aus dem Engl. Leipzig 1850. V: *Marsh, Anne.* (Russell VII, 2, 1795)

Wilmingtons, die. Vom Verfasser von „Emilie Wyndham," „Mount Sorel" rc. Aus dem Engl. übers. 3 Bde. 8. Leipzig 850, Kollmann. 3 ₰

Wilmink, J. H., Quaest. ad antiquitatem Romanam pertinentes. (De divortio Carvili
— De primo parricidio matricidioque apud Romanos.) Diss. 1877. 49 S.

Wilmil, Jos., de pastoratu Kempensi liber. Edidit Gerard. Torwelp. Progr. gr. 8. (LXXXV S.) Kempen 897. (Klöckner & Mausberg.) n. 1. 20

WILMIUS, Wilhelm (geb. am 25 Jan. 1838 in Köln) *wurde am 18 Aug. 1860 in Bonn zum Dr. med promoviert. Seine Dissertation — Über die Behandlung der Cholera — ist nicht erschienen.*

Wilmot und Agnes oder Stolz und Verzweiflung; ein Trauerspiel nach Lillo. O. O. 1784. V: *Brömel, Wilhelm Heinrich.* (GGr) (Ky)

v. Wilmovsky, J., Beschreib. u. Abbild. neuerfund. Sparstubenöfen, Feuerheerde, Brau- u. Branntweinkessel. Mit Kpf. 8. Thal-Ehrenbreitenstein 806. Gehra. 12 gr.
vgl. Wilmowsky

Wilmowski, B. v., das preuß. Einkommensteuergesetz vom 24. VI. 1891 in der Fassung der Novelle vom 19. VI. 1906, erläutert. 2. Aufl. (XII, 254 S.) gr. 8. Breslau 907. J. U. Kern. Geb. in Leinw. 5. —

Wilmowski, B. v., Kommentar z. preuß. Einkommensteuergesetz v. 24. Juni 1891. gr. 8. (XV, 264 S.) Breslau 896. J. U. Kern's Verl. Geb. in Leinw. n. 6. 50

Wilmowski, Gustav

— und M. Levy, zur praktischen Anwendung der deutschen Civilprozeßordnung. Vorträge, gehalten im Berliner Anwalt-Verein. 1. und 2. Abdr. 8. (III, 181 S.) Berlin 879, Vahlen. *

— und M. Levy, Ausführungs- und Uebergangsgesetze zur Reichs-Civilprozeßordnung mit ausführl. Sachregister und einem Register der abgeänderten und aufrechterhaltenen gesetzl. Bestimmungen. 1. und 2. Abdr. gr. 8. (X, 386 S.) Ebendas. 880. *ℳ 5.; geb. *

Wilmowski, G. v., Beiträge zum pommerschen Lehnrecht. gr. 8. (VIII, 156 S.) Berlin 870, Guttentag. *

— u. Ludw. Wreschner, die geplante Beschränkung der freien Advokatur, s. a. Veröffentlichungen des Berliner Anwalt-Vereins.

Wilmowski u. Wreschner, Ludw.: Die geplante Beschränkung der freien Advokatur. (Erlaß des Preuß. Justizministers v. 19. März 1894.) 2 Vorträge. Berlin 1894.
(Veröffentlichungen des Berl. Anwaltvereins. H. 3.)

Wilmowski, Gust. v., meine Erinnerungen an Bismarck. Aus dem Nachlasse hrsg. von Marcell v. Wilmowski. gr. 8. (XI, 203 S.) Breslau 900. Berlin, E. Trewendt. n. 4. —; geb. n. 5. —

Wilmowski, Gust. v., Feldbriefe 1870/71 von Karl v. Wilmowski. Nebst biograph. Mitteilungen. gr. 8. (106 S.) Breslau 894. E. Trewendt. Geb. in Leinw. n. 2. —

Wilmowski, Gust., Deutschlands Grenzen, namentlich gegen Dänemark und Polen. 8. (26 S.) Glogau 848, Flemming's Verlag.

Wilmowski, G. v., Handausgabe der Konkursordnung für das Deutsche Reich auf der Grundlage seines Kommentars, nebst einem Anhang, enthaltend das Anfechtungsgesetz ꝛc. 8. (III, 136 S.) Berlin 886, Vahlen. *ℳ 2.50.; geb. *

u. M. Levy,

—— —— Handausgabe der Civilprozeßordnung und des Gerichtsverfassungsgesetzes für das Deutsche Reich, auf der Grundlage ihres Kommentars, nebst einem Anhang, enthaltend die Kostengesetze, bearb. 8. (X, 498 S.) Ebendas. 881. *
geb. *

— — Handausgabe der Civilprozeßordnung u. d. Gerichtsverfassungsgesetzes f. das Deutsche Reich auf der Grundlage ihres Kommentars, nebst e. Anh., enth. die Kostengesetze. 2., verm. Aufl. 8. (VIII, 500 S.) Ebd. 889. n. 6. —; geb. n. 7. —

— — Handausgabe der Civilprozeßordnung u. des Gerichtsverfassungsgesetzes f. das Deutsche Reich, auf der Grundlage ihres Kommentares bearb. 3., verm. u. verb. Aufl. 8. (IX, 500 S.) Ebd. 894. n. 6. —; geb. in Leinw. n. n. 7. —

Wilmowski, G. v., das Konkursverfahren nach der Reichs-Konkursordnung vom 10. Febr. 1877 an einem Rechtsfalle dargestellt. 1.—3. Abdr. (49 S.); 4. ergänzter Abdr. gr. 8. (57 S.) Berlin 879, Vahlen. *
Aus: Beiträge zur Erläuterung des deutschen Rechts, besonders abgedruckt.

Wilmowski, G. v., das Konkursverfahren nach der Reichs-Konkursordnung v. 10. Febr. 1877, an e. Rechtsfalle dargestellt. 5., verb. Abdr. gr. 8. (66 S.) Berlin 889. Vahlen. n. 1. 20

— das Konkursverfahren nach der Konkursordnung vom 10. Febr. 1877, an e. Rechtsfall dargestellt. 6., verb. Abdr. gr. 8. (66 S.) Berlin 894. F. Vahlen. n. 1. 20

— zur Organisation des Anwaltstandes. [Aus: „Zeitschrift f. deutschen Civilprozess“.] gr. 8. (36 S.) Berlin 894. C. Heymanns Verl. n. — 80

Wilmowski, G. v., lübisches Recht in Pommern. gr. 8. (XIII und 299 S.) Berlin 867, Guttentag. *

Wilmowski, G. v., zur Reichs-Konkursordnung. Vorträge, gehalten im Berliner Anwalt-Verein. 1. und 2. Abdr. 8. (69 S.) Berlin 880, Vahlen. *

— deutsche Reichs-Konkursordnung erläutert. gr. 8. (VI, 872 S.) Ebend. 878. n. 7. 50; geb. n. 9. —

Wilmowski, G. v., deutsche Reichs-Konkursordnung, erläutert. 2. verm. Aufl. 4 Lfgn. gr. 8. (VIII, 609 S.) Berlin 881, Vahlen. à Lfg. *ℳ 3. *
geb. *

—— deutsche Reichs-Konkursordnung, erläutert. 3. verb. Aufl. gr. 8. (VIII, 571 S.) Ebendas. 885. *ℳ 10.—.; geb. *

—— Deutsche Reichs-Konkursordnung, erläutert. 4. verb. Aufl. gr. 8. (XI, 604 S.) Ebd. 889. * 11 —; geb. * 13 —

Wilmowski, G. v., deutsche Reichs-Konkursordnung, erläut. von v. W. 5., verb. Aufl. gr. 8. (XII, 630 S.) Berlin 896. F. Vahlen. n. 12. —;
Erschien auch in 3 Lfgn. geb. in Halbfrz. n. 14. 50

— deutsche Reichs-Konkursordnung, erläut. von v. W. Nach dem Tode des Verf. fortgesetzt v. K. Kurlbaum, A. Kurlbaum u. W. Kühne. 6. umgearb. Aufl. 1. u. 2. Lfg. gr. 8. (S. 1—192.) Berlin 902. F. Vahlen. à n. 2.—

Wilmowski, G. v., deutsche Reichs-Konkursordnung, erläutert von v. W. Nach dem Tode des Verf. fortgesetzt v. K. Kurlbaum, A. Kurlbaum u. W. Kühne. 6. umgearb. Aufl. 3.—6. Lfg. (XII u. S. 193—788.) gr. 8. Berlin 903—906. F. Vahlen. n. 13. —
(vollst.: n. 17. —; geb. n. 19. 50)

—— über niedere Strafgerichtsgewalt und Volksrecht. gr. 8. (22 S.) Glogau 848, Flemming's Verlag.

-- u. M. Levy,

—— —— Civilprozeßordnung und Gerichtsverfassungsgesetz für das Deutsche Reich nebst den Einführungsgesetzen. Mit Kommentar in Anmerkungen hrsg. 1. und 2. Abthl. gr. 8. Ebendas. [1. Abthl. (I—IV, S. 1—480.) 877; 2. Abthl. (V—XIII, S. 481—865.) 878.] à Abthl. * ℳ 7,50. *
geb. *

—— —— Civilprozeßordnung und Gerichtsverfassungsgesetz für das Deutsche Reich, nebst den Einführungsgesetzen. Mit Kommentar und Anmerkungen hrsg. 2. verm. und verb. Aufl. 5 Lfgn. gr. 8. (XIII, 1207 S.) Ebendas. 880. *
geb. *

—— —— dass. — 3. verb. Aufl. 5 Lfgn. gr. 8. (XXVI, 1246 S.) Ebendas. 883. ℳ 24.; geb. *

—— und M. Levy, Civilprozeßordnung und Gerichtsverfassungsgesetz für das Deutsche Reich, nebst den Einführungsgesetzen. Mit Kommentar in Anmerkungen hrsg. 4. verb. Aufl. gr. 8. (XIV, 1328 S.) Ebendas. 885.
geb. in 1 Bd. *ℳ 28.—.; geb. in 2 Bde. *

—— dass. — 5. verb. Aufl. gr. 8. (XV, 1336 S.) Ebendas. 888. *ℳ 25.—.; geb. *

—— u. M. Levy. Civilprozeßordnung u. Gerichtsverfassungsgesetz f. das Deutsche Reich nebst den Einführungsgesetzen. Mit Kommentar in Anmerkgn. hrsg. 6. verm. u. verb. Aufl. gr. 8. (XXI, 1385 S.) Ebd. 892. * 27 —; geb. in 2 Halbfrzbde. * 32 —

— u. M. Lehy, Civilprozeßordnung u. Gerichtsverfassungsgesetz f. d. Deutsche Reich, nebst d. Einführungsgesetzen. M. Kommentar in Anmerkgn. 7., verm. u. verb. Aufl. 2 Bde. gr. 8. (XXX, 1602 S.) Ebd. 895.
n. 29. —; geb. in Halbfrz. n.n. 34. —
Erschien auch in 5 Lfgn.

Wilmowski. s. Wilmowsky, J. N.

Wilmowsky, J. v., Beschr. u. Abbild. neuerfund. Spar-Stubenofen- Feuerheerde, Brau- und Branntweinkessel u. K. 8. Thal-Ehrenbreitstein, Gehra. 806.
vgl. Wilmovsky

Wilmowsky, J. N. v., der Dom zu Trier in seinen drei Hauptperioden: der römischen, der fränkischen, der romanischen. Beschrieben und durch 26 Tafeln erläut. Fol. (VI, 58 S. mit 1 Atlas von 26 zum Theil farb. Stnt. in gr. Fol. in Mappe.) Trier 874, Lintz' Verlag.
Subscr.-Pr. * ℳ 75.; Ladenpr.

Die Fälschung der Nenniger Inschriften. Von Ernst aus'm Weerth. Geprüft von Domcapitular von WILMOWSKY. Herausgegeben von der Gesellschaft für nützliche Forschungen zu Trier. (Mit 1 Tafel.) Trier. 1871. — 8⁰.

—— archaeologische Funde in Trier und Umgegend. Festschrift zur Feier der vom 22. bis 26. Septbr. 1873 zu Trier tagenden Generalversammlung der deutschen Geschichts- und Alterthumsvereine. Hrsg. von der Gesellschaft für nützl. Forschungen. gr. 4. (46 S. mit 4 Stnt. in 4. und qu. Fol.) Ebendas. 873. *

Wilmowsky, J. N. v., die historisch-denkwürdigen Grabstätten der Erzbischöfe im Dome zu Trier und die archäologisch-liturgisch und kunstgeschichtlich bemerkenswerthen Fundgegenstände in denselben. Nebst der archäolog. Prüfung des zur Verhüllung der Reliquie der Tunica des Erlösers verwendeten prachtreichen liturg. Gewandes daselbst und dem Berichte über die Sandalen des Erlösers in der Salvatorkirche zu Prüm. Beschrieben und durch 11 (lithogr. und chromolithogr.) Taf. (in gr. Fol. und Carton-Mappe) erläutert. gr. 4. (47 S.) Trier 876, Lintz'sche Buchh. *

Wilmowsky, J. N. v., römische Mosaiken aus Trier und dessen Umgegend. Gezeichnet und erläutert. Nach dessen Tode hrsg. von der Gesellschaft für nützl. Forschungen in Trier. Hierzu ein Heft mit 9 chromolithogr. Taf. (in gr. Fol.). gr. 4. (XVI, 23 S.) Trier 888, Lintz'sche Buchh.
In Mappe *

Wilmowski, v., die römischen Moselvillen zwischen Trier u. Nennig. Trier 870. Lintz' Verl. gr. 8. (49 S.)
7½ ngr.

Wilmowsky, v., s. a. Rock, der heilige, in Trier.

— der heilige Rock. Eine archäolog. Prüfg. d. zur Verhüllg. der Reliquie der Tunica d. Erlösers verwendeten prachtreichen liturg. Gewandes im Dome zu Trier, nebst e. Berichte üb. die Sandalen d. Erlösers in der Salvatorkirche zu Prüm. [Aus d. Verf.: „Die historisch-denkwürd. Grabstätten der Erzbischöfe im Dome zu Trier".] gr. 8. (38 S.) Ebend. 876. — 75

—— die Schrift des A. Rhenanus: Eine Beleuchtung der „archäologischen Prüfung des zur Verhüllung der Reliquie der Tunica des Erlösers verwendeten prachtreichen liturgischen Gewandes im Dome zu Trier" berichtigt. gr. 8. (71 S.) Ebendas. 877.

Wilmowsky, v., die römische Villa zu Nennig. Ihre Inschriften erläutert. gr. Fol. (18 S. mit 2 Stnt. Facs. der Inschriften, und erläut. Sculpturen vom Amphitheater und Forum der Col. Aug. Trev.) Trier 868, (Lintz' Verlag.) * *

—— die römische Villa zu Nennig und ihr Mosaik erläutert. Hrsg. vom Vorstande des Vereins von Alterthumsfreunden im Rheinlande. gr. Fol. (IV und 16 S. mit der Übersichtstaf. des Mosaikfussbodens in Stahlst. und 8 Stnt. in Farbendr. in qu. Fol. und Imp.-Fol.) Bonn 865, Marcus. cart. *

Wilms, Friedrich Ludwig Jahn, Festrede, Posen 1910, 20 S., 8°.

Wilms, Selbstbiographie, s. Lothholz.

Wilms, Albert

Wilms, A., der Hauptfeldzug des Germanikus im J. 15 n. Chr. Die Teutoburger Schlacht. Der Kampf auf den „Langen Brücken". (83 S. m. Titelbild u. 1 Karte.) gr. 8. Hamburg 909. Herold. 1. 25
Sonderabdruck aus: „Hamburger Nachr."

Wilms, A., De personarum notis in codicibus Terentianis. Diss. 1881. 86 S.

Wilms, Alb. Über die Quellen für die Geschichte des ersten Sklavenkrieges. S. 19–30. **Progr.** Wi. G. **Hamburg* 1885.

Wilms, Albert [Dr.]: Die Schlacht bei Cannae. Hamburg, gedr. bei Lütcke & Wulff, 1895; 1 Bl., 29 S., 1 Kt. 4.
Hamburg, Wilhelm-G, OP 1895 (757)

Wilms, Alb., die Schlacht bei Cannae. Progr. gr. 4. (29 S. m. 1 Plan.) Hamburg 895. (Herold's Verl.)
n.n. 2. —

Wilms, A(lbert), Prof. Dr.: Die Schlacht im Teutoburger Walde. *Hamburg 1899: Lütcke & Wulff.* (64 S.) 8° ¶ (Vgl. die Abh. des Verf. 'Das Schlachtfeld im Teutoburger Walde' in d. Jahrbüchern f. klass. Philol. 1897.)
Hamburg, RG d. Johanneums, P 1899 (780)

Wilms, A., die Schlacht im Teutoburger Walde. Mit 2 Karten. gr. 8. (64 S.) Leipzig 899. Freund & Wittig.
n. 1. 20

Wilms, Alb., vom kranken u. gesunden Staate od.: Vom Wesen d. Währg. gr. 8. (VIII, 133 S.) Leipzig 898. Freund & Wittig. n. 2. 60

Wilms, Bernd Diedrich

Wilms, B. D., mnemonische Bearbeitung der Welt- und Cultur-Geschichte. Für den Schulunterricht und das Selbststudium hrsg. br. 8. (XII und 203 S.) Flensburg 867, Herzbruch. *

Wilms, C
Palette und Feder. Roman vom Niederrhein. Berlin 1881.
In: Roman-Zeitung, Deutsche. Bd 1.

Wilms, C. M. P. Catonis vita et fragmenta. Part. II. 16 S.
Dortmund, Progr. 1843
vgl. Wilms, L.
vgl. Wilms, M.

Wilms, E. Kurze Übersicht der deutschen National-Literatur. 24 S. Thl. 2. 26 S.
Dortmund, Progr. 1847, 1850

Wilms, Eduard Albert, s. Wilms, Albert

Wilms, die Reichszuwachssteuer, s.a. Zeitfragen, soziale. 38. Heft.

Die Reichszuwachssteuer. Vortrag, geh. 1909 zu Berlin von Dr. [Ernst] Wilms, Oberbürgermeister. Berlin: Bodenreform [1909]. 15 S. 8°
(Soziale Zeitfragen. H. 38.)

Wilms, Friedr., vergleichende Uebersicht der Arzneimittel der 6. Ausg. der preuss. Pharmacopoe mit denen der 5. Ausg. Zum Handgebrauch für prakt. Aerzte. 16. (35 S.) Münster 847, Coppenrathsche Buchh.

Wilms, Fritz [prakt. Arzt aus Erfurt]: Ueber die Heilung von Wunden unter dem feuchten Blutschorf . . . . Berlin, Buchdr. v. Gustav Schade (Otto Francke) (1888); 28 S. + 1 Bl. 8°
Berlin, Med. Fak., Inaug.-Diss. v. 25. Febr. 1888

Wilms, G. L.

Wilms. Aphorismen zur lateinischen Grammatik (A. Quantität). 23 S.
Minden, Progr. 1855

Wilms: Einige Bemerkungen über die Responsion der Personen in den χορικοις Sophokles. 25 S. Burgsteinfurt, Progr. 1858.

Wilms. Zur Geschichte des Gymnasiums in Minden. Heft 1. Die Reformation in Minden.
Minden, Progr. 1860

Wilms, G. L., zur Geschichte des Gymnasiums zu Minden. 1. Heft: Die Reformation in Minden. gr. 8. (IV und 71 S.) Minden 860, (Volkening.) *

Wilms, s.: Lieder, Braunschweiger.

Wilms, Lieder zum Gebrauche bei der Morgen-Andacht für Gymnasien und Realschulen. 5. und 6. Aufl. 8. (72 S.) Minden 880, 84, Bruns' Verlag. geb.

Wilms: Die Reformation in Minden. 71 S. 8° Minden, Progr. 1860

Wilms, Georg Ernst, s. Wilms, Ernst

Wilms, Hermann, aus Lübeck: Aus d. mediz. Klinik in Bonn. Ueber nervöse Störungen nach Unfällen durch Elektrizität. Bonn 1904: E. Eisele. (32 S.) 8°
Bonn, Med. Fak., Ref. Schultze, Diss. v. 20. Dez. 1904
[Geb. 24. Juni 70 Lübeck; Heimatsort: Lübeck; Staatsangeh.: Preußen; Vorbildung: Realgymn. Lübeck Reife M. 91 (Erg.-Prüf. Gymn. Wurzen O. 95); Studium: Naturwiss.: München, Berlin 5 S., Med.: Leipzig 4, Würzburg 7 S.; Coll. 20. Dez. 04; Approb. 21. Juli 00.]

Wilms, Hieron., O. Pr., der religiöse Mensch im Urteil der Welt. (IX, 176 S.) kl. 8. Freiburg i/B. 909. Herder. 1.20; geb. in Leinw. 1.70

Wilms, Hugo [aus Münster i./Westf.]: Über die Rotzkrankheit mit besonderer Berücksichtigung der pathologischen Anatomie und Ätiologie. . . . Würzburg, Becker's Univ.-Buchdr., 1888; 30 S. + 1 Bl. 8°
Würzburg. Med. Fak., Inaug.-Diss. v. 1888

Wilms, J. F., s. Erzählungen aus den Gebirgen.

Wilms, Johann, aus Westermarsch bei Norden: Einfluss des Wassergehalts und Nährstoffreichtums des Bodens auf die Lebensthätigkeit und Ausbildung der Kartoffelpflanze. Mit 3 Taf. *Merseburg 1899: F. Stollberg.* (46 S.) 8°
Jena, Phil. Diss. v. (19. Mai) 1899

Wilms, Jh. Ad., (auch Paulut. Willems), Einladungsrede zur Wiederherstellung d. unkathol. mit d. kathol. Kirche. 8. Düsseld. 792.

Wilms, Jul., die Abstammung u. Entwicklung der Tiere u. des Menschen. (III, 52 S.) 8. Mohrungen (909). (Leipzig, R. Wöpke.) —75

— Die Einheitlichkeit des Weltalls. Neue Erklärg. der Sonnenflecke, Meteore, Kometen u. anderen Weltkörper, sowie der Entstehg. u. Entwicklg. der Erde. (III, 40 S.) 8. Berlin 907. Elbing, Jul. Wilms. 1.—; erm. Pr. —75

Wilms, Karl, approb. Arzt aus Oberhausen: Die puerperalen Todesfälle der Münchener Frauenklinik 1897–1899. München 1901: Kastner & Lossen. (56 S.) 8°
München, Med. Diss. v. 1901.

Wilms, L. Ueber die Methode beim Vortrage der Mathem. 8 S. . .
Progr. Herford 1831

Wilms, qua ratione Virgilius in Aeneide aut locuturum aliquem aut locutum esse indicaverit. Duisburg 1865. 22 S. 4°
Schul- / Univ.-Schrift

Wilms, L. M. P. Catonis Censorii vita et fragm. Fasc. I. 19 S.
Dortmund, Progr. 1839

Vgl. Wilms, M.
Vgl. Wilms, C.

Wilms, M.: Wissenschaftlicher Catalog der Bibliothek. – Duisburg, Progr. 1871.

Wilms, M. Quaestionum metricarum particula I. De personarum mutatione et a poetis tragicis et ab Aristophane in versibus dialogicis usurpata. 32 S.
Burgsteinfurt, Progr. 1855

Wilms, M. P., Catonis vita et fragmenta. II. Pr. 1843. 16 S. 4°.
vgl. Wilms, L.
vgl. Wilms, C.

Wilms, Max

Wilms, M., s.: Chirurgie der Extremitäten.

Wilms, M., Chirurgie der oberen Extremitäten, s.: Friedrich, P. L.

— u. C. Sick, die Entwickelg. der Knochen der Extremitäten von der Geburt bis zum vollendeten Wachstum, s.a. Fortschritte auf dem Gebiet der Röntgenstrahlen. 9. Erg.-Bd.

Die Entwickelung der Knochen der oberen Extremität dargest. in Röntgenbildern von Dr. [Max] Wilms, Privatd., Leipzig. Mit 34 Röntgenbild. auf 7 Taf. *Hamburg: L. Gräfe & Sillem 1902.* (15 S.) 4°
= Archiv u. Atlas d. normalen u. pathol. Anatomie in typischen Röntgenbildern. [9, 1.]
= Fortschritte auf d. Gebiete d. Röntgenstrahlen. Erg.H. 9, (1). [02. 11640

— der Ileus, s.a. Chirurgie, deutsche.

Der Ileus. Pathologie u. Klinik d. Darmverschlusses. Von Prof. Dr. M[ax] **Wilms,** Leipzig. Mit 224 Abb. Stuttgart: F. Enke 1906. (CXXIV, 803 S.) 8°
= **Chirurgie,** Deutsche. Lfg 46 g. [06. 14240

Wilms, (Max), Lehrbuch der Chirurgie.

Wilms, M., die Mischgeschwülste. 3 Hfte. gr. 8. Leipzig [A. Georgi]. G. Thieme. n. 13.—
1. Die Mischgeschwülste der Niere. (III, 90 S. m. Fig. u. 1 farb. Taf.) 899. n. 4.—
2. Die Mischgeschwülste der Vagina u. der Cervix uteri (traub. Sarkome). Anh.: Mischgeschwülste der Blase u. des Vas deferens. (S. 91–168 m. Abb. u. 1 farb. Taf.) 900. n. 4 —
3. 1. Tl.: Mischgeschwülste der Brustdrüse. 2. Tl: Mischgeschwülste der Speicheldrüsen u. des Gaumens. 3. Tl.: Allgemeine Geschwulstlehre. (III u. S. 169—275 m. 14 Abb.) Berlin 901. n. 5.—

Wilms, Max: Über Resection des Oesophagus . . . Bonn. Univ.-Buchdr. v. Carl Georgi, 1890; 40 S. + 1 Bl. 8°
Bonn, Med. Fak., inaug.-Diss. v. [7.] Jun. 1890.

— s.: Zeitschrift, deutsche, f. Chirurgie.

Wilms, M[auritius]: *Epicae poesis, qualis a principibus poetis et Graecis et Romanis exculta sit, natura et virtutes describuntur, atque ex his inter se comparatis utriusque populi ingenium demonstratur. 83 S. 4° (2°)
Halle-Wittenberg, Phil. Diss. v. 14. Mai 1853
Geb. [Herford 24. 1. 1832]

Wilms, Otto: Über Kohlenstoffnickel. 1907. 54 S., 2 Taf. 8°
Berlin, Dr.-Ing.-Diss. v. 22. 3. 1907

Wilms, R[illegible] 1846 [illegible]
Berlin, Med. Diss. v. 23. Dez. 1846.

Wilms, Theod. (geb. Arnswalde in d. Neum. 16.3.1827): De Oscillariis. Berolini (1852). (22 S.) 4°
Berlin, Med. Diss. v. 26. Okt. 1852.

Wilms, Valentin, s. Wilm, Valentin

Wilms, W. Vernunft und Glaube. Eine Kritik der herrschenden Religion vom Standpunkte des Laien. In-8°. 77 S. Zürich, Verlags-Magazin J. Schabelitz). 1892. — 50

Wilms, Wilhelm: Inwieweit schließen die ädilicischen Ansprüche aus §§ 462, 459 B.-G.-B. die Anfechtung aus § 119 B.-G.-B. aus? Godesberg 1909: Godesberger Volkszeitung. 58 S. 8°
Heidelberg, Jur. Diss. v. 3. Juni 1900, Ref. Bekker
[Geb. 21. April 77 Gelsenkirchen; Wohnort: Godesberg; Staatsangeh.: Preußen; Vorbildung: Gymn. Recklinghausen Reife O. 97; Studium: Bonn 1, Wien 1, Tübingen 1, Berlin 1, Marburg 3 S.; Rig. 21. Juli 08.] [U 09. 1937

Wilms, Wilh., der Lehrer als Pionier des deutschen Obstbaues. 8.—17. Tausd. (19 S.) gr. 8. Frankfurt a/O. 906. Trowitzsch & Sohn. n. — 25

Wilms, W., das Recht auf Arbeit. Vortrag. 1. u. 2. Aufl. 8. (IV, 34 S.) Hamm 894. Verlag volkstüml. Schriften, W. Wilms. n. — 40

Wilms, Wilh., um des Volkes Seele. Gedichte. (VI, 99 S.) gr. 8. Berlin (903). F. Wunder. n. 2. 50

Wilms, Wilh., aus Vorhof u. Heiligtum. 2. Aufl. gr. 8. (VII, 112 S.) Offenbach (900). J. Scherz. Geb. in Leinw. m. Goldschn. n. 3. 50

— Dietwald Brischemai. (308 S.) kl. 8. Bielefeld 907. Velhagen & Klasing. Geb. in Leinw. n. 4. 50

Wilmsen, (Prediger) C., Elementarbuch zur schnellern u. leichtern Erlernung d. Französischen, für d. untern Classen d. Mittelschulen. 8. Berl. 824. (L. Oehmigke). 8 gr

Wilmsen, C. B., des Vaters Glück der Mutter Freude, oder ausgewählte Erzählungen zur frühern Ausbildung des Geistes u. Herzens guter Knaben u. Mädchen. Mit 8 illum. Kpfrn. 8. Neu-Ruppin ... (Berlin, Englinsche Buchh.) n. 5/12 Thlr

Wilmsen, C. B., kleine Naturgeschichte u. ausgewählte Erzählungen aus dem Thierreich. Mit (7) illum. Kupf. 8. Neu-Ruppin 845, Kühn. (Leipzig, Thomas.) geb. n. 5/12 Thlr

— das Reich der Thiere, oder unterhaltende Erzählungen u. Beschreibungen aus der Naturgeschichte. Mit 8 illum. Kpfrn. 8. Neu-Ruppin ... (Berlin, Englinsche Buchh.) n. 5/12 Thlr

Wilmsen, F. C., s. Wilmsen, Friedrich Philipp

Wilmsen, Friedrich: Ossians Einfluß auf Byrons Jugendgedichte. *Berlin: E. Felber 1903.* (32 S.) 8°
Jena, Phil. Diss. v. (31. Mai) 1902

Wilmsen, Friedrich Ernst

Wilmsen, Fr. Er., († d. 23. Mai 1797.) Betrachtt. über d. Weisheit u. Thorheit im gemeinen Leben der Menschen. gr. 8. Berl. 786. Hesse. 18 gr

s. Briefe v. Sterbenden.

s. S. Clark, Paraphrase.

s. Darstellung d. neuen Weltgeschichte.

s. W. Enfield, Gebete.

s. Erzähler, d., e. Wochenschrift.

WILMSEN, Frdr. Ernst, Vermischte Gedichte. Berlin, o. J. (1762). 8°.
W. v. Maltzahn III, 415, no. 523. — Selten!

— vermischte Gedichte. 8. Berl. 762. Wever. 6 gr

s. Lieder für Kinder beim Klavier zu singen.

s. Predigten für Hausväter u. Hausmütter, u. setze bei 1, 3, 5, 6, 7, hinzu: (v. F. E. Wilmsen).

— moralische Predigten u. Reden nach seinem Tode, nebst seiner kurzen Lebensbeschreibung herausg. von F. Ph. Wilmsen. 8. Berl. 798. (Dümmler). 1 Thlr

— Predigten über die Weisheit u. Güte Gottes in dem Wechsel d. Zeit u. d. Lebens d. Menschen. 8. Magdeb. 766. Scheidhauer. 6 gr

— zwei Predigten beim Wechsel seines Amtes. 8. Magdeb. 764.

— die moralische Regierung Gottes über d. Welt; in einigen geistl. Vorträgen erläutert u. erwiesen. 8. Berl. 778. Rottmann. 16 gr

— die Regierung durch Vorsicht, bei den Leiden des Versohners in e. Folge von Passionsbetrachtungen. gr. 8. Berl. 794. Lange. 16 gr.

— vermischte Schriften. 8. Berlin, Weyer. 762.

s.a. Vorlesungen über d. Gesch. f. Frauenzimmer.

Vorlesungen über die ältere Geschichte der Frauenzimmer (von *Friedr. Ernst Wilmsen*). Leipzig 1783—87. (Im British. Museum.)
Anon.-Lex. IV. p. 352 (nach Meusel, Kayser u. dem Cat. genannten Museums).

Vorlesungen über die neuere Geschichte der Frauenzimmer (von *Friedr. Ernst Wilmsen*). Leipzig 1787—90.
Anon.-Lex. IV. p. 352 (nach Meusel).

Wilmsen, Friederich Ernst, Was es für eine Namensgrösse, und Unsterblichkeit sei, die Gott unserm verewigten Könige Friederich dem Zweyten gab? Am Tage seiner Gedächtniss-Feyer den 10. September 1786 vorgetragen. Berlin 1786. 8.

Wilmsen, Friedrich Philipp

— d. Anbetung im Geiste u. in d. Wahrheit; in Unterhaltungen mit Gott auf alle Tage des Jahres. Als 11e gänzl. umgearb. Aufl. d. Sturmschen Morgenstunden. Mit e. Zugabe von 50 Kernliedern, u. 1 Kpf. u. 1 Vign. nach Ramberg. 2 Thle. gr. 8. Hannov. 826. Hahn. 1 Rthlr. 12 gr.

Wilmsen, Fr. Ph., (†d. 4. Mai 1831.) Anleit. z. zweckmäß. Abfassung aller schriftlichen Aufsätze, welche im bürgerlichen Leben vorkommen; nebst e. kl. Sprachlehre. 8. Berl. 811. Reimer. 8 gr.

Wilmsen, F. Ph., Anleitung zu zweckmäßigen deutschen Sprachübungen in Beispielen u. Aufgaben. 8. Berl. 799. 2e A. 803. 3e A. 813. 8 gr. u. 2r Thl. 805. 2e A. 817. (Dümmler). 10 gr.

Wilmsen, F(riedr.). P(hil.), Apollonia. Eine Samml. auserles. Schilderungen u. Erzähln. zur belehr. Unterhalt. f. d. wißbegier. Jugend. 12. (22 B. u. 12 ill. Kpfr.) Berlin 828, Amelang.

—— allgem. Behandlung d. Kinder in d. Jahren d. ersten Entwickelung, prakt. dargest. 2., verm. u. verb. Aufl. 8. ($8^1/_2$ B.) Hannover 830, Hahn.

WILMSEN, F. P. *Benigna* oder das Leben der Natur. Eine Vorschule der Naturgeschichte. Lesebuch für die Jugend, von F. P. Wilmsen. Mit illuminirten Kupfern [Titel und 6 Tafeln, gestochen von LUDW. MEYER JUN. nach LEO WOLF.] Berlin, F. A. Herbig, 1827. XII, 378 S. Kl.-4°. Lithogr. illustr. u. typograph. verzierter brauner Or.-Karton. 70.—
Nicht bei Rumann ★ Originalausgabe eines der entzückendsten Kinderbücher vom Anfang des 19. Jh. Über Namen, Witterung, Leben von Mensch und Tier, Pflanzen usw. jedes einzelnen Monats. Die sorgfaltig handkol., bezaubernden Kupfer zeigen Holzfaller, Gartner, Fischer, Kuhhirten, Weinleser usw. an der Arbeit. — Sehr gutes Ex., nur der Einband fleckig u. bestoßen.

——, Benigna, od. das Leben d. Natur. Eine Vorschule d. Naturgeschichte. Leseb. f. d. Jugend. Ausg. ohne Kpfr. Breit 12. ($16^1/_4$ B. u. Titvign.) Berlin 832, Herbig.

Wilmsen, Fr. Ph., merkwürdige Bergreisen, Seefahrten u. Abentheuer unserer Zeit; der Jugend lehrreich erzählt. Mit 8 Kpf. gr. 12. Berl. 823. Hasselberg. 2 Rthlr. 18 gr.

Wilmsen, Friedr. Phil., Bergreisen, Seefahrten u. Abenteuer neuerer Zeit. Für d. Jugend neu bearb. u. verm. v. Fr. W. Hantschke. 8. (19 B. u. 10 Abbild.) Berlin 836, [Hasselberg'sche Vrlsh.]

— der Bibelfreund, oder Samml bibl. Sprüche u. geistl. Lieder. Nebst einigen Schulgebeten u. d. Leidensgeschichte Jesu. Ein Anhang zum brandenburg. Kinderfreunde. 8. Berl. 812. Decker. (Leipz., Enobloch). 4 gr. (A. u. d. T.: die Lehren u. Gebete d. Religion Jesu Christi in Sprüchen u. Liedern.)

WILMSEN. *Gustav's und Malwina's Bilderschule.* Ein belehrendes Buch für Kinder, welche anfangen zu lesen. Von F. P. Wilmsen. Mit 13 [handkolorierten] Kupfertafeln [Frontispiz: 3 lesende Kinder, und 24 Kupfer auf 12 Tafeln]. Berlin, C. F. Amelang, 1815. IV, 152 SS. 12°. Schön illustr. gestoch. rotbrauner Or.-Karton. 70.—
Entzückende Bilderfolge. Die Tafeln zeigen Kostüme, Handwerker, Gegenstände des tägl. Lebens, Tiere, Pflanzen, Musikinstrumente etc. Kalligraphisch geschrieb. Name a. d. Titel: Botho (Graf zu) Stolberg. Gutes Ex.

— Gustavs u. Malwinas Bilderschule. Ein belehrendes Buch für Kinder, welche anfangen zu lesen. Mit 13 ill. Kpf. 8. Berl. 815. 2e verm. A. gr. 12. Berl. 818. 3r Abdr. 821. auch 826. Amelang. 1 Rthlr. 6 gr.

s.a. Briefe zur Beförderung d. katechet. Studiums.

Wilmsen, F. P., Briefe z. Beförd. d. katechet. Studiums, 2 Thle. 8. Berlin. Lange. 794-98. (1t 8 gr. 2t 20 gr.)

Wilmsen, F. P., Briefe zur Beförderung des katechet. Studiums. 1s u. 2s Bdchen. 8. Ist jetzt Verl. v. Dümmler in Berlin.

— Buchstabir- u. Lesebuch f. Volksschulen. 5te Aufl. 8. Berl. Realschulbuchh. 812.

— Buchstabir- u. Lesebuch für Volksschulen. 8. Berl. ... 9e A. 821. 13e A. 829. Reimer. 2 gr.

— Buchstabier- u. Lesebuch. 11te Aufl. 8. Berl. 825, Reimer.

Wilmsen, F(riedr.). P(hil.), Buchstabir- u. Lesebuch f. Volksschulen. 13—15. Ausg. (à 5 B.) 8. Berlin 829—33, Reimer. à Thlr.

Wilmsen, F. P., (†d. 4. Mai 1831), Buchstabir-Lesebuch für Volksschulen. 19. Ausg. 8. (78 S.) Berlin 852, G. Reimer. n. n. $^1/_{12}$ Rthlr.

s. Denkmal der Liebe, G. A. L. Hanstein gewidmet.

WILMSEN. *Die Einsiedler auf Spitzbergen.* Nebst einigen andern belehrenden und unterhaltenden Erzählungen für die Jugend von F. P. Wilmsen. Mit 4 Kupfern in Buntdruck. Wesel, Jul. Bagel & Comp., [c. 1835]. 2 Bl. 131 S. 12°. Zweifarbig lithogr. grüner Or.-Karton. 14.—
Seltenes hübsch illustr. Büchlein, die Bilder handgehöht. — Ziemlich fleckig

— die Einsiedler auf Spitzbergen. Nebst einigen andern belehrenden u. unterhaltenden Erzählungen für die Jugend. Mit 4 Kpfrn. in Buntdr. (Neue Ausg.) 8. (IV u. 131 S.) Wesel 852, J. Bagel & Co. 12 ngl.

— die Erde u. ihre Bewohner. 3 Bde. Mit 60 Kpf. gr. 8. Berl. 813—15. (Rücker.) (à 2 Rthlr. 12 gr.) 7 Rthlr. 12 gr. 3r Thl. A. u. d. T.: fremde Länder u. Völker 2c. 3e Aufl. 827. Ebd. 1 Rthlr. 4 gr.

s.a. Erzählungen v. e. Reise.

Erzählungen
— — von einer Reise durch einen grossen Theil Teutschlands .... (von *Friedr. Phil. Wilmsen*). Berlin 1798.
Anon.-Lex. II. p. 62 (nach Meusel, Hitzig u. Kayser).

— — Eugenia oder das Leben des Glaubens u. d. Liebe. Ein Seelengemälde für die Gefühlvollen des weibl. Geschlechts. Mit 3 Kupfert. 8. Berlin, Amelang. 820.

— Eugenia oder d. Leben d. Glaubens u. d. Liebe. Ein Seelengemälde f. d. Gefühlvollen d. weibl. Geschlechts. 2e verm. Aufl. Mit 3 Kpfrn. gr. 12. Berlin 824, Amelang.

— Euphrosyne, oder deutsches Lesebuch zur Bildung d. Geistes u. Herzens für die Schule u. d. Haus. 2 Thle. Mit 16 ill. Kpf. 12. Berl. 820. 2e A. 828. Amelang. 2 Rthlr 8 Gr Ohne Kpf. unt. d. T.: deutsches Lesebuch. gr. 8. 12 Gr

— Eusebia. Andachtsübungen in Gesängen, Gebeten u. Betrachtungen für weibl. Erziehungsanstalten rc. Mit 1 Kpf. gr. 12. Berl. 827. Amelang. 1 Rthlr Hbg. Pr. 16 Gr

— d. glückl. Familie in Friedheim. Lesebuch für Knaben u. Mädchen. Mit 10 Kpf. 8. Berl. 815. 2e A. 824. Amelang. 1 Rthlr 8 Gr

— die unglückl. Familie in Friedheim. Ein unterhalt. u. belehr. Lesebuch f. Knaben u. Mädchen v. 10—14 Jahren. 2e Aufl. Mit ill. Kpfrn. 8. Berl. 824, Amelang.

— Fragen zur angenehmen u. nützl. Wiederholung des geograph. Unterrichts. 8. Berl. 796. (Dümmler). 2 Gr

— Fragen zur angen. u. nützl. Wiederholung d. geograph. Unterrichts rc. 8. Berlin, Lange. 796.

— Gallerie merkwürd. u. seltener Thiere; e. unterhaltend. u. belehrendes Bilderbuch für Kinder von 7—12 Jahren. 16 Bdchn. Mit 12 ill. Kpf. gr. 8. Berl. 804 (Dümmler). 1 Rthlr

— Gesangbuch für Volksschulen. 8. Berl. 805. 2e A. 817. Dümmler. 6 Gr

—— Gesangbuch f. Volksschulen, nebst ein. Samml. bibl. Sprüche. 3., verb. u. verm. Aufl. 8. (..B.) Berlin 839, [Dümmler'sche Vrlgh.]

— kleine Geschichten für d. Kinderstube. Ein Hülfsbuch für Mütter u. Erzieherinnen. Mit 9 ill. Kpf. 8. Berl. 818. 2e verb. A. 828. Amelang. 1 Rthlr 8 Gr

— Handbuch d. Naturgeschichte für d. Jugend u. ihre Lehrer. 3 Bde. Mit allegor. Kpf. u. Vign., nebst 50 Kpft. in Royal-4. gr. 8. Berl. 821. Amelang. ohne Kpf. 5 Rthlr 12 Gr mit schwarzen Kpf. 9 Rthlr mit ill. Kpf. 12 Rthlr 12 Gr 2e Aufl. 831. 12 Rthlr 12 Gr

—— Handbuch d. Naturgeschichte f. d. Jugend u. ihre Lehrer. 3 Bde. 2., verb. u. verm. Aufl. gr. 8. (192½ B., 3 Ttl.-kpfr. u. 3 Ttlvign.) Nebst Kupfer-Samml. qu. Fol. (62 Bl., incl. 58 ill.) Mit Vorr. v. H. Lichtenstein u. Fr. Klug. (2 B.) Berlin 831, Amelang.
Ohne Kupfer, 5 Thlr. 12 Gr. — Die Kupfer apart, 7 Thlr.

Wilmsen, Friedr. Phil., Handbuch der Naturgeschichte für die Jugend und ihre Lehrer. 2., verb. und verm. Aufl. (Neue Titel-Ausg.) 3 Bde. gr. 8. Mit: Kupfer-Sammlung besonders zu F. P. Wilmsens Handbuch der Naturgeschichte rc. aber auch zu jedem andern Lehrbuch der Naturgeschichte brauchbar. 2. Aufl. In 62 (ill.) Bl. (in Kpfrst.) qu. Fol. Leipzig 850, Amelang's Verlag.

Inhalt:
Bd. 1. Säugethiere und Vögel. (IV und 991 S. mit gest. Titel.)
" 2. Amphibien, Fische, Insekten und Würmer. (IV und 1066 S. mit gest. Titel.)
" 3. Pflanzen und Mineralien. (XII und 987 S. mit gest. Titel.)

— Heldengemälde aus Roms, Deutschlands u. Schwedens Vorzeit, d. Jugend unsers kriegerischen Zeitalters aufgestellt, mit K. 8. Ebend. 814. geb.

— Heldengemälde aus Roms, Deutschlands u. Schwedens Vorzeit, der Jugend zur Erweckung aufgestellt. Mit 3 Kpf. 2e verm. u. verb. Aufl. v. „Klio; e. histor. Taschenbuch." 8. Berl. 818. Amelang. 3e Aufl. mit 3 Kpf. gr. 12. Ebd. 825. 1 Rthlr 6 Gr

—— Heldenmuth kindlicher Liebe. Peter Viaud's merkwürd. Schicksale. Zwei Erzählungen für die heranwachsende Jugend. Nebst einem Anhange kleinerer Aufsätze. 8. (III und 92 S. mit 2 lithochrom. Bildern.) Wesel 851, Bagel.

—— Herzenserhebungen f. stille Abendstunden in Unterhaltungen mit Gott, auf alle Tage d. Jahrs. Als 10., umgearb. Aufl. d. Tieden'schen „Abendstunden." 2 Thle. gr. 8. (48½ B., 1 Kpfr. u. Ttlvign.) Hannover 830, Hahn.

s. Chr. Fr. Hesekiel, Gl. Sonntag.

——, Hilarius. Unterhalt. u. lehrr. Erzähln. nach Sprichwörtern, f. d. reif. Jugend. Breit 12. (10⅓ B. u. 16 lith. Bild.) Berlin 830, Winckelmann u. Söhne.

—— dass. Breit 12. (10⅓ B. u. 8 ill. Bild.) Ebds. 832.

— krit. Jahrbuch d. Homiletik, s. G. A. L. Hanstein.

— Jucunde; 40 neue Erzähll. f. Kinder von 6—10 Jahren. Mit 12 ill. Kpf. 12. Berl. 827. Amelang. 1 Rthlr 16 Gr

—— Jucunde. Liebliche Erzählungen für Kinder von 6 bis 10 Jahren. Neue durchgeseh. Ausg. 8. (VI und 218 S. mit 6 ill. Kpfrn.) Wesel 852, Bagel.

Wilmsen, F. Ph., Katechisationen nach äußern Veranlassungen (aus d. Briefen z. Beförderung d. kathol. Studien besonders abgedruckt.) 8. Berl. 798. (Dümmler). 10 Gr

— u. Aug. Hartung, kl. Kinderbibliothek. 4 Thle. 16. Berl. 795—98. Nauck. 1 Rthlr 12 Gr (4r Thl. A. u. d. T.: Dramen an Schulfesten (v. G. Pauli) herausg. von Hartung.)

— d. Brandenburgische Kinderfreund; e. Lesebuch für Volksschulen. 1r Thl. 8. Berl. 800. 6e Aufl. 810. 15e A. 825. Decker. (Gnobloch in Leipz.) 5 Gr 2r Thl. 3e Aufl. (A. u. d. T.: die biblische Geschichte d. A. u. N. Testaments für Bürgerschulen). 8. Berl. 810. Decker. (Gnobloch in Leipz.) 8 Gr

—— der brandenburgische Kinderfreund. Ein Leseb. f. Volksschulen. 22. Aufl. 8. (19 B.) Berlin 832, Deckersche Geh. Ob.-Hofbuchdr.

— d. deutsche Kinderfreund, e. Lesebuch f. Volksschulen 17te Aufl. 8. Berlin, Realschulbuchhdl. 811.

— d. deutsche Kinderfreund; e. Lesebuch für Volksschulen. 8. Berl. 802. 118e A. oder 41e A. mit steh. Lettern. 832. Reimer. 4½ Gr Anhang enthaltend prosaische u. poet. Lesestücke. zur Bildung u. Uebung des richtigen u. ausdrucksvollen Lesetons. 8. Ebd. 814. 2 Gr

Wilmsen, Friedrich Philipp. Der deutsche Kinderfreund. Ein Lesebuch . . . Hermannstadt 1828. II: *Ettlinger, Joseph.* (Trausch)

— der deutsche Kinderfreund ꝛc. 2r Thl. A. u. d. T.: ausgewählte Lesestücke aus prosaischen Musterschriften. 8. Berl. 810. 7e A. 831. Reimer. 12 [gGr] 3r Thl. A. u. d. T.: Uebungsstücke aus deutschen Dichtern. 8. Ebd. 817. 2e A. 822. 12 [gGr] 4r Thl. A. u. d. T.: historische Darstellungen. 8. Ebd. 828. 10 [gGr]

—— der deutsche Kinderfreund, e. Leseb. f. Volksschulen. 100—134. Aufl. od.: 31—49. Braunschweig. Stereotyp-Ausg. (à 15 B. u. Ttlvign.) 8. Berlin 828—35, Reimer. à
Anhang hierzu: Kurze Beschreib. u. Geschichte v. Anhalt. 8. (1½ B.) Ebendas. 1835. ½ Gr.

—— dass. 2. Thl. — A. u. d. T.: Ausgewählte Lesestücke aus deutschen prosa. Musterschriften f. höhere Bürgerschulen u. d. untern Klassen d. Gymnasien. 7. u. 8. Aufl. (à 21½ B.) 8. Ebds. 831, 35. à

—— dass. 4. Thl. — A. u. d. T.: Histor. Darstellungen, ausgewählt aus deutschen Musterschriften f. höh. Bürgerschulen u. d. unt. Klassen d. Gymnasien. 8. (25 B.) Ebds. 828.

—— Anhang zum deutsch. Kinderfreund, enth. prosaische u. poetische Lesestücke zur Bildung u. Uebung d. richtigen u. ausdrucksvollen Lesetons. 2. Aufl. 8. (5 B.) Ebds. 835.
3. Thl. Ausgewählte Uebungsstücke aus deutschen Musterdichtern. 2. Aufl. Ebendas. 1622. 12 Gr.

Wilmsen, Friedr. Phil., der deutsche Kinderfreund, e. Leseb. f. Volksschulen. 135—62. Aufl. od.: 50—67. Braunschweiger Stereot.-Ausg. 8. (15⅛ B.) Berlin 836—41, Geo. Reimer. Thlr. à *

—— dass. 2. Thl. — A. u. d. T.: Ausgewählte Lesestücke aus deutschen prosa. Musterschriften f. höh. Bürgerschulen u. die unteren Klassen d. Gymnasien. 9., unveränd. Aufl. 8. (21½ B.) Ebds. 839.
3. u. 4. Thl. u. Anhang z. 2. Thle. Ebendas. 828—35. 1 Thlr.

Wilmsen, Friedr. Phil., der deutsche Kinderfreund, ein Lesebuch f. Volksschulen. 167—173., verb. Aufl. oder 45—51., berliner Stereotyp-Ausg. 8. (à 15 B.) Berlin 842, 43, G. Reimer. à *

—— der deutsche Kinderfreund, ein Lesebuch für Volksschulen. 188—199. Aufl. 1848—51. und 200., verb. Aufl. oder 78. berliner Ster.-Ausg. Im XI. und XII. Abschn. durchgesehen und verb. von F. A. Pischon. 8. (IV und 235 S.) Berlin 852, G. Reimer. *

Wilmsen, F. P., der deutsche Kinderfreund, eine Lesebuch für Volksschulen. Durchgesehen und verb. von F. A. Pischon. 222. verb. Aufl. 8. Berlin 870, G. Reimer. *

—— neuer brandenburgischer Kinderfreund. Ein Lesebuch für Volksschulen. Des brandenburgischen Kinderfreundes von F. P. Wilmsen 23., völlig umgearb. oder 1. Ausg. (X und 310 S.) 1847. und 2., mit einem Anhange verm. Ster.-Ausg. 8. (VIII und 368 S.) Berlin 849, Deckersche geheime Ober-Hofbuchdr.

Wilmsen, F. C., neuer brandenburgischer Kinderfreund. Ein Lesebuch für Volksschulen. Des brandenburgischen Kinderfreundes von F. P. Wilmsen 25., völlig umgearb. oder 4., mit einem Anhange verm. Ster.-Ausg. 8. (X und 378 S.) Berlin 854, Deckersche geheime Ober-Hofbuchdr.

Wilmsen, F. C., neuer brandenburgischer Kinderfreund. Ein Lesebuch für Volksschulen. Des brandenburg. Kinderfreundes von F. P. Wilmsen 26., völlig umgearb. oder 5., mit einem Anhang verm. Ster.-Ausg. 8. (XII und 390 S. mit 1 Holzschnt.) Berlin 860, Decker'sche geheime Ober-Hofbuchdruckerei.

— Klio, ein histor. Taschenbuch für d. wissenschaftl. gebildete Jugend. Mit Kpf. 1r Jahrg. 8. Berl. 811. Amelang. 1 [Thlr] 12 [gGr] (N. Aufl., s. : Heldengemälde.)

——, Constantia. Moral. Erzähln. f. d. weibl. Jugend. gr. 12. (20½ B. u. 2 Kpfr.) Berlin 829, Amelang.

— Kupfersammlung dazu. Mit e. Vorrede von H. Lichtenstein u. Fr. Klug. In 50 Bl. Roy. 4. Berl. ... Amelang. 3 [Thlr] 12 [gGr] ill. 7 [Thlr]

—— fremde Länder u. Völker. Ein lehrr. geograph. naturhistor. Bilderb. f. d. Jugend. 3., durchges. Aufl. gr. 8. (15¼ B. u. 20 Kpfr.) Berlin 827, [Rücker u. Püchler.]

— d. Leben Jesu Christi, beschrieben von d. Evangelisten u. geschildert in 50 Liedern deutscher Meistersänger. Ein Vorbereitungsbuch zum Religionsunterricht für d. Schule u. d. Haus. 8. Berl. 816. 2e A. 826. Mittler. 12 [gGr]

— das Leben d. Natur. Eine Vorschule d. Naturgeschichte. gr. 8. Berl. 827. Herbig. 15 [gGr]

— Hersiliens Lebensmorgen oder Jugendgeschichte eines geprüften u. frommen Mädchens. 8. Berl. 816. 2e A. 822. 3e A. 827. Amelang. 1 [Thlr]

— Lehrbuch d. Geographie für Anfänger in dieser Wissenschaft. 2 Thle. 8. Berl. 800—3. 2e A. 804. 3e A. 817. (Dümmler.) (1. Europa. 1 [Thlr] II. Asien, Afrika, Amerika u. Australien enth. 14 [gGr]) 1 [Thlr] 14 [gGr]

— Lehr- u. Lesebuch für Töchterschulen. 8. Berl. 810. Hitzig. (Dümmler.) 12 [gGr] 2e Aufl., s. J. C. F. Baumgarten.

— d. Lehre Jesu Christi in kurzen Sätzen u. in Gesangen für den katechetischen Unterricht. 8. Berl. 811. 2e A. 818. Amelang. 6 [gGr]

— der Lehrer in d. Elementarschule. (Des 1n Lehrmeisters 21r Thl.) 8. Leipz. 820. Fr. Fleischer. 12 [gGr]

— Lehrstoff u. Lehrgang des deutschen Sprachunterrichts in Mädchenschulen. 8. Berl. 824. Amelang. 18 [gGr]

—— Leselust in Spiel-Stunden, s. Leselust.

— d. Leselustige. Ein Bilderbuch für Knaben u. Mädchen von 8—10 Jahren. Mit 24 Kpf. 816. 2e wohlfeile Ausg. 8. Berl., ... Rücker. 12 [gGr] Mit ill. Kpf. geb. 20 [gGr]

— Dr. Martin Luther der Reformator. Zur Feier des Reformationsfestes im Jahre 1817. 8. Berl. 817. Maurers B. 3 [gGr]

— Materialien für d. Unterricht in d. Geographie ꝛc.; ein Hülfsbuch f. angehende Schul- u. Hauslehrer. 8. Berl. 796. (Dümmler). 20 [gGr]

— Melodien zu den Liedern u. Gesängen d. deutschen Kinderfreundes, s. J. Fr. Martius.

— Melodien zu d. Liedern u. Gesängen d. deutsch. Kinderfreundes, v. J. F. Martius. 8. Erlang. Palm. 806.

— der Mensch im Kriege oder Heldenmuth u. Geistesgröße in Kriegsgeschichten aus alter u. neuer Zeit. 8. Berl. 815. 2e A. 816. 3e Aufl. Mit 7 neuen Kpf. 8. Ebd. 820. Amelang. 1 [Thlr] 8 [gGr]

— Menschengröße auf d. Thron u. im Volk; ein histor. Lesebuch f. d. Jugend. Mit 6 Kpf. gr. 12. Berl. 825. Hasselberg. 2 [Thlr] 12 [gGr] ill. 2 [Thlr] 18 [gGr]

WILMSEN, F. P. *Miranda.* Eine auserlesene Sammlung bewundernswürdiger und seltener Ereignisse und Erscheinungen der Kunst, der Natur und des Menschenlebens. Für die Jugend. Herausgegeben von F. P. Wilmsen. Berlin, C. Fr. Amelang [1825]. VI S., 1 Bl. 520 S. Mit 12 wundervollen, handkolor. Kupfern (inkl. Titel m. Vign.), L. WOLF del., LUDW. MEYER JUN. sc. Kl.-4°. Hellbrauner, gedruckter u. typogr. verzierter Or.-Karton. 75.—

Merget 59. „Geschickt gemachte, zweckentsprech. Kompilation." Sehr schön illustriert (Schiffbruche, Androklus u. d. Löwe usf.). Selten! — Sehr gutes Ex., nur der Einband etwas benutzt.

WILMSEN, F. P. *Miranda* etc. Wien, B. Ph. Bauer, 1827. Kupfertitel und Titelkupfer, 1 Bl. VI, 512 [statt 516] SS. 1 Bl. und 8 [statt 10] Kupfer. Kl.-8°. Hldr. d. Z. 22.—

„In . . . Miranda . . . finden wir eine Indianergeschichte, wahrscheinlich die erste ihres Stammes für die deutsche Jugendliteratur. . . . Die Schilderung der indianischen Gebräuche ist echt und lebendig." Etw. fl. Ex. 2 Bll. (S. 247/50) und 2 Tafeln (3 + 8) fehlen. Einband etw. bestoßen.

—— Nettelbeck. Der Gefangene unter den Wilden. Zwei Erzählungen für die heranreifende Jugend. Nebst einem Anhange kleinerer Erzählungen. 8. (III und 92 S. mit 2 ill. Bildern.) Wesel 854, Bagel.

s. J. S. F. Nieräse, Leitfaden.

—— Pantheon deutscher Helden. Ein histor. Leseb. f. d. Jugend, zur Belebung d. Vaterlandsliebe u. d. Eifers f. d. Wissenschaft. gr. 8. (30½ B., Titkpfr. u. Vign.) Berlin 829, Amelang.

— Pantheon deutscher Helden. Ein historisches Lesebuch für die Jugend zur Belebung der Vaterlandsliebe u. des Eifers für die Wissenschaft. Mit Titelkpfr. u. Vign. gr. 8. Berlin 833, Amelang. 1⅔ Rthl.

— Prämienbuch f. d. Schuljugend z. Belebung d. Fleißes u. d. Liebe zur Wissenschaft. 8. Berl. 827. Mittler. 1 Rthl.

— Predigt zur Feier d. 100jähr. Bestehens des Kornmesserschen Waisenhauses in Berlin am 21. Sept. 1819. gr. 8. Berl., Mittler. 3 ggr

— Predigten über d. Sonn- u. Festtagsevangelien, s. G. A. L. Hanstein.

— Rede am 2n Stiftungstage d. Luisenstiftung, d. 19. Juli 1813 gehalten. gr. 8. Berl., Mittler. 3 ggr

— Regeln d. deutschen Sprache, s. d. Lehrmeister rc. 26r Bd.

— die Regeln d. deutschen Sprache rc. 8. Leipz. 822. Er. Fleischer. 8 ggr (A. u. d. T.: der erste Lehrmeister. 26r Thl.)

— Regeln des Umganges mit Kindern, praktisch dargestellt für Erzieher u. Kinderfreunde. 8. Hannov. 818. Hahn. 12 ggr (Aus Knigge Umgang mit Menschen bes. abgedr.)

— Samml. auserles. poet. Fabeln für Lese- u. Deklamationsunterhaltungen. 8. Berl. 799. 3e A. 817. 4e A. 824. Burchardt. 16 ggr u. 828. Stuhr. 16 ggr

—— Sammlung auserles. poet. Fabeln u. Erzähln. f. Lese- u. Deklamations-Uebungen. 5. Ausg. 8. (18 B.) Berlin 833, Stuhr.

— Sammlung auserlesener poetischer Fabeln u. Erzählungen für Lese- u. Deklamations-Uebungen. 6. Ausg. 8. Berlin 845, Stuhr'sche B. geb. n. ⅔ Rthl.

—— James Riley's Schiffbruch, Gefangenschaft und wunderbare Errettung. Eine Erzählung für die heranwachsende Jugend. Nebst einem Gedicht: Androklus. 8. (III und 100 S. mit 2 ill. Bildern.) Wesel 854, Bagel.

WILMSEN. *Die Schönheit der Natur* geschildert von deutschen Musterdichtern. Eine Blumenlese für die Jugend, ... Von F. P. Wilmsen. Berlin, C. F. Amelang, 1818. XIV, 396 SS., gestochener Titel u. schönes Frontispiz, Study del., Bretzing sculp. Kl.-8°. Schöner braunvioletter Halbmaroquin von ca. 1830 mit hübscher Rv. 24.—

Anthologie bekannter und unbekannter dt. Gedichte v. Haller, Stolberg, Schlegel, Matthisson, Hey, Tiedge, Salis, Wieland, Claudius u. v. a. in einem reizenden Bändchen aus der Bibl. Leuchtenberg mit Exlibris. Rücken leicht verblaßt, Vortitel fehlt.

— geordneter Stoff für d. Uebungen im Schön- u. Rechtschreiben. 8. Berl. 814. Nauck. 8 ggr

— Taschenbuch für d. sorgfältig gebildete Jugend weibl. Geschlechts. Mit 4 Kpf. 1r, 2r Jahrg. 1799—1801. 12. Berl., (Dümmler). 1 Rthl. 4 ggr

— Theodora. Moral. Erzählungen für die weibl. Jugend. Mit 1 Kpf. 1 Vign. u. 1 Musikbeil. 824. 2e Aufl. gr. 12. Berl. 827. Amelang. 1 Rthl. 4 ggr

s. J. F. Tiede, Unterhaltung mit Gott in den Abendstunden.

—— die Tigerhöhle. Die Gefangenen auf dem Kaukasus. Zwei Erzählungen für die heranwachsende Jugend. Nebst einem Anhange kleinerer Erzählungen. 8. (III und 92 S. mit 2 ill. Bildern.) Wesel 854, Bagel.

— Uebungsblätter, od. 200 Aufgaben, a. d. Sprachlehre, Erdbeschr., Naturgesch., Geschichte u. Technologie, e. Hülfsmittel d. Unterrichts in zahlreichen Schulklassen, nebst Erläut. d. Aufgaben. 8. Berl. Dieterici.

— Uebungsblätter, od. 200 Aufgaben aus d. Sprachlehre, Erdbeschreibung, Naturgeschichte, Geschichte u. Technologie, ein bewährtes Hülfsmittel des Unterrichts in zahlreichen Schulklassen. Nebst e. vollständ. Erläuterung d. Aufgaben rc. 3te verb. Aufl. 8. Berl. Dieterici. (Leipz. Mittler.) 812. Rthlr. —

— -- Uebungsblätter od. 200 Aufgaben aus der Sprachlehre, Erdbes.reibung rc. Nebst Erläuterung der Aufgaben als Hülfsbuch für Eltern und Lehrer. 4te durchgesehene u. verm. Ausg. 8. Berlin, Mittler. 818.
Auf Pappe gezogen in Futteral

—— Uebungsblätter, od. 200 Aufgaben aus d. Sprachlehre, Erdbeschreibung, Naturgeschichte, Geschichte u. Technologie, e. bewährtes Hülfsmittel d. Unterr. in zahlr. Schulklassen. Nebst e. vollständ. Erläuterung d. Aufgaben als Hülfsbuch f. Eltern u. Erzieher. 5., verb. u verm. Aufl. (7¼ B. 8. u. 12½ B. Fol.) Berlin 828, Mittler.

— die Unterrichtskunst. Ein Wegweiser für Unkundige, zunächst für Lehrer in Elementarschulen. 8. Berl. 815. 2e verm. u. verb. Aufl. gr. 8. Berl. 818. 3e A. 826. Amelang. 1 Rthl.

— die ersten Verstandes- u. Gedächtnißübungen. Ein Handbuch für Lehrer in Elementarschulen. 8. Berl. 812. 2e A. 817. 3e A. 823. Amelang. 16 ggr

— die ersten Verstandes- u. Gedächtnißübungen, ein Handbuch f. Lehrer in Elementarschulen. 8. Ebend. 814.

— — die ersten Verstandes- und Gedächtniß-Uebungen. Ein Handbuch für Lehrer in Elementarschulen. 2te Aufl. 8. Ebend. 818.

— Vorübungen d. Aufmerksamkeit u. d. Nachdenkens, ein methodisches Lesebuch. 8. Hannov. 823. Hahn. 8 ggr

— Vorübungen zum Briefschreiben, s. Vorübungen.

— der Wald u. das Meer. Mit 8 ill. Kpf. nach Ramberg. kl. 4. Berl. 820, Hasselberg. 4 ₰

—— Weltton u. Weltsitte, s. Knigge, Ado. Frh. v., Schriften, 4. Bd.

s. F. C. Wilmsen, Reden.

Wilmsen, J. Ph., s. Wilmsen, Friedrich Philipp

Wilmsen, Julius, a. Bochum i. W.: Die Augenverletzungen in der Marburger Universitäts-Augenklinik in den Jahren 1899—1903. Marburg 1905: Köster & Schell. (29 S.) 8°
Marburg, Med. Fak., Ref. Bach, Diss. v. 14. Okt. 1905
[Geb. 13. Sept. 80 Bochum; Wohnort: Münster; Staatsangeh.: Preußen; Vorbildung: Paulin. Gymn. Münster Reife O. 99; Studium: Münster 1 (Naturwiss.), Halle 1, Bonn 2, Leipzig 5, Marburg 5 S.; Coll. 28 Okt. 04; Approb. 15. April 04.]

Wilmsen, K. G., Blüthen f. d. Herz, od. Geschichten u. Erzähln. f. d. jugendl. Alter v. 8—12 Jahren. gr. 12. (8¼ B.) Passau 830. [Augsburg, Kollmann.] Pustet.

Wilmsen, Karl, die Gaben und Aufgaben des weiblichen Geschlechts nach den Forderungen der Zeit und des Christenthums, in geistl. Reden dargestellt. gr. 8. (IX und 292 S.) Berlin 865, Mittler und Sohn. 1 Thlr. 7½ Ngr.; geb.

Wilmson, Fritz. Rainalds »Erinnerungen«. 3. Bd. Wien und Prag 1824. S. 129/56. V: *Zschokke, Joh. Heinr. Daniel.* Wiederh. in dessen Ausgew. Schriften 20 (1825), S. 189 ff. u. d. T.: Der Feldweibel. (DARP)

Wilmy, G., Jesus Christus d. Welterlöser, in 32 Gesängen, nach d. Harmonie d. 4 Evangelien bearbeitet. Verbessert u. herausg. von A. Steinam u. G. Riegler. 3 Bdchn. 12. Sulzb. 825. v. Seidel. 1 ₰ 16 ₰

Wilna [Schlagwort]

Wilna, s.: **Europa. Uebersichtskarte.**

Wilner, ungarisch, s.: Paukert.

Wilner, F., Ad narrationem de rebus Antigoni Asiae regis introductio. Pr. 1813. 20 S. 4°. 1. –

Wilner, Nochum-Schmeril, aus Sebastopol (Russland): Therapie der Urinfisteln im Frauenspital Basel-Stadt. Grüningen 1910. 35 S. 8°.
Basel, Med. Diss. 1909/10.

Wilner, Nochum-Schmeril. Therapie der Urinfisteln im Frauenspital Basel-Stadt. Diss. Med. Basel. 35 S. 8. Grüningen, J. Wirz, 1910.

Wilonski, Max: Ueber spontane Gangrän in Folge von Arteriitis Elastica. *Königsberg i. Pr. 1898: E. Kaun.* (32 S.) 8°
Königsberg, Med. Diss. v. 6. Aug. 1898

Wilonski, Max, üb. spontane Gangrän in Folge v. Arteriitis elastica. Diss. gr. 8. (32 S.) Königsberg 898. (W. Koch.) n. 1. —

Wilopolski, le marquis, s.: Lisicki, H.

Wilp, Johannes, approb. Arzt aus Greven i. Westf.: Aus d. Kgl. chirurg. Klinik in Kiel. Zur **Kasuistik** der Cucullarislähmungen. *Kiel 1902: Schmidt & Klaunig.* (18 S.) 8°
Kiel, Med. Diss. v. [5. Juni] 1902

Wilpert, J., der Einfluss der Cultur auf die Zahnverderbniss. [Caries.] gr. 8. (IV, 30 S.) Riga 883, Fluthwedel und Comp. *

Wilpert, J., die Krankheiten des Mundes und der Zähne. Populär dargestellt. 8. (VIII, 76 S. mit 26 in den Text gedr. Holzschn.) Riga 879, Stieda. *

Wilpert, James v., die Ehe d. Zukunft. gr. 8. (53 S.) Leipzig 898. M. Spohr. n. 1. 50

— der Herr d. Schöpfung u. d. gefallene Weib. Ein Appell an d. Gerechtigkeit. gr. 8. (105 S.) Ebd. 898. n. 1. 80

— das Recht des dritten Geschlechts. gr. 8. (29 S.) Ebd. 898. n. 1. —

Wilpert, Jos., Fractio panis. Die älteste Darstellg. d. eucharist. Opfers in d. „Cappella greca", entdeckt u. erläutert v. W. gr. 4. (XII, 140 S. m. 20 Abb. u. 17 Taf.) Freiburg i/B. 895. Herder. n. 18. —; geb. in Leinw. n. 22. —

Die Gewandung der Christen in den ersten Jahrhunderten. Vornehml. nach d. Katakomben-Malereien dargest. v. Joseph **Wilpert.** M. 22 S. Abb. Köln: Comm.-V. u. Dr. v. J. P. Bachem 1898. (3 Bl., 58 S., 11 Taf.) 8°
(Görres-Gesellschaft z. Pflege d. Wissensch. im kath. Deutschland. Vereinsschrift 1. 1898. [No] 3.)

— die gottgeweihten Jungfrauen in den ersten Jahrhunderten der Kirche. Nach den patrist. Quellen u. den Grabdenkmälern dargestellt. Mit 6 Doppeltaf. u. 3 Abbildgn. im Text. Fol. (VIII, 105 S.) Ebd. 892. n. 18. —; geb. in Leinw. n. 22. —

Wilpert, Jos. Die Katakombengemälde u. ihre alten Copien. Eine ikonograph. Studie. Fol. (XII, 82 S. m. 28 Taf. in Lichtdr.) Freib. i. Br. 891, Herder. * 20 —; geb. * 24 —

Wilpert, Jos., die Malereien der Katakomben Roms. 2 Bde. (XIX, 596 S. m. 54 Abbildgn. u. 267 [133 farb.] Taf.) Fol. Freiburg i/B. 903. Herder. Geb. in Halbleinw. n.n. 300. —; in Halbschweinsldr. n.n. 330. —

Die Malereien der Sacramentskapellen in der Katakombe des hl. Callistus v. Joseph **Wilpert.** M. 17 Ill. *Freiburg i. B.: Herder 1897.* (x S., 1 Bl., 48 S.) 1 Bd 4.(8.)

Wilpert, Jos.: Die Papstgräber u. die Cäciliengruft in der Katakombe des hl. Kallistus, s.a. Rossi, de, Roma sotterranea. I. Erg.-Heft. 1909.

Die Papstgräber und die Cäciliengruft in der Katakombe des hl. Kallistus von Joseph **Wilpert.** Mit 70 Abb. u. 9 Taf. Freiburg i. B.: Herder 1909. XIV, 109 S. 2°
(De Rossi, Giovanni Battista: Roma sotterranea. Erg.H. 1.)

Wilpert, J., Principienfragen d. christlichen Archäologie, m. besond. Berücksicht. der „Forschungen" v. Schultze, Hasenclever u. Achelis erörtert. Mit 2 Taf. in Lichtdr. Lex.-8. (VIII, 104 S.) Freiburg i/Br. 889. Herder. n. 3. —

— nochmals Principienfragen der christlichen Archäologie. Kritik e. „protestant. Antwort auf röm. Angriffe". [Aus: „Röm. Quartalschrift".] gr. 8. (19 S.) Rom 890. Ebd. n. — 50

— s.: Vorträge, 5, v. der Paderborner Generalversammlung.

Wilpert, Jos., e. Cyclus christologischer Gemälde aus der Katakombe der Heiligen Petrus u. Marcellinus. Zum erstenmal hrsg. u. erläutert. Fol. (VII, 58 S. m. 9 Lichtdr.-Taf.) Freiburg i/B. 891. Herder. n. 8. —

v. *Wilpert*, Karl, Diss. inaug. de differentia organi auditus animalium. 4maj. Dorpat 804. (Kummer in Leipz.) (23 S.)

Wilpert, Karl de, de differentia organi auditus animalium. 4. maj. Dorpat. (Kummer, Lips.) 807.

— Diss. inaug. med. (pro gradu doct.) de moribus quibusdam organi auditus. 8. Dorp. 804. (42 S.)

Wilpert, Karl Ludwig A. S. 634/34

Dissertatio philologica de debitore obaerato secundum ius Hebraicum et Atticum creditori in servitutem adiudicando. Präs. Julius Karl Schlaeger.
Helmstedt (Drimborn) 3. VI. 1741. 107 S.

W. v.: Präs., D. G. Hummel. 36836

Wilpert, Osk., Diktate zur Einübung der Rechtschreibung u. Zeichensetzung. Nach den 1902 f. das Deutsche Reich, Österreich u. die Schweiz amtlich festgesetzten Regeln unter Berücksicht. der Sprachlehre f. die Volksschule zusammengestellt. 8. (48 S.) Groß-Strehlitz 902. A. Wilpert. n. — 60

Wilpert, Osk., Erklärung v. 125 Schulliedern. Im Anschluß an A. Musiols Liedersammlg. hrsg. (143 S.) 8. Groß-Strehlitz 908. A. Wilpert. Geb. 2. —

— s.: Familien-Chronik.

— Fragen u. Aufgaben zur Erdkunde, Geschichte, Naturkunde u. Raumlehre. Im Anschluß an A. Wilperts Realienbuch f. Volksschulen zur Wiederholg. u. Übung zusammengestellt. (IV, 73 S.) 8. Groß-Strehlitz 908. A. Wilpert. — 30

— kurze schlesische Geschichte. Mit besond. Berücksicht. der Verdienste der Hohenzollern um Schlesien. Ein Hilfsbüchlein f. Volksschulen. 8. (86 S.) Groß-Strehlitz 900. A. Wilpert. n. — 15

— kurze vaterländische Geschichte, s.: Haese, K.

— Der Kreis Groß-Strehlitz. 2., verb. Aufl. (15 S.) 8. Ebd. 909. — 25;
m. farb. Karte, 1:150 000, 32,5×41 cm. — 75;
Karte allein — 50

Wilpert, O., kleine Heiligenlegende. Auf Grund d. amtl. Lehrpläne f. kathol. Volksschulen hrsg. 12. (32 S.) Groß-Strehlitz 896. A. Wilpert. n. — 10

— kleine Heiligenlegende. Auf Grund der amtl. Lehrpläne f. kathol. Volksschulen hrsg. 3., verm. Aufl. Mit e. Anh.: Das Kirchenjahr. 8. (48 S.) Ebd. 901. n. — 10

— kleine Heiligenlegende. Auf Grund der amtl. Lehrpläne f. kathol. Volksschulen hrsg. 4. Aufl. Mit e. Anh. „das Kirchenjahr". (48 S.) kl. 8. Groß-Strehlitz 906. A. Wilpert. n. — 12

— kleine Heiligenlegende. Auf Grund der amtl. Lehrpläne f. kathol. Volksschulen hrsg. 5. Aufl. Mit e. Anh. „das Kirchenjahr". (48 S.) kl. 8. Ebd. 908. — 12

s. Heimat. Oberschlesische.

— Heimatkunde der Kreise Breslau, Groß-Wartenberg, Neumarkt u. Öls, Oppeln, Pleß, Steinau, Tarnowitz u. Tost-Gleiwitz, s.: Rücker, Jul.

— Heimatkunde f. die Schulen der Prov. Schlesien, s.: Rücker, Jul.

— Hilfsbuch f. den ersten Geschichtsunterricht, s.: Haese, K.

— s. a. Lehrer-Kalender, allgemeiner deutscher.

— allgemeiner deutscher Lehrer-Kalender f. d. J. 1907. Für Schulinspektoren, Rektoren, Lehrer u. Seminaristen hrsg. 10. Jahrg. (232 S.) kl. 8. Groß-Strehlitz, A. Wilpert. Geb. in Leinw. n. 1. —
Bisher u. d. T.: Lehrer-Kalender, allgem. deutscher.

Wilpert's allgemeiner deutscher Lehrerkalender f. d. J. 1911. Für Schulinspektoren, Rektoren, Lehrer u. Seminaristen. 14. Jahrg. (232 S.) kl. 8. Groß-Strehlitz, A. Wilpert. Geb. in Leinw. 1. —

Wilpert, Oskar, Dr.: Der Numerus des nominalen Prädikats bei griechischen Prosaikern. Oppeln 1907: E. Raabe. (VII S.) 4°
Oppeln, k. kath. G OP 1907 (252)

— Der Numerus des nominalen Prädikats bei griech. Prosaikern. Progr. (VII S.) Lex. 8. Oppeln 907. (Gross-Strehlitz, A. Wilpert.) 1. —

Wilpert, Oskar: Der Numerus des Prädikats bei griechischen Prosaikern. T. 3. Oppeln 1908: Raabe. VIII S. 4° ¶ [Forts. d. P-Beil. 1904. 1907.]
Oppeln, k. kath. G P 1908 (268) [S 08. 53]

Wilpert, Oskar, Dr.: Der Numerus des verbalen Prädikats bei den griechischen Prosaikern. Oppeln 1904: Erdmann Raabe. (XI S.) 4°
Oppeln, k. kathol. G OP 1904 (241)

— der Numerus des verbalen Prädikats bei den griechischen Prosaikern. Progr. (XI S.) gr. 4. Oppeln 904. (Gross-Strehlitz, A. Wilpert.) n. 1. —

— Raumlehre f. einf. Schulverhältnisse, insbes. f. zweisprach. Volksschulen. gr. 8. (14 S. m. 62 Fig.) Groß-Strehlitz 895. A. Wilpert. n. — 20

— Realienbuch, s.: Haese, K.

— kleines Realienbuch. Stoffe f. den Unterricht in den Realien in schulgemäßer Form. Auf Grund der amtl. Lehrpläne hrsg. v. O. Wilpert. (190 S. m. 1 Fig.) 8. Ebd. 908. Kart. — 60

— Realienbuch f. Volksschulen, s.: Haese, K.

— die deutsche Rechtschreibung. Regeln u. Wörterverzeichnis. Nach den 1902 f. das Deutsche Reich, Österreich u. die Schweiz amtlich festgesetzten Bestimmgn. f. Schule u. Haus bearb. 8. (87 S.) Groß-Strehlitz 902. A. Wilpert. n. — 25

— s.: Rechtschreibung, die neue.

Wilpert, Oskar, Dr.: Das Schema Pindaricum und ähnliche grammatische Konstruktionen. *Oppeln 1900: E. Raabe.* (S. 1—11.) 4° ¶ (Vgl. des Vfs Inaug.-Diss. Breslau 1878: De schemate Pindarico et Alemanico.)
Oppeln, k. kath. G, OP 1900 (213)

— **das Schema Pindaricum u. ähnliche grammatische Konstruktionen. Progr. gr. 4. (11 S.) Oppeln 900. (Gross-Strehlitz, A. Wilpert.)** n. 1. —

Wilpert, Oscarus: De schemate Pindarico et Alemanico. Vratislaviae 1878. 57 S. 8°
Breslau Phil. Diss. 12 Okt. 1878

Wilpert, Osc., de schemate Pindarico et Alemanico. Dissertatio inauguralis philologica. gr. 8. (57 S.) Breslau 878, (Koebner. — Leobschütz, Kothe.) *

— kleine deutsche Sprachlehre f. einf. Schulverhältnisse, insbes. für zweisprach. Volksschulen. Mit vereinf. Satzlehre unt. Berücksicht. der Kern'schen Reformvorschläge. gr. 8. (24 S.) Groß-Strehlitz 895. A. Wilpert. n. — 20

— **kleine deutsche Sprachlehre. Auf Grund der Lehrpläne der königl. Regiergn. f. Volksschulen hrsg. Mit vereinfachter Satzlehre. In der neuesten amtl. Rechtschreibg. 3., verm. Aufl. (27 S.) gr. 8. Groß-Strehlitz 903. A. Wilpert.** n. — 20

— **Wörterbuch der deutschen Rechtschreibung. Wörterverzeichnis u. Regeln der Rechtschreibg. u. Zeichensetzung. Nach den 1902 f. das Deutsche Reich, Oesterreich u. die Schweiz amtlich festgesetzten Bestimmgn. f. Schule u. Haus zusammengestellt. (48 S.) 8. Ebd. 903.** n. — 15

Wilpert, Rich. v., Burschenbuch. 8. (VI, 176 S.) Heidelberg 895. J. Hörning. n. 2. 40

— heitere Erzählungen. 8. (221 S.) Dresden 891. E. Pierson. n. 2. —

Wilpert, Rich. v., Irmgard od. Weibertreu. Vers-Lustspiel in 5 Aufzügen. 8. (112 S.) Leipzig (902). O. Mutze. n. 2. —

— **im Jungfernstift od. Die gezähmte Widerspenstige. Lustspiel in 5 Aufzügen. 8. (88 S.) Ebd. (902).** n. 1. 50

— **der Leibarzt od. Das vergnügte Krankenhaus. Lustspiel in 5 Aufzügen. 8. (86 S.) Ebd. (902).** n. 1. 50

— **Mongkut od. Die Stiefgroßschwiegermutter. Versschauspiel in 5 Aufzügen. 8. (88 S.) Ebd. (902).** n. 1. 50

Wilpert, Rich. v., Nachtschatten. Novellen. 8. (187 S.) Berlin 895. Leipzig, O. Mutze. n. 2. —

— **Naladi od. Königswild. Indisches Vers-Drama in 5 Aufzügen. 8. (90 S.) Ebd. (902).** n. 1. 50

[F.] Rätsel. Novellen v. Richard v. Wilpert. *Berlin: Deutsche Schriftsteller-Genoss. 1896.* (3 Bl., 148 S.) 1 Bd 8. [97. 2687]

[F.] Moderner Sängerkrieg. E. Reimschwank f. d. Possenbühne des Schriftstellerlebens in e. Vorspiel u. 13 Kampfspielen v. Richard v. Wilpert. 1. Taus. *Berlin: Deutsche Schriftsteller-Genoss. 1896.* (96 S.) 1 Bd 8. [97. 3051]

[F.] Sprachheiterkeiten. Plaudereien v. Richard v. Wilpert. *Berlin: Dtsch. Schriftsteller-Genoss. 1896.* (2 Bl., 150 S., 1 Bl.) 1 Bd 8. [97. ...]

— die Tonkünstler. Lustspiel in 5 Aufzügen. 8. (84 S.) Leipzig 893. O. Mutze. n. 1. —

— stille Wasser. Roman. 8. (288 S.) Berlin 892. O. Janke. n. 5. —

Wilpert, Rich. v., wir beide. Gedichte. gr. 16. (VII, 95 S.) Leipzig 895. O. Mutze. n. 1. —

— Zeitmärchen. 12. (128 S.) Ebd. 895.

Wilrenk, Ed.

— s. G. Pato, Giftpflanzen. 36 Hft.

Wilrenk, Ed., die Zeiten des Jahres, oder der Freund der Natur. Ein unterhalt. Lesebuch für Deutschlands gebildete Jugend. Mit 6 ill. Kpf. 8. Berl. 830. Natorff u. C. 1 ₰ 12 ℊℊ

Wilsch-Witkowitz, Paul, ein Lehrerschicksal. (77 S.) 8. Strassburg 910. J. Singer. 2. —

Wilschke Alfred: Über die Verteilung der phototropischen Sensibilität in Gramineenkeimlingen und deren Empfindlichkeit für Kontaktreize (mit 1 Taf. und 3 Textfiguren) S. 122. I. 65 . . . .
Separatabdruck

Wilsdorf, Detlev [Oberl. Dr.]: Beiträge zur Geschichte von Marseille im Altertum. Zwickau, Druck v. R. Zückler, 1889; 1 Bl., 32 S. 4°
Zwickau, G, OP 1889 (621)

Wilsdorf, D, Fasti Hispaniarum provinciarum. Diss. 1878. 76 S. 8°.

Wilsdorf, Ed., Bericht über Entstehung und Wirksamkeit des evangelischen Vereins der Gustav-Adolph-Stiftung erstattet beim Jahresfeste des Oschatzer Zweigvereins am 2. Juli 1872 in der Kirche zu Canitz. gr. 8. (15 S.) Oschatz 872, Oldecop's Erben. *

Wilsdorf, Ed., Elementarbuch der deutschen Sprache oder Lesebuch zur Unterstützung des Denk- und Sprachunterrichts. 1. Cursus: für Unter- und Mittelclassen deutscher Volksschulen. 1. und 2., unveränd. Aufl. 8. (XIV und 233 S.) Glauchau 855, Moritz. *

Wilsdorf, Ed., Elementarbuch der deutschen Sprache oder Lesebuch zur Unterstützung des Denk- und Sprachunterrichts. 1. Cursus: für Unter- und Mittelklassen deutscher Volksschulen. 3. Aufl. 8. (XII und 200 S.) Glauchau 860, Moritz. *

Wilsdorf, Ed., Elementarbuch der deutschen Sprache oder Lesebuch zur Unterstützung des Denk- und Sprachunterrichts. 1. Cursus: für Unter- und Mittelklassen deutscher Volksschulen. 5. Aufl. 8. (XII und 200 S.) Glauchau 866, Moritz' Verlag. *

Wilsdorf, Ed., prakt. Lehrgang zur ersten Einführung in die lateinische Sprache. 12. (XIV u. 192 S.) Leipzig 851, Barth. 12 ℊℊ

—— **deutsches Lesebuch, s. Lesebuch.**

—— **erstes Schulbuch zum Anschauungs-, Schreib- und Zeichnen-Unterricht, sowie zur Selbstbeschäftigung. 8. (16 lithogr. S.) Hainichen 848. (Leipzig, C. L. Fritzsche.)** **

Wilsdorf, Georg

Wilsdorf, G., s.: Jahrbuch f. wissenschaftliche u. prakt. Tierzucht.

[J.] **Wilsdorf,** *Max* Georg [aus Chemnitz]: Monographie der Schweizer Saanenziege . . . Berlin, Druck v. K. G. Wiegandt, 1895; IV, 84 S., 2 Taf. 8.
Leipzig, Phil. Fak., Inaug.-Diss. v. [5. Dez.] 1895

Die wichtigsten ostfriesischen und brandenburgischen Rindviehstämme. Nach amtl. Quellen. (Verf.: Georg **Wilsdorf.**) Mit 29 Abb. 3. Aufl. Jg. 1911. Prenzlau: Mieck (1910). V, 222 S. 8°
(Wilsdorf's Taschen-Stammbuch-Bibliothek d. Deutschen Zuchtgebiete. H. 1.)
A 12. 3350

Wilsdorf, G., d. schweizer Saanenziege, ihre Heimat, Zucht u. Pflege, sow. ihre Bedeutg. f. d. deutsche Ziegenzucht. M. 2 Rassebild. gr. 8. (VI, 82 S.) Berlin 896. P. Parey. n. 2. 50

Wilsdorf, G[eorg]. Die Schweizer Saanenziege, ihre Heimat, Zucht und Pflege, sowie ihre Bedeutung für die deutsche Ziegenzucht. 2., neubearbeitete und vermehrte Aufl. Mit Textabbildungen. VIII + 132 S. 8. Berlin, Paul Parey, 1907. [M. 3. —]

Wilsdorf, G . Die Ziegenzucht; mit ausführlicher Beschreibung der deutschen und Schweizer Ziegenrassen und Schläge. Mit 52 Textabbildungen. VIII + 228 S. 8. Berlin, Paul Parey, 1908. [geb. M. 5.—]

Wilsdorf, Max, Handbuch zum Unterricht im Feldmessen mit den einfachsten Meßinstrumenten. Besonders für landwirthschaftl. Schulen bearb. gr. 8. (33 S.) Chemnitz 880, Bülz. cart.

Wilsdorf, Max, Handbuch zum Unterr. im Feldmessen m. d. einfachsten Meßinstrumenten. Bes. f. landwirtschaftl. Schulen bearb. 2., verm. Aufl., bearb. v. G. Wilsdorf. gr. 8. (V, 52 S. m. 1 Taf. u. 8 Bl. karr. Schreibpap.) Chemnitz 896. Berlin, P. Parey. Kart. n. 1. 20

Wilsdorf, Max, Unterricht im Feldmessen m. den einfachsten Meßgeräten. Für landwirtschaftl. Schulen u. zum Selbstunterricht bearb. (Landwirtschaftliche Unterrichtsbücher.) 3. Aufl., neubearb. v. G. Wilsdorf. (IV, 47 S. m. Abbildgn.) 8. Berlin 904. P. Parey. Geb. in Leinw. n. 1. 40

Wilsdorf, Max Georg, s. Wilsdorf, Georg

Wilsdorf, Oskar

— errichtet Schulgärten! Eine Mahng. an die Lehrer u. Vertreter der Schulgemeinden. gr. 8. (15 S.) Dresden 894. A. Huhle. n. — 30

— die Errichtung v. Koch- u. Haushaltungsschulen in Verbindung m. der Volksschule. Vortrag, geh. in der Jahresversammlg. d. Vereins sächs. Schuldirektoren in Großenhain am 3. Juli 1892. 8. (32 S. Ebd. 892. n. — 40

Wilsdorf, Osk., d. Errichtung v. Schulgärten in Verbindg. m. d. Volksschule. gr. 8. (30 S.) Dresden-Blasewitz 896. H. Minden. n. — 40

— die Erziehung. Pädagogische Aussprüche aus den Werken großer Denker u. Dichter. Für die Familie zusammengestellt u. hrsg. gr. 16. (138 S.) Ebd. 892. n. 1. 50

— — Gräfin Charlotte v. Kielmannsegge. Ein Lebensbild aus der Zeit der Romantik. Nach histor. Quellen bearb. 8. (79 S. m. 1 Lichtdr.) Dresd. 889, Minden. * 1 —

Wilsdorf, Osc., Gräfin Charlotte v. Kielmannsegge. Ein Lebensbild aus der Zeit der Romantik. Nach histor. Quellen bearb. 2. neu durchgeseh. Aufl. (80 S.) 8. Dresden 904. H. Minden. n. 1. —

— s.: Kochbuch f. die Schülerinnen in Koch- u. Haushaltungsschulen.

Wilsdorf, Osc., Gräfin Cosel. Ein Lebensbild aus der Zeit d. Absolutismus. Nach histor. Quellen bearb. 8. (78 S.) Dresden 892. H. Minden. n. 1. —

Wilsdorf, Osc., Gräfin Cosel. Ein Lebensbild aus der Zeit des Absolutismus. Nach histor. Quellen bearb. 2. u. 3., neu durchgesch. Aufl. 8. (à 78 S.) Dresden (900. 902.) H. Minden. n. 1. —

Wilsdorf, Osc., Gräfin Cosel. Ein Lebensbild aus der Zeit des Absolutismus. Nach histor. Quellen bearb. 4., neu durchgeseh. Aufl. (78 S.) 8. Dresden (910). H. Minden. 1. —

— eine Musterstätte d. Volksschulgartens. 8. (84 S.) Dresden 897. A. Köhler. n. — 50

Wilsdorf, Osk., kleine Naturgeschichte der Pflanzen für die Hand der Schüler in Volksschulen. gr. 8. (31 S. mit 25 Abbild. im Text.) Leipzig 883, Peter's Verlag. cart.

— Realienbuch, s.: Lettau, H.

— Der Schulbursch u. Anderes. Erzählungen. (107 S.) 8. Dresden (907). E. Pierson. 1.50; geb. n 2.50

Wilsdorf, Osk., kleine Weltgeschichte für die Hand der Kinder in Volksschulen bearb. 8. (32 S.) Leipzig 878, Peter's Verlag. cart. *

Wilsdorf, Osk., kleine Weltgeschichte f. die Hand der Schüler in Volksschulen. 2., verm. Aufl. gr. 8. (32 S.) Leipzig 883. Peter. cart. n. — 20

Wilsdorf, Osk., kleine Weltgeschichte für die Hand der Schüler in Volksschulen. 3. verm. Aufl. gr. 8. (32 S.) Leipzig 886, Peter's Verlag. *

— kleine Weltgeschichte für die Hand der Schüler in Volksschulen. 5. Aufl. gr. 8. (32 S.) Leipzig 896. E. Peter. n. — 20

— wie sollen wir unsere Kinder erziehen? 2. (Titel-) Aufl. 12. (138 S.) Ebd. (892) 895. n. 1. —

Wilsdorf, Otto Ed., Album der evang.-luther. Geistlichen im Königr. Sachsen, s.: Kreyßig, Aug. Herm.

Wilsdruff [Schlagwort]

Wilsdruff, Bezirk, s.: Nossen, Bezirk.

Wilsdruff, s.: Sachsen. Karte.

Wilsdruff, s.: Sachsen. Messtischblätter.

Wilsen, J. R. D., **Anti-Koppe. Betrachtungen über die Grund- und Einkommensteuer. Lex.-8. (19 S.) Berlin 849, Löwenherz.**

—— Wahrheit gegen Selbstsucht. Abfertigung eines kölnischen Egoisten in der Einkommensteuer-Frage. Lex.-8. (24 S.) Berlin 849, Löwenherz.

Wilsenach, Friedrich (Grossgermersleben)
A. S. 579/54

Dissertatio juridica de expensis executionum criminalium, vulgo Von Hencker=Gelde. Präs. Adrian Beier. Wittenberg (Haken). 1748. 40 S.

Diss. X. 1664. (!) 36840

Wilser, J. C. v.: Welehrad. Ein Liederkranz in 2 Büchern. kl. 8°. (155 S.) Brünn, Karafiat 1862.

Wilser, Ludw., Ariovist. Trauerspiel in 5 Aufzügen. 8. (VII, 116 S.) Karlsruhe 887, Braun'sche Hofbuchh. *

Wilser, Ludw., vorgeschichtliche Chirurgie. Nach e. am 26. II. 1902 in der medizin. Sektion des naturhistorisch-medizin. Vereins zu Heidelberg geh. Vortrag. gr. 8. (13 S.) Heidelberg 902. C. Winter, Verl. n. — 60
Sonderabdruck aus: „Verhandlgn. des naturhist.-medizin. Vereins zu Heidelberg".

Wilser, Ludw., die Germanen. Beiträge zur Völkerkunde. (V, 448 S.) gr. 8. Eisenach (904): Leipzig, Thüring. Verlagsanstalt. n. 6. —; geb. in Leinw. n. 7. —

— die Herkunft der Baiern, m. Anh.: Stammbaum der langobard. Könige. (80 S. m. 1 Stammtaf.) gr. 8. Wien 905. Akadem. Verlag f. Kunst u. Wissenschaft. n. 1. 20

Wilser, Ludw., die Herkunft der Deutschen. Neue Forschgn. üb. Urgeschichte, Abstammung u. Verwandtschaftsverhältnisse unseres Volkes. gr. 8. (92 S.) Karlsruhe 885. (Braun) n. 1. 80

— Herkunft u. Urgeschichte der Arier. Vortrag, geh. am 11. II. 1899 im württemberg. anthropolog. Verein zu Stuttgart. Mit erläut. u. ergänz. Anmerkgn. gr. 8. (58 S.) Heidelberg 899. J. Hörning. n. 1. 20

Wilser, Ludw., Leben u. Heimat des Urmenschen. 11.—20. Tausd. (93 S. m. Abb.) 8. Leipzig 910. Th. Thomas. 1. —

— Menschwerdung. Ein Blatt aus der Schöpfungsgeschichte. 1.—20. Tausd. (VIII, 144 S. m. 21 Abb. u. 7 Taf.) 8. Stuttgart 907. Strecker & Schröder. 1. —; geb. 1. 80

— der Pitheoanthropus erectus u. die Abstammung des Menschen. gr. 8. (28 S.) Karlsruhe 900. (Heidelberg, O. Petters.) n. — 50
Sonderabdruck aus: „Verhandlgn. d. naturwiss. Vereins".

Wilser, Ludw., die Rassengliederung des Menschengeschlechts, s.: Beiträge zur Rassenkunde.

Rassentheorien. Vortrag, geh. zu Frankfurt a. M. 1908 von Dr. Ludwig **Wilser**. Stuttgart: Strecker & Schröder 1908. (32 S.) 8° [08. 7368

Wilser, Ludw., Stammbaum u. Ausbreitg. der Germanen. gr. 8. (X, 59 S. m. 1 Stammbaum im Text.) Bonn 895. P. Hanstein. n. 1. 20

Stammbaum der indogermanischen Völker und Sprachen. Nach einem 1900 im Hist.-philos. Ver. zu Heidelberg geh. Vortrag von Dr. Ludwig **Wilser**. Jena: H. Costenoble 1907. (38 S.) 8° [07. 4720

— germanischer Stil u. deutsche Kunst. gr. 8. (42 S.) Heidelberg 899. A. Emmerling & Sohn. n. 1. —

— Tierwelt u. Erdalter. Entwicklungsgeschichtliche Betrachtgn. Mit 25 Textabbildgn. u. 5 [1 farb.] Taf. nach Orig.-Zeichngn. v. A. Kull. 8. Tausd. (VII, 127 S.) 8. Stuttgart (908). Strecker & Schröder. 1.—; geb. n 1. 80

Wilser, Ludw., die Vererbung der geistigen Eigenschaften. [Aus: „[Illenau.] Festschrift z. 50jähr. Jubiläum".] Lex.-8. (28 S.) Heidelberg 892. C. Winter. n. 1. —

— dasselbe, s. a. Illenau. Festschrift etc.

Wilshaus, Friedrich [aus Hamm i. W.]: Ueber die algebraische Auflösbarkeit der Gleichungen achten Grades ... Marburg, Univ.-Buchdr. (C. L. Pfeil), 1888; 40 S. 8°
Marburg, Phil. Fak., Inaug.-Diss. v. [12. Sept.] 1888.

Wilsing, C. Fr(iedlieb) Gust., der kleine heidelberger Katechismus, wie derselbe in der kurpfälz. Kirchenordnung von 1585 für den einfält. Mann und die angehende Jugend zuerst gestellt, nun von Neuem hrsg. mit Sprüchen und Beispielen heil. Schrift und mit Liederversen versehen. 1. Aufl. 1852. und 2., verb. Aufl. 8. (48 S.) Altena 856, Santz. *

Wilsing, C. Fr. Gust., der kleine Heidelberger Katechismus wie derselbe in der kurpfälzischen Kirchenordnung von 1585 für den einfältigen Mann u. die angehende Jugend zuerst gestellt, nun von Neuem hersg. mit Sprüchen u. Beispielen heil. Schrift u. mit Liederversen versehen. 3., verb. Aufl. Altena. 866 Santz. 8. (49 S.) geb. n. 4 ngr.

Wilsing, C. Fr. Gust., der kleine Heidelberger Katechismus wie derselbe in der kurpfälz. Kirchenordng. v. 1585 f. den einfält. Mann u. die angeh. Jugend zuerst gestellt nun v. Neuem hrsg. m. Sprüchen u. Beispielen heil. Schrift u. m. Liederversen versehen. 4. Aufl. 8. (49 S.) Altona 874. Santz. geb. n. — 50

—— die reformirte Kirche in Deutschland die ursprüngliche lutherische Kirche als die Kirche der augsburg. Confession im Sinne Melanchthons. Ein Ruf an alle gläubige Evangelischen, sich um die augsburg. Confession als das eine rechte Unionspanier wieder zu sammeln. 8. (VIII und 125 S.) Altena 853, Santz. *

Wilsing, F., Lese-Lehrmethode für Volksschulen, nebst 16 Lehrtafeln. 8. Hamm. 821. N. wohlfeile Ausg. 828. Schulz. 12 K (NB. die 16 Leselehrtafeln in großen Format apart 8 K — In kl. Format. 1 K)

Wilsing's Lese-Lehrmethode f. Volksschulen. Neue, wohlf. Ausg. 8. (4 B.) Hamm 827, Schulz.
Die hierzu gehörigen 16 Lese-Lehrtafeln, gr. Format 8 Gr., kl. Format 1 Gr.

Wilsing, F., Deutschlands Volks-Weihnachten, od. vaterl. Bergfeuerrede geh. d. 18. Oct. 1816. 8. Coblenz u. Hadamar, Gelehrten-Buchh. 816.

— Deutschlands Volksweihnachten, oder vaterl. Bergfeuerrede gehalt. d. 18. Oct. 1816. 8. Cobl. u. Hadamar 816. Hergt. 3 K

Wilsing, Ferd., Ignaz Löffelmann's Heil- und Vorbauungs-Mittel gegen die Rinderpest, mit einem Anh. rücksichtlich der in den k. k. österreich. Staaten bestehenden veterinär-polizeilichen Verordnungen. Wien 857. (Gerold in Comm.) gr. 8. (VII, 100 S.) n. 20 ngr.

Wilsing, Heinr., der Chemiker, s.: Was willst du werden? Nr. 15.

Wilsing, Heinrich. Ueber die bei der Einwirkung von rauchender Schwefelsäure auf Azoxylbenzol entstehenden Sulfonsäuren. Greifswald, 1882.

Wilsing, Heinr., Richard Wagner, die Meistersinger von Nürnberg. Einführung in Musik und Dichtung. Mit einer Notenbeilage und einer Motivtaf. 8. (IV, 63 und Musikbeilage 8 S.) Leipzig 888, [Schloemp.] Reissner. * geb. *

Wilsing, Johann(es)

Wilsing, J., Ableitung der Rotationsbewegung der Sonne aus Positionsbestimmungen von Fackeln, s. **Publikationen des astrophysikalischen Observatoriums zu Potsdam.**

Wilsing, J., Beobachtgn. veränderl. Sterne in d. J. 1881—1885, s. a. Publikationen d. astro-physikal. Observatoriums zu Potsdam, Nr. 37 u. 36.

Beobachtungen veränderlicher Sterne in d. Jahren 1881—1885. Von J. **Wilsing,** Potsdam. *Leipzig: In Comm. b. W. Engelmann 1897.* (1 Bl., 157—208 S.) 4.
= **Publicationen** d. astrophysikal. Observatoriums zu Potsdam. No 37. Bd XI, Stuck 4. [98. 2004, K.

Wilsing, J., u. J. Scheiner, vergleichende spektralphotometrische Beobachtungen am Monde u. an Gesteinen nebst Albedobestimmungen an letzteren, s.: Publikationen des astrophysikal. Observatoriums zu Potsdam. Nr. 61.

—— Bestimmung der mittleren Dichtigkeit der Erde mit Hülfe eines Pendelapparates, s. **Publikationen des astrophysikalischen Observatoriums zu Potsdam.**

Wilsing, J., über den Einfluss der sphär. Abweichungen der Wellenfläche auf die Lichtstärke v. Fernrohrobjektiven, s.a. Publikationen des astrophysikal. Observatoriums zu Potsdam. Nr. 48.

Über den Einflusz der sphärischen Abweichungen der Wellenfläche auf die Lichtstärke von Fernrohrobjektiven. Von J[ohann] **Wilsing.** *Potsdam; Leipzig: W. Engelmann in Komm. 1903.* (31 S.) 4°
— **Publikationen** d. astrophysikal. Observatoriums zu Potsdam. No 48 = Bd 15, St. 4. [03. 11878 3

Wilsing, J(ohannes Mor. Dan.) (geb. Berlin 8. 9. 1856): Ueber den Einfluss von Luftdruck und Wärme auf die Pendelbewegung. Berlin 1880. (40 S.) 8°
Berlin, Phil. Diss. v. 20. Sept. 1880

J. Scheiner.
— — Temperaturbestimmung v. 109 helleren Sternen aus spektralphotometr. Beobachtungen, s.: Publikationen des astrophysikalischen Observatoriums zu Potsdam. Nr. 56.

— Untersuchgn. üb. d. Parallaxe u. d. Eigenbewegg. v. 61 Cygni nach photograph. Aufnahmen, s. a. Publikationen d. astro-physikal. Observatoriums zu Potsdam, Nr. 37 u. 36.

Untersuchungen über die Parallaxe und die Eigenbewegung von 61 Cygni nach photographischen Aufnahmen v. J. **Wilsing.** *Potsdam: In Comm. b. W. Engelmann in Leipzig 1897.* (59 S., 2 Taf.) 4.
= **Publicationen** d. astrophysikal. Observatoriums zu Potsdam. No 36. Bd XI, Stück 3. [98. 5640

Wilsing, J., Untersuchungen üb. die Spectra von 528 Sternen, s.: **Vogel, H. C.**

— **Untersuchungen an den Spektren der helleren Gasnebel, s.: Scheiner, J.**

Wilsing, J., Untersuchungen über das Spectrum der Nova Aurigae, s. a. Publikationen des astro-physikal. Observatoriums zu Potsdam. Nr. 40.

Untersuchungen über das Spectrum der Nova Aurigae. Von J[ohannes] **Wilsing.** *Potsdam; Leipzig: W. Engelmann in Comm. 1900.* (77—102 S.) 4°
= **Publikationen** d. astrophysikal. Observatoriums zu Potsdam. No 40. Bd 12, Stück 2. [00. 7805 10

Wilsing, Johannes Moritz Daniel, s. Wilsing, Johann(es)

Wilsing, N., Aufbau und Quellen von Ciceros Schrift de re publica. Diss. 1929. 98 S. 3.—

Wilsing, Wilhelm: Die landwirtschaftlichen **Verhältnisse** des Eifelgebietes mit Berücksichtigung ihrer Vergangenheit und Gegenwart nebst Hinweis auf die Zukunft unter besonderer Beachtung der hauptsächlich dort auftretenden devonischen Grauwackenböden. *Bonn 1897: A. Henry.* (130 S.) 8°
Heidelberg, Naturw.-math. Diss. v. [10. Nov.] 1897

Wilsing, Wilh., d. landwirtschaftl. Verhältnisse d. Eifelgebietes m. Berücksicht. ihrer Vergangenheit u. Gegenwart, nebst Hinweis auf d. Zukunft unt. bes. Beachtg. d. hauptsächlich dort auftret. devon. Grauwackenböden. gr. 8. (130 S.) Bonn 897. F. Cohen. n. 2.—

Wilsing, W., wie sollen wir unsere Wiesen behandeln? Einige Betrachtgn. f. die Wiesenbesitzer des Netzebruches. gr. 8. (29 S.) Bromberg 902. Mittler. n. — 50

Wilske, Karl, Rekt.: Zur **Kreisteilung.** *Bromberg 1899: Buchdr. des Bromberger Unparteiischen.* (S. 36—60.) 8° [Ant. u. J.]
Bromberg, st. mittlere Mädchen-S, OP 1899**

Wilske, Karl, Rekt.: Zur **Lehre** von der Siebenteilung ganzer Zahlen. *Bromberg 1897: A. Dittmann.* (S. 3—30.) 8° [J.]
Bromberg, st. mittlere Mädchen-S, OP 1897**

Wilske, Karl, Rekt.: **Umwechselungs-** und Zahlungsmöglichkeiten bei der Wahl von höchstens fünf deutschen Reichsmünzen. *Bromberg (1901): O. Grunwald.* (S. 27—32.) 8° [J.]
Bromberg, st. mittlere MS, OP 1901**

Wilski, F., Einführung in die trigonometrischen bezw. Ausgleichungsrechnungen der Anweisung IX vom 25. Oktbr. 1881 für die trigonometrischen und polygonometrischen Arbeiten bei Erneuerung der Karten und Bücher des Grundsteuerkatasters mit elementarer Entwickelung der dabei in Betracht kommenden Differentialformeln. gr. 8. (VIII, 100 S. mit 1 Stnt.) Liegnitz 883, (Reisner'sche Buchh.) *

Wilski, Karl, die neuen metrischen Maße u. Gewichte. Faßliche Erläutergn. auf Grund der Maß- u. Gewichtsordnung für den norddt. Bund u. mit besond. Berücksicht. der amtl. Verhältnißzahlen u. der Eichordnung, nebst einem Anh. enthltd. das wichtigste vom Decimalbruchrechnen. Für Haus u. Schule herÿg. Strasburg i. Pr. 870. Köhler. gr. 8. (55 S.) 4 ngr.

Wilski, Karl, Volksschul-Rechenbuch. Uebungen u. Aufgaben f. das mündl. u. schriftl. Rechnen. 1—5. Hft. 8. Berlin 872. Gaertner. n. 1. 20
1. (16 S.) n. — 20. — 2. (16 S.) n. — 20. — 3. (16 S.) n. — 20 — 4. (16 S.) n. — 20. — 5. (32 S.) n. — 40.

Wilski, Paul

Wilski, P., topograph. Aufnahme auf Thera Sommer 1896. Mit 3 Karten im Anh., 3 Heliograv. u. 12 Abbildgn. im Text. [Aus: „Hiller v. G., Thera".] gr. 4. (42 S.) Berlin 899. G. Reimer. Kart. n. 20.—

Wilski, P.: Topographische Aufnahmen auf der Insel Santorin-Thera. ([S.-A.] Zeitschrift für Vermessungswesen. Jahrg. 1897. Heft 12.) Hannover 1897. 10 S., 1 Krt. 8°.

— **klimatolog. Beobachtungen aus Thera, s. a. Thera.**

Klimatologische Beobachtungen aus Thera. Unter Mitw. von F[riedrich] Frh. Hiller v. Gaertringen u. E. Vassiliu bearb. von P[aul] **Wilski**. T. 1. *Berlin: G. Reimer 1902.* 4°
— **Thera**. Untersuchungen, Vermessungen u. Ausgrabungen in d. J. 1895–1902. Bd 4, T. 1. [03. 4222

Klimatologische B e o b a c h t u n g e n aus Thera. Unter Mitw. von F[riedrich] Frh. Hiller v. Gaertringen u. E. Vassiliu bearb. von P[aul] **Wilski**. In 2 T. Mit 2 Kt. u. 5 Abb. sowie 3 Beil. Berlin: G. Reimer 1902–09. 4°
1. Die Durchsichtigkeit d. Luft über d. aegaeischen Meere nach Beobachtungen d. Fernsicht von d. Insel Thera aus. Mit 3 Abb. u. 3 Beil. 1902.
2. A. Meteorol. Tabellen . . . 1909.
(Thera. Untersuchungen. Vermessungen u. Ausgrabungen i. d. J. 1895–1902. Bd 4.)

Wilski, Paul, aus Danzig: Die **Durchsichtigkeit** der Luft über **dem Aegaeischen** Meere nach Beobachtungen der Fernsicht **von der** Insel Thera aus. *Jena 1902: Frommann.* (53 S.) 4°
Rostock, Phil. Diss. v. [30. Juni] 1902

Kgl. Museen zu Berlin. Karte der Milesischen Halbinsel ⟨1:50000⟩ mit erl. Text von Paul **Wilski**. Mit 2 Kartenbl. [je 47×58 cm] u. 3 Abb. im Text. Berlin: G. Reimer 1906. (24 S.) 2°
= **Milet.** Ergebnisse d. Ausgrabungen u. Untersuchungen seit d. J. 1899. Hrsg. v. Th. Wiegand. H. 1. [06. 8396

Karten von Thera. Aufgenommen u. gezeichnet von P[aul] **Wilski**. (Plan 1. 2.) *Berlin: G. Reimer 1904; (Geogr.-lith. Inst. W. Greve).* (2 Kartenbl.) 8° [Umschlagt.] [kol.]
1. Umgegend d. Stadt Thera nach d. Ausgrabungen 1896–1902. 1:5,000. (44×49 cm.)
2. Die alte Stadt Thera nach d. Ausgrabungen 1896–1902. Mit Erg. von W[ilhelm] Dörpfeld, P[anagiotes] Sursos, W[ilhelm] Wilberg. 1:1,000. (97×28 cm.)
Aus: Thera. Hrsg. von Frdr. Frh. Hiller v. Gaertringen. Bd 3. [04. 8667

Wilski, P., Stadtgeschichte v. Thera, s.: H i l l e r v. G a e r t r i n g e n, F. Frhr.

— **das Kastell Urspring, s.: F a b r i c i u s, E.**

W i l s m e n, F. F., de sapientia Christi in seligendo ad apost. gentium munus Paulo conspicua. Hal. 1756. 4.

Wilsnack [Schlagwort]

Wilsnack, s.: Geologische **K a r t e n** (**Preussen**).

Wilson, od. die Verleumdung, Drama in 3 Acten. Nach d. Franz. von B. A. Hermann. gr. 8. Hamburg 839. Berendsohn. 1/3 ℛ

Wilson, der kranke Mensch, s.: **G u t**, das höchste.

——, **Tom Cringle's Schiffs-Tagebuch. Uebers. v. G. N. Bärmann. 3 Thle., s. Bibliothek d. neuesten u. best. Romandichter Engl., 54—56. Bd.**

W i l s o n, Tom Cringle's Schiffs-Tagebuch, od. Abentheuer e. Offiziers d. engl. Marine. A. d. Engl. übers. v. Aug. Schaefer. 3 Bde. gr. 12. (50½ B.) Heidelberg 834, Groos.

Wilson, Untersuchungen über das Dasein ursprüngl. Einwohner in Schottland, siehe: **J a h r b u c h**, geographisches, III.

Wilson, A. J. E., s. W i l s o n, August Evans

W i l s o n, A. K. de, Gedichte. 1. Bdchn. 8. (IV und 258 S.) Posen 862, (Merzbach.)

Wilson, Albert Edgar, [a.] Ogden, Utah ⟨Vereinigte St. v. Amerika⟩: Gemeinwirtschaft und Unternehmungsformen im Mormonenstaat. ⟨Kap. 1 bis 2.⟩ (Leipzig: Duncker & Humblot 1907.) (38 S.) 8° [F.] ¶ (Erschien vollst. 1907 in: Jahrbuch f. Gesetzgebung, Verw. u. Volksw. Jg. 31.)
Berlin, Phil. Fak., Ref. Sering, Diss. v. 15. März 1907
[Geb. 6. März 72 Omaha, Nebraska; Wohnort: Ogden, Utah; Staatsangeh.: Vereinigte Staaten; Vorbildung: Augustana College Rock Island, Ill. Reife Juni 93; Studium: Chicago 2, Berlin 5 S.; Rig. 4. März 07.]

Wilson, Alex., Betrachtt. über den Einfluß des Klimas auf Pflanzen u. Thiere. Aus d. Engl. gr. 8. Leipz. 781. Weygand. 12 Gr

Wilson, Alex. Philipp

— **über d. Erkenntniß u. Kur der Fieber; Aus d. Engl. mit Anmerkk. v. G. W. Töpelmann. Mit 1 Kpf. 3 Thle. gr. 8. Leipz. 804, 5. W. Vogel. 6 ℛ 8 Gr 4r Thl. s. unten: Handbuch d. Entzündungen.**

Wilson, Alex. Ph., Handbuch über Blutflüsse, Lungensucht u. Ruhr, nebst Versuchen über die Wirkungsart d. Opiums u. Tabaks auf d. thierischen Organismus. Für Deutsche mit Zusätzen herausg. v. G. W. Töpelmann. gr. 8. Leipz. 812. Dürr. 20 Gr

— **Handbuch über Entzündungen, Rheumatismus u. Gicht, für Deutsche mit Zusätzen u. Anmerkk. bearbeitet v. G. W. Töpelmann u. Einleitung von K. F. Burdach. (A. u. d. T.: über Erkenntniß und Kur d. Fieber. 4r Thl.) gr. 8. Leipz. 809. Hinrichs. 1 ℛ 12 Gr Schrbp. 2 ℛ Velinp. 2 ℛ 12 Gr**

— s. **H o a d l y**, Betrachtt. üb. electr. Versuche.

W i l s o n, (Philipp, A. E.,) eine auf Versuche gegründete Untersuchung üb. d. Gesetze der Functionen des Lebens, mit einigen Bemerkk. üb. d. Natur u. Behandlung der innern Krankheiten, nebst Berichte des Instituts v. Frankreich üb. d. Versuche v. L. Gallois; nach d. 2n Ausg., aus d. Engl. übers. von F. v. Sontheimer. gr. 8. Stuttg. 822. Metzler.

Wilson, Alex. Phil., Untersuchungen des Blasensteins oder Grieses; aus d. Engl. gr. 8. Stendal 795. Franzen u. Gr. 8 Gr

Wilson, Aug. Evans, **D o l o r o s a.** Roman in 2 Bdn. 8. (228 u. 246 S.) Mannheim 897. J. Bensheimer's Verl. n. 6. —; geb. n. 8. —

— **Infelice, s.: Berlepsch**, Lina Freifrau v., **Romanbibliothek, Bd. 12.**

— **dasselbe, s.: C o l l e c t i o n Hartleben, 6. Jahrg.**

Wilson, A. J. E., Selma. Roman. Deutsch v. A. **G e i s e l.** 2 Bde. 8. (370 S.) Mannheim 894. J. Bensheimer's Verl. n. 4. —; geb. n.n. 5. —

Wilson, E., Benjamin Brail's See-Züge. Aus d. Engl. von E. Richard. 3 Bde. 8. Aachen 836. Mayer. (Brüssel, Mayer u. Somerhausen.) 4 ℛ

— **s. auch Marryat, sämmtl. Werke 54r—56r Bd.**

W i l s o n, C. T., und R. W. F e l k i n, Uganda und der ägyptische Sudan. 2 Bde. Mit 35 (eingedr.) Holzschn.) gr. 8. (VII, 177; 162 S.) Stuttgart 883, Cotta'sche Buchh.

W i l s o n, Dan., der Tag des Herrn in seiner göttlichen Macht und Geltung in sieben Predigten. gr. 8. (III und 219 S.) Gotha 861, F. A. Perthes. *

Wilson, E., das Heißluftbad, seine Wirkungen u. Anwendung, s.: Bücherei, freie hygienische.

Wilson, Erasmus

Wilson, W. J. Erasm., Compendium d. Anatomie d. Menschen, mit 160 in d. Text eingedr. Abbildn. Bearb. u. hrsg. v. L. Hollstein. 1—5. Lfg. 8. (30 B.) Berlin 841, [Schroeder's Verl.] à

Wilson, W. J. Erasm., Compendium der Anatomie des Menschen, mit 160 in den Text eingedr. Abbildungen. Umgearb. u. hrsg. v. L. Hollstein. 6. u. 7. (letzte) Lfg. 8. (23⅛ B.) Berlin 843, 45, Schröder's Verl. à 15 Ngr.
1—5. Lfg. Ebendas. 1841, 42. à L. 15 Ngr.

Wilson, Erasmus, die Krankheiten der Haut. Aus d. Engl. übers. von Schroder. 2 Hälften. gr. 8. (XXXII u. 642 S.) Leipzig 850, Kollmann. (à 1⅓ ℛ) 2⅔ ℛ

— anatomisches Vademecum, siehe: Hollstein, L., Lehrbuch der Anatomie.

Wilson, F. R. M., Lichenes Kerguelenses, s.: Mémoires de l'herbier Boissier. Nr. 18.

Wilson, Frank: Dickens in seinen Beziehungen zu den Humoristen Fielding und Smollett. Leipzig-R. 1899: O. Schmidt. (59 S.) 8°
Leipzig, Phil. Diss. [21. Dez.] 1899.

Wilson, George, s. a. Dürer, Albrecht, der Evangelist d. Kunst.

Albrecht Dürer, der Evangelist der Kunst. Aus d. Englischen. (Nach d. Ausgabe von George Wilson.) 2. Aufl. Berlin: Deutsche Ev. Buch- u. Tract.-Ges. [1901]. (52 S.) 8°

Wilson, George, Handbuch der öffentlichen und privaten Gesundheitspflege. Mit Autoris. des Verf. nach der 3. Aufl. und einem Anhang „das öffentl. Sanitätswesen im Deutschen Reich und in den Einzelstaaten desselben" deutsch hrsg. von Paul Boerner. gr. 8. (XVI, 581 S.) Berlin 877, G. Reimer.

Wilson, Geo., die fünf Pforten zur Erkenntniß. Ein Buch für denkende Freunde der Natur so wie für die reifere Jugend der gebildeten Stände. Autorisirte deutsche Ausg. mit einem Vorwort von W. F. A. Zimmermann. Berlin 862. Hempel. 8. (VIII, 88 S.) n. 15 ngr.

Wilson, Gilbert B., aus Toronto-Canada: **Beitrag** zur Vorgeschichte der Auflösung der Klöster in England und Wales, speciell unter der Regierung Heinrichs VIII. *Halle a. S. 1900: C. A. Kaemmerer & Co.* (80 S.) 8° ¶ (Soll fortgesetzt werden.)
Halle, Phil. Diss. v. 18. Juli 1900

Wilson, Grace. A sunday club in Germany, s. Library, English. Schulausgaben.

Wilson, Gregg [aus Falkirk (Schottl.)]: The development of the Müllerian duct of Amphibians ... (Aus: Trans. Roy. Soc. Edinb., Vol. XXXVIII.) Freiburg i. B., 1894; 1 Bl., 18 S., 2 Taf. 4.
Freiburg i. B., Phil. Fak., Inaug.-Diss. v. 1896

Wilson, H., Beitrag zur Entwickelung der Haut des Menschen, s. Mittheilungen aus dem embryologischen Institute der k. k. Universität in Wien.

Wilson, H. W., die Invasion v. 1910, s.: Le Queux, William.

Wilson, Henr. [illegible] De causis obstipationis alv[illegible] Berolini [illegible] 8°
Berlin, Med. Diss. v. [illegible] Juli 1831

Wilson, Hnr., Nachrichten von den Pelew-Inseln, s. Geschichte d. Land- u. Seereisen. 1r Bd.

— Reise nach den Pelju-Inseln, oder Geschichte des Schiffbruchs des brittischen Postschiffs Antilope. 8. Frankf. a. M. ... Körner. 20 𝒦

— Reise nach den Pelew-Inseln. 8. Leipz. 793. (Nauck). 12 𝒦

— Reise nach d. Pelew-Inseln. 8. Lpz. Sommer. 793.

Wilson, Henriette. Denkwürdigkeiten. Bd. 1—3. Stuttg. 1825. Ü: *Friederich, Joh. Conrad.* (Ebrard, Friedr. Clemens & Louis Liebmann: Joh. Konrad Friederich. Frankfurt a. M. 1918. S. 300)

Wilson, Miß H., Denkwürdigkeiten. 3 Thle. 8. Stuttg. 825—27. (Brodhag). 2 ℛ 15 𝒦

Kleine Dinge [Little things to be thought of]. [Verf.: Henrietta **Wilson.**] In treuer Übers. aus d. Engl. 12. Aufl. Gütersloh: C. Bertelsmann 1907. (80 S.) 8° [F.]
[08. 4141]

Wilson, Herold A., Untersuchgn. üb. die Bildungsverhältnisse der ocean. Salzablagerungen, s.: Hoff, J. H. van't.

Wilson, Horace Haym.

Wilson, H. H., s. Srí Dandí.

Wilson, (Horace, Haym.,) A Dictionary and English; translated, amended and enlarged, from an original compilation prepared by learned natives for the College of fort William. 4 maj. Calcutta 819.

Wilson, H. H., a dictionary, sanskrit and english, s. Goldstücker, Theod.

Wilson, J. Leighton

Wilson, J. L., West-Afrika, s. a. Lord's, C. B., Hausbibliothek.

Wilson, J. Leighton, West-Afrika geographisch u. historisch geschildert. Aus dem Engl. von M. B. Lindau. Neue (Titel-)Ausg. 1865. 1 ℛ u. 3. (Titel-)Ausg. Leipzig 868. Senf. gr. 8. (XII, 317 S.) 15 ngr.

Wilson, J. M., s. Wilson, John Mackay

Wilson, James: Beschreibung einer englischen Missions-Reise nach dem südlichen stillen Ocean in den Jahren 1796, 1797 und 1798 im Schiffe Duff, unter Commando des Capitains James Wilson. Aus dem Englischen übersetzt und mit Anmerkungen versehen von M. C. Sprengel. Weimar 1800. XII, 488 S., 1 Krt. = Bibliothek der neuesten und wichtigsten Reisebeschreibungen. Bd. 2. 8°.

Wilson, James, erstes Elementar- und Lesebuch der englischen Sprache. Progressiv geordnet und mit einer zweckmäß. Aussprache versehen. gr. 8. (VIII und 182 S.) Osnabrück 860, Rackhorst'sche Buchh. *

Wilson, Jam. (I.), Entdeckungen u. Abentheuer in Afrika, s. Entdeckungen.

Wilson, J., der Familienarzt, oder das Buch der Gesundheit und des langen Lebens. 16. (X und 346 S.) Leipzig 855, Literatur-Bureau. *

— s. Geschichte, neue, d. See- u. Landreisen. 1r Bd.

Wilson, Jam. (H.), die Heilkraft d. Wasserdämpfe in ihrer örtl. Anwend. bei Rheumatismus, Gicht, weisser Geschwulst u. a. Gelenkleiden; bei verschied. Arten v. Geschwüren, mehrern Hautkrankheiten, Hämorrhoiden etc. A. d. Engl. v. F. Reichmeister. gr. 8. (7 B.) Leipzig 839, Kollmann.

Wilson, J., die Heilkraft der Wasserdämpfe in ihrer örtlichen Anwendung bei Rheumatismus, Gicht, weisser Geschwulst u. andern Gelenkleiden; bei verschiedenen Arten von Geschwüren, mehr. Hautkrankheiten, Hämorrhoiden etc. Aus dem Engl. v. Fr. Reichmeister. gr. 8. (...B.) Leipzig 841, Kollmann. Thlr.

Wilson, James, Missionsreise in d. südl. stille Meer rc. Aus d. Engl. von F. G. Canzler, s. Magazin von neuen merkwürd. Reisebeschreibb., herausg. von J. R. Forster. 21r Thl.

(Wilson, James): James Wilsons Missions-Reise in das südliche Stille Meer, unternommen in den Jahren 1796, 1797, 1798 mit dem Schiffe Duff. Aus dem Englischen übersetzt. Mit Anmerkungen von D. Canzler. Mit zwei Kupfern und einer Landcharte. [Tf. 2 fehlt.] (Magazin von merkwürdigen neuen Reisebeschreibungen, aus fremden Sprachen übersetzt und mit erläuternden Anmerkungen begleitet. Bd. 21.) Berlin 1800. X, 526 S., 1 Tf., 1 Krt. 8°.

Wilson, James M., normal plates of the development of Necturus maculosus, s.: Normentafeln zur Entwicklungsgeschichte d. Wirbeltiere. (Eycleshymer, Alb. C.)

Wilson, John Mackay

(Wilson, John)
Erzählungen aus dem Leben in Schottland. Übers. von Wilhelm Adolf Lindau.
Dresden: Hirschler 1824. 212 S. 8°

Wilson, J. M., romant. Erzählungen aus d. Gesch. u. d. Ueberliefn. d. schott. Grenzlandes. A. d. Engl. v. H. Roberts. gr. 12. (15⅙ B.) Leipzig 837, [Lorck.]

Wilson, J. M., romantische Erzählungen aus der Geschichte u. den Ueberlieferungen d. schottischen Grenzlandes. Aus d. Engl. von H. Roberts. gr. 12. Leipzig 837. Weber. 1½ ₰

Wilson, J. M., Gottes Offenbarung od. Warum glaubst du nicht an die Bibel? Deutsch nach „The Theory of Inspiration". 8. (60 S.) Glogau 891. C. Flemming. n. 1. —

Wilson, John Mackay, selections from tales of the borders and of Scotland. 8. (322 S.) Leipzig 886, Gressner und Schramm. geb. *

Wilson, (J. M.), sämmtl. Werke, s. **Bibliothek neuer Romane des Auslandes.**

Wilson, Jorsyth J., a. Moffat, Schottland: Untersuchungen über einige stereoisomere ungesättigte Ketone. Weida i. Thür. 1905: Thomas & Hubert. (65 S.) 8°
Leipzig, Phil. Fak., Ref. Hantzsch u. Beckmann, Diss. v. 27. Apr. 1905
[Geb. 25. Juni 80 Moffat, Schottland; Wohnort: Edinburgh; Staatsangeh.: England; Vorbildung: Peebles High School; Studium: Edinburgh 8, Bachelor of Science 1901, Leipzig 7 S.; Rig. 4. März 05.]

Wilson, Patrick, Versuche und Beobachtungen über eine merkwürdige Kälte, welche die Trennung des Reifs von einer klaren Luft begleitet. (Nach einem Artikel in den „Transactions of the Royal Society of Edinburgh". Vol. I. 1788.)

Wilson, Philipp Alexander, s. Wilson, Alexander Philipp

Wilson, R., s. M. Edgeworth, little Plays for young people.

Wilson, R. S., praktische Anleitung zum Englisch-Sprechen, s. Ziegler.

Wilson, Rob., die Dampfkessel, deren Festigkeit, Construction und ökonomischer Betrieb. 4. verb. Aufl. Aus dem Engl. übers. und für deutsche Verhältnisse bearb. von Max Borns. 8. (X, 402 S. mit in den Text eingedr. Holzst.) Braunschweig 878, Vieweg und Sohn. *

Wilson, Rob., die Formenlehre der englischen Grammatik, gedrängt u. übersichtlich zusammengestellt zum Zweck der Benutzung neben ausführl. Lehrbüchern, sowie zum schnellen Wiederholen des Gelernten. Lübeck 867. Grautoff. gr. 8. (VI, 55 S.) 7½ ngr.

Wilson, Sir Rob., geheime Geschichte des Feldzugs von 1812 in Rußland. Aus dem Engl. von Jul. Seybt. gr. 8. (339 S.) Leipzig 861, Gumprecht. *

Le Maçon demasqué, ou Le vrai secret des francs maçons, mis au jour dans toutes ses parties avec sincérité & sans déguisement. [Von Thom. **Wilson,** auch **Wolson.**] Londres [1751]. 108 S. 3 Kpfr. 8°

[Dasselbe.] Berlin 1757. 112 S. 8 Taf. 5 Bl. Noten. 8°
cf. Fr. 13 (1880) S. 530 (A. F. A. Woodford); 14 (1881) S. 345 (A. F. A. Woodford). Kl. 1882. Selten.

[Deutsche Übers. u. d. Tit.:]
Der entdeckte Maurer, oder Das wahre Geheimniss der Frey-Maurer. Mit Aufrichtigkeit und ohne Verstellung in allen seinen Theilen ans Licht gegeben. [Von Thom. Wilson, auch Wolson.] Frankfurt u. Leipzig [München: Strobl] 1786. 374 S. 8°
[Nebentit.] Le Maçon démasqué ou Le vrai secret des francs-maçons. Mis au jour dans toutes ses parties avec sincérité et sans déguisement.
[Vortit.] Wahres, zusammenhängendes Lehrgebäude der Freymaurer-Gesellschaft. Aus d. Franz. übers. Leipzig u. Frankfurt 1786.
Tt. 1374. Selten. Erscheinungsvermerk nach Kloss aufgelöst. Abafi. 1 (1890) S. 134 gibt an: Wien: Wucherer. Text deutsch u. franz. 23.

Wilson, Thom., les Vérités, et les devoirs du christianisme. 8., Basle, Imhof. (Lange à Berlin.) 774.

Wilson, W. J. Erasmus, s. Wilson, Erasmus

Wilson, William, a. Goody Hills (England): Lichtelektrische Entladung und durch Bestrahlung erzeugtes Leitvermögen. Weida i. Th. 1906: Thomas & Hubert (47 S.) 8°
Leipzig, Phil. Fak., Ref. Wiener-Des Coudres, Diss. v. 12. Nov. 1906
[Geb. 1. März 75 Goody Hills, Cumberland, England; Wohnort: Abbey Town, Cumberland; Staatsangeh.: England; Vorbildung: 5 Certificates Royal College London 94/95; Studium: Leipzig 8 S.; Rig. 31. Juli 06.]

Wilson-Carmichael, Amy, Tatsachen vom südindischen Missionsfelde. Autoris. Übersetzg. aus dem Engl. von Emmy v. Feilitzsch. (288 S. m. 32 Taf.) 8. Barmen (907). E. Müller. Geb. in Leinw. 4. —

Wilster, Chr., s. Homer's Iliade og Odyssee.

Wilster, C. H. E. v., jurist.-literar. Handwörterbuch zur Erklärung d. wichtigsten in d. Geschäftssprache u. in wissenschaftl. Schriften vorkomm. Begriffe u. Fremdwörter. 8. (11 B.) Stettin 833. [Leipzig, Eisenach.] 20 Gr., hrbgs. Pr.

Wilt, Wilhelm

Wilt, W., soliloquia seu praeces familiares circa praecipua hominis christiani et ecclesiastici officia. 8. Bamberg, Gobhard. 783. Rthlr. —

Wilt, Wlh., soliloquia seu preces familiares circa praecipua hominis christiani et ecclesiastici officia 8. Bamb. (Wesché in Frankf.) 6 gr

Die heilige Agnes. Cantate f. dreistimm. Frauenchor Sopran u. Alt m. verbind. Text u. lebenden Bild. Musik von August **Wiltberger**. Opus 70. Text von A[dam] Jos[ef] Cüppers. Textbuch. Düsseldorf: Schwann [1898]. 10 S. 8° [11. 11316

Die heilige Angela von Merici, Stifterin des Ursulinenordens. Cantate. Text von Heinrich Engel. Musik von Aug. **Wiltberger**. Op. 110. (Textbuch.) Düsseldorf: L. Schwann [1907]. (15 S.) 8° [08. 4820

Wiltberger, Aug. Auswahl v. Volks- u. volkstümlichen Liedern f. Seminarien u. höhere Schulen. Ein Anh. zu den Liedersammlgn. f. die genannten Schulanstalten. 1. Aufl. (IV, 104 S.) 891. ** 1 —; geb. ** 1 40; 2. verm. Aufl. 8. (VI, 150 S.) Düsseld. 892, Schwann. ** 1 25; geb. ** 1 65

Wiltberger, Aug., Auswahl v. Volks- u. volkstümlichen Liedern f. Seminarien u. höh. Schulen. E. Anhang zu d. Liedersammlgn. f. d. gen. Schulanst. 3. Aufl. 8 (VI, 150 S.) Düsseldorf 895. L. Schwann. n.n. 1. 25; geb. in Leinw. n.n. 1. 65

Wiltberger, Aug., Auswahl in Volks- u. volkstümlichen Liedern f. Seminarien u. höhere Schulen. Ein Anh. zu den Liedersammlgn. für die genannten Schulanstalten. 4. Aufl. 8. (VI, 158 S.) Düsseldorf (900). L. Schwann. n. 1. —; geb. in Leinw. n.n. 1. 40

Auswahl von Volks- und volkstümlichen Liedern für Seminare und höhere Schulen ... hrsg. von August **Wiltberger**. 6. Aufl. Düsseldorf: L. Schwann (1906). (VI, 157 S.) 8° [5.] [08. 2589

Auswahl von Volks- und volkstümlichen Liedern. Bearb. u. hrsg. von August **Wiltberger**. 7. Aufl. Düsseldorf: Schwann (1910). VII, 171 S. 8° [11. 7603

— **Bonifacius.** Oratorium f. Chor u. Soli m. verbind. Text u. leb. Bildern. Dichtg. v. Ad. Jos. Cüppers. Komponiert v. W. (Op. 66.) Textbuch. 8. (15 S.) Ebd. 896. n. — 20

— die hl. **Cäcilia.** Cantate f. Soli u. gemischten Chor m. verbind. Text u. leb. Bildern. Dichtg. v. Ad. Jos. Cüppers. Musik v. W. Textbuch. 8. (8 S.) Ebd. 896. n. — 10

— die hl. **Cäcilia.** Oratorium für Soli u. gemischten Chor m. verbind. Text u. leb. Bildern. Dichtung v. Ad. J. Cüppers. Musik von W. Textbuch. Ausg. A. 8. (12 S.) Ebd. (899). n. — 20

— **Barbarossas Erwachen.** Cantate f. Männerchor m. verbind. Text u. leb. Bildern. Dichtg. v. Ad. Jos. Cüppers. Musik v. W. (Op. 58.) Textbuch. 8. (8 S.) Ebd. 896. — 15

Die Flucht der heiligen Familie. Nach Worten d. heil. Schrift u. d. Visionen d. sel. Katharina v. Emmerich von N. Metzroth. Musik von August **Wiltberger**. Textbuch. Düsseldorf: Schwann [1899]. 20 S. 8° [11. 11317

Wiltberger, Aug., Gesangübungen f. Männerstimmen. Zum Gebrauche in Seminaren u. den oberen Klassen höh. Schulen. (43 S.) 8. Düsseldorf 906. L. Schwann. n. 1. 25; kart. n. 1. 50

Gesangübungen für Männerstimmen. Zum Gebr. in Seminaren ... Bearb. u. hrsg. von August **Wiltberger**. 2. Aufl. Düsseldorf: L. Schwann 1907. (43 S.) 8° [08. 2590

Wiltberger, Aug., der Gesangunterricht in der ein- und zweiklassigen Volksschule. Begleitwort zu dem Liederbuch für ein- und zweiklassige Volksschulen. 8. (31 S.) Köln 886, Du Mont-Schauberg'sche Buchh. **

Harmonielehre zum Gebrauche in Lehrerbildungsanstalten. Bearb. von August **Wiltberger**. Düsseldorf: L. Schwann 1906. (156 S.) 8° [08. 2591

— Hosiannah!, s.: Blied, Jak.

— **deutsche Kirchenlieder zum Gebrauche beim Schulgottesdienste. Für 2 Kinderstimmen gesetzt u. hrsg. op. 29.** 5. Aufl. 12. (72 S.) Düsseldorf (901). L. Schwann. n.n. — 25

Die Legende von der Kindheit des seligen Hermann Joseph. Kantate. Musik von August **Wiltberger**. Gedicht von Heinrich Engel. Opus 134. Textbuch. Düsseldorf: Schwann [1910]. 16 S. 8° [11. 11318

— Lehrgang f. den Gesangunterricht in der Volksschule. Begleitwort zu dem Liederbuch f. Volksschulen. 2. verb. u. verm. Aufl. 8. (31 S.) Köln 892, M. Du Mont-Schauberg. ** — 55

— Liederbuch f. Volksschulen. 2. verm. Aufl. 8. (VI, 112 S.) Ebd. 892. ** — 60

— **Liederbuch** f. Volksschulen. 3. Aufl. 8. (VI, 114 S.) Köln 898. M. Du Mont-Schauberg. n.n. — 60

Wiltberger, Aug., Liederbuch f. Volksschulen. 4. Aufl. (VI, 114 S.) 12. Cöln 903. M. Du Mont-Schauberg. n.n. — 60

— Liederbuch f. Volksschulen. 6. Aufl. (VI, 114 S.) kl. 8. Cöln 910. M. Du Mont-Schauberg. nn — 60

— Liederbuch für ein- und zweiklassige Volksschulen. 8. (VI, 82 S.) Ebendas. 886. **

Wiltberger, Aug., Missa in honorem St. Theresiae, für zwei gleiche Stimmen mit Orgel- und Harmoniumbegleitung. Op. 1. Partitur. gr. 8. (19 S.) Düsseldorf 880, Schwann'sche Verlagsh. *
Zwei Stimmen (à 6 S.) à Stimme **

— der hl. **Nikolaus**, Bischof v. Myra. Oratorium. Dichtung v. Heinr. Engel, Musik v. W. Textbuch. (20 S.) 8. Ebd. (906). n. — 20

Der heilige Nikolaus, Bischof von Myra. Oratorium. Dichtung von Heinrich Engel. Musik von August **Wiltberger**. Textbuch. Düsseldorf: L Schwann [1907]. (20 S.) 8° [F.] [08. 4821

— **Psallite Domino**, s.: **Scharbach, Edm.**

— Vater Rhein, s.: **Blied**, Jak.

— Sammlung mehrstimm. Männerchöre, s.: **Blied**, Jak.

—— **Vor- und Nachspiele** zu den Liedern des Gesangbuches für die Erzdiöcese Köln. Op. 25. qu. 4. (VII, 204 S.) Köln 888, Bachem. *M 6.—.; geb. **

— Die hl. **Weihnacht**. Kantate. Dichtg. v. Jos. Fassbinder. Musik v. W. Op. 131. Textbuch. (15 S.) 8. Düsseldorf (909). L. Schwann. — 20

Wiltberger, Carl, s. **Wiltberger**, Karl

Wiltberger, Heinr., der Gesangunterricht in der Volksschule. Eine Anleitg., in unserer Volksschule im Gesang nach Gehör u. nach Noten das zu erreichen, was bei der knapp zugemessenen Zeit erreichbar ist. Für die Hand des Lehrers bearb. (46 S.) 8. Gebweiler 907. J. Boltze. Kart. n. 1. —

Wiltberger, Hch., 14 lateinische Motetten [leicht ausführbar] f. Sopran, Alt, Tenor u. Bass. Op. 5. Partitur u. Stimmen. hoch 4. (24 u. 32 S.) Regensburg 880. Coppenrath. n. 2. 20

Wiltberger, Heinr., Orgelbegleitung zu den Liedern des Straßburger Diözesangesangbuches Psallite. Op. 70. qu. gr. 4. (VI, 111 S.) Straßburg 900. Freiburg i/B., Herder. Geb. in Halbldr. n. 6. 50

Wiltberger, Karl

Wiltberger, Carl, kurzer Leitfaden f. den kirchenmusikalischen Unterricht in theologischen Lehranstalten. (VII, 114 S.) kl. 8. Bonn 908. P. Hanstein. Kart. 1. 20

Wiltberger, Otto: Die deutschen politischen Flüchtlinge in Straßburg 1830—1849. Berlin & Leipzig: Rothschild 1909. 84 S. 8° ¶ (Ersch. vollst. als: Abhandlungen z. mittl. u. neueren Gesch. H. 17.)
Straßburg, Phil. Diss. v. 19. Dez. 1908, Ref. Wiegand
[Geb. 19. Mai 85 Straßburg; Wohnort: Straßburg; Staatsangeh.: Elsaß-Lothringen; Vorbildung: Lyz. Straßburg Reife M. 03; Studium: Straßburg 11 S.] [U 10. 4101

Wiltberger, Otto, die deutschen Flüchtlinge in Strassburg von 1830—1849, s.a. **Abhandlungen** zur mittleren u. neueren Geschichte. 17. Heft.

Die deutschen politischen **Flüchtlinge** in Strassburg von 1830–1849. Von Dr. Otto Wiltberger. Berlin & Leipzig: Rothschild 1910. 216 S. 8°
(Abhandlungen z. mittleren u. neueren Geschichte. H. 17.)

Wiltczek, Frz., Tabelle als Behelf für das Studium der Waffenlehre. gr. 4. (11 S. mit 1 Tab.) Wien 881, Seidel und Sohn. *

De **induciis** ad literas cambiales solvendas earundem termino addi solitis, vulgo Discretions-Tagen, occasione Statutorum Hamburgensium Lib. 2. Tit. 7. Art. 4. & 12. in Regia Fridericiana indultu iuris consultorum ordinis auspiciis Ioannis Christophori Franckii 1715. publice respondebit Michael Wilte. Halae Magdeburgiae. (1715.) 4° k.

Wilterdink, J. H., Catalog v. 10239 Sternen, s.a. Catalog der astronomischen Gesellschaft. 8.

Catalog von 10239 Sternen zwischen 29° 50′ und 35° 10′ nördlicher Declination 1855 für das Aequinoctium 1875 nach Zonen-Beobachtungen am Pistor u. Martins'schen Meridiankreise d. Univ.-Sternwarte in Leiden, in d. J. 1870–76 u. 1880–1898 von W. Valentiner ... Bearb. von J. H. **Wilterdink**. *Leipzig: W. Engelmann in Comm. 1902.* (59, 288 S.) 4°
= Katalog d. Astron. Ges. Abt. 1, Stück 8.
= **Annalen** d. Sternwarte in Leiden. Bd 8. [03. 5961

Wilthaus, L., Moreau's Tod, ein Gedicht in 2 Gesängen. 8. Osnabrück, Crone. 815.

Wiltheim, Alexandre de: **Leben** der gottseligen Gräfin Yolanda von Vianden, Priorin von Marienthal. Aus dem Lateinischen frei übersetzt, von Johann P. Toussaint. Luxemburg: St. Paulus-Gesellschaft 1888. X, 210 S. 12°

Wiltheim, Alexandre de: **Leben** der Gräfin Yolanda, von Vianden in lateinischer Sprache beschrieben von Alexander Wiltheim, übersetzt von P. Stehres. Luxemburg: Lamort 1841. XX, 168 S. 8°

Wiltheim, Alex., Leben der Gräfin Yolanda, von Vianden, in latein. Sprache beschrieben, übers. von P. Stehres. gr. 8. (Mit 3 Lithogr. u. 1 Stammtaf.) Luxemburg 841. (Trier, Troschel.) n. 1 ß

Wiltheiss, Ernst **Eduard**: Bestimmung Abelscher Funktionen mit zwei Argumenten, bei denen complexe Multiplikationen stattfinden. Halle 1881: Karras. 38 S. 8°
Halle-Wittenberg, Phil. Hab.-Schr. v. 23 Apr. 1881

Wiltheiss, Ernst Eduard (geb. Worms (12.6.) 1855): Die Umkehrung einer Gruppe von Systemen allgemeiner hyperelliptischer Differentialgleichungen. Berlin (1879). (57 S.) 4°
Berlin, Phil. Diss. v. 5. Juli 1879

Wilthem, Alex., s. **Luciliburgensia** sive Luxemburgum Romanum.

Wilthen [Schlagwort]

Wilthen, s.: **Bautzen**.

Wiltmaister, Johann Kaspar von. Die Kleidertracht der distinguirten Mannspersonen. Handschr. 17 S. 4°.
Abschrift aus: Churpfälzische Kronik, oder Beschreibung vom Ursprunge des jetzigen Nordgau und obern Pfalz, derselben Pfalzgrafen, Churfürsten und andern Regenten, nebst den ... Merkwürdigkeiten der churfürstl. oberpfälzischen Haupt- und Regierungsstadt Amberg. Zusammengetragen und beschrieben von Johann Kaspar von Wiltmaister ... Sulzbach, gedruckt bey Johann Baptist Haimerle ... 1783. Seite 587—589.
Inhalt: Tracht der Amberger

Wiltmaister, Joh. Kaspar v. (churpfalzbaier. Rentkammerrath in Amberg), *Churpfälzische Kronik* (!), oder Beschreibung vom Ursprunge des jetzigen *Nordgau* und *obern Pfalz*, derselben Pfalzgrafen, Churfürsten u. andern Regenten; nebst den vorgefallenen besonderen Merkwürdigkeiten der churfürstl. oberpfälzischen Haupt- u. Regierungsstadt *Amberg*. Sulzbach, gedr. bey Joh. Bapt. Haimerle, churfürstl. Regierungsbuchdr. 1783. 4°. Hldrb. (aus Roming's Bibl.).
– 8 Bll: Verst. (incl. allegor. TKpf.), 672 S., 8 Bll. Reg. — Dem churf. wirkl. geh. Rath, Gouverneur d. Oberpfalz etc., Jos. Clem. Grafen **Topor** v. **Morawitzky**, Exc., gewidmet.

Wiltmann, Dr. Friedrich, Pflichten d. Gemeindevorsteher in Sanitäts-Angelegenh. Sep.-Abdr. 8. (32 S.) Klagenf., Joh. Heyn. 30 kr. 1884.

Wiltner, Friedr., die Fabrikation der Toilette-Seifen. Praktische Anleitung zur Darstellung aller Arten von Toilette-Seifen auf kaltem und warmem Wege, der Glycerin-Seifen, der Seifenkugeln, der Schaumseifen und der Seifenspecialität. Mit Rücksicht auf die hierbei in Verwendung kommenden Materialien, Maschinen und Apparate geschildert. 8. (IV, 320 S. mit 38 Abbild.) Wien 884, Hartleben's Verlag. geb.

Wiltner, Frdr., die Seifen-Fabrikation. Handbuch f. Praktiker. Enth. die vollständ. Anleitg. zur Darstellg. aller Arten v. Seifen im Kleinen, wie im Fabriks-Betriebe m. besond. Rücksichtnahme auf warme u. kalte Verseifg. u. die Fabrikation v. Luxus- u. medicin. Seifen. Mit erläut. Abbildgn. (in eingedr. Holzschn.) 8. (VIII, 192 S.) Wien 875. Hartleben. n. 3. —

Wiltner, Frdr., die Seifen-Fabrikation. Handbuch f. Praktiker. Enth. die vollständige Anleitung zur Darstellung aller Arten von Seifen im Kleinen, wie im Fabriksbetriebe, mit besond. Rücksichtnahme auf warme u. kalte Verseifung u. die Fabrikation v. Luxus- u. medicinischen Seifen, sowie auf die Darstellung der Seifen mittelst d. Dampfes, das Formen u. die Untersuchung der Seifen. 2., verb. u. verm. Aufl. Mit 19 erläut. (eingedr. Holzschn.-) Abbildungen. 8. (IV, 212 S.) Wien 879. Hartleben. 3. —

Wiltner, Friedr., die Seifen-Fabrikation. Handbuch für Praktiker. Enth. die vollständige Anleitung zur Darstellung aller Arten von Seifen im Fabriksbetriebe, sowie im Kleinen mit besond. Rücksichtnahme auf warme und kalte Verseifung und die Fabrikation von Luxus- und medicin. Seifen, sowie auf die Darstellung der Seifen mittelst des Dampfes, das Formen und die Untersuchung der Seifen. 3. verb. und verm. Aufl. 8. (VIII, 224 S. mit 26 erläut. Abbild.) Wien 885, Hartleben. *ℳ 3.—; geb. *

Wiltner, Friedr. Die Seifen-Fabrikation. Handbuch f. Praktiker. Enth. die vollständ. Anleitg. zur Darstellg. aller Arten v. Seifen im Fabriksbetriebe wie im Kleinen ꝛc. 4. verm. u. verb. Aufl. Mit 31 erläut. Abbildgn. 8. (VIII, 244 S.) Wien 891, Hartleben. * 3 — geb. * 3 80

Wiltner, Frdr., die Seifen-Fabrikation. Handbuch f. Praktiker. Enth. die vollständ. Anleitg. zur Darstellg. aller Arten v. Seifen im Kleinen wie im Fabriksbetriebe, m. besond. Rücksichtnahme auf warme u. kalte Verseifg. u. die Fabrikation v. Luxus- u. medicin. Seifen, sowie auf die Darstellung der Seifen mittelst des Dampfes, das Formen u. die Untersuchg. der Seifen. 5., verm. u. verb. Aufl. Mit 37 erläut. Abbildgn. 8. (VIII, 212 S.) Wien 900. A. Hartleben. n. 3. —; geb. n. 3. 80

Wiltner, Frdr., die Seifen-Fabrikation. Handbuch f. Praktiker. Enth. die vollständ. Anleitg. zur Darstellg. aller Arten v. Seifen im Fabriksbetriebe, sowie im Kleinen, mit besond. Rücksichtnahme auf warme u. kalte Verseifg. u. die Fabrikation v. Luxus- u. medizin. Seifen sowie auf die Darstellg. der Seifen mittels des Dampfes, das Formen u. die Untersuchg. der Seifen. 6., verm. u. verb. Aufl. Mit 38 erläut. Abbildgn. (VIII, 220 S.) 8. Wien (906). A. Hartleben. n. 3. —; geb. n. 3. 80

Wiltsch, A.: Spezial-Katalog für die Kollektiv-Ausstellung der k. k. Direktion der Güter des Bukowinaer gr.or. Religionsfondes auf der land- und forstwirtschaftlichen, sowie gewerblichen Landes-Ausstellung in Czernowitz im Jahre 1886. Czernowitz: Verl. d. Güterdirektion 1886.

Wiltsch, Joan. Elieser Theod., Atlas sacer sive ecclesiasticus, inde ab antiquissimis religionis christianae propagatae temporibus usque ad primordia saeculi XVI, respectu habito Judaeorum per totum orbem dissipatorum nec non regionum a Gentilibus ac Mohammedanis incultarum singulis tabulis. gr. Fol. (5 ill. Karten u. 3½ B. Text.) Gothae 843, Just. Perthes. *

—— Handbuch der kirchl. Geographie u. Statistik von den Zeiten der Apostel bis zu dem Anfange des 16. Jahrh. Mit besond. Rücksicht auf die Ausbreit. d. Judenth. u. Mohamedanismus. 2 Bde. gr. 8. (61⅝ B.) Berlin 846, Herm. Schultze.

Wiltsch, Joh. Elieser Thdr., die Schlacht von nicht bei Roßbach oder die Schlacht auf den Feldern von und bei Reichardtswerben den 5. Novbr. 1757, und was ihr voranging, und nachfolgte. Nach bisher noch unbenutzten authent. und archivar. Quellen und nach glaubwürd. Berichten von Augen-Zeugen. gr. 8. (XVI und 343 S. mit 4 Beilagen, 1 lithogr. Schlachtplan und 1 Stnt. mit den Schlachtsäulen in 4. und gr. Fol.) Reichardtswerben 858. Halle, (Anton.) *

Wiltschko, J., Kaiser Josef II., s. Sammlung gemeinnütziger Vorträge.

Wiltz, Herm., 300 Fragen aus der Postordnung s.: Bartels, Emil.

— das Gesetz üb. das Telegraphenwesen des Deutschen Reichs (Telegraphengesetz) vom 6. IV. 1892. Gemeinverständlich erläutert. (VII, 14 S.) Lex.-8. Straßburg 905. Frankfurt a/M., Wolstein & Teilhaber. n. — 60

Wiltz, Herm., das Gesetz üb. das Telegraphenwesen des Deutschen Reichs (Telegraphengesetz) vom 6. IV. 1892, nebst dem Gesetze, betr. die Abänderg. dieses Gesetzes, (Telefunkennovelle) vom 7. III. 1908. Systematischer Überblick u. gemeinverständl. Kommentar nebst ausführl. Sachregister. 2., neubearb. Aufl. (VIII, 52 S.) Lex. 8. Frankfurt a/M. 908. Nürnberg, H. Ehrentraut. 1.20; erm. Pr. — 40

Wiltz, Herm., die Manöverpostordnung nebst Ausführungsbestimmungn. in gedrängter Darstellg. Anh.: Repetitorium in Frage u. Antwort. [Aus: „Orig.-Unterrichtsbriefe z. Vorbereitg. auf die Postsekretärprüfg."] (19 S.) Lex. 8. Straßburg 908. Frankfurt a. M., Wolstein & Teilhaber. — 60

— Original-Unterrichtsbriefe zur Vorbereitung auf die Postsekretärprüfung. Unter Mitwirkg. v. Post- u. Telegraphenbeamten der höheren Laufbahn bearb. u. hrsg. 3. umgearb. u. erweit. Aufl. I. Mündlicher Tl. 52 Lehrbriefe u. 1 Prüfungsbrief. (à 1—1½ Bog.) Lex.-8. Ebd. 904. In Leinw.-Mappe n. 63.20

— dasselbe. II. Schriftlicher Tl. 12 Uebungsbriefe, 1 Beiheft u. 1 Prüfungsbrief. (à ½—1 Bog.) Lex.-8. Ebd. 904. In Leinw.-Mappe n. 6. —; m. dem I. Tl. zusammen n. 68. —

— dasselbe. 1.—13. Nachtrag. Lex.-8. Ebd. à n. — 60
1. (13 Bl.) (904.) — 2. (33 Bl.) (904.) — 3. (14 Bl.) (904). 4. (8 Bl.) 904. — 5. (8 Bl.) (905.) — 6. (21 Bl. u. S. m. Abbildgn. u. 2 Taf.) (905.) — 7. (25 Bl. u. S. m. Abbildgn.) (905.) — 8. (11 Bl. m. 1 Taf.) (905.) — 9. (8 Bl.) (905.) — 10. (10 Bl.) (906.) — 11. (11 S.) (906.) — 12. 13. (à 10 Bl.) (906.)

— dasselbe auf die Telegraphensekretärprüfung. Unter Mitwirkg. v. Telegraphenbeamten der höheren Laufbahn u. bewährten Fachgelehrten bearb. u. hrsg. I. Mündl. Tl. 1. 3.—12. 14. 23. u. 32.—42. Lehrbrief. (26, 30, 27, 24, 28, 19, 20, 30, 23, 28, 40, 33, 24, 29, 48, 26, 23, 22, 21, 20, 18, 27, 13 u. 27 S. m. Fig.) Lex.-8. Ebd. (905. 906). à n. — 80

— dasselbe. 1.—12. 14. 23. u. 32.—42. Wiederholungsbrief. (10, 12, 10, 10, 8, 9, 6, 8, 10, 9, 17, 13, 15, 14, 11, 28, 14, 9, 20, 5, 11, 14, 19, 8 u. 11 S.) Lex.-8. Ebd. (905. 906). à n. — 40

— dasselbe. II. Schriftlicher Tl. (In 12 Briefen.) 1. bis 3. Uebungsbrief. (8, 8 u. 7 S.) Lex.-8. Ebd. (905. 906.) à n. — 40

— dasselbe. Beiheft zu den Uebungsbriefen. (27 S.) Lex.-8. Ebd. (905). n. 1. —

— Original-Unterrichtsbriefe zur Vorbereitung auf die Postsekretärprüfung. Unter Mitwirkg. v. Post- u. Telegraphenbeamten der höh. Laufbahn bearb. u. hrsg. 3. umgearb. Aufl. 14.—18. Nachtrag. (6 Bl.; 24 Bl. u. S.; 5 S. u. 2 Bl., 10 Bl.; 10 Bl. u. 17 S. bezw. 8 Bl.) Lex. 8. Ebd. 907. 08. à — 60

— dasselbe. 4. umgearb. Aufl. 1. Mündl. Tl. Einleitungsbrief, 1.—13., 24., 29.—33., 36., 38.—40., 46. u. 47. Lehr- u. Wiederholungsbrief. (8, 8; 35, 8; 26, 15; 28, 12; 35, 14; 25, 20; 18, 18; 22, 22; 25, 28; 23, 12; 23, 10; 25, !8; 27, 17; 24, 19; 27, 17; 32, 16; 25, 16; 10, 11; 28, 22; 19, 15; 23, 12; 13, 9; 11, 9; 21, 8; 24, 20; 22, 12; 25, 14; 21, 16; 17, 7; 18, 6; 17, 8; 40, 12; 26, 9; 24, 7; 29, 11 u. 26, 14 S. m. Abbildgn. u. Taf.) Lex. 8. Ebd. (907. 08). à 1. 20

— dasselbe. 1. Nachtrag. (20 Bl.) Lex. 8. Ebd. (908). — 60

— dasselbe. II. Schriftlicher Tl. 1.—4. Übungsbrief. (12, 7, 12 u. 8 S.) Lex. 8. Ebd. (907. 08). à — 40

— dasselbe. Beiheft. (31 S.) Lex. 8. Ebd. (907). 1. —

— dasselbe auf die Telegraphensekretärprüfung. Unter Mitwirkg. v. Telegraphenbeamten der höheren Laufbahn u. bewährten Fachgelehrten bearb. u. hrsg. I. Mündlicher Tl. 2. u. 43. Lehrbrief. Lex. 8. (39 u. 32 S.) Ebd. (908). à — 80

— dasselbe. 13., 15., 20.—22., 24.—28. u. 44. Lehr- u. Wiederholungsbrief. (39, 13; 29, 7; 25, 14; 34, 15; 32, 12; 37, 12; 29, 7; 24, 12; 23, 13; 17, 8; 23, 8; 28, 11 u. 28, 12 S. m. Abb. u. Taf.) Lex. 8. Ebd. (908). à 1. 20

— dasselbe. 1. u. 2. Nachtrag. (18 u. 5 Bl.) Lex. 8. Ebd. (908). à — 60

— dasselbe. II. Schriftlicher Tl. 4.—9. Übungsbrief. (6, 5, 8, 4, 5 u. 7 S.) Lex. 8. Ebd. (908). à — 40

— Das Telegraphenwege-Gesetz vom 18. II. 1899. Systematischer Überblick u. gemeinverständl. Kommentar nebst ausführl. Sachregister. (VII, 42 S.) Lex. 8. Frankfurt a/M. 908. Nürnberg, H. Ehrentraut. 1.20; erm. Pr. — 40

— Chemische Unterrichtsbriefe. Einführung in das Studium der Chemie durch Selbstunterricht. 3 Lehr- u. 3 Wiederholungsbriefe. (8 S. u. 34, 32 u. 37, bezw. 14, 15 u. 12 S.) Lex. 8. Ebd. 908. In Mappe nn 5.50; erm. Pr. 2. 50

— geographische Unterrichtsbriefe. 1.—4. Lehr- u. Wiederholungsbrief. (Lehrbriefe. 24, 25, 22 u. 26 S. u. Wiederholungsbriefe. 10, 15, 20 u. 19 S.) Lex.-8. Straßburg (906). Frankfurt a/M., Wolstein & Teilhaber. à n. 1. 50

— Geographische Unterrichtsbriefe. 1. u. 2. Ergänzungs-Lehrbrief u. Wiederholungsbrief f. Telegraphenbeamte. (14 u. 5 bezw. 16 u. 11 S.) Lex. 8. Straßburg (907). Frankfurt a/M., Wolstein & Teilhaber. à 1. 50

Wiltz, Herm., mathematische Unterrichtsbriefe. Unter Mitwirkg. von bewährten Fachgelehrten bearb. u. hrsg. 1. u. 2. Lehrbrief m. 1. u. 2. Wiederholungsbrief. (30 u. 28 u. 10 u. 9 S.) Lex.-8. Straßburg (906). Frankfurt a/M., Wolstein & Teilhaber. à n. 1. 50

— Mathematische Unterrichtsbriefe. Einführg. in die Grundzüge der Elementar-Mathematik durch Selbstunterricht. (Unter Mitwirkg. v. bewährten Fachgelehrten bearb. u. hrsg.) 3.—6. Lehrbrief m. 3.—6. Wiederholungsbrief u. Einleitungsbrief. (30, 38, 25, 29, 10, 17, 13, 7 u. 18 S. m. Fig.) Lex. 8. Frankfurt a M. (908). Nürnberg, H. Ehrentraut. (Vollst. in Mappe: 10.—; erm. Pr. 4. 50)

WILTZ, Pierre

Der H. Aloysius | Der Engel | Der Geselschafft[!] JESU | Von Ihro Päbstlicher Heiligkeit | BENEDICTO XIII. | I. Zum vorbild der unschuld und | englischen Reinigkeit 2. Zum schutz Patron der | jugend beydes geschlechts vorgestellt mit voll-|kommenem Ablaß an seinem Festag den 21. | Junii. | Wie auch | Vollkommenen Ablas an sechs sonntäg jeder-|mal verliehen von Clemente XII. | wie dieser heilige zu verehren um den Ablaß zu erlangen | Wird Kürtzlich vorgestellt. | Von R. P. PETRO WILTZ, der Soc. Jesu. | Gedruckt zu Lützemburg, | Bey J. B. Ferry, hinderlassenen Erben, | im Jahr. 1743. | Cum approbatione Superiorum. |

104 S., kl-8° (158 × 96 mm).

Wiltz, Pierre: Le vrai et fidèle a m i , ou Motifs et Moyens de secourir les âmes détenues dans le Purgatoire. [Dt.] Luxembourg: Jacques Ferry. 135 S. 12°

WILTZ, Pierre

[Die Art den Rosenkranz nützlich zu beten(?)] Luxemburg: Jakob Ferry 1718. Kl-8° (16°).

WILTZ, Pierre

[Auszug aus dem Catechismus] Luxemburg: J. B. Kleber 1757.

199 S., kl-8° (16°).

Der Titel dieser deutschen Übersetzung von "Abrégé du Catéchisme catholique" lag mir nicht vor.

WILTZ, Pierre

[Die deutsche Ausgabe von: Le Bain spirituel ou Instruction pour apprendre au Pénitent à recevoir avec fruit le Sacrement de Pénitence] Lutzemburg, bey Jacob Ferry 1724.

Kl-8° (12°).

Wiltz, Pierre: Kurzer B e g r i f f der vornehmsten Glaubensartikel. Lützemburg: Brück 1805.

Wiltz, Pierre: Petit c a t é c h i s m e à l'usage des enfants. [Dt.] Luxembourg 1760. 21 S. 12°

Wiltz, Pierre: C a t é c h i s m e pour préparer les enfants à la confession et à la communion. [Dt.] Trier: J. Reulandt 1708. 12°

— Dass. Luxembourg 1752. 12°

— Dass. Luxembourg: Erben von J. Ferry 1766. 12°

WILTZ, Pierre

[Die deutsche Ausgabe von: La dévotion envers St. Donat, dont on honore les reliques dans l'église de Munster-Eiffel, avec une explication des raisons, qui font invoquer ce saint pour être garanti de la foudre, et la manière de l'invoquer.] Lutzemburg, Bey Jacob Ferry 1722.

11 S., kl-8° (12°).

Wiltz, Pierre: E c l a i r c i s s e m e n t s sur le jubilé accordé par N. S. P. le Pape Benoît XIII. Luxembourg: J. Ferry 1724. 12°

— Dass. Dt. Ebd. 1724. 12°

WILTZ, Pierre

Geistliche | Gold-Grube | Das ist | Nützliche Wissenschafft | Aus allen seinen gewöhnlichen | und täglichen Wercken gros-|sen Verdienst zu schöpffen. | Dem gemeinen Mann zu Nutz in | mehr Theil verfasset. | Durch | R. P. PETRUM WILTZ, | der Gesellschaft JESU. | [Verz.] | Cum speciali facultate Superiorum. | Gedruckt zu Lutzemburg, | Bey J. B. Kleber, Privilegierter | Buchdrucker Im Jahr 1754. |

108 S., kl-8° (135 × 85 mm).

WILTZ, Pierre

[Die deutsche Übersetzung von: Saint Ignace, fondateur de la Compagnie de Jésus, Protecteur singulier dans toutes les afflictions et toutes les nécessités, ...] Luxemburg: Jakob Ferry 1720.

Kl-8° (12°).

Wiltz, Pierre: Instruction pour gagner les indulgences de l'année sainte, ouverte par N. S. P. le Pape Benoît XIII. Luxembourg: Jacques Ferry 1726. 12°

– Dass. Dt. Ebd. 1726. 12°

Wiltz, Pierre: Instruction pour gagner le jubilé accordé par N. S. P. le Pape Clément XII. Luxembourg: J. Ferry 1730. 12°

– Dass. Dt. Ebd. 1730. 12°

Wiltz, Pierre: Instruction pour gagner le jubilé accordé par N. S. P. le Pape Clément XI. Luxembourg: J. Ferry 1707. 12°

– Dass. Dt. Luxembourg: A. Chevalier 1707. 12°

Wiltz, Pierre: Instruction pour gagner le jubilé accordé par N. S. P. le Pape Innocent XIII. Luxembourg: J. Ferry 1721. 12°

– Dass. Dt. Ebd. 1721. 12°

Wiltz, Pierre: Manière de dire utilement le chapelet. [Dt.] Luxembourg: J. Ferry 1718. 12°

WILTZ, Pierre

MARIA | Mutter JEsu, | Trösterin der Betrübten | Patronin | Des Hertzogthum Lutzenburg | und | Der Grafschafft Chiny, | In Ihrer | Nächst bey Lutzenburg gelegenen Capell | wunderthätige | Noth-Helfferin, | Allen Betrübten und Nothleiden-|den zum Trost vorgestellt. | Von | P. PETRO WILTZ, Soc. Jesu. | [Vignette] | Gedruckt zu Lützemburg, | Bey J. B. Ferry hinderlassenen Erben, | Im Jahr 1736. | Cum Facultate Superiorum. |

176 S., kl-8° (150 × 90 mm).

WILTZ, Pierre

Maria Trösterin der Betrübten. Luxemburg: [Witwe J. B. Kleber?], 1776.

Kl-8° (12°).

WILTZ, Pierre

[Die deutsche Ausgabe von: La messe des Morts, ou Manière d'entendre la Messe pour le soulagement des âmes des Trépassées.] Lutzemburg, bey Jacob Ferry 1722.

Kl-8° (12°).

Wiltz, Pierre: Règles de la Confrérie de l'Agonie de N. S. Jésus Christ. Luxembourg: J. Ferry 1708. 12°

– Dass. Dt. Trier: J. Reulandt 1708. 12°

WILTZ, Pierre

(Christliche Sittenschule) Luxemburg: Jakob Ferry 1720.

Kl-8° (16°).

Wiltz, Pierre: Christliche Sittenzucht, das ist: Kurzer Unterricht, wie die christliche Jugend sich gegen Gott und die lieben Heiligen, gegen die Älteren und jeden Menschen; und endlich gegen sich selbsten verhalten soll. Zuerst in Druck gegeben von Peter Wiltz, ... Dritte verbesserte Aufl. Lützemburg: Schmit-Brück 1820. 96 S. 12°
Hrsg.: Mathias Stoltz.

Wiltz, Pierre: Kurtzer und gründlicher Unterricht die heiligen Sacramenten der Beicht und Communion mit Nutzen zu empfangen. Dem gemeinen Manne, sonderlich aber der lieben Jugend zum Besten in unterschiedlichen Fragstücken vorgestellt. Lützemburg 1740.

WILTZ, Pierre

Kurtzer | und gründlicher | Unterricht | Die Heil. Sacramenten | Der | Beicht und Comunion | Mit Nutzen zu empfangen. | Dem gemeinen Mann, sonderlich aber | der lieben Jugend zum besten. | In unterschiedlichen Frag-Stücken vorgestellt. | Durch | R. P. PETRUM WILTZ, | Der Gesellschafft Jesu. | Der siebende Druck. | Gedruckt zu Lützemburg, | Bey J. B. Ferry, hinderlasse-|nen Erben, im Jahr | 1747. | Cum speciali Approbatione Superiorum. |

46 S., kl-8° (132 × 75 mm).

– Dass. Arlon: J. Laurent 1751. 64 S. 12°

WILTZ, Pierre

Kurtzer | und gründlicher | Unterricht | Die Heil. Sacramenten | Der | Beicht und Comunion | mit Nutzen zu empfangen. | Dem gemeinen Mann, sonderlich aber | der lieben Jugend zum besten. | In unterschiedlichen Frag-Stücken vorgestellt | Durch | R. P. PETRUM WILTZ, | Der Gesellschaft Jesu. | Der neunte Druck vermehrt. | IHS. | Gedruckt zu Lützemburg, | Bey J. B. Kleber, Ihro Kayserl. und | Königlichen Majestät Buchdrucker. 1755. | Cum speciali Approbatione Superiorum. |

52(?) S., kl-8° (130 × 75 mm).

WILTZ, Pierre

Kurzer und gründlicher | Unterricht | Die Heil. Sacramenten | der Beicht und Communion | mit Nutzen zu empfangen. | Dem gemeinen Mann, sonderlich aber | der lieben Jugend zum besten, in unter-|schiedlichen Frag-Stücken vorgestellt. | Durch | R. P. PETRUM WILTZ, | der Gesellschaft Jesu. | [Verzierung] | Lützemburg, | Bey der Wittib J. B. Kleber, Ihro Kayserl. | und Königlicher Buchdrucker. 1766. | Cum speciali Approbatione Superiorum. |

52 S., kl-8° (135 × 75 mm).

WILTZ, Pierre

Kurzer und gründlicher Unterricht, die heiligen Sakramente der Beicht und Communion mit Nutzen zu empfangen. Dem gemeinen Manne, sonderlich aber der lieben Jugend zum Besten in unterschiedlichen Fragstücken vorgestellt. Durch R. P. Petrum Wiltz, der Gesellschaft Jesu. Lutzemburg, bey der Wittib Kleber, Ihro Kayserl.- und Königlicher Buchdrucker, 1794. Cum speciali Approbatione Superiorum.

– Dass. 23. Druck. Lützemburg: Bergh 1806. 54 S. 12°

– Dass. 23. Druck. Lützemburg: Lamort 1816. 53 S. 12°

– Dass. 49. Druck. Arlon: Bruck 1822. 53 S. 12°

– Dass. 50. Druck. Lützemburg: Schmit-Bruck 1822. 53 S. 12°

– Dass. 37. Druck. Lützemburg: Schmit-Bruck 1824. 12°

– Dass. 24. Druck. Lützemburg: Lamort 1825. 53 S. 12°

– Dass. Arlon: J. Laurent 1845. 12°

– Dass. 50. Druck. Arlon: Bruck 1851. 53 S. 12°

– Dass. 51. Druck. Ebd. 1853. 53 S. 12°

– Dass. 52. Druck. Ebd. 1858. 51 S. 12°

– Dass. 53. Druck. Ebd. 1859. 51 S. 12°

Dass. Ebd. 1861. 12°

Dass. Ebd. 1862. 12°

Dass. Ebd. 1864. 12°

Wiltz, Pierre: La vie du bienheureux François Régis. Luxembourg: J. Ferry 1716. 12°

Dass. Dt. Ebd. 1716. 12°

Wilucki, Otto von, appr. Arzt a. Schirgiswalde in Sachsen: Zwei Fälle von Struma sarcomatosa. München 1906: C. Wolf & Sohn. (23 S.) 8°

München, Med. Fak., Ref. v. Bollinger, Diss. v. 9. März 1906

[Geb. 23. Jan. 78 Schirgiswalde; Wohnort: Schirgiswalde; Staatsangeh.: Sachsen; Vorbildung: Fürstl. Stolberg. Gymn. Wernigerode a. H. Reife O. 00; Studium: Leipzig 3, Berlin 1, München 6 S.; Coll. 9. März 06; Approb. 31. Jan. 06.]

Wilutzky, Paul, s.: Kommentar zum bürgerl. Gesetzbuch.

Wilutzky, P., der Sachsenspiegel, s. Sammlung gemeinverständlicher wissenschaftlicher Vorträge.

Wilutzky, Paul, Vorgeschichte des Rechts. Prähistorisches Recht. I. Mann u. Weib. Die Eheverfassgn. gr. 8. (VIII, 251 S.) Breslau 903. Berlin, E. Trewendt. n. 6. —

— Vorgeschichte des Rechts. Prähistorisches Recht. 2. u. 3. Tl. gr. 8. Berlin 903. E. Trewendt. à n. 5. —; geb. à n. 6. — (Vollst. n. 16. —; geb. n. 19. —)
2. II. Eltern u. Kinder. III. Künstliche Verwandtschaft u. Blutsbrüderschaft. IV. Kommunismus u. Hausgenossenschaften. Die Anfänge des Vermögensrechts. (III, 192 S.) n. 5. —; geb. n. 6. —
3. V. Stammesverfassung u. Anfänge des Staatsrechts. VI. Blutrache. Anfänge des Strafrechts u. des Prozesses. VII. Berührung der Völker u. Sklaverei. (III, 212 S.) n. 5. —; geb. n. 6. —

Wilutzky, Paul, die preußische Vormundschafts-Ordnung vom 5. Juli 1875, nebst den Gesetzen vom 12. Juli 1875, betr. die Geschäftsfähigkeit Minderjähriger 2c.; vom 13. März 1878, betr. die Unterbringung verwahrloster Kinder; vom 21. Juli 1875, betr. die Kosten, Stempel u. Gebühren in Vormundschaftssachen, nebst Auszug aus den Gesetzen vom 10. Mai 1851 u. 10. März 1879 u. den einschlag. Bestimmungen, erläutert. gr. 8. (VIII, 264 S.) Berlin 892. H. W. Müller. Kart. n. 5. 50

Wilwolt's Geschichten u. Thaten, s.: Bibliothek d. litterar. Vereins in Stuttgart. 50.

Wilz, René, Wegweiser. Aerztlicher Rathgeber bei allen Krankheiten und Zerrüttungen des Nerven- und Zeugungssystems durch Onanie, Ausschweifung 2c. Nach langjähr. Erfahrungen und mit Benutzung der neuesten Beobachtungen aufgestellt. gr. 16. (III, 101 S.) Leipzig 876, Verlags-Magazin.

Wilzbacher, C., Karte des nördlichen Theiles des hess. Odenwaldes und der Bergstrasse zwischen Odenwald-Bahn und Main-Neckar-Bahn. 1 : 80,000. Chromolithogr. gr. Fol. Darmstadt 881. (Heidelberg, C. Winter's Sortiment.) *

— Karte des südlichen Theiles des Odenwaldes und der Bergstrasse bis Heidelberg. 1 : 80,000. Chromolithogr. gr. Fol. (Ebendas.) 881. *

Bestimmung aller Untergruppen einer doppelt unendlichen Reihe von einfachen Gruppen von A[nders] Wiman. Stockholm 1899: G. A. Norstedt & söner. (47 S.) 8°
(Handlingar. K. Svenska Vetenskaps-Akademiens. Bihang. Bd 25. Afd. 1. No 2.)

Wiman, A., über die angenäherte Darstellung von ganzen Funktionen. (S. 105—111.) gr. 8. Stockholm 903. (Berlin, R. Friedländer & Sohn.) n. — 50

— **über die durch Radikale auflösbaren Gleichungen 9. Grades. (S. 665—680.) gr. 8. Ebd. 904. n.n. — 70**
S Sonderabdr. a.: „Arkiv f. matematik, astronomi och fysik".

Wiman, A., üb. gewisse imprimitive Gleichungen. (2 S.) 8. Uppsala (907). (Berlin, R. Friedländer & Sohn.) nn — 30

— Ueber die metazyklischen Gleichungen vom Grade p^2. (39 S.) 8. Ebd. 907. nn — 90
2 Sonderabdr. a.: „Arkiv f. matematik, astronomie och fysik".

Ueber die algebraischen Curven von den Geschlechtern p = 4, 5 u. 6, welche eindeutige Transformationen in sich besitzen. Von A[nders] Wiman. *Stockholm: Boktr. P. A. Norstedt & söner 1895.* (41 S.) 8.
= Bihang till K. Svenska Vet.-Akad. Handlingar. Bd 21. Afd. 1. No 3.
(97. 3655

Über die hyperelliptischen Curven und diejenigen vom Geschlechte P = 3, welche eindeutige Transformationen in sich zulassen v. A[nders] Wiman ... *Stockholm: Boktr. P. A. Norstedt & söner 1895.* (23 S.) 8.
= Bihang till K. Svenska Vet.-Akad. Handlingar. Bd 21. Afd. 1. No 1.
(97 3'55

— **Note üb. die ganzen Funktionen zweier Veränderlichen. (S. 113—116.) gr. 8. Ebd. 903. n. — 50**

Zur Theorie der relativ-Abel'schen Zahlkörper von A[nders] Wiman. Lund 1900: E. Malmström. (17 S.) 4°
(Handlingar. Kgl. fysiograf. Sallskapets. Bd 11. No 6.)
(Acta Universitatis Lundensis. Bd 36. Afd. 2, No 6.)

Wiman, Karl

Wiman, Carl, über die Fauna d. westbaltischen Leptaenakalks. (20 S. m. 2 Taf.) 8. Uppsala 907. (Berlin, R. Friedländer & Sohn.) nn 1. 80
Sonderabdr. aus: „Arkiv f. zoologi".

Die alttertiären Vertebraten der Seymourinsel von Carl **Wiman.** Mit 8 Taf. Stockholm 1905: Lith. Inst. d. Generalstabs; Berlin: A. Asher & Co. (37 S.) 4°(8°) [Umschlagt.]
= **Ergebnisse,** Wissenschaftl., d. schwed. Südpolar-Expedition. 1901–1903. Bd 3, Lfg 1.
1.6. 7.07

Wimanns, C., s. Wilmanns

Wimbersky, Hub., eine obersteirische Bauerngemeinde in ihrer wirtschaftlichen Entwicklung 1498 — 1899. I. Tl. (VIII, 132 S. m. 1 Karte u. 2 farb. Taf.) Lex.-8. Graz 907. U. Moser. n. 5. —

Wimbersky, H., die landwirtschaftlichen Dienstboten in Steiermark, s.: Mischler, Ernst.

Wimböck, Otto (Hrsg.), s. Theater-Almanach, Linzer, für das Jahr 1855.

Wimmel, C., über Bedürfniß u. Befriedigung uns. Zeit in Hinsicht auf Poesie. 8. (9½ B.) Berlin 832, (Stuhr.) Thlr.

— Knospen, e. Samml. vaterländ. u. vermischter Gedichte. 8. (8 B.) Berlin 828, (Logier.)

Wimmel, Carl, s. W i m m e l, Karl

Wimmel, Heinr., Californien, sein Minen-Bergbau, seine Hülfsquellen u. seine socialen Verhältnisse, nach dem Engl. frei bearb. Cassel 867. Hotop. gr. 8. (VI, 200 S. mit 2 Orig.-Zeichnungen in eingedr. Holzschn.) 1 ℛ 10 ngr.

Wimmel, Karl

WIMMEL, CARL. Ueber das Bibromcymol (Bibrommethylnormalpropylbenzol) und seine Oxydationsproducte. Freiburg i. B., 1880

Wimmenauer, Ueber altröm. Forstwirtschaft. I. u. II. Gel. 1891. 11 S. 4⁰.

Wimmenauer, aus der Welt des Altertums. Lesestücke zur polit. u. Kulturgeschichte der Griechen u. Römer. Als Anh. zu dem 5. Bd. v. Paldamus-Rehorn „Deutsches Lesebuch f. höh. Mädchenschulen" (Ausg. B) hrsg. (85 S.) 8. Frankfurt a M. 908. M. Diesterweg. Geb. -- 60

Wimmenauer, Karl, aus Mühlheim a. d. Ruhr: Zur Quantitativen Bestimmung des Wismuts durch Elektrolyse. *Darmstadt 1900: H. Uhde.* (29 S.) 8°
Würzburg, Phil. Diss. v. 1900

WIMMENAUER, Karl: Ertragsuntersuchungen im Buchenhochwald. - Frankfurt a. M. 1885. 21 S., m. Abb. u. Tab. - Diss. Univ. Giessen 1885. - (Allg. Forst-u. Jagdztg. Jg. 61. 1885)

Wimmenauer, Karl, s.: Forst- u. Jagd-Zeitung, allgemeine.

— Grundriß der Holzmeßkunde. (49 S.) gr. 8. Frankfurt a/M. 907. J. D. Sauerländer. 1. --

— Grundriß der Waldertragsregelung. (48 S.) gr. 8. Ebd. 907. 1. —

Wimmenauer, Karl, Grundriß d. Waldwegbaulehre, nebst e. Aufgaben-Sammlg. u. neuen Hilfstafeln z. Erdmassen-Berechng. M. e. Waldkarte u. 4 Fig.-Taf.) gr. 8. (X, 159 S.) Wien 896. F. Deuticke. n. 4. —

Wimmenauer, Karl, Grundriß der Waldwertrechnung u. forstlichen Statik, nebst e. Aufgaben-Sammlg. gr. 8. (VIII, 144 S. m. 1 Kurventaf.) Wien 891. F. Deuticke. n. 3. —

— die Hauptergebnisse zehnjähr. forstl.-phänolog. Beobachtgn. in Deutschland. 1885—1894. Bearb. u. hrsg. im Auftr. d. Vereins deutscher forstl. Versuchsanstalten. M. 6 Tab., 3. Kurventaf. u. 1. Uebersichtskarte. gr. 8. (IV, 96 S.) Berlin 897. J. Springer. n. 3.--

Wimmenauer, Karl, s.: Jahresbericht über Veröffentlichungen ɾc. im Gebiete des Forstwesens usw.

Wimmenauer, Karl, appr. Arzt a. Gießen: Zur C a s u i s t i k der Aneurysmen des rechten Sinus Valsalvae der Aorta. Darmstadt 1907: G. Otto. (24 S.) 8⁰
Gießen, Med. Fak., Ref. Bostroem, Diss. v. 2. Febr. 1907.
[Geb. 6. Jan. 81 Lich (Oberhessen); Wohnort: Duisburg-Laar; Staatsangeh.: Hessen; Vorbildung: Gymn. Gießen Reife O. 01; Studium: Gießen 5, Berlin 1, Gießen 4 S.; Coll. 29. Nov. 06; Approb. 6. Dez. 06.]

— u. Heinr. **Weber**, Übersichtstafeln der deutschen Forst- u. Jagdgeschichte. Als Grundriß zu forst- u. jagdgeschichtl. Vorlesgn. sowie zum Selbststudium bearb. (4 Tab. m. III S. Text.) Lex. 8. Berlin 907. J. Springer. 1. —

Wimmenauer, Theodor

Wimmenauer, Th., arithmetische Aufgaben nebst Lehrsätzen u. Erläuterungen. 2 Tle. gr. 8. Breslau 900. F. Hirt. n. 3. 25; in 1 Leinw.-Bd. n. 3. 60
1. Lehraufgabe der beiden Tertien u. der Untersekunda des Gymnasiums. (VIII, 192 S.) n. 2. —
2. Lehraufgabe der Obersekunda u. der Prima des Gymnasiums. (IV u. S. 193—300.) n. 1. 25

— dasselbe. 2., auf Grund der preuß. Lehrpläne v. 1901 vervollständ. Ausg. gr. 8. (VII, 312 S.) Ebd. 901. n. 3. 25; geb. in Halbfrz. n. 3. 60

Wimmenauer, [Theodor], Prof.: Bücherverzeichnis der Lehrerbibliothek. *Mörs 1902: J. W. Spaarmann.* (134 S.) 8°
Mörs, k. G Adolfinum, OP 1902 (509)**

Wimmenauer, Th., Elemente der allgemeinen Arithmetik u. Algebra, geordnet nach Heis' Aufgabensammlung. 5 Hfte. 4. Moers 889. Breslau, F. Hirt. n.n. 2. 60
1—4. (120 autogr. S.) à n.n. — 50. — 5. (S. 121—169.) n.n. — 80

— die Elemente der Mathematik f. Gymnasien, nach den neuen Lehrplänen bearb. 1. Tl.: Arithmetik. 2., umgearb. Aufl. gr. 8. (200 S. m. 3 Fig.) Ebd. 892. n. 2. —

[F.] **Wimmenauer**, *Theodor* [Prof. Dr.]: Die Grundbegriffe der Stereometrie. Mörs, Druck v. J. W. Spaarmann, 1894; 3—7 S. 4.
Mörs, k. G Adolfinum, OP 1894 (451)

Wimmenauer, Th, planimetrische Lehrsätze, Örter u. Grundaufgaben. gr. 8. (32 S. m. 3 Steintaf.) Moers 885. Spaarmann. geb. n. — 70

— Planimetrische Lehrsätze, Oerter u. Grundaufgaben. 2. Aufl. gr. 8. (64 S. m. 2 Taf.) Moers 889. Bresl., F. Hirt. geb. ** 1 30

— Leitfaden der Stereometrie. gr. 8. (32 S. m. 2 Taf.) Ebd. 889. n.n. — 70

Wimmenauer, Walther, a. Lich (Oberhessen): Beiträge zur Kritik des Determinismus aus neuester deutscher Philosophie. Gießen 1904: v. Münchow. (66 S.) 8°
Gießen, Phil. Fak., Ref. Siebeck, Diss. v. 9. Jan. 1905
[Geb. 7. Jan. 79 Lich; Wohnort: Gießen; Staatsangeh.: Hessen; Vorbildung: Gymn. Gießen Reife O. 97; Studium: Gießen 5, Berlin 2, Gießen 2 S.; Rig. 1. Dez. 04.]

Wimmenauer, Walth., Beiträge zur Kritik des Determinismus aus neuester deutscher Philosophie. (V, 64 S.) gr. 8. Giessen 904. v. Münchow. n. 1. —

Wimmer, Christian Friedrich. Breslau [1867]. V: *Cohn, Ferd.* (Nent)

Wimmer, Der Pastor, und seine Schrift: »Die Schädlichkeit der modernen Gesangbücher . . .« Leipzig 1839. V: *Messerschmidt, Heinrich.* (NN)

Wimmer's Fahrplan der Bahnen der österreichischen Alpenländer und der angrenzenden Verkehrsgebiete, der südlichen und westlichen böhmischen Bahnen, der Linie Graz—Budapest, der k. ungar. Staatsbahnen, der östlichen bairischen Staatsbahnen; ferner der Dampfschiffe auf der oberen Donau und den Alpenseen und der Fahrzeit von 330 Postcoursen. Giltig vom 1. Juni 1896 an. Mit einer Eisenbahn-Karte. 16. (200 S.) Linz: Wimmer 1896. * —.25

Wimmer's Fahrplan der Bahnen der österr. Alpenländer und der angrenzenden Verkehrsgebiete der südlichen und westlichen böhm. Bahnen der Linie Graz - Budapest der kgl. ungar. Staatsbahnen, der östlichen bayr. Staatsbahnen, ferner der Dampfschiffe auf der oberen Donau und den Alpenseen und der Fahrzeit von 330 Postcoursen. Mit einer Karte. 16. (200 S.) Linz: Wimmer 1897. —.25

Wimmer's Fahrplan d. Bahnen d. österr. Alpenländer u. d. angrenz. Verkehrsgebiete d. südl. u. westl. böhm. Bahnen, d. südl. bayer. Bahnen, ferner d. Dampfschiffe auf d. oberen Donau u. d. Alpenseen u. d. Fahrzeit v. Postcoursen. Giltig vom 1. VI. 1898 an. gr. 16. (224 S. m. 1 Karte.) Linz 898. (Wien, Schworella & Heick.) n. — 50

Wimmer's Fahrplan der Bahnen der österreichischen Alpenländer und der angrenzenden Verkehrsgebiete der südlichen und westlichen böhmischen Bahnen, der südlichen bayrischen Bahnen, ferner der Dampfschiffe auf der oberen Donau und den Alpenseen und der Fahrzeit von Postcoursen. Linz. 1899. Wimmer. 16°. erscheint jährlich dreimal. à fl. —.25

Wimmer's Fahrplan der Bahnen der österreichischen Alpenländer und der angrenzenden Verkehrsgebiete der südlichen und westlichen böhmischen Bahnen, der südlichen bayrischen Bahnen, ferner der Dampfschiffe auf der oberen Donau und den Alpenseen und der Fahrzeit von Postcoursen. Linz. 1900. In Comm. Schworella & Heick. 16°. erscheint jährlich viermal. à K —.50

Wimmer's Fahrplan der Bahnen der österreichischen Alpenländer und der angrenzenden Verkehrsgebiete der südlichen und westlichen böhmischen Bahnen, der südlichen bayrischen Bahnen, ferner der Dampfschiffe auf der oberen Donau und den Alpenseen und der Fahrzeit von Postcoursen. Linz. 1901. Wimmer. 16°. erscheint jährlich dreimal. à K —.50

Wimmer's Fahrplan der Bahnen der österreichischen Alpenländer u. der angrenzenden Verkehrsgebiete der südlichen u. westlichen böhmischen Bahnen, der südlichen bayerischen Bahnen, ferner der Dampfschiffe auf der oberen Donau u. den Alpenseen u. der Fahrzeit v. Postcoursen. Giltig v. 1. X. 1902 an. gr. 16. (228 S. m. 2 Karten.) Linz. (Wien, Schworella & Heick.) n. — 50

Wimmers Fahrplan der Bahnen der österreichischen Alpenländer und der angrenzenden Verkehrsgebiete der südlichen und westlichen böhmischen Bahnen 8°. (256 S.) † K —.50
Wien: Schworella & Heick 1903.

Wimmers Fahrplan der Bahnen der österr. Alpenländer und der angrenzenden Verkehrsgebiete der südlichen und westlichen böhmischen Bahnen etc. 1. Oktober 1904. 8°. (264 S.) Wien: Schworella & Heick 1904. K —.50

Wimmer's Fahrplan der Bahnen der österreichischen Alpenländer u. der angrenz. Verkehrsgebiete der südl. u. westl. böhm. Bahnen, der Bahnen im südl. Bayern u. im Engadin, ferner der Dampfschiffe auf der oberen Donau u. den Alpenseen u. der Fahrzeit der Postkurse im österreich. Alpengebiete u. im Engadin. Gültig vom 1. X. 1906 an. (296 S. m. 2 Karten.) 16. Linz. (Wien, Schworella & Heick.) n. — 50

Wimmer's Fahrplan der Bahnen der österreichischen Alpenländer und der angrenzenden Verkehrsgebiete der südlichen und westlichen böhmischen Bahnen etc. 8°. K —.50
Wien: Schworella & Heick 1908.

Wimmer's Fahrplan der Bahnen der österreichischen Alpenländer u. der angrenzenden Verkehrsgebiete der südlichen u. westl. böhmischen Bahnen, der Bahnen im südlichen Bayern u. im Engadin, ferner der Dampfschiffe auf der oberen Donau u. den Alpenseen u. der Fahrzeit der Post- u. Automobillinien im Alpengebiete u. im Engadin. Jahrg. 1910. 4 Nrn. (Nr. 1. 320 S. m. eingedr. Kartenskizzen u. 1 Karte.) 16. Linz (F. Arnold). à - 50

Wimmer, Künstliche Fischzucht in Landshut und Straubing. 1860

Wimmer, Frhr. v., practisches Handbuch zum dienstlichen Gebrauch für Polizei-Verwalter. Enth. eine Uebersicht der auf Übertretungen bezügl. Verordnungen und der darauf anzuwend. Strafen mit pract. Erläuterungen und Formularen sowie den Präjudizen des Ober-Tribunals und einem alphabet. Sachregister versehen. 8. (VIII und 140 S.) Bunzlau 857. (Liegnitz, Krumbhaar.)

Wimmer, Ritter v., Sigel u. Abbreviaturen der Stenotachygraphie. 4. Aufl. Bearb. nach d. Beschlüssen d. Prüfungs-Kommission. gr. 8. (8 S.) Schweidnitz 896. (G. Brieger.) n.n. — 20

[Umschlagt.] [F.] Sigel und Abbreviaturen der Stenotachygraphie. IV. Aufl. Bearb. nach d. Beschlüssen d. Prüfgs-Komm. v. R^r v. Wimmer ... *Schweidnitz: H. Reisse,* (aufgestemp.: *Eisleben: L. Rennert) 1896.* (8 S.) 1 Bl 8. [Autogr.] 96. 1475

Wimmer u. Flamm, der Teufel im Herzen, s. Theater-Repertoir, Wiener.

Wimmer, A., Personen-, Orts- u. Sach-Register, s.: Verhandlungen d. k. k. zoologisch-botanischen Gesellschaft in Wien.

Großstädtische Charakterbilder. [Verf.: Oskar Linden d. i. Adolf Wimmer.] 1. [Mehr nicht erschienen.] Berlin: E. Rentzel 1892. (III, 350 S.) 8° [F.]
1 = [Linden]. Wien u. die Wiener. [93. 3229

Wimmer, Adolf [app. Arzt aus Georg-Marienhütte (Prov. Hannover.)]: Ein Fall von Sarcoma periostale maxillae superioris ... Würzburg, J. M. Richter's Buch- u. Kunstdr., 1893; 20 S. 8.
Würzburg, Med. Fak., Inaug.-Diss. v. 1893

Wimmer, Alb., s.: Albertus Magnus, tractatus de forma orandi.

Wimmer, Alb., Mai-Blüthen auf dem Altar der jungfräul. Gottes-Mutter Maria. Kurze Erwägn. für den Marien-Monat, angestellt bei St. Maria Rotunda in Wien in d. J. 1884 u. 1885. Nach überlass. Papieren e. Freundes hrsg. 4. u. 5. Serie. 8. Kempten, J. Kösel. à n. 1. 60; geb. in Leinw. à n. 2. 20
4. Maria, die Mutter der schönen Liebe, dargestellt im Geheimnisse v. Bethlehem. (IV, 199 S.) 903.
5. Maria, Mutter des Glaubens u. Glaubenslebens, dargestellt im Evangelium v. den hl. drei Königen. (188 S.) 901.

— Mai-Blüthen auf den Altar der jungfräulichen Gottes-Mutter Maria. Kurze Erwäggn. f. den Marien-Monat, geh. bei St. Maria Rotunda in Wien. Nach überlassenen Papieren e. Freundes hrsg. 1.—3. Serie. 8. Kempten, J. Kösel. à n. 1. 60; geb. in Leinw. à n. 2. 20
1. Maria u. das allerheiligste Sakrament. (IV, 286 S.) 900.
2. Einfluß der Marien-Verehrg. auf das sittliche Leben. (IV, 230 S.) 901.
3. Mariä Stellg. im Erlöser-Werke, ausgesprochen im Lobgesang Mariä „Magnifikat" u. vorgebildet durch die bibl. Frauen des alten Testamentes. (IV, 203 S.) 902.

Wimmer, Alb., deutscher Schwur. Mit einem Epilog an Se. Maj. Ludwig II., König von Bayern. gr. 8. (14 S.) Altötting 873, (Lutzenberger.) **

Wimmer, Alfons, Rechtsprakt.: Die Bauzinsen im Aktienrecht. München 1910: Steinebach. 72 S. 8°
Erlangen, Jur. Diss. v. 22. Okt. 1910, Ref. Sehling
[Geb. 21. Okt. 84 Landshut; Wohnort: München; Staatsangeh.: Bayern; Vorbildung: Luitpold-Gymn. München Reife 03; Studium: München 8, Erlangen 2 S.; Rig. 28. April 10.] [U 11. 837

Wimmer, Anton Dr. „Kurze Anleitung zum Studium der Zoologie". pg. 1 bis 16. 4°. Jos. Thomann'sche Buchdr. (Joh. Bapt. v. Zabuesnig).
Landshut, Progr. 1856/57

Wimmer, Anton „Einleitung in das Gebiet der Chemie". pg. 1—15. 4°. Jos. Thomann'sche Off. (J. B. v. Zabuesnig).
Landshut, Progr. 1851/52

Wimmer, Anton Dr. „Einleitung in das Gebiet der Mineralogie". pg. 1—8. 4°. Joh. Bapt. v. Zabuesnig.
Landshut, Progr. 1861/62

Wimmer, Ant., des Feldbauers in Wiesenkirchen Fragen über Pflanzennahrung u. deren Ersatz, Stalldünger oder Kunstdünger, Peruguano oder Kalisalze rc. beantwortet. Landshut 867. Rietsch. gr. 8. (III, 93 S.) 9 ngr.

Wimmer, Ant., Grundriss der Chemie mit besond. Berücksicht. der Mineralogie. Nach den neueren Theorien für Anfänger in der Chemie, zunächst für Schüler an Realschulen und mit diesen auf gleicher Stufe steh. Unterrichts-Anstalten bearb. gr. 8. (VII, 264 S.) Landshut 877, (Krüll'sche Buchh.) *

WIMMER, Anton (Landshut): De induratione telae cellulosae neonatorum.- Monachii: Wolf 1827. 20 S. 21.9.1827 - Urk; F 59
Diss. Ingolst.-Landsh.-Mchn.

WIMMER, Anton (Birks): De morbo haemorrhoidali.- Monachii: Giesser 1836. 14 S. 25.2.1836 - Urk; F 63
Diss. Ingolst.-Landsh.-Mchn.

Wimmer, Ant., des Bauers Schatzkästlein, oder die wichtigsten Lehren der Landwirthschaft. Leichtverständlich dargestellt. Nr. I — III. 8. Landshut 854, Rietsch.
Inhalt:
Nr. I. Die rechte Behandlung des Stalldüngers, oder: Des Bauers Goldgrube ist die Miststätte. 5. Aufl. 1853. 1 Ngr. und 7. Aufl. (16 S.) 1 Ngr.

Wimmer, Ant., des Bauers Schatzkästlein. Nr. I — III. rc.
Nr. II. Die Bodenkunde, oder die Kenntniß vom Grund und Boden. (47 S.) 3 Ngr.
III. Das Drainir-Büchlein, oder die Kunst, Wasser in Brod zu verwandeln. (39 S.) 3 Ngr.

Wimmer, (Anton), Schema v. Muskeln d. menschl. Körpers nach ihrer Wirkung. Bewegungen des menschlichen Körpers. Zur bessern Auffassung d. Aktzeichnens f. die Zöglinge d. k Akademie der bildenden Künste. 8. (19 S.) München 852. (Franz.) 4 ngr

Wimmer August: Zur Conchylien-Fauna der Galápagos-Inseln. S. 80. I. 465 . . . . . .
Separatabdruck

Wimmer, Aug. (II.), zur Conchylien-Fauna der Galápagos-Inseln. Lex.-8. (50 S.) Wien 879, (Gerold's Sohn.) **
Aus: Sitzungsberichte der k. Akademie der Wissenschaften, besonders abgedruckt.

Wimmer, Aug. (I.), les eaux-minérales de Kreuznach. Un traité physiologique et chimique. Traduit par l'auteur. gr. 8. (26 S.) Kreuznach 878, (Voigtländer.) **

—— the Salt-Waters of Kreuznach. A physiological and chemical essay. Translated by the author. gr. 8. (27 S.) (Ebendas.) 878. **

Wimmer, Bartholomäus: Ueber eine allgemeine Classe von ein-zweideutigen Raumtransformationen ... Dresden, Druck v. B. G. Teubner, 1891; 19 S. 8.
Erlangen, Phil. Fak., Inaug.-Diss. v. 1891

Wimmer, C., mittelalterliche Holzschnitzerei aus der Kirche zu Bechtolsheim, Rheinhessen. gr. 4. (24 lithogr. Bl. und 2 S. Text.) Mainz 873, v. Zabern. In Mappe. *

Wimmer, (C. A.) Gebetbuch f. evangel. Christen. 8. Wien 823. (Leipz., Liebeskind.)

Wimmer, C. A., das Soolbad Rothenfelde in Westphalen auf physiologisch-chemischem Wege therapeutisch gewürdigt. gr. 8. (IV und 96 S.) Göttingen 859, Dieterich'sche Buchh. *

Wimmer, C. J. M., s. Wimmer, K. J. M.

Wimmer, C. W.

—Beschreibung einer Reise durch d. Königr. d. Niederlande, s. a. S. v. Grouner.

Wimmer, C. W.: Beschreibung einer Reise durch das Königreich der Niederlande welche auf Veranlassung des landwirthschaftlichen Vereins in Bayern gemacht worden von Samuel von Grouner. Th. 2. Passau 1827. XIV. 400 S., 8 Tf. 8°.

Wimmer, C. W., die Erwärmung d. Menschen-Wohnungen durch Oefen. Für Bauende u. f. Haus- u. Wohnungs-Besitzer rc. 8. (3½ B. u. 1 Stnt. gr. Fol.) München 828, [Jaquet.]

Wimmer, Coel., s. Wimmer, Zoelestin

Wimmer, E. W., s. Wimmer, C. W.

Wimmer, Eduard

Wimmer, E. Geschichte des 11. Inf.-Reg. von der Tann von 1805—1889; für Unteroffiz. u. Mannschaften.
Wasserburg a. Inn 1890. 188 S.

Wimmer, Ed., Sammelblätter zur Geschichte der Stadt Straubing. 1—4. Hft. [1881—1885]. gr. 8. (IV, 800 S.) Straubing 882 - 86. Attenkofer. à n. 3. —

WIMMER, Emil: Anbauversuche mit fremdländischen Holzarten in den Waldungen des Großherzogtums Baden. - Berlin 1909. 86 S., 6 Abb. - Habil.-Schr. Techn. Hochsch. Karlsruhe 1909

Wimmer, Emil, Anbauversuche m. fremdländischen Holzarten in den Waldungen des Grossherzogt. Baden. Mit 6 Abbildgn. nach Aufnahmen des Verf. (86 S.) gr. 8. Berlin 909. P. Parey. 2. 80

Wimmer, Emil, a. Mannheim: Mannheims Stellung im Nutzholzverkehre von 1800 bis 1905. Karlsruhe 1908: G. Braun. (XI, 132 S.) 8° [Erschien im Verlag d. Druckerei.]
München, Staatswirtsch. Fak., Ref. Endres, Diss. v. 9. Dez. 1907.
[Geb. 26. Sept. 77 Mannheim; Wohnort: Mannheim; Staatsangeh.: Baden; Vorbildung: Gymn. Mannheim Reife Juli 95; Studium: Techn. Hochsch. Karlsruhe 7, Univ. München 2 S.; Rig. 9. Dez. 07.]

— Mannheims Stellung im Nutzholzverkehre von 1800 bis 1905. (XI, 132 S.) gr. 8. Karlsruhe 908. G. Braun'sche Hofbuchdr. 4. —

— die verschied. Verfahren zur Schmutzwasser-Reinigung unter besond. Berücksicht. des Kostenpunktes Aus e. dem königl. Ministerium des Innern erstatteten Bericht. (43 S. m. Abbildgn. u. 1 Taf.) Lex.-8. Dresden 906. W. Baensch. n. 1. 50
Sonderabdruck aus: „Ztschr. f. Gewässerkde."

Wimmer, Ernst, die im Königr. Sachsen üb. den Verkehr m. Nahrungsmitteln, Genußmitteln u. Gebrauchsgegenständen gelt. reichs- u. landesgesetzl. Vorschriften, s.: Handbibliothek, juristische.

WIMMER, F., Der traurige Fritz, oder schlafe, träume, stehe auf, kleide dich an u. sey lustig. Märchen in 2 Akten. Wien 1819. 8°. (3 Kr. Gilhofer & Ranschburg, Wien, 1912.)

Wimmer, F., Karte für Auswanderer nach Nord-America. Fol. Lith. u. color. Schmalkalden 852. Gotha, Klett. n. 1/6 ß

Wimmer, F. Plan der Stadt Wiesbaden. Wiesbaden. 1 Bl. L. Ff.

— Special-Karte von Kurhessen. Mit Angabe der in Ausführung begriffenen Eisenbahnen. gr. Fol. Lith. u. color. Schmalkalden 847, Pistor. n. 1/2 ß

Wimmer, F. W., und J. Bräuning, Vorkommen und Gewinnung der Rammelsberger Erze und die Unterharzer Hüttenprocesse. gr. 4. (53 S. mit 9 Kpfrt.) Berlin 877, Ernst und Korn. *
Aus: Zeitschrift für das Berg-, Hütten- und Salinenwesen im preuss. Staate, besonders abgedruckt.

WIMMER, Ferdinand: Über Ursprung, Wesen und Entwicklungsgang des Gnosticismus. — (1875) 90 S. 4° (Handschr.) Diss. 323
Diss. Wien, Univ.

Wimmer, Florian. Anleitung zur Erforschung u. Beschreibung der kirchlichen Kunstdenkmäler. In 2. Aufl. m. Illustr. verm. u. hrsg. v. Mathias Hiptmair. gr. 8. (XIV, 152 S. m. 2 Taf.) Linz 892, Haslinger. * 2 60

Wimmer, Dr. Fr.: Bibliographie des bayer. Concordates v. Jahre 1583. Mit fragmentar. Notizen aus d. Geschichte der Publication dieses Concordates. (S.-A. aus Bd. 5 der Beytr. z. Gesch. d. Erzbisth. München-Freysing.) München 1853. Druck von F. S. Hübschmann. 8°. Orig.-Ppb.
1 Bl., 116 S. – Sehr fleissige Arbeit.

Wimmer, (Oberlehrer), Fr., Blumenkränzchen, geflochten im Kreise seiner Zöglinge. 8. Klattau. 820. (Prag, Enders, auch Krauß). 8 K

— Geschenk für die reifere Jugend. 8. Klattau 821. (Enders in Prag). 6 K

— Lohn des Fleißes u. d. guten Sitten. 8. Leipz. 803. Liebeskind. 12 K

Wimmer, Dr. Fr.: Probestellen aus einer Geschichte Herzog Albrechts V. v. Bayern. (Ausschn. aus Bd. 7 d. Oberbayer. Archivs: S. 45–96.) 8°. Ppb.
Albrecht V. befestigte 1578 das Recht der Erstgeburt.

— s. Uebergabe d. Augsburg. Confession rc.

Wimmer, Franz, Berechnung über landwirthschaftl. Dienstboten-Löhnungen. Bearbeitet nach d. gesetzl. Percenten d. Dienstboten-Ordnung v. J. 1874 u. 1877. 8. (371 S.) Wels, Joh. Haas. 1 fl. 1885.

Wimmer, Frz, Berechng. d. Gemeinde-Umlagen, Robot f. Zug- u. Handdienst nebst Armeneinlage. In 100 Tabellen. Für alle Fälle ausgerechnet. 12. (IV, 98 S.) Wels 896. J. Haas. n. 1. —

Wimmer, Frz., Berechnung üb. die f. jeden einzelnen Landwirth entfallende Viehsalzmenge von 200 Gramm aufwärts bis 2 Kilo. Zusammengestellt auf Grund des § 3 der Verordng. des hohen k. k. Finanzministeriums vom 20. Decbr. 1893, Nr. 176. gr. 16. (23 S.) Wels 894. (J. Haas.) n. — 40

(Wimmer, Frz.,) wie Louise v. Birkenstein rc., s. Wie.

(——) Eustachia, s. Eustachia.

(——) Fridolin, s. Fridolin.

(——) die tugendhaften Mädchen, s. Mädchen.

(——) Orangenblüthen, s. Orangenblüthen.

Wimmer, Frz., das Quadrat-Flächenmaß. Umrechnungs-Tabellen v. Joch u. Klafter in Hektar, Ar u. Meter u. umgekehrt. 8. (IV u. 40 autogr. S.) Wels 898. H. Haas. n. — 40

Wimmer, Frz., das Quadrat-Flächenmaß. Umrechnungs-Tabellen v. Joch u. Klafter in Hektar, Ar u. Meter u. umgekehrt. (IV, 40 S.) 8. Wels 903. J. Haas. n. — 50

— Reinertrag des Grundbesitzes in Oberösterreich nach den Classificatons-Tarifen u. den Beschlüssen der Central-Commission für die Revision des Grundsteuer-Catasters. 12. (VIII, 128 S.) Ebd. 899. Kart. n. 1. 60

— Tabellen üb. landwirthschaftliche Dienstboten-Löhnungen, berechnet auf Grund des Dienstboten-Gesetzes vom J. 1874 f. Oberösterreich u. jenes vom J. 1877 f. Niederösterreich. 12. (XV, 90 S.) Ebd. 894. n. — 90

(——) die Waise, s. Waise, die.

Wimmer, Frantz Anton: Reinigungs-Ordnung, derer inficirten Häuser, und Wohnungen, auch Lazareter, wie selbe Anno 1713. hier in Wien, und auf dem Land vorgekehret worden. Dann Contumaz, und respective Reinigungs-Ordnung, wie solche sowol mit denen Personen, als in die Contumaz ankommenden Waaren, wie auch Briefschaften gehalten werden solle. 6 Bl., gbd.

Wien: typ. v. Ghelen 1738
beigedr.: Rauchpulver...als Reinigung... (1738)

JB 5.396

Wimmer, Franz Paul: Kaiserin Adelheid, Gemahlin Ottos I. des Grossen. Regensburg, Buchdr. M. Wasner, 1889; IV, 139 S. 8°
Regensburg, k. neues G, P 1889.

Wimmer, Frz. Paul. Kaiserin Adelheid, Gemahlin Otto's I. d. Grossen. gr. 8. (IV, 139 S.) Regensb. 889, (Coppenrath's Verlag). 1 50

[F.] **Wimmer,** Franz Paul: Kaiserin Adelheid Gemahlin Ottos I. des Grossen in ihrem Leben und Wirken von 931–973 ... Regensburg, Druck u. Komm.-V. v. J. Habbel, 1897; 2 Bl., 104 S. 8.
Erlangen, Phil. Fak., Inaug.-Diss. v. 1897

Wimmer, Frz. Paul, Kaiserin Adelheid, Gemahlin Ottos I. des Großen, in ihrem Leben u. Wirken von 931—973. 2. Aufl. gr. 8. (III, 104 S.) Regensburg 897. (J. Habbel.) n. 2. —

Wimmer, Frz. Xav., Anleitung zur Kopfrechnung. 8. Grätz 815. Ferstl. 5 gr.

Wimmer, Franz Xaver „Ein kurzer Ueberblick über die Entwickelung der bayr. Realschulen mit besonderer Berücksichtigung der Realschule Bamberg". pg. 101—123. 8°. Johann Nagengast. (Tabellen von Dr. Rudolf Scheenwerth)
Bamberg, Progr. 1907/08

Wimmer, Friedrich

Wimmer, Fr. (Bearb.), s. Aristoteles: Thierkunde.

Wimmer, Neue Beiträge zur Flora von Schlesien, zur Geschichte und Geographie derselben. Nebst einer Uebersicht der fossilen Flora Schlesiens von Göppert. Breslau 1845. 8.

Wimmer, Friedrich (Hrsg.), s. Briefwechsel. – Vertraulicher Br. d. Kard. Otto Truchseß v. Waldburg ... m. Albrecht V. ...

Wimmer, Fr., Flora v. Schlesien. Handb. zur Bestimm. u. Kenntniss d. phanerogam. Gewächse dies. Provinz, nebst e. gedrängten Einleit. in d. Pflanzenkunde. gr. 8. (25¼ B.) Berlin 832, [Rücker u. Püchler.]

Wimmer, Friedr., Flora von Schlesien, preuss. u. österreich. Antheils, od. vom oberen Oder- u. Weichsel-Quellen-Gebiet. Nach natürl. Familien mit Hinweis. auf d. Linnéische System. Nebst phytogeograph. Angaben. gr. 12. (24⅚ B. u. 1 col. Karte.) Breslau 840, [Hirt's Verl.]

Wimmer, Friedr., Flora von Schlesien preuss. u. österreich. Antheils. Nebst einer Uebersicht der fossilen Flora Schlesiens v. H. R. Goeppert. 2., neu redig. u. bereich. Ausg. 2 Bde. 12. (35⅚ B. u. 1 Stnt.) Breslau 841, Hirt's Verl. *

—— dass. Ergänzungsband f. d. Besitzer der 1. Aufl. A. u. d. Ttl.: Neue Beiträge zur Flora von Schlesien, z. Geschichte u. Geographie derselben etc. Nebst e. Uebersicht der fossilen Flora Schlesiens v. H. R. Göppert. 12. (15 B. u. 1 Stnt.) Breslau 845, Hirt's Verl. *

Wimmer's, Friedr., Flora von Schlesien preussischen und österreichischen Antheils oder vom oberen Oder- und Weichsel-Quellen-Gebiet. Nach natürl. Familien mit Hinweisung auf das Linné'sche System. 3. Bearbeitung. 8. (LXXIX und 695 S.) Breslau 857, Hirt's Verlag. *

— u. H. Grabowsky, flora Silesiae. Pars I. u. II. Vol. I II. Mit 2 Bildn. 8. Bresl. 827—30. W. G. Korn. 4 ₰ 4 gr.

—— et H. Grabowski, Flora Silesiae. Ps. II. II Vol. 8. Vratislaviae, W. G. Korn. [I. Cl. XI—XV. (19½ B. u. Dr. Ch. F. G. Günther's Bildn.) 1 Thlr. 4 Gr., II. Cl. XVI—XXII. (25½ B.) 1 Thlr. 8 Gr.]
Ps. I. Cl. I—X. Ebendas. 1827. 1 Thlr. 16 Gr.

Wimmer, F. Phytologiae Aristotel fragmenta ed. P. I. 108 S. 8.
Breslau, F., Progr. 1838

—— Phytologiae Aristotelicae fragmenta. 8maj. (7 B.) Vratislaviae 838. (Max et Soc.)

Wimmer, Friedrich, Referendar aus Marienburg (Westpr.): Die Haftung für das Verschulden von Gehilfen nach dem Bürgerlichen Gesetzbuche für das Deutsche Reich. *Borna-Leipzig 1904: R. Noske.* (x, 72 S.) 8° [Jb.]
Leipzig, Jur. Diss. v. 1904

Wimmer, Fried.: Lectiones Aristotelicae. 16 S. und 20 S. – Progr. Breslau F.G. 1859/60.

— Lectiones Aristotelicae e libris de historia animalium. Pr. 1861. 24 S. 4°.

Wimmer, Fr. Lectiones Theophrasteae. 15 S.
Breslau, Fr., Progr. 1844

Wimmer, Fr. Lectiones Theophrasteae part. II. 13 S.
Breslau, Fr. G., Progr. 1851

Wimmer, F. De Parabolis Homericis. 25 S. 4°.
Breslau, F., Progr. 1834

Wimmer, Friedr., das Pflanzenreich, s. a. Schilling, Sam., Grundriß der Naturgeschichte.

— das Pflanzenreich, nach dem natürlichen System dargestellt. Mit 383 in den Text gedr. Abbildgn. (Holzschn.). Breslau 853. Hirt. gr. 8. (2 Bl., 192 S.) n. 27½ ngr.
Auch Ergänzungsband zu Schilling's Grundriß der Naturgeschichte ꝛc.

—— Salices europaeae. gr. 8. (XCII und 386 S.) Breslau 866, Hirt's Verlag. *

— s. Theophrasti Eresii Opera.

Wimmer, F. Ueber den Unterricht in der Naturgeschichte. 14 S.
Progr. Breslau F. 1829

Wimmer, Frdr., s.: Zeitung, berg- u. hüttenmänn.

Wimmer, G., Münchens öffentliche Bade-Anstalten, s.: Schachner, R.

Wimmer, G. A., s. Wimmer, Gottlieb August

Wimmer, Gabr., ausführl. Liedererklärungen, wodurch d. ält. u. gewöhnl. Gesänge ins Licht gesetzt werden ꝛc. 4 Thle. 4. Altenb. Richter. 748.

Wimmer, Georg: Prolegomena zu einer kritischen Bearbeitung von Li Tornoiemenz Antecrit von Huon de Mery .... Marburg, Univ.-Buchdr. (R. Friedrich), 1886; 35 S. 8°.
Marburg, Phil. Fak., Inaug.-Diss. v. 6. Jul. 1886.

Wimmer, Georg, Prolegomena zu einer kritischen Bearbeitung von Li Tornoiemenz Antecrit von Huon de Mery. Diss. Marburg 1886, N. G. Elwertsche Univ.-Buchh. 8°. 35 S.

Wimmer, Georg, li tornoiemenz Antecrit, s. Ausgaben und Abhandlungen aus dem Gebiete der romanischen Philologie.

Wimmer, Georg: Die Wertach. Ein Beitrag zur bayerischen Landeskunde. München 1905: G. Hafner. (49 S.) 8°
München, k. RG P 1905*

Wimmer, Gottfried [app. Arzt]: Das ätiologische Verhältnis der Syphilis zur Tabes dorsalis ... München, Buchdr. v. M. Ernst, 1889; 25 S. 8°
München, Med. Fak., Inaug.-Diss. v. 1889.

Wimmer, Gottlieb August

Wimmer, G. A., der Antichrist und die Zukunft des Herrn, nach der Schrift. Ein Weckruf an die Gegenwart. gr. 8. (VI und 138 S.) Bremen 855, Geisler. Thlr. *

Wimmer, Glieb. Aug., Bibelstunden. 1. Bd. A. u. d. T.: Adam und sein Geschlecht. Versuch einer Geschichte der Menschheit aus ihrer ältesten Urkunde. Resultate 50jähr. Bibelforschung. 8. (XV und 271 S.) Bremen 863, Müller. *

– s. Bibliothek naturhistorischer Reisen für die reifere Jugend.

Wimmer, G. A., Ehrenrettung der seligen Jungfrau Maria, der Mutter unseres Herrn und Heilandes Jesu Christi gegen die päbstlichen Verunglimpfungen. 3. (Titel-)Ausg. gr. 8. (VI, 76 S.) Bremen (855)76, [Kühtmann und Comp.] Fischer. *

Wimmer, Gtli. Aug., die Enthüllung d. Erdkreises, od. allgem. Geschichte d. geograph. Entdeckungsreisen zu Wasser u. zu Lande f. alle Stände. 5 Bde. (od. 22 Lfgn.) gr. 8. (130¾ B.) Wien 834, Gerold. à 6 Gr.

Wimmer, Glo. Aug., Gebetbuch f. evangel. Christen. 8. Wien 823. Pichler. (Leipz., Liebeskind). 20 gr

—— neuestes Gemälde von Afrika, s. Schütz (II.), Erdkunde, 11. u. 12. Bd.

—— neuestes Gemälde v. Amerika, 3. u. 4. Thl., s. Schütz (II.), allgem. Erdkunde, 9. u. 10. Bd.
[Am a. O. setze man: 7 u. 8. Bd., hrsg. v. J. G. Sommer, 9. u. 10 Bd. v. G. A. Wimmer.]

—— neuestes Gemälde v. Australien, s. Schütz (II.), allgem. Erdkunde, 30. Bd.

—— Gemälde d. Türkei u. Griechenlands, s. Schütz (II.), allgem. Erdkunde, 29. Bd.

Wimmer, Gtli. Aug., Geschichte d. geograph. Entdeckungsreisen zu Wasser u. zu Lande. Von d. ältesten Zeiten bis auf uns. Tage. Ein belehr. u. unterhalt. Leseb. f. alle Stände. 5 Bde. 2., unveränd. Ausg. d. Werkes: Die Enthüllung d. Erdkreises. gr. 8. (131 B.) Wien 838, [Gerold's Verlh.]

—— vollständ. Geschichte d. Erdkunde u. ihrer Fortschritte durch Entdeckungsreisen, Schifffahrt u. Handel. Von d. ältesten bis auf d. neueste Zeit. gr. 8. (24½ B.) Wien 833. [Güns, Reichard.]
Aus Schütz (II.), „allgem. Erdkunde," abgedruckt.

—— Hausaltar christl. Andacht. Ein Gebet- u. Erbauungsb. f. fromme Familien. gr. 12. (25⅓ B. u. Titlkpfr.) Güns 835, [Reichard u. Söhne.]

—— Hausaltar christlicher Andacht. Ein Gebet- und Erbauungsbuch. 2. Aufl. 8. (XI und 436 S. mit 1 Stahlst.) Bremen 864, Strack.

– s. Hausbuch des geograph. Wissens.

Wimmer, G. A., ist die Bibel Gottes Wort od. e. Fabelbuch?, s. a. Urban's christliche Volksbücher.

Ist die Bibel Gottes Wort oder ein Fabelbuch? Dem christl. Volke beantwortet von G. A. **Wimmer**, weil. Pfarrer. Neue Ausg. Striegau: Th. Urban 1907. (70 S.) 8° [J.]
— **Volksbücher**, Urbans Christliche. No 20. [07. 11793]

—— das oedenburger Komitat, s. Oesterreich, d. pittor., Nr. 3.

—— Liturgie f. d. evangel. Kirche. gr. 4. (36 B.) Leipzig 829, Lehnhold.

— Papstthum und Christenthum, oder Beweis, daß das moderne Pabstthum, innerhalb der christl. Kirche, keinerlei Berechtigung habe. Der gesammten Christenheit zur Beherzigung. Bremen 854. Kühtmann u. Co. gr. 8. (VII, 132 S.) n. 20 ngr.

Wimmer, G. A., Papstthum u. Christenthum, oder Beweis, daß das moderne Papstthum innerhalb der christl. Kirche keinerlei Berechtigung habe. 2. (Titel-)Aufl. Bremen (854)868. Kühtmann & Co. gr. 8. (VII, 132 S.) n. 15 ngr.

— Papstthum u. Christenthum, od. Beweis, daß das moderne Papstthum innerhalb der christl. Kirche keinerlei Berechtigg. habe. Der gesammten Christenheit zur Beherzigg. 3. Ausg. gr. 8. (VII, 132 S.) Ebend. 876. n. 1. 50

Wimmer, Gtli. Aug., des Freiherrn Alexander v. Humboldt u. Aimé Bonpland Reise in die Aequinoctial-Gegenden des neuen Continents für d. reifere Jugend bearb. 4 Bdchn. 2. Ausg. 12. (64⅚ B., 10 Kpfr. u. 3 Karten.) Wien 844, 844, Gerold, Verl.

– s. J. J. Rifaud, Gemälde von Egypten rc.

– s. J. W. Schütz, allgem. Erdkunde.

– s. Chr. Scriver, Gotthold's 400 Andachten.

Wimmer, G. A., die Sonntagsfeier. Eine Schrift für Christen und Nichtchristen. 8. (60 S.) Bremen 851(52,) Kaiser. Thlr. *

—— die Sonntagsfeier. Eine Schrift für Christen und Nichtchristen. 2. Aufl. 8. (64 S.) Bremen 863, Strack.

—— geschichtl. Uebersicht d. Erdkunde, s. Schütz (II.), allgem. Erdkunde, 1. u. 2. Bd.

—— kosmolog. Vorschule zur Erdkunde, s. a. Schütz (II.), allgem. Erdkunde, 1. Supplembd.

Wimmer, G. A. Kosmologische Vorschule zur Erdkunde. Wien. 1833. 8.

— was ist die Bibel? Ist sie Gottes Wort oder ein Fabelbuch? Dem christlichen Volke beantwortet. 8. (62 S.) Leipzig 851, O. Wigand. ¼ Thlr — [2. Aufl.] 12. (63 S.) Bremen 852. (Heyse.) n. n. 1/12 Thlr

— Was ist die Bibel? Ist sie Gottes Wort oder ein Fabelbuch? Dem christlichen Volke beantwortet. 1–5. Aufl. Ebend. 862, 63. 8. (61 S.) 3 ngr

Wimmer, Gottlob August, s. Wimmer, Gottlieb August

Wimmer, Gustav

Wimmer, G., s.: Arbeiten der deutschen Landwirtschafts-Gesellschaft. (Nach welchen Gesetzen erfolgt die Kaliaufnahme der Pflanzen aus dem Boden?)

— Die Bedeutung der an der Rübenpflanze durch verschied. Düngung hervorgerufenen äusseren Erscheinungen f. die Beurteilung der Rüben u. die Düngebedürftigkeit des Bodens, s.: Mitteilungen der herzogl. anhalt. Versuchsstation zu Bernburg. 42. (Roemer, H.)

Wimmer, Gustav, a. Groß-Oschersleben: Beitrag zur Kenntnis der Nitrificationsbakterien. Halle a. S. 1904: (Metzger & Wittig, Leipzig.) (44 S.) 8° (Ersch. in: Zeitschr. f. Hygiene u. Inf.-Krankh., 1904.)
Halle, Phil. Fak., Ref. Kühn, Diss. v. 26. Sept. 1904.
[Geb. 2. Juni 65 Gr.Oschersleben; Wohnort: Bernburg; Staatsangeh.: Preußen; Vorbildung: Lyceum II Hannover Reife O. 84; Studium: Hannover T.H. 6, Halle 3 S.; Rig. 4. Mai 04.]

Nach welchen Gesetzen erfolgt die Kaliaufnahme der Pflanzen aus dem Boden? Nach Untersuchungen d. Herzogl. Anhalt. Landwirtschaftl. Versuchsstation Bernburg im Auftr. d. Dünger-Abt. d. Deutschen Landwirtsch.-Gesellsch. bearb. von Prof. Dr. H. Wilfarth [u.a.]. Berichterstatter Dr. G[ustav] **Wimmer**. Berlin: Deutsche Landwirtsch.-Gesellsch. 1908. (169 S.) 8°
(Arbeiten d. Deutschen Landwirtsch.-Gesellschaft. H. 143.)

Wimmer, G., die Wirkung des Kaliums auf das Pflanzenleben, s.: Wilfahrt, H.

Wimmer H., Observationes Livianae. Pr. 1839. VIII, 83 S.

Wimmer, Hans (geb. Breslau 2. 6. 18[illegible]): Ueber einige Doppelverbindungen der schwefelsauren Thonerde mit anderen schwefelsauren Salzen. Breslau 1874. (28 S.) 8°
Breslau, Phil. Diss. v. 7. Juli 1874

Wimmer, Hans, approb. Arzt: Ueber Casuistik der malignen Ovarialtumoren. (Cystadenoma papilliferum carcinomatosum u. Fibrosarcoma.) München 1901: Kastner & Lossen. (24 S.) 8°
München, Med. Diss. v. 1901.

Wimmer, Herm., die Deutschen in Rußland. Eine patriot. Zeitskizze. 8. (183 S.) Leipzig 847, Teubner.

Wimmer, Hermann, appr. Arzt: Doppelbildungen an den Nieren und ein Versuch ihrer entwicklungsgeschichtlichen Deutung. Berlin 1910: G. Reimer. 39 S. 8° (Aus: Virchows Archiv f. pathol. Anat. u. Physiol. Bd 200.)
München, Med. Diss. v. 25. Juni 1910, Ref. v. Bollinger.
[Geb. 30. März 84 München; Wohnort: München; Staatsangeh.: Bayern; Vorbildung: Gymn. Burghausen Reife Juli 03; Studium: München 10 S.; Coll. 25. Juni 10; Approb. 31. März 10.] [U 10.3606

—— die griechische Kirche in Rußland. 8. (133 S.) Leipzig 848, Arnoldische Buchh.

Wimmer, Herm., die Kirche und Schule in Nord-Amerika. Uebersichtlich beschrieben. gr. 8. (VIII und 368 S.) Leipzig 853, Hoffmann. •

Wimmer, J.

—— Aphorismen über Zeitfragen. gr. 8. (21 S.) Wien 875, Gerold's Sohn. *

Wimmer, J., Einiges über Jenseits und Diesseits. Lex.-8. (19 S.) Leipzig 880, O. Wigand.

—— zur Frage über die Abstammung des Menschen. Erkenntnisstheoretisches und Psychologisches. gr. 8. (14 S.) Leipzig 879, (O. Wigand.) *

Die historische Kulturlandschaft. — Von J. Wimmer, Stdl. — 1882, München, ibid. — S. 5—60*. Der Königlich Bayerischen Julius-Maximilians-Universität zur Jubelfeier ihres dreihundertjährigen Bestehens gewidmet von dem Lehrercollegium des K. B. Ludwigsgymnasiums.
Progr. München, Ludwigsgymnasium

Wimmer, J. Die historische Landschaft. I. 41 S. 8. — Die historische Kulturlandschaft. 60 S. 8. Ludw. G. *München* 1879. *1882
Vgl. des Verf. Historische Landschaftskunde. (IV, 330 SS.) 8. Innsbruck 1885, Wagner. 6 Mk.
Progr.

Wimmer, J., historische Landschaftskunde. gr. 8. (IV, 330 S.) Innsbruck 885. Wagner. n. 6. —

—— über die Natur Gottes. Ueber die sittliche Nothwendigkeit der Aufhebung der Todesstrafe. gr. 8. (16 S.) Ebendas. 878. *

Naturprodukte in der Geschichte. Ein Beitrag zur historischen Geographie. — Von J. Wimmer, L.-P. — 1890, Passau, Aktiengesellschaft Passavia. — S. 3—50.
Progr. Passau, K. Lyzeum

Wimmer, J., Graf Andrassy's Politik in der orientalischen Frage. gr. 8. (15 S.) Leipzig 878. O. Wigand in Comm. — 40

—— über Religion und das Ewige im Christenthume. gr. 8. (14 S.) Ebendas. 877. *

Wimmer, J. G., über den Kleebau. 8. Wien 795. Doll. 4 ℛ

Wimmer, Jak., Normalien-Sammlung für Militär-Gerichte. (Privat-Ausg.) 2 Bde. mit 1 Supplementheft. (Jahrg. 1857.) gr. 8. (IV und 1995 S.) Gratz 857. (Wien, Lechner's Universitäts-Buchh.) *

—— dass. — 2—5. Supplementheft. (Jahrg. 1858—61.) gr. 8. Ebendas. [2. Supplementheft. (XXVIII und 296 S.) 859. * 1 Thlr. 15 Ngr., 3. (XXVIII und 292 S.) 860. * 1 Thlr. 26 Ngr., 4. (XL und 317 S.) 861. * 2 Thlr. 4 Ngr., 5. (XXXI und 215 S.) 862. * 1 Thlr. 20 Ngr.] *

Wimmer, Jak., Normalien-Sammlung für Militär-Gerichte. (Privat-Ausg.) 6.—12. Suppl.-Heft. (Jahrg. 1862—67) gr. 8. Wien, (Lechner's Universitäts-Buchh.) [6. Suppl.-Heft. (Jahrg. 1862.) (XXXIV und 190 S.) * 1 Thlr. 20 Ngr., 7. (Jahrg. 1863.) (XXIX und 144 S.) * 1 Thlr. 14 Ngr., 8. Sach-Register zur gesammten bisher erschienenen Normalien-Sammlung für Militär-Gerichte (einschließlich den Jahrg. 1863.) (IV und 274 S.) * 2 Thlr. 6 Ngr., 9. (Jahrg. 1864.) (XXXII und 200 S.) * 1 Thlr. 20 Ngr., 10. (Jahrg. 1865.) (XXXII und 230 S.) * 1 Thlr. 20 Ngr., 11. (Jahrg. 1866.) (XXXI und 200 S.) * 1 Thlr. 16 Ngr., 12. (Jahrg. 1867.) (XXXIII und 208 S.) * 1 Thlr. 18 Ngr.] *
2 Bde. und Suppl.-Heft 1—5. Gratz 1857—62. (Ebendas.) * 16 Thlr. 23 Ngr.

Wimmer, Jac., Normalien-Sammlung für Militär-Gerichte. [Privat-Ausg.] 13.—19. Suppl.-Heft. [Jahrg. 1868—1874.] gr. 8. Wien, (Lechner's Verlag.) [13. Suppl.-Heft. (XXXVI, 177 S.) *ℳ 4,80.; 14. Suppl.-Heft. (303 S.) *ℳ 6,40.; 15. Suppl.-Heft. (243 S.) *ℳ 5,40.; 16. Suppl.-Heft. (III, 331 S.) *ℳ 6,60.; 17. Suppl.-Heft. (210 S.) *ℳ 4,50.; 18. Suppl.-Heft. (324 S.) *ℳ 6,60.; 19. Suppl.-Heft. (196 S.) *ℳ 5,40.] *
2 Bde. und Suppl.-Heft 1—19. Ebendas. 1857—74. *ℳ 125,40.

Wimmer, Jak., Normalien-Sammlung für Militär-Gerichte [Privat-Ausg.] 20. und 21. Suppl.-Heft. [Jahrg. 1875 und 1876.] gr. 8. Wien, (Lechner's Verlag.) [20. Suppl.-Heft. (220 S.) 1876. * M. 6,80.; 21. Suppl.-Heft. (298 S.) 877. * M. 7.] *

Hauptwerk 2 Bde. und 1.—19. Suppl.-Heft. Ebendas. 1857—74. * M. 125,40.

—— dass. — fortgesetzt von Karl Zatlaukal. 22. Suppl.-Heft. [Jahrg. 1877.] gr. 8. (110 S.) Ebendas. 878. *

Wimmer, J. Eine ruhige Partei, s. Theater, neues Wiener.

Wimmer, Ioh. Abr., vita Gregorii Pontani trium Saxoniae Elector. Cancellarii, historiam augustanae uberrime illustr. b. Altenb. Richter. (Academ. Bchhdl. in Iena.) 730. -

Wimmer, Johann Baptist

Beiträge zur Kritik und Erklärung der Werke des Mönches von Heilsbronn. 27 ibd. 95.
Progr. Kalksburg

Wimmer Joh. B.: Das Buch der göttlichen Weisheit von Meister Heinrich von Hessen. 9. Kalksburg 05.
Progr.

Wimmer Joh. Bapt.: Über den Dialect Wolframs von Eschenbach. 23. Kalksburg 95.
Progr.

Wimmer Joh. B.: Katalog der Lehrmittelsammlung. 35. 120. Kalksburg 04. 05.
Progr.

Wimmer, Joseph

Palästinas Boden mit seiner Pflanzen- u. Tierwelt. vom Beginn d. bibl. Zeiten bis z. Gegenwart. Hist.-geogr. Skizzen von J. Wimmer, Lycealprof. Köln: J. P. Bachem in Komm. 1902. (128 S.) 8°
(Görres-Gesellschaft z. Pflege d. Wiss. Vereinsschrift 1902. 2.)

Wimmer, Josef: Victoris episcopi Tonnenensis chronica. Eine kritische Studie. H. 1898 PN 1181.
Diss. Wien, Univ.

Wimmer, Jos., über den Einfluss mechanischer Gesetzmässigkeiten auf die Entwicklung der Lebewesen. (49 S. m. 4 Taf.) gr. 8. Wien 902. (L. W. Seidel & Sohn.) n. 2. —

Geschichte des deutschen Bodens mit seinem Pflanzen- und Tierleben von der keltisch-römischen Urzeit bis zur Gegenwart. Hist.-Geogr. Darstellungen von J[osef] **Wimmer**, Lyzealrektor. Halle a. S.: Waisenhaus 1905. (VIII, 475 S.) 8°

Wimmer, Jos., Geschichtsbider f. elsaß-lothring. Schulen. M. 1 Karte: Elsaß-Lothringen z. Zeit d. 30jähr. Krieges. gr. 8. (VI, 165 S.) Metz 895. P. Even. Kart. n. 1. 10

Wimmer, Jos., Krankheits- u. Heilungsgeschichte einer merkwürd. Speckgeschwulst am Halse. Mit 1 Kupfertaf. 8. Wien 797. (Ign. Klang.) 1/4 Rthlr.

Wimmer, Joseph: Krankheits- und Heilungs-Geschichte einer merkwürdigen Speckgeschwulst am Halse. 56 S., Anhang: 6 S.(S.57 - 62), gbd., 1 Taf.

Wien: Rötzel 1797

JB 2.708

Wimmer, Jos., († 181..) Krankheits- u. Heilungsgeschichte einer Speckgeschwulst am Halse, mit 1 Kpft. 8. Wien 797. (Schaumburg). 7 K

Wimmer, J., Lehrplan f. beruflich gemischte Fortbildungsschulen. (16 S.) gr. 8. Straßburg 910. Straßburger Druckerei- u. Verlagsanstalt. — 60
Sonderabdr. aus: „Elsaß-lothr. Schulbl."

Wimmer, Jos., Mechanik der Entwicklung der tierischen Lebewesen. Vortrag, in der allgemeinen Sitzg. der 77. Versammlg. deutscher Naturforscher u. Aerzte in Meran am 29. IX. 1905 geh. (64 S.) 8. Leipzig 905. J. A. Barth. n. 1. 20

Wimmer, Jos., die Mechanik im Menschen- u. Thierkörper u. deren physiologischer Einfluss auf die Entwickelg. der Lebewesen. Nebst e. speciellen Behandlg. der Mechanik des Fechtens u. Reitens. gr. 8. (59 S. m. 5 Taf.) Wien 901. L. W. Seidel & Sohn. 3. —

Deutsches Pflanzenleben nach Albertus Magnus (1193–1280). Ein Nachtrag z. 'Geschichte d. deutschen Bodens' von J[osef] **Wimmer**, Lyzealrektor. Halle a. S.: Waisenhaus 1908. (77 S.) 8° [07. 17914 5]

Wimmer, Jos. Ed., die **Anfangsgründe** der Gesangkunst. Kurz und fasslich dargestellt, mit besond. Berücksicht. der Elementarschulen des Kronlandes Ungarn. Imp.-4. (IX und 36 S.) Pest 856(57), (Emich.)

Wimmer, K., s. Balbi's, A., Erdbeschreibung.

Wimmer, K., dachte Gabelsberger an e. dtsche. Einheitsstenographie?, s.: Zeitfragen, stenographische. 3. Heft.

— u. J. Danner, Diktierbuch f. Stenographen aller Systeme. (128 S.) gr. 8. Neustadt a/H. (908). W. Marnet. 2. —

— — Fortbildungskurs f Gabelsbergersche Stenographen. Ein Wiederholungs-, Lese- u. Diktierbuch f. den Schul-, Vereins- u. Selbstunterricht. (50 S.) gr. 8. Ebd. (907). nn 1. —

— u. J. Danner, Lehrgang der Stenographie Gabelsbergers. 2 Tle. In kurzer Fassg. nach den Beschlüssen des Berliner Stenographentages 1902 f. den Schul-, Vereins- u. Selbst-Unterricht bearb. gr. 8. Neustadt a/H., W. Marnet. à n. 1. —
I. Verkehrsschrift. (VIII, 47 S.)
II. Redeschrift m. Anh.: Diktierbuch. (55 S.)

— — **Lehrgang** der Stenographie Gabelsbergers. 2 Tle. In kurzer Fassg. f. den Schul-, Vereins- u. Selbst-Unterricht bearb. gr. 8. Ebd. (907). à nn 1. —
I. Verkehrsschrift. 16.–20. Taus. (56 S.)
II. Redeschrift m. Anh.: Diktierbuch. 5. Aufl. (56 S.)

Wimmer, K., in Meister Gabelsbergers Werkstätte. (43 S. m. 1 Abbildg. u. 1 Bildnis.) kl. 8. Zweibrücken (905). (M. Ruppert.) n. — 60

Wimmer, K. J. M., die Schädlichkeit d. modernen Gesangbücher f. d. kirchl.-relig. Leben, dargest. an d. naumburger Gesangbuche. 8. (10 B.) Naumburg 839, [Halle,] Zimmermann.*

Wimmer, C. J. M., die Schädlichkeit der modernen Gesangbücher f. d. k. kirchlich-religiöse Leben. 8. (10 B.) Naumburg u. [Halle] 842, Zimmermann.

Wimmer, Karl. Laut- u. Aussprache-Tafeln f. den französischen Anfangsunterricht, s. Dannheisser, Ernst.

Wimmer, Karl, Lehrbuch der französischen Sprache. 2 Tle. gr. 8. Stuttgart, F. Lehmann. Geb. in Leinw. à n. 3. —
1. Die vollständ. Formenlehre. Nach d. neuesten Lehrplänen u. d. neuest. franz. Sprachreform. (VIII, 302 S.) Zweibrücken 902.
2. Die Syntax. Nach den neuesten Lehrplänen u. der neuesten französ. Sprachreform. (VI, 283 S.) 902.

— französisches Lesebuch f. mittlere Klassen. gr. 8. (VIII, 185 S.) Nürnberg 902. C. Koch. Geb. n. 1.80

Wimmer, Karl, Kgl. Reallehrer f. n. Spr. in Zweibrücken: Spracheigentümlichkeiten des modernsten Französisch erwiesen an Erckmann-Chatrian. *Zweibrücken 1900: P. & L. Hallanzy.* (IX, 82 S.) 8°
Heidelberg, Phil. Diss. v. 1900

— Spracheigentümlichkeiten des modernsten Französisch, erwiesen an Erckmann-Chatrian. gr. 8. (IX, 82 S.) Zweibrücken 900. (Stuttgart, F. Lehmann). n. 1.—

Wimmer, Karl, deutsch-französisches Uebungsbuch. (IV, 64 S.) gr. 8. Stuttgart 903. F. Lehmann. n. 1. —; kart. n.n. 1. 80

Offizier-Stammliste des 4. Badischen Infanterie-Regiments Prinz Wilhelm Nr. 112. 22. Okt. 1852 bis 1. Okt. 1905. Auf Befehl d. Regts zsgest. von (Karl Friedrich Wilhelm Rudolf) **Wimmer**, Oberlt. Berlin: E. S. Mittler & Sohn 1906. (IX, 204 S.) 8° [F.] [u6. 11797]

Wimmer, L., Andeutungen d. wahren Bedürfnisse u. begründeten Wünsche d. deutschen Volks. Ein Fragment d. polit. Oekonomie. 8. Karlsr. 819.

Wimmer, Ludw. F. A., altnordische Grammatik. Aus dem Dän. übers. von E. Sievers. gr. 8. (VIII, 160 S.) Halle 871, Buchh. des Waisenhauses. *

Wimmer, Ludw. F. A., die Runenschrift. Vom Verf. umgearb. und verm. Ausg. Aus dem Dän. übers. von F. Holthausen. gr. 8. (XXIV, 394 S. mit 3 Taf. und Abbild. im Text.) Berlin 887, Weidmann'sche Buchh. *

Wimmer, Marian, († 180. .) tragoediae in theatro juvaviensi exhibitae nunc publice in lucem datae. 8. Nürnb. 764. Stein. 16 K

WIMMER, Martin (Landshut): De caincae radice.- Monachii: Poessenbacher 1852. 20 S.
31.5.1851 - Urk (Titel: De radice caincae.); F 60
Diss. Ingolst.-Landsh.-Mchn.

Wimmer Max: Tassodramen nach Goethe in Deutschland.
H. 1905 PN 1929 Diss Wien, Univ. 166

Wimmer, Otto [aus Osnabrück]: Weitere experimentelle Untersuchungen über das Piperonal. (Aus dem pharmakolog. Institut der Universität.) ... Berlin, Buchdr. v. Gustav Schade (Otto Francke) (1887); 47 + 1 S. 8°.
Berlin, Med. Fak., Inaug.-Diss. v. 21. Mai 1887.

Wimmer, Otto, weitere experimentelle Untersuchungen über das Piperonal. (Aus dem pharmakolog. Institut der Universität.) Diss. Berlin 1887, Mayer & Müller. 8°. 47 S.

Wimmer, Otto: Die Wertung der Güter dieser Welt in der Lehre Jesu. T. 1. Berlin: Weidmann 1909. 21 S. 4°
Berlin, Luisenstädtische OR OP 1909 (151) [S 09. 507

Wimmer, Otto, die Wertung der Güter dieser Welt in der Lehre Jesu. I. Tl. Progr. (21 S.) Lex. 8. Berlin 909. Weidmann. 1. —

Wimmer, Paul Gabriel (Altenmerbitz) A. S. 188/13

Dissertatio juridica de rebus quae in feudum dari possunt (Oder: Von denjenigen Sachen, welche in Lehen gegeben werden können.). Präs. Gottlob Sturm. Wittenberg (Schlomach) IX. 1736. 24 S.
36842

Wimmer jun., R., Tableau der Erzaufbereitung von der Grube Bergwerks-Wohlfahrt bei Clausthal. 2 Bl. Lithogr. und ill. Imp.-Fol. Clausthal 861, Grosse'sche Buchh. Thlr. *

Wimmer, üb. das Vorkommen u. die Nachhaltigkeit des Goldes in wirthschaftl. Beziehung, s.: Verhandlungen der Kommission behufs Erörterung v. Maßregeln zur Hebung u. Befestigung des Silberwerthes.

Wimmer, R. Ueber das Vorkommen und die Nachhaltigkeit des Silbers in wirthschaftlicher Beziehung. Eisleben 1894.

Wimmer, Richard

— s.: Gebetbuch, kleines evang.

Gewissensfragen. Religiöse Briefe aus d. Gegenwart f. d. Gegenwart von R. Wimmer. Tübingen & Leipzig: J. C. B. Mohr 1902. (108 S.) 8°

Wimmer, Rich., katholische u. evangelische Heiligkeit. Vortrag, geh. in der Versammlg. d. evang. Bundes in Emmendingen am 13. Dezbr. 1891. gr. 8. (16 S.) Emmendingen 892. A. Dölter. n. — 25

— s. a. Im Kampf um die Weltanschauung.

Im Kampf um die Weltanschauung. Bekenntnisse e. Theologen. (Verf.: Pfarrer [Richard] Wimmer.) 10.–12. Aufl. *Freiburg i. B.: J. C. B. Mohr 1893.* (95 S.) 8° [F.] [ou. 1010.] 8

Wimmer, R., im Kampf um die Weltanschauung. Bekenntnisse e. Theologen. 13. u. 14. Aufl. 8. (III, 102 S.) Freiburg i/B. 899. Tübingen, J. C. B. Mohr. n. 1. 25

Wimmer, R., im Kampf um die Weltanschauung. Bekenntnisse e. Theologen. 15. u. 16. Aufl. (III, 102 S.) 8. Tübingen 906. J. C. B. Mohr. n. — 80

— Katechismusentwurf. (18 S.) 8. Tübingen 908. J. C. B. Mohr. p — 30

— Krankengebete. [Aus: „Leben im Licht".] (31 S.) 16. Ebd. 904. n. — 05

Wimmer, s.: Krankentrost.

— s. a. Leben, inneres.

— inneres Leben. 4. Aufl. 8. (IV, 115 S.) Freiburg i/B. 897. Tübingen, J. C. B. Mohr. n. 1. 45
D. früh. Aufl. erschienen u. d. Titel: Inneres Leben. Vom Verfasser der Schrift: Im Kampfe um d. Weltanschauung.

— Inneres Leben. 5. u. 6. Aufl. (IV, 115 S.) 8. Ebd. 909. — 80

Das Leben im Licht. Ein Andachtsbuch von [Richard] Wimmer. *Freiburg i. B.: J. C. B. Mohr 1899.* (XVI, 425 S.) 8° [F.] [u4. 467] 7

— Das Leben im Licht. Ein Andachtsbuch. 2. Aufl. (XVI, 425 S.) gr. 8. Ebd. 909. 1.80; geb. 2.50; in Lw. 2. 80

— Liebe u. Wahrheit. Betrachtgn. üb. einige Fragen d. sittl. u. religiösen Lebens. 8. (IV, 139 S.) Ebd. 896. n. 1.45

[F.] Gesammelte Schriften v. R[ich.] **Wimmer.** In 2 Bdn. Subscr.-Ausg. Lfg 1. *Freiburg i. B.: J. C. B. Mohr 1897.* 8. [97. 598]

Wimmer, R., gesammelte Schriften. In 2 Bdn. Subskr.-Ausg. 8. (VIII, 392 u. VIII, 386 S.) Freiburg i/B. 898. Tübingen, J. C. B. Mohr. n. 7.— Erschien auch in 8 Lfgn. zum Subskr.-Pr. von n. 6.—.

— Sterbegebete. [Aus: „Leben im Licht".] (16 S.) 16. Ebd. 904. n. —06
Beide im Alleinvertrieb des Evangel. Verlags in Heidelberg.

Wimmer, Rich., s.: Weg, der, zum Frieden.

Wimmer, Robert: Über α-o-Anisidopropionsäure und Derivate derselben. [1901.] 34 S. 8°
München, Dr.-Ing.-Diss. v. 8. 7. 1901

WIMMER, Rudolphus: Auctoritate civili completi ius malefactores capite plectendi. — (1892) 130 S. 4° (Handschr.) Diss. 545
Diss. Wien, Univ.

Wimmer, Theodor, a. Bamberg: Das Recht der Postanweisung. Bamberg 1908: W. Gärtner. (VII, 90 S.) 8°
Würzburg, Jur. Fak., Ref. Mayer, Diss. v. 31. Jan. 1908
[Geb. 12. Okt. 88 [!] Bamberg; Wohnort: Bamberg; Staatsangeh.: Bayern; Vorbildung: Gymn. Bamberg Reife Juli 01; Studium: Berlin 1, München 5, Würzburg 2 S.; Rig. 22. Juli 07.]

Wimmer, W[ilhelm]: Die rechtliche Stellung der Post und das einfache Postfrachtgeschäft nach schweizer. Recht. Bern 1905. 82 S. 8°. Abhandl. z. schweizer. Recht. H. 7.
Bern Jur. Diss. 1904/1905

Wimmer, W., die rechtliche Stellung der Post u. das einfache Postfrachtgeschäft nach schweiz. Recht, s.a. Abhandlungen zum schweizerischen Recht. 7. Hft.

Wimmer, W[ilhelm]. Die rechtliche Stellung der Post und das einfache Postfrachtgeschäft nach schweiz. Recht. IV + 82 S. 8. Bern, Stämpfli & Cie., 1905.
Ausg. A: Diss. Jur. Bern.
Ausg. B: [fr. 2.—.] — Abhandlungen zum schweizerischen Recht, hrg. von Dr. Max Gmür, Professor... Heft 7.

***Wimmer,* Wlh. Ed., de Hyperceratosi. Diss. inaug. medica. Acced. tab. lithogr. 4maj. Leipz. 831. (Voss). 12 gGr.**

Wimmer, Woldemar, Referendar in Meißen: Das Kassenschrankfachgeschäft. Borna-Leipzig 1907: R. Noske. (IX, 54 S.) 8°
Leipzig, Jur. Fak., Diss. v. 13. Febr. 1907.
[Geb. 3. Nov. 81 Schmorkau (Lausitz); Wohnort: Meißen; Staatsangeh.: Sachsen; Vorbildung: Kgl. Gymn. Plauen i. V. Reife O. 02; Studium: Kiel 1, Berlin 1, München 1, Leipzig 4 S.; Rig. 14. Juli 05.]

Wimmer, Zoelestin

***Wimmer,* Coel., († 180..) theologiae dogmaticae Vol. I. 8. Brünn 781.**

Wimmerer: Die politische Bedeutung d. Stoiker Roms im ersten christlichen Jahrhunderte. 8 S. 8°
–Hermannstadt kth., Progr. 1864

Wimmerer, Fr.: Die im Zeitalter der Republik wiederholt eingetretene Verarmung der römischen Plebs. 48 S. 8°–St. Pölten, RG u. OR., Progr. 1868.

Wimmerer, Rudolf. Zum lateinischen Ablativ. S. 14–43. 8.
Progr. K. k. erstes Staats-Gymn. *Graz* 1909.

Wimmerer Dr. Rudolf: **Das mediale Futurum sonst activer Verba im Griechischen. (42). Stockerau. 91.**
Progr.

Wimmerer Rudolf: Quid e iudiciis, quae Plato singulis in dialogis de poetis poesique fecit, horum dialogorum de ordine colligi possit.
II. 1890 PN 607 Diss. Wien Univ. 1494

Wimmerer Dr. Rudolf: **Über das Verhältnis der activen und medialen Verbalflexion im Indogermanischen. 52. Stockerau 96.**
Progr.

Wimmers, C., Rübezahl od. der praktische Ratgeber im Hause! Mit Anh.: Schönheits- u. Gesundheitspflege. (84 S.) 8. Bonn 908. J. W. Hecg. 1.—

Wimmers, Chr., und L. Wattendorff, englische Schulgrammatik für die Mittelklassen der Ober-Realschulen und Realgymnasien, sowie für höhere Bürger- und Töchterschulen. gr. 8. (VI, 72 S.) Paderborn 887, F. Schöningh. *

—— —— dass. — Übungsbuch dazu. 3 Kurse. gr. 8. Ebendas. 887. [1. Kurs. (IV, 123 S.) *ℳ 1.20.; 2. und 3. Kurs. (IV, 96; III, 47 S.) *ℳ 1.40.] cart. *

Wimmers, Ernst. **Der Schweizer Haustierarzt. Erprobte Rezepte gegen die häufigsten Krankheiten unserer Haustiere. Unentbehrlich für jeden Viehbesitzer. 46 S. 8. Basel, Genossenschafts-Buchdr., 1907. fr. 1.—**

Wimmers, P. A. H., De Vergilii ecloga quarta. **Diss.** 1874. **88 S.**

Wimmers, Peter

Wimmers, P., die deutsche Lektüre in Lehrerbildungsanstalten, s. Bürgel, F. W.

Deutsches **Lese-** und Bildungsbuch für katholische Lehrerbildungsanstalten auf Grund d. Lehrpläne v. 1. Juli 1901 bearb. von Dr. [Peter] **Wimmers,** Reg.- u. Schulrat, u. A[dolf] Weinstock, Kreisschulinsp. T. 1. *Breslau: H. Handel 1902.* 8° [F.] [03. 7773 2

Deutsches Lese- und Bildungsbuch für katholische Lehrerbildungsanstalten (Präparandenanstalten u. Lehrerseminare), auf Grund d. Lehrpläne v. 1. Juli 1901 bearb. von Dr. [Peter] **Wimmers,** Reg.- u. Schulrat, u. A[dolf] Weinstock, Kreisschulinsp. 2. Aufl. T. 1. ***Breslau: H. Handel 1903.*** 8° [F.] [04. 6555 2

Deutsches Lese- **und Bildungsbuch** für katholische Lehrerbildungsanstalten (Präparandenanst. u. Lehrerseminare) auf Grund d. Lehrpläne v. 1. Juli 1901 bearb. von Dr. [Peter] **Wimmers,** Reg.- u. Schulr., u. A[dolf] Weinstock, Kreisschulinsp. 3. Aufl. T. 1. **Breslau:** H. Handel 1904. 8° [F.] [05. 10535 2

Deutsches Lese- und Bildungsbuch für katholische Lehrerbildungsanstalten auf Grund der Lehrpläne vom 1. Juli 1901 bearb. von Dr. [Peter] **Wimmers** u. A[dolf] Weinstock. 4. Aufl. T. 1. Breslau: H. **Handel** 1906. 8° [F.] [07. 2358 2

Deutsches Lese- und Bildungsbuch für katholische Lehrerbildungsanstalten nach d. Lehrplane v. 1. Juli 1901 bearb. von Dr. [Peter] **Wimmers,** Schulrat, u. A[dolf] Weinstock, Kreisschulinsp. Neue Ausg. T. 1. Breslau: H. Handel 1907. 8° [F.] [08. 7083 2

— u. A. Weinstock, deutsches Lese- u. Bildungsbuch f. kath. Präparandenanstalten. Nach dem Lehrplane vom 1. VII. 1901 bearb. Neue Ausg. 3. unveränd. Aufl. (XII, 559 S.) gr. 8. Ebd. 910. Geb. in Leinw. nn 4.

—— Deutsches Lese- u. Bildungsbuch f. katholische Schullehrer-Seminare, s. Vesta, Joh.

Wimmers, P., Sammlung ausgewählter Lesestoffe f. Lehrer- u. Lehrerinnenseminare. Unter Mitwirkg. prakt. Schulmänner hrsg. 1.—4. Bd. gr. 8. Breslau, H. Handel. Geb. 9. 60

1. Abschnitte aus Homers Ilias u. Odyssee. Höfische Epik u. Lyrik. Proben aus neueren ep. Dichtgn. Deutsche Mundarten. (IV 200 S.) 908. Geb. 1. 80
2. Schilderungen, Abhandlungen, Reden u. Briefe aus der Geschichte, Kultur-, Kunst- u. Literaturgeschichte, Natur u. Völkerkunde. (III, II, 313 S.) 908. Geb. 3. —
3. Oden Klopstocks. Goethes u. Schillers Gedankenlyrik. Spruchdichtung. Volkslieder. Blumenlese aus der poet. Literatur d. Neuzeit. (XVI, 262 S.) 909. Geb. 2. 40
4. Aus den Prosaschriften v. Lessing, Herder, Goethe, Schiller. (VI, 271 S.) 905. Geb. 2. 40

R

Wimmershof, W., Oper od. Drama? Die Notwendigkeit des Niederganges der Oper. (41 S.) gr. 8. Rostock 905. C. J. E. Volckmann Nachf. n. 1. —

Wimmis ⟨660 Meter ü. M.⟩ und Umgebung. Mit 12 Illustrationen [sowie einem Titelbild] und einem Niesenpanorama in Lichtdruck. II + 27 S. 8. Wimmis und Zweisimmen, W. Ilg-Ith, 1903. [fr. – .60]

Wimpf, (W. J.,) Bemerkk. u. Aufschlüsse üb. ein angeblich am 8. Dec. 1821 von dem in Ehrenbreitstein verstorb. geh. Regier. Rath Birke erricht. Testament. 1e u. 2e Liefrg. 8. Hadamar 822 u. 23, Gel.-Buchh.

Wimpf, W. J., Bemerkk. u. Aufschlüsse üb. ein angeblich am 8. Dec. 1821 von dem in Ehrenbreitstein verstorb. geh. Regier.-Rathe Birke erricht. Testament. 1e u. 2e Lief. 8. Hadamar 822, 23. (Lanz in Weilb.) 13 Kr

Wimpf, W. J., über Gurten- u. Kappengewölbe, in Verbindung mit dem Pisé-Bau. Mit 2 Steindruck-Taf. gr. 8. Weilburg 838. Lanz. n. 1/6 Thlr

— über Gurten- u. Kappengewölbe, in Verbindung mit dem Pisé-Bau. Mit 2 Steindruck-Tafeln. (Neue Ausg.) gr. 8. Ebend. 841. n. 1/6 Thlr

—— der Pisé-Bau, od. vollständ. Anweis. äusserst wohlf., dauerhafte, warme u. feuerfeste Wohnungen aus bloser gestampfter Erde, Pisé-Bau genannt, zu erbauen. Aus 30jähr. eigner Erfahr. geschöpft. 1. Aufl. Weilburg 837, (Lanz.), 2. Ausg. gr. 8. (à 4½ lith. B. u. 6 Stnt.) Heilbronn 841, [Landherr.] à •

—— dass. — Nachtrag. 1. Aufl. 838., (neue Ausg.) gr. 8. (à 1 B.) Ebds. 841.

Wimpfeling, Jakob, s. W i m p h e l i n g

Wimpfen [Schlagwort]

Wimpfen a. B., s.: Deutschland. Kürschner-Pelp.

Wimpfen, Geschichte der Reichsstadt, s. F r o h n h ä u s e r, Ludw.

Wimpfen [Verfasser]

Wimpfen, v., s. W i m p f f e n, v.

Wimpfen, Carl Wilhelm Anton v., s. W i m p f e n, Karl v.

Wimpfen, Karl v.

v. Wimpfen, C., Geschichte u. Zustände d. Herzogthums Schleswig oder Südjütland von den ältesten Zeiten bis auf die Gegenwart. gr. 8. Flensburg (Kiel) 839. Baurmeister u. C. n. 1 2/3 Thlr

Wimpfen, C. v., Geschichte u. Zustände d. Hrzgth. Schleswig od. Südjütland v. d. ältesten Zeiten bis auf d. Gegenwart. gr. 8. (22¾ B.) Flensburg 839. [Hamburg, Schuberth u. Comp.]

Wimpfen, C. v., über d. staatsrechtl. Verhältnisse d. Herzogth. Schleswig u. Holstein. gr. 8. (2¼ B.) Kiel 831, Univers.-Buchh.

Wimphen, C. v., über die staatsrechtlichen Verhältnisse der Herzogth. Schleswig und Holstein. Im J. 1821 ausgegeben. Gefunden in den nachgelassenen Papieren eines schleswigschen Beamten. 8. (39 S.) Copenhagen 849, Eibe.

Wimpfen, Max v., s. W i m p f f e n

Wimpfen, Maximilian v., s. W i m p f f e n

Wimpfen, Theod. v., die Maulschellencomödie, od. die Cholerischen. Lustspiel in 4 Aufz. 8. (6¼ B.) Heilbronn 811, Landherr.

v. Wimpfen, Baron Waldem., die Bekehrten. Eine Legende in sechs Gesängen. 8. Berl. 826. Mittler. 18 Kr

Wimpff, Johann Georg (Strassburg) A. S. 798/11

Disputatio inauguralis juridica contines controversias quasdam illustres ex jure civili, feudali ac canonico. Strassburg (Staedel) 26. X. 1709. 44 S.

36844

Wimpffen, v. (Red.), s. B ü r g e r w e h r - Z e i t u n g.

Wimpffen, von, Briefe eines Reisenden, geschrieben aus England u. Frankreich, einem Theil von Afrika u. aus Nordamerika. Aus d. franz. Handschrift übersetzt u. herausg. von P. J. Rehnek. 3 Bde. 8. Darmst. Heyer u. Leske. 814.

Schreibp.

Wimpfen, v., neueste Reisen nach St. Domingo, od. Nachr. üb. d. geogr. phys. statist. moral. u. polit. Verhältnisse dies. Insel, a. d. Franz. nach e. ungedr. Handschr. des Verf. 2 Thle. 8. Erfurt, Beyer u. M. 798 — 99.

v. Wimpffen, Frhr. ..., neueste Reisen nach St. Domingo, oder Nachricht üb. d. geograph., phys., statist., moral. u. polit. Verhältnisse dieser Insel; aus d. Französ. nach einer ungedr. Handschrift d. Verfass. 2 Thle. 8. Erfurt 798, 99. (Otto). 1 Thlr 12 Kr

Wimpffen, General v. Die Schlacht von Sedan. Ihre vollständ. polit. u. militär. Geschichte, nach unveröffentlichten Materialien ergänzt u. zusammengestellt v. Emile Corra. Autoris. Uebersetzg., m. Anmerkgn. u. e. biograph. Vorworte versehen v. Alfr. Ruhemann. 8. (XIII, 376 S.) Augsb. 889, Gebr. Reichel. * 4 —

Wimpffen, Alphons Graf

Wimpffen, Alf. Graf, Erinnerungen aus der Walachei während der Besetzung durch die österreichischen Truppen in den J. 1854—1856. gr. 8. (III, 262 S.) Wien 878, (Gerold's Sohn.) *

Wimpffen, Franz. Des französischen Divisions Generals, Unterricht in der Kriegführung für seine Söhne und alle jungen Leute, die sich den Kriegsdiensten widmen wollen. Aus dem Französischen übersetzt. 8. Dresden 1799.

— Unterricht für seine Söhne u. alle junge Leute, die sich d. Kriegsdiensten widmen wollen; aus d. Französ. gr. 8. Dresd. 799. Walther. 8 gr.

Wimpffen, Heinr. Emil Graf, Östreich u. Westreich. 2. Aufl. gr. 8. (21 S.) Wien 894. L. Weiß. n. — 50

Wimpffen, Max Frhr. v. Kampf ums Dasein u. Association. gr. 8. (112 S.) Wien 892, Konegen. * 2 —

Wimpffen, Max Frhr. v., kritische Worte über den Buddhismus. gr. 8. (64 S.) Wien 891. Konegen. n. 1. —

Wimpffen, Max Frhr. v., Zweikampf u. Wille. gr. 8. (III, 85 S.) Leipzig 902. F. Luckhardt. n. — 60

Wimpffen, Maximilian v.

v. Wimpfen, Ritter Frhr. Maxim., s. Warum benutzten die Oesterreicher den Sieg v. Aspern nicht ꝛc.

(**Wimpffen.**) Warum benützten die Oesterreicher den Sieg von Aspern nicht zu einer offensiven Operation auf das rechte Donau-Ufer? Welche Ursachen bewogen den österreichischen Feldherrn zu dem Waffenstillstande von Znaym, und war er vortheilhaft für Oesterreichs Interesse? Als Beilage zur Relation von Aspern und Wagram. 4. Pesth 1811.

Verzeichnis von Autographen aus dem Nachlasse des Grafen Victor **Wimpffen**. Abth. 1. 2. (Hrsg. von Eduard Fischer v. Röslerstamm.) *Graz: A. A. Schwarz 1900–01.* 2 Bde 8°
1. Fürstenhäuser, Staatsmänner, Krieger. 1900.
2. Gelehrte u. Schriftsteller. 1901. [illegible] 6

Wimpfheimer, Carl, s. Wimpfheimer, Karl

Wimpfheimer, Heinr., die Gesellschaften des Handelsrechts u. des bürgerlichen Rechts im Stadium der Liquidation, s. Abhandlungen zum Privatrecht u. Zivilprozeß des Deutschen Reiches. XVII, 2.

Die Gesellschaften des Handelsrechts u. des bürgerl. Rechts im Stadium der Liquidation. Von Dr. Heinrich Wimpfheimer. München: Beck 1908. VIII, 223 S. 8°
(Abhandlungen z. Privatrecht u. Zivilprozess. Bd 17, H. 2.)

Wimpfheimer, Heinr., der Lagerschein nach deutschem Recht. (VIII, 111 S.) gr. 8. Karlsruhe 903. C. Braunsche Hofbuchdr. n. 2. 80

— s.: Sammlung deutscher Gesetze.

Wimpfheimer, Karl

Wimpfheimer, Carl, a. Würzburg: Zur Entwicklung der Schweißdrüsen der behaarten Haut. (Von d. med. Fakultät zu Würzburg preisgekr. Arbeit.) Mit 2 Taf. Wiesbaden: J. F. Bergmann 1907. (75 S.) 8°
Würzburg, Med. Fak., Ref. Stöhr, Diss. v. 20. Febr. 1908
[Geb. 3. Juli 82 Würzburg; Wohnort: Würzburg; Staatsangeh.: Bayern; Vorbildung: Gymn. Würzburg Reife Juli 01; Studium: Würzburg 9, Berlin 1 S.; Coll. 9. Jan. 07; Approb. 5. Jan. 07.]

Wimpheling, Jakob

Wimpfeling, Jac., Germania, übers. und erläutert von Ernst Martin. Mit eingedr. Briefen von Geiler und Wimpfeling. Ein Beitrag zur Frage nach der Nationalität des Elsasses und zur Vorgeschichte der Strassburger Universität. gr. 8. (118 S.) Strassburg 885, Trübner. *

Wimpfelingii, Jacobi, Germania ad rempublicam Argentinensem. — Thomae **Murneri** ad rempublicam Argentinam Germania nova. 4. (34 S.) Strassburg 874. Schmidt. n. 3. —

Wimphelingi, Jac., Oratio vulgi ad Deum op. max. pro ecclesia catholica et romana. [1517.] Perrarus libellus, iterum editus juxta exemplar bibliothecae Selestadiensis. 4. (14 S.) Strassburg 880, Schmidt's Universitäts-Buchh. *

[J.] Jakob Wimphelings [**Wimpfelings**] Schriften übs., erläut. u. m. e. Einl. vers. v. Joseph Freundgen, Reg.- u. Schulrat. Neue Ausgabe. *Paderborn: Schöningh 1898.* (2 Bl., 573 S.) 1 Bd 8.
= Sammlung d. bedeutendsten pädagog. Schriften. Bd 13. [illegible]

Wimpheling's, Jak. Pädagogische Schriften, s. Sammlung der bedeutendsten pädagogischen Schriften aus alter u. neuer Zeit.

Wimphelingius, Jakobus. Stylpho, s. Litteraturdenkmäler, lateinische, d. XV. u. XVI. Jahrh.

Jacobus **Wimphelingius** „Stylpho" ed. H. Holstein. 1892. XVIII. 16 S.

Wimphen, C. v., s. Wimpfen, Karl v.

Wimpina, Konrad

Wimpinae, Conr., Scriptorum insignium, qui in celeberr. praesertim Lipsiensi, Wittenberg. Francofurd. ad Viadr. academ., a fundat. ipsar. usque ad ann. Chr. MDXV floruerunt, centuria quondam ab J. J. Madero, Hannoverano edita, ex Mspto. autogr. emend., completa, annotat. brevibus ornata, luci publicae tradita a J. Fr. L. Theod. Merzdorf. 8maj. ($6^1/_4$ B.) Lipsiae 839, [Hartung.] Thlr.

Wimpinae, A. M. et Prof., Conradi, Scriptorum insignium, qui in celeberr. praesertim Lipsiensi, Wittenberg., Francofurd. ad Viadrum academiis, a fundat. ipsarum usque ad annum Christi MDXV floruerunt, centuria quondam ab J. J. Madero, Hannoverano edita, ex Mspto autographo emend., completa, annotat. brevibus ornata, luci publicae tradita a J. Fr. L. Theod Merzdorf, Lipsiensi. 8 maj. Lipsiae 839. Wunder. $^1/_2$ ₰

— Commentarius poeticus de Alberti animosi Saxonum ducis expeditionibus bellicis. 8. Altenb. Richter. 725.

Wimpinae, **Konr.**, almae universitatis, studii Lipsiensis et urbis Lipsiae descriptiones poeticae. Luci publicae una c. H. Buschs Passiphili Lipsicis e bibliotheca sua restituit Chr. Fr. Eberhard. 8. Leipz. 802. Leupold. 6 gr.

Wimpina, Conr. Illustrissimi famaque super aethera noti principis et domini Alberti Saxoniae ducis bellorum illustriumque actorum epitoma, i. e. breviuscula commentatio de Alberti Animosi expeditionibus bellicis. 4. Lipsiae 1497. — ed. Christ. Gotth. Wilisch. 8. Altenburg 1725.

Wimund, Fr., Novellen. 8. (16 B.) Zerbst 829, (Kummer.)

Winachter-Abend. Ein lütt Geschicht för Jung u. Olt v. den ollen Radmake Martin. Hrsg. von Ludw. Wagtsmitgott. 16. (16 S.) Stavenhagen 879. Scholtz. — 15

v. Winancko u. Wertenstein, Karl Gust., (†d. 8. Jan. 1790.) Vorlesungen d. deutschen Rechtschreibekunst, für junge Herren v. Adel, deutsche Briefe zu verfertigen. 8. Glogau 763.

— s. Türpin u. le Bebure, zum Taschenbuch rc.

Winand, Barthel, Rhenanus: Vocabulorum latinorum quae ad mortem spectant historia. Marpurgi Cattorum 1906: I. A. Koch (71 S.) 8°

Marburg, Phil. Fak., Ref. Birt, Diss. v. 12. März 1906

[Geb. 19. Mai 81 Stammheim a. Rh.; Wohnort: Stammheim; Staatsangeh.: Preußen; Vorbildung: Gymn. Mülheim Reife O. 01; Studium: Bonn 3, Marburg 7 S.; Rig. 20. Dez. 05.]

Winand, Johann: Ein seltener Fall zur Casuistik derjenigen Fremdkörper im knöchernen Schädel, welche bei längerem Verweilen keine Gehirnsymptome verursachten. *München 1898: Kastner & Lossen.* (39 S.) 8°

München, Med. Diss. v. 1898

Winands, *Maria* Martin *Josef* [app. Arzt aus Aachen]: Ueber einen Fall von Gascysten in der Darmwand und in peritonitischen Pseudomembranen. Aus d. patholog. Institut zu Marburg ... M. 1 Taf. u. 2 Text-Abb. (Aus: Ziegler's Beitr. z. allgem. Pathol. u. path. Anat., Bd. XVII.) Marburg, *Lippert & C., Naumburg a/S.*, 1895; 3 Bl., 27 S., 1 Taf. 8.

Marburg, Med. Fak., Inaug.-Diss. v. 7. Jan. 1895

Winarického, Karlo, Warito a Lyra. 16. W Praze 843. (Kronberger et Rziwnatz.) n. 1/3 ℛ

Winaricky, Karl, der heilige Rosenkranz. Altdeutscher Meistergesang mit neuhochdeutscher Uebertragung. Aus einem altböhmischen Manuscript des 15. Jahrh. herausg. (Abdr. aus der Zeitschrift: „Erinnerungen.") Prag 861. (Rziwnatz.) 16. (23 S.) n. 2 ngr.

Winavert, M., témoins testamentaires. gr. 8. (20 S.) Berlin 900. R. L. Prager. n. — 60

Winawer, Bernhard: Dielektrische Untersuchungen, insbesondere an Erdalkaliphosphoren. Heidelberg 1909: Hörning. 40 S. 8°

Heidelberg, Naturw.-math. Diss. v. 16. Juli 1909, Ref. Lenard

[Geb. 17. Juli 83 Warschau; Wohnort: Heidelberg; Staatsangeh.: Rußland; Vorbildung: Realsch. Warschau Reife Sommer 01; Studium: Warschau Techn. Hochsch. 8, Heidelberg 6 S.; Rig. 15. Juni 09.] [U 09. 2060

Winawer-Maliniak, Regina [aus Krakau]: Der Begriff des Apriori in Wundt's Erkenntnistheorie. Zürich 1904. 57 S. 8°. [20. V. 04.]

Zürich. Phil. Diss. I. S. 1903/1904.

Winawer-Maliniak, Regina. Der Begriff des Apriori in Wundts Erkenntnistheorie. Diss. Phil. I. Univ. Zürich. 58 S. 8. Zürich, Orell Füssli, 1904.

Winchenbach, H. Über einige durch Reflexion erzeugte Brennlinien. 20 S. Progr. Rg. *Halberstadt* 1882

Winchenbach, Rich., aus der Einsamkeit. Gedichte. (61 S.) 12. Berlin 902. Schriftenvertriebsanstalt. Geb. in Leinw. n. 1. –

Winchenbach, Rich., Hifthornklänge aus deutschem Wald. Lieder und Erzählungen zu Waidmanns Heil und Kurzweil. gr. 8. (VII, 140 S.) Leipzig 880, Wolff. *

Winchenbach, Rich., Hifthornklänge. 2., verm. Aufl. gr. 8. (XI, 197 S.) Dresden-Blasewitz 895. Charlottenburg, G. Reuter. n. 4. —; geb. in Leinw. n. 5. —

Winchenbach, Rich., Hifthornklänge. 2. [Titel-]Aufl. gr. 8. (XI, 197 S.) Neudamm [895.] (900). J. Neumann. n. 4. —; geb. n. 5. —

Winchenbach, Wilhelm Heinrich

Winchenbach, W. H., s. Albrecht, J. F. E., die Kopfschmerzen.

— s. J. F. Albrecht, Mittel gegen Sommersprossen.

Winchenbach, Wlh. Hnr., über die Erkenntniß u. Heilung des Trippers. 8. Stralf. 814. Löffler. 6 gr

— üb. den Nachtripper, dessen Behandlung u. Heilung. 8. Hamb. 815. (Herold Jun.)... (Auch u. d. T.: Albrecht's Hülfsbuch. 4r Thl.)

Winckel, Frl. aus dem, s. Briefwechsel e. deutschen Fürsten m. e. jungen Künstlerin.

(Winckel,) kurze Lebensbeschreibung d. Dr. J. H. Schenck, s. Lebensbeschreibung.

Winckel, E., Geschäfts-Anweisung für Rendanten und Gegenbuchführer von kommunalen Spar-, Leih- und Vorschuß-Kassen und Anleitung zur Abhaltung regelmäßiger und außerordentlicher Revisionen dieser Kassen. gr. 8. (125 S. mit 12 Zinsberechnungs-Tab.) Hannover 885, Klindworth. geb. *

Winckel, E. Geschäfts-Anweisung f. Rendanten u. Gegenbuchführer v. kommunalen Spar-, Leih- u. Vorschuß-Kassen. Ergänzungen. gr. 8. (27 S. m. Formularien.) Hannov. 891, Klindworth. cart. 1 50

Hauptwerk. Ebd. 1885. geb. * 7 —.

—— Tabelle zur Berechnung der Zinsen zu 3 vom Hundert auf ein Kapital von 1—10000 M. gr. 8. (59 S.) Ebendas. 887. geb. **

—— dass. — zu 3 1/3 vom Hundert. gr. 8. (59 S.) Ebendas. 887. geb. **

—— dass. — zu 3 1/2 vom Hundert. gr. 8. (59 S.) Ebendas. 887. geb. **

—— dass. — zu 3 2/3 vom Hundert. gr. 8. (59 S.) Ebendas. 887. geb. **

—— dass. — zu 3 3/4 vom Hundert. gr. 8. (59 S.) Ebendas. 887. geb. **

Winckel, E., Tabellen zur Anfertigung v. Tilgungsplänen f. Schuldkapitalien, welche mit 3 1/2, 3 3/4, 4, 4 1/4, 4 1/2, 4 3/4, 5 % verzinst u. mit 1/2 % jährlich getilgt werden sollen. schmal Fol. (71 S.) Hannover 890. Klindworth. geb. n. 5. —

—— Tabellen zur Anfertigung v. Tilgungsplänen f. Schuldkapitalien, welche m. 3 1/2, 3 3/4, 4, 4 1/4, 4 1/2, 4 3/4, 5% verzinst u. m. 1% jährlich getilgt werden sollen. schmal. Fol. (72 S.) Ebd. 891. geb. * 5 —

Ausg. mit 1/2% jährlicher Tilgung. (71 S.) * 5 —.

Winckel, Franz von

Winckel, F.v. (Hrsg.), s. Abhandlungen, Münchener medicinische, Reihe 4.

—— s. Ammon, F. A. v., die ersten Mutterpflichten.

Winckel, Frz. v. Arbeiten aus der kgl. Universitäts-Frauenklinik, s. Abhandlungen, Münchener medicinische.

Winckel, Frz. v., die Bedeutung d. Eierstöcke f. d. Entstehg. d. Geschlechts. [Aus: „Deutsche Praxis".] gr. 8. (8 S.) München 898. Seitz & Schauer. n. — 60

Ⓑ **Winckel,** Frz. v., Bedeutung d. Eierstöcke. 898. (KBL 30.) Jetzt: München, Verlag d. ärztl. Rundschau.

Winckel, F., über die Bedeutung praecipitirter Geburten für die Aetiologie des Puerperalfiebers. Festschrift zur Feier seines 50jähr. Doctorjubiläums Herrn Frz. Seitz dargebracht von der medicin. Facultät der Universität München am 1. Aug. 1884. hoch 4. (104 S.) München 1884, (Rieger'sche Universitäts-Buchh.) *

Über die chirurgische Behandlung der von den weiblichen Genitalien ausgehenden Bauchfellentzündung v. Franz v. **Winckel,** München. *Leipzig: Breitkopf & Härtel 1897.* (24 S.) 8.
= Sammlung Klinischer Vorträge. N. F. No 201. [97. 8710

Behandlung der von den weiblichen Genitalien ausgehenden Entzündungen des Bauchfells u. des benachbarten Zellgewebes. Von Dr. F[ranz] v. **Winckel,** Prof. a. d. Univ. München. *Jena: G. Fischer 1897.* (3 Bl. 119 S.) 1 Bd 8.
= Handbuch d. Speciellen Therapie innerer Krankheiten. Supplbd 1. H. 2. [97. 4374

Winckel, F., die **Behandlung** der Flexionen d. Uterus m. intrauterinen Elevatoren. Nach grösstentheils klin. Beobachtgn. Mit 8 (lith.) Taf. (in qu. Fol. u. 4.) gr. 8. (IV, 124 S.) Berlin 872. Hirschwald. n. 3. 60

Winckel, F., klinische Beobachtungen zur Dystokie durch Beckenenge. Gratulationsschrift zum 4. Aug. 1882 zur Feier des 50jähr. Doctorjubiläums seines Vaters, des San.-R. und Kreisphys. Dr. Ludw. Winckel in Mülheim a. R. gr. 8. (VIII, 68 S. mit 5 Taf. in Lichtdr.) Leipzig 882, Hirzel.

—— klinische Beobachtungen zur Pathologie der Geburt. gr. 8. (IV, 272 S.) Rostock 868, Leopold's Universitäts-Buchh.

Winckel, F., **Berichte** u. Studien aus dem königl. sächs. Entbindungs-Institute in Dresden. Mit 11 (eingedr.) Holzschn. u. 4 lith. Taf. (in qu. 4.) gr. 8. (384 S.) Leipzig 874. Hirzel. n. 10. 40

Winckel, F., Berichte und Studien aus dem königl. sächs. Entbindungs-Institute in Dresden über die J. 1874 und 1875. 2. Bd. gr. 8. (XIII, 304 S.) Leipzig 876, Hirzel.
1. Bd. Ebendas. 1874. *M 10,40.

Winckel, F., Berichte und Studien aus dem königl. sächs. Entbindungs- und gynäkolischen Institute in Dresden über die J. 1876, 1877 und 1878. 3. Bd. gr. 8. (VI, 449 S. mit 10 lithogr. Taf.) Leipzig 879, Hirzel. *

—— Über den **Durchbruch extrauteriner Fruchtsäcke in die Blase, s. Sammlung klinischer Vorträge.**

Winckel, F[ranz] von: Über die Eintheilung, Entstehung und Benennung der Bildungshemmungen der weiblichen Sexualorgane. Leipzig: Breitkopf & Härtel 1899. (40 S.) 8°
(Sammlung Klinischer Vorträge N.F. No 251/252.)

Winckel, Franz von: Üb. die Erfolge der Kastration bei der Osteomalakie, s. Sammlung klinischer Vorträge.

Frauenleben und -leiden am Äquator und auf dem Polarkreise. Von Prof. **Dr.** F(ranz) v. **Winckel.** Leipzig: J. A. Barth 1908. (28 S.) 8° [Umschlagt.]
= **Sammlung** klinischer Vorträge. N. F. No 481. [08. 9,88

WINCKEL, Geheimrat Prof. Dr. von, Die kriminelle Fruchtabtreibung. Eine Studie für Mediciner, Juristen und Laienrichter. 103 S. 8°. (Mk. 2—.)

— über den Gebrauch u. die Wirkung des Formalin, Formanilid u. Migränin bei Anomalien der weiblichen Sexualorgane. [Aus: „Festschrift der Gesellsch. f. Geburtshilfe u. Gynäkol."] gr. 8. (9 S.) Wien 894. A. Hölder. n. — 50

Winckel, F[ranz] von, Dr.: **Zur Geschichte** der Betäubungsmittel für schmerzlose Operationen. *München 1902: C. Wolf & Sohn.* (30 S.) 4° [F.]
München, Rede bei Antritt d. Rektorats 1902

Über angeborene solide Geschwülste des perennirenden Theiles der Nabelschnur von F[ranz] v. **Winkel** (München). *Leipzig: Breitkopf & Härtel 1895.* (515—528 S., 1 Taf.) 8.
= Sammlung Klinischer Vorträge. N. F. No 140. [96. 5614

Allgemeine Gynäkologie. Vorlesungen über Frauenkunde v. ärztl. Standpunkte. Von Franz v. **Winckel,** Prof. Wiesbaden: Bergmann 1909. X, 200 S. 4°(8°) [09. 7000

Shakespeares Gynäkologie. Von Franz v. **Winckel,** München. Leipzig: Breitkopf & Härtel 1906. (23 S.) 8°
= **Sammlung** Klinischer Vorträge. N. F. No 441. [07. 536

— s.: **Handbuch der Geburtshülfe.**

Das Hervortreten von Darmschlingen am Boden des weiblichen Beckens. Von F[ranz] v. **Winckel,** München. (Mit 7 Textabb. u. 1 Taf.) Leipzig: Breitkopf & Härtel 1905. (17 S.) 8°
= **Sammlung** Klinischer Vorträge. N. F. No 397. [05. 11327

Winckel, F. Üb. freiwill. Krankenpfl. i. Felde nach Erfahrgn a. d. Kriegsschauplatze. Rostock 1870.

Winckel, F., über freiwillige Krankenpflege im Felde nach Erfahrungen auf dem Kriegsschauplatz. Vortrag gehalten in der Aula der Universität am 28. Novbr. 1870. 8. (54 S.) Rostock 871, Kuhn. [Werther's Verlag.]

Winckel, F[ranz Karl Ludwig Wilhelm]: **Die Krankheiten der weiblichen Harnröhre und Blase. Mit 68 in d. Text gedr. Holzschn. 2. vielfach verm. Aufl. Stuttgart 1885. XXXI, 230 S.**

(Deutsche Chirurgie. Lfg 62.)

— die Krankheiten der weiblichen Harnröhre u. Blase, s. a. Chirurgie, deutsche.

—— die Krankheiten der weiblichen Harnröhre und Blase, s. Handbuch der allgem. und speciellen Chirurgie.

—— dass. — s. Handbuch der Frauenkrankheiten.

—— Lehrbuch der Frauenkrankheiten. gr. 8. (XXIV, 795 S. mit 132 Holzschn. und 8 lithogr. Taf.) Leipzig 886, Hirzel. *M 16.—; geb. *

—— Lehrbuch der Frauenkrankheiten. 2. umgearb. Aufl. gr. 8. (XXVIII, 772 S. m. 206 Holzschn.) Ebd. 890. * 16 —
geb. ** 18 50

— Lehrbuch der **Geburtshülfe** einschliesslich der **Pathologie u. Therapie d. Wochenbettes.** Für prakt. **Aerzte u.** Studirende. **Mit 188 Holzschn.** im Text. gr. 8. (XII, 910 S.) **Leipzig 888. Veit & Co.** n. 22. —; geb. n. 24. 50

Lehrbuch der Geburtshülfe einschliessl. d. Pathologie u. Therapie des Wochenbettes. F. prakt. Aerzte u. Studir. Von Dr. Franz v. **Winckel,** Prof. . . . an d. Univ. München. 2., verb. Aufl. M. 206 Holzschn. i. Text. *Leipzig: Veit & C. 1893.* (XII, 898 S.) 1 Bd 8. [98. 4637 IIc

— **Lehrbuch der Hebammenkunst, s.: Credé, C.**

— **über die Missbildungen v. ektopisch entwickelten Früchten u. deren Ursachen. Mit 11 Abb. auf 9 Taf. Imp.-4. (49 S.) Wiesbaden 902. J. F. Bergmann. n. 12.—**

Über menschliche Mißbildungen (besonders Gesichtsspalten u. Zystenhygrome). Von Franz v. Winckel, München. *Leipzig: Breitkopf & Härtel 1904.* (32 S.) 8°
= Sammlung klinischer Vorträge. N. F. No 373/74.

— die ersten Mutterpflichten, s.: Ammon, F. A. v.

—— über Myome des Uterus in ätiolog., symptomat. und therapeut. Beziehung, s. Sammlung klinischer Vorträge.

Winckel, F., eine Ovariotomie. Antrittsprogramm. gr. 4. (23 S. mit 1 Stnt.) Rostock 864, Stiller'sche Hofbuchh. *

Winckel, Franz [illegible]
De partu praematuro [illegible] annotationes [illegible]
[illegible]
Berlin, Med. Diss. [illegible]

—— die Pathologie der weiblichen Sexual-Organe in Lichtdr.-Abbild. nach der Natur in Orig.-Grösse, durch anatom. und klin. Erfahrungen erläutert. 1.—7. Lfg. gr. 4. (S. 1—196 mit 32 Lichtdr.-Taf.) Leipzig 879, Hirzel. à Lfg. * ℳ 4. *

—— die Pathologie der weiblichen Sexual-Organe in Lichtdruck-Abbild. nach der Natur in Orig.-Grösse, durch anatom. und klin. Erfahrungen erläutert. 8.—16. (Schluss-)Lfg. gr. 4. Leipzig 880,81, Hirzel. [8.—14. Lfg. (S. 197—378 mit 21 lithogr. Taf.) à * ℳ 4.; 15. und 16. Lfg. (VIII, S. 379—439 mit 8 lithogr. Taf.) * ℳ 9.] compl. geb.
1.—7. Lfg. Ebendas. 1879. à Lfg. * ℳ 4.

— die Pathologie u. Therapie des Wochenbetts. Ein Handbuch für Studirende u. Aerzte. Berlin 866. A. Hirschwald. gr. 8. (X, 436 S.) n. 2 ℛ 20 ngr.

—— die Pathologie und Therapie des Wochenbettes. Ein Handbuch für Studirende und Aerzte. 2., vielfach veränd. Aufl. gr. 8. (XII, 496 S.) Berlin 869, Hirschwald.

—— die Pathologie und Therapie des Wochenbetts. Ein Handbuch für Studirende und Aerzte. 3. vielfach veränd. Aufl. gr. 8. (XIV, 546 S.) Berlin 878, Hirschwald.

v. Winckel (Red.), s. Sammlung klinischer Vorträge.

—— Studien über den Stoffwechsel bei der Geburt und im Wochenbette im Anschluss an Harnanalysen bei Schwangern, Gebärenden und Wöchnerinnen. gr. 8. (III und 127 S. mit 4 lithogr. Curventaf.) Rostock 865, Stiller'sche Hofbuchh.

—— Die köngl. Universitäts-Frauenklinik in München in den J. 1884—1890. Berichte u. Studien. gr. 8. (VI, 677 S. m. 2 Tab. u. graph. Taf.) Lpz. 892, Hirzel. * 16 —

Neue Untersuchungen über die Dauer der menschlichen Schwangerschaft von F[ranz] v. Winckel, München. *Leipzig: Breitkopf & Härtel 1901.* (32 S.) 8°
= Sammlung klinischer Vorträge. No 292/93.

Winckel, Friedrich Wilhelm

Winckel, Friedr. Wilh., der Brief des Apostels Paulus an die Römer, Kap. 1—13 incl. Katechetisch bearb. 8. (39 S.) Bielefeld 850, Velhagen und Klasing.

Winckel, Fr. Wilh., Dankopfer, dargebracht in erster Predigt nach langer Krankheit über Psalm 116, 16—19, den 15. Febr. 1852. gr. 8. (8 S.) Berleburg 852. (Bielefeld, Velhagen und Klasing.)

—— Erkennet die an euch arbeiten! Gastpredigt über 1. Thess. V, 12. 13. Gehalten zu Oberfischbach, in der Diöcese Siegen, den 11. p. trin. 22. Aug. 1852. gr. 16. (16 S.) Berleburg 853. (Bielefeld, Velhagen und Klasing.)

— Casimir, regierender Graf zu Sayn-Wittgenstein-Berleburg, siehe: Sonntags-Bibliothek. 4. Bd. 1. Hft.

Winckel, Friedr. Wilh., Katechismus zur Vorbereitung auf die Confirmation in der evangelischen Kirche. Mit bibl. Beweisstellen und Liederversen. 8. (98 S.) Marburg 874, Elwert's Verlag.

Winckel, Fr. Wlh., aus dem Leben Casimirs, weiland regierenden Grafen zu Sayn-Wittgenstein-Berleburg. Nebst einer einleit. Uebersicht der Geschichte des Hauses Wittgenstein u. der Stadt Berleburg. Mit einem Bildniß (u. Facsimile) des Grafen. gr. 8. Frankfurt a/M. 842, Brönner. 1/2 ℛ

—— Ludwig der Aeltere, Graf v. Sayn zu Wittgenstein, in Erzählung, Brief und Verordnung sein Selbstbiograph. Aus handschriftl. Tagebüchern und Urkunden dargestellt. gr. 16. (IX und 103 S. mit 1 Tab. in gr. 4.) Berleburg 855. (Frankfurt a. M., Völcker.)

—— Predigt über Ps. 126, 5. 6. zum Gedächtniß Sr. Durchl. des wail. regierenden Fürsten und Herrn, Fürsten Albr. zu Sayn-Wittgenstein-Berleburg 2c. Gehalten am 29. Febr. 1852. gr. 8. (16 S.) Berleburg 852. (Bielefeld, Velhagen und Klasing.)

Winckel, Fr. Wilh., Prinz Victor v. Wied in Briefen. Erinnerungen an die deutschen Prüfungsjahre 1805—1812. gr. 8. (136 S. mit lithogr. Portr.) Berleburg 863. (Neuwied, Heuser's Verlag.)

Winckel, Karl, die Schule des Lebens. Ein Ratgeber üb. die wichtigsten Bedinggn. zur Selbstbeherrschg. sowie zur Erlangg. v. Menschenkenntnis u. Welterfahrg. (72 S.) 8. Dresden (907). F. Casper & Co. 2.—; geb. 3.—

Winckel, L., Handbuch zum Abstecken von Curven. 16. (VI, 192 S. mit 13 eingedr. Holzschn.) Berlin 873, Ernst und Korn. cart.

Winckel, L., und Jos. Schopp, Karte der Entfernungen von Ort zu Ort im Reg.-Bez. Köln. Nach amtl. Quellen bearb. 1 : 100,000. Chromolithogr. Imp.-Fol. Köln 884, Boisserée. * * ℳ 7,50.; auf Leinw. * * 10 —

Winckel (Winkel), Ludwig Heinrich

Dulcis Mercurii laudes. Dissertatio medica.
Präs. Georg Friedrich Hildebrandt.
Erlangen (Junge) XI. 1793. 78 S.

Gew.: Jo. Chr. Daniel von Schreber.

36919

Winckel, Ludwig Heinrich (Erlangen) F, zi/7

Dissertatio medica nonnulla de motu linguae continens.
Präs. Heinrich Friedrich Isenflamm.
Erlangen (Kunstmann) X. 1793. 40 S.

Gew.: Karl August Fhr. von Hardenberg.

36845

Winckel, Ludwig Heinrich Otto (Feudingen) F, zk/3

Aphorismi de cognoscendo et curando erysipelate. Erlangen (Junge) III. 1794. 52 S.

Gew.: Karl Ludwig Winckel (Onkel), Philipp Daniel Hackebracht, Christian Heinrich Hackebracht, Franz Heinrich Hackebracht (Grossonkel). 36846

Winckel's, L. H. O., Tod und Vermächtniß, nebst einem Anhange seiner Gedichte. Verwandten und Freunden zur Erinnerung gewidmet von seinen Kindern. 12. (86 S.) Bielefeld 848, (Velhagen und Klasing.) *

Winckel, [illegible]

Winckel, Marquard [Praes.], s. Regenbogen, Johann Heinrich: Cur maximam omnium aetatem adeptus Methusala sit. Disquis.

Winckel, Max [aus Berleburg i. Westf.]: Ueber das angebliche Vorkommen freien Phloroglucins in den Pflanzen. Berleburg i. W. 1904. 54 + 2 S. 8°. [27. XI. 03.]
Bern. Phil. Diss. 1903/1904

Winckel, Max. Ueber das angebliche Vorkommen freien Phloroglucins in den Pflanzen. Diss. Phil. Bern. 56 S. 8. Berleburg i. W., Wilh. Winckel, 1904.

Winckelhofer, s. Winkelhofer.

Winckell, Georg Franz Dietrich aus dem

Winkel, G. F. D. aus dem, Handbuch f. Jäger, Jagdberechtigte u. Jagdliebhaber, m. K. Musik u. Tabellen. 3 Thle. gr. 8. Lpz. Gräff, 804 — 5. (I. II. à 2 Rthlr. 12 gr. III. 2 Rthlr.)
Schreibp. (I. II. à 3 Rthlr. 8 gr. III. 2 Rthlr. 20 gr.)
Velinp. (I. II. à 5 Rthlr. 16 gr. III. 5 Rthlr.)

WINKELL, Georg Franz Dietrich aus dem: Handbuch für Jäger, Jagdberechtigte und Jagdliebhaber. - Leipzig 1805 u. 1806. 3 Tl.

Winckell, G. F. D. aus dem, Handbuch für Jäger u. Jagdberechtigte u. Jagdliebhaber, in 3 Theilen. 1r u. 2r Thl. Mit 1 Kupfer, Tabellen u. Musik. 2te verm. Aufl. gr. 8. Leipzig, Brockhaus. 820 u. 821.
Schreibpap.
(1r Thl. Druckp. 4 Thlr. Schrbp. 5 Thlr. 12 Gr. 2r Thl. Druckp. 3 Thlr. 8 Gr. Schrbp. 4 Thlr. 16 Gr.)

a. d. Winckell, (G. F. D.,) Handbuch für Jäger, Jagdberechtigte u. Jagdliebhaber. 2e Aufl. 3r u. letzter Theil. Mit 1 Kpfrt. gr. 8. Leipz. 822, Brockhaus. 3 Rthl. 16 gr. Alle 3 Thle 11 Rthl. — Schreibp.

Winckell, Geo. Frz. Dietr. aus dem, Handbuch für Jäger, Jagdberechtigte und Jagdliebhaber. 3. Aufl. bearb. und hrsg. von Joh. Jac. v. Tschudi. Mit (eingedr.) Holzschn. und 1 Stnt. 2 Bde. oder 12 Lfgn. gr. 8. Leipzig 857. 58, Brockhaus. [1. Bd. (XXIV und 531 S.) 2. (XVI und 782 S. mit Titel in Holzschn.)] à Lfg. * 15 Ngr. *
geb. *

Winckell, Geo. Frz. Detr. aus dem, Handbuch für Jäger, Jagdberechtigte und Jagdliebhaber. 4. Aufl., bearb. und hrsg. von Joh. Jak. v. Tschudi. Mit 20 Thierbildern und zahlreichen andern Abbild' in Holzschn. 2 Bde. in 12 Lfgn. gr. 8. (XXII und 694 S., XVII und 730 S. mit eingedr. Holzschn., 20 Holzschntaf., Titel in Holzschn. und 1 Chromolithogr.) Leipzig 865, Brockhaus. à Lfg. * 20 Ngr. * 8 Thlr.; geb. *

Winckell's Handbuch für Jäger und Jagdfreunde. Hrsg. von J. J. v. Tschudi. 5. umgearb. Aufl. Mit 24 Thierbildern (Holzschntaf.), zahlreichen in den Text gedr. Holzschn. und 2 lithogr. Taf. 12 Lfgn. oder 2 Bde. gr. 8. (XIX, 701; XVII, 748 S.) Leipzig 877,78, Brockhaus. à Heft * *M.* 2. *
geb. *

Winckell, Geo. Frz. Dietr. aus dem, Handbuch f. Jäger, Jagdberechtigte u. Jagdliebhaber. 3. Aufl. Unt. Zugrundelegg. d. letzten v. Verf. selbst bearb. 2. Aufl. hrsg. in 3 Bdn. v. d. Red. d. „Deutschen Jäger-Zeitung" unt. Mitwirkg. hervorrag. Fachkräfte. 1. u. 2. Bd. gr. 8. Neudamm 898. J. Neumann.
Geb. in Leinw. à n. 6. —; in Halbfrz. à n. 6. —
1. Die hohe Jagd. Mit 102 Abb. v. G. Arnould, B. v. Bassewitz, Carl Ritter v. Dombrowski ꝛc., sow. nach photograph. Aufnahmen. (Jagdl. Klassiker.) (VIII, 422 S.)
2. Die Niederjagd. 1. Tl. Mit 18 Abb. von B. v. Bassewitz, Jean Bungartz, Carl Ritter v. Dombrowski ꝛc., sowie nach photograph. Aufnahmen. (Jagdl. Klassiker.) (VIII, 345 S.)

Winckell, Geo. Frz. Dietrichs, aus dem Handbuch f. Jäger, Jagdberechtigte u. Jagdliebhaber. 3. Aufl. Unter Zugrundelegg. der letzten vom Verf. selbst bearb. 2. Aufl. hrsg. in 3 Bdn. v. der Red. der „Deutschen Jäger-Zeitung" unter Mitwirkg. hervorrag. Fachkräfte. 3. Bd. Die Niederjagd. 2. Tl. Mit 62 Abbildgn. v. Ewald Arndt, B. v. Bassewitz, Carl Ritter v. Dombrowski u. a. m. (Jagdliche Klassiker.) gr. 8. (VIII, 380 S.) Neudamm 899. J. Neumann.
Geb. in Leinw. n. 6. —; in Halbfrz. n. 6. —

Winckell, Karl aus dem: Über Ehe, Liebe u. Eifersucht. Zerbst: Füchsel 1806. 8°

aus dem Winckell, Karl, über Ehe, Liebe u. Eifersucht, ein Buch für Verheiratete u. Unverheiratete. 8. Zerbst 807. (Kummer). 1 ₰

— **über die gegenwärtige Theuerung u. über die Mittel dergleichen künftig vorzubeugen. 8. Zerbst 805. Füchsel. (Kummer).** 12 ₰

K. aus d. **Winkell** üb. Weltumgang u. Geschäftsleben; in Briefen an e. gebild. Jüngl. (*Zerbst*, Füchsel. 804 - 6.) N. A. *Eb.*, Kummer. 827. 2 Thle. 8° 1 ₰

— üb. Weltumgang u. Geschäftsleben, in Briefen an e. gebild. Jüngling, d. sich d. großen Welt u. d. Geschäftsleben widmet. 2 Thle. 8. Ebend. 805. (2 1 Rthlr.)

— **über Weltumgang u. Geschäftsleben, in Briefen an einen gebildeten Jüngling, der sich d. großen Welt u. dem Geschäftsleben widmet. 2 Thle. 8. Zerbst 805, 6. Kummer. 2 ₰ 2e A. 2 Thle. 8. Ebd. 827. Ebd. 1 ₰**

Winckelmann's Anschauungsbilder [Erläuterungsschrift dazu], s. Duba, Aug. Denk- u. Sprachübungen.

Winckelmann, Bemerkungen zur Untersuchg. zweifelhaft Herzkranker m. kritischen Betrachtungen über die Untersuchungsmethoden. (8 S.) Lex. 8. Leipzig 910. B. Konegen. 1. —
Sonderabdruck aus: „Reichs-Med.-Anzeiger".

Winckelmann, August, s. Winkelmann, August

Winckelmann, August Wilhelm

Winckelmann, Aug. Wlh., s. **Antisthenis** fragmenta.

Winckelmann, Aug. Wlh, s. 1) **Platonis** Opera. — Ejusd. Dialogi selecti. 2) **Plutarchi** Opera.

Winckelmann, Carl, s. Winckelmann, Karl

Winckelmann, Ed., Atlas in Taschenformat. 1e Liefer. Europa in 15 (ill.) Karten. Lithogr. Berl. 831, Winckelmann Söhne. 1 ℛ

Winckelmann's Elementar-Atlas in 25 color. Karten. (Eingeführt durch Daniel Völter. In 6 Heften. qu. gr. 4. (Mit Text.) Eßlingen 845, 46, Dannheimer'sche Buchh. (à n. 1/6 ℛ) n. 1 ℛ

Winckelmann, Ed., geograph. Elementar-Atlas zum Schul- u. Handgebrauch. 25 (lith. u. color.) Karten. 2. Aufl. qu. gr. 4. Eßlingen 849, Dannheimer. — Eingefuhrt durch Dan. Völter. 3. umgearb. Aufl. qu. gr. 4. (1 Bl. Text.) Esslingen 852, Weychardt. n. 24 ngr

Winckelmann's, Ed., Elementar-Atlas für den geographischen Unterricht in 25 (lithogr. und ill.) Karten. Eingeführt durch Dan. Völter. 2. Aufl. 1849, 3. Aufl. 1852. à * 24 Ngr. und bessere Ausg. der umgearb. Aufl. von 1852. qu. gr. 4. (4 S. Text in Lex.-8.) Esslingen 852, Weychardt. *

Winckelmann's, Ed., Elementar-Atlas für den geographischen Unterricht in 26 (lithogr. und lithochrom.) Karten. Eingeführt durch Dan. Völter. 4., verb. und verm. Aufl. qu. Fol. (3 S.) Esslingen 855, Weychardt. *

Winckelmann's, Ed., Elementar-Atlas für den geographischen Unterricht in 26 (chromolithogr.) Karten. Eingeführt durch Dan. Völter. 5., verm. und verb. Aufl. qu. gr. 4. Esslingen 867, Weychardt. *

— Fluss- u. Gebirgs-Wandkarte von Deutschland. Hrsg. von D. Völter. 2. verb. Aufl. 6 lith. u. color Bl. in gr. Fol. Esslingen 851, Weychardt. n. 2 1/6 ℛ; auf Leinw. n. 3 1/2 ℛ

Winckelmann, E., Karte des Rheinstroms, besond. für Reisende. Lithogr. u. ill., in Fol. Nebst: Stundenzeiger, 1 Blatt in 16. u. 2 Blatter farb. Papier mit der Ueberschrift: Notizen in 16. Stuttgart 837. Hoffmann. 3/4 ℛ

— Reisekarte der Schweiz. Lithogr. u. illum., in Fol. Nebst: Münzkunde, Stundenzeiger, auf 1 Blatt in kl. 4. u. 2 Blatt weiß Papier in 16., mit der Ueberschrift: Notizen. Stuttgart 837. Hoffmann'sche Verlagsh. 3/4 ℛ

— **Schul- (Land-) Karten. Nr. 1—7, 9. 10.** Lithogr. u. ill. Fol. **Berl. 832. Winckelmann S.** à 1 1/2 gr (Enthaltend: östl. Hemisphäre. Westl. Hemisphäre. Europa. Afrika. Asien. Deutschland. Der preuß. Staat. Großbritanien u. Irland. Italien. NB. Von e. Karte werden nicht unter 1/4 Buch (6 Karten) abgelassen. **1** Ries (480 Karten) kostet **20** ℛ; **1** Buch (24 Karten) **1** ℛ)

— die Schweiz, Reise- u. Postkarte. Imp. Fol. Lithochrom. Stuttgart 852, Metzler. Auf Leinw. u. in Engl. 8.-Carton. n. 1 2/3 ℛ

— Wandkarte v. Deutschland u. den angrenz. Landestheilen von Paris bis Warschau u. v. Kopenhagen bis Florenz, im Maasstabe von 1 : 1,000000. 6 lith. u. color. Bl. in Imp. Fol. Esslingen 852, Weychardt. n. 1 2/3 ℛ

Winckelmann, Ed. Wandkarte von Deutschland u. den angrenzenden Landestheilen von Paris bis Warschau u. von Kopenhagen bis Florenz, im M. von 1 : 1000000. Esslingen, Weychardt. 1854. 6 Bll. lith. u. kol. 1 2/3 ℛ

Winckelmann E, Wandkarte v. Deutschland. 1 : 1000000. a. Lwd in St. Esslingen 1857

Winckelmann, Ed., Wandkarte von Deutschland, der oesterreichisch-ungar. Monarchie, von Polen, der Schweiz, den Niederlanden und Belgien. 1 : 1,000,000. Revid. von Völter. Neue Aufl. 1868, und 12. Aufl. Fol. (9 Bl.) Esslingen 872, Weychard. * 6 —

— Wand-Karte der beiden Hemisphären, zum Gebrauche in Schulen. 6 Blatter in Imp.-Fol. Leipzig u. Stuttgart 836. Scheible. ill. 3 ℛ

— Wand-Karte von Palästina, herausgeg. von Dan. Völter. 2 lith. u. illum. Blätter in Roy.-Fol. (Mit dem Plan von Alt-Jerusalem.) Ebend. 843. n. 3/4 ℛ

— Wandkarte von Württemberg, Baden u. Hohenzollern. 4 lithochrom. Bl. in Fol. Esslingen 848, Dannheimer. — (3. Abdr.) 4 lith. u. color. Bl. in gr. Fol. Esslingen 850, Weychardt. n. 2 ℛ 4 ngr

Winckelmann E, Wandkarte von Württemberg, Baden und Hohenzollern. Auf Leinwand mit Stäben. Esslingen 1856.

Winckelmann, Ed., Wandkarte von Württemberg, Baden und Hohenzollern. Revid. Ausg. von 1868 * *M.* 6,40., und von 1872. 4 Bl. Fol. Esslingen, Weychardt. * 6 —

—— Württemberg, Baden und Hohenzollern. 1 : 1,000,000. 4. Ebendas. 869. * — 20

Winckelmann, Ed., Wandkarte von Württemberg, Baden und Hohenzollern. Revid. Ausg. von 1876. 4 Bl. Chromolithogr. Imp.-Fol. Esslingen 876, Weychardt. * 6 —

Winckelmann, Ed., Wandkarte von Württemberg, Baden und Hohenzollern. 1 : 180,000. 4 Bl. Revid. Ausg. von 1881. Lithogr. und color. Imp.-Fol. Stuttgart 881, Schweizerbart'sche Verlagsh. * 6 —
Auf Leinw. in Mappe ** 8 40
Lackirt mit Stäben ** 9 —

Winckelmann, Ed. Wandkarte v. Württemberg, Baden u. Hohenzollern. 1 : 280,000. Revid. Ausg. v. 1893. 4 Bl. à 58×44,5 cm. Farbendr. u. color. Stuttg. 892, Schweizerbart. * 6 —
Auf Leinw. in Mappe ** 8 40; m. Stäben u. lackiert ** 9 —

Winckelmann, Ed., Württemberg. gr. 4. Lith. u. col. Esslingen 851, Weychardt. n. 4 ngr

Winckelmann, Johann

Winckelmann, J. Analyse des neuen Triebwassers der Stadt Augsburg. 12 S. 8 Progr. Rg Augsburg 1880

Winckelmann, J. Bestimmung und Einrichtung der k. bayerischen Realgymnasien. Augsburg, Rg., 1890. 7 S. Progr.

Winckelmann, Johann Dr. „Ueber den Einfluss des technischen Studiums auf die allgemeine Bildung des Gewerbstandes". pg. 3—8. 4°. Georg Schröder. Ingolstadt, Progr. 1858/59

Das neue Gebäude des K. Realgymnasiums in Augsburg. Mit einer Abbildung und 4 Grundrissen. — Von Dr. Winkelmann, G.-R. — 1879, Augsburg, A. Volkhart (Fr. Gräf). — S. 29—32.
Progr. Augsburg, Realgymn.

Winckelmann, Joh. [Rekt. Dr.]: Das Königlich Bayerische Realgymnasium in Augsburg von 1861—1889. . . . Augsburg, Druck d. Literar. Instituts v. Haas & Grabherr (1889); S. 1—11; 8°
Augsburg, k. RG, P 1889 •

Winckelmann, Joh. Dr. „Chemische Untersuchung zweier Trink-Wasser in Ingolstadt". pg. 1—19. 4°. Georg Schröder.
Ingolstadt, Progr. 1862/63

Winckelmann, Johann Heinrich Ludwig von, s. Winkelmann, Johann Heinrich Ludwig von.

Winckelmann, Johann Joachim

Joh. Joach. Winckelmann's letzte Lebenswoche, s. Rosetti, Dom. v.

— — 's letzte Lebenswoche. s. a. Rossetti, v.,

— Abhandl. von den Fähigkeiten bei Empfindung des Schönen in d. Kunst u. d. Unterrichte in derselben. gr. 4. Dresd. 763. auch 771. Walther. 8 gr.

— Von der Fähigkeit der Empfindung des Schönen in der Kunst und dem Unterrichte in derselben. Dresden 763. 4.

Winkelmann, Joh., Abhandl. v. d. Fähigkeit d. Empfindung d. Schönen in d. Kunst, u. d. Unterricht in derselben. gr. 4. Dresden, Walther. 771. Rthlr.

— Vorläufige Abhandlung von dem Werke: Monumenti antichi. Aus dem Ital. von F. Meyer und J. Schulze. Dresd. 817. 8. 3 rthl. 9 gr. Ist Bd. VII der Werke Winckelmanns.

— Anmerkungen über d. Baukunst d. Alten. gr. 4. Leipz. 762. Dyck. 16 gr.

— Briefe von 1747—66. 1r, 2r Bd., s. oben Werke. Nachtrag, herausg. von Fr. Förster.

Winckelmann, J. J. Briefe an einen seiner Freunde in Liefland . . . Coburg 1784. H: *Voigt, Johann Friedrich.* (Ebert) (BrMm) V (Anhang): *Gruner, Joh. Ernst.* (Ky)

— Briefe an einen Freund in Liefland, (an Hrn. v. Berg). Mit e. Anhang: Anmerkk. über d. Alterthümer in Rom, (von Jh. Er. Gruner). gr. 8. Coburg 784. (Ahl). 6 gr.

— — an e. Freund in Liefland, m. e. Anh. gr. 8. Coburg Ahl. 784.

— Briefe an einen seiner vertrauten Freunde (Muzel Stosch) in den Jahren 1756 bis 68, u. e. Anhang Briefe an verschiedene andere Personen, herausg. (von Jh. Er. Biester). 2 Thle. gr. 8. Berl. 781. (Nicolai). 1 rthl 4 gr.

Winkelmann's Briefe an einen seiner vertrautesten Freunde in den Jahren 1756 bis 1768 nebst einem Anhange von Briefen an verschiedene andere Personen. Berlin und Stettin 1781. 8°. — 2. Auflage. Danzig 1791. 8°.

— — an e. s. vertraut. Freunde in d. J. 1756 bis 68. n. e. Anh. Briefe an versch. and. Personen. 2 Thle. gr. 8. Berlin (Troschel in Danzig.) 791.

— Briefe an seine Freunde, mit literar. Anmerkk. herausg. von Karl Wlh. Daßdorf. 2 Bde. gr. 8. Dresd. 777—80. Walther. 1 rthl 16 gr.

— Briefe an seine Freunde in d. Schweiz, (herausg. von Prof. Usteri). gr. 8. Zürich 778. Orell. 12 gr.

Winckelmann, J. J. Briefe an seine Freunde in der Schweitz. Zürich 1778. H: *Usteri, Leonhard.* (ML) (BrMm) (Ky) (Ebert)

Winckelmann's Briefe an seine Züricher Freunde. Nach den auf der Züricher Stadtbibliothek aufbewahrten Originalen in verm. und verb. Gestalt neu hrsg. von Hugo Blümner. 8. (X, 238 S.) Freiburg i. Br. 882, Mohr.

— Briefe an den Herrn H. (Hofr. Heyne) in d. Jahren 1766—68. 8. Frankf. 776. Schneider. 4 gr.

Winckelmann, J. J. Dactyliotheca Stoschiana ou collection de toutes les pierres gravées qui appartenaient autrefois au Baron de Stosch . . . Nuremberg 1805. Ü: *Briedel, Sam. Elias.* (BrMm)

— alte Denkmäler d. Kunst; aus d. Italien. übersetzt (von Biester). 1s Heft, mit 40 Kpft. gr. Fol. Berl. 780.

Winckelmann, Johann Joachim. Alte Denkmähler der Kunst; a. d. Ital. Berlin 1781. Ü: *Biester, Joh. Erich.* (MGT)

Winckelmann, J. J. Alte Denkmähler der Kunst, zuerst hsg. und erläutert; a. d. Ital. . . . Berlin 1790—93. Ü (Bd. 1, Lief. 2, 3, Bd. 2): *Brunn, Friedrich Leopold.* (MGT)

Winckelmann, Johann Joachim: Alte Denkmäler der Kunst. Aus dem Ital. v. Friedr. Leop. Brunn. Berlin 1791 u. 92. 2 Bde. Fol.

Winckelmann, J., Alte Denkmäler der Kunst. Aus dem Ital. von F. L. Brunn. Mit vielen Kupfern. Berlin 791-93. 2 Bde. (6 Liefer.) f. Ebend. 804. 2 Th. (6 Lief.) f. 20 rthl. 12 gr. Vierfaches Register. Ebend. 800. f. 1 rthl. 12 gr.

— alte Denkmäler d. Kunst; aus d. Italien. von F. L. Brunn. 2 Bde, mit 208 Kpft. u. 18 eingedr. Vign. gr. Fol. Berl. 791—96. 2e A. 804. (Reimer). 29 rthl 12 gr. Vierfaches Hauptregister dazu. Fol. Berl. 800. Schöne. 1 rthl 12 gr.

— alte Denkmäler d. Kunst, a. d. Ital. v. F. L. Brunn m. vielen Kpfrn. 2 Bde. gr. Fol. Berlin, Schöne. 804.

Winkelmann's, Joh., alte Denkmäler d. Kunst. 2 Thle. Mit 229 Kupfert. 2te Aufl. Fol. Ist jetzt Verlag v. Reimer in Berlin.

Winckelmann, Joh. Joach., edle Einfalt u. stille Größe. Eine m. Goethe'schen u. Herder'schen Worten eingeleitete Auswahl aus W's. Werken. Mit e. Bildnis Winckelmanns, e. biograph. Skizze u. 14 Abbildgn. griech. Bildwerke. Hrsg. v. Walt. Winckelmann. (XVI, 240 S. u. 15 Bl.) 8. Berlin 909. Winckelmann & Söhne. Geb. in Lw. 4.50

Winckelmann, J. J., Gedanken über die Nachahmung der griechischen Werke in der Malerei und Bildhauerkunst, s. Litteraturdenkmale, deutsche, des 18. und 19. Jahrh.

— Gedanken über d. Nachahmung d. griech. Werke in d. Malerei; nebst e. Sendschreiben u. den Erläuterungen dieser Gedanken. 3 Thle, mit 3 Kpf. 4. Dresd. 755. 2e verm. Aufl. 756. Walther. 20 gr

Winckelmann, Johann Joachim. Gedanken über die Nachahmung der Griechischen Werke in der Malerey und Bildhauerkunst. 2. vermehrte Auflage. Erläuterung der Gedanken von der Nachahmung der griechischen Werke in der Malerey und Bildhauerkunst: und Beantwortung des Sendschreibens über diese Gedanken. 2 Exempl. Dresden und Leipzig 1756. 4°.

Winckelmann, J. J., Geschichte der Kunst des Alterthums, s. Bibliothek, historisch-politische.

— Geschichte d. Kunst des Alterthums; rechtmäßige u. vom Verf. selbst besorgte Ausg. 2 Thle, mit 24 Kpf. gr. 4. Dresd. 764. Walther. 4 rß Anmerkk. u. Zusätze dazu. 2 Thle. gr. 4. Dresd. 767. Walther. 1 rß 4 gr

— Geschichte d. Kunst d. Alterthums. 2e verm. Ausg., nach dem Tode des Verfass. herausg. von d. Academie d. bildenden Künste in Wien (Rath Riedel). Mit Kpf. gr. 4. Wien 776. Binz. (Liebeskind in Leipz.) 6 rß 8 gr

Winckelmann, J. J. Geschichte der Kunst des Alterthumes. Nach **dem Tode des Verfassers . . . 2. Theil. Wien 1776. H:** ***Riedel, Frdr. Just.*** (Ky) (JL)

— — — Herausg. von F. Meyer und J. Schulze. Mit Kupf. Dresden 810–16. 4 Bde. 5 Theile. 8. 12 rthl. 9 gr. Ist Band III–VI der *Werke Winckelmanns.*

Winckelmann's, Joh. Joach., Geschichte der Kunst des Alterthums, nebst einer Auswahl seiner kleineren Schriften. Mit einer Biographie Winckelmann's und einer Einleitung versehen von Jul. Lessing. 2. Aufl. gr. 8. (XXXII, 387 S.) [Leipzig 881, Koschny.] Heidelberg, Weiß' Verlag.

— histoire de l'art chez les anciennes trad. de l'allemand, (par Sellius et Robinet). T. I. et II. 8. Paris (Amsterd.) 762. ...

— histoire de l'art de l'antiquité, traduit de l'allemand par Mich. Huber, avec 58 figures. III Vols. gr. 4. Leipz. 781–84. Breitkopf u. H. 10 rß

— histoire de l'art chez les anciens, trad. de l'allem, avec de notes historiques et critiques. Edition plus complete que l'original allemand etc., (p. H. J. Jansen). III Vols., avec 160 planches. gr. 4. Paris 790 — 96. a. 803. (W. Nauck in Leipz.) 25 rß

— Histoire de l'Art chez les Anciens trad. de l'allemand III Vol. av. planches. gr. 4. Paris, (Sommer à L.) 803.

— — la même, éd. superbe, av. fig. et vign. 4. Berne, Typ Soc. 803.
(le IIIme Vol. à part 8 Rthlr.)

Winckelmann, Musterstücke aus seinen Werken, s.: Kühne, W.

— neue Nachrichten von den neuesten herkulanischen Entdeckungen. gr. 4. Dresd. 764. Walther. 8 gr

Winckelmann, Jh. Joach., Oeuvres complètes, édition superbe. VII Vols., avec 250 figures et Vign. 4. Paris 790 u. ff. (Typogr. Soc. in Bern). 40 rß (le 3me Volume apart 8 rß)

Winckelmann, Joh., u. G. Ephraim Lessing, klassische Schönheit, s.: Erzieher zu deutscher Bildung. 7. Bd.

— Sendschreiben von den herkulanischen Entdeckungen, mit 3 Kpf. gr. 4. Dresd. 762. Walther. 1 rß

— Versuch einer Allegorie besonders für d. Kunst. gr. 4. Dresd. 766. Walther. 1 rß 4 gr

— Versuch einer Allegorie besonders für die Kunst. Aus des Verf. Handexemplar mit vielen Zusätzen von seiner Hand, sowie mit inedirten Briefen Winckelmann's u. gleichzeit. Aufzeichnungen über seine letzten Stunden herausg. von Alb. Dressel. Mit einer Vorbemerkung von Constant. Tischendorf. Leipzig 866. Mendelssohn. gr. 4. (XVI, 180 S. mit lith. Portr. u. Facs. in Tondr.) 2 rß 15 ngr

Winckelmann, Jh. Joach., († d. 8. Juni 1768.) Werke, herausg. von K. L. Fernow, H. Meyer u. Jh. Schulze. Nebst Register von K. G. Siebelis. 8 Bde, mit 63 Kpf. u. Winkelmann's Portr. gr. 8. Dresd. 808—20. Walther. 23 rß 8 gr Schrbp. 28 rß Velinp. 34 rß 20 gr (1r u. 2r Bd., enthalt. d. kleinern Schriften, mit 24 Kpf. 6 rß Schrbp. 7 rß 8 gr Velinp. 9 rß 8 gr 3r—6r Bd. A. u. d. T.: Geschichte d. Kunst d. Alterthums, herausg. von H. Meyer u. Jh. Schulze. 4 Bde, mit 31 Kpf. 12 rß 12 gr Schrbp. 15 rß Velinp. 18 rß 16 gr 7r Bd. enthalt. d. deutsche Uebersetzung des Trattato preliminare etc. Mit 8 Kpf. 817. 3 rß Schrbp. 3 rß 16 gr Velinp. 4 rß 16 gr 8r Bd., enthalt. Berichtigungen zu dem 3n bis 7n Bde, von den Herausgebern, ein allgem. Sachregister u. d. Verzeichnisse d. sämmtl. Künstler u. Schriftsteller bearb. von K. G. Siebelis. 820. 1 rß 20 gr Schrbp. 2 rß Velinp. 2 rß 4 gr) Nachtrag zu d. Ausg. von H. Meyer u. J. Schulze. A. u. d. T.: Winkelmann's Briefe von 1747—66. Herausg. von Fr. Förster. 3 Bde. gr. 8. Berl. 824 u. 25. Schlesinger. 7 rß 16 gr

— Werke, herausg. v. C. L. Fernow. 4 Bde. m. 41 Kpfrn gr. 8. Dresden, Walther. 808 — 10. (à 3 Rthlr.) (d. 3te u. 4te a. unt. d. Tit. Geschichte d. Kunst d. Alterthums, herausg. v. H. Meyer u. J. Schulz. 1r 2r Bd.)
Schreibpap. (à 3 Rthlr. 16 gr.)
Velinpap. (à 4 Rthlr. 16 gr.)

— Werke, herausgeg. von C. L. Fernow, fortgesetzt von H. Meyer u. J. Schulze. 5r Bd. mit 7 K.
Auch unter dem Titel:
Geschichte d. Kunst des Alterthums, 3r Band. gr. 8. Dresd. Walther. 812.
Schreibp.
Velinp.

Winckelmann, Joh., Werke, herausgeg. von C. L. Fernow, fortgesetzt von H. Meyer u. J. Schulze. 6n Bdes 1ste Abtheil. Auch unt. dem Titel:
Geschichte d. Kunst des Alterthums. 4n Bdes. 1ste Abtheil. gr. 8. Dresd. Walther. 815. Rthlr.
Schreibp.
Velinp.

— — 6ten Bdes 2te Abtheil. mit 8 Kupf.
Auch unt. dem Titel:
Geschichte d. Kunst. 4n Bdes. 2te Abtheil. mit 8 Kupf. gr. 8. Ebend. 815.

Winckelmann, Jh. Joach., Werke. 1r Bd. in 2 Lfrgg. Mit Winckelmann's Portrait u. Atlas mit 35 Kpfrtaf. gr. Lex.-8. Dresden 838, 39. Walther. n. 7 rß

Winckelmann's, Jh. Joach., Werke. 3. u. 4. Lfg. (2. Bds. 1. u. 2. Hälfte.) gr. Lex.-8. Dresden 845, Walther'sche Verlagsb. Subscr.-Pr. n. 3 rß (2 Bde. compl. n. 10 rß)

Winckelmann, Joh., Werke. 2 Bde. (4 Lfgn.) Hoch 4. Dresden u. Stuttgart 839. (Neuer Ttl. 847.) [Frankfurt a. M., J. Baer.] [1. (79¾ B., 44 Kpfrt. u. Facsim.), 2. (44 B. u. 24 Kpfrt.)] 10 Thlr., hrbgs. Pr. •

Winckelmann, Johann Justus: 'Einfältiges Bedencken'. Eine pädag. Reformschrift aus d. J. 1649. Mit e. Vorw., Nachw. u. Reg. hrsg. von D. Dr. Wilhelm Diehl. Hirschhorn a. N.: Selbstverl. [übergekl.: Berlin: A. Hofmann] 1906. 208 S. 8°
(Quellen u. Studien z. hess. Schul- u. Universitätsgeschichte. [3.])

— Beschr. d. Fürstenthümer Hessen u. Hersfeld. Fol. Ebendas. 711.

Winckelmann, Joh. Just., Oldenburgische Chronik. Fol. Bremen. 721.

Winckelmann, Karl

Winkelmann, C. Beiträge zur Erklärung von Schillers Gedichten. 34 S.
Salzwedel, Progr. 1843

Winckelmann, Karl: Beiträge zur Kritik und zu Erklärung der Antigone des Sophokles nebst einer Darlegung des Grundgedankens dieser Tragödie. 52 S. Salzwedel. Progr. 1852.

Winckelmann, Carl: Beiträge zur Kritik des Lucretius. 28 S. Progr. Salzwedel 1857.

Win:kelmann, [illegible]

Winckelmann, C. Observ. in ll. aliquot Promethei Aeschylei ejusdemque fab. in German. transl. specim. 32 S.
Salzwedel. Progr. 1834

Winckelmann, Otto, die Beziehungen Kaiser Karls IV. zum Königr. Arelat. Ein Beitrag zur Reichsgeschichte des 14. Jahrh. gr. 8. (VIII, 153 S.) Strassburg 882, Trübner.

Winckelmann, Otto. Der Schmalkaldische Bund 1530—1532 u. der Nürnberger Religionsfriede. gr. 8. (XIV, 313 S.) Straßb. i. E. 892, Heitz * 6 —

Winckelmann, Otto, s.: Correspondenz, polit., der Stadt Strassburg im Zeitalter d. Reformation.

Zur Erklärung der Straßennamen in der Neustadt Straßburgs von Dr. O[tto] Winckelmann, Stadtarchivar. *Straßburg i. E.: E. van Hauten 1903.* (58 S.) 8° [F.] [03. 3,61]

Winckelmann, Otto: Handschriftenproben des 16. Jahrh., s. Ficker, Johs.

Winckelmann, O., u. M. **Bendiner,** Strassburg im Elsass u. Umgebung, s.: Beckmann-Führer.

Winckelmann, O., s.: Urkunden u. Akten der Stadt Strassburg.

Winckelmann, Stephan August, s. Winkelmann, August

Winckelmann, Walter, pract. Arzt aus Berlin: Aus d. Poliklinik d. II. med. Universitätsklinik. (Geh. Med. Rat Prof. Dr. Gerhardt.) Studie über Lungenschwindsucht in Anlehnung an 1000 beobachtete Fälle. *Berlin: M. Günther 1901.* (39 S.) 8°
Berlin. Med. Diss. v. 19. Juli 1901

[Joh. Joach.] Winckelmannsprogramm, 14.—16. Hallisches. Halle a. S., Niemeyer.
14. Robert, Carl. Der Pasiphae-Sarkophag. gr. 4. (24 S. m. 4 Taf. u. 1 Portr.) 890. * 2 —.
15. —— Scenen der Ilias u. Aithiopis auf e. Vase der Sammlung d. Grafen Michael Tyskiewicz. Festschrift zur Eröffnung d. archäolog. Museums d. Friedrichs-Universität Halle-Wittenberg am 9. Decbr. 1891. Hrsg. m. Unterstützg. d. königl. Universitäts-Curatoriums. qu. gr. Fol. (12 S. m. 17 Fig. u. 2 farb. Taf.) 891. * 10 —.
16. —— Die Nekyia des Polygnot. gr. 4. (84 S. m. 6 Textabbildgn. u. 1 Taf.) 892. * 8 —.

Die früheren Programme sind unter folgenden Einzeltiteln zu finden:
1. Heydemann, H. Zeus im Gigantenkampfe. 876. * 2 —.
2. —— D. Knöchelspielerin im Palazzo Colonna zu Rom. 877. * 3 —.
3. —— Mittheilungen aus d. Antikensammlungen in Ober- u. Mittelitalien. 878. * 10 —.
4. —— Verhüllte Tänzerin. 879. * 2 —.
5. Heydemann, H. Satyr und Bakchennamen. 880. * 3 —.
6. —— Gigantomachie auf e. Vase aus Altamura. 881. * 2 —.
7. —— Terracotten aus dem Museo nazionale zu Neapel. 882. * 3 —.
8. —— Alexander der Grosse u. Dareios Kodomannos auf unterital. Vasenbildern. 883. * 2 —.
9. —— Vase Caputi m. Theaterdarstellungen. 884. * 2 —.
10. —— Dionysos' Geburt u. Kindheit. 885. * 4 —.
11. —— Jason in Kolchis. 886. * 2 —.
12. —— Pariser Antiken. 887. * 7 —.
13. —— Marmorkopf Riccardi. 888. * 2 —.
Vgl.: Programm z. Winckelmannsfeste der Archaeolog. Gesellschaft in Berlin.

Winckelmannsprogramm, 17. Hallisches: Robert, Carl: Die Iliupersis d. Polygnot. (82 S. mit 2 Abb. u. 1 Taf.) Halle: Niemeyer 1893.

Winckelmannsprogramm, 18.—21. Hallisches. gr. 4. Halle, M. Niemeyer n. 26. —
18. Die Marathonschlacht in d. Poikile u. Weiteres üb. Polygnot v. Carl Robert. (126 S. m. 12 Abb. u. 1 Taf.) 895. n. 12. —
19. Votivgemälde e. Apobaten, nebst e. Excurs üb. den sog. Ares Borghese v. Carl Robert. (29 S. m. 7 Abb. u. 1 Taf.) 895. n. 2. —
20. Römisches Skizzenbuch aus d. 18. Jahrh. im Besitz der Frau Generalin v. Bauer geb. Ruhl zu Kassel. Von Carl Robert. Mit 31 Textabb. (80 S.) 897. n. 8. —
21. Die Knöchelspielerinnen d. Alexandros. Nebst Excursen üb. d. Reliefs auf d. Basis d. Nemesis v. Rhamnus u. üb. e. weibl. Statue d. Sammlg. Jacobsen. Von Carl Robert. (35 S. m. 8 Abb. u. 1 Taf.) 898. n. 4. —

Winckelmannsprogramm, 22. u. 23. Hallisches. gr. 4. Halle, M. Niemeyer. n. 7. —
22. Kentaurenkampf u. Tragoedienscene. Zwei Marmorbilder aus Herculaneum. Nebst e. Excurs üb. das Heraklesbild in Casa del Centenario. Von Carl Robert. (44 S. m. 7 Abbildgn. u. 2 Taf.) 898. n. 4. —
23. Der müde Silen. Marmorbild aus Herculaneum, nebst e. Excurs über den Ostfries des sog. Theseions. Von Carl Robert. (34 S. m. 17 Abbildgn. u. 1 Taf.) 899. n. 3. —

Winckelmannsprogramm, postumes 24. Hallisches. gr. 8. Halle 903. M. Niemeyer. n. 2. —
Niobe. Ein Marmorbild aus Pompeii. Festgruss des archäolog. Museums der Universität Halle-Wittenberg an die archäolog. Section der XLVII. Versammlung deutscher Philologen u. Schulmänner. Von Carl Robert. (12 S. m. 1 farb. Taf.)

Winckelried, A., von meiner letzten Reise. Plaudereien. gr. 16 (IV, 131 S.) Leipzig 872, (Giesecke und Devrient.)

F. Broock [d. i. Lisbeth **Winckelsett**-Zumbroock]. Sein Hof. Erzählung aus d. westfäl. Bauernleben. Munster i. W.: Aschendorff [1909]. 110 S. 8°
(Unsere Erzähler. Buch 15.) [10. 3573]

F. Broock (d. i. Lisbeth Winkelsett [**Winckelsett**]-Zumbroock). Jogl. Der wilde Hansi. Feuerresl. Munster i. W.: Aschendorff [1910]. 79 S. 8°
(Unsere Erzähler. Buch 28.) [10. 17399]

F. Brook (auf d. Umschl.: Broock, d. i. Lisbeth **Winckelsett**-Zumbroock). Das Kreuz vom Uhlenhof. Erzählung aus d. westfäl. Bauernleben. Munster i. W.: Aschendorff [1909]. 143 S. 8°
(Unsere Erzähler. Buch 4.) [10. 1357]

Aus dem Leben. Kleine Erzählungen von Lisbeth **Winckelsett**-Zumbroock. Munster i. W.: Regensberg (1905). (159 S.) 8° [F.]
= **Jugend-** u. **Volksbibliothek.** No. 11. 13. [05. 6594]

In Not und Gefahr. 5 Erzählungen f. d. Jugend von L[isbeth] **Winckelsett-Zumbroock.** Mit 4 Kunstdruckbild. von W. Rohm. Cöln: J. P. Bachem [1904]. (154 S.) 8° [F.]
= **Jugend-Erzählungen,** Bachems. Bd 26. [06. 831]

— in Not u. Gefahr, s. Bachem's Jugend-Erzählungen. 26. Bd.

Winckhler, Friedrich von

Winckhler, F. v., die nationale Bedeutung der allgemeinen Wehrpflicht, betrachtet vom naturwissenschaftl. Standpunkte. Lex.-8. (14 S.) München 889. Kellerer. n. — 60

Winckhler, Friedr. v. Turnwart u. Kneipwart. Winke für deutsche Turner. 8. (13 S.) Münch. 889, Kellerer. * — 20

Winckler, s. a. Winkler.

Winckler, ..., s. Archiv für medicin. Länderkunde.

Winckler, über die Art u. den Grad der von Herodot geübten Kritik. Thorn 865. (Berlin, Calvary & Co.) 4. (28 S.) n. 10 ngr.

— nassauische Gesetze, Verordnungen u. Erlasse üb. die Führung der öffentlichen Bücher in der Stockbuchverwaltung u. s. w. Zum Handgebrauch zusammengestellt. gr. 8. (XI, 284 S.) Ebd. 887. n.n. 3. 50

Winckler, v., Gesetze, Verordnungen u. Erlasse. Ein Handbuch f. die Beamten der Katasterverwaltg. gr. 8. (XV, 446 S.) Wiesbaden 886. (Moritz & Münzel.) n.n. 4. 50

Winckler, v., das alte und das neue Maaß und Gewicht, s. Féaur.

Winckler; De vi et usu vocabulorum b u n d u s finitorum commentatio. 13 S.– Colberg, Progr. 1869.

Winckler, (Geh. Secret. Dr.) ..., Waarenverzeichniß zum Gebrauch bei Anordnung d. Erhebungsrolle der im geschlossenen Theile des preuß. Staats zu erhebenden Ein-, Aus- u. Durchgangs-Abgaben, mit beigesetzten Geld- u. Tharavergütungssätzen, unter Hinzuziehung d. Erhebungsrolle für d. J. 1828, 29, 30. gr. 8. Magdeb. 828. Heinrichshofen.

— Waarenverzeichniß zum Gebrauch bei Anwendung d. Erhebungsrolle der im geschlossenen Theile des preuß. Staats zu erhebenden Ein-, Aus- u. Durchgangs-Abgaben rc., nebst Erhebungs-Rolle für d. J. 1828—32. gr. 8. Magdeb. 831. Heinrichshofen. 21 gr

Winckler, A., Schreib- u. Lesefibel, s.: Gurcke, Gottfr.

Winckler, A., deutsche Schreib-Lese-Fibel, s.: Böhling, W.

Winckler, A. F., Studien für Pferdezeichner, u. zum Vergnügen für Pferdeliebhaber. Mit Text von S. v. Tennecker. Fol. Leipz. 810. 2e A. 819. Seeger. 3 Thlr 18 gr

Winckler, Abraham Gottlob (Leipzig) A. S. 149/2

Specimen iurisprudentiae consultatoriae de abusu iuramentorum e republ. proscribendo.
Präs. Georg Heinrich Ayrer.
Göttingen (Schulz) 28. X. 1741. 310 S.

W. v.: Jo. Heinrich Jung. 36850

Winckler, Abraham Gottlob A. S. 82/27

De sectae studio in iure publico imperii Romano Germanici dissertatio.
Leipzig (Langenheim) 31. I. 1747. 28 S.
36851

Winckler, Adf., Hellas und Rom, s. Forbiger, A.

Winckler, Adolf Bernhard

Dissertatio anatomica de arteria brachii.
Präs. Albert Haller.
Göttingen (Hager) 17. III. 1745. 32 S.

Gew.: Georg Heinrich Ayrer. 36920

v. *Winckler*, Alex. Thdr., Diss. inaug. de symptomatibus, quae, dum homo adhuc vivit, dilatatio universalis et saccus aneurismaticus ad aortam adscendentem et arcum aortae ostendunt. 8. Dorpat 829. (70 S.)

Winckler, Alfr. J., wir drei, s.: Kneip, J.

Winckler, Anton

—— Auszug aus der Abhandlung: „Der Rest der Taylor'schen Reihe". Lex.-8. (16 S.) (Ebendas.) 869.
Aus: Sitzungsberichte der k. Akademie der Wissenschaften, besonders abgedruckt.

— Auszug aus der Abhandlung: „Allgemeine Transformation der bestimmten Doppelintegrale", S. 36 [illegible]
Separatabdruck

Winckler, Ant., üb. angenäherte Bestimmungen. [Aus: „Sitzungsber. d. k. Akad. d. Wiss."] Lex.-8. (44 S.) Wien 875. (Gerold's Sohn.) n. — 60

Winckler, A., über die linearen Differentialgleichungen 2. Ordnung, zwischen deren particulären Integralen eine Relation besteht. Lex.-8. (26 S.) Wien 885, (Tempsky.)

Winckler Anton, Dr.: Über die linearen Differentialgleichungen zweiter Ordnung, [illegible] S. 92 II. [illegible]
Separatabdruck

— Über die Eigenschaften einiger [illegible] Integrale, S. 33 II, [illegible]
Separatabdruck

—— über einige neue Eigenschaften der Kugelfunctionen einer Veränderlichen und der Coefficienten von Reihen, welche nach Kugelfunctionen entwickelt sind. gr. 4. (34 S.) Wien 863, (Gerold's Sohn.) *
Aus: Denkschriften der k. Akademie der Wissenschaften, besonders abgedruckt.

—— einige Eigenschaften der Transcendenten, welche aus der Integration homogener Functionen hervorgehen. Lex.-8. (34 S.) Wien 865, (Gerold's Sohn.)

— Einige Eigenschaften der Transcendenten, welche aus der Integration homogener Funktionen hervorgehen. S. [illegible] II. [illegible]
Separatabdruck

— über die Entwickelung einiger von dem Euler'schen Integrale 2. Gattung abhängiger Ausdrücke in Reihen. [Aus: „Sitzungsber. d. k. Akad. d. Wiss."] Lex.-8. (29 S.) Ebend. 882. n.n. — 50

Winckler, Ant., über die Entwicklung und Summation einiger Reihen. Lex.-8. (28 S.) Wien 872, (Gerold's Sohn.)

Winckler, Anton: Über die Entwicklung und Summation einiger Reihen. Separatabdruck aus: Sitzungsber. d. k. Akad. d. Wissensch. in Wien. Bd. 64. II. S. 799.

—— Ermittelung von Grenzen für die Werthe bestimmter Integrale. Lex.-8. (6 S.) (Ebendas.) 884.

— Ermittlung von Grenzen für die Werte bestimmter Integrale, S. 90, II. 528.
Separatabdruck

Winckler, w. M. Dr. A., Allgemeine Formeln zur Schätzung und Grenzbestimmung einfacher Integrale. (Sonder-Abdr. a. d. Sitzungsber. d. k. Akad. d. Wiss.) gr. 8. (22 S.) Wien, Gerold in Comm. 1865.

Winckler, Ant., über einige zur Theorie der bestimmten Integrale gehörige Formeln u. Methoden. [Aus den Sitzungsber. der k. Akad. der Wiss.] Wien 869. (Gerold's Sohn). Lex.-8. (61 S.) n. 8 ngr.

— über einige Gegenstände der elementaren Analysis. [Aus den Sitzungsber. der k. Akad. des Wiss.] Ebend. 869. Lex.-8. (39 S.) n. 6 ngr.

—— über die transcendenten Integrale von Differentialgleichungen. Erste Ordnung mit Coëfficienten zweiten Grades. Lex.-8. (25 S.) (Ebendas.) 882.
aus: Sitzungsberichte der k. Akademie der Wissenschaften, besonders abgedruckt.

— über einige vielfache Integrale. [Aus den Sitzungsber. der k. Akad. der Wiss.] Ebend. 870. Lex.-8. (9 S.) 3 ngr.

— über die vollständigen Abel'schen Integrale. [Aus den Sitzungsber. der k. Akad. der Wiss.] Ebend. 869. Lex.-8. (39 S.) n. 6 ngr.

— Integration der linearen Differentialgleichung zweiter Ordnung, deren Coëfficienten lineare Functionen der unabhängigen Veränderlichen sind. [Aus: „Situngsber. der k. Akad. d. Wiss."] Lex.-8. (40 S.) (40 S.) Ebend. 873. n. — 60

— über die Integration der Differentialgleichung erster Ordnung m. rationalen Coëfficienten 2. Grades. [Aus: „Sitzungsber. d. k. Akad. d. Wiss."] Lex.-8. (37 S.) Ebend. 871. n. — 60

—— über die Integration der linearen Differentialgleichungen 2. Ordnung. Lex.-8. (43 S.) (Ebendas.) 877.
aus: Sitzungsberichte der k. Akademie der Wissenschaften, besonders abgedruckt.

—— über die Integration linearer Differentialgleichungen 2. Ordnung mittelst einfacher Quadraturen. Vergleichende Zusammenstellung der bezügl. älteren und neueren Resultate und krit. Beleuchtung der angebl. Entdeckungen des Hrn. Prof. Simon Spitzer in Wien. gr. 8. (61 S.) Wien 876, Hölder.

—— die Integration linearer Differentialgleichungen und der Hr. Prof. Simon Spitzer in Wien. gr. 8. (31 S.) Wien 881, Hölder.

— Integration verschiedener Differentialgleichungen zweiter Ordnung. [Aus: „Sitzungsber. d. k. Akad. d. Wiss."] Lex.-8. (49 S.) Ebend. 874. n. — 60

— Integration zweier linearen Differentialgleichungen. [Aus: „Sitzungsber. d. k. Akad. d. Wiss."] Lex.-8. (28 S.) Ebend. 875. n. — 40

—— über die unbestimmte Integration einer Gattung transcendenter Functionen. Lex.-8. (44 S.) (Ebendas.) 874.
aus: Sitzungsberichte der k. Akademie der Wissenschaften, besonders abgedruckt.

Winckler, Ant., geometrische Construction rationaler Polynome. Lex.-8. (13 S. mit 3 Fig. in eingedr. Holzschn.) Wien 866, (Gerold's Sohn.) *
Aus: Sitzungsberichte der k. Akademie der Wissenschaften, besonders abgedruckt.

Winckler, A., üb. e. Kriterium d. Grössten u. Kleinsten in der Variationsrechnung. [Aus: „Sitzungsber. d. k. Akad. d. Wiss."] Lex.-8. (18 S.) Wien 888. (Tempsky.) n. — 40

Winckler, A., über eine Methode zur Integration der nicht linearen partiellen Differentialgleichungen zweiter Ordnung mit zwei unabhängigen Veränderlichen. Lex.-8. (10 S.) Wien 884, (Gerold's Sohn.)

— Über eine Methode zur Integration der nicht linearen Differentialgleichungen zweiter Ordnung mit zwei unabhängigen Veränderlichen. S. 89. II. 614
Separatabdruck

—— über eine neue Methode zur Integration der linearen partiellen Differentialgleichung zweiter Ordnung mit zwei unabhängigen Veränderlichen. Lex.-8. (67 S.) Wien 883, (Gerold's Sohn.)
Aus: Sitzungsberichte der k. Akademie der Wissenschaften, besonders abgedruckt.

—— ältere und neuere Methoden, lineare Differentialgleichungen durch einfache bestimmte Integrale aufzulösen. Eine Zurückweisung der dieses Thema betreff. Prätensionen des Hrn. Prof. Simon Spitzer in Wien, nebst einer krit. Beleuchtung der vermeintl. Entdeckungen desselben. gr. 8. (106 S.) Ebendas. 879. *

— üb. den Multiplicator der allgemeinen elliptischen Differentialgleichung. [Aus: „Sitzungsber. d. k. Akad. d. Wiss."] Lex.-8. (10 S.) Ebd. 887. n.n. — 25

Winckler, A. Über den Multiplicator der Differentialgleichungen 1. Ordnung. I. u. II. Lex.-8. (23; 24 S.) Wien 890, (Tempsky). à * — 50; * 1 —
Aus: Sitzungsber. d. k. Akad. d. Wiss., besonders abgedruckt.

—— über den letzten Multiplicator der Differentialgleichungen höherer Ordnung. Lex.-8. (18 S.) Wien 879, (Gerold's Sohn.)
Aus: Sitzungsberichte der k. Akademie der Wissenschaften, besonders abgedruckt.

— über den letzten Multiplicator eines Systems von Differentialgleichungen erster Ordnung. [Aus: „Sitzungsber. d. k. Akad. d. Wiss."] Lex.-8. (24 S.) Ebend. 880. n. — 40

— Nachweisung einiger Eigenschaften einer ausgedehnten Klasse transzendenter Funktionen. S. 44. II. 477
Separatabdruck

Winckler, Anton. Über das Problem der 4 Punkte bei Anwendung des Messtisches. 1855.

Winckler, Anton: Das Problem der vier Punkte bei Anwendung des Meßtisches (mit 1 Taf.). Separatabdruck aus: Sitzungsber. d. k. Akad. d. Wissensch. in Wien. Bd. 15. S. 217.

—— Reduction der Bedingungen des Euler'schen Criteriums der Integrabilität auf eine einzige Gleichung. Lex.-8. (15 S.) (Ebendas.) 883. *
aus: Sitzungsberichte der k. Akademie der Wissenschaften, besonders abgedruckt.

—— über einige Reductionsformeln der Integralrechnung. Lex.-8. (44 S.) Wien 863, (Gerold's Sohn.) **

— Über einige Reduktionsformeln der Integralrechnung. S. 47. II. 166.
Separatabdruck

Winckler, Ant., über eine den linearen Differentialgleichungen 2. Ordnung entsprechende Relation. [Aus: „Sitzungsber. d. k. Akad. d. Wiss."] Lex.-8. (6 S.) Wien 877. (Gerold's Sohn.) n. — 20

— über die Relationen zwischen den vollständigen Abel'schen Integralen verschiedener Gattung. [Aus: „Sitzungsber. d. k. Akad. d. Wiss."] Lex.-8. (76 S.) Ebend. 870. n. 1. —

— der Rest der Taylor'schen Reihe. [Aus den Denkschr. der k. Akad. der Wiss.] Ebend. 868. gr. 4. (36 S.) n.n. 18 ngr.

—— allgemeine Sätze zur Theorie der unregelmässigen Beobachtungsfehler. Lex.-8. (36 S. mit 2 Fig. in eingedr. Holzschn.) Wien 866, (Gerold's Sohn.) * *

— Allgemeine Sätze zur Theorie der unregelmäßigen Beobachtungsfehler (mit 2 Figuren) S. 53 H. 6 . . . .

Separatabdruck

Winckler, Anton: Einige allgemeine Sätze zur Theorie der Reihen. Separatabdruck aus: Sitzungsber. d. k. Akad. d. Wissensch. in Wien. Bd. 41. S. 675.

Winckler, Ant., neue Theoreme zur Lehre von den bestimmten Integralen. Lex.-8. (40 S.) Wien 856, (Gerold's Sohn.)
Aus: Sitzungsberichte der k. Akademie der Wissenschaften, J. 1856, besonders abgedruckt.

Winckler, Ant., allgemeine Transformation der bestimmten Doppel-Integrale. Lex.-8. (17 S.) Wien 859, (Gerold's Sohn.)
Aus: Sitzungsberichte der k. Akademie der Wissenschaften, Jahrg. 1859, besonders abgedruckt.

—— über die Umformung unendlicher Reihen. Lex.-8. (26 S.) Wien 865. (Gerold's Sohn.)
aus: Sitzungsberichte der k. Akademie der Wissenschaften, besonders abgedruckt.

Winckler, Arthur

Winckler A. Gregor VII. und die Normannen. (Sammlung gemeinverständlicher wissenschaftlicher Vorträge 234) Berlin 1875

Winckler, Arthur, Gregor VII. und die Normannen, } s. Sammlung gemeinverständl. wissenschaftl. Vorträge.

Winckler, Arth., die deutsche Hansa in Rußland. Hrsg. m. Unterstützg. d. Vereins f. hansische Geschichte. gr. 8. (V, 153 S.) Berlin 886. R. L. Prager. n. 4. —

Winckler A. die Krönung Karls des Grossen. (Samml. wiss. Vortr. 323) Berlin 1879

— die Krönung Karl's des Großen zum Römischen Kaiser, s. Sammlung gemeinverständl. wissenschaftl. Vorträge.

—— Leopold v. Ranke. Lichtstrahlen aus seinen Werken. Gesammelt und mit einem Lebensabriß hrsg. 8. (XXXII, 175 S.) Ebendas. 885. *M 3.—; geb. * Auf Büttenpap. [30 auf der Presse numerirte Exempl.] in Pergament-Umschlag. *

Winckler A. die deutschen Reichskleinodien. (Slg wiss. Vortr. 154) Berlin 1872

Winckler, A., die deutschen Reichskleinodien, s. Sammlung gemeinverständl. wissenschaftl. Vorträge.

Winckler, Arthur (Alexander Robert, von Berlin, Architekt in Dresden): Die Wohnhäuser der Hellenen. Nach den Quellen und den neuesten Forschungen dargestellt. Dresd. E. Blochmann u. S. Dr. 1868. 2 Bl., 192 S., 2 Bl., 1 Taf. 8°.
[Zürich. Phil. Diss. v. 20. Juni 1868].

Winckler, Arth., die Wohnhäuser der Hellenen. Nach den Quellen und den neuesten Forschungen dargestellt. gr. 8. (II, 195 S. mit 1 Stnt.) Berlin 869, Calvary und Comp.

Winckler, August Gottlob (Zinna) A. S. 46/10

Observationes de delictis quibus honestum initium fuit ad 1. VI. pr. D. de adquir. vel admitt. possessione.
Präs. Christoph Ludwig Crell.
Wittenberg (Schlomach) 20. IX. 1749. 24 S.

36854

Winckler, August Henning (Ebeleben) U. S. Halle 1756/1

Dissertatio inauguralis iuridica de anatocismo licito et illicito. Präs. Johann Tobias Carrach.
Halle (Grunert) 6. IV. 1756. 43 S.

W. v.: Präs., Johann Philipp Carrach, Karl Christ. Wilhelm Iuch. 36855

Winckler, Axel

— über die Behandlung der Gicht m. Schlammbädern. gr. 8. (14 S.) München 899. Seitz & Schauer. n. — 60

Winckler, Axel, über die Behandlung der Gicht m. Schlammbädern. 2. Aufl. (19 S.) 8. München 909. Verlag der ärztl. Rundschau. — 60

— Über d. Behandlung der Syphilis. Erfahrgn. u. Ansichten e. Praktikers. (26 S.) gr. 8. Halle 908. C. Marhold. — 60
Sonderabdruck aus: „Therapeut. Rundschau".

Chronik des Bades Nenndorf von Axel Winckler. Mit 5 Ansichten u. 5 Karten. *Rinteln: C. Bösendahl jun. 1902.* (56 S.) 8°

Chronik des Bades Nenndorf von Axel Winckler, San.R. Mit Ansichten u. Karten. 2. Aufl. Hannover & Leipzig: Hahn 1907. (X, 75 S.) 8° [07. 10475

Denkschrift zur Feier des 100jährigen Bestehens des Nenndorfer Schlammbades von San.R. Dr. Axel Winckler, Brunnenarzt. Mit e. Anh.: Notizen über d. Bad Nenndorf zusgest. von d. Kgl. Badeverwaltung. (Hannover) 1909: (König & Ebhardt). 32 S. 8°
[Umschlagt.:] Kongl. Bad Nenndorf. Denkschrift ... von A. Winckler
[10. 736 3

Winckler, Axel, poetische Erinnerungen an Bad Steben aus 3 Jahrhunderten, gesammelt u. hrsg. 8. (86 S.) Hof 898. F. Tholemann. — 50

— Führer durch d. kgl. bayer. Stahl- u. Moor-Bad Steben m. ärztl. Winken f. Kurgäste. M. 3 Ansichten, 1 Specialkarte d. Umgegend u. 1 Ortsplan v. Steben. gr. 8 (IV, 140 S.) Ebd. 895. 1. 50

Über Gasbäder und Gasinhalationen aus Schwefelwässern mit besond. Berücks. d. Einrichtungen d. Bades Nenndorf. Von Axel Winckler. *Halle a. S.: C. Marhold 1900.* (30 S.) 8°
— Archiv d. Balneotherapie u. Hydrotherapie. Bd 2, H. 5. [00. 3257 3

Winckler, Axel, Geschichte des Bades Steben. gr. 8. (VII, 83 S. m. 2 Abbildgn.) Leipzig 893. Verlag des „Reichs-Medicinal-Anzeigers" B. Konegen. n. 1. —

Winckler, Axel, die Kaltwasserkuren, } s.: Hausbücher, medicinische.

—— Kritik d. Vegetarismus. Ein Beitrag zur Ernährungsfrage. gr. 8. (III, 30 S.) Neuwied 891, Heuser's Verlag. * — 80

— Kritik des Vegetarismus. Ein Beitrag zur Ernährungs-Frage. gr. 8. (III, 30 S.) Neuwied 891. Berlin, Berlin. Verlagsanstalt. n. — 80

Kritik des Vegetarismus. Ein Beitrag z. Ernährungsfrage von Dr. med. et phil. Axel Winckler, Arzt. [Neue Titel-Ausg.] Berlin: Berlin. Verlagsanst. [1903]. (30 S.) 8°

Winckler, Axel: Über die Nenndorfer Kur bei der Gicht. Vortrag, geh. auf dem 25. Balneologen-Kongress zu Aachen. Mit e. Anh.: Prakt. Notizen über d. kgl. Bad Nenndorf. Würzburg 1905: Stürtz. 32 S. 8°

Winckler, Axel, therapeutisches Lexicon. 8. (III, 332 S.) Leipzig 884. F. C. W. Vogel. n. 5. –

– kurze Nachrichten über das Schwefel-, Sool- u. Schlamm-Bad Nenndorf bei Hannover. Im Auftrage der königl. Regierg. zu Cassel hrsg. 12. (64 S. m. 1 Abbildg. u. 1 Plan.) Hannover 899. (Hahn.) n. — 50

Kurze Nachrichten über das Schwefel-, Sol- und Schlamm-Bad Nenndorf. Im Auftr. d. Kgl. Regierung zu Cassel hrsg. von San.R. Dr. Axel **Winckler**. 9. Aufl. (Würzburg) 1906 (1907): (H. Stürtz). (66 S.) 8° (07. 9658 3

Winckler, Axel: Kurze Nachrichten über das Schwefel-, Sol- und Schlammbad Nenndorf. Mit e. Anh.: Notizen f. d. Kurgäste zsgest. von d. Kgl. Badverwaltung. 11. Aufl. [Hannover] 1909: König & Ebhardt. 62 S. 8°

Winckler, Axel: Über Schwitzbäder, s.a. Hausbücher, Medicinische.

Winckler, A: Ueber Schwitzbäder, russische Dampfbäder, Kastendampfbäder, Kiefernadeldampfbäder, örtliche Dampfbäder, Weingeistdampfbäder, römische, römisch-irische oder türkisch-römische Heißluftbäder, Sandbäder. Berlin-Friedenau 1890

— die Seebäder u. ihre Anwendung, s.: Hausbücher, medicinische.

Winckler, Benno von

Winckler, B. v., Greiffenstein. Blicke in d. vaterländ. Vorzeit. 12. (63 S.) Hirschberg (885). (Warmbrunn, M. Leipelt.) n. — 60

Winckler, B. v., Greiffenstein. Geschichte d. Burg u. Herrschaft. 2. verm. Aufl., bearb. v. A. Helbig. (47 S. m. Abbildgn.) 8. Warmbrunn (910). M. Leipelt. — 40

Winckler, Benno v., die Nationalitäten Pommerellens. 8. (VII, 128 S.) Hirschberg 869, (Wendt.)

Winkler, B. v., Der Romsberg und die Czirne. Hirschberg 1874. 8.

—— Rückblick auf die Vergangenheit Westpreußens. 8. (VIII, 127 S.) Danzig 872, Bertling.

– Schweinhaus. Geschichte der Burgruine gleichen Namens. 12. (16 S.) Ebd. (886). n. — 20

Winckler, C. J. Praktische Bemerkungen über den Betrieb des Grubenbaues auf Flötzgebirgen, besonders der Kupferschieferflötze. Berlin, 1794. Himburg.

Winckler, C. J.: „Practische Beobachtungen über den Betrieb des Grubenbaues auf Flötzgebirgen, besonders der Kupferschiefern", Berlin 1794. — Vorh.: Preuß. Oberbergamt Dortmund — E. 1. 9.

Winkler, C. J., Beobachtungen über d. Betrieb des Grubenbaues auf den Flözgebirgen. gr. 8. Berlin. 794. Ist jezt Verlag von Reimer. Rthlr. -

Winckler, Carl, s. Winckler, Karl

Winckler, Christ. Gottlob (vgl. Winkler)

Winckler, Chr. Glo., († d. 2. Juni 1793.) neuester Blumenfreund, eine prakt.-physikal.-botan. Gartenschrift. 2 Thle. 8. Bautzen 777 u. 79. Deinzer. 1 ₰ 6 ₰

— etwas für Blumisten u. für solche, die es werden wollen. 8. Leipz. u. Bautzen 785. 2e A. 786. Deinzer. (Centr.-Compt. in Leipz.) 8 ₰

— Unterricht in gründl. Kenntniß d. Pflege, Wartung u. Natur aller Arten von Blumen. 2 Stcke. 4. Bautzen 776.

Winckler, Christoph Andreas (Nürnberg) A. S. 841/44

Dissertatio inauguralis medica, de complicatione morborum. Präs. Georg Ernst Stahl. Halle (Henckel) IV. 1715. 24 S. 36857

von **Winckler,** Egmont [K. Preuss. Hauptmann a. D.]: Über die religiöse Erziehung der Kinder aus gemischten Ehen. Eine staatskirchenrechtliche Studie .... Berlin, Buchdr. v. Trowitzsch & Sohn, 1886; 68 S. + 1 Bl. 8°.
Berlin, Jur. Fak., Inaug.-Diss. v. 7. Okt. 1886.

Winckler, Egmont von, über die religiöse Erziehung der Kinder aus gemischten Ehen. Eine staatskirchenrechtliche Studie. Diss. Berlin 1886, Mayer & Müller. 8°. 68 S.

Winckler, Emil

Winckler, Emil Leonh. Wilh., Blüthen-Kalender der deutschen und schweizer Flora. Für Mediciner, Pharmaceuten und Freunde der Botanik. 8. (VI und 168 S.) Kassel 849, Hotop.

Winckler, Emil Leonh. Wilh., Blüthen-Kalender der Deutschen u. Schweizer Flora. Für Mediciner, Pharmaceuten u. Freunde der Botanik. 8. (IV u. 168 S.) Kassel 850, Hotop. 12 ngr.

Winckler, Emil, das goldene Buch der Landwirthschaft, s. a. Haus-Bücher, gemeinnützliche.

Winckler, Emil, das goldene Buch der Landwirthschaft. Eine Quelle der neuesten Erfahrungen und des Wissens in allen Gebieten des Hauswesens und der rationellen Oeconomie mit Einschluß der gesammten Viehzucht und der Jagdnutzung, des Garten-, Obst- und Weinbaues, der Wald- und Wiesencultur ꝛc. Unter Mitwirkung der tüchtigsten Fachleute hrsg. 2. um 750 wicht. Mittheilungen verm. Aufl. In 4 Bdn. oder 8 Heften.) gr. 8. Dresden 869, Schrag'sche Verlags-Anstalt.
à Heft 75 Pf.; à Bd. ℳ 1,50.

Inhalt:

Bd. 1. Dünger-Wirthschaft. Ackerbau. Viehzucht. Rath und Hülfe bei Krankheiten der Hausthiere. Feinde der Nutzkräuter. Flachs-, Lein- und Obst-Cultur. Branntweinbereitung. Bienenzucht. Geräthe ꝛc. (XV 184 S.)
„ 2. Garten- und Wiesenbau. Obst- und Weinzucht. Waldbau. Die Feinde der Bäume ꝛc. (XV, 104 S.)
„ 3. Neueres über Viehzucht. Jagdwissenschaft. Krankheiten des Viehes Volksmedicin. (VI, 224 S.)
„ 4. Allgemeines hauswirthschaftliches Recept-Lexikon. Eine wahre Fundgrube der Ersparniß und des Wissens für jeden Bürger und Landmann. (XV, 244 S.)

Winckler, Emil, das Buch der Wohlgerüche oder die Parfümerie-Fabrikation in ihrem ganzen Umfange. Nebst einer Anleitung zur Destillation der äther. Oele. Mit Benutzung von Piesse's „Art of Perfumery" und auf Grund eigener Erfahrungen bearb. und hrsg. 2 Thle. Mit in den Text eingedr. Abbildungen (in Holzschn.) gr. 8. Leipzig (861)62, Spamer. *

Inhalt:

Thl. 1. Die Parfümerie-Fabrikation. (XX und 306 S.) Einzeln * 1 Thlr. 10 Ngr.
2. Die Destillation der ätherischen Oele. (VI und 59 S.) Einzeln * 10 Ngr.

—— und Ludw. Brade, das illustrirte Buchbinderbuch, s. a. Bibliothek des Wissenswürdigsten aus der techn. Chemie.

Winckler.: Das illustrierte Buchbinderbuch. s. a. Brade

Winckler, Emil, die trockne Destillation des amerikanischen Harzes u. deren Producte. Genaue u. gründliche Anweisung zur Fabrikation der rohen Harzöle, des Schmiedpechs, des blauen engl. Patent-Wagenfetts ꝛc. Nebst einer Calculation dieser Producte. Mit genauen Abbildgn. der erforderlichen Fabrikations-Apparate (in eingedr. Holzschn.). Auf Grund eigener Erfahrungen bearb. u. herausg. 861. (57 S.) n. 4 ₰ — 2. sehr verm. Aufl. Dresden 862. Klemm. gr. 8. (VIII, 72 S.) 1 ₰ 15 ngr.

—— und Ph. Süßmann, die neuesten Entdeckungen in der gesammten Färberei, s. Süßmann, Ph.

Winckler, Emil, die Fabrikation der Seifen. Nach den bewährtesten neuesten Quellen, sowie auf Grund eigener Erfahrungen bearb. 8. (V, 56 S. mit in den Text gedr. Holzschn.-Abbild.) Halle 882, Knapp. *

—— das Färben, Bleichen, Drucken und Waschen der Baumwolle, Wolle, Seide ꝛc. in 1500 Vorschriften und Mittheilungen dargestellt. 2. verm. und gänzlich umgearb. Aufl., bearb. von Fritz Elsner. gr. 8. (XXIV, 362 S.) Ebendas. 881. *

—— General-Catalog sämmtlicher Arzneistoffe der Apotheken (für alle Staaten passend), mit Bezeichnung der Standorte in der Officin, dem Arzneikeller etc. Zum Gebrauch für Apotheker und Droguisten. gr. Fol. (198 S.) Cassel 848, Hotop. *

Winckler, Emil, Geschichte der Botanik. 8. (XVI und 640 S.) Frankfurt a. M. 854, Literarische Anstalt. *

—— die officinellen Giftpflanzen. Alphabetisch geordnet, mit ihren umfassenden Diagnosen, den Producten, welche sie der Officin liefern, ihren Verwechslungen und Verfälschungen, den Alkaloïden und den neueren und neuesten Analysen. Nebst einem Anhange enth.: die officinellen Giftpilze; einen Blüten-Kalender der phanärogam. Gewächse des Großherzogth. Hessen, eine vollständige Anweisung ein Pflanzenherbarium anzulegen. Für angehende Mediciner, Pharmaceuten und Forstleute. gr. 8 (X und 108 S. mit 2 Tab. in Fol.) Hanau 847, Edler'sche Buchh.

—— und Phil. Süßmann, Handbuch der Färberei, s. Süßmann, Phil.

—— Handbuch zur Herstellung von Metallüberzügen, insbesondere zum Vergolden, Versilbern, Verplatiniren, Verkupfern, Vernickeln, Verstählen, Verzinnen, Verzinken ꝛc. auf heißem, kaltem, trockenem, feuchtem und galvan. Wege. Nach dem heut. Stande der Wissenschaft dargestellt für Metallarbeiter aller Art. 3. gänzlich umgearb. Aufl., bearb. von Fritz Elsner. gr. 8. (XVI, 272 S. mit eingedr. Holzschn.) Ebendas. 881. *

— Handbuch zur Herstellung von Metallüberzügen, insbesondere zum Vergolden, Versilbern, Verplatiniren, Verkupfern, Vernickeln, Verstählen, Verzinnen, Verzinken ꝛc. auf heißem, kaltem, trockenem, feuchtem u. galvanischem Wege. Nach dem heutigen Stande der Wissenschaft dargestellt für Metallarbeiter aller Art. 3., gänzlich umgearb. Aufl., bearb. von Fritz Elsner. Mit (eingedr.) Holzschn. gr. 8. (XVI, 272 S.) Ebend. 882. n. 5. —

Winckler, E., und H. Lichtenstein, die veredelte Hühnerzucht, s. Lichtenstein, H.

— die Lack- und Firniß-Fabrikation in ihrem ganzen Umfange. Nebst einer Anleitung zur Lackirkunst. Nach den bewährtesten Quellen und auf Grund eigener Erfahrungen bearb. Mit vielen in den Text gedr. Abbildgn. (Holzschn.). Leipzig 859. Spamer. gr. 8. (XIX, 332 S.) n. 1 ₰ 15 ngr.

Vgl. auch: Bibliothek des Wissenswürdigsten aus der technischen Chemie.

Winckler, Emil, die Lack- und Firniß-Fabrikation. Nebst einer Anleitung zur Lackirkunst. Nach den bewährtesten Quellen und auf Grund eigener Erfahrungen bearb. Fortgesetzt von Louis Edgar Andés. 3. durchgeseh. und ansehnlich erweit. Aufl. Vermehrt mit Vorschriften, enth. die neuesten Benzin-, Photogen- und Chloroform-Firnisse, sowie sonst. gute Firnisse. gr. 8. (X, 308 S. mit 27 in den Text gedr. Abbild. in Holzschn.) [Leipzig 877, Spamer.] Halle, Knapp. *

—— Lehrbuch der pharmaceutischen Zoologie. 8. (XXI und 180 S.) Frankfurt a. M. 853, Literarische Anstalt.

Winckler, Emil, die Liqueurfabrikation im Kleinen. Nebst e. Anhange: Bereitung der Pomaden, Haarwasser u. ähnlichen Artikeln. 12. ($3\frac{1}{2}$ B.) Hanau 846, Edler'sche Buchh.

— die Liqueurfabrikation im Kleinen. Nebst einem Anh. enth.: Die Bereitungen von Pomaden, Haarwassern ꝛc. 12. (80 S.) Ebd. 847. $\frac{1}{4}$ ₰

— Memoranda der gerichtlich-chemischen Prüfung auf Gifte. A. u. d. T.: Toxikologische Briefe. gr. 12. (XX u. 316 S.) Weimar 852, Landes-Industrie-Comptoir. 1 ₰

Winkler, E. Memorandum der gerichtlich-chemischen Prüfung auf Gifte. Weimar, 1853.

— die Parfümerie-Fabrikation in ihrem ganzen Umfange. Nach bewährtesten Quellen u. auf Grund eigener Erfahrungen bearb. Mit in den Text gedr. (Holzschn.-) Abbildungen. 2., umgearb. u. verm. Aufl. gr. 8. (XVI, 328 S.) Ebend. 882. n. 5. —

— allgemeines hauswirthschaftliches Recept-Lexicon, s. a. Hausbücher, gemeinnützliche.

—— gemeinnützliche Haus-Bücher für den Bürger und Landmann. Im Verein mit Fachleuten und auf Grund reicher Erfahrungen in eigener prakt. Thätigkeit bearb. und hrsg. 1. Buch: Allgemeines hauswirthschaftliches Recept-Lexicon. Eine wahre Fundgrube der Ersparniß und des Wissens für jeden Bürger und Landmann. Mit Benutzung der vorzüglichsten deutschen, französ. und engl. Literatur. gr. 8. (XV und 244 S.) Dresden 861, Klemm's Verlag.

WINCKLER, EMIL.
Technisch-chemisches Recept-Taschenbuch. Enthaltend 1500 Vorschriften und Mittheilungen aus dem Gebiete der technischen Chemie und Gewerbskunde . . . Leipzig, 1860–65. 6 vols., 8vo.

— technisch-chemisches Recept-Taschenbuch. Enthaltend 1500 Vorschriften u. Mittheilungen aus dem Gebiete der technischen Chemie u. Gewerbskunde. Zum Gebrauche für Chemiker, Fabrikanten, Landwirthe ꝛc. Mit in den Text eingedr. Abbildgn. (Holzschn.) 3—6. Bd. Leipzig 862—65. Spamer. gr. 8. (3. Bd.: XXVIII, 302 S.; 4. Bd.: XXVIII, 344 S.; 5. Bd.: XXII, 304 S.; 6. Bd.: XXIV, 330 S.) Jeder Bd. n. 1 ₰

Vgl.: Bibliothek des Wissenswürdigsten der technischen Chemie.

Winckler, Emil, technisch-chemisches Recept-Taschenbuch. 4. Bd. Enth. 1340 Vorschriften und Mittheilungen, darunter 200 Recepte, geprüft im Laboratorium des Herausgebers. Nebst Altvater's vieljährig bewährten Vorschriften zur Essigbereitung. Zum Gebrauche für Chemiker und Techniker, für Apotheker und Droguisten ꝛc. gr. 8. (XXVIII und 344 S. mit 27 in den Text gedr. Abbild. in Holzschn.) Ebendas. 863. * geb. *

—— dass. — 5. Bd. Enth. 1500 Vorschriften und Mittheilungen aus dem Gebiete der techn. Chemie und Gewerbskunde. gr. 8. (XXII und 304 S. mit 5 in den Text gedr. Abbild. in Holzschn.) Ebendas. 863. * 1 Thlr.; geb. *

—— technisch-chemisches Recept-Taschenbuch. 1. Bd. Enth. 1550 Vorschriften und Mittheilungen aus dem Gebiete der technischen Chemie und Gewerbskunde. Zum Gebrauche für Chemiker und Techniker, Apotheker, Destillateure, Droguisten, Färber, Maler, Metallarbeiter, Seifensieder, Fabrikanten, Kleinhändler ꝛc. 3., verm. und umgearb. Aufl. gr. 8. (XXX und 346 S.) Leipzig 864, Spamer. * 1 Thlr.; geb. *

—— dass. — 2. Bd. 1636 Vorschriften und Mittheilungen aus dem Gebiete der techn. Chemie und Gewerbskunde. Zum Gebrauche für Chemiker und Techniker, Fabrikanten, Landwirthe ꝛc. 2., gänzlich umgearb. Aufl. br. 8. (XXXII und 354 S.) Leipzig 867, Spamer. * 1 Thlr.; geb. *

Winckler, Emil, technisch-chemisches Recept-Taschenbuch. 1500 Vorschriften und Mittheilungen aus dem Gebiete der techn. Chemie und Gewerbskunde. Zum Gebrauche für Chemiker und Techniker, Fabrikanten, Landwirthe ꝛc. 3. Bd. 2. gänzlich umgearb. Aufl. br. 8. (XXVIII, 288 S.) Leipzig 870, Spamer. *
1. und 2. Bd. Ebendas. 1864, 67. * ℳ 6. geb. *

—— technisch-chemisches Recept-Taschenbuch. Enth. Vorschriften und Mittheilungen aus dem Gebiete der techn. Chemie und Gewerbskunde. 1., 2., 3. und 6. Bd. Mit in den Text gedr. (Holzschn.-)Abbild. gr. 8. [Leipzig, Spamer.] Halle, Knapp. à Bd. * ℳ 3.; geb. *

Inhalt:
Bd. 1. 1650 Rezepte. 5. verm. und umgearb. Aufl., bearb. von S. Mierzinski. (XXVII, 402 S.) 878.
" 2. 1635 Rezepte. 3. gänzlich umgearb. Aufl. Hrsg. von Jul. Heintze. (XXXII, 372 S.) 876.
" 3. 1525 Rezepte. 3. verm. und gänzlich umgearb. Aufl., bearb. von S. Mierzinski. (XXVI, 360 S.) 878.
" 6. 1367 Rezepte. 2. gänzlich umgearb. Aufl. Hrsg. von Jul. Heintze. (XXVI, 367 S.) 876.
4. und 5. Bd. Ebendas. à Bd. * ℳ 3.; geb. * ℳ 4.

—— technisch-chemisches Rezept-Taschenbuch. Enthaltend 1500 Vorschriften und Mittheilungen aus dem Gebiete der techn. Chemie und Gewerbskunde. 5. Bd. 2. verm. und gänzlich umgearb. Aufl., bearb. von Fritz Elsner. gr. 8. (XIV, 362 S.) Leipzig 881, Spamer. * ℳ 3.; geb. *

Winckler, E: Technisch-chemisches Recept-Taschenbuch.
Bd 5. Leipzig 1863
Bd 7. Bearb. von F. Elsner. Halle a. S. 1885
Bd 8. Bearb. von F. Elsner. Halle a. S. 1885
Bd 9. Bearb. von G. K. Strott. Halle a. S. 1885
Bd 10. Bearb. von W. Storeck. Halle a. S. 1885

— die goldene Schatzkammer der Hauswirthschaft, s. a. Hausbücher, gemeinnützliche.

— die goldene Schatzkammer der Hauswirthschaft. Ein Familienbuch für jeden Bürger u. Landmann, enthltd. über 700 der wichtigsten Mittheilungen u. prakt. Vortheile für das gesammte Hauswesen, insbesond. für die Küchenwirthschaft u. die Heizung, das Backen u. Schlachten, die Milchwirthschaft ꝛc. Im Verein mit Fachleuten herg. 2. wohlfeilere (Titel-)Aufl. Dresden (862) 869. Schrag. gr. 8. (XXVI, 222 S.) 15 ngr.

—— **pharmacognostische Tabellen des Pflanzenreichs. Für angeh. Mediciner, Pharmaceuten und Droguisten. 4. (III und 87 S.) Cassel 849, Hotop.**

Winckler E, Taschenbuch der Vergoldung und Versilberung. Leipzig 1860

—— Taschenbuch der Vergoldung und Versilberung. Hand- und Hülfsbuch für Metallarbeiter, insbesond. für Juweliere, Gürtler und Schwertfeger. Gründliche Anweisung zur Erzeugung der Feuervergoldung, der nassen Vergoldung und Versilberung ꝛc. Nach den bewährtesten Quellen ꝛc. bearb. 2., verm. Aufl. gr. 8. (XVIII und 304 S. mit in den Text gedr. Abbildungen in Holzschn.) Leipzig 861. 62, Spamer. *

— Vademecum des Vergolders, s. a. Bibliothek des Wissenswürdigsten ꝛc.

— Vademecum des Vergolders. Leipzig 1860

Winckler, Emil Leonhard Wilhelm, s. Winckler, Emil.

Winckler, Ernst, aus Darmstadt: Aus d. Hygien. Institut d. Universität Marburg. Beitrag zur Frage der Alkoholdesinfektion. *Marburg 1899: F. Sömmering.* (75 S.) 8°
Marburg, Med. Diss. v. 13. Apr. 1899

Winckler, Ernst, über Beziehungen zwischen einigen Affektionen d. Nase wie d. Rachens u. Augenkrankheiten, s.: Vorträge, klin., aus dem Gebiete der Otologie, 3. Bd., 1. Hft.

Winckler, Ernst [app. Arzt ... aus Allenstein]: Corpus alienum in fundo oculi ... Karlsruhe, Buchdr. v. F. Thiergarten, *1892*; 50 S., 1 Taf. 8.
Freiburg i. B., Med. Fak., Inaug.-Diss. v. 1892

Winckler, Ernst, dürfen die therapeutischen Eingriffe, welche zur Behandlung e. Oberkieferhöhlen-Eiterung als kunstgerechte in Frage kommen können, auch bei der gleichen Erkrankung des Sinus frontalis angewandt werden? [Aus: „Monatsschr. f. Ohrenheilkunde".] gr. 8. (15 S.) Berlin 894. O. Coblentz. n. 1. —

Winckler, Ernst, üb. den Gebrauch v. Dilatationssonden in der Rhinochirurgie. [Aus: „Monatsschr. f. Ohrenheilkde."] gr. 8. (6 S. m. 1 Abbildg.) Berlin 893. O. Coblentz. n. 1. —

Über Gewerbekrankheiten der oberen Luftwege v. Dr. Ernst **Winckler** in Bremen ... *Halle a. S.: K. Marhold 1896.* (62 S.) 8.
= Sammlung zwangl. Abhandlungen a. d. Gebiete d. Nasen-, Ohren-, Mund- u. Halskrankhtn. Bd II. H. 1. [97. 2536

Über Gewerbekrankheiten des Ohres. Von Dr. E[rnst] **Winckler** in Bremen. *Halle a. S.: C. Marhold 1900.* (82 S.) 8°
= Sammlung zwangloser Abhandlungen aus d. Geb. d. Nasen-, Ohren-, Mund- u. Halskrankh. Bd 3, H. 9. [00. 4595

Winckler, Ernst: Die Gläubigeranfechtung der Eheverträge. Neuwied am Rhein 1910: (Strüder). VII, 70 S. 8°
Heidelberg, Jur. Diss. v. 7. Nov. 1910, Ref. Schröder
[Geb. 30. Mai 86 Neuwied; Wohnort: Neuwied; Staatsangeh.: Preußen; Vorbildung: Gymn. Neuwied Reife O. 05; Studium: Freiburg i. B. 2, München 1, Berlin 1, Bonn 2 S.; Rig. 29. Juli 10.] [U 11. 2167

Winckler, Ernst, Kriegskameraden. Schwank in 1 Aufzuge. Bearb. v. J. F. A. Volkmann. (16 S.) 8. Berlin (904). A. Hoffmann. n. 1. —

Winckler, Ernst, brennende Liebe. Verse. (68 S.) 8. Leipzig (908). (Eisenberg, P. Bauer.) 1. —

Winckler, *Friedrich* Ernst [aus Neuengeseke]: Über die Pulsation und das systolische Geräusch der Fontanelle ... Halle a. S., Hofbuchdr. v. C. A. Kaemmerer & C., 1891; 41 S., 5 Bl., 1 Doppeltaf. 8.
Halle, Med. Fak., Inaug.-Diss. v. 8. Dez. 1891

Winckler, Ernst, Referendar: Vollstreckungsgegenklage als Schutz des Erben. Borna-Leipzig 1908: Noske. VIII, 74 S. 8°
Leipzig, Jur. Diss. v. 29. Aug. 1908
[Geb. 19. Jan. 83 Leipzig; Wohnort: Leipzig; Staatsangeh.: Sachsen; Vorbildung: Gymn. Eisenberg Reife O. 03; Studium: Leipzig 6 S.; Rig. 23. Juli 06.] [U 09. 2727

Ueber den Zusammenhang von Nasen- und Augenerkrankungen. Von Dr. Ernst **Winckler** ... Mit 12 Abb. ... *Halle a. S.: K. Marhold 1898.* (62 S.) 1 Bd 8.
= Sammlung zwangl. Abhandlungen a. d. Gebiete d. Nasen-, Ohren-, Mund- u. Halskrankhtn. Bd III. H. 1. [98. 8634 II.

Winckler, Ernst Gottlob, s. Winkler, Ernst Gottlob.

Winckler, F. v., Kochbuch f. Zuckerkranke u. Fettleibige unter Anwendung v. Aleuronatmehl sowie aller auf dem Gebiete der Ernährung f. Diabetiker vorkommenden Neuerungen. 4. verm. u. verb. Aufl. gr. 8. (XXVIII, 164 S.) Wiesbaden 901. J. F. Bergmann. n. 2. —

Winckler, F. v., Kochbuch f. Zuckerkranke u. Fettleibige. 6. verb. Aufl. Nach der Verf. Tode hrsg. v. F. Broxner. (XXVI, 176 S.) 8. Wiesbaden 906. J. F. Bergmann. Geb. in Leinw. n. 2. 40

Winckler, F. v., Kochbuch f. Zuckerkranke u. Fettleibige. 7. verb. Aufl. Nach der Verf. Tode hrsg. v. F. Broxner. (XXXI, 194 S.) 8. Wiesbaden 909. J. F. Bergmann. Geb. in Leinw. 2. 65

— 365 Speisezettel f. Zuckerkranke u. Fettleibige, mit 20 Rezepten üb. Zubereitg. v. Aleuronatbrot u. Mehlspeisen. 3. durchgeseh. u. ergänzte Aufl. 8. (XVI, 131 S.) Ebd. 900. Kart. n. 2. —

— 365 Speisezettel f. Zuckerkranke u. Fettleibige, m. 22 Rezepten üb. Zubereitg. von Aleuronatbrot, Mehlspeisen u. Getränken. 4. durchgesehene u. ergänzte Aufl. Nach der Verf. Tode hrsg. v. F. Broxner. (XII, 132 S.) 8. Ebd. 907. Kart. 2. —

Winckler, F. W. G., De Nervae imperatoris vita ac rebus gestis. Diss. 1880 86 S. 1.20

Winckler, Ferdinand

Winckler, Ferd., der Dünger — die Seele der Landwirthschaft. 2., reich verm. und verb. Aufl. des „Dünger-Capitals der Landwirthschaft" in seiner höchstmöglichsten Verzinsung, gemeinfaßl. instructiv dargestellt nach den Grundsätzen der prakt. Agri- und Horticultur-Chemie. gr. 8. (XVI, 239 S.) Ratibor 872, Wichura und Comp. [Schmeer und Söhne.]

Winckler, Ferd., das Düngercapital der Landwirthschaft, seine höchstmöglichste Verzinsung, d. i.: rationelle Vermehrung und Behandlung des Stallmistes nach den Grundsätzen der prakt. Agricultur-Chemie. Mit einem Anhange: betr. den neuerdings erfundenen künstl. „Normal-Dünger" und „Regenerations-Guano" rc., gewidmet allen deutschen rationellen Landwirthen. 8. (X und 38 S.) Berlin 856, Mai. Thlr. *

Winckler, Ferd., Egoismus und Humanismus, oder: „In Geldsachen hört die Gemüthlichkeit auf!" Original-Lustspiel in 3 Akten. (Den Bühnen gegenüber als Mscr. gedr.) gr. 8. (66 S.) Berlin 859, A. Abelsdorff. Thlr. *

—— der Lichtträger [Phosphorus] im Reiche des organischen Lebens, oder die wahren Ursachen epidem. Krankheiten der Menschen, Thiere und Pflanzen nebst ihren naturkundlich-prakt. Schutz- und Redressir-Heilmitteln, synthetisch-chemisch erforscht und constatirt. gr. 8. (VI, 287 S.) Ebendas. 873.

—— theoretisch-praktisches Recept-Taschenbuch der Anilinfarben-Technik und gesammten Anilinfärberei und Druckerei, nach den besten Quellen und neuesten prakt. Erfahrungen. gr. 8. (VIII, 199 S.) Ebendas. 871.

Winckler, Ferd., Was thut der Landwirthschaft noth? Die brennendsten Fragen der Hof- und Landwirthschaft des 19. Jahrh., in 13 ausführl. Capiteln populär-instructiv beantwortet. 8. (IX, 161 S.) Ratibor 875, Schmeer und Söhne. *

— das Wesen der Bleicherei, Färberei u. Druckerei, sowie d. Anilins, der Anilinfarbstoffe u. der Anilinfärberei u. Druckerei. Eine gemeinfaßl., naturwissenschaftlich-prakt. Vorstudie f. Bleicher, Färber u. Drucker. gr. 8. (IV, 188 S.) Ratibor 871. Wichura & Co. 2. 50

Winckler, Ferdinand Ludwig (Heringen)
Kurze doch deutliche Anweisung zur Bereitung und Prüfung der in der preußischen Pharmacopäa vorgeschriebenen und einiger noch außerdem gebräuchlichen chemisch-pharmaceutischen Präparate, nach dem neuen Standpunkt der Chemie bearbeitet.
Giessen 1823.
[Lt. Promot.-Akten im Manuskript als Dissertation vorgelegt.]
Dr. phil. Giessen 20.3.1823.

Winkler, F. L., kurze Anweis. zur Bereitung u. Prüfung der in d. preuß. Pharmacopoea vorgeschriebenen u. einiger noch außerdem gebräuchl. chemisch-pharmaceut. Präparate. 8. Gießen 824. Heyer. 9 gr.

Winckler, F. L., Beiträge zur genaueren Kenntniss der chemischen Constitution des Weines. Mittheilungen über das phys. und chem. Verhalten einer im Traubenwein enthaltenen neuen Säure und Erfahrungen über den Stickstoffgehalt organ. Substanzen. gr. 8. (20 S.) Landau 852. (Darmstadt, Pabst.) *

Winckler, F. L., die echten Chinarinden, e. Beitr. zur genaueren Kenntniss dieser wicht. Arzneimittel. gr. 8. (5½ B. u. 2 Tab. qu. ½ gr. Fol.) Darmstadt 834, Leske.
Aus dess. „Lehrbuch d. pharmaceut. Chemie etc." besond. abgedr.

Winckler, F. L., Jahrbuch der prakt. Pharmacie etc., s. Jahrbuch.

— kann die sogenannte Selbstverbrennung des menschl. Körpers nach den dabei auftretenden Producten von der Verbrennung, durch die bekannten Veranlassungen herbeigeführt, unterschieden werden? gr. 8. (16 S.) Darmstadt 850, v. Auw. n. 4 ngr

— Lehrbuch d. pharmaceut. Chemie u. Pharmacognosie für Aerzte u. Apotheker. 1r Thl. u. 2r Thl. 1e u. 2e Abtheil. gr. 8. Darmstadt 831, 32. Leske. 5 th 8 gr

—— Lehrbuch d. pharmaceut. Chemie u. Pharmacognosie f. Aerzte u. Apotheker. 2 Thle. (od. 3 Abthln.) gr. 8. Darmstadt, Leske. [1. (32½ B.) 831., 2. (...B.) 833. à 2 Thlr. 16 Gr.]

Winckler, Ferdinand Ludwig.
Lehrbuch der pharmaceutischen Chemie und Pharmacognosie. Darmstadt und Leipzig, 1834–'35. 2 vols. 8vo.

—— **Uebersicht d. Zeichen u. Verhältnisszahlen derjen. Elementarstoffe u. ihrer einfachen u. zusammengesetzten Verbindn., welche f. d. Gebiet d. pharmaceut. Chemie besond. wichtig sind.** — A. m. d. Umschl.-T.: Stöchiometr. Tabellen. gr. 8. (16½ B.) Kaiserslautern 840, Tascher.
Aus: Jahrbuch f. pract. Pharmacie 1839, besond. abgedruckt.

— Uebersicht d. Zeichen- u. Verhältnißzahlen derjenigen Elementarstoffe u. ihrer zusammengesetzten chem. Verbindungen, welche für d. Gebiet d. pharmaceut. Chemie besonders wichtig sind. 4. Darmst. 827. Leske. 10 gr

—— über die Ursachen und das Wesen der Kartoffelkrankheit; die Entstehung und chem. Zusammensetzung des Mutterkornes und des Getreide-Brandes. 12. (10 S.) Darmstadt 852, Pabst.

Winckler, Fr. Jos., über d. Neuerungen in d. Orthographie. 8. Stendal 788. Franzen u. Gr. 3 gr

Winckler, Fr. W. Gotth. Die Sachsenkriege Heinrichs IV. Nach den Quellen dargestellt. 17 S. **Progr.** Rg. *Dresden-Neustadt* 1877.

Winckler, Friedrich (Leipzig) A. S. 29/29

Dissertatio inauguralis iuridica de allodio eiusque separatione a feudo. Präs. Gottfried Ludwig Mencken. Wittenberg (Eichsfeld) VI. 1743. 48 S.

36860

Winckler, Friedrich (Brieg) A. S. 848/22

Mulier gravida lapsu vaginae uteri laborans.
Präs. Johann Hadrian Slevogt.
Jena (Krebs) VI. 1700. 14 Bl.

W. v.: Christian Gottlieb Koch, Johann Koschny.
36859

Winckler, Frid., de M. Antonii Triumviri Timonio. Cum fig. Lips. 737. 4. (51 S.)

Winckler, G. (Red.), s. Export.

Winckler, G., hoch d. Soldatenstand, s.: Sammlung lebender Bilder, Nr. 9.

Textor v. Häger, Joh. [d. i. **Winckler**, Ge. Ernst]: Nassauische Chronick, in welcher des Uralt-Hochlöblichen und Weltberühmten Stammes vom Hauße Nassau, Printzen und Grafen Genealogie oder Stammbaum . . . aus allerhand Büchern und Schrifften zusammen gezogen und publicirt. 2. Aufl. Wetzlar 1712. **fol.**

Winckler, Georg Zacharias (Leipzig) A. S. 626/24

Dissertatio iuridica de bonis uxoris malitiosae desertricis, Von Vermögen einer Frauen, so den Ehemann bösslich verlässet. Präs. Johann Gottlieb Siegel.
Leipzig (Langenheim) 24. IX. 1743. 46 S.
36861

Winckler, Gottfried

Winckler, Gf., († d. 28. Juli 1814.) Astrognosie, oder Anweis. d. Sterne auf eine leichte Art kennen zu lernen. Mit 1 Kpf. 8. Dresd. 806. Neuer Abdr. 810. Arnold. 8 Gr.

— **Betrachtungen über den Tod.** 8. Dresd. 786. Gerlach. 2 Gr.

— d. Christ bei verschied. Begebenheiten in d. Natur u. menschl. Leben; in 10 Betrachtt. gr. 8. Leipz. 786. (Snobloch). 16 Gr.

— Einleitung in d. physisch-mathemat. Kosmologie, zu Vorlesungen entworfen. 2 Thle. 8. Dresd. 806. Arnold. 18 Gr. (A. u. d. T.: Sätze zur allgem. Experimentalnaturlehre. 8 Gr. Und: Sätze zur mathemat. Erdkunde, phys. Geographie, Geogenie, Naturhistorie u. Astronomie. 10 Gr.)

— d. Freuden d. Natur u. Religion, e. Sonntagsblatt. 18 Quart. 1805. 8. Dresd., Arnold. 1 Thlr.

— Freuden d. Natur u. Religion, e. Sonntagsblatt. 2 Thle gr. 8. Dresden, Arnold. 806.

— Gott u. d. Christ im Gewitter, nebst e. physikal. Anhang v. Gewitter. 4. Lpz. Gelehrten Buchhdl. 784.

— Gott u. d. Christ im Gewitter, nebst e. physikal. Anhange vom Gewitter. 4. Leipz. 786. (Snobloch). 4 Gr.

— Ideen zur angenehmen u. nützl. Unterhaltung; ein Hundert. 12. Dresd. 791.

— d. würdige Communikant, nebst e. Betrachtung für junge Christen. 8. Leipz. 784. (Snobloch). 3 Gr.

— s. J. L. v. Mosheim, Gesch. d. Feinde.

— Natur u. Religion, eine Wochenschrift. 10 Bde, mit Kpf. u. Register. Waldenb. 775—84. 2e A. 784—87 (Snobloch in Leipz.) 6 Thlr. 16 Gr.

— Sätze zu reiner mathemat. Erdkunde, s. oben Einleitung rc.

— Sätze zur allgemeinen Experimentalnaturlehre, s. oben Einleitung rc.

— Unterhaltungen üb. Gott zur Gottesverehrung. 3 Bde. gr. 8. Zittau 789—95. Schöps. 3 Thlr.

Winkler, Gf.: Vers. e. tabellar. Entw. d. Kirchen-Staatsrechts in Deutschland. *Lpz.*, Böhme. 784. gr. 8. (6 Gr.)

— Versuch e. tabellar. Entwurfs d. Kirchenstaatsrechts in Deutschland. gr. 8. Leipz. 784. (Snobloch). 6 Gr.

— Vorlesungen über den Beweis d. Wahrheit u. Göttlichkeit d. christl. Religion. gr. 8. Leipz. 784. (Snobloch). 1 Thlr. 8 Gr.

Winckler, Gottfried Ludwig

Winckler, Gf. Ldw., Anleit. zur Führung des Injurienprocesses nach sächs. Rechten. 8. Leipz. 801. Leupold. 16 Gr.

Winckler, Gottfried Ludwig [Praes.], s. Brunnemann, Johann Friedrich August: Substitutio pupillaris vel quasi testamentum duplex.

Winckler, Gottfried Ludwig, s. Codex Augusteus (3. Forts.)

— Handbuch des sächs. peinl. Processes. gr. 8. Leipz. 802. Martini. (Snobloch). 1 Thlr. 12 Gr.

Winckler, Gottfried Ludwig, s. Hommel: Pertinenzregister.

— über d. Rechtsmittel d. Wiedereinsetzung in den vorigen Stand, gegen d. ehel. Gütergemeinschaft; ein Beitrag zum deutschen Rechte. 8. Leipz. 797. Andrä. 5 Gr.

— üb. d. Rechtsmittel d. Wiedereinsetzung in d. vorigen Stand geg. d. eheliche Gütergemeinschaft, e. Beytrag z. deutschen Rechte. 8. Lpz. Meerfeld (Bauer.) 797.

— **de revocatione subsidii paterni.** 8maj. Leipz. 794. (Joachim). 4 Gr.

Winkler, Gottfried Ludwig: „Ueber die willkürliche Verkleinerung der Bauergüter bey gleichförmiger Vertheilung der darauf haftenden Pflichten. Gekrönte Preisschrift", Leipzig 1794 (Feind)

Winckler, Gf. Ldw., Ueber die willkührliche Verkleinerung der Bauergüter. gr. 8°. Leipzig (Brockhaus) 1794.

Winckler, Gfr. Ludw.: Versuch ein. Repertorii d. Kursächs. u. Lausitz. Lehnrechts. *Leipzig*. 800. 8.

Winckler, Gottfried Ludwig [Hrsg.], s. Winckler, Karl Gottfr.: Rechtl. Abhandlung v. Kriegsschäden . . .

Winckler, Gottfried Ludwig [Hrsg.], s. Winckler, Karl Gottfr.: Opuscula.

Winckler, Gottlieb Fr.

Winckler, Glt. Fr., († d. 21. Febr. 1807.), s. *Répertoire* de Vaudeville.

Winckler, [illegible]

Winckler, H. v., Jubiläums-Rangliste des königl. sächsischen 1. Jäger-Bataillons Nr. 12 1809—1909. Im Auftrage des Bataillons bearb. (104 S.) gr. 8. Freiberg 909. Craz & Gerlach. 2. —

Winckler, Heinrich (Hrsg.):

s.: Bohn, Johannes: Chirurgia rationalis oder vernünfftige Abhandlung aller chirurgischen Operationen... Braunschweig: 1732

Winckler, Heinrich Arnold Wilhelm

Winckler, H. A. W., De praecipuis causis et auxiliis, quibus ingenium graeci juvenis excolebatur. Pr. 1819. 20 S. 4°. 1.—

— vollständ. latein. Chrestomathie, für d. mittl. Klassen. gr. 8. Gießen 827. Heyer. 1 ₰ 4 gr.

— s. Cicero orat. Philipp. — Zweite Philipp. Rede.

Winckler, Heinrich Arnold Wilhelm (Heringen)
Critica Dissertatio I. De nonnullis difficilioribus locis libelli Caji Cornellii Taciti de situ, moribus et populis Germaniae.
[Gissae:] Schröder 1817. 28 S.
Diss. phil. 30.11.1817. vorh. 4.

Winckler, Hnr. Arn. Wlh., s. Nonnus aus Panos, d. Evangelium Johannes.

Winckler, (H. A. W., u. K. G. W.) Völker, griechische Schulgrammatik f. die unteren Klassen. gr. 8. Mainz 825, Kupferberg.

— latein. Schul-Grammatik für d. untersten u. mittlern Klassen. Mit 2 Anhängen. gr. 8. Gießen 826. Heyer. 13 gr.

Winckler, Heinrich Axel

Winkler, H. A., E. Beitrag z. Geschichte d. Stoicismus. Diss. 1878. 60 S.

Winckler, Heinr. Axel, der Stoicismus eine Wurzel des Christenthums. Ein Beitrag zur Geschichte der Stoa. gr. 8. (60 S.) Leipzig 878. Breitkopf & Härtel. 1. 20

Winckler, Hermann

Deutsche Burgen. Vortrag von H[ermann] Winckler, Postbaurath. [Aufgest.: Magdeburg: C. E. Klotz] [1905]. (25 Bl.) 4°(2°) [autogr. Z.] [05. 322, 3

Die Steckelenburg im Harz von Hermann Winckler, Postbaurat. Magdeburg. C. E. Klotz in Komm. [1905]. (8 S.) 8° [Umschlagt. Z.] [05. 322, 3

Winckler, Hugo, Abraham als Babylonier, Joseph als Aegypter. Der weltgeschichtl. Hintergrund der bibl. Vätergeschichten auf Grund der Keilinschriften dargestellt. (38 S.) gr. 8. Leipzig 903. J. C. Hinrichs' Verl. n. — 70

Winckler, Hugo: Arabisch-Semitisch-Orientalisch. Kulturgesch.-mythol. Untersuchung. (In 2 Lfgen.) Berlin: W. Peiser (1901). (223 S.) 8°
(Mitteilungen d. Vorderasiat. Gesellschaft. 1901, 4. 5.)

Winckler, Hugo, die im Sommer 1906 in Kleinasien ausgeführten Ausgrabungen. (28 S.) 8. Berlin 906. [W. Peiser.] Leipzig, J. C. Hinrichs' Verl. — 50
Sonderabdruck aus: „Orientalist. Litteratur-Ztg."

Auszug aus der Vorderasiatischen Geschichte. Bearb. von Hugo Winckler. Leipzig: J. C. Hinrichs 1905. (86 S.) 8°
— Hilfsbücher z. Kunde d. Alten Orients. Bd 2. [05 7969

Winckler, Hugo, e. Beitrag zur Geschichte der Assyriologie in Deutschland. gr. 8. (44 S.) Leipzig 894. E. Pfeiffer. n. 1. 50

Winckler, Hugo, Bericht über die Thontafeln von Tell-el-Amarna im Königlichen Museum zu Berlin und im Museum von Bulag. Lex.-8. (17 S. mit 3 Taf.) Leipzig 888, Ed. Pfeiffer. *
Aus: Sitzungsberichte der k. Akademie der Wissenschaften zu Berlin, besonders abgedruckt.

Die politische Entwickelung Babyloniens und Assyriens von Dr. Hugo Winckler, Privatdoz., Berlin. *Leipzig: J. C. Hinrichs 1900.* (31 S.) 8°
= Orient, Der alte. Jg 2, H. 1. [00. 6371

Winckler, Hugo: Die politische Entwickelung Babyloniens und Assyriens. 2., verb. u. verm. Aufl. Leipzig: Hinrichs 1903. 32 S. 8°
(Der alte Orient. Jg. 2, H. 1.)

Die Euphratländer und das Mittelmeer. Von Dr. Hugo Winckler, Prof., Berlin. Mit 3 Abb. Leipzig: J. C. Hinrichs 1905. (32 S.) 8° [F.]
— Orient, Der alte. Jg. 7, H. 2. [06 13407

— altorientalische Forschungen. I. II. gr. 8. Ebd. à n. 6. —; geb. n. 6. 50
I. Das syrische land Jaudi u. der angebliche Azarja v. Juda. Das nordarab. land Musri. Die Gideonerzählungen. Phönicische glossen. Die polit. entwicklg. Altmesopotamiens. Einzelnes. (VII, 107 S.) 893.
II. Die babylonische Kassitendynastie. Babyloniens herrschaft in Mesopotamien u. seine erobergn. in Palästina im 2. jahrtausend. Einige bemerkgn. üb. eisen u. bronce bei den Babyloniern u. Assyrern. Die Meder u. der fall Ninives. Bemerkungen zu semit. inschriften. Zum alten Testament. (III u. S. 109—196 m. 4 Taf.) 894.

Winckler, Hugo, altorientalische Forschungen. III.—VI. gr. 8. Leipzig, E. Pfeiffer. n. 22. —; geb. n. 24 — (I—VI.: n. 34. —; geb. n. 37. —)
III. Noch einmal d. babylon. Königstitel. — Bemerkgn. zu d. Assurbanipalinschriften. — E. urkunde aus der babylon. kleinstaaterei. — Bemerkgn. zu d. funden v. Nippur. — Untersuchgn. zur Bavianinschrift. — E. inschrift Abisu's. — Zu d. sabäischen inschriften. — Zum alten Testament. — Text d. Chronik P. (S. 197—303.) 895. n. 6. —; geb. n. 6. 50
IV. E. phönic. inschrift aus Nordsyrien. — Zur alten geschichte Jemens u. Abessiniens. — Zur geschichte des Judentums in Jemen. — Muṣri. — Dido. — Das winzerlied Jes. 63. — Die tiergruppe in d. vision Ezechiels. — Die festung im weinberge bei d. Israeliten. — Zum Kohelet. — Griechen u. Assyrer. (III u. S. 305—370 m. 1 Taf.) 896. n. 4. —; geb. n. 4. 50
V. Zur babylonisch-assyr. geschichte. — Zur phönicisch-karthag. geschichte. — Zur geschichte d. alten Arabien. (III u. S. 371—468.) 897. n. 6. —; geb. n. 6. 50
VI. Zur babylon. verfassg. — Die eroberg. v. Kirbit u. d. zeit d. ersten unternehmungen Assurbanipals. — Kimmerier, Ašguzäer, Skythen. — Zum babylonisch-chaldäischen feudalwesen. — Necho u. Nebukadnezar in Ribla. — Die med. mauer. — Pittakos? — Bruchstücke v. Keilschrifttexten. — Einige altbabylon. inschriften. — Einzelheiten u. nachträge. — Verzeichnisse. (V u. S. 469—573.) 897. n. 6. —; geb. n. 6. 50

— dasselbe. 2. Reihe. I. Bd. 4 Hfte. (VII u. VIII der ganzen Folge.) gr. 8. Ebd. 898. f. 1 Bd. v. mindestens 12 Bog. n. 9. —; Einzelpr. n. 11. —
1. Bruchstücke von keilschrifttexten. Šupria. Šareser u. Assarhaddon. Zu semitischen inschriften: 1. Die grabinschrift v. Petra. 2. Die inschrift v. Limyra (CIAr. 100). 3. CIAr. 164. (61 S.) n. 3. 50
2. Assyrien u. Tyrus seit Tiglat-Pileser III. — Sam'al unter Sargon. — Zur geschichte des alten Arabien. II. Saracenen. III. Zur inschrift v. Teimar. IV. Die könige v. Characene. — Die polyandrie bei den Minäern. — Einige semitische Eigennamen. — Lot. — ṣemed. — ḫamaštu. — (S. 65—102.) n. 2. 20

3. Die reiche v. Cilicien u. Phrygien im lichte d. altorientalischen inschriften. -- Aeschylus Persae 751—769. (S. 103—142.) n. 2.80
4. Zeit u. verfasser d. Kohelet. — Gog. — Psalm 22. — Zur bamuštu. Aus d. archiv v. Ninive. (III u. S. 143—192.) n. 3. —

— dasselbe. 2. Reihe. II. Bd. 1. Hft. (XI d. ganzen Folge.) gr. 8. Ebd. n. 2. 60; f. 1 Bd. v. mindestens 12 Bog. n. 9. —
Zur inneren politik im neubabylon. reiche. — Die Zeit der herstellg. Judas. — Nehemias reform. — Daniel u. seine freunde. — kehir im AT. (S. 193—240.) 899.

— altorientalische Forschungen. 2. Reihe. II. Bd. 2. u. 3. Hft. gr. 8. (XII u. XIII der ganzen Folge.) Leipzig, E. Pfeiffer. à n. 4. 40; (2. Bd. kplt. n. 9.—)
2. Die zeit v. Esras ankunft in Jerusalem. — Zur geschichte des alten Arabien: V. Nebukadnezar und Kedar. — VI. Die arab. Kasdim. — Ko'a u. Sho'a. — Zum buche Jona. — Zum buche Judith. — Zur kleinasiat. geschichte. -- Philokles, könig der Sidonier. — Aus dem archiv v. Ninive. — amelu. — Zu den kartagisch-röm. verträgen. (S. 241—320.) 899.
3. Zu semitischen inschriften: IV. CIAr 198. V. Manna. — Zur altarab. zeitrechng. — Der interrex bei den Sabäern. — Himmel, kalender u. mythus. — Die Kanaanäer v. Lagash. (III u. S. 321—400.) 900.

— dasselbe. 2. Reihe. III. Bd. 2 Hfte. (XIV u. XV der ganzen Folge.) gr. 8. Ebd. n. 9.—; (2. Reihe kplt. n 27.—; geb. in Leinw. n. 28. 60)
Die zeitangaben Mesas. — Die golah in Daphne. — Obadja. (V u. S. 401—459.) 900. 901.

— dasselbe. 3. Reihe. I. Bd. 2 Hfte. (XVI u. XVII der ganzen Folge.) gr. 8. (III, 184 S.) Ebd. 901. 902. Subskr.-Pr. n. 9.—; Einzelpr. n. 10. 40

— dasselbe. 3. Reihe. II. Bd. 1. Hft. (XVIII der ganzen Folge.) gr. 8. (S. 185—248 m. Fig.) Ebd. 902. n. 3. 60 Subskr.-Pr. f. den Bd. n. 9.—

— altorientalische Forschungen. 3. Reihe. II. Bd. 2. u. 3. Heft (XIX. u. XX. der ganzen Folge). (III u. S. 249—384.) gr. 8. Leipzig 906. E. Pfeiffer. n. 7. 50 (II. Bd. vollst. n. 9. —)

— dasselbe. 3. Reihe. III. Bd. 1. Heft (XXI. der ganzen ganzen Folge). (S. 385—470.) gr. 8. Ebd. 906. Einzelpreis n. 5. —; f. den III. Bd. n. 9. —

Die babylonische Geisteskultur in ihren Beziehungen zur Kulturentwicklung der Menschheit. Von Dr. Hugo **Winckler**, Prof., Berlin. Leipzig: Quelle & Meyer 1907. (152 S.) 8° [G.]
= **Wissenschaft** u. Bildung. 15. [07. 13703]

Geschichte der Stadt Babylon. Von Dr. Hugo **Winckler**, Prof., Berlin. *Leipzig: J. C. Hinrichs 1901.* (47 S.) 8° [G.]
= **Orient**, Der alte. Jg. 6, H. 1. [436]

Winckler, Hugo: Geschichte Babyloniens und Assyriens. (Völker und Staaten des alten Orients. I.) Leipzig 1892. XII 355 S. 8°

Altorientalische Geschichts-Auffassung von Hugo **Winckler**. Leipzig: E. Pfeiffer 1906. (64 S.) 8°
= **Ex** oriente lux. Bd 2, H. 2. [07. 13043]

— die Gesetze Hammurabis, Königs von Babylon, s.: Orient, der alte. IV. 4.

— dasselbe, in Umschrift u. Uebersetzung hrsg. Dazu Einleitg., Wörter-, Eigennamen-Verzeichnis, die sog. sumer. Familiengesetze u. die Gesetztaf. Brit. Mus. 82-7-14, 988. (XXXII, 116 S.) gr. 8. Leipzig 904. J. C. Hinrichs' Verl. n. 5. 60; geb. n. 6. 20

Himmels- und Weltenbild der Babylonier als Grundlage der Weltanschauung und Mythologie aller Völker. Von Dr. Hugo **Winckler**, Privatd., Berlin. Mit 2 Abb. *Leipzig: J. C. Hinrichs 1901.* (64 S.) 8° [G.]
= **Orient**, Der alte. Jg. 3, H. 2. 3. [01. 12685]

Winckler, Hugo: Himmels- und Weltenbild der Babylonier als Grundlage der Weltanschauung und Mythologie aller Völker. 2., durchges. u. erw. Aufl. Mit 2 Abb. Leipzig: Hinrichs 1903. 67 S. 8°
(Der alte Orient. Jg. 3, H. 2/3.)

Die sabäischen inschriften der zeit Alhan Nahfan's v. Hugo **Winckler**. *Berlin: W. Peiser (1897).* (1 Bl., 32 S.) 8.
— **Mitteilungen** d. Vorderasiat. Gesellschaft. 1897. [No] 5.

Winckler, Hugo, de inscriptione Sargonis regis Assyriae quae vocatur annalium. Diss. Berlin 1886, Mayer & Müller. 8°. 62 S.

Winckler, Hugo: Die Istar v. Ninive in Ägypten. s. Mitteilungen d. vorderasiat. Gesellschaft.

Die jüngsten Kämpfer wider den Panbabylonismus. Von Hugo **Winckler**. Leipzig: J. C. Hinrichs 1907. (79 S.) 8°
— **Kampfe**, Im, um d. Alten Orient. 2.

— die Keilinschriften u. das Alte Testament, s.: Schrader, Eberh.

Winckler, Hugo. Altbabylonische Keilschrifttexte, zum Gebrauche bei Vorlesungen hrsg. Lith. v. Eug. Böhden. Fol. (III, 40 S.) Lpz. 892, Pfeiffer. * 10 —

Winckler, H.: Keilschrifttexte z. Gebrauch bei Vorlesungen. s. Abel, Ludwig

— die Keilschrifttexte Sargons, nach den Papierabklatschen u. Originalen neu hrsg. 2 Bde. Ebd. 889. n. 48. —
1. Historisch-sachliche einleitung, umschrift u. übersetzung, wörterverzeichnis. gr. 8. (XLVI, 244 S.)
2. Texte, autogr. v. L. Abel. gr. 4. (5 S. m. 49 Taf.) geb.

— die babylonische Kultur in ihren Beziehungen zur unsrigen. Ein Vortrag. 1. u. 2. Aufl. gr. 8. (à 54 S. m. 8 Abbildgn.) Leipzig 902. J. C. Hinrichs' Verl. n. — 80; kart. n.n. 1. 30

— Liste ausgewählter Keilschriftzeichen zum Gebrauch f. Anfänger. gr. 4. (24 autogr. S.) Ebd. 893. n. 2. —; geb. n. 2. 50

Muṣri, Meluḫḫa, Maïn. E. Beitr. z. Geschichte d. ältesten Araber u. z. Bibelkritik v. Hugo **Winckler**. M. 1 Taf., enth. d. minäische Inschr. *Berlin: W. Peiser (1898).* (1 Bl., 56 S., 1 Bl. Bl., 1 Taf.) 8.
— **Mitteilungen** d. Vorderasiat. Gesellschaft. 1898. [No] 1.

Muṣri, Meluḫḫa, Ma'in II. Nachtr. zu M. V. A. G. 1898, 1 v. Hugo **Winckler**. *Berlin: W. Peiser (1898).* (2 Bl., 10 S.) 8.
— **Mitteilungen** der Vorderasiat. Gesellschaft. 1898. [H.] 4.

Der alte Orient und die Bibel. Nebst e. Anh. Babel u. Bibel – Bibel u. Babel. Von Hugo **Winckler**. Leipzig: E. Pfeiffer 1906. (46 S.) 8°
= **Ex** oriente lux. Bd 2, H. 1. [07. 13944]

Der alte Orient und die Geschichtsforschung. Eine unvollendete Schrift von Hugo **Winckler**. Berlin: W. Peiser 1906. (124 S.) 8°
— **Mitteilungen** d. Vorderasiat. Gesellschaft. 1906, 1.

— religionsgeschichtlicher u. geschichtlicher Orient. Eine Prüfung der Voraussetzungen der „religionsgeschichtl." Betrachtung des Alten Testaments u. der Wellhausen'schen Schule. Im Anschluss an K. Marti's „Die Religion des AT unter den Religionen des vorderen Orients. Zugleich Einführung in den kurzen Hand-Commentar zum AT." (64 S.) gr. 8. Leipzig 906. J. C. Hinrichs' Verl. n. — 50

— Papâhu-Hierapolis, s.: Müller, W. M.

— Plagiat? Antwort auf die v. A. J. Delattre S. J. gegen mich erhobenen Beschuldigungen. gr. 8. (20 S.) Leipzig 889. Ed. Pfeiffer. n. 1. —

— Sammlung v. Keilschrifttexten. I. Die Inschriften Tiglat-Pilesers I. gr. 4. (IV, 31 S.) Ebd. 893. n. 5. —; geb. n. 5. 50

— dasselbe. II. Texte verschiedenen Inhalts. 1. u. 2. Lfg. gr. 4. Ebd. 893. n. 14. —
1. (40 S.) n. 6. —. — 2. (IV u. S. 41—76.) n. 8. —.

— dasselbe. III. 1. Lfg. gr. 4. Ebd. 895. n. 6. —
Die Keilschrifttexte Assurbanipals. 1. Lfg. Prisma R. M. 1. Bruchstücke v. B. K. 1732, Col. I–III. (40 S.)

Winckler, Hugo, Sammlung v. Keilschrifttexten. III. 2. Lfg. gr. 4. Leipzig 895. E. Pfeiffer. n. 6. — (I, 1; II, 1. 2. u. III, 1. 2.: n. 31. -)
Die Keilschrifttexte Assurbanipals. 2. Lfg. D. Bruchstücke d. Textes v. Prisma B. (S. 41—80.)

Kritische Schriften von Hugo Winckler. Sonderabzüge aus d. Orient. Litteraturzeitung 1898–1901 ... *Berlin: W. Peiser 1901.* (126 S.) 8° [01. 6404

— kritische Schriften. I u. II. gr. 8. Berlin, W. Peiser Verl. n. 4. 50
I. (126 S.) 901. n. 2. 50. — II. (116 S.) 902. n. 2. —.
Sonderabdrucke aus: „Orientalistische Litteraturzeitung".

— kritische Schriften. III. u. IV. 8. Berlin, W. Peiser. n. 2. 50
III. (120 S.) 904. n. 1. —. — IV. Hermann Guthe, Geschichte des Volkes Israel. (69 S.) 905. n. 1. —.
Sonderabdrucke aus: „Orientalist. Litteraturzeitg."

— Kritische Schriften. V. u. VI. 8. Berlin. [W. Peiser.] Leipzig, J. C. Hinrichs' Verl. 2. 50
V. (122 S.) 906. 1.50. — VI. Suri. (82 S.) 907. 1. .
Sonderabdrucke aus: „Orientalist. Litteratur-Ztg."

— das Siegel Ahlibsar's; Gebal u. Gabala in d. assyr. Inschriften; d. Bauinschrift Bar-rekubs aus Sendschirli; Simyra; Dunip-Heliopolis, } s.: Mitteilungen d. vorderasiat. Gesellschaft.

—— Sumer und Akkad, s. Mitteilungen des akademisch-orientalischen Vereins zu Berlin.

Winckler, Hugo: Tatnai. s. Mitteilungen d. vorderasiat. Ges.

Winckler, Hugo: Tel-Amarna 125, s. Mitteilungen d. vorderasiat. Ges.

The Tell-el-Amarna-Letters by Hugo Winckler. *Berlin: Reuther & Reichard 1896.* (XLII, 415, 50 S.) 1 Bd 8. [97. 1718

— keilinschriftliches Textbuch zum Alten Testament. 2 Lfgn. gr. 8. Ebd. 892. n. 5. —
1. (48 S.) n. 2. —. — 2. (S. 49—111.) n. 3. —.

Keilinschriftliches Textbuch zum Alten Testament zsgest. von Hugo Winckler. 2. neu bearb. Aufl. *Leipzig: J. C. Hinrichs 1903.* (129 S.) 8°
= Hilfsbücher z. Kunde d. Alten Orients. Bd 1. [03. 6778 8

Keilinschriftliches Textbuch zum Alten Testament zsgest. von Hugo Winckler. 3. neubearb. Aufl. mit e. Einführung. Leipzig: Hinrichs 1909. XX, 118 S. 8°
(Hilfsbücher z. Kunde d. alten Orients. Bd 1.) [09. 10543

Winckler, Hugo: Theses... Berolini, typ. G. Langenscheidt (1886); 3 S. 8°
Berlin, Phil. Fak., Thesen v. 14. Aug. 1886.

—— Der Thontafelfund v. El Amarna, s. Mittheilungen aus den orientalischen Sammlungen der königl. Museen zu Berlin.

Die Thontafeln v. Tell-el-Amarna v. Hugo Winckler. (In 2 Hälften.) *Berlin: Reuther & Reichard 1896.* (XXXVI, 415, 50 S.) 1 Bd 8.
= Bibliothek, Keilinschriftliche. Bd V. [96. 8077

—— Alttestamentliche Untersuchungen. gr. 8. (VIII, 192 S.) Ebd. 892. * 7 50; geb. * 8 50

—— Untersuchungen zur altorientalischen Geschichte. gr. 8. (X, 157 S., wovon 13 S. autogr. assyr. Text.) Lpz. 889, Pfeiffer. * 12 —

— Völker u. Staaten d. alten Orients. I. Geschichte Babyloniens u. Assyriens. gr. 8. (XII, 354 S.) Ebd. 892. n. 10. —; geb. n. 11. —

— Völker u. Staaten d. alten Orients. 2. Geschichte Israels in Einzeldarstellungen. 1. Tl. gr. 8. (VIII, 226 S.) Leipzig 895. E. Pfeiffer. n. 7. 50; geb. n. 8. 50 (1. u. 2.: n. 17. 50; geb. n. 19. 50)

— Völker u. Staaten des alten Orients. 3. Geschichte Israels in Einzeldarstellgn. 2. Tl. Die Legende. gr. 8. (VIII, 300 S.) Leipzig 900. E. Pfeiffer. n. 9. —; geb. n. 10. —; (1—3 n. 21. 50; geb. n. 24. 50)

Winckler, Hugo: Die Völker Vorderasiens. Leipzig: J. C. Hinrichs 1899. (36 S.) 8°
(Orient, Der alte. Jg. 1. H. 1.)

Winckler, Hugo: Die Völker Vorderasiens. 2., durchges. Aufl. Leipzig: Hinrichs 1903. 36 S. 8°
(Der alte Orient. Jg. 1. H. 1.)

Winckler, Hugo: Das Vorgebirge am Nahr-el-Kelb und seine Denkmäler. Mit 1 Ktskizze u. 4 Abb. Leipzig: Hinrichs 1909. 27 S. 8°
(Der alte Orient. Jg. 10. H. 4.)

Winckler, Hugo: Die Weltanschauung des alten Orients. Leipzig: E. Pfeiffer 1904. (50 S.) 8°
(Ex oriente lux. Bd 1. H. 1.)

— s.: Weltgeschichte.

Die babylonische Weltschöpfung. Von Hugo Winckler, Prof., Berlin. Leipzig: J. C. Hinrichs 1906. (30 S.) 8° [F.]
= Orient, Der Alte. Jg. 8., H. 1. [06. 10304

Winckler, J. C. F., tägl. Betrachtungen üb. d. Offenbar. Jesu Christi. 1. Bd. 1—3. Hft. gr. 8. (30½ B.) Stuttgart 811, (J. F. Steinkopf.) à *

Winckler, J. C. F., tägliche Betrachtungen über die Offenbarung Jesu Christi, worin der revidirte Grundtext treu übersetzt, genau erklärt, u. von lehrreichen u. erbaul. Bemerkungen, so wie auch von Liedern u. Gebeten begleitet ist. 1. Bd. 4—6. (letztes) Hft. gr. 8. (31½ B.) Stuttgart 843, (J. F. Steinkopf.) à * 10 Ngr. *
1. B. 1—3. Hft. Ebendas. 1841. 1 Thlr.

—— Harfenklänge, besteh. in e. metr. Uebersetz. u. Erläuter. v. 51 ausgewählten Psalmen, u. in e. Auswahl v. evangel. Gedichten u. Liedern, nebst e. Anh., in welchem nachträgl. noch einige Psalmen geliefert werden. gr. 12. (18 B.) Barmen 838, Steinhaus.

W[inckler], J. J.: Num principem adorare liceat? Altenburgi (1703).

Winckler, Jakob Benedikt (Leipzig) A. S. 181/27

Commentatio ad titulum codicis de mathematicis maleficis et ceteris similibus. Präs. Lüder Mencken.
Leipzig (Titius) 2. VIII. 1725. 72 S.

W. v.: Präs. 36867

[Winckler, Johann:] Arcanum Regium. o. O. 1703. 8°

WINCKLER, Joh., Bewegungs-Gründe sich von den Lüsten dieser Welt, insonderheit der Hurerey zu enthalten, (Neujahrs-Predigt.) Hamburg 1702. 8°.
Bibl. Kohlreif. Raceb. 1751. 4°. p. 121; Bibl. Kielmans-Egg. I. p. 650 u. 951; Bibl. J. A. Fabricii II. Hbg. 1738. p. 723; IV. Hbg. 1741. p. 142. (p. 143 *J. Winckler*, wider die Hurerey, ib. eod. a., ist wohl identisch).

Johann **Wincklers** Höchst-gemüßigte u. freymüthige Darlegung seiner Unschuld u. Ursachen . . . — Dohm: Libernickel (1702). 27 S. 8° (4°)

Winckler, Johann (Starsiedel) A. S. 168/3

De expensis termini.
Präs. Gebhard Christian Bastineller.
Wittenberg (Gerdes) IX. 1717. 20 S.

W. v.: Präs. 36869

Winckler J. Feuerschaden, Feuerlösch- und Versicherungswesen in den im Reichsrate vertretenen Ländern 1870. Wien 1872

Winckler, Joh., Feuerschäden, Feuerlösch- und Versicherungswesen, } s. a. Mittheilungen aus dem Gebiete der Statistik.

Winckler, Johannes [app. Arzt aus Oberflörsheim]: Aus d. med. Klinik d. Herrn Geheimrates Prof. Dr. Riegel in Giessen. Zur Casuistik combinierter Klappenerkrankungen ... Giessen, C. v. Münchow. Univ.-Dr., 1891; 26 S. 8°
Giessen, Med. Fak., Inaug.-Diss. v. 1891

Winckler, Joh., die periodische Presse Oesterreichs. Eine historisch-statist. Studie. Hrsg. von der k. k. statist. Central-Commission. Lex.-8. (234, 222 S.) Wien 875, (Gerold's Sohn.) *

Winckler J. Übersicht des Schiffs- und Warenverkehrs auf der oberen Donau zu Wien, Linz und Engelhartszell in den Jahren 1849-69. Wien 1870

— Uebersicht d. Schiffs- u. Waarenverkehrs auf der oberen Donau etc., s. a. Mittheilungen aus dem Gebiete der Statistik.

Winckler, Johann Anton (Hamburg) A. S. 773/34

Dissertatio inauguralis iuridica de iure stapulae.
Präs. Johann Wilhelm Engelbrecht.
Helmstedt (Hamm) 10. III. 1711. 76 S.

36870

Winckler, Johann Burghardt (Oschatz) A. S. 861/8

Dissertatio inauguralis medica exhibens aphorismos quosdam practicos. Präs. Friedrich Hoffmann.
Halle (Gruner) 21. XII. 1701. 16 S.

36871

Winckler, Johann Burkhard (Oschatz) A. S. 1158/13

Dissertatio inauguralis medico exhibens aphorismos quosdam practicos. Präs. Friedrich Hoffmann. Rec.
Halle (Grunert) 1726. 16 S.

Diss. 21. XII. 1701. 36872

Winckler, Johann Christian (Hamburg) A. S. 127/31

Dissertatio inauguralis qua disquiritur quaenam actio a desponsatis ad matrimonium consummandum, institui possit ?
Göttingen (Dieterich) 6. VIII. 1783. 48 S.

Gew.: Stadt Hamburg. 36873

Winckler, Johann Dietrich, s. Winkler, Johann Dietrich

Winckler, Johann Georg Christoph (Tüngenthal) Altd. Thl. 13/27

Plerophoria falsi nominis seu convictio imaginaria in spiritualibus. Präs. Christoph Sonntag.
Altdorf (Kohles) 25. V. 1707. 28 S.
36875
W. v.: Präs., Michael Christoph Sonntag.

Winckler, Johann Gottfried A. S. 812/27

Disputatio juridica inauguralis, de jurata diffessione recognita manu. Präs. Johann Heinrich Meier.
Erfurt (Grosch) 18. VI. 1714. 35 S.

Gew.: Wolff Siegfried von Kötteritz. 36876

Winckler, Johann Heinrich, Philosoph u. Physiker. 1703–1770, s. Winkler, Joh. Heinrich

WINCKLER, JOA. HENR., Diss. jur. inaug. exhibens centuriam thesium ex jure civili, canonico et publico. Kiliae. 1734. 4. [Praes. Jo. Zach. Hartmann].

Winckler, Johann Peter Siegmund, s. Winkler, Johann Peter Siegmund.

Winckler, Joseph: Landflucht — Landhunger in Schleswig-Holstein. Lübeck. 1910. 8°

Winckler, Josef Magnus, s. Winkler, Josef Magnus.

Winckler, Jul. Leop. Willi, kurzgefaßte arabische Sprachlehre zur schnellen Erlernung der vulgär-arabischen Sprache, wie dieselbe in ganz Egypten und am Rothen Meere gesprochen wird, nebst reichhalt. Wörterbuch und einer Sammlung der nöthigsten Redensarten und Fragen. Unter freundl. Mitwirkung einiger in Egypten ansässiger Freunde zusammengestellt und hrsg. 8. (XII und 260 S.) Leipzig 862, Brockhaus. *

Winckler, K.

Winckler, Polizei-Rath, ..., s. Wohnungsanzeiger.

Winckler, Carl: John Marston's litterarische Anfänge. *Breslau 1903: H. Fleischmann.* (69 S.) 8° (Der letzte Teil erscheint in: Engl. Studien.)
Breslau, Phil. Diss. v. 9. Juli 1903

Winckler, Karl [pr. Arzt]: Zur Casuistik der Lebercysten ... Wiesbaden, Druck v. R. Bechtold & C., 1891; 34 S. 8.
Marburg, Med. Fak., Inaug.-Diss. v. [14. Jan.] 1892

Winckler, Karl August von

v. Winkler, Karl Aug., System d. kursächs. Kriegsrechts. 3 Thle. gr. 8. Leipz. 796—804. Martini. (Gnobloch). 3 ℛ 20 ℊ

Winckler, Carl August von: System des Chur-sächsischen Kriegsrechts. 3 Theile. Lpz. 1803—04.

Winckler, Karl Friedrich (Leipzig)
U. S. Göttingen 1742/2

Dissertatio de aetate speculi Saxonici speculo Svevico antiquioris. Präs. Georg Heinrich Ayrer.
Göttingen (Hager) 11. VIII. 1742. 39 S.

Gew.: Stadt Leipzig.
W. v.: Präs., Adolph Bernhard Winckler (Bruder).
36882

Winckler, Karl Friedrich (Leipzig) A. S. 174/24

De favore caussarum matrimonialium nimio e foris proscribendo.
Göttingen (Schultz) 6. V. 1745. 69 S.

Gew.: Heinrich Gf. von Brühl.
W. v.: Georg Heinrich Ayrer. 36884

Winckler, **Karl Fr., († d. 12. Febr. 1784.) institutiones jurisprudent. naturalis in usum praelectionum ed. et praefat. C. U. D. de Eggers. 8. Kopenh. 801. Arntzen u. H. (Barth in Leipz.) 12 gr**

Winckler, Karl Friedrich (Leipzig) A. S. 283/16

Commentatio academica de iure dispensandi circa connubia iure divino non diserte prohibita ad edictum regium Borussicum, pars altera sectio II. de connubiis lege humana prohibitis adeoque praevia dispensationis licitis. Präs. Georg Heinrich Ayrer.
Göttingen (Schulz) 15. III. 1742. 88, 76 S.
36881

Winckler, Karl Friedrich (Leipzig) A. S. 580/47

De relocatione tacita ad leg. XIII. $. ult. Dig. loc. cond.
Leipzig (Langenheim) 24. IV. 1744. 16 S.
36883

Winckler, Karl Gottfried von

Winckler, Carl Gottfr.: Rechtliche Abhandlung von Kriegsschäden der Pachter und Miethleute, in wie weit der Grundherr zu deren Vergütung verbunden sey? mit beygefügten Rechtssprüchen und andern Beylagen. Leipzig 1762.

— (2. Ausg.) hrsg. von Gottfr. Ludw. Winckler. 1796.

Winckler, C. G.: „Rechtliche Abhandlung von Kriegsschäden, wie weit deren Vergütung ein Pachter und Miethmann von dem Grundherrn fordern könne", Leipzig 1762 (Wendler). — 2. sehr verm. Auflage, herausg. von G. L. Winckler, Leipzig 1796 (Fritsch).

— rechtl. Abhandl. von Kriegsschäden d. Pachter u. Miethleute in wie weit d. Grundherr zu deren Vergütung verbunden sey, mit beigefügten Rechtssprüchen u. Beilagen erläutert. Herausg. v. G. L. Winkler. 2e Aufl. gr. 8. Leipz. 796. (Hahn). 1 ℔ 16 gr

Winckler, C. Gfr.: Adversaria juris judiciarii c. comment. ad sportularum tabulam Sax. de anno 1784 — 1797. *Dresden*, Richter. (Goethe, *Lips.*) 8maj. (18 Gr.)

Winkler, C. G. de, Animadversiones juris antiqui. Progr. I-IV. Lips. 782. 83. 4.

de Winkler, K. Gf.: (Animadv. jur. ant. VIIa) analecta ad Aem. L. *Hombergk zu Vach* de collect. Novell. a Justin. facta diatriben. *Lpz.* 788. 4.

de Winkler, K. Gf.: Animadverss. jur. judic. inpr. quoad concursum creditt. *Lpz.* 785-88. 4.

Winckler, Karl Gottfried (Leipzig) A. S. 1329/41

De auro Iudaico. Präs. Jo. Parreidt.
Leipzig (Breitkopf) 30. XI. 1743. 32 S.

Gew.: Stadt Leipzig. 36885

Winckler, Karl Gottfried von [Praes.], s. Beck, Joh. Aug.: De feudi in pecunia constituti pecuniae et quanti feudalis in creditorum conflictu habenda ratione secundum jus electorale Saxonicum.

Winckler, Karl Gottfried von [Praes.], s. Conradi, Christian Friedrich: Adversaria juris judiciarii imprimis quoad concursum creditorum.

de Winkler, K. Gf.: Coroll. jur. crim. 1—24. *Lpz.* 770—88. 4. (1 Thl. 4 Gr.)

Winckler, C. Gfr.: Edictum Apronianum Ium illustr. tentat. *Lips.* (743.) 4. — Edict. Apron. IIum *ib.* 745. 4.

Car. Godofr. de Winkler progr. de favore mediocrum jure veteri ac hodierno. Lips. 1786. 4 — *German. vers. in* Scherf Beiträge zum Archiv der med. Polizei u. Volksarzneikunde. 3. Bd. 1. Sammlung S. 110 — 129

Winckler, Karl Gottfried von [Praes.], s. Haubold, Christian Gottlieb: De differentiis inter testamentum nullum et inofficiosum pars prior.

Winckler, Karl Gottfried von [Praes.], s. Hauschild, August Ferdinand: Superioritas territorialis fons operarum venaticarum principi a subditis debitarum.

Winckler, Karl Gottfried von [Praes.], s. Haustein, Johann August Friedrich: Dissertatio observationes quasdam ad paragraphum primam legis Saxonicae electoralis novissimae de citatione edictali in causis civilibus.

Winckler, Karl Gottfried von [Praes.], s. Konhard, Johann Benjamin: De potestate legum civilium in jus naturae.

Winckler, Karl Gottfried A. S. 126/30

De lege Iunia Velleia disputatio.
Leipzig (Langenheim) 1. VII. 1745. 56 S.
36886

Winckler, Car. Godofr. de: Opuscula minora ed. et praef. est filius Godofr. Lud. Winckler. Vol. 1. Dresdae et (Vol. 2. nur:) Lipsiae 1792. 96.

— Opuscula juridica, ed. G. Winckler. Vol. I. II. P. 1. 2. 8maj. Dresd. 792—97. Richter. (Göthe in Leipz.) 2 ℔ 18 gr

— Aus Vol. I. ist besonders zu haben: Corollaria juris criminalis. 792. 1 Rthl. 4 gr.

— Aus Vol. II. P. 2. ist besond. zu haben: adversaria juris judiciarii c. comment. ad sportularum tabulam Sax. de anno 1784—1797. 18 gr.

Winckler, Karl Gf., († d. 19. April 1790.) Comment. jurid., de mortis voluntariae prohibitione ac poenis. Accessit oratio de Martino Luthero Jurisconsulto. 8maj. Leipz. 775. (Brockhaus). 7 gr.

Winckler, Karl Gottfried von [Praes.], s. Quandt, Johann Gottfried: Ad doctrinam de jurejurando flores sparsi.

Winckler, Karl Gottfried von [Praes.], s. Quandt, Johann Gottfried: De juramento religionis.

Winckler, Karl Gfrd. und J. A. **Bachius**, De supplicio plumbatarum media aetate usitato disputabunt. Lipsiae 1744. 4. . . . . (lo)

Winckler, Karl Gottfried Theodor, s. Winkler, Karl Gottfried Theodor.

Winckler, Karl Ludwig Gottlob

— Meteorologische Beobachtungen auf der Sternwarte zu Halle für den Februar 1820 und Juli 1822.

— Darstellung d. Planetenbahnen nach ihren wahren Verhältnissen. Fol. Halle 823. Kümmel. 16 gr.

Winckler, Karl Ldw. Glo., stereograph. Entwurf des gestirnten Himmels für d. Polhöhe von Halle 2c. Mit 2 Kpft. 8. Halle 823. Kümmel. 16 gr.

— die Logarithmen d. Zahlen, Sinus u. Tangenten mit 5 Decimalen 2c. 8. Halle 826. (Grunert.) 5/8 Rthl.

— die Logarithmen der Zahlen der Sinus u. Tangenten, mit 5 Dezimalen. Mit e. Anweis. z. Gebr. f. Schulen. 8. Halle 827, Fr. Ruff.

— u. L. Gramm, Nomenklator u. Rechnungstabellen zur königl. preuß. Erhebungsrolle d. Abgaben für d. Jahre 1822 bis 24. gr. 8. Halle 823. Kümmel. 18 gr. Die Rechnungstabellen besonders 6 gr.

— Rechnungstabellen z. königl. preuß. Heberolle d. Ein-, Aus- u. Durchgangsabgaben v. 19. Nov. 1824. gr. 8. Halle 825. Ruff. 18 gr.

— Tabelle für den Quartinhalt aller Bottige 3 bis 60 Zoll Höhe u. von 20 bis 180 Zoll Durchmesser, u. einer in diesen stehenden nur theilweise sie erfüllenden Flüssigkeit; nebst Erklär. ihres Gebrauches u. e. Anweis., jeden Bottich leicht u. richtig zu vermessen. schmal Fol. Halle 824. Fr. Ruff. 15 gr.

— Tabelle für den Quartinhalt aller Bottige 3 bis 60 Zoll Höhe u. von 20 bis 180 Zoll Durchmesser, u. einer in diesen stehenden, nur theilweise sie erfüllenden Flüssigkeit; nebst Erklär. ihres Gebrauches u. e. Anweisung, jeden Bottig leicht u. richtig zu vermessen, schmal Fol. Halle 825, Fr. Ruff.

Winckler, ausführliche Tabellen für den Quartinhalt der Bottiche und Fässer, sowie der darin befindl. Flüssigkeit, nebst deutl. Gebrauchserklärung und Anweisung solche körperl. Räume leicht und richtig zu vermessen, auch die Dimensionen anzufertigender Bottiche von gegebenem Quartinhalt zu bestimmen. 6., sorgfältig rev., wörtlich abgedr. Ausg. 12. (VI, 64 und 122 S. mit 1 Stnt. in qu. 4.) Berlin 853, (Besser's Verlag.) *

Winckler, ausführl. Tabellen f. d. Quartinhalt d. Bottiche u. Fässer, s. Reisch, W.

Winckler, Karl Ldw. Glo., Tafel zur Berechnung d. Höhen aus beobachtet. Baro- u. Thermometer-Ständen 2c. 8. Halle 826. (Grunert.) 2/3 Rthl.

— Tafeln z. Berechnung d. Höhen, aus beobachteten Baro- u. Thermometer-Ständen, nebst den briggischen Logarithmen aller natürl. Zahlen von 1—10,000. 8. Halle 826, Fr. Ruff.

Winckler, Karl Ludwig Gottlob. Als die Inaug.-Schrift vertretend wurde angenommen des Verf. Druckschrift: Tafeln, um Barometerstände, die bei verschiedenen Wärmegraden beobachtet worden sind, auf jede beliebige Normaltemperatur zu reduciren. Halle: Hendel 1820. 4°

[Halle-Wittenberg, Phil. Diss. v. 24. Aug. 1820]

Geb. [Gerbstedt (Mansfelder Seekreis) 30. 3. 1790]

Des Verf. Namen lauten nach dem KB: Ludwig Carl Gottlob Winkler. Exemplar lag nicht vor, da in Berlin ÖWB verlagert.

Winkler (C. L. G.). Tafeln, um Hygrometerstände etc. auf jede Normal-Temperatur zu reduciren. Halle 1826. 4.

— Tafel, um Hygrometerstände, die bei verschiedenen Wärme-Graden beobachtet worden sind, auf jede beliebige Normal-Temperatur zu Reduziren. 4. Halle 827, Fr. Ruff.

— Meteorologisches Tagebuch der Sternwarte zu Halle für den Monat Oktober 1820; geführt vom Observator —. (1 Tabelle.)

(Winckler, Dr.), Meteorologisches Tagebuch der Sternwarte zu Halle, für den Monat Novbr. 1820, Mai, Juni, Aug. 1822, geführt vom Observator —. (Aus. Ann. der Physik, Jahrg. 1822.)

Winckler, Dr., Meteorologisches Tagebuch der Sternwarte zu Halle für den Monat November 1822; geführt vom Observator —. (Aus Gilb. Annal. d. Physik. B. 72. St. 4. J. 1822. St. 12.)

Winckler, Karl Wilhelm (Leipzig) A. S. 127/6

De crimine omissionis.
Präs. Johann Gottfried Funckler.
Leipzig (Breitkopf) 13. VI. 1776. 24 S.
36887

Winckler, Karl Wilhelm [Praes.], s. Müller, Johann Theophil: Ad actionem spolii aliquod spicilegium.

Winckler, Kurt: Die mhdc Übersetzung der paulinischen Briefe in der Augsburger Handschrift. Greifswald: Kunike 1908. 91 S. 8°

Greifswald, Phil. Diss. v. 15. Okt. 1908, Ref. Reifferscheid

[Geb. 21. Sept. 84 Kolberg; Wohnort: Kolberg; Staatsangeh.: Preußen; Vorbildung: Gymn. Kolberg Reife O. 03; Studium: Berlin 1, Marburg 1, Berlin 1, Göttingen 1, Greifswald 5 S.; Rig. 4. März 08.] [U 09. 1575

Winckler, Ludwig, a. Berlin: Über die Blutrache-Tragödien in der Elisabethanischen Literatur. Halle a. S. 1907 (Charlottenburg: Buchdr. Gutenberg). (33 S.) 8°

Halle, Phil. Fak., Ref. Wagner, Diss. v. 5. Dez. 1907

[Geb. 30. März 84 Berlin; Wohnort: Charlottenburg; Staatsangeh.: Preußen; Vorbildung: Sophien-Gymn. Berlin Reife O. 03; Studium: Marburg 1, Berlin 1, Frankreich 1, Berlin 1, Halle 5 S.; Rig. 10. Juni 07.]

Winckler, Ludw., Winke u. Ratschläge zur Gründung und Leitung v. Verkaufs-Genossenschaften sowie Anleitung zur Geschäfts- u. Buchführung, Rechnungs-Ablage und Bilanz-Aufstellg. solcher Genossenschaften, zugleich prakt. Wegweiser im Verkehr m. den Registergerichten. Nebst den hiezu nöt. Formularien u. Statuten-Entwürfen, e. Geschäfts- u. Lagerhaus-Ordng., c. vollständ. Jahresrechng. 2c. (VIII, 316 S.) 8. Lohra a/M. 902. C. Keller'sche Buchdr. (Leipzig, P. Stiehl.) 4.—

Winckler, Otto

Winckler, O., der verzierte Buchschnitt, s. Fritzsche, G.

Winckler, Otto, der Handel mit Lehrmitteln in den Schulen. Eine Eingabe an den gemischten Schulausschuss der Stadt Leipzig. 8. (8 S.) Leipzig 880, O. Th. Winckler.

Winckler, Otto, der Papierkenner. Ein Handbuch und Rathgeber für Papier-Käufer und Verkäufer, techn. Lehranstalten etc. Zum prakt. Gebrauche bearb. gr. 8. (VIII, 280 S. mit 127 Illustr.) Leipzig 887, Th. Grieben's Verlag. * geb. *

Winckler, Otto, die Schule und das Schulmaterial. Ein Wort an die Schulbehörden, sowie an die deutschen Schulmänner, Buch-, Lehrmittel- und Schulwaaren-Händler. 12. (31 S.) Dresden-Blasewitz 885, Loewenstein.

—— das Vergolden, s. Aus der Buchbinder-Werkstatt.

Winckler, Paul [aus Thorn]: Ueber Blutuntersuchungen bei Geisteskranken. . . . Bonn, Hauptmann'sche Buchdr., 1891; 15 S., 1 Taf. 8°
Bonn, Med. Fak., Inaug.-Diss. v. 28. Febr. 1891

EDELMANN, Der. (Satyr.-pikanter Roman in 4 Büchern von *Paul v. Winckler*.) Mit Kpf. Franckfurt u. Leipzig 1696. 8°.
(In Frkft. a. M.) (15 Mk. Harrassowitz, Lpz.)
Der Verfasser hatte in der Fruchtbr. Gesellsch. den Beinamen: „Der Geübte."
— — Dasselbe. Nürnberg 1709. 8°.
Bibl. J. A. Fabricii II. Hamb. 1739. p. 489.

Winckler, Ritter Reinhold Jh., († d. 24. Jan. 1815.) Predigten u. Reden. 1e Samml., welche 25 Predigten enthält, herausg. von Otto Reinhold Holtz u. Karl Jh. Salemann.) 8. Reval 816. (XXII u. 299 u. noch 4 unpag. S.) (Leipz., Rein.) 1 Rf 8 gl

Winckler, R. J., Predigten und Reden herausgeg. von O. R. Holtz und K. J. Salemann. gr. 8. (Leipzig, Rein in Comm.) 817.

WINCKLER, Richard H. (Chemnitz): Über die Bedeutung des Ichthorgans bei der Behandlung der Gonorrhoe.- München: Wolf 1903. 30 S.
17.6.1903 - Chr 1902/03,26; Jv 1902/03,319
Diss.Ingolst.-Landsh.-Mchn.

v. *Winckler*, Ritter Sam. Reinhold, Diss. inaug. med. de variis Aethiopum medicamentorum generibus. 4. Erl. 786. (31 S.)

— von einigen der gewöhnlichen Krankheiten d. Ehstländischen Bauern. 8. Reval 793. (XXII u. 442 S.)

Winckler, Samuel Veit (Nürnberg) A. S. 147/44

Dissertatio inauguralis de poenis coniugum intra annum luctus secundas nuptias contrahentium ad illustr. leg. X. tit. XXVIII. reformat. Norimbergensis.
Altdorf (Meyer) 19. VI. 1749. 40 S.

Gew.: Stadt Nürnberg.
W. v.: Georg Andreas Will. 36888

Winckler, Siegfr., Bemerkgn. zu dem Talmud-Thema Taam Keikar. (In hebr. Sprache.) (35 S.) gr. 8. Frankfurt a/M. 907. J. Kauffmann. -- 50

Winckler, T. C., Beschreibung einiger fossilen Tertiaer-Fischreste, vorzugsweise d. Sternberger Gesteins. Mit 2 (lith.) Taf. [Aus: „Archiv d. Ver. der Freunde d. Naturgesch. in Mecklenburg".] gr. 8. (35 S.) Neubrandenburg 876. Brünslow in Comm. n. 1. —

Winckler, Thdr., Mouvement commercial dans le Zollverein et coup d'œil sur ses principales industries, d'après les documents officiels français et allemands les plus récents. gr. Fol. (1 Bl.) Mühlhausen 872, Detloff. *

Winckler, Theod. Rob. Maximil. ... De elephantiasi ... Berolini (1850) ... 8°
Berlin, Med. Diss. v. 8. Mai 1850

Winckler, Tobias (Nürnberg) A. S. 1362/28

Dissertatio theologica de bis-mortuis, Oder Von Denen zweymahl Verstorbenen.
Präs. Balthasar Bebel. Rec.
o. O. 1730. 20 Bl.

Diss. Strassburg 1672. 36891

Winckler, W., in Egypten. Gedichte. 1. Bdchn. 8. (III und 180 S.) Prag 861, (Credner's Verlags-Conto.) *

Winckler, W., über Ursache und Ziel der gegenwärtigen Arbeiterbewegung. Vortrag. 8. (42 S.) Wismar 872, Hinstorff'sche Hofbuchh.

Winckler, Wilhelm

Winckler, W. Einige Bemerkungen über den gegenwärtigen Stand der s. g. Realschulfrage. S. 23–35. Progr. Bützow 1880.

[F. u. Ant.] Winckler, *K. A. Th. Wilhelm* [Dr., Dir.]: Erfordernisse für die Erteilung des Zeugnisses der Reife. Bützow, Druck d. Ratsbuchdr. v. C. Buhr, *1891;* S. 16–18; 4°
Bützow, RG. OP 1891 (618)

[F.] ***Winckler,*** *Wilhelm Carl August Th. [Dir. Dr.]:* Erfordernisse für die Erteilung des Zeugnisses der Reife. Bützow, Druck d. Ratsbuchdr. v. C. Huhr, *1893;* 48—50 S. 4.
Bützow, RG, OP 1893 (652)

Winckler, W[ilhelm]: Erfordernisse für die Erteilung des Zeugnisses der Reife. *Bützow 1898: C. Buhr.* (21—23 S.) 4°
• [Vgl. P-Beilage 1893.] [Ant. u. F.]
Bützow, RG, OP 1898 (694)

Winckler, W[ilhelm], Dr., Dir.: Erfordernisse für die Erteilung des Zeugnisses der Reife. *Bützow 1901: C. Buhr.* (S. 22—24.) 4° [Ant. u. F.]
Bützow, RG, OP 1901 (719)

Winckler, Wilhelm, Referendar a. Bützow: Das dingliche Vorkaufsrecht ⟨§§ 1094 ff. B.G.B.⟩. Rostock 1905: Adlers Erben. (83 S.) 8°
Rostock, Jur. Fak., Ref. Matthiaß, Diss. v. 30. Jan. 1906
[Geb. 8. Juni 78 Bützow; Wohnort: Rostock; Staatsangeh.: Mecklenburg-Schwerin; Vorbildung: Gymn. Bützow Reife O. 97; Studium: Rostock 2, Jena 3, Leipzig 2, Rostock 2 S.; Rig. 30. Nov. 05.]

Winckler, Willibald
Die deutschen Kleinstädter in Amerika. Roman. Bd 1.2.
Leipzig: Günther 1871. 8°

Winckler, Willib., die deutschen Kleinstädter in Amerika. Roman. br. 8. (287 S.) Leipzig 873, E. J. Günther.

Winckler, Willibald. Lieder eines Wandervogels. Chicago: Staats-Zeitung. 1869. GSP

—— Lieder eines Wandervogels. 2., gesichtete und verm. Aufl. 16. (V, 200 S.) Leipzig 871, Matthes. geb. mit Goldschn.

--and Zuend, A. Milw Theater-Kalender. Milwaukee, 1864.

Winckler, Willibald
Die Sclavenjäger. Erzählung. Berlin 1868.
In: Roman-Magazin des Auslandes. Nr 10-12.

Winckler, Wolfgang Heinrich (Grimma) A. S. 1326/26

De ritu osculis explorandi Romanarum mulierum abstinentiam a vino lege Romuli sancitam.
Präs. Karl Günther Ludovici.
Leipzig (Langenheim) 28. III. 1733. 40 S.

Gew.: Matthaeus Heinrich Allius, Johann Adolph Zangius.
36892

Winckler von Mohrenfels, s. W i n k l e r v. Mohrenfels.

Wincklern, Johann Baptist von, s. W i n k l e r n , Johann Baptist von.

Wincop, Johann Matthias [Praes.], s. E r b s t e i n , Johann Georg: De eo, quod justum est circa personam se ipsam mortis accusantem absq. praevia inquisitione judicis.

Wincop, Johann Matthias [Praes.], s. E r i c h , Gottfried: De rescindenda divisione hereditaria.

Wincop, Johann Matthias [Praes.], s. G r a b o , Johann Friedrich: De remissione delinquentium ad locum perpetrati delicti.

Wincop, Johann Matthias [Praes.], s. G r i e b e , Gottfried Heinrich: De restitutione contra negligentiam procuratoris circa lapsum fatalium.

Wincop, Johann Matthias [Praes.], s. L e i s n e r , Joh. Val.: De proxenetis mercatorum.

Wincop, Johann Matthias [Praes.], s. P f i s t e r , Johann Friedrich: De jure ac favore innocentiae.

Wind [Sachl. OW]

Wind, Max, und Consorten . . . Leipzig 1780. V: *Sintenis, Christian Friedrich.* (GGr) (Ky) (MGT)

Wind, Max, und Konsorten, oder am Ende werden sie vielleicht noch alle klug, ein Beytrag zur Geschichte der Narren, 8. Frankfurt und Leipzig (Wittenberg) 780 (Zimmermann) 1 Rtl. 10 gl.

Wind, Strom, Luft- u. Wassertemperatur auf den wichtigsten Dampferwegen des Mittelmeeres. Nach d. Beobachtungen deutscher Dampfer bearb. von d. Deutschen Seewarte. Mit 14 Taf. Berlin: E. S. Mittler & Sohn 1905. (60 S.) 4°(8°)
= Annalen d. Hydrographie u. Maritimen Meteorologie. 1905, Beil. Ies. 4

Wind u. Wellen. (8 Bl. in Photographie.) 32×23 cm. Berlin-Steglitz (908). Neue photograph. Gesellschaft. In Mappe 4. —

Wind für Wind. Posse in drey Aufzügen. Wien 1786. V: *Müller, Joh. Hch. Fch.* (= *Schroeter*). (GGr V/312, Nr. 19/10) (DARP) (BiblPort)

Wind [Verfasser]

Wind, Alois. Geschichte des Kantons Aargau. Ein Beitrag zur Centenarfeier. II + 125 S. 8. Baden, J. L. Umbricht, 1903. [fr. 1. —]

Wind, Alois. Kaiserstuhl in Bild und Geschichte. [Mit Illustrationen und 1 Tafel.] 8. Einsiedeln 1894.

Wind, C. H., Oberflächentemperaturmessungen in der Nordsee, s.: Everdingen, E. van.

— Prüfung von Strommessern u. Strommessungsversuche in der Nordsee. s.: Roosendaal, A. M. van.

Wind, C. H., über den d. Liouville'schen Satze entsprech. Satz d. Gastheorie. [Aus: „Sitzungsber. d. k. Akad. d. Wiss."] gr. 8. (12 S. m. 2 Fig.) Wien 897. (C. Gerold's Sohn.) n. — 40

Wind, Karl, appr. Tierarzt: Aus d. Pharmakol. Inst. d. Tierärztl. Hochsch. zu Hannover. ⟨Vorstand: Künnemann.⟩ Über die Chilisalpetervergiftung und den spektroskopischen Nachweis des Nitrits im Blute. Hamburg 1910: Fremdenblatt-Dr. 62 S. 8°
Gießen, Veterinär-Med. Diss. v. 24. Febr. 1910, Ref. Geppert
[Geb. 14. Okt. 85 Hannover; Wohnort: Hannover; Staatsangeh.: Preußen; Vorbildung: Oberrealsch. am Clevertor Hannover Reife O. 05; Studium: Hannover Tierärztliche Hochsch. 8 S.; Rig. 28. Jan. 10.] [U 10. 1207

WIND, Karl: Die malignen Tumoren der Prostata im Kindesalter.- München: Ernst 1888. 24 S.
23.2.1888 - Chr 1887/88,19; Jv 1887/88,218
Diss. Ingolst.-Landsh.-Mchn.

Wind, Ludw., Münchener Muster-Sammlung für Künstler, Gewerbtreibende u. Laien. 10 Hefte. München 860—62. Braun & Schneider. gr. 4. Jedes Heft von 8 Bl. in Holzschn. n. 10 ngr.

—— Sammlung von Grab-Denkmälern in Stein, Holz und Metall, nebst den Details hiezu. 12 Lfgn. (Fol.) München 857, Braun und Schneider.

de Wind, S., vier fragmenten eener Nederlandsche bewerking van den Ridderroman Huon de Bordeaux. gr. 8. (44 S.) Leiden 847, S. & J. Luchtmans (jetzt: Brill). 1/4 ₰

Wind, P. Siegfried. Geschichte des Kapuzinerklosters Dornach. Ein Beitrag zur Geschichte der Schweizerischen Kapuzinerprovinz. Nach meist ungedruckten Quellen bearbeitet. Mit 1 Plan und 3 Illustrationen [wovon 2 Tafeln]. X + 147 S. 8. Stans, Komm. Hans von Matt & Cie.; Luzern, Druck J. Schills Erben, 1909. [fr. 2.50]

Windakiewicz, Ed., das Steinsalz-Bergwerk in Wieliczka. M. Rücksicht auf den Fremdenbesuch zusammengest. 8. (40 S. m 4 Taf.) Wieliczka 896. (Freiberg, Craz & Gerlach.) n. 1. —

Windau [Schlagwort]

Windau, s.: Europa. Uebersichtskarte.

Windaus, Adolf, aus Berlin: Neue **Beiträge** zur Kenntnis der Digitalisstoffe. *Freiburg i. B.: Speyer & Kaerner 1899.* (42 S.) 8°
Freiburg i. B., Phil. Diss. v. 1899

Windaus, Adolf, Dr. phil.: Über Cholesterin. *Freiburg i. B.: Speyer & Kaerner 1903.* (37 S.) 8°
Freiburg i. B., Med. Hab.-Schr. v. 1903

Windaus, A[dolf:] U n t e r s u c h u n g e n über Colchicin. 1. Heidelberg: Winter 1910. 7 S. 8°
(Sitzungsberichte d. Heidelberger Akad. d. Wiss. Math.-naturw. Kl. Jg. 1910. Abh. 2.)

Windaus, Alexander, Kammergerichtsref. aus Berlin: Die **Streitfrage** über den Dolus generalis und die Verantwortung des Causalzusammenhangs. *Berlin 1899: A. Unger.* (45 S.) 8° [Ant. u. F.]
Erlangen, Jur. Diss. v. 22. Dez. 1898

Windberg, Adolf: Die sogenannte D e n k s c h r i f t der h. Congregation 1735. Ein Vorschlag zum ewigen Frieden. Leipzig 1900. 60 S. 8°
Zürich, Phil. Diss. 1. S. 1899/1900.

Windberg, Adf., Geschichte der Dörfer Groß- u. Klein-Lübs. Auf Grund von archival. Quellen dargestellt. (145 S.) 8. Magdeburg 904. (Braunschweig, W. Scholz.) n. 3. —

Windberger, Jo. Fr.: De ingeniorum V a r i e t a t e . s. T h i e s e n , J. [Praes.]

Windbeutel. Des Ciceronianischen Windbeutels Anderer Theil . . . Freyburg [Leipzig] 1735. V: *Philippi, Joh. Ernst.* (Wr)

Windbeuteleien, socialdemokratische, u. was dagegen hilft. Ein Wort an das deutsche Volk von Gfr. Unverzagt. 2., durchaus umgearb. Aufl. 8. (32 S.) Braunschweig 877. Buchhandlung für evangel. Theologie. — 15

Windbruch, d. hohe, od. Eduard u. sein Freund, v. J. G. D. Schmiedtgen, m. K. 12. Lpz. (Hinrichs.) 807.

Winde, die, od. ganz absolute Konstruktion d. neuern Weltgeschichte durch Oberons Horn, gedichtet v. † Absolutulus v. Hegelingen. (Zaubersp. in 3 Akten.) 1 u. 2. Aufl. (à 8½ B.) 8. Leipzig 831, Nauck. à

Winde, die, oder ganz absolute Konstruction der neuern Weltgeschichte, s. a. Hegelingen.

Winde, Jo. Sigmund (Lübbenau) A. S. 72/7

Centuria selectarum observationum fori ecclesiastici. Präs. Michael Heinrich Gribner.
Wittenberg (Schroedter) 16. IV. 1712. 18 Bl.
36898

Windeck, Die Ritter von. Ein Führer beim Besuche der Stadt Bühl . . . verbunden mit einer geschichtlichen Darstellung des Geschlechtes von Windeck . . . Rastatt 1857. V: *Beust, Karl Freih. von.* (BMarsch 599)

Windeck, Geschichte der ersten 25 Jahre des königl. preuß. Füsilier-Regiments Königin (Schleswig-Holsteinisches) Nr. 86. Im Auftrage des Regiments bearb. Mit Abbildgn., Karten u. Plänen. gr. 8. (VI, 341 S.) Berlin 894. E. S. Mittler & Sohn. n. 7. —; geb. n.n. 8. 75

Windeck, Hans v., s. a. Joesten, Jos.

Windeck, Hans v. (Jos. Joesten), ruhmreiche Berge. Ausgew. Dichtgn. 2. Aufl. 8. (XV, 94 S m. Bildn.) Erfurt 899. Bonn, E. Moos. n. 2. —

Windeck, Hans v., die Feldflasche v. Auerstädt. Vaterländisches Festspiel in 3 Aufzügen. gr. 8. (24 S.) Köln 894. J. G. Schmitz. n. — 50

Windeck, Hans v. Im Spiegel der Zeit. Ein heimatl. Liederstrauß. 8. (XII, 138 S.) Stuttg. 892, Bonz u. Comp. * 2 —; geb. 3 —

Windeck, Karl, Referendar: Anfechtung eines Kaufes wegen Irrtums und arglistiger Täuschung in bezug auf Mängel der Sache. Borna-Leipzig 1907: R. Noske. (IX, 50 S.) 8° [F.]
Breslau, Jur. Fak., Ref. Schott-Fischer, Diss. v. 12. Juli 1907
[Geb. 24. Nov. 81 Hirschberg; Wohnort: Hirschberg; Staatsangeh.: Preußen; Vorbildung: Kgl. Gymn. Hirschberg Reife O. 02; Studium: Lausanne 1, München 4, Breslau 2 S.; Rig. 16. Juli 06.]

Windecke's, Eberhart, Denkwürdigkeiten zur Geschichte des Zeitalters Kaiser Sigmunds. Zum 1. Male vollständig hrsg. v. Wilh. Altmann. gr. 8. (XLVIII, 592 S.) Berlin 893. R. Gaertner. n. 28. —

Windecke, Eberh., das Leben König Sigmunds, s. a. Geschichtschreiber, die, der deutschen Vorzeit. 87.

Windecke, Eberhard. Das Leben König Sigmunds. Nach Handschriften übersetzt von Dr. von Hagen . . . 8. Leipzig 1886.

Die Geschichtschreiber der deutschen Vorzeit . . . XV Jahrhundert. Band 1

Windecke, Eberhard: Das Leben König Sigmunds. Nach Hs. übs. v. [Theod.] v. Hagen. M. Nachträgen v. O[swald] Holder-Egger. [Neue Ausg.] Leipzig: F. Duncker (1899). (XXIV, 337 S.) 8°
(Geschichtsschreiber, Die, d. deutschen Vorzeit. 2. Gesammtausg. XV. Jh. Bd 1. (= Bd 87).)

Windecke's, Eberhart, Welt-Chronik, s. Altmann, Wilh.

Windecken [Schlagwort]

Windecken, s.: Geologische Karten. Preussen 77.

Windecken, s.: Preussen, Messtischblätter.

Windeker, Ulr., allerhand neue und alte Gedanken über die Welt-Ordnung. gr. 8. (V, 112 S.) Berlin 887, Bohne. *

Windekilde, H., kurze Anweis. für Alle, welche gerne selig werden wollen. 8. Braunschw. ... (Rawin Nürnb.) 1 K

Windekilde, J., neues Handwörterbuch der deutschen Sprache, insbesondere für Lehrer, Seminaristen, Präparanden, Gymnasiasten, Kadetten, Realschüler 2c., wie auch für jeden Gebildeten. Auf Grund der neuen preuß., sächs. und bayr. Rechtschreibung mit einem Nachwort über den Gebrauch des Wörterbuches. 9 Lfgn. gr. 8. (V, 675 S.) Neuwied 882,83, Heuser's Verlag. à Lfg. * 80 Pf.; compl.

Windel, Adolf, Gerichtsass.: Die Zwangsvollstreckung in vom Boden noch nicht getrennte Früchte. Herford 1909: Heidemann. VIII, 52 S. 8°
Rostock, Jur. Diss. v. 28. Aug. 1909, Ref. Matthiaß, Wachenfeld
[Geb. 19. Mai 81 Leipzig; Wohnort: Herford; Staatsangeh.: Preußen; Vorbildung: Gymn. Herford Reife O. 00; Studium: Tübingen 3, Leipzig 1, Göttingen 4 S.; Rig. 30. Juni 09.] [U 10. 3892

Windel, Carl, s. Windel, Karl

Christian Friedrich Windel

De Aneurysmate praesertim de illo arteriae popliteae. Gottingae (1795:) Barmeier. 40 S. 8°
Göttingen, Med. Diss. v. 25. Apr. 1795

Windel, Christian Friedrich: Commentatio de aneurysmate praesertim de illo arteriae popliacae. 8. Götting. 1795. Brose.

Windel, Hans: Ansprache zur Eröffnung des Erweiterungsbaues 20. Oktober 1908 (u. Pläne d. Erweiterungsbaues). Herford 1909: Heidemann. S. 3—8. 4°
Herford, ev. Friedrichs-G P 1909 (474) [S 09. 508

Windel, Hans, Direktor Prof. Dr.: Antik und Modern (Rede bei der Schulfeier von Kaisers Geburtstag gehalten). Herford 1907: Gebr. Heidemann. (VIII S.) 4° [F.]
Herford, ev. Friedrichs-G OP 1907 (433)

[Umschlagt.:] [F.] **Windel,** *Hans* [Dir. Prof. Dr.]: Bericht über die Abschiedsfeier des Direktors Prof. Dr. *Bernhard* Steusloff und über die Einführungsfeier des Berichterstatters. Herford, Buchdr. v. Gebr. Heidemann, 1896; 17—25 S. 4.
Herford, ev. Friedrichs-G, P 1896 (363)

Windel, H[ans], Dir. Prof. Dr.: [Kurzer Bericht über die Einweihungsfeier der neuerbauten Gymnasial-Turnhalle und der damit verbundenen Lehr- und Sammlungsräume, unter Beigabe von 4 Plänen des Haupt-Gymnasial-Gebäudes und des Erweiterungs-Baues.] *Herford 1900: Gebr. Heidemann.* (S. 20—21 u. Bl. 1—4.) 4° [F.]
Herford, ev. Friedrichs-G, P 1900 (380)

Windel, Hans, Prof. Dr.: Bericht über eine Studienreise nach Italien. Herford 1906: Gebr. Heidemann. (S. 3—18.) 4° [F.]
Herford, Friedrichs-G P 1906 (432)

Windel, Hans [Oberl. Dr.]: Demosthenis esse orationem, quae *περὶ συντάξεως* inscribitur. Hameln, Buchdr. v. C. W. Niemeyer, 1889; S. 3—22; 4°
Hameln, st. G u. RPG, OP 1889 (291)

Windel, Hans, Direktor Prof. Dr.: Elternhaus und Schule. ‹Ein Wort zur Verständigung›. Herford 1905: Heidemann. (S. 3—6.) 4°
Herford, ev. Friedrichs-G P 1905 (418)

Windel, Hans, lateinisch-deutsches u. deutsch-lateinisches Handwörterbuch, s.: Mühlmann, G.

Windel, J., De oratione, quae est inter Demosthenicas decima septima. Diss. 1881. 40 S. 4°. 1.50

Windel, Joa. De oratione quae est inter demosthenicas septima decima et inscribitur *περὶ τῶν πρὸς Ἀλέξανδρον συνθηκῶν*
40 S **Progr.** Thom *Leipzig* 1882

Windel, Johs., de oratione, quae est inter Demosthenicas XVII. et inscribitur: περὶ τῶν πρὸς Ἀλέξανδρον συνθηκῶν. gr. 4. (40 S.) Leipzig 882, (Hinrichs'sche Sortimentsh.) *

Windel, H., s.: Prosa, deutsche.

Windel, H., deutsche Prosa, s.: Velhagen & Klasing's Sammlung deutscher Schulausgaben.

Windel, Hans [Bearb.], s. Xenophon: Anabasis.

Windel, Karl

Windel, [C.], zum frommen Andenken weil. Sr. Maj. des Kaisers und Königs Friedrich III. Trauer-Rede, geh. in Gegenwart Ihrer kaiserl. und königl. Majestäten in der Friedenskirche am 4. Sonntage nach Trin., den 24. Juni 1888. 8. (19 S.) Potsdam 888, Link. *

Windel, C., Beiträge aus der Seelsorge f. die Seelsorge. 1. u. 2. Hft. 8. (VIII, 132 u. 87 S.) Wiesbaden 872. 74. Niedner. à n. 1. 50

Windel, C., Beiträge aus der Seelsorge für die Seelsorge. 3. und 4. Heft. 8. Wiesbaden 878, Niedner. [3. Heft. (68 S.) 1876. * M. 1,20.; 4. Heft. (61 S.) 878. * M. 1.] *
1. und 2. Heft. Ebendas. 1872,74. * M. 2,80.

Windel, C., Beiträge aus der Seelsorge für die Seelsorge. 5. Heft. 8. (70 S.) Wiesbaden 882, Niedner. *
1.—4. Heft. Ebendas. 1872—78. * M. 5.

Windel, C., Beiträge aus der Seelsorge. 5 Hefte. 8. Wiesbaden 872—82. Stuttgart, Greiner und Pfeiffer. * 6 20

Windel, C., Beiträge aus der Seelsorge f. die Seelsorge. 6. Hft. Die Gefahren der Äußerlichkeit im christl. Seelenleben. 8. (50 S.) Wiesbaden 886. Niedner. n. 1. — (1—6.: n. 7. 20)

Windel, C., die Grenzen des christl. Erlaubten. Ein Vortrag. Berlin 868. Herz. 8. (67 S.) n. 10 ngr.

Windel, Karl, „Hinauf gen Jerusalem". Predigten. gr. 8. (147 S.) Leipzig 874. Hinrichs' Verl. 2. 70; geb. n. 3. 75

—— Leben und Leiden der ersten Christen. Ein Vortrag. gr. 8. (52 S.) Berlin 873, Schlawitz. [Leipzig, Hinrichs' Verlag.] *

Windel, Karl, Graf Friedrich Leopold Stolberg. 2. Aufl. gr. 16. (78 S.) Frankfurt a. M. 866, Verlag für Kunst und Wissenschaft.

Karl Dietrich Windel

De fungo cerebri et durae matris. Goettingae (1809:) Baier. 40 S. 8°
Göttingen, Med. Diss. v. 21. März 1809

Windel, C. D, de fungo cerebri et durae matris. 4. Götting. 809. Brose. 5 gr.

[Windel, Carolus Fridericus Adamus]: * Quaeritur, quae sit nova Leibnitii ratio, eaque cum Spinozae philosophia comparata. 181 S. 8° (4°)
Halle-Wittenberg, Phil. Diss. v. 2. Aug. 1865
Geb. [Pyrmont 23. 8. 1840]

Windel, Rudolf: Einige Bemerkungen zu Veit Ludwig von Seckendorfs deutschen Schriften. S. 18—28. 8.
In: Ehrengabe der Latina. Acht Abhandlungen, . . . Wilhelm Fries bei der Gedenkfeier seiner 25jähr. Wirksamkeit als . . . Direktor der Franckeschen Stiftungen dargebracht. Lat. Haupt-
Progr. schule *Halle a. S.* 1906.

Windel, Rudolf [Hrsg.], s.a. Dichter der Freiheitskriege.

Windel, Rud., Dichter der Freiheitskriege. Gedichte v. Ernst Moritz Arndt, Theodor Körner, Max v. Schenkendorf, Friedrich Rückert. Für den Schulgebrauch hrsg. 2. Aufl. 12. (135 S.) Leipzig 902. G. Freytag. Geb. n. — 70

Windel, Rud., Dichter der Freiheitskriege. Gedichte v. Ernst Moritz Arndt, Theodor Körner, Max v. Schenkendorf, Friedrich Rückert. Für den Schulgebrauch hrsg. 3. Aufl. (135 S.) kl. 8. Leipzig 908. G. Freytag. — Wien, F. Tempsky. Geb. — 70

Windel, Rud., s.a. Freiheitskriege, Dichter der.

— Der Göttinger Dichterbund. Gedichte v. Hölty, Voß, den Brüdern Stolberg, Bürger, Matthias Claudius. Für den Schulgebrauch hrsg. 2. Aufl. (126 S.) kl. 8. Ebd. 909. Geb. — 60

— s.a. Göttinger Dichterbund, der.

— s.: Flugschriften aus den ersten Jahren der Reformation. III, 3. (Klaffe, die deutsche, der gottlosen Papisten usw.)

Windel, Rudolf, Prof.: Gebete und Betrachtungen über das Leben Jesu Christi in mittelniederländischer Sprache, aus einer in der Hauptbibliothek der Franckeschen Stiftungen zu Halle a. S. befindl. Hs. hrsg. *(Halle a. S.: Waisenhaus 1903.)* (S. 25—50.) 8°
Halle a. S., Latein. Haupt-S, Festschr. 1903 (276)**

Windel, Rudolf: Luther als Exeget des Predigers Salomo. Halle a. S., Druck d. Buchdr. d. Waisenhauses, 1897; 24 S. 4.
Halle, Latein. Haupt-S, OP 1897 (242)

Windel, *Karl Albert Rudolf*: Der „Theophilus" des Johann Valentin Andreae, besonders in seiner Bedeutung für die Pädagogik des 17. Jahrhunderts. 1 (S. 39—50).
Festschrift z. 200j. Jubelfeier der Franckesch. Stiftungen u. der Lat
Progr. Hptsch. *Halle* 1898.

Windel, Walther, Ingen.: Die Monopolisierung der Erzeugung und Verteilung elektrischer Energie. Berlin [1910]: Preuss. 75 S. 8°
Würzburg, Jur. Diss. v. 25. Febr. 1910, Ref. G. v. Schanz
[Geb. 3. Sept. 72 Burg b. M.; Wohnort: Steglitz; Staatsangeh.: Preußen; Vorbildung: Gymn. Burg Reife M. 92; Studium: Berlin 6 S.; Rig. 19. Jan. 10.] [U 10. 4338

Windelband, Rudolf (Hrsg.), s.a. Arzneimittellehre, deutsche homöopathische.

Windelband, Rud., **deutsche homöopathische Arzneimittellehre, s.a. Faulwasser, E.**

Windelband, Car. Frid. Guil. Rud. (geb. Frankfurt a. O. 1. 10. 1839)
De chorea St. Viti. Berolini (1864). (32 S.) 8°
Berlin, Med. Diss. v. 27. Juli 1864

Ueber den gegenwärtigen Stand und die Ziele der Liga. Von Dr. [Rudolf] **Windelband** in Berlin. Berlin-Charlottenburg: Homöopath. Central-Verl. [1900]. (7 S.) 8°
= **Vorträge** d. Deutschen homöopath. Liga. H. 1, 1. [07. 3092

— s.: Zeitschrift des Berliner Vereins homöopathischer Aerzte.

Windelband, Wilhelm

Windelband, W., Beiträge zur Lehre vom negativen Urtheil, s.: Abhandlungen, Strassburger, zur Philosophie.

Windelband, W[ilhelm]: Die Blüthezeit der Deutschen Philosophie. 2. durchges. Aufl. Leipzig: Breitkopf & Härtel 1899. (VI S., 1 Bl., 407 S.) 8°
(Windelband, W.: Die Geschichte d. neueren Philosophie. Bd 2.)

Die Blütezeit der deutschen Philosophie von Dr. W[ilhelm] **Windelband**. Prof., Heidelberg. 3. durchges. Aufl. *Leipzig: Breitkopf & Härtel 1901* (VI, 409 S.) 8°
= **Windelband**: Die Geschichte d. neueren Philosophie. Bd 1. [04. 490 3

Die Blütezeit der deutschen Philosophie von Wilhelm **Windelband**. 4. durchges. Aufl. Leipzig: Breitkopf & Härtel 1907. (VII, 420 S.) 8°
= **Windelband**: Die Geschichte d. neueren Philosophie. Bd 2. [07. 16599 4

Die Erneuerung des Hegelianismus. Von W[ilhelm] **Windelband**. Festrede. Heidelberg: Winter 1910. 15 S. 8°
(Sitzungsberichte d. Heidelberger Akad. d. Wiss. Philos.-hist. Kl. Jg. 1910 Abh. 10.) [10. 12652

— dasselbe, s.: **Sitzungsberichte der Heidelberger Akademie der Wissenschaften. Philos.-histor. Klasse 1910, X u. XIV.**

Kuno Fischer. Gedächtnisrede bei d. Trauerfeier d. Univ. in d. Stadthalle zu Heidelberg 1907 geh. von Wilhelm **Windelband**. Heidelberg: C. Winter (1907). (41 S.) 8° [F.] [07. 12829

Windelband, Wilh., Kuno Fischer u. sein Kant. Festschr. d. „Kantstudien" zum 50. Doctorjubilaeum Kuno Fischers. gr. 8. (18 S.) Hamburg 897. L. Voss. n. — 60

— Gedenkrede auf Kaiser Wilhelm I., geh. auf d. Festcommers d. Straßburger Vereine am 21. III. 1897. 12. (14 S.) Straßburg 897. (W. Heinrich.) n. — 50

— s.: Geschichte, allgemeine, der Philosophie.

Windelband, Wilh., Geschichte u. Naturwissenschaft. Rede zum Antritt des Rectorats der Kaiser-Wilhelms-Universität Strassburg. gr. 8. (27 S.) Strassburg 894. J. H. E. Heitz. n. — 60

Geschichte und Naturwissenschaft. Rede z. Antritt d. Rectorats d. Kaiser-Wilhelms-Univ. Straßburg geh. 1894 von Dr. Wilhelm **Windelband**, Prof. 2. unveränd. Aufl. Straßburg: J. H. E. Heitz 1900. (27 S.) 8° [06. 9650 11

Windelband, Wilh., Geschichte u. Naturwissenschaft. Rede zum Antritt des Rektorats der Kaiser-Wilhelms-Universität Strassburg, geh. am 1. V. 1894. 3. unveränd. Aufl. (27 S.) gr. 8. Strassburg 904. J. H. E. Heitz. n. — 60

— Geschichte der antiken Naturwissenschaft u. Philosophie, s.: Handbuch der klass. Altertumswissenschaft. 5. Bd.

— Geschichte der Philosophie. (In 3 Lfgn.) 1. u. 2. Lfg. gr. 8. (S. 1—256.) Ebd. 890. à n. 2. 50

— Geschichte der Philosophie. 3. u. 4. Lfg. gr. 8. (VII u. S. 257—516.) Freiburg i/B. 892. J. C. B. Mohr. Subskr.-Pr. n. 5. 50 (kplt.: n. 12. —; geb. n.n. 14. —)

— Geschichte d. Philosophie. 2., verb. u. verm. Aufl. (In 4 Lfgn.) 1. u. 2. Lfg. gr. 8. (S. 1—288.) Freiburg i/B. 898. Tübingen. J. C. B. Mohr. à n. 3. —

— Geschichte der Philosophie. 2., durchgeseh. u. erweit. Aufl. 3. Lfg. u. 4. Lfg. 2 Abthlgn. gr. 8. (VIII u. S. 289—571.) Tübingen 899. 900. J. C. B. Mohr. Subskr.-Pr. n. 6. —; (kplt. erhöhter Preis n. 12. 80; geb. n.n. 15 —)

— Geschichte der alten Philosophie, s.a. Handbuch der klassischen Altertums-Wissenschaft.

Windelband, W., Geschichte der alten Philosophie. gr. 8. (VI, 220 S.) [Nördlingen 888.] München, Beck'sche Verlagsh.
Aus: Handbuch der klassischen Altertumswissenschaft, besonders abgedruckt.

Windelband, Wilh., die Geschichte der neueren Philosophie in ihrem Zusammenhange mit der allgemeinen Cultur und den besonderen Wissenschaften dargestellt. 1. Bd.: Von der Renaissance bis Kant. gr. 8. (VIII, 579 S.) Leipzig 878, Breitkopf und Härtel. *
geb. *

—— die Geschichte der neueren Philosophie, in ihrem Zusammenhange mit der allgemeinen Cultur und den besonderen Wissenschaften dargestellt. 2. Bd.: Von Kant bis Hegel und Herbart. A. u. d. T.: Die Blüthezeit der deutschen Philosophie. gr. 8. (VII, 399 S.) Leipzig 880, Breitkopf und Härtel. *ℳ 8.; geb. *
1. Bd. Ebendas. 1878. *ℳ 10.; geb. *ℳ 11,50.

— die Geschichte der neueren Philosophie in ihrem Zusammenhange m. der allgemeinen Cultur u. den besonderen Wissenschaften dargestellt. 2 Bde. 2., durchgeseh. Aufl. gr. 8. Leipzig 899. Breitkopf & Härtel. à n. 9. —; geb. in Halbfrz. à n. 10. 50
1. Von der Renaissance bis Kant. (VIII, 591 S.)
2. Von Kant bis Hegel u. Herbart. (Die Blüthezeit der deutschen Philosophie.) (VII, 408 S.)

— die Geschichte der neueren Philosophie in ihrem Zusammenhange mit der allgemeinen Kultur u. den besond. Wissenschaften dargestellt. 2 Bde. 3., durchgeseh. Aufl. gr. 8. Leipzig 904. Breitkopf & Härtel. n. 18. —; geb. n. 21. —
1. Von der Renaissance bis Kant. (X, 588 S.) 904.
2. Von Kant bis Hegel u. Herbart. (Die Blütezeit der deutschen Philosophie. (VII, 410 S.)

— Die Geschichte der neueren Philosophie in ihrem Zusammenhange m. der allgemeinen Kultur u. den besonderen Wissenschaften dargestellt. 2 Bde. 4., durchgeseh. Aufl. gr. 8. Leipzig 907. Breitkopf & Härtel. à 9. —; geb. à 10. 50
1. Von der Renaissance bis Kant. (X, 604 S.)
2. Von Kant bis Hegel u. Herbart. (Die Blütezeit der deutschen Philosophie.) (VII, 420 S.)

Windelband, Wilh., ueber die Gewissheit der Erkenntniss. Eine psychologisch-erkenntnisstheoret. Studie. gr. 8. (IV, 96 S.) Berlin 873, Henschel. [München, Th. Ackermann.] *

Über Gleichheit und Identität. Von Wilhelm **Windelband**, Heidelberg. Heidelberg: Winter 1910. 24 S. 8°
(Sitzungsberichte d. Heidelberger Akad. d. Wiss. Philos.-hist. Kl. Jg. 1910, Abh. 14.) [10. 18332

Windelband, Wilh. Fichte's Idee d. deutschen Staates. Rede, zur Feier d. Geburtstages Sr. Maj. d. Kaisers am 27. Jan. 1890 in der Aula der Kaiser-Wilhelms-Universität Straßburg geh. gr. 8. (31 S.) Freib. i. Br. 890, J. C. B. Mohr. 1 —

— **Immanuel Kant u. seine Weltanschauung. Gedenkrede zur Feier der 100. Wiederkehr seines Todestages, an der Universität Heidelberg geh. (32 S.) 8. Heidelberg 904. C. Winter Verl. n. — 60**

Windelband, Wilh., Lehrbuch der Geschichte der Philosophie. 3., durchgeseh. Aufl. (VIII, 575 S.) gr. 8. Tübingen 903. J. C. B. Mohr. n. 12. 50; geb. n. 15. —

Lehrbuch der Geschichte der Philosophie von Wilhelm **Windelband**, Prof. 4. durchges. Aufl. Tübingen: J. C. B. Mohr 1907. (VIII, 588 S.) 4°(8°)
[1. u. 2. Aufl. u. d. T.: Geschichte d. Philosophie.] [07. 6537 3

— Lehrbuch der Geschichte der Philosophie. 5., durchgeseh. Aufl. (VIII, 589 S.) Lex. 8. Tübingen 910. J. C. B. Mohr. 12.50; geb. 15. —
4. Aufl. (VIII, 588 S.) 907. 12.50; geb. 15. —

Windelband, Wilh., die Lehren vom Zufall. Berlin 870. Henschel. gr. 8. (80 S.) n. 15 *ngr.*

— zu Platon's Phaidon. gr. 8. (S. 287—297.) Strassburg 901. K. J. Trübner. n.n. — 50
Sonderabdruck aus: „Strassb. Festschrift z. 46. Versammlg. deutscher Philologen u. Schulmänner".

— **s.: Philosophie, die, im Beginn des 20. Jahrh.**

Windelband, Wilh., die Philosophie im deutschen Geistesleben des XIX. Jahrh. 5 Vorlesgn. 1. u. 2. durchgeseh. Aufl. (VII, 120 S.) 8. Tübingen 909. J. C. B. Mohr. 2. —

— **Platon, s.a. Frommann's Klassiker der Philosophie. IX.**

Windelband, Wilhelm: Platon. Mit Bildnis. Stuttgart: F. Frommann 1900. (190 S.) 8°
(Klassiker, Frommanns, d. Philosophie. 9.)

Platon. Von Wilhelm **Windelband.** Mit Bildnis. 2. Aufl. Stuttgart: Frommann [um 1901]. 190 S. 8°
(Frommanns Klassiker d. Philosophie. 9.) [10. 6471

Platon. Von Wilhelm **Windelband**. Mit Bildn. 3. durchges. Aufl. *Stuttgart: F. Frommann 1901.* (191 S.) 8°
= **Klassiker, Frommanns,** d. **Philosophie.** 9. [01. 11516 8

Windelband, Wilh.: Platon. M. Bildn. 4. Aufl. Stuttgart 1905. 8°
(Frommanns Klassiker d. Philosophie, 9.)

Platon. Von Wilhelm **Windelband**. Mit Bildnis. 5. durchges. Aufl. Stuttgart: Frommann 1910. 192 S. 8°
(Frommanns Klassiker d. Philosophie. 9.) [10. 10377

Windelband, W., Präludien. Aufsätze und Reden zur Einleitung in die Philosophie. gr. 8. (VII, 325 S.) Freiburg i. Br. 884, Mohr. *

— **Präludien.** Aufsätze u. Reden zur Einleitung in die Philosophie. 2. verm. Aufl. gr. 8. (VII, 396 S.) Tübingen 903. J. C. B. Mohr. n. 6. 60; geb. n.n. 7. 60

Präludien. Aufsätze u. Reden z. Einl. in d. Philosophie. Von Wilhelm **Windelband**, Prof., Heidelberg. 3., verm. Aufl. Tübingen: J. C. B. Mohr 1907. (VI, 463 S.) 8° [F.] [07. 1069 5

Windelband, Wilhelm, Großh. Bad. Geheimerat und o. o. Professor der Philosophie: Schiller und die Gegenwart. Heidelberg: C. Winter 1905. (12 S.) 4° [F.]
Heidelberg, Rede gehalten bei der akad. Schillerfeier am 9. Mai 1905

— über den gegenwärtigen Stand der psychologischen Forschung. Rede zum Antritt der ordentl. Professur der Philosophie an der Hochschule zu Zürich am 20. Mai 1876 geh. gr. 8. (24 S.) Leipzig 876. Breitkopf & Härtel. — 90

— vom System der Kategorien, s.: **Abhandlungen, philosophische.**

— Wesen u. Wert der Tradition im Kulturleben. Vortrag, geh. in der 2. ordentl. Vereinsversammlg. des Vereins der Freunde des humanist. Gymnasiums in Wien am 29. V. 1908. (21 S.) gr. 8. Wien 908. C. Fromme. — 50
Sonderabdruck aus: „Mittlgn. d. Ver. d. Freunde des humanist. Gymnasiums in Wien".

Windelband, Wilhelm, Dr., Geheimerat u. o. ö. Prof. d. Philos., d. Zt. Prorektor d. Univ. Heidelberg: Der Wille zur Wahrheit. (Enthält auch: Chronik der Universität f. 1908/09, und Preis-Verteilung.) Heidelberg 1909: Hörning. 40 S. 4°
Heidelberg, Rede z. Erinnerung an Karl Friedrich Großherzog von Baden am 22. Nov. 1909 [U 10. 2119

— Der Wille zur Wahrheit. Rede, bei der akadem. Feier der Universität Heidelberg am 22. XI. 1909 geh. (35 S.) 8. Heidelberg 909. Carl Winter. — 80

— **über Willensfreiheit. 12 Vorlesgn. 1. u. 2. unveränderte Aufl. (VII, 223 S.) 8. Tübingen 904. 905. J. C. B. Mohr. n. 3. 60; geb. n. 4. 50**

Windelband, Wolfgang. Der Anfall des Breisgaus an Baden. VIII + 141 S. 8. Tübingen, J. C. B. Mohr, 1908. [M. 3.—]

Windelband, Wolfgang: Badens Erwerbungen in den Koalitionskriegen ⟨1795 bis 1805⟩. Tübingen 1908: H. Laupp jr. (V, 75 S.) 8° ¶ (Erscheint vollst. u. d. T.: „Der Anfall d. Breisgaus an Baden".)
Heidelberg, Phil. Fak., Ref. Marcks, Diss. v. 10. Febr. 1908
[Geb. 31. Aug. 86 Straßburg i. E.; Wohnort: Heidelberg; Staatsangeh.: Baden; Vorbildung: Gymn. Straßburg Reife O. 03; Studium: Heidelberg 3, Berlin 1, Heidelberg 1, Straßburg 1, Freiburg i. B. 1, Heidelberg 2 S.; Rig. 4. Juli 07.]

Windels, Heinrich, Referendar in Hannover: Das gemeinschaftliche Testament. *Borna-Leipzig 1903: R. Noske.* (VII, 101 S.) 8°
Leipzig, Jur. Diss. v. 1903

Windelschmidt, Adolf, a. Eilendorf b. Aachen: Studien über die gewichtsanalytische insbesondere elektrolytische Bestimmung des Nickels. Neuwied 1907: Heuser. (59 S.) 8°
Münster, Phil. Fak., Ref. Salkowski, Diss. v. 1. Mai 1907
[Geb. 9. Juli 76 Eilendorf b. Aachen; Wohnort: Münster i. W.; Staatsangeh.: Preußen; Vorbildung: Gymn. Münstereifel Reife O. 98; Studium: Bonn 1, Berlin 4, Bonn 6, Münster 4 S.; Rig. 21. Febr. 07.]

Windelschmidt, Joh(ann) Gottf(ried): Über menschliche Doppelmissbildungen. Nebst Beiträgen z. Casuistik d. autositären Thorakopagus tetrabrachius und des Dicephalus tribrachius symbrachius dipus diauchenos. Bonn (1910): Trapp. 62 S. 8°
Bonn, Med. Diss. v. 16. Juli 1910, Ref. Fritsch
[Geb. 24. Okt. 82 Cöln; Wohnort: Cöln-Lindenthal; Staatsangeh.: Preußen; Vorbildung: Friedrich-Wilhelm-Gymn. Cöln Reife O. 01; Studium: Freiburg i. B. 1, München 2, Bonn 8 S.; Coll. 11. Juni 10; Approb. 8. Mai 08.] [U 10. 313

Windemuth, ..., (Oberbaurath), s. W. J. C. G. Casparson, wie kann d. Landmann.

Windemuth, A., de acido hydrocyanico. 8maj. Marb. 827. Garthe.

Windemuth, F. Emil, de lithiasi endemica. Dissertatio in-aug. medica. Lex.-8. (5 B.) Marburgi 842. (Cassel, Fischer.) Thlr.

Windemuth, Karl, Grundzüge e. bürgerl. Prozeß-Ordnung in Form e. Gesetz-Entwurfes, nach d. Grundsätzen d. Oeffentlichkeit, Mündlichkeit u. Gleichheit vor d. Gesetze, mit besond. Rücksicht auf Kurhessen. gr. 8. (5¼ B.) Cassel 831, Luckhardt.

—— Vorschlag zu e. möglichst schnellen Erleichterung d. Grundbesitzer, bei Umwandlung u. Ablösung d. Druckes d. Zehnten, Zinse, Dienste u. a. Grund- u. Leibeigenschafts-Lasten. 8. (1½ B.) Cassel 831, Bohné.

Windemuth, K.: „Vorschlag zu einer möglichst schnellen Erleichterung der Grundbesitzer bei Verwandlung und Ablösung des Drucks der Zehndten, Zinsen, Dienste und anderer Grund- und Leibeigenschaftslasten", Cassel 1832 (Bohne).

Winder, *Engelbert* Die Vorarlberger Dialectdichtung I. 8 (S. 3–18). Zweiter Theil 8 (S. 3–47) Dritter Theil. 8 (S. 3–57) Vierter Theil 8 (24 S.). Staat-g. *Innsbruck* 1887–1890
Progr.

—— Die Vorarlberger Dialectdichtung. gr. 8. (174 S.) Ebd. 890. * 2 40

Winder, E[ngelbert]. Hermann v. Gilm, seine Gedichte u. Einführung in die Literatur. 12. (66 S.) Innsbr. 889, Wagner. * — 60
Aus: Bote f. Tirol u. Vorarlberg, besonders abgedruckt.

Winder E.: Ein Jubeltag in Österreich. (24/4 79.) (Gedicht.) Bozen 79. **Progr.**

—— Rudolf der Stifter in Tirol. Ein episches Gedicht. 12. (IV, 144 S.) Ebd. 889. * 2 —; geb. * 3 20

Winder, Goodlatte R[ichardson], [von] Bramhall, Cheshire, England: On the action of benzylamine on phenacylbromide, chloraceticether and several aldehydes. Syntheses of piazine derivatives. Uster-Zür. A. Diggelmann Pr. 1893. 55 S. 8°.
Zürich, Phil. Diss. [v. 6. Febr. 1893].

Winder, Ludw, Gedichte. (IV, 36 S.) 8. Dresden 906. E. Pierson. n. 1. —; geb. n. 2. —

Winder, Martin, der heilige Eusebius, ehemal. Anachoret auf St. Viktorsberg. 8. (62 S.) Bregenz 887, (Teutsch.)

Winderfield, F. A. F., Anna Boleyn. Drama in 5 Aufzügen. Den Bühnen gegenüber als Mscr. gedr. gr. 16. (VIII, 128 S.) Aarau 872. Sauerländer. 1. 50

WINDERL, Hugo (Passau): Sklerose der Coronararterien des Herzens und Angina pectoris.- München: Ernst 1888. 31 S.
13.3.1888 - Chr 1887/88,20 (= Winderl, Johann); Jv 1887/88,218
Diss. Ingolst.-Landsh.-Mchn.

Winderl, Nikol., das Zwangs-Abtretungs-Gesetz in seiner Anwendung auf Eisenbahnen erläutert. gr. 8. (29 S.) Regensburg 856, Manz.

Winderl, Nikol., das Zwangs-Abtretungs-Gesetz in seiner Anwendung auf Eisenbahnen. 2. Aufl. gr. 8. (24 S.) Passau 874, (Bucher'sche Buchh.) *

Winderlich, Alfred: Quantitative Untersuchungen über die Thomsonschen Abstoßungsversuche. Gräfenhainichen 1905: C. Schulze & Co. (39 S.) 8°
Greifswald, Phil. Fak., Ref. König, Diss. v. 22. Apr. 1905
[Geb. 10. Apr. 80 Lagardesmuhlen b. Kustrin; Wohnort: Greifswald; Staatsangeb.: Preußen; Vorbildung: Realgymn. Frankfurt a. O. Reife O. 98; Studium: Breslau 3, Leipzig 2, Greifswald 6 S.; Rig. 29. Juli 04.]

Winderlich, Friedrich: Deutschland, s. Winderlich, Karl

Winderlich, Friedr., und Carl Deckel, der preußische Staat nach seinen geograph., geschichtl., gewerbl., commerziellen und gesetzl. Verhältnissen. 6 Tabellen in Imp.-Fol. Mit: Beilage. (8 S. in gr. 8.) Schreiberhau 854. (Breslau, Dülfer's Buchh.) *

Winderlich, Carl, illustrirtes Breslau. Neuester Fremdenführer durch Stadt u. Umgegend. Breslau 865. Skutsch. 8. (VIII, 48 S. mit lith. Plan von Breslau, lith. Situations-Karte des zoolog. Gartens in 4. u. gr. Fol. u. vielen Illustr. in Holzschn.) 15 ngr.

— u. F. **Winderlich**, Deutschland. Ein vollständ. Handbuch für die Kunde des Vaterlandes. In 3 Bdn. 1. Bd.: Allgem. Geographie von Deutschland oder Handbuch für physikal., oro- u. hydrograph., culturhistor., polit., staatliche Zustände, für Statistik, Religion, Sitte, Sprache, Denkweise, Kunst rc. nach den besten geograph. Hilfsmitteln u. mit steter Berücksichtigung der geschichtl. Entwickelung u. der allerneuesten Fortschritte bearb. v. Carl Winderlich. 4 Lfgn. gr. 8. (XII u. 614 S. m. eingedr. Holzschn. 5 Tab. in gr. 4. u. 5 lith. Taf.) Ebd. 848. — 1. Bd. A. u. d. T.: Das deutsche Land u. seine Bewohner. Ein Handbuch für physikal., culturhistor., polit., staatl. Zustände, Statistik, Religion, Sitte, Sprache rc. nach den besten geograph. Hilfsmitteln u. m. steter Berücksichtigung der geschichtl. Entwickelung u. der allerneuesten Fortschritte bearb. v. Carl Winderlich. 2. verm. u. bis zum J. 1851 fortgeführte Aufl. Lex. 8. (XII u. 656 S. m. eingedr. Holzschn., 7 lith. Taf. in Lex. 8. u. qu. Fol. u. 6 Tab. in qu. gr. 4. u. qu. gr. Fol.) Ebd. 852. n. 4 Thlr.

Winderlich, Carl, historisch-politisch-topographische Geographie des Alterthums. Ein Hilfsbuch, zunächst bestimmt zu des Verf. Weltgeschichte, aber auch anwendbar für alle übrigen histor. Lehrbücher u. Chartenwerke. gr. 8. (VI u. 145 S.) Leipzig 851, O. Wigand. n. ⅔ Thlr.

Winderlich, Karl. Geschichte des deutschen Volkes für das deutsche Volk. Leipzig, O. Wigand 1851. XII 244. 8.

— Heimathskunde der Provinz Schlesien in historischer, geographischer, statistischer u. topographischer Beziehung für Schule u. Haus, zugleich als Nachschlagebuch für Jedermann bearb. Gera 869. Ißleib & Rietzschel. 8. (IV, 124 S. mit 1 chromolith. Karte in qu. 4.) n. 8 ngr.

Winderlich, Carl, krauser Krimskrams. Märchen u. Geschichten f. „große Kinder". 8. (V, 203 S.) Dresden 894. E. Pierson. n. 3. —; geb. in Leinw. n. 4. —

—— Lehrbuch der Geographie für Gymnasien, Realschulen, Seminarien, Töchterschulen rc., sowie für Freunde geograph. Wissens. 2 Thle. gr. 8. Breslau 868, Kern's Verlag.
Inhalt:
Thl. 1. Astronomische Geographie, Deutschland und Palästina. (IV und S. 1—132.) Einzeln 9 Ngr.
" 2. Die übrigen Theile der Erde. (S. 133—435.) Einzeln 18 Ngr.

Winderlich, Carl, practischer Leitfaden für Auswandernde, vorzugsweise solche, welche nach Nord-Amerika wollen, enth. eine in sich abgeschlossene Reihe nützl. Lehren und Winke. 8. (VIII und 191 S.) Bremen 851, Heyse's Verlag. *

Winderlich, Carl, o du mein Schlesien! Einaktige Dramen auf geschichtl. Hintergrunde. I. Wahlstatt (9. IV. 1241). II. Schaffgottsch (Ende Febr. 1634). III. Leuthen (5. XII. 1757). IV. Wahlstatt (26. VIII. 1813). (61 S.) 8. Görlitz (Blumenstr. 44) 907. Dir. Dr. Winderlich.
— 30 (Vergriffen.)

— Phryne. Ein Lied aus Alt-Hellas. 12. (141 S.) Dresden 896. E. Pierson. n. 2. —; Geb. in Leinw. m. Goldschn. n. 3. —

Winderlich, Carl, Stoff z. Diktiren nach method. geord. Regeln d. deutsch. Orthogr. Zum Gebrauch f. Lehrer an Volks- u. höheren Bürgerschulen u. unt. Klassen d. Gymnasien, wie auch f. Erwachsene z. Selbstunterricht. gr. 8. (7 B.) Breslau 846, Trewendt.

Winderlich, Carl, Stoff zum Diktiren nach methodisch geordneten Regeln der deutschen Orthographie. Zum Gebrauch für Lehrer u. Schüler an Volks- u. höheren Bürger-Schulen u. den unteren Klassen der Gymnasien, wie auch für Erwachsene zum Selbstunterricht. 2. Aufl. Breslau 864. gr. 8. (VIII, 136 S.) 15 ngr.

—— Stoff zum Diktiren nach systematisch geordneten Regeln der deutschen Orthographie unter steter Berücksicht. des herrschenden Schreibgebrauchs. Für Lehrer und Schüler an Volks- und höheren Bürger-Schulen und den unteren Klassen der Gymnasien, wie auch für Erwachsene zum Selbstunterricht. 3. Aufl. (XII, 152 S.) 1871. M 1,50., und 4. verm. und verb. Aufl. 8. (XVI, 167 S.) Breslau 873, Trewendt.

Winderlich, Carl, Stoff zum Diktiren nach systematisch geordneten Regeln der deutschen Orthographie unter steter Berücksichtigung des herrschenden Schreibgebrauchs. Für Lehrer u. Schüler an Volks- u. höheren Bürger-Schulen u. den unteren Klassen der Gymnasien, wie auch für Erwachsene zum Selbstunterricht. 5., verm. u. verb. Aufl. gr. 8. (XX, 164 S.) Breslau 877. Trewendt. 2. 25

Winderlich, Carl, Stoff zum Diktieren. Für Lehrer und Schüler, wie auch für Erwachsene zum Selbstunterricht. 6. nach der Verfügung des königl. preuß. Ministeriums der geistl., Unterrichts- und Medizinal-Angelegenheiten vom 21. Jan. 1880 umgearb. Aufl. gr. 8. (XVI, 142 S.) Breslau 880, Trewendt. *

Winderlich, Karl, Stoff zum Diktieren. Für Lehrer u. Schüler, wie auch für Erwachsene zum Selbstunterricht. 7. Aufl. Nach den für Deutschland, Oesterreich u. die Schweiz gült. amtl. Regeln neubearb. v. Hans Winderlich. (VIII, 148 S.) gr. 8. Breslau 903. Berlin, E. Trewendt. n. 2. —

(B) — Stoff z. Diktieren. 903. (KBL 34.) Jetzt: Schweidnitz, L. Hege.

Winderlich, Carl, die Tilgung des romanischen Hiatus durch Contraction im Französischen. Inaugural-Dissertation. gr. 8. (35 S.) Breslau 885, (Köhler.)

Winderlich, Carl, Ueberſicht der Weltgeschichte in synchronistischen Tabellen zum Gebrauch für Gymnasien und Realschulen so wie für alle Freunde der Geschichte. Lex.-8. (87 S.) Breslau 859, Kern.

—— Uebersicht der Weltgeschichte in synchronistischen Tabellen zum Gebrauch für Gymnasien und Realschulen sowie für alle Freunde der Geschichte. 2., verb. und bis in die neueste Zeit fortgeführte Aufl. Lex.-8. (IV und 97 S.) Breslau 866, Kern's Verlag. *

—— Uebersicht der Weltgeschichte in synchronistischen Tabellen zum Gebrauch für Gymnasien und Realschulen sowie für alle Freunde der Geschichte. 3. Aufl. (IV, 104 S.) 1870. * M 1., und 4. verb. und bis auf die neueste Zeit fortgeführte Aufl. gr. 8. (119 S.) Breslau 873, Kern's Verlag. *

—— Uebersicht der Weltgeschichte in synchronistischen Tabellen zum Gebrauch für Gymnasien und Realschulen, sowie für alle Freunde der Geschichte. 3. Aufl. (106 S.) 1870. * M 1.; 4. Aufl. (120 S.) 1873. 5. verb. und bis in die neueste Zeit fortgeführte Aufl. gr. 8. (IV, 121 S.) Breslau 881, Kern's Verlag. *

Winderlich, Carl, vom Kreuz z. Christbaum. Weihnachts-Festspiel m. Gesängen u. Lichtbildern. gr. 8. (24 S.) Brandenburg 896. P. Haeckert. Kart. n. — 75

— dasselbe, s.: Weihnachts- u. Neujahrs-Aufführungen, Nr. 6.

— s.: Werni, Child.

Winderlich-Neugebauer, Frau M., ich bin meine eigene Schneiderin. Ausgearb. nach der Triumph-Methode. (48 S. m. Abbildgn.) gr. 8. Dresden (909). A. Köhler. 1.50; geb. 2. —

Windfuhr, Walt., s.: Mischnatraktat, der, v. d. Prügelstrafe.

Windgassen, J. W., Vorschlag zu e. gemeinsamen Maß-, Gewichts- u. Münzfuße f. Europa, s. A. Vagedes.

Windhaus, Georg, Marine-Oberassistenzarzt: Aus d. Psychiatr. u. Nervenklinik zu Kiel. Beitrag zur Lehre vom Delirium acutum. Kiel 1909: Schmidt & Klaunig. 23 S. 8°
Kiel, Med. Diss. v. 21. Dez. 1909, Ref. Siemerling
[Geb. 25. März 81 Waldmichelbach; Wohnort: Kiel; Staatsangeh.: Preußen; Vorbildung: Ludwig-Georgs-Gymn. Darmstadt Reife O. 00; Studium: Gießen 11 S.; Coll. 14. Dez. 09; Approb. 28. Febr. 06.] [U 10. 2488

Führer durch den Odenwald und die Bergstrasse nebst den angrenzenden Teilen des Main- und Neckarthals, später: Neckar-Thals. Im Auftrag des Odenwaldklubs herausgegeben von GEORG WINDHAUS. Mit einer geschichtlichen Einleitung von ERNST WÖRNER, 1 Übersichtskarte, 2 Spezialkarten, 3 Routenplänen und 1 Stadtplan. Darmstadt 1884. A. Bergsträsser. 8°.

Windhaus, Geo., Führer durch den Odenwald und die Bergstrasse, nebst den angrenzenden Teilen des Main- und Neckar-Thals. Im Auftrag des Odenwaldklubs hrsg. 2. vielfach verm. und verb. Aufl., mit einer geschichtl. Einleitung von Ernst Wörner. 8. (VIII, 179 S. mit 1 das Gesamtgebiet des Odenwaldes umfass. neu bearb. Karte, 6 Routenplänen und 1 Stadtplan.) Darmstadt 886, Bergsträsser. geb.

Windhaus, G., Führer durch den Odenwald u. die Bergstrasse, nebst den angrenz. Teilen d. Main- u. Neckar-Thals. Im Auftrag d. Odenwaldklubs hrsg. 3., verm. Aufl. Mit e. geschichtl. Einleitg. v. E. Wörner, 2 Karten u. 6 Routenplänen. 8. (VIII, 196 S.) Darmstadt 889. Bergsträsser Verl. geb. n. 2. —

Windhaus, Geo. Führer durch den Odenwald u. die Bergstrasse, nebst den angrenzenden Teilen d. Main- u. Neckar-Thals. Im Auftrag d. Odenwald-Klubs hrsg. 4. verm. Aufl. 8. (VIII, 224 S. m. 8 Karten u. Plänen.) Darmst. 892, Bergsträsser Verlag. geb. * 2 —
3. Aufl. 1889.

Windhaus, Geo., Führer durch den Odenwald u. d. Bergstrasse, nebst den angrenz. Teilen d. Main- u. Neckar-Thals. Im Auftrag d. Odenwaldklubs hrsg. 5., vielfach verm. u. verb. Aufl. 12. (VIII, 198 S. m. 9 Karten.) Darmstadt 896. A. Bergsträsser's Hofbuchhdlg. Geb. in Leinw. n. 2. —

Windhaus, G., Führer durch den Odenwald u. die Bergstrasse sowie die angrenzenden Teile des Main- u. Neckar-Thals. Im Auftrag des Odenwaldklubs hrsg. v. Ed. Anthes. 6., vielfach verm. u. verb. Aufl. 8. (VIII, 207 S. m. 8 Karten u. 1 Plan.) Darmstadt 899. A. Bergstraesser. Geb. in Leinw. n. 2. —

Windhaus, G., Führer durch den Odenwald u. die Bergstrasse sowie die angrenzenden Teile des Main- u. Neckar-Tals. Im Auftrag des Odenwaldklubs hrsg. v. Eduard Anthes. 9. verb. Aufl. (VI, 216 S. m. 10 Karten u. 1 Plan.) kl. 8. Darmstadt 906. A. Bergstraesser. Geb. in Leinw. n. 2. —

Windhaus, G., Führer durch den Odenwald u. die Bergstrasse sowie die angrenzenden Teile des Main- und Neckar-Tals. Im Auftrag des Odenwaldklubs hrsg. v. Eduard Anthes. 10. verb. Aufl. (VII, 228 S. m. 10 Karten u. 1 Plan.) kl. 8. Darmstadt 909. A. Bergstraesser. Geb. in Leinw. 2. 50

Windhaus, Geo., Geschichte der Lateinschule zu Friedberg. Festschrift zum 350jähr. Jubiläum der grossherzogl. Realschule u. des Progymnasiums zu Friedberg in Hessen. gr. 8. (V, 196 S. m. 1 Tab.) Friedberg 893. (C. Bindernagel.) n. 3. 50

G. WINDHAUS, Geschichte der Lateinschule zu Friedberg. Festschrift zum Dreihundertundfünfzigjährigen Jubiläum der Großherzoglichen Realschule und des Progymnasiums zu Friedberg in Hessen. (Mit 3 Tabellen.) (Umschlag: Vereinsgabe des histor. Vereins f. d. Großherzogtum Hessen.) Friedberg, 1893. Druck von Carl Bindernagel. 8°

Windhaus, Georg: Varietatem lectionis ad L. Annaei Senecae epistulas e codice bambergensi enotatam edidit et brevi adnotatione critica instruxit G. W. 44 S. G. *Darmstadt* 1879
Progr.

Windhausen, A., Reductions-Tabellen zur Ermittelung des Werthes von Grundstücken nach dem Metersystem. Zum Gebrauche bei Gemeinheitstheilungen, Verkoppelungen und Grundsteuer-Regulirungen rc. 4. (73 S.) Lingen 872, van Acken. *

Windhausen, Anselm: Die geologischen V e r h ä l t n i s s e der Bergzüge westlich und südwestlich von Hildesheim. Mit 1 Karte. Hildesheim 1907: A. Lax. (33 S.) 8°
Göttingen, Phil. Fak., Ref. v. Koenen, Diss. v. 6. Okt. 1907.

Die geologischen Verhältnisse der Bergzüge westlich und südwestlich von Hildesheim. Von Anselm **Windhausen** (Hildesheim: Museum) 1907. (18 S.) 4° [Umschlagt.]
= **Mitteilungen** aus d. Roemer-Museum, Hildesheim. No 21. [08. 1020

Windheim, Christian Ernst von

v. Windheim, Chr. Er., († d. 5. Nov. 1766.) kurze Anweisung z. Kunst, sich beständig zu freuen, nach d. Grundsätzen d. Hrn. Ant. Alph. v. Sarasa, u. als freier Auszug aus dessen Arte semper gaudendi, verfertigt rc. 8. Helmst. 746. 2e A. 747. 3e A. 752. 4e A. 755. N. A. 8. Leipz. 779.

— Bemühungen d. Weltweisen v. d. J. 1700—1750. 6 Bde. Nürnb. 752—54. Monath u. K. 3 ₰

— philosoph. Beweis v. d. Wunderwerken, v. d. letzten Zwecke Gottes i. d. Schöpfung u. v. Engeln. 4. Helmstädt, Weygand. 747.

— götting. philosoph. Bibliothek, worin Nachricht von den neuesten Schriften d. Weltweisen u. and. Umständen derselben mitgetheilt ist. 8 Bde. 8. Hannov. 750—56. Helwing. 4 ₰ 9r Bd. 8. Nürnb. 757. ...

Windheim, Christian Ernst von [Praes.], s. C o r n i d e s, Daniel: Humio atque Bolingbrokio deistarum recentissimorum coryphaeis opposita.

Windheim, Christian Ernst von: D i s p u t a t i o inauguralis philologica qua litterae epentheticae Hebraeorum ad rationem suam reuocantur, illaeque voces, quibus inesse putantur, resoluuntur, variaque loca scripturae sacrae V. T. illustrantur quam ... praeside ... defendet Leonardus Fridericus Rucker. Erlangae 1752.

***v. Windheim*, Chr. Er., fragmenta historiae philosophicae, sive commentarii philosophorum vitas et dogmata illustrantes, olim seorsim editi, nunc conjunctim recusi. 8. Erlang. 753.**

Windheim, Christian Ernst von, s. G r o t i u s, H.: annotationes.

Windheim, Christian Ernst von, s. J a c k s o n, J.: Chronolog. Alterthümer.

WINDHEIM, CHRISTIAN ERNST VON. Die Kunst stets frölich zu seyn. Aus des berühmten [illegible] Alfons von Sarasa lateinischem Buche gleichen Namens Verfasset. Neue Aufl. [illegible] Helmstadt, C. F. Weygand, 1761. Kl. 8°. *Gefaltetes Frontispiz in Kupferstich*, [illegible] S. 1 Bl. Hübscher, leicht ber. roter Pbd. d. Z. m. Rsch.
[illegible] Des span. Jesuiten [illegible] vielgelesene „Ars semper gaudendi" war erstmals 1667 in Antwerpen erschienen. In der Vorrede weist der deutsche Herausgeber, der Orientalist Windheim, auf Sarasas Einfluß auf [illegible], Chr. Wolff, Brockes hin.

Windheim, Christian Ernst von, s. L a v i n i: Neueste Weltweisheit.

Christian Ernst von Windheim

De Memoria. [Resp.:] Ioh[annes] Petr[us] Christianus Dekker. Helmstadiie (1746:) Drimborn. XXII S. 8°

Helmstedt, Phil. Diss. v. 8. Jan. 1746

Windheim, Christian Ernst von, s. M o s h e i m: Anweis. d. Gottesgelehrtheit ... – dess. elementa theologiae dogmaticae. – dess. allgem. Kirchenrecht. – dess. Einleit. in d. Sittenlehre. – dess. Einleitung. die Wahrheit u. Göttlichkeit d. christl. Religion zu beweisen. – dess. Erklärung d. 1n Briefs Pauli an d. Corinther. – dess. Anweisung erbaulich zu predigen. – dess. Streittheologie d. Christen.

Windheim, Chr. Ern. de, observat. theol. ad Benedicti XIV. pont. maximi nuperam ad episcopum augustanum epistolam. 4. Helmstädt, (Weygand, Lips.) 747.

Windheim, Christian Ernst von A. S. 1382/64

Disputatio de Paullo gentium apostolo, contra Thomam Morganum. Präs. Sigismund Jakob Baumgarten. Halle (Schneider) 10. V. 1745. 74 S.

Gew.: Johann Lorenz Mosheim, Christoph Timotheus Seidel, Präs., Christian von Windheim (Vetter), Rudolph August von Windheim (Vater).
W. v.: Michael Sigismund Herrlich. 36902

Windheim, Christian Ernst von, s. P o c o c k e: Beschreib. d. Morgenlandes.

— Sendschreiben an s. Zuhörer — v. d. Erleichterung d. Erlernung d. morgenl. Sprachen. 4. Götting. 750. (Leipz., Weygand). 4 gr

Windheim, Christian Ernst von [Praes.], s. T e e n c k e, Martin Heinrich: Examen argumentorum Platonis pro immortalitate animae humanae.

— Conyers Middleton's Uebersetzung u. Prüfung d. freien Untersuchung von den Wundergaben d. christl. Kirche. 4. Hannov. 751. Helwing. 1 ₰

Windheim, Christian Ernst von, s. V e r b r u g g e: Observationes.

Dissertatio inauguralis physico-historica de viribus vivis earundemque mensura, quam Praeside viro generosissimo et amplissimo. *Christ. Ern. de Windheim*, P. P. P. O. die Maji MDCCLIV. pro capessendis summis in philos. honoribus defendet auctor *Jo. Christ. Arnold* Erlangae, litteris Tetzchnerianis. 4. 1754.

Windheim, Christian Ernst von [Praes.], s. Wiedeburg, Johann Ernst Basilius: Dissertatio philosophica qua de nonnulis ad doctrinam de permissione mali spectantibus et praesertim de legibus felicitatis a Ven. Boeldikio adsertis disseritur.

v. Windheim, Doroth. Auguste, geb. v. Mosheim, s. v. Premontval, la Monogamie.

Windheim, Franz Heinrich Friedrich von (Hannover)
A. S. 134/32

Investituram per sceptrum feudis ecclesiasticis et saecularibus communem fuisse.
Präs. Gottlieb Samuel Treuer.
Göttingen (Vandenhoeck) 24. III. 1741. 50 S.
36903

Windheim, P. von

Windheim, v., die Unteroffizier=Patrouille d. Kavallerie unt. bes. Berücksicht. uns. östl. Verhältnisse. 8. (44 S. m. Fig.) Leipzig 896. G. Lang. n. — 60

— dasselbe im Kriege unt. bes. Berücksicht. uns. westl. Verhältnisse. Für d. theoret. Unterr. u. z. Selbstgebrauch. 5., verm. u. verb. Aufl. 12. (VIII, 76 S.) Metz 898. Basel, E. Seifert. n. — 60; m. Karte n. 1. —

Windheim, v., kurze Zusammenstellung der wichtigsten Bestimmungen f. die Unteroffizier=Patrouille der Kavallerie im Kriege. Für den theoret. Unterricht u. zum Selbstgebrauch bearb. 3. m. der 2. gleichlaut. Aufl. 12. (III, 67 S.) Metz 892. Deutsche Buchh. n. — 60
Die 1. u. 2. Aufl. erschienen anonym.

— dasselbe. 4., verm. u. verb. Aufl. 12. (VIII, 68 S.) Ebd. 893. n. — 60;
m. Karte der deutsch=französ. Grenzländer n. 1. —

Windheim, P. v., Zusammenstellung der wichtigsten Bestimmungen f. die Unteroffiziere der Kavallerie im Kriege als Führer weitgehender Patrouillen, unter besond. Berücksicht. unserer westl. Verhältnisse. Für den theoret. Unterricht u. zum Selbstgebrauch. 6. verm. u. verb. Aufl. 8. (VIII, 84 S.) Metz 902. R. Lupus. n. — 80

Windheuser, Engelbert: Über Initialsclerose am Kinn ...
Bonn, Buchdr. Jose. Bach Wwe., 1890; 43 + 1 S. + 1 Bl. 8°
Bonn, Med. Fak., Inaug.-Diss. v. 7. März 1890.

Windheuser, E., Tuberkulosebekämpfung u. Schule. gr. 8. (24 S.) Hamburg 902. L. Voss. n. — 50
Sonderabdruck aus: „Zeitschrift f. Schulgesundheitspflege".

Windheuser, K.

Windheuser: Quid de Vellei Paterculi fide in iis locis, qui ad Tiberii mores spectant, statuendum sit. 14 S. – Neuss, Progr. 1867

Windholz, J. L., Ahasver. Der Einsiedler. 2 Erzählgn. Buchschmuck v. L. Blauensteiner. (V, 224 S.) 8. Wien 909. Deutsch-Altenburg, J. L. Windholz. 4. —

Windholz, J. L., Fragmente. 8. (VIII, 64 S.) Zürich 893. Verlags-Magazin. n. — 80

— Im Garten der Bianca Capello. Novellen aus der Renaissance. Buchschmuck v. L. Blauensteiner. (149 S.) 8. Ebd. 909. 3. —

Windholz, J. L., das neue Leben. Ein moderner Roman. 4. (III, 190 S.) Leipzig (902). Berlin, H. Seemann Nachf. n. 2. 50

— Liebe. 4 Novellen. Buchschmuck v. L. Blauensteiner. (V, 180 S.) 8. Ebd. 909. 3. —

[F.] J. L. Windholz. Ritter, Tod und Teufel. E. Drama in Versen. *Berlin: S. Fischer 1896.* (64 S.) 1 Bd 8. (96. 1563)

— Totentanz u. and. Novellen. 8. (V, 100 S.) Leipzig 897. Berlin, G. H. Meyer. n. 2. —

(B) – Totentanz. 897. (KBL 30.) Jetzt: Berlin, Heilbrunn & Co.

Windhuk [Schlagwort]

Windhuk, s.: Kolonialkarten. Farmübersichtskarte.

Windisch, s.: Melanchthons, Philipp, des deutschen Lehrers Lebensbild.

WINDISCH, Anton (Nürnberg): Die Resectionen wegen Magencarcinom ausgeführt an der Münchener chirurgischen Klinik innerhalb der letzten 5 Jahre.- München: Kastner & Callwey 1903. 51 S. 10.11.1903 - Chr 1903/04,16; Jv 1903/04,335
Diss. Ingolst.-Landsh.-Mchn.

Windisch, Aug. O Erzgebirg', o Vogtland mein. Lied u. Sangweise v. A. W. gr. 8. (3 S.) Frankenb. i S. 889, Knutzen. * — 20

Windisch, A., o Erzgebirg', o Vogtland mein. Lied u. Sangweise v. A. W. gr. 8. (3 S.) Frankenberg i/S. 889. Stange, Verl. n. — 20

— Fest=Dichtung zur Sedan=Feier in 4 Abteilungen: 1. Auszug der Krieger, 2. die Schlacht, 3. der Friede u. die Heimkehr, 4. Germania. 12. (12 S.) Ebd. 889. n. — 50

— Thomas Rockhardt, der Zwirnmüller. Ein schlichter Sang aus dem Zschopauthale. 12. (III, 75 S.) Frankenberg i/S. 890. Roßberg. cart. n. 1. —; geb. n. 1. 50

(Windisch, Augustus Theodorus): 1. • De Ideis. 21 [vielmehr: 22] S. 4° (2°)
2. • Über die Scholastik. 43 S. 4° (2°)
Halle-Wittenberg, Phil. Diss. v. 3. Okt. 1843
Geb. Sorau 1804. V.

Windisch, C. F., Anleitung zur Entwickelung der in Henze's methodischen Schulzeichenheften befindlichen Figuren. gr. 8. (82 S.) Leipzig=Neustadt 890. A. Henze. n.n. — 25

Windisch CF, Leitfaden fur das Korperzeichnen und Anweisung zur Verwendung der Vorlagen von W Fink. Leipzig-Neustadt

— methodische Schulzeichenhefte. (Henze's neue method. Schulzeichenhefte.) 6 Hfte. 4. (à 16 S. m. z. Tl. farb. Vorlagen.) Ebd. 890. à n.n. — 20

Windisch, Ernst

Windisch, E. (Red.), s. Abhandlungen f.d. Kunde des Morgenlandes.

— üb. d. Bedeutg. d. indischen Alterthums. Rede bei Uebernahme d. Rectorates d. Universität Leipzig am 31. Octbr. 1895 geh. gr. 4. (25 S.) Leipzig 895. A. Edelmann. n. 1. —

Windisch, E., Georg Curtius. Eine Charakteristik. gr. 8. (56 S.) Berlin 887. Calvary & Co. n. 2. 40

— s.: **Festschrift, Whitley Stokes gewidmet.**

Windisch, Ernst, syntaktische Forschungen, s. Delbrück, B.

Buddha's Geburt und die Lehre von der Seelenwanderung von Ernst **Windisch**. Leipzig: B. G. Teubner 1908. (235 S.) 4°(8°)
= **Abhandlungen** d. Kgl. Sächs. Gesellschaft d. Wiss. Philol.-hist. Klasse. Bd 20, No 2. 08. 12416

— s.: **Gesellschaft**, d. deutsche morgenländ.

—— kurzgefasste irische Grammatik mit Lesestücken. gr. 8. (X, 149 S.) Leipzig 879, Hirzel. *

Windisch, (Guil. Osc.) **Ernest**, der Heliand u. seine Quellen. Leipzig 868. F. C. W. Vogel. gr. 8. (III, 118 S.) n. 24 *ngr.*

Windisch, Ernst, zwölf Hymnen des Rigveda mit Sāyana's Commentar. Text. Wörterbuch zu Sāyaṇa. Appendices. gr. 8. (IV, 172 S.) Leipzig 883, Hirzel. *

— de hymnis homericis majoribus. Dissertatio inauguralis. Leipzig 867. (Teubner.) gr. 8. (68 S.) n. 12 *ngr.*

— Die Komposition des Mahāvastu, s.: Abhandlungen d. königl. sächs. Gesellschaft der Wissenschaften. Philol.-histor. Kl. XXVII, 14.

— **Māra u. Buddha.** [Aus: „Abhandlgn. d. k. sächs. Gesellsch. d. Wiss.“] Lex.-8. (VIII, 348 S.) Leipzig 895. B. G. Teubner. n. 12. —

Windisch, Ernst: Über das Drama Mṛechakatikā und die Kṛshnalegende. [Abdruck aus den BKSGW. 1886.] [Leipzig 1886.]

Windisch, Ernst: Nekrolog auf Albert Socin. [A. aus den BKSGW. Gesammt-Sitzung vom 14. November 1899.] [Leipzig 1899.]

Ex ordinis philosophorum mandato renuntiantur philosophiae doctores . . . inde a d. primo m. Nov. a. 1887 usque ad d. ultimum m. Oct. a. 1888 creati. – Praemissa est Ernesti **Windisch** dissertatio patrio sermone conscripta: Ueber das Nyayabhāshya. Lipsiae, typ. A. Edelmanni, typogr. acad. (1888); 1 Bl. + 56 S. 4°

Windisch, E., Personalendungen im Griechischen und im Sanskrit. S. A. 1889. 27 S.

— **die altindischen Religionsurkunden u. die christl. Mission.** Rede, geh. in d. Pauliner-Kirche zu Ehren d. Geburtstages Sr. Maj. d. Königs Albert v. Sachsen am 23. IV. 1897. gr. 8. (35 S.) Leipzig 897. S. Hirzel. n. — 60

Windisch, [Ernst]: Über die Sandhiconsonanten des Pali. SA. aus dem BKSGW. 1893. [Leipzig 1893.]

Windisch, E., Ueber den Sitz der denkenden Seele, besonders bei den Indern u. Griechen, und eine Etymologie von gr. πραπίδες. S.-A. 1891. 48 S.

— s.: **Táin bo Cúalnge, die altirische Heldensage.**

Windisch, E., s. a. Texte, irische, m. Uebersetzungen u. Wörterbuch.

—— irische Texte mit Wörterbuch. gr. 8. (XV, 886 S.) Ebendas. 880. *
Vgl.: Stokes, W.

Windisch, E. Untersuchungen über den Ursprung des Relativpronomens in den indogermanischen Sprachen. Diss. Leipzig 1869. 79 S.

— über die Verbalformen m. dem Charakter *R* im Arischen, Italischen u. Celtischen. [Aus: „Abhandlgn. d. k. sächs. Gesellsch. d. Wiss.“] Lex.-8. (66 S.) Leipzig 887. Hirzel. [Teubner] n. 3. —

— G. **Gerland**, W. **Deecke**, W. **Meyer-Lübke**, Friedr. **Kluge**, Chr. **Seybold** u. Kr. **Sandfeld Jensen**, die vorromanischen Volkssprachen der romanischen Länder. 2. verb. u. verm. Aufl. (IV u. S. 369—534.) Lex.-8. Strassburg 905. K. J. Trübner. n. 3. 50; geb. n. 4. 50
Sonderabdr. a.: „Gröber's Grundriss der roman. Philologie“.

— s.: **Zeitschrift** d. deutschen morgenländ. Gesellsch.

Windisch, Hans: Die Entsündigung des Christen nach Paulus. Leipzig 1908: J. B. Hirschfeld. (132 S.) 8°
(Erscheint vollst. u. d. T.: „Taufe u. Sünde im ältesten Christentum bis auf Origines“ b. J. C. B. Mohr, Tübingen)
Leipzig, Theol. Fak., Ref. Heinrici, Diss. u. Hab.-Schr. v. 23. Febr. 1908.

Windisch, Hans, die Frömmigkeit Philos u. ihre Bedeutg. f. d. Christentum. Eine religionsgeschichtl. Studie. (IV, 140 S.) 8. Leipzig 909. J. C. Hinrichs' Verl. 2.50; geb. in Leinw. 3. 50

— Der messianische Krieg u. das Urchristentum. (VII, 95 S.) 8. Tübingen 909. J. C. B. Mohr. 2. —

Taufe und Sünde im ältesten Christentum bis auf Origenes. Ein Beitrag z. altchristl. Dogmengeschichte von Lic. Dr. Hans **Windisch**, Privatd. Tübingen: J. C. B. Mohr 1908. (VIII, 554 S.) 8° 08. 16014

Windisch, Hans, a. Leipzig: Die Theodizee des christlichen Apologeten Justin. Leipzig 1906: G. Kreysing. (41 S.) 8°
Leipzig, Phil. Fak., Ref. Heinze, Wundt, Diss. v. 14. April 1906
[Geb. 25. April 81 Leipzig; Wohnort: Leipzig; Staatsangeh.: Sachsen; Vorbildung: Nikolaisch. Leipzig Reife O. 00; Studium: Leipzig 2, Marburg 1, Leipzig 7 S.; Rig. 20. Febr. 06.]

Windisch, Hans, die Theodizee des christlichen Apologeten Justin. (Diss.) (49 S.) gr. 8. Leipzig 906. J. C. Hinrichs' Verl. n. 1. 20

Windisch, Hermann: Das Wesen der Handelsfirma nach heutigem deutschem Recht. Borna-Leipzig 1907: R. Noske. (VIII, 51 S.) 8°
Leipzig, Jur. Fak., Diss. v. 19. Dez. 1907.

Windisch, Hugo. Beitrag zur Biologie des Tuberkelbazillus und einiger säurefester Saprophyten. Aus dem Hygienischen Institut der tierärztlichen Hochschule zu Dresden.... Diss. Vet.-Med. Bern. IV + 90 S. kl.-4. *o. O.* 1908.

Windisch, Josef, Die im Besitze der Bibliothek des k. k. akadem. Gymnasiums in Wien befindlichen alten Drucke aus dem 15. und 16. Jahrhundert. 8 S. 8. **Progr.** Ak. G. *Wien* 1879.

WINDISCH, Josef: Die innere Glaubwürdigkeit der Apostelgeschichte bewiesen aus der in dieser sich offenbarenden Lehrweisheit der Apostel. — (1904) 52 S. 4° (Handschr.) Diss. 788
Diss. Wien, Univ.

Windisch, Jos., Vorlegeblätter zur Erlernung der Kalligraphie und zur Uebung in den Geschäftsaufsätzen. qu. 4. (II S. und 26 lithogr. Bl.) **Wien 857, (Beck'sche Universitäts-Buchh.)** * *

Windisch, Karl, Anleitung zur Untersuchung von Most u. Wein für Praktiker. Mit Einschluß der Süßweine, Schaumweine, Aepfel- u. Birnenweine, Beerenobstweine, der Fruchtsäfte u. Fruchtsirupe, der Gelees u. Marmeladen. (XIV, 347 S. m. 141 Textabbildgn.) 8. Wiesbaden 904. G. Windisch. Geb. in Leinw. n.n. 7. 50

Windisch, Karl, die Bereitung, Pflege u. Untersuchung des Weines, s.: Keßler, J.

Windisch, Karl, die Bestimmung d. Molekulargewichts in theoretischer u. praktischer Beziehung. Mit e. Vorwort v. Eug. Soll. gr. 8. (XVII, 542 S. m. Fig.) Berlin 892. J. Springer. n. 12. —

Windisch, Karl [aus Wiesbaden]: Über die Beziehungen zwischen dem Siedepunkt und der Zusammensetzung chemischer Verbindungen. . . . Berlin, Druck v. Gebr. Unger (Th. Grimm), 1889. 54 S. + 1 Bl. 8°
Berlin, Phil. Fak., Inaug.-Diss. v. 26 Jan. 1889

Windisch, Karl: Das deutsche Bürgertum in seinen Beziehungen zur bildenden Kunst im Mittelalter. XXVII S. **Progr.** *Döbeln* 1881.

Windisch, K., das deutsche Bürgertum in seinen Beziehungen zur bildenden Kunst im Mittelalter. 4. (27 S.) Döbeln 884, (Schmidt.) *

Windisch, Karl, technische Erläuterungen zu d. Entwurfe e. Gesetzes, betr. den Verkehr m. Butter, Käse, Schmalz u. deren Ersatzmitteln. [Aus: „Arbeiten aus d. kaiserl. Gesundheitsamte."] Lex.-8. (III, 77 S.) Berlin 896. J. Springer. n. 2. —

— üb. **Margarinekäse.** [Aus: „Arbeiten aus d. kaiserl. Gesundheitsamte."] Lex.-8. (IV, 95 S.) Ebd. 898. n. 4. —

Windisch, Karl: Die Reblausbekämpfungs-Kommission in den Jahren 1892 bis 1901. Thätigkeitsbericht, im Auftrag der Kommission erstattet. Berlin 1902. Gebr. Unger. VIII, 53 S. (Arbeiten der Deutschen Landwirtschaftlichen Gesellschaft. H. 70.) -- 98*.121

— Tafel zur Ermittelung d. Alkoholgehaltes v. Alkohol-Wassermischungen aus dem spezifischen Gewicht. Nach den v. der kaiserl. Normal-Aichungs-Kommission angenommenen Zahlen berechnet. gr. 8. (IX, 26 S.) Ebd. 893. Kart. n. 1. 40

[F.] Tafel zur Ermittelung des Zuckergehaltes wässeriger Zuckerlösungen aus der Dichte bei 15° C. Zugl. Extrakttaf. f. d. Untersuchg v. Bier . . . Nach d. amtl. Taf. d. Kais. Normal-Aichgs-Komm. berechnet v. Dr. Karl **Windisch,** . . . Privatdoz. an d. Univ. Berlin. *Berlin: J. Springer 1896.* (XII, 60 S.) 1 Bd 8. [90. 8861

--- Ders.: Die chemische Untersuchung und Beurtheilung des Weines. Unter Zugrundelegung der amtlichen, vom Bundesrathe erlassenen 'Anweisung zur chemischen Untersuchung des Weines'. Mit 33 in den Text gedruckten Figuren. Berlin: Springer 1896. XIX, 351 S. -- 16.121*

--- Ders.: Die chemischen Vorgänge beim Werden des Weines. Festschrift zur 87. Jahresfeier der K. Württemberg. Landwirtschaftlichen Hochschule Hohenheim. Plieningen: Find 1905. 122 S. -- 95*
--- Dass. Stuttgart: Ulmer 1906. 122 S. -- 121*

— **Wein-Gesetz. Gesetz, betr. den Verkehr m. Wein, weinhalt. u. weinähnl. Getränken, vom 24. V. 1901. Vom techn. Standpunkte, besonders zum Gebrauche für Praktiker, erläutert. 8. (XI, 159 S.) Berlin 902. P. Parey. Geb. in Leinw. n. 4. —**

Windisch, Karl: Weingesetz vom 7. April 1909. Mit einem Anhang, enthaltend den Weingesetzentwurf nebst amtlicher Begründung, den Bericht der Reichstagskommission, die Weinzollordnung vom 17. Juli 1909 usw. Vom technischen Standpunkt zum Gebrauch für Weinproduzenten, Weinhändler, Nahrungsmittelchemiker und Juristen. Berlin: Parey 1910. VII, 267 S. -- 1.24.98*.121*.Gei 1

— wie hat sich das Weingesetz vom J. 1901 bewährt? Vortrag, geh. am 29. VIII. 1905 bei Gelegenheit des 22. deutschen Weinbau-Kongresses in Neustadt a. Hdt. (16 S.) gr. 8. Neustadt a. Hdt. 905. D. Meininger.
Sonderabdruck aus: „Weinblatt". n. — 50

— d. **Zusammensetzung** d. **Kirschbranntweines.** [Aus: „Arbeiten aus dem kaiserl. Gesundheitsamte."] Lex.-8. (III, 105 S. m. Fig.) Ebd. 895. n. 6. —

— die Zusammensetzung d. Zwetschenbranntweines. [Aus: „Arbeiten aus d. kaiserl. Gesundheitsamte."] Lex.-8. (III, 98 S.) Ebd. 898. n. 5. —

(WINDISCH, CARL GOTTLIEB VON:) Beschreibung der Feyerlichkeiten bey der erwünschten Krönung Seiner itzt so glücklichen als weise regierenden kais.-kön. apost. Majestät Leopolds des Zweyten, den 15. November 1790-igsten Jahres in der königl. freyen Krönungsstadt Pressburg. Pressburg 1790. Gedr. bey Joh. Mich. Landerer, Edlen in Füskút. 52 S. - 160 mm

Vgl. Beschreibung...

Windisch, Karl Gottlieb von (mutmaßl. Verfasser): Polit., geogr. u. histor. Beschreibung d. Königreichs Ungarn. Pressburg 1772. (Vgl. Beschreibung. . . .)

WINDISCH, Karl Gottlieb v.: Briefe über den Schachspieler des Herrn von Kempelen. Von ... Loewe, Pressburg 1783. Mechel, Basel 1783. 1 vol. 58 S. + 3 Kupfer

v. **Windisch,** Karl Gli., († d. 30. März 1793.) Briefe über den Schachspieler des Herrn von Kempelen, herausg. v. Chr. von Mechel. gr. 8. Basel 783. (Preßburg, Löwe). 2 fl. dass. mit 3 Kpf. herausg. v. Chr. v. Mechel. gr. 8. Ebd. 783. (Leipz., Kummer). 20 gr. dass. ins Französ. übersetzt v. Chr. v. Mechel. 8. Basel 783.

(—) der Freund d. Tugend; e. Wochenschrift. 3 Bde. 8. Preßb. 767—69.

— Geographie d. Königreichs Ungarn. 3 Thle mit Kpf. gr. 8. Preßb. 780—90. Löwe. (Schwiegger). 4 Thlr 8 gr. 3r Bd. Auch u. d. Tit.: Geographie des Großfürstenthums Siebenbürgen. gr. 8. Preßb. 790. (Wigand). 1 Thlr 8 gr.

Windisch, Karl Gottlieb von, s. Gesang- u. Gebetbuch zum gottesdienstl. Gebrauche d. evangel. Gemeinde in Pressburg. 1e A. 1788.

— Geschichte u. Geographie v. Ungarn f. Kinder. 8. Ebend. 785.

— kurzgefaßte Geschichte d. Ungarn von d. ältesten bis auf d. jetzigen Zeiten. gr. 8. Preßb. 778. N. Aufl. 784. Löwe. (Schwiegger). 1 Thlr

Windisch, Carl Gottlieb v. Kurzgefasste Geschichte der Ungarn, von den ältesten bis auf die itzigen Zeiten. Neue verm. und verbess. Aufl. 8. Pressburg 1784.

v. Windisch, Karl Gli., Hanswurst. Lstspl. in 1 A. gr. 8. Preßb. 761. ...

Windisch, Carl Gottlieb von. Lettres . . . sur le jouau d'Echecs de Kempelen . . . Bâle 1783. Ü: *Mechel, Chn von.* (MGT)

— ungarisches Magazin, oder Beiträge zur ungarischen Geschichte, Geographie, Naturwissenschaft u. der dahin einschlagenden Literatur. 4 Bde mit 10 Kpf. gr. 8. Preßb. 781—87. (C. F. Wigand). 5 ₰ 8 gr Hdg. Pr. 4 ₰

— neues ungarisches Magazin, oder Beiträge zur ungar. Geschichte, Geographie, Naturwissenschaft u. d. dahin einschlagenden Literatur. 2 Bde in 6 Heften. 8. Preßb. 791—98. (Wien) Degen. 1 ₰ 2 gr

(—) Samml. christl. Lieder u. Gesänge, zum Gebrauch evangel Religionsverwandten. gr. 8. Preßb. 785.

Windisch, Karl Gottlieb von, s. Wochenblatt, Preßburgisches.

Windisch, Carl Gottlieb von (Hrsg.), s. Zeitvertreiber, Der vernünftige.

Windisch, Paul [Cand. d. h. h. Schulamtes aus Barna]: Beiträge zur Kenntniss der Tertiärflora von Island ... Halle a. S., Gebauer-Schwetschke'sche Buchdr., 1886. 52 S. 8°
Leipzig, Phil. Fak., Inaug.-Diss. v. 18. Dez. 1886

Windisch, Paul, Beiträge zur Kenntniss der Tertiärflora von Island. Diss. Leipzig 1886, Gustav Fock. 8°. 52 S.

Windisch, Wilhelm

Windisch, Wilh., Anleitung zur Untersuchung d. Malzes auf Extraktgehalt, sowie auf seine Ausbeute in der Praxis, nebst Tabellen zur Ermittelung d. Extraktgehaltes. 8. (V, 52 S.) Berlin 892. P. Parey. Kart. n. 2. 50

[F.] Anleitung zur Untersuchung des Malzes auf Extraktgehalt sowie auf seine Ausbeute in d. Praxis nebst Tabellen z. Ermittelg d. Extraktgehaltes. Von Dr. Wilhelm **Windisch**, Techn. Beamten ... in Berlin. 2. Aufl. *Berlin: P. Parey 1897.* (3 Bl., 54 S.) 1 Bd 8.

Windisch, Wilh., Anleitung zur Untersuchung d. Malzes auf Extraktgehalt sowie auf seine Ausbeute in der Praxis, nebst Tabellen z. Ermittelung d. Extraktgehaltes. 3. Aufl. 8. (V, 86 S.) Ebd. 901. Geb. in Leinw. n. 3. 50

Anleitung zur Untersuchung des Malzes auf Extraktgehalt sowie auf seine Ausbeute in der Praxis, nebst Tab. z. Ermittelung d. Extraktgehaltes. Von Prof. Dr. Wilhelm **Windisch**. 4., neubearb. Aufl. Berlin: P. Parey 1907. (88 S.) 8° [F.] [08. 3731

Windisch, Wilh., das Bier auf seinem Wege vom Faß ins Glas. Volkstümlicher Vortrag, geh. auf der Oktobertagg. 1902 der Versuchs- u. Lehranstalt f. Brauerei in Berlin. (64 S.) schmal gr. 8. Berlin 903. P. Parey. n. — 50

— Handbuch der Brauwissenschaft, s.: Moritz.

— s.: Jahrbuch der Versuchs- u. Lehranstalt f. Brauerei in Berlin.

— das chemische Laboratorium d. Brauers. Anleitg. zur chemisch-techn. Betriebskontrolle f. Studier. u. Praktiker. 3., erweit. Aufl. gr. 8. (XIII, 230 S. m. 63 Textabb.) Ebd. 895. Geb. in Leinw. n. 10. —

[F.] Das chemische Laboratorium des Brauers. Anleitg z. chem.-techn. Betriebskontrolle f. Studierende u. Praktiker. Von Prof. Dr. Wilhelm **Windisch**. 4., erweit. Aufl. M. 63 Textabb. *Berlin: P. Parey 1898.* (XVI, 272 S.) 1 Bd 8. 98. 5438

Windisch, Wilh., das chemische Laboratorium d. Brauers. Anleitung zur chemisch-techn. Betriebskontrolle für Studierende u. Praktiker. 6., erweit. Aufl. gr. 8. (XXIII, 873 S. m. 80 Abb.) Berlin 902. P. Parey. Geb. in Leinw. n. 15. —

Das chemische Laboratorium des Brauers. Anleitung z. chemisch-techn. Betriebskontrolle f. Studierende u. Praktiker. Von Prof. Dr. Wilhelm **Windisch**. 6., erw. Aufl. Mit 86 Textabb. Berlin: P. Parey 1907. (XXIV, 445 S.) 8° [F.] [07. 12830

Alkoholisches Lied (gedichtet von Hermann Heinrich), vertont u. als Kneiplied d. Winter-Sem. 1903/04 der 'Cerevisia' zugeeignet von Wilhelm **Windisch**. *Berlin: P. Parey 1904.* (4 S.) 4°
= Tageszeitung f. Brauerei. Jg. 2, No 86. Beil. [04. 396

Windisch, W., Mithras. S.-A. s. a. 22 S. u. Abbild.

Windisch, Guilelmus: De **Perseo** eiusque familia inter astra collocatis. *Lipsiae 1902: B. G. Teubner.* (70 S.) 8°
Leipzig, Phil. Diss. v. [11. Aug.] 1902

Windisch, Wilhelm [aus Wiesbaden]: Über die Wirkungsweise des Cyankaliums ... Berlin, Druck v. Julius Feiertag (1887); 34 S., 1 Bl. 8°
Berlin, Phil. Fak., Inaug.-Diss. v. 30. Jul. 1887.

Windisch, Wilhelm, über die Wirkungsweise des Cyankaliums. Diss. Berlin 1887, Mayer & Müller. 8°. 44 S.

Windisch, Wilhelm Oskar Ernst, s. Windisch, Ernst.

Windischgratz [Sachl. OW]

Windisch-Grätz, Der k. k. österr. Feldmarschall Fürst. Eine Lebensskizze. Aus den Papieren eines Zeitgenossen der Sturmjahre 1848 und 1849. Berlin 1886. V: *Thurheim, Andr. Graf.* (Auctions-Kat. Gilhofer & Ranschburg XI.)

Windisch-Grätz, der k. k. österreichische Feldmarschall Fürst. Eine Lebens-Skizze. Aus den Papieren e. Zeitgenossen der Sturm-Jahre 1848 u. 1849. gr. 8. (V, 268 S.) Berlin 886. Wilhelmi.

Windisch-Grätz, der k. k. österreichische Feldmarschall Fürst. Eine Lebens-Skizze. Aus den Papieren e. Zeitgenossen d. Sturm-Jahre 1848 u. 1849. 2., unveränd. [Titel-] Aufl. gr. 8. (V, 268 S.) Leipzig (886). 898. A. Strauch. n. 5. —

Windischgrätz, Alfred Fürst zu, ... Eine treue, unparteiische Darstellung der letzten Prager Ereignisse, nach authentischen Quellen bearbeitet ... Von ****r. Wien 1848. Zwei Auflagen. V: *Herczegy, Moritz.* Vgl. Oettinger, Bibliogr. biogr. 1854, Sp. 1909. (DARP)

zu **Windischgrätz**, Alfred Fürst, k. k. Feldmarschall-Lieutenant u. kommandir. General in Böhmen. Eine treue, unparteiische Darstellung der letzten Prager Ereignisse, nach authent. Quellen bearb., nebst 2 Original-Aktenstücken u. einer biograph. Lebensskizze des Fürsten. Von ****r. gr. 8. (34 S. m. 1 Holzschn.) Wien 848, Gerold in Comm. — 2. Aufl. gr. 8. (34 S. m. 1 Holzschn.) Ebd. 848. n. 8 ngr

Windischgrätz, Fürst Alfred, und Graf Leo Thun in den Prager Juni-Tagen 1848 . . . München 1886. V: *Helfert, Joseph Alexander Freiherr von.* (ADB 38, 212)

Windischgrätz [Verfasser]

Grf. v. Windisch-Grätz: De la peine de mort et de la torture. *Hamb.*, **Kauche. 801. 8.**

(Windisch-Graetz): De la peine de mort et de la torture. (Stienka 1801.) •

Windisch-Grätz, Fürst zu. Der Winterfeldzug 1848–1849 in Ungarn. Mit [illegible] Wien 1851. 5 [illegible] 2

Windisch-Graetz, Hedw. Prinzessin, der neue Stern. Kleines Weihnachtsspiel f. Kinder. Mit Benützg. besteh. Melodien gedichtet. (31 S.) 8. Wien (907). G. Eichinger. — 40

Windischgrätz, Josef Nikolaus Graf von

v. *Windisch-Grätz*, Graf Jos. Nic., († 180. .) de l'âme de l'intelligence et de la liberté de la volonté. 8. Strassb 790. Treuttel u. W. 12 ℊℊ

— Betrachtt. über verschied. Gegenstände, worüber man heut zu Tage sehr viel schreibt. 8. Nürnb. 787. Strt. 12 ℊℊ

Ueber geheime Gesellschaften, aus d. Franz. des Herrn Grafen [Jos. Nikol.] v. Windischgrätz, mit Anm. des Uebers. Frankfurt u. Leipzig [Nürnberg: Felssecker] 1788. 126 S. 8°
cf. D. neuesten Religionsbegebenheiten. 12 (1789) S. 349—354.
Kl. 515. Hauptsächlich gegen die Illuminaten gerichtet. 23. 25. 193.

Windisch-Grätz, Joseph Nicolaus Graf von. Über geheime Gesellschaften; a. d. Franz. 1788. Ü: *Weishaupt, Adam.* (MGT)

— solution provisoire d'un problème. gr. 8. Nürnb. 790 Monath u. K. 16 ℊℊ

(Windisch-Grätz, Ludwig Fürst zu, k. k. Oberst etc.) Zur Taktik der Cavallerie. Betrachtungen von L. W. 8. Wien **1869.**

Windisch-Graetz's, G. d. K. Prinz Ludwig, Kindheit u. Jugendzeit 1839—1850. (III, 255 S. m. 5 Taf.) gr. 8. Wien 908. (L. W. Seidel & Sohn.) 2. —

Windischleuba [Schlagwort]

Windischleuba, s.: Geologische Karten. Preussen 131.

Windischmann, Friedrich. Ein Lebensbild. Augsburg 1861. V: *Sighard, Joach.* (Bücher-Samml. d. hist. Ver. v. u. f. Oberbayern. München 1867.) (ADB 43, 420)

Windischmann, Dr. Friedrich. Ein Lebensbild. Augsburg 861. Kranzfelder. gr. 8. (45 S.) 6 ngr.

Windischmann, C. J. H., s. Windischmann, Karl Josef Hieronymus

Windischmann, Friedrich (Mutmaßl. Verf.), s. Acta Romana. Über die.

Windischmann, Fr., die persische Anahita oder Anaïtis. Ein Beitrag zur Mythengeschichte des Orients. gr. 4. (44 S.) München 856, (Franz.) *
Aus: Abhandlungen der k. bayr. Akademie der Wissenschaften, besonders abgedruckt.

—— Die persische Anahita oder Anaïtis. Ein Beitrag zur Mythengeschichte des Orients. Aus den Abhandlungen der k. bayer. Akademie der Wissenschaften. München, Franz in Komm., 1859, gr. 4°, 44 S.

Windischmann, Friedr., Erklärung des Briefes an die Galater. Mainz, Kirchheim, 1843, 8°, X u. 172 S., 2,50 Mk.

Windischmann, Fr., Erklärung des Briefes an die Galater. gr. 8. Mainz 843, Kirchheim, Schott u. Thielmann. 5/6 ℛ

Windischmann, Friedr., Mithra. Ein Beitrag zur Mythengeschichte des Orients. Abhandlungen für d. Kunde des Morgenlandes (Leipzig. Brockhaus), Bd. 1, Heft 1 (1857), gr. 8°, 90 S., 2,40 Mk.
Lajard, Recherches sur le culte public et les mystères de Mithra en Orient et en Occident. Paris 1867.

Windischmann, Friedr., Mithra, s. „**Abhandlungen** für die Kunde des **Morgenlandes.**

Windischmann, Fridericus (Henr. Hugo) (geb. am 13 Dez. 1811 in Aschaffenburg): Sancara sive de theologumenis Vedanticorum Pars prior . . . Bonnae, typ. reg. ex off. C. Georgii 1832. 2 Bl., VII—XVI, 48 S. 8. * Erschien vollständig 1833 bei Habicht in Bonn.
Bonn, Phil. Fak., Diss. v. [21 Juli] 1832

Windischmann, Frid. (Henr. Hug.), Sancara sive de theologumenis Vedanticorum. 8 maj. (12¾ B.) Bonnae 838, **Habicht.**

—— Zoroastrische Studien. Abhandlungen zur Mythologie und Sagengeschichte des alten Iran. Nach dem Tode des Verfassers herausgegeben von Friedrich Spiegel (Prof. in Erlangen). Berlin, Dümmler, 1863, gr. 8°, XII, 324 S., 8 Mk.
Über Inhalt u. Wert der „Zoroastr. Studien" vgl. Hist.-pol. Bl. Bd. 51 (1863), S. 280–97 „Friedrichs Windischmanns iranische Forschungen".

Windischmann, Fridericus (Henricus Hugo) (geb. am 13 Dez. 1811 in Aschaffenburg): Theses controversae quas una cum dissertatione Sancara sive de theologumenis Vedanticorum . . . defendet . . . [o. O.], (1832). 4 Bl. 8.
Bonn, Phil. Fak., Thes. v. 21 Juli 1832

— Ursagen der arischen Völker. Aus den Abhdlgn. der k. bayr. Akad. d. W. München 852. Franz in Comm. gr. 4. (20 S.) n. 6 ngr.

—— **Ursagen der arischen Völker.** gr. 4. (20 S.) München 853, (Franz.) *
Aus: Abhandlungen der k. bayr. Akademie der Wissenschaften, I. Classe, 7. Bd. 1. Abthl., besonders abgedruckt.

WINDISCHMANN, Friedrich: Vindiciae Petrinae.- Ratisbonae: Pustet 1836. VIII,135 S.
2.1.1836 - Urk (Titel: Vinditiae Petrinae, sive de epistolis S. Petri Apostoli.); F 43
Diss. Ingolst.-Landsh.-Mchn.

Windischmann, Fried., Vindiciae Petrinae. Regensburg, Manz, jetzt Verl.-Anst., 1836, gr. 8°, 2 Mk.

Windischmann, Fr., Vindiciae Petrinae. 8maj. Ratisbonae 836. (Augsburg, Kollmann.) 2/3 Rthlr

Windischmann, Zarathushtra in the Gathas, s.: Geiger, W.

Windischmann, H., s. 1) Fragmente über die Religion des Zoroaster. 2) Versuch e. Beleuchtung d. Reformation Luthers.

Windischmann, Karl Josef

Windischmann, Carolus Iosephus (geb. am 9 Okt. 1807 in Aschaffenburg): De penitiori auris in amphibiis structura ... Bonnae, typ. Thormannianis (1831). VIII, 59 S., 3 Taf. 4. ¶ In Komm. bei Voss in Leipzig.
Bonn, Med. Fak., Diss. v. 7 [hs. 11] Mai 1831

Windischmann, Carol. Iosephus (geb. am 9 Okt. 1807 in Aschaffenburg): Theses controversae quas una cum dissertatione De penitiori auris in amphibiis structura ... defendet ... [Bonnae], typ. Thormannianis (1831). VIII S. 8.
Bonn, Med. Fak., Thes. v. 11 Mai 1831

Windischmann, Karl Josef Hieronymus

Windischmann, Karl Jos. Hieron., kritische Betracht. über die Schicksale d. Philosophie in d. neuern Zeit, u. den Eintritt einer neuen Epoche in derselben. gr. 8. Frankf. 825. Andreä. 16 gGr

Windischmann, Karl Josef Hieronymus, s. B o p p, Frz.: Üb. d. Conjugations-System.

Ueber Etwas, das der Heilkunst Noth thut. Ein Versuch zur Vereinigung dieser Kunst mit der christlichen Philosophie von Carl Jos[eph] Hieron[ymus] Windischmann. Leipzig: Cnobloch 1824. LII,288 S. 8°
Aus: Zeitschrift für die Anthropologie.Jg 1823

— das Gericht des Herrn üb. Europa, Blicke in Vergangenheit, Gegenwart u. Zukunft. in 3 Abschn. 8. Ebendas. 814.

— das Gericht des Herrn über Europa, Blicke in die Vergangenheit, Gegenwart u. Zukunft, in 3 Abschn. 8. Frankf. 815. Andreä. 2 Rthlr 4 gGr

K. Jos. **Windischmann's** Ideen z. Physik. 1r Bd. *Würzb. u. Bamb.*, Göbhardt. 805. gr 8° 2 Rthlr 6 gGr

— Ideen zur Physik. 1r Bd. gr. 8. Bamberg ... (Wesché in Frankf.) 2 Rthlr 16 gGr

Windischmann, Carl Jos. Hieron., die Philosophie im Fortgang d. Weltgeschichte. 1. Thl.: Die Grundlagen d. Philosophie im Morgenland. 1—4 Abthl. gr. 8. (127 B.) Bonn 827—34, Marcus.

Windischmann, Karl Jos. Hieron., Die Philosophie im Fortgang der Weltgeschichte. Erster Teil in 4 Abteilungen. Bonn, Marcus, 1828—34, gr. 8°, 20,50 Mk.
Recenss. Katholik Bd. 26 (1827), S. 344 ff. (Tüb.) Theol. Quartalschr. 1828, S. 131 ff. Kath. Littztg v. Kerz 1829, Bd. 4 S. 252—71. (1. Abteil.) Über Windischmann als Religionsphilosoph i. Werner, Geschichte d. kath. Theol. S. 425 ff.

Windischmann, Karl Josef Hieronymus. s.a. P l a t o n : Timäus.

— Platon's Timäos, e. ächte Urkunde wahrer Physik, a. d. Griech. übers. u. erläut. gr. 8. Hadamar, Gelehrten Bchhdl. 804.

Windischmann, C. J. H., s. v. S c h l e g e l's, Fr., philosoph. Vorlesungen.

Windischmann, Karl Jos., v. d. Selbstvernichtung d. Zeit u. der Hoffnung zur Wiedergeburt. Philosophische Gespräche. 8. Heidelb. 807. Mohr. 1 Rthlr 12 gGr

W i n d i s c h m a n n, Karl, Untersuchungen üb. A s t r o l o g i e, A l c h e m i e u. M a g i e; nebst e. Anhange üb. das Verhältniß d. Staatopolizei zu den geheimen Künsten. 2 Bde. gr. 8. Frankf. Andreä. 813.

— Versuch üb. d. Gang d. Bildung der heilenden Kunst, eine Einleitung zu tieferer Ergründung d. Kunst. gr. 8. Frankf. 809. Andreä. 16 gGr

— Versuch üb. d. Medicin, nebst e. Abhandl. über die sogenannte Heilkraft d. Natur. 8. Ulm 797. Stettin. 6 gGr

— was Jh. v. Müller wesentlich war u. uns ferner sein müsse, eine Vorlesung. 8. Winterthur 810. Steiner. 4 gGr

W i n d i s c h m a n n, C[arl] J[oseph Hieronymus]. Was Johannes Müller wesentlich war und uns ferner seyn müsse. Eine Vorlesung, gehalten am Gedächtnisstage seines Hingangs am 29. Mai 1810... zu Aschaffenburg. 8. Winterthur 1811.

Windler, H: Haupt-Preisliste über chirurgische Jnstrumente, Bandagen, orthopädische Apparate. Berlin 1900
Nebst: Nachtrag. 1904. 1906

Windler, H: Preis-Verzeichniß über chirurgische Jnstrumente usw. Berlin 1882. 1888. 1892

Windler, H: Spezial-Kataloge. Berlin 1909
[Nr] 41. Wissenschaftliche Medizin.
[Nr] 42. Zahnheilkunde.
[Nr] 43. Ophthalmologie.

Windler, Heinrich, approb. Arzt aus Verden a. d. Aller: Ueber **Sclerotomia** posterior. *Marburg 1900: J. Hamel.* (47 S.) 8°
Marburg, Med. Diss. v. 15. Febr. 1900

WINDMACHER, Veit, N a g e l n e u e r und nicht aufgewärmter Haselier-, Saus-, Schmauss- und Courtesier-Calender. Gedruckt zu Montplaisir, o. J. (c. 1710?). 4°. 6 Bog.

WINDMAISSINGER, Maximilian (Pechling): De remediis antiphthisicis novissimo aevo commendatis.- Monachii: Poessenbacher 1841. 30 S.
1.6.1839 - Urk; F 64
Diss.Ingolst.-Landsh.-Mchn.

Windmöller, F., Lehrbuch f. Fortbildungs- usw. Schulen.
s.: S c h ü r m a n n, F.

Windmöller, F., Lehr- u. Lesebuch f. Fortbildungs- rc.-Schulen, — Rechenbuch f. gewerbl. u. kaufmänn. Fortbildungsschulen, } s.: S c h ü r m a n n, F.

— Rechenbuch f. Handwerker- u. gewerbliche Fortbildungsschulen, s.: Schürmann, F.

Die Windmühle : Apr. 1867? - 1870?

Humorous weekly, published Sunday. Sub-title: Die Wind-Mühle ist ein illustrirtes-satyrisches, humoristisch-lyrisches, kritisch-raisonnirendes, ästhetisch-annoncirendes Wochenblatt wo die Woch' sechs Tage hat! Motto: 1) Difficile est satyram non scribere; 2) Wer sich dadurch beleidigt fühlt, Auf seine eigene Dummheit zielt. Delightful humorous paper. Large quarto, each issue 4 pages. Edited & published by Eduard Luther.
Cincinnati, OH

Die Windmühle : 1868-?

Humorous weekly. Edited & published by Eduard Luther.
St. Louis, MO

Windmühle. 1901. [Fastnachtzeitung. Mit Vignetten.] [4 S.] fol. (Luzern, C. A. Burri, Glaser.) fr. —. 20

Windmühle, die, von Tripstrill, oder Art alte Weiber jung zu machen. Kom. Pantomime in 1 A. 8. Wien 807. Wallishausser. 2 gr.

Windmüller, Ed.: Ueber die Anfechtung simulirter und sonstiger Veräußerungen zahlungsunfähiger Schuldner u. über den Beweis der Simulation. Ein civilist. Versuch für preuß. u. gem. Recht. Berlin 1854.

Windmüller, Ed., rechtliche Beleuchtung der Kommerzienrath Fränckelschen Testamentssache, namentlich in Bezug auf die Gültigkeit der Erbeseinsetzung posthumer Stiftungen nach preuß. Recht, unter vergleichender Berücksicht. des gemeinen Rechts. gr. 8. (VI und 78 S.) Berlin 859, C. Heymann's Verlag. *

Windmüller, Edgar, Referendar in Hamburg: Die Bedeutung und Anwendungsfälle des Satzes pretium succedit in locum rei, res in locum pretii nach gemeinem Recht und Bürgerlichem Gesetzbuch. *Heidelberg: C. Winter 1902.* (VI, 110 S.) 8°
Leipzig, Jur. Diss. v. 1902

Windmüller, Ernst, approb. Arzt aus Berlin: Die Augenheilkunde des Alcoatim a. d. J. 1159 (Tractat 4). [Ins Deutsche übers.] *Berlin (1899): G. Schade.* (35 S.) 8°
Berlin, Med. Diss. v. 8. Dez. 1899

Windmueller, Gust. (geb. Rawitsch 20. 11. 1835): De Malpighii vita et meritis. Berolini (1860). (32 S.) 8°
Berlin, Med. Diss. v. 1. Aug. 1860

Windmüller, Hans: Über Papain. Rostock 1902: Adler's Erben. (84 S.) 8°
Rostock, Med. Diss. v. [30. Sept.] 1902.

Windmueller, Henr. (Herm.) (geb. Hamburg 29. 7. 1835): De Sarcina parasito quodam ventriculi humani. Berolini (1858). (32 S.) 8°
Berlin, Med. Diss. v. 20. März 1858

Windmüller, L.: Ueber das Durchscheinen von Geschwülsten. Strassburg, J. H. Ed. Heitz, Universitäts-Buchdrucker. 1877. 22 S. 8°

Windmueller, Louis. Silber würde Arbeitlohne reduzieren u Farmer benachteiligen. NY, 1896.

Windmüller, M., die spinale Kinderlähmung. s.: Müller, Eduard.

Windmüller, Mathilde, Medizinalprakt.: Aus d. med. Klinik zu Breslau ⟨Strümpell⟩ u. aus d. med. Univ.-Polikl. zu Marburg ⟨Müller⟩. Über die Augenstörungen bei beginnender multipler Sklerose. Leipzig: Vogel 1910. 39 S. 8° (Aus: Dtsch. Zeitschrift f. Nervenheilk. Bd 30.)
Marburg, Med. Diss. v. 1. März 1910, Ref. Müller, Brauer
[Geb. 8. Febr. 81 Breslau; Wohnort: Marburg; Staatsangeh.: Preußen; Vorbildung: Gymn. Ols Reife M. 03; Studium: Breslau 10 S.; Coll. 8. Dez 09; Approb. 3. Febr 10.] [U 10. 3335

Windmüller, Percival Sidney: Beitrag zur Casuistik der Kiefertumoren. . . . Göttingen, Druck d. Univ.-Buchdr. v. W. F. Kästner. 1890; 135 S., 3 Tab. 8°
Göttingen, Med. Fak., Inaug.-Diss. v. [27. Okt.] 1890

Windmüller, Percival Sidney, Beitrag zur Casuistik der Kiefertumoren. Diss. gr. 8. (135 S. m. 3 Tab.) Göttingen 891. (Vandenhoeck & Ruprecht.) n. 2. 40

Windmüller, Walther: Die Symptomatologie der dystopen Niere. Elberfeld 1910: Wuppertaler Akt.-Dr. 31 S. 8°
Heidelberg, Med. Diss. v. 16. Mai 1911, Ref. Völcker
[Geb. 2. März 83 Neviges; Wohnort: Elberfeld; Staatsangeh.: Preußen; Vorbildung: Gymn. Barmen Reife O. 03; Studium: Bonn 1, Würzburg 4, Berlin 1, Heidelberg 5 S.; Coll. 2. März 10; Approb. 13. Jan. 11.] [U 11. 2234

Windolf, Hermann

Windolf, Herm., Efeu u. Himmelsschlüssel. Lieder u. Gedichte. (160 S.) kl. 8. Kassel 910. J. G. Oncken Nachf. Geb. in Leinw. 1. 50

— Psalmenklänge. Eine Sammlg. geistl. Lieder f. jed. Tag des Jahres zur häusl. Erbaug. (VII, 375 S.) 8. Marburg (Queensland) (908). (Kassel, J. G. Oncken Nachf.) Geb. in Leinw. 2. 75

Sonnenstrahlen. Ein Dreiklang in Versen zu ausgewählten Schriftworten für den Jahreslauf. Dargeboten von Hermann **Windolf**. Kassel: Oncken 1910. 400 S. 8° A 12. 6124

Windolf, Herm., Thautropfen auf den Pilgerweg. Lieder u. Gedichte. 16. (XI, 269 S.) Bonn 886. Schergens. n. 1. 20; geb. n. 1. 80; m. Goldschn. n. 2. —

Mister Box. Schwank in 2 Aufz. von Hermann **Windolph**. *Essen (Ruhr): Fredebeul & Koenen 1902.* (27 S.) 8° [F.]
= Vereinstheater, Neues. No 39 [01. 4844 5

Der Hauptschlüssel. Lustspiel in 1 Akt von Hermann **Windolph**. *Essen (Ruhr): Fredebeul & Koenen 1900.* (23 S.) 8° [F.]
= Vereinstheater, Neues. No 31. [01 5819 5

Windolph's, Herm., Wandkalender für Gerichtsschreibereien u. Terminszimmer f. 1893. qu. Fol. (2 Blatt.) Delitzsch, Pabst. * — 40; auf Pappe ** — 50

Windolph's, Herm., Wandkalender f. Gerichtsschreibereien u. Terminszimmer 1895. qu. Fol. (2 Bl.) Delitzsch, R. Pabst. n. — 40; auf Pappe n.n. — 50

Windolph's, Herm., Wandkalender für Gerichtsschreibereien u. Terminszimmer 1898. qu. Fol. (2 Bl.) Delitzsch, R. Pabst. n. — 40; auf Pappe n. — 50

—— desgl. — für Rechtsanwälte u. Notare f. 1893. qu. Fol. (2 Blatt.) Ebd. * — 40; auf Pappe ** — 50

— dasselbe f. Rechtsanwälte u. Notare f. 1894. qu. Fol. (2 Bl.) Ebd. n. — 40; auf Pappe n. — 50

Windolph, Josef

Windolph, J., das Christentum der christlichen Gewerkschaften, s. a. Materialien zur Beurteilung des Gewerkschaftsstreites unter den deutschen Katholiken. 2. Heft.

Das Christentum der christlichen Gewerkschaften. Von J[osef] **Windolph**, Vikar. Berlin: Der Arbeiter 1910. 187 S. 8°
(Materialien z. Beurteilung d. Gewerkschaftsstreites unter d. deutschen Katholiken. H. 2.)
(10. 13060

— Der deutsche Protestantismus u. die christlichen Gewerkschaften, s. a. Materialien zur Beurteilung des Gewerkschaftsstreites unter den deutschen Katholiken. 1. Heft.

Windolph, J[osef]: Der deutsche Protestantismus und die christlichen Gewerkschaften. 1.–10. Taus. Berlin: Der Arbeiter 1909. 104 S. 8°
(Materialien z. Beurteilung d. Gewerkschaftsstreites unter d. deutschen Katholiken. H. 1.)

Windorf, Heinr., Was wollte Christus? oder das wahre Evangelium. Ein Versuch zur Enthüllung der Wahrheit in gemeinverständlicher Sprache. Langensalza, Gressler. (1871.) 8. VIII. 230 S. 1 Bl.
Beigefügt ist vom Verf. ein Prospect: „Bitte an die Brüder aller deutschen Logen."

Windorf, W. F. (Matth. Wlh. Fr.), († d. 14. Oct. 1821.) Anleitung zum prakt. Rechnen, z. Gebr. d. Jugend sowohl, als anderer Liebhaber der Rechenkunst. 2 Thle. 8. Saalfeld (811.) Autor. 16 gr. 2e Aufl. unt. d. T.: prakt. Rechenbuch f. d. Schulunterricht u. zur Selbstbelehrung. 2e Ausg. nach d. v. Verfass. hinterlass. Zusätz. u. Verbesserungen bericht. u. verm. 8. Rudolst. 823. Hofbuchh. 18 gr.

Windorff, Heinrich: Durchs Erdenthal. Lieder. Berlin: H. Spamer [1898]. (166 S.) 8°

Windrath, A., d. Medicin unt. d. Herrschaft d. bacteriolog. Systems. gr. 8. (IX, 231 S.) Bonn 895. O. Paul. n 5. —

Windrath, Ernst: Ueber Beckenniere als Geburtskomplikation. Berlin: R. Trenkel 1907. (30 S.) 8°
Gießen, Med. Fak., Ref. Pfannenstiel, Diss. v. 15. März 1907.

Windrath, Fritz, approb. Arzt aus Barmen: Aus d. chirurg. Klinik in Kiel. Ueber Gastroenterostomie nebst Mitteilung der vom 1. IV. 1899 bis 1. IV. 1901 an der chirurgischen Klinik zu Kiel zur Operation gelangten Fälle. *Kiel 1902: C. Paulsen.* (21 S.) 8°
Kiel, Med. Diss. v. [21. Mai] 1902.

Windrath, Heinrich, pr. Tierarzt: Versuche aus d. physiol. Inst. d. Tierärztl. Hochschule zu Berlin. Vorsteher: Abderhalden. Weiterer Beitrag zur Frage nach der Verwertung von tief abgebautem Eiweiß im tierischen Organismus. Hannover: Schaper 1909. 21 S. 8°
Gießen, Veterinär-Med. Diss. v. 12. Okt. 1909. Ref. Garten
[Geb. 3. Mai 83 Barmen; Wohnort: Barmen; Staatsangeh.: Preußen; Vorbildung: Realgymn. Barmen Reife Juli 02; Studium: Tierärztl. Hochschulen Hannover 1, Berlin 1, Hannover 1, Berlin 6 S.; Rig. 14. Mai 09.] [U 10. 1263

Windreuter, Gottlieb Christian (Quedlinburg)
A. S. 755/25

Dissertatio inauguralis juridica de damno causato. Präs. Konrad Ludeking.
Rinteln (Enax) IX. 1700. 36 S. 36909

Windruwe, Abt, und seine Zeit. 1550 bis 1620. Zur Geschichte des Klosters Riddagshausen. Braunschweig 1888. V: *Langerfeldt, H.* (Löwe, Bibliogr. d. Hann. u. Braunschw. Gesch. Hann. 1908. S. 343.)

Winds, Adolf: Hamlet auf der deutschen Bühne bis zur Gegenwart. Berlin: Gesellsch. f. Theatergeschichte 1909. VI. 234 S. 8°
(Schriften d. Gesellschaft f. Theatergeschichte. Bd 12.)

Winds, Ad., Hamlet auf der deutschen Bühne bis zur Gegenwart, s. a. Schriften der Gesellschaft f. Theatergeschichte. 12. Bd.

— Schminke. Theater-Roman. 1.—3. Aufl. (336 S.) 8. Dresden (910). H. Minden. 4.—; geb. n 5.—

Winds, Adf., die Technik der Schauspielkunst. (VIII, 325 S.) 8. Dresden (904). H. Minden. n. 4.—; geb. n.n. 5.—

Aus der Werkstätte des Schauspielers. Von Adolf **Winds**, Kgl. Sächs. Hofschauspieler. *Dresden: E. Haendcke 1903.* (202 S.) 8°

Ⓑ — Aus d. Werkstätte d. Schauspielers. 903. (KBL 32). Jetzt: Dresden, F. Jacobi.

Winds, Hermann. Elektrisch. Dramat. Solo Scene. 8. (12 S.) Wien. Hugo Engel. 20 kr. 1883

Windsbach, gem. 1826, grav. 1828. Vom K. St. K. 1:2,500. 1 Bl.

Windschettel, Karl. Lehrplan für das Lateinische in Sexta bei halbjährigem Kursus nebst einer kurzen Sammlung von Übungsbeispielen. 16 S. 8. **Progr.** *Nakel* 1877.

Windschettel, Karl. Der griechische Unterricht auf den unteren Stufen. 16 S. **Progr.** *Nakel* 1879.

Windscheid, Bernhard

— (Festgabe an ihn), s. Oetker, Friedr. Konkursrechtl. Fragen.

Windscheid, Bernh., die Actio. Abwehr gegen Dr. Thdr. Muther. gr. 8. (88 S.) Düsseldorf 857, Buddeus. *

Windscheid, Bernh., die Actio des römischen Civilrechts vom Standpunkte des heutigen Rechts. Lex.-8. (IV und 240 S.) Düsseldorf 856, Buddeus' Verlag. *

Windscheid, Bernh., die Aufgaben der Rechtswissenschaft. Rede, geh. bei Uebernahme des Rectorats an der Universität Leipzig am 14. Octbr. 1884. 4. (20 S.) Leipzig 884. (A. Edelmann.) Nicht im Handel.

— und B. Tröndlin, Bismarck als Staatsmann und Parlamentarier. Zwei Festreden, geh. bei der Bismarck-Feier zu Leipzig. gr. 8. (16 S.) Leipzig 885, [Schloemp.] Freund. *

Windscheid, Bernh., zwei Fragen aus der Lehre von der Verpflichtung wegen ungerechtfertigter Bereicherung. gr. 8. (41 S.) Leipzig 878, (Dürr'sche Buchh.) *

Windscheid, Bernhardus (Iosephus) ⟨geb. am 16 Juni 1817 in Düsseldorf⟩: De valida mulierum intercessione ... Bonnae, typ. C. Georgii 1838. 2 Bl., 61 S., 1 Bl. 8.
Bonn, Jur. Fak., Diss. v. 22 Dez. 1838

Windscheid, Bernh., Lehrbuch des Pandektenrechts. 1. und 2. Bd. gr. 8. Düsseldorf, Buddeus'sche Buchh. [1. Bd. 1. Aufl. 1862. * 3 Thlr. und 2. Aufl. 867,68. (XVI und 736 S.) * 3 Thlr. 10 Ngr., 2. Bd. 1. Aufl. 2 Abthlgn. 1865,66. * 4 Thlr. 5 Ngr. und 2. Aufl. (XVI und 883 S.) * 4 Thlr. 5 Ngr.] *

— dass. — 3. Bd. 2 Abthlgn. gr. 8. 1. Abthl. (S. 1—266.) 869. * M 4.; 2. Abthl. (XI, S. 267—421.) 870. * M 2,50.; 2. Aufl. (X, 418 S.) 1871. * M 6,50., und 3. unveränd. Aufl. gr. 8. (X, 418 S.) Ebendas. 874. *

Windscheid, Bernh., Lehrbuch des Pandektenrechts. 1. Bd. 3. Aufl. 1. Abdr. 1870. *M. 10.; 2. Abdr. (XVI, 744 S.) 1873. *M. 11,50., und 4. Aufl. gr. 8. (XIV, 836 S.) Düsseldorf [Stuttgart] 875, Buddeus'sche Buchh. *

—— dass. — 2. Bd. 3. Aufl. 1. Abdr. 1870. *M. 12,50.; 2. Abdr. (XV, 891 S.) 1873. *M. 15., und 4. Aufl. gr. 8. (XI, 946 S.) Ebendas. 875. *

—— dass. — Wort-, Sach- und Spruch-Register. Bearbeitet unter Vorwissen des Herrn Verf. von einem höheren Justizbeamten. gr. 8. (VI, 244 S.) Ebendas. 874. *

—— Lehrbuch des Pandektenrechts. 1.—3. Bd. gr. 8. Stuttgart, Ebner und Seubert. [1. Bd. 5. Aufl. (XVII, 816 S.) 1879. *M. 15.; 2. Bd. 5. Aufl. (XIII, 944 S.) 879. *M. 17.; 3. Bd. 4. Aufl. (X, 476 S.) 878; 5. Aufl. (X, 464 S.) 879. *M. 8.] *

—— dass. — Repertorium dazu. Bearb. unter Vorwissen des Hrn. Verf. von einem höheren Justizbeamten. 2. bericht. und verm. Aufl. und neue unveränd. (Titel-)Ausg. gr. 8. (VIII, 288 S.) Ebendas. 880,82. *

Windscheid, Bernh., Lehrbuch des Pandektenrechts. 3 Bde. 5. Aufl. 2. unveränd. (Titel-)Ausg. gr. 8. (XVII, 816; XIII, 944; X, 464 S.) Frankfurt a. M. 882, Literar. Anstalt. *

Windscheid, Bernh., Lehrbuch des Pandektenrechts. 3 Bde. 6. verb. und verm. Aufl. gr. 8. (XVI, 936; XI, 1070; VIII, 605 S.) Frankfurt a. M. 887, Literar. Anstalt, Rütten und Loening.

— Lehrbuch d. Pandektenrechts. 3 Bde. 7., durchgesch. u. verm. Aufl. gr. 8. (XVI, 763; X, 846 u. VII, 487 S.) Frankfurt a/M. 891. Literarisch-artist. Anstalt, Rütten & Loening. n. 42.

Lehrbuch des Pandektenrechts von Dr. Bernhard **Windscheid**. 8. Aufl., unter vergl. Darstellung d. deutschen bürg. Rechts bearb. von Dr. Theodor Kipp, Prof., Erlangen. Bd 1—3. *Frankfurt a. M.: Rütten & Loening 1900.* 3 Bde 8° [F.] [01. 6405]

Windscheid, Bernh., Lehrbuch des Pandektenrechts. 3 Bde. 8. Aufl., unter vergleich. Darstellg. des deutschen bürgerl. Rechts bearb. v. Thdr. Kipp. gr. 8. (XVIII, 1141; VII, 1071 u. XI, 864 S.) Frankfurt a/M. 900. 901. Literar. Anstalt. n. 45.—

Windscheid, Bernh., Lehrbuch des Pandektenrechts. 3 Bde. 9. Aufl., unter vergleich. Darstellg. des deutschen bürgerl. Rechts bearb. v. Thdr. Kipp. (Der Neubearbeitg. 2. verb. u. verm. Aufl.) (XX, 1268; VIII, 1140 u. XI, 911 S.) gr. 8. Frankfurt a/M. 906. Literar. Anstalt. n. 48.—

— zur Lehre des Code Napoleon von der Ungültigkeit der Rechtsgeschäfte. gr. 8. (XII u. 346 S.) Düsseldorf 847, Buddeus. n. 1 ½ ₰

Windscheid, Bernh., die Lehre des römischen Rechts v. der Voraussetzung. gr. 8. (VIII u. 214 S.) Düsseldorf 850, Buddeus. n. 1 ₰

—— Recht und Rechtswissenschaft. Eine Rede im Namen der Universität Greifswald zur Feier des Geburtstages Sr. Maj. des Königs Friedrich Wilhelm IV. von Preussen gehalten. gr. 8. (27 S.) Greifswald 851, Bamberg. *

— gesammelte Reden u. Abhandlungen. Hrsg. v. Paul Oertmann. (XXXVI, 434 S. m. Bildnis.) gr. 8. Leipzig 904. Duncker & Humblot. n. 9. 60; geb. n. 11. 60

Windscheid, Bernh.: Gesammelte Reden und Abhandlungen. Hrsg. von Paul Oertmann. Leipzig 1904.

[Inhalt:]

Windscheids Lebensgang. Windscheid als Jurist.

I. Reden.

1. Recht u. Rechtswissenschaft. (Greifswald.)
2. Das röm. Recht in Deutschland.
3. Rede an die Studierenden. (München.)
4. Die geschichtliche Schule in der Rechtswissenschaft.
5. Festrede zum Gedächtnis von Savigny.
6. Die Aufgaben der Rechtswissenschaft. (Leipziger Rektoratsrede.)
7. Bismarck als Staatsmann und Parlamentarier.

II. Abhandlungen.

1. Die Wirkung der erfüllten Bedingung.
2. Über die Wirkung der erfüllten Potestativbedingung.
3. Die Singularsukzession in Obligationen.
4. Die ruhende Erbschaft u. die vermögensrechtliche Persönlichkeit.
5. Zur Lehre von der Korrealobligation.
6. Zur Lehre von der Korrealobligation im römischen u. heutigen Recht.
7. Zur Erinnerung an Berthold Delbrück.
8. Zwei Fragen aus der Lehre wegen ungerechtfertigter Bereicherung.
9. Wille u. Willenserklärung.
10. Die Voraussetzung.
11. Die indirecte Vermögensleistung. — Verzeichnis der Schriften.

—— Die indirecte Vermögensleistung, s. a. Festgabe d. Leipziger Juristenfacultät für Otto Müller.

— die indirekte Vermögensleistung, s. a. Müller, Otto, Festgabe der Leipziger Juristenfakultät.

—— Carl Georg v. Wächter. gr. 8. (V, 91 S.) Leipzig 880, Duncker und Humblot. *

—— Wille und Willenserklärung. Eine Studie. gr. 8. (44 S.) Leipzig 878, (Dürr'sche Buchh.)

Windscheid, Bernh., die Wirkung der erfüllten Bedingung. Eine akadem. Gelegenheitsschrift. gr. 4. (30 S.) Basel 851, Schweighauser.

Windscheid, [Bernh.]: Ueber die Wirkung der erfüllten Potestativbedingung. Heidelberg [1852].
[S.-A. a.: Archiv f. d. civilist. Praxis. Bd 35.]

Windscheid, Franz

Windscheid, Frz., die Anwendung der Elektricität in der medicinischen Praxis, s. a. Bibliothek, medicinische, f. praktische Ärzte

Die Anwendung der Elektricität in der medicinischen Praxis. Von Dr. med. Franz **Windscheid**. Leipzig: C. G. Naumann (1893). (VIII, 176 S.) 8° [07. 12831 2]

Windscheid, F. und *P. Sudeck.* Der Arzt als Begutachter auf dem Gebiete der Unfall- und Invalidenversicherung. Jena 1905.

Der Arzt als Begutachter auf dem Gebiete der Unfall- und Invalidenversicherung. Von Dr. med. Franz **Windscheid**, Prof. Abt. 1. Jena: G. Fischer 1905. 4°(8°)
— **Handbuch** d. Sozialen Medizin. Bd 8. [05. 10948]

— **Aufgaben u. Grundsätze des Arztes bei der Begutachtung v. Unfallkranken. Antrittsvorlesung, geh. am 14. II. 1908 in der Aula der Universität Leipzig. (30 S.) gr. 8. Leipzig 903.** Veit & Co. n. — 80

Die Diagnose und Therapie des Kopfschmerzes v. Dr. med. Franz Windscheid, Privatd. an d. Univ. Leipzig ... *Halle a. S.: K. Marhold 1897.* (49 S.) 8.
= Sammlung zwangl. Abhandlungen a. d. Gebiete d. Nerven- u. Geisteskrankhtn. Bd 1. H. 7. [97. 4587

Windscheid, Frz., die Diagnose u. Therapie des Kopfschmerzes. 2., völlig umgearb. Aufl. (68 S.) gr. 8. Halle 909. C. Marhold. 2. —

Innere Erkrankungen mit besond. Berücks. d. Unfallnervenkrankheiten. Von Dr. med. Franz **Windscheid**, Prof. Mit 2 Abb. Jena: G. Fischer 1905. (VIII, 204 S.) 4°(8°)
= Arzt. Der, als Begutachter auf d. Geb. d. Unfall- u. Invalidenversicherung. Abt. 1.
= **Handbuch** d. Sozialen Medizin. Bd 8, Abt. 1. [07. 15723

Neuritis gravidarum und Neuritis puerperalis. Von Dr. med. Franz Windscheid, Privatdoc. an d. Univ. Leipzig ... *Halle a. S.: C. Marhold 1898.* (19 S., 1 Bl.) 1 Bd 8.
= Sammlung zwangl. Abhandlungen a. d. Gebiete d. Frauenheilkunde u. Geburtshilfe. Bd II. H. 8. [98. 9214

Neuropathologie und Gynaekologie. E. krit. Zsstellg ihrer physiolog. u. patholog. Beziehgn. Von Dr. med. Franz Windscheid, Privatd. an d. Univ. Leipzig. *Berlin: S. Karger 1897.* (VII, 127 S., 1 Bl.) 1 Bd 8. [96 7033

Windscheid, Frz., Pathologie u. Therapie der Erkrankungen des peripherischen Nervensystems, s.: Bibliothek, medicinische, f. prakt Ärzte. 157—161.

— **die Prophylaxe in der Nervenheilkunde, s.: Handbuch der Prophylaxe. IX.**

Windscheid, Johann Wilhelm

Windscheid, I. W., auth. et def., **Wedekind,** G. Jos., praes., Diss. inaug. jur. Germ. de bonorum laticorum et curmedicorum origine ac indole. Heidelbergae 1759. 4. (BKG.)

Windscheid, Joh. Wilh.: Commentatio de stapula quae praecipue ducatibus Juliae, et Montium libertas navigandi, et commercandi in Rheno contra injustas Agrippinatum molitiones vindicatur. Dusseldorpii 1775.

Windscheid, J. W.: Comment. de stapula, qua praecipue ducatt. Juliae et Montium libertas navigandi et commercandi in Rheno contra injustas Agrippinatum molitiones vindicatur. *Düsseld.* 786. gr. 8.

Windscheid, **Jh. Wlh., comment. de Stapula. 8maj. Düsseldorf 786 Wizezky.** 12 *K*

Windscheid, Käthe

— **Schiller's Bedeutg. f. die deutsche Nation. Vortrag, geh. in der Goethe-Gesellschaft zu Leipzig am 16. III. 1905. (26 S.) 8. Leipzig (905). P. Beyer.** n. — 50

Windscheid, Käthe: Erziehung und Bildung unserer Töchter. Vortrag, geh. in Mannheim in d. Mitgliederversamml. d. Vereins Frauenbildung — Frauenstudium. — Freiburg i. B. 1902: Kuttruff. 16 S. 8°

Windscheid, Käthe, Erziehung u. Bildung unserer Töchter. Vortrag, geh. in Mannheim in der Mitgliederversammlg. des Vereins Frauenbildung — Frauenstudium. (16 S.) gr. 8. Leipzig 905. (J. C. Hinrichs' Sort.) n.n. — 40

Windscheid, Käthe, dem Gedächtnis Henrik Ibsens. Vortrag, geh. im Frauenklub-Leipzig. (20 S.) gr. 8. Leipzig 907. Serig. — 40

Windscheid, Katharina [aus Leipzig]: Die englische Hirtendichtung von 1579—1625 ... (Erscheint vollst. bei M. Niemeyer in Halle.) Halle a. S., Druck v. E. Karras, 1895; 66 S., 1 Bl. 8.
Heidelberg, Phil. Fak., Inaug.-Diss. v. [16. Febr.] 1895

Die englische Hirtendichtung von 1579—1625. E. Beitr. z. Gesch. d. engl. Hirtendichtg v. Katharina Windscheid, Dr. phil. *Halle: M. Niemeyer 1895.* [S. 1—60 erschien 1895 als Heidelberger Diss.] (4 Bl., 114 S.) 1 Bd 8. [96. 311

Windschek, Karl, Tabellen zur Satzberechnung. Auf Grund des deutschen Normaltarifes zusammengestellt u. bearb. Lex.-8. (55 S.) Wien 901. (Leipzig, R. Härtel.) n. 3. —

Windschild, Karl, ein Brand aus dem Feuer. Erzählung aus der Gegenwart. gr. 16. (280 S.) Eisleben 899. Christl. Verein im nördl. Deutschland. Geb. n. — 80

Ein Brand aus dem Feuer. Erzählung aus d. Gegenwart von Karl Windschild. Hrsg. vom christl. Verein im nördl. Deutschland. *(Eisleben: P. Kloppel) 1899.* (280 S.) 8° [Ā] [99. 3

Windschild, K., um Christi willen. Scene aus der Zeit der Christenverfolggn. 12. (22 S.) Cöthen 892. Schriften-Niederlage d. Evangel. Vereinshauses. n. — 30

Windschild, Karl, um Christi willen. Scene aus der Zeit der Christenverfolggn. 2. Aufl. (22 S.) 12. Stuttgart 903. Holland & Josenhans. n. — 30

— Dornröschen u. Hänsel u. Gretel. In Versen erzählt. Mit (z. Tl. farb.) Illustr. v. G. Krämer. 4. (16 S.) Ebd. 894. Kart. n. 1. 50

—— Durch Nacht zum Licht. 1807—1870. Vaterländisches Festspiel in 2 Bildern. 12. (48 S.) Cöthen 892, Schriften-Niederlage d. Evangel. Vereinshauses. * — 50

— durch Nacht zum Licht. 1807—1870. Vaterländ. Festsp. in 2 Bild. 2. Aufl. 12. (48 S.) Cöthen 896. Dessau, Buchhdlg. d. evang. Vereinshauses. n. — 60

— **durch Nacht zum Licht. 1807—1870. Vaterländisches Festspiel in 2 Bildern. 3. Aufl. 8. (44 S.) Stuttgart (902). Holland & Josenhans.** n. — 60

— **der Fall Magdeburg, s.: Festschriften f. Gustav-Adolf-Vereine.**

—— Der alte Fritz u. der Müller v. Sanssouci. 12. (16 S.) Dresd. 891, Verlag d. sächs. Jünglingsbundes. ** — 20

— der alte Fritz u. der Müller v. Sanssouci. 2. Aufl. 12. (16 S.) Dresden 893. (O. Hackebeil.) n. — 20

— der alte Fritz u. der Müller v. Sanssouci. 5. Aufl. (15 S.) 8. Dresden (906). Verbandsbuchh. n. — 20

— Goldmarie u. Pechmarie u. Schneewittchen. In Versen erzählt. Mit (z. Tl. farb.) Illustr. v. C. Nebel. 4. (16 S.) Cöthen 894. Schriften-Niederlage des Evang. Vereinshauses. Kart. n. 1. 50

— Gott, Erlösung, Unsterblichkeit vor dem Forum des Verstandes. 8. (85 S.) Halle a/S. 893. R. Mühlmann's Verl. n. 1. 20

Windschild, Karl, Gott, Erlösg., Unsterblichkeit vor d. Forum d. Verstandes. 2. (Titel-)Ausg. 8. (85 S.) Halle (893) 896. R. Mühlmann's Verl. n. 1. —

Windschild, K., an e. Haar. Scene. 12. (20 S.) Cöthen 893. Schriften-Niederlage d. Evangel. Vereinshauses. n. — 25

— d. Hexe v. Cosa. Erzählg. aus d. Zeit d. 30jähr. Krieges. gr. 8. (305 S.) Dessau 896. P. Baumann. n. 3. —; n. 4. —

— Kaiser Joseph II. u. der Amtmann. Scene. 12. (24 S.) Ebd. 894. n. — 35

Stephan Molz. Eine Erzählung aus d. Volksleben von Karl Windschild. Hrsg. v. christl. Verein im nördl. Deutschland. *Eisleben: Christl. Ver.; P. Kloppel in Komm. 1903.* (276 S.) 8° [F.] [03. 15519]

Aus Hecklingens Vergangenheit. Von Karl Windschild. Hecklingen: Selbstverl. 1903. 125 S. 8° A12.6663

— Fürst Wolfgang v. Anhalt. Geschichtliches Volksschauspiel aus der Reformationszeit. 8. (VIII, 101 S.) Cöthen 892. O. Schulze, Verl. n. 1. —; geb. in Leinw. n.n. 1. 30

Windschügl, B(runo), approb. Arzt aus Berlin: Über Staphylombildung durch Tuberkulose des Augeninnern. *Rostock 1902: Adler's Erben.* (24 S.) 8°
Rostock, Med. Diss. v. [12. Sept.] 1902

Windsheim, gem. 1828. grav. 1829. Vom K. St. K. 1 Bl.

Windsheim und was zu dieser Reichs-Stadt gehört, nebst den übrigen angrenzenden Herrschaften, herausgegeben von Homännischen Erben. Nürnberg Anno 1760. 1: 45,000. 1 Bl.

Windspiel, Das, oder die Rache. Ein Schauspiel in Zwey Aufzügen. Leipzig 1781. V: *Weisse, Chn Felix.* (GGr)

Windspiel, das, oder die Rache. Schsp. 8. Leipz. Crusius. 781.

Windspiel, das, oder die Rache. Schspl. 8. Leipz. 781. (W. Vogel). 4 gr.

Windstosser, Ed., Sprachen-Nothelfer f. den deutschen Soldaten. qu. 8. (32 S.) München 885. (Franz' Verl.) n.n. — 50

Windstoßer, J., Aufstellung u. Wirkungskreis der Schöffen u. Geschworenen: Eine Zusammenstellung der in Bezug auf Schöffen u. Geschworenen gelt. gesetzl. u. verordnungsmäß. Bestimmungen. 8. (50 S.) Ansbach 879. Brügel & Sohn. n. — 50

Windstoßer, J., Dienstbuch f. bayer. Staatsverwaltungs- u. Gemeinde-Beamte, s.: Reger, A.

Windstoßer, J., das Gesetz, die Abmarkung der Grundstücke betr., vom 30. VI. 1900, m. den dazu ergangenen Vollzugsvorschriften u. Formularabdrücken erläutert. 8. (IV, 158 S.) Ansbach 901. C. Brügel & Sohn. Geb. in Leinw. n. 2. —

Windstoßer, J., das Gesetz die Flurbereinigung betr., s. Kulturgesetze, die bayerischen, nebst Vollzugsvorschriften.

v. Windstoßer, J., Das Gesetz über die Flurbereinigung vom 29.5. 1886. Ansbach 1886

Windstoßer, J. v., das bayerische Gesetz üb. die Flurbereinigung vom 29. V. 1886/9. VI. 1899 u. die hiezu ergangenen Vollzugsvorschriften, m. Bemerkungen hrsg. Mit 2 Plänen (Maßstab 1 : 10000) üb. den Stand der Feldmarkg. Höhenkirchen vor u. nach der Flurbereinigg. 5. verm. u. verb. Aufl. (IV, 301 S.) 8. Ansbach 909. C. Brügel & Sohn. Geb. in Leinw. 3. 60

Windstoßer, J., Gesetz, die Hagelversicherungsanstalt betreffend vom 13. Febr. 1884. Mit Erläuterungen und Bemerkungen nach dem vorhandenen Quellenmaterial hrsg. 8. (66 S.) Ansbach 884, Brügel und Sohn. cart. *

—— Gesetz, die Landeskulturrentenanstalt betreffend vom 21. April 1884. Mit Anmerkungen nach den Gesetzesmotiven, den Kammer-Ausschuß- und Plenar-Verhandlungen hrsg. 8. (31 S.) Ebendas. 884. cart. *

—— Gesetz über den Malzaufschlag vom 16. Mai 1868 in der neuen Textirung vom 23. Aug. 1879 und mit den Aenderungen des Gesetzes vom 31. Oktbr. 1879. Mit Bemerkungen nach dem vorhandenen Quellenmaterial versehen. 8. (168 S.) Ebendas. 880.

—— Gesetz über den Malzaufschlag vom 16. Mai 1868 in seiner gegenwärtig gültigen Fassung. Mit Bemerkungen nach dem vorhandenen Quellenmaterial versehen. 2. neubearb. Aufl. 8. (244 S.) Ansbach 886, Brügel und Sohn. cart.

— Gesetz üb. den Malzaufschlag vom 16. Mai 1868 in der neuen Textirung vom 10. Dezbr. 1889. Mit Bemerkgn. versehen u. unter Anfügg. der seither. u. der neuesten Vollzugsvorschriften hrsg. 3. Aufl. 8. (307 S.) Ansbach 890. Brügel & Sohn. geb. n. 2. —

—— die Gesetze und Verordnungen zur Abwehr und Unterdrückung von Viehseuchen. Das Reichsgesetz vom 23. Juni 1880 und das bayer. Ausführungsgesetz hiezu vom 21. März 1881 mit Bemerkungen nach den Gesetzesmotiven, den Reichstags- und Landtags-Verhandlungen, nebst der Bundesraths-Instruktion vom 12. Febr. 1881 und den bayer. Vollzugs-Verordnungen vom 23. und 24. März 1881, unter Anfügung des Rinderpestgesetzes vom 7. April 1869 und der hiezu ergangenen gesetzl. und verordnungsmäß. Bestimmungen. Für den Handgebrauch zusammengestellt. 8. (VIII, 170 S.) Ebendas. 881. cart. *

—— Die Gesetze u. Verordnungen zur Abwehr u. Unterdrückung der Viehseuchen. Das Reichsgesetz vom 23./VI. 1880. Die bayer. Ausführungs-Gesetze hiezu m. der Milzbrandgesetznovelle. Die Bundesraths-Instruktion vom 12./II. 1881 u. die bayer. Vollzugsverordngn. Das Rinderpestgesetz, m. den hiezu ergangenen reichs- u. landesgesetzl., sowie verordnungsmäß. Bestimmungen. 3. vervollständ. Aufl. 8. (VII, 226 S.) Ansbach 892, Brügel u. Sohn. cart. * 2 50

— die Gesetze u. Verordnungen zur Abwehr u. Unterdrückung der Viehseuchen. Das Reichsgesetz vom 23./VI. 1880. Die bayer. Ausführungs-Gesetze hiezu m. der Milzbrandgesetznovelle. Die Bundesraths-Instruktion vom 12./II. 1881 u. die bayer. Vollzugsverordngn. Das Rinderpestgesetz, m. den hiezu ergangenen reichs- u. landesgesetzl., sowie verordnungsmäß. Bestimmgn. Für den Handgebrauch zusammengestellt. 3., vervollständ. Aufl. 8. (VII, 226 S.) Ansbach 892. C. Brügel & Sohn. Kart. n. 2. 50

— Güter-Arrondirungen. Beleuchtung des Wesens der Arrondirungen u. des Verfahrens hiebei. Eine Anleitung für die bayer. Landwirthe. Mit einem Abdruck des Arrondirungsgesetzes vom 10. Novbr. 1861. gr. 8. (64 S.) Augsburg 878. Lampart & Co. n. 1. —

— s.: **Reger's, A., Dienstbuch f. bayerische Staatsverwaltungs- u. Gemeinde-Beamte.**

— Vermarkungsgesetz, s.: Kulturgesetze, die bayerischen.

Windt, Alfred

Beschreibendes Verzeichnis der zum Primogenitur-Fideikommisse des Allerhöchsten Kaiserhauses gehörenden Miniaturen. Verf. von Alfred **Windt** Wien: Selbstverl. 1905. (68 S.) 4°(8°) 08. 297

Windt, C. D., der Fröbel'sche Kindergarten und seine Methode, mit Berücksicht. des in dieser Beziehung auf der Wiener Weltausstellung Gebotenen. gr. 8. (68 S.) Riga 875. Betz.

Windt, Kamillo, u. Siegm. Kodiček, Daktyloskopie. Verwertung v. Fingerabdrücken zu Identifizierungszwecken. Lehrbuch zum Selbstunterricht f. Richter, Polizeiorgane, Strafanstaltsbeamte, Gendarmen etc. Mit 79 Textillustr., 15 Taf. u. 2 Beilagen. (VIII, 125 S.) gr. 8. Wien 904. W. Braumüller. Geb. in Leinw. 4. 20; erm. Pr. n. 3. 12

Windt, L. G., d. Berberitzenstrauch, e. Feind d. Wintergetreides, aus Erfahr., Versuchen u. Zeugnissen. 8. Hannover, 1806. Hahn. — 12½

Windthorst, Ludwig. Ein Lebens- u. Charakterbild, dem kathol. Volke Deutschlands gewidmet von e. Freunde d. Verstorbenen. Unter Mitwirkg. v. Centrums-Abgeordneten. 1.—4. Aufl. gr. 8. (48 S. m. Abbildgn.) Heiligenstadt 891, Cordier. * — 30

—— † 14. März 1891. Zur Erinnerg. an sein Leben u. Wirken. 12. (47 S. m. Portr. u. Facsm.) Köln 891, Bachem. * — 20
Vgl.: Kopp, Geo., Trauer-Rede. — Menzenbach, Joh. — Silvanus, Pet., Erinnerungen. — Stamminger, J. B., sie haben e. Mann begraben.

Windthorst, L., und Frau Julie, s. Erinnerungsblätter an das goldene Ehe-Jubiläum Sr. Excellenz des Staatsministers a. D. und Abgeordneten.

Ludwig Windthorst und seine socialen Nothelfer, die Jesuiten u. der Streik, s. Streitschriften, Freundschaftliche.

Windthorst, Ludwig

Windthorst, die Beschlagnahme des Vermögens König Georg V. von Hannover. Rede gehalten in der Sitzung des preuß. Abgeordnetenhauses am 29. Janr. 1869, nebst seinen am darauffolgenden Tage bei der Beschlagnahme des kurfürstl. hessischen Vermögens gesprochenen Worten. [Aus den stenograph. Berichten des preuß. Abgeordnetenhauses.] Dresden 869. Bach. gr. 8. (14 S.) n. 2 ngr.

Windthorst, Rede in der Sitzung des deutschen Reichstages am 18. April 1877. 8. (12 S.) Berlin (877) 887. (Hannover und Celle, Schulbuchhandlung.)

Windthorst, Ludw., ausgewählte Reden, geh. in der Zeit von 1851—1891. 3 Bde. 8. (VIII, 336; 350 u. 368 S. m. Bildnis.) Osnabrück 901. 902. B. Wehberg. à n. 1. 50; geb. à n. 2. —

Windthorst, Ludw., ausgewählte Reden, geh. in der Zeit von 1851—1891. 1. Bd. 2. verb. Aufl. (VIII, 336 S.) 8. Osnabrück 903. B. Wehberg. n. 1. 50

—— zwei Reden. Geh. im deutschen Reichstage am 11. und 12. Jan. 1887. 8. (30 S.) Ebendas. 887.

Windthorst, Ludw., Urteil üb. den Jesuitenorden, s.: **Aktenstücke, kirchliche.**

Windthorst, s. Zur Schulfrage.

Windthorstbündleralmanach. Hrsg. von Adolf Krüger, Red. (Berlin). Jg. 1. *Berlin: K. Hof 1905.* 8° [F.]

Windthorst-Kalender f. 1907. Taschenbuch f. alle Anhänger der Zentrumspartei, besonders f. die Mitglieder der Windthorstbunde. Hrsg. vom Verband der Windthorstbunde Deutschlands. (160 S.) kl. 8. Dorsten. Dortmund, J. Amedick. Geb. — 50

Windthorst-Kalender, Berliner, auf d. J. 1893. Hrsg. u. redig. v. Nik. Thoemes. gr. 8. (125 S. m. Abbildgn.) Berl. 892, Eckes u. Comp., Märk. Volkszeitg. * — 50

— märkischer, auf d. J. 1894. Hrsg. u. red. v. J. N. Eckes. gr. 8. (155 S. m. Abbildgn.) Berlin, F. Bannenberg. — 50

— f. d. J. 1895. Almanach f. das kathol. Deutschland. Hrsg. v. der Märk. Volks-Zeitung (Ferd. Bannenberg) unter Mitwirkg. hervorrag. Centrums-Abgeordneter beider Häuser. gr. 8. (104 S. m. Abbildgn.) Ebd. n. — 50

Windthorst Zeitung: 1893–1918. Windthorst, TX

Windus, Heinrich: Die katholische Kirche in Ratzeburg. Ein kurzer Ueberblick auf die katholische Vergangenheit Ratzeburgs bis zur Wiedererrichtung der Pfarrgemeinde. Mit 8 Abb. (Freiburg i./Br. 1908.) 8°

Windwart, Heinrich

—— **die Rettung des Gewerbestandes oder Grundzüge eines deutschen Gewerbe-Systems mit Hinweisung auf eine Steuer-Regulirung und Proletariats-Abhilfe, aus den Bedürfnissen des Volkes gezogen. 8. (32 S.) Glogau 848, (Flemming's Verlag.**

Windwart, Heinr., Deutschland's rechtsgeschichtl. Spaziergänge, dessen gesetzl. Unrecht und Michels Maulschellen-Dusel und endl. Erwachen. Politisch-humorist. Rede an's deutsche Volk gehalten am 11. Mai 1848. 8. (8 S.) Glogau 848, (Flemming's Verlag.) *

Wineberger, Ludw., Versuch einer geognostischen Beschreibung des Bayerischen Waldgebirges u. Neuburger Waldes. Nebst 1 geognost. (lith. u. color.) Karte (in Imp.-Fol.) u. einigen (3 lith.) Taf. gr. 8. (IV u. 141 S.) Passau 851. (Elsässer & Waldbauer.) n. 1⅓ ₰

Wineberger, Paul Anton

Cantate von J. A. Halbe, in Musik gesetzt von [Paul Anton] Wineberger dem Br. T. N. Wibel bey seiner Antrittsloge [Ferdinande Caroline in Hamburg] am 2ten Sept. 1802 gewidmet von seinen Brüdern. Hamburg [1802]: Eckermann. 2 Bl. 4⁰ [Umschlagtit.]
Kl. 1781. Ohne Noten: „Was schimmert dort im Orient ...“ 193.

Wineck, Carl, eine Erzähl. v. A. G. Meißner. 8. Copenhag. Proft. 787.

Wineke, J. C. E., Antiquarische Anmerkungen über ein altes und schätzbares Gefäfs. Quedlinb. 761. 8. 2 gr.

Wineke, Johann Heinrich (Levin) A. S. 766/6

Disputatio juridica ordinaria de affirmatione contractuum unilateralium. Präs. Johann Schack. Greifswald (Starck) VIII. 1708. 16 S.

Gew.: Heinrich Wineke (Vater). 36910

Wincken, Johann Kaspar Eberhard. Antiquarische Anmerkungen über ein altes und schätzbares, in dem Zittergewölbe der hohen Stiftskirche zu Quedlinburg aufbewahrtes Gefäss. Quedlinburg und Leipzig 1761. 8⁰.

Winecken, Jh. Ksp. Eberh., († ...) antiquarische Anmerkungen über ein altes u. schätzbares Gefäß. 8. Quedlinb. 761. Ernst. 5 gr.

— Erklärung der im Kalender vorkommenden Redensarten. 8. Quedlinb. 761. Biesterfeld. 2 gr.

— Trauerrede, b. Gedächtniß d. Fürstin Maria Elisabeth, d. Reichsstifts Quedlinburg Aebtissin, gewidmet. 4. Quedlinb. 755. Biesterfeld. 6 gr.

Winental [Schlagwort]

Winental, s.: Geologische Karten. Spezialkarte (Schweiz).

Winer, (Joh.) Georg Benedikt

Winer, (Jh.) Geo. Bdkt., Abschiedsworte beim Schluß dogmat. Vorlesungen. 8. Leipz. 821. (Lehnhold). 4 gr.

— Abschiedsworte beim Schluß dogmat. Vorlesungen. gr. 8. Leipz. 822, Hartmann.

Winer, G. B., de pedum in cruce affixione contra Bährinn. Lips. 1845. 4.

— Anrede an die Theologie Studirenden auf d. Universität Erlangen. gr. 8. Erlang. 823. Heyder. 1½ gr.

Winer, (G. B.,) Anredung an die Theologen, Studirenden auf d. Universität Erlangen. gr. 8. Erl. 824, Heyder.

— Anrede an seine Zuhörer bei Eröffnung methodolog. Vorlesungen, am 9. Juni 1819 gehalten. gr. 8. Leipz. 819.

(—) Aphorismen über die latein. Schreibart d. Neuern; Allen, welche Lateinisch zu schreiben haben, zur Beherzigung vorgelegt. 8. Leipz. (821.) 2e Aufl. 823.

— über die Armuth der hebräischen Sprache. gr. 8. Leipz. 820. Reclam. 4 gr.

— ein Beitrag zur Verbesserung der neutestamentl. Lexikographie. gr. 8. Erlang. 824. Heyder. 3 gr.

Winer, Georg Benedikt, s. Berthold, L.: Opuscula.

— Chrestomathia Talmudica et Rabbinica, collegit, brevi annotat. illustr. et indic. verborum instruxit. 8maj. Lpz. 822. (Lehnhold). 16 gr.

Winer, Georg Benedikt, s. Confessio Augustana.

— comparative Darstellung des Lehrbegriffs der verschiedenen Kirchenparteien, nebst vollst. Belegen aus den symbol. Schriften derselben in d. Ursprache. gr. 4. Leipz. 824. Reclam. 1 Rthlr. 21 gr.

Winer, Geo. Bened., comparative Darstellung d. Lehrbegriffs d. verschied. christl. Kirchenparteien, nebst vollständ. Belegen aus d. symbol. Schriften derselben. 2., verb. u. verm. Aufl. gr. 4. (24½ B. u. 2 B. Tab. u. W's. Portr.) Leipzig 837, C. H. Reclam sen.

Winer, Geo. Bened., comparative Darstellung des Lehrbegriffs der verschiedenen christlichen Kirchenparteien nebst vollständigen Belegen aus den symbol. Schriften derselben. 3., wohlf. Ausg. besorgt von Ed. Preuss. gr. 4. (VII und 180 S. mit 8 S. Tab.) Berlin 866, Schlawitz. *

Winer, Geo. Bened., comparative Darstellung des Lehrbegriffs der verschiedenen christlichen Kirchenparteien, nebst vollständ. Belegen aus den symbol. Schriften derselben. 4. Aufl., hrsg. u. ergänzt v. Paul Ewald. gr. 8. (VII, 260 S. m. 4 Tab.) Leipzig 882. Hinrichs' Verl. n. 5. —

— Grammatik d. bibl. u. targumischen Chaldaismus f. acad. Vorlesungen, mit d. chaldäischen Lesebuche. gr. 8. Leipz. 824. (Lehnhold). 1 Rthlr. 4 gr.

Winer, Geo. Ben., Grammatik des bibl. u. targumischen Chaldaismus, für akadem. Vorlesungen bearb. 2. durchaus verb. Aufl. gr. 8. Leipzig 842, Wöller. 11/12 Rthlr.

Winer, Geo. Bened., chaldäische Grammatik für Bibel und Talmud. 3. Aufl., verm. durch eine Anleitung zum Studium des Midrasch und Talmud von Bernard Fischer. gr. 8. (XVI, 208 S.) Leipzig 882, Barth.

— griech. Grammatik des neutestamentl. Sprachidioms, als sichere Grundlage d. neutestamentl. Exegese. gr. 8. Leipz. 821. 2e A. 825. W. Vogel. 18 gr. 2s Bdchen. Auch u. d. T.: grammatische Excurse üb. die Sprache des neuen Testaments ꝛc. gr. 8. Ebd. 828. 18 gr. 3e Aufl. (beider Bände d. früher. Aufl.) gr. 8. Ebd. 830. 1 Rthlr. 12 gr.

Winer, Geo. Bened., Grammatik d. neutestamentl. Sprachidioms. 2. Bdchn. — A. u. d. T.: Grammat. Excurse üb. d. Sprache d. N. Testam. Nachträge u. Berichtign. zur Grammatik etc. gr. 8. (14 B.) Leipzig 828, Vogel.
(1. Bdchn.) Ebendas. 1821. 18 Gr.

—— dass., als sichere Grundlage d. neutestamentl. Exegese. 3., bericht. u. verm. Aufl. gr. 8. (33½ B.) Leipzig 830, Vogel.
Enthält beide Theile d. frühern Auflagen.

—— dass., vollst. Register dazu, s. Hoffmann, G. F. W.

—— Grammatik d. neutestamentl. Sprachidioms, als sichere Grundlage d. neutestament. Exegese bearb. 4., bericht. u. verm. Aufl. gr. 8. (37½ B.) Leipzig 836, Vogel.

—— Grammatik des neutestamentl. Sprachidioms als sichere Grundlage der neutestamentl. Exegese. 5., verb. u. verm. Aufl. gr. 8. (46½ B.) Leipzig 844, Vogel.

Winer, Geo. Bened., Grammatik des neutestamentlichen Sprachidioms als sichere Grundlage der neutestamentl. Exegese bearb. 2 Hälften. 6., verb. und verm. Aufl. gr. 8. (1. Hälfte S. 1—320.) Leipzig 854, Vogel.

— Grammatik des neutestamentlichen Sprachidioms. Als sichere Grundlage der neutestamentl. Exegese bearb. 7., verb. u. verm. Aufl., besorgt von Glieb. Lünemann. Leipzig 867. F. C. W. Vogel. gr. 8. (VIII, 623 S.) 2 ℛ 7½ ngr.

Winer's, Geo. Benedict, Grammatik des neutestamentlichen Sprachidioms. 8. Aufl., neu bearb. v. Paul Wilh. Schmiedel. 1. Tl. Einleitung u. Formenlehre. gr. 8. (XVI, 144 S.) Göttingen 894. Vandenhoeck & Ruprecht. n. 2. 60

Winer's, G. B., Grammatik d. neutestamentl. Sprachidioms. 8. Aufl, neu bearb. v. Paul Wilh. Schmiedel. II. Tl. Syntax. 1. u. 2. Hft. gr. 8. (S. 145—272.) Göttingen 897. 98. Vandenhoeck & Ruprecht. à n. 1. — (I - II, 2.: n. 4. 60)

— Grundlinien einer Methodik des Elementarunterrichts in der hebräischen Sprache. 8. Leipz. 819. Reclam. 4 gr

— Handbuch der theologischen Literatur, hauptsächlich des protestantischen Deutschlands; nebst kurzen biographischen Notizen über die theolog. Schriftsteller. gr. 8. Leipz. 820. Reclam. 1 ℛ 8 gr 2e sehr verb. u. erweit. Aufl. gr. 8. Ebd. 825. 2 ℛ 12 gr

— 1s—3s Nachtragheft zu d. Handbuche der theol. Literat. gr. 8. Leipz. 821—23. Reclam. 10 gr

— erstes Ergänzungsheft z. 2n Aufl. des Handb. d. theolog. Literatur. Bis Ende d. J. 1826. gr. 8. Leipz., Reclam. 6 gr

— Handbuch der theolog. Literatur, hauptsächlich d. protestantischen, nebst kurzen biograph. Notizen über die theolog. Schriften. 1e u. 2e Abthl. 3e sehr erweiterte Aufl. gr. 8. Leipzig 837, 38. Reclam. 2⅓ ℛ

— dass. 2r Bd. 3e sehr verweiterte Aufl. gr. 8. Ebd. 840. 2⅔ ℛ

— Handbuch der theolog. Literatur, hauptsächlich der protestantischen, nebst kurzen biograph. Notizen üb. die theolog. Schriftsteller. 1. Ergänzungsheft zur 3. Aufl. (Die Literatur von 1839 bis zu Ende des Jahres 1841.) gr. 8. Leipzig 842, Reclam sen. 1 ℛ — compl. 6 ℛ

Winer, Georg Benedikt, s. Hantsche, J. K. L.: Uebungsbuch.

— Pr. De Hypallage et Hendiad. in Novi Testam. libris. 4. Leipz. 825. (Heyder in Erlang.) 6 gr

—— De versionis Pentateuchi Samaritanae indole dissertatio critico-exegetica. [Diss.] Lipsiae 1817.

— de versionis Pentateuchi samaritanae indole. 8maj. (Lipsiae, W. Vogel in comm.) 818.

— de emendanda Novi Testamenti interpretatione. Oratio. 8maj. Leipz. 824. Reclam. 3 gr

—— und J. G. Veit Engelhardt, neues krit. Journal d. theolog. Literat., s. Journal etc.

Winer, G. B., üb. d. Ironieen in den Reden Jesu. Lips. 1822. 8.

Winer, (Jh.) Geo. Bdkt., Justinum Mart. evangeliis canonicis usum fuisse ostenditur. 4. Leipz. 819. Reclam. 6 gr

— über die Leichtigkeit d. hebräischen Sprache. gr. 8. Leipz. 823. Reclam. 4 gr

— chaldäisches Lesebuch, aus den Targumim des alten Testaments ausgewählt u. mit erläut. Anmerkk. u. vollständ. Wortregister versehen. gr. 8. Leipz. 825. (Lehnhold). 12 gr

—— chaldäisches Lesebuch aus den Targumin des Alten Testaments ausgewählt und mit erläut. Anmerkungen und einem vollständ. erklär. Wort-Register versehen. In genauem Anschluss an des Verf. 2. Aufl. der Grammatik des bibl. und targum. Chaldaismus nach des Verf. Tode neu bearb. von Jul. Fürst. 2., durchaus verb. Aufl. gr. 8. (VIII und 88 S.) Leipzig 864, Wöller.

(—) üb. einige Mängel in unserer jetzigen gelehrten Schulbildung, von e. academ. Lehrer. 8. Leipz. 823.

— Nachricht über die seit 1817 unter meiner Leitung besteh. exeget. Gesellschaft. gr. 8. Leipz. 822. Verfasser. 4 gr

— Nachricht über die seit 1818 unter meiner Leitung bestehende hebräische Gesellschaft. gr. 8. Leipz. 823. Verf.

— Diss. inaug. de Onkeloso ejusque paraphrasi chaldaica. 4maj. Leipz. 819. Reclam. 12 gr

Winer, Georgius Benedictus. De Onkeloso eiusque paraphrasi Chaldaica dissertatio. Lipsiae 1820. 4°.

—— Oratio muneris auspicandi caussa d. VII. m. Nov. habita. 4maj. (2 B.) Lipsiae 841, C. H. Reclam sen.

— de Jonathanis in Pentateuchum paraphrasi chaldaica Specimen I. 4. Erlang. 823. Heyder. 6 gr

— de Jonathanis in Pentateuchum paraphrasi chaldaica Specimen I. 4. Erlangen 824, Heyder.

Winer, Georg Bened., Pauli ad Galatas epistola, s. Paulus.

Winer, G. B., Pauli ad Galatas epistola. 8maj. Lipsiae, Reclam. 821. Rthlr.

Winer, Georg Benedikt, s. Pirke: Abath.

— bibl. Realwörterbuch zum Handgebrauch für Studirende, Candidaten, Gymnasiallehrer u. Prediger. 1ste u. 2e Hälfte A—Z. gr. 8. Leipz. 820. Reclam. 3 ℛ 12 gr

—— bibl. Realwörterbuch, z. Handgebr. f. Studirende, Kandidaten, Gymnasiallehrer u. Prediger ausgearb. 2 Bde. (od. 3 Abthln.) 2., ganz umgearb. Aufl. A—Z. gr. 8. (111¼ B.) Leipzig 833—38, C. H. Reclam sen.

— biblisches Realwörterbuch zum Handgebrauch. 3. sehr verb. u. verm. Aufl. I. Bd. 1.—3. Heft. gr. 8. Ebend. 846. à 1 ₰

Winer, Geo. Bened., biblisches Realwörterbuch zum Handgebrauch. 3. sehr verb. u. verm. Aufl. I. Bd. 4. Hft. II. Bd. 4 Hfte. gr. 8. (I. Bd. XII S. u. S. 577—688. II. Bd. ... S.) Leipzig 847. 48, C. H. Reclam sen. I, 4: 2/3 ₰ II, 1—3: à ₰ 4: 1 1/3 ₰ (complet 8 ₰; herabges. Preis: 6 ₰)

Winer, Georg Benedikt. s. Simon: Lexicon.

— Pr. de soloecismis, qui in Apocalypsi Joannea inesse dicuntur. 4. Erlang. 825.

— exegetische Studien, s. Studien.

Winer, Geo. Bened., de verborum cum praepositionibus compositorum in N. T. usu commentationes academicae. Fasc. I. Commentatio I—V. 4. (14¼ B.) Lipsiae 843, C. H. Reclam sen.

Winer, G. B., De verborum cum praepositionibus compositorum in N. T. usu I. 4°. Pr. 1843 22 S.

Winer, Georg Benedikt: Commentatio de versionis N. T. Syriacae usu critico caute instituendo. [Universitätsprogramm.] Erlangae 1823.

— Pr. Commentatio de versionis Novi Testamenti syriacae usu critico caute instituendo. 4. Erlang. 824. (Heyder). 4 gr

— Vortrag bei d. akadem. Feyer d. 3. Jubiläums d. Augsburg. Confession am 26. Juni 1830 in d. Universitätsaula zu Erlangen gehalt. gr. 4. (2 B.) Erlangen 830, (Palm u. Enke.)

Worte der Verwarnung vor Theilnahme an geheimen Verbindungen, zu den Theologie Studirenden der Universität Erlangen gesprochen von Georg Benedikt **Winer.** Erlangen o. J.: Hilpert. 16 S. 8°
Selten.

— Zeitschrift f. wissenschaftl. Theologie, s. Zeitschrift ꝛc.

Winer, H., zur Reform der Aktien-Gesetzgebung. gr. 8. (42 S.) Berlin 873, Gerschel. *
Aus: Gutachten der Eisenacher Volkswirthschaftlichen Conferenz, besonders abgedruckt.

Wines, German, on the markets of the world, s.: Wein, der deutsche, auf dem Weltmarkte.

Winezky, Jos., die Kunst der Aquarell- und Miniatur-Malerei. Ein Lehr- und Handbuch über deren Behandlungsweise auf Papier, Pergament und Elfenbein, sowie über die Vortheile, die techn. Schwierigkeiten im Portrait-, Figuren- und Landschaftsfache zu überwinden. Nach pract. Erfahrungen, leichtfasslich dargestellt. 2. (Titel-) Aufl. gr. 8. (94 S.) Wien (873)79, Halm'sche Buchh.

Winfridus, s.: Kirchennot, die, der Katholiken in Berlin.

Winfried [Sachl. OW]

Winfried oder der Zwerg von Löwenthale. Eine Sage aus dem ersten Jahrhundert. Vom Verf. Waldrafs des Wandlers. Wien 1800. Neue Aufl. 1817. V: *Gleich, Joseph Alois.* (BGE VIII[3], 544)

Winfried, od. d. Zwerg v. Löwenthal; eine Sage a. d. 11ten Jahrh. 8. Wien, Ant. Doll. (Liebeskind in Lpz. in Commiss.) 800.

Winfried, oder der Zwerg von Löwenthal; eine Sage aus d. 11n Jahrh. 8. Wien 802. Bauer u. D.

Winfried, oder der Zwerg vom Löwenthale. Eine Sage aus dem 11ten Jahrhundert. 8. Wien, Ant. Doll. 817.

Winfried, ein deutsches Heldengedicht, v. Sam. Schier. 8. Erfurt, Müller. 814.

Winfried, genannt Bonifacius, s. Volksbücher, neue.

Winfried [Verfasser]

Winfried (Pseud.), s.a. Hinsche, N. D. (wirkl. Name)

Winfried, Nordalbingische Blätter. s. Blätter.

Winfried, (N. D. Hinsche), poetische Blumenlese für d. J. 1817. 8. Hamb., Perthes u. B. 12 gr

— Feldblumen und Disteln. 8. Leipz. 804. (W. Rauck). 20 gr Hbg. Pr. 12 gr

— Musenalmanach, nordischer, oder Fortsetzung der poet. Blumenlese. s. Musenalmanach.

† **Winfried,** (Nicol. Dan. Hinsche,) Neujahrsnachttraum. Dichtung. Nebst e. Anh. kleinerer Poesieen. 8. (3 B.) Altona 838, [Dessau,] Aue.

Winfried, (N. D. Hinsche), Ruinen u. Blüthen. 8. Altona 826. Aue. 1 ₰

Windfried, Ruinen, s. Ruinen.

† Winfried, (Nicol. Dan. Hinsche,) poet. Versuche. gr. 12. (7⅙ B.) Altona 834, Aue.

Winfried, poetische Versuche. Neue Samml. 12. Hamburg 846, Perthes-Besser u. Mauke. n. 2/3 ₰ (1. 2: 15/12 ₰)

WINFRIED, Armin
(F) Los von Rom, hin zu Christus! Von Armin Winfried. Graz. 1901. Wagner. Gr.-8°. 270 S. K 4.—

Winfried, E., St. Bonifatius-Gedenkblätter z. 1150. Jahre des Martyrertodes des Apostels Deutschlands. (31 S. m. Abbildgn.) qu. 16. Heiligenstadt (905). F. W. Cordier. n. 1.—

Winfriede. Erzählung von der Verf. von: „Heinrichs Kämpfe". Mit einem Vorwort von G. v. Zezschwitz. Autoris. Uebersetzung. 1. und 2. (Titel-)Ausg. 12. (VII, 181 S.) Barmen 881, 84, Klein. cart.

Wing, John F., über Butyrylanhydrometabromisodiamidotoluol. Inaugural-Dissertation. gr. 8. (35 S.) Göttingen 884, Vandenhoeck und Ruprecht's Verlag.)

Wingard, F. K. v., Wanderungen durch die nordöstliche Steiermark u. e. Bergfahrt auf das Ostkap der deutschen Zentralalpen. Ein Prolog zur Eröffng. der Wechselbahn. (16 S. m. Abbildgn.) Lex. 8. Wien 910. (R. Lechner's Sort.) — 80

Wingate, F. R., ten years' captivity in the Mahdi's camp 1882—1892, s.: Library, the English.

Winge, Axel, revised general Statutes for Norwegian Marine Insurance. Novbr. 1881. Published by the committee of representatives of the Norwegian Veritas; and edited in English, as authorized by the said committee. 4. (III, 64 S.) Hamburg 883, O. Meissner.

Winge, Elmar, Caroline od. d. Bekanntschaft auf d. Auersberge. Erzähl. aus d. Ober-Erzgebirge. gr. 12. (4 B.) Leipzig 837, (Hartknoch.) *

Wingelmüller, Karl, der Käfer- und Schmetterlingssammler. Anleitung zur Herstellung und Handhabung der beim Fange, der Zucht und dem Präparieren von Käfern, Schmetterlingen und Raupen als geeignet bewährten Geräte, sowie zur Anlage und Erhaltung von Insektensammlungen. 8. (112 S. mit 32 Abbild.) Magdeburg 885, Creutz'sche Buchh. geb.

Wingen, A., Bericht über die Wasserversorgung der Stadt Glogau. Glogau im April 1887. gr. 4. (IV, 44 S. mit 1 Plan im Text und 6 angehefteten Taf.) Glogau 887, (Flemming.)

Wingender, Pet., der Criminalproceß gegen Chrn. Heinr. Hubert Schlosser und Consorten angeklagt des Raubmordes resp. des qualifizirten Diebstahls verhandelt vor dem Assisenhofe zu Düsseldorf und sämmtlich zum Tode verurtheilt, dargestellt aus den Akten und der mündl. Verhandlung. 1—4. Aufl. 12. (48 S.) Düsseldorf 848, [Engels und Lensch.]

[Kopft.:] [F.] Zusammenstellung der für Ziegeleien bestehenden gesetzlichen Bestimmungen v. A. Wingendorf, Assist. d. Kgl. Gewerbeinspektion zu Stettin I u. II. *(Stettin: Dr. v. F. Hessenland) 1895.* (22 S.) 1 Bd 8. [95. 949

Wingenroth, Ernst: Über Eisensplitter in der Netzhaut. *Karlsruhe 1897: (Badische Verlagsdr.).* (42 S. mit Taf.) 8°
Freiburg i. B., Med. Diss. v. 1897

Wingenroth, Ernst, der Kampf gegen die Erblindung. Auf Grund hinterlassener Aufzeichngn. Gelpkes gemeinverständlich dargestellt. (32 S.) 8. Leipzig 906. Thüringische Verlags-Anstalt. n. — 75

Wingenroth, Ernst, vom Wert der Brille, s.: Bibliothek f. modernes Geistesleben. 9.

Angelico da Fiesole. Von Max **Wingenroth**. Mit 109 Abb. nach Gemälden u. Zeichnungen. Bielefeld & Leipzig: Velhagen & Klasing 1906. (124 S.) 4°(8°) [F.]
= **Künstler-Monographien**. 85. [07. 4343

Wingenroth, Max, und Gröber, [Conrad]. Die Grabkapelle Ottos III. von Hachberg, Bischofs von Konstanz und die Malerei während des Konstanzer Konzils. [Mit Illustrationen und 3 Tafeln.] S. 1—36 + S. 25—58. 4. Freiburg ⟨Baden⟩, J. Bielefeld, [1909]. [M. 6. —]
(Buchausgabe der Abhandlung aus dem Jahrlauf 35 und 36 [1908 und 1909] der Zeitschrift »Schauinsland«, ... Freiburg im Breisgau.)

Wingenroth, Max: Die Jugendwerke des Benozzo Gozzoli. **E. kunstgeschichtl.** Studie ... Heidelberg, C. Winter's Universitätsbuchh., 1897; 98 S., 1 Bl. 8.
Heidelberg, Phil. Fak., Inaug.-Diss. v. [24. Apr.] 1897

Die Kunstdenkmäler des Kreises Offenburg bearb. von Max **Wingenroth**. Mit 390 Textbild., 24 Lichtdrucktaf., 3 Karten u. 52 Wappenbild. Tübingen: J. C. B. Mohr 1908. (LXXXVIII, 718 S.) 4°
= **Kunstdenkmäler**, Die, d. Großherzogt. Baden. Bd 7. [08. 4438 3

Winger, Gottfried (Zeitz) Altd. Thl. 13/7

De inverso decalogo ex 1. Joh. III, 4.
Präs. Christoph Sonntag.
Altdorf (Kohles) 5. V. 1700. 43 S.

36915

Winger, Gottfried (Zeitz) A. S. 274/30

Disputatio inauguralis de jobeleo Lutheranorum.
Präs. Daniel Wilhelm Möller.
Altdorf (Kohles) 19. V. 1700. 32 S.

36916

Wingerath, Hubert Heinrich

Wingerath, Hub. H., Choix de lectures françaises à l'usage des classes inférieures des écoles supérieures. gr. 8. (XX, 300 S.) Köln 875, DuMont-Schauberg'sche Buchh.

—— Choix de lectures françaises à l'usage des classes moyennes des écoles secondaires. gr. 8. (IV, 537 S.) Ebendas. 878.

Wingerath, Hub. H., Choix de lectures françaises à l'usage des écoles secondaires. 2 parties. gr. 8. Köln, Du Mont-Schauberg'sche Buchh.

Inhalt:

Partie 1. Classes inférieures. 2e édit. entièrement refondue et accompagnée d'un vocabulaire. (XII, 273 S.) 881. * M 2,50.; 3e édit. revue avec soin. (XIII, 250 S.) 884. * M 2.
» 2. Classes moyennes. 2e édit. entièrement refondue. (VI, 394 S.) 883. * M 3.

Wingerath, Hub. H., choix de lectures françaises à l'usage des écoles secondaires. 2 parties. gr. 8. Köln, Du Mont-Schauberg'sche Buchh.

Inhalt:

Partie 1. Classes inférieures. Accompagnée d'un vocabulaire. 4me édit. revue et corrigée. (XIII, 249 S.) 886; 5me édit. revue et augmentée. (XIII, 253 S.) 888. * M 2.—.
» 2. Classes moyennes. Accompagnée de notes. 3me édit. revue et corrigée. (XIV, 407 S.) 886. * M 3.—.

Wingerath, Hub. H. Choix de lectures françaises à l'usage des écoles secondaires. 1. u. 2. partie. gr. 8. Köln 890, Du Mont-Schauberg. * 5 —
1. Classes inférieures. Accompagnée d'un vocabulaire. 6. éd., revue et corrigée. (XIII, 253 S.) * 2 —.
2. Classes moyennes. 4. éd. revue et corrigée. (XII, 399 S.) * 3 —.

Wingerath, Hub. H., choix de lectures françaises à l'usage des écoles secondaires. 1. et 2. partie. gr. 8. Köln, M. Du Mont-Schauberg. n. 5. —
1. Classes inférieures. Accompagnée d'un vocabulaire. 7. éd., revue, corrigée et précédée d'exercices de lecture. (XXIV, 253 S.) 893. n. 2. —
2. Classes moyennes. 5. éd., revue et corrigée. (XII, 400 S.) 893. n. 3. —

Wingerath, Hub. H.; Choix de lectures françaises à l'usage des écoles secondaires. 2 parties. gr. 8. Köln, M. Du Mont-Schauberg. n. 5. —
1. Classes inférieures. Précédée d'exercices de lecture et accompagnée d'un vocabulaire. 9. éd. (XXIV, 255 S.) 898. n. 2. —
2. Classes moyennes. 6. éd. revue et corrigée. (XII, 399 S.) 897. n. 3. —

Wingerath, Hub. H., Choix de lectures françaises à l'usage des écoles secondaires. 2 Tle. gr. 8. Köln 902. M. DuMont-Schauberg. n. 5. —
1. I. partie. Classes inférieures. Précédée d'exercices de lecture et accompagnée d'un vocabulaire. 10. éd. (XXIV, 255 S.) n. 2. —
2. II. partie. Classes moyennes. 7. éd. (XII, 400 S.) n. 3. —

Wingerath, Hub. H., Choix de lectures françaises à l'usage des écoles secondaires. I. et II. partie. gr. 8. Cöln, M. Du Mont-Schauberg. n. 5. 20
I. Classes inférieures. Précédée d'exercices de lecture et accompagnée d'un vocabulaire. 11. éd. (XXIV, 225 S.) 905. n. 2. —
II. Classes moyennes. 8. éd. Avec une carte de France. (XIV, 400 S.) 906. n. 3. 20

— **dasselbe, 2. Tl., Wörterbuch m. Anmerkgn., s: Elsner, Walth.**

— Kurzsichtigkeit u. Schule. [Aus: „Central-Organ f. d. Interessen d. Realschulwesens".] gr. 8. (III, 37 S.) Berlin 890. Friedberg & Mode. n. — 60

Wingerath, Hub. H, Kurzsichtigkeit u. Schule. Allmählicher Verlauf u. jetziger Stand der Frage, gemeinverständlich dargestellt. (VIII, 122 S. m. 6 Abb.) gr. 8. Hamburg 910. Leipzig, L. Voss. 2. —

— Lectures enfantines d'après la méthode intuitive. 8. (VIII, 95 S.) Ebendas. 884. cart.

— lectures enfantines d'après la méthode intuitive. 2me édit. revue et corrigée. 8. (VIII, 109 S.) Ebendas. 886. cart.

— Lectures enfantines d'après la méthode intuitive. 3. éd. revue et corrigée. 8. (VIII, 109 S.) Köln 889, Du Mont-Schauberg. cart. * — 80

— lectures choisies d'après méthode intuitive. 4. éd. entièrement refondue. 8. (XI, 111 S.) Köln 893. M. Du Mont-Schauberg. Kart. n. — 80

Lectures choisies d'après la méthode intuitive p. Hubert H[einrich] Wingerath, ... Dir. ... à Strasbourg ... 5. éd. préc. d'exercises de lecture. *Cologne: M. Dumont-Schauberg 1896.* (XI, 99 S.) 1 Bd 8. (97. 8158

— Lectures choisies d'après la méthode intuitive. 6. éd. Précédée d'exercices de lecture. (XXVII, 99 S.) 8. Ebd. 904. Kart. n. — 80

Französisches Lesebuch für Mittelschulen sowie f. d. Mittelstufe d. höh. Schulen v. Dr. Hubert H[einrich] Wingerath, Dir. ... in Strassburg i. E. M. e. Kt. v. Frankr., e. Pl. v. Paris u. e. vollst. Wörterb. *Koln: M. DuMont-Schauberg 1897.* (XV, 309 S., 1 Kt., 1 Pl.) 1 Bd 8. (97. 8159

— nochmals Kurzsichtigkeit u. Schule. [Aus: „Centralorgan f. die Interessen des Realschulwesens".] gr. 8. (50 S.) Berlin 893. Friedberg & Mode. n. — 60

— 60 narrative and lyric poems by British and American authors of the 19. century, carefully selected and graduated for the use of middle forms in German high-schools. 8. (VI, 60 S.) Ebd. 894. Geb. n. — 60

— the intuitive English reader for beginners in German schools, being a selection of readings in prose and poetry with spelling and pronunciation lessons. 8. (XXVIII, 144 S.) Ebd. 895. Geb. n. 1. 20

— new English reading-book for the use of middle forms in German high-schools. gr. 8. (XII, 345 S.) Ebd. 894. n. 2. 50; geb. n. 3. —

— New English reading-book for the use of middle forms in German high-schools. 2. ed. Revised and enlarged. With a map of Great Britain and Ireland. (XII, 367 S.) gr. 8. Ebd. 905. n. 3. —: geb. n. 3 50

Wingerath, Hubert, Dr., Dir.: Übersicht über die Geschichte und den Besuch der Anstalt von 1874—1899. *Strassburg 1900: Strassb. Neueste Nachr.* (S. 28—30.) 4° [Umschlagt.] [J.]
Strassburg i. E., R bei St. Johann, P 1900 (568)

— über Vaterlandsliebe im Kulturleben der Völker. Rede zur Feier des 80. Geburtstages Sr. Maj. des Kaisers Wilhelm von Deutschland gehalten in der Gewerbeschule zu Mülhausen im Elsaß. gr. 8. (24 S.) Leipzig 877, Siegismund und Volkening.

— petit vocabulaire français pour servir à la méthode intuitive suivie d'une introduction au choix de lectures françaises [1re partie]. 16. (III, 51 S.) Ebendas. 884. cart.

— petit vocabulaire français d'après la méthode intuitive. 2me édit. revue et corrigée. 8. (IV, 47 S.) Ebendas. 886. cart.

— Petit vocabulaire français d'après la méthode intuitive. 3. éd., revue et corrigée. 8. (IV, 47 S.) Ebd. 890. cart. * — 50

— petit vocabulaire français d'après la méthode intuitive. 4. éd. entièrement refondue. 8. (V, 54 S.) Ebd. 894. Kart. n. — 50

— Petit vocabulaire français d'après la méthode intuitive. 5. éd. 8. (V, 54 S.) Ebd. 898. Kart. n. — 50

— Petit vocabulaire français d'après la méthode intuitive. 6. éd. (V, 54 S.) kl. 8. Ebd. 904. Kart. n. — 50

— Petit vocabulaire français d'après la méthode intuitive. 7. éd. (V, 54 S.) kl. 8. Cöln 907. M. Du Mont-Schauberg. Kart. — 50

— a short English vocabulary arranged according to the intuitive method. 8. (VIII, 84 S.) Ebd. 895. Geb. n. — 80

Wingerath, Hub. H., A short English vocabulary, arranged according to the intuitive method. 2. ed. revised. (IX, 84 S.) kl. 8. Cöln 907. M Du Mont-Schauberg. Geb. — 80

Wingerath, Wilhelm

Wingerath, Will., das Axiom der Philosophie u. die 70 Kennzeichen desselben, oder die erste Behauptung der Philosophen, welche alle ihre andern Behauptungen trägt, das erste Bekannte, auf welchem die Erklärung alles Unbekannten in der Philosophie beruht 2c. Neuß 860. (Leipzig, Hunger.) 12. (VII, 112 S.) 15 ngr.

Wingerath, Wilh., die 2 Fragen der Gegenwart: Sind 120 Millionen evangel. Christen in der von Christus gestifteten Religion oder 220 Millionen katholischer Christen? Müssen die Menschen, um frei zu sein, von Gott, als ihrem höchsten Könige, Lehrer und Gesetzgeber, abhängig oder unabhängig, d. h. moderne Kommunisten, Sozialisten, Nihilisten oder Christen sein? 16. (46 S.) Donauwörth 888, Auer.

Wingerath, W. Haben die ersten Christen e. Papst gehabt od. nicht? Haben sie das Meßopfer gehabt oder nicht? Zwiegespräch zwischen e. kathol. Geistlichen u. e. protestant. Reiseprediger. Kleiner Schild zur Abwehr großer Entstellgn. u. Verdrehgn. der kathol. Wahrheiten. 16. (48 S.) Donauwörth 889, Auer. * — 10
Der Verfasser schreibt auch u. d. Namen Mart. Honef (s. d.).

Wingerath, Wilhelm, Endgültige Lösungen aller Streitfragen der modernen Welt und Wissenschaft über Geist, Materie, Kraft, Tierseele, Gott, Welt, Schöpfung, Vernunft, Offenbarung, Wunder, Geheimnis, Unsterblichkeit, Hölle, Erlösung, Freiheit, Liberalismus, Radikalismus, Materialismus, Pantheismus, Darwinismus, Monotheismus, Christentum durch die jedem Menschengeiste mit dem eigenen Ich-Sein angeborenen Unterscheidungsgesetze mit höchst einfacher, streng mathematisch-naturwissenschaftlicher Beweismethode und 40 höchst interessanten Geschichten und Anekdoten. Donauwörth, Auer, 1888, 8, VI, 170 S., 2 Mk.

Recens. Jahrb. für Philos. u. spekul. Theol. Bd. 4 (1890), S. 378 (Gund. Feldner).

—— Schutz-Katechismus gegen die Irrtümer des modernen Heidentums. Die Kunst, jeden, der diese Irrtümer lehrt, mit seinen eigenen Antworten zu widerlegen. Einzig autoris. Uebersetzung des „Catechismo preservativo". 8. (VIII, 160 S.) Ebendas. 888. *M 1.60.; geb.
Feine Ausg. *M 2.20.; geb.

Wingerath, W., die christliche Urphilosophie und ihre Grundsätze der wissenschaftlichen Lösung der auf den Universitäten gelehrten Streitfragen und Zweifel über Geist, Gott, Offenbarung und die wahre Religion. 3 Hefte. 8. Frankfurt a. M. 864, Verlag für Kunst und Wissenschaft. [1. Heft. (48 S.) * 5 Ngr., 2. Heft. (64 S.) * 6 Ngr., 3. Heft. (72 S.) * 6 Ngr.] *

Die **Freimaurerei** und ihr Vernichtungskampf gegen die christliche Weltordnung, oder: Die Synagoge des Antichristen und die Kirche Jesu Christi. Von W. Honef [d. i. Wilh. Hubert **Wingerath**]. München: Liebfrauen-Druck. o. J. [1890?]. 108 S. 8°
[Umschlagtit.:] Die Frmrei u. ihr Vernichtungskampf gegen die christl. Weltordnung oder: Die grosse Revolution vom Christenthum zum modernen Heidenthum.

[Dasselbe.] Ebendas. [1890]. 108 S. 8° [Mit Umschlagtit., der dem Haupttit. gleich ist.]
Recens: Al. 17 (1891) S. 192.

Wingfield, Lewis

Wingfield, L., in her Majesty's keeping, s. Asher's Continental Library.

Die holde Wang. Eine lustige Geschichte aus China von Lewis **Wingfield**. Deutsch von J. Cassirer. Mit 3 Vollbildern. *Berlin: A. Weichert [1902]*. (96 S.) 8° [F.]
= Wochen-Bibliothek, Weichert's. Bd 129. [03. 8535

Wingfield, Lewis, die holde Wang, s. a. Weichert's Wochen-Bibliothek.

Wingler, Fridolin [pr. Arzt aus Elzach]: Ueber die Spaltung der Hippursäure im tierischen Organismus ... Freiburg i. B., Universitätsbuchdr. v. Ch. Lehmann, 1895; 30 S., 1 Bl. 8.
Freiburg i. B., Med. Fak., Inaug.-Diss. v. 1895

Wingler, Hugo, s.: Elz, Hugo v. der.

Winglmeyr, Ant., Interessenberechnungs-Tabellen, enth. die Zinsfüsse 3, $3^1/_4$, $3^1/_2$, $3^3/_4$, 4, $4^1/_4$, $4^1/_2$, $4^3/_4$ u. 5 Procent auf 1 bis 12 Monate. gr. 8. (158 S.) Linz-Urfahr 899. Verlag des kathol. Pressvereines. Kart. n. 1. —

Wingolf. Dem Andenken Lessing's an seinem 100jähr. Geburtstage (d. 22. Jan. 1829). Von e. Leipziger Verein f. teutsche Dichtung. 8. (1½ B.) Leipzig 829, Glück.

Wingolf, Blätter e. kleinen Jugend-Academie, z. Bildung, Belehrung u. Unterhaltung. Herausg. v. C. E. Pellisov, Verfass. des Alten von den Bergen rc. Jahrg. 1829. 52 Stücke. 3 ₰ 16 gr. u. J. 1830. 26 Stücke. 1 ₰ 20 gr. gr. 8. Münch., Fleischmann. 5 ₰ 12 gr.

Der Wingolf im Felde! 1870—1871. Im Jubiläumsjahr zsgest. von alten Wingolfiten. (Vorr.: K. Kinzel u. E. Breithaupt.) *Berlin: M. Warneck [1896?]*. (2 Bl., 270 S., 1 Taf.) 1 Bd 8. [98. 9968 Bc

Wingolf, Der, und seine Stellung in der deutschen Studentenschaft. Mit Berücksichtigung der das akademische Leben gegenwärtig bewegenden Fragen dargestellt. Halle a. S. 1870. V: *Mühlmann, Fel.* (Erman & Horn, Bibliogr. d. dtsch. Univ. 1. Leipz. u. Berl. 1904.)

Wingolf, der, u. seine Stellung in der deutschen Studentenschaft. Mit Berücksichtigung der das akadem. Leben gegenwärtig bewegenden Fragen dargestellt. Halle 870. Fricke. gr. 8. (VII, 46 S.) n. 6 ngr.

WINGOLF, Walter vom

(F) Reisebilder aus dem Süden. Von Walter vom Wingolf. Innsbruck. 1900. In Comm. Wagner. 8°. 55 S.

Wingolf, Walt. vom, s. a. Reisebilder aus dem Süden.

Wings, Franz [aus Aachen]: Das Rhinophyma und seine Behandlung. ... Berlin, Buchdr. v. Gustav Schade (Otto Francke) (1889); 30 S. + 1 Bl. 8°
Berlin, Med. Fak., Inaug.-Diss. v. 30. Aug. 1889

Winguth, Gust., Reductions-Tabellen enth. Umrechng. der alten deutschen Münzen in die neue deutsche Reichsmünze. (Aus „der Schnellrechner".) 8. (9 S.) Leipzig 872. Dege. 15

— der Schnellrechner [sogenannter Rechenknecht] enth.: Vervielfältigungs-Tabellen nebst Reductions-Tabellen zum Gebrauche f. Jedermann. Bearb. nach dem neuen deutschen Reichs-Münzsysteme. 8. (XIII, 128 S.) Ebend. 872. n. 1. —

Winhall der Furchtbare, Stifter des Bundes der Zerstörer der Macht. Hamburg u. Mainz, bey Gfr. Dietr. Vollmer. 1801. 8°. Tit. gestoch. mit Vign. u. 367 S. (2 Mk. J. Neumann, Magdeb., 1908.)

Winhall, der furchtbare Stifter des Bundes der Zerstörer d. Macht. 8. Hamb. 801. (Herold jun.)

Winheim, Erh.: Sacrarium Agrippinae, hoc est: Designatio ecclesiarum Coloniensium; praecipuarum reliquiarum . . . una cum peregrinatione, quam vocant, Romana. Coloniae 1607.
— [Desgl.] Auctius et emend. [ohne die Peregrinatio]. Coloniae Agripp. 1736.

Winheim, Carl [app. Arzt aus Michelstadt]: Aus d. patholog. Institut zu Giessen. Beitrag zur Kenntniss der branchiogenen Geschwülste. ... Giessen, C. v. Münchow, Univ.-Druckerei, 1889; 1 Bl. + 16 S. 8°
Giessen, Med. Fak., Inaug.-Diss. v. 1889

Winheim, *Ludwig* [cand. chem., aus Utphe in Hessen]: Umlagerung von Stickstoff-Benzyläthern der Aldoxime ... Erlangen, k. b. Hofbuchdr. v. A. Vollrath, 1894; 30 S. 8.
Erlangen, Phil. Fak., Inaug.-Diss. v. 1894

Winheim, Wilhelm (Lich)
Thesen aus der gesammten Heilkunde, welche den 22.5.1824 zur Erlangung der Doctorwürde in der Medicin, Chirurgie und Geburtshülfe öffentlich vertheidigen wird: Wilhelm Winheim, aus Lich.
Giessen: Schröder 1824. 7 S. vorh. 7.
Dr. med. 22.5.1824.

Winhold, Hans, approb. Arzt aus Cassel: Aus d. Landkrankenhaus zu Cassel. Ueber das **Vorkommen** von **Megaloblasten** im Knochenmark. *Leipzig 1901: B. Georgi.* (37 S.) 8°
Leipzig, Med. Diss. v. 17. Mai 1901

Winiarski, Jos. Blutuntersuchungen bei anämischen u. kachectischen Zuständen, insbesondere bei der Lepra. Diss. gr. 8. (76 S.) Dorpat 892, (Karow). * 2 —

Erbleihe und Rentenkauf in Österreich ob und unter der Enns im Mittelalter. Von Dr. Alois **Winiarz**. Breslau: M. & H. Marcus 1906. (82 S.) 8°
= **Untersuchungen** z. Deutschen Staats- u. Rechtsgeschichte. H. 80. [06. 2363

Catalog der Leihbibliothek von Eduard Winiarz in Czernowitz 1854. 8. (60 S.) Lemberg. Druck von E. Winiarz.

Winicker, Fritz, stand der lykurgischen Frage. 22 S. *Graudenz* 1881.
Progr.

Winicky, Ottokar, Cantilenen der Einsamkeit. Ein Gedichtbuch. Titelblatt v. Al. Kalvoda. kl. 4. (VII, 46 S.) Minden 902. J. C. C. Bruns. — 75

Winicky, Ottok., das bunte Schild. Neue Gedichte. (VII, 70 S.) kl. 8. Wien 910. H. Heller & Co. 1. 50

Winiewski, Franz

Winiewski, F., Commentarii historici et chronolog. in Demosthenis orationem de corona. Insunt multa ad Philippicae aetatis cognit. omniumque Demosthenis orationum, quae sunt ex genere publico, intelligent. adjuvandam. 8 maj. (25 B.) Monasterii 829, Coppenrath.

— Ea quae Plato sibi de sorte animarum ex corpore egressarum finxerit. Pr. 1872. 22 S. 4°. 1.—

Winiewski, F., Ueber Wilh. Esser. Gel. 1854. 28 S. 4°.

Winiewski, F., Memoria Rudolphi de Langen. Pr. 1864. 18 S. 4°.

Winiewski, Franz: De natura et indole animarum ex sentent. Euripidis. Münster 1864. 29 S. 4°
Schul-Univ.-Schrift

Winiewski, F., De animarum post mortem statu apud Platonem. Pr. 1872. 20 S. 4°.

Winiewski, F., De animarum post morten statu apud Sophoclem. Pr. 1858. 29 S. 4°.

[Winiewski, F.] Systematisches Verzeichniss der in den Programmen der Preussischen Gymnasien und Progymnasien, welche in den Jahren 1825—1841 erschienen sind, enthaltenen Abhandlungen, Reden und Gedichte. Im Auftrage des Königlichen Provinzial-Schulcollegiums zu Münster herausgegeben. Münster, Druck und Papier von Friedrich Regensberg. 1844. Progr.

(Winiewski, F.,) systemat. Verzeichniß der in den Programmen der preuß. Gymnasien rc. enthalt. Abhandlungen rc., s. Verzeichniß.

Winifred Bertram, s. Collection of British Authors.

—— dass. — s. Schriften, ausgewählte, des Verf. der Familie Schönberg-Cotta.

Winiger, Andreas

Winiger, A., die drei ersten Jahrhunderte der Christen, in populärer Darstellung besonders nach F. L. v. Stolberg. gr. 8. (VI und 507 S.) Luzern 853, (Gebr. Räber.) *

Winiger, Jos[eph]. Biologisches aus dem Leben der Honigbiene und etwas über ihre Beziehung zur Pflanzenwelt. [Illustriert.] 8.
Ausg. A: Jahres-Bericht der Schulen von Wohlen, Schuljahr 1910/11. (Beilagen: ... [II.] ...) 30 S. Wohlen, Buchdr. Freiämter Zeitung, 1910. (*d. i.* 1911).
Ausg. B, sep.: II + 30 S. W', Buchdr. der Fr' Z', [1911].

Winiger, Jos., u. Mart. Scherer. Festreden an der Schlachtfeier in Sempach am 6. Juli 1891. Auf Anordnung d. h. Regierungsrathes gedruckt. gr. 8. (23 S.) Luzern 891, (Gebr. Räber). * — 40

Winiger, J[osef]. Bundesrat Dr. (Josef) Zemp. Lebens- und zeitgeschichtliche Erinnerungen. Mit neun Illustrationen [wovon 8 Tafeln]. XII + 532 S. 8. Luzern, Räber & Cie., 1910. [geb. fr. 5. 80]

Winiger, C[andid], und Sager, J[ohann] J[acob]. Festreden an der Schlachtfeier in Sempach vom 9. Juli 1906 von ... Dr. C. W' in Luzern und ... Pfarrer Dr. J. J. S' in Schötz. 23 S. 8. Luzern, Räber & Cie., 1906.

Winiger, C., s. Festreden an der Schlachtfeier in Sempach.

Winiger, Karl, bacc. jur., a. Ruswil, Kt. Luzern (Schweiz): Der Aval. Eine wechselrechtliche Studie. Luzern 1907: J. Schill. (x, 99 S.) 8°
Leipzig, Jur. Fak., Diss. v. 28. März 1907
[Geb. 22. Juli 81 Ruswil; Wohnort: Luzern; Staatsangeh.: Schweiz; Vorbildung: Gymn. Luzern Reife Juni 01; Studium: Zürich 3, Straßburg 1, Leipzig 1, Basel 2, Leipzig 3 S.; Rig. 14. Juni 06.]

Winiken, H. Dan., praes. Jo. Go. **Roederer,** De non damnando usu perforatorii in paragomphosi ob capitis molam 66 pp. Gott. 4°. *Vogel,* Bibl. B. 4 St. 5. Erl. Beitr. 51. W. Gött. Anz. 117. St. 1758. 1758.

Georg Karl Winiker

Beiträge zur Erregungstheorie. Von Georg Karl Winiker. Bdch. 1. Göttingen: Röwer 1803. 8°
Bdch. 1: 1803.

— Diss. inaug. de uteri haemorrhagia gravidarum. 4. Gotting. 796.

Winiker, Johann Albert (Göttingen) A. S. 150/4

Disputatio inauguralis juridica de tertio malae fidei possessore Von dem Dritten widerrechtlichen Besitzer. Präs. Johann Gothard von Böeckellen. Wittenberg (Bossoegel) 1749. 48 S.

Diss. 25. VI. 1696. 36918

Winiker, R., die Klassen- und klassifizirte Einkommensteuer in Gemäßheit der neuesten gesetzlichen Vorschriften und Ausführungsbestimmungen. gr. 8. (VII, 213 S.) Berlin 880, v. Decker's Verlag.

Winiker, R., die Klassensteuer und klassifizirte Einkommensteuer in Preußen, unter Benutzung amtl. Quellen und unter Beifügung der bezügl. Gesetze, sowie der dazu ergangenen erlaut. und ergänzenden Ausführungs-Bestimmungen und Ministerial-Reskripte. Zum prakt. Gebrauche systematisch bearb. Lex.-8. (XIX, 543 S.) Berlin 877. Halle, Strien Verlag.

— die Steuer vom stehenden Gewerbebetriebe in Gemäßheit der Anweisung vom 20. Mai 1876 und der dazu ergangenen erläuternden und ergänzenden Vorschriften, nebst einem Anhang betr. die Steuer vom Gewerbebetriebe im Umherziehen und das Verfahren bei Zuwiderhandlungen gegen die Steuergesetze [Kontraventionen]. gr. 8. (X, 239 S.) Ebendas. 880.

— Steuerkatechismus. Kurze, aber vollständ. systemat. Darstellung der direkten Staatssteuern in Preußen, nebst Anhang betr. die in Berlin zur Erhebung kommenden direkten Kommunalsteuern. 12. (XIV, 279 S.) Ebend. 882. cart. n. 2. 80

Winiker, R., Steuerkatechismus. Kurze, aber vollständ. systemat. Darstellg. der direkten Staatssteuern in Preußen, nebst Anh., betr. die in Berlin zur Erhebg. komm. direkten Kommunalsteuern, die Heranziehg. der Militärpersonen zu den Kommunallasten u. die Besteuerg. d. Wanderlagerbetriebes. 2., verm. Aufl. 12. (XV, 317 S.) Berlin 890. v. Decker's Verl. cart. n. 3. —

Winiker, R., kurze tabellarische Uebersicht der wesentlichsten gewerbepolizeilichen u. steuerlichen Vorschriften üb. den Gewerbebetrieb im Umherziehen f. das Königr. Preußen. Imp.-Fol. Berlin 875. Rauh. n. — 75

— tabellarische Uebersicht der wesentlichsten gewerbepolizeilichen und steuerlichen Vorschriften über den Gewerbebetrieb im Umherziehen in Preußen nach den zur Zeit geltenden Bestimmungen der Reichsgesetzgebung und den Gesetzen vom 3. Juli 1876 und den dazu erlassenen Anweisungen und Entscheidungen. Imp.-Fol. Halle 880, Strien Verlag.

— die gesetzlichen Vorschriften über die Entrichtung der Steuer vom stehenden Gewerbe und vom Gewerbebetrieb im Umherziehen im preußischen Staate, nebst den dazu ergangenen erläut. und ergänzenden Ausführungs- und sonst. Bestimmungen. Unter Benutzung amtl. Quellen bearb. Lex.-8. (XLVII, 425 S. und Nachtrag 145 S.) [Zeitz 876.] Halle, Strien Verlag. *

— dass. — Ergänzungen. Lex.-8. (VII, 98 S.) Ebendas. 877. *

Winiker, Ulr. Festrede an der Schlachtfeier in Sempach am 9. Juli 1889. gr. 8. (7 S.) Luzern 889, Gebr. Räber. * — 20

Winiker, Vincenz. Die Fischereirechte am Vierwaldstättersee. ⟨Historisch-dogmatische Studie.⟩ Mit zwei Karten [im Text]. XII + 155 S. 8. Bern, Stämpfli & Cie., 1908.
Ausg. A: Diss. Jur. Bern ... von Vinzenz W'....
Ausg. B: Von Dr. jur. Vinzenz W'.... [fr. 3. 60.] — Abhandlungen zum schweizerischen Recht, hrg. von Dr. Max Gmür, Professor.... Heft 24.

Winiker, Wilhelm

Winiker, W., die gewöhnlichsten innerlichen Krankheiten der Pferde und deren Heilung. 8. (VI und 186 S.) Tönning 853. (Schleswig, Linnich's Verlag.) *

Winiker, Wilh., die gewöhnlichsten innerlichen Krankheiten der Pferde und deren Heilung. 853. n. 1 ₰. — 2. (Titel-) Ausg. Kiel 857. Schröder u. Co. in Comm. 8. (VI, 186 S.) n. 10 ngr.

— die Lungenseuche des Rindviehes. Abhandlung. 8. (36 S.) Tönning 852. (Schleswig, Linnich's Verlag.) *

— die Lungenseuche des Rindviehes. Abhandlung. 2. (Titel-) Ausg. gr. 16. (36 S.) Kiel (852)57, (Schröder und Comp.) *

Winistörfer, Frau [Anna]. Kurze Anleitung zur Hauswirtschaft. Für Schule und Haus. Verfasst von Frau W', Aargauische Oberlehrerin. Hrg. vom Schweizer. Gemeinnützigen Frauenverein. 1. Aufl. 11 + 68 S. 8. Lenzburg, Müller, 1904. fr. —.20

Winistörfer, Frau [Anna]. Kurze Anleitung zur Hauswirtschaft. Für Schule und Haus. Verfasst von Frau W', Aargauische Oberlehrerin. Hrg. vom Schweizer. Gemeinnützigen Frauenverein. 2. Aufl.: 11. bis 30. Tausend. 11 + 72 S. 8. Lenzburg, Müller, 1905. fr. —.20

Winistörfer, Urban, Beschreibung des alten St. Ursen-Münsters zu Solothurn. (Neujahrsblatt des Kunstvereins von Solothurn. 3. Jahrg. 1855.) Solothurn (855.) (Jent u. Gaßmann.) gr. 4. (28 S. u. 2 lith. Taf.) n. 16 ngr.

[Winistörfer, P. Urban.] Joh(ann) Rud(olf) Byss (1660–1738), Maler. [Mit 1 Porträt-Tafel.] (Njbl. Kunstver. Solothurn 2, 1854.) 4. (Solothurn.)

[Winistörfer, P. Urban.] Pankraz Eggenschwyler (1756–1821), Bildhauer von Matzendorf. [Mit 2 Tafeln.] (Njbl. Kunstver. Solothurn 1, 1853.) 4. (Solothurn.)

Winistörfer, P. Urban. Die Grafen von Froburg. Ein Beitrag zur urkundlichen Geschichte der Schweiz. Hrg. von F[riedrich] Fiala.... (Urkundio. Band 2, Theil 1.) 8. (Solothurn 1863.)

Winistörfer, P. Urban. Die Kathedrale zu Solothurn, dargestellt von P. U' W'.... [Mit Illustrationen und 3 Tafeln.] (Njbl. Kunstver. Solothurn 4, 1856.) 4. Solothurn.
Ausg. A — Ausg. B.

Winiwarter, Alexander von

Winiwarter, A. v., zur Anatomie des Ovariums der Säugethiere. [Mit 1 (lith.) Taf.] [Aus den Sitzungsber. der k. Akad. der Wiss.] Wien 868. (Gerold's Sohn.) Lex.-8. (7 S.) n. 4 ngr.

Winiwarter, Alex. v., Beiträge zur Statistik der Carcinome mit besond. Rücksicht auf die dauernde Heilbarkeit durch operative Behandlung. Nach Beobachtungen an der Wiener chirurg. Klinik des Prof. Dr. Th. Billroth. Mit einem Vorwort von Th. Billroth. gr. 4. (VIII, 308 S.) Stuttgart 878, Enke. cart.

Winiwarter, A[lexander] v.: Die chirurgischen Krankheiten der Haut und des Zellgewebes. Stuttgart 1892. XXXVIII, 754 S.
(Deutsche Chirurgie. Lfg 23.)

Winiwarter, A. v. Die chirurgischen Krankheiten der Haut, s. Chirurgie, deutsche.

— Lehrbuch der chirurgischen Operationen u. der chirurgischen Verbände. (Bibliothek des Arztes.) gr. 8. (XX, 472 S. m. 60 Holzschn.) Stuttgart 895. F. Enke. n. 12. —

Winiwarter, Alex v., die allgemeine chirurgische Pathologie u. Therapie, s.: Billroth, Thdr.

— Untersuchungen über die Gehörschnecke der Säugethiere. [Aus dem physiolog. Institute der k. k. Universität zu Wien.] Mit 1 (lith.) Taf. (in qu. 4.) [Aus den Sitzungsber. der k. Akad. der Wiss.] Ebend. 870. Lex.-8. (32 S.) n. 8 ngr.

Winiwarter, F. v., die französische Gesetzgebung über die Handels-Gesellschaften, s.: Salles, F.

Winiwarter, Felix v., die Chylusgefässe des Kaninchens. [Aus dem physiolog. Institute der Wiener Universität.] Lex.-8. (20 S. mit 2 chromolithogr. Taf.) Wien 876, (Gerold's Sohn.)
Aus: Sitzungsberichte der k. Akademie der Wissenschaften, besonders abgedruckt.

Winiwarter, Fel. v., der Widerstand der Gefässwände im normalen Zustande und während der Entzündung. Lex.-8. (5 S. mit 1 chromolithogr. Taf. in 4.) Wien 874, (Gerold's Sohn.)
Aus: Sitzungsberichte der k. Akademie der Wissenschaften, besonders abgedruckt.

Winiwarter, Franz Ritter von

Winiwarter, Frz. Ritter v., die Jurisdictionsnorm v. 1. VIII. 1895 sammt Einführungsgesetz. In Vergleichg. m. d. gelt. Rechte erläutert. 8. (IV, 127 S.) Wien 897. A. Hölder. n. 1. 40

Winiwarter, Georg Ritter von

Winiwarter, Geo. R. v., gesammelte Aufsätze technischen Inhaltes. [Mit 19 in den Text gedr. Holzschn. u. 3 autogr. Taf.] 2. Ausg. gr. 8. (XIII, 141 S.) Wien 881. Lechner's Verl. n. 5. —

Winiwarter, Geo. R. v., 2. Serie gesammelter Aufsätze technischen Inhalts. Beiträge zu e. rationellen Haushaltungskunde f. Mädchenschulen. Mit 7 lith. Taf. u. 15 in den Text eingedr. Holzschn. Hrsg. bei Gelegenheit der Eröffng. der hygien. Ausstellg. in Berlin am 10. Mai 1883. gr. 8. (V, 100 S.) Graz 883. Leykam. n. 4. — (1. u. 2.: n. 9. —)

Winiwarter, Geo. R. v., gewerbliche Hantierungen, s. Hantierungen.

—— über Lufterneuerung (Ventilation) in geschlossenen Räumen. gr. 8. (19 S. mit Zeichnungen auf 1 Stnt. in gr. Fol.) Wien 861, (Lechner's Universitäts-Buchh.) *
Aus: Zeitschrift des österreichischen Ingenieur-Vereins, besonders abgedruckt.

Winiwarter, G. [illegible] Wien 186[illegible]

Winiwarter G. v. Stubenöfen. fol Wien (1866)

Winiwarter, Josef (Ritter von)

Winiwarter, Jos., systemat. Darstellung der in d. alt-österreichischen deutschen Provinzen bestehenden, die öffentl. Beamten, als solche, betreff., Gesetze u. Verordnungen. Mit e. alphabet. Register. Lex.-8. (27 B.) Wien 829, [v. Mösle sel. Wtwe. u. Braumüller.]

Winiwarter, Jos.: Handbuch d. politischen u. Justizgesetzkunde für die Königr. Galizien u. Lodomerien. 1. Abth. Darstell. d. Organisation des Landes u. d. Verwalt. ***Lemberg* u. *Tarnow*, Kühn u. Millikowski. 826. 8.**

Winiwarter, (Jos.) Handb. d. polit. u. Justiz-Gesetzkunde f. d. Königr. Galizien u. Lodomerien. 1e Abthlg. 8. Wien 826, Strauß.

—— Handbuch d. Justiz- u. polit. Gesetze u. Verordnungen, welche sich auf das in d. deutschen Provinzen d. oesterr. Monarchie geltende allgem. Gesetzbuch beziehen. 3 Bde. Die Zusätze u. Erläutern. zu Thl. I—III. d. Gesetzbuches enthalt. gr. 8. (50 B. u. 1 Tab.) Wien 829, [v. Mösle sel. Wtwe. u. Braumüller.] Thlr.

Winiwarter, Jos.: Handb. d. Justiz- u. polit. Gesetze u. Verordnungen, welche sich auf das in d. deutschen Provinzen d. österr. Monarchie geltende allgem. Gesetzb. beziehen. 3 Bde. Mit 1 Tab. *Wien*, (829.) 2. Aufl. 835. (v. Mösle sel. Witwe u. Braumüller.) gr. 8. (4 Thl.) — Nachträge zur 2. Aufl. *Eb.* 837. 8.

Winiwarter, Jos., Handbuch der Gesetze u. Verordnungen, welche sich auf das österreich. allgem. bürgerl. Gesetzbuch beziehen. 3 Thle. 3. umgearb. u. verm. Aufl. gr. 8. Wien 844, Braumüller u. Seidel. 4½ fl

Winiwarter, Jos. Ritter v., Handbuch der Gesetze und Verordnungen, welche sich auf das österreichische allgemeine bürgerliche Gesetzbuch beziehen. 4. Thl., bis auf die neuesten Bestimmungen ergänzt von Mart. Damianitsch. gr. 8. (V und 418 S.) Wien 859, Braumüller's Verlags-Conto. *

Winiwarter, Jos., das österreichische bürgerl. Recht, systemat. dargest. u. erläut. 1. Thl. — A. u. d. T.: Das Personenrecht nach d. österr. allgem. bürgerl. Gesetzbuche. gr. 8. (35½ B.) Wien 831, [v. Mösle sel. Wtwe. u. Braumüller.]

—— dass. 2. u. 3. Thl. — A. u. d. T.: Des dinglichen Sachenrechtes 2 Abthln. Lex.-8. Ebds. [1. (22 B.) 832. 1 Thlr. 20 Gr., 2. (28¾ B. u. 1 lith. Stammt. qu. gr. Fol.) 834. 2 Thlr. 12 Gr.]

Winiwarter, Jos., das österreich. bürgerl. Recht, systemat. dargest. u. erläut. 5 Thle. gr. 8. Wien, [Seidel.]

A. u. d. Ttln.:
Thl. 1. Das Personenrecht nach d. österr. allgem. bürgerl. Gesetzbuche. 2. Aufl. (35½ B.) 839. 2 Thlr. 16 Gr.
„ 2, 3. Das dingliche Sachenrecht. 2 Abthln. 2. Aufl. [1. (22 B.) 840. 1⅓ Thlr., 2. (28¼ B. u. 1 lith. Stammtaf.) 841. 2⅔ Thlr.] 4 Thlr.
„ 4. Das persönliche Sachenrecht. (38 B.) 837. 2 Thlr. 16 Gr.
„ 5. Gemeinschaftl. Bestimmungen d. Personen- u. Sachenrechte, nach d. österr. allgem. bürgerl. Gesetzbuche systemat. dargest. u. erläutert. 1. Aufl. (.. B.) 838. 2 Thlr., 2. A. (.. B.) 845. 1⅓ Thlr.

—— das österreichische bürgerliche Recht, systemat. dargestellt u. erläutert. 4. Thl. A. u. d. Ttl.: Das persönliche Sachenrecht nach dem österreich. allgem. bürgerl. Gesetzbuche, systemat. dargestellt u. erläutert. 2., verm. u. verb. Aufl. gr. 8. (39½ B.) Wien 844, [Braumüller.]

—— dass. 5. Thl. A. u. d. Ttl.: Gemeinschaftl. Bestimmungen der Personen- u. Sachenrechte, nach dem österreich. allgem. bürgerl. Gesetzbuche. 2., verm. u. verb. Aufl. gr. 8. (26 B.) Ebds. 846.

Winiwarter, Josef Max von

—— General civil code for all the German hereditary provinces of the Austrian Monarchy. 3 Parts. gr. 8. (V und 323 S.) Wien 866, (Lechner's Universitäts-Buchh.) *

Winiwarter, Jos. Max de, Code général de Commerce valable pour les royaumes de Bohême, de Gallicie et Lodomérie avec les duchés d'Auschwitz et Zator et le grand-duché de Cracovie, le royaume Lombardo-Venétien et le royaume de Dalmatie, les archiduchés de haute et basse-Autriche, les duchés de haute et basse-Silésie, de Styrie, de Carinthie, de Carniole, de Salzbourg et de la Buchovine, le margraviat de Moravie, le comté princier de Tyrol et le pays de Vorarlberg, de plus le comté princier de Goritz et Gradiska avec le margraviat d'Istrie et la ville immédiate de Trieste avec son territoire, introduit par la loi du 17. Décembre 1862. gr. 8. (VIII und 143 S.) Wien 865, Lechner's Universitäts-Buchh. *

(Winiwarter, J. M. vom). Oesterreichs Lebensfrage. Als Entgegnung auf Schuselka's „Deutsch oder Russisch?" Von M. F. v. R. Wien, W. Braumüller, 1849. 56 S. 8°.

Winiwarter, siehe A. Oesterreichs Lebensfrage.

—— Loi de change autrichienne et lois et ordonnances y relatives. gr. 8. (VIII und 76 S.) Wien 866, Lechner's Universitäts-Buchh.

Wink [Sachl. OW]

Wink u. Rath für Auswanderer nach Quebec. Ein Anhang zu allen Werken, welche bis jetzt über die Auswanderung nach Amerika erschienen sind. gr. 8. (15 S.) Bremen 847, Kaiser. 3 ngl

Wink, ein, an Deutschlands Regenten, üb. die schädl. Mißbräuche d. deutschen Preßfreiheit in Bezieh. auf d. Staat u. dessen Verfassung *rc.*, (v. A. A. Kleber). 8. Germanien 800.

Wink, Ein, an Teutschlands Regenten über die schädlichen Missbräuche der Teutschen Pressfreyheit . . . Germanien 1800. V: *Kleber, Alexius Anselm.* (Wr) (MGT) (Ky)

Wink, ein, von keinem Tiroler. Wien 861. Wenedikt. gr. 8. (15 S.) n. 4 ngr.

Wink [Verfasser]

Wink, Albert: Über die Diskontinuitätsbereiche der Gruppen aus linearen nicht infinitesimalen Substitutionen. Göttingen 1909: Dieterich. 60 S. 8°

Göttingen, Phil. Diss. v. 1. Nov. 1909, Ref. Minkowski †

[Geb. 7. Nov. 80 Hamburg; Wohnort: Hamburg; Staatsangeh.: Hamburg; Vorbildung: Wilhelm-Gymn. Hamburg Reife O. 99; Studium: Marburg 2, Berlin 2, Göttingen 12 S.; Rig. 28. Okt. 08.] [U 10. 1484

Wink, Fr., Geographie, s.: Repetitions-Hefte f. Volksschüler, 3. Hft.

Wink, Fr., Deutschlands Vögel. Naturgeschichte sämtl. Vögel der Heimat, nebst Anweisung über die Pflege gefangener Vögel. 10 Lfgn. gr. 8. (XVI, 168 S. mit 18 Chromolithogr. und eingedr. Holzschn.) Stuttgart 888,89, C. Hoffmann'sche Verlagsh. [Subscr.-Pr. à Lfg. 60 Pf.]; compl. cart.

Wink, Fr. Deutschlands Vögel. Naturgeschichte sämtl. Vögel der Heimat, nebst Anweisg. über die Pflege gefangener Vögel. 11. u. 12. (Schluß-)Lfg. gr. 8. (IV, S. 169—219 m. 4 Chromolithogr. u. eingedr. Holzschn.) Stuttg. 890, C. Hoffmann. à Lfg. * — 60; 1 20
1.—10. Lfg. Ebd. 1888,89.

Das Werk ist in 12 Lfgn. erschienen, mit IV, 219 S. u. 27 chromolithogr. Taf. Preis compl. cart. * 8 50.

—— das Königr. Württemberg, Land — Volk — Geschichte. Für Schule und Haus, namentlich für geförderte Schulen und Fortbildungsanstalten, Seminare *rc.* Nach Lesebuch-Wölter und den Mitteilungen des Kgl. statist. Landesamts bearb. gr. 8. (IV, 52 S. mit 1 Karte von Württemberg.) Stuttgart 887, Lutz.

Winke zur würdigen Abendfeier des Kommuniontages . . . Stuttgart 1812. V: *Dann, Christoph Adam.* (NN)

[Umschlagt.:] Winke für die täglichen Abschnitte des Internationalen Bibel-Lese-Bundes nebst Mitgliedskarte auf d. J. 1899. Für d. Mitglieder des I. B. L. B. . . . Hrsg. v. d. Hamburger Traktat-Ges. Hamburg: (J. G. Oncken Nachf. 1899). (28 Bl., 1 Beil.) 8°

— f. die täglichen Abschnitte des internationalen Bibel-Lese-Bundes nebst Mitgliedskarte auf das J. 1908. Hrsg. v. der christl. Traktat-Gesellschaft zu Cassel. 16. (56 S.) Cassel (J. G. Oncken Nachf.). n. — 20

— f. die täglichen Abschnitte des internationalen Bibel-Lese-Bundes nebst Mitgliedskarte auf d. J. 1907. Hrsg. v. der christl. Traktatgesellschaft zu Kassel. (56 S.) 16. Kassel (J. G. Oncken Nachf.). n. — 15

— f. die täglichen Abschnitte des internationalen Bibel-Lese-Bundes nebst Mitgliedskarte auf d. J. 1908. Hrsg. v. der christl. Traktatgesellschaft zu Kassel. (56 S.) 16. Kassel, (J. G. Oncken Nachf.). — 15

Winke f. Anfänger. Ein Leitfaden f. angeh. Züchter u. Liebhaber v. Rassehunden. Zusammengestellt u. hrsg. vom Verlag v. „Hunde-Sport u. Jagd". gr. 8. (88 S. m. Abbildgn. u. 15 Taf.) München 894. J. Schön. n. 1. 50

— f. Anfänger in d. Hundezucht. E. Buch üb. d. Wahl d. Rasse, allgem. Behandlg., Zwingereinrichtg., Behandl. d. Zuchthündinnen, Aufzucht, d. gewöhnl. Krankheiten u. ihre Behandlg. etc. etc. Nach d. „Stock-Keeper" übers. v. H. W. Gruner. 12. (III, 63 S.) Leipzig 898. W. Malende. 1. 50

(B) — f. Anfänger in d. Hundezucht. 898. (KBl. 30.) Jetzt: Neudamm, J. Neumann. Erm. Pr. 1. 20

Winke üb. Anfertigung u. Unterhaltung der in der Deutschen Schießvorschrift vorgeschriebenen Scheiben. Zusammenstellung der erforderl. Werkzeuge *rc.*, Beschaffungskosten der Scheiben u. Schießgeräthe. 16. (36 S. m. 9 Abbildgn.) Berlin 890. Mittler & Sohn. n. — 40

[B.] Winke zur Anfertigung und Instandhaltung der in der deutschen Schiessvorschrift vorgeschriebenen Scheiben. 2. Aufl. M. 9 Abb. im Text. *Berlin: E. S. Mittler & Sohn 1892.* (35 S.) 1 Bd 8.

— zur Anfertigg. u. Instandhaltg. d. in d. deutschen Schießvorschrift vorgeschrieb. Scheiben. 3. Aufl. 8. (34 S. m. 13 Abb.) Berlin 897. E. S. Mittler & Sohn. n. 40

Winke, einige, über Aufklärung u. Humanität v. J. H. Eichholz. 8. Mannheim, Schwan u. G. 805.

Winke über Auswanderung besonders nach Nord-Amerika, aus den besten Schriften zusammengestellt von Einem der weder zunoch abreden wollte. Nebst einer (lith. u. color.) Karte von den Nordamerikan. Freistaaten (in Fol.) 8. (IV u. 104 S.) Zwickau 849, Verein zur Verbreitung von Volksschriften. ¼ ℛ

Winke für Badegäste im königl. Seebad Norderney, Saison 1879, enth.: Fluthtabelle, Fahrpläne, Taxen und Nachweise, (lithogr.) Plan des Inseldorfes etc. 64. (92 S.) Norden 879, Soltau's Verlag.

Winke für Badegäste des königl. Seebades Norderney. Saison 1884. 6. Jahrg. 32. (VIII, 164 S. mit 1 chromolithogr. Plan.) Norden 884, Soltau's Verlag.

Winke für Badegäste des königl. Seebades Norderney. Saison 1885. 7. Jahrg. 64. (VIII, 175 S. mit 1 Photogr.-Imitation und 1 chromolithogr. Plan.) Norden, Soltau.
—— dass. — 8. Jahrg. Saison 1886. 32. (VIII, 179 S. mit 1 chromolithogr. Karte.) Ebendas.
—— dass. — 9. und 10. Jahrg. Saison 1887 und 1888. 32. (VII, 151; VII, 156 und Fluttabelle 32; 32 S.) Ebendas. à Jahrg.

—— für Badegäste d. Königl. Seebades Norderney, enth.: Flut-Tabelle, Taxen, Fahrpläne etc. u. Plan. 11.–14. Jahrg. 1889—1892. 32. (VII, 152 u. Fluttabelle 32 S.; 160, 32 S.; 170, 32 S.; 178, 32 S.) Norden, Soltau. à Jahrg. * — 50

— für Badegäste des königl. Seebades Norderney, enth.: Flut-Tabelle, Taxen, Fahrpläne, Reiserouten, Bade-Einrichtgn., Leben auf der Insel, Ausflüge etc. etc. u. neuesten (farb.) Plan der Insel. 16. Jahrg. Saison 1894. 32. (VII, 205 u. Fluttabelle 32 S.) Norden, D. Soltau. n. – 50

Winke f. Badegäste des königl. Seebades Norderney, enth.: Flut-Tabelle, Taxen, Fahrpläne, Reiserouten, Bade-Einrichtgn., Leben auf der Insel, Ausflüge etc. etc. nebst neuesten Insel-Plänen. 20. Jahrg. Saison 1898. 32. (VII, 185 u. Fluttabelle 39 S. m. 1 Tab.) Norden, D. Soltau. n. — 50

Winke für Badegäste des königl. Seebades Norderney, enth. Flut-Tabelle, Taxen, Fahrpläne, Reiserouten, Bade-Einrichtgn., Leben auf der Insel, Ausflüge etc. nebst neuestem Insel-Plan. 24. Jahrg. Saison 1902. 16. (VIII, 82 u. Fluttabelle 28 S. m. 1 Tab.) Norden, D. Soltau. n. — 50

Winke f. Badegäste des königl. Seebades Norderney, enth.: Flut-Tabelle, Taxen, Fahrpläne, Reiserouten, Bade-Einrichtgn., Leben auf der Insel, Ausflüge etc. nebst neuestem Insel-Plan. 25. Jahrg. Saison 1903. (VIII, 90 u. Fluttabelle 29 S. m. 1 Tab.) 16. Norden, D. Soltau. n. — 50
Erscheint nicht mehr.

F. Z. A. S. Nürnberg □ Hansa Hamburg. [**Winke**] Zur freundlichen Beachtung dringend empfohlen. o. O. u. J. 2 Bl. 8°. [Umschlagtit.]
Enthält allgemeine Verhaltungsmassregeln für die Teilnehmer an einer Festlichkeit und ein „Bundeslied“. 21.

Winke zur Begründung eines neuen Systems einer neuen Seelenlehre. 8. Straubing 804. Heigl. 10 ℊ

— f. **Bekehrte, wie sie bewahrt werden können. 12. (8 S.) Neumünster (899). Vereinsbuchh. G. Ihloff & Co n. — 10**

— u. Belehrungen f. Freunde d. Staatskunst ꝛc., s. Belehrungen u. Winke f. angehende Staatsmänner u. Fürsten.

—— und Belehrungen für Mitglieder der Kirchenvorstände und Gemeindevertretungen im Großherzogth. Hessen. gr. 8. (16 S.) Darmstadt 874. Würtz'sche Buchh.

— **zu e. zweckmäß. Benutzung d. Abrisse d. christl. Lehre, s. Abriß.**

Winke, einige, f. die Berufswahl unserer Knaben beim Verlassen der Volksschule. (24 S. m. 2 Abbildgn.) 8. Stuttgart (907). Steglitz, P. Hobbing. p — 15

— dasselbe, s.: Hobbing's Aufklärungsschriften f. die schulentlassene Jugend. 1.

[illegible] Winke [illegible] durch den Entwurf [illegible] neuen Schulgesetzes [illegible] Dresden [illegible] 1896.

Winke zu Betrachtungen der Geschichte des Todesleidens unsers Herrn Jesu Christi nach dem Evangelium St. Matthäi und St. Johannis für die sechs Wochen der Passionszeit. Eine Zugabe zu den „sieben Briefen über das Lesen der Bibel“ von dem Verf. derselben (Dr. Jaspis). 8. (112 S.) Berlin 868, (W. Schultze). cart.

Winke für die Bildung des Holsteinischen Landtages . . . Altona 1819. V: *Rüder, Friedrich August.* (MGT)

Winke über Einrichtung u. Betrieb der Forellenzucht im Kleinen, für Landwirthe, Hoteliers u. Fischliebhaber. Kl. in-8°. 12 S. Thun, J. J. Christen (Th. Rippstein). 1891. — 50

Winke über Erziehung, besonders der weiblichen Jugend, nach katholischen Grundsätzen, gegeben von einer Erzieherin. Wien 860. Mayer & Co. in Comm. 8. (VII, 228 S.) n. 21 ngr.

— **oder Fingerzeige f. Consistorialräthe, Superintendenten, Inspektoren, Erzpriester, Dechanten, Seniores, Pastores, oder d. Prediger u. Geistliche in allen seinen Verhältnissen u. Graden. 8. Bresl. 805. J. F. Korn. 1 ℛ**

Winke, Fingerzeige und Warnungen in Bezug auf die Stellung . . . des Soldaten in den Zeitverhältnissen der Gegenwart. Kassel 1849. V: *Ditfurth, Maximilian Joseph Carl von.* (Gd)

—— für Frauen und Mütter. Von einer Hausfrau. 2. Aufl. 8. (28 S.) Augsburg 878. Preyß.

Winke für Freunde der Wahrheit. 8. Bregenz ... Bretano. 8 ℊ

Winke über das Fußballspiel ohne Aufnehmen des Balles (d. engl. Associationspiel), übers. v. Paul Hartig, Leipzig 1897. 17 S., 8°.

— f. Gartenbesitzer v. e. alten Gärtner. M. beigef. Gartenkalender. Als Handbuch b. Selbstvorrichten d. Gartens. 8. (IV, 92 S.) Leipzig 897. W. Nadestock. n. 1. —

Winke für den deutschen Gutsbesitzer zur Erhöhung der Grundrente u. Abwendung v. Nothlagen. Von e. Fachgenossen. gr. 8. (VIII, 96 S.) Berlin 887. (Ihring & Fahrenholtz.) n.n. 5. —

— für stellesuchende Handlungs-Gehilfen v. e. erfahrenen Collegen, welcher innerhalb 9 Jahren 20 Engagements erlangte. gr. 8. (55 S.) München 892. R. Lechner's Verl. n. 1. 20

Winke für Hausfrauen, als Herrschaften. Von einer Hausfrau. 2. Aufl. 8. (18 S.) Augsburg 878. Preyß.

Winke f. Herrschaften, um ihnen die Wahl, Behandl., Bild. u. Versorg. des Gesindes zu erleichtern. *Lpz.*, Linke. 798. 8° 12 ℊ

— **für Herrschaften, um ihnen d. Wahl des Gesindes zu erleichtern. 8. Leipz. 798. (Märker). 12 ℊ**

Winke über die zweckmäßigsten Hülfsmittel bei der ersten Kinder-Erziehung. Ein Buch für Mütter u. Erzieherinnen. Nach der 14. Aufl. aus d. Engl. übertragen von der Freifrau v. Sternenfels, geb. Frein v. Barnbüler. 8. Stuttgart 845, Schmidt u. Spring. 1/2 ℛ

Juristische Winke und Rathschläge im Sinne des B. G.-B. von Dr. jur. A. [Bd 1.] *Bunzlau: 'Holzmarkt' 1902.* 8° [illegible]

— u. **Rathschläge,** juristische, im Sinne des B. G.-B., v. A. (1. Bd.) gr. 8. (IV, 78 S.) Bunzlau 902. (G. Kreuschmer.) n. 2. —

—— für junge Kaufleute aus d. Praxis f. die Praxis. Zum Selbststudium sowie zur Unterstützg. bei der Vorbereitg. auf die freiwillige kaufmänn. Lehrlingsprüfung. Hrsg. vom Stuttgarter Handelsverein unter Mitwirkg. d. Vorstands u. von Lehrern der kaufmänn. Fortbildungsschule. 8. (VIII, 231 S.) Stuttg. 889, Metzler's Verlag. geb. * 1 75

Winke f. junge Kaufleute aus d. Praxis f. d. Praxis. Zum Selbststud., sow. zur Unterstützg. bei d. Vorbereitg. auf d. freiwill. kaufmänn. Lehrlingsprüfg. Hrsg. v. Stuttgarter Handelsverein unt. Mitwirkg. d. Vorstands u. v. Lehrern d. kaufmänn. Fortbildungsschule. 2., verm. u. verb. Aufl. 8. (VIII, 263 S.) Stuttgart 895. J. B. Metzler's Verl. Geb. in Leinw. n. 1.80

— für junge Kaufleute aus der Praxis für die Praxis. Zum Selbststudium sowie zur Unterstützg. bei der Vorbereitung auf die freiwill. kaufmänn. Lehrlingsprüfung. Hrsg. vom Stuttgarter Handelsverein unter Mitwirkg. des Vorstands u. v. Lehrern der kaufmänn. Fortbildungsschule. 3., verm. u. verb. Aufl. 8. (VIII, 270 S.) Stuttgart 900. J. B. Metzler. Geb. in Leinw. n. 1.80

— f. junge Kaufleute aus der Praxis f. die Praxis. Zum Selbststudium sowie zur Unterstützg. bei der Vorbereitg. auf die freiwill. kaufmänn. Lehrlingsprüfg. Hrsg. vom Stuttgarter Handelsverein unter Mitwirkg. des Vorstands u. v. Lehrern der kaufmänn. Fortbildungsschule. 4., verm. u. verb. Aufl. (X, 271 S.) 8. Stuttgart 904. J. B. Metzler. Geb. in Leinw. n. 1.80

— für junge Kaufleute aus der Praxis f. die Praxis. Zum Selbststudium sowie zur Unterstützg. bei der Vorbereitg. auf die freiwill. kaufmänn. Lehrlingsprüfg. Hrsg. vom Stuttgarter Handelsverein unter Mitwirkg. des Vorstands u. v. Lehrern der kaufmänn. Fortbildungsschule. 5., verm. u. verb. Aufl. (IX, 290 S.) kl. 8. Stuttgart 909. J. B. Metzler. Geb. in Leinw. 1.80

Winke zur Kritik Hegels, bei Gelegenheit d. unwissenschaftl. Anmaßungen d. Hrn. G—s in d. preuß. Staatszeitung. gr. 12. (1½ B.) München 832, (Franz.)

— die Kuhpockenimpfung betreffend. 8. Nürnb. 812. Schrag. 6 ℊ

— fürs menschl. Leben an der Hand eines geläuterten Christenthums u. berühmter Weisen, vorzüglich für das Jünglings- u. angeh. Mannesalter in gebild. Ständen aller Confessionen. 16 Heft. 8. Constanz 827. Seemüller. 8 ℊ

— für's Leben, an unsere heranwachsenden Söhne und Töchter. Herzensworte eines Vaters an seine Kinder. 8. (39 S.) Zürich 885, Schröter und Meyer.

Winke f. Leiterinnen v. Bewahranstalten, aus welchen auch Eltern, Kindergärtnerinnen, Bonnen u. Kindermädchen manches lernen können. Von Martha. Nebst e. Anh. v. Versen, Liedern u. Spielen. 12. (56 S.) Donauwörth 902. L. Auer. n. — 25

Winke für die Leser der Schrift: Freymüthige Betrachtungen über die neuen Preussischen Anordnungen . . . Germanien [Leipzig] 1792. V: *Leuthier, Ernst Valentin.* (MGT) (Wr)

— für Leser der Schrift: freimüthige Betrachtt. üb. d. neue preuß. Anordnung in geistl. Sachen, (v. E. V. Leuthier). 8. Leipz. 792. Göschen. 3 ℊ

— f. Lotteriespieler. 5. Aufl. (14 S.) gr. 16. Chemnitz (904). C. A. Hager. 2.—

— an Mädchen, die im Begriffe stehen, in den Dienst zu treten. Von einer Hausfrau. 2. Aufl. 8. (22 S.) Ebendas. 878.

Winke über Mädchen-Erziehung in Anstalten mit besond. Berücksicht. der Erziehung armer Mädchen. gr. 8. (52 S.) Augsburg 885, Literar. Institut von Dr. M. Huttler. *

WINKE für junge Männer, welche sich reich und glücklich verheirathen wollen. Leipzig. o. J. (c. 1815?). 12°. (12 Sgr. Lippert, Halle, c. 1870.)

— für junge Männer, welche sich reich u. glücklich verheirathen wollen. Nebst Complimentirbuch u. Briefsteller. 3. verm. Aufl. 16. Leipzig 845, Voigt u. Fernau. n. ¼ ℛ

— u. Materialien für d. Religionsunterricht, nach d. christl. Lehre im Zusammenhange, (von Fr. Wlh. Wilde). 1r, 2r Versuch. 8. Königsb. 796, 97. (Michelsen in Leipz.) 1 ℛ

Winke und Materialien für den Religionsunterricht . . . Königsberg 1796—97. V: *Wilde, Friedrich Wilhelm.* (Ky) (MGT)

— für Nationen die durch allmälige Verbesserung ihrer Landesverfassung gewaltsamen u. blutigen Revolutionen ausweichen wollen. 8. Paris 799. (W. Nauck in Leipz.) 21 ℊ

Winke. Nützliche W' und Hotelführer für Besucher des Berner Oberlandes. Schweiz. Klima Höhenverhältnisse Wintersport. Verzeichnis der Chalets. Appartements, Zimmer (* *Umschlag:* Nützliche W' [und] Hotelverzeichnis [für das] Berner Oberland, Schweiz). Hrg. vom Oberländischen Verkehrsverein, Interlaken ‹Schweiz›. [Mit Illustrationen und 1 Karte.] II + 112 S. 8. Interlaken, Otto Schlaefli, (1906).

— ökonomische, Rathschläge u. Versuche f. d. denkenden u. prakt. Oekonomen, a. d. Engl. m. 1 K. 8. Berlin, Lange. 794.

— ökonomische, Rathschläge u. Versuche f. den denkenden u. prakt. Oekonomen; aus d. Engl. (v. F. G. Canzler), mit 1 Kpf. 8. Berl. 798. (Reimer). 16 ℊ

Winke, Rathschläge und Versuche, Ökonomische, für denkende und praktische Ökonomen Teutschlands; a. d. Engl. Berlin u. Stralsund 1798. Ü: *Canzler, Frdr. Glieb.* (EngOec) (Ky) (MGT)

— zur Orientierung in der sogenannten Irvingianer-Litteratur. 8. (43 S.) Augsburg 887. Preyß. n. — 30

Winke, Patriotische, eines Sachsen über das jetzt übliche Holzstehlen. Leipzig 1799. V: *Seckendorf, Christian Adolph Freih. von.* (Ky) (MGT)

— patriot., e. Sachsen, über d. jetzt übliche Holzstehlen, (von Chr. Ad. v. Seckendorf). 8. Leipz. 799. Compt. f. Liter.

Winke, Praktische, für Autoren und Buchhändler. 2. Aufl. Leipzig 1868. V: *Lorck, Carl.* (cb)

Winke, Praktische, zum Baue und zur Ausstattung des Gotteshauses. Brixen 1865. V: *Atz, Carl.* (Mitth. d. Verlagsbuchh.)

Winke, praktische, zum Baue u. zur Ausstattung des Gotteshauses. 1. Liefg. 1. Aufl. 1865 u. 2. Aufl. Brixen 866. Theolog. Verl.-Anstalt. gr. 8. (38 S.) n. 4 ngr.

Praktische Winke bei Einübung des neuen Chorals. Für kath. Kirchensänger. Von e. Dirigenten. Düsseldorf: Schwann 1910. 16 S. 8°

Winke, praktische, für d. Feuerleitung e. Feldbatterie beim Schießen gegen Ziele des Feldkrieges. 12. (IV, 41 S.) Berl. 889, F. Luckhardt. * — 60

— praktische, f. die Feuerleitung e. Feldbatterie beim Schießen gegen Ziele d. Feld-Krieges. 2. Aufl. Unter Berücksicht. der Schießvorschrift f. die Feldartillerie. 8. (46 S.) Berlin 890. F. Luckhardt. n. — 75

Winke, praktische, f. junge Frauenzimmer. s. Taylor.

—— praktische, für Geschäftsreisende. Von einem alten Reise-Onkel. 2. Aufl. 8. (32 S.) Leipzig 879, Besser.

— praktische, f. Geschäftsreisende. Von e. alten Reise-Onkel. 3., verb. Aufl. 12. (30 S.) Leipzig 894. W. Besser. n. — 25

Praktische *Winke* f. den Landwirt. 7. verm. Aufl. Berl. U. A. 62 S. Fig. 1 kol. Tvl. P.
— — 11. verm. Aufl. Sst. [1910]. 61 S. 1 kol. Tvl. P.

Praktische Winke fürs tägliche (theosophische) Leben. Aus d. Engl. übers. von E. S., Mitgl. d. 'Theosoph. Gesellsch., Zweig Berlin'. *Berlin: P. Raatz [1900].* (40 S.) 8° [00. 4344

— u. Ratschläge, praktische, f. Wetturner. Von e. früheren erfolgreichen Wetturner (A. M.). (7 S.) gr. 16. Stuttgart (903). B. Mähler. n. — 20

Praktische Winke über Schneeschuhlaufen mit Schlittenfahren f. Wintersportsleute u. Wintertouristen. VIII. Aufl. Hrsg. v. Wintersportverl. . . . *Berlin: (Dr. v. A. Winser) 1897.* (24 S.) 1 Bd 8. [98. 4538

— praktische, f. Stellensuchende. Zusammengestellt v. dem Geschäftsführer der Arbeitnachweisungs-Anstalt in Hamburg. (15 S.) 16. Hamburg 907. C. H. A. Kloß. — 10

— praktische, f. die Tätigkeit des Vorstandes der Küchenverwaltung, v. H. A. (24 S.) 8. Oldenburg (908). G. Stalling's Verl. 1. —

Praktische Winke über Wintersport für Schneeler, Wintersportsleute u. Wintertouristen). 10. Ausg. *Berlin: Wintersportverl. 1899/1900.* (24 S.) 8° [00. 2745 5

Praktische Winke für Wintersportler. 14. Ausg. *Berlin: Wintersportverl. [1903].* (24 S.) 8° [04 5187

Winke, Praktisch theosophische, von einer Okkultistin. 1904. V: *Schewitsch-Racowitza geb. Dönniges, Helene von.* (Biogr. Jahrb. XVI, 205)

— praktisch-theosophische, v. e. Okkultistin (Helene v. Schewitsch). (78 S.) kl. 8. Leipzig 904. Th. Grieben. n. 1. — ; geb. n. 1. 60

— für deutsche Prediger u. solche, die es werden wollen. 8. Berlin, Oehmigke. 819.

— für deutsche Prediger u. solche, die es werden wollen, größtentheils von Kanzelrednern and. Nationen; nebst Paskals Gedanken über Religion. (Von J. G. L. K. Dielitz). 8. Berl. 820. L. Oehmigke. 6 gl.

Winke für deutsche Prediger und Solche, die es werden wollen . . . Berlin 1820. V & H: *Dielitz, Joh. Glieb Ludw. Carl.* (NN) (Koner) (Hitzig) (MGT) (Ky)

Winke und Rathschläge über Einrichtung der Studien auf Universitäten. [Verfaßt von Rektor und Senat der Univ. Breslau im Febr. 1816.] [Breslau 1816] (2 Bl.) 4° [Kopft., F.]

Winke und Ratschläge zur Herstellung von besprochenen Walzen, s. Mitteilungen zur Hebung der Industrie sprechender Maschinen.

Winke und wohlmeinende Rathschläge für israelitische Schulen. Der tonial. hebräisch-deutschen Primar-Hauptschule in Presburg besonders zugeeignet von einem unparteiischen christlichen Theologen. gr. 8. Leipzig 834. Brockhaus; Wien, Rohrmann. 12 gl.

—— für Regenten u. Alle, welche berufen sind, Gesetze zu geben u. zu vollziehen. Von e. Freunde gesetzl. Freiheit. Lex.-8. (7 B.) Sulzbach 832, v. Seidel.

Winke für die Reichstagswahlen. *Berlin: Vorwärts 1903.* (16 S.) 8° [F.] [03. 6361

— eines Sachsen an seine Landsleute, welche sich über d. Salzeinrichtung belehren u. im Salzeinkaufe sich nicht gern bevortheilen lassen wollen; auch über d. Mittel, d. Güte u. Menge des verkäufl. Kochsalzes für die Zwecke des gemeinen Lebens richtig zu beurtheilen. 8. Dresd. 811. Arnold. 6 gl.

— f. den Sichern, den Verzagten u. den Leichtsinnigen. Nach e. ältern Traktat neu hrsg. 12. (15 S.) Basel 891. (Missionsbuchh.) n. — 10

— 17, für Oekonomen u. Cameralisten über sehr wichtige u. interessante Gegenstände. 8. Leipz. 804. Compt. f. Lit. 1 ℛ 8 gl.

— u. Spielregeln f. Tennisspieler. Von Montanus. gr. 16. (16 S. m. 2 Fig.) München 895. E. Pohl. — 30

Winke über das Staatsinteresse der Preussischen Monarchie. [Hamb.] 1792. V: *Schulz, Joachim Christoph Friedrich.* (R-N) »1791« (Ky)

Winke über Preussens äusseres und inneres Staatsinteresse und die gegenwärtige politische Lage von Europa. Germanien [Dresden] 1792. V: *Hohenhausen und Hochhaus, Jos. Sylvius Freih. von.* (MGT) V: *Riem, Andreas (August).* (Wr) (Ky)

— über Preußens äußeres u. inneres Staatsinteresse, (von A. Riem, nach and. von Frhrn. Sylv. Jos. Hohenhausen v. Hochhaus). 8. Germania (Dresd.) 792. Richter.

— über Deutschlands alte u. neue Staatsverfassung. 8. Germanien 798. (Palm in Erlang.) 12 gl.

Winke f. Schlachthofbauende Städte. I. Folge. (Von Heiß.) (10 S. m. Abb.) gr. 4. Berlin 902. (R. Kühn.)
Sonderabdruck aus: „Deut. Schlachtvieh-Verkehr". n. 1. 50

— dasselbe. Eine Sammlg. grundleg. Artikel in Wort u. Bild aus der techn. Schlachthofkunde zur Information üb. den Bau, die Einrichtg., den Betrieb u. die Verwaltg. öffentl. Schlacht- u. Viehhöfe. (Redaktionsmaterial der „Deutschen Schlacht- u. Viehhof-Zeitung", Berlin.) Mit weit üb. 200 Abbildgn., Lageplänen, Außen- u. Innen-Ansichten etc. Zusammengestellt u. hrsg. v. Ernst Lorenz. (II. Folge.) (III, 166 S.) gr. 4. Ebd. (905). n. 4. —

— f. Schlachthof bauende Städte. (Folge III 1909.) Eine Sammlg. grundleg. Artikel in Wort u. Bild aus der techn. Schlachthofkunde zur Information üb. den Bau, die Einrichtg., den Betrieb u. die Verwaltg. öffentl. Schlacht- u. Viehhöfe. (Redaktionsmaterial der „Deutschen Schlacht- u. Viehhof-Zeitg.", Berlin.) Mit zahlr. Abbildgn., Lagerplänen, Aussen- u. Innen-Ansichten etc. Zusammengestellt u. hrsg. v. Ernst Lorenz. (Red. Leitg.: Kühnau.) (III. Folge.) (VIII, 113 S.) 35,5×27,5 cm. Berlin (909). R. Kühn.
I. u. II. Folge. Ebd. 902. 05. 5.50. 4. —

— einige, zum Studium der klassischen Philologie v. e. Philologen. gr. 8. (16 S.) Marburg 889. Ehrhardt. n. — 30

— für Überwachung des Schulbetriebes, auch f. den Schulbetrieb selbst. Kurz zusammengestellt von e. kgl. Lokalschulinspektor. (57 S.) 8. Straubing (909). C. Attenkofer's Verl. 1. —

— unentbehrliche, f. Radfahrer v. e. Sportgenossen, welcher in verschiedenen Städten z. B. Berlin, Hamburg, Köln a/Rhein u. a. m. hierüber Erfahrgn. gesammelt hat. 12. (31 S.) Riga 892. Suworowstr. 44. J. Martinelli. n. 1. —

Unentbehrliche Winke für Radfahrer. Riga 1893. 31 S. 8°

— für den Unterricht in der biblischen Geschichte zunächst im Anschluß an das Schulbuch von J. Schuster, gegeben von einigen Fachmännern im Kreise Cleve. gr. 8. (186 S.) Mainz 882, Kirchheim.

— für den Unterricht in der biblischen Geschichte zunächst im Anschluß an das Schulbuch von J. Schuster, gegeben von einigen Fachmännern im Kreise Cleve. 2. verb. Aufl. 8. (196 S.) Mainz 888, Kirchheim.

— vaterländ., eines Cheruskers. gr. 8. Meißen 799. Goedsche. 10 gr.

Winke für das Verhalten des Landwirts bei Viehseuchen. 5. u. 6. Taus. Breslau 1905: Grass, Barth & Co. (20 S.) 8° [J.]
= Veröffentlichungen d. Landwirtschaftskammer f. d. Prov. Schlesien. H. 2.

Winke zum vernünftigen Verhalten bey dem Schweren und Unbegreiflichen in der Religion. Frankf. a. M. 1789. V: *Tewaag, Joh. Daniel.* (NN) (Ky) (MGT)

— zum vernünftigen Verhalten bei dem Schweren u. Unbegreiflichen in d. Religion, (von J. D. Tewaag). 8. Frankf. a. M. 789. Hermann. 3 gr.

Winke zum Verständniss der im Zwickauer Leitfaden zum Katechismusunterricht angeführten Bibelstellen. Zwickau 1865. V: *Bauer, Aurel Reinhard Edwin.* (Haan)

— zum Verständniß der im Zwickauer Leitfaden zum Katechismus-Unterricht angeführten Bibelstellen. gr. 8. (VIII und 50 S.) Zwickau 865, Buchh. des Volksschriften-Vereins. *

Winke zum Verständniss des Propheten Daniel. Von einem Freunde des prophetischen Wortes in Mülhausen im Elsass. In-8°, 67 S. Basel, C. F. Spittler. 1880 1 —

— zum leichtern Verständniß einiger d. heil. Schrift eigenthüml. Ausdrücke u. Redensarten. Aus d. Engl. gr. 8. Bern 825. Jenny. 2 gr.

Winke über das Vorkommen von Steinkohlenlagern in der Nähe von Bayreuth. Mit 1 Steindrucktaf. (Als Mscr. gedr.) Bayreuth 857. Giessel. 4. (12 S.) n. 4 ngr.

Winke für die Wähler und Gewählten zum Landtage Würtembergs. Göttingen 1796. V: *Hesler, Ernst Frdr.* (MGT)

Winke der Wahrheitsliebe, die Frau von Krudener betreffend ... Schaffhausen 1817 s. (V[eith, Johann Wilhelm]).

— u. Warnungen für Jünglinge beim Beginnen ihrer jugendl. Laufbahn. 8. Leipz. 806. Mittler. 20 gr.

Winke wie man Kinder im schriftlichen Gedankenvortrage üben . . . kann . . . Erfurt 1803. V: *Pfeiffer, Joh. Wilhelm.* (Ky) (MGT)

— wie man Kindern umschriftliche Gedanken vortrage, (v. Jh. Wlh. Pfeiffer). 8. Erfurt u. (Weimar) 803. (Hoffmann). 8 gr.

— für Wolleinkäufer u. Wollsortirer, od. das Nothwendigste üb. d. Erkennung u. Unterscheidung aller Gattungen d. Schafwolle. Nebst Nachrichten üb. d. Manufactur u. den Waarenhandel d. wollenen Tücher, Wollenzeuge u. Wollengarne. 8. (3 B.) Ilmenau 832, [Weimar,] Voigt.
Aus Chr. Fr. G. Thon „Waaren-Lexicon" abgedruckt.

— zwei zeitgemäße, siehe: Rathgeber.

Winkel, mein kleiner. Aus dem Engl. gr. 16. (166 S. mit Holzschn.) Hamburg 879, Agentur des Rauhen Hauses.

Winkel, A[braham] J[osef]. Ueber die klinische und bakteriologische Diagnostik der offenen Lungentuberkulose beim Rinde. Diss. Vet.-Med. Bern. X + 70 S. 8. Leiden, G. L. Van den Berg. 1910.

Winkel, Anna, das Liederbuch der Mutter. Kinderlieder zum Gebrauch im Hause, im Kindergarten und in der Kleinkinderschule. Gesammelt und mit leichter Klavierbegleitung versehen. gr. 8. (VIII und 80 S.) Weimar 865, Böhlau. *

Winkel, Anna, das Liederbuch der Mutter. Kinderlieder zum Gebrauch im Hause, im Kindergarten u. in der Kleinkinderschule. Hrsg. u. m. leichter Klavierbegleitg. versehen. 2. Aufl. gr. 8. (VIII, 80 S.) Weimar 876. Böhlau. n. 2. —

Winkel, Anna, das Liederbuch der Mutter. Kinderlieder zum Gebrauch im Hause, im Kindergarten und in der Kleinkinderschule. Hrsg. und mit leichter Klavierbegleitung versehen. 2. Aufl. gr. 8. (VIII, 80 S.) Weimar 878, Böhlau.

Winkel, Fr., Stella od. die Sterntaler, s.: Winter, Geo.

Winkel, Fr., zu Bethlehem geboren, s.: Winter, G.

Winkel, Friedrich

Winkel, Fr., das Lesebuch im Dienst des Aufsatzunterrichts. Eine Anleitg. zur Behandlg. des Lesebuchs im Aufsatzunterricht, nebst Dispositionen u. ausgeführten Beispielen. Für Volks- u. Bürgerschulen u. f. die Unter- u. Mittelklassen höherer Schulen bearb. gr. 8. (290 S.) Potsdam 898. A. Stein. n. 2. 60; geb. in Leinw. n. 3. —

Luise Herzogin zu Mecklenburg-Strelitz, Königin von Preußen. (Ein Gedenkbl. in Wort u. Bild z. 19. Juli 1910.) Von Fr[iedrich] **Winkel**. Neustrelitz: Wagner 1910. 46 S. quer-8° [11. 16385

Winkel, Fr., das Sprichwort im Dienst d. Aufsatzunterrichts. Eine Anleitg. zur Behandlg. d. Sprichworts im Aufsatzunterricht, nebst Dispositionen u. ausgeführten Beispielen. gr. 8. (81 S.) Berlin 889. Buchhandlg. der Deutschen Lehrer-Zeitung (Fr. Zillessen). n. — 90

Winkel, Georg Franz Dietrich aus dem. s. Winckell, Georg Franz Dietrich aus dem.

Winkel, Gotthilf G.

Winkel, G. G., Gewerbe u. Kunstgewerbe in d. Heraldik. D. Entstehg. u. Bildg. d. Wappen u. d. Wappenschildes. Aus d. handschriftl. Nachlass v. Ludw. Clericus bearb. 8. (138 S. m. Fig.) Berlin 896. K. Sigismund. n. 3. —

Winkel, G. G., die Wappen u. Siegel der Städte, Flecken u. Dörfer der Altmark u. Prignitz. Mit 30 farb. Wappen u. 46 Siegelabbildgn. gr. 8. (X, 80 S.) Magdeburg 894. (E. Baensch jun.) 2. 50

Winkel, Jan te, Geschichte der niederländisch. Literatur. 2. verb. u. verm. Aufl. gr. 8. (III, 102 S.) Strassburg 902. K. J. Trübner. n. 2. 50; geb. n. 3. 50
Sonderabdruck aus: „Paul's Grundr. d. german. Philol."

Winkel, Jan te, Geschichte d. niederländischen Sprache. 2., verb. u. verm. Aufl. [Aus: „Paul's Grundr. d. german. Philol., 2. Aufl."] gr. 8. (III u. S. 781—932 m. 1 farb. Karte.) Strassburg 898. K. J. Trübner. n. 5. —

Winkel, Karl aus dem. s. Winckell, Karl aus dem.

Winkel, Ludwig Heinrich. s. Winckel, Ludwig Heinrich.

Winkelblech, Eph., s. 1) Gedichte von W. 2) Gottesverehrung.

Winkelblech, Karl (Geo.) s. a. Marlo, Karl.

Winkelblech, Carl, Bemerkungen zu Schleiden's offenem Sendschreiben an Justus Liebig. gr. 8. (1½ B.) Braunschweig 842, Vieweg u. Sohn.

Winkelblech, Karl, aus Wien: Über amphotere Elektrolyte und innere Salze. *Leipzig: W. Engelmann 1901.* (58 S.) 8°
¶(Aus: Zeitschrift f. physik. Chemie, Bd 36, H. 5.)
Leipzig, Phil. Diss. v. [12. Apr.] 1901

Winkelblech, C., Elemente d. analyt. Chemie. (3 Lfgn.) gr. 8. (29½ B. u. 2 Kpfrt.) Marburg 838—40, [Elwert'sche Univ.-Buchh.]

— s. Schleiden, M. J., offenes Sendschreiben an Just. Liebig.

Winkelblech, Karl, üb. Liebig's Theorie d. Pflanzenernährung u. Schleiden's Einwendungen gegen dieselbe. gr. 8. Kassel, 1842. Fischer. — 5

WINKELBLECH, Karl: Über Liebig's Theorie der Pflanzenernährung und Schleiden's Einwendungen gegen dieselbe. - Kassel 1842. 31 S.

Winkelhausen, Felix, appr. Arzt a. Preuß. Stargard: Über Neurome: Mitteilung der in der chirurgischen Universitäts-Klinik zu Jena beobachteten Stamm- und Rankenneurome. (Mit 1 Taf.) Danzig 1905: A. Schroth. (24 S.) 8°
Jena, Med. Fak., Ref. Riedel, Diss. v. 25. März 1905
[Geb. 23. Juli 79 Stargard i. Pr.; Wohnort: Danzig; Staatsangeh.: Preußen; Vorbildung: Kgl. Gymn. Danzig Reife O. 99; Studium: Jena 5, Heidelberg 1, Berlin 1, München 1, Jena 2 S.; Coll. 29. Sept. 04; Approb. 2. Apr. 04.]

Winkelhausen, Joh. Hch., himmlisch Kleeblatt, od. Erklär. Daniels u. Hosea. 4. Frkf. Hermann. 702.

Winkelhofer, August., der Salzachkreis, geograph., histor. u. statistisch beschrieben. 8. Salzb. 813. Mayr. 14 gr. Schrbp. 16 gr.

Winklhofer, A. Das Kurfürstenthum Salzburg mit den Fürstenthümern Passau, Eichstedt und Berchtesgaden, ein Theil von Bayern und den angraenzenden Ländern. Nürnberg 1805. 1 Bl. c. K. v.

— d. hierarchische Verfassung von Salzburg u. Berchtesgaden, histor. dargestellt. gr. 8. Salzb. 810. Mayr. 5 gr. (Aus v. Koch-Sternfeld, Salzburg u. Berchtesgaden, besond. abgedr.)

Winkelhofer Em.: Das Dungphosphat der Zukunft. 5 ibd. 82.
— Ein Blick auf den Stand der Dungphosphat-Industrie. 5. ibd. 83.
— Eine Methode der Nährstoffbestimmung im Boden. 6 ibd. 85.
Progr. Neutitschein.

Winkelhofer, Sebastian

Winkelhofer, Sebast., der Mensch u. d. Prediger, s. J. M. Sailer.

— Anleit. f. kathol. Christen z. himmlischen Vaterlande. Ein Gebetbuch, herausgeg. v. Mich. Hauber. 3e Aufl. 8. Münch. 827, (Wienbrack in Leipz.)

Winkelhofer, Sebast., († d. 16. Nov. 1806.) Anleitung zum himmlischen Vaterlande, für christl. Jünglinge u. Jungfrauen. 8. Münch. ... 3e u. 4e Aufl., herausg. von M. Hauber. Mit Titelvign. gr. 12. Münch. 827 u. 30. (Jaquet). 6 gr. (Landsh., Krüll). 8 gr.

Winkelhofer, Sebast., Anleitung zum himml. Vaterlande, f. christl. Jünglinge u. Jungfrauen. 4., umgearb. u. verm. Aufl. Hrsg. v. M. Hauber. gr. 12. (11½ B. u. Titvign.) München 830. (Regensburg, Manz.)

Winkelhofer's, Sebast., Festtags- u. Gelegenheitspredigten. Als Anhang zu den bereits von andern Verehrern desselben in Druck beförderten Predigten vermischten Inhalts. Aus dem Original-Manuscr. des sel. Verf. zusammengestellt von Jos. Kurz u. Thdr. Tausch. gr. 8. Augsburg 846, Rieger'sche Buchh. 1⅔ Thlr.

Winkelhofer, Sebast., vermischte Predigten, herausg. u. mit e. Vorrede begleitet von J. M. Sailer. 1r u. 2r Band. 8. München, Giel. 815 u. 16.

— vermischte Predigten, herausg. u. mit e. Vorrede begleitet vor J. M. Sailer. 4 Bde. (3r u. 4r Bd. A. u. d. T.: Predigter über d. Apostelgeschichte. 1r, 2r Bd.) 8. Münch. 814—17. N. Aufl. 4 Bde. 8. Ebd. 822. (Giel). 5 Thlr 8 Gr 5r Bd., herausg. von Frz. Riederer, mit e. Vorwort von J. M. Sailer (A. u. d. T.: Predigten über d. Lauretanische Litanei ꝛc.) 8. Ebd. 831. 1 Thlr 12 Gr 6r Bd. A. u. d. T.: Predigten auf d. Feste d. seligsten Jungfrau Maria u. d. übrigen Heiligen, so wie bei verschied. Anlässen, meistens aus den Quellen d. Kirchengeschichte geschöpft. 8. Ebd. 832. 1 Thlr 4 Gr

Winkelhofer, Seb., vermischte Predigten. 4 Bde. Herausgeg. von J. M. Sailer. München, (Giel.) 818. (1r u. 2r Bd. 2 Thlr. 12 Gr. 3r 4r à 1 Thlr. 8 Gr.)

—— vermischte Predigten. Hrsg. v. Frz. S. Riederer. Mit e. Vorw. v. J. M. Sailer. 5. Bd. — A. u. d. T.: Predigten üb. d. Lauretan. Litanei u. and. wichtige Gegenstände auf die meisten Festtage d. Kirchenjahres. 8. (33½ B.) München 831, Giel.

— vermischte Predigten. 3r u. 4r Bd. Predigten über die Apostelgeschichte. 2e Aufl. 8. München 835. Giel. 2¼ Thlr

—— vermischte Predigten. Hrsg. v. Frz. Seraph Riederer. 7. Bd. enth. Sonn- u. Festtags-Predigten üb. d. Gebet d. Herrn, d. engl. Gruß u. andere wichtige Wahrheiten mit besond. Rücksicht auf d. Inhalt u. Absicht d. Festfeier. 8. (..B.) München 836, Jak. Giel. (?)

—— zusammenhäng. Predigten üb. d. christl. Gerechtigkeit. Hrsg. von e. Geistlichen d. Erzbisthums München u. Freysing. 1—3. Bd. gr. 8. München, Lindauer.

Bd. 1. Von der Sünde, u. von den sieben Tod- u. Hauptsünden. (17¼ B.) 833. 20 Gr.
" 2. Von den Sünden in den heil. Geist, v. d. himmelschreienden, fremden u. Kirchensünden. (19 B.) 834. 20 Gr.
" 3. Von der christl. Tugend, u. von den guten Werken. (25½ B.) 835. 1 Thlr.

Winkelhofer, Sebast., zusammenhäng. Predigten. Hrsg. v. ein. Geistlichen d. Erzbisth. München u. Freising. 4—6. (letzt.) Bd. gr. 8. München, Lindauer'sche Buchh.

A. u. d. Ttln.:
Bd. 4. Predigten üb. d. sieben heil. Sakramente. In e. ganzen Jahrg. vorgetragen. (35½ B.) 1 Thlr. 12 Gr. 1839.
" 5. Von d. christl. Hoffnung, dem heil. Vaterunser u. d. engl. Gruße. Vorgetr. an d. Sonn- u. Festtagen d. kathol. Kirchenjahres. (35 B.) 841. 1 Thlr. 12 Gr.
" 6. Ueber d. vier letzten Dinge d. Menschen. Vorgetr. an d. Sonn- u. Festtagen d. kathol. Kirchenjahres. (8 B.) 842. 12 Gr.
1—3. Bd. Ebendas. 1833—35. 2 Thlr. 16 Gr.

— zusammenhängende Predigten. Herausgeg. von einem Geistlichen des Erzbisthums München u. Freising. 5. u. 6. (letzter) Bd. gr. 8. München 841, 42, Lindauer'sche B. (Sauer.) 1½ Thlr (1—6: 6⅙ Thlr)

Winkelhofer, Sebastian.
Zusammenhängende Predigten. München 1833—42. II: *Dietl*, *Maurus.* (Lindner)

— zusammenhängende Predigten über d. ganze apostolische Glaubensbekenntniß, auf alle Sonn- u. Festtage des kathol. Kirchenjahrs. Eine vollständige, leichtfaßliche Glaubens- u. Sittenlehre für den Kirchen-, Schul- u. Hausgebrauch. Herausg. von Franz Seraph Riederer. In 3 Bden. — 1r u. 2r Bd. gr. 8. Regensburg 839. Manz. à 1 Thlr

— zusammenhängende Predigten über das ganze apostolische Glaubensbekenntniß auf alle Sonn- u. Festtage des kathol. Kirchenjahres. Eine vollständige, leichtfaßl. Glaubens- u. Sitten-Lehre für den Kirchen-, Schul- und Hausgebrauch. Herausgeg. von Frz. Seraph Riederer. 3. u. letzter Band. Mit einer Abhandlung: S. Winkelhofer's homilet. Grundsätze, Gaben u. Manieren, m. Musterpredigten u. Entwürfen. gr. 8. Regensburg 841, Manz. à 1 Thlr (3 Bde. 3 Thlr)

— Reden über d. Bergpredigt unsers Herrn Jesu Christi, herausgegeben von J. M. Sailer. 8. Münch. 809. 2e A. 812. Lentner. 1 Thlr 16 Gr

— Rede üb. die Bergpredigt unsers Herrn Jesu. 2te Aufl. 8. München, Lentner. 815.

— sämmtl. Reden, herausg. von J. M. Sailer. 5 Bde. gr. 8 Grätz 820. Ferstl. 3 Thlr

Winkelhöfer, Hugo: Die Aufmerksamkeit. H. 1909 PN 2741. Diss. Wien, Univ.

Winkell, Georg Franz Dietrich aus dem, s. Winckell, Georg Franz Dietrich aus dem

Winkell, Karl aus dem, s. Winckell, Karl aus dem.

Winkelmann, Oberstlieut. a. D., der Gendarmerie-Dienst. Hülfsbuch für die Vorbildung auf denselben und für die Probedienstzeit. 8. (45 S.) Berlin 879, Mittler und Sohn.

Winkelmann, der Gendarmerie-Dienst. Hülfsbuch für die Vorbildung auf denselben und die Probedienstzeit. 2. Aufl. 8. (V, 65 S.) Berlin 881, Mittler und Sohn.

Winkelmann, der Gendarmerie-Dienst. Hülfsbuch für die Vorbildung auf denselben und für die Probedienstzeit. 3. bericht. Aufl. 8. (V, 73 S.) Berlin 887, Mittler und Sohn. *

Winkelmann, d. Gendarmerie-Dienst. Hülfsbuch f. d. Vorbildg. auf dens. u. f. d. Probedienstzeit. 4., bericht. Aufl. 8. (V, 69 S.) Berlin 895. E. S. Mittler & Sohn. n. 1. —

—— der Gendarmerie-Probist. Anleitung zum prakt. Dienstbetrieb und Vorbereitung zum Examen durch Ausarbeitung der in denselben zu lösenden Aufgaben. 8. (V, 50 S.) Ebendas. 879.

Winkelmann, der Gendarmerie-Probist. Anleitung zum prakt. Dienstbetrieb u. Vorbereitg. zum Examen, durch Ausarbeitg. der in demselben zu lös. Aufgaben. 2. Aufl. 8. (V, 50 S.) Berlin 883. Mittler & Sohn. n. 1. 20

— der Gendarmerie-Probist. Anleitung zum prakt. Dienstbetrieb u. Vorbereitg. zum Examen, durch Ausarbeitg. der in demselben zu lös. Aufgaben. 3., bericht. Aufl. 8. (V, 50 S.) Ebd. 887. n. 1. —

Winkelmann, der Gendarmerie-Probist. Anleitung zum prakt. Dienstbetrieb u. Vorbereitg. der in demselben zu lös. Aufgaben. 4., nach den neuesten Bestimmngn. bericht. Aufl. 12. (V, 55 S.) Berlin 892. E. S. Mittler & Sohn. n. 1. —

[F.] Der Gendarmerie-Probist. Anleitg z. prakt. Dienstbetrieb u. Vorbereitg z. Examen ... Von Winkelmann, weil. Oberstlt. 5., nach d. neuesten Bestimmgn bericht. Aufl. *Berlin: E. S. Mittler & Sohn 1897.* (IV S., 1 Bl., 56 S.) 1 Bd 8. (97. 4847

Winkelmann, Jagd u. Fischerei, s.: Wüstenhöfer.

Winkelmann (Red.), s. Nachrichten aus der ostafrikanischen Mission.

—— der Schutzmann. Handbuch für Unterofficiere, die in die königl. Schutzmannschaft einzutreten beabsichtigen. gr. 8. (33 S.) Ebendas. 880. *

— der Schutzmann. Handbuch für Unterofficiere, die in die königl. Schutzmannschaft einzutreten beabsichtigen. gr. 8. (33 S.) Ebend. 881. n. — 50

Winkelmann A, wie erhält man aus Regenbeobachtungen eine Begrenzung von Prognosenbezirken? Programm. Plieningen 1881

Winkelmann, A. P., Atmen, aber Wie — u. Warum?! Ein Weckruf zur Lungengymnastik f. Jedermann. (53 S. m. Abbildgn.) gr. 8. Berlin 909. Priber & Lammers. 1. 20

Winkelmann, Adam Wilhelm

Winkelmann, Adm. Wlh., († d. 10. Aug. 1819.) vollständ. systemat. Anweis. zur richtigen Aussprache engl. Wörter, worin alle zweifelhafte Fälle durch d. Autorität class. Orthoëpisten bestimmt, u. d. Laute d. Buchstaben auf eine ganz einfache u. leicht verständl. Art genau bezeichnet sind rc. gr. 8. Hamb. 818. Verfasser. 2 ℛß 2e Aufl. gr. 8. Berl. 821. Reimer. 1 ℛß 21 𝔤𝔤

— Grammatik d. engl. Sprache, für Deutsche. 1r Bd. gr. 8. (Leipz. 817. 2 ℛß) Wohlf. Ausg. A. u. d. T.: Anweis. zur richtigen Aussprache engl. Wörter, mit Vorwort von L. Ideler u. J. W. H. Nolte. gr. 8. Berl. 821. Reimer. 1 ℛß 12 𝔤𝔤

Winkelmann, Adolf

Winkelmann, A., Ernst Abbe. Rede, bei der v. der Universität Jena veranstalteten Gedächtnisfeier am 2. V. 1905 geh. (23 S.) gr. 8. Jena 905. G. Fischer. n. — 60

Winkelmann, A., Dr., Ueber die Abhängigkeit der Wärmeleitung der Gase von der Temperatur. (Naturw. Ges. zu Aachen. Sitz. vom 13. Dez. 1875.)

Winkelmann, A. (Hrsg.), s. Auerbach, F.: Akustik.

Winkelmann, A., über eine Beziehung zwischen Druck, Temperatur und Dichte des gesättigten Wasserdampfes. gr. 8. (36 S. und Anhang VIII S.) Stuttgart 879, (Metzler'sche Sortimentsh.)

— u. R. **Straubel,** üb. einige Eigenschaften d. Röntgen'schen X-Strahlen. (Vorläuf. Mittheilg.) [Aus: „Jen. Zeitschr. f. Naturwiss."] gr. 8. (13 S. m. 2 Lichtdr.) Jena 896. G. Fischer. n. 1. 20

— dasselbe. 2., durch e. Nachtrag verm. Aufl. gr. 8. (18 S. m. 2 Lichtdr.) Ebd. 896. n. 1. 20

Winkelmann A, Handbuch der Physik. 3 Bde in 5 Abteilungen. (Auch Encyklopädie der Naturwissenschaften III. 1) Breslau 1891-96

Winkelmann, A., s. a. Handbuch der Physik. — Encyklopädie der Naturwissenschaften. 3. Abth.

Winkelmann, A., Lehrbuch der physikalischen und theoretischen Chemie, s. a. Graham-Otto, ausführliches Lehrbuch der Chemie.

Winkelmann, A., Lehrbuch der physikalischen u. theoretischen Chemie, s. a. Horstmann, A.

— Ueber die Mischungswärmen und specifischen Wärmen von Flussigkeitsgemischen. (Aus Poggendorff's Ann., Bd. CL.)

Winkelmann, Adolph (geb. am 17 Okt. 1848 in Dorsten Westf.): Ueber den Wärmeverbrauch beim Auflösen von Salzen und die specifischen Wärmen von Salzlösungen ... Bonn, Druck v. C. Georgi 1872. 2 Bl., 37 S. 4. ¶ In kürzerer Fassung in Poggendorffs Ann. d. Phys. u. Chem. CXLIX 1873 S. 1—32.
Bonn, Phil. Fak., Diss. v. 19 Juli 1872

— Ueber die Wärmeverhältnisse beim Auflösen gemischter Salze im Wasser und die dabei eintretenden Wechselzersetzungen. (Aus Poggendorff's Ann., Bd. CXLIX.)

Winkelmann, Adolf Tobias: Über subpatellare Lipome. Kiel 1906: H. Fiencke. (26 S.) 8°
Kiel, Med. Fak., Ref. Helferich, Diss. v. 3. Sept. 1907.

Winkelmann, Albert. Recherches synthétiques dans la série des Phénanthrophénazoxines. Thèse Sc. Genève. 55 p. 8. Zurich. Arnold Bopp, 1907.

Winkelmann, Alfr. Der Romzug Ruprechts v. der Pfalz, nebst Quellenbeilagen. gr. 8. (VI, 146 S.) Innsbr. 892, Wagner. * 2 80

Winkelmann, Alfred *Eduard Ernst* [aus Heidelberg]: Zur Vorgeschichte des Romzugs Ruprechts von der Pfalz ... [Erschien vollst. 1892.] Innsbruck, Wagner'sche Univ.-Buchh., 1892; IV, 40 S. 8.
Heidelberg, Phil. Fak., Inaug.-Diss. v. [2. März] 1892

Derfflinger von Arnold **Winkelmann.** Potsdam: A. Stein [1906]. (VI, 88 S.) 8° [F.] [07, 11799 II

— Gusow u. Platkow. Bilder aus den letzten 100 Jahren. (V, 184 S. m. 1 Bildnis.) kl. 8. Berlin 904. (G. Nauck.) n. 1. 50

— Kain. (Dichtung.) (IV, 69 S.) 8. Dresden 905. E. Pierson. n. 1. —; geb. n. 2. —

Winkelmann, Arthur, Referendar in Dresden: Der Grund und Zweck der Haftpflicht der Gastwirte, ihre rechtliche Natur und ihre Voraussetzungen. ⟨Nach dem Bürgerlichen Gesetzbuch für das Deutsche Reich.⟩ Dresden 1908: Güntzsche Stiftung. (VIII, 94 S.) 8° [F.]
Leipzig, Jur. Fak., Diss. v. 18. Mai 1908
[Geb. 25. Jan. 80 Dresden; Wohnort: Dresden; Staatsangeh.: Sachsen; Vorbildung: Gymn. z. heil. Kreuz Dresden Reife O. 99; Studium: Berlin 4, Leipzig 4 S.; Rig. 16. Febr. 04.]

Winkelmann, August

Winckelmann, (Steph.) Aug., († d. 21. Febr. 1810.) Archiv für Gemüths- u. Nervenkrankheiten. 1r Bd. 1s Stück. gr. 8. Berl. 806. Oehmigke. 18 𝔤𝔤

Winkelmann, (Steph.) Aug., von der wahren Arzneikunst. 8. Braunschweig 803. (Reibrock.) 1/6 ℛß

Winckelmann (Steph.) Aug., von d. wahren Arzneikunst. 8. Hannov. 805. Hahn. 3 𝔤𝔤 (Plüchart in Braunschw.) 4 𝔤𝔤

— Beobachtungen üb. d. Wahnsinn, nebst Prüfung d. Gall'schen Schädellehre. gr. 8. Berlin, Oehmigke d. jüng. 806.

— Beobachtt. über den Wahnsinn, nebst Prüfung d. Gall'schen Schädellehre. gr. 8. Berl. 806. (Sander). 18 𝔤𝔤

Winkelmann, A., Beobachtungen üb. den Wahnsinn, nebst Prüfung d. Gallischen Schädellehre. gr. 8. Berlin, Neue Societätsbuchh. 811.

— Einleitung in d. dynamische Physiologie. gr. 8. Götting. 802. Dieterich. 8 𝔤𝔤

Wickelmann, August: Einleitung in die dynamische Physiologie. 88 S., gbd.

Göttingen: Dieterich 1803

August Winckelmann [Winkelmann], über die Einrichtung der chirurgischen Studien in Braunschweig zu Ankündigung seiner Vorlesungen von Michaelis 1804 bis Ostern 1805. Braunschweig: Reichard 1804. 14 S. 8°

— Entwurf d. Anthropologie. 8. Götting. 802.

Entwurf der dynamischen Pathogenie. Von A[ugust] Winckelmann [Winkelmann]. Buch 1. Braunschweig: Reichard 1805. 8°

Buch 1: 1805.

— Entwurf einer dynamischen Pathogenie. 1s Bdchen. gr. 8. Braunschweig 805. (Bethge in Berlin.) 7/8 ℛ︎

— Entwurf d. dynamischen Pathogenie. 1s Buch. gr. 8. Braunschw. 821. (Vogler in Potsd.) 21 gr

Kenntniß [Kenntnis] der öffentl. Gesundheitspflege. Zum Leitfaden s. Vorlesungen über die medizin. Polizei. Von August Winkelmann. Frankfurt a.M.: Wilmans 1804. IV, 64 S. 8°

— Literatur d. öffentl. Armen-Krankenpflege in Deutschland. 8. (Hannov.) 802. Hahn. a. Braunschw., Plüchart. 4 gr

— Literatur der öffentlichen Armen- und Krankenpflege in Deutschland. 8. Braunschweig 803. (Leibrock.) 1/6 ℛ︎

Winkelmann, August, s. Luzuriaga: Von d. Thätigkeit d. Bluts.

— Paramythe, Entwurf eines Lehrgedichts. 8. Braunschw. ... Plüchart. 6 gr

— Paramythe, Entwurf e. Lehrgedichts. 8. Braunschweig: Leibrock 1803

Augustus Winckelmann [Winkelmann]: Pathologiae, cerebri specimen primum. Gottingae (1803:) Dieterich. 38 S. 8°

Göttingen, Med. Diss. v. 31. März 1803

— über d. Studium d. empirischen Physiologie; e. Einladungsschrift. 8. Braunschw. 805.

Winkelmann, C., Beiträge zur Kenntniss des symmetrischen Tribromanilin. Diss. Freiburg i. B. 1887, Fr. Wagnersche Univ.-Buchh. 8°. 33 S.

Winkelmann, C., Reichsgesetz, betr. d. Unterstützg. von Familien d. zu Friedensübgn. einberuf. Mannschaften v. 10. Mai 1892, nebst d. Ausführungsvorschriften d. Bundesraths v. 2. Juni 1892. Im Anh.: Reichsgesetz v. 28 Febr. 1888 betr. d. Unterstützg. v. Familien in d. Dienst eingetret. Mannschaften (R.-G.-Bl. S. 59). Erläut. nach d. bisher ergang. Ausführungs-Bestimmgn. ꝛc. der preuß. Ministerien u. m. 6 Tabellen f. d. Berechng. d. Unterstützungs-Beträge versehen. gr. 8. (24 S.) Berlin 895. Liebel. — 60

Winkelmann, C., Reichsgesetz betr. die Unterstützung v. Familien der zu Friedensübungen einberufenen Mannschaften vom 10. V. 1892 nebst den Ausführungsvorschriften des Bundesraths vom 2. VI. 1892 u. 24. XI. 1898. Im Anh.: Reichsgesetz vom 28. II. 1888 betr. die Unterstützg. v. Familien in den Dienst eingetretener Mannschaften (R.G.Bl. S. 59). Erläutert nach den bisher ergangenen Ausführungsbestimmgn. u. Erlassen der Central-Instanzen u. m. verschiedenen Mustereintraggn. f. Empfangsbescheiniggn. sowie m. 13 Tabellen f. die Berechng. der Familien Unterstützungsbeträge versehen. 2. verm. u. verb. Aufl. (28 S.) gr. 8. Berlin, Liebel. 1902. 1. —

Winkelmann, C., Verordnung betr. die Heranziehung der Staatsdiener zu den Kommunalauflagen. Vom 23. Septbr. 1867. (Ges.-S. S. 1648.) Mit Bezugnahme auf das Kommunalsteuergesetz v. 14. Juli 1893, nach den Entscheidungen d. königl. Oberverwaltungs-Gerichts erläutert. 12. (18 S.) Berlin 894. R. v. Decker. — 30

Winkelmann, Dr., Chr. Fr. P., Belehrungen für gebildete Frauen, üb. d. Entwickelung d. Jungfrau, d. Schwangerschaft, Geburt u. Wochenbette. Mit 1 Kpf. 8. Leipz. 827. Lauffer. 20 gr

Winkelmann, E., Napoleon Bonaparte, Kaiser der Franzosen, sein Leben u. seine Thaten. In freier Bearbeitung nach M. Michaud u. den neuesten besten Quellen. Mit 38 Stahlstichen, Napoleon's Bildniß u. 4 Schlachtplanen. 8 Lfgn. gr. 16. (XXII u. 550 S. m. 38 Stahlst. u. 4 lith. Plänen in 4.) Ulm 848. 49. Fr. Ebner. (à 6 ngr) 1 ℛ︎ 18 ngr. — Neue Ausg. Mit 38 Stahlst., Napoleon's Bildniß u. 4 (lith.) Schlachtplänen (in 4.) 8. (XXII u. 550 S.) Ebd. 851. 1 ℛ︎ 18 ngr

Winkelmann, Eduard

Winkelmann, Ed., Acta imperii inedita seculi XIII. Urkunden und Briefe zur Geschichte des Kaiserreichs und des Königr. Sicilien in den J. 1198 bis 1273. Mit Unterstützung der Gesellschaft für ältere deutsche Geschichtskunde. Lex.-8. (X, 893 S.) Innsbruck 880, Wagner'sche Universitäts-Buchh.

Winkelmann, Ed., acta imperii inedita seculi XIII. et XIV. Urkunden u. Briefe zur Geschichte d. Kaiserreichs u. d. Königr. Sicilien in den J. 1198—1400. 2. Bd. Mit Unterstützg. der Gesellschaft f. ältere deutsche Geschichtskunde. Lex.-8. (VIII, 983 S.) Innsbruck 885. Wagner. n. 40. — (1. u. 2.: n. 70. —)

Winkelmann, Eduard (Hrsg.). s. Acta imperii inedita.

Winkelmann, [illegible]

Winkelmann, Ed., de regni Siculi administratione, qualis fuerit regnante Friderico II. Romanorum imperatore, Jerusalem et Siciliae rege. Dissertatio inauguralis. gr. 8. (52 S.) Berlin 860, (Mittler und Sohn.)

Winkelmann, Ed., Bibliotheca Livoniae historica. Systematisches Verzeichniss der Quellen und Hülfsmittel zur Geschichte Estlands, Livlands und Kurlands. 2 Hefte. Imp.-4. St. Petersburg. Leipzig, Voss. [1. Heft. (VI, S. 1—308.) 869. *M. 7,40.; 2. Heft. (X, S. 309—404.) 870. *M. 2,70.]

Winkelmann, Eduard: Bibliotheca Livoniae Historica. Systematisches Verzeichnis der Quellen und Hülfsmittel zur Geschichte Estlands, Livlands und Kurlands. 2 verb. und sehr verm. Ausg. — Bln: Weidmann 1878. XVIII, 608 S. 4° [1. Ausg. St. Petersburg 1869/70.]

[F.] Kaiser Friedrich II. v. Eduard Winkelmann. (Bd 2: '(† 10. Febr. 1896.)') Bd 1. 2. Auf Veranl. Sr. Maj. d. Königs v. Bayern hrsg. d. d. hist. Comm. bei d. Kgl. Akad. d. Wiss. *Leipzig: Duncker & Humblot 1889—97.* 2 Bde: 8.
1. 1218—1228. 1889. (XII, 580 S.)
2. 1228—1233. (Hrsg. Alfred Winkelmann.) 1897. (VIII, 529 S.)
(Jahrbücher d. Deutschen Geschichte.) [97. 5982

—— Geschichte der Angelsachsen bis zum Tode König Aelfreds, s. Geschichte, allgemeine, in Einzeldarstellungen. II, 3.

Winkelmann, Ed., Geschichte Kaiser Friedrichs II. u. seiner Reiche 1212—1235. Berlin 863. Mittler & Sohn. gr. 8. (XII, 528 S.) 2 ℛ︎ 24 ngr

— Geschichte Kaiser Friedrich II. u. seiner Reiche 1212—1235. 2. Bd. 1235—1250. 1. Abthl. Ebend. 865. gr. 8. (IV, 148 S.) n. 24 ngr

Winkelmann, Ed. Geschichte Kaiser Friedrichs II. und seiner Reiche. I. Bd. 1212—1235. (528) 8. Berlin 1863. 8,40. — II. Bd. 1235—1250. (528) 8. Reval 1865.

— sicilische und päpstliche Kanzleiordnungen und Kanzleigebräuche des XIII. Jahrh. Für academ. Uebungen zusammengestellt. gr. 8. (IV, 36 S. mit 1 Schrifttaf. [Holzschn. auf Farbendr.].) Innsbruck 880, Wagner'sche Universitäts-Buchh.

Winkelmann, Ed., die Capitulationen der estländischen Ritterschaft und der Stadt Reval vom J. 1710 nebst deren Confirmationen. Nach den Orig. mit andern dazu gehör. Documenten und der Capitulation von Pernau hrsg. gr. 8. (V und 112 S.) Reval 865, Kluge's Verlag. *

—— Johann Meilof, s. Schriften der gelehrten estnischen Gesellschaft.

— Philipp v. Schwaben u. Otto IV. von Braunschweig, s.a. Jahrbücher der deutschen Geschichte.

—— Philipp von Schwaben und Otto IV. von Braunschweig. 1. Bd.: König Philipp von Schwaben. 1197—1208. Hrsg. durch die histor. Commission bei der kgl. Academie der Wissenschaften. gr. 8. (XII, 592 S.) Leipzig 872, Duncker und Humblot.

— Philipp v. Schwaben u. Otto IV. v. Braunschweig. 1. Bd. König Philipp v. Schwaben. 1197—1208. Hrsg. durch die histor. Commission bei der königl. Academie der Wiss. gr. 8. (XII, 592 S.) Leipzig 873. Duncker & Humblot. n. 12. —

— Philipp von Schwaben u. Otto IV. von Braunschweig. 2. Bd. Kaiser Otto IV. von Braunschweig. 1208—1218. Hrsg. durch die histor. Commission bei der königl. Akademie der Wissenschaften zu München. gr. 8. (XII, 563 S.) Leipzig 878. Duncker & Humblot. n. 12. — (cplt.: n. 24. —)

— regesta imperii, s.: Böhmer, Joh. Frdr.

— s.: Regesten der Pfalzgrafen am Rhein.

Winkelmann, Eduard: Urkundenbuch der Universität Heidelberg. Zur fünfhundertjährigen Stiftungsfeier der Universität im Auftrage derselben herausgegeben. I. Bd. Urkunden. II. Bd. Regesten. Heidelberg, Carl Winter's Univ.-Buchh., 1886: I: XIV + 196 S., II: 405 S. 8°.

— s.a. Urkundenbuch der Universität Heidelberg.

Eduard Winkelmann's allgemeine Verfassungsgeschichte als Handbuch f. Studierende u. Lehrer hrsg. von Alfred Winkelmann. *Leipzig: Dyk 1901.* (XV, 404 S.) 8° [01. 2632]

Winkelmann, Ernst, deutsches Conversationsbuch, worin die Ausdrücke erklärt sind, mit welchen in den Wissenschaften, Künsten u. Gewerben eigenthüml. Begriffe verbunden werden, u. welches sämmtliche in die deutsche Schrift- u. Umgangssprache eingedrungene Fremdwörter enthält. gr. 16. (57 B.) Stuttgart 814, Neff.

—— Erklärung von 20,000 Fremdwörtern u. technischen Ausdrücken, welche in der deutschen Sprache gebräuchlich sind. Ein allgem. deutsches Conversationsbuch. 2. Aufl. 8. (57 B.) Stuttgart 845, Neff. Thlr.

Winkelmann, F., Geschichte d. Eroberung v. Algier durch d. Franzosen im J. 1830, nebst Ansichten üb. dessen Colonisirung in besond. Bezieh. auf deutsche Auswanderer, u. einem Briefe üb. d. Zug Carls V. nach Algier im J. 1541. gr. 8. ($8\frac{1}{2}$ B.) Ilmenau 832, [Weimar,] Voigt.

Winkelmann, F. Geschichte der Eroberung von Algier durch die Franzosen im Jahre 1830, nebst Ansichten über dessen Kolonisierung in besond. Beziehung auf deutsche Auswanderer, und einem Briefe über den Zug Karls V. nach Algier im Jahr 1541 (Magnalotti an den Papst Paul III). Ilmenau 1832. 131 S.

Winkelmann, Fr., das Kastell Böhming. (16 S. m. 3 Abbildgn. u. 2 Taf.) 32×24,5 cm. Heidelberg 907. O. Petters. 2. 80
Sonderabdruck aus: „Der obergerm.-raet. Limes d. Roemerreiches".

Winkelmann, Fr., das Kastell Pfünz. gr. 4. (75 S. m. Abb. u. 22 Taf.) Heidelberg 901. O. Petters. n. 15. —
Sonderabdruck aus: „Der obergerm.-raet. Limes d. Roemerreiches".

Winkelmann, Fr. Aug., s. Jugenderholungen 3 Bde, Herausg. von F. A. Winkelmann u. Edw. Wagner.

Winkelmann, G., s. Edgeworth, Erziehungssystem.

Winkelmann, Geo. Ph. Leop., († d. 22. Mai 1830.) christliches Handbuch für d. Stunden ruhigen Nachdenkens u. stiller Andacht; den Freunden des bibl. Christenthums gewidmet. gr. 8. Königsb. 799. Nicolovius. 12 gr.

— Predigten für d. häusl. Familien-Andacht an allen Sonn- u. Festtagen d. Jahres. 3 Bde. gr. 8. Riga u. Königsb. 799—805. (Kummer in Leipz.) 3 Rthlr 12 gr.

— Standrede am Sarge bei d. feierl. Beerdigung d. Leiche der Reichsfürstin Charl. M. v. Lieven, gesprochen den 10. März 1828. 4. St. Petersb. 824.

Winkelmann, H.

— neue Novellen. 1. Bd. 8. (206 S.) Leipzig 896. C. Jacobsen. n. 1. 50

Winkelmann, H., Käthchen's Roman u. and. Novellen. 2. [Titel-] Aufl. v. „Neue Novellen". 8. (206 S.) Berlin (896) 897. H. Steinitz. n. 2. —

[F.] Kathchen's Roman und andere Novellen. Von H. Winkelmann. 2. Aufl. v. 'Neue Novellen'. *Berlin: H. Steinitz (1898).* (1 Bl., 205 S.) 1 Bd 8. [98 309]

Winkelmann, J., die Feinde der Rose. 2. verm. und verb. Aufl. gr. 8. (26 S.) Stettin 881, (v. der Nahmer.)

Winkelmann, Geschäftsbericht der Gefängnis-Gesellschaft f. die Prov. Sachsen u. das Herzogth. Anhalt pro 1890/91. Erstattet vom leit. Ausschuss durch den Schriftführer W. gr. 8. (6 S.) Halle a. S. 892, (Fricke's Sort.). — 15
Aus: Jahrb. d. Gefängnis-Gesellschaft, besonders abgedruckt.

Winkelmann, J., s.: Jahrbücher d. Gefängnis-Gesellschaft f. d. Prov. Sachsen.

— s.: Jahrbücher f. Kriminalpolitik u. inn. Mission.

Winkelmann J, Kautschuk und Guttapercha. (Slg wiss. Vortr. 235) Berlin 1875

Winkelmann, J., Kautschuk u. Gutta-Percha, s.a. Sammlung gemeinverständl. wissenschaftl. Vorträge.

Winkelmann J. die Terpentin- u Fichtenharz-Industrie. (Sammlung wiss. Vorträge 355) Berlin 1880

Winkelmann, J., die Terpenthin- und Fichtenharz-Industrie, s.a. Sammlung gemeinverständlicher wissenschaftlicher Vorträge.

Winkelmann, *Johannes* [Prof. Dr.]: Die Moosflora der Umgegend von Stettin. Stettin, Druck v. F. Hessenland, 1893; 1—18 S. 4.
Stettin, Schiller-RG, OP 1893 (151)

Winkelmann, Johann: Josef M y s l i v e c e k als Opernkomponist. H. 1905 PN 1870. Diss. Wien, Univ.

Winkelmann, [Johannes]: Der Schutz der Naturdenkmäler, die Entwicklung und Erfolge dieser Bestrebungen. (Stettin 1908: Saran.) S. 1—15. 4°
Stettin, Schiller-RG P 1908 (206)

W i n k e l m a n n, Joh. Aug., caesareologia, c. fig. 12. Lips 728.

Winkelmann, Johann Heinrich Ludwig v. (Hrsg.), s. A b d r u c k meiner Selekten, od. Miscellanea v. Rechten, Sitten u.s.w.

Winkelmann, Johann Heinrich Ludwig von: B e d e n k e n üb. 3 Hauptfragen b. Gelegenh., dass man so viel v. Umtausch d. Baiernlandes spricht. I. Wer kann e. König werden? u. wer macht d. König? II. Kann d. Haus Pfalzbaiern d. Kön. Würde erhalten? u.s.w. III. Kann auf d. span. Niederl. e. Königr. radicirt werden? u.s.w. 1786. 4°

— Handbuch zur nähern Kenntniß alter u. guter Gemälde ꝛc. gr. 8. Augsb. 781. v. Jenisch u. St. 20 ggr.

— deutsche Kaiser- u. Reichsgeschichte, aus Urkunden u. gleichzeit. Schriftstellern umgearb. u. mit Zusätzen versehen von Pt. Wolfter. 3 Bde. 8. Manh. 784 u. 98. Löffler. 18 ggr.

v. Winckelmann, Jh. Hnr. Ldw., († d. 26. Jan. 1805.) kurzes Maler-Lexikon, oder Vorbereitung zur nähern Kenntniß alter u. guter Gemälde. 8. Regensb. 779. Neues Maler-Lexikon ꝛc. Mit e. Anhang. gr. 8. Augsb. 796. v. Jenisch u. St. 20 ggr. 2e ganz umgearb. Aufl., von Jos. Haller. gr. 8. Ebd. 830. 1 Thlr. 16 ggr.

W i n k e l m a n n, Joh. Heinr. Ludw. v., neues Malerlexikon, zur nähern Kenntniß alter u. neuer guter Gemälde, nebst d. Monogrammen. 2., umgearb. Aufl. v. J. Heller. gr. 8. (22 B. u. Ttlvign.) Augsburg 830, v. Jenisch u. Stage'sche Vrls.-Buchh.

v. Winkelmann's, Ldw., neues Malerlexikon zur nähern Kenntniß alter und neuer guter Gemälde, nebst den Monogrammen. 3. Ausg. von Jos. Heller. gr. 8. Augsburg 842, v. Jenisch u. Stage'sche Buchh. 1 2/3 Thlr.

Winkelmann, Johann Karl August

W i n k e l m a n n, Joh. Carl Aug., Gerson, Wiclefus, Hussus inter se et cum reformatoribus comparati. Commentatio. gr. 4. (VI und 54 S.) Göttingen 857, Dieterich'sche Buchh. Thlr. *

Winkelmann, Joh. Car. Aug., Gerson, Wiclefus, Hussus inter se et cum reformatoribus comparati. Commentatio. Gottingae 857. (Vandenhoeck u. Ruprecht.) gr. 4. (3 Bl., 54 S.) n. 20 ngr.

Winkelmann, J. C. A., Lehrbuch der englischen Sprache für Realschulen. 2 Thle. Hannover 860, 61. C. Rümpler. gr. 8. n. 1 Thlr. 3 ngr.
Inhalt: 1. Thl.: Die Aussprache u. Formlehre. (VII, 198 S.) n. 15 ngr. — 2. Thl.: Die Syntax. (VII, 238 S.) n. 18 ngr.

W i n c k e l m a n n, J. C. A., Lehrgang der englischen Sprache für Anfänger. gr. 8. (X und 134 S.) Gotha 866, [Windaus' Verlag.]

Winkelmann, J. C. A., Lehrgang der englischen Sprache f. Anfänger. 2. verm. u. verb. Aufl. gr. 8. (X, 150 S.) Gotha 871. Leipzig, Hirt & Sohn. n. 1. 25

W i n k e l m a n n, J. C. A., Lehrgang der englischen Sprache für Anfänger. 2. verm. und verb. Aufl. gr. 8. (X, 150 S.) Gotha 872, Windaus. [Leipzig, Hirth und Sohn.]

Winkelmann, J. C. A., Lehrgang der englischen Sprache f. Anfänger. 3. verb. Aufl. gr. 8. (X, 150 S.) Leipzig 877. F. Hirt & Sohn. 1. 50; erm. Pr. n. — 50

W i n k e l m a n n, J. C. A., Schulgrammatik der englischen Sprache gr. 8. (X und 265 S.) Gotha 867, [Windaus' Verlag.] *

—— Schulgrammatik der englischen Sprache. 2. verm. und verb. Aufl. gr. 8. (X, 270 S.) [Ebendas.] 874.

W i n k e l m a n n, J. C. A., Schulgrammatik der englischen Sprache. 3. verm. und verb. Aufl. gr. 8. (VIII, 279 S.) Leipzig 883, Hirt und Sohn.

Winkelmann, Jul., der f a l s c h e P r i n z. Dramat. Märchen m. Gesang in 6 Bild. Nach Wilh. Hauff's „Märchen vom falschen Prinzen". Musik v. Joh. Rostock. gr. 8. (28 S.) Berlin (896). M. Böhm. 1. 50

Winkelmann, Karl: H a e m o g l o b i n b e s t i m m u n g e n bei Schwangeren und Wöchnerinnen mittelst des Haemometers von Fleischl. ... Heidelberg, Univ.-Buchdr. v. J. Hörning, 1888; 50 S. 8°
Heidelberg, Med. Fak., Inaug.-Diss. v. [22. Jun.] 1888.

Winkelmann, Karl, die erste Hilfe bei schweren Verletzungen, s. a. B i b l i o t h e k, medicinische, f. praktische Ärzte.

Winkelmann K, die erste Hilfe bei schweren Verletzungen. (152 S) Leipzig (1897)

Winkelmann, K., d. Unterleibsbrüche u. ihre chirurg. Behandlg., s.: B i b l i o t h e k, medicin., f. prakt. Ärzte.

Winkelmann, Ludwig von, s. W i n k e l m a n n, Johann Heinrich Ludwig von.

Winkelmann, Max, aus Friedenau: Zur **Theorie des Maxwell'schen Kreisels.** *Göttingen 1904: Dieterich.* (77 S.) 8°
Göttingen, Phil. Diss. v. [6. Mai] 1904

Winkelmann, Max, zur Theorie des Maxwell'schen Kreisels. Diss. (77 S. m. Fig. u. 1 Taf.) gr. 8. Göttingen 904. (Vandenhoeck & Ruprecht.) n. 2. —

Winkelmann, Max, Dr., Assist. f. theoret. Mechanik: Untersuchungen über die Variation der Konstanten in der Mechanik. 1909. 67 S. 8° ¶ Aus: Archiv f. Mathematik u. Physik. Reihe 3, Bd 15.
Karlsruhe Te. H., Hab.-Schr. v. 15. 11. 1907

Winkelmann, D. N. J. W., holländ.-deutsch u. deutsch-holländ. Wörterbuch. gr. 8. Gotha 804. (Hahn in Hannov.) 4 Thlr.

W i n k e l m a n n, holländisch-deutsch- u. deutsch-holländisches Wörterbuch. gr. 8. Gotha, Ettinger. 805.

von Winkelmann, Philipp. Probeschriften von den Armen-Anstalten. In höchster Gegenwart Sr. Herzogl. Durchlaucht während der akademischen Prüfungen zur öffentlichen Vertheidigung ausgesetzt. **1779**

Winkelmann, Sergius, der Esperantismus. (79 S.) gr. 8. Berlin (909). Esperanto Verlag Möller & Borel. 1. —

Winkelmann, Stephan August, s. W i n k e l m a n n, August.

Winkelmann, Therese, stille Gedichte. (VII, 19 S.) 8. **Dresden 906. E. Pierson.** n. — 75; geb. n. 1. 75

Winkelmann, W.

Winkelmann, Anweisung z. Anfertigung d. Dächer aus Lehm u. Steinkohlentheer, nach Angabe d. Hrn. Dorn u. nach eigenen Erfahrn. bearb. 12. (1¼ B.) Berlin 835, (Logier.)

Winkelmann, W., Gleichstromerzeuger u. -Motoren, s.: Repetitorien der Elektrotechnik. III.

Winkelmann, W., Lehrbuch d. reinen u. angewandten Mathematik, zum Gebr. f. Bauhandwerker u. f. höhere Bürgerschulen. gr. 8. (18½ B. u. 2 Stnt. qu. gr. Fol.) Berlin 832, Logier.

Winkelmann, W., Lehrbuch für den Selbstunterricht in der Anlage u. dem Bau der hölzernen Treppen. Zum Gebrauch für die Bauhandwerksschulen u. für pract. Zimmerleute. Imp. 4. (II u. 40 S. m. 24 lith. Taf.) Berlin 849, Besser's Verl. (Frz. Duncker.) Subscr.-Pr. n. 2 ₰ Ladenpr. n. 2⅔ ₰

— Synchronmaschinen f. Wechsel- u. Drehstrom, s.: Repetitorien der Elektrotechnik. IV.

Winkelmann, W., Transformatoren u. Asynchronmotoren, s.: Grundriss (Repetitorien) der Elektrotechnik. V. Bd.

WINKELMEIER, Ignatius: De essentia sacrificii missae. — (1873) 56 S. 8°
(Handschr.) Diss. 286

Diss. Wien, Univ.

Winkelmeyer, E., neuer Katechismus über den Unterricht im Gesang, nach Natorp, Nägeli u. Andern. gr. 8. Manh. 822. Löffler. 8 Kr.

Winkelmüller, Otto, Fachzeichnen, bezw. Masszeichnen, s.: Lehrhefte für den Einzelunterricht an Gewerbe- u. Handwerkerschulen.

Winkelmüller, Otto, s. Hoch, Jul. Aufgaben aus der Flächen- u. Körperberechnung.

Winkelmüller, Otto, Holzschnitzereien. 22 Bl. m 90 Entwürfen nebst beschreib. Text. (4 Bl.) 33×24 cm. Berlin (910). H. Spamer. In Halbleinw.-Mappe p 5. —

Winkelmüller, O., Masszeichnen nach Modellen f. Bautischler. — Dasselbe f. Drechsler, s. a. Lehrhefte f. d. Einzelunterricht an Gewerbe- u. Handwerkerschulen.

Winkelmüller O. Masszeichn. nach Modellen f. Bautischler. (Lachner II, 7) 4° Leipzig 1894

Winkelmüller O. Masszeichnen nach Modellen für Drechsler. (Lachner II, 6) 4° Leipzig 1889

Winkelmüller, O., Masszeichnen nach Modellen für Möbeltischler, s.: Lehrhefte f. den Einzelunterricht.

Winkelried
⑤ 4. 10. 1865—31. 3. 1866 ⑥ 4° ⑦ wöchentlich 2× ⑧ Luzern: Schüeppsche Druckerei ⑩ Schüeppsche Druckerei ⑫ freisinnig ⑬ BGSZ: 1028, 1032 ⑭ Lu: Z (unvollständig).

— Arnold von; od. die Schlacht bey Sempach. Trauersp. v. Keyser. 8. Zurich, Ziegler. 791.

Winkelried, Arnold von,. Schsp. v. Hottinger. 8. Winterthur, Steiner. 810.

Winkelried, Arnold von, Trauerspiel in 5 Akten von L. Christ. gr. 12. Zürich, Orell. 821.

Winkelried, Arnold von. Eine Blüthenlese der schönsten Dichtungen. Bei Gelegenheit der Errichtung des Winkelried-Denkmals hrsg. von S. Liechti. 16. (VIII und 96 S.) Thun 854. (Zürich, Höhr.) Thlr. *

v. Winkelried, Arnold Struthan, u. Bruder Klaus v. d. Flüe, vor der Tagsatzung in Zürich. Eine eidgenöss. Bettagspred. v. e. kathol. Geistlichen. Lex.-8. St. Gallen 846, Scheitlin u. Zollikofer. 1¾ ngl

Winkelrieds Abschied, s.: Volkstheater, schweizer.

Winkels, Heinrich: Ueber einen F a l l von Pachymeningitis haemorrhagica spinalis . . . Heinsberg, Buchdr. v. J. H. Jülicher, 1891; 26 S., 1 Bl. 8°
Würzburg, Med. Fak. Inaug.-Diss. v. 1891.

Winkels, Heinrich: Der gegenwärtige Stand der Ansichten über die Wassermann'sche Serumreaktion. Würzburg 1909: Staudenraus. 42 S. 8°
Würzburg, Med. Diss. v. 28. Nov. 1909, Ref. Rieger
[Geb. 22. Dez. 83 Erkelenz; Wohnort: Krefeld; Staatsangeh.: Preußen; Vorbildung: Gymn. Würzburg Reife Juli 03; Studium: Würzburg 10 S.; Coll. 30. Juni 09; Approb. 21. Jan. 09.] [U 10. 4371

Winkelsesser, Carolus, Detmoldensis: De rebus divi Augusti auspiciis in Germania gestis quaestiones selectae. *Detmoldiae (1901): Meyer.* (43 S.) 8°
Bonn, Phil. Diss. v. 22. Juni 1901

Winkelsett-Zumbroock, Lisbeth
s. Winckelsett-Zumbroock. [10. 17400

Winker, Wilhelm, a. Schöningen (Braunschweig): Théodore Agrippe d'Aubigné der Dichter. Leipzig 1906. (X, 96 S.) 8°
Leipzig, Phil. Fak., Ref. Birch-Hirschfeld, Wülker, Diss. v. 3. Febr. 1906
[Geb. 7. Nov. 80 Brunsen, Braunschweig; Wohnort: Schöningen, Braunschweig; Staatsangeh.: Braunschweig; Vorbildung: Gymn. Blankenburg a. H. Reife M. 01; Studium: Grenoble 1, Straßburg 3, Leipzig 4 S.; Rig. 31.[!] Juni 05.]

Winker, Wilh., Théodore Agrippa d'Aubigné, der Dichter. Diss. (X, 97 S.) 8. Leipzig 906. Dr. Seele & Co. n. 1.50

Winkerrose, die. (Anleitung zum Erlernen des Signalisierens m. der Winkerflagge.) (2 Bl.) gr. 16. Berlin (902). Vossische Buchh. Auf Leinw. n.n. — 10; auf Pappe n.n. — 15

Winkert, Edm., eine volkswirtschaftliche Betrachtung üb. die Entwicklung Lothringens in den letzten 10 Jahren (1893—1902). (20 S.) 12. Metz 903. R. Lupus. n. — 25

Winkes, Seb., Adelkunde u. Friedrich. 8. Wien 793. (K. Haas).

Winkes, Sylvester, seraphischer Tugendspiegel od. Leben der Heiligen aus den 3 Orden d. hl. Franziskus Seraphikus auf alle Tage des Jahres. Nebst entsprech. Erwäggn. u. Kirchengebeten. 2 Tle. gr. 8, (VIII, 447; IX, 452 S.) Heiligenstadt 889, Cordier. à Bd. * 8 — * 6 —; geb. in 1 Bd. * 7 —

Winkes, Sylvest., seraphischer Tugendspiegel od. Leben der Heiligen aus den drei Orden d. hl. Franciscus Seraphicus auf alle Tage des Jahres. Mit entsprech. Erwäggn. u. Kirchengebeten. 2., neudurchges. Aufl. (Volks-Ausg.) 12. (XVI, 1184 S.) Heiligenstadt 891. F. W. Cordier. Geb. in Halbfrz.

Winkhaus, F., Versuche über das Verhalten der im Oberbergamtsbezirk Dortmund beim Grubenbetrieb verwandten Sprengstoffe gegenüber Schlagwetter und Kohlenstaub, ausgeführt in der Versuchsstrecke der westfälischen Berggewerkschaftskasse auf der Zeche Konsolidation Schacht I bei Schalke i. W. Essen, 1895. 4 S. mit 6 Abb. und 1 Taf.

Winkhaus, F., Die berggewerkschaftliche Versuchsstrecke zur Ergründung der Einwirkung von Sprengstoffen auf Schlagwetter und Kohlenstaub auf Zeche Konsolidation Schacht I bei Schalke i. W. Essen, 1894. 12 S.

Winkhaus, Heinrich [approb. Arzt aus Carthausen i W.]. Beitrag zur Lehre von der Magenerweiterung . . . . Marburg, C. L. Pfeil'sche Univ.-Buchdr., 1887; 33 S. + 1 Bl. 8°
Marburg, Med. Fak., Inaug.-Diss. v. [27. Okt.] 1887

Winkhaus, Heinrich, Beitrag zur Lehre von der Magenerweiterung. Diss. Marburg 1887, N. G. Elwert-sche Univ.-Buchh. 8°. 33 S.

Winkhler, J. M., s. Matth. Jak. Winkler.

Winklař, Joh., fachmänn. Handbuch f. k. u. k. Waffen-officiere u. Truppen-Büchsenmacher. gr. 8. (68 S. m. 5 Taf.) Wien 897. L. W. Seidel & Sohn. n. 1. 20

Vorträge für den k. und k. Waffen-Officier über seine fachmännischen Dienstes-Obliegenheiten. Von Johann Winklař. 2. verbesserte Auflage des Handbuches für den k. und k. Waffen-Officier. Mit 6 Tafeln. Wien. 1899. Seidel & Sohn. Gr.-8°. VI, 60 S. fl. —.60

Winkler, s.a. Winckler.

Winkler, Bericht üb. die gärtnerischen Leistungen Erfurts während seiner Kaisertage [13.—17. Septbr. 1891]; erstattet im Erfurter Gartenbauverein. gr. 8. (24 S. m. 2 Bildern.) Erfurt 892. (H. Neumann.) n. — 40

Winkler: Über die Beziehungen zwischen der Form u. der Zusammensetzung der Mineralien. 15 S. Landsberg a/W., Progr. 1866.

Winkler u. Justinian **Seiz,** Festreden an d. Schlachtfeier in Sempach v. 10. Juli 1893. gr. 8. (20 S.) Luzern 893. Räber & Co. n. — 40

Winkler, Die schädlichen Folgen d. Alkoholgenusses. Mit Benutzg. einiger v. Bruckner gesammelter statist. Angaben. Gekrönte Preisschrift. gr. 8. (8 S.) Nordhausen 888. (Bremerhaven, Tienken.)

Cantate zur Todtenfeier des Brs. Joh. Georg Bernh. Maltz. Am 16. Dec. 1846. Comp. von **Winkler.** Hamburg [1846]: Nobiling & Heidrich. 7 S. 8⁰ [Umschlagtit.]
Ohne Noten. 193.

Winkler, Lehrbuch der Geometrie f. höhere Mädchenschulen. Auf Grund der ministeriellen Bestimmgn. üb. die Neuordng. des höheren Mädchenschulwesens vom 8. VIII. u. 12. XII. 1908 nach Spieker's „Lehrbuch der Geometrie f. höhere Lehranstalten" bearb. 1.—3. Tl. gr. 8. Potsdam, A. Stein. à —50 (1 u. 2 in 1 Bd. geb. 1. —)
1. Kl. IV der höh. Mädchenschule. (IV, 28 S. m. 38 Fig.) 909.
2. Kl. III der höh. Mädchenschule. (32 S. m. 31 Fig.) 910.
3. Kl. II der höh. Mädchenschule. (31 S. m. 37 Fig.) 910.

Winkler, das Lob d. Dummheit, in Briefen an d. Hofr. Saus. 8. (6 B.) Sondershausen 839, (Eupel.)

Winkler, v., das alte u. das neue Maaß, s. Féaux.

Winkler, die Nasen- u. Gesichts-Röte, s.a. Bibliothek f. rationelle Körperpflege. I, 1.

Winkler, Nasen-Röte, Gesichts-Röte. Ursachen u. naturgemässe Behandlg. 8. Aufl. (25 S.) 8. Berlin (907). Charlottenburg, Gesellschaft f. rationelle Körperpflege. 1. —

— Ratgeber f. Säuglings- u. Kinder-Pflege m. e. Anh. üb. Schwangerschaft u. Stillzeit, s.: Thalysia-Bibliothek.

Trauercantate zur Gedächtnissfeier verstorbener Brüder den 28. Dec. 1841. Von Karl Straus. In Musik gesetzt von **Winkler.** [Dresden 1841.] 2 Bl. 8⁰ [Kopftit.]
Abgedr. in: Archiv f. Frmrei. 1, 2 (1841) S. 83—88.
Ohne Noten: „Klaggesänge schweben leise . . ."

Trauercantate zur Gedächtnissfeier verstorbener Brüder [den 23. März 1841. Von Karl Straus.] In Musik gesetzt von **Winkler.** [Hamburg 1841.] 2 Bl. 8⁰ [Kopftit.]

[Dasselbe.] den 23. März 1841. [Hamburg 1841: Appel.] 2 Bl. 8⁰
Abgedr. in: Archiv f. Frmrei. 1,2 (1841) S. 83—88.
Ohne Noten: „Klaggesänge schweben leise . . ."

Trauer-Cantate zur Gedächtnissfeier des Br. Joh. Mich. Palmie [!], der 12. Aug. 1841. In Musik gesetzt vom Br. **Winkler.** [Hamburg 1841: Appel.] 2 Bl. 8⁰ [Kopftit.]
Ohne Noten: „Klaggesänge schweben leise . . ."
Zugefügt ist ein Vokal-Quartett ohne Noten.

Winkler, A., am Abgrunde. 3 Akte aus dem Leben e. Ehe. (65 S.) 8. Markranstädt 910. Gautzsch-Leipzig, C. L. Winkler. 1. 50

Winkler, A., Charlotte. Drama in 5 Aufzugen. 8. (82 S.) Leipzig 897. P. Friesenhahn. n. 1. —

— Kuriert. Lustspiel in 3 Aufzügen. (72 S.) 8. Ebd. 910. 1. 50

Winkler, A., die Schneekönigin. Wintermärchen in 1 Vorspiel u. 5 Aufzügen. Mit Benutzg. des Andersen'schen gleichnam. Märchens frei bearb. Musik v. Carl Frodl. 8. (VII, 120 S.) Gautzsch-Leipzig 900. Markranstädt, C. L. Winkler. n. 1. 50

Winkler, A., das Wichtigste aus der Heimatkunde des Kreises Wohlau. Beilage zur Flemmingschen Schulkarte des Kreises Wohlau. (15 S.) 8. Glogau (905). Berlin, C. Flemming. — 10

Winkler, A. F., Studien für Pferdezeichner, v. mehrern Künstlern bearbeitet, m. 12 schw. u. 2 ill. K. qr. Fol. Lpz. Seeger. 810.

Winkler, Ad., der Freund des Tribunen, s. Wintergrün 1841.

Winkler, Ad., der Freund des Tribunen. Erzählung aus den Zeiten der französ. Revolution. Aus dem Wintergrün 1841. kl. 8. Hamburg 841, Herold'sche Buchh. 1 ß

Winkler, Adam Fr.

Winkler, Ad. Fr., mathemat. Beweis, daß d. sichtbare Welt am jüngsten Tage nicht untergehen werde. 4. Weimar. 749.

— Beweis, daß d. gegenwärt. sichtbar. Welt am jüngsten Tage keine gänzliche Vernichtung, sondern nur e. zufällige Verwandlung bevorstehe. 8. Weimar, Hoffmann. 771.

Winkler, Adm. Fr., Abhandl., daß d. gegenwärtig sichtbaren Welt am jüngsten Tage keine gänzliche Vernichtung, sondern nur eine zufällige Verwandlung bevorstehe. Mit e. Vorrede her: ausg. von Chr. W. Schneider. 8. Weimar 771. Hoffmann. 4 K

Winkler Adolf: Die Wandlung in den Beziehungen Baierns zur österr. Linie des Hauses Habsburg.
H. 1905 PN 1848 Diss. Wien, Univ.

Winkler, Adf., was muß man vom gesunden u. kranken Pferde wissen? An- u. Verkauf, Zucht u. Pflege, Fehler in der Beschirrg., vorteilhafte Behandlg., Erkennen des Alters, Krankheiten u. deren Heilg. Modeverstümmelg., sowie Nutzbarmachg. alter Pferde, nebst Winken, Ratschlägen u. gesetzl. Bestimmgn. (80 S.) 8. Berlin (909). H. Steinitz. 1. —

Winkler, Adolf Bernhard. s. W i n c k l e r , Adolf Bernhard.

Winkler, Alexander [aus Kaschau '(Ungarn)']: Beiträge zur Kritik des Midrasch Threni ... Kaschau, Buchdr. L. Ries, 1894; 1 Bl., 67 S. 8.
Giessen, Phil. Fak., Inaug.-Diss. v. 1894

Winkler, Alex., s.: E i n f ü h r u n g , die, in das Entwerfen.

Winkler, Alex., hat die analytisch-directe Methode die Lehrerschaft befriedigt? Vortrag, geh. am 8. allgem. deutschen Neuphilologentage in Wien. gr. 8. (24 S.) Mähr.-Ostrau 898. R. Papauschek. n. — 60

Winkler Alexander: Über den grammatischen Lehrstoff beim französischen Unterrichte an Oberrealschulen. 14. Mähr. Ostrau R. 93.
Progr.

W i n k l e r , Alex., Problem aus der Wärmelehre. gr. 8. (VI, 89 S. mit 2 lithogr. Taf. in qu. 4.) Wien 873, Lehmann und Wentzel.

Winkler (A.) Probleme aus der Wärmelehre. Wien 1873. 8.

Winkler Alexander: Über die internationale Schülercorrespondenz. 20. Mähr. Ostrau LR. 01.
Progr.

(Winkler, [Alfred]: Ueber die Einwirkung des Phosphorwasserstoffgases auf die Salze der Leichtmetalle. 22 Bl. 4° (2°)
Halle-Wittenberg, Phil. Diss. v. 4. Aug. 1860
Geb. [Wessum (Kr. Ahaus) 12. 8. 1835]
Ersch. in: Annalen der Physik u. Chemie. Bd 111. Leipzig 1860. S. 443 459

Winkler, Alfr., der Flachsbau u. die Leinen-Industrie in Irland im Vergleich mit Preußen u. dem Zoll Verein. Bearb. unter Benutzung verschied. im königl. Ministerium der landwirthschaftlichen Angelegenheiten gesammelten Quellen. Berlin 866. Schweigger'sche Hofbuchh. gr. 8. (97 S.) n. 15 ngr

Winckler, Alfr., die Grundzüge der belgischen Flachscultur und Flachsbereitung zusammengetragen. gr. 8. (VI, 73 S.) Berlin 868, Kortkampf.

Winkler, Alfr., zur Theorie der physiologischen Arzneiwirkungen mit Berücksicht. des allopath. und homöopath. Heilverfahrens. gr. 8. (IV und 71 S.) Berlin 861, F. Schneider.

Winkler, Arminus Fridericus Guilelmus: De coxarthrocace. Halis Saxonum (1855): Gebauer-Schwetschke. 32 S. 8°
Halle-Wittenberg, Med. Diss. v. 14. Nov. 1855
Geb. Aderstedt bei Halberstadt [1. 7. 1828] V.
Verf. erlebte die Diplomerneuerung 1905 als Sanitatsrat in Halberstadt

Winkler Arnold: Hezingen-Hietzing und Pancingen-Penzing. (Eine geogr.-hist. Studie über den XIII. Wiener Bezirk. 22. Wien XIII. R. 06.
Progr.

Winkler Arnold: Ueber die Visitation des Reichskammergerichtes bis zum Jahre 1767, mit besonderer Berücksichtigung der Bemühungen Josefs II. um das Zustandekommen der letzten Visitation.
H. 1907 PN 2401 Diss. Wien Univ.

Winkler, A[ugust] u. J. Mittelsdorf: Festschrift zum 300jährigen Jubiläum der Gründung der Neustadt Hanau. Die B a u - und Kunst d e n k m ä l e r der Stadt Hanau bearb. u. hrsg. T. 1. Hanau: G. M. Alberti in Komm. 1897. 4°(8°)
Vgl. B a u - u. Kunst d e n k m ä l e r ... .

Winkler, August: Moderne B e h a n d l u n g der Blasenwunden ... Breslau, Druck v. Robert Nischkowsky. 1888: 33 + 1 S. + 1 Bl. 8°
Breslau, Med. Fak., Inaug.-Diss. v. 8. Jun. 1888.

Winkler, Aug., moderne Behandlung der Blasenwunden. Inaugural-Dissertation. gr. 8. (33 S.) Breslau 888, (Köhler.) *

Winkler, Aug., die Darstellungen der Unterwelt auf unteritalischen Vasen, s. Abhandlungen, Breslauer philologische.

Winkler, Augustus [Silesius]: De inferorum in vasis Italiae inferioris repraesentationibus ... Vratislaviae, typ. G. Hoyeri & Soc. 1888 ; 30 S. + 1 Bl. 8°
Breslau Phil. Fak., Inaug.-Diss. v. 1. März 1888

—— de inferiorum in vasis Italiae inferioris repraesentationibus. Dissertatio inauguralis archaeologica. gr. 8. (30 S.) Breslau 888, (Köhler.) *

Winkler, B., die richtige Ernährung u. Pflege d. Kindes in den ersten Lebensjahren. Nebst prakt. Anleitg. zur Behandlg. der verschiedenen Kinderkrankheiten. Ein ernstes Mahnwort an Mütter u. Pflegerinnen. 12. (60 S.) Leipzig 893. Geschäftsstelle der „Gesundheitsblätter" (Winkler). n. — 60

Winkler, B., die richtige Ernährung u. Pflege des Kindes in den ersten Lebensjahren (nebst prakt. Anleitg. zur Behandlg. d. verschiedenen Kinderkrankheiten). Ein ernstes Mahnwort an Mütter u. Pflegerinnen. 2. (Umschlag:) Aufl. 12. (64 S.) Frauendorf (899). Gesundheitsblätter-Verlag. n. — 60

— Handbuch zur Verhütung u. Heilung der Frauenkrankheiten auf naturgemäßem Wege (ohne Arzt u. ohne Arzneien). Besonders die Folgen der Jugendsünden, Nervenschwäche, Hysterie, Bleichsucht, Blutarmut, weißer Fluß, Gebärmutterleiden, Kopfschmerz, Unfruchtbarkeit, gefährl. Blutgn., Regelstörgn., Schwangerschaftsleiden u. s. w. 2. Aufl. 12. (202 S. m. 1 Abbildg.) Kohren (897). Ebd. n. 3. —; geb. n. 4. —

— die Hautkrankheiten u. die verschiedenen Eiterbildungen bei Flechten, Lupus, Krebs, Lungenschwindsucht etc. Deren Ursachen u. deren naturgemäße Heilg. 8. (92 S.) Ebd. 893. n. 1. 50

— die Hautkrankheiten u. die verschiedenen Eiterbildgn. bei Flechten, Lupus, Krebs, Lungenschwindsucht etc. Deren Ursachen u. deren naturgemäße Heilung. 2. (Umschlag:) Aufl. 12. (97 S.) Leipzig (899). Ebd. n. 1. 60

Winkler, W., I. Das Impf-Unheil u. die Frage des „Segens" d. Pockenimpfung (Verhandlg. vor d. deutschen Reichstage im J. 1896). II. Impfopfer entsetzlichster Art. III. Wie schützt man sich in erlaubter Weise möglichst gegen d. Anwendg. d. Impfgesetzes u. vor d. Gefahren des Impfgiftes? 8. (141 S.) Basel u. Leipzig 896. Frauendorf, Gesundheitsblätter-Verlag (Winkler). n. — 60

— die Impotenz bei Männern u. Frauen (Geschlechtsschwäche) u. die Pollutionen (Samenflüsse). Deren Ursachen u. Wesen u. deren naturgemäße Heilg. 8. (45 S.) Ebd. 893. n. 1. 25

— die Impotenz bei Männern u. Frauen (Geschlechtsschwäche) u. die Pollutionen (Samenflüsse). Deren Ursachen u. Wesen u. deren naturgemäße Heilg. 2. Aufl. 12. (61 S.) Ebd. 896. n. 1. 50

— die Impotenz bei Männern u. Frauen (Geschlechtsschwäche) u. die Pollutionen (Samenflüsse). Deren Ursachen u. Wesen u. deren naturgemäße Heilg. 5. (Umschlag-)Aufl. 12. (81 S.) Frauendorf (898). Gesundheitsblätter-Verlag. n. 1. 60

— die ‚frommen' Klosterbrüder u. deren gewissenlose Aerzte im kathol. Kloster (Irren-Heilanstalt 2c.) Mariaberg. Aktenmäßige stenograph. Darstellg. des Mellage-Prozesses, nebst Rückblicken aus jüngster Zeit auf ähnl. verbrecher. Vorkommnisse. 12. (90 S.) Ebd. 895. n. — 60

— heimliche Krankheiten d. männlichen u. weiblichen Geschlechts, deren Verhütg. u. Heilg. auf rein naturgemäße Weise im Gegensatz zur arzneil. Gift-, Brenn- u. Schneide-Behandlg. 1. u. 2. Aufl. 12. (60 S.) Ebd. 892. 1. —

— heimliche Krankheiten (Unterleibskrankheiten) des männl. u. weibl. Geschlechts, deren Verhütg. u. Heilg. auf rein naturgem. Weise, im Gegensatz zur arzneil. Gift-, Brenn- u. Schneide-Behandlg. 8. Aufl. 8. (86 S.) Leipzig 893. Ebd. n. 1. 50

— heimliche Krankheiten (Unterleibskrankheiten) des männlichen u. weiblichen Geschlechts, deren Verhütg. u. Heilg. auf rein naturgemäße Weise, im Gegensatz zur arzneil. Gift-, Brenn- u. Schneide-Behandlg. 11. Aufl. 12. (87 S.) Ebd. (899). n. 1. 60

— Schwindsucht ist heilbar. 3 Tle. 8. Basel. Ebd. n. 3. 60
1. Schwindsucht ist heilbar, desgleichen auch alle akuten u. chronischen Bronchial-Katarrhe, Lungenentzündungen, Tuberkulose d. Kehlkopfes, Emphysem, Asthma 2c. (105 S.) 896. n. 1. 50
2. Lebensweisheit der hundertjährigen Menschen, welche früher an Schwindsucht u. ähnlichen Krankheiten litten u. dann gesünder wurden als die „Gesunden". (112 S.) (897.) n. 1. 50
3. Lebt jenen Hundertjährigen tapfer u. redlich nach, ihr Jung-Sterbe-Kandidaten des 19. Jahrh.! (64 S.) (897.) n. — 60

Winkler, W. M., S. J., geistlicher Führer auf dem christl. Tugendwege, s.: Scaramelli, Joh. Bapt.

Winkler, [illegible] De amaurosi [illegible]
[illegible] 1818 [illegible] 8
[illegible] Med. [illegible]

***Winkler*, B. A.**, de Amaurosi. 8. Berl. 818. Maurers B. 4 gl

Winkler, Bernard, pract. Arzt aus Luzern: Ueber einen Fall von Pseudo-Hermaphroditismus masculinus internus. Mit einer Tafel. Zür. Orell Füssli Dr. 1893. 24 S., 1 Taf., 1 Bl. 8°.
Zürich, Med. Diss. [v. 6. Jan. 1894].

Winkler, C., s.: Camper, Petrus.

Winkler, C., die Hexenprozesse in Türkheim in den J. 1628—1630. Nach den Orig.-Protokollen der Stadt Türkheim. Hiezu mehrere Ansichten der auf die Prozesse bezügl. Lokalitäten u. der Marterinstrumente. (47 S.) gr. 8. Colmar (904). (H. Hüffel.) n.n. 1. 50

Winkler, C., der Caesar-Ariovist'sche Kampfplatz. Bearb. auf Grund neuer Forschgn., vorgenommen in den J. 1898—1906. (47 S. m. 8 Karten u. Plänen.) Lex. 8. Mülhausen i/E. 907. Colmar i. E., Selbstverlag. 4. — (Vergriffen.)

Winkler, C., Versuch zur Aufstellung e. archäolog. Karte des Elsass. Mit e. Karte des Elsass im Maassstabe von 1 : 200,000. (96,5×54 cm.) Lex.-8. (24 S.) Colmar (896). (Strassburg, J. Noiriel.) n. 1. 60

Winkler, C.: Versuch zur Aufstellung einer archäologischen Karte des Elsass. Mit e. Karte d. Elsass im Massst. v. 1 : 200.000. (Übergeklebt: Strassburg i. E.: J. Noiriel [1899?].) (24 S.) 4°. [Umschlagt.]

Winkler, C. A., de jure sepulturae in templis. Lips. 1784. 4.

Winkler, C. J., s. Winckler, C. J.

Winkler, C. W., De iuridico Alexandrinae commentatio. Gel. 1827. 30 S.

Winkler, Carl, s. Winkler, Karl.

Winkler, Christ. Gottlob (vgl. Winckler.)

Winkler, C. Glo., Blumenfreund u. neuester Blumenfreund, e. prakt. physikal. botan. Gartenschrift. 2 Thle. 8. Berlin, Deinzer. 777.

Winkler, Christ. Gottl., d. Blumenfreund u. neuester Blumenfreund. Eine prakt., physical.-botan. Gartenschrift. 1. Jahrg. 12 Stcke. 4. Bautzen, 1777. 2. Jahrg. Leipzig, 1778. 1. 7½

— etwas f. Blumisten u. solche, d. es werden wollen. 8. Leipzig u. Bautzen. 1785. 2. Aufl. 1787. Leipzig, (Central-Compt.) — 10

— Unterricht in gründl. Kenntniss d. Pflege, Wartung u. Natur aller Arten v. Blumen. 2 Stcke. 4. Bautzen, 1776.

Winkler, Clemens, s. Winkler, Klemens.

Winkler, Cornelis, s. Winkler, Kornelis

Winkler, Curt, s. Winkler, Kurt

Winkler, D., Opfer kindlicher Liebe. Eine wahre Geschichte aus dem Leben für die Jugend bearb. Münster 853. Deiters. (Aschendorff.) 16. (69 S.) 3 ngr.

Winkler, E., die Akustik in elementarer Darstellung. Leitfaden für Gymnasien, Real- und Gewerbeschulen. gr. 8. (90 S. mit eingedr. Holzschn.) Dresden 865, Türk's Verlag. *
Aus: Einladungsschrift zu den öffentlichen Prüfungen des Lehr- und Erziehungs-Institutes für Knaben in Friedrichstadt-Dresden, besonders abgedruckt.

Winkler, Edmund

Winkler, E. Die neue Kirche in Unterstrass. Ihr Bau und ihre Weihe. Zum Andenken an die festl. Tage des 17. u. 18. Aug. 1884. Im Selbstverlag 1885. In-8°, 79 S. u. 1 Plan. 1 50

Winkler, Ed[mund]. Der Prediger-Witwen- und Waisenfonds. ⟨Stiftung für die in der Stadt Zürich verbürgerten Geistlichen⟩. 1673-1902. Geschichtlich dargestellt vom Aktuar der Stiftung Ed. Winkler, a. Pfarrer. Den Mitgliedern ... dargereicht vom Vorstand der Stiftung. II + 73 S. 8. Zürich, Gebr. Leemann & Co., 1902.

Winkler, Eduard

Winkler, Ed., getreue Abbildung aller in der Pharmacopoea Austriaca aufgenommenen officinellen Gewächse, nebst ausführl. Beschreibung. 1. Liefg. 4. (5 color. Taf. u. Text.) Leipzig 843, Polet. Subscr.-Pr. n. 1/4 ℛ

Winkler, Ed., getreue Abbildung aller in den neuern Pharmacopöen Deutschlands aufgenommenen officinellen Gewächse nebst ausführl. Beschreibung derselben in medicin. pharmaceut. und botan. Hinsicht. 6., verb. Aufl. 1. Lfg. gr. 4. (5 ill. Kpfrt. und 12 S. Text in 12.) Leipzig 850, Polet. *

Winkler, Ed., Abbildungen sämmtl. Arzneigewächse Deutschlands, welche in d. Pharmacopöen d. grössern deutschen Staaten aufgenommen sind. Nach d. Natur gezeichnet. — A. u. d. Umschlag-Ttl.: Sämmtl. Arzneigewächse Deutschlands etc. naturgetreu dargest. u. fassl. beschrieben. Ein Handb. d. gesammt. Gewächskunde, besond. zum Selbststud. f. Mediziner u. Pharmaceuten. (12 Hfte.) gr. 4. (192 ill. Kpfrt. u. 49 3/4 B. Text.) Leipzig 832—34, Magazin f. Indust. (Hunger)
Mit schwarz. Kpfrn., 10 Thlr.

Winkler, Ed., Abbildungen sämmtl. Arzneigewächse Deutschlands etc. — Ergänzungs-Heft. gr. 4. (16 ill. Kpfrt. u. 2 3/4 B. Text, 8.) Ebds. 834.
Der Text hierzu apart, vgl. dess. „Handbuch d. Gewächskunde" etc.

—— Amor u. Hymen, s. Amor.

Winkler, Ed., Amor u. Hymen. Enthüllte Geheimnisse der Liebe u. Ehe. Ein unentbehrlicher Rathgeber für Liebende u. Vermählte rc. 18., verb. u. verm. Aufl. des „Magazins der Liebe." Mit Titelkpfr. Leipzig 862. Wengler. 8. (VI, 98 S.) n. 10 ngr.

Winkler, Ed., Amor und Hymen. Enthüllte Geheimnisse der Liebe und Ehe. Ein unentbehrlicher Rathgeber für Liebende und Vermählte, um in der Liebe und Ehe stets glücklich und zufrieden leben, fesseln und neue Reize entwickeln zu können. Mit einer Belehrung über die Geheimnisse des geschlechtl. Lebens und verschiedenen höchst wicht. Vorschriften. 19. verb. und verm. Aufl. des „Magazins der Liebe". 8. (VI, 96 S. mit Titelkpfr.) Leipzig 880, O. Klemm. *

Winkler, Ed., Anfangsgründe der Botanik, s. Anfangsgründe.

—— die Arzneigewächse d. homöopath. Heilkunst, od. sämmtl. Gewächse, welche homöopath. geprüft worden sind u. angewendet werden, naturgetreu dargest. u. ausführlich beschrieben. (13 Lfgn.) gr. 4. (156 ill. Kpfrt. u. 13 1/2 B. Text.) Leipzig 834, 35, Magazin f. Indust.

—— dass. — ausführl. Beschreibung hierzu. gr. 8. (20 1/2 B.) Ebds. 836.

Winkler, Eduard [app. Arzt aus Neisse '(Schles.)']: Beitrag zur Kenntnis der anatomischen Veränderungen in der menschlichen Placenta bei macerirter Frucht ... Würzburg, Becker's Univ.-Buchdr., 1895: 21 S. 8.
Würzburg, Med. Fak., Inaug.-Diss. v. 1895

Winkler, Ed., der autodidactische Botaniker oder erfahrungsgemäße und zweckentsprechende Anleitung zum Selbststudium der Gewächskunde. 1—18. Lfg. gr. Lex.-8. (S. 1—288. mit 51 ill. Stnt.) Leipzig 853—55, Schäfer. à Lfg. * 10 Ngr. *

Winkler, Ed., der autodidactische Botaniker oder erfahrungsgemäße und zweckentsprechende Anleitung zum Selbststudium der Gewächskunde. 19—35. (Schluß-)Lfg. Mit 34 (lithogr. und ill.) Taf. Abbild. gr. Lex.-8. (XII und S. 289—812.) Leipzig 857. 58, C. F. Winter'sche Verlagsh. à Lfg. * 10 Ngr. *
1—18. Lfg. [Ebendas.] 1853—55. * 6 Thlr.

—— pharmaceut. Centralblatt, s. Centralblatt.

Charlottenbrunn, s. Bedeutung als klimat. Kur- u. Badeort, s. Indikationen, Heilmittel u. Erfolge! Vortrag geh. in Charlottenbrunn 1904 von Dr. [Eduard] Winkler. Waldenburg 1904: M. Jacob. (15 S.) 8° [Umschlagt.]

—— sämmtl. Giftgewächse Deutschlands, naturgetreu dargest. u. allgem. faßl. beschrieben. Mit e. Vorr. v. Fr. Schwägrichen. 1. Aufl. (96 ill. Stnt. u. 8 3/4 B. Text.) Berlin 831. 4 Thlr., 2., verm. u. verb. A. (100 ill. Kpfrt. u. 8 1/4 B. Text.) gr. 8. Leipzig 835, Magazin f. Indust.
Der Text (8 1/4 B.) apart, 16 Gr.

— sämmtliche Giftgewächse Deutschlands, naturgetreu dargestellt u. allgemein faßlich beschrieben. Mit einer Vorrede von Fr. Schwägrichen. 2e verm. u. verb. Aufl. Mit 100 illum. Kpfrn. gr. 8. Leipzig 835. (Hunger.) 6 2/3 ℛ

Winkler, Edu., Sämmtliche Giftgewächse Deutschlands, naturgetreu dargestellt und allgemein fasslich beschrieben. Mit einer Vorrede von Fr. Schwaegrichen. Mit 96 kolor. Taff. Berlin 1831. 8.
——, —— 2. verm. u. verb. Aufl. Mit 100 ill. Kupfern. Leipzig 1835. gr. 8.
——, —— 3. verb. Aufl. Mit 100 Taff. Leipzig 1854. 8.

—— sämmtliche Giftgewächse Deutschland naturgetreu dargestellt und allgemein faßlich beschrieben. Mit einer Vorrede von Fr. Schwägrichen. 3. (Titel-)Ausg. 10 Lfgn. gr. 8. (XIV und 120 S. mit 100 ill. Kpfrn.) Leipzig 854, Voigt. *

—— Handbuch d. medicin.-pharmaceut. Botanik, mit circa 300 illum. naturgetr. Abbildn. nebst Beschreib. in medicin., pharmaceut. u. botan. Hinsicht. 1—40. Lfg. 4. (204 Kpfrt. u. 1 1/2 B. Text.) Leipzig 841, 42, Polet. à *

—— Handbuch der medicin.-pharmaceutischen Botanik, mit circa 300 illum. naturgetreuen Abbildungen, nebst Beschreibung in medicin., pharmaceut. u. botanischer Hinsicht. 41—51. Lfg. (Schluss.) (à Lfg. 5 Kpfrt. u. 1/2 B. Text.) 4. Leipzig 843, 44, Polet. à * 7 1/2 Ngr. *
1—40. Lfg. Ebendas. 1841, 42. 10 Thlr.

— Handbuch der medicinisch-pharmaceut. Botanik. 1.—4. Liefg. 2. verb. Aufl. u. 5.—54. (Schluß-) Liefg. 4. (Mit illum. Kupfertaf. u. Text.) Ebend. 841—44. à n. 1/4 ℛ

—— Handbuch der medicinisch-pharmaceut. Botanik. Nach den neuesten Entdeckungen bearb. 8. (712 S.) Leipzig 850, Polet.

—— Handbuch der medicinisch-pharmaceutischen Botanik. Nach den neuesten Entdeckungen bearb. 2., veränd. Aufl. gr. 8. (712 S.) Leipzig 863, Baensch. geb.

—— Handbuch d. Gewächskunde zum Selbststudium, od. Beschreib. sämmtl. pharmaceut.-medicin. Gewächse, welche in d. Pharmacopöen d. grössern deutschen Staaten aufgenommen sind. gr. 8. (49 3/4 B.) Leipzig 834, Magazin f. Indust.

—— dass. — Ergänzungs-Heft. gr. 4. (2 3/4 B.) Ebds. 834.
Gehört auch als Commentar zu dess. „Abbildungen sämmtl. Arzneigewächse Deutschlands etc."

Winkler, Ed., der vollständige und zuverlässige Kräuter-Arzt oder Arzneien-Schatz der bewährtesten und gebräuchlichsten Haus- und Volks-Arzneimittel von in Deutschland wildwachsenden Pflanzen. Mit Angabe ihrer verschiedenen Namen, ihrer Kennzeichen, ihrer Wirkungs- und Anwendungsweise in alphabet. Ordnung. 8. (323 S.) Lübben 870. (Leipzig, Matthes.)

— vollständiges Real-Lexicon der medicinisch-pharmaceut. Naturgeschichte und Rohwaarenkunde. Naturgeschichtl. und pharmakolog. Commentar jeder Pharmakopöe. 2 Bde. 1r Bd. 5 Hfte. u. 2r Bd. 16—35 Hft. gr. 8. Leipzig 838, 39. Brockhaus. à H. n. 5/6 ₰

—— vollständ. Real-Lexikon d. medicin. pharmaceut. Naturgeschichte u. Rohwaarenkunde. Naturgeschichtl. u. pharmakolog. Commentar jeder Pharmakopöe etc. 2 Bde. (od. 11 Hfte.) gr. 8. Leipzig, Brockhaus. [1. (61 B.) 840., 2. (76 B.) 841.] *

— vollständiges Real-Lexikon der medicinisch-pharmaceut. Naturgeschichte und Rohwaarenkunde. Naturgeschichtl. u. pharmakolog. Commentar jeder Pharmakopöe für Aerzte, Studirende, Apotheker u. Droguisten. 9.—11. Hft. (Schluß) des 2. Bds. Nachträge. Erklärung der Abkürzungen citirter Werke u. Register, nebst Titel. gr. 8. Leipzig 841, 42, Brockhaus. n. $2^2/_3$ ₰ — Vollständig u. in 2 Bdn. n. $9^1/_3$ ₰

— pharmaceut. Waarenkunde, oder Handatlas der Pharmakologie, enthalt. Abbildungen aller wichtigen pharmaceut. Naturalien u. Rohwaaren, nebst genauer Charakteristik u. kurzer Beschreibung. (In 30 Liefg.) 1.—10. Liefg. gr. 4. (Mit color. Kupfertaf. u. Text.) Leipzig 844—46, Schäfer. à n. 1/2 ₰ Ladenpr. à n. 2/3 ₰

— pharmaceut. Waarenkunde oder Hand-Atlas der Pharmakologie, enth. Abbildungen aller wichtigen pharmaceut. Naturalien u. Rohwaaren nebst genauer Charakteristik u. kurzer Beschreibung. 11—15. Lfg. gr. 4. (48 S. mit 45 col. Kpfrtaf.) Leipzig 847. 48, Schafer. à n. 2/3 ₰ — 2. Aufl. 1 u. 16—30. Lfg. gr. 4. (288 S. m. 74 col. Kpfrtaf.) Ebd. 849—51. 1 u. 16—29: à n. 2/3 ₰ 30: n. 1/3 ₰ (compl. n. $21^2/_3$ ₰)

Winkler E.: Pharmaceutische Waarenkunde od. Handatlas der Pharmakologie, enthaltend Abbildungen ... nebst genauer Charakteristik u. kurzer Beschreibung. Leipz. u. Heidelb. 1857. 190 kol. Tvl. m. (522) S. Tekst. 4°

—— pharmaceutische Waarenkunde oder Handatlas der Pharmakologie. 33b. 34—38. (Schluss-)Lfg. und Registerheft. gr. 4. (XXVI und 120 S. mit 30 ill. Kpfrt.) Leipzig 857, C. F. Winter'sche Verlagsh. *

1—33a. Lfg. [Ebendas.] 1844—51. * 21 Thlr. 20 Ngr.

Winkler Em.: Aus meiner Studienreise in Frankreich. I. Straßenleben in Paris. II. Schulwesen in Frankreich. 48. Neutitschein R. 888.
Progr.

Winkler, Emil: Der Brückenbau, s. Winkler: Vorträge über Brückenbau

— der Eisenbahn-Oberbau, s.: Vorträge üb. Eisenbahnbau.

Winkler, E., der Eisenbahn-Unterbau, s. Vorträge über Eisenbahnbau.

—— technischer Führer durch Wien. Mit Unterstützung des oesterreich. Ingenieur- und Architekten-Vereins. Mit einem (chromolithogr.) Plane der Stadt nebst Umgebung (in gr. Fol.), einem (chromolithogr.) Plane der Donauregulirung (in qu. 4.), einem (chromolithogr.) Plane der Weltausstellung (in qu. 4.), einem geolog. Plane und 137 (eingedr.) Holzschn. 8. (428 S.) Wien 873, Lehmann und Wentzel.

—— dass. — Ergänzungen bis Frühjahr 1874. 8. (44 S. mit 9 eingedr. Holzschn.) Ebendas. 874.

—— dass. — 2. bis Frühjahr 1874 ergänzte Ausg. Mit einem chromolithogr. Plane der Stadt nebst Umgebung in gr. Fol., (chromolithogr.) Plane der Donau-Regulirung (in qu. Fol.), einem (chromolithogr.) geolog. Plane und 146 (eingedr.) Holzschn. 8. (428 S.) Ebendas. 874. geb.

—— Guide de l'architecte et de l'ingénieur à Vienne. Rédigé avec le concours de la société autrichienne des architectes et ingénieurs. Contenant des plans de la ville et de la banlieue de Vienne, de la dérivation du Danube, de l'exposition universelle (chromolithogr. in 4., Fol. und gr. Fol.) et 137 fig. (in eingedr. Holzschn.). 8. (398 S.) Ebendas. 873. geb.

—— die Lehre von der Elasticität und Festigkeit mit besond. Rücksicht auf ihre Anwendung in der Technik, für polytechn. Schulen, Bauakademien und Ingenieure. (In 2 Thln.) 1. Thl. 2 Hälften. gr. 8. Prag 867, 68, Dominicus. [1. Hälfte. (IV und S. 1—176 mit 8 Stnt.) * 1 Thlr. 16 Ngr., 2. Hälfte. (VIII und S. 177—388.) * 1 Thlr. 24 Ngr.]

Winkler, Aemilius: De Longini qui fertur libello περὶ ὕψους. Halis (1870): Orphanotropheum. 55 S. 8°
Halle-Wittenberg, Phil. Diss. v. 3. März 1870
Geb. Eilenburg 14. 5. 1845. V.
Ersch. mit gleichem Titel verm. um Caput IV im Buchhandel Halle: Waisenhaus 1870. 42 S. 8°

Winkler, E., die Sekundär-Spannungen in Eisen-Konstruktionen. Nach einem im Architekten-Verein zu Berlin im Jan. 1881 gehaltenen Vortrage. 8. (15 S. mit eingedr. Holzschn.) Berlin 881, (Toeche.)
Aus: Deutsche Bau-Zeitung, besonders abgedruckt.

—— neue Theorie des Erddruckes nebst einer Geschichte der Theorie des Erddruckes und der hierüber angestellten Versuche. gr. 8. (IV, 143 S. mit 47 eingedr. Holzschn.) Wien 872, v. Waldheim.

(Winkler): Wiener Tunnelbahn. Wien 1873. Fol.

Winkler, E., der Brückenbau. Theorie der Brücken. 1. Heft: Aeussere Kräfte gerader Träger. 2 Lfgn. gr. 8. Wien, Gerold's Sohn. [1. Lfg. (S. 1—104 mit 74 eingedr. Holzschn. und 1 lithogr. Taf. in qu. gr. 4.) 872. * M. 1.; 2. Lfg. (IV, S. 105—226 mit 49 eingedr. Holzschn. und 5 lithogr. Taf. in qu. Fol.) 873. * M. 6.]

—— Vorträge über Brückenbau, gehalten an der k. k. techn. Hochschule in Wien. 1. Thl.: Theorie der Brücken. 1. und 2. Heft 1. und 2. Lfg. gr. 8. Ebendas.
Inhalt:
Heft 1. Aeussere Kräfte gerader Träger. 2. Aufl. (IV, 232 S. mit 130 eingedr. Holzschn. und 7 lithogr. Taf. in qu. gr. 4.) 875. * M. 10.
Heft 2. Innere Kräfte gerader Träger. 1. und 2. Lfg. [1. Lfg. (S. 1—104 mit 66 eingedr. Holzschn. und 2 lithogr. Taf.) 874. * M. 4,40.; 2. Lfg. (S. 105—216 mit 53 eingedr. Holzschn. und 2 lithogr. Taf. in qu. gr. 4.) 875. * M. 5,20.] * M. 9,60.

— dasselbe. 2. Heft. Innere Kräfte gerader Träger. 1. u. 2. Lfg. Mit 119 (eingedr.) Holzschn. u. 4 lith. Taf. gr. 8. (216 S.) Wien 874. Gerold's Sohn n. 8. 60

—— Vorträge über Brückenbau. Theorie der Brücken. 2. Heft: Innere Kräfte gerader Träger. 3. Lfg. gr. 8. (S. 217—367 mit 115 eingedr. Holzschn. und 2 lithogr. Taf.) Wien 881, Gerold's Sohn.
—— dass. — 2. Heft: Theorie der gegliederten Balkenträger. 2. Aufl. gr. 8. (V, 396 S. mit 234 eingedr. Holzschn. und 8 lithogr. Taf.) Ebendas. 881.

Winkler, E., Vorträge über Brückenbau, gehalten an den techn. Hochschulen in Prag, Wien und Berlin. Theorie der Brücken. 1. Heft: Aeussere Kräfte der Balkenträger. 3. Aufl. gr. 8. (VII, 356 S. mit 256 Holzschn. und 6 lithogr. Taf.) Wien 886, Gerold's Sohn.

—— dass. — 4. Thl.: Eiserne Brücken. 2. Heft: Gitterträger und Lager gerader Träger. 1.—3. Lfg. gr. 8. Wien, Gerold's Sohn. [1. Lfg. (S. 1—96 mit 134 eingedr. Holzschn.) 870. * M. 3.; 2. Lfg. (S. 97—184 mit 119 eingedr. Holzschn.) 871. * M. 3.; 3. Lfg. (VIII, S. 185—299 mit 80 Holzschn. und 7 lithogr. Taf.) 872. * M. 4,50.] * M. 10,50.; und 2. verb. Aufl. (VIII, 356 S. mit 459 eingedr. Holzschn. und 7 lithogr. und chromolithog. Taf. in gr. 8. und qu. 4.) 875.

—— Vorträge über Brückenbau, gehalten an den technischen Hochschulen in Prag, Wien und Berlin. Eiserne Brücken. 4. Heft: Querkonstructionen. 4 Lfgn. gr. 8. Ebendas. [1. Lfg. (S. 1—112 mit 138 eingedr. Holzschn.) 876. * M. 6.; 2. Lfg. (S. 113—196 mit 75 eingedr. Holzschn.) 876. * M. 4.; 3. Lfg. (S. 197—276 mit 107 eingedr. Holzschn.) 878. * M. 4,40.; 4. Lfg. (VII, S. 277—420 mit 139 eingedr. Holzschn.) 879. * M. 7,60.]

Winkler, E., Vorträge üb. Brückenbau, geh. an den techn. Hochschulen in Prag, Wien u. Berlin. Eiserne Brücken. 4. Hft. gr. 8. Wien 884. Gerold's Sohn. n 24. —

Die Querkonstruktionen der eisernen Brücken. Nach den Vorträgen üb. Brückenbau, geh. an der kön. techn. Hochschule zu Berlin. 2. Aufl. Mit 565 Holzschn. (VII, 535 S.)

—— Vorträge über Brückenbau, gehalten an der k. k. techn. Hochschule in Wien. Hölzerne Brücken. 1. Heft: Die hölzernen Balkenbrücken. gr. 8. (VII, 150 S. mit 225 eingedr. Holzschn.) Wien 877, Gerold's Sohn.

Winkler, E., Vorträge üb. Brückenbau, geh. an den techn. Hochschulen in Prag, Wien u. Berlin. Hölzerne Brücken. 1. Hft. Balkenbrücken. 2. Aufl. Mit 262 Holzschn. gr. 8. (VII, 198 S.) Wien 887. Gerold's Sohn. n. 6. —

Winkler, Dr. E., ord. Prof. der Ingenieur-Baukunde. Vorträge über Eisenbahnbau. Gehalten am k. böhmischen polytechnischen Landesinstitute in Prag (an verschiedenen deutschen polytechnischen Schulen begonnen von . . . . .). 1. Hft. Der Eisenbahn-Oberbau. Mit 6 Holzschn., 4 kl. und 13 gr. Taf. (darunter 5 in Farbendruck). 2. Hft. Die Weichen und Kreuzungen. Mit 18 Holzschn. und 25 Taf. (darunter 5 in Farbendruck). 3. Hft. Schiebebühnen und Drehscheiben von Dr. W. **Fränkel**, ord. Prof. für Ingenieurwissenschaften an der k. polytechnischen Schule zu Dresden etc. Mit 146 Holzschn. und 9 autographirten Taf. 5. Hft. Unterbau. (1. Th.) Mit 68 Holzschn. und 14 Taf. (darunter 3 in Farbendruck). 11. Hft. Das Signalwesen, nach den Vorträgen über Eisenbahnbau, gehalten an der Universität Giessen von Dr. Eduard **Schmitt**, z. Z. ord. Prof. der Ingenieurwissenschaften an der technischen Hochschule zu Darmstadt. Mit 474 zum Theile colorirten Holzschn., 10 colorirten Holzschnitt-Tabellen (im Texte) und 2 lithogr. Taf. (5 Bde.) 8. Prag 1867—1878.

— Vorträge über Eisenbahnbau. Gehalten am königl. böhm. polytechn. Landesinstitute in Prag. 1., 2. u. 5. Heft. Prag 867—70. Dominicus. gr. 4. 5 ℛ 2 ngr.

1. Heft. Der Eisenbahn-Oberbau. (S. 1—50 mit eingedr. Holzschn., 17 autograph. Taff., darunter 5 in Farbendr. in gr. 4. u. qu. Fol.) n. 1 ℛ 10 ngr.
2. Heft. Die Weichen u. Kreuzungen. (S. 50—102 mit 18 eingedr. Holzschn. u. 25 lith. Taff., darunter 5 in Farbendr. in 4. u. Fol.) n. 2 ℛ
5. Heft. Der Unterbau. [1. Thl.] (III, 68 S. mit 68 eingedr. Holzschn. u. 14 lith. Taff., darunter 3 in Farbendr. in 4. u. Fol.) 1 ℛ 22 ngr.

—— s. o. Vorträge über Eisenbahnbau.

—— Wahl der zulässigen Inanspruchnahme der Eisenconstructionen mit Rücksicht auf die Wöhler'schen Festigkeits-Versuche bei wiederholter Beanspruchung. Im Auszuge vorgetragen im Oesterreich. Ingenieur- und Architekten-Vereine im Jan. 1877. gr. 8. (63 S. mit 4 eingedr. Holzschn.) Wien 877, v. Waldheim.

Aus: Zeitschrift des österreich. Ingenieur- und Architekten-Vereines, besonders abgedruckt.

Winkler, E., die Weichen und Kreuzungen, s. Vorträge über Eisenbahnbau.

Winkler, Emil Alex.

Winkler, [illegible]
Berlin, [illegible] Aug. [illegible]

Winkler, Erich [aus Landsberg a. W.]: Krystallographische Untersuchung des Pyrazols und einiger seiner Abkömmlinge ... (Aus: Zeitschr. f. Krystallogr. u. Mineral., Bd. XXIV Heft 4.) Leipzig, W. Engelmann, 1895; 33 S. 8.
Jena, Phil. Fak., Inaug.-Diss. v. 1895

Winkler, Ernst, die Apfelsine, Pomeranze, Zitrone u. ihre Heilwirkungen auf den menschlichen Körper, s. a. Möller's, Wilh., Bibliothek f. Gesundheitspflege u. Volksaufklärung.

Die Apfelsine, Pomeranze, Zitrone und ihre Heilwirkungen auf den menschlichen Körper. Von Dr. med. Ernst **Winkler**, Stettin. Oranienburg: W. Möller 1908. (25 S.) 8° [F.]
— **Bibliothek**, Möller's, f. Gesundheitspflege, Erziehung u. Volksaufklärung. H. 70. 108. 12.73

Winkler, Ernst, Referendar in Halle a. S.: Der Begriff der Gewalt im Strafrecht. Breslau: Schletter 1908. (63 S.) 8° ¶ (Erschien als: Strafrechtl. Abhandlungen H. 85.)
Münster, Rechts- u. staatsw. Fak., Ref. Rosenfeld, Diss. v. 6. April 1908
[Geb. 13. Aug. 83 Ziegenhain (Hessen-Nassau); Wohnort: Halle a. S.; Staatsangeh.: Preußen; Vorbildung: Gymn. Hagen Reife O. 01; Studium: Freiburg i. B. 1, München 2, Berlin 1, Münster 2 S.; Rig. 20. Dez. 07.]

Der Begriff der Gewalt im Strafrecht. Von Dr. jur. Ernst **Winkler**. Breslau: Schletter 1908. (63 S.) 8°
— **Abhandlungen**, Strafrechtliche. H. 85. 108. 8001 4

Winkler, kalte Füsse, ihre Ursachen, Bedeutung u. sichere Beseitigung. gr. 8. (IV, 54 S.) Berlin 902. M. Richter. n. 1. —

Winkler, Ernst, harre des Herrn. Geistliche Lieder u. Gedichte. (128 S.) 8. Chemnitz (909). Buchh. des Gemeinschaftsvereins. 1.25; geb. 2. —

Winkler, Ernst [Assist.-Arzt an d. Privat-Heil- u. Pflege-Anst. zu Pöpelwitz]: Über Insufficienz der Pulmonalklappen. (Aus d. medicin. Universitätsklinik zu Breslau.) ... Breslau, F. W. Jungfers Buchdr., 1894; 86 S., 1 Bl. 8.
Leipzig, Med. Fak., Inaug.-Diss. v. [17. Mai] 1894

Winkler, Ernst Gottlob

Winckler, Er. Glo., das Dorf Familienruh, wo keine Klagen über schlechtes Gesinde gehört werden. 8. Altenb. 804. Schnuphase. 12 Kr.

— Nothwehr gegen den Dieb, oder Anweis. sich gegen Diebe zu verwahren. 8. Altenb. 804. Schnuphase. 6 Kr.

— Predigten über Erziehung d. Kinder. gr. 8. Leipz. 828. Glück. 12 Kr.

Winkler, Er. Glo., Predigten über die Erziehung der Kinder. gr. 8. Leipzig 828. jezt Babe in Berlin.

Ober Studenten- u. Kandidaten-Liebschaften u. Eheversprechungen, Landprediger-Frauen u. Landprediger-Ehelosigkeit, für Landprediger u. die so solche zu werden gedenken. Von einem Landprediger. (Vf.: *Ernst Gottlob Winckler.*) Altenburg, Schnuphase, 1802. 8°. (9 Kr., br., unbeschn., Stahelm & Lauenstein, Wien, 1907.

Winkler, Er. Gottl., Versuch über Jesus Lehrfähigkeit u. Lehrart. 8. Leipz. 797. Barth.

Winkler, (E. G.,) Versuch einer Psychographie Jesu; gebildeten Verehrern gewidmet. gr. 8. Leipz. 826, Reclam.

Winkler, E. G., Weihgaben, in Erweckungen zur Nachfolge Jesu, um den Welterlöser gebühr. zu würdigen u. d. heil. Christenwandel rein auszuprägen, e. Andachtsbuch f. Christusverehrer. gr. 8. (28½ B.) Leipzig 829, Glück.

— werden wir uns jenseits wiedersehen? Eine freimüth. Prüfung d. Gründe Oswalds des Greises für den künftigen Wiederverein, nebst erheiternden Blicken nach jenseits. 8. Leipz. 818. Rein. 20 Kr

Winkler, Eugen

Winkler, E., Eisenbahn-Routen-Karte von Deutschland. Fol. Dresden 874, Türk's Verlag. • 1 20

— Grosse Ausg. 1876 85. Ebda. Imp. Lith. . . . . [illegible]

—— kleine Eisenbahn-Routen-Karte von Deutschland. Ausg. 1877—1879. Lithogr. Imp.-Fol. Ebendas. — 50

Winkler, E. Eisenbahn-Routen-Karte von Mittel-Europa. Dresden 188[illegible] [illegible]

Winkler, E., Eisenbahn-Routen-Karte von Mittel-Europa. Ausg. 1884. 4 Bl. Chromolithogr. Dresden, Türk. * 2 50

Winkler, E., Eisenbahn-Routen-Karte von Mittel-Europa. Ausg. 1885. 4 Bl. Chromolithogr. Nebst Verzeichniss der Eisenbahnen. Tabelle. gr. Fol. Dresden 885, [Türk.] Urban. 2 50

— Vereinigte Eisenbahn-Routen- und Lademass-Karte von Mittel-Europa. Ausg 1890—91. Dresden, Adolf Urban. gr. Imp.-Fol. Lith. und Druck von P. Herrmann. 73×105 cm. . . . . [illegible]

Winkler E. vereinigte Eisenbahn-, Routen- und Lademass-Karte von Mittel-Europa. auf Leinwand mit Staben. Dresden 1896

—— vereinigte Eisenbahn-Routen- und Ladeprofil-Karte von Mittel-Europa. Ausg. 1886, 1887 und 1888. Chromolithogr. Imp.-Fol. Mit 1 Tab. Dresden, Urban. à Ausg. 2 50

Winkler, E., Vereinigte Eisenbahn-Routen und Ladeprofil-Karte von Mittel-Europa. Ausg. 1890. Dresden, Urban. Imp.-Fol. Chromolithogr. mit 1 Tab.

Gedichte für Freimaurer-Logen-Arbeiten. Gedichtet und gesamm. von E[ugen] **Winkler.** Ms. f. Frmr. Kulmbach: Dachert 1906. 138 S. 8°
Recens: BayrBbl. 6 (1905–1906) S. 222.
Gebete in Versen, Gelegenheitsgedichte. 215.

Winkler, E., Gedichte f. Freimaurer-Logen-Arbeiten. Gedichtet u. gesammelt. (III, 139 S.) gr. 8. Kulmbach 906. (Leipzig, P. Stiehl.) Geb. in Leinw. 6. —

Winkler's Karte für die Gegend von Schliersee, Tegernsee, Lenggries bis Achensee, Innthal. Terrain nach W.'s Relief. 1 : 200,000. Chromolithogr. qu. 4. München 887, Koller. — 50

—— Ladeprofil-Karte von Mittel-Europa. Ausg. 1885. 4 Bl. Chromolithogr. Nebst 1 Tab. gr. Fol. Ebendas. 2 50

Winkler, Eug.(Thdr.), Reise-Studien über das englische Eisenbahnwesen. [Aus: „Pester Lloyd".] gr. 8. (19 S.) Budapest 878. (Dresden, Axt.) n. — 80

— Reise-Studien über das skandinavische Eisenbahnwesen. [Neue Folge III.] gr. 8. (26 S.) Ebend. 879. n. 1. —

Winkler, Ewald, aus Wendischbora: **Krümmungsbewegungen** von Spirogyra. *Leipzig 1902: Hallberg & Büchting.* (51 S.) 8°
Leipzig, Phil. Diss. v. [5. Juli] 1902

Winkler, F., Dichter im deutschen Schulhause, s.: Sammlung pädagogischer Vorträge.

Winkler, F., e. guter Freund d. Lehrers od. das Wesentliche im Unterrichte. Ansprache u. Vortrag, geh. in der diesjähr. Hauptkonferenz der Lehrer d. Schulinspektionsbezirkes Oschatz. gr. 8. (15 S.) Leipzig 886. Klinkhardt. n. — 30

Winkler, Ferdinand

Winkler, Ferd., Beiträge zur experimentellen Pathologie. Aus dem Laboratorium des Professors Dr. S. v. Basch in Wien. gr. 8. (V, 100 S. m. 61 Fig.) Wien 902. Urban & Schwarzenberg. n. 3. —

— die multiple Fettgewebsnecrose, s.: Katz, Arth.

Neue Heilmittel und Heilverfahren (1893—1898) für praktische Aerzte. Zusammengestellt von Dr. Ferdinand Winkler. Berlin. Wien. 1899. Urban & Schwarzenberg. Gr.-8°. 374 S. fl. 3.60, geb. 4.50

Pharmakotherapie. Eine Uebersicht der gegenwärtigen Arzneibehandlung von Dr. Ferdinand Winkler. Berlin. Wien. 1901. Urban und Schwarzenberg. Gr.-8°. XI, 370 S. K 7.20, geb. K 9.—

Winkler, Ferd., die rechtliche Stellung des Arztes, s.: Hilscher, Frz.

Winkler, Ferd., Studien über die Beeinflussung der Hautgefässe durch thermische Reize. gr. 8. (29 S. m. 2 Fig.) Wien 902. (C. Gerold's Sohn.) n. — 70
Sonderabdruck aus: „Sitzungsber. d. k. Akad. d. Wiss."

Winkler, Ferdinand: Studien über das Zustandekommen der Juckempfindungen. M. 1909 PN 2646. Diss. Wien. Univ.

Winkler, Ferdinand Ludwig, s. Winckler, Ferdinand Ludwig.

Winkler, Florens, Grundriß der Verfassungs- und Verwaltungskunde mit besond. Beziehung auf den norddeutschen Bund und den deutschen Zollverein für höhere Schulen und zum Selbstunterricht. gr. 8. (IV, 79 S.) Dresden 870, Adler's Buchh.

—— Leitfaden zur physikalischen und mathematischen Geographie für höhere Bildungsanstalten, insbesond. Schullehrer-Seminarien, sowie zum Selbstunterricht. 1. Aufl. (IV, 176 S.) 1871, und 2. verb. und verm. Aufl. gr. 8. (182 S. mit eingedr. Holzschn.) Dresden 875, L. Wolf.

Winkler, Florenz, Leitfaden zur physikalischen u. mathematischen Geographie für höhere Bildungsanstalten, insbesondere Schullehrer-Seminarien, sowie zum Selbstunterricht. 3., verb. u. verm. Aufl. gr. 8. (192 S. m. eingedr. Holzschn.) Dresden 880. Salomon.

— Leitfaden zu einem methodischen Unterricht in der Heimaths- u. Vaterlandskunde des Königreichs Sachsen. Für Volksschulen u. für das Haus mit vielen Fragen u. Aufgaben zu mündlichen u. schriftlichen Lösungen. Mit 18 in den Text gedr. Kärtchen, entworfen von E. A. Mommel. 8. (VIII, 87 S.) Berlin 878. Friedberg & Mode. n. — 75

—— Methodik des geographischen Unterrichts nach erprobten Grundsätzen. Mit specieller Beziehung auf die Schullehrer-Seminare und deren Uebungsschulen. gr. 8. (59 S.) Ebendas. 872.

—— Methodik des geographischen Unterrichts nach erprobten Grundsätzen. Mit speziellen Lehrgängen für die einfache, mittlere und höhere Volksschule und das sechsklass. Schullehrer-Seminar, sowie ein Beitrag zur Charakteristik der vergleichenden Erdkunde. 2. verb. und verm. Aufl. gr. 8. (V, 181 S.) Dresden 888, Salomon. *

— das Staatsgebiet. Eine cultur-geograph. Studie. Freunden der Erdkunde, insbesondere Deutschlands Lehrern zur Belebung des Interesses an dem wissenschaftl. Studium der Geographie gewidmet. gr. 8. (IV, 44 S.) Ebendas. 877. *

WINKLER, Franz: Ein Fall von Extremitätensarkom mit Metastasen in Lungen und Grosshirn.- München: Kastner & Lossen 1898. 18 S.
28.6.1899 - Chr 1898/99,111 Jv 1897/98,222
Diss.Ingolst.-Landsh.-Mchn.

Winkler, Frz., kurzer, doch faßl. Katechismus d. Hauptpflichten für Dorfrichter, besond. d. k. k. Staaten in Frag u. Antworten, nach den k. k. Gesetzen. 8. Prag 799. 2e Aufl. 802. Buchler. 21 K

— Noth- u. Hülfsbüchlein für Kranke u. Sterbende, wie auch für jene, welche ihnen in Abwesenheit e. Priesters verpflichtet sind. 8. Prag 792. Buchler. 6 K

— Noth- u. Hülfsbüchlein f. Kranke u. Sterbende. 8. Ebend. 797.

Winkler, Frz., Schreibschule f. den Schulgebrauch u. z. Selbstunterricht. M. e. Vorwort. gr. 8. (24 S.) Elberfeld 899. Baedeker. n. — 50

Winkler, Frz., Schreibschule f. den Schulgebrauch u. zum Selbstunterricht. Mit e. Vorwort (v. A. J.). 2. Aufl. gr. 8. (24 S.) Elberfeld 899. Baedeker. n. — 50

Winkler, Franz, a. Leipzig: Die infinitesimalen Transformationen, welche einen Pfaffschen Ausdruck absolut oder modulo eines vollständigen Differentials invariant lassen. Leipzig 1905: Metzger & Wittig. (38 S.) 8°
Leipzig, Phil. Fak., Ref. Mayer u. Hölder, Diss. v. 19. Apr. 1905

Winkler, Franz Nepomuk

Winkler, Franz Nepomuk [illegible]
[illegible]
Berlin, Med. Diss. [illegible]

Winkler, F. N., Textur, Structur und Zellleben in den Adnexen des menschlichen Eies. gr. 8. (56 S. mit 2 Stnt. in 4.) Jena 870, Deistung.

Winkler, F. N., Textur, Structur und Zellleben in den Adnexen des menschlichen Eies. gr. 8. Jena 870. Leipzig, Abel.

Winkler, Friedrich [aus Clatzow]: Castruccio Castracani ... [Erschien vollst. als Heft IX von: Histor. Stud. veröffentl. v. E. Ebering.] Berlin, C. Vogts Buchdr., 1896; 2 Bl., 30 S., 1 Bl. 8.
Berlin, Phil. Fak., Inaug.-Diss. v. 16. Dez 1896

Castruccio Castracani, Herzog von Lucca. Von Friedrich Winkler, Dr. ph. *Berlin: E. Ebering 1897.* [S. 1 — 30 erschien als Berl. Diss. 1896.] (2 Bl., 140 S.) 1 Bd 8.
= Studien, Historische. H. IX. [97 5278

Winkler, Friedrich (Kronach) U. S. Bamberg 1795, 1

De imperfecto feudorum incapace contra illustrem de dacheroeden dissertatio.
Präs. Karl Melchior Pfister.
Bamberg (Klietsch) 29. IX. 1795. 44 S.
36921

Winkler, Fritz: Beiträge zur vergleichenden Anatomie der Gattungen Crotalaria und Prioritropis. Bromberg (1901): Gruenauer. (81 S.) 8°
Erlangen, Phil. Diss. v. 26. Febr. 1901.

Winkler, Fritz, der Vogelsteller, i.: Teich's Vereinstheater.

Winkler, Georg

Winkler (von Brückenbrand,) Geo., systemat. Abhandlung über die Pothenot'sche Aufgabe in ihrer einfachsten Anwendung: aus 3 gegebenen Punkten den Meßtisch in einem 4. Punkte zu orientiren, u. zugleich durch das Rückwärtseinschneiden diesen Punkt auf dem Tischblatte zu bestimmen, um dadurch eine Meßoperation zu beginnen, fortzusetzen u. zu vollenden. gr. 8. (2⁵/₈ B. u. 2 Figurentaf.) Wien 813, (Heubner.)

Winkler, Geo., die Alpenberge wie man dieselben auf dem Domberge zu Freysing sieht. 9' lang u. 3½" breit. Lith. u. color. Freysing 851. (München, Finsterlin.) n. 12 ngr

Winkler, Geo., Anleitung zur Construction u. dem Gebr. e. einfachen Taschen-Dendrometers (Baummessers), mittelst welchem man d. Höhe u. jeden belieb. Durchmesser stehender Baumstämme messen u. daraus sowohl ihren, als d. Kubikinhalt liegender Baumstämme aus d. beifolg. Tafeln ohne Rechnung entnehmen kann. gr. 8. (3¼ B. u. 2 Kpfrt.) Wien 834, (Heubner.)

v. Winkler, Geo., Anleitung zur Construction u. dem Gebrauche eines einfachen Taschen-Dendrometers (Baummessers), mittelst welchem man d. Höhe und jeden beliebigen Durchmesser stehender Baumstämme messen und daraus sowohl ihren, als den Kubikinhalt liegender Baumstämme aus d. beifolg. Tafeln ohne Rechnung entnehmen kann. Mit 2 Kpfrtaf. gr. 8. Wien 835. Heubner.

v. Winkler, (Edler von Brückenbrand,) Geo., Anleitung zu Konstruktion u. dem Gebrauche eines einfachen Dendrometers (Baummessers) 2c. 2. ganz umgearb. Aufl. Mit 1 Figuren-Tafel. 8. Wien 846. (Heubner.) n. ⁵/₁₂ ₰

Winkler, Georg (v. Brückenbrand,) Anleitung zur Konstruktion und dem Gebrauche eines einfachen Taschen-Dendrometers (Baummessers), 2c. 2., umgearb. Aufl. 8. (66 S. und 1 Figurentaf. in 4.) Wien 847, (Heubner.) *-

Winkler, Georg, Prof. der Mathematik etc. Praktische Anleitung zum graphischen und geometrischen Triangulieren mit dem Messtische etc. Mit 7 Steinabdrücken. 8. Wien 1820.

— prakt. Anleit. zum graphischen u. geometr. Trianguliren mit d. Meßtische. Mit 9 lithogr. Tafeln. gr. 8. Wien 821. 2e verm. A. 825. Heubner. 1 ₰ 21 K

Winkler, Georg [illegible] Anleitung zur Berg-Situations-Zeichnung, nach welcher man [illegible] und die Böschung eines Berges [illegible] schnell entwerfen [illegible] Cameralbeamte [illegible] bearbeitet. Wien 1823. [illegible]

Winkler, Geo., theoret.-prakt. Anleit. zur Berg-Situations-Zeichnung. Mit 2 Kpft. gr. 8. Wien 823. (Heubner). 1 ₰

— praktisch-theoretische Anweisung üb. die geometr. Eintheilung u. den Gebrauch des Pantographs (Storchschnabels). m. 1 K. gr. 8. Wien, Rößl. 812.

Winkler, Georg, Prof. der Mathematik etc. Praktische Anweisung über die geometrische Eintheilung und den Gebrauch der üblichen Pantographe etc. Nebst der Beschreibung eines ganz einfachen Instrumentes, welches sich ein jeder selbst zum verkleinern und vergrössern der Zeichnungen verfertigen kann. 2. verbess. u. verm. Auflage. Mit 2 Kupfertafeln. 8. Wien 1813.

— theoret.-prakt. Anweis. über d. geometr. Eintheilung u. d. Gebrauch d. üblichen Pantographe (Storchschnabel). Mit 2 Kpft. gr. 8. Wien 812. 2e A. 819. (Schaumburg), 10 K

Winkler, G., Beschreibung eines Dendrometers (Baummessers), um das Cubikmaß d. Bäume möglichst genau zu bestimmen, mit 1 K. gr. 8. Wien, Rößl u. Kaulfuß. 812.

— Beschreib. eines Dendrometers (Baummessers), um d. Cubikmaß d. Bäume möglichst genau zu bestimmen. Mit 1 Kpf. gr. 8. Wien 812. (Schaumburg). 9 gGr

Winkler, G. Beschreibung eines verbesserten, bequemen und einfachen Reise-Barometers, nebst praktischer Anleitung zum Gebrauche desselben, sowohl bei einzelnen Höhenmessungen als bei Nivellirungen ganzer Gegenden. Wien. 1821. 8.

— Beschreib. eines verbesserten, bequemen u. einfachen Reisebarometers, nebst prakt. Anleit. zum Gebrauch desselben. Mit 1 Kpf. gr. 8. Wien 821. (Heubner). 16 gGr

Winkler, Georg. Beschreibung eines verbesserten Spiegellineals. Wien 1810.

— Beschreib. eines verbesserten u. zum wirkl. Gebrauch eingerichteten Spiegel-Lineals, mit d. Anweis. über den Gebrauch desselben etc. Mit 1 Kpf. gr. 8. Wien 810. (Schaumburg). 12 gGr

Winkler Edler v. Brückenbrand, Geo., die praktische Geometrie in ihrer Anwendung auf die Vermessung ganzer Gegenden überhaupt und der Wälder insbesondere, die Vertheilung der Flächen, das Höhenmessen und Nivelliren. 3., verb. Aufl. 2. (Titel-)Ausg. gr. 8. (XIV und 568 S. mit 20 Kpfrt. in 4.) Wien (845)58, Braumüller's Verlags-Conto. *

Winkler, Geo., biblische Geschichten f. die Unterstufe der Volksschule (2.—4. Schulj.) in entwickelnd-darstellender Form. (XII, 241 S.) gr. 8. Leipzig 906. E. Wunderlich. n. 2. 40; geb. n. 3. —

— historisch geographisch statistische Karte des Erzbisthums München Freising nach bewahrten Hilfsmitteln bearb. u. gez. gr. Fol. Lith. u. color. München 852, Palm. Auf Leinw. n. $1^2/_3$ Thlr

WINKLER, Georg: Lehrbuch der Geometrie, zum Gebrauch auf Forstakademien. - Wien 1814 u. 1817. 2 Tl. - Tl. 1: Die theoretische Geometrie und Trigonometrie enthaltend. 264 S., 7 Taf. - Tl. 2: Erste u. zweite Abth. Die praktische Meßkunst... 11 Taf. - 2. Aufl. d. 1. Tl. ebd. 1824. - 3. verb. u. verm. Aufl. u. d. T.: Lehrbuch der Geometrie. Zum öffentlichen Gebrauche für Individuen, die sich dem Forstfache, der Meß- und Baukunst widmen... Enthaltend die Theoretische Geometrie, die geradlinige Trigonometrie und Polygonometrie, nebst den Anfangsgründen der Differenzial- und Integral-Rechnung. ebd. 1839. 288 S., 7 Taf. - 4. Aufl. ebd. 1849. 288 S., 7. Taf. - 5. neu durchges., verm. u. umgearb. Aufl. ebd. 1857. XVI, 288 S., 6 Taf. v. Franz Baur. - 2. Aufl. d. 2. Tl. ebd. 1829. - 3. Aufl. u. d. T.: Die praktische Geometrie in ihrer Anwendung auf die Vermessung ganzer Gegenden und der Wälder insbesondere die Verteilung der Flächen, Höhenmessen und Nivelliren. ebd. 1858. 568 S.

— Lehrbuch d. Geometrie, zum Gebrauch auf Forstacademien. 1r Thl., d. theoret. Geometrie u. Trigonometrie enthaltend. Mit 7 Kpf. gr. 8. Wien 814. 2e Aufl., mit 6 Kpft. gr. 8. Ebd. 824. Heubner. 1 Thlr 18 gGr 2r Thl. 1e u. 2e Abtheil., d. prakt. Meßkunst etc. Mit 11 Kpf. gr. 8. Ebd. 817. 2e Aufl., mit 20 Kpf. 829. 3 Thlr 12 gGr

— Lehrbuch d. Geometrie zum Gebrauch auf Forstakademien. 1r Bd. mit K. gr. 8. Wien, Kaulfuß u. Armbruster. 814.

—— Lehrbuch d. Geometrie. Zum öffentl. Gebr. f. Individuen, die sich d. Forstfache, d. Meß- u. Baukunst widmen, so wie zum Selbstunterr. f. jeden Liebhaber dieser Wissenschaft. — Die prakt. Meßkunst, angewandt auf d. Vermessung ganzer Gegenden überh., u. der Wälder insbesond.; das Höhenmessen u. Nivelliren etc. 2., verm. u. umgearb. Aufl. gr. 8. (40 B. u. 20 Kpfrt. gr. 4.) Wien 829, Heubner.

Winkler, Geo. v., Lehrbuch d. Geometrie. Zum öffentl. Gebr. f. Individuen, die sich d. Forstfache, d. Meß- u. Baukunst widmen, so wie z. Selbstunterr. f. jeden Liebhaber dieser Wissenschaft. Enth. d. theoret. Geometrie, d. geradlin. Trigonometrie u. Polygonometrie, nebst d. Anfangsgründen d. Differenzial- u. Integral-Rechnung. 3., verb. u. verm. Aufl. gr. 8. (19 B. u. 7 Kpfrt.) Wien 839, [Heubner's Verl.] *

—— Lehrbuch der Geometrie. Zum Gebrauch auf öffentl. Schulen und für Individuen, die sich dem Forstfache etc. widmen, so wie zum Selbstunterrichte für jeden Liebhaber dieser Wissenschaft. Enthaltend die theoret. Geometrie, die geradlinige Trigonometrie und Polygonometrie, nebst den Anfangsgründen der Differential- und Integral-Rechnung. 4., verb. und verm. Aufl. gr. 8. (XII und 288 S. mit 7 Kpfrt. in qu. 4.) Wien 849, Braumüller. *

— Lehrbuch der Geometrie, der ebenen Trigonometrie und Polygonometrie. Zum Gebrauche auf öffentl. Lehranstalten, sowie zum Selbstunterrichte für Forstleute, Meß- und Baukundige. 5. Aufl., neu durchges., verm. u. theilweise umgearb. von Frz. Baur. Mit 6 Kpfrtaf. (in 4.). Wien 857. Braumüller. gr. 8. (XVI, 288 S.) n. 1 Thlr. 26 ngr.

WINKLER, Georg: Lehrbuch der angewandten Mathematik, enthaltend die Anfangsgründe der Mechanik, Hydrostatik und Hydraulik. Zunächst für solche Individuen, welche sich dem Forstfache widmen. - Wien 1821. 258 S., 1 Abb., 5 Taf.

— Lehrbuch d. angewandten Mathematik, enthaltend d. Anfangsgründe d. Mechanik, Hydrostatik u. Hydraulik. Mit 1 Kpf. u. 5 lithogr. Tafeln. gr. 8. Wien 821. Heubner. 1 Thlr 16 gGr

WINKLER, Georg: Lehrbuch der Rechenkunst und Algebra zum Gebrauche auf Forstakademien etc. - Wien 1813. 331 S. - 2. Aufl. ebd. 1823. - 3. Aufl. ebd. 1838. - 4. Aufl. ebd. 1848. - 5. Aufl. ebd. 1854. - 6. Aufl. u. d. T.: Lehrbuch der Arithmetik und Algebra für forst- und landwirthschaftliche Lehranstalten etc. ebd. 1866. XVIII, 430 S. verm. u. umgearb. v. Franz Baur

— Lehrbuch d. Rechenkunst u. Algebra. gr. 8. Wien 813. 2e A. 822. (Heubner). 1 Thlr 12 gGr

— Lehrbuch d. Rechenkunst u. Algebra, zum Gebrauch auf Forstakademien. gr. 8. Wien, Kaulfuß u. Armbruster. 814.

Winkler G.: Lehrbuch d. Rechenkunst u. Algebra. Zum öffentlichen Gebrauche f. Individuen, welche sich dem Forstfache, der Mess- u. Baukunst widmen ... 2. ganz umgearb. Aufl. Wien 1823. 386 S.

—— Lehrbuch d. Rechenkunst u. Algebra. Zum öffentl. Gebr. f. Individuen, die sich d. Forstfache, d. Meß- u. Baukunst widmen, so wie z. Selbstunterr. f. jeden Liebhaber dieser Wissenschaft. 3., verb. Ausg. gr. 8. (23½ B.) Wien 838, [Heubner's Verl.] *

—— Lehrbuch der Rechenkunst und Algebra. Zum öffentl. Gebrauch für Individuen, die sich dem Forstfache, der Meß- und Baukunst widmen, so wie zum Selbstunterricht für jeden Liebhaber dieser Wissenschaft. 4., verm. und zeitgemäße verb. Aufl. gr. 8. (VIII und 387 S.) Wien 848, [Braumüller.] *

Winkler v. Brückenbrand, Geo., Lehrbuch der Rechenkunst und Algebra. Zum öffentl. Gebrauche auf Ober-Gymnasien und Ober-Realschulen, auch für Individuen, die sich der Meß- und Baukunst und dem Forstfache widmen, so wie zum Selbstunterrichte für jeden Liebhaber dieser Wissenschaft. Nach seinem mündl. Vortrage verfaßt. 5., zeitgemäß verb. Aufl. gr. 8. (VIII und 376 S.) Wien 854, Braumüller. *

Winkler Edler v. Brückenbrand, Geo., Lehrbuch der Arithmetik und Algebra für forst- und landwirthschaftliche Lehranstalten, Ober-Gymnasien und Ober-Realschulen. 6. Aufl., neu durchgesehen, verm. und theilweise umgearb. von Frz. Baur. gr. 8. (XVIII und 430 S.) Wien 866, Braumüller. *

— prakt. Meßkunst, s. oben Lehrbuch d. Geometrie. 2r Thl.

WINKLER, Georg: Logarithmische und logarithmisch-trigonometrische Tafeln zum öffentlichen Gebrauch überhaupt und zunächst für Individuen, die sich dem Forstfach widmen. - Wien 1834. 128 S.

—— logarithmische u. logarithm.-trigonometr. Tafeln. Zum öffentl. Gebr. überh., u. zunächst f. Individuen, die sich d. Forstfache, d. Mess- u. Baukunst widmen. gr. 8. (10 B.) Wien 834, (Heubner.)

—— logarithm. u. logarithm.-trigonometr. Tafeln. Zum öffentl. Gebr. in höh. Schulen überh., u. f. jeden Mathematikbefliss. insbesond. 2., fehlerfreie Ausg. gr. 8. (11 B.) Wien 839, (Heubner's Verl.) *

Winkler's, Geo., Tagebuch, s.: Empor!

WINKLER, Georg: Waldwerths-Schätzung. - Wien 1835 u. 1836. 2 Abt. - Abt. 1: Die Materialschätzung und Ertragserhebung enthaltend nach einem einfachen Verfahren. 141 S., 20 Tab., Holzschn., 1 Forstkt. - Abt. 2: Die Waldwerth-Berechnung enthaltend nach einem einfachen Verfahren. 110 S., 2 Tab., 1 Forstkt. - 2. Aufl. ebd. 1838 u. 1841. 141 S. u. 71 S.

Winkler, G.: „Waldwerthschätzung", 2 Abteilungen; 1. Abteilung a. u. d. T.: „Die Materialschätzung und Ertragserhebung nach einem einfachen Verfahren"; 2. Abteilung: „Die Waldwerthberechnung", Wien 1835 und 1837 (Heubner).

Winkler, Gottfried, s. Winckler, Gottfried.

Winkler, Gottfried Ludwig, s. Winckler, Gottfried Ludwig.

Winkler, Gustav: Die Regeneration des Verdauungsapparates bei Rhynchelmis Limosella Hoffm. Diss., Prag 1902/03.

Winkler, Gust., die Regeneration des Verdauungsapparates bei Rhynchelmis Limosella Hoffm. gr. 8. (34 S. m. 2 Taf.) Prag 902. (F. Řivnáč.) n. 1.—
Sonderabdr. aus: „Sitzungsber. d. böhm. Gesellsch. d. Wiss."

Winkler, Gustav Georg

Winkler, G. G., die Gesteinslehre. gr. 8. (XI und 203 S. mit eingedr. Holzschn.) München 864, Gummi.

Winkler, G. G., die Gesteins-Lehre. gr. 8. (X, 203 S.) München 874, Beck.

Winkler, G. G., die Gesteins-Lehre. gr. 8. (X, 203 S.) München 874. Stuttgart. Levy & Müller. n. 3. —

Winkler, Gust. Geo., Island. Seine Bewohner, Landesbildung und vulcan. Natur. Nach eigener Anschauung geschildert. gr. 8. (XI und 308 S. mit eingedr. Holzschn. und 1 chromolithogr. Karte von Island in qu. 4.) Braunschweig 861, Westermann. *

—— Island. Der Bau seiner Gebirge und dessen geologische Bedeutung. Nach eigenen, dort ausgeführten Untersuchungen dargestellt. gr. 8. (VIII und 303 S. mit 42 in den Text eingedr. Holzschn.) München 863, Gummi. *

Winkler, Gustav Georg: Der Oberkeuper nach Studien in den bayerischen Alpen. (Aus d. Zeitschr. d. deutsch. geol. Gesellsch.) Berlin. 1861. 8°

Winkler, Gust. Geo., die Pseudomorphosen des Mineralreiches. Kritische Zusammenstellung aller bisher aufgefundenen Thatsachen und versuchten Erklärungen mineral. Neubildungen, mit einem Vorschlag neuer Nomenklatur und Eintheilung derselben. Von der königl. Ludwigs-Maximilians-Universität München im Jahre 1855 gekrönte Preisschrift. gr. 8. (VI und 135 S.) München 855, Palm's Hofbuchh. -

—— die Schichten der Avicula contorta inner- und ausserhalb der Alpen. Palaeontologisch-geognostische Studie. gr. 8. (51 S. mit 2 Stnt. Abbild.) München 859, [Grubert.] *

Winkler, G. G., Versteinerungen aus dem bayerischen Alpengebiet mit geognost. Erläuterungen. I.: Die Neocomformation des Urschauerachenthales bei Traunstein mit Rücksicht auf ihre Grenzschichten. München 868. Lindauer'sche Buchh. gr. 4. (IV, 48 S. mit 4 Steintaff. u. 8 eingedr. Holzschn.) 1 ₰ 22½ ngr.

Winkler, H., die Zollern u. d. Reich, s.: Zuschneid, Karl.

Winkler, Hanns [!]: Ein Anwendungsfall der actio Publiciana. '(Erwerb v. einem Geisteskranken.)' . . . Göttingen, Druck d. Dieterich'schen Univ.-Buchdr., 1894; 36 S. 8.
Göttingen, Jur. Fak., Inaug.-Diss. v. [5. Juni] 1894

Parthenogenesis und Apogamie im Pflanzenreiche. Von Dr. Hans **Winkler**, Prof., Tübingen. Mit 14 Abb. Jena: G. Fischer 1908. (166 S.) 8°
Aus: Progressus rei botanicae Bd 2, H. 3 [of. 10918

Winkler, Hans: Untersuchungen über die Stärkebildung in den verschiedenartigen Chromatophoren. Leipzig: Gebr. Borntraeger 1898. (32 S.) 8°
[Aus: Jahrbücher f. wissensch. Botanik, Bd 32.]
Leipzig, Phil. Diss. v. [20. Okt.] 1898.

Winkler, Hans, Dr.: **Untersuchungen zur Theorie der Blattstellungen.** 1. *Leipzig: Gebr. Borntraeger 1901.* (79 S.) 8°
¶ (Aus: Jahrb. f. w. Botanik, Bd 36.)
Tübingen, Naturw. Hab.-Schr. v. 1901

Winkler, Heinrich

Winkler, Hch., Anleit. z. allen chirurgischen Wissenschaften, m. K. 6 Stck. 8. Berlin, Rüdiger. 735—38.

WINKLER, HEINR., Gründliche Anweisung zur Kenntnisz und zu einer leichten und sichern Cur aller venerischen und podagrischen Krankheiten ohne Merkurialmittel und Opiata. Lpz. und Altona. 1760. (U. B.).

Winkler, Hnr., Anweisung zur Kenntniß u. Kur aller venerischen Krankheiten. 8. Altona 760. Hellmann. 8 ℊℊ

Winkler, Heinrich: Das Baskische und der vorderasiatisch-mittelländische Völker- und Kulturkreis. 30 S. 4.
Progr. Stadt. Johannes-Gymn. *Breslau* 1909 (252).
Vollständig: *Ebenda: Druck von Graß, Barth & Comp. (W. Friedrich)* 1909. 52 S. 4.

Winkler, Heinr., offener Brief an Pfr. Trippe, seine Nachschrift zu meiner am Reformationsfest gehaltenen Predigt betr. 8. (8 S.) Erfurt 872, (Keyser'sche Buchh.)

—— „Du bist Petrus, und auf diesem Felsen will ich meine Kirche bauen." Predigt am Reformationsfeste 1871 gehalten. gr. 8. (19 S.) (Ebendas.) 871.

Winkler, Heinrich, appr. Arzt a. Jülich: **Aus d. mediz. Universitätspoliklinik in Berlin (Dir. Geheimrat Prof. Dr. Senator). Ueber die Ergebnisse von Magenuntersuchungen bei Frauenleiden.** Berlin 1905: L. Schumacher. (18 S.) 8°
Leipzig, Med. Fak., Ref. Curschmann, Diss. v. 25. Juli 1905
[Geb. 5. Aug. 78 Jülich; Wohnort: Berlin; Staatsangeh.: Preußen; Vorbildung: Gymn. Crefeld Reife O. 99; Studium: Bonn 1, Gießen 1, Kiel 2, München 1, Berlin 6 S.; Coll. 2. Aug. 05; Approb. 1. Mai 05.]

Winkler, *Heinrich: Gebet bei der Einführung des Direktors Dr. Edmund Waldemar Venediger.* 4 (S. 13).
Progr. Städt. Rsch. *Erfurt* 1893 (273).

Winkler, Heinr., Japaner u. Altaier. gr. 8. (24 S.) Berlin 894. F. Dümmler's Verl. n. 1. —

Winkler, Heinr., germanische casussyntax. I. Der dativ, instrumental, örtl. u. halbörtl. verhältnisse. gr. 8. (VIII, 551 S.) Berlin 896. F. Dümmler's Verl. n. 10. —

Winkler, Heinr., Skizzen aus dem Völkerleben. I. Aus Osteuropa. — II. Aus dem Magyarenlande. (V, 198 S.) gr. 8. Berlin 903. F. Dümmler's Verl. n. 8. —

Winkler, Heinrich: Die sprache der zweiten columne der dreisprachigen inschriften und das altaische. (Soll vollst. als Buch ersch.) Breslau, Druck v. Grass, Barth & C., 1896; 3—32 S. 4.
Breslau, st. Johannes-G, OP 1896 (179)

— **die sprache der 2. columne der dreisprachigen inschriften u. das altaische. 4. (65 S.)** Breslau (Neudorfstr. 34) 896. **Selbstverlag.** Nicht im Handel.

Winkler, Heinr., zur Sprachgeschichte. Nomen. Verb und Satz. Antikritik. gr. 8. (XI, 306 S.) Berlin 887, Dümmler's Verlag. *

Winkler, Heinr., der uralaltaische Sprachstamm, das Finnische u. das Japanische. (VI, 316 S.) gr. 8. Berlin 909. F. Dümmler's Verl. 6.—; geb. in Leinw. n 7.50

Winkler, Heinrich [Dr.]: Zur indogermanischen Syntax. (Ausz. aus e. gröss. Arbeit.) Breslau, Druck v. Grass, Barth & C., 1892; 3—31 S. 4.
Breslau, st. Johannes-G, OP 1892 (174)

Winkler, Heinrich [Dr.]: Zur indogermanischen Syntax. '(Forts. [d. P-Beil. 1892.])' Breslau, Druck v. Grass, Barth & C., 1894; 3—21 S. 4.
Breslau, st. Johannes-G, OP 1894 (176)

Heinrich **Winkler**. Uhlenbeck und meine Arbeit: Das Baskische und der vorderasiatisch-mittelländische Völker- und Kulturkreis. Breslau: Grass, Barth & Co. 1909. 16 S. 8° [illegible]

Winkler, Heinr., das Uralaltaische u. seine Gruppen. 1. u. 2. Lfg. gr. 8. (VIII, 184 S.) Berlin 885. Dümmler's Verl. n. 3.60

Winkler, Henricus *(geb. Oppeln 28. 9. 1848)*: De genuina vi suffixorum comparativi et superlativi. Vratislaviae (1873). (44 S.) 8°
Breslau, Phil. Diss. v. 21. März 1873

Winkler, Heinr., uralaltaische Völker und Sprachen. gr. 8. (IV, 480 S.) Berlin 884, Dümmler's Verlagsh. *

Winkler, Heinr. Weiteres zur Sprachgeschichte. Das grammatische Geschlecht. Formlose Sprachen. Entgegnung. gr. 8. (VIII, 207 S.) Berl. 889, Dümmler's Verlag. * 4.—

Winkler, Henry v., u. Frau Irmgard v. Winkler, geb. Röser, Merkblätter f. die erste Ernährung des Kindes. (16 S.) 8. Reval 908. Kluge & Ströhm. 1.—

Winkler, Hermann: Ein Beitrag zur Statistik der Sehnenüberpflanzungen bei Nervenlähmungen. Greifswald 1898: J. Abel. (35 S.) 8°
Greifswald, Med. Diss. v. 31. Aug. 1898.

Winkler, Hermann. Erleichterung der Einbürgerung der Ausländer in der Schweiz. ⟨Zum Postulat der nationalrätlichen Geschäftsprüfungskommission vom 15. Juni 1909.⟩ ⟨Separatabdruck aus der Zeitschrift für schweizerisches Recht, Neue Folge Band 29.⟩ 36 S. 8. Basel, Helbing & Lichtenhahn, 1910. [fr. 1.50]

Winkler, Hermann, Volontärarzt an d. Kgl. Univ.-Frauen-Klinik zu Breslau: Aus d. Kgl. Universitäts-Frauen-Klinik zu Breslau. Über präcipitierte Geburten und ihre Folgen. *Breslau 1904: Bresl. Genoss.-Buchdr.* (54 S.) 8°
Breslau, Med. Diss. v. 27. Juli 1904

WINKLER, Herm., Das Herz; eine anatomische Studie. Dem Humor eine Gasse. 1. Reihe. Nr. 1. Wien, Daberkow.
Verboten v. L.-G. Wien, 8. VIII. 1900. § 516.

Winkler, Herm., s. a. Humor, dem, e. Gasse.

Winkler, Herm., die kaufmänn. Verwaltung e. Eisengiesserei. Betriebs-Buchführung, Lohnabrechng., Feststellg. der Selbstkosten f. die Produktion e. Monats, Berechng. der Selbstkosten f. jedes einzelne Stück (Stück-Kalkulation) u. monatl. Bilanz. An Hand der übl. Formulare u. durch Beispiele erläutert. Mit Anleitg. zur Herstellg. v. Kalkulations-Tabellen. (79 S.) 8. Berlin (S. 14, Stallschreiberstr. 5) 906. Nauck'sche Buchdr. Geb. in Leinw. n. 5.—

Winkler, Hermann Erich

Winkler, Herm. Erich, († d. 17. März 1793.) Predigten. gr. 8. Hamb. 782. Herold. (Ernst in Quedlinb.) 1 ₰

– drei Predigten, bei Gelegenheit d. neulichen Amtsveränderung gehalten. 8. Hamb. 773.

Winkler, Hubert, Dr.: Beiträge zur Morphologie und Biologie tropischer Blüten und Früchte. Leipzig: W. Engelmann 1906. (43 S.) 8° ¶ (Aus: Englers Botanische Jahrbücher Bd 38 H. 3.)
Breslau, Phil. Fak., Hab.-Schr. v. 2. Nov. 1906

Betulaceae mit 178 Einzelbildern in 28 Fig. u. 2 Verbreitungskarten. Von Hubert **Winkler**. *Leipzig: W. Engelmann 1904.* (149 S.) 8° Pflanzenreich, Das. H. 19 (IV, 61).

Winkler, Hubert, aus Prenzlau: Aus d. Kgl. Botan. Garten zu Breslau. Pflanzengeographische Studien über die Formation des Buchenwaldes. *Breslau 1901: F. W. Jungfer.* (60 S.) 8°
Breslau, Phil. Diss. v. 11. Jan. 1901

Winkler, Hugo. Über Verbindungen des Molybdäns mit komplexen negativen Radikalen. Diss. Phil. [II.] Univ. Zürich. VIII + 56 S. 8. Zürich, J. J. Meier, 1909.

Winkler, Hugo Augustus [illegible] De [illegible] Berolini [illegible] 8°
Berlin, Med. Diss. v. 6. Okt. 1852

Winkler, J., die einfache Buchführung. Geschäftsbriefe, Geschäftsaufsätze und Eingaben an Behörden. Zum prakt. Gebrauch und zum Selbstunterricht geeignet. [Auch als 3. Thl. von: Deutsches Geschäfts-Handbuch.] 8. (48 S.) Berlin 874, Muskalla.

Winkler, J., die einfache Buchführung, Geschäftsbriefe, Geschäftsaufsätze und Eingaben an Behörden. Zum prakt. Gebrauch und zum Selbstunterricht geeignet, auch für die Oberklassen der Elementarschulen und für Fortbildungsanstalten. 2. verb. und verm. Aufl. 8. (56 S.) Bremen 879, Heinsius. *
cart. *

—— **deutsches Geschäfts-Handbuch. Zum prakt. Gebrauch für Geschäftsleute, Beamte und Private und zum Selbstunterrichte geeignet. 7. Thl.: Deutsches Städte- und Postorte-Lexikon. gr. 8. (XII, 84 S.) Berlin 875, Muskalla.** *
Nicht weiter erschienen.

—— **die Kombinations-Lehre nebst Anwendungen derselben. Für höhere Lehranstalten bearb. gr. 8. (IV, 45 S.) Landsberg a. W. 877, Schaeffer und Comp.** *

—— **Lehrgang für die deutsche Volksschule in der deutschen Sprache, Erdbeschreibung, Geschichte, Naturlehre und Naturgeschichte. Als Wiederholungsbuch bearb. Ausg. B. 8. (64 S.) Berlin 879, Muskalla.** geb. *

Winkler, J., Deutsches Städte- u. Postorte-Lexikon. Berlin 1875. 8.
Ist: J. Winkler, Deutsches Geschäfts-Handbuch. Th. 7.
---, —— 2. verm. u. verb. Aufl. Bremen 1879. 8.

—— **deutsches Städte- und Postorte-Lexikon. Zum prakt. Gebrauch für Geschäftsleute, Beamte und Private. 2. verm. und verb. Aufl 8. (VIII, 84 S.) Bremen 879, Heinsius.** * ℳ 1.; cart. *

—— allgemeines Turnliederbuch. 16. (XVI, 240 S.) Berlin 877, Salewski. cart. *

Winkler, J., allgemeines Turnliederbuch. Enthaltend 302 der beliebtesten Lieder. 2. Aufl. 16. (XVI, 240 S.) Berlin 881, Schwartz'sche Buchh. cart. *

Winkler, J. B., richtiger Zeiger d. Hauptschuldigkeiten eines Lehrers d. bürgerl. Rechte. 8. Grätz 780. Ferstl. 3 K

Winkler, J. F., Beyträge zu einem Einquartierungs-Reglement für grössere Städte, in besond. Beziehung auf die Stadt Breslau. 8. Breslau, Graß, Barth u. Comp. (Leipzig, Barth.) 819.

Winkler, J. J. Sammlung sehr werthvoller Rechnungsformeln, Aufgaben u. Tabellen, leichtverständlich f. Jedermann. Hrsg. von G. v. Tobel. gr. 8. (16 S.) Zür. 889, Meyer u. Zeller. * — 80

Winkler, J. M., Ansichten über staatliche Organisation. gr. 8. (32 S.) Breslau 849, Leuckart. 6 ngr

Winkler, Jakob Benedikt (Leipzig) U. S. Halle 1729/3

Commentationes ad legem Cornel. de sicariis.
Präs. Simon Peter Gasser.
Halle (Grunert) 14. III. 1729. 46 S.

36923

Winkler, Johan, algemeen nederduitsch en friesch Dialecticon. 2 Deele. gr. 8. (XVI, 500 u. 449 S.) Haag 874. Nijhoff. n. 18. —

Winkler, Johann

Winkler, Johannes, approb. Arzt aus Zedlitz ⟨Kr. Ohlau⟩: Ein Beitrag zur Physiologie der glatten Muskeln. *o. O. [1902].* (S. 357–398.) 8° [Umschlagt.] ¶ (Aus: Archiv f. Physiol., Bd 71.)
Tübingen, Med. Diss. v. 1902

Winkler, Johs., ein Besuch in Kairo, Jerusalem und Konstantinopel. gr. 8. (116 S.) Linz 886, Ebenhöch'sche Buchh. *

—— dass. — 2. verm. Aufl. mit prakt. Winken für Pilgerreisende. 8. (184 S. mit 2 lithogr. Kärtchen.) Ebendas. 886. *

Winkler, Johs. (B.), O. Praem., ein Besuch in Kairo, Jerusalem u. Konstantinopel. 2. verm. Aufl. m. prakt. Winken f. Pilgerreisende. 8. (184 S. m. 2 Karten.) Linz 896. F. I. Ebenhöch. n. 1. 60

Winkler, Johs., Dummheit! 40 kom. Verse über die Dummheit von Zwickel. 2.—6. Aufl. 8. (15 S.) [Wien 886.] Troppau, Johs. Winkler.

Winkler, Johs., durch Griechenland nach Konstantinopel. Reiseskizzen. [Aus: „Ave Maria".] (64 S. m. 79 Abbildgn.) Lex.-8. Linz 905. Preßverein. n. 1. 20

Winkler, Joh[annes]. Rechtlich-politische Erörterungen über den Gotthardvertrag. ([Erweiterter SA. aus] der «N. Z. Z.» vom 21. bis 26. November 1910.) 59 S. 8. Zürich, Druckerei der Neuen Zürcher Zeitung, (1910). [fr. —. 40]

Winkler, Joh[annes]: Die Geschlechts-Vormundschaft in ihrer geschichtlichen Entwicklung. Lucern Meyer Dr. 1868. VIII, 110 S., 1 Bl. 8°
Zürich, Jur. Diss. [v. 8. Aug. 1868].

Winkler, Joh[annes]. Gutachten über die Frage der Zulässigkeit des § 3 des luzern. Verfassungsgesetzes, betreffend die Einführung der Verhältniswahl. 19 S. 8. Luzern, H. Keller, 1909.

(Winkler, [Johannes].) Jugement arbitral du 19 septembre 1903 concernant l'interprétation de l'article 18 du Traité d'amitié et de commerce conclu entre l'Italie et le Pérou le 23 décembre 1874. 20 p. fol. [Bern, Haller, 1903.]

—— s. Leben, ein, voll Arbeit!

Winkler, Johs. Ein Leben voll Arbeit. (Für Buchhändler und Schriftsteller.) 2. verm. Aufl. 8. (15 S. m. Bild.) Nürnb. 890, Winkler. ** — 50

— der Libanon u. Damaskus. Eine Reise-Erinnerg. 8. (24 S. m. Bildnis.) Innsbruck 898. Ebd. n. — 60

Winkler, Johannes: 100 Nephropexien. Marburg 1899: (D. B. Wiemann in Barmen). (34 S.) 8°
Marburg, Med. Diss. v. 8. März 1899.

Winkler, Joh[annes]. Proportionalwahl des Luzerner Grossen Stadtrates und Bundesrecht. Ein Nachtragsgutachten. (1909 Dezember 31.) 15 S. 8. Luzern, Keller, 1910.

— Johannes, Der Radfahr-Sport in Bild u. Wort, in allen Farben, hell u. dunkler geschildert. 8. (61 S.) Wien, Johannes Winkler. 1 fl. 20 kr 1885

Winkler, Johannes, der Radfahr-Sport in Bild u. Wort, in allen Farben, hell und dunkler geschildert. 4. Aufl. 8°. (61 S.) Wien, Johannes Winkler fl. 1.20. 1886

Winkler, Johs., s.: Reise-Album.

Winkler, Johann. Die Schwingungsfiguren in analytischer Behandlung. S. 3–32. 8. Progr. K. k. Staatsgymn. Cilli 1908.

Winkler, Johannes u. Aug. Strasilla: Wiener Sport-Adressen. Allgem. Sport-Adressbuch für die k.k. Reichshaupt- und Residenzstadt Wien. kl. 8°. (88 S.) Troppau: Strasilla. 1886.

Winkler, Johs., Sport-Humor! Mehr als 100 Radfahrer-Klapphörner, Fahr-Regeln, Gstanzeln u. sonst. lose Worte zur allgemeinen sportl. Erbaung. Für die Freunde u. Feinde d. Sportlebens extra originell zusammengedichtet. 12. (48 S.) Nürnberg 891. J. Winkler. — 30

Winkler, Johs. u. R., Sport-Humor. Mehr als 100 origin. Scherze in Wort u. Bild, Klapphörner, Gstanzeln u. sonst. lose Worte. Illustr. erster Künstler. 1. Bd. 2. Aufl. 8. (47 S.) Berlin 895. W. Möller. n. — 50

Sport-Humor! Mehr als 100 Radfahrer-Klapphörner, Fahr-Regeln, Gstanzeln u. sonstige lose Worte z. allgem. sportl. Erbauung (2: ... Klapphorn- u. Knittelverse, Schnadahüpfln u. Scherze in Wort u. Bild). Für d. Freunde u. Feinde d. Sportlebens extra originell zusammengedichtet von Red. Johannes Winkler (2: Von Rudolf Kleinecke. Ill. erster Künstler). Bd [1.] 2. *Nürnberg, Wien & Leipzig: J. Winkler (2: Berlin: W. Moller) [1891–96].* 2 Bde 8° [F.] [04.15310

– dasselbe, s. a.: Sport-Humor.

Winkler Joh.: Die einem gegebenen Ellipsoid eingeschriebenen bezw. umgeschriebenen Tetraeder, welche ein Maximum bezw. ein Minimum des Inhaltes besitzen. 37. Kalksburg 04.
Progr.

Winkler, Johannes: Untersuchungen über innere Komplexsalze, insbesondere über Stereoisomerie bei inneren Komplexsalzen. Weida i. Th. 1910: Thomas & Hubert. 64 S. 8°
Leipzig, Phil. Diss. v. 6. Okt. 1910, Ref. Hantzsch, Beckmann
[Geb. 25. Juni 87 Dresden; Wohnort: Dresden; Staatsangeh.: Sachsen; Vorbildung: Dreikönigsch. Dresden Reife O. 06; Studium: Leipzig 8 S.; Rig. 1. Aug. 10.] [U 11. 3346

Winkler, Johann Balthasar

Winkler, Ioh. Balth., nucleus institut. imperialium. 8. Grätz 748.

Winkler, Johann Baptist von

Wincklern, Joh. Bapt. von, Erklärung der sonn- u. festtäglichen Evangelien zum Gebrauch für Schulen. Graz, Tuich, 1801, 8°, 2 Teile, 4 Mk.

—— Dasselbe für Frühprediger. Gratz, Kienreich, 1819, 8°, 2 Teile, 2. Aufl.

— Erklärung d. Sonn- u. Festtägl. Evangelien. 2e A. gr. 8. Grätz 817. Kienreich. 1 2/3 Thlr — 3e Ausg. 2 Bde. gr. 8. Wien 840. (Mayer u. Comp.) 1 1/3 Thlr

— die parabol. Erzählung unsers Herrn Jesu Christi, erklärt u. angewendet. 8. Grätz 805. Ferstl.

— die parabolischen Erzählungen unsers Herrn Jesus erklärt ꝛc. 8. Grätz 805. Verl. v. Kienreich

— achtzehn Fastenreden. 8. Grätz 805.

— achtzehn Fastenpredigten. 2e Aufl. 8. Grätz 818. ist Verlag von Kienreich u. d. Pr. 5/8 Thlr — 3e Ausg. Wien 840. (Mayer u. Comp.) 1/2 Thlr

Winkler, J. N. v., kleines Gebetbuch f. Kinder u. Erwachsene. 18. Landsh. Weber. 810.

— kleines Gebetbüchlein für Kinder, nebst den Schul- u. Kirchengesängen, mit 12 Bildern. 18. Grätz 810. 2e A. 815. 3e A. 818. Ferstl. 2 gGr Velinp. 4 gGr

Winkler, J. B. von, Gebetbüchlein f. Kinder, auch f. die erwachsene Jugend, m. K. 8. Grätz, Ferstl. 815.

— — Gebetbüchlein f. Kinder. 2te Aufl. 8. Ebend. 818.

— vollständ. Gebetbüchlein für d. Jugend auf alle Zeiten u. Feste d. ganzen kathol. Kirchenjahres ꝛc. Mit Bildern. 18. Grätz ... Neueste Aufl. ... Ferstl. 6 gGr Velinp. 8 gGr

v. Winklern, J. B., vollständiges Gebet-Büchlein für die kathol. Jugend. Neu herausgeg., verb. u. verm. von Seb. Brunner. Mit 3 Stahlst. 18. Grätz 843, Ferstl. (Leipzig, Kummer.) 5/8 Thlr

— chronolog. Geschichte d. Herzogthums Steyermark. gr. 8. Grätz 819. Ferstl. 1 Thlr Hbg. Pr. 12 gGr Velinp. 1 Thlr

Winkler, J. B. v., d. heilige Charwoche ꝛc. m. K. 8 Grätz, Ferstl. 808.

— — Charwoche, Ceremonien-Erklärungen, Gebete u. Betrachtungen. Mit 1 Kupf. 2te Aufl. 8. Ebend. 817.

— kurze Lebensbeschreib. d. heil. Apostel u. Evangelisten, d. heil. Josephs, Joh. d. Täufers u. Stephanus. 8. Grätz 808. Ferstl. 12 gGr

v. Winklern, Jh. Bapt., kurze Lebensbeschreibung d. heil. Apostel u. Evangelisten, des heil. Josephs ꝛc. 2e Aufl. 8. Grätz 819. Kienreich. 5/12 Thlr

v. Wincklern, Jh. Bapt., biograph. u. literar. Nachrichten von den Schriftstellern u. Künstlern, welche in d. Herzogth. Steyermark geboren sind ꝛc. 8. Grätz 810. Ferstl. 1 Thlr 16 gGr Hbg. Pr. 20 gGr

— Predigten auf alle Sonn- u. Feiertage des ganzen Jahres. 3 Bde. 8. Grätz 797.

— nützl. Sitten- u. Unterrichtsbüchlein für d. Jugend, in Erzählungen, Gedichten, Denksprüchen u. Aufsätzen aus d. Natur- u. Weltgeschichte ꝛc. 8. Grätz 806.

— nützl. Sitten- u. Unterhaltungsbüchlein für die Jugend. 2e Aufl. 8. Grätz 816. ist Verlag v. Kienreich

WINKLER, Johann Baptist (Maiöd b.Parsberg): Ueber Unterleibshernien bei Kindern.- München: Mühlthaler 1871. 13 S.
23.7.1870 - Urk (Titel: De herniis abdominalibus infantium.); F 72; Chr 1870/71,13
Diss.Ingolst.-Landsh.-Mchn.

— Vorstellungen u. Gebete für d. heil. Messe, zu Ehren u. Anbetung des Leidens u. Sterbens unsers Herrn Jesu Christi. 8. Grätz 815. 5e, mit Titelkpf. u. 50 ganz neuen in Kupf. gestoch. Vorstellungen, auch sonst verm. Aufl. 13. Ebd. 829. Ferstl.

— Vorstellung d. heil. Messe, nebst Morgen-, Abend-, Beicht-, Communion- u. and. Gebeten, m. K. 8. Ebendas. 815.

— Vorstellungen der heil. Messe ꝛc. 2te Aufl. 8. Ebend. 818.

Winklern, Joh. Bapt. v., Vorstellungen u. Gebethe f. d. heil. Messe, zu Ehren u. Anbethung d. Leidens u. Sterbens uns. Herrn Jesu Christi. Mit Morgen- u. Abend-, Beicht- u. Communion-, auch and. Gebethen; dann Litaneyen u. Kirchengesängen, nebst d. Kreuzweg-Andacht. 5., verm. u. verb. Aufl. 18. (196 Seit. u. Kpfr.) Grätz 829, Ferstl. 4 Gr., Schrbp.

— Vorstellungen d. heil. Messe für Kinder. N. Aufl., mit 90 Bildern. 18. Ebd. 829. Ebd. 3 gGr

Winkler, Johann Chr.

Winkler, Jh. Chr., Anleit. zur Erhaltung des Gesichts bis in d. späteste Alter, nach optischen Grundsätzen erklärt u. bewiesen. Nebst e. Verzeichniß d. neuesten optischen Instrumente. 8. Leipz. 812. 2e A. 820. Hinrichs. 5 gGr

— d. Kaleidoskop. Oder Beschreib. u. Abbild. dieses Instruments u. Anweis. zur Verfertigung. Mit Kpf. 8. Leipz. 817. 2e verm. Aufl. 818. (Rauck). 5 gGr

— das Kaleidoskop. Oder Beschreibung dieses Instruments und Anweisung zur Verfertigung. 2te Aufl. Mit Kupf. 8. Leipzig, Sommer. 818.

Winkler, Johann Dietrich

Winkler, Jh. Dietr., († d. 4. April 1784.) theolog. u. philolog. Abhandlungen. 2 Thle. 8. Braunschw. 755. Schröder. 16 gGr

Winkler, Joh. Dietr., theolog. u. philolog. Abhandlungen. 2 Thle. 8. Lpz. Sommer.

— heil. Amtsreden über verschied. Wahrheiten bei besond. Gelegenheiten gehalten. gr. 8. Rostock 757. Berger. (Bödner in Schwerin). 20 gGr

— analecta ad histor. Crypto-Calvinismi Goslariensis. 4. Hamb. 763. Bohn. (Altenb., Schnuphase). 6 gGr

Winkler, Jh. Dietr., heil. Andachtsübungen in Betrachtung wichtiger Wahrheiten d. christl. Glaubens- u. Sittenlehre. gr. 8. Hamb. 779. Bohn. (Schnuphase in Altenb.)

— anecdota historico-ecclesiastica novantiqua, od. Samml. ungedruckter gelehrter Merkwürdigkeiten. 9 Thle u. Anhang. 8. Chemnitz, Braunschw. u. Leipz. 751—70. Schröder. 1 ℞ 12 ℊ

Winkler, Joh. Dietr., animadversionum philologicarum et criticar. ad varia sacri codicis utriusque foederis loca. III Ptes. 8. Hildesheim, Schröder. 749.

— animadversiones philologicae et criticae, quibus varia sacri codicis utriusque foederis loca illustrantur. Prs. I—III. 8. Hildesh. 750—52.

— Anleit. zum richtigen u. erbaul. Verstande des Propheten Micha. 8. Hamb. 766.

— erleuchtete Augen d. Verständnisses zur richtigen Erkenntniß d. christl. Glaubenslehre. 8. Hamb. 782. (Schnuphase in Altenb.) 16 ℊ

Winkler, J. D., die letzten Augenblicke des sterbenden Jesu. 4. Hannov. Helwing. 747.

— Beitr. zur Erbauung in Grundrissen heil. Betrachtt. über d. evangel. Texte u. andere Stellen d. heil. Schrift. 2 Thle. 8. Hamb. 769.

— erbaul. Beleuchtung einiger Fehltritte u. Vergehungen d. Jünger Jesu zur Zeit seines Leidens. 8. Heilbr. 759. (Class). 10 ℊ

— erbaul. Beleuchtung d. Geschichte Joseph's. gr. 8. Hamb. 780. Herold. 12 ℊ

— schriftmäßige Beleuchtung heil. Wahrheiten d. christl. Glaubens- u. Sittenlehre. 8. Hamb. 766. (Schnuphase in Altenb.) 16 ℊ

— heilige Bemühungen z. Befestigung im Glauben u. Gottseligkeit. gr. 8. Götting. Dieterich. 774.

— Betrachtt. über d. Seelenleiden Christi, sowohl im Verstande als im Willen ꝛc. gr. 8. Hamb. 762. Herold. 4 ℊ

— Blicke in d. zukünftige Ewigkeit. gr. 8. Hamb. 772. Brand. 20 ℊ

— der Christ auf dem Rathhause; in e. 1752 d. 6. Jan. gehalt. Rathspredigt vorgestellet. 4. Hildesh. 752. 3e A. 771.

— Denkmal d. Freundschaft beim Absterben Burkhards. Hamb. 766. Meißner. 2 ℊ

— disquisitiones philologicae, scripturae sacrae quaedam loca et antiquitatis tam ecclesiasticae quam profanae momenta illustrantes. 8. Hamb. Bohn. 741.

— enarratio turbarum in ecclesia Mindensi per Ottonem Fabricium cryptocalvinianum Saeculo XVI. motarum. 4. Hamb. 766. Brand. 4 ℊ

— Entwürfe von Predigten über d. Evangelia u. Episteln für d. Jahre 1759—73. gr. 8. Hamb., Brand u. Herold. (à 20 ℊ) 12 ℞ 12 ℊ

— Entwürfe von Predigten über d. Evangelia u. Episteln für d. Jahre 1774—83. gr. 8. Hamb. (Schnuphase in Altenb.) 8 ℞ 8 ℊ

— heil. Erinnerungen an wichtige Wahrheiten d. christl. Glaubens. gr. 8. Hamb. 776. Bohn. (Schnuphase in Altenb.) 20 ℊ Hbg. Pr. 12 ℊ

— Erklärung der Leidens- u. Sterbensgeschichte Jesu nach Lukas. 8. Hamb. 770. Herold. 4 ℊ

— Erörterung heil. Wahrheiten nach Anleitung d. sonn- u. festtägl. Evangelien. 8. Hamb. 770.

— erbaul. Fastenarbeit, in zwei Sammlungen im Jahre 1770, 71. ans Licht gestellt. gr. 8. Hamb. 772. Breitkopf u. H. in Lpz.

— erneuertes Gedächtniß göttl. Wunder, bei u. nach d. Tode Jesu Christi. 8. Leipz. 751. Hilscher. 8 ℊ

— Gedanken von d. Bundeslade alten Testaments, nebst denen darin befindl. 3 Stücken, als einem merkwürd. Bilde d. christl. Kirche neuen Testaments ꝛc. 4. Hamb. 763.

Winckler, J. D., Gedanken über die Spuren göttlicher Providenz im Loose bei Besetzung wichtiger Ehrenämter. Hildesheim 750. 4.

— die vornehmsten Glaubenslehren d. christl. Religion. gr. 8. Hamb. 772. Brand. 20 ℊ

— Grundriß heil. Reden über wichtige Stellen aus den evangel. Texten. 1r Thl., welcher von denen im J. 1762 gehalt. Sonn- u. Festpredigten d. Wesentlichste in sich fasset. 2r Thl., welcher von denen im J. 1763 gehalt. Sonn- u. Festtagspredigten das Wesentlichste in sich fasset. Nebst nöthigen Registern. 8. Hamb. 762, 63.

— hypomnemata philolog. et critica in diversa scripturae sacrae tam veteris quam novi testamenti loca. 8. Hamb. Brand. 745.

Winckler, J. D., de iis, quae circa festum pentecostes memorabilia sunt. Lips. 1734. 4.

— Charfreitagsgedanken über Hebr. XIII, 15. gr. 4. Hamb. 760. Hertel. 3 ℊ

— *κειμήλια* seu bibliotheca regia Berolinensis Aethiopica descripta. 8. Erlang. 752. Palm. 4 ℊ

— Kern erbaul. Betrachtt. über wichtige Wahrheiten d. christl. Glaubens- u. Sittenlehre, über d. evangel. Texte im J. 1764 vorgetragen. 8. Hamb. 764. gr. 8. Ebd. 783. (Schnuphase in Altenb.) 16 ℊ

— Kern heil. Bußtagsreden über wichtige Stellen d. heil. Schrift. 8. Jena 772. Fickelscher. 8 ℊ

— Lehren d. göttl. Weisheit. gr. 8. Hamb. 781. (Schnuphase in Altenb.) 16 ℊ

Jo. Dieter. Winkler (resp. C. C. Woog) de Luca Evangelista medico. Lips. 1736. 4.

— die von Gott gebotene Macht u. gebotene Verehrung der weltlichen Obrigkeit. 4. Zelle. 749.

Winkler, Johann Dietrich, s. Nachrichten von Niedersächs. ber. Leuten. . . .

— Nahrung d. Erbauung zur Fastenzeit aus d. Leidensgeschichte Jesu. 8. Hamb. 773.

— biblische Nebenstunden. 2 Thle. Leipz. 769, 70. Müller. 16 gr

— Passionsbetrachtungen nach Gelegenheit d. 18ten u. 19ten Kap. d. Evang. Johannis. 8. Braunschweig, Schröder. 745.

— heilsame Passionsbetrachtungen nach Veranlassung d. Leidensgeschichte Jesu. 8. Hamb. 776. ... 6 gr

Winkler, Jh. Dietr., bibl. Pastoralabhandlungen. 3 Stücke. 8. Hamb. 759, 61. Bohn. (Schnuphase in Altenb.) 12 gr

— Paulus, ein Exempel treuer Lehrer. 4. Hamb. 772. Reuß. 3 gr

— Pflichten d. Lehrer u. Zuhörer in Ansehung d. Irrthümer u. falschen Lehrer. 2e Aufl. 4. Hamb. 772. Breitkopf. 6 gr

— philologemata Lactantiana sacra, variis locis tum sacri codicis illustrandis, tum Lactantii explicandis corrigendisque inservientia. Inserta sunt hinc inde συμμικτα quaedam ἀνεκδοτα critici et philolog. argumenti. 8. Braunschw. 755. Waisenh.-B. 12 gr

— Quellen guter Gedanken in den merkwürd. Begebenheiten, Schicksalen oder Zufällen. 8. Hamb. 775. Bohn. (Schnuphase in Altenb.) 20 gr

Winkler, Johann Dietrich, s. Rölingh, Rh.: Osnabrück. Kirchenhistorie.

— Samml. geistl. Reden über verschied. wichtige Stellen heiliger Schrift, über d. göttl. Wahrheiten rc. 8. Hamb. 762. Herold. 10 gr

— heil. Seelenweide an den Leiden Jesu, Betrachtungen über die Passionsgeschichte. gr. 8. Hamb. 768. Brand. 12 gr

— der Sinn u. Wandel wahrer Christen, nach Veranlassung d. gewöhnl. evangel. Texte schriftmäßig vorgestellet. 8. Hamb. 768

— bibl. Sonntagsandachten. 2 Thle. gr. 8. Hamb. 767—68 Brand. 1 rthl 16 gr

— evangel. Sonntagsarbeit. 3 Thle. 8. Hamb. u. Leipz. 759—61. Grund u. Holle.

— Sylloge anecdotorum varios virorum celeberr. labores complexa etc. 4. Leipz. 750. ... 20 gr

— Tempe, anecdota sacra varia virorum quondam doctissimorum opuscula inedita ad antiquitates ecclesiasticas et theologiam exegeticam patristicamque spectantia complexa etc. 8maj. Halle 757.

— lehrreiche Unterhaltungen vermittelst erbaul. Betrachtungen über d. evangel. Texte. gr. 8. Hamb. 777. Bohn. (Schnuphase in Altenb.) 20 gr Hbg. Pr. 12 gr

— biblisch-exeget. Untersuchungen, darin verschied. wicht. Stellen d. heil. Schr. erläut. werd. 3 Thle. gr. 8. Lemgo, Meyer. 747—49. (I. 6 gr. II. 8 gr. III. m. Anh. u. Register. nb. alle 3 Thle. 12 gr.)

— vindiciae scholae Samuelis propheticae etc. 4. Braunschw. 754. Schröder. 2 gr

— summarische Vorträge heil. Wahrheiten d. christl. Glaubens- u. Sittenlehren. gr. 8. Hamb. 778. Bohn. (Schnuphase in Altenb.) 20 gr

— das große Werk d. Reformation Lutheri; ein gerechter Vorwurf unserer freudigen Bewunderung u. Hochachtung; bei dem drittehalbhundertjähr. Gedächtniß d. wieder hergestellten reinen Lehre rc. 4. Hamb. 766. 2e A. 766.

— das Wesen dieser Welt, nach Anleit. d. Sonn- u. Festtagsevangelien schriftmäßig abgeschildert. 8. Hamb. 765.

Winkler, Johann Dietrich [Hrsg.]. s. Winkler, Johann Fr.: Gründl. Erklärung d. 1. Psalms.

Winckler, Johann Dietrich [Praes.], s. Woog, Karl Christian: De Luca evangelista medico.

— Worte d. Erbauung f. Eltern u. Kinder z. Beobachtung ihrer Pflichten. 8. Wittenb. Kühne. 789.

— erste u. letzte Worte zu Hamburg u. Hildesheim. gr. 8. Hamb. Holle. 758.

— Worte d. Erweckung für Eltern u. Kinder zur Beobachtung ihrer Pflichten. 8. Wittenb. 770. Kühne. 3 gr

— Worte d. Erweckung für Eltern u. Kinder, in dreien Betracht. über besond. Stellen heil. Schrift. 8. Wittenb. 770.

— Worte d. Erweckung zum Glauben u. zur Gottseligkeit. gr. 8. Hamb. 780. (Schnuphase in Altenb.) 16 gr

Winkler, Johann Fr.

Winkler, J. F., Bereitung d. Gläubigen zu e. seligen Tode, nach Gelegenheit d. Evangel. abgefaßt. 8. Hamburg, Brand. 748.

Winkler, Jh. Fr., († ...) gründl. Erklärung des ersten Psalms, zum richtigen Verstande u. erbaul. Betrachtung der darin enthalt. Weissagung von dem Leiden u. Sterben d. Messiä sowohl, als desselben herrlicher Folge; herausg. von seinem Sohne Jh. Dietr. Winkler. 8. Leipz. 760.

— Erklärung d. 53ten Kap. d. Propheten Jesaiä, in 25 Passionspredigten. 8. Ebend. 744.

— überschwengl. Gnade Gottes nach ihren mancherley Wohlthaten aus d. gewöhnl. Evangelien vorgetr. 4 Thle. 4. Ebd. 738—42.

— Verlangen d. Gläubigen nach Christi Zukunft üb. Offenbarung Johannis XXII. 4. Ebend. 750.

Winkler, Johann Heinrich

— Anfangsgründe d. Physik, mit Kpf. 8. Leipz. 753. 2e A. 755. 3e A. 774. Breitkopf u. H. 1 rthl

Winkler, J. H., De anima corporis organici architecta. Lps. 4°. 1739.

Io[annes] Henricus Winkler: De Caussa [Causa] frigoris terrestris in caelo frigido quaerenda. Lipsiae (1759): Breitkopf. VIII S. 8°
Leipzig, Phil.Univ.-Schr.v.12.Dez.1759

—Caussae frigoris et glaciei expositae.
Leipzig (Breitkopf) 13. IV. 1737. 40 S.

Gew.: Christian von Loos. 36878

Io[annes] Henricus Winkler: De Commercio luminis borealis cum acu magnetica. Lipsiae(1767):Breitkopf. 8 S. 8°
Leipzig, Phil.Univ.-Schr.v. 1767

Winklerus, Jo. Henricus, Conjectura de vi electrica vaporum solarium in lumine boreali. Lipsiae 1763.

Die Eigenschaften der electrischen Materie und des electrischen Feuers aus verschiedenen neuen Versuchen erkläret, u. nebst etlichen neuen Maschinen zum Electrisiren, beschrieben von Johann Heinrich Winklern [Winkler]. Leipzig: Breitkopf 1745. 164 S. 8°

—, Einige Fragen üb. d. Wunderbare in d. Seelen der Thiere. 94 S. Lpz. 12°.
1745

Winkler, Johann Heinrich: Gedanken von den Eigenschaften, Wirkungen und Ursachen der Elektricität, nebst einer Beschreibung zwo neuer electrischen Meschinen. 164 S., gbd., 9 Taf.
Leipzig: Breitkopf 1744

— vernunftmäß. Gedanken üb. d. wicht. Sachen u. Streitigkeiten in d. natürlichen Gottesgelahrheit. 8. Ebend. 739.

M. *Jo. Henr. Winkleri* institutiones mathematico-physicae experimentis confirmatae. Lips. sumt. Bernh. Christ. Breitkopfii. 8. (22 gr.) 1738

Winkler, Jo. H., Institutiones philosophicae Wolfianae. 4°. 1735.

Winkler, Jh. Hnr., († d. 18. Mai 1770.) institutiones philosophiae universae, usibus academicis accommodatae etc., c. fig. 8. Leipz. 735. 2e A. 742. 3e A. 762. (Hahn). 2 ₰ 16 gr

Winkler, Jo. H., Novum reique medicae utile electricitatis inventum exponit. Lps. 4°. Phil. Tr. XLV n. 486. Franz. J. oecon. Mai 1759 p. 236. Nouvelliste oecon. et litter. 1760 p. 24–32.
1748

Winkler, Joh. Heinr.: Ob Schlag u. Funken d. verstärkten Electricität f. e. Art d. Donners u. Blitzes zu halten sind? *Berlin 1898.*
in: Luftelektricität, Ueber. 1746 1753
= Neudrucke v. Schriften u. Karten üb. Meteorologie u. Erdmagnetismus. No 11.

Io[annes] Henricus Winklerus [Winkler]: Oratio qua quam mirabiles sint quamque necessariae in animalibus parvitates exposuit. Lipsiae (1739): Breitkopf. 16 S. 8°
Leipzig, Univ.-Schr.v.3.Juni 1739

Ioan[nes] Henricus Winklerus [Winkler]: Qua ratione ignis et materia electrica inter se differant. Lipsiae (1767): Breitkopf. 8 S. 8°
Leipzig, Phil.Univ.-Schr.v. 15.Okt.1767

Io[annes] Henricus Winkler: De Ratione audiendi per dentes.(Lipsiae 1759:Breitkopf.) VIII S. 8°
Leipzig, Phil.Univ.-Schr. v. 1759

Winkler, Joh. Hnr., Sendschreiben von dem Wachsthum der deutschen Sprache durch Hülfe der lateinischen. Leipzig 1740. Fol. . . . . (D.)

Winckler, Johann Heinrich (Lausitz) A. S. 1205/36

Sententiae primariae de caussis coniunctionis corporum naturalis modeste expensae.
Leipzig (Breitkopf) 7. IV. 1736. 40 S.

Gew.: Erasmus Leopold von Gersdorf. 36877

— Die Starke der Electrischen Kraft des Wassers in gläsernen Gefässen, welche durch den Mussenbroekischen Versuch bekannt geworden. Leipzig 1746. Ebde.

Winklerus, Jo. Henricus, Tentamina circa soni celeritatem per aerem atmosphaericum. Lipsiae 1763.

Joh[annes] Henricus Winklerus [Winkler]: Tentamina, quaestiones et coniecturas circa electricitatem animantium. Lipsiae (1720): Breitkopf. 16 S. 8°
Leipzig, Phil.Univ.-Schr.v.21.Jan.1720

— Untersuchungen d. Natur u. Kunst. Mit Kpf. 8. Kopenh. 765. Rothe. 12 gr

Winkler, Jo. H., Philos. Untersuch. v. d. Sayn und Wesen der Seelen der Thiere, von einigen Liebhabern der Weltweisheit in 6 verschiedenen Abhdl. ausgeführt und mit einer Vorrede ans Licht gestellt. Lpz. 1742—45. 8°. Breitkopf

Winkler, Johann Leonhard

Winkler, Joh. Leonh., Aufgabenbüchlein zum Tafelrechnen. Für die Hand der Schüler auf die ganze Dauer ihrer Schulpflichtigkeit. 6. Aufl. gr. 8. (44 S.) Nördlingen 851, Beck. 2 ngr

Winkler, Joh. Leonh., Aufgabenbüchlein zum Tafelrechnen. Für die Hand der Schüler auf die ganze Dauer ihrer Schulpflichtigkeit. 7. Aufl. Nördlingen 855. Beck. gr. 8. (36, 8 S.) 2 ngr

Winkler, Joh. Leonh., Aufgabenbüchlein zum Tafelrechnen. Für die Hand der Schüler auf die ganze Dauer ihrer Schulpflichtigkeit. 8. Aufl. Nördlingen 861. Beck. 8. (44 S.) 2 ngr

Winkler, Joh. Leonh., 40 Singlehrstunden u. nicht mehr. Ein neuer ernster Aufruf zur gründl. Verbesserung d. Gesanguntersrichtsweise in Volksschulen. Auf theoret. Studium u. vieljähr. Praxis gegründet. gr. 8. (3 B.) Nürnberg 833, Riedel.

Winkler, (J. L.,) **Versuch einer bildenden Sprachbaulehre f. Volksschulen mit ausführl. Vorzeichnungen des Unterrichtsganges u. großentheils katechet. Nachweisung d. Methode.** 1r Lehrgang, die Wortbaulehre. gr. 8 Erlang. 823, Palm.

— dess. 2r Lehrgang. Die Satz- u. Redebaulehre. gr. 8. Ebd. 825, Ebd.

Winkler, Johann Moritz

Winkler, J. M.: Ecclesia Hispana Romanorum, Gothorum et Arabum temporibus. 14 S.– Oppeln, Progr. 1852.

Winkler, J. M., Ecclesia hispana Romanorum, Gothorum et Arabum temporibus. I. Pr. 1852. 14 S. 4°. 1.—

Winckler, J. M. Les langues synthétiques et analytiques sous le rapport phonétique. Oppeln, G., 1846. 16 S. 4. Progr.

Winkler: Die neueren Sprachen haben nicht die bildende Kraft der alten klassischen. 19 S. · Leobschütz, Progr. 1861.

Winklerus, Joannes Mauritius *(geb. Schweidnitz 1. 1. 1815)*: Specimen quaestionis de Syriaca carminis Deborae Jud. V versione, scholiis, quae ad eam a Bar-Hebraeo conscripta sunt, integris additis. Vratislaviae (1839). (32 S.) 8° *[Verf. erlebte die Doktorerneuerung 1889 als Gymn.-Prof. in Leobschütz]*

Breslau, Phil. Diss. v. 2. März 1839

Winkler: De primis chalifatus temporibus ec nobilissimis Arabum scriptoribus disseritur. 14 S. Progr. Leobschütz 1857.

Winkler: Über die Zeiten des Indicativs und den Gebrauch des Conjunctivs in unabhängigen und abhängigen Sätzen. Zs. 45 S. Leobschütz, Progr. 1865,67.

Winkler: Über die Zeiten des Indicativs und den Gebrauch des Conjunctivs in unabhängigen und abhängigen Sätzen. 3. Th. 16 S. Leobschütz, Progr. 1871.

Winkler, Johann Nepomuk

Winkler, Jh. Nep., Lesebuch für die der Schule entwachsene Jugend zur weiteren Veredlung des Verstandes u. Herzens. gr. 8. Grätz 822. Kienreich. 5/12 ♮

— kleine deutsche Sprachlehre für die Landjugend. 2e verb. Aufl. gr. 8. Grätz 824. Kienreich. 1/3 ♮

Winkler, Johann Peter Siegmund

Herrn Graf Ludwigs von Zinzendorf Anstalten und Lehr-Sätze, aus gewissen Urkunden gezogen, und in ihrem Wiederspruch gegen die Augspurgische Confeszion und übrigen symbolischen Bücher dargestellt, und kürtzlich wiederlegt ... Leipzig, bey Johann Christian Langenheim, 174o.

— Auflös. schwer. Zweifelsknoten, in Erklärung d. 9ten, 10ten u. 11ten Kap. d. Briefs Pauli an d. Römer, ingl. d. 12ten Kap. Johannis V. 37—40. 8. Stollberg, Friese. 743.

Winkler, J. P. S., Bestätigung der gemeinen Lehre von der Höllenfahrt. (s. l.) 1735. 8.

Winkler, J. P. S., apokalyptische fröhliche Botschaft v. d. Seligkeiten d. Gläubigen in Zeit u. Ewigkeit erläut. mit J. G. Walchs Vorrede. 8. Jena, Cröcker. 759.

Winkler, Jh. Pt. Siegm., († d. 30. Juli 1786.) Erörterung d. wichtigen u. schweren Schriftstelle 1 B. Mose XLI, 10. 8. Quedlinb. 771. Reußner. (Ernst). 3 gr.

— Hauptinhalt d. Predigten über Evangelien von 1763—64. 8. Stollberg 764. Deinzer. 14 gr.

Winckler, Joh. Peter Siegmund. Des Grafen Ludwig von Zinzendorf etc. Unternehmungen in Religions-Sachen aus eigener Erfahrung und schrifftlichen Documenten entworfen. Leipzig: J. Chr. Langenheim, 1712. Kl. 8°. 112 & 72 S. Hldbd. d. Z. mit Rsch. Schön. Hdf. 1456. Kat. Aus. Manheimer 479 (dieses Exemplar).

Winkler, J. P. S., Unternehmungen d. Grafen Ludw. v. Zinzendorf in Religionssachen. 8. Lpz. Klaubarth. 740. Rthlr.

— Untersuchung d. Geschichte Cain's, u. insbesondere des von Gott demselbigen gesetzten Gnadenzeichens, wie auch des von Lameth begang. Todschlages, nach 1 B. Mose 4. 8. Wernigerode 755.

— Untersuch. schwerer Schriftstellen u. theolog. Materien. 5 Thle. 8. Leipz. 748.

Winkler, Johann Reinhold (Pegau) A. S. 577/113

De quibusdam diversis iuribus ratione successionis in res Gerardicas. Präs. Friedrich Gottlieb Zoller. Leipzig (Langenheim) 24. IX. 1773. 12 S.

36924

Winkler, Johannes, s. Winkler, Johann.

Winkler, Josef

Winkler, Jos., der Ablaß der Kirche. Predigt, gehalten am Romfahrtsfest in Luzern. gr. 8. (15 S.) Luzern 858, Gebr. Räber.

Winkler, Jos., Antwort auf Dr. Steiger's „neue Religions-Gefahr in der Eckardt-Winkler'schen Angelegenheit." 2. verb. Aufl. Luzern 861. Gebr. Räber. 8. (16 S.) 3 ngr.

Winkler, Jos., das Christenthum eine geschichtliche u. göttliche Thatsache. Vortrag bei der Eröffnung des Schuljahres 1866,67 den 7. Oktbr. in der Xaverianischen Kirche zu Luzern. Luzern 866. Gebr. Räber. gr. 8. (14 S.) 3 ngr.

Winkler, J. Comparaison de l'ode de J. B. Rousseau sur la bataille de Péterwaradin et de la 5. Orientale de Victor Hugo sur Navarin. Jülich, Pg., 1868. 22 S. 4. Progr.

Winkler, Jos., die katholische Ehe unter der neuen Bundesgesetzgebung, nach der bischöflich-basel'schen Instruction vom 16. Decbr. 1875. gr. 8. (14 S.) Luzern 876, Gebr. Räber.

Winkler, Jos., Konfirmanden-Büchlein für die evangelische Jugend. Nebst Grundzügen der Geschichte der christl. Kirche. 2. verb. und verm. Aufl. 8. (96 S.) Wien 881. (Klagenfurt, Heyn's Buchh.) *

Winkler, Jos., Confirmanden-Büchlein f. die evangelische Jugend. Nebst Grundzügen der Geschichte der christl. Kirche. 5. Aufl. 8. (VIII, 112 S.) Wien 898. (Klagenfurt, J. Heyn.) n. — 80

Winkler, Jos., Konfirmanden-Büchlein f. die evangelische Jugend. Nebst Grundzügen der Geschichte der christl. Kirche. Inhaltlich unveränd., nach der neuen Rechtschreibg. hergestellte 7. Aufl. (VII, 112 S.) 8. Arriach 908. (Klagenfurt, J. Heyn.) nn — 80; kart nn 1. 20

—— Lehrbuch des Kirchenrechts, mit besond. Rücksicht auf die Schweiz. Nebst einem Anh. gr. 8. (XX und 462 S.) Luzern 862, Gebr. Räber.

—— Lehrbuch des Kirchenrechts mit besond. Rücksicht auf die Schweiz. Nebst drei Anhängen. 2. verm. und verb. Aufl. gr. 8. (XX, 482 S.) Ebendas. 878. *

Winkler, Jos., das Patronat-Recht, besond. in Bezieh. auf d. gegenwärtig üb. dasselbe angeregte Fragen in d. Schweiz. gr. 8. (3 B.) Luzern 839, Meyer. Thlr.

Winkler, J. Richensee. Zur Heimatskunde des Cantons Luzern. Eine Erinnerung. In-8°. 120 S. Luzern, J. Schill. 1890 1 20

Winkler, Jos., Sammlung von Broschüren, Abhandlungen, Anreden und Zeitungs-Artikeln. gr. 8. (III, 427 S.) Luzern 880, Gebr. Räber. *

Winkler, Jos., der Sonntag, oder Schrift- u. **Kirchenlehre** üb. das dritte Gebot Gottes: „Gedenke, daß Du den Sabbat heiligest." gr. 8. (VIII u. 248 S.) Luzern 847. (Augsburg, Kollmann.) 2/3 ℳ

Winkler, Jos., deutsche Sprach- und Aufsatzlehre für Bürgerschulen, mit besond. Berücksicht. der gewerbl. Aufgabe dieser Anstalten. In drei Stufen. Hrsg. vom Vereine „Bürgerschule" in Wien. gr. 8. (IV, 88; 86; 98 S.) Prag 884, Tempsky. — Leipzig, Freytag. à Stufe * 60 Pf. geb. à Stufe * 80 Pf. *

Winkler, Jos., deutsche Sprach- u. Aufsatzlehre f. Bürgerschulen, m. besond. Berücksicht. der gewerbl Aufgabe dieser Anstalten. In 3 Stufen. Hrsg. vom Vereine „Bürgerschule" in Wien gr. 8. (IV, 90; 88 u. III, 100 S.) Prag 885. Tempsky. à n. — 60; Einbd. à n.n. 20

Winkler, Josef, Deutsche Sprach- und Aufsatzlehre für Bürgerschulen. Verlag bei F. Tempsky in Wien und Prag. (Min.-Erl. 8. März 1890. Z. 1466.) I. Stufe. 2. verbesserte Auflage. Geheftet —.42, gebunden —.52. II. Stufe. 2. verbesserte Auflage. Geheftet —.40, gebunden —.50 1890.

Winkler, Josef, Deutsche Sprach- und Aufsatzlehre für Bürgerschulen. III. Stufe. 2. verbesserte Auflage. Verlag von F. Tempsky in Wien und Prag. G. Freytag in Leipzig. 1890. (Min.-Erl. 22. Mai 1890. Z. 9722.) Geheftet —.42, gebunden —.55

Winkler, Josef, Deutsche Sprach- und Aufsatzlehre für Bürgerschulen. Mit besonderer Berücksichtigung der gewerblichen Aufgabe dieser Anstalten. II. Stufe. 3. verbesserte Auflage. Wien und Prag 1893. Verlag von F. Tempsky. (Min.-Erl. v. 28. Mai 1893, Z. 10352.) Geb. 1 K

Winkler, Josef, Deutsche Sprach- und Aufsatzlehre für Bürgerschulen. Mit besonderer Berücksichtigung der gewerblichen Aufgabe dieser Anstalten. In drei Stufen. I. Stufe. 3. verbesserte Auflage. Wien und Prag 1894. F. Tempsky.

Winkler, Josef, Deutsche Sprach- und Aufsatzlehre für Bürgerschulen. III. Stufe. 3. verbesserte Auflage. Gr.-8. (92 S.) In Lnwd. geb. —.55 Ebda. 1895.

— dasselbe. Hrsg. vom Vereine „Bürgerschule" in Wien. II. Stufe. 4. Aufl. Unveränd. Abdr. der 3. Aufl. gr. 8. (II, 86 S.) Wien 896. F. Tempsky Geb. in Leinw. n. 1.—

Winkler, Jos., deutsche Sprach- u. Aufsatzlehre f. Bürgerschulen. Mit besond. Berücksicht. der gewerbl. Aufgabe dieser Anstalten bearb. 1. Stufe. 4., umgearb. Aufl. gr. 8. (II, 102 S.) Leipzig 902. G. Freytag. Geb. n. 1.—

Winkler, Josef, Deutsche Sprach- und Aufsatzlehre für Bürgerschulen. Mit besonderer Berücksichtigung der gewerblichen Aufgabe dieser Anstalten.
II. Stufe. 5., umgearbeitete Auflage. Preis, gebunden 1 K.
III. Stufe. 4., umgearbeitete Auflage. Preis, gebunden 1 K.
Wien 1903. F. Tempsky.

Winkler, Jos., deutsche Sprach- u. Aufsatzlehre f. Bürgerschulen. Mit besond. Berücksicht. der gewerbl. Aufgabe dieser Anstalten bearb. I.—III. Stufe. 8. Wien, F. Tempsky. Geb. n. 3. 20
I. 5. Aufl. Unveränd. Abdr. der 4. Aufl. (II, 102 S.) 904. 1.20. — II. 6. Aufl. Unveränd. Abdr. der 5. Aufl. (94 S.) 904. 1.—. — III. 4., umgearb. Aufl. (II, 94 S.) 903. n. 1.—.

Winkler Josef, Deutsche Sprach- und Aufsatzlehre für Bürgerschulen. Mit besonderer Berücksichtigung der gewerblichen Aufgabe dieser Anstalt. Nach dem Lehrplane vom 15. Juli 1907, Z. 2368, umgearbeitet. Wien 1908. F. Tempsky. I. Stufe. 6. Auflage. Geb. K 1.20. II. Stufe. 7. Auflage. Geb. K 1.50. III. Stufe. 5. Auflage. Geb. K 1.20.

Winkler, Jos., Uebersicht für Herrschaften, Fabrik-Inhaber, Handwerks-Meister und Gewerbetreibende aller Art, sowie für Gesellen, Gehülfen, Lehrlinge, Fabrik-Arbeiter und Dienstboten über ihre gegenseitigen Rechte und Pflichten und alle auf ihren Stand und ihr Gewerbe Bezug habenden gesetzl. Vorschriften nach dem neuesten Standpunkte der Gesetze des königl. preuß. Staates zusammengestellt und mit einem Vorworte versehen. gr. 8. (X und 106 S.) Münster 857, Coppenrath'sche Buchh.

Winkler, Jos. Vergleich des universalhistorischen Plans des Herodot mit dem des Diodor. 9 S. Prgr [illegible] 1876.

—— die Volksbildung u. Volksschule, zunächst wie sie sein sollen. In Briefen. gr. 8. (11 B.) Luzern 841, Meyer.

—— die **Wahl** des Dr. Eckardt in Bern zum Professor in Luzern im Herbst 860. Antwort auf den Eidgenossen No. 95. 8. (32 S.) Luzern 861, Gebr. Räber. *

Winkler, Josef Magnus

Winkler, Jos. M., die oriental. Cholera, ihre Geschichte d. Entstehung u. bisherige Verbreitung, Verlaufsweise, Symptomen, ausführl. Vergleichung u. Uebereinstimmung mit d. vorzügl. Contagionen, u. die hieraus hervorgeh. Folgerung ihrer Beschaffenheit u. Vorbauungsweise. (1. Thl.) gr. 8. (13¾ B.) Olmütz 831. (Leipzig, Schmidt.)

Winkler, Jos(eph) M(agnus): Darstellung der Luhatschowitzer Mineralquellen in Mähren als Trink- und Bade-Heilanstalt. 214 S., gbd.

Brünn: Rohrer 1835

Winkler, Jos. M., Darstellung d. Luhatschowitzer Mineralquellen in Mähren, als Trink- und Bade-Heilanstalt, in histor., topograph., physisch-chemischer, pharmakodynam., therapeut. u. diätetischer Hinsicht. gr. 8. Brünn 836. (Seidel.) n. 2⅔ ℳ

Winkler, Jos. M., Darstellung d. luhatschowitzer Mineralquellen in Mähren, als Trink- u. Bade-Heilanstalt, in histor., topograph., phys.-chem., pharmakodynam., therapeut. u. diätet. Hinsicht. gr. 8. (13½ B.) Brünn 836, (Winiker's Buchh.) *

— d. Receptirkunst, oder Anleit. zur Verfassung d. Arzneiformeln, mit vielen Beispielen. Mit 1 Kpf. 8. Wien 825. (Leipz., Liesbeskind). 1 ℳ

Winckler, J. M., allgem. Therapie, od.: allgem. Krankheitsheilungslehre. Zum Gebrauch f. angeh. Aerzte. 2 Bde. (od 3 Thle.) gr. 8. (51 B.) Olmütz 828. (Wien, v. Mösle sel. Wtwe u. Braumüller.] Thlr.

—— allgem. Therapie, od.: Allgem. Krankheitsheilungslehre. Zum Gebr. f. angeh. Aerzte. 2 Bde. (od. 3 Thle.) Neue Ausg. gr. 8. (51 B.) Wien 839, Beck's Univ.-Buchh.

Winkler, Irmgard von: Merkblätter f. d. erste Ernährung d. Kindes, s. Winkler, Henry von.

Winkler, Jul., der böse Dreier, oder: Ehrlich währt am längsten. Ein Geschenk für Kinder von 8–14 Jahren. 2. Aufl. br. 8. (116 S. m. 1 Lith.) Dresden 851. (Schönfeld.) n. 1/3 ℛ

Winkler, Jul., der böse Dreier oder ehrlich währt am längsten. Erzählung für die Jugend und ihre Freunde. 3. Aufl. 8. (138 S.) Dresden 883, Salomon. cart.

—— der Farmer. Leiden und Freuden eines deutschen Auswanderers in Amerika. Ein Phantasiegemälde in poet. Gewande. 8. (48 S.) Dresden 850, [H. H. Grimm.] *

— Fritz, der seine Tante sucht. Ein Weihnachtsgeschenk für Kinder von 8 bis 14 Jahren. gr. 8. (87 S. m. 1 Lith.) Dresden 852. (Schönfeld.) n. 1/3 ℛ

Die Gegner der Freimaurerei. [Unterz.:] K. W. W[inkler]. Dresden o.J.: Ramming. 1 Bl. 8°.

„Wie das Erz in tiefem Schachte"... 21.

Winkler, Karl, s.: Beiträge zur Geschwulstlehre.

v. Winkler, Karl, Bemerkungen über den Vorzug d. polnischen Pferde vor den deutschen bei d. Cavallerie, u. deren Behandlung. 8. Nürnb. 808. Stein. (J. Lindauer in Münch.) 12 ℊ

Winkler, K. v. Bemerkungen über den Vorzug der polnischen Pferde vor den deutschen bei der Kavallerie u. deren Behandlung. München 1808. 87 S.

Winkler, Karl: Aus dem Pathologischen Institut in Breslau. Ueber die Betheiligung des Lymphgefässsystems an der Verschleppung bösartiger Geschwülste. *Breslau: (G. Reimer in Berlin) 1898.* (77 S.) 8° ¶ (Aus: Virchow's Archiv für pathologische Anatomie und Physiologie und für klinische Medicin, Bd 151 Suppl.)
Breslau, Med. Diss. v. 11. Juni 1898

WINKLER, Karl: De Horatii Carmine saeculari. — 1886. 37 S. Diss. Graz, Univ.

Winkler, Carl, Dr. (med., Assist. am Kgl pathol. Inst.): Aus d. Kgl. Pathol. Institut in Breslau. Das Deciduom. *Breslau 1901: Bresl. Genoss.-Buchdr.* (59 S.) 8° ¶ (Aus: Zeitschrift f. Geburtshülfe u. Gynäkol., Bd 46, H. 2.)
Breslau, Med. Hab.-Schr. v. 13. Nov. 1901

Winkler, Karl: Lockes Erkenntnistheorie verglichen mit der des Aristoteles. 8 (S. III–XXVII.) Progr. Staats-G. Villach 1889.

Winkler, Carl, die Erkrankungen des Blinddarmanhanges (Processus vermiformis). (Aus dem königl. patholog. Institut zu Breslau.) (VI, 334 S. m. 22 Abbildgn. u. 10 zum Tl. farb. Taf.) gr. 8. Jena 910. G. Fischer. 18. —

Winkler, Carl: Flora, s. Flora.

Winkler, C.: Geschichte der deutschen Literatur in Frankreich. 19 S. Rossleben, Progr. 1872.

— Die Gewächse der Nebennieren. Mit 26 Abbildgn. auf 4 Taf. (V, 197 S. m. 4 S. Erklärgn.) Lex. 8. Ebd. 909. 9. —

Winkler, Karl. Commercielle Calculation, s. Leitfaden der Calculation f. holzverarbeitende Gewerbe.

— Lockes Lehre von dem Schliessen und den syllogistischen Formen. 8 (S. III–XIX). Progr. Staats-G. Villach 1890.

Winkler, Carl: Ueber die Patois der Langue d'oïl. Halle 1871: Waisenhaus. 28 S. 8°
Halle-Wittenberg, Phil. Diss. v. 16. März 1871
Geb. Guben 10. 4. 1847. V.

Winkler, Carol [!] August [!] (geb. am 23 Aug. 1812 in Eisleben): De sectione caesarea in clinico obstetricio Bonnensi nuper instituta ... Bonnae, form. F. P. Lechneri 1846. 31 S. 8.
Bonn, Med. Fak., Diss. v. 22 Aug. 1846

Winkler, Karl August von: System d. kursächs. Kriegsrechts, s. Winckler, Karl August von.

Winkler, Karl Friedrich: De collatione iuris provincialis Hadelensis cum iure civili circa materiam successionis. [Resp.:] Dietericus Gerhardus Hoepfner. Kiliae. 1765. 8°

Winkler, Karl Friedrich [Praes.], s. Iden, Gustav Dietrich: De iure circa flumina.

Winkler, Karl Friedrich [Praes.], s. Krohn, Heinrich Adolph: De retractu gentilitio juris Germanici universalis provocantem in fundata intentione omnino constituente.

Winkler, Karl Friedrich [Praes.], s. Krohn, Herm. Diet.: Diss. inaug. jur., qua de triga exercitationum ad jus Lubecense, ...

WINKLER, CAR. FRID., De venditore ad facultatem poenitendi ipsi si decimam partem pretii solverint jure Lubecensi concessam in casu emtionis arra interveniente perfecte celebratæ frustra provocante. Kiliæ. 1758. 4. P. (Univ.-Progr. til Herm. Diet. Krohns Doktorpromotion).

Winkler, Karl Gottfried von, s. Winckler, Karl Gottfried von

Winkler, Karl Gottfried Theodor [wirkl. Name], s.a. Hell, Theodor [Pseud.]

Mehrere Tugenden: Das goldne A. B. C. der Maurertugenden. Vom Br. Karl Theod. **Winkler.** Hälfte 1. 2. [Dresden] o. J. 8° [Kopftit.]
1. 2 Bl.; 2. 2 Bl.

[Dasselbe. Neudr. Chemnitz] o. J.: [Pickenhahn]. 8⁰
1. 2 Bl.; 2. 2 Bl.
Lied zur Tafel-Loge. Mit Chor ohne Noten: „Der Weisheit Aufang, wie wir alle wissen, ...“

Winkler, Carl Gtfr. Theod., †(Theod. Hell,) Abendzeitung, s. Abendzeitung.

Winckler, Karl Gf. Thdr., Bianka v. Toredo. Dramat. Dichtung in 5 Akt. gr. 8. Leipz. 808. Hartknoch. 1 Rthl.

Winkler, Karl Gottfried Theodor. s. Camoens: Lusiade. Leipzig.

Winkler, Karl Theod.: Mein Dank. [Unterz.:] Karl Theodor **Winkler**. o. O. 1845. 4 S. 4⁰. [Kopftit.] [Lith.]
„Wie nun Euch danken?“ ... 21.

Winckler, Karl Gf. Thdr., (Psdn. Thdr. Hell), Dresden in Natur u. Kunst, bei seinem schönsten Feste, d. Feier einer 50jähr. Regierung Friedrich Augusts, gesungen. 12. Dresd. 818.

Eröffnungs- und Schlussgebete bei maurerischen Arbeiten in den drei Graden, gedichtet vom Br K[arl] G[ottfr.] Th[eod.] **Winkler**. [Grimma] o. J.: [Verl. Comptoir.] 62 S. 8⁰ [Umschlagtit.]
In Versen. 23. 25.

Das dreigestrichene F der Maurer-Freude. [Unterz.: Karl Gottfr. Theod.] **Winkler**. [Dresden] o. J. 1 Bl. 8⁰ [Kopftit.]
Tafelgesang. Ohne Noten: „Wie sich der Maurer mit ganzer Kraft ...“ 157.

Winkler, Karl G. Thdr., s. v. Genlis, Alphensine. — Dess. Battuecas.

Winkler, Karl Gottfried Theodor. s. Komus, ein Taschenbuch.

Des Maurers Leben, dargestellt in neun Gesängen vom Br. K[arl] G[ottlieb] Th[eod.] **Winkler**. Dresden: Selbstverl. [1816]. XVI, 110 S. 9 Kpfr. 8⁰ [Kupfertit.:] Des Maurers Leben, gesungen vom Br. K. G. T. Winkler.

[Dasselbe.] 2. Aufl. Dresden: Hartknoch in Comm. [1816]. XVI, 110 S. 9 Kpfr. 8⁰

[Dasselbe.] 3. Aufl. Dresden: Arnoldi 1825. XVI, 110 S. 9 Kpfr. 8⁰

— des Maurers Leben, dargestellt in neun Gesängen. Mit Vign. gr. 8. Leipz. 816. 2e A. 817. 3e A., mit 10 Kpf. 825. Hartknoch. (Dresd., Arnold). 1 Rthl. 8 Gr.

[Dasselbe.] 4. unveränd. Aufl. Dresden: Türk 1863. XVI, 143 S. 8⁰ [Ohne Kupfer.]
cf. ALZ. 1816 Nr 99; JALZ. 1827 Nr 235; A. 5 1830 S. 281—290 (F. v. Sydow).
Kl. 591, Tt. 2383—2385. Üb. Religion, Vaterlandsliebe, Bruderliebe, Liebe zu den Schwestern, die Hallen der Weihe, Wohlthätigkeit, die Feste des Mrs, den Mr. in der Fremde u. das Hinübergehen in den ewigen Osten.

[Lied.] Den Besuchenden. [Unterz.:] K[arl] Th[eod.] **Winkler**. o. O. u. J. 1 Bl. 8⁰ [Kopftit.]
Ohne Noten: „Sind die Kanonen gehörig geladen?“ 281.

Winkler, Karl Gottfried Theodor. s. Richter, G. K. Alex. v.: Gedichte.

Winkler, Karl Gottfried Theodor. s. Rosen, e. Taschenbuch.

Winkler, Karl Gottfried Theodor, s. Sheil, R.: Evadne.

— Tagebuch d. deutschen Bühnen auf d. J. 1816. Dresd., Arnold. 1 Rthl. 12 Gr.

Winkler, Karl Gottfried Theodor, s. Weber, K. M. v.: Schriften.

Die Weihe des Sarges. [Von Karl Gottfr. Theod. **Winkler**. Dresden: 1807.] 1 Bl. 8⁰ [Kopftit.]
Gedicht: „Vollendete! einst in der Brüder Mitte, ...“ 193.

Winkler, Karl Gottlieb Theodor. s. Winkler, Karl Gottfried Theodor

Winkler, Karl Ludwig Gottlob. s. Winckler, Karl Ludwig Gottlob.

Winkler, Car. Ludov. Otto (geb. Unruhstadt 3. 8. 1839): De resectionibus artuum in bello factis atque faciendis. Berolini: 1861. (32 S.) 8⁰
Berlin, Med. Diss. v. 31. Juli 1861

Winkler, Karl Theodor, s. Winkler, Karl Gottfried Theodor

Winkler, Klemens (Alex.)

Winkler, K. A., Zu Br. Frankes Abhandlung „Untersuchungen über Schlagwetter“. Leipzig, 1888. 5 S.

Winkler, Clem., Anleitung zur chemischen Untersuchung der Industrie-Gase. 1. Abth.: Qualitative Analyse. Mit 31 in den Text gedr. Holzschn. u. 1 lith. Taf. (in qu. gr. Fol.) gr. 8. (VI, 166 S.) Freiberg 876. Engelhardt. n. 8. —

Winkler, Clem., Anleitung zur chemischen Untersuchung der Industrie-Gase. 2. Abthl.: Quantitative Analyse. Mit vielen in den Text eingedr. Holzschn. gr. 8. (XVI, 476 S. m. 1 Steintaf.) Freiberg 877. 80. Engelhardt. n. 24. — (cplt.: n. 32. —)

Winkler, Clem., Lehrbuch der technischen Gasanalyse. Kurzgefasste Anleitung zur Handhabung gasanalyt. Methoden von bewährter Brauchbarkeit. Auf Grund eigener Erfahrungen bearb. gr. 8. (VI, 126 S. mit vielen in den Text eingedr. Holzschn.) Freiberg 881, Engelhardt'sche Buchh.

— — Lehrbuch der technischen Gasanalyse. Freiberg 1885. 8.

Winkler, Clem., Lehrbuch der technischen Gasanalyse. Kurzgefasste Anleitg. zur Handhabg. gasanalyt. Methoden v. bewährter Brauchbarkeit. Auf Grund eigener Erfahrg. bearb. 2. Aufl. gr. 8. (XII, 200 S. m. Holzschn.) Freiberg 892. J. G. Engelhardt. n. 11. —

Winkler, Clem., Lehrbuch der technischen Gasanalyse. Kurzgefasste Anleitg. zur Handhabg. gasanalyt. Methoden von bewährter Brauchbarkeit. Auf Grund eigener Erfahrg. bearb. 3. Aufl. gr. 8. (XII, 224 S. m. Abbildgn.) Leipzig 901. A. Felix. n. 8. —; geb. n. 9. —

Winkler, Clem., die Maassanalyse nach neuem titrimetrischem System. Kurzgefasste Anleitung zur Erlernung der Titrirmethode, der chemischen Anschauung der Neuzeit gemäss bearb. Mit in den Text eingedr. Holzschn. gr. 8. (VIII, 98 S.) Freiberg 883. Engelhardt. n. 4. —

Winkler, Clemens, praktische Uebungen in der Maassanalyse. Anleitung zur Erlernung der Titrirmethode. Unter Zugrundelegung des ursprüngl. titrimetr. Systems der chem. Anschauung der Neuzeit gemäss bearb. gr. 8. (XI, 159 S. mit in den Text eingedr. Holzschn.) Freiberg 888, Engelhardt. *

—Praktische Uebungen in der Maassanalyse. Anleitung zur Erlernung der Titrimethode. Zweite Auflage. Freiberg, 1897. 8vo. Ill.

Winkler, Clem., prakt. Uebgn. in d. Maassanalyse. Anleitg. zur Erlerng. d. Titrirmethode. 2. Aufl. gr. 8. (XI, 159 S. m. Holzschn.) Freiberg 898. Leipzig, A. Felix. n. 6. —

Practische Uebungen in der Maassanalyse. Anleitung z. Erlernung d. Titrirmethode. Bearb. von Dr. Clemens Winkler, Prof., Freiberg i. S. Mit Holzschn. 3. Aufl. *Leipzig: A. Felix 1902.* (XI, 164 S.) 8° [03.1431]

Winkler's, Clem., praktische Übungen in der Maassanalyse. 4. Aufl. bearb. v. Otto Brunck. (XI, 196 S. m. 27 Abbildgn.) Lex. 8. Leipzig 910. A. Felix. 7.20; geb. 8. —

Winkler, Clem. Alex., Untersuchungen über die chemischen Vorgänge in den Gay-Lussac'schen Condensationsapparaten der Schwefelsäurefabriken. Freiberg 867. Engelhardt'sche Buchh. 8. (36 S.) n. 6 ngr.

— wann endet das Zeitalter der Verbrennung? Vortrag, geh. beim allgem. Bergmannstage in Teplitz am 5. XI. 1899. gr. 8. (16 S.) Freiberg 900. Craz & Gerlach. n. — 60

Winkler, Klemens [Bearb.], s. Winkler, Kurt Alex.: Geschichtl. Mitteilungen über d. erloschenen Silber-, Blei- u. Kupferhütten d. Erzgebirges u. Voigtlandes.

Winkler, Cl. Wirkt die in unserem Zeitalter stattfindende Massenverbrennung von Steinkohle verändernd auf die Beschaffenheit der Atmosphäre? Dresden. 1883.

Winkler, Kornelis

Winkler, C., üb. die Bedeutung des psychiatrischen Unterrichts f. die Heilkunde. Antrittsrede, geh. an der Reichsuniversität in Utrecht am 20. Septbr. 1893. (Ins Deutsche übertr. v. Ferd. Adb. Junker v. Langegg.) gr. 8. (42 S.) Leipzig 894. W. Engelmann. n. — 80

Winkler, Curt, s.: Dietze, Otti, e. Gastspielreise nach Süd-Amerika.

Winkler, Kurt Alex., die europ. Amalgamazion d. Silbererze u. silberhaltigen Hüttenprodukte. gr. 8. (14 B., 2 Stnt. Fol. u. 1 Tab.) Freyberg 833, Engelhardt.

Winkler, Kurt Alex., die europäische Amalgamazion der Silbererze u. silberhaltigen Hüttenprodukte. 2. verb. u. verm. Aufl. Mit 1 Holzschnitt u. 1 lith. Taf. (in Fol.) gr. 8. (XVI u. 210 S.) Freiberg 848, Engelhardt. n. 1 1/3 ℛ

Winkler, Kurt Alex., Bericht üb. d. Zusammensetzung, Werthverhältnisse u. Verkohlungsfähigkeit d. vornehmsten Torfsorten d. sächs. Erzgebirges. Mit e. tabellar. Zusammenstell. d. durch d. Untersuchungen erhalt. Resultate u. e. Abhandl. üb. d. Anwend. d. rohen Torfs u. seiner Abfälle überh. gr. 8. (5 1/4 B.) Freiberg 840, Engelhardt. *

—— Beschreibung d. freiberger Schmelzhüttenprocesse. Für Silber-, Blei- u. Kupferhüttenleute ausgearb. gr. 8. (13 B.) Freiberg 837, Engelhardt. *

Winkler, (Kurt Al.,) Erfahrungssätze über die Bildung der Schlacken. Ein Leitfaden bei Beurtheil. d. Schmelzprocesse. 8. Freyburg 827, Craz u. G.

Winkler, Kurt Alex., Erfahrungssätze üb. d. Bildung d. Schlacken Ein Leitfaden bei Beurtheilung d. Schmelzprocesse u. bei Anordnungen d. Beschickungen. Für Hüttenleute. 8. Frberg 828 Craz u. G. 6 gr

Winkler, Kurt Alex., geschichtliche Mittheilungen über die erloschenen Silber-, Blei- und Kupferhütten des Erzgebirges und Voigtlandes. Nach den hinterlassenen Aufzeichnungen des Verf. bearb. von Clemens Alex. Winkler. gr. 8. (VIII, 55 S.) Freiberg 871, Engelhardt. *

— d. europ. Silberamalgamation d. Silbererze u. silberhalt. Hüttenprodukte. Mit 2 Steintaf. gr. 8. Frberg 832. (833.) Engelhardt. 1 ℛ 12 gr

Winkler, L., praktische Winke für Lehrlinge, überhaupt f. junge Leute, die tüchtige Männer werden wollen. 12. (8 S.) Zwickau 902. A. Scherel. n. — 25

Winkler, Leonhard

Winkler, Leonh., der Anteil der bayerischen Armee an den Feldzügen in Piemont 1691 bis 1696. 2 Thle. Lex.-8. München, Franz' Verlag. *

Inhalt:

Thl. 1. Feldzugsjahr 1691. (VIII, 58 S.) 886. *M 2.—.
» 2. Feldzugsjahr 1692—1696. (VII, 127 S.) 887. *M 3—.

Winkler, Leonh., ein Gang durch das königl. bayer. Armee-Museum in München. 8. (25 S.) München 881, Franz'sche Buchh. *

Winkler, Leonh., die Geldheirath. Lustspiel in 5 Akten. Frei nach Scribe's „le mariage d'argent". gr. 8 (71 S.) München 883. (Franz' Verl.) n. — 60

Winkler, L., Geschichte des kurbayerischen Heeres, s.: **Staudinger, Karl.**

— Kommandoworte u. Bemerkungen für die Ausbildung des einzelnen Infanteristen, der Trupps, der Kompagnie u. des Bataillons, nebst Anhang [Signale für das zerstreute Gefecht u. Kommandoworte zum Bajonettfechten], bearb. nach dem Exerzier-Reglement für die Infanterie. 12. (VIII, 66 S.) Ebend. 882. n. — 60

Winkler, L. Das kurbayerische „Prinz Philipp Karabiniers-Regiment zu Pferd" 1704—1710, s. a. Darstellungen aus der bayerischen Kriegs- u. Heeresgeschichte.

Winkler, L. Das kurbayer. Prinz Philipp Karabiniers-Reg. zu Pferd 1704—1710. Mit Unif.-Bld. München 1892. 96 S.

Winkler, L. Sanitätswesen in d. kurbayer. Armee nach d. 30jähr. Kriege bis zum Tode des Kurfürsten Max Emanuel (1649—1726). Berlin 1899. 13 S. 4°

Winkler, Leonhard, k. bayer. Hauptm. a. D., verwendet im k. bayer. Kriegsarchiv. Das kurbayerische Reg. z. F. „Graf Tattenbach" in Spanien 1695—1701. Supplement-Heft zum „Jahrbuch der Militärischen Gesellschaft München" pro 1888—1890. 8. München 1890.

Das kurbayerische Regiment z. F. „Graf Tattenbach" in Spanien 1695—1701. München 1890. 162 S.

— von München nach Oberammergau u. zurück. Skizze. 8. (74 S.) Augsburg 880. Schmid's Verl. n. 1. —

Winkler, Leopold: Ausblicke auf die preußische Gymnasialreform. 17 S. 8. **Progr.** Erstes deutsches Staatsgymn. *Brünn* 1903.

Winkler Leopold: Die Dittographien in den nikomachianischen Codices des Livius. (30. 25). Wien II. 2. St. G. (Erzh. Rainer G). 90. 92. **Progr.**

Winkler Leopold: Der Gebrauch des Infinitivus bei Livius in den Büchern I. XXI. u. XLV. 22. Brüx 95. (Vgl. auch Nr. 808/9). **Progr.**

Winkler, Leopold —, Beth Jehuda. Enthält Exegesen und erläuternde Betrachtungen über mehrere dunkle Stellen der heiligen Schrift, nebst einer Sammlung ebräischer Dichtungen. Von — —. Wien, 1856. Gedruckt bei J. Holzwarth. (120 S. 8.)

Winkler, Leopold: Die Quellen des III. makedonischen Krieges der Römer und seine Ursachen. 8. 18 S. **Progr.** Erstes deutsches k. k. G. *Brünn* 1898.

Winkler, Lorenz: Versuch einer methodischen Behandlung von Schillers Dichtung „Die Künstler". S. 3—31. 8. **Progr** K. k. Staatsgymn. *Mähr.-Weißkirchen* 1903.

Winkler, Ludw., Animalia als Arzneimittel einst u. jetzt. (92 S. m. 1 Abb.) gr. 8. Innsbruck 908. H. Schwick. 2. —

Winkler, M, Einige Bemerkungen zu Quintus Smyrnaeus (bes. in s. Verhältn. zu Homer.) Progr. Baden 1875. 32 S.

Das Mormonentum, s. gefährl. Wesen u. Wirken, mit besond. Berücks. d. deutschen Verhältnisse. Von Maria Lydia **Winkler**. Mit 2 Ill. Berlin: Selbstverl. [1908]. (IX, 121 S.) 8° [F.] '08. 5674

Winkler, Mario, ich gratulire, s.: Volksbibliothek, deutsche.

Winkler, Martin: Das Anerkenntnis im deutschen Zivilprozess. Amberg 1910: Böes. VIII, 82 S. 8°
Erlangen, Jur. Diss. v. 28. Mai 1910, Ref. Oertmann
[Geb. 15. Febr. 85 Amberg; Wohnort: Amberg; Staatsangeh.: Bayern; Vorbildung: Neues Gymn. Regensburg Reife 05; Studium: München 4, Erlangen 4 S.; Rig. 7. Nov. 10.] [U 11. 888

[F.] **Winkler,** Martin [Dr.]: Der Traditionsbegriff des Urchristentums bis Tertullian '(† 240 n. Chr.)'. München, R. Abt, 1897; V S., 1 Bl., 132 S. 8.
Würzburg, Theol. Fak., Inaug.-Diss. v. 1897

Winkler (Winkhler, Winklher), Matth. Jakob

WINKHLER, J. M. Gründliche u. vollständige Anleitung zur Berichtigung der Stiftungen. Ferstl, Grätz 1781.

— gründl. u. vollständ. Anleit. z. Bericht. d. Stiftungen nach d. Inhalt allerhöchst. Verordnung, allen Dominien ꝛc. gewidm. 8. Ebend. 788.

Winkler, Matth. Jakob, s. Anleit. zur Berichtigung d. Stiftungen.

Winkler, Matth. Jakob, s. Christ, D., am Grabe d. Heilandes. 3e Aufl. 808.

— **Diss. historico-critica accommodatum editum. 4. Grätz 789. Ferstl. 1 fl.**

— **Diss. historico-critica gentium veterum in usum s. hermeneut. tironum. 8maj. Grätz 785. Ferstl. 10 kr.**

— **das Ehepatent am 16. Jan. 1783, mit allen nachher. ergangenen Verordnungen. In planmäß. Zusammenhange. 8. Grätz 788.**

— **Examen ordinandorum concinnatum a presbytero quodam seculari dioecesis Seccoviensis. 8maj. Grätz 788 Ferstl. 10 kr.**

— **Rituale Seccoviense, s. *Rituale*** 1789.

Winkler, Matth. Jac., Dissertatio historico-critica de statu politico et ecclesiastico veterum Patriarcharum et Hebraeorum in usum s. hermeneuticae tironum. Graz, Ferstl, 1784, 8°, 191 S.
Recens. Litterat. d. kath. Deutschl. Bd. VI (1796), S. 130.

— **Tauf- u. Krankensalbung nach dem röm. Ritual ins Deutsche übersetzt, mit Anmerkk. zum Vortheile d. Laien. 8. Grätz 786. Ferstl. 4 kr.**

— Tauf- u. Krankensalbung nach d. röm. Ritual ins Deutsche übers. m. Anmerk. z. Vortheile d. Layen ꝛc. 8. Ebend. 787.

— **Trauerrede auf den sel. Hintritt Kaiser Joseph II. gr. 8. Grätz 790. Ferstl. 4 kr.**

Winkler, Matth. Jakob, s. Triumpf der christl. Religion.

— Trostreden an Kranke u. Sterbende z. Gebr. d. Seelsorger, auch in deren Ermangelung z. Gebr. d. Laienchristen. 8. Ebend. 789.

Winkler, Matth. Jakob, s. Trostreden f. Kranke u. Sterbende.

— **Unterricht über den Jubelablaß, sammt dazu gehör. Andachtsübungen. 8. Grätz 795.**

Winkler, Max. Beiträge zur Kenntnis der benignen Tumoren der Haut. ⟨Naevi cystepitheliomatosi ⟨Syringome⟩ und multiple symmetrische Gesichtsnaevi⟩. Diss. Med. Bern. ⟨Hiezu Taf. I.⟩ Sonderabdruck [aus] Archiv für Dermatologie und Syphilis.... Band 67, Heft 1. *Kopftitel:* Aus der dermatologischen Universitätsklinik in Bern. ⟨Prof. Dr. [Joseph] Jadassohn.⟩ II + 36 S. 8. Wien und Leipzig, Wilhelm Braumüller, 1903.

Winkler, Max, Heimatklänge. Der Kirchgemeinde zu Kottmarsdorf dargeboten. 1. u. 2. Hft. gr. 8. Neugersdorf. (Löbau, E. Oliva.) à n.n. — 60
1. Glockengrüße. (35 S.) (898.)
2. Kirche, Pfarre u. Schule. (III, 40 S. m. 1 Abb.) (900.)

WINKLER, Max (Frankenstein): Über Knochenbildungen in der dura mater cerebralis.- München: Ernst 1893. 22 S.,1 Bl.
26.7.1893 - Chr 1893/94,12; Jv 1893/94,205
Diss. Ingolst.-Landsh.-Mchn.

Winkler, Max J.

Winkler, M. J., offener Brief an Herrn Pancr. Nampis, Domvikar u. Domchorregent zu Eichstätt. Zugleich Andeutungen für jüngere musikal. Kräfte, in der Auswahl u. Ausführung der Tonstücke behutsam zu sein u. sich einer geschmackvollen, sorgfältigen Behandlung derselben nicht zu entziehen. München 866. Fritsch. br. 8. (32 S. mit einer Notenbeilage in qu. 4.) n. 1 ngr.

Winkler, Max, vollständige Generalbaß- u. Harmonielehre, s. Zehnter, Mart.

Winkler, M. J., 193 Generalbaß-Uebungen oder Beispiele in systemat. Ordnung zur Uebung im Spielen u. Aussetzen des bezifferten Basses, von der Intervallenlehre angefangen, alle Accorde in allen Tonarten, Lagen u. Auflösungen umfassend. Ein Anhang zu jeder, besonders aber der Generalbaßlehre von Zeheter u. Winkler. Lex. 8. (VIII u. 72 S.) Nördlingen 851, Beck. 14 ngr

Winkler, Max J., **Generalbaßübungen.** 2. gänzl. umgearb. und verm. Aufl. Lex.-8. (VIII, 78 S.) Nördlingen 874, Beck'sche Buchh. (*M.* 1,50.) *

Winkler, Max, Generalbaßübungen. Im Hinblick hauptsächlich auf das Bedürfnis für Präparandenschulen und Lehrer-Bildungsanstalten verf. 3. umgearb. und verm. Aufl. gr. 8. (X, 111 S.) Nördlingen 882, Beck'sche Buchh.

Winkler, M. J., Harmonie- und Compositionslehre für junge Musiker, Orgelschüler und Schulseminaristen etc. 2., durchaus umgearb. Aufl. der Generalbass- und Harmonielehre von Zeheter und Winkler. 3 Abthlgn. Lex.-8. Nördlingen, Beck'sche Buchh.

Inhalt:
Abthl. 1., 2. Harmonie und Figuration. Nachahmung und Formenlehre. (XX und 380 S.) 857. * 1 Thlr. 22½ Ngr.
» 3. Der Contrapunkt. (VIII und S. 381—756.) 859. * 1 Thlr. 22½ Ngr.

—— dreistimmige Messe für 1 Tenor- und 2 Bass-Stimmen. hoch 4. (8 S.) Regensburg 863. (Neuburg a. D., Prechter.) *

—— allgemeine **Musiklehre.** Ein Hand- und Uebungsbuch für Jeden, welcher sich in den musikal. Gegenständen unterrichten will. Für jeden Musiker, ganz besonders aber für Lehrer, Seminaristen, Präparanden etc. gr. 8. (VIII, 270 S. mit 1 Stnt. in qu. 4.) Ebendas. 870. *

—— Nothwehr gegen die Angriffe des Benefiziaten und Redacteurs der „Fliegenden Blätter", Herrn Franz Witt in Stadtamhof. Mit einer Musikbeilage: Vierstimmiges Benedictus mit Blechinstrumenten-Begleitung. gr. 8. (20 S.) Ebendas. 873. *

Winkler Melitta Freiin von: Beziehungen der Patriarchen von Aquileja zu den ersten Hohenstaufen. M. 1908 PN 2592 Diss Wien, Univ.

Winkler, Michael

Winkler, M., graphische Darstellung der Verbreitung der deutschen Stenographie-Systeme. Bearb. u. nach dem neuesten statist. Material u. bis zum J. 1901 erweitert. 51,5 × 35 cm. Darmstadt (902). Selbstverl. — 30

— s.: Gabelsberger's, F. X., Schreibübungen.

Winkler, M(ich.), **Gabelsberger-Fibel.** Kurz gefaßter Lehrgang der stenograph. Verkehrsschrift. 1. Tl. der Redezeichenkunst Gabelsbergers. Systematisch dargestellt, f. den prakt. Schulunterricht nach neuen Lehr-Grundsätzen bearb. u. zunächst als method. Studie hrsg. (X, 32 S.) gr. 8. Darmstadt 903. (Wolfenbüttel, Heckner.) n. 1. —

Winkler, M., Gabelsberger Fibel. Lehrbuch d. Gabelsberger'schen Stenographie (Verkehrsschrift). 2., verb. Aufl. (Kleine Ausg.) m. Schlüssel f. Selbstlernende. (28 S.) 8. Darmstadt 904. (Wolfenbüttel, Heckner.) nn — 25

— **Lehrbuch** der Gabelsberger'schen Stenographie (Verkehrsschrift). 3.—7. Aufl. (Kleine Ausg.) m. Schlüssel f. Selbstlernende. (à 28 S.) 8. Ebd. 905. — 50

— **Lehrbuch** d. Gabelsberger'schen Stenographie (Verkehrsschrift). 9. Aufl. (Kleine Ausg.) m. Schlüssel f. Selbstlernende. (28 u. IV S.) 8. Darmstadt 905. (Wolfenbüttel, Heckner.) — 50

Winkler, Mich., Orientirungs-Schema der k. k. Reichshaupt- u. Residenzstadt Wien. Auf Grund der neuen Häuser-Nummerirung u. Gassenbenennung, in 10 Heften, die 9 Gemeinde-Bezirke Wiens umfassend u. einem General-Index sämmtlicher Gassen-, Straßen- u. Plätze-Namen Wien's in alphabetischer Ordnung mit genauer Angabe der Gemeinde-, Gerichts-, Polizei- u. Pfarrbezirke, zu welchen jedes Haus mit der neuen Orientirungs-Nummer zugehörig ist. Wien 863. (Gerold.) gr. 8. (XXIX, 1128 S.) n. 3 ℛ 10 ngr.; mit 10 lith. Plänen n. 5 ℛ; einzelne Hefte à n. 20 ngr.

— — 9 Hefte. Ebend. 862, 63. 16. (298 S. u. 9 lith. Pläne in 4.) n. 1 ℛ 15 ngr.; mit Marginalien n. 2 ℛ

— stenographisches **Schönschreibheft** Nr. 1—4. (Vollständiger Lehrgang in 5 Heften.) Nach seinem Lehrbuch zusammengestellt. (à 24 S.) 8. Ebd. à — 20

Stenographisches Schönschreibheft bearb. von M. **Winkler,** Lehrer. 3. Aufl. No 1. Osterwieck: A. W. Zickfeldt i. Komm. 1905. 8° [05. 10100 3

— Stenographisches **Schönschreibheft** Nr. 5. (Vollständiger Lehrgang in 5 Heften.) Nach seinem Lehrbuch zusammengestellt. (20 S.) 8. Osterwieck (906). (Wolfenbüttel, Heckner.) nn — 20

— **Schreibheft** Nr. 1 zur Gabelsberger-Fibel. (24 S.) gr. 8. Ebd. (902). n. — 20

Winkler, M., s.: Taschenbuch, kleines, f. Stenographen.

— **Uebertragungs-Aufgaben** zur Einübung der stenographisch. Verkehrsschrift in Anfänger- u. Wiederholungskursen. (14 S.) kl. 8. Ebd. 905. n.n. — 12

Verbreitung der Stenographie im Deutschen Reiche, Oesterreich und der Schweiz. Nach dem neuesten statist. Material bearb. von **M. Winkler,** (Kammerstenograph, Darmstadt). [Nebst] Graph. Darstellung d. Verbreitung der deutschen Stenographie-Systeme. (2. Aufl.) *Darmstadt: Selbstverl. 1902; Lith. Ph. Reinheimer.* (1 Kartenbl. 63 × 58 cm, 1 Bl.) quer-gr. 2° [kol.] [03. 2885

Winkler, O., Wechsellehre und Buchführung in der Fortbildungsschule. 8. (167 S.) Leipzig 878, E. Senf.

— O, Wechsellehre und Buchführung. 2. Auflage. (Lehrgänge für den Unterricht in der Fortbildungsschule II) Leipzig 1887

Winkler O, Wechsellehre und Buchführung. 2. Auflage. (Lehrgänge für den Unterricht in der Fortbildungsschule II) Leipzig 1889

Winkler, O., Wechsellehre u. Buchführung, s.: Lehrgänge f. den Unterricht in der Fortbildungsschule.

Winkler, Olaf, Bergblumen, s.: Baer, Oswald.

Winkler, Olof, Blumen und Landschaftliches, s. Reichelt, A.

— landschaftliche Scenerien. Studien. 1. u. 2. Lfg. gr. 4. (à 8 Farbendr.-Taf.) Leipzig 891. E. Baldamus, Sep.-Cto. à n. 5. —; einzelne Blätter à n. — 80

Winkler, Olof, vier landschaftliche Scenerien. Studien. 4 Chromolith. gr. 4. Leipzig 886. (Baldamus.) n. 4. —

Winkler, Osw., eine Sammlung künstlerischer Drucke nach Orig.-Photographien neuester Aufnahmen der hervorragendsten Städte, Landschaften, Kunstwerke vom Deutschen Reich, zusammengestellt u. bearb. (Umschlag: Das Deutsche Reich in Wort u. Bild.) (In 20 Heften.) 1.—13. Heft. (IV u. S. 1—208.) 28,5×35,5 cm. Plauen (909. 10). G. Lange & Co. à Heft — 85

Winkler, Otto: Beitrag zur Lehre der Klumphand. Leipzig 1900: B. Georgi. (28 S.) 8°
Leipzig, Med. Diss. v. (4. Okt.) 1900

Winkler, Otto, s.: Papier-Industrie-Kalender.

— u. H. **Karstens**, Papier-Untersuchung. Wissenswerthes üb. Papierkauf, Eigenschaften, Bestandtheile u. Fabrikations-Material v. Papier. gr. 8. (122 S. m Abb. u. 3 Taf.) Leipzig 902. Eisenschmidt & Schulze. Geb. in Leinw. n. 6. —

Winkler, O.: Tarif der Papierprüfungs-Anstalt. Leipzig 1897

Winkler, Otto, die Trockengehalts-Bestimmung der Papierfaserstoffe (Ermittelg. des Wassergehalts). Grundsätze u. Methoden der Papierprüfungs-Anstalt in Leipzig, techn. Versuchs-Anstalt f. das Papier- u. Buchgewerbe. gr. 8. (26 S. m. Abb.) Leipzig 902. (G. Hedeler.) n. 3. —; geb. n. 5. —

Winkler, Otto, die Trockengehalts-Bestimmung der Papierfaserstoffe (Ermittlung des Wassergehaltes) nebst Umrechnungs-Tabellen. Grundsätze u. Methoden der Papierprüfungs-Anstalt in Leipzig, techn. Versuchs-Anstalt für das Papier- u. Buchgewerbe. 2. vervollständ. Ausg. (32 S. m. Abbildgn.) gr. 8. Leipzig 904. (G. Hedeler.) Geb. n. 3. —; franz. Ausg. 1. Aufl. n. 3. —

Winkler, P., im Spukfelsen. Erzählung. (80 S.) 8. Leipzig-Gohlis (909). Raschwitz b. Leipzig, B. Volger. 1. —

Winkler, Paul, Referendar: Die Anfechtung der Ehelichkeit des Kindes. Nach Gemeinem Recht und Bürgerlichem Gesetzbuche. Guben 1900: A. Koenig. (59 S.) 8°
Rostock, Jur. Fak., Ref. Bernhöft, Diss. v. 20. Dez. 1906
[Geb. 25. Febr. 78 Guben. Wohnort: Guben; Staatsangeh.: Preußen; Vorbildung: Gymn. Guben Reife O. 98; Studium: Leipzig 2, Greifswald 1, Berlin 6 S.; Rig. 28 Juni 06.]

Winkler, Paul [illegible]
[illegible]
Berlin, Med. Diss. [illegible] Okt. [illegible]

Winkler, Peter

Der Unbefleckten Bild und Verehrung in der katholischen Kirche. Vorträge geh. in Wien von P. Peter **Winkler** C. Ss. R. Paderborn: F. Schöningh 1904. (V, 276 S.) 8° [J. u. Ant.]

Harfenklänge am Throne der Himmelskönigin. Von P. Peter **Winkler**. C. SS. R. *Paderborn: F. Schöningh 1902.* (VII, 206 S.) 8° [J.]

Winkler, Pet., C. Ss. R., Jesus Christus, der Mann der Schmerzen. Fastenpredigten. (IV, 92 S.) 8. Innsbruck 908. F. Rauch. 1.—; geb. 1. 80

Des Erlösers Leidensstunden. Religiöse Dichtung von P. Peter **Winkler**, C. SS. R. Paderborn: F. Schöningh 1904. (37 S.) 8° [J.]

— **Verbrennen od. Begraben? Ein Wort zur Feuerbestattungs-Frage.** gr. 16. (16 S.) Innsbruck 902. F. Rauch. n. — 10

— Vorträge üb. das Reich des Hl. Geistes. 3 Tle. Geh. in der Herz-Jesu-Kirche zu Innsbruck. 8. Paderborn, F. Schöningh. 7. —
1. Vorträge üb. das Reich des Hl. Geistes vom Anbeginn. (X, 245 S.) 907. 2. 20
2. Vorträge üb. das Reich des Hl. Geistes in der Fülle der Zeiten. (VII, 280 S.) 907. 2. 50
3. Vorträge üb. das Reich des Hl. Geistes bis ans Ende der Welt. (VII, 265 S.) 907. 2. 30

Winkler, Philipp: Grundzüge einer Parallele zwischen Shakespeares „Hamlet" und Goethes „Faust". [illegible] 21)
Progr. [illegible]

Winkler, R., Buchführung u. Wechsellehre f. Fortbildungs- u. Gewerbeschüler. 4. Aufl. Bearb v. Hardtmann. (Lehrbuch f. den Unterricht in der Fortbildungsschule. 2. Bd.) 12. (VI, 196 S.) Leipzig (902). F. Reinboth. n. 1. 50

Winkler, R., d. kleine Kaufmann u. s. Buchführg. nebst Wechsellehre. E. Handbuch z. Selbstunterr. f. alle klein. Kaufleute, Gewerbetreibende etc. 8. (179 S.) Leipzig (895). F. Reinboth. n. 1. —

— **der kleine Kaufmann u. seine Buchführung, 4. Aufl.**, s.: **Hardtmann.**

— Leitfaden d. Wechsellehre. E. Handbuch z. Selbstunterr. f. Kaufleute, Gewerbetreibende etc. 8. (47 S.) Ebd. (895). n. — 50

Winkler, R. Siege und Eroberungen der Neu-Griechen seit dem Anfange ihres Aufstandes gegen die Türken bis 1825. Nach d. Franz. des J. B. Picquenard. T. 1. 2. Leipzig 1827. 8°

Winkler, R., Siege u. Eroberungen der Neugriechen etc., s.: J. B. Bicquenard.

Winkler, (R.,) Siege u. Eroberungen d. Neu-Griechen etc., s. a. Picquemann.

— **Wechsellehre u. Buchführg f. Fortbildungs- u. Gewerbeschüler**, s.: Lehrgänge f. den Unterricht in d. Fortbildungsschule, II.

***Winkler*, Reinhold Fr., Diss. inaug. med. de methodo medendi antagonistica.** 8. Dorp. 824. (62 S.)

Winkler, Richard

Winkler, Rich., naturgeschichtliche Bilder f. den Unterricht in der Volksschule. Mit besond. Berücksicht. der Zweckmäßigkeit in der Natur. Anh.: Der menschl. Körper u. seine Pflege. Ein Beitrag zum erzieh. Unterricht. gr. 8. (176 S. m. Abbildgn.) Steyl 901. Missionsdruckerei. Geb. n. 1. 50

Winkler, Rich., deutsches Lesebuch, s.: Jacobi, Alfr.

Winkler, Rich., Naturgeschichte des Tierreiches. Unter bes. Berücksicht. der Teleologie, Biologie u. Tierpsychologie bearb. (550 S. m. Abb.) gr. 8. Steyl 906. Missionsdruckerei. Geb. in Leinw. 5. —

Winkler, Robert: Ueber den Beweis durch Kunst- und Sachverständige im Criminalprozess, mit besonderer Berücksichtigung des Luzerner'schen Strafverfahrens. Luzern: Meyer Dr. 1859. 43 S. 8⁰
Zürich, Jur. Diss. v. 6. Aug. 1859.

Winkler, Rob.: De primo Carmine Horatii. 16 S. Breslau Kath., Progr. 1859.

Heimatkunde des Kreises Neumarkt. Beilage z. Flemmingschen Schulkarte d. Kr. Neumarkt. Nach amtl. Quellen zsgest. von Rob. **Winkler**, Lehrer in Neumarkt. Glogau: C. Flemming [1906]. (20 S.) 8° [F.] [07. 1918

Winkler, Rob., Lehrbuch der Buchhaltung. gr. 8. (VIII, 428 S.) Wien 879, Hölder. *

Winkler, Rob., Lehrbuch der Buchhaltung. 2. Aufl. gr. 8. (X, 452 S.) Wien 883. Hölder. n. 7. 20

Winkler, Robert De Graecorum vetere cum lingua tum pronunciatione adversus Kreuserum disputatio. 34 S.
Breslau, K., Progr. 1844.

Winkler: De Cornelio Nepote, qui putatur, eiusque vita Aristidis. 8 S. — Breslau, kth. G., Progr. 1868.

Winkler, De pronunciatione *ει* diphthongi vetere et genuina. 1842. 22 S. 4⁰. Progr. kath. Gymn. Breslau.

Winkler, Rob.: De accentus Graeci vi et usu. 17 S. Breslau kath. G., Progr. 1856.

Winkler, R., Imperatorum Julii Caesaris et Octaviani Augusti Divorum vitae. I. Pr. 1874. 18 S. 4⁰ 1.

Winkler, Rob., e. neues Weltsystem. Aus den natürl. Gegensätzen v. Kälte u. Wärme abgeleitet. gr. 8. (149 S. m. 6 farb. Taf.) Nürnberg 891. Fr. Korn. n. 3. —

Winkler, Rudolf

Winkler, R., der Brand des Doms zu Reval im J. 1684. (13 S.) 8. Reval (907). (Kluge & Ströhm.) — 30

— Der estländische Landkirchenvisitator David Dubberch u. seine Zeit (1584—1603). Ein Beitrag zur estländ. Kirchengeschichte. (54 S.) 8. Ebd. 909. — 80

-- Zur Geschichte der Pest v. 1657 in Reval u. Estland. (12 S.) 8. Reval (910). (F. Wassermann.) — 30

Winkler, Rud., Geschichte der Familie Winkler in Estland. I. Thl., bis 1795. Ein Beitrag zur estländ. Kirchengeschichte. gr. 8. (68 S.) Reval 898. (F. Kluge.) n. 2. 50

Winkler, Rud., der kleine Handicapper in der Westentasche. Ein unentbehrl. Handbüchlein für jeden Trabersportsman zur Berechnung der Gewinnchancen aller Pferde im Handicap nach den früheren Leistungen. Ausgearb. für die Redaction der „Allgemeinen Sport-Zeitung". 16. (15 S.) Wien 888, Verlag der „Allgemeinen Sport-Zeitung". *

— Aus den Jugend- u. ersten Amtsjahren d. Oberpastors am Dom zu Reval Christoph Friedrich Mickwitz. Geboren den 18. I. 1696. Gestorben den 20. III. 1748. (20 S.) 8. Ebd. 908. — 30

Winkler, Rud., s.: Traber-Zuchtbuch, österreichisch-ungar.

Winkler, Samuel [aus Gleiwitz in Schles.]: Über den Einfluss der Reaction der Nährböden auf die Entwicklung der Bacterien ... Würzburg, F. Scheiner, kgl. bayer. Hoflief., 1896; 39 S. 8.
Würzburg, Med. Fak., Inaug.-Diss. v. 1896

Winkler, Samuel Veit (Nürnberg) Altd. Phs. 46/46

Dissertatio philosophica complectens meditationum quorundam ad logicam pertinentium partem priorem. Präs. Johann Wilhelm Schaubert. Altdorf (Meyer) 15. VII. 1745. 24 S.

Gew.: Adam Rudolph Geuder, Georg Christoph Volckamer, Karl Sigismund Ferdinand Grundherr, Georg Gottlieb Poemer.
W. v.: Präs. 36926

Winkler, Th., Philomachos. Chronologisch und alphabetisch geordnete Uebersicht der wichtigsten Schlachten, Gefechte und Belagerungen von der älteren bis zur neueren Zeit. Mit Angabe der geograph. Lage der Kampfplätze der streitenden Partheien und ihrer Feldherren. Ein Hülfsbuch beim Geschichtsunterricht für Lehrer und Lernende, für Militärs und Freunde der Geschichte überhaupt. gr. 8. (IV und 80 S.) Freiberg 847, Engelhardt. *

Winkler, Theodor. Das Buch der Ehe. Ein Blumenstrauss vom Felde der Lebensweisheit für den Altar des Hauses. In-16⁰, 200 p. Bern, Heuberger. 1879. geb. 5 —

Winkler, Thdr., bunte Gesellschaft. Allerlei aus meiner Mappe. gr. 8. (V, 254 S.) Mainz 884. v. Zabern. n. 2. 75; Einbd. n.n. — 75

SCHERZHOLD (d. i. *Theod. Winkler*), Grillen-Pastillen. Humoristisches Allerlei in Geschichten u. Gedichten. Bern 1874. 12⁰. (Mk. 1,60.) 338 SS. Zahm. (1 fr. 50 cts. Adolf Geering, Basel, 1898; 1 Mk. Taussig, 1906.)
Weller, Lex. Ps. p. 505

Winkler, Th., Humoresken, s. Bibliothek humoristischer Dichtungen.

Der Schutz der Maurerei. [Unterz.:] Theod. **Winkler.** [Dresden 1816.] 2 Bl. 8⁰ [Kopftit.]
Gedicht: „Dort wo Egyptens Pyramiden" ... Aus: Winkler, G. Th.: Das Maurers Leben. S. 91—94. 3. 193.

Schwesterlied. [Unterz.: Theod.] **Winkler.** o. O. u. J. 1 Bl. 8⁰ [Kopftit.]
Ohne Noten: „Brüder, stimmt nach Maurer Sitte ..." 281.

Winkler, Frau Therese, s. a. Messerer, Th.

Dorfgeschichten für die Jugend. Von Th. Messerer [d. i. Therese Winkler]. 2. Aufl. Mit 4 Bild. nach Orig. Zeichn. von A. C. Baworowski. *Köln: J. P. Bachem [1901].* (117 S.) 8° [F.]
— Jugend-Erzählungen, Bachem's. Bd 14.

Am Gamshörnl. Der Schnaps-Michl. 2 Erzählungen aus d. Bergen f. d. Jugend von Th. Messerer [d. i. Therese Winkler]. Mit 4 Bildern nach Orig. Zeichn. von H. W. Brockmann. *Köln: J. P. Bachem [1902].* (113 S.) 8° [F.]
= Jugend-Erzählungen, Bachems. Bd 20.

In der Staffelklamm. Der Kasperl. 2 Erzählungen aus d. Bergen f. d. Jugend von Th. Messerer [d. i. Therese Winkler]. Mit 4 Bildern nach Orig. Zeichn. von H. W. Brockmann. *Köln: J. P. Bachem [1902].* (128 S.) 8° [F.]
= Jugend-Erzählungen, Bachems. Bd 19.

Winkler, W., die Gestehungskosten der Milch u. die Milchverwertung. (40 S.) gr. 8. Wien 910. C. Fromme. — 70
Sonderabdruck aus: „Österr. Molkerei-Ztg."

Winkler, W. v., der elektrische Starkstrom im Berg- u. Hüttenwesen. (VIII, 455 S. m. 424 Abbildgn. u. 2 Taf.) Lex.-8. Stuttgart 905. F. Enke. n. 14. —; geb in Leinw. n. 15. 40

Winkler Wilhelm: Ansprache . . . bei der Feier des 70. Geburtsfestes Sr. k. u. k. Ap. M. des Kaisers Franz Jos. I. 6. Wien XVI. R. 01. Progr.

Winkler, Wilh., Atemgymnastik, ihre Pflege im Leben u. in der Schule. Vortrag, geh. im Vereine „Die Realschule" in Wien am 15. IV. 1905. (16 S.) gr. 8. Wien 905. A. Hölder. n. — 44
Sonderabdruck aus: „Oest. Mittelschule"

Winkler, Wilhelm: Entstehen und Vergehen der Länder und Meere. 8. (36 S.) Progr. Staats-G. Oberhollabrunn 1889.

Winkler, Wilh., Ethik in der Naturgeschichte. Progr. gr. 8. (40 S.) Wien 894. H. Kirsch. n. 1. —

WINKLER, W.: Flora des Riesen- und Isergebirges. Mit Berücksichtigung der Vorgebirgsflora. Nach natürlichen Familien. Nebst Schlüssel nach dem natürlichen und Linné'schen System. - Warmbrunn 1881. 234 S.

Winkler, W., Flora d. Riesen- u. Isergebirges. Mit Berücksicht. der Vorgebirgsflora. Nach natürl. Familien. Nebst Schlüssel nach dem natürl. u. Linné'schen System. Mit umfass. Ergänzungsbeilage bis 1883. 8. (VIII, 234 u. Nachtrag 11 S.) Warmbrunn 883. (Hirschberg, Kuh.) n.n. 2. 25; geb. n.n. 2. 50

Winkler, W., Flora des Riesen- und Isergebirges. Mit Berücksicht. der Vorgebirgs-Flora. Nach natürlichen Familien. Nebst Schlüssel nach dem natürl. und dem Linné'schen System. [Neue Ausg.] Mit umfassender Ergänzungsbeilage. 8. (264 S.) Warmbrunn 885, (Leipelt.) *
geb. *

Führer durch die Sommerwohnungen von Schreiberhau. 2. Aufl. Von W[ilhelm] Winkler, Hauptlehrer in Schreiberhau. Mit 1 Specialkarte von Schreiberhau u. Grundrissen u. Abb. *Schreiberhau: J. Angel 1899.* (IV, 69 S.) 8° [99. 3740 2

Winkler, W., Gebirgsführer f. Besucher d. Riesen- u. Isergebirges. Mit Specialkarte d. Riesen- u. Isergebirges, Fahrplänen u. Taxen. gr. 16. (IV, 108 S.) Schweidnitz 892. G. Brieger. n. — 80

— deutsches Lehrerheim in Schreiberhau, Riesengebirge. Im Auftrage d. Vorstandes d. schles. Provinzial-Lehrervereins bearb. 1.–4. Taus. gr. 8. (26 S.) Bielefeld 892. A. Helmich. n. — 20

Winkler, Wilh., zur Reform des sogenannten Spiritismus. Argumente u. Probleme, gewonnen aus 10jähr. Erfahrgn. m. dem Medium Femme masquée. (VII, 39 S.) 8. Leipzig 905. M. Altmann. n. — 80

Schreiberhau, seine Geschichte, Natur und Beschreibung, nebst seinen Kolonien und Partien. Von W[ilhelm] Winkler, Hauptlehrer in Schreiberhau. Mit e. Vorw. vom Geh. Med.R. Prof. Dr. R[udolf] Heidenhain. Mit e. Specialkarte von Schreiberhau, e. Panorama u. e. Rundsicht. 4. Aufl. *Schreiberhau: Angel in Comm. 1898.* (X, 158 S.) 8° [00. 7091 2

Schreiberhau, seine Geschichte, Natur u. Beschreibung. Von W[ilhelm] Winkler, Hauptlehrer a. D. in Schreiberhau. Mit e. Vorw. vom Geh. Med.R. Prof. Dr. R[udolf] Heidenhain. Mit 1 Spezialkarte von Schreiberhau. 5. Aufl. *(Schreiberhau): Selbstverl. 1903.* (X, 176 S.) 8° [04. 1092 2

Spaziergänge und Ausflüge von Schreiberhau und Grüntal. Mit 2 Spezialkarten u. 2 Rundsichten. Von W[ilhelm] Winkler, Hauptlehrer a. D. in Schreiberhau. *(Schreiberhau): Selbstverl. 1903.* (40 S.) 8° [Umschlagt.] [04. 1293 2

Winkler, W. Special-Karte des Riesen- und Isergebirges. 1 : 100,000. Mit 4 Nebenkarten. 1 : 200,000. Farbendr. 36×47 cm. Schweidnitz 892, G. Brieger. * — 50

— **Sudetenflora. Eine Auswahl charakterist. Gebirgspflanzen. Nach natürlichen Familien unter Berücksicht. des Linnéschen Systems bearb. Mit 103 Abb. auf 52 Farbentaf. 8. (IV, 190 S.) Dresden 900. C. Heinrich. Geb. in Leinw. n. 10. —; erm. Pr. 4. 50**

Winkler, Willibald

Winkler, W., Anatomie der Gamasiden. Mit 5 Taf. [Aus: „Arbeiten d. zoolog. Instituts zu Wien".] gr. 8. (38 S.) Wien 888. Hölder. n. 10. 40

— das Herz der Acarinen, nebst vergleichenden Bemerkungen über das Herz der Phalangiiden und Chernetiden. gr. 8. (8 S. mit 1 Taf. und 1 Holzschn.) Ebendas. 886. *
aus: Arbeiten aus dem zoologischen Institute der Universität Wien, besonders abgedruckt.

Winkler, Władysław. Über Oxyarylmekonine. Diss. Math.-Naturw. Freiburg in der Schweiz. 62 S. 8. Freiburg (Schweiz), St.-Paulus-Druckerei, 1901.

Winkler von Brückenbrand, Georg, s. Winkler, Georg.

Winkler (Winckler) von Mohrenfels, Georg Christoph
Dissertatio historica de ortu et progressu subsidii charitativi imperatori augustissimo ab ordine equestri S. R. I. libero ac immediato in necessitatibus publicis praestiti. Präs. Johann David Koehler.
Altdorf (Meyer) 14. V. 1728. 68 S.
36893

Winkler (Winckler) von Mohrenfels, Johann Jakob
Dissertatio inauguralis iuridica de re infeudari solita.
Präs. Karl Adolph Braun.
Erlangen (Tetzchner) 5. I. 1756. 12 Bl., 152 S.

W. v.: Präs., Johann Martin Chladenius, Johann Friedrich Meyer (Opp.), Johann Ernst Schroeter, Friedrich Wilhelm Fhr. von Vockel, Johann Paul Fhr. von Vockel, Friedrich Ludwig Wiepert.
36894

Winkler v. Mohrenfels, I. I., de Re in feudale solida. 4. Erlang. Breuning. 756.

Winkler von Mohrenfels, Jh. Jak., de re in feudale solita. 4. Erlang. 756 (Heyder). 1 ßß

Winkler v. Mohrenfels, Jos. Joh. Paul Karl Jakob

Winkler v. Mohrenfels, J. K., Gedichte. 8. Wien 789. (Ign. Klang.) 6¼ ngl

Winkler v. Mohrenfels, Gedichte. 8. Wien, Stahel. (Schaumburg.) 789.

HEBE. Ein Pendant zum Ganymed. (Verfaßt von *Jos. Joh. Paul Karl Jakob Winkler v. Mohrenfels*, geb. zu Nürnberg 10. Septbr. 1761, † zu Altdorf 7. Juni 1798, hrsg. vom Kriegsrath Aug. Friedr. Cranz in Berlin.) Mit Titelkpf. (G. W. Hoffmann pinx., D. Berger sc.) Germanien (Berlin, Himburg), 1792. 8⁰. (12 Mk. K. W. Hiersemann, Lpz., 1898.) (Expll. auch in Cassel, Ständ. Landesbibl., u. Heidelberg, Univ.-Bibl.)
Titelkpf. (Medaillon-Portr. mit Unterschrift: HEBE), Tit. (mit Motto aus Persius: „Dulce est digito monstrare / Et dicere hic est!"), 2 Bll. Einleitg., 2 Bll. Inh., 197 S.

HEBE. Ein Pendant zum Ganymed (von *Jos. Joh. Paul Carl Jac. Winckler v. Mohrenfels*, hrsg. von Aug. Friedr. Cranz). Mit Titelkpf. von Berger. Germanien (Berlin, G. Reimer) 1782. 8⁰. VIII—197 S. (In Berlin: Yy 7011; auch in Hamburg, Stadtbibl., und im British Museum.) (5 Mk. Taussig, 1904; 12 Mk. K. W. Hiersemann, 1898.)
Boshafte Charakteristiken deutscher Städte: Köln, Frankfurt, Mannheim, Kassel, Hamburg, Kiel, Berlin (S. 28/41), Dresden, Leipzig, Bayreuth, Nürnberg. — Enth. auch satyrische Aufsätze über Toleranz und Modewuth.
Von demselben Verf. erschienen: Gedichte. Wien 1789. (Schaumburg u. Comp.) 8⁰. (2/8 Rthlr.) (Engelmann, Bibl. d. schön. Wiss., 2. A., 1837, S. 491.)

Vgl. Hebe.

Winkler von Mohrenfels, Karl [app. Arzt aus Bamberg]: Beitrag zur Casuistik der Hypospadie. . . . Würzburg, Druck d. Ferdinand Rohrl'schen Buchdr., 1890; 18 S. u. 1 Taf. 8⁰
Erlangen, Med. Fak., Inaug.-Diss. v. 14. Mai 1890

Winkles, Henry, s. Stellen die klassischen, der Schweiz

Winklewski, Alexander (Franciscus de) *(geb. Graudenz 21 10 1832)*: De ligatura in continuitate arteriae circumsuta. Vratislaviae (1861). (20 S.) 8⁰
Breslau Med. Diss. v. 11. März 1861

Winklher, Matth. Jakob, s. Winkler, Matth. Jakob.

Winklhofer, s. Winkelhofer.

[F.] **Winklmann,** Franz Xaver ['(Oberpfalz)']: Die Ursachen des Verbrennungstodes ... München, Druck v. Huber, *1893;* 1 Bl., 19 S. 2.
Erlangen, Med. Fak., Inaug.-Diss. v. Juni 1893

Winkopp, Chr., Vorschriften zur gründl. Erlernung d. Schönschreibekunst für Schulen zweckmäßig eingerichtet. 18 Blatt in 2 Heften. 4. Fulda 808. Anton. (Jäger in Frankf.) 18 gl

Winkopp, Peter Adolf, s. Anmerkk. zu d. Weißmann. Anmerkk.

Antonius von Padua, Fr., Bibliothecar des Kapuzinerklosters zu St. Vincenz *(Pet. Adolph Winkopp)*, Die Päbstin Johanne (sic!). Romantisch behandelt. Leipzig, Weygand, 1783. 8⁰. (6 Mk. 50 Pfg. Scheible, vor 1900.)
Erot. Roman. TKpf. u. 296 SS.
— — Dasselbe. Ibid. 1784. Gr. 8⁰.
XIV u. 206 SS. (9 Mk. F. Waldau, 1909.)

Freimüthige Bemerkungen über die Mainzer Monatsschrift von geistlichen Sachen, hauptsächlich Apologie der Publizität u. Rechtfertigung deutscher Journalisten. Frankfurt und Leipzig 1785. 8⁰. 340 SS. Selten! (3 Mk. L. Rosenthal, 1907.)

Winkopp, Pt. A., († d. 26. Okt. 1813.) freimüthige Bemerkk. über die Mainzer Monatsschrift von geistl. Sachen. gr. 8. Frankf. 786. Andreä. 1 rß

— Bibliothek f. Denker u. Männer v. Geschmack. 3 Bde. jed. zu 6 Stck. u. 3r Bd. 16 bis 18. gr. 8. Gera, Beckmann. 782—91.

Winkopp, Peter Adolf, s. Bibliothek für Denker.

Winkopp, Peter Adolf, s. Briefe e. reisenden Franzosen.

Winkopp, P. A., der rheinische Bund, s. Bund, der rheinische.

— Darstell. d. preuß. Monarchie, in ihrem Entstehen, Wachsthum, Verluste, nach Größe u. Volksmenge ꝛc. gr. 8. Heidelb. 807. Mohr. 10 gl

Von dem Einflusse des Mönchswesens auf Staat u. Religion (von *Peter Adolf Winkopp*). O. O. 1782. 8⁰. (1 Mk. 20 Pfg. R. Levi, Stuttg., 1898; jetzt höher!)
Magaz. d. Buch- u. Kunst-Handels, Jahrg. 1782. Lpz. S. 683.

FAUSTIN oder das philosophische Jahrhundert. 2 Thle. (1 von *Joh. Pezzl*, 2 von *Pet. Adolf Winkopp*). Mit Titelvign. O. O. 1784—85. 8⁰.

Winkopp, Peter Adolf, s. Genlis, v.: Adelheid u. Theodor.

Winkopp, Peter Adolf, s. Geschichte d. böhm. Deisten.

(**Winkopp, P. A.**) Geschichte der französischen Eroberungen u. Revolution am Rheinstrome, bes. in Mainz. I. (1792—24. Jan. 1793.) 8. Frankfurt a. M. 1794. 2,25.

Winkopp, Peter Adolf, s. Geschichte d. französ. Eroberungen...

Winkopp, Pt. A., Heislers Geständnisse, Leiden u. Warnung. 8. Leipz. 784. Weygand. 14 gl

JULIUS und Minna oder Karakteristische Züge des menschlichen Herzens. (Freier Roman von *Peter Adolf Winkopp*.) 2 Thle. Gera, Haller, 1784. 8⁰. (1 Rthl.) (1 Mk. 50 Pfg., Schlussseite von Th. 2 fehlte, Schaper, Hannover, 1904.)
Anon.-Lex. hat II. p. 345 unrichtig „Anton" (statt Adolph) Winkopp (nach Kayser u. Meusel).

— der neue Kinderfreund; e. Monatsschrift. 4 Hefte. gr. 8. Wien 786, 87. Schaumburg. 1 rß 8 gl

Winkopp, Pt. Adf.: Die Rhein. Conföderationsacte, od. d. am 12. Jul. 1806 zu Paris abgeschlossene Vertrag, franz. u. deutsch m. diplomat. Genauigkeit abgedr.; nebst allen dens. erläuternden u. d. Staatsr. d. Rhein. Bundes in sr. Gesammth. bestimmenden Urkunden und Actenstücken, auch allen noch gelt. Gesetzen, herausg. u. mit ein. Bemerk. begl. *Frkf. a. M.*, Mohr. 808. gr. 8. (20 Gr.)

LEBEN, Schiksale (!) und Verfolgungen des Prior Hartungus. Oder geheime Philosophie und Karakteristik des Mönchswesens (von *Peter Adolph Winkopp*, 1759—1813). 2 Bde. Mit Titelkpf. v. Chodowiecki (Engelmann 434). Leipzig, in der Weygandschen Buchhandlung. 1782. 8⁰. 240 u. 406 S. (abweichend von der Ausg. mit dem Namen des Vf.; s. Winkopp).
Max Perl's Berliner Oct.-Auct. 1907, no. 172; Goedeke V, 504, 4, 1 (nach Hayn).

— u. J. D. A. Höck, Magazin für Geschichte, Statistik, Literatur u. Topographie d. sämmtl. deutschen geistl. Staaten. 2 Bde. 8. Zürich 790, 91. Orell. 2 rß

Nau, Bernhard Sebastian von und Winkopp (Herausgeber): „Politischer Mercur" für 1791, 1792, Mainz. -

Faustins R e i s e im p h i l o s o p h i s c h e n J a h r h u n d e r t (von *Peter Adolf Winkopp*, 1759—1813). (Grosse Titelvignette, Friedrich d. Gr., über den sich Putten auf Stelzen zu erheben suchen, J. D. S c h u b e r t del. & sc.) N e u e s e h r v e r b e s s e r t e u. v e r m e h r t e A u s g a b e d e s z w e i t e n [für sich ganz selbständigen] B ä n d c h e n s v o n F a u s t i n. O. O. (Zürich?) 1785. 8⁰. (3 Mk. J. Halle, München, c. 1905; 10 Mk. Adolf Weigel, 1911.)
Tit., VIII S. Vorr. (unterz. Anspach im März 1785. O. F. C. v. E . . . . . Kh.), 240 S.

FAUSTIN'S d e s J ü n g e r e n R e i s e n u n d T h a t e n i m s c h w i n d e l n d e n J a h r z e h e n d d e r F r e i h e i t a m E n d e d e s p h i l o s o p h i s c h e n J a h r h u n d e r t s. (Satyr. Roman von *Peter Adolf Winkopp*.) Mit Titelvign. (Büste Demokrit's). Leipzig, in der Weygandschen Buchhandlung. 1799. 8⁰. (In Berlin: Yw 5141.) (4 Kr. Halm & Goldmann, 1904.)
Tit., II S. Vorr., 331 S.

Winkopp, Peter Adolf, s. S c h r e i b e n üb. Pacca's.

— S e r a f i n e, e i n e K l o s t e r g e s c h i c h t e hrsg. von —. Mit Titelkpfr. Gera, 1783 bei Chp. Friedr. Bekmann. 8⁰. (2 Mk. 50 Pfg. Scheible, 1886; jetzt höher!)

Winkopp, P. A., Staatskorrespondenz. s. Staatskorrespondenz.

W i n k o p p, Peter Adolph: „Neuestes Staats-, Zeitungs-, Reise-, Post- und Handlungs-Lexicon; oder geographisch-historisch-statistisches Handbuch von allen 5 Theilen der Erde", Band 1—3, Band 4 in 2 Abteilungen, Leipzig 1804 ff.

W i n k o p p, Peter Adolph: „Neuestes Staats-, Zeitungs-, Reise-, Post- und Handlungs-Lexikon, oder geographisch-historisch-statistisches Handbuch von allen 5 Theilen", 1. Band A—D, Leipzig 1804. — Vorh.: Bibl. der Industrie- und Handelskammer Leipzig.

— neuestes Staats-, Zeitungs-, Reise-, Post- u. Handlungs-Lexikon oder geograph.-statist.-histor. Handbuch von allen 5 Theilen d. Erde. 1r bis 4r Bd. 1e, 2e Abtheil. A—R. gr. 8. Leipz. 802—7. Andrä. 15 ℛℳ 16 gr

— neuestes Z e i t u n g s -, Reise-, Post- u. Handlungs-Lexicon, od. geograph. histor. statist. Handbuch. v. allen 5 Theilen d. Erde. 1r bis 4r Bd. 1ste 2te Abtheil. gr. 8. Leipzig, Kleefeld. (Bauer.) 802—7. (I. 1ste 1 Rthlr. 16 gr. 2te 2 Rthlr. 3te 1 Rthlr. 8 gr. II. 1. 2. à 1 Rthlr. 3te 2 Rthlr. III. 1. 2. 2 Rthlr. 12 gr. 3te 1 Rthlr. 12 gr. IV. 1. 2. à 1 Rthlr. 8 gr.)

— über die bürgerl. u. geistl. Verbesserung des Mönchswesens. 8. Gera 783. Beckmann. 8 gr

U e b e r d i e V e r f a s s u n g v o n M a i n z oder V e r g l e i c h d e s a l t e n u n d n e u e n M a i n z . . . . (von *Peter Adolf* [n i c h t Anton] *Winkopp*). Deutschland 1793. (2 Auflagen.)
Anon.-Lex. IV. p. 230 (nach Serapeum XXVIII, 34).

— Versuch e. topographisch-statist. Beschreibung des Großherzogthums Frankfurt. Mit 1 topograph. Karte. gr. 8. Weimar 812. Landes-Ind.-Compt. 2 ℛℳ 18 gr

Winkopp, Peter Adolf (Hrsg.), s. a. Z u s c h a u e r. Der deutsche.

—, D e r T e u t s c h e, oder A r c h i v a l l e r m e r k w ü r d i g e n V o r f ä l l e . . . . (von *Peter Adolf Winkopp*). Offenbach 1802—3.
Anon.-Lex. IV. p. 443 hat (nach Meusel) u n r i c h t i g: „Anton" (statt Adolf).

—, D e r n e u e d e u t s c h e, oder A r c h i v d e r d e n k w ü r d i g s t e n E r e i g n i s s e, w e l c h e a u f d i e G l ü c k s e l i g k e i t o d e r d a s E l e n d d e s m e n s c h l i c h e n G e s c h l e c h t s u n d d e r b ü r g e r l i c h e n G e s e l l s c h a f t e i n i g e B e z i e h u n g h a b e n. Herausgegeben von F r e u n d e n d e r P u b l i z i t ä t (vielmehr verfasst von *Peter Adolf Winkopp*). 7 Bde. O. O. (Zürich, Orell) 1789—91. 8⁰. (In Rostock, Landesbibl., Bd. 1—6; cplt. in Dresden: Ephem. hist. 8⁰. 414.) (9 Mk., cplt., J. A. Stargardt, Berlin, c. 1888.)
Enthält viele interess. histor. Aufsätze: Missethäter von 1369—1789 in A u g s b u r g. — Ueber den deutschen Buchhandel. — G e s c h i c h t e d e r H e x e n. — Ueber Mordthaten. — Vergiftungsprocess gegen den Fürsten C h i g i in Rom etc.
Cplte. Folge aller 15 Bde. sehr selten!

Winkuhl, F. A., Anleitung zu e. abgekürzten, leicht erlernbaren Schreibweise. gr. 8. (IV, 27 autogr. S.) Leipzig 899. J. H. Robolsky. n. — 60

Die Winlandsagas. Die Erzählungen von d. Entdeckung Nordamerikas durch d. Normannen im J. 1000. Aus d. Altisländ. übers. u. mit geschichtl. Einl. versehen von August Kromayer. Halle a. S.: Hendel [1909]. XII, 64 S. 8⁰
(Bibliothek d. Gesamtliteratur d. In- u. Auslandes. Nr 2133.)

Winlandsagas, die. Die Erzählgn. v. der Entdeckg. Nordamerikas durch die Normannen im J. 1000, übers. v. Aug. Kromayer, s. A., Bibliothek der Gesamtliteratur.

Winnacker: Frauenfrage und höhere Mädchenschule. — Duisburg 1898: Niefen. XLI S. 8⁰
Duisburg, Städt. höh. Mädchenschule. Bericht 13. 1898.

Winnacker, Hugo, Hilfsbücher zur Belebung des geograph. Unterrichts, s.: Buchholz, Paul.

Winnacker, Hugo, über die niedrigsten, in Rinnsteinen beobachteten, pflanzlichen Organismen u. deren Beziehung zu Infektions-Krankheiten. gr. 4. (19 S. m. eingedr. Holzschn.) Frankfurt a/M. 882. (Elberfeld, Fassbender.) n. 1. —

W(i n n é), J St . Abrégé de l'histoire de la Suisse par J.-Sᵗ W. Traduit de l'allemand, suivi d'un précis d'instruction civique. 8. Sion 1884.

(W i n n é, [J St].) Abrégé de l'histoire de la Suisse (traduit de W'). Ouvrage adopté par le Département de l'Instruction publique, pour les écoles primaires du Canton du Valais. 2ᵐᵉ éd. Revue et enrichie [de vignettes,] de 5 cartes et tableaux synoptiques. 8. Sion 1891.

W i n n é, J. St., deutsche Sprachlehre, bearb. für die Schüler der Mittel- und Oberklasse einer Primärschule. gr. 8. (164 S.) Mainz 875, Kirchheim. *

—— kurzgefaßte deutsche Sprachlehre für Elementarschüler. gr. 8. (84 S.) Ebendas. 876. *

Winnebago Anzeiger: Feb.? 1881 –1909?
Democratic weekly; in 1883, published in interests of Farmers' Alliance. Dated also at Neenah, Wis. Sub-title: Ein unabhängiges Organ für die Interessen von Neenah, Menasha und Umgegend. For supplement, see Der Haus Schatz. Merged with Appleton Volksfreund (Appleton, Wis.). Circulation: 1890, 1600; 1900, 1100; 1909, 800. Edited & published by H. Cornelius, 1881–87; edited by Henry Eickholt, & published by Stein & Eickholt, 1888; published by Anzeiger Publishing Co., 1889; edited & published by J. C. Klinker, 1890–1909.
Menasha, WI

Winneberger, [Oskar]: [Der an die Schüler gerichtete Teil seiner Antrittsrede.] S. 27—31. 4.
Adlerflychtschule (Realschule mit Vorschule) *Frankfurt a. M.* **Progr.** 1903 (475).

—: [Bericht über die festliche Begehung des Sedantages durch Vorführung der turnerischen Leistungen der gesamten Realklassen der Anstalt.] S. 21—23. 4.
Adlerflychtschule (Realschule mit Vorschule) *Frankfurt a. M.*
Progr. 1905 (490).

Winneberger, [Oskar]: [Bericht über die Feier des Sedantages 1903.] S. 67—68. 4.
Adlerflychtschule (Realschule mit Vorschule) *Frankfurt a. M.*
Progr. 1904 (479).

Winneberger, Oscar [aus Marburg]: Über das Handschriftenverhältnis des Altfranzösischen Guy de Warwick. . . . Marburg, *C. Adelmann Frankfurt a. M.*, 1889; 2 Bl. + 49 S. 4°
Marburg, Phil. Fak., Inaug.-Diss. v. [29. März] 1889

Winneberger, Oskar [Dr.]: Über das Handschriftenverhältnis des Altfranzösischen Guy de Warwick. Frankfurt a. M., Druck v. C. Adelmann, 1889; S. 1—48; 4°
Frankfurt a. M., Adlerflycht-S (R), OP 1889 (380)

Winneberger, Osk., deutsches Lesebuch f. höhere Lehranstalten, s.: Baldamus, F. C.

Winneberger, [Oskar]: [Aus der Rede zur Sedanfeier.] S. 24—25. 4.
Adlerflychtschule (Realschule mit Vorschule) *Frankfurt a. M.* 1908 (537).
Progr.

Winnecke, August

— Luise Schepler. s.: Lebensbilder. evangelische. aus d. Elsaß.

Winnecke, Aug., was ist innere Mission? Vortrag auf der Landeskonferenz f. innere Mission in Elsaß-Lothringen. (31 S.) 8. Straßburg 903. Buchh. der ev. Gesellschaft. n. — 60

Winnecke, Friedrich August Theodor

Winnecke, A., Beobachtungen des Mars, s. Mémoires de l'académie imp. des sciences de St.-Pétersbourg. 7. Série, Tome VI, Nr. 7.

Winnecke, A., pulkowaer Beobachtungen des grossen Cometen von 1858, s. Mémoires de l'académie imp. des sciences de St.-Pétersbourg.

— Pulkowaer Beobachtungen des hellen Cometen von 1862, s. Mémoires de l'académie imp. des sciences de St.-Pétersbourg. 7. Série, Tome VII, Nr. 7.

Winnecke, F[riedr.] A[ugust] T[heodor]: Bestimmung d. Hauptsterne d. Praesepe nach Mikrometermessgn am Heliometer d. Sternwarte zu Bonn in d. J. 1857 u. 1858. *Göttingen 1895.*
in: Schur, Wilhelm: Die Oerter d. helleren Sterne d. Praesepe
= Mittheilungen, Astronomische, v. d. kgl. Sternwarte zu Göttingen. Th. 4. [96 2797

Winnecke, F. A. T., Bestimmung der Parallaxe des zweiten Argelander'schen Sternes aus Messungen am Heliometer der Sternwarte zu Bonn in den J. 1857—1858. [Publication der astronom. Gesellschaft XI.] gr. 4. (VI, 29 S.) Leipzig 872, Engelmann. *

Winnecke, A. Ergebnisse aus Beobachtungen von veränderlichen Sternen. Altona, 1859.

Winnecke, F. A. T., Gauss. Ein Umriss seines Lebens u. Wirkens. Festschrift zu Gauss' 100jähr. Geburtstage am 30. April 1877, hrsg. durch den Verein für Naturwissenschaft zu Braunschweig. Mit einem Bildnisse Gauss' (Holzschntaf.). gr. 8. (34 S.) Braunschweig 877. Vieweg & Sohn. n. — 60

Winnecke, Augustus (geb. Heere in Hann. 1835): De stella duplici η Coronae borealis. Berolini (1856). (51 S.) 8°.
Berlin, Phil. Diss. v. 7. Aug. 1856.

Winnecke, A. (Hrsg.), s. Vierteljahrsschrift der astronomischen Gesellschaft.

Winnecke, Julie, zwei Festspiele f. die Kinderweihnacht in der Gemeinde. 8. (80 S.) Straßburg 903. C. A. Bomhoff. n. — 30

Winnefeld, Alois

Winnefeld, D. A., über Philosophie auf Mittelschulen. 8. Heidelb. 824. Oswald. 4 gr.

Aloys Winnefeld. Über das Verhältnis, welches der philosophische Unterricht im Ganzen in der litterarischen Bildung behauptet. 15 S. 4°. Rastatt, P 1822

Winnefeld, Hermann

Winnefeld, H., Beschreibung der Vasensammlung d. grossh. vereinigten Sammlungen zu Karlsruhe. Mit 1 Taf. 8. (X, 193 S.) Karlsruhe 887. J. Bielefeld's Verl. n. 2. —

Ⓑ **Winnefeld,** Herm., Beschreibung d. Vasensammlg. 887. (KBL 26.) Jetzt: Karlsruhe, G. Braun'sche Hofbuchdr.

Winnefeld, Hermann: Altgriechisches Bronzebecken aus Leontini. Mit 2 Taf. u. 15 Abb. im Text. Berlin: G. Reimer 1899. (35 S.) 4°
(Programm z. Winckelmannsfeste d. archäol. Gesellschaft zu Berlin. 59.)

— Bronzen aus Dodona, s.: Kekule v. Stradonitz, Rhard.

Winnefeld, Hermann: Kgl. Museen zu Berlin. Die Friese des großen Altars. Mit 123 Abb. im Text. 7 Beil. u. mit 1 Atlas von 36 Taf. Berlin: G. Reimer 1910. 4° (Atlas: gr. 2°)
(Altertümer von Pergamon. Bd 3 [Abt.] 2.)

— Hypnos. Ein archäolog. Versuch. Lex.-8. (VI, 38 S. m. eingedr. Fig. u. 3 Lichtdr.-Taf.) Stuttgart 886. [Spemann.] Union. n.n. 2. 60

Ⓑ — Hypnos. 886. (KBL 26.) Jetzt: Berlin, G. Reimer.

Winnefeld, H., Priene, s.: Wiegand, Thdr.

Winnefeld, Hermann: Hellenistische Silberreliefs im Antiquarium der Königlichen Museen. Mit 3 Taf. u. 3 Textabb. Berlin: G. Reimer 1908. 25 S. 4°
(Programm z. Winckelmannsfeste d. Archaeol. Gesellschaft zu Berlin. 68.)

Winnefeld, Hermannus [Badensis]: Sortes Sangallenses ineditae . . . .
Bonnae, typ. Caroli Georgi univ. typogr., 1887; 2 Bl. + 56 S. 8°.
Bonn, Phil. Fak., Inaug.-Diss. v. 5. Mai 1887.

Winnefeld, Hermannus, Sortes Sangallenses ineditae. Diss. Bonn 1887, Emil Strauss. 8°. 55 S.

Winnefeld, Herm., d. Villa d. Hadrian bei Tivoli, s.: Jahrbuch d. kaiserl. deutschen archäolog. Instituts.

Winnefeld, Herwin

Dr. H. Winnefeld. Die Philosophie des Empedokles. 59 S. Donaueschingen, P 1862

Dr. Herwin Winnefeld. Die griechischen Praepositionen. I. Teil. 38 S.
Derselbe. Die griechischen Praepositionen. II. Teil. 38 S.
Donaueschingen, P 1859. 1860

Dr. Herwin Winnefeld. Ziel und Methode des Geschichtsunterrichts. 55 S.
Donaueschingen, P 1874

Winnemuth, Rochus v., s. Rochus.

Winnen, Joh. Wilh., neu vermehrtes u. verbessertes Gesangbuch, in welchem Dr. Martin Luthers selig u. anderer erleuchteten Männer geistreiche u. erbauliche Lieder, wie solche in den Kirchen der sämmtlichen Grafschaft Mansfeld pflegen abgesungen zu werden, befindlich. Mit einiger Nachricht der Autoren, nebst Morgen-, Abend-, Communion- u. andern Gebeten. Neue, revid. u. mit einem Lieder-Anhang versehene Ausg. Hettstedt 863. Hüttig. 8. (XX, 783 S.) 15 ngr.

Winnenden [Schlagwort]

Winnenden, s.: Württemberg. Höhenkurvenkarte.

Winner, G., sein Glück machen nach System Saftey. Eine Anleitg., sein Vermögen planmäßig, sicher u. doch hochverzinslich u. gewinnbringend anzulegen. Für die Praxis auf Grund reicher Erfahrgn. u. Beobachtgn. bearb. (128 S.) 8. München 903. Leipzig, F. Rothbarth.
n. 2. —; geb. n.n. 2. 60

[F.] Unsere Liebe Frau zu Maria Bühel v. Joseph **Winner**, Caplan ... d. Wallfahrtskirche ... *Dülmen i. W.: A. Laumann 1896.* (48 S., 1 Taf.) 1 Bd 8. [97. 3052

Winnertz, Albert (geb. Krefeld 7. 8. 1830): De variis hydrocelen curandi methodis nonnulla. Berolini (1854). (32 S.) 8°
Berlin, Med. Diss. v. 24. März 1854

Winnertz, J., der geschickte Conditor. Erprobte und bewährte Recepte für Conditoren, Köche und Hausfrauen, begründet auf eine 30jähr. Erfahrung in selbstgeführtem Conditorei-Geschäfte. gr. 16. (128 S.) Leipzig 869, E. H. Mayer.

—— Muster zu Tortenverzierungen für Conditoren. 8. (16 Stnt. in qu. 4.) Bonn 870. Henry.

Winnertz, Joh., Beitrag zu einer Monographie der Sciarinen. gr. 8. (187 S. mit 1 Stnt.) Wien 867. (Leipzig, Brockhaus' Sortiment und Antiquarium.) *

Winnicke, Car. Fr., De morbo hypochondriaco e plethora oriundo. 14 pp. Erf. 4°.
1792

August Pawel Winnicki

De Catarrho et coryza. Berolini (1821:) Kraus. 30 S. 8
Berlin, Med. Diss. v. 25. Mai 1821

Winnicki, Clara. Beiträge zur Entwicklungsgeschichte der Blüten einiger offizineller Pflanzen. Diss. Phil. Bern. [Mit Figuren.] 86 S. 8. Bern, N. Dürrenmatt-Egger, 1907.

Preussischer Kommiß. Soldatengeschichten. Von August **Winnig.** Ill. von J. Damberger. Berlin: Vorwärts 1910. 166 S. 8° [11. 971

Winnig, K[arl]: Die Grundlagen der Bautechnik für oberirdische Telegraphenlinien. Mit 261 Abb. (In 5 Lfgen.) Braunschweig: Vieweg 1910. X, 316 S. 8°
(Telegraphen- u. Fernsprech-Technik in Einzeldarst. Nr 8.)

[F.] Offizierpensionen und Civilversorgung. E. Wort z. Aufklärg v. A. v. **Winning**, Oberstlt. a. D. ... *Berlin: R. Felix 1897.* (2 Bl., 35 S.) 1 Bd 8. [98. 3052

Winning, L. v. Geschichte des 2. Niederschles. Inf.-Reg. Nr. 47. Berlin 1869. 76 S.

Winning, Leop. v., Geschichte des Geschlechts derer v. Winning. (XI, 301 S. m. 31 Stammtaf.) gr. 8. Görlitz 906. (C. A. Starke.) n. 12. —

Winning, Wilhelm Heinrich, s. Gedanken e. Afrikaners über d. Gesetze.

Winning, Wilhelm Heinrich, s. Pilati: Wirklichkeit.

Winning, Wlh. Hnr., Predigten. 8. Zürich 767. Orell. 16 gr.

Winninghaus A. zwei spanische Merkantilisten (Gerónimo de Uztariz und Bernardo de Ulloa) (Sammlung nationalökonomischer Abhandlungen IV, 2) Jena 1886

WINNSTEEN, Egert, Antonia. Eine Novelle. Altona, Hammerich. 1843. 8°. (1/3 Rthl.)

Winogradow, Katharina [aus Moskau]: Ueber die Einwirkung gespannter Wasserdämpfe auf Federn und einen eigentümlichen denselben anhaftenden Kieselsäureester. Bern 1897. 27 S. 8°.
Bern. Phil. Diss. 1897/98.

Winogradsky, S., Beiträge zur Morphologie und Physiologie der Bacterien. 1. Heft: Zur Morphologie und Physiologie der Schwefelbacterien. gr. 8. (V, 120 S. mit 4 Taf.) Leipzig 888, Felix. *

Winokuroff, Elsa, a. Moskau: Aus d. pathol. Institut d. Univ. Bonn. Einige seltenere Geschwülste bei Tieren. Bonn 1908: E. Eisele. (55 S., 2 Taf.) 8°
Bonn, Med. Fak., Ref. Ribbert, Diss. v. 27. März 1908
[Geb. 20. April 83 Moskau; Wohnort: Bonn; Staatsangeh.: Rußland; Vorbildung: Gymn. Moskau Reife O. 00; Studium: Moskau 2, Zürich 4, Berlin 1, Moskau 1, Bonn 2 S.; Rig. 18. März 08.]

Winona: [illegible] Winona, MN

Winona Adler: Oct. 9, 1873 – June 1, 1889.
Independent weekly; supported Tilden. For supplement, see Der Sonntagsgast. Merged with Westlicher Herold. Circulation: 1880, 1250; 1876, 818.
Edited & published by Eugen Gerstenhauer & ? Söhler, Oct. 9, 1873 – Oct. 1874; by Eugen Gerstenhauer, Oct. 28, 1874 – 1885?; by Eugen Gerstenhauer & J. Ludwig, 1885–86, published by Winona Adler Publishing Co., 1887–89.
Winona, MN

Winsauer, Franz

Winsauer, Frz., praktische Wechsel- u. Scheckkunde f. Mittelschulen, Fortbildungsschulen u. Meisterkurse sowie zum Selbstunterrichte. (VI, 74 S.) 8. München 908. J. Lindauer. 1.—; geb. 1. 25

WINSAUER, Fritz (Pittenhart): Ueber die Einwirkung verschiedener Substanzen auf Distomum hepaticum.- München: Ernst 1899. 44 S.
28.7.1896 - Chr 1896/97,19; Jv 1899/1900,210 (Prom.-Datum: 1900)
Diss. Ingolst.-Landsh.-Mchn.

Winsauer, Heinrich: De usu praepositionum πρός, εἰς, ἐν in Posthomericis Quinti Smyrnaei. S. 3—20. 8.
Progr. K. k. Staats-Gymn. *Mähr.-Trübau* 1909.

Winsbeke, der, u. die Winsbekin, mit Anmerkungen von Mor. Haupt. gr. 8. Leipzig 845, Weidmann'sche B. 1/2 ℛ

Winsbekin, Die, oder mütterlicher Unterricht glücklich zu lieben und zu heuraten ... O. O. [1760?]. H: *Sparre, Frz Hnr. (= Caspar Ferd. Renner).* (BrMm)

Winsch, Wilhelm: Beiträge zur Kenntnis der Haemoptoe phthisicorum. ⟨Nach dem Materiale der 2. medicinischen Universitätsklinik zu Berlin, Jahrgänge 1893–97.⟩ *Berlin (1898): G. Schade.* (37 S. mit Taf.) 8°
Berlin, Med. Diss. v. 4. März 1898

— Ueber Krankenheilung ohne Arzenei u. ohne Operation. Eine medizingeschichtl. Studie, zugleich e. Trostwort f. Gesunde u. Kranke. (60 S.) gr. 8. Berlin 910. Verlag Lebenskunst—Heilkunst. — 75

GV157
14

Die Lösung der Abendmahlsfrage. Eine Studie aus d. theol.-naturwiss. Grenzgebiet von Dr. med. Wilhelm **Winsch**, Arzt in Halensee-Berlin. *Berlin: M. Breitkreuz 1903.* (64 S.) 8° [F.]

Winsch, Wilh., war Jesus e. Nasiräer? (15 S.) gr. 8. Berlin 904. (Leipzig, K. Lentze.) n. — 20
Sonderabdruck aus: „Der Mensch".

War Jesus ein Nasiräer? Von Dr. med. W[ilhelm] **Winsch**. 2. verm. u. verb. Aufl. Berlin: Breitkreuz 1905. 46 S. 8°

— War Jesus e. Nasiräer? 4. verm. u. verb. Aufl. (80 S.) gr. 8. Berlin 907. M. Breitkreuz. 1. —

Winsch, Wilh., über Wärmekultur, e. Fortschritt der Lebens- u. Heilkunst u. e. Beitrag zur höheren Entwicklg. des Menschen. (34 S.) gr. 8. Berlin 908. Verlag Lebenskunst—Heilkunst. — 60

Winsch, Wilhelm: Ueber W ä r m e k u l t u r , e. Fortschritt d. Lebens- u. Heilkunst u. e. Beitrag z. höh. Entwicklung d. Menschen. 2. verm. Aufl. Berlin: Lebenskunst-Heilkunst 1909. 46 S. 8°

Winsch, Wilh., warum gibt es zweierlei Geschlechter?, s.: B i b l i o t h e k f. Körperkultur.

Winsch, Wilhelm: W i e ich Naturarzt wurde! Nach e. . . . Vortrage mit e. Nachw. über d. drohende Aufhebung d. Kurierfreiheit. Berlin: Lebenskunst-Heilkunst 1908. 26 S. 8°

Wie ich Naturarzt wurde. Ein ärztl. Glaubensbekenntnis nach e. Vortrage m. e. Nachwort über d. drohende Aufhebung d. Kurierfreiheit. Von Dr. med. Wilhelm **Winsch**, Arzt. 2. verb. Aufl. Berlin: Lebenskunst-Heilkunst 1910. 31 S. 8° [II. 5116

— **wie ist der heutige K i r c h e n g l a u b e in betreff des Abendmahls entstanden? (12 S.) gr. 8. Leipzig 904. K. Lentze. n. — 20**
Sonderabdruck aus: „Vegetar. Warte".

Winselmann, wissenschaftliche Medizin u. Naturheilkunde. Ein Wort zur Aufklärung. (31 S.) 8. Bremerhaven 905. Schipper, Mocker & Co. n. — 50

Winselmann, G., de symptomatis atque therapia taeniae solii et bothryocephali lati. Gryphiae 78 S. 1865.
Schul-/Univ.-Schrift

Winselmann, Hermann: Zur K e n n t n i s s der Invaginatio colico-rectalis durch Neubildung. Weimar 1898: R. Wagner Sohn. (33 S.) 8°
Jena, Med. Diss. v. (18. Nov.) 1898.

Winsen [Schlagwort]

Winsen, s.: **Geologische Karten. Preussen 108.**

Winsen, Kreis, s.: Lüneburg, Kreis.

Winsen a. d. A., s.: **Preussen, Messtischblätter.**

Winsened oder der Zwerg im Löwenthale. Wien 1800. V: *Gleich, Joseph Alois.* (WBL) (Ky) (GGr) (MGT) (NN)

Winship, Walter Edwin: Zur T h e o r i e der Potentialgefälle in verdünnten Lösungen. Berlin (1899): G. Schade. (62 S.) 8°
Berlin, Phil. Diss. v. 9. Aug. 1899.

Winsler, Angel., Ehrenkrone zu Verehrung d. heil. Anton v. Padua. 8. Augsb. Wolf. 719.

Winslow, Jakob Benignus: Anatomische Abhandlung von dem Bau des menschlichen Leibes... (Exposition anatomique de la structure du corps humain. Dt.) Bd 1 - 4, gbd., Abb.

Berlin: Rüdiger 1733

Winslow, Jacques Benigne. Anatomische Abhandlung von dem Bau des menschlichen Leibes . . . A. d. Franz. . . . Berlin 1733. Ü: *Matthiae, Georg.* (ML)

[Exposition anatomique de la structure du corps humain. Deutsch:] Abhandlung von dem Bau und der Zergliderung des menschlichen Leibes, ehmals von Jac[ob] Benig[nus] Winslow in franz. Sprache hrsg., nunmehr aber zum 2.Mal daraus verdeutschet u.verb., wie auch mit 5 Tab. des [Bernhard Siegfried] Albinus [1697-1770] u. mit 2 Reg. der deutschen u.lat. in der Zergliderungslehre vorkommenden Kunstwörter verm. Bd 1-5. Basel: Thurneisen 1754. 5 Bde 8°

— Dasselbe. 5 Thle. 8. Leipz. 754. (Knobloch). 2 rß 16 gr

Winslow, Zwo anatom. Beobachtungen. Die erste von einer wider Willen geschehenen Verdrehung des Kopfes, die andere von e. schmerzh. Steifigkeit auf der rechten Seite des Halses nebst e. starken Schlagen der Schlafpulsader u. e. Art von Klinkern in d. Tiefe der Kehle. 36 S. M. Taf. Breslau 1735.

Winslow, Jakob Benignus: Expositio anatomica structurae corporis humani. (Exposition anatomique de la structure du corps humain. Lat.) Tom.1 - 2, 3 - 4.

Francofurti et Lipsiae: Bauer 1753

— expositio Anatomica structurae corporis humani. 4 Vol. Cum fig. 8. Frankf. 753. Bauer. (Treuttel u. W. in Strassb.) 2 rß 12 gr.

— — dasselbe französisch. 4 Vol. av. fig. 8. Basle, Thurneisen. 752.
Postpap.

Winslow, Octav., Geh' und sage es Jesu. Eine Neujahrs-Betrachtung. Aus dem Engl. 2.—4. Aufl. 8. (48 S.) Bremen 864—68, Müller. * 5 Ngr.; Velinp.

Winslow, Octav., Geh' und sage es Jesu. Eine Neujahrs-Betrachtung. Aus dem Engl. 5. Aufl. gr. 16. (48 S.) Bremen 873, Müller's Verlag. *

Winslow, Octavius, geh' u. sag' es deinem Jesu! 3. Aufl. (44 S.) kl. 8. Flensburg 904. Th. Kordt. — 15

—— die S e u f z e r und Thränen Christi. Aus dem Engl. von Ch. B. 8. (48 S.) Ebendas. 870. *

— s o f o r t im Himmel. Neujahrsbetrachtung, m. kurzem Lebensabriß der verstorbenen Mrs. Winslow. Aus dem Engl. 16. (58 S.) Elberfeld 876. Buchh. der evangel. Gesellschaft in Comm. n. — 40

—— der W e g zur Heimath. Drei Betrachtungen. Aus dem Engl. von Ch. S. gr. 16. (47 S.) Ebendas. 869. *

Winsnes, Hanna, Abende in Egelund. Erzählungen für die weibl. Jugend nach dem Norweg. Breslau 867. Trewendt. 8. (VII, 170 S. mit 6 bunten lith. Illustr. von Louise Thalheim.) geb. 1 rß

Winsor, F. A., eigentl. Winzer, Füllung u. Leitung eines Luftballons, oder chem.-physikal. Erläuter. über Robertsons mißu. gelungenen Luftfahrten, nach Montgolfiers Tabellen berechnet. Mit 1 Kpf. 8. Hamb. 804. Kratzsch.

Winspeare, A.: Fortges. Berichte vom Ausbruch d. Vesuv 1794, s. Breislak, Scipio

Winston, Mary Frances [aus Chicago]: Ueber den Hermite'schen Fall der Lamé'schen Differentialgleichung ... Göttingen, Druck d. Dieterich'schen Univ.-Buchdr., 1897; VI, 63 S., 17 Taf. 8.
Göttingen, Phil. Fak., Inaug.-Diss. v. [30. Juni] 1897

Winstrup, O. J.

— Abbildungen d. neuesten u. besten Ackerwerkzeuge nebst Beschreibungen. 8 H. (1 Vol.). Kopenh. 1824-26. 42 Tvl. (99) S.

Winstrup, O. J., Abbildd. der neuesten u. besten Ackerwerkzeuge, wie auch landwirthsch. Maschinen, nebst Beschreibungen. 8 Hfte. Mit 42 Kpft. 4. Kopenh. 824—27. Schubothe.

Winteler, Fridolin

Winteler, F., die Aluminium-Industrie. (XI, 108 S. m. 41 Abbildgn.) gr. 8. Braunschweig 903. F. Vieweg & Sohn. n. 6. —

Winteler, Fridolin. Die Bildung des Chlorkalks. Diss. Phil. [II.] Univ. Zürich. [Mit Figuren. — Sep.-Abdr. aus: Zeitschrift für angewandte Chemie, Jahrg. 15, 1902.] 36 S. 8. Leipzig, Metzger & Wittig, 1902.

Winteler, F(ridolin). Allerhand Neue und alte Gedanken über die Weltordnung. 2. Aufl. X + 131 S. 8. Zürich ⟨*und* Leipzig⟩, Th. Schröter, 1905. [fr. 3. —]

Winteler, J., über die Begründung des deutschen Sprachunterrichtes auf die Mundart des Schülers. Ein Wort an die bernische Lehrerschaft, anläßlich der Revision des Lehrplans für die bernischen Mittelschulen. gr. 8. (26 S.) Bern 878, Jent und Reinert. *

Winteler, Jacob. Experimentelle Beiträge zu einer Begabungslehre. Diss. Phil. I. Univ. Zürich ... von Jakob W'.... [Mit Figuren. Sep.-Abdr. aus: Die Experimentelle Pädagogik.... Band 2. Leipzig 1905.] II + 150 S. 8. (Göttingen, Dieterichsche Univ.-Buchdr., [1906].)

Winteler, Jost

Winteler, J., zur Einführung in die Singvögelkunde. gr. 8. (VI, 75 S.) Aarau 899. (H. R. Sauerländer & Co.) n. 1. 40
Sonderabdruck aus: „Tierwelt".

Winteler, J[ost]. Erinnerungen an Dr. Jakob Hunziker, Professor der aarg. Kantonsschule 1859—1901. [Mit Porträt-Tafel.] II + 31 S. 4. Aarau, H. R. Sauerländer & Co., 1902. [fr. 1.—]

Sep.-Ausg. aus: Jubiläumsprogramm der Aargauischen Kantonsschule....

(Winteler, J[ost].) Die Dorngrasmücke als Gartenvogel. SA. 8. [Aarau 1898.]

Winteler, J. siehe: *Hämmerli-Marti, Sofie.*

Winteler, J[ost]. Über Käfige. Von Prof. Dr. J. Winteler. Separatabdruck aus der «Tierwelt» [Jahrg. 11, 1901]. 12 S. 8. [Aarau, H. R. Sauerländer & Co.]

Winteler, J., üb. e. römischen Landweg am Walensee. Mit sprachgeschichtl. Exkursen. gr. 4. (41 S.) Aarau 894. H. R. Sauerländer & Co. n. 1. 40

Winteler, Jost, römischer Landweg am Walensee. Erwiderg. auf d. Dr. Haffter'sche Kritik. M. 1 Kartenskizze. [Aus: „Argovia".] gr. 8. (13 S.) Aarau 895. H. R. Sauerländer & Co. n. — 40

— über e. römischen Landweg am Walensee. III. Richtigstellungen u. Ergänzungen. gr. 4. (50 S. m. 1 Karte.) Ebd. 900. 1. 80

— die Kerenzer Mundart des Kantons Glarus in ihren Grundzügen dargestellt. gr. 8. (XII, 240 S.) Leipzig 876, C. F. Winter'sche Verlagsh. *

Winteler, J[ost]. Nachtigallen- und Sprosserlaunen. [Sep.-Abdr. aus: Die Tierwelt. Jahrg. 13, 1903, Nr. 19 ff.] II + 9 S. 8. Aarau, H. R. Sauerländer & Co., 1903. [fr. —. 40]

Winteler, J. Naturlaute u. Sprache. Ausführungen zu W. Wackernagels Voces variae animalium. gr. 4. (37 S.) Aarau 892, Sauerländer u. Comp. * 1 20

Winteler, J., Tycho Pantander. Eine Geistesentwickl., in Liedern dargestellt. gr. 8. (VII, 257 S.) Frauenfeld 890. Huber. n. 3. 20; geb. n. 4. —

Winteler, J., der Sprachunterricht f. das IV.—VI. Schulj., s.: Birch, G. A.

Winteler, J[ost]. Einige Übergangsvögel. ⟨SA.⟩ 8. (Aarau [1900].)

Winteler, J., üb. Volkslied u. Mundart. Ein Wort an d. aarg. Lehrerschaft anlässl. d. Kantonalkonferenz am 12. Septbr. 1895. gr. 8. (16 S.) Brugg 896. (Zürich, K. Henckell & Co.) n.n. — 60

Winteler, J[ost]. Der rotköpfige Würger. ⟨Lanius rufus.⟩ [SA.] 8. (Aarau [1897].)

Winteler, Louis, experimentelle Beiträge zur Frage d. Kreislaufes der Galle. Diss. gr. 8. (60 S.) Jurjew (Dorpat) 892. (E. J. Karow.) n. 1. 20

Winter, Herr, s. Bilderbücher, Münchener.

Winter, Der. Ein moralisches Gedicht ... Rostock u. Wissmar 1752. V: *Mark (Marck), Georg Joachim.* (GGr)

Der Winter. III. Zeitschrift für den Wintersport. München. Jg. 1—28. 1906—35.

Winter, der. Illustrierte Zeitschrift f. d. Wintersport. Amtliche Zeitschrift des mitteleurop., deutschen u. österreich. Ski-Verbandes, d. bayer. Eislauf-Bezirkes u. and. Vereine. Schriftleitung: J. Luther u. W. Schmidkunz, verantwortlich f. Österreich-Ungarn: Hanns Barth. 5. Jahrg. Oktbr. 1910—Septbr. 1911. 26 Nrn. (à ca. 16 S.) 30,5×21 cm. München, Verlag der deutschen Alpenzeitg. Postfrei nn 5. —

Winter in Bayern. (16 S. m. Abbildgn. u. 1 Karte auf dem Umschlage.) 8. München (904). Verein zur Hebg. des Fremdenverkehrs. (Nur direkt.) n. — 15

Winter in Bayern. (München [1908]: C. Gerber.) (31 S.) 8° [Umschlagt.]
[08. 18102

Winter, der erste, in der Hauptstadt, oder Ruben Kent, s. Erzählungen, ausgewählte schottische.

Winter, Ein, in Griechenland 1879/80. Leipzig 1881. V: *Zachariae von Lingenthal, Carl Eduard.* (ADB)

Winter, ein, in Griechenland 1879—1880. 8. (V, 117 S.) Leipzig 881. Teubner. n. 2. —

Winter, ein, in London, a. d. Engl. 8. Hamb. Großmann. 806.

Winter, ein, in London, od. Gemälde aus d. großen Welt, v. T. S. Surr. 2 Thle. 8. Emden, Arends und Comp. 815 u. 16. (1r 1 Rthlr. 4 gr. 2r 1 Rthlr. 6 gr.) 2 10

— in Norwegen. Das Land der Mitternachtssonne (36 S. m. Abbildgn u. Taf.) gr. 4. Kristiania (906). A. Cammormeyer. — (Leipzig, K. F. Koehler.) n. 2. —; Prachtausg., geb. in Leinw. n. 5. —

Winter, Peter; seine kurze Biographie u. ästhet. Darstellung seiner Werke, Bildungsbuch für junge Tonkünstler. Seitenstück zu Jos. Heyder rc. 8. Erf. 810. Müller. (Leipz., Weygand) 6 Kr

Winter, ein, in Schönthal, oder die Waffen des Lichts beleuchtet. Aus dem Engl. übers. 8. (215 S. mit eingedr. Holzschn.) Cincinnati 857. (Bremen, Heyse's Verlag.) geb. *

Winter in der Schweiz. [Illustrierte Reklame-Broschüre.] Hrg. vom Publizitätsdienst der Schweizerischen Bundesbahnen in Bern. 1906. IV + 64 S. quer-8. (Bern, Neukomm & Zimmermann.) [fr. 1. —]

Winter in der Schweiz. Wintersport und Winterkuren. Unter Mitwirkung von J[acob] C[hristoph] Heer, Pfr. C[amill] Hoffmann, G(ustav) Hügel, Dr. [Ernest] Miéville, Dr. E[mil] Mory, ... Prof. Dr. med. A[ugust] Nolda, Pfr. G(ottfried) Strasser und E(rnst) V(iktor) Tobler bearb. von Edwin Furrer. ([Mit] Buchschmuck von Walter Koch und C[arl] Moos [sowie vielen Illustrationen, 8 Tafeln und 2 Karten].) XVI + 386 S. + *Inserate*. 8. Zürich, Bürgi & Co., (1910). [geb. fr. 3. —]

Winter, das decorum pastorale, s.: Bericht üb. d. 27. allgem. Pastoralkonferenz evang.-luther. Geistlicher Bayerns.

Winter, Diss. de epilepsia. Rint. 4°. 1702

Winter: De Jove Homerico ac ratione, qua cum eo Fatum fuerit coniunctum. 21 S. – Braunsberg, Progr. 1870.

Winter, topographische Karte von Osnabrück und Umgegend, Kreis Osnabrück, Melle und angrenzende Landestheile. Nach amtl. Quellen bearb. 1 : 120,000. 1. und 2. revid. Aufl. Chromolithogr. Imp.-Fol. Osnabrück 880,83, Veith. * ℳ 2,50.; auf Leinw. * 3 25

Winter, topographische Karte von Osnabrück und Umgegend. Kreis Osnabrück, Melle und angrenzende Landestheile. Nach amtl. Quellen bearb. 1 : 120,000. 3. revid. Aufl. Chromolithogr. Imp.-Fol. Osnabrück 886, [Veith.] Rackhorst'sche Buchh. * 2 50
Auf Leinw. in Futteral * 3 25

Winter. Topographische Karte v. Osnabrück u. Umgegend. Kreis Osnabrück, Melle u. angrenzende Landestheile. 1 : 120,000. 11. Aufl. Lithogr. Ebd. 892. * 2 —
Auf Leinw. u. in Futteral * 3 —

Winter, der falsche Klang in unserer höheren Schule u. die Reform. (20 S.) 8. Leipzig 908. Dr. Seele & Co. —50

Winter, ..., Commissionsbericht über d. standes- u. grundherrl. Edict vom 16. April 1819. Karlsr. ... Braun. 3 Kr

— Commissionsbericht über das Volksschulwesen u. d. Besoldung d. Schullehrer; vorgetragen in d. 2n Kammer d. Abgeordneten 2. Nov. 1831. gr. 8. Heidelb. 832. Winter. 3 Kr

§ **WINTER**, Quodlibet von Wien. Wien 1782. 8°. Rar!

Winter: Stoicorum pantheismus et principia doctrinae ethicae quam sint inter se apta et connexa. 14 S. – Wittenberg, Progr. 1863.

Winter: Untersuchung und graphische Bestimmung der Würfelprojectionen. 9 S. 8°. Klagenfurt OR., Progr. 1856.

Winter: Grüne Verkaufsliste über Dauerbrandöfen »Germanen«. (o. O.) 1906

Winter, Gebr., willkommen im Vegetarianer Speise-Haus. (III., verm. u. verb. Aufl.) gr. 8. (54 S.) Chemnitz 898. M. Winter. — 50

Winter: Über die Wirksamkeit und Bedeutung der mechanischen Lehrwerkstätte. 8 S. 8°. Klagenfurt OR., Progr. 1863.

Winter, A. (Umschlag: J. S.), der Mord in der Kaserne. Kriminalroman. (178 S.) 8. Gera (906). P. Stötzner. 1. —

Winter, A., s.: Schmidt's Jahrbücher d. etc. Medicin.

Winter, A. E., (Secret. Diesing), Beschreib. der russ. Dreschmaschine, welche daselbst von Dominien u. Landleuten mit Ersparung von Zeit u. Mühe angewendet wird. Mit 1 lith. Taf. 8. Brün 826. Traßler. 3 Kr

Winter, (A. E.,) Beschreib. d. russ. Dreschmaschine, welche daselbst von Dominien u. Landleuten mit Ersparung von Zeit u. Mühe angewendet wird. Mit 1 lithogr. Taf. gr. 8. Brünn 827, Traßler.

Winter, A. G., de communionis nomine, quo s. coena designatur. Ronneb. 1724. 4.

Winter, Adalbert

Winter, Adb., Blütenstrauß. E. Sammlg. v. Gedichten u. Liedern zu allen festl. Zeiten u. Gelegenheiten m. bes. Berücksicht. d. Weihnachtszeit f. Schule, Kindergarten u. Elternhaus. 8. (104 S.) Wien 897. C. Graeser & Co. n. 1. —; geb. n. 1. 50

Winter, Adb., Blütenstrauß. Eine Sammlg. v. Fest-Gedichten u. Liedern. Mit besond. Rücksicht auf die Weihnachtszeit f. Schule, Kindergarten u. Elternhaus. 2. [Titel-] Aufl. 8. (104 S.) Wien (897.) 898. C. Graeser & Co. — 72; geb. in Leinw. n. 1. 20

Winter, Ad., s.: Lieder f. die österreichische Jugend.

Winter, Adalb., Liederbuch f. die Oberklassen der Volks- u. Bürgerschulen. 16. (64 S.) Wien 871. Pichler's Wwe. & Sohn. — 50

Winter, A. J., stufenmäßig geordnete Rechen-Aufgaben, s. Holczabek, J. W.

— Sagen u. geschichtl. Erzählungen der Stadt Wien, s.: Holczabek, Joh. W.

Winter, Adb., Sagen u. Geschichten der Stadt Wien, s.: Holczabek, J. W.

Winter, Abb., Hölzels Wandbilder für den Anschauungs-Unterricht in ihrer praktischen Verwendung beim Sprachunterrichte. Lex.-8. (51 S. mit Abbild.) Wien 888, Hölzel. *
Aus: Die Volksschule, besonders abgedruckt.

Winter, Adalb., Hölzels Wandbilder f. den Anschauungs-Unterricht in ihrer prakt. Verwendung beim Sprachunterrichte. 8., verb. u. verm. Aufl. (120 S. m. Abbildgn.) gr. 8. Wien 904. E. Hölzel. n. 1. 60

Winter, Adolf [app. Arzt aus Worms a. Rh.]: Ergebnisse der in der Giessener Frauenklinik von 1888 bis 1896 ausgeführten Ovario- und Parovariotomieen ... Darmstadt, Buchdr. v. H. Menzlaw, 1896; 31 S. 8.
Giessen, Med. Fak., Inaug.-Diss. v. 1896

Winter, Adolf, Gedichte des neugriechischen Freiheitskampfes. gr. 8. (425 S.) Berlin 847, [Nelte.]

Winter, Adolf, Geschichte des neugriechischen Freiheitskampfes. gr. 8. (425 S.) Berlin 847, Hübenthal & Co. 1 1/6 ℛ

Winter, Adolf, a. Ütersen: Über die logarithmischen G r e n z f ä l l e der hypergeometrischen Differentialgleichungen mit zwei endlichen singulären Punkten. Kiel 1905: Schmidt & Klaunig. (73 S.) 8°
Kiel, Phil. Fak., Ref. Pochhammer, Diss. v. 15. Juli 1905.
[Geb. 11. Juni 82 Ütersen; Wohnort: Ütersen; Staatsangeh.: Preußen; Vorbildung: Oberrealsch. v. d. Holstenthor Hamburg Reife O. 01; Studium: Gießen 1, München 3, Kiel 3 S.; Rig. 18. Febr. 05.]

Winter, Adolf (Übers.):

s.: Hall, Marshall: Neue Untersuchungen über das Nervensystem. (New Memoir of the nervous system. Dt.) Leipzig: 1844

JB 4.777

Winter, Ab., s. Marshall Hall, neue Untersuchungen üb. das Nervensystem.

Winter, Alb., **Beschreibung des Bez.-Amtes Regensburg.** Erläuterung zur Karte des Bez.-Amtes Regensburg. (46 S.) gr. 8. München 908. Piloty & Loehle. — 30

— dasselbe des Bez.-Amtes Stadtamhof. Erläuterung zur Karte des Bez.-Amtes Stadtamhof. (40 S. m. Abb.) gr. 8. Ebd. 907. — 30

Winter, Alb., deutsche Grammatik. Sprach- u. Uebungsbuch. Zum Gebrauche an den Mittelschulen. 2. Aufl. gr. 8. (VIII, 183 S.) Bamberg 896. C. C. Buchner. Verl. Geb. in Leinw. n. 1. 80

— Deutsche Grammatik m. Orthographie u. Wörterverzeichnis. Zum Gebrauche an den Mittelschulen. 11. unveränd. Aufl. (X, 251 S.) 8. Bamberg 909. C. C. Buchner's Verl. Geb. nn 2. 50

— Die Oberpfalz. Ein Beitrag zur Heimatkunde. (VIII, 82 S. m. Abbild. u. 3 Kärtchen.) gr. 8. München 909. Piloty & Loehle. 1. —

— deutsche Orthographie f. d. bayer. Schulen. Im Anschl. an d. amtl. Schreibweise bearb. 8. (VIII, 118 S.) Ebd. 898. n.n. 1. —

Winter, Alb., deutsches Uebungsbuch. Im Anschluß an Englmanns deutsche Grammatik f. die 1., 2. u. 3. Klasse der Latein- u. Realschule bearb. 2 Bdchn. gr. 8. Bamberg 887. Buchner. n. 1. 80
1. Formenlehre. (VIII, 77 S.) n. 1. —
2. Satzlehre. (II, 69 S.) n. — 80

Winter, Alb., deutsches Übungsbuch. Zum Gebrauche an den Mittelschulen. 1. Tl. Formenlehre. 2., umgearb. Aufl. gr. 8. (VII, 96 S.) Bamberg 893. C. C. Buchner, Verl. Kart. n.n. 1. 20

— Deutsches Übungsbuch. Zum Gebrauche an den Mittelschulen. 2 Tle. 8. Bamberg 908. C. C. Buchner's Verl. Kart. à 1. 20
1. Formenlehre. 6. Aufl. (VII, 107 S.)
2. Satzlehre. 5., unveränd. Aufl. (VI, 117 S.)

— Wörterverzeichnis. Nach d. in Bayern amtl. eingef. Schreibweise bearb. gr. 8. (51 S.) München 898. Piloty & Loehle. n. — 40

Winter, Alb., Wörterverzeichnis. Nach der im Deutschen Reiche amtlich eingeführten Schreibweise bearb. 3., verm. Aufl. Neue Bearbeitg. gr. 8. (62 S.) München 902. Piloty & Loehle. n. — 40

Winter, Alb., Wörterverzeichnis. Nach den neuen vom **k. b. Kultusministerium hrsg. „Regeln für die deutsche Rechtschreibg. nebst Wörterverzeichnis"** bearb. 5., umgearb. Aufl. (61 S.) gr. 8. München 903. Piloty & Loehle. n. — 40

Winter, Alban, das katholische Volk, der Pfarrer u. der Standesbeamte, nach dem Reichsgesetze vom 6. Febr. 1875 praktisch zusammengestellt. 16. (15 S.) Kempten 876. Kösel. n. — 10

Winter, Albert, aus Hermsdorf: Joseph Addison als Humorist in seinem Einfluss auf Dickens Jugendwerke. *Halle a. S. 1899. F. Karras.* (50 S.) 8° [Aus: Anglia. Bd 21, N. F., 9, H. 4.]
Leipzig, Phil. Diss. v. [22. Apr.] 1899

Winter, Albert. Alkmene und Amphitryon, eine mythologische Abhandlung. 36 S. **Progr.** Magd. *Breslau* 1876.

Winter, [Albert], Dr.: Die Entwickelung der höheren Schule in Frankreich seit der großen Revolution. Harburg 1904: G. Lühmann. (18 S.) 4° [F.]
Harburg, RG u. R OP 1904 (380)

Winter, Albert. Meletius und Orion. 8 (S. 91 – 124).
In: Festschrift z. 250j. Jubelfeier des G. z. St. Maria Magdal.
Progr. *Breslau* 1893.
Nicht im Tauschverkehr

Winter, Alb., Meletius u. Orion. [Aus: „Festschrift zur Jubelfeior des Gymnasiums zu St. Maria Magdalena".] gr. 8. (34 S.) Breslau 893. (E. Morgenstern's Verl.) n. — 50

Winter, Albertus (Augustus Julius) *(geb. Sprottau 26. 1. 1840)*: De modorum in enunciatis conditionalibus apud tragicos Graecos usu. Vratislaviae (1865). (52 S., 1 Tab.) 8°
Breslau, Phil. Diss. v. 11. März 1865

Winter, Alex. Die New-Yorker staatliche Besserungsanstalt zu Elmira. gr. 8. (XVI, 133 S.) Berl. 890, G. Reimer. * 2 40

Winter, Alexander: Der Erbfolgeplan und das Testament Kaiser Heinrichs VI. Altenburg S.-A. (1908): Pierer. 92 S. 8°
Erlangen, Phil. Diss. v. 25. Sept. 1908, Ref. Beckmann
[Geb. 12. März 86 Halle a. S.; Wohnort: Rixdorf-Berlin; Staatsangeb.: Preußen; Vorbildung: Friedrich-Wilhelms-Gymn. Berlin Reife O. 04; Studium: Berlin 8 S.; Rig. 21. Mai 08.] [U 09. 870

Winter, Alois v., Beleuchtung vielfacher durch J. W. v. Wenzl bei verschied. Gelegenheiten geg. lebende u. todte Aerzte, geg. die vor 1799 bestand. arzneiwissenschaftl. Institutionen u. collegium medicum, dann vorzügl. geg. das im J. 1835 aufgelöste Obermedicinal-Kollegium, endl. d. späterhin aufgestellte Cholera-Kommission, vorgebrachten Verdunkelungen u. Verunglimpfungen, nebst Beurtheil. d. Krankheitsgesch. d. verstorb. Obermedicinalr. Simon v. Häberl &c. als Dareingabe. gr. 8. (13 B.) München 835, [Hof-Buchhandlung.] (Leipzig, J. Müller.) *

v. Winter, Alois, Beleuchtung vielfacher durch J. B. Ritter von Wenzl, königl. Leibarzt ꝛc. bei verschiedenen Gelegenheiten gegen lebende und todte Aerzte; gegen die vor 1799 bestandenen arzneiwissenschaftl. Institutionen und collegium medicum; dann vorzüglich gegen das im Jahre 1835 aufgelöste Obermedicinal-Kollegium; endlich die späterhin aufgestellte Cholera-Kommission, vorgebrachten Verdunkelungen u. Verunglimpfungen, nebst Beurtheilung der Krankheitsgeschichte des verstorb. Simon v. Häberl ꝛc. als Dareingabe. gr. 8. München 835. Weber. n. 5/6 ß

† Winter, Amalie, (Amalie v. Groß, geb. v. Seebach,) illustrirtes A B C Buch. gr. 8. (VI und 166 S. mit Ttlkpfr. und 24 ill. Stahlst.-Vignetten.) Leipzig 853, Baumgärtners Buchh.

Winter, A., das Alterthümchen, s. Theater, kleines.

Winter, Amalie, Bekenntnisse eines Opiumessers, s. Bekenntnisse.

— s. Blessington, Lady, Wanderungen in Italien.

† Winter, Amalie, (Amalie v. Groß, geb. v. Seebach,) das Buch von der Schwalbe. Für Kinder von 8—12 Jahren. gr. 16. (114 S. und 2 ill. Stnt. in Tondr.) Pesth 851 (52,) Heckenast. (Leipzig, G. Wigand.) Thlr. *

† Winter, Amalie, (Amalie v. Groß, geb. v. Seebach,) die Deportirten in Australien. 8. (156 S.) Berlin 848. [Leipzig, Voigt und Günther.]

Winter, Amalie, die Deportierten in Australien. 2. Aufl. 8. (112 S. mit 1 Chromolithogr.) Düsseldorf 880, F. Bagel. cart.

— s. Desbordes-Valmore, Violetta.

† Winter, Amalie, (Amalie v. Groß, geb. v. Seebach,) Diadem u. Zepter. Eine Gallerie großer Herrscherinnen z. Unterhalt. f. Frauen. 2 Bdchn. 8. (30 3/4 B. u. lith. Tit.) Weimar 841, Voigt.

— nur ein armes Dienstmädchen. Lebensbilder aus höhern u. niedern Kreisen. 8. Leipzig 843, Kollmann. 1 1/2 ß

—— neue Erzählungen f. Kinder v. 8 bis 12 Jahren. A. u. d. Ttl.: Der arme Heinrich. Mit 2 Kpfrn. — Tagebuch einer jungen Brasilianerin. Mit 2 Kpfrn. — Das Märchen v. der Kornähre. Mit 2 Bild. 16. (22 1/8 B. u. 6 ill. Kpfr.) Pesth 846, Heckenast. (Leipzig, Geo. Wigand.) *

—— zwei Erzählungen für Kinder von 10—12 Jahren. gr. 16. (244 S.) Pesth 851 (52,) Heckenast. (Leipzig, G. Wigand.) *

—— Frauenbilder. 1—3. Samml. 8. Leipzig, Kollmann. [1. (15 1/2 B.) 840. 1 Thlr., 2. (18 1/2 B.) 840. 1 1/4 Thlr., 3. (24 B.) 842. 1 1/2 Thlr.]

— Freundschaft zwischen Kindern u. Thieren, oder Kinder, liebet die Thiere, denn sie gewähren euch Freude u. Nutzen. Ein Lese- u. Bilderbuch. Mit 6 illum. Kupf. 8. Leipzig 846, Baumgärtner. n. 2/3 ß

—— Freundschaft zwischen Kindern und Thieren oder Kinder, liebet die Thiere, denn sie gewähren euch Freude und Nutzen. Ein nutzbares Lese- und Bilderbuch für Knaben und Mädchen von 5 bis 12 Jahren. 2. Aufl. 8. (V und 90 S. mit 6 ill. Kpfrt.) Leipzig 850, Baumgärtners Buchh.

—— eine Gratulation, s. Theater, kleines.

—— die Kinder u. die Engel. Ein nutzbares Lese- u. Bilderbuch f. Knaben u. Mädchen von 5 bis 10 Jahren. 8. (7 B. u. 6 ill. Kpfr.) Leipzig 845, Baumgärtners Buchh. *

—— die Kinder und die Engel. Ein nutzbares Lese- und Bilderbuch für Knaben und Mädchen von 5 bis 10 Jahren. 2., neu durchgeseh. Aufl. gr. 16. (V und 110 S. mit 6 ill. Kpfrt.) Leipzig 850, Baumgärtners Buchh.

—— die Kindesseele in ihrer tiefinnersten Ergründung, in ihrer zartesten Entwickelung und in ihrer vorbereitenden Erziehung durch die Verwahr- und Kleinkinderschulen und Kindergärten, oder Rathschläge für Lehrer und Lehrerinnen zu deren gedeihlichen Leitung, besonders in Beziehung auf Verpflegung, Unterricht, Ueberwachung ꝛc. Nach langjähr. Erfahrungen und mit Beiziehung der französ. Schrift des Fräuleins Carpentier. br. 12. (XII und 140 S.) Weimar 855, Voigt.

—— die Klein-Kinder-Schule. Anleitung für Lehrer, Aufseherinnen ꝛc. zu einer zweckmäßigen Beschäftigung der Kinder v. 2.—7. Jahre. 8. (9 B.) Leipzig 846, Baumgärtners Bh.

—— die kleinen Lazzaroni von Neapel. 8. (9 B.) Berlin 846, Simion.

Vgl.: Nieritz, G., Jugendbibliothek. 32. Bdchn.

— die kleinen Lazzaroni von Neapel. [Abgedr. aus der Jugend-Bibliothek von Gust. Nieritz.] 2. Aufl. 8. (142 S.) Berlin 850, Simion (jetzt: Leipzig, Voigt & Günther). 1/3 ß

Winter, Amalie, die kleinen Lazzaroni von Neapel. 3. Aufl. gr. 16. (112 S.) Düsseldorf 879, Bagel's Verlag. cart.

Winter, Amalie, Leben u. Schicksale des Katers Rosaurus, oder die kleine Prinzessin u. ihre Katze. Ein unterhaltendes Lese- u. Bilderbuch für Kinder. Mit 1 schwarzen u. 5 color. Stahlst. 8. (113 S.) Leipzig 851, Baumgärtner. 2/3 ß

—— deutsche Lebensbilder. Novellen. 2 Bde. 8. (40 1/2 B.) Leipzig 838, Focke.

—— die Lilienkönigin oder Kinder und Blumen, für Kinder von 5 bis 10 Jahren. 8. (105 S. mit 6 ill. Kpfrn.) Leipzig 848, Baumgärtners Buchh.

Winter, Amalie, die Lilienkönigin oder Kinder und Blumen für Kinder von 5—10 Jahren. Mit 6 illum. Kpfrn. 2. Aufl. Leipzig 855. Baumgärtner. 16. (3 Bl., 104 S.) 12 ngr

—— Mährchen der Natur. 8. (6 1/2 B. u. 4 Kpfrt.) Braunschweig 841, Vieweg u. Sohn.

—— Memoiren e. berliner Puppe, f. Kinder v. 5—10 Jahren u. f. deren Mütter. 16. (7 B. u. 6 ill. Kpfrt.) Leipzig 840, Baumgärtners Buchh. *

† Winter, Amalie, (Amalie v. Groß, geb. v. Seebach.) Memoiren e. berliner Puppe f. Kinder v. 5—10 Jahren u. f. deren Mütter. 2. Aufl. br. 8. (7 B. u. 6 ill. Kpfr.) Leipzig 844, Baumgärtners Buchh. Thlr. *

—— Memoiren einer berliner Puppe für Kinder von 5 bis 10 Jahren und für deren Mütter. 3. Aufl. 8. (112 S. mit 6 ill. Kpfrn.) Leipzig 851 (52,) Baumgärtners Buchh.

—— Memoiren e. bleiernen Soldaten, f. Knaben v. 8—10 Jahren. 16. (7 B. u. 6 ill. Kpfrt.) Leipzig 840, Baumgärtners Buchh. *

—— Memoiren eines bleiernen Soldaten f. Knaben v. 8—10 Jahren. 2. Aufl. br. 8. (7 B. u. 6 ill. Kpfr.) Leipzig 844, Baumgärtners Buchh. *

—— Memoiren einer Unvermählten. 8. (18 B.) Leipzig 843, Kollmann.

Winter, A., Narren der Liebe. Komischer Roman. 3 Bde. 8. (III, 280; III, 268 u. III, 240 S.) Jena 872. Costenoble. 15. —

Winter, Amalie, Novellenkranz. 1.—3. Thl. 8. Leipzig 844—46, Kollmann. à 1⅓ ℛ

— der achtzehnte October. Ein Lese-Bilderbuch für Knaben von 5 bis 12 Jahren. gr. 16. (III und 89 S. mit 6 ill. Stahlst.) Leipzig 849, Baumgärtners Buchh.

s. Quillinan, Ed., Liebe u. Krieg.

— die Seifenblasen f. Kinder v. 5—10 Jahren. 8. (6 B., 2 Stahlst. u. 4 ill. Bild.) Leipzig 846, Baumgärtners Bh.

— die Seifenblasen für Kinder von 5—10 Jahren. 2. Aufl. gr. 16. (V und 90 S. mit 2 Stahlst. und 4 ill. Kpfrt.) Leipzig 851(52,) Baumgärtners Buchh.

— Stunden der Andacht f. Kinder von 10 bis 14 Jahren, unter Anleitung von Eltern u. Lehr. 12. (7 B. u. 1 Stahlst.) Leipzig 843, Baumgärtners Buchh.

† Winter, Amalie, (Amalie v. Groß, geb. v. Seebach.) Almas Wäldchen. Lebensbild f. Kinder v. 6—10 Jahren. 1. Aufl. 843. u. 2. Aufl. br. 8. (à 6 B. u. 6 ill. Kpfr.) Leipzig 846, Baumgärtner's Buchh. à *

— Wunder und Märchen des 19. Jahrhunderts. Lebensbilder aus der Gesellschaft. Leipzig 856. Kollmann. 8. (3 Bl., 255 S.) 25 ngr

Winter, Amandus (Franciscus) *(geb. Altstrunz bei Glogau 5. 11. 1839)*: De atresia vaginae innata. Vratislaviae (1865). (24 S.) 8°
Breslau, Med. Diss. v. 14 [vielmehr 16.] Aug. 1865

Winter, Andr., s. v. Rochow, Fr. Eb., der Kinderfreund.

Winter, Ant., Beschreib. e. Harnrecipienten für Frauen. gr. 8. Heidelb. 817. Oßwald. 10 ℊ

Winter, Anton Phil. Nerius

Winter, Ant. Phil. N., heilige Geheimnißreden auf die Festtage des Herrn. Neue, für den Bonifazius-Verein besorgte Ausg. gr. 8. (VIII, 835 S.) Würzburg 870, (Stahel'sche Buchh.) *

Winter, Ant. Phil. Nerius, 10tägige Geistesübungen. gr. 8. Bamb. Dederich. (Göbhard.) 799.

Winter, Ant. Phl. Nerius, 10tägige Geistesübungen. gr. 8. Bamb. 799. (Wesché in Frankf.) 1 ℛ

— Dasselbe für Klosterfrauen. gr. 8. Bamb. 799. Dederich. 1 ℛ

— Jesus der leidende Bräutigam. 8. Bamberg 793. Dederich. 1 ℛ

— Lob- u. Sittenreden auf mancherlei besondere Festtage d. Heil. Gottes. 4 Bde. gr. 8. Bamberg 790—93. Dederich. 4 ℛ 9 ℊ

— heil. Reden auf alle Sonntage des ganzen Jahres. 1e Samml. 4 Thle. gr. 8. Frankf. 779. Varrentrapp. 2 ℛ 16 ℊ

— Dasselbe. 2e Samml. 4 Thle. gr. 8. Bamb., Dederich. 4 ℛ 4 ℊ

— d. fromme Weltpriester durch 3tägige Geistesübungen. gr. 8. Ebend. 789.

— der fromme Weltpriester durch 3tägige Geistesübungen. gr. 8. Bamb. 791. Dederich. 12 ℊ

Winter, August (Ed.):

s.: Acta academiae Caes. Reg. Josephinae med.-chirurg. Vindobonensis. Anno scholastico 1835-36. Vindobonae: 1837

Winter, Aug., Hannovers Aufgabe dem Zollvereine gegenüber. 3 Abtheil. 12. Hannover 845, 46, Kius. (à n. ⅚ ℛ) n. 2½ ℛ

Winter, August (Oberbeerbach)
Beiträge zur Kenntniss der Urinabsonderung bei Gesunden, (Bestimmung der Phosphorsäure und der freien Säure im Urine).
Giessen: M.A.J. Merck 1852. 25 S. u. 1 Taf. ... Thesen
Diss. med. 10.7.1852. vorh. 26. 7. 11. A

Winter, Aug., über die Bildung der ersten Kammern in Deutschland. Tübingen 870. Laupp. gr. 8. (V, 626 S.) n. 3 ℛ 20 ngr

Winter, Aug., über die Bildung der ersten Kammern in Deutschland. gr. 8. Tübingen 870. Freiburg i. Br., Mohr. *

Winter, Aug., der Bundesrath u. die Reichsoberhausfrage. gr. 8. (III, 140 S.) Tübingen 872. Laupp. n. 1. 80

Winter, Aug. (II.), Chronometrie. Das Wichtigste aus der Zeit- und Festrechnung, vom Kalender und den Uhren, nach den Schriften von Gatterer, Ideler, Littrow und Andern bearb. 8. (88 S. mit eingedr. Holzschn.) Langensalza 871, Schulbuchh. von Greßler.

[Sanskr. u. Ant.] **Winter**, Avgvstvs [Silesivs]: Saptapadarthi Sri-Sivaditja-viracita. Çivadityi Saptapadarthi. Pars prior ... [Erschien vollst. 1893 bei O. Harrassowitz in Leipzig.] Bonnae, typ. C. Georgi vniv. typogr., 1893; 2 Bl., XI, 22 S., 2 Bl. 8.
Erlangen, Phil. Fak., Inaug.-Diss. v. 15. [bis 16.] Apr. 1893

Winter, Aug., Çivādityi Saptapadārthī. Primum edidit, prolegomena, interpretationem latinam, explanationes et exempla adiecit A. W. gr. 8. (XI, 22 u. 28 S.) Leipzig 893. O. Harrassowitz. n. 2. —

Winter, Aug., vollständiges Gartenbuch. Nach eigenen Erfahrungen u. den besten Hülfsmitteln bearb. 1. u. 2. Aufl. Langensalza 865, 69. Schulbuchh. von Greßler. gr. 8. (IV, 196 S. mit zahlreichen in den Text gedr. Abbild. in Holzschn.) 18 ngr

— vollständiges Gartenbuch. Nach eigenen Erfahrgn. u. den besten Hülfsmitteln bearb. Mit zahlreichen in den Text gedr. Abbildgn. (in Holzschn.) 3. Aufl. gr. 8. (IV, 196 S.) Langensalza 875. Schulbuchh. 1. 80

Winter, Aug., vollständiges Gartenbuch. 4. Aufl. gr. 8. (IV, 196 S. mit zahlreichen in den Text gedr. Abbild.) Langensalza 878, Schulbuchh. von Greßler.

Winter, Aug., vollständiges Gartenbuch. Nach eigenen Erfahrungen und den besten Hilfsmitteln bearb. 5. Aufl. gr. 8. (IV, 196 S. mit zahlreichen in den Text gedr. Holzschn.-Abbild.) Langensalza 883, Schulbuchh. von Greßler.

Winter, Aug., vollständiges Gartenbuch. Nach eigenen Erfahrgn. u. den besten Hilfsmitteln bearb. Mit zahlreichen in den Text gedr. Abbildgn. 6. Aufl. gr. 8. (IV, 196 S.) Langensalza 886. Schulbuchh. 1. 80

Winter, Aug. Vollständiges Gartenbuch. Nach eigenen Erfahrgn. u. den besten Hilfsmitteln bearb. 7. Aufl. gr. 8. (IV, 196 S. m. 31 eingedr. Abbildgn.) Langensalza 890, Schulbuchh. 1 80

Winter, Aug., vollständiges Gartenbuch. Nach eigenen Erfahrgn. u. den besten Hilfsmitteln bearb. 8. Aufl. gr. 8. (IV, 196 S. m. Abbildgn.) Langensalza 893. Schulbuchh. 1. 80

Winter, Aug., vollständiges Gartenbuch. Nach eigenen Erfahrgn. u. den besten Hilfsmitteln bearb. 9. Aufl. gr. 8. (IV, 196 S. m. Abbildgn.) Langensalza 899. Schulbuchh. 1. 80

Winter, A., üb. die Hochzeitsbräuche der Letten nach ihren Volksliedern, s.: Verhandlungen der gelehrten estnischen Gesellschaft zu Dorpat.

—— allgemeines deutsches Kochbuch. gr. 8. (XII und 280 S.) Langensalza 866, Schulbuchh. von Greßler.

Winter, Aug. (II.), allgemeines deutsches Kochbuch. 2. Aufl. gr. 8. (XII, 280 S.) Langensalza 870, Schulbuchh. von Greßler.

Winter, A., Mythologie der Griechen und Römer für die reifere Jugend. 1. Aufl. 1859. und 2. Aufl. 8. (76 S. mit 15 Stnt. in Tondr. und 1 Chromolithogr.) Langensalza 860, Schulbuchhandlung von Greßler.

—— Mythologie der Griechen und Römer für die reifere Jugend. 3.—6. Aufl. 8. (76 S. mit 17 Stnt., wovon 1 in Buntdr.) Langensalza 862—68, Schulbuchh. von Greßler.

—— Mythologie der Griechen und Römer für die reifere Jugend. 7.—9. Aufl. 8. (76 S. mit 16 Stnt.) Ebendas. 870—75.

—— Mythologie der Griechen und Römer für die reifere Jugend. 10. und 11. Aufl. 8. (76 S. mit 17 Stnt.) Ebendas. 876.

—— Mythologie der Griechen und Römer für die reifere Jugend. 12. und 13. Aufl. 8. (76 S. mit kolor. Titelbild und 16 Taf. in Tondr.) Ebendas. 883. geb.

— Mythologie der Griechen u. Römer, f. die reifere Jugend bearb. Mit kolor. Titelbild u. 16 Taf. in Tondr. 14. Aufl. 8. (76 S.) Ebd. 890. cart. 1. 20

Winter, A., Mythologie d. Griechen u. Römer f. d. reif. Jugend. Mit kolor. Titelbild u. 16 Taf. in Tondr. 15. Aufl. 8. (76 S.) Langensalza 896. Schulbuchh. Kart. 1. 20

Winter, A., Mythologie der Griechen u. Römer f. die reifere Jugend. Mit kolor. Titelbild u. 16 Taf. in Tondr. 16. Aufl. (76 S.) kl. 8. Langensalza 909. Schulbuchh. Kart. 1. 50

—— Rechenbuch mit (eingedr. chromolithogr.) Bildern. Für die ersten Beschäftigungen des Kindes mit Zahlen. 1. und 2. Heft. gr. 16. Langensalza 857. 59, Schulbuchhandlung von Greßler. [1. Heft. (31 Bl.) 2. (32 Bl.) à Heft 10 Ngr.]

—— Rechenbuch mit (eingedr. chromolithogr.) Bildern. Für die ersten Beschäftigungen des Kindes mit Zahlen. 1. Heft. 3.—5. Aufl. (32 Bl.) 2. Heft. 2. und 3. Aufl. 16. (32 S.) Langensalza 863—68, Schulbuchh. von Greßler. cart. à Heft 10 Ngr.

—— Rechenbuch mit Bildern. Für die ersten Beschäftigungen des Kindes mit Zahlen. 1. Heft. 6. Aufl. gr. 16. (31 S. mit eingedr. Chromolithogr.) Ebendas. 875.

Rechenbuch mit Bildern. Für d. ersten Beschäftigungen d. Kindes mit Zahlen. A. **Winter**. 6. (auf d. Umschl.: 7.) Aufl. Langensalza: F. G. L. Gressler [1907]. (31 S.) 8° [07. 15225 3

— Rechenbuch m. Bildern. Für die ersten Beschäftiggn. des Kindes m. Zahlen. 8. Aufl. (31 Bl. m. farb. Abb.) 16. Ebd. (910). Geb. 1. —

Winter, Aug., die Volksvertretung in Deutschlands Zukunft. gr. 8. (IV u. 499 S.) Göttingen 849, Dieterich. n. 2 ₰

Winter, Aug., die Volksvertretung in Deutschlands Zukunft. gr. 8. (IV und 499 S.) Göttingen 852, Dieterichsche Buchh. *

—— Walhalla. Mythologie der alten Deutschen. 1. Aufl. 1858. und 2. Aufl. 8. (22 S. mit 8 Chromolithogr.) Langensalza 859, Schulbuchhandlung von Greßler.

— Walhalla. Mythologie der alten Deutschen. 2. Aufl. 860. — 3. Aufl. Ebend. 863. 8. (22 S. u. 8 lith. Taf. in Farbendr.) 7½ ngr.

— Walhalla. Mythologie der alten Deutschen. 4. u. 5. Aufl. Ebend. 866—69. 8. (22 S. mit 8 Chromolith.) cart. 7½ ngr.

—— Walhalla. Mythologie der alten Deutschen. 5.—7. Aufl. 8. (22 S. mit 8 Chromolithogr.) Ebendas. 869—75.

—— Walhalla. Mythologie der alten Deutschen. 8. und 9. Aufl. 8. (22 S. mit 8 color. Taf.) Ebendas. 876,79.

Winter, A., Walhalla. Mythologie der alten Deutschen. Mit 8 (lith. u.) kolor. Taf. 10. Aufl. 8. (22 S.) Langensalza 882. Schulbuchh. cart. — 75

Winter, A., Walhalla. Mythologie der alten Deutschen. Mit 8 Farbentaf. 11. Aufl. 8. (22 S.) Langensalza 888. Schulbuchhandlg. cart. — 75

— Walhalla. Mythologie der alten Deutschen. Mit 8 Farbentaf. 12. Aufl. 12. (22 S.) Ebd. 895. Kart. — 75

Winter, Bernhard

Im australischen **Busch**. Eine Erzählung f. d. Jugend von **Bernhard Winter**. *Berlin: A. Weichert [1899].* (29 S.) 8° [F.]
— **Indianer- u. Volksbibliothek.** 347. [05. 14194

Winter, Bernh., s.: Indianer- u. Volksbibliothek.

Winter, Bertold: Über die Einwirkung von Schwefelsäure auf Dimethylpropandiol, s. Fischer, Alois

Winter, Berth., Geschichte der christlichen Lehre u. Kirche für Religionslehrer u. Seelsorger, gebildete Laien u. höhere Studirende. Wien 861. Mayer & Co. Lex.-8. (VIII, 250 S.) 27 ngr.

—— Handbuch der christlichen Religions-Wissenschaft für Religionslehrer und Seelsorger, gebildete Laien und höhere Studirende. 3 Thle. gr. 8. (895 S.) Regensburg 857, Manz.

Winter, Berthold —. Kirchengesänge für die Jugend der frommen Schulen. Mit Genehmigung der geistlichen Obern. Von — —. Wien. 1855. Druck von A. Dorfmeister.

Winter, Berth., katholische Religionslehre für Obergymnasien u. für klassisch gebildete Personen. 3 Thle. Wien 865. (Mayer & Co.) gr. 8. Jeder Thl. n. 20 ngr.
1. Thl. Allgemeine christliche Grundlehre. (IV, 250 S.)
2. Thl. Katholische Glaubenslehre. (297 S.)
3. Thl. Christliche Sittenlehre. (280 S.)

Winter, Betty

— Die am Weibe kranken. Roman. Mit Buchschmuck v. Anna Chr. Hansing. (308 S.) 8. Ebd. 907. 3.50; geb. 4.50

— Kavaliere untereinander. Sieben Abenteuer einer Stammtischrunde. (152 S.) 8. Ebd. 909. 2.—; geb. 3.—

Winter, Betty, wir Frauen u. die anderen. Roman. (270 S.) 8. Berlin 908. Schuster & Loeffler. 3.—

Winter, Botho: Die Rechtsverhältnisse zwischen den Kindern aus einer nichtigen Ehe und ihren Eltern nach dem Bürgerlichen Gesetzbuche. Borna-Leipzig 1909: Noske. VIII, 40 S. 8°
Jena, Jur. Diss. v. 12. Nov. 1909, Ref. Danz.
[Geb. 3. Juli 83 Königsberg i. P.; Wohnort: Berlin; Staatsangeh.: Preußen; Vorbildung: Friedrichs-Realgymn. Berlin Reife M. 02; Studium: Berlin 8 S.; Rig. 21. Okt. 09.] [U 10.2276

Winter, Bruno, approb. Arzt aus Münster i. W.: Ein **Fall** von Cysticercus cellulosae im III. Ventrikel des Gehirns. *Münster 1901: J. Bredt.* (25 S.) 8°
Leipzig, Med. Diss. v. (1. Okt.) 1901

Winter, C., s. a.: Rickmeyer, Marie.

Winter, C. (M. Rickmeyer), im Abendlicht. Novellen. 12. (112 S.) Schwerin 896. F. Bahn. Geb. in Leinw. n. 1. 50

Winter, C.: Der Anerbe vom Ellernhof. s. Volksbücher. Neue. 77. Bdchn.

Winter, C., auf daß dir's wohlgehe! Eine Erzählung aus dem Leben für das Leben. 8. (208 S.) Stuttgart 885, J. F. Steinkopf. *M 2.20.; geb. *

— Müller Christel. Carsten Michel's Sylvesterfeier, s.: Waldesrauschen — Waldesfrieden. 18.

Winter, C. (M. Rickmeyer), dennoch fröhlich, s.: Grüß Gott.

— dennoch fröhlich!, s.: Hosianna Nr. 7.

Winter, C. Phil. Elsen, s.: Hausbibliothek christl. Erzählungen.

Winter, C., Philipp Elsen. Ein Lebensbild. Mit einem Vorwort von Freytag. 8. (218 S.) Norden 879, Soltau's Verlag. *

Winter, C. (Frl. Marie Rickmeyer), Philipp Elsen. Erzählg. (270 S. m. 3 Vollbildern.) 8. Konstanz (908). Christl. Buch- u. Kunstverlag C. Hirsch. Geb. in Leinw. 3.—

WINTER, C. *Geschichten und Bilder.* Märchen für Kinder von 7 bis 10 Jahren von Cornelia Winter. Mit 6 colorirten Bildern [Lithogr.]. Berlin. Winckelmann und Söhne. [1847.] Titelbl. u. 85 S. Kl.-8. Grüner Or.-Karton m. hellgrünem Titel u. Verzierungen. 38.—
Nicht bei Rüm. usw. Sehr seltenes, ganz reizendes Büchlein, dessen vorzügliche, m. d. Monogr. FN sign. Bilder den Hosemannschen Illustr. nicht nachstehen. — Einbandkanten etwas bestoßen, Rücken teilw. lädiert.

— Glückskinder, s.: Erzählungen f. d. Volk.

— auf festem Grunde. Eine Erzählg. aus vergangenen Tagen. 8. (380 S.) Stuttgart 887. J. F. Steinkopf. n. 3. 50; geb. n. 4. 50

— die Himmelsgasse im Mühlental. Des Glückes Geheimnis, s.: Jugend- u. Volksbibliothek, deutsche. 204.

— Steffen Klüvers Nachfolger. s.: Volksbücher. neue. 88.

— auf alten Pfaden. Erzählungen. 8. (116 S.) Schwerin 900. F. Bahn. n. 1. 20; geb. in Leinw. n. 1. 50

— Wilhelms goldene Schuhe. Erzählung f. Jung u. Alt. 8. (86 S.) Schwerin 895. F. Bahn. Kart. n. 1. 20

— einer Mutter lieber Sohn, s.: Himmelsblumen.

Winter, C., Tibeta. Erzählung. 12. (52 S.) Hamburg 893. Evang. Buchh. (Fr. Trümpler.) n. — 15

— Ein Überzähliges u. andere Geschichten, s.: Jugend- u. Volksbibliothek, deutsche.

— unvergessen, s.: Grüß Gott, 19. Hft.

— was e. Gruß vermag, s.: Schneeflocken. 39. Hft.

— wenn die Mauern fallen! Erzählung f. Jung u. Alt. (75 S.) 8. Schwerin 905. F. Bahn. — 90; geb. 1. —

— wie Martino e. Bruder fand, s.: Grüß Gott, Hft. 3 u. 2.

— Meister Willtack. Erzählg. 8. (48 S.) Hamburg 897. Evang. Buchh. n. — 15

Winter, C., s. Winter, Karl Friedrich

Winter, C. A., bewährtes u. einfaches Verfahren, das Rüböl zu reinigen. (Nach diesem Verfahren wird schon seit läng. Zeit in mehren Orten d. preuß. Provinz Sachsen mit Vortheil gearbeitet.) 8. (1 B.) Quedlinburg 840, Basse.

Winter, C. F.

— s. **Brâtâ Joedâ.**

Winter, C. F., Javaansche Zamenspraaken over verschillende onderwerpen. Uitgeg. door T. Roorda. 1. Stuck. gr. 8. Amsterdam 845, J. Müller. n. 1 ℳ 6 ngr

Winter, C. H., kurze Anweisung zur Erlernung der Stolze'schen Stenographie nach der „Stenographischen Fibel" für Schulen und zum Selbstunterricht bearb. 8. (III und 56 S.) Leipzig 857, [Felix.] *

Winter, C. H., kurze Anweisung zur Erlernung der Stolze'schen Stenographie nach der „Stenographischen Fibel" für Schulen u. zum Selbstunterricht bearb. 2. durchgeseh. Aufl. Leipzig 862. Förstner. (Felix.) 8. (55 S.) n. 10 ngr.

Winter, C. H., kurze Anweisung zur Erlernung der Stolze'schen Stenographie nach der „stenographischen Fibel" für Schulen und zum Selbstunterricht bearb. 3. umgearb. Aufl. 8. (54 S.) Leipzig 869, Felix. *

Winter, C. H., stenographische Fibel. Ein Uebungsbuch zur Erlernung der Stolzeschen Stenographie. Zum Gebrauch in Schulen bearb. Mit einem Vorwort von W. Stolze. 1. Aufl. (64 lithogr. S.) 1852. 10 Ngr. und 2., umgearb. Aufl. 8. (III und 64 lithogr. S.) Berlin 854. [Leipzig, Förstner'sche Buchh.] * -

— stenographische Fibel. Ein Uebungsbuch zur Erlernung der Stolzeschen Stenographie. Zum Gebrauch in Schulen. 1. Thl: Stenographie der deutschen Wörter. Mit einem Vorw. von W. Stolze. 2. umgearb. Aufl. 854. — 3., sorgfältig durchges. Aufl. Leipzig 857. Förstner. 8. (2 Bl., 64 lith. S.) n. 12½ ngr.

— — 2. Thl. Stenographie der Fremdwörter u. der Eigennamen. Ebend. 858. 8. (VIII, 64 lith. S.) n. 12½ ngr.

— stenographische Fibel. Ein Uebungsbuch zur Erlernung der Stolze'schen Stenographie. Zum Gebrauch in Schulen bearb. 1. Thl. Stenographie der deutschen Wörter. Mit einem Vorwort von W. Stolze. 4. Aufl. 860. — 5. Aufl. Ebend. 862. 8. (2 Bl., 64 lith. S.) n. 12½ ngr.

—— stenographische Fibel. Ein Uebungsbuch zur Erlernung der Stolze'schen Stenographie. Zum Gebrauch in Schulen bearb. 2 Thle. 8. Ebendas. à Thl. * M 1,25. *

Inhalt:

Thl. 1. Stenographie der deutschen Wörter. Mit einem Vorwort von W. Stolze. 8. umgearb. Aufl. (IV, 64 lithogr. S.) 869.

„ 2. Stenographie der Fremdwörter und der Eigennamen. 2. umgearb. Aufl. (VII, 64 lithogr. S.) 870.

—— Schüler-Hefte als Leitfaden bei dem Unterrichte und zur Wiederholung nach dem Unterrichte in der Volksschule. Auf Veranlassung eines Lehrervereins im Fürstenthum Halberstadt bearb. 1—5. Heft. 8. Leipzig 861, [Felix.] à Heft * 2 Ngr. *

Inhalt:

Heft 1. Bibelkunde. Denkwürdigkeiten aus der Geschichte der christlichen Kirche. (36 S.)

„ 2. Brandenburg-preußische Geschichte. Erdbeschreibung. mit besond. Berücksicht. des preußischen Staats. (31 S.)

„ 3. Kleine deutsche Sprachlehre. (44 S.)

„ 4. Das Tafelrechnen in der Oberklasse (das Bruchrechnen). (25 S.)

„ 5. Das Tafelrechnen in der Oberklasse (Verhältnißrechnung). (32 S.)

Winter, Carl, s. Winter, Karl

Winter, Carl Friedrich, s. Winter, Karl Friedrich

Winter, Carl Theodor, s. Winter, Karl Theodor

Winter, Ch. F. C., Abhandlung üb. d. Magenerweichung. Eine v. d. Kgl. Societät d. Wissenschn. zu Göttingen am 7. Dec. 1833 gekr. u. v. d. Verf. a. d. Latein. übers. Preisschr. gr. 8. (10 B.) Lüneburg 834, Herold u. Wahlstab. Thlr.

Winter, Ch. F. C., das krampfhafte Asthma der Erwachsenen. gr. 8. (VI und 210 S.) Sondershausen 852, Eupel's Verlag.

Winter, Cornelia, Frei im Walde. Märchen für Groß und Klein. 8. (Mit 6 color. Bildern.) Berlin 845, Winckelmann u. Söhne. geb. ⅟₁₂ ß

Winter, Cornelia, Geschichte u. Bilder. Märchen für Kinder von 7 bis 10 Jahren. Mit 6 (lith. u.) col. Bildern. 8. (85 S.) Berlin 847, Winckelmann & Söhne. ½ ß

Winter, Curt, s. Winter, Kurt

Winter, D. A., die Politik Pisas während d. J. 1268 bis 1282. (75 S.) 8. Berlin 906. Mayer & Müller. n. 2. —

Winter, Daniel [app. Arzt aus Sulzbach]: Zur Multiplicität des primären Hautcarcinoms. '(M. 2 Abb.)' ... München, Buchdr. v. J. Fuller, 1894; 20 S., 1 Bl., 2 Taf. 8.
München, Med. Fak., Inaug.-Diss. v. 1894

Winter, David Alexander, a. München-Gladbach: Die Politik Pisas während der Jahre 1268—1282. Halle a. S. [1900]: Verlagsdruckerei Merkur, Berlin. (75 S.) 8°
Halle, Phil. Fak., Ref. Lindner, Diss. v. 25. Jan. 1906
[Geb. 23. Nov. 78 München-Gladbach; Wohnort: Berlin; Staatsangeh.: Preußen; Vorbildung: Kaiser Wilh.-Gymn. Cöln Reife O. 98; Studium: Berlin 8 S.; Rig. 26. Juli 05.]

Winter, E., die analytische Geometrie des Punktes und der Geraden, s. Gall, A. v.

Winter, Ed. Über das simultane Formensystem einer binären Form 5. Ordnung und einer binären Form 2. Ordnung. 25 S.
Progr. Rg. *Darmstadt* 1880

Winter, Ed, s. Shakespeare, Romeo u. Julie.

Winter, Eduard, approb. Arzt aus Thann i. E.: Ueber secundäre Degeneration nebst Bemerkungen über das Verhalten der Patellarreflexe bei hoher Querschnittsläsion des Rückenmarks. Mit 1 lithogr. Taf. Berlin 1902: L. Schumacher. (27 S.) 8°
(Aus: Archiv f. Psychiatrie etc., Bd 35.)
Strassburg, Med. Diss. v. 1901.

Winter, Eduard, Jenseits u. Diesseits. Betrachtung. (35 S.) 8. Leipzig 910. Modernes Verlagsbureau. 1. —

Winter, Edwin: Nordenau im Nettelbachthale und ein Ausflug auf die Astenberger Hochfläche von Edwin Winter. Nordenau: Selbstverl. 1898. (26 S.) 8°

Winter, Emil, approb. Arzt aus Lörrach (Baden): **Colostomie** bei Proctitis. *Freiburg i. B. 1903. K. Heun.* (37 S.) 8°
Freiburg i. B., Med. Diss. v. 1903

Winter, Emil [pr. Arzt aus Thann i. Els.]: Ueber Hydrometra ... Mülhausen i. E., Buchdr. v. J. Brinkmann, 1895; 41 S. 8.
Strassburg, Med. Fak., Inaug.-Diss. v. 1895

Winter, Emil, approb. Arzt aus Südlamen (Reg.-Bez. Ansbach): Histologische **Untersuchungen** über miliare **Tuberkulose** und Pseudotuberkulose der Lunge. *Göttingen 1898: Dieterich.* (30 S.) 8°
Würzburg, Med. Diss. v. 1898

Winter, Er., die Unsichtbaren. 2 Thle. 8. Halle 794. Fr. Ruff. 2 ß

Winter, Erasmus: „Speculum magistratus politici. Die Erklerung des LXXXII. Psalms. Zum Spiegel der Weltlichen Obrigkeit .... In 3 Predigten verfasset", Gedruckt zu Eisleben 1592 (bei Urban Gaubisch). — Vorh.: StB Nürnberg.

Winter, Erich, Referendar: Die Aufgabe des Eigentums an Grundstücken. ⟨Zugleich e. Beitr. z. Lehre vom Rechtssubjekt.⟩ Borna-Leipzig 1909: Noske. X, 97 S. 8°
Leipzig, Jur. Diss. v. 12. Okt. 1909
[Geb. 14. Sept. 83 Halle a. S.; Wohnort: Halle; Staatsangeh.: Preußen; Vorbildung: Stadtgymn. Halle Reife M. 01; Studium: Halle 1, München 3, Halle 3 S.; Rig. 24. Febr. 06.] [U 10. 2925

Winter, Ernst, aus Coburg: Über die **Einwirkung** von Essigsäureanhydrid und Schwefelsäure auf Chinone. — Über die Oxydationen bei Gegenwart von Essigsäureanhydrid und Schwefelsäure. *Darmstadt 1900: C. F. Winter.* (46 S.) 8°
München, Phil. Diss. v. 1900

Winter, Ernst, über die Einwirkung v. Essigsäureanhydrid u. Schwefelsäure auf Chinone. — Über die Oxydationen bei Gegenwart v. Essigsäureanhydrid und Schwefelsäure. Diss. gr. 8. (46 S.) Darmstadt 900. C. F. Winter'sche Buchdr. n. 1. —

Winter, Ernst, a. Flensburg: Henry Sidgwicks Moralphilosophie. Flensburg 1904: L. P. H. Maass. (67 S.) 8°

Göttingen, Phil. Fak., Ref. Baumann, Diss. v. 17. Jan. 1905

[Geb. 8. Dez. 80 Flensburg; Wohnort: Flensburg; Staatsangeh.: Preußen; Vorbildung: Gymn. Flensburg O. 99; Studium: Berlin 2, Zurich 1, Munchen 1, Gottingen 5 S.; Rig. 2. Aug. 04.]

Winter, Ernst, die Thermalquellen Wiesbadens in technischer Beziehung. [Aus: „Festschrift zu der Wanderversammlung des Verbandes deutscher Architekten u. Ingenieure in Wiesbaden vom 19. bis 23. Sept. 1880".] gr. 8. (50 S. m. 1 Steintaf.) München 880. (Wiesbaden, Limbarth.) n. 2. 50

Winter, E., zur Wasser-Versorgung der Stadt Wiesbaden in Vergangenheit, Gegenwart und Zukunft. Vorträge, gehalten im Local-Gewerbeverein am 5. und 12. Febr. 1886. gr. 8. (24 S.) Wiesbaden 886, (Moritz und Münzel.) *

Winter, Ernst Julius, Referendar in Bockwa bei Zwickau i. S.: Die Stellung des Empfängers im Frachtgeschäft nach dem sechsten Abschnitt im dritten Buche des Handelsgesetzbuches vom 10. Mai 1897. Borna-Leipzig 1905: R. Noske. (IX, 90 S.) 8° [J.]

Leipzig, Jur. Fak., Diss. v. 26. Juni 1905

[Geb. 8. Sept. 79 Rohrsdorf, Wohnort: Bockwa b. Zwickau; Staatsangeh.: Sachsen; Vorbildung: Furstensch. St. Afra Meißen Reife O. 99; Studium: Munchen 2, Leipzig 5 S.; Rig. 7. Febr. 03.]

Winter, Ferdinand

—— stylistisches Aufgaben-Magazin, enth. eine große Anzahl der verschiedenartigsten vom Leichten zum Schwerern fortschreitenden Aufgaben zu schriftl. Arbeiten und Aufsätzen, darunter viele Aufgaben zu Briefen. Für Lehrer und Schüler in Mittel- und Oberklassen von Bürger- und Landschulen. 1. Thl.: Für Mittelklassen. Durchgängig bericht., im Wesentlichen unveränd. 4. Aufl. 8. (VI und 89 S.) Leipzig 856, Weller. *

—— der Denk-, Sprach- und Schreibschüler. Ein methodisch und streng stufenweise geordnetes Uebungs- und Wiederholungsbuch mit einer großen Anzahl Aufgaben zu Verstandes-, Sprech- und Rechtschreibeübungen, und in einem Anhange 12000 Rechnungsaufgaben. Für die Hand der Schüler in Mittelklassen deutscher Volksschulen. Durchgängig bericht., im Wesentlichen unveränd. 5. Aufl. 1853. und 6. Aufl. 8. (IV und 96 S.) Leipzig 856, Weller. *

Winter, Ferd., Elementarbuch der lateinischen Sprache nach der kalkulirenden Methode. gr. 8. (X und 212 S.) Leipzig 855, Graul. -

—— dass. — 2. Bdchn. Für die Oberklassen. 1—3. Heft. 8. Ebds. 851(55.) à Heft * 8 Ngr. *

Inhalt:

Heft 1. Die Bruchrechnung. (III und 103 S.) 854.

" 2. Die einfache und zusammengesetzte Regel de tri. (III und 56 S.) 855.

" 3. Für die Oberklassen: Ketten-, Interessen-, Prozent-, Rabatt- und Diskontorechnung. (61 S.) 855.

—— dass. — 3. Bdchn. 1. Heft: Für gehobenere Oberklassen in Bürgerschulen rc.: Die Gesellschafts-, Falsi- und Mischungs-Rechnung in einer reichhalt. stufenweise geordneten Sammlung von Uebungsaufgaben für das Kopfrechnen mit Regel und Auseinandersetzung zu den einzelnen Fällen und Aufgaben. 8. (101 S.) Ebds. 855. *

Winter, Ferdinand: Die Kämme aller Zeiten von der Steinzeit bis zur Gegenwart. Eine Samml. von Abbildungen mit erl. Text. Hrsg. von F(erdinand) Winter. The Combs of all times ... By F(erdinand) Winter. Le Peigne à travers les âges ... Par F(erdinand) Winter. Leipzig: Degener (1906). 12 S., 84 Taf. 4°

Winter, F., die Kämme aller Zeiten von der Steinzeit bis zur Gegenwart. Eine Sammlg. v. Abbildgn., m. erläut. Text (in deutscher, engl. u. französ. Sprache) hrsg. (84 Taf. m. 12 S. Text.) 33×25 cm. Leipzig (907). H. A. L. Degener. In Leinw.-Mappe 40.—; erh. Pr. 50.—

Winter, F., Materialien z. Erklärung von Cicero de officiis. Pr. 1872. 7 S. 4°. —.75

Winter, F[erdinandus]: *Quomodo ii loci, in quibus Aristophanes deos patrios eorumque cultum irrisisse saepe videatur interpretandi sint exponitur. 37 S. 4° (2°)

Halle-Wittenberg, Phil. Diss. v. 28. Okt. 1853

Geb. [Naumburg a. d. S. 26. 3. 1829]

Winter, Ferd., Rechenbuch, s.: Büttner, A.

Winter, Ferdinand [pr. u. kgl. Assistenzarzt I. Cl. d. Res. aus Königsdorf bei Wolfratshausen]: Ueber Scheinreduction von incarcerirten Hernien ... München, kgl. Hof- u. Univ.-Buchdr. v. Dr. C. Wolf & Sohn, 1895; 29 S. 8.

München, Med. Fak., Inaug.-Diss. v. 1895

Winter, Flora, Prosa u. Poesie. (31 S.) 8. Leipzig-Gohlis 909. Raschwitz b. Leipzig, B. Volger. 1.—

Winter, Frz., das Alexandermosaik aus Pompeji. (9 S. m. 2 Abb. u. 3 [1 Doppel-] farb. Taf.) 57,5×50 cm. Strassburg 909. Schlesier & Schweikhardt. Geb. in Leinw. 48.—

Winter, Frz., Altertümer v. Hierapolis, s.: Humann, Carl.

Winter, Franz, Rpr.: Die strafrechtliche Bedeutung des Verrates von Geschäfts- oder Betriebsgeheimnissen. ⟨§ 17 Absatz 1 d. Gesetzes geg. d. unlaut. Wettbew. v. 7. VI. 1909.⟩ München 1911: Wild. 75 S. 8°

Erlangen, Jur. Diss. v. 4. Dez. 1910, Ref. Allfeld

[Geb. 17. Dez. 84 Schwabmunchen; Wohnort: Munchen; Staatsangeh.: Bayern; Vorbildung: Stephan-Gymn. Augsburg Reife 04; Studium: Munchen 8 S.; Rig. 25. Juli 10.] [U 11. 889

Winter, Frz., Festpredigt, geh. am 28. VIII. 1901 in der St. Georgskirche zu Nördlingen beim II. Landesfest des evangelischen Bundes in Bayern diess. d. Rh. gr. 8. (12 S.) Nördlingen (901). C. H. Beck. n. — 20

Winter, Franciscus (geb. am 4 Febr. 1861 in Braunschweig): De Plavti fabvlarvm deperditarvm fragmentis ... Bonnae, form. C. Georgi (1885). 25 S., 1 Bl. 8. ¶ Sonderabdr. aus des Verf. Ausg.: Plauti fabularum deperditarum fragmenta. Bonnae, Cohen & Filius 1885.

Bonn, Phil. Fak., Diss. v. 13 Febr. 1885

Winter, Frz., aus der Franzosenzeit. Bilder aus der Vergangenheit Schönebecks. gr. 8. (68 S.) Schönebeck 871. (Berger.) n.n. — 75

Winter, F., Die Freude an Gottes Wort! Predigt über Jeremia 15, 16, gehalten am Bibelfeste zu Nürnberg in der St. Aegidien-Kirche am 18. Juni 1884. gr. 8. (11 S.) Nürnberg 884, Raw'sche Buchh. *

—— die Germanisirung und Christianisirung des Gaues Morzane. I. und II. 8. Magdeburg, (Schäfer's Buchh.) [I. (30 S.) 869. * 50 Pf.; II. (39 S.) 870. * 75 Pf.] *

— Kunstgeschichte d. Altertums, s.: Kunstgeschichte in Bildern. I.

— e. attische Lekythos d. Berliner Museums, s.a. Programm zum Winckelmannsfeste d. archäolog. Gesellschaft zu Berlin. 55.

Eine attische Lekythos des Berliner Museums ... v. Franz Winter. M. 1 Taf. in Chromolithogr. u. 5 Abb. im Text. *Berlin: G. Reimer 1895.* (17 S., 1 Taf.) 1 Bd 4.
= Programme z. Winckelmannsfeste d. archäol. Gesellschaft zu Berlin. [No] 55. [96. 99

Winter, Frz., üb. die griechische Porträtkunst. Habilitationsrede, geh. am 14. Juni 1894 in der Aula der Friedrich-Wilhelms-Universität zu Berlin. Lex.-8. (26 S. m. Abbildgn.) Berlin 894. W. Spemann. n. 3. —

Winter, Frz., die Prämonstratenser des 12. Jahrhunderts und ihre Bedeutung für das nordöstliche Deutschland. Ein Beitrag zur Geschichte der Christianisirung und Germanisirung des Wendenlandes. gr. 8. (VI und 386 S.) Berlin 865, Schweigger'sche Hofbuchh. *

Winter, Frz., der Hildesheimer Silberfund, s.: Pernice Erich.

— Die Skulpturen in Pergamon, m. Ausnahme der Altarreliefs, s.a. Altertümer v. Pergamon. VII.

Kgl. Museen zu Berlin. Die Skulpturen (von Pergamon) mit Ausnahme des Altarreliefs. Von Franz **Winter**. Mit e. Beitrag von Jakob Schrammen. Mit 45 Beibl., 533 Textabb. u. mit e. Atlas von 42 Taf. 1. 2. Taf. Berlin: G. Reimer 1908. 2 Bde 4°, 1 Bd 2°
= **Altertümer** von Pergamon. Bd 7. [08. 17769 3

- Studien z. ält. griech. Kunst. S.-A. 1899. 6 S. 4°.

Winter, Frz., die Typen der figürlichen Terrakotten, s.a. Terrakotten, die antiken. 3. Bd.

Die Typen der figürlichen Terrakotten. Bearb. von Franz **Winter**. T. 1. 2. *Berlin & Stuttgart: W. Spemann.* 2 Bde 2° (4°)
= Terrakotten, Die antiken. Bd 3. [04. 4325 6

Winter, Frz., die jüngeren attischen Vasen und ihr Verhältnis zur grossen Kunst. 4. (VI, 72 S. mit eingedr. Fig.) [Berlin 885.] Stuttgart, Spemann. *

Winter, F., Ueb. e. Vorbild neu-attischer Reliefs. Gel. 1890. 28 S. m. Abb. 3 Taf. 4°.

Winter, Frz., die Cistercienser des nordöstlichen Deutschlands. Ein Beitrag zur Kirchen- und Culturgeschichte des deutschen Mittelalters. 1.–3. Thl. gr. 8. Gotha, F. A. Perthes. à Thl. *ℳ 7,20. *

Inhalt:
Thl. 1. 2. Vom Auftreten der Bettelorden bis zum Ende des 13. Jahrh. (X, 406; XVI, 404 S.) 868,71.
 3. Von 1300 bis zur Reformation. Mit Quellen, Beilagen zur Ordensgeschichte. (VII, 384 S.) 871.

Winter, Franz Adam Wolfgang von (Dingelfingen)
A. S. 1311/10

Dissertatio inauguralis de cautione in observationibus physico-medicis adhibenda.
Altdorf (Meyer) 15. XII. 1744. 20 S.

W. v.: Jo. Jakob Kirsten. 36933

Winter, Franz Anton

Winter, F. A., Ueb. den Wert der direkten und indirekten Ueberlieferung von Origenes' Büchern „contra Celsum". I. Diss. 1902. 67 S. 1.20

Winter, Franz Anton, Dr., Gymnasialassistent: Ueber den **Wert** der direkten und indirekten Ueberlieferung von Origenes' Büchern 'contra Celsum'. T. 1. *Burghausen (1903): L. Russy.* (67 S.) 8°
Burghausen, k. humanist. G, P 1903*

Winter, Franz Anton: Ueber den **Wert** der direkten und indirekten Ueberlieferung von Origenes' Büchern 'contra Celsum'. (T. 1.) *Burghausen [1903]: L. Russy.* (67 S.) 8°
München, Phil. Diss. v. 1902

Winter, Franz Anton, Dr.: Ueber den Wert der direkten und indirekten Ueberlieferung von Origenes' Büchern, ‚contra Celsum'. T. 2. Burghausen 1904: Leo Russy. (62 S.) 8° ¶[Forts. d. P-Beil. 1903.]
Burghausen, k. humanist. G P 1904*

Winter, Friedrich, Oberarzt im Altmärkischen Feldart.-Reg. Nr. 40, kommandiert als Chefarzt zum Genesungsheim IV. A. K. Suderode a. H.: Ein Fall von Torsion des Samenstranges. Leipzig 1908: B. Georgi. (29 S.) 8°
Leipzig, Med. Fak., Ref. Trendelenburg, Diss. v. 21. März 1908
[Geb. 13. Mai 77 Stralsund; Wohnort: Suderode; Staatsangeh.: Preußen; Vorbildung: Gymn. Burg Reife O. 98; Studium: Berlin 9 S.; Coll. 28. März 08; Approb. 14. Okt. 04.]

Winter, Friedrich, Referendar in Cöln a. Rh.: Die sogenannten Genußscheine. Cöln 1908: Greven & Bechtold. (VIII, 75 S.) 8° [J.]
Leipzig, Jur. Fak., Diss. v. 29. Mai 1908
[Geb. 1. Okt. 82 Cöln-Nippes; Wohnort: Cöln; Staatsangeh.: Preußen; Vorbildung: Kaiser-Wilhelm-Gymn. Cöln Reife O. 03; Studium: Bonn 2, München 1, Bonn 3 S.; Rig. 7. Juli 06.]

Winter, Friedrich, a. Helmsdorf b. Teuplitz: Eine Synthese des 3 Methylhypoxanthins. (Berlin 1905: G. Schade.) (34 S.) 8°
Berlin, Phil. Fak., Ref. Gabriel, Nernst, Diss. v. 12. Aug. 1905
[Geb. 16. Aug. 78 Helmsdorf b. Teuplitz; Heimatsort: Naundorf; Staatsangeh.: Preußen; Vorbildung: Städt. Oberrealschule Halle a. S. Reife O. 98; Studium: Halle 3, Würzburg 2, Berlin 7 S.; Rig. 17. Juli 05.]

Winter, Friedrich, appr. Arzt a. Beutnitz b. Jena: Die Wochenbettpsychosen mit besonderer Berücksichtigung der Frage der Amentia auf Grund der seit dem Jahre 1899 an Aplerbecker Material gemachten Beobachtungen. Marburg 1908: J. Hamel. (58 S.) 8°
Marburg, Med. Fak., Ref. Tuczek, Diss. v. 5. Aug. 1908
[Geb. 6. April 79 Beutnitz; Wohnort: Aplerbeck, Bez. Arnsberg; Staatsangeh.: Sachsen-Weimar; Vorbildung: Gymn. Weimar Reife O. 99; Studium: Jena 4, Leipzig 3, Jena 2 S.; Coll. 29. Juni 08; Approb. 6. April 04.]

Winter, Friedr. Ghard., Goethe's deutsche Gesinnung. Ein Beitrag zur Geschichte seiner Entwickelung. Inaugural-Dissertation. gr. 8. (91 S.) Leipzig 880, Roßberg'sche Buchh. *

Winter, Friedrich Julius (Hrsg.), s. Arbeiterpredigten

Winter, F. J., die landeskirchliche Geistlichkeit auf der Anklagebank. Ein Wort der Abwehr gegen Moderjohn. (30 S.) 8. Leipzig 910. Dörffling & Franke. —40
Sonderabdruck aus: „Sächs. Kirchen- u. Schulbl."

Winter, Friedr. Jul., unsere neue Gottesdienstordnung. Ein Wort zur Verständigung über dieselbe. gr. 8. (14 S.) Meissen 881, Mosche. *

—— der Individualismus. Eine Untersuchung über ein sittl. Problem der Gegenwart. 8. (VII, 115 S.) Leipzig 880. Böhme. *

Winter, Frdr. Jul., D. Karl Friedrich August Kahnis. E. theolog. Lebens- u. Charakterbild, s. ehemal. Schülern dargeboten. Festschrift zur Feier des 50jähr. Bestehens d. theolog. Studentenvereins in Leipzig. gr. 8. (IV, 98 S.) Leipzig 896. Dörffling & Franke. n. 1. 50

—— die Lehre des Alexandrinischen Clemens von der Quellen der sittlichen Erkenntniss, s. Dissertationes, VI varii argumenti variorum auctorum.

Winter, Fr. Jul. Christ. Ernst Luthardt, s. Denker, deutsche, u. ihre Geistesschöpfungen.

Winter, F. J., Origenes u. die Predigt der drei ersten Jahrhunderte, s.: Predigt, die, der Kirche.

— s.: Predigt, die, der Kirche.

—— Studien zur Geschichte der christlichen Ethik. 1. B A. u. d. T.: Die Ethik des Clemens von Alexandrien. gr. (VII, 233 S.) Leipzig 882, Dörffling und Franke.

—— die Theologie des D. Luthardt. Ein Konferenzvortrag. gr. 8. (32 S.) Leipzig 883, Hinrichs'sche Buchh.

— die neue Wendung in der Theologie u. die Aufgabe der Kirche. Vortrag, auf der Dresdener Pastoralkonferenz am 23. IX. 1896 geh. [Aus: „Pastoralblätter f. Homiletik ꝛc."] gr. 8. (27 S.) Leipzig 897. Fr. Richter. n. — 40

Winter, Frdr. Jul., vom Zweck d. Daseins. Ethische Betrachtungen. 8. (103 S.) Gütersloh 876. Bertelsmann's Verl. n. 1. 20

Winter, Fritz, Rechtspraktikant aus Nürnberg: Beiträge und Erläuterungen zu Geschichte und Recht der Nürnberger verneuten Reformation von 1564. *Nürnberg (1903): R. Stich.* (54 S.) 8°
Erlangen, Jur. Diss. v. 12. Juni 1903

Winter, Fritz, u. Eug. Kilian, zur Bühnengeschichte des „Götz v. Berlichingen", s.: Forschungen, theatergeschichtliche.

Winter, Fritz, Lehrlingsschutz. Eine Sammlg. v. Gesuchen u. Klagen nebst Erläutergn. (32 S.) 8. Wien 909. Wiener Volksbuchh. — 30

Winter, Fritz, das österreichische Parlament. Die Gewählten u. ihre Wähler. Parlamentarisches Handbüchlein nach den Wahlergebnissen der allgemeinen Reichsrathswahlen im J. 1901. 12. (68 S.) Wien 902. Wiener Volksbuchh. n. — 50

Winter, G. (II.), Gesammtregister, s. Ranke, L. v., Weltgeschichte.

Winter, G., De mimis Oxyrhynchiis. Diss. 1905. 68 S.

Winter, G., Taschenbuch f. Blumenliebhaber ꝛc. — A. u. d. T.: Prakt. Anleit., alle schönblüh. Ziergewächse f. d. Zimmerflor richtig u. so zu pflegen, um zu jeder Zeit im Jahre sicher blühende Blumen zu haben. Nach mehrjähr. Erfahrungen. 8. (18½ B.) Schleswig 829, (Koch.)

Winter, G., das deutsche Volkslied, s. a. Hesse's, Max, illustr. Katechismen. Nr. 34.

Das deutsche Volkslied. Kurze Einführung in d. Geschichte u. d. Wesen d. deutschen Volksliedes. Von G. Winter. Leipzig: M. Hesse 1906. (VIII, 141 S.) 8° [J.]
= Katechismen. Max Hesses illustrierte. No 34. 106. 8174

Winter, G., zu Bethlehem geboren. Ein Krippenspiel m. Benützg. alter Volks-Weihnachtslieder. Dichtung v. Fr. Winkel. Musik v. G. Winter. Opus 32. Text- u. Regiebuch. (20 S.) 8. Düsseldorf 907. L. Schwann. — 20

Winter, G. F., die neuesten Forschungen über das Leuchtgas. Theoretisch-prakt. Leitfaden zur richt. Gebrauchsnahme des Gases und zur Erzielung eines Ersparnisses über 30 Percent der bisher. Beleuchtungsauslagen bei Benützung des neu construirten, patentirten Dasymeters etc. gr. 8. (VIII und 112 S. mit 22 in den Text gedr. Fig. in Holzschn.) Wien 866, (Gerold's Sohn.) *

Winter, Gg., König Albert als Feldherr u. Regent. Ein Gedenkblatt. 8. (28 S. m. 1 Bildnis.) Meißen (902). C. E. Klinkicht & Sohn. n. — 15

Winter, G., Anatomie des Carcinoma uteri, s.: Handbuch der Gynäkologie. III. II. 1.

Winter, Geo., d. Antisemitismus in Deutschland, vom kulturhistor. u. socialpolit. Standpunkte beleuchtet. gr. 8. (VI, 129 S.) Magdeburg (kl. Marktstr. 2) 896. S. Salinger, Buchdr. 1. 50; geb. n. 2. —

Winter, Geo., die Bekämpfung des Uteruskrebses. Ein Wort an alle Krebsoperateure. (76 S.) gr. 8. Stuttgart 904. F. Enke. n. 2. —

Winter, Geo., s. Blätter, Nürnberg., für Theater. — Bühnenwelt. Blätter für dramat. Unterhaltung.

Winter, Geo., in der Dämmerung. Gedichte. (48 S.) kl. 8. Dresden (909). C. L. Ungelenk. 1. —

Winter, Geo., Dorilla od. Die goldene Spindel. (Eine Rübezahlsage.) Dichtung v. Eres. Für dreistimm. Kinder- od. Frauenchor, Soli (Sopran u. Bariton) u. Klavier (m. verbind. Deklamation) komponiert v. W. Textbuch. 8. (15 S.) Düsseldorf (900). L. Schwann. n. — 20

Winter, Geo. (I.), über einen Fall von allgemeiner Anästhesie. gr. 8. (28 S.) Heidelberg 882, C. Winter's Universitäts-Buchh. *

Winter, Geo., Friedrich der Große, s. a. Eyssenhardt, Frz.

Friedrich der Große von Georg **Winter**, Dir. d. Staatsarchivs, Magdeburg. Mit 13 Abb. u. 2 Hss. Bd 1-3. Berlin: E. Hofmann & Co. 1907. 3 Bde 8° [J.]
= **Geisteshelden** (Führende Geister). Bd 52-54. 1c. 1457. 8

—— Fungi europaei et extraeuropaei, s. Rabenhorst, L.

— deutsche Geschichte im Zeitalter der Hohenstaufen, s.: Jastrow, J.

Winter, Geo., Geschichte des 30jährigen Krieges, s. a. Geschichte, allgemeine, in Einzeldarstellungen.

Geschichte des dreissigjährigen Krieges v. Georg **Winter**. Mit Porträts, Illustrationen und Karten. Berlin. 1893. = Allgemeine Geschichte in Einzeldarstellungen, hrgg. v. W. Oncken. Hauptabth. 3, Th. 3, 2. 8°.

Winter, Geo. (II.), Geschichte des Rathes in Strassburg, s. Untersuchungen zur deutschen Staats- und Rechtsgeschichte.

Winter, Geo., Immanuel Kants Grabinschrift: „Der gestirnte Himmel üb. mir u. das moralische Gesetz in mir." Gedanken zur Wiederaufrichtg. der Gottesidee in gottentfremdeter Zeit. (10 S.) 8. Dresden (908). C. Heinrich. — 20

Winter, Geo. (II.), die Katastrophe Wallensteins, s. Bücherei, deutsche.

Winter, Geo. (I.), die durch Pilze verursachten Krankheiten der Kulturgewächse, s. a. Taschenbibliothek, deutsche landwirthschaftliche.

Winter, Ge., Die durch Pilze verursachten Krankheiten der Kulturgewächse. Leipzig 1878. 8.
Ist: Deutsche landwirthsch. Taschenbibliothek. II. 10 11.

Lehrbuch der Gynäkologischen Diagnostik von Dr. Georg **Winter**, a. o. Prof. . . . in Berlin. Unt. Mitarb. v. Dr. Carl Ruge in Berlin. M. 20 Taf. u. 140 Textabb. . . . *Leipzig: S. Hirzel 1896.* (XII, 455 S., 20 Taf.) 1 Bd 4 (8.)

Winter, Geo., Lehrbuch d. gynäkologischen Diagnostik. Unt. Mitarbeit v. Carl Ruge. 2. Aufl. gr. 8. (XII, 459 S. m. 140 Abb. u. 20 Taf.) Leipzig 897. S. Hirzel. n. 14. —; geb. n. 16. —

Winter, Geo., Lehrbuch der gynäkolog. Diagnostik. Unter Mitarbeit v. Carl Ruge. Mit 4 Taf. u. 334 z. Tl. farb. Textabbildgn. 3., gänzlich umgearb. Aufl. (XVIII, 647 S.) Lex. 8. Leipzig 907. S. Hirzel. 20. —; geb. 22. —

Winter, G. (II.). Zwei Medianschnitte durch Gebärende. Eine anatom. Studie. Mit 4 Zeichngn. im Texte, 2 schwarzen u. 2 color. Taf. in Mappe. gr. 8. (32 S.) Berl. 889, Fischer's medicin. Buchh. * 20 —

— zur Pathologie des Prolapses, s.: Arbeiten aus d. Gebiete d. Geburtshülfe u. Gynaekologie.

Winter, Geo. (II.), Pilze, s. Rabenhorst's, L., Kryptogamen-Flora von Deutschland, Oesterreich und der Schweiz.

Winter, Geo., üb. die Recidive des Uteruskrebses, insbesondere üb. Impfrecidive. gr. 8. (67 S. m. 18 Fig. u. 1 Taf.) Stuttgart 893. F. Enke. n. 3. —

Winter (G.). Die deutschen Sordarien. Halle, 1843. 4°.

Winter, Geo., die deutschen Sordarien. gr. 4. (43 S. mit 5 lithogr. Taf.) Halle 873, Schmidt's Verlag. *
Aus: Abhandlungen der naturforschenden Gesellschaft zu Halle, besonders abgedruckt.

Winter, Geo. (III.), echte Spitzen. 12. (96 S.) Augsburg 887, Votsch.

Winter, Geo., Stella od. Die Sterntaler. Märchendichtung v. Fr. Winkel. Für Kinderchor u. Soli, Klavier u. Harmonium komp. v. W. Op. 30. Textbuch. (21 S.) 8. Düsseldorf (904). L. Schwann. n. — 50

Winter, G. (III). Die Strategie Friedrichs des Großen in d. Feldzügen v. 1756 u. 1757.

Winter, G. Strassburgs Theilnahme am Kampfe zwischen Adolf von Nassau und Albrecht von Oesterreich

Winter, Geo. (I.), die kriegsgeschichtliche Ueberlieferung über Friedrich den Grossen, kritisch geprüft an dem Beispiel der Kapitulation von Maxen, s.a. Untersuchungen, historische.

Winter, G. Die kriegsgeschichtl. überlieferung über Friedrich den Gr. kritisch geprüft an dem Beispiel der Kapitulation von Maxen. Berlin· 1888. 175 S.

— s.: Urkundenbuch, pommersches.

— Ursachen u. Behandlung der Prolapse, s.a. Sammlung zwangloser Abhandlungen aus dem Gebiete der Frauenheilkunde. V. 8.

Winter, Georg: Ursachen und Behandlung der Prolapse. Von Prof. Dr. G[eorg] Winter, Königsberg i. Pr. Halle a. S.: C. Marhold 1904. (32 S.) 8°
(Sammlung zwangloser Abhandlungen aus d. Geb. d. Frauenheilkunde. Bd 5, H. 8.)

Winter, G. (I.), über die Ursachen und Verhütung des Kindbettfiebers. 8. (24 S.) Berlin 888, Staude.
Aus: Allgemeine deutsche Hebammen-Zeitung, besonders abgedruckt.

— Die Wahl d. Protestanten Krafft v. Weiffenbach, s. Taschenbuch, historisches.

— unbeflügelte Worte, zugleich Ergänzungen zu Büchmann, v. Loeper, Strehlke etc. 8. (188 S.) Ebd. 888. n. 3. —; geb. n. 4. —

Winter, Georg. Ungeflügelte Worte. Zugleich als Ergänzungen zu Büchmann, von Loeper, Strehlke, etc. 8. Augsburg (1891).

– Zierotin

Winter, Dr. Georg, königl. Archivar am Staatsarchiv zu Marburg. ..... Eine Biographie. Auf Veranlassung und mit Unterstützung des Grafen Zieten-Schwerin. I. Bd. Mit einer Radirung von Hans Meyer. II. Bd. Mit 10 facsimilirten Briefen Friedrichs des Grossen und ..... (2 Bde.) 8. Leipzig 1886.

—— Hans Joachim v. Zieten. Eine Biographie. Auf Veranlassung und mit Unterstützung des Grafen v. Zieten-Schwerin. 2 Bde. gr. 8. (XXVII, 461 S. mit 1 Radirung von Hans Meyer; IX, 528 S. mit 10 facs. Briefen Friedrichs des Großen und Zietens.) Leipzig 886, Duncker und Humblot. * geb. *

— Zieten bei Kolin, s.a. Beiheft zum Militär-Wochenblatt.

Winter. Zieten bei Kolin. Ein Beitrag zur Beurtheilung der Schlacht. Von Dr. Georg ...... Beihft. z. „Milit.-Wochenblatt". — Siehe A b. Berlin 1884.

Winter, Geo. A., leichtfaßliche Anweisung z. Feldmeßkunde, so weit diese f. d. gewöhnliche Leben anzuwenden ist. Für Stadt- u. Dorfschulen, so wie z. Selbstunterr. 8. (1 B.) Leipzig 843, Wöller.
Aus dessen Rechnungsaufgaben 3. Aufl. 2. Bdchn. besond. abgedruckt u. zugleich Suppliment f. die Besitzer der 2. Aufl. derselben.

Winter, Gg. A., Aufgaben zum Kopfrechnen für Bürger- und Landschulen ꝛc. nebst Facitbuch zu den Aufgaben zum Tafelrechnen. 3 Bdchn. Leipzig 855, 56. Wöller. 8. Jedes Heft n. 8 ngr.
1. Bdchn. 1. Heft: Die Elemente des Rechnens in einer reichhaltigen stufenweise geordneten, mit den nöthigen Fingerzeigen versehenen Sammlung von Uebungsaufgaben zum Kopfrechnen ꝛc. 5. sehr verm. Aufl. 856. (125 S.)
" 2. Heft: Die vier Grundrechnungsarten mit ungleichbenannten Zahlen, die Zeitberechnung u. die Regel de tri ohne Brüche in einer reichhaltigen stufenweise geordneten Sammlung von Uebungsaufgaben zum Kopfrechnen ꝛc. 5. sehr verm. Aufl. 856. (107 S.)
2. Bdchn. 1. Heft. Für die Oberklassen. Enthaltend: die Bruchrechnung. 855. (III, 103 S.)
" 2. Heft: Die einfache und zusammengesetzte Regel de tri. 855. (III, 56 S.)
" 3. Heft: Ketten-, Interessen-, Prozent-, Rabatt- und Diskontorechnung. 856. (61 S.)
3. Bdchn. 1. Heft. Für gehobenere Oberklassen in Bürgerschulen ꝛc.: Gesellschafts-, Falsi- und Mischungsrechnung ꝛc. 856. (101 S.)

Winter, Gg. A., stufenweis geordnete Aufgaben zum Kopfrechnen. Zur Vorübg. u. zum Nebengebrauche f. die Aufgaben-Hefte zum Tafelrechnen. 1. u. 2. Thl. [Zu Hft. 1—8 d. „Rechenschülers" gehörig.] 3., nach dem neuen Reichsmünzsystem umgearb. Aufl. 8. (176 u. 121 S.) Leipzig 875. 76. Wöller. à 1. 50

Winter, Geo. A., stylist. Aufgaben-Magazin. 1. Aufl. gr. 12. (10⅓ B.) 837., u. 2., sehr verb. u. mit 200 Aufgaben verm. Aufl. 8. (12 B.) Grimma 839, Verlags-Comptoir. à*

Winter, Georg A., stylistisches Aufgaben-Magazin, enth.: eine große Anzahl der verschiedenartigsten vom Leichten zum Schwerern fortschreitenden Aufgaben zu schriftl. Arbeiten und Aufsätzen — darunter viele Aufgaben zu Briefen. — Für Lehrer und Schüler in Mittel- und Oberklassen von Bürger- und Landschulen. 1. Thl.: Für Mittelklassen. Ganz umgearb., den „ausführl. Lehrstoffen für den gesammten deutschen Sprachunterricht" von demselben Verf. genau angepaßte 3. Aufl. 8. (VI und 89 S.) Leipzig 851(52,) Wöller. *

—— dass. — 2. Thl.: Für Oberklassen. Ganz umgearb., den „ausführl. Lehrstoffen für den gesammten deutschen Sprachunterricht" von demselben Verf. genau angepaßte 3. Aufl. 8. (VIII und 135 S.) Ebds. 852. *

— stylistisches Aufgaben=Magazin, enthltd. eine große Anzahl der verschiedenartigsten vom Leichten zum Schweren fortschreitenden Aufgaben zu schriftlichen Arbeiten und Aufsätzen, darunter viele Aufgaben zu Briefen. Für Lehrer und Schüler in Mittel= und Oberklassen von Bürger= und Landschulen. 1. Thl.: Für Mittelklassen. Durchgängig berichtigte, im Wesentlichen unveränd. 4. Aufl. Ebend. 856. 8. (VI, 80 S.) n. 5 ngr.

— dass. — Für Lehrer und Schüler in Mittel= und Oberklassen von Bürger= und Landschulen. 2. Thl.: Für Oberklassen. Durchgängig bericht., im Wesentlichen unveränd. 4. Aufl. 8. (VIII und 143 S.) Ebendas. 859. *

Winter, Gg. A., stylistisches Aufgaben=Magazin, enthaltend eine große Anzahl der verschiedenartigsten vom Leichten zum Schwerern fortschreitenden Aufgaben zu schriftl. Arbeiten und Aufsätzen — darunter viele Aufgaben zu Briefen. 1. Thl. 5. Aufl. 8. (VI und 89 S.) Leipzig 860, Wöller. *

— dass. — Für Lehrer und Schüler in Mittel= und Oberklassen von Bürger= und Landschulen. 2. Thl. Für Oberklassen. Durchgängig bericht., im Wesentlichen unveränd. 5. Aufl. 8. (IV und 143 S.) Ebendas. 864. *

Winter, Gg. A., stylistisches Aufgaben=Magazin, enth. eine große Anzahl der verschiedenartigsten vom Leichten zum Schwereren fortschreit. Aufgaben zu schriftl. Arbeiten und Aufsätzen, darunter viele Aufgaben zu Briefen. 1. Thl. Durchgängig bericht., im Wesentlichen unveränd. 6. Aufl. 8. (VI und 89 S.) Leipzig 865, Wöller. *

Winter, Geo. Andr., stylistisches Aufgaben=Magazin, enth. eine große Anzahl der verschiedenartigsten vom Leichten zum Schwereren fortschreitenden Aufgaben zu schriftl. Arbeiten und Aufsätzen — darunter viele Aufgaben zu Briefen. — Für Lehrer und Schüler in Mittel= und Oberklassen von Bürger= und Landschulen. 2 Thle. 8. Leipzig, Wöller. *

Inhalt:
Thl. 1. Für Mittelklassen. 7. unveränd. Aufl. (89 S.) 870. * 50 Pf.
„ 2. Für Oberklassen. Durchgängig bericht. und verm. 6. Aufl. (VI, 154 S.) 873. * 80 Pf.

— stylistisches Aufgaben=Magazin, enth. eine große Anzahl der verschiedenartigsten vom Leichten zum Schwereren fortschreitenden Aufgaben zu schriftlichen Arbeiten und Aufsätzen — darunter viele Aufgaben zu Briefen. Für Lehrer und Schüler in Mittel= und Oberklassen von Bürger= und Landschulen. 1. Thl. Für Mittelklassen. 8. Ster.=Aufl. 8. (VI, 90 S.) Ebendas. 878. *
2. Thl. Ebendas. 1873. * 80 Pf.

— der Briefschüler. Enthaltend 425 Briefe und Geschäftsaufsätze, nämlich: 150 kurze und leichte Kinderbriefe für die ersten Anfänger im Briefschreiben, und 275 Musterbriefe und Geschäftsaufsätze über Vorkommnisse im prakt. Leben, zur schriftl. Nachbildung für die reifere Jugend. Nebst den nöthigen Regeln über das Aeußere der Briefe (erläut. durch 33 Fig.) über das Versenden der Briefe und das Titelwesen. Zunächst ein Hülfsmittel beim Unterricht im Style für Lehrer und Schüler in Volks=, Fortbildungs=, Real= und Gewerbeschulen, sowie in Proseminarien. 1. Aufl. (VII und 187 S.) 1847. * 12½ Ngr. und 2., durchgehend verb., mit 115 Briefen und Geschäftsaufsätzen verm. Aufl. 8. (VIII und 246 S.) Leipzig 851, Wöller. *

Winter, Gg. A., der Briefschüler. Enthaltend: 150 Kinder= und 275 Musterbriefe, nebst 50 Geschäftsaufsätzen und dem Wissensnöthigen über Titelwesen, Aeußerlichkeiten, Verschluß, Versenden rc. der Briefe. Zunächst ein Lehr= und Lern=Hülfsmittel beim stylist. Unterrichte in Volks= und Fortbildungsschulen, so wie berathendes Handbuch zur Selbstübung im schriftl. Gedanken=Ausdrucke für die der Schule entlassene Jugend. 3. Aufl. 8. (VII und 244 S.) Leipzig 858, Wöller. Thlr. *

— der Briefschüler. Enthltd.: 150 Kinder= u. 275 Musterbriefe nebst 50 Geschäftsaufsätzen u. dem Wissensnöthigen über Titelwesen, Aeußerlichkeiten, Verschluß, Versenden rc. der Briefe. Zunächst ein Lehr= u. Lern=Hülfsmittel beim stylist. Unterrichte in Volks= u. Fortbildungsschulen, sowie berath. Handbuch zur Selbstübung im schriftlichen Gedanken=Ausdrucke für die der Schule entlassene Jugend. 4. Aufl. Ebend. 866. 8. (VII, 244 S.) n. 15 ngr.

Winter, Gg. A., der Briefschüler. Enth.: Eine große Anzahl Musterbriefe u. Geschäftsaufsätze, nebst dem Wissensnöthigen über Titelwesen, Aeußerlichkeiten, Verschluß, Versenden rc. der Briefe. Zunächst ein Lehr= u. Lern=Hülfsmittel beim stylistischen Unterrichte in Volks= u. Fortbildungsschulen, so wie berath. Handbuch zur Selbstübung im schriftlichen Gedanken=Ausdrucke für die aus der Schule entlassene Jugend. 5., sorgfältig durchgeseh. u. verb. Aufl. 8. (VI, 234 S.) Leipzig 877. Wöller. n. 1. 50

Winter, Gg. A., der Denk=, Sprach= und Schreibschüler. Ein methodisch und streng stufenweise geordnetes Uebungs= u. Wiederholungsbuch. Nebst e. Anhange, enthalt. 12000 Rechnungsaufgaben. Für die Hand der Schüler in Mittelklassen deutscher Volksschulen. 8. Leipzig 845, Wöller. n. 1/6 ₰ (25 Exempl. n. 3⅓ ₰)

— der Denk=, Sprach= und Schreibschüler. Ein methodisch und streng stufenweise geordnetes Uebungs= und Wiederholungsbuch mit einer großen Anzahl Aufgaben zu Verstandes=, Sprech= und Rechtschreibeübungen. Nebst einem Anhange, enth.: 12000 Rechnungsaufgaben. Für die Hand der Schüler in Mittelklassen deutscher Volksschulen. 2. Aufl. (VII und 95 S.) 1848., 3. Aufl. 1850. und 4., bericht. im Wesentlichen unveränd. Aufl. 8. (VIII und 95 S.) Leipzig 851, Wöller. *

Winter, Gg. A., der Denk=, Sprach= und Schreibschüler. Ein methodisch u. stufenweise geordnetes Uebungs= u. Wiederholungsbuch mit einer großen Anzahl Aufgaben zu Verstandes=, Sprach= und Rechtschreibeübungen und einem Anhange mit 12000 Rechnungsaufgaben. Für die Hand der Schüler in Mittelklassen deutscher Volksschulen. Durchgängig bericht., im Wesentlichen unveränd. 5. Aufl. 853. (2 Bl., 98 S.) — 6. Aufl. Ebend. 856. 8. (2 Bl., 95 S.) n. 5 ngr.

— der Denk=, Sprach= u. Schreibschüler. Ein methodisch= u. stufenweis geordnetes Uebungs= u. Wiederholungsbuch mit einer großen Anzahl Aufgaben zu Verstandes=, Sprech= u. Rechtschreibübungen rc. 7—9. Aufl. Ebend. 859—62. 8. (95 S.) n. 5 ngr.

— der kleine Elementarschüler, od. die ersten Anschauungs=, Lese=, Schön= u. Rechtschreibeübungen des Kindes method. u. streng stufenweise bearb. Eine wohlf. Handfibel mit Druck= u. Schreibschrift f. d. untersten Klassen in deutschen Volksschulen. 1. u. 2. Aufl. 843, 45. u. 3., Stereot.=Aufl. 8. (à 3 B.) Leipzig 846, Wöller. à *

— der kleine Elementarschüler. Oder: die ersten Anschauungs=, Lese=, Schön= und Rechtschreibeübungen, methodisch und streng stufenweise bearb. Eine wohlfeile Handfibel mit Druck= und Schreibschrift für die Unterklassen deutscher Stadt= und Landschulen. (Zugleich Vorläufer zu des Verf. „Allgemeinem Lesebuche für deutsche Stadt= und Landschulen.") 4. und 5. Aufl. (60 S.) 1848—49. à * 3½ Ngr., 6. Aufl. (62 S.) 1851. und 7. Aufl. Unveränd. Abdr. der umgearb. 6. Aufl. 8. (II und 60 S.) Leipzig 851, Wöller. *

— der kleine Elementarschüler. Enthaltend: Die ersten Anschauungs=, Lese=, Schön= und Rechtschreibeübungen in methodischer und streng stufenweiser Folge. Eine wohlfeile Handfibel mit Druck= und Schreibschrift für die Unterklassen in Stadt= und Landschulen. 8—10. Aufl. Ebend. 853—56. 8, (60 S.) n. 3 ngr.

— der kleine Elementarschüler. Enthaltend: Die ersten Anschauungs=, Lese=, Schön= und Rechtschreibübungen in method. und streng stufenweiser Folge. Eine wohlf. Handfibel mit Druck= und Schreibschrift für die Unterklassen in Stadt= und Landschulen. 11—14. Aufl. 8. (II und 68 S.) Leipzig 858—61, Wöller. *

— der kleine Elementarschüler. Enth.: Die ersten Anschauungs=, Lese=, Schön= und Rechtschreibungen in method. und strengstufenweiser Folge. Handfibel mit Druck= und Schreibschrift für die Unterklassen in Stadt= und Landschulen. 15.—22. Aufl. 8. (68 S.) Leipzig 862—67, Wöller. *

— der kleine Elementarschüler. Enth.: Die ersten Anschauungs-, Lese-, Schön- und Rechtschreibübungen in method. und streng stufenweiser Folge. Handfibel mit Druck- und Schreibschrift für Unterklassen in Stadt- und Landschulen. 22. Aufl. 1869, und 23. Aufl. 8. (68 S.) Ebendas. 873. *

— dass. — Nach der 22. Aufl. für kathol. Schulen bearb. von Jac. Aloys Schmid. 8. (62 S. mit eingedr. Holzschn.) Ebendas. 868. *

— dass. — Nach der 22. Aufl. für kathol. Schulen bearb. von Jac. Aloys Schmid. 8. Ebendas. 870. *

— der kleine Elementarschüler. Enth.: Die ersten Anschauungs-, Lese-, Schön- und Rechtschreibübungen in method. und streng stufenweiser Folge. Handfibel mit Druck- und Schreibschrift für Unterklassen in Stadt- und Landschulen. 24. Aufl. 8. (II, 70 S.) Ebendas. 873. *

— Facitbuch zu den arithm. Wandtafeln u. zu dem ersten Rechenbuche. Enthaltend: die Auflösungen der in beiden vorkomm. 12000 Rechnungsaufgaben u. die Anleitung z. zweckmäßigsten Gebrauch derselb. gr. 8. (10½ B.) Leipzig 842, Wöller. *

— Facitbuch zu den Uebungsaufgaben der Dezimalbruchrechnung. 8. (15 S.) Leipzig 855(56,) Wöller. *

— Facitbuch. 1. Thl.: Resultate der im 1. und 2. Hefte vom „Rechenschüler" enthaltenen Aufgaben. 6. Aufl. 8. (53 S.) Leipzig 858, Wöller. *

— dass. — 2. Thl.: Resultate der im 3., 4. und 5. Hefte vom „Rechenschüler" enthaltenen Aufgaben. 6. Aufl. 8. (54 S.) Ebendas. 858. *

— dass. — 3. Thl.: Resultate der im 6., 7. und 8. Hefte vom „Rechenschüler" enthaltenen Aufgaben. 6. Aufl. 8. (55 S.) Ebendas. 858. *

— Facitbüchlein zu dem 1. Bdchn. d. Rechnungsaufgaben ꝛc. 3., bericht. Aufl. gr. 8. (2 B.) Leipzig 842, Wöller. *

— Hausfleiß. Ein Büchlein mit mehren hundert Aufgaben zu schriftl. Arbeiten f. d. Kinder in d. unt. Klassen d. Volksschulen. 8. (5 B. u. 8 Stnt.) Grimma 838, Verlags-Comptoir. *

— d. Interpunktionsschüler. Eine leichtfaßl. Anleitung mit e. großen Anzahl erläut. Beispiele u. Uebungsaufgaben. Für Lehrer u. Schüler. Nebst e. Anhange d. gleichlautenden Wörter in möglichst vollständ. Zusammenstellung. 8. (6 B.) Leipzig 846, Wöller. *

— der Interpunktionsschüler. Anweisung zum Richtiginterpungiren mit einer großen Anzahl erläut. Beispiele und Uebungsaufgaben. Für Lehrer und Schüler in Oberklassen deutscher Volksschulen, so wie für Erwachsene zum Selbstunterrichte. Nebst einem alphabet. Verzeichnisse der gleichlautenden Wörter. Bildet zugleich den 3. Bd. der ausführl. Lehrstoffe ꝛc. Vielfach verm. und verb. 2. Aufl. 8. (V und 87 S.) Leipzig 854, Wöller. *

— Jugendgarten. Allgemeines Lese- und Lehrbuch für Stadt- und Landschulen. 1. Thl. 6. Aufl. und 2. Thl. 5., gänzl. umgearb. und verm. Aufl. (Für die Mittelklassen. — Für die Oberklassen.) 8. (VII und 189; XII und 481 S.) Leipzig 856(57,) Wöller. [1. Thl. * 6 Ngr.; 2. Thl. * 12 Ngr.] *

— Jugendgarten. Allgemeines Lese- und Lehrbuch für Stadt- und Landschulen. 1. Thl. Für die Mittelklassen. 7., neu bearb. und sehr verm. Aufl. 8. (VIII und 221 S.) Leipzig 861, Wöller. *

— Jugendgarten. I. Allgemeines Lese- und Lehrbuch für Mittelklassen deutscher Stadt- und Landschulen. 8. Aufl. (VIII, 282 S.) 1869. * 60 Pf., und 9. neu bearb. Aufl. 8. (VIII, 200 S.) Ebendas. 874. *

— dass. — II. Allgemeines Lesebuch für Oberklassen deutscher Volksschulen. 6. verb. und stark verm. Aufl. gr. 8. (VIII, 416 S.) Ebendas. 873. *

— Jugend-Hain, oder: Klassische Erzählungen, Beschreibungen und Schilderungen aus dem Natur- und Menschenleben. Ein lehrreiches Bildungs- und Unterhaltungsbuch für die deutsche Jugendwelt. Bearb. und zusammengestellt aus den Werken der ausgezeichnetsten mustergültigsten ältern und neuern Jugend- und Volksschriftsteller. (Festgeschenks- und Prämienausg. von des Verf. „Allgem. Lesebuch." 2. Aufl.) 1. Thl. (Für das Alter von 7—10 Jahren.) 8. (XIV und 188 S. mit 3 ill. Stahlst.) Leipzig 849, Wöller. *

— dass. — 2. Thl. (Für das Alter von 10—14 Jahren.) 8. (XI und 417 S. mit 2 ill. Stahlst.) Ebds. 849. *

— s. Langer, H. G., Gesanglehre.

— Lebensbilder aus der Heimath, s. Wöller's Jugend- und Volksbibliothek.

Winter, G. A., Lebensbilder aus der Heimat und Fremde, s. Horn, W. O. v.

Winter, Georg A., und E. Hassenstein, Lehrbuch der Naturgeschichte, s. Hassenstein.

— ausführliche Lehrstoffe für den Gesammtunterricht in d. Schreib-Lesemethode, d. Sprachlehre u. d. Rechtschreibung m. Interpunktionslehre in deutsch. Volksschulen. Begründet durch streng methodisch fortschreitende Sprech-, Lese-, Denk- u. Dictirübungen. Neue Gesammtausg. des Unterrichts in der deutsch. Rechtschreibung verb. mit d. Sprachlehre. gr. 8. (33¼ B.) Leipzig 846, Wöller. *

— ausführliche Lehrstoffe für den gesammten deutschen Sprachunterricht in Volksschulen, oder: die Schreiblesemethode, das Lesen, die Sprachlehre, die Rechtschreibung mit Interpunktionslehre und der Unterricht im schriftl. Gedankenausdrucke in steter Verbindung und Wechselwirkung. Begründet durch systematisch fortschreit. Sprech-, Lese-, Denk-, Dictir- und schriftl. Aufsatzübungen, so wie Aufgaben zum Hausfleiße. 1. Bd. 2., umgearb. Aufl. A. u. d. T.: Erster, vorbereitender oder Elementar-Lehrgang für den Unterricht in der Muttersprache in deutschen Volksschulen ꝛc. 1. Unterklasse. Anschauung. Denk- und Sprechübungen. Lese- und Schreibeübungen im weitern Sinne. 2., umgearb. Aufl. 8. (XVI und 139 S.) Leipzig 851, Wöller. hlr. *

Winter, Georg A., ausführliche Lehrstoffe für den gesammten deutschen Sprachunterricht in Volksschulen ꝛc. 2. Bd. 1. Abthl. 2., umgearb. Aufl. A. u. d. T.: Zweiter oder Begründungs-Lehrgang für den Unterricht in der Muttersprache in deutschen Volksschulen, mit 225 streng-systematisch geordneten Dictir- und einer großen Anzahl schriftl. Aufsatzübungen. 2. Mittelklasse. 2., umgearb. Aufl. 8. (XVI und 195 S.) Ebds. 851(52.) *

— dass. — 2. Bd. 2. Abthl. 2., umgearb. Aufl. A. u. d. T.: Dritter oder Ergänzungs-Lehrgang für den Unterricht in der Muttersprache in deutschen Volksschulen, mit 72 streng-systematisch geordneten Dictir- und einer großen Anzahl schriftl. Aufsatzübungen. 3. Oberklasse. 2., umgearb. Aufl. 8. (VIII und 104 S.) Leipzig 851(52,) Wöller. *

— ausführliche Lehrstoffe für den gesammten deutschen Sprachunterricht in Volksschulen. Das ist: die Schreiblesemethode, das Lesen, die Sprachlehre, die Rechtschreibung mit Interpunktionslehre und der Unterricht im schriftl. Gedankenausdrucke in steter Verbindung und Wechselwirkung. Begründet durch systemat. fortschreit. Sprech-, Lese-, Denk-, Dictir- und schriftl. Aufsatzübungen, sowie Aufgaben zum Hausfleiße. 3., neu bearb. Aufl. 3 Bde. in 4 Abthlgn. 8. Leipzig, Wöller. *

Inhalt:
Bd. 1. Elementar-Lehrgang. — Unterklasse. (VIII und 117 S.) 865. * 10 Ngr.
" 2. Abthl. 1. Begründungs-Lehrgang. — Mittelklasse. (VIII und 213 S.) 865. * 12 Ngr.
" 2. Abthl. 2. III. Ergänzungs-Lehrgang. — Oberklasse. (V und 110 S.) 867. * 8 Ngr.
" 3. Vollendungs-Lehrgang. — Oberklasse. — Der Interpunktionsschüler. (V und 95 S.) 865. * 6 Ngr.

— allgem. Lesebuch f. deutsche Stadt- u. Landschulen. 2 Thle. 8. 1. Thl.: f. die Mittelklassen. Bearb. u. zusammengestellt aus den Werken der ausgezeichnetsten, mustergültigsten ältern u. neuern Jugendschriftsteller. (XVI u. 188 S.) 2. Thl.: f. die Oberklassen. Bearb. u. zusammengestellt aus den Werken der ältern u. neuern Klassiker u. ausgezeichnetsten, mustergültigsten Volksschriftsteller deutscher Nation. (XII u. 417 S.) Ebd. 848. 49. — 2 Thle. 2. Aufl. 8. (1: XVI u. 192 S. 2: XII u. 417 S.) Ebd. 849. (1: n. $6^1/_2$ ngr 2: n. 12 ngr) n. $18^1/_2$ ngr — 1. Thl. 3. Aufl. 2. Thl. 4. Aufl. 8. (1: XVI u. 188 S. 2: XII u. 418 S.) Ebd. 851. (1: n. 6 ngr 2: n. 12 ngr) n. 18 ngr

—— allgemeines Lesebuch für deutsche Stadt- und Landschulen. I. Thl.: für die Mittelklassen. Bearb. und zusammengestellt aus den Werken der ausgezeichnetsten, mustergültigsten ältern und neuern Jugendschriftsteller. 4. Aufl. (VII und 189 S. mit Luthers kleinem Katechismus 8 S.) 1854. und 5. Aufl. 8. (VIII und 189 S.) Leipzig 855, Wöller. *

—— musikalisches Lustgärtchen. Leichte melodiöse Uebungsstücke zur stufenweisen Förderung angehender Pianoforte-Spieler. 2 Hefte. qu. 4. (à 39 lithogr. S.) Leipzig 857, Wöller. à Heft 20 Ngr.

Inhalt:

Heft 1. Ungefärbte Tonart.

» 2. Gefärbte Tonarten.

—— das neue Maß- und Gewichtssystem gemeinfaßlich dargestellt für die Volksschule und das Haus, mit einer großen Anzahl Uebungsaufgaben. 8. (56 S.) Ebendas. 870. *

Auflösungen dazu. (16 S.) *

Winter, Geo. Andr., das neue Maß- und Gewichtssystem und die Dezimalbruchrechnung. Gemeinfaßlich dargestellt für Jedermann im Volke und versehen mit einer großen Anzahl Uebungsaufgaben, namentlich um altes Maß in neues und umgekehrt, zu verwandeln. 2., verb. und mit einem Anh. verm. Aufl. 8. (60 S.) Leipzig 872, Wöller. *

—— unterweisendes Musterbuch zur richtigen Abfassung von Briefen und Geschäftsaufsätzen aller Art für die verschiedenart. Vorkommnisse im Leben. Oder: Praktische Anweisung für alle Stände zum gehörigen schriftl. Gedankenausdruck im Freundschafts-, Familien- und Geschäftsverkehr, erläut. durch 440 Musterbriefe und Formulare zu Geschäftsaufsätzen rc., so wie Eingangs- und Schlußformeln zu den einzelnen Briefarten. Nebst Regeln über das Aeußere und Versenden der Briefe, das Titelwesen rc. Vielfach erweit. und verm. Ausg. von desselben Verf. „Briefschüler" 2. Aufl. 8. (320 S. und 33 erklär. Figuren in Holzschn.) Leipzig 850, Wöller. *

—— der Piano-Forte-Schüler. Streng methodisch und stufenweise geordnete Finger-Uebungen und rhythmisch-melod. Uebungs-Stücke. Nach einer bei langjähr. Unterrichte bewährten Methode für Anfänger im Pianoforte-Spiel bearb. 3 Hefte. qu. 4. (42 S.) Leipzig 854—55, Wöller. [1. (42 S.) 2. (40 S.) à 15 Ngr., 3. (52 S.) 20 Ngr.]

—— unentbehrlicher Rathgeber beim Rechnen nach dem neuen deutschen Münzfuße und dem neuen Gewichtssysteme. Mit vielen Rechnungsvortheilen und Vergleichungstabellen. Zusammengestellt für Schule und Haus. 1. und 2., vielfach verm. und verb. Aufl. 8. (28 S.) Zwickau 858, Verlagsbuchh. des Volksschriften-Vereins.

—— erstes Rechenbuch f. die Unter- u. Mittelklassen in Volksschulen. Enthaltend: 12000 Rechnungsaufgaben in möglichst strenger Stufenfolge zur mechan. Einübung der vier Species mit gleich- u. ungleichbenannten Zahlen u. der Resolutions- u. Reductionsrechnung. gr. 8. (1 B.) Leipzig 842, Wöller. -

—— der Rechenschüler. Stufenweis geordnete Uebungsaufgaben zum Tafelrechnen in Bürger- und Landschulen, wie auch in höhern Lehranstalten, begleitet von Fingerzeichen und Erläuterungen zu den verschied. Rechnungsarten und besonderen Fällen. 8 Hefte. 8. Leipzig, Wöller. *

Inhalt:

Heft 1. Für die Unterklasse. (Die vier Grundrechnungsarten mit gleichbenannten Zahlen, die Resolutions- und Reductionsrechnung.) 16—28. Aufl. (38 S.) 858—62. * 2 Ngr.

» 2. Für die Mittelklasse. (Die vier Grundrechnungsarten mit ungleichbenannten Zahlen, die Zeitberechnung und Regel de tri ohne Brüche. 16—22. Aufl. (48 S.) 858—61. * 2 Ngr.

» 3. Für Oberklassen in Bürger- und Landschulen rc. (Die Bruchrechnung.) 11—15. Aufl. (48 S.) 858—61. * 2 Ngr.

» 4. Für Oberklassen rc. (Die Regel de tri mit Brüchen.) 10—13. Aufl. (32 S.) 858—61. * 2 Ngr.

» 5. Für Oberklassen rc. (Die Ketten-, Interessen-, Prozent-, Rabatt- und Discontorechnung.) 10—12. Aufl. (40 S.) 858—61. * 2 Ngr.

» 6. Für gehobenere Oberklassen in Bürgerschulen und für einzelne Klassen in Real- und Gewerbeschulen, Seminarien rc. (Die Gesellschafts-, Falsi- und Mischungsrechnung.) 10. Aufl. (45 S.) 858. * 3 Ngr.

» 7. Für gehobenere Oberklassen in Bürgerschulen rc. (Die Dezimalbruchrechnung.) 10. Aufl. (37 S.) 858. * 3 Ngr.

» 8. Für gehobenere Oberklassen in Bürgerschulen rc. (Die Raumberechnung.) 10. Aufl. (30 S. mit eingedr. Holzschn.) * 3 Ngr.

— der Rechenschüler. Stufenweis geordnete Uebungsaufgaben zum Tafelrechnen in Bürger- u. Landschulen rc. Ebend. 859—64. 8. Jedes Heft n. 2 ngr

1. Heft. 17—29. Aufl. (88 S.) — 2. Heft. 17—28. Aufl. (48 S.) — 3. Heft. 12—18. Aufl. (48 S.) — 4. Heft. 11—15. Aufl. (32 S.) — 5. Heft. 11—13. Aufl. (40 S.) — 6. Heft. 11 Aufl. (45 S.)

Facitbuch dazu, 3 Thle. 6. Aufl. 858. (53; 54; 55 S.) Jeder Theil n. 4 ngr

— der Rechenschüler. Stufenweise geordnete Uebungsaufgaben zum Tafelrechnen in Bürger- u. Landschulen rc. 8 Hefte. Ebend. 865,70. 8. Jedes Heft n. 2 ngr

1. Heft. Für die Unterklasse. (Die vier Grundrechnungsarten mit gleichbenannten Zahlen, die Resolutions- u. Reductionsrechnung.) 30—37. Aufl. (38 S.)

2. Heft. Für die Mittelklasse. (Die vier Grundrechnungsarten mit ungleichbenannten Zahlen, die Zeitberechnung u. Regel de tri ohne Brüche.) 29—33. Aufl. (48 S.)

3. Heft. Für Oberklassen in Bürger- u. Landschulen rc. (Die Bruchrechnung.) 19—23. Aufl. (48 S.)

4. Heft. — — (Einfache u. zusammengesetzte Regel de tri.) 16—18. Aufl. (32 S.)

5. Heft. — — (Die Ketten-, Interessen-, Prozent-, Rabatt- u. Disconto-Rechnung.) 14—19. Aufl. (40 S.)

6. Heft. Für gehobenere Oberklassen in Bürgerschulen u. für einzelne Klassen in Real- u. Gewerbeschulen, Seminarien rc. (Die Gesellschafts-, Falsi- u. Mischungsrechnung. 12—16. Aufl. (45 S.)

7. Heft. — — (Die Dezimalbruchrechnung.) 11. Aufl. (37 S.)

8. Heft. — — (Die Raumberechnung, von Fr. Herrmann.) 10. Aufl. (30 S. mit eingedr. Holzschn.)

— — Auflösungen zum 1—3., 5. u. 6. Heft. 7. Aufl. Ebend. 870. 8. [1. Heft (62 S.) n. 5 ngr, 2. Heft (26 S.) n. 3 ngr, 3. Heft (11, 19 S.) n. 3 ngr, 5. Heft (16 S.) n. 3 ngr, 6. Heft (16 S.) n. 3 ngr] n. 17 ngr

—— der Rechenschüler. Stufenweis geordnete Uebungsaufgaben zum Tafelrechnen in Bürger- und Landschulen, begleitet von Fingerzeigen und Erläuterungen. 9 Hefte. 8. Ebendas. 868—74. à Heft *

Inhalt:

Heft 1. Rechenfibel. Der Zahlenraum von 1—100 in 3 Stufen. 1. und 2., nach dem neuen Reichsmünzsystem bearb. Aufl. (42 S.)

» 2. Die vier Grundrechnungsarten mit gleichbenannten Zahlen, die Resolutions- und Reductionsrechnung. 37.—45. Aufl., und 46., nach dem neuen Reichsmünzsystem bearb. Aufl. (42 S.)

» 3. Die vier Grundrechnungsarten mit ungleichbenannten Zahlen, Regel de tri ohne Brüche, Zeitrechnung. 33.—41. Aufl. (40 S.)

» 4. Die Bruchrechnung. 24.—32. Aufl. (36 S.)

» 5. Die Dezimalbruchrechnung. 15. Aufl. (40 S.)

» 6. Regel de dri mit Brüchen. Kettenrechnung. 19.—21. Aufl. (31 S.)

» 7. Interessen-, Procent-, Rabatt- und Disconto-Rechnung. 16.—18. nach dem neuen Reichsmünzsysteme bearb. Aufl. (32 S.)

» 8. Gesellschafts-, Falsi- und Mischungsrechnung. 12. und 13. Aufl. (31 S.)

» 9. Die Raumberechnung, bearb. von Friedr. Herrmann. 11. und 12. mit einem Anhang verm. Aufl. (36 S. mit eingedr. Holzschn.)

—— dass. — Auflösungen zu dem 2.—9. Heft. Nach dem neuen deutschen Reichsmünzsystem bearb. 8. Aufl. 8. (28; 24; 16; 12; 15; 13; 24; 22 S.) Ebendas. 875. à Heft *

Winter, Geo. Andr., der Rechenschüler. Stufenweis geordnete Uebungsaufgaben zum Tafelrechnen. 1.—3., 5., 6. und 9. Heft. 8. Leipzig 876,77, Wöller. *

Inhalt:

Heft 1. Rechenfibel. Der Zahlenraum von 1—100 in 3 Stufen. 3. Aufl. nach dem neuen Reichsmünzsystem bearb. (40 S.) * 20 Pf.
„ 2. Die vier Grundrechnungsarten mit gleichbenannten Zahlen, die Resolutions- und Reductionsrechnung. 47. und 48. nach dem neuen Reichsmünzsystem bearb. Aufl. (40 S.) * 20 Pf.
„ 3. Die vier Grundrechnungsarten mit ungleichbenannten Zahlen, Regel de tri ohne Brüche, Zeitrechnung. 42. Aufl. (32 S.) * 20 Pf.
„ 5. Die Dezimalbruchrechnung. 16. Aufl. (32 S.) * 20 Pf.
„ 6. Regel de tri mit Brüchen. Kettenrechnung. 22. Aufl. (31 S.) * 20 Pf.
„ 9. Die Raumberechnung, bearb. von Frz. Ferd. Rietzsch. 13. neubearb. Aufl. (34 S. mit eingedr. Holzschn.) * 30 Pf.
4., 7. und 8. Heft. Ebendas. à * 20 Pf.

Winter, Geo. A., der Rechenschüler. Stufenweis geordnete Übungsaufgaben zum Tafelrechnen. 1.—4. Heft. 8. Lpzig 882, Wöller. [1. Heft. 6. Aufl. (42 S.); 2. Heft. 49und 50. Aufl. (40 S.); 3. Heft. 43. und 44. Aufl. (36 S.); 4. Heft. 31. Aufl. (28 S.).] à Heft * 15 Pf. *

—— dass. — 5. und 6. Heft. Bearb. von Paul Günd und Herm. Hofmann. 8. Ebendas. 882. [5. Heft. 17. Aufl. (2S.); 6. Heft. 23. Aufl. (32 S.)] à Heft * 15 Pf. *

Winter, Geo. A., der Rechenschüler. Stufenweis geordnete Übungsaufgaben zum Tafelrechnen. Auflösungen. 2.—6. Heft. 9. Aufl. 8. (28; 22; 18; 11; 14 S.) Leipzig 882, Wöller. à Heft * 30 Pf. *

Winter, Gg. A. Der Rechenschüler. Stufenweis geordnete Übungsaufgaben zum Tafelrechnen. 1. u. 2. Heft. 8. (à Heft 40 S.) Lpz. 891, Wöller. [1. Heft. 7. Aufl.; 2. Heft. 51. Aufl.] à Heft * — 15; * — 30

Winter, G., praktisches kaufmänn. Rechnen, s.: Flieth, A.

—— **Rechnungsaufgaben für Bürger- und Landschulen, versehen mit den nothwendigsten Regeln zu den verschied. Rechnungsarten. 1. Bdchn.: Für die Unter- und Mittelklassen. Mit der Regel de tri ohne Brüche verm.**, im Uebrigen aber unveränd. 8—11. Aufl. 1849—51. und 12. Aufl. 8. (III und 73 S.) Leipzig 852, Wöller. *

—— Facitbuch zu dem obigen. 4. Aufl. 8. (IV und 29 S.) Leipzig 849, Wöller. *

—— dass. — (Rechnungsaufgaben. 1. Bdchn.) 2. Bdchn.: Für die Oberklassen. 7. Aufl. (111 S.) 1849. und 8. Aufl. (Ganz unveränd. Abdr. der 7. Aufl.) 8. (IV und 111 S.) Ebds. 852. *.

—— Facitbuch zu dem 2. Bdchn. der Rechnungsaufgaben für (sächs.) Bürger- und Landschulen. Durchgeseh. und bericht. 4. Aufl. 8. (III und 35 S.) Leipzig 851, Wöller. *

— **Rechnungsaufgaben (Tafelrechnen) für Bürger- und Landschulen, versehen mit den nothwendigsten Regeln zu den verschiedenen Rechnungsarten.** Ebend. 8.
1. Bdchn. 1. Heft: Für die Unterklassen. Enthltd.: die 4 Species mit gleichbenannten Zahlen, Resolutions- und Reductionsrechnung. 13—15. Aufl. 854—57. (31 S.) n. 2 ngr.
„ 2. Heft: Für die Mittelklassen. Enthltd.: die 4 Species mit ungleichbenannten Zahlen und Regel de tri ohne Brüche. 13—15. Aufl. 854—57. (40 S.) n. 2 ngr.
2. Bdchn. Für die Oberklassen. 1. Heft: Die Bruchrechnung. Gänzlich umgearb. und mit dem Kopfrechnen eng verbundene 9—10. Aufl. 855, 57. (48 S.) n. 2 ngr.
„ 2. Heft: Die einfache und zusammengesetzte Regel de Tri. Gänzlich umgearb. ꝛc. 9. Aufl. 855. n. 2 ngr.
„ 3. Heft: Ketten-, Interessen-, Prozent-, Rabatt- und Diskontorechnung. Gänzlich umgearb. ꝛc. 9. Aufl. 855. (40 S.) n. 2 ngr.
3. Bdchn. Für gehobenere Oberklassen in Bürgerschulen ꝛc. 1. Heft: Gesellschafts-, Falsi- u. Mischungsrechnung. Gänzlich umgearb. ꝛc. 9. Aufl. 856. (45 S.) n. 3 ngr.
„ 3. Heft: Die Dezimalbruchrechnung. Gänzlich umgearb. ꝛc. 9. Aufl. 856. (35 S.) n. 3 ngr.

Winter, Gg. A., Rechnungsaufgaben (Tafelrechnen) für Bürger- und Landschulen ꝛc. Facitbuch zu den stufenweis geordneten Uebungsaufgaben zum Tafelrechnen in Bürger- und Landschulen, wie auch in höhern Lehranstalten. 3 Thle. Nach den neuesten gesetzlichen Münz-, Maß- u. Gewichtsbestimmungen gänzlich umgearb. 6. Aufl. Zwickau 858. Verlhdlg. des Volksschriften-Vereins. 8. Jeder Thl. n. 4 ngr.
1. Thl.: Auflösungen zu dem 1. u. 2. Hefte ꝛc. (53 S.) — 2. Thl.: Auflösungen zu dem 3., 4. u. 5. Hefte ꝛc. (54 S.) — 3. Thl.: Auflösungen zu dem 6., 7. u. 8. Hefte ꝛc. (57 S.)

Winter, Gg. A., Rechnungsaufgaben (Tafelrechnen) für Bürger- und Landschulen ꝛc. 2. Bdchn.: Für die Oberklassen. 1. Heft: Die Bruchrechnung. (Der ganzen Sammlung 3. Heft.) Gänzlich umgearb. und mit dem Kopfrechnen eng verbundene 10. Aufl. 8. (48 S.) Ebendas. 858. *

—— **Rechnungsaufgaben nach d. neuen Münz-, Maß- u. Gewichts-Systeme f. sächs. Bürger- u. Landschulen.** 2 Hfte. 8. Leipzig, [Wöller.] * —
Hft. 1. Aufgaben f. d. Unter- u. Mittelklassen. 1. Aufl. (3 B.) * 3 Gr. u. 2., verm. u. bericht. A. (4 B.) 841. * 3½ Gr.
Facitbüchlein hierzu. 1. Aufl. (1½ B.) * 2 Gr., 2., verm. u. verb. A. (2¼ B.) 841. * 2¾ Gr.
„ 2. Aufgaben f. d. Oberklassen. 1. Aufl. (5 B.) 841. * 4 Gr., 2. u. 3. Stereot.-Aufl. (à 7½ B. u. 36 eingedr. Fig.) 842. à * 5¼ Gr.
Facitbüchlein hierzu. 1. u. 2. Aufl. (à 3 B.) 841, 42. à * 4 Gr.

—— Rechnungsaufgaben nach d. neuen sächs. Münz-, Maaß- u. Gewichts-Systeme f. Bürger- u. Landschulen. 1. Bdchn., enthaltend: Aufgaben f. d. Unter- u. Mittelklassen. 3—7. (Stereot.-) Aufl. gr. 8. (à 4 B.) Leipzig 842—46, Wöller. Thlr. à *
Vgl. oben: Facitbuch.

Winter, Geo. A., Rechnungsaufgaben nach d. neuen sächs. Münz-, Maaß- u. Gewichts-Systeme ꝛc. 2. Bdchn., enthalt.: Aufgaben für d. Oberklassen, u. das Wissensnöthigste aus der Feldmeßkunde, erläutert durch 45 in den Text eingedr. Figuren. 4—6., bericht. (Stereotyp-) Aufl. gr. 8. (à 7½ B.) Ebds. 844—47. à * .

—— der Sprach- und Rechtschreibschüler. Ein method. und stufenweise geordnetes Uebungs- und Wiederholungsbuch mit einer großen Anzahl Aufgaben über Rechtschreibung, Wortlehre und Wortbildung. Für die Hand der Schüler in Mittelklassen deutscher Volksschulen. Des „Denk-, Sprach- und Schreibschüler 10.—12. Aufl." 8. (103 S.) Leipzig 863—67, Wöller. *

—— der Sprach- und Rechtschreibschüler. Ein methodisch und stufenweise geordnetes Uebungs- und Wiederholungsbuch mit einer großen Anzahl Aufgaben über Rechtschreibung, Wortlehre und Wortbildung. Für die Hand der Schüler in Mittelklassen deutscher Volksschulen. [Der „Denk-, Sprach- und Schreibschüler".] 13. und 14. Aufl. 1870,73. * 50 Pf., und 15. Ster.-Aufl. 8. (V, 103 S.) Ebendas. 875. *

—— der Sprach- und Rechtschreibeschüler. Ein methodisch und stufenweise geordnetes Uebungs- und Wiederholungsbuch mit einer großen Anzahl Aufgaben über Rechtschreibung, Wortlehre und Wortbildung. Für die Hand der Schüler in Mittelklassen deutscher Volksschulen. 16. Aufl. 8. (VI, 106 S) Ebendas. 878. *

-- stufenweis geordnete Uebungsaufgaben zum Kopfrechnen in Bürger- u. Landschulen, wie auch in höhern Lehranstalten, begleitet von Methodik, Regel, Erläuterungen u. Fingerzeigen. Zur Vorübung u. zum Nebengebrauche für seine Aufgaben-Hefte zum Tafelrechnen nach den neuesten gesetzlichen Bestimmungen bearb. 2. neubearb. Aufl. 1. u. 2. Thl. Leipzig 858, 61. Wöller. 8. n. 25 ngr.
Inhalt: 1. Thl. [Zu Heft 1 u. 2 vom „Rechenschüler" gehörig.] Die Elemente des Rechnens und die 4 Grundrechnungsarten mit gleich- u. ungleichbenannten Zahlen, einschließlich der Resolutions- u. Reductionsrechnung, Zeitberechnung u. Regeldetri ohne Brüche in stufenweise geordneten Uebungsaufgaben ꝛc. 858. (165 S.) n. 15 ngr. — 2. Thl. [Zu Heft 3 u. 4 vom „Rechenschüler" gehörig.] Die Bruchrechnung u. die Regel de tri mit Brüchen. 861. (111 S.) n. 10 ngr.

—— der Unterricht in der deutschen Rechtschreibung in seinem ganzen Umfange, verbunden m. d. Leseunterrichte u. d. Sprachlehre. Mit Sprech- u. Dictirübungen u. Aufgaben z. Hausfleiße. Ein Hülfsbuch f. Lehrer. I. Bd., enthalt.: Methodik u. Elementar-Lehrgang der Rechtschreibung. 8. (11⅝ B.) Leipzig 844, Wöller.

—— dass. 2. Bd. enthalt.: Zweiter od. Begründungs-Lehrgang, f. Mittelklassen, u. 3. od. Ergänzungs-Lehrgang, f. Oberklassen. 8. (15½ B.) Ebds. 845.

—— Volksliederkranz f. Schule u. Haus. Eine Sammlung von Volksliedern u. Volksweisen von den besten u. beliebtesten deutschen Dichtern u. Componisten. A. Volkslieder. 2. u. 3., m. Register verseh. Aufl. 8. (à 2 B.) Leipzig 844, 45, Wöller. à * -

—— dass. B. Volksweisen. 8. (2 B.) Ebds. 845.

— Volksliederkranz f. Schule u. Haus. Eine Sammlung d. besten, beliebtesten u. leicht singbaren deutschen Volkslieder u. Volksweisen. A. Volkslieder. 4. Aufl. 8. (29 S.) Ebd. 847. — 5. Aufl. 8. (29 S.) Ebd. 850. n. 1⅗ ngl

—— dass. — 2. Heft. Enthaltend: 8 Vaterlandslieder. 18 Freundschafts- und Gesellschaftslieder. 27 Lieder zum Lobe der Natur. 9 Heimaths-, Abschieds- und Wanderlieder. 4 Gelegenheitslieder. 6 Canons. 8. (IV und 42 S.) Leipzig 849, Wöller. Thlr. *

— dass. [2—3stimmig ausgesetzt.] 1. Hft. [Ausg. B. mit Melodien.] Enthaltend: 80 Volkslieder u. 10 Canons. 2. Aufl., Text u. Singweisen vereinigt enthaltend. 8. (IV u. 50 S.) Ebd. 851. n. 4½ ngl

— dass. 2. Hft. Enthaltend: 8 Vaterlandslieder. 18 Freundschafts- u. Gesellschaftslieder. 27 Lieder zum Lobe der Natur. 9 Heimaths-, Abschieds- u. Wanderlieder. 4 Gelegenheitslieder. 6 Canons. 8. (IV u. 42 S.) Ebd. 851. n. 4 ngl

—— Volksliederkranz für Schule und Haus. Eine Sammlung der besten, beliebtesten und leicht singbaren deutschen Volkslieder und Volksweisen (2—3stimmig ausgesetzt). 1. Heft. Enthaltend: 82 Lieder und 7 Canons. 3. Aufl. 1853. und 1. Aufl. 8. (48 S.) Leipzig 856, Wöller. *

— — 2. Heft. Enthltd.: 64 Lieder, nämlich 8 Vaterlandslieder, 19 Freundschafts- und Gesellschaftslieder ꝛc. 2. Aufl. Ebend. 853. 8. (40 S.) n. 2½ ngr.

Winter, Gg. A., Volksliederkranz für Schule u. Haus. Eine Sammlung der besten, beliebtesten u. leicht singbaren Volkslieder u. Volksweisen. [2—3stimmig ausgesetzt.] 1. Heft. 5—7. Aufl. Ebend. 859—62. 8. (48 S.) n. 2½ ngr.

—— Volksliederkranz für Schule und Haus. Eine Sammlung der besten, beliebtesten und leicht singbaren Volkslieder und Volksweisen. (2—3stimmig ausgesetzt.) 1. Heft. 7.—10. Aufl. 8. (48 S.) Leipzig 862—68, Wöller. ** -

—— Volksliederkranz für Schule und Haus. Eine Sammlung der besten, beliebtesten und leicht singbaren Volkslieder und Volksweisen [2—3stimmig ausgesetzt]. 1. und 2. Heft. 8. Ebendas. 869,74. à Heft *

Inhalt:
Heft 1. Enth. 82 Lieder und 7 Canons. 11. und 12. Aufl. (48 S.)
" 2. Enth. 64 Lieder. 3. Aufl. (40 S.)

—— Volksliederkranz für Schule und Haus. Eine Sammlung der besten, beliebtesten und leicht singbaren Volkslieder und Volksweisen [zwei- und dreistimmig ausgesetzt]. 1. Heft enth. 82 Lieder und 7 Canons. 13. Aufl. 8. (48 S.) Ebendas. 878. *

— 12 alte deutsche Volksweihnachtslieder. op. 57. Textbuch. (15 S.) 8. Ebd. (909). — 20

—— acht arithmetische Wandtafeln, od. 12000 Rechnungsaufgaben. Ein nothwendiges Hülfsmittel f. Volksschullehrer, um mit einer einzigen Tafel zugleich hundert u. mehr Rechenschüler aus ganz verschiedenen Abtheilungen nützlich beschäftigen zu können. gr. Fol. (8 B.) Leipzig 842, Wöller. *
Vgl. oben: Facitbuch.

Winter, Georg Christoph (Nürnberg) A. S. 257/12

Dissertatio iuridica de iustis caducitatem emphyteuseos inferentibus causis Von Verwirkung des Erb-Rechts. Präs. Johann Jodokus Beck.
Altdorf (Kohles) XII. 1723. 48 S.
36936

Winter, Georg Simon

Winter, G. S., wohlerfahrner Pferdearzt, m. K. 8. Nürnb. Endter.

Winter, Georg Simon von Adlersflügel, Krurioser Stallmeister oder vollständige Ross-Artzney-Kunst. 3 Bücher. Mit Kupfern. In Selbstverlag. 8 vo. (080 S.) (IV.) Nürnberg 746.

— Stuterey, od. wohlbestellte Fohlenzucht, m. K. Fol. Nürnb. 703.

Winter von Adlersflügel, G. S. Neuer u. vermehrter Tractat von der Stuterey od. Fohlen-Zucht. T. 1—3. Mit Taf. (Titel u. Text auch in lat., ital. u. französ. Sprache.) Nürnberg 1703. 223 S. 4°

— — Tractatio de re equaria, oder Studterey, d. i. Wolbestellte Fohlenzucht. Lateinisch u. Deutsch. Fol. Mit Kupfern. Ebd. 703.

Winter, Ghard., Lieb' u. Leid. Gedichte. 12. (88 S.) Meißen 894. C. E. Klinkicht & Sohn. Geb. in Leinw. n. 2. 25

Winter, Frau Getr., geb. v. Möllendorff, Landmollusken, s.: Möllendorff, O. F. v.

Winter, Frau Gertr., geb. v. Möllendorff, Landmollusken, s.: Semper, C., Reisen im Archipel d. Philippinen. (Möllendorff, O. F. v.)

Eifersucht. Lustspiel in 1 Aufz. von Gotthard **Winter.** Als Ms. gedr. Meißen 1893: C. E. Klinkicht & Sohn. (16 S.) 8° [F.] [06. 11099

Winter, Gotthard: Lieb' und Leid. Gedichte von —. Meißen: C. E. Klinkicht & Sohn 1894. (88 S.) 8°

Winter, Guido, Weesensteinensis: De mimis Oxyrhynchiis. Lipsiae 1906: Seele. (63 S.) 8°
Leipzig, Phil. Fak., Ref. Lipsius, Marx, Diss. v. 13. Juli 1906
[Geb. 21. Juli 82 Weesenstein, Sachsen; Wohnort: Wertheim b. Hameln; Staatsangeh.: Sachsen; Vorbildung: Gymn. St. Afra Meißen Reife O. 02; Studium: Leipzig 2, Bonn 1, Berlin 1, Leipzig 4 S.; Rig. 1. März 06.]

Winter, Gustav (Bearb.), s.a. Beiträge, Urkundliche, zur Rechtsgeschichte ober-und niederösterreichischer Städte, . . .

Winter, Gust., urkundliche **Beiträge** zur Rechtsgeschichte ober- und niederösterreichischer Städte, Märkte und Dörfer vom 12. bis zum 15. Jahrh. Hrsg. mit Unterstützung der kaiserl. Akademie der Wissenschaften zu Wien. gr. 8. (XXVIII, 131 S.) Innsbruck 877, Wagner'sche Universitäts-Buchh.

— über eine Bewidmung von Korneuburg mit Wiener Recht. [Aus: „Archiv f. österr. Geschichte".] Lex.-8. (31 S.) Wien 882. Gerold's Sohn in Comm. n.n. — 50

—— Bruchstücke aus der Geschichte eines österreichischen Stadtarchives. Imp.-4. (10 S.) Wien 878, (Gerold's Sohn.) *
Aus: Mittheilungen der k. k. Central-Commission, besonders abgedruckt.

Winter, Gust., das neue Gebäude des k. u. k. Haus-, Hof- u. Staatsarchivs zu Wien. (26 S. m. 15 Taf.) Fol. Wien 903. (C. Gerold's Sohn.) n. 10. —

Winter, G., Das neue Gebäude des k. u. k. Haus-, Hof- und Staatsarchivs zu Wien. Fol. (26 S. mit 15 Tafeln.) † K 10.—
Wien: Gerold 1906

[illegible] 1749 [illegible] [illegible] 1.90
Separatabdruck

Winter, Gust., die Gründung des kaiserl. u. königl. Haus-, Hof- u. Staatsarchivs. 1749—1762. gr. 8. (82 S.) Wien 902. (C. Gerold's Sohn.) n. 1. 90
Sonderabdruck aus: „Archiv f. österr. Geschichte".

Winter, Gust., der praktische **Klempner.** Ein Wegweiser f. jeden strebsamen Klempnerhandwerker. gr. 8. (VII, 302 S.) Berlin 903. L. Lehmigke's Verl. n. 3. —

— Klempnerlehrgang, s.: **Aufgaben zur Buchführung** e. Gewerbetreibenden. 9. Hft.

Winter, Gust., der Ordo consilii v. 1550. Ein Beitrag zur Geschichte d. Reichshofrathes. [Aus: „Archiv f. österr. Geschichte".] Lex.-8. (26 S.) Wien 892. (F. Tempsky.) n. — 60

Winter, Gust., Argus R., Koppius u. die Leipziger Kriminalpolizei. Eine krit. Studie. (21 S.) gr. 8. Leipzig (910). R. Sattler. nn -- 50

Rechenbuch für gewerbliche Fortbildungsschulen, insbes. f. Klempner-Fachschulen. Von Gustav **Winter**, Lehrer in Berlin. *Berlin: L. Oehmigke 1903.* (40 S.) 8° [F.] [illegible]

— s.: **Regesta** archiepiscopatus Magdeburgensis.

[illegible] XIII [illegible] [illegible] 3.60
Separatabdruck

—— das Wiener-Neustädter Stadtrecht des XIII. Jahrh. Kritik und Ausgabe. Lex.-8. (223 S.) (Ebendas.) 880. *
Vorstehende zwei Schriften sind aus: Archiv für österreichische Geschichte, besonders abgedruckt.

Winter [illegible] 1230 [illegible]
Separatabdruck

Winter, Gust., Urbar d. passauischen Domcapitels v. C. 1230. Hrsg. u. erläutert. [Aus: „Arch. f. österr. Geschichte."] Lex.-8. (42 S.) Wien 875. Gerold's Sohn in Comm. n. — 60

Winter, Gust., s. a. **Weisthümer,** österreichische.

Winter, G., Niederösterreichische Weistümer. III. Teil. Das Viertel ob dem Wienerwalde. [Österr. Weistümer. 9. Bd.] Gr.-8°. (X, 920 S.) Wien: Braumüller 1909. K 24.--

Winter, H., Anleitung zum analyt. Arbeiten, s.: Stavenhagen.

Wintterlin H, das württembergische Erbschafts- und Schenkungssteuergesetz vom 24. März 1881. Stuttgart 1881

Winter, H., s. Gesetz- und Verordnungs-Sammlung für die Herzogl. Braunschweigischen Lande.

Winter, H., Lehrbuch der alten Geschichte m. Einschluß d. Sagen- u. Kulturgeschichte f. höh. Lehranst. M. 7 Geschichtskarten u. 32 kunstgeschichtl. Abb. 2. Aufl. gr. 8. (X, 230 S.) München 899. R. Oldenbourg. Geb. in Leinw. n.n. 2. 45

Winter, H., Lehrbuch der alten Geschichte m. Einschluß der Sagen- u. Kulturgeschichte f. höhere Lehranstalten. Mit 7 Geschichtskarten u. 32 kunstgeschichtl. Abbildgn. 3. Aufl. gr. 8. (XI, 230 S.) München 900. R. Oldenbourg. Geb. in Leinw. n.n. 2. 45

Winter, H., Lehrbuch der alten Geschichte m. Einschluß der Sagen- u. Kulturgeschichte f. höhere Lehranstalten. Mit 7 Geschichtskarten u. 32 kunstgeschichtl. Abbildgn. 4. Aufl. (XI, 230 S.) 8. München 905. R. Oldenbourg. Geb. in Leinw. n.n. 2. 45

Winter, H., Lehrbuch der alten Geschichte m. Einschluß der Sagen- u. Kulturgeschichte f. höhere Lehranstalten. Mit 7 Geschichtskarten u. 32 kunstgeschichtl. Abb. 5. Aufl. (XI, 230 S.) 8. München 907. R. Oldenbourg. Geb. nn 2.45

— **Lehrbuch** der deutschen u. bayerischen Geschichte, m. Einschluß d. wichtigsten Thatsachen d. außerdeutschen Geschichte u. d. Kulturgesch. f. höh. Lehranst. M. 11 Geschichtskarten u. 30 kunstgeschichtl. Abb. 2 Bdchn. gr. 8. Ebd. Geb. in Leinw. n.n. 5. —
1. Mittelalter u. neue Zeit bis z. westfälischen Frieden. 2. Aufl. (IX, 208 S.) 897. Geb. n.n. 2. 40
2. Neuere Zeit vom westfäl. Frieden bis zur Gegenwart. (VII, 230 S.) 896. Geb. n.n. 2. 60

— Lehrbuch der deutschen u. bayerischen Geschichte m. Einschluß der wichtigsten Thatsachen der außerdeutschen Geschichte u. der Kulturgeschichte f. höhere Lehranstalten. Mit 12 (farb.) Geschichtskarten u. 30 kunstgeschichtl. Abbildgn. 1. u. 12. Bdchn. gr. 8. Ebd. Geb. in Leinw. n.n. 5. —
1. Mittelalter u. neue Zeit bis zum westfäl. Frieden. 4 Aufl. (IX, 216 S.) 901. n.n. 2. 40
2. Neuere Zeit vom westfäl. Frieden bis zur Gegenwart. 2. Aufl. (VII, 232 S.) 899. n.n. 2. 60

— Lehrbuch der deutschen u. bayerischen Geschichte m. Einschluß der wichtigsten Tatsachen der außerdeutschen Geschichte u. der Kulturgeschichte f. höhere Lehranstalten. Mit 12 (farb.) Geschichtskarten u. 30 kunstgeschichtl. Abbildgn. 2 Bdchn. 8. Ebd. 906. Geb. n.n. 5. —
1. Mittelalter u. neue Zeit bis zum westfäl. Frieden. 6. Aufl. (X, 217 S.) n.n. 2. 40
2. Neuere Zeit vom westfäl. Frieden bis zur Gegenwart. 5. Aufl. (VIII, 241 S.) n.n. 2. 60

— Lehrbuch der deutschen u. bayerischen Geschichte m. Einschluß der wichtigsten Tatsachen der außerdeutschen Geschichte u. der Kulturgeschichte f. höh. Lehranstalten. Mit 12 (farb.) Geschichtskarten u. 30 kunstgeschichtl. Abbildgn. 2 Bdchn. 8. Ebd. Geb. nn 5.05
1. Mittelalter u. neue Zeit bis zum westfäl. Frieden. 7. Aufl. (XI, 225 S.) 908. Geb. nn 2. 45
2. Neuere Zeit vom westfäl. Frieden bis zur Gegenwart. 7. Aufl. (VIII, 242 S.) 911. Geb. 2. 60

— Lehrgang der Geschichte f. höhere Mädchenschulen, s.: Porger, G.

— kurzer **Lehrgang** der alten Geschichte unter Mitberücksicht. der Sagen- u. Kulturgeschichte f. Mittelschulen. Mit 7 Geschichtskarten u. 27 kulturgeschichtl. Abbildgn. gr. 8. (VI, 160 S.) Ebd. 899. Geb. n.n. 1. 75

— kurzer Lehrgang der alten Geschichte unter Mitberücksicht. der Sagen- u. Kulturgeschichte f. Mittelschulen. Mit 7 (farb.) Geschichtskarten u. 27 kulturgeschichtl. Abbild. 3. Aufl. (VI, 160 S.) 8. Ebd. 906. Geb. n.n. 1.75

— Kurzer Lehrgang der alten Geschichte unter Mitberücksicht. der Sagen- u. Kulturgeschichte f. Mittelschulen. Mit 7 (farb.) Geschichtskarten u. 27 kulturgeschichtl. Abb. 4. Aufl. (VIII, 160 S.) 8. München 909. R. Oldenbourg. Kart. nn 1.75

— kurzer Lehrgang der vaterländischen Geschichte unter Mitberücksichtigung der allgemeinen Kulturgeschichte für Mittelschulen. Mit 12 (farb.) Karten u. 25 Abbildgn. 1. Bdchn.: Mittelalter und neue Zeit bis zum westfäl. Frieden. gr. 8. (VIII, 159 S.) Ebd. Geb. n.n. 1. 75

— kurzer Lehrgang der vaterländischen Geschichte unter Mitberücksicht. der allgemeinen Kulturgeschichte f. Mittelschulen. Mit 12 (farb.) Karten u. 25 Abbildgn. 2 Bdchn. gr. 8. Ebd. Geb. à n.n. 1. 75
1. Mittelalter u. neue Zeit bis zum westfäl. Frieden. 2. Aufl. (VIII, 159 S.) 906.
2. Neuere Zeit vom westfäl. Frieden bis zur Gegenwart. (V, 164 S.) 903.

— Kurzer Lehrgang d. vaterländ. Geschichte unter Mitberücksicht. d. allgemeinen Kulturgeschichte f. Mittelschulen. 1. u. 2. Bdchn. 8. Ebd. Geb. nn 3. 50
1. Mittelalter u. Neue Zeit bis zum westfäl. Frieden. 3. Aufl. (VIII, 159 S. m. 15 Abb. u. 7 Karten.) 911. Geb. nn 1. 75
2. Neuere Zeit vom westfäl. Frieden bis zur Gegenwart. 2. Aufl. (V, 161 S. m. 10 Abb. u. 5 Karten.) Geb. nn 1. 75

Winter, H., Sachregister, s.: Gesetz- u. Verordnungs-Sammlung f. die Herzogl. Braunschweigischen Lande.

Winter, H.P. (Red.), s. Zeitschrift für die Glasinstrumenten-Industrie.

Winter, Hans, s.: Adressbuch f. Handel u. Industrie d. Rheinprovinz.

Winter, Hans, ein Ehrenmann, s.: Weber's moderne Bibliothek.

Winter, Hans, um das Recht des evangel. Religionsunterrichts, s.a. Flugschriften des evangel. Bundes.

Winter, Hans. Um das Recht des evangelischen Religionsunterrichts. Ein zeitgemäßer Beitrag zu d. Kapitel: Ultramontanismus u. konfessioneller Friede. Von ... Halle: Evang. Bund 1909. 100 S. 8°
(Flugschriften d. Evang. Bundes. 268/270.)

Winter, Hans Mart., die Landesdefensoren. Drama in 3 Aufzügen. Zum Gedächtnis der bayer. Volkserhebung 1705/06. (113 S.) 8. München 905. J. J. Lentner. n. 2. —

Winter, Heinrich, aus Bielefeld: Beiträge zur Kenntnis der Amalgame der Alkalimetalle. *Göttingen 1899: Dieterich.* (63 S.) 8
Göttingen, Phil. Diss. v. [25. Juli] 1899

Winter, Heinr., Beiträge zur Kenntnis der Amalgame der Alkalimetalle. Diss. gr. 8. (63 S.) Göttingen 899. (Vandenhoeck & Ruprecht.) n. 1. 60

Winter, Heinrich, Gerichtsaccessist in Mainz: Der Betrieb des Erwerbsgeschäftes der Ehefrau. Mainz 1905: Ph. v. Zabern. (58 S.) 8°
Gießen, Jurist. Fak., Ref. Schmidt, Diss. v. 7. Febr. 1905
[Geb. 27. Febr. 82 Mainz; Wohnort: Mainz; Staatsangeh.: Hessen; Vorbildung: Gymn. Mainz Reife O. 00; Studium: Straßburg 2, Berlin 2, Gießen 2 S.; Rig. 30. Nov. 04.]

Winter, H., zur Gewinnung d. Rohrzuckers aus Zuckerrohr, } s.: Berichte d. Versuchsstation f. Zuckerrohr etc.

Winter, Heinrich *August* [Unterarzt aus Wittenberg]: Ovarialtumoren in der Schwangerschaft, als Geburtshindernis und ihre Gefahr für das Wochenbett ... Gräfenhainischen, Druck v. C. H. Schulze & Co., 1891; 33 S., 1 Bl. 8°
Berlin, Med. Fak., Inaug.-Diss. v. 18. Jul. 1891.

Winter, Heinrich, Gerichtsreferendar: Der gewerbliche Stellvertreter. Göttingen 1905: Dieterich. (101 S.) 8°
Göttingen, Jur. Fak., Ref. Schoen, Diss. v. 21. Aug. 1905
[Geb. 25. Okt. 81 Hannover; Wohnort: Hannover; Staatsangeh.: Preußen; Vorbildung: Lyzeum I Hannover Reife O. 01; Studium: Tübingen 3, Berlin 1, Göttingen 2 S.; Rig. 5. Juni 05.]

Winter, Heinrich [aus Lübeck]: Untersuchungen über das Zuckerrohr. ... Halle a. S., Hofbuchdr. v. C. A. Kaemmerer & Co., 1891; 10 S., 1 Bl. 8°
Halle, Phil. Fak., Inaug.-Diss. v. 6. Jun. 1891

— Untersuchungsmethoden a. d. Gebiete d. Rohrzuckerindustrie, } s.: Berichte d. Versuchsstation f. Zuckerrohr etc.

— die chemische Zusammensetzung d. Zuckerrohrs, } s.: Berichte d. Versuchsstation f. Zuckerrohr etc.

Winter, Heinrich Christian (Suhl) A. S. 1250/8

Dissertatio inauguralis medica de haemorrhoidibus caecis. Präs. Rudolph Wilhelm Kraus.
Jena (Krebs) VI. 1710. 24 S.

W. v.: Präs., Georg Wolffgang Wedel, Jo. Adrian Slevogt, Johann Adolph Wedel. 36937

Winter, Heinrich Karl (Ronneburg/Thür.)
U. S. Erfurt 1770/2

Dissertatio inauguralis iuridica de differentiis inter procuratorem et syndicum veris et spuriis.
Präs. Rudolph Christoph Henne.
Erfurt (Nonne) 23. XI. 1770. 30 S. 36939

Winter, Heinrich Karl (Ronneburg/Thür.) A. S. 576/4

De servitutis altius tollendi vera notione.
Präs. Heinrich Gottfried Bauer.
Leipzig (Langenheim) 6. XII. 1762. 8 S.
36938

Winter, Heinz, der Gewehr-Schmuggler, s.: Zehnpfennig-Bibliothek, Frankfurter. Nr. 19

— auf der Jagd nach Gold, s.: Zehnpfennig-Bibliothek, Frankfurter. Nr. 17.

Winter, Hellmuth, Dichtlehre, als philosophische Theorie der wissenschaftl. Dichtkunst dargestellt. Lex.-8. Kasan 810. Berlin, Logier. n. 1 3/4 ℛ

Winter, H., Literärgeschichte d. Sprach-, Dicht- u. Rede-kunst der Deutschen zum Leitfaden bey Schul- u. Selbst-unterricht für Deutschlands Jugend. gr. 8. Berlin, Bureau f. Literat. 820.
Auch unter dem Titel:
Literärgeschichte der Sprach-, Dicht- und Rede-kunst rc.

Winter, Hellmuth, Literärgeschichte der Sprach-, Dicht- u. Rede-kunst d. Deutschen, zum Leitfaden beim Schul- u. Selbstunterricht für Deutschlands Jugend. gr. 8. Berl. 821. Bureau für Literatur. 1 ℛ 2e bis auf die neueste Zeit bericht. Aufl. gr. 8. Leipz. 829. Fr. Fleischer. 1 ℛ 8 gr Schrbp. 2 ℛ (A. u. d. T.: Literärgesch. der Sprach-, Dicht- u. Redekunst rc.)

Winter, Hellmuth, Literärgeschichte d. deutschen Sprach- Dicht- u. Rede-Kunst, zum Leitfaden bei Vorträgen üb. d. schöne National-Literatur auf gelehrten Schulen u. Universitäten. 2., durchgäng. verbess., u. bis auf d. neueste Zeit erweit. u. bericht. Ausg. gr. 8. (26¼ B.) Leipzig 829, Fr. Fleischer.

— das Majestätsverbrechen, erläutert u. krit. festgesetzt. gr. 8. Berl. 815. Sander. 1 ℛ 4 gr

—— Système de la diplomatie; redigé préalablement en ébauche p. s. de base et de guide aux cours de diplomatie théoretique et pratique. gr. in-8. (9 B.) Berlin 830, Logier.

WINTER, Henry, Wie man den Teufel bändigt. Erzählung von —. Hans u. Grethe. Ein Idyll, nach d. Französ. bearb. von X. (Der moderne Boccaccio. IV.) Mit (freiem) TKpf. Budapest. M.D.CCC.L.XXXIV. (1884.) — Titelrückseite: Druck von Illés Neuwald, Budapest. Kl. 8°. 56 S. Farbig illustr. Umschl.

Winter, Hermann (geb. am 21 Febr. 1847 in Steckenborn Kr. Montjoie): Darlegung und Kritik der Lockeschen Lehre vom empirischen Ursprung der sittlichen Grundsätze ... Bonn, Krüger'sche Buchdr. 1883. 1 Bl., 61 S., 2 Bl. 8. ¶ Erschien zugleich selbständig bei Nolte in Bonn.
Bonn, Phil. Fak., Diss. v. 20 Juni 1883

Winter, Herm., Darlegung und Kritik der Lockeschen Lehre vom empirischen Ursprung der sittlichen Grundsätze. gr. 8. (61 S.) Bonn 883, Nolte. *

Winter, Herm. (geb. Menz bei Rheinsberg 25. 9. 1845): Die Kniegeburt. Berlin (1869). (38 S.) 8°
Berlin, Med. Diss. v. 18. Febr. 1869

Winter, Herm., das Künstler-Einjährig-Freiwilligen-Recht in besond. Berücksicht. f. den Zahntechniker. (Preis-Arbeit.) (15 S.) 8. Berlin (908). (H. Meusser.) Kart. 1.—
Sonderabdruck aus: „Zahntechn. Wochenschr."

Winter, Hermann: Die Skt. Michaels-Kapelle auf dem Godesberge, von Pf. Dr. —. Godesberg 1900: Gebr. Hesseler. (7 S.) 8°

Winter, Hugo, pr. Arzt: Ueber die Bedeutung der Tuberkulose in der Aetiologie und Pathogenese der Analfisteln. Leipzig 1909: Lehmann. 108 S. 8°
Leipzig, Med. Diss. v. 24. Juli 1909, Ref. Curschmann
[Geb. 13. Jan. 76 Bromberg; Wohnort: Schoeneberg-Berlin; Staatsangeh.: Preußen; Vorbildung: Wilhelms-Gymn. Berlin Reife O. 94; Studium: Berlin 9 S.; Coll. 4. Aug. 09; Approb. 15. Juli 02.] [U 09. 2903]

Winter, J., Erinnerungen e. alten Grimmensers, s.: Rektor, unser u. seine Kollegen.

Winter, J., der schriftliche Gedankenausdruck. Auf Grundlage und in Verbindung mit einer vollständ., systemat., theoretisch-prakt., deutschen Sprachlehre. Ein Lehr- und Uebungsbuch für die Schüler der Mittel- und Ober-Classen der deutschen Schulen. 1. Thl.: Wortformenlehre. 1. und 2. Bdchn. gr. 8. Nürnberg, Korn'sche Buchh. à Bdchn. *
Inhalt:
Bdchn. 1. Wortbildungslehre. (IV, 64 S.) 873.
„ 2. Wortbiegungslehre. (IV, 56 S.) 874.

Winter, J., Conversationstaschenbuch der engl. Sprache, mit deutscher Erklärung. Nach J. Perrin, H. E. Lloyd u. Beauval bearbeitet. Nebst e. Samml. besond. Redensarten, Briefen etc. (Ist auch in Bozzi Conversationstaschenbuch enthalten.) schmal 12. Wien 827. Schrämbl. 16 gr.

Winter, J., Lehr- und Uebungs-Buch der deutschen Orthographie. Ein Handbuch für Lehrer in den deutschen Schulen, Präparanden-Anstalten, und zum Selbstunterrichte. gr. 8. (VIII und 52 S.) Neuburg 866, Prechter.

Winter, J., u. Aug. Wünsche, die jüdische Litteratur seit Abschluss des Kanons. Eine prosaische u. poet. Anthologie m. biograph. u. litterargeschichtl. Einleitgn., unter Mitwirkg. v. W. Bacher, Sam. Bäck, Ph. Bloch u. A. hrsg. 1.—23. Lfg. gr. 8. (1. Bd. XIII, 696 S.; 2. Bd. X, 794 S.; 3. Bd. S. 1—672.) Trier 891—894. S. Mayer. à n. 1. 50

— — dasselbe. 1. u. 2. Bd. gr. 8. Ebd. n. 23. 50
1. Geschichte der jüdisch-hellenist. u. talmud. Litteratur. Zugleich e. Anthologie f. Schule u. Haus. (XIII, 696 S.) 894. n. 11. -
2. Geschichte der rabbinischen Litteratur während d. Mittelalters u. ihrer Nachblüthe in der neueren Zeit. Unter der Red. v. W. u. W. bearb. v. W. Bacher, Sam. Bäck, Phil. Bloch, J. Hamburger u. A. Kaminka. (X, 794 S.) 894. n. 12. 50

Winter, J., u. Aug. Wünsche, die jüdische Litteratur seit Abschluss des Kanons. E. prosaische u. poet. Anthologie mit biograph. u. litterargeschichtl. Einleitgn., unt. Mitwirkg. v. W. Bacher, Sam. Bäck, Ph. Bloch u. A. hrsg. 24. u. 25. (Schluss-) Lfg. gr. 8. (3. Bd. XII u. S. 673—923.) Trier 895. 96. S. Mayer. 4. — (kplt.: n. 38. 50)

— — dasselbe. 3. Bd. gr. 8. Ebd. 896. n. 15. — (kplt.: n. 38. 50)
Geschichte der poetischen, kabbalist., histor. u. neuzeitl. Litteratur d. Juden. Unt. d. Red. v. W. u. W. bearb. v. A. Sulzbach, Phil. Bloch, A. Lewin, A. Ackermann, M. Grünbaum, S. Bäck u. M. Kayserling. (XII, 923 S.)

Winter, J., Predigt zur Gedächtnißfeier Sr. Maj. des in Gott ruhenden Kaisers Wilhelm I. Gehalten in der Synagoge zu Dresden am Beisetzungstage 16. März 1888. gr. 8. (19 S.) Dresden 888, Salomon. *

Über die metrische Reconstruction der Plautinischen Cantica. — Von Dr. J. Winter, Stdl. — 1880, München, ibid. — S. 3—80⁰.
Progr. München, Maximilians-Gymnasium

Winter, J., über die metrische Reconstruction der Plautinischen Cantica. gr. 8. (80 S.) München 880. (Leipzig, O. Schulze.)

Winter, J., Worte der Trauer, gesprochen an der Bahre des Justizrats Hrn. Gustav Meyer am 28. IV. 1906. (8 S.) gr. 8. Dresden (906). C. Tittmann. n. — 20

Winter, I. C., exercitat. jurid. seu quaestiones ex institution. 8. Augsb. Rieger, 742.

— Justinianus abbreviatus, seu exercitationes juridicae etc. 4. Augsb. Bartl. (Doll.) 757.

— Sponsalia unacum matrimonio. 4. Augsb. Wolf. 748.

Winter, J. C. F., Vorschriften zum Schul- u. Privatgebrauch. qu. gr. 4. (24 lith. Bl.) Hamburg 847. (Herold.) n. 1 ₰ (Leipzig, Grosse.) n. $^2/_3$ ₰

Winter, J. C. F., Vorschriften zum Schul- und Privatgebrauch. qu. 4. (25 lithogr. Blätter.) Hamburg 847, (Nolte und Köhler.) *

Winter, J. S., regimental legends, s.: Collection of British authors.

Winter, J. W., († ...) Allerlei. 8. Cöln 770.

Winter, J. W., Poetische Sammlung auserlesener Sinngedichten (so!), Oden, Satyren, Fabeln, u. Erzählungen. Cöln a. Rh., Joh. Jak. Horst, 1771. 8°. Rar!

— —, J. W., Poetische Sammlung auserlesener Sinngedichten (!), Oden, Satyren, Fabeln u. Erzählungen. Von —. Zur angenehmen Zeit- u. Melancholey-Vertreibung zusammen getragen. Cölln a. Rh. Bey Joh. Jak. Horst, Buchhandleren (sic!). 1771. 8°. (3 Mk. Gust. Fock, Lpz., 1909.)

— Samml. auserles. Sinngedichte, Oden, Satyren, Fabeln u. Erzähll. 8. Cöln 773.

Winter, J. W., fünf dramat.-komische u. satyr. Singspiele in Versen. 8. Köln 771. ...

Der vernünfftige Tadler, der (obigen) poetischen Sammelung(!) auserlesener Sinn-Gedichten, Oden, Satyren, Fabelen und Erzählungen, so zu haben bey Herrn JACOB HORST, Buchhändlern, vor den Minoriten. Gedruckt, zu Kölln am Rhein bey Balthasar Wilms in der Klockergaß 1772. 4⁰. 4 Bll. Rucks. des letzten leer. (5 Mk., unbeschn., Emil Hirsch, München, 1907:)

Winter, Jak., s.: Mechiltha.

Winter, Jacob: Die Stellung der Sklaven bei den Juden in rechtlicher und gesellschaftlicher Beziehung nach talmudischen Quellen .... Halle, Druck v. Th. Schatzky, Breslau, 1886; 4 + 68 S. 8⁰.
Halle, Phil. Fak., Inaug.-Diss. v. [19. Jul.] 1886.

—— die Stellung der Sklaven bei den Juden in rechtlicher und gesellschaftlicher Beziehung nach talmudischen Quellen. gr. 8. (V, 66 S.) Breslau 886, (Preuss und Jünger.) *

Winter, J., Die Stellung der Sklaven bei den Juden in rechtlicher und gesellschaftlicher Beziehung nach talmudischen Quellen. 8⁰. Halle 1886.

Winter, Ida, einfach u. schmackhaft. Prakt. Erfahrgn. in der vegetar. Kochkunst. 2., verm. u. verb. Aufl. 8. (XVI, 164 S.) Chemnitz 897. M. Winter.
Geb. in Leinw. 1. 50

Winter, Johanne Adolpho: Epistola gratulatoria qua virum illustrissimum, amplissimum, doctissimum Benno Gottlob Schmidt, med. doctorem et prof. ... a. d. V. non. Martias 1896 sodales Societatis medicorum Lipsiensium (Aerztl. Verein) ... salutant interprete ... Lipsiae (1896): Groeber. 13 S. 4⁰

Winter, Joh. Bapt., d. Elemente der Gesetzeskunde u. Wirtschaftslehre. Leitfaden z. Gebrauch in Fortbildungsschulen u. Handbüchlein f. d. einf. Bürger. 8. (VIII, 184 S.) Bonndorf 892. J. A. Binder's Nachf.
Kart. n.n. 1. 20

Winter, Jh. Chr., kurz u. gut, d. i. sonn- u. festtägl. Predigten. 3 Jahrg. 4. Augsb. 765. (Wolf). 2 ℔

Winter, Jo. Chr.: De indissolubili philosophiae cum jurisprudentia nexu et suavi utriusque contubernio breviter disserit. Progr. Helmstadii (1715).

Winter, Jo. Christ. [Praes.], s. Gynander, Heinr. Jac.: De silentio.

Winter, Joh. Ernst. Dienstanweisung f. Gemeinde-Rechner in Landgemeinden im Großherzogt. Baden. gr. 8. (16 S.) Emmendingen 892, Dölter.
cart. * — 60

Winter, Johann Franz (Strassburg) A. S. 1365/31

Dissertatio juridica de pacto medici cum aegroto pro salute. Präs. Johann Georg Scherz.
Strassburg (Pastorius) (20.)VI. 1718. 30 S.
36940

Winter, Johann Karl (Brackenheim) A. S. 1381/15

Vaticinium vaticiniorum V. T. de Messia in Jesu Nazareno impletum. Präs. Johann Christian Klemm.
Tübingen (Bauhof, Franck) IX. 1749. 14 S.
36941

Winter, Jo. Mich., praes. Fr. Gabr. Schoenmezel, An soctio anatomica in cadaveribus de autochiria suspectis. Hdlb. 4⁰.
Frank, Delect. opusc. med. Ticia. 1785, I, 65—96. 1766.

Winter, John Strange [Autorname] = Stannard, Mrs. Arthur.

Winter, John Strange. Unser armer Dick. Übers. ins Deutsche von Dorothea Gräfin Carmer. 8. (III, 127 S.) Gotha 891, F. A. Perthes.
geb. * 2 40

Winter, John Strange, ohne Fehl, s.: Universal-Bibliothek.

— ho went for a soldier, s.: Library, the English.

— d. Mädchen aus d. Fremde, s.: Weber's moderne Bibl.

Winter, John Strange, Strandflirt, s.: Universal-Bibliothek.

Winter, Jos. (I.), Gedichte. 8. (VI, 158 S.) Stuttgart 885, Bonz und Comp.
geb. *

Winter, Jos. (II.), zur Judenfrage. Ein neuer Literatur-Schädling: Herr Isidor Singer. Lex.-8. (24 S.) Wien 886, (Pichler's Wwe. und Sohn.) *
Aus: Deutsche Worte, besonders abgedruckt.

Winter, Julius, Arzt. Aus d. Kgl. chirurg. Klinik zu Breslau. Die Struma maligna und ihre Behandlung. *Breslau 1900. Th. Schatzky.* (36 S.) 8⁰
Breslau, Med. Diss. v. 24. März 1900

Winter, Jul., das geschichtliche Werden christlicher Sittlichkeit u. Sitte. (III, 86 S.) gr. 8. Leipzig 903. B. Richter.
n. 1. —

Winter, K., der verständ. Seifen- u. Licht-Fabrikant. Unentbehrl. Mittheilungen f. Seifensieder, Lichtgießer u. Haushaltungen, welche die prakt. Erfahrungen u. neuesten Erfindungen in diesen Fächern zu ihrem Vortheile anwenden wollen. 12. Kaschau 836. [Pesth, Heckenast.]

Winter, Karl

Winter, Carl *(geb. Sprottau 8. 1. 1847)*: Ein Beitrag zur Statistik der Zwillingsgeburten. Breslau 1874. (27 S.) 8⁰
Breslau, Med. Diss. v. 11. Mai 1874

Winter, Carl, aus M.-Gladbach: Beiträge zur Kenntnis primärer Nitrokörper. *Erlangen (1903): E. Th. Jacob.* (60 S.) 8⁰
München, Phil. Diss. v. 1903

Winter, Karl: Aus der Medizinischen Universitäts-Poliklinik zu Breslau. Direktor: Prof. Dr. R. Stern. Beiträge zur Kenntnis der Polycythämie. Breslau 1907: Breslauer Genossenschafts-Buchdruckerei. (68 S.) 8⁰
Breslau, Med. Fak., Ref. v. Strümpell, Diss. v. 27. Mai 1907
[Geb. 3. Mai 80 Furstenwalde a. d. Spree; Wohnort: Sprottau; Staatsangeh.: Preußen; Vorbildung: Friedrichs-Gymn. Frankfurt a. d. O. Reife O. 00; Studium: Breslau 1, Leipzig 4, München 1, Breslau 3 S.; Coll. 18. März 07; Approb. 22. Dez. 05.]

Winter, Carl: Die deutsche Fischkonserven-Industrie. Jena: Fischer 1909. 53 S. 8⁰ ¶ (Ersch. vollst. als: Abhandlungen d. Staatswiss. Seminars zu Jena. Bd 7, H. 3.)
Jena, Phil. Diss. v. 4. Aug. 1909, Ref. Pierstorff
[Geb. 9. Sept. 83 Steinen b. Lörrach; Wohnort: Steinen; Staatsangeh.: Baden; Vorbildung: Oberrealsch. Freiburg i. B. Reife Juni 03; Studium: Freiburg i. B. 4, München 1, Jena 3 S.; Rig. 20. Febr. 09.] [U 09. 2236

Winter, Carl, die deutsche Fischkonservon-Industrie, s. a. Abhandlungen des staatswissenschaftlichen Seminars zu Jena. VII, 4.

Winter, Karl: Die deutsche Fischkonserven-Industrie. Von Dr. Carl Winter. Jena: Fischer 1909. 118 S. 8°
[Ein T. erschien als Inaug.-Diss. Jena 1909.]
(Abhandlungen d. staatswiss. Seminars zu Jena. Bd 7, H. 4.)

Winter, Carl, das meißner Hochland oder die sogenannte sächsische Schweiz. Bruchstücke und Reiseskizzen. gr. 16. (III und 148 S.) Dresden 851, Höckner. *

Winter, Karl, der vergnügte Postkarten-Zeichner f. Kinder. Eine Zeichenschule m. 60, meist humorist. Postkarten-Vorbildern zum Nachzeichnen. Orig.-Zeichngn. (30 Kartons u. 30 Pausen m. IV S. Text.) 11,5×18 cm. Leipzig (907). A. Kade. 1. 50

Winter, Carl, vaterländische Sagen und Märchen. 8. (IV mit 214 S. mit 4 lithogr. Bildern in Tondr.) Dresden 861, Meinhold und Söhne.

Winter, Karl Frdr., Aufgaben zum mündlichen u. schriftlichen Rechnen. In genauer Stufenfolge vom Leichten zum Schweren geordnet u. zur Uebung u. Selbstbeschäftigung f. Volksschulen entworfen. 2 Hfte. 8. 1. Hft.: Die 4 Grundrechnungsarten rc. 3. verm. Aufl. (20 S.) 2. Hft.: Anwendung der vier Grundrechnungsarten auf die Verhältnisse des bürgerlichen Lebens. 2. verm. Aufl. (40 S.) Wittenberg 851. 52. Berlin, Th. Grieben. Leipzig, Merseburger. (1 : 2 ngr 2 : 3 ngr) 1/6 rf

Winter, Carl Friedr., Aufgaben z. schriftl. Rechnen. In genauer Stufenfolge v. Leichten z. Schweren geordn. u. z. Uebung u. Selbstbeschäftigung f. Volksschulen entworfen. 1. u. 2. Hft. 8. Weißenfels, Meusel. [1. (1 B.) 839. • 1¾ Gr., 2. (2 B.) 840. • 2 Gr.] • -

—— dass. Auflösungen hierzu. (1. u. 2. Hft.) 8. Ebds. [1. (2¾ B.) 839. • 3 Gr., 2. (1 B.) 840. • 2 Gr.] •

Winter, Carl Friedr., die Bedeutung der Vor- oder Taufnamen. 12. (24 S.) Berlin 856, Th. Grieben. Thlr. *

Winter, Carl Friedr., die Bedeutung der Vor- oder Taufnamen. 8. (24 S.) Berlin 857, Th. Grieben. *

Winter, C., Blätter für den Zeichnen-Unterricht in Volksschulen. 12 Hfte. qu 4. 1. Geradlinige Figuren. (12 lith. Bl.) 2. Geradlinige Figuren. (16 lith. Bl.) 3. Geradlinige Figuren. (12 lith. Bl.) 4—6. Krummlinige Figuren. (à 12 lith. Bl.) 7. Thierformen. (12 lith. Bl.) 8 u. 9. Ornamente. (à 12 lith. Bl.) 10. Die menschl. Gestalt. (12 lith. Bl.) 11. Thierformen mit Schatten. (12 lith. Bl.) 12. Landschaften. (12 lith. Bl.) Langensalza 848—851, Schulbuchhandlung des Thüringer Lehrer-Vereins. — 1—3. 7 u. 10. Hft. 2. Aufl. qu. 4. Ebd. 850. 51. (1 : 1/4 rf 2 : 1/3 rf 2—9 : à 1/4 rf 10 u. 11 : à 1/3 rf 12 : 1/2 rf) 1—12 : 3 1/2 rf

Winter, C., Blätter für den Zeichen-Unterricht in Volksschulen. 1—9. und 11. Heft. 4. (à 12 lithogr. Bl.) Langensalza 853, Schulbuchhandlung des thüringer Lehrervereins.

Inhalt:

Heft 1. Geradlinige Figuren. 5. Aufl. 7½ Ngr.
" 2. Geradlinige Figuren. 3. Aufl. 10 Ngr.
" 3. Geradlinige Figuren. 4. Aufl. 7½ Ngr.
" 4., 5. Krummlinige Figuren. 4. Aufl. à Heft 7½ Ngr.
Heft 6. Schatten und Perspective. 4. Aufl. 7½ Ngr.
" 7. Thierformen. 3. Aufl. 7½ Ngr.
" 8., 9. Ornamente. 2. Aufl. à Heft 7½ Ngr.
" 11. Thierformen mit Schatten. 2. Aufl. 10 Ngr.

—— Elementar-Lesebuch. Uebungsstoff, reichhalt. u. faßl., f. d. ersten Leseunterr., in genauer Stufenfolge mit Berücksichtigung d. Wort- u. Sylbentones vom Leichten z. Schweren geordn. u. f. jede Leselehrmethode geeignet. 2 Abthln. 2., umgearb. Aufl. 8. (9½ B.) Weißenfels 839, Meusel.

Winter, Carl Friedr., Elementar-Lesebuch. Uebungsstoff, reichhaltig u. faßlich, f. d. ersten Leseunterricht, in genauer Stufenfolge m. Berücksichtig. d. Wort- u. Sylbentones vom Leichten z. Schweren geordn. u. f. jede Leselehrmethode geeignet. 1. Abthl. 3., bericht. Aufl. 8. (3½ B.) Weißenfels 846, Meusel.

—— Elementar-Lesebuch. Uebungsstoff, reichhaltig und faßlich, für den ersten Leseunterricht, in genauer Stufenfolge mit Berücksicht. des Wort- und Sylbentones vom Leichten zum Schweren geordnet und für jede Leselehrmethode geeignet. 1. Abthl. 6. Aufl. (64 S.) 1851. und 7., mit Ster. gedr. Aufl. 8. (IV und 64 S.) Leipzig 852, Merseburger. *

—— dass. — 2. Abthl. 4., verm. Aufl. 8. (96 S.) Ebds. 853.

— Elementar-Lesebuch mit Schreib- u. Druckschrift. Uebungsstoff, reichhaltig und faßlich, für den ersten Leseunterricht, in genauer Stufenfolge mit Berücksichtigung des Wort- und Sylbentones vom Leichten zum Schweren geordnet und für jede Leselehrmethode geeignet. 1. Abth. 8—10., mit Stereot. gedr. Aufl. Leipzig 854—58. Merseburger. 8. (64 S. u. 8 lith. S.) n. 2 ngr

Winter, Carl Frdr., Elementar-Lesebuch mit Schreib- u. Druckschrift. Uebungsstoff, reichhaltig u. faßlich, für den ersten Leseunterricht. 1. Abth. 11. mit Stereot. gedr. Aufl. Leipzig 862. Merseburger. 8. (72 S.) n. 2 ngr

Winter, Carl Frdr., Elementar-Lesebuch mit Schreib- u. Druckschrift rc. 2. Abth. 5., berichtigte Aufl. Ebend. 862. 8. (96 S.) 3 ngr

Winter, Carl Friedr., Elementar-Lesebuch mit Schreib- u. Druckschrift. Uebungsstoff, reichhaltig u. faßlich, für den ersten Leseunterricht, in genauer Stufenfolge mit Berücksichtigung des Wort- u. Sylbentones vom Leichten zum Schweren geordnet u. für jede Leselehrmethode geeignet. 1. Abthl. 12. mit Ster. gedr. Aufl. Leipzig 865. Merseburger. 8. (64 u. 8 lith. S.) n. 2 ngr

—— Geschichte des Christenthums von seiner Entstehung bis auf unsre Zeit. Zur Beförderung und Befestigung des christl. Glaubens und Lebens und zum Gebrauche für Schule und Haus. gr. 8. (VIII und 184 S.) Wittenberg 847, Zimmermann'sche Buchh. Thlr.

— der denkende Rechner. Methodische Anweisung zum bewußtvollen Rechnen beim Massen- u. Einzelunterricht. [Schul-, Privat- u. Selbstunterricht.] Zum Gebrauch f. Volksschullehrer u. Hausväter herausg. 1. Abth.: Die 4 Grundrechnungsarten im Zahlraume von 1 bis 100 u. im größern Zahlraume. 8. (VI u. 96 S.) Wittenberg 851. Berlin, Th. Grieben in Comm. n. 1/4 rf

Winter, Carl Friedr., vollständ. Wand-Lesefibel; in genauer Stufenfolge geordn. u. bei jeder Leselehrmethode brauchbar. Bevorw. v. W. Harnisch. gr. Fol. (24 B. u. ½ B., gr. 8.) Weißenfels 838, Meusel. Thlr. *

— der Zeichen-Unterricht in Volksschulen. 2. verm. Aufl. 8. (32 S.) Ebd. 848. 1/12 rf

Winter, Karl Theodor

Eintracht: Chronik der Loge Eintracht 1875—1900. Niedergeschrieben von Carl Theod. **Winter.** Gedr. als Ms. f. Brr. Pressburg: Selbstverl. d. Loge [1900]. 127 S. 4 Taf. 8°
cf. Z. 31 (1900—1901) S. 162—166 (H. Glücksmann).
Eingel. durch eine Übersicht der Gesch. der Frmrei in Oesterreich bis zur Gründung der Loge.

Winter, Kurt

Winter, Curt, appr. Arzt a. Marienwerder Westpr.: **Aus der Königl. chirurgischen Klinik zu Königsberg i. Pr. Ein Beitrag zur Kenntnis der sacrococcygealen Tumoren.** Königsberg i. Pr. 1905: O. Kümmel. (23 S.) 8°
Königsberg, Med. Fak., Ref. Garrè, Diss. v. 30. Jan. 1905
[Geb. 26. Jan. 80 Marienwerder; Wohnort: Marienwerder; Staatsangeh.: Preußen; Vorbildung: Gymn. Marienwerder Reife O. 99; Studium: Königsberg 9 S.; Coll. 26. Jan. 05; Approb. 24. Apr. 04.]

Winter, Curd [Regierungsbauführer aus Blankenburg a./H.]: Dioptrische Bilder von sehr kleinen paraxialen Objecten in centrierten sphärischen Flächensystemen ... Kiel, Druck v. C. Schaidt, 1897; 30 S., 1 Bl., 1 Taf. 8.
Rostock, Phil. Fak., Inaug.-Diss. v. [19. Juli] 1897

Winter, Curt, Apotheker u. gepr. Nahrungsmittelchemiker, (aus Münster i. W.): **Über einige Ester des Cholesterins und Phytosterins und ihre Verwendbarkeit zum Nachweise von pflanzlichen in tierischen Fetten, sowie über einige sonstige unverseifbare Stoffe aus Pflanzenfetten.** *Würzburg 1902: H. Stürtz.* (63 S.) 8°
Münster, Phil. Diss. v. (25. Apr.) 1902

Winter, L., die Burg Dankwarderode zu Braunschweig. Ergebnisse der im Auftrage d. Stadtmagistrats angestellten baugeschichtl. Untersuchgn. Mit 85 in den Text eingedr. Abbildgn. u. 20 Lichtdr.-Taf. Fol. (IV, 80 S.) Braunschweig 883. Meyer. geb. n. 40. —

Winter, L., s.: Verhandlungen, die, des 17. ordentlichen Verbandstages der deutschen Gewerkvereine.

Winter, Leop. (Leop. Winternitz), der Bildthaler. Volksstück m. Gesang in 3 Aufzgn. Gesangstexte von Leop. Hörmann. Musik von Ed. Steinböck. gr. 8. (73 S.) München 887. (Rubinverlag.) n. 1. —

Winter, Lise: Katalog der städtischen Bücherei in Magdeburg-Sudenburg Halberstädterstr. 39a. Bearb. von Lise Winter, Bibliothekarin. Magdeburg 1910: Zacharias. VI, 210, XXXVI S. 8⁰

Winter, Ludw., Platää. Ein Beitrag zur Geschichte der Perserkriege. (106 S.) gr. 8. Berlin 909. E. Ebering. 2. 80

Winter, Reise-Handbuch für Ost-Asien. (160 S. m. 1 Karte.) 12. Kiel 904. R. Cordes. Geb. in Leinw. n. 3.—

Winter, Ludwig: Die Schlacht von Platää. (Berlin 1909: Ebering.) 106 S. 8°
Berlin, Phil. Diss. v. 27. Febr. 1909, Ref. Delbrück
[Geb. 19 Jan. 84 Berlin; Wohnort: Berlin; Staatsangeh.: Preußen; Vorbildung: Gymn. Neuruppin Reife M. 04; Studium: Berlin 6 Jena 2 S.; Rig. 21 Jan. 09.]
[U 09. 299

Winter, M., Anschauungen e. alten „Afrikaners" in deutsch-ostafrikan. Bewirtschaftungs-Fragen. (33 S.) gr. 8. Berlin 903. D. Reimer. n. 1. —

Winter, M.: Anschauungen eines alten 'Afrikaners' in deutschostafrikan. Bewirtschaftungs-Fragen. M. Winter. Berlin: D. Reimer 1905. (31 S.) 8⁰

Winter, M., die Dachconstructionen nach den verschiedenartigsten Formen und Bedingungen. 4 Lfgn. Imp.-Fol. (1 lithochrom. Taf., 31 Stnt. und 80 S. Text in Lex.-8.) Berlin 852—54, Th. Grieben. à Lfg. * 1 Thlr. 15 Ngr. *

Winter, M., die Dachconstructionen nach den verschiedenartigsten Formen und Bedingungen. 2. Aufl. 33 (lithogr.) Taf. incl. Titelblatt. Imp.-Fol. (16 S. Text in Lex.-8.) Berlin 862, Grieben. [Leipzig, Scholtze.] In Mappe. *

Winter, M., die Dach-Konstruktionen nach den verschiedenartigsten Formen und Bedingungen. 3. Aufl. 6 Lfgn. Fol. Mit Textbd. gr. 8. (80 S. mit 33 Taf. Abbild.) Leipzig 876, Scholtze. à Heft * ℳ 1,80.; compl. in Mappe *

Winter, M., Die unter dem Namen des Theognis überlieferte Gedichtsammlung. Ein Beitrag zur Geschichte der griechischen Dichtung. Pr. 1906. 70 S. 4⁰. 1.50

Winter, Martin: Über Avicennas Opus egregium de anima (Liber sextus naturalium). Grundlegender Teil. 53 S. 8.
Progr. K. Theresien-Gymn. *München* 1903.
Einleitung. Über das Buch im allgemeinen. Das Prooemium. Stellung des Buches im System Avicennas. Gedankengang des grundlegenden 1. Teiles. System der Seelenkräfte. Anhang. Blick auf Avicennas Lehre über die äußere Sinneswahrnehmung. a) Die Wahrnehmung im allgemeinen und die vier ersten Sinne (Pars II. des Buches). b) Die Gesichtswahrnehmung (Optik — Pars III. des Buches).

Winter, Martin, Prof.: Über Avicennas Opus egregium de anima (Liber sextus naturalium). Grundlegender Teil. *München 1903: Dr. C. Wolf & S.* (53 S.) 8°
München, k. Theresien-G, P 1903*

WINTER, Matthaeus: Lectores epistolae b. Pauli ad Galatas qui fuerint.— 1900. 139 S. Diss. Graz, **Univ.**

Winter, Max, die Blutsauger des Böhmerwaldes. Bilder aus dem Leben der Holzknechte. (79 S.) 8. Budweis 908. (Wien, Wiener Volksbuchh.) — 40

Winter, Max: Die Blutsauger des Böhmerwaldes. Bilder aus d. Leben d. Holzknechte. Budweis: Weber, Krumau 1908. 79 S. 8⁰

(F) **Winter, M.,** Die Blutsauger des Böhmerwaldes. Bilder aus dem Leben der Holzknechte. 8°. (79 S.) † * K —.40
Wien: Brand 1908

— **das goldene Wiener Herz, s.a. Großstadt-Dokumente.**

WINTER, M., Das goldene Wiener Herz. 2 Auflage. Berlin, o. J. 8⁰. (70 Heller Carl Greif, 1914.)

Das goldene Wiener Herz. Von **Max Winter.** 2. Aufl. Berlin & Leipzig: H. Seemann Nachf. [1905]. (96 S.) 8° [5.]
= **Großstadt-Dokumente.** Bd 11.

Winter, Max: Das goldene Wiener Herz von —. 4. Aufl. Berlin & Leipzig: H. Seemann [1905?]. 96 S. 8⁰
(Grossstadt-Dokumente. Bd 11.)

Winter, Max, der Fall Hofrichter. Aus dem Notizbuch e. Journalisten. Mit e. Fksm. des „Giftbriefes". (198 S.) 8. München (910). A. Langen. 2. 50

Winter, Max, ich suche meine Mutter. Die Jugendgeschichte e. „eingezahlten Kindes", s.a. Lebensschicksale.

Ich suche meine Mutter. Die Jugendgeschichte e. eingezahlten Kindes'. Diesem nacherzählt von **Max Winter.** München: Reinhardt 1910. 111 S. 8°
(Lebensschicksale. Bd 3.)

Winter, Max [aus Wettin a. d. Saale]: **Kleidung und Putz der Frau nach den altfranzösischen chansons de geste .... (Aus: Ausg. u. Abh. a. d. Geb. d. roman. Philol.) Marburg, Univ.-Buchdr.** (R. Friedrich), 1885; 62 S. 8.
Marburg, Phil. Fak., Inaug.-Diss. v. 18. Sept. 1885.

Winter, M., Kleidung und Putz der Frau nach den altfranzösischen Chansons de geste, s.a. **Ausgaben und Abhandlungen aus dem Gebiete der romanischen Philologie.**

WINTER, Max, Kleidung und Putz der Frau nach den altfranzösischen chansons de geste. (Diss.) Marburg. N. G. Elwert'sche Verlagsbuchhandlung 1886. 8⁰. Tit., 1 Bl., 65 S. (1 Mk. M. Edelmann, Nürnb., c. 1905.)

Winter, Max: Sanitäre Massnahmen der Staatsbehörden anlässlich der Choleraerkrankungen in Wien, s. Vorträge üb. Cholera asiatica.

Winter, Max, im Purzlinerlandl. Eine Studie üb. das Leben der nordwestböhm. Porzellanarbeiter. gr. 8. (81 S.) Wien 901. Wiener Volksbuchh. n. 1. —

— Im Purzlinerlandl. Eine Studie über das Leben der nordwestböhmischen Porzellanarbeiter. gr. 8°. Wien 1902.

— Österreichs Wiedergeburt aus den Nachwehen der Krisis. Wien 1875

Winter, Max, im dunkelsten Wien. Umschlag v. Emil Ranzenhofer. 1.—10 Taus. (III, 152 S.) kl. 8. Wien 904. Wiener Verlag. n. — 50; geb. n.n. 1. —

— im unterirdischen Wien, s.a. Großstadt-Dokumente.

Im unterirdischen Wien. Von Max **Winter**. 3. Aufl. Berlin & Leipzig: H. Seemann Nachf. [1905]. (77 S.) 8° [5.]
= **Großstadt-Dokumente**. Bd 13.

Winter, Moritz: Die Koch- und Tafelgeräte in Palästina zur Zeit der Mischnah. Berlin 1910: Itzkowski. 88 S. 8°
Heidelberg, Phil. Diss. v. 23. April 1910, Ref. Bezold
[Geb. 9. Nov. 86 Magdeburg; Wohnort: Magdeburg; Staatsangeh.: Preußen; Vorbildung: König-Wilhelms-Gymn. Magdeburg Reife O. 05; Studium: Berlin 6, Heidelberg 1 S.; Rig. 3 Juli 08.] [U 10. 2182

Winter, M., die Koch- u. Tafelgeräte in Palästina zur Zeit der Mischnah. (VI, 88 S.) 8. Berlin 910. M. Poppelauer. 3. —

Winter, Otto, die Gestaltung des Rechenunterrichtes m. Bezug auf die Anforderungen des praktischen Lebens, s.a. Magazin, pädagogisches.

Winter, Otto: Die Gestaltung des Rechenunterrichts mit Bezug auf die Anforderungen des praktischen Lebens. Von . Langensalza: Beyer 1908. 31 S. 8°
(Pädagogisches Magazin. H. 349.)

Winter, Otto, das Schloß in der Höhle Xa Xa, — der gehörnte Siegfried, } s.: **Volksschriften.**

Winter, P. v., das unterbrochene Opferfest, s. Mode's Opern-Text-Bibliothek.

*Winter, Paul: Der literarische Charakter der Vita beati Hilarionis des Hieronymus. S. 3–24. 8.
Progr. Zur Gedächtnisfeier für Ph. F. A. Just Gymn. *Zittau* 1904.

Winter, Paul: Die Eigentümerhypothek im heutigen Rechte. Berlin 1909: Pilz. VIII, 83 S. 8°
Göttingen, Jur. Diss. v. 7. Okt. 1909, Ref. Titze
[Geb. 19. Nov. 84 Berlin; Wohnort: Berlin; Staatsangeh.: Preußen; Vorbildung: Friedrich-Wilhelms-Gymn. Berlin Reife O. 04; Studium: Berlin 1, München 1, Berlin 4, Göttingen 2 S.; Rig. 21. Juli 09.] [U 10. 1360

Winter, P., das Etats-, Kassen- und Rechnungswesen der württembergischen Finanzverwaltung mit besond. Berücksicht. des Kassen- und Rechnungswesens der Staatseisenbahn-Verwaltung und der Post- und Telegraphen-Verwaltung. gr. 8. (112 S.) Stuttgart 886, Metzler'sche Buchh., Verlag. *

Winter, Paul, Gesamtregister, s.: Recht, das.

Winter, Paul, bürgerliches Gesetzbuch nebst Einführungsgesetz. Für Preußen zusammengestellt unter Einfügg. der sämmtl. preuß. Ausführungsbestimmgn. Text-Ausg. m. ausführl. Sachregister. 8. (XVI, 757 S.) Berlin 900. J. Guttentag. Geb. in Leinw. n. 6. —

— dasselbe. 2. [Titel-]Ausg. 8. (XVI, 757 S.) Ebd. [900]. 901. Geb. in Leinw. n. 3. —

Winter, Paul [Referendar]: Über die Gewinnabsicht als ein wesentliches Merkmal des Begriffes „Handelsgeschäft" ... Breslau, W. Koebner, 1894; 3 Bl., 41 S. 8.
Breslau, Jur. Fak., Inaug.-Diss. v. 1894

Winter, Paul, üb. die Gewinnabsicht als e. wesentliches Merkmal des Begriffes „Handelsgeschäft". Diss. gr. 8. (40 S.) Breslau 894. W. Koebner. n. 1. —

Winter (Paul): Nekrologe des Hieronymus. Zittau 1907: R. Menzel Nachf. (S. 3—24.) 4°
Zittau, G OP 1907 (687)

Winter, P., das bürgerliche Recht, s.: Turcke, R.

— **Rechtspflege. Richter u. Publikum in Deutschland. Betrachtungen unter Zugrundelegg. v. Dr. Adickes „Grundlinien durchgreif. Justizreform" u. Vorschläge. (38 S.) gr. 8. Leipzig 906. Dieterich.** n. — 80

— **die Schadenersatzpflicht, insbesondere die Haftpflicht der Lehrer nach dem neuen bürgerl. Recht, s.a. Magazin, pädagogisches.**

Die Schadenersatzpflicht, insbes. d. Haftpflicht d. Lehrer nach d. neuen bürgerl. Recht. Von Paul **Winter**. *Langensalza: H. Beyer & Söhne 1902.* (28 S.) 8°
— Magazin, Pädagogisches. H. 188.

v. Winter, P., vollständ. Singschule. In 4 Abtheill. mit deutschen, ital. u. französ. Vormerkungen u. Erläut. qu. Fol. Mainz 825. Schott Söhne. 9 ℔

Winter, Ph. Heinrich

Winter, P. H., prakt. Anleit. z. latein. Schreibart, in kurz. Aufsätzen üb. d. christl. Glaubens- u. Sittenlehre ꝛc. gr. 8. Stuttgard, Erhard. 798.

Winter, Ph. Hnr., († d. 11. Mai 1812.) prakt. Anleit. zur latein. Schreibart in kurzen Aufsätzen über d. christl. Glaubens- u. Sittenlehre ꝛc. gr. 8. Stuttg. 798. (Sattler). 20 g.

Winter, R., über die wirtschaftlichen Abmessungen der Schiffahrtskanäle u. den zweckmässigen Schiffahrtsbetrieb, s.a. Verbands-Schriften des deutsch-oesterreich.-ungar. Verbandes f. Binnenschiffahrt. N. F. 48.

Über die wirtschaftlichen Abmessungen der Schiffahrtskanäle und den zweckmässigen Schiffahrtsbetrieb. Von Dr.ing. R. **Winter**. Mit 3 Taf. Groß-Lichterfelde: Troschel 1910. 43 S. 8°
(Deutsch-Oesterr.-Ung. Verband f. Binnenschiffahrt. Verbands-Schriften. N. F. Nr 48.)

Winter, R. Beiträge zur Geschichte des Naturgefühls. Harburg, Rg., 1883. 38 S. 4. **Progr.**

Winter, R. Heinrich von Bayern, Bruder Otto's des Grossen. (78) 8. Marienwerder, Jena 1872.

Winter, Richard: Die Entwicklung der höheren Lehranstalt in Quakenbrück. Nach den Akten des städtischen Archivs dargestellt. 4 (S. 3–21) **Progr.** Rg. *Quakenbrück* 1887 (312)

Winter, Ricardus: De Luciani scholiis quaestiones selectae. Luckae apud Saxo-Altenburgenses 1908: Berger. 66 S. 8°
Leipzig, Phil. Diss. v. 12. Dez. 1908, Ref. Bethe, R. Heinze
[Geb. 11. Febr. 84 Leipzig-Reudnitz; Wohnort: Leipzig; Staatsangeh.: Sachsen; Vorbildung: Nikolaisch. Leipzig Reife O. 04; Studium: Leipzig 9 S.; Rig. 7. Juli 08.] [U 09. 3084

Winter, Rich., Rede, bei der Trauerfeier für S. M. den hochsel. Kaiser Wilhelm am 22. März 1888 in der Aula des Realgymnasiums zu Quakenbrück gehalten. 8. (16 S.) Quakenbrück 888, Rackhorst'sche Buchh. *

Winter, Rob. (Jac. Car. Anton.) (geb. Düsseldorf 12. 5. 1827): De ophthalmoblennorrhoea gonorrhoica. Berolini (1855). (31 S.) 8°
Berlin, Med. Diss. v. 2. Apr. 1855

Winter, Robert: Über den Ursprung und die Entwicklung der Faser von Linum usitatissimum. (Ist die Leinfaser eine Bildung des Perizykels?) (Berlin: Frenkel 1909.) 41 S. 8°
Berlin, Phil. Diss. v. 14. Okt. 1909, Ref. Schwendener
[Geb. 16. Jan. 85 Charlottenburg; Wohnort: Karlshorst; Staatsangeh.: Preußen; Vorbildung: Oberrealsch. Charlottenburg Reife M. 03; Studium: Berlin 12 S.; Rig. 29. Juli 09.] [U 10. 280

Winter, Rud., die gerichtliche Exekutionsführung zur Hereinbringung v. Steuern u. Gebühren durch die k. k. Steuerämter. Mit 227 Beispielen v. gerichtl. Eingaben. (XXII, 286 u. 302 S.) gr. 8. Wien 904. Manz. n. 8. —; geb. n. 9. —

Winter's, Rud., Monogramm-Atlas. Zum pract. Gebrauch für Graveure, Lithographen, Xylographen u. s. w. Enth. 337 stilgerechte, alphabet. geordn. verschlung. Buchstaben. qu. 4. (12 Taf.) Berlin 895. (Kanter & Mohr.) n. 2. —

Winter, Theodorus, Susatensis-Guestfalus: De ellipsi verbi esse apud Catullum, Vergilium, Ovidium, Statium, Juvenalem obvia capita duo. Marpurgi Cattorum 1907: (W. Jahn, Soest). (62 S.) 8°
Marburg, Phil. Fak., Ref. Birt, Diss. v. 9. Aug. 1907
[Geb. 17. Dez. 82 Petershagen; Wohnort: Soest; Staatsangeh.: Preußen; Vorbildung: Gymn. Soest Reife O. 02; Studium: Bonn 1, Berlin 3, Marburg 4 S.; Rig. 5. Dez. 06.]

Winter, Thom., Palinodia libertinorum, id est proterva credendi, quod libet, et, ut libet, vivendi libertas. Viennae Austriae, 1720, in 4°, pp. 958.

Winter, Udo Vikt., Ziegelrohbau. Zwanglose Hefte f. Bautechniker. Zusammenstellung von Mauerflächen-Ausbildgn., Flächenornamenten, Umfriediggn., der verschiedenen Gesimse, Fenster- u. Thüreinfassgn. etc. v. ausgeführten Bauwerken. 1.—3. Lfg. gr. 4. (à 6 z. Tl. farb. Taf.) Hildburghausen 893. Kesselring. à n. 1. 60

Winter, Udo Vikt., Ziegelrohbau. Zwanglose Hefte für Bautechniker. Zusammenstellg. v. Mauerflächen-Ausbildgn., Flächenornamenten, Umfriedigg n., d. verschiedenen Gesimse, Fenster- u. Thüreinfassgn. u. s. w. v. ausgef. Bauwerken. Fortges. v. A. Ulbrich. 4. Lfg. gr. 4. (6 farb. Taf.) Hildburghausen 895. Kesselring. n. 1. 60

Winter, Vitus Anton

— histor. kritische Abhandlung üb. die Vermehrung u. Verminderung d. Feiertage. gr. 8. Ebend. 814. Rthlr.

— s. Abhandl. über d. Vermehrung etc. der Feiertage, u. setze hinzu: (v. V. A. Winter.)

Winter, Vit. Ant., († d. 27. Febr. 1814.) Ansichten d. ältesten Topographie Bojoariens u. den durch Hrn. von Pallhausen daraus abgeleiteten neuern Bisthümern u. Bischöfen. 4. Landsh. 811. Weber in Münch. 2 𝒦

— krit. Gesch. der ältesten Zeugen u. Lehrer d. Christenthums nach den Aposteln, oder Patrologie. 8. Münch. 815. J. Lindauer. 20 𝒦

Winter, Vitus Anton, Geschichte d. protestantischen Lehre in u. durch Bayern in der 1ten Hälfte d. 16ten Jahrh. oder Kirchen- u. Staatsgesch. vor d. Ausbr. d. Kirchenreformation bis zu Wilhelms IV. Tode. 2 Bde. gr. 8. München, Lindauer. 809.—10. (à 2 Rthlr. 8 gr.)

Winter, Vitus Ant. (k. b. geistl. Rath, Prof. in Landshut, geb. 1754, † 1814). Geschichte der Schicksale der evangel. Lehre in u. durch Baiern, bewirkt in der 1. Hälfte d. 16. Jahrhunderts, oder Kirchen- u. Staatsgeschichte von Baiern von dem Ausbruche der Kirchenreformation bis zu Wilhelms IV. Tode, aus den Urquellen bearb., sammt e. diplomat. Kodex. 2 Bde. München, bei Jos. Lindauer, 1809—10. Gr. 8°. Hfrzbde., schönes Expl. (aus Roming's Bibl.).
1: XXVIII, 372 S. 2: VIII, 357 S. — Der Königin Friederika Wilhelmina Karolina von Bayern gewidm.

— Gesch. der baier. Wiedertäufer im 16. Jahrh. 8. Münch. 809. J. Lindauer. 12 𝒦

Winter, Vict. Ant.: Ueber die ältesten Gesetze Bajuvariens. *Landshut*, (*München*, Hofbuchh.) 812. 8. (4 Gr.)

— über die ältesten Gesetze Bojuvaviens. 8. Landsh. 813. Weber in Münch. 4 𝒦

— religiös-sittl. Katechetik. gr. 8. Landsh. 811. 2e A. 816. Weber in Münch. 1 ℛ

— religiös-sittliche Katechetik. 2te Aufl. gr. 8. Ebendas. 815.

— älteste Kirchengeschichte von Altbaiern, Oestreich u. Tyrol. 1r Thl. gr. 8. Landsh. 812. Weber in Münch. 1 ℛ 12 𝒦

— älteste Kirchengesch. Bojoariens, von Christus bis auf Karl d. Großen. gr. 8. Landsh. 813. Weber in Münch.

— Liturgie. 8. Landsh. 809. Weber in Münch. 1 ℛ

Winter, Vit Ant., Liturgie, wie sie sein soll, unter Hinblick auf das, was sie im Christenthum ist, oder Theorie der öffentl. Gottesverehrung. gr. 8. Münch. 809. J. Lindauer. 1 ℛ 4 𝒦

Winter, Vitus Ant. („k. b. u. regensb.-erzbischöfl. wirkl. geistlicher Rath, des aufgelösten Hochstiftes zu Eichstadt Domherr, Prof. an der Universität zu Landshut u. Stadtpfarrer bei St. Jodoch allda, der baier. Akad. d. Wiss. korresp. Mitglied", geb. 1754, † 1814), *erstes deutsches, kritisches Messbuch*. München, b. Jos. Lindauer, 1810. *A. E.*: Landshut, gedr. mit Hagen'schen Schriften. 8°. Pandektenbd.
VIII—438 S. Lat. Lett. — Mit einigen geistlichen Liedern.

— erstes deutsches krit. Meßbuch. gr. 8. Münch. 810. J. Lindauer. 1 ℛ 8 𝒦 1r Nachtrag, oder Reise des Prof. Salat u. Winter, durch Süden u. Norden, von den Letztern beschrieben u. zum Drucke befördert. 4. Landsh. 811.

— die Pflichten d. Unterthanen gegen ihre Regenten. 4. Landshut, Weber. 815.

— Prüfung des Versuches d. Verbesserung d. kathol. Liturgie. gr. 8. Landsh. 808. Weber in Münch. 2 𝒦

— Prüfung des Versuches d. Verbesserung d. katholischen Liturgie. gr. 8. Ebend. 814.

— an das gelehrte u. ungelehrte Publikum. 8. Landsh. 811. Weber in Münch. 1 𝒦

— Rede bei der Aufstellung der Büste des Grafen Max. Jos. von Montgelas gehalten. 8. Landsh. 812. Weber in München. 2 𝒦

— Rede von den Pflichten der Unterthanen gegen Regenten. 8. Ingolst. 799. (Weber in Münch.) 2 ℊ

Winter, Vitus Ant. Rede bei der Todtenfeier in der Stadtpfarrkirche zu St. Jodock in Landshut, der Heldenasche des Grafen Deroy, Generals der Infanterie, geweiht. 8. Landshut 1813.

— deutsches, kathol. ausübendes Ritual. 2 Thle. gr. 8. Frankf. 813. 2e A. v. Jak. Brand. 830. Andreä. 1 ℛ 12 ℊ

— erstes deutsches krit.-kathol. Ritual, mit stetem Hinblick auf d. Agenden der Protestanten ꝛc. gr. 8. Landsh. 811. Weber in Münch. 1 ℛ

Winter, Vit. Ant., kathol. Ritual. 2., neu bearb. Aufl. v. Jak. Brand. 2 Thle. 8. (36½ B.) Frankfurt a. M. 830, Andreä.

— Samml. der kleinen liturg. Schriften. 1r Bd. gr. 8. Münch. 811. J. Lindauer. 1 ℛ bei Weber das. 12 ℊ

— Samml. kleiner Schriften, gemischten, meist histor. Inhalts. 1r Bd. 4. Landsh. 811. Weber in Münch. 10 ℊ

— Sammlung kleiner liturgischer Schriften. 1r Bd. gr. 8. Ebend. 814.

— Sammlung kleinerer Schriften, gemischten, meist histor. Inhalts. 1r Bd. 4. Landsh. Weber. 814.

— die drei großen Synoden der Agilofingischen Periode zu Ascheim, Dingolfing u. Nenning, krit. bearbeitet. 4. Münch. 806. (Weber). 1 ℛ 8 ℊ 1r u. 2r Nachtrag. gr. 8. Ebd. 808. 4 ℊ (NB. die 3 großen Synoden ꝛc. selbst, in den histor. Abhandll. d. baier. Akademie. bei Franz in Münch. 1 ℛ)

— die drei großen Synoden d. Agilolfingischen Periode zu Ascheim. ꝛc. 4. Ebend. 815.

Winter, Vitus Anton, Todtenfeier d. Heldenasche des Grafen von Deroy ꝛc. gr. 8. Landshut, Weber. 814.

— Todtenfeier zu Landshut d. 2. Febr. 1813 u. die Heldenasche d. Grafen von Deroy, General-Majors von Siebein, d. Graf von Preysing, u. ihren bei Polocz gebliebenen Waffenbrüdern geweiht. 8. Landsh. 813. Weber in Münch. 2 ℊ

Winter, (V. A.) Versuche zur Verbesserung der kathol. Liturgie. 8. Landsh. 804, Weber.

— Versuche zur Verbesser. d. kathol. Liturgie. 8. Münch. 804. (Weber). 10 ℊ

— Versuche z. Verbesserung d. kathol. Liturgie. 8. Ebend. 814.

— Vorarbeiten zur Beleuchtung d. baierischen u. österreich. Kirchengeschichte überhaupt u. d. Vor-Agilofingischen Periode insbesondere. 1r u. 2r Bd. 1e—5e Abtheil. gr. 8. Münch. 805—11. J. Lindauer. 2 ℛ 12 ℊ (Weber in Münch.) 2 ℛ

— Vorarbeiten z. Beleuchtung d. baierschen u. östreichischen Kirchengeschichte. 2 Bde. gr. 8. Ebend. 814.

— Vorarbeiten z. d. Bayerschen u. Oesterreichischen Kirchengesch. 1r Bd. u. 2r Thl. 1ste 2te u. 3te Abth. gr. 8. München, Lindauer. 805 u. 9. (I. 1 Rthlr. 8 gr. II. 1ste Abth. 6 gr. 2te u. 3te 12 gr.)

Winter, W., Bemerkungen zu den Beschlüssen des preußischen Abgeordneten-Hauses über den von der königl. Staatsregierung am 8. Octbr. 1869 vorgelegten Gesetzentwurf, den Erwerb und die dingl. Belastung der Grundstücke, Bergwerke und selbständ. Gerechtigkeiten betr. gr. 8. (VII, 63 S.) Halle 871, Buchh. des Waisenhauses.

Winter, W., Erläuterungen zu dem Entwurfe einer allgemeinen Civilprozeßordnung für die deutschen Bundesstaaten aus den Protocollen der Bundescommission zu Hannover, unter Vergleichung der betr. Vorschläge des Entwurfes einer Prozeßordnung in bürgerlichen Rechtsstreitigkeiten für den preuß. Staat. Wiesbaden 867. Kreidel's Verlag. gr. 8. (XVI, 292 S.) n. 2 ℛ

Winter, W. Führer durch Grund u. Umgebg. Mit Orts- u. Promenadenplan. gr. 16. (VI, 113 S. m. 1 Tab.) Harzburg 890, Stolle. cart. 1 25

—— und A. Dittrich, die Gemeinde-Kirchenräthe und die Gesangbuch-Frage. 1. und 2. unveränd. Aufl. gr. 8. (47 S.) Breslau 869, Gebhardi.

Winter, W. Neuester Orts- u. Promenadenplan von Bad Grund u. Umgebung. 1:20,000. Farbendr. gr. Fol. Mit Text auf dem Umschlag. 12. Harzburg 890, Stolle. — 75

Winter, W. Max, die unter dem Namen des Theognis überlieferte Gedichtsammlung. Ein Beitrag zur Geschichte der griech. Dichtg. Progr. (70 S.) Lex.-8. Leipzig 906. (A. Lorentz.) n.n. 1. 50

Winter, Wilh. Algebra. Lehrbuch m. Aufgabensammlg. f. Schulen. gr. 8. (V, 329 S.) Münch. 891, Th. Ackermann. * 3 60

Winter, Wilh., Algebra. Lehrbuch m. Aufgabensammlg. f. Schulen. 2. Aufl. gr. 8. (IV, 318 S.) München 895. Th. Ackermann. n. 3. 20; geb. n.n. 3. 60

Winter, Wilh., Algebra. Lehrbuch m. Aufgabensammlg. f. Schulen. 3. Aufl. gr. 8. (V, 318 S.) München 899. Th. Ackermann. n. 3. 20; geb. n.n. 3. 60

Winter, Wilh., Algebra. Lehrbuch m. Aufgabensammlg. f. Schulen. 6. Aufl. (V, 311 S.) 8. München 910. Nürnberg, C. Koch. Geb. in Leinw. nn 3. 60

—— Grundriß der Mechanik u. Physik f. Gymnasien. gr. 8. (VIII, 331 S. m. 235 Abbildgn.) Ebd. 892. * 3 20

— Grundriß d. Mechanik u. Physik, f. Gymnasien bearb. 2. Aufl. gr. 8. (VI, 349 S. m. 233 Abb.) Ebd. 896. n. 3. 20; geb. n.n. 3. 60

— Grundriß der Mechanik u. Physik, f. Gymnasien bearb. 3., umgearb. Aufl. gr. 8. (V, 352 S. m. 231 Abbildgn.) Ebd. 899. n. 3. 20

Winter, Wilh., Grundriß der Mechanik u. Physik, f. Gymnasien bearb. 4., umgearb. Aufl. (IV, 282 S. m. 231 Abbildgn.) 8. München 904. Th. Ackermann. n. 2. 40; geb. in Leinw. n.n. 2. 80

Winter, Wilh., Lehrbuch der Physik zum Schulgebrauche. gr. 8. (VIII, 495 S. mit Fig.) München 886, Th. Ackermann's Verlag. *

Winter, W., Lehrbuch der Physik zum Schulgebrauche. 2. Aufl. gr. 8. (VIII, 495 S. m. eingedr. Fig.) München 890. Th. Ackermann's Verl. n. 4. 80

— Lehrbuch der Physik zum Schulgebrauche. 3. Aufl. gr. 8. (XII, 491 S. m. 354 Abbildgn.) Ebd. 893. n. 4. 80

— Lehrbuch d. Physik z. Schulgebrauche. 4. Aufl. gr. 8. (VIII, 521 S. m. 345 Abb.) Ebd. 897. n. 4. 80; geb. n. 5. 20

— **Lehrbuch der Physik zum Schulgebrauche. 5. Aufl. gr. 8. (VIII, 547 S. m. 370 Abbildgn.) Ebd. 901. n. 4. 60; geb. n. 5. —**

— **Lehrbuch der Physik zum Schulgebrauche. 6. Aufl. (VIII, 460 S. m. 870 Abbildgn.) 8. Ebd. 905. n. 3. 60; geb. n.n. 4. —**

— Stereometrie. Lehrbuch u. Aufgabensammlg. f. Schulen. gr. 8. (V, 115 S. m. eingedr. Fig.) Ebd. 890. * 1 60

— Stereometrie. Lehrbuch u. Aufgabensammlung für Schulen. 2. Aufl. gr. 8. (IV, 115 S. m. Fig.) Ebd. 895. n. 1. 60; kart. n. 1. 80

Winter, Wilh., Stereometrie. Lehrbuch u. Aufgabensammlg. f. Schulen. 3. Aufl. gr. 8. (IV, 116 S. m. Fig.) München 900. Th. Ackermann. n. 1. 60; kart. n. 1, 80

— **Stereometrie. Lehrbuch u. Aufgabensammlung für Schulen. 4. Aufl. (IV, 116 S.) 8. Ebd. 906. n. 1. 60; kart. n. 1. 80**

Wintor, Wilhelm. Studien über γ-Pyron-Derivate. Diss. Phil. Bern. 44 S. 8. Strassburg i. E., M. DuMont-Schauberg. 1902.

— Trigonometrie. Lehrbuch u. Aufgabensammlung für Schulen. gr. 8. (V, 78 S. m. eingedr. Fig.) Ebd. 890. * 1 —

— Trigonometrie. Lehrbuch u. Aufgabensammlg. für Schulen. 2. Aufl. gr. 8. (IV, 79 S. m. Fig.) Ebd. 895. n. 1. —; kart. n. 1. 15

— **Trigonometrie. Lehrbuch u. Aufgabensammlg. f. Schulen. 3. Aufl. gr. 8. (IV, 80 S. m. Fig.) Ebd. 900. n. 1. —; kart. n.n. 1. 15**

Winter, Wilh., üb. einige Verbindungen d. Goldes. Diss. gr. 8. (28 S.) Bern 895. (H. Körber.) n. — 60

— der Vogelflug. Erklärung der wichtigsten Flugarten der Vögel m. Einschluss d. Segelns u. Kreisens. gr. 8. (VIII, 172 S. m. Abbildgn.) Ebd. 895. n. 3. 60

Winter, X., Anleitung zur Thierzeichnung. qu. Fol. Münch. 819. Leipz., Fr. Fleischer). 1 ₰ 20 K

Winter, Xav., Menschen- u. Naturkunde, ein Lehr- u. Lesebuch über gemeinnützliche Kenntnisse für die deutschen Schulen in Bayern. Bearb. u. der vaterländischen Jugend gewidmet. Freysing 860. Datterer. 8. (XII, 243 S.) 10 ngr.

Winter, Zikm., s.: Ghetto, das Prager.

Winter von Adlersflügel, Georg Simon, s. Winter, Georg Simon

Winter-Bertelli, Mathilde, der Mechanismus d. Stimme u. die Grundlehren f. korrekten Gesang. Ein kurzes leichtfassl. Handbuch f. das Gesangstudium. (16 S.) 8. Prag 907. (J. Hoffmann's Wwe.) 1. —

Winter-Hjelm, Thorolf, die Jüdin. Ein polit. Familiendrama in 1 Aufzug. (Nach Henrik Wergeland's Epos „Die Jüdin".) 8. (28 S.) Leipzig 894. (O. Mutze.) n. — 50

Winter-Tymian, Emil, heiliger Abend im Forsthaus, s.a. Aufführungen f. Weihnachten u. Neujahr. Nr. 24.

Winter-Tymian, Emil: Heiliger Abend im Forsthaus. Weihnachtsstück aus d. Leben in 1 Akt von –. Mühlhausen i. Th.: G. Danner [1906]. (24 S.) 8°
(Aufführungen f. Weihnachten u. Neujahr. No 24.)

Winter-Tymian, Emil, zehn Jahre auf See od. Ein herrl. Weihnachtsabend, s.: Weihnachtsbühne.

Wintera, J., s. Wintera, Laurentius

Wintera, Laur., Stift Braunau im Dienste der Kultur. Ein Beitrag zur Kulturgeschichte der kathol. Kirche in Böhmen. Progr. (85 S.) gr. 8. Braunau 904. (F. Bocksch.) n. 1. 60

Stift Braunau im Dienste der Kultur. Ein Beitrag z. Kulturgeschichte d. kath. Kirche in Böhmen. Von Laur. **Wintera.** Braunau: Selbstverl. 1904. (84 S.) 8° [F.]
Aus: Jahresbericht d. Stifts-Obergymn. d. Benediktiner zu Braunau 1904. [05. 5295

Wintera, Laur.: Braunau und der Dreißigjährige Krieg. Abwehr e. protestant. Geschichtslüge. Braunau '03. 121 S. Braunau Stifts-OG. P. 1903.

Braunau und der Dreißigjährige Krieg. Abwehr e. protestant. Geschichtslüge von Laur. **Wintera,** O. S. B. 2. Aufl. Warnsdorf: A. Opitz 1905. (84 S.) 8° [F.] [08. 16135

Wintera, J., die Benedictinerabtei Břevnov-Braunau in der Zeit der zwei ersten schlesischen Kriege [1740—1746]. [Aus: „Studien u. Mittheilgn. a. d. Benedictiner- u. d. Cistercienser-Orden".] gr. 8. (118 S.) Brünn 889. (Braunau, Bocksch.) n.n. 2. —

Wintera, Laurent., Geschichte d. protestant. **Bewegung in Braunau. gr. 8. (IV, 74 u. 29 S.) Prag 894. Braunau, F. Bocksch.** n. 1. 60

Wintern, Laurentius, Geschichte der protestantischen Bewegung in Braunau. Nach Archivquellen verf. [Aus: „Mitteilgn. des Vereines f. Geschichte der Deutschen in Böhmen".] gr. 8. (IV, 74 u. 29 S.) Prag 894. (H. Dominicus.) n. 1. 60

Wintera, Laur., der 30jährige Krieg in seinen Motiven u. Folgen, s.: Volksaufklärung.

Wintera, Laurentius, O. S. B., d. Culturthätigkeit Břewnoy's im Mittelalter. [Aus: „Studien u. Mittheilgn. aus d. Benedictiner- u. Cistercienser-Orden".] gr. 8. (28 S.) Brünn 895. (Braunau, F. Bocksch.) n. — 50

Winterabende

— s. auch Hausfreund.

Winterabende, s.a.: Volksbücher.

— Beitrr. z. Unterhalt. f. Leselustige. 8. (Leipz. ... Centr.-Cpt. 8 K

Winterabende. 8. Ruppin ... (Leipz., Liebeskind). 1 ₰ 4 K

Winterabende, eine Sammlung unterhaltender Geschichten, Erzählungen, Anekdoten . . . Frankfurt a. M. 1781—85. H: *Faber, Johann Heinrich.* (ML) »Sammlung merkwürdiger rührender und moralischer Geschichten . . . 1784« (AarK)

WINTERABENDE, eine Sammlung unterhaltender Geschichten, Erzählungen, Anekdoten, Schauspiele, Gedichte, Schnurren usw. (Hrsg. von Joh. Heinr. Faber in Mainz, † 1791.) 3 Thle. (Cplt.) Frankfurt am Main, Hermann Reiffenstein, 1781—85. 8°. (Ldpr. 1 Rthl. 20 gr.)

Jördens VI. p. 81; Anon.-Lex. IV. p. 403 (nach Meusel); der Cat. der Aargauer Cantons-Bibl. hat nur „1784".

— e. Samml. merkw., rühr. u. moral. Geschichten, Anekdoten &c. von Jh. Hr. Faber. 5 Thle. Frankf. ... N. Aufl. 787—94. (Hermann.) 3 ℛ 4 𝔤𝔤 Hbg. Pr. 1 ℛ (4r u. 5r Thl. A. u. d. T.: neue Winterabende. 1r, 2r Thl.)

Winterabende. Neu Ruppin 1801. V: *Lohmann, Johanna Friederike.* (schl)

Winterabende v. Friederike Lohmann. 1r Bd. 8. Ruppin, Kuhn. 801. 1 6

Winterabende; Erzählungen v. Buttner. 8. Eslingen, Firdorff u. K. 814. — 9

Winterabende, für, Erzählungen von Leander. Herausgegeben von Fr. Laun. 2 Thle. 8. Leipzig, Kollmann. 818.

Winterabende. Nützliches, Erbauliches u. Unterhaltendes f. d. Bürger u. Landmann. (Mit Bildern.) gr. 12. (5 B.) Ulm 843. [Adorf, Müller's Buchh.]

Winterabende. Nützliches, Erbauliches und Unterhaltendes für den Bürger und Landmann. (Mit Bildern.) gr. 12. Ulm 843, Seitz. 1/4 ℛ

Winterabende. Acht Erzählungen für Kinder von 7 bis 12 Jahren. Vom Verf. der „Bilder aus dem Kinderleben." 3. Aufl. 4. (12 S. mit 8 lithogr, bunten Bildern.) Neusalza 857, Borndrück.

— —, Frohe. Eine Sammlung von 360 unterhaltenden Geschichten. 2 Thle. Frankfurt 1799. 8°. (1 fl. 12 xr.) (36 xr. Beck, Nördl., Cat. I. [1829] p. 240.)

Winterabende, für die deutsche Jugend. (v. Christ. Niemeyer). 16. Halberst. 822, Brüggemann.

— d., am Kamin, von Franke. 1r Thl. 8. Eisenach, Wittekind. 801. — 12

Landmanns, des, Winterabende. Stuttgart

1. Möhrlin F, die Natur als Lehrmeisterin des Landmanns. 1876. — 2. Lucas E, Unterhaltungen über Obstbau. 1876. — 3. Möhrlin F, Peter Schmied's Lehrjahre oder Freuden u Leiden eines Schuldenbauern. 1876. — 4. Müller S, die Hausfrau auf dem Lande. 1876. — 5. Möhrlin F, die Volkswirtschaft im Bauernhofe. 1877. — 6. Möhrlin F, Peter Schmied, der Fortschrittsbauer. 1877. — 7. Lucas E, Unterhaltungen über Gemüsebau. 1877. — 8. Zeeb H, der Futterbau und die Landwirtschaft. 1877. — 9. Möhrlin F, Josef Bauknecht oder die Dienstbotennot. 1878. — 10. Pfäfflin F, der Bienenhaushalt. 1878. — 11. Lehnert E, Toni der Schweizer, die erste Geschichte vom Viehfüttern. 1878. — 13. Klenze v, die Milchwirtschaft. 1879. — 14. Möhrlin F, der Bauernspiegel. 1879. — 15. Lehnert E, Herr Hoffmann, eine Geschichte von der Viehzucht. 1879. — 16. Löll, die ländlichen Genossenschaften. 1880. — 17. Römer K, Zucht und Pflege des landwirtschaftlichen Nutzgeflügels. 1880. — 18. Löll, Feldpredigten über Bodenbearbeitung und Düngung. 1880. — 19. Hopf L, die Vögel und die Landwirtschaft. 1880. — 20. Zeeb H, der Handelsgewächsbau. 1880.

— Neue Winterabende .... 2 Thle. Ebd. 1793. 94. 8°.

Winterabende, neue, für die deutsche Jugend vom Verfasser des deutschen Plutarchs (Chr. Niemeyer). Mit 6 ill. Kpf. 16. Halberst. 815. (Brüggemann). 18 𝔤𝔤

Winterabende, neue, für die deutsche Jugend vom Verfasser des deutschen Plutarchs (Chr. Niemeyer). Mit ill. Kupf. 8. Halberstadt, Vogler. 815.

Winterabende, Neue, für die deutsche Jugend . . . Halle u. Berlin 1815 [1814]. V: *Niemeyer, Johann Christian Ludwig.* (Ky) (MGT)

Winterabende, die neuen, z. Unterhaltung f. Kinder, mit K. 12. Halberstadt, Büreau f. Lit. u. Kunst. 815.

Winterabende, Die, zur Unterhaltung für Kinder. Halberstadt 1802. V: *Hildebrandt, Johann Andreas Carl.* (NN) (MGT) (Ky)

— die, zur Unterhaltung für Kinder (von J. A. C. Hildebrandt.) Mit 5 ill. Kpf. 12. Halberst. 804. Groß. (Vogler). 12 𝔤𝔤

* — die, z. Unterhaltung f. Kinder, mit illum. K 16. Ebend. 810.

Winter-Arbeiten preussischer Sanitätsoffiziere. Von der Königlichen Medizinal-Abteilung des Kriegsministeriums überwiesen. Aus den Jahren 1902 bis 1908. 79 Bde.

I. **Körperliche Qualität, Aushebung, Einstellung.** Arbeiten von Born, Flemming, Schmidt. — II. **Dienstunbrauchbarkeit und Invalidität.** Arbeiten von Blaschy, Beyer, Mickley, Ridder, Schopwinkel, Wagner. — III. **Allgemeine Hygiene** Luft, Wasser, Baden. Arbeiten von Schulz, Kantrzinski, Spaethen, Uebing. — IV. **Allgemeine Sanitätspolizei, Veterinärpolizei, Revaccination.** Arbeiten von Trespe, Brackner. — V. **Hygienische Ortsbeschreibung.** Ohne Zugang. — VI. **Unterkunft der gesunden Soldaten.** Arbeit von Kassler. — VII. **Ernährung der gesunden Soldaten.** Arbeiten von Rocher, Prietzel, Bertkau, Buhtz, Riemer. — VIII. **Bekleidung und Ausrüstung.** Ohne Zugang. — IX. **Dienstausbildung mit und ohne Waffe** (auch des Sanitäts-Personals). Organisation. Arbeiten von Pitschel, Schulz. — X. **Unterkunft und Ernährung der kranken Soldaten.** Arbeiten von Aulike, Ohm. — XI. **Feldsanitätsanstalten und Ausrüstung.** Arbeiten von Gramann, Marquardt, Frantz, Hempel (2 Bde.). — XII. **Feldsanitätsdienst. Freiwillige Krankenpflege.** Arbeiten von Helm, Clasen, Brieske, Braun, Kuster. — XIII. **Allgemeine Chirurgie.** Arbeiten von Bach, Helmbold, Paulus, Kettner, Braatz, Reiske, Pochhammer, Fischer, Hetsch, Isemer, Schwalbe, Servé, Simon, Thelemann, Thiele. — XIV. **Spezielle Chirurgie.** Arbeiten von Romberg, Bremig, Geronne. — XV. **Innere Medizin.** Arbeiten von Heinrich, Lindner, Speck, Schellmann, Merrem, Beck, Nordt, Forster, Gatlipp, Hochheimer, Schwiening, Herford, Skorna, Oertel, Rohrbach, Collmann, Gabriel, Jaeschke, Jeschke, Schwarz. — XVI. **Geisteskrankheiten, Krampfleiden.** Arbeiten von Haupt, Kentenich, Herbert, Spornberger. — XVII. **Haut- und Geschlechtskrankheiten.** Arbeiten von Stroh. — XVIII. **Statistik.** Ohne Zugang. — XIX. **Marinesanitätswesen.** Ohne Zugang. — XX. **Verschiedenes.** Dannenberg.

Winterbach, Ch. de: De Cerebro, ... s. Teichmeyer, Herm. Frdr. [Praes.]

Winterbach, Christ. Wilhelm (Rothenburg o. d. T.) A. S. 562/37

De obligationibus iuribusque parentum et liberorum erga se invicem eorumque fundamentis disquisitio. Jena (Schill) 1769. 12 S.

Gew.: Adam Johann Nottbeck, August Wilhelm Studemund, Philipp Friedrich Zinn, Jo. A. H. Biester.

36945

Winterbach, Johann David Wilhelm

— Beitrr. zur Literaturgeschichte von Franken. 8. Schilingsfürst 803.

v. Winterbach, Jh. Dav. Wlh., Einiges zur Kriegsgeschichte d. Fränk. Kreises. 8. ... 798.

s.a. Geschichte d. Stadt Rothenburg.

Winterbach J D W v, Geschichte der Stadt Rothenburg o. T. bis zu deren Ende als freie Reichsstadt. Herausg. von R Albrecht. (123 S 16 T) Rothenburg o. T. 1905

— Geschichte der Stadt Rothenburg an der Tauber u. ihres Gebietes, mit topogr.-histor. Darstellung nach reichsstädt. u. baierischer Verfassung. 2 Thle. 8. Rothenb. 826, 27. (Elß). 1 ₰ 3 gr (NB. ist wohl eine neue Aufl. d. 1798 anonym erschienen Geschichte ec. ?)

Winterbach, J. W., unpartheyische Geschichte d. Reichsst. Rothenburg u. derselb. Gebiet. 8. Heilbronn, Claß. 798.

Winterbauer, Ferdinand, Jung Unnutz. Schelmenlieder. 16. (100 S.) Wien: Konegen 1897. —.80

Winterberg [Schlagwort]

Winterberg, s.: Grosser Winterberg.

Winterberg [Verfasser]

Winterberg

—— die Salicylsäure im Dienste des Menschen. Populäre Darstellung der Nutzbarmachung aller durch die antisept. Eigenschaften der Salicylsäure dargebotenen Vortheile. gr. 8. (48 S.) Wien 876, Hartleben's Verlag.

Winterberg, der Traktat Franco's v. Luettich: „de quadratura circuli", s.: Abhandlungen zur Geschichte der Mathematik.

Winterberg, A., Malta. Geschichte u. Gegenwart. Nach den besten Quellen u. persönlicher Anschauung bearb. Mit 18 (eingedr. Holzschn.-)Illustrationen u. 2 (chromolith.) Plänen. 8. (VIII, 296 S.) Wien 879. Hartleben. 4. —

Winterberg, Adele, das Kochen auf dem Petroleum-Apparate. Theoretisch-prakt. Anleitg. zur Selbstbereitg der Speisen auf dem Petroleum-Kochapparate, durchgeführt in 380 vorzügl. Recepten der deutschen, österreich., ungar., italien. u. böhm. Küche. Mit e. Vorw. v. Jul. Müller. Nebst e. Anh. üb. die Bedeutg. der Salicylsäure f. die Küche u. ihre Anwendg. in derselben. gr 8. (XVIII, 224 S. m. eingedr. Holzschn.) Weimar 876. B. F. Voigt. 3. —

Winterberg, Adele, das Kochen auf dem Petroleum-Apparate. Theoretisch-praktische Anleitung zur Selbstbereitung der Speisen auf dem Petroleum-Kochapparate, durchgeführt in 380 vorzüglichen Recepten der deutschen, österreichischen, ungarischen, italienischen u. böhmischen Küche. Nebst einem Anh. über die Bedeutung der Salicylsäure in der Küche u. ihre Anwendung in derselben. Mit einem Vorworte von Jul. Müller. 2., unveränd. (Titel-)Aufl. gr. 8. (XVIII, 224 S. m. eingedr. Holzschn.) Weimar (1876) 878. B. F. Voigt. 2. —

Winterberg, Alfr., Cyrus, der erste König der Perser. Drama in e. Vorspiele u. 4 Akten. (84 S.) 8. Wien 907. P. Knepler. 2. —

Winterberg, C., s.: **Petrus Pictor Burgensis, de prospectiva pingendi.**

Winterberg, Chr. Konstantin

— das Christenthum, eine nothwendige Religion. Ein Predigt. 8. Pyrm. 809. (Uslar). 5 gr

Winterberg, Chr. Konst., drei Predigten über ausgewählte Schriftstellen. 8. Mengeringshausen 795.

Winterberg, Constantin, s. Winterberg, Konstantin

Winterberg, C. v., und das bekommt mich denn so schön, s.: Couplet-Sammlung, Leipziger.

Winterberg, Friedr. Samuel: In derelictionem Christi a patre suo, s. Benner, Johann Hermann [Praes.]

Winterberg, Fr. Sam., Gebetbuch f. erwachs. Christen. gr. 8. Frkft. Perrenon. 778.

— Gebetbuch für Christen d. sich ernstlich bessern wollen, oder bereits gebessert haben. gr. 8. Leipz. 785. Dyk. 10 gr

— Diss. inaug. Periculum I.—III. exegeticum primum in Cap. VII. epist. ad Rom. veram ejus sententiam inquirens. 8. Gött. 791. A. u. d. T.: Pericula exegetica, quae fecit et edidit F. S. W. Trias I. Mengeringhausen 791.

Winterberg, Heinr., Studien üb. Herzflimmern. II. Mitteilg. Über die Beeinflussg. des Herzflimmerns durch einige Gifte. (S. 361—379 m. 7 Taf.) gr. 8. Bonn 908. M. Hager. 2. 40
Sonderabdruck aus: „Archiv f. d. ges. Physiol."

Winterberg, Jos., kritische Bemerkungen üb. die verschiedenen antikonzeptionellen Massnahmen, s.: Braun, Rob.

Winterberg, Jos., die chron. Erkrankungen der Gelenke, s.a. Klinik, Wiener. 1901. Hft. 12.

Winterberg, Josef: Die chronischen Erkrankungen der Gelenke und ihre Behandlung von Dr. Josef Winterberg, ehem. Assistenten in Wien. Berlin: Urban & Schwarzenberg 1901. (S. 339–380.) 8°
(Klinik, Wiener. 1901, H. 12.)

Winterberg, Konstantin

Winterberg, Constantin, Fra Luca Pacioli divina proportione. Die Lehre vom goldenen Schnitt. Nach der venetianischen Ausgabe vom Jahre 1509. Gr.-8. (IV, 365 S.) 3.60
Wien: Graeser 1896.

Winterberg, Constantinus (geb. Corbach in Waldeck 31. 3. 1841): Quibus in casibus integralium ordinariorum quae aequationi differentiali:

$$x(x-1)\frac{d^2y}{dx^2} + ((\alpha+\beta+1)x-\gamma)\frac{dy}{dx} + \alpha\beta . y = 0$$

satisfaciunt, alterum aut alteri aequale aut infinitum evadat. Berolini (1874). (38 S.) 8°
Berlin, Phil. Diss. v. [14. März] 1874
[auf d. Tit. der Diss. steht: a. d. XIV. Non. Mart.!]

Winterberger, Alexander. Seine Werke, sein Leben mit einem vollständigen Verzeichnis der bis jetzt im Druck erschienenen Kompositionen. Hannover 1905. V: *Förster, Otto.* (Berl)

Winterberger, Ernstes u. Heiteres aus dem J. 1870. (V, 106 S.) 12. Weimar 903. H. Böhlau's Nachf. Kart. n. 2. —

Winterbeschäftigung, Die erste theoretische, nach Erscheinen des Entwurfes zum Neuen Infanterie-Reglement von F. K. Wien 1902. V: *Kruis, Friedrich.* (EB)

Winterbeschäftigung, die erste theoretische, nach Erscheinen des Entwurfes zum neuen Infanterie-Reglement, von F. K. Mit 3 Beilagen u. 1 Karte. gr. 8. (31 S.) Wien 902. L. W. Seidel & Sohn. n. 1. 50

Die erste theoretische Winterbeschäftigung nach Erscheinen des Entwurfes zum neuen Infanterie-Reglement. Gr.-8°. (31 S. mit 3 Beilagen und 1 Karte.) † K 1.50
Wien: Seidel 1902.

Winterbetrachtungen, Politische, eines solothurner'schen Staatsbürgers. 43 Stn. 8. Stans, C. v. Matt. 1871.

WINTERBIBLIOTHEK, oder Lektüre zur Verkürzung der Abende. 12 Bde. Pesth, Hartleben (c. 1800?). 8°. (6 Rthl.)
Citirt Kayser. — Cplt. sehr selten!

Winterblümchen. Poetisches Taschenbuch. Enthaltend die besten u. neuesten Gedichte zu Geburtstagen, Polterabenden, Hochzeiten, Neujahr und mehr dergleichen Gelegenheiten, so wie eine Auswahl auserlesener Stammbuch-Aufsätze 2c. Neueverb. u. verm. Ausg. 16. Grünberg 845, Weiß. 1/6 ₰

Winterblümchen. Poetisches Taschenbuch. Enthaltend die besten u. neuesten Gedichte zu Geburtstagen, Polterabenden, Hochzeiten 2c., sowie eine Auswahl auserlesener Stammbuch-Aufsätze 2c. 3. Aufl. 16. (VI u. 74 S.) Grünberg 850, Weiß. n. 1/6 ₰

Winterblumen zu einem Novellen-Kranze gewunden, s. Bibliothek ausgewählter Romane 2. Bd.

Winterblumen, eine Sammlung von Gedichten. 8. 8. Bonn, v. Brnck. 821. Dithlr.

Winterblumen, e. Samml. von Gedichten. 8. Bonn 821. Habicht. 16 gr.

Winterblüthen, v. G. Reinbeck. 1r 2r Kranz 8. Leipz. Rein. 810. 4 —

Winterblüthen, von G. Reinbeck. 1r 2r Kranz. Neue wohlf. Ausg. 8. Leipzig, Rein. 817

Winterblüthen in Briefen (u. Distichen) e. Ungenannten. Hrsg. v. C. A. H....r. 8. (8 B.) Leipzig 828, Glück.

Winterblühten des J. 1811. Eine Sammlung d. vorvorzüglichst. Aufsätze aus den besten deutschen Taschenbüchern dies. Jahres. 2 Bde. 8. Grätz, Fersil. (Leipz. Kummer in Comm.) 811.

Winterbotham, William.
Ausführliche Darstellung von Sina und seinen zinsbaren Staaten ... A. d. Engl. Erfurt 1798. Ü: *Fick, Joh. Georg Chn.* (Fiker)

Winterbotham, Wlh., ausführl. Darstellung von China u. seiner zinsbaren Staaten; aus d. Engl. v. J. C. G. Fick. 2 Bde. gr. 8. Gießen 798. Müller. 1 ₰ 16 gr (A. u. d. T.: Magazin d. neuesten Reisebeschreibb. 2c.)

Winterbottam, Thom., Nachrichten von d. Siera-Leona-Küste s.a. **Bibliothek der Reisebeschreibungen von M. C. Sprengel 23r Bd.)**

Winterbottom, Thomas: Nachrichten von der Sierra-Leona-Küste und ihren Bewohnern. Nebst einer Schilderung der dortigen Brittischen Kolonie. Aus dem Englischen. Mit einer Einleitung und Zusätzen herausgegeben von T. F. Ehrmann. in: Bibliothek der neuesten und wichtigsten Reisebeschreibungen. Bd. 23. Weimar 1805. XXVIII, 420 S., 1 Krt. 8°.

Winterbriefe vom Verf. d. Herbstblätter aus Holland, Belgien u. Paris. 8. (11¾ B.) Stuttgart 839, Hallberger'sche Buchh.

Winterbüchlein, Das, von 1832 auf 1833 ... Chur 1833. V: *Tscharner, von.* (AarK)

Winterbüchlein für uns u. unsere Enkel. Ein Andenken an den Winter 1829—30 2c. 8. (3 B.) Hildburghausen 830, (Kesselring.)

Winterer, Karl, prakt. Tierarzt a. Ettenheim (**Baden**): **Aus** der chirurgischen Veterinärklinik der Universität Gießen. Direktor: Prof. Dr. Pfeiffer. Rückenmarksanästhesie. Heidelberg 1907: C. F. Beisel Nachf. (31 S., 5 Bl.) 8°
Gießen, Veterinär-Med. Koll., Ref. Pfeiffer, Diss. v. 30. April 1907
[Geb. 7. Jan. 81 Ettenheim (Baden); Wohnort: Langenbrücken (Baden); Staatsangeh.: Baden; Vorbildung: Real- u. Reformgymn. Karlsruhe Reife M. 00; Studium: Freiburg i. B. 1, Stuttgart 4, Gießen 2 S.; Rig. 3. Aug. 04.]

Winterer, Konr., aus Herz u. Natur. Gedichte. gr. 8. (180 S.) Freiburg i/B. 899. Lorenz & Waetzel. n. 2. —

Winterer, L., **die sociale Gefahr und der Socialismus während der letzten zwei Jahre in Europa und in Amerika.** Autoris. **Uebersetzung aus dem Französ. (VIII, 187 S.) Mainz 885, Kirchheim.**

Winterer, L., die elsässische Presse und der Clericalismus. Aus dem Französ. 8. (32 S.) Mainz 878, Kirchheim. *

Winterer, [L.]. Le socialisme international. Coup d'oeil sur le mouvement socialiste de 1885 à 1890. 8. (VIII, 304 S.) Mülhausen i. E. 890, (Gangloff). * 3 —

Winterer, der Socialismus in den letzten drei Jahren. Autoris. Uebersetzung aus dem Französ. von P. Sch. gr. 8. (IV, 70 S.) Köln 882, Bachem.

—— Der internationale Socialismus von 1885 bis 1890. Genehmigte Uebersetzg. aus dem Franz. v. Joh. Berg. gr. 8. (VIII, 188 S.) Köln 891, Bachem. * 2 —

Winterer, W., s. Sarpi, P., Geschichte des Konziliums zu Trident.

— s. Silesius, Angelus, heil. Seelenlust.

Winterfahrordnung der Kronstadt-Hossufalner Straßenbahn und der k. ungar. Staatsbahn, gültig ab 1. Oktober 1909. 8°. (23 S.) Kronstadt: Zeidner 1909. K —.20

Winter-Fahrplan vom 1. Oktbr. 1890 ab. 12. (16 S. m. 1 Karte.) Frankfurt a/O. 890. Trowitzsch & Sohn. — 15

Winterfahrplan. Winter-Fahrplan. Gültig vom 1. Oktober 1901 an. Beilage zum «Werdenberger und Obertoggenburger». 20 S. 8.

Winter-Fahrplan. Gültig vom 1. Oktober 1902 bis 30. April 1903. Beilage zum «Werdenberger und Obertoggenburger». 20 S. 8.

Winter-Fahrplan. Gültig vom 1. Oktober 1903 bis 30. April 1904. Beilage z. «Werdenberger u. Obertoggenburger». 20 S. 8.

Winter-Fahrplan 1903-04. Gültig v. Okt. bis 30. April 1904. Gratis-Beilage zum Freien Rätier. IV + 24 S. 8. Chur, Manatschal Ebner & Cie.

Winter-Fahrplan, Auricher. Giltig vom 1. X. 1900 bis 30. IV. 1901. gr. 16. (14 S.) Aurich, D. Friemann. n. — 20

Winter-Fahrplan für die östliche Schweiz. 1903/04. Hrg. von der Expedition des «Wächter».... Gratis-Beilage zum «Wächter». IV + 32 S. 8. Frauenfeld, F. Müller.

Winterfeld, Anne, oder unsere Töchter eingewiesen in ihr gekränktes Recht. Gotha 1801. V: *Hermes, Johann Timotheus.* (EE)

Karl Hans von Winterfeld und der Tag von Moys, 7. Sept. 1757. (125.) 12. Görlitz 1857. 1.50.

Vgl. Winterfeldt

Winterfeld, Achim

— Nietzsche's Ansichten üb. Weib, Liebe, Ehe, s.a. Kultur u. Fortschritt.

Winterfeld A v, Nietzsche's Ansichten über Weib, Liebe, Ehe. (26 S) (Kultur und Fortschritt 302/3) Gautzsch 1910

Winterfeld, Achim v., unser Erziehungswesen in der Auffassung Nietzsche's, s.a. Kultur u. Fortschritt.

Winterfeld A v, unser Erziehungswesen in der Auffassung Nietzsche's. (15 S) (Kultur und Fortschritt 285) Gautzsch 1910

— Fichte als Erwecker, s.a. Kultur u. Fortschritt.

Winterfeld A v, Fichte als Erwecker. (16 S) (Kult. u Fortsch. 146) Gautzsch 1908

— u. *** Frühlingsstürme. Ein Schauspiel in 3 Akten. (III, 103 S.) 8. Dresden (908). E. Pierson. 1.80

— Friedrich Hebbel. Sein Leben u. seine Werke. (XVI, 551 S.) 8. Dresden 908. E. Pierson. 5.—; geb. n 6. —

— s.a. Heine, Heinr., Auswahl.

Winterfeld, Achim v. (A. v. Waldberg), Heinrich Heine. Sein Leben u. seine Werke. (XV, 447 S.) 8. Dresden (906). E. Pierson. n. 5.—; geb. n. 6. —

— s.: Herder-Worte.

Winterfeld, Achim v.: Horaz. Eine krit.-satir. Betrachtung von A. v. Waldberg [d.i. Achim v. Winterfeld]. Dresden: Pierson 1905. IV, 67 S. 8°

— Ibsen als Erwecker, s.a. Kultur u. Fortschritt.

Ibsen als Erwecker. Von Achim v. Winterfeld. Gautzsch b. Leipzig: Dietrich 1909. 42 S. 8°
(Kultur u. Fortschritt. Nr 246/48.)

— Henrik Ibsen. (132 S.) kl. 8. Berlin-Friedenau 910. Bureau Fischer. 2.50

— s.: JeanPaul-Worte.

— gesunde Jugenderziehung, Schulreform u. Herder als ihr Vorkämpfer. (48 S.) 8. Leipzig 906. Fel. Dietrich. n. — 60

— Nietzsche als Sozialphilosoph u. seine Stellung zur Gesellschaft, s.a. Kultur u. Fortschritt.

Winterfeld A v, Nietzsche als Sozialphilosoph und seine Stellung zur Gesellschaft. (15 S) (Kultur und Fortschritt 263) Gautzsch 1909

— s. J. J. Rousseau-Worte.

Winterfeld, Achim v.: Schlaglichter aus der Sphäre des Gymnasiums. Von A. v. Waldberg [d.i. Achim v. Winterfeld]. Dresden: Pierson 1905. 96 S. 8°

— s.: Schopenhauer-Worte.

Winterfeld, Achim v.: Schulgedanken eines Gymnasialabiturienten von 1903. Von A. v. Waldberg [d.i. Achim v. Winterfeld]. Dresden: Pierson 1904. 72 S. 8°

Winterfeld, A. v., Schulreform, s. Kultur u. Fortschritt.

— Vom deutschen Unterricht. (86 S.) gr. 8. Leipzig 907. Teutonia-Verlag. 2.—; kart. 2.50

— Was will die Schulreform?, s.a. Kultur u. Fortschritt.

Winterfeld A v, was will die Schulreform? (15 S) (Kult. u Fortschr. 104) Leipzig 1907

Winterfeld, Adolf

Winterfeld, A. v., e. Abenteuer in Polkwitz. Die Gastspielreise. Der Nabob. 8. (164 S.) Berlin 891. B. Behr's Verl. 1.50

Winterfeld, A. v., die Abenteuer des Lieutenant Puhlmann. Soldaten-Humoreske. Berlin 865. Behr's Buchh. 16. (157 S.) n. 15 ngr.

Die Abenteuer des Leutnants Puhlmann u. andere Militärhumoresken von A[dolf] v. Winterfeld. 5. Aufl. *Berlin: Neufeld & Henius [1901].* (144 S.) 8° [F.]
= Winterfeld: Militärhumoresken. Bd 10. [01. 8095

Winterfeld, A. v., Allerhand. 8. (IV, 246 S.) Berlin 873, Behr's Buchh. *

Inhalt:
Reisebilder. — Liebe ohne Strümpfe. — Skizzen, Gedichte und Uebersetzungen.

Alles für meinen Sohn u. andere Humoresken. Von A[dolf] v. Winterfeld. 4. Aufl. *Berlin: Neufeld & Henius [1901].* (138 S.) 8° [F.]
= Winterfeld: Humoresken. Bd 7. [01. 8079

Winterfeld, A. v., Allotria, s. Günther's Eisenbahn-Bibliothek.

Apollo mit dem roten Kragen u. andere Militärhumoresken von A[dolf] v. Winterfeld. 5. Aufl. *Berlin: Neufeld & Henius [1901].* (124 S.) 8° [F.]
= Winterfeld: Militärhumoresken. Bd 9. [01. 8094

— Herrn Zappelmann's heitere Berichte vom Kriegsschauplatz. 1. Heft. Berlin 870. Grosser. gr. 8. (18 S.) 2½ ngr.

—— Herrn Zappelmann's heitere Berichte vom Kriegsschauplatz. 1. Heft. 1. und 2. Aufl., und 2. Heft. gr. 8. (18; 23 S.) Berlin 871, Grosser. à Heft * 25 Pf. *

Der Brief von der Tante und andere Humoresken. Von A[dolf] v. Winterfeld. 4. Aufl. *Berlin: Neufeld & Henius [1901].* (140 S.) 8° [F.]
= Winterfeld: Humoresken. Bd 2. [01. 8074

Mein Bursche, der General u. andere Militärhumoresken von A[dolf] v. Winterfeld. 5. Aufl. *Berlin: Neufeld & Henius [1901].* (151 S.) 8° [F.]
= Winterfeld: Militärhumoresken. Bd 11. [01. 8096

—— ein gemeuchelter Dichter. Komischer Roman. 4 Bde. 8. (1273 S.) Jena 867, Costenoble.

— die Ehefabrikanten, s.a. Album. Bibliothek deutscher Originalromane.

—— die Ehefabrikanten. Komisch-socialer Roman. 2. Aufl. 4 Bde. 8. (172; 198; 183; 188 S.) [Leipzig 876, E. J. Günther.] Berlin, Nicolai'sche Buchh. *

—— der heilige Ehestand. Humoristischer Roman. 3 Bde. 8. (VIII, 280; 284; 279 S.) Jena 883, Costenoble. *

— die Einquartirung u. andere Humoresken, s.a. Eckstein's humoristische Bibliothek.

Winterfeld, A. v., die Einquartierung u. andere Humoresken. (120 S.) 8. Berlin (903). Globus Verlag. n. — 30

Winterfeld, A. v., der Elephant. Komischer Roman. 4 Bde. Leipzig 870. E. J. Günther. 8. (196, 206, 180 u. 215 S.) 3 ₰

Winterfeld, A. v., der Elephant. Komischer Roman. 4 Bde. 2. Aufl. 8. (196; 206; 180; 215 S.) [Leipzig 879, E. J. Günther's Nachf.] Berlin, Nicolai'sche Buchh. *

Winterfeld, A. v., Bäffchen's Erben, s. Both's, L. W., Bühnen-Repertoir.

— zwei Erbfeinde. Komischer Roman. 4 Bde. 8. (236, 255, 238 u. 231 S.) Jena 880. Costenoble. 16. —

—— Es lebe der Kaiser, s. Bloch's, E., Dilettanten-Bühne.

— das alte Eulennest. Komischer Soldaten-Roman. 2 Bde. 8. (320 u. 330 S.) Jena 889. Costenoble. n. 10. —

Ein Fähnrich mit einem Fehler u. andere Militärhumoresken von A[dolf] v. Winterfeld. 5. Aufl. *Berlin: Neufeld & Henius [1901].* (157 S.) 8° [F.]
= Winterfeld: Militärhumoresken. Bd 1. [01. 8086

Winterfeld, A. v., der Lieutenant Falstaff und wie es ihm bei den Damen erging. Soldaten-Humoreske. gr. 16. (176 S.) Berlin 863, Gerschel's Verlagsh.

—— Fanatiker der Ruhe. Komischer Roman. 4 Bde. 8. (III, 243; III, 254; III, 256; III, 206 S.) Leipzig 869, Dürr'sche Buchh.

—— Fanatiker der Ruhe. Komischer Roman. 2. Aufl. Wohlf. Ausg. 8. (518 S.) Jena 886, Costenoble. *

—— die Farben der Natur, s. Collection Meinhold.

—— Herr v. Filz. Humoristischer Roman. 8. (264 S.) Leipzig 868, Grunow.

—— Herr v. Filz. Humoristischer Roman. 2. Aufl. 8. (207 S.) Ebendas. 883. *

— der räthselhafte Fremde. Komischer Roman. 3 Bde. 8. (312, 272 u. 271 S.) Jena 882. Costenoble. n. 10. —

— Frieden im Kriege. Humoristischer Soldaten-Roman. 2 Bde. 8. (315 u. 272 S.) Jena 888. Costenoble. n. 10. —

—— der Fürst von Montenegro. Komischer Roman. 3 Bde. 8. (294; 272; 228 S.) Jena 876, Costenoble.

Winterfeld, A. v., Garnison-Geschichten. Ein Bilderbuch (in Gedichten). 16. (VII und 144 S.) Berlin 856(57,) Janke. *

—— Garnison-Geschichten. Ein Bilderbuch (in Gedichten). 2. Aufl. 16. (159 S.) Berlin 857, Janke. *

Winterfeld, A. v., Garnison-Geschichten. Ein Bilderbuch. 3. Aufl. Mit 70 Illustr. von L. Löffler (in Holzschn.). Berlin 861. Janke. 16. (4 Bl., 139 S.) n. 20 ngr.

—— Garnison-Geschichten. Ein Bilderbuch. 4. Aufl. Mit Illustr. (in eingedr. Holzschn.) von Ludw. Löffler. 8. (115 S.) Berlin 877, Janke. *

—— neue Garnisongeschichten. Soldatenhumor. 1.—9. Bd. gr. 16. Jena, Costenoble. à Bd. *

Inhalt:

Bd. 1. Reiervolk und Reiervölkln. — Der Premierlieutenant v. Drenkenberg. (158 S.)
„ 2. Die Flöte des Grafen Schwülenberg. (137 S.) 877.
„ 3. Die dicke Trompete. Mein Vetter aus Stettin. (210 S.) 877.
„ 4. Excellenz will heirathen. (166 S.) 877.
„ 5. Ein geheimnißvoller Grenadier. (133 S.) 878.
„ 6. Der alte Major Knollen. Ein eingebildeter Lieutenant. Zu Befehl, Herr Rittmeister! (150 S.) 873.
„ 7. Wie mein Freund Dumbart sein Examen machte. Die preußischen Farben. Ein rasender Roland. (163 S.) 878.
„ 8. Ein Wettrennen. Der verwechselte Graf. Der doppelte Regiments-Commandeur. (167 S.) 879.
„ 9. Der große Weiße und die kleine Braune. Der Marsch gegen den Feind. Zwei Verrückten. (155 S.) 879.

—— neue Garnisongeschichten. Soldatenhumor. 10. und 11. Bd. 12. Ebendas. 880. à Bd. * ℳ 1. *

Inhalt:

Bd. 10. Das schiefe Gesicht. — Die Ungarin. — Bratenjäger. — Spleen. (143 S.)
„ 11. Die Bremse. — Die Letzte ihres Stammes. — Invalide im Kopf. — Brief des Kürassiers Heinrich Wollkopf an seine Eltern. — Antwort auf den Brief des Kürassiers Heinrich Wollkopf. (148 S.)
1.—9. Bd. Ebendas. 1877—79. à * ℳ 1.

Winterfeld, Adolf v.: Die Gastspielreise u. andere Humoresken. Von . 4. Aufl. Berlin: Neufeld & Henius [1901]. (138 S.) 8°
(Winterfeld: Humoresken. Bd 11.)

—— Geheimnisse einer kleinen Stadt. Komischer Roman. 2 Bde. 8. (VI und 421 S.) Berlin 863, Gerschel's Verlagsh. *

—— Geheimnisse einer kleinen Stadt. Komischer Roman. 2. Aufl. Wohlf. Volksausg. 8. (237 S.) Ebendas. 880. *

—— der blinde Geiger, s. Unterhaltungs-Bibliothek für Reise und Haus.

Die Geschichte von den Kanonen u. andere Militärhumoresken von A[dolf] v. Winterfeld. 5. Aufl. *Berlin: Neufeld & Henius [1901].* (160 S.) 8° [F.]
= Winterfeld: Militärhumoresken. Bd 12. [01. 8097

—— Geschichte des ritterlichen Ordens St. Johannis vom Spital zu Jerusalem. Mit besond. Berücksicht. der Ballei Brandenburg oder des Herrenmeisterthums Sonnenburg. 4. (XVI und 896 S. mit Illustr. in eingedr. Holzschn., 12 Holzschnt., 3 Chromolithogr., 2 Stnt. in 4., qu. Fol. und qu. gr. Fol. und chromolithogr. Titel) Berlin 859, Berendt. *

Winterfeld, A. v., heitere Geschichten aus dem Ehestandsleben, s.: Mylius, O.

—— lustige Geschichten, s.a. Eckstein's Reise-Bibliothek.

— lustige Geschichten. 1. u. 2. Bd. 8. (158 u. 142 S.) Berlin 881. Eckstein's Nachf. à n. 1. —

— lustige Geschichten. 8. (159 S.) Berlin 896. H. Steinitz. n. 1. —

Lustige Geschichten von A[dolf] v. Winterfeld. 13.–18. Taus. Bd 1. 2. *Berlin: R. Eckstein Nachf. [1897].* 2 Bde. 8° [F.]
= [Reise-Bibliothek, Ecksteins. Bd 1. 2.] [02. 8274 II

—— unheimliche Geschichten. In deutscher Bearbeitung nach A. B. Edwards und Edgar Allan Poe. 4 Bde. 8. (155; 157; 151; 148 S.) Jena 879,80, Costenoble. à Bd. * ℳ 1. *

— unheimliche Geschichten. In deutscher Bearbeitg. nach A. B. Edwards u. Edgar Allan Poe. 1. Bd. 2. Aufl. 12. (III, 155 S.) Jena 891. H. Costenoble. 1. —

— unheimliche Geschichten. In deutscher Bearbeitg. nach A. B. Edwards u. Edgar Allan Poe. 2. Bd. 2. Aufl. 12. (157 S.) Jena 895. H. Costenoble. 1. —

— unheimliche Geschichten. In deutscher Bearbeitg. nach A. B. Edwards u. Edgar Allan Poe. (Neue [Titel-] Ausg.) 1. u. 2. Bd. kl. 8. Stuttgart, Franckh. à n. — 50
1. Im Schnellzuge u. andere Geschichten. (III, 155 S.) [891] (904.) — 2. Der Goldkäfer u. andere Geschichten. (III, 157 S.) [895] (904.)

— Gewissenskämpfe, s.: Unterhaltungs-Bibliothek f. Reise u. Haus.

—— Ein Giftmord. Die alte Schabracke. Wohnungsnötbliche Intelligenz. 8. (166 S.) Berl. 891, Behr's Verlag. 1 50

Winterfeld, Adolf v.: Ein Giftmord u. andere Humoresken. Von –. 4. Aufl. Berlin: Neufeld & Henius [1901]. (126 S.) 8°
(Winterfeld: Humoresken. Bd 10.)

—— Groß-Busekow. Humoristischer Kriegs-Roman in 4 Bdn. 8. (224; 216; 210; 220 S.) Jena 874, Costenoble.

—— Groß-Busekow. Humoristischer Kriegsroman. 2. Aufl. Wohlf. Ausg. 2 Bde. 8. (V, 290; 338 S.) Jena 892, Costenoble. * 6 —

—— Hausnarren. Komischer Roman. 4 Bde. 8. (227; 188; 191; 227 S.) Jena 880, Costenoble.

Onkel Heinrich u. andere Humoresken. Von A[dolf] v. Winterfeld. 4. Aufl. *Berlin: Neufeld & Henius [1901]* (159 S.) 8° [F.]
= Winterfeld: Humoresken. Bd 3. [01. 8075

Die Hochzeitsreise u. andere Humoresken. Von A[dolf] v. Winterfeld. 4. Aufl. *Berlin: Neufeld & Henius [1901].* (157 S.) 8° [F.]
= Winterfeld: Humoresken. Bd 6. [01. 8078

— Humoreske f. Sopha u. Eisenbahn-Coupé. 5.—8. Bd. gr. 16. (168, 160, 135 u. 151 S.) Berlin 871—75. Behr. à n. 1. 50

—— Humoresken. 1.—3. Bd. 12. Jena, Costenoble. [1. Bd. (132 S.) 885. *M 1.80.; 2. Bd. (163 S.) 886. *M 1.—.; 3. Bd. (164 S.) 886. *M 1.—.] *

— Humoresken. 8. (III, 166 S.) Berlin 895. H. Steinitz. n. 1. —

— Humoresken. 1.—12. Bd. 4. Aufl. 8. Berlin (901). Neufeld & Henius. à 1. —
1. Die unheimliche Wohnung u. and. Humoresken. (III, 140 S.)
2. Der Brief v. der Tante u. and. Humoresken. (III, 140 S.)
3. Onkel Heinrich u. andere Humoresken. (160 S.)
4. Eine Jagdgeschichte u. andere Humoresken. (158 S.)
5. Die schlimme Stelle. Humoreske. (157 S.)
6. Die Hochzeitsreise u. and. Humoresken. (158 S.)
7. Alles f. meinen Sohn u. and. Humoresken. (138 S.)
8. Der Lebensretter u. andere Humoresken. (153 S.)
9. Der Regenwurm u. andere Humoresken. (136 S.)
10. Ein Giftmord u. andere Humoresken. (127 S.)
11. Die Gastspielreise u. andere Humoresken. (139 S.)
12. Der Schwiegeronkel u. andere Humoresken. (144 S.)

—— s. Humoresken und Erzählungen.

—— Humoresken für Sopha und Eisenbahn-Coupé. 1.—8. Bd. gr. 16. (159; 159; 160; 168; 168; 160; 135; 151 S.) Berlin 868—75, Behr's Buchh. à Bd. *

—— Humoresken für Sopha und Eisenbahn-Coupé. 9. und 10. Bd. gr. 16. (165; 182 S.) Berlin 877,78, Behr's Verlag. à Bd. *

Winterfeld, Adolf v.: Eine Jagdgeschichte u. andere Humoresken. Von –. 4. Aufl. Berlin: Neufeld & Henius [1901]. (157 S.) 8°
(Winterfeld: Humoresken. Bd 4.)

— der bunte Jacob. Komischer Soldaten-Roman. 2 Bde. 8. (227 u. 226 S.) Jena 889. Costenoble. n. 8. —

— immer lustig, s.: König, Ewald Aug.

— Cadetten-Geschichten. Allen Cadetten die es sind u. die es waren gewidmet. Berlin 865. Gerschel's Verlagsb. 8. (IV, 150 S. mit 49 Illustr. in eingedr. Holzschn. von L. Burger.) n. 25 ngr.

—— der Kamrad von der Garde. Komischer Soldaten-Roman. 3 Bde. 8. (310; 276; 303 S.) Ebendas. 886. *

—— das Käthchen aus der Kirchgasse. Humoreske. gr. 16. (137 S.) Berlin 863, Gerschel's Verlagsb. *

— der Kegelclub. Komischer Roman. 3 Bde. 8. (327, 327 u. 309 S.) Ebend. 886. 15. —

Miss Kitty mit dem Stummel u. andere Militärhumoresken von A[dolf] v. Winterfeld. 5. Aufl. *Berlin: Neufeld & Henius [1901].* (151 S.) 8° [F.]
= Winterfeld: Militärhumoresken. Bd 5. [01. 8090

—— der alte Knast. Komischer Kriegsroman. 3 Bde. 8. (283; 343; 332 S.) Jena 877, Costenoble.

Winterfeld, A. v., Cäsars Koffer, s. Collection Meinhold.

—— der erste weibliche Kommis im Buchhandel. Humoreske. 8. (74 S.) Essen 880, Silbermann. *

— der König der Luft. Komischer Roman. 4 Bde. 8. (247, 276, 259 u. 256 S.) Jena 878. Costenoble. 13. 50

—— Kunterbunt. 2 Bdchn. 8. (168; 158 S.) Berlin 883, Behr's Verlag. à Bdchn. 75 Pf.

— ringsum Küsse, s.: Bloch's, E., Dilettanten-Bühne.

— Lebenskämpfe. Erzählungen. 3 Bde. 8. (218, 236 u. 358 S.) Jena 886. Costenoble. n. 10. —

Der Lebensretter u. andere Humoresken. Von A[dolf] v. Winterfeld. 4. Aufl. *Berlin: Neufeld & Henius [1901].* (152 S.) 8° [F.]
= Winterfeld: Humoresken. Bd 8. [01. 8080

— Rekruten Leid — Rekruten Lust. Federzeichnungen. Mit Bildern versehen v. H. Goetze. 1. u. 2. Aufl. gr. 8. (15 S.) Berlin 887. 888. Liebel. n. — 50

—— Soldaten Leid — Soldaten Lust. Federzeichnungen. 3. (Titel-)Ausg. 8. (VII, 133 S.) Leipzig (857)78, Balbamus.

Der Leutnant von Methusalem u. andere Militärhumoresken von A[dolf] v. Winterfeld 5. Aufl. *Berlin: Neufeld & Henius [1901.]* (160 S.) 8° [F.]
= Winterfeld: Militärhumoresken. Bd 2. [01. 8087

—— ein Liebling der Furien. Komischer Roman. 4 Bde. 8. (VII, 248; 246; 236; 216 S.) Jena 879, Costenoble.

—— das Manöver bei Alt-Klücken. Komischer Soldaten-Roman. 3 Bde. 8. (311; 279; 284 S.) Jena 882, Costenoble. *

—— Manöver-Geschichten. Dem Leben nacherzählt. gr. 16. (VII und 120 S.) Berlin 858, Hofmann und Comp.

—— Manöver-Geschichten. Dem Leben nacherzählt. 3. Aufl. 8. (III und 120 S. mit 34 Illustr. in eingedr. Holzschn. von Thdr. Hosemann.) Berlin 863, Hofmann und Comp. *

—— die Memoiren der Frau v. Krilwitz, s. Both's, L. W., Bühnen-Repertoir.

Memoiren eines Offizierburschen u. andere Militärhumoresken von A[dolf] v. Winterfeld. 5. Aufl. *Berlin: Neufeld & Henius [1901].* (138 S.) 8° [F.]
= Winterfeld: Militärhumoresken. Bd 8. [ol. 8093

—— ein bedeutender Mensch. Komischer Roman. 4 Bde. 8. (VIII, 242; 210; 239; 217 S.) Ebendas. 878.

— schwarze Menschenbrüder. Komischer Roman. 4 Bde. 8. (212, 207, 186 u. 187 S.) Jena 876. Costenoble. 13. 50

— ein gutmüthiger Mephisto. Komischer Roman. 2 Bde. Leipzig 868. Grunow. 8. (491 S.) n. 2 ₰ 20 ngr.

—— ein gutmüthiger Mephisto. Komischer Roman. 2 Bde. 8. (491 S.) Leipzig 878, Grunow.

—— ein gutmüthiger Mephisto. Komischer Roman. 2. Aufl. 8. (376 S.) Ebendas. 882. *

-- e. gutmütiger Mephisto. Komischer Roman. 3. Aufl. 8. (376 S.) Ebd. 894. n. 2. 50

— Militärhumoresken. 1.—12. Bd. 5. Aufl. 8. Ebd. (901). à 1. —
1. Ein Fähnrich m. e. Fehler u. and. Militärhumoresken. (158 S.)
2. Der Leutnant v. Methusalem u. andere Militärhumoresken. (160 S.)
3. Eine Nachtpatrouille u. and. Militärhumoresken. (150 S.)
4. Plato in Lederhosen u. and. Militärhumoresken. (148 S.)
5. Miß Kitty m. dem Stummel u. andere Militärhumoresken. (152 S.)
6. Die zugemauerte Trompete u. andere Militärhumoresken. (147 S.)
7. Der grüne Schnurrbart u. and. Militärhumoresken. (158 S.)
8. Memoiren e. Offizierburschen u. andere Militärhumoresken. (139 S.)
9. Apollo m. dem roten Kragen u. andere Militärhumoresken. (125 S.)
10. Die Abenteuer des Leutnants Puhlmann u. and. Militärhumoresken (144 S.)
11. Mein Bursche, der General u. andere Militärhumoresken. (152 S.)
12. Die Geschichte v. den Kanonen u. andere Militärhumoresken. (160 S.)

—— Modelle. Humoristisch-socialer Roman. 4 Bde. 8. (172; 158; 154; 164 S.) Leipzig 868, E. J. Günther.

—— Modelle. Humoristisch-socialer Roman. 2. wohlf. Aufl. 8. (459 S.) Ebendas. 884. *

— Modelle. Humoristisch-socialer Roman. 3., wohlf. Aufl. 8. (III, 459 S.) Ebd. 891. n. 3. —

—— der Mops. Komischer Roman. 4 Bde. 8. (217; 211; 231; 272 S.) Ebendas. 877.

—— Nachhall der Garnison-Geschichten. Vergessenes und Verlegtes. gr. 16. (139 S.) Berlin 866, Behr's Buchh. *

Eine Nachtpatrouille u. andere Militärhumoresken von A[dolf] v. Winterfeld. 5. Aufl. *Berlin: Neufeld & Henius [1901].* (149 S.) 8° [F.]
= Winterfeld: Militärhumoresken. Bd 3. [ol. 8088

—— Narren der Liebe. Komischer Roman. 3 Bde. 8. (III, 280; III, 268; III, 240 S.) Jena 872, Costenoble.

—— Nur recht verstehn, s. Both's, L. W., Bühnen-Repertoir.

—— moderne Odyssee. Komischer Reise-Roman. 3 Bde. 8. (III, 281; III, 260; III, 343 S.) Jena 871, Costenoble.

— der Pfandleiher, s.: Unterhaltungs-Bibliothek f. Reise u. Haus.

—— Peter Pinsel. Scherz-Roman. 4 Bde. 8. (240; 239; 221; 259 S.) Ebendas. 878.

Winterfeld, A. v., Das Manneken P**s (Piss) von Brüssel. Humoreske. Berlin 1862. Louis Gerschel. 8°. 185 S. (In Berlin, Magistratsbibl.) (1 Mk. 50 Pfg. P. Neubner, 1888.)
Drugulin II, no. 5994 hat sub. 4. Oct. 1817: Enlèvement de Manneken-Pis à Bruxelles dans la nuit. Groteske Scene, viele Frauenzimmer in Nachttoilette. Unten franz. u. flamänd. Verse. Radirung und Aquatinta. Gr. qu.-Fol. Rthl. $1^1/_3$.

Plato in Lederhosen u. andere Militärhumoresken von A[dolf] v. Winterfeld. 5. Aufl. *Berlin: Neufeld & Henius [1901].* (147 S.) 8° [F.]
= Winterfeld: Militärhumoresken. Bd 4. [ol. 8089

Der Regenmann u. andere Humoresken. Von A[dolf] v. Winterfeld. 4. Aufl. *Berlin: Neufeld & Henius [1901].* (136 S.) 8° [F.]
= Winterfeld: Humoresken. Bd 9. [ol 8081

Der Regenmann und andere Humoresken. Von A[dolf] v. Winterfeld. 5. Aufl. *Berlin: Neufeld & Henius [1901].* (136 S.) 8° [F.]
= Winterfeld: Humoresken. Bd 9. [ol. 11786 11

Winterfeld, Adolf Wilhelm Ernst von

Die Reise von Bambus & Comp. Komischer Roman. Bd 1-3.
Leipzig: Günther 1865. 8°

—— die Reise nach Berlin. Komischer Roman. 3 Bde. 8. (288; 303; 284 S.) Ebendas. 881.

—— humoristischer und practischer Reise-Begleiter nach England, Schottland und Irland. 8. (215 S.) Berlin 865, Behr's Buchh.

— die Reisen von Bambus u. Comp., s.a. Album. Bibliothek deutscher Originalromane.

— die Reisen v. Bambus & Comp. Komischer Roman. 2. Aufl. Wohlf. Ausg. 8. (335 S.) Jena 887. Costenoble. n. 2. 50

Winterfeld, A. v., spanische Reiter. Komischer Abenteuer-Roman. 4 Bde. 8. (VII, 220; 227; 200; 221 S.) Jena 881, Costenoble.

—— eine ausgegrabene Reitinstruction. In 14 Gesängen. Dem Andenken der alt-griech. und modern-deutschen Reiterei gewidmet. 1.—3. Aufl. gr. 8. (99 S.) Berlin 880—83, Liebel'sche Buchh. *

— eine ausgegrabene Reitinstruction. In 14 Gesängen. Dem Andenken der alt-griech. u. modern-deutschen Reiterei gewidmet. 4. Aufl. gr. 8. (99 S.) Berlin 886. Liebel. n. 1. 50

Winterfeld, A. v., der rasende Roland. Komischer Roman. 8. (408 S.) Jena 887. Costenoble. n. 6. —; geb. n. 7. 20

— humoristische Romane. Neue durchgeseh. Volksausg. 1. Serie. (In 8 Bdn.) 1.—3. Bd. 8. Jena, H. Costenoble. à n. 1. 50; geb. à n. 2. 50
1. Der alte Knast. Humoristischer Kriegsroman. (VII, 439 S.) (904.) — 2. Der Kamerad v. der Garde. Komischer Soldaten-Roman. (V, 352 S.) (905.) — 3. Schwippe u. Wippe od. Zwei Erbfeinde. Komischer Roman aus den Zeiten der deutschen Kleinstaaterei. (417 S.) (905.)

Winterfeld, A. v., humoristische Romane. Volksausg. I. Serie. 4.—7. Bd. 8. Jena, H. Costenoble. à 1.50; geb. à 2. 50

4. Modelle. Humoristisch-sozialer Roman. 4. [Titel-]Aufl. (V, 459 S.) [891] (907.)
5. Onkel Sündenbock. Humoristischer Roman. 2. [Titel-]Aufl. (VI, 415 S.) [888] (908.)
6. Fanatiker der Ruhe. Komischer Roman. 3. [Titel-]Aufl. (V, 518 S.) [886] (90.)
7. Der rasende Roland. Komischer Roman. 2. [Titel-]Aufl. (V, 408 S.) [887] (910.)

— d. Schlacht v. Hohenfriedberg u. and. Humoresken, s.: Eckstein's humorist. Bibliothek.

Der grüne Schnurrbart u. andere Militärhumoresken von A[dolf] v. Winterfeld. 5. Aufl. *Berlin: Neufeld & Henius [1901].* (157 S.) 8° [J.]
= Winterfeld: Militärhumoresken. Bd 7. [ol. Seyn]

— Schnurren. I. II. 8. (156 u. 169 S.) Berlin 875. 76. **Behr's Buchh.** à n. 1. 50

—— Schnurren. II—V. gr. 16. (169; 167; 162; 157 S.) Berlin 876,77, Behr's Verlag. à *
I. Ebendas. 1875. *M 1,50.

— Schnurren. III—VIII. gr. 16. (167, 162, 157, 152, 157 u. 165 S.) Berlin 878—82. Behr. à n. 1. 50

—— Schnurren. 1., 5. und 6.—10. Bdchn. 12. Berlin, Behr's Verlag. [1. und 5. Bdchn. 2. Aufl. (158; 159 S.) 883; 6.—10. Bdchn. (152; 157; 165; 158; 169 S.) 881—85.] à Bdchn. *M 1,50. *

—— die lieben Schwiegereltern, s. Bloch's, E., Dilettanten-Bühne.

Winterfeld, Adolf v.: Die Schwiegeronkel u. andere Humoresken. Von —. 4. Aufl. Berlin: Neufeld & Henius [1901]. (143 S.) 8°
(Winterfeld: Humoresken. Bd 12.)

—— seltsame Seeabenteuer Arthur Gordon Pym's s. Unterhaltungs-Bibliothek für Reise und Haus.

—— Shakespeare. Nach authent. Quellen und eigenen Forschungen. 16. (44 S.) Berlin 864, Große. *

—— Sie kommt nicht! s. Bloch's, E., Dilettanten-Bühne.

— der Sohn d. Henkers, s.: Unterhaltungs-Bibliothek f. Reise u. Haus.

—— drollige Soldatengeschichten für Haus und Reise, s. Günther's Eisenbahn-Bibliothek.

Winterfeld, A. v., lustige Soldaten-Geschichten. 1. u. 2. Sammlg. 8. (à 136 S.) Berlin 895. H. Steinitz. à n. 1. —

— lustige Soldaten-Geschichten. 1. u. 2. Sammlg. (Neue Aufl.) (à 136 S.) 8. Leipzig (903). **Bibliograph. Anstalt A. Schumann.** à 1. —

—— neue humoristische Soldaten-Geschichten. 1.—8. Bd. 8. (161; 150; 160; 158; 159; 151; 167; 170 S.) Jena 881—84, Costenoble. à Bd. *M 1. *

—— neue humoristische Soldatengeschichten. 9.—14. Bd. 12. (160; 162; 151; 162; 158; 160 S.) Ebendas. 885—87. à Bd. *

—— Neue humoristische Soldatengeschichten. 15. u. 16. Bd. 8. 163; 140 S.) Ebd. 889. à Bd. * 1 —

— humoristische Soldaten-Novellen für Sopha u. Wachtstube. I—X. (Bd.) Berlin 860—64. Behr. 16. (I.: 147 S.; II.: 160 S.; III. u. IV.: 315 S.; V.: 160 S.; VI.: 146 S.; VII.: 160 S.; VIII.: 152 S.; IX.: 155 S.; X.: 167 S.) Jeder Bd. n. 15 ngr.

— humoristische Soldaten-Novellen für Sopha u. Wachtstube. 1. Bd. 4. Aufl. u. XI. u. XII. (Bd.) Berlin, Behr's Buchh. gr. 16. [1. Bd. (151 S.) 867, XI. (162 S.) 865, XII. (155 S.) 866.] Jeder Bd. n. 15 ngr.

Winterfeld, A. v., humoristische Soldaten-Novellen f. Sopha u. Wachtstube. 1—4. 6 u. 7. Bd. gr. 16. Berlin 875—76. **Behr's Buchh.** à n. 1. 50
1. 4. Aufl. (151 S.) — 2. 3. Aufl. (160 S.) — 3. 3. Aufl. (166 S.) — 4. 2. Aufl. (155 S.) — 6. 2. Aufl. (140 S.) — 7. 2. Aufl. (160 S.)

— humoristische Soldaten-Novellen für Sopha u. Wachtstube. 5., 8., 10., 13. u. 14. Bd. 12. Berlin 877—82. Behr. à n. 1. 50
5. 8. 10. 13. 2. Aufl. (160, 152, 171 u. 155 S.) 14. (VII, 145 S.)

—— ein Sonntagskind, s. Both's, L. W., Bühnen-Repertoir.

—— ein Spazierritt nach Jütland. Campagne-Bilder. gr. 16. (VIII und 155 S.) Berlin 858, Behr's Buchh. *

—— ein Spazierritt nach Jütland. Campagne-Bilder. Neue Aufl. gr. 16. (IV und 155 S.) Berlin 864, Behr's Buchh. *

—— der Spiegel des Teufels, s. Both's, L. W., Bühnen-Repertoir.

—— das Spukehaus. Komischer Roman. 4 Bde. 8. (187; 203; 224; 214 S.) Jena 881, Costenoble.

—— die schlimme Stelle. Humoristische Erzählung. gr. 16. (136 S.) Berlin 873, Behr's Buchh. *

Winterfeld, Adolf v.: Die schlimme Stelle. Humoreske von —. 4. Aufl. Berlin: Neufeld & Henius [1901]. (157 S.) 8°
(Winterfeld: Humoresken. Bd 5.)

—— Onkel Sündenbock. Humoristischer Roman. 3 Bde. 8. (264; 276; 212 S.) Jena 873, Costenoble.

— Onkel Sündenbock. Humoristischer Roman. 2. Aufl. Wohlf. Ausg. 8. (445 S.) Ebd. 888. n. 3. —

—— auf Tod und Leben, s. Unterhaltungs-Bibliothek für Reise und Haus.

—— die Todtenköpfe. Komischer Roman. 3 Bde. 8. (320; 344; 332 S.) Ebendas. 885. *

—— die Touristen, s. Both's Bühnen-Repertoir.

— die ersten Tricots, s.: Lesehalle, die, 5. Bdchn.

— dasselbe, s.: Buch d. Novellen.

Die zugemauerte Trompete u. andere Militärhumoresken von A[dolf] v. Winterfeld. 5. Aufl. *Berlin: Neufeld & Henius [1901].* (146 S.) 8° [J.]
= Winterfeld: Militärhumoresken. Bd 6. [ol. Seyn]

—— die Unzertrennlichen. Komischer Roman. 4 Bde. 8. (VIII, 250; 199; 176; 169 S.) Ebendas. 875.

— der Vampyr, s.: Unterhaltungs-Bibliothek f. Reise u. Haus.

— ein Versprechen, s. a. Kürschner's Bücherschatz.

[F.] Ein Versprechen. Roman v. A[lbert] v. **Winterfeld.** M. 25 Ill. v. Martin Känike. *Berlin, Eisenach, Leipzig: H. Hillger [1897].* (128 S.) 1 Bd 8.
= Bücherschatz, Kürschners. No 42. [97. 6299

— der Waldkater. Humoristischer Roman. 3 Bde. 8. (348, 311 u. 340 S.) Ebend. 883. n. 15. —

— **Wenn die Masken fallen. Lebensbild in 3 Akten. (67 S.) kl. 8. München 910. Hans Sachs-Verlag. 1. 50**

— wenn Frauen weinen, s.: Bloch's, E., Dilettanten-Bühne.

—— Wenn Frauen weinen, s. Bloch's, E., Theater-Correspondenz.

—— der stille Winkel. Komischer Roman. 4 Thle. 8. (XII und 898 S.) Berlin 865, Gerschel's Verlagsh.

—— der stille Winkel. Komischer Roman. 2. Aufl. 3 Bde. 8. (229; 218; 192 S.) Jena 879, Costenoble.

— **der stille Winkel. Komischer Roman. 3. Aufl. 3 Bde. 8. (VI, 298, 283 u. 247 S.) Jena 899. Berlin, H. Costenoble. n. 6. —; geb. n. 9. —**

— der Winkelschreiber. Historischer Roman. [Mit Benutzung des gleichbetitelten Lustspiels des Verf.] 3 Bde. Jena 869. Costenoble. 8. (254, 237 u. 230 S.) 4 aufl

— s. a. Bloch's Volkstheater.

Die unheimliche Wohnung und andere Humoresken. Von A[dolf] v. **Winterfeld.** 4. Aufl. *Berlin: Neufeld & Henius [1901].* (140 S.) 8° [F.]
= **Winterfeld:** Humoresken. Bd 1. [01. 8073

—— die Wohnungssucher. Komischer Roman aus Berlin's Gegenwart. 2 Bde. 8. (422 S.) Berlin 864, Gerschel's Verlagsh.

—— die Wohnungssucher. Komischer Roman. 2. Aufl. 8. (250 S.) Ebendas. 881. 2 —

—— alte Zeit oder: die vier Töchter des Rittmeister Schimmelmann. Komischer Soldaten-Roman. 3 Bde. 8. (III, 183; III, 204; III, 156 S.) Jena 873, Costenoble.

—— **alte Zeit oder die vier Töchter des Rittmeister Schimmelmann. Komischer Soldaten-Roman. 2. Aufl. Wohlf. Ausg. 2 Thle. in 1 Bde. 8. (472 S.) Ebendas. 885.** *

— alte Zeit od.: D. 4 Töchter d. Rittmeister Schimmelmann. Komischer Soldaten-Roman. 4. Aufl. Wohlf. (Titel-)Ausg. 2 Thle. in 1 Bde. 8. (III, 472 S.) Jena (891). H. Costenoble. n. 3. —; geb. n. 4. 20

— **alte Zeit od. die vier Töchter des Rittmeisters Schimmelmann. Komischer Soldatenroman. 5. Aufl. Mit Bildern v. G. Erler. 8. (460 S.) Ebd. 901. n. 5. —; geb. n. 6. —**

— **alte Zeit od. die vier Töchter des Rittmeisters Schimmelmann. Komischer Soldatenroman. 6. [Titel-]Aufl. Mit Bildern v. G. Erler. (460 S.) 8. Berlin [901] 903. Jena, H. Costenoble. n. 3. —; geb. n. 4. —**

— **Alte Zeit od. Die 4 Töchter des Rittmeister Schimmelmann.** Komischer Soldatenroman. 7. Aufl. Mit Bildern v. G. Erler. (460 S.) 8. Ebd. 910. 3. —; geb. 4. —

—— die Zigeunertochter, s. Unterhaltungs-Bibliothek für Reise und Haus.

Winterfeld, Adolf Wilhelm Ernst von, s. Winterfeld, Adolf

Winterfeld, C., s. Winterfeld, Karl

Winterfeld, C. W. D., s. Winterfeld, Karl Wilhelm Detlev

Winterfeld, Ernst v., Commentar üb. das Buch Iob. 1. Tl. Uebersetzg. u. sprachl. Analyse. gr. 8. (76 S.) Anklam 898. H. Wolter, Verl. n. 1. —

Winterfeld, Frau Emmy v., s.: Winterfeld-Warnow, E. v.

v. Winterfeld, F. W.: Teutsche u. Ceremonielpolitika deren erster Theil e. vollst. Politicam, d. and. aber e. Ceremoniel-Politicam durch Anführ. d. neuesten Exempel sowohl b. Freuden-, Trauer- u. and. Fällen, Reichs-, Mahl- u. Deputationstägen u. Conventen, Krönungen, Absetz- u. Abdankungen hoher Personen, Lehnsempfängnissen, Kriegs- u. Friedenshandll., Gesandtschaften, Ertheill. d. Audienzen, Visiten, Einholungen, Sessionen, Processionen u. s. w. deutl. vorgestellt. *Frankf. u. Leipz.* **700. 8.**

Der teutschen u. Ceremonial-Politica 3r Thl., in sich halt. d. Ceremonien u. Gebräuche, so bei polit. u. and. Sachen vorzugehen pflegen.

Winterfeld, Franz [aus Quedlinburg]: Ueber quartare **Mustelidenreste** Deutschlands. Berlin, Druck v. J. F. Starcke, 1886; 42 + 2 S. 8°.
Berlin, Phil. Fak., Inaug.-Diss. v. 12. Jan. 1886.

Winterfeld, Franz, über quartäre Mustelidenreste Deutschlands. Diss. Berlin 1886, Mayer & Müller. 8°. 42 S.

Winterfeld, G., s. a. Winterfeld, Karl

Winterfeld, G. v., Joh. Gabrieli u. sein Zeitalter. Zur Geschichte d. Blüthe heil. Gesanges im 16., u. der ersten Entwickel. d. Hauptformen uns. heutigen Tonkunst in diesem u. d. folg. Jahrh., zumal in d. Venedischen Tonschule. 1. u. 2. Thl. (Text, gr. 4. 56½ B.) u. 3. Thl., enthalt. e. Samml. geistl. u. and. Tonwerke vorzüglicher Meister d. 16. u. 17. Jahrh., namentl. v. Gio. Gabrieli, H. Schütz, seinem Schüler, Palestrina, Orlando Lasso, Claudio Merulo, Claudio Monteverde, Luca Marenzio, dem Fürsten v. Venosa, theils vollständ., theils im Auszuge. Fol. (39½ B.) Berlin 834, Schlesinger. 10 Thlr., Schrhp. 15 Thlr., Vlnp.

——, Johs. Pierluigi v. Palestrina. Seine Werke u. deren Bedeutung f. d. Geschichte d. Tonkunst. Mit Bezug auf Baini's neueste Forschungen dargest. gr. 8. (4½ B.) Breslau 832, Aderholz.

Winterfeld, Georg, aus Berlin: [1.] Über die **Bromide** des Schwefels. [2.] Versuche zur Darstellung von Bleitetrafluorid. *(Berlin 1904: A. W. Schade.)* (30 S.) 8°
Berlin, Phil. Diss. v. 12. März 1904

Winterfeld, Hans von, Gerichtsreferendar in Apenrade: Die **aufschiebenden** Einreden des Erben und der Leistungsverzug. Berlin: C. Heymann 1907. (VI, 82 S.) 8° [F.]
Leipzig, Jur. Fak., Diss. v. 11. Jan. 1907
[Geb. 19. Okt. 83 Metz; Wohnort: Apenrade; Staatsangeh.: Preußen; Vorbildung: Großh. Gymn. Heidelberg Reife Juli 02; Studium: Lausanne 2, Berlin 3, Kiel 1 S.; Rig. 25. Jan. 06.]

Winterfeld, Hans v., die aufschiebenden Einreden des Erben u. der Leistungsverzug. (VI, 82 S.) gr. 8. Berlin 907. C. Heymann. 2. —

Winterfeld, Hans Karl v., das fidele Bibelkränzchen. Burleske in 3 Akten. (94 S.) kl. 8. München 910. Hans Sachs-Verlag. 2. 50

Winterfeld, Hans Karl v., das Ende vom Liebe. Drama in 4 Akten. (65 S.) 8. Berlin-Friedenau 910. Bureau Fischer. 1. 50

— Letztes Leuchten. Lyrisch-dramatische Dichtg. (40 S.) 8. Ebd. 910. 1. —

Winterfeld, Herm., Schwänke d. sächsisch-thüring. Hausfreundes. 2., verm. Aufl. 12. (134 S.) Leipzig 898. C. Wilfferodt. n. 1. 20

Winterfeld. Karl von

Winterfeld, C. von- Alceste, 1674, 1726, 1769, 1776, von Lulli, Händel und Gluck. Berlin 1851.

Carl von Winterfeld's musikalische Bibliothek. Berlin (1857).

Winterfeld, Carl v., s.: Briefwechsel.

[S.] Briefwechsel zwischen Carl von Winterfeld und Eduard Krüger. Nach d. Origin. mitgeth. u. m. e. Einl. vers. v. Dr. Arthur Prüfer, Doz. an d. Univ. Leipzig. M. 3 Bildn. *Leipzig F. A. Seemann 1898* (1 Bl., LVII, 143 S., 3 Portr.) 1 Bd 8. 198 0,09

Winterfeld, Carl v., über den Einfluß der gegen das 16. Jahrh. hin allgemeiner verbreiteten und wachsenden Kunde des klass. Alterthums auf die Ausbildung der Tonkunst. Vortrag, gehalten in dem Verein für Kunde des Mittelalters am 22. Novbr. und 20. Decbr. 1849. gr. 8. (61 S.) Leipzig 850, Breitkopf und Härtel.

— Allegorisch-politische Festopern am kaiserl. Hofe zu Wien in der letzten Hälfte des 17. Jahrhunderts. Berlin 1852.

Winterfeld, C. v., Preußens kommandirende Generale. Lebensbilder. Potsdam 869. Döring. 8. (VIII, 141 S.) n. 6 *ngr.*

Winterfeld, C. v.- Ueber Karl Christian Friedrich Fasch's geistliche Gesangswerke. Berlin 1839.

Winterfeld, C. v., Geschichte der preußischen Feldzüge von 1866. gr. 8. (XII und 532 S.) Potsdam 867, Döring. *

Winterfeld, K., Geschichte des Krieges von 1870. 2 Bände. Berlin 1870. 8.

—— Geschichte des deutschen glorreichen Krieges gegen Frankreich im J. 1870 und 1871. 1.—7. Aufl. 8. (IV, 200 S.) Ebendas. 871. *

Winterfeld, C. v., Geschichte d. deutsch-französischen Krieges vom J. 1870 u. 1871. gr. 8. (XII, 508 S.) Potsdam 872. Döring. n. 7. 50

—— Geschichte des Krieges zwischen Deutschland und Frankreich im J. 1870 und 1871. 1.—3. Aufl. gr. 8. (IV, 238 S.) Potsdam 871,72, Döring. *

v. Winterfeld, C. Geschichte des glorreichen deutschen Krieges gegen Frankreich 1870 u. 1871. 1.—7. Aufl. (IV. 200) 8. Potsdam 1871. 0.60.

Winterfeld, C. v., Geschichte der drei glorreichen Kriege von 1864, 1866 u. 1870/1871. 2. Aufl. 8. (IV, 247 S.) Potsdam 879. Döring. n. 1. —

Winterfeld, C. v., Geschichte der drei glorreichen Kriege v. 1864, 1866 u. 1870/71. I. Der dänisch-deutsche Krieg v. 1864. II. Der österreichisch-deutsche Krieg v. 1866. III. Der französisch-deutsche Krieg v. 1870/1871. 3. Aufl. (IV, 247 S.) 8. Berlin 905. R. Schröder. (Cöpenick, R. Schön.) n. 1. 50

—— Geschichte der preußischen glorreichen Kriege von 1866. (Volksausgabe.) 1.—17. Aufl. 8. (112 S. mit 1 Holzschntaf.) Potsdam 866,67, Döring. *

—— dass. — (Billige Ausg.) 1.—24. Aufl. 8. (112 S. mit 1 Holzschntaf.) Ebendas. 866—68. *

—— Zur Geschichte heiliger Tonkunst. Eine Reihe einzelner Abhandlungen. gr. 8. (XVI und 466 S.) Leipzig 850, Breitkopf und Härtel.

—— dass. — 2. Thl. gr. 8. (XX und 372 S.) Ebds. 852.

Winterfeld, Karl, vollständige Geschichte d. deutsch-französischen Krieges v. 1870 von seiner Entstehg. an, in zusammenhäng. übersichtl. u. populärer Darstellg. nach den besten Quellen u. unter Benutzg. der amtl. Berichte. Ein Gedenk- u. Erinnerungsbuch f. alle Zeitgenossen u. Mitkämpfer. Nebst genauer Beschreibg. u. Abbildg. d. Zündnadel- u. Chassepotgewehres, der französ. Mitrailleuse, der Torpedo's 2c. Mit mehr als 40 Karten, Schlachtplänen u. Portraits, sowie zahlreichen anderen Illustr. v. C. Arnold, L. Burger, L. Löffler 2c. (in eingedr. Holzschn.) gr. 8. (VIII, 792 S. m. 2 Steintaf. in Fol.) Berlin 871. Hempel. n. 3 —; feine Ausg. n. 3. 50

Winterfeld, Karl, vollständige Geschichte des deutsch-französischen Krieges v. 1870 u. 1871 in zusammenhängender, übersichtlicher u. popul. Darstellung nach den besten Quellen u. unter Benutzung der amtl. Berichte. Ein Gedenk- u. Erinnerungsbuch. Mit mehr als 100 Karten, Schlachtplänen, Portraits u. and. Illustr. v. C. Arnold, L. Burger, L. Löffler u. a., nebst den sämtl. offiziellen Kriegsdepeschen in wortgetreuem Abdr. (VIII, 792 S. m. 1 Fksm.) 8. Berlin (906). A. Weichert.
Geb. in Leinw. 10. —

Winterfeld, Karl, vollständige Geschichte des Preußischen Krieges von 1866 gegen Oesterreich und dessen Bundesgenossen, von seiner ersten Entstehung an, in zusammenhäng., übersichtl. und populärer Darstellung nach den besten Quellen und unter Benutzung der amtl. Berichte. Ein Gedenk- und Erinnerungsbuch für alle Zeitgenossen und Mitkämpfer. 1.—23., unveränd. Aufl. gr. 8. (272 S. mit 2 lithogr. Karten in Farbendr., 8 Uebersichtskarten und Schlachtplänen und vielen Abbild. in eingedr. Holzschn.) Berlin 866,67, Hempel. *

—— über Herstellung des Gemeine- und Chorgesanges in der evangel. Kirche. Geschichtliches und Vorschläge. gr. 8. (187 S.) Leipzig 848, Breitkopf und Härtel.

v. Winterfeld, C., Johannes Gabrieli und sein Zeitalter. Zur Geschichte der Blüthe heiligen Gesanges im 16ten, u. der ersten Entwickelung der Hauptformen unserer heutigen Tonkunst in diesem u. dem folgenden Jahrhunderte, zumal in d. Venedischen Tonschule. 1r u. 2r Thl. (Text in gr. 4.) u. 3r Thl., enthaltend eine Sammlung geistlicher u. and. Tonwerke vorzügl. Meister des 16. u. 17. Jahrhunderts, namentlich von Gio. Gabrieli, H. Schütz, seinem Schüler, Palestrina, Orlando Lasso, Claudio Merulo, Claudio Monteverde, Luca Marenzio, dem Fürsten v. Venosa, theils vollständig, theils im Auszuge. Fol. Berlin 834. Schlesinger. 12 ₰ Schreibp. 18 ₰ Velinp. 24 ₰
s.a. Winterfeld, G.

v. Winterfeld, C., Johannes von Pierluigi von Palestrina. Seine Werke u. deren Bedeutung f. d. Geschichte der Tonkunst. Mit Bezug auf Baini's neueste Forschungen dargestellt. gr. 8. Bresl. 832. Aderholz. 14 ℊ
s.a. Winterfeld, G.

v. Winterfeld, Carl, der evangel. Kirchengesang und sein Verhältniß zur Kunst des Tonsatzes. 1. Thl. Der evangel. Kirchengesang im 1. Jahrhundert der Kirchenverbesserung. gr. 4. (Mit Musikbeilagen.) Leipzig 843, Breitkopf u. Härtel. n. 12 ℛ

— dass. 2. Thl. Der evangel. Kirchengesang im siebzehnten Jahrhunderte. gr. 4. Ebd. 845. n. 16 ℛ (1. 2. n. 28 ℛ)

— der evangel. Kirchengesang u. sein Verhältniß zur Kunst des Tonsatzes. 3. Thl. Der evangel. Kirchengesang im 18. Jahrh. gr. 4. (XXVI u. 589 S. u. 276 Noten.) Ebd. 847. n. 18 ℛ (3 Thle. n. 46 ℛ)

Winterfeld, Karl. Der deutsch-französische Krieg 1870—1871. Mit 14 Karten u. mehr als 100 Illustr. ꝛc. 16. Aufl. 50 Lfgn. gr. 8. (792 S.) Berl. 891, Deutsche Verlagsanstalt [W. F. Schäfer]. à Lfg. — 10; 5 —

Winterfeld, C. v., der Schleswig-Holstein'sche Krieg von 1864. 1—3. Abth. Potsdam 864. Döring. gr. 8. (1. Bd.: 240 S.; 2. Bd.: S. 1—128.) n. 1 ℛ 17½ ngr.

— der Schleswig-Holstein'sche Krieg von 1864. (2. Bd. 4. u. 5. Abthl. Ebend. 865. gr. 8. (VIII u. S. 129—352.) n. 27½ ngr.

— — 2., verm. Aufl. 15 Liefgn. Ebend. 866—68. gr. 8. (VIII, 560 S.) 2 ℛ 15 ngr.

Winterfeld, C. v., Lebensbild Sr. hochsel. Maj. des Kaiser Wilhelm, deutschen Kaisers, Königs von Preußen. Dem kaiserl. Kriegsheere und allen deutschen Patrioten gewidmet. 1.—10. Aufl. 8. (139 S. mit Bild.) Potsdam 888, Döring. *

— s. **Luther's, Dr. M., geistl. Lieder.**

Winterfeld, C. v.- Musiktreiben und Musikempfinden im sechzehnten und siebzehnten Jahrhunderte. Berlin 1851.

—— der wissenschaftliche Unterricht des Soldaten. Ein Handbuch für Unteroffiziere zur eigenen Ausbildung und zur Vorbereitung für alle Examina bei späteren Civilanstellungen, auch ein Lehrbuch für jeden Soldaten, sowie zum Gebrauch an Regiments- und Bataillonsschulen. 2. Aufl. (VIII, 179 S.) 1873, und 3.—5. Aufl. 8. (VIII, 191 S.) Ebendas. 874. *

— **der wissentschaftliche Unterricht** d. Soldaten. Ein Handbuch f. Unteroffiziere zur eigenen Ausbildg. u. zur Vorbereitg. f. alle Examina bei späteren Civilanstellgn., auch e. Lehrbuch f. jeden Soldaten, sowie zum Gebrauch an Regiments- u. Bataillonsschulen. 6. Aufl. 8. (VIII, 192 S.) Ebend. 876. n. 1. 50

— der wissenschaftliche Unterricht des Soldaten. Ein Handbuch zum Gebrauch für den Schulunterricht der Kapitulanten bei den Truppen, auf Grund der allerhöchsten Verordnungen vom 2. Novbr. 1876, sowie ein Lehrbuch für Unteroffiziere u. Soldaten zur eigenen Ausbildung u. zur Vorbereitung für alle Examina bei späteren Civilanstellungen. 7. Aufl. 8. (VIII, 192 S.) Ebend. 878. n. 1. 50

Winterfeld, C. v., der wissenschaftliche Unterricht des Soldaten. Ein Handbuch zum Gebrauch für den Schulunterricht der Kapitulanten bei den Truppen, auf Grund der Allerhöchsten Verordnungen vom 2. Novbr. 1876, sowie ein Lehrbuch für Unteroffiziere und Soldaten zur eigenen Ausbildung und zur Vorbereitung für alle Examina bei späteren Civilanstellungen. 8. und 9. Aufl. gr. 8. (VIII, 192 S.) Potsdam 880, 82, Döring. *

Winterfeld, C. v., der wissenschaftliche Unterricht d. Soldaten. Ein Handbuch zum Gebrauch f. den Schulunterricht der Kapitulanten bei den Truppen, auf Grund der Allerhöchsten Verordngn. vom 2. Novbr. 1876, sowie e. Lehrbuch f. Unteroffiziere u. Soldaten zur eigenen Ausbildg. u. zur Vorbereitg. f. alle Examina bei späteren Civilanstellgn. 10., durchgeseh. u. erweit. Aufl. gr. 8. (VIII, 196 S.) Potsdam 893. E. Döring. n.n. 1. 75

—— und B. Weißhun, Wilhelm der Erste, s. Weißhun, B.

—— Wilhelm, deutscher Kaiser, König von Preußen. Dem kaiserl. Kriegsheere und allen deutschen Patrioten gewidmet. 9. Aufl. 8. (152 S.) Ebendas. 878. *

— alte Zeit od. die vier Töchter d. Rittmeister Schimmelmann. Komischer Soldaten-Roman. 3. Aufl. Wohlf. Ausg. 2 Thle. in 1 Bde. 8. (III, 472 S.) Ebd. 891. n. 3.—

Winterfeld, Karl Wilhelm Detlef

v. Winterfeld, K. W. Dtl.: Abhandl. üb. d. Retractrecht d. Söhne u. Minorenne auf altväterl. Stammlehne, bes. in Mecklenburg; nebst Bemerkk. üb. d. Herz. Mecklenb. Declarator-Verordn. v. 12. Febr. 1802. *Göttingen*, Dieterich. 803. 8. (1 Thl. 12 Gr.)

v. Winterfeld, Karl Wlh. Detlef, Abhandlung über d. Retraktrecht der Söhne u. Minorennen auf Stammlehen, besonders in Mecklenburg; nebst Bemerkk. über d. Deklarationsverordnung v. 12. Febr. 1802. 8. Götting. 804. Dieterich. 1 ℛ 12 ℊ

Winterfeld, L. von: Der Mosquito-Staat. Nach authentischen Quellen geographisch-statistisch dargest. Eln. Stuhr 1845. 26 S. mit 2 Kt.

Winterfeld, Leontine v., um der Menge Schreien. (329 S.) 8. Berlin (910). Gose & Tetzlaff. 4.—; geb. 5.—

Winterfeld, Ludw. v., die Frage über die Landes-Befestigung in der Schweiz. 8. (41 S.) Bern 880, Haller. *

Winterfeld, Ludw. Alb. v., u. Alfr. Frhr. **v. Wolzogen,** dramatische Werke. 3 Bdchn. Leipzig 866. Brockhaus. 8. n. 2 ℛ

1. Bdchn. Blanche. Trauerspiel in 5 Aufzügen. (183 S.) n. 24 ngr.
2. Bdchn. Sophia Dorothea. Trauerspiel in 3 Aufzügen. (120 S.) n. 16 ngr.
3. Bdchn. Fürstin Orsini. Schauspiel in 5 Aufzügen. (VI, 156 S.) n. 20 ngr.

Winterfeld, Moritz Adolf

— Anfangsgründe d. Mathematik. 4 Bde. 1r u. 2r Bd. 1e—3e Abtheil. 791—96. 3r Bd. 799. 3e A. 806, 7. u. 4r Bd. 807. 2e A. 8. Braunschw. 809. Schulbuchh. 4 ℛ 8 ℊ (1r u. 3r Bd. A. u. d. T.: Anfangsgründe der Geometrie, in Sokrat. Lehrart abgefaßt. 3e A. 807. 1 ℛ 16 ℊ 1r Bd. 4e Aufl. besorgt von Dr. Stern. 832. 20 ℊ 4r Bd. A. u. d. T.: Anfangsgründe der ebenen Trigonometrie, in Sokrat. Lehrart abgefaßt. 807. 20 ℊ)

Winterfeld, Mor. Ado. v., Anfangsgründe d. Mathematik, zum Gebr. f. Schulen u. f. Selbstlehrlinge, in sokrat. Lehrart abgefaßt. 1. Thl. — A. u. d. T.: Anfangsgründe d. Geometrie. 1. Thl. 4., verm. u. verb. Aufl. v. M. Stern. 8. (19½ B. u. 8 Stnt. gr. 8.) Braunschweig 833, [Vieweg.]

s.a. **Art, leichte u. natürl., Französisch zu lernen.**

Winterfeld, Mor. Ad. v., leichte u. natürl. Art französisch lesen zu lernen. 8. Brschwg. Schulbuchhdl. 806.

Winterfeld, M. A. von, Berichtigung einiger Stellen in der Lebensbeschreibung des Generals von Fink, welche dessen Gedanken über militärische Gegenstände voransetzt ist. (Mit einigen Anmerk.) Berlin 1789. 8.

s. **F. A. v. Fink, Gedanken.**

v. Winterfeld, Mor. Ad., (eigentl. Levin Mor. Ad., († d. 17. April 1819.) Leben des Königl. Preuß. General-Lieutenants Hans Karl von Winterfeld. 8. Berl. 808. (Krause.) 1 ₰

(v. **Winterfeld, Mor. Ad.**) Leben des Preussischen General-Lieutenants H. K. von Winterfeld. 12. Leipzig u. Altenburg 1809. 16. Berlin 1809. 3,00.

— Prüfung der Castillionischen Preisschrift über Irrthum u. Volkstäuschung. 8. Berl. 788. Unger. 16 gr.

Winterfeld, M. A. von, Ueber den hellen Schein, den einige um den Schatten ihres Kopfes gesehen haben. (Annal. d. Physik, Jahrg. 1804, 9. St.)

— vermischte Schriften. 1r Thl. über die phys. Erziehung, vorzügl. über d. diätet. Gebr. kalter u. warmer Bäder. 8. Braunschw. 798. Schulbuchh. 12 gr.

— Vertheidigung der neuen Erzieher u. der kalten Bäder gegen Rehfelds Beschuldigung; ein Nachtrag zu d. vorhergeh. Buche. 8. Braunschw. 799. Schulbuchh. 6 gr.

Winterfeld, Paul

Winterfeld, P. v., Die Aratea d. Germanicus. S.-A. 1908. 8 S.

Winterfeld, Paul v., Beiträge zur Quellen- u. Textkritik d. Wetterzeichen Avions. gr. 8. (28 S.) Berlin 896. Weidmann. n. 1.—

— s.: Ekkehard I., d. St. Galler Mönches, Gedicht von Walther u. Hildegund.

Winterfeld, Paul v., Gedichte. (68 S.) kl. 8. München 905. C. H. Beck. Kart n. 1.50

Winterfeld, Paul, de, s.: Hrotsvitae opera.

de **Winterfeld**, Paulus *Carolus Rudolphus* [Borussus occidentalis]: De Rufi Festi Avieni metaphrasi Arateorum recensenda et emendanda ... Berolini, Mayer & Mueller, *1895*; 2 Bl., 40 S. 8.
Berlin, Phil. Fak., Inaug.-Diss. v. 11. März 1895

— de Rufi Festi Avieni metaphrasi Arateorum recensenda et emendanda. Diss. gr. 8. (40 S.) Berlin 895. Mayer & Müller. n. 1.—

Agnes Miegel. (Verf.: Paul v. Winterfeld.) *(Berlin 1902: E. Ebering.)* (8 S.) 8° [Kopft.] [illegible] 3

— der Rhythmus der Satzschlüsse in der Vita Bennonis, s.: Scheffer-Boichorst, Paul, Norberts Vita Bennonis Osnabrugensis episcopi e. Fälschung?

Winterfeld, P. v., Der Satzschluss bei Favonius Eulogius. S.-A. 1900. 4 S.

— schedae criticae in scriptores et poetas romanos. gr. 8. (62 S.) Berlin 895. Weidmann. n. 1.60

Stilfragen aus der lateinischen Dichtung des Mittelalters. Von Paul v. Winterfeld. (Als Ms. gedr.) *(Berlin [1902]: E. Ebering.)* (48, 8 S.) 8° [illegible] 3

Winterfeld, P. v., Wie sah der Codex Blandinius vetustissimus d. Horaz aus? S.-A. 1905. 8 S. 1.—

Winterfeld, Rudolf v., Die Massenturnübungen d. Herrn Kluge in ihrem Wert f. d. Armee, kritisch beleuchtet, Berlin 1861, 27 S., 8°.

Winterfeld - Damerow, L. v., Geschichte des Geschlechts von Winterfeld. 2 Bde. Mit color. Kpfr. u. Wappentfln. 1858—62.

Winterfeld-Warnow, Emmy

Winterfeld-Warnow, E. v., Bogdana. Ein Sang aus Lithauens Vergangenheit. gr. 8. (45 S.) Straßburg 899. J. H. E. Heitz. n. 1.50

— bei Tante Charlotte. Ein Jahr aus dem Leben e. jungen Mädchens. (230 S.) gr. 8. Berlin (903). Globus Verlag. Geb. in Halbleinw. n.n.n. —75; Geschenkausg. in Leinw. m. Titelbild. n.n.n. 1.10

Winterfeld-Warnow, Emmy v., nur Deutsch!, s.: Bibliothek kleiner Novellen u. Erzählgn., Nr. 6.

Winterfeld-Warnow, E. v. (Frau Emmy v. Winterfeld), Dreieichen, s.: **Kornblumen**, Nr. 7.

Winterfeld-Warnow, E. v. (Frau Emmy v. Winterfeld), der Erbschlüssel, s. a. **Volksbücher**, pommersche.

Der Erbschlussel. Eine pommersche Geschichte von E[mmy] v. **Winterfeld-Warnow.** Stargard i. P.: W. Prange [1908]. (15 S.) 8°
= **Volksbücher**, Pommersche. H. 1. [illegible] 8

— Des Mönches Fluch. Eine Erzählg. aus Chorins Glanzzeit. (84 S.) 8. Eberswalde 910. W. Jancke. 1.—

— deutsche Frauen in schwerer Zeit. Roman aus den J. 1806—1812 nach alten Familienpapieren u. Überliefergn. 8. (293 S.) Berlin (901). O. Janke. n. 4.—; geb. in Leinw. n. 5.—

— Deutsche Frauen in schwerer Zeit. Roman aus den J. 1806—1822 nach alten Familienpapieren u. Überliefergn. 2. Aufl. (293 S.) 8. Berlin (909). O. Janke. 2.—

Winterfeld, E. v.: Gott verläßt die Seinen nicht, s. Rosen-Knospen. Nr. 21.

— Gott weiß alles, s.: Immergrün. Nr. 116.

— moderne Jugend. Roman. 8. (308 S.) Berlin (902). O. Janke. n. 4.—

— mein Lied. Gedichte. 8. (VIII, 136 S.) Straßburg 899. J. H. E. Heitz. n. 2.50; geb. in Leinw. n. 3.—

— In der Pulvermühle, s. a. **Volksbücher**, pommersche.

In der Pulvermuhle. Buchheide-Marchen von E[mmy] v. **Winterfeld-Warnow.** Stargard i. P.: W. Prange [1908]. (20 S.) 8° [J.]
= **Volksbücher**, Pommersche. H. 2. [illegible] 9

— Der verkannte Raubmörder, s. a. **Thalia**.

Der verkannte Raubmorder. Lustspiel in 1 Akt von E[mmy] v. **Winterfeld-Warnow.** Muhlhausen i. Th.: G. Danner [1907]. (29 S.) 8° [J.]
= **Thalia**. 132. [illegible] 3

— Ferdinand v. Schill. Erinnerungsbild an seine Kämpfe im J. 1807 in 4 Akten m. e. Vorspiel. (46 S.) 8. Naugard (907). Gust. Kleine. (Nur direkt.) 1. —

— aus alten Schlössern. Harmlose Geschichten aus Urgroßmutters Zeit. Mit 1 Abbildg. des Schlosses Freyenstein. (III, 132 S.) 8. Berlin (903). O. Janke. n. 1. —

— die wunderbare Uhr, s.: Vergißmeinnicht-Erzählungen.

— Fürstin Mechtild v. Werle. Ein Frauenschicksal aus alter Zeit, nach e. alten Chronik erzählt. (128 S.) 8. Stuttgart 910. M. Kielmann. 2.—; geb. in Leinw. 3. —

Winterfeldt, Hans Carl v., und der Tag von Moys am 7. Septbr. 1857. Görlitz 857. Heinze u. Co. in Comm. 12. (125 S.) n. 15 ngr.

Winterfeldt, Hans Carl v., und der Tag von Moys am 7. Septbr. 1757. gr. 12. (125 S.) Görlitz 857, (Remer.) Thlr. *

Winterfeldt und der Ursprung des siebenjährigen Krieges. [München u. Leipzig 1890.] V: *Lehmann, Max.* (Dn)

Winterfeldt, Detlof v. (auch Detlef)

Winterfeldt, D. v., Bilder aus dem Jägerleben. Imp.-4. (V und 59 S. mit 7 Illustr. nach Zeichnungen von C. Steffeck in Holz geschn.) Berlin 861, Decker'sche geheime Ober-Hofbuchdruckerei. 1 Thlr.; geb. * *

Winterfeldt, Detlof v., ein mächtig Blühen, s.a. Thalia.

Winterfeldt, Detlef v.: Ein mächtig Blühen. Schwank in 1 Akt von –. Mühlhausen i. Th.: G. Danner [1902]. (32 S.) 8°
(Thalia. 94.)

Winterfeldt, Detlof v., verkannte Künstler od. Einbrecher in der Sommerfrische. Posse m. Gesang in 1 Akt. 8. (34 S.) Mühlhausen i/Thür. 893. G. Danner. n. 2. —

— **dasselbe, s.a. Thalia.**

— **eine Pferdekur, s.a. Mehrakter. Nr. 6.**

Winterfeldt, Detlef v.: Eine Pferdekur. Schwank in 2 Akten von –. Mühlhausen i. Th.: G. Danner [1900]. (50 S.) 8°
(Mehrakter. No 6.)

Winterfeldt, E., Drei Turnerlieder, d. T. V. „Vorwärts" zu Gleiwitz gewidmet. Gleiwitz. 8 S., 16°.

Winterfeldt, Edmund: Der sichere Weg aus der Finanznot des Reiches. 3. vervollst. Aufl. [Verf.: Edmund Winterfeldt.] Berlin: Schutzverband Reichsfinanzreform 1909. 15 S. 8°

Winterfeldt, Geo. v., Schloß Löcknitz. Ein Beitrag zur brandenburgisch-preuß. Geschichte. (149 S. m. 6 Taf.) gr. 8. Prenzlau 909. A. Mieck. 3.—; geb. 4. —

Winterfeldt, Jo. Car. Henr.: Principia iuris Romani de compensatione et iure retentionis. Traiecti ad Viadr. 1781.

Winterfeldt, Joach. v., Tagebuchblätter von der 2. Orientfahrt der Augusta Victoria. Febr.—Apr. 1892. 2. Aufl. 8. (III, 296 S.) Frankfurt a/O. 894. (Trowitzsch & Sohn.) Geb. in Leinw. n. 4. 50

Winterfeldt, Johann Samuel Christian A. S. 569/65

Dissertatio juridica inauguralis de jure stapulae civitatis Francofurtanae ad Viadrum.
Präs. Johann Wolfgang Trier.
Frankfurt/O. (Alexius) 8. VI. 1743. 26 S., 6 Bl.

Gew.: Franz Wilhelm von Happe.
W. v.: J. F. Raute, I. F. Goldbeck, J. G. Goldbeck, D. E. Cosmar. 36952

v. Winterfeldt, L., der Huanu. Sein Vorkommen und seine Anwendung als Dünger. Für Landwirthe nach eigenen Untersuchungen und Beobachtungen in Peru. 8. Berlin 845, Stuhr. n. ½ ℛ

—— der Mosquito-Staat. Nach authentischen Quellen geograph.-statistisch dargestellt. Nebst einer General-Karte des Mosquito-Staates u. einer Special-Karte des Cap Gracias a Dios. gr. 8. (1½ B. u. 1 Tab.) Berlin 845, Stuhr'sche Buchh. *

Winter-Feldzug, Der, 1848—1849 in Ungarn ... Wien 1851. V: *Heller von Hellwald, Frdr.* (WFM)

Winter-Feldzug, der, 1848—1849 in Ungarn. Unter dem Oberkommando d. Feldmarschalls Fürsten zu Windisch-Grätz. Im Auftrage Sr. Durchl. des Feldmarschalls nach offiziellen Quellen bearb. u. herausg. Mit 2 (lith.) Uebersichtskarten des Kriegsschauplatzes (in Fol. u. gr. Fol.) Lex. 8. (XII u. 515 S.) Wien 851. (Leipzig, Hubner.) baar n. n. 3 ℛ

Winterfeldzug, der, an der Donau, s. Conversations-Hefte, illustrirte.

Winter-Feldzug, der, des Revolutionskrieges in Siebenbürgen in den J. 1848 und 1849, s. a. Revolutionskrieg.

Winter-Feldzug, der, des Revolutionskrieges in Siebenbürgen in den J. 1848 und 1849. Von einem österreich. Veteranen. (Verf. der „Skizzen und krit. Bemerkungen der Ereignisse in Siebenbürgen" 2c.) gr. 8. (VI und 320 S.) Leipzig 861, Schrag's Verlag.

Winterfreuden, s.a. Jugend-Bücherei, farbig illustr.

— **eine Samml. geistreicher Erzählungen, kleiner Romane, Anekdoten 2c. 3 Thle. N. Ausg. mit Vign. 12. Pesth 815. Hartleben. 1 ℛ 16 kr**

Winterfreuden am Camin. 18. Hamb. 797. Bachmann. 8 kr

— **für Kinder von jedem Alter, die sich u. andere Kinder unterhalten u. belustigen wollen 2c. (herausg. v. A. Ziehnert.) 12. Pirna 810, N. A. 815. 3e A. 817. Friese. 12 kr**

— **für Kinder von jedem Alter, welche sich u. andere Kinder unterhalten u. belustigen wollen. 8. Eger 811. (K. Haas in Wien.) 4 kr**

(Winterfreuden. Die W' eines wohlverbrachten Lebens.) Njbl. s. [Schulthess, Johannes II].

WINTERFREUDEN, in kleinen Romanen und Erzählungen, geistreichen Bemerkungen und unterhaltenden Anekdoten. 3 Bde. Pesth. 1815. 8°.
Wildmoser's (München) Leihbibl.-Cat., c. 1825, no. 8469—71.

Winterfreuden zur Unterhaltung und Belustigung für Kinder jedes Alters . . . Pirna 1810. 2. Ausg. 1815. 3. Aufl. 1817. H: *Ziehnert, Johann Gottlieb Amadeus.* (Ky) (MGT)

— zur Unterhaltung u. Belustigung f. Kinder. Neue verm. Ausg. 8. Pirna, Friese. 815.

Winterfreuden fürs kleine Volk, s.: Tannenzweige. 3.

Winterfruechte

Winterfrüchte. Sammlung neuer Erzählungen, Romane und anderer Aufsätze. Aus den vorzüglichsten Taschenbüchern Deutschlands ausgewählt. Bdchn 1.2.3.4. Grätz: 1810–11 Tanzer. 8°

Winterfrüchte, Erzählungen u. Romane, gesammelt aus d. vorzüglichst. deutschen Almanachen. 8. Grätz, Ferstl. 812.

Winterfütterung. Die W' des Viehes. Eigene Erfahrungen und Beobachtungen eines praktischen Landwirtes (F -G , Berneck). Von diesem selbst bearb. für die VII. schweizerische landwirtschaftliche Ausstellung in Frauenfeld und von dieser mit einer Ehrenmeldung bedacht.... IV + 24 S. 8. Aarau, Emil Wirz, 1904. [fr. —.50]

Wintergabe, den armen Webern in Schlesien dargebracht. Eine Sammlung von Gedichten verschiedener Verfasser u Verfasserinnen. Hrsg. von Sophie v. Krosigk. 8. (VIII u. 184 S.) Leipzig 847, Orthaus in Comm. n. 1/2 ₰

Wintergarten, d., Novellen v. A. L. v. Arnim. 8. Berlin, Realschulbchhdl. 809.

Wintergarten, Der, herausgeg. von St. Schütze, s. a. Schütze, St.

Wintergarten, Der. Hg.: St. Schütze. (Forts. s. u.: Frühlingsbote, Der.)

1816. 352 S.
1818. 379 S.
1819.
1820. 400 S.
1821. 459 S.
1822. 392 S.

Frankfurt/M. Goed. VIII, 94, 186 a.

Der **Wintergarten**. Hrsg. v. [Johann] St[ephan] Schütze. ([Mit Kupf. v. Johann Heinrich] Ramberg.)
Frankfurt am Mayn: Wilmans 1816—1822. 8°
1/1817: 1816. 4 Bl., 352 S., 4 Kupfertaf.
Darin u. a. Erstdr. v. Friedr. de la Motte Fouqués „William Shakespears Jubelfeier".
2: 1818. 2 Bl., 379 S., 2 Kupfertaf.
Darin u. a. Erstdr. v. Ernst Theod. Amad. Hoffmanns „Ein Fragment aus dem Leben dreier Freunde".
4: 1820. 2 Bl., 405 S., 2 Kupfertaf.
6: 1822. 2 Bl., 392 S., 1 Titelkupf.

Wintergemälde. Berlin 1777. V: *Reckert, Carl Chn.* (MGT) (Ky) (ML)

Wintergerst, A., ein Wort üb. Buchführung u. Bücherrevision. (40 S.) 8. Hagen i/W. 908. (Leipzig, Fritzsche & Schmidt.) 1. —

Ein Wort über Buchführung und Bücherrevision von A. Wintergerst, Handelslehrer. (Hagen i. W.): Selbstverl. (1908). (40 S.) 8° [Ã.] [illegible]

Wintergerst, Aug. Wilh., Vademecum hebraicum. Ein Taschenbuch für Anfänger im Hebräischen. 8. (IV, 129 S.) Erlangen 882, Deichert. * 1 60

Wintergrün, Erzählungen von G. Lotz. 8. Hamb. 821. Hoffmann u. Campe. 1 ₰ 8 ℊ

Wintergrün, Taschenbuch auf 822. Herausgegben v. G. Lotz. Enthält: Cabri, od. die Brandruine bei Boza. — Das Marienbild. 8. Hamb., Herold. 822 1 Rthl. — 823—27, à 1 Rthl. 8 gr. 7 16

Wintergrün. Taschenbuch auf 1828—35. Hrsg. v. Geo. Lotz. 8. Hamburg, Herold.
1828. Die Felsenkluft v Stormcliff. Histor. Novelle v. † Sophie May. — Des Fischers Erzählung. Von G. Lotz. (17 B.)
1829. Der Rächer. Novelle v. A. Lewald. — Sanct Peter. Erzähl. v. Louise Heyermann Lindenkron. (17 1/2 B.)
1830. Sigbrit. Histor. Novelle v. Caroline Lessing. — Histor. Miscellen v. Ferd Holm. (17 1/4 B.)
1831. Das weiße Haus. Novelle (nach) Paul de Kock) v. P Th. (18 B.)
1832. Alinska. Novelle. (18 3/4 B.)
1833. Der Schiffbruch od. die Opfer. Novelle. (19 B.)
1834. Das Haus am Seestrande. Novelle. Dem Engl. frei nacherzählt v. J. R. Lenz. (21 B)
1835. Alfred u. Mathilde. Histor. Erzähl. a. d. 1. Viertel d. 18. Jahrh. (18 1/2 B)
Jahrg. 1822. 1 Thlr., J. 1823—27. à 1 Thlr. 8 Gr. Ebendas.

Wintergrün. Taschenbuch auf 1836—42. Hrsg. v. Geo. Lotz. 8. Hamburg, Heroldsche Buchh.
1836. Die Verschwornen u. ihre Gegner. Novelle v. Maria Norden. (20 3/4 B.)
1837. Jürgen Wullenweber u. Mary Meyer. Histor. Erzähl. v. L. Wolf. (20 1/2 B.)
1838. Irrthum Ueberall. Humorist. Erzähl. (16 B.)
1839. Victoire, od.: Die Flucht aus Genf. Histor. Novelle v. L. Wolf. (13 B.)
1840. Nina. (17 B.)
1841. Der Freund d. Tribunen. Erzähl. aus d. französ. Revolution. Von Ad. Winkler. (16 1/4 B.)
1842. Das Familiengeheimniß. Novelle v. Heinr. Bernstein. (17 1/4 B.)

Wintergrün. Taschenbuch auf 1843—47. (Jahrg. 1843—45. Hrsg. v. Geo. Lotz. 1846, 47. Hrsg. v. dessen Witwe.) 8. Hamburg, Herold'sche Buchh.
Inhalt:
1843. Das Lösegeld, histor. Novelle v. Heinr. Bernstein. (17 3/4 B.) 1 Thlr. 10 Ngr.
1844. Die Verlassene. Novelle v. Carlo Brunetti. (17 3/4 B.) 1 Thlr. 10 Ngr.
1845. Die kleine Vicomtesse, v. Amalia Bölte. Der Prophet von St. Paul. (18 B.) 1 Thlr. 10 Ngr.
1846. Der Staatsgefangene. — Der Ueberfall der Kaffern. (17 B.) 1 Thlr. 7 1/2 Ngr.
1847. Der Erbe des Hauses. Histor. Erzählung aus d. Zeit Ludwig XIV. (19 1/4 B) 1 Thlr. 10 Ngr.

Wintergrün. Taschenbuch auf 1849. Begründet von Geo. Lotz. Hrsg. von dessen Wittwe. 8. (263 S.) Hamburg, [Nolte und Köhler.] *

Wintergrün u. Moschus s. a. Antiope. Eine Zeitschr.

—— und Moschus. Erzähln. u. Gedichte zur Unterhalt. f. gebild. Leser. 8. (32 B. u. Vign.) München 828, [Jaquet.]
Erschien bereits 1826 u. d. T.: Antiope. Eine Zeitschr. ɂc.

Winterhager, Alexander, approb. Arzt aus Hilchenbach i. W.: Aus d. Universitäts-Frauenklinik zu Gießen. Über den Einfluß der Abnabelungszeit auf die Gewichtszunahme der Kinder. *Gießen 1903: v. Münchow.* (28 S.) 8°
Gießen, Med. Diss. v. 1903

Winterhalder, Eugen Theodor: Aus d. med. Poliklinik zu Tübingen (Vorst. Müller). Ueber auskultatorische Blutdruckmessung. München 1909: Kastner & Callwey. 10 S. 8°
¶ (Aus: Monatsschrift f. d. physikal.-diätet. Heilmethoden. Jg. 1, Juniheft.)
Tübingen, Med. Diss. v. 20. Aug. 1909, Ref. v. Romberg
[Geb. 1 Mai 81 Tübingen; Wohnort: Tübingen; Staatsangeh.: Württemberg; Vorbildung: Gymn. Eßlingen Reife Juli 02; Studium: Tübingen 11 S.; Coll. 14. Dez 08; Approb. 1. Aug. 09.] [U 10. 4169

Winterhalder, Fr., Frühwald. Eine Erzählung für die reifere Jugend. Korneuburg 862. Kühkopf. 8. (66 S.) geb. n. 6 ngr.

Winterhalder, Thdr. Ritter v., Kämpfe in China. Eine Darstellg. der Wirren u. der Betheiligg. v. Österreich-Ungarns Seemacht an ihrer Niederwerfg. in den J. 1900—1901. Mit 118 Abbildgn., 26 Croquis u. 2 Karten. gr. 8. (VIII, 584 S.) Wien 902. A. Hartleben.
Geb. in Leinw. n. 9. —

WINTERHALTER, Georg (Landsberg): De excisione et exarticulatione mandibulae.- Monachii: Poessenbacher 1831. 24 S.
13.5.1830 - Urk; F 60
Diss. Ingolst.-Landsh.-Mchn.

Winterhalter, L., zur Kanalisation von München. [I. Dr. Varrentrapp's Brief an Bürgermeister Dr. Erhardt. II. Dr. Varrentrapp als Hygieniker im Frankfurter Collegium. III. Auszug aus: Les systèmes d'évacuation des eaux et immondices d'une ville par M. van Overbeek de Meijer.] gr. 8. (38 S.) München 880, (Th. Ackermann.) * — 60

WINTERHALTER, Leopold (München): De conjunctivitide scrophulosa. (Titel nach der Urkunde)
7.8.1856 - Urk; F 69
Diss. Ingolst.-Landsh.-Mchn.

Winterhauch, Theod., Rheineis, od. deutsche Sympathien. gr. 8. (2⅛ B.) Heidelberg 841, Jul. Groos.

Winterhjelm, K., Intermezzos, s. Universal-Bibliothek Nr. 2348.

(Winterhoff, C.) Die neueste Phase der Schleswig-Holsteinischen Frage (*Umschlag*: Demokraten-Stimme aus der freien Schweiz zur Sache Schl'-Holstein's). Ein Flugblatt, vom Baum der Erkenntniss gefallen und aufgelesen von einem grossdeutschen Anti-Koburger. (Zürich, am 22. Novbr. 1863.) 8. Hamburg.

Winterhoff, C., mit Skorpionen statt mit Ruthen. Blicke in die Gegenwart und Zukunft des Vaterlandes, insbesond. Enthüllungen über den wahren Charakter der Schleswig-Holstein. Bewegungen und der sogenannten Fortschritts- und National-Partei. (In 2 Thln.) 1. Thl. gr. 8. (VIII und 207 S.) London 864, Winterhoff's Selbstverlag.

Die Taktik der Liberalen im Kampfe gegen die Demokratie. Beitrag zur Enthüllung derselben. Von C. **Winterhoff**. London (1864.) 8°

Winterhoff, (Johannes): Die **Pflege** körperlicher Übungen in Münster während des Mittelalters. *Münster 1899: Westfäl. Vereinsdruckerei.* (S. 3—26.) 4° [F.]
Münster i. W., RG, P 1899 (394)

Winterholm, Arth. v., Entlarvt, s. a. Aus Vergangenheit u. Gegenwart. 28. Bdchn.

Entlarvt. Nach d. Französ. von Arthur v. **Winterholm**. Kevelaer: Butzon & Bercker 1901. (110 S.) 8°
(Vergangenheit, Aus, u. Gegenwart. Bdch. 28.)

Winterkamp, Heinrich [aus Eving]: Aus d. patholog. Institut zu Bonn. Beitrag zur Pathogenese der Kiefercysten ... Bonn, Buchdr. J. Bach Wwe., 1891; 45 S. 8.
Bonn, Med. Fak., Inaug.-Diss. v. [15.] Aug. 1891

Winterl, Jakob Joseph

— accessiones novae ad prolusionem suam primam et secundam. 8maj. Budae 803. Typogr. Soc. 10 gr.

Darstellung der vier Bestandtheile der anorganischen Natur. Eine Umarbeitung des ersten Theiles seiner Prolusionen und Accessionen. Aus dem lateinischen übersetzt von Johann Schuster. Jena, 1804. pp. xlvi–528, 8vo.

Winterl, Jak. Jos., († d. 23. Nov. 1809.) Darstellung d. 4 Bestandtheile der unorganischen Natur, eine Umarbeitung d. 1n Thls. seiner Prolusionen u. Accessionen d. Verfass. Aus d. Latein. von J. G. Schuster. gr. 8. Jena 804. Frommann. 2 Thlr. 4 gr.

— s. Früchte, monatliche.

— die Kunst, Blutlauge, u. mehrere zur Blutfarbe dienl. Materialien im Großen zu bereiten u. solche zur Blaufärberei anzuwenden. 8. Wien 790. Gräffer. (W. Nauck in Leipz.) 8 gr.

— Kunst d. Blutlauge u. mehrere z. Blaufarbe dienliche Materialien im Großen zu bereiten u. solche zur Blaufärberey anzuwenden. 8. Wien, Gräffer. (Sommer.) 790.

— — dasselbe. gr. 8. Lpz. Compt. f. Lit. 800.

Methodus analyseos aquarum mineralium. Viennæ et Budæ, 1781.
Editio secunda, 1784.

— prolusiones ad chemiam Saeculi decimi noni. 8maj. Budae 800. Typogr. Soc. 16 gr. (Beck in Wien.) 1 Thlr. 4 gr.

— System der dualistischen Chemie dargestellt von Schuster. 2 Bde., s. Jh. Schuster.

Systematis chemici ex demonstrationibus Tirnav. pars rationalis et experimentalis. Viennæ, 1773.

— Dissert. med. proponens inflammat. theoriam novam. 8maj. Wien 767. Trattner. 8 gr.

Winterlandschaften. — Winter-landscapes. — Paysages d'hiver. — Neue Zeichen-Vorlagen. 1. und 2. Heft. qu. Fol. (à Heft 4 Stnt.) Leipzig 872, Reclam sen. à Heft *

—— dass. — 1. und 2. Heft. qu. 4. (à Heft 6 Stnt.) Ebendas. 872. à Heft *

Winterlandschften.— Winter-landscapes. — Paysages d'hiver. — Neue Zeichen-Vorlagen. 1. Hft. qu. Fol. (4 Steintaf.) Leipzig 875. Bauer. n. 1. —

Winterlectüre. 1e, 2e u. 3e Lfrg., jede zu 6 Bdn. ... Wien ... Sollinger. (à Lfrg. 1 Thlr.) 3 Thlr. — 1e Lfrg.: I. Bdchn.: J. G. Seidl, Dichtungen, 1s Bdchn. II. Bdchn.: A. Schuhmacher, Die Insel. III. Bdchn.: J. G. Seidl, Dichtungen, 2s Bdchn. IV. Bdchn.: Fr. Gräffer, Nebenstunden. V. Bdchn.: J. G. Seidl, Dichtungen, 3 Bdchn. VI. Bdchn.: Ant. Kaspar, Blumenglocke. — 2e Lfrg.: I. Bdchn.: Calderon's Kreuzerhöhung. II. Bdchn.: Vasquez, Lilien. Erzählungen. III. Bdchn.: Frankl, Gedichte. IV. Bdchn.: Shakespeare's sämmtliche Gedichte. V. Bdchn.: Calderon's Arzt seiner Ehre. VI. Bdchn.: Liebe, Macht u. Ehre. — 3e Lfrg.: I. Bdchn.: Demel, Gedichte. II Bdchn.: Pietznigg, Mittheilungen über Wien, 1r Bd. III. Bdchn.: Helden der Vendee. IV. Bdchn.: Pietznigg, Mittheilungen über Wien, 2r Bd. V. Bdchn.: Renaudot, Gemälde von Algier. VI. Bdchn.: Gräffer, über Tonkunst, Sprache, Schrift. — (NB. Sind auch einzeln zu haben.)

Winter Life in Grindelwald. [Illustrated Guide.] 48 p. 8-obl. Interlakon, Otto Schlaefli, [1905].

Winterling, C. M., Ady, oder der verjüngte Greis. Dramatisirtes Mährchen. 8. Erlangen 842, Bläsing. ⅝ Thlr.

Winterling, C. M. (Hrsg.), s. Album f. Freunde und Freundinnen der Belletristik.

Winterling, C. M., antik-moderne **Dichtungen.** (Inhalt: Amor u. Psyche nach Apulejus. — Daphnis u. Chloe nach Longus.) 16. Berlin 836. Bade. 7/8 ß

Winterling, C. M., Epigramme in vier Centurien. gr. 12. (138 S.) Erlangen 847, Enke's Vrlgsh. *

— s. Don Alonso de Ercilla, die Araucana.

— die Eroberung von Granada, ein episches Gedicht in 24 Gesängen, nach d. Italien. des Hieronymus Graziani. 2 Bde. gr. 8. Nürnberg 834. (Berlin, Bade.) 1 3/4 ß

—— Festspiel z. ersten Jubelfeier der Universität Erlangen. gr. 8. (1 1/2 B.) Erlangen 843, Bläsing.

— s. Goldsmith, O., the Vicar of Wakefield.

s. Hall, Basil: See- und Landreisen.

Winterling, C. M., Mehr in Thaten als in Worten Lustspiel in fünf Acten. Erlangen 853. Bläsing. 12. (2 Bl., 98 S.) n. 10 ngr.

—— poet. Mittheilungen in vier Büchern. 8. (10 1/2 B. mit Holzschnn.) Nürnberg 837, Fr. Campe.

—— Rhythmen und Reime. gr. 12. (XX und 459 S.) Erlangen 849, Enke's Vrlgsh. *

Winterling, C. M., Sonette. 16. Nürnberg 828. Campe. 18 gr.

Winterling, C. M., Sonette. 16. (11 1/2 B. u. 1 Vign.) Nürnberg 829, Campe. Thlr.

— Strauß aus alten Epigrammendichtern. (Aus „Epigramme" besonders abgedr.) gr. 12. (40 S.) Ebd. 847. n. 6 ngl

— poetische Werke. 1. Bd. Schauspiele: Theodor u. Euphrasia. — Markgraf Walther von Saluzzo. — Die Colonie. gr. 12. Erlangen 844, Enke. n. 1 ß

—— Vorwort zum 2. Bd. der poet. Werke. 8. (16 S.) Erlangen 847, Enke's Vrlgsh.
aus des Verf.: Epigramme etc., besonders abgedruckt.

Winterling, William, Pierrot-Quadrille, s.: Oldenburg, J. W.

Winterlingen [Schlagwort]

Winterlingen, s.: Württemberg. Höhenkurvenkarte.

Winter- und Sommerlust, Hinterbergens allgemeine und eigene, mit untermischten physikalischen und moralischen Betrachtungen . . . Riga 1745. V: *Fischer, Joh. Bernh. von.* (MI.) (R-N)

Winterlustbarkeiten für junge Leute in Gesellschaften, bestehend aus Gesundheiten, Scherz- u. Pfänderspielen, Räthseln etc. 2 Thle. 8. Quedlinb. 786. Ernst. 20 gr.

WINTERLUSTBARKEITEN in Scherz- und Pfänderspielen, Gesundheiten etc. 2 Thle. Quedlinburg, Ernst, 1773—74. 8°. Selten!

WINTERLUSTBARKEITEN, Zeitverkürzende, für junge Leute in Gesellschaften. Aus Gesundheiten, Scherz- und Pfänderspielen, Räthseln, Kartenkünsten, auch andern lustigen und leichten Kunststücken bestehend. In zwey Theilen. Ebd., Friedr. Jos. Ernst, 1786. 8°. (In Berlin, Magistratsbibl.) 397 + 333 S.

— —, Zeitverkürzende, für junge Leute in Gesellschaften. Aus Gesundheiten, Scherz- und Pfänderspielen, Räthseln, Kartenkünsten, auch andern lustigen und leichten Kunststücken bestehend. In zwey Theilen. Quedlinburg, Friedr. Jos. Ernst 1786. I. 373 S. II. 333 S. 8°. (In Berlin: Magistrats-Bibl.)

Wintermährchen, s. Wintermärchen

Wintermann, A., die Hilfsschulen Deutschlands u. d. deutschen Schweiz, nebst e. Anh. betr. d. Hilfsschule in Rotterdam, Wien u. Christiania, s.: Beiträge zur Kinderforschung.

Wintermann, Heinrich [aus Oldenburg]: Aus d. Patholog. Institut zu Greifswald. Beitrag zur Diagnostik der bösartigen Thymusgeschwülste . . . Greifswald, Buchdr. C. Sell, 1896; 41 S., 1 Bl. 8.
Greifswald, Med. Fak., Inaug.-Diss. v. 18. Juli 1896

Wintermantel, *Alfred* [app. Arzt aus Furtwangen]: Ueber Elephantiasis venosa und deren operative Behandlung mittelst Keilexcision . . . Strassburg i. E., Buchdr. C. Goeller, 1892; 41 S., 1 Bl. 8.
Strassburg, Med. Fak., Inaug.-Diss. v. 1892

Wintermantel, Egon: Biographisches in den Gedichten von Sir Thomas Wyatt und Henry Howard, Earl of Surrey. Furtwangen 1903: W. Kirchberg. (74 S.) 8°
Freiburg i. B., Phil. Diss. v. 1903

Wintermantel, Egon, Biographisches in den Gedichten v. Sir Thomas Wyatt u. Henry Howard, Earl of Surrey. Diss. (V, 74 S.) gr. 8. Furtwangen 903. (Freiburg i/B., Lorenz & Waetzel.) n. 1. —

Wintermantel, Karl Eugen, Finanzpraktikant: Die Lohnverhältnisse der badischen Eisenbahnarbeiter. Heidelberg 1907: K. Rössler. (55 S.) 8°
Heidelberg, Phil. Fak., Ref. Rathgen, Diss. v. 23. Juli 1907
[Geb. 25. Febr. 82 Hödingen; Wohnort: Sinsheim a. E.; Staatsangeh.: Baden; Vorbildung: Realgymn. Ettenheim, Gymn. Bruchsal Reife Juli 02; Studium: Freiburg i. B. 3, Straßburg 1, Heidelberg 4 S.; Rig. 14. Juni 07.]

Wintermantel, Oskar [pr. Arzt aus St. Georgen i. Schwarzw.]: Zwei Faelle von primaerem Gehirnsarkom . . . Würzburg, Druck v. F. Fromme, 1894; 39 S. 8.
Erlangen, Med. Fak., Inaug.-Diss. v. 22. Jan. 1895

Wintermantel, Rud., von des Schwarzwald's Höhen. Gedichte in aleman. Mundart. 12. (67 S.) Freiburg i/B. 899. F. P. Lorenz. n. 1. 20

Wintermärchen vom Gevatter Johann. Bayreuth 1800. V: *Münch, Johann Gottlob.* (MGT) (Fiker) (NN)

Wintermährchen von Gevatter Johann (Jh. Gtl. Münch). 8. Bayr. 800. Grau in Hof. 1 ß

— neu erzählt von Gevatter Johann (Jh. Gtl. Münch). 8. Jena 812. Voigt. 1 ß 8 gr.

— launige, beim Kamin zu erzählen. gr. 8. Basel 780. (Haas u. Sohn). 20 gr.

WINTER-MÄHRCHEN, Launigte, beym Camin zu erzählen. Mit Titelvignette. O. O. (Basel, Serini) 1780. Gr. 8°. 283 S. u. 4 S. Reg. (18 Mk. eleg. Hfrzbd., Adolf Weigel, 1906; 15 Mk., schönes unbeschn. Expl., Max Jaeckel, Potsdam 1907; 25 Mk. Edm. Meyer, Berlin, 1908.)

Wintermärchen, ein neues. Heinrich Heine's Besuch im neuen deutschen Reich der Gottesfurcht und frommen Sitte. Bearb. Neu-Aufl. 16. (46 S.) Zürich 875, Volksbuchh.

Wintermärchen, e. neues. Heine's Besuch im neuen deutschen Reiche der Gottesfurcht u. frommen Sitte. Neu-Aufl. im unveränd. Orig.-Texte. 16. (40 S.) Zürich 877. Volksbuchh. — 40

Winter-Markierung, alpine. Hrsg. vom alpinen Ski-Club München (e. V.) Mit 25 Zeichngn. v. C. Moos. (23 S.) 8. München 908. [G. Lammers], Verlag der deutschen Alpenzeitung. — 50
Sonderabdruck aus: „Der Winter".

Wintermonate. Für Freunde leichter Unterhaltung u. froher Laune. 2 Bde. 8. Leipz. 814, 15. Göschen. 2 Thlr. 12 gr.

Wintern, J. Wie einst im Mai. Eine Erzählg. 8. (141 S.) Dresd. 891, Pierson. * 2 —

Winternitz: Abhandlung über einige Fälle der angewandten Geometrie und Arithmetik. 10 S. Pressburg OR., Progr. 1851.

Winternitz, Dr., s. Sendschreiben, das diätetische, des Maimonides.

Winternitz, C.: Theoretische Principien der Mechanik, nebst der Art und Weise ihrer Anwendung auf das Maschinen-Wesen, nach den auf höhere Mathematik basirten ordentlichen Vorträgen des Herrn Adam Burg bearbeitet. Lithogr. Wien 1846. 4°

Winternitz, Carl, s. Winternitz, Karl

Winternitz, Eug., üb. Blutungen nach Abortus, veranlasst durch Placentarpolypen u. Endometritis, s.a. Sammlung zwangloser Abhandlgn. aus d. Gebiete d. Frauenheilkunde u. Geburtshilfe, II, 4.

Ueber Blutungen nach Abortus veranlasst durch Placentarpolypen und Endometritis. Von Dr. Eugen **Winternitz**, Privatdoz. an d. Univ. Tübingen ... *Halle a. S.: K. Marhold 1897.* (27 S.) 8.
= Sammlung zwangl. Abhandlungen a. d. Gebiete d. Frauenheilkunde u. Geburtshilfe. Bd II. H. 4. [98. 2558

— üb. **Fremdkörper** in d. Scheide u. üb. Scheidenpessarien. Nach e. Vortrag. gr. 8. (39 S. m. 6 Abb.) Tübingen 896. F. Pietzcker. n. 1. —

Winternitz, Eug., die Hämatocele, s.: Handbuch der Gynäkologie. III. II. 2.

— üb. d. Häufigkeit u. Prognose d. Zangenentbindungen auf Grund des gynäkolog. u. geburtshülfl. Materials d. Tübinger Universitäts-Frauenklinik. [Aus: „Monatsschr. f. Geburtshülfe u. Gynäkol."] gr. 8. (49 S.) Berlin 897. S. Karger. n. 1. —

— **Leitfaden** für die Schwangeren-Untersuchung. 8. (V, 85 S. m. 39 Abbildgn. u. 4 farb. Taf.) Leipzig 900. [A. Georgi.] G. Thieme. Geb. in Leinw. n. 3. —

Winternitz, Eug., die chronische Oophoritis. gr. 8. (IV, 127 S. m. 19 Abbildgn. u. 1 Taf.) Tübingen 893. A: Moser. n. 3. 60

Winternitz, Eugen [app. Arzt aus Stuttgart]: Über metastasenbildende Ovarialtumoren ... Tübingen: Druck v. E. Riecker's Buchdr. 1888. 59 S. 8°
Tübingen, Med. Fak., Inaug.-Diss. v. 1889

Winternitz, Eug. Ueber metastasenbildende Ovarialtumoren. Diss. gr. 8. (59 S.) Tüb. 890, (Moser). * * 1 20

Winternitz, Fr., s. Sue, E., sämmtliche Werke, 110.—117. Thl.

Winternitz, Friedrich, aus Grottau i. Böhmen: Beiträge zur Kenntnis der Phenole. *Greifswald 1903: J. Abel.* (35 S.) 8°
Greifswald, Phil. Diss. v. 6. März 1903

Winternitz, H., über den Einfluss heisser Bäder auf den respiratorischen Stoffwechsel des Menschen. (Unter Mitwirkg. v. Scheunemann.) gr. 8. (20 S.) Jena 899. G. Fischer. n. — 60
Sonderabdruck aus: „Klin. Jahrb."

Winternitz, H[ugo], Dr. med., I. Assist. d. Klinik: Aus d. Kgl. med. Universitäts-Klinik zu Halle a. S. (Dir.: Prof. v. Mering.) Über die Wirkung verschiedener Bäder (Sandbäder, Soolbäder, Kohlensäurebäder u. s. w.) insbesondere auf den Gaswechsel. Naumburg a. S.: Lippert & Co. 1902. (33 S.) 8°
[Aus: Deutsches Archiv f. klin. Med., Bd 72.]
Halle, Med. Hab.-Schr. v. 1902

Winternitz, J., die Virtuosen des Egoismus. Briefe eines Abgeordneten über die Wien-Novi-Bahn. 1. und 2. Aufl. gr. 8. (IV, 32 S.) Wien 874,75, Lehmann und Wentzel. *

Winternitz, Josef: Die Pflanzen in der Poesie und im Sprichwort der alten Araber.
Phil. Diss., Prag 1902/1903

Winternitz, Karl

Winternitz, Carl, die allgemeine Buchhaltung als Inbegriff aller bekannten Buchungsarten. Zum Gebrauche für Handels-Akademien, Ackerbau-Institute, Gewerbe- und Real-Schulen, so wie zum Selbstunterrichte für Jedermann, der irgend ein Geschäft ꝛc. zu verwalten hat. Lex.-8. (X und 175 S.) Wien 859, Wallishausser'sche Buchh. *

Winternitz, Karl, Kaiserspiel für kleine Kinder von 5 bis 7 Jahren, durch welches dieselben ohne Lehrer und ohne eigentlichen Unterricht in entsprechend kurzer Zeit nicht nur die Bilder, die Namen, die Aufeinanderfolge und die Regierungszeiten der römisch-deutschen Könige und Kaiser, sammt ihren Lebensbeschreibungen ꝛc. kennen lernen, sondern auch ihren Geist und ihre Gesittung zu einem Grad der Entwickelung bringen, der bisher in diesem Alter zu den Seltenheiten gehörte. Dabei eine Schachtel mit 56 eleganten Karten, welche 54 Kaiserbilder (in Holzschn.) und 60 kleine Lebensgeschichten enthalten (in 16.). Wien 854. Lechner. gr. 8. (36 S.) n. 1 Thlr. 10 Ngr.; feine Ausg. n. 2 Thlr. 10 Ngr.

— Karl. Kaiserspiel für kleine Kinder von 5 bis 7 Jahren, durch welche dieselben ohne Lehrer und ohne eigentlichen Unterricht in entsprechend kurzer Zeit nicht nur die Bilder, die Namen, die Aufeinanderfolge und die Regierungszeiten der römisch-deutschen Könige und Kaiser sammt ihren Lebensbeschreibungen, soweit sie für Kinder geeignet sind, auf eine ganz angenehme Weise selbstthätig und zwanglos kennen lernen, sondern auch ihren Geist und ihre Gesittung zu einem Grad der Entwicklung bringen, der bisher in diesem Alter zu den Seltenheiten gehörte. Dabei eine Schachtel mit 56 eleganten Karten, welche 54 Kaiserbilder und 60 kleine Lebensgeschichten enthalten. 2. Auflage. 8. (24 S.) Wien, Lechner, Verlags-Conto. 1869. 1 fl. 80 kr.

—— Länderspiel von Europa, für kleine Kinder von fünf bis sieben Jahren, durch welches dieselben ohne eigentlichen Unterricht in entsprechend kurzer Zeit nicht nur die Gestalt, die Lage und die Namen im dargestellten Erdtheile, sowie jene der Hauptgewässer, der Hauptgebirge und der Hauptstädte auf eine ganz angenehme Weise selbstthätig und zwanglos kennen lernen, sondern ihren Geist und ihre Gesittung zu einem Grade der Entwickelung bringen, der bisher in diesem Alter zu den Seltenheiten gehörte. Mit einem eigenthüml., die Landkarte Europa's darstellenden Zusammenlegebilde in gr. Fol. aus Pappendeckel, in 18 Stücken sammt der Karte, 2 Stäbchen und 40 S. Text. 1. und 2. Aufl. Wien 860, Lechner's Universitäts-Buchh.

—— Länderspiel für kleine Kinder von fünf bis sieben Jahren, durch welches dieselben ohne Lehrer und ohne eigentl. Unterricht in entsprechend kurzer Zeit 2c. die Gestalt, die Lage und die Namen der Erdtheile oder Welttheile, ihrer Meere 2c. kennen lernen 2c. 1. für sich selbst bestehende Lfg.: Länderspiel von Europa. Mit einem eigenthüml., die Landkarte Europas darstellenden Zusammenlegbilde in Großfolio aus Pappendeckel in 19 Stücken und 2 Stäbchen. gr. 8. (35 S.) Wien 854, Lechner's Universitäts-Buchh. *

Winternitz, Karl, Länderspiel f. Kinder von 5—7 Jahren, durch welches dieselben ohne eigentl. Unterricht in entsprechend kurzer Zeit nicht nur die Gestalt, die Lage u. die Namen der Erdtheile od. Welttheile, ihrer Meere, Länder, Hauptflüsse, Hauptgebirge u. Hauptstädte auf e. ganz angenehme Weise selbstthätig u. zwanglos kennen lernen, sondern ihren Geist u. ihre Gesittg. zu e. Grad der Entwicklg. bringen, der bisher in diesem Alter zu den Seltenheiten gehörte. 1. für sich selbst besteh. Lfg. Länderspiel v. Europa. Mit e. eigenthüml., die Landkarte v. Europa darstell. (chromolith.) Zusammenlegebilde in gr. Fol. aus Pappendeckel in 17 Stücken sammt der Karte u. 2 Stäbchen. 4. verb. Aufl. gr. 8. (22 S.) Wien 874. Lechner's Verl. n. 4. —

Winternitz, Karl, erstes Lesebuch für meine kleinen Freunde. Mit Benutzung von M. Budich's: erster Unterricht für meine Kinder. Wien 865. Lechner's Universitäts-Buchh. 8. (X, 126 S. mit vielen eingedr. Holzschn.) cart. 10 *ngr.*

—— Lesespiel für kleine Kinder von 4 bis 6 Jahren, wodurch dieselben ohne Lehrer und ohne eigentl. Unterricht in entsprechend kurzer Zeit nicht nur lesen lernen und zu einer Geläufigkeit in orthograf. Diktando-Uebungen gelangen, sondern ihren Geist und ihre Gesittung zu einem Grad der Entwicklung bringen, der bisher in diesem Alter zu den Seltenheiten gehörte. 1—4. Aufl. 1853—54. und 5., verb. Aufl. gr. 8. (24 S. mit 20 Bl. in qu. 4. und 100 Buchstaben in 64.) Wien 854, Lechner's Universitäts-Buchh. * — 16
Feine Ausg. * 1 —

— Lesespiel für kleine Kinder von 4 bis 6 Jahren, wodurch dieselben ohne Lehrer und ohne eigentlichen Unterricht in entsprechend kurzer Zeit nicht nur lesen lernen u. zu einer Geläufigkeit in orthografischen Diktando-Uebungen gelangen, sondern ihren Geist u. ihre Gesittung zu einem Grad der Entwicklung bringen, der bisher in diesem Alter zu den Seltenheiten gehörte. 12—19. verb. Aufl. Ebend. 859—64. (24 S. gr. 8., 7 Bll. mit color. Holzschn. in 4. u. 100 Buchstaben auf Pappe in 64.) n. 20 *ngr.*

— Lesespiel für kleine Kinder von 4 bis 6 Jahren. 20—23., verb. Aufl. Ebend. 865—68. gr. 8. (24 S. mit 20 Blatt in qu. 4. u. 100 Buchstaben in 64.) cart. u. in Etui. n. 20 *ngr.*

Winternitz, Karl, Lesespiel für kleine Kinder von vier bis sechs Jahren, wodurch dieselben ohne eigentlichen Unterricht in entsprechend kurzer Zeit nicht nur lesen lernen und zu einer Geläufigkeit in orthographischen Diktando-Uebungen gelangen, sondern ihren Geist und ihre Gesittung zu einem Grad der Entwicklung bringen, der bisher in diesem Alter zu den Seltenheiten gehörte. Mit 100 Buchstaben-Täfelchen. 24. verbesserte Aufl. oder fünfundzwanzigstes Tausend. 1868. 8. Wien, Lechner. 95 kr.

W i n t e r n i t z, Karl, Lesespiel für kleine Kinder von 4 bis 6 Jahren, wodurch dieselben ohne eigentl. Unterricht in entsprechend kurzer Zeit nicht nur lesen lernen und zu einer Geläufigkeit in orthografischen Diktando-Uebungen gelangen, sondern ihren Geist und ihre Gesittung zu einem Grade der Entwicklung bringen, der bisher in diesem Alter zu den Seltenheiten gehörte. 33. verb. Aufl. oder 34. Tausend. (24 S. mit Buchstaben in Kästchen.) 1878. * *M.* 2,25.; 34. verb. Aufl. oder 35. Tausend. gr. 8. (24 S. mit Buchstaben in Kästchen.) Wien 879, Lechner's Verlag. *

Winternitz, Karl, Lesespiel für kleine Kinder von 4 bis 6 Jahren, wodurch dieselben ohne eigentlichen Unterricht in entsprechend kurzer Zeit nicht nur lesen lernen u. zu einer Geläufigkeit in orthografischen Diktando-Uebungen gelangen, sondern ihren Geist u. ihre Gesittung zu einem Grade der Entwicklung bringen, der bisher in diesem Alter zu den Seltenheiten gehörte. 35., verb. Aufl. oder 36. Tausend. gr. 8. (24 S. m. 20 Lesetaf. u. Buchstaben in Futteral.) Wien 881. Lechner's Verl. cart. n. 2. 20

Winternitz, Karl, Lesespiel f. kleine Kinder von 4 bis 6 Jahren, wodurch dieselben ohne eigentl. Unterricht in entsprechend kurzer Zeit nicht nur lesen lernen u. zu e. Geläufigkeit in orthograf. Diktando-Uebgn. gelangen, sondern ihren Geist u. ihre Gesittg. zu e. Grade der Entwicklg. bringen, der bisher in diesem Alter zu den Seltenheiten gehörte. 36. verb. Aufl. od. 37. Tausend. gr. 8. (24 S. m. 8 Lesetaf. u. Buchstaben in Kapsel.) Wien 883. Lechner's Verl. cart. n. 2. 20

W i n t e r n i t z, Karl, Lesespiel für kleine Kinder von 4—6 Jahren, wodurch dieselben ohne eigentl. Unterricht in entsprechend kurzer Zeit nicht nur lesen lernen und zu einer Geläufigkeit in orthograf. Diktando-Uebungen gelangen, sondern ihren Geist und ihre Gesittung zu einem Grade der Entwicklung bringen, der bisher in diesem Alter zu den Seltenheiten gehörte. 37. verb. Aufl. oder 38. Tausend. gr. 8. (24 S. mit 20 Taf. und Buchstaben in Etui.) Wien 888, Lechner's Verlag. cart. * 2 20
Geschenk-Ausg. in Karton und Kistchen * 2 60

Winternitz, Karl, Lesespiel für kleine Kinder von vier bis sechs Jahren. 38. verbesserte Auflage oder 39. Tausend. 8. (24 S.) Cart. 1.10
Dasselbe. Geschenk-Ausgabe in Carton 1.30

Wien: Lechner 1894.

Winternitz, Karl, Mathematik für vollständige Realschulen u. Gimnasien, enthaltend die Arithmetik, Algebra u. Geometrie. Zum Gebrauche f. Realschulen von sechs u. f. Gimnasien von acht Jahrgängen wie auch zum Selbstunterrichte. In 2 Thln. 1. Thl. A. u. d. T.: Arithmetik u. Algebra. gr. 8. (XII u. 452 S.) Presburg 852, Wigand. n. 2 *ẞ* 16 *ngr.*

Winternitz, Karl, Mathematik für vollständige Realschulen u. Gimnasien, enthltd. die Arithmetik, Algebra u. Geometrie. Zum Gebrauche für Realschulen von sechs und für Gimnasien von acht Jahrgängen wie auch zum Selbstunterrichte. 2. Thl. 1. Abth. A. u. d. T.: Geometrie. 1. Abth.: Planimetrie. Mit 7 lith. Taf. (in Fol.). Presburg 853. Wigand. gr. 8. (144 S.) n. 18⅔ *ngr.*

W i n t e r n i t z Károly Olvasó-játék négy — öt éves gyermekecskék számára, mely által ők tanító és sajátlagos oktatás nélkül megfelelő rövid idő alatt nemcsak olvasni megtanulnak s az elejökbe mondott gyakorlatok helyesirásában ügyességre jutnak, hanem egyszersmind szellemöket s erkölcsüket a kifejlődés oly fokára viszik, mely eddig ily korban a ritkaságokhoz tartozott. — — mint szerző vezérlete alatt a német eredetinek negyedik javitott kiadása után magyar nyelvre alkalmazá Matics Imre. (109 betűvel kártya-papiroson, 19 olvasó táblával, melyek közt a 8 első képes, 1 kirakó-táblával s $1^1/_2$ iv szöveggel vagyis utasitással, miként kelljen az olvasó-játékot alkalmazni.) Bécsben, 1854. Lechner Rudolph. Pozsonyban. Nyomatott előbb Schmid-féle betűk-kel. (24 S. 8.) (Lesespiel für kleine Kinder von 4 bis 5 Jahren, wobei dieselben ohne Lehrer und eigentlichen Unterricht in entsprechend kurzer Zeit nicht nur lesen lernen und im Rechtschreiben der ihnen vorgesagten Uebungsstücke Gewandtheit erlangen, sondern zugleich auch ihren Geist und ihre Sittlichkeit zu einem Grade der Entwickelung bringen, der bisher in einem solchen Alter zu den Seltenheiten gehört hat. Unter Leitung des Verfassers, Karl Winternitz, nach der vierten verbesserten Ausgabe des deutschen Originals ungarisch bearbeitet von Emerich Matics. (Mit 109 Buchstaben auf Kartenpapier, 19 Lesetafeln, wovon die acht ersten Bildertafeln sind, mit einer auslegenden Tafel und $1^1/_2$ Bogen Text oder Anweisung, wie man das Lesespiel anzuwenden habe.) Wien, 1854. Rudolph Lechner. Preßburg. (Gedr. in der vormals Schmid'schen Druckerei.)

—— Programm für's Muster-Comptoir einer Handels-Akademie. 1. Aufl. 1859. * 5 Ngr. und 2. Aufl. gr. 8. (12 S.) Wien 860, Wallishausser'sche Buchh. *

Winternitz, Carl, razionelles Rechenbuch für den Gewerbs- und Handelsstand. Zum Gebrauche für höhere Sonntagsschulen, höhere Bürgerschulen und Realschulen, sowie auch zum Selbstunterrichte. gr. 8. (208 S.) Presburg 851, Wigand. *

—— Rechenspiel für kleine Kinder von fünf bis sieben Jahren, durch welches dieselben ohne Lehrer und ohne eigentlichen Unterricht in entsprechend kurzer Zeit rc. die Grundlagen des Rechnens rc. erlernen rc. Mit 58 Karten (in 32.) und 9 Vorlegetaf. (in qu. 4. und qu. Fol.) gr. 8. (35 S.) Wien 854, Lechner's Universitäts-Buchh. *

feine Ausg. *

— Rechenspiel für kleine Kinder von 5 bis 7 Jahren. 4., neu umgearb. Aufl. Mit 50 Karten u. 9. Vorlegetaf. (in 4.) Wien 863. Lechner. gr. 8. (39 S.) n. 20 ngr.

—— Schreibspiel für kleine Kinder von fünf bis sieben Jahren, durch welches dieselben ohne Lehrer und ohne eigentlichen Unterricht in entsprechend kurzer Zeit rc. Geschriebenes lesen, schreiben, schön schreiben und richtig schreiben lernen rc. Mit 100 Buchstabenkarten (in 32.), 1 Vorlegetaf., 1 elast. Schreibtaf., 14 dazu gehörigen (lithogr.) Vorschriften, 2 Schreibbüchelchen (in 4. und Fol.), 1 Tuffsteinstift, 1 Bleistift und 1 (lithogr.) Kinderhandschrift. gr. 8. (35 S.) Wien 854, Lechner's Universitäts-Buchh. *

—— Schreibspiel für kleine Kinder von fünf bis sieben Jahren, durch welches dieselben ohne eigentl. Unterricht in entsprechend kurzer Zeit auf eine angenehme Weise selbstthätig und zwanglos Geschriebenes lesen, selbstständig schreiben, schön schreiben und richtig schreiben lernen. 3., neu umgearb. Aufl. Mit 100 Buchstabenkarten, 1 Vorlegetafel, 9 Lesetafeln, 1 elast. Schreibtafel, 14 Vorschriften, 2 Schreibbüchelchen mit Tauffstein und Bleistift, 1 Kinderhandschrift und Stundeneintheilung. Text. gr. 8. (37 S.) Wien 862, Lechner's Universitäts-Buchh. In Couvert. *

— Schreibspiel für kleine Kinder von 5 bis 7 Jahren, durch welches dieselben ohne eigentlichen Unterricht in entsprechend kurzer Zeit auf eine angenehme Weise selbstthätig und zwanglos nicht nur Geschriebenes lesen, selbstständig schreiben, schön schreiben und richtig schreiben lernen, sondern durch welches sie ihren Geist und ihre Gesittung zu einem Grade der Entwicklung bringen, der bisher in diesem Alter zu den Seltenheiten gehörte. 4. neu umgearbeitete Auflage. Mit 100 Buchstabenkarten, 1 Vorlegetafel, 9 Lesetafeln, 1 elastischen Schreibtafel, 14 dazu gehörigen Vorschriften, 2 Schreibbüchelchen, mit Tuffstein, Bleistift und mit einer Kinderhandschrift. Ebd. 1867. 2 fl. (Nur baar mit 30%.)

—— französisches Sprachspiel für Kinder von 8 bis 10 Jahren, durch welches bei Anwesenheit einer einzigen Person in der Familie, die unter guter Aussprache blos französisch lesen kann, die Kinder vorläufig ohne Lehrer und ohne eigentl. Unterricht die französ. Sprache auf eine angenehme Weise selbstthätig und zwanglos bis zu jenem Grade erlernen, wo sie ein leichtes Lesestück lesen und verstehen, und ein einfaches Briefchen schreiben können rc.; um sie so vorbereitet einem Sprachmeister, oder unter gewissen Umständen mit einer guten Grammatik auch einem spätern Selbstunterrichte mit Gewißheit eines schnellen Erfolges ruhig überlassen zu können. 8. (44 S. mit 360 Karten in 64. und 1 Abwandlungstaf. in Imp.-Fol.) Wien 858, Lechner's Universitäts-Buchh. *

—— Turnspiel für Kinder von fünf bis zehn Jahren. 8. (8 S. mit 36 Figuren-Karten.) Wien 864, Lechner's Universitäts-Buchh. *

— Turnspiel für Kinder von 5 bis 10 Jahren. Mit 36 Fig.-Karten. 2., verb. Aufl. 32. Mit Text. gr. 8. (8 S.) Ebend. 878. In Etui. n. 2. —

Winternitz, Leop., s.: Winter, Leop.

Winternitz, Ludw. Ein Diagramm als Beitrag zur Orientirung üb. die Wirkungsweise der Augenmuskeln u. die Ausfalls-Erscheinungen bei Lähmung derselben. gr. 8. (16 S. m. Fig.) Wien 889, Hölder. * — 60
Aus: Wiener klin. Wochenschr., besonders abgedruckt.

WINTERNITZ, MAX. Zur Kenntnis des Euxanthons und des Methyleuxanthons. (Bern) Wien, *n. d.*

Winternitz, M. Zur Kenntnis des Euxanthons und des Methyleuxanthons. In-8°. 19 S. Bern. These. 1895.

Winternitz, Moritz

Winternitz, M., s.a. Apastambiya.

Winternitz Moritz, Dr.: *The Apastambiya Grihyasutra with extracts from the commentaries of Haradatta and Sudarsanarya.* Wien. 1887. A. Holder . . . . . .

Winternitz, M., Geschichte der indischen Literatur, s.a. Literaturen, die, des Ostens. IX, 1.

Geschichte der indischen Litteratur. Von Dr. M[oritz] Winternitz. T. 1. Leipzig: C. F. Amelang 1905. 8°
(Litteraturen, Die, d. Ostens in Einzeldarstellungen. Bd. 9. Halbbd 1.)

Winternitz, M. Das altindische Hochzeitsrituell nach dem Apastambiya-Grihyasûtra u. einigen anderen verwandten Werken. Mit Vergleichg. der Hochzeitsgebräuche bei den übr. indogerman. Völkern. Imp.-4. (114 S.) Wien 892, (Tempsky). * 6 —
Aus: Denkschr. der k. Akad. der Wissensch., besonders abgedruckt.

Winternitz Moritz, Dr.: Das altindische Hochzeitsrituell nach dem Apastambiya-Grihyasûtra und einigen anderen verwandten Werken. Mit Vergleichung der Hochzeitsgebräuche bei den übrigen indogermanischen Völkern. D 40/1 . . . . . „ 6.—
Separatabdruck

Winternitz Moriz: Das Hochzeitsrituell nach dem Âpastamba Grihyasûtra. Diss. Wien, Univ.
D: Sitzungsbericht der Akademie der Wissenschaft in Wien, Phil. histor. Klasse, Bd. 40, 1892.
1885 PN 417 2848

— s.: Lesebuch, religionsgeschichtliches.

Winternitz, Moriz, Der Sarpabali ein altindischer Schlangencult. (Separatabdruck aus Band XVIII [der neuen Folge Band VIII] der Mittheilungen der Anthropologischen Gesellschaft in Wien.) Wien 1888. 4°.

— was wissen wir v. den Indogermanen? (75 S.) gr. 8. München 903. (Leipzig, E. F. Steinacker.) n. 1. —
Sonderabdruck aus: „Allg. Zeitg., Beilage“.

Festtafellied zum Johannisfest der vereinigten schwäbischen Logen. Comp. von [Rafael] **Winternitz.** [Unterz.:] B[urch.] Blanke. [Stuttgart 1881: Metzler.] 2 Bl. 8⁰ [Kopftit.]
Abgedr. in: Sittard, J.: Bericht üb. d. gemeinschaftl. Johannisfest d. sechs schwäb. Logen. 1881 S. 24—25.
Tt. 2405. Ohne Noten: „Ihr Brüder, jubelt mit hellem Klang, . . ."

Winternitz, Wilh., die Aufgaben der Hydrotherapie bei der Lungenphthise, s. Klinik, Wiener.

Winternitz, Wilh., die hydriatische Behandlung der Diarrhöe im Kindesalter auf Grundlage der physiolog. Wasserwirkungen und prakt. Erfahrungen. gr. 8. (46 S.) Wien 868, (Seidel und Sohn.) *
Aus: Jahrbuch für Kinderheilkunde, besonders abgedruckt.

Winternitz, Wilhelm (Hrsg.), s. Blätter für Klinische Hydrotherapie...

— **physiologische Grundlagen der Hydro- u. Thermotherapie,** s.a. Therapie, physikalische, in Einzeldarstellungen. 1. Hft.

Physiologische Grundlagen der Hydro- und Thermotherapie. Bearb. von Hofrat Prof. Dr. W(ilhelm) **Winternitz**, Wien. Mit 11 Textabb. Stuttgart: F. Enke 1906. (87 S.) 8°
= **Therapie**, Physikalische, in Einzeldarstellungen. H. 1. [illegible]

—— Hydrotherapie, s.a. Handbuch der allgemeinen Therapie.

— u. Alois **Strasser,** Hydrotherapie. [Aus: „Lehrb. d. allg. Therapie".] gr. 8. (III u. S. 63—188 m. Abb.) Wien 898. Urban u. Schwarzenberg. n. 4. —

Winternitz, Wilh., die Hydrotherapie auf physiologischer u. klinischer Grundlage. Vorträge f. prakt. Aerzte u. Studirende. 1. Bd.: Der Einfluss der Hydrotherapie auf Innervation u. Circulation. Mit 20 (eingedr.) Holzschn. gr. 8. (X, 238 S.) Wien 877. Urban & Schwarzenberg. n. 7. 20

— die Hydrotherapie auf physiologischer u. klinischer Grundlage. Vorträge für praktische Aerzte u. Studirende. 2. Bd. 1. u. 2. Abthlg. gr. 8. Wien 879. 80. Urban & Schwarzenberg. n. 12. 80 (cplt.: n. 20 —)
1. Der Einfluss örtlicher therm. Applicationen auf lokale Temperatur- u. Ernährungsvorgänge. Mit 8 (eingedr.) Holzschn. (IV, 156 S.) n. 4. 80
2. Der Einfluss allgemeiner therm. Applicationen auf Körpertemperatur u. Stoffwechsel. Mit 12 (eingedr.) Holzschn. (VI u. S. 157—492.) n. 8. —

Winternitz, Wilh. Die Hydrotherapie auf physiologischer u. klinischer Grundlage. Vorträge f. prakt. Aerzte u. Studirende. 2. durchaus umgearb. u. verm. Aufl. 1. Bd.: Die physiologischen Grundlagen der Hydrotherapie, ihre Technik, Wirkung u. Indicationen. gr. 8. (XIV, 473 S. m. 40 Holzschn.) Wien 890, Urban u. Schwarzenberg. * 10 —; geb. * 12 —

—— Kaltenleutgeben und meine Wasserheilanstalt nebst einem statist. Berichte über die in den J. 1865, 1866, 1867 und 1868 daselbst und im Kaiserbade in Wien behandelten Kranken und erzielten Erfolge. [Bade-Bibliothek Nr. 30.] 8. (VI, 129 S.) Wien 869, Braumüller. *

— Kaltenleutgeben u. d. Wasserheilanstalt v. W. W. Mit 7 Ansichten u. e. statist. Tabelle. 8. (V, 64 S.) Wien 890. Braumüller. n. 1. 20

Winternitz, W., zur Pathologie und Hydrotherapie der Cholera,
—— zur Pathologie und Hydropathie des Fiebers,
—— zur Pathologie und Hydrotherapie der Lungenphthise,
} s. Studien, klinische, aus der hydriatischen Abtheilung der allgemeinen Poliklinik in Wien.

— der Tripper, s.: Gordon, S. C.

— über Wesen u. Behandlung des Fiebers, s.: Klinik, Wiener, 1875.

Winternütz, Johann Georg (Zeitz) A. S. 1205/34

Dissertatio inauguralis medica de phthisi.
Präs. Simon Paul Hilscher.
Jena (Kröker) VI. 1737. 31 S.

W. v.: Georg Michael Schmid, Johann Andreas Scheffer.
36954

Der Winterpalast des Prinzen Eugen von Savoyen, jetzt k. k. Finanzministerium in Wien. Fol. (40 S. mit 7 Tafeln) K 5.—
Wien: Hof- und Staatsdruckerei 1905.

Winterquartier, Das, in Amerika, ein Original-Lustspiel. Berlin 1778. V: *Babo, Josef Marius.* (Oberbayr. Arch. 51, 2) (Zeitschr. f. Büch. N. F. 15, 1923, 127)

Winterquartier, das, in Amerika; e. Origin.-Lstspl. in 1 Aufz. 8. Augsb. 779. v. Jenisch u. St. 2 gr (Fleischmann in München). 3 gr

Winterquartiere, Die; ein Lustspiel in fünf Aufzügen. Leipzig 1779. V: *Rost, Ernst August Wilhelm.* (MGT)

Winterquartiere, die,. Lustsp. von Rost. 3. Leipz. Linke. 779. — 4

Winterreise durch einem Theil Norwegens u. Schwedens nach Kopenhagen im Jahre 1807. 8. Berl., (Rücker). 1 ß 12 gr Hbd. Pr. 1 ß

Winterreise durch einen Theil Norwegens und Schwedens nach Kopenhagen . . . Berlin 1808. V: *Hanson, Pet. Treschow.* (Bruun, Bibl. Danica III, 90.) (Collin, Anonymer. Kiobenh. 1869.) (Pettersen, Anon. og Pseudonymer. Kristiania 1890.)

Winterreise durch e. Theil Norwegens u. Schwedens nach Copenhagen im J. 1807. 8. Berlin, Braunes. 808.

Winterroth, Frz., s.: Kirchenkalender, Mannheimer katholischer.

Winters, C., und C. Dames, Avance- und Sconto-Tabellen von 1 Pfg.—1000 Mark und von $1\frac{1}{4}$%—50%. Zum Gebrauche für jeden Fabrikanten und Kaufmann. gr. 8. (III, 96 S.) Crefeld 875. (Leipzig, Friese.) geb. *

Winters, Max, a. Pyrmont: Zur Organisation des südrussischen Getreide-Exporthandels. Leipzig: Duncker & Humblot 1905. (74 S.) 8° [F.]
Heidelberg, Phil. Fak., Ref. Rathgen, Diss. v. 2. Febr. 1905
[Geb. 21. August 72 Pyrmont; Staatsangeh.: Preußen; Vorbildung: Realgymn. Osnabrück; Studium: Rostock 2, Berlin 1, Braunschweig 1, Heidelberg 3 S.; Rig. 5. Febr. 04.]

Winters, Willy, approb. Arzt aus Burgdamm: **Aus d. chirurg. Klinik zu Kiel. Über einen Fall von Exostosis tibiae.** *Kiel 1903: H. Fiencke.* (18 S.) 8°
Kiel, Med. Diss. v. [1. Apr.] 1903

Wintersaison — Wintersport
v. Neue Zürcher-Zeitung.

Wintersberg, E., brennende Fragen. gr. 8. (72 S.) Zürich 870, Verlags-Magazin. *

Winterscene, eine, oder Ergebung in den Willen Gottes. Nach d. Franz. 16. Straßburg 845, Levrault. geb. 1/6 ℔

Winterscheidt, Heinr[ich]: Beiträge zur Geschichte und zum Verständnis des Massbegriffs. Bonn: Eisele 1909. 107 S. 8°
Bonn, Phil. Diss. v. 14. Aug. 1909, Ref. Dyroff
[Geb. 12. Okt. 78 Weilerswist; Wohnort: Mulheim a. Rh.; Staatsangeh.: Preußen; Vorbildung: Gymn. Montabaur Reife O. 99; Studium: Bonn 2, Berlin 2, Bonn 7 S.; Rig. 3. März 09.] [U 10. 433

Winterschmid, Adam Wolfgang

WINTERSCHMID, Ad. Wolfg. (Tanzmeister bei der hochlöbl. Universität Altdorf), Kurze und leichte Anweisung, die Kompagnietänze in Choreographie zu setzen, dergestalt, dass solcher (!) nicht mehr zu vergessen sind, welches sowohl Manns- als Frauens-Personen sehr nützlich und dienlich sein wird. Altdorf 1758. Gedruckt bei Georg Meyer, der Wohllöbl. Universität Buchdruckerei. (2 Mk. 50 Pfg. Th. Bertling, 1887.)
Bartholomäus p. 26 (ohne Formatangabe). — Selten!

Winterschmidt, fein ausgemalte, naturgetreue europäische Obstbaumfrüchte. 1. Monats-Ausg. d. Aprikosen. 4. Nürnberg, 1805. (Leipzig, Fleischer.)

Winterschmidt, A. W., Beobachtungen einer mit sehr viel kleinen Insekten geplagten Stubenfliege. Mit ill. Kpf. gr. 8. Nürnb. 765. Winterschmidt d. ält. 8 ℔

WINTERSCHMIDT, A. W. (Kupferstecher). — Der Tugend- und Lasterhafte Studente poetisch und moralisch entworfen. Das Studentenleben in 30 Kupfern vorgestellet. Verlegt u. in Kupfer gebracht v. *Ad. Wolffg. Winterschmidt* in Nürnberg. Frankfurth u. Leipzig. 1764. 32 Bll. Gr.-8°. (70 Mk. J. Halle, München, 1905.)

Winterschmidt, Adam Wolfgang, s. Winterschmid

Winterschmidt, Jh. Sam.

— naturgetreue Darstellung aller in- u. ausländ. Saamen u. Früchte, welche in der Apotheke u. Handel vorkommen. Mit 38 ill. Kpft., nebst deren Beschreibung u. vollständ. Registern. gr. 8. Nürnb. 818.

Winterschmidt, Jh. Sam., Nürnbergische Flora; der Baierischen Flora 1e Abtheil. 1s bis 3s Heft. u. 2e Abtheil. 1s—5s Heft. Mit 64 ill. Kpf. gr. 8. Nürnb. 819—21. Verfasser. (à Heft 1 ℔) 11 ℔

Die landwirtschaftlichen **Winterschulen** des landwirtschaftl. Zentralvereins für Littauen und Masuren. Nach d. Beschlüssen d. engeren Ausschusses v. 17. Nov. 1903 u. d. Generalversammlung v. 11. Dez. 1903. Insterburg 1907: A. Bittner. (10 S.) 8° [F.] [08. 7570 10

Das landwirtschaftliche *Winterschulwesen* u. Wanderlehrtum in der Rheinprovinz ... Bonn 1907. 28 S. 4°.

Winterseel, Hugo, Dr. phil., Apotheker u. Nahrungsmittelchemiker: Aus dem pharmakol. Inst. d. Univ. Bonn. Das Cypressenöl. Bonn 1908: Hauptmann. 54 S. 8°
Bonn, Med. Diss. v. 23. Juni 1909, Ref. Leo
[Geb. 2. Dez. 60 Hattingen i. W.; Wohnort: Godesberg; Staatsangeh.: Preußen; Vorbildung: Gymn. Attendorn Reife O. 80, Studium: Freiburg i. B. 3, Bonn 7 S.; Coll. 22. Dez. 08; Approb. 1. Juni 09.] [U 09. 374

Die Tagesfrage. Zur geschichtlichen und rechtlichen Beleuchtung der Schleswig-Holstein'schen Erbfolge und Verfassung. Von Eduard von **Wintersheim**. 2. verm. Aufl. Dresden 1864. 8°

Wintersperger, Anton

Wintersperger, Ant. Anleitung zur Handhabung d. neuen Wehrgesetzes u. der hiezu erlassenen Durchführungsvorschriften. Systematisch geordnet u. m. allen erforderl. Formularien, insbesond. zur Erlangg. der zuläss. Begünstiggn. erklärt. Geschlossen m. 3. Mai 1889. gr. 8. (83 S.) Wien 889, Steckler. * 1 20

Wintersperger, Ant., Anleitung für die Mitglieder des Heeres, der Reserve, der Landwehr, des Landsturmes, der Einjährig-Freiwilligen und für Jedermann, der sich dem Militärstand widmen will, zur Ablegung der Prüfungen behufs Erlangung der Stelle eines Officiers oder Beamten beim Heere, bei der Reserve, Landwehr und im Landsturm, insbesondere der Stelle eines Auditors, Militär-Arztes, Seelsorgers, Truppen-Rechnungsführers, ferners einer Bedienstung bei Verpflegs-, bei Betten-Magazins-, Monturs-Verwaltungs- und Medicamenten-Anstalten, beim Rechnungs-Controls-, Cassen-, Eisenbahn- und Telegraphen-, Feld-Post- und Intendanz-Dienste, als Rechnungs-Hilfsarbeiter, bei der Sanitäts-Truppe etc. gr. 16. (93 S.) Wien 887, Steckler. *
Aus: Beamten-Zeitung, besonders abgedruckt.

Wintersperger, Ant., Anleitung zur Volkszählung im J. 1881, enthaltend die Vorschriften vom 29. März 1869, dann vom 6. Aug. 1880, die neuen zur Anwendung kommenden Formularien und die denselben beigefügten Belehrungen, ferners die Vorschriften über das Heimatsrecht vom J. 1870 bis zur Gegenwart sammt Belehrung über die Ermittelung der Zuständigkeit. Systematisch geordnet und bearb. 8. (46 S.) Wien 880, Bretzner und Comp. * — 60

— Beförderungs-, Pensions- u. Superarbitrirungs-Vorschriften für die Personen des Heeres, der Kriegsmarine, der Landwehr u. für die Offiziere der k. k. Gendarmerie vom Jahre 1876. Bearbeitet u. erläutert. 8. (112 S.) Wien 876. (Steckler.) n. 1. —

—— das neue Branntweinsteuer-Gesetz sammt Erläuterungen und allen zur Durchführung erforderl. Formularien, dann sammt den Normen über Steuerborgungen, Steuer-Rückvergütungen und Steuerverjährung, dann über den Maßstab der Leistungsfähigkeit der Diffusionsgefäße bei der Zuckererzeugung. 8. (121 S.) (Ebendas.) 878. *

Wintersperger, Ant., die neue Dienstbotenordnung vom 22. Jänner 1877 für das Erzherzogth. Oesterreich unter der Enns, und das neue Gesetz über die Einhebung der Bautaren für die Gemeinden in Niederösterreich vom 19. Jänner 1877. Bearb. und erläutert. 8. (64 S.) Wien 877, (Steckler's Buchh.) *

—— die Dienst-Instruction für die k. k. Gendarmerie vom 26. Febr. 1876. Bearb., mit den einschläg. Gesetzen ergänzt, erklärt und für den Gebrauch als Instruction für Gemeinden, Gemeindebeamten und Diener benützbar gemacht. 8. (66 S.) (Ebendas.) 876. *

—— Supplement zum Freiwilligen-Gesetz, enth. alle nachträgl. bis Ende 1877 kundgemachten und in Wirksamkeit getretenen Normen in Betreff der Einjährig-Freiwilligen und Cadeten. 8. (XXIX S.) (Ebendas.) 878. *

Wintersperger, Ant., die neue Gebäude-Steuer [Hauszins- und Hausclassen-Steuer], sammt den noch gültigen älteren Normen. Systematisch bearb. und mit Formularien erläutert. gr. 8. (32 S.) Wien 882, (Edm. Schmid.) *

—— Das Gesetz u. die hiezu erlassenen Durchführungs-Verordnungen bezüglich der Aspiranten d. Einjährig-Freiwilligen-Dienstes insbesonders f. Studirende aller Facultäten u. höheren Lehranstalten, f. Theologen, Mediciner 2c. Systematisch geordnet u. m. allen erforderl. Formularien üb. Eingaben u. deren Beilagen zur Erlangg. dieser Begünstigg. erläutert. gr. 8. (38 S.) Ebd. 889. * 1 —

— Gesetz betr. den Handel m. gebrannten geistigen Flüssigkeiten, den Ausschank u. den Kleinverschleiß derselben, sammt Durchführungs-Bestimmungen, und Gesetz betr. den Spielkartenstempel. Populär erklärt u. m. Formularien erläutert. gr. 8. (15 S.) Ebend. 881. n. — 50

— das Gesetz betr. die Rübenzuckerbesteuerung, giltig f. die im Reichsrathe vertretenen Königreiche u. Länder, mit Ausnahme Dalmatiens u. der Zollausschlüsse von Istrien, Triest u. Brody, sammt allen früheren noch gilt. diesfäll. Normen u. insbesondere den früheren Normen a) über Zuckersteuer-Borgungen, b) üb. Zuckersteuer-Rückvergütungen. 8. (47 S.) Ebend. 878. n. — 80

— Gesetze a) über die Fleischbesteuerung außer den f. Verzehrungssteuer-Einhebung als geschlossen erklärten Orten sammt Durchführungs-Verordnung; b) Verzehrungssteuer-Tarif f. die Stadt Wien. Populär erklärt u. erläutert. 2., verb. Aufl. 8. (72 S.) Wien 878. (Steckler.) n. 1. —

Wintersperger, Ant., das neue Gewerbe-Gesetz sammt den noch giltigen Normen d. alten Gewerbe-Gesetzes, dann das neue Gesetz üb. die Einführg. v. Gewerbe-Inspectoren, populär erklärt u. m. Fomularien erläutert. gr. 8. (30 S.) Wien 883. (Edm. Schmid.) n. — 70

Wintersperger, Ant., Handbuch über das Gebühren-, Stempel- u. Steuerwesen für die sämmtlichen Kronländer des österreichischen Staates in alphabetischer Ordnung. Zum Gebrauche für Jedermann zusammengestellt. Kremsier 866. Gusek. gr. 8. (IV, 156 S.) n. 20 ngr.

Wintersperger, Anton, Handbuch für Gemeindevorsteher. Eine Sammlung aller den selbstständigen Wirkungskreis der Gemeinde bildenden Gesetze und Verordnungen. Ergänzt mit einer Anleitung über den Wirkungskreis und die Geschäftsgebahung der Bezirksvertretungen. Zusammengestellt, populär erklärt und mit vielen Formularien erläutert. 3. vermehrte Auflage. gr. 8. (IV u. 2 6 S.) Kreme, Löhner in Comm. 1869. 2 fl. 50 kr.

—— **Handbuch für Gemeindevorsteher.** Eine Sammlung aller den selbstständ. Wirkungskreis der Gemeinden bildenden Gesetze und Verordnungen und der wichtigsten Entscheidungen des Verwaltungsgerichtshofes. Zusammengestellt, populär erklärt und mit vielen Formularien erläutert. 5. verm. Aufl. gr. 8. (IV, 297 S.) (Ebendas.) 883. *

—— **Handbuch für Gemeindevorsteher.** Eine Sammlung aller den selbständ. Wirkungskreis der Gemeinden bildenden Gesetze und Verordnungen und der wichtigsten Entscheidungen des Verwaltungsgerichtshofes, sowie mit den Entscheidungen desselben und des Reichsgerichtes über Schulerrichtungen und deren Kostenbestreitung, und insbesondere der Errichtung von Schulen mit der landesübl. Unterrichtssprache bis Ende Jänner 1885 ergänzt. Zusammengestellt, populär erklärt und mit vielen Formularien erläutert. 6. verm. Aufl. gr. 8. (IV, 297 S.) Wien 885, [Edm. Schmid.] Steckler. cart. *

Wintersperger, Ant., Hand- u. Nachschlagebuch zum allgemeinen Zolltarif des österreichisch-ungarischen Zollgebietes, enth. das Einführungsgesetz zum allgemeinen Zolltarife: den allgemeinen österr.-ungar. Zolltarif. Ein alphabet. geordnetes Waarenverzeichniß. Die Normen a) üb. Zollborgungen u. b) Zollrückvergütungen u. s. w. gr. 8. (78 S.) Wien 878. (Steckler.) n. 1. 40

— dasselbe. 2., bis 1. März 1879 ergänzte u. verm. Aufl. gr. 8. (128 S.) Ebend. 879. n. 2. —

— dasselbe. Suppl. zur 1. Aufl. gr. 8. (S. 79—128.) Ebend. 879. n. — 60

— dasselbe. 12. (192 S.) Ebend. 882. n. 1. 60

—— **Handbuch der österreichischen Verfassungs- und Verwaltungs-Gesetzkunde.** Nach dem gegenwärt. Stande der Gesetzgebung bearb.. 2 Halbbde. gr. 8. (952 S.) Wien 875, [Hügel.] (Steckler's Buchh.) à Halbbd. * ℳ 7,20. *

—— vollständiges Hand- und Nachschlagebuch zum allgemeinen Zolltarif des österreichisch-ungarischen Zollgebietes. 2. bis 1. März 1879 ergänzte und verm. Aufl. gr. 8. (128 S.) (Ebendas.) 879. *

—— **vollständiges Hand- und Nachschlagebuch zum allgemeinen Zolltarif des österreichisch-ungarischen Zollgebietes.** 12. (192 S.) (Ebendas.) 882. *

—— neuestes alphabetisch-geordnetes Nachschlagebuch über den Stempel- und Gebühren-Tarif, ergänzt mit allen bis Ende Mai 1876 erschienenen Nachtragsgesetzen und Verordnungen und insbesondere mit den neuesten Vorschriften über Wechsel, käufmänn. Anweisungen, Pfandscheine, Rechnungen 2c. 2. Aufl. 8. (272 S.) (Ebendas.) 876. *

— — Ausgabe der Reichs-Gesetze für das Kaiserthum Oesterreich. Nr. 1—5. 8. Ebd. 1869.

Inhalt: Nr. 1. Das Ehegesetz, vom 25. Mai 1868, kundgemacht am 26. Mai 1868, R.-G.-B. Nr. 47, sammt den diesfälligen Bestimmungen des a. b. Gesetzbuches und den gesammten Nachtragsbestimmungen und Formularien über [illegible] der [illegible], der Aufgebotscupenien 2c. — Das Schulgesetz. (48 S.) 50 kr.

Nr. 2. Das Schulaufsichts-Gesetz für Steiermark. (32 S.) 30 kr.

Nr. 3. Das Wehrgesetz sammt den Uebergangsbestimmungen der Vorschriften über den Dienst der Einjährig-Freiwilligen und vielen [illegible] Verordnungen. Systematisch geordnet, populär erklärt und mit den erforderlichen Formularien erläutert. (72 S.) 50 kr.

Nr. 4. Das Volks-Schulgesetz. Populär erklärt und mit den erforderlichen Formularien erläutert. (40 S.) 36 kr.

Nr. 5. Das Wehrgesetz. 2. Theil. Enthaltend den Text der Instruction zur Durchführung des Wehrgesetzes im Auszuge sammt den gesetzlichen und den sonstigen sämmtlichen erforderlichen Formularien; ferner eine populäre Erklärung des Textes. (44 S.) 40 kr.

Wintersperger's Ausgabe der Reichs- und Landesgesetze für das Kaiserthum Oesterreich. Nr. 6. 7. kl. 8. Wien, Ferd. Klemm Sep.-Conto. 1870.

Inhalt: Nr. 6. Das Gesetz über die Regelung der Grundsteuer. Enthaltend: Den Text des Gesetzes vom 24. Mai 1869 sammt den gesetzlichen und den sonstigen sämmtlichen erforderlichen Formularien; ferner eine populäre Erklärung des Textes und eine umfassende Belehrung über die Erhebung des Reinertrages. (64 S.) 50 kr.

Nr. 7. Das Gesetz über die Vornahme der Volkszählung. Enthaltend: den Text des Gesetzes vom 24. Mai 1869 sammt den gesetzlichen und den sonstigen sämmtlichen erforderlichen Formularien; ferner eine populäre Erklärung des Textes. (32 S.) 50 kr.

—— **Sammlung der seit dem Bestande bis Ende Juni 1880 geschöpften Erkenntnisse des k. k. Verwaltungs-Gerichtshofes a) zum Gebühren- und Stempel-Gesetze, dann zum Gesetze über das Gebühren-Aequivalent und die Religionsfonds-Steuer; b) zum Erwerbsteuer-Gesetze; c) zum Gesetze über die Hausclassen- und Hauszinssteuer und d) zum Einkommensteuer-Gesetze.** Systematisch geordnet und bearb. 8. (174 S.) Wien 880, Bretzner und Comp. *

— Sammlung der derzeit noch zu Recht bestehenden Gesetze, Verordnungen u. Erlässe üb. das Jagd- u. Fischereirecht, mit Auszügen aus Entscheidungen des hohen Reichsgerichtes, Verwaltungsgerichtshofes, obersten Gerichtshofes, der Ministerien, Landesvertretungen 2c. gr. 8. (62 S.) Wien 878. Steckler. n. 2. —

— der Staatsdienst in Oesterreich. Systematisch geordnete Sammlung aller in Bezug auf den Staatsdienst in Oesterreich besteh. Gesetze. 2., bis Ende 1876 ergänzte Aufl. gr. 8. (176 S.) Ebend. 877. n. 3. —

—— **der Staatsdienst in Oesterreich.** Systematisch geordnete Sammlung aller in Bezug auf den Staatsdienst in Oesterreich bestehenden Gesetze und Verordnungen, sammt allen bisher geschöpften Erkenntnissen des Reichsgerichtes. 3. bedeutend erweiterte Aufl. gr. 8. (196 S.) Wien 883, (Edm. Schmid.) *

—— **die neuen Stempel- und Gebührenvorschriften für Wechsel, kaufmänn. Anweisungen, Pfandscheine, Rechnungen 2c. Giltig vom 1. Mai 1876 an.** Ein unentbehrl. Handbuch für jeden Handels-, Geschäfts- und Gewerbsmann, sowie für Geld- und Handels-Institute. Bearb., erläutert und populär erklärt. 8. (64 S.) (Ebendas.) 876. *

Wintersperger, Aug.: Der österr. Landsturm u. die Rechte und Pflichten der Mitglieder desselben. I. Bdchen. Wien: Selbstverlag 1886. 8°
— — II. Bdchn. 8° Ebd.

Wintersperger, Karl, Übungsbuch f. das Rechnen, s.: Streng, Karl.

Wintersperger, Karl Edw., s. **Landbote, der baierische.**

Wintersport. Hrsg. v. der Red. d. „Tourist". Red.: Ramhorst. 1. Jahrg. Novbr. 1894—Apr. 1895. 12 Nrn. (Bog. m. Abbildgn.) hoch 4. (Berlin, W. H. Kühl.) n. 1.—

Wintersport, deutscher. Erweiterte Folge des deutschen Eissports. Fachzeitschrift f. Schlittschuhlaufen, Schneeschuhlaufen u. verwandte Sport-Zweige. Amtliches Organ des deutschen Eislauf-Verbandes des internationalen Schlittschuh-Clubs Davos und des Ski-Clubs Schwarzwald. 11. u. 12. Jahrg. Oktbr. 1901—Oktbr. 1903. à 22 Nrn. gr. 4. (IV, 224 u. IV, 236 S.) Berlin (S. W. 47, Katzbachstr. 8), O. Schöning. à Jahrg. n. 4.—
Vergl.: Eis-Sport, deutscher.

Wintersport, deutscher. Erweiterte Folge des deutschen Eissports. Fachzeitschrift f. Schlittschuhlaufen, Schneeschuhlaufen u. verwandte Sport-Zweige. Amtliches Organ des deutschen Eislauf-Verbandes, der internationalen Eislauf-Vereinigg., des internationalen Schlittschuh-Clubs Davos usw. 13.—16. Jahrg. Oktbr. 1903—Septbr. 1907. Leitung: O. Schönig. (IV, 282; IV, 272; IV, 274 u. IV, 348 S. m. Abbildgn.) 4. Berlin, Fred Manning. à Jhrg. n. 4. —

Wintersport, deutscher. Amtliche Zeitschrift folgender Wintersport-Vereiniggn.: Deutscher Eislauf-Verband, internationale Eislauf-Vereinigg., internationaler Schlittschuhklub Davos usw. Schriftleitung f. Eissport: O. Schöning; f. Schneesport: Johs. Siegel. 20. Jahrg. Novbr. 1910—Oktbr. 1911. ca. 20 Nrn. (à ca. 16 S.) 31×23,5 cm. Dresden, J. Siegel. 4.—

Wintersport in Grindelwald. [Illustrierte Reklamebroschüre.] quer-8. Interlaken, Otto Schlaefli, [1905].

Wintersport im Bayrischen Hochland. Bearb. von Carl J. Luther. Mit 4 Kt. Berlin: Goldschmidt 1910. 110 S. 8°
(Griebens Reiseführer. Bd 132.) [10. 2605

— in Österreich. Hrsg. v. den Verwaltgn. der k. k. österreich. Staatsbahnen u. der österreich. Südbahn. (86 S. m. Abb. u. 1 Karte.) kl. 8. Wien (908). R. Lechner's Sort. — 40

Wintersport im Riesengebirge. (Grieben's Reiseführer.) kl. 8⁰. Berlin. 1910. Kart. M. 1.20

Wintersport in der Schweiz. (Grieben's Reiseführer.) kl. 8⁰. Berlin. 1910. kart. M. 2.—

Wintersport in Thüringen. (Grieben's Reiseführer.) kl. 8⁰. Berlin. 1910. kart. M. 1 20

— in Wien u. Niederösterreich. Allen Freunden unserer Heimat gewidmet vom Wintersportausschusse d. Landes-Verbandes f. Fremdenverkehr in Niederösterreich. (69 S. m. Abb. u. 12 Taf.) 13×17 cm. Ebd. (907). — 60

Wintersport und Winterkuren in der Schweiz. Praktischer Reiseführer. Mit 4 Karten. 109 S. 8. Berlin, Albert Goldschmidt, 1910. ([cart.] M. 2. —)
Griebens Reiseführer. Band 135.

Wintersport und Winterreisen im Harz. Prakt. Reiseführer. Bearb. von W. Dammann, unter Mitw. d. Oberharzer Skiklubs ... Mit 5 Karten. Berlin: A. Goldschmidt 1909. (60 S.) 8⁰
(Reiseführer, Griebens. Bd 118.)

— u. **Winterreisen** im Riesengebirge, s. a. Grieben's Reiseführer.

Wintersport und Winterreisen im Riesengebirge. Prakt. Reiseführer. Bearb. unter Mitw. d. Wintersportvereine u. Schneeschuhklubs ... Mit 2 Karten. Berlin: A. Goldschmidt 1909. (61 S.) 8⁰
(Reiseführer, Griebens. Bd 117.)

(F) **Wintersportrevue.** Jahrg. 1910/1911. Gr.-8°. Heft 1 pro kompl. K —.40
Wien: Hassenberger & Co 1910.

Winterstationen, die. Zeitschrift f. klimat. Kurorte u. Sanatorien. Red.: M. Jankau. 1. Jahrg. 1900. 12 Nrn. gr. 8. (à ca. 24 Sp. m. Taf.) München, Seitz & Schauer. n. 2. 40
Fortsetzung, s.: Zeitschrift f. klimat. Kurorte.

Winterstein, die Einweihung u. Eröffnung d. Realschule zu Michelstadt, s. Hessig.

Germanen-Tafel. Darstellungen altgermanischer Gesittung. (Verf.: Dr. Winterstein in Kassel.) Kassel: (Selbstverl. 1899). (1 Bl.) 2⁰

Winterstein, Rede, s. Einweihung u. Eröffnung d. Realschule zu Michelstadt.

Winterstein, Alfred: Die christliche Lehre vom Erdengut nach den Evangelien und apostolischen Schriften. Eine Grundlegung der christlichen Wirtschaftslehre. *Mainz: F. Kirchheim 1898.* (XIV, 109 S.) 8° [J.]
Wurzburg, Theol. Diss. v. 1898

Winterstein, Alfr., d. christl. Lehre v. Erdengut nach d. Evangelien u. apostol. Schriften. E. Grundlegg. d. christl. Wirtschaftslehre. gr. 8. (XIV, 288 S.) Mainz 898. F. Kirchheim. n. 3. —; geb. in Leinw. n. 4. —

Winterstein, Alfr., von Brückenau in die südliche Rhön. Nebst 1 Höhenschichtenkarte, 2 Spezialkarten u. 12 Ansichten aus der südl. Rhön. (X, 120 S.) 8. Würzburg 903. (B. Bauch.) Geb. in Leinw. n.n. 1. 50

Winterstein, Ernst, und Trier, Georg. Die Alkaloide. Eine Monographie der natürlichen Basen. VIII + 340 S. gr.-8. Berlin, Gebrüder Borntraeger, 1910. [M. 11. —]

Winterstein, E[rnst], aus Ernstthal (Sachsen) [v. Lodz, Russland]: Über das pflanzliche Amyloid und einige andere Bestandtheile der pflanzlichen Zellmembranen. [S.A. aus: Zeitschrift für physiol. Chemie, Bd 17, S. 353—380 (Ueber das pflanzliche Amyloid), 381—390 (Zur Kenntniss der Muttersubstanzen des Holzgummis), S. 391—400 (Ueber das Verhalten der Cellulose gegen verdünnte Säuren und verdünnte Alkalien)]. Strassbg K. J. Trübner 1892. 2 Bl., 48 S. 8⁰.
Zürich. Phil. Diss. [v. 20. Juni 1892].

Winterstein, E[rnst], und Trier, G[eorg]. Beilsteins Anleitung zur qualitativen Analyse. 9. Aufl. Leipzig 1909 s. Beilstein, [Friedrich].

Polnische Auferstehung. (Polonia rediviva.) Ernste Betrachtungen u. Mahnungen von Dr. Franz **Winterstein.** Lissa i. P.: F. Ebbecke 1907. (92 S.) 8° [07. 8637

— Polnische Auferstehung. (Polonia rediviva.) Ernste Betrachtgn. u. Mahngn. (III, 92 S.) gr. 8. Lissa 907. O. Eulitz. 1.50

Winterstein, Frz., Klein-Deutschland, e. Kehrbild, s. a. Flugschriften des Alldeutschen Verbandes. 15. Hft.

Klein-Deutschland, ein Kehrbild. Von Dr. jur. Franz **Winterstein**, Kassel. Hrsg. vom Alldeutschen Verbande. München: J. F. Lehmann 1903. (12 S.) 8⁰
(Flugschriften d. Alldeutschen Verbandes. H. 15.)

Winterstein, Frz., der Korrespondent, wie er sein soll, s.: Bibliothek des jungen Kaufmanns. 15. Bd. (Franzer, Berth.)

— Die Polenfrage, s.: Kultur u. Fortschritt.

— Rechtsfragen f. Reisende, s.: Kultur u. Fortschritt.

Deutsche Rechts- u. Gerichts-Karte. Eine Eintheilung d. Deutschen Reichs 1) nach Gebieten d. bürgerl. Rechts u. 2) nach umfassenderen Gerichtsbezirken (Oberlandes- u. Landgerichte). Mit e. Orientirungsheft. [Verf.: Dr. Franz Winterstein, Assessor a. D.] *Kassel: Th. G. Fischer & Co. 13(95–)96.* (42 S., 1 Kartenbl. 80×62 cm.) 8° [F.]
Kartenblatt. 1895 Orientirungsheft. 1896. [01. 3766 4

— **Das Testament nach deutschem Reichsrecht. Mit Mustern u. Beispielen zum prakt. Gebrauch f. jedermann.** (36 S.) kl. 8. Leipzig (908). E. Schnurpfeil. — 25

— Das Vereinswesen in seiner kulturellen Bedeutung, s.: Kultur u. Fortschritt.

— Deutsches Vereinswesen, s.: Kultur u. Fortschritt.

Winterstein, die Verkehrs-Sprachen der Erde. (34 S.) gr. 8. Hamburg (903). Hanseat. Druck- u. Verlags-Anstalt. n. — 50

Winterstein, Frz., die Verkehrs-Sprachen der Erde. 2., verm. Aufl. (52 S. m. 1 Karte.) Frankfurt a/M. 908. M. Diesterweg. 1. —

— **Wie erlerne ich schnell e. fremde Sprache? (Prakt.) Winke f. d. Selbst-Unterricht. (Mit besond. Berücksicht. der Hilfsmittel.)** (55 S.) 8. Hamburg (908). Paustian Gebrüder. 1. 20

— **Winke f. junge Kaufleute, die im Auslande Stellung suchen.** (England, Frankreich, Spanien, Rußland u. Italien.) (2. u. 3. Taus.) (70 S.) 8. Hamburg 907. Paustian Gebrüder. 1. 20

— dasselbe, s. a. Bibliothek des jungen Kaufmanns. Bd. 9.

Winterstein, Fritz und Löwy, Viktor: Einwirkung von Schwefelsäure auf das Glykol aus Isobutyr- und Isovaleraldehyd. S. 110. IIb. 344.
Separatabdruck

Winterstein, H., Die Heizungs- und Luftungs-Anlagen im Hauptgebäude der Physikalisch-Technischen Reichsanstalt, Abtheilung II, zu Charlottenburg. (Sonder-Abdruck aus der Zeitschrift fur Heizungs-, Luftungs- und Wasserleitungs-Technik Heft 17, Jahrg. 1897/98.) Fol.

Winterstein, H: Die Heizungs- und Lüftungsanlagen im Hauptgebäude der Physikalisch-Technischen Reichsanstalt, Abtheilung II zu, Charlottenburg. Halle a. S. 1897—1898

[F.] Unser Motiv. Festschr. z. fünfzigjähr. Bestehen d. akad. Ver. Motiv. Hdschriftl. f. d. Mitgl. d. Ver. gedr. (Vf.: H. Winterstein.) *Berlin: Commr. M. Pasch (1897).* (3 Bl., 210 S., 2 Bl., 24 S., 27 Taf.) 1 Bd 4. [97. 4588

Winterstein, Hans, Stadtbauinsp.: Beschreibung des Neubaus der Anstalt. (Charlottenburg 1909): Gertz. 11 S. 4°
Charlottenburg, Herder-S, st. Reform-RG u. R i. E. P 1909 (120) [S 09. 510

Winterstein, Hans, s.: Handbuch der vergleichenden Physiologie.

Winterstein, Hans, Kosten-Berechngn. f. Hochbauten, s.: Schwatlo, C.

— **Kostenüberschläge f. Hochbauten. Mit Kostenangaben ausgeführter Gebäude aller Art.** (VIII, 390 S. m. Fig.) Lex. 8. Leipzig 910. O. Spamer. Geb. in Leinw. 14. —

Winterstein, Hans, Dr. med.: Ueber den Mechanismus der Gewebsatmung. Jena 1906: G. Fischer. (78 S.) 8°
Rostock, Med. Fak., Hab.-Schr. v. 1906

Winterstein, Hans, Stadtbauinspektor: Über den Neubau der Anstalt. Charlottenburg 1904: A. Gertz. (11 S.) 4°
Charlottenburg, st. R i. E. OP 1904 (144)

Winterstein, Rich., der Begriff der Kirche im kirchlichen Vermögensrecht. gr. 8. (42 S.) Wien 888, Deuticke. *

Winterstein, Rich., der Episkopat in den drei ersten christlichen Jahrhunderten. gr. 8. (97 S) Wien 886. Töplitz & Deutike. n. 2. 50

Winterstein, Theodor, die Entwicklung des bayerischen Staatshaushaltes in diesem Jahrhundert und insbesondere seit der Verfassung. Diss. Würzburg 1886, Stahelsche Univ.-Buchh. 8°. VI, 65 S.

Winterstein, W., Fest-Rede bei der von der Realschule zu Burg veranstalteten Gedächtnißfeier Schiller's am 10. Novbr. 1859 gehalten. Burg 859. Hopfer in Comm. gr. 8. (15 S.) 2½ ngr.

Winterstein, Wilhelm [aus Wülflingen bei Hassfurt a. M.]: Über Colchicinvergiftung. (Aus d. pharmakol. Institute zu Würzburg.)' ... Würzburg, J. M. Richter's Buch- u. Kunstdr., 1894; 15 S. 8.
Würzburg, Med. Fak., Inaug.-Diss. v. 1894

Wintersteiner, (Hugo), Anleitung zur mikroskopischen Untersuchung des Auges, s.: Greeff, R.

Das Neuroëpithelioma retinae. E. anatom. u. klin. Studie v. Dr. Hugo Wintersteiner, Assist. an d. 1. Augenklinik in Wien. M. 7 lith. Taf. *Leipzig & Wien: F. Deuticke 1897.* (VII, 463 S., 7 Taf.) 1 Bd 8. [97. …

— die partiellen, stationären Staare, s. a. Unterrichtstafeln, augenärztliche, XI. Hft.

Die partiellen, stationären Staare. Von Dr. Hugo Wintersteiner, I. Assist. an d. I. Univ.-Augenklinik in Wien. (20 farb. Taf., m. Text.) Breslau: I. U. Kern 1897. (32 S., 20 Taf.) 1 Bd 4° (8°)
(Unterrichtstafeln, Augenärztliche. H. XI.)

Winterszeit, fröhliche. (Ausgestanzt.) 12. (8 S. m. z. Tl. farb. Abbildgn.) Weimar 894. A. Karrer. — 10

Wintertage auf Ithaka. Prag 1905. V: *Ludwig Salvator Erzh. v. Österreich.* (Berl)

Wintertagswirklichkeit, e. Antwort auf: „Ein Sommernachtstraum". Lex.-8. (III, 58 S.) Berlin 888. F. Luckhardt. n. 1. —

Winter-Taschen-Fahrplan. [1869—70.] Uebersicht der Eisenbahn- und Post-Fahrten Schlesiens und der angrenz. Länder. Mit einer (lithogr.) Eisenbahnkarte von Mittel-Europa (in qu. gr. 4.). 16. (II, 47 S. mit 2 Tab. in 4.) Breslau 869, Maruschke und Berendt. *

Winterthur [Sachliches OW]

Winterthur und seine Sehenswürdigkeiten. Eine kleine Festgabe für unsere Gäste während des Schweizerischen Lehrertages, 6.–8. September 1874. [Mit 1 Karte.] 8. ([Winterthur] 1874.)

Winterthur [Schlagwort]

Winterthur, s.a. **Deutschland. Kürschner-Peip.**

Winterthur. Randegger, J., topographische Karte des Bez. Winterthur nach den neuesten Materialien u. m. besond. Berücksicht. sämtlicher Eisenbahnen, rev. 1903. 1 : 50,000. 50,5×59,5 cm. Farbdr. Winterthur. (Bern, Geograph. Kartenverlag.) n. 1. 60

⑧ **Winterthur.** Randegger, J., topogr. Karte des Bez. Winterthur. 903. (KBL 34.) Jetzt: Winterthur, Kartographia. (Nur direkt.)

Winterthur. Uebersichtsplan der Stadt Winterthur. 1 : 5000. 50×63.5 cm. Autogr. m. Farbendr. Winterthur 893. (M. Kieschke.) n. 1. 60

Winterthurer: Der junge Winterthurer

⑮ Im «Bulletin des Schweiz. Zeitungsverlegerverbandes» (Nr. 244. v. 31. Mai 1945) lesen wir: «In Winterthur sollte ein neues Blatt «Der junge Winterthurer» herauskommen. Da es sich um ein Erzeugnis frontistischen Charakters handelt, hat der Bundesrat die Genehmigung zur Herausgabe des Blattes verweigert.»

Winterthurer Wochenblatt

① (früher Winterthurer Wochenblatt). Vom löbl. Stadtrath von Winterthur als sein ausschließlich amtlicher Anzeiger erklärt (1. 12 1855—15. 8. 1857) ② Täglicher Anzeiger für Winterthur und Umgebung (1. 12. 1855—15. 8. 1857) ④ Der Landbote (Fusion 18. 8 1857) ⑤ 18. 10. 1798—15. 8. 1857 ⑥ 8° (18. 10. 1798—30. 12. 1831: 1. 1. 1839—23. 2. 1841: 1. 12. 1855—2. 10. 1556; verkleinert: 2. 1 1802, 6. 1. 1804. 3. 1. 1840; vergrößert: 7. 1. 1831); 4° (6. 1. 1832—28. 12. 1838: 26. 2. 1841—29. 11. 1855: 3. 11. 1856—15. 8. 1857: vergrößert: 1. 1. 1837. 2. 9 1853. 3. 1. 1854) ⑦ Wochenblatt (18. 10. 1798—28. 12. 1838); wöchentlich 2× (1. 1. 1839—28. 3. 1854); wochentlich 3× (1. 5. 1854—29. 11. 1855); Tageszeitung (1. 12. 1855—15. 8. 1857) ⑧ Winterthur: Johann Ziegler (18. 10. 1798—Ende 1825). Heinrich Ziegler (Ende 1825—22. 12. 1840). Ziegler'sche Buchdruckerei (25. 12. 1840—15. 8. 1857) ⑨ Die Schützenwoche (Ende 1855; 8°; Wochenbeilage) ⑩ Johann Ziegler (18. 10. 1798—Ende 1825). Heinrich Ziegler (Ende 1825—22. 12. 1840). Ziegler'sche Buchdruckerei (25. 12. 1840—29. 11. 1855, 5. 2. 1841—15. 8. 1857). Steiner'sche Buchhandlung (25. 12. 1840—2. 2. 1841) ⑪ die Herausgeber ⑫ Anzeigenblatt; seit 1. 5. 1854 mit kurzem Nachrichtenteil ⑬ BGSZ 312 ⑭ Wi: S. Zh. Z. (1834—1857). Be I. (1807 Nr. 8. 1835. 1856).

Winterunterhaltungen für die reifere Jugend. Von drei Kinderfreunden. Mit ill. Kpf. 8. Nürnb. 823. Campe. 1 ₰

Winterunterhaltungen f. die reifere Jugend. Von drei Kinderfreunden. Mit ill. Kpfrn. 8. Nürnb 824, Campe.

Winter-Unterhaltungsmagazin für die elegante Welt. Ein Toilettengeschenk für Damen. Erster Winter, von 1835—1836. 4 Bde. gr. 8. Leipzig, (Klinkhardt). 5⅓ ₰

WINTERVOGEL. Chörlitz, b. Hermsdorf u. Anton, 1795. 8°. (1 Rthl.)
Anzeige der Verlagsfirma.

Wintervorträge, die, des Evangelischen Vereins im Casino zu Bremen. Eine Beleuchtung derselben vom Standpunkte des Protestantenvereins. gr. 8. (32 S.) Bremen 881, Roussell.

Winterwerber, Jh. Jak., († d. 21. Febr. 1806.), s. 1) Lehrbuch d. Gewerbwissenschaft. 2) Versuch e. vollständ. Geschlechtstabelle d. Churhauses d. Pfalzgrafen bei Rhein.

Winterzeitvertreib. Eine Wochenschrift. Hamburg 1773—75. H: *Curio, Joh. Carl Dan.* (Ky) (Schr) (MGT)

Winterzeitvertreib, (von Jh. K. D. Curio.) 8. Hamburg 773, 74.

— e. Wochenschrift (v. Jh. K. D. Curio.) 16 Quart. 8. Hamb. 775. Herold. 12 gl

— in Anekdoten, meistens lustigen Inhalts. 2 Thle. 8. Nürnb. 808. Bieling. 1 ₰

Winterzeitvertreib in Anecdoten lustigen Inhalts. 2 Thle 8. Nürnb. (Leipz. J. B. G. Fleischer.) 812.

— historisch-physikalischer, nebst Gedichten. 8. Hamb. 763. 8 gl

— für Kinder, oder Anweisung zum Modelliren aus Pappe u. Papier, nebst Materialien, woraus Kinder sich allerlei Spielsachen rc. verfertigen konnen. 2 Thle. Mit 14 Kpf. u. Holzschnitten. 8. Halle, Dreyßig. 1 ₰ 12 gl

Winterzeitvertreib eines königl. Preussischen Officiers. Bresl. 1779. V: *Rahmel, August Wilhelm Leopold von.* (Adel) (MGT) (Ky) (GGr)

— der, e. königl. preuß. Officiers (A. W. L. v. Rahmel.) 8. Bresl. 779. 2e A. 780. Gutsch. 10 gl

Wintgen, die Wohlfahrtspflege in den landwirtsch. Winterschulen, s.: Schriften d. Prov.-Abteilg. Rheinprovinz d. deutsch. Vereins f. ländliche Wohlfahrts- u. Heimatpflege. (Caspers.)

v. Wintgen, Bernhardine, s. Lebensphilosophie, u. setze hinzu: (v. B. Wintgen); aus d. Engl. rc.

Wintgen, Max, Apotheker u. Nahrungsmittelchemiker aus Brieg.
Beiträge zur Kenntnis der Papaveraceenalkaloide.
Marburg 1898: J. Hamel. (77 S.) 8°
Marburg, Phil. Diss. v. [5. Sept.] 1898

Wintgen, Robert, a. Bonn: Ueber den Einfluss der Komplexbildung auf Raumerfüllung und Lichtbrechung in wässrigen Lösungen von Salzen und Säuren. Bonn 1908: A. Broch. (90 S.) 8°
Bonn, Phil. Fak., Ref. Anschütz, Diss. v. 27. Juli 1908
[Geb. 13. Juni 82 Solingen; Wohnort: Bonn; Staatsangeh.: Preußen; Vorbildung: Gymn. Bonn Reife O. 03; Studium: Bonn 2, Berlin 3, Bonn 5 S.; Rig. 22. Juli 08.]

***Wintgens*, B. A., de conatu delinquendi ejusque puniendi ratione. 8maj. Gröning. 822. v. Bökeren. 12 gl**

Winther und Metzler, Constitution des Königr. Norwegen, s. Constitution.

Winther, Adolf *Leopold* [Dr. med., pr. Zahn-Arzt zu Berlin]:
Zur Kenntniss des isocyansauren Allyläthers. . . .
Berlin: Druck v. M. Oldenbourg, 1891. 51 S. 8°
Leipzig, Phil. Fak., Inaug.-Diss. v. [31. Jul.] 1891

Winther, Adf., Zusammenstellg. der Patente auf d. Gebiete der organ. Chemie 1877 bis 1905. Geordnet nach dem Charakter der chem. Verbindgn. u. m. einleitend. Übersichten der Darstellungsweisen, der Konstitutionen u. Gesetzmässigkeiten hrsg. 3 Bde. 30,5×22,5 cm. Giessen, A. Töpelmann. Geb. in Leinw. nn 176. —
1. Organ. Verbindgn. (VIII, 1382 S.) 908. Geb. nn 60. —
2. Organ. Farbstoffe. Mit e. Taf.: Übersicht der Einteilung der Azofarbstoffe. (VIII, 1680 S.) 908. Geb. nn 76. —
3. Verzeichnisse. Ausländ. Patente. Register. (V, 650 S.) 910. Geb. nn 40. —

Winther, Alb., Zweige u. Ranken. Imp.-Fol. (24 Taf. in Autotyp.) Leipzig 899. 900. (W. Opetz.) In Mappe n.n. 26.50

Winther, Alex., Experimental-Studien über die Pathologie des Flügelfelles. Lex.-8. (VIII und 52 S. mit 3 Chromolithogr.) Erlangen 866, Enke's Verlag. *

Winther, [Ludwig Franz] Alexander (Offenbach)
Ileotyphus. Ein physiologisch-pathologischer Versuch.
Giessen: Heyer 1842. 43 S.
Habil. med. 1842. vorh. 26. △.

Winther, Alex., Ileotyphus. Ein physiolog.-patholog. Versuch. (Inaug.-Dissertation.) Mit 1 Steindrucktaf. gr. 8. Giessen 842, Heyers Verlag. 1/4 ₰

Winther, Alex., Lehrbuch der allgemeinen pathologischen Anatomie der Gewebe des Menschen. gr. 8. (XII und 135 S.) Giessen 860, Ricker. *

—— Lehrbuch der Augenheilkunde. 1. Hälfte. gr. 8. (S. 1—168.) Giessen 859, Ricker. *

Winther, Alex., Untersuchung über den Bau der Hornhaut und des Flügelfelles. gr. 4. (VIII und 52 S. mit 5 Stnt., wovon 2 chromolith.) Giessen 856, Ricker. *

Winther, Chrn., bunte Blätter. Aus dem Dän. übers. von Graf U. Baudissin. 2 Thle. 8. (VI und 410 S.) Altona 863, Mentzel. *

Winther, Christ., Digte, gamle og nye. 8. Kjoebenhavn 832. Reitzel. 1 1/4 ₰

Winther, Chrn., zwei Erzählungen, siehe: Bibliothek, Skandinavische. Hrsg. von Gottfr. v. Leinburg. 1. Bdchn.

Winther, Chrn., des Hirsches Flucht. Aus dem Dän. von Ryno Quehl. 16. (VIII und 360 S.) Berlin 857, Decker'sche geheime Ober-Hofbuchdruckerei. 1 Thlr.; geb. *

Winther, Chrn., die Flucht d. Hirsches. Ein Gedicht. Nach dem Dän. v Wilh. Honoró. 8. (VII, 245 S.) Leipzig 883. (C. F. Fleischer.) geb. m. Goldschn. n. 4. —

Winther, Chrstn., Judith. Bruchstück eines Gedichts. — A. u. d. T.: Judith. Et poetisk Fragment. Oversat af H. P. Holst. 8. (4 1/4 B.) Kopenhagen 838, Reitzel. *

— Novellen, siehe: Bibliothek, Europäische. 310. Bd.

— Novellen, siehe: Bibliothek, Skandinavische. 5 u. 6. Bd.

Winther, F. H., Körperbildung als Kunst und Pflicht, m. Abb. u. 12 Zeichn. v. Herm. Gehrt, München, 104 S., 8°.

Winther, Fritz, a. Bühl (Baden): Carlyle als litterarischer Kritiker. Freiburg i. B. 1907: K. Henn. (61 S.) 4°
Freiburg i. B., Phil. Fak., Ref. Wetz, Diss. v. 1907
[Geb. 31. Aug. 81 Bühl; Wohnort: Freiburg i. B.; Staatsangeh.: Baden; Vorbildung: Freiburg i. B. Oberrealsch., Realgymn. Reife Juli 02; Studium: Freiburg i. B. 10 S.; Rig. 21. Juli 06.]

Winther, Fritz: Carlyles litterarische Kritik und deren erzieherische Tendenz. 60 S., 1 Bl. 4.
Oberrealschule (vormalige Höhere Bürgerschule) *Freiburg i. Br.* 1907 (zu 778).
I. Einleitung. II. Überblick über Carlyles litterarische Tätigkeit bis 1841. III. Der Charakter von Charlyles kritischer Tätigkeit. IV. Schiller. V. Goethe. VI. Die sensiblen Naturen. Byron, Rousseau und die Frauen. Die Lyrik. VII. Voltaire. VIII. Johnson. IX. Scott. X. Shakespeare und Dante. XII (?). Der Künstler und Stilist.
Progr

Winther, Fritz, Dr.: Carlyles litterarische Kritik und deren erzieherische Tendenz. Freiburg i. B. 1907: K. Henn. (60 S.) 4°
Freiburg i. B., OR P 1907 (778)

Winther, H. T., Anweisung auf drei verschiedenen Wegen Lichtbilder, als Porträte lebender Personen, Ansichten nach der Natur, Copien von Gemälden, plastische Gegenstände, Kupferstiche, Steindrücke, Pflanzenblätter ꝛc. theils mit Hülfe der Camera obscura, theils durch Benützung eines zum Kopiren eingerichteten Instruments auf Papier hervorzubringen u. festzuhalten. Eine Erfindung. Mit einer lith. Taf. 8. (Mit versieg. Anhang.) Christiania 845, Leipzig, Kummer. baar 1 1/2 ₰

Winther, Hermann [Berolinensis]: De Fastis Verrii Flacci ab Ovidio adhibitis … Berolini, apud R. Gaertnerum (H. Heyfelder) 1885. (Impr. typ. C. H. Schulze et Co., Graefenhainichen); 4 + 60 S. 8°.
Berlin, Phil. Fak., Inaug.-Diss. v. 21. Okt. 1885.

Winther, Herm., de fastis Verrii Flacci ab Ovidio adhibitis. Dissertatio inauguralis philologica. gr. 8. (60 S.) Berlin 885, Gaertner's Verlag. *

Winther, Jo. Gerh., Diss. de apoplexia. Rint. 4°. 1707

Winther, Ludwig Franz Alexander, s. Winther, Alexander

Winther, M, Bibliotheca Danorum medica, sive plenus conspectus litterarum medicarum et hisce affinium in Dania, Norvegia, Holsatia usque ad a. MDCCCXXXII. 8. Hafniae 832. (Schubothe). 1 ₰ 18 g̃

Winthrop, Th., John Brent, s. Dürr's collection of standard American and British authors.

Winthrop, Th., eine Liebesjagd auf den Prairien, s. Romanbibliothek, neue.

Wintjr, Josef —. Handbuch des Depositenwesens bei den k. k. österreichischen Gerichten und Bezirksämtern für Gerichts- und Steuerbeamten. Von — —. Prag. 1855. Druck der C. Vetterl'schen Buchdruckerei (A. Renn). Verlag des Verfassers. (VI, 72 S. 8.)

Wintjř, Jos., Handbuch des Depositenwesens bei den k. k. österreichischen Gerichten und Bezirksämtern für Gerichts- und Steuer-Beamte. gr. 8. (VIII und 71 S.) Prag 855, (Rziwnatz.) Thlr. *

—— Handbuch der Manipulation bei den k. k. österreichischen Gerichten erster Instanz für Concepts- und Manipulations-Beamte. 2. verm., nach den neuesten Gesetzen und Verordnungen umgearb. Aufl. gr. 8. (XII und 312 S.) Prag 855, (Rziwnatz.) *

Wintjř, Josef —. Handbuch der Manipulation bei den k. k. österreichischen Gerichten erster Instanz für Konzepts- und Manipulations-Beamte. Von — —. Zweite vermehrte, nach den neuesten Gesetzen und Verordnungen umgearbeitete Auflage. Prag. 1855. Druck der C. Vetterl'schen Buchdruckerei. Verlag des Verfassers. (XII, 312 S. gr. 8.)

Wintjř, Josef, *k. k. Kreisgerichtsrath.* Der Raub im Rosenhofe. Ein praktischer Straffall als Leitfaden für angehende Untersuchungsrichter und Gensd'armen, mit Rücksichtnahme auf das materielle und formelle österreichische Strafrecht. *Tabor* 1857. Gedruckt bei *Al. Jos. Landfrass.* In Commission bei Demselben. 196 S., 2 Bl. 8°.

Wintiř, Jos., Spiegel des konstitutionellen Lebens. gr. 16. (IV u. 300 S.) Prag 848. (Kronberger.) n. 28 ngl

Wintiř, Jos., prostonárodní vysvětlení trestního zákona Rakouského od dne 27. měsíce května 1852. Prag 861. Kober. gr. 8. (VIII, 287 S.) n. 1 ℛ 6 ngr.

Winton, A. L., Mikroskopie der Nahrungs- u. Genussmittel, s.: Moeller, Jos.

Wintrich, M. A., Krankheiten der Respirationsorgane, s. Handbuch der speciellen Pathologie und Therapie.

Wintrich, Marquard, die Cholera, beobachtet in der Neuzeit in Berlin, Leipzig und nordwärts. Nebst einem Anhange über galvanische Bäder in der Epidemie. gr. 8. (VI und 124 S.) Augsburg 850, Kollmann'sche Buchh.

WINTRICH, Marquard (Mindelheim): Ueber den Rheumatismus cordis, mit drei betreffenden Krankheitsgeschichten.- München: Wolf 1837. 30 S.
18.3.1835 - Urk; F 62

Diss. Ingolst.-Landsh.-Mchn.

Clifton Wintringham
1689 - 1748

[Teils.] Clifton Wintringham von den endemischen und epidemischen Krankheiten nebst e. Auszuge seiner übrigen Schriften übers. u. hrsg. von Johann Ephraim Lietzau. Th. 1. 2. Berlin: Lange 1791. 1 Bd 8°

[Die Teils. enthält Stücke im Original u. Stücke in Übers.]

Wintringham, Clift., von endemischen u. epidemischen Krankheiten, nebst e. Auszug seiner übrigen Schriften, übers. u. herausg. von J. E. Lietzau. 2 Thle. gr. 8. Berl. 791. (Reimer). 1 ℛ 4 gr

Wintritz, Leo, das problematische u. das apodiktische Urteil in der Lehre vom Versuch, s.a. Abhandlungen, strafrechtliche. 117. Heft.

Das problematische und das apodiktische Urteil in der Lehre vom Versuch. Von Leo **Wintritz**. Breslau: Schletter 1910. 155 S. 8°
(Strafrechtliche Abhandlungen. H. 117.) (10. 10507 2

Wintruff, August Benjamin A. S. 1337/41

Dissertatio votum quo se invicem Iudaei ineunte anno prosequuntur ex istorum scriptis explicans.
Präs. Jo. Peter Schwarz.
Jena (Fickelscherr) V. 1739. 14 S.

36957

Wintruff, Daniel Christoph (Weida) A. S. 577/5

Quaestio iuris controversi an mora purgari possit oblato pretio in venditione sub pacto legis commissoriae.
Präs. Christian Heinrich Breuning.
Leipzig (Rumpf) 18. IX. 1771. 8 S.

36958

Wintter, H., Samml. von Landschaftszeichnungen. 1s u. 2s Hft. gr. 4. Münch. 822. (Hinrichs in Leipz.) 3 ℛ 12 gr

Wintter, Raph., Thierstudien, in Italien gezeichnet im J. 1830, u. (in Kupfer) radirt. 4. Karlsr. 831. Velten. 1 ℛ 3 gr

Wintterlin, Aug., die Bürgermeisterin von Schorndorf, Lustspiel in 5 Aufzügen. gr. 8. (67 S.) Stuttgart 867, Grüninger.

Wintterlin, Aug., die Bürgermeisterin von Schorndorf. Lustspiel in 5 Aufzügen. 2. Aufl. Mit einem Anhang: Schwäbische Weinlese in 25 Epigrammen. 8. (88 S.) Stuttgart 882, Grüninger. cart. *

Wintterlin, Aug., der Geisterbanner. Lustspiel in 2 Aufzügen. 8. (X, 89 S.) Stuttgart 872, Grüninger. cart.

Wintterlin, Aug.: Württembergische Künstler in Lebensbildern mit Bildn. Stuttgart: D. Verl.Anstalt 1895.
Heinr. Schickhardt, Adf. Fr. Harper, Nik. Guibal, Joh. Friedr. Steinkopf, Rhard. Ferd. Heinr. Fischer, Joh. Gottfried Müller, Joh. Friedr. Leybold, Phil. Jak. Scheffauer, Phil. Friedr. Hetsch, Joh. Heinr. Dannecker, K. S. Ludovike Simanowiz, Glo. Heinr. Rapp, Gg. Friedr. Eberh. Wächter, Nic. Friedr. Thouret, Gottlob Wilh. Morff, Joh. Bapt. Seele, Friedr. Aug. Seyffer, Chn. Gli. Schick, Glo. Friedr. Steinkopf, Konr. Heinr. Schweickle, Jos. Friedr. Wilh. Müller, Karl Jak. Theod. Leybold, Joh. Friedr. Dieterich, Franz Seraph Stirnbrand, Karl Wilh. Gangloff, Joh. Matthäus Mauch, Josef Joach. v. Schnizer, Joh. Wilh. Braun, Josef Anton Gegenbaur, Theod. Wagner, Joh. Ludwig Hofer, Karl Jos. Bernh. Neher, Ferd. Alex. Bruckmann, Karl Friedr. Beisbarth, Karl Etzel, Karl Friedr. Joh. Müller, Chn. Fr. Leins, Karl Ludw. Weisser, Ernst Rau, Ernst Otto Reiniger.

Wintterlin, Aug., württembergische Künstler in Lebensbildern. Mit 22 Bildnissen in Holzschn. 8. (XI, 498 S.) Stuttgart 895. Deutsche Verlags-Anstalt. n. 6. —; geb. n.n. 6. —

Wintterlin, Friedrich [Archivsekr. in Stuttgart]: Der Einfluss der Standesverhältnisse des Thäters auf die Bestrafung ... Stuttgart: W. Kohlhammer, 1895. VIII, 75 S. 8°
Tübingen, Jur. Fak., Inaug.-Diss. v. 1895

Wintterlin, Frdr., Geschichte der Behördenorganisation in Württemberg. Hrsg. v. der Kommission für Landesgeschichte. 1. Tl. Bis zum Ende des 18. Jahrh. gr. 8. (VI, 165 S.) Stuttgart 902. W. Kohlhammer. n. 1. 50

Wintterlin, Frdr., Geschichte der Behördenorganisation in Württemberg. Hrsg. v. der Kommission f. Landesgeschichte. I. Bd. 2. Tl. u. II. Bd. gr. 8. Stuttgart, W. Kohlhammer. n. 5. 50
I. 2. Bis zum Regierungsantritt König Wilhelms I. (2. Tl.) (XIII u. S. 167—349.) 904. n. 2. — (1. Bd. kplt. n. 3. 50)
II. Die Organisationen König Wilhelms I. bis zum Verwaltungsedikt vom 1. III. 1822. (XI, 320 S.) 906. n. 3. 50

Wintterlin, Frdr., s.: Rechtsquellen, württemberg. ländliche.

Wintterlin, G. A., **die Grabdenkmale Herzog Christophs von Württemberg, seines Sohnes Eberhard und seiner Gemahlin Anna Maria von Brandenburg im Chor der Stiftskirche zu Tübingen, s. Festschrift zur 4. Säcularfeier der Eberhard-Karls-Universität zu Tübingen.**

Wintterlin, Herm., das württembergische Erbschafts- und Schenkungs-Steuer-Gesetz vom 24. März 1881 [Reg.-Bl. S. 113]. Text-Ausg., nebst den Vollzugsverfügungen mit Anmerkungen. 8. (X, 135 S. mit 3 Tab.) Stuttgart 881, Liesching und Comp. cart. *

Wintzell, C., Studia Theocritea. Diss. 1889. 145 S.

Wintzell, Knut, de hellenismo Horatii quaestiones nonnullae. I. gr. 8. (26 S.) Lund 892. Hj. Möller's Univ.-Buchh. n. 1. 20

Wintzer, C., die Georgs-Marien-Hütte bei Osnabrück, s.: Funk.

Wintzer, E., Dénis Papin's Erlebnisse in Marburg. 1688—1695. M. Benutzg. neuer Quellen bearb. gr. 8. (IV, 71 S. m. 1 Bildn.) Marburg 898. N. G. Elwert's Verl. n. 1. 50

Wintzer, Edvardvs (geb. am 16 Jan. 1842 in Essen): De Billvngorvm intra Saxoniam dvcatv ... Bonnae, form. C. Georgi (1869). 2 Bl., 41 S., 1 Bl. 8.
Bonn, Phil. Fak., Diss. v. 15 Apr. 1869

Wintzer, Eduard, Hermann Schwan v. Marburg. Ein Beitrag zur Geschichte Philipps d. Großmütigen. (VIII, 336 S.) gr. 8. Marburg 909. N. G. Elwert's Verl. 6. —

Wintzer, Ernst, die Wegelysche Porzellanfabrik in Berlin, s.: Schriften d. Vereins f. d. Geschichte Berlins. 35.

Wintzer, Ferd. Frid. Guil. (geb. Berlin 29. 8. 1820): De gangraena spontanea, adjecta historia cruris, arteriitide praegressa, gangraena spontanea perditi. Berolini (1845). (30 S.) 8°
Berlin, Med. Diss. v. 15. Sept. 1845

Wintzer, Gustavus Adolphus: De sclerosi cerebri partiali. Halis Saxonum (1862): Gebauer-Schwetschke. 31 S. 8°
Halle-Wittenberg, Med. Diss. v. 17. Sept. 1862
Geb. Neuss (Rhein) 9. 4. 1839. V.

Wintzer, Paul, approb. Arzt aus Forbach i. Lothr.: **Ueber Blutungen aus dem Sinus circularis ohne Vorhandensein von Placenta praevia.** *Marburg 1903: H. Bauer.* (60 S.) 8°
Marburg, Med. Diss. v. 4. Febr. 1903

Wintzer, Wilh.: Die Deutschen im tropischen Amerika, s.a. Kampf, Der, um das Deutschtum. 15.

Die Deutschen im tropischen Amerika. (Mexiko, Mittelamerika, Venezuela, Kolumbien, Ekuador, Peru u. Bolivien.) Mit Übersicht über d. wirtschaftl., polit. u. gesellschaftl. Verhältnisse dieser Länder. Von Dr. Wilhelm Wintzer. *München: J. F. Lehmann 1900.* (VII, 82 S.) 8° [F.]
= Kampf um d. Deutschtum. H. 15 [bis].

Wintzer, Wilh., christlicher Glaube u. Gewissen im Widerspruch? E. Beitrag zur Verständigg. in d. gegenwärt. Glaubenskämpfen. An jedermann, der daran teil nimmt. gr. 8. (79 S.) Berlin 896. A. Haack. n. 1. 50

Wintzer, Wilh., **d. natürliche Sittenlehre Ludwig Feuerbachs. Im Zusammenhange dargest. u. beurteilt. gr. 8. (VI, 40 S.) Leipzig 898. Buchh. G. Fock.** n. 1. —

Wintzer, Wilhelm, cand. min.: Die ethischen Untersuchungen Ludwig Feuerbachs. Leipzig: G. Fock 1898. (40 S.) 8°
Leipzig, Phil. Diss. v. [15. Okt.] 1898

Wintzheimer, Caspar [aus Iphofen]: Zwei Fälle von Sublimatintoxikation per os ... Würzburg, J. M. Richter's Buch- u. Kunstdr., 1895; 30 S., 1 Bl. 8.
Würzburg, Med. Fak., Inaug.-Diss. v. 1895

Wintziger, Jakob Heinrich (Zittau) A. S. 852/42

Dissertatio inauguralis juridica de iis, quae nobis invitis fiunt. Präs. Tobias Jakob Reinharth.
Erfurt (Grosch) 27. VI. 1729. 47 S.

Gew.: Stadt Zittau.
W. v.: Jakob August Franckenstein, Abraham Kaestner.
36959

v. Winzingeroda, Freih. E., **Angelica Catalani — Valabregue, e. biograph. Skizze. 8. Kassel 825. Luckhardt.** 6 gGr.

v. Winzingeroda, (Freihr. E.,) Angelica Catalani — Valabregue, e. biograph. Skizze. 8. Kassel 826, Luckhardt.

Wintzingeroda-Knorr, Frhr. v., statistische Uebersicht des Kreises Mühlhausen. Auf höhere Anordnung nach amtl. Quellen zusammengestellt. Mühlhausen 866. Heinrichshofen'sche Buchh. gr. 8. (VI, 296 S. mit 45 Beilagen in gr. 8., 4., Fol. u. qu. gr. Fol.) n. 25 ngr.

Wintzingeroda-Knorr, Levin, s.a. Arbeitshäuser, Die deutschen.

Wintzingeroda-Knorr, Levin Frhr. v., **die deutschen Arbeitshäuser, ein Beitrag zur Lösung der Vagabonden-Frage. Bericht, erstattet im Auftrage des Deutschen Vereins für Armenpflege und Wohlthätigkeit. Lex.-8. (VIII, 118 S.) Halle 885, Hendel.** *

Wintzingeroda-Knorr, Levin Frhr. v., die Kämpfe u. Leiden der Evangelischen auf dem Eichsfelde während dreier Jahrhunderte, s.: Schriften d. Vereins f. Reformationsgeschichte.

Wintzingeroda-Knorr, Lewin Frhr. v., die Wüstungen des Eichsfeldes, s.a. Geschichtsquellen der Prov. Sachsen. 40. Bd.

Die Wüstungen des Eichsfeldes. Verzeichnis d. Wüstungen, vorgeschichtl. Wallburgen, Bergwerke, Gerichtsstätten u. Warten innerhalb d. landrätlichen Kreise Duderstadt, Heiligenstadt, Mühlhausen (Land u. Stadt), u. Worbis. Hrsg. von d. hist. Comm. f. d. Prov. Sachsen u. d. Hzgt. Anhalt. Bearb. von Levin Frh. v. Wintzingeroda-Knorr. Nebst e. Karte d. genannten Kreise. *Halle: O. Hendel 1903.* (LXXXVIII, 1280 S.) 8°
= Geschichtsquellen d. Prov. Sachsen. Bd 40.

Wintzingerode, General der Kavallerie Ferdinand Freiherr von. (Ein Lebensbild aus den napoleonischen Kriegen.) . . . Arolsen 1902. V: *Wintzingerode, Wilhelm Clothar Freih. von.* (Berl)

Deutscher Verein für Armenpflege und Wohlthätigkeit. — Bericht der Herren Landesdirector Graf v. WINTZINGERODE (Merseburg), Referenten und Oberamtmann HUZEL (Schwäbisch-Hall), Korreferenten über die Reform der ländlichen Armenpflege. (Als Manuscript gedruckt.) Freiburg i. B. 1886. Druck der Fr. Wagner'schen Buchdruckerei.

Wintzingerode, Amalie v., Gedichte. gr. 12. (9⅔ B.) **Göttingen 844, Dieterich'sche Buchh.** *

Wintzingerode, Wilhelm Clothar Frhr. von

Wintzingerode, W. C. Frhr. v., Beispiele aus der deutschen Kriegsgeschichte zu allen Kriegsartikeln. Zusammengestellt zum Unterricht an die Mannschaften f. die Offiziere u. Unteroffiziere. (67 S.) 8. Berlin 904. R. Eisenschmidt. n. — 60

Wintzingerode, Wilh. Clothar Frhr. v., Barthold v. Wintzingerode. Ein Kultur- u. Lebensbild aus dem Reformationsjahrhundert. Aus urkundl. Quellen zusammengestellt. (XV, 216 S. m. 1 Taf.) 8. Gotha 907. F. A. Perthes. 6. —

General der Kavallerie Ferdinand Freiherr von Wintzingerode. (Ein Lebensbild aus d. napoleonischen Kriegen.) Von seinem ältesten Urenkel (Wilhelm-Clothar Frh. v. Wintzingerode, Oberleutn.). *Arolsen: C. Loewié 1902.* (VIII, 199 S.) 8° [F.]

Wintzingerode, Wilko Graf, Graf Heinrich Levin Wintzingerode ein Würtemberger Staatsmann. Gotha 866. F. A. Perthes. 8. (XII, 131 S.) 15 ngr.

Wintzingerode-Bodenstein, Graf Wilko von

— **Leuschner, Meyer** u. **Witte,** zehn Ansprachen u. Eröffnungsreden bei Generalversammlungen des evangelischen Bundes. (Neue [Titel-]Ausg.) (10, 11, 10, 9, 17, 9, 9, 7, 15 u. 20 S.) gr. 8. Ebd. (904). n. 1. —

— Eröffnungs-Ansprache bei der 6. General-Versammlung d. Evang. Bundes in Speier, geh. am 23. Aug. 1893. 8. (13 S.) Leipzig 893. Buchh. d. Evang. Bundes v. C. Braun. n. — 15

— **dasselbe, s. a. Flugschriften d. Evang. Bundes.**

Wintzingerode-Bodenstein, Graf, Eröffnungsansprache bei der XII. u. XIII. Generalversammlung des evangel. Bundes. 8. Leipzig, Buchh. des ev. Bundes v. C. Braun. à n.n. — 10

XII. In Nürnberg, geh. am 11. X. 1899. (10 S.) (899.)
XIII. Zu Halberstadt, geh. am 5. X. 1900. (11 S.) (900.)

Wintzingerode-Bodenstein, Graf v., Eröffnungs-Ansprache. Geh. in der öffentl. Hauptversammlg. des evangel. Bundes in Ulm a. D. am 30. IX. 1903. (23 S.) gr. 8. Leipzig 903. C. Braun. n.n. — 10

Wintzingerode-Bodenstein, Graf, Eröffnungsrede, s.a. Flugschriften d. Evangelischen Bundes.

Wintzingerode-Bodenstein, Graf v., Eröffnungs-Rede bei der 5. General-Versammlung d. Evang. Bundes zu Kassel, geh. am 28. Septbr. 1891. gr. 8. (16 S.) Leipzig 892. Buchh. d. Evang. Bundes v. C. Braun. n. — 15

— Eröffnungs-Rede bei der 7. General-Versammlung d. Evang. Bundes in Bochum, geh. am 8. Aug. 1894. 8. (9 S.) Leipzig 894. Buchh. d. Evang. Bundes v. C. Braun. n. — 15

Wintzingerode-Bodenstein, Graf v., Eröffnungsrede bei d. VIII., X. u. XI. Generalversammlg. d. Evang. Bundes, s.: **Aus** d. Verhandlgn. ꝛc. d. Evang. Bundes.

[F.] Aus den Verhandlgn d. x. General-Versammlg d. Ev. Bundes zu Krefeld . . . 1897. Eröffnungsrede v. Graf [Wilko] v. **Wintzingerode-Bodenstein**, Vors. d. Centralvorst. *Leipzig: Buchh. d. Ev. Bundes 1897.* (15 S.) 8
= **Flugschriften** d. Evangelischen Bundes. [No] 140. (Reihe 12, 8.)
(97. 6/60

[F.] Aus den Verhandlungen der XI. General-Versammlung des Evangelischen Bundes zu Magdeburg v. 3. bis 6. Okt. 1898. Eröffnungsrede v. [Wilko] Graf v. **Wintzingerode**-Bodenstein, Vorsitzendem d. Centralvorst. *Leipzig: C. Braun 1898.* (8 S.) 8.
= **Flugschriften** d. Evangel. Bundes. [No] 155. 198. 9970

— Eröffnungsrede. Geh. in d. öffentl. Hauptversammlg. des evangel. Bundes in der Bernhardinkirche in Breslau, am 10. X. 1901. gr. 8. (10 S.) Ebd. (901). n.n. — 10

— Graf Hoensbroech, sein Prozeß und die öffentliche Meinung. gr. 8. (24 S.) Ebd. 899. n. — 40

— s.: **Jahrbücher der Gefängnis-Gesellschaft für die Prov. Sachsen.**

Winz, A., der Stern aus Jakob. Weihnachtsdichtung in 17 Gesängen. (Unter Benützg. einiger Motive aus L. Wallace's „Ben Hur".) (94 S.) kl. 8. Stuttgart (910). Verl. Deutsches Volksblatt. 1.50

Winz, A., Weihnachtsfeier, s.: **Mayer, J. G.**

Winz, Adf., der practische Telegraphist. Vorträge über Telegraphie mit einer (lithogr.) Figurentaf. (in Fol.) und einem Anh. [Bestimmungen über Annahme und Beförderung bei der Staats-Telegraphie] für angeh. Telegraphenbeamte, Eisenbahnbeamte, Postbeamte ꝛc. gr. 8. (47 S.) Berlin 868, (R. Kühn.) *

Winz, J. P. J., Aufruf an jed. bied. Deutschen. 8. Th. Ehrenbreitstein, Gehra. 793.

Winz, Ph. Jak., (+ 1814.) Aufruf an jeden biedern Deutschen. 8. Neuwied 793. Gehra. 2 gr.

— Bekenntnisse u. Vorsätze des Prinzen Johann August Karl zu Wied-Neuwied am Tage seiner Confirmation. 8. Neuwied 795. Gehra. 8 gr.

— s. Gesangbuch, Neuwieder.

Hagrosen. Gedichte von Sophie **Winz**. Glarus & Leipzig: Schweizer Verl.-Anst. [1900]. (110 S.) 8° [F.] (06. 7975

Winzen, Jos., Lehrbuch d. Handelswissensch., s.: **Braune, Alb.**

Friedrich Ludwig Winzenburg

[Friedrich Ludwig] Winzenburg: Nachrichten über die Schwefelquellen bei Wülfinghausen und die daselbst errichtete Bade- Anstalt. (Hannover 1828.) 8°

(= Hannoversches Magazin. 1828. Nr 56.)

Winzenburger, Christoph Friedrich (Kirchheim/Teck) A. S. 1381/5

Theses theologicae praecipua capita doctrinae sanctioris de novissimis speciatim de morte naturali complexae. Präs. Johann Friedrich Cotta.
Tübingen (Cotta) XI. 1762. 34 S.

4 Resp. 36961

Winzenheim [Schlagwort]

Winzenheim, s.: Preussen. Messtischblätter.

Winzenz, F.: Über einige der Schulerziehung feindlich entgegenwirkende Einflüsse. 13 S. Troppau, Progr. 1863.

Winzenz, F., Taciteisches. Pr. 1870. 28 S. 4°.

Winzenz, Fr.: Ueber das Verhältnis der humanistischen und realistischen Lehrobjekte an den Mittelschulen. S. 13-28. 4° Troppau OG., Progr. 1870.

Winzenz, Fr.: Versuch, die verschiedenen Tendenzen und Motive der tragischen Charakteristik bei Sophokles und Euripides hervorzuheben u. an einem Beispiele, der Elektra, nachzuweisen. 24 S. Klattau, Progr. 1856.

Winzenz, Frz.: Der Unterricht in den klassischen Sprachen hat eine grössere Bildungskraft, als jener in den modernen. 17 S. Troppau, Progr. 1862.

Der Winzer. Zeitschrift für alle Interessen der Winzer (Weinbau, Weinhandel, Kellerwirtschaft, Landwirtschaft, Obst- und Gartenbau). Hrsg. von J. P. Hegner. Jg. 1-3. Trier: Hegner 1896-98. -- [Zit. nach Kayser]
Forts. u. d. T.: Deutsche Wein-Rundschau.

Winzer, der. Zeitschrift f. alle Interessen d. Winzer. Hrsg. v. J. P. Hegner. 1. Jahrg. Juli—Dezbr. 1896. 26 Nrn. (Bog.) gr. 4. Trier (H. Stephanus). n. 2. —

— **dasselbe. (Weinbau, Weinhandel, Kellerwirtschaft, Landwirtschaft, Obst- u. Gartenbau.) Hrsg. v. J. P. Hegner. M. Beilage: Illustr. Unterhaltungs-Blatt. 2. u. 3. Jahrg. 1897 u. 1898. à 52 Nrn. (à ca. 12 S.) gr. 4. Ebd. à Jahrg. n. 4. —**
Kann auch vierteljährlich bezogen werden.

Winzer, Der, Fortsetzg., s. Wein-Rundschau, Deutsche.

Der Winzer im Haardtgebirge. Ein Kalender für Bürger und Landmann. Neustadt a. H. 1847 ff. -- [Zit. nach der Bayerischen Agrarbibliographie]

Winzer, d. vollständige u. Kellner; od. Unterricht sowohl im Weinbaue als auch z. Erhalt. u. Verbess. d. Weine. 8. Lpz. Sommer.

Der vollständige Winzer und Kellner, eine Abhandlung in drey Theilen zum Unterricht sowol in den Pflichten bey dem Weinbau als auch zur Anweisung die Erhaltung und Verbesserung der Weine in allen ihren Verhältnissen betreffend nach der patriotischen Angabe deutscher Kenner nebst einem Auszuge aus den vortheilhaften Entdeckungen des Herrn Maupin von der Verschönerung der edlen und unedlen Weine. Weinrtheim & Leipzig: Wendler 1781. 336 S. -- 14. Fre: 100*. Stiftsbibliothek Klosterneuburg*

Bibliotheca oenologica: Nürnberg 1781. -- Dochnahl: Nürnberg 1781. -- Gatterer: Nürnberg 1781. -- Heinsius: Leipzig: Sommer o.J. -- Weber: Nürnberg 1781.

Winzer, Ant., die Bereitung und Benutzung des Papiermaché und ähnlicher Kompositionen, s.a. Schauplatz, neuer, der Künste und Handwerke.

Winzer, Ant, die Bereitung u. Benutzung d. Papiermaché u. ähnlicher Kompositionen. 3., zum Teil ganz neu bearb. u. m. den neuesten Fortschritten bereicherte Aufl. Mit 1 (lith.) Taf. Abbildgn. 8. (VIII, 83 S.) Weimar 884. B. F. Voigt. 1. 20

Winzer, Ant., Papiermaché u. Zelluloid. Eine ausführliche Darstellg. ihrer Bereitg. u. Verwendg. f. Gebrauchs- u. Luxusgegenstände, nebst e. Anweisg. üb. Schleifen, Malen, Lackieren, Dekorieren, Vergolden, Versilbern u. Bronzieren der aus Papiermaché u. Zelluloid gefertigten Erzeugnisse. 4. vollständ. neubearb. Aufl. (VI, 81 S. m. 14 Abb.) gr. 8. Leipzig 907. B. F. Voigt. 2. —

Winzer, Arno, Referendar: Die rechtliche Bedeutung der Theaterbesuchskarte ⟨Theaterbillet⟩ nach dem Deutschen Bürgerlichen Gesetzbuche. Leipzig 1909: Hoffmann. 113 S. 8°
Leipzig, Jur. Diss. v. 1. April 1909
[Geb. 20. Juli 83 Zwickau i. S.; Wohnort: Leipzig; Staatsangeh.: Sachsen; Vorbildung: Kgl. Gymn. Dresden-N. Reife O. 02; Studium: Freiburg i. B. 1, Leipzig 1, Freiburg i. B. 1, Leipzig 4 S.; Rig. 2. Febr. 06.] [U 09. 2728

Winzer, D., de sensu acclamationis Hossanna ex Matth. 21, 9. I—II. Lips. 1677–78. 4; rec. 1703. 4.

Der neue § 175 RStGB! § 225 [übergekl.: § 250] d. 'Vorentwurfs zu e. Deutschen Strafgesetzbuch'. Kritik u. Vorschläge. Von F. Heinrich **Winzer**. Leipzig: Spohr 1910. 55 S. 8°

Winzer, Heinr., der neue § 175 RStGB! § 225 des „Vorentwurfs zu e. deutschen Strafgesetzbuch". Kritik u. Vorschläge. (55 S.) 8. Leipzig 910. M. Spohr. — 80

Winzer, Fr. Ehrg.

— **Gedächtnißpredigt auf den Superint. Dr. Merkel. 8. Chemn. 807.**

Winzer, Fr. Ehrg., († d. 14. Dec. 1819.) Predigten über verschied. Epistel-, Katechet- u. Buß-Texte. 8. Chemn. 788. Stößel. 8 K

Winzer, Fritz [geb. Wartze in Posen 26. 6. 1856]: Beobachtungen über Febris recurrens. Berlin (1880). 35 S. 8°
Berlin, Med. Diss. v. 10. Aug. 1880

Winzer, G. K. A., die Lehre Jesu, oder Unterweisung zur Seligkeit, nach den Lehren, Vorschriften u. Verheißungen Jesu. Leitfaden bei d. Unterrichte d. Jugend in der Religion. 8. Halle 829. Gebauer. 3 K

Winzer, Gf. Sam., s. Empfindungen meines Herzens.

Winzer, H.

— **Geschichte der Apostel, s.: Religionsunterricht, evangelischer. 9. Bd. (Neukauf, A.)**

— **Geschichte der Apostel, s.: Neukauf, A.**

Winzer, Heinrich, s. Winzer, F. Heinr.

Winzer, Hermann

Winzer, H., die Bedeutung der Heimat, s.a. Magazin, pädagogisches.

Die Bedeutung der Heimat. Von H[ermann] **Winzor** in Neustadt ⟨Orla⟩. *Langensalza: H. Beyer & Söhne 1900.* (12 S.) 8°
= **Magazin**, Pädagogisches. H. 144. [03. 11523

Die Bedeutung der Heimat. Gedanken aus e. Elternabende mit Erg. Von H[ermann] **Winzer**, Rektor. 2. umgearb. u. erw. Aufl. Langensalza: Beyer 1910. 31 S. 8°
(Pädagogisches Magazin. H. 144.) [11. 9503

— **Schulreise u. Charakterbildung, s.a. Magazin, pädagog.**

Schulreise und Charakterbildung. Von H[ermann] **Winzer**. Langensalza: Beyer 1907. 16 S. 8°
(Pädagogisches Magazin. H. 301.)

Winzer, H., die Volksschule u. die Kunst, s.a. Magazin, pädagogisches. 218. Hft.

Die Volksschule und die Kunst. Ein Rück- u. Vorblick. Von H[ermann] **Winzer** in Neustadt a. O. Langensalze: H. Beyer & Söhne 1903. (17 S.) 8°
(Magazin, Pädagogisches. H. 218.)

Winzer, Hugo [aus Dresden]: Ueber das Produkt der Einwirkung von Natriummalonsaureester auf das Chlorid und das Anhydrid der Camphersaure . . . . Leipzig, Druck v. Hesse & Becker, 1887; 42 S., 1 Bl. 8°
Leipzig, Phil. Fak., Inaug.-Diss. v. 21. Nov. 1887

Winzer, Hugo, über das Produkt der Einwirkung von Natriummalonsäureester auf das Chlorid und das Anhydrid der Camphersäure. Diss. Leipzig 1887. Gustav Fock. 8°. 42 S.

Winzer, Johann Gottlieb (Hrsg.), s. Apollon

Winzer, Johann Heinrich (Grossliebringen) A. S. 229/7

Disputatio juridica de bonis parochialibus, von Pfarrgütern. Präs. Peter Müller. Jena (Ehrich) 1705. 16 Bl.

Diss. 29. VI. 1687.
W. v.: Präs., Johann Georg Scharff, Friedrich Samuel Landgraff. 36965

Winzer, Johannes: Die ungleichen Kinder Evas in der Literatur des 16. Jhs. Greifswald: Kunike 1908. 81 S. 8°
Greifswald, Phil. Diss. v. 6. Jan. 1909, Ref. Reifferscheid
[Geb. 14. Nov. 73 Mochow, Kr. Lübben; Wohnort: Gr.-Lichterfelde; Staatsangeh.: Preußen; Vorbildung: Sophien-Realgymn. Berlin Reife M. 03; Studium: Berlin 5, Greifswald 2 S.; Rig. 4. März 08.] [U 09. 1576

Die deutschen Bruderschaften des Mittelalters, insbesondere der Bund der deutschen Steinmetzen und dessen Umwandlung zum Freimaurerbund. Von J[ul.] Winzer. Giessen: Ricker 1859. XI, 192 S. 8°
Recens: FZ. 14 (1860) S. 54—55.
cf Bh. 2 (1859) S. 237—238, 244—247; L. 18 (1860) S. 61—63.
Tt. 360.

Winzer, Julius [aus Udestedt]: Analytische Entwickelung der Raumcurve dritter Ordnung aus ihren drei reellen Brennstrahlen und weitere Behandlung einer speciellen Raumcurve dritter Ordnung. . . . Leipzig, Druck v. Adolph Mehnert, 1888; 62 S. + 1 Bl. 8°
Leipzig, Phil. Fak., Inaug.-Diss. v. 12. Dez. 1888

Winzer, Jul. Frider., Commentarii in epistolas N. Test., s. Schott, H. A.

Winzer, Julius Friedrich [Praes.], s. Cramer, Ludwig Dankegott: Doctrinae Judaeorum de praeexistentia animarum adumbratio et historia.

Winzer, (J. F.,) de Daemonologiae in N. T. N. 1—5. 4. Leipz. 811—21, Auctor.

— Diss. inaug. de daemonologia in sacris Novi Test. libris proposita. Comment. I.—V. 4. Wittenb. 812—22. Auctor.

Winzer, Jul. F., Comment. I—V. de Daemonologia in sacris N. T. libris proposita. Viteb. et Lips. 812—28. 4.

— s. Libri sacri.

— Commentatio de loco Koheleth XI, 9. XII, 7. P. I. II. III. 4. Leipz. 818, 19.

***Winzer,* Jul. Fr., de aureae aetatis spe Judaeorum, cujus a primis inde temporibus ad aetatem Christi in libris eorum vestigia deprehenduntur. Disput. histor.-philolog. Part. I. 4. Leipz. 800.**

— de liberalis juvenum educationis et institutionis vi, consilio et natura. Oratio. 4. Meissen 802.

Winzer, Car. (Augustus Henr.) (geb. Torgau 11. 9. 1823): De variis leprae formis. Berolini (1846). (30 S.) 8°
Berlin, Med. Diss. v. 21. Aug. 1846

Winzer, P. A., s. Winsor.

Winzer, Richard [aus Wismar]: Zur Transformation der elliptischen Funktionen, insbesondere der Transformation dritten und neunten Grades . . . Rostock: Univ. Buchdr. v. Adler's Erben, 1886. 55 S. 8°
Rostock, Phil. Fak., Inaug.-Diss. v. 14. Dez. 1886.

Winzer, Richard, zur Transformation der elliptischen Funktionen und insbesondere der Transformation dritten und neunten Grades. Diss. Rostock 1886, G. B. Leopolds Univ.-Buchh. 8°. 55 S.

Winzerbüchlein, d. i. kleiner Katechismus des Weinbaues, v. Pfarrer V. zu P. im Altenburgischen. Grimma 1837. 36 S. -- [Zit. nach dem Realkatalog der DSB; 1: Kriegsverlust]

Bibliotheca oenologica. Nachtr. 2: Voigt, Pfarrer: Winzerbüchlein, d. i. kleiner Katechismus des Weinbaues. Grimma: Verlags-Comptoir 1848.

Winzerbüchlein, d. i. kleiner Katechismus des Weinbaues, vom Pfarrer V. zu P. im Altenburgischen. gr. 12. Grimma 837. Verlags-Comptoir. n. 1/6 ℛ

Das Winzerfest der Weinbau-Gesellschaft im Königreich Sachsen am 22. October 1840. Dresden 1840: Meinhold. 40 S. -- 107*

Winzerling, Paul [app. Arzt aus Calau]: Ein Beitrag zur Casuistik des primären Pleuraechinococcus ... Jena, Frommannsche Hof-Buchdr., 1892; 40 S. 8.
Jena, Med. Fak., Inaug.-Diss. v. [6. Dez.] 1892

Rheinisches **Winzervereinsblatt.** Hrsg.: Otto Rings. Kempen: Rheinischer Revisionsverband 1898 – ?

Winzerzeitung. Fachzeitschrift für Weinbau, Kellerwirthschaft und Weinabsatz. Organ für Winzer .... Red. von P. Kerp. Jg. 1.2. [Bonn, Ahrweiler] 1898-99. -- [Zit. nach dem Realkatalog der DSB]
Forts. u. d. T.: Rheinische Zeitschrift für Wein-, Obst- und Gartenbau.

Winzheimer, Erich [aus Dresden]: Ueber das B-2-1-3-4-Dichlortriketohydrochinolinhydrat und seine Umwandlungsprodukte ... Marburg, Univ.-Buchdr. (R. Friedrich), 1895; 54 S., 1 Bl., 1 Taf. 8.
Marburg, Phil. Fak., Inaug.-Diss. v. [10. Dez.] 1895

Winzheimer, Matth., über d. organ. Harnröhrenverengerung u. d. verschied. Untersuchungs- u. Heilungsmethoden derselben. gr. 4. (10 B. u. 4 Stnt.) Erlangen 832, Palm u. Enke.

Winzig, H., auch Ich. Eine Selbstparodie. [Notiz für die Nachwelt, insbesondere für meinen künftigen Biographen: Op. 2, geschrieben im Winter 1878/79. Notiz für die Mitwelt: Buchausstattung im Zukunftsstyl.] 1.—3. Aufl. 12. (31 S. in Roth- und Gründr.) Berlin 881, U. Klein. *

Winziger, I. I., annotationes ad examen feudale Stryckianum. 8. Lips. 708.

Winzinger, Johann Jakob (Zittau) A. S. 302/12

Dissertatio iuris civilis de filio iuste exheredato connumerando in constituenda legitimae quantitate.
Präs. Christian Heinrich Breuning.
Leipzig (Langenheim) 9. VIII. 1753. 22 S.

Gew.: Stadt Zittau. 36966

Winzingerode, Adolph Heinrich von (Eichsfeld)
A. S. 26/29

Commentatio de ordine equitum S. Georgii et periscelidis coeruleae in Anglia Oder: Vom Engelländischen Ritter=Orden St. Georgen und des Blauen Hosen=Bandes.
Präs. Heinrich Günther Thulemarus. Ed. 3
Jena (Ritter) 1740. 32 S.

Diss. XII. 1681. 36969

Winzler, Zachäus Andr., Abhandlung von d. Salpetererzeugung, s. Jak. Andr. Weber, Anmerkk. üb. d. Samml. v. d. Nachrr. 2c.

— Berichtigungsmagazin d. Einwürfe, Zweifel u. Bedenklichkeiten gegen die neuerfundenen Koch-, Heiz-, Leucht- u. Sparöfen, oder die deutsche Thermo-Lampe. 8. Wien 803. Verfasser. 10 K

— s. Sendschreiben an die erhabenen Unbekannten der Freimaurerei, u. setze hinzu: (v. Z. A. Winzler).

— die Thermolampe in Deutschland, oder vollständ., sowohl theoret. als prakt. Anleit., den ursprünglich in Frankreich erfundenen, nun aber auch in Deutschland entdeckt. Universal-Leucht-, Heiz-, Koch-, Süd-, Distillir- u. Sparofen zu errichten. Mit 4 Kpf. 8. Brünn 803. (Gastl). 20 K

Wlod, C., **Grammatik der deutschen Sprache für Deutsche und Ausländer. 2. Aufl. [Die Kunst der Polyglottie. 20. Teil.]** 8°. (VIII, 181 S.) Wien: A. Hartleben 1905. geb. K 2.20

de Wiorogórski, Joan. (geb. Ostrow in Galizien 1812): De diabete mellito. Berolini (1837). (28 S.) 8°
Berlin, Med. Diss. v. 17. Apr. 1837

Wipacher, Dan. (Resp.): Casus aegri noctambulationis morbo laborantis resolutus, s. Bohn, Jo. (Praes.)

Wipacher, David (Modra) A. S. 1274/11

Disputatio inauguralis medica, qua casus aegri somnambulationis morbo laborantis resolutus sistitur. Präs. Johann Bohn.
Leipzig (Bauch) 18. X. 1717. 52 S.

Gew.: Gottfried Fhr. von Hellenbach.

36970

Wipacher, David [Praes.], s. Frölich, Gottfried: De phlogisto animali ut variorum morborum medela.

WIPACHER, DAVID.
De phlogisto, unionis rerum metallicarum menstruo dissertatio. Lipsiæ, 1752. 4to.

— Diss. de Phlogisto, unionis rerum metallicarum medio. 4. Leipz. 762.

Wipacher, D., genuina ratio, cur pleuritide vera saeviente venae sectio affecti lateris, alias derivatoria dicta praeoptanda sit. 12. Götting. 756.

Wipacher, Dav., (†...) genuina ratio, cur pleuritide vera saeviente venaesectio affecti lateris alias derivatoria dicta praeoptanda sit. 12. Leyden 756.... 8 gl.

— de thermis ribariensibus in Hungaria liber singularis. 8. Leipz. 768. Fritsch. (Hahn). 4 gl.

Wipf, Elisa, s. Idiotikon. Schweizerisches.

Wipf, Elisa: Die Mundart von Visperterminen im Wallis. Frauenfeld 1908. VI + 180 S. 8°. [8. I. 09.]
Zürich Phil Diss I S 1908/09

— Die Mundart v. Visperterminen im Wallis, s.a. Beiträge zur schweizerdeutschen Grammatik. II.

Wipf, Elisa. Die Mundart von Visperterminen im Wallis. 8. Frauenfeld, Huber & Co.
Ausg. A: Diss. Phil. I. Univ. Zürich. VI + 180 S. 1908.
Ausg. B: Von Dr. E' W'. X + 199 S. 1910. [fr. 2.—] — Beiträge zur Schweizerdeutschen Grammatik.... [Heft] 2....

Wipf, H., der Sprachunterricht f. das IV.—VI. Schulj., s.: Birch, G. A.

Wipf, H., s.: Untersuchungen üb. den Einfluss der Heftlage u. Schriftrichtung auf die Körperhaltung der Schüler.

Wipf, H[einrich], und Erismann, [Huldreich] F[riedrich]. Wegleitung zu Handen der Schulbehörden betreffend Erstellung von Schulbänken. Verfasst von H. W', Lehrer, und Dr. F. E', Stadtrat, Zürich. Hrg. von der Schweizerischen Gesellschaft für Schulgesundheitspflege. [Mit 17 Abbildungen.] II + 9 [+ *Abbildungen* 8] S. 8. Zürich, Zürcher & Furrer, 1907.

Wipfeld am Main, mit seinen Umgebungen u. d. Schwefelquelle. Ein Taschenbuch f. Badegäste. Mit 1 Flußkarte u. 1 Abbild. v. Wipfeld. 8. Nürnb. 813. Stein. 16 xr

Wipfli, J. Der Schulmeister u. der Bär. Gedicht in Urner Mundart. In-16, 7 S. 1879. Verlagsort? (Altdorf).

Wipfli, Josef

Wipfli, Jos., Allerseelen. Ein poet. Immortellenkranz, niedergelegt auf die Gräber der lieben Verstorbenen. 16. (48 S. m. 1 Bild.) Solothurn 886. Burkardt & Frölicher. — 40

Wipfli, J., Allerseelen. Ein poet. Immortellenkranz, niedergelegt auf die Gräber der lieben Verstorbenen. 16. (102 S. m. 1 Bild.) Einsiedeln 888. Benziger & Co. geb. m. Silberschn. n. 1. 50

Wipfli, Joseph. Armen-Seelen-Büchlein, enthaltend Gebete und Andachten zum Troste der Seelen im Fegfeuer. [Mit Illustrationen und 2 Tafeln.] 224 S. 8. Einsiedeln *etc.*, Benziger & Co. A. G., 1901. [geb. fr. 1. —]

—— der Gang ins Kloster. Gedicht. 16. (31 S.) Solothurn 885, Burkard und Frölicher.

Wipfli, Jos., der Gang ins Kloster. Gedicht. 2. Aufl. 16. (31 S.) Solothurn 898. Buch- u. Kunstdr. Union. n. — 35

Wipfli, J. Glocke der Andacht. Vollständiges Gebetbuch für katholische Christen. Feine Ausg. auf Velin, mit farbiger Einfassung u. Stahlstichen. In-16°. 512 S. Einsiedeln, Eberle, Kälin & Co. 1890. Gebd. 2 —

—— das Gotteskind. Gebetbüchlein für die lieben Kleinen. 96. (200 S. mit 23 Holzschn. und 1 Chromobild.) Einsiedeln 889, Benziger und Comp. * 14 Pf.; geb. *

Das Gotteskind. Gebetbüchlein f. d. lieben Kleinen von J[osef] Wipfli, Pfarrer in Davos. Einsiedeln, Köln: Benziger & Co [um 1902]. (200 S.) 8°

Himmelsfreude. Gebetbüchlein f. d. kath. Jugend von J[osef] Wipfli, Priester d. Bisth. Chur. Neu bearb. von Lic. J[osef] Grüters, Caplan, Aachen-Burtscheid. *Einsiedeln, Köln: Benziger & Co. 1903.* (288 S.) 8°
[S.] [o]. 16200

— Himmelsfreude des gottliebenden Kindes. Gebetbüchlein für die kathol. Schuljugend. 48. (256 S.) Ebd. 888. n. — 16; geb. n. — 28

Wipfli, Joseph. Katharina-Büchlein. Vollständiges Andachtsbuch für alle frommen Verehrer der heiligen Jungfrau und Martyrin Katharina. Hrg. von J' W', Pfarrhelfer. [Mit Illustrationen und 1 Tafel.] 224 S. 8. Einsiedeln *etc.*, Benziger & Co. A. G., 1902. [geb. fr. 1. —]

Wipfli, Jos. Der poetische Kinderfreund. Ernste und heitere Deklamationsstücke für Schulkinder im Urnerdialekt. In-16°, 192 S. Einsiedeln, Eberle Kälin & Cie. 1881.

Wipfli, Joseph. Der poetische Kinderfreund. Ernste und heitere Deklamationsstücke für Schulkinder. Im Urner-Dialekt verfasst. [2. Aufl.] 192 S. 8. Einsiedeln, Eberle, Kälin & Comp., (Dezember 1901). [geb. fr. 1. 50]

Wipfli, Jos(eph). Kreuzes-Blumen. Gedichte. [Mit Vignetten.] 228 S. 8. St. Fiden, J. K. Zehnder, 1904. [geb. fr. 3. —]

Wipfli, Jos., Maria, der Morgenstern. Vollständiges Gebetbuch f. kathol. Christen, insbesondere f. fromme Verehrer Mariens. Mit e. kurzen Belehrg. üb. den Ablaß nebst Ablaßkalender. (512 S. m. Titelbild.) 16. Einsiedeln (903). Eberle, Kälin & Co. Geb. in Leinw. n.n. 1.04; m. Goldschn. n.n. 1.24; in Ldr. m. Goldschn. n.n. 1.80; m. Rahmen u. Schloß n.n. 2.33

Wipfli, J[oseph]. Perlenkranz. Kurzgefasstes vollständiges Gebetbüchlein. [Mit Seiteneinfassungen, Vignetten und 1 Tafel.] 176 S. 8. Einsiedeln *etc.*, Benziger & Co. A. G., 1901. [geb. fr. —.80 *bis* 2.25]

Wipfli, J., preiset d. Herrn, s.a. Reuter's Bibliothek f. Gabelsberger-Stenographen.

— Preiset den Herrn! Kurzgefaßtes vollständ. Gebetbüchlein. In zweifarb. Druck. 48. (192 S. m. 1 Stahlst.) Ebd. 888. n. —35; geb. n. —75

Preiset den Herrn! Kurzgefaßtes vollst. Gebetbüchlein von J[osef] **Wipfli**, Pfarrer. 10. Aufl. Einsiedeln, Köln: Benziger & Co. 1902. (192 S.) 8°

Wipfli, Jos., siehe: *Rippel, Greg.*

— die Schönheit der kathol. Kirche, s.: Rippel, Gr.

Wiponis gesta Chuonradi II. ceteraque quae supersunt opera, s. Scriptores rerum germanicarum.

Wipo, das Leben Kaiser Konrad II., s.a. Geschichtschreiber, die, der deutschen Vorzeit in deutscher Bearbeitung.

Wipo, das Leben Kaiser Konrad II. Nach der Ausgabe der Monumenta Germaniae übersetzt von Dr. W Pflüger. 8. Berlin 1877.

Die Geschichtschreiber der deutschen Vorzeit ... XI. Jahrhundert Band 4.

Wipo. Das Leben Kaiser Konrad II., nebst Auszügen aus den Jahrbüchern von St. Gallen u. der Schwäbischen Weltchronik. Nach der Ausgabe der Monumenta Germaniae übersetzt von *W. Pflüger*. 2. Aufl. von *W. Wattenbach*. In-8°, XI u. 100 S. Leipzig, Dyk'sche Buchhdl. 2 45
*** „Geschichtschreiber der deutschen Vorzeit", Lief. 53. 1888

Wiponis proverbia, tetralogus Heinrici regis, vita Chuonradi II. imp. ed. G. H. Pertz, s. Scriptores rerum Germanicarum in usum scholarum.

Wippchen. Red.: Jul. Stettenheim. 1. Jahrg. Apr.—Dezbr. 1894. 39 Nrn. (Bog. m. Illustr.) gr. 8. Berlin, Expedition. n. 3. —

Wippel, Johann Jakob

[**Wippel, J. J.**] Vollständige Gelehrtengeschichte des Weltweisen auf dem Thron, aus achten Quellen und unverdachtigen Nachrichten zusammen getragen und bis auf gegenwartige Zeit fortgesetzt. Frankfurt und Leipzig 1765
2 Teile 8
1 Titelkupfer 224 S.
2 232 S.
Zeitgenossische Biographie Friedrichs d. Gr

Wippel, Joh. Jakob, Die Grösse Sr. Majest. in Preussen, Friedrichs, des andern in dem 1756 unternommenen Feldzuge bei der den 24. Jan. 1758 v. d. Berlin. Gymn. zum Grauen-Kloster ... angestellten Feier des Kgl. Geburts-Tages ... bewundert. Berlin. 4.

WIPPELIUS, JOA. JAC., De Cebetis Thebani philosophi Socratici tabula verisimilia. Altonae. (1744). 4. P. (Lykonskningsskrift til Elias Casp. Reichard). (U. B.).

Wippel, Wilhelm Jakob

— die Bücher der berliner Cadetten-Bibliothek, wissenschaftl. geordnet u. verzeichnet. Fol. Berl. 823.

— Fibel. Mit Holzschn. 12. Berl. 790.

Wippel, Wlh. Jak., Gesch. d. Erbhuldigungen, s. Wadzeck.

— Lesebuch für die berlin. Garnisonschule. 8. Berl. 785.

— Rede bei s. Einführung zum Rectorat. 8. Berl. 784.

— die Ritterorden. Ein tabellarisch-chronol.-literar.-histor. Verzeichniß über alle weltliche Ritterorden, auch über diejenigen geistl. Orden, welche außer ihrer Ordenskleidung, noch ein besonderes Zeichen getragen haben. 2 Bde. 4. Berl. 817 u. 19. Herbig. 2 ₰ 12 ₰ N. A. 824. 1 ₰ 16 ₰

Wippel, Wilhelm Jacob. Die Ritterorden. Ein tabellarisch-chronologisch-literarisch-historisches Verzeichniß, uber alle weltliche Ritterorden ... angefertigt von Wilhelm Jakob Wippel ... Neue Ausgabe Berlin 1824. Bei Friedrich August Herbig
2 Teile 8°
[illegible]
[illegible]
[illegible]

— von d. Stiftung d. Berlinischen Garnisonschule, u. den Veränderungen, welche mit d. Schule vorgegangen sind. 8. Berl. 785.

Wipper, Alois, Predigt auf d. Fest d. hl. Gebhard, geh. auf d. St. Gebhardsberge bei Bregenz am 27. VIII. 1897. 12. (16 S.) Bregenz 897. J. N. Teutsch. n. — 20

Wipper, Josef [appr. Arzt aus Maria-Thann bei Lindau]: Über einen Fall von symmetrischer Perodactylie ... München: K. Hof- u. Univ.-Buchdr. Dr. C. Wolf & Sohn 1886. 20 S. 8°
München, Med. Fak., Inaug.-Diss. v. 1886.

Wipper, Josef, über einen Fall von symmetrischer Perodactylie. Diss. München 1886, A. Buchholz. 8°. 20 S.

Wipper, Jury, 46 Beweise des Pythagoräischen Lehrsatzes nebst kurzen biograph. Mittheilungen über Pythagoras. Aus dem Russischen von F. Graap. gr. 8. (51 S. mit 59 in den Text gedr. Fig.) Leipzig 887, Barsdorf.

Wipper, Jurii, Wand-Karte des europäischen Russland. 1 : 3,000,000. (In russ. Sprache.) 6 Bl. Chromolithogr. Imp.-Fol. Mit Text. gr. 8. (4 S.) Leipzig 881, Photolithogr. Institut. In Mappe * 18 90
Auf Leinw. in Mappe * ℳ 25,20.; mit Stäben * 26 25

Wipperman, E., s. Wippermann, Eduard

Wipperman, Engelbert [Praes.], s. Kühneman, David: Disp. de constituto possessorio quam deofavente.

Wippermann, Ueber Ganerbschaften. gr. 8°. Wiesbaden 1873.

Wippermann, Albert

Wippermann, Alb., Aphorismen über Evangelium u. Fortschritt auf pädagogischem Gebiet. Grimma 863. (Gensel.) gr. 8. (27 S.) n. 5 ngr.

Wippermann, Alb., Bertha. Eine Erzählg. für's Volk. 8. (191 S.) Dresden 871. H. J. Naumann. n. 1. 50

Wippermann, Albert, Erzählungen für die reifere Jugend. br. 8. (III und 302 S. mit 6 ill. Stnt.) Plauen 850, Schröter. Thlr.

Wippermann, Alb. Das Evangelium v. Christo in Hausandachten. gr. 8. (VI, 597 S.) Lpz. 890, Wallmann. * 3 50; geb. * 4 50

Wippermann, Albert, Grundriß der Kirchengeschichte für evangelische höhere Schulen. gr. 8. (VII und 92 S.) Plauen 854, Schröter. *

Wippermann, Alb., Grundriß der Kirchengeschichte für evangelische höhere Schulen. 2., verb. Aufl. Plauen 866. Schröter. gr. 8. (VI, 90 S.) n. 8 ngr.

— Grundriß der Kirchengeschichte f. evangelische höhere Schulen. 3. verb. Aufl. gr. 8. (VIII, 92 S.) Plauen 874. Schröter. n. — 80

Wippermann, Alb., Grundriß der Kirchengeschichte für evangelische höhere Schulen. 4. verb. Aufl. gr. 8. (VIII, 92 S.) Plauen 878, Schröter's Verlag. * — 80

Wippermann, Alb., Grundriß der Kirchengeschichte für evangelische höhere Schulen. 5. verb. Aufl. gr. 8. (VIII, 92 S.) [Plauen 882.] Ilmenau, Schröter's Verlag. *

Wippermann, Alb., Grundriß der Kirchengeschichte f. evangelische höhere Schulen. 6., verb. Aufl. gr. 8. (VIII, 93 S.) Ilmenau 890. A. Schröter. n. — 80

Wippermann, Alb., Grundriß der Kirchengeschichte f. evangelische höhere Schulen. 7., verb. Aufl., besorgt v. Johs. Conradi. (VII, 95 S.) 8. Ilmenau 905. A. Schröter. Geb. n.n. 1. —

—— Kirchengeschichte für Haus und Schule. Zugleich Commentar zu des Verf.: „Grundriß der Kirchengeschichte." gr. 8. (VIII und 414 S.) Grimma 862, Gensel. *

— Kirchengeschichte für Haus u. Schule. Zugleich Commentar zu des Verf. „Grundriß der Kirchengeschichte." 2. verm. u. verb. Aufl. Grimma 869. Gensel. gr. 8. (VIII, 367 S.) n. 1 Thlr.

—— Kirchengeschichte für Haus und Schule. Zugleich Commentar zu des Verf. „Grundriß der Kirchengeschichte". 3. verm. und verb. Aufl. gr. 8. (VIII, 390 S.) Grimma 877, Gensel. * 4 —

Wippermann, Alb., Kirchengeschichte für Haus und Schule. Zugleich Commentar zu des Verf. „Grundriß der Kirchengeschichte". 4. verb. und verm. Aufl. gr. 8. (VIII, 344 S.) Grimma 886, Gensel. *M 3.40.; geb. *

Wippermann, Alb., Johann August Köhler, K. S. Schulrat und Seminardirektor zu Grimma. Ein Lebensbild. 8. (IV, 94 S.) Grimma 888, Gensel. *

—— Kreuz und Eiche. Gemälde german. Vorzeit, für die Jugend dargestellt. br. 8. (VI und 344 S. mit 6 ill. Stnt.) Plauen 851, Schröter.

—— Kreuz und Eiche. Gemälde german. Vorzeit, für die Jugend dargestellt. Neue, wohlf. (Titel-)Ausg. ohne Bilder. br. 8. (V und 344 S.) Plauen 855, Schröter.

Wippermann, *Anton* Der Aufgebotsbrief Karls d. Gr. an Abt Fulrad. 4 (16 S.). Progr. G. *Attendorn* 1886 (321).

Wippermann, C. W., s.a. Wippermann, Karl Wilhelm

Wippermann, C. W., rechtl. u. historisch. Betrachtungen üb. d. Pfingsten. Rint. 1763. 4.

Wippermann, Carl, s. Wippermann, Karl

Wippermann, Christian Friedr.: De Adjunctis commissariorum, s.a. Canz, Eberhard Christoph.

Wippermann, Christian Friedrich (Tübingen) A.S. 133/3

Dissertatio inauguralis juridica de adjunctis commissariorum. Präs. Eberhard Christoph Canz. Tübingen (Schramm) 20. VI. 1755. 54 S. 36972

Wippermann, Ed., Beiträge zum Staatsrechte. 1. Beitrag. Ueber die Natur des Staates. Eine publicistische Abhandl. gr. 8. Göttingen 844, Dieterich. n. 1 Thlr.

Wippermann, Ed., offener Brief an Mändl, s. Brief.

Wippermann, Ed., die Grundbegriffe u. hauptsächlichsten Sätze des gemeinen deutschen Rechts, erläutert. 16 Hft. 8. Rinteln 839. Literarisch-artist. Verlags-Institut. (Bösendahl.) ¾ Thlr.

—— die altorientalischen Religionsstaaten. gr. 8. (IV und 148 S.) Marburg 851, Elwert'sche Universitäts-Buchh.

—— „wir glauben alle an Einen Gott", s. Broschüren-Cyclus.

Die dynastischen Ansprüche auf das Herzogthum Lauenburg skizzirt v. Eduard Wippermann. Cassel. 1864 8°.
—— 2. correctere und verm. Aufl. Cassel. 1864. 8°.

Wippermann, Ed., die dynastischen Ansprüche auf das Herzogth. Lauenburg. 1. Aufl. (31 S.) — 2. correctere u. verm. Aufl. Cassel 864. Krieger. gr. 8. (36 S.) n. 6 ngr.

Wippermann, Dr. Eduard, Professor zu Halle, Entwurf eines Deutschen Reichsgrundgesetzes. Motive werden nachfolgen. Halle, C. A. Schwetschke u. Sohn, 1848. 20 S. 8°.

Wippermann, Ed., Entwurf eines deutschen Reichsgrundgesetzes. gr. 8. (20 S.) Halle 848, (Braunschweig) Schwetschke & Sohn. 3 ngr.

Wipperman, E., Zur Geschichte der Centen und herrschaftlichen Gebiete in und um den Büdinger Wald; Beitrag zur Geschichte der Herren von Nöringen, Münzenberg und Falkenstein, Grafen von Wetterau, Herren von Isenburg und Eppstein. Mit 3 Stammtfln. Marburg 1852. 8.

WIPPERMANN, Eduard: Zur Geschichte der Centen und herrschaftlichen Gebiete im und um den Büdinger Wald. - Marburg 1852. VIII, 86 S., 3 Faltbl. - (Urkundl. Gesch. d. Büdinger Waldes i. d. Wetterau H. 1)

—— Motive zu dem Entwurfe eines deutschen Reichsgrundgesetzes. gr. 8. (58 S.) Halle 848. [Braunschweig,] Schwetschke und Sohn.

—— kurze Staatsgeschichte der Herzogthümer Schleswig und Holstein. gr. 8. (XVIII und 348 S. mit 4 Stammt. nebst Wappen.) Halle 847. [Braunschweig,] Schwetschke und Sohn. *

Wippermann, Ed., steht die Grafschaft zu Waldeck unter hessischer Lehnsherrlichkeit? Eine staatsrechtliche Deduction. gr. 8. (IV u. 107 S.) Halle 847, (Braunschweig) Schwetschke & Sohn. 1/2 ℛ

Wippermann, Edward, kleine Schriften juristischen und rechtshistorischen Inhalts. 1.—3. Heft. gr. 8. Wiesbaden 873, Feller und Gecks. *

Inhalt:

Heft 1. Ueber Bauerbschaften. (64 S.) * ℳ 1,20.
" 2. Ueber Nichtigkeitsbeschwerden. (19 S.) * 75 Pf.
" 3. Lehn- und Fideicommißrechtliches. (47 S.) * ℳ 1.

WIPPERMANN, Emerich

Ueber Wechselstromcurven bei Anwendung von Aluminiumelektroden von P. Emerich Wippermann ph. st. (Mit 12 Textfiguren.) Aus den Sitzungsberichten der kaiserl. Akademie der Wissenschaften in Wien. Mathem.-naturw. Classe; Bd. CVII. Abth. II.a. Juli 1898. [Wien. 1898. In Comm. Gerold's Sohn.] Gr.-8°. 9 S. fl. —.20

Wippermann, Emmerich: Über Wechselstromkurven bei Anwendung von Aluminiumelektroden (mit 12 Textfiguren). S. 107. IIa. 839.
Separatabdruck

Wippermann, F., Jodokus Eulenspiegel, s.: Heidelmann's, R., Theaterbibliothek.

— F. W. Grimme, s.a. Broschüren, Frankfurter zeitgemäße. 27, VI.

F. W. Grimme. Ein Gedenkblatt zu d. Dichters 80. Geburtstage ⟨25. Dez. 1907⟩. Von F. **Wippermann**. Hamm i. W.: Breer & Thiemann 1908. (31 S.) 8° [Umschlagt. F.]
— **Broschüren**, Frankfurter Zeitgemässe. N. F. Bd 27, H. 6. 108. 11996 6

Wippermann, Friedrich (Lippe)
Abhandlung über Seyn und Geschehen.
Diss. phil. Giessen 30.7.1828.
(Hat. lt. Promot.-Akten handschriftlich vorgelegen, liegt nicht mehr bei.)

Wippermann, Karl

Wippermann, Carl, Fürst Bismarck, s.: Hahn, Ludw.

Wippermann, Karl. Fürst Bismarck im Ruhestande. Sammlung v. Kundgebgn. üb. den Rücktritt d. Fürsten, der Berichte üb. polit. Gespräche desselben, sowie der auf seine Eingebgn. zurückgeführten od. in seinem Sinn erfolgten Veröffentlichgn. gr. 8. (XVI, 300 S.) Berlin 892. W. Zimmermann's Verl. n. 5. —

Wippermann, Karl, Fürst Bismarcks 80. Geburtstag. E. Gedenkbuch. gr. 8. (VII, 298 S.) München 895. C. H. Beck. Geb. in Leinw. n. 3. —

— s.: Geschichte, polit., d. Gegenwart.

— s.a. Geschichtskalender, deutscher.

—— Deutscher Geschichtskalender f. 1888—1892. Sachlich geordnete Zusammenstellg. der politisch wichtigsten Vorgänge im In- u. Ausland. 2 Bde. gr. 8. (1888. XIII, 427; XV, 452 S.; 1889. XIV, 448; XIV, 392 S.; 1890. XVIII, 434; XV, 464 S.; 1891. XVI, 428; XV, 409 S.; 1892. XIII, 347; XV, 405 S.) Lpz., Grunow. geb. à Bd. * 6 —; à Jahrg. * 12 —
Frühere Jahrgg., s. Geschichtskalender.

— deutscher Geschichtskalender f. 1890, 1891, 1892, 1893. Sachlich geordnete Zusammenstellg. der politisch wichtigsten Vorgänge im In- u. Ausland. à 2 Bde. gr. 8. Leipzig, F. W. Grunow. Geb. in Leinw. à Bd. n. 6. —

1890. 2 Bde. (VIII, 434; XV, 464 S.) 890. 891. — 1891. 2 Bde. (XVI, 424; XV, 409 S.) 891. 892. — 1892. 2 Bde. (XIII, 347; XV, 405 S.) 892. 893. — 1893. 2 Bde. (XVII, 454; XIV, 306 S.) 893. 894.

Wippermann, Karl, deutscher Geschichtskalender f. 1894. 1. Bd. gr. 8. (XV, 400 S.) Leipzig 894. F. W. Grunow. Geb. in Leinw. n. 6. —

— deutscher Geschichtskalender f. 1894. Sachlich geordn. Zusammenstellg. d. politisch wichtigsten Vorgänge im In- u. Ausland. 2. Bd. gr. 8. (XVI, 440 S.) Leipzig 895. F. W. Grunow. Geb. in Leinw. n. 6. —

— dasselbe, f. 1895, 1896 u. 1897. à 2 Bde. gr. 8. Ebd. Geb. in Leinw. à Bd. n. 6. —
1895. 2 Bde. (XV, 389 u. XVI, 390 S.) 896.
1896. 2 Bde. (XIII, 432 u. XIV, 434 S.) 896. 97.
1897. 2 Bde. (XIV, 450 u. XVI, 412 S.) 897. 98.

— dasselbe, f. 1898. 1. Bd. gr. 8. (XII, 392 S.) Ebd. 898. Geb. in Leinw. n. 6. —

Wippermann, Karl, deutscher Geschichtskalender f. 1898. Sachlich geordnete Zusammenstellg. der politisch wichtigsten Vorgänge im In- u. Ausland. 2. Bd. gr. 8. (XV, 390 S.) Leipzig 899. F. W. Grunow. Geb. in Leinw. n. 6. —

— dasselbe f. 1899. 1900 u. 1901. à 2 Bde. gr. 8. (XII, 400; XII, 382; XI, 388; XV, 418; XII, 347 u. XII, 407 S.) Ebd. 899—902. Geb. in Leinw. à Bd. n. 6. —

Wippermann, Karl, deutscher Geschichtskalender f. 1902 bis 1905 à 2 Bde. u. 1906 1. Bd. Sachlich geordnete Zusammenstellg. der politisch wichtigsten Vorgänge im In- u. Ausland. (XV, 384; XII, 332; XV, 379; XIV, 368; XII, 396; XIV, 371; XII, 389; XIV, 364 u. XIII, 350 S.) gr. 8. Leipzig 903—907. F. W. Grunow. Geb. in Leinw. à Bd. n. 6. —
Beim Bezuge der ganzen Reihe tritt ein ermäß. Preis ein.

Wippermann, Karl, deutscher Geschichtskalender f. 1906, 2. Bd., 1907—1909 à 2 Bde. u. 1910, 1. Bd. Sachlich geordnete Zusammenstellg. der politisch wichtigsten Vorgänge im In- u. Ausland. 1. Bd. (XII, 312; XI, 364; XV, 397; XIV, 410; XII, 372; VIII, 396; VIII, 296 u. IX, 297 S.) 8. Leipzig 907—10. [F. W. Grunow.] Fel. Meiner. Geb. in Leinw. à Bd. 6. —

—— s. Hahn, Ludw. Fürst Bismarck.

Wippermann, Karl Eduard, s. Wippermann, Eduard

Wippermann, Carl F. L., das Recht der Meier-Ämter (Officia villicationis). Eine deutschrechtliche Untersuchung. Göttingen 859. Deuerlich. gr. 8. (VII, 159 S.) n. 20 ngr.

Wippermann, Carl Wilh., Beschreibung des Bukki-Gaues nebst Feststellung der Grenzen der übrigen Gaue Niedersachsens. Herausg. von Carl F. L. Wippermann. Mit 1 (lith. u. color.) Karte (in Fol.). Göttingen 859. Wigand. gr. 8. (XVI, 467 S.) n. 2 ℛ 10 ngr.

Wippermann, Karl Wilhelm [Praes.], s. Graebe, Karl Otto: Potiora apanagii capita in specie discussionem quaestionis: quid ratione jurium inter regentes, et non regentes s. primogenitos et postgenitos controversorum, praesumendum, statuendumque sit?

Wippermann, Carl Wilh., Kurhessen seit dem Freiheitskriege geschildert. gr. 8. (VI und 526 S.) Cassel 850, Fischer.

Wippermann, Karl Wilhelm (Ludwigsburg) A. S. 31/12

Dissertatio inauguralis historica de Leone III. pontifice Romano. Präs. Johann Gottlieb Faber. Tübingen (Erhardt) XI. 1748. 64 S. 36975

Wippermann, C. W., Regesta Schaumburgensia, s. Zeitschrift des Vereins für hess. Geschichte.

Regesta Schaumburgensia. Die gedruckten Urkunden der Grafschaft Schaumburg in wörtlichen Auszügen zsgest. v. Carl Wilhelm Wippermann. Cassel. 1853. 8° = Zeitschrift des Vereins für Hessische Geschichte und Landeskunde. Suppl. 5.

Wippermann, Karl Wlh., († 1797.) commentatio de observando statu, quo fuit possessio. 8. Marb. 759. Hermann in Frankf. 6 ⁄⁄

—— Urkundenbuch des Stifts Obernkirchen, s. Urkundenbuch.

Wippermann, M., Stadtratswahl, s.: Theater, kleines.

Die Stadt Oberhausen im ersten Vierteljahrhundert ihres Bestehens. (Verf.: [Otto] Wippermann, Bürgermeister.) *Oberhausen 1899: R. Kühne.* (116 S.) 4° [F.]

Wippermann, Otto Magnus (Hagen) A. S. 821/23

Dissertatio juridica, de nexu jurispudentiae et medicinae. Präs. Heinrich Ernst Kestner. Rinteln (Enax) 14. IX. 1720. 54 S.

Gew.: Familie Wippermann.
W. v.: Präs., Friedrich Ulrich Pestel, W. H. Nüssler, Johann Weisbach, E. A. Barckhausen, J. C. Köhler (Opp.), H. v. Ulrich, J. P. von Lindern (Opp.), J. J. Treuter, J. A. Barckhausen, L. C. Ernst. 36976

Wippert, Dr. ..., über den Begriff u. Umfang der Polizei. Ein Versuch. 8. Ellwangen 828. Schönbrod. 2 ⁄⁄ Schreibp. 3 ⁄⁄

Wippingen [Schlagwort]

Wippingen, s.: Preussen. Messtischblätter.

Wipplinger, Adalb., ins hl. Land od. e. Gesellschafts-Reise auf 3 Erdteilen unter Leitung des Reisebureau-Inhabers Hrn. Paul Spatz in Halle (Saale) vom 15. IV. bis 9. V. 1907. (181 S.) 8. Blankenburg-Harz 907. (Leipzig, Woerl's Reisebücherverlag.) 3. —

Wipplinger, Adb., unsere Meeresfahrt durch das Leben. Ein Lebensbild in 3 Gesängen. 12. (VII, 104 S.) Berlin 885. Neuenhahn. geb. m. Goldschn. n. 3. —

Wipplinger, Adalb., die Mittelmeerfahrt des Studien-Reise-Klubs Leipzig im Sommer 1906 unter persönl. Leitung des Hrn. Lehrer Oswald Bemmann aus Leipzig. (VII, 152 S. m. Abbildgn.) 8. Blankenburg (Harz) 906. (Leipzig, Woerl's Reisebücherverl.) n. 2. 50

—— Nachklänge aus Predigten über die sonn- und festtäglichen Evangelien und Episteln. Zur häusl. Andacht und Erbauung. gr. 8. (VIII, 267 S.) Alt-Tschau bei Neusalz a. O. 886, Verlag der Anstalt „Kommet zu Jesu".

Wipplinger, A., durch die Wüste. Ein Lobgesang über Glaube, Liebe, Hoffng. Konfirmanden u. Konfirmirten dargereicht. 8. (VIII, 139 S.) Swinemünde 887. (Fritzsche.) n. 1. 60; geb. m. Goldschn. n. 2. 50

Wipplinger, Christian Hermann, aus Cassel: Über die elektrochemische Reduktion einiger Chlornitrobenzole. *Giessen 1901: Hof- u. Univ.-Druckerei.* (39 S.) 8°
Giessen, Phil. Diss. v. 1901

Wipplinger, Lud., die Keramik od. die Fabrikation von Töpfer-Geschirr, Steingut, Fayence, Steinzeug, Terralith, sowie v. französ., engl. u. Hart-Porzellan. Anleitung für Praktiker zur Darstellung aller Arten keram. Waaren nach deutschem, französ. u. engl. Verfahren. Mit 45 (eingedr. Holzschn.-)Abbildungen. 8. (IV, 366 S.) Wien 882. Hartleben. 4. 50

Wipplinger, Ludw., die Keramik od. d. Fabrikation von Töpfer-Geschirr, Steingut, Fayence, Steinzeug, Terralith, sow. v. französ., engl. u. Hart-Porzellan. Anleitg. f. Praktiker zur Darstellg. aller Arten keram. Waaren nach deutschem, französ. u. engl. Verfahren. 2., sehr verm. u. verb. Aufl. 8. (VIII, 326 S. m. 66 Abb.) Wien 897. A. Hartleben. n. 4. 50; geb. n. 5. 30

Wipplinger, Natalie, aus Leipzig: Der Entwickelungs-Begriff bei Fichte. *Leipzig 1900: C. G. Naumann.* (76 S.) 8°
Freiburg i. B., Phil. Diss. v. 1900

Wippo von Königstein,
oder die Todtenhöhle am Fichtelberge; eine Geistergeschichte . . . Wien 1800. 1807. 1817. 1841. V: *Gleich, Joseph Alois.* (MGT) (NN) (Ky) (WBL) (GGr)

Wippo v. Königstein, oder die Todtenhöhle am Fichtelberge, m. K. 8. Wien, Ant. Doll. (Pazowsky.) (Liebeskind in Lpz. in Commiss.) 800. — 20

Wippo von Königstein, od. die Todtenhöhle am Fichtelberge, (von Jos. Al. Gleich). 8. Wien 807. N. A. 817. Bauer u. D. 1 ⁄⁄ Ant. Doll. 16 ⁄⁄

Wippra [Schlagwort]

Wippra, s.: Preussen. Messtischblätter.

Wipprecht, A. A. G., Huldigungspredigt. gr. 8. Erfurt 815. Keyser. 4 ⁄⁄

Wipprecht, F(riedrich), (Prof. Dr.): Zur Entwicklung der rationalistischen Mythendeutung bei den Griechen. 1. *Tübingen 1902: H. Laupp Jr.* (40 S.) 4°
Donaueschingen, großh. PG, MP 1902 (677)

Wipprecht, F[riedrich]: Zur Entwicklung der rationalistischen Mythendeutung bei den Griechen. 2. Tübingen 1908: Laupp jr. 46 S. 4° ¶ [Forts. d. P-Beil. 1902.]
Donaueschingen, großh. G P 1908 (796) [S 08. 538

Wipprecht, Fridericus *Martinus*: Qvaestiones Palaephateae capita VI ... Bonnae, typ. C. Georgi typogr. acad., 1892; 67 S. 8.
Heidelberg, Phil. Fak., Inaug.-Diss. v. [5. Aug.] 1892

Wipprecht, Frdr., quaestiones Palaephateae capita VI. Diss. gr. 8. (67 S.) Bonnae 892. (Leipzig, G. Fock.) n. 2. —

Wipprecht, Fritz. s.a. Verzeichnis der in der Sammlung des Mannheimer Alterthums-Vereins befindlichen Landkarten, Pläne u. Bilder.

Mannheimer Alterthums-Verein. Verzeichniss der in der Sammlung befindlichen Landkarten, Pläne und Bilder. Aufgest. v. Dr. Fritz Wipprecht. Hrsg. v. Vereinsvorst. *Mannheim: T. Loeffler 1893.* (2 Bl., 74 S., 16 Portr. u. Taf.) 1 Bd 8. (96. 8092

Mannheimer Alterthums-Verein. — VERZEICHNISS der in der Sammlung befindlichen Landkarten, Pläne und Bilder. Aufgestellt von FRITZ WIPPRECHT, herausgegeben vom Vereinsvorstand. (Mit 16 Tafeln.) Mannheim 1893. Tobias Loeffler (H. Werner). 8⁰.

Wipprecht, Geo. Fr., († d. 9. Juni 1809.) **Entwurf eines Provinzial-Kanzlei-Lehnrechts f. d. Fürstenthum Bayreuth. gr. 8.** Erlang. 803. Palm. 6 gr.

— s. Etwas üb. d. Satz.

Wipprecht, Geo. Wlh., († d. 15. Okt. 1792.), s. **Bestimmung** d. Wahlkapitulation.

Wipprecht, H. A. C., zwei Predigten am kursächs. Friedensfeste. 8. Erfurt 779. Keyser. 2 gr.

Wipprecht, Car. Leop. (geb. Weissensee in Thur. 4. 4. 1812). Nonnulla de anginae membranaceae historia et pathologia. Berolini (1835). (32 S.) 8°

Berlin, Med. Diss. v. 16. Sept. 1835

Wipprecht, Rud., der Spiritualismus vor dem Forum der Wissenschaft. gr. 8. (IV, 32 S.) Leipzig 880, Mutze.

Wippthal, Das. [Innsbruck 1869.] V: *Lorenz, Benedikt.* (MARGR)

Wiprecht v. d. Erichsburg, Graf, der furchtbare Raubritter; od. die Feuerprobe. Roman aus d. Zeiten d. Vehme v. Verf. des „Antonio Astulpho" 2 Thle. 8. (27½ B.) Quedlinburg 830, Basse.

Wiprecht, Graf v. Groizsch, v. Verf. Friedrichs mit der gebissenen Wange. (Schlenkert.) 3 Thle. 8. Zürich, Ziegler. 786—96. (à 1 Rthlr.) 5 —

Wiprecht, Graf v. Groitsch; Schspl. 8. Meißen 789. (Goedsche). 14 gr.

— Graf v. Groitsch. (v. Fr. Schlenkert). 3 Thle. 8. Zürich 789—796. Ziegler. 3 rthl.

„Wir". Ein Fachblatt für Tierärzte. Hrg. von Uns. ([Illustrierte humoristische Festzeitung zur Jubelfeier der] Tierarzneischule [an der] Universität Bern,) 1806—1906. *autogr.* II + 39 S. 8. Bern, H. Kümmerly & Frey, [1906]. fr. 1.—

‚Wir'. **Deutsche Blätter der Künste. Red. f. den literar. Tl.: Paul Leppin, f. den künstler. Tl.: Rich. Teschner. Nr. 1 u. 2. (24 u. 28 S. m. je 3 Taf.) Lex.-8. Prag (Weinberge, Krameriusgasse 31) 906. ‚Wir'-Verlag. à n. — 60**

Wir Azteken! (Hilfloses Volk!) Seeger, Du u. ich! Offenes Sendschreiben an den Vetter vom Lande v. Arohn Halmlos. 1. u. 2. Aufl. 12. (128 S.) Berlin 894. (Thormann & Goetsch.) n. — 75

Wir Beide, Graham und ich. Aus dem Amerikan. Deutsche autoris. Ausg. von Marie Morgenstern. 1. und 2. Aufl. 8. (198 S.) Leipzig 876,78, Böhme.

Wir Beide, Graham und ich. Aus dem Amerikanischen. Deutsche autoris. Ausg. von Marie Morgenstern. 3. und 4. unveränd. Aufl. (198 S.) 1880; 5. unveränd. Aufl. 8. (V, 194 S.) Leipzig 883, Böhme. * ℳ 2,20.; geb. *

Wir Beide, Graham und ich. Aus dem Amerikanischen. Deutsche autoris. Ausg. von Marie Morgenstern. 6. und 7. unveränd. Aufl. 8. (194 S.) Leipzig 885,87, Böhme Nachf. * geb. *

Wir Beide, Graham u. ich. Aus dem Amerik. Deutsche autoris. Ausg. v. Marie Morgenstern. 8. unveränd. Aufl. 8. (194 S.) Lpz. 890, [Böhme Nachf.] Ungleich. * 2 20; geb. ** 2 90

— **Beide, Graham u. ich. Aus dem Amerikan. Deutsche autoris. Ausg. v. Marie Morgenstern. 10. unveränd. Aufl. (194 S.) 8. Leipzig (906). E. Ungleich** n. 2 20; geb. n. 2. 90

— u. das **Beste** in der Welt. 1.—7. Aufl. 8. (73 S.) Leipzig 890. Fr. Richter. n. 1. —

— u. das **Beste in der Welt.** 8.—18. Aufl. 8. (73 S.) Leipzig 891. Fr. Richter. n. 1. —

Wir bleiben in den freien Gemeinden. Antwortschreiben auf die öffentliche Austrittserklärung der ehemaligen Prediger Raf und Dumhof von der freien christlichen Gemeinde in Schweinfurt. Kitzingen 1852. (52 S.) 8.

— bleiben Protestanten! Sendschreiben an alle protestant. Bürger u. Landleute, von e. alten Volksfreunde (Fr. A. Hoffmann). 8. Leipz. 826. (Cnobloch). 5 gr.

Wir bleiben Protestanten! Sendschreiben an alle protestantische Bürger . . . Leipzig 1826. V: *Hoffmann, Friedrich August.* (MGT) (Ky)

— fahren auf die Messe (Aufstell-Bilderbuch). 4. (9 farb. Taf. m. Klappbildern.) Leipzig 894. F. A. Berger. 3. —

WIR flehen an den Pforten o. O. o. J. o. Dr. 4 S. - 8°

— glauben durch die Gnade d. Herrn Jesus selig zu werden. Ein Gedenkblatt f. Konfirmanden u. andere Gemeindeglieder. gr. 8. (8 S.) Braunschw. 892, Schwetschke u. Sohn. ** — 15
Aus: Christl. Welt, besonders abgedruckt.

Wir gratulieren! Eine reichhalt. Auswahl von Glückwünschen zu allen Festlichkeiten. 8. (144 S.) Hainichen 899. G. C. Hoffmann. — 75

Wir haben seinen Stern gesehen. E. bibl. Bilderbuch. 12. (12 S. m. 4 farb. Bild.) Lahr 895. E. Kaufmann. — 30

— haben Seinen Stern gesehen. Erzählungen u. Gedichte f. die Jugend v. Käthe Dorn, F. Ad. Krummacher, Erdm. Müller u. a. (80 S. m. Abbildgn. u. 4 Farbdr.) 8. Reutlingen (906). Enßlin & Laiblin. Geb. — 60

— Juden. Betrachtungen und Vorschläge von einem Bukowinaer Juden. gr. 8. (30 S.) Zürich 882, Schmidt. *

Wir Juden. Betrachtungen und Vorschläge von einem Bukowinaer Juden. Zürich 1883. V: *Rosenzweig, Leon.* (EB)

Wir Katholiken u. der Weg des Heils. (VII, 72 S.) 8. Leipzig 908. J. G. Findel. n. 1.50

Wir leben. Monatsschrift zur Pflege schöngeist. u. künstlerischer Bestrebgn. Geleitet v. Else Kastner-Michalitschke. Schriftleiter: Jos. Geißler. Mai 1910—April 1911. 12 Nrn. (à ca. 10 u. 4 S.) 31×23 cm. Wien, E. Schmid. 7.—

Wir leben in der Natur und müssen sie kennen. Berlin 1782—84. V: *Biester, Johann Erich.* (Russell XVI, I, 2, 1870)

Wir leben in der Natur u. müssen sie kennen. Freie Unterhaltungen über vaterländ. Natur und deren Diener mit Physiophilus. 1. Bdchen. 12. Berlin 846, Nicolai'sche B. ½ ℛ

Wir leben in der Natur u. müssen sie kennen. Freie Unterhaltungen über vaterländische Natur u. deren Diener mit Physiophilus. 2 Bdchn. 8. (202 S.) Berlin 847, Nicolai. ⅓ ℛ

Wir lieben das Vaterland, aber auch den Papst . . . Sarnen 1877. V: *Britschgi, Melchior.* (Zuwachsverz. d. Bibliotheken in Zürich 1898 ff., 8.)

Wir lieben den Kaiser. Wien 1787. V: *Kautenstrauch, Johann.* (Fiker) (MGT) (Adel) (Ky)

Wir Luftschiffer. Die Entwicklung der modernen Luftschifftechnik in Einzeldarstellungen. Unter Mitarbeit erster Fachleute hrg. von Dr. [Carl] Bröckelmann.... Mit 300 Text-Abbildungen und 10 Tafeln und Karten. XII + 436 S. 8. Berlin und Wien, Ullstein & Co., 1909. [geb. M. 8.—]

— **jungen Mädchen**, s.: Scholz' moderne Bibliothek.

— jungen Mädchen. Monatsschrift f. junge Mädchen aller Stände u. Berufe. Organ f. die Klubs junger Mädchen. Hrsg. v. Burckhardt. 2. Jahrg. 1910. 12 Nrn. (à ca. 16 S. m. 2 Abb.) 8. Berlin, (Buchh. des ostdeutschen Jünglingsbundes). 2.—

—— müssen teilen! Ein offener Brief an alle evangel. Christen, die ihre Kirche lieb haben, v. e. Hoffnungsvollen. Beantwortet v. A. Wächtler. gr. 8. (17 S.) Halle 890, Fricke's Sort. * — 30

— **Pfarrerskinder.** Aufzeichnungen einer Elfjährigen; u. 2. Sammlg. Aufzeichnungen einer Dreizehnjährigen. (Hrsg. v. Christaller.) (IV, 63 u. 56 S.) kl. 8. Jugenheim (907). Suevia-Verlag. Kart. 2.—

— **sahen ihn.** Aus der religiösen Litteratur des 19. Jahrh. (v. Walth. Wolff), nebst e. Bücherei f. das evangel. Haus. gr. 8. (72 S.) Heilbronn (900). (E. Salzer.) n. — 20

— **sahen ihn**, Fortsetzg., s.: Buchwart, der.

—— sahen seine Herrlichkeit, s. Bilderbuch, e. biblisches.

Wir sahen Seine Herrlichkeit. Predigten. gr. 8. (III und 147 S.) Berlin 853, Janke.

— **sind erkannt!** Erwiderung auf Ella Haag's phys. u. sittl. Entartg. des modernen Mannes. Von e. Modernen. gr. 8. (74 S.) Bonn 893, O. Paul. n. — 80

Wir sind frei! 8. Nürnb. 814. Riegel u. W. 2 gl

Wir sind Pilger und Fremdlinge. Unser Vaterland ist im Himmel. (Hebr. XI, 13 und 16.) Ein Reise-, Kirchen- und Hausbuch für kathol. Auswanderer, die ihre irdische Heimath vertauschen, dabei aber das himml. Vaterland nicht verlieren wollen. In 4 Abthlgn.: 1. Der landeskundige Geleitsmann. 2. Die geistl. Arche. 3. Der Tempel Gottes. 4. Die Hauskapelle. 18. (612 S. mit 4 lithogr. Bildern.) Einsiedeln 851, Gebr. Benziger.

Wir sind, wir bleiben katholisch. Soest, Nasse. 1871. 12°. 30 S. 20 Pf. (Broschüren-Cyklus f. d. kath. Deutschl. Jahrg. 6, Nr. 5.)

Wir sind, wir bleiben katholisch, s. **Broschüren-Cyclus** für das kathol. Volk.

Wir deutsche Soldaten, s. **Soldaten, wir deutsche.**

— deutsche Soldaten. Ein aufricht. Wort an seine Kameraden v. e. Dreijährigen. 13. Tausend. gr. 16. (53 S.) Berlin 886. v. Decker. cart. — 50

Wir stammen Alle von den Affen. Prosaische Epistel an Herrn Carl Vogt. Von einem deutschen Handwerker im Auslande. Leipzig 868. (J. C. Pönicke.) gr. 8. (15 S.) 2½ ngr

—— Unteroffiziere. Ein aufricht. Wort an seine Kameraden v. e. Unteroffizier. Durchgesehen u. verm. v. Scheibert. 8.—12. Tausf. 16. (60 S.) Berl. 892, v. Decker. * — 20

Wir verbürgen uns dafür, daß das Gerücht vom Anrücken der Truppen unbegründet ist — (Graf Arnim (u. a. Minister). Decker'sche Geh. Ober-Hofbuchdruckerei. 1 Bl. Fol.
Flugblatt. Berlin, 20. März 1848.

Wir waren u. bleiben dem Papste unterthan. 1845, 12°.
Aus: Bonifatiusdenkmal. Sammlung kathol. Volksbücher. Regensburg, Manz. Jahrg. 4, 2. Bdchen.

—— werden bei dem Herrn sein allezeit. Vier Kreuze in Blumen. Chromolithogr. 12. Leipzig 883, (Baldamus.)

- wollen keine Republik! Politische Lieder eines Landmannes. Hrsg. von Ant. Wilh. Ehrlich. 1. Heftlein. gr. 16. (16 S.) Leipzig 848, H. Fritzsche. n. ⅟₁₂ ℛ — 2. um einen ganzen Bogen verm. Ausg. 16. (30 S.) Ebd. 848. n. 4 ngl

Wir wollen keinen Bürgerkrieg Stimmen zum Frieden von einem Vaterlandsfreunde. 8. Zurich und Frauenfeld 1847.

Wirbelauer, Wilhelm, aus Narva, Rußl.: Beiträge zur Chemie des Siliciums. *(Berlin 1904: E. Ebering.)* (39 S.) 8°
Berlin, Phil. Diss. v. 12. März 1904

Wird Bayern dekatholisirt werden? Ingolstadt 1831. V: *Götz, Georg Joseph.* (Th) »Baiern« (schmal)

Wird Baiern revoltirt werden? Ein Pendant zu Götz Schrift: wird Baiern dekatholisirt werden? Beantwortet von e. Patrioten. gr. 8. Baiern 831. (Krüll in Landsh.) 6 gl 2e A. gr. 8. Ebd. 831. (Ebd.) 5 gl

Wird Bayern revoltirt werden? Ein Pendant zu d. Hrn. Götz jüngst erschien. Schrift: Wird Bayern dekatholisirt werden? Beantw. v. e. Patrioten. 1. Aufl. (1¾ B.) 6 Gr., 2., verm. Ausg. (2½ B.) gr. 8. Bayern 831. (Regensburg, Manz.)

Wird das rauchschwache Pulver die Verwendbarkeit der Kavallerie beeinträchtigen? gr. 8. (20 S.) Berl. 890, Eisenschmidt. * — 40

Socialismus (Wird der) siegen? Ein Ueberblick der Erscheinungen, welche das Kommende verkünden. gr. 8°. Köln (Leipzig, Leipziger Volksbuchh.) 1893.

Wird Deutschland wieder katholisch werden? Von dem Verfasser der Studien über Katholizismus . . . Schaffhausen 1859. V: *Klopp*, *Onno.* (Biogr. Jahrb. 8, 122.) (SWKl) (Gla I/2, 781)

Wird Deutschland wieder katholisch werden? Von dem Verf. der Studien über Katholizismus, Protestantismus u. Gewissensfreiheit. Schaffhausen 859. Hurter. 8. (128 S.) n. 12 ngr.

Wird die Menschheit bei den politischen Verwandlungen unsers Welttheils gewinnen oder verlieren? Gera 1807. V: *Zschokke*, *Johann Heinrich Daniel.* (Ky)

— die Menschheit bei den politischen Verwandlungen unsers Welttheils gewinnen oder verlieren? (v. H. Zschocke). 4. Gera 807. Heinsius. 12 gr

— die Menschheit bei der Säcularisation der geistl. Staaten in Deutschland gewinnen od. verlieren? 8. Osnabrück 803. Blothe. Leipz., Andrä. 12 gr

Wird die Universität Altdorf in Nürnberg glücklicher aufblühen? . . . Nürnberg 1805. V: *Veillodter*, *Valentin Carl.* (will)

Wird durch den Glauben an Gottes Wort die menschliche Vernunft verfinstert oder erleuchtet? Besond. abgedruckt aus der Zeitschrift: Das Reich Gottes für 1844. 8. Karlsruhe 844. (Groos.) 1/12 ℛ

Wird Fürst Bismarck Wort halten? Aus den Plenarverhandlgn. d. Herrenhauses vom 12. u. 13. Apr. 1886. 2. Folge von: Die Gefahren der neuen kirchenpolit. Vorlage v. Janus redivivus. 8. (S. 65—103.) Hagen 886. Risel & Co. n. — 50

Wird in diesem Jahre die Welt untergehen? Beantw. f. d. Freunde Bengel's u. alle vernünft. Bibelleser von e. Theologen. gr. 16. (⅝ B.) Querfurth 836. (Halle, Knapp.)

Wird in diesem Jahre die Welt untergehen! Beantwortet für die Freunde Bengel's und alle vernünftige Bibelleser von einem Theologen. gr. 16. Querfurth 836. (Halle, Kummel.) 1/12 ℛ

Wird sich das neue bayer. Feld-Art.-Syst. nicht auch in dem Lager zu Augsburg bewähren? o. O. 1846. 50 S.

Wirdig, Seb.

Wirdig, Sb., medicina spirituum curiosa. II Ptes. 8. Frcft. 706.

Wirdig, Seb., Nova medicina spirituum, curiosa scientia et doctrina, unanimiter hucusque neglecta, et a nemine merito exsulta, medicis tamen et physicis utilissima: Worinnen erstlich, der Spirituum natürliche Constitution, Leben, Gesundheit, Temperamenta, Ingenia, Calidum innatum, die Kräfte der Phantasie, Ideae, der Gestirne Einflüsse, μετεμψυχωσις deren Dinge Magnetismi, Sympathiae und Antipathiae, qualitates hactenus occultae, sensibus tamen manifestae, und andere verborgene und wunderbare Dinge mehr zu finden; hier nechst wird auch deutlich und vernünftig der Spirituum kränckliche und widernatürliche (praeternaturalis) Disposition, und Ursachen, nicht weniger auch die Curen, durch die oder von der Natur selbst, durch guten Diät, durch sonderbare Geheimnisse per Palingenesiam, Magnetismum, seu Sympatheismum, Transplantationes, Amuleta etc. gewiesen und erkläret; verteutscht von L. Chr. *Helwig*. 2 B. in 1. Frkf. u. Lpz. 1707. 16°. Original 2 Th. 208 u. 284 pp. Hamb. 1673. 1688. 16°. *Haller*, Bibl. med. pr. III, 296.

Wireman, Henry. Rimed Verses, English and German Poems. Philadelphia: Lane & Scott, 1894. GSP

Wirer von Rettenbach, Franz de Paula: Ischl und seine Heilanstalten. Ein Handbuch für Aerzte und Laien. 360 S., gbd.

Wien: Pfautsch 1842

Wirer (von Rettenbach,) Frz. de Paula, Ischl u. seine Heilanstalten. Ein Handbuch f. Aerzte u. Laien, welche diesen Kurort u. seine Umgebungen in heilkräftiger od. pittoresker Beziehung zu kennen od. zu besuchen wünschen. 8. (23½ B.) Wien 842, [Pfautsch u. Voß.)

— über Vaccination, Revaccination und den wahren Werth beider. Vortrag, gehalten in der k. k. Gesellschaft der Aerzte. gr. 8. Wien 842, Braumüller u. Seidel. n. ⅓ ℛ

Wirker, F. J., Versuch e. medizin. Topographie d. Stadt Gmünd. 8. Gmünd, Ritter, 815.

Wirt, s.: Brunonia.

Wirk. Präparationen zu den „Erinnerungen d. Gemeinen Iwanow" v. Garschin. 12. (II, 30 S.) Berl. 891, Mittler u. Sohn. * — 60

Wirk, Anton Karl (Georg)

Wirk, Ant. Carl Geo., Ansprachen d. Religion, als Stoff zu catechet. Unterredungen besond. mit d. confirm. Jugend; nach d. Folge d. Sonntags- u. Fest-Evangelien, nebst pass. Bibelsprüchen u. Gesangversen. Im Anh. einige Festgespräche. Metr. verfaßt. gr. 8. (6¾ B.) Helmstädt 840, (Fleckeisensche Buchh). *

(Wirk, Ant. Carl,) Erinnerungen aus Ziegenbein's kleiner Bibel, neu bearb. v. Bank, in reimlosen Strophen; f. Confirmirte besonders, bei den Sonntags-Katechisationen. 8. (1 B.) Helmstedt 842, Fleckeisensche Buchh. *

— s. a. Erinnerungen aus Ziegenbein's kl. Bibel.

— Erläuterung der vorzüglichsten Sprüche d. heil. Schrift, nach d. Ordnung der Ziegenbeinschen kleinen Bibel, neu bearb. v. Bank. Für Schullehrer u. Bibelfreunde. 8. (7½ B.) Helmstedt 842, Fleckeisensche Buchh. *

Wirk, Ant. Carl Geo., Festgespräche, vorzutragen von den Confirmirten beim nachmittägigen Gottesdienste. (Besond. Abdruck aus dessen Ansprachen der Religion.) gr. 8. Helmstädt 841, Fleckeisen. ⅛ ℛ

Wirk, Ant. Carl, catechetische Gesang-Erläuterungen für Schule und Kirche. 1. Lfg. gr. 8. (60 S.) Helmstedt 847, Fleckeisensche Buchh. *

—— der Frommen Hallelujah. Altar-Andachten beim Hauptgottesdienste. Ein Versuch. 4. (4 B.?) Helmstedt 843, Fleckeisensche Buchh. *

— die fünf Hauptstücke des Luther'schen Catechismus (umgearbeitet), nebst einigen andern dialogischen Ausführungen; zum Vortrage in der Kirche für die ältesten Schulknaben. gr. 8. Braunschweig 841. (Helmstädt, Fleckeisen.) n. 1/4 ℛ

—— bibl. Leitsterne auf d. Wanderschaft des menschl. Lebens; ein Weihgeschenk f. die confirmirte Jugend. 16. (8½ B.) Helmstedt 846, Fleckeisensche Buchh.

—— der Jugend Lobgesang. Liturgieen vor d. Anfange d. nachmittäg. Sonntags-Catechisationen. Ein Versuch. 4. (5¼ B.) Braunschweig 841. (Helmstädt, Fleckeisensche Buchh.)

Wirk, amtsbrüderl. Mittheilungen, Braunschweig. Geistlichen &c., s. Mittheilungen.

— die drei Offenbarungen Gottes; ein Versuch, den christl. Religionsunterricht den kirchl. Festzeiten anzuschließen; m. passenden Bibelsprüchen, Gesangversen u. biblischen Beispielen. Metrisch. 16. (4 B.) Helmstedt 843, Fleckeisensche Buchh. *

—— Postille oder Erbauungen über biblische Kernsprüche, Erzählungen Jesu und beliebte Gesänge, zum Vorlesen in den Betstunden, sowie für die häusl. Andacht &c. 1. Lfg.: Festvorträge. gr. 8. (92 S.) Braunschweig 848. (Helmstädt, Fleckeisensche Buchh.) *

—— bibl. Worte zu Wechselgesängen am Altare, in 4gliedrigen Stanzen; nebst dem 1. Hfte. d. Musik-Beilagen (in Buchstaben statt Noten) z. den Intonationen des Predigers u. den 2stimm. Responsorien des Schulchors. gr. 8. (3⅛ B.) Helmstedt 846, Fleckeisensche Buchh. *

Wirk, G., Zum gegenwärtigen Stande der braunschweigischen Frage. Mit e. Einleitg. (28 S.) gr. 8. Braunschweig, H. Sievers & Co. Nachf. 1906.

Wirk, G., zum gegenwärtigen Stande der braunschweig. Frage. Mit e. Einleitg. 2. u. 3. verm. Aufl. (31 S.) gr. 8. Braunschweig 906. H. Sievers & Co. Nachf. n. — 50

Wirken, Franz Ludwig's von Erthal Fürstbischofs von Bamberg und Würzburg, für Aufklärung. Bamberg 1881. V: *Leitschuh, Friedrich.* (BBamb 1163)

Wirken des heiligen Geistes auf den Lofoten-Inseln. — Erinnerungen aus einem siebenjährigen Aufenthalt. Von e. Pfarrfrau. Aus dem Norweg. 8. (104 S.) Berl. 890, Wiegandt u. Grieben. * 1 50

Wirken, das, des hl. Geistes in der Seelenwelt. Vorträge v. Elias Schrenk, Markus Hauser, Herbst, O. Stockmayer u. And. gr. 8. (48 S.) Potsdam (901). „Siloah". n. — 50

Wirken, das, der Gesellschaft Jesu in der österreichischen Ordensprovinz seit den letzten Dezennien. (Von Geo. Patiß.) Regensburg 861. Manz. gr. 8. (35 S.) 5 ngr.

Wirken, Das, der Gesellschaft Jesu in der Oesterreichischen Ordensprovinz seit den letzten Decennien. Regenspurg 1861. 2. Aufl. 1861. V: *Patiss, Georg.* (SO) (Ky)

Wirken, Aug. von Kotzebues literarisches und politisches, . . . Tobolsk [Leipz.] 1819. V: *Nicolai, Carl.* (GGr) (BrMin) (EE) (Ky) (Wr)

Wirken u. Leiden. Erinnerungen an Elisabeth u. Fanny Bickersteth. Von ihrer Schwester (Charlotte Bickersteth-Ward). Aus dem Engl. mit einer Vorrede von Frz. Delitzsch. Leipzig 870. J. Naumann. 8. (XVI, 284 S. mit einem Port. in Stahlst.) n. 1 ℛ 7½ ngr.

Wirken und Wirkungen, Freiherrn von der Pfordten's. Ein Beitrag zur Geschichte des Jahres 1866. Frauenfeld 1867. V: *Fechenbach-Laudenbach, Friedrich Carl Freih. von.* (BMarsch 281)

Wirken, das sociale, d. kathol. Kirche in Oesterreich. Im Auftr. der Leo-Gesellschaft u. m. Unterstützg. v. Mitarbeitern hrsg. v. Frz. M. Schindler. 1., 2., 5. u. 12. Bd. gr. 8. Wien (Mayer & Co.). n. 17. 20
1. Die Diöcese Gurk (Herzogt. Kärnten). Von Alois Cigoi, O. S. B. (X, 228 S.) 896. n. 3. 40
2. Diöcese Seckau (Herzogth. Steiermark). Von Alois Strabner. (X, 284 S.) 897. n. 4. 50
5. Das sociale Wirken d. kathol. Kirche in d. Erzdiöcese Salzburg. Von Chrn. Greinz. (XIV, 308 S.) 898. n. 4. 80
12. Das sociale Wirken d. kathol. Kirche in d. Diöcese Königgrätz (Königr. Böhmen). Von Ferd. Beneš. (237 S.) 897. n. 4. 50
Bd. 3, 4 u. 6—11 erscheinen später.

— das sociale, der katholischen Kirche in Oesterreich. Im Auftrage der Leo-Gesellschaft u. m. Unterstützg. v. Mitarbeitern hrsg. v. Frz. M. Schindler. 7., 9. u. 10. Bd. gr. 8. Wien (Mayer & Co.). n. 18. 80
7. Das sociale Wirken d. kathol. Kirche in d. Diöcese St. Pölten. (Erzherzogth. Österreich unter der Enns.) Von Carl Fohringer. (XV, 422 S.) 900. n. 6. —
9. Das sociale Wirken der kathol. Kirche in der Diöcese Budweis (Königr. Böhmen). Von Wilib. Ladenbauer, O. Cist. (XII, 335 S.) 899. n. 4. 80
10. Das sociale Wirken der kathol. Kirche in der Prager Erzdiöcese. (Königr. Böhmen.) Von Jos. Schindler. (XI, 514 S.) 902. n. 8. —

Wirken, das soziale, der katholischen Kirche in Oesterreich. Im Auftrage der Leo-Gesellschaft u. m. Unterstützg. v. Mitarbeitern hrsg. v. Frz. M. Schindler. 11. Bd. gr. 8. Wien (Mayer & Co.) n. 8. 60
Das soziale Wirken der katholischen Kirche in der Diözese Leitmeritz (Königreich Böhmen). Von Frz. Joh. Endler. (XI, 417 S.) 903.

Wirken, das soziale, der kathol. Kirche in Österreich. 4. Bd. I. u. II. Heft. gr. 8. Wien, A. Opitz Nachf. 6. 80
Gruden, Jos., das soziale Wirken der kathol. Kirche in der Diözese Laibach (Herzogt. Krain). (VI, 99 S.) 906. (4. I.) 3. 40
Mioni, Hugo, Diözese Triest-Capodistria. (96 S.) 909. (4. II.) 3. 40

Wirken, Das, der Staatsregierung und Stände des Königreichs Sachsen . . . Leipzig 1834. V: *Zeschau, Heinrich Anton von.* (ADB)

Wirken, das, der Staatsregierung u. Stände d. Königr. Sachsen, nachgewiesen aus d. Ergebnissen d. ersten constitut. Landtages, nach dem Eintritt d. Verfassungsurkunde v. 4. Sept. 1831, von J. A. H. gr. 8. (11½ B. u. 3 Tab.) Leipzig 834, Vogel.

Wirken, stilles. Eine Erzählung für Jung und Alt. Aus dem Französ. 8. (282 S.) [Neusalz 876.] Gütersloh, Lange's Verlag.

Wirken, Vereintes, von Gewerbemuseum, Gewerbehalle und kantonalem Gewerbeverein zur Förderung von Handwerk und Kleinindustrie . . . Bern 1885. V: *Boos-Jegher, Ed.* (BSchwLk V, 9 f)

Wirker von Wackerfeld, Ignaz

Wirker v. Wackerfeld, Ign., allgem. Terrain-Lehre. gr. 8. Wien 825. Tendler. 2 ß

Wirker v. Wackerfeld, J. Allgemeine Terrain-Lehre. Mit Taf. Wien 1825. 408 S.

Wirker-Zeitung. Fachblatt für die Interessen der Wirkerei und der zur Vollendung von Maschen-Waaren nöthigen weiteren Gewerbe. Organ des Vereins ehemal. Wirkschüler. Unter Mitwirkung namhafter Fachcapacitäten hrsg. von Thdr. Grabl. 1. und 2. Jahrg. Octbr. 1880—Septbr. 1882. à Jahrg. 24 Nrn. (à Nr. 1½ Bog.) gr. 4. Apolda, Birkner. à Jahrg. *

—— dass. — Hrsg. von Gust. Evers. 3.—5. Jahrg. Octbr. 1882—Septbr. 1885. à Jahrg. 24 Nrn. (à Nr. 1½ Bog.) gr. 4. Ebendas. à Jahrg. *

Wirker-Zeitung. Fachblatt für die Interessen der Wirkerei und der zur Vollendung von Maschen-Waaren nöthigen weiteren Gewerbe. Organ des Vereins ehemaliger Wirkschüler. Unter Mitwirkung namhafter Fachcapacitäten hrsg. von Gust. Evers. 6.—9. Jahrg. Octbr. 1885—Septbr. 1889. à Jahrg. 24 Nrn. gr. 4. (à Nr. 8—12 S.) Apolda, Birkner. à Jahrg. *

Wirker-Zeitung. Fachblatt f. die Interessen der Wirkerei u. der zur Vollendg. v. Maschen-Waaren nöth. weiteren Gewerbe. Hrsg. v. Gust. Evers. 10.—13. Jahrg. Oktbr. 1889—Septbr. 1893. à Jahrg. 24 Nrn. (à Nr. ½—1½ Bog. m. Abbildgn. gr. 4. Apolda, Birkner. à Jahrg. * 4 —

Wirker-Zeitung. Fachblatt f. die Interessen der Wirkerei u. der zur Vollendg. v. Maschen-Waaren nöth. weiteren Gewerbe. Anzeiger f. Phantasie-Artikel, Strumpfwaaren, Tricotagen rc., darauf bezügl. Maschinen, Stellenvermittler. Unter Mitwirkg. namhafter Fachcapacitäten hrsg. v. Gust. Evers. 12.—14. Jahrg. Oktbr. 1891—Septbr. 1894. à 24 Nrn. (à ½—1½ Bog.) gr. 4. Apolda, R. Birkner. à Jahrg. n. 4. —

Wirker-Zeitung, deutsche. Fachblatt f. d. Interessen der Wirkerei u. d. zur Vollendg. v. Maschen-Waaren nöth. weit. Gewerbe. Anzeiger f. Phantasie-Artikel, Strumpfwaaren, Trikotagen rc., darauf bezügl. Maschinen, Stellenvermittler. Unter Mitwirkg. namhafter Fachkapazitäten hrsg. v. Gust. Evers. 15. u. 16. Jahrg. Oktbr. 1894—Septbr. 1896. à 24 Nrn. (à ca. 16 S.) gr. 4. Apolda, R. Birkner. à Jahrg. n. 4. —

— dasselbe. Unt. Mitwirkg. namhafter Fachkapazitäten hrsg. v. Iwan Reder. 17.—19. Jahrg. Oktbr. 1896—Septbr. 1899. à 52 Nrn. (à ca. 1 Bog.) gr. 4. Ebd. à Jahrg. 6. —

Kann auch vierteljährlich bezogen werden.

Wirker-Zeitung, deutsche. Fachblatt für die Interessen der Wirkerei u. der zur Vollendg. v. Maschen-Waaren nöth. weiteren Gewerbe. Anzeiger f. Phantasie-Artikel, Strumpfwaaren, Trikotagen rc., darauf bezügl. Maschinen, Stellenvermittler. Unter Mitwirkg. namhafter Fachkapazitäten hrsg. v. Gust. Evers. 20.—23. Jahrg. Oktbr. 1899—Septbr. 1903. à 52 Nrn. gr. 4. (à ca. 10 S.) Apolda, R. Birkner. à Jahrg. 6. —

Der 20. Jahrg. ist v. Iwan Reder hrsg.

Wirker-Zeitung, deutsche. Fachblatt f. die Interessen der Wirkerei u. der zur Vollendg. v. Maschen-Waaren nöth. weiteren Gewerbe. Anzeiger f. Phantasie-Artikel, Strumpfwaaren, Trikotagen u. s. w, darauf bezügl. Maschinen, Stellenvermittler. Unter Mitwirkg. namhafter Fachkapazitäten hrsg. v. Rob. Birkner jun. 24.—27. Jahrg. Oktbr. 1905—Septbr. 1907. à 52 Nrn. (à ca. 12 S. m. Abbildgn.) gr. 4. Apolda, R. Birkner. à Jhrg. 6. —

Wirker-Zeitung, deutsche. Fachblatt f. die Interessen der Wirkerei u. der zur Vollendg. v. Maschen-Waren nöt. weit. Gewerbe. Anzeiger f. Phantasie-Artikel, Strumpfwaren, Trikotagen u. s. w., darauf bezügl. Maschinen, Stellenvermittler. Unt. Mitwirkg. namhafter Fachkapazitäten hrsg. unter Verantwortlichkeit v. Iwan Reder. 28.—30. Jahrg. Oktbr. 1907—Septbr. 1910. à 52 Nrn. (à ca. 16 S.) 32×24,5 cm. Apolda, R. Birkner. à Jahrg. 6. —

Wirklich, Fr., geogr.-statist. Uebersicht europ. Mächte. 8. Augsb 804. Bürglen. 9 ℋ

Wirkliche und Mittelpreise der wichtigsten Lebensmittel für Menschen und Thiere in den bedeutendsten Marktorten der preussischen Monarchie während des Kalenderjahres 1878 bezw. des Erntejahres 1877/78. Auf Grund der Marktberichte von 105 preuss. Marktorten bearb. vom königl. statist. Bureau. Imp.-4. (79 S.) Berlin 879, Verlag des k. statist. Bureaus.

WIRKLICHKEIT, Maskirte. Eine Zeichnung nach der Natur mit Licht und Schatten. 2 Bdchn. (so viel ersch.). Motto auf beiden Titeln:

„Gleichbesaitete Herzen ahnden, finden, erkennen sich." Kosegarten.

Halberstadt, in der Buchhandlung der Groß'schen Erben. 1798. 8°. (20 Mk., geles. Expl. aus einer Königsberger Leihbibl., W. H. Kuhl. Berlin. 1883; 50 Mk., unbeschn., Göttinger Antiqu. (Dr. Frdr. Wecken), 1911.)

—— Dasselbe. 2 Thle. Leipzig, Sommer, 1808. 8°. (1⅓ Rthl.) Citirt Heinsius, auch Kayser p. 135.

Wirklichkeit, maskirte, e. Zeichnung nach der Natur. 2 Bde. 8. Leipz. 808. (Rauck). 1 ₰ 8 ℋ

Wirkner (von Torda), C. G.

[v.] Geschichte und Theorie der Kälteerzeugung. Von Dr. C. G. v. Wirkner in Göttingen. *Hamburg: Verlagsanst. u. Dr. A.-G. 1897.* (38 S.) 8.
= Sammlung gemeinverständl. wiss. Vorträge. N. F. Ser. 12. H. 269.
(27. 1933)

WIRKNER VON TORDA, C. G. Studien über Dampfspannkraftsmessungen am Benzol, an Derivaten des Benzols und am Aethylalkohol. Basel, 1894.
Vgl. Kahlbaum, Geo. W. A.

Wirkner, Frz., Pater Johannes. Novelle aus dem österreich. Klosterleben. 8. (136 S.) Zürich 851, Kiesling. 18 ngl

Wirkner, Ludw. v., meine Erlebnisse. Blätter aus dem Tagebuche meines öffentl. Wirkens vom J. 1825—1852. gr. 8. (VII, 255 S.) Preßburg 879, (Stampfel.)

Wirkner, Ludw. v., meine Erlebnisse. Blätter aus dem Tagebuche meines öffentl. Wirkens vom J. 1825—1852. 1. und 2. Aufl. gr. 8. (VII, 255 S.) Preßburg 880, Stampfel. *

Wirksamkeit, die, der ständischen Ausschuß-Versammlung v. J. 1842. Preußens Provinzialständen gewidmet. gr. 8. (4 B.) Königsberg 843, Voigt. *

Wirksamkeit u. Dienstleistung der Landgendarmerie. Kassel 1849. 2 S.

Wirksamkeit, über die, d. gottesdienstl. Gebräuche in der kathol. Kirche. 8. Frankf. 792. Eichenberg. 6 ℛ

Die **Wirksamkeit** des Gerichts-Vollzieher-Instituts nach den Reichs- u. Preußischen Landesgesetzen. E. Beitr. zur Justiz-Reform. Hanau 1884.

Wirksamkeit, die, des Gerichts-Vollzieher-Instituts nach den Reichs- und preußischen Landesgesetzen. Ein Beitrag zur Justiz-Reform. Für die gerichtl. Behörden und das intelligente Laienpublikum geschrieben von einem Justizbeamten. gr. 8. (74 S.) Hanau 885, (König.) *

Wirksamkeit, Die, d. Koch'schen Heilmittels gegen Tuberkulose, s. Jahrbuch, Klinisches.

Wirksamkeit, die, der Klinik der Dorpatschen Veterinairschule in den J. 1860 und 1861, unter der Leitung von P. Jesson und A. Unterberger. Mit Rückblicken in die frühere Zeit. gr. 8. (VII und 113 S.) Dorpat 862, (Gläser's Verlag.) *

Wirksamkeit, die, der Klinik der Dorpatschen Veterinärschule i. d. Jahren 1860 u. 1861 unter der Leitg. v. Prof. J. Jessen u. Prof.-Adjunkt A. Unterberger. Mit Rückblicken in die frühere Zeit. Dorpat 62. Karow. M. 2.40

Wirksamkeit, die, d. badischen Landes-Lehrerausschusses. Dargestellt aus den Papieren e. älteren Volksschullehrers. gr. 8. (166 S.) Karlsruhe 872. Macklot. n. 1. 40

Kais. Marine. Deutsche Seewarte. Die **Wirksamkeit** des Sturmwarnungswesens an der deutschen Küste. Nach Berichterstattung von Küstenbezirksämtern, Lotsenkommandeuren ... usw. Hrsg. von d. Deutschen Seewarte. Berlin: E. S. Mittler & Sohn [1904]. (30 S.) 4°(8°) [05. 1313]

Wirksamkeit, die, des Abgeordneten, Koigbesitzers Tiedemann in der Schleswig. Ständeversammlung des Jahres 1844; und die Aufgabe der Holsteinischen so wie der Schleswig'schen Ständeversammlung des Jahres 1846. Lex.-8. Hamburg 846, Verlags-Compt. 6 ngl

Üb. d. **Wirkung** u. kriegschirurg. Bedeutg d. neuen Handfeuerwaffen. Bearb. v. d. Med.-Abt. d. preuß. Kriegsministeriums. M. 73 Abb. u. 1 Atlas m. 17 Taf. Berlin 1894. (2 Bde.) 8 u. Fol. (3-fach.) 6 Bde.

Wirkung, üb. die, d. westphäl. Friedensunterhaltungen auf d. Religionswesen in d. Unterpfalz und das durch den Frieden darin bestimmte Normaljahr, (v. K. A. H. Höffelein). gr. 8. Stuttg. 798. Metzler. 16 ℛ

Wirkung der Getreidezölle u. Aufhebung des Identitäts-Nachweises bei der Getreide-Ausfuhr. Hrsg. von dem Vorstand der Strassburger Waarenbörse, Febr. 1891. gr. 8⁰. Strassburg i. E., Heinrich, 1891. (16 S)

Die *Wirkung* d. grünen Kartoffelkrautes bei der Verfütterung an Milchkühe. Bern 1895. 21 S. 4°.
(Anhang z. 29. Thätigkeitsbericht d. landw. Schule Rütti).

WIRKUNG, Kräftige, des Beyspiels im menschlichen Herzen. Th. 1. (einz.?). Hamburg, Hofmann. 1752. 8⁰. (5 ggr.)

Wirkung, die kräftige, d. Beispiels in den menschl. Herzen; aus d. Französ. 8. Hamb. 754. 5 ℛ

— d. Krankenbettes b. d. Ende einiger Sterbenden. 2 Th. 8. Berlin, Realschulbuchh. 761.

Wirkung, Die, der Rechtschaffenheit, ein Lustspiel in einem Aufzuge. Aus dem Französischen übersetzt. Aufgeführt auf dem kk. priv. deutschen Theater 1766. [Wien.] V: *Weiskern, Fch. Wilhelm.* (GGr V/302, Nr. 2/8) (BiblPort)

Wirkung, Die, der Rechtschaffenheit, ein Lustspiel in einem Aufzuge a. d. Franz. O. O. 1767. Ü: *Weiskern, Friedrich Wilhelm.* (GGr)

— seltsame, e. Predigt, welche bei der reformirten Gemeinde zu Neukirchen ꝛc. im Jahre 1749 sich geäußert. 8. Lemgo 752. Meyer. 3 ℛ

Die sensibilisierende **Wirkung** fluorescierender Substanzen. Gesamm. Untersuchungen über d. photodynam. Erscheinung. Aus d. pharmakolog. Inst. d. K. Univ. München hrsg. von Dr. H[ermann] v. Tappeiner, Prof., u. Dr. A[lbert] Jodlbauer. Mit 3 Abb. u. 6 Taf. Leipzig: F. C. W. Vogel 1907. (VIII, 210 S.) 8° [07. 7359]

Wirkungen, über die, des außermedicinischen Branntweingenusses, amtl. Gutachten d. Königl. Medicinal-Kollegiums der Provinz Posen. (Aus dem Central-Blatt für die Enthaltsamkeits-Angelegenheit im Großherz. Posen.) 8. Berlin 841. (Wolff u. Comp.) $^{1}/_{24}$ ℛ

Wirkungen, Dreyerley. Eine Geschichte aus der Planetenwelt ... Germanien [Wien] 1789—92. V: *Albrecht, Joh. Frdr. Ernst.* (BGE) (Ky) (LS) (Wr) (BrMm)

Wirkungen, dreyerley, eine Gesch. aus d. Planetenwelt. 6 Bde. 8. Germanien. (Schaumburg in Wien.) 789—91.

— — derselben 7r 8r Thl. 8. Dresd. Richter. 792.

Wirkungen, Dreierlei, im Mädchen-, Gattinnen- und Mutterstande. Leipz. 1805. V: *Rose, Dietr. Ant. Carl.* (Ky)

Wirkungen, dreierlei, im Mädchen-, Gattinnen- u. Mutterstande (v. K. Rose). 8. Leipz. 805. (Weißenfels). (Schmidt). 1 ℛ 8 ℛ

Wirkungen, dreyerley, im Mädchen-, Gattinnen- und Mutterstande. 8. Weißenfels, Graffe. 805. Rthlr.

— der Elektrizität auf den kranken Organismus; aus d. Engl. Mit e. Vorrede v. K. G. Kühn. 8. Leipz. 805. Kühn. 16 ℛ

Wirkungen, die, des würdigen Empfanges des heil. Bußsacramentes in der Pflicht-, Andacht- und General-Beicht, nebst einem Beichtspiegel für die General-Beicht. Mit Benützung mehrerer bewährter Autoren zusammengestellt zum gemeinsamen Nutzen des Volkes. Von einem Priester der nordtirol. Franciscaner-Ordens-Provinz. 16. (119 S.) Wien 877. (Linz, Ebenhöch'sche Buchh.) *

Wirkungen, Die erstaunlichen, der Sympathie ... Aus d. Französ. Ca. 1720. V: *Chamblain de Marivaux, Pierre Carlet de* (?). (BGE VIII³, 551)

— der Sympathie, die erstaunl., od. Begebenheiten des Hrn. **. 8. Frankf. 762. Luschky. 12 ℊ

Wirkungen, Die, der hochheiligen Eucharistie in der Seele. Nach dem Opuscul. XIV des ... Nicolaus Lancicius, deutsch herausgegeben ... Regensburg 1861. V: *Lierheimer, Bernhard Marie.* (JES)

Wirkungen des Geistes Gottes. Aus dem Engl. übers. gr 8. (16 S.) Düsseldorf 848, Buddeus'sche Buchh. [Schulte] in Comm. 1½ ngr

Wirkungen, Die gnadenreichen, des öftern würdigen Empfanges der hl. Sakramente der Busse und des Altares ... Von einem Priester der Nordtirolischen Franziskaner-Ordens-Provinz. Linz 1878. V: *Augscheller, Fidelis.* (MARGR)

—— die gnadenreichen, des öftern würdigen Empfanges der heil. Sakramente der Buße und des Altares, sowie eine Anweisung zum oftmaligen andächt. Besuch des allerheiligsten Sakramentes, nebst einem Anhang der gewöhnlichsten Gebete und Andachtsübungen eines kathol. Christen. Mit Benützung mehrerer bewährter Autoren zusammengestellt zum allgemeinen Gebrauch für das kathol. Volk. Von einem Priester der nordtirol. Franciskaner-Ordens-Provinz. 8. (684 S.) Linz 878, Ebenhöch'sche Buchh.

Wirkungen, Gute, des Krankenbettes. Berl. 1755—60. V: *Hähn, Johann Friedrich.* (KY)

— gute, des Krankenbettes, (v. J. F. Hähn). 2 Stücke. 8. Berl. 755, 60. Realschule. 4 ℊ

— die guten, des Krankenbettes, bei d. merkwürd. Ende einiger Sterbenden. 8. Erlangen 755. Palm. 3 ℊ

Die Wirkungen der Handelsverträge von 1892/1894. *Berlin: J. Springer 1901.* (19 S.) 8°
= Flugschriften, Handelspolitische H. 2 (vi. 694)

Wirkungen, die, des Handwerkergesetzes (Reichsgesetz vom 26. VII. 1897). Erhebg., veranstaltet Anfang 1905. Mit Anh.: Nachträgliche Erhebg. üb. die Tätigkeit u. die Erfolge der Handwerkskammern nach d. Stande am 31. X. 1907. Bearb. im kaiserl. statist. Amt, Abteilg. f. Arbeiterstatistik. (IV, 114, 257 u. 31 S. m. 9 farb. Taf.) 33,5×27 cm. Berlin 908. C. Heymann. 8. —

Wirkungen, die herrlichen, d. guten Bieres. Zu Jedermann's Selbsterprobg. u. zweckdienstlichster Anwendg., nach Liter u. sonst. Maaßen, wohlmeinend mitgetheilt, sowie auch m. glaubhaften Erzählgn. v. dem wunderbaren Einflusse dieses bewährten Stoffes belegt. Nebst e. Beigabe v. Reimen, Bierliedlein u. Aehnlichem zur Mehrg. der Heiterkeit beim Genusse dieses trefflichen Stärkungsmittels. Von B. J. Erpichler. 16. (52 S.) Naumburg a. S. 872. Regel. n. — 50

Wirkungen, Die, der Liebe. Leipz. 1798. V: *Arnold, Theodor Ferdinand Cajetan (= Ignaz L. Cajetan Arnold).* (BGE VIII³, 552)

— der Liebe, (v. J. W. Arnold). 2 Bdchen. 8. Leipz. (Bresl.) 798. (Bosohorsky). 8 ℊ

— d. Liebe. 2 Bdchn. 8. Lpz. Meyer. 798.

— üb. d., u. Mißbräuche d. Eide. 8. Elbing, Hartmann. 785.

— über die, der reinsten u. stärksten Pflanzensäure. 8. Leipz. 791. (W. Nauck). 8 ℊ

— üb. d., der reinsten u. stärksten Pflanzensäure. 8. Lpz. Sommer. 791.

Wirkungen, d. rechtl. d. Ehe, s.: Vorträge üb. Gesetzeskunde u. Verwaltg., 9. Hft.

— über d., d. H. Schrift. 4. Stockholm. 738.

Wirkungen, Die, der zweiten Stadterweiterung. Mit Benutzung amtlicher Quellen. Wien 1898. V: *Tils, Ludwig.* (EB)

— die, d. zweiten Stadterweiterung. M. Benützg. amtl. Quellen. gr. 8. (48 S.) Wien 898. Manz. n. — 60

Von den Wirkungen des Teufels und der Gewalt der Kirche wider denselben. Frkf. 777. 8.

Wirkungen und Ursachen der preuß. Erfolge in Bayern 1866. Entgegnung auf die [illegible] Broschüre „Ursachen und Wirkungen" Wenigen. Jena 1866. (32 S.)

Wirkungen und Ursachen der preuss. Erfolge in Bayern. Jena 1867.

WECHSELSEITIGE Wirkungen der Religion und Kunst, vorgetragen in einer Predigt bei Gelegenheit der Altarweihe in der Theresienstädter Pfarrkirche zu Pesth. Gran 1828 Gedr. bey Jos. Beimel. - 8°

Wirkungen, die civilrechtlichen, der den Zwangscours des Papiergeldes anordnenden Gesetze. gr. 8. (42 S.) Wien 854, Gerold's Sohn. *

Wirkungsart, über d., des gesäuerten Quecksilbers. gr. 8. Berlin, Braunes. 808.

Wirkungsart, über die, des gesäuerten Quecksilbers. gr. 8. Berl. 800. (Rücker). 6 ℊ

Wirkungskreis, der, der königl. bayerischen Bezirksgerichte und Landgerichte (diesseits des Rheins) nach dem Gesetze vom 1. Juli 1856 und der allerh. Verordnung vom 12. Aug. 1857. Für jeden bayerischen Staatsbürger, insbesondere für den Bürger und Landmann, dann auch Leitfaden für Geschäftsmänner. Mit Abdr. des vollständ. Gesetzes, einer Uebersicht der Formation aller Gerichtsbezirke ꝛc. 1. u. 2. unveränd. Abdr. Bamberg 857. Buchner. 12. (VI, 65 S.) 8 ngr

Wirkungskreis der Finanz-Landesbehörden (Finanz-Landes- u. Finanzdirektionen). (13 S.) Lex.-8. Wien 906. (Hof- u. Staatsdruckerei.) n. — 20

Wirkungskreis der Staatsbehörden des Königr. Württemberg. gr. 8. (80 S.) Stuttgart 902. W. Kohlhammer. Kart. n. — 80
Sonderabdruck aus: „Hof- u. Staatshandbuch".

Wirkungskreis der Staatsbehörden des Königr. Württemberg. (VII, 78 S.) gr. 8. Stuttgart 907. W. Kohlhammer.
Sonderabdr. a.: „Hof- u. Staatshandbuch". Kart. — 80

Wirkwaren-Markt, der. Organ der Strumpf-, Handschuh- (einschl. Lederhandschuh-) u. Trikotagen-Branche. Verantwortlich: Hans Sauberlich. Septbr. 1904 — Novbr. 1906. 24 Nrn. (à ca. 16 S.) Lex.-8. Leipzig-R., Verlag „Der Wirkwaren-Markt" Emil Jacobi. n. 6. —

Wirkwaren-Markt, der. Organ der Strumpf-, Handschuh-, Trikotagen u. Phantasiewirkwaren-Fabrikanten, -Grossisten u. -Exporteure. Verantwortlich: Ed. Enders. 4.—7. Jahrg. 1907—1910. à 24 Nrn. (à ca. 32 S.) Lex. 8. Chemnitz, H. Wilisch. à Jahrg. 8. —

Wirmanski, [illegible]
Berlin, Med. Diss. [illegible]

Wirmer, Anton

Wirmer, A., griechisch-römische Altertumskunde, s.: Henie, J.

Wirmer, A., s.: Gymnasium.

— Lateinische Schulgrammatik, s.: Schultz, Ferd.

Wirmer, Anton: Die wichtigsten lateinischen Synonyma, s. Wetzel, M.

Die lyrischen Versmasse des Horaz. Zsgest. von A[nton] **Wirmer**, Oberl. Paderborn: F. Schöningh 1905. (8 S.) 8° [illegible]
Aus: Schultz-Wetzel: Latein. Schulgrammatik. 4. Aufl. [illegible]

Wirming, A. v., Offizierpensionen u. Civilversorgg. E. Wort zur Aufklärg. gr. 8. (III, 35 S.) Berlin 897. Militär-Verlag R. Felix. n. — 60

Wirminghaus, Alexander

Wirminghaus, A., die wirtschaftspolitischen Aufgaben der Stadt Köln. Vortrag, geh. am 13. VI. 1902 im Verein zur Wahrg. u. Förderg. der Interessen des mittleren östl. Stadtteiles in Köln. gr. 8. (43 S.) Köln 902. P. Neubner. n. — 50

Wirminghaus, A., die finanzielle Behandlung der Binnenwasserstraßen, s.: Schumacher, H.

Wirminghaus, A., Zur Frage der Wiedereinführung von Rheinschiffahrtsabgaben. Hrsg. vom Verein für Sozialpolitik. Leipzig, 1905. 27 S.

Wirminghaus, Alexander [aus Schwelm]: Zwei Spanische Merkantilisten (Gerónimo de Uztariz und Bernardo de Ulloa). Ein Beitrag zur Geschichte der Nationalökonomie . . . . Halle a. S., *Otto Hauthal, (G. Pätz'sche Buchdr.), Naumburg a. S.*, 1886; 4 + 64 S. 8°.
Halle, Phil. Fak., Inaug.-Diss. v. [3. März] 1886.

Wirminghaus, Alexander, **zwei spanische Merkantilisten** (Gerónimo de Uztariz und Bernardo de Ulloa). Ein Beitrag zur Geschichte der Nationalökonomie. Diss. Halle 1886. 8°. 64 S.
Sonder-Abdruck aus: Sammlung nationalökonomischer und statistischer Abhandlungen, hrsg. von Joh. Conrad. 4. Band 2. Heft. Jena, Gustav Fischer.

Wirminghaus A., die Kolner Rheinschiffahrt im 19. Jahrh. (51 S) 4° Köln 1898

Wirminghaus A., das Unternehmen, der Unternehmergewinn und die Beteiligung der Arbeiter am Unternehmergewinn. (Samml. nationalök. Abh. IV, 3) Jena 1886

—— der Unternehmergewinn und die Beteiligung der Arbeiter am Unternehmergewinn, s.a. „Sammlung nationalökonomischer und statistischer Abhandlungen des staatswissenschaftlichen Seminars zu Halle a. S.

Wirminghaus, A[lexander]: Das Verhältnis der Niederlande zur deutschen Schiffahrtsabgabenpolitik. Im Auftr. d. Handelskammer zu Cöln. Cöln 1909: DuMont Schauberg. 94 S. 8°

Wirminghaus, A., das Verhältnis der Niederlande z. deutschen Schiffahrtsabgabenpolitik. Im Auftrage d. Handelskammer zu Cöln. (94 S.) 8. Cöln 909. (P. Neubner.) 1. —

Wirminghaus, A., Das Verkehrswesen im Gebiete der Stadt Köln. Köln, 1903. 63 S.

Wirminghaus, A., die national-ökonom. Wissenschaft u. d. deutsche Kaufmannstand. [Aus: „Festschrift zur Feier d. 25jähr. Bestehens d. staatswissenschaftl. Seminars zu Halle".] gr. 8. (III, 39 S.) Jena 898. G. Fischer. n. 1. —

Wirminghaus, Else, die Frau u. die Kultur d. Körpers, s.: Kulturaufgaben, die, der Frau.

Wirminghaus, Else, geb. Stracerjan, Karl Stracerjan. Aus dem Leben u. Wirken e. deutschen Schulmannes. Mit e. Bildnisse Karl Stracerjans. (IX, 340 S.) gr. 8. Oldenburg 905. G. Stalling's Verl. n. 5. —

Wirmsberger, Ferdinand

Wirmsberger, F. Aistersheim und seine Besitzer. In urkundlich begründeter Darstellung. *Wels* 1859. *Joh. Haas*. 101 S. 8°. Mit einer Wappenabbildung.

Wirmsberger [illegible]
Separatabdruck

Wirmsberger, Ferd., Beiträge zur Genealogie der Dynasten v. Wolkensdorf, Blut- und Bannrichter in Oesterreich, Stifter des Klosters Kleink rc. In urkundl. begründeter Darstellung. gr. 8. (199 S. mit 2 Stnt. und 1 Tab. in qu. Fol.) Wels 863, Haas. *

—— Regesten aus dem Archive von Freistadt in Österreich ob der Enns. Lex.-8. (104 S.) Wien 864, (Gerold's Sohn.) * *
Aus: Archiv für Kunde österreichischer Geschichtsquellen, besonders abgedruckt.

Wirnt v. Gravenberg, Gui v. Waleis der Ritter mit dem Rade. Uebers. von Wolf Grafen v. Baudissin. gr. 12. (XIV u. 339 S.) Leipzig 848, Brockhaus. 1 1/2 ₰

—— Wigalois. Hrsg. von Frz. Pfeiffer, s. Dichtungen des deutschen Mittelalters 6. Bd.

Wirren, üb. die, der Gegenwart. Betrachtungen, den Abgeordneten des Vereinigten Preuß. Landtages gewidmet von Emeritus. gr. 8. (56 S.) Leipzig 847, Brockhaus. n. 8 ngl

Wirren, die heutigen, zwischen Kirchen- u. Staatsbehörden v. e. schlichten Landmanne. 8. (40 S.) Neuwied 873. (Heuser.) — 60

Wirren, Die, des Jahrhunderts und des Jahres. Aarau 1823. V: *Zschokke, Joh. Hnr. Dan.* (Ky) (Cat. d. Stadtbibl. Zürich. Zürich 1864—97.)

Wirren, die, des Jahrhunderts u. des Jahres; (aus d. Ueberlieferungen besond. abgedr., v. H. Zschokke). gr. 4. Aarau 823. Sauerländer. 14 gGr.

Wirren, Die jüdischen, in Ungarn, s.a. Redivivus.

—— die jüdischen, in Ungarn. Beitrag zur Zeitgeschichte. Von **Leon da Modena Redivivus.** 1. Thl.: Vor dem Kongresse. br. 8. (XII, 104 S.) Pest 868, Aigner. *

Wirren und Zerwürfnisse, Ungarische. gr. 8. Leipzig 842, Otto Wigand. n. 12 ngl.

Wirrwar, der; od. d. Muthwillige. Posse in 4 A. v. A. v. Kotzebue. 8. Lpz. Kummer. 805.

Wirrwarrbruder, Der. Komische Soloscene. Wien [1890]. V: *Bartl, Hans.* (EB)

Wirsch, (Heinr. Nic. geb. Paris 5. 2. 1855): Die Körper-Temperatur in der progressiven Paralyse der Irren. Berlin (1881). (35 S.) 8°
Berlin, Med. Diss. v. 19. Febr. 1881

Wirsching, August

Wirsching, Aug., auf fränkischer Erde. 2 kulturgeschichtl. Vorträge. I. Des Friedländers Lager u. die Schlacht bei der alten Veste. II In altunterfränk. Kellern u. Trinkstuben. 8. (47 S. m. 1 farb. Kartenskizze.) Fürth 901. G. Rosenberg. n. — 50

WIRSCHING, Franz (Germersheim): Ueber die Aetiologie der chronischen Lungentuberculose.- München: Weiss 1868. 35 S.
8.8.1867 - Urk (Titel: De aetiologiae chronicae pulmonum tuberculosis.); F 71; Chr 1867/68,13
Diss.Ingolst.-Landsh.-Mchn.

Wirsching H.: Untersuchungen üb. Papillome d. Haut beim Jungrind. Diss. Dresd. 44 S. 4 Tvl. P.

Wirschinger, Franz Ludwig, s. Abhandlung über d. Zwiste u. Mißhelligkeiten . . .

Wirschinger, F. L., die deutsche Gewerbeordnung u. deren Novellen, s.: Gesetzgebung, die, d. Königr. Bayern.
Vgl.Wirschinger,J.C.

Wirschinger, L. F., das Jagdrecht des Königr. Bayern. Für das rechtsrhein. Bayern u. die Pfalz systematisch bearb. (XII, 425 S.) München 901. 902. J. Schweitzer Verl. n. 6. 80; geb. in Leinw. n. 8. —

Wirschinger, L. F., das Radfahrer-Recht im Königr. Bayern. Bearb. u. im Auftr. d. Verbandes zur Wahrg. d. Interessen d. bayer. Radfahrer hrsg. 12. (III, 92 S.) München 898. J. Schweitzer, Verl. n. 1. —

Wirschinger, F. L., die Unfallverhütung in der Land- u. Forstwirtschaft. Vorschläge f. Unfallverhütungsvorschriften unter Berücksicht. der vom kgl. Reichsversicherungsamte veröffentlichten Statistik der Unfälle in den deutschen Land- u. Forstwirtschaftsbetrieben im J. 1891. Zugleich e. Anleitg. f. Beauftragte, Vertrauensmänner u. Unternehmer zur Mitwirkg. in der Unfallverhütg. 8. (193 S.) München 894. J. Schweitzer, Verl. n. 2. 50

Wirschinger, Frz. Edw., Versuch e. neuen Theorie über das **juramentum in litem,** oder d. Würderungseid u. N. T. Gönners Progr. über d. Nothwendigkeit e. gründl. Reform in Bearb. des in Deutschland gelt. Privatrechts. gr. 8. Landsh. 806. Krüll. 16 gGr.

WIRSCHINGER, Heinrich (Wörth): Darstellung der Entstehung, Ausbildung und des jetzigen rechtlichen Zustandes der Patrimonial-Gerichtsbarkeit in Bayern.- München: Weber 1837. XVI,319 S.
5.1.1833 - Urk (Titel: De origine, progressu, atque statu hodierno iurisdictionis patrimonialis Bavaricae.); F 48
Diss. Ingolst.-Landsh.-Mchn.

Wirschinger, H., Darstellung d. Entstehung, Ausbildung, u. d. jetz. rechtl. Zustandes d. Patrimonial-Gerichtsbarkeit in Bayern. Gekr. Preisschr. gr. 8. (21 B.) München 837, [Kgl. Hof-Buchhandl.] (Leipzig, J. Müller.)

Wirschinger J.C., die deutsche Gewerbeordnung und deren Novellen mit besonderer Rücksicht auf ihren Vollzug in Bayern. Erlangen 1874
Vgl. Wirschinger, Franz Ludwig

Wirschinger, L. F., s. Wirschinger, Franz Ludwig

Wirsel, C. W., Anweisung für Elementarlehrer zur Leitung des ersten Unterrichts taubstummer Kinder. gr. 8. (VIII und 129 S.) Büren 850. (Paderborn, Schöningh.) *

Wirsel, C. W., Katechismus der katholischen Religion zunächst für katholische Taubstummen-Anstalten. Paderborn 860. Schöningh. 8. (V, 100 S.) n. 4 ngr.

—— erstes Lesebuch für die Unterklasse der Elementarschule im Anschlusse an das Bilderwerk von Wilke und Reimer. 2. Aufl. gr. 8. (IV und 78 S.) Paderborn 860, Schöningh. *

—— Uebungsbuch für taubstumme Kinder beim ersten Unterrichte; so wie auch A-B-C- und erstes Lesebuch für die untere Klasse der Elementarschule. gr. 8. (III und 86 S.) Büren 850, (Paderborn, Schöningh.) *

—— Uebungsbuch für taubstumme Kinder beim ersten Unterrichte im Anschlusse an das Bilderwerk von Reimer und Wilke. 2. Aufl. gr. 8. (IV und 78 S.) Paderborn 860, Schöningh. *

Wirsel, C. W., Wörterbuch zur Fortbildung in der Sprache für diejenigen Taubstummen, welche bereits ihre Ausbildung erlangt haben. gr. 8. (IV und 903 S.) Lippstadt 854, [Staats.]*

Wirsel, Jos., die Aufhebung der Vorschriften des allgemeinen Landrechtes für die preussischen Staaten, das Ehehinderniss der Ungleichheit des Standes u. der Schmerzengelder betr., durch Art. 4 der Verf.-Urkunde. [Aus dem Archiv für kathol. Kirchenrecht.] Paderborn 868. Schöningh. gr. 8. (49 S.) n. 10 ngr.

Wirsel, Karl: Der Zufall beim Kauf nach gemeinem und preussischem Recht unter Berücksichtigung der Bestimmungen des bürgerlichen Gesetzbuches für das deutsche Reich. *Bonn 1898: K. Drobnig.* (62 S.) 8°
Erlangen, Jur. Diss. v. 4. Dez. 1897

Wirsel, R., Quaest. de hymno in Venerem Homerico. Diss. 1869. 44 S.

Wirsén, Axel Emil, de Colonia Suecorum in Helvetiam reducta Dissertatio. (Und: Auszug aus e. im Ober-Hasle Cantons Bern sich vorfindenden pergament. Handschrift v. J. 1534, betreff. d. nord. Ursprung d. Volksstamms. — Das Ost-Friesenlied der Ober-Hasler. Nach e. Abschrift v. Hrn. Wyss aus Bern.) 4 maj. ($7\frac{1}{4}$ B.) Upsaliae 827. (Lipsiae, Brockhaus.)

Wirsén, C. D., s. Gedichte, einige.

Wir-Serie. 2. Bd. 12. Stuttgart 899. Wir-Verlag. n. 1. 80; geb. n. 2. 70; auf Zeichenpap., geb. n. 3. 50
Mit dem Eselsinnbad. Ein Promemoria fürs fink. Jahrhundert. Nebst andern Glossen. Von Fritz Lennar. (98 S.)

Wirsig, Waldemar Paul Ludwig, Oberarzt beim 2. Niederschlesischen Feld-Art.-Reg. No. 41, a. Jauer in Schlesien: Ueber Hautaffektionen bei septischen Erkrankungen. Leipzig 1906: B. Georgi. (46 S.) 8°

Leipzig, Med. Fak., Ref. Curschmann, Diss. v. 3. Okt. 1906

[Geb. 19. Dez. 72 Jauer; Wohnort: Glogau; Staatsangeh.: Preußen; Vorbildung: Gymn. Jauer Reife O. 93; Studium: Breslau 1, Kiel 3, Breslau 1, Leipzig 2, Breslau 6 S.; Coll. 22. Okt. 06; Approb. 16. Juli 00.]

Wirsing, Adam

ANEKDOTEN besonders von Nürnberg aus einer alten authentischen Chronik vom 33. Jahr nach Christi Geburt an. Ein interess. Beitrag zur Nürnberger Geschichte von Pfarrer Wirsing. (Vignette vom Herausgeber selbst.) 2. Aufl. Nürnberg 1807. In Kommiss. der Felseckerischen Buchhandlung. 8°. (1 Mk. 20 Pfg. Beck, Nördlingen, 1892; jetzt viel theurer!)

Wirsing, Adm., die nöthigsten Kenntnisse für diejenigen, welche das erstemal zum heil. Abendmahl gehen wollen. 8. Nürnb. 790.

— s. M. Luther von d. Schlüsseln.

Wirsing, Ad., deutliche Spuren göttl. Vorsehung. Eine Predigt. 8. Götting. 776. Vandenhöck u. R. 3 ℊ

Wirsing, Adam Ludwig [Hrsg.], s. Dietzsch, Barbara Regina: Sammlg. meistentheils dt. Vögel.

Wirsing, Adam Ludwig: Marmora et adfines aliquod lapides. Auch mit deutschem Titel: Abbildungen der Marmorarten u. einiger verwandten Steine. Nürnberg 1775. Folio.

Wirsing, Adm. Ldw., Samml. von Nestern u. Eiern verschied. Vögel. 4 Hefte. (1s Heft, mit Text v. Fr. Chr. Günther u. 25 Kpft. 8 ℛ 8 ℊ 2s Heft beschrieben v. Leske, mit 25 ill. Kpf. 7 ℛ 12 ℊ 3s u. 4s Heft, jedes mit 25 ill. Kpf. ohne Text. 14 ℛ) Nürnb. 772. Campe. 29 ℛ 20 ℊ 1s Heft franzos.: Collection de figures des Nids et d'oeufs de differents oiseaux.

— s. Chr. Jak. Trew, hortus et plantae rariores.

Wirsing, Eduard [Dr., I. Juliusspitälischer Assist.-Arzt a. d. med. Klinik d. k. Univ. Würzburg]: Acute gelbe Leber-Atrophie mit günstigem Ausgang. Würzburg, Stahel, 1892; 1 Bl., 44 S. 8.

Würzburg, Med. Fak., Inaug.-Diss. v. 1892

Wirsing, Ed., acute gelbe Leber-Atrophie m. günstigem Ausgang. [Aus: „Verhandlgn. d. phys.-med. Gesellsch. zu Würzburg".] gr. 8. (44 S.) Würzburg 892. Stahel. n. — 80

Wirsing, *Andreas* Friedrich [aus Schweinfurt]: Pyrazolin und Pyrazolinderivate ... Kiel, Druck v. Schmidt & Klaunig, 1893; 38 S., 1 Bl. 8.

Kiel, Phil. Fak., Inaug.-Diss. v. [1. Aug.] 1893

Wirsing, Fritz: Abbildungen d. menschl. Skelettheile ..., s. Wirsing, Paul.

Wirsing, Georg [aus Schweinfurt]: Über die Tetraphenylharnsäure und über aromatische Isocyanate aus Senfölen und Aminen ... Rostock, Univ.-Buchdr. v. Adler's Erben, 1891; 61 S. 8.

Rostock, Phil. Fak., Inaug.-Diss. v. [1. Aug.] 1891

Wirsing, Geo. Adam, der Beweis zum ewigen Gedächtniß nach heutigem gemeinen Recht. gr. 8. (IV und 80 S.) Würzburg 847, (Halm.) *

—— über das Wesen und die processualische Natur der nominatio auctoris nach gemeinem Recht. gr. 8. (51 S.) Würzburg 848, (Halm.) *

Wirsing, Ignaz Josef [Rechtspraktikant zu Würzburg]: Die civilrechtliche Haftung der Post ... Würzburg, Gnad & C., 1892; 4 Bl., 95 S. 8.

Erlangen, Jur. Fak., Inaug.-Diss. v. 1892

Wirsing, Johann

— prakt.-method. Anleitung z. Kopf- u. Tafel-, od. schriftl. Rechnung, f. Elementar- u. Volksschulen. 8. Erfurt 808. Keyser. 12 ℊ

Wirsing, Jh., Antrittspredigt ꝛc. 8. St. Gallen 809. Huber u. C. 4 ℊ

— Anweisung, d. gewöhnl. Sonntags-Evangelien e. kathol. Kirchenjahrs prakt. zu Predigten zu bearbeiten. 1r u. 2r Jahrg. 8. Erfurt 802, 3. Keyser. (à 18 ℊ) 1 ℛ 12 ℊ (2r Jahrg. Auch u. d. T.: kurze Predigten üb. die gewöhnl. Sonntagsevangelien e. kathol. Kirchenjahrs. 1r u. 2r Bd.)

— Auszug aus den würzburg. Landesverordnungen v. d. J. 1752—811, welche den Stand, Wirkungskreis u. Pflichten d. Seelsorger betreffen. gr. 8. Würzb. Stahel. 811.

— s. Auszug aus d. würzburg. Landesverordnn.

Wirsing, Jh., neue Festpredigten. 1r u. 2r Jahrg. 8. Erfurt 810. u. 14. Keyser. 1 ℛ 10 ℊ

— Napoleon Bonaparte, ein logogryphischer Versuch. 8. St. Gallen 809. Huber u. C. 4 ℊ

— die Pflichtenlehre in Beispielen aus d. bibl. Geschichte dargestellt f. Prediger, Schullehrer u. zur häusl. Erbauung. 8. Erfurt 805. Keyser. 16 ℊ

Wirsing, Paul u. Fritz, Abbildungen der menschlichen Skelettheile, zum Nachzeichnen beim Unterricht der Anatomie nach der Lehrmethode Joh. Christ. Gust. Lucae's. Nach der Natur gezeichnet. 11 (lith.) Taf. u. (8 S.) Text (in 4.). Frankfurt a. M. 860. Keller. Fol. n. 2 ℛ 15 ngr.

WIRSING, Paul (Frankfurt): Ueber die Ursachen der grossen Sterblichkeit der Kinder im ersten Lebensjahre insbesondere über die Atrophia infantum.- München: Straub 1864. 26 S.
12.12.1863 - Urk (Titel: De causis per magnae mortalitatis infantum primo aetatis anno, imprimis de athropia infantum.); F 70

Diss. Ingolst.-Landsh.-Mchn.

Wirsing, Rud., das deutsche Theater. Eine Darstellung der gegenwärt. Theaterzustände nebst Andeutungen zu einer zweckmäß. Reform und Bühnenleitung. gr. 8. (XV und 228 S.) Leipzig 862, Geibel. *

Wirsitz [Sachl. OW]

Kreis **Wirsitz.** (Rev. von d. zuständigen Behörden.) Maßst. 1:100,000. Bearb. im kartogr. Inst. v. P. Baron. *Lissa i/P.: F. Ebbecke [1903]; Lith. P. Baron in Liegnitz.* (1 Kartenbl. 54 × 36 cm mit Legende.) 8° [kol.]

[Umschlagt.:] Spezial-Karte d. Kreises Wirsitz in 5fachem Farbendr. [03. 1399]

Wirsitz, Kreis. Baron, Paul, Spezial-Karte des Kreises Wirsitz. Rev. v. den zuständ. Behörden. 1 : 100,000. 40×58 cm. Farbdr. Lissa (903). O. Eulitz. n. — 50

Wirsitz [Schlagwort]

— s. a. Forstkarten.

Wirsitz, Kreis. Baron, Paul, Wandkarte des Kreises Wirsitz, entworfen nach den neuesten Hilfsquellen. 1:45,000. 4 Blatt à 47×62 cm. Farbdr. Lissa (907). O. Eulitz. Auf Leinw. m. Stäben 15. —

Wirsitz. Hilscher, A., Wandkarte d. Kreises Wirsitz. Nach den neuesten Quellen f. den Schul- u. Privatgebrauch entworfen. 1:50,000. 6 Blatt. Chromolith. gr. Fol. Ostrowo 888. Priebatsch. n. 9. —; auf Leinw. m. Stäben n. 12. —

Wirsnizer, Georg Anton (Eger) A. S. 936/8

Dissertatio academica de memoriae laesione. Präs. Jo. Jakob Jantke. Altdorf (Kohles) 7. V. 1735. 12 S.

Gew.: Johann Joseph Werndl, Johann Christoph Ernst, Johann Joseph Maximilian Reichel, Adam Joseph von Widmannsacker.
W. v.: Christoph Wilhelm Baier, Johann Ignaz Rogg (Opp.), Franz Math. Troxell (Opp.). 36979

Wirsnizer, Georg Anton (Eger) A. S. 937/46

Medicina ventriculo adversa. Dissertatio inauguralis. Altdorf (Meyer) 17. VI. 1735. 24 S.
36980

Wirst Du auch ein Deutschkatholik? 8. (15 S.) Passau 848, Ambrosi. n. 2 ngr

Wirt. —

Wirth, der artige, u. d. Kränzchen. 2 Spiele. 16. Hamburg, Bachmann. 795.

Der deutsche **Wirt**. Neue Gastwirte-Zeitung, mit d. Beilage 'Der deutsche Hotelwirt' [&] 'Der deutsche Saalwirt'. Unabhängiges Zentral-Organ f. d. Interessen d. gesamten Wirtestandes in Stadt u. Land. Hrsg. unter Mitw. hervorrag. Fachmänner von Otto Schulz. Jg. [1.] 1904, No 1. (Berlin: F. v. Müller & Co. 1904.) 2°

Wirth, Der, vom goldenen Eimer im neuen Lerchenfeld an seinen Freund den Kanzelisten N. Ein Schreiben durch die kleine Post. [Wien] 1786. V: *Schlötmann (Schlöttmann), Johann von* (?). (wolfstieg I, 659) (biblrort)

Wirth u. Miether. Eine Darstellg. d. Miethrechtes nach dem bürgerl. Gesetzbuch f. das Königr. Sachsen. 8. (VIII, 58 S.) Dresd. 889, Meinhold u. Söhne. cart. * — 60

„Der Pommersche und Neumärksche Wirth", Stück 1—46 (= Bd. 1 der „Zuverlässigen Nachrichten") Stettin 1778 (Johann Franz Struck). — Vorh.: Preußische Staatsbibliothek Berlin. — Signatur Ou 12596. — Fortsetzung u. d. T.: „Zuverlässige Nachrichten von den wichtigsten Landes- und Wirthschafts-Verbesserungen", Stettin 1783 f.

Wirth, Der redliche, zu Judenbach an dem Thüringer-Wald . . . O. O. [ca. 1700]. V: *Helmer, Rudolph Johann.* (will)

Wirth: Der Wirth im Staat, zu Haus und auf dem Felde
Ⓢ 1767 Ⓑ Basel Ⓑ BGSZ 12 (p. 1). 75 (p. 110/111).

Anonym: „Der Wirth im Staat, zu Haus und auf dem Lande; oder der Zuschauer in der Wirthschaft der Regenten und des Volkes", Basel 1766 (Imhof).

Wirth, der, und die Wirthin, e. ökonom. u. moral. Wochenschrift. 1r Bd. 8. Braunschw. 757. Schröder. 12 gr

Wirthe, Die. O. O. (Wien) 1802. 8°.

Wirthe, die vornehmen, kom. Oper in 3 Aufzügen. Nach d. Franz. von J. R. v. Seyfried. 8. Wien, Wallishauser. 813.

Wirtekalender. Schweizer W'-K' für das Jahr 1903. Hrg. vom Schweizer Wirte-Verein. Jahrg. 11. 233 S. + *Anzeigen*. 8. Zürich, Redaktion der Schweiz. Wirtezeitung (Buchdr. K. J. Wyss, Bern).
Forts. s. Taschenkalender für Schweizer Wirte....

Wirtemberg. —
s. Württemberg.

Wirtembergisch-Franken. Zeitschrift des historischen Vereins für das wirtembergische Franken. 6. Bd. 1. Heft. Jahrg. 1862. Mit 1 Lithogr. Künzelsau. (Heilbronn, Claß.) gr. 8. (VII, 163 S.) n. 1 ℳ

Wirtembergisch-Franken. Zeitschrift des historischen Vereins für das Wirtembergische Franken. 6. Bd. 2. u. 3. Heft., 7. Bd. 3 Hefte u. 8. Bd. 1. u. 2. Heft, oder Jahrg. 1863—69. Weinsberg. (Heilbronn, Schmidt.) gr. 8. [6. Bd. (VIII, S. 164—544 mit eingedr. Holzschn. u. 2 Steintaff.), 7. Bd. (XVIII, 614 S. mit 6 Steintaff.), 8. Bd. (XII, S. 1—416. mit 5 Steintaff.)] Jedes Heft 1 ℳ

Wirtembergisch-Franken. Zeitschrift d. histor. Vereins f. das wirtemberg. Franken. 9. Bd. 2. Hft. Jahrg. 1872. Mit e. Lithogr. gr. 8. (IV u. S. 177—351.) Heilbronn 874. (Schmidt.) 3. —

Wirthen, über das, von Beamten im Canton Zürich. An die Väter d. Vaterlandes. 8. Zürich 830. Schultheß. 2 gr

Johann Wirtensohn

Duorum monstrorum duplicium humanorum Descriptio anatomica. Berolini (1825:) Maurer. 28 S. 4
Berlin, Med. Diss. v. 10. Jan. 1825

Wirtensohn, Carl, das unsichtbare Königreich. Ein Schausp. 8. (III, 87 S.) Dresden 897. E. Pierson. n. 1. —

Wirtensohn, Karl Aug. (pseud. K. A. Warneifried), Anfang u. Ende der Irren u. Wirren in unsern Tagen mit Bezug auf Recht u. Freiheit beleuchtet mit der Fackel der Wahrheit. Das. 1873. 8. 201 S.

—— Merkwürdige Gesichte, Prophezeiungen u. göttliche Offenbarungen über Kirche u. Staat, namentlich über Deutschland, Frankreich, Italien u. Rom. Das. 1871, 8°, 289 S.

Wirtensohn, Karl Aug. (pseud. K. A. Warneifried), Seherblicke in die Zukunft. Eine Sammlung auserlesener Prophezeiungen mit Bezug auf unsere Zeit. 3 Bdchen. Regensburg, Manz, jetzt Verl.-Anst. 1861, 8°, 852 S.

Wirtensohn, Karl Josef

— Abhandl. v. Mohnsafte ꝛc.; aus d. Latein. (v. J. Fehr). 8. Cassel 778. Cramer. 4 gr

Wirtensohn, Carl Joseph. Abhandlung vom Mohnsafte . . . a. d. Latein. Cassel 1778. Ü: *Fehr, Jos. C.* (MGT) (KY)

***Wirtensohn,* Karl Jos., († im April 1788.) Diss. inaug. demonstrans, opium vires fibrarum cordis debilitare et motum tamen sanguinis augere. 4maj. Münster 776. Perrenon. 6 gr**

Wirtensohn, Clemens, Das mechanische Zeichnen, sein Zweck u. Nutzen für Jedermann, besonders für Gewerbetreibende u. Handwerker. Mit Illustrationen. 1. Heft. 8. (32 S.) Wien 1863, Hoffmann & Ludwig in Comm.

Wirtensohn, Clem., das mechanische Zeichnen, sein Zweck u. Nutzen für Jedermann, besonders für Gewerbtreibende u. Handwerker. Mit Illustr. (Holzschn.) 1. u. 2. Heft. 2. Aufl. Wien 864. (München, Lentner.) gr. 8. (80 S.) n. 13½ ngr.

Wirtensohn, Clem., das mechanische Zeichnen, sein Zweck u. Nutzen für Jedermann, besonders für Gewerbtreibende u. Handwerker. 3. u. 4. Heft. 2. Aufl. Wien 865. (München, Lentner'sche Buchh.) gr. 8. (S. 81—147 mit Illustr. in eingedr. Holzschn.) n. 14 ngr.

Dr. Philipp **Wirtgen**. Gedenkblatt zu s. 100. Geburtstage, d. 4. Dez. 1906. ⟨Gewidmet v. Rhein. Prov.-Lehrerverein f. Naturkunde.⟩ Bielefeld: A. Helmich [1906]. (17 S.) 8° [F.]
= **Abhandlungen**, Pädagogische. H. 100. [07. 2730

Wirtgen, Ferd., Bericht über die Vorarbeiten zur Herausgabe e. forstbotan. Merkbuches f. die Rheinprovinz, s.: Voigt, Walt.

Wirtgen, Hermann ⟨geb. am 6 Nov. 1845 in Koblenz⟩: Das chronische Magengeschwür ... Bonn, Druck v. C. Georgi 1869. 38 S., 1 Bl. 8.
Bonn, Med. Fak., Diss. v. 20 Juli 1869

Wirtgen, Philipp

Wirtgen, Ph., das **Ahrthal** u. seine sehenswerthesten Umgebungen. Ein Leitfaden f. Reisende. gr. 12. (5 B. u. 1 Karte.) Bonn 840, Henry u. Cohen.
Mit noch 16 Ansichten. *

Wirtgen, Ph., zum **Andenken an Prinz Maximilian** zu Wied, sein Leben u. wissenschaftliche Thätigkeit. Neuwied 867. Heuser's Verl. gr. 8. (16 S.) 3 ngr.

Wirtgen, Ph., Anleitung zur landwirthschaftlichen und technischen Pflanzenkunde für Lehranstalten und zum Selbstunterricht. 1. Cursus: Beschreibung der wichtigsten Nutzpflanzen und erste Einleitung in die Systemkunde. gr. 8. (VIII und 216 S. mit in den Text gedr. Abbildungen in Holzschn.) Coblenz 856(57,) Hergt. *

Wirtgen, Ph., Anleitung zur landwirthschaftlichen u. technischen Pflanzenkunde für Lehranstalten u. zum Selbstunterricht. 2. Cursus. Mit vielen in den Text gedr. Abbildgn. (Holzschn.). Coblenz 860. Hergt. gr. 8. (IV, 252 S.) n. 1 ₰ 5 ngr.

PH. WIRTGEN, Beiträge zur Flora der nördlichen Pfalz. Eine Festgabe zur Feier des fünfundzwanzigjährigen Bestehens der Pollichia. Sonderabdruck aus der Pollichia XXII.—XXIV. Jahresberichte. Dürkheim a. d. H. 1866. Druck von J. Rheinberger. 8°.

Wirtgen, Ph., Bilder aus der Heimatskunde der Rheinprovinz. Neu revid. 1882. 8. (48 S. mit 1 lithogr. Karte.) Königsberg 882, Bon's Verlag. *
Ausg. ohne Karte *

—— **die Eifel in Bildern und Darstellungen. Natur, Geschichte, Sage. 2 Thle. gr. 8. Bonn 864,66, Henry. à Thl. * 22½ Ngr.** *

Inhalt:
Thl. 1. **Das Nette- und Brohlthal und Laach. (VI und 114 S. mit 7 Ansichten in Stndr.)**
» 2. **Das Ahrthal. (154 S. mit 3 Ansichten in Stndr.)**

—— **Flora d. Regierungsbezirks Coblenz. gr. 12. (10½ B.) Coblenz 841, Hölscher.**

Wirtgen, Ph., Flora der preussischen Rheinlande od. die Vegetation d. rhein. Schiefergebirges u. d. deutschen niederrhein. Flachlandes. 1. Bd. Die Thalamifloren Decandolle's. gr. 8. (III, 372 S.) Bonn 870. Henry. 3. 75

—— **Flora der preussischen Rheinprovinz** und der zunächst **angränzenden Gegenden.** Ein Taschenbuch zum Bestimmen der vorkommenden Gefässpflanzen bearb. 12. (XXII und 563 S. mit 2 Stnt.) Bonn 857, [Cohen und Sohn.]

—— **Herbarium Mentharum rhenanarum. Erläuterungen zu dem Herbarium der rhein. Menthen. (2. Aufl.) gr. 8. (16 S.) Coblenz 855, (Hölscher's Verlag.)** *

—— aus dem **Hochwalde**. 8. (X und 112 S.) Kreuznach 867, Voigtländer. * —

—— **Leitfaden f. d. Unterr. in d. Botanik in Gymnasien u. höh. Bürgerschulen. gr. 12. (13⅝ B.) Coblenz 839, Hölscher.**

Wirtgen, Ph., Leitfaden für den Unterricht in der Botanik an Gymnasien u. h. Bürgerschulen. Zugleich als Anleitung z. leichteren Bestimmung d. wildwachsenden phanerogamischen Pflanzen des mittleren u. nördlichen Deutschlands. 2. umgearb. Aufl. 12. Coblenz 846, Hölscher. n. 27 ngr.

—— **Leitfaden** für den Unterricht in der Botanik an Gymnasien und höheren Bürgerschulen. Zugleich als Anleitung zur leichteren Bestimmung der wildwachsenden Gefäßpflanzen des mittleren und nördl. Deutschlands. 3., verb. und verm. Aufl. 12. (XII und 628 S.) Coblenz 852, Hölscher's Verlag. *

—— **Neuwied und seine Umgebung in beschreib., geschichtl. und naturhistor. Darstellung. Ein Familienbuch. gr. 8. (VIII, 368 S.) Neuwied 872, Heuser's Verlag.** *

Wirtgen, Ph. Neuwied u. seine Umgebung in beschreibender, geschichtlicher u. naturhistorischer Darstellung. Billige Ausg. Mit e. Anh.: Die Weiterentwicklg. der Stadt Neuwied seit dem J. 1865 bis zum J. 1891. gr. 8. (VIII, 382 S. m. Abbildgn.) Neuwied 892, (Heuser's Verlag). * 1 —

Wirtgen, Ph., Neuwied u. seine Umgebung. Neubearb., verb. u. m. vielen Illustr. verseh. Aufl. v. Rud. Blenke. gr. 8. (VII, 374 S.) Neuwied 902. Heuser's Verl. n. 3. 75; geb. in Leinw. n. 5. —; feine Ausg. n. 6. —

PH. WIRTGEN, Prodromus der Flora der preussischen Rheinlande. Im Auftrage des bot. Vereins am Mittel- und Niederrheine, zunächst für dessen Mitglieder unter besonderer Mitwirkung der H.H. Bach, Bogenhard, Fingerhuth, Flöck, Löhr, Schlmeyer und Vogel bearbeitet und herausgegeben.
Abth. 1. Phanerogamen. Mit 1 lithogr. Tafel. Bonn 1842. Comm. von Henry & Cohen. 8°.

—— **rheinische Reise-Flora. Kurze Uebersicht und Characteristik aller in dem Stromgebiete des Rheines, mit Ausnahme des alpinen Theils, vorkommenden Gefässpflanzen. 2 Abthlgn. 32. (1. Abthl. XXIV und 328 S.) Koblenz 857, Hölscher.** *

Wirtgen, Ueber die Vegetation der hohen und der vulkanischen Eifel. 1 Band. Bonn 1865. 8.

Wirth [Sachl. OW], s. Wirt. –

Wirth, vgl. Würth.

Wirth'scher Transport-Anzeiger. Post- und Eisenbahn-Coursbuch für die wichtigsten Verkehrs-Linien in Rheinland, Westphalen, Thüringen, Hessen, Nassau, Rheinpfalz, Elsass-Lothringen, Baden, Württemberg und Bayern sowie der anschliessenden Bahngebiete. Nebst 1 Karte des Eisenbahnnetzes in Central-Europa. Nach amtl. Quellen bearb. 33. Jahrg. à Jahrg. 2 Hefte. 16. (à Heft ca. 200 S.) Mainz 888/89, Wirth'sche Hof-Buchdr. à Heft **

Wirth, A., über die nordfranzösischen Heldengedichte des karolingischen Sagenkreises. Progr. des Gymn. Elberfeld 1836. 4°. 10 S.

Wirth, Adam Johann Martin (Kulmbach) F, za/4

De iis quae non possunt aut non debent definiri commentatio logica in collegio.
Präs. Johann Friedrich Klett.
Erlangen (Tezschner) 1747. 8 S.

Gew.: Ludwig Karl Franz Mezel. 36981

Wirth, Adolf: Der Busiris des Isokrates. S. 3–21. 8.
K. k. Kaiser Franz Joseph Staats-Gymn. *M. Schönberg* 1910.
I. Teil. Der Busiris als rhetorisches Kunstwerk. II. Die Darstellungsmittel. III. Die literarischen Beziehungen des Busiris. IV. Die Tendenz der Schrift.
Progr.

Wirth, Adolf, a. Czarnikau: Über die Einwirkung von Metallcyanwasserstoffsäuren auf Uranylsalze. (Spremberg 1906: C. F. Saebisch.) (36 S.) 8°
Berlin, Phil. Fak., Ref. Landolt, Diss. v. 13. Jan. 1906
[Geb. 26. Mai 81 Czarnikau; Wohnort: Köslin; Staatsangeh.: Preußen; Vorbildung: Realgymn. Görlitz Reife O. 99; Studium: Jena 4, Berlin 5 S.; Rig. 10. Juli 05.]

ALBERT WIRTH, Eurishofen und Schwabishofen. Ortsbeschreibung und Ortschronik zur Wende des Jahrhunderts 1900 seinen Pfarrkindern gewidmet. Herausgegeben vom Verein für Heimatkunde. Kaufbeuren (o. J.), W. Meiler. 8°

Wirth, Albertus, die Württemberger vor Paris 1870. Bilder u. Episoden aus d. ersten u. zweiten Schlacht bei Villiers u. dem Gefecht bei Mont Mesly. (13 farb. Taf. u. 8 S. Text m. 1 Abb.) gr. 8. Stuttgart (910). K. A. E. Müller. Geb. in Leinw. 3. —

Wirth, Albrecht

Wirth, Albr., Abriß der Geschichte Afrikas. gr. 8. (III, 56 S.) Bonn (901). C. Georgi. n. 1. —

— **Abriß der Weltgeschichte. gr. 8. (86 S.) Ebd. 900.**

Wirth, Albrecht (Hrsg.), s. Acta SS Nerei et Achillei.

Wirth, Albr., **aus orientalischen Chroniken.** gr. 4. (III, LXVI, 276 S.) Frankfurt a/M. 894. (M. Diesterweg.) n. 12. —

— **Danae in christlichen Legenden.** gr. 8. (VI, 160 S.) **Prag 892. F. Tempsky. — Leipzig, G. Freytag.** n. 5. —

Deutschtum und Türkei. Betrachtungen über die gegenwärtige Orientkrise u. über d. Möglichkeiten ihrer Lösung. Von Dr. Albrecht **Wirth**. Wien: Verl. d. Monatshefte f. Pädagogik u. Schulpolitik; Osterwieck: Zickfeldt [usw.] (1910). 39 S. 8° [11. 3783

Die Entwicklung Asiens von den ältesten Zeiten bis zur Gegenwart. Von Dr. Albrecht **Wirth**. Mit 1 Karte von Asien. *Frankfurt a. M.: M. Diesterweg 1901.* (75 S.) 4° [01. 6693

Wirth, Albr., die Entwicklung Rußlands. gr. 8. (84 S.) Berlin 901. Gose & Tetzlaff. n. 1. —

— **Die Erschliessung Japans, s.: Bibliothek denkwürdiger Reisen II. (Perry.)**

Die gelbe und die slawische Gefahr. Von Albrecht **Wirth.** (1. bis 3. Taus.) Berlin: Gose & Tetzlaff 1905. (34 S.) 8° [F.] [06. 5023

Geschichte Asiens und Osteuropas. Von Privatd. Dr. Albrecht **Wirth**, München. Halle a. S.: Gebauer-Schwetschke 19(04–)05. (V, 668 S.) 8° [05. 14463 4

Wirth, Albr., Geschichte Formosa's bis Anfang 1898. gr. 8 (188 S.) Bonn 898. C. Georgi. n. 3. —

[F.] Geschichte Sibiriens und der Mandschurei. Von Albrecht **Wirth**. *Bonn a. Rh.: C. Georgi 1899.* (4 Bl., 220 S.) 1 Bd 8. [98. 11470 II

[F.] Geschichte Südafrikas. Von Albrecht **Wirth**. *Bonn: Univ.-Buchdr. v. C. Georgi 1897.* (VIII, 148 S., 1 Bl.) 1 Bd 8. [97. 2674

Albrecht **Wirth**. Marokko. Frankfurt a. M. & Berlin: M. Diesterweg 1905. (140 S.) 8° [F.]
— **Wirth**. Streiflichter auf d. Weltpolitik. H. 1. [05. 13,22

— **Ostasien in der Weltgeschichte. gr. 8. (IV, 110 S.) Bonn 901. C. Georgi. n. 2. —**

Wirth. Albrecht [Francofurtanus]: Quaestiones Severianae . . . Lipsiae, in aed. Gustavi Fock, 1888: 61 + 1 S. + 1 Bl. 8°
Bonn. Phil. Fak., Inaug.-Diss. v. 20. Dez. 1888

— chronographische Späne. gr. 8. (VII, 88 S.) Frankfurt a/M. 894. (M. Diesterweg.) n. 2. —

— **Streiflichter auf die Weltpolitik.** 1. u. 2. Heft. 8. **Frankfurt a/M., M. Diesterweg.** à 2. —
1. Marokko. (140 S.) 908.
2. Türkei u. Persien. (152 S.) 908.

— **aus Übersee u. Europa. gr. 8. (IV, 407 S.) Berlin 902. Gose & Tetzlaff. n. 7. —; geb. n. 8. —**

Deutsches Volkstum. Von Dr. Albrecht **Wirth**, Privatd. Zürich & Leipzig: Th. Schröter [1907]. (48 S.) 8° [F.]
= **Wiedergeburt**, Deutsche. Bd 1. [08. 17400

Wirth, Albrecht. Deutsches Volkstum. [Mit illustriertem Umschlag.] 48 S. 8. Zürich und Leipzig. Th. Schröter's Verlag, [1908]. [fr. 1. 25]
(Deutsche Wiedergeburt. Schriften zur nationalen Kultur. Hrg. von Ernst Wachler. Band 1.)

— **Volkstum u. Weltmacht in der Geschichte. gr. 8. (VII, 286 S.) München 901. Verlagsanstalt F. Bruckmann. n. 4. 50**

— Volkstum u. Weltmacht in der Geschichte. 2., verm. Aufl. (244 S.) Lex.-8. München 904. F. Bruckmann. 4. 50; geb. in Leinw. 5. 50

— **das Wachstum der Vereinigten Staaten von Amerika u. ihre auswärtige Politik. gr. 8. (III, 196 S.) Bonn 899. C. Georgi. n. 3. —**

Im Wandel der Jahrtausende. Eine Weltgeschichte in Wort und Bild. Hrsg. von Dr. Albrecht **Wirth**. Mit 461 Abb. u. 49 Kunstbeil. (In 48 Lfgen.) Stuttgart, Berlin, Leipzig: Union [1909]. VIII, 472 S. 2° [4°] [10. 13798

— **Im Wandel der Jahrtausende. Eine Weltgeschichte in Wort u. Bild.** Mit 461 Abb. **im Text u. 49 Kunstbeilagen.** (VIII, 472 S.) 36×28 cm. Stuttgart (909. 10). Union. 24.—; geb. in Leinw. od. in 3 Tle. f. Schulzwecke: 30.—; auch in 48 Lfgn. à — 50

— **Weltgeschichte** der **Gegenwart. Mit 6 geograph. Karten. (IV, 351 S.)** gr. 8. **Berlin** 904. **Gose & Tetzlaff.** n. 6. —; geb. n. 7. —

— **Weltgeschichte der Gegenwart. 2., umgearb. u. bis 1910 fortgeführte Aufl. (IV, 447 S. m. 1 Karte.) gr. 8. Wien 910. L. W. Seidel & Sohn. 6. —**

Der Weltverkehr von Albrecht **Wirth**. Frankfurt a. M.: Rütten & Loening (1906). (106 S.) 8°
= **Gesellschaft**, Die. Bd 6. 107. 1787

Wirth, Albrecht. Der Weltverkehr. Frankfurt a. M. [1907]. 8°.
(D. Gesellschaft hrsg. von Mart. Buber. Bd 6.)

— **Kaukasische Zusammenhänge**, s.: **Beiträge zur Rassenkunde. 4. Heft.**

Wirth, Alexander [Dr.]: Die evangelische Schule des 16. und 17. Jahrhunderts. Mit Zugrundelegg v. Vormbaums evangel. Schulordngn. *Meerane, Druck v. C. Otto, 1894;* 3—26 S. 4.
Meerane i. S., R u. PG, OP 1894 (571 [vielm. 575])

Wirth, Alfred, aus Lohr a. M.: Ueber zwei stereoisomere Oxime des Dypnon's. *Erlangen 1903: E. Th. Jacob.* (33 S.) 8°
Erlangen, Phil. Diss. v. 2. März 1903

Wirth, Alfred: Untersuchungen über formelhafte und typische Elemente in der englisch-schottischen Volksballade. *Halle a. S. 1897: C. A. Kaemmerer & C.* (51 S.) 8° ¶(Enthält nur einen Theil der eingereichten Arbeit.)
Halle, Phil. Diss. v. [19. Nov.] 1897

Wirth, Alfred, Dr.: Typische Züge in der schottisch-englischen Volksballade ⟨T. 1.⟩ *Bernburg 1903: A. Meyer.* (21 S.) 4° [F. u. Ant.]
Bernburg, herz. Karls-RG u. VS des Carolinums, OP 1903 (778)

Wirth, Alfred, Dr.: Typische Züge in der schottisch-englischen Volksballade. T. 2. Bernburg 1907: A. Schwarzenberger. (27 S.) 4° [F. u. Ant.] ¶(Forts. d. P-Beil. 1903.)
Bernburg, herz. Karls-RG OP 1907 (853)

Wirth, Alois

Wirth, A., Sammlg. d. Bernischen Strafgesetze u. d. gebräuchlichsten eidgenöss. u. kantonalen Polizeiverordngn. bis 1896. 8. (VIII, 1007 S.) Bern 896. (W. Goepper.) Geb. in Leinw. n. 12. —

Wirth, A[lois]. Sammlung der eidgenössischen und bernisch-kantonalen Straf- und Strafprozessgesetze (**Umschlag:* der bernischen & eidgenöss. Strafgesetze) und der gebräuchlichsten eidgenössischen und bernisch-kantonalen Polizeiverordnungen. (Neuaufl.,) Abgeschlossen auf Ende Juni 1904. Zusammengestellt von A. W', Bern. X + 1120 S. 8. Bern, L. A. Jent, (1904). [geb. in 1 Bd. fr. 14. —, in 2 Bde. 15. 50]

Wirth, A, Sammlung der eidgenössischen u. bernisch-kantonalen Straf- u. Strafprozessgesetze u. der gebräuchlichsten eidgenöss. u. bernisch-kantonalen Polizeiverordnungen. Abgeschlossen auf Ende Juni 1904. (X, 1120 S.) kl. 8. Bern (905). C. Marz.
Geb. in Leinw. n. 14. —; in 2 Leinw.-Bdn. n. 15. 50

Wirth, Ambr.

— Anweis. für diejen. welche d. Jugend d. kl. Catechism. Lutheri beybringen sollen. 2 Thle. 8 Nürnberg, Monath u. K. 745.

Wirth, Ambr., Auszug der Sprüche aus den ersten Buchstaben. 8. Nürnb. Monath u. K. 721.

— geistliche Blumen u. Weide f. die zarten Lämmer Jesu, z. Erläut. d. Katechism. Lutheri. 8. Ebend. 747.

— geistl. Blumen- und Würzgärtlein in Gebeten. 12. Ebend. 725.

Wirth, Ambr., die ersten Buchstaben d. göttl. Worte in Fragen u. Antworten. 8. Nürnb. 786. Monath u. K. 4 gl

— Einleit. z. heilsam. Lesung der H. Schrift. 12. Ebend 720.

Wirth, Ambr., Enchiridion, od. d. kleine Katechismus. 8. Nürnb. 782. Monath u. K. 1 gl

— d. Epistel an d. Römer in Frag. u. Antwort, mit Lehren u. Anmerk. 8. Ebend. 724.

— d. 4. Evangelisten in Frag. u. Antwort. 8. Ebend. 732.

— Fragen u. Antworten auf alle Lektionen d. kl. Katechismus. 8. Nürnb. 762. Monath u. K. 1½ gl

— d. Geschichte d. Apostel in Frag. u. Antwort. 8. Ebend. 728.

— Handbuch f. Beichtkinder. 12. Ebend. 746.

— Nürnbergisches Kinderbüchlein in Fragen u. Antworten. 8. Nürnb. 790. Monath u. K. 4 gl

— Schriftkern od. Spruchbuch der vornehmsten Sprüche H. Schrift. 8. Ebend. 724.

— Zergliederung d. Kinderlehre. 8. Nürnb. ... Monath u. K. 4 gl (NB. sind sämmtl. ganz alte Bücher mit neuen Titeln oder neue Ausgaben.)

Wirth, Anton, prakt. Arzt a. Heidelberg: Klinischer Beitrag zur Achylia gastrica. Karlsruhe 1907: Malsch & Vogel. (84 S.) 8°
Heidelberg, Med. Fak., Ref. Erb, Diss. v. 1907
[Geb. 24. Okt. 64 Heidelberg; Wohnort: Heidelberg; Staatsangeh.: Baden; Vorbildung: Gymn. Heidelberg Reife Juli 84; Studium: Heidelberg 10, München 2 S.; Coll. 30. Juli 06; Approb. 12. März 90.]

Wirth, Bettina, Künstler und Fürstenkind. Novelle. gr. 16. (194 S. mit 12 eingedr. Holzschn.-Illustr.) Stuttgart 877, [Hallberger.] Deutsche Verlags-Anstalt. *
geb. mit Goldschn. *

Wirth, Bettina, hohe Loose. Roman. 3 Bde. 8. (202; 237; 166 S.) Leipzig 883, Wartig's Verlag. *
geb. *

Wirth, C. M., s. Wirth, Kaspar Melchior

Wirth, Carl, s. Wirth, Karl

Wirth, Chr. Gottlob

Wirth, Chr. Glo., Abhandl. von d. Absicht des Lehrvortrags Jesu u. s. Apostel. 8. Leipz. 779.

Wirth, Christian

Wirth, Ch. Erste Anleitung zur selbständigen Fertigung deutscher Aufsätze. Nach d. neuen Schulordng. f. obere Gymnasialklassen bearb. gr. 8. (27 S.) Bayreuth 892, Heuschmann. ** — 50

[F.] **Wirth,** Chr*istian* [Prof.]: Die Ansicht des modernen Pessimismus über den Ursprung der Übel dieser Welt. Dargest. u. beurt. (Theil e. gröss. Arbeit.) Bayreuth, Druck v. L. Ellwanger, 1893; 41 S. 8.
Bayreuth, k. Humanist. G, P 1893*

Wirth, Chrn., die Frage nach dem Ursprung der Sprache im Zusammenhang mit der Frage nach dem Unterschied zwischen der Menschen- und Thierseele. Ein Versuch zur Begründung einer Philosophie des Humanismus. gr. 8. (XVI, 88 S.) Wunsiedel 877, Nehring. *

Wirth, Christian, die sieben Gebote des Staatsbürgertums. Allen bayer. Katholiken, Protestanten u. Israeliten zur Herstellung der sittl. Einigkeit bei der Zentenarfeier des Königreichs gewidmet. (18 S.) 8. Bayreuth 906. C. Gießel. n. — 25

—— 36 Gründe gegen das deutsch-fremdsprachliche Uebersetzen an humanistischen Gymnasien. gr. 8. (54 S.) Berl. 891, Bibliograph. Bureau. ** — 75

—— Zu den 36 Gründen gegen das deutsch-fremdsprachliche Übersetzen an humanistischen Gymnasien. Widerlegung der Einwände Chr. Muff's, F. Charitius' u. J. Rappolds. gr. 8. (49 S.) Bayreuth 892, Heuschmann. * 1 20

Wirth, Christian: Kann das Übel und Böse in der Welt aus der Willensfreiheit der Geschöpfe hergeleitet werden? *Bayreuth 1898: E. Mühl.* (42 S.) 8° [F.]
Bayreuth, k. Humanist. G, P 1898*

Wirth, Chrn., kann d. Uebel u. Böse in d. Welt aus d. Willensfreiheit d. Geschöpfe hergeleitet werden? Progr. gr. 8. (42 S.) Bayreuth 898. (C. Giessel.) n. — 70

Die ersten drei Kapitel der Metaphysik des Aristoteles. Grundtext, deutsche Übersetzung und kritisch-exegetischer Commentar. — Von Ch. Wirth, Stdl. — 1884, Bayreuth, C. Schröder. — S. 3—59.
Progr. Bayreuth, K. Gymn.
Vgl. Aristoteles.

—— Uebungsfragen zum Geschichtsunterricht. Im Anschluß an Pütz' Grundriß der Geographie u. Geschichte bearb. Pensum der 6. Gymnasialklasse. gr. 8. (30 S.) Ebd. 892. ** — 50

— Uebungsfragen z. Geschichtsunterricht. Pensum d. 6. Gymnasialklasse (v. Anfang der histor. Zeit bis auf Augustus). Im Anschluß an Pütz' Grundriß d. Geographie u. Geschichte bearb. 2., unveränd. Aufl. gr. 8. (30 S.) Bayreuth 892. H. Heuschmann. n.n. — 60

— dasselbe. Pensum d. 7. Gymnasialklasse (31 v. Chr. bis 1268 n. Chr.). Nach Pütz u. Preger bearb. gr. 8. (45 S.) Ebd. 892. n. — 60

Wirth, Christian: Untersuchungen über die Bestimmung der diastatischen Kraft des Malzes und von Malzextrakten. 1908. 52 S. 8° ¶ Ausz. in: Zeitschrift f. d. gesamte Brauwesen. Jg. 31.
München, Dr.-Ing.-Diss. v. 20. 3. 1908

Wirth, Christlieb, Rede nach der Hinrichtung der Vatermörderin Anna Barb. Wendel aus Unterpurbach gehalten. gr. 8. (8 S.) Bayreuth 847. (Buchner.) n. 2 ngl

Wirth, D. F. C., die neuen Verwaltungsgesetze für die Prov. Hessen-Nassau, mit besond. Rücksicht auf den Reg.-Bez. Wiesbaden betrachtet. gr. 8. (III, 102 S.) Wiesbaden 884, Limbarth. * ℳ 1,50.; cart. *

Wirth, F. W., die Predigt im evangelischen Cultus. Eine liturgisch-homiletische Abhandlung. gr. 8. (IV, 75 S.) Erlangen 879. Deichert. n. 1. —

Wirth, F. W., die Religionshandlungen der evangel. Kirche. Zehn Predigten nebst einem Anhange: über den Eidschwur. gr. 8. Erlangen 845, Heyder. 5/12 ℛ

Wirth, Ferdinand

Wirth, Ferd., der Helikon u. das Ostwestliche, od. das März-Phänomen von 1843. gr. 8. (2½ B. u. 2 Stnt.) Würzburg 843. [Leipzig, Rein'sche Buchh.]

Wirth, Ferd., d. Hühnerzucht in ihrer volkswirtschaftl. Bedeutg. E. kurzer Wegleiter zur ration. Zucht u. Pflege d. Nutzhühner in d. Schweiz. Auf Veranlassg. d. ornith. Vereins v. Zug verf. 2. Aufl. gr. 8. (32 S.) Zug 895. (Zürich, Ulrich & Co. [durch Fäsi & Beer].) — 30

—— Mariade. Religiöses Epos in 12 Gesängen. Lex.-8. (42⅔ B. u. 2 Stahlst.) Würzburg 844. [Leipzig, Rein'sche Buchh.] *

— 100 goldene Regeln f. Hühner-, Tauben- u. Vögelbesitzer u. Züchter, nebst e. Anh. üb. Kaninchenpflege. Enth. auch die Krankheiten benannter Tiere, deren Ursache, Erkenng. u. Behandlg. Mit verschied. Zeichngn. Zusammengest. nach mehr denn 40jähr. eig. Erfahrgn., sow. d. besten fachmänn. Quellen. gr. 8. (VIII, 92 S.) Zug 898. Zürich, Buchdr. Berichthaus (durch Fäsi & Beer). n. — 60

Wirth, Ferd[inand]. 100 Goldene Regeln für Hühner-, Tauben- und Vögelbesitzer und Züchter, nebst einem Anhang über Kaninchenpflege. Enthaltend auch die Krankheiten benannter Tiere... Mit verschiedenen Zeichnungen. Zusammengestellt nach mehr denn vierzigjährigen eigenen Erfahrungen, sowie den besten fachmännischen Quellen. 2. unveränderte Ausg. VIII + 92 S. 8. Aarau, H. R. Sauerländer & Co., 1902. [fr. —. 60]

Wirth, Ferdinand Adolf [aus Köln-Deutz]: Ueber die Bestandtheile der Blüthen der Ringelblume '(Calendula officinalis)' ... Wesel, B. Schmithals, 1891; 38 S. 8.
Erlangen, Phil. Fak., Inaug.-Diss. v. 17. Febr. 1890

Wirth, Ferdinand Wilhelm Karl

Wirth, (Justizamtm.) Fd. Wlh. Karl, s. Chr. Fletcher, Reisen.

Wirth, Franz, Gymnasialprofessor in Eichstätt, s. Wirth, Johann Franz.

Wirth, Franz [Red.], s. Patent-Anwalt, Der.

Wirth, Frz., die Patent-Reform. 8. (108 S.) Frankfurt a. M. 875, Sauerländer's Verlag.

Wirth, Franciscus (*geb. Winzenberg in Oberschles. 10. 7. 1840*): Punctio et exstirpatio ovarii inter se comparantur. Vratislaviae 1866. (24 S.) 8°
Breslau, Med. Diss., nachgeliefert von dem am (8. Juni) 1866 auf Thesen promovierten Verf.

Wirth, Frz., die Reform der Patent-Gesetzgebung in der Neuzeit. gr. 8. (IV, 272 S.) Frankfurt a. M. 883, Sauerländer's Verlag. *

—— Schutz der Erfindungen mit besonderer Beziehung auf die Schweiz, s. Zeitfragen, schweizer.

Wirth, Friedrich

Wirth, Friedr. Der Hopfenbau, s. Bibliothek für Landwirtschaft u. Gartenbau.

Wirth, Friedr., der Hopfenbau. Ein gemeinfaßl. belehr. Darstellung der Cultur und Behandlung des Hopfens von der ersten Anlage bis zur Ernte und dem Trocknen nach eigenen Erfahrungen. Mit 12 lithogr. Taf. (in qu. Fol.), enth. Abbild. von Drahtanlagesystemen, Trockenanstalten, Werkzeugen, Geräthen rc. 8. (VIII, 62 S.) Stuttgart 875, Metzler'sche Buchh.
—— dass. — Mit 12 lithogr. Taf. und 2 (eingedr.) Holzschn., enth. Abbild. von Drahtanlagesystemen, Trockenanstalten, Werkzeugen, Geräthen rc. 2. verm. Aufl. gr. 8. (VIII, 68 S.) Ebendas. 877.

Wirth, Fritz, a. Regensburg: Beiträge zur Kenntnis seltener Erden. Halle 1907 (C. Schulze & Co., Gräfenhainichen). (46 S.) 8°
Halle, Phil. Fak., Ref. Volhard, Diss. v. 18. März 1907
[Geb. 26. Juli 83 Regensburg; Wohnort: Charlottenburg; Staatsangeh.: Bayern; Vorbildung: Kgl. Gymn. Regensburg Reife Juli 02; Studium: München 4, Berlin 4 S.; Rig. 27. Febr. 07.]

Wirth, G., De motione adiectivorum quae in ιος, αιος, ειος, ιμος terminantur. Diss. 1880. 56 S. —.90

Wirth, Georg [app. Arzt aus Burgbernheim]: Zur Rubeolenfrage ... Erlangen, Druck v. A. Vollrath's k. b. Hofbuchdr., 1892; 21 S. 8.
Erlangen, Med. Fak., Inaug.-Diss. v. 11. Juli 1891

Wirth, George, die Armington-Dampfmaschine. Mit 8 (eingedr.) Holzschn. u. 2 Taf. gr. 8. (23 S.) Wien 883. Spielhagen & Schurich. n. 1. 60

Wirth, Gustav

Wirth, Gust., algebraische Aufgaben gesammelt und mit elementarischen Lösungen versehen. Nebst einem Anh., enthltd. einige Aufgaben mit entgegengesetzten Größen. Langensalza 857. Schulbuchhandlung. 8. (102 S.) 9 ngr.

Wirth, Gust., algebraische Aufgaben gesammelt und mit elementarischen Lösungen versehen. Nebst einem Anhang, enthaltend einige Aufgaben mit entgegengesetzten Größen.
2., verb. und verm. Aufl. 8. (118 S.) Langensalza 860, Schulbuchh. von Greßler.

Wirth, Gust., algebraische Aufgaben gesammelt und mit elementar. Lösungen versehen. Nebst einem Anh., enth. einige Aufgaben mit entgegengesetzten Größen. 3. Aufl. 1863. und 4., verb. und verm. Aufl. 8. (118 S.) Langensalza 865, Schulbuchh. von Greßler.

Wirth, Gust., algebraische Aufgaben gesammelt und mit elementarischen Lösungen versehen. Nebst einem Anh., enth. einige Aufgaben mit entgegengesetzten Größen. 5. verb. und verm. Aufl. 1869, und 6. nach dem jetzt gelt. Münz-, Maß- und Gewichts-System umgearb. Aufl. gr. 8. (118 S.) Langensalza 869.75, Schulbuchh. von Greßler.

Wirth, Gust., algebraische Aufgaben, gesammelt u. mit elementarischen Lösungen versehen. Nebst einem Anh., enth. einige Aufgaben mit entgegengesetzten Größen. 7., nach dem jetzt geltenden Münz-, Maß- u. Gewichts-System umgearb. Aufl. 8. (118 S.) Langensalza 879. Schulbuchhandlung. — 90

—— Bilder aus der Pflanzenwelt. 1. und 2. Bdchn. gr. 8. Ebendas.

Inhalt:

Bdchn. 1. Ausländische Kulturpflanzen, deren Erzeugnisse Gegenstände unseres alltägl. Gebrauchs und wichtige Handelsartikel sind. (IV, 127 S. mit Abbildungen auf 16 Holzschntaf.) 871. ℳ 1,50.
" 2. Ausländische Gewächse, welche für ihr Heimatland eine hervorragende Bedeutung haben. (IV, 148 S. mit 6 Abbild., Holzschntaf.) 875. ℳ 1,80.

—— Bilder aus der Pflanzenwelt. 1. und 3. Bdchn. gr. 8. Ebendas.

Inhalt:

Bdchn. 1. Ausländische Kulturpflanzen, deren Erzeugnisse Gegenstände unseres alltägl. Gebrauchs und wichtige Handelsartikel sind. 2. Aufl. (IV, 126 S. mit Abbild. auf 16 Holzschntaf.) 876. ℳ 1,50.
" 3. Pflanzengestalten und Pflanzenfamilien der einheim. Flora. (IV, 230 S. mit 8 lithogr. Taf. Abbild.) 877. ℳ 2,70.
2. Bdchn. Ebendas. 1875. ℳ 1,80.

—— die Decimalbrüche. Ihr Wesen und ihre Behandlung. In zehn Briefen anschaulich entwickelt und dargestellt und mit zahlreichen Uebungsbeispielen versehen. 2. Aufl. 1862. und 3. Aufl. 8. (64 S.) Langensalza 865, Schulbuchh. von Greßler.

Wirth, Gust., die Dezimalbrüche. Ihr Wesen und ihre Behandlung. Für den Schul- und Selbstunterricht bearb. 4. und 5. gänzlich umgearb. und sehr verm. Aufl. 8. (IV, 80 S.) Langensalza 869,70, Schulbuchh. von Greßler.

Wirth, Gust., Einübung der deutschen Rechtschreibung nach Maßgabe von Regeln und Wörterverzeichnis für die deutsche Rechtschreibung zum Gebrauch in den preuß. Schulen. Hrsg. im Auftrage des königl. Ministeriums der geistl., Unterrichts- und Medizinal-Angelegenheiten. Für Volks- und Bürgerschulen bearb. 1.—4. Aufl. 8. (80 S.) Langensalza 880—83, Schulbuchh. von Greßler. cart.

Wirth, G., Einübung der deutschen Rechtschreibung nach Maßgabe von Regeln und Wörterverzeichnis für die deutsche Rechtschreibung zum Gebrauch in den preuß. Schulen. Hrsg. im Auftrage des königl. Ministeriums der geistl., Unterrichts- und Medizinal-Angelegenheiten. Für Volks- und Bürgerschulen bearb. 5. Aufl. 8. (80 S.) Langensalza 886, Schulbuchhandlung. cart.

— Einübung der deutschen Rechtschreibung nach Maßgabe von Regeln u. Wörterverzeichnis f. die deutsche Rechtschreibung zum Gebrauch in d. preußischen Schulen. Hrsg. im Auftrage d. königl. Ministeriums der geistl., Unterrichts- u. Medizinal-Angelegenheiten. Für Volks- u. Bürgerschulen bearb. 6. u. 7. Aufl. gr. 8. (80 S.) Langensalza 889,90, Schulbuchh. cart. — 60

Wirth, G., Einübung der deutschen Rechtschreibung nach Maßgabe v. Regeln u. Wörterverzeichnis f. die deutsche Rechtschreibung zum Gebrauch in den preußischen Schulen. Hrsg. im Auftrage des königl. Ministeriums der geistl., Unterrichts- u. Medizinal-Angelegenheiten. Für Volks- u. Bürgerschulen bearb. 8. Aufl. gr. 8. (80 S.) Langensalza 893. Schulbuchh. — 60

Wirth, G., Einübung d. deutschen Rechtschreibung nach Maßgabe v. Regeln u. Wörterverzeichnis für die deutsche Rechtschreibung z. Gebrauch in d. preuß. Schulen. Hrsg. im Auftr. d. kgl. Ministeriums d. geistl., Unterrichts- u. Medizinal-Angelegenheiten. Für Volks- u. Bürgerschulen bearb. 9. Aufl. gr. 8. (80 S.) Langensalza 897. Schulbuchh. — 60

Einübung der deutschen Rechtschreibung nach Massgabe von Regeln u. Wörterverzeichnis f. d. deutsche Rechtschreibung. Für Volks- u. Bürgerschulen bearb. von G[ustav] **Wirth**. 11. verb. Aufl. ⟨Nach den f. Deutschland, Österreich u. d. Schweiz gült. amtl. Regeln⟩ *Langensalza: F. G. L. Gressler 1902.* (80 S.) 8° [F.] [03. 1433]

Wirth, G., Einübung der deutschen Rechtschreibung nach Maßgabe v. Regeln u. Wörterverzeichnis f. die deutsche Rechtschreibung. Hrsg. im Auftrage des königl. Ministeriums der geistl., Unterrichts- u. Medizinal-Angelegenheiten. Für Volks- u. Bürgerschulen bearb. 12., verb. Aufl. (Nach den f. Deutschland, Oesterreich u. die Schweiz gült. amtl. Regeln.) (80 S.) gr. 8. Langensalza 903. Schulbuchh. n. — 60

Wirth, G., Einübung der deutschen Rechtschreibung nach Maßgabe v. Regeln u. Wörterverzeichnis f. die deutsche Rechtschreibung. Hrsg. im Auftrage d. kgl. Ministeriums der geistl., Unterrichts- u. Medizinal-Angelegenheiten. Für Volks- u. Bürgerschulen bearb. 13. Aufl. (Nach den f. Deutschland, Österreich u. d. Schweiz gült. amtl. Regeln.) (80 S.) 8. Langensalza 907. Schulbuchh. — 60

— die Fortschritte der Naturwissenschaften mit besond. Berücksicht. ihrer prakt. Anwendung. 1. u. 2. Heft. Ebend. 870. 8. (IV, 115 S. mit 1 Chromolith. u. 151 S.) Jedes Heft 12 ngr.

— die **Fortschritte** der Naturwissenschaften mit besond. Berücksicht. ihrer prakt. Verwendung. 1.—3. Heft. 1. Aufl. 1873, und 2. verb. und verm. Aufl. 8. Ebendas. 875.

Inhalt:

Heft 1. Der Theer und seine Produkte. — Das Petroleum. — Die Spektral-Analyse. (IV, 119 S. mit color. Spektral-Taf. und in den Text gedr. Abbildungen.) M. 1,20.
" 2. Sternschnuppen, Feuerkugeln und Kometen. — Das Glycerin. — Sauerstoff und Ozon. — Künstliche Eisbereitung. (156 S.) M. 1,20.
" 3. Die elektrische Telegraphie. — Die Galvanoplastik. — Die Photographie. — Das Stereoskop. — Das Nordlicht. — Der Hagel. (168 S.) M. 1.50.

Wirth, Gust., Fortschritte der Naturwissenschaften mit besonderer Berücksichtigung ihrer praktischen Verwendung. 4 Hefte. 8. Langensalza, Schulbuchh. von Greßler.

Inhalt:

Heft 1. Der Theer und seine Produkte. — Das Petroleum. — Die Spektral-Analyse. 3. verb. und verm. Aufl. (IV, 119 S. mit color. Spektral-Taf. und in den Text gedr. Abbild.) 879. M. 1,20.
" 2. Sternschnuppen, Feuerkugeln und Kometen. — Das Glycerin. — Sauerstoff und Ozon. — Künstliche Eisbereitung. 2. verb. und verm. Aufl. (156 S.) 875. M. 1,20.
" 3. Die elektrische Telegraphie. — Die Galvanoplastik. — Die Photographie. — Das Stereoskop. — Das Nordlicht. — Der Hagel. 2. Aufl. (172 S.) 876. M. 1,50.
" 4. Das Auge und das Sehen. — Vom Wetter. — Die Gasbeleuchtung. — Die Salicylsäure. — Die Trichinen. — Die Reblaus. — Die Wanderheuschrecke. (216 S. mit eingedr. Holzschn.) 877. M. 1,80.

Wirth, Gust., **Fortschritte** der Naturwissenschaften mit besond. Berücksicht. ihrer praktischen Anwendung. Mit Illustr. 2., 4. und 5. Heft. 8. Langensalza 881, Schulbuchh. von Greßler.

Inhalt:

Heft 2. Sternschnuppen, Feuerkugeln und Kometen. — Das Glycerin. — Sauerstoff und Ozon. — Künstliche Eisbereitung. 3. verb. und verm. Aufl. (156 S.) M 1,20.
" 4. Das Auge und das Sehen. — Vom Wetter. — Die Gasbeleuchtung. — Die Salicylsäure. — Die Trichinen. — Die Reblaus. — Die Wanderheuschrecke. 2. verm. und verb. Aufl. (224 S.) M 1,80.
" 5. Das Ohr und das Hören. — Das Telephon oder der Fernsprecher. — Das Mikrophon. — Das Photophon. — Der Phonograph. — Das elektr. Licht. 2. verb. und verm. Aufl. (131 S.) *M 1,20.
1. und 3. Heft. Ebendas. 1876,79. *M 2,70.

— die biblischen **Geschichten** im Anschluß an das Bibelwort mit Zwischenausführungen und Zusätzen erzählt. Für die Hand des Lehrers zum Gebrauch in Oberklassen bearb. 2 Thle. gr. 8. Leipzig 880, Peter's Verlag.

Inhalt:

Thl. 1. Die Geschichten des Alten Testaments. (III, 283 S.) *M 3.
" 2. Die Geschichten des Neuen Testaments. (III, 203 S.) *M 2.

— **Lehr- und Übungsstoff** für den Unterricht in der Muttersprache, s. Grillenberger, G.

— **Leitfaden** für den Unterricht in der Geschichte der deutschen Nationalliteratur, für höhere Lehranstalten bearb. gr. 8. (IV, 204 S.) Berlin 878, Wohlgemuth.

— **Leitfaden** für den Unterricht in der Geschichte der deutschen Nationalliteratur, für höhere Lehranstalten bearb. 2. verm. und verb. Aufl. gr. 8. (208 S.) Berlin 884, Wohlgemuth's Verlag. *M 2.; geb.

— **Leitfaden** für den Unterricht in der deutschen Poetik. Für höhere Lehranstalten bearb. gr. 8. (IV, 81 S.) Ebendas. 881.

Wirth, Deutsches Lesebuch, s. **Bartels**, Friedr.

— deutsches **Lesebuch** für höhere Töchterschulen. 6 Thle. gr. 8. Leipzig, Teubner.

Inhalt:

Thl. 1. 2. Unterstufe: 1. Cursus. (IV, 134 S.) * 80 Pf. — 2. Cursus. (VIII, 170 S.) 873. *M 1.
" 3. 4. Mittelstufe: 1. Cursus. (VIII, 287 S.) *M 1,60. — 2. Cursus. (VI, 319 S.) 873. *M 1,80.
" 5. 6. Oberstufe: 1. Cursus. (VIII, 496 S.) *M 2,80. — 2. Cursus. (VIII, 546 S.) 874. *M 3,20.

— deutsches **Lesebuch** für höhere Töchterschulen. 6 Thle. gr. 8. Leipzig, Teubner.

Inhalt:

Thl. 1. 2. Unterstufe. 1. Kursus. 2.—4. Aufl. (VI, 131 S.) 876—79. *80 Pf.; 2. Kursus. 2.—4. Aufl. (VI, 180 S.) 876—79. *M 1.
" 3. 4. Mittelstufe. 1. Kursus. 2.—4. Aufl. (VIII, 292 S.) 879,80. *M 1,60.; 2. Kursus. 2. und 3. Aufl. (VI, 340 S.) 876,78. *M 1,80.
" 5. 6. Oberstufe. 1. Kursus. 1. und 2. Aufl. (VI, 494 S.) 876,78. *M 2.80.; 2. Kursus. 2. Aufl. (VIII, 592 S.) 877. *M 3,20.

— deutsches **Lesebuch** für höhere Töchterschulen. 6 Tle. gr. 8. Leipzig, Teubner.

Inhalt:

Tl. 1. Unterstufe: 1. Kursus. 5.—7. Aufl. (VI, 131 S.) 880—84. * 80 Pf.
2. Unterstufe: 2. Kursus. 5.—7. Aufl. (VI, 180 S.) 880—84. *M 1.
3. Mittelstufe: 1. Kursus. 5. Aufl. (VIII, 292 S.) 881 *M 1,60.
4. Mittelstufe: 2. Kursus. 4. und 5. Aufl. (VI, 340 S.) 880,81. *M 1,80.
5. Oberstufe: 1. Kursus. 4. Aufl. (VI, 494 S.) 881. *M 2,80.
" 6. Oberstufe: 2. Kursus. 3. und 4. Aufl. (IX, 650 S.) 880,83. *M 3,30.

Wirth, G., deutsches Lesebuch für höhere Töchterschulen. 6 Tle. gr. 8. Leipzig, Teubner.

Inhalt:

Tl. 1. Unterstufe. 1. Kursus. 8. und 9. Aufl. (VI, 131 S.) 886,88. * 80 Pf.
" 2. Unterstufe. 2. Kursus. 8. und 9. Aufl. (VI, 180 S.) 886,88. *M 1.—.
" 3. Mittelstufe. 1. Kursus. 6.—8. Aufl. (X, 292 S.) 883—87. *M 1.60.
" 4. Mittelstufe. 2. Kursus. 6.—8. Aufl. (VIII, 340 S.) 887. *M 1.80.
" 5. Oberstufe. 1. Kursus. 6. und 7. Aufl. (VIII, 494 S.) 886,88. *M 2.80.
" 6. Oberstufe. 2. Kursus. 5. Aufl. (IX, 650 S.) 886. *M 3.20.

— dass. — Gedichte [aus dem deutschen Lesebuche], s. **Gedichte**.

— deutsches **Lesebuch** f. höhere Töchterschulen. 1.—6. Tl. gr. 8. Leipzig, Teubner. n. 11. 20
1. Unterstufe. 1. Kurs. 9. Aufl. (VIII, 131 S.) 888. n. — 80
2. — dasselbe. 2. Kurs. 9. Aufl. (VIII, 180 S.) 888. n. 1. —
3. Mittelstufe. 1. Kurs. 8. Aufl. (X, 292 S.) 887. n. 1. 60
4. — dasselbe. 2. Kurs. 9. Aufl. (VIII, 340 S.) 890. n. 1. 80
5. Oberstufe. 1. Kurs. 7. Aufl. (VIII, 494 S.) 888. n. 2. 80
6. — dasselbe. 2. Kurs. 6. Aufl. (XI, 657 S.) 890. n. 3. 20

— Deutsches **Lesebuch** f. höhere Töchterschulen. 6 Tle. gr. 8. Lpz., Teubner. * 11 20
1. Unterstufe: 1. Kursus. 10. Aufl. (VIII, 131 S.) 893. * — 80.
2. Unterstufe: 2. Kursus. 10. Aufl. (VIII, 180 S.) 892. * 1 —.
3. Mittelstufe: 1. Kursus. 10. Aufl. (X, 294 S.) 892. * 1 60.
4. Mittelstufe: 2. Kursus. 9. Aufl. (VIII, 340 S.) 892. * 1 80.
5. Oberstufe: 1. Kursus. 8. Aufl. (VIII, 494 S.) 892. * 2 80.
6. Oberstufe: 2. Kursus. 6. Aufl. (XI, 657 S.) 891. * 3 20.

— deutsches **Lesebuch** f. höhere Töchterschulen. 1.—5. Tl. gr. 8. Leipzig, B. G. Teubner. n. 8. —
1. Unterstufe: 1. Kurs. 10. Aufl. (VIII, 131 S.) 891. n. — 80
2. Dasselbe. 2. Kurs. 10. Aufl. (VIII, 180 S.) 892. n. 1. —
3. Mittelstufe: 1. Kurs. 10. Aufl. (X, 294 S.) 892. n. 1. 60
4. Dasselbe. 2. Kurs. 10. Aufl. (VIII, 340 S.) 893. n. 1. 80
5. Oberstufe: 1. Kurs. 9. Aufl. (VIII, 494 S.) 894. n. 2. 80

— deutsches Lesebuch f. höhere Töchterschulen. 2. u. 4. Tl. gr. 8. Leipzig, B. G. Teubner. Geb. in Leinw. n. 3. 90
2. Unterstufe: 2. Kurs. 12 Aufl. (VIII, 180 S.) 901. n. 1. 50
4. Mittelstufe: 2. Kurs. 12. Aufl. (VIII. 340 S.) 899. n. 2. 40

— deutsches Lesebuch f. höhere Mädchenschulen. 2., 3. u. 6. Tl. 8. Leipzig, B. G. Teubner. Geb. in Leinw. n. 7. 70
2. Unterstufe: 2. Kurs. 18. Aufl. (VIII, 180 S.) 904. 1. 50
3 Mittelstufe: 1. Kurs. 15. Aufl. (X, 294 S.) 904. 2. 20
6. Oberstufe: 2. Kurs. 8. Aufl. (XI, 657 S.) 904. 4. —

— Deutsches **Lesebuch** f. höhere Mädchenschulen. 6 Tle. 8. Leipzig, B. G. Teubner. Geb. 14. 70
1. Unterstufe: 1. Kurs. 14. Aufl. in der neuen Rechtschreibg. (VIII, 131 S.) 909. Geb. 1. 20
2. Unterstufe: 2. Kurs. 14. Aufl. (VIII, 180 S.) 908. Geb. 1. 50
3. Mittelstufe: 1. Kurs. 14. Aufl. (X, 294 S.) 907. Geb. 2. 20
4. Mittelstufe: 2. Kurs. 14. Aufl. (VIII, 340 S.) 907. Geb. 2. 40
5. Oberstufe: 1. Kurs. 12. Aufl. (VIII, 494 S.) 908. Geb. 3. 40
6. Oberstufe: 2. Kurs. 9. Aufl. (XI, 657 S.) 908. Geb. 4. —

— dasselbe, neue Bearbeitung, s.: **Schmid**, E., u. Fr. **Speyer**.

— **Lesebuch** für einfache Schulverhältnisse, s. **Theel**, W.

— das neue Maß u. Gewicht. Entstehung, Geschichte u. Bedeutung des metr. Maß- u. Gewichtssystems nebst der neuen Maß- u. Gewichtsordnung für den norddeutschen Bund. Für Lehrer an Volksschulen bearb. 1—3. Aufl. Ebend. 869,70. 8. (86 S.) 7½ ngr.

—— das neue Maß und Gewicht für die Hand der Schüler bearb. Mit zahlreichen Uebungsaufgaben. 1. Aufl. 1869, und 2. Aufl. 8. (20 S.) Langensalza 871. Schulbuchh. von Greßler.

—— s. Meyer's deutsches Jahrbuch.

—— die Regeln der deutschen Rechtschreibung nebst zahlreichen Uebungsbeispielen. Für Lehrer an Volksschulen bearb. 8. (64 S.) Langensalza 867, Schulbuchh. von Greßler.

—— die Regeln der deutschen Rechtschreibung nebst zahlreichen Uebungsbeispielen. Für Lehrer an Volksschulen bearb. 2. sehr verm. und verb. Aufl. 1870, und 3. Aufl. 8. (76 S.) Langensalza 871, Schulbuchh. von Greßler.

— die Regeln der deutschen Rechtschreibung nebst zahlreichen Uebungsbeispielen. Für Lehrer an Volksschulen bearb. 3. Aufl. 8. (76 S.) Ebend. 875. — 50

Wirth, G., Jean Paul Friedrich Richter als Pädagoge, nebst einer Auswahl pädagogischer Kernstellen aus Jean Paul's Werken. Lehrern u. Erziehern dargeboten. Brandenburg 863. Müller. 16. (136 S.) 15 ngr.

—— Jean Paul Friedrich Richter als Pädagoge, nebst einer Auswahl pädagog. Kernstellen aus Jean Paul's Werken. 2. Aufl. gr. 8. (136 S.) Brandenburg 872, Müller.

—— Vortheile und Abkürzungen im Kopf- und schriftlichen Rechnen für die Volksschule. 8. (IV und 92 S.) Langensalza 867, Schulbuchh. von Greßler.

— Wiederholungs- u. Hülfsbuch für den Unterricht in der Botanik. Für die Hand der Schüler in mehrklassigen Volksschulen, Mittelschulen u. höheren Töchterschulen bearb. 8. (IV, 115 S.) Berlin 877. Wohlgemuth. n. — 80

— Wiederholungs- u. Hülfsbuch f. den Unterricht in der Chemie. Für die Hand der Schüler bearb. gr. 8. (VI, 125 S.) Berlin 875. Wohlgemuth's Verl. n. — 90

—— Wiederholungs- und Hülfsbuch für den Unterricht in der Chemie. Für die Hand der Schüler in mehrklass. Volksschulen, Mittelschulen und höheren Töchterschulen. 2. durchgehends nach den neuesten Ansichten der Chemie bearb. Aufl. 8. (VII, 128 S.) Ebendas. 877.

—— Wiederholungs- und Hülfsbuch für den Unterricht in der Chemie. Für die Hand der Schüler in mehrklassigen Volksschulen, Mittelschulen und höheren Töchterschulen. 3. durchgehends nach den neuesten Ansichten der Chemie bearb. Aufl. 8. (VII, 130 S.) Berlin 880, Wohlgemuth's Verlag. *

—— Wiederholungs- und Hülfsbuch für den Unterricht in der Chemie. Für die Hand der Schüler in mehrklass. Volksschulen, Mittelschulen und höheren Töchterschulen bearb. 4. durchgehends nach den neuesten Ansichten der Chemie bearb. Aufl. 8. (164 S.) Berlin 885, Wohlgemuth's Verlag.

—— Wiederholungs- und Hülfsbuch für den Unterricht in der Physik. Für die Hand der Schüler bearb. 8. (IV und 83 S. mit 45 in den Text gedr. Holzschn.) Berlin 867, Wohlgemuth.

—— Wiederholungs- und Hülfsbuch für den Unterricht in der Physik. Für die Hand der Schüler bearb. 2. Aufl. 1872, und 3. verm. und verb. Aufl. 8. (IV, 90 S. mit 45 in den Text gedr. Holzschn.) Berlin 872, Wohlgemuth's Verlag.

— Wiederholungs- u. Hülfsbuch f. den Unterricht in der Physik. Für die Hand der Schüler bearb. 3. verm. u. verb. Aufl. Mit 45 in dem Text gedr. Holzschn. gr. 8. (94 S.) Ebend. 874. — 75

— dasselbe. 4. verm. u verb. Aufl. Mit 46 in den Text gedr. Holzschn. gr. 8. (IV, 104 S.) Ebend. 877. n. — 80

—— Wiederholungs- und Hülfsbuch für den Unterricht in der Physik. Für die Hand der Schüler in mehrklass. Volksschulen, Mittelschulen und höheren Töchterschulen bearb. 4. und 5. verm. und verb. Aufl. (IV, 104 S. mit 46 in den Text gedr. Holzschn.) 1878; 6. verm. und verb. Aufl. gr. 8. (108 S. mit 46 in den Text gedr. Holzschn.) Ebendas. 879.

—— Wiederholungs- und Hülfsbuch für den Unterricht in der Physik. Für die Hand der Schüler in mehrklassigen Volksschulen, Mittelschulen und höheren Töchterschulen bearb. 7. verm. und verb. Aufl. gr. 8. (124 S. mit 46 in den Text gedr. Holzschn.) Ebendas. 882.

— Wiederholungs- u. Hülfsbuch f. den Unterricht in der Physik. Für die Hand der Schüler in mehrklass. Volksschulen, Mittelschulen u. höheren Töchterschulen bearb. 8., verm. Aufl. Mit 48 in den Text gedr. Holzschnitten. 8. (144 S.) Berlin 888. Wohlgemuth. n. — 90; geb. n. 1. 10

Wiederholungs- und Hilfsbuch für den Unterricht in der Physik. Für die Hand d. Schüler in mehrklass. Volksschulen, Mittelschulen u. höh. Töchterschulen bearb. v. G[ustav] **Wirth**. 9., unveränd. Aufl. Mit 48 Holzschn. *Breslau: F. Hirt 1902.* (144 S.) 8° [F.] [illegible]

— Wiederholungs- u. Hülfsbuch für den Unterricht in der Zoologie. Für die Hand der Schüler in mehrklassigen Volksschulen, Mittelschulen u. höheren Töchterschulen. gr. 8. (IV, 202 S.) Ebend. 879. n. 1. 20

Wirth, H., s.: Röhr's, W., Strafgesetzgebung u. Strafverfahren in Bezug auf die Zuwiderhandlungen gegen die Zoll- u. Steuer-Gesetze u. die Proceß-Buchführung bei den Haupt-Zoll- u. Haupt-Steuer-Aemtern.

Wirth, Hans [aus Landshut (Bayern)]: Ueber den Einfluss von einseitig gesteigerten Proteingaben auf die Milchsekretion und die Rentabilität der Fütterung ... München, kgl. Hof- u. Univ.-Buchdr. v. Dr. C. Wolf & Sohn, 1894; 63, 38 S., 4 Taf. 8.
Leipzig, Phil. Fak., Inaug.-Diss. v. [2. Aug.] 1894

Wirth, Hans, aus Berlin, Kammergerichts-Ref.: Die gemeinrechtliche Superficies in Vergleichung mit dem Erbbaurecht des Bürgerlichen Gesetzbuches. *Berlin 1903: E. Ebering.* (61 S.) 8°
Erlangen, Jur. Diss. v. 23. Dez. 1902

Wirth, Heinrich

Wirth, H. Chronik der Stadt Hof, nach M. Enoch Widmann u. and. (752) 8 Hof 1843 48. 5,00.

Wirth, Heinr., Chronik der Stadt Hof, s. a. Chronik.

Wirth, H[ermann], Prof.: Beiträge zur Theorie der Abbildungen durch reciproke radii vectores. Wolgast 1907: P. Michaelis. (32 S., 6 Taf.) 8°
Wolgast, RPG OP 1907 (194)

Wirth, H., Beiträge zur Theorie der Abbildgn. durch reciproke radii vectores. Progr. (32 S. m. 6 Taf.) 8. Wolgast 907. (F. Cleppien.) 1. 50

Bericht des Vorsitzenden Herrn Kommerzienrat HERM. WIRTH über die Tätigkeit des Bundes der Industriellen im Geschäftsjahr 1896/97. Berlin 1897. J. Harrwitz Nachfolger (C. Th. Kohrbach). 8°.

Wirth, Hermann: Gedanken zur deutschen Etymologie. Karlsruhe 1908: Gutsch. 29 S. 4°
Tauberbischofsheim, großh. G P 1908 (809) [S 08. 539

Wirth, Herm., Geschichte u. Beschreibung der Stadt Eberbach am Neckar. Eberbach am N. 864. (Mannheim, Schneider's Verl.) 8. (VII, 158 S.) n. 20 ngr.

Wirth, H(ermann): Römische Geschichte im Anschluss an Grammatikbeispiele aus lateinischen Schriftstellern. Mannheim 1910: Hahn. 57 S. 4°
Mannheim, großh. RG P 1910 (860) [S 10. 475

Wirth, Hermann, approb. Arzt aus München: Die **Influenza** mit besonderer Berücksichtigung des Kindesalters. *München 1901: Kastner & Lossen.* (67 S.) 8°
München, Med. Diss. v. 1901

Wirth, Herm., Kirchengeschichte der Stadt Eppingen. Festgabe zur Einweihung der neuen evangel. Stadtkirche am 23. März 1879. gr. 8. (III, 46 S.) Karlsruhe 879, (Braun'sche Hofbuchh.)

Königsberg i. Pr. Aufsätze u. Federzeichnungen von Hermann **Wirth**. (Leipzig: K. G. Th. Scheffer) 1905. (44 S.) 8° [F.]
= **Wie** wir unsre Heimat sehen. Bd 4. [07. 120]

Wirth, Hermann, Dr.: Indogermanische Sprachbeziehungen. Karlsruhe 1905: F. Gutsch. (24 S.) 4°
Bruchsal, großh. G P 1905 (727)

Wirth, Hermann, Dr.: Indogermanische Sprachbeziehungen. T. 2. Karlsruhe 1906: F. Gutsch. (24 S.) 4° ¶ (Forts. d. P-Beil. 1905.)
Donaueschingen, großh. G P 1906 (757)

Wirth, Hermann, (Prof.) Dr.: Indogermanische Sprachbeziehungen. T. 3. Karlsruhe 1907: F. Gutsch. (28 S.) 4° ¶ (Forts. d. P-Beil. Bruchsal 1905, Donaueschingen 1906.)
Tauberbischofsheim, großh. G P 1907 (775)

Wirth, Hermann: Indogermanische Sprachbeziehungen. 24 S. 4. II. Teil. 24 S. 4. III. Teil. 28 S. 4.
Großh. Badisches Gymn. *Bruchsal* 1905 (727.) Großh. Gymn. *Donaueschingen* 1906 (757). Großh. Gymn. *Tauberbischofsheim* 1907 (775)
r und l als Vokale. Die velaren und labiovelaren Verschlußlaute. Die labialen Verschlußlaute. Die dentalen Verschlußlaute. -- Berichtigungen und Ergänzungen zum I. Teil. Nachträge zum I. Teil. Zur Entwickelung der Gutturale. Zu den Labialen. Aphärese. -- Nachträge. Aphärese. Nasalierung. Zusammenstellung der wahrscheinlichen Ergebnisse aus Teil I.
Progr.

Wirth, Hermannus, Friburgensis: De Vergili apud Senecam philosophum usu. *(Friburgi Brisg. 1900: Herder.)* (60 S.) 8°
Freiburg i. B., Phil. Diss. v. 1900

Wirth, J., Anleitg. zur Aufzucht, Veredelg. u. Pflege d. Obstbäume, sow. zur Verwertg. des Obstes f. Landwirte u. Freunde d. Obstkultur. gr. 8. (20 S.) Windsheim 898. F. Herold. n.n. — 30

Wirth, J., Anleitung zur Aufzucht, Veredlung u. Pflege der Obstbäume sowie zur Verwertung d. Obstes f. Landwirte u. Freunde der Obstkultur. (Neue [Titel-]Ausg.) 8. (20 S.) Leipzig [898.] (902). E. Bredt. — 30

Wirth, J., beschreibende Landwirtschaft. Kurze Zusammenstellung des Wichtigsten aus allen Zweigen der Landwirtschaft, bearb. für den mittel- und kleinbegüterten Landwirt und ländl. Geschäftsmann. gr. 8. (VIII, 122 S.) Mkt. Burgbernheim 883. (Ansbach, Junge.) cart.

Wirth, J., beschreibende Landwirtschaft. Kurze Zusammenstellung des Wichtigsten aus allen Zweigen der Landwirtschaft, bearb. für Landwirte und landwirtschaftl. Fortbildungsschulen. 2. verm. Aufl. 8. (VIII, 142 S.) Ansbach 886, Brügel und Sohn. cart.

Wirth JC. Augsburg wie es ist. Beschr. aller Merkwurdigk. d. Stadt etc. Augsburg 1846

Wirth, J. G. A.: Die Weinorte der Rheinlande. Nach officiellen Mittheilungen dargest. zum Nutzen der Wein-Cultur und des Rheinischen Weinhandels. Mainz: Wirth 1866. XXXVIII, 124 S. -- 12°. 43

Wirth, J. H., heilsame Gedanken e. Sterbenden, wie Gott seiner gedenken sollte. Fol. Frankf. 753. Hechtel. 3 xr

Wirth, J. J., Beobachtungen, Erfahrungen u. Ansichten üb. Belohnungen u. Bestrafungen in Volksschulen. 8. (2 B.) Biel 836. (St. Gallen, Huber u. Comp.)

Wirth, Jakob

Wirth, Jac., der erfahrne Rindvieharzt, od. leichtfaßl. Anleitung, wie der Landmann die Krankheiten seines Rindviehes richtig erkennen, leicht verhüten u. gründlich heilen kann. Für Viehbesitzer u. angehende Thierärzte. gr. 12. (15 B. u. 1 Stnt.) Chur 842, Grubenmann'sche Buchh.

Wirth, Jakob: Der erfahrene Rindvieharzt oder leichtfaßliche Anleitung, wie d. Landmann d. Krankheiten seines Rindviehes richtig erkennen, leicht verhüten, u. gründlich heilen kann. Chur u. Leipzig 1842. VI, 350 S.

Wirth, Jak., der erfahrene Rindvieharzt oder leichtfaßliche Anleitung wie der Landmann die Krankheiten seines Rindviehes richtig erkennen, leicht verhüten, u. gründlich heilen kann. Für Viehbesitzer u. angehende Thierärzte. 2., vielfach verm. Aufl. von Joh. Ludw. Wallraff. Chur 863. Grubenmann. 8. (VI, 356 S. u. 1 lith. Taf. in Fol.) n. 1 ℳ

– Der erfahrene Rindvieharzt, oder leichtfassliche Anleitung, wie der Landmann die **Krankheiten** seines Rindviehes richtig erkennen, leicht verhüten und gründlich heilen kann. Für Viehbesitzer und angehende Tierärzte. 2. vielfach vermehrte Auflage von Joh. Ludw. Wallraff. 8. (VI. n. 356 S., mit 1 Steindrucktafel in qu. Fol.) Chur 63. (Zürich. Gsell.)

Wirth's, Jak., erfahrener Rindvieharzt oder leichtfaßl. Anleitung, wie der Landmann die Krankheiten seines Rindviehes richtig erkennen, leicht verhüten und heilen kann. Für Viehbesitzer und angehende Thierärzte. Nebst den Vorschriften der Veterinär-Polizei für die Schweiz. 3. gänzlich umgearb. und stark. verm. Aufl., von Mart. Strebel. gr. 8. (XVI, 419 S. mit 2 Formularen.) Bern 883, Heuberger's Verlag.

Wirth, Johann

Wirth, Joh., Bericht über eine mit Hrn. Karl Scholl, Pred. der freien Gemeinde in Schweinfurt, gehaltene Disputation. gr. 8. (24 S.) Erlangen 850, Bläsing. 1/12 ℳ

—— offener Brief an Hrn. Heinr. Bäthig, Pred. der freien Gemeinde in Nürnberg. (3. Abdr.) gr. 8. (8 S.) Erlangen 850, Bläsing.

Wirth, Johann: Moscheroschs Gesichte Philanders von Sittewalt. Verhältnis der Ausgaben zu einander und zur Quelle. Nebst einem biographischen Anhang .... Erlangen, Druck d. Univ.-Buchdr. v. E. Th. Jacob, 1887; 61 S. 8°.
Erlangen, Phil. Fak., Inaug.-Diss. v. 1887.

Wirth, Johann, Moscheroschs Gesichte Philanders von Sittewalt. Verhältniss der Ausgaben zu einander und zur Quelle. Diss. Erlangen 1887, Th. Blaesing. 8°. 61 S.

—— Vertheidigung gegen die „offene Antwort" des Hrn. Heinr. Bäthig, Pred. der freien Gemeinde in Nürnberg, auf meinen „offenen Brief." gr. 8. (18 S.) Erlangen 850, Bläsing.

Wirth, Johann Chr.

Wirth, J. C., Konstitutions-Almanach f. d. Königr. Baiern auf d. J. 1820. Mit 6 Bildn. 12. Augsburg. (Weber in Landshut.)

Wirth, (J. C.,) Constitutionsalmanach. 2r Jahrg. 1821. 12. Augsb. (Weber in Landsh.)

Wirth, Jh. Chr., s. Constitutions-Almanach f. d. Königr. Baiern.

(——) Taschen-Liederbuch f. Freunde d. gesell. Gesanges, s. Taschen-Liederbuch.

WIRTH, J. C. — Taschenliederbuch für Freunde des gesellschaftlichen Gesanges. Eine Auswahl der beliebtesten deutschen Gesänge nach bekannten Melodien. 4., stark vermehrte Aufl. Augsburg 1840. (v. Jenisch u. Stagische Buchh.) 16⁰. (1/4 Rthl.)
Engelmann II. 1846.

Wirth, Johann Christian „Die Rohstoffe aus dem Pflanzenreiche. I. Abtheilung: Wurzeln und Hölzer. Ein Verzeichniss der in der Sammlung der Anstalt befindlichen rohen Materialien aus dem Pflanzenreiche mit Erläuterungen über Abstammung, Vorkommen, Kennzeichen und Verwendung derselben". pg. 3—16. 4⁰. Mintzel'sche Buchdr.
Hof, Progr. 1846/47

Wirth, Johann Christian „Die Rohstoffe aus dem Pflanzenreiche. II. Abtheilung: Rinden, Bast, Halme, Schilf, Rohre". pg. 3—10. 4⁰. Mintzel'sche Buchdr. (C. Hörmann).
Hof, Progr. 1847/48

Wirth, Joh. Christian „Die Rohstoffe aus dem Pflanzenreiche. III. Abtheilung: Kräuter, Blätter, Blumen und Blumentheile, Knospen, Früchte, Samen und Fruchtschalen, Auswüchse, Kryptogamen, Pflanzenproducte und Educte". pg. 1—18. 4⁰. Mintzel'sche Buchdr. (C. Hörmann).
Hof, Progr. 1849/50

Wirth, Johann Franz

Wirth, J. F(ranz) [sonst **Franz**]: Die Entstehung der Alpen. Eine geograph. Exkursion als Beitr. z. Methode d. erdkundl. Unterrichts. Eichstätt 1909: Brönner. 40 S. 8°
Eichstätt, k. G P 1909* [S 09. 511

Wirth, J. F., Leitfaden f. den mineralogischen Unterricht an den humanistischen Lehranstalten Bayerns. gr. 8. (X. 59 S.) München 899. J. Lindauer. n. 1. —

Wirth, J. F., Leitfaden f. den mineralogischen Unterricht. Mineralogisch-chem. Elementarkursus. 2. Aufl. (63 S. m. Fig.) 8. München 910. J. Lindauer. 1.—; kart. 1. 15

Schulgeologie von Bayern. — Von J. F. Wirth, G.-L. — 1902, Eichstätt, M. Däntler. — P. 3–29.
Progr. Eichstätt, bischöfl. Lyceum
K. Gymnasium

Unterrichtsmaterial für den mineralogischen Unterricht in der V. Klasse der humanistischen Lehranstalten des Königreichs Bayern. Mit einer Tafel. — Von Franz Wirth, G.-A. — 1898, Eichstätt, M. Däntler. — P. I–II und 1–44.
Progr. Eichstätt, bischöfl. Lyceum,
K. Gymnasium

Wirth, Johann Georg

Wirth, J. G., Bettagspredigt. Gehalten am eidsgenöss. Bettage den 17. September 1848. 8. (16 S.) St. Gallen 848, Scheitlin & Zollikofer. 1/12 ℛ

Wirth, Jh. Geo., Blumen-Gärtchen. Ein Geschenk für Knaben u. Mädchen (von 8—12 Jahren). Mit 7 niedl. Holzschnitten u. 1 Titelvign. 8. Augsb. 842, Lampert u. C. 1/4 ℛ

Wirth, Joh. Geo., Blumengärtchen für Knaben u. Mädchen. A-B-C-Bilder- u. Lesebuch mit Erzählungen u. Gedichtchen. 2. verm. Aufl. Mit 7 (eingedr.) Holzschn., 7 color. Kpfrtaf. u. einer (lith.) Vorlage zum Schreiben u. Zeichnen. 8. (95 S.) Nürnberg 852, Lotzbeck. 9 ngl

Wirth, Joh. Geo., Christgeschenk. Die Kinderstube. Ein Buch f. Mütter, Töchter u. Kindsmädchen, besonders aber auch f. Familienväter, Hofmeister rc. Im Anhang Erzählungen f. Kindsmädchen. 2. (Titel-) Ausg. 8. (VIII u. 220 S. m. 1 lith. Taf.) Augsburg (840) 848, Lampart & Co. 24 ngl

Wirth, J. G., die Ermahnung des Herrn zu einem offenen u. freien Bekenntnisse seines Namens. Eine Predigt üb. Lukas XII, 8—10. Gehalten am 20. Octbr. 1844. gr. 8. St. Gallen 844, Scheitlin u. Zollikofer. n. 1/12 ℛ

Wirth, Joh. Geo., Erzählungen f. kleine Knaben u. Mädchen. 12. (6 B. u. 1 Stahlst.) Augsburg 840, (Kollmann'sche Buchh.)

—— Gabe der Liebe, ein Familienbüchlein, Glückwünsche z. Geburts- Namens- u. Neujahrsfesten enthaltend. gr. 8. (8½ B.) Augsburg 846, v. Jenisch u. Stagesche Buchh.

Wirth, Johann Georg: Über die Gründung einer gemeinsamen höhern Lehranstalt in St. Gallen.

Wirth, Joh. Geo., die betenden Kinder. Eine Sammlung von Morgen-, Abend- und Tisch-Gebeten, dann Gebeten bei besond. Veranlassungen für Kinder. 18. (XII und 72 S. mit 1 Stahlst.) Augsburg 851, Jaquet's Vrlgsh.

— die Kinderstube, ein Buch für Mütter u. Kindsmägde, besonders aber auch für Familienväter, Lehrer, Hofmeister, Gouvernantinnen, Kleinkinder-Bewahranstalten rc. Im Anhange Erzählungen für Kindsmägde. Mit Abbildd. 8. Augsburg 840. Lampart u. Comp. 2/3 ℛ — Velinp. mit ill. Abbildungen u. cart. 1 ℛ

—— üb. Kleinkinderbewahr-Anstalten. Eine Anleit. z. Errichtung solcher Anstalten, so wie z. Behandl. der in dens. vorkomm. Lehrgegenstände, Handarbeiten, Spiele u. sonstigen Vorgänge. Im Anh., Mittheilungen üb. Einführ. d. Bewahranstalten auf d. Lande u. üb. Erricht. v. Vorschulen f. Kindsmägde, dann geschichtl. Notizen üb. d. Kleinkinderbewahr-Anstalten in Augsburg. gr. 8. (22¾ B., 4 Stnt. u. 6 Musikbeil.) Augsburg 838, (Kollmann'sche Buchh.)

—— Mittheilungen üb. Kleinkinderbewahranstalten u. aus dens., so wie üb. Kleinkinderschulen u. Rettungsanstalten f. verwahrloste Kinder. Im Anh.: Behandlung d. darauf Bezug habenden „Literatur" u. „Nachrichten üb. e. prakt.-techn. Lehranstalt in München." gr. 8. (22½ B.) Augsburg 840, v. Jenisch u. Stage'sche Buchh.

—— Nachrichten über Verpflegung, Versorgung und Beschäftigung der Armen, gesammelt auf einer Reise im Auftrage des Magistrats der Kreishauptstadt Augsburg. Mit einem das Armenwesen berührenden Anhange und 81 Abbildungen. Lex.-8. (IV und 116 S. mit 1 Stnt. in Fol.) Augsburg 848, Lampart und Comp.

Wirth, J[ohann] G[eorg]. Predigt, gehalten bei Anlass des letzten Gottesdienstes in der St.-Laurenzenkirche [zu St. Gallen] vor ihrer Restauration, den 23. Juni 1850. 8. St. Gallen.

Wirth, J. G., zwei Predigten über Luk. IV., 16—22 u. Matth. XI., 28—30. Gehalten in der Kirche zu St. Laurentzen in St. Gallen den 10. u. 24. Febr. 1839. gr. 8. St. Gallen 839. Huber u. Comp. 1/12 ℛ

Wirth, J. G., s. Pt. Stähelin, Leben u. Wirken.

—— **Unterhaltungen aus d. Naturgeschichte f. Knaben u. Mädchen. 8. (15 B. u. 4 ill. Stnt.) Augsburg 841, v. Jenisch u. Stage'sche Buchh.**

—— Unterhaltungen aus der Naturlehre f. Knaben u. Mädchen. 8. (10½ B. u. lith. Ttlkpfr.) Augsburg 842, v. Jenisch u. Stage'sche Buchh.

Wirth, Johann Georg August

— **Censurfreie Broschüren, als Entschädigung für d. Abonenten d. Inlandes. 1e Lief. gr. 8. Münch. 831. ...**

Wirth, Joh. Geo. Aug., Denkwürdigkeiten aus meinem Leben. 8. (9½ B.) Emmishofen 844, Literar. Institut. *

Wirth, J. G. A., das liberale Deutschland ꝛc., s. Deutschland.

Wirth, J. G. A., Fragmente zur Culturgeschichte. 1. u. 2. Thl. (1. Abthl.) gr. 8. Kaiserslautern 836, Tascher. [1. 2., gänzl. umgearb. Aufl. (17 B. u. 3 lith. Beiln.) 1⅓ Thlr., 2. 1. (11 B.) ⅔ Thlr.]

Wirth, Johann Georg August. Die Geschichte der Deutschen. 4 Bände. 4. Emmishofen ... 1842–1845.
Band 1 *a. u. d. T.*: Die G' der D' in der Urzeit
Band 2 *a. u. d. T.*: Die G' der D' im Mittelalter
Band 3 *a. u. d. T.*: Die G' der Reformation in Deutschland
Band 4 *a. u. d. T.*: Die G' der Deutschen in der neueren Zeit

Wirth, Jh. Geo. Aug., die Geschichte der Deutschen. 1.—11. Liefg. 1.—4. Bd. gr. Lex.-8. Emmishofen 842—45. (Literar. Institut.) n. 9$\frac{1}{12}$ ₰ — dass. 2. durchaus verb. Aufl. in 4 Bdn. 1. u. 2. Bd. gr. 8. Stuttgart 846, Hoffmann's Verl. 1 ₰ 24 ngl

Wirth, Joh. Geo. Aug., die Geschichte der Deutschen. 12. Lfg. 4. Bd. Bog. 19—38. Lex. 8. Emmishofen 847, Literarisches Institut. n. ⅛ ₰ (4 Bde. n. 9 ₰ 28¾ ngl)

— dies. 2. durchaus verb. Aufl. 3 u. 4. Bd. gr. 8. (3: IV u. 599 S. 4: II u. 385 S.) Stuttgart 847, Hoffmann. 1 ₰ 21 ngl (4 Bde. 3½ ₰)

—— die Geschichte der Deutschen. 2. (Titel-)Abdr. der 2., durchaus verb. Aufl. 4 Bde. gr. 8. (XXIII und 2205 S.) Stuttgart 852. 53, Hoffmann'sche Vrlgsh.

Wirth, J. G. A., Geschichte der Deutschen. Neu durchgesehen und fortgesetzt bis auf die Gegenwart von W. Zimmermann. 4. Aufl. 1—20. Lfg. oder 1—3. Bd. und 4. Bd. 1. Hälfte. gr. 8. Stuttgart 860—62, [G. Weise.] [1. Bd. (403 S.) 2. Bd. (518 S.) 3. Bd. (295 S.) 4. Bd. 1. Hälfte. (320 S.)] à Lfg. 5 Ngr.

Wirth, Joh. Geo. Aug., die Geschichte der Deutschen. 4. Aufl. neu durchgeseh. und fortges. bis auf die Gegenwart von W. Zimmermann. 21.—25. (Schluß-)Lfg. gr. 8. (4. Bd. S. 321—820.) Stuttgart 864, G. Weise. [Berlin, Simion.] à Lfg. 5 Ngr. complet 4 Thlr.; geb. *
1.—20. Lfg. Ebendas. 1860—62. 3 Thlr. 10 Ngr.

——, —— 4. Aufl. neu durchges. u. fortges. von W. Zimmermann. Bd. 1—4. Stuttgart (Leipzig, 1865. gr. 8.

Wirth, Johann Georg August. Die Geschichte der deutschen Staaten von der Lösung des Reiches bis auf unsere Tage. Bd. 1—4. (Bd. 3—4 nach Wirths Tode fortgesetzt von Wilhelm Zimmermann. Karlsruhe, Kunstverlag. 1847—50. 8.
(A. T. Bd. 3. Zimmermann, Wilh. Deutsche Geschichten von 1830 bis 1848. Karlsruhe 1853. — Bd. 4. Zimmermann, Wilh. Die deutsche Revolution. Karlsruhe 1848.)

Wirth, Joh. Geo. Aug., die Geschichte der deutschen Staaten von der Auflösung des Reiches bis auf unsere Tage. Nach des Verf. Tode fortgesetzt von Wilh. Zimmermann. (Fortsetzung zu des Verf. Geschichte der Deutschen.) 1. und 2. Bd. und 3. Bd. 1. und 2. Lfg. gr. 8. Carlsruhe, Kunstverlag. [1. (VII und 928 S.) 847. 2 Thlr., 2. (VI und 946 S.) 849. 2 Thlr., 3. 1. und 2. Lfg. (S. 1—320.) 850. 20 Ngr.]

—— die Geschichte der deutschen Staaten von der Auflösung des Reiches bis auf unsere Lage. Fortges. von Wilh. Zimmermann. 3. Bd. 3—6. Lfg. gr. 8. (XI und S. 321—955.) Carlsruhe 852—53, Kunstverlag. à Lfg. 10 Ngr.
1—3. Bd. 1. und 2. Lfg. und 4. Bd. Ebendas. 1847—51. 6 Thlr. 20 Ngr.

—— dass. — Fortges. von Dems. 4. Bd. A. u. d. T.: Die deutsche Revolution. gr. 8. (960 S.) Ebds. 848—51.

Wirth, (Joh. Geo. Aug.,) Handbuch d. Strafrechts-Wissenschaft u. Straf-Gesetzgebung in einer crit. Revision der bis jetzt gemachten Fortschritte ꝛc. In 6 Bänden, 1r, 2r u. 3r Bd. -- A. u. d. T.: Kritik d. Strafrechts-Theorien. 3 Thlr. gr. 8. Bresl. 822, Schöne.

Wirth, Joh. Geo. Aug.: Handb. d. Strafrechts-Wissenschaft u. Straf-Gesetzgeb., in ein. dritten Revision d. bis jetzt gemachten Fortschritte. 1.—3. Bd. — Auch u. d. T.: Kritik d. Strafrechts-Theorien. *Breslau*, Schöne 823. gr. 8. (3 Thl.)

— Das Nationalfest der Deutschen zu Hambach. Unter Mitwirkung eines Redaktions-Ausschusses beschrieben ... [illegible] Neustadt a. H. 1832. 104 S. 8.

— Die Rechte des deutschen Volkes. Eine Vertheidigung vor den Assisen zu Landau. 16° Nancy Sept 1833.

—— die Rechte des deutschen Volkes. (Eine Vertheidigungsrede vor den Assisen zu Landau. br 8. (10 B.) Straßburg 838, (Schmidt u. Grucker.)

—— **die Rechte des deutschen Volkes. 2. (Titel-)Ausg. 32. (316 S.) Schwäbisch Hall 848, Haspel'sche Buchh.**

Wirth, J. G. A., Reden, gehalten zu Hambach bei dem Nationalfest der Deutschen 1832, s. Siebenpfeiffer.

Wirth, Jh. Geo. Aug., die polit. Reform Deutschlands. Noch ein dringendes Wort an die deutschen Vaterlandsfreunde. gr. 8. Straßb. 832. Verf.

—— die politische Reform Deutschlands. Noch ein dringendes Wort an die deutschen Volksfreunde. gr. 8. (4¼ B.) Straßburg 832, (Schmidt u. Grucker.)

Wirth, J. G. A., die polit.-reformator. Richtung der Deutschen im 16n u. 19n Jahrh. Ein Beitrag zur Zeitgeschichte. 8. Belle-Vue 840. Buchdruckerei der deutschen Volkshalle. 1⅓ ₰

—— **die polit.-reformator. Richtung d. Deutschen im 16. u. 19. Jahrh. Ein Beitr. z. Zeitgesch. gr. 8. (24¼ B.) Belle-Vue 841, [Verlags-Buchh.]**

Wirth, J[ohann] G[eorg] A[ugust]. Die politisch-reformatorische Richtung der Deutschen im XVI. und XIX. Jahrhundert. Ein Beitrag zur Zeitgeschichte. 8. Belle-Vue, ... Thurgau 1841.
Ausg. A. ([Mit] Druckfehler[verzeichnis].)
Ausg. B. *Verbesserte Ausg.*

—— **die deutsche Tribüne, s. Tribüne.**

J. G. A. Wirth's letztes Wort an die deutsche Nation. Mit Randglossen von M. Wirth. Frankfurt a. M., J. D. Sauerländer, 1849. 32 S. 8°.

— ein Wort an die deutsche Nation. 1—4. Aufl. gr. 8. (15 S.) Schwäbisch Hall 848, Haspel'sche Buchh.

Wirth, Johann Gottfried

Wirth, J. G., der praktische Fischereibetrieb, s. Bibliothek, landwirthschaftliche.

Wirth, Joh. Gottfr., die Teichfischerei, in ihrem höchsten Ertrage dargestellt. 8. Leipzig 840. (Polet.) 2/3 ℛ

Wirth, Joh. Gtfr., die Teichfischerei in ihrem höchsten Ertrage dargestellt. 8. (7 B.) Leipzig 846, (Polet.)

Wirth, Johann Gottlieb (Berlin) A. S. 566/28

De exasperatione poenarum.
Präs. Augustin von Leyser.
Wittenberg (Eichsfeld) 14. XII. 1742. 8 S.
36982

Wirth, Johann Heinrich

Wirth, [illegible]

Wirth, Johann Jakob

Aufzeichnungen d. Schultheißen Joh. Jakob Wirth in Lichtensteig [illegible] (Hrsg. von Joh. Dierauer.) *St. Gallen 1896. Zollikofer.* (31 S.) 8.
— Analekten, St. Gallische. 6. [illegible]

Wirth, Johann Konrad

Wirth, J. C., Lehrbuch d. Seuchen u. ansteck. Krankheiten d. Hausthiere. gr. 8. (28 B.) Zürich 838, Orell, Füßli u. Comp.

Wirth J. C.: Lehrbuch d. Seuchen u. ansteckenden Krankheiten d. Hausthiere. Zürich 1838. 428 S.

Wirth, J.C.: Lehrbuch der Seuchen und ansteckenden Krankheiten der Hausthiere. Für amtliche Aerzte und Chirurgen, insbesondere für amtliche Privatthierärzte und Landwirthe. 2.verbess.und verm.Aufl. 464 S., gbd.

Zürich: Orell & Füßli 1846

Wirth, Johann Michael. s. Wirth, Michael

Wirth, Johann Ulrich

Wirth, Joh. Ulr., die speculative Idee Gottes u. die damit zusammenhängenden Probleme der Philosophie. Eine krit.-dogmat. Untersuchung. gr. 8. (29½ B.) Stuttgart 845, Cotta'sche Bh.

Wirth, J. U., philosophische Studien, s. Studien, philosophische.

Wirth, Joh. Ulr., System d. speculat. Ethik, e. Encyclopädie d. gesammt. Disciplinen d. pract. Philosophie. 1. u. 2. Bd. gr. 8. Heilbronn, C. Drechsler. *
Bd. 1. Reine Ethik. (13 B.) 841. * 1 Thlr. 8 Gr.
= 2. Concrete Ethik. — A. u. d. T.: Rechtsphilosophie u. Moral. (34¾ B.) 842. * 2 Thlr. 21 Gr.

Wirth, J. U., Theorie des Somnambulismus oder d. thierischen Magnetismus. Ein Versuch, die Mysterien d. magnet. Lebens, den Rapport der Somnambülen mit dem Magnetiseur, ihre Ferngesichte u. Ahnungen u. ihren Verkehr mit der Geisterwelt vom Standpunkte vorurtheilsfreier Kritik aus zu erhellen u. zu erklären. gr. 8. Leipz. u. Stuttg. 836. Literatur-Compt. 1⅔ ℛ

— Theorie d. Somnambulismus od. d. thier. Magnetismus. Ein Versuch die Mysterien d. magnet. Lebens, den Rapport d. Somnambülen mit d. Magnetiseur, ihre Ferngesichte u. Ahnungen, u. ihren Verkehr mit d. Geisterwelt v. Standpunkte vorurtheilsfreier Kritik aus zu erhellen u. zu erklären, f. Gebildete überh., u. f. Mediciner, Theologen insbesondere. gr. 8. (21¾ B.) Stuttgart 836, [Rieger'sche Vrlsbuchh.]

Wirth Josef: Arnold von Bruck. Sein Leben und seine Werke.
M. 1910 PN 3000 Diss Wien Univ.

Wirth, Joseph, a. Freiburg i. B.: Über die Elementarteiler einer linearen homogenen Substitution. Freiburg i. Br. 1906: C. A. Wagner (31 S.) 8°
Freiburg i. B., Phil. Fak., Ref. Stickelberger, Diss. v. 5. Juli 1906
[Geb. 6. Sept. 79 Freiburg i. B.; Wohnort: Lahr; Staatsangeh.: Baden: Vorbildung: Oberrealsch. Freiburg i. B. Reife Juli 99; Studium: Freiburg i. B. 6 S.; Rig. 26 Jan. 06.]

Wirth, Joseph, appr. Arzt a. Berlin, Unterarzt im 1. Kurhess. Inf.-Reg. Nr. 81: (Aus d. Augenklinik d. Kgl. Charité.) Über zwei Fälle von Glioma retinae mit Besonderheiten. Berlin (1905): G. Schade. (29 S.) 8°
Berlin, Med. Fak., Ref. v. Michel, Diss. v. 24. Juni 1905
[Geb. 24 Dez. 78 Berlin; Heimatsort: Berlin; Staatsangeh.: Preußen; Vorbildung: Falk-Realgymn. Berlin Reife O. 98; Studium: Berlin, K. Wilh.-Akad. 9 S.; Coll. 30. Juni 05; Approb. 16. Juni 05.]

Wirth, Carl, s. Aimard, Prairieblume.

Wirth, Karl, Christus, der Sohn Gottes. Bemerkungen zu den Untersuchungen und Streitigkeiten über das Dogma von der göttlichen Würde u. Natur Jesu. gr. 8. Nürnberg 844, Riegel u. Wießner. ½ ℛ

— das christl. Kirchenjahr u. seine Perikopen. Ein homilet. Handbuch. gr. 8. (13½ B.) Nürnberg 845, Friedr. Campe.

Wirth, Karl, die Krankenkost, s. Kieslinger, Emilie.

— das kleine Lehrgebäude der christl. Glaubens- u. Sittenlehre nach Luthers kleinen Katechismus zum leichteren und ersprießlicheren Gebrauch des in der protest. Kirche Bayerns diesseit des Rheins eingeführten Spruchbuchs für die Hände der Schüler. gr. 8. Sulzbach 844, v. Seidel'sche B. 1/12 ℛ

— Liturgie bei Beerdigungen. Eine Sammlung v. Anreden u. Gebeten an Gräbern, Leichensermonen, Intonationen u. Collecten. Zum Gebrauche f. Prediger. gr. 8. (20 B.) Sulzbach 845, v. Seidel'sche Buchh.

Wirth, Karl, die kirchlichen Perikopen. Ein Versuch, die Geschichte, den Plan und den Zusammenhang der in der evangel. Kirche gewöhnl. Perikopenauswahl zu entwickeln. gr. 8. Nürnberg 842, Riegel u. Wießner. 1/3 ℛ

Wirth, [illegible]

Wirth, Karl, über den Wendepunkt der Rechtswissenschaft. Eine Bemerkung. München 858. Giel. gr. 8. (15 S.)
n. 4 ngr.

Wirth, Carl, über den Wendepunkt der Rechtswissenschaft. Eine Bemerkung. gr. 8. (15 S.) München 858, [Gummi.] *

Wirth, Karl Hermann [cand. theol.]: Der Begriff des „Meritum" bei Tertullian ... Leipzig, Druck v. Ackermann & Glaser, 1892; IV, 74 S., 1 Bl. 8.
Leipzig, Phil. Fak., Inaug.-Diss. v. [15. Okt.] 1892

Wirth, Karl Herm., der „Verdienst"-Begriff in der christlichen Kirche, nach seiner geschichtlichen Entwicklung dargestellt. I. Der „Verdienst"-Begriff bei Tertullian. gr. 8. (VIII, 74 S.) Leipzig 892. Dörffling & Franke. n. 1. 20

Wirth, Karl Herm., der „Verdienst"-Begriff in der christl. Kirche, nach seiner geschichtl. Entwicklung dargestellt. II. Der „Verdienst"-Begriff bei Cyprian. gr. 8. (XI, 184 S.) Leipzig 901. Dörffling & Franke. n. 3. 60
I. Ebd. 892. n. 1, 20.

Wirth, Karl Julius Gottfried

Wirth, Carl Jul. Gfr., Beiträge zur Systematik des römischen Civilrechts insbesondere hinsichtlich obligatorischer und dinglicher Rechte. Erlangen 855. Deichert. gr. 8. (VIII, 136 S.) n. 16 ngr.

Wirth, Carl J(ul.) G(otfried), Beiträge zur Systematik des römischen Civilrechts insbesondere hinsichtlich obligatorischer und dinglicher Rechte. gr. 8. (VIII und 136 S.) Erlangen 856, Deichert. *

—— über die Beweislast bei angestellter Negatorienklage. gr. 8. (32 S.) Erlangen 853, (Deichert.) *

— über das leitende Princip der Beweislast und Einreden im Civilproceß. Ein Versuch. Erlangen 852. (Enke.) gr. 8. (VII, 55 S.) n. 12½ ngr.

Wirth, Carl Jul. Gottfr., der Rechtsbaum. Eine gedrängte Einführung in den organischen Zusammenhang der gesammten Rechtsordnung insbesondere zum Gebrauch für Studirende verfaßt. Mit 1 lith. (u. color.) Taf. München 861. Giel. (Gummi.) Lex.-8. (39 S.) 18 ngr.

—— die libertatis usucapio. Eine civilist. Abhandlung. gr. 8. (63 S.) Erlangen 854, Deichert. *

—— kurze Veranschaulichung des eigentlichen procedere in bürgerlichen Rechtsstreitigkeiten nach gemeinen Rechten für Studirende der Rechtswissenschaft. Fol. (12 S.) Erlangen 855, Deichert.

Wirth, Karl Volkmar, der evangelische Liederschatz, seine Entstehg. u. seine Verwertg. f. unseren evangel. Christenstand. 2 Tle. gr. 8. Nürnberg, F. Korn. n. 6. 50
1. (IV, 271 S.) 893. n. 3. —. — 2. (VI u. S. 273—608.) 894. n. 3. 50.

Wirth, Karl Wilhelm

Wirth, Carolus Guilelmus ⟨geb. am 13 Nov. 1828 in Nümbrecht Rgbz. Köln⟩: De resectione mandibulae partiali ... Bonnae, impr. I. F. Carthaus (1854). 2 Bl., 26 S., 1 Bl. 8.
Bonn, Med. Fak., Diss. v. 23 Aug. 1854

Wirth, Kaspar Melchior

Wirth, C. M., Abschiedsworte, gesprochen an die evangel. Gemeinde Rappersweil u. Jona d. 29. Jan. 1843. 8. (1 B.) St. Gallen 843, Huber u. Comp.

—— Eintrittspredigt, gehalten in Herisau den 5. Febr. 1843. 8. (1 B.) Ebds.

Wirth, K. M., Feldpredigt, gehalten in St. Gallen vor dem Appenzellischen Reserve-Bataillon Zellweger Sonntags den 14. Novbr. 1847. 8. (15 S.) St. Gallen 847, Huber & Co. 3 ngr.

Wirth, C[aspar] M[elchior]. Predigt bei der Beerdigung des Herrn Johann Georg Bärlocher, gewesenen Pfarrers in Heiden, ... den 29. Juli 1862 von K. M. W'.... 8. Herisau, Heiden 1862.

Wirth, Kasp. Melch., Predigt über Johannes XIV., 27. Gehalten Sonntags d. 12. Aug. 1838 in der Kirche zu Weinfelden. 8. St. Gallen 838. Huber u. Comp. $^1/_{12}$ rf.

Wirth, K. M., Predigten aus den verschiedenen Zeiten des Kirchenjahres. Bern 857. Heuberger. gr. 8. (XII, 345 S.) n. 24 ngr.

— — 1. Sammlung. 2. Aufl. Ebend. 861. gr. 8. (XIV, 344 S.) n. 24 ngr.

—— dass. — 2. Sammlung. gr. 8. (VIII und 334 S.) Ebendas. 861. *

Wirth, C. M., Predigten. 3. Sammlung. A. u. d. T.: Das Leben des Propheten Elias. gr. 8. (VIII und 314 S.) Bern 863, Heuberger's Verlag. *
1. und 2. Sammlung. Ebendas. 1861. * 1 Thlr. 18 Ngr.

Wirth, K. M., Reden bei der am Himmelfahrtstage, den 9. Mai 1872, stattgehabten Einweihung d. neuen Friedhofes der evangelischen Gemeinde Romanshorn. 8. (15 S.) Frauenfeld 872. (Huber.) n. — 20

—— die Rettung des geplagten und verschmachteten Volkes. Predigt, gehalten bei der Jahresfeier des protestantisch-kirchlichen Hülfsvereins in St. Gallen, Sonntags den 7. Juni 1857. gr. 8. (15 S.) St. Gallen 857, Huber und Comp.

Wirth, C[aspar] M[elchior]. Sendschreiben an den Verfasser der Schrift: „Doctor Strauss und seine Lehre", und an das Zürcherische Volk. Von K. M. W'.... 8. Zürich 1839.

Wirth, C[aspar] M[elchior]. Sendschreiben an das Volk des Kantons St. Gallen über die Berufung des Dr. [David Friedrich] Strauss nach Zürich, und über die Aufregung des zürcherischen Volkes: von K. M. W'.... 8. St. Gallen 1839. Huber

Wirth, K. M., Synodalpredigt z. Eröffnung d. ordentl. Versamml. d. evangel. Synode d. Kantons St. Gallen. gr. 8. (1¼ B.) St. Gallen 840, Scheitlin u. Zollikofer.

Wirth, C[aspar] M[elchior]. Das Wunder auf Tabor. Drei Predigten von K. M. Wirth, Dekan... in Herisau †. Separatabdruck aus des Verfassers Predigten Sammlung 1. 44 S. 8. Bern, J. Heuberger, 1906. [fr. —. 60]

(Wirth, L[eo].) Das See- & Ober-Wynen-Thal. Hrg. vom Verkehrsverein. [Illustriert.] IV + 26 S. quer-8. (Aarau ⟨Schweiz⟩, Graph. Kunstanstalt Müller & Trüb, [1901].)

Wirth, Leo. Ein Vorspiel der Morgartenschlacht: Der Marchenstreit in der Urschweiz. Rudolf v(on) Radegg's Gedicht «Capella Heremitarum» in der (Franz) Uhr'schen Übersetzung mit historischer Einleitung und Anmerkungen hrg. von L' W'. VIII + 114 S. 8. Aarau, H. R. Sauerländer & Co., 1909. [fr. 3. —]

Wirth, Ludw. Die Oster- u. Passionsspiele bis zum XVI. Jahrh. Beiträge zur Geschichte d. deutschen Dramas. gr. 8. (VIII, 351 S.) Halle 889, Niemeyer. * 10 —

Wirth, Ludwig [Gymnasiallehrer in Utrecht]: Der Stil der Oster- und Passionsspiele bis zum 15. Jahrhundert incl. ... Halle a. S., Druck d. Buchdr. d. Waisenhauses, 1888; 2 Bl. + 67 + 1 S. 8°
Leipzig, Phil. Fak., Inaug.-Diss. v. 2. Mai 1888

Wirth, Ludw., der Stil der Oster- und Passionsspiele bis zum 15. Jahrh. incl. Inaugural-Dissertation. 8. (67 S.) Halle 888. (Leipzig, Fock.) *

Wirth, Edw. Ph., († d. 2. Nov. 1753.) Nachr. von Jh. Wicklef's Leben, s. Jh. *Wicklef,* dialogorum.

Wirth, M., die freie Presse gegen die Kontrerevolution vertheidigt, s. Presse.

Wirth, M., Spuren auf dem Eise, s.: Diamantidi, D.

Wirth, M., Theophile. Eine Erzählung. Halle 862. Mühlmann. 8. (2 Bl., 108 S.) 9 ngr.

Wirth, Max

—— s. Pfagowitz, Andrä Heinr.

Wirth, Max, Anleitung zum Betriebe der Fischzucht, s. Bibliothek der Viehzucht.

WIRTH, Max: Anleitung zum rationellen Betriebe der Fischzucht und des Fischfanges in fliessenden Gewässern und Teichen. Mit besonderer Berücksichtigung der Angelfischerei und der künstlichen Fischzucht. Nebst einem Anhange: Die rationelle Blutegelzucht. - Berlin 1863. 134 S., 2 Taf.

Wirth, Max, die Arbeiterfrage. (5. Flugschrift des volkswirthschaftlichen Vereins für Südwest-Deutschland.) gr. 8. (56 S.) Frankfurt a. M. 863, Expedition des „Arbeitgeber". *

— Vide: Arbeitgeber (Der). Centralorgan.

—— Arbeitslohn und Staatshülfe. Eine Rede in der Versammlung der Arbeiter des Maingaues zu Rödelheim am 20. April 1863. hoch 4. (8 S.) Frankfurt a. M. 863, Expedition des „Arbeitgeber".

Wirth, Max, die oesterreichisch-ungarische Bankfrage. Referat. gr. 8. (47 S.) Wien 875, Manz.

Wirth, Max, allgemeine Beschreibung u. Statistik der Schweiz, s. Beschreibung.

Wirth, Max, die Flucht von der Harzburg. Eine histor. Novelle aus dem Leben Kaiser Heinrichs IV. 8. (339 S.) Konstanz 848, Meck. 2/3 ₰ — (Neue Ausg.) 8. (339 S.) Schw. Hall 849. Haspel. 1 ₰

—— die sociale Frage, s. Sammlung gemeinverständl. wissenschaftl. Vorträge. 156.

—— s. Für Haus und Werkstatt.

Wirth, Max, das Geld, s. Wissen, das, der Gegenwart. 25.

Wirth, Max, deutsche Geschichte von der ältesten Zeit bis zur Gegenwart. 1—5. Lfg. gr. 8. (1. Bd.: Deutsche Geschichte im Zeitalter germanischer Staatenbildung. XIV und 560 S.) Frankfurt a. M. 860—62, Expedition des Arbeitgeber. à Lfg. 12 Ngr. *

—— Geschichte der Handelskrisen. gr. 8. (IX und 480 S.) Frankfurt a. M. 858, Sauerländer's Verlag.

—— Geschichte der Handelskrisen. 2. vervollständ. und verb. Aufl. 2 Abthlgn. gr. 8. Frankfurt a. M. 874, Sauerländer's Verlag. [1. Abthl. (XXIII, S. 1—400.) M 6.; 2. Abthl. (S. 401—706.) M 4,50.]

Wirth, Max, Geschichte der Handelskrisen. 3. verm. und verb. Aufl. gr. 8. (III, 660 S.) Frankfurt a. M. 883, Sauerländer's Verlag.

Wirth, Max, Geschichte der Handelskrisen. 4., verm. u. verb. Aufl. gr. 8. (VII, 706 S.) Frankfurt a/M. 890. Sauerländer. n. 9. —

—— Geschichte der Handelskrisis im J. 1873. gr. 8. (V, 270 S.) Ebendas. 874.
Aus: Geschichte der Handelskrisen. 2. Aufl., besonders abgedruckt.

Wirth, Max [Hrsg.], s. Gewerbskalender, Deutscher.

Wirth, Max, Grundzüge der National-Oekonomie. gr. 8. (XV und 543 S.) Köln 855(56,) Du-Mont Schauberg'sche Buchh. *

— — 2. Bd. 859. (XIX, 552 S.) — 2., umgearb., verm. u. verb. Aufl. Ebend. 861. gr. 8. (XI, 599 S.) n. 2 ₰ 20 ngr.

— Grundzüge der National-Oekonomie. 1. Bd. 2., vollständig umgearb., verm. u. verb. Aufl. 860. (VIII, 584 S.) — 3. verb. Aufl. Köln 862. Du Mont-Schauberg. gr. 8. (VIII, 526 S.) n. 2 ₰ 20 ngr.

—— Grundzüge der National-Oekonomie. 1. Bd. 4. umgearb., verm. und verb. Aufl., und 2. Bd. 3., umgearb., verm. und verb. Aufl. gr. 8. (XVI, 640; XVI, 682 S.) Köln 869, DuMont-Schauberg'sche Buchh. à Bd. *M 8.

—— dass. — 3. Bd.: Handbuch des Bauwesens. 1. Aufl. (XVI, 640 S.) 1870. *M 9., und 2. verm. und verb. Aufl. gr. 8. (XVI, 732 S.) Ebendas. 871.

— Grundzüge der National-Oekonomie. 1., 3. u. 4. Bd. gr. 8. Köln 871—74. Du Mont-Schauberg. n. 26. —
1. 4. umgearb., verm. u. verb. Aufl. (VIII, 528 S.) n. 8. —
3. Handbuch d. Bankwesens. 2. verm. u. verb. Aufl. (XVI, 732 S.) n. 12. —
4. Beiträge zur socialen Frage. (XII, 383 S.) n. 6. —

—— Grundzüge der National-Oekonomie. 1. und 2. Bd. gr. 8. Köln, Du Mont-Schauberg'sche Buchh. [1. Bd. 5. verm. und verb. Aufl. (X, 566 S.) 881. *M 9.; 2. Bd. 4. neubearb. und verb. Aufl. (X, 506 S.) 882. *M 8.]
—— dass. — 3. Bd. A. u. d. T.: Handbuch des Bankwesens. 3. neubearb. Aufl. gr. 8. (IX, 733 S.) Ebendas. 883.
1. Bd. Ebendas. 1873. *M 6.

— der „blaue Habicht", s.: Volks- u. Jugend-Erzählungen.

Wirth, Max, für Haus u. Werkstatt, s. Für Haus u. Werkstatt.

—— die Hebung der arbeitenden Klassen durch Genossenschaften und Volksbanken. Eine Anleitung zur Gründung von Genossenschaften aller Art, von Consum-, Kredit-, Rohstoff-, Magazin-, Maschinen- und Produktiv-Vereinen. 8. (100 S.) Bern 865, Dalp'sche Buchh. *

Wirth, Max, der Held von Lissa. Geschichtl. Erzählung aus dem Leben eines Admirals für die reifere Jugend. 8. (112 S. mit 4 Chromolithogr.) Reutlingen 888, Bardtenschlager. geb.

Wirth, Max [Hrsg.], s. Jahrbüchlein, Illustr., f. d. dt. Gewerbsmann . . .

—— die Kolonisten auf Neu-Guinea, s. Volks- und Jugend-Erzählungen.

—— die Krisis in der Landwirthschaft und Mittel zur Abhülfe. gr. 8. (VIII, 352 S.) Berlin 881, Herbig.

Wirth, Max, Cultur- und Wander-Skizzen. 8. (VIII, 387 S.) Wien 876, Manz'sche Hofbuchh.

—— der Freiburger Landsknecht. Eine Geschichte aus dem 17. Jahrh. in 17 Gesängen. 16. (V, 184 S.) Aarau 880, Sauerländer's Verlagsh.

— Lichtenstein, s.: Hauff, Wilh.

— lois du travail au XIXe siècle. Traduit de l'allemand par la Baronne de Crombrugghe. gr. 8. (VIII, 514 S.) Bruxelles 874. Muquardt. n. 7. 20

— s.: Meyer's deutsches Jahrbuch.

— die Münzkrisis u. die Notenbank-Reform im deutschen Reiche. gr. 8. (VII, 118 S.) Köln 874. Du Mont-Schauberg. n. 2. —

— die deutsche Nationaleinheit in ihrer volkswirthschaftlichen, geistigen u. politischen Entwickelung an der Hand der Geschichte beleuchtet. Frankfurt a. M. 859. Sauerländer's Verlag. gr. 8. (XII, 484 S.) 2 ₰

Wirth, Max, die Notenbank-Frage in Beziehung zur Währungsreform in Österreich-Ungarn. gr. 8. (III, 116 S.) Frankfurt a/M. 893. J. D. Sauerländer. n. 2. 40

Wirth M, die Notenbankfrage in Beziehung zur Währungsreform in Österreich-Ungarn. (116 S) Frankfurt a. M. 1894

— im Palaste des Dogen. Eine Erzählg. aus der Zeit v. Venedigs Dogenherrschaft. Für die reifere Jugend erzählt. 8. (160 S. m. 4 Farbdr.) Stuttgart (899). Reutlingen, R. Bardtenschlager. Geb. 2. 50

—— Perlen deutscher Sagen. Eine Auswahl der vorzüglichsten Sagen aus der Geschichte und dem Volksleben. 8. (160 S. mit 4 Chromolithogr.) Reutlingen 887, Bardtenschlager. geb.

Wirth, Max, Perlen deutscher Sagen. E. Auswahl d. vorzüglichsten Sagen aus der Geschichte u. d. Volksleben. 8. (192 S. m. 4 Farbendr.) Reutlingen 895. R. Bardtenschlager. Geb. 2. —

Wirth, Max, die Quellen des Reichtums mit Rücksicht auf Geschäftsstockungen und Krisen im internationalen Geld-, Kapital- und Warenmarkt, sowie auf die Agrar-, Kolonial- und Arbeiterfrage. gr. 8. (III, 294 S.) Köln 886, DuMont-Schauberg'sche Buchh.

— Die Reform der Umlaufsmittel im Deutschen Reich. Frankfurt a. M. 1874

— die Reform der Umlaufsmittel im deutschen Reiche. Ein Nachtrag zur „Geschichte der Handelskrisen." gr. 8. (IV, 70 S.) Frankfurt a/M. 875. Sauerländer. 1. 40

Wirth, Max, in heimlichem Sold od. die Geheimnisse der Lagunenstadt. Eine Geschichte aus der Zeit v. Venedigs Dogenherrschaft. Für die reifere Jugend erzählt. 8. (160 S. m. 4 Chromolith.) Reutlingen 887. Bardtenschlager. geb. 1. 80

—— ernste und frohe Tage aus meinen Erlebnissen und Streifzügen. gr. 8. (III, 382 S. mit 1 Portr. in Holzschn.) Köln 881, Du Mont-Schauberg'sche Buchh.

—— um Thron und Leben oder der Pfeifer v. Hardt. Eine histor. Erzählung in freier Bearbeitung für die reifere Jugend 8. (160 S. mit 4 Chromolithogr.) Ebendas. 887. geb

Wirth, Max, die Tochter d. „Schwarzen Schakal", s.: Volks- u. Jugend-Erzählungen.

—— Ungarn und seine Bodenschätze. Statist. Handbuch ungar. Landeskunde nach amtl. Quellen. gr. 8. (VIII, 489 S.) Frankfurt a. M. 885, Sauerländer's Verlag.

Wirth M, Österreichs Wiedergeburt aus den Nachwehen der Krisis. Wien 1875

— Oesterreichs Wiedergeburt aus den Nachwehen der Krisis. gr. 8. (VIII, 522 S.) Wien 876. Manz. n. 10. —

—— und C. Braun, die Zins-Wucher-Gesetze, s. Braun, C.

Wirth, (Joh.) Michael

Wirth, M., Altes und Neues über den 2. Brief an die Korinthier. Den Nachdenken und der Beherzigung aller gebildeten Christen, besonders aber dem geistlichen Stande gewidmet. Ulm, Stettin, 1825, 8°, 21 Bg., 4 Mk.

— Ansichten des Glaubens, als Grundlage des prakt. Christenthumes. 8. Ulm 821. Stettin. 20 ₰

Wirth, Mich., Die Apostelgeschichte von Lukas erläutert. Ulm, Stettinische Buchh., 1831—1832, gr. 8°, 53¾ Bg., 10 Mk

Wirth, Joh. Mich., Erläuterungen über das Sendschreiben des heil. Apostels Paulus an die Römer. Aus den hinterlass. Manuscripten. Dem Drucke übergeben von Joh. Mich. Frieß. gr. 8. Ingolstadt 835. (Regensburg u. Landshut, Manz.) n. ⅔ ₰

—— das Evangelium d. Johannes, erläutert. 2 Thle. 8. (50¼ B.) Ulm 829, Stettin.

Wirth, Mich., Die Pharisäer. Ein Beitrag zum leichtern Verstehen der Evangelien u. zur Selbstprüfung. Ulm, Stettin, 1824, 8°, 15 Bg., 2,50 Mk.

Wirth, Michael [Übers.], s. Psalmen, Die. 1835.

—— nachgelassene Schriften. 1. Bdchn. — A. u. d. T.: Das Büchlein Ruth. Ein Familien-Gemälde nach d. heil. Schrift. Nach dess. Tode hrsg. v. einigen seiner Freunde. 12. (5 B.) Nördlingen 834, Beck.

—— dass. 2. Bdchn. — A. u. d. T.: Freundschaft im Geiste d. heil. Schrift, nebst e. Zugabe: Züge aus d. Leben d. Verstorbenen. 12. (6 B.) Ebds. 834.

— Uebersicht der Weissagungen von Christus u. seinem Reiche. Aus dessen nachgelass. Papieren herausg. von Joh. Mich. Frieß. gr. 8. Ingolst. 835. (Landsh., Manz; München, Franz.) n. ⅓ ₰

Wirth, Joh. Mich., Übersicht der Weissagungen von Christus u. seinem Reiche. Aus dessen nachgelassenen Papieren herausgegeben von Joh. Mich. Fries. Ingolstadt, jetzt Regensburg, (Manz) Verl. Anstalt, 1835, 5½ Bogen, 75 Pf.

Wirth, Michael, Verhältnis des Christentums u. der Philosophie. Dillingen 1829, 4°, 13 S., Programm.

Wirth, Moritz

Wirth, Mor., s.: Bismarck. Symphon. Dichtung v. Beethoven.

Wirth, Mor., Bismarck, Wagner, Rodbertus, drei deutsche Meister. Betrachtungen üb. ihr Wirken u. die Zukunft ihrer Werke. Mit e. Beitrage: Das moderne Elend u. die moderne Uebervölkerung. Ein Wort gegen Kolonien. Von Max Schippel. gr. 8. (VI, 395 S.) Leipzig 883. Mutze. n. 8. —

Wirth, Mor., Bismarck, Wagner, Rodbertus, drei deutsche Meister. Betrachtungen über ihr Wirken und die Zukunft ihrer Werke. 2. (Titel-)Aufl. gr. 8. (VI, 399 S.) Leipzig 885, Mutze. *M 4.—; geb.

Mutter Brünnhilde. Zwei neue Szenen z. Götterdämmerung, entdeckt u. bühnentechn. erl. von Moritz **Wirth**. Mit e. Gutachten von Dr. Max Korman, pr. Arzt, u. mit e. Zeichnung 'Brünnhilde dem Siegfried d. Vergissmeinnichttrank zutrinkend', von Georg Schuster. Leipzig: Gebr. Reinecke 1906. (IV, 34 S.) 8° [06. 10305

— **die Entdeckung** d. **Rheingolds aus s. wahren Dekorationen. Mit e. Zeichng. d. Walhalllandschaft.** gr. 8. (VII, 224 S.) Leipzig 896. C. Wild. n. 3. —

—— Hrn. Prof. Zöllner's Experimente mit dem amerikanischen Medium Hrn. Slade und seine Hypothese intelligenter vierdimensionaler Wesen. Ein Vortrag, gehalten am 25. Octbr. und 1. Novbr. 1878 im akademisch-philosoph. Verein zu Leipzig. In 3. Aufl. gänzlich umgearb. und stark verm. Mit einer Antwort an die Herren Herm. W. Vogel in Berlin und J. B. Meyer in Bonn. gr. 8. (XVI, 122 S.) Ebendas. 882.

— **die Fahrt nach Nibelheim. [Erweit. Sonderabdr. aus: „Die red. Künste".]** gr. 8. (16 S.) Ebd. 897. n. – 80

—— **die mediumistische Frage, ihre Lage und Lösung. Ein Aufruf.** gr. 8. (VIII, 18 S.) Leipzig 885, Mutze.

Wirth, Mor., Herrn Prof. Zöllner's Hypothese intelligenter vierdimensionaler Wesen und seine **Experimente mit dem amerikanischen Medium Herrn Slade. Ein Vortrag, gehalten am 25. Oct. und 1. Nov. 1878 im akademisch-philosoph. Verein zu Leipzig und als Aufruf zur Parteiergreifung an die deutschen Studenten in Druck gegeben. 1. und 2. durchges. Aufl.** gr. 8. (VI, 65 S.) Leipzig 879, Mutze.

—— **die König-Marke-Frage. Eine Abwehr für das Kunstwerk, wider den Meister.** 8. (IV, 47 S.) Leipzig 886, Reinboth.
Aus: Richard Wagner-Jahrbuch, hrsg. von J. Kürschner, besonders abgedruckt.

—— König Marke. Aesthetisch-krit. Streifzüge durch Wagner's Tristan und Isolde. 1. und 2. Aufl. 8. (VII, 94 S.) Leipzig 882, Gebr. Senf.

Wirth, Mor., Neu-Bayreuth. Aus Richard Wagners Bayreuther Stilbildungsschule. 1. Heft. 8. (XXVI, 32 S.) Leipzig 887, Reinboth.

Wirth, Mor. Vide: Rodbertus: Wie ist dem Handwerkerstande zu helfen?

Wirth, Mor., Herr Stägemann u. seine Gönner. Mit e. Briefe des Herrn Otto Schelper u. m. kleineren Berichtiggn. 2.—5. Taus. 8. (15 S.) Leipzig (899). (P. Zschocher.) — 15

—— **der drohende Untergang Bayreuths und seine Errettung durch den Berliner Geist. Ein Vortrag über „Die Vermehrung der Wagner-Theater und die nächsten Aufgaben des Wagnerthums".** 8. (30 S.) Charlottenburg 887, Verlag der Allgemeinen Musik-Zeitung.

— der drohende **Untergang** d. Nachlasses v. Rodbertus-Jagetzow. Zur Beleuchtg. der Herausgeberthätigkeit der Herren A. Wagner u. Th. Kozak. gr. 8. (IV, 66 S.) Leipzig 884. Fock. n. 1. —

—— Friedrich Zöllner. Ein Vortrag, zum Gedächtniss gehalten im akademisch-philosoph. Verein zu Leipzig, am 4. Mai 1882. Mit Zöllner's Bild und Handschrift (in Holzschn.). 1. und 2. durchges. Aufl. gr. 8. (32 S.) Leipzig 882, Mutze.

Wirth, Oskar

Wirth, Osk., s.: Blätter f. Gefängnisskunde.

Wirth, taktisches Handbuch. M. Tabellen, 64 Zeichngn. u. 1 Skizze. 12. (XVI, 166 S.) Leipzig 895. G. Lang. Geb. in Leinw. n. 1. 60

Wirth, taktisches Handbuch. Mit Tabellen, Zeichngn., 1 Skizze u. Sachregister. 4., vollständig umgearb. u. verm. Aufl. 12. (XIX, 808 S.) Berlin 902. Liebel. Geb. in Leinw. n. 2. 50
2. Aufl. (XVI, 258 S.) 898. — 3. Aufl. (XVI, 287 S.) 900.

Wirth, Otto, approb. Arzt aus Neunkirchen, Bez. Arnsberg: Aus d. Universitäts-Augenklinik in Gießen. **Beitrag** zur Casuistik der Glaskörperblutungen bei Sclerose der Netzhautgefäße. *Gießen 1903: v. Münchow.* (28 S.) 8°
Gießen, Med. Diss. v. 1903

Wirth, Otto, Geschichte des Turnvereins Mülheim a. Rh. (Körperschaft), Festschr. z. goldenen Jubelf., Mülheim a. Rh. 1900, 72 S., 8°.

Wirth, *Gustav Alfred* Otto [Referendar aus Guben in Brandenb.]: Ist die Wegnahme einer fremden Sache, um sich für eine Forderung zu befriedigen, Diebstahl? . . . Halle a. S., Hofbuchdr. v. C. A. Kaemmerer & C., 1895; 54 S., 1 Bl. 8.
Halle, Jur. Fak., Inaug.-Diss. v. 18. Mai 1895

Wirth, Peter Anton August (Sulzbach) A. S. 134/14

Exercitationum quibus Instit. Iustin. illustrantur specimen XXI. occasione lib. IV. tit. V. et VI. de obligat. quae quasi ex delict. nasc. et de actionibus.
Präs. Georg Friedrich Deinlein.
Altdorf (Hessel) 18. VI. 1746. 3 Bl.
36986

Wirth, Peter Anton August (Sulzbach) A. S. 624/29

Dissertatio iuridica de triplici remedio salutari calumniosis ac temerariis litibus praecavendis peculiariter praescripto in recentioribus ordinationibus processualibus Palatino-Solisbacensibus.
Präs. Georg Friedrich Deinlin.
Altdorf (Hessel) 8. X. 1746. 48 S.

W. v.: Präs., Jo. Heumann, Johann Jakob Jantke, Johann Martin Haas, Johann Jakob Solter (Opp.), Wilhelm Friedrich Link (Opp.), Karl Wilhelm von Furtenbach (Opp.), Johann Sigismund Alexander Panzer.
36987

Wirth, Philipp

Wirth, Phil. Beiträge zur Geschichte Wa[illegible]. 2 Teile. 22, [illegible] S. **Progr.** [illegible] 1879. 1880.

Wirth, Phil., gemeinfaßl. Darstellung d. wesentlichsten Theile von Dampf-Maschinen nebst e. popul. Abhandl. üb. d. Einfluß d. Maschinen-Wesens u. insbesond. d. Eisen-Bahnen auf wahres Volks-Glück als Vorwort. gr. 8. (4½ B. u. 1 Stnt.) Bamberg 839, Dresch.

Wirth, Philipp Dr. „Populäre Darstellung der physikalischen und mathematischen Verhältnisse unserer Sonne und ihrer Planeten". pg. 3–28. 4°. Humann.
Bamberg, Progr. 1841/42

Wirth, Dr., populäre Darstellung der physikal. u. mathemat. Verhältnisse unserer Sonne u. ihrer Planeten. 4. Bamberg 841. (Züberlein.) n. 1/6 ₰

Wirth, (Philipp): Über die Erweiterung mit Umwandlung des Lehrplanes der Gewerbeklassen der Ober-Realschule. S. 3–5. 4.
Progr. Ober-Realschule (Gewerbeschule) *Mulhausen i. E.* 1901 (574)

Wirth, Phil., Führer für deutsche Auswanderer nach Nord-Amerika. Gewerbs- u. Ackersmännern gewidmet. 8. (52 S.) Bamberg 852. (Buchner.) n. 4 ngl

[F.] **Wirth,** Philipp [Dir.]: Geschichte der Realschule zu Markirch. Tl 1: Die Schule unter französ. Verwaltg '(1863—1871)'. Markirch, Buchdr. v. D. Cellarius, 1896; 28 S. 4.
Markirch, R '(verbunden m. Lateinschulkl.)', P 1896 (535)

[F.] **Wirth,** Philipp [Dir.]: Geschichte der Realschule zu Markirch. Tl 2: Die Schule unter deutscher Verwaltg. [Forts. d. P-Beil. 1896.] Markirch, Buchdr. v. D. Cellarius, 1897; 24 S. 4.
Markirch, R '(verbunden m. Lateinschulkl.)', P 1897 (546)

Wirth, Philipp Dr. „Das Gewitter, eine populäre Abhandlung". pg. 1—12. 4°. Humann'sche B.
Bamberg, Progr. 1838/39

— Grundzüge der Arithmetik, nebst den Anfangsgründen der Algebra. Populär dargestellt zur Erleichterung des Selbst-Studiums. gr. 8. Bamberg 840. Literar.-artist. Institut. ¾ ₰

—— Grundzüge d. Arithmetik, nebst d. Anfangsgründen d. Algebra. Populär dargest. z. Erleichter. d. Selbst-Studiums. gr. 8. (14½ B.) Bamberg 840, [Hoβbach'sche Buchh.]

Wirth, Ph., Grundzüge der Arithmetik nebst den Anfangsgründen der Algebra. Populär dargestellt zur Erleichterung des Selbst-Studiums. Neue (Titel-) Ausg. gr. 8. (IV u. 228 S.) Nürnberg (840) 850, Lotzbeck. ½ ₰

Wirth, Philipp Dr. „Der Pflug und seine Anwendung". pag. 25—40. 4°. Friedrich Humann.
Bamberg. Progr. 1835/36

Wirth, Philipp: Die Rechtschreibung der Straßennamen und Geschäftsaufschriften in Straßburg. Straßburg 1908: DuMont Schauberg. 15 S. 4°
Straßburg i. E., OR b. St. Johann P 1908 (698) [S 08. 540

Wirth, Philipp Heinrich Waldner. (Lebensbeschreibung.) 4 S. (3—8). (Umschlagtitel: Heinrich Waldner.)
Progr. Rsch. *Wasselnheim* 1888 (501

Wirth, Phil. Die Zunahme der Kurzsichtigkeit unter der Schuljugend. 5 S. **Progr.** *Wasselnheim* 1878.

Wirth, R., Zur Genesung! Ein wenig Kranken- und Gesundheitspflege. 1. und 2. Aufl. 8. (82 S.) Aarau 884, Sauerländer's Verlagsh.

Wirth, Richard [aus Frankfurt a. M]: Ueber elliptische Bewegung. ... (Aus: Verh. d. Ver. z. Beförd. d. Gewerbfleisses. 1890.) Marburg, *Druck v. L. Simion, Berlin,* 1890; 26 S., 3 Taf. 4°
Marburg, Phil. Fak., Inaug.-Diss. v. [6. Okt.] 1890

Wirth, Rich., s.: Landlord, Dick.

Wirth, Robert (geb. am 2 März 1857 in Nümbrecht Rgbz. Köln): Beitrag zur Lehre von den Stirnhöhlenerkrankungen ... Bonn, Univ.-Buchdr. v. C. Georgi 1881. 24 S., 1 Bl. 8.
Bonn, Med. Fak., Diss. v. 10 Okt. 1881

Wirth, Rob., über Monismus [Pantheismus] mit Berücksicht. der „Philosophie des Unbewussten". Inaugural-Dissertation. gr. 8. (27 S.) Plauen 874, Neupert.

Wirth, Rob. Vorarbeiten und Beiträge zu einer kritischen Ausgabe Hölderlins. 30 S. **Progr.** *Plauen* 1885.

Wirth, Simon. Karte von Unterfranken u. Aschaffenburg m. Angabe der Ortsentfernungen nach Kilometer. 1 : 200,000. 1. u. 2. Aufl. Farbendr. 63×78 cm. [Würzburg 891,92.] Dresd., Hertz. * 1 50

[Umschlagt.:] Karte von Unterfranken und Aschaffenburg mit Angabe d. Ortsentferngn in Kilometerzahl u. Bezeichng d. Weingegenden u. Weinorte v. Simon **Wirth** (in Kitzingen a. M.). III. verb. Aufl. (Massstab 1:200,000.) *Würzburg: E. Bauer [1897].* (1 Ktnbl. ⅟₁) 1 Bd 8. [97. 3304

Wirth, Stephan, Meteorologisch-astronomische Witterungs-Beobachtungen für das Jahr 1887/88 für Deutschland und die angrenzenden Länder.
Reutlingen 1887, 88.

Wirth, Theodor

Wirth, s. Predigten im Geist des freien Christenthums.

Wirth, Thdr., Predigten im Geist des freien Christenthums. 2. unveränd. Aufl. gr. 8. (VII, 413 S.) St.-Gallen 877, Altwegg-Weber.

Wirth, Thdr., Predigten im Geist des freien Christenthums. 3. unveränd. (Titel-)Aufl. gr. 8. (VII, 413 S.) Leipzig (877)886, Ziegenhirt. * ℳ 3.—; geb.

Wirth, Thdr., Predigten i. Geist d. freien Christenthums. 3. Aufl. gr. 8. (VII, 418 S.) Mülheim 886. Zürich, Wirth & Co. (Nur direkt.) n. 3. —; geb. n. 4. —; erm. Pr. n. 1. 60; geb. n. 2. 40

Wirth, Theodor. Über Thioformamid und Kohlenmonosulfid. Promotionsarbeit Polyt. Zürich. [Mit 2 Figuren.] 53 S. 8. Zürich, J. F. Kobold-Lüdi, 1910.

Wirth, Volkmar, Bartholomäus Dietmar. Leben eines evangel. Pfarrers im früheren markgräfl. Amte Kitzingen von 1592—1670, von ihm selbst erzählt. Zugleich ein Beitrag zur Geschichte des 30jähr. Krieges in Franken. Mit erläut. Zusätzen hrsg. gr. 8. (182 S.) Kitzingen 887, Stahel.

Wirth, Walther: Postkarten-Grüsse. Elberfeld: J. Fassbender [1899]. (16 S.) 8° [Umschlagt.]

Wirth, Wilhelm

— Die experiment. Analyse d. Bewusstseinsphänomene. Mit 27 Abb. im Text u. auf 1 Taf. (XIV, 450 S.) 8. Braunschweig 908. F. Vieweg & Sohn. 11.—; geb. 12.—

Wirth, Wilh., s.: Archiv f. die gesamte Psychologie.

— Gesamtregister, s.: Wundt, Wilh., Grundzüge der physiologischen Psychologie.

Wirth, Wilhelm, Assist. im psychol. Inst. zu Leipzig: Der Fechner-Helmholtz'sche Satz über negative Nachbilder und seine Analogien. Experimentelle Studie über d. Phänomenologie d. negativen Nachbilder. Mit 9 Fig. im Text u. 1 Taf. *Leipzig: W. Engelmann 1900.* (VI, 103 S.) 8° ¶(T. 1 einer grösseren Arbeit. — Aus: Philos. Studien, Bd 16, H. 4.)
Leipzig. Phil. Hab.-Schr. v. 26. Okt. 1900

Wirth, Wilhelm: Vorstellungs- und Gefühlskontrast. Ein Beitrag zur Unterscheidung der Kontrasterscheinungen. *Leipzig: J. A. Barth 1898.* (42 S.) 8° ¶(Aus: Zeitschrift für Psychologie und Physiologie der Sinnesorgane, Bd 17.)
München, Phil. Diss. v. 1898

Wirth, Wilhelm Robert

Wirth, Guilelmus Robertus (geb. am 16 Okt. 1825 in Eckenhagen Kr. Waldbröl): Vitia valvularum cordis dextri quomodo dignoscantur ... Bonnae, form. F. P. Lechneri 1848. 26 S., 1 Bl. 8.
Bonn, Med. Fak., Diss. v. 12 Aug. 1848

Wirth, Zd., Bücher-Katalog d. Bibliothek des kunstgewerbl. Museums der Handels- u. Gewerbekammer in Prag, s.: Borovský, F. A.

— Topographie der historischen u. Kunst-Denkmale d. polit. Bez. Polička, s.: Topographie der historischen u. Kunst-Denkmale im Königr. Böhmen. XXII.

Wirth, Z[wingli]. Zum Andenken an die selig entschlafene Frau Oberst (Susanna Elisabetha) Raschle, geb. Roth, von Wattwyl. Leichenrede, gehalten bei ihrer Begräbnissfeier, den 23. Mai 1861. 8. Wattwyl.

Wirth, Z. (Pfr.), Das liberale Christenthum und die religiösen Bedürfnisse des Volkes. Vortrag. 36 Stn. 8. St. Gallen, Zollikofer'sche Buchdr. 1873.

Wirth, Zwingli, christliche Heilslehre. Leitfaden für den Konfirmandenunterricht. 10. Aufl. 8. (47 S.) St. Gallen 879, Scheitlin und Zollikofer.

Wirth, Zwingli, christliche Heilslehre. Leitfaden für den Konfirmandenunterricht. 11. Aufl. gr. 8. (48 S.) St. Gallen 885, [Scheitlin und Zollikofer.] Scheitlin's Buchh.

Wirth, Z., christliche Heilslehre. Leitfaden f. den Konfirmandenunterricht. 12. Aufl. gr. 8. (48 S.) St. Gallen 891. Huber & Co. n. — 40

Wirth, Z., christliche Heilslehre. Leitfaden f. den Konfirmandenunterricht. 13. Aufl. gr. 8. (48 S.) St. Gallen 894. Huber & Co. n. — 40

Wirth, Zwingli, christliche Heilslehre. Leitfaden f. d. Konfirmandenunterr. 14. Aufl. 8. (64 S.) St. Gallen 897. Fehr. n. — 40

Wirth, Z., christliche Heilslehre. Leitfaden f. den Konfirmandenunterricht. 15. Aufl. 8. (64 S.) St. Gallen 901. Fehr. n. — 40

Wirth, Z[wingli]. Christliche Heilslehre. Leitfaden für den Konfirmandenunterricht. 16. Aufl. 64 S. 8. St. Gallen, Fehr, 1906. [fr. —.40]

— der rechte Lebensfortschritt. Predigt, geh. den 11. Oktbr. 1891 zu St. Laurenzen in St. Gallen. 8. (15 S.) St. Gallen 891. (Busch & Co.) — 30

Wirth, Zwingli. Leichenrede bei der Beerdigung des Herrn Major Friedrich AnderEgg in Wattwyl, den 2. September 1864 gehalten von Z. W.... 8. Wattwyl.

— Luther und Zwingli. Zwei Festreden, m. einer Abbildung des Zwingli-Denkmales in Zürich. Separatabdruck aus „Wirth, Alte Wahrheit für die neue Zeit“, 2. Aufl. In-8°, 37 S. St. Gallen, Th. Wirth & Cie. 1884 — 80

Wirth, Z., Christi Person und Werk. Zwei Vorträge, gehalten im Winter 1876 und 1877. gr. 8. (48 S.) Zürich 877, Schmidt. *

Wirth, Z., das Priesterthum und die wahre Kirche. Zwei Predigten, gehalten am S. Rogate und am Pfingstfeste 1858. St. Gallen 858. Huber u. Co. 8. (24 S.) n. 4 ngr.

— die Religion ist um des Menschen willen da. Predigt, geh. bei der Jahresversammlung der schweiz. reformirten Predigergesellschaft in Herisau den 13. Aug. 1878. 8. (16 S.) Trogen 878. Schläpfer. — 30

—— alte Wahrheit für die neue Zeit. Religiöse Reden und Betrachtungen. gr. 8. (VII, 338 S.) St. Gallen 883. (Leipzig, Breitkopf und Härtel.) * ℳ 4.; geb.

—— alte Wahrheit für die neue Zeit. Religiöse Reden und Betrachtungen. 3. (Titel-)Aufl. gr. 8. (VIII, 373 S. mit 1 Holzschntaf.) Leipzig 886, Ziegenhirt. geb.

Wirth, Z. Alte Wahrheit f. die neue Zeit. 3. Aufl. gr. 8. Lpz. 886. St. Gallen, Hasselbrink. [* 2 50] * 3 —; geb. * 4 —

— alte Wahrheit f. die neue Zeit. Relig. Reden. 3. Aufl. gr. 8. (VIII, 373 S. m. 1 Taf.) Mülheim 886. Zürich, Wirth & Co. (Nur direkt.) n. 2.40; geb. n. 3.40

— alte Wahrheit f. d. neue Zeit. Religiöse Reden u. Betrachtgn. 4. Aufl. gr. 8. (VIII, 373 S.) St. Gallen 894. Buchdr. Wirth & Co. Geb. in Leinw. n. 3.20

Wirth, Z., Zerstören und Bauen. Festpredigt gehalten am schweizer. Reformtag in Zürich, den 26. Mai 1874. gr. 8. (14 S.) Zürich 874, Schmidt.

Wirthaus, Joh. Ludw., Confirmations-Feier am Palmsonntage, den 12. April 1835 geh. gr. 8. (1½ B.) Osnabrück 836, (Rackhorst.) *

Wirthchen, J. C., de iconomachia Graecorum et Latinorum. Jen. 1749. 4.

Wirthensohn, Josef, Liedersammlung für Schule und Haus. Rankweil 1894. Selbstverlag. (Min.-Erl. v. 2. Jan. 1895, Z. 20784) 30 h

Wirthensohn, Josef, Liedersammlung für Schule und Haus. 3., vermehrte Auflage. Dornbirn Selbstverlag. Peis 60 h. 1903.

Wirthgen, Sam. Wilh., die Demuth d. Geistlichen als Hörerin d. göttl. Worts u. Verkündigerin dess. in Wort u. That. Als Anh. d. zweite Cyclus d. Themata, welche im Grimmaischen Prediger-Vereine besprochen worden sind. Eine Denkschr. gr. 8. (4 B.) Grimma 841, (Gebhardt.) *

Wirthgen, Sam. Wlh., Ermunterungen zur wahren Gottseligkeit. 8. Dresd. 826. (Hilscher). 18 gr

— Materialien zur prakt. Einübung d. hebräischen Sprache f. d. in Cursus, nach Anleit. d. kleinen hebr. Grammatik von Gesenius. gr. 8. Leipz. 825, Hinrichs.

— hebr. Uebungsbuch f. den in Lehrcursus; enthält Uebungsstücke zum Lesen, Vokalisiren unpunctirter Wörter, Uebersetzen aus dem Hebräischen ins Deutsche u. Vokalisiren ganzer Sätze; nach Gesenius Grammatik bearb. gr. 8. Leipz. 825, Hinrichs.

Wirthgen, Wilh., die verschiedenen Methoden zur Ermittelung von Blutflecken in forensischen Fällen, zusammengestellt und nach eigenen Versuchen mit Bemerkungen versehen. gr. 8. (77 S. mit 2 Tab. in gr. 4.) Erlangen 861, Palm und Enke. *

Aus: Henke's Zeitschrift für die Staatsarzneikunde, besonders abgedruckt.

Wirthin, s. Wirtin. —

Wirthle, Ferdinand [aus Thiengen (Baden)]: Untersuchungen über d. Mannon-Säure.... Würzburg, Etlinger's Buchdr. (F. Fromme), 1890; 26 S. 8°
Erlangen, Phil. Fak., Inaug.-Diss. v. 1890

Grosses Manufaktur-Waren-Magazin J. Wirthlin, ... Zürich. (Katalog) Saison 1901/1902. [Illustriert.] IV + 48 S. 4. (Zürich, Juchli & Beck.)

Wirthmann, Joach., Handbuch über die Heiraths-Cautionen und Ehen der Militär-Personen im Königr. Bayern. Mit einem Anhang über Siegelmäßigkeit, Stempel, Taxen rc. nebst Formularien. gr. 8. (XXIV und 416 S.) München 859, [Grubert.] '

WIRTHMÜLLER, Johann Baptist (Harpoint): S. Justini M. doctrina de spiritu s. et spiritibus. (Titel nach der Urkunde)
30.7.1859 - Urk: F 44
Diss. Ingolst.-Landsh.-Mchn.

Wirthmüller, Joh. Bapt., Encyclopädie der katholischen Theologie, eine propädeut. Einleitung in ihr Studium. Lex.-8. (VIII, 995 S.) Landshut 874, Thomann'sche Buchh.

Wirthmüller, Joh. Bapt., die Lehre des heiligen Hilarius von Poitiers über die Selbstentäußerung Christi, vertheidiget gegen die Entstellungen neuerer protestantischer Theologen. Eine Habilitationsschrift. Regensburg 865. Pustet. gr. 8. (IV, 83 S.) 7½ ngr.

—— die Nazoräer. Abhandlung. gr. 8. (72 S.) Regensburg 864, Pustet.

Wirthmüller, Joh. Baptist, über das Sittengesetz. gr. 8. (71 S.) Würzburg 878. Woerl. — 80

Wirthmüller, Joh. Baptist, die moralische Tugend der Religion in ihren unmittelbaren Akten und Gegensätzen. gr. 8. (XII, 611 S.) Freiburg i. Br. 881, Herder'sche Verlagsh.

Wirths, Frl., s.: Giuseppa.

Am Christabend. Bestrafte Eitelkeit. Von Agnes Wirths. 2. Aufl. *Paderborn: F. Schöningh [1902].* (46 S.) 8° [J.]
— Theater f. d. weibliche Jugend. 7. [03. 2855

Rubezahl. Kinder-Drama in 2 Aufz. von A[gnes] Wirths. Paderborn: B. Kleine [1905]. (20 S.) 8° [J.]
Theater, Kleines. H. 353. [05. 13646

Wirths, Georg Wilhelm: De Constitutione litteratorum .... s. Juch, Hermann Paul [Praes.]

Wirths, Clementine, Haushaltungsbuch. Anleitung zur Bereitung feiner und gewöhnl. Speisen und Getränke, mit Berücksichtigung noch unerfahrener Anfängerinnen bei der Führung des Hauswesens. Nebst einem Anhange. gr. 12. (326 S.) Cassel 853, [Bertram.] *

Wirths, Clementine, Haushaltungsbuch. Anleitung zur Bereitung feiner und gewöhnlicher Speisen und Getränke, mit Berücksicht. noch unerfahrener Anfängerinnen bei der Führung des Hauswesens. Nebst einem Anhang. 2, verb. und verm. Aufl. 8. (VIII und 316 S.) Cassel (861)62, Bertram's Verlag. geb. —

Wirths, Clementine, Haushaltungsbuch. Anleitung zur Bereitung feiner u. gewöhnl. Speisen u. Getränke, mit Berücksichtigung noch unerfahrener Anfängerinnen bei der Führung des Hauswesens. Nebst einem Anh. 3., verb. u. verm. (Titel-)Aufl. Halle (862)867. Herrmann. 8. (VIII, 316 S.) cart. 12 ngr.

— praktisches Haushaltungs- u. Kochbuch. Nebst Anweisung Früchte u. Gemüse zu trocknen u. einzumachen, verschiedene Getränke zu bereiten u. einen Anh. enthltd.: Behandlung u. Aufbewahrung von Butter, Eiern, Fischen, rc. 4. verb. u. verm. Aufl. Berlin 869. Mode's Verl.. 8. (VIII, 316 S.) geb. 15 ngr.

Wirths, Moritz, appr. Arzt a. Jersey City Heights ⟨U. S. A.⟩: ⟨Aus der Universitäts-Augenklinik zu Marburg.⟩ Beiträge zur Anatomie der Keratitis vesiculosa und bullosa. Berlin: S. Karger 1906. (165 S.) 8° ¶(Aus: Zeitschr. für Augenheilkunde Bd 16, H. 2.)
Marburg, Med. Fak., Ref. Bach, Diss. v. 14. Aug. 1906
[Geb. 15. April 83 Jersey City Heights; Wohnort: Marburg; Staatsangeb.; Vereinigte Staaten; Vorbildung: Gymn. Bückeburg Reife O. 01; Studium: Berlin 8, Marburg 1 S.; Coll. 9. April 06; Approb. 7. Dez. 05.]

Wirths, V. Über Derivate des p. Amidophenols. In-8°. 24 S. Basel. These. 1896.

Wirthschaft . . ., s. Wirtschaft . . .

Wirthwein, Heinrich, a. Darmstadt: Beiträge zur Kenntnis des Titans und Vanadins. (Berlin 1900: E. Ebering. (55 S.) 8°
Berlin, Phil. Fak., Ref. Fischer, Diss. v. 3. März 1906
[Geb. 24. Aug. 83 Darmstadt; Wohnort: Darmstadt; Staatsangeh.: Hessen; Vorbildung: Realgymn. Darmstadt Reife O. 01; Studium: Darmstadt T.H. 2, Berlin 3, Kiel 2, Berlin 2 S.; Rig. 8. Febr. 06.

Wirtin, die. Red.: Fr. Wilhelm. 2. Jahrg. 1904. 52 Nrn. (à ca. 8 S.) 4. Stuttgart, Zeller & Schmidt. n. 2. 40
Mit der „Wirtszeitung", verschmolzen.

WIRTHIN, Die beliebte, die 2179? Fremde vorne und hinten logirte u. 2) Wiedergenesung einer verliebten Wirthin. 1798-99. Mit Reimen. 2 Bll. Quer-4°. (1 Mk. 20 Pfg. Heberle, Cöln 74 O. [c. 1875]: jetzt viel theurer!)

Wirthin, die, mit d. schönen Hand. Original-Lustsp. in 5 Akt. m. K. v. Eberl. 8. Wien, Riebm. 803. — 9

Anonym: „Die kluge Wirthin, oder gründliche Anweisung zu allem, was eine sorgfältige Hausmutter auch außer der Küche zu beobachten hat", Weissenfels 1804 (Böse); neue Auflage ebenda 1805.

Wirthin, die kluge, od. gründliche Anweisung zu allem, was eine sorgfältige Hausmutter auch außer der Küche zu beobachten hat, als ächte Fortsetzung d. gemeinnütz. Koch- u. Wirthschaftsbuches. 8. Weißenf. 805. Böse.

Wirtinger, Wilhelm

Wirtinger, W., über die konforme Abbildung der Riemann'schen Fläche durch Abel'sche Integrale, besonders bei p = 1,2. (22 S. m. 26 Fig.) 31×24,5 cm. Wien 909. A. Hölder. 3. —
Sonderabdr. a.: „Denkschr. d. k. Akad. d. Wiss."

Wirtinger, Wilh., über die Anzahl der linear unabhängigen hypergeometrischen Integrale nter Stufe. (18 S. m. 3 Fig.) gr. 8. Wien 905. (A. Hölder.) n. — 65

[illegible]
Separatabdruck

Wirtinger, Wilh. Beitrag zur Theorie der homogenen linearen Differentialgleichungen m. algebraischen Relationen zwischen den Fundamentalintegralen. Lex.-8. (7 S.) Wien 889, (Tempsky). * — 30

[illegible]
Separatabdruck

— Bemerkungen z. Theorie d. vollständigen Differentiale. (5 S.) gr. 8. Ebd. 909. — 30
Sonderabdr. a.: „Sitzungsber. d. k. Akad. d. Wiss."

Wirtinger, Wilh., über die Brennpunktscurve der räumlichen Parabel. Lex.-8. (8 S.) Wien 886, (Tempsky.)

— zur Darstellung der hypergeometrischen Function durch bestimmte Integrale. (7 S. m. 1 Fig.) gr. 8. Ebd. 902. n. — 30
2 Sonderabdrucke aus: „Sitzungsber. d. k. Akad. d. Wiss."

Wirtinger, W., üb. e. Eigenschaft d. Potentials unt. Annahme e. Green'schen Wirkungsgesetzes. [Aus: „Sitzungsber. d. k. Akad. d. Wiss."] gr. 8. (12 S.) Wien 896. (C. Gerold's Sohn.) n. — 40

— **über die Entwicklung einiger mathematischer Begriffe in neuerer Zeit. Vortrag, geh. in der feierl. Sitzg. der kaiserl. Akademie der Wissenschaften am 29. V. (20 S.) 8. Ebd. 906.** n. — 60

[illegible]

Separatabdruck

Wirtinger, Wilh., üb. Functionen, welche gewissen Functionalgleichungen genügen. [Aus: „Sitzungsber. d. k. Akad. d. Wiss."] Lex.-8. (8 S.) Wien 890. (F. Tempsky.) n. — 20

— s.: **Monatshefte f. Mathematik u. Physik.**

Wirtinger, [illegible] Raumcurven 4. Ordnung [Aus „Sitzungsberichte d. k. Akademie d. Wissensch."] Lex.-8° (18 S.) Wien, Gerold's Sohn 1886.

Wirtinger, Wilh., zur Theorie der automorphen Functionen v. n Veränderlichen. gr. 8. (11 S.) Wien 899. (C. Gerold's Sohn.) n. — 80
Sonderabdruck aus: „Sitzungsber. d. k. Akad. d. Wiss."

— Untersuchgn. üb. **Thetafunctionen.** Von d. philosoph. Facultät d. Universität Göttingen m. d. Beneke-Preise f. 1895 gekrönt u. m. Unterstützg. d. kgl. Gesellschaft der Wissenschaften daselbst hrsg. gr. 4. (VIII, 125 S.) Leipzig 895. B. G. Teubner. n. 9. —

— **eine neue Verallgemeinerung der hypergeometrischen Integrale. (13 S.) gr. 8. Wien 903. (A. Hölder.)** n. — 30
Sonderabdr. aus: „Sitzungsber. d. k. Akad. d. Wiss."

Wirtinger, W., Eine neue Verallgemeinerung der hypergeometrischen **Integrale. [Aus: Sitzungsber. d. k. Akad. d. Wiss., mathem.-naturw. Klasse.] Gr.-8°. (18 S.) †** K —.80
Linz: Feichtinger 1904.

Wirts, Carl, s.: Carneval, Kölner, 1893.

Wirts, Carl, s.: Rosenmontagszug, der Kölner.

Wirthschaft, d., zu Alpenflur; e. Roman. 8. Frkft. (Mohr u. Z. in Heidelberg. 801.

Wirthschaft, Die, eines Philosophischen Bauers. O. O. u. J. V: *Sonnenfels, Jos. von.* (WrDiar 1771, Nr. 17, Beil. Bücher-Verzeichniss Kurzböck) (Biblport)

Wirtschaft, die, im k. u. k. Heere. Zusammengestellt im k. u. k. Kriegsministerium. (XI, 125 S.) 8. Wien 903. (Hof- u. Staats-Druckerei.) n. 1. 50

Wirtschaft, Lebende, s. Eisenbahn- u. Handelszeitung, Schweizerische.

WIRTHSCHAFT, Die trollichte, ingleichen der übelbezahlte (belohnte?) Freyer. (Comödien.) Frankfurt u. Leipzig 1750. 8°. 4½ Bogen.
Cat. Meissner I. p. 661. — Selten!

Wirthschaft, die verstörte. Lustsp. v. Claudius. 8. Frkft. Brönner. 784.

Wirtschaften im Kanton Schaffhausen im Jahr 1901. 62 S. fol. [Schaffhausen, H. Meier & Cie.]

Wirtschaften im Kanton Schaffhausen im Jahr 1902. II + 57 S. 4. [Schaffhausen, H. Meier & Cie.]

Wirtschaften im Kanton Schaffhausen im Jahr 1903. II + 52 S. 4. [Schaffhausen,] H. Meier & Cie.

Wirtschaften im Kanton Schaffhausen pro 1904/05. II + 68 S. kl.-fol. [Schaffhausen,] H. Meier & Cie., [1904].

Wirthschafter, d. österreichische, oder die Kunst, sich in kurzer Zeit d. Land- u. Hauswirthschaft zu bereichern, nach Thärs engl. Landwirthschaft f. Oesterreich bearb. 8. Wien 803. Gerold. 1 ℔

Anonym: „Der redliche und aufrichtige Wirthschafter", Jena 1745 (Cröker)

J. J. P.: „Vorsichtiger Wirthschafter", Nürnberg 1730. Neue Auflage, ebenda 1751.

— **d. vorsichtige, od. Anweis. zu dem, was zu nützl. Verwaltung e. Landgutes nöthig ist. 8. Nürnb. Raspe. 751.**

Anonym: „Der vorsichtige Wirthschaffter", Nürnberg 1751 (Raspe). 2. Aufl. Ebenda 1758.

Wirthschafterin, die; od. d. Tambour bezahlt alles. Lustsp. v. Stephani. gr. 8. Lpz. Rein. 795.

Wirthschafterin, die erfahrne u. belehrende, oder deutliche Anweis. zu allem, was eine angehende Hausfrau außer d. Küche von der Wirthschaft zu wissen nöthig hat um derselben zweckmäßig vorstehen zu können. (Auch u. d. T.: neues einfaches Kochbuch f. bürgerl. Haushaltungen. 2r Thl.) 8. Pirna 808. 2e A. 812. Friese. 1 ℔

Wirthschafterin, Die vollkommene, s. Liliencron, L. K. Christoph von

Über die Wirtschafterinnen in Wien bei den ledigen Herren, 1781.
(Citirt Gugitz p. 142 nach Gessau.) — Sehr rar!

WIRTSCHAFTS-ATLAS DER DEUTSCHEN KOLONIEN, herausgegeben von dem Kolonial-Wirtschaftlichen Komitee E. V., Wirtschaftlicher Ausschuss der Deutschen Kolonialgesellschaft, Berlin. Den Förderern und Mitarbeitern des Kolonial-Wirtschaftlichen Komitees 1896/1906 in Dankbarkeit gewidmet. (Berlin 1906. Kolonial-Wirtschaftliches Komitee E. V.) fol.

Wirtschafts-Atlas der Deutschen Kolonien. Hrsg. von d. Kolonial-Wirtschaftl. Komitee E. V., Wirtschaftl. Ausschuss d. Deutsch. Kolonialges. Berlin. 2. verb. Aufl. (Berlin 1906: E. S. Mittler & Sohn.) (7 Bl., 10 Taf.) 2° [Umschlagt.] [07. 15226 B

Wirtschafts-Atlas der deutschen Kolonien. Hrsg. von d. Kolonial-Wirtschaftl. Komitee E. V. Wirtschaftl. Ausschuss d. Deutschen Kolonialgesellsch., Berlin. (Berlin [1907]: D. Reimer.) (10 Kartenbl.) 2° [07. 3545

Wirtschafts-Atlas der deutschen Kolonien. Hrsg. v. dem kolonial-wirtschaftl. Komitee E. V., wirtschaftl. Ausschuss der deutschen Kolonialgesellschaft, Berlin. 2. verb. Aufl. (10 farb. Kartens. m. 19 S. Text.) Berlin, D. Reimer. [1907.] Geb. 5. —

Wirtschaftsbeamte, der. Zeitschrift f. die gesamten Interessen der deutschen Landwirtschaftsbeamten. Amtliches Organ d. Berliner Vereins deutscher Landwirtschafts-Beamten zu Berlin. Red.: Th. Muhr. 1. Jahrg. Apr. 1892—März 1893. 13 Nrn. (1¼ Bog.) gr. 4. Prenzlau, A. Mieck. n. 3. 20

— **dasselbe. 2. Jahrg. April — Oktbr. 1893. 7 Nrn. (1¼ Bog.) gr. 4. Ebd.** n. 1. 60

Wirthschafts-Beamte, Der kluge, oder Unterricht zu Bestellung und Führung einer nützlichen und einträglichen Landwirthschaft . . . Nürnberg 1769. V: *Schweser, Christoph Heinrich.* (ZÜRKL)

Wirtschaftsbeamter, Kluger; oder Unterricht zur Bestellung der Landwirthschaft . . . Nürnberg 1769. V: *Schweser, Chn Hnr.* (WÖ)

Frankfurter **Wirtschaftsbericht** erstattet von d. Handelskammer zu Frankfurt a. M. [1.] Für d. J. 1905. Frankfurt a. M.: Handelskammer 1906. 8°
Anf. s. u. d. T.: Handelskammer d. freien Stadt Frankfurt. Jahresbericht. [06. 8823

Wirtschaftsbericht, Frankfurter, f. d. J. 1905, erstattet v. der Handelskammer zu Frankfurt a. M. (VIII, 458 S.) gr. 8. Frankfurt a/M. 906. (K. Scheller.) n. 2. —

Wirtschaftsbericht, Frankfurter, f. d. J. 1906, erstattet v. d. Handelskammer zu Frankfurt a. M. (VIII, 456 S.) gr. 8. Frankfurt a/M. 907. (K. Scheller.) 2. —

Wirtschaftsbericht. Frankfurter. 1906. 08-12. Frankfurt a. M. 1907-13

Wirthschafts-Bericht, wöchentlicher, 2 lithograph. Tabellen in gr. Fol. Berlin 836. (Heymann.) 1/12 ℛ

Wirthschaftsbeschreibungen u. zeitgemäße Wirthschaftsumänderungen. Winke f. den deutschen Gutsbesitzer zur Erhöhung d. Reinertrages u. Abwendg. v. Notblagen. Von S. G. Weber. 2. sehr verm. Aufl. gr. 8. (VIII, 234 S.) Liegnitz 890. (Lpz., H. Voigt.) * 6 —

Wirthschaftsbetrieb, der rentabele, d. kleinen Landwirths, s. Landmanns, des, Feierstunden.

„Allgemeines Wirthschaftsblatt für die Jahre 1817 und 1818", Ulm (Ebner); auch u. d. T.: „Neue Sammlung ökonomischer und anderer Aufsätze, Erfahrungen und Bemerkungen schwäbischer Oekonomen". Fortsetzung: „Allgemeiner Anzeiger, oder Sammlung neuer landwirthschaftlicher und anderer unterhaltender gemeinnütziger Aufsätze", Jahrg. 1819—1832, Ulm (Ebner).

„Allgemeines Wirthschaftsblatt für die Jahre 1817—1820; oder neue Sammlung ökonomischer und anderer Aufsätze", Ulm (Ebner).

Wirtschaftsbuch. 4. (64 S.) Salzungen (901). L. Scheermesser. n. — 50

Wirthschaftsbuch für deutsche Beamte auf die J. 1880. Eine Anleitung zur wirthschaftl. Ordnung in Beamten- und ähnl. Haushaltungen. Mit einem einleitenden Vorworte versehen von R. Bosse. gr. 4. (148 S.) Hannover 879, Klindworth. geb. *

Wirthschaftsbuch für deutsche Beamte auf die J. 1881—1885. Mit einem Vorworte: Ueber die Ordnung der Privatwirthschaft mit besond. Rücksicht auf den Haushalt der Beamten von R. Bosse. schmal Fol. (à Jahrg. ca. 135 S.) Hannover, Klindworth. cart. à Jahrg.

Wirthschaftsbuch für deutsche Beamte auf die J. 1886—1889. Mit einem Vorworte: Ueber die Ordnung der Privatwirthschaft mit besond. Rücksicht auf den Haushalt der Beamten von R. Bosse. hoch 4. (à Jahrg. ca. 100 S.) Hannover, Klindworth. cart. à Jahrg.

Wirthschaftsbuch für deutsche Beamte auf d. J. 1892. Mit e. Vorwort: Ueber die Ordnung der Hauswirthschaft m. besond. Rücksicht auf den Haushalt der Beamten, v. R. Bosse. Fol. (113 S.) Hannov., Klindworth. cart. ** 1 25

Wirtschaftsbuch f. deutsche Beamte auf d. J. 1895. Mit e. Vorwort u. e. Einleitg.: Ueber die Ordnung der Hauswirtschaft m. besond. Rücksicht auf den Haushalt der Beamten, v. R. Bosse. Fol. (II, 111 S.) Hannover, Klindworth. Kart. n.n. 1. 25

Wirtschaftsbuch f. deutsche Beamte auf d. J. 1898. M. e. Vorworte u. e. Einleitg.: Ueber d. Ordng. d. Hauswirthschaft m. bes. Rücksicht auf d. Haushalt d. Beamten, v. R. Bosse. Fol. (II, 115 S.) Hannover 897. Klindworth. Kart. n.n. 1. 25

— f. deutsche Beamte auf d. J. 1903. Mit e. Vorworte u. e. Einleitg.: Ueber die Ordng. der Hauswirthschaft m. besond. Rücksicht auf den Haushalt der Beamten, v. R. Bosse. Fol. (II, 112 S.) Hannover, B. Pokrantz. Kart. n. 1. 35

Wirtschaftsbuch f. deutsche Beamte auf d. J. 1907. Mit Vorwort u. e. Einleitg.: Ueber die Ordng. der Hauswirtschaft m. besond. Rücksicht auf den Haushalt der Beamten, v. R. Bosse. (28. Jahrg.) (II, 114 S.) Fol. Hannover, B. Pokrantz. Kart. n.n. 1. 35

Wirtschaftsbuch f. deutsche Beamte auf d. J. 1911. Mit Vorwort u. Einleitg.: „Über d. Ordng. d. Hauswirtschaft m. besond. Rücksicht auf den Haushalt der Beamten", v. R. Bosse. (32 Jahrg.) (II, 114 S.) Lex. 8. Hannover, B. Pokrantz. Kart. nn 1. 40

—— für deutsche Beamtenfrauen auf die J. 1881—1885. schmal Fol. (à Jahrg. ca. 36 S.) Ebendas. cart. à Jahrg.

—— für deutsche Beamtenfrauen auf das J. 1888. hoch 4. (35 S.) Ebendas. cart.

—— für deutsche Beamtenfrauen auf d. J. 1892. Fol. (39 S.) Hannov., Klindworth. cart. ** — 60
erscheinen alljährlich.

— für deutsche Beamtenfrauen auf d. J. 1895. Fol. (43 S.) Ebd. Kart. n.n. — 60

— für deutsche Beamtenfrauen auf d. J. 1898. Fol. (43 S.) Ebd. Kart. n.n. — 60

— f. deutsche Beamtenfrauen auf d. J. 1903. Fol. (43 S.) Ebd. Kart. n.n. — 65

— für deutsche Beamtenfrauen auf d. J. 1907. (27. Jahrg.) (40 S.) Fol. Ebd. Kart. n.n. — 65

— f. dtsch. Beamtenfrauen auf d. J. 1911. (31. Jahrg.) (40 S.) Lex. 8. Ebd. Kart. nn — 70

Wirthschafts-Buch f. Damen. Auf alle Tage im Jahre. gr. 8. (78 Blätter.) Elbing 837. (Berlin, Nicolaische Bh.) *

Wirthschaftsbuch f. Damen u. Herren, oder Haushaltungs-Contobuch auf 1 Jahr. gr. 8. (8 1/8 B. u. 10 Wäschtab.) Glogau 843, Flemming.

— für die Hausfrau. Ein prakt. Buch f. den tägl. Gebrauch. Ausg. 1892. gr. 8. (157 S. m. 12 Farbendr.) Nürnberg, G. Brunner. Geb. in Leinw. n. 1. —

— der Hausfrau f. d. J. 189 . . Zusammengestellt v. Frz. Kneschaurek. 4. (III, 131 S.) Graz 893. Leuschner & Lubensky. Geb. n. 1. 80

— für die Hausfrau. schmal Fol. (54 S.) Berlin (898). (M. Rockenstein.) Geb. n. 1. —

— der deutschen Hausfrau. Hrsg. v. Joh. Gust. Groß. Jahrg. 190.. schmal Fol. (IV, 40 S.) Cassel 899. (J. G. Oncken Nachf.) Kart. n. —80; geb in Lederpap. n. 1.—

—— für Hausfrauen. gr. 4. (58 S.) Baruth 889, Döring. cart. 1 —

— für sparsame Hausfrauen. Hrsg. v. der Wochenschrift „Für's Haus". (II, 102 S.) schmal Fol. Berlin (903). Deutsches Druck- u. Verlagshaus. Kart. n. 1.—

— f. sparsame Hausfrauen. Hrsg. v. der prakt. Wochenschrift „Fürs Haus". 2., neu bearb. Aufl. (II, 104 S.) Lex. 8. Berlin (907). Deutsches Druck- u. Verlagshaus. Kart. 1.20

Anonym: „Wirthschaftsbuch für große und kleine Haushaltungen", Leipzig 1795 (Leo). Neue Auflage ebenda 1802.

Wirtschafts- u. Haushaltungsbuch, nebst e. Verzeichnis empfehlenswerter Bücher, welche zu Festgeschenken geeignet sind. (Ausg. 1907.) (144 u. 72 S.) gr. 8. Hildesheim, F. Borgmeyer. Kart. n. 1.—

Wirtschafts- u. Haushaltungsbuch, nebst e. Verzeichnis empfehlenswert. Bücher, welche zu Festgeschenken geeignet sind. (Ausg. 1908.) (144 u. 68 S.) gr. 8. Hildesheim, F. Borgmeyer. Kart. 1.—

—— für d. ganze Jahr, welches e. genaue Uebersicht d. Wirthschafts-Ausgaben eines jeden Tages im Jahre gewährt. gr. 16. (1 B.) Berlin 836, Lewent.
Ist auch ein Anhang zu: H. v. d. Hövel, Rathgeber für Damen.

— dass. Mit Wäschtabellen u. Erinnerungstafeln. 8. Brandenburg 840. Müller. 1/2 ℔

Anonym: „Kompendiöses Wirthschaftsbuch für Frauenzimmer, worin gründlicher, vollständiger und deutlicher Unterricht gegeben wird zur Besorgung des Kellers und der Vorrathskammer, imgleichen zur Verrichtung der gewöhnlichen weiblichen Geschäfte und zur zweckmäßigen Anwendung verschiedener häuslicher Gesundheits- und einiger Schönheitsmittel", Quedlinburg 1806 (Ernst); dasselbe, wohlfeile Ausgabe ebenda 1817.

Kurtz abgefaßtes schlesisches Wirthschaffts-Buch [Wirtschaftsbuch]... Mit 2 wohl approbirten Vieh- und Roß-Artzney Büchern und allerhand dienlichen Hauß-Mitteln versehen. Von T. - Breßlau & Liegnitz: Rohrlach 1700. 684 S. 8°

Wirthschaftsbuch, das neue, f. Frauenzimmer, giebt Unterricht in allen u. nützl. wirthschaftl. Kenntnissen ꝛc. 8. Grätz 792. Ferstl. 12 kr

Anonym: „Das neue Wirthschaftsbuch für Frauenzimmer; giebt Unterricht in allen möglichen nützlichen wirthschaftlichen Kenntnissen . . . . ., herausgegeben von einer der Wirthschaft emsig beflissenen Hausmutter", 2. Auflage Grätz 1792 (Trötscher).

— ökonom.-prakt., f. Haus- u. Landwirthe auf jeden Monat im Jahre, mit eingedruckt. 20 Kpf. gr. 4. Nürnb. ... R. X. 804. Riegel u. W. 1 ℔ 16 kr

— für durchschnittliche häusliche Verhältnisse. Auf Grund eigener Erfahrgn. zusammengestellt v. e. Hausfrau. gr. 4. (IV, 82 S.) Wolfenbüttel 902. J. Zwissler. Kart. n. 1.—

Die Wirtschaftseinrichtung vom Revier Altdorf, Forstbezirks Weingarten. - Ravensburg 1865. 65 S.

Die Wirthschafts-Einrichtung vom Revier Schwann, Forstbezirks Neuenburg, von 1880 im Auszug. - Wildbad 1880. 21 S., m. Formul.

Wirtschaftseinrichtung für die Staatswaldungen des Reviers Bebenhausen, Forsts Tübingen, vom Jahr 1865. - Stuttgart 1897. 54 S.

Wirtschaftsergebnisse der Großherzoglich Mecklenburg-Schwerinschen Kameral-Forste für . . . - Schwerin. 1903-1918.
Forts. s.: Wirtschaftsergebn. d. Mecklenb.-Schwerinsch. Staatsforsten

Wirtschaftsfragen, südwestdeutsche. Veröffentlichungen des Vereins zur Wahrg. der gemeinsamen wirtschaftl. Interessen der Saarindustrie u. südwestl. Gruppe des Vereins deutscher Eisen- u. Stahlindustrieller. Hrsg. von Alex. Tille. 1.—6. Heft. gr. 8. Saarbrücken, H. Hecker. à n. 1.—

Eisenteil, der, des österreichisch-ungarischen Zolltarifsentwurfes von 1903 nebst Begründung. (63 S.) 903. (Hft. 1.)
Entwurf e. Schemas f. die Eisenwaren des neuen amtlichen Warenverzeichnisses für das Deutsche Reich. (54 S.) 904. (Hft. 2.)
Tille, Alex., die Kanalisierung der Saar von Brebach bis Konz. Denkschrift der Handelskammer Saarbrücken, des Vereins zur Wahrg. der gemeinsamen wirtschaftl. Interessen der Saarindustrie u. der südwestl. Gruppe des Vereins deutscher Eisen- u. Stahlindustrieller, im Auftrage der drei Körperschaften verf. (III, 66 S.) 904. (Hft. 3.)
Tille, Alex., die Preispolitik der staatlichen Saarkohlengruben 1892 bis 1903. [Aus: „Jahresbericht d. Handelskammer Saarbrücken".] (III, 59 S.) 904. (Hft. 4.)
Werneburg, P., Denkschrift üb. die Rentabilität der Moselkanalisierung unter Berücksicht. des Schleppmonopols. (VI, 34 S.) 906. (Hft. 5.)
— dasselbe, der Saarkanalisierung unter Berücksicht. des Schleppmonopols. (V, 38 S. m. 1 Taf.) 906. (Hft. 6.)

Wirtschaftsfragen, südwestdeutsche. Veröffentlichungen des Vereins z. Wahrg. d. gemeinsamen wirtschaftl. Interessen der Saarindustrie u. südwestl. Gruppe d. Vereins deutscher Eisen- u. Stahlindustrieller. Hrsg. v. Alex. Tille. 7.—16., 19. u. 20. Heft. Lex. 8. Saarbrücken, C. Schmidtke. 14.—

Förder- u. Preispolitik, die, des staatl. Saarkohlenbergbaues 1902—1910. Denkschrift d. Handelskammer Saarbrücken. [Aus: „Jahresberichte der Kammer f. 1909".] (53 S.) 910. (Heft 20.) 1.—
Handelshafen, der, d. Saarstädte. I. Denkschrift d. Handelskammer Saarbrücken. Im Auftrage der Kammer verf. v. P. Werneburg, O. Henze, H. Rupp u. Alex. Tille. (XII, 65 S. m. 1 Taf.) 907. (Heft 9.) 1.—
— Dasselbe. II. Kartenwerk zu der Denkschrift der Handelskammer Saarbrücken üb. den Handelshafen der Saarstädte. Im Auftrage der Kammer bearb. v. O. Henze u. H. Rupp. (10 farb. Bl.) 907. (Heft 10.) 3.—
Tille, Alex., die Ausgleichung der Roheisenselbstkosten in Südwestdeutschland-Luxemburg u. Niederrheinland-Westfalen 1902—1907. Denkschrift der Handelskammer Saarbrücken, der südwestl. Gruppe des Vereins deutscher Eisen- u. Stahlindustrieller u. des Vereins z. Wahrg. d. gemeinsamen wirtschaftl. Interessen d. Saarindustrie. Im Auftrage d. Körperschaften verf. (67 S.) 908. (Heft 16.) 1.—
— Die Finanzierung der Mosel- u. Saar-Kanalisierung. Denkschrift der Handelskammer Saarbrücken. Im Auftrage der Kammer verf. (33 S.) 907. (Heft 12.) 1.—
— Zur Geschichte der Saarflößerei u. Saarschiffahrt. (III, 45 S.) 907. (Heft 7.) 1.—
— Die Mosel- u. Saarkanalisierung als Ausgleichsforderung der südwestdeutsch-luxemburgischen Eisenindustrie f. die nordwestpreußischen Wasserstraßen. Eine Erwiderg. der Handelskammer Saarbrücken, der südwestl. Gruppe des Vereins deutscher Eisen- u. Stahlindustrieller u. des Vereins zur Wahrg. der gemeinsamen wirtschaftl. Interessen der Saarindustrie auf die Denkschrift der Handelskammer Duisburg gegen die Kanalisierung der Mosel u. Saar vom 17. IX. 1907. Im Auftrage der drei Körperschaften verf. (V, 79 S.) 907. (Heft 13.) 1.—
— Die Mosel- u. Saarkanalisierung u. die niederrheinisch-westfälische Eisenindustrie. Eine Erwiderg. der Handelskammer Saarbrücken, der südwestl. Gruppe des Vereins deutscher Eisen- u. Stahlindustrieller u. des Vereins zur Wahrg. der gemeinsamen wirtschaftl. Interessen der Saarindustrie auf die Denkschrift der Handelskammer Duisburg gegen die Kanalisierg. der Mosel u. Saar vom 9. I. 1907. Im Auftrag der drei Körperschaften verf. (V, 112 S.) 907. (Heft 8.) 1.—
— Der Rückgang der südwestlichen Eisenwerke in der Eisenindustrie des deutschen Zollgebietes 1902—1907. Denkschrift der Handelskammer Saarbrücken, der südwestl. Gruppe des Vereins deutscher Eisen- u. Stahlindustrieller u. des Vereins zur Wahrg. der gemeinsamen wirtschaftl. Interessen d. Saarindustrie. Im Auftrage der Körperschaften verf. (134 S.) 908. (Heft 15.) 1.—
Werneburg, P., über die Ausführung u. Verwertung von Wasserkraftwerken an kanalisierten Flüssen, insbesondere an der zu kanalisierenden Mosel u. Saar. (35 S. m. 2 farb. Taf.) 909. (Heft 14.) 1.—
— Schiffsbetrieb u. Schleusengröße auf kanalisierten Flüssen. (40 S. m. 2 graph. Taf.) 907. (Heft 11.) 1.—
Zur Geschichte des Planes e. Maas-Ourthe-Sauer-Moselkanales. Zwei belgisch-luxemburg. Denkschriften aus den J. 1838 und 1848. Aus dem Franz. übertr. v. Alfr. Weyhmann. (61 S. m. 1 Karte.) 909. (Heft 19.) 1.—
Heft 1—6 jetzt Ebd. 903—06. 6.—; die Hefte 17 u. 18 sind noch nicht erschienen.

Das Argentinisch-Brasilische **Wirtschaftsgebiet** und die österreichische Schiffahrt. Bericht d. Direktion d. K. K. österr. Handelsmuseums z. Frage d. Neuregelung d. Schiffahrtsdienstes nach Südamerika. Wien: Manz in Komm. 1907. (44 S.) 4°(8°)
= **Berichte**, Kommerzielle, hrsg. v. K. K. österr. Handelsmuseum. No 6.
[07. 17915

Wirthschaftsgeheimnisse, neu entdeckte, enth. 300 prakt., bis jetzt geheim gehaltene Anweisungen die unentbehrlichsten Lebensbedürfnisse bei gleicher Güte um die Hälfte billiger als bisher beschaffen zu können. Nebst Angabe: der unfehlbarsten Mittel zur sichern Vertilgung der für jede Haushaltung schädlichen Thiere. (Neue Titel-Ausg.) 8. (XVIII und 484 S.) Waldenburg 850, Kühn. Thlr.

Wirtschafts-Genossenschaft, die. Zeitschrift des Beamten-Wirtschafts-Vereins zu Berlin, e. G. m. b. H. Hrsg. u. Red.: Frz. Becker. 1.—3. Jahrg. 1904—1906. à 12 Hefte. (186, 270 u. II, 260 S.) Lex.-8. Berlin, C. Heymann. à Jhrg. 4. —

Wirtschafts-Genossenschaft, die. Zeitschrift des Beamten-Wirtschafts-Vereins zu Berlin, e. G m. b. H. Red.: Frz. Becker. 4.—6. Jahrg. 1907—1909. à 12 Hefte. (6. Jahrg. 248 S.) Lex. 8. Berlin, C. Heymann. à Jahrg. 4. —

Wirtschafts- u. Schankgesetze, die neuesten, enth.: Die Verwaltungs- u. polizeil. Vorschriften üb. das Gewerbe der Gast- u. Schankwirte, sowie der Händler m. Branntwein u. Spiritus. Unter Berücksicht. d. Gesetzes, betr. die Abänderg. der Gewerbe-Ordng. vom 1. Juli 1883, zum Handgebrauche praktisch bearb., systematisch geordnet u. m. erklär. Erläutergn. versehen. 12. (IV, 51 S.) Neuwied 884. Heuser's Verl. cart. — 40

Wirtschaftsgrundsätze für die der Staatsforstverwaltung unterstellten Waldungen des Großherzogtums Hessen. - Darmstadt 1905. 145 S. hrsg. v. Großherzogl. Minist. d. Finanzen Abt. Forst- u. Kameralverw.

Das **Wirtschaftsjahr** 1902. Jahresberichte über d. Wirtschafts- u. Arbeitsmarkt. Für Volkswirte u. Geschäftsmänner, Arbeitgeber u. Arbeiterorganisationen von Richard Calwer. T. 1. *Jena: G. Fischer 1903.* 8°

Wirtschaftsjahr, das. Jahresber. üb. d. Wirtsch.- u Arbeitsmarkt, hrsg. v. R Calwer. I. Handel u Wandel in Deutschl. 1902-05. — II. Weltwirtsch. 1902-04. Jena 1903-06

Wirtschaftsjahr, das. Jahresberichte über den Wirtschafts- und Arbeitsmarkt, herausgegeben von R Calwer. I. Handel und Wandel (in Deutschland) 1906-10. II. Jahrbuch der Weltwirtschaft. 1905-07. Jena 1907-13

Wirthschaftsjahr, das deutsche, 1880. Nach den Jahresberichten der Handelskammern dargestellt von dem General-Secretariat des deutschen Handelstages. gr. 8. (VIII, 442 S.) Berlin 881, Simion. ✝

DAS DEUTSCHE WIRTHSCHAFTSJAHR ... Nach den Jahresberichten der Handelskammern dargestellt von dem General-Secretariat des Deutschen Handelstages.
1880. Berlin 1881. Leonhard Simion. 8°.
1881. ib. 1882. Im Selbstverlage des General-Secretariats des Deutschen Handelstages (W. Annecke).
1882. ib. 1884. Ernst Siegfried Mittler und Sohn.

Wirthschaftsjahr, das deutsche, **1881.** Nach den Jahresberichten der Handelskammern dargestellt v. dem General-Secretariat d. deutschen Handelstages. gr. 8. (XI, 568 S.) Berlin 882. (Puttkammer & Mühlbrecht.) n.n. 8. —

— dasselbe. 1882. gr. 8. (XI, 801 S.) Ebend. 884. n. 10. —; geb. n.n 11. 50

Wirthschaftsjahr, das deutsche, 1883. Nach den Jahresberichten der Handelskammern dargestellt von dem General-Secretariat des deutschen Handelstages. gr. 8. (XI, 839 S.) Berlin 885, Mittler und Sohn. geb.

Wirthschaftsjahr, das deutsche, **Fortsetzg.,** s. **Bewegung, die wirthschaftliche, v. Handel u. Industrie.**

Wirtschaftskalender

—— s. **Haus-, Wirthschafts- und Volks-Kalender.**

„Allgemeiner Wirthschaftskalender", herausgegeben von der k. k. böhmischen ökonomischen patriotischen Gesellschaft zu Prag, Prag 1831—1840 (Haase). Derselbe gekürzt, ebenda 1831 bis 1840.

Wirthschafts-Kalender für deutsche Ansiedler im südlichen Russland auf das Jahr 1863. Als Beilage des Unterhaltungsblattes herausgegeben durch die Redaction desselben. 8. Odessa 1863.

Wirthschafts- und Geschäfts-Kalender auf das J. 1882. 4. (44 S.) Hoyerswerda, Wenzel.

Wirthschafts- u. Haus-Kalender auf d. J. 1850. 4. (32 S.) Sondershausen, Eupel. 2 ngr

Wirthschafts- und Haus-Kalender auf das J. 1854. 4. (32 S.) Sondershausen 853, Eupel's Verlag.

—— dass. — auf die J. 1855—57. 4. (à Jahrg. 32 S. mit eingedr. Holzschn.) Ebds. 854—56. à Jahrg. **

Wirthschaftskalender, f. Hauswirthe u. f. Hauswirthinnen. 8. Hambg. Herold. 770.

Wirthschafts-, Belehrungs- u. Auskunfts-Kalender, illustrirter, für die gebildete Frauenwelt auf das Schaltjahr 1852 u. das J. 1853. 1 u. 2. Jahrg. gr. 8. (1852: LXIV u. 193 S. m. eingedr. Holzschn., 1 Stahlst., 1 Musikbeilage in gr. 4. u. 2 Tab. in gr. 4. 1853: II u. 196 S. m. eingedr. Holzschn., 1 Stahlst., 2 Holzschntaf. u. 1 lith. Musikbeilage in 4.) Wien, Benedikt. 1852: n. 16 ngr 1853: 1/2 rf

Wirthschafts- und Haus-Kalender, kleiner. 5.—10. Jahrg. 1880—1885. 4. (à Jahrg. ca. 64 S.) Winterberg, Steinbrener's Verlag. à Jahrg. *

Wirthschafts- und Hauskalender, kleiner, auf die J. 1886—1889. 4. (à Jahrg. 60—80 S. mit Illustr.) Winterberg, Steinbrener. à Jahrg.

Wirthschafts- und Hauskalender, Kleiner, auf das gemeine Jahr 1890. Mit mehreren Illustrationen und Jahrmarktsverzeichniß. 4. (80 S.) Ebda. —.25

Wirthschafts- u. Haus-Kalender, kleiner, auf d. J. 1891. 4. (48 u. 32 S. m. Abbildgn.) Winterberg. Steinbrener. n. — 50

Wirtschaftskalender, Kleiner, und Hauskalender auf das Schaltjahr 1892. 4. (48 S. u. Jahrmärkte-Verzeichniß) Winterberg: J. Steinbrener 1891.

Wirtschaftskalender, Kleiner, und Hauskalender auf das Jahr 1893. 4. (48 S. und Jahrmärkte-Verzeichniß) Winterberg: J. Steinbrener 1892.

Wirthschaftskalender, Kleiner, und Hauskalender auf das Jahr 1894. 4. (48 S. und Jahrmärkte-Verzeichniß) Ebda. —.25

Wirthschaftskalender, Kleiner, und Hauskalender auf das Jahr 1895. 4. (48 S. und Jahrmärkte-Verzeichniß) Ebda. —.25

Wirtschafts- u Haus-Kalender, kleiner, auf d. J. 1896. M. mehr. Illustr. u. Jahrmarkts-Verzeichniß. 4. (48 u. 86 S.) Winterberg, J. Steinbrener. n. — 50

Wirthschaftskalender, Kleiner, und Hauskalender auf das Jahr 1897. 4. (48 S. und Jahrmärkte-Verzeichniß) Ebda. —.25

Wirthschaftskalender, Kleiner, und Hauskalender auf das Jahr 1898. 4. (48 S. und Jahrmärkte-Verzeichniß) Ebda. —.25

Wirthschaftskalender, Kleiner, und Hauskalender auf das Jahr 1899. 4. (48 S. und Jahrmärkte-Verzeichniß) Ebda. —.25

(F) Kleiner Wirthschafts- und Haus-Kalender für das Jahr 1900. Mit mehreren Illustrationen und Jahrmarktsverzeichniss. Winterberg Steinbrener. Gr.-8°. 48, XVI S. K —.50

Wirtschafts- u. Haus-Kalender, kleiner, f. d. J. 1907. **Mit mehreren Illustr. u. Jahrmarkts-Verzeichnis.** (48, XVI u. XVI S.) gr. 8. **Winterberg,** J. Steinbrener. — 36

(F) Kleiner Wirtschafts- und Hauskalender für das Jahr 1908. Gr.-8°. Ebda. K — 50

Wirtschafts- u. Haus-Kalender, kleiner, f. d. J. 1911. Mit mehreren Illustr. u. Jahrmarkts-Verzeichnis. 33. Jahrg. (48, XVI u. XVI S.) gr. 8. Winterberg, J. Steinbrener. — 40

Wirtschafts-Kalender, Kottbuser, f. 1895. 1. Jahrg. 4. (III, 26 u. 16 S.) Kottbus, A. Petersdorf & Co. — 25

Wirtschafts-Kalender, Kottbuser, für 1899. 5. Jahrg. Lex.-8. (57 u. 7 S. m. Abb., 1 Farbdr., 1 Wand- u. 1 Portemonnaiekal.) Kottbus, A Petersdorf. — 25

— **für den schlesischen Landwirth 1895, nebst Beilage: Berechnung des steuerpflicht. Einkommens f. das Wirthschaftsjahr.** 2. Jahrg. Hrsg. vom landwirthschaftl. Central-verein f. Schlesien. Unter Mitwirkg. v. Buhl, Grützner, Kromeler ꝛc. bearb. v. Wohltmann. gr. 8. (II, 86, 44, 40 u. 4 S.) Breslau, W. G. Korn. Geb. n.n. 1. 30

— f. d. schlesischen Landwirth 1897, nebst Beilage: Berechnung d. steuerpflicht. Einkommens f. d. Wirthschaftsjahr. 4. Jahrg. Hrsg. v. landwirthschaftl. Centralverein für Schlesien. Unter Mitwirkg. v. Buhl, Grützner, Kromeier ꝛc. bearb. v. Wohltmann. gr. 8. (IV, 86, 44, 40 u. 4 S.) Breslau, W. G. Korn. Geb. n.n. 1. 30

Wirthschafts-Kalender, neuer, auf d. J. 1849—1851, hrsg. von der k. k. patriot.-ökonom. Gesellschaft im Königr. Böhmen. 4. (1849 u. 50: à 120 S. m. eingedr. Holzschn.) 1851. Die astronom. Artikel sind bearb. von Karl Kreil. (120 S. m. eingedr. Holzschn. u. 1 Holzschntaf.) Prag, Haase Söhne. à baar n. n. 1/6 ꝥ

Wirthschafts-Kalender, neuer, auf die J. 1852 und 1853., hrsg. von der k. k. patriotisch-ökonom. Gesellschaft im Königr. Böhmen. Die astronom. Artikel sind bearb. von C. Jelinek. 4. Prag, Haase Söhne. à Jahrg. * *

Wirthschafts-Kalender, neuer, auf das Jahr 1853. Herausgeb. von der k. k. patriotisch-ökonomischen Gesellschaft in Böhmen. 4. (104 S.) Prag, Gottl. Haase Söhne.

Wirthschafts-Kalender, neuer, auf das Jahr 1853. Herausg. von der k. k. patriotisch-ökonomischen Gesellschaft in Böhmen. 12. (144 S.) Prag, Gottl. Haase Söhne.

Wirthschafts-Kalender, Neuer — auf das gemeine Jahr von 365 Tagen 1854, herausgegeben von der k. k. patriotisch-ökonomischen Gesellschaft im Königreiche Böhmen. Die astronomischen Artikel sind bearbeitet von Herrn Dr. Jos. G. Böhm. Mit Ausnahme der ökonomischen Aufsätze redigirt von Franz Klutschak. 4. (116 S.) Prag. Gedruckt bei Gottlieb Haase Söhne.

Wirthschafts-Kalender, Neuer — auf das gemeine Jahr von 365 Tagen 1855, herausgegeben von der k. k. patriotisch-ökonomischen Gesellschaft im Königreiche Böhmen. Der astronomische Theil bearbeitet von Dr. Jos. G. Böhm. Mit Ausnahme der ökonomischen Aufsätze redigirt von Franz Klutschak. 4 (114 S.) Prag. Gedruckt bei Gottlieb Haase Söhne.

—— dass. — auf die J. 1856 und 1857., hrsg. von der k. k. patriotisch-ökonom. Gesellschaft im Königr. Böhmen. 8. (à Jahrg. 96 S. mit eingedr. Holzschn. und 1 Holzschnt.) Ebds. à Jahrg. *

Wirthschafts-Kalender, neuer — auf das Schaltjahr von 366 Tagen 1856, herausgegeben von der k. k. patriotisch-ökonomischen Gesellschaft im Königreiche Böhmen. Der astronomische Theil ist bearbeitet vom Herrn Dr. Josef G. Böhm. Mit Ausnahme der ökonomischen Aufsätze, redigirt von Franz Klutschak. Prag. Gedr. und zu haben bei Gottlieb Haase Söhne. (112 S. 4.)

Wirthschafts-Kalender, neuer — auf das gemeine Jahr von 365 Tagen 1857, herausgegeben von der k. k. patriotisch-ökonomischen Gesellschaft im Königreiche Böhmen. Der astronomische Theil ist bearbeitet vom Herrn Dr. Josef G. Böhm. Mit Ausnahme der ökonomischen Aufsätze redigirt von Franz Klutschak. Prag. Gedruckt und zu haben bei Gottlieb Haase Söhne. (112 S. 4. Als Titelbild: Die St. Salvators-Votivkirche in Wien.)

Wirthschafts-Kalender, neuer, auf die J. 1858—62, hrsg. von der k. k. patriotisch-ökonom. Gesellschaft im Königr. Böhmen. 8. (à Jahrg. 96 S. mit eingedr. Holzschn. und 1 Holzschnt.) Prag, Haase Söhne. à Jahrg.

—— dass. — auf die J. 1858—62. Der astronomische Theil ist bearb. von Jos. G. Böhm. Mit Ausnahme der ökonomischen Aufsätze redig. von Frz. Klutschak. 4. Mit eingedr. Holzschn. und 1 Holzschnt. Ebendas. [1858. (112 S.) 1859. (126 S.) 1860. (112 S.) 1861. (112 S.) 1862. (118 S.) 1858—60 und 1862. à 7⅓ Ngr., 1861. 6 Ngr.]
Beide Ausgaben sind auch in böhmischer Sprache zu gleichem Preise erschienen.

Wirthschafts-Kalender, neuer, auf die J. 1863—68. Hrsg. von der k. k. patriotisch-ökonom. Gesellschaft im Königr. Böhmen. gr. 8. (à Jahrg. 96 S. mit eingedr. Holzschn. und 1 Holzschntaf.) Prag, Haase Söhne. à Jahrg.

Wirthschafts-Kalender, neuer, auf das Schaltjahr v. 366 Tagen 1864. Herausg. von der k. k. patriotisch-ökonomischen Gesellschaft im Königreiche Böhmen. Der astronom. Theil ist bearbeitet von Hrn. Dr. Jos. G. Böhm. Mit Ausnahme der ökonom. Aufsätze redigirt von Franz Klutschak. Mit 1 Titelbilde u. Holzschnitten im Text. 4. (116 S.) Prag, Haase Söhne. 27 kr.

Wirthschafts-Kalender, neuer, auf das gemeine Jahr von 365 Tagen 1865. Herausgeg. v. der k. k. patriotisch-ökonomischen Gesellschaft im Königreiche Böhmen. Der astronomische Theil ist bearbeitet von Dr. Jos. G. Böhm. Mit Ausnahme der ökonomischen Aufsätze redigirt von Franz Klutschak. Mit 1 Titelbilde u. Holzschnitten im Text. 4. (116 S.) Prag, Haase Söhne.

Wirthschafts-Kalender, N e u e r , auf das gemeine Jahr von 365 Tagen, 1866. Herausg. v. d. k. k. patriotisch-ökonom. Gesellschaft im Königreiche Böhmen. Der astronomische Theil ist bearbeitet von Dr. Jos. G. Klutschak. Mit 1 Titelbilde und Holzschnitten im Text. 4. (118 S.) Prag: Haase Söhne. 1865.

Wirthschafts-Kalender, neuer, auf das gemeine Jahr von 365 Tagen 1867. Herausg. von der k. k. patriotisch-ökonomischen Gesellschaft im Königreiche Böhmen. Der astronomische Theil ist bearbeitet von Dr. Josef G. Böhm. Mit Ausnahme der ökonomischen Aufsätze redigirt von Franz Klutschak. Mit 1 Titelbild und 1 Karte. 4. (114 S.) Prag, Haase Söhne. 27 kr.

Wirthschafts-Kalender, neuer, auf das Schaltjahr von 366 Tagen, 1868. Herausgegeben von der k. k. patriotisch-ökonomischen Gesellschaft im Königreiche Böhmen. Der astronomische Theil ist bearbeitet von Dr. Josef G. Böhm. Mit Ausnahme der ökonomischen Aufsätze redigirt von Franz Klutschak. Mit 1 Titelbilde. 4. (116 S.) Prag, Haase's Söhne. 27 kr.

Wirthschafts-Kalender, neuer, auf die J. 1869 und 1870. Hrsg. von der k. k. patriotisch-ökonom. Gesellschaft im Königr. Böhmen. Der astronom. Thl. von Carl Hornstein. Mit Ausnahme der ökonom. Aufsätze redig. von Frz. Klutschak. 4. (à Jahrg. 112 S. mit eingedr. Holzschn. und 1 Holzschntaf.) Prag, Haase und Söhne. à Jahrg.

—— dass. — auf das Schaltj. von 366 Tagen 1872, hrsg. von der k. k. patriotisch-ökonom. Gesellschaft im Königr. Böhmen. Redig. von Ferd. Hiller und Mor. Jonák. 4. (123 S. mit eingedr. Holzschn. und 1 Holzschntaf.) Prag, (Dr. Grégr und Dattel.)

—— neuer, auf das gewöhnl. J. 1873, begründet im J. 1773 von der k. k. patriotisch-ökonom. Gesellschaft im Königr. Böhmen. Hrsg. und redig. von Ferd. Hiller und Mor. Jonák. 4. (100 S. mit eingedr. Holzschn. und 1 Holzschntaf.) Prag, Calve'sche Universitäts-Buchh.

Wirthschafts-Kalender, Neuer, für das Jahr nach der Geburt Jesu Christi 1855, welches ein Gemeinjahr von 365 Tagen ist. Herausgegeben von der k. k. Landwirthschafts-Gesellschaft in Krain. Neue Zeitfolge. Zwölfter Jahrgang. 4. (64 S.) Laibach. Druck und Verlag von Josef Blasnik.

Wirthschaft-Kalender, neuer — für das Jahr nach der Geburt Jesu Christi 1857, welches ein Gemeinjahr von 365 Tagen ist. Herausgegeben von der k. k. Landwirthschaft-Gesellschaft in Krain. Neue Zeitfolge. 14. Jahrg. Laibach. Druck und Verlag des Josef Blasnik. (55 S. 4.)

Wirthschafts-Kalender, neuer, f. Katholiken u. Protestanten auf d. J. 1838—42. Hrsg. v. der k. k. Landwirthsch.-Gesellschaft in Wien. 1—5. Jahrg. gr. 4. Wien, (Beck's Univ.-Buchh.) à *

Wirthschafts-Kalender, neuer, f. Katholiken u. Protestanten auf d. J. 1843 u. 1844. Hrsg. v. der k. k. Landwirthschafts-Gesellschaft in Wien. 6. u. 7. Jahrg. 4. Wien, (Beck'sche Universit.-Buchh.) [1843 (8 B.) 8¾ Ngr., 44. (8¼ B.) 7½ Ngr.]

1—5. Jahrg. 1838—42. Ebendas. à * 8¾ Ngr.

— neuer, auf das J. 1848. Hrsg. von der k. k. Landwirthschafts-Gesellschaft in Wien. 11. Jahrg. 4. (56 S.) Wien, Beck in Comm. — neuer, f. Katholiken u. Protestanten auf d. J. 1849 u. 1850. Hrsg. von der k. k. Landwirthschafts-Gesellschaft in Wien. 12 u. 13. Jahrg. 4. (52 u. 61 S.) Ebd. in Comm. à n. 7 ngr

Neuer concessionirter Wirtschafts-u.Historien-Calender [Wirtschaftskalender]... (1830,1838: Königl.sächsischer allergnädigst privilegl.neu-städtischer Wirtschafts-u.Historien-Calender) 1830-32. 1834-39. Neustadt bei Stolpen:Richter [1829-38]. 8°

1830: [1829.]
1831: [1830.]
1832: [1831.]

1834: [1833.]
1835: [1834.]
1836: [1835.]
1837: [1836.]
1838: [1837.]
1839: [1838.]

Wirthschafts- und Historien-Kalender, neuer concessionirter, 1889. 4. (88 S.) Neustadt i. S., Mißbach.

Wirtschafts- u. Historien-Kalender, neuer concessionirter, 1896. 4. (40 S. m. Bildern, 2 Taf. u. Wandkalender.) Meißen, H. W. Schlimpert. n. — 40

Wirtschafts- u. Historien-Kalender, neuer, concession., 1899. 4. (60 S. m. Bild., 4 Taf. u. 1 Wandkalender.) Meißen, H. W. Schlimpert. — 40

Wirtschafts- u. Historien-Kalender, neuer, concessionirter, 1903. 4. (65 u. 5 S. m. Abbildgn., 2 Taf. u. 1 Wandkalender.) Meißen, H. W. Schlimpert. — 40

Wirtschafts- u. Historien-Kalender, neuer concessionirter. 1907. (55 u. 5 S. m. Abbildgn., 2 Taf. u. Wandkalender.) gr. 8. Meißen, H. W. Schlimpert. — 40

Wirtschafts- u. Historien-Kalender, neuer concessionierter, 1911. (64 u. 5 S. m. Abbildgn., 2 Taf. u. Wandkalender.) gr. 8. Meißen, H. W. Schlimpert. — 40

Wirthschafts-Kalender, Neuer — mit der Praktik auf das gemeine Jahr nach der gnadenreichen Geburt unsers Herrn Jesu Christi 1854. 4. Innsbruck. Gedruckt und zu haben bei Felizian Rauch.

Wirthschafts-Kalender, Neuer — mit der Praktik auf das gemeine Jahr nach der gnadenreichen Geburt unseres Herrn Jesu Christi 1855.

Worin das genealogische Verzeichniß des regierenden österreichischen Kaiserhauses, die Aspekten der Planeten u. s. w enthalten sind. 4. (Falz. 6 Bog.) Innsbruck, gedruckt bei Felizian Rauch.

Wirthschafts-Kalender, Neuer — mit der Praktik auf das Schaltjahr nach der gnadenreichen Geburt unseres Herrn Jesu Christi 1856. Innsbruck, gedruckt und zu haben bei Felician Rauch. (26 Bl. 4.) Mit Abbildungen.

—— neuer, mit der Praktik auf das gemeine J. 1862. 4. Innsbruck, F. Rauch.

Wirtschafts- u. Historienkalender, Neuer Zwickauer, s. Wirtschafts- u. Historienkalender, Zwickauer.

Wirtschafts- u. Historienkalender,

—— —— neuverbesserter allgemeiner deutscher, 1889. 4. (48 S.) Ebendas.

— — **neuverbesserter Neustädter, auf d. J. 1895. 4. (42 S. m. Bildern.) Ebd.** n. — 20
Bilden die mittle u. kleine Ausg. des Zeitboten. Der Neustädter Kalender erschien bisher u. d. T.: Wirtschafts- u. Historien-Kalender, neu verbesserter allgemeiner deutscher.

— — neuverbesserter Neustädter, auf d. J. 1899. 4. (44 S. m. Bildern.) Ebd. — 20
Bilden die mittle u. kleine Ausgabe des „Zeitboten".

— — **neuverbesserter Neustädter, auf d. J. 1903. 4. (41 u. 5 S. m. Abbildgn.) Ebd.** — 20
Bilden die kleine u. mittle Ausg. des Zeitboten.

— — neuverbesserter Neustädter, auf d. J. 1907. (39 u. 5 S. m. Abbildgn.) gr. 8. Ebd. — 20
Bilden die kleine u. mittle Ausg. v.: Zeitbote, der.

— — neuverbesserter Neustädter, auf d. J. 1911. (42 u. 5 S. m. Abb.) gr. 8. Ebd. — 20
Bilden die kleine u. mittle Ausg. v.: Zeitbote, der.

(F) Österreichischer Wirtschaftskalender für Land- und Forstwirte etc. für das Jahr 1905. Lex.-8°. (211 S.) K 1.20
Pilsen: Volksschriftenverlag 1904.

Wirtschafts-Kalender, österreichischer, f. Land- u. Forstwirte, Weinbauer, Gartenbesitzer u. Bienenzüchter f. d. J. 1906 m. Geschäfts- u. Vormerkblättern. (212 S. m. 2 Bildnissen.) Lex.-8. Pilsen, Pilsner Volksschriften-Verlag. Kart. 1. —

Wirthschafts-Kalender, Prager — auf das gemeine Jahr 1854. 3. Jahrgang. 8. Prag und Leitmeritz. Verlegt bei Karl Wilhelm Medau.

Wirthschafts-Kalender, Prager — auf das gemeine Jahr 1855. 4. Jahrgang. 8. Mit 1 Abbildg. Prag und Leitmeritz. Verlegt bei Karl W. Medau:

Wirthschafts- und Historien-Kalender, Sorauer, auf die J. 1881—1885. 63.—67. Jahrg. 4. (à Jahrg. ca. 76 S. mit eingedr. Holzschn., 1 Chromolithogr. und 1 Wandkalender.) Sorau, (Zeidler.) à Jahrg.

—— —— Sorauer, auf die J. 1886—1889. 68.—71. Jahrg. 4. (à Jahrg. ca. 75 S. mit eingedr. Illustr., 1 Chromolithogr. und 1 Wandkalender.) Sorau, (Zeidler.) à Jahrg.

Wirthschafts- u. Historien-Kalender auf d. J. 1890—1893. 72.—75. Jahrg. 4. (à Jahrg. ca. 75 S. m. Abbildgn., 1 Farbendr., 1 Wand- u. 1 Portemonnaie-Kalender.) Sorau N.-L., (Zeidler). à Jahrg. * — 50

— — Sorauer, auf d. J. 1895. 77. Jahrg. 4. (85 S. m. Abbildgn., 1 Farbendr., 1 farb. Spieltaf., Wandkalender u. Portemonnaie-Kalender.) Sorau, (E. Zeidler). — 50

— — Sorauer, auf d. J. 1899. 81. Jahrg. 4. (82 S. m. Abb., 1 Farbentaf., 1 Wand- u. 1 Portemonnaiekal.) Sorau, Rauert & Pittius. — 50

— — Sorauer, auf d. J. 1901. 83. Jahrg. 4. (85 S. m. Abbildgn., 1 Farbentaf., 1 Wand-, 1 Portemonnaiekalender u. 3 Postkarten.) Sorau, Rauert & Pittius. — 50

Wirthschafts- und Volks-Kalender, s. Volks- und Wirthschafts-Kalender.

Wirtschafts- u. Historienkalender,

— — **Zwickauer, auf d. J. 1903. 4. (41 u. 5 S. m. Abbildgn.) Meißen, H. W. Schlimpert.** — 20

— — **neuer Zwickauer, auf d. J. 1911. (42 u. 5 S. m. Abbildgn.) gr. 8. Ebd.** — 20

Wirtschaftskarte. —

Kolonial-Wirtschaftliches Komitee. — Wirtschafts- und Verkehrskarte von Deutsch-Ostafrika. Red. v. P. SPRIGADE u. M. MOISEL. 1 : 5000000. ib. (1906.)

Wirthschafts-Karte von dem ersten Schleswig-Holsteinischen Provinzial-Forste Wahlstedt. 1:16 000. o. O. 1879. Lithographie. 1 Bl. 4°

Wirtschaftskrisis, d. letzte deutsche, s. Biermer, Aufsätze.

Wirthschaftsmann, der erfahrene u. belehrende, oder 205 erprobte Mittel u. Recepte. 8. Pirna 822. (Leipz., Kollmann). 8 gr

— der fleißige u. fröhliche, oder d. allgem. Hausfreund für gebildete Landleute u. Hauswirthe, für d. J. 1811 u. 1812. à 52 Hefte. Mit Kpf. 8. Leipz., Voß. (à 2 Thlr 4 gr) 4 Thlr 8 gr

Wirthschafts-Ordnung, die, von 1834, s. Normalien-Sammlung.

Wirthschaftsordnung, Großherzogl. Badische, mit den seither darüber ergang. belehr. Entscheidungen. 8. Karlsruhe 841, Artist. Institut. 8 ngr

FREILANDS WIRTSCHAFTSORDNUNG. Nach den von Theodor Hertzka am 29., 30. November, 1. Dezember 1893 zu Berlin gehaltenen Vorträgen herausgegeben von der Berliner Freilandgruppe. 2. Auflage. Berlin 1894. S. Gerstmann's Verlag. 8°.

Wirthschaftsplan v. Hohenheim f. d. J. 1859. Stuttg. 1859. 48 S. 1 Pl. P.

Wirtschaftsplan des Hohenheimer Gutes für das Jahr 1901; desgl. 1902, 03, 04, 05. Plieningen. Find 1901–05

Wirtschaftsplan des Hohenheimer Gutes für das Jahr 1909, 10, 12. Plieningen bezw. Vaihingen 1909–12.

Wirtschaftsplan über die Waldungen der Stadtbürgergemeinde Zürich, entworfen vom Stadtforstamt Zürich (Dr. U[lrich] Meister [Stadtforstmeister, und] Forstpraktikant V[ictor] Thom) im Sommer 1906 für den Zeitraum 1907—1916. [Mit 1 Plan.] 53 S. 8. Zürich, Zürcher & Furrer, 1907.

Wirtschaftspolitik, deutsche. Hrsg. u. Red.: Walth. Borgius. 2. Jahrg. Jan.—Septbr. 1904. 18 Nrn. (à ca. 24 S.) hoch 4. Berlin, F. Siemenroth. n. 7. 50
Erscheint nicht mehr.

Wirtschaftsprobleme, moderne. International. Beiträge zur neueren Wirtschaftsentwickelg. Hrsg.: Vikt. Leo. I.—III. Bd. Lex. 8. Berlin, C. Heymann. 34.—; geb. 43. —

Gilman, Nicholas P., Wege zum gewerblich. Frieden. (Methods of industrial peace.) Autoris. Uebersetzg. v. Dr. Bernh. Franke. (XII, 347 S.) 907. (Bd. I.) 8.—; geb. 11.—
Shadwell, Arth., M. A., England, Deutschland und Amerika. Eine vergleich. Studie ihrer industriellen Leistungsfähigkeit (Industrial efficiency). Ins Deutsche übertr. v. Felicitas Leo. (XX, 624 S.) 908. (Bd. II.) 16.—; geb. 19. —
Siegfried, André, Neu-Seeland. Eine sozial- u. wirtschaftspolit. Untersuchg. Übers. u. in einzelnen Teilen erweitert v. Max Warnack. (XVI, 351 S. m. 1 Karte.) 909. (Bd. III.) 10. —; geb. 13. —

Wirthschaftsprogramm, das, des Reichskanzlers. Vom Verf. der „Aphorismen über Getreidezölle". gr. 8. (32 S.) Berlin 879, [Wiegandt, Hempel und Parey.] Parey. *

Wirtschafts-Reformer. Im Anhang: Bekanntmachung vom 1. Juli 1889 betreffend die Führung des Genossenschaftsregisters und die Anmeldung zu demselben. Berlin 1889. Verlag von Franz Vahlen. 8°.

Wirtschaftsreformer: Der Wirtschaftsreformer
① Organ für die Durchführung des rein-genossenschaftlichen Prinzips ⑤ 1. 1. 1910–? ⑥ 2° ⑦ Monatl. [illegible] Zurich [illegible] Verlagsanstalt Zurich [illegible] ⑬ Auch Organ des Schweiz. [illegible]

Wirthschaftsregeln für das Frauenzimmer. (Quedlinburg 1757—58. V: *Reupsch, Johann Friedrich Lebrecht.* (Ky)

Anonym: „Wirthschaftsregeln für das Frauenzimmer", 3 Stücke, Quedlinburg 1758 (Biesterfeld).

Wirthschaftsregeln f. Frauenzimmer, (v. Jh. Fr. L. Reupsch). 3 Thle. 8. Quedlinb. 758. Reußner. 6 gl

Anonym „Wirthschaftsregeln für Landwirthinnen", Leipzig 1798 (Hilscher).

— neu abgefaßte, d. Haus- u. Landwirthschaft, in 2 Abtheill., mit 20 eingedruckten Kpf. gr. 4. Nürnb. 771. Riegel u. W. 1 ℔ 16 gl

Wirthschaftsregeln für die m. Tannen bestockten od. auf Tanne zu bewirthschaftenden Waldungen der elsaß-lothringischen Vogesen u. d. Jura. gr. 8. (41 S.) Straßb. 892, Straßburger Druckerei u. Verlagsanstalt. * 1 20

Wirthschafts-Reglement. T. 1. 2. Dresden 185[illegible]

Wirthschaftsspiegel, in e. nachrichtsamen Anleitung zur Hauswirthschaft. 12. Nürnb. 723.

Wirthschafts- u. Verwaltungsstudien, bayerische. 1. Hft. gr. 8. Erlangen 884. Deichert. n. 12. —; ohne Urkunden n. 6. —
Zur Geschichte der Colonisation u. Industrie in Franken. Von Geo. Schanz. (XVIII, 128 u. Urkunden X, 356 S.)

Wirthschafts- und Verwaltungsstudien, bayerische. Hrsg. von Geo. Schanz. 2. Bd. 1. Heft: Oekonomische Geschichte Bayerns unter Montgelas. 1799—1817. Von Ludw. Hoffmann. 1. Thl.: Einleitung. gr. 8. (146 S.) Erlangen 885, Deichert'sche Verlagsh. Nachf.
1. Bd. Ebendas. 1884. *M 12.—.; ohne Urkunden *M 6.—.

Wirtschafts- u. Verwaltungsstudien, bayerische. Hrsg. v. Geo. Schanz. 8. Bd. gr. 8. Leipzig 894. A. Deichert Nachf. n. 9. — (I—III.: n. 14. —)
Fränkische Handelspolitik im Zeitalter der Aufklärung. Ein Beitrag zur deutschen Staats- u. Wirtschafts-Geschichte v. Gfr. Zoepfl. (VIII, 348 S. m. 2 Karten.)

Wirtschafts- u. Verwaltungsstudien m. besond. Berücksicht. Bayerns. Hrsg. v. Geo. Schanz. IV—XVI. gr. 8. Leipzig, A. Deichert Nachf. n. 50. 10
IV. Der Obermain als Handelsstraße im späteren Mittelalter. Von Alfr. Köberlin. (VIII, 70 S.) 899. n. 1. 80
V. Anerben- u. Teilungssystem, dargelegt an den zwei pfälz. Gemeinden Gerhardsbrunn u. Martinshöhe. Von Wilh. Mayer. Mit 3 (farb.) Karten. (IX, 47 S.) 899. n. 2. —
VI. Das bayrische Sparkassenwesen. Von Rob. Schachner. (X, 132 S. m. graph. Darstellgn. u. 1 Taf.) 900. n. 3. —
VII. Die unehelichen Geburten als Sozialphänomen. Ein Beitrag zur Statistik der Bevölkerungsbewegg. im Königreich Bayern. Von Frdr. Lindner. Mit 2 (farb.) Karten. (X, 238 S.) 900. n. 4. 80
VIII. Siedelung u. Waldwirtschaft im Salzforst. Ein Beitrag zur deutschen Wirtschaftsgeschichte. Von Bruno Kmiotek. Mit e. Karte des Salzforstgebiets. (X, 194 S.) 900. n. 3. 60
IX. Die Reichsbank u. die bayerische Notenbank in ihrer gegenseit. Entwicklung in Bayern 1876 bis 1899. Von Karl Hell. Mit e. Karte. (XI, 68 S.) 900. n. 1. 60
X. Die geschichtliche Entwicklung des landwirtschaftl. Genossenschaftswesens in Deutschland von 1848/49 bis zur Gegenwart. Von Frdr. Müller. (XX, 552 S.) 901. n. 10. —
XI. Die Entwicklung der Lokalbahnen in Bayern. Von Fritz Lohmann. Mit e. Karte d. bayer. Vicinal- u. Lokalbahnen u. Angabe des Anlagekapitals, Verkehrs u. Betriebsergebnisse der einzelnen Linien bis zum J. 1899. (VII, 240 S.) 901. n. 6. 50
XII. Der Verband der Glacéhandschuhmacher u. verwandten Arbeiter Deutschlands. 1869—1900. Von Adam Carl Maier. (VIII, 392 S. m. 3 Abbildgn.) 901. n. 8. —
XIII. Zur Frage der Mobiliar-Feuerversicherg. im Königr. Bayern. Von Otto Rustmann. (VIII, 82 S.) 901. n. 1. 50
XIV. Die zukünftige Verkehrsentwicklung auf d. regulierten Main m. besond. Berücksicht. der Stadt Würzburg. Von Ernst Heubach. (X, 74 S.) 901. n. 1. 80
XV. Das Verlagssystem der Lauschaer Glaswaren-Industrie u. seine Reformierg. Von M. R. Weyermann. (X, 164 S.) 902. n. 3. 50
XVI. Die bayerischen Landstraßen, ihre Entwicklg. im XIX. Jahrh. u. ihre Zukunft. Eine historisch-krit. Studie aus dem Gebiete der bayer. Verkehrspolitik. Von Gottfr. Hartung. (VII, 107 S.) 902. n. 2. —
I—III. Ebd. 884—894 n. 14. —.

Wirtschafts- u. Verwaltungsstudien m. besond. Berücksicht. Bayerns. Hrsg. v. Geo. Schanz. XVII—XXVII. gr. 8. Leipzig, A. Deichert Nachf. n. 43. 20
Endrucks, Bernh., die Besteuerung des Wandergewerbes in den deutschen Bundesstaaten. (XII, 140 S.) 906. (XXVII.) n. 3 —
Habersbrunner, Frz., die Lohn-, Arbeits- u. Organisations-Verhältnisse im deutschen Baugewerbe m. besond. Berücksicht. der Arbeitgeber-Organisation. Eine volkswirtschaftl. Studie. (XIV, 200 S.) 903. (XIX.) n. 5. 25
Herzfelder, Emil, das Problem der Kreditversicherung m. besond. Berücksicht. der berufsmäß. Auskunftserteilung u. des außergerichtl. Vergleichs. (X, 226 S.) 904. (XX.) n. 4. 80
Hübschmann, Arth., die obligatorische Mobiliarbrandversicherung in der Schweiz. (VII, 91 S.) 903. (XVII.) n. 2. 40
Jenne, Heinr., das landwirtschaftliche Unterrichtswesen in Bayern. (X, 280 S.) 906. (XXVI.) n. 5. 50
Kambe, Masao, der russisch-japanische Krieg u. die japanische Volkswirtschaft. (VII, 75 S.) 906. (XXIV.) n. 1. 80
Limburg, Herm., die königl. Bank zu Nürnberg in ihrer Entwicklung 1780—1900. (X, 183 S.) 903. (XVIII.) n. 4. 25
Mehler, Siegfr., die Volksversicherung in der Schweiz. (VIII, 123 S.) 906. (XXV.) n. 2. 50
Pernwerth v. Bärnstein, Fdr., die Dampfschiffahrt auf dem Bodensee u. ihre geschichtliche Entwicklung während ihrer ersten Hauptperiode. (1821—1847.) Unter Benützung amtl. Quellen. (XIV, 241 S.) 905. (XXI.) n. 5. 40
— dasselbe, u. ihre geschichtliche Entwicklung im Zusammenwirken m. den Eisenbahnen während ihrer zweiten Hauptperiode (1847—1900). Mit 1 Karte. Unter Benützung amtl. Quellen. (XV, 302 S.) 906. (XXII.) n. 6. 80
Steinert, Valent., zur Frage der Naturalteilung. Eine Untersuchg. üb. die bürgerl. Verhältnisse des fränk. Grabfeldes. (VIII, 66 S.) 906. (XXIII.) n. 1. 50
I—XVI. Ebd. 884—902. n. 64. 10.

Wirtschafts- u. Verwaltungsstudien m. besond. Berücksicht. Bayerns. Hrsg. v. Geo. Schanz. 28—39. gr. 8. Leipzig, A. Deichert Nachf. 52. 85
Bing, Siegfr., die Entwicklung des Nürnberger Stadthaushalts von 1808 bis 1906. (X, 176 S.) 908. (Bd. 31.) 4. —
Born, Erich, die finanzielle Heranziehung der Zentralnotenbanken durch d. Staat in Europa. (X, 113 S.) 907. (Bd. 28.) 2. 20
Eßler, Ewald, das ärarialische Weingut in Unterfranken. 1805—1905. (XII, 153 S.) 908. (Bd. 32.) 4. —
Frankenberg, Hanns, die gemischten u. reinen Hypothekenbanken in Deutschland. (VIII, 111 S.) 910. (Bd. 39.) 2. 80
Kühlmann, Carl v., der Termin-Handel in nordamerikan. Baumwolle. (VIII, 91 S.) 909. (Bd. 34.) 2. 40
May, Paul, die bayrische Zementindustrie. (X, 82 S.) 909. (Bd. 37.) 2. 40
Oettingen-Spielberg, Mor. Fürst zu, der bayrische Holzhandel m. besond. Berücksicht. der Tarifpolitik. (VIII, 125 S.) 909. (Bd. 35.) 3. 25
Röper, Aug., die Unterseekabel. (XIV, 186 S. m. 1 farb. Karte.) 910. (Bd. 38.) 6. —; geb. n 7. —
Spenkuch, Geo., zur Geschichte der Münchener Börse. (VIII, 148 S.) 908. (Bd. 30.) 3. —
Stieda, Eug. v., das livländische Bankwesen in Vergangenheit u. Gegenwart. (XI, 485 S.) 909. (Bd. 33.) 11. —
Vanselow, Karl, die ökonomische Entwickelung der bayerischen Spessartstaatswaldungen 1814—1905. Mit 1 Karte u. 3 Kurventaf. (X, 224 S.) 909. (Bd. 36.) 7. —
Zöllner, Aug., Eisenindustrie u. Stahlwerksverband. Eine wirtschaftspolit. Studie zur Kartellfrage. (XII, 197 S.) 907. (Bd. 29.) 4. 80
I—XXVII. Ebd. 884—906. 107. 30.

Anonym: „Wirthschaftstabellen zur erleichterten Führung der weitläufigen landwirthschaftlichen Rechnungen, um alle Theile derselben monatlich oder wöchentlich zu berechnen; zum Gebrauch für Rittergutsbesitzer und Oekonomieverwalter", Leipzig 1798 (Hilscher in Kom.). Auch u. d. T.: „Feld-, Saat-, Düngung-, Pflugart-, Ernote- und Druschregister, Heu- und Grummetregister, nebst Wirthschaftsrechnungen", ebenda 1800.

Anonym: „Wirthschaftstafel", Leipzig 1803 (Weigel).

Wirtschaftsverband der Beamten zu Königsberg i. Pr. Gegründet den 9. April 1903, e. G. m. b. H. Jg. 1, No 1–9. [Mehr nicht erschienen.] Königsberg 1905: N. Kümmel. (20 Bl.) 4° [Kopft. F.] [06. 6084 10

Wirtschafts-Verband od. freie Konkurrenz? E. Wort zur Aufklärg. an Kaufleute u. Käufer v. e. Posener Käufer, welcher nicht d. Wirtschafts-Verbande angehört. gr. 8. (12 S.) Posen 896. E. Riehfeld. n. — 50

Wirtschaftsverhältnisse Kanadas. Ein kommerz. Bericht. [1.] Im J. 1907. Von S[amuel] Altmann. Hrsg. v. K. k. Österr. Handelsmuseum 1908. Wien: Manz in Komm. 1908. 4°(8°)
— **Berichte**, Kommerzielle, hrsg. v. K. u. k. österr. Handelsmuseum. No 11. [08. 16209

Wirtschaftswesen (Hotelwesen). (Bibliographie.) Hrsg. v. Bureau d. Zentralkomm. f. schweiz. Landeskunde. Red. v. Bureau d. Zentral-Komm. Bern: K. J. Wyss 1907. (VIII, 105 S.) 8°
= **Bibliographie** d. schweizer. Landeskunde. Fasc. V 9g δ. [08. 4475

Wirtschaftswesen. Das W' der Stadt Bern im Lichte der Zahlen. Ein Wort an die Öffentlichkeit und speziell an die Behörden vom Vorstand des Wirtevereins der Stadt Bern und Umgebung. 1906. 20 S. 8. [Zürich, Juchli & Beck.]

Wirtschafts-Wissenschaft und Praxis. Ein Diskussionsabend im Verein der Industriellen des Regierungsbezirks Köln. Mit Beiträgen von R. Ehrenberg u. a. Köln, 1905. 30 S.

Wirtschafts-Zeitung, Deutsche. Jg. 1—6. 1905—1910. Berlin, seit 1906 Leipzig und Berlin
Mit: Nachrichten, Technische, Jg. 1. 1905, Nr 1—9.
Von Jg. 2. 1906, Nr 13 ab mit: Handels-Hochschul-Nachrichten.

Wirtschafts-Zeitung, deutsche. Zentralblatt f. Handel, Industrie u. Verkehr. Hrsg. v. Max Apt u. Henry Völcker. Red.: Haas. 1. Jahrg. 1905. 24. Nrn. (VIII, 1168 Sp.) Lex.-8. Berlin [R. v. Decker]. Leipzig, B. G. Teubner. n. 14. —

— dasselbe. Mit Beilage: Handels-Hochschul-Nachrichten. Hrsg. v. Max Apt. 2. Jahrg. 1906. 24 Nrn. (XII, 1152 Sp.) Lex.-8. Ebd. n. 14. —

Wirtschafts-Zeitung, deutsche. Zentral-Blatt f. Handel, Industrie u. Verkehr. Mit Beilage: Handels-Hochschul-Nachrichten. Hrsg. u. Red.: Max Apt. 3.—6. Jahrg. 1907—1910. à 24 Nrn. (à ca. 48 u. 8 Sp.) Lex. 8. Berlin. Leipzig. B. G. Teubner. à Jahrg. 14. —

Saarindustrie und Handel. Amtliches Organ der Handelskammer Saarbrücken, der Südwestdeutschen Eisenberufsgenossenschaft, des Vereins zur Wahrung der gemeinsamen wirtschaftl. Interessen der Saarindustrie usw. Jg. 8—10 (1903—1905) [Schluß]. St. Johann, 1903—1905.
[Seit Juli 1906 u. d. T.:]
Wirtschaftszeitung, Südwestdeutsche. Amtliche Wochenschrift der Handelskammer Saarbrücken, des Vereins zur Wahrung der gemeinsamen wirtschaftlichen Interessen der Saarindustrie usw. Jg. 11—13 (1906—1908). St. Johann, 1906—1908 u. ff.

Wirthschaftszwang oder Wirthschaftsfreiheit u. beruht das neue den Landständen vorgelegte Wirthschafts-Gesetz auf einer gerechten Grundlage? Gemeinfaßliche Erläuterung u. Belehrung für alle Wirthschaftsbesitzer, Wirthschaftsbeamten u. Capitalisten. Mannheim 870. Schneider's Verl. 8. (26 S.) 4 ngr.

Wirthshaus und Sonntagsruhe. [Schaffhausen 1910.] V: *Hercod, Robert.* (BBullschw 18, S. 396)

Wirthshaus, das, im Walde, von J. F. K. Arnold. 8. Gießen, Tasché u. M. 806. — 10

Wirthshaus, das, im Walde, Lustspiel v. J. F. K. Arnold. 8. Giessen. 806. Ist jetzt Verlag von Petersen in Altenburg.

Wirthshaus-Gebote, die zehn, wie sie e. Gast- od. Schenkwirth seinen Gästen auf's fleißigste fürhalten soll. (Reime.) Fol. (1 B.) Leipzig 836, Zirges.

Wirthshausleben, Das. Schaffhausen 1884. V: *Gerber, F.* (BSchwLk V, 9 j)

Deutsch Amerikanischer Wirths Kalender: 18[illegible] Pittsburgh, PA
[illegible]

Wirts-Taschenbuch f. d. J. 1901. Taschenbuch f. Wirthe u. die m. dem Wirthsgewerbe verwandten Branchen. Hrsg. v. C. A. Hammer. 12. (XX S., Schreibkalender u. 67 S.) Stuttgart, Zeller & Schmidt, vorm. E. Kupfer. Geb. in Leinw. — 75

Wirts-Taschenbuch f. d. J. 1908. Taschenbuch f. Wirte u. die m. dem Wirtsgewerbe verbundenen Branchen. (IV S., Schreibkalender u. 101 S.) kl. 8. Stuttgart, Zeller & Schmidt. Geb. in Leinw. — 60

Wirths-Zeitung, deutsche. Organ f. sämmtl. Bier-, Wein- u. Kaffee-Wirthschaften ꝛc. Offiz. Organ d. Landesverbandes d. Wirthe Württembergs u. d. Bundes deutscher Gastwirthe. Hrsg. unt. Mitwirkg. v. Fachgenossen. Nebst Beilage: Stuttgarter Unterhaltungsblatt. Illustr. Wochenschrift. 5. u. 6. Jahrg. 1895 u. 1896. à 52 Nrn. (à ca. 16 S.) Fol. Stuttgart (Adlerstr. 24), C. A. Hammer. à Jahrg. n. 8 —

— dasselbe. Central-Organ f. d. Wirthsgewerbe, f. Käufe u. Verkäufe, Versteigergn., Stellenvermittlg. ꝛc. ꝛc. 7. u. 8. Jahrg. 1897 u. 1898. à 52 Nrn. (à ca. 16 S.) Fol. Ebd. à Jahrg. n. 8. —
Kann auch vierteljährlich bezogen werden.

Wirts-Zeitung, deutsche. Central-Organ f. das Wirthsgewerbe, f. Käufe u. Verkäufe, Versteigergn., Stellenvermittlg. ꝛc. ꝛc. Offizielles Organ des Landesverbands der Wirthe Württembergs u. des Bundes deutscher Gastwirthe. Hrsg. unter Mitwirkg. v. Fachgenossen. Red.: Fr. Wilhelm. Nebst Beilage: Stuttgarter Unterhaltungs-Blatt. Illustr. Wochenschrift. 9.—12. Jahrg. 1899—1902. à 52 Nrn. Fol. (à ca. 16 S.) Ebd. à Jahrg. n. 8. —

Wirts-Zeitung, deutsche. Zentral-Organ f. das Wirtsgewerbe, f. An- u. Verkäufe, Verpachtgn., Versteigergn. etc. Offizielles Organ des Landesverbandes der Wirte Württembergs u. des Bundes deutscher Gastwirte. Hrsg. unter Mitwirkg. v. Fachgenossen. Red.: Fr. Wilhelm. Nebst Stuttgarter Unterhaltungs-Blatt. 13.—16. Jahrg. 1903—1906. à 52 Nrn. (à ca 16 S.) Fol. Stuttgart, Zeller & Schmidt. à Jhrg. n. 8. —

Wirts-Zeitung, deutsche. Zentral-Organ f. d. Wirtsgewerbe, f. An- u. Verkäufe, Verpachtgn., Versteigergn. ꝛc. Offiz. Organ des Landesverbands der Wirte Württembergs u. des Bundes deutscher Gastwirte. Hrsg. unter Mitwirkg. v. Fachgenossen v. C. A. Hammer. Nebst Stuttgarter Unterhaltungs-Blatt. 18. Jahrg. 1908. 52 Nrn. (à ca. 16 S.) 40×26,5 cm. Stuttgart, C. A. Hammer. (Nur direkt.) 8. —
Nicht mehr im Buchhandel.

Wirtz, f.: Wohnungs-Anzeiger f. die Städte St. Johann u. Saarbrücken.

Wirtz, Adam

[ℑ.] Bodenkunde. Von A. **Wirtz,** Dir. . . . zu Odenkirchen. *Berlin: P. Parey 1897.* (VI, 31 S.) 1 Bd 8.
(Landwirtschaftliche Unterrichtsbücher. [Bd 24.]) [97. 6781

Wirtz, (**A**[**dam**]): Was tut not? Vortrag. (Odenkirchen) 1908: (Altgott). S. 3—10. 8° ¶[Nachträglich geliefert.]
Odenkirchen, LWS P 1908 [S 09. 512

Wirtz, [illegible] Brauweiler bei Cöln a. Rh. [illegible] De [illegible] Berolini 1848 [illegible] 8°
Berlin, Med. Diss. v. 22. Dez. 1848

Wirtz, (Anton), Dir.: Deutscher Sprache **Ehrenkranz.** Festrede am Geburtst. Sr. Maj. d. Kaisers u. Königs. *Steele 1902: B. Berthold.* (S. 3—9.) 4°
Steele, st. PG ⟨G i. E.⟩, P 1902 (523)

Wirtz, [Anton], Direktor: Der Neubau des Gymnasiums und die Feier seiner Einweihung. Steele (1905): B. Berthold. (S. 3—18.) 4°
Steele-Ruhr, st. G P 1905 (558)

Wirtz, August, approb. Arzt aus Rheydt: **Beitrag** zur Klinik der Wachstumsstörungen, insbesondere der chondrodystrophischen Mikromelie. ⟨Mit Abb.⟩ *Gießen 1904: v. Münchow.* (44 S.) 8°
Gießen, Med. Diss. v. 1904

Wirtz, Aug., Kellner Franz. Roman aus dem sozialen Leben. (78 S.) gr. 8. Cöln-Ehrenfeld 904. H. Schleypen. n. 1. —

Wirtz, C. W., s. W i r t z , Karl Wilhelm.

Wirtz, Chrn., Blätter aus der Praxis. Ein Beitrag zur Taubstummenbildg. gr. 8. (46 S.) Aachen 891. J. Schweitzer. n.n. — 75

Wirtz, Edmund, aus Dormagen: Die rechtlichen Wirkungen der Delegation und Expromission auf eine Nichtschuld nach römischem und neuerem Recht. *Münstereifel (1898): F. Schulte.* (63 S.) 8°
Erlangen, Jur. Diss. v. 14. Juni 1898

Wirtz, E[**mil**]: Gedanken über Charakterbildung. Leipzig 1909: Teubner. 18 S. 8° ¶[Aus: Zeitschr. f. lateinlose höhere Schulen. Jg. 20.]
Herne, R m. PG P 1909 (519) [S 09. 513

Wirtz, [Emil], Dr.: Zur Geschichte der Anstalt. Herne 1904: C. Th. Kartenberg. (S. 1—11.) 4°
Herne, R m. PG i. E. P 1904 (446)

Wirtz, E(mil): Zur Kenntnis des französischen, insbesondere des Pariser Polizeiwesens. *Elberfeld 1898: Baedeker.* (29 S.) 4°
Elberfeld, OR. P 1898 (519)

Wirtz, E. Lautliche Untersuchung der Miracles de St. Eloi. Diss. Marburg 1884. 66 S.

Wirtz, E., lautliche Untersuchung der Miracles de St. Eloi, s. a. Ausgaben und Abhandlungen aus dem Gebiete der romanischen Philologie.

Wirtz, Felix [**aus Lengsdorf**]: **Aus d. gynäkolog. Klinik d. Univ. Bonn. Ueber einen Fall von primärem Scheidensarkom ... Bonn Druck v. L. Hünewinkel & C.,** 1891; 27 S. 8.
Bonn, Med. Fak., Inaug.-Diss. v. [15.] Aug. 1891

Katalog hervorragender Kunstgegenstande, Antiquitäten und Waffen aus dem Nachlasse des Hrn Rentmeister Franz Joseph **Wirtz** † zu Nieder-Breisig, sowie aus kleineren Nachlässen ... Versteigerung ... Köln 1897: M. Dumont-Schauberg. (60 S.) 4°(8°) [00. 3341

Wirtz, G*ottfried* [aus Mülheim a/Rh.]: Die Einwirkung der Molybdänsäure auf die Phosphate des Kaliums und Natriums. E. Beitr. z. Kenntnis d. sog. phosphormolybdänsauren Salze ... Berlin, A. W. Schade's Buchdr., 1892; 64 S., 1 Bl. 8.
Berlin, Phil. Fak., Inaug.-Diss. v. 10. Dez. 1892

Wirtz, H., Adreßbuch der Stadt Trier, s. A d r e ß b u c h.

Wirtz, Hans, Referendar zu Düsseldorf: Die richterliche Herabsetzung einer Vertragsstrafe. Crefeld 1908: W. Greven. (59 S.) 8°
Leipzig, Jur. Fak., Diss. v. 18. Febr. 1908
[Geb. 4. Nov. 82 Düsseldorf; Wohnort: Düsseldorf; Staatsangeh.: Preußen; Vorbildung: Städt. Realgymn. u. Gymn. Düsseldorf Reife O. 02; Studium: Bonn 1, Genf 2, München 1, Bonn 2 S.; Rig. 25. Juli 05.]

Wirtz, Hans *Friedr. Alb.* [aus Mülheim am Rhein]: Die **west**liche Rezension des Rāmāyaṇa ... Bonn, Univ.-Buchdr. v. C. Georgi, 1894; 1 Bl., 100 S., 1 Bl. 8.
Bonn, Phil. Fak., Inaug.-Diss. v. 10. Aug. 1894

Wirtz, Heinrich *Hubert* [aus Köln]: Aus d. medizin. Klinik in Bonn. Ueber einen Fall von Peroneuslähmung bei Tuberculose ... Bonn, Buchdr. v. A. Henry, 1896; 27 S. 8.
Bonn, Med. Fak., Inaug.-Diss. v. [29.] Febr. 1896

Wirtz, Heinrich: Die Fusion des deutschen Handelsgesetzbuches. Borna-Leipzig 1908: Noske. VIII, 68 S. 8°
Erlangen, Jur. Diss. v. 17. Dez. 1908, Ref. Sehling
[Geb. 24. Aug. 84 Cöln: Wohnort: Cöln; Staatsangeh.: Preußen; Vorbildung: Gymn. an St. Aposteln Cöln Reife O. 03; Studium: Tübingen 1, München 2, Kiel 2, Berlin 2, Bonn 1 S.; Rig. 3. Nov. 08.] [U 09. 754

Wirtz, Heinrich: Schopenhauers Ideenlehre im Vergleich zu der Platos und Kants. Aachen 1910: La Ruelle. 85 S. 8°
Bonn, Phil. Diss. v. 15. März 1910, Ref. Dyroff
[Geb. 5. Febr. 85 Aachen; Wohnort: Bonn; Staatsangeh.: Preußen; Vorbildung: Kaiser-Karls-Gymn. Aachen Reife O. 05; Studium: Bonn 9 S.; Rig. 10. Nov. 09.] [U 10. 434

Wirtz, Hermann, Referendar aus Rheydt bei München-Gladbach: Ueber die **Rechte** an einer zwei Häusern gemeinsamen Scheidemauer nach römischem Recht, unter besonderer Berücksichtigung der Partikulargesetzgebung und des neuen bürgerlichen Gesetzbuches. *Coblenz 1898: H. L. Scheid.* (VIII, 86 S.) 8°
Erlangen, Jur. Diss. v. 16. Okt. 1898

Wirtz, J.: Über lepraähnliche S y p h i l i s . Strassburg, Buchdruckerei von R. Schultz & Comp., 1883. 8. 24 S. u. 2 Taf.

Wirtz, Joannes Maria (geb. am 6 Mai 1805 in Köln): Dissertatio ... de sede et causa proxima hypochondriae ... Bonnae, ex off. Neusseriana (1830). 3 Bl., 17 S., 1 Bl. 4.
Bonn, Med. Fak., Diss. v. 20 Febr. 1830

Wirtz, Johann Peter [Praes.], s. C a s s i n o n e , Johann Friedrich Sigismund: De reservato ecclesiastico, autonomiam limitante.

Wirtz, Johann Peter [Praes.], s. D u m o n t , Johann Michael: De coadjutoriis et circa eas in Germania usu.

Wirtz, Johann Peter [Praes.], s. L u c a s , Joh. Mich.: De universo jure feudali.

Wirtz, Johann Peter [Praes.], s. M e y s e n , Johann Leonhard: De exceptione scti Macedoniani quam una com corollariis divina auxiliante gratia.

Wirtz, Josef, a. Linz am Rhein: Die Lehre von der Apolytrosis. Trier 1906: Paulinus-Druckerei. (VIII, 130 S.) 8° [ℑ.]
Freiburg i. B., Theol. Fak., Diss. v. 29. Mai 1906

Wirtz, Jos., die Lehre v. der Apolytrosis. Untersucht nach den hl. Schriften u. den griech. Schriftstellern bis auf Origenes einschließlich. Diss. (VIII, 131 S.) gr. 8. Trier 906. (Paulinusdruckerei.) n. 2. —

Die Lilie von Brescia. Das Leben u. d. Verehrung d. hl. Angela Merici, Stifterin d. Ursulinenordens. Mit e. Messandacht u. e. Samml. von Gebeten u. Denksprüchen. Von Dr. Josef Wirtz, Rektor, unter Mitw. von Ordensschwestern d. hl. Ursula. M. Gladbach: B. Kühlen (1907). (128 S.) 8° [5.] 07. 1350 6

Wirtz, Karl [aus Darmstadt]: Ueber eine Anwendung des Wasserdampfcalorimeters zur Bestimmung von Verdampfungswärmen. . . . Leipzig, Johann Ambrosius Barth, 1890; 14 S. + 1 Bl. 8°
Giessen, Phil. Fak., Inaug.-Diss. v. 1890

Wirtz, Carl, aus Saarunion (Unt.-Els.): Die Steiner'sche Hypocycloide. *Strassburg i. E. 1900: C. & J. Goeller.* (44 S.) 8°
Strassburg, Math.-naturw. Diss. v. 1899

Wirtz, K., das radiotelegraphische Praktikum an d. technischen Hochschule in Darmstadt, s.: Rein, H.

Wirtz, K.: Versuche über den Einfluß der Elektrizität . . . s. Berndt, O.

Wirtz, Carl Wilh.: **Bestimmung** der Deklinationen von 487 Sternen und der Polhöhe der Bonner Sternwarte aus Beobachtungen am vierzölligen Ertel'schen Passageninstrument im Ersten Vertical. *Bonn 1898: C. Georgi.* (53 S.) 4°
Bonn, Phil. Diss. v. [4. Nov.] 1898

Wirtz, Carl Wilhelm: Bestimmung der Deklination von 487 Sternen und der Polhöhe der Bonner Sternwarte aus Beobachtgn am vierzölligen Ertel'schen Passageninstrument im Ersten Vertical. Bonn: F. Cohen 1898. (2 Bl., 53 S.) 4°
(Veröffentlichungen d. Kgl. Sternwarte zu Bonn. No 3.)

Wirtz, C. W., Leitsätze zur mathematischen Geographie. Ein Anh. zu: Roesen, Lehrbuch der Physik. Zum Gebrauche f. die oberen Klassen höh. Lehranstalten. (III, 35 S. m. Fig.) 8. Leipzig 906. O. Leiner. n.n. — 60; geb. n. 1. —

Ueber eine neue 'kimmfreie' astronomische Standlinie. Von Dr. Carl W[ilhelm] Wirtz. Observatorin Strassburg i. E. Mit 2 Fig. *Hamburg 1902: Hammerich & Lesser in Altona.* (8 S.) 4°
= Archiv. Aus dem. d. Deutschen Seewarte. Jg. 25, No 2. 03. 3374

Wirtz, Ludwig: Die Politik der Katharina von Medici und deren Zusammenhang mit den auswärtigen Beziehungen und inneren Verhältnissen Frankreichs in der Zeit vom Ausgange des ersten Religionskrieges bis nach den Konferenzen zu Bayonne 1563—1565. . . . Fulda, Druck d. Fuldaer Actiendr., 1891; 2 Bl., 40 S. 8°
Jena, Phil. Fak., Inaug.-Diss. v. 1891

Wirtz, Ludw., die Politik der Katharina v. Medici u. deren Zusammenhang m. den auswärtigen Beziehungen u. inneren Verhältnissen Frankreichs in der Zeit vom Ausgange d. ersten Religionskrieges bis nach den Konferenzen zu Bayonne 1563 — 1565. Diss. gr. 8. (III, 40 S.) Fulda 891. (Rudolstadt, H. Dabis.) n. — 80

Wirtz, Paul: Ueber das Foramen Rivini und seine Beziehungen zu den Eiterungsprozessen hinter der Membrana flaccida . . . . Oberhausen, Buchdr. v. Bauer & Witzler, 1886; 26 S. 8°.
Bonn, Med. Fak., Inaug.-Diss. v. 24. Jul. 1886.

Wirtz, Paul, über das Foramen Rimini und seine Beziehungen zu den Eiterungsprozessen hinter der Membrana flaccida. Diss. Bonn 1886, Emil Strauss. 8°. 26 S.

Wirtz, Pet., das französische Konkordat vom J. 1801. (49 S.) gr. 8. Mainz 905. Kirchheim & Co. n. — 60
Sonderabdruck aus: „Archiv f. kathol. Kirchenrecht".

Wirtz, Quirin [aus Stolberg]: Beiträge zur Kenntniss der Fumar- und Maleïnsäure . . . . Bonn. Univ.-Buchdr. v. Carl Georgi, 1887; 47 + 1 S. + 1 Bl. 8°
Bonn, Phil. Fak., Inaug.-Diss. v. 10. Sept. 1887

Wirtz, Reiner, Apotheker aus Brühl bei Köln: **Beiträge** zur Kenntnis hochmolekularer fett-aromatischer Ketone und Oxime, substituierte Laurophenone und Myristophenone und deren Oxime. *Freiburg i. B. 1900: C. A. Wagner.* (51 S.) 8°
Freiburg i. B., Phil. Diss. v. 1900

Wirtz, Richard: Beiträge zur catilinarischen Verschwörung. Aachen: Jacobi 1910. 69 S. 8°
Bonn, Phil. Diss. v. 4. Mai 1910, Ref. Nissen
[Geb. 13. Mai 86 Aachen; Wohnort: Bonn; Staatsangeh.: Preußen; Vorbildung: Kaiser-Karls-Gymn. Aachen Reife O. 05; Studium: Bonn 10 S.; Rig. 22. Dez. 09.] [U 10. 435

Wirtz, Robert, a. Düren: Über Toleranz des Auges gegen eingedrungene Fremdkörper. Straßburg i. E. 1904: C. Müh & Cie. (51 S.) 8°
Straßburg, Med. Fak., Ref. Laqueur, Diss. v. 10. Sept. 1904
[Geb. 7. Juli 80 Düren, Rheinland; Wohnort: Düren; Staatsangeh.: Preußen; Vorbildung: Gymn. Krefeld Reife 99; Studium: Freiburg i. B. 1, Würzburg 1, Freiburg i. B. 3, München 1, Straßburg 3 S.; Coll. 28. Juli 04; Approb. 15. Febr. 04.]

Wirtz, Wilhelm [aus Grambusch, Reg.-Bez. Aachen]: Ueber den Einfluss der Elektricität auf die Verdampfung von Flüssigkeiten und auf die Ausflussgeschwindigkeit von Flüssigkeiten aus Capillarröhren. . . . Marburg, Buchdr. Georg Schirling, 1889; 31 S. 8°
Marburg, Phil. Fak., Inaug.-Diss. v. [5. Febr.] 1889

Wirtz, Wilh., die Wartung der Fördermaschine. Eine ideale u. zugleich prakt. Schilderg. d. bei der Führg. der Fördermaschine in Betracht zu nehm. Vorgänge u. Möglichkeiten. Für die Fördermaschinisten sowie f. alle Interessenten der Bergwerksförderg. geschildert. qu. gr. 8. (V, 101 u. VIII S. m. 12 Taf.) Essen 901. G. D. Baedeker. Kart. n. 4. —

Wirtz-Oberlin, D. C. A., Evangelische Vereins- und Liebestätigkeit in Oesterreich. 8°. Klagenfurt, Joh. Heyn, 1905.

Leben und Thaten des Paulus von Wirtzen eines gebohrnen Husumers, zuletzt Feldmarschalls in Diensten der vereinigten Niederlanden. Aus der holländischen Sprache in die Deutsche übersetzet v. Philander von der Weistritz [d.i.: Christian Gottlob Mengel]. Copenhagen und Leipzig. 1756. 8°

Wirtzfeld, Adolphus [Rhenanus]: De consecutione temporum Plautina et Terentiana . . . Siegburgiae, typ. fratrum Daemisch, 1888; 47 S. + 4 Bl. 8°
Münster, Phil. Fak., Inaug.-Diss. v. 13. Jul. 1888

Wirtzfeld, Adph., de consecutione temporum Plautina et Terentiana. Commentatio grammatica. gr. 8. (51 S.) Siegburg 888, (Dietzgen.)

WIRWAR (!), Hans, Anzeigs-Nachrichten . . . . (Satire.) 1797.
Weller, Lex. Ps. p. 614. — Rar!

Wirweitzky, Rud., Aufruf zur Vereinigung der Confessionen. gr. 8. (8 S.) Danzig 848, (Homann's Kunsthandlung.) *

Wirxel, Heinrich, approb. Arzt aus Wadersloh i. Westf.: **Sarcom** der Basis des Schädels mit Einwucherung in den rechten Stirnhirnlappen. *Warburg 1898: F. Quick.* (31 S.) 8°
München, Med. Diss. v. 1898

Wirz. Alt-Landammann Franz Wirz. Lebensskizze . . . Sarnen 1885 *s.* [Wirz, Adalbert].

Wirz's Schreib-Kalender f. schweizerische Landwirte auf d. J. 1895. 12. (VIII S., Schreibkalender u. 68 S.) Aarau, E. Wirz. Geb. in Leinw. n. 1. —

Wirz's Schreibkalender für Schweizerische Landwirte für 1896. II. Jahrgang. In-8⁰. 128 S Aarau, Emil Wirz. Leinw. 1 —

Wirz's Schreib-Kalender für schweizerische Landwirte. 1897. III. Jahrg. Kl. in-8⁰. VIII, 47 S. Aarau, Emil Wirz. 1 —

Laur, Ernst. Wirz's Schreibkalender für schweizerische Landwirte 1898. Kl. in-8⁰. 208 S. Aarau, Emil Wirz 1 —

Wirz's Schreibkalender für schweizerische Landwirte. 1899. V. Jahrg. Hrsg. v. Dr. *E. Laur.* Kl. in-8⁰. 230 S. Aarau, Emil Wirz. 1 —

Wirz's Schreib-Kalender f. schweizerische Landwirte auf d. J. 1903. 9. Jahrg. gr. 16. (217 S.) Aarau, E. Wirz. Geb. in Leinw. n. 1. —

Wirz's Schreib-Kalender f. schweizerische Landwirte auf d. J. 1907. 13. Jahrg. (253 S.) gr. 16. Aarau, E. Wirz. Geb. in Leinw. n. 1. —

Wirz's Schreib-Kalender f. schweizerische Landwirte auf d. J. 1911. 17. Jahrg. (272 S.) kl. 8. Aarau, E. Wirz. Geb. in Leinw. 1. —

— Schreibkalender f. schweiz. Ornithologen u. Kaninchenzüchter auf d. J. 1902. 12. (Schreibkalender u. 66 S.) Ebd. Geb. in Leinw. n 1. —

[Wirz, Adalbert.] Alt-Landammann Franz Wirz (1816–1884). Lebensskizze, abgedruckt aus dem „Obwaldner Volksfreund". 8. Sarnen 1885.

Wirz, Anna. Über das Vorkommen von mydriatisch wirkenden Substanzen im Blute von Nephritikern. Aus der medizin. Klinik der Universität Zürich .... Diss. Med. Univ. Zürich. 13 S. 8. Leipzig, Johann Ambrosius Barth, 1910.

Wirz, August Heinrich. Leben Herrn Hans Caspar Hirzels (1751–1817). Archiaters, und Stifters der Hülfsgesellschaft in Zürich. Als Denkmahl der Liebe und Verehrung hrg. von der Zürcherschen Hülfsgesellschaft. [Mit 1 Vignette und Porträt-Tafel.] 4. Zürich 1818 Orell.

Wirz, A[ugust] H[einrich]. Nekrolog des Herrn Director J(ohann) R(udolph) Schinz [1762–1829], Präsidenten der Zürcherschen Hülfsgesellschaft. SA. 8. Zürich 1830.

Wirz, Caspar, s. Wirz, Kaspar

Wirz, Corbinian, s. Wirz, Korbinian

Wirz, D. Ueber den Unterricht in der deutschen Sprache in den oberen Klassen des Gymnasiums. 18 S.
Progr. Trier 1830

Wirz, Emil

Landwirtschaftlicher Bücher-Katalog. Verzeichnis empfehlenswerter Bücher aus allen Gebieten der Landwirtschaft, welche vorrätig sind oder sofort vermittelt werden können bei Emil Wirz, vormals J. J. Christen, Buchhandlung... in Aarau. Beilage zur «Schweiz. Landw. Zeitschrift», [Jahrg. 29, 1901,] Heft 47. [Illustriert.] II + 36 [+ 14] S. 8. Aarau, Emil Wirz, 1901.

Emil Wirz vorm. J. J. Christen, Aarau. Text-Katalog über Holzschnitte, Autotypie- und Zinkographie-Clichés. [Illustriert.] IV + 36 S. 8. Aarau, Emil Wirz, 1901.

Wirz, Ernst. Fieberhafte Geburten und deren Wochenbettsprognose. Aus dem Basler Frauenspital.... Diss. Med. Basel. 40 S. 8. Leipzig, Georg Thieme, 1909.

Wirz, Franz. Anrede an die von Luzern heimkehrende Mannschaft des Bundesauszuges von Obwalden, gehalten in Sarnen den 18. April 1845. 8. Luzern 1845.

Wirz, Franz. Vortrag behufs Wiederbelebung des Vertrauens und der Verehrung zu unserem vielseligen Landesvater Nikolaus von Flüe, gehalten in der Versammlung des Piusvereins von Sarnen am 26. Christmonat 1878. 8. Sarnen 1881.

Wirz, G.

Wirz. Connaissance du cheval, s. Aide mémoire pour les officiers de l'artillerie suisse.

Wirz, G., Pferdekenntniss, s. Handbuch für schweizerische Artillerie-Offiziere.

Wirz, Georg [aus Horhausen]: Phenacetin als Nervinum. . . .
Bonn, Druck v. J. F. Carthaus, 1889; 27 + 1 S. + 1 Bl. 8⁰
Bonn, Med. Fak., Inaug.-Diss. v. 16. März 1889

Wirz, Hans, aus Gelterkinden, Baselland: Beiträge zur Entwicklungsgeschichte von Sciaphila spec. und von Epirrhizanthes elongata Bl. ⟨Arbeiten aus dem Laboratorium für allg. Botanik und Pflanzenphysiologie der Universität Zürich. 13⟩ [Mit 22 Figuren im Text.] Jena, Gustav Fischer, 1910. IV, 54 S. und eine Tafel. 8⁰. S.-A. aus „Flora" oder Allg. botanische Zeitung. N. F. Bd. 1. Heft 4. [3. XII. 10.]
Zürich. Univ. Phil. Diss. II. S. 1910/11.

Wirz, Hans, [von Zürich]: Catilina's und Cicero's Bewerbung um den Consulat für das Jahr 63. Probe einer Kritik der Quellen über die Catilinarische Verschwörung. Zür. S. Höhr in Comm. 1864. 63 S. 8⁰.
[Zurich. Phil. Diss. v. 13. Jan. 1865].

[Wirz, Hans.] [1.] Briefe von Johann Kaspar [von] Orelli ⟨1787–1849⟩ aus seinem zwanzigsten Lebensjahre ⟨Schluss⟩. – [2.] Lebensskizze von August Heinrich Wirz ⟨1737–1834⟩, weil. Pfarrer an der franz. Kirche, mit dem Bilde desselben [Tafel]. Njbl. Waisenh. Zurich 1891. 4. Zürich 1891.

Wirz, Jo., de fide atque auctoritate codicis Sallustiani, qui Parisiis in bibliotheca imperiali a. 1576 asservatur commentatio. Accedit varietas scripturae ex eodem codice itemque ex Einsiedelensi et Turicensi exscripta. gr. 4. (20 S.) Aarau 867, Sauerländer's Verlag.

Wirz, H., Die stoffliche und zeitliche Gliederung des Bellum Jugurthinum des Sallus
Pr. 1887 31 S. 4⁰. 1.6

Wirz, H., die stoffliche u. zeitliche Gliederung d. Bellum Jurgurthinum d. Sallust, s. a. Festschrift d. Kantonsschule in Zürich etc.

— Sallust's Jugurthin. Krieg c. 103–112. Pr. 1897. 38 S. 4⁰.

Wirz, Hans, zur Kritik der fünften Satire Juvenal's. Aarau 868. Sauerländer's Verl. gr. 4. (10 S.) n. 4 ngr.

[Wirz, Hans.] [1.] Lebensskizze des Professors Dr. Theodor Hug ⟨1830–1889⟩. – [2.] Briefe von Johann Kaspar (von) Orelli ⟨1787–1849⟩ aus seinem zwanzigsten Lebensjahre. [Theil 1. Mit 1 Porträt-Tafel.] Njbl. Waisenh. Zürich 1890. 4. Zürich 1890.

W[irz], H[ans]: Nekrolog. Stephan Wanner, [vormals Lehrer an der Anstalt † 2. Jan. 1902]. S. 53—54 der Schuln. 4.
Progr. Kantonsschule *Zürich* 1902.

Wirz, Hans: C. Sallusti Crispi libri qui est de bello Jugurthino partem extremam (103–112) ad optimos codices denuo collatos recensuit emendavit Joannes Wirz. Mit Prolegomena über die handschriftliche Grundlage und Epilegomena zur Textkritik. Zür. Fäsi u. Beer Comm. 1897. 2 Bl., 38 S. 4°.
Programm der Kantonsschule in Zürich 1897.

Wirz, Hans: *Professor Anton Rank, gestorben am 25. April 1896.* 4 S. 18 der Schuln. **Progr.** Kantonssch. *Zürich* 1896.

Wirz, Hans, die Religion in der Gegenwart. (128 S.) 8. Basel 909. (Aarau, Sauerländer's Sort.) 1.50

W[irz], H[ans]. † Professor Konrad Thomann. S. 48–49. 4.
Progr. Kantonsschule *Zurich* 1906.

Wirz, Hnr., s. Verdienste, über die, d. Obrigkeit.

Wirz, Hermann, bacc. jur. a. Basel: Die Übertragbarkeit der Forderungen nach dem Bürgerlichen Gesetzbuch. Basel 1904: F. Wittmer. (52 S.) 8°
Leipzig, Jur. Fak., Diss. v. 7. Jan. 1905
[Geb. 9. Sept. 79 **Basel**; Wohnort: **Basel**; Staatsangeh.: Schweiz; Vorbildung: Ob.-Realsch. **Basel** Reife **M.** 97, Reife in Latein O. 99; Studium: **Basel** 5, Leipzig 5 S.; Rig. 28. Febr. 03.]

Wirz, J.

— Die Informationsbureaux oder das moderne Vehmgericht und Haberfeldtreiben. Anleit. zur Selbsthilfe über Informationen, und der Kredit der Geschäftstreibenden bei unsern Banken. Grüningen, Selbstverlag des Verfassers. 1896.

Wirz, J., Rechenbuch f. höh. Lehranstalten. (IX, 255 S.) gr. 8. Gebweiler 906. J. Boltze. Geb. in Leinw. 2.50

— dasselbe. Auflösungen zu den Aufgaben. (48 S.) 8. Ebd. (907). 1.—
Wird nur an Lehrer abgegeben.

Wirz, J., Rechenbuch f. höhere Lehranstalten. 2. Aufl. (X, 274 S.) 8. Gebweiler 909. J. Boltze.
Geb. in Leinw. 2.50

Wirz, J., schweizerischer Theaterkatalog. Ein Verzeichnis der in der Schweiz erschienenen Theaterstücke, nach Stichworten geordnet. 8. (40 S.) Grüningen 897. J. Wirz. n. — 80

Verlag der Theaterbuchhandlung J. Wirz in Grüningen, Ct. Zürich. Heft 1: Theater-Katalog. Gratisbeilage zur Theaterzeitung „Volksbühne". 16 S. 8. [1902.]

Wirz, J[acob]. Berichterstattung der Getreidebau-Kommission an der Abgeordneten-Versammlung des Schweizerischen landwirtschaftlichen Vereins den 13. Juni 1903 .. zu Einsiedeln. Bericht zu Handen des Vorstandes des Schweizerischen landw. Vereins und der Getreidebaukommission. Berichterstatter: Dr. J. Wirz. 14 S. 8. Freiburg (Schweiz), St.-Paulus-Druckerei, 1903.

Wirz, Jacob. Die Getreideproduktion und Brotversorgung der Schweiz. Diss. Jur. Freiburg i. d. Schweiz ... von ... Jakob Wirz. [Mit 1 graphischen Tafel und 9 Tabellen.] VIII + 175 S. 8. Solothurn, Buch- und Kunstdr. Union, Verlag von A. Lüthy, 1902. [fr. 3. —]

Wirz, Jakob A. S. 1352/59

Dissertationis philosophicae de principiis corporum, pars III. et ultima. Präs. Johann Genser.
Zürich (Gessner) III. 1745. 46 S.

8 Resp. 36991

Wirz, Jak., theosophische Schriften. Nr. 1 u. 2. Ueber das Hellsehen. Und einige andere kleine Aufsätze. (16 S.) Lex 8. Lorch 907. K. Rohm. — 25

Wirz, J[ohann]. Zur Erinnerung an Herrn Sebastian Hagler in Lausen. Personalien und Leichengebet bei dessen Beerdigung den 3. December 1882 ... zu Basel gesprochen. 8. Basel 1882.

Wirz, Johann Heinrich, Hauptm. in Diensten Ihro hochmog. Herren General Staaten der verein. Niederlande. Einrichtung und Disciplin eines eidgenössischen Regiments zu Fuss und zu Pferd etc. I.–III. Theil. (3 Bde.) 8. Zurich 1758–1759.

Wirz, J. H., Einrichtung der Disciplin e. Eidgenossen-Regiments zu Fuß u. zu Pferde. 3 Thle. gr. 8. Zürich. Autor. 761.

Wirz, Johann Jakob: Beschreibung der Sprützen. Zürich 1741.

Wirz, Joh. Jak., Briefe. Glaubensgrund der Nazarenergemeine. 2. Bd. 3. Sammlung enth.: Briefe an Ignaz Lindl, ehemal. Priester. gr. 8. (XXXV und 782 S.) Barmen 868. (Elberfeld, Lucas.) *

Wirz, Jh. Jak., histor. Darstell. der urkundl. Verordnn., die Geschichte des Kirchen- u. Schulwesens in Zürich ꝛc. betreffend. 2 Thle. 8. Zürich 793.

Wirz, Johann Jacob. Das erschrecklich Unglück über die Stadt Frauenfeld ... wurde am zweyten Tage nach dem Brand, nemlich den 21 Heumonat 1771 in der evangelischen Kirche daselbst ... vorgestellt von J. J. Wirz ... 8. Schaffhausen (1771).

Wirz, Joh. Jak., Zeugnisse u. Eröffnungen des Geistes. Heilige Urkunden der Nazarenergemeine. 2 Bde. Barmen 863, 64. Langewiesche's Verlag in Comm. 8. (XX, 557 S.; XX, 400 S.) n. 1 ₰ 22½ ngr.

Wirz, Johann Josef: Specimen inaugurale observatorium medicarum circa curam tetani.
Basel, med. Diss. 1799.

Wirz, Johann Caspar s. Wirz, Caspar.

Wirz, Johann Konrad

Wirz, Jh. Konr., († 1769.) heilige Bibelübung, oder Erklärung d. Evang. Marci, Luck u. Johannes u. d. Apostelgeschichte. 7 Thle. 8. Zürich 736–50. Orell. 5 ₰ 8 gr.

— drei Bußpredigten. 4. Zürich 756.

— die Erkenntniß Gottes aus d. Werken d. Erschaffung, nach d. 4 Jahreszeiten in Betrachtungen. 4 Thle. gr. 8. Zürich 758. Orell. 2 ₰ 8 gr.

— der erniedrigte u. der erhöhete Jesus, in Festtagspredigten. 2 Thle. gr. 8. Zürich 760, 61. Orell. 1 ₰ 20 gr.

Wirz, Johann Rodolf A. S. 1350/5

Dissertatio physico-mathematica de natura et viribus fluidorum. Präs. Johann Gesner.
Zürich (Gessner) III. 1751. 26 S.

4 Resp. 36992

Wirz, (Joseph): **Beiträge** zur Klimatologie des Grossen Belchen. Auf Grund des vom meteorol. Landesdienst gelieferten Beobachtungsmaterials bearb. *Gebweiler 1899: J. Dreyfus.* (49 S.) 4°
Gebweiler, G, P 1890 (541)

Wirz, Karl (Bingen)
Untersuchungen über die zweibasigen Säuren der Reihe CnHn - $_2O_8$.
[In: Liebigs Annalen der Chemie & Pharmacie Bd 104 (1857) S. 257 - 294.]
Diss. phil. Giessen 28.1.1858. vorh. 26.

Wirz, Caspar. Akten über die diplomatischen Beziehungen der römischen Curie zu der Schweiz, 1512–1552. Hrg. von C' Wirz. = Quellen Schweiz. Gesch. Band 16. 8. Basel 1895.

Wirz, Caspar. Bullen und Breven aus Italienischen Archiven 1116—1623. Hrg. von Caspar Wirz. IV + CXVI + 655 S. 8. Basel, Basler Buch- und Antiquariatshandlung, 1902. [fr. 18. 20]
Quellen zur Schweizer Geschichte. Hrg. von der Allgemeinen geschichtforschenden Gesellschaft der Schweiz. Band 21.
S. XX–LI: Das päpstliche Geheimarchiv im Vatikan. [Allgemeine Uebersicht.]

Wirz, Kaspar, s. Bullen u. Breven zur schweizer Geschichte.

Wirz, Kaspar Thl. XI, 10/11

Dissertatio irenica de veritatis et charitatis amicissimo in ecclesia protestantium connubio.
Präs. Johann Jakob Hottinger.
Tübingen (Sigmund) o. J. 68 S.

Diss. Zürich III. 1721.
8 Resp. 36993

Wirz, Kasp., Etat d. Zürcher Ministeriums von der Reformation bis zur Gegenwart. Aus gedruckten u. ungedruckten Quellen zusammengestellt u. nach Kirchengemeinden geordnet. Lex.-8. (III, 240 S.) Zürich 890. Fäsi & Beer. n. 4. —

Wirz, J. Casp., Ennio Filonardi, der letzte Nuntius in Zürich. gr. 8. (V, 114 S.) Zürich 894. Fäsi & Beer. n. 2. —

Wirz, Casp., V. D. M., der Uranier vor Kirche u. Schrift. (44 S.) 8. Leipzig 904. M. Spohr. n. 1. —

Wirz, Caspar. Der Uranier vor Kirche und Schrift. Von C' W' [von Zürich], V. D. M. 2., gänzlich umgearbeitete Aufl. 112 S. 8. Leipzig, Max Spohr, 1905.
1. Aufl. in: Jahrbuch für sexuelle Zwischenstufen. Jahrg. 6. 1904. S. 63–108.

Wirz, Konrad A. S. 1344/27

Dissertatio physico-mathematica de effectibus, qui a virium compositione producuntur.
Präs. Johann Gesner.
Zürich (Gessner) II. 1747. 22 S.

7 Resp. 36994

Wirz, Korbinian M.: Das gute Beichtkind. Ein Wegweiser z. heiligen Beichte. Dülmen i. W.: A. Laumann 1898. (52 S.) 8°

Wirz, D. Korbinian M., O. S. B., die öftere hl. Kommunion, s.: Vogels, Egidius.

Wirz, D. Corbinian M., O. S. B., Leben des im Rufe der Heiligkeit gestorbenen Heinrich Thyssen, aus d. Orden des hl. Franziskus. Nach dem Fläm. hrsg. 8. (74 S. m. 1 Bildn.) Dülmen 902. A. Laumann. 1. —; geb. 1.50

St. Benedicts-Büchlein. Vollst. Gebetbüchlein f. alle frommen Verehrer d. großen Patriarchen. Von P. Corbinian M. **Wirz**, Mönch d. Abtei Merkelbeek. *Dülmen: A. Laumann 1902.* (280 S.) 8° [F.]

[Wirz, Ludwig.] (Rudolf Collin, [1499–]1578.) [Mit 1 Tafel.] Njbl. Chorh. Zürich 1797. 4. [Zürich.]

Wirz, Ludwig. Helvetische Kirchengeschichte. Aus Joh[ann] Jakob Hottingers älterem Werke und andern Quellen neu bearbeitet. 5 Theile. 8. Zürich 1808–1819.
Theil 1–3. 1808–1810.
Theil 4–5 *a. u. d. T.:* Neuere Helv' K'. Von der Reformation an bis auf unsre Zeiten ... 2 Theile. 1813–1819. Theil 2. (Fortgesetzt von Melchior Kirchhofer ...)

Wirz, Ldw., († d. 29. Mai 1816.) helvetische Kirchengeschichte; aus Jh. Jak. Hottinger's ältern Werken u. and. Quellen bearb. 1r—5r Bd. gr. 8. Zürich 808—19. Orell. 14 ₰ (4r u. 5r Bd. (5r. v. Melch. Kirchhofer.) Auch u. d. T.: neue helvet. Kirchengesch. 1r u. 2r Bd.) 6 ₰ 8 gr

Wirz, O., Gedichte. (130 S.) 8. Straßburg 905. J. Singer. n. 3. —

Wirz, Otto [aus Horhausen]: Exalgin als Analgeticum ... Adenau, Buchdr. v. F. Soechting & M. Herbrand, 1893; 28 S., 1 Bl. 8.
Bonn, Med. Fak., Inaug.-Diss. v. 22. [nach d. Diplom v. 25.] Juli 1893

Wirz. Paul [aus Horhausen]: Die locale Behandlung der Larynx-Tuberculose .... Bonn, Druck v. J. F. Carthaus (1887); 1 Bl. + 20 S. + 1 Bl. 8°.
Bonn, Med. Fak., Inaug.-Diss. v. 28. Jul. 1887.

Wirz, Paul, die lokale Behandlung der Larynx-Tuberculose. Diss. Bonn 1887, Emil Strauss. 8°. 20 S.

Wirz, P. Protasius. Alphabetisches Verzeichniss der lebenden und ausgestorbenen Burgergeschlechter der löblichen Stadt Solothurn, genealogisch in 30 Quartbändchen bearbeitet. [Namenregister.] Ein Neujahrsgeschenk den Tit. HH. Stadtbürgern gewidmet. Vom Verfasser, P. Prot', Cap., Wirz v. Solothurn. 4. Solothurn *o. J.* [1863/65].

Wirz, Rodolf A. S. 1368/44

Dissertationis physico-mathematicae de triangulorum resolutione primario matheseos ad physica, applicatae fundamento, pars altera, de triangulis sphaericis.
Präs. Johann Gesner.
Zürich (Gessner) II. 1758. 1 Taf., 32 S.
36995

Wirz, Steph. (geb. Adenau in d. Eifel 2. 4. 1830): De [illegible] Berolini (1856). (30 S.) 8°
Berlin, Med. Diss. v. 7. Juni 1856.

[Wirz, Theodor.] Dem Ehrenbürger des Obwaldnerlandes, ... Sr. Hochwürden ... Abt Augustinus Grüniger von Muri-Gries-Sarnen, wird zum Gedächtnis an die Wende eines halben Jahrhunderts seit seinem erstmaligen Betreten des Obwaldnerlandes dieses schlichte Gedenkblatt gewidmet als Zeuge treuer Liebe und Verehrung. (Ansprache ... den 26. Heumonat 1896.) 4. *o. O.*

W[irz], Th[eodor]. Nachruf des „Obwaldner Volksfreund" an Dr. Josef Simon Etlin (1818–[1871]), Landammann und Nationalrath. 8. Sarnen 1871.

Wirz, Walter: Ueber die Magenektasie der Kinder .... Bonn, Druck v. J. F. Carthaus (1888); 1 Bl. + 27 S. 8°
Bonn, Med. Fak., Inaug.-Diss. v. 28. Jun. 1888

Wirz-Baumann, R., siehe: *Hauszeitung.*

Wirz-Bürgi, [Fanny]. Was s'Anna Maryli (Mymeli) und der Nazi am eidgenössischen Schützenfeste zu Luzern gesehen und erlebt haben, von Frau Wirz-Bürgi. [Illustriert.] 24 S. 8. Luzern, Selbstverlag (Buchdr. H. Keller), 1902. (fr. —. 30)

Wirz-Bürgi, Frau, was s'Anna Maryli (Mymeli) u. der Nazi am eidgenössischen Schützenfeste zu Luzern gesehen u. erlebt haben. 8. (24 S. m. Abbildgn.) Luzern 902. (Aarau, E. Wirz.) n.n. — 30

Wirz-Fischer, J. H., Handlexicon der Conditorei. Ein Hilfs- u. Nachschlagebuch f. jüngere Berufsleute. gr. 8. (XI, 235 S. m. eingedr. Abbildgn.) Basel 890. (Geering.) n. 4. —

Wirz-Fischer, J. H., illustr. Handbuch der Konditorei. Ein Hilfs- u. Nachschlagebuch f. jüngere Berufsleute. 2. umgearb. Aufl. gr. 8. (VII, 217 u. X S. m. Abb. u. 4 Taf.) Basel (Alemannengasse 42) 899. Selbstverlag. Geb. in Leinw. postfrei n.n. 5. —

Wirzius, J. Oratio, qua somnium de medicina corruptorum hujus saeculi morum refertur. Tiguri 1736. 4.

Wisbacher, Franz

Wisbacher, Frz. (chem. Lehrer „am Fusse der Alpen"), *Gedichte* (hrsg. von *C. P.* in Augsburg). Munchen, Druck u. Verlag der „Neuesten Nachrichten", 1882. 12⁰. Eleg. modebraun. Srsb. m. Goldtit. auf Deckel.
3 Bll. u. 95 S.

Gedichte von Franz **Wisbacher**. Mit 1 Ansicht von d. Dichters Wohnhäuschen. 2., sehr verm. Aufl. Salzburg: H. Dieter 1898. (VIII, 154 S.) 8° [F.] [07. 8800

WISBACHER, Franz
(F) Gedichte von Franz Wisbacher. Mit einer Ansicht von des Dichters Wohnhäuschen in Ainring, nach einer Federzeichnung von Ed. Gehbe. 3. Auflage. Salzburg. 1900. Dieter. 8°. VIII, 154 S. K 1.80, geb. K 3.—

Wisbacher, Frz., Gedichte. Mit e. Ansicht v. des Dichters Wohnhäuschen in Ainring nach e. Federzeichng. v. Ed. Gehbe. 5. Aufl. (VIII, 154 S.) 8. Salzburg 909. H. Dieter. 1.50; geb. 2.50

— **neue Gedichte.** Mit dem Portr. des Dichters; nach e. Photogr. v. E. Bertel. 12. (VIII, 154 S.) Ebd. 902. n. 1.50; geb. m. Goldschn. n. 2.50

Wisbacher, Fritz, Frei! In 3 Aufzügen. gr. 8. (80 S.) Berlin 899. J. Harrwitz Nachf. n. 1.—

Wisbacher, Fritz, d. tragische Ironie d. Sophokles. gr. 8. (III, 44 S.) München 895. A. Buchholz. n. 1.60

— Ludwig Wisbacher, k. ev. Pfarrer an d. Barfüsserkirche zu Augsburg, geb. 15. VI. 1841 — gest. 2. IV. 1899. — Was haben wir der Reformation zu verdanken? Vortrag. Zum Gedächtniss des Verewigten hrsg. Beigaben: Grabrede, geh. bei der Beerdigung am 5. IV. 1899 v. W. Doederlein. — Elegie, gewidmet vom Hrsg. gr. 8. (17 S.) München (Baaderstr. 1a) 899. Selbstverlag. n. — 60

Wisbacher, M., Jesus nimmt die Sünder an, oder Jesus und Zachäus. Eine Predigt. gr. 8. Nürnberg 838. Raw. $^1/_{12}$ ½

Wisbar, Gustav [aus Saalau]: Studien über Säuren der Oxalsäurereihe .... Königsberg in Pr., Druck v. M. Liedtke, 1888; 2 Bl. + 52 S. + 1 Bl. 8°
Königsberg, Phil. Fak., Inaug.-Diss. v. 24. März 1888

Wisbar, Gustav, Studien über Säuren der Oxalsäurereihe. Inaugural-Dissertation. gr. 8. (52 S.) Königsberg i. Pr. 888, (Koch's Antiqu.) **

Wo ist der Himmel? Wo ist die Hölle? Neueste Offenbarungen Gottes. Hrsg. von W. **Wisbar**. Berlin: J. Harrwitz Nachf. in Komm. 1906. (47 S.) 8° [F.]

Wisbaum, Wilhelm (geb. am 10 Juli 1856 in Köln): Die wichtigsten Richtungen und Ziele der Thätigkeit des Papstes Gregors des Grossen ... Köln, Druck v. M. Dumont-Schauberg (1884). 2 Bl., 50 S., 1 Bl. 8. ¶ In Komm. bei Fock in Leipzig.
Bonn, Phil. Fak., Diss. v. 20 Dez. 1884

WISBERGER, Anton (Ruhmannsfelden): De fistula lacrymali.- Monachii: Wild 1845. 16 S.
2.8.1843 - Urk; P 66
Diss.Ingolst.-Landsh.-Mchn.

WISBERGER, Franz Xaver (Hofkirchen): De cystitide.- Monachii: Weiss 1842. 16 S.
22.8.1840 - Urk; P 65
Diss.Ingolst.-Landsh.-Mchn.

Wisby, Der Nordische Hauptort der alten Deutschen Hansa, Insel Gotland. Schweden. *Stockholm 1902: Idun.* (27 S.) 8° [F.] [04. 10789

Wisbyfahrt, hansische. Hrsg. auf Veranlassung des Komitees der hans. Wisbyfahrt von 1881. Reisebericht und histor. Beitrag von Karl Koppmann. 28 (autogr.) Taf. Skizzen mit erläut. Text von L. Klingenberg und F. W. Rauschenberg. Fol. (III, 31 S.) Hamburg 883, Voß. cart. *

Wisch, Arthur [aus Berlin]: Ueber gänzliche oder theilweise Verdopplung des Uterus mit Bezug auf Geburtshülfe .... Berlin, gedr. bei L. Schumacher, 1888; 37 + 1 S. + 1 Bl. 8°
Berlin, Med. Fak., Inaug.-Diss. v. 8. März 1888

Wischan, F.

— dienet dem Herrn m. Freuden. Predigt am 3. Jahresfest des Diakonissenhauses zu Philadelphia. Am 1. Oktbr. 1891. Mit e. Vor- u. Nachwort. gr. 8. (14 S. m. 1 Abbildg. u. 1 Bildnis.) Reading, Pa. 891. (Leipzig, Th. Rother.) n. — 20

Wischan, F., kurze Geschichte der deutschen evangel.-luther. Gemeinden in u. um Philadelphia u. der lutherischen Synoden Amerikas, s.: Kirche, die lutherische, in Amerika.

Wischan, F. Wilhelm Grönning, Missionar im Telugu-Lande, in Indien. gr. 8. (301 S. m. 32 Bildern u. 2 Karten.) Philadelphia 891. (Breklum, Christl. Buchh.) * 3 —

Wischan, F., die Schule des Lebens oder Luthers Katechismus in Beispielen. 1. Thl.: Die zehn Gebote. 8. (X, 182 S.) Reading, Pa. 878, Pilgerbuchh. geb.

Wischan, F., im sonnigen Süden. Reisebilder aus Süddeutschland, der Schweiz, Südfrankreich, Corsika, Afrika u. Spanien. M. 75 Bild. u. Initialen. 12. (224 S.) Reading, Pa. 897. (Leipzig, Th. Rother.) Geb. in Leinw. n. 1.50

Wischau [Schlagwort]

Wischau, s.: Geologische Karten. Spezialkarte. (Oesterr.-Ung.)

Wische, fliegende, aus dem Ränzel eines zottigen Landjuden; hrsg. von einer Gesellschaft ungebildeter Leute unter Aufsicht des Naturdichters *Moses Ziegenfuss*. Mit d. Bildnisse d. Naturdichters in kl. 4⁰. (*Rembr.* [!] *v. Ryn* pinx., *R. Morghen* sc.) u. anderen saub. Vignetten (in Wirklichkeit nur 1 blattgr. Steindr. [„Tänzerin"] erschienen). Paris u. Polkwitz, bei den Herausgebern, o. J. (c. 1818?). 8⁰. Hübsch. Hldrbdchn.
Satiren (in Prosa u. Versen) auf die moderne Juden-Gesellschaft. 51 S. Sehr seltenes Curiosum!

Wischer, Ferd. (geb. Rochau in d. Altm. 10. 2. 1844): Ueber Diphtheritis. Berlin (1860). (30 S.) 8°
Berlin, Med. Diss. v. 16. März 1860

Wischer, Fritz

Aus dem plattdeutschen Dichterwald. Eine Anthologie d. besten plattdeutschen Dichtungen. Hrsg. von Fr. **Wischer**, Vors. d. Plattdeutschen Prov.-Verbandes in Schleswig-Holstein. *Kiel: R. Cordes [1902].* (241, VI S.) 8° [F.] [03. 3900

Allgemeine plattdütsche Verband (Vorort Berlin.) — Plattdütsche Jugendschriften. Voordrag hoon up den XVII Verbandsdag den 1. Juni 1902 to Hannover von FRITZ WISCHER Kiel (Sonderafdruck ut de „Hannoverschen Geschichtsblätter".) Hannover 1903. Druck bei Th. Schäfer. 8°

Wischer, Fritz: Plattdeutsch in der Schule. Vortrag. o. O. u. J. 8°

Die soziale Stellung des Lehrers und seine Standesehre. Von **Max Wischer**, Lehrer in Rummelsburg-Berlin. *Bielefeld: A. Helmich [1902].* (33 S.) 8° [F.]
= **Abhandlungen**, Pädagogische. H. 64.

Wischer, R., über den Einfluß der Festungen auf die Kriegführung mit specieller Berücksicht. eines Krieges in Norddeutschland. gr. 8. (39 S.) Berlin 860, Dümmler's Verlagsh.

Wischeropp, Max [pr. Arzt aus Schweidnitz]: Ueber die Spontanheilung innerer Eiterungen ... Berlin, Buchdr. v. G. Schade, *1892*; 35 S., 1 Bl. 8.
Berlin, Med. Fak., Inaug.-Diss. v. 10. Aug. 1892

Wischewasche-Plaudertasche. Ein Bilderbuch für artige Kinder, nach Volksliedern illustrirt von Louise Thalheim. 4. (18 chromolithogr. Blatt mit Text.) Breslau 859, E. Trewendt. Thlr.

Wischewiansky, Samuel [aus Lodz]: Ueber die Einwirkung von Phosgen und ähnlichen Säurechloriden auf Derivate des Hydrazins ... Berlin, Buchdr. v. Funcke & Naeter, *1893*; 1 Bl., 43 S., 1 Bl. 8.
Berlin, Phil. Fak., Inaug.-Diss. v. 21. Juni 1893

WISCHIN, GEORG. Ueber Phenylendiäthylaceton und Aethylendiäthylaceton. Leipzig, 1867.

Wischin, Carl [aus Csaltitz in Ungarn]: Beiträge zur Kenntnis des Osmiums ... '(Hamburg, L. Voss)', 1892; 2 Bl., 28 S. 8.
Erlangen, Phil. Fak., Inaug.-Diss. v. 1892

Wischin, R. A., die Naphthene (cyklische Polymethylene des Erdöls) u. ihre Stellung zu anderen hydrürten cyklischen Kohlenwasserstoffen. gr. 8. (XVIII, 158 S.) Braunschweig 901. F. Vieweg & Sohn. n. 5. --

Wischin, Rudolf [aus Csalticz in Ungarn]: Ueber eine Metaxylol-Disulfosäure und einige Derivate. . . . Rostock, Univ.-Buchdr. v. Adler's Erben. 1890: 24 S. 8°
Rostock, Phil. Fak., Inaug.-Diss. v. [12. Aug.] 1890

Wischin, Rud., Vademecum d. Mineralöl-Chemikers. E. Nachschlagebuch f. d. tägl. Gebrauch im Betriebe u. Laboratorium der Mineralöl-Fabriken. 8. (XI, 216 S. m. Abb.) Braunschweig 896. F. Vieweg & Sohn. Geb. in Leinw. n. 5. —

Wischin, Rudolf: Vademecum des Weinchemikers und Oenologen. Ein Taschenbuch zum täglichen Gebrauche für Weinversuchsstationen, Ackerbauschulen, Culturinspectoren, Weinproducenten, Zollbeamte etc. Nebst einem Anhang über die Zoll- und Weingesetze, sowie Handelsverträge verschiedener Länder. Mit 78 Abb. u. 9 Taf. Wien & Leipzig: Braumüller 1896. XV, 325 S. -- 121*. UB Brünn*. Stiftsbibliothek Klosterneuburg. Rüd.*

Weber, A. Gl., resp. Chr. Lud. **Wischke**, Mali hypochondr. veri ac nervosi signa et diagnosis. Specimen semiologiae med. criticae. 72 pp. Rost. 8°. *Buchholz* u. *Becker*, Ausz. I, 1. St., p. 126. Salzb. med. chir. Zt. 1796, II, 33. 1795

Wischmann, C. H. C., Rede, s. Blum's, R., letzte Lebensstunden.

Wischmann, Fr., Jagdrecht u. Wildschäden in Mecklenburg-Schwerin. Aktenstücke m. Zusätzen u. Erläutergn. nebst e. (chromolith.) Situationsplan. gr. 8. (275 S.) Rostock 886. (Hinstorff's Verl.) n. 3. --

Wischmann, Johannes: Über die Giftwirkung verschiedener Elektrolyte und Elektrolytgemische auf Spirogyra. Neumünster 1910: Hieronymus. 49 S. 8°
Kiel, Phil. Diss. v. 8. Aug. 1910, Ref. Reinke
[Geb. 7. Nov. 82 Kellinghusen; Wohnort: Kellinghusen; Staatsangeh.: Preußen; Vorbildung: Oberrealsch. vor d. Holstentor Hamburg Reife M. 03; Studium: Kiel 2, Berlin 5, Kiel 5 S.; Rig. 4. Dez. 09.] [U 10. 2545

Wischmann, Walther [aus Wismar]: Untersuchungen über das Kingis Quair Jakobs I von Schottland . . . Wismar, Hinstorff'sche Raths-Buchdr. (L. Eberhardt), 1887; 1 Bl. + 71 + 1 S. + 1 Bl. 8°
Berlin, Phil. Fak., Inaug.-Diss. v. 12. Okt. 1887

Wischmann, Walther, Untersuchungen über das Kingis Quair Jakobs I. von Schottland. Diss. Berlin 1887, Mayer & Müller. 8°. 71 S.

Wischmeyer, Friedrich (A. H.)

Wischmeyer, F. A. H., kleiner Rathgeber für die Pflege u. Zucht des Kanarienvogels. 16. (56 S.) Osnabrück 877. (Lückerdt.) n. — 50

Wischmeyer, Frdr., Ratgeber f. Pflege, Zucht u. Gesangsschulung der Kanarien-Edelroller. 2., zeitgemäss umgearb. u. erweit. Aufl. d. Broschüre: „Kleiner Rathgeber f. Pflege u. Zucht des Kanarienvogels". (VI, 150 S.) kl. 8. Kaiserslautern 882. H. Kayser. 1.50; geb. 2. 50

Wischmeyer, Johs., Leitfaden für den Konfirmandenunterricht auf Grund d. kleinen Katechismus Luthers. 2. Aufl. 12. (IV, 68 S.) Gadderbaum 898. Bethel b/Bielefeld, Buchh. d. Anstalt Bethel. Kart. n. — 40

Leitfaden für den Konfirmandenunterricht auf Grund des kleinen Katechismus Luthers von Joh. **Wischmeyer**. 3. Aufl. *Bethel b/Bielefeld: Buchh. d. Anst. 1900.* (76 S.) 8° [A].

Wischmeyer, Johs., Leitfaden f. den Konfirmandenunterricht auf Grund des kleinen Katechismus Luthers. 4. Aufl. 8. (76 S.) Bethel bei Bielefeld 902. Buchh. der Anstalt Bethel. Kart. n. — 40

Wischmeyer, Johs., Leitfaden f. den Konfirmandenunterricht auf Grund des kleinen Katechismus Luthers. 6., m. den vom Konsistorium der Prov. Westfalen vorgeschriebenen Sprüchen versehene Aufl. (80 S.) kl. 8. Bielefeld 910. Verlagsanstalt Bethel. Geb. — 40

Wischmeyer, P., u. Fr. Stork, Geschichtsbilder f. evangel. Volksschulen. Mit besond. Berücksicht. der Kulturgeschichte u. der kaiserl. u. minister. Erlasse betr. den Geschichtsunterricht bearb. 8. (IV, 111 S. m. 1 farb. Karte.) Gütersloh 891. C. Bertelsmann. Kart. n. — 50

[F.] Geschichtsbilder für evangelische Volksschulen. M. bes. Berücks. d. Kulturgesch. u. d. kaiserl. u. minist. Erlasse betr. d. Geschichtsunterr. bearb. v. P. **Wischmeyer** u. Fr. Stork ... Mit Titelbild u. Kt. 3. verb. Aufl. ... *Gütersloh: C. Bertelsmann 1897.* (Titelk., 2 Bl., 110 S., 1 Kt.) 1 Bd 8.

Wischmeyer, P., u. Fr. **Stork**, Geschichtsbilder f. evang. Volksschulen. M. bes. Berücksicht. d. Kulturgeschichte u. der kaiserl. u. minister. Erlasse betr. d. Geschichtsunterricht bearb. M. Titelbild u. Karte. 8., verb. Aufl. (5.—6. Taus.) 8. (II, 112 S.) Gütersloh 898. C. Bertelsmann. Kart. n. — 50; geb. n. — 60

— u. Fr. **Stork**, Geschichtsbilder f. evangel. Volksschulen. Mit besond. Berücksicht. der Kulturgeschichte u. d. kaiserl. u. minister. Erlasse betr. den Geschichtsunterricht bearb. 4., verb. Aufl. (7.—8. Taus.) (IV, 115 S. m. Titelbild u. farb. Karte.) 8. Gütersloh (910). C. Bertelsmann. Geb. — 50

Wischmeyer, P., Uebungsstoffe f. den Unterricht in Sprachlehre, Rechtschreibung. Stil- u. Begriffsbildung. s.: Schreff. H.

Wischnath, Albert, aus Ostönnen, Referendar im Bez. d. Kgl. Oberlandesgerichts zu Hamm: Die **Lehre** von der Hinterlegung der geschuldeten Sache nach dem bürgerlichen Gesetzbuche ⟨§§ 372 ff⟩, unter Berücksichtigung des gemeinen Rechtes. *Soest 1900: Rochol.* (60 S.) 8°
Erlangen, Jur. Diss. v. 12. Mai 1899

Wischnegradsky, A., über verschiedene Amylene und Amylalkohole, s. Mémoires de l'Académie impériale des sciences de St.-Pétersbourg.

Wischnewetzky, Lazare [aus Taganrog (Russland)]: **Beiträge zur Statistik der Carcinoma labii inferioris . . . .** Würzburg, Becker's Univ.-Buchdr., 1886; 23 S. 8°.
Würzburg, Med. Fak., Inaug.-Diss. v. 1886.

Wischnewetzky, Lazare, **Beiträge zur Statistik des Carcinoma labii inferioris.** Diss. **Würzburg 1886, Stabel**sche Univ.-Buchh. 8°. 23 S.

Wischnewski, Otto: De Prisciani institutionum grammaticarum compositione. Berolini: Trenkel 1909. 101 S. 8°
Königsberg, Phil. Diss. v. 19. April 1909, Ref. Jeep
[Geb. 21. Mai 85 Thorn; Wohnort: Königsberg i. P.; Staatsangeh.: Preußen; Vorbildung: Gymn. Thorn Reife O. 04; Studium: Halle 4, Königsberg 5 S.; Rig. 3. März 09.] [U 09. 2424

Wischniowsky, Gustav J.

Wischniowsky, G.J. (Hrsg.), s. Assecuranz-Compass

— **s.: Continental-Compass.**

— **s.: Jahrbuch, finanzielles, f. Österreich-Ungarn.**

— **s.: Revue, finanzielle, u. Assecuranz-Revue.**

Wischniowsky, G. J. Über Verstaatlichung bzw. Veränderung des **Versicherungswesens** und über **Hypothekendarlehns-Versicherung.** 3. Auflage. **Wien 1896.**

Wischnitz, Alfred, a. Gleiwitz: Ueber primäre Multiplizität maligner Tumoren. Gleiwitz 1906: G. Stephan. (26 S.) 8°
Würzburg, Med. Fak., Ref. Schoenborn, Diss. v. 20. Febr. 1908
[Geb. 2. März 79 Gleiwitz; Wohnort: Würzburg; Staatsangeh.: Preußen; Vorbildung: Gymn. Gleiwitz Reife M. 00; Studium: Berlin 5, München 1, Berlin 1, Würzburg 3 S.; Coll. 28. Febr. 06; Approb. 15. Jan. 06.]

Wischnitzer, Marcus, a. Rowno in Rußland: Die Universität Göttingen und die Entwicklung der liberalen Ideen in Russland im ersten Viertel des 19. Jahrhunderts. ⟨Kap. 2 und 5.⟩ (Berlin 1906: E. Ebering.) (39 S.) 8° ¶ (Wird demnächst vollst. ersch.)
Berlin, Phil. Fak., Ref. Schiemann, Diss. v. 17. März 1906
[Geb. 10. Mai 82 Rowno; Wohnort: Brody; Staatsangeh.: Österreich; Vorbildung: Rudolfsgymn. Brody Reife Juli 01; Studium: Wien 2, Berlin 4 S.; Rig. 22. Febr. 06.]

Die Universität Göttingen und die Entwicklung der liberalen Ideen in Russland im ersten Viertel des 19. Jahrhunderts. Von Markus **Wischnitzer.** Berlin: E. Ebering 1907. (221 S.) 8°
= **Studien,** Historische. H. 58. [07. 13266 B

Wiscker, Johann Paul (Marburg) **A. S. 607/23**

Disputatio iuridica auspicalis iuris publici de iure consociationum ordinum S. R. I. generatim et comitum speciatim. Präs. Johann Andreas Hofmann.
Marburg (Müller) 4. VII. 1771. 70 S.

W. v.: Präs. **36998**

The Wisconsin Advocate: vol. 1—?, Mar. 1880—?
Monthly. Published in English and German. Sub-title: Official Organ of the Ancient Order of United Workmen, Wisconsin. Sub-title of German section: Officielles Organ für Wisconsin des A.O.V.A. Deutsche Abt. Running-title: The Wisconsin A.O.U.W. Advocate. Large quarto, each issue 8 pages. Published by B. Loewenbach & Son; then by H. H. Zahn & Co.
Milwaukee, WI

Wisconsin Banner und Volksfreund: Jahrgang 1—69, no. 31, 1844—Oct. 15, 1913. 913.
Weekly edition of Wisconsin Banner, later Banner und Volksfreund, Jan. 1850—May 1880; weekly and semi-weekly edition of Milwaukee Freie Presse.
Title varies: 1) Wisconsin Banner, Jan. 1850—May 1880; 2) Wisconsin Banner und Volksfreund, May 1880—1890?; 3) Wisconsin Banner und Volksfreund und der Sonntagsbote. *Joest* says it was started in 1845.
Circulation: 1870, 6000 (est.); 1880, 3000; 1890, 3200; 1910, 1865; 1913, 2980. See *Rowell, 1862—85; Ayer, 1880—1914; Wis (1); ULN.*
Milwaukee, WI

Wisconsin-Bote: 1850?—1851? Racine, WI
Democratic weekly. Edited & published by V. Kohlmann & Bender.

Wisconsin Botschafter: Jahrgang 1—58, no. 49, May 4, 1869—June 9, 1927.
Weekly. Independent, 1869—71; Democratic, 1872—1921; Independent, 1922—27; has been characterized as an organ of Jeffersonian Democracy. Sub-title: 1) Ein Wochenblatt für allgemeine Interessen, May 4, 1869—Dec. 1878; 2) Ein Organ der Demokratie, Jan. 1879—Nov. 1909; 3) Ein Familienblatt für Stadt und Land, Nov. 24, 1909—1918? Title varies: Madison Botschafter, May 4—July 6, 1869. Place of publication varies: Monroe, Wis., Oct. 28, 1926—June 9, 1927. For weekly edition, see Wisconsin Staats-Zeitung, June 25, 1912—July 23, 1918. For supplement, see Unterhaltungsblatt des Wisconsin Botschafter. Merged with Green County Herold (Monroe, Wis.). Edited & published by Richard Porsch & A. Sitzmann, May 4, 1869—1873; by Richard Porsch, 1873—Oct. 3, 1878; by Richard Porsch & ? Gossel, Oct. 10, 1878—1879; by Richard Porsch, Jan. 1880—Oct. 1891, and by Mrs. Porsch to end of year; by F. C. Bled & Co., Jan. 6, 1892—Oct. 21, 1926; by Fred. L. Kohli, Oct. 28, 1926—June 9, 1927.
Madison, WI

Unterhaltungsblatt des Wisconsin Botschafter: 1869?—?
Issued as a supplement to Wisconsin Botschafter, and included in its numbering for at least part of its history, and, moreover, bears no date-line. Folio, each issue 4 pages.
Madison, WI

Der Wisconsin Demokrat: 1880?—1884?
Democratic weekly. Title varies slightly. Circulation: 1882, 3300. Edited by P. F. L. Warus, 1880—84; published by Rupp & Bruderle, 1880—81; by Peter Rupp, 1882—84.
Fond Du Lac, WI

Wisconsin Equity News: vol. 1—10, no. 10, May 1, 1908—Sept. 15, 1917.
Semi-monthly, published in English and German, with material also in Norwegian; the German section consists of two pages per issue, beginning with issue for June 1, 1908. Sub-title: A Semi-monthly Paper for Union Farmers. Official Paper for the Wisconsin State Union of the American Society of Equity, [later, Wisconsin Division of Farmers Educational and Cooperative Equity]. Title varies: Equity News, May 10, 1913—Sept. 15, 1917. Large quarto, each issue 16 pages; illustrated. Some irregularities in numbering, and the entire set also bears whole no. 1—226. Circulation: 1911, *11,866.* Edited by Garrett M. Walrod, & published by Wisconsin Equity News Publishing Co., May 1, 1908—1917?
Madison, WI

Der Wisconsin Farmer: Jahrgang 1, no. 1, July 1861?
Monthly. Sub-title: Eine monatliche Zeitschrift. Gewidmet der Landwirthschaft und dem Gartenbau. There is also an English edition.
Quarto, 48 pages including covers; illustrated, including diagrams; some news, humor, poetry, etc. Edition of 5000 copies printed, by Rullmann & Fröhlich. Published by J. W. Hoyt & Co.
Madison, WI

Wisconsin Heim und Herd: 1896?—1897?
Semi-monthly, a publication of family and home interests. Large quarto, each issue 12 pages. Edited by G. Kriz, & published by Heim und Herd Publishing Co.
Milwaukee, WI

Wisconsin Landwirth: vol. 1, no. 1, Nov. 1861?
Agricultural monthly. Edited by Simon Sekles, & published by Sekles & Fröhlich.
Madison, WI

Wisconsin National Zeitung: 1896?—1897?
Weekly. Dated also at Centralia, Wis. Edited & published by François Martin, 1896—97.
Grand Rapids, WI

Wisconsin Post: Jahrgang 1—3, no. 30, May 1872—Dec. 30, 1874.
Independent weekly. Beilage printed, no. 1—3, issued in 1874, containing "Die Gesetze für Wisconsin," each 2 pages. Circulation: 1874, 395.
Edited & published by H. Mussaus, May 1872—Apr. 22, 1874; edited by H. Naber, & published by Wisconsin Post Co., Apr. 29—Dec. 30, 1874.
Shawano, WI

Wisconsin Republikaner: 1851—? Sheboygan, WI

Wisconsin Rundschau: 1886?—1906.
Republican weekly. United with Columbia County Wecker, to form Rundschau und Wecker. Circulation: 1900, 600. Edited & published by Schneider & Heidt, 1886—95; by Frank Heidt, 1895—1906. Title varies: Rundschau und Wecker.
Oshkosh, WI

Wisconsin Staats-Zeitung: Aug. 1854 – 1861?

Weekly. Democratic under Krüer, then Republican. Absorbed Madison Demokrat. Edited & published by August Krüer, Aug. 1854 – ?, edited by Hermann Fuchs, by ? Lindemann; by F. Rullman.

Madison, WI

Wisconsin Staats-Zeitung: July 1868 – June 1878.

Democratic weekly. Edited & published by Friedrich Burkhard & George Schauer, 1868; by Friedrich Burkhard, 1869 – 73 [Editor, 1871: F. H. Heinemann.] Followed by Wisconsin Staats Zeitung, July, 1873. Founded July, 1868 by Fred. Burkhard. Conducted by him (in partnership with George Schauer in 1868) till Apr. 1875, then sold to a stock company and called Volkszeitung, B. G. Gommers, editor. Sold to J. H. Schnelle & Son, Feb. 1876; conducted by them till Oct. 1877; by Henry Schnelle till Feb. 1878; then suspended. Revived by H. J. Lohmar, June 1879, as Green Bay Zeitung; suspended probably in following Nov.

Green Bay, WI

Wisconsin Staats Zeitung: July 1873 – June 6, 1874?

Democratic. Second paper with this title. Edited & published by Friedrich Burkard. Followed by Wisconsin Staats Zeitung, July 16, 1874. Later title as Green Bay Volkszeitung.

Green Bay, WI

Wisconsin Staats-Zeitung: Jahrgang 1 – 2, no. 3, July 16, 1874 – July 29, 1875.

Weekly. Organ der Fortschrittspartei. Sub-title. Merged with Green Bay Concordia. Jahrgang 2, no. 1 – 3, incorrectly numbered "Jahrgang 8, no. 1 – 3," or, publisher re-assumed numbering of his first paper. Edited & published by Valentin Burkard.

Green Bay, WI

Wisconsin Staats-Zeitung: Jahrgang 1 – 40, Dec. 4, 1878 – July 23, 1918.

Weekly. Independent, 1878 – 99; Democratic, 1900 – 18. Suspended Feb. 7 – June 18, 1912. Issued as edition of Wisconsin Botschafter, June 25, 1912 – July 1918. Circulation: 1880, 900; 1890, 1150; 1900, 1350; 1910, 900; 1915, 2500. Edited & published by H. Klempell & Carl G. Schmidt, Dec. 1878 – Jan. 1882; by Carl G. Schmidt, Jan. 1882 – Mar. 1885, edited by Carl G. Schmidt & published by Wisconsin Staats Zeitung Publishing Co., Mar. 1885 – 1888; edited & published by Julius Keuling & Bernhard Leser, 1888; by Bernhard Leser, May 1888 – Aug. 1889; by Gustav Lyser & George Deininger, Aug. 1889 – Mar. 1891; by Baumann & Wolle, Mar. 1891 – Sept. 1892; by George Deininger, 1892; by Carl Gebhardt, 1892 – 1912; published by Wisconsin Staats Zeitung Co., 1893 – Apr. 1912; edited & published by F. C. Bled & Co., Apr. 1912 – July 1918.

Madison, WI

Wisconsin Thalbote: Jahrgang 1 – 20, Sept. 21, 1900 – Aug. 27, 1920.

Independent weekly. Sub-title: Organ für die Interessen der Deutschen im Wisconsin Thal, Sept. 21, 1900 – ?. For supplement, see Der Sonntagsgast. Follows Lincoln County Anzeiger, under Sallet, carries on as sub-title: (Lincoln County Anzeiger), Sept. 28, 1900 – ?. Circulation: 1905, 2700; 1910, 2000; 1915, 2000. Edited & published by Friedrich W. Sallet, Sept. 21, 1900 – Aug. 1902; by Otto Sosemihl, Sept. 5, 1902 – Nov. 1917; by Richard Ramke, Nov. 30, 1917; by Gustav Belling, Dec. 7, 1917 – 1920.

Merrill, WI

Wisconsin Volksblatt: 1860 – 1861? **Racine, WI**

Weekly. Edited by A. Winter.

Wisconsin Vorwärts: Jahrgang 7? – 50, no. 53, Jan. 1892 – Dec. 31, 1932.

Socialistic daily, evening except Sunday, Jan. 1893 – Aug. 15?, 1898; weekly, Aug. 1898 – 1932. Sub-title: 1) Organ der Sozialdemokratischen Partei von Wisconsin, 1893? – 1932; 2) Unabhängige Sozialistische Zeitung. For weekly edition, see Die Wahrheit. For Sunday edition, see Vorwärts.

Circulation: 1890, 3400; 1895, 3850; 1898, 6534; 1900, 8708; 1910, 12,500; 1915, 38,000; 1919, 4300. Edited by Victor L. Berger [in issues of Jan. 7, 1893, he states that with this number he assumes editorship], Jan. 1893 – Oct. 8, 1911; by Heinrich Bartel, Oct. 11, 1911 – Dec. 31, 1932. Assistant editors: Jacob Hunger; Carl Kleist, Ed. D. Deuss. Published by Milwaukee Arbeiter-Zeitung Publishing Society, 2) Socialistic Publishing Society, 3) Milwaukee Volkszeitung Publishing Co., 4) Milwaukee Socialdemokratische Publishing Co., 1910? – 1932.

Milwaukee, WI

Wisconsin Wochenblatt: Jahrgang 1 – 49, no. 8, Jan. 1871 – Nov. 28, 1924.

Weekly. Democratic, 1880 – 1919; Independent, 1920 – 21; Independent Republican, 1922; Republican, 1923 – 24. Title varies: Wausau Wochenblatt, Jan. 1871 – Jan. 1917, 2) Wausau Wochenblatt und Pionier, Feb. 1917 – Oct. 15, 1920; Wisconsin Wochenblatt, Oct. 1920 – 1924. Place of publ. varies: Winona, Minn., Oct. 22, 1920 – Nov. 28, 1924. For supplement, see Der Erzähler. Merged with Westlicher Herold (Winona, Minn.). Absorbed the following, thereafter dated jointly with them Oct. 22, 1920: 1. Der Herold (Eau Claire). 2. Pionier (Wausau). 3. German Press (Superior). 4. Volksbote (Marinette). 5. Deutsch-Amerikaner (Neillsville). 6. Anzeiger (Arcadia). 7. Landsmann (Cochrane). 8. Herold und Volksfreund (La Crosse). 9. Rundschau und Wecker (Portage). Absorbed the following, Oct. 14, 1921: all of La Crosse, Wis.: Editions of the Wisconsin Wochenblatt, then printed for: La Crosse, Portage, Eau Claire, Wausau, Neillsville. 1. Morgenstern. 2. Nordstern. 3. Volkspost. Circulation: 1875, 600 (est.); 1890, 1200; 1900, 1800; 1910, 1500; 1922, 9800. Edited & published by Valentin Ringle, Jan. 1871 – 1876, edited by H. J. Lohmer, 1877 – 86, by Gustav Lyser, 1887 – 89, published by Valentin Ringle, 1877 – 87, edited & published by H. J. Hese, 1890 – Feb. 1919, edited by Charles Spychalla, Feb. 1919 – 1921; by Hermann Reimann, 1922 – 24, published by Frau H. J. Hese, Feb. 21, 1919 – Oct. 1920, by Westlicher Herold Publishing Co., Winona, Minn., Oct. 1920 – Nov. 1924.

Wausau, WI

Wise, Los Gringos, siehe: **Bibliothek, Europäische**, 376 – 378. Bd.

Wise, eine Seeräubergeschichte, s. **Bibliothek, amerikanische**.

Wise, Dan., liebliche Pfade frühzeitiger Frömmigkeit. Eine Ansprache an Jünglinge und Jungfrauen. Aus dem Engl. übers. 8. (252 S.) Cincinnati 860. (Bremen, Verlag des Tractathauses.) geb. * -

Wise, Dan., liebliche Pfade frühzeitiger Frömmigkeit. Eine Ansprache an Jünglinge u. Jungfrauen. Aus dem Engl. übers. Bremen 866. Verl. des Tractathauses. gr. 8. (XI, 207 S.) n. 15 ngr.

Wise, D., liebliche Pfade frühzeitiger Frömmigkeit. Eine Ansprache an Jünglinge und Jungfrauen. Aus dem Engl. übers. 2. Aufl. 8. (XI, 205 S.) Bremen 889. Verlag d. Tractathauses. geb. n. 1. 75

—— der Weg des Lebens oder ein Wegweiser zum Himmel. Aus dem Engl. übers. 8. (IV und 123 S.) Bremen 857, (Heyse's Verlag.) *

—— dass. — gr. 16. (208 S. mit 2 Stahlst.) Cincinnati 856. 57. (Bremen, Heyse's Verlag.) * *

—— dass. — gr. 16. (208 S. mit 2 Stahlst.) Cincinnati 859. (Philadelphia, Schäfer und Koradi.) geb. *

Wise, Dan., Wegweiser zum Heiland, oder die zu ihrem großen Hirten geleiteten Lämmer der Heerde. Uebers. aus dem Engl., zum Gebrauch der Sonntagsschulen. gr. 16. (96 S. m. 8 Holzschntaf.) Cincinnati 849. (Bremen, Heyse.) n. 6½ ngr

Wiseman, James

Wiseman, J., der Begleiter und Dolmetscher für Auswanderer nach Amerika und Australien. Nebst einer Sammlung engl. und deutscher Gespräche und vielen beachtenswerthen Notizen für Auswanderer und Seereisende. gr. 8. (XXX und 287 S.) Ulm 854, Fr. Ebner.

—— deutsch-englischer Dollmetscher für Jeden der möglichst bald englisch zu lernen wünscht, oder kleine engl. Sprachlehre. Das nützlichste Hülfsbuch für Auswanderer und für jeden Reisenden in Amerika und England. Nebst einer kleinen Beschreibung von Amerika und einigen sehr beachtenswerthen Notizen für Auswanderer. 4., verb. Aufl. gr. 8. (IV und 150 S. mit einer lithogr. Ansicht von New-York.) Ulm 854, Fr. Ebner.

—— der treue und unentbehrliche Führer und Rathgeber für alle Auswanderer nach Amerika, um auswandernde Landsleute vor Schaden zu bewahren und ihre Wohlfahrt in der neuen Welt zu befördern. Nebst einer Sammlung engl. und deutscher Gespräche und einem ärztl. Rathgeber für Auswanderer und Seereisende. gr. 8. (XIV und 293 S.) Ulm 853, Fr. Ebner.

Wiseman, J., neueste u. vollständ. Sammlung englischer u. deutscher Gespräche u. Redensarten. Zum Gebrauch beider Nationen, m. sorgfältig bezeichneter Aussprache. 2 Bdchn. A. u. d. Ttl.: Newest and most complete Collection of Dialogues and Phrases, English and German. 2 Vol. gr. 8. (à 18½ B.) Ulm 845, 46, Fried. Ebner. à

Wiseman, James, neueste u. vollständigste Sammlung englischer u. deutscher Gespräche u. Redensarten. Zum Gebrauche beider Nationen; mit sorgfältiger Bezeichnung der Aussprache der englischen Wörter. 1. Bdchn. 2. (Titel-) Aufl. gr. 8. (XIV u. 282 S.) Ulm 849, Fr. Ebner. 19 ngr

Wiseman, Nicholas

Wiseman, (Nicol.), Abhandlungen über verschiedene Gegenstände. Aus dem Engl. 3 Bde. gr. 8. Regensburg 854, Manz. à Bd. 2 Thlr. 7½ Ngr. Thlr.

Inhalt:

Abhandl. 1. Abhandlungen über die heil. Schrift und über den kathol. Gottesdienst. (XII und 544 S. mit dem Bildn. des Verf. in Stahlst. und 1 lithogr. Inschrifttaf.)

" 2. Abhandlungen über den Anglicanismus und darauf bezügl. Controversschriften. (VIII und 425 S.)

" 3. Abhandlungen über Geschichte, Kunstgeschichte, kirchl. Alterthümer und Landeskunde. (525 S. mit 1 lithogr. Inschrifttaf., der Abbildung von St. Petri-Stuhl in Rom und einem Plane des Forum romanum in 4.)

— u. Jos. Faust, Alexius, der verborgene Edelstein, s.: Theater, kleines.

Wiseman, N., Appellation an die Einsicht u. die Billigkeit des englischen Volkes, in vollständ. u. getreuer Uebersetzung. Lex. 8. (24 S.) (Paderborn 851, Schöningh.) 3 ngr.

Wiseman, Nicol., Berührungspunkte zwischen Wissenschaft u. Kunst. Ein Vortrag. Uebersetzt von F. H. Reusch. Köln 863. Bachem. 12. (2 Bl., 96 S.) 7½ ngr.

Wiseman, Nicol., der verborgene Edelstein. Drama in 2 Aufzügen. Mit Genehmigung des Verf. aus dem Engl. übers. 1. und 2., durchgeseh. Aufl. 12. (XIII und 116 S.) Köln 860, Bachem.
Feine Ausg.
Musikbeilage dazu. (8 S. in 4.)

Wiseman, Nicol., der verborgene Edelstein. Ein Drama in 2 Aufzügen verfaßt für die Jubiläumsfeier des Stt. Cuthbert-Collegiums. Mit einem einleitenden Bericht über die Feier des Jubiläums. Aus dem Engl. übersetzt. Vollständige Ausg. mit Musikbeilagen. Regensburg 860. Manz. 8. (XL, 144 S.) 15 ngr.

Wiseman, Nicol., der verborgene Edelstein. Drama in 2 Aufzügen. Mit Genehmigung des Verf. aus dem Engl. übers. 3. Aufl. Köln 868. Bachem. 12. (XIII, 116 S.) 12 ngr.

Wiseman, Nic., der verborgene Edelstein. Drama in 2 Aufzügen. Mit Genehmigung des hohen Verf. aus dem Englischen übersetzt. 4. Aufl. 16. (130 S.) Köln 877. Bachem. 1. 20

Wiseman, Nicolaus. Der verborgene Edelstein. Drama in zwei Aufzügen. Genehmigte Uebersetzg. 6. u. 7. Aufl. 12. (132 S.) Köln 891, Bachem. 1 20

Wiseman, Nic., der verborgene Edelstein. Drama in 2 Aufzgn. M. Genehmigg. d. hohen Verf. aus d. Engl. übers. 8. Aufl. 12. (130 S.) Köln 896. J. P. Bachem. 1. 20; Musikbeilage f. d. Vorspiele u. Gesänge, komponiert v. Herm. Kipper, Op. 125, Partitur. gr. 8. (9 S.) n. — 50; 2 Chorstimmen à n. — 10

(B) Wiseman, Nikol., der verborgene Edelstein. 896. (KVL 30.) Jetzt: Paderborn, F. Esser.

— Einblicke in die christliche Sittenlehre. Kanzelvorträge. Deutsch von P. Regensburg 865. Manz. gr. 8. (III, 375 S.) 1 ℛ︁ 3 ngr.

Wiseman, Nikol., Über den Einfluß des Katholicismus auf die Wissenschaft. Rede, gehalten bei der Jahresfeier des kathol.-litterarischen Instituts in Leeds, 3. Febr. 1853. Regensburg, Pustet, 1853, 8°, 56 S., 75 Pf.

— Erinnerungen an die letzten vier Päpste, s. Sammlung von klass. Werken der neuern kathol. Literatur Englands.

— Erinnerungen an die letzten vier Päpste und an Rom in ihrer Zeit. Im Auftrage Sr. Eminenz übers. von F. H. Reusch. 2. Ausg. mit den Portraits der Päpste Pius VII., Leo XII., Pius VIII., Gregor XVI. (in Stahlst.) gr. 8. (XII und 399 S.) Köln 858, Bachem.

— Erinnerungen an die vier letzten Päbste und an Rom während ihrer Regierungszeit. Aus dem Engl. von G. Fink. gr. 8. (XII und 448 S.) Schaffhausen 858, Hurter'sche Buchh.

— Erinnerungen an die letzten vier Päpste und an Rom zu ihrer Zeit. Nebst einer biograph. Skizze des Cardinals. Aus dem Engl. von Carl B. Reiching. 1—3. Aufl. 8. (XIV und 411 S.) Regensburg 858. 59, Manz.

— u. Frederick William Faber, die hl. Eucharistie. Das heiligste Altarssakrament, od. die Werke u. Wege Gottes. Von F. Zur Einleitg.: 8 Vorträge v. W. üb. die Transsubstantiation. Neu hrsg. v. Joh. Rhotert. (VIII, 448 S.) 8. Osnabrück 910. B. Wehberg. 1.50; geb. n 2. —

Wiseman, Nicholas: Fabiola.
— frei bearb., s. Sommer, Clara.

— dasselbe, s.: Sammlung historischer Romane.

— dasselbe, s.: Sammlung von klassischen Werken der neueren katholischen Literatur Englands in deutscher Uebersetzung.

— dasselbe (f. evang. Leser), s.: Sonntagsbibliothek Nr. 10.

— dasselbe, s.: Tschespet, nies.

— dass. — s. Universal-Bibliothek.

— Fabiola, oder die Kirche der Katakomben. Aus dem Engl. von Carl B. Reiching. 1. Aufl. (XVI und 496 S.) 1855. und 2. und 3., verb., mit einem Vorwort und Anhang verm. Aufl. 8. (XVI und 501 S. mit Abbildungen in Holzschn.) Regensburg 856, Manz.

— Fabiola, oder die Kirche der Katakomben. Aus dem Engl. von Carl B. Reiching. 4., verb., mit einem Vorwort und Anhang verm. Aufl. 8. (XVI und 499 S. mit Abbildungen in Holzschn.) Regensburg 857, Manz.

— Fabiola, oder die Kirche der Katakomben. Aus dem Engl. von Carl B. Reiching. 5., verb. Aufl. Mit Abbildgn. (Holzschn.) Regensburg 862. Manz. 8. (XII, 495 S.) 27 ngr.

— Fabiola oder die Kirche der Katakomben. Uebersetzt von F. H. Reusch. 9. Aufl. Mit den engl. Orig.-Holzschn. 8. (XVI, 461 S. mit eingedr. Holzschn. und 1 Holzschntaf.) Köln 870, Bachem.

— Fabiola oder die Kirche der Katakomben. Aus dem Engl. von Carl B. Reiching. 6. verb. Aufl. 8. (XII, 495 S. mit Abbild. in Holzschn.) Regensburg 873, Manz.

— dass. — Mit Genehmigung Sr. Eminenz übers. von F. H. Reusch. 12. Aufl. Mit den engl. Orig.-Holzschn. 8. (XVI, 461 S.) Köln 879, Bachem.

Wiseman, Nicolaus, Fabiola oder die Kirche der Katakomben. Autoris. Uebersetzung von F. H. Reusch. 13. und 14. Aufl. 8. (XVI, 432 S. mit den engl. Orig.-Holzschn.) Köln 882, 84, Bachem. ℳ 2,75.; geb. *

Wiseman, Nic., Fabiola oder die Kirche der Katakomben. Mit Genehmigung Sr. Eminenz übers. von F. H. Reusch. 15. Aufl. 8. (XII, 452 S. mit den engl. Orig.-Holzschn.) Köln 887, Bachem. ℳ 2.75.; geb. *

— Fabiola od. die Kirche der Katakomben. Uebers. v. F. H. Reusch. 16.—20. Aufl. 8. (XII, 452 S. m. Holzschn.) Ebd. 887—91. 2 75; geb. * 4 —

— daſſ. — Aus dem Engl. von Carl B. Reiching. Neue, vielfach verb. Aufl. 8. (XV, 464 S. mit Abbild.) Regensburg 887, Verlags-Anſtalt.

Wiſeman, Nik., Fabiola od. die Kirche der Katakomben. Aus dem Engl. überſ. v. Karl B. Reiching. Neue illuſtr., verb. Ausg. Mit feinen Holzſchn.-Bildern. Gezeichnet v. Ed. Ritter v. Steinle. (In 12 Lfgn.) 1. Lfg. 4. (40 S.) Regensburg 887. Verlags-Anſtalt. n. — 50

— daſſ. — Aus dem Engl. von Carl B. Reiching. 8. vielfach verb. Aufl. 8. (XV, 464 S. m. Abbildgn.) Regensb. 890, Verlags-Anſtalt. 2 70; geb. * 3 50

— Fabiola od. die Kirche der Katakomben. Mit Genehmigg. Sr. Emin. überſ. v. F. H. Reuſch. 19.—21. Aufl. Mit den engl. Orig.-Holzſchn. 8. (XII, 452 S.) Köln 891—894. J. P. Bachem. 2. 75; geb. n. 4. —

— dasſelbe. Aus d. Engl. überſ. v. Thom. Elſäßer, O. S. B. 8. (XII, 512 S.) Osnabrück 894. B. Wehberg. n. 1. —; geb. in Leinw. n. 1. 50

— dasſelbe. Deutſche Ueberſetzg. v. M. Wiedemann-Wilſon. Illuſtr. v. H. Schwormſtädt. gr. 8. (XII, 612 S. m. 17 Vollbild.) München 897. M. Kellerer. Geb. in Leinw. n. 3. 60
Erſchien auch in 30 Hftn. à — 10.

Wiſemann, Nicol. Card., Fabiola oder die Kirche der Katakomben. Deutſch von M. Wiedemann-Wilſon, illuſtrirt von F. Schwormſtädt. (Vollſtändig in 30 Lieferungen.) 8.
Wien: Kirsch 1897.

— Fabiola od. d. Kirche d. Katakomben. M. Genehmigg. Sr. Eminenz überſ. v. F. H. Reuſch. 27. Aufl. M. 10 Kunſtdr.-Bild. nach Zeichngn. v. O. Maehly u. d. engl. Orig.-Holzſchn. 8. (463 S.) Ebd. 898. n. 2. 75; geb. in Leinw. n. 4. —

— dasſelbe. E. Erzählg. aus d. Beginn d. 4. Jahrh. Nach d. Engl. frei bearb. v. Herm. Ludw. v. Jan. Mit 4 Vollbild. v. H. Ganier-Tanconville. (Volks- u. Familienbücherei.) Lex.-8. (VII, 342 S.) Straßburg 898. F. X. Le Roux & Co. Geb. in Leinw. m. Goldſchn. n. 3. 50

Wiſeman, Nic. Card., Fabiola od. die Kirche der Katakomben. Mit Genehmigung Sr. Emin. überſ. v. F. H. Reuſch. 29. Aufl. Mit 10 Kunſtdr.-Bildern nach Zeichngn. v. O. Maehly u. den engl. Orig.-Holzſchn. 8. (463 S.) Köln (899). J. P. Bachem. n. 2. 75; geb. n. 4. —

Wiseman, Nicolaus: Fabiola oder die Kirche der Katakomben. Übers. von F[ranz] H[einrich] Reusch. 30. Aufl. Mit 10 Kunstdr.-Bild. nach Zeichn. von O. Maehly u. d. engl. Orig.-Holzschn. Köln a. Rh.: J. P. Bachem [1899]. (463 S.) 8°

Wiſeman, Nic. Card., Fabiola od. die Kirche der Katakomben. Deutſche Ueberſetzg. v. M. Wiedemann-Wilſon. Illuſtrationen v. F. Schwormſtädt. (Neue [Titel-]Ausg.) gr. 8. (XII, 612 S.) München [897.] 900. M. Kellerer. Geb. n. 2. 40; in Leinw. n. 3. —

Fabiola oder die Kirche der Katakomben [Fabiola, a tale of the catacombs]. Von Kardinal [Nicholas] Wiseman ... neu übers. u. mit e. Vorbemerkung vers. von Dr. Franz Kwest. Mit 1 Bilde d. Verf. u. mehr. Ill. *Halle a. d. S.: O. Hendel (1902)* (IV, 380 S.) 8° [F.]
(Bibliothek d. Gesamtlitteratur d. In- u. Auslandes. No 1606–09.)

— dasſelbe, ſ. a. Bibliothek der Geſamtlitteratur.

— dasſelbe. Aus dem Engl. überſ. v. Thom. Elſäßer, O. S. B. 2. Aufl. Mit engl. Orig.-Holzſchn. (516 S.) 8. Osnabrück 902. B. Wehberg. Geb. in Leinw. n. 1. 50

— dasſelbe. Aus dem Engl. v. Carl B. Reiching. 12. Aufl. 8. (XV, 464 S. m. Abb.) Regensburg 902. Verlagsanſtalt vorm. G. J. Manz. n. 2. —; geb. in Leinw. n. 2. 90

Wisemann, N. K., Fabiola oder die Kirche der Katakomben. 1. Teil. [Volksbücherei Nr. 22/24.] 8°. (XII, 195 S.) Graz: Styria 1903. K —.60

Wiseman, V., Fabiola oder Die Kirche der Katakomben. 2. Teil in 4 Liefer. [Volksbücherei. Nr. 25—28.] 8. (ill. S. 200 bis 583.) Ebda 1903. à K —.20

— dasſelbe. Mit Genehmigg. Sr. Eminenz überſ. v. F. H. Reuſch. 38. Aufl. Mit 11 Kunſtdr.-Bildern nach Zeichngn. v. O. Maehly u. den engl. Orig.-Holzſchn. (463 S.) 8. Köln (904). J. P. Bachem. n. 2. 75; in Salonbd. n. 4. —

Wiſemann, Nikol. Kard., Fabiola od. Die Kirche der Katakomben. Ueberſ. J. Okorn. (XII, 584 S. m. Abbildgn.) kl. 8. Graz 905. Styria. Geb. in Leinw. n. 3. 60

— dasſelbe. Aus dem Engl. überſ. v. Karl B. Reiching. Neue illuſtr., verb. Ausg. Mit feinen Holzſchn.-Bildern. Gezeichnet von Eduard Ritter v. Steinle. (428 S.) Lex.-8. Regensburg 905. Verlagsanſtalt vorm. G. J. Manz. n. 4. —; geb. in Leinw. m. Goldſchn. n. 6. 50

(F) Wisemann, N., Fabiola oder die Kirche der Katakomben. 2. Aufl. [Volksbücherei. Nr. 22—28.] 8°. (ill. XII, 555 S.) Graz: Styria 1907. geb. K 2.—

— dasſelbe, ſ. a. Volksbücherei. Nr. 22—28.

Fabiola oder die Kirche der Katakomben. Von Nikolaus Kardinal Wiseman. Aus d. Engl. übers. von Johanna Baltz. Hamm i. W.: Breer & Thiemann [1907]. (511 S.) 8° [B.]
— Bibliothek, Kleine. No 118–123.

— dasſelbe. Aus dem Engl. überſ. v. C. zur Haide. Mit e. Anh.: Über die röm. Katakomben v. Ant. Weber. (618 S. m. Abbildgn. u. Titelbild.) kl. 8. Regensburg (907). J. Habbel. Geb. in Leinw. 2. —

Wiseman, (Nicholas Patrick Stephen). Fabiola oder Die Kirche der Katakomben. Von Kardinal W. Uebersetzung von Christiane Gmeiner. Mit 60 Textfiguren und 16 Einschaltbildern [Tafeln], worunter 10 Originalkompositionen von Joseph Blanc. 1. Aufl. VIII + 524 S. 8. Einsiedeln *etc.*, Benziger & Co. A.-G., 1908. [fr. 6.25, geb. 7.50]

— dasſelbe. Erzählung. Genehmigte Ueberſetzg. v. F. H. Reuſch. 43. Aufl. Mit 11 Bildern v. O. Maehly u. den engl. Orig.-Holzſchn. (463 S.) 8. Köln (908). J. P. Bachem. 2.75; geb. 4. —

— Fabiola od. Die Kirche der Katakomben. Hiſtoriſcher Roman. (432 S. m. Bildnis.) 8. Berlin 909. A. Weichert. 2. —

— dasſelbe. Aus dem Engl. v. Karl B. Reiching. 14. Aufl. (XV, 464 S. m. Abb.) 8. Regensburg (909). Verlagsanſtalt vorm. G. J. Manz. 2. —; geb. in Leinw. 2. 90

Wiseman, Nicholas. Fabiola ali cerkev v Katakombah. Poslovenil A. Zupančič. V Celovcu, Blaznik in Laibach, 1867. 248 S. — 2. natisek. V Celovcu, St. Hermagoras-Druck., 1895. 224 S. — 3. natisek. 1907. 224 S.

Wiseman, Nicol., die wirkliche Gegenwart des Leibes u. Blutes Jesu Christi im heil. Abendmahle. Aus d. heil. Schrift bewiesen. Acht Vorträge, im engl. Collegium zu Rom gehalten. Aus d. Engl. v. Mor. Brühl. gr. 8. (15 B.) Regensburg 844, Manz.

—— die wirkliche Gegenwart des Leibes und Blutes Jesu Christi im heiligen Abendmahle. Aus der heiligen Schrift bewiesen. Acht Vorträge, im engl. Collegium zu Rom gehalten. Aus dem Engl. von Mor. Brühl. 2. verb. Aufl. gr. 8. (236 S.) Regensburg 871, Manz.

— die Hirtinnen zu Bethlehem. Sanct Ursula, s. Dramen, drei kleine.

Wiseman, N., Horae syriacae, seu commentat. et anecdota res vel litteras syriacas spectantia. Tom. I. Lex.-8. (18½ B. u. 1 Kpfr.-(Schrift-)Taf. Romae 828. (Viennae, Volke.)

—— Jesus Christus und die allerseligste Jungfrau. Kanzelvorträge und Hirtenbriefe. Als Zugabe: Die von Sr. Eminenz bei der Einweihung des Domes zu Northampton am 28. April 1864 gehalt. Predigt: „Jesus meine Liebe". Deutsch von P. gr. 8. (XII und 388 S.) Regensburg 864, Manz.

— die religiöse u. gesellschaftliche Lage der Katholiken in England. Ein Vortrag gehalten auf der Katholiken-Versammlung zu Mecheln am 21. Aug. 1863. Aus dem Engl. übers. von F. H. Reusch. Köln 864. Bachem. 12. (2 Bl., 66 S.) 6 ngr.

—— die Lampe des Heiligthums. Novelle. gr. 16. (78 S.) Regensburg 859, Pustet.

—— die Lampe des Heiligthums. Novelle. 2. sorgfält. nach dem Orig. revid. Aufl. gr. 16. (75 S.) Regensburg 871, Pustet.

— **Die Lampe des Heiligtums. Novelle. (78 S.) kl. 8. Regensburg 911. F. Pustet. —30; geb. in Leinw. — 80**

—— dass. — s. Bilder aus dem Volksleben.

Wiseman, Nicol., die vornehmsten Lehren u. Gebräuche d. kathol. Kirche. Dargest. in e. Reihe v. Vorträgen, geh. zu London 1836. A. d. Engl. übers. v. Dan. Haneberg. Mit e. Vorw. v. J. J. J. Döllinger. 2 Lfgn. gr. 8. (42½ B.) Regensburg 838, Manz.

— die vornehmsten Lehren u. Gebräuche der katholischen Kirche. Dargestellt in einer Reihe von Vorträgen. Aus dem Engl. übersetzt von Dan. Haneberg. Mit einem Vorwort von J. Döllinger. 2. verb. Aufl. gr. 8. (XII u. 628 S.) Regensburg 847, Manz. 2¼ ℛ

Wiseman, Nikolaus, Die vornehmsten Lehren und Gebräuche der kath. Kirche. Dargestellt in einer Reihe von Vorträgen. Aus d. Engl. übersetzt von Daniel Haneberg. Mit einem Vorwort von J. J. J. Döllinger. Regensburg, Manz (jetzt Nationale Verlagsanst.), 1867, gr. 8°, XII, 642 S., 3. Aufl., 6,75 Mk.
1. Aufl. 1838.

—— Manifest oder Appellation an den Rechts- und Billigkeitssinn des englischen Volks im Betreff der kathol. Hierarchie. Aus dem Engl. Mit einer geschichtl. Einleitung. gr. 8. (58 S.) Regensburg 851, Manz.
Vgl.: Manifest.

— **Menschwerdung u. Leben unsers Herrn u. Heilandes Jesus Christus. Betrachtungen. Genehmigte Uebertragung v. Th. Grewer. 12. (VIII, 262 S.) Köln (902). J. P. Bachem. Geb. in Leinw. n. 1.80**

— Predigten über den Heiland u. die allerseligste Jungfrau. Mit Genehmigung Sr. Eminenz übersetzt von Joh. Kayser u. G. Schündelen. Köln 864. Bachem. 8. (VIII, 388 S.) 1 ℛ 3 ngr.

—— Predigten über das christliche Leben. Uebersetzt von Joh. Kayser und G. Schündelen. 8. (VII und 415 S.) Köln 865, Bachem.

—— Reden und Vorträge, } s. Sammlung von klass. Werken der neueren kathol. Liter. Englands.

— Rom u. der katholische Episcopat am Pfingstfest 1862. Im Auftrage Sr. Eminenz übersetzt von F. H. Reusch. Ebend. 862. 12. (66 S.) 6 ngr.

— vermischte Schriften, s. Sammlung von klass. Werken der neueren kathol. Literatur Englands.

—— William Shakespeare. Autoris. Uebersetzung. 12. (102 S.) Köln 865, Bachem.

—— fünf neue Sterne am Himmel der Heiligen. Mit einer Einleitung über die Selig- und Heiligsprechung der Diener Gottes. Deutsch hrsg. von Carl B. Reiching. 8. (IV und 264 S. mit 1 Stahlst.) Regensburg 860, Manz.

—— Unfruchtbarkeit der von d. Protestanten z. Bekehrung ungläub. Völker unternomm. Missionen. Dargeth. aus d. eigenen Berichten d. Missionäre. Eine Abhandl. N. d. ital. Original treu übers. Lex.-8. (8 B.) Augsburg 835, Kollmann'sche Buchh.

—— Sanct Ursula, s. Dramen, drei kleine.

—— Vorträge üb. die in d. päpstl. Kapelle übl. Liturgie d. stillen Woche. A. d. Engl. v. Jos. Maria Axinger. gr. 8. (10 B.) Augsburg 840, Kollmann'sche Buchh.

—— vier Vorträge über Concordate, insbesondere über das österreichische Concordat. Aus dem Engl. 8. (124 S.) Köln 856, Bachem.

— — 2. Aufl., s. Sammlung von klass. Werken d. neueren kathol. Literatur Englands.

—— Zusammenhang d. Ergebnisse wissenschaftl. Forschung mit d. geoffenbarten Religion. Zwölf Vortr., geh. zu Rom. In deutscher Uebersetz. hrsg. v. Dan. Haneberg. gr. 8. (35 B., 1 ill. Karte u. 1 Bl. Abbildn.) Regensburg 840, Manz.

—— Zusammenhang zwischen Wissenschaft und Offenbarung. Zwölf Vorträge, gehalten zu Rom. In deutscher Uebersetzungen hrsg. von Dan. Haneberg. Nach der neuesten Aufl. des Orig. verb. und verm. von Bened. Weinhart. gr. 8. (XXIV und 611 S. mit einer lithogr. und ill. ethnograph. Karte der alten Welt und 4 Stnt. in gr. 8., 4. und Fol.) Regensburg 855(56,) Manz.

Wiseman, Nikol., Zusammenhang zwischen Wissenschaft und Offenbarung. Zwölf Vorträge, gehalten zu Rom. In deutscher Übersetzung herausgegeben von Daniel Haneberg. Nach der neuesten Aufl. des Originals verbessert u. vermehrt von Benedikt Weinhart. Mit 1 illuminierten ethnographischen Karte der alten Welt u. 4 Tafeln. Regensburg, Manz (jetzt Verlagsanst.), 1866, gr. 8°, XXIV, 617 S., 3. Aufl., 6,75 Mk.

Wisén, Thdr., carmina norroena. Ex reliquiis vetustioris norroenae poësis selecta, recognita, commentariis et glossario instructa. 2 voll. gr. 8. Lund, (Hj. Möllor's Univ.-Buchh.). n. 14. 50
1. Contextum carminum, commentarios, conspectum metrorum continens. (XIV, 311 S.) 886. n. 6. —
2. Glossarium continens. (VI, 352 S.) 888. n. 8. 50

Wisén, Theod. Carmina nonoena ex reliquiis vetustioris nonoenae poësis selecta, recognita, commentario et glossario instructa. Vol. II. Glossarium continens. gr. 8. (352 S.) Lund 889, Hj. Möllers Universitäts-Buchh. ** 7 —
Vol. I. Ebd. 1886. ** 4 50.

Wisenbach, Amalie v., s. Wie mans treibt, so gehts.

Wiseneder, Karoline, [geb. Schneider], Auswahl von Liedern u. Spielen aus dem Kindergarten der Musikbildungsschule in Braunschweig nebst einem Anh. für die Elementarklasse. Gesammelt u. mit Begleitung des Pianoforte hrsg. Leipzig 868. Kahnt. gr. 4. (IV, 50 S.) 15 ngr.

Wiseneder, C., musikalische Elementarlehre für Schule und Haus in Gesprächen und leicht faßlicher Erklärungsweise dargestellt. Mit einem Vorwort von Louis Köhler. 3 Abthlgn. 8. Braunschweig 862, Wagner. cart.
Einzelne Abthlgn. cart.
Inhalt:
Abthl. 1. Die Familie Klarmann und ihre Lieblinge. (VIII und 55 S.)
" 2. Röschen und Friedr. Feldner, die Zöglinge der Familie Klarmann. (VI und 54 S.)
" 3. Das Band der Musik. (VI und 66 S.)

Wiseneder, Karoline, bunte Zuckererbsen f. Kinder von 3 bis 8 Jahren. Beiträge f. belehrende Unterhaltg. Allen Kindergärtnerinnen, Müttern, Erzieherinnen rc. aus dem Nachlasse dargereicht von Luise Vorhauer. 8. (59 S.) Braunschweig 873. H. Bruhn. n. — 90

Wisent, Vorschlag zur völligen Vertilgung der sogenannten Homöopathie, s. a. Haubecheln, neue.

Wisent, Dr., Vorschlag z. völligen Vertilgung der sogenannten Homöopathie auf wissenschaftl. Wege. 8. Leipzig 846, Friese. n. 8 ngl

WISER, ANTON: Der in Leben, und Todt wunderthätige Indianer- und Japaneser-Apostel Franciscus Xaverius aus der Gesellschaft Jesu, verfasset und vorgetragen von P. Antonio Wiser zu Patak in Ober-Ungarn im Jahr 1758. Caschau 1758. Gedruckt in der Academ. Buchdruck. Soc. Jesu. 8 f. - 4°

Wiser, Engel Ulr., der Mensch in d. Ewigkeit. Nach christl.-philosoph. Grundsätzen. Als Gegenschrift zu dem Werke des Herrn Regierungsraths M. C. F. W. Grävell: der Mensch. 8. Wien 821. Tendler. 8 gl

Wiser, F., observationes juridico - practicae. 4. Augsburg. 728.

Wiser, Frdr. Ritter v., die gelbe Gefahr in der Geschichte Europas, s.: Peez, Alex. v.

Wiser, Heinr. Xav. Frhr. v. (geb. um 1665 zu Neuburg a. d. Donau, kurpfälz. Gesandter an verschied. Höfen, wirkl. geh. Rath, Pensionär zu Neuburg, von da am 3. April 1717 auf Befehl d. Kurfursten *Carl Philipp* nach Montjoie transportirt u. auf dortigem Schlosse gefangengesetzt). — *Facti Species der abentheurlichsten Verfolgung*, so jemahls in der Weldt(!) erhoret worden, ausgeubet ahn einem alten Chur Pfältzischen wohl meritirten Ministro, *Henrich(!) Xaverio Frey Herrn von Wiser*, und von Ihme mit christlicher Standhafftigkeit übertragen, auch endlich durch göttlichen Beystand, u. rechtlichen Ausspruch des Kayserlichen höchstpreissl. Reichs-Hof-Rhats(!) uberwunden. (Lat. Motto aus Psalm 84.) Ed. II. auctior. (Vign. mit lat. Sinnspruch.) O. O. MDCCXIX. (1719.) 8°. (Titelbl. beschrieb.) Gleichzeit. Frzb.
203 S. Text u. 74 S. urkundl. Beilagen. — Sehr selten!
Eine franzos. Schrift in dieser Sache hat d. Titel Triomphe de l'iniquité. 1718. 12°. 228 pp.

Wiser, Jakob Thl. XI, 10/14

Disquisitio theologica de consolatione evangelica in tentationibus: num solidior ex universali, an ex particulari gratia hauriatur ?
Präs. Johann Jakob Hottinger.
Zürich (Gessner) 25. II. 1723. 24 S.
37001

Wiser, Jakob A. S. 1381/13

Phytographiae sacrae generalis, pars practica altera.
Präs. Johann Gesner.
Zürich (Gessner) III. 1762. 54 S.

11 Resp. 37000

Wiser, Johann Thomas, s. Wiser, Thomas

Wiser, Marianne

Wiser, Maria, neues Kochbuch od. Samml. v. besond. ausgesuchten Speisen nach heutigen Wienerischen Geschmacke. 2 Thle. 8. Wien, Aloys Doll. (Liebeskind in Lpz. in Commission.) 799.

Wiser, Mariane, neues Kochbuch od. Sammlung ausgesuchter Speisen. 2 Thle. 4te Aufl. 8. Wien, Doll. 815.

von Wiser, Maximilian *Friedrich Joseph* Graf [aus Kostheim]: Aus d. geburtshülfl.-gynäkolog. Klinik. Ein Fall von Achsendrehung einer Parovarialcyste ... Bonn, Buchdr. v. A. Henry, 1895; 39 S. 8.
Bonn, Med. Fak., Inaug.-Diss. v. [26.] Sept. 1895

Wiser, Otto, († ...), s. 1) Analyse d. Uebungstabellen. 2) M. Luther's Briefe.

Wiser, (Joh.) Thomas

Wiser, (Joh.) Thom., die Bergpredigt Jesu Christi, des Sohnes Gottes. In Betrachtungen auf der Kanzel in d. Kirche z. heil. Kajetan gegeben. 2 Bdchn. (in 1 Bde.) 8. (36 B.) Regensburg 846, Manz.

Wiser, Thom., die Bergpredigt Jesu Christi, des Sohnes Gottes. In Betrachtungen auf der Kanzel in der Kirche zum heil. Kajetan zu München gegeben. 2 Bdchn. 2. (Titel-)Ausg. 8. (XII und 558 S.) Regensburg (846)62, Manz.

— der Christ in der Buße, oder ausführl. Anleitung, eine würdige Beicht abzulegen, mit Beicht-, Communion-, Meßandacht- u. andern Gebeten. 1. Aufl. 12. (16½ B.) 843. u. 2. Aufl. 8. (24½ B. u. 1 Stahlst.) München 845, Lentner'sche Bh. à

Wiser, Thom., der Christ in der Buße, oder ausführliche Anleitung, eine würdige Beichte abzulegen, mit Beicht-, Communion-, Meßandachten und andern Gebeten. 3. Aufl. 8. (VIII und 384 S. mit 1 Stahlst.) München 860, Lentner'sche Buchh.

— die gemischten Ehen, in Kanzelvorträgen betrachtet in der Hof- u. Stiftskirche des heil. Cajetan zu München, u. durch den Druck veröffentlicht für Alle, die sich klare Einsicht in diesen Gegenstand verschaffen wollen. gr. 8. Regensburg 841, Manz. 2/3 rß

Wiser, Thom., der Festtags-Prediger oder Predigten u. Reden auf alle gebot. u. mehrere andere Feste während des ganzen Jahres, sowie für einige sonst. Gelegenheiten. 2 Bde. München 866,68. Lentner'sche Buchh. 12. (VIII, 603 S., VII, 640 S.) Jeder Bd. 1 rß 6 ngr.

Wiser, Thom., der Früh=Prediger oder leichtfaßliche Frühlehren auf alle Sonn- und Feiertage des ganzen Jahres. 2 Bde. 8. München, Lentner'sche Buchh. à Bd. 21 Ngr. Thlr.
Inhalt:
Bd. 1. Vom 1. Adventsonntage bis zum letzten Sonntage nach Ostern. (VIII und 439 S.) (861)62.
„ 2. Vom heil. Pfingstfeste bis zu Ende des Kirchenjahres. (VI und 462 S.) 862.

—— die fünf Gebote der katholischen Kirche in drei Jahrgängen von Fasten=Predigten ausführlich erklärt und betrachtet. 12. (XI und 372 S.) München 863, Lentner'sche Buchh.

Wiser, Thom., Gelegenheits-Reden und Predigten, bei verschied. Veranlassungen gehalten. 8. (VIII und 379 S.) Schaffhausen 852, Hurter'sche Buchh.

—— das Heil im Gebete, od. Gebet- u. Unterrichts=Buch für kathol. Christen. 2. Aufl. 8. (27 B. u. 1 Stahlst.) München 846, Lentner'sche Buchh.

Wiser,(Jh.)Thm., s. Ist es einerlei was man f. einen Glauben hat?

—— der Katholik in seiner Kirche, oder vollständiges Gebet- u. Erbauungsbuch f. kathol. Christen, im genauen Zusammenhange m. d. kathol. Glaubens- u. Sittenlehren. 1. Aufl. (36 B.) 842. 1 Thlr., 2. Aufl.? u. 3., verb. u. verm. Aufl. gr. 8. (37½ B. u. 1 Stahlst.) München 844, Lentner'sche Buchh.

—— der Katholik in seiner Kirche, oder vollständ. Gebet- und Erbauungsbuch für kathol. Christen, im genauen Zusammenhang mit den kathol. Glaubens- und Sittenlehren. 9. Aufl. gr. 8. (XXIII und 574 S. mit 1 Stahlst.) München 863, Lentner'sche Buchh.

Wiser, Thomas, s. Krone, Marianische.

—— das Leben, Lehren u. Wirken Jesu Christi des Sohnes Gottes. In Betrachtungen auf der Kanzel nach den vier Evangelisten in der Kirche zum heil. Cajetan in München gegeben. 3 Bdchn. 12. München, Lentner'sche Buchh. [1. (11½ B.) 842. 20 Ngr., 2. (16¾ B.) 43. 25 Ngr., 3. (18 B.) 45. 25 Ngr.]

Wiser, (Joh.) Thom., das Leben, Lehren und Wirken Jesu Christi des Sohnes Gottes. In Betrachtungen auf der Kanzel nach den 4 Evangelisten in München gegeben. 4. Bdchn. 12. (537 S.) München 848, Lentner'sche Buchh.
1—3. Bdchn. Ebendas. 1842—45. 2 Thlr. 10 Ngr.

—— vollständ. Lexikon f. Prediger u. Katecheten, in welchem die kathol. Glaubens- u. Sitten=Lehren ausführlich betrachtet sind. 1. u. 2. Bd. à 2 Abthlgn. u. 3. Bd. 1. Abthl. (A—Christenthum.) gr. 8. Regensburg, Manz. [1. (39½ B.) 843, 44., 2. (39¾ B.) 45. 3. Bd. 1. Abthl. (20 B.) 46. à Abth. 25 Ngr.]

—— vollständiges Lexikon für Prediger und Katecheten, in welchem die kathol. Glaubens- und Sittenlehren ausführl. betrachtet sind. 3. Bd. 2. Abthl. und 4—6. Bd. (à 2 Abthlgn.) gr. 8. Regensburg, Manz. [3. Bd. 2. Abthl. (S. 321—669.) 847. 25 Ngr., 4. Bd. (624 S.) 849., 5. (632 S.) 851., 6. (672 S.) 852. à Bd. 1 Thlr. 20 Ngr.]
1—3. Bd. 1. Abthl. Ebendas. 1843—46. 4 Thlr. 5 Ngr.

—— vollständiges Lexikon für Prediger und Katecheten, in welchem die kathol. Glaubens- und Sitten=Lehren ausführlich betrachtet sind. 7—10. Bd. à Bd. 2 Abthlgn. gr. 8. Regensburg, Manz. [7. (624 S.) 853., 8. (613 S.) 854., 9. (632 S.) 855., 10. (679 S.) 856. à Abthl. 25 Ngr.]

—— vollständiges Lexikon für Prediger und Katecheten, in welchem die katholischen Glaubens= und Sittenlehren ausführlich betrachtet sind. 11—15. Bd. à 2 Abthlgn. gr. 8. Regensburg 857, Manz. [11. Bd. (616 S.) 12. (669 S.) 13. (595 S.) 14. (642 S.) 15. (699 S.)] à Abthl. * 25 Ngr. *
1—10. Bd. Ebendas. 1843—56. * 16 Thlr. 20 Ngr.

—— vollständiges Lexikon für Prediger u. Katecheten, in welchem die katholischen Glaubens- u. Sitten-Lehren ausführlich betrachtet sind. 14—16. Bd. Regensburg 859—61. Manz. gr. 8. (642 S.; 699 S.; 716 S. u. Register 141 S.)
14. u. 15.: à 1 Thlr 20 ngr; 16.: 2 Thlr 15 ngr
2. (Titel-)Ausg. in 128 Liefgn. à 5½ ngr

—— vollständiges Lexikon für Prediger und Katecheten, in welchem die katholischen Glaubens- und Sittenlehren ausführlich betrachtet sind. 2. (Titel-)Ausg. 16 Bde. und Register in 132 Lfgn. gr. 8. Regensburg (843—60)62, Manz. à Lfg. 5½ Ngr.

—— Ein Osterei, oder Anleitung zur vollkommenen Gewissenserforschung. An den Fastenmittwochen in der Hof- u. Stiftskirche zum heil. Cajetan gegeben. 12. München 841, Lentner'sche Buchh. ⅙ Thlr

—— ein Osterei oder Anleitung zur vollkommenen Gewissenserforschung. An den Fastenmittwochen gegeben. 2. verb. Aufl. gr. 16. (62 S.) München 847, Lentner. 4 ngr

—— Sion, s. Sion.

—— himmlische Thautropfen oder Gebet- u. Erbauungsbuch für katholische Christen. Mit 1 Stahlst. München 861. Lentner. 32. (XII, 440 S.) 15 ngr
Velinp. mit 4 Stahlst. u. 2 Farbendruckbildern 21 ngr

—— der Tisch des Herrn od. vollständ. Unterricht üb. d. hochheil. Altarssakrament, nebst Kommunion-, Beicht-, Meßandacht ꝛc. 8. (40¼ B. u. 1 Stahlst.) München 845, Lentner'sche Buchh.

—— Trauerrede am Grabe des hochwürd. Hrn. Dr. Michael Wermaneder, erzbischöflich geistl. Raths, Prof. ꝛc. der am 12. Oktbr. 1862 zu Regensburg beerdigt worden ist. gr. 8. (12 S.) Regensburg 862, Manz. *

—— himmlisches Vergißmeinnicht, oder Prachtgebetbuch, welches für alle Bedürfnisse des kathol. Christen entsprechende Gebete, Unterweisungen und Betrachtungen enthält. 8. (507 S.) Regensburg 849, Manz. Ausg. Nr. I. mit 2 Lithochrom.
Ausg. Nr. II. mit 2 Lithochrom. und 7 Stahlst.
Ausg. Nr. III. mit 7 Lithochrom. und 7 Stahlst.

—— himmlisches Vergißmeinnicht, oder Prachtgebetbuch, welches für alle Bedürfnisse des katholischen Christen, namentlich für die Morgens- und Abendszeit, für die Feier der heil. Messe ꝛc. entsprechende Gebete, Unterweisungen und Betrachtungen enthält. 2., verb. Aufl. 8. (470 S. mit 1 Chromolithogr. und chromolithogr. Titel.) Regensburg 858, Manz.
Mit 7 Stahlst. und 2 Chromolithogr.
Mit 7 Stahlst. und 7 Chromolithogr.

—— himmlisches Vergißmeinnicht oder Prachtgebetbuch, welches für alle Bedürfnisse des kathol. Christen, namentlich für die Morgens- u. Abendszeit, für die Feier der heil. Messe, für den Empfang der heil. Sakramente ꝛc. entspred. Gebete ꝛc. enthält. 3., verb. Aufl. Regensburg 867. Manz. 8. (470 S. mit Illustr. in Holzschn., 1 Chromolith. u. chromolith. Titel.) 1 Thlr

Wiser, Thom., himmlisches Vergißmeinnicht od. Prachtgebetbuch, welches f. alle Bedürfnisse d. kathol. Christen, namentlich f. die Morgens- u. Abendzeit, f. die Feier der heil. Messe, f. den Empfang der heil. Sakramente, f. die heil. Zeiten u. Feste d. Jahres u. s. w. entsprech. Gebete, Unterweisgn. u. Betrachtgn. enthält. 4. verb. Aufl. Ausg. Nr. 1. gr. 16. (470 S. m. 2 Farbendr.) Regensburg 876. Manz. 3. —; Ausg. Nr. 2. m. 2 Farbendr u. 7 Stahlst. 4. 25; Ausg. Nr. 3. m. 7 Farbendr. u. 7 Stahlst. 6. 40

— die sieben Worte Jesu am Kreuze. In 14 Fastenpredigten betrachtet in München. 8. (VIII u. 267 S.) Schaffhausen 850, Hurter. 2/3 ₰

— die sieben Worte Jesu am Kreuze. In 14 Fastenpredigten betrachtet in der Hof- u. Stiftskirche zum h. Cajetan in München. 2., verb. Aufl. Schaffhausen 866. Hurter'sche Buchh. 8. (VIII, 267 S.) 21 ngr.

Wiser, Joh. Thomas, des Priesters hohe und gefahrvolle Würde. Eine Primiz-Predigt. 8. Landshut 839. Attenkofer. 1/6 ₰

—— des Priesters hohe u. gefahrvolle Würde. Eine Primiz-Pred. 8. (2½ B.) Landshut 839, [Thomann'sche Buchh.]

Wiser a. S. Margaretha, Siegfried

— Lobrede auf Joseph von Kalasanz, Stifter d. frommen Schulen. 8. Ulm 778. Wohler. 1½ ₰

Wiser, J. S., Passionspredigten. 8. Wien, Hartl. (Kaulfuß. 786.)

Wiser a S. Margaretha, Siegfr., († 180..) Passionspredigten. 8. Wien 786. (Schaumburg). 1 ₰ Hbg. Pr. 16 ₰

— Predigten über weise, christliche Erziehung. 3 Thle. 8. Wien 791, 92. Rehm. 4 ₰

Wisgrill, Heinr., Entwurf einer Geschäfts-Organisation der obersten Leitung einer Locomotiv-Eisenbahn. Ein nichtämtl. Vorschlag. 8. (23 S.) Prag 875. (Wien, Helf's Sortiment.) **

Wisgrill, Johann Baptist

Wisgrill, J. B., Elemente der allgemeinen und pharmaceutischen Chemie. gr. 8. Wien 845, Pichler's sel. Wwe. (Braumüller u. Seidel.) n. 2⅔ ₰

Wisgrill, Joh. Bapt., Elemente d. Physik f. Studirende d. Chirurgie. gr. 8. (21½ B. u. 4 Kpfrt.) Wien 841, [Heubner's Verl.]

Wisgrill, Joh. Bapt., Handbuch d. Vorbereitungslehre f. das Studium d. Chirurgie. Enthalt.: Naturlehre, medicin. Chemie, Mineralien-, Pflanzen- u. Thierkunde. 2 Bde. (à 2 Abthln.) gr. 8. (89¾ B. u. 5 Kpfrt. qu. ½ gr. Fol.) Wien 832—34, (Heubner.)

— s. Jahrbücher, medicin., d. k. österr. Staates.

Wish, the granted. A tale for youth by M. M. G. gr. 16. (110 S.) Stuttgart 877, [Lindemann's Buchh.] Knapp. *

Wishek Nachrichten: 1902–1917

Independent Republican weekly, the German edition of WISHEK NEWS. Circulation: 1910, *540*; 1915, *725*. Edited & published by Arthur P. Guy, 1902—10; by Leopold Gruninger, 1911—17.
Wishek, ND

WISHOFER, JOSEPH: Kanzelrede von der thätigen Nächstenliebe, wodurch die edleren Bürger und Inwohner der Haupt- und Residenz-Stadt Ofen zu milden Beyträgen, in Betreff der gänzlichen Aufbauung des Barmherzigen-Gebäudes auf der Landstraße aufgefordert wurden, vorgetragen von Josef Wishofer. Ofen 1811: Druck. Univ. 20 S. - 8°

WISHOFER, JOSEPH: Predigt bey Gelegenheit der feyerlichen Einführung der Barmherzigen Brüder in das auf der Landstrasse zu Ofen neuerrichtete und nach Möglichkeit zu Stande gebrachte Krankenhaus. Gehalten am 4. Oktober 1815, als am erfreulichsten Tage des hohen Namens-Festes Sr. Majestät Königs Franz des Ersten. Ofen 1815. Gedr. mit Universitäts-Schriften. 28 S. - 8°

Wisiger, K. F., s. Wiesiger.

Wisin, Memoiren, s.: Bibliothek, russische.

Фонъ-Визинъ, Записки (Wisin, v., Notizen), s. Библіотека, русская.

v. Wisinger, Jos., (eigentl. Geo. Jos.), Aufschlüsse über äußere Territorialverhältnisse der kurpfalzbaierschen Staaten rc. gr. 8. Straubingen 804. Heigl. 16 ₰

v. WISINGER, Jos.: Aufschlüsse üb. äussere Territorialverhältnn. d. Kurpfalzbaier. Staaten b. Abzug d. Privatvermögens an Nachsteuer; e. Beitr. z. äuss. Staatsr. *Straubing*, v. Schmid. 804. 8. (16 Gr.)

— üb. Auswanderung, in besond. Hinsicht auf Bayern 8. Sulzbach, Seidel. 803.

Wisinger, Jos. v., Ueber Auswanderung, in besond. Hinsicht auf Baiern. 8°. Sulzbach, v. Seidel, 1804.

WISINGER, Martin (Pfaffenmünster): De decubitu aphorismi.- Landishuti 1831.
27.8.1830 - Urk; F 60 Diss. Ingolst.-Landsh.-Mchn.

Wisinger, Oskar: Über einige Derivate des Brenzcatechins. Separatabdruck aus: Sitzungsber. d. k. Akad. d. Wissensch. in Wien. Bd. 109. IIb. S. 808.

WISINGER, Rudolf von (Nürnberg): De pituita.- Monachii: Wolf 1836. 15 S.
28.7.1834 - Urk; F 62
Diss. Ingolst.-Landsh.-Mchn.

Wisiri, stumme Gänge e. Buddhisten. 8. (128 S.) Leipzig 897. W. Friedrich. n. 2. —

Wiske, Friedrich, a. Barum ⟨Braunschweig⟩: Über Georges Gourdons Gedichtsammlung „Chansons de geste" und ihre Quellen. (Erlangen: Junge & Sohn 1905.) (155 S.) 8°
Berlin, Phil. Fak., Ref. Tobler, Diss. v. 11. Okt. 1905
[Geb. 17. Jan. 83 Barum; Wohnort: Wolfenbüttel; Staatsangeb.: Braunschweig; Vorbildung: Gymn. Wolfenbüttel Reife O 01; Studium: Heidelberg 2, Grenoble 1, Berlin 5 S.; Rig. 11. Mai 05.]

Wiske, Georg, aus Immendorf ⟨Braunschweig⟩: Zur Kenntnis des ana-Oxychinolins und der ana-Aethoxychinoline. *Freiburg i. B. 1899: Ch. Lehmann's Nachf.* (38 S.) 8°
Freiburg i. B., Phil. Diss. v. 1899

Wiskemann, August (C.)

Wiskemann, Aug., Beiträge z. Erklär. Pindars. 31 S. G. *Marburg H.* 1876.
Progr.

Wiskemann: De Pindari carmine Olympico VI. et Pythico II. 12 S. 4°. - Marburg i/H., Progr. 1871.

Wiskemann, A., die Katastrophe in Lessings „Emilia Galotti". Ein Beitrag zur Erklärg. d. Dramas. gr. 4. (22 S.) Marburg 883. Elwert's Verl. — 60

Wiskemann, A. C., De nonnulis locis Ionis fabulae Euripideae. Diss. 1872. 35 S. 2.—

Wiskemann, Heinrich

Wiskemann, Hnr., Darstellung der in Deutschland zur Zeit der Reformation herrschenden nationalökonomischen Ansichten. 1861. hoch-4.
A. u. d. T.: Preisschr. gekr. u. herausg. v. d. fstl. Jablonowsk. Ges. zu Leipzig. X.

Wiskemann, Heinr., Darstellung der in Deutschland zur Zeit der Reformation herrschenden nationalökonomischen Ansichten, } s. Preisschriften.

—— de variis oraculorum generibus apud Graecos. Dissert. inaug. 8maj. (3½ B.) Marburgi 835, (Garthe.)

— Commentationis de ἀσεβείας γραφῇ sive de impietatis actione tum aliis viris claris tum maximo philosophis ab Atheniensibus intenta part. I. Pr. 1846. 44 S. 4°. 1.20

Wiskemann, H., der Krieg. Eine von der Haager Gesellschaft zur Vertheidigung der christl. Religion gekrönte Preisschrift. gr. 8. (XII, 214 S.) Leiden 871. (Rotterdam, Petri.) *

Wiskemann, Heinrich: Die antike Landwirthschaft und das von Thünen'sche Gesetz. Aus den alten Schriftstellern dargelegt. Leipzig. 1859. = Preisschriften gekrönt von der Fürstlich Jablonowski'schen Gesellschaft zu Leipzig. 7. 8°

Die Lehre und Praxis der Jesuiten in religiöser, moralischer und politischer Beziehung von ihrem Ursprung an bis auf den heutigen Tag, mit Rücksicht auf ihr Verhältniss zur römisch-katholischen Kirche und zum Papstthum. Nach den Quellen bearb. von Heinr. Wiskemann. Gekr. Preisschr. Cassel: Luckhardt 1858. VII, 135 S. 8°

°[Dasselbe.] 2. Aufl. Kassel: Gröbel 1876. VIII, 135 S. 8°
[Kayser: Vollst. Bücher-Lexikon. 20 (1877) S. 739.]
cf. Bh. 1 (1858) S. 94; FZ. 12 (1858) S. 310—811. Tt. 2740. Zuerst im „Wahren Protestanten" erschienen. Eine Fussnote auf S. 127 der Schrift handelt von der Feindschaft der Jesuiten gegen den Frmrbund.

Wiskemann, H., die Lehre und Praxis der Jesuiten in religiöser, moralischer und politischer Beziehung. 2. (Titel-)Aufl. gr. 8. Kassel 876. Plauen, Neupert's Verlag. 1 50

Wiskemann, H., De veterum oratione translata sive figurata. Pr. 1843. 52 S. 4°

De Lacedaemonior. philosophia ac philosophis disputavit deque septem quos dicunt sapientibus, Laconum discipulis et imitatoribus, nec non de Pythagorae philosophia ad Spartanorum disciplinam in plerisq. placitis suis conformata excursus inseruit H. Wiskemann. *Hersfeld*, Schuster. 840. gr 4° 16*gl*

Wiskemann, Henr., de Lacedaemoniorum philosophia ac philosophis, disputavit deque septem, quos dicunt, sapientibus, Laconum discipulis et imitatoribus, nec non de Pythagorae philosophia, ad Spartanorum disciplinam in plerisque placitis suis conformata, excursus inseruit. 4maj. (5½ B.) Hersfeldiae 840. [Zimmermann.] *

Wiskemann, H., Commentatio de Lacedaemoniorum philosophia et philosophis. Pr. 1840. 42 S. 4°. —.90

Wiskemann, H., u. J. van Boer, die Prinzipien d. Demokratie, siehe: van Boer, J.

Wiskemann, H., Rede, bei der Aufstellung des Lullus-Standbildes zu Hersfeld am 16. Octbr. 1866 gehalten. Mit Anmerkungen geschichtl. Inhalts. Hersfeld 866. Hoehl. gr. 8. (15 S. mit 1 Holzschntaf.) 5 *ngr.*

Wiskemann: Ueber die Sendung drei berühmter Philosophen von Athen nach Rom im J. 155 v. Chr. 52 S. - Hersfeld, Progr. 1867

—— die Sclaverei. Gekrönte Preisschrift. Lex.-8. (XII und 195 S.) Leiden 866, (Brill.) cart. **

Wiskemann, H. Untersuchungen über d. röm. Schauspieler Q. Roscius Gallus. Pr. 1854. 58 S. 4°. 1.20

Wiskemann, Max: Die Annahme der Anweisung. Borna-Leipzig 1910: Noske. VI, 55 S. 8°
Heidelberg, Jur. Diss. v. 21. April 1910, Ref. Gradenwitz
[Geb. 20. Jan. 87 Mülhausen; Wohnort: Mülhausen; Staatsangeh.: Elsaß-Lothringen; Vorbildung: Gymn. Mülhausen Reife Juni 05; Studium: Tübingen 3, Straßburg 1, Leipzig 1, Straßburg 2 S.; Rig. 8. März 10.] [U 10. 2043

Wiskirchen, Paul [Apotheker aus Königsberg i. Pr.]: Über Modifikationen alkylierter Dibenzhydroxamsäureester und alkylierter Benzhydroxamsäuren ... Königsberg, Hartungsche Buchdr., *1892;* 2 Bl., 64 S., 1 Bl. 8.
Königsberg Phil. Fak., Inaug.-Diss. v. 9 Juli 1892

Wiskočil (Wiskotschil). Arthur

Wiskočil, Arth. Das österreichische Kabinet und die katholische Union bis zum Jahre 1617. 16 S. 8. **Progr.** G. *Leitmeritz* 1880

Wiskotschil, Arthur: Katalog der Lehrerbibliothek des k. k. Staatsgymnasiums im XVII. Bezirke von Wien (Hernals). I. Theil: I. Encyklopädie. II. Philosophie. III. Pädagogik. IV. Religionswissenschaft. V. Class. Philologie. A. Griechische Schriftsteller. B. Lateinische Schriftsteller. 8. (S. 3—39.) [illegible] II. Theil: V. Classische Philologie (Fortsetzung). VI. Moderne Philologie. VII. Allgemeine Sprachwissenschaft mit Einschluss der übrigen Sprachgebiete. VIII. Geographie mit Prähistorik, Ethnographie und Statistik. IX. Geschichte mit Ausschluss der Werke unter X. nebst Hilfswissenschaften. X. Geschichte der österr.-ung. Monarchie. XI. Mathematik. XII. Naturgeschichte. XIII. Physik und Chemie. XIV. Zeichnen mit Einschluss der Kunst; und darstellende Geometrie. XV. Haus-, Land- und Forstwissenschaft nebst Bergbau. XVI. Verkehr, Handel und Industrie. 8. (S. 2—36.)
K. k. Staatsg. im XVII. Bezirke *Wien (Hernals)* 1898. 1899.
Progr.

Wiskočil (Wiskoczil). Eduard

— Das Apollonische Berührungsproblem als Projection räumlicher Constructionen nebst Auflösung der Fälle, in denen die Gergonne'sche Methode nicht anwendbar ist. 8. Iglau R. 887.
Progr.

— Unmittelbare Darstellung der einzelnen Bilder der regelmäßigen Vielflächner. (Mit 3 Tafeln). 14. ibd. 02.
Progr.

— 80 Hyperbelaufgaben als Projectionen räumlicher Constructionen. (Mit 2 Tafeln). 15. ibd. 00.
Progr.

Wiskočil E.: Directe Construction der Achsen oder conjugirten Durchmesser jener Ellipsen, welche einem Dreieck, einem Viereck, einem Fünfeck eingeschrieben werden können. (15.) Wien R. Döll 75.
Progr.

Wiskoczil Eduard: Directe Constructionen der 6 Kegelschnitte, welche mit 2 gegebenen Kegelschnitten in doppelter Berührung stehen und welche überdies noch eine gegebene Gerade berühren, vorausgesetzt, dass die Gerade die zwei Curven schneidet. Mit 1 Tafel. 11. Iglau R. 93.
Progr.

— Der Rautendreißigflächner. (Mit 1 Tafel). 8. ibd. 01.
Progr.

— Theorie der einander doppelt berührenden Kegelschnitte vom Standpunkte der darstellenden Geometrie. (Mit 1 Tafel). 12. ibd. 94. **Progr.**

Wiskocziil, A. M. —. Biographie des Herrn Dr. Adolph Martin Pleischl, k. k. Regierungsrathes, emer. Professors der Chemie. Von — —. 8. (30 S.) Wien. Gedruckt bei Karl Ueberreuter. 1854.

Wiskonsin Demokrat: Sept.? 1873 - 1918?
Independent weekly. For supplement, see SONNTAG NACH DER MESSE. Circulation: 1880, 575; 1890, 1224; 1900, 1220, 1910, 900; 1915, 900; 1918, 500.
Edited by Heinrich Arnold, & published by Heinrich Arnold [for a time with Joseph Theisen], 1873? - 1911, edited & published by Joseph Grassold, 1912 - 18.
Chilton, WI

Wiskott, des Grenadiers, Tagebuch 1870—1871. gr. 8. (68 S.) Glauchau 873, Burow. *

Wiskott, Albert [app. Arzt aus Stuttgart]: Ueber das Epithel der Chorionzotten ... Stuttgart, k. Hofbuchdr. Zu Guttenberg '(C. Grüninger)', 1892; 23 S. 8.
Würzburg, Med. Fak., Inaug.-Diss. v. 1892

Wiskott, Ernst, aus Dortmund, Referendar am Kgl. Landger. in Bonn: Zur **Lehre** von der sogenannten aberratio ictus. *Bonn 1899: J. Bach Ww.* (38 S.) 8°
Erlangen, Jur. Diss. v. 4. Mai 1899

Wiskott, Ernst, Referendar beim Kgl. Landgerichte in Wiesbaden: Die **Urkundenqualität** der Telegramme nach dem geltenden deutschen Recht. *Borna-Leipzig 1903: R. Noske.* (XVII, 114 S.) 8°
Leipzig, Jur. Diss. v. 1903

Wiskott, Friedrich, aus Dortmund: Ueber substantive **Azofarbstoffe**. *Berlin (1898): E. Ebering.* (59 S.) 8°
Berlin, Phil. Diss. v. 17. Dez. 1898

Wiskott, Max: Das Versicherungswesen der deutschen Buchdrucker ... Breslau, C. T. Wiskott, 1897; 2 Bl., VIII, 173 S., 2 Bl., 18 Bl. Tab. 8.
Breslau, Phil. Fak., Inaug.-Diss. v. 10. März 1897

[F. u. Ant.] **Wiskott**, Paul [Referendar aus Dortmund]: Welche Wirkung hat bei der locatio conductio operis des gemeinen Rechts der vor der Approbation erfolgte zufällige Untergang des Werks auf die Verpflichtungen der Kontrahenten? ... Dortmund, Buchdr. v. W. Crüwell, 1897; 52 S. 8.
Erlangen, Jur. Fak., Inaug.-Diss. v. 1897

Wiskott, Wlh. Gf., († d. 2. Mai 1808.), s. Leben, Leiden und Schicksale des Kaufm. Wiskott.

Wiskow, A., bautechnische Aufgaben in unseren Colonieen. Schinkelfest d. Architekten-Vereins Berlin 13. März 1896. Festrede. gr. 8. (23 S. m. 4 Abb.) Berlin 896. W. Ernst & Sohn. n. 1.—

Wiskowatow, Paul v., Geschichte der russischen Literatur in gedrängter Uebersicht. Ein Leitfaden, nebst bibliograph. Notizen mit besond. Berücksicht. der neueren Literatur. gr. 8. (48 S.) Dorpat 881, Karow. *

Wiskowatow, Paul v., Geschichte der russischen Literatur in gedrängter Uebersicht. Ein Leitfaden, nebst bibliograph. Notizen mit besond. Berücksicht. der neueren Literatur. 2. Aufl. gr. 8. (48 S.) Dorpat 886, Karow. *

Wiskowatoff, Paul v., Jacob Wimpheling. Sein Leben u. seine Schriften. Ein Beitrag zur Geschichte der deutschen Humanisten. Berlin 867. (Mitscher & Röstell.) gr. 8. (VI, 238 S.) n. 1 ℳ 6 ngr.

Wislicenus (Gust. Ad.) u. seine Gegner. Eine Erklärung der protestant. Freunde. gr. 8. (1¼ B.) Leipzig 845, Otto Wigand.

Wislicenus, A[dele]: Schillers 'Über Anmut und Würde.' o. O. (1909). S. 3—28. 8°
Leipzig, Steyber'sche HM OP 1909 [172] [S 09. 514

Wislicenus, A[dele]): Einige Gesichtspunkte zur Behandlung Schillers in der höheren Mädchenschule. (Leipzig: 1905.) (S. 3—13.) 8°
Leipzig, von Steyber'sche HM OP 1905 [151]

Wislicenus, Adolf Timotheus (vgl. Wislicenus, Gustav Adolf)

Wislicenus, Ad. Timoth. Beitrag zur Beantwortung der Frage, ob Schrift, ob Geist? Leipzig, O. Wigand 1845. 14 S. 8.

Wislicenus, A. T., die freie religiöse Bewegung in Deutschland u. die freireligiöse Gemeinde in Berlin. Geschichtlicher Ueberblick zur Feier des 25jähr. Bestehens der Gemeinde. Berlin 870. Rubenow. gr. 8. (III, 38 S.) n. 5 ngr.

Wislicenus, Ad. Timotheus, Christus in der Kirche: todt, erstehend u. erstanden. Drei Predigten aus der Gegenwart. gr. 8. (4 B.) Leipzig 845, Kirchner. Thlr. *

Wislicenus, Adf. Timoth., Entstehung, Anschauung und Sittlichkeit der freien Gemeinde. Vortrag gehalten zu Lübeck den 21. Septbr. 1851. Nach stenograph. Aufzeichnung. gr. 8. (22 S.) Lübeck 851, Boldemann. Thlr.

—— die Entwickelung des Christenthums zum vollen Geistesleben der Menschheit. Rede, den 20. Oktbr. 1850 gehalten. gr. 8. (14 S.) Dessau 850, Fritsche. *

— die Geistlichkeit u. die Schule. Aus Anlaß der Vorlage über die Schulpflege-Aemter. Berlin 868. F. Duncker. 8. (24 S.) 2½ ngr.

Wislicenus, A. T., das preußische Gottesgnadenthum. Festrede am Krönungstage, den 18. Octbr. 1861, in der christkatholischen (freien) Gemeinde in Berlin. gr. 8. (15 S.) Berlin 861, Lobeck.

— zur Kirchen- u. Kloster-Frage. Verständlich für Jedermann. Berlin 870. Rubenow. gr. 8. (47 S.) n. 5 ngr.

— Die zweite Conferenz freier Gemeinden, abgehalten zu Halberstadt am 3. und 4. Oktober 1849. Aus Nr. 29 der „Neuen Reform" besonders abgedruckt. Halle 1849. 16 S. 8.

—— die alten Landstände und der neue Landtag, s. Zeit, die neue.

—— fertige Offenbarung oder steigende Erkenntniß der Wahrheit? Rede, den 28. Oktbr. 1850 gehalten. Nebst einem Nachworte von H. Sachse. gr. 8. (16 S.) Dessau 851, Fritsche. *

—— der Plan Gottes und die Arbeit des Menschengeistes. Rede, gehalten zu Zerbst den 1. Novbr. 1850. gr. 8. (16 S.) Dessau 851, Fritsche. *

— Religion und Politik. Vortrag vor der freien Gemeinde zu Halberstadt am 28. Mai 1848 gehalten. Halberstadt (1848). 16 S. 8.

— Tod u. Auferstehung, die Gestalt des unvergänglichen Lebens. Drei Ostervorträge 1869 in der freireligiösen Gemeinde zu Berlin. Ebend. 869. gr. 8. (III, 63 S.) n. 5 ngr.

Wislicenus, Adf. Timoth., Zur Vertheidigung der freien Gemeinde. Zwei Vorträge im Febr. und März 1852 zu Halberstadt gehalten. gr. 8. (48 S.) Halberstadt 852, (Frantz.) * *

— was ist Freiheit? siehe: Zeit, die neue.

— Worte des Abschiedes in der Kirche zu Bedra Sonnt. den 11. Juli 1847 gesprochen. gr. 8. (16 S.) Halberstadt 847, Frantz.

Wislicenus, Ernst, Columbus, od. die Entdeckung von Amerika. Eine Schrift f. d. deutsche Volk. 8. (21 B. u. 1 Karte.) Leipzig 846, Otto Wigand.

— Darstellung aus der deutschen Geschichte zur Belehrung üb. deutsche Volkszustände, wie sie gewesen und wie sie geworden. Eine Schrift für das deutsche Volk. 1. Bdchen. Der Deutschen älteste Geschichte und Volkszustände. 8. Ebend. 846. n. 16 ngl

Wislicenus, Ernst, Darstellungen aus der deutschen Geschichte zur Belehrung über deutsche Volkszustände wie sie gewesen u. wie sie geworden. Eine Schrift f. das deutsche Volk. 2. Bdchn. A. u. d. T.: Entstehung von Königthum u. Adel in Deutschland oder Umsturz der ursprüngl. Verhältnisse des altdeutschen Volkslebens durch die Völkerwanderung. 8. (213 S.) Leipzig 847, O. Wigand. n. 16 ngl

— die Entdeckung von Amerika. 2. (Titel-) Aufl. 8. (336 S. m. 1 lith. Karte in 4.) Ebd. (844) 852. 1/2 ᵽ

Wislicenus, Ernst, Entstehung von Königthum und Adel in Deutschland oder Umsturz der ursprünglichen Verhältnisse des altdeutschen Volkslebens durch die Völkerwanderung. Eine Schrift für das deutsche Volk. 2. (Titel-)Aufl. 8. (216 S.) Leipzig (847)61, O. Wigand.

— der Deutschen älteste Geschichte und Volkszustände. Eine Schrift für das deutsche Volk. 2. (Titel-)Aufl. 8. (212 S.) Leipzig (846)61, O. Wigand.

— Geschichte der alten Dithmarschen auf der Westküste Holsteins. Zugleich zur Erläuterung der polit. Verhältnisse von Schleswig-Holstein zu Dänemark seit der ältesten bis auf die neueste Zeit. gr. 8. (206 S.) Altona 850, Lange. *

— Washington oder die Entstehung der nordamerikanischen Freistaaten. Eine Schrift f. d. deutsche Volk. 8. (17 B.) Leipzig 844, Otto Wigand. *

— Washington od. die Entstehung d. nordamerikanischen Freistaaten. 2. (Titel-) Aufl. 8. (IV u. 267 S.) Leipzig (844) 852, O. Wigand. 1/2 ᵽ

Wislicenus, Georg

[G.] Prinzadmiral Adalbert ein Vorkämpfer für Deutschlands Seemacht. Von Georg Wislicenus, Kapitänleutn. a. D. M. 14 Abb. *Leipzig: R. Voigtländer 1899.* (110 S., 1 Bl., 1 Portr., 4 Taf.) 1 Bd 8.
= Volksbücher, Biographische. No 70 73.

Wislicenus, Geo. (Hrsg.), s. Auf weiter Fahrt

— der Deckoffizier, s.: Was willst Du werden? 56.

Wislicenus, Georg: Die Entwicklung der Seekriegswaffen. Berlin: K. W. Mecklenburg 1910. 119 S. 8°
(Nautische Bibliothek. Bd 4.)

— Die Entwicklung der Seekriegswaffen, s.a. Bibliothek, nautische.

Wislicenus, Geo., Ergebnisse der internationalen Marine-Conferenz zu Washington u. ihre Bedeutung f. Deutschlands Seewesen. Eine krit. Studie. gr. 8. (83 S. m. 3 Abbildgn.) Leipzig 891. F. A. Brockhaus. n. 1. 80

— Die deutschen Hafenstädte, s.: Stöwer, Willy.

— Kernpunkte d. Flottenfrage! gr. 8. (VI, 48 S.) Leipzig 898. F. Luckhardt. n. — 60

— Unsere Kriegsflotte Dem deutschen Volke in Wort und Bild dargestellt. Leipzig 1895. Fol.

— unsre Kriegsflotte. D. deutschen Volke in Wort u. Bild dargest., unt. Mitwirkg. d. Marinemaler Carl Saltzmann, Frdr. Schwinge, Willy Stöwer. 2. Aufl. qu. gr. Fol. (VII, 46 S. m. 20 chromolith. Taf.) Leipzig 896. F. A. Brockhaus. In Leinw.-Mappe n. 30. —; Velin-Ausg. in Leinw.-Mappe n. 40. —; Pracht-Ausg., Text auf Velinpap., Mappe in Kalbldr. n. 100. —

— die Küste v. Annam, } s.: Annalen der Hydrographie.
— die Küste v. Tonkin, }

— Schutz f. unsere Seeleute! Ein Aufruf an deutsche Menschenfreunde. 8. (88 S.) Leipzig 894. F. W. Grunow. n. 1. —

Wislicenus, Geo., Deutschlands Seemacht sonst u. jetzt. Nebst e. Ueberblick üb. d. Geschichte der Seefahrt aller Völker. Erläut. durch 65 Bilder v. Willy Stöwer. Imp.-4. (208 S.) Leipzig 896. F. W. Grunow. Kart. n. 10. —

— Deutschlands Seemacht sonst u. jetzt. Nebst e. Überblick über die Geschichte der Seefahrt aller Völker. Erläutert durch 8 farb. Einschaltebilder 65 Textbilder v. Willy Stöwer. 2., neubearb. u. stark erweiterte Aufl. (11.—20. Tausend.) hoch 4. (XII, 320 S.) Leipzig 901. F. W. Grunow. Kart. n. 6. —

— Deutschlands Seemacht sonst u. jetzt. Nebst e. Überblick üb. die Geschichte der Seefahrt aller Völker. Erläutert durch 10 farb. Einschaltbilder u. 89 Textbilder v. Willy Stöwer. 3., neubearb. u. stark erweit. Aufl. (21.—30. Tausend.) (XVI, 356 S.) 31×20,5 cm. Leipzig 909. F. W. Grunow. Kart. 7. —

— der Seeoffizier, s.: Was willst du werden? 35.

Wislicenus, Gottlob Timotheus

— Anweis. zum rechten Gebrauch d. Confirmation junger Christen, für Eltern, Kinder. 8. Leipz. 797. (Krappe). 3 gr

Wislicenus, Glo. Timoth., († d. 17. Juli 1809.) einige christl. Lieder, besonders an Confirmations- oder öffentl. Bekenntnißtagen junger Christen. 8. Leipz. 1e—4e Aufl. 797. Krappe. 4 gr

Wislicenus, Gustav, approb. Arzt aus Friedenau: Zur Diagnostik des Sanduhrmagens. *München 1903: C. Wolf & Sohn.* (41 S.) 8°
München, Med. Diss. v. 1903

Wislicenus, Gustav Adolf (vgl. Wislicenus, Adolf Timotheus)

Wislicenus, G(ust.) A(df.), Aus Amerika. 1. Heft.: Meine Reise nach Amerika, ihr Anlaß und ihr Verlauf. 8. (98 S.) Leipzig 854, O. Wigand. *

—— dass. — 2. Heft. 8. (77 S.) Ebds. 854.

Wislicenus, Gust. Ad., die Amtsentsetzung des Pfarrers G. A. Wislicenus in Halle durch d. Consistorium d. Provinz Sachsen. Actenmäßig dargestellt. gr. 8. Leipzig 846, Barth. (Halle, Knapp.) n. 16 ngl

Wislicenus, Gust. Adph., Beiträge zur Förderung der Religion der Menschlichkeit. [Aus der „Neuen Reform" abgedr.] gr. 8. (IV u. 68 S.) Halle 850, Heynemann in Comm. 1/4 ϸ

Wislicenus, Gust. Adf., die Bibel. Für denkende Leser betrachtet. 1. Aufl. 1863,64. und 2., unveränd. (Titel-)Ausg. 2 Bde. in 11 Lfgn. gr. 8. (VI und 465 S., XI und 403 S.) Leipzig 866, Keil. à Lfg. 7½ Ngr.

—— die Bibel im Lichte der Bildung unserer Zeit. Eine Reihe von Betrachtungen der Hauptstücke derselben. 1—5. Heft. gr. 8. (S. 1—320.) Magdeburg 853, Fabricius.

— — 6. u. 7. (letztes) Heft. Lübeck 854 Boldemann. (Dittmer.) gr. 8. (S. 321—441.) Jedes Heft n. 5 ngr

Wislicenus, Gust. Adf., Entweder — Oder. Glaube oder Wissenschaft. Schrift oder Geist. In Bezug auf den Berliner Kirchenstreit und die päpstlichen Allokutionen. 8. (79 S.) Zürich 868 Schmidt. *

Wislicenus, G. Ado., Gedichte, Märchen u. Parabeln, s. Auswahl.

Wislicenus, Gust. Ad., Gegenwart u. Zukunft der Religion. Zu der v. Strauß angeregten Frage üb. „den alten u. den neuen Glauben". 8. (IV, 123 S.) Leipzig 873. Keil. 1. 40

—— kurze Nachricht über die freie Gemeinde in Halle. gr. 8. (21 S.) Halle 847, Knapp. *

—— Ob Schrift? Ob Geist? Verantwortung gegen meine Ankläger. 2. Aufl. (6 B.) 12 Ngr., 3. Aufl.? u. 4., verm. u. verb. Aufl. gr. 8. (5 B.) Leipzig 845, Otto Wigand. *

—— und (E.) Balzer, Reden bei Gründung der freien Gemeinde zu Leipzig, s. Balzer (,E.)

—— kirchliche Reform, s. Reform.

—— Religionsfreiheit! Dem vereinigten Landtage Preußens. (In Vertretung der freien Gemeinde zu Halle.) gr. 8. (24 S.) Leipzig 847, O. Wigand. *

—— s. Schott, Carl, meine Suspension. —

Wislicenus, Hans

Wislicenus, H., neue Fortschritte in der chemischen Verwertung der Walderzeugnisse u. des Torfes. Vortrag m. Demonstrationen, geh. bei der 48. Versammlg. des sächs. Forstvereins in Wehlen a/E. am 8. VII. 1904. (31 S.) 8. Freiberg 904. Craz & Gerlach. n. 1. —
Sonderabdruck aus: „Bericht der sächs. Forstver."

Uber die Grundlagen technischer und gesetzlicher Maßnahmen gegen Rauchschäden. Von H[ans] Wislicenus. Berlin: P. Parey 1908. (86 S.) 8° [7.-]
—Sammlung von Abhandlungen über Abgase u. Rauchschaden. H. 1 [illegible]

Wislicenus, Hans: M a ß n a h m e n gegen die Ausbreitung von Hüttenrauchschäden im Walde. Als Manuskr. gedr. (o. O. u. J. um 1910)

Wislicenus, Hans ⟨Johs. Ad.⟩, Dr.: Ueber „activirte" Metalle ⟨Metallpaare⟩ und die Verwendung des activirten Aluminiums zur Reduction in neutraler Lösung. Leipzig: J. A. Barth 1896. 52 S. 8° • Aus: Journal f. prakt. Chemie. Bd 162. N. F. Bd 54.
Karlsruhe Te. H., Hab.-Schr. v. 5. 2. 1897

Wislicenus, H., über e. Waldluftuntersuchung in den sächsischen Staatsforstrevieren u. die Rauchgefahr im Allgemeinen. Vortrag, geh. bei der 46. Versammlg. des sächs. Forstvereines in Eibenstock i. Erzgeb. 1901. gr. 8. (26 S.) Freiberg 901. Craz & Gerlach. n. — 75

Wislicenus, Hermann

Wislicenus, Herm., die Wandgemälde im Kaiserhaus zu Goslar. Mit erläut. Text v. Max Jordan. qu. 4. (12 Photogr. m. 31 S. Text.) Goslar (901). J. Brumby. Geb. in Leinw. n. 6. —; Text allein n. — 60

Wislicenus, Herm., die Wandgemälde im Kaiserhaus zu Goslar. Mit erläut. Text v. Max Jordan u. Alwin Wode. 2. Aufl. (20 Taf. m. 39 S. Text.) qu. Lex.-8. Goslar 904. J. Brumby. n. 3. —

Wislicenus, Hugo, Loki. Das Nibelungenlied. Das Dionysostheater in Athen. Drei hinterlassene Abhandlungen. Bevorwortet von Carl Bartsch und dem Hrsgbr. Gust. Adf. Wislicenus. gr. 8. (XI und 203 S.) Zürich 867, Schabelitz'sche Buchh. *

Wislicenus, Hugo, von Halle a. d. Saale: Die Symbolik von Sonne und Tag in der germanischen Mythologie mit Beziehung auf die allgemeine Mythologie. Untersuchungen von H. W. Zür. E. Kiesling in Comm. 1862. IV, 92 S. 8°.
[Zürich, Phil. Diss. v. 30. Oct. 1862]

—— die Symbolik von Sonne und Tag in der germanischen Mythologie. Mit Beziehung auf die allgemeine Mythologie. Untersuchungen. 1. Aufl. 1863. und 2. (Titel-)Ausg. gr. 8. (IV und 92 S.) Zürich 867, Schabelitz'sche Buchh. *

Wislicenus, Johannes: Die A b i t u r i e n t e n der Realgymnasien und Realschulen I. Ordnung als Studirende an den Universitäten. Würzburg 1881. 4°

Wislicenus, Johs., über die räumliche Anordnung der Atome in organischen Molekulen und ihre Bestimmung in geometrisch-isomeren ungesättigten Verbindungen. Lex.-8. (78 S.) Leipzig 887, Hirzel. *
Aus: Abhandlungen der k. sächsischen Gesellschaft der Wissenschaften, besonders abgedruckt.

Wislicenus, Johs. Über die räumliche Anordnung der Atome in organischen Molekulen u. ihre Bestimmung in geometrisch-isomeren ungesättigten Verbindungen. 2. unveränd., m. Nachträgen versch. Abdr. Lex.-8. (80 S. m. 186 Fig.) Lpz. 889, Hirzel. * 4 —
Aus: Abhandlgn. der k. sächs. Gesellschaft der Wissenschaften, besonders abgedruckt.

Rectoratswechsel an der Universität Leipzig am 31. Oct. 1894. I. Rede des abtretenden Rectors Dr. Johannes **Wislicenus**: Bericht über das Studienjahr 1893/94. II. Rede des antretenden Rectors Dr. Paul **Flechsig**: Gehirn und Seele. Leipzig, Druck v. A. Edelmann, Univ.-Buchdr., *1894;* 28 S. 4.

Rectoratswechsel an der Universität Leipzig am 31. Oct. 1893. I. Rede des abtretenden Rectors D. Theodor **Brieger**: Bericht über das Studienjahr 1892 93. II. Rede des antretenden Rectors Dr. Johannes **Wislicenus**: Die Chemie und das Problem von der Materie. Leipzig, Druck v. A. Edelmann, Univ.-Buchdr., 1893; 43 S. 4.

Wislicenus, Johs., Gedächtnißrede auf Prof. Dr. P. A Bolley am 3. August 1871, dem 1. Jahrestage seines Denkmals geh. in der Aula d. schweizer. Polytechnikums. Mit e. photo.-lith. Abbildg. der vom Prof. Keyser ausgeführten u. im Vestibül d. Polytechnikums aufgestellten Büste d. Verstorbenen. gr. 8. (18 S.) Zürich 871. Schmidt. n 1. 20; ohne Bild n. - 50

Wislicenus, Johannes: Rede (z. fünfzigj. Jubelfeier d. Kgl. Sächs. Ges. d. Wiss. zu Leipzig). *Leipzig (1896).*
in: Jubelfeier, Z. 50j., d. Kgl. Sächs. Gesellschaft d. Wissenschaften zu Leipzig. [97. 1908

Wislicenus, Johs., s. Regnault-Strecker's, kurzes Lehrbuch der Chemie.

Wislicenus, Johannes (von Halle a. d. Saale): Theorie der gemischten Typen. (Besonderer Abdruck aus dem 14. Bande der Zeitschrift für die gesammten Naturwissenschaften (S. 96–175).) Berl. G. Bosselmann 1859. 1 Bl., 79 S. 8°.
[Zürich, Phil. Diss. v. 7. Jan. 1860].

Wislicenus, Jobs., Theorie der gemischten Typen. gr. 8. (79 S.) Berlin 859, [Wiegandt und Hempel.] *
Aus: Zeitschrift für die gesammten Naturwissenschaften, besonders abgedruckt.

Ex ordinis philosophorum mandato renuntiantur philosophiae doctores . . . inde a d. primo m. Nov. a. 1889 usque ad d. ultimum m. Oct. a. 1890 creati. — Praemissa est Ioannis Wislicenus dissertatio: Ueber die Umsetzung strereoisomerer [sic!] ungesättigter organischer Verbindungen in einander bei höherer Temperatur. Lipsiae, typ. A. Edelmanni, typogr. acad., *1890;* 52 S. 4°

Wislicenus, J[ohannes]: Untersuchungen über die durch negative Radicale ersetzbaren Wasserstoffatome mehr-äquivalentiger organischer Säuren. Zür. Zürcher u. Furrer Dr. 1863. 1 Bl., 16 S. 4°.
Programm der Kantonsschule in Zürich 1863.

Wislicenus, Johannes: Über Verbindungen der Krotonsäure mit Isokrotonsäure und über Mischsäuren überhaupt. Zürich 1896.

Wislicenus, Johannes Adolph [aus Oberstrass-Zürich]: Zur Kenntnis der geometrisch-isomeren Crotonsäuren und einiger Derivate ... Stuttgart, Hoffmannsche Buchdr., *1892;* 53 S., 1 Bl. 8.
Leipzig, Phil. Fak., Inaug.-Diss. v. [28. Dez.] 1892

Wislicenus, Konrad *Paul Gustav:* Die Urkundenauszüge Eberhards von Fulda ... Kiel, Druck v. H. Fiencke, 1897; v, 56 S., 1 Bl. 8.
Kiel, Phil. Fak., Inaug.-Diss. v. [10. Aug.] 1897

Wislicenus, Osk., Entwicklung eines wahrhaft physiologischen Heilverfahrens. gr. 8. (III und 444 S.) Leipzig 860, [G. J. Purfürst.] *

Wislicenus, Osk., Wie Prof. Dr. C. E. Bock in Leipzig das Volk über Homöopathie aufklärt; beleuchtet. gr. 8. (31 S.) Eisenach 850, Baerecke.

Wislicenus, Paul (von Halle an der Saale): Die Geschichte der Elbgermanen vor der Voelkerwanderung in ihren Hauptzuegen. Mit zwei Karten. Halle E. Heynemann 1868. 2 Bl., 76 S., 2 Karten. 8°.
[Zürich, Phil. Diss. v. 9. Juli 1868].

Wislicenus, Paul, die Geschichte der Elbgermanen vor der Voelkerwanderung in ihren Hauptzuegen. 8. (III, 76 S. mit 2 lithogr. Karten in hoch und qu. 4.) Halle 868, Heynemann. [Fricke.] *

—— Lust und Leid auf dem Baden-Badener Journalistentage. Skizzen. gr. 8. (32 S.) Ebendas. 874. *

—— das Leipziger Stadttheater und seine Zukunft. 8. (16 S.) Leipzig 874, Expedition der Literatur.
Vorstehende zwei Schriften sind aus: Literatur, besonders abgedruckt.

Wislicenus, Paul, Shakespeares Totenmaske. (Titelzeichnung u. gesamte Ausstattung v. Herm. Pfeiffer.) (107 S. m. Bildnissen u. 3 Taf.) 8. Darmstadt (910). H. Hohmann. 4.—; geb. 5. —

Wislicenus, Ulrich, von Halle a. S.: Ueber Sinus pericranii. Zür. Zürcher u. Furrer Dr. 1869. 2 Bl., 67 S., 2 Taf., 1 Bl. Thesen. 8°.
Zürich, Med. Diss. (v. 29. Juli 1869).

Wislicenus, Walter Friedrich

Wislicenus, Walth. F., Astronomie, s.: Möbius, A. F.

— Astrophysik, s.: Sammlung Göschen.

Wislicenus, Walter F.: Beitrag zur Bestimmung der Rotationszeit des Planeten Mars .... Karlsruhe, Druck d. G. Braun'schen Hofbuchdr., 1886; 71 S. u. 2 Taf. 4°.
Strassburg, Math.-Naturw. Fak., Inaug.-Diss. v. 1886.

Wislicenus, Walter F., Beitrag zur Bestimmung der Rotationszeit des Planeten Mars. gr. 4. (71 S. mit 1 Stnt.) Leipzig 886, Engelmann. *

— **astronomische Chronologie.** E. Hülfsbuch f. Historiker, Archäologen u. Astronomen. gr. 8. (X, 163 S.) Leipzig 895. B. G. Teubner. Geb. in Leinw. n. 5. —

Wislicenus, Walt. F. Handbuch der geographischen Ortsbestimmgn. auf Reisen. Zum Gebrauch f. Geographen u. Forschungsreisende. gr. 8. (XII, 269 S. m. 19 Fig.) Lpz. 891, W. Engelmann. * 8 —; geb. ** 8 60

— s.: Jahresbericht, astronomischer.

Der Kalender in gemeinverständlicher Darstellung. Von Walter F[riedrich] **Wislicenus**. Leipzig: B. G. Teubner 1905. (118 S.) 8° [F.]
= Natur, Aus, u. Geisteswelt. Bdch. 69. [05. 12391

— **der Kalender in gemeinverständlicher Darstellung, s.a. Aus Natur u. Geisteswelt.**

— Tafeln zur Bestimmung der jährlichen Auf- u. Untergänge der Gestirne. Publication der astronom. Gesellschaft XX. gr. 4. (55 S.) Ebd. 892. n. 6. —

Wislicenus, W. F., Untersuchungen üb. d. absoluten persönlichen Fehler bei Durchgangsbeobachtgn. gr. 4. (50 S. m. 1 Taf.) Leipzig 888. Engelmann. n. 3. —

Wislicenus, Wilhelm: Ueber die Einwirkung von Cyankalium auf Phtalid .... Würzburg, Becker's Univ.-Buchdr., 1885; 25 S. 8°.
Würzburg, Phil. Fak., Inaug.-Diss. v. 1885.

Wislicenus, Wilhelm, über die Einrichtung von Cyankalium auf Phtalid. Diss. Würzburg 1885, Stahelsche Univ.-Buchh. 8°. 25 S.

Wislicenus, Wilh., die Lehre v. den Grundstoffen. Antrittsrede bei Uebernahme der ordentl. Professur der Chemie an der Hochschule zu Tübingen. Am 30. IV. 1903 im Festsaal des Universitätsgebäudes geh. (30 S.) gr. 8. Tübingen 903. F. Pietzcker. n. — 80

Wislicenus, Wilhelm [Dr.]: Über eine Methode zur Synthese von Keton- und Aldehydsäureestern. Eine Erweiterung der Acetessigestersynthese . . . . Würzburg, Becker's Univ.-Buchdr., 1888; 72 S. + 1 Bl. 8°

Würzburg, Phil. Fak., Hab.-Schr. v. 1888

— über eine Methode zur Synthese von Keton- und Aldehydsäureestern. Eine Erweiterung der Acetessigestersynthese. Hab.-Schr. Würzburg 1888, Stahelsche Univ.-Buchh. 8°. 72 S.

Wislicenus, Wilh., über Tautomerie, s.: Sammlung chem. u. chemisch-techn. Vorträge. II. 6/7.

Guilielmus Eduardus Wislicenus [Wilhelm Eduard Wislicenus]: De crisium natura. Halae (1821:) Grunert. 32 S. 8°

Halle-Wittenberg, Med. Diss. v. 18. Apr. 1821

Wislicenn, H., der biblische Christus oder Unterschiede zwischen Bibellehre u. Kirchenlehre. (34 S.) 8. Schmiedeberg 903. (Berlin, H. Kuhz.) n. 1. —

Wislicenn, H., Wasser ist das beste Heilmittel! 8. (17 S.) Magdeburg 883, Heinrichshofen's Verlag.

Wislicenn, H., Wasser ist das beste Heilmittel! 2. verm. Aufl. 8. (32 S.) Magdeburg 885, Heinrichshofen's Verlag.

Wisling, Johann Wilhelm

Wisling, Joh. Wilh.: Elementa juris tertii, methodo demonstrativa pertractata. Cassellis Catt. 1745.

Wisling, Johann Wilhelm A. S. 607/26

Ontologia juris methodo scientifica pertractata ... Marburg (Ebersbach) 1741. 44 S.

37005

Wisling, W., ontologia juris s. jurisprud. prima. 4. Cassel, Cramer. 748.

Wisling, W., polimodiceae praelim. specimen s. philosophia belli ac pacis. 4. Cassel, Cramer. 747. Rthlr.

Wislizenus, Friedrich Adolf

Wislizenus, F. A., ein Ausflug nach den Felsen-Gebirgen im Jahre 1839. 8. (8 B. u. 1 Karte.) St. Louis, Mo. 1840. (Frankfurt a. M., Körner.) •

— Beiträge zur Kenntniss des nördl. Mexico, siehe: Jahrbuch, geographisches, I.

Wislizenus, Fridericus Adolphus. Schwarzburgico-Rudolstadiensis: De propria cranii in puella epileptica deformatione. Accedunt duae tabulae lithographicae. Tur. typ. Gessner. 1833. 1 Bl., 16 S., 1 Bl., 2 Taf. 8°.

Zürich, Med. Diss. v. [26.] Oct. 1833.

Wislizenus, A., Denkschrift üb. eine Reise nach Nord-Mexiko, verbunden m. der Expedition des Obersten Donniphan, in den Jahren 1846 u. 1847. Aus d. Engl. übertragen v. Geo. M. v. Roß. Mit einem wissenschaftl. Anh. u. 3 (lith.) Karten (in Fol. u. gr. Fol.) gr. 8. (VIII u. 211 S.) Braunschweig 850, Vieweg & Sohn. n. 1 1/3 ₰

Wislocki, v., üb. Mechanismus der Zangentraktionen. [Aus: „Der Frauenarzt".] gr. 8. (17 S. m. 7 Fig.) Neuwied 887. Heuser's Verl. n. 1. —

Wisłocki, Theophil

Wislocki, Theoph., Kompendium der pathologischen Anatomie als Anleitung zum Selbststudium bearb. gr. 8. (XVI und 473 S.) Wien 852(53,) Gress. •

Wisłocki, Dr. Theophil —. Repetitorium der Pharmacognosie und Pharmacologie. Zusammengestellt von — —. 8. (316 S.) Wien. Gedruckt bei Leopold Sommer. Sallmayer und Komp. 1853.

Wisłocki, [illegible]

[illegible]

Wisłocki, Wladislaus

Wislocki, Wladisl, s.: Acta rectoralia almae universitatis studii Cracoviensis inde ab a. 1469.

— Incunabula typographica bibliothecae universitatis Jagellonicae Cracoviensis, s.: Munera saecularia universitatis Cracoviensis. III.

Wislocki, Wladislaus, liber diligentiarum facultatis artisticae universitatis Cracoviensis. Pars I [1487—1533]. Ex codice manuscripto, in bibliotheca Jagellonica asservato, editionem curavit W. W. Sumptibus academiae litterarum. Lex.-8. (XV, 543 S.) Krakau 886, (Friedlein.) *

Wismann, Sylvester Friedrich (Braunschweig) A. S. 2/22

Dissertatio academica de feudis Brunsvicensibus et Luneburgicis. Präs. Augustin Leyser. Rec. Helmstedt (Buchholtz) 1735. 64 S., 24 Bl.

Diss. 6. VII. 1720.
W. v.: Präs. 37007

Wismar [Schlagwort]

Wismar, s.: Deutschland, Kürschner-Pelp.

Wismar, s.: Woerl's Reisehandbücher.

Wismar, August (Ludwig) Fr (Benjamin)

Wismar, A. F. Volkserzählungen der Deutschen und des Auslandes aus der wirklichen und Ideenwelt, 1r Theil, 8. Halberstadt, 792. Gros. Heus. 13 sgl.

Wismar, Aug. Ldw. Fr. Benj., Volkserzählungen d. Deutschen u. d. Auslandes; aus d. wirklichen u. aus d. Ideenwelt. 8. Halberst. 792. (W. Nauck in Leipz.) 8 gr.

Wismar, Ernst Emil, Carnevals- u. Polterabend-Scherze, in e. Reihe v. Abbildungen mit hinzugefügt. Erläuterungen üb. d. Anfertigung d. Anzüge nebst Winken, die angegeb. Charactere auf Maskeraden u. bei Polterabenden passend darzustellen u. durchzuführen. 1. Hft. 4. (2 3/4 B. u. 16 lith. u. ill. Costume.) Breslau 833, Pelz. Thlr.

Wismar-Bucht, s.: Seekarten.

Wismayr, Josef, Ritter

Wismayr, Ritter Jos., Blüthen u. Früchte zur Aufmunterung u. Veredlung jugendl. Talente, mit Melodieen v. A. J. Emmert u. B. Hacker. 2 Thle. gr. 12. Salzb. 797, 98. Mayr. 1 ℛ

— Ephemeriden d. italien. Literatur f. Deutschland. 4 Jahrgg. d. Jahrg. à 6 Hefte. gr. 8. Salzb. 800—5. Mayr. (à 1 ℛ 8 g.) 8 ℛ

Wismayr, Ritter Jos., Grundsätze d. deutschen Sprache, zum Gebrauch bei den Schul- sowohl als Selbstunterrichte. 1r Thl. Sprachlehre. 2r Theil. Rechtschreibelehre. gr. 8. Salzb. 796. 2e A. 803. 3e A. 805. Münch. (Thomann in Landsh.) 1 ℛ

— Grundsätze d. deutschen Sprache, z. Gebr. b. d. Schul- sowohl als Selbstunterrichte. 1r Thl. Sprachlehre 2r Rechtschreiblehre. gr. 8. Ebend. (auch Fleischmann in München.) 803.

— Grundsätze d. hochdeutschen Sprache. 2 Thle. gr. 8. Münch. 813. (Landsh., Krüll). 1 ℛ 8 g.

Wismayr, J., Grundsätze d. hochdeutschen Sprache. gr. 8. München, Schulfond-Verlag. 813.

— Pantheon Italiens; enth. Biographien d. ausgezeichnetsten Italiener, nebst deren Bildnissen, histor.-kritisch bearbeitet. 1r Bd. 1e—3e Abtheil., mit Kpf. gr. 4. Salzb. 815—18. Mayr. 3 ℛ 16 g.

— kleine deutsche Sprachlehre. gr. 8. Salzb. Mayr. 796.

— kleine deutsche Sprachlehre. gr. 8. Salzb. 797. 2e A. 800. Mayr. 8 g. 5e Aufl. unt. d. T.: Lehrbuch d. hochdeutschen Sprache. gr. 8. Landsh. 813. 6e A. 814. 7e A. 817. 9e A. 824. (Krüll). 16 g.

— dieselbe. 8. Prag 806. G. Haase Söhne. 6 g.

— — dieselbe. gr. 8. Landshut, Krüll. 809.

— — dieselbe. 8. München, Fleischmann. 809.

— dies. im Auszuge. 8. Bresl. 814. Graß, B. u. C. 6 g.

— Lehrbuch d. hochdeutschen Sprache. 6te Originalaufl. gr. 8. Landshut, Krüll. 813.

— Lehrbuch d. hochdeutschen Sprache f. die öffentl. Unterrichtsanstalten d. Königr. Baiern. 7te Originalausg. 8. Landshut, Krüll. 816.

Wismayr, (J.,) Lehrbuch d. deutschen Sprache f. die öffentl. Unterrichts-Anstalten des Königreichs Baiern. 9e Aufl. 8. München 824, (Landsh., Krüll.)

Wismayr, Jos., Lehrbuch der teutschen Sprache. 9e verb. Aufl. 8. München 834. (Landshut, Thomann.) 7 g.

Wismer, Pius, psalmodiae praeludia sive orationes singulis psalmis accommodatae ad impetrandum eorum fructus spirituales. 16. (152 S. mit 1 Stahlst.) Einsiedeln 867, Gebr. Benziger.

Wismeyer, Ernst, gepr. Rechtsprakt.: Das Prinzip des Gefahr-Übergangs beim Kauf. München 1910: Knorr & Hirth. 72 S. 8°
Erlangen, Jur. Diss. v. 31. Okt. 1910, Ref. Binder
[Geb. 22. Juni 83 Stuttgart; Wohnort: München; Staatsangeh.: Bayern; Vorbildung: Theresien-Gymn. München Reife 02; Studium: München 8 S.; Rig. 16. Juni 10.] [U 11. 890

Wismeyer, Jos., latein. Elementarbuch, s.: Haas, Jak.

Wismeyer, Jos., lateinisches Uebungsbuch, s.: Englmann, L.

Wismeyer, Jos. Die durch Scholien nicht erklärten kritischen Zeichen der Iliashandschrift Venetus A. 43 S. 8. *Passau* 1885.
Progr.

WISMÜLLER, Anton: Ueber den verbesserten Modus in der Behandlung complicierter Fracturen.- München: Straub 1889. 15 S.
20.12.1889 - Chr 1889/90,28; Jv 1889/90,232 (Prom.-Datum: 1890)
Diss. Ingolst.-Landsh.-Mchn.

Wismüller a. **Wissmüller, C.**, designatio candidatorum, qui summos in theologia honores petierunt, et Disputationum quas inaugurandi causa habuerunt in academ. Altdorf. 8. Nürnb. 802. Rauw. 1 g.

Wismüller, Franz Xaver

Wismüller, Frz. X., Geschichte der Moorkultur in Bayern. I. Tl.: Die Zeit bis 1800. (VII, 216 S. m. 1 farb. Karte.) gr. 8. München 909. E. Reinhardt. 7. —

WISMÜLLER, Franz Xaver: Geschichte der Moorkultur in Bayern. - München 1909 u. 1934. 2 Tl. - Tl. 1 u. d. T.: Die Zeit bis 1800. 1909. VII, 216 S., 1 farb. Kt. - Tl. 2 u. d. T.: Die Zeit von 1800-1825. 1934. 379 S.

Wismüller, Franz X., aus Passau: Geschichte der Teilung der Gemeinländereien in Bayern. *Stuttgart 1904: Union.* (VI, 182 S.) 8° ¶(Gekr. Preisschr.) — [Erschien vollst. als Münchener volkswirtsch. Studien, Stück 62.]
München, Staatswirtsch. Diss. v. 1904

Geschichte der Teilung der Gemeindeländereien in Bayern. Von Franz X[aver] **Wismüller**, Dr. d. Staatsw., Assess. *Stuttgart & Berlin: J. G. Cotta 1904.* (X, 253 S.) 8°
— Studien, Münchener Volkswirtschaftliche. Stück 62.

Frz. Xav. Wismüller, Die b. Moorkolonie Großkarolinenfeld. München 1905.
Bearbeitet im Auftrage des Kgl. B. Staatsministeriums des Innern, gewidmet seinem Lehrer Prof. L. Brentano. Ferner im Auszug in: Vierteljahrsschrift des B. Landw.-Rats. 1905/III.

Die Bayerische Moorkolonie Großkarolinenfeld. Im Auftr. d. Kgl. Bayer. Staatsminist. d. Innern von Franz X[aver] **Wismüller**, Dr., Oberassessor. Mit 1 Karte u. 1 Ansicht von Großkarolinenfeld. Stuttgart & Berlin: J. G. Cotta Nachf. 1906. (XVI, 670 S.) 8° [F.] 06. 14844

Nylandersche Wismuth-Probe, s. Nagler, Gustav.

Wisnar, Julius

: Bericht über gegründete „Abiturienten-Erinnerungsstiftung". S. 19—30. 8. **Progr.** K. k. Gymn. *Znaim* 1906.

Wisnar, Julius Zu Brandls Erklärung topographischer Namen. Mit Vorbemerkung von *Konrad* Jarz. 8 (S. 3—61, 1 S. unpag.). **Progr.** K. k. G. *Znaim* 1890

—: Karl Gassmann †. S. 52—53. 8. **Progr.** K. k. Gymn. *Znaim* 1907.

. Wisnar, Julius: Kurzgefaßte Geschichte des Znaimer Gymnasiums. Ein Beitrag zur Schulgeschichte. (Umschlagtitel: . . . Gymnasiums.) 44 S., 3 Taf., 1 S. ung. 8. K. k. Gymn. *Znaim* 1902. **Progr.**

Wisnar, Julius: Katalog der Lehrer-Bibliothek des k. k. Staatsobergymnasiums in Znaim. Auf Grund des Erlasses des hohen k. k. Ministeriums für Cultus und Unterricht vom 30. December 1896, Z. 26 362 veröffentlicht. (Umschlagtitel: . . . Lehrerbibliothek (I. Theil).) 8 (S. 3—34). Katalog der Lehrerbibliothek (Fortsetzung und Schluss). 8 (S. 3—35). **Progr.** K. k. G. *Znaim* 1898. 1899

— : Gregor Johann Mendel. Ein Gedenkblatt, gewidmet dem Andenken an den genialen Forscher. S. 21—35. 8. K. k. Gymn. *Znaim* 1909. **Progr.**

Wisnar, Jul., Gregor Johann Mendel. Ein Gedenkblatt, dem Andenken an den genialen Forscher gewidmet. (16 S. m. Abb.) Lex. 8. Znaim 909. (R. Loos.) — 60

Wisnar, Jul., d. Neujahr. E. folklorist. Plauderei. 12. (47 S.) Znaim 895. Fournier & Haberler. n. — 60

— die Ortsnamen d. Znaimer Bez.-Hauptmannschaft. E. toponym. Versuch. Lex.-8. (48 S.) Ebd. 895. n. 1. —

Wisnar, Julius Die Ortsnamen der Znaimer Bezirkshauptmannschaft. Ein toponymischer Versuch. 8 (S. 3—36). **Progr.** K. k. G. *Znaim* 1895.

Wisnar, Julius: Die Ortsnamen der Znaimer Bezirkshauptmannschaft. Ein toponymischer Versuch. (Fortsetzung und Schluss.) (Umschlagtitel: Schluss.) 8 (S. 31—48) **Progr.** K. k. G. *Znaim* 1896

Wisnar, Jul., Rosenburg u. Gars. Ein Ausflug in das Kampthal. Mit histor. Betrachtgn. geschildert. (Mit 2 Grundrissen.) 12. (32 S.) Znaim 894. Fournier & Haberler. n. — 40

: Schulrat Wilhelm Saliger †. S. 56—57. 8. K. k. Gymn. *Znaim* 1903. **Progr.**

— d. Schlacht bei Znaim im J. 1809. E. Gedenkblatt, d. Manen d. wackeren Kämpfer v. 10. u. 11. Juli 1809 gewidmet. gr. 8. (24 S.) Ebd. 896. n. — 40

— Die Schlacht bei Znaim im J. 1809. Ein Gedenkblatt, den Manen der wackeren Kämpfer v. 10. u. 11. VII. 1809 gewidmet. Progr. (32 S.) Lex. 8. Ebd. 910. 1. —

Wisnar, Julius Griechische Syntax Unter steter Berücksichtigung der lateinischen Sprache für Ober-Gymnasien zusammengestellt von J. W. II. Theil. (Lehrstoff der sechsten Classe bis einschliefslich der Bedingungssätze.) (Umschlagtitel ... II. Theil). 8 (1 Bl. XXXII S.). **Progr.** K. k. G. *Znaim* 1892.
I [Lehrstoff der 5. Classe]. 8 (IV, 50 S.) Wien 1892, C. Graeser. ℳ 2. —.

— griechische Syntax. Unter steter Berücksicht. der latein. Sprache f. Ober-Gymnasien zusammengestellt. 1. u. 2. Thl. gr. 8. Wien, C. Graeser. n. 2. 20
1. Lehrstoff der 5. Classe. (IV, 50 S.) 892. n. 1. —
2. Lehrstoff der 6. Classe. (II, 60 S.) 893. n. 1. 20

Wisnar, Jul., Untersuchungen zur geographischen Namenkunde auf Grundlage v. Vinc. Brandl's Erklärung topographischer Eigennamen. Mit e. Vorbemerkg. v. Konr. Jarz. gr. 8. (72 S.) Znaim 890. Fournier & Haberler. n. 1. 50

Wisnar, Jul., die Stadt Znaim (Gotteshäuser u. Schulen), s.: Heimatkunde des polit. Bez. Znaim. 10.

Wisner, Jac., Diss. de consuetudinis effectu in corpus humanum. 33 pp. Vienn. 4°. 1777.

Wisner, de consuetudinis effectu in corpus hum. 8. maj. Vien. Trattner. 779.

Wisner de Morgenstern, F., Carte topographique de la republique du Paraguay. Carte originale faite de 1846 à 1858 par des procédées trigonométriques et astronomiques. 1 : 355,000. 8 Bl. Chromolithogr. Imp.-Fol. Wien 878, (Artaria und Comp.) * 16 —

Wisnet, Johann Georg

—— weitere Abhandlung üb. Zehent bei Veränderung d. Feldbaues nach bayer. Rechte. gr. 8. (3 B.) Regensburg 841, Manz.

Wisnet, Joh. Geo., üb. d. Wirkung d. absoluten, namentl. d. pfarrl. Großzehentrechtes in d. Richtung geg. die in zehntbare Brach- u. Getreidfelder gebauten kleinen Früchte. Beitr. z. Erläuter. d. Cod. civ. Max. p. 2 cap. 10. §. 11. sammt Widerlegung einer, üb. dens. Gegenstand von Frhrn. v. Duprel veröffentl. Abhandl. gr. 8. (4½ B.) Regensburg 841, Manz.

— über Zehent bei Verwendung von Getreidefeldern zum Anbau kleiner Früchte. Nach baier. Rechte. (4. Heft.) gr. 8. Passau 844, Pustet'sche Buchh. ⅓ ℛ

— Vergl. Zehent, über, nach bayerisch. Rechte.

Wisnet, Karl, s.: Schreiner-Kalender, deutscher.

Wisnia, Carl [aus Schlesien]: Zur Behandlung der Varicocele. . . . Greifswald, Druck v. Julius Abel, 1889; 22 S. 8°
Greifswald, Med. Fak., Inaug.-Diss. v. 19. Jul. 1889

Wisniewski, C., der Lehrer im amtlichen Verkehr mit den Schulbehörden. Eine Anleitung zur Abfassung amtlicher Schriftstücke. Enth. alle Arten von Geschäftsaufsätzen, als Bittschriften, Vorstellungen, Berichte, Protokolle, Meldungen ꝛc., durch Regeln u. Beispiele dargestellt. 8. (IV, 134 S.) Braunsberg 882. (Leipzig, Gracklauer.) cart. n. 1. 35

Wisniewski, C., der Lehrer im amtlichen Verkehr m. den Schulbehörden. Eine Anleitg. zur Abfassg. amtl. Schriftstücke. Enth. alle Arten v. Geschäftsaufsätzen, als Bittschriften, Vorstellgn, Berichte, Protokolle, Meldgn. ꝛc., durch Regeln u. Beispiele dargestellt. 2. Aufl. 8. (XVI, 128 S.) Braunsberg 882. Huye. cart. n. 1. —

Wisniewski, C., der Lehrer im amtlichen Verkehr mit den Schulbehörden. Eine Anleitung zur Abfassung amtl. Schriftstücke. Enth. alle Arten von Geschäftsaufsätzen, als Bittschriften, Vorstellungen, Berichte, Protokolle, Meldungen ꝛc., durch Regeln und Beispiele dargestellt. 4. und 5. verb. und stark verm. Aufl. 8. (XVI, 160 S.) Braunsberg 885,88, (Huye's Buchh.) *

Wisniewski, C., d. Lehrer im amtl. Verkehr m. d. Schulbehörden. — E. Anleitg. z. Abfassg. amtl. Schriftstücke. Enth. alle Arten v. Geschäftsaufsätzen, als Bittschriften, Vorstellgn., Berichte, Protokolle, Meldgn. ꝛc. durch Regeln u. Beispiele dargest. 6., verb. Aufl. 12. (XIX, 160 S.) Braunsberg 893. (Huye.) Kart. n. 1. —

Wisniewski, C., der Lehrer im amtlichen Verkehr m. den Schulbehörden. Eine Anleitg. zur Abfassg. amtl. Schriftstücke. Enth. alle Arten v. Geschäftsaufsätzen, als Bittschriften, Vorstellgn., Berichte, Protokolle, Meldgn. ꝛc. durch Regeln u. Beispiele dargestellt. 7., umgearb. u. bedeutend verm. Aufl. 12. (XXII, 166 S.) Braunsberg 899. Huye. Geb. in Leinw. n. 1.25

Wisniewski, C., der Lehrer im schriftlichen Verkehr m. den Behörden. Eine Anleitg. zur Abfassg. amtl. u. privater Schriftstücke, nebst e. Sammlg. einschläg. Beispiele. 8., ganz neu bearb. Aufl. (XI, 134 S.) 8. Hamm (909). Breer & Thiemann. Geb. in Leinw. 2. —

— Präparationen zum Gesangunterrichte in Volksschulen. Erprobt in d. Seminar-Übungsschule zu Heiligenstadt. 8. (IV, 83 S.) Heiligenstadt 901. F. W. Cordier. n. 1. —

Wiśniewski, [illegible] Napoleon [illegible] De [illegible] Berolini (1837) [illegible]
Berlin, Med. Diss. v. 12. Okt. 1837

Wiśniewski, Tom., Ludgarda, czyli: Skutki wychowania, opartego na religii i moralności. Opracował podług źródeł pewnych. 8. (VIII und 168 S.) Lissa 854, Günther.

Wiśniowiecki, Jeremi, sceny dramaticzne z 17. wieku. W dwoch sześciach przez *** 8. (IV u. 234 S.) Leipzig 851, Librairie étrangère. 1 ꝟß

Wiśniowiecki, Jeremi, sceny dramaticzne z 17. wieku. W dwoch sześciach przez *** 8. (IV und 234 S.) Leipzig 852, librairie étrangère.

Wisotzki, Emil. Hauptfluss und Nebenfluss. Versuch e. begriffl. Nachbildg. derselben. gr. 8. (136 S.) Stettin 889, (Saunier). * 3 —

Wisotzki, Emil. Hauptfluss und Nebenfluss. Versuch einer begrifflichen Nachbildung derselben.
S. Jahresbericht des Vereins für Erdkunde zu Stettin 1888/89. S. 1--136.
Stettin 1889. II, 136 S. 8°.

Wisotzki, Emil. Die Klassifikation der Meeresräume. Ein Beitrag zur Geschichte der Erdkunde. 26 S. **Progr.** St. Rg. *Stettin* 1883.

Zur Methodik Karl Ritters. 11 S. **Progr.** Fr. Wi. Rg. *Stettin* 1885.

Wisotzki, Emil, die Vertheilung von Wasser u. Land an der Erdoberfläche. Ein Beitrag zur Geschichte der Erdkunde. Inaugural-Dissertation. gr. 8. (52 S.) Königsberg 879. (Beyer.) n. 1. 20

Zeitströmungen in der Geographie v. Dr. Emil Wisotzki. *Leipzig: Duncker & Humblot 1897.* (VIII S., 1 Bl., 407 S.) 1 Bd 8. [97. 1305

Wisotzky, Herbstrosen, s. Herbstrosen.

Wisotzky, Herbstrosen, s. W. Nicolai.

Wisotzky. Special-Karte d. Griesheimer Schiessplatzes bis Darmstadt. 1 : 1000. Steindr. 43×26,5 cm. Darmst. 892, Bergsträsser. * — 40

Wisotzky, Ad., der Hauslehrer u. Rathgeber des Bürgers u. Landmanns im Gebiete der Schreibekunst rc. 8. (9½ B.) Demmin 845, (Gesellius.)

Wisotzky, David

Wisotzky u. Schleichert, Heimatskunde v. Halle u. Umgegend. 2 Tle. gr. 8. Halle 895. Buchh. d. Waisenhauses. Kart. à n. — 75
1. Geograph. Heimatskunde. Nebst 1 Karte des Saalkreises. (VI, 60 S. m. Fig.)
2. Geschichtl. Heimatskunde. (VI, 82 S.)

Wisotzky u. Schleichert's Heimatkunde v. Halle u. Umgegend. 2., gänzlich umgearb. Aufl., besorgt v. Ad. Grothe. 1. Tl. 8. Halle 904. Buchh. des Waisenhauses. Geb. in Leinw. n. 1. 20
Geographische Heimatkunde. Vorstufe, besonders f. das 3. u. 4. Schulj. Mit Abbildgn., Skizzen u. Karten im Text, e. Plane der Stadt Halle u. e. Karte des Saalkreises. (VIII, 100 S.)

Wisotzky u. Schleichert's Heimatkunde v. Halle u. Umgegend. 3. Aufl. Bearb. v. Herm. Haase. 1. Tl.: Geographische Heimatkunde. Mit mehreren Abbildgn., 1 (farb.) Plane der Stadt Halle u. 1 (farb.) Karte des Saalkreises. (IV, 123 S.) 8. Halle 910. Buchh. des Waisenhauses. Geb. 1. 50

Wisotzky, Kurt, Schicksalsstunden. 4 Szenen. (I. Nach Jahren. II. Heimwärts. III. Worte des Trostes. IV. Die erste Predigt.) (39 S.) 8. Leipzig 904. Modernes Verlagsbureau. n. 1. —

Wis-Pa-Ten. Heimatsklänge aus China v. Callivator. (32 S.) 8. Wiesbaden (908). Moritz & Münzel. — 50

Entwickelungsgeschichte der Stadt Naumburg a. S. nebst e. Anh.: Abriß d. Geschichte von Freyburg a. U., Goseck, Schönburg, Saaleck u. Rudelsburg. Von Adolf **Wispel**, Stadt-Bur.-Dir. a. D. Naumburg a. S.: A. Schirmer 1903. (120 S.) 8° [F.] [07. 12969

Wiss, Alb[ert]. Kleines Repetitorium zum Lehrbuch der Arends'schen Stenographie von Spahr u. Hirsch, mit besonderer Berücksichtigung einzelner Unterscheidungen und Fremdwörter. II + 17 S. 8. Sarnen, Verlag des Arends'schen Stenographen-Vereins «Helvetia», 1905. fr. —. 60 = M. —. 50

Wiß, Bruno, Paris u. Denone. Ein dramat. Gedicht. 16. (63 S.) Berlin 872. Bohne. n. 1. 50

Wiß, C. C. G., s. Wiß, Kaspar Chr. Gottlieb.

Wiß, E., Novellen. I. Das braune Riekchen. [Aus: „Album d. literar. Vereins in Nürnberg."] 8. (45 S.) Nürnberg 872. v. Ebner. — 75

Wiß, (Georg) Eduard

Wiß, Ed., die Arbeiter und die Strafbarkeit des Contractbruchs. gr. 8. (44 S.) Berlin 876, C. Heymann's Verlag. *

Wiss, Ed., Eisenbahn od. Kanal? [Aus: „Viertel-jahrschr. f. Volkswirthsch., Politik u. Kulturgeschichte".] gr. 8. (96 S.) Berlin 879. Herbig. n. 1. 50

Wiss, Geo. Ed., das Gesetz der Bevölkerung und die Eisenbahnen. Eine volkswirthschaftl. und statist. Untersuchung geführt auf dem Terrain der Vereinigten Staaten von Nordamerika und als Vorbild deutscher Verhältnisse volkswirthschaftl. verwerthet mit Berücksichtigung und statist. Nachweis des besond. Charakters der Industrie und des Handels der einzelnen Staaten sowohl, wie der gesammten Union vom J. 1790 — 1860. gr. 8. (VIII und 463 S. mit 1 lithogr. Uebersichtskarte von Nordamerika in gr. 4.) Berlin 867, Herbig. *

—— **Heilung und Verhütung der Diphtheritis.** gr. 8. (37 S.) Berlin 879, Hirschwald. *

—— **aus der Kulturgeschichte von Florenz.** gr. 8. (144 S.) Berlin 877, Herbig. *

—— das irische Landgesetz vom J. 1881, s. Zeitfragen, volkswirthschaftliche. 26.

Wiss, Ed., das Landgesetz f. Irland vom J. 1881 in deutscher Uebersetzung u. im Original. Eingeleitet u. hrsg. gr. 8. (VI, 241 S.) Leipzig 883. Duncker & Humblot. n. 4. 80

Wiß. Der Magistrat von Berlin und der demokratische Club. Berlin, W. Fähndrich u. Comp. o. J. 15 S. 4.

Wiss, Der Magistrat von Berlin und der demokratische Club. gr. 8°. Berlin 1848.

Wiß, (G.) Ed., über Rheumatismus und Gicht und deren radikale Heilung. gr. 8. (73 S.) Berlin 853, G. Reimer.

Wiss, Eduard. (geb. Nürnberg 20. 3. 1822): De tenotomia in universum. Berolini (1845). (32 S.) 8°
Berlin. Med. Diss. v. 15. Jan. 1845

— über die Wohnungsfrage in Deutschland. gr. 8. (46 S.) Berlin 872, (Mayer und Müller.) *

Wiß, H. B.

— Choralgesang-Schule, oder leichtfaßl. Unterricht in d. Gregorianischen Choral, mit Rücksicht auf den Romanischen, Mainzischen, Trierischen u. franz. Choral. gr. 8. Speier 836 (Neidhard.)

Wiss, H. B., Choral-Schule, od. leichtfassl. Unterricht in dem gregorian. Choral, mit Rücksicht auf d. röm., mainz., trier. u. französischen Choral. Lex.-8. (5 B.) Speyer 837, Neidhard. *

—— 50 vierstimm. relig. Chor-Gesänge in gedrängter Partitur, von verschied. Componisten. Für höh. Unterrichtsanstalten u. Singvereine. 1. Bdchn. gr. 8. (6½ B.) Speyer 840, Neidhard. *

— prakt. Gesangschule in 40 Tafeln. Imper.-Fol. Speyer 843, Lang. Subscr.-Pr. n. 3¾ Rthl.

—— kleine Harmonielehre f. Liebhaber u. Freunde d. Tonkunst u. zunächst für Schul-Präparanden. gr. 16. (7⅝ B.) Speyer 844, Lang.

Wiß, H. B., Klänge vom Rhein. Sammlung zweistimmiger Lieder zum Gebrauche beim Gesang-Unterrichte in Instituten und Schulen. 4., verm. Aufl. 8. (67 S.) Stuttgart 850, E. Hallberger.

—— 12 leichte zweistimm. Lieder f. Schulen; in Noten u. Tonziffern ausgesetzt. 1. Hft. 3. Aufl. u. 2. Hft. 2. Aufl. Lex.-8. (2 B.) Speyer ..., Neidhard. 1836. à *

—— Meßgesang und Lieder zum heil. Weihnachtsfeste. Nach dem Melodieen-Buche des Bisthums Speyer für Männerstimmen vierstimmig gesetzt. 4. (9 S.) Speyer 850, Neidhard's Buchh. *

Wiß, H. B., Sammlung vierstimm. religiöser Chorgesänge für höhere Unterrichts-Anstalten u. Singvereine in gedrängter Partitur. gr. 8. Speyer ... (Neidhard.) n. 7/12 Rthl.

—— Sammlung leichter 2-, 3- u. 4stimmiger Canons f. Schulen. 8. (1 B.) Speier 846, Neidhard's Buchh.

Wiss, J. On the rudiments of the Shaksperian drama. Diss. Marburg 1828.

Wiß, J.R. (Hrsg.), s. Anshelm, Valerius: Berner Chronik. Bd. 1-4.

Wiß, Johann Nikolaus Andreas

Wiß, Jh. Nik. Andr., († d. 18. Jan. 1815.) Gedichte. Aus seinem Nachlasse herausg. v. Dr. Ksp. Chr. Gli. Wiß. 8. Schmalkald. 816. (Leipz., Engelmann). 8 gGr

Wiß, Kaspar Chr. Gottlieb

Wiß, Ksp. Chr. Gli., Beschreibung d. Feierlichkeiten bei d. Rückkehr d. Kurfürsten, Gesang der über dieses Ereigniß frohlockenden Stadt Schmalkalden. 8. Schmalkald. 814.

Wiß. Bonifacius Philipp und Wilhelm Friedrich in drei Gedächtnißpredigten zur Geschichte der Begründung, Befreiung und Berechtigung der evangelischen Kirche in Deutschland, besonders in Hessen und namentlich in Fulda. Rinteln 853. Bösendahl. gr. 8. (23 S.) 3¾ ngr.

— s. Bonifacius, sämmtl. Briefe.

Wiß, Kaspar Chr. Gottlieb, s. Calpurnius: Idyllen.

Wiß, Kaspar Chr. Gottlieb, s. Cicero: Rede f. d. A. Licinus Archias.

Wiss, C. C. G., de discrimine causarum naturalium et supernaturalium in S. S. Rint. 1820. 4.

Wiß, Casp. Chr. Gtli., Elementarbuch d. latein. Syntax f. d. drei niedern Classen d. Gymnasien in deutschen Parallelen zu Jacobs Lesebuche nach Ramshorns Schulgrammatik, mit Hinweis. auf neun andre d. vorzügl. Sprachlehren, nebst e. deutsch-latein. Wortregister. gr. 8. (13½ B.) Leipzig 835, Hahn'sche Vrlsh.

— epist poetica ad Gymnas. Gothanum. 8. Hannov. 824.

—— evangel. Gesangbuch f. höh. u. nied. Schulen, mit e. Auswahl liturg. Antiphonien u. alter Lieder nach class. Melodien. 8. (7½ B.) Leipzig 837, Hahn'sche Vrlsbuchh.

Wiß, Kaspar Chr. Gottlieb, s. Löber, Fr.: Simon Johanna.

— comment de Luthero scholar. instructore. 4. Rint. 817

Wiß, Casp. Chr. Gtli., Melanchthon, od. Encyclopädie u. Methodologie d. Gymnasialstudien, mit d. nöthigen Literatur. 8. (18 B.) Lemgo 830, Meyer.

—— ad memoriam Confessionis Augustanae imperat. Carolo V. tria ante saecula exhibitae. Carmine saeculari. 4. (1 B.) Rinteln 880. (Lemgo, Meyer.)

Wiss, Dr. Chr. G., ad memoriam Confessionis Augustanae imperat. Carolo V. tria saecula exhibitae. Carmine saeculari 4. Rinteln 830. Osterwald. 4 gGr

— Praxis der latein. Syntax, in zusammengehängten deutschen Beispielen aus d. alten Geschichte, nebst den nöthigen latein. Redensarten. 1r u. 2r Cursus. gr. 8. Leipz. 825. Hahn. 1r Curs. 2e A. 829. 10 gGr 2r Curs. 12 gGr 22 gGr

—— Praxis d. latein. Syntax, nach Ramshorns größerer Grammatik rc. 1. od. grammat. Cursus. 2., verb. Aufl. gr. 8. (12¼ B.) Leipzig 829, Hahn.

—— Probicus, od. Lehrbuch d. Hodegetik mit d. nöthigen Literatur, zu Vorträgen f. Gymnasiasten vor ihrem Abgange auf Universitäten. gr. 8. (5 B.) Leipzig 836, Hahn'sche Vrlsbuchh.

— Rückblick in d. J. 1814. 8. ... 815.

— de unitate evangelicorum praecipue in Hessia electorali perficienda. 4. Hannov. 812. Hahn. 9 gGr

— de unitate evangelicorum praecipue in Hessia electorali perficienda. 4. Hannover 822, Hahn.

— christl. Volksschule, oder allgem. Unterricht über Gott, die Welt u. den Menschen für evangel. Stadt- u. Landschulen, die bibl. Religionslehre, den evangel. Katechismus u. eine geistliche Liedersammlung, Natur-, Erd- u. Himmelskunde, Seelen-, Pflichten-, Sprach- u. Zahlenlehre nebst der Geschichte enthalt. 8. Rinteln 838. (Osterwald.) 1/6 Rthl.

—— christl. Volksschule, od. allgem. Unterr. üb. Gott, d. Welt u. d. Menschen f. evangel. Stadt- u. Landschulen rc. 1. Aufl. (14¼ B.) 838. ⅙ Thlr., 2. A. ... u. 3. A. 8. (..B.) Rinteln 841, Bösendahl.

— christliche Volksschule oder allgemeiner Unterricht über Gott die Welt und den Menschen für evangel. Stadt- und Landschulen die bibl. Religionslehre den evangel. Katechismus und eine geistl. Liedersammlung, Natur- Erd- u. Himmelskunde Seelen- Pflichten- Zahlen- und Sprachlehre m. Lesestücken nebst der Geschichte enthltd. 4. verb. rc. Aufl. Rinteln 854. Bösendahl. 8. (VIII, 236 S.) $3\frac{3}{4}$ ngr.

—— über den Werth d. öffentl. Gottesverehrung. Vorr. u. Pred. am 1. Adv. 1832 zu St. Jacobi zu Rinteln. gr. 8. (1 B.) Rinteln 833, (Osterwald.)

—— üb. d. Wiedervereinigung d. getrennten Gemeinschaften in d. evangel. Kirche. Pred. 8. (1 B.) Schmalkalden 841, Pistor.

—— üb. d. Wiedervereinigung d. evangel. Kirchen in Kurhessen. Pred., mit e. Vorr. üb. d. Union neu hrsg. gr. 8. (1 B.) Cassel 838, Bohné.

Wiß, Kaspar Chr. Gottlieb, s. W i ß , Jh. N. A.: Gedichte.

Wiß, Kaspar Chr. Gottlieb, s. W o l f , A.: Gedichte.

— drei Worte evangelischen Glaubens in Reden über kirchl. Zustände der Gegenwart. Zum 300jähr. Gedächtnisse an Luthers Hingang. 8. Fulda 846, Müller'sche B. 3 ngr

Wiss-Stäheli, Josef. E Prüefig. Dialektlustspiel in einem Akt. 38 S. 8. Aarau, H. R. Sauerländer & Co., 1910 (*Umschlag: 1911). [fr. —.80]

Wißbegierige, der, e. Wochenschrift. 13 Hefte. 8. Schwerin, Bödner. 783—86.

Wißbegierige, der, eine Wochenschrift. 13 Hefte. 8. Schwerin 785, 86. Bödner. 4 ℛ 21 gr

Wissdorf, W[ilhelm]: Untersuchungen über die Beziehungen Gustav Adolfs zu Frankreich vom schwedisch-polnischen Kriege des Jahres 1629 bis zum Vertrage von Bärwalde. *Rostock 1904: C. Hinstorff.* (116 S.) 8°
Rostock, Phil. Diss. v. [11. Febr.] 1904

Wisse, C., und Ph. Colin, Parzifal, s. Litteraturdenkmäler, elsässische, aus dem XIV.—XVII. Jahrh.

Wisse, E. C. P., Beweis d. Landeshoheit d. Herzoge in Bayern. 4. Frankf. (Richter in München.) 764.

Wissel, Ernst [app. Arzt aus Lemmie '(Hannover)']: Aus d. städt. Krankenhause in Kiel. Über Gasgährung im menschlichen Magen ... Strassburg, K. J. Trübner, 1895; 1 Bl., 19 S., 1 Bl., 2 Tab. 8.
Kiel, Med. Fak., Inaug.-Diss. v. [23. Nov.] 1895

Wissel, Friedrich v. Geschichte der Errichtung sämmtlicher chur-braunschweig-lüneburgischen Truppen, sammt ihren Fahnen, Standarten und Pauken-Devisen, wobey eines jeden Regiments vorzüglichste, grösstentheils aus glaubwürdigen Manuscripten und Journalen gezogene Begebenheiten auch sonst einige andere Nachrichten mit angeführet werden. 8. Zelle 1786.

— Geschichte d. Errichtung sämmtl. kurfürstl. Braunschweig-Lüneburg. Truppen, continuirt, verb. u. verm. v. G. v. Wissel, mit 4 Kpf. 8. Celle 786. Schulze. 2 ℛ 12 gr (Herold u. W. in Lüneb.) 1 ℛ

Wissel, F. v. Geschichte der Errichtung sämtl. Chur-Braunschweig-Lüneburgischen Truppen rc., fortgesetzt u. verbess. von G. v. Wissel. Mit Kpftaf. Zelle 1786. 892 S.

W i s s e l , F. von: „Versuch einer Abhandlung de jure vectigali, oder von den Zöllen, insonderheit auf den schiffbaren Strömen in Deutschland. Nebst einem Anhange von der Verfassung des Zollwesens in den churbraunschweig.-lüneburgischen Landen", Zelle 1771. — Vorh.: Com. Bibl. Hamburg.

F. v. Wissel, Versuch einer Abhandl. de jure vectigalium etc., nebst einem Anhange von der Verfassung des Zollwesens in den Kurbraunschweig-Lüneburgischen Landen. Zelle, 1771.

v. Wissel, Fr., († im Jan. 1784.) Versuch einer Abhandlung de jure vectigali, insonderh. auf d. schiffbare Ströme in Deutschland; nebst e. Anh. von d. Verfass. d. Zollwesens. gr. 8. Celle 771. Schulze. 8 gr

Wissel, Georg von

— von der Bildung eines gemeinen Soldaten nebst d. von selbigem zu leistenden Pflichten. 8. Leipz. 788. Fr. Fleischer. 3 gr

v. Wissel, Geo., († ...) der Jäger im Felde, od. kurze Abhandlung wie d. Dienst d. leichten Truppen im Felde zu verrichten rc. Mit 4 Kpf. 8. Götting. 778. 2e A. 784. Dieterich. 16 gr

Wissel, Georg von [Bearb.], s. W i s s e l , Friedr. von: Geschichte d. Errichtung sämtl. churbraunschweig-lüneburg. Truppen, . . .

Wissel, Kurt von: Beiträge zur Anatomie der Gattung Oncidiella ⟨Niere, Lunge und Geschlechtsorgane⟩. ⟨Aus dem zool. Institut zu Berlin.⟩ *Berlin (1898): G. Schade.* (44 S.) 8° ¶(Erscheint vollständig in den Zoologischen Jahrbüchern.)
Berlin, Phil. Diss. v. 25. Juni 1898

Wissel, Ludwig von

Wissel, Ludw. v., Erlebnisse und Betrachtungen in den J. 1848—51, besonders in Beziehung auf Schleswig-Holstein. Aus (seinem) Tagebuche. gr. 8. (IV und 160 S.) Hamburg 851, Perthes-Besser und Mauke. *

v. Wissel, Ldw., interessante Kriegs-Ereignisse der Neuzeit. Beleuchtet u. mit kritischen u. ergänzenden Anmerkungen versehen. Mit 1 Plane. gr. 8. Hannover 843, Helwing'sche Hofbuchhdlg. n. $\frac{5}{6}$ ℛ — 2. Hft. Mit 1 Plane. gr. 8. Ebend. 844. n. $\frac{2}{3}$ ℛ

—— interessante Kriegs-Ereignisse der Neuzeit. Beleuchtet und mit krit. und ergänzenden Anmerkungen versehen. 3. Heft. gr. 8. (152 S. mit 2 Plänen in 4.) Hannover 847, Helwingsche Hofbuchh. *
1. und 2. Heft. Ebendas. 1843—44. * 1 Thlr. 15 Ngr.

— interessante Kriegs-Ereignisse der Neuzeit. Beleuchtet u. mit krit. u. ergänzenden Anmerkgn. versehen. 3. Hft. Mit 2 Plänen (in 4.) gr. 8. (152 S.) Hannover 850, Helwing. n. $\frac{2}{3}$ ℛ (3 Hfte.: $2\frac{1}{6}$ ℛ) — 3 Hfte. (in 1 Bd.) Mit 4 (lith.) Plänen (in 4. u. Fol.) Neue unveränd. Ausg. 8. (XIV u. 374 S.) Ebd. 852. $1\frac{1}{2}$ ℛ

Wissel, Ludw. v., interessante Kriegsereignisse der Neuzeit. Beleuchtet und mit krit. und ergänzenden Anmerkungen versehen. 3 Hefte. (in 1 Bd.) Neue, unveränd. Ausg. 8. (XIII und 374 S. mit 4 lithogr. Plänen in 4. und Fol.) Hannover 852, Helwingsche Hofbuchh.

—— ruhmwürdige Thaten, welche in den letzten Kriegen von Unteroffizieren u. Soldaten der engl.-deutschen Legion u. der hannov. Armee verrichtet sind. 12. ($10\frac{2}{3}$ B.) Hannover 846, Helwing'sche Hofbuchh. *

v. **Wissel,** L. Ruhmwürdige Thaten, in den letzten Kriegen von Unteroffizieren u. Soldaten der englisch-deutschen Legion u. der hannoverschen Armee verrichtet. (VIII. 245) 8. Hannover 1846.

Wissel, Oswald. Beiträge zur Kenntnis der höheren Oxyde des Kobalts. Diss. Phil. Bern. [Mit 1 Figur.] 65 S. 8. Leipzig, August Hoffmann, 1909.

Wisseler, ..., (†1821.) Lehrbuch d. ebenen u. sphär. Trigonometrie, ein Leitfaden für d. Unterricht, bearb. (u. herausg.) v. W. A. Diesterweg. Mit 2 Steintaf. 8. Bonn 823. Weber. 10 gr
Vgl. **W.A.Diesterweg.**

Wisseler, Ernst

Wisseler, E. De attentione animi in adolescentulorum nostrorum ingeniis excitanda omnique modo excolenda. 7 S.
Progr. Wesel 1840

Wisseler, E. Zur weiteren Begründung des Nutzens richtig geleiteter Anfertigung deutscher Aufsätze in den oberen Gymnasialklassen mit besonderer Bezugnahme auf Günthers deutschen Unterricht auf Gymnasien. 15 S.
Wesel, Progr. 1844

Wisseler, Ernst, vielfarb. Blüthen d. Lektüre u. heit. Laune, zusammengestickt in e. Rahmen unt. d. Janus-Bilde e. Programmes u. e. Reiseberichtes. Eine wohlgemeinte Gabe f. Schulmänner, wie überh. f. Solche, die neben d. Ernste auch d. Scherz vertragen können. 8. (4 1/2 B.) Wesel 836, Klönne.

Wisseler, Ernst. s. Cicero: Vier Reden gegen L. Sergius Catilina.

Wisseler, E. De dativo cum verbis pass. conjuncto, Latinis scriptoribus cum Graecis communi. 13 S.
Wesel, Progr. 1837

Maurerische Fest- und andere Vorträge nebst einem Vorw. über das Wesen der Freymaurerey von E[rnst] **Wisseler.** Wesel 1836: Becker. XVI, 102 S. 8°
cf. Neue ZfFr. 1836 S. 113–118.
Kl. 1264. 23. 25.

Wisseler, (Ernst,) Morgengebete für die Schule. 8. Wesel 827, Bagel.

Wisseler, E. ...en Nutzen richtig geleiteter Anfertigung deutsch. Aufsätze ... den oberen Gymn.-Klassen. 30 S.
Progr. Wesel 1831

— Predigten über freie Texte. 8. Wesel 826, Becker.

—— Sammlung vollständ. Entwürfe zu Aufsätzen wie auch einzelner Gedanken zu freien Vorträgen, nebst e. Einleit. als Anleitung. Zum Gebr. in oberen Klassen d. Gymnasien u. höh. Bürgerschulen hrsg. 1. Aufl. (9 B.) 835. 5/12 Thlr., 2., mit Zusätzen reich verseh. Aufl. 8. (15 1/2 B.) Wesel 841, Klönne.*

Wisseler, Ernst, Sammlung vollständiger Entwürfe zu Aufsätzen wie auch einzelner Gedanken zu freien Vorträgen nebst einer Einleitung als Anleitung. Zum Gebrauche in oberen Klassen der Gymnasien und höheren Bürgerschulen. 3., mit Zusätzen reich versehene (Titel-)Aufl. 8. (VIII und 235 S.) Wesel (841)57. [Bochum,] Hülsemann. *

Wisseler, Ernst, Sammlung vollständiger Entwürfe zu Aufsätzen, wie auch einzelner Gedanken zu freien Vorträgen nebst einer Einleitung als Anleitung. Zum Gebrauche in den oberen Klassen der Gymnasien, Real- u. höheren Bürger-Schulen. 4., mit Zusätzen reich versehene Aufl. Soest 862. Schulbuchhandlung. (Liegnitz, Krumbhaar.) 8. (IV, 327 S.) n. 1 Thlr

Wisselinck: Die deutschen wirtschaftlichen Genossenschaften. Marienburg 1872.

Wisselinck, die deutschen wirthschaftlichen Genossenschaften, ihre Entwickelung und Bedeutung für die Cultur. Ein Vortrag. gr. 8. (40 S.) Marienburg 873, Bretschneider. *

Wisselinck, Arnold [pr. Arzt]: Beitrag zur Lehre von der progressiven neurotischen Muskelatrophie ... Königsberg i. Pr., Buch- u. Steindr. E. Erlatis, 1896; 60 S., 2 Bl. 8.
Königsberg, Med. Fak., Inaug.-Diss. v. 27. Febr. 1896

Wisselinck, Arnold, Beitrag zur Lehre v. d. progressiven neurotischen Muskelatrophie. Diss. gr. 8. (62 S.) Königsberg 896. (W. Koch.) n. 1. —

— s.: Neisser, A., stereoscop. medicin. **Atlas, 16. u. 20. Lfg.**

Wisselinck (Wisselink), Friedrich Wilhelm Karl

Wisselinck, Friedrich Wilhelm Carl. Flüchtige Bemerkungen auf einer Reise von Elbing in Preussen nach der Schweiz. 3 Theile. 8. Elbing 1825–1826.

LEBENSSCENEN, Einfache, aus der wirklichen Welt. Ein Beitrag zur Charakteristik des menschlichen Herzens. Von *J. G.* u. *W. W.* (d. i. *Friedr. Wilh. Carl Visselinck = Wisselinck*). 2 Bdchn. Glogau, 1800—4. In der neuen Güntherschen Buchhdlg. 8°. Zahm.
Anon.-Lex. III. p. 32 hat „Glogau 1801—2" (nach Meusel); Kayser hat „1799—1800".

Wißelink, W., s. Lebensscenen aus der wirkl. Welt.

Wisselink, Fr. Wlh. Karl, Materialien zur Bildung einer guten Schreibart f. erwachsene Töchter des gebild. Standes. 2 Thle. 815. Neue Ausg. 8. Berl. 820. Schöne. 2 Thlr

Wisselinck, (F. W. K.,) Materialien zur Bildung einer guten Schreibart f. erwachsene Töchter des gebildeten Standes. 2 Thle. Neue wohlf. Ausg. 8. Berl. 822, Schöne.

Wisselinck, W., Morgenstunden e. Vaters mit sein. Kindern, eine Einleit. z. Unterricht in d. Religion für die häusliche Erziehung. 2 Thle. 8. Glogau, Günther d. jüng. 800—3. (à 16 gr.)

— — desselben 3r u. 4r Thl. (auch unt. d. Titel: Seelenlehre f. Kinder ein. guten Erziehung rc. 1r 2r Bd.) 8. Königsb. Nicolovius. 804. (à 18 gr.)

— s. Morgenstunden e. Vaters mit seinen Kindern.

— Predigt bei Einweihung d. neuen Kirche in Elbingen, am 6ten Sonntage nach Trinitatis 1808. 8. Berl. 809. Schöne. 4 gr

REISE, Die, nach Dresden. (Roman von *Wisselinck*) Stendal, Franzen und Grosse, 1796. 12°. (1/4 Rthl.) (In Berlin: Yw 4501.)

Wisselink, ... s. Reise nach Dresden.

— Seelenlehre für Kinder e. guten Erziehung, nach d. einfachsten u. faßlichsten Grundsätzen entwickelt, mit steter Hinsicht auf d. Thierwelt. 2 Thle. 8. Königsb. 804. (Kummer in Leipz.) 1 Thlr 12 gr

W. Wisselink's Seelenlehre f. Kinder guter Erziehung. *Königsb.*, Nicolovius. 804-5. 2 Bdch. 8°

— religiöse Vorträge in den Jahren 1812 u. 1813 gehalten, u. zum Besten d. vaterländischen Krieger herausg. 8. Berl. 814. 2e A. 821. Schöne. 16 gr.

Wisselinck, Richard

Wisselinck, Rich. (Guil. Henr.) (geb. Elbing 1812): De hydrocephalo acuto. Berolini (1837). (23 S.) 8°
Berlin, Med. Diss. v. 15. Nov. 1837

Ueber abnormale Kerntheilung. 5. Beitrag z. Kenntniß d. Karyokinese. Von C. van **Wisselingh**. Mit 3 Taf. *Leipzig: A. Felix 1903.* (S. 201–248.) 4°
= **Zeitung**, Botanische. Jg. 61. Abth. 1, H. 10/12. (03. 15530

Wissell, K. v., Bernhart u. Bertha. Ist Willikeu. Erzähl. Gedichte. 16. (61 S.) Nordhausen 894. (Straßburg, Basel, G. L. Kattentidt.) n. 1. —

von **Wissell**, Ludwig [aus Hildesheim]: Der Furfuralkohol, seine Gewinnung und einige Derivate. Zweckmässige Darstellg d. Brenzschleimsäure aus d. Rückständen bei d. Furfuralkoholbereitg ... Göttingen, Druck d. Dieterich'schen Univ.-Buchdr., 1892; 32 S., 1 Bl. 8.
Göttingen, Phil. Fak., Inaug.-Diss. v. [1. Okt.] 1892

Wissell, Ludw. v., der Furfuralkohol, seine Gewinnung u. einige Derivate. Zweckmässige Darstellg. der Brenzschleimsäure aus den Rückständen bei der Furfuralkoholbereitg. Diss. gr. 8. (32 S.) Göttingen 892. (Vandenhoeck & Ruprecht.) n. — 60

Wissell, Lux. v., Gedichte. gr. 16. (72 S.) Strassburg 896. Basel, G. L. Kattentidt. Geb. in Leinw. n. 2. —

Wissell, Rudolf: Führer durch das preußische Einkommensteuer-Gesetz. Berlin: Vorwärts 1909. 78 S. 8°

Wissell, R., Führer durch das preussische Einkommensteuer-Gesetz. 2. Aufl. (78 S.) kl. 8. Berlin, Buchh. Vorwärts. 1910. —. 30.

Wissell, Rud., Führer durch das preußische Einkommensteuer-Gesetz. 3. Aufl. (79 S.) kl. 8. Berlin 910. Buchh. Vorwärts. — 30

Gewerkschaftsbewegung und Alkoholfrage. Von R. **Wissell**, Arbeitersekr. 1.–10. Taus. Berlin: Deutscher Arbeiter-Abstinenten-Bund [1908]. (32 S.) 8° [F.]
= **Arbeiter-Abstinenten-Bund**, Deutscher. No 17. (08. 12434

Philipp der Grossmütige, Landgraf von Hessen. Ein Lebensbild. Von Superint. [Georg] **Wissemann** zu Hofgeismar. (Leipzig: C. Braun in Komm. 1904.) (29 S.) 8° [Kopft. F.]
= **Wartburghefte**. 27. (07. 8621 3

Wissemann, Gideon, der Herr hat Gedanken des Friedens über seinem Volke. Eine Zeitpredigt über Jerem. Cap. 29, v. 11 u. 12, gehalten am Friedensfeste, (24. Trinit., 11. Novbr. 1866) in der Unterneustädter Kirche zu Kassel. Kassel 867. Jungklaus. 8. (20 S.) 3¾ ngr.

Wissemann, Conrad [cand. med. aus Wetter a. d. Ruhr]: Aus dem patholog. Institut zu Bonn. Ueber Lymphome des Mediastinum .... Bonn, Jos. Bach Wwe., Buch- u. Steindr., 1887; [nur Titelbl., Vita u. Thesen.] 2 Bl. 8°.
Bonn, Med. Fak., Inaug.-Diss. v. 1. Aug. 1887.

Wissemann, Conrad [cand. med. aus Wetter a. d. Ruhr]: Aus d. patholog. Institute zu Bonn. Ueber Lymphome des Mediastinum .... Bonn, Jos. Bach Wwe., Buch- u. Steindr., 1888; 1 Bl. + 32 S. + 1 Bl. 8°
Bonn, Med. Fak., Inaug.-Diss. v. 1. Aug. 1887

Wissemann, Walther, a. Boppard a. Rhein: Die Oberflächenströmungen des Schwarzen Meeres. Berlin 1906: E. S. Mittler & Sohn. (22 S.) 8°
Kiel, Phil. Fak., Ref. Krümmel, Diss. v. 2. März 1906
[Geb. 26. März 80 Boppard a. Rh.; Wohnort: Kiel; Staatsangeh.: Preußen; Vorbildung: Realgymn. Barmen Reife O. 00; Studium: Halle 1, Bonn 1, Kiel 9 S.; Rig. 11. Nov. 05.]

Wissen. Illustr. Wochenschrift f. Unterhaltung u. Wissen auf allen Gebieten. Jg. 1. (Berlin: P. J. Oestergaard [1907].) 4° (08. 1592

Wissen, das. Illustrierte Halbmonatsschrift, hrsg. v. der Vereinigg.: Die Wissenschaft f. Alle. Red.: Adf. Heilborn. 4. Jahrg. 1910. 24 Nrn. (IV, 288 S.) Lex. 8. Berlin, Berliner Central-Verlag. 6. —
„Die Wissenschaft f. Alle" wurde hiermit vereinigt.

Wissen, das, f. Alle. Volksthümliche Vorträge u. populärwissenschaftl. Rundschau. Red.: Vinc. Tichy. Jahrg. 1901. 52 Nrn. hoch 4. (à ca. 24 S. m. Abbildgn.) Wien, M. Perles. n.n. 10. —

— dasselbe. Nebst Beilage: Schule der Mathematik zum Selbstunterrichte. Von Thdr. Hartwig. Red.: Vinc. Tichy. 2. Jahrg. 1902. 52 Nrn. hoch 4. (à ca. 20 S. u. 8 S. in gr. 8. m. Abbildgn.) Ebd. n.n. 10. —

Wissen, das, f. Alle. Volkstümliche Vorträge u. populärwissenschaftl. Rundschau. Hrsg. v. der Vereinigg. österreich. Hochschuldozenten unter Red. v. A. Lampa. 3. bis 5. Jahrg. 1903—1905. à 52 Nrn. (à ca. 16 S.) hoch 4. Wien, M. Perles. à Jhrg. n.n. 10. —; m. Schule der Mathematik n.n. 12. —

— dasselbe. Populär-wissenschaftl. Wochenschrift. Unter Mitwirkg. v. Stef. Bauer, Frdr. Becke, Exc. Emil v. Behring u. a. Hrsg. v. der Vereinigg. österreich. Hochschuldozenten. Red. v. A. Lampa. Jahrg. 1906. 52 Nrn. (à ca. 16 S.) hoch 4. Wien, K. Graeser. n. 12. —

(F) **Das Wissen für Alle.** IX. Jahrg. 1909. Lex.-8°. Erscheint in 52 Nrn. Wien: Heller & Co.

— das, f. Alle. Volkstümliche Hochschulvorträge u. gemeinverständl. Einzeldarstellgn. aus allen Gebieten des Wissens, hrsg. v. der Vereinigg. österr. Hochschuldocenten. Organ des Volksbildungsvereins u. des Vereines „Volksheim" in Wien. Mit 4 Buchbeigaben. Unter Mitwirkg. v. Erz. Behring, Geo. v. Below, M. Gruber u. a. Red.: Hugo Heller. 10. Jahrg. 1910. 52 Nrn. (VIII, 508 S. m. Abb.) Lex. 8. Wien, H. Heller & Co. 10. —

— für Alle-Serie. Nr. 1—3. 8. Ebd. nn 1. —
Jodl, Frdr., was heißt Bildung? Vortrag, geh. anläßlich der Eröffng. des vom Wiener Volksbildungsverein erbauten Volksbildungshauses. (20 S.) (Nr. 1.) 909. nn — 20
Lamprecht, Karl, Paralipomena der deutschen Geschichte. (Vornehmlich aus den Neunzigerjahren des vor. Jahrh.) Aphorismen. (21 S.) 910. (Nr. 3.) — 60
Prey, Adolf, der Planet Mars. (20 S. m. 3 Fig.) 909. (Nr. 2.) nn — 20

— eigenes. Wegweiser zur Selbstbelehrg. in allen Lebenslagen. 1.—24. Bd. schmal gr. 8. Leipzig, C. Schubart. à n. — 50

Allerwelts-Briefsteller f. Handel u. Gewerbe, Stellengesuche, Verkehr m. Behörden, bürgerliches Leben. (Mit vielen Beispielen.) (40 S.) (903.) (Bd. 11.)

Ammann, Mart., die Geheimsprachen. Briefmarken-, Blumen-, Fächersprache, Geheimschriften etc. (40 S.) (903.) (Bd. 20.)

Bischoff, Erich, wie führe ich meine Prozesse? Praktischer Rechtsrat f. jedermann. (39 S.) (903.) (Bd. 1.)

— deutsche Sprachschule. Praktischer Leitfaden f. jedermann. (40 S.) (903.) (Bd. 3.)

— die Steuer-Einschätzung u. Reklamation in Sachsen u. Preußen. (Nebst Tabellen.) (40 S.) (903.) (Bd. 4.)

— wie errichte ich ein Testament? Was erbe ich? Praktischer Ratgeber f. jedermann nach dem bürgerl. Gesetzbuch. (40 S.) (903.) (Bd. 7.)

— gemeinverständliche Wechsel- u. Diskont-Lehre. Praktischer Ratgeber f. jedermann. (38 S.) (903.) (Bd. 2.)

Blumenflor, der, im Zimmer. Praktischer Ratgeber für Blumenfreunde v. e. Blumenfreunde. (40 S.) (904.) (Bd. 10.)

Brückner, Paul, wie erhalte ich Stellung? Ein prakt. Ratgeber f. Stellungsuchende. (Mit zahlreichen Formularen.) (40 S.) (903.) (Bd. 18.)

Clemenz, Bruno, die vernünftige Kindererziehung. Praktischer Wegweiser f. jedermann. (40 S.) (903.) (Bd. 15.)

David, L., der Amateurphotograph. Praktische Anleitg. zum Photographieren f. jedermann. (40 S. m. Fig.) (903.) (Bd. 8.)

— Braut- u. Ehestand. Ein prakt. Ratgeber in allen Rechts- u. Wirtschaftsfragen. (Mit Beispielen, Formularen etc.) (40 S.) (903.) (Bd. 9.)

— was soll ich schenken? Praktischer Ratgeber f. jedermann. (32 S.) (903.) (Bd. 5.)

Fiebiger, G., Prinzipal u. Angestellter, ihre Rechte u. Pflichten. (40 S.) (903.) (Bd. 16.)

Halbe, Ernst, der gewerbl. Arbeiter, seine Rechte u. Pflichten. (40 S.) (903.) (Bd. 19.)

— Herrschaft u. Dienstboten, ihre Rechte u. Pflichten. Ein prakt. Wegweiser. (40 S.) (903.) (Bd. 17.)

Hallberg, Ernst, Schönheits-Spiegel. Ein Damen-Brevier. (39 S.) (903.) (Bd. 13.)

Rietzky, A., wie werde u. bleibe ich gesund? Hausärztlicher Ratgeber f. jedermann. (39 S.) (903.) (Bd. 12.)

— die junge Mutter. Praktische Anleitg. f. junge Frauen. (38 S.) (903.) (Bd. 6.)

Röder, Paul, Mieter u. Vermieter, ihre Rechte u. Pflichten. (Mit Formularen.) (39 S.) (903.) (Bd. 14.)

Ruben, Ernst, Gläubiger u. Gemeinschuldner im Konkursverfahren. Praktische Anleitg., wie jedermann seine Rechte im Konkursverfahren als Gläubiger od. Gemeinschuldner selbst geltend machen kann. (39 S.) (903.) (Bd. 24.)

Volger, Geo., die amerikanische Buchführung als Ersatz f. die italienische. (40 S. m. 1 Tab.) (903.) (Bd. 23.)

— die doppelte italienische Buchführung. Ein vereinfachtes System. (48 S.) (903.) (Bd. 22.)

— die einfache Buchführung. Ein leicht fassl. prakt. System. (39 S.) (903.) (Bd. 21.)

Wissen, das, der Gegenwart. Deutsche Universalbibliothek für Gebildete. 1—9. Bd. 8. Leipzig 882. Freytag. geb. à n. 1. —

1. 3. 5. Geschichte des dreißigjährigen Krieges in 3 Abteilungen von Anton Gindely. 1. Abtlg. Der böhmische Aufstand u. seine Bestrafung 1618 bis 1621. Mit 3 Doppelvollbildern, 1 Vollbild u. 4 Porträts in Holzstichen. (XI, 267 S.) — 2. Abtlg.: Der niedersächsische, dänische u. schwedische Krieg bis zum Tode Gustav Adolfs 1622 bis 1632. Mit 10 Doppelvollbildern u. 4 Porträts in Holzst. (VIII, 282 S.) — 3. Abtlg.: Der schwedische Krieg seit Gustav Adolfs Tode u. der schwedisch französische Krieg bis zum westfälischen Frieden 1632—1648. Mit 9 Doppelvollbildern u. 3 Portr. in Holzst. (VIII, 232 S.)

2. Allgemeine Witterungskunde nach dem gegenwärtigen Standpunkte der meteorologischen Wissenschaft. Für das Verständnis weiterer Kreise bearb. von Herm. J. Klein. Mit 6 (lith.) Karten, 2 Vollbildern u. 31 (eingedr.) Abbildgn. in Holzstichen. (V, 260 S.)

4. Die Insekten nach ihrem Schaden u. Nutzen von E. Taschenberg. Mit 70 (eingedr. Holzschn.-) Abbildgn. (V, 300 S.)

6. Der Weltteil Australien. Von Karl Emil Jung. 1. Abtlg.: Der Australkontinent u. seine Bewohner. Mit 14 Vollbildern, 24 in den Text gedr. Abbildgn. u. 2 Karten in Holzst. (IV, 269 S.)

7. Die Verwandlungen der Tiere. Von Otto Taschenberg. Mit 88 (eingedr. Holzschn.-)Abbildgn. (268 S.)

8. Der Weltteil Australien. Von Karl Emil Jung. 2. Abtlg.: I. Die Kolonien des Australkontinents u. Tasmanien. II. Melanesien. [1. Tl.] Mit 19 Vollbildern, 29 in den Text gedr. Abbildgn. u. 6 Karten in Holzst. (X, 300 S.)

9. Das moderne Drama, dargestellt in seinen Richtungen u. Hauptvertretern von Alfr. Klaar. 1. Abtlg.: Geschichte des modernen Dramas in Umrissen. Mit 9 Portr. in Holzst. (VIII, 312 S.)

Wissen, das, der Gegenwart. Deutsche Universal-Bibliothek f. Gebildete. 2. Bd. 8. Prag 884. Tempsky. — Leipzig, Freitag. geb. n. 1. —

Allgemeine Witterungskunde nach dem gegenwärtigen Standpunkte der meteorologischen Wissenschaft. Für das Verständnis weiterer Kreise bearb v. Herm. J. Klein. Mit 6 Karten, 2 Vollbildern u. 31 Abbildgn. in Holzst. 22. Tausend. (V, 20 S.)

— das, der Gegenwart. Deutsche Universal-Bibliothek f. Gebildete. 10—59. Bd. 8. Ebend. geb. à n. 1.

10. Die Sonne u. die Planeten. Populärwissenschaftlich dargestellt v. E. Becker. Mit 68 (eingedr. Holzschn.-)Abbildgn. (XI, 296 S.) 883.

11. 13. Der Weltteil Australien v. Karl Emil Jung. 3. Abtlg.: I. Melanesien. [II. Tl.] II. Polynesien. [I. Tl.] Mit 27 Vollbildern u. 31 in den Text gedr. Abbildgn. (VI, 296 S.) 883. 4. Abtlg.: I. Polynesien. [2. Tl.] II. Neuseeland. III. Mikronesien. Mit 18 Vollbildern u. 35 in den Text gedr. Abbildgn. (VI, 268 S.) 883.

12. Licht u. Wärme v. E. Gerland. Mit 4 Portr. u. 126 (eingedr.) Fig. in Holzst. (VI, 312 S.) 883.

14. Der Weltteil Afrika in Einzeldarstellungen I. Abyssinien u. die übrigen Gebiete der Ostküste Afrikas v. R. Hartmann. Mit 18 Vollbildern u. 63 in den Text gedr. Abbildgn. (III, 304 S.) 883.

15. Leben u. Sitten der Römer in der Kaiserzeit v. Jul. Jung. 1. Abtlg.: Die socialen Verhältnisse. Das Familienleben. Rom als Reichshauptstadt. Theater u. Spiele. Mit 9 Vollbildern u. 70 in den Text gedr. Abbildgn. (VIII, 198 S.) 883.

16. Die Fixsterne v. C. F. W. Peters. Mit 69 Fig. in Holzst. (III, 169 S.) 883.

17. Leben u. Sitten der Römer in der Kaiserzeit v. Jul. Jung. 2. Abtlg.: Verschüttete Römerstädte. Die Römer in den Provinzen. Lager- u. Soldatenleben. Religion u. Philosophie. Der Ausgang d. röm. Weltreichs. Mit 10 Vollbildern u. 63 in den Text gedr. Abbildgn. (VI, 200 S.) 883. (1. u. 2. Abth. geb. in Hfzbd. n. 4. 50)

18. Kunst u. Kunstgeschichte. Eine Einführg. in das Studium der neueren Kunstgeschichte v. Alwin Schultz. 1. Abtg. Architektur u. Plastik. Mit 38 Vollbildern u. 120 in den Text gedr. Abbildgn. (III, 276 S.) 883.

19. Die pyrenäische Halbinsel v. Mor. Willkomm. [In 3 Abtlgn.] 1. Abtlg.: Physisches Gemälde der Halbinsel u. Schilderg. v. Portugal. Mit 26 Vollbildern u. 14 in den Text gedr. Abbildgn. (VI, 250 S.) 883.

20. Die Erde u. der Mond. Vom astronom. Standpunkte aus betrachtet u. f. das Verständnis weiterer Kreise dargestellt v. Paul Lehmann. Mit 6 Vollbildern u. 59 in den Text gedr. Abbildgn. (VI, 271 S.) 883.

21. Kunst u. Kunstgeschichte. Eine Einführung in das Studium der neueren Kunstgeschichte v. Alwin Schultz. 2. Abtlg. Malerei u. vervielfältig. Künste. Mit 44 Vollbildern u. 42 in den Text gedr. Abbildgn. (244 S.) 883. (cplt. in 1 Bd. geb. m. Goldschn. n. 5. —)

22. Chile. Land u. Leute. Nach 20jähr. eigenen Beobachtgn. u. denen Anderer kurz geschildert v. Carl Ochsenius. Mit 29 Vollbildern, 58 in den Text gedr. Abbildgn. u. 2 Karten in Holzst. (VIII, 254 S.) 884.

23. Rußland. Einrichtungen, Sitten u. Gebräuche, geschildert von Frdr. Meyer v. Waldeck. 1. Abtlg. Das Reich u. seine Bewohner. Mit 27 Vollbildern u. 51 in den Text gedr. Abbildgn. (XI, 270 S.) 884.

24. Der Weltteil Afrika in Einzeldarstellungen. II. Die Nilländer v. R. Hartmann. Mit 10 Vollbildern u. 65 in den Text gedr. Abbildgn. (216 S.) 884.

25. Das Geld. Geschichte der Umlaufsmittel von der ältesten Zeit bis in die Gegenwart v. Max Wirth. Mit 52 in den Text gedr. Abbildgn. (213 S.) 884.
26. Geschichte der Vereinigten Staaten v. Nordamerika v. Ernst Otto Hopp. (In 3 Abtlgn.) 1. Abtlg.: Von der ältesten Zeit bis zum Ende d. Unabhängigkeitskampfes. Mit 60 in den Text gedr. Abbildgn. u. Karten. (VIII, 224 S.) 884.
27. Die Kometen u. Meteore, in allgemein faßl. Form dargestellt v. W. Valentiner. Mit 62 in den Text gedr. Abbildgn. (VIII, 240 S.) 884.
28. Die Elektrizität u. ihre Anwendungen. In ihren Prinzipien f. weitere Kreise dargestellt v. Ant. Waßmuth. Mit 119 in den Text gedr. Abbildgn. (196 S.) 884.
29. Der Weltteil Afrika in Einzeldarstellungen. III. Afrikas Westküste. Vom Ogowe bis zum Damara-Land v. J. Falkenstein. 1. Abtlg. Mit 17 Vollbildern u. 64 in den Text gedr. Abbildgn. (VIII, 241 S.) 884.
30. Geschichte d. Kunstgewerbes in Einzeldarstellungen v. H. Blümner u. O. v. Schorn. I. Das Kunstgewerbe im Altertum v. H. Blümner. 1. Abtlg. Das antike Kunstgewerbe nach seinen verschiedenen Zweigen. Mit 133 in den Text gedr. Abbildgn. (VIII, 267 S.) 885.
31. Die pyrenäische Halbinsel v. Mor. Willkomm. 2. Abtlg.: Spanien. Politische Geographie u. Statistik. Schilderung v. Central- u. Nordspanien. Mit 11 Vollbildern u. 27 in den Text gedr. Abbildgn. (VI, 243 S.) 885.
32. Geschichte d. Kunstgewerbes in Einzeldarstellungen v. H. Blümner u. O. v. Schorn. II. Das Kunstgewerbe im Altertum von H. Blümner. 2. Abtlg. Die Erzeugnisse d. griech.-ital. Kunstgewerbes. Mit 143 in den Text gedr. Abbildgn. (VIII, 234 S.) 885.
33. Der Weltteil Afrika in Einzeldarstellungen. IV. Südafrika bis zum Zambesi v. Gust. Fritsch. 1. Abtlg. Das Land m. seinen pflanzl. u. tier. Bewohnern. Mit 50 in den Text gedr. Abbildgn. u. 1 (eingedr.) Karte. (X, 133 S.) 885.
34. Geschichte d. Kunstgewerbes in Einzeldarstellungen v. H. Blümner u. O. v. Schorn. III. Die Textilkunst. Eine Übersicht ihres Entwickelungsganges vom frühen Mittelalter bis zur Gegenwart von Otto v. Schorn. Mit 132 in den Text gedr. Abbildgn. (VIII, 260 S.) 885.
35. Die Kulturgeschichte in einzelnen Hauptstücken v. Jul. Lippert. 1. Abtlg. Des Menschen Nahrungssorge; Wohnung u. Kleidung. Mit 57 in den Text gedr. Abbildgn. (VI, 216 S.) 885.
36. 37. Der Weltteil Amerika in Einzeldarstellungen. II. III. Das Kaiserreich Brasilien v. A. W. Sellin. 2 Abtlgn. in 1 Bde. Mit 23 Vollbildern, 66 in den Text gedr. Abbildgn. u. 5 Karten. (IX, 240 u. VI, 229 S.) 885.
38. Die Ernährung der Pflanzen v. Adph. Hansen. Mit 74 in den Text gedr. Abbildgn. (IV, 268 S.) 885.
39. Geschichte der Vereinigten Staaten v. Nordamerika v. Ernst Otto Hopp. 2. Abtlg. Von der Konstitution d. Bundesstaates 1783 bis zum Ausbruch d. großen Bürgerkrieges 1861. Mit 32 in den Text gedr. Abbildgn. (217 S.) 885.
40. Geschichte der Malerei in Einzeldarstellungen. I. Geschichte der holländ. Malerei von Alfr. v. Wurzbach. Mit 71 in den Text gedr. Abbildgn. (VIII, 228 S.) 885.
41. Bilder aus dem Tierleben v. Otto Taschenberg. Mit 86 in den Text gedr. Abbildgn. (III, 232 S.) 885.
42. Karl der Große v. Herm. Brosien. Mit 23 in den Text gedr. Abbildgn. (VIII, 184 S.) 885.
43. Der Weltteil Europa in Einzeldarstellungen. III. Die pyrenäische Halbinsel v. Mor. Willkomm. 3. Abtlg. Ost- u. Südspanien. Die Balearen u. Pithyusen. Mit 46 in den Text gedr. Abbildgn. (259 S.) 885.
44. 45. Die äußeren mechanischen Werkzeuge der Tiere v. Vitus Graber. 2 Bde. [1. Wirbeltiere. Mit 144 eingedr. Abbildgn. — 2. Wirbellose Tiere. Mit 171 eingedr. Abbildgn.] (à VIII, 224 S.) 885.
46. Geschichte der Vereinigten Staaten v. Nordamerika v. Ernst Otto Hopp. 3. Abtlg.: Vom Ausbruch d. Bürgerkrieges bis auf die Gegenwart. Mit 40 in den Text gedr. Abbildgn. u. Karten. (VIII, 268 S.) 886.
47. Die Kulturgeschichte in einzelnen Hauptstücken v. Jul. Lippert. 2. Abtlg. Die Gesellschaft: Familie, Eigentum, Regierg. u. Gericht. Mit 5 in den Text gedr. Abbildgn. (VI, 206 S.) 886.
48. Dasselbe. 3. Abtlg. Geistige Kultur: Sprache, Kult u. Mythologie. Mit 21 in den Text gedr. Abbildgn. (VI, 228 S.) 886.
49. Rußland. Einrichtungen, Sitten u. Gebräuche, geschildert von Frdr. Meyer v. Waldeck. 2. Abtlg. Staatsverwaltung u. Landesverteidigg. Kirche u. Geistlichkeit. Die Nation u. ihre Stände. Mit 18 Vollbildern u. 31 in den Text gedr. Abbildgn. (VIII, 235 S.) 886.
50. Napoleon I. Eine Biographie v. Aug. Fournier. 1. Bd.: Von Napoleons Geburt bis zur Begründg. seiner Alleinherrschaft üb. Frankreich. (XII, 241 S. m. chemigr. Portr.) 886.
51. Der Schall. Eine populäre Darstellg. der physikal. Akustik m. besond. Berücksicht. der Musik. Von Adf. Elsas. Mit 80 in den Text gedr. Abbildgn. u. 1 Portr. (VIII, 216 S.) 886.
52. Der Ozean. Eine Einführg. in die allgemeine Meereskunde v. Otto Krümmel. Mit 77 in den Text gedr. Abbildgn. (VIII, 242 S.) 886.
53. Die Schweiz. Von J. J. Egli. Mit 48 landschaftl. Abbildgn. (VIII, 219 S.) 886.
54. Die deutsche Sprache v. Otto Behaghel. (IV, 231 S.) 886.
55. Ästhetik. Grundzüge der Wissenschaft d. Schönen u. der Kunst v. Max Schasler. 1. Tl.: Die Welt d. Schönen. (IV, 248 S.) 886.
56. Dasselbe. 2. Tl.: Das Reich der Kunst. (IV, 266 S.) 886.
57. Madagaskar u. die Inseln Seychellen, Aldabra, Komoren u. Maskarenen v. R. Hartmann. Mit 23 Vollbildern u. 28 in den Text gedr. Abbildgn. (VI, 152 S.) 886.
58. Die Entdeckungs- u. Forschungsreisen in den beiden Polarzonen v. J. Löwenberg. Mit 8 in den Text gedr. Karten. (V, 152 S.) 886.
59. Wie bildet die Pflanze Wurzel, Blatt u. Blüte? Von Emil Detlefsen. Mit 95 in den Text gedr. Abbildgn., die meisten nach Orig.-Zeichngn. d. Verf. (III, 262 S.) 886.

— das, der Gegenwart. Deutsche Universalbibliothek f. Gebildete. 60.—72. Bd. 8. Prag, Tempsky. — Leipzig, Freytag. à n. 1. —

60. 62. 63. Leben u. Sitten der Griechen v. H. Blümner. 1. Abtlg.: Die Tracht. Geburt u. erste Kindheit. Erziehung u. Unterricht. Eheschließung u. Frauenleben. Mit 19 Vollbildern u. 73 in den Text gedr. Abbildgn. (196 S.) — 2. Abtlg.: Tägliches Leben in u. außer dem Hause. Mahlzeiten, Trinkgelage u. gesell. Unterhaltgn. Krankheiten u. Ärzte, Tod u. Bestattg. Gymnastik. Musik u. Orchestik. Kultus. Mit 15 Vollbildern u. 41 in den Text gedr. Abbildgn. (VIII, 184 S.) — 3. Abtlg.: Feste u. feierl. Spiele. Das Theaterwesen. Kriegs- u. Seewesen. Landwirtschaft, Gewerbe u. Handel. Die Sklaven. Mit 15 Vollbildern u. 43 in den Text gedr. Abbildgn. (IV, 190 S.) 887.
61. Preußische Geschichte v. Herm. Brosien. 1. Abtlg.: Geschichte der Mark Brandenburg im Mittelalter. Mit 86 in den Text gedr. Abbildgn. (XII, 269 S.) 887.
64. Klein-Asien v. P. de Tchihatchef. Mit 1 Karte u. 19 Abbildgn. (VIII, 188 S.) 887.
65. Geschichte d. Kunstgewerbes in Einzeldarstellungen v. H. Blümner u. O. v. Schorn. IV. Die Kunsterzeugnisse aus Thon u. Glas. Eine Übersicht ihrer techn. u. künstler. Entwickelg. vom frühen Mittelalter bis zur Gegenwart. Von O. v. Schorn. Mit 128 in den Text gedr. Abbildgn. (VIII, 216 S.) 887.
66. Die Gesetze der Naturerscheinungen v. A. Pinner. Mit 60 in den Text gedr. Abbildgn. (IV, 234 S.) 888.
67. Napoleon I. Eine Biographie v. A. Fournier. 2. Bd.: Napoleon's Kampf um die Weltherrschaft. (X, 255 S.) 888.
68. Deutsche Sittengeschichte v. Jul. Lippert. 1. Tl. Von der Urzeit bis auf Karl den Großen. (IV, 212 S.) 889.
69. — dasselbe. 2. Tl. Von Karl dem Großen bis ins 15. Jahrh. (III, 176 S.) 889.
70. — dasselbe. 3. Tl. Die Neuzeit. (187 S.) 889.
71. 72. Napoleon I. Eine Biographie v. A. Fournier. 3. Bd.: Die Erhebung der Nationen u. Napoleon's Ende. (VII, 303 S.) 889.

Wissen, das, d. Gegenwart. Deutsche Universal-Bibliothek f. Gebildete. 2., 4., 18., 21., 50., 67., 71. u. 72. Bd. (Neudrucke.) 8. Wien u. Prag 895. F. Tempsky. — Leipzig, G. Freytag. à n. 1. —
2. Allgem. Witterungskunde nach dem gegenwärt. Standpunkte d. meteorolog. Wissenschaft. Für d. Verständnis weit. Kreise bearb. Von Herm J. Klein. (III, 260 S. m. 6 Karten, 2 Vollbild. u. 31 Abb. in Holzst.) 887.
4. D. Insecten nach ihrem Schaden u. Nutzen. Von E. Taschenberg. (III, 300 S. m. 70 Abb.) 883.
18. Kunst u. Kunstgeschichte. E. Einführg. in d. Studium der neueren Kunstgeschichte. Von Albin Schultz. 1. Abth. Architektur u. Plastik. (III, 276 S. m. 38 Vollbildern u. 120 Abb.) 890.
21. Dasselbe. 2. Abth. Malerei u. vervielfält. Künste. (245 S. m. 44 Vollbild. u. 42 Abb.) 890.
50. Napoleon I. E. Biographie. Von Aug. Fournier. 1. Bd. Von Napoleons Geburt bis z. Begründg. s. Alleinherrschaft üb. Frankreich. (XII, 241 S. m. Bildn.) 889.
67. Dasselbe. 2. Bd. Napoleons Kampf um d. Weltherrschaft. (X, 255 S.) 889.
71, 72. Dasselbe. 3. Bd. D. Erhebg. d. Nationen u. Napoleons Ende. (VII, 303 S.) 889.

— **das, der Gegenwart.** Deutsche Universal-Bibliothek f. Gebildete. 18., 21., 38., 52. u. 54. Bd. 8. Leipzig, G. Freytag. — Wien, F. Tempsky. Geb. in Leinw. n. 17. 60
18. Kunst u. Kunstgeschichte. Eine Einführg. in das Studium der neueren Kunstgeschichte. Von Alwin Schultz. 1. Abth. Architektur u. Plastik. Mit 88 Vollbildern u. 120 in den Text gedr. Abbildgn. 2. Aufl. (Unveränd. Abdr. der 1. Aufl.) (277 S.) 901. n. 2. 50
21. Dasselbe. II. Abth. Malerei u. vervielfältig. Kunst. Mit 44 Vollbildern u. 42 in den Text gedr. Abbildgn. 2. Aufl. (Unveränd. Abdr. der 1. Aufl.) (245 S.) 901. n. 2. 50
38. Die Ernährung der Pflanzen. Von Adph. Hansen. Mit 79 Abbildgn. 2. verb. Aufl. (IV, 299 S.) 901. n. 5. —
52. Der Ozean. Eine Einführung in die allgemeine Meereskunde. Von Otto Krümmel. 2., durchweg verb. Aufl. Mit 111 in den Text gedr. Abbildgn. (VIII, 285 S.) 902. n. 4. —
54. Die deutsche Sprache. Von Otto Behaghel. 2., neu bearb. Aufl. (VIII, 370 S.) 902. n. 3. 60

— **das, der Gegenwart.** Deutsche Universal-Bibliothek f. Gebildete. 2. u. 54. Bd. 8. Wien, F. Tempsky. — Leipzig, G. Freytag. Geb. in Leinw. n. 7. 60
2. Allgemeine Witterungskunde m. besond. Berücksicht. der Wettervoraussage. Für das Verständnis weiterer Kreise bearb. Von Herm. J. Klein. 2., völlig umgearb. Aufl. Mit 2 Karten in Farbendr. u. 34 Karten u. Abbildgn. im Text. (247 S.) 905. Geb. n. 4. —
54. Die deutsche Sprache. Von Otto Behaghel. 3. Aufl. (VIII, 370 S.) 904. n. 3. 60

— **das, der Gegenwart.** Deutsche Universal-Bibliothek f. Gebildete. 4. u. 54. Bd. 8. Wien, F. Tempsky. — Leipzig, G. Freytag. Geb. in Leinw. 7. —
Behaghel, Otto, die deutsche Sprache. 4. Aufl. (380 S.) 907. (Bd. 54.) Geb. 4. —
Taschenberg, E., die Insekten nach ihrem Schaden u. Nutzen. 2., verm. u. verb. Aufl., hrsg. v. Otto Taschenberg. Mit 82 Abb. (312 S.) 906. (Bd. 4.) Geb. 3. —
Bein, W., Elemente u. Akkumulatoren, ihre Theorie u. Technik. Mit 98 Abbildgn. (VII, 241 S.) 908. (Bd. 6.) Geb. 4. 40
Buch, Max, die Automobiltechnik. Mit 150 Abbildgn. (VI, 143 S.) 908. (Bd. 5.) Geb. 4. —
Foerster, Wilh., über Zeitmessung u. Zeitrechnung. (III, 114 S.) 909. (Bd. 9.) Geb. 3. —
Günther, Rhold., allgemeine Geschichte der Handfeuerwaffen. Eine Übersicht ihrer Entwickelg. Mit 123 Abb. u. 4 Übersichtstaf. (XI, 132 S.) 909. (Bd. 16.)
Hennig, Edwin, Erdbebenkunde. Eine Übersicht üb. den gegenwärt. Stand der Erdbeben-Forschung, die wichtigsten Erdbeben-Hypothesen u. den internat. Erdbeben-Beobachtungsdienst. Mit 24 Abb. (IV, 176 S.) 909. (Bd. 15.) Geb. 4. —
Hennig, Rich., Bahnen des Weltverkehrs. Mit 23 (eingedr.) Kartenskizzen. (VIII, 304 S.) 909. (Bd. 13.) Geb. 6. —
— Die älteste Entwickelung der Telegraphie u. Telephonie. Mit 61 Abb. (VIII, 199 S.) 908. (Bd. 2.) Geb. 4. —
Morley, Margaret Warner, vom Leben. Ein Blick in die Wunder des Werdens. Deutsch v. Marie Landmann. Autoris. Übersetzg. Mit Abb. v. der Verf. u. v. Rob. Forsyth. (III, 109 S.) 908. (Bd. 3.) Geb. 3. 60
Nairz, O., die elektrische Arbeitsübertragung. Mit 144 Abb. (VII, 280 S.) 909. (Bd. 12.) Geb. 6. —
— Die Radiotelegraphie. Gemeinverständl. dargestellt. Mit 153 Abb. (VIII, 271 S.) 908. (Bd. 4.) Geb. 5. —
Ostwald, Wilh., die Energie. (167 S.) 908. (Bd. 1.) Geb. 4. 40
— Die Entwicklung der Elektrochemie in gemeinverständlicher Darstellung. Mit 4 Abb. (III, 208 S.) 910. (Bd. 17.) Geb. 5. 60
Ries, Chr., das Licht in seinen elektrischen u. magnetischen Wirkungen. Versuchsergebnisse, Theorien u. Literatur. Mit 62 Abb. (VIII, 262 S.) 909. (Bd. 11.) Geb. 5. —
Scheiner, J., spektralanalytische u. photometrische Theorien. Mit 11 Fig. im Text. (IV, 187 S.) 909. (Bd. 14.) Geb. 6. —
Vageler, P., die mineralischen Nährstoffe der Pflanze. Mit 3 Abb. (V, 130 S.) 908. (Bd. 7.) Geb. 3. —
— Sauerstoff, Wasserstoff, Kohlenstoff u. Stickstoff als Pflanzennährstoffe. Mit 11 Abb. (IV, 148 S.) 909. (Bd. 8.) Geb. 3. —
Wolff, Theo, vom Ochsenwagen zum Automobil. Geschichte der Wagenfahrzeuge u. des Fahrwesens von ältester bis zu neuester Zeit. Mit 84 Abb. (VIII, 170 S.) 909. (Bd. 10.) Geb. 3. 60

Wissen u. Glauben, vom, oder d. Erkenntniß u. dem Wandel. 8. Frankf. 819. Andreä. 6 gr.

Wissen, Das, von Gott, nach Fr[dr.] R[ohmer] dargestellt ... Nördlingen 1871. V: *Bluntschli, Joh. Casp.* (Cat. d. Stadtbibl. Zürich. Zürich 1864—97.)

— **ist Macht.** Populär-wissenschaftl. illustr. Monatsschrift f. alle Gebiete des Wissens. April u. Mai 1907. 2 Hefte. (à 16 S.) 32×24,5 cm. Nürnberg, K. Beißwanger.
Mehr nicht erschienen. à Heft — 20

— **u. Können.** (Sammlung v. Einzelschriften aus reiner u. angewandter Wissenschaft. Hrsg. v. B. Weinstein.) 1—17. gr. 8. Leipzig, J. A. Barth. Geb. in Leinw. 74. 60

Wissen, das, d. praktischen Landwirts, s. a. Schmitter, A.

—— das, des praktischen Landwirths. Ein Compendium d. deutschen Landwirthschaftsbetriebes, zugleich e. Hilfs- u. Nachschlagebuch f. den tägl. Gebrauch. Hrsg. von Alb. Schmitter. 1.—4. Tausend. 8. (XV, 583 S.) Lpz. 889,90, H. Voigt. geb. * 10 —

Wissen u. Leben. Red.: Alb. Baur. 1.—3. Jahrg. Oktbr. 1907—Septbr. 1910. à 24 Hefte. (816, 1176 u. 1488 S.) gr. 8. Zürich, Rascher & Co. à Jahrg. 12. —

— dasselbe. Sonderheft. gr. 8. Ebd. 907. — 40
Die leitenden Gesichtspunkte u. die Tragweite des Aussonderungsvertrages zwischen dem Bund einerseits, Kanton u. Stadt Zürich anderseits üb. die Hochschulanstalten. Von Arnold Lang. Mit e. Situationsplan des Hochschulgebietes. (46 S.)

Wissen u. Leistungen d. modernen Starkstrom-Elektrotechnik. Mit Ausschluss der elektr. Bahnen. (In 3 Tln.) 1. Tl. gr. 8. Halle, C. O. Lehmann. n. 5. —; geb. n. 6. —
Die Elektrizität. Ihre Eigenschaften, Wirkgn. u. Gesetze. Von A. Gertels. (VII, 246 S. m. 57 Fig. u. 1 Taf.) 901.

Wissen, Unbenutztes. O. O. [1796]. V: *Bürde, Samuel Gottlieb.* (MGT)

Wissen, unser. Bilder aus Natur u. Leben. Hrsg. u. Red.: Hans Fehlinger. 1. Bd. Oktbr. 1898—Septbr. 1899. 12 Nrn. (à ca. 2 Bog.) gr. 8. Wien (L. Rosner). n. 3. 80

Wissen, unser, v. der Erde. Allgemeine Erdkunde u. Länderkunde, hrsg. unter fachmänn. Mitwirkg. v. Alfr. Kirchhoff. Mit vielen Abbildungen u. Karten in Holzst. u. Farbendr. 1.—135. Lfg. Lex.-8. (à 1—2. B.) Wien u. Prag 884—890. Tempsky. — Leipzig, Freytag. à n. — 90

1. Bd. Allgemeine Erdkunde. I. Abschnitt: Astronomische u. physische Geographie, v. J. Hann. — II. Abschnitt: Die feste Erdrinde nach ihrer Zusammensetzung, ihrem Bau u. ihrer Bildung (Geologie), v. F. v. Hochstetter. — III. Abschnitt: Die Erde als Wohnsitz der Pflanzen, Tiere u. Menschen (biolog. Geographie), v. A. Pokorny. Vermehrte u. erweit. Ausg. (1010 S. m. 38 Taf. in Farbendr., 50 Vollbildern u. 539 Textabbildgn.) 1884

2. Bd. 1. Hälfte. Länderkunde von Europa. 1. Tl. 1. Hälfte: Europa im Allgemeinen, v. A. Kirchhoff. — Physikal. Skizze v. Mittel-Europa, v. A. Penck. — Das Deutsche Reich, v. A. Penck. (XII, 618 S. m. 13 Taf. in Farbendr., 90 Vollbildern u. 133 Textabbildgn.) n. 30. —; geb. n.n. 35. —

2. Bd. 2. Hälfte. — dasselbe. 1. Tl. 2. Hälfte: Oesterreich-Ungarn, v. A. Supan. — Die Schweiz, v. J. J. Egli (unter Mitwirkung v. A. Heim u. R. Billwiller). — Niederlande u. Belgien, v. A. Penck. (VIII, 614 S. m. 5 Taf. in Farbendr., 73 Vollbildern u. 195 Textabbildgn.) 1885-88. n. 30. —; geb. n.n. 35. —

Sonderabdruck hieraus:
Oesterreich-Ungarn, v. A. Supan. (VIII, 356 S.) n. 20. —; geb. n.n. 25. —

3. Bd. 1. Hälfte: Länderkunde v. Europa. 2. Tl. 1. Hälfte: Frankreich; die britischen Inseln; das Königr. Dänemark; Schweden u. Norwegen; die nordischen Inseln, v. Frdr. Hahn. — Finland, v. Joh. Rein. (VII, 451 S. m. 5 Taf. in Farbendr., 28 Vollbildern u. 101 Textabbildgn.) 1890. n. 22. —; geb. n.n. 27. —

Wissen, unser, v. der Erde. Allgemeine Erdkunde u. Länderkunde v. Europa, hrsg. unter fachmänn. Mitwirkg. v. Alfr. Kirchhoff. Mit vielen Abbildgn. u. Karten in Holzst. u. Farbendr. 136.—169. Lfg. Lex.-8. (à 1—2 Bog.) Prag 891—893. F. Tempsky. — Leipzig, G. Freytag. à n. — 90

—— dass. — Bd.-Ausg. 1. Bd., 2. Bd. in 2 Tln., u. 3. Bd. 1. Hälfte. Lex.-8. Ebd. * 127 —; geb. ** 139 —

1. Bd. Allgemeine Erdkunde. Astronomische u. phys. Geographie, Geologie u. Biologie, bearb. von J. Hann, F. v. Hochstetter u. A. Pokorny. Verm. u. erweit. Ausg. Mit 38 Taf. in Farbendr., 50 Vollbildern u. 539 Text-Abbildgn. (XXI, 985 S.) 886. * 45 —; geb. ** 52 —.

2. Bd. Länderkunde von Europa. In 2 Tln. 1. Tl.: Europa im allgemeinen von A. Kirchhoff. — Physikalische Skizze von Mittel-Europa von A. Penck. — Das Deutsche Reich von A. Penck. Mit 13 Taf. in Farbendr., 90 Vollbildern u. 133 Textabbildgn. (X, 618 S.) 887. * 30 —; geb. ** 35 —.

2. Bd. 2. Tl.: Oesterreich-Ungarn von A. Supan. — Die Schweiz von J. J. Egli in Verbindung m. A. Heim u. Rob. Billwiller. — Niederlande u. Belgien von A. Penck. Mit 5 Taf. in Farbendr., 73 Vollbildern u. 195 Textabbildgn. (VIII, 614 S.) 889. * 30 —; geb. ** 35 —.

3. Bd. 1. Hälfte: Länderkunde von Europa. 2. Tl. 1. Hälfte Frankreich; die britischen Inseln; das Königr. Dänemark; Schweden u. Norwegen; die nordischen Inseln. Von Friedr. Hahn. — Finland von Joh. Rein. (VII, 451 S. m. 5 Taf. in Farbendr., 28 Vollbildern u. 101 Textabbildgn.) 890. * 22 —; geb. ** 27 —.

Wissen, unser, v. der Erde. Allgemeine Erdkunde u. Länderkunde v. Europa, hrsg. unter fachmänn. Mitwirkg. v. Alfr. Kirchhoff. Mit vielen Abbildgn. u. Karten in Holzst. u. Farbendr. 3. Bd. 2. Hälfte. Lex.-8. Prag 893. F. Tempsky. — Leipzig, G. Freytag. n. 35. —; geb. n.n. 40. — (I—III.: n. 162 —; geb. n.n. 189. —)

Länderkunde v. Europa. 2. Tl. 2. Hälfte, Rumänien v. Paul Lehmann. — Die südeuropäischen Halbinseln v. Theob. Fischer. (X, 764 S. m. 101 Text-Abbildgn., 53 Vollbildern u. 2 farb. Taf.)

— unser, v. der Erde. Allgemeine Erdkunde u. Länderkunde, hrsg. unter fachmänn. Mitwirkg. v. Alfr. Kirchhoff. IV. Bd.: Länderkunde v. Europa. 3. Tl. Lex. 8. Leipzig, G. Freytag. — Wien, F. Tempsky. 22.—; geb. in Halbfrz. n 27. — (I—IV: 184.—; geb. n 216.—)

3. Rußland, v. Andr. Kraßnow, in Verbindg. m. Alex. Woeikow. Mit 18 Karten u. Profilen u. 21 Textabbildgn. (VIII, 336 S.) 907.

Unvolkommne Wissen der Menschen, das. Auf Verlangen gedruckt. Altona. 1791. P.

Wissen [Schlagwort]

Wissen. s.: Preussen. Messtischblätter.

Wissenbach, Ioh. Iac., Emblemata Triboniani, et Ioannis Wybo Tribonianus ab emblematibus Wissenbachii liberatus c. praef. Heineccii. 8. maj. Halae, Waisenh. Bchhdl. 756.

Wissenbach, K., s.: Bericht üb. d. Verhandlgn. d. XIV. allgem. Versammlg. deutscher Pomologen u. Obstzüchter rc.

Die Herrschaft Wissenburg unter den Herren Brand von Lindau (und deren späteren Mitbesitzern, den Herren von Wetzdorff, von Trotta-Treyden, von Goldacker und von Tschirschky). Berlin 1858. 8.

Wissendorf, H., Chansons nationales lataviennes, s.: Baron, Kr.

Wissendorff v. Wissukuok, H., Materialien zur Ethnographie d. lettischen Volksstammes des Witebskischen Gouvernements. E. krit. Beleuchtg. 8. (24 S.) Mitau 897. (Leipzig, O. Harrassowitz.) n. — 50

Wissendorf (v. Wissuknok), H.: Materialien zur Ethnographie des lettischen Volksstammes des Witebskischen Gouvernements. Eine krit. Beleuchtung. Mitau: Steffenhagen & Sohn 1897. (24 S.) 8°

Wissenschaft, vgl. Wissenschaften. —

WISSENSCHAFT, Die, oder die Kunst der Liebe, das ist: Eine Lehre, wie sich junge Leute bey ihrer ersten Bekanntschaft auf eine anständige u. erlaubte Art zu verhalten. Nebst verschiedenen Liebes- und andern Briefen. Mit Titelholzschn. Köln bey Christ Everaerts. O. J. (c. 1790). 8°.

Von Weller I p. 187, irrig unter die fingierten Druckorte gestellt.

Wissenschaft, die. Sammlung naturwissenschaftl. u. mathemat. Monographien. 1.—17. Heft. 8. Braunschweig, F. Vieweg & Sohn. n. 81. —; geb. in Leinw. n.n. 93. 20

Aufsess, Otto Frhr. v. u. zu, die physikalischen Eigenschaften der Seen. Mit 36 eingedr. Abbildgn. (X, 120 S.) 905. (Hft. 4.) n. 3. —; geb. n. 3. 60

Baumhauer, H., die neuere Entwickelung der Kristallographie. Mit 46 eingedr. Abbildgn. (VIII, 184 S.) 905. (Hft. 7.) n. 4. —; geb. n. 4. 60

Curie, Mme. S., Untersuchungen üb. die radioaktiven Substanzen. Uebers. u. m. Literatur-Ergänzgn. versehen v. W. Kaufmann. Mit eingedr. Abbildgn. 1. u. 2. unveränd. Aufl. (à VIII, 132 S.) 904. (Hft. 1.) n. 3. —; geb. n. 3. 80

Doelter, C., Petrogenesis. Mit 1 Lichtdr.-Taf. u. 5 eingedr. Abbildgn. (XII, 262 S.) 906. (Hft. 13.) n. 7. —; geb. n. 7.80

Donath, B., die Grundlagen der Farbenphotographie. Mit 35 eingedr. Abbildgn. u. 1 farb. Ausschlagtaf. (VIII, 166 S.) 906. (Hft. 14.) n. 5. —; geb. n. 5 80

Faust, Edwin Stanton, die tierischen Gifte. (XIV, 218 S.) 906. (Hft. 9.) n. 6. —; geb. n. 6.80

Frölich, O., die Entwickelung der elektrischen Messungen. Mit 124 eingedr. Abbildgn. (XI, 192 S.) 905. (Hft. 5.) n. 6. —; geb. n. 6.80

Gehrcke, E., die Anwendung der Interferenzen in der Spektroskopie u. Metrologie. Mit 73 eingedr. Abbildgn. (IX, 160 S.) 906. (Hft. 17.) n. 5. 50; geb. n. 6. 20

Geinitz, F. E., die Eiszeit. Mit 25 Abbildgn. im Text, 3 farb. Taf. u. 1 Tab. (XIV, 198 S.) 906. (Hft. 16.) n. 7. —; geb. n. 7. 80

Geitler, Jos. Ritt. v., elektromagnetische Schwingungen u. Wellen. Mit 86 eingedr. Abbildgn. (VIII, 154 S.) 905. (Hft. 6.) n. 4.50; geb. n. 5. 20

Jäger, G., die Fortschritte der kinetischen Gastheorie. Mit 8 eingedr. Abbildgn. (XI, 121 S.) 906. (Hft. 12.) n. 3. 50; geb. n. 4. 10

Knebel, Walt. v., Höhlenkunde m. Berücksicht. der Karstphänomene. Mit 42 Abbildgn. im Text u. auf 4 Taf. (XVI, 222 S.) 906. (Hft. 15.) n. 5. 50; geb. n. 6. 30

Kobold, Herm., der Bau des Fixsternsystems m. besond. Berücksicht. der photometrischen Resultate. Mit 19 eingedr. Abbildgn. u. 3 Taf. (XI, 256 S.) 906. (Hft. 11.) n. 6. 50; geb. n. 7. 30

Lipps, G., die psychischen Massmethoden. Mit 6 eingedr. Abbildgn. (X, 151 S.) 906. (Hft. 10.) n. 3. 50; geb. n. 4. 10

Schmidt, G. C., die Kathodenstrahlen. Mit 50 eingedr. Abbildgn. (VII, 120 S.) 904. (Hft. 2.) n. 3. —; geb. n. 3. 60

Thomson, J. J., Elektrizität u. Materie. Autoris. Uebersetzg. v. G. Siebert. Mit 19 eingedr. Abbildgn. (VIII, 100 S.) 904. (Hft. 3.) n. 3. —; geb. n. 3. 60

Werner, A., neuere Anschauungen auf dem Gebiete der anorganischen Chemie. (XII, 189 S.) 905. (Hft. 8.) n. 5. —; geb. n. 5. 80

Wissenschaft, die. Sammlung naturwissenschaftl. u. mathemat. Monographien. 2. 3. 8. u. 18.–35. Heft. 8. Braunschweig, F. Vieweg & Sohn. 117.30; geb. in Leinw. 133. 70

Baedeker, K., die elektrischen Erscheinungen in metallischen Leitern. (Leitung, Thermoelektrizität, galvanomagnet. Effekte, Optik.) (VIII, 146 S. m. 25 Abb.) 911. (Heft 35.) 4.—; geb. 4. 80
Bjerknes, V., die Kraftfelder. Mit 29 in den Text eingedr. Abb. (XVI, 174 S.) 909. (Heft 28.) 7.—; geb. 7. 80
Dessau, Bernh., die physikalisch-chemischen Eigenschaften der Legierungen. Mit 82 Abb. im Text u. auf 8 Taf. (VIII, 208 S.) 910. (Heft 33.) 7.—; geb. 8. —
Eckardt, Wilh. R., das Klimaproblem der geologischen Vergangenheit u. historischen Gegenwart. Mit 18 Abb. im Text u. 4 Karten. (XI, 183 S.) 909. (Heft 31.) 6.50 geb. 7. 10
Fischer, Otto, Kinematik organischer Gelenke. Mit 77 eingedr. Abb. (XII, 261 S.) 907. (Heft 18.) 8.—; geb. 9. —
Gutzmann, Herm., Physiologie der Stimme u. Sprache. Mit 92 zum Tl. farb. Abb. im Text u. auf 2 Taf. (X, 208 S.) 909. (Heft 29.) 8.—; geb. 9. —
Jesionek, Alb., Lichtbiologie. Die experimentellen Grundlagen der modernen Lichtbehandlg. (VIII, 177 S.) 910. (Heft 32.) 4.—; geb. 4. 80
König, Edm., Kant u. die Naturwissenschaft. (VI, 232 S.) 907. (Heft 22.) 6.—; geb. 7. —
Kuenen, J. P., die Zustandsgleichung der Gase u. Flüssigkeiten u. die Kontinuitätstheorie. Mit 9 eingedr. Abb. (X, 211 S.) 907. (Heft 20.) 6.50; geb. 7. 10
Mache, H., u. E. v. Schweidler, die atmosphärische Elektrizität. Methoden u. Ergebnisse der modernen luftelektr. Forschg. Mit 20 eingedr. Abb. (XI, 247 S.) 909. (Heft 30.) 6.—; geb. 6. 80
Messerschmitt, Joh. Bapt., die Schwerebestimmung an der Erdoberfläche. Mit 25 eingedr. Abb. (VIII, 158 S.) 908. (Heft 27.) 5.—; geb. 5. 80
Pohl, Rob., die elektrische Fernübertragung v. Bildern. (VIII, 45 S. m. 25 Abb.) 910. (Heft 34.) 1.80; geb. 2. 50
Rutherford, E., radioaktive Umwandlungen. Übers. v. M. Levin. Mit 53 eingedr. Abb. (VIII, 285 S.) 907. (Heft 21.) 8.—; geb. 8. 60
Sackur, Otto, die chemische Affinität u. ihre Messg. Mit 5 Abb. im Text. (VIII. 130 S.) 908. (Heft 24.) 4.—; geb. 4. 80
Schmidt, G. C., die Kathodenstrahlen. 2. verb. u. verm. Aufl. Mit 51 eingedr. Abb. (VII, 127 S.) 907. (Heft 2.) 3.—; geb. 3. 60
Schmidt, Jul., synthetisch-organische Chemie der Neuzeit. (X, 185 S.) 908. (Heft 23.) 5.50; geb. 6. 20
Thomson, J. J., Elektrizität u. Materie. Autoris. Übersetzg. v. G. Siebert. 2. verb. Aufl. Mit 21 eingedr. Abb. (VIII, 116 S.) 909. (Heft 3.) 3.—; geb. 3. 60
— Die Korpuskulartheorie der Materie. Autoris. Übersetzg. v. G. Siebert. Mit 29 in den Text gedr. Abb. (VIII, 166 S.) 908. (Heft 25.) 5.—; geb. 5. 80
Vageler, P., die Bindung des atmosphärischen Stickstoffs in Natur u. Technik. Mit 16 Abb. im Text u. auf 5 Taf. (VIII, 132 S.) 908. (Heft 26.) 4.50; geb. 5. 20
Wangerin, A., Franz Neumann u. sein Wirken als Forscher u. Lehrer. Mit 1 Textfig. u. 1 Bildnis Neumanns in Heliograv. (X, 185 S.) 907. (Heft 19.) 5.50; geb. 6. 20
Werner, A., neuere Anschauungen auf dem Gebiete der anorganischen Chemie. 2. durchgeseh. u. verm. Aufl. (XV, 292 S.) 909. (Heft 8.) 9.—; geb. 10. —

— die, f. Alle. Organ der Vereinigg. gleichen Namens. Red.: J. V.: Geo. Temps. 1. u. 2. Jahrg. 1905 u. 1906. 12 u. 6 Nrn. (192 u. 96 S.) 8. Berlin, H. Hillger. Für Vereinsmitglieder unberechnet.

Wissenschaft, die, f. Alle. Organ der Vereinigg. gleichen Namens. Red.: Adf. Mießler. 3.—5. Jahrg. 1907—1909. à 12 Nrn. u. als Beigabe 24 Bde. v. Hillger's illustr. Volksbüchern. (à ca. 16 S. m. Abbildgn.) 8. Berlin, H. Hillger. à Jahrg. 7.20; die Beigabe geb. 3. —
Vergriffen. Fortsetzg., s.: Wissen, das.

Wissenschaft, die, des Atems. (Occulte Wissenschaft.) Uebers. aus dem Sanskrit-Original v. Pandit Rama Prasad Kasyapa. Aus dem Engl. übertr. v. Kama gr. 16. (VII, 45 S.) Leipzig 893. W. Friedrich. n. 1. —

Wissenschaft, Die, und das Bäckerelend. (Zur Abwehr.) Vorstand des Vereins der Bäckermeister von Zürich. Zürich 1910. V: *Hafner, Carl.* (BBullschw 12, S. 110)

— u. Bildung. Einzeldarstellungen aus allen Gebieten des Wissens. Hrsg. v. Paul Herre. 1. Bdchn. 8. Leipzig, Quelle & Meyer. n. 1.—; geb. in Leinw. n. 1. 25
Unser Deutsch. Einführung in die Muttersprache. Vorträge u. Aufsätze. Von Frdr. Kluge. (VI, 146 S.) 907.

— u. Bildung. Einzeldarstellungen aus allen Gebieten des Wissens. Hrsg. v. Paul Herre. 1.—73. 76.—81. 84. u. 86.—88. Bdchn. 8. Leipzig, Quelle & Meyer. à 1.—; geb. in Leinw. à 1. 25

Ahrens, Fel. B., Lebensfragen. Die Vorgänge des Stoffwechsels. Mit 8 Abb. (VI, 153 S.) 907. (18. Bdchn.)
Aster, E. v., Immanuel Kant. (138 S. m. 1 Bildnis.) 909. (80. Bdchn.)
Baentsch, B., David u. sein Zeitalter. (IV, 172 S.) 907. (16. Bdchn.)
Bauer, Adf., vom Griechentum zum Christentum. (160 S.) 910. (78. Bdchn.)
Bermbach, W., Einführung in die Elektrochemie. (IV, 140 S. m. Fig.) 907. (20. Bdchn.)
Binz, Arth., Kohle u. Eisen. (130 S. m. Abb. u. 5 Taf.) 909. (69. Bdchn.)
Birt, Thdr., zur Kulturgeschichte Roms. Gesammelte Skizzen. (164 S.) 909. (53. Bdchn.)
Brie, Bruno, Paul Schulze, Kurt Weinberg, Kleidung u. Wäsche in Herstellung u. Handel. (136 S.) 909. (24. Bdchn.)
Bürkner, Rich., christl. Kunst. (VII, 152 S.) 910. (76. Bdchn.)
Byhan, A., die Polarvölker. Mit 16 Taf. u. 2 Karten. (148 S.) 909. (63. Bdchn.)
Christentum, das. 5 Einzeldarstellgn. v. C. H. Cornill, E. v. Dobschütz, W. Herrmann, W. Staerk, E. Troeltsch. (III, 164 S.) 908. (50. Bdchn.)
Dahl, Frdr., Anleitung zu zoologischen Beobachtungen. (IV, 158 S. m. Abbildgn.) 910. (61. Bdchn.)
Dannenberg, B., Zimmer- u. Balkonpflanzen. Mit 1 Titelbilde u. 35 Abbildgn. (VI, 160 S.) 908. (58. Bdchn.)
Diehl, Ernst, das alte Rom. Sein Werden, Blühen u. Vergehen. (128 S. m. Abbildgn.) 909. (67. Bdchn.)
Dyroff, Adf., Einführung in die Psychologie. (IV, 135 S.) 908. (37. Bdchn.)
Elsenhans, Thdr., Charakterbildung. (VIII, 135 S.) 908. (32. Bdchn.)
Eversheim, P., die Elektrizität als Licht- und Kraftquelle. (VIII, 121 S.) 907. (13. Bdchn.)
Fischer, Herm., Grundzüge der deutschen Altertumskunde. (V, 135 S.) 908. (40. Bdchn.)
Geiger, Ludw., Jean Jacques Rousseau. Sein Leben u. seine Werke. (131 S. m. 1 Bildnis.) 907. (21. Bdchn.)
Giesenhagen, K., Befruchtung u. Vererbung im Pflanzenreiche. Mit 31 Abbildgn. (IV, 132 S.) 907. (9. Bdchn.)
Gilg, Ernst, u. Reno Muschler, Phanerogamen. Blütenpflanzen. (172 S. m. Abbildgn.) 909. (14. Bdchn.)
Glafey, Hugo, Rohstoffe der Textilindustrie. (144 S. m. Abb.) 909. (62. Bdchn.)
Graebner, P., Pflanzengeographie. (VI, 165 S. m. Abbild.) 909. (70. Bdchn.)
Graff, Ludw. v., das Schmarotzertum im Tierreich u. seine Bedeutung f. die Artbildung. (IV, 132 S. m. Abbildgn.) 907. (5. Bdchn.)
Haas, Hippolyt, die vulkanischen Gewalten der Erde u. ihre Erscheinungen. Mit 42 Abbildgn. im Text. (VIII, 138 S.) 909. (38. Bdchn.)
Hamacher, F., Telegraphie u. Telephonie. (VII, 148 S. m. Abbildgn. u. 1 Taf.) 908. (23. Bdchn.)
Hell, Jos., die Kultur der Araber. (144 S. m. Abbildgn. u. 2 Taf.) 909. (64. Bdchn.)
Hennings, Curt, die Säugetiere Deutschlands, ihr Bau, ihre Lebensweise u. ihre wirtschaftl. Bedeutung. (174 S. m. Abbildgn. u. 1 Taf.) 909. (66. Bdchn.)
Herre, Paul, der Kampf um die Herrschaft im Mittelmeer. Die geschichtl. Entwickelg. des Mittelmeerraums. (VI, 172 S.) 909. (46. Bdchn.)
Holtzmann, Osk., Christus. (III, 148 S.) 907. (3. Bdchn.)
Holz, Geo., der Sagenkreis der Nibelunge. (IV, 128 S.) 907. (6. Bdchn.)
Hunzinger, A. W., das Christentum im Weltanschauungskampf der Gegenwart. (154 S.) 909. (54. Bdchn.)
Kaßner, Carl, das Reich der Wolken und Niederschläge. Mit 43 Fig. u. 6 Karten. (160 S.) 909. (68. Bdchn.)
— Das Wetter u. seine Bedeutung f. das praktische Leben. (VI, 148 S. m. Abbildgn.) 908. (25. Bdchn.)
Kindermann, Carl, Volkswirtschaft u. Staat. (128 S.) 908. (59 Bdchn.)
Kirchhoff, Seehelden u. Admirale. (IV, 132 S. m. 6 Taf.) 910. (84. Bdchn.)
Kisch, Wilh., unsere Gerichte u. ihre Reform. (VI, 165 S.) 908. (36. Bdchn.)
Kluge, Frdr., unser Deutsch. Einführung in d. Muttersprache. Vorträge u. Aufsätze. 2. Aufl. (IV, 152 S.) 910. (1. Bdchn.)
Knopf, Rud., Paulus. (III, 123 S.) 909. (48. Bdchn.)
König, Eduard, die Poesie d. Alten Testaments. (III, 160 S.) 907. (11. Bdchn.)
Kottmeier, H., u. Frz. Uhlmann, das Holz. (IV, 143 S. m. Abbildgn.) 910. (72. Bdchn.)

Lamer, Hans, römische Kultur im Bilde. Hrsg. u. m. Erläutergn. versehen. (IV, 56 S. m. 175 Abbildgn. auf 96 Taf.) 910. (81. Bdchn.)
Lange, Helene, die Frauenbewegung in ihren modernen Problemen. (V, 135 S.) 908. (27. Bdchn.)
Lienhard, Fritz das klassische Weimar. (161 S.) 909. (35. Bdchn.)
Löhr, Max, Volksleben im Lande der Bibel. (IV, 131 S. m. Abbildgn.) 907. (7. Bdchn.)
Machaček, Fritz, die Alpen. Mit 23 Bildern u. Fig. im Text. (III, 147 S.) 908. (29. Bdchn.)
Mangold, Ernst, unsere Sinnesorgane u. ihre Funktion. (147 S. m. Abbildgn.) 909. (26. Bdchn.)

Meinhold, Hans, Sabbat u. Sonntag. (VII, 120 S.) 909. (45. Bdchn.)

Menzer, Arth., der menschl. Organismus u. seine Gesunderhaltg. (159 S. m. Abbildgn. u. 1 Taf.) 909. (65. Bdchn.)
Meumann, E., Einführung in die Ästhetik der Gegenwart. (V, 151 S.) 908. (30 Bdchn.)
Miehe, H., die Bakterien u. ihre Bedeutung im praktischen Leben. (V, 141 S.) 907. (12. Bdchn.)
Möbius, M., Kryptogamen. Algen, Pilze, Flechten, Moose u. Farnpflanzen. (IV, 164 S. m. Abbildgn.) 908. (47. Bdchn.)
Nathanson, Alex., Tier- u. Pflanzenleben des Meeres. (IV, 130 S. m. Abbildgn. u. 2 [1 farb.] Taf.) 910. (87. Bdchn.)
Neesen, Frdr., hörbare, sichtbare, electrische. u. Röntgen-Strahlen. (132 S. m. Abbildgn.) 909. (43. Bdchn.)

Neresheimer, Eug., der Tierkörper. Seine Form u. sein Bau unter dem Einfluß der äußeren Daseinsbedingungen. (139 S. m. Abbildgn. u. 7 Taf.) 909. (49. Bdchn.)
Niebergall, F., die evangelische Kirche u. ihre Reformen. (IV, 163 S.) 908. (39. Bdchn.)
Pabst, A., praktische Erziehung. Mit zahlreichen Abbildgn. aus deutschen u. ausländ. Schulen. (VIII, 114 S.) 908. (28. Bdchn.)
Pfordten, Herm. Frhr. v. d., Beethoven. Mit 1 Portr. (VIII, 143 S.) 907. (17. Bdchn.)
— Mozart. Mit e. Portr. des Künstlers v. Doris Stock. (VIII, 151 S.) 908. (41. Bdchn.)
Pohlig, Hans, Eiszeit u. Urgeschichte des Menschen. Nach seinen Vorlesgn. (VIII, 142 S. m. 22 Abbildgn. u. 1 Taf.) 907. (8. Bdchn.)
Radbruch, Gust., Einführung in die Rechtswissenschaft. (135 S. m. 2 Bildnissen.) 910. (79. Bdchn.)

Reckendorf, H., Mohammed u. die Seinen. (III, 134 S.) 907. (2. Bdchn.)
Rein, W., Grundlagen der Pädagogik u. Didaktik. (140 S. m. 1 Tab.) 909. (71. Bdchn.)
Riemann, Hugo, Grundriß der Musikwissenschaft. (IV, 158 S.) 908. (34. Bdchn.)
Rosen, Fel., Anleitung zur Beobachtung der Pflanzenwelt. (V, 155 S. m. Abbildgn.) 909. (42. Bdchn.)
Rosenthal, Wern., die Volkskrankheiten u. ihre Bekämpfung. (IV, 164 S. m. Fig.) 909. (51. Bdchn.)
Roetteken, Hub., Heinrich v. Kleist. Mit 1 Portr. nach e. Miniatur. (IV, 148 S.) 907. (22. Bdchn.)
Schmitz, Eug., Richard Wagner. (175 S. m. 1 Bildnis.) 909. (55. Bdchn.)
Schnee, Heinr., unsere Kolonien. (VIII, 188 S.) 908. (57. Bdchn.)
Schrader, O., die Indogermanen. (165 S. m. 6 Taf.) 911. (77. Bdchn.)
Schuster, P., das Nervensystem u. die Schädlichkeiten des täglichen Lebens. (IV, 133 S.) 908. (19 Bdchn.)
Sommerfeld, Paul, Milch u. Molkereiprodukte, ihre Eigenschaften, Zusammensetzung u. Gewinng. (140 S. m. Abbild.) 910. (73. Bdchn.)
Steinhausen, Geo., Kulturgeschichte der Deutschen im Mittelalter. (III, 181 S.) 910. (88 Bdchn.)
Stier-Somlo, Fritz, Politik. (VI, 166 S.) 907. (4. Bdchn.)
Sütterlin, L., die Lehre v. der Lautbildung. Mit zahlreichen Abbildgn. (VIII, 183 S.) 908. (60. Bdchn.)
Tillmanns, H., die moderne Chirurgie f. gebildete Laien. Mit 78 Abbildgn. im Text u. 1 farb. Taf. (IV, 156 S.) 908. (31. Bdchn.)
Weber, Adf., die Großstadt u. ihre sozialen Probleme. (VIII, 140 S.) 908. (33. Bdchn.)
Wenzig, C., die Weltanschauungen der Gegenwart in Gegensatz u. Ausgleich. Einführung in die Grundprobleme u. Grundbegriffe der Philosophie. (VI, 152 S.) 907. (14. Bdchn.)
Werner, Rich. Maria, Gotthold Ephraim Lessing. Mit e. Portr. (IV, 155 S.) 908. (52. Bdchn.)
Wernicke, J., der Mittelstand u. seine wirtschaftliche Lage. (III, 118 S.) 909. (58. Bdchn.)
Winckler, Hugo, die babylonische Geisteskultur in ihren Beziehungen zur Kulturentwicklung der Menschheit. (III, 152 S. m. 1 Taf.) 907. (15. Bdchn.)
Zimmer, Carl, Anleitung zur Beobachtung der Vogelwelt. (V, 134 S. m. Abbildgn. u. 5 Taf.) 910. (86. Bdchn.)
Zorn, Ph., die deutsche Reichsverfassung. (III, 122 S.) 907. (10. Bdchn.)

— die christliche, (christian science) u. die Hl. Schrift. Von E. v. G. (55 S.) kl. 8. Neumünster (909). Vereinsbuchh. G. Ihloff & Co. — 30

Wissenschaft, die falsche, und das gute Recht der Hessischen Kirche. Eine Beleuchtung der neuesten Credner'schen Schrift: „Philipps des Großmüthigen Hessische Kirchenreformationsordnung" u. s. w. (Gießen, 1852), von Einem Hessischen Geistlichen im Namen Vieler. Darmstadt 853. v. Auw. gr. 8. (56 S.) 7½ ngr.

Wissenschaft, Die gründliche, oder die Rechte und Pflichten des Menschen . . . Nürnberg 1775. V: *Junge, Christian Gottfried.* (BB) (Will) (Ky)

— die gründl., oder die Rechte u. Pflichten des Menschen, v. C. D. H. (C. G. Junge). 8. Nürnb. 775. (Stein). 8 gl

Wissenschaft, Die hermesische, nach geschichtl. Ansicht gewürdigt, s. Volkmuth, P.

Wissenschaft u. **Hypothese.** Sammlung v. Einzeldarstellgn. aus dem Gesamtgebiet der Wissenschaften m. besond. Berücksicht. ihrer Grundlagen u. Methoden, ihrer Endziele u. Anwendgn. III. IV. VI. VII. IX. u. X. Bd., XI. Bd. 2 Tle. u. XII. Bd. 8. Leipzig, B. G. Teubner. Geb. in Leinw. 49. 60
Bonola, Roberto, die nichteuklidische Geometrie. Historisch-krit. Darstellg. ihrer Entwicklg. Autoris. deutsche Ausg., besorgt v. Heinr. Liebmann. Mit 76 Fig. im Text. (VIII, 245 S.) 908. (Bd. IV.) Geb. 5. —
Boutroux, Emile, Wissenschaft u. Religion in der Philosophie unserer Zeit. Mit Genehmigg. des Verf. ins Deutsche übertr. v. Emilie Weber. Mit e. Einführungswort v. H. Holtzmann. (X, 371 S.) 910. (Bd. X.) Geb. 6. —

Enriques, Federigo, Probleme d. Wissenschaft. Übers. v. Kurt Grelling. 1. Tl.: Wirklichkeit u. Logik. (X, 258 u. 16 S.) 910. (Bd. XI, 1.) Geb. 4. —
— dasselbe. II. Tl.: Die Grundbegriffe d. Wissenschaft. (VI u. S. 259—599.) 910. (Bd. XI, 2.) Geb. 5. —
Hilbert, Dav., Grundlagen der Geometrie. 3., durch Zusätze u. Literaturhinweise v. Neuem verm. u. m. sieben Anhängen verseh. Aufl. Mit zahlreichen in den Text gedr. Fig. (VI, 279 S.) 909. (Bd. VII.) Geb. 6. —
Lipps, G. F., Mythenbildung u. Erkenntnis. Eine Abhandlg. üb. die Grundlagen der Philosophie. (VIII, 312 S.) 907. (Bd. III.) Geb. 5. —

Natorp, Paul, die logischen Grundlagen der exakten Wissenschaften. (XX, 416 S.) 910. (Bd. XII.) Geb. 6. 60
Planck, Max, das Prinzip der Erhaltung der Energie. Von der philosoph. Fakultät Göttingen preisgekrönt. 2. Aufl. (XVI, 278 S.) 908. (Bd. VI.) Geb. 6. —
Volkmann, Paul, erkenntnistheoretische Grundzüge der Naturwissenschaften u. ihre Beziehungen zum Geistesleben der Gegenwart. Allgemein wissenschaftl. Vorträge. 2., vollständig umgearb. u. erweit. Aufl. (XXIII, 454 S.) 910. (Bd. IX.) Geb. 6. —
Bd. I, II u. V erschienen unter Einzeltiteln; Bd. VIII erscheint später.

. Ueb. d. Wissensch. d. Idee. 1e Abth. Die neueste Identitätsphilos. u. Nihilismus, od. üb. immanente Polemik. *Bresl.*, Korn. 831. gr 8° 1 ß 6 gl

– über die, der Idee. 1e Abtheil. die neueste Identitätsphilosophie u. Atheismus, oder über immanente Polemik. gr. 8. Bresl. 831. W. G. Korn. 1 ß 6 gl

Wissenschaft und das Augustiner Chorherrenstift Klosterneuburg. Wien 1900. V: *Cernik, Berthold.* (EB)

— fürs Leben. Volkshochschule, auch Frauen- u. Freundschaftsblatt m. handschriftl. Widmg. Unter Mitwirkg. freier Denker u. Denkerinnen hrsg. u. geleitet v. Karl Rich. Leistner. 1. Jahrg. Aug. 1908—Juli 1909. 12 Hefte. (à ca. 24 S. m. Abb.) Lex. 8. Warnsdorf, K. R. Leistner. 2. 50

— die, des Lebens u. die Kunst zu leben. (7 S.) gr. 8. Nürnberg (908). J. Th. Heller & Co. — 20

Wissenschaft oder Leidenschaft. Vom Verf. des Schreibens: Der wunderthätige Getreidezoll. gr. 8. (17 S.) Berlin 879, Simion. *

„Wissenschaft", die „neue", des Grafen Cesare Mattei und die „alte Wissenschaft" des Dr. C. Im Auftrage des Grafen Mattei veranstaltete deutsche Ausg. 8. (III, 67 S.) Stadtamhof 883. (Regensburg, Manz.)

„Wissenschaft, die neue", des Grafen Cesare Mattei u. die „Alte Wissenschaft" des Doctor C. 2. Aufl. Einzig autoris. deutsche Ausg. gr. 8. (80 S.) Leipzig 899. [W. Friedrich.] A. Strauch. n. — 50

Wissenschaft, die prakt., auf Erfahrung gegründete, über das Waschen u. Färben der Stroh- u. Basthüte, Lederhandschuhe, und über das Waschen seidener Zeuge u. dergl. Bänder. Mit Zeichnungen. 8. Breslau 836. Hebenstreit. 1/6 ₰

—— die prakt., auf Erfahr. gegründ., üb. d. Waschen u. Färben d. Stroh- u. Basthüte, Lederhandschuhe, u. üb. d. Waschen seidner Zeuge u. dergl. Bänder. 8. (½ B. u. 1 Stnt.) Breslau 836, [Korn.]

Wissenschaft, Die, und das katholische Priesterthum von einem Sammler der historischen Wahrheit. Wien 1876. V: *Donin, Ludwig.* (EB)

Wissenschaft und Religion, oder der Beweis, daß ein Gott existiert und die menschliche Seele unsterblich ist. [Zürich 1895.] V: *Rietmann, J. U.* (Zuw Zür)

— u. **Religion**, od. Beweis, daß e. Gott existiert u. die menschl. Seele unsterblich ist. gr. 8. (15 S.) Wytikon-Zürich 898. G. Schilde. — 15

— u. **Religion.** Sammlung bedeut. Zeitfragen. 1.—18. Heft. kl. 8. Straßburg, F. X. Le Roux & Co. à Heft n. — 50
Allard, Paul, die Christenverfolgungen u. die moderne Kritik. Aus dem Franz. übers. v. Jos. Holtzmann. (68 S.) (905.) (Hft. 9.)
— haben die Christen Rom unter Nero in Brand gesteckt? Genehmigte Uebersetzg. aus dem Franz. (59 S.) (905.) (Hft. 8.)
d'Azambuja, G., warum ist der Moderoman unmoralisch? u. warum ist der moralische Roman nicht Mode? Eine Studie aus der Gesellschaft. 4. Aufl. (63 S.) (906.) (Hft. 12.)
Badet, die christliche Frau, ihr Einfluß u. ihre Rolle in den Zeiten der Verfolgungen. Eine histor. Studie. Genehmigte Uebersetzg. aus dem Franz. (57 S.) (905.) (Hft. 4.)
— das Problem des Leidens. Betrachtet vom Standpunkt der Vernunft u. des Christentums. Aus dem Franz. übers. v. J. R. (51 S.) (905.) (Hft. 5.)
Broglie, Abbé de, die messianischen Weissagungen, e. Beweis Gottes, nach B. bearb. v. Jos. Holtzmann. (119 S.) (905.) (Hft. 10. 11.)
Brunetière, Ferd., die zeitgemäße Begründung des Glaubens. Nach der 6. Aufl. (61 S.) (906.) (Hft. 13.)
Colomer, B., die Bibel u. die wissenschaftlichen Theorien. Nach der 8. Aufl. übers. v. G. Pletl. (64 S.) (906.) (Hft. 17.)
Courbet, Pet., das Dasein Gottes, e. Postulat der Wissenschaft. Nach der 5. französ. Aufl. Einzige vom Verf. u. Verleger genehmigte Aufl. (62 S.) (905.) (Hft. 7.)
Crouzil, Lucien, der Katholizismus in den skandinavischen Ländern. I. Der Katholizismus in Dänemark u. Island. (64 S.) (906.) (Hft. 15.)
— dasselbe. II. Norwegen u. Schweden. (68 S.) (906.) (Hft. 16.)
Fonsegrive, G., die Stellung der Katholiken gegenüber der Wissenschaft. 2. deutsche Aufl. Nach der 3. französ. Aufl. übers. v. J. Schieser. Einzige vom Verf. u. Verleger genehmigte Uebersetzg. (68 S.) (904.) (Hft. 2.)
Gondal, J. L., S. S., der Katholizismus in Rußland. (80 S.) (906.) (Hft. 18.)
Guibert, J., die Seele des Menschen. Autoris. Uebersetzg. aus dem Franz. nach der 5. Aufl. Einzige vom Verf. u. Verleger genehmigte Uebersetzg. (63 S.) (904.) (Hft. 3.)
Prat, S. J., Bibel u. Geschichte. Nach dem Franz. übers. (64 S.) (906.) (Hft. 14.)
Sertillanges, Kunst u. Moral. Genehmigte Uebersetzg. nach der 6. französ. Aufl. (61 S.) 905. (Hft. 6.)
Tournebize, Frz., S. J., vom Zweifel zum Glauben. Mit Voraussetzg. e. Briefes v. Frz. Coppée. Nach der 10. Aufl. Aus dem Franz. übers. v. J. Schieser. Einzige vom Verf. u. Verleger genehmigte Ausg. (72 S.) 904. (Hft. 1.)

— u. **Religion.** Sammlung bedeut. Zeitfragen. 19.—27. Heft. kl. 8. Straßburg, F. X. Le Roux & Co. à — 50
Allo, Bernh., die Furcht vor der Wahrheit, nach der 2. Aufl. übers. v. Jos. Holtzmann. (77 S.) (908.) (Heft 23.)
Delassus, die modernen Theorien üb. die Verbrechensursachen. (63 S.) (907.) (Heft 19.)
Garriguet, L., der Arbeitsvertrag. (75 S.) (910.) (Heft 27.)
Gondal, J. L., das Christentum im Lande Meneliks. (71 S.) (907.) (Heft 20.)
Holtzmann, Jos., moderne Sittlichkeitstheorien u. christliches Lebensideal. (104 S.) (907.) (Heft 21. 22.)
Le Bachelet, X. M., S. J., die Erbsünde in Adam u. seinen Nachkommen. Apologetische Studie. Übers. v. G. Pletl. 2 Tle. (147 S.) (909.) (Heft 25. 26.)
Vogt, Alb., der Katholizismus in Japan. (64 S.) (909.) (Heft 24.)

Wissenschaft u. Schule. Kathol. Schulzeitg. f. Nordwest-Deutschland. Hrsg.: F. Tonberge. 1.—3. Jahrg. 1904—1906. à 52 Nrn. (à ca. 16 S.) Lex.-8. Hildesheim, F. Borgmeyer. à Jhrg. n. 6. —

— u. **Schule.** Kathol. Schulzeitg. f. Nordwest-Deutschland. Unter Mitwirkg. zahlreicher erfahrener Schulmänner hrsg. 4.—7. Jahrg. 1907—1910. à 52 Nrn. (854, 852, 848 u. 832 S.) Lex. 8. Hildesheim, F. Borgmeyer. à Jahrg. 6. —

Die **Wissenschaft** des Seekrieges. Nach ihren neuesten Ansichten in ihren Hauptmomenten dargestellt. Mit Taf. Wien 1815. [illegible]

— die, des Seekrieges. Nach ihren neuesten Ansichten u. Haupt-Momenten dargestellt. Mit 2 Kpft. 8. Wien 823. Bauer u. D. 15 ℊ Schreibp. 20 ℊ

[Ant. u. F.] Die '**Wissenschaft**' der Socialdemokratie. *Berlin: Vaterlandsver.; (Christl. Zeitschriftenver.) 1896.* (35 S.) 8.
= Zeitfragen. Vaterlands-Verein. H. 3. [97. 678]

Wissenschaft, die, des Staates, s. **Pertinax Philalethes.**

— die, **an den Universitäten u. ihre Priester.** Ein Weckruf an alle Gebildeten v. L. Ae. Seneca jun. (31 S.) gr. 8. Berlin 904. Jünger & Hahn. (S. 14, Dresdenerstr. 82/83.) n. 1. —

Wissenschaft u. Unterhaltung. Illustrierte Zeitschrift für Gymnasiasten, Realgymnasiasten, Real- u. höhere Bürgerschulen. 1. Bd. Jan.—März 1892. 6 Hefte. (à Heft 1½ Bog.) gr. 4. Lpz., Burgdorf. * 1 30; einzelne Hefte à * — 25

—— dass. — 2. u. 3. Bd. April 1892—März 1893. à Bd. 12 Hefte. (à Heft 1½ Bog.) gr. 4. Ebd. à Bd. * 2 60

Die **Wissenschaft** eine Waffe, die Waffe eine Wissenschaft. Eine literar. Rundschau in zwanglosen Heften. 1907. H. 1. Berlin: E. S. Mittler & Sohn (1907). 8° [F.] [07. 18297]

Wissenschaften, vgl. Wissenschaft. —

Wissenschaften, Die, ein Gedicht. Gött. 1752. V: *Dusch, Johann Jacob.* (MI.) (Rotermund, Gel. Hannover. Bremen 1823.)

— die, ein Traum. 8. Straßb. 761. König. 8 ℊ

Eröffnete *Wissenschaften* v. leichten Haus- u. Arzeneymitteln, Pferde-Curen u. nützlichen Haushaltungs-Künsten. Frankf. u. Leipz. 1770. 96 S.

Wissenschaft, eröffnete, von leichten Hausarzneimitteln u. Pferdekuren. 6. Hanau 770. Schulz. 4 ℊ

Ueber geheime **Wissenschaften,** Initiationen und neuere Verbindungen. Bd 1. 2. Altenburg: Richter 1786—1787. 8⁰ [Kupfertit.]
1. 368 S. 1786; 2. 320 S. 1787.
Kl. 3828. Bd. 1 enth. e. Abhandl. üb. d. Magie d. Alten; Bacons neue Atlantis; Naudé's Nachricht üb. d. Rosenkr.; Rosenkr-Statuten; Bd. 2 handelt v. Jesuiten, Wundererscheinungen u. a. m. 23. 25.

Wissenschaften, über geh., Sectiationen u. neuern Verbindungen. 2 Bde. gr. 8. Altenb. 786. Richter. (Academ. Buchh. in Jena).

Des sorgfältigen Hauswirthes nöthigste Wissenschaften bey Pferden solche nicht allein wohl zu erhalten sondern auch bey Entstehung einer Krankheit glücklich zu kuriren. Langensalza: Martini 1769. 236 S. 8⁰

— nöthige, d. sorgfält. Hauswirths, bei Pferden. 8. Langensalza 773. Schneider. 8 gl.

Wissenschaft, die, im 19. Jahrhundert, ihr Standpunkt und die Resultate ihrer Forschungen. Eine Rundschau zur Belehrung für das gebildete Publikum. Hrsg. von einem Vereine von Gelehrten, Künstlern und Fachmännern unter der Redaction von J. A. Romberg. 1. und 2. Bd. à 12 Hefte. Lex.-8. (1. Bd. XIV und 774 S. und 2. Bd. 1. Heft. 64 S. mit eingedr. Holzschn.) Leipzig 856, Romberg. à Bd. 3 Thlr.

Wissenschaften, die, im 19. Jahrhundert, ihr Standpunkt und die Resultate ihrer Forschungen rc. 1. Bd. 12 Hefte. 2. (Titel-) Aufl. Lex.-8. (1—3. Heft. VIII und 192 S. mit eingedr. Holzschn.) Ebendas. (856)58. *

Wissenschaften, die, im 19. Jahrhundert, ihr Standpunkt und die Resultate ihrer Forschungen. Eine Rundschau zur Belehrung für das gebildete Publikum. Herausg. von einem Vereine von Gelehrten, Künstlern u. Fachmännern unter der Red. von J. A. Romberg. 2. u. 3. Bd. à 12 Hefte (à 4 Bgn. mit Holzschn. im Text). Leipzig 856, 57. Romberg. Lex.-8. Jeder Bd. 3 Thlr.
Fortsetzung von „Aus allen Wissenschaften das Interessanteste rc."

Wissenschaften, die, im 19. Jahrhundert, ihr Standpunkt und die Resultate ihrer Forschungen. Eine Rundschau zur Belehrung für das gebildete Publikum. Herausg. von einem Verein von Gelehrten, Künstlern u. Technikern. 4—11. Bd. à 12 Hefte (à 4 Bgn.). Sondershausen 859—64. Neuse. Lex.-8. Jeder Bd.

Wissenschaften, die, im 19. Jahrhundert, ihr Standpunkt und die Resultate ihrer Forschungen. Eine Rundschau zur Belehrung für das gebildete Publikum. Hrsg. von einem Verein von Gelehrten, Künstlern und Technikern. 8. und 9. Bd. à Bd. 12 Hefte. Lex.-8. (à Heft 64 S.) Sondershausen [Thonberg] 863,64, Neuse. à Bd. * 3 Thlr. *

[J.] Die **Wissenschaften** und Künste der Gegenwart in ihrer Stellung zum biblischen Christentum. Zsh. Einzelbilder v. verschied. Vfn. Hrsg. v. Lic. L[udwig] Weber, Pfarrer in M.-Gladbach. *Gütersloh: C. Bertelsmann 1898.* (VI, 411 S.) 1 Bd 8. [98. 6231]

Wissenschaften, Die moralischen. Ein Lehrbuch der Moral und natürlichen Religion . . . Leipzig 1793. V: *Schwarz, Friedrich Heinrich Christian.* (HS) (Ky) »1797« (MGT)

— moralische. 3 Thle. s. Fr. H. Ch. Schwarz, od. auch J. G. Lorenz Lesebuch für die Jugend 4r Thl. 1ste bis 3te Abtheil.

Wissenschaften, die sozialen u. politischen, Frankreichs. I. Die soziale Frage v. A. Liesse. II. Erziehung u. Unterricht v. F. Picavet. III. Die Lehre vom Staat v. Ch. Benoist. IV. Der Handel von G. François. Autogr. Uebersetzg. a. d. Französ. v. L. A. Hauff u. E. Hömscher. (Neue [Titel-]Ausg. v. Bibliothek der sozial. u. polit. Wissensch. Frankreichs.) gr. 8. (X, 203; XII, 187; XII, 224 u. X, 159 S.) Paris 902. H. Welter. n. 4.—

Wissenschaften, Vereinigte, der Pferdezucht. Für Liebhaber der Pferde und der Reitkunst. Leipz. 1797 ff. V: *Tenneker, Chn Ehrenfr. Seyfert Ritter v.* (Ludwig)

Wissenschafts-, Kunst- u. Unterhaltungsblatt, in Verbindung mit dem Rheinisch Westphälischen Anzeiger. 11 Jahrg. 1820. Hamm, Schultz u. W.

Wissenschafts-Übersicht zum Gebrauche bei Einsichtssendungen an Kunden . . . Weimar 1844. H: *Voigt, Bernh. Frdr.* (Petz)

Wissensnöthigste, das, für das Expeditions- und Geschäftsleben. Ein praktisches, lexikalisch geordnetes Handbuch für Expedienten niederer und höherer Gerichte rc., von mehreren praktischen Rechtsgelehrten, u. Lehrern der Mathematik und an Gewerbschulen, redigirt von Fr. Ed. Heckel. 1. Bd. 1.—9. Liefg. gr. 8. Leipzig 841, 42, Wöller. à n. 3/8 Thlr.

Allerlei **Wissenswertes** über den Freiwilligen Erziehungsbeirat für schulentlassene Waisen. Hrsg. v. Vorstande. Berlin: Verein 1904. (31 S.) 8⁰ [J.]
— Schriften d. Freiwilligen Erziehungsbeirates f. schulentlassene Waisen. Bd 3. [05. 10618]

Wissenswertes, allerlei, üb. das fürstl. Jagdschloß Granitz. (12 S. m. 1 eingedr. Kartenskizze.) kl. 8. Stettin 910. A. Schuster. — 20

Wissenswerthes für Jedermann, s. Stadt- u. Landschule, 7. Bd.

Wissenswerthes aus dem neuen Reichstag. Rede des Abg. Auer zur Diätenfrage in der Sitzung vom 26. Nov. 1884 und Rede des Abg. Bebel zum Reichshaushalts-Etat in der Sitzung vom 28. Nov. 1884. Wörtl. Abdr. des amtl. stenogr. Berichtes. 8⁰. Nürnberg, C. Grillenberger. s. a.

Wissenswertheste, das, aus dem Gebiete der Chemie und Physik in Anwendung auf Küche und Wirthschaft für denkende Hausfrauen. 8. (192 S.) Zwickau 856, Verlagsbuchhandlung des Volksschriften-Vereins. *

— das, d. zehn Redetheile d. deutschen Sprache. Nebst e. kurzen Anleitung z. Verfertig. v. allerhand Aufsätzen, mit vielen Aufgaben f. Volks-Schulen. Von e. Elementarlehrer. gr. 8. (5 B.) Münster 837, Wundermann'sche Buchh.

Wissenswertheste, Das, aus der deutschen Sprachlehre. Berlin 1837. V: *Neumann, Gustav Frdr. Ludwig.* (Ky)

— das, aus der deutschen Sprachlehre (von G. F. L. Neumann.) 8. Berlin 837. Plahn'sche Buchh. (Nitze.) n. 1/12 Thlr — 2e verb. Aufl. (unter seinem Namen). 8. Ebd. 840. n. 1/12 Thlr

Wissenswertheste, das, aus d. deutschen Sprachlehre, s. Neumann, G. F. L.

— das, aus verschied. Unterrichtsgebieten. Hrsg. v. Lehrerhaus-Verein in Wien. I.—III. Thl. 2., verb. u. sehr verm. Aufl. gr. 16. Wien (894). (A. Siegl.).

I. Das Wissenswerteste aus den sprachlich-histor. Fächern. (96 S.) n. — 80
II. Das Wissenswerteste aus d. Naturwissenschaften. (96 S.) n. — 80
III. Das Wissenswerteste aus d. mathematisch-techn. Fächern. (48 S. m. 1 Taf.) n. — 40

Wissenswürdigste, das, aus dem Sächsischen Baurechte, und die Sächs. Verordnung, die Meister-Prüfungen bei den Baugewerken für solche betreffend, vom 14. Jan. 1842, nebst den dazu gehörigen Instructionen, aus den Landtagsverhandlungen erläutert. Herausgeg. von einem Bauverständigen in Gemeinschaft mit einem pract. Rechtsgelehrten. gr. 8. Leipzig 842, Böhme. 5/12 ₰

Wissenswürdigste, das, aus d. sächsischen Baurechte, u. die sächs. Verordnung, die Meister-Prüfungen bei den Baugewerken f. solche betreffend, v. 14. Jan. 1842, nebst den dazu gehörigen Instructionen, aus d. Landtagsverhandlungen erläutert. Hrsg. v. e. Bauverständigen in Gemeinschaft m. e. pract. Rechtsgelehrten. gr. 8. (4 B.) Leipzig 842, [Geuther.] -

Wissenswürdigste, das, der Gegenwart. Uebersicht der neuesten Begebenheiten u. Fortschritte auf dem Gebiete d. Staatslebens, der Wissenschaft u. Künste, d. Handels u. der Industrie. Ergänzungsblätter zu jedem Konversationslexikon. 1. Bd. 24 Nrn. (B.) hoch 4. Leipzig 872. M. Schäfer. n. 3. ; Ausg. in 6 Hftn. à n. — 50

Das Wissenswürdigste aus der Geschichte der Menschen- und Kuhpocken und vom Einimpfen derselben; nebst Widerlegung der zum Nachtheil der Vaccine gereichenden Besorgnisse des Hrn.Hofrath und Professors Markus Herz, in seinem Sendschreiben an den D.Dohmeyer... Für Aerzte und Nichtärzte. 144 S., gbd.

Berlin: Schöne 1801

Wissenswürdigste, das, von dem Kalenderrestant einem Wandkalender fürs XIX. Jahrhundert u. einer Anweisung, ihn zu gebrauchen. Von A. M. Sch. 8. Stuttg. 830. Neff. 12 ₰

Wissenswürdigste, das, von d. Kalenderwesen, mit e. Wandkalender (Fol. u. lith.) für's XIX. Jahrh., u. e. Anweis., ihn zu gebrauchen. Von A. M. Sch. gr. 8. (2½ B. u. 1 Tab.) Stuttgart 830, Neff.

— das, f. Kinder aus allen Fächern d. Wissenschaften, e. gedrängte Uebersetzung, als Handbuch f. Eltern, Erzieher u. Kinder, mit ill. Kpf. 2 Bde od. 8 Hefte. gr. 8. Bresl. 802. Schall. 2 ₰

— das, über die Kuhpockenimpfung, eine d. ganze Menschengeschlecht beglückende Entdeckung, gesammelt rc. (v. G. S. Dietrich). 8. Glogau 802. N. Güntersche B. 3 ₰

Wissenswürdigste, Das, über die Kuhpockenimpfung . . . Glogau 1802. V: *Dietrich, Glob Siegfr.* (Ky)

— das, aus der Naturkunde für prakt. Landwirthe. Abgedruckt aus den Mittheilgn. des landwirthschaftl. Vereins-Comité's der Pfalz. Ein Taschenbuch für Landwirthe u. Schüler landwirthschaftl. Lehranstalten. 12. (Mit 1 Tab.) Speyer 846, Neidhard. n. 12 ₰

—— das, aus d. Reformationsgeschichte, nebst e. Auszug aus d. augsburg. Confession. Zum Unterr. u. z. Selbstbelehr. f. Junge u. Erwachsene, in Fragen u. Antworten. Von e. würtemberg. Landgeistlichen. 12. (2 B.) Stuttgart 834, Steinkopf.

—— das, aus der Reformationsgeschichte u. d. augsburg. Confession. 3. verb. Aufl. 12. (2 B.) Stuttgart 845, J. F. Steinkopf.

Wissenswürdigste, das, aus d. Schicksalen d. Lehre Jesu, aus d. Unterscheidungslehren d. christl. Religionsparteien u. Secten rc. gr. 12. Darmst. 827, Leske.

Wisser, wo hinaus? Ausgleichungs-Vorschläge in der Streitfrage üb. die Heereseinrichtgn. gr. 8. (36 S.) Berlin 893. R. Wilhelmi. n. — 50

Wisser, F., Die innere Kolonisation. Eine Programmforderung des allgem. deutschen Bauernvereins. 8⁰. Gotha, Stollberg, 1885.

- Ueber Lage und Verhältnisse des ländlichen Grundbesitzes. gr. 8⁰. Gotha 1883.

Wisser, Ferdinand [cand. med. aus Neumünster]: Über Tuberkulose des Kehlkopfes mit Koch'scher Tuberkulinbehandlung. Ein Beitr. z. Kenntniss d. Wirkg d. Tuberkulins ... Würzburg, P. Scheiner's Buchdr., 1892; 88 S. 8.
Würzburg, Med. Fak., Inaug.-Diss. v. 1892

Wisser, J. E., aus Pokerwitz. Jeu-Geschichten. (198 S.) 8. Leipzig (905). B. Behrens & Co. n. 1. 50

Wisser, Karl, aus Altona: Über den angeblichen chemischen Transspirationsschutz der Pflanzen. *Kiel 1904: K. Jansen.* (37 S.) 8°
Kiel, Phil. Diss. v. [23. Juli] 1904

Wisser, Peter [pr. Arzt aus Gimbsheim]: Untersuchungen über die Beschaffenheit der Wirbelsäule bei Schulkindern ... Würzburg, A. Boegler'sche Buchdr., 1891; 19 S., 5 Taf. 8.
Würzburg, Med. Fak., Inaug.-Diss. v. 1891

W[isser, Wilhelm]. [Lebensabriß des langjährigen Leiters der Anstalt Geh. Schulrat Dr Christian Pansch † 3. März 1901.] S 16 32. 4 Großh. Oldenburg. Gymn. mit Realabteil. *Eutin* 1901 (731)
Progr.

Wisser, W., Quaestiones Tibullianae. Diss. 1869. 34 S.

Wisser, Guil., Quaestiones Tibullianae. gr. 8. (34 S.) Kiel 870, Schwers'sche Buchh.

Wisser, Wilh. Zu Spervogel. Der Archetypus von AC. 24 S. **Progr.** *Jever* 1882.

— Ueber Tibull. II. 5. Pr. 1874. 80 S. 4°.

Wisser, Wilhelm. Das Verhältnis der Minneliederhandschriften A und C zu ihren gemeinschaftlichen Quellen. 4 (24 S.). **Progr.** Großh. Oldenburg. G. mit Realabt. *Eutin* 1895 (692)

Wisser, Wilh., d. Verhältnis d. Minneliederhandschriften A u. C zu ihren gemeinschaftl. Quellen. Programm gr. 4. (24 S.) Eutin 895. (Leipzig, Buchhdlg. G. Fock.) n. 1. —

Wisser, Wilhelm. Das Verhältnis der Minneliederhandschriften B und C zu ihrer gemeinschaftlichen Quelle. 4 (42 S.). **Progr.** G. *Eutin* 1889 (628).

Wisser, Wilh. Das Verhältnis der Minneliederhandschriften B u. C zu ihrer gemeinschaftlichen Quelle. gr. 4. (42 S.) Eutin 889. (Lpz., Fock.) * 1 50

Wisser, Wilh., wat Grotmoder vertellt. Ostholsteinische Volksmärchen. Mit Bildern v. Bernh. Winter. (Ausgewählt v. den Prüfungsausschüssen f. Jugendschriften zu Altona, Hamburg u. Kiel u. dem plattdeutschen Prov.-Verband f. Schleswig-Holstein.) 1.—12. Taus.) (96 S.) 8. Jena 904—906. E. Diederichs. Kart. n.n. — 75

Wat Grotmoder vertellt. Ostholstein. Volksmärchen gesammelt von Wilhelm **Wisser**. Mit Bildern von Bernhard Winter. 9.–12. Taus. [Folge 1.] Jena & Leipzig: E. Diederichs 1906. 8° [F.] [U.6. 2013

W a t Grotmoder vertellt. Ostholsteinische Volksmärchen gesam. v. Wilhelm **Wisser**. Mit Bildern von Bernhard Winter. Neue Folge. Jena 1905 (1904). 8°

Wisser, Wilh., wat Grotmoder vertellt. 2. Folge. (III. Bd.) Ostholsteinische Volksmärchen. Mit Bildern v. Bernh. Winter. 1.—8. Tauf. (Ausgewählt v. den Prüfungsausschüssen f. Jugendschriften zu Altona, Hamburg u. Kiel u. dem plattdeutschen Prov.-Verband f. Schleswig-Holstein.) (96 S.) 8. Jena (909). E. Diederichs. Kart. — 80

Wissfeld, Gust., das Bankier-Conto-Corrent nach franz. u. deutscher Art, unter Berücksicht. der im Geschäftsverkehr vorkomm. verschied. Fälle, sowie der Abschlüsse bei veränd. Zinssätzen während der in Frage komm. Zeitperiode. (58 S.) **Lex.-8. Waltershausen 902. Wangen, P. Kluge. n. 2.—**

Wissgrill, Franz Karl, k. k. Hof-Sekretär, später Hof-Commissions-Rath. Schauplatz des landsässigen N i e d e r - O e s t e r r e i c h i s c h e n A d e l s vom Herren- und Ritterstande von dem XI. Jahrhundert an, bis auf jetzige Zeiten. 1.—5. Bd. Der 5. Bd. fortgesetzt von Karl von **Odelga**, k. k. Hof-Agent. (5 Bde.) (Fortgesetzt in der heraldisch-genealogischen Zeitschrift des Vereines „Adler" in Wien.) 4. Wien 1794—1804.

WISSGRILL, Franz Karl. Schauplatz des landsassigen Nieder-Oesterreichischen Adels vom Herren- u. Ritterstande von dem 11. Jahrhundert an, bis auf jetzige Zeiten Wien.
1.–4. Bd.: Abgefasst von –.
1.–2. Bd.: Seizer, 1794
3.–4. Bd.: Schneider, 1797
5. Bd.: ... fortgesetzt von Karl von Odelga. Wappler, 1804

Wißgrill, Frz. Karl, († d. 5. Dec. 1803.) Schauplatz d. landsäss. niederöster. Adels d. Herren u. Ritterstände v. 11. Jahrh. an, bis auf jetzige Zeiten. 4 Bde. u. 5r Bd. (v. Karl v. Odelga.) A—Lambach. gr. 4. Wien 794—804. (5r Bd. neue unveränderte Ausg. 824.) Beck. 22 fl 8 X bei Wimmer. 25 fl

Wißhacken, S.

— heilsame Betracht. von d. Unsterblichkeit d. menschlichen Seele. 8. Stuttg. Metzler. 734.

Wißhacken, S., christl. Schulgespräche. 8. Stuttg. Erhard. 742.

Wißhaupt, Ant., Skizzen aus d. Leben Dr. Bernard Bolzano's. Beiträge zu einer Biographie. 8. (VIII u. 58 S.) Leipzig 850, Sechtling in Comm. 8 ngl

Wißhofer, Frz. Adm., († 182..) kurze u. vollständige Kirchenweihpredigten. 8. Münch. 793. (Fleischmann). 16 X

Wißhoffer, Frz. Xav., Magazin des Schönen u. Nützlichen zum Vergnügen u. Unterricht. Mit Musik. 1r Jahrg. 1798. u. 2r Jahrg. 1r Bd. 1799. 8. Linz 798, 99.

Wißhoffer, Matth., († ...) Entwurf e. elektrischen Flinte, mit Kpf. 8. Salzb. 780.

Wissig, Otto: Franz Schuberts Messen. Leipzig [1909]: Poeschel & Trepte. 67, XXI S. 8°
Leipzig, Phil. Diss. v. 13. Juli 1909, Ref. Riemann, Köster
[Geb. 9. April 86 Rodheim v. d. H.; Wohnort: Bad Nauheim; Staatsangeh.: Hessen; Vorbildung: Augustinersch. Friedberg i. H. Reife O. 04; Studium: Heidelberg 1, Gießen 2, Leipzig 7 S.; Rig. 8. Juni 09.] [U 09. 3085

Wissig, Otto, **wie schmücken wir unsere K i r c h e n würdig aus? Vortrag, geh. auf d. evang. Dekanatssynode zu Friedberg i. H., d. 24. VIII. 1898. gr. 8.** (14 S.) **Leipzig 899. Fr. Meyer. n. — 25**

Wissing: De Thucyd. script. Prüm 1863.
Schul-/Univ.-Schrift.

Wissinger, Franc., Libella theol.-polemica veritates catholicas cum fallaciis sectariorum modernorum de ecclesia salvifica eiusque sacramentis ponderans. Olmütz 1743.

Wissinger, J. F., die Kleidermacher-Kunst, od. leichter u. gründl. Selbstunterr. in d. Lehre vom richtigen Zeichnen nach d. neuen Zuschnitt, f. Manns-, Frauenzimmer- u. Kinderkleider. Nach den hierzu neu erfund. Regeln d. Mathematik u. d. Proportionslehre bearb. x. 2 Bde. gr. 8. (19½ B., 20 Stnt. u. 3 Tab. gr. Fol.) Oehringen 830. (Ulm, Ebner.)

Wissinger, Jak., († ...) Analys in Olynthische Reden des Demosthenes. 8. Prag 773.

— s. Cicero, Rede wider d. Antonius.

— Morgen- u. Abendgebete für das Landvolk. 8. Prag 781.

Wissinger, Julius, a. Berlin, Kammergerichts-Referendar am kgl. Amtsgericht zu Strausberg ⟨Mark⟩: Die l. 25 § 2 D. de exceptione rei judicatae ⟨44,2⟩. Der Einfluß der Klage eines vollmachtlosen Vertreters auf die Wiederholung derselben Klage nach römischem und heutigem Recht. Berlin 1907: E. Streisand. (55 S.) 8°
Erlangen, Jur. Fak., Ref. Binder, Diss. v. 8. Juli 1907
[Geb. 29. Sept. 84 Berlin; Wohnort: Strausberg; Staatsangeh.: Preußen; Vorbildung: Königst. Gymn. Berlin Reife O. 03; Studium: Grenoble 1, Tübingen 2, Berlin 4 S.; Rig. 15. Juni 07.]

Wisskirchen, Anton, Tierarzt, Heddernheim bei Frankfurt a. M.: Ueber das Verhalten der fettigen Substanzen in der Hundeniere. ⟨Aus dem Senckenbergischen pathologischen Institut zu Frankfurt a. M. Professor Fischer.⟩ Wiesbaden 1910. 19 S. und eine Tafel. 8°. [18. VI. 09.]
Bern. Vet.-med. Diss. 1909/10.

W i s s k i r c h e n , Anton. Über das Verhalten der fettigen Substanzen in der Hundeniere. Aus dem Senckenbergischen pathologischen Institut zu Frankfurt a. M. .... Diss. Vet.-Med. Bern. Mit 2 Abbildungen auf Tafel A. 19 S. 8. Wiesbaden, J. F. Bergmann, 1910.

Georg Christian Wisskott

De Probabilitate nec non medio vitae Berolinensium. Berolini (1830:) Brandes & Klewert. 20 S. 8°
Berlin, Med. Diss. v. 25. August 1830

Wissla, v. der [R. Pinder], die wilde Fasanerie. 8. (76 S. mit 1 Bild.) **Klagenfurt 888, Leon sen.**

Wißla, v. der (R. Pinder), die wilde Fasanerie. Neu bearb., ergänzt u. erweitert von v. der Fladnitz. Mit Illustr. v. B. L. Anderle. (87 S.) 8. Klagenfurt 906. J. Leon sen. n. 1. 50

Wissler, Gustav: Das schweizerische Volksfranzösisch. Erlangen 1909. VI + 162 S. 8°. S.-A. aus: „Romanische Forschungen". hg. von Carl Vollmöller. Band 27. Heft 3. [19. XII. 08.]
Bern. Phil. Diss. 1909/10.

Wissler, Gustav: Das schweizerische Volksfranzösisch. 8.
Ausg. A: Diss. Phil. Bern. (Sonderabdruck aus: „Romanische Forschungen". Hrg. von Karl Vollmöller. Band 27, Heft 3.) VI + 162 S. Erlangen, Junge & Sohn, 1909.
Ausg. B: ([SA. aus:] Rom' Forsch'. [Band] 27. [Heft 3.]) S. 690–851. [Erlangen, Fr. Junge, 1910.]

Wissler, Hans. Das Suffix- i in der Berner resp. Schweizer Mundart. Ein Beitrag zur vergleich. Wortbildg. u. Flexion d. schweizer. Mundart. Diss. gr. 8. (39 S.) Frauenfeld 891. (Bern, Koerber.) * — 75

Wissler, H[ans]. Die deutsche Sprachlehre am Seminar. S. 5—32. 8.
Programm der Höheren Töchterschule der Stadt Zürich. Schuljahr 1903/1904. Beilage.... Zürich, Schulthess & Co., 1904.

Wissler-Meyerhofer, Anna, chlini Szene f. chlini Lüt. (IV, 149 S.) kl. 8. Zürich 911. Schulthess & Co.
Geb. in Leinw. 2. —

Wissmann, Hermann v., Deutschlands grösster Afrikaner. Sein Leben u. Wirken, unter Benutzg. des Nachlasses dargestellt v. A. Becker, C. v. Perbandt, G. Richelmann, Rochus Schmidt u. W. Steuber. Mit zahlr. Abb., Fcsms. u. Karten. 2. verm. u. verb. Aufl. (XII, 580 S.) gr. 8. Berlin 907. A. Schall. Geb. 12.—

Wissmann und Graf **Münster.** Beiträge zur Geognosie und Petrefactenkunde des südöstlichen Tirols, vorzüglich der Schichten von St. Cassian. Herausgegeben von Georg Graf zu Münster. Bayreuth 1841. 4. — Mit 16 Tafeln.

Wissmann und Wallegg. Beschreibung und Handhabung des Universal-Reisszeuges von W. u. W. Frankfurt 1880?

Wissmann, Aug(ustus) Ferd(inandus) Guil(elmus): De communicatione cordis dextri et sinistri quaedam. Halis (1840): Semmler. 34 S., 1 Taf. 8°
Halle-Wittenberg, Med. Diss. v. 26. [vielmehr: 27.] Febr. 1840
Geb. Stettin [7. 9.] 1818. V.

Witzmann, Ed., s.: Wester, Erwin.

Wissmann, Erich, appr. Arzt: Zur Kasuistik der vom Jahre 1896—1906 in der chirurgischen Klinik der Königlichen Charité behandelten Kopfschussverletzungen. Berlin 1909: Ebering. 42 S. 8°
Berlin, Med. Diss. v. 18. Juni 1909, Ref. Hildebrand
[Geb. 16. Sept. 84 Sprackensehl; Wohnort: Straßburg; Staatsangeh.: Preußen; Vorbildung: Realgymn. I Hannover Reife O. 03; Studium: Berlin K. W. A. 10 S.; Coll. 11. Juni 09; Approb. 16. Juni 09.] [U 09. 124

Wissmann, Ernst [aus Langensalza]: **Beiträge zur Kenntniss des Amarins** .... **Freiburg i. B., Druck d. Fr. Wagner'schen Buchdr.,** 1886; 50 S. + 1 Bl. 8°.
Freiburg i. B., Phil. Fak., Inaug.-Diss. v. 1886.

Wissmann, Erwin, a. Weißenburg i. E.: Enteignungshoheit und Reichseisenbahnen in Elsaß-Lothringen. Straßburg i. E. 1906: C. Müh & Cie. (63 S.) 8°
Straßburg, Rechts- u. staatsw. Fak., Ref. Rehm, Diss. v. 13. Juli 1906
[Geb. 23. Okt. 82 Weißenburg i. E.; Wohnort: Straßburg; Staatsangeh.: Elsaß-Lothringen; Vorbildung: Gymn. Weißenburg; Studium: Straßburg 9 S.]

Wissmann, Friedrich, Dr.: Ein Beitrag zur Frage der Auswahl lateinischer Musterbeispiele. *(Alzey 1900: C. Wieprecht.)* (22 S.) 4°
Alzey, grossh. R u. PG (m. VS), OP 1900 (688)

Wissmann, Friedr. (Otto), de genere dicendi Xenophonteo deque prioris Hellenicorum partis condicione quaestiones selectae. Dissertatio inauguralis. gr. 8. (39 S.) Giessen 888, (Ricker's Sortiment.)

Wissmann, Georg Wilhelm (Worms) [Auctor]
Origines testamentariae.
Gissae 3. Jan. 1735: Eb. Henr. Lammers. (2), 30 S. 4°
pro summis in utroque jure honoribus et privilegiis doctoralibus, majorum more, rite consequendis.

Wissmann, Hermann von

Wissmann, v., Afrika. Schildergn. u. Rathschläge zur Vorbereitg. f. d. Aufenthalt u. d. Dienst in d. deutschen Schutzgebieten. [Aus: „Militär-Wochenbl."] 8. (III, 108 S.) Berlin 895. E. S. Mittler & Sohn. n. 1. 20; geb. n. n. 2. —

Wissmann, v., Afrika. Schilderungen u. Rathschläge zur Vorbereitg. f. den Aufenthalt u. den Dienst in den deutschen Schutzgebieten. 2., unveränd. Aufl. (III, 108 S.) gr. 8. Berlin 908. E. S. Mittler & Sohn. n. 1. 20; geb. n. 2. —

Wissmann, Hermann: Meine Ansichten über Herrn Dr. Pechuel-Loesche's Beurtheilung des Kongo-Unternehmens, enthalten in seiner an Herrn Stanley gerichteten Entgegnungsschrift. Als Manuskript gedruckt. Brüssel 1886. 12 S., 1 Kt. 8°

Wissmann, Herm. v., **Antwort** auf den offenen Brief d. Hrn. Dr. Warneck üb. die Thätigkeit der Missionen beider christlichen Confessionen. 1.—3. Aufl. gr. 8. (52 S.) Berlin 890. Walther & Apolant. Verl. n. — 50

Wissmann, Hermann von, Meine zweite Durchquerung Aequatorial-Afrikas vom Congo zum Zambesi während der Jahre 1886 u. 87. Frankfurt a. O. 1890.

Witzmann, Herm. v., meine zweite Durchquerung Äquatorial-Afrikas vom Congo zum Zambesi während der J. 1886 u. 1887. Mit 92 Abbildgn. nach Zeichngn. Hellgrewes u. Klein-Chevaliers, sowie 3 Karten. gr. 8. (VIII, 261 S.) Frankfurt a/O. 891. Trowitzsch & Sohn. n. 10. —; geb. n. 12. —

Wissmann, Herm. v., meine zweite Durchquerung Äquatorial-Afrikas vom Kongo zum Zambesi während der J. 1886 u. 1887. Neue Ausg. Mit Abbildgn. nach Zeichngn. v. Hellgrewe u. Klein-Chevalier, sowie e. Gedenkblatt f. Hermann v. Wissmann v. Eug. Wolf. (XXXII, 336 S. m. Bildnis.) gr. 8. Berlin (907). Globus Verlag. Geb. in Leinw. 3. —

Wissmann, H. Das Gebiet der Baschilange-Stämme in Central-Afrika. 1 : 1 300 000. Gotha 1888. 1 Bl. c. A.

Wißmann, Herm., Ludw. Wolf, Curt v. François und Hans Mueller, im Innern Afrikas. Die Erforschung des Kassai während der J. 1883, 1884 und 1885. gr. 8. (XIX, 457 S. mit 1 Titelbild in Photogravure, über 100 Abbild. und 3 Karten.) Leipzig 888, Brockhaus.

—— Ludw. Wolf, Curt v. François, Hans Mueller. Im Innern Afrikas. Die Erforschg. d. Kassai während der J. 1883, 1884 u. 1885. Mit 1 Titelbild (in Photogravure), üb. 100 Abbildgn. u. 3 Karten. 2. u. 3. verb. Aufl. gr. 8. (XXI, 461 S.) Lpz. 891, Brockhaus. * 12 —; geb. * 14 —
Vgl.: Elm, Hugo. — Ruhle, Friedr.

Wissmann, Hermann (Magdeburg) A. S. 150/28

De jure circa colores Von Farben=Recht.
Präs. Christian Thomasius. Rec.
Leipzig (Trog) o. J. 68 S.

Diss. 24. IV. 1683.
Gew.: Thomas von Knesebeck, Gustav Adolph von Schulenburg, Gebhard Johann von Alvensleben.
W. v.: Jakob Born. 37017

Wissmann, von, Dr., Deutschlands Machtstellung zur See. (o. O. u. J.)

v. **Wissmann**, H. Originalkarte des Nord-Ost-Ufers des Nyassa-Sees. Nach eigenen Aufnahmen. 1:600000. Gotha 1893. 1 Bl. c. L. Sch

—— Unter deutscher Flagge quer durch Afrika von West nach Ost. Von 1880 bis 1883 ausgeführt v. Paul Pogge u. Herm. v. Wissmann. Mit e. Titelbilde u. vielen Abbildgn., nach Skizzen H. v. W.'s. 1.—7. Aufl. gr. 8. (XV, 444 S. m. 2 Karten.) Berl. 889,90, Walther. * 12 —; geb. * 15 —

—— dass. — Nach der 7. Aufl. d. großen Werkes vom Verf. selbst bearb. kleinere Ausg. gr. 8. (XIII, 302 S. mit Portr., vielen Abbildgn. u. 1 Karte.) Ebd. 892. * 5 —; geb. ** 6 —
Auch in 10 Lfgn. à * — 50

Wissmann, Herm. v., unter deutscher Flagge quer durch Afrika von West nach Ost. Von 1880—1883 ausgeführt v. Paul Pogge u. Herm. v. Wissmann. Mit 1 Titelbilde, 21 Vollbildern nach Photographieen u. Orig.-Skizzen, 34 Textbildern u. 1 Karte. 8. Aufl. gr. 8. (XVI, 423 S.) Berlin 902. Herm. Walther. n. 8. —; geb. n. 10. —

In den Wildnissen Afrikas und Asiens. Jagderlebnisse von Dr. [Hermann] v. **Wissmann**, Gouverneur z. D. Mit 28 Vollbild. u. 42 Textabb. von Wilhelm Kuhnert. *Berlin: P. Parey 1901.* (181 S.) 4° [01. 8606

In den Wildnissen Afrikas und Asiens. Jagderlebnisse von Dr. [Hermann] v. **Wissmann**. Mit 28 Vollbild. u. 42 Textabb. von Wilhelm Kuhnert. 2. Aufl. (Vorr.: Prof. Dr. L[udwig] [Heck.) Berlin: P. Parey 1908. (VIII, 181 S.) 4° [08. 3148

Wißmann, J., die Anforderungen der Gegenwart an das theologische Studium. Referat an die schweizer. reformirte Predigergesellschaft. gr. 8. (54 S.) St. Gallen 876. Huber & Co. n. — 50

Wissmann, (Johann) Jakob

Wißmann, J., d. Schweizervolkes Beruf. Bettagspredigt, geh. am 18. Septbr. 1892 in der Peterskirche in Zürich. gr. 8. (16 S.) Zürich 892. C. Leemann. n. — 20

Wissmann, J. Bete und arbeite! Zwei Predigten, gehalten am 4. und 18. Mai 1890 in der St. Peterskirche. In-8°. 22 S. Zürich, Fr. Schulthess. 1890. — 50

Wissmann, (Johann) Jacob. Bete und arbeite! Predigten von Jakob W', Pfarrer ... in Zürich. Mit einem Lebensabriss ([von] Johannes Sutz) und einem Portrait des Verstorbenen [Tafel]. XVI + 249 S. 8. Zürich, Schulthess & Co., 1904. [fr. 3. 60]

Wismann, Pfr., die Dampfschiffkatastrophe in Obermeilen d. 29. Aug. 1872. Predigt. 8. Meilen, J. C. Hirzel. 1872. —. 50

Wissmann, Johann Jacob s. Dampfschiffkatastrophe. Die D' in Obermeilen .... Meilen [1872].

Wißmann, J., von der Einigkeit unter den Christen. Synodalpredigt über Eph. IV, 1—6, gehalten in der St. Peterskirche in Zürich am 29. Oktbr. 1882. gr. 8. (18 S.) Zürich 882. Schultheß.

Wißmann, J., die Volkszählung im Lichte d. Christentums. — **Ausstellung u. Christentum.** Zwei Predigten, **geh. am 3. u. 17. Juni 1894 zu St.** Peter in **Zürich.** gr. 8. (30 S.) **Zürich 894.** C. Leemann. n. — 50

— die Volkszählung im Lichte des Christentums. Ausstellung u. Christentum. 2 Predigten, geh. am 3. u. 17. Juni 1894 zu St. Peter in Zürich. gr. 8. (30 S.) Zürich 894. (C. Speidel.) n. — 50

— wachet, stehet im Glauben, seid männlich, seid stark! Alle eure Dinge lasset in Liebe geschehen! (I. Kor. XVI, 13 u. 14). Konfirmationsrede, geh. am 17. Dezbr. 1893 in der St. Peterskirche Zürich. gr. 8. (14 S.) Zürich 893. C. Leemann. n. — 20

Wissmann, J(oannes) Ch(ristianus) L(udovicus): Dissertatio ... sistens observationes de rite cognoscendis et curandis nudatione, carie et necrosi ossium. Halae (1820): Hendel. 44 S. 8°
Halle-Wittenberg, Med. Diss. v. 13. Dez. 1820
Geb. Kelbra bei Nordhausen 18. 3. 1796. V.
Im Buchhandel 1821 bei Renger in Halle u. d. T.: L. Wissmann, De rite cognoscendis ... Observationes pathologico-medicae.

Wißmann, Karl, a. Witten a. d. Ruhr: Über einen Fall von Muskelangiom. Bonn 1907: J. Trapp. (34 S.) 8°
Bonn, Med. Fak., Ref. Schultze, Diss. v. 8. Juli 1907
[Geb. 23. Aug. 79 Kalk; Wohnort: Witten a. d. Ruhr; Staatsangeh.: Preußen; Vorbildung: Friedrich-Wilhelms-Gymn. Cöln Reife O. 98; Studium: München 1, Marburg 4, München 1, Bonn 3 S.; Coll. 8. Juli 07; Approb. 22. Aug. 03.]

Wissmann, Karl Die weißenburger Linien. Schilderung und Geschichte 19 S. **Progr.** *Weissenburg* 1885.

Wissmann, Karl Die Weissenburger Linien. II. Teil. 4 (37 S.). **Progr.** G. *Weissenburg i. E.* 1888 (491).

Wißmann, Ludwig, approb. Arzt aus Darmstadt: **Ueber Embolie** der Carotis communis. *Gießen 1903: v. Münchow.* (33 S.) 8°
Gießen, Med. Diss. v. 1903

Wissmann, Reinhold: Der Einfluß der künstlichen Verdauung auf die Spezifität des Linseneiweißes. Leipzig: W. Engelmann 1909. S. 150—164. 8° ¶ (Aus: v. Graefe's Archiv f. Ophthalmol. Bd 71, H. 1.)
Straßburg, Med. Diss. v. 5. Aug. 1909, Ref. Schirmer
[Geb. 24. April 84 Weißenburg i. Els.; Wohnort: Straßburg; Staatsangeh.: Elsaß-Lothringen; Vorbildung: Lyz. Straßburg Reife O. 03; Studium: Straßburg 6, München 1, Straßburg 3 S.; Coll. 28. Mai 09; Approb. 31. Mai 08.] [U 09. 3822

Wißmann, Th., das Ehe- u. Familien-Recht in Preußen aus der Gesetzgebung d. neuen deutschen Reiches, dem preuß. Landrecht, dem rhein. Gesetzbuche u. gemeinrechtl. Satzgn. dargestellt. gr. 8. (III, 111 S.) Berlin 875. C. Pfeiffer. 1. 50

—— das Erbrecht in der preußischen Monarchie in seinen Grundzügen dargestellt. gr. 8. (45 S.) Ebendas. 875.

—— die preußische Gesetzgebung über das Vormundschaftswesen sachlich erörtert. gr. 8. (III, 41 S.) Ebendas. 875.

—— politischer Katechismus für das deutsche Reich mit der Vormacht Preußen. 1. Aufl. (112 S.) * *M.* 1,20.; 2. verm. und verb. Aufl. 8. (XV, 156 S.) [Leipzig 876, Deuffet.] Hamburg, Berendsohn. *

Wißmann, Th., Konsolidationsbuch. Sammlung der gesetzl. Vorschriften über die Güterkonsolidation in Nassau, mit Erörterungen über die Fortbildung derselben nach dem Separations-Princip der Wirthschaftlichkeit. gr. 8. (308 S. mit eingedr. Holzschn. und 8 Stnt. in qu. 4.) Berlin 874, C. Pfeiffer. *

Wißmann, Th., Konsolidationsbuch. gr. 8. Berlin 874. Brandenburg, A. Müller. * 8 —

Wißmann, Th., über das Consolidationswesen im Herzogth. Nassau mit allgem. Erörterungen über Arrondirung, Regulirung und Separation der Güter, sowie über Verhütung der Gutszersplitterung. gr. 8. (IX und 142 S.) Wiesbaden 853, Kreidel und Niedner.

— das Steuerwesen der preußischen Monarchie nach den Offizialworten der Gesetze, Verordnungen und Instruktion dargestellt. gr. 8. (VI, 282 S.) Berlin 875, [Pfeiffer'sche Buchh.] Brandenburg, Müller. *

Wissmann, Theodor: S t u d i e n zu King Horn. (Separat-Abdruck aus den Quellen und Forschungen zur Sprach- und Culturgeschichte der germanischen Völker, hrsg. von Bernhard ten Brink, Wilhelm Scherer, Elias Steinmeyer. XVI. Heft, S. 1–33.) Strassburg: Karl J. Trübner. London: Trübner & Comp., 1876. 33 S. 8⁰

Wissmann, Th., das Lied vom King Horn, s. Quellen und Forschungen.

Wissmann-Expedition [Schlagwort]

Wissmann-Expedition, s.: Kolonien.

Wißmayr, Jos., **Dr. Lorenz Hübner's, k. geistl. Rathes** rc., biographische Charakteristik, vorgetragen in der öffentl. Sitzung der k. Akademie der Wissenschaften zu München am 15. Juni 1822 als Beitrag zur Geschichte der Nationalkultur Bayerns im gegenwärt. Jahrhundert. gr. 4. (26 S.) München 855, (Franz.) *

Wißmayr, Jos., sechzig auserlesene Fragen und Antworten mit Gründen und Gegengründen. Der reiferen vaterländischen Jugend gewidmet. gr. 8. (VI und 143 S.) Freysing 857, Datterer. *

— Sammlung von Lesefrüchten. Als Mscr. Freunden zum Andenken gewidmet. gr. 8. (VII und 116 S.) Freysing 857, Datterer. *

— meine Selbst-Biographie für Freunde und Freundlichgesinnte. In meinem 90. Lebensjahre zum Drucke befördert. gr. 4. (IV und 22 S.) Freysing 857, Datterer. *

Witzmiller, G., Ansprache, geh. b. Festgottesdienste bei der Feier zur Erinnerung an den Ausmarsch des k. b. 1. Jägerbataillons nach Frankreich am 28. Juli 1895 zu Kempten. 8. (8 S.) Kempten 895. J. Kösel. — 10

Wismüller a. **Wissmüller, C., designatio candidatorum, qui summos in theologia honores petierunt, et Disputationum quas inaugurandi causa** habuerunt in academ. **Altdorf. 8. Nürnb. 802. Rauw. 1** ℛ

Wissmüller, Christian, aus Nürnberg: Der Geograph Luigi Ferdinando Graf Marsigli ⟨1658—1730⟩. *Nürnberg 1900: G. P. J. Bieling-Dietz.* (107 S.) 8°
Erlangen, Phil. Diss. v. 12. Juli 1899

Wissner, Karl, appr. Arzt: Ueber Luxationen im Kniegelenk mit Verletzung der Arteria poplitea. Leipzig 1910: Lehmann. 45 S. 8°
Leipzig, Med. Diss. v. 18. Juli 1910, Ref. Trendelenburg
[Geb. 16. Juni 83 Eschwege; Wohnort: Ilversgehofen; Staatsangeh.: Preußen; Vorbildung: Gymn. Bremen Reife O. 02; Studium: Marburg 7, Leipzig 4 S.; Coll. 29. Juli 10; Approb. 5. Febr. 09.] [U 10. 3086

Wissnitzer, G. A., De memoriae laesione. Altd. 4°.

1725

Wissockowitsch, W., die Gewinnung der Milchsäure aus der künstlich durchbluteten Leber, s. Archiv für Anatomie und Physiologie, Suppl.-Bd. zur physiolog. Abthl.

Wissow, Rob. v., Ring u. Dolch, s.: Hume, Fergus.

Wissowa, **Dr.,** s. Seemann, H. J., Leitfaden für den ersten weltgeschichtl. Unterricht.

Wissowa, Augustin

Wissowa: Ueber eine Anzahl lateinischer Schuldramen aus der Bibliothek des katholischen Gymnasiums. 26 S. –Breslau kth. G, Progr. 1861

Wissowa, Aug., Beiträge zur Geschichte des Königlichen katholischen Gymnasiums zu Breslau von seiner Stiftung bis zur Gegenwart. Abth. 1. 2. Breslau 1843—1845. 8° (4°).
Breslau. Kgl. kath. Gymnas., P 1843—1845.

Wissowa, Aug. Beiträge zu einer Geschichte des zweiten nachchristlichen Jahrhunderts aus Lucians Schriften.
Berlin, K., Progr. 1848

Wissowa, Aug.: Beiträge zu meiner Geschichte des zweiten nachchristlichen Jahrhunderts aus den Schriften Lucians. Zweite Abth. 12 S. – Breslau Kath. G., Progr. 1853.

Wissowa, A. Ueber Aristophanes Beurtheilung der trag. Dichter seiner Zeit, insbes. des Euripides. 24 S.
Leobschütz, Progr. 1830

Wissowa, A. **De Choephoris Aeschyli et Sophoclis Electra. 9 S.**
Leobschütz, Progr. 1835

Wissowa: Ueber Dossennus in Hor. Epist. II. 1. 137. 12 S.–Breslau kth., Progr. 1865

Wissowa, A., Ueber d. Idee d. Schicksals i. d. Tragödien d. Sophocles. Forts. 1833. 12 S. 4°. 1.

Wissowa, Augustinus: Lectiones Taciteae. Spec. 1. Vratislaviae (1828). (36 S.) 8° *[Spec. 2 ist Progr. d. Kath. Gymn. zu Breslau v. 1829, 3 d. Gymn. zu Leobschütz v. 1832; alle auch im Buchhandel bei Max & Ko. in Breslau.]*
Breslau, Phil. Fak., Hab.-Schr. v. 20. Dez. 1828

Wissowa, A., Lectiones Tacitinae. specimen II, III. Pr. 1829, 1832. 19, 13 S. 4°. je 1.—

—— **Specim. III. De Codice Taciti Vindobonensi. 13 S.**
Leobschütz, Progr. 1832

***Wissowa,* Aug., Dissertat. de quaestione: quae fuerit veterum Graecorum opinio de rebus homini post mortem obventuris. 4. Bresl. 825. (Max u. Comp.) 10** ℛ

Wissowa, (A.,) Dissertat. de quaestione: quae fuerit **veterum Graecorum opinio de rebus** homini **post mortem obventuris. 4. Vratisl. 826,** (Max et Soc.)

Wissowa, A. Rede zum Geburtstage Sr. Maj. **1832.** (Hauptf. über die Verdienste des Monarchen um die Schulen.) 8 S.
Leobschütz, Progr. 1834

Wissowa, A. **Rede zum Geburtstage Sr. Maj. des Königs, geh. am 2. Aug. 1834. (Hauptf. über die Einrichtung des Unterrichts, die Abgränzung der Lehrgegenstände, und die Disciplin.) 9 S.**
Leobschütz, P 1835

Wissowa, Aug.: R e d e am Geburtstage Sr. Maj. des Königs, den 22. März 1867. Breslau 1867.
Schul-/Univ.-Schrift

Wissowa: Ueber die den Dichter Furius betreffende Stelle Hor. sat. II. 5. 39–41. 10 S.–Breslau kath., Progr. 1867

Wissowa, Augustinus *(geb. Breslau 10. 5. 1797)*: Theocritus Theocriteus sive idylliorum Theocriti suspectorum vindiciae. Vratislaviae: J. Max et soc. 1828. (IV, 48 S.) 8° *[Buchausg. ebenda.]*
Breslau, Phil. Diss. v. 16. Aug. 1828

Wissowa, A., Ueber die Vorstellungen der Alten vom Leben nach dem Tode. Pr. 1825. 29 S. 4°.

Wissowa, F., Register, s.: Jahrbücher f. Nationalökonomie u. Statistik.

Wissowa, Felix. Politische Beziehungen zwischen England und Deutschland bis zum Untergange der Staufer. Diss. gr. 8. (76 S.) Bresl. 889, Koebner. * 1 20

Wissowa, Georg

Wissowa, Geo., gesammelte Abhandlungen zur römischen Religions- u. Stadtgeschichte. Ergänzungsbd. zu des Verf. ‚Religion u. Kultus der Römer'. (VII, 329 S.) gr. 8. München 904. C. H. Beck. n. 8. —; geb. in Halbfrz. n.n. 10. —

Academiae Fridericianae Halensis ... rector Carolus Eberth cum senatu nomina civium suorum, qui in certamine litterario ... **praemia** reportaverunt, renuntiat novasque simul quaestiones in annum sequentem propositas promulgat. — Praemissa sunt Georgii **Wissowa** Analecta Romana topographica. Halis, form. Gebauero-Schwetschkeianis, 1897; 22 S. 4.

Wissowa, Geo., Bestehen u. Vergehen in der römischen Literatur. Rede zum Antritt des Rektorats der vereinigten Friedrichs-Universität Halle-Wittenberg am 12. VII. 1908. (25 S.) gr. 8. Halle 908. M. Niemeyer.

Indices lectionvm ... qvae in academia Marpvrgensi per sem. hib. inde a d. XV. m. Oct. 1892 vsqve ad d. XV. m. Martii 1893 habendae proponvntvr. — Praemissa est Georgii **Wissowa** P. P. O. De dis Romanorum indigetibus et novensidibus disputatio. Marpvrgi, typ. acad. R. Friedrich. *1892;* XIII, 10 S. 4.

Wissowa, Geo. De dis Romanorum indigestibus et novensidibus disputatio. gr. 4. (XIII S.) Marb. i. H. 892, N. G. Elwert. * — 80

— De feriis anni Romanorum vetustissimi observationes selectae. gr. 4. (15 S.) Ebd. 891. * — 80

Wissowa, Georgius (Otto Augustus) *(geb. Breslau 17. 6. 1859)*: De Macrobii Saturnaliorum fontibus capita tria. Vratislaviae: G. Koebner 1880. (59 S.) 8° *(Teil einer Breslauer gekr. Preisschr.)* *[Buchausg. ebenda; fortges. unt. d. T. „Analecta Macrobiana" in Hermes Bd 16. 1881.]*
Breslau, Phil. Diss. v. 3. Juli 1880

— Römische Götterbilder. S.-A. 18:8. 18 S.

Wissowa, Geo., s.: Pauly's Real-Encyclopädie der classischen Altertumswissenschaft.

Wissowa, G., August Reifferscheid. Ein Lebensabriss. [Aus: „Jahresber. d. class. Alterthumswissenschaft".] gr. 8. (16 S.) Berlin 890. Calvary & Co. n. 1. 20

Religion und Kultus der Römer. Von Dr. Georg **Wissowa**, Prof., Halle. *München: C. H. Beck 1902.* (XII, 534 S.) 8°
— Handbuch d. klass. Altertums-Wissenschaft. Bd 5, Abt. 4. (02. 818

— die Saecularfeier des Augustus. Rede, zur Feier des Geburtstages Sr. Maj. des Kaisers u. Königs am 27. Jan. 1894 im Namen der Universität Marburg geh. gr. 8. (28 S.) Marburg i/H. 894. N. G. Elwert's Verl. n. — 50

Wissowa, Georg: Septimontium u. Subura. E. Beitr. z. röm. Stadtgesch. *Breslau 1896.* in: Satura Viadrina. Festschr. z. 25j. Besteh. d. philol. Ver. zu Breslau. (97. 646)

Wissowa, Georgius: De Veneris simulacris Romanis. Vratislaviae: G. Koebner 1882. (53 S.) 8° *[Buchausg. ebenda; wiederabgedr. 1904 in d. Verf. Gesamm. Abhandlungen z. röm. Religions- u. Stadtgeschichte.]*
Breslau, Phil. Fak., Hab.-Schr. v. 1. Juli 1882

Wissowa, G., De equitum singularium titulis Romanis. S.-A. 1898. 4 S. m. Abb. 4°.

— Die Ueberlieferung üb. die röm. Penaten. S.-A. 1887. 29 S.

Wissowa, Theodor

Wissowa, Theod. Beiträge zur Kenntnis von Andreas Gryphius Leben und Schriften. S. 53—64. Progr. Kath. G. *Glogau 1876.

Wissowa, Theod., de conjunctionum latinarum natura ac significatione. Part. I. gr. 8. (IV und 58 S.) Leobschütz 858, [Bauer.] * * –
Schreibp. * * –

Wissowsky, Roman. In exil. Roman istoric. Tradus din germana de Julian Codrescu. 8°. (359 S.) Graz, Cieslar. fl. 2 —. 1887.

Wist, Johann

Wist, J., Das Arbeiterwohnhaus auf der Pariser Weltausstellung von 1876. 1878.

Wist, Joh., Studien über ausgeführte Wiener Bau-Constructionen. 1. Bd. in 5 Lfgn. Fol. (IV, 47 S. und 28 Stnt. in Imp.-Fol.) Wien 869—72, Lehmann und Wentzel. In Mappe à Lfg. *M. 4,50.

Wistasse le Moine, s. Bibliothek, Romanische.

Wister, Owen, der Medizinmann der Krähenindianer. Der Handstreich des Generals, s.: Bücher, bunte.

— Novellen aus dem Abenteurerleben des wilden Westens. Ins Deutsche übertr. v. Abba Goldschmidt. 1.—3. Tauf. (240 S.) 8. Hamburg 908. Berlin, Gutenberg-Verlag. 2.—; geb. 3. —

Wisthaler, Johannes S. Geschichtliches über die Elektrizität und ihre praktische Anwendung. Cincinnati, 1893.

Wisthoff, Ferdinand, Referendar a. Königs-Steele a. d. Ruhr: Verfügung über zukünftige Forderungen. Borna-Leipzig 1905: R. Noske. (VIII [! vielm. VI], 38 S.) 8°
Rostock, Jur. Fak., Ref. Matthiass, Diss. v. 10. Mai 1905
[Geb. 25. Febr. 79 Steele a. d. Ruhr, Rheinland; Wohnort: Steele; Staatsangeh.: Preußen; Vorbildung: Gymn. Essen a. d. Ruhr u. Meppen (Prov. Hannover): Studium: Bonn, Berlin; Rig. 14. Dez. 04.]

von Wistinghausen, Constantin [aus St. Petersburg]: Pharmakologische Untersuchungen über das Vanillin .... Berlin, Buchdr. v. Gustav Schade (Otto Francke) (1887); 38 S. + 1 Bl. 8°.
Berlin, Med. Fak., Inaug.-Diss. v. 25. Mai 1887.

Wistinghausen, Constantin von, pharmakologische Untersuchungen über das Vanillin. Diss. Berlin 1887, Mayer & Müller. 8°. 38 S.

Wistinghausen, Renaud v., üb. einige die Faserstoffgerinnung befördernde Substanzen. Diss. gr. 8. (79 S.) Jurjow (Dorpat) 894. (E. J. Karow.) n. 1. 50

Ueber die Grundlagen unseres harmonischen Empfindens. Von Richard v. **Wistinghausen.** (Dresden: R. L. Schneider 1902.) (20 S.) 8°
[Aus: Bericht d. Dresdener Musik-Schule. 1900–02.] (07. 11600

Wistinghausen, Wilhelm

Wistinghausen, W., über Schäfereien, ihre Pflege, Weide, Futterung u. Veredlung. 8. Berl. 817. Rücker. 8 gGr

Wistinghausen W.: Über Schäfereien, ihre Pflege, Weide, Futterung u. Veredlung. Berl. 1817. 43 S. P.

Wistnyk. časopys polityčeska dlja Rusynov avstryjskoi deržavy. (Politische Zeitung für die Russinen des österreichischen Staates.) Redakteur und Verleger Wasylyj Zborowski. Druck der Mechitharisten in Wien. 4. 2spaltig. Erscheint jeden Mittwoch und Samstag einen halben Bogen stark. Ganzjährig 3 fl., halbjährig 2 fl., vierteljährig 1 fl. Dazu jeden Samstag „Sbornyk" als Beilage für Belletristik, 1 halben Bogen stark. Wien 1854.

Wistuik. Casopis politiceska dlja Rusinow austrijskoj djerawy. (Der Bote. Politische Zeitschrift für die Ruthenen des österreichischen Staates.) Redakteur: Basil Zborowski. Druck der Mechitharisten in Wien. 4. 2spaltig. Erscheint jeden Mittwoch und Samstag. Ganzjährig 3 fl., halbjährig 2 fl., vierteljährig 1 fl. Dazu jeden Samstag: „Sbornyk otecestvennyj powistok skazok istoriceskich wspominanyj, rozlicnych obscepoleznych widomostij i np. (Vaterländischer Sammler von Erzählungen, Novellen, historischer Erinnerungen und gemeinnütziger Notizen rc. Als Beiblatt einen halben Bogen stark. Ferner: „Skolka" (die Schule), ein Leseblatt für Kinder. In zwanglosen Blättern. Wien 1855.

Wistnyk. Časopys polityčeska dla Rusynow austrijskoi derawy. — (Der Bote. Politische Zeitschrift für die Ruthenen der österreichischen Monarchie. VIII. Jahrg. Redakteur: Basil Zborowski. Druck der Mechitharisten. 4. 2spaltig. Erscheint jeden Mittwoch und Samstag. Diese Zeitschrift hat zwei Beilagen: „Sbornyk otecestvennyj" (Vaterländischer Sammler), welcher jeden Samstag erscheint, und „Domova Školka," (Haus-Schule) welche zwanglos erscheint. Wien 1856.

Wistnyk. Casopis polityceska dla Rusynow austrijskoi derawy. — Der Bote. Politische Zeitung für die Ruthenen der österr. Monarchie. 4. 2spaltig, mit kirilischen Lettern. 9. Jahrg. Redakteur: Basil Zborowski. Druck der Mechitharisten in Wien. Diese Zeitung erscheint jeden Mittwoch und Samstag und hat 2 Beilagen: „Sbornyk otecestvennyj" (Vaterländischer Sammler), welcher jeden Samstag erscheint, und „Domova Školka" (Hausschule), welche zwanglos erscheint. Ebd. 1857.

Wisto, C., Wunderkuren. Lustspiel in 3 Acten. gr. 8. (56 S.) Berlin 883. Baensch. 1. —

WISTOCKI, Appollinaris de: De emolumentis et detrimentis expeditionum cruciatarum. — (1869) 44 S. 4° (Handschr.) Diss. 240
Diss. Wien, Univ.

Wistulanus, Hans. Geschichte der Stadt Danzig. 12. (98 S.) Danzig 891, Lehmann. * 1 —

—— dass. — Fortsetzung s. u. d. T.: Heimat, westpreussische.

Wistulanus, H., s. Gregor VII. und Heinrich IV.

Wiswe, Johannes, approb. Arzt aus Lübeck: Ueber Enucleatio und Exenteratio bulbi. *Freiburg i. B. 1900: E. Kuttruff.* (62 S.) 8°
Freiburg i. B., Med. Diss. v. 1900

Wiswesser, Fritz: Die Hackwaldwirtschaft im Odenwald. Heidelberg: Heidelberger Verlagsanst. u. Dr. 1910. 30 S. 8°
Heidelberg, Phil. Diss. v. 3. Juni 1910, Ref. Gothein
[Geb. 18. Febr. 83 Neckarhäuserhof; Wohnort: Neckarhäuserhof; Staatsangeh.: Baden; Vorbildung: Gymn. Mannheim Reife M. 02; Studium: Jena 4, Heidelberg 8 S.; Rig. 17. Juli 09.] [U 10. 2183

Wiszniewski, Rich., die mittlere jährliche Temperatur auf der Erdoberfläche als Function der geograph. Länge und Breite nach den Beobachtungen dargestellt. Eine Abhandlung zur Erlangung der Magister-Würde verfasst etc. Mit 1 (lith.) Isothermenkarte (in Fol.). Dorpat 853. (Glaeser.) gr. 8. (39 S. u. 2 Tab. in Fol.) n. 16 ngr.

Wiszwianski, Alexander [aus Kowno]: Beiträge zu der Lehre von der Athetose mit besonderer Berücksichtigung ihres Verhältnisses zu der Chorea und andern ephhemiplegischen Bewegungsstörungen. . . . Würzburg, C. Bieler's Buchdr., 1889; 49 S. 8°
Würzburg, Med. Fak., Inaug.-Diss. v. 1889

Wiszwianski, Helene, a. Neuchâtel i. d. Schweiz: Die Faktoren der Wüstenbildung. T. 1 bis 4. (Berlin 1906: E. S. Mittler & Sohn.) (56 S.) 4°(8°) ¶ (Der Rest erscheint in den Veröffentlichungen des Instituts für Meereskunde.)
Berlin, Phil. Fak., Ref. v. Drygalski, Diss. v. 19. Mai 1906
[Geb. 16. Dez. 81 Neuchâtel; Wohnort: Berlin; Staatsangeh.: Schweiz; Vorbildung: Luisenstädt. Oberrealsch. Berlin Reife O. 04; Studium: Berlin 10 S.; Rig. 8. Febr. 06.]

Die Faktoren der Wüstenbildung. Von Dr. Helene **Wiszwianski**. Mit 1 Steindrucktaf. Berlin: E. S. Mittler & Sohn 1906. (90 S.) 8°
= **Veröffentlichungen** d. Instituts f. Meereskunde. H. 9. [06. 13953 8

Wit, A. de, de studio et usu theologiae moralis S. Alphonsi Mariae de Ligorio. Dissertatio theoretico-practica. Gandae 867. (Münster, Theissing'sche Buchh.) gr. 8. (168 S.) n.n. 20 ngr.

Wit, Augusta de

Wit, A. de, Feindschaft. Das höchste Gesetz, s.: Seemann's kleine Unterhaltungsbibliothek. Nr. 10.

Wit, Augusta de, die Göttin, die da harret. Roman. In einzig autoris. Übertragg. aus dem Holl. v. Else Otten. Mit Buchschmuck v. Louise A. van Blommestein. (409 S.) 8. Leipzig 908. Maas & van Suchtelen. 4.50; geb. in Leinw. 5. 50

— **Eine Mutter.** Einzig autoris. Übersetzg. aus d. Holl. v. Else Otten. (172 S.) 8. Berlin (908). Concordia. 2.—; geb. 3. —

Orpheus in der Dessa. Erzählung von A[ugusta] de **Wit**. Autor. Übers. von Else Otten. Berlin & Leipzig: H. Seemann Nachf. [1905]. (120 S.) 8°
= **Unterhaltungs-Bibliothek**, Seemanns Kleine. No 32 [vielm. 31]. [06. 2014

— Orpheus in der Dessa, s. a. Seemann's kleine Unterhaltungsbibliothek, Nr. 31.

Wit, F. de: Ducatus Meklenburgicus in quo sunt Ducatus Vandaliae et Meklenburgi Comitatus et Episcopatus Swerinensis Rostochiense et Stargardiense Domin. (1:465 000.) o. O. u. J. Kupferstich, kol. 1 Bl. Fol., ca. 51,5/60,6 cm (beschn.).

Wit, (Ferdinand) Johannes, gen. v. Dörring

Wit von Döring: „Ansichten, ausgesprochen bei der ersten Versammlung deutscher Landwirte“, ohne Druckort (Dresden) und Jahreszahl (1837).

†Wit, gen. v. Dörring, Johs., (eigentl. Ferd. Joh. Witt,) meine Berufung an d. Publikum. 8. (3¼ B.) Leipzig 832. (Braunschweig, Vieweg.)

Johannes Wit, genannt Dörring. Fragmente aus meinem Leben und meiner Zeit. — Aufenthalt in den Gefängnissen zu Chambery, Turin und Mailand, nebst meiner Flucht aus der Citadelle letztern Ortes. Braunschweig: Vieweg 1827. VIII, 490 S., 1 Bl. 8°.
Kl. 3675. Tt. 988. 358.

—— Fragmente aus meinem Leben u. meiner Zeit. 3 Bde. (od. 4 Abthln.) 8. Braunschweig, Vieweg. [1. (30 B.) 830., 2. 2. Aufl. (31 B.) 827., 3. 1. (23½ B.) 829., 2. (28 B.) 830. à 2 Thlr.]

Wit, Johannes, genannt von Dörring. Fragmente aus meinem Leben und meiner Zeit. Leipzig. Gräfe. Band 1. 1830. 8. XXXII. 448 S. Band III. Abth. 1. 1828. X. 363 S. Band III, Abth. 2. 1830. VIII. 140 S.

Wit, Joh. gen. v. Dörring: Mr. Glaubensbekenntniss, ausgesprochen am Stiftungsf. d. L. z. weissen Taube in Neisse am 24. Nov. 5835. 24.

Wit, Johannes, Teutsche Jugend in weiland Burschenschaften u. Turngemeinden, Materialien zu d. verheißenen 1. Teile d. Fragmente aus d. Leben d. Abenteurers Ferd. Johannes Witt, gen. v. Dörring, m. Bezugnahme auf d. Herrn Major v. Lindenfels freisinnige Bemerkungen über den 2. Teil dieser Fragmente, Magdeburg 1828.

—— mein Jugendleben u. meine Reisen. Ergänzung d. „Fragmente aus meinem Leben u. meiner Zeit.“ 8. (21¼ B.) Leipzig 832, O Wigand.

Wit von Dörring. Mein Jugendleben und meine Reisen. Ergänzung der Fragmente aus meinem Leben und meiner Zeit. Leipzig. Wigand. 1833. 8. Tit. 537 S.

Wit, Johannes, gen. v. Dörring: Lucubrationen eines Staatsgefangenen, niedergeschrieben in dem Criminal-Gefängnisse zu Turin, der Citadelle zu Mailand, der Frohnfeste zu Baireuth, der Stadtvogtei zu Berlin, und dem Polizeihause zu Wien, zum Drucke geordnet in der Dänischen Festung Friedrichsort. Braunschweig. 1827. 8°
Vgl. Lucubrationen . . .

Wit, Johannes, gen. v. Dörring: Schilderungen und Begebnisse eines Vielgereisten der ausruht. Buch 1–3. Leipzig. 1833. 12°

(——) Schilderungen u. Begebnisse rc., s. a. Schilderungen.

Wit, Johannes, genannt von Dörring, über, und seine neueste Schrift. (Aus d. Minerva abgedr.) 8. Jena 829. Bran. 5 gr.

—— polit. Taschenbuch f. d. J. 1830 u. 31. 1. u. 2. Jahrg. 16. Hamburg 829, Hoffmann u. Campe. [1. (23½ B.), 2. (24½ B.) à 1 Thlr. 16 Gr.]

WIT, J., gen. v. Dörring, Der Teufel in München und der gefallene Engel. Phantasie und Erzählung begründet im Leben der neuesten Zeit. O. O. u. J. (Stuttgart 1829). 8°. (1 Mk. 50 Pfg. Jul. Neumann, 1906.)
Bildet den 3. Theil zu Hauff's Memoiren des Satan.

Wit, Johannes, gen. v. Dörring, der Teufel in München rc., s. a. Mittheilungen aus d. Memoiren des Satan. 3r Thl.

[Wit, Ferdinand Johannes.] Die revolutionären Umtriebe in der Schweiz. Worte der Warnung; einer hohen Tagsatzung und allen ächten Schweizern gewiedmet. 8. Glarus 1823.

Versuch, die Mißverständnisse zu heben, welche zwischen dem Könige (Georg IV.) von England und dem Herzoge (Carl) von Braunschweig durch den Grafen Ernst von Münster herbeigeführt worden. Von einem Privatmanne (Ferdinand Johannes Wit gen. von Dörring) aus officiellen Quellen. Hamburg. 1828. Hoffmann u. Campe.
Vgl. Versuch, . . .

—— was uns Noth thut! Ein ehrerbietiges u. freies Wort, seinem Fürsten u. seinen Landsleuten gewidmet. gr. 8. (2½ B.) Hamburg 831, Hoffmann u. Campe.

—— über d. Wesen u. Unwesen d. deutschen Theaters. Nebst Agonien d. Hamburger Bühne seit d. Mitdirectorio d. Hrn. Lebrün. 8. (5¼ B.) Kiel 827. (Braunschweig, Vieweg.)

Wit, Paul de, internationales Adressbuch der gesammten Musikinstrumenten-Branche. (Deutsch, französisch und englisch.) gr. 8. (479 S. mit Holzschn. und Portr.) Leipzig 885, de Wit. geb. *
—— dass. — Nachtrag, enth. die seit Octbr. 1885 neu hinzugekommenen Firmen, sowie Aenderungen und Löschungen. gr. 8. (48 S.) Ebendas. 887.

Wit, Paul de, Geigenzettel alter Meister vom 16. bis zur Mitte des 19. Jahrh. Enth. auf 34 Taf. in photograph. Reproduktion (Autotypie) üb. 400 Geigenzettel. gr. 4. (14 S. Text.) Leipzig 902. P. de Wit. Kart. 7. 50

Wit, Paul de, Geigenzettel alter Meister vom 16. bis z. Mitte des 19. Jahrh. I. u. II. Tl. Lex. 8. Leipzig, P. de Wit. Geb. in Leinw. à 7. 50
I. 2. neu bearb. u. verm. Aufl. Enth. auf 38 Taf. in photograph. Reproduktion (Autotypie) üb. 420 Geigenzettel. (16 S. Text.) 910.
II. Enth. auf 40 Taf. in photograph. Reproduktion (Autotypie) üb. 450 Geigenzettel sowie e. alphabet. Namenverzeichnis m. erläut. Notizen. (16 S. Text.) 910.

— internationales Hand- u. Adressbuch f. die gesammte Musikinstrumentenbranche, s.: Laffert, O.

Katalog des Musikhistorischen Museums von Paul de Wit. Leipzig. Mit zahlr. Abb. nach photogr. Originalaufn. *Leipzig: P. de Wit 1903.* (207 S.) 8°
[04. 13071]

Wit, Paul de, s. a. Katalog d. musikhistor. Museums v. Paul de Wit.

Wit, Paul de, s. Perlen a. d. Instrumenten-Sammlung.

— s. Welt-Adressbuch d. gesammten Musikinstrumenten-Industrie.

Wit, Paul de [Hrsg.], s. Zeitschrift f. Instrumentenbau.

Witala u. Merz in einem Zweykampf vorgestellt. 8. Augsburg, Wolf. 783.

Ein Beitrag zur Kenntnis der Gattung Campanula. Von J. Witasek. Mit 3 Karten. *Wien: A. Hölder 1902.* (106 S.) 4°(8°)
= Abhandlungen d. k. k. zool.-bot. Gesellschaft in Wien. Bd 1, H 3.

Grundlinien der Psychologie. Von Dr. Stephan Witasek. Mit 15 Fig. Leipzig: Dürr 1908. (VIII, 392 S.) 8°
— Bibliothek, Philosophische. [Neue Ausg.] Bd 115 [08. 5737]

Witasek, Steph., Grundzüge der allgemeinen Aesthetik. (VII, 410 S.) gr. 8. Leipzig 904. J. A. Barth. n. 4. —; geb. in Leinw. n. 5. —

Witasek, Steph., physiolog. od. experiment. Psychologie am Gymnasium?, s.: Höfler, Alois.

Psychologie der Raumwahrnehmung des Auges. Von Dr. Stephan **Witasek**. Mit 47 Fig. Heidelberg: Winter 1910. XI, 454 S. 8°
(Die Psychologie in Einzeldarstellungen. Bd 2.) [10. 7310

Witasek, Stephan: Psychologisches zur ethischen Erziehung. (Mit 1 Taf.) Langensalza: Beyer 1907. 13 S. 8⁰
(Beiträge z. Kinderforschung u. Heilerziehung. H. 44.)

Witasek, Steph., psycholog. Schulversuche, s.: Höfler, Al.

WITASEK, Stephan: Untersuchungen zur Complexions-Theorie. — 1895. 185 S. Diss. Graz. Univ.

***Witasse,* Karl, de locis theologicis. 8maj. Wien 764. Trattner.** 5 gl.

Wirbach und ihre Kinder, von Mulnek. 8. Leipzig, Rein. 816.

Witchell, Charles A., natures story of the year, hrsg. v. Fr. Strohmeyer, s. a. Authors, English.

Nature's story of the year. By Charles A. **Witchell**. Mit Anm. z. Schulgebr. hrsg. von Oberl. Dr. Fritz Strohmeyer. [Nebst] Anh. [&] Wörterbuch. Bielefeld & Leipzig: Velhagen & Klasing 1906. 3 Bde 8° = **Sammlung**, Velhagen & Klasings, franz. u. engl. Schulausgaben. English Authors. Ausg. B. Lfg 111. [07. 3840

Witcomb, nuevo guia de la conversacion moderna en Español, Frances, Ingles y Aleman, s. Palacios, S. de.
—— **nuevo guia de la conversacion moderna en Español y Ingles,** s. Palacios, S. de.

Witcomb, nuova guida di conversazioni in italiano e inglese, s. Fabrucci, F.

Witcomb, s. a. Guide, new, to modern conversation.

Witcomb, new guide to modern conversation in Danish and English, s. Hjelm.

—— **new guide to modern conversations in Dutch and English, s. Calisch.**

Witcomb and Fischer, new guide to modern conversation in English and German or dialogues on ordinary and familiar subjects augmented by dialogues on Travelling, Railways, Steamvessels etc. for the use of travellers and students of either nation. A. u. d. T.: Neuer Sprachenführer. — Leitfaden der englischen und deutschen Conversations-Sprache, enthltd.: Gespräche über Reisen, Eisenbahnen, Dampfschifffahrt x. Berlin 854. Behr. 12. (2 Bl., V, 236 S.) 15 ngr.

Witcomb und Fischer, neuer Sprachenführer. Leitfaden der engl. und deutschen Conversations-Sprache, enth.: Gespräche über Reisen, Eisenbahnen, Dampfschiffahrt etc. Zum Gebrauch für Reisende und diejenigen, welche diese Sprachen erlernen wollen. — New Guide to modern Conversation in English and German. — 16. (V, 236 S.) Berlin 871, Behr's Buchh. cart.

—— **and Fischer, new Guide to modern Conversation in English and German, or dialogues on ordinary and familiar subjects, augmented by dialogues on travelling, railways, steamvessels etc. for the use of travellers and students of either nation. New much improved edit. 16. (V, 249 S.) Berlin 877, Behr's Verlag.** cart.

Witcomb, new guide to modern conversation in Portuguese and English, s.: Mayer, v.

Witcomb, **nouveau guide de conversations modernes, s. a. Bellenger. — Guide. — Przewodnik.**

Witcomb, **nouveau guide de conversations modernes en français et en anglais,** s. Bellenger.
—— **nouveau guide de conversations modernes en français, anglais, allemand et italien,** s. Bellenger.

—— **nouveau guide de conversations modernes en hollandais, allemand, anglais et français, s. Calisch.**

—— **nouveau guide de conversations modernes en six langues, s. Bellenger.**

Witcomb, Manuels classiques de conversations. s. **Bellenger.**

Witcomb: Neuer Sprachenführer. s. Bellenger.

Witebsky, Michael [pr. Arzt aus Georgenburg]: Zur Entwicklungsgeschichte des schallleitenden Apparates des Axolotl '(Siredon pisciformis)' ... Berlin, Buchdr. v. G. Schade, *1896;* 29 S., 1 Bl. 8.
Berlin, Med. Fak., Inaug.-Diss. v. 31. März 1896

Witeczek, Paul [aus Benkowitz i. Schles.]: Beiträge zur Feststellung der Nikotinwirkung bei den Intoxikationserscheinungen der Tabakraucher. . . . Leipzig-Reudnitz, Druck v. M. Hoffmann, *1890;* 31 S., 1 Bl. 8⁰
Erlangen, Med. Fak., Inaug.-Diss. v. 23. Febr. 1890

Witekind, H., s. †Lercheimer, Augustin.

Witfeld, Louise. In zwey Theilen. Rostock u. Leipzig 1801. V: *Kleffel, Gustav.* (MGT) (GGr)

With, C.: Über Dipsomanie. Diss. 8⁰. 35 S. Berlin. 1869.

With, **Emil, Handbuch des gesammten Eisenbahnwesens. Ausführliche Darstellung des Baues, der Einrichtung und des Betriebes der Eisenbahnen. Aus dem Französ. 1. autorisirte Ausg. 1858. * 4 Thlr. und 2. (Titel-)Ausg. gr. 8. (XVI und 647 S. mit 1 Atlas von 16 Stnt. in qu. gr. Fol. mit 8 S. Text.) Mannheim 861, Bassermann'sche Verlagsbuchh.**

—— **Hülfsbuch bei dem Bau öffentlicher Arbeiten und Maschinen. Aus dem Französ. 1. autorisirte Ausg. 1859. * 1 Thlr. 10 Ngr. und 2. (Titel-)Ausg. 8. (XVI und 296 S. mit eingedr. Holzschn.) Mannheim 861, Bassermann'sche Verlagsbuchh.**

With, Fritz, aus voller Seele. Gedichte. (94 S.) 8. München 906. [C. Haushalter.] Verl. d. Süddtsch. Bauhütte. n. 1. 50; geb. n. 2. 50

With, Georg Christ.

With, G. C., almenfattelig Anwiisning til Huusdyravlen og Huusdyrenes Behandling i sund og syg Til stand. Med 1 Kobbertav. (in 4.) 2. forbedr. og forøgete Udgave. gr. 8. (468 S.) Kjøbenhavn 847, Philipſen. (Leipzig, Hinrichs.) 2¼ ℛ

With, G[eorg] C[hrist.]: Handbuch der Veterinär-Chirurgie. A. d. Dän. übers. u. mit Zusätzen vers. von Johann Martin Kreutzer. Thl 1. Mit 80 lithogr. Abb. Augsburg 1843.

With, G. C., Handbuch der Veterinär-Chirurgie. Aus d. Dän. überſ. u. mit Zuſätzen verſehen v. Joh. Mart. Kreutzer. 1—5. Lfg. gr. 8. (42 B. u. 10 Taf. Abbild.) Augsburg 843—46, v. Jeniſch u. Stage'ſche Buchh. Thlr. à *

— om Heſtekjøds Afbenyttelſe til Føde for Menneſket ved Levnetsmidlernes uvvarende høie Priis. 8. (39 S.) Kopenhagen 847. (Gyldendal.) n. ⅙ ℛ

With, G[eorg] C[hrist.]: Prolegomena zur Veterinairpropädeutik oder: einige Bemerkungen über das Veterinairstudium, die Organisation und Verwaltung der Veterinairschulen und die Stellung der Thierärzte als Staatsbürger. Nach e. zum Thl neuen Bearb. aus d. Dän. übers. u. mit Anm., so wie auch mit e. Anh., enth. d. jetzige Organisation d. Unterrichts bei d. Kgl. dänischen Veterinairschule vers. von P. Jessen. Kopenhagen, Berlin 1847. 7 Bl., 124 S.

With, G. C., Prolegomena zur Veterinärpropädeutik, oder: Einige Bemerkungen über das Veterinairſtudium, die Organiſation und Verwaltung der Veterinairſchulen ꝛc. Aus dem Dän., mit Anmerk. und Anhange verſehen von P. Jeſſen. gr. 8. (144 S.) Kopenhagen 847, Philipſen. — Berlin, A. Hirſchwald. *

With, J. B., üb. d. Dampf-Schifffahrt. Mit 1 Steintaf. in Roy.-Fol. gr. 4. Mainz 825. (Kupferberg). 9 ℊ

With, Otto, Medizinalpraktikant a. Bremerhaven: Eine familiäre atypische Form der Dystrophia musculorum progressiva. Freiburg i. B. 1906: H. M. Poppen & Sohn. (29 S.) 8°

Freiburg i. B., Med. Fak., Ref. Hoche, Diss. v. 1906

[Geb. 8. Febr. 83 Bremerhaven; Wohnort: Bremerhaven; Staatsangeh.: Bremen; Vorbildung: Gymn. Bremerhaven Reife O. 01; Studium: Bonn 5, Jena 1, Berlin 1, Freiburg i. B. 3 S.; Coll. 23. Febr. 06.]

With, O(tto) H(einr.), Anleitung zur Heilung des krampfhaften Aſthma. Eine populär-mediciniſche Skizze. gr. 8. (38 S.) Bremerhaven 856, v. Vangerow.

With, O. H., die Geſundheitspflege auf Seeſchiffen für Gebildete aller Stände, namentlich für Schiffsofficiere und Auswanderer, nach franzöſ. und engl. Quellen und nach eigenen Beobachtungen bearb. gr. 8. (XII und 282 S.) Bremerhaven 858, v. Vangerow. * 2 Thlr. 10 Ngr.; geb. *

With, O. H., über Milchwein u. Milchweincuren. Vortrag, gehalten im Bremer ärztl. Verein am 2. Decbr. 1864. Bremerhaven 865. v. Vangerow. gr. 8. (33 S.) n. 10 ngr.

—— das Ohrentönen und die nervöse Schwerhörigkeit. Ein Beitrag zur Ohrenheilkunde. gr. 8. (64 S.) Altona 853, Wendeborn. *

With, S., Anleitung zum Landschaftszeichnen u. Malen für Dilettanten. Leipzig 865. Baumgärtner's Buchh. gr. 8. (VII, 168 S. mit 2 Steintaff. in 4.) cart. 1 ℛ 5 ngr.

With, Sophie, aide-mémoire pour la conversation française. — Hülfsbuch für die franzöſiſche Umgangsſprache. Berlin 870. Henschel. 8. (III, 56 S.) n. 5 ngr.

With, Sophie, comédies et proverbes destinés aux jeunes filles. gr. 8. (III, 169 S.) Berlin 871. München, Th. Ackermann. n. 1. 80

— conversations françaises à l'usage des jeunes demoiselles. — Franzöſiſche Geſpräche für junge Mädchen. Ebend. 870. 8. (VIII, 200 S.) n. 15 ngr.

With, Sophie, Tableau de la littérature française, présenté aux jeunes filles. gr. 8. (XII, 470 S.) Frankfurt a. M. 878, Sauerländer's Verlag. *

Withalm, Hanns, der Briefmarken-Sammler, ſ.: Lehrmeiſter-Bibliothek.

Withalm, Hans, Ecce homines! Skizzen. (III, 147 S.) 8. Straßburg 904. J. Singer. n. 2. 60

— die Karawankenbahn. (76 S. m. Abbildgn.) 8. Klagenfurt 906. Selbstverlag. n. — 50

Withalm, Hans. Die Karawankenbahn. Klgft., (Röttig & Sohn in Ödenburg). 1906. 76 S.

— Verbrochenes. Gedichte. (58 S.) 12. Straßburg 904. J. Singer. n. 2. —

William Withering

Wilhelm Withering's [An Account of the foxglove. Deutsch:] Abhandlung vom rothen Fingerhut und dessen Anwendung in der praktischen Heilkunde vorzüglich bey der Wassersucht und einigen andern Krankheiten. Aus d. Engl. vom Christian Friedrich Michaelis [1727-1804]. Leipzig: J.G.Müller 1786. XXVIII,234 S. 8°

Withering, Wilh., Abhandlung v. rothen Fingerhut u. deſſen Anwendung in d. prakt. Heilkunde; aus d. Engl. von Chr. Fr. Michaelis II., mit 1 ill. Kpf. gr. 8. Leipz. 786. Müller. (Joachim). 20 ℊ

Willhelm Witherings [Withering, An Account of the scarlet fever. Deutsch:] Beschreibung des mit einem wehen Hals verknüpften Scharlachfiebers; so wie dasselbe besonders im Jahr 1778 zu Birmingham in England erschien. Aus d. Engl. übers. u. mit einigen Anm. u. Zusätzen versehen von J. A. J. Saur. Frankfurt a.M.: Garbe 1781. 136 S. 8°

— Beſchreib. des mit einem wehen Hals verknüpften Scharlachfiebers; aus d. Engl. mit Anmerkk. u. Zuſätzen v. J. A. J. Saur. 8. Frankf. 781. (Gebhardt u. K.; a. Hermann u. Brönner). 8 ℊ

Withers, John Charles: Ueber das Additionsvermögen der Körper mit dreifacher Bindung. Würzburg 1910: Staudenraus. 53 S., 1 Taf. 8°

Würzburg, Phil. Diss. v. 7. Nov. 1910, Ref. Tafel

[Geb. 3. Aug. 85 Street, Gfsch. Somerset; Wohnort: Street; Staatsangeh.: Großbritannien; Vorbildung: Techn. Coll. Finsbury Reife Juli 05; Studium: Würzburg 6 S.; Rig. 27. Juli 10.] [U 11. 4631

Withers, Thomas

— Abhandl. von d. Engbrüstigkeit u. den Heilkräften d. Zinkblumen, nebst Krankheitsfällen u. Bemerkk.; aus d. Engl. v. C. F. Michaelis II. gr. 8. Leipz. 787. (Brockhaus). 1 ß

Withers, Thomas: Bemerkungen über die Fehler, die bey dem Gebrauch der Arzneymittel begangen werden. (Observations on the abuse of medicine. Dt.) 366 S., gbd.

Leipzig: Weidmann & Reich 1776

— Bemerkk. über die langwierige Mattigkeit; aus d. Engl. 8. Altenb. 779. (Hennings in Neiße). 9 g

Within Sound of the Sea, s. Collection of British Authors.

Withof, Fr. Theodor

— de Amasia Deos Edomaeorum secum abducente, ad locum 2. Chron. XXV, 14. 4. ... 768.

Withofii, F. Th., De anchialo Martialis. P. I. Progr. Ling. 779. 4.

— de antiquitate et origine ita dictarum illuminationum fenestrarum. 4. Duisb. 763.

— commentatio, fabulas de suavissimo sanctorum corporum odore exhibens. 4. Lingen 766.

— Diss. theol.-historica de ficta Constantini M. lepra. 4. Lingen 767.

— meletemata de leprosoriis veterum Hebraeorum. 4. Duisb. 756.

Withof, F. T., de leprosoriis vett. Hebraeorum. Duisb. 1756. 4; rep. in ejsd. opusc. p. 167–196.
Vgl. Withof, Joh. Ph. Lorenz.

Withof, F. T., de muliere Samaritana, sexto viro desponsata. Duisb. 1766. 4; rep. in ejsd. opusc. p. 1–44.

— observatio I. et II. ad locum quendam Luciani de morte Peregrini. 4. Duisb. 762, 63.

Withof, Fr. Thdr., († ...) opuscula philologica, historica, theologica etc. 8maj. Lingen 779. Perrenon. 18 g

— commentat. de portis inferni, ad Matth. XVI, 18. 8maj. Leyd. 755.

Withof, Johann Hildebrand

Withof, Jh. Hildebr., († d. 13. Febr. 1769.) kritische Anmerkk. üb. Horaz u. andere röm. Schriftsteller, nebst e. Beschreibung d. latein. Handschrift in d. Duisberger Universit.-Bibliothek von A. H. Grimm. 6 Stücke. 8. Düsseld. 791—801. Dänzer. (à 12 g) 3 ß (4s—6s Stück. Auch u. d. T.: Conjecturen über verschied. latein. Dichter u. Prosaiker, gesamm. u. nebst e. Beschreibung u. Vergleichung d. Duisb. Handschrift herausg. von A. H. Grimm. 3 Stücke. 8. Ebd. 1 ß 12 g)

— Kritische Anmerkungen. Herausgegeben von Grimm. Düsseld. 792-801. 6 Stücke. 8. 3 rthlr.

— dies caniculares, ad filios. 8. Duisb. 758. (Bremen). Böttcher. 3 g

Withofii, J. H., Encaenia critica, sive Lucanus, Avianus et Maximianus primum integre restituti. Vesal. 741. 8.

Withof, Joh. Hild. Idea magni principis, s. oratio panegyrica in obitum serenissimi regis Borussiae, Friderici Wilhelmi. fol. Duisburg 1740.

Withof, Joann. Hildebr., Oratio de causa . . . belli nuper gesti, qua Friderico II reg. Bor. . . . ob pacem cum Augusta Hungariae regina, et rege Poloniae. . . . Hubertiburgi initam acad. Duisburg. nomine gratulatus est. (cum carminibus et annotationibus.) Duisburgi ad Rhen. 1763. fol.

Withofius, Joh. Hildebrand, Oratio de Pace, qua — — — Friderico regi Borussiae — — — post instauratam inter eundem ac — — — reginam Hungariae — — — concordiam gratulans officium praestitit. Duisburgi ad Rhenum 1746. fol.

— oratio panegyr. in nuptias Friderici, regis Borussiae. 4 Brem. Böttcher. 753.

Withof, Johann Philipp Lorenz

— Aufmunterungen in moral. Gedichten. 8. Duisb. 755. ... 5 g

Io[annes] Phil[ippus] Laur[entius] Withof. De Castratis commentationes 4. Duisburgi: Boettiger, Reiche & Hoffmann 1756. 169 S. 8°

Withof, Jh. Ph. Lor., († d. 3. Juli 1789.) de castratis commentationes IV. 8. Duisb. 761. Böttcher. 4 g (NB. Nach andern Nachrichten soll dies von Karl W. sein?)

Withofius, Jo. Ph. Laur., De scientiarum in animi corporisque enervandi robore demissa efficacia. Duisb. 8°.
1756

— Gedicht, die moralischen Ketzer. 4. Duisb. 760.

WITHOF, Joh. Phil. Lor., Gedichte. Mit Holzschnitt-Titelvignette. Bremen, gedruckt bei Friedrich Meier. 1751. 8°.
8 Bll. Zuschriften und Vorrede, 166 Seiten. Erste seltene Ausgabe.

— akademische Gedichte, m. K. 2 Thle. gr. 8. Leipz. Jacobäer. 780.

— academ. Gedichte, mit 1 Kpf. 2 Thle. gr. 8. Cleve 782, 83. (Aue in Altona). 1 ß 16 g

Jo. Phil. Laur. Withof progr. de leprosis veterum Hebraeorum. Duisburg. 1750. (1756.) 4.
Vgl. Withot, Fr. Theodor.

— de optimo infantes ad virtutem et felicitatem educandi modo. 4. Steinfurt 767.

Jo. Phil. Lor. Withof Nachricht von einem ehemals sehr hochgehaltenen Arzneigelehrten Aegidius Corboliensis. Duisburg 1751. 4.

Oratio funebris in obitum Augustissimi, Serenissimi ac Potentissimi Principis ac Domini D. Friderici II. Regis Borussiae, Marcgravii Brandenburgici, S. R. J. Archicamerarii et Electoris Supremi utriusque Silesiae et Glacensium, Arausionensium, Neocomensium ac Valanginorum Ducis et Principis, Ducis Geldriae, Magdeburgi, Cleviae, Juliae, Montium, Stetini, Pomeraniae, Cassubiorum, Vandalorum, Megalopoleos, nec non Crosnae in Silesia, Burggravii Noribergensis, Principis Halberstadii, Mindae, Camini, Venedorum, Suerini, Raceburgi, Frisiae Orientalis atque Meursiae, Comitis Hohenzollerae, Rupini, Marcae, Ravensbergae, Hohensteinii, Tecklaburgi, Lingae, Suerini, Burae et Lerdami, Dynastae Ravensteinii, Terrarum Rostochii, Stargardiae, Lauenburgii, Butavii, Arlaviae ac Bredae, et rel. Regis et Herois Unici, in panegyri maxime solenni devotissimae academiae regiae Duisburgensis nomine d. XXII. Septembris hora X. habita a Jo. Phil. Laur. Withof Jo. Hildebr. Fil. M. D. Histor. Philos. Moral. et Eloqu. Prof. Publ. Ordin. Duisburgi ad Rhenum Typis. Francisc. Adolph. Benthon, Acad. Typogr. Vindae 1786.

— oratio de religione medica. 4. Hamm 752.

— die Redlichkeit, ein Gedicht in 3 Büchern. gr. 8. Halberst. 770. Groß. 6 ℊℊ

— das meuchelmörderische Reich d. Assassinen. gr. 8. Cleve (und Leipz.) 765. Jacobäer. 10 ℊℊ

— Unterhaltungen mit seinen Kindern, herausg. v. A. H. Grimm. 3 Thle. 8. Duisb. 792, 93. (Bädeker). 1 ℛ

— Unterhaltungen mit sein. Kindern. 3 Thle. 8. Duisb. Helwing. (Bädecker.) 792—93. (f. II. 16 gr. III. 8 gr.)

Withof, Karl (Vgl. Withof, Joh. Phil. Lorenz.)

Witthof, C., tractatus physicus et curiosus de castratis. 8 Lausann. Pott. 761.

Withum, F. Die Zerstörung der Stadt Bretten, s. Wörner, G.

Witilo, Marie (Marie Gräfin Wedel), Friedrich der Freidige. Schauspiel in 5 Aufzügen. gr. 8. (87 S.) Weimar 901. A. Huschke Nachf. n. 1. —; geb. n. 1. 50

Witilo, Marie, allerlei Gedichte. gr. 8. (IV, 50 S.) Weimar 893. (H. Böhlau.) n. 1. —

— alte u. neue Gedichte. gr. 8. (IV, 47 S.) Ebd. 900. n. 1. —; geb. n. 1. 60

Die letzte Hohenstaufin. Ein Wartburgdrama in 5 Aufz. von Marie Witilo [d. i. Gräfin Wedel]. Weimar: A. Huschke Nachf. 1900. (72 S.) 8° [3·] [06. 10597

— die letzte Hohenstaufin. Ein Wartburgdrama in 5 Aufzügen. 2. Aufl. gr. 8. (72 S.) Ebd. 900. n. 1. —; geb. n. 1. 60

Witke, Sam., Johann Heermann, der große Kreuz- und Trostsänger der evangelischen Kirche. Vortrag, gehalten im evangel. Vereinshause zu Breslau am 16. Decbr. 1885. gr. 8. (IV, 20 S.) Breslau 886, (Dülfer's Verlag.)

Witke, Sam., das Reich Gottes in seiner Vollendung. Vortrag gehalten am 18. März 1880 im evangel. Vereinshause zu Breslau. 8. (40 S.) Altwasser 883. (Breslau, Dülfer's Verlag.)

Witkenberg, s.: Pickl v. Witkenberg.

Witkiewicz, Janina. Ueber die Entstehung der Kalkkugeln in den Psammocarcinomen des Ovariums. Diss. Med. Univ. Zürich. Mit 1 Tafel [4 Figuren]. *Kopftitel:* Aus dem pathologischen Institut der Universität Zürich. 24 S. 8. Zürich-Oberstrass, Hans Fischer, 1901.

Witkop, Philipp, Dr. rer. pol. et phil.: Die Anfänge der neueren deutschen Lyrik. Leipzig 1908: Teubner. 94 S. 8° ¶ (Ersch. vollst. u. d. T.: Die neuere deutsche Lyrik ebd.)
Mit: Einladung zur ... Probe-Vorlesung ... d. 16. Jan. 1900 .. Thema: Die Lyrik des jungen Goethe. Heidelberg (1909): Hörning. 1 Bl. 8°
Heidelberg, Phil. Hab.-Schr. v. 1909 [U 09. 2067

Witkop, Philipp, Eros. (71 S.) 20,5×18 cm. Leipzig 908. F. Eckardt. 4. —; geb. in Leinw. 5. —

Witkop, Philipp. Ein Liebeslied und andere Gedichte. [Mit Vignetten.] 96 S. 8. Zürich-Leipzig-Berlin, Karl Henckell & Co., [1902]. [M. 2 50]

Ⓑ — Ein Liebeslied. 902. (KBL 32.) Jetzt: Kempten, J. Kösel.

— Die neuere deutsche Lyrik. 1. Bd. Von Friedrich v. Spee bis Hölderlin. (366 S.) 8. Leipzig 910. B. G. Teubner. 5. —; geb. in Leinw. 6. —

Witkop, Philipp, **d. Organisation d. Arbeiterbildg. Eine Kritik u. Verknüpfg. sämtl. Arbeiterbildungs-Bestrebgn. (VII, 132 S.) gr. 8. Berlin 904. F. Siemenroth. n. 2. 50**

Witkop, Philipp: Das Wesen der Lyrik. Leipzig 1907: B. G. Teubner. (54 S.) 8°
Heidelberg, Phil. Fak., Ref. Windelband, Diss. v. 6. Aug. 1907
[Geb. 17. Apr. 80 Kleinenberg, Kr. Büren; Wohnort: Godesberg; Staatsangeh.: Preußen; Vorbildung: Gymn. Gelsenkirchen, Essen Reife O. 98; Studium: Marburg 1, München 3, Kiel 1, München 1, Tübingen 2, Freiburg i. B. 1, Heidelberg 4 S.; Rig. 3. Aug. 07.]

Witkopp, Heinrich, prakt. Arzt: Über einen Fall von primärem Gallenblasencarcinom mit Gallensteinbefund. Würzburg 1907: C. J. Becker. (32 S.) 8°
Würzburg, Med. Fak., Ref. Burkhardt, Diss. v. 30. Jan. 1907
[Geb. 16. Nov. 75 Paderborn; Wohnort: Weismes; Staatsangeh.: Preußen; Vorbildung: Gymn. Paderborn O. 96; Studium: Würzburg 2, München 3, Greifswald 5 S.; Coll. 21. Jan. 07; Approb. 4. März 01.]

Witkowo [Schlagwort]

Witkowo, Kreis, s. d. Forstkarten.

Witkowo, Kreis. Baron, Paul, Spezial-Karte des Kreises Witkowo in 5fachem Farbendr. Rev. v. den zuständ. Behörden. 1 : 100,000. 26×49 cm. Ebd. (905). n. — 50; auf Leinw. in Taschenformat n. 1. —

Witkowski, Albert (geb. [illegible] 1860): Ueber Hauttemperaturen. Berlin (1883). ([illegible] S.) 8°
Berlin, Med. Diss. v. 26. Juli 1883

Witkowski, Alfred, aus Gnesen: Ueber **Mycosis** fungoides. *Heidelberg 1902: J. Hörning.* (33 S.) 8°
Heidelberg, Med. Diss. v. 1902

Witkowski, Anton Martin (geb. [illegible]): De [illegible] militum [illegible] potestate. Berolini (1857). ([illegible] S.) 8°
Berlin, Phil. Diss. v. 18. Febr. 1857

Witkowski, Arnold, aus Posen: Uteruscarcinom und Gravidität. *Berlin (1900): E. Cohn.* (25 S.) 8°
Berlin, Med. Diss. v. 23. März 1900

Witkowski, Franc. (geb. Schwetz 21. 3. 1833): De plica Polonica. Berolini (1862). (31 S.) 8°
Berlin, Med. Diss. v. 2. Apr. 1862

Witkowski, Georg

Die Anfänge des deutschen Theaters. Vortrag geh. von Dr. Georg **Witkowski**, Prof. Leipzig: Seele 1898. 16 S. 8°
(Hochschul-Vorträge f. Jedermann. H. 4.) [11. 15103

Witkowski, Geo., die Anfänge des deutschen Theaters, s. a. Hochschul-Vorträge f. Jedermann, 4. Hft.

Witkowski, Georg (Hrsg.), s. Ansichten der Literatur und Kunst unsres Zeitalters. H. 1. [Facs.-Dr.]

Witkowski, Geo., s.: Buchgewerbe, das, u. die Kultur.

Witkowski, Georg. **Das deutsche Drama des neunzehnten Jahrhunderts, in seiner Entwicklung dargestellt. Mit einem Bildnis (Friedrich) Hebbels [Tafel].** IV + 172 S. 8. Leipzig, Teubner, 1904. (M. 1.—, geb. 1.25)
Aus Natur und Geisteswelt. Sammlung wissenschaftlich-gemeinverständlicher Darstellungen aus allen Gebieten des Wissens. Bändchen 51.

Das deutsche Drama des neunzehnten Jahrhunderts in seiner Entwicklung dargestellt. Von Georg **Witkowski**. Mit 1 Bildnis Hebbels. 2., durchges. Aufl. Leipzig: B. G. Teubner 1906. (172 S.) 8° [F.]
— **Natur**, Aus, u. Geisteswelt. Bdch. 51. [07. 9015

Das deutsche Drama des neunzehnten Jahrhunderts in seiner Entwicklung dargest. von Georg **Witkowski**. Mit e. Bildn. Hebbels. 3., durchges. Aufl. Leipzig: Teubner 1910. 166 S. 8°
(Aus Natur u. Geisteswelt. Bdch. 51.) [11. 10625 5

Witkowski, Georg: Geschichte des literarischen Lebens in Leipzig. Leipzig & Berlin: Teubner 1909. XXVI, 483 S. 8°
(Geschichte d. geistigen Lebens in Leipzig.)
(Schriften d. Kgl. Sächs. Kommission f. Geschichte. 17.)

Die Gesellschaft der Bibliophilen. (Verf.: Georg **Witkowski**.) *Leipzig: 1902: Ramm & Seemann.)* (8 S.) 8° [F.]
Aus: Börsenbl. f. d. deutschen Buchhandel. 1902. [03. 13991 4

Witkowski, Georg: Goethe. Leipzig. Berlin. Wien: E. A. Seemann u. Ges. f. graph. Industrie 1899. (270 S.) 8°
(Dichter u. Darsteller. 1.)

— Goethe, s. a. Dichter u. Darsteller. I.

Die Handlung des zweiten Teils von Goethes Faust. Akad. Antrittsvorlesg v. Georg **Witkowski**. *Leipzig: Seele & C. 1898.* (46 S., 1 Bl.) 1 Bd 8. [98. 4039

Die Handlung des zweiten Teils von Goethes Faust. Von Dr. Georg Witkowski. 2., durchges. Aufl. Leipzig: Seele 1906. 37 S. 8° A 12.6,655

Witkowski, Georg: Cornelia die Schwester Goethes. Mit ihren [Cornelia Schlosser] z. Teil ungedr. Briefen u. Tagebuchblättern, 1 Bildn. u. 1 Facs. Frankfurt a. M.: Rütten & Loening 1903. (290 S.) 8°

— die Kunst u. das Leben. Vortrag, geh. im Auftrag des Vereins f. Volksunterhaltgn. in der Alberthalle zu Leipzig. Mit e. Verzeichnis wertvoller Kunstwerke in guten Nachbildgn. zum Schmucke des Hauses. (54 S.) kl. 8. Leipzig (906). M. Hesse. n. — 40

— s.: **Meisterwerke, die, der deutschen Bühne.**

Witkowski, G., s.: Opitzens Aristarchus.

Witkowski, Georg [Dr.]: Die Vorläufer der anakreontischen Dichtung in Deutschland und Friedrich von Hagedorn. ... Leipzig, Druck v. Brückner & Niemann, 1889; 2 Bl. + 43 S. 8°
Leipzig, Phil. Fak., Hab.-Schr. v. 19. Okt. 1889

Witkowski, Geo., die Walpurgisnacht im 1. Teile v. Goethes Faust. gr. 8. (VI, 88 S.) Leipzig 894. F. W. v. Biedermann. n. 2. —

Witkowski, Georg: Was sollen wir lesen und wie sollen wir lesen? Vortrag, geh. zu Leipzig. Leipzig: Hesse [1904]. 32 S. 8°

— was sollen wir lesen u. wie sollen wir lesen? Vortrag, geh. im Auftrag des Vereins f. Volksunterhaltgn. in der Alberthalle zu Leipzig. 21.—26. Tauf. Mit v. neuem durchgeseh. u. verm. Bücherliste. (34 S.) kl. 8. Leipzig 906. M. Hesse. n. — 20

— **Was sollen wir lesen u. wie sollen wir lesen?** Vortrag, geh. im Auftrage des Vereins f. Volksunterhaltgn. in d. Alberthalle zu Leipzig. 31.—40. Tauf. Mit v. neuem durchgeseh. u. verm. Bücherliste. (32 S.) kl. 8. Leipzig 909. Hesse & Becker Verl. — 20

Witkowski, G.: Dietrich von Werder. Ein Beitrag zur deutschen Litteraturgeschichte des siebzehnten Jahrhunderts .... München, Kgl. Hof- u. Univ.-Buchdr. v. Dr. C. Wolf & Sohn, 1886; 51 S. 8°.
München, Phil. Fak., Inaug.-Diss. v. 1886.

Witkowski, Geo., Diederich von dem Werder. Ein Beitrag zur deutschen Litteraturgeschichte des 17. Jahrh. gr. 8. (VII, 144 S.) Leipzig 887, Veit und Comp. *

— Aus Schillers Werkstatt. Seine dramat. Pläne u. Bruchstücke, hrsg. (361 S. m. 2 Fksms.) kl. 8. Leipzig 910. Hesse & Becker Verl. 1.50; geb. in Leinw. 2. —

Witkowski, Georg [Hrsg.], s. Wurmsaamen, Der.

Witkowski, Georg [Hrsg.], s. Zeitschrift f. Bücherfreunde.

Witkowski, Josef

Witkowski, Befestigung lockerer Zähne. Technische Neuergn. (63 S. m. Abb.) gr. 8. Berlin 910. Berlinische Verlagsanstalt. Geb. in Leinw. 4. —

Witkowski, [illegible]

Witkowski, Julian, de confusione obligationum. Dissertatio inauguralis. Berlin 867. (Puttkammer & Mühlbrecht.) 8. (IV, 56 S.) n. 6 *ngr.*

Witkowski, Ludw. [illegible] Ein sehr protrahirter Fall von Abdominaltyphus mit Ausgang in Lungengangrän. Berlin (1872). (32 S.) 8°
Berlin, Med. Diss. v. 6. März 1872

Witkowski, M. [Apotheker aus Karlsruhe '(Baden)']: Ueber die Früchte von Embelia ribes Burm. und Myrsine africana L. Eine botan.-pharmakognost. Studie ... Karlsruhe, Druck d. G. Braun'schen Hofbuchdr., 1892; 32 S. 8.
Erlangen, Phil. Fak., Inaug.-Diss. v. 2. März 1892

Witkowski, Stanisl., s.: Eos.

— s.: **Epistulae privatae graecae.**

Witkowski, S., De pace quae dicitur Cimonica. S. A. 1900. 7 S.

Witkowsky, S., De patria Phylarchi. Gel. 1900. 5 S. 4°.

Witkowski, Stanisl., Prodromus grammaticae papyrorum graecarum aetatis Lagidarum. gr. 8. (65 S.) Krakau 897. (Buchh. d. poln. Verlags-Gesellschaft.) n. 3. —

Witkowski, Stanisl., de vocibus hybridis apud antiquos poetas romanos. [Aus: „Sitzungsber. d. Akad. d. Wiss. zu Krakau".] gr. 8. (29 S.) Krakau 892. (Buchh. d. poln. Verlagsgesellschaft.) n. 1. 20

Witkowski, Wladislaus, geb. Raszkow in Posen [illegible]. Ueber Hydrocephalus [illegible]. Berlin 1886. [illegible] S. 8.
Berlin, Med. Diss. v. 24. Juli 1886.

Witkowsky, Gustav, aus Sundsvall-Schweden: Anatomische Studien an den Nieren junger und alter Katzen. *Berlin 1903: Rosenthal & Co.* (28 S.) 8°
Würzburg, Med. Diss. v. 1903

Die Unterrichts- und Erziehungsanstalt St. Joseph a. d. Höhe in Bonn. Ein Beitrag z. Jugendfürsorge. Mit 11 Taf., 25 Text-Ill. u. 2 Pl. Von Fritz **Witkugel**. 1. Aufl. Bonn 1910: Ludwig. 98 S. 8° [illegible]

Witlacil, A.: Die Grundsätze der medicinischen Statistik entwickelt und kritisch beleuchtet. 32 S., gbd.

Wien: typ. PP. Mechitaristen 1846

Witlaczil, Emanuel

Witlaczil, Eman., zur Anatomie der Aphiden. gr. 8. (45 S. mit 3 lithogr. Taf.) Wien 882, Hölder.
Aus: Arbeiten aus dem zoologischen Institute der Universität Wien, besonders abgedruckt.

Witlaczil, Eman., Bau, Tätigkeit u. Pflege des menschl. Körpers. Zunächst f. Mädchenlyzeen. In neuer Rechtschreibg. (III, 63 S. m. 49 Holzschn.) gr. 8. Wien 903. A. Hölder. Geb. in Leinw. n. 1. 10

— Geschichte der Erde, zunächst f. Mädchenlyzeen. In neuer Rechtschreibg. (IV, 73 S. m. 93 Abbildgn.) gr. 8. Ebd. 903. Geb. in Leinw. n. 1. 20

Witlaczil, E., Methodik des Unterrichtes in der Naturgeschichte auf biologischer Grundlage. 2. Aufl. Gr.-8°. (127 S.) Wien: Schulbücherverlag 1909. geb. K 1.50

Witlaczil, Dr. Emanuel, Naturgeschichte für Bürgerschulen in drei Stufen. I. Stufe: Die wichtigsten Naturkörper der drei Reiche. Mit 134 Holzschnitten. Wien. Alfred Hölder. 1894. (Min.-Erl. v. 30. Jänner 1895, Z. 717.) Geb. —.75

Witlaczil, Eman., Naturgeschichte f. Bürgerschulen in 3 Stufen. gr. 8. Wien, A. Hölder. Geb. à n. 1. 60
1. Die wichtigsten Naturkörper der drei Reiche. 2., unveränd. Aufl. (IV, 138 S. m. 134 Holzschn.) 898.
2. Die wichtigsten Gruppen der drei Reiche. (IV, 151 S. m. 142 Holzschn.) 896.
3. Der menschl. Körper; Uebersicht der drei Reiche der Natur. (IV, 150 S. m. 134 Holzschn.) 896.

Witlaczil, Dr. Emanuel, Naturgeschichte für Bürgerschulen in drei Stufen. III. Stufe. Mit 134 Holzschnitten. Wien 1897. Verlag von Alfred Hölder. (Min.-Erl. v. 22. Februar 1897, Z. 3755.) Geb. —.75

Witlaczil, Dr. Emanuel, Naturgeschichte für Bürgerschulen in drei Stufen. Dritte Stufe: Der menschliche Körper; Übersicht der drei Reiche der Natur. 2. verbesserte Auflage. Mit 155 Holzschnitten. Wien 1901. Alfred Hölder. Preis, gebunden 1 K 60 h.

Witlaczil, Eman., Naturgeschichte f. Bürgerschulen in drei Stufen. gr. 8. Wien, A. Hölder. Geb. in Leinw. n. 4. 70
1. Die wichtigsten Naturkörper der 3 Reiche. 3., verb. Aufl. (IV, 148 S. m. 146 Holzschn.) 899. n. 1. 50
2. Die wichtigsten Gruppen der 3 Reiche. 2., verb. Aufl. Mit 157 Holzschn. (größtentheils nach den Angaben des Verf. entworfenen Orig.-Zeichngn.) u. 1 Erdkarte. (IV, 156 S.) 901. n. 1. 60
3. Der menschliche Körper, Übersicht der 3 Reiche der Natur. 2., verb. Aufl. Mit 165 größtentheils nach Orig.-Zeichngn. angefert. Holzschn. In neuer Rechtschreibung. (IV, 165 S.) 902. n. 1. 60

— **Naturgeschichte in Lebensbildern. Dreiteilige Ausg. f. Bürgerschulen. 1. u. 3. Stufe. 8. Ebd. Geb. in Leinw. à n. 1. 40**
1. Die wichtigsten Naturkörper der 3 Reiche. 4. Aufl. Inhaltlich unveränd., nach der neuen Rechtschreibg. hergestellter Abdr. der 3. Aufl. (IV, 148 S. m. 146 Holzschn.) 904.
3. Der menschliche Körper; Uebersicht der drei Reiche der Natur. 3. Aufl. Mit 155 größtenteils nach Orig.-Zeichngn. angefertigten Holzschn. (IV, 165 S.) 906.

Witlaczil, Dr. Emanuel, Naturgeschichte in Lebensbildern. Dreiteilige Ausgabe für Bürgerschulen. II. Stufe. 3., verbesserte Auflage. Mit 205 größtenteils nach Originalzeichnungen angefertigten Holzschnitten. Wien 1907. Alfred Hölder. Geb. K 1.60.

Witlaczil, Eman., Naturgeschichte in Lebensbildern. Dreiteilige Ausg. f. Bürgerschulen. I. Stufe. 5. Aufl., bearb. nach den neuen Lehrplänen vom 15. VII. 1907. (IV, 157 S. m. 163 Holzschn.) gr. 8. Wien 909. A. Hölder. Geb. 1. 50

Witlaczil, Dr. Emanuel, Naturgeschichte in Lebensbildern. Dreiteilige Ausgabe für Bürgerschulen. 4. Auflage. Bearbeitet nach den neuen Lehrplänen vom 15. Juli 1907. Wien 1910 Alfred Hölder. II. Stufe. Mit 206 Holzschnitten und einer tiergeographischen Karte. Geb. K 1.70. III. Stufe. Mit 190 Holzschnitten und einer pflanzengeographischen Karte. Geb. K 1.76.

(F) **Witlaczil**, E., Naturgeschichte in Lebensbildern. Einteilige Ausgabe für Bürgerschulen. Gr.-8°. (VI, 336 S.) Wien: Hölder 1902.

— dasselbe. Einteilige Ausg. f. Bürgerschulen. 3. Aufl., bearb. nach den neuen Lehrplänen vom 15. VII. 1907. (V, 385 S. m. 383 Holzschn.) gr. 8. Ebd. 910. Geb. in Leinw. 2. 90

— **Naturgeschichte des Pflanzenreiches in Lebensbildern. Zunächst f. Mädchenlyzeen. Mit 193 größtenteils nach Orig.-Zeichngn. angefert. Holzschn. (III, 176 S.) gr. 8. Ebd. 904. Geb. in Leinw. n. 2. 60**

— Naturgeschichte des **Tierreiches** in Lebensbildern. Zunächst f. Mädchenlyzeen. Mit **312** größtenteils nach Orig.-Zeichngn. angefert. Holzschn. u. 1 Karte. In neuer Rechtschreibg. (IV, 270 S.) 8. Ebd. 904. Geb. in Leinw. n. 3. 20

—— der Polymorphismus von Chaetophorus populi L. gr. 4. (8 S. mit 2 lithogr. Taf.) Wien 881, (Gerold's Sohn.)
Aus: Denkschriften der k. Akademie der Wissenschaften, besonders abgedruckt.

— **Praterbuch.** Ein Führer zur Beobachtg. d. Naturlebens. gr. 8. (VIII, 147 S. m 35 Holzschn.) Ebd. 897. Geb. n. 2. 60

— **der Unterricht der Naturgeschichte an der Volks- u. Bürgerschule. E. Methodik dieses Unterrichtes auf moderner Grundlage. gr. 8. (IV, 81 S.) Wien 897. A. Hölder. n. — 80**

Witlenberger, J., der Rathgeber und Wegweiser für Auswanderer nach den vereinigten Staaten von Nordamerika und Texas in Beziehung auf Ueberfahrt, Ankunft, Ansiedelung, Arbeitslohn rc. 1. Aufl. (IV und 112 S. mit 1 Kärtchen in gr. 4.) 1847. und 2., verm. und verb. Aufl. 16. (IV und 144 S. mit 1 lithogr. Kärtchen der verein. Staaten von Nordamerika in qu. Fol.) Heilbronn 848, Drechsler. *

Witlof, E., e. verkaufte Idee, s.: Vereinstheater.

— sie hat Kopfschmerzen, s.: Thalia.

Witnaletl, der Mann u. das Weib in ehelicher Verbindung. Ein nützl. Handbüchl. f. Heirathslustige u. Verheirathete, welche e. ungetrübten ehel. Glücks theilhaftig werden wollen rc. A. d. Engl. gr. 12. (4½ B.) Stuttgart 833, (Literatur-Compt.)

Witmann, Ernest: Entwurf einer tabellarischen Darstellung der Terminologie der Phänogamisten. 24 S., gbd., 16 Tab.

Wien: Beck 1812

Witmer, Bertha [med. pract. aus Grenchen (Kt. Solothurn)]. Endresultate nach operativer Behandlung der Basedow'schen Krankheit. Tübingen 1900. 53 S. 8°. (S.-A. aus Beiträge zur klinischen Chirurgie. Bd. 29.)
Zürich. Med. Diss. 1900/1901.

Witmer, Lightner [aus Philadelphia]: Zur experimentellen Aesthetik einfacher räumlicher Formverhältnisse ... (Erscheint vollst. in: Wundt, Philos. Stud., Bd. IX.) Leipzig, W. Engelmann, 1893; 50 S., 1 Bl. 8.
Leipzig, Phil. Fak., Inaug.-Diss. v. [29. März] 1893

Witmeur, Emile [Hrsg.]. s. Stainlein v. Saalenstein, Herm. Graf: Auszüge aus dem Tagebuch.

Witold, Großfürst von Lithauen, eine Geistergeschichte vom Verf. des Hans von Boysen, 2 Theile mit 1 Kupf. 8. Altona, 796/97. Verlagsgesellsch. Rthl. 1 8 gl.

Witowski, Karl

Witowski, Handbuch f. Militäranwärter. 1. Hft. [Aus: „Deutscher Soldatenhort".] 8. Berlin 898. K. Siegismund. n. — 60
Die Anstellungsverhältnisse der Inhaber des Civilversorgungsscheines bei d. Invaliditäts- u. Altersversicherungsanstalten. (IV, 78 S.)

Die Anstellungsverhältnisse der Inhaber des Zivilversorgungsschein bei den Kommunalverbänden im Königreich Preußen. Von [Karl] **Witowski.** Geh. Reg.R. *Berlin: Kaiser-Wilhelm-Dank [1898].* (VIII, 184 S.) 4°(8°) [F]
Aus: Deutsche Treue.
= Handbücherei f. Militäranwärter. Abth. 1, H. 1. [04. 1443

Die Anstellungsverhältnisse der Inhaber des Zivilversorgungsscheins bei den Landes-Versicherungsanstalten. Von [Karl] **Witowski.** Geh. Reg.R. (2. Bearb.) *Berlin: Kaiser-Wilhelm-Dank 1904.* (52 S.) 8° [F.]
Aus: 'Zivilversorgung'. 1902/03.
= Handbücherei f. Militäranwärter. Abth. 1, H. 2. [04. 1444

Witowski, C., die Arbeiterversicherung in den Kulturstaaten, s.: Sammlung Kösel.

Witowski, C.: Die Arbeiterversicherung in den Kulturstaaten. Unt. bes. Berücks. Deutschlands dargest. Kempten u. München 1910. 8°

Witowsky, Alois, systematisch-chronologische Sammlung der österreichischen Sanitäts-Gesetze und Verordnungen, mit besond. Rücksicht auf das Königr. Böhmen und mit Benutzung der in der böhm. Statthalterei-Registratur vorfindl. Orig.-Erlässe zusammengestellt. Zum Gebrauche für Aerzte, Thierärzte, Apotheker, polit. Beamte, Gemeindevorsteher. 2 Bde. gr. 8. (1467 S.) Prag 886, Dominicus.
Inhalt:
1. Ausbildung des Sanitäts-Personals. Verhältnisse der Universitäten. — 2. Allgemeine Normen des politischen Verwaltungsdienstes. — 3. Oeffentlicher Sanitätsdienst. — 4. Oeffentliche Gesundheitspflege. — 5. Epidemien, Endemien und Infektionskrankheiten. — 6. Oeffentliche Krankenpflege. — 7. Gerichtsärztliches. — 8. Militärärztliches. — 9. Veterinärwesen. — 10. Sanitätsberichte und Sanitätsstatistik.
Die Ausgabe erfolgte in 10 Heften zum Subscr.-Pr. von *M 19.10.

Witry, Theodor, aus Rollingen-Mersch (Luxemb.): Über die Diagnose und operative Behandlung cystisch degenerirter Nieren. *Würzburg 1899 [vielm. 1901/02]: H. Stürtz.* (32 S.) 8°
Würzburg, Med. Diss. v. 1899

Witry, Theo., im Treubann der Kaiserin Kunigunde. Eine Historie aus Franken. schmal gr. 3. (76 S. m. 2 Taf.) Bamberg (902). Handels-Druckerei u. Verlagsh. n. 1. —

Witry, Theodore: Zum deutschen Unterricht in unseren Schulen. 35 S. Luxemburg, Athénée, Progr. 1874/75

Witrzens, Joh. Ein Beitrag zur griechischen Accentlehre. 25 S. 8.
Progr. G. *Teschen* 1885.

Witrzens, *Johann* Ein Beitrag zur griechischen Accentlehre. II (Fortsetzung.) 8 (30 S.). III (Fortsetzung.) 8 (32 S.) IV (Fortsetzung.) 8 (29 S.). V (Schlefs.) 8 (35 S.)
Progr. Staats-G. *Teschen* 1886. 1887. 1888. 1889

Witrzens Dr. J.: Bemerkungen zur Prosodie der hom. Hymnen. 19. Waidhofen a Th. 76.
Progr.

Witrzens, Joh. Betonungssystem der griechischen Sprache. Auf etymolog. Grundlage entwickelt. gr. 8. (VII, 151 S.) Teschen 889. (Lpz., Fock.) * 3 60

Witrzens, J.: Gebrauch der Präpositionen in der Stellung ἀπὸ κοινοῦ bei Horaz. Waidhofen a./Th., Progr. 1875

Witsch, Rud., Vorschlag wie die Urbarmachung des Flugsandes in Ungarn leichter realisirt werden könne. 8. Wien. (Eggenberger in Pest.) 808.

Witsch, R. Praktischer Vorschlag, wie das auf dem Reichstage 1807 zu Ofen im 20. Artikel sanctionirte Gesetz, betreffend die Urbarmachung des Flugsandes in Ungarn auf die leichteste Art realisirt werden könne. Ofen 1809. 8.

Witsch R.: Praktischer Vorschlag wie das ... Gesetz betreffend die Urbarmachung d. Flugsandes in Ungarn auf die leichteste Art realisirt werden könne ... Zum 2. Mahle aufgelegt, verm. ... Ofen 1809. 182 S. 2 Tvl.

Witsch, Rud., prakt. Vorschlag, wie die Urbarmachung d. Flugsandes in Ungarn leichter realisirt werden könne. Mit 2 Kpf. 8. Wien 808. 2e A. 8. Ofen 810. (Eggenberger in Pesth). 9 K

Anleitung für Keulenübungen. [Verf.: **Witschel,** Korv.-Kapit.] Mit 34 Abb. Berlin: E. S. Mittler & Sohn 1898. (V, 28 S.) 8° [F.] [08. 9047

Witschel, Anleitung f. Keulenübungen. 2. Aufl. (IV, 28 S. m. 34 Abb.) 12. Berlin 903. E. S. Mittler & Sohn. n. — 80

Witschel, Anleitung f. Keulenübungen. 3. Aufl. (VI, 28 S. m. 8 Taf.) kl. 8. Berlin 911. E. S. Mittler & Sohn. — 80

Gesang als die Brüder Eisenbach, Gross u. Huber der □ zu den 3 Pfeilen [in Nürnberg] das Bild des Br. Joh. Merkel übergaben. Am 5. July 1816. [Unterz.:] **W[itschel].** [Nürnberg 1816.] 2 Bl. 8° [Umschlagtit.]
Kl. 1815, Tt. 2467. Ohne Noten: „Es waltet im Leben ein blühender Muth, . . ." 193.

[Lied.] Unsern angetrettenen [!] Brüdern geweiht, am Tage der Jubel□, 5814. [Unterz.:] W[itschel?]. [Nürnberg 1814.] 2 Bl. 8⁰ [Umschlagtit.]

Ohne Noten: „Die Glocke tönt mit ahnungsvollem Schalle . . ." 283.

[Lied.] Dem Br. Ebermayer bey Uebernahme des Hammers in der ger. u. vollk. Loge Joseph zur Einigkeit dargebracht von seinen Brüdern. Nürnberg am $\frac{19}{I}$. 5810. [Unterz.:] Witschel. [Nürnberg 1810.] 2 Bl. 8⁰ [Umschlagtit.]

Ohne Noten: „Heil und Seegen [!] unserm Tempel . . ." 155.

[Lied.] Am fünfundzwanzigjährigen Jubiläumsfeste des Br. Joh. Merkel den 5. Dec. 1831. [Unterz.:] W[itschel]. Nürnberg [1831]: Campe. 2 Bl. 8⁰ [Umschlagtit.]

Ohne Noten: „Sey uns gegrüsst an Deinem Jubeltage, . . ." 193.

[Lied.] Dem Br. v. Oertel bei Niederlegung des Hammers gewidmet von seinen ihn innigst liebenden Brüdern. Am Johannis Feste den 6. des VII. 5810. [Unterz.:] Witschel. [Nürnberg 1810.] 2 Bl. 8⁰ [Umschlagtit.]

Ohne Noten: „Schnell fliegen Stund und Zeiten, . . ." 155.

[Lied.] Dem Br. v. Oertel bey Uebernahme des Hammers am Johannisfest den 7/VII. 5809 von den Brüdern der □ zu den drey Pfeilen im Or. zu Nürnberg geweihet. [Unterz.:] W[itschel?]. [Nürnberg 1809.] 2 Bl. 8⁰ [Umschlagtit.]

Abgedr. in: Allgem. Taschenbuch f. Frmr. 2 (1810) S. 172—174.

Ohne Noten: „Entflammet dem Meister zu Ehren, . . ." 155.

[Lied.] Unserm Br. v. Oertel bei Wiederübernahme des Hammers gewidmet. Am Johannis Feste den 6. des VII. 5810. [Unterz.:] Witschel. [Nürnberg 1810.] 2 Bl. 8⁰ [Umschlagtit.]

Ohne Noten: „Leicht ists gesagt: „Lasst uns nicht müde werden!" " 155.

Welser, v.: [Lied.] Bei der Reception der Brr. v. Welser, v. Scheurl, v. Geuder in der □ zu den 3 Pfeilen in Nürnberg, den $\frac{6}{II}$. 5807. [Unterz.:] Witschel. [Nürnberg 1807.] 2 Bl. 8⁰ [Umschlagtit.]

Ohne Noten: Der Tempelbau. „Ihr jungen Brüder, seyd willkommen, . . ." 155.

[Lied.] Den Brüder Stiftern der Loge zu den drei Pfeilen in Nürnberg, am Stiftungsfeste der Loge den 18. März 1809 geweiht von ihren Söhnen und Brrn, Joh. Merkel, Paul Carl v. Welser, Carl Jac. Wilh. v. Scheurl, Joh. Sigm. Carl v. Geuder, Paul Gottlieb Merkel. [Unterz.:] W[itschel?]. [Nürnberg 1809.] 2 Bl. 8⁰ [Umschlagtit.]

Abgedr. in: Allgem. Taschenbuch f. Frmr. 2 (1810) S. 167—170.

Kl. 1802. Für Chor; ohne Noten: „Lieblich ist die Abendstunde, . . ."

[Lied.] Zur Vermählung des Br. Joh. Merkel mit Fräulein A. M. B. Held von den Mitgliedern der □ zu den 3 Pfeilen in Nürnberg. Am 18. Oct. 1818. [Unterz.:] W[itschel]. [Nürnberg 1818.] 2 Bl. 4⁰ [Umschlagtit.]

Ohne Noten: „Aus stillverborgner Halle . . ." 193.

[Lied.] Bey der glücklichen Wiederkehr des [Br.] Joh. Merckel [!] gesungen von den Schwestern der □. [Unterz.:] W[itschel]. Den 7. März 1816. [Nürnberg 1816.] 2 Bl. 4⁰ [Umschlagtit.]

Tt. 2633. Ohne Noten: „Willkommen, o Meister, im heimischen Lande!" 430.

Te deum landamus für die □ zu den 3 Pfeilen 5814. [Unterz.:] W[itschel?]. [Nürnberg 1814.] 2 Bl. 8⁰ [Umschlagtit.]

Ohne Noten: „Preis Ihm und Dank, dem grossen . . ." 283.

Witschel, A.

— Vindiciae Euripideae. Pr. 1889. 12 S. 4⁰.

Witschel, Andreas Gottlob

Witschel, Andr. Glo., s. Bertha, an, bei ihrem Eintritte in die Welt.

Witschel, Andreas Gottlob, s. Prisca gens Thuisconis.

Witschel, C. B., der Schulfreund, od. d. Wissenswürdigste aus d. Religion, Naturlehre, Naturgeschichte, Erdbeschreibung u. Rechenkunst, e. Lese-, Schreib-, Rechen- u. Lehrbuch f. deutsche Schulen. 8. (24 B.) Sulzbach 838, v. Seidelsche Buchh.

Witschel, Johann Ephraim

— Geschichte u. Geographie v. Deutschland. 4 Thle. 8. Dresd. 789—92. (J. F. Korn in Bresl.) 3 Thlr.

Witschel, Jh. Ephr., sächsische Geschichte f. Kinder. 4 Thle. 8. Leipz. 784—86. Beer. (Graffé in Weißenf.)

Witschel, Johann Heinrich Wilhelm

Armenlied. [Unterz.: Joh. Heinr. Wilh.] **W[itschel].** o. O. u. J. 1 Bl. 8⁰ [Kopftit.]
Ohne Noten: „Auf, Brüder, leset Blumen . . .“

[Andere Ausg. u. d. Tit.:]
Armenlied. [Unterz.:] Joh. Heinr. Wilh. Witschel. [Nebst:] Lied bei Eröffnung der ▭. o. O. u. J. 1 Bl. 8⁰ [Kopftit.]
Ohne Noten.

— Auswahl von Gesängen u. Liedern zur häuslichen Erbauung. gr. 8. Hannov. 817. Hahn. 6 Gr. (Aus Feddersen Unterhaltungen besond. abgedr.)

Witschel, Jh. Hnr. Wlh., Balsora; morgenländ. Schspl. 8. Nürnb. 779. Stiebner. 16 Gr.

— moralische Blätter. 8. Nürnb. 801. (Campe).

Witschel, Joh. Heinr. Wilh., moral. Blätter. Ein Andachtsb. f. Gebildete. Neue, umgearb. u. verm. Aufl. gr. 8. (12½ B. u. 1 Holzsch.) Nürnberg 828, Campe. Thlr.

— Dichtungen. 8. Nürnb. Stiebner. (Benj. Fleischer in Leipz.) 798.

— Dichtungen. 8. Nürnb. 798; a. 801. Bauer. 22 Gr.

Witschel, Jh. Hnr. Wlh., etwas zur Aufheiterung in Versen. 1s Bdchen. 8. Sulzb. 809. 2e verm. Aufl. 817. v. Seidel. 16 Gr. Velinp. 20 Gr.

Witschel, Johann Heinrich Wilhelm, s. Grübel: Gedichte.

— Hallelujah; mit Begleitung des Piano-Forte ꝛc. 8. Sulzb. 814. v. Seidel. 2 Gr.

— über die Herabwürdigung des Sonntags; eine geharnischte Rede. 8. Sulzb. 822. v. Seidel. 3 Gr.

— Hermolaus. Mit Vign. 8. Nürnb. 796. Felssecker. 21 Gr.

— Klage u. Trost, zum neuen Jahre 1810. gr. 8. Sulzb., v. Seidel. 3 Gr. Velinp. 4 Gr.

— Morgen- u. Abendopfer in Gesängen. 2 Thle. 8. Nürnb. 806. 2e Aufl. 8. Sulzb. 807. 3e A. 808. 4e A. 809. 9e A. 828. v. Seidel. 16 Gr. Schreibp. 1 Thlr. Velinp. 1 Thlr. 8 Gr. Pracht-Ausg. in 12. 828. 2 Thlr. in Pappe geb. 2 Thlr. 20 Gr. in Leder geb. 3 Thlr. 8 Gr. in Safian geb. 4 Thlr. 8 Gr.

Witschel, J. H. W., Morgen- u. Abendopfer, in Gesängen. 6te verb. Aufl. 8. Sulzbach, Seidel. 815.
Druckp. Rthlr. -
Schreibp.
Velinp.

— Morgen- u. Abendopfer in Gesängen, 7te verm. u. verb. Ausg. 8. Sulzbach, Seidel. 819.
Schreibpap.
Velinpap.

— Morgen- u. Abendopfer in Gesängen. 8e verm. u. verbess. Ausg. 8. Sulzbach 824, v. Seidel.

Witschel, Joh. Heinr. Wilh., Morgen- u. Abendopfer nebst and. Gesängen, u. e. Anh. 10., verm. u. verb. Ausg. (Von J. J. Mnioch.) 8. (21 B. u. 1 Kpfrt.) Sulzbach 839, v. Seidelsche Buchh. 16 Gr., Postp. 1 Thlr., Vlnp.
Ausgabe in 16. mit 9 Kpfrn.

Witschel, Johann Heinrich Wilhelm. Morgen- und Abendopfer . . . 10. Ausg. Sulzbach 1839. II: *Mnioch, Johann Jacob.* (Ky)

Witschel, Joh. Heinr. Wilh., Morgen- und Abendopfer nebst andern Gesängen und einem Anhange. 11., illustr. und verm. Ausg. mit der Lebensgeschichte des Verf. 8. (XXIV und 324 S. mit 12 Holzschn.) Sulzbach 848, v. Seidel'sche Buchh.
Fein Pap.

—— dass. — Ausg. in Taschenformat. gr. 16. (XXX und 346 S. mit 9 Kpfrn. und 1 Portr.-Vign. in Holzschn.) Ebds. 848.

Witschel, Joh. Heinr. Wilh., Morgen- u. Abendopfer nebst andern Gesängen u. einem Anh. Ausg. in Taschenformat m. 9 Kpfrn. u. 1 Portrait-Vignette (in Holzschn.) gr. 16. (XXX u. 346 S.) Ebd. 849. 1⅓ Thlr.

—— dass. — 12. Ausg. 8. (328 S. mit 2 Holzschn.) Ebds. 851.
Vlnp. mit Stahlst.

Witschel, Joh. Heinr. Wilh., Morgen- und Abendopfer nebst andern Gesängen und einem Anhang. gr. 16. (334 S. mit 1 Stahlst. und gest. Titel.) Sulzbach 854, v. Seidel'sche Buchh.
Thlr. -

Witschel, Joh. Heinr. Wilh., Morgen- u. Abendopfer, nebst andern Gesängen u. einem Anh. gr. 16. (324 S. m. 1 Holzschntaf.) Philadelphia 870. (Schäfer & Koradi.) geb. n. 2. —

Witschel, Joh. Heinr. Wilh., Morgen- und Abendopfer, nebst anderen Gesängen und einem Anhang. 1. und 2. Aufl. 12. (V, 227 S. mit 1 Lichtdr.) Leipzig 883, Verlags-Institut.
geb. mit Goldschn.
—— dass. — Neue Aufl. 12. (240 S.) Reutlingen 883, Enßlin und Laiblin's Verlagsh. 90 Pf.; geb.
—— dass. — (Neue Ausg.) 12. (VI, 224 S. mit Stahlst.-Titel und 1 Stahlst.) Sulzbach 884, v. Seidel'sche Buchh.
geb. mit Goldschn.

Witschel, Joh. Heinr. Wilh., Morgen- und Abendopfer nebst anderen Gesängen und einem Anhang. (Neue Ausg.) 12. (VI, 224 S. mit Stahlst.-Titel und 1 Stahlst.) Sulzbach 887, v. Seidel'sche Buchh. geb. mit Goldschn.

Witschel, Joh. Heinr. Wilh. Morgen- u. Abendopfer, nebst andern Gesängen u. e. Anh. 3. Aufl. 12. (IV, 227 S. m. 1 Lichtdr.) Lpz. 889, Verlags-Institut [L. Stefke]. geb. m. Goldschn. * 2 40
geb. m. rothem Schnitt * 2 —

Witschel, Joh. Heinr. Wilh., Morgen- u. Abendopfer, nebst anderen Gesängen u. e. Anh. (Ausg. m. großer Schrift.) 8. (VIII, 320 S.) Davos 894. H. Richter. Geb. in Leinw. m. Goldschn. n. 3. —

— dasselbe. 6. Aufl. 12. (V, 227 S. m. Titelbild.) Leipzig 896. Verlags-Institut. Geb. in Leinw. n. 2. —; m. Goldschn. n. 2. 40

Witschel, Joh. Heinr. Wilh., Morgen- u. Abendopfer, nebst anderen Gesängen u. e. Anh. (Ausg. mit großer Schrift.) 2. Aufl. 8. (VIII, 320 S.) Davos 897. H. Richter, Verl. Geb. in Leinw. m. Goldschn. n. 3. —

Witschel, Joh. Heinr. Wilh., Morgen- u. Abendopfer, nebst anderen Gesängen u. e. Anh. 8. Aufl. 12. (V, 227 S. m. Titelbild.) Leipzig (900). Verlags-Institut. Geb. in Leinw. n. 2.—; m. Goldschn. n. 2. 40

Witschel, Johann Heinrich Wilh[elm]. Morgen- und Abendopfer nebst anderen Gesängen und einem Anhang. 3. Aufl. VIII + 320 S. 8. Chur, F. Schuler, 1904. [geb. fr. 3. 50]

— dasselbe. s.: Universal-Bibliothek. 1421/22.

— die Nacht am Rhein, Karl'n dem Helden d. Deutschen geweiht. 8. Nürnb. 797. Felssecker. 4 gr.

— Pantheon f. Damen. 8. Nürnb. 799. Stiebner. (Fr. Fleischer in Leipz.) 20 gr.

— Predigt von der schuldigen Barmherzigkeit gegen eine gewisse Klasse von Hülfsbedürftigen. 8. Nürnb. 796. Felssecker. 1½ gr.

Witschel, Johann Heinrich Wilhelm, s. Reinhold, Karol.: D. merkw. Begebenheiten aus d. allgem. Weltgeschichte.

—— Stimmen religiöser Erhebung. Andachtsbuch für Gebildete. 3. (Titel-)Aufl. gr. 8. (XII und 200 S. mit 1 Stahlst.) Nürnberg 852, Lotzbeck.
Erschien bereits 1828 u. d. T.: Moralische Blätter rc.

Witschel, Johann Heinrich Wilhelm, s. Topp, Bruder.

— Versuch einer Schulordnung f. d. Land. 8. Nürnb. 803. Felssecker. 3 gr.

Witschel, Wilhelm Karl, aus Nürnberg, Volontärarzt an d. Univ.-Frauenklinik Strassburg: Ueber Ausfallerscheinungen nach Entfernung der weiblichen Sexualorgane. *Strassburg i. E. 1902: C. & J. Goeller.* (30 S.) 8°
Strassburg, Med. Diss. v. 1902

Witschi, J. R., die allerneuesten mechanisch-ökonom. u. prakt. Wasch-Sied-Oefen, oder vollständige Anleitung zur vortheilhaftesten Einrichtung der Apparate zum Sieden der gemeinen Wäsche rc. (Mit 2 Steindrucktaf.) gr. 12. Solothurn 838. (Bern, Huber u. Comp.) 5 gr.

Witschwenter, Ant., O. S. B., s.: Bibliothek f. Prediger.

Witsenhausen, Oskar [app. Arzt]: Beiträge zur Casuistik des primären Urethralcarcinoms. . . . (Aus: Beitr. z. klin. Chir. VII. Bd. III. H.) Tübingen, Verl. d. H. Laupp'schen Buchh., 1891; 16 S. 8°
Heidelberg, Med. Fak., Inaug.-Diss. v. [5. März] 1890

Witsius, Herm.

Witsii, Herm., Aegyptiaca et Δεκάφυλον, sive de Aegyptiacor. sacrorum cum Hebraicis collatione, et de decem tribulis Israelis. Acc. diatribe de legione fulminatrice Christianorum. Amst. 683. 4. Ib. 696. 4. Herborn. 717. 4.

Witsius, H., 1) Aegyptiaca δεκάφυλον, 2) de oeconomia foederum Dei cum hominibus lib. IV. 3) meletemata Leidensia, 4) exercitationes sacrae in symbolum apostolorum et in orationem dominicam. 4. Basel. Imhof. 739.

Witsius, H., Aegyptiaca, separ. 4. Francf. Andreä.

— judaeus christianizans circa principia fidei et trinitatem. 4. Leyden. Imhof. 736.

— Meletemata, separ. 4. Francf. Andreä.

— Miscellanea Sacra libri IV. II Tmi. 4. Leyden. Imhof. 736.

— Miscellanea Sacra, separ. 4. ibid.

— de Oeconomia foederum Dei, sep. 4. Francf. Andreä.

— Opera omnia Theologica. 6 Tmi. 4. maj. ibid.

— Praktik d. Christenthums. 12. Bremen. 721.

— schediasma theolog. pract. 8. Groning. 729.

Witt, de, s.: **Bericht der XI. Kommission (des Reichstags) üb. den Entwurf e. Gesetzes, betr. Aenderungen u. Ergänzungen des Strafgesetzbuchs** rc.

Witt, mustergültige Einführung des Torfstuhlverfahrens, s.: Fraenkel, Carl.

Witt, Mme de, née Guizot, les petits enfants, bearb. v. Adolh. Sydow, s.: Bibliothèque française.

Witt, auf heimatlicher Flur u. in Verfolg d. Jahresspur. Landwirtschaftliche Natur- u. Heimatkunde f. Schüler. Unter Mithilfe zusammengestellt. (162 S.) 8. Breslau 910. F. Goerlich. Geb. 1. 20

Witt, Frau v., Großmutters Liebling. Erzählung f. junge Mädchen. Mit Bildern v. A. Wagner u. andern Künstlern. gr. 8. (VI, 224 S.) Leipzig 888. [Gustorff.] Wallmann. n. 3. 40; geb. n. 4. —

Witt, née Guizot, Mme. de, quatre récits et deux légendes, s. Bibliothèque française à l'usage de la jeunesse.

— **Stoffsammlung** zur Einführung in die Sprache. Einprägung v. Sprachformen u. Übgn. im selbständ. mündl. u. schriftl. Ausdruck, zugleich Anregg. z. Heimatfreude u. Jugendlust. (Umschlag: Der Kinder Art in Wort u. Tat.) In Nachachtg. der ministeriellen Bestimmgn. vom 31. I. 1908. Stoffe f. die tägl. Übgn. zu kleinen selbständ. Niederschriften. Für Schüler. 2. verb. u. verm. Aufl. (72 S.) 8. Lissa 910. Breslau, F. Goerlich. — 40

Witt-Grevesmühlen, die Umgestaltung der Steuer- und Zoll-Verhältnisse in Mecklenburg. Die brennendste Frage für das Land und die Städte; vom rechtlich-polit. und religiös-sittl. Standpunkte beleuchtet nebst einem Vorbericht. gr. 8. (XV und 40 S.) Wismar 855, Hinstorff'sche Hofbuchh. *

Witt, Mme de, née Guizot, Premier voyage du petit Louis, hrsg. v. M. Mühry, s.: Schulbibliothek, französ. u. engl., Reihe C.

Witt, A.: Über die Aufgaben der höheren Töchterschulen. Tilsit 1863.
Schul-/Univ.-Schrift

Witt, A., s.: Handels- u. Wirtschaftsgeographie.

Witt, A., die Juden in ihrer socialen u. bürgerl. Stellung. Augsburg, Selbstverlag d. Verf., 1879. 12°. 22 S. Beibd.

Witt, A., die Juden in ihrer socialen und bürgerlichen Stellung. 8. (22 S.) Augsburg 879, (Rieger'sche Buchh.) *

Witt, A., üb. Lenau's Leben u. Charakter. gr. 8. (29 S.) Marburg 893, O. Ehrhardt. n. —50

Witt, A.: Rede zur Einweihungsfeier des neuen Schulgebäudes. Tilsit 1867.
Schul-/Univ.-Schrift

Witt, A. J., auch ein Wort üb. Judenemancipation. 2., verm. u. verb. Aufl. 8. (1 B.) Altona 841, Blatt. (Leipzig, Volckmar.)

Witt, Adolf, Dipl.-Ing.: Die Preussische Bank. Leipzig 1909: Buchdr. Gutenberg. 93 S. 8°
Erlangen, Phil. Diss. v. 10. Dez. 1909, Ref. v. Eheberg
[Geb. 11. April 75 Berlin; Wohnort: Friedenau-Berlin; Staatsangeh.: Preußen; Vorbildung: Luisenstädt. Oberrealsch. Berlin Reife O. 95; Studium: Berlin Techn. Hochsch. 14, Univ. 3 S.; Rig. 22. Juni 09.] [U 10. 915

Witt, A. Die Preußische Bank. Berlin, Selbstverlag, 1910.

Witt, Adolf. Beiträge zur Kenntnis von Chara ceratophylla Wallroth und Chara crinita Wallroth. Diss. Phil. [II.] Univ. Zürich. [Mit Figuren und 1 Tafel.] *Kopftitel:* Arbeiten aus dem Laboratorium für allgemeine Botanik und Pflanzenphysiologie der Universität Zürich. IV + 47 S. 8. Borna-Leipzig, Robert Noske, 1906.

Ein erkrankter Beamter und seine Behörde. Erzählt von Alois Witt. Friedland, Bez. Breslau [1907]: H. Walter. (58 S.) 8° [F.] [07. 13315

Witt, August

Witt, Aug., die feierl. Erbhuldigung d. Stände d. Königr. Preußen u. d. Großhrzgth. Posen am 10. Sept. 1840, der Huldigungs-Landtag d. Königr. Preußen u. d. aus Veranlass. d. Anwesenheit Ihr. Majest. in Königsberg stattgefund. Festlichkeiten. Mit Benutzung amtl. Quellen dargestellt. gr. 8. Königsberg 840, Hartung. (188 S.)

Witt, Aug., die feierliche Erbhuldigung der Stände des Königr. Preußen u. des Großherzogthums Posen am 10. Septbr. 1840, der Huldigungs-Landtag des Königreiches Preußen u. die aus Veranlassung der Anwesenheit Ihrer Majestäten in Königsberg stattgefund. Festlichkeiten. gr. 8. Königsberg 840. (Leipzig, Fort.) n. 2/3 ℛ

Witt — Geschichte des Lehnsverhältnisses zwischen d. Herzogthum Preußen und der Krone Polen, während der Regierung des Herzogs Albrecht, 1525—68. 29 S.
Königsberg, D., Progr. 1837

Witt, Aug., die dritte Jubelfeier der Albertus-Universität zu Königsberg. gr. 8. (5¼ B.) Königsberg 844, Theile.

Witt, (F.)A.: Der preußische Landtag 1813. 32 S. – Progr. Königsberg K.G. 1856.

Witt, Aug., Lehrbuch der Geographie zum Gebrauche in den mittleren u. oberen Klassen der Gymnasien u. der höheren Bürgerschulen u. zum Selbstunterrichte. 2 Abthlgn. gr. 8. 1. Abth.: Die allgemeine Geographie. (VIII u. 316 S.) 2. Abth.: Die Völker- u. Staatenkunde. (XVI u. 531 S.) Königsberg 849. 51, Theile. (1: 2/3 ℛ 2: 1 1/3 ℛ) 2 ℛ

Witt, Aug., Lehrbuch der Geographie zum Gebrauche in den mittleren und oberen Klassen der Gymnasien und der höheren Bürgerschulen und zum Selbstunterrichte. 1. Abthl.: Die allgemeine Geographie. gr. 8. (VIII und 316 S.) Königsberg 849, Theile.

—— dass. — 2. Abthl.: Die Völker- und Staatenkunde. Lex.-8. (XVI und 551 S.) Ebds. 851.

Witt, Aug., Marienburg, das Haupthaus des deutschen Ritter-Ordens in dem ehemal. und in dem gegenwärt. Zustande. gr. 8. (IV und 127 S. mit 2 in Holz geschn. Ansichten in qu. Fol.) Königsberg 854, Koch. *

Witt, Bernard. Historia antiquae occidentalis Saxoniae, seu nunc Westphaliae . . . Monasterii Westphal. 1778.
V: *Cuer, Placidus.* (MGT) »1777« (KY)
Vgl. Witte, Bernh.

Witt, C.: Zum lateinischen Elementarunterricht. 28 S.
Hohenstein, Progr. 1848.

Witt, C. Geschichten aus der Geschichte. Für Knaben erzählt. gr. 8. (IV, 185 S.) Königsb. i. Pr. 890, Koch. * 1 60; cart. * 2 —

Witt, C., griechische Götter- u. Heldengeschichten. Für die Jugend erzählt. gr. 8. (14½ B. u. 1 Ttlbld.) Gumbinnen 845, Bönig.

Witt, C., griechische Götter- und Heldengeschichten. Für die Jugend erzählt. 2. durchgeseh. und mit einem Anhang verm. Aufl. Mit 7 (lithogr.) Bildern von Emil Neide. gr. 16. (IV, 260 S.) [Königsberg 879, Laudien's Verlag.] Augsburg, Lampart und Comp. geb. in Leinw.

Witt, C., griechische Götter- und Heldengeschichten. Für die Jugend erzählt. 3. unveränd. Aufl. Mit 7 (Holzschn.-)Bildern von Emil Neide. 16. (IV, 270 S.) Königsberg 880, Laudien. cart.
—— dass. — 4. Aufl. 12. (IV, 270 S. mit 6 Holzschn.) Augsburg 882, Lampart und Comp. cart. geb.

—— Griechische Götter- u. Heldengeschichten. Für die Jugend erzählt. 5. durchgeseh. Aufl. 8. (IV, 192 S.) [Augsb. 885, Lampart u. Comp.] Stuttg., Waag. * 1 20; cart. * 1 50

—— dass. — 6. durchgeseh. Aufl. 8. (IV, 212 S.) Stuttg. 890, Waag. * 1 50; cart. * 2 —

Witt, C., griechische Götter- u. Heldengeschichten. Für die Jugend erzählt. 7. Aufl. (IV, 212 S.) 8. Stuttgart (905). M. Waag. n. 1. 60; geb. n. 2. —

—— der trojanische Krieg und die Heimkehr des Odysseus. Für die Jugend erzählt. Griechische Götter- und Heldengeschichten II. 12. (IV, 297 S. mit 10 Holzschn.-Bildern.) Ebendas. 883. cart. **M 2.; geb.

Witt, C., der trojanische Krieg und die Heimkehr des Odysseus. Für die Jugend erzählt. Griechische Götter- und Heldengeschichten II. 2. Aufl. 12. (IV, 298 S. mit 10 Holzschn.-Bildern.) Stuttgart 888, Waag. cart.

—— die tapferen Zehntausend. Eine Kriegsgeschichte aus dem Alterthum. Für Knaben erzählt. 8. (V, 138 S. mit Illustr.) Ebendas. 888. *M 2.50.; geb.

Witt, Christian: Ueber die Eigentümlichkeit des Klima's der Wallachei und Moldau und die sogenannte wallachische Seuche unter der zweiten russischen Armee während des letzten türkischen Krieges. Aus dem Russischen übers. von W.Thalberg. 284 S., gbd.

Leipzig: Weigel
Dorpat: Model } 1844

Witt, Chr., über die Eigenthümlichkeit des Klima's der Wallachei u. Moldau u. die sogenannte wellachische Seuche unter der zweiten russ. Armee während des letzten türkischen Krieges. Aus dem Russ. von W. Thalberg. gr. 8. Dorpat 844, Severin in Moskau. n. $1^2/_3$ ℳ

Witt, Ch., medicinische Geschichte des russisch-türkischen Krieges in den J. 1828 und 1829, s. Geschichte.

Witt, Clara, s. Witt, Klara

Witt, Constantin, s. Witt, Konstantin

Witt, D.

Witt, angenehm gemacht in dem Geliebten. Lebensbild d. Lehrerin Henriette Neumann. (69 S. m. 1 Bildnis.) kl. 8. Neumünster (908). Vereinsbuchh. G. Ihloff & Co. nn — 50

Witt, E., Artikulationsfibel, s.: Rehs, E.

— Lehrgang f. die Vorbereitung auf den Schreiblese-Unterricht, s.: Rehs, E.

Witt, E.: Lesebuch, s. Rehs, E.

— Lesefibel, s.: Rehs, E.

Witt, Ed(uardus) Gerh(ardus) Frid(ericus) Guido de: Dissertatio ... sistens nonnulla de diabete. Halae 1831: Gebauer. 21 S. 8°
Halle-Wittenberg, Med. Diss. v. 3. Mai 1831
Geb. Hüth (Kr. Rees Rheinprov.) 23. 11. 1804. V. vorh. Berlin UB

Witt, Ernst, Medizinalprakt.: ⟨Aus d. anat. Inst. in Rostock.⟩ Ausbreitung der Stirnhöhlen und Siebbeinzellen über die Orbita. Mit 7 Abb. auf d. Taf. 1/2. Wiesbaden: Bergmann 1908. 38 S. 8° ¶(Aus: Anatom. Hefte. Abt. 1, Bd 37.)
Rostock, Med. Diss. v. 6. März 1909, Ref. Barfurth
[Geb. 9. Juli 83 Glückstadt; Wohnort: Hannover; Staatsangeh.: Preußen; Vorbildung: Gymn. Hamburg Reife M. 02; Studium: Rostock 5, Tübingen 2, Rostock 3 S.; Coll. 10. Dez. 07; Approb. 23. Febr. 09.] [U 09. 3734

Witt, Etelka. Die Damen- und Kinderwasche. Ein Leitfaden der Zuschneidekunst ... 1885.
Verlag von Klemm & Weiß. Expedition der Europ. Modenzeitung in Dresden-N.
28 S., 15 Taf. 4°

Witt, Etelka, die Damen- und Kinderwäsche. Ein Leitfaden der Zuschneidekunst zum Selbstunterricht und Gebrauch für Gewerbeschulen. hoch 4. (28 S. mit 29 Taf.) Dresden 885, Exped. der Europ. Modenzeitung. *

[Witt, Etelka.] Die Herren-Leibwäsche. Ein ... Leitfaden über das Maßnehmen und Zuschneiden ... Dresden-N., Verlag von Klemm & Weiß. Expedition der Europäischen Moden-Zeitung [1884].
Tit., 25 S.; 15 Taf. 4°.

Witt, F. de, Fluviorum Rheni, Mosae, Mosellae, Moeni et Neckaris descriptio, emendata . . . . . . [17. .] . . . . (Br. Mus.)

Witt, Dr. F. L. F., de jure debiti cambialis in concursu creditorum. 4maj. Heidelb. 815. Groos. 10 ℊ

Witt, Ferd. Joh., s. † Wit, gen. v. Dörring, Johs.

Witt, Franz Xaver

Witt, Franz., [Lebensbild], s. Kistler, C. — Walter, Ant.

— s.: Cäcilienvereinsorgan.

Witt, Frz. Xav., cantica sacra, s.: Hauber, J. M.

Witt, Frz., Cantus. In Dominicis adventus et Quadragesimae. [An den Sonntagen im Advente und in der Fasten.] Stimmen. Fol. (16 S.) Regensburg 871, Pustet.

—— Cantus in feria VI. in Parasceve quos vocant „Improperia". hoch 4. (16 S.) Ebendas. 873.

—— Messe „Exultet" für zwei Singstimmen und Orgel. Op. 9. 2. Aufl. hoch 4. (Partitur 40 S. und Stimmen 20 S.) Regensburg 876, Coppenrath. Partitur allein ℳ 1,50.; Stimmen

Witt, Frz. Xav., kirchliche Gesänge für drei oder vier Männerstimmen hersg. 2. Aufl. Partitur. Regensburg 870. Pustet. hoch 4. (IV, 48 S.) n. 24 ngr.; Stimmen dazu n. 12 ngr.

—— kirchliche Gesänge für vier Männerstimmen. Neue Folge. Op. 5. hoch 4. (72 S.) Ebendas. 874. Partitur. Stimmen (à 40 S.)

Witt, Fr., gestatten die liturgischen Gesetze beim Hochamte deutsch zu singen? Ein Vortrag geh. bei dem zu St. Gallen vom 23. Sept. bis 13. Oct. 1872 abgehaltenen „Instructionskurse f. kathol. Chordirectoren u. Organisten" am 11. Octbr. Mit e. Prolog u. Epilog. gr. 8. (35 S.) Regensburg 873. Pustet. — 45

—— gestatten die liturgischen Gesetze beim Hochamte deutsch zu singen? Ein Vortrag, gehalten bei dem zu St. Gallen vom 23. Septbr. bis 13. Octbr. 1872 abgehaltenen „Instructionscurse für kathol. Chor-Directoren und Organisten" am 11. Octbr. Mit einem Prolog und Epilog. 2. verm. Aufl. gr. 8. (40 S.) Ebendas. 886.

—— Graduale de tempore et de sanctis juxta ritum sacrosanctae Romanae ecclesiae cum cantu Pauli V. pontificis maximi jussu reformato cui addita sunt officia postea approbata. Organum comitans ad ordinarium missae. Op. 23. qu gr. 4. (VIII, 100 S.) Ebendas. 872.

Witt, Frz. Xav., vierzehn Kreuzweg-Stationen mit Eingangs- und Schluß-Gesang. Mit deutschem Text für eine oder zwei Singstimmen mit begleit. Orgel. Op. 32b. Partitur. hoch 4. (22 S.) Regensburg 876, Pustet. Stimmen (12 S.)

Witt, Frz., das kgl. bayerische Cultus-Ministerium, die bayerische Abgeordneten-Kammer und der Cäcilien-Verein. Eine Streitschrift und zugleich ein Handbuch für Musikalien bei Beurtheilung kathol. Kirchenmusik. Lex.-8. (154 S.) Regensburg 886, Pustet.

— lauretanische Litanei [in A moll] für Singstimmen u. Orgel. Einsiedeln 868. Gebr. Benziger. Imp.-4. (16 S.) 21 ngr.; einzelne Stimmen $1\frac{1}{2}$ ngr.

—— Litaniae Lauretanae quatuor vocibus imparibus comitante organo concinendae. [Partitur und Stimmen.] hoch 4. (22 S.) Regensburg 870, Pustet. Stimmen apart

— litaniae lauretanae 5 voc. [5. Litanei]. op. XXa. qu. Fol. (5 S.) Ebend. 871. n. — 50

Witt, Frz., Litaniae lauretanae sex vocibus concinendae. Op. 28. hoch 4. (24 S.) Regensburg 874, Pustet. Partitur Stimmen (35 S.)

— Missa pro defunctis et missa „exultet" Zwei Messen für zwei Singstimmen (Sopran u. Alt oder Tenor u. Bass) u. Orgel. Für Landchöre u. Klöster componirt. Regensburg 865. Coppenrath. 4. (44 S.) 22½ ngr.

—— Missa „in honorem Sancti Augustini" ad quatuor voces inaequales aut ad unam voce cum organo. Op. 18. qu. Fol. (8 S.) Ebendas. 871. Partitur Stimmen (à 4 S.) hoch 4.

—— Missa „in honorem S. Caeciliae" tribus vocibus paribus organo constante ad libitum concinenda. hoch 4. (26 S.) Ebendas. 872. Partitur Stimmen (à 6 S.)

—— dass. — una voce cum organo aut quatuor vocibus imparibus cantanda. hoch 4. (16 S.) Ebendas. 872. Partitur Stimmen (à 6 S.)

— Missa in honorem Sancti Francisci Xaverii. — Preis-Messe für vier Männerstimmen mit Orgelbegleitung. Luxemburg 865. Bück. Fol. (25 S.) 24 ngr.

—— Missa in honorem sancti Francisci Xaverii [Preis-Messe] ad 4 voces aequales comitante organo composita. Editio altera. hoch 4. (28 S.) Ebendas. 869. Partitur Stimmen

—— Missa in honorem sancti Gregorii Magni quatuor vocibus [Alto, Tenore et Basso I. et II.] comitante organo concinenda. gr. 4. (22 S.) Luxemburg 868, Bück. Stimmen einzeln à

— Missa „in honorem Sanctae Luciae" ad 4 voces inaequales et organum. Partitur. Regensburg 868. Pustet. hoch 4. (30 S.) 21 ngr.; 4 Stimmen dazu. (16 S.) 8 ngr.

—— Missa in honorem b. Michaelis Archangeli ad unam vocem [vel duas] cum organo. Op. 30. hoch 4. (16 S.) Regensburg 875, Pustet.

—— Missa in memoriam concilii oecumenici Vaticani sex vocibus concinenda. Op. 19. hoch 4. (36 S.) Ebendas 871. Partitur Stimmen (30 S.)

Witt, Frz. Xav., Missa „septimi toni" ad IV voces aequales [für vier Männerstimmen]. Edit. nova. Neue Ausg. mit vervollständigtem „Credo" und Orgelbegleitung. Op. 1. hoch 4. (46 S.) Regensburg 876, Manz.
—— dass. — Op. 1b. (Partitura.) hoch 4. (20 S.) Regensburg 877, Pustet. Stimmen

Witt, Franc. X., missa „septimi toni" ad II voces aequales com. organo. Op. 1c. (Partitura.) hoch 4. (S. 29—48.) Regensburg 877. Pustet. n. 1. 20; Stimmen n. — 30

—— tres missae et quatuordecim motetta ad 4, 5 et 8 voces. hoch 4. (115 S.) Regensburg 862, Manz. *

Witt, Frz. Xav., s.: Musica sacra.

Witt, Frz. X., s. Organum comitans ad ordinarium missae.

— preces stationum crucis. 14 Kreuzweg-Stationen. Mit latein. u. deutschem Texte f. Sopran, Alt, Tenor u. Bass od. e. Stimme m. Orgelbegleitg. Op. 32a. Partitur. hoch 4. (16 S.) Regensburg 876. Pustet. n. 1. —; Stimmen (24 S.) n. — 80

— Requiem f. 2 Singstimmen u. Orgel. Op. 25a. 2. Aufl. hoch 4. (Partitur 48 u. Stimmen 26 S.) Regensburg 876. Coppenrath. 2. 40; Partitur ap. 1. 70; Stimmen à — 35

—— Stimmenhefte zu den Offertorien des ganzen Jahres, zu welchen die „Partituren" meistens in den kirchenmusikal. Zeitschriften von Fr. Witt und in Stehle's Motettenbuch erschienen sind. Op. 15. 1. und. 2. Lfg. hoch 4. (145; 150 S.) Regensburg 876,77, Pustet. à Lfg. *M 3,20.

—— Te deum VI vocum. Te deum für Sopran, Alt, 2 Tenore und 2 Bässe componirt. Op. 27. hoch 4. (16 S.) Regensburg 873, Pustet. Partitur Singstimmen Instrumental-Stimmen

—— der Zustand der katholischen Kirchenmusik zunächst in Altbayern. (Oberbayern, Niederbayern und Oberpfalz.) Allen Geistlichen, Chorregenten und Freunden der Musik zur Erwägung vorgelegt. gr. 8. (34 S.) Regensburg 865, Coppenrath.

Witt, Friedrich

[F.] Geschichte des Schulwesens in Preetz. Von F[riedr.] Witt, Pastor in Preetz. (A. d. Umschl.: Festschrift f. d. Schleswig-Holsteinische Lehrer-Vers. in Preetz 1897 ...) (SA. a. d. Zeitschr. d. Ges. f. Schleswig-Holst.-Lauenburg. Gesch. Bd. 24.) *Kiel: Dr. v. Schmidt & Klaunig 1897.* (48 S.) 1 Bd 8. [97. 8741 Ki

Witt, [Friedrich]: Der Katholizismus in Schleswig-Holstein seit der Reformation. Ein Überblick. Sonderabdruck aus: Schriften des Vereins für Schleswig-Holsteinische Kirchengeschichte. Reihe 2, H. 5. Preetz. 1900. 8°

Witt, F[riedrich]: Quellen und Bearbeitungen der schleswig-holsteinischen Kirchengeschichte. Systemat. u. chronolog. zsgest. Kiel: Kommv. v. H. Eckardt; (Dr. v. J. M. Hansen in Preetz) 1899. (XII S., 1 Bl., 255 S.) 8°
(Publikationen d. Vereins f. schleswig-holsteinische Kirchengeschichte. Reihe I (grosse Schriften). H. 1.)

Witt, Fritz, Beiträge zur Theorie u. Praxis des naturkundlichen Volksschulunterrichtes. Eine Handreichung f. Seminaristen u. Volksschullehrer. gr. 8. (VII, 400 S.) Osterwieck 901. A. W. Zickfeldt. n. 3. 40

Witt, Fritz, Gedanken über den Turnunterricht in einfachen Volksschulen, Berlin 1892, 4°.

Inwiefern ist zu befürchten, dass unsere ärmere ländliche Bevölkerung im Strudel der Gegenwart an Leib und Seele zu Grunde geht, und was ist zu thun, um dies zu verhüten? Von Fritz Witt, Seminarl. in Delitzsch. *Bielefeld: A. Helmich [1900].* (S. 87–90.) 8° [F.]
= Abhandlungen, Pädagogische. N. F. Bd 5, H. 5. [00. 7110

v. Witt, Gisb., Abhandlung von Ausziehung d. Staares, mit Kpf. 8. Marb. 791, 2e A. 794. Krieger. 6 gr.

Witt, Gustav

Der Planet Saturn. Von G. Witt in Berlin, Astronom ... M. Ill. *Berlin: H. Paetel 1897.* (SA. a. d. Monatsschr. 'Himmel u. Erde'. Jg. IX. H. 1—3.) (42 S.) 1 Bd 4.(8.)
= Sammlung populärer Schriften hrsg. v. d. ... Urania. No 44 [97. 5661

Witt, Gust., übereilt. (56 S.) 8. Frankfurt a/M. (908). Berlin-Zehlendorf, R. Eckstein Nachf. — 40

Witt, Gustav, a. Berlin: Untersuchung über die Bewegung des Planeten ⟨433⟩ Eros. (Berlin 1905: Norddeutsche Buchdr.) (43 S.) 8°(4°).
Berlin, Phil. Fak., Ref. Bauschinger, Diss. v. 28. Okt. 1905
[Geb. 29. Okt. 66 Berlin: Wohnort: Berlin; Staatsangeh.: Preußen; Vorbildung: Andreasrealgymn. Berlin Reife O. 87; Studium: Berlin; Rig. 17. Juli 05.]

Witt, Gustav Adolf

Witt, Gust. Adf., die heiztechnischen Einrichtungen der Käserei. (669 S. m. 637 Abb. im Text u. auf 1 Taf.) gr. 8. Bern 911. K. J. Wyß. 12.—; geb. in Leinw. 14.—

— „Herzenstöne". Gedichte. (XIII, 190 S.) 8. Wien (908). C. Fromme. 2.50; geb. in Leinw. 3. 50

Witt, G. A., Praktischer Wegweiser f. Patent-, Musterschutz- u. Markenschutz-Angelegenheiten. (X, 244 S.) gr. 8. Wien '09, C. Fromme. Geb. in Leinw. 4. 50.

Witt, H., die biblischen Geschichten Alten und Neuen Testaments mit Bibelwort und freier Zwischenrede anschaulich dargestellt. Ein Hülfsbuch zum erbaul. Betrachten und lebend. Erzählen derselben. 3 Bde. gr. 8. Kiel 869, Schwers'sche Buchh.
Inhalt:
Bd. 1, 2. Altes Testament. 2 Thle. [1. Thl. (XXII, 482 S.) *M. 3.; 2. Thl. (V, 432 S.) *M. 2.40.] *M. 5.40.
" 3. Neues Testament. (VIII, 500 S.) *M. 3.

Witt, H., die biblischen Geschichten Alten u. Neuen Testaments, m. Bibelwort u. freier Zwischenrede anschaulich dargestellt. Ein Hülfsbuch zum erbaul. Betrachten u. lebend. Erzählen derselben. 2. Aufl. 3 Bde. gr. 8. (VII, 466, IV, 422 u. VII, 526 S.) Gütersloh 883. 84. Bertelsmann. à n. 4. —

Witt, H., ein sorgenfreies Leben. (83 S.) 16. Gotha (909). Missionsbuchh. P. Ott. — 50

— **Saul u. David. Eine Erklrg. der Bücher Samuelis. gr. 8. (359 S.) Ebd. 902. n. 2.40; geb. in Leinw. n. 3.40**

—— praktische Sprachübungen zur festen Einübung der regierenden Wörter. 1. und 2. Heft. 8. Ebendas. 872. cart. à Heft
Inhalt:
Heft 1. Die Verhältnißwörter. (72 S.)
" 2. Die regierenden Zeitwörter und Eigenschaftswörter nebst Anh. und Schlußaufgaben. (74 S.)

Witt, H., praktische Sprachübungen zur festen Einübung der regierenden Wörter. 1. u. 2. Hft. 8. Kiel 878. Schwers. cart. à n. — 50
1. Die Verhältnißwörter. 3. Aufl. (72 S.)
2. Die regier. Zeitwörter u. Eigenschaftswörter, nebst Beispielsammlung zur Satzlehre. 2. Aufl. (83 S.)

Witt, H., praktische Sprachübungen zur festen Einübung der regierenden Wörter. 2 Hefte. 8. (à Heft 72 S.) Glückstadt (Leipzig, Streller.) à Heft * 50 Pf.
Inhalt:
Heft 1. Die Verhältnißwörter. 5. Aufl. 886.
" 2. Die regierenden Zeitwörter und Eigenschaftswörter. 3. Aufl. 882.
—— dass. — 2 Hefte. 8. Kiel, (Haeseler.) à Heft * 50 Pf.
Inhalt:
Heft 1. Die Verhältnißwörter. 6. Aufl. (72 S.) 887.
" 2. Die regierenden Zeitwörter und Eigenschaftswörter nebst vermischten Schlußaufgaben. 4. Aufl. (72 S.) 888.

Witt, H., praktische Sprachübungen zur festen Einübung der regierenden Wörter. 2 Hfte. 8. Glückstadt. (Kiel, Haeseler Verl.) à n. — 50
1. Die Verhältnißwörter. 7. Aufl. (72 S.) 889.
2. Die regierenden Zeitwörter u. Eigenschaftswörter, nebst vermischten Schlußaufgaben. 4. Aufl. (72 S.) 888.

Witt, H., praktische Sprachübungen zur festen Einübung der regierenden Wörter. 1. u. 2. Hft. 8. Altona 892. (Kiel, C. F. Haeseler, Verl.) à n. — 50
1. Die Verhältnißwörter. 10. Aufl. (72 S.)
2. Die regierenden Zeitwörter u. Eigenschaftswörter, nebst vermischten Schlußaufgaben. 6. Aufl. (72 S.)

Witt, H., prakt. Sprachübungen zur festen Einübg. d. regier. Wörter. 2 Hfte. 8. (à 72 S.) Altona, K. Witt's Selbstverl. à n. — 50
1. Die Verhältnißwörter. 17. Aufl. 897.
2. Die regier. Zeitwörter u. Eigenschaftswörter, nebst vermischten Schlußaufgaben. 9. Aufl. 896.

Witt, H., praktische Sprachübungen zur festen Einübung der regierenden Wörter. 2 Hfte. 8. Altona 901. K. Witt. à n. — 50
1. Die Verhältnißwörter. 24.—27. Aufl. (72 S.)
2. Die regierenden Zeitwörter u. Eigenschaftswörter nebst vermischten Schlußaufgaben. 16. Aufl. (72 S.)

— **dasselbe. Schlüssel. 2 Hfte. in 1 Bd. 8. (72, 72 u. 7 S.) Ebd. 901. Kart. n. 1. 60**

Witt, H.: Praktische Sprachübungen zur festen Einübung der regierenden Wörter. Altona/Glückstadt. 8°
H. 2. Die regierenden Zeitwörter u. Eigenschaftswörter. 19. Aufl. 1903.

Witt, H., praktische Sprachübungen zur festen Einübung der regierenden Wörter. 2 Hefte. 8. Altona (-Othmarschen), K. Witt. à n. — 50
1. Die Verhältniswörter. 38—41. Aufl. (72 S.) (906.)
2. Die regier. Zeit- u. Eigenschaftswörter nebst vermischten Schlußaufgaben u. e. Wörterverzeichnis. 25. Aufl. (80 S.) 905.

Witt H. F.: De atresiae ani congenitae anatomia pathologica. Diss. inaug. patholog.-anatom. Kiliae 1859. 23 S. 2 Tvl. 4°.

Witt, Helmuth: Die Stellung des Apostels Paulus zum mosaischen Gesetz. Halle a. S., Druck d. Buchdr. d. Waisenhauses, 1889; S. 3—12; 4°
Seehausen i. Altm., G, OP 1889 (239)

Witt, Hugo de

Geschichte der Loge Julius zur Eintracht in Stargard i. Pom. Vorgetragen in der Festloge am 21. Mai 1905. [Von Hugo de **Witt**. Stargard i. Pom. 1905: Hendess.] 20 S. 8° [Umschlagtit.] 23.

Messung von Dampfdruckerniedrigungen mittels Sondéns Hygrometer von Hugo **Witt**. Mit 1 Taf. *Stockholm 1900: P. A. Norstedt & söner.* (11 S.) 8°
= **Handlingar**, K. Svenska Vetenskaps-Akademiens. Bihang. Bd 26, Afd. 1, No 2. [03. 11810

Witt, Hugo: Die Schädelform der Esten. Diss. Dorpat 1879. 8°. 53 pp. mit 6 Tabellen u. einer lithographirten Tafel.

Witt, J., Handbuch für Steiger bei Ausführung von Markscheiderarbeiten. Gelsenkirchen, 1906. 102 S. mit 46 Abb.

Käthchens erstes Schulfest. Von J. de **Witt**. Berlin: Schriftenvertriebsanst. 1899. (16 S.) 8° [S.]
= **Kleinkindergarten**. No 35. [03. 6285

Witt, J. M., De obsessis falsis ac veris. Erf. 4°. 1739

Witt, Johann(es)

Witt, J., Aufgabe aus der wichtigen Lehre von den Pythagorischen Zahlen; ein kleiner Beitrag zur unbestimmten Analytik. gr. 8. (10 S.) Itzehoe 856, Claussen.

Witt, J., Aufgabe aus der wichtigen Lehre von den pythagorischen Zahlen (rationale Dreiecke mit gleichen Hypothenusen); ein kleiner Beitrag zur unbestimmten Analytik. (Fortsetzung.) Lex.-8. (S. 11—24.) Itzehoe 857, Claussen. *

Witt, J., Aufgabe aus der wichtigen Lehre von den pythagorischen Zahlen [rationale Dreiecke mit gleichen Hypothenusen]; ein kleiner Beitrag zur unbestimmten Analytik. [Schluß.] Hamburg 860. (Itzehoe, Claussen.) gr. 8. (S. 25—32.) n. 5 ngr.;
compler jetzt nur n. 15 ngr.

Witt, J., Aufgaben aus Paul Halcken's mathematischem Sinnenconfect aufgelöſ't. 1. (Hft.) u. 1. Fortsetzung. gr. 8. (50 S.) Itzehoe 851. 52. Claussen. (n. 12 ngr u. n. 1/6 rß) n. 17 ngr

Witt, J., geometrisches Darstellen von Körpern. Leitfaden für den Unterricht an Handwerker-, Fortbildungs- und Baugewerkschulen. qu. 4. (22 S. mit 6 lithogr. Taf.) Berlin 885, Winckelmann und Söhne.

—— Kritik der „Tabellen zur Berechnung des Kubikinhalts runder und vierkantig geschnittener Hölzer rc. von J. F. Pfeil. Leipzig, Naumburg. 1851. 2. Aufl." 8. (7 S.) Itzehoe 853, Claussen.

—— Cubic-Tabelle zur genauen Bestimmung des Inhalts aller kegel- und cylinderförmigen Körper unter Annahme einer Normal-Länge von 10 Fuß berechnet. 1 Bog. in Fol. nebst: Kritik der „Tabellen zur Berechnung des Kubikinhalts runder und vierkantig geschnittener Hölzer rc. von J. F. Pfeil. 8. (7 S.) Itzehoe 853, Claussen.

Witt, Johann: Cubic-Tabelle zur Bestimmung des Inhalts der runden Hölzer. Itzehoe. 1852. 8°

—— Cubic-Tabelle zur Bestimmung des Inhalts der runden Hölzer berechnet. 8. (VI und 12 S.) Itzehoe 853, Claussen.

—— Cubic-Tabelle der vierkantig geschnittenen Hölzer. 8. (IV und 48 S.) Itzehoe 855, Claussen.

—— Leitfaden für den Unterricht im Freihandzeichnen nach Modellen. 1. Abschnitt: Perspektivisches Konturzeichnen nach Modellen. 2. Abschnitt: Schattieren nach Modellen. gr. 8. (73 S. mit 8 Lichtdr., 13 Zinkdr.-Taf. und 3 Textzeichnungen.) Stuttgart 888, Spemann. cart.

Witt, J., Musterblätter f. das Fachzeichnen. Unter Mitwirkg. v. Andree, Barmwoldt, Doeppner etc. 1.—9. Serie. qu. gr. 4. Elbing 899. 900. (C. Meissner.)
à n. 1. —; erhöht. Pr. à n. 2. —
1. Fachzeichnen f. Tischler. (9 farb. Bl.) — 2. Fachzeichnen f. Klempner. (7 farb. Bl.) — 3. Fachzeichnen f. Schuhmacher. (8 Bl.) — 4. Fachzeichnen f. Maschinenschlosser. (6 farb. Bl.) — 5. Für Bau- u. Kunstschlosser. (8 farb. Taf.) — 6. Für Schmiede. (8 farb. Taf.) — 7. Für Sattler. (8 farb. Taf.) — 8. Für Stellmacher. (8 farb. Taf.) — 9. Fachzeichnen f. Maurer. (8 farb. Taf.)

— dasselbe. Textbuch zu Serie I bis IX. gr. 8. (III, 74 S. m. Fig.) Ebd. 901. n. 2. —

Musterblätter für das Fachzeichnen. Hrsg. v. J[ohannes] Witt, unter Mitw. … Ser. 5–9. Elbing: C. Meissner in Komm. quer-8° u. 8°
5. … f. Bau- u. Kunstschlosser. 2. Aufl. 1901.
6. … f. Schmiede. 2. Aufl. 1901.
7. … f. Sattler. 2. Aufl. 1901.
8. … f. Stellmacher. 2. Aufl. 1901.
9. … f. Maurer. 2. Aufl. 1901.

Witt, J., Musterblätter f. das Fachzeichnen, nebst erläut. Text, hrsg. unter Mitwirkg. v. Andree, Barmwoldt, Doeppner u. a. 1.—9. Heft u. 10. Heft. 2 Tle. qu. gr. 8. Berlin 904. 905. H. Spamer. n. 24.30; erm. Pr. n. 23. —
1. Für Tischler. (9 farb. Bl. m. 4 S. Text.) 2. 60
2. Für Klempner. (7 farb. Bl. m. 3 S. Text.) 2. —
3. Für Schuhmacher. (8 Bl. m. 3 S. Text.) 1. 60
4. Für Maschinenschlosser. (6 farb. Bl. m. 4 S. Text.) 2. 50
5. Für Bau- u. Kunstschlosser. (8 farb. Bl. m. 6 S. Text.) 2. 50
6. Für Schmiede. (8 farb. Bl. m. 3 S. Text.) 2. 60
7. Für Sattler. (9 farb. Bl. m. 3 S. Text.) 2. 60
8. Für Stellmacher. (9 farb. Bl. m. 3 S. Text.) 2. 60
9. Für Maurer. (8 farb. Bl. m. 4 S. illustr. Text.) 2. 50
10. Für Schneider. 2 Tle. (8 Bl. m. 2 S. Text u. 7 Bl. m. 2 S. Text.) à 1. 60

Witt J, Musterbl. f. d Fachzeichn. 9. Maurer. 6. Aufl. (8 T) qu 4° Berlin (1904)

Witt, J., Musterblätter f. das Fachzeichnen, nebst erläut. Text, hrsg. unter Mitwirkg. v. Andree, Barmwold, Doeppner u. a. 4. Heft. Fachzeichnen f. Maschinenschlosser. 10. verm. Aufl. (8 farb. Taf. m. 5 S. Text.) 23,5×30,5 cm. Berlin (908). H. Spamer. 2. 50

Witt, J., der Römerbrief. Erklärt v. W. gr. 8. (III, 292 S.) Kiel 902. Verlag der Kieler China-Mission.
n. 2. —; geb. in Leinw. n. 3. —

—— neue Summirungs-Methode der höhern arithmetischen unendlichen Reihen. 1. Abschn.: Die Reihen mit ihren summator. Gliedern. Auch ein Anhang zu seinen „Aufgaben aus P. Halcken's mathemat. Sinnenconfect." gr. 4. (11 S.) Itzehoe 854, Claussen. *

Witt, J., der Tag Jesu Christi. E. Erklärg. d. Offenbarg. gr. 8. (286 S.) Neumünster 896. Vereinsbuchh. G. Ihloff & Co. n. 2. 10; geb. n. 3. —

— der Tag Jesu Christi. Eine Erklärg. der Offenbarung. 2. Aufl. gr. 8. (286 S.) Neumünster (896). Ebd.
n. 2. —; geb. in Leinw. n. 3. —

Witt, J., Uberwinder. Eine Erklärg. d. Buches der Richter. (94 S.) gr. 8. Kiel (909). Buchh. d. Missionshauses. 1. 20

Witt, Johannes: Überwinder. Eine Erklärung des Buches der Richter. Kiel. [1910.] 8°

Witt, Johannes, Assistenzarzt an der Kgl. chirurg. Universitätsklinik zu Greifswald: Über den Verlauf der Jodausscheidung beim Menschen. Greifswald 1905: J. Abel. (35 S.) 8°
Greifswald, Med. Fak., Ref. Bleibtreu, Diss. v. 13. Juli 1905
[Geb. 1. Aug. 78 Loebau, Westpr.; Wohnort: Greifswald; Staatsangeh.: Preußen; Vorbildung: Gymn. Marienburg Reife O. 00; Studium: Königsberg 1, Berlin 1, Greifswald 7 S.; Coll. 26. Jan. 05; Approb. 25. Dez. 04.]

Witt, J., Zirkelzeichnen. Leitfaden f. die Schüler d. Handwerker, Fortbildungs- u. Baugewerkschulen. Mit 5 lith. Taf. qu. 8. (20 S.) Berlin 884. Winckelmann & Söhne. n. — 60

— Zirkelzeichnen. Leitfaden f. die Schüler der Handwerker-, Fortbildungs- u. Baugewerkschulen. 2 Tle. qu. gr. 8. Berlin 890. Winckelmann & Söhne. n. 1. 40
1. 3., verb. Aufl. (24 S. m. 5 lith. Taf.) n. — 60
2. [Geometrisches Darstellen v. Körpern.] 2., verb. Aufl. (17 S. m. Textfig. u. 4 lith. Taf.) n. — 80

Witt, J. Zirkelzeichnen. Leitfaden für die Schüler der Handwerker-, Fortbildungs- u. Baugewerkschulen. 2 Tle. qu. gr. 8. Berl., Winckelmann u. Söhne. * 1 40
1. Tl. 4. verb. Aufl. (24 S. m. 4 lithogr. Taf.) 892. * — 60.
2. Tl. [Geometrisches Darstellen v. Körpern.] 2. verb. Aufl. (17 S. m. Textfig. u. 4 lithogr. Taf.) 890. * — 80.

Witt, J., Zirkelzeichnen. Leitfaden f. die Schüler der Handwerker-, Fortbildungs- u. Baugewerkschulen. 1. Tl. 5. Aufl. qu. 4. (24 S. m. 4 lith. Taf.) Berlin 895. Winckelmann & Söhne. Kart. n. — 60

— Zirkelzeichnen. Leitfaden f. die Schüler der Handwerker-, Fortbildungs- u. Baugewerkschulen. 2 Tle. qu. gr. 8. Berlin, Winckelmann & Söhne. Kart. n. 1. 40
1. Mit 4 lith. Taf. 6. Aufl. (24 S.) 898. n. — 60
2. (Geometrisches Darstellen v. Körpern.) Mit 4 lith. Taf. 8. Aufl. (17 S. m. Abbildgn.) 900. n. — 80

Witt, Johann F.

Witt, (J. F..) Leitfaden beim Unterricht in den Redetheilen der deutschen Sprache. 2e mit Tabellen verm. Aufl. 8. Berl. 823, Maurersche Buchh.

Witt, Johann Gottfried

Witt, J. G., kurze Betrachtungen auf alle Sonn- und Festtage nach Anleitung d. neuen Perikopen, 1r Jahrg. d. evangel. Perikopen 1s 2s 3s Quartal. gr. 8. Leipz. Crusius. (W. Vogel.) 798. (I. II. 12 gr. III. 6 gr.)

— Festbüchlein, od. Sammlung von Denksprüchen auf alle Festtage des Jahres. 8. Schleswig. 822. Taubst.-Inst. (Leipz., Cnobloch). 6 ℊ

Witt, ..., Fragen u. Antworten, zur Auseinandersetzung u. Erweiterung d. kurzen Unterrichts im Christenthum. 8. ... 812. (Altona, Aue). 7 ℊ

Witt, J. G., die Leidensgeschichte Jesu in kurzen Sätzen u. Versen. 2. Aufl. gr. 8. (4 1/4 B.) Altona 834, [Dessau,] Aue.

— einige Materialien z. homilet. Bearbeitung d. neuen Perikopen. 1r Jahrg., d. evangel. Texte. 1s—3s Quartal. 8. Leipz. 798. (W. Vogel). 18 ℊ

S o l e n n i a saecularia tertia Scholae Husumensi patriae faustissima praecatur Joannes Godofredus Witt, accedit filius primogenitus Samuel Adamus Witt, lycei alumnus. Calendis octobris 1827. Altonaviae. 2 Bl. 4°

— und G. S. Franke, Unterricht in den nöthigen Sachkenntnissen f. d. bürgerl. Jugend, mit Kpf. u. 3 Anhängen. 2 Bde. 8. Schleswig. 792. (Hammerich in Altona). 2 ℳ 4 ℊ auch Wienbrack in Leipz. 2 ℳ (1r Bd. Auch u. d. T.: Unterr. in d. Geschöpfen d. Erde. 2r Bd. Auch u. d. T.: Unterr. in geograph., histor. u. mathemat. Kenntnissen.)

— u. G. S. Franke, Unterricht in d. nöth. Sachkenntnissen f. d. bürgerl. Jugend, m. K. 2 Bde. 8. Leipz. Sommer. 798.

— — dasselbe. 2 Thle m. 3 Anhängen. 8. Altona, Hammerich. 798.

Witt, Johann Heinrich

Witt, Jh. Hnr., Erklärung d. neuen Katechismus. Nebst e. Tabelle über ihren Inhalt. 8. Altona 787.

Witt, Johann Heinrich Gottfried (Charlottenburg)
A. S. 600/23

Specimen observationum lib. I. tit. I. B. Heinecii illustrantium. Präs. Johann Ludwig Uhl. Frankfurt/O. (Winter) 7. IV. 1755. 16 S.

W. v.: Präs., I. F. L. Kummer, H. Z. Gräve (Opp.).
37029

Witt, Jürgen

Witt, J., praktisches Lehrbuch der dänischen Sprache. 2., wesentlich veränd. und sehr verb. Aufl. gr. 8. (288 S.) Flensburg 867, Herzbruch. * 20 Ngr.; geb. *

(Witt, Karl:) E r i n n e r u n g e n eines 48ers. [Nebst] Anhang. Kiel. 1876. 8°
N. V. 1–4. ebd. 1877–80. 8° [Umschlagt.]

Witt, (Joh.) Karl, über den Genitiv des Gerundiums und Gerundivums in der lateinischen Sprache. 1. Thl. 4. (46 S.) Gumbinnen 873. (Berlin, Calvary und Comp.)

Witt, Karl Über den Genetiv des Gerundiums und Gerundivums in der lateinischen Sprache. II Teil. Der Genetivus relativus. 16 S. **Progr.** G. *Gumbinnen* 1883.

Witt, Karl, Jesus nimmt die Sünder an. Ein Lebensbild des Lehrers Heinrich Witt. (127 S. m. Abb.) 8. Neumünster (910). Vereinsbuchh. G. Ihloff & Co. 1.20

Witt, Clara, Freud' und Leid im Elternhaus. Erzählungen und Märchen für Kinder von 9 bis 12 Jahren. br. 8. (301 S. mit 8 color. Bildern.) Berlin 872, Winckelmann und Söhne. geb.

Witt, Constantin. Ueber die Einwirkung von Salpetersäure auf Amarin. (Freiburg im Breisgau) Freiburg in Baden, 1884.

Witt, Lothar Cornelius de: Die englische Finanzreform von 1909. Bonn 1910: Foppen. 76 S. 8°
Würzburg, Jur. Diss. v. 30. Aug. 1910, Ref. G. v. Schanz
[Geb. 26. April 88 Stargard i. Po.; Wohnort: Dramburg; Staatsangeh.: Preußen; Vorbildung: Gymn. Stargard Reife O. 06; Studium: Lausanne 1, Cambridge 1, Bonn 4 S.; Rig. 25. Juni 10.] [U 11. 4555

Witt, L[udwig] u. Ed. Zimmermann: A c k e r b a u l e h r e. Mit 25 Abb. Breslau: F. Hirt 1903. (68 S.) 8°
(Unterricht, Der landwirtschaftliche, im Seminar. T. 1.)

Ackerbaulehre nebst Anh. über Nutzung u. Pflege einiger Haustiere von L[udwig] **Witt**, Schulrat, u. Ed. Zimmermann, Winterschuldir. Mit 23 Abb. 2., durchges. Aufl. Breslau: F. Hirt 1908. (76 S.) 8° [F.]
= **Unterricht**, Der landwirtschaftl., im Lehrerseminar. T. 1. [08. 8368

Witt, L., Lehr- u. Lesebuch f. ländliche Fortbildungs- u. Winterschulen. Zugleich ein Ratgeber für den prakt. Landwirt, sowie e. Ergänzung zum Volksschullesebuche. Unter Mitwirkg. v. B. Funk hrsg. gr. 8. (240 S.) Breslau 900. F. Hirt. n. 1.25; geb. in Leinw. n. 1.70

Lehr- und Lesebuch für ländliche Fortbildungs- und Winterschulen. Zugleich e. Ratgeber f. d. prakt. Landwirt, sowie e. Ergänzung z. Volksschullesebuch. Hrsg. von L[udwig] **Witt**, Kgl. Schulrat. 2., durchges. u. erw. Aufl., nach d. neuen Rechtschreibung. *Breslau: F. Hirt 1908.* (256 S.) 8° [F.]

Lehr- und Lesebuch für ländliche Fortbildungs- und Winterschulen. Zugleich e. Ratgeber f. d. prakt. Landwirt, sowie e. Ergänzung z. Volksschullesebuche. Hrsg. von L[udwig] **Witt**, Kreisschulinsp. 3. ⟨Ster.-⟩ Ausg. Breslau: F. Hirt 1905. (250 S.) 8° [F.] [06. 8958

Der praktische Schulmann. Methodische Winke, Lehr- u. Stoffverteilungspläne u. a. als Beitr. zur Förderung d. Lehrarbeit in zweisprachigen Schulen. Unter Mitw. zsgest. von L. **Witt**, Kreisschulinsp. *Breslau: F. Hirt 1902.* (106 S.) 8° [F.] [02. 5879

Witt, (Martin), Stadtbaurat: **Beschreibung** des neuen Oberrealschul-Gebäudes. *Graudenz 1901: G. Röthe.* (S. 53—63.) 8°
Graudenz, st. OR ⟨i. Entw.⟩, Festschr. 1901 (47)

Witt, Mart, Betty. Drama in 5 Akten. 8. (94 S.) Dresden 898. E. Pierson. n. 2. —

Witt, Mart., Bismarck-Denkmal. (23 S.) gr. 8. Hamburg (906). M. Witt. n. — 30

Witt, Mart., Deutschland u. Frankreich, die deutsch-französische Liga u. die deutsche Friedensbewegung. (24 S. m. 1 eingedr. Karte.) 8. Hamburg (906). M. Witt. n. — 30

Die Hochstaplerin. Lustspiel in 1 Aufz. von Martin Witt. *Minden i. W.: W. Köhler [1896].* (24 S.) 8° [F.]
— Theater-Bibliothek, Köhlers, f. Vereine. [1.] [01. 9614

— die weltliche Komödie. (88 S.) 8. Stuttgart 905. Strecker & Schröder. n. 1. 20

Witt, Martin. Der heilige Krieg. 88 S. 8. Zürich. Caesar Schmidt. 1901. [fr. 1. 50]

— der heilige Krieg. 2. veränd. u. stark verm. Aufl. (XI, 884 S.) gr. 8. Hamburg 903. (Eßlingen, W. Langguth.) n. 4. 50

Witt, Moritz Georg

Witt, M. G., Hülfsbuch zum richt. Verstehen u. prakt. Gebr. d. Landeskatechismus, f. Hausväter u. Lehrer. 8. ($9^3/_4$ B.) Rendsburg 833. (Altona, Aue.)

Witt, Moritz Georg: Zur dritten Jubelfeyer der Gelehrtenschule in Husum den 1. Oct. 1827. (Ode). o. O. u. J. 2 Bl. 4°

— ein paar Worte üb. d. wechselseit. Schuleinrichtung. gr. 8. ($1^1/_2$ B. u. 3 Tab.) Altona 827, (Aue.)

— Zweytes Paar Worte über die wechselseitige Schuleinrichtung. Nebst einem Anhange praktischer Anmerkungen von H. D. Kuhlmann und einem Briefe über denselben Gegenstand von einem praktischen Landmanne zu Groszenflottbeck. Altona. 1829. Aue.

Witt, Nikolaus

Witt, N., Betrachtungen über die Spiritus-Steuer, s. Betrachtungen.

— russische Weine u. andere Getränke u. die Landwirthschaft der Schwarzerde Rußlands. Mittheilungen. [Aus: Zeitschrift des landwirthschaftlichen Vereins in Bayern.] München 866. L. Finsterlin. gr. 8. (79 S.) n. 12 *ngr.*

Witt, Nikolaus: Russische Weine und andere Getränke und die Landwirthschaft der Schwarzerde Rußlands. Mittheilungen. München: Pössenbach 1866. 79 S. Aus: Zeitschrift des landwirtschaftlichen Vereins in Bayern. -- Frei 100*

Witt, Nikolaus Martin

Witt, N. M., die englischen Fleischschafrassen u. ihre Verwendung in Deutschland. Mit 10 Holzschn. u. 4 lith. Taf. gr. 8. (V, 232 S.) Leipzig 886. H. Voigt. n. 5. —

Witt, N. M., Englands Landwirthschaft. Ein Reisebericht. [Aus: Annalen der Landwirthschaft.] Glogau 865. Flemming. gr. 8. (68 S.) n. 10 *ngr.*

Witt, Nikol. Mart., Die bäuerlichen Zustände in Deutschland. Berlin 1884. 8.
Ist: Volksw. Zeitfr. Jhg. 6. H. 3. 4. (H. 43—44).

Witt, N. M., die bäuerlichen Zustände in Deutschland, s. Zeitfragen, volkswirthschaftliche.

—— unsere Zustände. gr. 8. (60 S.) Berlin 881, Simion.

Witt, Otto *Rudolph Daniel* [aus Hamburg]: Zur Kenntniss des p-Nitro-o-chlorbenzylbromids ... Berlin, Druck v. H. S. Hermann, *1891;* 47 S., 1 Bl. 8.
Berlin, Phil. Fak., Inaug.-Diss. v. 21. Dez. 1891

Witt, Otto, der Reibungsprozess. Eine neue mechan. Aufbereitungs-Methode f. Erze. (42 S. m. 3 Fig.) gr. 8. Freiberg 906. Craz & Gerlach. n. 2. —

Witt, Otto, aus Hannover: The Tempest, or The Enchanted Island. A Comedy by John Dryden. 1670. The Sea-Voyage. A Comedy by Beaumont and Fletcher. 1647. The Goblins' Tragi-Comedy by Sir John Suckling. 1646. in ihrem Verhältnis zu Shakspere's 'Tempest' und den übrigen Quellen. *Rostock 1899: C. Boldt.* (138 S.) 8°
Rostock, Phil. Diss. v. [28. Juli] 1899

Witt, Otto Nikolaus

Witt, Atlas d. Diatomacoen-Kunde, s.: Schmidt, Adf.

Witt, Otto N., s.: Bericht üb. den V. internationalen Kongress f. angewandte Chemie.

Witt, O. N., die Diatomaceen der Polycystinenkreide von Jérémie in Hayti, s. Truan y Luard, A.

Die Entwicklung der deutschen chemischen Industrie im neunzehnten Jahrhundert. Von Dr. Otto N[ikolaus] Witt. Vortrag, geh. im Hofmannshause 1903. Berlin 1903: J. Sittenfeld. (36 S.) 8°
Aus: Die Chem. Industrie. [Jg. 26.] [07. 7241 9

Witt, Otto N.
Führer durch die Ausstellung der chemischen Industrie Deutschlands auf der Weltausstellung in Chicago. Berlin, 1893. 8vo.

— s.: Grundlagen, die allgemeinen, der Kultur der Gegenwart.

Witt, Otto N. Chemische Homologie u. Isomerie in ihrem Einfluss auf Erfindungen aus dem Gebiete der organischen Chemie. Eine patentrechtl. Studie vom Standpunkte d. Chemikers. gr. 8. (96 S.) Berl. 889, Mückenberger. * 5 —

Witt, Otto N., s.: Industrie, die chemische.

Witt, Otto N[ikolaus]: Die chemische Industrie des deutschen Reiches im Beginne des zwanzigsten Jahrhunderts. Eine Festschr. z. 25j. Jub. d. Begründung d. Ver. z. Wahrung d. Interessen d. chem. Industrie Deutschlands. Berlin: R. Gaertner [Weidmann] 1902. (228 S.) 4°

Die chemische Industrie des Deutschen Reiches im Beginne des 20. Jahrhunderts. Eine Festschrift zum 25jähr. Jubiläum der Begründung des Vereins zur Wahrung der Interessen der chemischen Industrie Deutschlands. Von Otto N[ikol.] Witt. 1877—1902. — Berlin 1902: Sittenfeld. 228 S. 4°

— die chemische Industrie auf der columbischen Weltausstellung zu Chicago u. in den Vereinigten Staaten v. Nord-Amerika im J. 1893. Bericht, dem königl. preuss. Staatsminister u. Minister der geistl., Unterrichts- u. Medicinalangelegenheiten, Hrn. Dr. Bosse, Exc., erstattet. gr. 8. (148 S.) Berlin 894. R. Gaertner. Geb. in Leinw. n. 5. —

Witt, Otto N., die chemische Industrie auf der internationalen Weltausstellung zu Paris 1900. gr. 8. (III, 136 S.) Berlin 902. [R. Gaertner.] Weidmann. Geb. in Leinw. n. 5. —

Witt, Otto N., die deutsche chemische Industrie in ihren Beziehungen zum Patentwesen. Mit besond. Berücksicht. der Erfindgn. aus dem Gebiete der organ. Chemie. 8 Vorträge, geh. im kaiserl. Patentamt zu Berlin. gr. 8. (VIII, 143 S.) Berlin 893. R. Mückenberger. Geb. n. 5. —

— **das neue technisch-chemische Institut der königl. technischen Hochschule zu Berlin u. die Feier seiner Eröffnung am 25. XI. 1905. (16 S. m. Fig. u. 13 Taf.) Lex.-8. Berlin 906. Weidmann. n. 2. —**

— Katalog der Sammel-Ausstellung der Deutschen Chemischen Industrie auf der Weltausstellung zu Paris, 1900. Berlin, 1900. 4to.

Witt, Otto Nicolaus, von Zürich: Zur Kenntniss des Metadichlorbenzols und seiner Derivate. Ueber aromatische Nitrosamine. Zür. Orell Füssli Cie Dr. 1875. 48 S. 8°.
Zürich, Phil. Diss. [v. 13. Juli 1875].

Die Lebensbedingungen der modernen Chemischen Industrie. Rede z. Geburtsfeste S. M. d. Kaisers u. Königs Wilhelm II. in d. Aula d. Kgl. Techn. Hochsch. zu Berlin am 26. Jan. 1898 geh. v. d. zeitigen Rektor Otto N[icol.] Witt. *Berlin: Denter & Nicolas 1898.* (16 S.) 1 Bd 4. [98.1710

Narthekion. Nachdenkliche Betrachtungen e. Naturforschers. Von Dr. Otto N. Witt. *Berlin: R. Mückenberger 1901.* (254 S.) 8° [01 1033

— **Narthekion. Nachdenkliche Betrachtgn. e. Naturforschers. Neue Folge. (VII, 262 S.) gr. 8. Berlin 904. R. Mückenberger. n. 4.40; geb. in Leinw. n. 5. —**

— Narthekion. Nachdenkliche Betrachtgn. e. Naturforschers. 3. Bd. (VI, 267 S.) 8. Berlin 908. R. Mückenberger. 4.40; geb. in Leinw. 5. —

— s.: Prometheus.

[F.] Rede bei der Gedenkfeier für S. D. den verewigten Reichskanzler Fürsten v. Bismarck am 9. März 1899 in d. Aula d. Kgl. Techn. Hochschule zu Berlin geh. v. d. z. Prorektor Otto N. **Witt**. *Berlin: Denter & Nicolas 1899.* (12 S.) 1 Bd 8. [99. 4062

—— Reiseskizzen aus d. Südkarpathen. Mit 20 Illustr. 8. (126 S.) Ebd. 889. * 3 —; geb. * 4 —

— Die künstlichen Seiden. Vortrag, geh. im Verein zur Beförderg. des Gewerbfleisses. 2. durchgeseh. u. verb. Aufl. (19 S.) Lex. 8. Berlin 909. L. Simion Nf. 1. —

— u. Ludw. **Lehmann**, chemische Technologie der Gespinnstfasern, s.a., Handbuch der chemischen Technologie. V, 2.

— **u. Arth. Buntrock, chemische Technologie der Gespinnstfasern, s.a. Handbuch der chem. Technologie. 63.**

Witt ON, chemische Technologie der Gespinstfasern. (Handbuch der chemischen Technologie von Bolley V, 2, Lieferung 1 und 2. Braunschweig 1888. 91

— Chemische Technologie der Gespinnstfasern, ihre Geschichte, Gewinnung, Verarbeitung und Veredlung. Part 3. Braunschweig, 1902. 8vo.
Forms part of volume 5 of "Handbuch der chemischen Technologie." Parts I and II were published in 1888–'91.

— **Pariser Weltausstellungsbriefe. Mit 29 Bildertaf. gr. 8. (145 S.) Ebd. 900. Geb. in Leinw. n. 3. —**
Sonderabdruck aus: „Prometheus".

WITT, PETER: Dreyfache Glückseligkeit des Alt / und Neuen Großwardeins bey Gelegenheit des ersten Grund-Steins / welchen ... Paulus gebohrner Graff Forgach von Gymes ... zu aufgezeichneter Großwardeiner Cathedral-Kirchen den ersten May anno 1752. mit grosser Feyerlichkeit geleget, / an dem Ort des in Grund-Vest eingesenckten Steins einer zahlreichen teutscher Nation vorgetragen. Neustadt 1760. Gedr. bey Jos. Adam Fritsch. 52 S. - kl. 8°
- Dass. Großwardein 1760: Druck. Seminar. (22 f.)

Witt, R.: Beiträge zur Kenntnis d. Cholesterins ..., s. Schrötter, Hugo.

Witt, R. de, s.: **Reuter's, Fritz, Werke in Bildern.**

— s.: **Fritz Reuter-Album.**

WITT, Reinhold: Über die Einwirkung von Bromlauge auf Kasein. — 1907. 49 S. Diss. Graz, Univ.

Die Dreiteilung eines Winkels. Von Rudolf **Witt**, Seminarl. Mit 2 Fig.-Taf. Berlin: Gerdes & Hödel 1909. 51 S. 8°
(Zur Fortbildung d. Lehrers. H. 13.) [10. 11180

Witt, Rud., die Dreiteilung e. Winkels, s.a. Zur Fortbildung des Lehrers.

Witt, W. de, über das Kobalt und seine Darstellung in reinem Zustande. Inaugural-Dissertation. gr. 8. (40 S.) Göttingen 857, (Vandenhoeck und Ruprecht's Verlagsh.) * .

Witt, Willy, prakt. Arzt: Beitrag zur Behandlung der Coxitis in vorgeschrittenen Fällen. Königsberg i. Pr. 1904: O. Kümmel. (30 S.) 8°
Königsberg, Med. Fak., Ref. Garrè, Diss. v. 27. Okt. 1904
[Geb. 26. Nov. 78 Königsberg i. Pr.; Wohnort: Königsberg; Staatsangeh.: Preußen; Vorbildung: Kneiphöfisches Gymn. Königsberg i. Pr. Reife O. 98; Studium: Königsberg 9 S.; Coll. 25. Okt. 04; Approb. 15. März 03.]

Witt Huberts, Fr. de, methodisches Kommandieren auch als Mittel zur Kräftigung der Stimme. Mit e. Vorwort von W. Posthumus Meyjes. (28 S.) gr. 8. Amsterdam 904. S. L. van Looy. n. 1. —

Witt Talmage, T. de, s.: Talmage, T. de Witt.

Wittamer, Jean Baptiste: Kurzer Abriss der Geschichte von Belgien nebst Lebensbeschreibungen hervorragender Männer zum Gebrauche der Primärschulen. 3. verm. u. verb. Aufl. Arlon: Bourger 1879. 70, II S. 12°

Wittasser, Euphonia, eine musikal. Monatschrift f. Gesang u. Clavier. 1s, 2s u. 3s Heft. Quersol. Prag, Polt. 812.

WITTCHEN, J., Liebe, Ernst und Scherz. Gedichte. Leutschau 1839. 8°. (1 Mk., Lwd., A. Buchholz. München, 1906.)

Wittchow, Joan. August. (geb. Stargard i. P. 9. 12. 1795): De fluore albo. Berolini (1819). (32 S.) 8°
Berlin, Med. Diss. v. 2. Sept. 1819

Wittcke, An welchen Erscheinungen erkennt man den tollen Hund? und wie entgeht man den Gefahren, welche durch ihn herbeigeführt werden? Eine allgemein verständliche Belehrung für Stadt u. Land. Erfurt 859. Keyser. 8. (45 S.) n. 4 ngr.

Wittcke, Ernst [aus Zerbst]: Über Geschichte und pathologische Veränderungen des Lungenemphysems ... Würzburg. P. Scheiner's Buchdr., 1891; 26 S. 8.
Würzburg, Med. Fak., Inaug.-Diss. v. 1891

Wittcke, Ernst Otto *Johann* [aus Nakel a. d. Netze]: **Zur Kenntniss der Filtration von Eiweisslösungen durch thierische Häute** ... Berlin, Buchdr. v. G. Schade, *1892;* 28 S., 2 Bl. 8.
Berlin, Med. Fak., Inaug.-Diss. v. 18. Juni 1892

Wittcke, Otto (Rud. Gebhardus) (geb. Pr.-Friedland 23. 10. 1820): De emphysemate pulmonum. Berolini (1844). (31 S.) 8°
Berlin, Med. Diss. v. 19. Aug. 1844

Wittcke, Valentin Johann Theodor

Wittcke, Val. Jh. Th., Beleuchtung einiger, der practischen Heilkunde gemachten Vorwürfe. Ein skizzirter Versuch. gr. 8. Weißensee 844, Großmann. 1/6 Thlr

Wittcke, der Berichterstatter in Krankheitsfällen, e. Anleit. f. Geistliche, Schullehrer, Dorfschreiber u. Dorfchirurgen, dem Arzte üb. Kranke ein. solchen Bericht zu erstatten, daß nach dems. d. nöthigen Anordnn. getroffen werden können. 8. (2½ B.) Weißensee 839, Großmann.

Wittcke. Instrukt. für die Leichenwäscherinnen. Weißensee 1837.

— **Instruction für Leichenwäscherinnen. 2. Aufl. (Nebst Beschreib. u. Abbild. des Rettungskastens.) 8. Ebd. 841.** 1/6 Thlr

Valent(inus) I(ohannes) Theod(orus) Wittcke: De Weinholdii hydrargyrum adhibendi Methodo. Berolini (1821:) Brueschcke. 40 S. 8°
Berlin, Med. Diss. v. 3. Okt. 1821

Wittcke, (Val. Jh. Th.), das Schwefelbad bei Langensalza nach seinen Bestandtheilen u. Wirkungen, dargestellt. 8. (14 S. m. 1 lith. Karte in Fol.) Langensalza 851, Klinghammer. n. 1/6 Thlr

— die Verpflichtungen, Berechtigungen u. Wünsche des preußischen Arztes. Ein Beitrag zur Reform der Medicinal-Verfassung Preußens. gr. 8. Erfurt 843, Müller. 2/3 Thlr

Das Nordseebad Wittdün auf Amrum. Ein kleiner Führer f. Badegäste. Hrsg. v. d. Bade-Direktion. Tondern: Dr. v. J. H. N. Thamssen 1894. (40 S.) 8°

Witte, Finanzminister, u. der russische Reichsrat üb. die Finanzlage Rußlands. Protokoll der Plenarsitzung des russ. Reichsrats vom 30. XII. 1902 (12. I. 1903). (Ausg. der „Osvoboschdenje".) (Uebers. aus dem Russ.) (20 S.) gr. 8. Stuttgart 903. [J. H. W. Dietz Nachf.] Paris, A. Schulz. n. — 60

Witte, Anleitung zum richtigen u. freien Gebrauch d. amtlichen Turnleitfadens, s.: Metzroth.

Witte, Antwort auf die Frage: „Was muß die Frau thun rc., s. Antwort.

Witte, das Ausbildungsjahr bei der Fuß-Artillerie. [Aus: „Arch. f. d. Artill.- u. Ingen.-Offiziere d. deutschen Reichsheeres".] gr. 8. (V, 83 S.) Berlin 878. Mittler & Sohn. n. 1. 50

Witte: Über das Delirium tremens oder das Gehirnfieber durch den Alkohol. St. Petersburg. 1834.

Witte: Die Parallentheorie und die Definition des Winkels. Wolfenbüttel 1867. 17 p. 4°
Schul-/Univ.-Schrift

Witte, was hat die Kirche f. die Arbeit gethan? s.: Zur socialen Frage.

Die Gewerkschaftsbewegung in Russland. Von Dr. A. v. Witte, Landger.-Präs. a. D. Karlsruhe: Braun 1909. 83 S. 8°
(Volkswirtschaftl. Abhandlungen d. bad. Hochschulen. Bd 10, Erg.-H. 3.) [09. 1996]

Witte, A. v., Gewerkschaftsbewegung in Russland, s. a. Abhandlungen, volkswirtschaftliche.

Witte, A., wie frisiere, pflege u. erhalte ich mein Haar?, s.: Hentel, A.

Witte, Adelheim [app. Arzt aus Bremen]: Die Tamponade bei Placenta praevia ... Strassburg i. E., Buchdr. C. Gœller, 1895; 34 S. 8.
Strassburg, Med. Fak., Inaug.-Diss. v. 1895

Witte, Adolf, a. Hildesheim: Über Hydrocarbazole und eine neue Carbazolsynthese. Hildesheim 1907: A. Lax. (47 S.) 8°
Göttingen, Phil. Fak., Ref. Wallach, Diss. v. 18. Febr. 1908
[Geb. 7. Mai 81 Hildesheim; Wohnort: Hildesheim; Staatsangeh.: Preußen; Vorbildung: Gymn. Andreanum Hildesheim Reife O. 01; Studium: Göttingen 3, Berlin 1, Göttingen 7 S.; Rig. 28. Juni 07.]

Witte, Andreas Jacobus: De Hansae Teutonicae meritis.
Halle-Wittenberg, Phil. Diss. v. 22. Mai 1819
Geb. [Völpke (Kr. Neuhaldensieben) 11. 9. 1782]
Ms. fehlt. Titel nach der ALZ. 1820 I. 54.

Witte, Anna Maria, der Adler in Mark Brandenburg. E. Hohenzollernlied. 8. (188 S.) Berlin 898. M. Hochsprung. 2. 50; geb. in Halbleinw. 3. —

Witte, Anna Maria, das Ahnenbild, s.: Weber's mod. Bibliothek.

Witte, Anna Maria: Anonym, s. Viktoria-Bibliothek.

Witte, A. M. Er u. Sie, s. Eckstein's Reisebibliothek.

Witte, A. M., von Meer u. Heide. Novellen u. Skizzen. (163 S.) 8. Würzburg 908. Memminger. 1.50; geb. n 2. —

[65.] Der Ruhmesweg. Festdichtg v. Anna Maria Witte. Aufgef. vor Ihren Majestäten im Kgl. Schauspielhause zu Berlin ... 1898. *Berlin: E. Bloch [1898].* (14 S., 1 Bl.) 1 Bd 8. [98. 7664]

Witte, August: Ein Fall von Trigeminusanasthesie und Facialisparalyse. Halle (1869): Plötz. 30 S. 8°
Halle-Wittenberg, Med. Diss. v. 7. Juni 1869
Geb. Barmen[-Wichlinghausen] 1. 10. 1844. V.

Witte, Aug., kurze Schilderung d. Vereinigten Staaten v. Nord-Amerika nach ihren statist., polit. u. commerciellen Verhältnissen, so wie in Ansehung d. Sitten u. Lebensweise d. Einwohner, nebst ausführl. Vorsichtsregeln f. Auswanderer nach eigenen Beobachtungen u. Erfahrn. gr. 12. (5¼ B.) Hannover 833, Hahn.

Witte, Bernh., historia antiquae occidentalis Saxoniae s. nunc Westphaliae, (ed. Pl. Cuer). 4. Munster 777. Perrenon. (Aschendorf).
Vgl. Witt, Bernard.

— historia Westphaliae antiq. 4. Colon. Fabricius.

Witte, C.

— kleine Erzählungen f. Kinder. 16. (108 S.) Ebend 875. — 60

Witte, C., 7 Erzählungen. 16. (93 S.) Philadelphia 875. Schäfer & Koradi. — 60

Witte, C. J., s. Witte, Sergej Juljewitsch.

Witte, C. S., ähnliche Gesinnungen u. Thaten d. Herzoge Ulrich u. Friedrich. 8. Schwerin 766. Bärensprung. 3 ₰

Witte, C. S. Ähnliche Gesinnungen und Thaten der Herzoge Ulrich und Friedrich (von Mecklenburg.) 8. Schwerin 1876.

Witte, Carl, s. Witte, Karl.

Witte, Curt, s. Witte, Kurt.

Witte, E., d. Ideal des Bewegungsspiels u. seine Verwirklichung. Ein Beitrag zur Theorie d. Spiels. Progr. Lex.-8. (55 S.) St. Petersburg 896. (Berlin, R. Gaertner.) n. 1. 20

Witte, E.: Das Ideal des Bewegungsspiels und seine Verwirklichung. Ein Beitr. zur Theorie des Spiels. Berlin 1896. 55 S. Aus: Jahresbericht der St. Annenschule.

Witte, E., deutsches Ringbüchlein. Eine Anweisg. zum Betriebe d. Ringens in Schulen u. Turnvereinen. 8. (64 S. m. Abbildgn.) Leipzig 892. E. Strauch. n. 1. —

Witte, E., Vom deutschen Ringen. Leipzig 1898. 15 S., 8°.

— die wichtigsten Schwünge des deutschen Ringens. 32. (27 S. m. 18 Abbildgn.) Leipzig 894. R. Voigtländer. — 30; bei 50 Expl. à n. — 20

— wie sind die öffentlichen Feste des deutschen Volkes zeitgemäß zu reformieren u. zu wahren Volksfesten zu gestalten? Gekrönte Preisschrift. [Aus: „Jahrb. f. Volks- u. Jugendspiele", 5. Jahrg.] gr. 8. (32 S.) Leipzig 896. R. Voigtländer. n. — 80

Witte, E. Wilhelm, s. Minna, ... Lilli.

Witte, E. Wilhelm: Deutschlands Rindviehracen, nach d. Natur dargest. u. beschrieben. H. 1. 2. Berlin 1810—14. 13 Taf., 16 S. Text. quer-2⁰

Witte, E. Wlh., Deutschlands Rindviehracen, nach d. Natur dargestellt u. beschr. 1s—5s Heft, mit Kpf. gr. Fol. Berl. 810—15. (Reimer). (à 4 ₰) 20 ₰ ill. (à 4 ₰ 12 gr) 22 ₰ 12 gr

Witte, E. Wilhelm: Deutschlands Rindviehracen nach der Natur dargestellt und beschrieben. H. 1–5. Berlin 1810–16. 4⁰
Mit oder ohne ill. Kupfer. (H. 4. 5. = Suppl.-H. 1. 2.)

Witte, E. Wilhelm, s. Tessier: Üb. d. Schafzucht.

Witte, Ed., Exercir-Reglement für die Bürgerwehr. gr. 16. (IV u. 68 S. m. 1 Holzschn.-Taf.) Hannover 848, Klindworth. ¹/₈ ₰ feine Ausg. cart. 6¹/₄ ngr

Witte, Emil, die Alkoholfrage in religiöser Beleuchtung. (48 S.) 8. Bonn 907. (P. Hauptmann.) — 40

Witte, Emil, Arbeit und Besteuerung des Menschen und der Maschine. Eine Warnung vor dem Socialismus. gr. 8. (IV, 56 S.) Leipzig 881, Findel.

Witte, Emil (Heinr. [illegible]) geb. [illegible]: Ueber die Behandlung zurückgebliebener Eihautreste nach normalen Geburten. Berlin (1881). (31 S.) 8°
Berlin, Med. Diss. v. [illegible] Aug. 1881

Aus einer Deutschen Botschaft. Zehn Jahre Deutsch-Amerikan. Diplomatie. Von Emil **Witte**, Botschaftsrat a. D. Leipzig: Zeitbilder-Verl. 1907. (VIII, 325 S.) 8° [F.] [07. 14181

Witte, E., Aus e. deutschen Botschaft. 10 Jahre deutsch-amerikan. Diplomatie. Volksausg. (Neue [Titel-]Ausg.) (VIII, 325 S.) gr. 8. Leipzig '07, Zeitbilder-Verlag. 2. —; geb. 3. —

— dasselbe. Volksausg. (Neue [Titel-]Ausg.) (VIII, 325 S.) gr. 8. Ebd. 908. 2.—; geb. 3. —

Witte, Emil, Prof.: Das kalte **Druckwasser**. (Umschlagt.: Ueber **Meeresströmungen**. (**Das kalte Druckwasser**.)) *(Brieg 1900: C. L. Albrecht.)* (S. 3—16.) 4°
Brieg, k. G. P 1900 (192)

Witte, E., unser Geldwesen, s.: Zeitfragen, soziale.

Witte, Emil, Unser Geldwesen. Seine Schäden und seine Verbesserung. Berlin 1886.

Unser Invalidenversicherungsgesetz. Ein Beitrag z. Geschichte s. Entstehung, s. Fehler u. der Weg zu s. Verbesserung. Von Emil **Witte**. Berlin: E. Hofmann & Co. 1906. (88 S.) 8° [F.] [07. 12554

— die soziale Krankheit und ihre naturgemäße Behandlung durch wirtschaftliche Maßregeln. 8. (IX, 210 S.) Leipzig 883, Grunow.

Witte, Emil, über Meeresströmungen. gr. 4. (45 S.) Pless 878, Krummer.

Witte, Emil: Über Meeresströmungen. 26, 47 SS. u. Taf. u. Karte
Progr. *Pless* 1878. 1879.

— das Recht auf Arbeit u. seine Verwirklichung, s.: Zeitfragen, soziale.

Witte-Rostock, die Reform der Zucker-Steuer. Ein Beitrag zur Lösg. dieser Frage. gr. 4. (43 S. m. 1 Tab.) Rostock 883. (Werther.) n. 1. 20

7¹/₂ Prozent-Rabatt-Tabelle zsgest. von E[mil] **Witte**, Expedient, Greifswald. Greifswald: J. Abel 1907. (4 Bl.) 8° [08. 1041 8

— Versorgung der Wittwen und Waisen preußischer Staatsbeamten. Hrsg. im Auftrag des Vereins von Lehrern höherer Unterrichts-Anstalten Oberschlesiens. gr. 8. (8 S.) Pleß 873, Krummer.

Witte, F. (Red.), s. Wochenschrift Deutsche kaufmännische.

Witte, Emil Alb., s.: Krieg, der große, v. 189—.

Witte, Erhard, a. Berlin: Beiträge zur Kenntnis der Azochinoline. Freiburg i. Br.: Speyer & Kaerner 1905. (36 S.) 8°
Freiburg i. B., Phil. Fak., Ref. Gattermann, Diss. v. 1905
[Geb. 24. Okt. 79 Berlin; Wohnort: Freiburg i. B.; Staatsangeh.: Preußen; Vorbildung: Gymn. Wittstock Reife M. 00; Studium: Charlottenburg T.H. 4, Freiburg i. B. 6 S.; Rig. 21. Juli 05.]

Witte, Erich, Kammergerichtsreferendar: Die Klagrücknahme. Greifswald 1906: J. Abel. (46 S.) 8° [F.]
Greifswald, Jur. Fak., Ref. Weismann, Diss. v. 13. Aug. 1906
[Geb. 25. Okt. 79 Polkwitz, Kr. Osterburg; Wohnort: Reipzig bei Frankfurt a. O.; Staatsangeh.: Preußen; Vorbildung: Gymn. Meseritz Reife O. 00; Studium: Jena 2, Rostock 2, Berlin 2, Greifswald 2 S.; Rig. 5. Juni 05.]

Witte, Erich, a. Wollin i. P.: Das Problem des Tragischen bei Nietzsche. Halle a. S. 1904: C. A. Kaemmerer & Co. (128 S.) 8°
Halle, Phil. Fak., Ref. Vaihinger, Diss. v. 30. Sept. 1904
[Geb. 9. Sept. 81 Wollin i. P.; Wohnort: Halle; Staatsangeh.: Preußen; Vorbildung: Realgymn. Stettin Reife O. 00, Erg.-Prüf. Gymn. Stargard i. P. O. 01; Studium: Berlin 1, München 2, Leipzig 2, Halle 2 S.; Rig. 30. Juli 04.]

Witte, Ernst

Witte, Ernestvs [Brvnsvicensis]: Ammianvs Marcellinvs qvid ivdicaverit de rebvs divinis ... Ienae, typ. G. Nevenhahni, 1891; 59 S. 8.
Jena, Phil. Fak., Inaug.-Diss. v. 1891

Witte, Ernestus: De hemicrania. Halis Saxonum (1862): Orphanotropheum. 30 S. 8°
Halle-Wittenberg, Med. Diss. v. 17. Sept. 1862
Geb. Genthin (Kr. Jerichow II) 14. 1. 1839. V.

Witte, Ernst, s.: Jahrbuch des deutschen Vereins f. das Fortbildungsschulwesen.

Witte, Ernst, Mahners Mühle. Schauspiel in 4 Akten. (101 S.) gr. 8. Blankenburg a/H. 906. Oberlehrer E. Witte. 2. —

Witte. Ernst Christian [Referendar]: Erörterungen über den § 49a des Strafgesetzbuches für das Deutsche Reich .... Breslau, Druck d. Bresl. Genossenschafts-Buchdr., E. G., 1886; 4 Bl. + 44 S. u. 3 Taf. + 1 Bl. 8°.
Breslau, Jur. F. [illegible] Inaug. Diss. v. 11. Dez. 1886.

Witte, Ernst Chrn., **Erörterungen über den § 49a des Strafgesetzbuches für das Deutsche Reich. Inaugural-Dissertation.** gr. 8. (44 S. mit 3 Tab.) **Breslau** 886, (Köhler.)

Witte, die kirchenpolitischen Gesetze, im Wortlaut ihrer heutigen Geltung zusammengestellt. 16. (VI, 87 S.) **Breslau** 887, Köhler. cart.

Witte, Ernst Sigismund (Straussberg) A. S. 569/62

Dissertatio periodica de vita foetus humani in utero.
Präs. Johann Wolfgang Trier.
Frankfurt/O. (Schwartz) 17. VII. 1737. 8 Bl.
37030

Witte, F., die regelrechte Fahrkunst, oder gründliche Anleitung zum praktischen Fahren und Einfahren junger Pferde. Sowohl für Herrschaften und Equipagen-Besitzer, die sich selbst dafür interessiren, wie auch für Kutscher 2c. Nach engl. Grundsätzen und engl. Methode, so wie nach 21jähr. Erfahrung. 1. Aufl. 1857. und 2. (Titel-)Ausg. 8. (68 S.) **Berlin** 859, Geelhaar. Thlr. [illegible]

Witte, Fedor, die Rechtsverhältnisse der Auslander in Russland. gr. 8. (95 S.) Dorpat 847, (Gläser's Verlag.)

Witte, Fedor, die Rechtsverhältnisse der Ausländer in Russland. gr. 8. (95 S.) Dorpat 852, (Gläser.) ½ ₰

Witte, Ferdinand

Witte: Geometrische Aufgaben. 24 S. – Merseburg, Progr. 1859.

Witte: Goniometrische Aufgaben. Zs. 48 S. – Merseburg, Progr. 1859, 61.

Witte, Ferdinand, appr. Arzt a. Bremerhaven: Aus d. chirurg. Univ.-Kinderklinik München. (Prof. Dr. Herzog.) Über einen Fall von Encephalocele. Mit e. Abb. München 1905: B. Heller. (18 S.) 8°
München, Med. Fak., Ref. v. Angerer, Diss. v. 31. März 1905
[Geb. 26. Nov. 78 Bremerhaven; Wohnort: Bremerhaven; Staatsangeh.: Bremen; Vorbildung: Gymn. Bremerhaven Reife O. 99; Studium: Tübingen 4, Kiel 2, München 3 S.; Coll. 13. März 05; Approb. 13. März 05.]

Witte, F., Geschichte des Domgymnasiums zu Merseburg. 1. Thl.: Die Stiftsschule am Dom zu Merseburg 1543—1668. Festschrift zum 300jähr. Jubiläum des Merseburger Gymnasiums. gr. 8. (V, 106 S.) Merseburg 875, (Stollberg.)

Witte, F. **Geschichte d. Domgymnasiums zu Merseburg.** 2. Tl. u. 3. Tl. 1. Hälfte. gr. 8. Merseb., (Stollberg). ** 1 10
2. Tl. Die Stiftsschule am Dom zu Merseburg 1668—1738. Festschrift zum 300jähr. Jubiläum d. Merseburger Gymnasiums. (66 S.) 876. ** — 60.
3. Tl. 1. Hälfte. Die Stiftsschule am Dom zu Merseburg zu kursächsischer Zeit. 1738—1815 (51 S.) 891. ** — 50.
1. Tl. Ebd. 1875. ** — 75.

Witte, *Ferdinand:* Geschichte des Domgymnasiums zu Merseburg. III. Tl, 2. Hälfte. Die Stiftsschule am Dom zu Merseburg zu Kursächs. Zeit. 1738—1815. (Forts. d. Festschr. 1875 u. 1876 u. d. P-Beil. 1891.) Merseburg, Druck v. F. Stollberg, 1892; 48 S. 8.
Merseburg, Dom-G, OP 1892 (240)

Witte: Goniometrische Gleichungen vom 1. u. 2. Grade. 28 S. – Merseburg, Progr. 1867.

Witte, Fr., Rechenbuch f. die Volksschule, s.: Behrens, W.

Witte, Fr., Rechenbuch f. die Volksschule, s.: Bosse, F. W.

Witte, **Franz Joseph (Paderborn)** A. S. 34/10

Dissertatio inauguralis de impossibili canonico-juridico, sive de eo, quod circa conditiones impossibiles actibus humanis appositas justum est.
Präs. Jo. Georg Brückmann.
Erfurt (Hering) 28. IV. 1751. 29 S.

W. v.: Präs., J. F. C. Finck, J. W. Rothe, C. Ditherich, Brückner, Wrede, J. M. Ritter. 37031

Witte, Friedrich [aus Berlin]: Ein Fall von tuberkulöser Darmstenose ... Greifswald, Buchdr. C. Sell, 1897; 34 S., 1 Bl. 8.
Greifswald, Med. Fak., Inaug.-Diss. v. 3. Aug. 1897

Witte, Friedrich, prakt. Arzt aus Lippe-Detmold: Über einen Fall von Selbstbeschädigung bei einer hysterischen Frau. *Kiel 1898: H. Fiencke.* (18 S.) 8°
Kiel, Med. Diss. v. [31. Okt.] 1898

Witte, Friedrich: Der St. Patrokli-Dom zu Soest i. W. Ein Beitrag zur westfälischen Kunstgeschichte. Münster, Westfalen: Coppenrath 1905. (VI, 34 S.) 4°(8°) ¶ (Ersch. vollständig in: Beiträge zur westfälischen Kunstgeschichte.)
Münster, Phil. Fak., Ref. Ehrenberg, Diss. v. 20. Juni 1905
[Geb. 18. Febr. 76 Dorsten; Wohnort: Münster i. W.; Staatsangeh.: Preußen; Vorbildung: Gymn. Coesfeld Reife O. 96; Studium: Münster 8 S.; Rig. 4. März 05.]

Witte, Friedrich: Vergleichende Versuche über den Einfluss des Chloroforms und Aethers auf den Blutkreislauf bei Anwendung dosierter Gemische. *Göttingen 1898: Dieterich.* (40 S.) 8°
Göttingen, Med. Diss. v. [25. Mai] 1898

Witte, *Friedrich* Vorlagen zu lateinischen Stilübungen im Anschluſs an die Lektüre. 8 (30 S.). **Progr.** Kgl. G. *Marienburg* 1891 (35).

Witte, Friedrich Karl

F. C. WITTE. Handelsverträge oder Zollkriege? Rede, gehalten in einer von der Rostocker Ortsgruppe des Handelsvertragsvereins einberufenen Versammlung des Handels-, Gewerbe- und Schiffahrtskreises am Mittwoch, den 27. März 1901 im großen Saale der Tonhalle zu Rostock. Rostock, 1901. Rats- und Universitäts-Buchdruckerei von Adler's Erben. 8°.

Witte, Frdr.-Carl, russische Reiseeindrücke, mit besond. Berücksicht. des kaufmännischen u. wirtschaftlichen Lebens. Finnland, Land u. Leute. Zwei Vorträge. gr. 8. (78 S.) Rostock 899. Stiller. n. 1. —

Sammlung Schnütgen, Cöln. Führer mit Bildern bearb. von Fritz **Witte**. Düsseldorf: Schwann [1910]. X, 119 S. 8° [11. 9146

Witte, G. A., de annulo piscatorio. Altorf. 1787. 4.

Witte, Georg, approb. Arzt aus Göttingen: Ein Fall von Chylus-erguss in Brust- und Bauchhöhle. *Halle a. S. 1901: C. A. Kaemmerer & Co.* (25 S.) 8°
Halle, Med. Diss. v. 15. Juni 1901

[F.] **Witte,** Georg: Zur Heimatskunde Lauenburgs. Lauenburg, Druck v. Gebr. Borchers, 1896; 3—12 S. 4.
Lauenburg a. d. E., Albinus-S '(RPG u. R)', OP 1896 (296)

Witte, Georg. Über die Konstruktion der Kurven dritter Ordnung aus drei Polpaaren einer Zerlegung. 19 S. *Lauenburg a. E.* 1881. **Progr.**

Witte, Georg Heinrich (Hendrik)

Witte, G. H., s.: **Brahms, Johannes.**

Witte, G[eorg] H[einrich]: Johannes Brahms. Konzert für Violine u. Violoncell m. Orchester. (Doppelkonzert.) Op. 102. Erläut. v. - . Frankfurt a. M.: H. Bechhold (1897). (14 S.) 8°
(Musikführer, Der. No 136.)

Witte, G. H., Choralbuch im Anschluß an das evangelische Gesangbuch f. Rheinland u. Westfalen f. Kirche, Schule u. Haus. qu. gr. 4. (XXII, 138 S.) Essen 895. G. D. Baedeker. n. 5. —; geb. in Leinw. n. 6. —

Choralbuch im Anschluss an das evangelische Gesangbuch für Rheinland und Westfalen für Kirche, Schule u. Haus hrsg. von G[eorg] H[endrik] **Witte**, Kgl. Musikdir. 2. Aufl. *Essen: G. D. Baedeker 1900.* (XXII, 144 S.) quer-8° [01. 5560

Choralbuch im Anschluss an das evangelische Gesangbuch für Rheinland und Westfalen für Kirche, Schule und Haus hrsg. von Prof. G[eorg] H[einrich] **Witte**, Kgl. Musikdir. 3. Aufl. Essen: Baedeker 1910. XXIV, 144 S. quer-8° [11. 16045 B

Anton Rubinstein. Symphonie dramatique (No 4. D-moll) Op. 95. Erl. von G[eorg] H[endrik] Witte. *Leipzig: H. Seemann Nachf [1901].* (14 S.) 8°
= Musikführer. No 240. [02. 14581

Witte, Geo. Reinh., die Kirche. Propositioneen über die Lehre von der Kirche, als Grundlage zu einer Bearbeitung dieses Gegenstandes. gr. 8. Leipzig 843, Köhler. 1/12 ₰

Witte, Geo. Reinh., die Kirche. Propositionen über d. Lehre v. der Kirche, als Grundlage zu e. Bearbeitung dieses Gegenstandes. gr. 8. (1 B.) Leipzig 843, [Winter.]

Witte, G. R., Unterweisung zur Seligkeit durch d. Glauben an Jesum Christum, od. Katechismus d. christl. Religionslehre, mit durchgäng. Beziehung auf d. Lutherschen. 8. (6¼ B.) Halle 830, Gebauer.

WITTE, Gerhard (Hilter): Über Entwicklungsdefekte in der Muskulatur der Brust und des Schultergürtels sowie im Thoraxskelett, nebst einigen sonstigen Missbildungen. (Titel nach der Urkunde) 1.5.1905 - Urk; Chr 1904/05,16; Dr.-Würde aberkannt am 28.4.1938.
Diss. Ingolst.-Landsh.-Mchn.

Witte, H., das Alter der Bäume. Eine populäre Abhandlung. Aus dem Holländ. frei bearb. von Johs. Müller. gr. 8. (IV und 36 S.) Berlin 861, [Akademische Buchh.] *

Witte, H., Beiträge zur Namen-Verbesserung der Karten d. Deutschen Reichs, s.: **Wessinger, A.**

Witte, H., das Blatt. Eine monograph. Schilderung des Baues und der Bedeutung desselben. Aus dem Holländ. übertragen von A. M. C. Jongkindt-Coninck. Mit einem Vorwort von Ed. Lucas. gr. 8. (IV, 46 S. mit 15 eingedr. Holzschn. und 1 lithogr. Taf. Abbild. in qu. gr. 4.) Ravensburg [Stuttgart] 872, Ulmer.

Die Infanterie-Patrouille von H. **Witte**, Oberlt. im Inf.-Regt Nr. 61. Mit 3 Anlagen. Berlin: R. Eisenschmidt 1905. (47 S.) 8° [F.] [06. 338

Witte, sociale Phrasen u. Schlagwörter. s.: **Zur christlich-socialen Frage.**

Witte, H., der alte Zopf. Lustsp. in 1 Akt. Als Festsp. aufgeführt z. V. Stolzetage 1895 Hannover. 8. (20 S.) Wetzikon 895. (Leipzig, F. H. Robolsky.) n. 1. —

Witte, H. Ant., Lesebuch für die mittlern Klassen der katholischen Volksschulen. Nebst einer Zugabe von Zeichnungen (auf 8 S. in Holzschn.) 8. (XII und 168 S.) Osnabrück 853, Fredewest's Liquidations-Conto. *

Witte, H. Ant., Lesebuch für die mittlern Klassen der katholischen Volksschulen. Nebst einer Zugabe von Zeichnungen (auf 4 Stnt.). Gesammelt und bearb. mit besond. Berücksicht. des Sprachlichen. [3. Aufl.] 8. (VII, 152 S.) Osnabrück 869, Overwetter. *

Witte, Hans

Wendische Bevölkerungsreste in Mecklenburg. Von Dr. Hans **Witte**, Archivar. Mit 1 Karte. Stuttgart: J. Engelhorn 1905. (124 S.) 8°
= Forschungen z. deutschen Landes- u. Volkskunde. Bd 16, H. 1. [05. 1801

Witte, Hans N.: Die und Keltoromanen in Lothringen nach der Völkerwanderung. Die Entstehung des dt. Sprachgebietes. — Straßburg: Heitz 1891. 100 S. mit 1 Kt. (Beiträge zur Landes- und Volkskunde von Elsaß-Lothringen. H. 15.)

Zur Geschichte des Deutschtums im Elsass und im Vogesengebiet. Von Dr. Hans **Witte** in Strassburg i. E. Mit 1 Kt. *Stuttgart: J. Engelmann 1897.* (128 S., 1 Kt.) 8.
= Forschungen z. deutschen Landes- u. Volkskunde. Bd 10. H. 4. [97. 5983

Witte, Hans [aus Kirchdorf in Meckl.]: Zur Geschichte des Deutschtums in Lothringen. Die Ausdehnung des deutschen Sprachgebietes im Metzer Bistume zur Zeit des ausgehenden Mittelalters bis zum Beginne des 17. Jahrhunderts. . . . Metz, Druckerei d. Lothringer Zeitung, 1890; 2 Bl., 74 S., 1 Kart. 8°
Strassburg, Phil. Fak., Inaug.-Diss. v. 1890

Witte, Hans, mecklenburgische Geschichte, in Anknüpfg. an Ernst Boll neu bearb. I. Bd. Von der Urzeit bis zum ausgeh. Mittelalter. (VI, 301 S.) gr. 8. Wismar 909. Hinstorff's Verl. 6. —; geb. in Leinw. 7. 50

Witte, Hans, Pförtner Jubeltage. Aufzeichnungen zur Erinnerg. an das 350jähr. Jubiläum der Landesschule Pforta am 24., 25. u. 26. Mai 1893. 8. (72 S.) Rostock 893. W. Werther's Verl. n. 1. —

— Das deutsche Sprachgebiet in Lothringen und seine Wandlungen von der Feststellung der Sprachgrenze bis zum Ausgang des 16. Jahrhunderts. Mit Karte. Stuttgart 1894. Engelhorn. 129 S. [Forschungen z. dtsch. Landes- u. Volkskunde VIII. 6]

— **das deutsche Sprachgebiet Lothringens u. seine Wandelungen von der Feststellung der Sprachgrenze bis zum Ausgang des 16. Jahrh., s. 4/1 Forschungen zur deutschen Landes- u. Volkskunde.**

Witte, Hans, a. Wolfenbüttel in Braunschweig: Ueber den gegenwärtigen Stand der Frage nach einer mechanischen Erklärung der elektrischen Erscheinungen. Abschn. 1: Begriff, Grundlagen, Einteilung. (Berlin 1905: E. Ebering.) (XII, 30 S.) 8° ¶(Ersch. vollst. im Verl. v. E. Ebering, Berlin.)
Berlin, Phil. Fak., Ref. Planck, Drude, Diss. v. 29. Juli 1905
[Geb. 24. Okt. 81 Wolfenbüttel; Heimatsort: Wolfenbüttel; Staatsangeh.: Braunschweig; Vorbildung: Gymn. Wolfenbüttel Reife O. 00; Studium: Heidelberg 5, Berlin 5 S.; Rig. 8. Juli 05.]

Ueber den gegenwärtigen Stand der Frage nach einer mechanischen Erkärung der elektrischen Erscheinungen. Von Hans **Witte**, Dr. phil. Mit 14 Fig. u. 1 Taf. Berlin: E. Ebering 1906. (225 S.) 8°
Ein T. erschien als Inaug.-Diss. Berlin 1905.
= **Studien**, Naturwissenschaftl. H. 1. [06. 10476

— s.: Urkunden u. Akten d. Stadt Strassburg.

— **Wismar unter dem Pfandvertrage 1803—1903. Festschrift zur Hundertjahrfeier der Wiedervereinigung Wismars m. Mecklenburg.** (VI, 153 S. m. 16 Taf.) gr. 8. Wismar 903. Hinstorff's Verl. n. 2. —

Witte, Heinrich

Witte, H., die Armagnaken im Elsass, s. Beiträge zur Landes- u. Volkeskunde v. Elsass-Lothringen.

Witte, H[einrich]. Die Armagnaken im Elsass. 1439–1445. (Beitr. zur Landes- und Volkskunde von Elsass-Lothr. [Band] 11.) 8. Strassburg 1890.

Witte, Heinrich (Königsberg/Pr.) A. S. 203/18

Collegii juris feudalis disputatio VII. sistens theses de effectibus ex dominio utili provenientibus. Präs. Jakob Friedrich Ludovici.
In: Ludovici: Collegium juris feudalis. Ed. 2. Halle (Zeitler) 1712. S. 79 - 92. 37034

Witte, Heinrich *Thomas Wilhelm* [aus Pless in Oberschles.]: Ein Fall von totaler Anaesthesie m. bes. Berücks. d. Bewegungsstörgn u. der dabei zu beobachtenden Schlafzustände ... Leipzig, Druck v. A. Edelmann, Univ.-Buchdr., *1894*; 2 Bl., 39 S., 1 Bl. 8.
Leipzig, Med. Fak., Inaug.-Diss. v. 19. Mai 1894

Witte, Heinr., Forschungen zur Geschichte des Wormser Concordats. 1. Teil: Die Bischofswahlen unter Konrad III, nebst einem Excurs über die Wahlcapitulation Lothars III von Sachsen. gr. 8. (110 S.) Göttingen 877, (Akadem. Buchh.)

Witte, Heinr. Die armen Gecken oder Schinder und ihr Einfall ins Elsafs im Jahre 1439. 38 S. **Progr.** Lyz. *Strassburg* 1883.

Witte, die armen Gecken od. Schinder u. ihr Einfall ins Elsass im J. 1439. gr. 4. (38 S.) Strassburg 883. Schultz & Co. Verl. n.n. 2. 40

Witte, Heinr. Zur Geschichte und Entstehung der Burgunderkriege. Herzog Sigmunds von Österreich Beziehungen zu den Eidgenossen und zu Karl dem Kühnen von Burgund 1469–1474. 52 S. **Progr.** *Hagenau* 1885

Witte, Heinr., **zur Geschichte der Entstehung der Burgunderkriege. Herzog Sigmunds von Oestreich Beziehungen zu den Eidgenossen und zu Karl dem Kühnen von Burgund, 1469—1474.** 4. (53 S.) Hagenau 885, (Ruckstuhl.) *

Witte, Heinrich. Zur Geschichte der Burgunderkriege. [2 Theile.] SA. 8. (Freiburg i. B. [1890–1892].)
[Theil 1.] Die Konstanzer Richtung und das Kriegsjahr 1474. [Mit 1 Tafel.]
[Theil 2.] Das Kriegsjahr 1475.

Witte, Heinr., die älteren Hohenzollern u. ihre Beziehgn. zum Elsaß. Festschrift zur Einweihungsfeier des **Kaiser-Friedrich-Denkmals bei Wörth.** Fol. (XII, 136 S. m. 8 Lichtdr.- u. 2 Stamm-Taf.) Straßburg 895. J. H. E. Heitz. n. 12. —

Witte, Heinrich. Der Mülhauser Krieg 1467 bis 1468. [SA.] 8. [Zürich 1886.]

Witte, Heinr., **Bad Kudowa u. seine Kur. Ein diätet. Leitfaden f. Kurgäste.** (III, 44 S.) kl. 8. Breslau (905). Maruschke & Berendt. n. — 80

[Lieder.] Zur ersten Bezirksversammlung des Vereins deutscher Freimaurer in Halle a. S. in der Loge „Zu den drei Degen" am 24. Mai 1908. [Unterz.:] H[einr.] **W[itte].** o. O. [1908]. 1 Bl. 8° [Kopftit.]
Ohne Noten. 3.

Witte, Heinr., der letzte Puller v. Hohenburg, s. Beiträge zur Landes- u. Volkskunde v. Elsass-Lothringen.

Witte, Heinrich. Der letzte Puller von Hohenburg. Ein Beitrag zur politischen und Sittengeschichte des Elsasses und der Schweiz im 15. Jahrhundert, so wie zur Genealogie des Geschlechts der Püller. (Beitr. zur Landes- und Volkeskunde von Elsass-Lothr. [Band] 16.) 8. Strassburg 1893.

Witte, Heinr., s.: Regesten der Markgrafen v. Baden u. Hachberg.

Witte, Heinrich, Nahrungsmittelchemiker u. Apotheker, Assist. am chem. Inst. d. Univ. Halle, aus Merseburg: Über die gewichtsanalytische **Stärkebestimmung** in Kartoffeln, Mehl und Handelsstärke. *Halle a. S. 1904: (H. Stürtz in Würzburg).* (41 S.) 8°
Halle, Phil. Diss. v. 1904

Witte, Hermann

Witte, Herm., die Bereicherungsklagen des gemeinen Rechts. Halle 859. Pfeffer. gr. 8. (XVI, 340 S.) n. 1 ⅓ 20 ngr.

Die Geisterfolter des Militarismus. Studenten-Novelle von Hermann **Witte**. Zürich: Verl.-Magazin 1896. (230 S.) 8° [F.] [06. 5803 11

Witte, Herm., **das interdictum uti possidetis als Grundlage des heutigen possessorium ordinarium.** gr. 8. (XII und 151 S.) Leipzig 863, B. Tauchnitz.

Witte, Hermann: Die Kaufmannseigenschaft des Kommanditisten. Berlin 1910: G. Schade. 53 S. 8°
Heidelberg, Jur. Diss. v. 1. März 1910, Ref. Schröder
[Geb. 22. Juni 83 Tangerhütte; Wohnort: Hamburg; Staatsangeh.: Preußen; Vorbildung: Gymn. Potsdam Reife O. 04; Studium: Tübingen 1, Berlin 2, München 1, Berlin 2 S.; Rig. 24. Jan. 10.] [U 10. 2044

[5.] Der Kegelsport in Wort u. Bild. Humorist. Potpourri v. Hermann **Witte** ... *Hannover: Gohmannsche Buchdr. [1897].* (1 Bl., 32 S.) 1 Bd quer-8. [98. 10303 G

—— Monarchie oder Demokratie? gr. 8. (32 S.) Greifswald 867, Akademische Buchh. *

Witte, Herm., Monarchie oder Demokratie? Greifswald 868. (Berlin, Burmester & Stempell.) gr. 8. (32 S n.) 5 ngr.

Witte, Hermannus: De onere probandi in negatoria actione. Halis Sax. (1855): Heynemann. 48 S. 8°
Halle-Wittenberg, Jur. Diss. v. 17. Jan. 1855
Geb. [Breslau 22. 11. 1833]
Des Verf. Hall. jur. Preisschrift: Cuinam in actionibus, tam confessoria quam negatoria, incumbat onus probandi (usw.) war 1854 gekrönt worden.

Witte, Herm., Reinheit. Drama in 5 Akten. 8. (220 S.) Dresden 902. E. Pierson. n. 3. —

Witte, Herm., die Reorganisation des preuß. Heeres durch Wilhelm I. (VII, 120 S. m. 3 Anlagen.) gr. 8. Halle 910. M. Niemeyer. 3. —

Witte, Hermann [cand. med. aus Eilsen]: Über Wundstarrkrampf nach Castration. . . . Bückeburg, Druck d. Grimmeschen Hofbuchdr. Aug. Grimme, 1888; 17 S. 8°
Würzburg, Med. Fak., Inaug.-Diss. v. 1888

Witte, J. Abriss der französischen Etymologie für den Standpunkt der oberen Gymnasialklassen. I. Hälfte. Wolfenbüttel, G., 1883. 20 S. 4. Progr.

Witte, J. de, Description de la collection d'Antiquités de M. le Vicomte Beugnot. gr. in-8. (11¾ B. u. 1 Kpfrt.) Paris 840. (Leipzig, Brockhaus et Avenarius.) *

— Les exploits de Thésée. Coupe peinte par Euphronius. Gel. 1872. 11 S. u. 2 Taf. 4°.

Witte, J., „Moderne Don Juans". Drama in 2 Akten. (33 S.) 8. Berlin 906. Herm. Walther. n. 1. —

Witte, J. de, Memoire sur l'impératrice Salonine. Gel. 1852. 57 S. u. 1 Taf. 4°. 1.50

— Satyre. Bronze trouvé à Dodone dans les fouilles de C. Carapanos. Gel. 1877. 4 S. u. 1 Taf. 4°.

Witte, J. F. Comment. de Livii XXII. 48. fin. 12 S.
Salzwedel, Progr. 1832

Witte, Johann (Berlin) A. S. 281/28

Apostasia studiorum. Präs. Heinrich Linck. Rec. Leipzig (Schede) 1717. 40 S.

Diss. Altdorf V. 1679. 37036

Witte, Johannes, aus Silligsdorf i. Pomm.: Der Kommentar des Aponius zum Hohenliede. Untersuchung über d. Zeit u. d. Ort seiner Abfassung, über d. Persönlichkeit d. Verf. und über d. Stellung d. Kommentars in d. Geschichte d. Auslegung d. Hohenliedes, unter Zugrundelegung der ersten Ausgabe des ganzen Kommentars vom Jahre 1843. *Erlangen 1903: Junge & Sohn.* (97 S.) 8°
Erlangen, Theol. Diss. v. [20. Juni] 1903

Witte, Jh., († 1779.) zuverläss. Nachrichten v. d. evangel. Predigern in Hamburg. 8. Hamb. 759. 2e verm. Aufl. 773. Bode. 10 ℋ

Zuverläßige Nachrichten von den evangelisch-lutherischen Predigern in der Stadt Hamburg . . . nebst den Fundationen der Kirchen. Ehemals hrsg. v. Johann Witte. 3. verb. u. verm. Aufl. — Hamburg: Harmsen 1791. 203 S. 8°

Witte, J., zuverläss. Nachrichten v. d. evangel. Predigern in Hamburg. 8. Hamb. Bode. 794.

WITTE, Johannes: Studien über das Verhältnis von Elastischen Fasern und Tuberkelbacillen im tuberkulösen Sputum.- München: Wolf 1902. 34 S.
9.5.1902 - Chr 1901/02.26; Jv 1901/02,281
Diss.Ingolst.-Landsh.-Mchn.

Witte, Johann Heinrich

Witte, Joh. H., über Anschaulichkeit in den Sinnen u. Anschaulichkeit im Denken, s.: Verhandlungen der philosophischen Gesellschaft zu Berlin.

Witte, Johs. H., Beiträge zum Verständniss Kants. gr. 8. (IX, 106 S.) Berlin 874. H. R. Mecklenburg. n. 2. —

Witte, J. H. Johann Amos Comenius in seiner culturgeschichtlichen Stellung u. seiner historischen Bedeutung f. die Entwicklg. d. Schulwesens, im Besonderen der Volksschule. Ein Gedenkblatt in Erinnerung an den 300. Geburtstag desselben. gr. 8. (51 S.) Ruhrort 892, Andreae u. Comp. * 1 20

Witte, J. H., Dr. Dittes u. sein Ideal: Die confessionslose Volksschule. gr. 8. (79 S.) Ruhrort 890. Andreae & Co. n. 1. 50

—— zur Erkenntnisstheorie und Ethik. Drei philosoph. Abhandlungen. gr. 8. (XIV, 126 S.) Berlin 877, H. R. Mecklenburg.

— über Freiheit des Willens, das sittliche Leben u. seine Gesetze. Ein Beitrag zur Reform der Erkenntnistheorie, Psychologie u. Moralphilosophie. gr. 8. (XI, 335 S.) Bonn 882. Weber. n. 9. —

—— Grundzüge der Sittenlehre. Ein Kompendium der Moralphilosophie. gr. 8. (45 S.) Ebendas. 882.

[Witte, Iohannes Henricus]: *De indole atque origine Odysseae Homericae. 66 S. 2°
Halle-Wittenberg, Phil. Diss. v. 24. Juli 1872
Geb. [Berlin 14. 11. 1846]

Witte, J. H., Kantischer Kriticismus gegenüber unkritischem Dilettantismus. gr. 8. (V, 66 S.) Bonn 885, Cohen und Sohn.
Vgl.: Stöhr, A., Replik gegen Witte.

— Salomon Maimon. Die merkwürd. Schicksale u. die wissenschaftl. Bedeutg. e. jüd. Denkers aus der Kantischen Schule. gr. 8. (93 S.) Ebend. 876. n. 1. 50

—— die Philosophie unserer Dichterheroen. Ein Beitrag zur Geschichte des deutschen Idealismus. 1. Bd.: Lessing und Herder. gr. 8. (XII, 355 S.) Ebendas. 880.

—— Sinnen u. Denken. Gesammelte Abhandlungen u. Vorträge aus den Gebieten der Litteratur, Philosophie u. Pädagogik, sowie ihrer Geschichte. gr. 8. (VII, 251 S.) [Halle 889.] Lpz., Pfeffer. * 5 —

Volksschule und Hülfsschule. Über Förderung d. Schwachen im Rahmen d. normalen Volksschule u. die mehrfache bedenkliche Einrichtung von Hülfsschulen als Schulen nur f. schwachbegabte Kinder. Eine schulmännische Erwägung von Dr. J. H. Witte, Prof. u. Kreisschulinsp. *Thorn: E. Lambeck 1901.* (43 S.) 8° 10

—— Vorstudien zur Erkenntniss des unerfahrbaren Seins. Philosophische Abhandlungen speculativ- und historisch-krit. Inhalts. 1. Heft. gr. 8. (VIII, 88 S.) Bonn 876, Cohen und Sohn.

—— das Wesen der Seele und die Natur der geistigen Vorgänge, im Lichte der Philosophie seit Kant und ihrer grundlegenden Theorien historisch-kritisch dargestellt. gr. 8. (XVI, 336 S.) Halle 888, Pfeffer. *

WITTE, JOHS. CONR., De aneurysmate ejusque curatione chirurgica. Specimen academicum. Kilonii. 1787. (M. Progr.). P.

Witte, John, die Qual der Blähungen u. ihre leichte Abhilfe nach langjähr. Beobachtungen. Deutsche Ausg. 1. u. 2. Aufl. Altona 869. (Verl.-Bureau.) 16. (45 S.) n. 5 ngr.

Witte, (Heinrich) Joseph, Referendar a. Paderborn: Muß der Fiskus bei Okkupation eines derelinquierten Grundstückes in einen bestehenden Mietvertrag eintreten? Berlin 1906: R. Trenkel. (54 S.) 8°
Heidelberg, Jur. Fak., Ref. Endemann, Diss. v. 25. Aug. 1906
[Geb. 15. Okt. 82 Paderborn; Wohnort: Münster i. W.; Staatsangeh.: Preußen; Vorbildung: Gymn. Paderborn Reife O. 01; Studium: Freiburg i. B. 1, Göttingen 1, Münster 4 S.; Rig. 29. Mai 06.]

Witte, Jul., zur Geschichte der Vulgata. Inaugural-Dissertation. gr. 8. (38 S.) Hannover 876. (Jena, Deistung.) n. — 80

Witte, Karl

Glückwunsch von Rektor und Senat für Karl Witte in Halle zum 50jährigen Jubiläum als Dr. jur. (Heidelberg) am 20. Aug. 1866. Halle-Wittenberg. 1 Bl.

Glückwunsch der juristischen Fakultät für Gustav Haenel in Leipzig zum 50jährigen Dr.-Jubiläum am 18. April 1866. [Verf.: Karl Witte.] Halle-Wittenberg. 1 Bl.

Ordo ivreconsvltorvm vniversitatis Fridericiae Gvilelmiae Rhenanae S. P. D. Carolo **de Witte** ivris vtrivsqve Doctori et Professori P. O. . . . Datvm Bonnae d. XX m. Aug. a. 1876. [Bonnae, typ. C. Georgii 1876.] 1 Bl. qu.-4.
Glückwunsch zum 60j Doctorjubiläum

Witte, Karl (Jh. Hnr. Fr Karl), (Sohn), Abhandlungen aus dem Gebiete des römischen Rechts. gr. 8. Berl. 817. Duncker u. H. 8 gr

Witte, Karl: Abhandlungen aus dem Gebiete des röm. Rechts. Berlin 1817.
[1.] Ad l. 10 D. de usufr. accr. Diss. (Heidelberg 1816.)
[2.] Ad l. unic. C. Th. de resp. prudent. observationes. Recitatio. 1817.
[3.] Ueber das Schicksal der dos nach getrennter Ehe mit Berücks. sowohl des vorjustinianeischen als des Justinianeischen Rechts. Vorlesung. 1817.

Witte, Carl, die Alpenpässe. Vortrag. 16. (42 S.) Berlin 854, Hertz. *

Witte, Carl, Alpinisches und Transalpinisches. Neun Vorträge. 16. (VI und 482 S. mit 1 lithogr. Abbild. von San Marino in Tondr.) Berlin 858, Hertz. *

Witte, Carl, meine Amtsenthebung wegen „beginnenden Querulantenwahns", nebst e. Gutachten v. Mittenzweig. gr. 8. (198 S.) Berlin 892. F. Fontane & Co. n. 2. —

Witte (J. H. F.) K., s. Mich. Angelo, Gedichte.

Carolus Witte: Conchoidis nicomedeae Aequatio et indoles. Gottingae 1813: Baier. S. 10-30. 8°
Göttingen, Univ.-Schr. v. 4. März 1813

Witte, Karl, de Bartolo a Saxoferrato, Dantis Alligherii studioso, commentatiuncula. Halle 861. (Pfeffer.) gr. 8. (12 S.) n. 5 ngr.

Witte, Karl [prakt. Arzt aus Culm]: Ein Beitrag zur Ätiologie der kroupösen Pneumonie .... Berlin, Buchdr. v. Gustav Schade (Otto Francke) (1887); 42 S. + 1 Bl. 8°.
Berlin, Med. Fak., Inaug.-Diss. v. 5. Febr. 1887.

Witte, Karl, ein Beitrag zur Ätiologie der kroupösen Pneumonie. Diss. Berlin 1887, Mayer & Müller. 8°. 42 S.

Witte, K.: Bericht an Sr. Königl. Majestät von Preußen über das Pestalozzische Institut in Burgdorf (jetzt in Buchsee). Leipzig 1805. 62 S.

— **Bericht an den König von Preußen, über das Pestalozzische Institut in Burgdorf. 8. Leipz. 805. Dyck. 6 gr**

— s. Bibliothek, ausgewählte, der Classiker des Auslandes, 12. 13. 20.—22. 31. 32. Bd.

Witte, Karl (Hnr. Gf.) (Vater), niedersächs. Bilder-ABC-Lehrbuch nach Pestalozzi's u. Olivier's Methode, mit 24 Kpf. 8. Hamb. (804.) (Herold jun.) 20 gr illum. 1 rthl 8 gr

Witte, Karl, niedersächsisches Bilder-A B C-Lehrbuch nach Pestalozzis u. Oliviers Methode, m. 24 K. 8. Hamburg, Vollmer. 810.
illum.

— **Bittschrift an die ehrsamen Räthe u. Gemeinden löbl. drei Bünde wider die Urtheile, welche gegen d. Hrn. Podesta Hercules von Salis-Tagstein ergangen sind. 8. Zürich 794.**

Witte, Karl, d. ä., Blumen in verschiedenen Lebensaltern für sich selbst und für Andere gepflückt. 2 Bde. 8. (Mit 1 lith. Portr.) Berlin 840 u. 44. (Leipzig, Thomas.) geb. n. 1 rthl

—— Carlo, der Einsiedler. Eine psycholog.-pädagogische (wahre) Geschichte. 8. (30½ B.) 844. (Leipzig, Thomas.) *

—— nuova centuria di correzioni al convito di Dante Allighieri. 4. (48 S.) Lipsia 854, T. O. Weigel. *

Witte, Carolus: De Guilelmi Malmesburiensis codice legis Romanae Wisigothorum. Vratislaviae (1831). (41 S.) 8°
[Im Buchhandel 1831 bei Korn u. bei Schulz & Ko. in Breslau.]
Breslau, Jur. Fak., Antr.-Progr. als ord. Prof. v. 1. Juni 1831

Witte, Karl, über **Dante**. Neu bearb. 8. (2 B.) Breslau 831, Pelz.

—— Dante und die italienischen Fragen. Ein Vortrag gehalten im März 1861. 8. (47 S.) Halle 861. Pfeffer. *

—— s. Dante Alighieri's göttliche Komödie.

Witte, Carolus: Dantis Allighergii Monarchia (Liber 1.) msstorum ope emendata. Halis 1863: Hendel. 29 S. 8° (4°)
Halle-Wittenberg, Progr. z. akad. Preisverteilung 1863

Witte, Carolus: Dantis Alligherii Monarchia (Liber 2.) msstorum ope emendata. Halis 1867: Hendel. VI, 44 S. 8° (4°)
Halle-Wittenberg, Progr. z. akad. Preisverteilung 1867

Witte, Carolus: Dantis Alligherii Monarchia (Liber 3.) msstorum ope emendata. Halis 1871: Hendel. S. 2—50. 8° (4°)
Halle-Wittenberg, Progr. z. akad. Preisverteilung 1871

Witte, Karl, Dante-Forschungen. Mit Dante's Bildniss nach Giotto, nach dem 1840 wiederentdeckten Frescobilde im Palazzo del Bargello [Pretorio] bevor dasselbe 1841 übermalt ward, in Kpfr. gest. von Jul. Thaeter. gr. 8. (XVI, 509 S.) Halle 869, Barthel. [Heilbronn, Gebr. Henninger.] (*M 14.)

Witte, Karl, Dante-Forschungen. Altes und Neues. 2. Bd. Mit Dante's Bildniss (in Stahlst.) nach einer alten Handzeichnung und dem (lithogr.) Plan von Florenz zu Ende des 13. Jahrh. 8. (X, 606 S.) Heilbronn 879, Gebr. Henninger.
1. Bd. [Halle 1869, Barthel.] Heilbronn, Gebr. Henninger. *M 12.

Witte, Karl, s. Denons Reisen.

— Diss. inaug. ad L. 10 ff. de usufructu. 4. Heidelb. 181..

— End-Erklärung über dessen Habilitations-Angelegenheit auf der Universität zu Berlin. 8. Berl. 817. (Sander). 2 gr

— Engadin. Ein Vortrag auf Veranstaltung des Evangel. Vereins für kirchl. Zwecke gehalten am 26. Febr. 1855. Berlin 855. W. Schultze. gr. 8. (38 S.) 6 ngr

— abgedrungene Erklärung. Als Antwort auf die Schrift: die Juristenfacultät zu Berlin u. der Dr. Witte. 8. Berlin, Flittner. 817.

— abgedrungene Erklärung. Als Antwort auf die Schrift: die Juristenfacultät zu Berlin u. der Dr. Witte. 8. Berl. 817. (Sander). 4 gr

Witte, Karl: Über Erziehung deutscher Töchter aus den gebildeten Ständen. — Dresden: Walther 1820. VI, 90 S. 8° 1: Nd 8424

— Erziehungs- u. Bildungsgeschichte seines Sohnes K. Witte; ein Buch für Eltern u. Erziehende. 2 Bde. 8. Leipz. 819. Brockhaus. 3 ½ ß

— das kleine Gebetbuch (u. Lieder) f. Kinder. 8. Halle 800. Hendel. 2 gr 5e Aufl. Leipz. 808. Joachim. (a. Wienbrack). 2 gr

— das kleine Gebetbuch (u. Lieder) f. Kinder. 4te Aufl. 8. Hamb. Vollmer.

Witte, Karl, s. Genlis, v.: Moral. Erzählungen.

Witte, Karl, s. Genlis, v.: Die ehrliche Haupt.

Witte, Karl, s. Genlis, v.: Natalie u. Dorothea.

Witte, Karl, s. Geschichte, Erscheinungen u. Prophezeiungen Jh. Adm. Müller's.

— die Gletscherwelt. Vortrag. 16. (43 S.) Berlin 853, Hertz. *

— Grundzüge d. Preuß. Erb-Rechts. Als Ergänzung meiner Vorlesn. üb. d. Preuß. Civil-Recht. 4. (2¼ B.) Breslau 830, (W. G. Korn.)

[F.] Schneider Grüneberg und Hofprediger Stöcker oder Der gefälschte Brief v. Carl Witte, Pfarrer. *Berlin: F. Fontane 1896.* (51 S.) 1 Bl 8.

— praktisches Handbuch f. Reisende durch Deutschland u. d. vorzügl. europ. Länder u. Städte rc., mit ein. Post- u. Reisekarte v. Europa. gr. 8. Leipz. Hinrichs. 807.

— de castrensibus hereditatibus, disputat. 4. Bresl. 824.

Witte, Carolus: De luctuosis hereditatibus. Vratislaviae 1824. (51 S.) 4°
Breslau, Jur. Fak., Antr.-Progr. als außerord. Prof. v. 10. Apr. 1821

Witte, Carl, e. Herzschlag. Erzählung. gr. 8. (150 S.) Berlin 893. M. Hochsprung. n. 2.—

Witte, Karl, a. Reinickendorf b. Berlin: Die Hufknorpelverknöcherung der Pferde. Stuttgart 1907: Union. (44 S. m. Taf.) 8° ¶(Aus: Monatshefte für praktische Tierheilkunde Bd 18.)
Leipzig, Phil. Fak., Ref. Eber-Kirchner, Diss. v. 23. April 1907
[Geb. 9. Apr. 77 Hohenselchow, Vorpommern; Wohnort: Reinickendorf b. Berlin; Staatsangeh.: Preußen; Vorbildung: Friedrich-Wilhelms-Gymn. Königsberg (Neumark) Primareife M. 96; Studium: Tierärztl. Hochsch. Berlin 8, Univ. Gießen 3, Leipzig 4 S.; Rig. 3. Aug. 06.]

Witte, Karl, das preuß. Intestat-Erbrecht, aus d. allgem. deutschen Rechte entwickelt. gr. 8. (21 B.) Leipzig 838, Brockhaus.

— Israel, od. d. edle Jude, e. wahre Geschichte. 8. Leipz. Gräff. 805.

(—) Israel, oder der edle Jude, eine wahre Geschichte. 8. Leipz. 805. (Wienbrack). 8 gr

— u. W. v. Lüdemann, das maler. u. romant. Italien, siehe: Frommel, Carl.

— dessen höchst glückliche Kindes-, Knaben- und angehende Jünglings-Jahre. 8. Berl. 843. (Lpz., Thomas.) n. ¾ ß

Witte, Karl: Über Kondensationsprodukte des Hydrochinons. 1906. 27 S. 8° ¶ Vgl. Berichte d. Deutschen Chem. Gesellschaft. Jg. 41. 1908.
Braunschweig, Dr.-Ing.-Diss. v. 25. 1. 1906

Witte, C., mein Conflict m. Herrn Hof- u. Domprediger Stöcker. Eine Rechtfertigg. u. e. Appell. 1.—10. Tausend. Lex.-8. (57 S.) Berlin 889. Fontane. n. 1.—

— die Lebensfreuden, ein Lehrgedicht. 8. Halle 800. Hendel. 2 gr

— die Leges restitutae d. Justinianeischen Codex, verzeichnet u. geprüft. gr. 8. (18 B.) Breslau 830, [W. G. Korn.]

Witte, Karl: Der kluge Mann in Wiesendorf, genannt der gute, alte Jakob, s.a. Jakob, Der gute, alte.

— der kluge Mann in Wiesendorf, genannt d. gute alte Jacob, od. die Kunst reich zu werden, e. Erzählung f. Volk. 8. Leipzig, Joachim.

Witte, Karl, s. Montforts Naturgeschichte.

— Novellae Constitut. Imperator. Byzantin., s. 'Ανέκδοτα, Tom. II. — s. auch Constitutiones IX.

Witte, Carolus: Magistri Ricardi ordo iudiciarius ex codice Duacensi nunc primum editus. Halis 1851 [vielmehr: 1852]: Gebauer-Schwetschke. S. 2 bis 66. 8° (4°)
Halle-Wittenberg, Progr. z. akad. Preisverteilung 1851

Witte, Karl: Magistri Ricardi Anglici ordo iudiciarius ex codice Duacensi, olim Aquicinctino, nune primum editus. Halis 1853.

Witte, Carl, Palermo. Vortrag gehalt. in Halle am 28. Febr. 1852. 16. (30 S.) Halle 852, Knapp's Sortiments-Buchhandlung. (Schrödel & Simon.) n. 1/6 ₰

PHILIBERT, Karl, ein Roman .... (von *Carl Witte*). Hamburg und Meissen 1805.
Anon.-Lex. III. p. 271 (nach Meusel). — Selten!

— Karl Philibert. 2 Thle. 8. Leipz. 825. Liebeskind. 3 ₰ 4 gr

Witte, Karl, s. Pigault le Brün: Herr Puff.

Witte, Karl, s. Poesien d. dichtenden Mitglieder.

— mehrere Predigten, italienisch gehalten u. in Italien herausg. auf Kosten d. Auditoriums. 8. Coira 793. B. Otto.

— quando e da chi sia composto l'ottimo comento a Dante. Lettera al Sign. Seymour Kirkup. Collagiunta di alcuni supplimenti alla bibliografia Dantesca del Sign. Col. de Batines. gr. 8. (54 S.) Lipsia 847, Barth. 9 ngr

Witte, Karl, d. Jüngere, der heilige Rock, Ronge u. Czerski. gr. 8. Breslau 845, Max u. Comp. 1/4 ₰

— Scenen aus meinen Reisen durch Deutschland, d. Schweiz, Italien, Frankreich. 2 Bde. 8. Hamb. 804. (Herold jun.). 2 ₰ 4 gr

— Scenen auf s. Reisen durch Deutschland, d. Schweiz, Italien, Frankreich. 2 Bde. 8. Hambg. Vollmer. 804—5. (I. 1 Thlr. II. 1 Thlr. 4 gr.)

Witte, Karl, s. Tage, D. 5 merkw., Neapels.

— der katholische Tendenzroman in Italien. Vortrag, gehalten zu Berlin den 21. Januar 1854. Berlin 854. Hertz. 16. (31 S.) n. 6 ngr

—— de Tergestino lapide epistola. 4maj. (1½ B.) Vratislaviae 833, (Pelz.)

— Basilicorum titulus de diversis regulis juris antiqui nunc demum integer e codice Coisliniano ed. 4maj. Bresl. 826. (Gosohorsky). 1 ₰ 3 gr

Witte, C., Basilicorum titulus de diversio regulis juris antiqui nunc domum integer, e cod Coisiliniano edente. Gel. 1826. XXVI, 46 S. 1 Taf. 4°. 1.5(

Witte, Karl, ebene Trigonometrie. gr. 8. Lüneb. Herold u. Wahlstab. 815.

—— Unter-Italien, s. Frommel, C.

— üb. die Veredlung d. Landpredigerstandes. 8. Halle 799. Hendel. 5 gr

—— Wider das Stöcker'sche „Volk". Lex.-8. (99 S.) Ebd. 890. * 1 —

— Wiesenblumen aus der Schweiz, Italien u. Deutschland gepflückt. (Gedichte.) Mit 2 Kpf. 8. Halle 806. Hendel. 18 gr

— Prozeß Witte-Stöcker. Bericht üb. d. Verhandlgn. vor d. kgl. Schöffengericht zu Berlin am 12. XI. 1896. Hrsg. u. m. Anmerkgn. begleitet. gr. 8. (90 S.) Ebd. 897. n. 1. —

— die neuesten Wohlthaten Gottes, n. Anleit. d. Lobgesangs der Engel, in e. Weihnachtspredigt auseinandergesetzt. 8. Heidelb. 815. Engelmann. 3 gr

Witte, Karl, s. Zichtau, od. d. altmark. Schweiz.

Witte, Klaus, aus New York U. S. A.: **Reaktionen des 2-Nitronaphtalins.** *(Berlin 1904: G. Schade.)* (74 S.) 8°
Berlin, Phil. Diss. v. 23. März 1904

Witte, Curt, Referendar: **Die Aufrechnung im Recht der offenen Handelsgesellschaft.** *Greifswald 1899: J. Abel.* (44 S.) 8°
Greifswald, Jur. Diss. v. 1899

Witte, Kurt, a. Berlin: Beiträge zur Kenntnis der para- und ortho-Oxychinolone. Freiburg i. B.: Speyer & Kaerner 1904. (43 S.) 8°
Freiburg i. B., Phil. Fak., Ref. Gattermann, Diss. v. 18. Okt. 1904
[Geb. 27. Nov. 77 Berlin; Wohnort: Berlin; Staatsangeh.: Preußen; Vorbildung: Gymn. Groß-Lichterfelde Reife O. 98; Studium: Berlin 2, Dresden T.H. 1, Charlottenburg T.H. 1, Freiburg 3 S.; Rig. 20. Juli 04.]

Witte, Kurt, Posnaniensis: Quaestiones tragicae. Vratislaviae 1908: H. Fleischmann. (78 S.) 8°
Breslau, Phil. Fak., Ref. Skutsch, Diss. v. 30. April 1908
[Geb. 21. Nov. 85 Posen; Wohnort: Posen; Staatsangeh.: Preußen; Vorbildung: Marien-Gymn. Posen Reife O. 04; Studium: Breslau 8 S.; Rig. 12. Febr. 08.]

Witte, Kurt, Singular u. Plural. Forschungen üb. Form u. Geschichte der griech. Poesie. (VIII, 270 S.) gr. 8. Leipzig 907. B. G. Teubner. 8.—; geb. in Leinw. 9.—

Witte, Kurt, Rechtskandidat in Berlin: Der Tausch nach dem Bürgerlichen Gesetzbuch für das Deutsche Reich. Borna-Leipzig 1907: R. Noske. (VIII, 46 S.) 8°
Leipzig, Jur. Fak., Diss. v. 31. Juli 1907
[Geb. 16. Juli 82 Schlawe; Wohnort: Berlin; Staatsangeh.: Preußen; Vorbildung: Askan. Gymn. Berlin Reife O. 01; Studium: Berlin 8 S.; Rig. 31. Juli 07.]

Witte, L., und H. Völcker, praktisches Rechenbuch, }
—— —— Beantwortungen der Aufgaben des practischen Rechenbuches, } s. Völcker, H.

Witte, Leopold

Witte, L., zehn Ansprachen u. Eröffnungsreden bei Generalversammlungen des evangel. Bundes, s.: Wintzingerode, Graf.

[F.] Der Evangelische Bund, sein gewiesenes Recht u. s. gethanes Werk. Vortr. geh. in Elberfeld u. Barmen v. Prof. D. Leopold **Witte,** Geistl. Insp. ... in Pforta. 10. Aufl. *Barmen: D. B. Wiemann 1896.* (23 S.) 1 Bl. 8.
= Streitschriften, Freundschaftliche. No 63.

Der Evangelische Bund, sein gewiesenes Recht und sein gethanes Werk. Vortrag geh. in Elberfeld u. Barmen von Prof. D. Leopold **Witte,** Pforta. 21. Aufl. Barmen: D. B. Wiemann 1898. (23 S.) 8° [F.]
= Streitschriften, Freundschaftliche. No 63. [os. 186 10

Witte, Leop., Pietro Carnesecchi, s. Glaube, der evangelische, nach dem Zeugnis der Geschichte.

Das Ecce der Landesschule Pforta am 27. November 1886. 8 (36 S.). **Progr.** Landessch. *Pforta* 1886.
Inhalt: 1. Lebensnachrichten. 2. Ansprache, gehalten von Leop. Witte.

Witte, Leop., die Erhaltung u. Pflege kirchlichen Sinns u. christlicher Erkenntniß in der Gemeinde der Erwachsenen. Vortrag auf der kurmärk. Conferenz f. Innere Mission zu Brandenburg am 17. Mai 1876 geh. Nebst e. einleit. Wort von Kögel üb. bibl. Besprechgn. 8. (31 S.) Halle 876. Fricke. n. — 50

Witte, Leop., die Erneuerung der Schloßkirche zu Wittenberg, e. That evangelischen Bekenntnisses. Unter Benutzg. amtl. Quellen dargestellt. 4. (III, 93 S. u. Urkunde 4 Bl.) Wittenberg 893. R. Herrosé. n. 3. —

Witte, Leop., das Evangelium in Italien. Ein zeitgeschichtlicher Versuch. Gotha 861. Besser. gr. 8. (VI, 130 S.) 15 ngr.

—— die religiöse Frage in Italien. gr. 8. (39 S.) [Leipzig 877.] Rudolstadt, Hartung und Sohn.
Aus: Italia, hrsg. von K. Hildebrand's, besonders abgedruckt.

Witte, Leopold [Geistl. Insp. Prof. D. theol.]: Friedrich der Grofse und die Jesuiten. Naumburg a. S., Druck v. H. Sieling, 1892; 1 Bl., 51 S. 4.
Pforta, k. Landes-S. P 1802 (245)

— Friedrich der Große u. die Jesuiten. gr. 8. (IV, 115 S.) Bremen 892. C. Ed. Müller. n. 2. —

Friedrich der Grosse und die Jesuiten. Von Prof. D. theol. Leopold **Witte**, Superint. 2. Aufl. *Halle a. S. & Bremen: C. E. Müller 1901.* (114 S.) 8° [F.] [01. 5320

Von den Geheimnissen des Reiches Gottes. Matth. 11, 25–30. Geh. zu Halle am XIV. Sonntag n. Trin. von Prof. D. Leopold **Witte** in Halle a. S. *Halle a. S.: E. Strien [1901].* (12 S.) 8° [F.]
— Predigt-Hausschatz, Evangelischer. No 38. [02. 731

Witte, Leop., der rechte Gott zu Zion. 15 Predigten aus dem alten Testament nebst einem Anh. mit zwei neu-testamentl. Predigten. gr. 8. (IV, 138 S.) Halle 872, Fricke.

—— Der rechte Gott zu Zion. Predigten aus dem Alten Testament. 2., zu e. Jahrgange erweit. Aufl. 2 Hälften. gr. 8. Lpz. 891, Buchh. d. Evangel. Bundes v. C. Braun. à Bd. * 3 —; * 6 — geb. à Bd. * 4 —; * 8 —
1. Von Advent bis Sonntag Cantate. (VI, 279 S.)
2. Von Sonntag Rogate bis zum Totenfest. (VI, 249 S.)

— der rechte Gott zu Zion. Predigten aus dem Alten Testament. 3., unveränd. (Titel-) Aufl. 2 Hälften. gr. 8. Leipzig (891) 895. Buchh. d. Evang. Bundes v. C. Braun. à n. 3. —; geb. in Leinw. à n. 4. —
1. Von Advent bis Sonntag Cantate. (VI, 279 S.)
2. Von Sonntag Rogate bis zum Totenfest. (VI, 249 S.)

Hast du die köstliche Perle? Matth. 13, 45–46. Reformationsfestpredigt, geh. zu Halle 1901 von Prof. D. Leopold **Witte** in Halle a. S. *Halle a. S.: E. Strien [1901].* (11 S.) 8° [F.]
— Predigt-Hausschatz, Evangelischer. No 39. [02. 734

Hus und Savonarola. 2. Mos. 3, 1–8. Predigt geh. 1900 zu Leipzig von Prof. D. Leopold **Witte** in Halle a. S. *Halle a. S.: E. Strien [1901].* (16 S.) 8° [F.]
— Predigt-Hausschatz, Evangelischer. No 37. [02. 730

Witte, Leop., vor 50 Jahren in Rom. Erinnerungen. (160 S.) kl. 8. Bielefeld 910. Velhagen & Klasing. Geb. in Leinw. 3. —

Witte, L., Italien, s.: Bausteine zur Geschichte des Gustav-Adolph-Vereins.

— der Kampf unserer Zeit e. Kampf zwischen Glauben u. Aberglauben. Vortrag, geh. bei der VI. Generalversammlg. des Evang. Bundes im Stadtsaal zu Speier am Mittwoch, den 23. Aug. 1893. 8. (30 S.) Ebd. 893. n. — 25

— dasselbe, s.: Flugschriften des Evangelischen Bundes.

— die Kampfesaufgabe des evangelischen Bundes u. die christl. Liebespflicht. Vortrag, geh. bei der XIV. Generalversammlung des evangel. Bundes in Breslau am 9. X. 1901. gr. 8. (20 S.) Leipzig (901). (Buchh. des ev. Bundes v. C. Braun) n. n. — 10

[F.] Aus Kirche und Kunst. Von Prof. Dr. th. Leopold **Witte**, Superint. ... in Pforta. *Leipzig: C. Braun 1897.* (VI S., 1 Bl., 470 S.) 1 Bd 8. [97. 3?3

— die unsichtbare **Kirche u. Rom**, s.: Flugschriften d. Evangelischen Bundes.

—— das Leben D. Friedrich August Gotttreu Tholuck's. (In 2 Bdn.) 1. Bd.: 1799—1826. Mit dem (Holzschn.-)Bilde Tholuck's aus dem J. 1825 und 1 Faks. aus seinem Tagebuche von 1815. gr. 8. (VII, 478 S.) Bielefeld 884, Velhagen und Klasing. * M 7.; geb.

—— das Leben D. Friedrich August Gotttreu Tholuck's. 2. [Schluß-]Bd.: 1826—1877. gr. 8. (IV, 563 S. mit dem Bilde Tholuck's aus dem J. 1872 und 1 Brief-Facs. von 1870.) Bielefeld 886, Velhagen und Klasing. geb.
1. Bd. Ebendas. 1884. * M 7.—; geb. * M 9.—.

—— Michelangelo Buonarotti. 8. (VII, 48 S.) [Leipzig 878.] Rudolstadt, Hartung und Sohn.

— Predigt zur Totenfeier f. d. Fürsten Bismarck, geh. in Pforta am 7. VIII. 1898 (IX. nach Trin.) gr. 8. (11 S.) Naumburg 898. Ebd. n. — 20

— s.: Predigt-Hausschatz, evangelischer.

— der Protest gegen die römisch-kathol. Entstellung d. Christenthums, s.: Flugschriften des Evangelischen Bundes.

—— Evangelische Religionslehre, s. Jahresberichte üb. das höhere Schulwesen.

— Richard Rothe üb. Jesus Wundertäter. (55 S.) 8. Halle 907. R. Mühlmann's Ver. 1. —

[F.] Savonarola. Z. 400jähr. Gedächtnistage seines Martyrertodes v. Prof. D. Leopold **Witte**. *Leipzig: C. Braun 1898.* (18 S.) 8.
— Flugschriften d. Evangel. Bundes. [No] 150. (Reihe XIII, 6.) [98. 5??

— suchet in d. Schrift. E. Jahrgang v. Predigten zumeist üb. freigew. neutestamentl. Texte. gr. 8. (VIII, 486 S.) Wittenberg 896. R. Herrosé. n. 6. —; geb. n. 7. 50

— Vademecum aus Luthers Schriften, s.: Krüger, Gust.

Witte, Leopold *s.* Waldenser. Die W. Bern 1882.

—— Was verdankt u. schuldet Preußen der Reformation? Vortrag. gr. 8. (26 S.) [Magdeb. 890, E. Baensch jun.] Lpz., Buchh. d. Evangel. Bundes. * — 40
Aus: Kirchliche Monatsschrift, besonders abgedruckt.

Witte, Leop., welche Aufgaben erwachsen dem geistlichen Amte aus der gegenwärtigen Angriffsstellung Roms, } s. Flugschriften des Evangel. Bundes.

— gegen römisch-katholische Wiedertaufe, s.: Flugschriften d. Evangelischen Bundes.

D. Wilko Levin Graf von Wintzingerode. Gedächtnisrede auf d. 20. Generalversammlung d. Evang. Bundes, geh. von Prof. D. [Leopold] **Witte**. (Leipzig: K. Braun in Komm. [1907].) (12 S.) 8° [Kopft. F.] [07. 14532

— s.: Zeitfragen.

Zentrum und Toleranz. Im Auftr. d. Zentralvorst. d. Ev. Bundes z. Wahrung d. deutsch-protestant. Interessen. (Verf.: D. [Leopold] **Witte**.) (Leipzig [1905]: R. Hahn.) (155 S.) 8° [Kopft. F.] [05. 6053

Witte, Louis [Apotheker aus Berge in Hannover:] Ueber den Bau des Holzes einiger Lianen .... Kiel, Druck v. Schmidt & Klaunig, 1886; 44 S. + 1 Taf. 8°.
Freiburg i. B., Phil. Fak., Inaug.-Diss. v. 1886.

Witte, Louis, über den Bau des Holzes einiger Lianen. Diss. Freiburg i. B. 1886, Fr. Wagnersche Univ.-Buchh. 8°. 44 S. mit einer Taf.

Witte, M., Der Erbstollen St. Jakob und die Abgabe der 9. und 10. Mulde beim Bleierzbergbau in Tarnowitz vor dem Erbkauf vom 26. Mai 1629. o. O. u. J. 4 S.

Witte, Martin, Referendar: Finden auf das dem Ehemann von einem Fremden gegebene Mitgiftversprechen die Vorschriften über Schenkung Anwendung? Berlin 1908: Pilz. 49 S. 8°
Greifswald, Jur. Diss. v. 31. Dez. 1908, Ref. Stampe
[Geb. 2. Okt. 82 Winsen; Wohnort: Luckenwalde; Staatsangeh.: Preußen; Vorbildung: Gymn. Friedland i. M. Reife M. 03; Studium: Berlin 1, Marburg 3, Greifswald 4 S.; Rig. 9. Juli 08.] [U 09. 1481

Witte, *Heinrich* Max *Ferdinand* [aus Merseburg]: Über einen Fall von Iridodialysis traumatica ... Greifswald, Druck v. J. Abel, 1893; 27 S. 8.
Greifswald, Med. Fak., Inaug.-Diss. v. 1. Aug. 1893

Witte, Max, das Fieber u. d. fieberhaften Krankheiten. Ihr Wesen, Entstehg. u. Bekämpfg. Gemeinverständl. dargest. gr. 8. (61 S.) Berlin 898. H. Steinitz. n. 1. 50

Witte, Max, Prof. Dr.: Der erste **Gesang** von Homers Odyssee, im Versmaß der Urschrift übers. *Kreuzburg O.-S. 1903: E. Thielmann.* (12 S.) 4°
Kreuzburg O.-S., k. G, OP 1903 (226)

[**Witte**, Maximilian:] Der Materialismus und die Seelenfrage. 37 S. 2°
Halle-Wittenberg, Phil. Diss. v. 24. Juli 1874
Geb. [Halle a. d. S. 10. 3. 1840]

Witte, Michael (Hamburg) A. S. 768/6

De induciis ad literas cambiales solvendas earundem termino addi solitis, vulgo Discretions-Tagen, occasione statut. Hamburg. lib. II. tit. VII. art. IIII. et XII. Präs. Johann Christoph Franck.
Halle (Zeitler) 30. IV. 1715. 62 S.
37037

Witte, Michael (Hamburg) A. S. 206/35

Dissertatio juridica inauguralis de rite formando statu controversiae: an legum juris Justinianei sit frequens an exiguus usus practicus in foris Germaniae. Präs. Christian Thomasius.
Halle (Salfeld) 8. V. 1715. 134 S.

Gew.: Stadt Hamburg. 37038

Witte, Michael (Hamburg) A. S. 199/1

Dissertatio juridica inauguralis de rite formando statu controversiae: an legum juris Justinianei sit frequens an exiguus usus practicus in foris Germaniae? Präs. Christian Thomasius. Rec.
Halle (Salfeld) 1724. 135 S.

Diss. 8. V. 1715.
Gew.: Stadt Hamburg. 37039

Witte, Minna, s. M o o r e, Th.: Das Paradies.

Witte, Minna, die Psalme. In e. Auswahl metr. bearb. gr. 12. (5⅓ B.) Hannover 838, Helwing'sche Hof-Buchh.

Witte, Minna, Sonnette, s. Ramberg, J. H.: Genius.

Witte, O.: Über die R i n d e von Xanthoxylum fraxineum. Göttingen 1876.

Witte, O[tto]: Zur A g r a r f r a g e. Referat erstattet auf d. Vertreter-Versammlung d. Reichsverbandes d. Ver. d. nationallib. Jugend in Elberfeld 1908. Köln: Jungnationallib. Reichsverband 1909. 32 S. 8° [Umschlagt.]

Witte, Otto (geb. Woldegk in Meckl. 29. 8. 1838): De echinococco. Berolini (1861). (32 S.) 8°
Berlin, Med. Diss. v. 31. Juli 1861

Witte, Otto, approb. Arzt aus Woldegk i. Meckl.-Strl.: Ueber extragenitale Primäraffecte. *Berlin 1903: C. Marschner.* (23 S.) 8°
Kiel, Med. Diss. v. [24. Okt.] 1903

Witte, P.: „Die allzeit fertige Fracht-Tafel", Hamburg 1729. — Vorh.: Com. Bibl. Hamburg.

Witte, Paul [pr. Arzt aus Nakel '(Netze)']: Erworbenes multiloculäres Adenokystom und angeborene cystische Entartung der Nieren ... Königsberg i. Pr., Druck v. E. Rautenberg, 1896; 2 Bl., 23 S., 1 Bl., 2 Taf. 4.
Königsberg, Med. Fak., Inaug.-Diss. v. 29. Juli 1896

Witte, Paul [aus Slomowo '(Posen)']: Ueber einen Fall von Pseudobulbärparalyse ... Berlin, C. Vogts Buchdr., *1895;* 30 S., 1 Bl. 8.
Berlin, Med. Fak., Inaug.-Diss. v. 6. Aug. 1895

Witte, R., Leitfaden der Waffenlehre. Zum Gebrauch in den Kriegsschulen, sowie für jüngere Offiziere aller Waffen der deutschen Armee, unter Zugrundelegung der „genet. Skizze des Lehrstoffs". gr. 8. (XX, 468 S. mit 61 in Text gedr. Holzschn. und 19 lithogr. Abbild. auf 4 Taf. in qu. 4.) Berlin 874, Bath.

Witte, Reinhard *Friedrich August* [aus Neubuckow, Kr. Bublitz]: Über Blasenwand-Abscesse ... Greifswald, Druck v. J. Abel, 1896; 30 S. 8.
Greifswald, Med. Fak., Inaug.-Diss. v. 15. Jan. 1896

Witte, Reinhold

Witte, Rhold., über Fütterungszeiten und Futterform beim Rindvieh. Welches ist die zweckentsprechendste und billigste Kälbertränkung? Zwei Abhandlungen. 8. (80 S.) Oranienburg 884, Freyhoff. *

Witte, R., üb. Fütterungszeiten u. Futterform beim Rindvieh. Welches ist die zweckentsprechendste u. billigste Kälbertränkung? Zwei Abhandlgn. 8. (30 S.) Oranienburg 888. Freyhoff. n. — 80

Witte, R[einhold]: H a t die Ethik Jesu für die moderne Welt noch unbedingte Gültigkeit? Halle a. S.: Mühlmann 1909. 32 S. 8°

—— keinen Weizenbrand mehr! Eine neue Entdeckung zur Lösung der Frage: Wie schützt man sich gegen den Brand im Weizen? 8. (26 S.) Ebendas. 884. *

— keinen Weizenbrand mehr! Eine neue Entdeckg. zur Lösg. der Frage: Wie schützt man sich gegen den Brand im Weizen? 8. (26 S.) Ebd. 888. n. — 60

Friedrich Nietzsche, ein Warnungszeichen an der Schwelle des neuen Jahrhunderts. Ein Vortrag, geh. von R[einhold] **Witte**, Pastor in Gross-Schlönwitz. *Stolp i. P.: Hildebrandt [1901].* (37 S.) 8° [F.] [oz. 3066 9

Witte, R., Friedrich Nietzsche, e. Warnungszeichen an der Schwelle des neuen Jahrhunderts. Ein Vortrag. gr. 8. (37 S.) Stolp (902). H. Hildebrandt's Buchh. n. — 50

Witte, Richard, aus Osterode, Ostpr.: Über μ-α-Di-Phenyl-β-**Methyl-Imidazole** und Homologe. *Rostock 1901: C. Boldt.* (44 S.) 8°
Rostock, Phil. Diss. v. [4. Febr.] 1901

Witte, Rudolf: Der Einfluß von Benoît's Roman de Troie auf die altfranzösische Litteratur. *Göttingen 1904: Dieterich.* (102 S.) 8°
Göttingen, Phil. Diss. v. [6. Juli] 1904

Witte, Rud., der Einfluss v. Benoît's Roman de Troie auf die altfranzösische Litteratur. Diss. (IV, 102 S.) 8. Göttingen 904. (Vandenhoeck & Ruprecht.) n. 2. 20

Witte, Rudolfus: De hydrocephalo acuto. Halis Saxonum (1864): Orphanotropheum. 30 S. 8°
Halle-Wittenberg. Med. Diss. v. 19. Dez. 1864
Geb. Genthin (Kr. Jerichow II) 14. [hs. V.: 16.] 3. 1841. V.

Witte, Rudolf [Hrsg.], s. Rechtsverhältnisse. — Die Rechts- u. Dienstverhältnisse d. Beamten u. Arbeiter im Ressort d. Preuß. Staats-Eisenbahn-Verwaltung. — 2. Ausg., s. Ordnung, Die, d. Rechts- u. Dienstverhältnisse ...

Witte, S., die russischen Häfen und die Eisenbahntarife. 8. (48 S.) Wien 886, Spielhagen und Schurich. *
Aus: Centralblatt österreichisch-ungarischer Industrieller und Exporteure, besonders abgedruckt.

Witte, Samuel Simon. August Hennings. C. Pram. Drey Abhandlungen über die Frage: Ist es nützlich oder schädlich, eine National-Tracht einzuführen?
die in Kopenhagen den von einem Freunde des Vaterlandes ausgesetzten Preis erhalten haben. Zwei Abtheilungen. Kopenhagen 1791. bey Christian Gottlob Proft
245 + 380 S. 8°
1. Samuel Simon Witte. Beantwortung der von einem Freunde des Vaterlandes in Dänemark aufgegebenen Preis-Frage: Ist es nützlich oder schädlich, eine National-Tracht einzuführen? S. 1—110.
2. August Hennings. Untersuchung der Frage: Ist es nützlich oder schädlich, eine National-Tracht einzuführen? S. 111—245
3. Pram, C., 2. Abtheilung. Versuch über die Kleidertracht insbesondere für Dänemark u. Norwegen. 380 S.

Witte, Samuel Simon, s. a. Abhandl. über die Fr.: ist es nützlich oder schädlich, ein Nationalrecht einzuführen?

— über die Bildung d. Schriftsprache u. den Ursprung d. keilförmigen Inschriften zu Persepolis. gr. 8. Rostock 799. Stiller. 6 gr

Witte S.S., über die Bildung der Schriftsprache und den Ursprung der keilförmigen Inschriften zu Persepolis. (92 S) Rostock 1799

— allgemeine academ. Encyklopädie u. Methodologie. gr. 8. Götting. 793. Vandenhöck u. R. 10 gr

Witte, Samuel Simon, s. Mortesagne, v.: Über Vulkane.

— Natur u. Kunst in Ansehung des ersten Eindrucks verglichen. gr. 8. Leipz. 782. Weidmann. 6 gr

— über die Nothwendigkeit der bei den jetzigen Zeitumständen für d. Mecklenburg. Landwirth anwendlichen Nebenerwerbmittel zur Beantw. d. von d. Mecklenburg. landwirthschaftl. Gesellschaft im J. 1798 aufgeg. Preisfrage. 8. Küstrin 801.

Witte, Sam. Sim., über den heutigen Nutzen d. Studiums u. d. geschichtl. Untersuchung d. Wissenschaften d. alten Völker. gr. 8. Rostock 798. Stiller. 6 gr

Witte, Sam. Sim., († d. 14. Nov. 1802.) über die Schicklichkeit d. Aufwandsgesetze ꝛc. gr. 8. Leipz. 782. Weidmann. 6 gr

— üb. die Ursachen muthw. Beschädigungen d. Zierrathen öffentl. Gebäude u. Sachen, u. ihre Ausrottung. gr. 8. Leipz. 782. Reinicke in Halle. 6 gr

— über den Ursprung der Pyramiden in Egypten u. d. Ruinen v. Persepolis. gr. 8. Leipz. 789. (Joachim). 16 gr

— Versuch ein. neuen Erklärung v. Entstehung d. Pyramiden. gr. 8. Leipzig, Müller. 789.

— Versuch über die Bildung d. Völker z. Vernunft. gr. 8. Berl. 786. Mylius. 12 gr

— Vertheidigung s. Versuchs über die Pyramiden. 8. Leipz. 792. Joachim.

Witte, Samuel Simon, s. Voß, W. v.: Preisschrift.

Witte, Sergej Juljewitsch

Witte, C. J. (S.), s.: Bericht des Finanzministers an Se. Maj. den Kaiser üb. das Reichsbudget.

[Russ.] Samoderžavie i zemstvo. Konfidencial'naja zapiska Ministra finansov Stats-Sekretarja S(ergèja) Ju. Vitte [**Witte**] ⟨1899 g.⟩ S predisloviem i priměčanijami R. N. S. *Stuttgart: J. H. W. Dietz Nachf. 1901.* (XLIV, 212 S.) 8°
[Selbstherrschaft u. landschaftl. Selbstverwaltung. Vertraul. Denkschrift d. Finanzminist. Witte. Mit Vorw. u. Anm. v. R. N. S.] [ol. 6695

— **s. a. Selbstherrschaft u. Semstwos in Russland.**

Witte, Thom. Hnr. Chr., kurzer Abriß d. Geographie oder Erdbeschreibung. 8. Reval 824. (VIII. u. 36 S.)

Witte, Traug., Lehre v. den letzten Dingen, bes. f. Nichttheologen. Auszug aus d. „christl. Eschatologie“ v. Th. Kliefoth, bearb. v. W. 8. (VIII, 82 S.) Leipzig 895. Dörffling & Franke. n. 1. —

Witte, Wilhelm

Witte, W., Artillerie-Lehre. Ein Leitfaden zum Selbstunterricht für jüngere Artillerie-Offiziere. 3 Thle. gr. 8. Berlin, Mittler und Sohn.

Inhalt:

Thl. 1.	Ballistik. 1. Aufl. (260 S. mit 3 lithogr. Taf. in qu. und gr. Fol.) 872. *M. 4.50., und 2. neu bearb. Aufl. (VIII, 268 S.) 875. *M. 5.
„ 2.	Die Artillerie-Technik. Mit einem Atlas (15 Stnt. in qu. gr. Fol.). (X, 314 S.) 873. *M. 7.; Atlas apart *M. 1,50.
„ 3.	Gebrauch der Artillerie. (VIII, 354 S. mit 1 lithogr. Plan in Fol.) 873. *M. 6.

Witte, Wilh. (Mitarb.), s. Aufklärung, die sexuelle, der Jugend.

Witte, Wilh., e. Echo z. Kaiser-Ruf: „Möchte sich mein Volk doch endlich ermannen!“ D. deutschen Volke gewidmet. gr. 8. (10 S. m. Bildn.) Dessau 895. (E. Heine.) n. — 20

—— die Feld-Artillerie nach Einrichtung, Ausrüstung und Gebrauch nebst einigen Regeln für die Behandlung des Materials. 5. Aufl. 1872. *M. 3,50., und 6. verm. und verb. Aufl. gr. 8. (VIII, 215 S. mit 1 Tab. in Fol. und 3 lithogr. Taf. in qu. 4.) Ebendas. 874.

Witte, W., Premierlieut. (später Hauptm.) im Garde-Feld Artillerie-Reg. Das gezogene 4pfündige Feldgeschütz vom Jahre 1864 nach seiner Einrichtung, Ausrüstung, etc.; nebst einigen Regeln für die Behandlung des Materials. (Mit 1 Tafel.) 8. Berlin 1865.

Witte, W., die gezogenen Feldgeschütze nach ihrer Einrichtung, Ausrüstung ꝛc., nebst einigen Regeln für die Behandlung des Materials. 1. Aufl. 1865. n.n. 15 *ngr.*, 2. Aufl. 1865. n. 22½ *ngr.*, 3. Aufl. 1867. 25 *ngr.* u. 4., verm. u. verb. Aufl. Berlin 868. Mittler & Sohn. 8. (VII, 166 S. mit 4 Steintaff. in gr. 4. u. gr. Fol.) n. 28 *ngr.*

Witte, W. Die gezogenen Feldgeschütze. 3. Aufl. Berlin 1867. 8°. (1. Aufl. 1864.)
Dass. u. d. T.: Die gezogene Feldartillerie. 4. Aufl. 1868.
Dass. u. d. T.: Die Feldartillerie. 6. Aufl. 1874.

Witte, Guilelmus, Coislinensis: De Nicolai Damasceni fragmentorum Romanorum fontibus. *Berolini: Mayer & Mueller (1900).* (50 S.) 8°
Berlin, Phil. Diss. v. 17. März 1900

Witte, W., Fortschritte u. Veränderungen im Gebiete des Waffenwesens in der neuesten Zeit. (Als Ergänzg. u. Fortsetzg. der gemeinfaßl. Waffenlehre.) Mit Abbildgn. im Text. (In 3 Thln.) 1. Thl. gr. 8. (V, 60 S.) Berlin 894. Liebel. [1. 60]; erhöhter Pr. n. 1. 90

Witte, W., Fortschritte u. Verändergn. im Geb. d. Waffenwesens in d. neuesten Zeit. (Als Ergänzg. u. Fortsetzg d. gemeinfaßl. Waffenlehre.) M. Abb. im Text. II. u. III. Thl. gr. 8. Berlin 895. Liebel.
Einzelpr. n. 5. 10 (kplt.: n. 6. —)
II. (VI u. S. 59—189.) n. 3. 50
III. (VI u. S. 189—258.) n. 1. 60

— dasselbe. Nachtrag I—III. (1895—1897.) gr. 8. (32, 27 u. 30 S.) Ebd. 895—897. à n. — 75

Witte, W., Fortschritte u. Veränderungen im Gebiete des Waffenwesens in der neuesten Zeit. (Als Ergänzung u. Fortsetzung der gemeinfaßl. Waffenlehre.) Nachtrag IV (1898/99). gr. 8. (36 S. m. Abbildgn.) Berlin 899. Liebel. n. 1. —

— dasselbe. 2., vollständig umgearb. Aufl. 3 Thle. gr. 8. Ebd. 900. n. 9. —
1. (VIII, 136 S. m. Abbildgn.) n. 3. 50
2. (VIII u. S. 137—282 m. Abbildgn.) n. 3. 50
3. (VIII u. S. 283—372.) n. 2. —

— dasselbe. Nachtrag I (1900/1901). 3 Thle. (Deckblätter.) gr. 8. Ebd. 901. n. 1. —
1. (28 Bl.) n. — 30. — 2. (27 Bl. m. Abbildgn.) n. — 40. — 3. (18 Bl.) n. — 30.

— dasselbe. Nachtrag II (1901/1902). 3 Thle. (Deckblätter.) gr. 8. Ebd. 902. n. 1. —
1. Geschichtliche Entwickelung des Waffenwesens u. s. w. Treibmittel u. Sprengstoffe. Das Schießen u. die Wirkung der Feuerwaffen. Die Einrichtung u. der Gebrauch der Handfeuerwaffen. (14 Bl.)
2. Einrichtung der Geschützrohre. Laffeten u. Fahrzeuge. Mitrailleusen, Revolverkanonen, Maschinengewehre, Schnellfeuer- u. Panzergeschütze. Die Artilleriemunition. (18 Bl.)
3. Gebrauch der Feld-, Belagerungs-, Festungs- u. Küstengeschütze. (11 Bl.)

Witte, W., Fortschritte u. Veränderungen im Gebiete des Waffenwesens in der neuesten Zeit. (Als Ergänzg. u. Fortsetzg. der gemeinfaßl. Waffenlehre.) 2. vollständig umgearb. Aufl. Nachtrag III u. IV. gr. 8. Berlin, Liebel. à n. 1. —
III. (1902/1903.) 3 Thle. (13, 8 u. 5 Bl. m. Abb.) 903.
IV. (1903/1904.) (20 S.) 904.

Witte, Wilhelm: Studien zu Homer (Ilias x, Interpolationen, Parallelstellen). Frankfurt a. O. 1908: Trowitzsch. 17 S. 4°
Frankfurt a. O., k. Friedrichs-G OP 1908 (84) [S 08. 541

—— artilleristisches Taschenbuch. Eine Sammlung von Notizen über Artillerie-Dienst und Artillerie-Wissenschaft. gr. 16. (VIII, 276 S. mit eingedr. Holzschn. und 2 lithogr. Taf.) Berlin 870, Oehmigke's Verlag. [Mittler und Sohn.]

Witte, W., gemeinfaßliche Waffenlehre. Ein Hülfsbuch zum Selbstunterricht. gr. 8. (X, 247 S. mit 7 Taf. in Steindr.) Berlin 887, Mittler und Sohn.

Witte, Wolf, Briefsteller für den deutschen Soldaten. Enth.: Anleitung zum Briefschreiben, Titulaturen, Musterbriefe für alle vorkomm. Fälle, sowie besonders eine reiche Auswahl von Liebesbriefen. 16. (104 S.) Metz 873, Deutsche Buchh.

—— deutsch-französischer Dolmetscher für den deutschen Soldaten. Nebst kurzgefaßtem Leitfaden zur Erlernung der französ. Sprache. 1.—3. verm. Aufl. 16. (64 S.) Ebendas. 871.

Witte, Wolf, deutsch-französischer Dolmetscher. Nebst kurzgefaßtem Leitfaden zur Erlernung der französ. Sprache. 4. Aufl. (64 S.) 1871. 25 Pf.; 5. Aufl. 8. (80 S.) Metz 876, Deutsche Buchh.

Witte, Wolf, deutsch-französischer Dolmetscher. Leichtfaßl. Anleitung zur schnellen und sicheren Erlernung der französ. Sprache. 6. Aufl. 8. (80 S.) Metz 881, Deutsche Buchhandlung.

Witte, Wolf, deutsch-französischer Dolmetscher. Leichtfaßliche Anleitg. zur schnellen u. sicheren Erlerng. der französ. Sprache. 7. Aufl. 8. (80 S.) Metz 885. Lang. — 75

Witte, W., deutsch-französischer Dolmetscher. Leichtfaßliche Anleitg. zur schnellen u. sicheren Erlerng. der französ. Sprache. 7. Aufl. 8. (80 S.) Metz 887. Lang. — 75

Witte, Wolf. Deutsch-französischer Dolmetscher. Leichtfaßliche Anleitg. zur schnellen sicheren Erlernung der französ. Sprache. 8. Aufl. 8. (80 S.) Lpz. 891, G. Lang. — 75; cart. * 1 —

Witte, Wolf, deutsch-französischer Dolmetscher. Leichtfaßl. Anleitg. z. schnellen u. sich. Erlerng. d. französ. Sprache. 9. Aufl. 8 (80 S.) Leipzig 895. Stuttgart, Muth. n. 1. —

-- nouveau guide pour apprendre la conversation allemande le plus vite possible. Chaque mot allemand est accompagné de la prononciation figurée. 16. (96 S.) Metz 871. Deutsche Buchh. — 60

—— Liederbuch für den deutschen Soldaten. Enth. 277 der beliebtesten Vaterlands-, Soldaten-, Volks-, Liebes-, Gesellschafts-, Trink- und Jaegerlieder und die vorzüglichsten Lieder aus dem Kriege 1870/71. 16. (352 S.) Ebendas. 873.

Witte & Lüntzmann, farbiges Malerbuch f. die Praxis. I. Sammlg. Farbige Entwürfe f. dekorative Malerei. (20 Taf. m. 1 Bl. Text.) gr. 4. Hannover (903). Bolm & Lockemann. In Mappe n. 15. —

Witteborg, August

Witteborg, A., Choralbuch z. Gesangbuch f. evang. Gemeinden Schlesiens, auf Grund d. v. kgl. Konsistorium in Breslau hrsg. Melodieenbuches u. unt. Berücksicht. d. laut Ministerial-Erlass in d. Seminaren Preussens nach d. Militär-Melodieenbuch einzuüb. Choräle z. Gebrauche in Kirche, Schule u. Haus f. d. Orgel od. d. Harmonium od. d. Pianoforte vierstimm. gesetzt u. m. Zwischenspielen u. Schlüssen vers. qu. 4. (VI, 124 S.) Sagan (897). (W. Daustein.) n. 3. —

Choralbuch zum Gesangbuch für evangelische Gemeinden Schlesiens auf Grund des v. Königl. Konsist. in Breslau hrsg. Melodienbuches ... f. d. Orgel oder d. Harmonium oder Pianoforte vierstimmig gesetzt ... von A[ugust] **Witteborg,** Sem.Musiklehrer. 3. verb. Aufl. Herdecke: Selbstverl.; Sagan & Leipzig: W. Daustein in Comm. (1903). (IV, 128 S.) quer-8° [F. u. Ant.] [06 3804

Choralbuch zum Gesangbuch für evangelische Gemeinden Schlesiens auf Grund des v. Kgl. Konsist. in Breslau hrsg. Melodieenbuches ... f. d. Orgel oder d. Harmonium oder Pianoforte vierstimmig gesetzt ... von A[ugust] **Witteborg,** Sem.Musiklehrer. 4. durchges. Aufl. Herdecke: Selbstverl.; Sagan-Leipzig: W. Daustein in Comm. [1907]. (IV, 128 S.) quer-8° [F. u. Ant.] [08. 4822 2

Chorgesänge geistlichen u. weltlichen Inhalts für Präparanden-Anstalten. Den Stimmen der Präparanden (Alt, Tenor, Bariton) entsprechend ausgewählt u. dreistimmig bearb. von A. Witteborg, Seminarmusikl. *Herdecke: Selbstverl.; W. Daustein in Sagan & Leipzig in Komm. [1903].* (80 S.) 8° [03. 15591

Chorgesänge geistlichen und weltlichen Inhalts für Präparanden-Anstalten. Den Stimmen d. Präparanden ... entsprechend ausgewählt u. dreistimmig ... bearb. von A[ugust] Witteborg, Sem.Musikl. 2. verm. u. verb. Aufl. Herdecke: Selbstverl.; W. Daustein in Sagan & Leipzig in Komm. (1906). (VI, 100 S.) 8° [06. 14575

Witteborg, A., der Eingang durch die enge Pforte. Predigt üb. Lukas 13, 23—30. (12 S.) kl. 8. Barmen (904). Wuppertaler Traktat-Gesellschaft. n. — 10

Der Eingang durch die enge Pforte. Predigt über Lukas 13, 23–30 von A[ugust] Witteborg, Pastor. Barmen Wuppertaler Traktat-Gesellsch. [1905]. (12 S.) 8° [S.] = [Schriften d. Wuppertaler Traktat-Gesellschaft.] No 717. [06. 6650

— **ein frühvollendetes Missionarsleben (Miss. Krumm), s. Auf Missionspfaden. 2. Bdchn.**

Ein frühvollendetes Missionarsleben. Von P. (Aug.) Witteborg. Mit 19 Bild. u. 1 Karte. Gütersloh: C. Bertelsmann 1905. (90 S.) 8° [S.] = Missionspfaden, Aus. Bdch. 2. [05. 396

Witteborg, ein frühvollendetes Missionarsleben. Mit 19 Bildern u. 1 Karte. Neuer Abdr. (83 S.) 8. Barmen 909. Comptoir des Missionshauses. — 30

Wittek, Arnold

Die Ollier'sche Wachstumsstörung. Von Dr. Arnold Wittek in Graz. Mit 9 Taf. u. 1 Textfig. Stuttgart: E. Schweizerbart 1906. (21 S.) 4° = Bibliotheca medica. Abt. E, H. 7. [06. 5431

Wittek, Hans

Wittek H.: Anwendung des Hauber'schen Satzes auf die Beweise der Geometrie. 15. Horn 86.
Progr.

Wittek, H.: Behandlung der Constructionsaufgabe im geom. Anschauungsunterrichte. 23 S. – Horn, Progr.

Wittek Johann: Gedenkblatt zum 2. December 1899. 18 u. 4 Tafeln m. Plänen. Baden 00.
Progr.

Wittek, Hans, Lehr- und Übungsbuch für den geometrischen Unterricht in der 1. und 2. Gymnasialclasse. gr. 8. (VI, 93 S. mit eingedr. Holzschn.) Wien 880, Pichler's Wwe. und Sohn.
—— dass. — für die 3. Gymnasialclasse. gr. 8. (IX, 52 S. mit eingedr. Holzschn.) Ebendas. 880.

Wittek Hans, Lehr- und Uebungsbuch für den geometrischen Unterricht in den unteren Gymnasialclassen.
1. Abtheilung: Die gradlinige ebene Geometrie (für die I. und II. Gymnasialclasse. Preis, geheftet 55 kr.
2. Abtheilung: Die Kreislehre (für die III. Gymnasialclasse). Preis, geheftet 30 kr.

2. umgearbeitete Auflage. Wien 1881. A. Pichler's Witwe und Sohn.

Wittek, Hans, Lehr- u. Uebungsbuch f. den geometrischen Unterricht in den unteren Gymnasialclassen. 1—3. Abth. gr. 8. (Mit eingedr. Fig.) Wien, Pichler's Wwe. & Sohn. n. 2. 70
1. Unterrichtsstoff f. die 1. u. 2. Gymnasialclasse. 3. Aufl. (VI, 105 S.) 885. n. 1. 10
2. Unterrichtsstoff f. die 3. Gymnasialclasse. 3. Aufl. (78 S.) 885. n. — 70
3. Die räuml. Geometrie. [Für die 4. Gymnasialclasse.] 2. Aufl. (IV, 87 S. m. eingedr. Fig.) 883. n. — 90

Wittek, Hans, über die tägliche und jährliche Periode der relativen Feuchtigkeit in Wien. Lex.-8. (13 S. mit 2 lithogr. Taf.) Wien 870, (Gerold's Sohn.)
Aus: Sitzungsberichte der k. Akademie der Wissenschaften, besonders abgedruckt.

Wittek Hans: Zur Reform des analytisch-geometrischen Unterrichtes in den Mittelschulen. 67. Baden. 93.
Progr.

Wittek, Hans: Z. Reform d. analytisch-geometrischen Unterrichtes in d. Mittelschulen. *Wien 1893.*
in: Xenia Austriaca. Bd 2. [97. 3953

—— Resultate der meteor. Beobacht. v. 1/7 74 — 30/6 75. 5 v. H. Wittek. 75.
Progr. G. Horn.

— Zur Verständigung zwischen Schule und Haus. 15. ibd. 97.
Progr. Baden.

Wittek, Heinrich von [Hrsg.], s. Festgabe zum 100jähr. Jubiläum d. Schottengymnasiums.

Wittek, H. Ritter v., Das Gesetz üb. Bahnen niederer Ordnung vom 8. VIII. 1910, nebst den Materialien u. e. die älteren allgemeinen Lokalbahngesetze enthalt. Anh. (V, 275 S. m. 7 Tab.) 8. Wien, Manz 1910. 3. 80; geb. 4. 75.

Wittek, Heinr. Ritter v., das oesterreichische Gesetz, betr. die Anlegung von Eisenbahnbüchern, die Wirkung der an eine Eisenbahn eingeräumten Hypothekarrechte und die bücherl. Sicherung der Pfandrechte der Besitzer von Eisenbahn-Prioritätsobligationen. Durch Beigabe der Motive und Vollzugsbestimmungen erläutert. gr. 8. (104 S.) Wien 874, k. k. Hof- und Staatsdruckerei.

— Grundzüge der Eisenbahnpolitik. (11 S.) Lex. 8. Berlin (910). (Wien, Manz.) — 50
Sonderabdr. a.: „Ztg. d. Ver. deut. Eisenb.-Verwaltgn."

Wittek, H. Ritter v., Sammlung der das österreichische Eisenbahnwesen betr. Gesetze, Verordnungen, Staatsverträge und Constitutiv-Urkunden, s. Pollanetz, J.

Wittek, J. E., Beschreibung e. auf Steinkohlenfeuerung eingerichteten Malzdarre nebst beigefügtem Bauplane. 8. Prag 804. G. Haase S. 3 K

WITTEK, Irma v.
(F) Nach Süden. Reiseerinnerungen von Irma v. Wittek. Wien. 1899. Manz. Gr.-8°. 62 S. fl. —.50

Wittek, K.: Das Lesen des Demosthenes vom pädagogischen Standpunkte betrachtet. 16 S. 8° – Teschen kath., Progr. 1853

Wittek, Kurt, Volontärarzt an der Frauenabteilung des Allerheiligen-Hospitals in Breslau: Aus der Abteilung für Frauenkrankheiten (Primararzt Dr. R. Asch) des Allerheiligen-Hospitals zu Breslau. Die sklerotischen Gefässveränderungen des Uterus bei Nulli- und Multiparen und die klimakterischen Blutungen. Berlin: S. Karger 1906. (19 S.) 8° ¶(Aus: Monatsschrift für Geburtshülfe und Gynäkologie Bd 23, H. 6.)
Leipzig, Med. Fak., Ref. Zweifel, Diss. v. 12. April 1906
[Geb. 12. Aug. 80 Hultschin, O.-S.; Wohnort: Breslau; Staatsangeh.: Preußen; Vorbildung: Gymn. Ratibor Reife O. 00; Studium: Freiburg i. B. 1, München 3, Greifswald 1, Breslau 4 S.; Coll. 12. April 06; Approb. 7. Juni 05.]

Wittek v. Salzberg, s. v. Salzberg.

Wittekind [Sachl. OW]

Wittekind d. große, u. seine Sachsen, v. Flamme, m. K. 8. Lpz Gräff. 806.

Das **Soolbad Wittekind** in Giebichenstein bei Halle a. d. S. Nebst vier Ansichten. Halle 1846. 16 S. 8°.

Wittekind, das Soolbad, in Giebichenstein bei Halle a. d. S. Neue veränd. und mit einem Anhang verseh. Ausg. gr. 8. (19 S. mit 4 Ans. in Stahlst.) Halle 847, Hendel.

Wittekind [Verfasser]

Wittekind v. Korbei, Jahrbüch., s. Geschichte König Heinrich rc.

Wittekind, Jahrbücher, od. Geschichte König Heinrichs I. u. Kaiser Otto d. Großen, ins Deutsche übers. m. Anmerk v. Vollmächer. gr. 8. Dresden, Richter. 790.

KOROMANDELS (Crescentius, ps. für Hofrath *Wittekind* in Danzig), Nebenstündiger Zeitvertreib in Teutschen Gedichten. Dantzig u. Leipzig, Bey Johann Heinrich Rüdiger, 1747. Gr. 8°. 560 S. u. Reg. (In Berlin: Yk 9076; auch in Göttingen: P. 3630.) (6 Mk. Baer & Co., 1893; 12 Mk. L. Rosenthal, 1906; 12 Mk. Emil Hirsch, München, 1907.)

Enthält zum Teil derb-erotische Gedichte.

Tit., 1 Bl. Widm. (an Apollo u. Minerva), 2 Bll. mit 2 Vorreden [die 2te: „Reise-Paß" in Versen, dat. Dantzig, Dominic-Messe, 1746), 560 S., 11 Bll. Inh.-Verz. Enth. unter den „Vermischten Gedichten" viel Jokoses u. Pikantes. — Als Einzeldruck erschien auch: „Der Chapeaubasist", oder gereisete Juncker, eine Erzehlung (in Versen). 1746. (S. 259—275.) — Ferner S. 413—36 das berühmte Gedicht: „Der Krambambulist." Ein Lob-Gedicht (in 102 sechszeil. Strophen) über die gebrannten Wasser im Lachs zu Dantzig. Laut Anmerkgn. auf S. 413 mit solchem Beifall aufgenommen, daß es nicht allein in verschiedenen großen Städten und hohen Schulen Teutschlands nachgedruckt, sondern auch in Musik gesetzt worden. (Ed. I: 1745, 3. Aufl. 1747.)

Wittekind, Gustav, Referendar: Depotarten unter besonderer Berücksichtigung des Giro-Effekten-Depots der Bank des Berliner Kassenvereins. Giessen 1909: Brühl. 95 S. 8°
Würzburg, Jur. Diss. v. 26. Juli 1909, Ref. Mayer
[Geb. 11. Juni 86 **Mainz**; Wohnort: **Mainz**; **Staatsangeh.**: **Preußen**; **Vorbildung**: Gymn. **Mainz** Reife Juli 05; **Studium**: **Gießen** 3, **Berlin** 2, **München** 2, **Würzburg** 1 S.; Rig. 27. Mai 09.] [U 09. 4096

Wittekind, Henricus [Budingensis]: Sermo Sophocleus quatenus cum scriptoribus Jonicis congruat differat ab Atticis ... Budingae, typ. A. Helleri, 1895; 1 Bl., 57 S. 8.
Giessen, Phil. Fak., Inaug.-Diss. v. 1895

Wittekindshof, Der, nach 10 Jahren ... Volmerdingsen 1897. V: *Krekeler, H.* (Berl)

Blätter der Erinnerung an † Generalsuperintendent ... Wilhelm Lohr. Von Ernst **Wittekindt.** Nebst e. Beitr. von Dr. A[lbert] Klingender. Cassel: F. Lometsch (1906). (188 S.) 8° [F.] [07. 4731 4

Blätter der Erinnerung an † Generalsuperintendent ... Wilhelm Lohr. Von Ernst **Wittekindt,** Pfarrer, nebst e. Beitr. von D. A[lbert] Klingender, Studiendir. 2. Aufl. Cassel: F. Lometsch (1906). (188 S.) 8° [F.] [06. 15097 4

Wittekindt, Ernst: Das kirchliche Cassel aus Vergangenheit und Gegenwart. Cassel: Lometsch (1907). 120 S. 8°

Wittekindt, Wilhelm: Johann Christian **Krüger** als Lustspieldichter. *Berlin: Mayer & Müller 1898 ([übergeklebt:] Marburg 1898).* (71 S.) 8°
Marburg, Phil. Diss. v. [7. Juni] 1898

Wittekindt, Wilhelm: Johann Christian Krüger, sein Leben und seine Werke. E. Beitrag z. deutschen Litteratur- u. Theatergesch. d. achtzehnten Jhs. Berlin: Mayer & Müller 1898. (2 Bl., 127 S.) [S. 31–100 erschien als Marburger Diss. 1898.] 8°

[WITTEKING?] Neue Fabeln und Erzehlungen in gebundener Schreibart. Hamburg, Conrad König, 1749. 8 Bl. 176 S. *Mit einer Titel-, und einer Anfangsvignette*, C. Fritzsch del. et sculps.

Wittekop, August.) Henr. Theoph. (geb. Hornburg 29. 8. 1798): De forcipe obstetricia vario capitis situi accommodanda. Berolini (1825). (30 S.) 8°
Berlin, Med. Diss. v. 27. Okt. 1825

Wittekop, Jak. Hnr., s. 1) Kirwan, Schriften. 2) de Lüc, Ideen. 3) J. Richardson, Vorschläge. 4) J. Senebier, Untersuchung.

Wittels, Fritz (Avicenna), Ezechiel, der Zugereiste. Roman. (Mit Umschlagzeichng. v. M. Friedmann.) (V, 238 S.) 8. Berlin 910. [E. Fleischel & Co.] Wien, Huber & Lahme Nachf. 3.—; geb. 4.—

— Alte Liebeshändel. (182 S.) 8. Wien 909. Jahoda & Siegel. 3.—; geb. n 4.—

— **Die sexuelle Not.** (XIII, 207 S.) 8. Wien 907. C. W. Stern. 4.—

Wittels, F. (Avicenna), Die sexuelle Not. (VIII, 207 S.) 8. Wien '09, C. W. Stern. 4.—

Wittels, Fritz, der Taufjude. (40 S.) gr. 8. Wien 904. M. Breitenstein. n. —70

Wittelsbach [Schlagwort]

Wittelsbach, s. Otto.

Wittelsbacensis domus numismatica, vide Widmer.

Wittelsbach: Unpartheiische Prüfung des von Kurpfalz in der Reichsversammlung zu Regensburg u. im deutschen Publikum ausgetheilten Promemoria die gegenwärtige Nunziaturstreitigkeiten betr. o. O. u. J.

Wittelsbacher-Album. Ein poet. Gedenkbuch, zur Feier des 700jähr. Jubiläums des bayr. Herrscherhauses hrsg. von Karl Zettel. 4. (XX, 395 S.) München 880, Rieger'sche Universitäts-Buchh. *
geb. in Leinw. *M 11.; in Ldr. *

Wittelshoefer, L. Bericht pp. über d. internat. Kongr. f. d. Sanitätsdienst d. Armee im Felde, Paris 1878, u. üb. d. Militär Sanitätsmaterial auf der Weltausstellung 1878. Wien 1878. Fol.

Wittelshöfer, L., Wien's Heil- und Humanitäts-Anstalten, ihre Geschichte, Organisation und Statistik. Nach amtl. Quellen. gr. 8. (VI und 396 S.) Wien 855(56,) Seidel. *

Wittelshöfer, L., vollständiger militärärztlicher Schematismus. Neue Folge des Taschenbuchs für Militärärzte. 7. Jahrg. 1868. Wien, (Seidel & Sohn Verl. Cto.) 16. (III, 104 S.) n. 12 *ngr.*

Wittelshöfer, L. [Hrsg.], s.a. Schematismus, Vollständiger militärärztl.

Wittelshöfer, L., *Dr., Redacteur der Wiener med. Wochenschr.* Taschenbuch für Feldärzte. *Wien* 1859 In Commission bei *L. W. Seidel.* I. Jahrg. 1859. 156 S., 6 Bl. 16°.

INHALT. Verzeichniss der in der Pharmacopoea castrensis (vom Jahre 1811) enthaltenen Arzneikörper (p. 1). — Ordinations-Norm für den Dienst in den k. k. Militär-Spitälern (p. 8). — Auszug aus der Diat-Ordnung für die k. k. Militär-Spitäler (p. 12). — Vorschrift, betreffend die Kranken-Aufnahme in die Militär-Spitäler (p. 21). — Militär-Badeanstalten (p. 25(. — Vorschrift zur Superarbitrirung d. Offiziere, Militär-Parteien und Beamten, dann der Militär-Unterparteien und Armeediener (p. 26). — Anweisung zur Verfassung der Krankheits-Skizzen (p. 32). — Bedingungen und Erfordernisse zur Aufnahme an die medic.-chir. Josephs-Akademie (p. 38). — Bedingungen und Erfordernisse zur Aufnahme als Militär-Schüler an das Thierarznei-Institut zu Wien (p. 41). — Gebühren des Sanitäts-Personales der k. k. österreich. Armee (p. 44). — Ehrenhalle der k. k. österr. Feldärzte (p. 60). — Schematismus des gesammten Sanitäts-Personales der k. k. österr. Armee (p. 73). — Ober-Stabsärzte (p. 100). — Regimentsärzte (p. 104) — Oberärzte (p. 108). — Oberwundärzte (p. 112) — Diplomirte Unterärzte (p. 115). — Nicht diplomirte Unterärzte (p. 125). — K. k. marineärztl. Branche (p. 127). — K. k. Militär-Thierärztliche Branche (p. 128). — K. k. Militär-Thierarznei-Institut zu Wien (p. 121). — Ausweis über die Vertheilung der k. k Militär-Medikamenten-Beamten (p. 132). — Im Militärjahre 1858 pensionirte Feldärzte (p. 136). — Im Militärjahre 1858 verstorbene Feldärzte (p. 137).

—— Taschenbuch für Militärärzte. 1—3. Jahrg. 1859—61. 16. (à Jahrg. IV und 188 S.) Wien, (Seidel und Sohn.) geb. à Jahrg. *

—— Taschenbuch für Militärärzte. 4.—7. Jahrg. 1862—65. 16. [4. Jahrg. (IV und 172 S.) 5. (IV und 233 S.) 6. (IV und 189 S.) 7. (IV und 203 S.) Wien, (Seidel und Sohn.) geb. à Jahrg. *

Wittelshöfer, L., *Dr. Red. d. Wiener medic. Wochenschrift.* Taschenbuch für Civilärzte. Erster Jahrgang 1859. *Wien.* Bureau der Wiener mediz. Wochenschrift. Druck von *A. Pichler's Wtw. & S.* 104 S. 93 Bl. 8°.

INHALT: Ueber Vergiftungen. — Repertorium der sämmtlichen officiellen, wie der meisten, besonders neueren nicht officiellen Heilmittel, ihrer Gebrauchsformen, Dosirungen und Preise. Uebersicht der meisten einheimischen und vorzüglichsten auswärtigen Heilquellen, klimatischen Kurorte, Seebäder, Kaltwasser-, Molken-, Trauben-Kur-Anstalten, Kiefernadelbäder etc. — Systematische Gruppirung der Heilquellen, Seebäder etc. — Aufnahms-Bedingungen in den verschiedenen Heil- und Humanitätsanstalten Wiens. — Medicin.-chirurgische Lehranstalten der österr. Monarchie. — Amtliches Sanitäts-Personale in der Haupt- und Residenzstadt Wien. — Gebührentarife. Taxen für Gänge, Ordinationen u. s. w. — Umrechnungs-Tabellen. — Literaturbericht enthaltend die vom 1. Juli 1857 bis Ende Juni 1858 erschienenen empfehlenswerthen medicinischen Werke. — Anzeigen. — Notizen und Erinnerungsblätter.

— Taschenbuch für Civilärzte. 8—12 Jahrg. 1865—70. Ebend. 16. 8. (II, 306 S.), 9. (II, 306 S.), 10. (IV, 315 S.), 11. (IV, 332 S.), 12. (IV, 312 S.)] geb. Jeder Jahrg. n. 1 ₰

Wittelshöfer, L., Taschenbuch f. Civilärzte. 13. u. 14. Jahrg. 1871 u. 1872. 16. (IV, 312 u. XVI, 302 S.) Wien, Seidel & Sohn in Comm. geb. à n. 3. —
cf.: Medicinal-Kalender.

— dasselbe. 15. Jahrg. 1873. 16. (328 S.) Ebend. geb. n. 3. 20

—— dass. — Neue Folge, s. Medicinal-Kalender.

— Vide: Versorgungshäuser (Die) der Stadt Wien.

— s.: Wochenschrift, Wiener medicin.

Wittelshöfer, Moritz

Wittelshöfer, Mor., Beiträge z. Kritik d. Entwurfs e. bürgerlichen Gesetzbuchs. gr. 8. (IV, 54 S.) München 895. J. Schweitzer, Verl. n. 1. —

Wittelshöfer, Mor., Beiträge zur Revision der Reichs-Justiz-Gesetze. gr. 8. (V, 120 S.) Fürth 887, [Eßmann.] Schmittner.

Wittelshöfer, Mor., das Pfandrecht an e. Forderung [pignus nominis]. Nach gemeinem Rechte u. den neueren deutschen Gesetzen dogmatisch bearb. gr. 8. (VII, 118 S.) Erlangen 876. Deichert. n. 2. —

Wittelshöfer, Otto, d. Coursgewinn d. österr.-ungar. Bank an ihrem Goldschatze. [Aus: „Zeitschr. f. Volkswirtsch., Socialpolitik u. Verwaltg."] Lex.-8. (17 S.) Wien u. Prag 895. F. Tempsky. — Leipzig, G. Freytag. n. - 60

Wittelshöfer, Otto. Untersuchgn. üb. das Kapital, seine Natur u. Funktion. Ein Beitrag zur Analyse u. Kritik der Volkswirtschaft. gr. 8. (X, 262 S.) Tüb. 890, Laupp. * 5 —

— zur österr. Wahlreform, s.: Hainisch, Mich.

Wittelshöfer, Paul

Wittelshöfer, P., das schweizerische Alkoholmonopol. [Aus: „Zeitschr. f. Spiritusindustrie".] gr. 8. (47 S.) Berlin 895. P. Parey. n. 1. —

Wittelshöfer, Paul, Beiträge zur Bestimmung des spezifischen Gewichtes der Schwefelsäure bei verschiedenen Graden der Concentration. Inaugural-Dissertation. gr. 8. (34 S.) Göttingen 875, (Vandenhoeck und Ruprecht's Verlag.)

Wittelshöfer P.: Die landwirtschaftliche Brennerei in Deutschland unter der Wirkung d. Branntweinsteuergesetzes v. 24. Juni 1887. Jena 1893. 39 S. (Sartr.). P.

Wittemann, Emma, Traum in e. Sommernacht. 8. (71 S.) Frankfurt a/M. 885. Zügel's Verl. geb. n. 1. 80

Wittemann, Julius: Ueber Recklinghausensche Krankheit mit besonderer Berücksichtigung des Blutbefundes. Heidelberg 1910: Geier. 33 S. 8°
Heidelberg, Med. Diss. v. 18. Okt. 1911, Ref. Bettmann
[Geb. 26. Juli 81 Walldürn; Wohnort: Heidelberg; Staatsangeh.: Baden; Vorbildung: Gymn. Wertheim Reife Juli 03; Studium: Würzburg 5, Kiel 1, Heidelberg 4 S.; Coll. 26. Juli 10; Approb. 29. Juni 11.] [U 12. 2294

Witten [Sachl. OW]

Gußstahl-Werk Witten, Witten a. d. Ruhr. [Festschrift z. 50jähr. Geschäftsjubiläum] 1904. — (Barmen 1904: Luhn.) 68 S., 2 Kt. quer-8"

Witten [Schlagwort]

Witten, s.: Arnsberg, Reg.-Bez.

Witten, s.: Geologische Karten. Karte (Preussen).

– s. Umgebungskarten.

Witten [Verfasser]

Witten, Friedrich

Witten, Fr. De Nubium fabula ab Aristophane retractata. 18 S.
Progr. G. *Erfurt* 1877.

Witten, Fridericus: Qua arte Aristophanes diverbia composuerit. Halis Saxonum 1878 Karras. 49 S. 8°
Halle-Wittenberg, Phil. Diss. v. [1. Aug.] 1878
Geb. Schöppenstedt (Braunschweig) 25. 7. 1844. V.

Witten, F., De tragicorum graecorum stichomythia. Pr. 1872. 46 S. 4°.

Witten, Fritz v., die Ruinen der alten Burgfeste Greiffenstein. 2. Aufl. Mit einer Ansicht (Photogr.-Imitation) und dem (lithogr.) Grundriß der Ruine. gr. 16. (VI, 48 S.) Greiffenberg 877. (Leipzig, Streller.) cart.

Witten, M. v.: Hans Heiling, s. Eckstein's Reise-bibliothek.

Witten, M. v., nach Ostland wollen wir reiten! Geschichtlicher Roman aus poln. Zeit. 2 Bde. (375 u. 543 S.) 8. Lissa 909. O. Eulitz. 8.—; geb. 10.—

— Unsere Ostmark. (1. u. 2. Aufl. 1.—10. Taus.) (56 S.) 8. Ebd. 907. —60

Unsere Ostmark. Von M. v. **Witten**. Lissa i. P.: F. Ebbecke 1907. (56 S.) 8° [Ö] [08. 4441 2]

Unsere Ostmark. Von M. v. **Witten**. (2. Aufl.) Lissa i. P.: F. Ebbecke 1907. (56 S.) 8° [Ö] [08. 2977 7]

Unsere Ostmark. Von M. v. **Witten**. (3. Aufl.) Lissa i. P.: Ebbecke 1907. (56 S.) 8° [Ö] [08. 3343 3]

Witten, M. Der selige Wilhelm, Abt v. Hirsau. Ein Lebensbild aus dem Investiturstreit. 8 (66 S.) Bonn 890, Hanstein. 1 —

Witten, Margarete v. (M. v. Gottschall, geb. Rieckeherr), Undine. Dramatisches Märchenspiel in 4 Akten. Mit e. Vorwort v. Noeldeke. gr. 8. (64 S.) Leipzig 894. G. Wigand. n. —80; geb. n. 1. 50

Witten, Rudolf, aus Helmstedt ⟨Hzgt. Braunschw.⟩: Die Kategorien des Aristoteles. *Leipzig-Reudnitz 1903: A. Hoffmann.* (54 S.) 8°
Rostock, Phil. Diss. v. [22. Jan.] 1903

Witten, Wilhelm Leopold Frh. von

v. Witten, Frhr. Wlh. Leop., über höhere Benutzung der Außenäcker u. des Hordenschlags. gr. 8. Berl. 819. Mittler. 6 gGr

Witten, Frhr. Wilh. Leop. v. Ueber Besteuerung des Einkommens, mit Berücksichtigung des Reglements wegen Einführung der Einkommensteuer. 8°. Berlin 1810.

Witten, Freiherr Wilhelm Leopold von: „Ueber höhere Landescultur und den vortheilhaftesten Anbau neu entdeckter Getreidearten", Berlin 1821 (Duncker & H.).

Witten v.: Ueber höhere Landescultur u. den vortheilhaften Anbau neuentdeckter Getreidearten. Berl. 1821. 205 S. 1 Tvl.

— d. natürliche u. sicherste Weg, den Wohlstand des preuß. Staats zurückzuführen, und dessen Gemeingründe höher zu benutzen, mit 1 Karte. gr. 8. Königsb. 809. Unzer. 20 gGr

— einige Worte bei den bevorsteh. Provinzial-Stände-Versammlungen in d. preuß. Monarchie. gr. 12. Berl. 824. Dümmler. 4 gGr

Wittenau [Schlagwort]

Wittenau, s.: Berlin.

Wittenauer, Georges: Ein Wort an unsere Mitbürger, von Dominique Alexis Brasseur, Joseph Heintz van Landewyck und Georges Wittenauer. Luxembourg: F. Schroell [1894]. 8 S. 8°

Wittenbach, s.a. ***Wyttenbach.***

Wittenbach, Catechismus. 8. Basel, Thurneisen. 730.

Wittenbach, Jakob S.: Ueber die Errichtung einer Brand-Assecuranz-Anstalt in dem Canton Bern. Bern u. Leipzig 1789.

Wittenbach, J. S., gelehrte Nachrichten aus Welschland, die Künste u. Wissenschaften, vorzüglich die Physik u. Naturhistorie betreff. 8. Basel, Thurneisen. 783.

Wittenbauer, Ferdinand

Wittenbauer, Ferd., Aufgaben aus der technischen Mechanik. I. Bd. Allgemeiner Tl. 770 Aufgaben nebst Lösgn. (X. 289 S. m. Fig.) 8. Berlin 907. J. Springer. n. 5. —; geb. in Leinw. n. 5. 80

Wittenbauer, Ferd., Aufgaben aus der technischen Mechanik. II. Bd. Festigkeitslehre. 545 Aufgaben nebst Lösgn. u. e. Formelsammlg. (VIII, 348 S. m. 457 Fig.) 8. Berlin 910. J. Springer. 6.—; geb. in Leinw. n 6.80
I. Bd. Ebd. 907. 5.—; geb. 5.80.

— Der weite Blick. Soziale Komödie in 4 Tagen. (197 S.) 8. Leipzig 907. G. Wigand. 2.50; geb. n 3. 50

Wittenbauer, Ferd., über Deviationsmomente. [Mit 21 (eingedr.) Holzschn.] [Aus: „Sitzungsber. d. k. Akad. d. Wiss."] Lex.-8. (46 S.) Wien 881. (Gerold's Sohn.) n. 1. 20

Wittenbauer, Ferd., Filia hospitalis. Ein Studentenstück in 4 Aufzügen. 8. (116 S.) Wien 903. C. Konegen. n. 2. —

— Filia hospitalis. Ein Studentenstück in 4 Aufzügen. 3. Taus. (168 S.) 8. Wien 906. C. Konegen. n. 2. —; geb. n. 3. —

Wittenbauer, Ferdinand: Ein Fremdling. Drama in 4 Aufzügen. Berlin-Ch.: Vita (1909). 148 S. 8°
(Bibliothek moderner Dramen. Bd Nr 35.)

— Ein Fremdling, s. Bibliothek moderner Dramen.

— das Gispele. Eine Liebesmär aus der Odenwälder Sturmzeit. Mit Zeichngn. v. A. Schumann. 2 Bde. 8. (IX, 259 u. 267 S.) Ebd. 900. n. 6. —

(F) Wittenbauer, F., Das Gispele. Eine Liebesmär aus der Odenwalder Sturmzeit. 2. Aufl. 8°. (266 S.) K 6.—
Wien: Konegen 1906.

Wittenbauer, Ferd., die Hübscherin u. ihr Gärtlein. Eine Dichtung. 12. (138 S.) Wien 902. C. Konegen. n. 1.80; geb. n. 2.60

(F) Wittenbauer, F., Die Hübscherin und ihr Gärtlein. Eine Dichtung. 2. Aufl. 8°. (129 S.) Wien: Konegen 1906. K 2.-

—— Kinematik des Strahles. Eine Darstellung der Bewegung des Strahles in der Ebene nach mechan. Principien. gr. 8. (V, 105 S. mit 74 eingedr. Holzschn.) Graz 883, Leuschner und Lubensky. *

— über Momente höherer Ordnung. [Mit 11 (eingedr.) Holzschn.] [Aus: „Sitzungsber. d. k. Akad. d. Wiss."] Lex.-8. (18 S.) Ebend. 881. n. — 40

Wittenbauer, Ferd., d. Narr v. Nürnberg. E. Lied aus deutschem Mittelalter. 8. (VIII, 335 S.) Wien 896. C. Konegen. n. 4. —

Der Narr von Nürnberg. Ein Lied aus deutschem Mittelalter von Ferdinand Wittenbauer. 2. Aufl. Wien: Konegen 1906. VIII, 335 S. 8° [11. 3361 9

Der Privatdozent. Ein Stück aus d. akad. Leben in 4 Aufz. von Ferdinand Wittenbauer. Leipzig: Wigand 1905. 240 S. 8° [11. 1560] 5

(F) Schnabelwetze. Zeitmärchen von Ferdinand Wittenbauer. Wien. 1901. Konegen. 8°. 115 S. K 3.—

(F) Wittenbauer, F., Schnabelwetze. Zeitmärchen. 2. Aufl. 8°. (115 S.) Wien: Konegen 1906. K 1.80

— Theorie der beschleunigungscurven. [Mit 15 (eingedr.) Holzschn.] [Aus: „Sitzungsber. d. k. Akad. d. Wiss."] Lex.-8. (38 S.) Ebend. 880. n.n. — 90

— Theorie der Bewegung auf developpablen Flächen. Mit 17 (eingedr.) Holzschn. [Aus: „Sitzungsber. d. k. Akad. d. Wiss."] Lex.-8. (46 S.) Ebend. 880. n.n. — 90

— Jung Unnutz. Schelmenlieder. 12. (100 S.) Ebd. 897. n. 1.60

(F) Wittenbauer, F., Jung Unnutz. Schelmenlieder. 2. Aufl. 8°. (99 S.) Wien: Konegen 1906. K 1.50

Wittenbecher, H., der Steinmetz, s.: Opderbecke, A.

Wittenberg [Sachl. OW]

Wittenberg, s.: Woerl's Reisehandbücher.

Wittenberg im Feuer, den 13. October 1760. O. O. V: *Triller, Daniel Wilhelm.* (MI.)

Wittenberg und Rom. Präliminarien zum Frieden und zur Vereinigung nach Bibel, Vernunft u. Erfahrung von e. protestant. Laien. gr. 8. Neuhaldensleben 845, Eyraud. 1/12 ℛ

Wittenberg u. Rom, s. a. Christ od. Antichrist.

Wittenberg und Rom. 1–4. Berlin: Germania 1890–97. 4 Bde 8° [F.]
1 = Heinrich, P[ater] [d. i. Heinrich Pesch]: Die Sociale Befähigung d. Kirche. 1890 (1891).
2 = Noit, H. v.: Ueber Bibelkenntniß u. Bibellesen ... 1896.
3 = (Tonning, [Knud] Krogh-): Der Protestantismus in d. Gegenw. 1897.
4 = Lutke, U.: Drei offene Wunden d. heutigen Protestantismus. 1897.
= [Pesch, Tilmann]: Christ oder Antichrist? Bd 3. [06. 6311

Wittenberg und Rom. [Neue Ausg.] (4 Tle in 1 Bd.) Berlin: Germania 1898. (Getr. Pag.) 8° [F.]
1 = Pesch, Heinrich: Die Sociale Befänigung d. Kirche. 1897 (1898).
2 = Noit, H. v.: Ueber Bibelkenntniß u. Bibellesen ... 1896 (1898).
3 = (Tonning, [Knud] Krogh-): Der Protestantismus in d. Gegenwart. 1896 (1898).
4 = Lutke, U.: Drei offene Wunden d. heutigen Protestantismus. 1897 (1898).
= [Pesch, Tilmann]: Christ oder Antichrist? Bd 3. [07. 9106 11

Wittenberg [Schlagwort]

— s. a.: Deutschland. Grundkarte. Karte (Abt. Preussen). Übersichtskarte.

Wittenberg, s.: Preussen. Messtischblätter.

Wittenberg. Entfernungs- u. Reisekarte des Kreises Wittenberg, Reg.-Bez. Merseburg. Unter Benutzung der Messtischblätter bearb. bei der königl. Regierg. 1:75,000. 67×54,5 cm. Farbdr. Berlin (907). C. Flemming. 1.20

Wittenberg. Freund, neuester Plan v. Wittenberg u. Umgebung. 1:12,000. Lith. qu. gr. Fol. Wittenberg 889. Wunschmann. n. 1. —

Wittenberg. Freund, G., Plan v. Wittenberg u. Umgebung. 1:12,000. 53,5×58 cm. Farbendr. Wittenberg 894. P. Wunschmann. n. 1.50; schwarz n. — 75

Wittenberg, Kreis. Rose, Max, Karte des Kreises Wittenberg. 1:200,000. 24,5×19 cm. Farbdr. Wittenberg (901). R. Herrosé. n. — 25

— Schulwandkarte des Kreises Wittenberg. 1:36,000. 4 Blatt à 57×74 cm. Farbdr. Ebd. (901). Auf Leinw. m. Stäben n.n. 20. —

Wittenberg [Verfasser]

Wittenberg, Albrecht, s. Arnould: Frankreichs Bilanz.

Wittenberg, Albrecht, s. d'Auberteuil: Versuch...

Wittenberg, Albrecht, s. v. Babylon D. Prinzessin.

Wittenberg, Albrecht, s. Beccaria: V. Verbrechen.

Wittenberg, Albrecht, s. Boswell: Tagebuch.

Wittenberg, Albrecht, s. Burke, E.: Zwei Briefe.

Wittenberg, Albrecht, s. Clementine.

Wittenberg, Albrecht, s. Coquette.

Wittenberg, Albrecht, s. Douglas.

— abgenöthigte Ehrenrettung in e. Schreiben an J. J. Dusch. 8. Hamb. 768.

Wittenberg, Albr., († d. 13. Febr. 1807.) Epigrammen und andere Gedichte. 8. Altona 779. Hellmann. 8 gl

— Erweis, daß Dusch eben so wenig Englisch als Lateinisch versteht. 8. Hamb. 768.

Wittenberg, Albrecht, s. Erycia.

Wittenberg, Albrecht, s. v. Genlis: Theater.

Wittenberg, Albrecht, s. Geschichte Georg III.

Wittenberg, Albrecht, s. Hamilton: Nachr. v. d. Erdbeben.

Wittenberg, Albrecht, s. Hartsink: Beschreibung...

Wittenberg, Albrecht, s. Jammabos, Die.

Wittenberg, Albert (Hamburg) A. S. 96/20

Dissertatio inauguralis iuridica de iure legatorum piorum secundum statuta maxime Hamburgensia. Göttingen (Hager) 29. V. 1751. 35 S.

W. v.: G. Rentzel, E. A. Heiliger, August Adolph von Mosheim. 37041

Wittenberg, Albrecht, s. Kippis: Leben J. Cooks.

— histor. polit. Magazin, s. Magazin, Niederelbisches

Wittenberg, Albrecht, s. Necker: Finanzverwaltung.

Wittenberg, Albrecht, s. Neckers Rechenschaft.

Wittenberg, Albrecht, s. Ossian: Fingal.

Wittenberg, Albrecht, s. Sammlung der neuesten u. besten Schauspiele.

Wittenberg, Albrecht, s. Savary: Zustand...

— Schreiben an Mad. Ackermann d. Aeltere, über eine Beurtheilung d. Ackermannischen Schaubühne. 8. Hamb. 770.

Wittenberg, Albrecht, s. Schutzschrift d. Bellamy.

Wittenberg, Albrecht, s. Thiery: Unterricht...

Wittenberg, Albrecht, s. Unsterblichkeit d. Seele.

Wittenberg, Albrecht, s. Voltaire: Sendschreiben...

Wittenberg, Albrecht, s. Wochenblatt, Deutsches, d. Ehre d. Lectüre.

Wittenberg, Friedrich, appr. Arzt: Aus d. Prosektur d. städt. Krankenh. r. d. Isar. ⟨Prosektor: Oberndorfer.⟩ Zwei seltene Fälle von metastatischem Hirnabszess. München 1909: Wolf. 19 S. 8°

München, Med. Diss. v. 25. Febr. 1909, Ref. v. Bollinger

[Geb. 18. Nov. 76 Duisburg; Wohnort: München; Staatsangeh.: Preußen; Vorbildung: Realgymn. Wiesbaden Reife O. 97; Studium: Freiburg i. B. 3, Straßburg 3, Kiel 1, München 2, Bonn 1 S.; Coll. 25. Febr. 09; Approb. 1. April 08.] [U 09. 3427

Wittenberg, Friedrich: Die Hohenstaufen im Munde der Troubadours. Münster i. W. 1908: Bredt. 118 S. 8°

Münster, Phil. Diss. v. 11. Sept. 1908, Ref. Andresen

[Geb. 5. April 86 Herford i. W.; Wohnort: Münster i. W.: Staatsangeh.: Preußen; Vorbildung: Gymn. Herford Reife O. 04; Studium: Marburg 2, Leipzig 1, Münster 1, Genf 1, Münster 3 S.; Rig. 8. Mai 08.] [U 09. 3627

Wittenberg, Fritz. Zur Kenntnis der $\beta\gamma$-ungesättigten β-Azlaktone und ihrer Umwandlungsprodukte. Diss. Phil. Basel. 39 S. 8. Basel, R. Ehrich, 1903.

Wittenberg, Hans

— Als Stütze d. Hausfrau. E. soziale Erzählg. 2. [Titel-]Aufl. 8. (221 S.) Hann.-Münden (896) 897. R. Werther. n. 2. —

[H.] Habt die Brüder lieb! E. Sammlg v. Predigten u. Ansprachen evangel. Geistlicher aus allen Gebieten d. Inneren Mission. Hrsg. v. H[ans] Wittenberg, Pastor ... zu Berlin. *Berlin: Trowitzsch & Sohn 1898.* (3 Bl., V, 512 S.) 1 Bd 8. 100. 1646

Wittenberg, Hans, im Kampf m. Vorurteilen. Novelle. 8. (175 S.) Danzig 890. Hinstorff. n. 3. —

— der Klosterbruder. Eine Erzählg. in Versen. 8. (III, 111 S. m. Vignetten.) Leipzig 890. Böhme Nachf. n. 1. 50; geb. n.n. 2. 25

Wittenberg, Past. Hans, Die Lage der ländlichen Arbeiter in Neuvorpommern u. auf Rügen. gr. 8°. Leipzig, R. Werther, 1893. 2. Aufl. gr. 8°. Ebd. 1894. VI, 92 S.

— s.: Verhältnisse, d. geschlechtlich-sittl., d. evang. Landbewohner im Deutschen Reiche.

— was bietet die Sozialdemokratie dem Landarbeiter? 1. u. 2. Aufl. 1.—6. Tauf. gr. 8. (16 S.) Leipzig 894. R. Werther. n. — 25

— dasselbe. 3., veränd. Aufl. 7. Tauf. gr. 8. (16 S.) Ebd. 894. n. — 25

— Was bietet d. Sozialdemokratie dem Landarbeiter? 4. Aufl. 11. u. 12. Tauf. gr. 8. (16 S.) Hann.-Münden 898. R. Werther. n. — 25

Wittenberg, Hans, was haben wir Geistlichen zu thun, damit die Arbeiterbevölkerung, soweit sie dem kirchlichen Leben entfremdet ist, f. dasselbe wiedergewonnen werde? Vortrag, geh. auf der Hauptversammlg. des pomm. Pfarrer-Vereins zu Stettin am 22. Mai 1894. gr. 8. (32 S.) Leipzig 894. R. Werther. n. — 50

— was kann in sozialer Beziehg. zur Hebg. d. Sittlichkeit auf d. Lande geschehen?, s. a. Zukunft, die, d. Landbevölkerg. I, 3.

— Was kann in sozialer Beziehung zur Hebung der Sittlichkeit auf dem Lande geschehen? (Die Zukunft der Landbevölkerung, Bd. 1, Heft 3.) gr. 8°. Göttingen 1895.

Wittenberg, Past. Hans, Woran leidet der Landarbeiterstand in den östlichen Provinzen und wie ist ihm zu helfen? Preisschrift aus dem Wettbewerb der Zeitschrift „Das Land". (Das Land, 1894, Nr. 16—18.) gr. 8°. Berlin, Trowitzsch u. Sohn, 1894. 36 S.

Wittenberg, Herbert: Untersuchungen über Nitro- u. Amido-p-Chinolincarbonsäuren, sowie über einige neue Derivate des p-Toluchinolins. Freiburg i. B.: Speyer & Kaerner 1910. 46 S. 8°
Freiburg i. B., Phil. Diss. v. 10. Aug. 1910, Ref. Gattermann
[Geb. 17. April 84 Adenstedt, Kr. Peine; Wohnort: Adenstedt; Staatsangeh.: Preußen; Vorbildung: Realgymn. Hildesheim Reife O. 04; Studium: Freiburg i. B. 8 S.; Rig. 6. Mai 10.] [U 10. 1096

Wittenberg, Hermann [app. Arzt aus Hahlen in Westf.]: Ein Fall von Pyosalpinx mit Perforation in die Bauchhöhle ... Tübingen, F. Pietzcker, 1893; 24 S. 8.
Tübingen, Med. Fak., Inaug.-Diss. v. 1893

Wittenberg, Louis: S w i n e m ü n d e , Ahlbeck u. Heringsdorf, s. S t ä d t e b i l d e r u. Landschaften aus aller Welt. Nr. 143–144.

Wittenberg, Louis, „Vater Wulffs" 50jähr. Weltlaufbahn, wie sie weint u. lacht. Beitrag zur Lösg. der sozialen Fragen. (XV, 352 S.) 8. Berlin 905. (Leipzig, K. F. Pfau.) 3. —

Wittenberg, Max: Die wirthschaftliche Bedeutung eines deutschen Mittelland-Kanals. *Berlin 1898: (M. Prehn).* (96 S.) 8°
Greifswald, Phil. Diss. v. 21. März 1898

Wittenberg, Max, D. wirtschaftl. Bedeutg. e. **deutschen Mittelland-Kanals.** gr. 8. (VII, 96 S.) Berlin 898. Puttkammer & Mühlbrecht. n. 2. —

Wittenberg, Max: Praktische B e i t r ä g e zu einem Reichs-Hypothekenbank-Gesetz. Berlin: L. Simion 1899. (59 S.) 8°
(Zeitfragen, Volkswirthschaftl. H. 161. 162. (Jg. 21. H. 1. 2.)

Wittenberg, Max: Ein B l i c k auf den wirthschaftlichen Aufschwung am Ende des 19. Jahrhunderts. Vortrag geh. zu Berlin 1900. Berlin: L. Simion 1900. (58 S.) 8°
(Zeitfragen, Volkswirthschaftliche. H. 172 u. 173.)

— **Entwurf** e. Normal-Statuts für Hypotheken-Aktienbanken nach den Bestimmungen des bürgerlichen Gesetzbuches, des Handelsgesetzbuches u. des Reichs-Hypothekenbankgesetzes nebst Muster-Anweisg. f. die Ermittelung des Werthes v. Grundstücken. 8. (40 S.) Berlin 899. J. Guttentag. n. — 50

Wittenberg, Max, s.: **Jahrbuch der Reedereien** u. **Schiffswerften.**

— **Mündelgelder u. Hypothekenbanken.** gr. 8. (87 S.) Berlin 899. Puttkammer & Mühlbrecht. n. 1. 60

— **Reederei-Neubauten im J. 1905.** (31 S.) 8. Hamburg (905). Berlin, K. W. Mecklenburg. n. 1. —

WITTENBERG, MAX. Ueber Resocyanin und die Einwirkung von Acetessigäther auf Phenole bei Gegenwart wasserentziehender Mittel. Bern, 1882.

— **Staats-Hypothekenbanken.** Ein Vorschlag zur Reform des Hypothekenbankwesens. 8. (9 S.) Berlin (W., Uhlandstr. 39) 901. Verlag der Berliner Montags-Zeitung. — 25

— **Wegweiser** durch das Aktienrecht, nach dem Wortlaut der seit dem 1. I. 1900 gült. Reichsgesetze hrsg. gr. 16. (121 S.) Berlin 900. J. Guttentag. Geb. in Leinw. n. 1.—

Wittenberg, Otto, pract. Arzt aus Goslar a. H.: Ein Fall von Pyaemie. *Würzburg 1889 (vielm. 1901): (Stahel).* (16 S.) 8°
Würzburg, Med. Diss. v. 1889

Wittenberg, Sam. Frid.: Tractatus juris ecclesiastici de officio vocantis et vocati ad ministerium ecclesiasticum cui acc. diss. de divina ad officia civitatis secularia vocatione. Jenae 1733.

Wittenberg, Wilhelm, a. Duisburg: Über den Epignathus und seine Genese. Berlin (1905): G. Schade. (44 S.) 8°
Berlin, Med. Fak., Ref. Orth, Diss. v. 25. Mai 1905
[Geb. 15. Sept. 74 Duisburg; Heimatsort: Duisburg; Staatsangeh.: Preußen; Vorbildung: Gymn. Wiesbaden Reife O. 93; Studium: Heidelberg 1, München 6, Berlin 3, München 1 S.; Coll. 24. Mai 05; Approb. 8. Mai 00.]

Wittenberge [Schlagwort]

Wittenberge, s.: **Deutschland.** Karte (Abt. Peussen).

Wittenberge, s.: **Europa, Liebenow.** — **Preussen. Messtischblätter.**

Wittenberge. Plan der Stadt Wittenberge. Autogr. v. A. Briesemeister. 142 × 50,5 cm. Farbdr. Nebst Text. 12. (1 S.) Wittenberge 897. Th. Gotthardt. n. — 50

Das Handlungsbuch von H e r m a n n u. Johann **Wittenborg**. Hrsg. von Dr. Carl M o l l w o, Lübeck. *Leipzig: Dyk 1901.* (LXXIX, 103 S.) 8° [01. 334

Zur Geschichte des höheren Schulwesens der Stadt Unna in Westfalen. Beiträge, reichend v. 14. Jahrh. bis z. Gegenwart, hrsg. von G(ustav) **Wittenbrinck**, Dir. zu Unna. *Unna: G. Hornung 1903.* (112 S.) 8° [F.]
[04. 492 6

[F.] **Wittenbrinck,** *Gustav:* Zur Kritik und Rhythmik des altenglischen Lais von Havelok dem Dänen. Burgsteinfurt, Druck v. H. Schultz, *1891;* 46 S. 8°
Burgsteinfurt, Fürstlich Bentheimsches G. Arnoldinum m. Realkl., OP 1891 (341)

Wittenburg, Balthasar Fried.: Diss. philol. de r h y t h m o hebraeo-biblico ..., s. T a r n o v i u s, Herm. [Praes.]

Wittenburg, Fd. Wilhelm Frh. von, s. B e i t r r. e. Geschichte d. österr. Militairdienstes.

(—) **Beschreibung d. Abbildung d. Voll-Mondes in seiner Pracht u. des Planeten- u. Kometentanzes, oder aller bekannten Planeten, Monden u. Kometen, mit ihren Größen u. Luftbahnen, welche in dem allhier aufgestellten Museum zu sehen sind. 8. Riga 826. (16 S.)**

Wittenburg, Fd. Wilhelm Frh. von, s. E r z ä h l u n g e n zum Nutzen u. Vergnügen, eine Wochenschrift. Cottbus. 24 Bde. 1803–1816.

(—) **Geständnisse e. österr. Offiziers über den 7jähr. Krieg. ... Bde. 8. Bresl. 788—91.**

v. Wittenburg, nicht Wittenbourg, Frhr. Fd. Wlh., († d. 22. Mai 1831.) Geständnisse e. österr. Veterans rc. 4 Thle, sind v. ihm u. nicht von v. Kuniaczo, s. Geständnisse.

— **Mittel, Feuersbrünste ohne Wasser zu löschen; ihren Ausbruch zu verhüten u. in einem brennenden Hause die Flamme Schritt vor Schritt zu löschen. Nebst Vorschlag, das Holzwerk an Gebäuden zu sichern rc. 8. Riga 821. (32 S.)**

(—) **Verzeichniß, systemat., von dem hieselbst aufgestellten Museum von ausgestopften Säugethieren u. Vögeln, sowie von vielen andern Merkwürdigkeiten d. Natur u. Kunst. 8. Riga 826. (34 S.)**

Wittenburg, M. v., Deutschlands Errettung durch Oesterreichs Erhebung und Preußens Buße. gr. 8. (VIII, 115 S.) Leipzig 868, Roßberg'sche Buchh.

Wittenburg, M. v., Ideen zur Befreiung der preußischen Monarchie aus der Revolution. Lex.-8. (70 S.) Görlitz 862, Remer.

v. Wittenburg, M. Plan der Stadt Görlitz. 1:8000. Görlitz 1857. 1 Bl. c. I.

Wittenburg, M. v., ballistische Studien. Untersuchungen über die Bewegung der Geschosse, ihre Ladungs-, Liederungsweisen und Formen für gezogene Handfeuerwaffen, und die Leistungsfähigkeit der verschiedenen Waffensysteme. Lex.-8. (VIII und 96 S. mit 4 Stnt. und 1 Tab. in qu. gr. Fol.) Görlitz 860, [Remer.] *

Wittenburg, Nikolaus Wilhelm A. S. 1285/1

Dissertatio medica de atrophia infantum rhachitica. Präs. Hermann Friedrich Teichmeyer. Jena (Müller) VIII. 1715. 32 S.

Gew.: Nikolaus Wittenburg (Vater), Samuel Rhanaeus. 37042

Wittenburg, Paul von: Beiträge zur Kenntnis der Werfener Schichten Südtirols. Mit 5 Taf. u. 15 Abb. Jena: Fischer 1908. 44 S 4°
(Geolog. u. palaeontol. Abhandlungen. N. F. Bd 8, H. 5.)

Wittenburg, Paul v.: Geologische Studien an der ostasiatischen Küste im Golfe Peter des Großen. Stuttgart: Schweizerbart 1909. 32 S. 8° ¶(Aus: Neues Jahrbuch f. Mineral., Geol. u. Paläontol. Beil.Bd 27.)
Tübingen, Naturw. Diss. v. 6. Febr. 1909, Ref. v. Koken
[Geb. 9. Febr. 84 Wladiwostok; Wohnort: Tübingen; Staatsangeh.: Rußland: Vorbildung: Russ. Realsch. Libau Reife Juni 05; Studium: Tübingen 6 S.; Coll. 6. Febr. 09.] [U 09. 4021

Wittenburg, Rudolphus de (geb. Schlegwitz in Schles. 17. 6. 1842): De solubilitatis rationibus, quae cum salis natrii chlorati solutione CaOSO., CaOSO.+.aq., SrOSO. inter cedunt deque discretione C. Fl, adhibito NaOCO., periculum. Vratislaviae (1864). (32 S.) 8°
Breslau, Phil Diss. v. 9 Aug 1864

Wittener, Vom Turnen mit Bezug auf den Zweikampf, Frankfurt a. M. 1819, X u. 110 S., kl.-8°.

Wittenhagen, H., u. W. Biesenthal, die nordische Biene. Eine Anleitung zur rationellen Bienenzucht für Jedermann. Nach eigenen 20jähr. Erfahrungen u. den neueren Prinzipien bearb. u. hrsg. Stettin 865. (Pyritz, Bade.) gr. 8. (VIII, 104 S.) n. 12½ ngr.

Wittenhaus, Karl August

Wittenhaus, C. A. Die höhere Bürgerschule und die höhere Töchterschule zu Rheydt während der ersten fünfzig Jahre ihres Bestehens. Festschrift. 30 S. **Progr.** *Rheydt 1879.

Wittenhaus, C. A., Elementarbuch der französischen Sprache für die erste Stufe des Unterrichtes. 1. und 2. Abthl. gr. 8. (IV und 106 S.) Erfurt 857, Villaret. à Abthl. * 8 Ngr. *

Wittenhaus, C. A., Elementarbuch der französischen Sprache für die zweite Stufe des Unterrichtes. gr. 8. (VIII und 143 S.) Erfurt 856, Villaret. *

Wittenhaus, *Carl August* [Dr., Dir.]: Die Entwicklung der höheren Lehranstalt zu Rheydt. Rheydt, Druck v. J. Kirschbaum, *1894*; 1—20 S. 4.
Rheydt, OR u. PG, P 1894 (504)

Wittenhaus, Carolus Augustus (geb. 1827 in Mettmann): De artis scenicae apud Germanos initiis ... Bonnae, form. F. P. Lechneri 1852. 2 Bl., 33 S., 1 Bl. 8.
Bonn, Phil. Fak., Diss. v. 13 März 1852

Wittenhaus, C. A., Lehrbuch der englischen Sprache für Schulen. 1. Thl.: Die Wortlehre. In 2 Abthlgn. 1. Abthl.: Die Lautlehre. 2. Abthl.: Die Formenlehre. gr. 8. (IV, 190 S.) Barmen [Leipzig] 872, Langewiesche's Verlag. *

Wittenhaus, C. A., Lehrbuch der französischen Sprache. 1. Thl.: Propädeutischer Kursus für die erste Stufe des Unterrichts. 2. Aufl. gr. 8. (VIII und 144 S.) Erfurt 865, Villaret. *

Wittenhaus, C. A., Lehrbuch der französischen Sprache für Schulen. 2. Tl. 2. Abtl.: Uebungsbuch. 2. Aufl. gr. 8. (139 S.) Erfurt 883, Villaret. *
1. Thl. Ebendas. 1865. * ℳ 1,50.

Wittenhaus. Zur Methodik des Unterrichts in der englischen Sprache. Rheydt, H. B., 1869. 11 S. 4. **Progr.**

Wittenhaus, K. A., hundert Rätsel. (108 S.) 12. München (903). C. H. Beck. Kart. n. 1. —

Wittenhaus, C. A. Die Realschule als Vorbildungsanstalt für die bürgerlichen Berufsarten. 4 (IX S.). **Progr.** Rsch. *Rheydt* 1887 (452)

—— die Syntax der französischen Sprache für die Schule bearb. und mit vielen Uebungsstücken versehen. 1. Abthl.: Der Satz. Im Anschluß an das Elementarbuch der französischen Sprache, 1. und 2. Stufe. gr. 8. (VIII und 116 S.) Erfurt 859, Villaret. *

—— dass. — 2. Schluß-Abthl.: Das Satzgefüge. Im Anschluß an das Elementarbuch der französischen Sprache, 1. und 2. Stufe. gr. 8. (VI und S. 117—230) Ebendas. 860. *

Wittenburg, Karl August: Ueberblick üb. d. histor. Verhältnisse d. höheren Bürgerschule zu Rheydt. 1864. 7 S. 4°
Schul-/Univ.-Schrift

— Welche besonderen Vorteile gewährt der Besuch der obersten Klasse der Realschule? 4 (S. 3—8). **Progr.** Rsch. *Rheydt* 1888 (455)

v. Wittenheim, Otto Baron, vermischte Aufsätze über verschiedene in das Gebiet der Landwirthschaft eingreifende Gegenstände, besonders mit Rücksicht auf Kurland, in zwanglosen Heften herausgegeben. I.—III. Heft. gr. 8. Mitau 841—43, Reyher. (à n. ⅔ ₰) 2 ₰

v. Wittenheim, Otto, siehe: Beiträge zur Kenntniss der Verbindungen durch Eisenbahnen.

Wittenheim, Baron. Allgemeiner Ueberblick der verschiedenen Arrondissements, in welche das russische Reich hinsichtlich seiner Land und Wasserverbindungen gegenwärtig eingetheilt ist. 8. Riga und Dorpat 1833.

v. Wittenheim, Otto Baron, über Rußlands Wasserverbindungen, wie solche bis zum Jahre 1830 bestanden u. seitdem bis jetzt vermehrt oder verändert worden. 2. mit einem Nachtrage u. 1 hydrograph. Karte (von W. Stavenhagen) verm. Aufl. gr. 8. (Mit Tabellen.) Mitau 842, Reyher. 3 ₰ (Der Nachtrag apart nebst Karte auch zu 1 ₰ — Die Karte allein ¾ ₰

WITTENMEIER, Martin (Blieskastel): De hyperaesthesi cerebrali. (Titel nach der Urkunde) 3.5.1851 - Urk; F 67
Diss. Ingolst.-Landsh.-Mchn.

Wittenow, Eduard von

Wittenow, Ed. v., Harun al Raschid. Lustspiel in 1 Aufzuge. 8. (50 S.) Pilsen 884. (Steinhauser.) n. 1. —

Wittenrood, Anton Christiaan, Arzt, aus Soerabaia: **Ein Fall von congenitaler Atresie des Oesophagus mit Tracheo-Oesophagealfistel.** *Leiden 1899: E. Ijdo.* (60 S.) 8°
Freiburg i. B., Med. Diss. v. 1899

Wittenstein, Edward G.

Wittenstein, Ed. G. (Hrsg.) s. Gemeinwohl.

WITTENSTEIN, EDWARD G. Untersuchungen über ranziges Olivenöl (Tournantöl). (Tübingen) Barmen.

Wittenstein, Fel., Hammer Verkehrsbuch. Ausg. 1902. 12. (76 S.) Hamm, E. Griebsch. n. — 20

Wittenstein, Gust., Grundzüge über Altersrentenkassen für Arbeiter. 8°. s. l. 1878.

Wittenstein, Carl, aus Elberfeld: Zur **Kenntnis** der Derivate des p-Oxydiphenyls. *Freiburg i. B. 1902: Ch. Lehmann's Nachf.* (31 S.) 8°
Freiburg i. B., Phil. Diss. v. 1902

Wittenstein, Oskar, aus Barmen: **Gewinnung** und Benutzung leerer Räume ohne Luftpumpe. *Heidelberg 1903: J. Hörning.* (46 S.) 8°
Heidelberg, Naturw.-math. Diss. v. 1903

Wittenweiler, Heinr., der Ring. Hrsg. von Ludwig Bechstein, eingeleitet durch Adelbert Keller, s. Bibliothek des litterarischen Vereins in Stuttgart, Bd. 23.

Witter, Eduard, im deutschen Liede. E. Neujahrsgabe d. Alten zur Freude, d. Jungen z. Beispiel dargebracht v. „Perkeo", Verein jüng. Buchhändler zu Heidelberg. 4. (40 S. m. Bildn.) Heidelberg 895. Verl. d. „Perkeo" (durch J. Hörning). Geb. n. 4. —

Witter, E., deutsches Aussprach-Wörterbuch, — neues engl. Taschenwörterbuch, } s.: **Köhler, Fr.**

Witter, Eduard

Witter, Ed., Festrede beim Erinnerungs- und Dankes-Feste auf der Marburg [Hambacher Schloß] am 27. Mai 1872 gehalten. gr. 8. (8 S.) Neustadt 872. (Barmen, Klein.)

Witter, F. W. systemat. ausführl. Verzeichniss d. vorzügl. in Deutschland vorhand. Obstsorten. Nebst e. Anleit. u. Belehr. üb. d. gute Zubereiten d. Erde z. Baum- u. Weinpflanzen, üb. d. angemessene Lage d. Obstbäume etc. gr. 8 Celle, 1833. (Ver.)

Witter, F. W., systemat. ausführl. Verzeichniß der vorzügl. in Deutschland vorhand. Obstsorten, als Aepfel, Birnen, Kirschen, Zwetschen, Pflaumen rc. gr. 8. Celle 833. (Schulze.) n. 1/3 ℛ

Witter, G. Fr., Handbuch d. histor.-polit.-statist. Erdbeschreibung. Nach d. neuesten Grenzbestimmungen bearb. 1. Thl. gr. 8. (33 B.) Hildburghausen 830, Kesselring.

Witter, H. B., Iura Israelitarum in Palaestinam, sive commentatio in Genesin. 4. Hildesheim. 711.

Witter, H. B., de purgatorio Judaeorum. Helmst. 1704. 4.

Witter, Henn. Bernh. [Praes.], s. Beyer, Abraham: Diss. de dubitatione via ad veritatem. Tl. I/II.

Witter, Hugo [aus Osnabrück]: Ueber Pyrazolin- und Trimethylenderivate ... München, Buchdr. v. M. Ernst, 1891; 46 S. 8.
Rostock, Phil. Fak., Inaug.-Diss. v. [24. Juni] 1891

Witter, Th., s. Theocritus Idyllen u. Epigramme.

Witter, Johann Jacob (Präs.), s. Greuhm, Georg Nicolaus: De superstitione gentium circa divinationes.

Witter, Julius: Die Beziehungen und der Verkehr des Kurfürsten Moritz von Sachsen mit dem Römischen Könige Ferdinand seit dem Abschlusse der Wittenberger Kapitulation bis zum Passauer Vertrage.... Neustadt a. d. Haardt, Verl. v. A. H. Gottschick-Witters Buchh., 1886; 1 Bl. + 88 S. 8°.
Jena, Phil. Fak., Inaug.-Diss. v. 1886.

Witter, Car. (geb. Hildburghausen 1813): De hypochondria. Berolini 1837. (27 S.) 8°
Berlin, Med. Diss. v. 24. Okt. 1837

Witter, Car. Henr. Augustus (geb. Werther in Westf. 2. 7. 1826): De partu praematuro artificiali. Berolini (1850). (26 S.) 8°
Berlin, Med. Diss. v. 10. Mai 1850

Witter, Conrad: Witters neueste Zins-Tabellen, nach einem Orig.-Plan bearb. ... nebst vollständigem Verzeichnis der Münzen, Maße und Gewichte in den V.S. ... St. L. 1858.

Witter, Marina [wirkl. Name], s. Armin, Th. [Pseud.]

Witter, Marina, s. Leste, Marie.

Wittermann, Franz, praktische Anleitung in Hauszinssteuer-Angelegenheiten. gr. 4. (23 S.) Pest 862, Lampel. *

Wittern, Ernst: Aus der medicinischen Universitäts-Poliklinik zu Kiel. **Zur Kasuistik und Prognose der luetischen Rückenmarkserkrankungen.** *Kiel 1898: P. Peters.* (27 S.) 8°
Kiel, Med. Diss. v. [1. Febr.] 1898

Wittern, H. v., das königl. sächs. 1. (Leib-)Grenadier-Regiment Nr. 100, s.: Hodenberg, G. Frhr. v.

Wittern, Karl, aus Rendsburg, Rechtsanwalt am Kgl. Landger. zu Kiel: **Abstimmung** in Strafkammern und Fragstellung in Schwurgerichten in den Fällen des § 46 No 1 und 2 Strafgesetzbuchs. *Kiel 1899: Vollbehr & Riepen.* (44 S.) 8°
Erlangen, Jur. Diss. v. 29. Mai 1899

Wittern, Max, a. Rendsburg, Pastor in Segeberg: Die Geschichte der Brüdergemeinde in Schleswig-Holstein. Teil 1. Preetz 1908: J. M. Hansen. (32 S.) 8° ¶(Erscheint vollst. in: Schriften d. Vereins f. schleswig-holst. Kirchengeschichte Bd 4 H. 4.)

Wittern, Max: Die Geschichte der Brüdergemeinde in Schleswig-Holstein. Kiel: R. Cordes in Komm. 1908. (IV S., S. 271–414.) 8°
(Schriften d. Vereins f. schleswig-holstein. Kirchengeschichte. Reihe 2. Bd 4, H. 4.)

Wittern, Max, die Geschichte der Brüdergemeinde in Schleswig-Holstein, s. Schriften des Vereins f. schleswig-holsteinische Kirchengeschichte. II, 4.

Witterung im Jahre 1889–91 [Hrsg. v.] Kgl. Preuß. Meteorolog. Institut. Berlin. (Monats-Tabellen.) [Sonderabdruck.] Berlin.

Witterung im J. 1903. 12 Nrn. (à 2 S.) gr. 8. **Berlin,** J. Springer. n. 1. —

Witterung, die merkwürdige, d. J. 1836, als Folge d. Einwirkung d. Ausströmungssphäre d. Halleyschen Kometen, verglichen mit den Sagen d. Urvölker üb. d. Wasserfluthen, welche d. Erdkruste in früheren Jahrtausenden e. and. Gestalt gaben, namentl. m. d. Sage d. pers. Zend-Avesta. Von H. A. B. gr. 8. (1 B.) Quedlinburg 836, Basse.

Witterungsanzeichen oder ausgewählte, erprobte Regeln zur Vorausbestimmung des Wetters aus dem Stand der Wettergläser, den Verhältnissen der Himmelskörper und Lufterscheinungen, den körperl. Gebrechen der Menschen, — dem Verhalten verschied. Pflanzen und Thiere 2c. Ein Leitfaden für Landwirthe, Gärtner, Forstmänner 2c. 8. (III und 64 S.) Hanau 851, Edler'sche Buchh.

Witterungs-Anzeiger, immerwähr., auf 40jähr. Beobacht. gegründ., z. Gebr. f. Jedermann. 16. (2¼ B.) Hall 838, Haspel'sche Buchh.

Witterungsanzeiger, immerwährender, auf 40jährige Beobachtungen gegründeter. 2. Aufl. 16. Schw. Hall 846, Haspel. ⅛ ♁

Witterungs-Beobachtungen
v. Diarium Meteorologicum.

Witterungsbeobachtungen in Aarau 1857—66. 4.

Witterungsbeobachtungen in Aarau in den Jahren 1861—65. [Aarau 1861—65.] V: *Zschokke, Theodor.* (AarK)

Witterungsbeobachtungen vom Jahre 1786 zu Hannover. 4. Hannov. 788. Helwing. 6 K

Witterungs-Beobachtungen an der meteorologischen S t a t i o n zu Bamberg während der Jahre 1855 bis 60, Jahrg. II—VII. (der Jahrg. IV ist Beilage zum 3. Bericht der Naturforsch. Gesellsch. zu Bamberg, der VI. und VII. Jahrg. Beilage zum Berichte des Gewerbe-Vereins zu Bamberg, Jahrg. VI und VII mit einem Vorworte: die klimatischen Verhältnisse Bambergs.) Bamberg.

— über einen jeden Tag der drei Jahre 1770, 71, 72, als d. Jahre vor, in u. nach d. letzten merkwürdigen Theuerung. gr. 4. Nürnb. 817. Monath u. K. 3 K

Leipzig, Meteorologisches Bureau, Witterungs-Bericht für 1880—81. (Lückenhaft.) Leipzig.

Z e h n t ä g i g e r Witterungsbericht für die Landwirtschaft. Hrsg. von d. Landwirtschaftl. Witterungsdienst an d. Deutschen Seearte. Jg. 1. Altona 1902: Hammerich & Lesser. 2°

Witterungsblatt, s. Dittmar.

Witterungsbüchlein oder Sammlung sicherer Kennzeichen von bevorstehenden Witterungs-Wechsel . . . Görlitz 1838. V: *Cunow, Martin.* (Nowack, Schles. Schriftst-Lex. Bresl. 1836—43. IV, 14.)

Witterungsbüchlein, oder Sammlung sicherer Kennzeichen von bevorstehend. Witterungs-Wechsel u. zukünftiger Witterungs-Beschaffenheit. 8. Görlitz 838. Baumeister. ⅙ ♁

Witterungsbüchlein, od. Samml. sicherer Kennzeichen von bevorsteh. Witterungs-Wechsel u. zukünftiger Witterungs-Beschaffenheit. Ein Rath- u. Hilfsbüchl. f. Jedermann. 8. (2¾ B.) Görlitz 838, [Koblitz.]

Die Witterungserscheinungen des nördlichen Deutschlands im Zeitraum von 1858—1863. (Preussische Statistik. Herausgegeben in zwanglosen Heften vom Königlichen Statistischen Bureau in Berlin. Heft 6.) [Mit Anhang.] Berlin 1864. (II), 80, 56 S., 7 Krt. 4°.

Witterungs-Jahrbuch, Münchner, f. d. J. 1788, nebst Beiträgen zur Witterungskunde. 1r Jahrg. 8. Münch. 772. Jos. Lindauer. 8 K

Witterungs-Kalender, immerwährender. Enth. Witterungsanzeigen aus der Atmosphäre, dem Thier-, Pflanzen- und Mineralreiche und Regeln bei Beobachtung der Wettergläser. Leicht faßlich dargestellt und hrsg. von einem alten Landwirth. 8. (63 S.) Bleicherode 877. [Busch.] Niehoff.

Witterungs-Kalender, immerwähr., f. uns. deutschen Landwirthe u. Naturfreunde. gr. Fol. (1 B.) Magdeburg 830, Creutz.

Witterungs-Kalender, der untrügliche, oder die guten und schlechten, fruchtbaren und unfruchtbaren Jahre von 1850—1900. Nach des berühmten Ant. Pilgram's Schriften bearb. von einem Astronomen. 855. — 2. verb. Aufl. Tübingen 856. Riecker. 16. (31 S.) 1 ngr.

Witterungskunde, allgem., ein tägl. Taschenbuch f. Jedermann, besond. f. Reisende, Forstbeamte 2c. — A. u. d. T.: Der rheinische Wetterprophet, nach welchem man d. Witterung nicht allein auf einzelne Tage u. Wochen, sond. Monate lang vorausbestimmen kann, v. B. H. (Hegmann.) 8. (19½ B.) Herborn 834. (Frankfurt a. M., Kettembeil.)

Witterungskunde, allgem., ein tägl. Taschenbuch f. Jedermann. Von B. H. 8. Herborn 834. (Frankfurt, Hermann.) n. ⅔ ♁

Witterungskunde, allgemeine, e. tägl. Taschenbuch f. Jedermann, besond. f. Reisende, Forstbeamte, Landwirthe, Jagd- u. Gartenfreunde. Von V. H. 8. Herborn, 1834. (Frankfurt, Osterrieth.) — 20

allgemeine Witterungskunde. (95 S.) (Hilig Volksb. 6) Eisenach (1904)

Witterungskunde, zuverlässige, auf 30jähr. Beobacht. gegründet. Mit e. Anh. üb. d. Barometer. Für Landwirthe u. Freunde d. Meteorologie. Hrsg. von e. Oekonomen. gr. 12. (3 B.) Wien 839, [Heubner's Verl.]

Witterungsprophet, d. wohlerfahrene populäre. Oder: Vorausbestimmung der muthmaßl. Witterung auf einzelne Jahreszeiten u. Monate, vorzugsweise aber auf einzelne Tage u. Wochen. Gesammelt nach natürlichen Regeln u. Beobachtungen der Erscheinungen an d. Sonne, dem Monde u. den übrigen Planeten u. Fixsternen; den Erscheinungen in unserer Atmosphäre selbst; an manchen Thieren 2c.; u. endlich nach den Veränderungen des Barometers 2c. gr. 16. (IV u. 48 S.) Heilbronn 851, Landherr. ⅙ ♁

Witterungs-Prophezeiungen, unparteiisch beurtheilt, von P. T. 8. Gera 787. Rothe. 5 K

Witterungs-Regeln nach den Erfahrungen des Landmanns und nach Beobachtungen der Spinne als Wetterprophetin. Zusammengestellt von einem Freund der Natur. 8. Zwickau 871 Döhner.

Frankfurt a. M., Physikalischer Verein, Graphische Witterungstabelle des Jahres 1853. (Jahresbericht des — für 1852—53.)

Witterungstabellen zum täglichen Einzeichnen des Barometer- und Thermometerstandes. 24 Bl. Lithogr. gr. 8. Würzburg 881, Stahel'sche Universitäts-Buchh. *

Witterungs-Taschenbuch auf d. Jahr 1842. Zum nützl. Gebrauch f. Oekonomen, Gartenbesitzer u. Freunde der Meteorologie hrsg. v. G. E. Seidemann. 16. (4 B.) Leipzig, Franke.
Vgl.: Seidemann.

Deutschland, Witterungs-Uebersichten nach Monaten für 1898, 99. Berlin, Karlsruhe, München, Strassburg (1899 auch Stuttgart). 4°.

Witterungs-Verhältnisse im Jahre 1888 [Hrsg. v.] Großherzogl. Statist. Bureau, Schwerin. (Sep.-Abdr. aus dem Staatskalender pro 1889.)

Schwerin, Grossherzogl. Statistisches Bureau, Witterungs-Verhältnisse sowie Pflanzen- und Wasserstands-Beobachtungen im Jahre 1890, 91 in Mecklenburg-Schwerin. (Sep.-Abdr.)

Witterungs- und Trachtverhältnisse betreffend die Bienenzucht im Kanton Thurgau pro 1887. Aarau 1888. V: *Deutsch, J. M.* (BSchwLk V, 9 a b)

Witteveen, **Fr., dissert. de attributis, quae ex existentia necessarii numinis necessario profluunt. 4maj. Leyd 763. Luchtmans. 1 ᵽ 8 ℛ**

Wittfeld, Emil, approb. Arzt aus Nümbrecht: Aus d. chirurg. Klinik zu Bonn. Ueber den angeborenen **Hochstand** der Scapula. *Bonn 1901: J. Trapp.* (27 S.) 8°
Bonn, Med. Diss. v. [29. Nov.] 1901

Wittfeld, Ioannes Henricus (geb. am 8 Mai 1800 in Mörs): De vera Digitalis indicatione . . . Bonnae, typ. Thormannianis (1826). 2 Bl., 25 S., 1 Bl. 8.
Bonn, Med. Fak., Diss. v. 5 Sept. 1826

Wittgen, P., aufbauendes Zeichnen. Anregg. zur Selbstbetätigg. des Schülers im neuzeitl. Zeichenunterricht. Mit 280 Beispielen auf 86 (z. Tl. farb.) Taf. Für Volks- u. höhere Schulen, insbesondere die Unterklassen der Fachschulen. (12 S. Text.) Lex.-8. Wiesbaden (905). P. Plaum. In Mappe n. 4. 50

Wittgen, Ph., schulgemäße Volkswirtschaftskunde. I. Die einzelnen deutschen Volkswirtschaftszweige. II. Deutschlands Beteiligung am Weltverkehr. III. Staatliche u. soziale Einrichtg. (186 S.) gr. 8. Bielefeld-Gadderbaum 910. W. Bertelsmann. Geb. in Leinw. 3. —

Wittgen, Wilhelm

Der Bergmann von Klostergrab. Eine geschichtl. Erzählung von Wilh. **Wittgen.** Mit Bild. Barmen: Wuppertaler Traktat-Gesellsch. [1903]. (52 S.) 8° [F.]
= **Tannenzweige.** H. 22. [06. 6671

Es ist das Heil uns kommen her. Geschichtl. Erzählung von Wilhelm **Wittgen.** Mit Bild. Barmen: Wuppertaler Traktat-Gesellsch. [1906]. (32 S.) 8° [F.]
= **Tannenzweige.** H. 33. [07. 11144

Wittgen, Wilh., das Exulantenhaus od.: Das Andenken des Gerechten bleibet im Segen, s.: Tannenzweige.

Wittgen, Wilhelm: Unter der F a h n e Napoleons. Eine gesch. Erzählung aus d. Zeit d. Befreiungskriege. Mit Orig.Bild.von C. J. Frankenbach. Barmen: Wupperth. Trakt.-Ges. [1900]. (92 S.) 8°
(Bücherschatz, Barmer. Bd 10.)

Wittgen, Wilh., Landgraf Friedrich II. v. Homburg u. die Hugonotten, s.: Geschichtsblätter des deutschen Hugenotten-Vereins. XI. 7.

Gerettet. Eine Weihnachtserzählung von Wilhelm **Wittgen.** *Barmen: Wupperthaler Trakt.-Ges. [1899].* (40 S.) 8° [F.]
= **Tannenzweige.** H. 5.

Gott ist unsere Zuversicht und Stärke. Geschichtl. Erzählung f. Volk u. Jugend. Von Wilhelm **Wittgen.** Mit Bildern. *Barmen: Wupperth. Trakt.-Ges. [1903].* (80 S.) 8° [F.]
(Barmer Bucherschatz. Bd 12.) [03. 1118 5

— Gott ist unsere Zuversicht u. Stärke, s. a. Bücherschatz, Barmer.

Der Herr ist mein Licht. Erzählung von W. **Wittgen.** *Barmen: Wupperthaler Traktat-Gesellsch. [1904].* (S. 27–36.) 8° [F.]
= **Tannenzweige.** H. 14, (2)

Hindurch! Geschichtl. Erzählung aus d. Zeit d. Vertreibung d. Zillertaler von Wilhelm **Wittgen.** Mit Bild. Barmen: Wuppertaler Traktat-Gesellsch. [1906]. (32 S.) 8° [F.]
= **Tannenzweige.** H. 34. [07. 11143

Die Hugenotten- und Waldenser-Kolonien in der Grafschaft Nassau-Schaumburg. Von Wilhelm **Wittgen.** Magdeburg: Heinrichshofen 1905. 48 S. 8°
(Geschichtsblätter d. Deutschen Hugenotten-Vereins. Bd 13, H. 1 u. 2.) A 12 14078

— Die Hugenotten- u. Waldenser-Kolonieen in der Grafsch. Nassau-Schaumburg, s. a. Geschichtsblätter des deutschen Hugenotten-Vereins. XIII, 1. 2.

Wittgen, Wilh., Katharina, d. Waldenser-Mädchen od.: D. Glauben treu. Geschichtl. Erzählg. f. Volk u. Jugend. 6. Aufl. M. Bild. v. F. Nitzsche. 8. (180 S.) Wiesbaden 897. H. Heuß. Kart. n. 1. —

Katharina, das Waldenser-Mädchen, oder Dem Glauben treu. Geschichtl. Erzählung f. Volk u. Jugend von Wilhelm **Wittgen.** 7. Aufl. Mit Bild. von F. Nitzsche. *Barmen: Wupperth. Trakt.-Ges. [1900].* (103 S.) 8° [F.]
= **Bücherschatz,** Barmer. Bd 8. [01. 3682 5

— Der Küfermeister v. Erbach, s.: Christblumen. 20. Bdchn.

Die Salzburger. 2 geschichtl. Erzählungen von Wilhelm **Wittgen.** Mit Bild. *Barmen: Wuppertaler Trakt.-Ges. [1903].* (94 S.) 8° [F.]
= **Bücherschatz,** Barmer. N. F. Bd 1. [04. 12089 5

In Gottes Schutz. Unter d. Weihnachtsbaum vereint. In Thränen fröhlich. 3 Weihnachtserzählungen von Wilhelm **Wittgen.** Mit Bild. *Barmen: Wupperth. Trakt.-Ges. [1900].* (40 S.) 8° [F.]
= **Tannenzweige.** H. 10. [01. 3488 5

Treu geführt. Erzählungen von Wilh. **Wittgen.** Mit Bildern. *Barmen: Wupperth. Trakt.-Ges. [1900?].* (79 S.) 8° [F.]
= **Christblumen.** Bdch. 9. [01. 3228 5

Treu geführt. Eine Hugenottenerzählung von Wilhelm **Wittgen.** Mit Bild. *Barmen: Wupperth. Trakt.-Ges. [1900].* (44 S.) 8° [F.]
= **Tannenzweige.** H. 9. [01. 3487 5

— Gräfin Ursula v Hadamar, s.: Erzählungen, Nassauer.

Gräfin Ursula. Eine geschichtl. Erzählung aus d. Zeit d. 30jähr. Krieges von Wilhelm **Wittgen.** 2. Aufl. Barmen: Wuppertaler Traktat-Gesellsch. [1907]. (86 S.) 8° [F.]
= **Bücherschatz,** Barmer. N. F. Bd 5. [07. 10963

— „Wie schön leucht't uns der Morgenstern", s.: Tannenzweige.

Wittgens Raubschloß. Eine Sage.
s. a. Rublack, August [Verf.]

Wittgens Raubschloß, e. Sage. 8. Dresden 825, Arnold.

Wittgens Raubschloß, eine Sage d. Vorzeit. Neue wohlf. Ausg. 8. (14½ B.) Dresden 828, Arnold.

Wittgenstein [Schlagwort]

Wittgenstein, Kreis, s.: Arnsberg, Reg.-Bez. — Sauerland.

Wittgenstein, Kreis, s.: Westfalen. Wegekarte.

Wittgenstein [Verfasser]

Wittgenstein, A., praktische Anleitung zur Hausschneiderei, s.: Bender, Lina.

Wittgenstein, Alb., hydropath. Behandlg. d. chron. inn. Krankheiten in d. Praxis, s.: Bibliothek, medic.

Wittgenstein, Alb., physikalisch-diätetische Behandlung der Magenkrankheiten, s.: Bibliothek, medizinische, f. prakt. Ärzte. Nr. 162—165.

Wittgenstein, Prinz Emil v., Aßlann Aga. Frankfurt a. M. 856. Literarische Anstalt. 8. (137 S.) 1 ₰.

— Hadshi=Jurt Frankfurt a. M. 860. Literarische Anstalt. 8. (281 S.) n. 1 ₰ 10 ngr.

Wittgenstein, Prinz Emil v., Cavalerie-Skizzen. gr. 8. (III und 74 S.) Darmstadt 859, Zernin. *

Wittgenstein, F. E. Reisebilder aus Süditalien. Von Capri nach Amalfi, Palermo, Agrigent, Syrakus bis nach Messina. 8. (19 S.) Salzb. 889, Dieter. * — 60

Wittgenstein, Fritz von, Referendar in Bensberg: Die Beschränkung des Eigentums nach BGB. § 906. Borna-Leipzig 1906: R. Noske. (IX, 100 S.) 8°
Rostock, Jur. Fak., Ref. Matthiaß, Diss. v. 12. Mai 1906
[Geb. 19. Dez. 83 Cöln; Wohnort: Cöln; Staatsangeh.: Preußen; Vorbildung: Apostelgymn Cöln Reife O. 02; Studium: Bonn 3, Berlin 1, Bonn 3 S.; Rig. 12. März 06.]

Wittgenstein, Ludov.: Quatenus rei pigneratae fructus creditori teneantur? Berolini (1858). (101 S.) 8°
Berlin, Jur. Diss. v. 2. Dez. 1858

Wittgenstein, Max (geb. Gütersloh 1808): Nonnulla de anatomia pathologica. Berolini (1831). (42 S.) 8°
Berlin, Med. Diss. v. 20. März 1831

Wittgenstein, Max, das Armen- und Heimathrecht. Enth.: das Gesetz über den Unterstützungswohnsitz nebst den damit in Verbindung stehenden Reichsgesetzen über die Freizügigkeit und den Erwerb und Verlust der Bundes- und Staatsangehörigkeit, sowie der einschlag. sächs. Gesetzgebung. Mit Erläuterungen hrsg. Mit einem Sachregister. 2. Aufl. (VIII, 138 S.) 1871. *ℳ 1., und 3. verm. Aufl. 8. (VIII, 183 S.) Leipzig 876, Roßberg'sche Buchh.

Wittgenstein, Max, das Armen- u. Heimathrecht. Enth.: das Gesetz üb. den Unterstützungswohnsitz in der Fassg. vom 12. März 1894, nebst den damit in Verbindg. steh. Reichsgesetzen üb. die Freizügigkeit u. den Erwerb u. den Verlust der Bundes- u. Staatsangehörigkeit, sowie der einschlag. sächs. Gesetzgebg. Mit Erläutergn. hrsg. 4., verm. Aufl. Mit e. Sachregister. 8. (VIII, 196 S.) Leipzig 894. Roßberg. n. 2. —; kart. n.n. 2. 30

—— das Gesetz über den Unterstützungswohnsitz nebst den damit in Verbindung stehenden Bundesgesetzen und der einschlag. sächs. Gesetzgebung. Mit Erläuterungen. Mit einem Sachregister. 8. (VIII, 128 S.) Ebendas. 871. *

Wittgenstein, Werner, Referendar in Braunschweig: Die Haftung des Einkaufskommissionärs dem Kommittenten gegenüber für die Mängel der eingekauften Ware unter besonderer Berücksichtigung des § 391 H.G.B. Braunschweig 1908: J. H. Meyer. (37 S.) 8° [F.]
Leipzig, Jur. Fak., Diss. v. 24. März 1908
[Geb. 31. Juli 82 Magdeburg; Wohnort: Braunschweig; Staatsangeh.: Preußen; Vorbildung: Gymn. Martino-Katharineum Braunschweig Reife O. 03; Studium: Marburg 1, Leipzig 1, München 1, Leipzig 1, Göttingen 1. Berlin 1 S.; Rig. 24. Juli 06.]

Wittgensteiner, Arno, Referendar in Köln: Boykott und boykottähnliche Maßregeln nach geltendem Reichsrecht. Borna-Leipzig 1907: R. Noske. (X, 67 S.) 8° [F.]
Leipzig, Jur. Fak., Diss. v. 7. Mai 1907
[Geb. 6. Dez. 83 Crefeld; Wohnort: Cöln; Staatsangeh.: Preußen; Vorbildung: Städt. Gymn. Crefeld Reife O. 02; Studium: Freiburg i. B. 1, München 2, Berlin 1, Bonn 2 S.; Rig. 26. Juli 05.]

Withalm, G. A., hauswirthschaftliches Orakel. Ein nothwendiges Hilfsbuch für angehende Hausfrauen über alle in einer Haushaltung vorkommenden Gegenstände. Nach vieljähriger Erfahrung zusammengestellt. Neue Ausg. gr. 8. (107 S.) Wien 863, Leo.

Witthauer, Albert, a. Neustadt, Herzogtum Coburg, Rechtsprakt. in München: Auslobung und Wette. Eine begriffliche Untersuchung. Neustadt, Herzogtum Coburg 1907: E. Patzschke. (40 S.) 8°
Erlangen, Jur. Fak., Ref. Sehling, Diss. v. 3. Dez. 1907
[Geb. 16. Mai 81 Neustadt; Wohnort: München; Staatsangeh.: Bayern; Vorbildung: Gymn. Coburg Reife O. 01; Studium: Kiel 1, München 2, Berlin 3, Marburg 1, Erlangen 2 S.; Rig. 30. Juli 07.]

Witthauer, Friedrich: Album, s. Album.

Witthauer, Fr., s. Zeitschrift, Wiener, für Kunst, Literatur rc.

Witthauer, Hugo *(geb. Stotternheim in Thür. 20. 2. 1856)*: Beiträge zur Diagnostik der Gehirnkrankheiten. Nach Beobachtungen des Herrn Geheimrath Prof. Dr. Biermer, Director der medicinischen Klinik zu Breslau. Breslau 1881. (54 S.) 8° *[Im Buchhandel 1881 bei Köhler in Breslau.]*
Breslau, Med. Diss. v. 3. Aug. 1881

Witthauer, Jh. Geo., († d. 7. März 1802.), s. Löhlein, Clavierschule.

Witthauer, Kurt, Beziehungen zwischen Nerven- u. Unterleibskrankheiten, s.: Volksbücherei, medizinische.

Etwas über Frauenkrankheiten. Von Dr. Kurt Witthauer. Halle a. S. *Halle a. S.: C. Marhold 1904.* (19 S.) 8° [F.]
= Volksbücherei, Medizinische. H. 9.

— Moderne Frauenbildung, s.: Volksbücherei, medizinische.

— Lehrbuch der Vibrationsmassage m. besond. Berücksicht. der Gynäkologie. (VII, 111 S. m. 18 Abbildgn.) gr. 8. Leipzig 905. F. C. W. Vogel. n. 4. —; geb. n.n. 5. —

Leitfaden für Krankenpflegerinnen im Krankenhaus und in der Familie v. Dr. med. [Kurt] Witthauer, Oberarzt . . . in Halle a. S. M. 53 Abb. *Halle a. S.: C. Marhold 1897.* (VIII, 184 S.) 1 Bd 8. [97. 2500

Witthauer, Kurt, Leitfaden f. Krankenpflege im Krankenhaus u. in der Familie. 2. neu bearb. Aufl. gr. 8. (VIII, 192 S. m. 76 Abbildgn.) Halle 902. C. Marhold. n. 3. —; geb. n. 3. 50

Leitfaden für Krankenpflege im Krankenhaus und in der Familie von Dr. med. Kurt **Witthauer**. 3. Aufl. Mit 76 Abb. Halle a. S.: C. Marhold 1907. (VIII, 194 S.) 8° [F.] [08. 2233 3

Witthauer, Kurt [Assistenzarzt am Krankenhause in Nordhausen]: Ueber Tetanus puerperalis im Anschluss an zwei beobachtete Fälle. . . . Jena, Druck v. G. Neuenhahn, 1889; 40 S. 8°
Jena, Med. Fak., Inaug.-Diss. v. [25. Jul.] 1889

Witthaus, Johann Ludwig

Witthaus, Joh. Ludw., Aufruf zu den Mäßigkeits- oder Entsagungs-Vereinen. 12. (1 ½ B.) Oldenburg 846, Schulze'sche Bh.

Witthaus, J L [Übers.]
s. Byron, G.G.: Poesien. 1821 - 1825.

Witthaus, Jh. Ldw., Dichtungen. 8. Hannov. 818. Hahn. 12 gr.

—— drei amerikanische Erzählungen, der Mäßigkeitssache gewidmet. gr. 8. (3 B.) Oldenburg 845, Schulze'sche Buchh. *

— Jesus Christus, der allein wahre Hohepriester d. Menschheit. Zwei Predigten üb. Hebr. IV, 14—16. 8. Hannov. 825. Hahn. 4 gr.

Witthaus, Joh. Ludw., Confirmations-Feier, am Palmsonntage den 12. April 1835 gehalten. gr. 8. Osnabrück 836. (Rackhorst.)

— Moreau's Tod, ein Gedicht in 2 Gesängen. 8. Osnabr. 815. Crone. 6 gr.

Witthaus, Joh. Ludw., Vergleichung d. Volkscharacters d. Römer u. d. Athenienser. 8. (11 B.) Hannover 829. [Leipzig, Cranen.]

— Vergleichung des Volkscharakters d. Römer u. der Athenienser. 8. Hannov. 829. (Helwing). 12 gr.

—— die Weihe der Jugend. Eine Festgabe f. christl. Jünglinge u. Jungfrauen, in 8 Confirmationsreden. gr. 8. (11⅞ B.) Osnabrück 846, Rackhorst'sche Buchh. *

Witthaus, Carl, unsere Zähne u. ihre Erhaltung. Ein Ratgeber f. Gebildete aller Stände. (60 S.) 8. Osnabrück (908). Rotterdam, C. Witthaus. 1. —

Witthof, s. Withof.

Witthoff, Gustav, methodische Anwendung des kalten Wassers in Brustkrankheiten. Allgemeinverständlich dargestellt. 8. (VII, 56 S.) Wiesbaden 870, Feller und Gecks. *

Witthoff, Gustav [Dr. iur., Referendar]: Hat das rechtskräftige Urteil in einer Privatrechtsstreitsache einen absoluten Charakter, so dass es weder durch Verzicht des Obsiegenden noch durch Vergleich der Parteien ganz oder teilweise abgeändert oder aufgehoben werden kann? ... Bonn, Druck v. K. Drobnig, 1896; 53 S. 8.
Erlangen, Jur. Fak., Inaug.-Diss. v. 1896

Witthoff, Gvstavvs (geb. am 30 Jan. 1841 in Nieukerk Kr. Geldern): De epidemico typho exanthematico Bonnae hieme anni 1864—65 observato ... Bonnae, typ. F. Krvegeri (1865). 2 Bl., 19 S., 2 Bl. 8.
Bonn, Med. Fak., Diss. v. 1 Aug. 1865

Witthöfftt, Friedrich Markus Paul

— Des Archidiaconus Harms in Kiel Delationsschrift gegen den Senator Witthöfftt daselbst in puncto sacrilegii nebst des Letztern Erklärung. Kiel, Lpz. 1819.

Witthöfft, (Senator), Fr. Mark. Paul, glaubet, was ihr könnet, u. übet Barmherzigkeit u. Liebe. Eine Rede zur Feier des Stiftungsfestes d. Armenanstalt in Kiel am 6. Juni 1819. 8. Kiel 1e u. 2e Aufl. 819. (Leipz., Hartmann). 5 gr.

Witthoeft, Friedrich [aus Frankfurt a. M.]: „Sirventes Joglaresc." Ein Blick auf das Altprovenzalische Spielmannsleben. ... (Aus: Ausg. u. Abh. a. d. Geb. d. roman. Phil.) Marburg, Univ.-Buchdr. (R. Friedrich), 1889; 1 Bl. + 38 S. + 1 Bl. 8°
Marburg, Phil. Fak., Inaug.-Diss. v. [26. Nov.] 1889

Witthoeft, Friedr. Sirventes Joglarese, s. Ausgaben u. Abhandlungen aus dem Gebiete der romanischen Philologie.

Witthöft, Wilhelm

— Auswahl der beliebtesten Bilder der Dresdner Gemälde-Gallerie. 10 Liefg. à 6 Bl. gr. Fol. Ebend. 845, 46. (à Liefg. 1 ß) 10 ß

Witthöft, [Wilhelm]: [Die drei größeren Fahrten der Ruderriege im Sommer 1908.] S. 5—8. 4. **Progr.** Kgl. Gymn. *Elbing* 1909 (36).

Witthöft, Wlh., ausgeführte Radirungen nach Original-Gemälden und Zeichnungen deutscher Künstler. 1. Liefg. Schloß am Rhein von C. F. Lessing. — Abendandacht von L. Richter. — Der umgeworfene Heuwagen von H. Bürkel. gr. Fol. Leipzig 842, Mayer. Chines. Papier. n. 4 ß — 2. Lief. Morgenlandschaft von Scheuren. — Schloß in Tyrol, von Pose. — Bergkapelle von Oehme. gr. Fol. Ebend. 843. n. 4 ß

Wittiber, Ein betrübter. Komische Soloscene mit Gesang. Wien [1885]. V: *Bartl, Hans.* (EB)

Wittiber, Ferdinand Christoph Johann (Frankenstein)
A. S. 1246/13

Dissertatio medica inauguralis, sistens aegrum undimia ex corticis Chinae de China intempestivo usu laborantem. Präs. Justus Vesti.
Erfurt (Grosch) 23. V. 1709. 12 Bl. 37044

Wittiber, Fr., Sammlung guter u. erhabener Begräbnißgesänge. 8. Bresl. 814. Holäufer. 4 gr.

Wittiber, Fried. Gustavus Alexander *(geb. Jauer 28. 5. 1821)*: De curvis, quibus curvae ejusdem systematis sunt trajectoriae orthogonales. Vratislaviae (1847). (25 S., 1 Taf.) 8°
Breslau, Phil. Diss. v. 26. Jan. 1847

Wittiber, Gustav

Wittiber: Stereometrisch-trigonometrische Aufgaben. 18 S. — Glatz. Progr. 1866.

Wittiber, Gust. Trigonometrische Aufgaben über das rechtwinklige und gleichschenklige Dreieck und im Anschlusse daran stereometrisch-trigonometrische Aufgaben. 24 S. **Progr.** *Glatz* 1883.

Wittiber: Ueber atmosphärische Elektricität und Gewitter, insbesondere die Gewitter der Grafschaft Glatz. 23 S. — Glatz, Progr. 1860

Wittiber: Pflanze und Thier. 21 S. – Progr. Glatz 1856.

Wittiber, Sammlung trigonometrischer Aufgaben nebst Auflösungen. 2 Thle. gr. 8. Breslau 864, Maruschke und Berendt. *
Inhalt:
Thl. 1. Aufgaben. (VI und 132 S. mit 1 Stnt.) * 18 Ngr.
" 2. Auflösungen. (IV und 122 S. mit 2 Stnt. in gr. 8. und 4.) * 22½ Ngr.

Wittiber: Thiere und Pflanzen. 21 S. – Glatz, Progr. 1856.

Wittich, Manfred. Ein Lebens- u. Charakterbild. Dem deutschen Proletariat gewidmet v. A. R. 8. (20 S. m. Bildnis.) Leipzig 902. R. Lipinski. — 20

Wittich 1691–1906. [Genealog. Tabellen d. Familie Wittich.] (Königsberg 1906: Ostpr. Dr.) (34 S.) 4° [F.] [06. 10600 10

Wittich, Abschiedspredigt am Sonntag nach dem Christfest 28. Dezbr. 1879 in der k. Schloßkirche zu Stuttgart gehalten. 8. (14 S.) Stuttgart 880, J. F. Steinkopf. *

Wittich, v., die italienische Armee in ihrem heutigen Bestande, 1865, mit specieller Berücksichtigung der Infanterie. gr. 8. (III und 160 S.) Berlin 865, Bath. *

Wittich, das Fähnlein oder die Compagnie als die wahre tactische Einheit. System tact. Formationen der Infanterie als Vorschlag zu einem allgemeinen deutschen Infanterie-Reglement. gr. 8. (80 S. m. 1 lith. Taf. in qu. Fol.) Wesel 849, Bagel in Comm. n. 1/3 Thlr

v. Wittich, über die Gymnastik in ihrer Anwendung als Erziehungsmittel des Soldaten. Berlin 861. v. Decker. gr. 8. (23 S.) n. 5 ngr.

Wittich, Reise nach Norwegen. 8. (25 S.) Eisenach (901). H. Kahle. n n. — 50

Wittich. Ueber die mittelalterlichen Schauspiele Frankreichs. Eisenach, K. Fr.-G., 1861. 12 S. 4. Progr.

Wittich, Zur Taktik des leichten Percussions-Gewehres nebst darauf bezüglichen Exercirübungen. gr. 8. (IX und 177 S. mit Zeichnungen auf 7 Stnt. in gr. 8., 4. und qu. Fol.) Düsseldorf 853, Schaub'sche Buchh. *

— militairisches Vade mecum od.: nützliche Notizen für den Officier ausserhalb der Garnison besonders in Felde. 2. Aufl. 16. (IV u. 80 S.) Düsseldorf 852, Stahl. n. 1/4 Thlr

Wittich, militairisches Vade mecum oder: Nützliche Notizen für den Officier ausserhalb der Garnison besonders im Felde. 3. stark verm. Aufl. Düsseldorf 854. Kaulen. 16. (VIII, 120 S. u. 1 lith. Taf.) n. 7½ ngr.

Wittich, A. v., Plan der Umgegend von Mainz. 1 : 25,000. Bedeutend erweitert und bis auf die neueste Zeit revid. Ausg. Lithogr. Imp.-Fol. Mainz 878, v. Zabern. *
Auf Leinw. *

Wittich, A., De rhetoribus latinis eorumque scholis. Pr. 1853. 12 S. 4⁰.

Wittich, A., De grammatistarum et grammaticorum apud Romanos scholis. Pr. 1844. 11 S. 4⁰.

Wittich, Alexander

— s. Bibliothek, ausgewählte, der Classiker d. Auslandes, 3. Bd.

Wittich, Alex., Erinnerungen an Lissabon. Ein Gemälde der Stadt nebst Schilderungen portugiesischer Zustände, Bestrebungen u. Fortschritte der neuesten Zeit. gr. 8. (18 B.) Berlin 843, G. Reimer.

— de republicae Romanae ea forma, qua L. Cornelius Sulla Dictator totam rem Romanam Ordinibus, Magistratibus, Comitiis commutavit. Commentatio primario ornata praemio. 8 maj. Lipsiae 834. Lehnhold. 1 Thlr

Wittich, Alex., Helene Louise Elisabeth Herzogin von Orleans zu Eisenach, mit Erinnerungen aus ihrem Jugendleben. Jena 860. Fr. Frommann. gr. 8. (IX, 53 S.) 10 ngr.

Wittich, Alex., die höh. wissenschaftl. Lehr- u. Erziehungs-Anstalt zu Hofwyl. Ein pädagog. Beitrag. gr. 8. (3½ B.) Leipzig 837, Hochhausen u. Fournes. (?)

Wittich, Benjamin. Unsere Literatur: Vortrag. Cincinnati, 1898. UC

Wittich, C., Lehrpläne f. gemischte ländliche Fortbildungsschulen, s.: Rosenkranz, Fritz.

Wittich, C. A., s. Wittich, K. A.

Wittich, C. C., de soloecismorum proscriptione ex S. S. Lips. 1739. 4.

Wittich, C. M., die Amortisation der Pfandbriefe führt zu größerer Verschuldung der Rittergüter. Breslau 861. Trewendt. 8. (32 S.) 6 ngr.

Wittich, C. M., Grundsätze zur Werthschätzung des der landwirthschaftlichen Benutzung unterworfenen Grund und Bodens der größeren und kleineren Landgüter der Prov. Schlesien, mit Gegenüberstellungen des wirthschaftl. Werthes zu dem Rein-Ertrage der nach dem Gesetz vom 21. Mai 1861 erfolgten Steuerveranlagung. Ein unentbehrl. Handbuch für Gutskäufer, Kapitalisten, Hypotheken-Inhaber und Communal-Behörden. gr. 8. (VIII, 95 S.) Breslau 870, Trewendt. *

Wittich, Carl . . . s. Wittich, Karl . . .

Wittich, Chr. Karl Fr.

(—) Beschreib. d. Mineralien des Habichtwaldes bei Cassel in Beziehung auf käufl. Sammlungen. 8. Cassel 799.

— Leben von ihm selbst für seine Bekannte geschildert. 1r Abschn.: Kindheit u. Knabenalter bis zum 12. Jahre. 8. Götting. 817.

Wittich, Chr. Karl Fr., commentatio de notione juris metallici. 8. Cassel 802. Griesbach. 2 gr

— erklär. Verzeichniß der in d. Herrschaft Schmalkalden vorkomm. Gebirgsarten in Beziehung auf künftige Sammlungen. 8. . . . 807.

Wittich, Christian Friedrich

—Hannickels und seiner Konsorten letzte Auftritte, ein *Anhang* zu Hannikel . . . . (vom Vorigen). Ebd. 1787. 8⁰.
Anon.-Lex. I. p. 119; Max Perl's Berliner Febr.-Auct. 1908, no 235, Beibde.

Wittich, Chr. Fr., († d. 2. Juni 1818.) der Dorfschullehrer, s. C. F. Moser.

- s.a. Hannikel, oder die Räuber . . .

Hannikel. — Hannikel, oder die Räuber- und Mörderbande, welche zu Sulz in Verhaft genommen . . . . (von *Chrn. Friedr. Wittich*). Tübingen, o. J. (1787). 8⁰.

Wittich, Chr. Fr., s. Hannikels u. seiner Consorten letzte Auftritte.

Wittich, Christoph [aus Darmstadt]: Pflanzen-Areal-Studien: Die geographische Verbreitung unserer bekanntesten Sträucher. . . . Giessen, Druck v. Wilhelm Keller, 1889; 35 S. + 1 Bl. u. 1 Taf. 8"
Giessen, Phil. Fak., Inaug.-Diss. v. 1889

Wittich, Curt, s. Wittich, Kurt

Wittich, E., Homer in seinen Bildern u. Vergleichgn. (71 S.) 8. Stuttgart 908. J. F. Steinkopf. 1. 20

Wittich, E., physikal. Spielereien, s.: Papier- u. Kartonarbeiten f. Kinder.

Kayser, Jo. Friedr. [Präs.] u. Eberh. Georg Wittich [Auct. et Resp.]
Dissertatio juris gentium et publici de tuendo aequilibrio Europae.
Giessae 30. Sept. 1723: Jo. Müller. (4), 64 S. 4°
publico eruditorum examini

Wittich, Ernst: Beiträge zur Kenntnis der Messeler Braunkohle und ihrer Fauna. M. 2 lithogr. Taf. *Darmstadt: in Comm. bei A. Bergsträsser 1898.* (69 S. mit Taf.) 8°
¶(Aus: Abhandlungen der geologischen Landesanstalt zu Darmstadt, Bd 3 H. 3.)
Giessen, Phil. Diss. v. 1898

Wittich, Ernst, Beiträge zur Kenntnis d. Messeler Braunkohle u. ihrer Fauna, s.a. Abhandlungen d. grossherzogl. hess. geolog. Landesanstalt zu Darmstadt.

— Monismus u. Dualismus. Zur Verständigung üb. den Kampf der Weltanschaugn. in der Gegenwart. (47 S.) gr. 8. Stuttgart 908. Buchh. der evangel. Gesellschaft. 1.—

Wittich, E(rnst), Dr.: Übersicht der geologischen Verhältnisse des Großherzogtums Hessen. Darmstadt 1907: G. Otto. (21 S., 2 Taf.) 8°
Darmstadt, großh. Neues G OP 1907 (794)

Wittich, E., Übersicht der geolog. Verhältnisse des Grossherzogt. Hessen. Mit 1 Karte u. 3 Profilen (in Farbdruck). (24 S.) 8. Giessen (907). E. Roth. — 80

Wittich, [Ernst v.]: Weltanschauung und Wissenschaft. Eine antimonistische Betrachtung. (Aus: Staatsanz. f. Württ. Liter. Beil.) Stuttgart 1906.

Wittich, Eug., ein Beitrag zur Geschichte der Kniegelenksresektion. Inaugural-Dissertation. gr. 4. (45 S.) Tübingen 871, (Fues'sche Sortimentsb.)

Wittich, F. W. W., De persona Lycophronis ab Hyperide defensi. Diss. 1864. 36 S.

Wittich, Fr. Wlh., einige Briefe über die Seeräuberei der Barbaresken. 8. Köln 819. Imhof-Schwarz. 15 gr (Düsseld., Schreiner). 16 gr

— Statistik Englands. 1s Heft. gr. 8. Berl. 825. Dümmler. 1 ℛ 6 gr

Wittich, Friedrich Wilhelm Werner, s.a. Wittig

—, *Bericht über die Feier des 25jährigen Bestehens der Schule.* 4 (S. 24—25 d. Schuln.). **Progr.** Städt. Rg. *Cassel* 1895 (411).

Wittich, *Friedrich* Wilhelm *Werner* Einleitung und Kapitelüberschriften zu einer Schulausgabe von Sallusts Catilina. 4 (S. 3—18). **Progr.** Städt. Rg. *Cassel* 1891 (393).

Wittich, Fr. Wilh. W., kurzgefaßtes Lehrbuch des Lateinischen. 1. Bdchn.: Für Sexta. gr. 8. (VIII, 94 S.) Kassel 879. Fischer. cart. n. 1. 20

— dasselbe. 2. Bdchn.: Für Quinta. gr. 8. (VIII, 181 S.) Ebend. 881. cart. n. 2. —

— dasselbe. 3. Bdchn.: Für Quarta. gr. 8. (VII, 164 S.) Ebend. 882. cart. n. 2. —

Wittich, Fr. Wilh. W., kurzgefaßtes Lehrbuch des Lateinischen. 4 Bdchn. 8. Kassel, [Fischer.] Hühn. geb. *

Inhalt:

Bdchn. 1. Für Sexta. 2. Aufl. (. . . . S.) 886. geb. *M 1.20.
" 2. Für Quinta. 2. Aufl. (VIII, 182 S.) 887. geb. *M 2.—.
" 3. Für Quarta. 2. Aufl. (. . . . S.) 888. geb. *M 2.—.
" 4. Für Tertia. (. . . . S.) 885. geb. *M 2.—.

Wittich, Fr. Wilh. W. Kurzgefaßtes Lehrbuch d. Lateinischen. 1. Bdchn.: Für Sexta. 3. Aufl. gr. 8. (X, 114 S.) Cassel 891, Hühn. geb. * 1 40

Wittich, Fr. Wilh. W., Kurzgef. Lehrbuch d. Lateinischen. 4 Bdchn.: Für Tertia. 2. Aufl. gr. 8. (VIII, 231 S.) Cassel 897. E. Hühn. Geb. n.n. 3. 25

Wittich, Fr. Wilh. W., kurzgefaßtes Lehrbuch des Lateinischen. 2. Bdchn.: Für Quinta. 3. Aufl. gr. 8. (VIII, 191 S.) Cassel 899. E. Hühn. Geb. n. 2.50

Wittich, *Friedrich* Wilhelm *Werner* Rückschau auf die fünfundzwanzigjährige Geschichte des Casseler Realgymnasiums. 4 (63 S.). **Progr.** Städt. Rg. *Cassel* 1894 (403).

—, Übersicht über die Schüler des Realgymnasiums aus den Jahren 1869—1894, welche der I oder II nicht angehört haben. 4 (S. 15—41). **Progr.** Städt. Rg. *Cassel* 1895 (411).

Wittich, Heinrich, appr. Arzt aus Cassel: Aus d. Münchener Kgl. Universitäts-Frauen-Klinik. Drei geheilte Fälle von supravaginaler Amputation des myomatösen schwangeren Uterus. Kurze Zusammenstellung aller bisher operierten Fälle. *München 1898: Kastner & Lossen.* (99 S.) 8°
München, Med. Diss. v. 1898

Wittich, Heinrich Georg

— Beantwortung der Fr.: wie dem Gesinde, wenn sie treu gedient haben etc., im Alter Unterhalt u. Pflege etc. verschafft werden könne etc. 8. Götting. 797. Dieterich. 2 gr

— über einige Einwürfe d. bisher. Eintheil. d. logischen Interpretation. 8. Götting. 798. Brose. 1 gr Nachtrag dazu. Ebd. 801. Schröder. 2 gr

Wittich, Hnr. Geo., Entwurf e. einfachen Systems d. heut. Civilrechts. 3 Bde. mit Kpf. gr. 8. Frankf. 804—6. Fr. Wilmanns. 5 ℛ 6 gr

Wittich, Heinr. Ge.: Erklärung der Theile des Rechts aus der Natur des Staats, und mit Anwendung auf Deutschland. Progr. Göttingen 1797.

Wittich, H. G.: Einige Erörterungen der logischen Interpretation. *Gött.* 800. 8. Nachtrag dazu. Ebend. 801. 8.

(—) Grundriß e. einfachen Systems d. Pandekten. 8. Götting. 802. Schröder. 2 gr

— disquisitio de jure ob moram resiliendi a pactis lege commissoria etsi haud adjecta. 8. Götting. 799. Brose. 6 gr

— principia et subsidia hermeneuticae juris. .. Götting. 797. Vandenhöck u. R. 5 gr

Wittich, H. G.: Princ. et subsidia hermeneut. jur. *Gott.* Vandenhöck. 799. 8. (8 Gr.)

Wittich, H. G.: Einfaches Syst. d. heut. Civilrechts. *Frcf. a. M.*, Wilmans. 804—5. 3 Bde. mit 2 Kupfern. 8. (5 Thlr. 6 Gr.)

Wittich, Henr. Ge.: Systema iuris naturae tabula depictum, cum praefamine de iure naturae iuridico eiusque bifario loco in ordine collegiorum iuris. Gottingae 1797.

—systema juris naturae tabula depictum. 8. Götting. 798. Brose. 1 ℛ

Wittich, Jo. Siegm., kurze Anleit. zur Auffindung d. Stammbuchstaben in der arabischen Sprache. 8. Wittenb. 798. Zimmermann. 4 ℛ

Wittich, Johann Sigismund (Venusberg) A. S. 575/110

Specimen continens caput iuris controversum de curatore litis in concursu creditorum.
Präs. Christian Heinrich Breuning.
Leipzig (Langenheim) 27. VIII. 1768. 8 S.

37046

— Grundzüge d. chaldäischen Sprache. 8. Wittenb. 801. Zimmermann. 4 ℛ

—interpretatio loci arabici ex opere Avicennae de superfoetatione. 8. Wittenb. 803. Zimmermann. 4 ℛ

—hebräische Sprachlehre. Tabellar. Uebersicht der Zergliederung in d. hebr. Sprache. 8. Wittenb. 802. Zimmermann. 4 ℛ

— tabellarische Uebersicht d. Zerglieder. in d. hebräischen Sprache. 8. Ebend. 802.

Wittich, K. A.

Wittich, C. A., üb. d. Befestigung u. Vertheidigung grosser Plätze. gr. 8. (4½ B. u. 1 Stnt.) Berlin 840, Geo. Reimer.*

Wittich, C. A., über die Grundsätze der Befestigungskunst namentlich in ihrer Anwendung auf grosse Städte. gr. 8. (VI und 66 S. mit 1 Stnt. in Fol.) Berlin 852, Behr's Buchh. *

—— das Schießen u. Werfen aus Feldgeschützen, nach den in d. preuß. Artillerie besteh. Grundsätzen pract. dargest. z. Gebr. beim Unterr. ausübender Artilleristen. 1. Aufl. 12. (2 B.) 837. * ⅙ Thlr., 2. Aufl. 8. (3¾ B.) Koblenz 839, Bädeker.

Wittich, der Reiter-General Frdr. Wilh. Freiherr v. Seydlitz. Eine biographische Skizze. Nach Varnhagen v. Ense's „Leben des Generals v. Seydlitz" bearb. Nebst (lith.) Abbildung des Denkmals. Düsseldorf 860. (Berlin, Mittler & Sohn.) gr. 8. (57 S.) 7½ ngr.

Wittich, Karl, Dietrich v. Falkenbergs Ende. Entgegng. auf d. Schrift: „Jürgen Ackermann, Kapitän b. Regiment Alt-Pappenheim. 1631". gr. 8. (22 S.) Leipzig 895. Veit & Co. n. — 60

Wittich, Karl, die Entstehung des Herzogth. Lothringen. gr. 8. (123 S.) Göttingen, Vandenhoeck und Ruprecht's Verlag. *

Wittich, Karl. Dietrich v. Falkenberg, Oberst u. Hofmarschall Gustav Adolfs. Ein Beitrag zur Geschichte d. 30jähr. Krieges. gr. 8. (XII, 359 S.) Magdeb. 892, [Schäfer]. Niemann. * 6 —; geb. * 8 —

Wittich, Karl *Ludwig Maximilian Otto* [aus Cassel]: Die bei den landwirthschaftlichen Bodenmeliorationen in Frage kommenden betriebs-wirthschaftlichen und technischen Grundlagen und ihre erfolgreiche Anwendung im Landwirthschaftsbetrieb ... Cassel, Druck v. L. Döll, 1896; 2 Bl., 86 S., 1 Bl. 8.
Heidelberg, Naturw.-math. Fak., Inaug.-Diss. v. [12. Febr.] 1896

Wittich, Karl, Magdeburg, Gustav Adolf und Tilly. 1. Bd.: Kritische Untersuchungen zur Geschichte des dreissigjähr. Krieges mit Benutzung meistens ungedruckter Quellen. gr. 8. (XXV, 777 und Nachtr. XXIV S.) Berlin 874, C. Duncker. *

—— dass. — 2. (Quellen-)Bd. 1. Hälfte. gr. 8. (64 S. mit 1 lithogr. Plan in qu. gr. 4.) Ebendas. 874. *

— Pappenheim u. Falkenberg. Ein Beitrag zur Kennzeichng. der lokalpatriot. Geschichtsschreibg. Magdeburgs. gr. 8. (VII, 141 S.) Berlin 894. W. Baensch. n. 4. —

Wittich, Karl, Struensee. gr. 8. (XVI, 263 S.) Leipzig 879. Veit und Comp. *

Wittich, Carl, Wanderbuch für Radfahrer. Hrsg. im Auftrage d. deutschen Radfahrerbundes. Mit 1 Uebersichtskarte, 1 Profilkarte u. 1 Plan der Carlsaue in Cassel. (2. Aufl.) 12. (XVI, 144 S.) Cassel (900). A. Freyschmidt. Kart. n. 1. 80

Wittich, Carl: Wanderbuch f. Radfahrer durch Kur-Hessen u. angrenz. Gebiet. Hrsg. im Auftr. d. deutschen Radfahrerbundes. M. 1 Übersichtskarte. 12. (XV, 124 S.) Cassel 898. A. Freyschmidt. Geb. n. 1. 50

Wittich, K. Die Zerstörung Magdeburgs im Jahre 1631. (39.) 4. Berlin 1874

Wittich, Karl Fr., delineatio juris civilis in terris Hasso-Cassellanis usitati, systematice conscripta. Prs. I. II. 8. Cassel 791, 93.

Wittich, Karl Friedrich (Kassel) A. S. 166/25

Dissertatio inauguralis iuridica de dote ex natura donationis revocanda.
Marburg (Bayrhoffer) 10. VIII. 1789. 52 S.

37047

WITTICH, CARL FRIEDRICH. Ueber die Einwirkung von Schwefligsäure-Anhydrid auf verschiedene Metalloxyde. (Freiburg im Breisgau) Darmstadt, 1880.

Wittich, Kurt

Wittich, Curt, das Retentionsrecht [insbes. des locator nach § 1228 des bürgerl. Gesetzbuchs.] Ein Versuch. Lex.-8. (14 S.) Chemnitz 868, (Focke.)

Wittich, L. v., u. Karl Wagner, Ferien d. Tiere. Heit. Verse von L. v. W. m. Bildern v. K. W. gr. 4. (11 Bl. m. farb. Abbildgn.) Dresden 896. C. C. Meinhold & Söhne. Kart. 2. —

Wittich, L., Geschichte der Commune in Paris. 12 Hfte. hoch 4. (228 S. m. eingedr. Holzschn.) Stuttgart 871. Werther. à — 40

Wittich, L. Geschichte der Kommune in Paris. (288) 4. Stuttgart 1872. 4.80.

Wittich, L. v., aus meinem Tagebuche 1870—71. gr. 8. (III, 503 S.) Cassel 872, Kay. *ℳ 6.; geb. **

Wittich, L. W., Predigt bey der Feyer des Reformationsjubelfestes am 31. Octbr. 1817. gr. 8. Gotha, Hennings. -

Wittich, L. W., Sammlung neuer Muster zum Stricken, Häckeln u. Perlstickerei. 4. Berl. 812. Wittich. 2 ℛ 12 gℓ

— — Statuten der Schullehrerwittwenkasse f. die Stadt u. Herrschaft Schmalkalden. 2te Aufl. gr. 8. Schmalkalden. (Erfurt, Keyser.) 820.

— Vorzeichnungen von Buchstaben, s. Vorzeichnungen.

Wittich, Ludwig Wilhelm (Kassel)
De origine mali moralis.
Giessae 13. Sept. 1793.
Phil. Diss.

Wittich, M., der schwarze Tod. Betrachtungen über den unheilvollen Einfluß der kathol. Kirche auf Deutschlands staatl. u. geist. Entwicklg. (64 S.) gr. 8. Bamberg (903). Handels-Druckerei u. Verlagsh. n. 1. —

Wittich, M., Vineta. Eine moderne Hundstagsphantasie. (Umschlag: Humoristischer Roman.) 8. (221 S.) Dresden 901. E. Reißner. n. 3. —; geb. n. 4. —

Wittich, Manfr. Gelegenheitsgedichte u. Prologe f. Arbeiterfeste. Mit e. Anh.: Winke f. Redner. 8. (96 S.) Münch. 892, Ernst. * — 75

— dasselbe. 2., durchgeseh. u. verm. Aufl. 8. (124 S.) Ebd. 894. n. — 75

—— Geschichte der älteren deutschen Literatur, s. Volks-Bibliothek d. menschlichen Wissens.

Wittich, Manfr.: Geschichte der neuesten Zeit, s. Volksbibliothek des gesammten menschlichen Wissens.

— Goethe u. die Liebe. Studie zur Einführung in Goethe's Dichtungen. 12. (72 S.) Dresden 888. Schoenfeld & Harnisch. n. — 25

— Ulrich v. Hutten. Ein Reformationsfestspiel. 2 Aufl. gr. 16. (40 S.) Dresden 888. Schnabel. — 30

Wittich, Manfr., die Kunst der Rede, s.: Bibliothek des praktischen Wissens. Nr. 1.

Wittich, Manfr., s.: Lieder e. fahrenden Schülers.

Wittich, Manfred, das Volk und die Literatur, s. Haus-Bibliothek.

Wittich, Max, die acute Pneumonie und ihre sichere Heilung mit Quecksilberchlorür ohne Blutentziehung. Eine Monographie. Lex.-8. (VIII und 100 S.) Erlangen 850, Enke's Vrlgsh. *

Reform des Strafrechts und der Strafrechtspflege von Dr. M[ax] Wittich, Landrichter in Hamburg. *Hamburg: O. Meissner 1901.* (99 S.) 8° [F.]
[01. 9425

Wittich, Otto. Ueber Triphenylmethyltoluidine und ihre wichtigen Derivate, sowie über die Einwirkung von Aluminiumchlorid auf Toluol und Chlorpikrin, respectiv Chloroform, bei Gegenwart von Schwefelkohlenstoff. (Freiburg i. B.) Darmstadt, 1885. G. S., S. I.

Wittich, P., Die Bücherei im Reichstagshause zu Berlin. Mit 8 Abbildungen im Text und 3 Tafeln. Berlin 1898.

Wittich, Richard, über einen Fall von lippenförmiger Wangenfistel. Diss. Marburg 1888, N. G. Elwertsche Univ.-Buchh. 8°. 16 S.

Wittich, Richard [approb. Arzt aus Lendorf]: Ueber einen Fall von lippenförmiger Wangenfistel .... Mainz, Druck v. Joh. Falk III. (1888); 16 S. 8°
Marburg, Med. Fak., Inaug.-Diss. v. [9. Jul.] 1888

Wittich, W. v., Aufsaugung, Lymphbildung, Assimilation, s. Handbuch der Physiologie.

Wittich, W. v.: Physiognomik und Phrenologie, s.a. Sammlung gemeinverständl. wissenschaftl. Vorträge.

Wittich Wv, Physiognomik und Phrenologie. (Slg wissenschaftlicher Vorträge 98) Berlin 1870

– Die Schnelligkeit unsres Empfindens, s.a. Sammlung gemeinverständl. wissenschaftl. Vorträge.

Wittich Wv, über die Schnelligkeit unseres Empfindens und Wollens. (Sammlung gemeinverständlicher wissenschaftlicher Vorträge 50) Berlin 1868

Wittich, Walter, Medizinalprakt.: Aus d. chir. Universitätsklinik zu München. Ein Beitrag zur Kasuistik der Entzündung des Meckelschen Divertikels. München 1908: Mühlthaler. 49 S. 8°
München, Med. Diss. v. 5. Sept. 1909, Ref. v. Angerer
[Geb. 14. März 84 Rudolstadt; Wohnort: Jena; Staatsangeh.: Preußen; Vorbildung: Kgl. Gymn. Dresden-N. Reife O. 03; Studium: Freiburg i. B. 2, Jena 3, München 5 S.; Coll. 6. Sept. 09; Approb. 31. Juli 09.] [U 10. 3607

Wittich, Werner, s.: Abhandlungen aus dem staatswissenschaftl. Seminar zu Strassburg.

— Altfreiheit u. Dienstbarkeit des Uradels in Niedersachsen. Mit einer Beilage über das Geschlecht von Alten. (VII, 203 S.) gr. 8. Stuttgart 906. W. Kohlhammer. n. 4. —
Erweit. Sonderabdruck aus der „Vierteljahrsschr. f. Social- u. Wirtschaftsgesch."

— Civilisation et patriotisme en Alsace. Traduction et préface par Henri Lichtenberger. (VII, 20 S.) gr. 8. Strassburg (Brandgasse 2) 909. Expedit. der illustr. elsäss. Rundschau. 1. 20

Wittich, Werner, die Frage der Freibauern. Untersuchungen über die soziale Gliederg. des deutschen Volkes in altgerman. u. frühkaroling. Zeit. gr. 8. (III S.) Weimar 901. H. Böhlau's Nachf. n. 3. —
Sonderabdr. aus: „Ztschr. d. Savigny-Stiftg. f. Rechtsgesch."

Wittich, Werner, d. Grundherrschaft in Nordwestdeutschland. gr. 8. (XIV, 461 u. 143 S.) Leipzig 896. Duncker & Humblot. n. 13. —

Wittich, Werner, deutsche u. französische Kultur im Elsass. gr. 4. (98 S. m. Abbildgn.) Strassburg 900. Schlesier & Schweikhardt. n. 5. —
Sonderabdruck aus: „Illustr. elsäss. Rundschau".

— Kultur u. Nationalbewusstsein im Elsass. (19 S.) gr. 8. Ebd. 909. 1. 20

— Landwirtschaftskammern nach dem Gesetz vom 30. Juni 1894. Berlin 895.

Wittich, Werner [aus Darmstadt]: Ländliche Verfassung Niedersachsens und Organisation des Amts im 18. Jahrhundert. . . . (1. Theil einer gröss. Untersuch. üb. d. ländl. Verf. Niedersachsens.) Darmstadt, L. C. Wittich'sche Hofbuchdr., 1891; 2 Bl., 126 S. 8°
Strassburg, Rechts- u. staatswiss. Fak., Inaug. Diss. v. 1891

Wittich, Wilhelm

Wittich, W. Antrittsrede. S. 25—28. **Progr.** Rg. *Kassel* 1884.

Wittich, (Wilh.), Dr.: Die **Bedeutung** von Hessen für die Entwickelung Deutschlands. Festrede für d. 22. März 1870. *Cassel (1899): W. Schlemming.* (16 S.) 4°
Cassel, st. RG, OP 1899 (428)

Wittich, Wilhelm [Dir. Dr.]: *Bericht über die Feier des 25-jährigen Bestehens der Schule.* Cassel, Buchdr. v. C. Richartz, 1895; 24—25 S. 4.
Cassel, st. RG, OP 1895 (411)

Wittich, Wilhelm [Dir.: Dr.]: **Einleitung und Kapitelüberschriften zu einer Schulausgabe** von Sallusts Catilina. **Cassel,** Druck v. K. **Gosewisch,** *1891;* S. 3—18; 4°
Cassel, st. RG, OP 1891 (393)

Wittich, Wilh. Zum Gedächtnis der Direktoren Prof. Fr. Kreyssig und Dr. Aug. Preime. Kurzer Rückblick, gegeben am 20. Febr. 1884 in der Abendunterhaltung des Realgymnasiums. S. 26—30. **Progr.** Rg. *Cassel* 1885

Wittich, Wilh. Inhalts-Angabe von Torquato Tasso's Befreitem **Jerusalem,** s. a. Siebert, Herm. Rede zur **Gedächtnis-Feier** am 18. Oktbr. 1888.

Wittich, Wilhelm [Dir. Dr.]: Inhalts-Angabe von Torquato Tassos Befreitem Jerusalem. Cassel, Druck v. K. Gosewisch, 1890; S. 10—24; 4°
Cassel, st. RG, OP 1890 (390)

Wittich, W., üb. Euripides' Iphigenie unter den Tauriern u. Goethe's Iphigenie auf Tauris. gr. 4. (17 S.) Cassel 888. (Leipzig, Fock.) n. — 75

Wittich, Wilhelm [Dir. Dr.]: Lehrplan für den Unterricht im Französischen am Realgymnasium zu Cassel . . . Cassel, Druck v. K. Gosewisch, 1889; S. 3—15; 4°
Cassel, st. RG, OP 1889 (374)

Wittich, Wilhelm Lehrplan für den Unterricht in der Geschichte, entworfen in Gemeinschaft mit den Fachlehrern und dem Königlichen Provinzialschulkollegium eingereicht von dem Direktor. 4 (S. 17—24). **Progr.** Rg. *Cassel* 1888 (377).

— üb. **Sophokles'** „König Ödipus" u. Schiller's „Braut v. **Messina**". gr. 4. (24 S.) Cassel 887. Leipzig, Fock. n. 1. —

Wittich, Wilhelm [Dir. Dr.]: Rückschau auf die fünfundzwanzigjährige Geschichte des Casseler Realgymnasiums. Cassel, Buchdr. v. Gebr. Schneider, 1894; 63 S. 4.
Cassel, st. RG, OP 1894 (403)

—— **zu Göthes Tasso. gr. 4. (26 S.) (Ebendas.) 887. ***

Wittich, Wilhelm [Dir. Dr.]: Übersicht über die Schüler des Realgymnasiums aus den Jahren 1869—94, welche der I oder II nicht angehört haben. Cassel, Druck v. C. Richartz, 1895; 15—41 S. 4.
Cassel, st. RG, OP 1895 (411)

—— **Wörterverzeichnis zu den deutschen Übungsstücken d. kurzgefaßten Lehrbuchs d. Lateinischen für Quarta. gr. 8. (17 S.) Cassel 890, Hühn. cart. * — 35**

Wittich, Wilhelm Heinrich

Wittich, Guil(elmus) Henr(icus) de: Observationes quaedam de aranearum ex ovo evolutione. Accedit tabula lithographica. Halis Saxonum (1845): Ploetz. 17 S., 1 Taf. 8° (4°)
Halle-Wittenberg, Med. Diss. v. 20. Aug. 1845
Geb. Königsberg i. Pr. 21. 9. 1821. V.

Wittichen, das öffentliche Gesundheitswesen in dem Landdrosteibezirk Hildesheim während des J. 1882. Erster General-Bericht. gr. 8. (98 S.) Hildesheim 884, Lax. *

Wittichen. Die Naturalverpflegg d. Soldaten i. d. Garnison, m. Verbessergsvorschlagen. 1866.

Wittichen, Carl, s. Wittichen, Karl

Wittichen. [illegible]

Wittichen, Friedrich Karl

Wittichen, Frdr. Carl, s.: Briefe von u. an Friedrich v. Gentz.

Wittichen, Friedrich Karl: Preussen und England in der europäischen Politik 1785—1788. *Heidelberg: C. Winter 1902.* (VII, 53 S.) 8° ¶ [Erschien vollst. 1902 als: Heidelb. Abhandl. zur mittl. u. neueren Gesch., H. 2.]
Heidelberg, Phil. Diss. v. 1902

Wittichen, Frdr. Karl, Preußen u. England in der europäischen Politik 1785—1788, s. a. Abhandlungen, Heidelberger, zur mittleren u. neueren Geschichte. 2.

Wittichen, Frdr. Carl, Preußen u. die Revolutionen in Belgien u. Lüttich 1789—90. (VI, 122 S.) gr. 8. Göttingen 905. Vandenhoeck & Ruprecht. n. 2. 80

Wittichen, Karl

Wittichen, Carl, der geschichtliche Charakter des Evangeliums Johannis in Verbindung mit der Frage nach seinem Ursprunge. Eine krit. Untersuchung. gr. 8. (VI, 119 S.) Elberfeld 868, Friderichs. *

—— **die Idee des Menschen. 2. Beitrag zur bibl. Theologie hauptsächlich der synopt. Reden Jesu. gr. 8. (VIII und 218 S.) Göttingen 868, Dieterich'sche Buch. ***

—— **die Idee des Reiches Gottes. 3. Beitrag zur bibl. Theologie insbesondere der synopt. Reden Jesu. gr. 8. (X, 242 S.) Göttingen 872, Dieterich's Verlag. ***
1. und 2. Ebendas. 1865,68. *M 4,60.

— **das Leben Jesu** in urkundlicher Darstellung. Eine **krit. Bearbeitg.** der Evangelien nach Marcus, Matthäus u. **Lucas,** m. Einleitg. u. Erläutergn. gr. 8. XVI, 397 S.) **Jena 876. Dufft.** n. 9. —

—— **die christliche Lehre, ein Leitfaden für den höhern evangel. Religionsunterricht. gr. 8. (VI, 49 S.) Jena 874, Dufft. [Fischer.] ***

Wittichen, Carl, die Lehre Gottes als des Vaters, ein Beitrag zur bibl. Theologie hauptsächlich der synopt. Reden Jesu. gr. 8. (XI und 86 S.) Göttingen 865, Dieterich'sche Buchh. *

—— Lesebuch für den evangelischen Religionsunterricht in Schule und Haus. 3 Thle. in 1 Bde. gr. 8. Bonn 878, Weber's Verlag. *

Inhalt:
Thl. 1. Mannigfaltiges. (IV, 64 S.) cart. * 60 Pf.
» 2. Biblische Geschichten. (IV, 184 S.) cart. *ℳ 1,25.
» 3. Bilder aus der Geschichte des Christenthums. (III, 178 S.) cart. *ℳ 1,25.

Wittichen, Paul, H. de Catt u. seine Manuskripte Friedrichs des Grossen. (5 S.) gr. 8. Rom (904). (Loescher & Co.) n.n. — 40
Sonderabdruck aus: „Quellen u. Forschgn. aus ital. Archiven".

— s.: Consalvi's Briefe aus den J. 1795—96 u. 1798.

— zur Geschichte des apost. Vikariats des Nordens zu Beginn des 18. Jahrh. (27 S.) gr. 8. Rom 904. Loescher & Co. n.n. — 80

Wittichen, P., die polnische Politik Preußens 1788—90. gr. 8. (VII, 110 S.) Göttingen 899. Vandenhoeck & Ruprecht. n. 2.60

Wittichen, Paul, aus Frankfurt a. M.: Preussens polnische Politik 1788/89. *Göttingen 1899: Dieterich.* (41 S.) 8° [F.]
¶(Erschien vollst. 1899 u. d. T.: Die poln. Politik Preussens 1788—90.)
Göttingen, Phil. Diss. v. [14. Aug.] 1899

— zu den Verhandlungen Württembergs mit der Kurie im J. 1808. (4 S.) gr. 8. Ebd. (904). n.n. — 25
Sonderabdruck a.: „Quellen u. Forschgn. aus ital. Archiven".

Wittichenau [Schlagwort]

Wittichenau, s.: Sachsen. Karte.

Wittichenau, s.: Sachsen. Messtischblätter.

Wittje, Gustav

Wittje, G., vollständige Anciennetäts-Liste der k. bayer. Offiziere. Burg 1870. 8.

— —, vollständige Anciennetäts-Liste der Offiziere der Armee des deutschen Reichsheeres 2c. 13. mit 19. Jahrgang. Burg 1870—76. 8

Charakteristik der Festung Rendsburg. Bearb. und mit einem Plane versehen v. **G. Wittje.** Rendsburg 1848 | Fol. Handschrift

[F.] Geschichte des Westpreussischen Feldartillerie-Regiments Nr. 16 u. seiner Stammtruppentheile. F. d. Reg. auf dienstl. Veranl. zsgest. v. [Gustav] **Wittje,** Major ... im Westpr. Feldart.-Reg. Nr. 16. M. 1 Titelb. u. 3 Uebersichtsk. im Text. *Berlin: E. S. Mittler u. Sohn 1897.* (VI, 164 S., 1 Taf.) 1 Bd 8. 98 477

Wittje, G., die wichtigsten Schlachten, Belagerungen und verschanzten Lager vom Jahre 1708—1855. Kritisch bearb. zum Studium für Officiere aller Waffen. 2 Bde. Mit 1 (lith.) Plane von Sebastopol (in Fol.). Leipzig 861. C. F. Winter. Lex.-8. (VIII, 504 S.; 2 Bl., 198 S.) n. 3 ℳ 18 ngr.

Wittig, s. Fischer & Wittig.

Wittig, die Landgüterordnung f. Schlesien vom 24. Apr. 1884, erläutert an Beispielen. Ein prakt. Handbuch. gr. 8. (VII, 73 S.) Berlin 894. J. J. Heine. Kart. n. 1. 80

Wittig, d. Landwirtschaftskammern nach d. Gesetz v. 30. Juni 1894. 8. (VI, 95 S.) Berlin 895. P. Parey. n. 1. 25

Wittig, neueste englische Sprachlehre, od. schnellste u. kürzeste Art englisch zu lernen. Für Schule u. Haus. 1. Lehrkursus. 8. (44 S. wovon 2 in qu. gr. 4.) Jena 852, Doebereiner in Comm. n. 1/3 ℳ

Wittig, Ahr. Alf., die zwei Hilfsverba und drei activen Conjugationen des französischen Dialects. Nach des Autors neuestem enkyklisch-logisch-harmonisch-polyglottisch-comparativen Universalstudiensystem der morgen- und abendländischen Linguistik. Für die Freunde europäischer Sprachen als Auszug aus des Verf. größeren linguist. Werken dargestellt. 2., verb. Aufl. 4. (8 S.) Sagan 861, Grüsemann. Thlr.

Wittig, Albert: Ueber einige tabische Erscheinungen bei der multiplen Sklerose. Aus der Kranken-Abtheilung des städtischen Armenhauses. (Herr Professor Dr. Berger.) ... Breslau, Druck d. Bresl. Genossenschafts-Buchdr., 1885; 36 S. 8°.
Breslau, Med. Fak. Inaug.-Diss. v. 17. Okt. 1885.

Wittig, Alb., üb. einige tabische Erscheinungen bei der multiplen Sklerose. Aus der Kranken-Abtheilg. d. städt. Armenhauses. [Hr. Prof. Dr. Berger.] Inaugural-Dissertation. gr. 8. (34 S.) Breslau 885. (Köhler.) n. 1. —

Wittig, Albert [prakt. Arzt]: Ueber einen Fall von Hepatomphalos s. Hernia funiculi umbilicalis .... Königsberg in Pr., Druck v. R. Leupold, 1888; 30 S. + 1 Bl. u. 2 Taf. 8°
Königsberg, Med. Fak., Inaug.-Diss. v. 31. März 1888

Wittig, Alb. (II.), über einen Fall von Hepatomphalos s. Hernia funiculi umbilicalis. Inaugural-Dissertation. gr. 8. (30 S. mit 2 Taf.) Königsberg 888, (Gräfe und Unzer.) **

Wittig, B. Ein Jahrhundert der Revolution. Kämpfe für u. gegen Völkerfreiheit vom amerikan. Unabhängigkeits-Kriege bis in die neueste Zeit. (728) 8. Zürich 1873—75. 7,50.

Paris und die Weltausstellung 1900. Bericht f. d. Gewerbe-Verein zu Lauban von Bruno **Wittig.** *Lauban (1901): M. Baumeister.* (56 S.) 8° [Umschlagt.:] 1901. 2

Wittig, C.: Enchiridion codicis judic. Galiciensis cum omnibus ad finem Aug. 1829 publicatis authenticis declarati. Edit. II. *Leop.* (819 ff.) 831. 8.

— das allgemeine bürgerl. Gesetzbuch, für die deutschen Länder der österreich. Monarchie. 1r Bd. 8. Wien 829. (Lemberg, Millikowski.) 1 1/3 ℳ, Schreibp. 1 2/3 ℳ

Wittig, C., de jurisdictione civili in Galicia. Ed. II. 8. (.. B.) Leopolis 825, Milikowski.

Wittig, C., Tractatus de Galiciensi Tabula provinciali, libris civicis et fundalibus. Pars I. Theoretica. 8maj. Wien 819. (Lemberg, Millikowski.) 5/6 ℳ

— von der Verlassenschafts-Abhandlung, für Justizbeamte, Advokaten, herrschaftl. Wirthschaftsämter, Rechtsbeflissene u. selbst Privatpartheien in Galizien. gr. 8. Tarnow 835. (Lemberg, Millikowski.) 13 gr — 2e Aufl., herausg. von Moritz v. Stubenrauch. 8. Ebd. 841. 1 1/3 ℳ

Wittig, C. F., und **C. F. Fischer,** die Schnellpresse, ihre Mechanik und Vorrichtung zum Druck aller typographischen Arbeiten. Ein prakt. Handbuch für Principale, Factore, Maschinenmeister und Lehrlinge. 8. (XVI und 177 S. mit eingedr. Holzschn.) Leipzig 861, (O. Wigand.) *

Wittig, C. F., und C. F. Fischer, die Schnellpresse, ihre Mechanik und Vorrichtung zum Druck aller typographischen Arbeiten. Ein prakt. Handbuch für Principale, Factoren, Maschinenmeister und Lehrlinge. 2., verb. Aufl. 8. (IV und 140 S. mit eingedr. Holzschn.) Leipzig 866, (O. Wigand.)

Wittig, C. F., u. C. F. Fischer, die Schnellpresse, ihre Mechanik u. Vorrichtung zum Druck aller typographischen Arbeiten. Ein prakt. Handbuch für Prinzipale, Factoren, Maschinenmeister u. Lehrlinge. 3., verb. u. verm. Aufl. 8. (III, 175 S.) Leipzig 878. Fischer u. Wittig. 2. —

Wittig, Carl . . . s. W i t t i g , Karl

Wittig, Curt, s. W i t t i g , Kurt

Wittig, Emil. Für oder wider die neue Religionsreform. Ein Beitrag zu den religiösen Zeit- u. Streitfragen. gr. 8. (39 S.) Lpz. 891, G. A. Müller u. Comp. — 50

Wittig, Friedrich Wilhelm Werner, s.a. W i t t i c h

Wittig, *Friedrich Wilhelm Werner:* Die Bedeutung von Hessen für die Entwickelung Deutschlands. Festrede für den 22 März 1876 4 (16 S.) **Progr.** Städt. Rg. *Cassel* 1899

Wittig, G. A., die magnetische Heilwirkung u. deren Geheimnisse in ihren Beziehungen zu Hellsehen, Wunder u. Zauberei ꝛc. gr. 8. (39 S.) Zwickau 889. Möckel. — 60

— der **Lebensmagnetismus** als Heilkraft. gr. 8. (18 S.) Ebd. 888. — 30

Wittig, Geo. Ludw., Museum d. deutschen Schönredekunst. Eine Mustersammlung aus d. gewähltesten Dichtungen älterer u. neuerer Zeit z. Belebung u. Veredelung des Gefühls u. declamatorischen Vortrags. Mit e. geschichtl. Uebersicht d. deutschen Dichter u. ihrer Werke ꝛc. gr. 8. (11½ B.) Breslau 846, (Gosohorsky's Buchh.) *

Wittig, Gregor Konstantin

Wittig, Greg. Const., neue Entdeckungen zur Biographie des Dichters Johann Christian Günther aus Striegau in Schlesien. [1695—1723.] Mit einem (Holzschn.-)Portr. des Dichters, einem (lith.) Situationsplane seines Vaterhauses u. einer Lithogr. von Striegau zur Güntherzeit. gr. 8. (LIX, 362 S.) Striegau 880. 81. Hoffmann. n. 10. —

Wittig, Gregor Konst., neue Entdeckgn. z. Biographie d. Dichters Johann Christian Günther aus Striegau in Schlesien. (1695—1723.) Ergänzg. u. Bestätigg. gr. 8. Striegau 895. A. Hoffmann. n. 1. 60
(Hauptwerk u. Ergänzg. n. 7. 60; in 1 Bd. geb. n. 9. —
Urkunden u. Beläge z. Günther-Forschung. Jubiläumsschrift z. 200. Geburtstage d. Dichters am 8. April 1895. (29 S.)

Wittig, Greg. Constant., Johann Christian Günther. Ein Beitrag zu seinem Charakterbilde. Mit erneuten Berichtiggn. u. Zusätzen zu seiner Lebensgeschichte. (91 S.) gr. 8. Jauer 909. Glogau, Hellmann. 2. 50

Wittig, Gr. C., e. hellsehendes Heilmedium im Kampfe gegen den ärztlichen Stand u. den Staats-Anwalt. Aus Strassburger Zeitgn. zusammengestellt u. m. Anmerkgn. versehen. (Psychische Studien 1894, 4. Hft.) gr. 8. (74 S.) Leipzig 894. O. Mutze. n. 1. —

Wittig, Greg. Const., die Kehrseite der angeblich zu Berlin entlarvten Klopf- und Schreib-Mediumschaft Mr. Slade's. Ein letzter Apell an die exacten Gelehrten Deutschlands behufs endl. gründl. Entscheidung der Frage: Ist Mr. Slade's Mediumschaft echt oder ist sie unecht! Eine kritische und psycholog. Allerwelts-Gegenstudie. gr. 8. (17 S.) Leipzig 877, Mutze. **

W i t t i g ,
Greg. Konst., Urkunden und Belege zur Günther-Forschung. Striegau 1895. 8⁰. (Mk. 1,50.) (1 Mk. der Vorige, 1910.)

Wittig, J. S., Anfangsgründe d. arab. Sprachlehre, nebst einigen Lockmannischen Fabeln. 8. Wittenberg, Zimmermann. 812.

Wittig, J. S., de origine vocis: jubilaeum. Viteb. 1802. 4.

Wittig, Jh. Hnr., über die am häufigsten vorkommenden Krankheiten der Augen u. die sichersten Mittel sie zu heilen. 8. Hamb. 804. Kratzsch. (Schnuphaase in Altenb.) 8 *K*

Johann Philipp Wittig

Observatio vaginae in parturiendi negotio disruptae. Berolini (1828:) Petsch. 23 S. 8⁰
Berlin, Med. Diss. v. 28. März 1828

Wittig, Josef

Wittig, J., W. Schwierholz, H. Zeuschner, O. Scholz. Ambrosiaster-Studien, s.a. Abhandlungen, kirchengeschichtl. 8. Bd.

A m b r o s i a s t e r - S t u d i e n von Dr. J(osef) Wittig, W. Schwierholz, H. Zeuschner, O. Scholz. Breslau: Aderholz 1909. X, 197 S. 8⁰
(Kirchengeschichtl. Abhandlungen. Bd 8.)

Wittig, Josef, Diakon: Papst Damasus I. Quellenkrit. Studien zu seiner Geschichte u. Charakteristik. (Einl. u. T. 1.) *Breslau 1903: Schles. Volkszeitung (Umschlagt.: Rom 1902).* (43 S.) 8° ¶(Erschien vollst. als: Römische Quartalschrift f. christl. Archäol. u. f. Kirchengesch., Suppl. H. 14.)
Breslau, Kath.-theol. Diss. v. 5. Mai 1903

Wittig, Jos., Papst Damasus I, s.a. Quartalschrift, römische, f. christliche Altertumskunde u. f. Kirchengeschichte. 14. Suppl. Hft.

Papst D a m a s u s I. Quellenkrit. Studien zu s. Gesch. u. Charakteristik von Josef Wittig. Freiburg i. Br.: Herder in Comm. 1902. (XVI, 111 S.) 8⁰
(Quartalschrift, Römische, f. christl. Alterthumskunde. Suppl. H. 14.)

Wittig, Jos., die altchristl. Skulpturen im Museum der deutschen Nationalstiftg. am Campo Santo in Rom, s.: Quartalschrift, römische, f. christl. Altertumskunde.

Wittig, Karl

Wittig, Carl: Kritische Bemerkungen zu Properz. Dessau, Hofbuchdr. v. C. Dünnhaupt, 1895; 10 S. 4.
Dessau, herz. Friedrichs-G, OP 1895 (707)

Wittig, Carl Ernst, Predigt zum Gedächtniß Sr. Hochfürstl. Durchlaucht des verewigten Fürsten Herrn Heinrich LXII. Jüngere Linie Fürsten Reuß am 6. S. nach dem Feste Trin. 1854 zu Gera gehalten. Gera, Kanitz. 8. (16 S.) 1½ ngr.

Wittig, Carl Ernst, „Woher nehmen wir Brot?" Pred. gr. 8. (1 B.) Gera 837, [Kanitz.]

Wittig, Karl Ernst, „Woher nehmen wir Brot!" Predigt. gr. 8. Gera 837. Scherbarth. 1/8 ₰

Wittig, Karl Fr., († d. 12. Mai 1811.), s. u. F. Kopp, Handbuch.

Wittig, Kurt

Wittig, Curtius, Marienburgensis: Quaestiones Lydianae. Regimonti 1910: Karg & Manneck. 111 S. 8°
Königsberg, Phil. Diss. v. 4. Nov. 1910, Ref. Wünsch
[Geb. 2. April 87 Jamielnik; Wohnort: Königsberg i. P.; Staatsangeh.: Preußen; Vorbildung: Gymn. Marienburg Reife O. 05; Studium: Königsberg 10 S.; Rig. 6. Juli 10.] [U 11. 2786

Wittig, Kurt, appr. Arzt, Unterarzt b. Feldart.-Reg. Nr. 27: Sensibilitätsstörungen bei Syringomyelie. Berlin 1909: G. Schade. 47 S. 8°
Berlin, Med. Diss. v. 23. Juli 1909, Ref. Ziehen
[Geb. 5. Aug. 84 Dessau; Wohnort: Mainz; Staatsangeh.: Anhalt; Vorbildung: Gymn. Dessau Reife O. 03; Studium: Berlin K. W. A. 10 S.; Coll. 17. Juli 09; Approb. 15. Juli 09.] [U 09. 125

Wittig, Kurt, Volksaufklärung üb. Schädigung der Jugend durch Genussgifte, s.: Schüssler, Ludw.

Wittig, Ludwig: Bedeutung.

—— und Feier, die, des hundertjährigen Geburtstages v. Friedrich Schiller. gr. 8. (26 S. mit Schiller's Portr. in Stahlst.) New-York 859. (Philadelphia, Schäfer und Koradi.) *

Wittig, Ludw., Geschichte der Commune in Paris. 12 Hefte. hoch 4. (288 S. mit eingedr. Holzschn.) Stuttgart 872, Vogler und Beinhauer. [Werther.] (à Heft 40 Pf.)

—— ein Jahrhundert der Revolutionen. Geschichtliche Entwickelung der Kämpfe für und gegen die Völkerfreiheit, vom amerikan. Unabhängigkeitskriege bis in die neueste Zeit. 2 Bde. in 15 Lfgn. Lex.-8. (460; 248 S.) Zürich 874,75, Verlags-Magazin. à Heft 50 Pf.

Wittig, Ludwig Wilhelm

— s. Handbuch d. christl. Kirchen- u. Dogmengeschichte.

Wittig, Lbw. Wilh., Nachricht von d. Garnisonschule in Cassel u. der damit verbund. Garnisonschule. 8. Cassel 804.

— Predigt bei der Feier des Reformationsjubelfestes am 31. Okt. 1817. gr. 8. Gotha, Hennings. 2 gr.

— Rede bei d. Einweihung eines neuen Garnisonschulgebäudes in Cassel, gehalten d. 16. Nov. 1803. 8. Cassel (803.)

— Statuten d. Schullehrer-Wittwen-Casse d. Stadt u. Herrschaft Schmalkalden. gr. 8. Schmalkald. 801. 2e A. 820. (Keyser in Erf.)

Wittig, Max: Johann Christian Brandes, ein Beitrag zur Geschichte der Litteratur und des Theaters im 18. Jahrhundert. [T. 1.] *Schneeberg 1899: C. M. Gartner.* (34 S.) 4°
Schneeberg, k. G. OP 1899 (575)

Wittig, Max, Johann Christian Brandes. Ein Beitrag zur Geschichte der Litteratur u. des Theaters im 18. Jahrh. Progr. gr. 4. (34 S.) Schneeberg 899. (Leipzig, Buchh. G. Fock.) n. 1.—

Wittig, O., geologischer Querschnitt durch Sachsen, s.: Etzold, F.

Wittig, Osc., Gesetz über die Fürsorgeerziehung Minderjähriger vom 2. VII. 1900, nebst den Ausführungsbestimmungen, erläutert. gr. 8. (X, 107 S.) Breslau 901. M. & H. Marcus. Geb. in Leinw. n. 2.—

Wittig, Paul

Wittig, P., s. a. Bücherei, Die, im Reichstagshause zu Berlin.

Wittig, P., die Bücherei im Reichstagshause zu Berlin. M. 8 Abb. im Text u. 3 Taf. [Aus: „Zeitschr. f. Bauwesen".] Imp.-4. (6 S.) Berlin 898. W. Ernst & Sohn. Kart. n. 3.—

Wittig, P., die Weltstädte u. der elektrische Schnellverkehr. Nach dem Vortrag im Berliner Architekten-Verein am 13. III. 1909. (III, 78 S. m. Abbild., 2 farb. Taf. u. 7 farb. Plänen.) Lex. 8. Berlin 909. W. Ernst & Sohn. Geb. in Leinw. 5.—

Wittig, Walther, appr. Arzt aus Coethen i. Anh.: Ein Fall von Gastroenterostomie bei einem vermeintlichen inoperablen Pyloruscarcinom. *Leipzig 1902: B. Georgi.* (23 S.) 8°
Leipzig, Med. Diss. v. (29. Okt.) 1902

Wittig, Walther Carl, Medizinalprakt.: Zur akuten infektiösen Osteomyelitis der kleinen Röhrenknochen, speziell der Phalangen. Rostock 1909: Adler. 34 S. 8°
Rostock, Med. Diss. v. 12. Juni 1909, Ref. Müller
[Geb. 22. Sept. 82 Blankenhain; Wohnort: Blankenhain; Staatsangeh.: Preußen; Vorbildung: Realgymn. Weimar Reife O. 03; Studium: Würzburg 3, Tübingen 1, Erlangen 1, Berlin 1, Halle 1, Leipzig 1, Rostock 2 S.; Coll. 5. Okt. 08; Approb. 12. Juli 09.] [U 09. 3735

Wittig, Willi H., der böse Hans, s.: Glebitzsch, K. E.

Wittigen P. aufbauendes Zeichnen. (12 S. 36 T.) 4° Wiesbaden (1905)

Wittigschlager, Gustav [aus Erlangen]. Ein Beitrag zur Kenntniss der physiologischen Wirkungen des Chinolins. . . . Erlangen, Druck d. Univ.-Buchdr. v. E. Th. Jacob, 1890; 22 S. 8°
Erlangen, Med. Fak., Inaug.-Diss. v. 1890

Witting, die erste Probe. Rekrutenvorstellung. s. In des Königs Rock.

Witting, Dr. Landesgerichtsrat. Thesen zur Frage der Entmündigung von Trunksüchtigen. Altona. 2 S. 8°.

Witting, Alexander [aus Dresden]: Über eine der Hesse'schen Configuration der ebenen Curve dritter Ordnung analoge Configuration im Raume auf welche die Transformationstheorie der hyperelliptischen Functionen ($p = 2$) führt . . . . Dresden, Druck v. B. G. Teubner, 1887; 58 S. + 1 Bl. 8°
Göttingen, Phil. Fak., Inaug.-Diss. v. 4. Aug. 1886

Witting, A., üb. e. der Hesse'schen Configuration der ebenen Curve 3. Ordnung analoge Configuration im Raume, auf welche die Transformationstheorie der hyperelliptischen Functionen ($p = 2$) führt. Inaug.-Diss. gr. 8. (58 S.) Dresden 887. (Göttingen, Vandenhoeck & Ruprecht's Verl.) n. 1.—

Witting, Alexander, Dr.: Geometrische Konstruktionen, insbesondere in begrenzter Ebene. *Dresden 1899: Lehmann.* (S. III—XVIII.) 4°
Dresden, G. zum heiligen Kreuz, OP 1899 (564)

Witting, Alex., Lehrbuch der Mathematik f. die oberen Klassen der höheren Lehranstalten, s.: Müller, Heinr.

— Stenograph. Lesebuch f. höh. Lehranstalten, s.: Lichtenauer, Hugo.

— Der mathemat. Unterricht an den höheren Schulen u. die Ausbildung der Lehramtskandidaten im Königr. Sachsen, s. a. Abhandlungen üb. den mathemat. Unterricht in Deutschland. II. 2.

Der mathematische Unterricht an den Gymnasien und Realanstalten nach Organisation, Lehrstoff u. Lehrverfahren u. d. Ausbildung d. Lehramtskandidaten im Königr. Sachsen von Dr. Alexander **Witting**, Prof. Leipzig & Berlin: Teubner 1910. X, 78 S. 4°(8°)
(Abhandlungen über d. math. Unterricht in Deutschland. Bd 2, H. 2.) (10. 1326

Witting, C.: Das Zeitalter der Staufen. 19 S. – Progr. Wiedenbrück 1859.

Witting, C. A. G., nothwend. Mittheilung einiger Ideen zur Beförderung d. Religiosität auf höh. Schulanstalten. gr. 8. ... Braunschweig 828, Vieweg.

Witting, Carl, s. Witting, Karl

***Witting*, Chr. Fr., († d. 16. April 1808.) Comment. de tartari emetici praeparatione et viribus medicis. 8maj. Götting. 788. Brose. 6 gr**

– s. Aug. Gll. Richter, chirurg. Bibliothek. Register.

Witting, Ernst

– s. Archiv d. Apothekervereins.

Witting, Dr. E., Beiträge f. die pharmaceut. u. analytische Chemie. 3 Hefte. gr. 8. Schmalkald. 821, 22. (Kesselring in Hildburgh.) 1 ß 6 gr

Witting, E., Bemerkungen über die im Handel vorkommenden Branntwein-Arten, hauptsächlich über den Kartoffelbranntwein, in chemisch-medicinisch-technischer Beziehung. 8. Holzminden 837. Erdmann. 1/4 ß

Witting, E., Bemerkungen üb. d. im Handel vorkomm. Branntwein-Arten, hauptsächl. üb. d. Kartoffelbranntwein, in chem.-medicin.-techn. Beziehung. 8. (4 B.) Holzminden 837, [Müller'sche Buchh.]

Witting, E., Beschäftigungen u. Beobachtungen aus dem Gebiet der Zoologie, Botanik u. Mineralogie, s.: Unterhaltungen, naturwissenschaftl., f. Knaben. Bd. 1 u. 2.

— populäre Darstellung der Naturkunde, zum Gebrauche für das gebild. Publikum im Allgemeinen u. f. höhere Bürger- u. Realschulen, so wie auch für angehende Pharmaceuten im Besonderen. 1r Thl. physikalische Chemie. Mit 1 Steintaf. (in Fol.) 8. Lemgo 832. Meyersche Hofbuchh. 15 gr

— populäre Darstellung der Naturkunde ꝛc. 2r Thl. Enthält die Beschreibung der Gebirgsformationen unserer Erde, ihre Entstehung, sodann die Metalle, Lagerstätte derselben, ihre Gewinnung u. technischer Nutzen derselben. Mit 6 lith. Zeichnungen. 8. Lemgo 833. Meyer. 1 ß (1r Thl. 5/8 ß)

— Physikal. Experimente f. Knaben m. selbsthergestellten Apparaten. I. u. II. (84 u. 75 S. m. Abb.) 8. Ravensburg (909. 10). O. Maier. à —80; geb. à 1.—

— pharmazeutische Fossilienkunde. 8. Holzminden 838. Erdmann u. Müller. 5/6 ß

—— Grundzüge d. Chemie, mit besond. Berücksichtigung d. Pharmacie u. Medicin, so wie d. allgem. naturhistor. Verhältnisse überhaupt. Zum Gebr. f. Pharmaceuten, Mediciner, Fabrikanten u. f. jeden Gebildeten erläut. u. populär dargest. 2 Bde. (od. 3 Abthln.) gr. 8. Paderborn, Wesener. [1. (26¾ B. u. 10 Stnt.) 833. 2 Thlr. 12 Gr., 2. 1. 2. (51½ B. u. 3 Stnt.) 834. 4 Thlr.] Thlr.

—— Grundzüge d. Chemie, mit besond. Berücksichtig. d. Pharmacie u. Medicin, so wie d. allgem. naturhistor. Verhältnisse überh. 2 Bde. 2., wohlf. Ausg. gr. 8. (78¼ B. u. 13 Stnt.) Paderborn 837, 38, Wesener.

— Lexicon ꝛc., s. a. Varnhagen.

— Lexikon chemisch-pharmaceutischer Nomenclaturen ꝛc. Zum Gebrauch für angeh. Pharmaceuten. Herausg. von Th. G. Fr. Varnhagen. 2e verm. Ausg. 8. Leipzig ... (Künzel.) 1 ß

— Uebersicht d. wicht. Erfahrungen im Felde d. Toxicologie. Mit 1 Vorrede v. Fr. Stromayer. 2 Bde. Mit 1 Kpf. gr. 8. Hannov. 827. u. 30. Hahn. 1 ß 12 gr

– s. Varnhagen, Th.: Lexikon.

Witting, Fel., die Anfänge christlicher Architektur, s. a. Zur Kunstgeschichte des Auslandes. X.

Die Anfänge christlicher Architektur. Gedanken über Wesen u. Entstehung d. christl. Basilika von Felix **Witting**. Mit 26 Abb. Strassburg: J. H. E. Heitz 1902. (VII, 101 S.) 4° (8°)
(Kunstgeschichte, Zur. d. Auslandes. H. 10.)

Witting, Fel., vier Beiträge zur Geschichte der Baukunst Frankreichs, s. a. Zur Kunstgeschichte des Auslandes. 79. Heft.

Vier Beiträge zur Geschichte der Baukunst Frankreichs. Von Felix **Witting**. Mit 4 Lichtdr.Taf. u. 4 Zinkklichés. Strassburg: Heitz 1910. 44 S. 4°(8°)
(Zur Kunstgeschichte d. Auslandes. H. 79.) (10. 1184

Witting, Fel., Kirchenbauten der Auvergne, s. a. Zur Kunstgeschichte des Auslandes. 28. Heft.

Kirchenbauten der Auvergne. Von Felix **Witting**. Mit 9 Abb. Straßburg: J. H. E. Heitz 1904. (59 S.) 4° (8°)
(Kunstgeschichte, Zur. d. Auslandes. H. 28.)

— von Kunst u. Christentum. Plastik u. Selbstgefühl. Von antikem u. christl. Raumgefühl. Raumbildung u. Perspektive. Historisch-ästhet. Abhandlgn. (109 S. m. Abbildgn.) 8. Strassburg 903. J. H. E. Heitz. n. 2.50

— westfranzösische Kuppelkirchen, s. a. Zur Kunstgeschichte des Auslandes. 19. Hft.

Westfranzösische Kuppelkirchen von Felix **Witting**. Mit 9 Abb. Straßburg: J. H. E. Heitz & Mündel 1904. (40 S.) 4°(8°)
(Kunstgeschichte, Zur, des Auslandes. H. 19.)

Witting, Felix: Piero dei Franceschi. Eine kunsthistorische Studie. *Strassburg: J. H. E. Heitz 1898.* (V, 194 S.) 8°
Leipzig, Phil. Diss. v. [17. Jan.] 1898

***Witting*, Fr., animadversiones circa rhachitidem. 8maj. Marburg 819. Krieger. 2 gr**

Witting, Fritz [aus Seesen a/Harz]: I. Darstellung zweier isomerer Xylolsulfosäuren. II. Zur Kenntniss der Parasulfamidobenzoësäure und ihrer Salze .... Hamburg, Druck d. Verlagsanst. u. Druckerei A.-G. (vormals J. F. Richter), 1888; 31 S. 8°
Jena, Phil. Fak., Inaug.-Diss. v. 1888

Witting, Hans [prakt. Arzt aus Posen]: Ueber Resection von Harnröhrenstrikturen mit Veröffentlichung zweier Fälle aus der hiesigen chirurgischen Klinik .... Greifswald, Druck v. Julius Abel, 1888; 23 S. 8°
Greifswald, Med. Fak., Inaug.-Diss. v. 29. Febr. 1888

Witting, Johann Karl Fr.

Witting, Jh. Karl Fr., († d. 24. Jan. 1823.) Abendmahlsreden, Tauf- u. Trauungsformulare. (Ein Anhang zu den im 1n Thl. d. 4n Bdes d. prakt. Handbuch f. Prediger.) gr. 8. Leipz. 803. Barth. 5 ℛ

— eine Anleitung d. Religionslehren in Predigten v. d. anziehendsten Seite darzustellen. 8. Hannov. 809. Helwing. 8 ℛ

— Beitrag z. Beförderung d. Einführung d. Hildesh. Gesangbuchs. 8. Hildesh. 794. (Leipz., Barth). 2 ℛ

— biblischer Beweis von der Himmelfahrt Jesu gegen J. A. Brenneckens unbiblische Behauptungen. 8. Braunschweig 820. Vieweg. 8 ℛ

Witting, Jh. Karl Fr., die Darstellung d. Religionslehren, in Hauptsätzen zu Predigten. 1s Heft. gr. 8. Leipz. 816. Barth. 9 ℛ

— Ermunterung, d. Dürftigen zu geben. Predigt. 8. Braunschw. 805.

— von d. Führung d. Register d. Civilstandes u. v. d. rechten Verhalten bei Trauungen n. d. Verordn. d. Code Napoleon. 8. Braunschw. 808. Vieweg. 6 ℛ

— e. Gedanken üb. Kanzelvorträge u. d. zweckmäßige Einrichtung. gr. 8. Götting. 790. Vandenhöck u. R. 7 ℛ

— Grundriß d. Tugend u. Religionslehren. gr. 8. Leipz. 802. Barth. 1 ggr 6 ℛ

— prakt. Handbuch für Prediger. 6 Bde od. 12 Thle. gr. 8. Leipz. 791—98. (2e Aufl. 1r—5r Bd. 1r Thl. 796—805.) Barth. 11 ggr Hbg. Pr. 6 ggr

— über das Kartenspiel. 8. Leipz. 791. Barth. 8 ℛ

— Katechismus d. Weltklugheit. gr. 8. Leipz. 796. Barth. 5 ℛ N. Aufl. unt. d. T.: Regeln d. Weltklugheit. 8. Ebd. 808.

— Leitfaden bei d. Unterrichte in d. Religions- u. Tugendlehre. 8. Braunschw. 805. Schulbuchh. 12 ℛ

— über die Meditation e. Predigers, nebst e. Repertorium der Hauptsätze zu Predigten aus 300 Predigtsammlungen u. einzelnen Predigten. gr. 8. Leipz. 812. Barth. 18 ℛ

— zwei Predigten zur Gedächtnißfeier des Durchl. Herzogs. 8. Braunschw. 815.

— über den Rationalismus u. die Ratiolatrie; nebst Beantwortung der Fr.: warum hat Jesus nichts schriftl. hinterlassen? 8. Braunschw. 823. Vieweg. 20 ℛ

— die Religions- und Tugendlehre in kurzen bibl. Sprüchen. 8. Braunschw. 805. Schulbuchh. 1¼ ℛ

— Säkularpredigt. 8. Braunschw. 801. Schulbuchh. 3 ℛ

— Stoff zu Unterhaltungen am Krankenbette. 8. Götting. 788. 2e A. 789. Vandenhöck u. R. 7 ℛ

— tabellar. Uebersicht d. Kirchengeschichte d. N. Test. Fol. Leipz. 792. Barth. 3 ℛ

— erster Unterricht in der Religion, für Kinder, welche auf d. Begriffe von den Religionslehren erst vorbereitet u. hingeleitet werden müssen. 8. Hannov. 810. Hahn. 6 ℛ

— zweiter Unterricht in d. Religions- u. Tugendlehren, nebst d. Erklärung d. vornehmsten darin enth. Begriffe. 8. Berl. 810. (Rücker). 18 ℛ Leipz. 816. Brockhaus. 16 ℛ dritter Unterricht ꝛc. 8. Berl. 812. (Rücker.) 10 ℛ Leipz. 816. Brockhaus. 10 ℛ dass. 2 Thle. 8. Leipz. 817. (Barth). 1 ggr

— dritter Unterricht in d. Religions- u. Tugendlehre. 1r Thl. 8. Berl. Achenwall. 812. —

Witting, J. C. F., warum hat Jesus nichts Schriftl. hinterlassen? Braunschw. 1822. 8.

Witkowski, Julianus (geb. Posen 1840): De confusione obligationum. (Pars I.) Berolini (1867). (50 S.) 8° * Verf. nahm später den Namen Witting an. Fortsetzung bis 1898 nicht erschienen.
Berlin, Jur. Diss. v. 20. Nov. 1867

Witting, Karl

Ludwig van Beethoven. Klavierkonzert in Es-dur (op. 73). Erl. von C[arl] **Witting**. Leipzig: H. Seemann Nachf. [1901]. (13 S.) 8°
(Musikführer. No 191.)

Ludwig van Beethoven. Vierte Symphonie '(in B-dur)' op. 60. Erläut. v. C. **Witting,** kgl. Musikdir. *Frankfurt a. M.: H. Bechhold [1896].* (26 S.) 1 Bd 8.
= **Musikführer,** Der. No 61. [97. 1024

Witting, s.: **Beethoven's, Ludw. van, Symphonien.**

Max Bruch. Violin-Konzert in G-moll. Op. 26. Erl. von C(arl) **Witting**. Leipzig: H. Seemann Nachf. [1902]. (13 S.) 8°
(Musikführer. No 221.)

— Geschichte des Violinspiels, s. a. Universal-Bibliothek f. Musiklitteratur. Nr. 23—25.

Geschichte des Violinspiels von C. **Witting**. *Köln: H. vom Ende [1900].* (153 S.) 8° [𝔉.]
= **Universal-Bibliothek** f. **Musik-Litteratur.** No 23–25. [00. 7576

Emil Mlynarski. Violinkonzert. op. 11. Erl. von C. **Witting**. Leipzig: H. Seemann Nachf. [1901]. (14 S.) 8°
(Musikführer. No 231.)

Mozart, Symphonie in Es-dur. Erläut. v. C. **Witting.** *Frankfurt a. M.: H. Bechhold [1896].* (16 S.) 1 Bd 8.
= **Musikführer,** Der. No 69. [97. 1025

— s.: Musikführer, der.

Witting, C.: Ludwig van Beethoven's 4. Symphonie (in B-dur). Op. 60, s. Musikführer, Der.

— Mozart's Symphonie in Es-dur, s. Musikführer, Der.

— s.: Symphonien u. symphon. Dichtungen, d. beliebtesten.

Witting, Carl, Wörterbuch der in der Musik gebräuchlichen Ausdrücke, Deutsch, Englisch und Französisch, nebst Einleitung: Die Elementar-Musiklehre, sowie die italien. Bezeichnungen in den drei Sprachen. gr. 16. (105 S.) Leipzig 887, Merseburger.

Witting, Ludwig: Die Ideen Leopolds II. über das Kaisertum und deren Betätigung während seiner Regierung.
H. 1886 PN 455 Diss.Wien, Univ. 711

WITTING, Nicol., Prüfung einiger harten Urtheile der Feinde des Ehestandes. Zelle 1729. 12°.

Witting, P., die Sonntagschule [Kindergottesdienst] in ihrer Arbeit u. in ihrem Segen dargestellt. gr. 8. (32 S.) Hamburg 881. Demler. n. — 50

Witting, Peter [Oberl. Dr.]: Die Entwickelung der Taufgnade durch das Wort Gottes bei der religiösen Erziehung der Jugend. Bromberg, Buchdr. v. A. Dittmann, 1890; S. 1—10; 4°
Bromberg. k. G. OP 1890 (145)

Witting, *Peter* Katalog der Lehrerbibliothek. 8 (74 S.).
Progr. G. *Bromberg* 1886 (137).

Witting, Petrus: De usu coniunctivi et optativi in enuntiationibus secundariis apud epicos Graecos. Halae (1867): Ploetz. 87 S. 8°
Halle-Wittenberg, Phil. Diss. v. 15. Juni 1867
Geb. Wirsitz (Posen) 4. 11. 1839. V.
Im Buchhandel Halae (Berlin: Calvary) 1867.

Witting, Petrus, de usu conjunctivi et optativi in enuntiationibus secundariis apud epicos graecos. Dissertatio inauguralis. gr. 8. (87 S.) Halae 867. (Berlin, Calvary und Comp.) *

Witting, Rich., das Ostmarken-Problem. (78 S.) gr. 8. Berlin 907. Puttkammer & Mühlbrecht. 1. 20

WITTING, Rolf

Untersuchungen zur Kenntnis der Wasserbewegungen und der Wasserumsetzung in den Finland umgebenden Meeren, I. Der Bottnische Meerbusen in den Jahren 1904 und 1905. Teil 1. Helsingfors 1908. X + 246 pg. 4:o nebst 18 Tafeln.
Diss. Hels.

Witting, Rolf, Untersuchungen zur Kenntnis der Wasserbeweggn. u. der Wasserumsetzg. in den Finnland umgebdn. Meeren, s. a. Untersuchungen, finnländ. hydrograph.-biologische. Nr. 2.

Untersuchungen zur Kenntnis der Wasserbewegungen und der Wasserumsetzung in den Finland umgebenden Meeren. Von Rolf **Witting**. 1. T. 1. Helsingfors: (W. Engelmann, Leipzig, in Komm.) 1908. 4°
= **Untersuchungen**, Finnländische hydrogr.-biolog. No 2. [08. 10944

Witting, Rolf J., kurze Beschreibung e. elektrisch registrierenden Strommessers. Etliches üb. Strommessung, s. a. Publications de circonstance du conseil permanent international pour l'exploration de la mer. 30. 31.

Kurze Beschreibung eines elektrisch registrierenden Strommessers von Rolf J. **Witting**, Helsingfors. Mit Textfig. Copenhague: A. F. Høst & Fils en comm. 1905. (11 S.) 4°(8°)
= Conseil permanent internat. pour l'exploration de la mer. **Publications** de circonstance. No 30. [06. 1191

Etliches ueber Strommessung. Von Rolf J. **Witting**, Helsingfors. Copenhague: A. F. Høst & Fils en comm. 1905. (11 S.) 4°(8°)
= Conseil permanent internat. pour l'exploration de la mer. **Publications** de circonstance. No 31. [06. 1193

Witting, Rud., Sündengeld, s.: Geschichten, intime.

Witting, Thdr., Dichtungen. 12. (218 S.) Neapel 860, Detken. *

Witting, Walth., Künstlerisches aus den Briefen Friedrich Prellers des Aelteren, s.: Preller, Frdr.

Witting, Wilhelm August Ernst

Witting, Guil. Aug(ustus) Ern. (geb. Höxter 19. 4. 1824): De elementis anorganicis graminum, quae nominantur acida. Berolini (1851). (50 S.) 8°
Berlin, Phil. Diss. v. 31. Jan. 1851

Witting, Wilhelmine, Kunst, die Männer bei guter Laune zu erhalten; ein Angebinde f. Neuvermählte u. f. verlobte Jungfrauen. 32. Helmstadt 826. Fleckeisen. 6 gr.

Wittingen [Schlagwort]

Wittingen, s.: Deutschland. Karte, (Abt. Preussen.)

Wittingen, s.: Preussen. Messtischblätter.

Wittinghausen, v. Das Französische an der Realschule. Salzburg, O. R., 1873. **Progr.**

Wittinghausen, Bernhard Filek von, s. Zeitschrift für Schul-Geographie.

Wittinghausen, Binn Filek von, s. Zeitschrift für Schul-Geographie.

Wittinghausen, E. Filek v., s. Filek v. Wittinghausen, E.

Wittinghausen, H. Filek von

Wittinghausen, H. v., das Königreich Böhmen, geographisch-statistisch dargestellt. Wien 1874. 8.

Wittinghausen, H. Filek v., das Fürstenthum Romanien. Mit 1 Karte. Wien 1869. 8.

— —, das Fürstenthum Serbien. Geographisch-militärisch dargestellt. Wien 1869. 8.

Wittkamp, Franz: Beitrag zur Klinik des Magensarkoms. Bonn (1910): Trapp. 43 S. 8°
Bonn, Med. Diss. v. 11. Juni 1910, Ref. Garrè
[Geb. 19. Febr. 82 Herne; Wohnort: Bochum; Staatsangeh.: Preußen; Vorbildung: Gymn. Rheine Reife O. 03; Studium: Tübingen 1, Marburg 5, München 1, Bonn 3 S.; Coll. 11. Juni 10; Approb. 1. Jan. 10.] [U 10. 344

Wittkamp, Johannes, appr. Arzt: Aus d. pathol. Inst. d. Univ. Bonn. Ueber die Ausbreitung der Tuberkulose im männlichen Genitalsystem. Bonn 1909: Foppen. 42 S. 8°
Bonn, Med. Diss. v. 31. März 1909, Ref Ribbert
[Geb. 10. Dez. 75 Billerbeck; Wohnort: Billerbeck; Staatsangeh.: Preußen; Vorbildung: Gymn. Coesfeld Reife O. 98; Studium: Greifswald 1, Bonn 9 S.; Coll. 26. Jan. 09; Approb. 15. März 09.] [U 09. 375

Wittkamp, Ludwig, Rechtsanwalt: Der Grundbuchvertreter des § 1189 BGB unter Berücksichtigung der übrigen Vertreterarten bei der hypothekarisch gesicherten Anleihe. Berlin 1909: Pilz. IX, 86 S. 8°
Erlangen, Jur. Diss. v. 22. April 1909, Ref. Siber
[Geb. 27. Febr. 80 Herne; Wohnort. Bochum; Staatsangeh.: Preußen; Vorbildung: Gymn. Rheine Reife M. 99; Studium: Würzburg 1, Innsbruck 1, Marburg 2, Kiel 1, Halle 1, Münster 1 S.; Rig. 8. März 09.] [U 09. 755

Wittkampf, H. Peter, approb. Arzt aus Köln-Bickendorf: Zur **Statistik** der Mammacarcinome. *Bonn 1901: P. Bieberstein.* (51 S.) 8°
Bonn, Med. Diss. v. 10. Aug. 1901

Wittke, An welchen Erscheinungen erkennt man den tollen Hund, und wie entgeht man d. Gefahren, welche durch ihn herbeigeführt werden? Erfurt 59.

Die Gesundheitsverhältnisse in Erfurt während der Jahre 1849 bis 1868. Herausgegeben vom ärztlichen Verein Thüringens zur Feier des 50jährigen Promotions-Jubiläums des Königlichen Geheimen Medicinal- und Regierungs-Rathes Herrn Dr. Wittke. Verfasst von WOLFF. Erfurt, 1871. Druck von Fr. Bartholomäus. 4⁰.

Wittke, freundl. Rath an uns. Frauen, die ihre Kinder selbst nähren wollen. 8. (2½ B.) Cöslin 829, Hendeß.

Wittke, B., Instruction f. Leichenwäscherinnen. 2. Aufl. (Nebst Beschreib. u. Abbildung d. Rettungskastens.) 8. (2 B.) Weißensee 841, Großmann.

Wittke, V. Die Verpflichtungen, Berechtigungen u. Wünsche d. preuß. Arztes. Erfurt 1843.

Wittke, Wenzel, O. S. B., unsere liebe Frau v. Montserrat u. deren Verehrg. in Oesterreich. Mit Gebeten u. Liedern. 2., verb. u. verm. Aufl. Im Auftrage der Ordensobern. (VIII, 160 S. m. farb. Titelbild.) 16. Prag (13, Abtei Emaus) 904. Administration der St. Benediktsstimme. n. — 60; geb. n. — 85

v. Wittken, über den Passage-Vertrag. Mit Berücksichtigung der Verhandlungen der Commission zur Berathung eines allgemeinen deutschen Handelsgesetzbuchs. Vortrag gehalten in der schlesischen Gesellschaft für vaterländische Kultur in Breslau am 17. April 1861. Berlin 861. C. Heymann. gr. 8. (28 S.) 3 ngr.

Der Bau unserer Kurzschriftsysteme. Zur Förderung d. Einigungsbestrebungen bearb. von A[rtur] v. **Wittken**. T. 1. Grundbegriffe d. Kurzschrift u. Geschichtliches. T. 2. Einblick in unsere Kurzschriftsysteme. Berlin: F. Schulze 1910. 64 S. 8° A 12. 10590

Lehrgang der Kurzschrift nach dem System der vereinfachten deutschen Stenographie (Einigungssystem Stolze-Schrey) z. Selbstunterr. u. Gebr. an Kapitulantenschulen von A. v. **Wittken**. H. 1–3. *Berlin: Liebel 1898–99.* 3 Bde 8° [F.]
1. Lehrgang. 2. Schlüssel u. Fehlerverzeichnis.
3. Übungs- u. Lesebuch. [01. 8098

Wittken, A. v., s.: Stenographentag, der 3., der Einigungsschule Stolze-Schrey.

Wittken, Edm. v., das Gesetz über den Civilstaatsdienst in den Herzogthümern Coburg und Gotha vom 3. Mai 1852, mit Ergänzungen und einem Anhang, enthaltend die Bestimmungen über die Wittwen- und Waisenpensionen. gr. 8. (51 S.) Gotha 888, Thienemann. *

Wittken, Edm. v., Studien über Jütland. gr. 8. (129 S.) Berlin 865, Springer's Verlag. –

Wittken, Paul v., Geschichte des königl. preußischen Garde-Schützen-Bataillons. Auf Befehl für die Mannschaft des Bataillons verfaßt. gr. 8. (40 S. mit 1 Stnt.) Berlin 864, v. Decker'sche geheime Ober-Hofbuchdruckerei.

Wittkind, Tourmalin v. Yssel. Großer Räuber-Roman in 2 Abthln., Stoff aus d. wirkl. Geschichte. 8. (41 B.) Leipzig 831, Kollmann.

Wittko, Paul, das erste Kartellfest des Verbandes deutscher Studentengesangvereine zu Sondershausen. Offizieller, vom Festausschuß rev. Fest-Bericht. 8. (31 S.) Nordhausen 894. Th. Müller. n. — 50

Wittkop, August [aus Medebach (Westf.)]: Ein Beitrag zur Casuistik der Erkrankungen des Sinus frontalis . . . Würzburg, Druck v. F. Fromme, 1894; 38 S. 8.
Würzburg, Med. Fak., Inaug.-Diss. v. 1894

Wittkop, Konrad

Wittkop, Conrad, Assistenzarzt: Zur Kenntnis der Luxation des Atlas. Leipzig 1910: Lehmann. 43 S. 8°
Leipzig, Med. Diss. v. 11. März 1910, Ref. Trendelenburg
[Geb. 26. Sept. 81 Lieberose; Wohnort: Wilhelmshaven; Staatsangeh: Preußen; Vorbildung: Askan. Gymn. Berlin Reife M. 02; Studium: Berlin 10 S.; Coll. 19. März 10; Approb. 1. Okt. 09.] [U 10. 3087

Wittkower, David, aus London: Über Hyperphalangie am Daumen mit Valgusstellung der Endphalanx. *Berlin (1903): G. Schade.* (29 S.) 8°
Berlin, Med. Diss. v. 13. Jan. 1903

Wittkower, J. S., Agudath Perachim. „Blüthenstrauß", Anthologie deutscher u. hebräischer Gedichte für Geist u. Herz. Uebersetzungen u. Originale. gr. 8. (XL, 340 S.) Altona 880. (Harder.) n.n. 3. 50; geb. in Callico n.n. 5. —; in Ldr. n. 6. —; auf Velinpap. n.n. 4. 50; geb. in Callico n.n. 6. —; in Ldr. n.n. 7. —

Wittkowitz, Antonius *(geb. Ujest in Schles. 14. 6. 1814)*: De menstruatione devia. Vratislaviae (1839). (18 S.) 8⁰
Breslau, Med. Diss. v. 25. Nov. 1839

Commentar zu Methoden und Präparaten Prof. Dr. C. L. Schleichs. Dargest. von Dr. [David] **Wittkowski**, erstem Assistenten. *(Berlin): Med. Woche 1901.* (10 S.) 4° [Umschlagt.] [03. 4333

Wittkowski, David [aus Ballarat in Australien]: Ueber die Wirkung der Amide auf den Blutdruck. . . . Berlin, Buchdr. v. Goedecke & Gallinek (1890); 31 + 1 S. 8⁰
Berlin, Med. Fak., Inaug.-Diss. v. 1. Aug. 1890

Wittkowski, Richard, Referendar, Berlin: Die **Bestätigung** nichtiger und anfechtbarer Rechtsgeschäfte nach gemeinem Recht und B G B. *(Berlin [1903]: E. Leukonja.)* (64 S.) 8°
Rostock, Jur. Diss. v. [25. Juni] 1903

Wittkowsky, D., üb. Schleichsche Infiltrations-Anaesthesie. [Aus: „Aerztl. Monatsschr."] gr. 8. (11 S.) Leipzig 898. H. Hartung & Sohn. n. — 50

Wittkowsky, Carl, s. Wittkowsky, Karl

Wittkowsky, Georg: Ueber die Zusammensetzung der Blutgase des Kaninchens bei der Temperaturerhöhung durch den Wärmestich. . . . Leipzig. Druck v. J. B. Hirschfeld, 1891: 16 S. 8⁰
Strassburg, Med. Fak., Inaug.-Diss. v. 1891

Wittkowsky, Karl

Wittkowsky, Carl, Nibelungen-Fest-Spielerei. Eine Humoreske in Makamenform. Mit (eingedr.) Illustr. von K. G**. 1. und 2. Aufl. (36 S.); 3. Aufl. 8. (46 S.) Leipzig 881, Schloemp. *

Wittkowsky, Carl, Nibelungen-Fest-Spielerei. 3. Aufl. 8. Leipzig 881. Hannover, Oertel. *

Wittkugel, Carl, s. Wittkugel, Karl

Wittkugel, Fr. Chr., latein. Fabellese aus alten u. neuen Fabeldichtern gesamm. u. mit einem vollständ. Wortregister f. Schulen herausg. 8. Hannov. 807. Hahn. 10 gr. N. wohlf. Ausg. 813. 6 gr.

— 3 Predigten z. Beförder. d. häusl. Andacht. 8. Hannov. 795. Hahn. 4 gr.

Wittkugel, Karl

Wittkugel, Carl, appr. Arzt: Ueber Kohlenoxydvergiftung mit besonderer Berücksichtigung nachfolgender Herzstörung. Leipzig 1905: B. Georgi. (34 S.) 8°
Leipzig, Med. Fak., Ref. Boehm, Diss. v. 30. Sept. 1905
[Geb. 14. Sept. 73 Bremen; Wohnort: Naumburg a. S.; Staatsangeh.: Bremen; Vorbildung: Gymn. Bremen Reife O. 94; Studium: Leipzig 1, Würzburg 8, Göttingen 3 S.; Coll. 30. Sept. 05; Approb. 15. Juli 02.]

Wittlage [Schlagwort]

Wittlage, Kreis, s.: Osnabrück, Reg.-Bez.

Wittler, das deutsche Drama d. 17. und 18. Jahrh. [illegible] 1867
Schul-/Univ.-Schrift

Wittlich [Schlagwort]

Wittlich, s.: **Geologische Karten. Preussen. 79.**

Wittlich, s.: Preussen. Messtischblätter. — Trier.

Wittlich [Verf.]

Wittlich, Ph. Über das Rauchen und Schnupfen. Aus dem Latein. übers. Frankfurt 1841. V: *Sauerwein, Wilhelm.* (Zeitschr. f. Büch. N. F. 15, 1923, 127)

Wittlich, Ph., über das Rauchen und Schnupfen. Aus dem Latein. übersetzt vom Verfasser des Gräff. 8. Frankf. a/M. 841, Körner. n. 1/6 ß

GAUNERKITTEL, Der. Ein Jahresblatt für redliche Herzen von Philipp Theoderich Wittlich, Stiefelwichser. Mit Portrait. Möllen (Frankfurt) bey Eulenspiegel u. Wittlich. 1829. 8°. Orig.-Umschlag, auf welchem Abbild. d. Frankfurter Pfarrturms. (6 Mk. Jos. Baer & Co., 1894.) Sehr selten!
Fehlt in Weller's Lex. Pseud.

Wittlin, J. Bildung der Kalkoxolat-Flaschen mit besondrer Berücksichtigung offizineller Pflanzen. Mit 1 Taf. In-8°. 26 S. Bern. These.
1897

Wittling, Ios. Guernerus (geb. am 19 Apr. 1813 in Münster Westf.): Collectanea circa anatomiam pathologicam tetani ... Bonnae, typ. C. & F. Krüger 1843. 2 Bl, 38 S., 1 Bl. 8.
Bonn, Med. Fak., Diss. v. 15 Febr. 1843

Wittlinger, Carl, s. Wittlinger, Karl

Wittlinger, Helene, dynastische Gelüste. Schwank in 1 Aufzug. gr. 8. (25 S.) Frankfurt a/M. 885. Mahlau & Waldschmidt. n. 1. —

Wittlinger, Helene, der Storch hat's gebracht, s. Novitäten-Bühne, Frankfurter.

Wittlinger, Helene, d. Storch hat's gebracht. Ländl. Idylle in 1 Aufz. 8. (36 S.) Frankfurt a/M. 882. (Berlin, M. Böhm.) 1. —

Wittlinger, J., die innerlichen und äußerlichen Heilmittel, ihre Wirkungen und Anwendungsweisen auf den menschlichen Körper. Nach den Vorlesungen des Oberamtsarztes J. S. Weber bearb. und insbesondere für angehende prakt. Wundärzte und Unterärzte bestimmt. gr. 8. (V und 356 S.) Schwäbisch Hall 851, (Haspel'sche Buchh.) *

Wittlinger, J., die sichere Heilung der chron. Fußgeschwüre, nebst einigen anderen chirurg. Bemerkungen. 8. (3 1/2 B.) Schw. Hall 842, (Haspel'sche Buchh.) Thlr. * –

Wittlinger, Karl

Wittlinger, K., s. a. **Kreistierarzt, der preussische, als Beamter, Praktiker u. Sachverständiger.**

Der preußische Kreistierarzt als Veterinärpolizeibeamter. Bearb. von Kreistierarzt C[arl] **Wittlinger**-Habelschwerdt, Dr. [Hermann] Hülsemann-Burgdorf u. [Otto] Krueger-Schroda. Mit 14 Abb. Berlin: L. Marcus 1904. (XVI, 500 S.) 8°
— **Kreistierarzt,** Der preußische, als Beamter. Bd 2. [05. 2336

Wittlinger, C., Veterinär-medizinisches Taschenbuch. 9. Jahrg. Berlin 1900. R. Kühn.

Wittlinger, Wilh. Heinr., Analekten für die Geburshülfe, s. Analekten.

—— Handbuch der Geburtskunde mit Einschluss der Krankheiten der Schwangeren, Gebärenden, Wöchnerinnen und neugeborenen Kinder. In alphabet. Ordnung. Für Studirende und angeh. Geburtshelfer bearb. gr. 8. (VI und 714 S.) Quedlinburg 848, Basse.

Wittmaack, Adf., Hans Hinz Butenbrink. Ein Roman. (192 S.) 8. München (909). R. Piper & Co. 3.—; geb. in Halbleinw. 4. —

Wittmaack, Carl, s. Wittmaack, Karl

Wittmaack, Herm., das Erbbaurecht des bürgerlichen Gesetzbuchs, s. a. Abhandlungen zum Privatrecht u. Zivilprozeß des Deutschen Reiches. XIV. 2.

Das Erbbaurecht des Bürgerlichen Gesetzbuchs. Von Hermann **Wittmaack,** Reichsger.R. a. D. München: C. H. Beck 1906. (254 S.) 8° [Fr.]
= **Abhandlungen** z. Privatrecht u. Zivilprozeß. Bd 14, H. 2. [06. 6915

Wittmaack, Herm., ist die preuss. Staatsregierung befugt, Schiffahrts-Abgaben auf Flüssen zu erheben, wenn das Fahrwasser derselben künstlich verbessert worden ist?, s. a. Verbandsschriften des deutsch-österreich.-ungar. Verbandes f. Binnenschiffahrt. Nr. 38.

Ist die preußische Staatsregierung befugt, Schiffahrts-Abgaben auf Flüssen zu erheben, wenn das Fahrwasser derselben künstlich verbessert worden ist? Zur Auslegung d. Artikels 54 Absatz 4 d. Verfassung d. Deutschen Reichs. Eine Entgegnung auf d. Schrift 'Schiffahrtsabgaben' von Max Peters. T. 1. Von Hermann Wittmaack. Gr.-Lichterfelde: Troschel 1908. 174 S. 8°
(Deutsch-Oesterr.-Ung. Verband f. Binnenschiffahrt. Verbands-Schriften. N. F. Nr 38.)

Wittmaack, Karl

Wittmaack, C[arl], bacc. iur., Referendar in Hamburg: Die Voraussetzungen des Schuldnerverzugs nach dem Bürgerlichen Gesetzbuche. Hamburg 1908: Berngruber & Henning. (VIII, 75 S.) 8°
Leipzig, Jur. Fak., Diss. v. 18. Dez. 1908
[Geb. 22. Jan. 79 Danzig (Westpr.); Wohnort: Hamburg; Staatsangeh.: Hamburg; Vorbildung: Gelehrtensch. Meldorf (Holstein) Reife O. 03; Studium: Berlin 2, München 1, Kiel 4 S.; Rig. 29. Nov. 06.]

Wittmaack, Thdr., Zur Analyse der Schrift von Gervinus „Einleitung in die Geschichte des 19. Jahrhunderts.“ gr. 8. (71 S.) Neustadt i. H. 853. (Altona, Lehmkuhl und Comp.) *

—— Beiträge zur rationellen Therapie nebst Beleuchtung der prager und wiener Schule. Für prakt. Aerzte. gr. 8. (XIX und 275 S.) Berlin 856(57,) A. Hirschwald. *

—— über das Bewußtwerden der Gegenwart mit besond. Rücksicht auf die moderne Richtung in den Naturwissenschaften. Publizistische Aphorismen für Gebildete. gr. 8. (VIII und 144 S.) Leipzig 856, Kollmann.

Wittmaack, Thdr., die intermittirenden chronischen Cerebralkrämpfe Epilepsia in pathologischer und therapeutischer Hinsicht dargestellt. gr. 8. (VIII und 115 S.) Leipzig 858, M. Schäfer. *

—— Geschichte der Seelengefühle vom naturhistorisch-rationellen Standpunkt mit Berücksichtigung ihrer ästhet. Seite. Für gebildete Leser hrsg. gr. 8. (VI und 357 S.) Leipzig 856, Kollmann.

—— populäres Handbuch der Diätetik oder vollständige Anweisung zur Erhaltung der Gesundheit und fortlaufenden Verjüngung des Lebens bis in das späte Alter. Dem jetzigen Standpunkt der Naturwissenschaften gemäss unter Berücksicht. der Verhältnisse des prakt. Lebens ausgearb. (und im Abschnitt von der Zimmergymnastik mit 22 Illustr. versehen). 8. (XXXII und 343 S. mit eingedr. Holzschn.) Leipzig 858, M. Schäfer. *

—— Handbuch der rationellen Therapie vom heutigen Standpunkte wissenschaftlicher Forschung und klinischer Erfahrung für praktische und angehende Aerzte bearb. 2 Bde. in 14 Lfgn. Lex.-8. Leipzig 858. 59, M. Schäfer. [1. Bd. (XI und 435 S.) 2. Bd. (VI und 967 S.) à Lfg. * 10 Ngr.] *

—— die Hypochondrie (Hyperaesthesia psychica — Romberg) in pathologischer und therapeutischer Beziehung nebst einigen vorgängigen Bemerkungen über die Bedeutung der psychischen Heilmittel. Lex.-8. (VI und 66 S.) Leipzig 857, M. Schäfer. *

—— die Hysterie (Hyperaesthesia psychica sexualis) in pathologischer und therapeutischer Beziehung. Lex.-8. (IV und 71 S.) Leipzig 857, M. Schäfer. *

—— Lehrbuch der Arzneimittellehre bearb. und im Interesse des Selbststudiums mit zahlreichen Abbild. versehen. 1—8. Lfg. Lex.-8. (S. 1—96 mit 15 ill. Stnt.) Leipzig 861, M. Schäfer. à Lfg. * 10 Ngr. *

—— Lehrbuch der Nervenkrankheiten auf Grundlage physiologischer Begriffsbestimmung des Krankseins und mit steter Berücksicht. der Untersuchungs-Ergebnisse bis auf die Gegenwart bearb. 1—9. Lfg. oder 1. Bd. 1. Abthl. Lex.-8. (XVI und 582 S.) Leipzig 859—61, M. Schäfer. à Lfg. * 10 Ngr. *

—— Licht und Geist oder die Lehre von den belebenden Prinzipien in der organischen Natur. Nebst einem Anhange. Den Freunden der Naturwissenschaften und Philosophie im Interesse einer vernunftgemäßen Aufklärung gewidmet. gr. 8. (XII und 348 S.) Leipzig 858, Kollmann.

—— Pharmacopoea germanica. Ausgearb. und mit ill. Abbildungen versehen. (In 25—30 Lfgn.) 1—3. Lfg. Lex.-8. (S. 1—128 mit 8 ill. Stnt.) Leipzig 860. 61, M. Schäfer. à Lfg. * 10 Ngr. *

—— die Reise nach Juliusthal. 16. (V und 171 S.) Leipzig 857, Kollmann. *

Wittmack, C., noch ein Beitrag zum Menschenwohl oder der Arzneigebrauch und das Schroth'sche Heilverfahren hingestellt vor den Richterstuhl der öffentlichen Meinung. Hamburg 863. Nolte. 8. (56 S. u. 1 Portr. in Holzschn.) n. 6 ngr.

WITTMACK, CHARLES A. Ueber einige Chinolinderivate. München, 1884.

Wittmack, Ludwig

Wittmack, L. Anleitg z. Erkenng organ. u. unorg. Beimengungen im Roggen- u. Weizenmehl. M. 60 Abb. Leipzig. (O. J.)

Wittmack, L., Anleitung zur Erkennung organischer u. unorganischer Beimengungen im Roggen- u. Weizenmehl. Preisschrift d. Verbandes deutscher Müller. Mit 60 Abbildgn. auf 2 Taf. gr. 8. (64 S.) Leipzig 884. M. Schäfer. n. 2. —

Wittmack, L., Anleitung zur Erkennung organischer u. anorganischer Beimengungen, im Roggen- u. Weizenmehl. Preisschrift des Verbandes deutscher Müller. 2. Aufl. gr. 8. (64 S. m. 60 Abbildgn. auf 2 Taf.) Leipzig 893. M. Schäfer. n. 2. —

Wittmack, L., üb. die Approvisionirung grösserer Städte m. Gemüse. (Internationaler land- u. forstwirthschaftl. Congress zu Wien 1890, 104. Hft.) gr. 8. (5 S.) Wien 890. (Frick.) n. — 20

Wittmack L.: Balkon-Ausschmückungen. 1901. [Rostr. Saml.].

Wittmack, Ludwig: Beiträge zur Fischerei-Statistik des deutschen Reichs sowie eines Theiles von Oesterreich-Ungarn und der Schweiz. Im Auftrage des Deutschen Fischerei-Vereins bearbeitet. Berlin 1875. 250 S., 1 Krt 4°.

—— s. Berichte, amtliche, über die internationale Fischerei-Ausstellung zu Berlin 1880.

Wittmack, L., Berichte über vergleichende Kulturen mit nordischem Getreide. Lex.-8. (37 S. mit 2 Tab.) Berlin 877. (München, Th. Ackermann.) *
Aus: Landwirthschaftliches Jahrbuch, besonders abgedruckt.

Wittmack, L. Bromeliaceae, s. Engler, A., u. K. Prantl. Die natürlichen Pflanzenfamilien.

—— s. Engler und Prantl, die natürlichen Pflanzenfamilien.

— Führer durch die vegetabilische Abtheilung d. Museums der kgl. landwirthschaftlichen Hochschule in Berlin. Mit 25 Textabbildgn. u. 1 Plan. gr. 8. (IV, 85 S.) Berlin 886. Parey. n. 1. 20

Wittmack, L., Führer durch das königl. landwirthschaftliche Museum in Berlin. Mit e. (lith.) Plane (in qu. gr. 8.) 16. (IV, 60 S,) Berlin 873. Wiegandt, Hempel & Parey. n — 50

—— die Gärten Oberitaliens. Vortrag, gehalten im Gartenbau-Verein für Hamburg, Altona und Umgegend am 8. Jan. 1883. gr. 8. (36 S. mit Illustr.) Berlin 883, Parey. *
Aus: Garten-Zeitung, besonders abgedruckt.

Wittmack, L., Pompejanische Gärten. S.-A. 1854. 6 S —.60

Wittmack, L., s.: Gartenbau-Lexikon, illustriertes.

Wittmack, L, s.: Gartenflora.

WITTMACK (L.). Gras- und Kleesamen . . . Berlin, 1870. 8°.

Wittmack, L., Gras- und Kleesamen. Kurze Anleitung zu ihrer Erkennung und Prüfung nebst Angabe der Verwechselungen und Verunreinigungen. gr. 8. (VII, 114 S. mit 16 eingedr. Holzschn. und 8 lithogr. Taf.) Berlin 873, Wiegandt, Hempel und Parey. *

— Grundlehren d. Kulturtechnik, s.: Vogler, Ch. Aug.

— s.a. Hochschule, die königl. landwirtschaftl., in Berlin.

Wittmack, L[udw.], Die Königliche Landwirtschaftliche Hochschule in Berlin. Festschrift. Hrsg. vom Lehrerkollegium. [Vorr.] (A. *Orth*) Berlin 1906. 8°.

Wittmack, L., allgemeiner Katalog des königl. landwirthschaftlichen Museums zu Berlin. Nebst 2 (lith.) Plänen (in qu. 4.). Berlin 869. (Wiegandt & Hempel.) gr. 8. (128 S.) n. 10 ngr

— allgemeiner Katalog d. königl. landwirthschaftlichen Museums zu Berlin. 2. Aufl. gr. 8. (XI, 216 S.) Ebend. 873. n. 1. 50

Our present knowledge of ancient plants. (Prof. Dr.) L[udwig] Wittmack, (Berlin). (St. Louis: Acad. of Science) 1905. (15 S.) 8°
=Transactions of the Academy of Science of St Louis. Vol. 15, No 1. [05.7673

— die Krankheiten der Nährpflanzen u. ihre Beziehungen zur Hygiene, s.: Vorträge üb. Gesundheitspflege u. Rettungswesen.

Wittmack L.: Die Krankheiten d. Nährpflanzen u. ihre Beziehung z. Hygiene. 1883. [Rostr. Saml.].

— landwirthschaftl. Culturpflanzen, s.: Anleitung zu wissenschaftl. Beobachtungen auf Reisen.

— über die Leichenverbrennung, s.: Zeit- u. Streit-Fragen, deutsche.

Wittmack, L. Das Mehl u. s. Verfälsch. Vortr. (S.-A.) Berlin 1896.

Wittmack, L.: Musa Ensete. Beitrag zur Kenntniss der Bananen. Halle 1867. 82 S. mit 1 Tafel.
Schul-/Univ.-Schrift

— die Productenhalle, s. Berichte über die internationale landwirthschaftliche Ausstellung zu Bremen.

— die Reblaus, s.a. Volksbücher, landwirthschaftliche.

— die Reblaus. [Phylloxera vastatrix.] Im Auftrage des königl. preuß. Ministeriums für die landwirthschaftl. Angelegenheiten bearb. gr. 8. (25 S.) [Berlin 875, Schotte und Voigt.] Leipzig, H. Voigt. *

Wittmack L.: Die Reblaus. (*Phylloxera vastatrix*). 2. Aufl. Berl. 1875. 30 S. P.

Wittmack L.: Umbildung d. Samenanlagen einer Begonie in Blätter. 1891. [Rostr. Saml.].

— u. Buchwald J.: Die Unterscheidung d. Mandeln v. ähnlichen Samen. 1901. [Rostr. Saml.].

— über die botanische Werthschätzung des Heues. Vortrag. gr. 8. (36 S.) Gera-Untermhaus 889, Köhler. — 75

— die Wiesen auf den Moordämmen in der königl. Oberförsterei Zehdenick. 2. Bericht (das J. 1891 betr.). [Aus: „Landwirthschaftl. Jahrbb.“] Lex.-8. (37 S.) Berlin 892. P. Parey. n. 1. —
Der 1. Bericht ist enthalten in „Landwirthschaftl. Jahrbücher“ XX. Bd. 1891.

— dasselbe. 3. Bericht (das J. 1892 betr.). [Aus: „Landw. Jahrbb.“] Lex.-8. (24 S.) Ebd. 893. n. 1. —

— dasselbe. 4. Bericht (das J. 1893 betr.). [Aus: „Landw. Jahrbb.“] Lex.-8. (28 S.) Ebd. 894. n. 1. —

— d. Wiesen auf den Moordämmen in d. kgl. Oberförsterei Zehdenick. 5. Bericht, das J. 1894 betr. [Aus: „Landw. Jahrbb.“] Lex.-8. (28 S. m. 2 Taf.) Berlin 895. P. Parey. n. 1. 50

— dasselbe. 6. Bericht (d. J. 1895 betr.). [Aus: „Landw. Jahrbb.“] Lex.-8. (31 S.) Ebd. 896. n. 1. —

— dasselbe. 7. u. 8. Bericht (d. J. 1896 u. 1897 betr.). [Aus: „Landw. Jahrbb.“] Lex.-8. (60 S.) Ebd. 898. n. 1. 50

— die Wiesen auf den Moordämmen in der königl. Oberförsterei Zehdenick. 9. Bericht (d. J. 1898 betr.) u. Schlussbericht üb. die 9jähr. Beobachtgn. Lex.-8. (45 S. m. 5 Taf.) Berlin 899. P. Parey. n. 1. 50
Sonderabdruck aus: „Landw. Jahrbb.“

Wittmann (II.), und Mohr, Bericht über den großh. hess. Gesetzentwurf, die Bildung des Ortsvorstandes betreff. rc., s. Mohr.

Wittmann, Chronik der niedrigsten Wasserstände des Rheins vom Jahre 70 n. Chr. bis 1858 und Nachrichten über die 1857 bis 1858 im Rheinbett zu Tage gekommenen Alterthümer und Merkwürdigkeiten. Mainz 1859.

Wittmann, Anton

— wohlthätig dringende Ermahnung an das Landvolk, wie die Viehseuchen auf die sicherste Weise hintangehalten u. d. Viehstand und Futterbau verbessert werden kann. 8. Wien 797. (Ign. Klang.) $6^1/_4$ ngl

Wittmann, A., Ermahn. an d. Landvolk, wie die Viehseuchen hintangehalten rc. 8. Wien, Rötzl. (Kaulfuß.) 797.

— Ermahnung an das Landvolk, wie die Viehseuchen hintergehalten rc. . Wien 797. (Schaumburg). 5 gl

Wittmann von Denglacz, A. (Hrsg.), s. Hefte, Landwirthschaftl., .. Wien 1825-1829.

— landwirthschaftliche Hefte. 1s—8s Heft. Mit Karten u. Plan. gr. 8. Wien 825—29. Beck. 4 rthl 8 gl 1s—6s Heft. 2e Aufl. 831, 32. 3 rthl 12 gl 9s Heft. 833. 12 gl

Wittmann, Ant. v., landwirthschaftl. Hefte. 7—9. Hft. 2., verm. Aufl. u. 10. Hft. gr. 8. Wien, Beck's Univ.-Buchh. [7., 8. (10 B., 8 Kpfrt. u. 1 Tab.) * $1^1/_3$ Thlr., 9. (..B.) 840. * $^1/_2$ Thlr., 10. (2 B. u. 1 Stnt.) 841. * $^3/_8$ Thlr.] *
Das 10. Hft. a. u. d. T.:
Ueber e. Art Spornbau unt. d. Strömen z. Regulirung u. Befestigung d. Ufer u. Direction d. Stromstriche, auf e. äußerst leichte u. wohlf. Weise.
1—6. Hft. 2. Aufl. Ebendas. 1825, 26. 3 Thlr.

Wittmann, A., s. Muster-Blätter für Schlosser und Schmiede.

Wittmann, Ant., s. Musterplan für landwirthschaftliche Bauten in Niederösterreich.

v. Wittmann u. Denglacz, Edler Ant., Unterricht über die Bewässerung d. Wiesen u. Felder nach lombard. Weise. 2e A. mit 7 Kpf. gr. 8. Wien 811. Wallishäuser. 1 rthl 4 gl

Wittmann, Artur, Kand. phil.: Die Flexion in den altfranzösischen Miracles de Nostre Dame. Bühl [1910]: Konkordia. 82 S. 8°
Heidelberg, Phil. Diss. v. 21. Okt. 1910, Ref. Neumann
[Geb. 14. Mai 88 Bühl i. B.; Wohnort: Heidelberg; Staatsangeh.: Baden; Vorbildung: Gymn. Offenburg Reife M. 06; Studium: Freiburg i. B. 2, Berlin 1, Heidelberg 5 S.; Rig. 13. Juli 10.] [U 11. 2326

Wittmann, C., De locis quibusd. Livianis. Pr. 1862. 10 S. 4°.

Wittmann, Carl ..., s. Wittmann, Karl

Wittmann, Chr., s.: Studienmappe f. die keram. Industrie.

Wittmann, Conrad, s. Wittmann, Konrad

Wittmann, Ed.

Wittmann, E., die wissenschaftliche und practische Bildung von größeren Gutsbesitzern, Pächtern und landwirthschaftl. Beamten, von wohlhabenden und weniger bemittelten Bauern, sowie der ländl. Arbeiterclasse. Als Anh.: Beschreibung der Großh. S. W. Karl-Friedrichs-Ackerbauschule zu Zwätzen bei Jena. gr. 8. (VIII und 60 S.) Jena 863, (Deistung.) *

Wittmann, E., Mittel u. Wege zur Hebung der bäuerlichen Verhältnisse in Thüringen. gr. 8 (73 S.) Hildburghausen 886. Gadow & Sohn. cart. n. 1. —

Wittmann, E., Mittel u. Wege zur Hebung unserer bäuerlichen Verhältnisse. 1. u. 2. Hft. 8. Hildburghausen 887. Gadow & Sohn. cart. à n. 1. —
1. 2. Aufl. (73 S.) — 2. (84 S.)

Wittmann, Ed., das rationelle Molkereiwesen. Anweisung zur Zucht u. Pflege von Milchthieren, zur Behandlung der Milch u. zur Fabrikation von Butter u. Käse; nebst einigen Worten über vortheilhafte Kälbermast. Mit 12 (eingedr.) Holzschn. gr. 8. (VI, 64 S.) Dresden 881. Schönfeld. cart. n. 1. 50

Wittmann, Er., Entwurf e. tabellar. Darstellung d. Terminologie d. Phänogamisten. Fol. Wien 812. (Beck). 1 ₰ 16 Kr

—österreich. Forstbibliothek, aus d. verschied. Holzarten gebildet, mit den zur Kenntniß erforderl. Pflanzentheilen u. e. latein., deutschen u. französ. Erklärung. 100 Bändchen. 16. Wien 815 u. ff.

—Phytographie d. Umgebungen Wiens; ein Taschen-Herbarium zum Behufe d. Lokalkenntniß dieser Gegenden. gr. 8. Wien 815.

Wittmann, Eugen, Anleitung zur Fixirung u. Ablösung des unständigen Handlohns. gr. 8. Ansbach 839. Brügel. (Erlangen, Ferd. Enke.) n. 3/8 ₰

Wittmann, Fr., s.: Jugendlesebücher, fremdsprachl., illustrierte.

WITTMANN Franz. Anmerkungen eines Thorwarters aus einem hiesigen Krankenhause ... Von -. Sonnleithner, Wien 1782
1 vol. 36 S.

Wittmann, F(ranz) J(oseph) (Hrsg.):

s.: Abhandlungen, Auserlesene medicinisch-praktische, der neuesten französischen Literatur. Bd 1-2/Abth.1. Pesth: 1817-1818

JB 2.427

Wittmann, Fr(anz) Jos(eph): Das schwefelsaure Chinin als Heilmittel betrachtet. 164 S., gbd.

Mainz: Müller 1827

JB 1.541

— — Erfahrungen üb. die Ursachen der ansteckenden Krankheiten belagerter Festungen, nebst Vorschlägen, die Entstehung derselben zu verhüten etc. Eine Preisschrift. gr. 8. Mainz, Müller. (Leipzig, Hinrichs.) 819. Athir.

Wittmann, F(ranz) J(oseph): Erfahrungen über die Ursachen der ansteckenden Krankheiten belagerter Festungen, nebst geeigneten Vorschlägen, die Entstehung derselben zu verhüten und ihrer weiteren Verbreitung Einhalt zu thun. Eine Preisschrift, welcher von der Holländischen Gesellschaft der Wissenschaften zu Harlem die silberne Medaille zuerkannt wurde. 159 S., gbd.

Mainz: Müller 1819

JB 3.601

— s. d. gesammte Fieberlehre.

Wittmann, (Frz. J.,) die stationäre Krankheitskonstitution vom empirischen Gesichtspunkte betrachtet. Ein Beitrag zur allgemeinen Pathologie u. Therapie. gr. 8. Mainz 825, Müller. (Leipz., Hinrichs.)

Wittmann, F. J., s. Montegre, über die Behandlung der Hämorrhoiden.

Wittmann, F. J., s. Montegre, über die Erkenntniß etc. der Hämorrhoiden.

Wittmann, F(ranz) J(oseph) (Übers.u.Comm.):

s.: Pinel, Phil(ippe): Von den Blutflüssen im Allgemeinen, dem Blutbrechen und Blutspeien. Aus dem Französischen. Leipzig: 1821

JB 2.441

— die neuesten am Rheine herrschenden Volkskrankheiten, oder Nachrichten u. Bemerkk. über d. stehenden Fieber d. Jahre 1806 bis 9. gr. 8. Mainz 811. Kupferberg. 6 Kr

Wittmann, F(ranz) J(oseph): Ein Wort über das gastrisch-nervöse Fieber, dessen Behandlung und Vorbeugung. 46 S., gbd.

Mainz: Müller 1827

JB 2.471

Wittmann, Franz Michael

Wittmann, F.M., die Burggrafen von Regensburg. Aus d. Abhdlgn. d, k. bayer. Akad. d. W. München 854, Franz in Comm. gr. 4. (52 S.) n. 13 *ngr.*

Wittmann, Dr. F. M. (k. Reichsarchivsadj.), chronolog. Darstellung der von den Pfalzgrafen u. Herzogen aus dem Wittelsbachischen Stamme vor dem Vertrage von Pavia auf dem Nordgau gemachten Erwerbungen. Ein Beitrag zur bayer. Unionsgeschichte. (Ausschn. aus d. Abhdlgn. d. III. Cl. d. k. Akad. d. Wiss. V. Bd. III. Abth. (d) S. 1—51.) (München 185?.) 4°. Lat. Lett. Cart., etw. fleckig.

—— die älteste Geschichte der Markomannen. gr. 4. (45 S.) München 855, (Franz.) *

Wittmann, Fr. M., die Herkunft der Bayern von den Markomannen, entwickelt. gr. 8. Sulzbach 841, v. Seidel'sche Buchh. 1/4 ₰

Wittmann, F. M., das altgermanische Königthum. gr. 8. (141 S.) München 854, Finsterlin. *

—— bayer. Landes- u. Rechtsgeschichte. I. Bd. I. Abthl. — A. u. d. T.: Die Boiovarier u. ihr Volksrecht. gr. 8. (16 B.) München 837, Fleischmann.

Wittmann, Fr. Mich. (Hrsg.), s.a. Monumenta Wittelsbacensia.

Wittmann. Monumenta Wittelsbacensia. 2 Bde. 8. München 1857—61.

—— über die Stellung der agilolfingischen Herzoge nach Aussen und nach Innen. gr. 4. (52 S.) München 855, (Franz.) *

—— über den Unterschied zwischen den Sueven und den Sassen. gr. 4. (37 S.) München 853, (Franz.) *
Vorstehende Schrift des Verf. wurde aus: Abhandlungen der kgl. bayer. Akademie der Wissenschaften, besonders abgedruckt.

Wittmann, Friedr., Pflichten der Gemeindevorsteher in Sanitätsangelegenheiten. gr. 8. (32 S.) Klagenfurt 884, (Heyn's Buchh.) *
Aus: Kärntnerisches Gemeindeblatt, besonders abgedruckt.

Wittmann, [Fritz]: Zeichenlehrer Hans Erhardt † 8. April 1909. S. 3—4 der Schuln. 4. Progr. Ober-Realschule *Heidelberg* 1909 (839).

Wittmann, Georg Michael

Wittmann, Mich., Anmahnung zum Caelibate. Nach d. 1. im J. 1804 erschien. Ausg. unveränd. neu aufgelegt u. hrsg. gr. 8. (4 B.) Sulzbach 834, v. Seidel.

— annotat. in pentateuchum Moysis. 8. Regensb. 796. Montag u. W. 20 gr

Wittmann, Georg. Mich., Annotationes in Pentateuchum Moysis. Regensburg, Rottermund, jetzt Verl.-Anst., 1796, 8°. 19½ Bg.

Wittmann, Geo. Mich., der Beichtvater für das jugendliche Alter. Aus d. Latein. übersetzt u. mit Beilagen versehen von einem kathol. Geistlichen. gr. 8. Landshut 833. Krüll. ¼ ₰

—— der Beichtvater f. d. jugendl. Alter. A. d. Latein. übers. u. mit Beiln. vers. v. e. kathol. Geistlichen. gr. 8. (5½ B.) Landshut 833. [Regensburg, Manz.]

Wittmann, Geo. Michael, der Beichtvater f. das jugendl. Alter. A. d. Latein. übers. v. e. kath. Geistlichen. 2., verb. u. mit Beil. verm. Aufl. gr. 8. (16½ B.) Regensburg 842, Manz. —

Wittmann, Geo. Mich., kurze Betrachtungen, in d. bischöfl. Clericalseminar z. heil. Wolfgang in Regensburg geh. Hrsg. u. mit e. Anh. v. einigen christl. Vorträgen, Gebeten, Litaneien, Liedern rc. verm. von e. kathol. Hülfspriester auf d. Lande. 8. (24 B. u. 1 Musikbeil.) Landshut 838, Thomann'sche Buchh.

Wittmann, Georg Michael. Betrachtungen über die Leidensgeschichte unseres Herrn Jesu Christi. Regensburg 1841. H: *Sintzel, Michael.* (Russell IX, 814)

— Betrachtungen über die Leidensgeschichte unsers Herrn Jesu Christi. gr. 12. Stadtamhof 841. (Straubing, Schorner'sche Buchh.) 1/12 ₰

— heil. Bücher des neuen Testaments, s. Testament.

—— ein Büchlein geistl. Betrachtungen üb. d. zwölf Glaubensartikel u. d. Leiden Jesu Christi rc. Auf Verl. hrsg. u. mit e. Anh. v. Liedern, Gebeten, Litaneien rc. vers. v. e. Landcooperator. 8. (28¼ B.) Landshut 838, Thomann'sche Buchh.

—— Confessarius pro aetate juvenili. Edid. I. (Ohne Uebersetz.) (3½ B. u. Tilkpfr.) 832. 4 Gr., E. II. — A. u. d. T.: Der Beichtvater f. d. jugendl. Alter. (A. d. Latein. übers. — Latein. u. Deutsch.) gr. 8. (6 B.) Sulzbach 833, v. Seidel.

Wittmann, Mich., Confessarius pro aetate juvenili. Editio III. E. s. t.: Der Seelsorger für das jugendliche Alter. Mit erläut. Anmerkungen hrsg. von Magn. Jocham. 8. (216 S. mit dem Bildnisse des heil. Bischofs G. Mich. v. Wittmann in Stahlst.) Sulzbach 853, v. Seidel'sche Buchh. Thlr.

— Entwurf zu einem christl. kathol. Unterrichte für die allerersten Lehrkurse der Schuljugend. gr. 12. Ebd. 833. 1/12 ₰

—— Erklärung der heil. Evangelien, der Apostelgeschichte u. einiger Briefe des heil. Paulus. Nach dessen mündl. Vorträgen hrsg. v. Mich. Sintzel. Nebst e. Lebensskizze des ehrwürd. Verf. gr. 8. (37½ B. u. W's. Bildn.) Regensburg 844, Manz. 1

— christl. Ermahnung bei dermaliger Pestgefahr. Gehalten am 19. Sept. 1831. 8. Straubing. 832. Schorner. 1½ gr

—— Exercitien f. Priester u. Priesteramtscandidaten. Neu hrsg. von Mich. Sintzel. gr. 8. (16½ B. u. 1 Stnt.) Straubing 845, Schorner. —

—— Geistes-Erneuerung, gehalten vor d. Diözesan-Klerus v. 16—19. Febr. 1831 zu Regensburg; mit e. vorbereit. Einleit. v. Hochwürd. Hrn. Bischof v. Sailer. gr. 12. (5⅙ B.) Stadtamhof 832. (Regensburg, Reitmayr.)

Wittmann, Geo. Mich., eine Geschichte zur Aufmunterung und zum Troste christlicher Dienstboten. Mit einem Vorworte. 8. (40 S.) Regensburg 857, Manz.

Wittmann, Mich., die Grundfragen der Ethik, s.: Sammlung Kösel.

— kathol. Grundsätze über die Ehen, welche zwischen Katholiken u. Protestanten geschlossen werden. Aus d. Latein. übersetzt von e. kathol. Geistlichen. gr. 8. Stadtamhof 831. (Regensb., Reitmayr; a. Thomann in Landsh.) 5 gr

—— christkathol. Liturgik. Nach dessen mündl. Vorträgen hrsg. v. Mich. Sintzel u. einem seiner Freunde. gr. 8. (12 B. u. W's. Portr.) Straubing 844, Schorner.

Wittmann, Mich., Nachricht vom Brande des erzbischöfl. Seminariums zu Regensburg den 23. IV. 1809. An mehrere meiner Diöcesan-Mitbrüder. Regensburg 1809. Neudr. (32 S.) kl. 8. Regensburg 909. J. Habbel. —20

Wittmann, Geo. Mich., über den moralischen Nutzen des Breviergebetes. Aus d. Latein. übersetzt. Nebst einem (bisher ungedruckten) Liede, und Sendschreiben über die geistl. Kleidung. Mit e. Vorerinnerung u. Anmerk. begleitet von d. Herausgeber der Werke d. heil. Kirchenvaters Johannes Klimakus (von Frz. Sales Handwerch). gr. 8. Landshut 834. Krüll. ¼ ₰

—— über d. moral. Nutzen d. Breviergebetes. A. d. Latein. übers. Nebst e. (bisher ungedruckten) Liede, u. Sendschreiben üb. d. geistl. Kleidung. Mit e. Vorerinnerung u. Anmerkn. begl. v. d. Hrsgeb. d. Werke d. heil. Kirchenvaters Johs. Klimakus. gr. 8. (6 B.) Landshut 834. [Regensburg, Manz.]

Wittmann, G. M. Über den Pentateuch Moses. A. d. Lat. . . . Landsh. 1834. Ü: *Handwercher, Franz Sales.* (Ky) »1833« (Th)

— über den Pentateuch Moses. Aus d. Latein. übersetzt von dem Herausgeber der Werke des heil. Kirchenvaters Johannes Klimakus. gr. 8. Landshut 834. Krüll. 3/4 ℛ

—— über den Pentateuch Moses. A. d. Latein. übers. v. d. Hrsgeb. d. Werke d. heil. Kirchenvaters Johs. Klimakus. gr. 8. (16½ B.) Landshut 834. [Regensburg, Manz.]

Wittmann, Mich., Predigten über die vier letzten Dinge des Menschen, über die Unvollständigkeit unserer Buße, und über die Standespflichten der Christen. Nebst zwei Charfreitagspredigten. Hrsg. von einem kathol. Geistlichen. gr. 8. (250 S.) Regensburg 849, Manz. -

— die heilige Priesterweihe, u. als Zugabe: Die Pastoralinstruktion Christi an seine Apostel, in exeget. Vorträgen, zur Erneuerung des apostol. Geistes, an seine Alumnen zu Regensburg im Jahre 1828. Ein Belehrungs- u. Erbauungsbuch für kathol. Geistliche, insbesond. für angehende Priester. Herausgeg. von Jh. Nep. Stützle. gr. 12. Augsburg 842, Kollmann. 1/2 ℛ

— Principia de matrimoniis Catholicorum cum altera parte protestantica. 8. 1831. (Augsburg, Kollmann.) 1/6 ℛ

— **principia catholica de matrimoniis catholicorum cum altera parte protestantica. 8maj. Pedeponti 831. (Landshut, Thomann; a. Pustet in Regensb.) 4 K**

Wittmann, **G. Mich., (Weihbischof), principia catholica de S. scriptura; ad us. auditor. suor. 8. Regensb. 793. Montag u. W.**

Wittmann, Georg Michael. Katholische Prinzipien von der heiligen Schrift. A. d. Lat. Landshut 1834. Ü: *Handwercher, Franz Sales.* (Ky)

—— kathol. Prinzipien v. d. heil. Schrift. A. d. Latein. übers. v. d. Hrsgeb. d. Werke d. heil. Kirchenvaters Johs. Klimakus. gr. 8. (21 B. u. W's. Bildn.) Landshut 834. [Regensburg, Manz.]

— s. Sittenlehre, vollständige ꝛc.

—— vollständige Sittenlehre nach Ordnung der 10 Gebote Gottes in 29 Christenlehren. 3. Aufl. 12. (4 B.) Landshut 841, Thomann'sche Buchh.

Wittmann, Mich., zur Stellung Avencebrol's (Ibn Gebirol's) im Entwicklungsgang der arabischen Philosophie, s. a. Beiträge zur Geschichte der Philosophie des Mittelalters. V. 1.

Zur Stellung Avencebrol's ⟨Ibn Gebirol's⟩ im Entwicklungsgang der arabischen Philosophie. Ein Beitrag z. Erforschung s. Quellen. Von Dr. Michael Wittmann. Münster: Aschendorff 1905. (VII, 76 S.) 8°
= Beiträge z. Geschichte d. Philosophie d. Mittelalters. Bd 5, H. 1. [illegible]

Wittmann, Michael, Dr.: Die **Stellung** des hl. Thomas von Aquin zu Avencebrol ⟨Ibn Gebirol⟩. *Münster i. W.: Aschendorff 1899.* (72 S.) 8° ¶[Erschien vollst. 1900 in: Beiträge zur Geschichte d. Philosophie d. Mittelalters, III, 3.]
München, Phil. Diss. v. 1900

Wittmann, Mich., die Stellung des hl. Thomas v. Aquin zu Avencebrol (Ibn Gebirol), s. a. Beiträge zur Geschichte der Philosophie des Mittelalters. III. 3.

— Uebersetzung und Erklärung der Psalmen. Nach dessen mündl. Vorträgen herausgeg. von Mich. Sintzel u. e. seiner Freunde. Mit d. wohlgetr. Bildn. des Verf. gr. 8. Straubing 846, Schorner'sche Buchh. n. 1 ℛ

— s. Uebungen und Betrachtungen, geistl.

— Vorträge, die bei den dreitägigen Exerzitien des Regensburger Diözesan-Klerus in den Jahren 1827, 1828 und 1831 gehalten wurden. Neue Ausg. Mit einem Anhange, welcher Betrachtungen über die Leidensgeschichte unsers Herrn Jesu von demselben enthält. (Mit Wittmann's Bildniß.) gr. 12. Stadtamhof 841. (Regensburg, Manz.) n. 5/6 ℛ bei Pustet in Regensburg 5/12 ℛ

— ein Wort über Denk- u. Glaubensfreiheit d. Protestanten, veranlaßt durch d. bei Gelegenheit d. Jubelfeier am 30. Okt. 1817. gehaltenen Reden zu Regensburg. 8. Sulzb. 817. v. Stidel. 4 K

—— über den Cölibat. Mit e. Vorerinnerung u. Zugabe v. d. Hrsgeb. d. Werke d. heil. Kirchenvaters Johs. Klimakus. gr. 8. (9½ B.) Landshut 834, [Regensburg,] Manz.

Wittmann, H., Bilder aus der Schillerzeit, s.: Speidel, L.

Wittmann, H. Einiges über Saalfelds Schicksale im siebenjährigen Kriege. Saalfeld 1898. 8°. (Saalfelder Weihnachtsbüchlein. Jg 44.)

Wittmann, H. Die franz. Kriegs-Kontribution im Jahre 1806 und deren Beitreibung in Saalfeld. Saalfeld 1896. 8°. (Saalfelder Weihnachtsbüchlein. Jg 42.)

Wittmann, H., d. Sprechen in d. Schule, s. a. Magazin, pädagog.

Das Sprechen in der Schule. Von H. **Wittmann**, Schuldir. in Saalfeld. Langensalza: H. Beyer & Söhne 1898. (17 S.) 1 Bd 8°
(Magazin, Pädagogisches. H. 104.)

Wittmann, Dr. H., Statik der Hochbauconstructionen. Theil 1: Steinconstructionen. Mit 7 Kpfrtfln. u. 50 Holzschn. Berlin 1879. 8°.

—— Heini von Steier. Oper in 1 Acte. Musik von S. Bachrich. Für die k. k. Hofoper in Wien eingerichtet. (Textbuch.) 8. (26 S.) Wien 884, [Wallishausser'sche Buchh.] Künast. *

Wittmann, Henry, Isabel, s.: Für Herz u. Haus. 19. Bd.

— Alessandro Luvici, s.: Für Herz u. Haus.

— die Perle am Riff, s.: Unterhaltungsbibliothek f. Jung u. Alt.

— zwischen Riff u. Sahara, s.: Unterhaltungsbibliothek für Jung u. Alt.

Wittmann, Henry, Mariano Torrent. Roman. (378 S.) 8. Paderborn 908. F. Schöningh. 3.50; geb. 4.50

Wittmann, H., und M. Loebel, das kritische Alter, s. Universal-Bibliothek Nr. 2286.

Wittmann, Herm., Lortzing, s. a. Universal-Bibliothek.

Wittmann, Herm. Lortzing. (Musiker-Biographien, 11. Band.) Leipzig (1890).

Wittmann, Herm. Musiker-Biographien, s. Universal-Bibliothek.

Wittmann, Hugo, Fabulirtes. Erzählungen und Skizzen. 8. (III, 258 S.) Berlin 880, Freund und Jeckel. *

HUNDS-GRÄFIN, Die (von *Hugo Wittmann*). Wien 1880.
Anon.-Lex. V. p. 160 (Eigenbericht).

— musikalische Momente. Geschichten u. Erinnerungen. Mit 7 (eingedr.) Illustr. von Hugo Ströhl. 8. (III, 150 S.) Leipzig 879. Klinkhardt. n. 2. —

Wittmann, J., Anwendung Eitz'scher Tonnamen im Gesangunterricht der Volksschule. Ergänzungsheft zur Singschule. (30 S.) 8. Zweibrücken 910. M. Ruppert. — 60
Hauptwerk Ebd. 906. nn 2.— ; geb. nn 2 50.

Wittmann, J., Beiträge zur Einführung des Lehrers in das Zeichnen nach dem Gegenstande (I. bis VIII. Klasse der Volksschule). (72 S. m. z. Tl. farb. Abbildgn.) gr. 4. Zweibrücken 905. M. Ruppert. n.n. 4. —; geb. n.n. 4. 50

Wittmann, Abbé J. A., Le chemin de la croix. Dessins de [illegible] J. Klein. 16°. (14 S.) Wien, Norbertus Buchdruckerei. fl. —.20.
1886

Wittmann, J. C., die gesammte Erdkunde, e. Lehrb. f. Real- u. Gewerbschulen so wie f. mittl. Gymnasial-Klassen. Nebst e. kurzen Anleit., die Grundform d. einzelnen Erdtheile auf d. einfachste Weise zu konstruiren, verbunden mit Aufgaben zu mündl. u. schriftl. Beantwortung. 2 Abthln. 8. (38 B.) Ulm 839, Fr. Ebner. *

Wittmann, J. C., Geographie von Württemberg. 8. (15 B.) Ulm 842. [Aderf, Müller's Buchh.] —

Wittmann, J. C., Geographie von Württemberg. 8. Ulm 842, Seitz. 5/8 ℔

Wittmann, J. C., Geographie von Württemberg. 2., mit einem Nachtrag der Bevölkerungszahl und einer (lithogr. und ill.) Karte (in hoch 4.) verm. Ausg. 8. (IV und 229 S.) Eßlingen 852, Weychardt.

—— die Geschichte d. Deutschen. Ein Leitf. f. d. ersten Unterr. in mittl. Klassen höh. Lehranstalten. Nebst e. chronolog. Uebersicht, verbunden mit Aufgaben zu mündl. u. schriftl. Lösung. gr. 8. (9 B.) Ulm 841, Fr. Ebner.

—— die Geschichte d. Deutschen. Vom Anfange d. französ. Revolution bis auf uns. Zeit. Mit besond. Berücksichtig. d. deutschen Befreiungskriege. Nach d. sichersten Quellen bearb. gr. 12. (10½ B.) Ulm 841, [Wagner'sche Vrlsbuchh.]

—— die Geschichte d. Königr. Württemberg. Vom J. 1806 bis auf uns. Zeit. Mit besond. Berücksichtig. d. Lebens u. Wirkens Sr. Maj. d. Königs Wilhelm I. Eine Festgabe zu dess. 25jähr. Regierungs-Jubiläum. Nach d. sichersten Quellen bearb. 8. (5½ B. u. 1 Bildn.) Ulm 841, Wagner'sche Vrls.-Buchh.

—— Lehrbuch d. Geographie f. Realschulen. In drei Lehrstufen. 8. (19¼ B.) Ulm 840, Fr. Ebner. *

Wittmann, J. F., s. Wittmann, F. J.

Wittmann, J. N., eine indische christl. Hochzeitsfeier m. Hindernissen, s.: Missionsschriften, kleine Hermannsburger.

Wittmann, Jakob: Über Derivate des p-Nitrothiophenols. Freiburg i. B.: Speyer & Kaerner 1908. 47 S. 8°
Freiburg i. B., Phil. Diss. v. 1909, Ref. Gattermann
[Geb. 6. Sept. 80 Grünstadt; Wohnort: Grünstadt; Staatsangeh.: Bayern; Vorbildung: Gymn. Neustadt a. H. Reife M. 00; Studium: München Techn. Hochsch. 3, Heidelberg 1, München Univ. 3, Freiburg i. B. 5 S.; Rig. 11. Nov. 08.] [U 09. 1060

Wittmann, Jak., Singschule. Nach den Bestimmgn. der Schul- u. Lehrordng. f. die Volksschulen der Pfalz bearb. Lehrer-Ausg. 8. (148 S.) Zweibrücken 900. M. Ruppert. n.n. 1.80; geb. n.n. 2.20

— dasselbe. Schülerausg. 2 Hfte. 8. Ebd. 900. n.n. — 60
I. 3. u. 4. Klasse. (47 S.) n.n. — 20
II. 5. u. 6. Klasse. (73 S.) n.n. — 30

— Singschule. Uebungen u. Lieder für die 1. bis 8. Klasse der Volksschule. 2. umgearb. Aufl. (160 S.) 8. Ebd. 906. n.n. 2. —; geb. n.n. 2. 50

— praktischer Stufengang f. den Schönschreibunterricht. Nach den Bestimmgn. der Schul- u. Lehrordng. für die Volksschulen der Pfalz bearb. Lehrer-Ausg. 4. (56 S.) Ebd. 900. n.n. 1. 25

Wittmann Johann [illegible]
Separatabdruck

Wittmann, Jh. Sebast., Belebung d. Andacht, zu den 14 heil. Nothhelfern, den Verehrern derselben gewidmet. 12. Landsh. 827. Thomann. 3 gr Mit n. Tit. Augsb. 834. M. Rieger. 5 gr

Wittmann, Joh. Seb., Belebung der Andacht zu den vierzehn heil. Nothhelfern. 2e Ausg. 12. Augsburg 834. M. Rieger'sche Buchh: Himmer. 5 gr

Wittmann, Johann Sebastian (Kitzingen) A. S. 1392/10

De patronis et amicis comparandis et colendis cogitationes. Präs. Johann Martin Prechtlin.
Wittenberg (Tzschiederich) 14. V. 1738. 16 S.
37050

— der heil. Büßer David als alljähr. Weckung ꝛc. des Buß-Geistes z. heil. Fastenzeit. (Der Gelegenheitsreden 18 Heft.) Mit Titelkpf. 8. Augsb. 822. Bolling. (Leipz., Herbig). 12 gr

— Denksprüche, christliche, zur tägl. Geisteserweckung gesammelt. 8. Augsb. 825. (Landsh., Thomann). 4 gr Mit neuen Titel. Augsb. 834. M. Rieger. 8 gr

— die Domkapelle, als Seitenstück zu Silbert's Dom heil. Sänger. 8. ... Mit n. Titel Augsb. 834. M. Rieger. 9 gr

—— Entwurf zu e. christl.-kathol. Unterr. f. d. allerersten Lehrkurse d. Schuljugend. 12. (1 B.) Sulzbach 833, v. Seidel.

— das Gebet des Herrn als schönstes Gebetbuch. 3e Ausg. (5 Abthll.) 8. Ebd. 834. 2/3 ℔ — Schreibp. 3/4 ℔

—— das schönste Gebethbuch, das Gebeth d. Herrn, aufgeschlagen allen Menschen vor Augen gelegt. 5 Thle. 1. Aufl. 821, 22. 12 Gr., Schrbp. 16 Gr.; 2. A.?, 3. Ausg. u. d. T.: Das Gebeth d. Herrn als schönstes Gebethbuch allen frommen kathol. Christen empfohlen. (à 41¼ B.) 8. Augsburg 834, [M. Rieger.] 16 Gr., Schrbp.

—— dass. mit kleinerer Schrift u. in Einem Bande. 3. Aufl. 8. (35 B. u. Ttlkpfr.) Ebds. 824. 10 Gr., Schrbp.

— ein Gebetbuch für d. armen Seelen im Fegfeuer. Aus d. Gebet des Herrn apart abgedruckt. 12. Augsb. 822. Mit n. Titel Augsb. 834. M. Rieger. 1 gr

—— Geistes-Morgenbrod f. jeden Tag d. heil. Kirchenjahres ꝛc., s. a. Jahr, das christliche.

— Geistes-Morgenbrod für jeden Tag des heil. Kirchenjahres. Aus Avancin's latein. Betrachtt. des Lebens rc. Frei übersetzt. 2 Thle. 8. Augsb. 822, 23. (Landsh., Thomann). 1 ℛ (bei Krüll). 2 ℛ

—— Geistes-Morgenbrod f. jeden Tag d. heil. Kirchen-Jahres, aus Avancins latein. Betrachtungen d. Lebens u. d. Lehre Jesu (um allgemeinern Gebrauches sie zu machen) etwas freyers übers. 2 Thle. 8. (75¼ B.) Augsburg 828, [M. Rieger.]

Wittmann, (J. S.,) Gelegenheitsreden, 5 Hefte. (Unter folg. einzeln. Haupt-Titeln:) I. der heil. Büsser David als alljährl. Weckung, Belebung u. Unterhaltung des Buß-Geistes zu heil. Fastenzeit. II. Oster-Eyer für Erwachsene zur allj. Belebung u. Erfreuung der österl. Communion. — III. Vergißmeinnicht. — IV. Herbst-Blumen. — V. Grab-Blumen. Mit des Verf. Bildniß 8. Augsb. 822, Bolling.

—— Gelegenheitsreden. 5 Thle. 1. Aufl. 821—23. 1 Thlr., 2. Ausg. (à 66½ B., 2 Kpfr. u. Vign.) 8. Augsburg 834, [M. Rieger.]
Thl. 1. Der heil. Büßer David.
" 2. Oster-Eyer.
" 3 Vergißmeinnicht.
" 4. Herbst-Blumen.
" 5. Grab-Blumen.

—— Gesänge u. Gebethe, der Feyer d. doppelten Jubeljahres 1825 gewidmet. 8. (19 B.) Augsburg, [M. Rieger.]

— Gesänge u. Gebete, d. Feier des doppelten Jubeljahres 1825 gewidmet. 8. Augsb. 825. (Thomann in Landsh.) 6 ggr

—— die Geschichte d. Reiches Gottes, vom Entstehen desselb. bis auf Pabst Pius VIII. aus d. heil. Schriften u. spätern Kirchen-Geschicht-Büchern gesammelt, nach d. Zeitfolge geord., u. bis auf uns. Zeiten fortgesetzt. 9 Bde. u. Register. 1. Aufl. Linz u. Augsburg 823—30. 16 Thlr., 2. Ausg. u. d. T.: Allgem. Religionsgeschichte od. Geschichte d. Reiches Gottes, v. Entstehen rc. bis 1829. (à 610 B. u. Titkpfr.) gr. 8. Augsburg 834, [M. Rieger.]
Der 1. Bd. Linz 1830 (Augsb. 1822) führt allein obigen (neuen) Titel, der 2—9. Bd. haben d. Ttl.: Die Geschichte d. Reiches Gottes auf Erden rc. Augsburg 1823—26.
10. Bd., vgl. unt. dess. „die drei Hauptstücke d. Christenthumes" rc.

— die Geschichte des Reiches Gottes auf Erden. 1r Bd. gr. 8. Augsb. 822. Mit folgenden (neuen) Titel Linz 1830: d. Geschichte des Reiches Gottes, vom Entstehen desselben bis auf Papst Pius VIII., aus den heil. Schriften u. spätern Kirchengesetzbüchern gesammelt, nach d. Zeitfolge geordnet, u. bis auf unsere Zeiten fortgesetzt. 1r Bd. — 2r—9r Bd. u. Register unter d. ersten Titel: die Geschichte des Reiches Gottes auf Erden. Alle 9 Bde. gr. 8. Linz u. Augsb. 823—26. (Landsh., Thomann). 16 ℛ bei Bolling in Augsb. 10 ℛ Alle 9 Bde, mit neuem Titel u. Jahrz. 834. Augsb., M. Rieger. 15 ℛ

— Grabblumen. (Der Gelegenheitsreden 5s Heft.) Mit d. Verf. Bildn. 8. Augsb. 822. Bolling. (Leipz., Herbig). 12 ggr

—— die drei Hauptstücke d. Christenthumes u. also auch d. christl. Unterrichtes, allen Freunden d. Wahrheit näher vor Augen geleget. 3. Aufl. als dess. „Geschichte d. Reiches Gottes" 10. Bd., zusammenfass. d. Ganze, reichend bis an d. Ende d. Welt, hinein in d. Ewigkeit. gr. 8. (71 B.) Linz (830) 34. (Augsburg, M. Rieger; Landshut, Thomann.)

— Herbstblumen. (Der Gelegenheitsreden 4s Heft.) 8. Augsb. 822. Bolling. (Leipz., Herbig). 12 ggr

— das Gott zugeeignete Herz, oder d. liebevolle sanfte Wirken d. Gnade Gottes im Innern d. Menschen, sinnbildl. dargestellt. Mit 19 Kpf. 12. Augsb. 827. (Landsh., Thomann). 6 ggr Mit n. Titel Augsb. 834. M. Rieger. 9 ggr

Wittmann, Jh. Sebast., das Gott zugeeignete Herz. Oder: Das liebevolle Wirken der Gnade Gottes im Innern des Menschen. Sinnbildlich dargestellt. Neue, verb. Ausg. 12. (Mit 19 Kupfern.) Augsburg 841, Matth. Rieger'sche B. ⅜ ℛ — Neue, verb. Ausg. von Mich. Sintzel. 12. (Mit 19 Holzschn.) Ebend. 846. ⅜ ℛ

Wittmann, Joh. Seb., das Gott zugeeignete Herz. Oder: Das liebevolle Wirken der Gnade Gottes im Innern des Menschen. Sinnbildlich dargestellt. Neue verb. Ausg. von Mich. Sintzel. 16. (110 S. mit 19 Kpfrn.) Würzburg 883, Bucher.

Wittmann, Joh. Seb., das christl. Jahr, s. a. Jahr.

— das heil. Jahr, oder Avancins Betrachtt. des Lebens u. d. Lehre Jesu zum allgem. Gebrauche, frei übersetzt. 2 Bde. 8. ... 2e Ausg. 8. Augsb. 834. M. Rieger. 1 ℛ 8 ggr

—— Jesuitica, s. Jesuitica.

—— der schönste Katechismus, das Gebet d. Herrn, als Seitenstück zum „schönsten Gebetbuch" v. dems. Verf. 12. (4 B.) München 834, Jaquet. Thlr.

— d. Kirchengeschichte d. zwei letzten Jahrhunderte, von Papst Innocenz XI. bis Pius VIII., von 1687 bis 1829. 3 Bde. gr. 8. Augsb. 834. M. Rieger. 4 ℛ 20 ggr

— das heil. Kirchenjahr in Litaneien zu feiern vorgeschlagen. 8. Augsb. 822. (Landsh., Thomann). 6 ggr Mit n. Titel 834. M. Rieger. 9 ggr

— Ostereier für Erwachsene, zur alljähr. Belebung u. Erfreuung d. österlichen Communion. (Der Gelegenheitsreden 2s Heft.) 8. Augsb. 822. Bolling. (Leipz., Herbig). 12 ggr

—— allgem. Religionsgeschichte, s. a. dess. „die Gesch. d. Reiches Gottes rc."

— allgem. Religionsgeschichte, oder Geschichte d. Reiches Gottes, vom Entstehen desselben bis auf Papst Pius VIII. rc. 9 Bde. Bis 1829. 2e Ausg. (Mit Register über alle 9 Bde. u. Titelkpfr.) gr. 8. Ebd. 834. 12 ℛ

—— Angelus Silesius als Convertite, als mystischer Dichter u. als Polemiker. Eine Charakteristik. Mit Andeutungen über wahre Poesie, ächte Mystik u. rechte Polemik. gr. 12. (3½ B.) Augsburg 842, Kollmann'sche Buchh.

—— Sion, s. Sion.

—— christl. Unterricht f. d. 3. Kinderklasse (f. schon Kommunizirende). Ein kurzer Auszug aus d. christl. Unterr. 8. (13 B.) Augsburg 826, [M. Rieger.]

— christl. Unterricht für d. dritte Kinderklasse (für schon Kommunizirende). 8. (Landsh.) 826. Thomann. 4 ggr

—— Unterricht von d. heil. Sakramenten d. Buße u. d. Altars, aus sein. größern Unterrichtsbuche ausgezogen. 1. Aufl. 825. 2 Gr., 2. Ausg. (à 8½ B.) 12. Augsburg 834, [M. Rieger.]

Wittmann, Jh. Sebast., Vergißmeinnicht. (Der Gelegenheitsreden 3s Heft). 8. Augsb. 822. Bolling. (Leipz., Herbig). 12 ggr

Wittmann, Josef

Wittmann, D. Jos., die Erfahrungsseelenlehre in ihren Hauptmomenten dargest. gr. 8. (6⅛ B.) Wien 830, [Gerold's Verlh.] Thlr.

J. Wittmann: die Erfahrungsseelenlehre in ihren Hauptumrissen. *Wien*, Gerold. 846. gr8° 12*gl*

Wittmann, Joseph — Neuestes Lehrbuch der Damen-Schneiderkunst. Leichtfaßliche Anleitung für Damen, sich ihre Garderobe in kurzer Zeit selbst zuzuschneiden und anzufertigen. Mit vielen lithographirten Tafeln und einem Anhange von Zeugnissen, bearbeitet und herausgegeben von — — Zweite vermehrte und verbesserte Auflage. Temesvar, Buchdruckerei von Beichels Erben. (24 S. 8.)
1857

Wittmann, Jos., Dr., Statistische Mittheilungen über die Cholera-Epidemie vom Jahre 1849 in Mainz und Rheinhessen. 1866.

WITTMANN, Julius (Gunzenhausen): Die Atrophie nach dem Typhus.- München: Deschler 1842. 18 S. 13.8.1840 - Urk (Titel: De atrophia post typhum.); r 65
Diss.Ingolst.-Landsh.-Mchn.

Der Einfluss E. T. A. Hoffmanns auf Friedrich Hebbel v. Karl **Wittmann.** Arnau. 1908. 8°

Wittmann, Carl, Tierarzt: Aus d. Chir. Klinik d. Tierärztl. Hochsch. zu Dresden. Untersuchungen über Zahnstein und dessen chemische Zusammensetzung bei unseren Haussäugetieren. Dresden 1908: (Schönfeld). 35 S. 8°
Leipzig, Veterinär-Med. Diss. v. 4. Dez. 1908, Ref. Röder
[Geb. 5. Mai 82 Unterwohlsbach; Wohnort: Unterwohlsbach; Staatsangeh.: Sachsen-Koburg-Gotha; Vorbildung: Oberrealsch. Koburg Reife O. 04; Studium: Dresden Tierärztl. Hochsch. 7 S.; Coll. 22. Dez. 08; Approb. 10. März 08.]
[U 09. 2905

Wittmann, Karl Friedrich: Die Aufforderung zum Tanze, s. Universal-Bibliothek.

Wittmann, Carl Friedr., ein delicater Auftrag, s. Universal-Bibliothek Nr. 1626.

Wittmann, Carl Frdr., s.a. Coburg, Stadt u. Veste.

—— Coburg. Stadt und Veste nebst Umgegend. Führer für Fremde und Einheimische. 2. verm. und verb. Aufl. Neu bearb. und hrsg. Mit 1 (lithogr.) Stadtplan und 1 (lithogr.) Kärtchen der Umgegend. 8. (VI, 90 S.) Coburg 882, Riemann'sche Hofbuchh. *
geb. *

Wittmann, Carl Friedr. Die Dilettanten-Bühne, s. Herbst, Edgar.

Wittmann, C. F., Festspiele, s.: Universal-Bibliothek.

— die Geräuschlosen, s.: Läutner.

Wittmann, Karl Friedrich: Goldhochzeit, s. Universal-Bibliothek.

– Hochzeit, Scherz u. Ernst, s. Universal-Bibliothek.

– Ich bin unglücklich, s. Universal-Bibliothek.

– Juxspiele, s. Universal-Bibliothek.

Wittmann, C. F., die Piket-Partie, s.: Wallner's allgemeine Schaubühne.

Polterabend, s. Universal-Bibliothek Nr 2391.

Polterabend-Scherz und Ernst, s. Universal-Bibliothek Nr 2451.

Prologe, s. Universal-Bibliothek.

Silberhochzeit, Scherz u. Ernst, s. Universal-Bibliothek.

Solospiele, s. Universal-Bibliothek.

Toaste, Scherz u. Ernst, s. Universal-Bibliothek

— Valerie, s.: Universal-Bibliothek.

Vorträge, Scherz u. Ernst, s. Universal-Bibliothek.

Wittmann, Karl Friedrich [Hrsg.], s. Weber, Karl Maria von: Der Freischütz. 1900.

Dramatische Zwiegespräche, s. Universal-Bibliothek.

Wittmann, Konrad

Ad Homerum annotationes. Scrips. Dr Conradus Wittmannus, G. P. — 1851. Ibid — S. 3–19 in 8
Progr. Schweinfurt.

Commentatio de natura et potestate praepositionis graecae *ΕΠΙ*. Scrips. Dr. Conradus Wittmannus, G. P. — 1846. Ibid. — S. 3—15. [S. Nr. 886.]
Progr. Schweinfurt.

De praepositionibus linguae graecae. Scrips. Dr. Conr. Wittmannus, G. P. — 1810 Ibid — S. 3–17.
Progr. Schweinfurt.

De vita Antiphontis Rhamnusii commentatio. Scrips. Conradus Wittmannus. — 1835. Ibid. — S. 3—12. (Griechisch.)
Progr. Schweinfurt.

Dr. L. Wittmann. Unser Geschichtsunterricht. 23 S. Weinheim. P 1861

Wittmann, Ludw., Erziehung und Unterricht bei Platon. 1. Thl. gr. 4. (24 S.) Gießen 868. (Berlin, Calvary und Comp.) *

Wittmann, Ludw., Stabshoboist Giltsch kontra Dr. jur. Art. Pleißner. Eine interessante Gerichtsverhandlung. Im Wortlaut stenogr. aufgenommen u. bearb. (32 S.) 8. **Leipzig 908. Kleinzschachwitz, „Deutscher Kampf"-Verlag.** — 30

Wittmann, Ludw., Kuxen- u. Aktien-Handbuch f. den Kohlen-, Erz- u. Kali-Bergbau. I. Bd.: Mitteldeutschland (Königreich Sachsen, Herzogt. Altenburg, Gewerkschaften gothaischen Rechts). 1909. (134 S.) 8. Leipzig (908). Eisenschmidt & Schulze.
Geb. in Leinw., Subskr.-Pr. nn 2.50; Einzelpr. 3. —

Wittmann, Ludw., die Oberammergauer Passionsmusik. Erläutergn. m. vielen Notenbeispielen. (47 S. m. 2 Abb.) kl. 8. Oberammergau 910. H. Uhlschmid. (Nur direkt.) — 60

[F.] **Wittmann,** *Ludwig* [Dir. Dr.]: Wie ist Homer in der Schule zu lesen? II. Tl. (Forts. d. P-Beil. 1883.) Büdingen, A. Heller'sche Hofbuchdr., 1897; 3—15 S. 4.
Büdingen, grossh. G, OP 1897 (055)

Wittmann, Marie, patentirte Ausnähschule für Kindergärten und Haus. 3 Hefte. 8. und 12. Wien 881, (W. Köhler's Buchdruckerei.) [1. Heft. (22 ausgestoch. Bl. mit 1 Chromolithogr. in gr. 4.) * 88 Pf.; 2. Heft. (22 ausgestoch. Bl. mit 1 Stnt. in gr. 4.) *ℳ 1,32.; 3. Heft. (24 ausgestoch. Bl. mit 1 Stnt. in gr. 4.) *ℳ 1,44.] *

Wittmann, Max Emil: Cherubini, s.a. Universal-Bibliothek.

Wittmann, M. E. Cherubini. (Musiker-Biographien. Bd. 18.) Leipzig (1895).

Marschner, s.a. Universal-Bibliothek.

[F.] Marschner. Von Dr. Maximilian Emil **Wittmann**. *Leipzig: Ph. Reclam jun. [1897].* (117 S., 1 Bl.) 1 Bd 8.
= Musiker-Biographien. Bd 20.
= Universal-Bibliothok. [No] 3677. (98 416

Wittmann, Michael, s. Wittmann, Georg Michael

Wittmann, Mor., die Usancen der Budapester Waaren- und Effecten-Börse. Eine krit. Studie. 8. (44 S.) Budapest 880, Gebr. Révai. *
Aus: Ungarische Gerichtshalle, besonders abgedruckt.

Wittmann, Nikol., was wollen wir f. die Aussätzigen tun?, s.: Missionsschriften, kleine Hermannsburger.

Wittmann, Otto, aus Bamberg: **Studien** über den Abbau des Solanidins. *München 1904: C. Wolf & Sohn.* (31 S.) 8°
Erlangen, Phil. Diss. v. 3. Mai 1904

Wittmann, P.: Führer durch Schweden, s. Woerl's Reisehandbücher.

Wittmann, P. Stockholm, s. Woerl's Reisehandbücher.

Wittmann, Patricius

Wittmann, Patric., Antwort auf das „Sendschreiben" des k. Pfarrers J. G. Lutz, in Sachen seiner „Feierstunden." Nebst e. Abfertigung des Prof. Dr. Schleyer zu Freiburg, in Sachen Hirschers. gr. 8. (5 B.) Augsburg 844, Kollmann'sche Bh.

Wittmann, Patricius, die Germanen u. die Römer in ihrem Wechselverhältnisse vor dem Falle des Westreiches. Festrede zur Geburtsfeier Sr. Maj. des Königs den 28. Novbr. 1851 in öffentl. Sitzung d. k. Akademie der Wissenschaften vorgetragen. gr. 8. (48 S.) München 851. (Franz.) n. 1/2 ℛ

— allgemeine Geschichte der kathol. Mission vom 13. Jahrh. bis auf die neueste Zeit. Mit besond. Rücksicht auf die histoire générale des missions catholiques des Baron Henrion bearb. II. Bd. 4 Lfgn. 50 Bog. gr. 8. Augsburg 847—50, Kollmann. (1 u. 2: à 1/8 ℛ 3: 6 ngl 4: 9 ngl) 3/4 ℛ (2 Bde. 1 1/12 ℛ — 1. Bd. s.
Henrion, allgem. Geschichte der kathol. Mission.)

— **Geschichte der Landgrafen von Leuchtenberg.** 3 Abthlgn. gr. 4. (München, Franz.) [1. (83 S.) 850. * 28 Ngr., 2. (73 S.) 851. * 27 Ngr., 3. (63 S.) 852. * 22 Ngr.] *
Aus: Abhandlungen der 3. Classe der königl. Akademie der Wissenschaften 6. Bd. 1—3. Abthl., besonders abgedruckt.

— **Geschichte der Reformation in der Oberpfalz.** Aus den Akten geschöpft. gr. 8. (IV und 124 S.) Augsburg 817, Kollmann'sche Buchh. -

s. Henrion, Baron, allgem. Geschichte d. kathol. Missionen.

Wittmann, Patric., die Herrlichkeit d. Kirche in ihren Missionen seit d. Glaubensspaltung. Eine allgem. Gesch. d. kathol. Missionen in d. letzten drei Jahrhunderten. 2 Bde. Mit e. Vorw. v. Ferd. Herbst. gr. 8. (45 B.) Augsburg 841, Kollmann'sche Buchh.

Wittmann, P., Die Jesuiten u. der Ritter Heinrich v. Lang oder Nachweis: wie die Gegner der Jesuiten deren Geschichte schreiben. Augsburg 1845. 8°. (1 Kr. A. H. Huber, Salzburg, 1909.)
Ultramontane Kampfschrift.

s. Jesuitica. I.

s. Sion. Eine Stimme in der Kirche f. uns. Zeit.

s. Weib, Das, im gesunden u. kranken Zustande.

Wittmann, Paul. Der Edelfasan [Phasianus colchicus]. Seine Naturgeschichte, Aufzucht u. Hege, Jagd u. Benutzg. Mit 1 Titelbilde u. 22 dem Texte beigegebenen erläut. Abbildgn. Lex.-8. (VI, 245 S.) Wien 891, Künast. * 8 —; cart. * 9 —

Wittmann, Paul, der Fasan, s.: Jagdpraxis, die. 5. Bd.

Wittmann, Pius, kurzer Abriss der schwedischen Geschichte. Auf Grund neuester Quellen u. Hilfsmittel verf. gr. 8. (VI, 96 S.) Breslau 896. M. & H. Marcus. n. 2. —

Zur Geschichte des Münchener Urkundenbuchs, von Dr. Pius **Wittmann**, Reichsarchivrath. München 1898: J. Fuller. (28 S.) 4°(8°) [F.] (98. 103)

Wittmann, Pius, die Pfalzgrafen von Bayern. Von der philosophischen Fakultät der Universität München gekrönte Preisschrift. gr. 8. (V, 244 S.) München 877. Th. Ackermann. n. 4 40

Wittmann, Pius, Sophia, Markgräfin v. Brandenburg-Onolzbach, Herzogin in Preußen u. s. w. aus dem uradeligen Geschlechte der Grafen v. Solms 1612—1651. gr. 8. (44 S. m. 1 Portr.) München 884. Th. Ackermann's Verl. n. 1. 60

Wittmann, Rich., der Sanitätsdienst im Zukunftskriege. Ein Kriegstagebuch. Mit 3 Skizzen in Steindr. (V, 163 S.) gr. 8. Berlin 910. E. S. Mittler & Sohn. 3.50; geb. 4. 50

Wittmann, Richard [app. Arzt]: Die Schlagadern der Verdauungsorgane mit Berücksichtigung der Pfortader bei dem Orang, Chimpanse, Gorilla. Eine vergleichend-anatomische Studie. . . . (Aus: Arch. f. Anthrop. Bd. XX.) Braunschweig, Druck v. F. Vieweg u. Sohn, 1891; 1 Bl., S. 83—104, 2 Taf. 4°
München, Med. Fak., Inaug.-Diss. v. 1891

Wittmann's, Rob., methodische Unterrichtsbriefe für das Pianoforte in leicht fasslicher, progressiver Folge bis zur Höhe der vollkommensten Eleganz und Correctheit, Technik und Nuancirung nach den Grundsätzen der grössten Meister arrangirt. Vorzugsweise berechnet für den Selbst- und Privatunterricht. In 40 Briefen. gr. 4. (320 S.) Leipzig 864—68, M. Schäfer. à Brief 5 Ngr.

Wittmann's, Rob., methodische Unterrichtsbriefe für das Pianoforte in leicht fassl., progressiver Folge bis zur Höhe der vollkommensten Eleganz und Correctheit, Technik und Nuancirung nach den Grundsätzen der grössten Meister arrangirt. Vorzugsweise berechnet für den Selbst- und Privatunterricht. 2. verb. Aufl. 1. Brief. Fol. (8 S.) Leipzig 873, M. Schäfer.

Wittmann, Rud., Festbericht zum 100jähr. Jubelfest der lutherischen Kirche zu Finstingen i. Lothr. (16 S.) 8. Finstingen 906. (Straßburg, C. A. Bomhoff.) nn — 20

Wittmann, W., die Studenten. Roman. (352 S.) 8. München 909. R. Piper & Co. 3.—; geb. in Halbleinw. 4. 50

Wittmann, W., ein Wort über Denk- und Glaubensfreyheit d. Protestanten, veranlaßt d. d. bey Gelegenheit d. Jubelfeyer am 30. Oct. 1817 gehaltene Reden zu Lüneburg. 8. Sulzbach, Seidel. 817.

Wittmann, Wilh., Beitrag zur Theorie des Erddruckes auf Stützmauern u. Stabilitätsbestimmung derselben. [Aus: „Ztschr. d. bayer. Archit.- u. Ingen.-Ver."] Mit 5 (lith.) Taf. Abbildungen. gr. 8. (31 S.) München 877. Th. Ackermann. n. 2. —

— die graphische Bestimmung der Maximalmomente einfacher durch bewegliche Lasten-Systeme beanspruchter Träger. Mit 3 (lith.) Taf. Abbildungen. [Aus: „Ztschr. d. bayer. Archit.- u. Ingen.-Ver."] gr. 8. (25 S.) Ebend. 877. n. 1. 40

Wittmann, Wilhelm, Rechtspraktikant aus Zweibrücken: Der **Eigentumsanspruch.** *Speyer 1904: G. Kranzbühler.* (74, II S.) 8° [F.]
Würzburg, Jur. Diss. v. 1904

Wittmann, W., Die Fundation der Bahnbrücke über die Donau bei Poikam auf der Regensburg-Ingolstädter Bahnlinie. (Sep.-Abdr. aus der Zeitschr. des bayer. Arch. und Ingenieur-Ver. 1874. Heft 4 u. 5.) Fol. brosch.

— Statik der Hochbauconstructionen. 1. Thl.: Steinconstructionen. Mit 7 (lith.) Kpfrtaf. u. 51 (eingedr.) Holzschn. Lex.-8. (VI, 87 S.) Berlin 879. Ernst & Korn. n. 6. —

Wittmann, W., **Statik der Hochbauconstructionen.** 2. und 3. Thl. gr. 8. München, Rieger'sche Universitäts-Buchh. à Thl. *ℳ 5. * 10

Inhalt:
Thl. 2. Holzconstructionen. (III, 115 S. mit 175 Textfig. und 3 lithogr. Taf.) 882.
„ 3. Eisenconstructionen. (IV, 135 S. mit 142 Textfig.) 884.
1. Thl. Berlin 1879, Ernst und Korn. *ℳ 6.

Wittmann, W., Statik der Hochbauconstructionen. 2. Tl.: Holz- u. Eisenconstructionen. 2., umgearb. Aufl. gr. 8. (VIII, 328 S. m. Fig. u. 3 Taf.) München 893. M. Rieger. n. 12. —

Wittmann, Wilhelm (Hrsg.), s. Zeitschrift für Baukunde.

Wittmann, William. Feldzug bei der zur Türkischen Armee abgeschickten militärischen Sendung. . . . A. d. Engl. Weimar 1805. Ü: *Schall.* (ABJP) (EngG)

— **Reisen nach d. Türkei, Kleinasien, Syrien u. Aegypten** rc. Aus d. Engl. auszugsweise übersetzt, s. Bibliothek d. neuesten u. wichtigsten Reisebeschreibb. von Sprengel. 10r Bd.

Wittmann, W[illiam]. W. Wittmann's . . . Reisen in der europäischen Turkey, Kleinasien, Syrien und Aegypten in den Jahren 1799, 1800, 1801 und 1802. Nebst Bemerkungen über die Pest . . . wie auch einem meteorologischen Tagebuche. Aus dem Englischen mit Anmerkungen, und mit Desgenettes, Larrey's, Pugnets Sotiras und anderer Untersuchungen über die Pest übersetzt von J. A. Bergk. Leipzig 1804—1805, bey Wilhelm Rein und Comp.
2 Bde. 8°
I 1804: XXII + 294 S.; 15 Taf. in Kupferst.
II 1805: XII + 347 S.; 3 Taf. in Kupferst.
Die meisten Tafeln koloriert
Engl. Originalausg. London 1803

Wittmann und Denglaz, Anton von, s. Wittmann

Wittmayer, Leo., die Ausgleichsgesetze vom 30. XII. 1907, i. d. Gesetzausgabe, Manzsche.

Wittmayer, Leo, Die Ausgleichsgesetze vom 30. Dezember 1907 samt Durchführungsbestimm. u. sonst. Vereinbar. M. Erl. a. d. Materialien unter Berücks. d. älteren Normen. Wien 1908. 8°.
(Manz'sche Gesetz-Ausgabe. Nr 75.)

— Eigenwirtschaft der Gemeinden u. Individualrechte der Steuerzahler. Studien zum französ. Gemeinderechte, s. a. Abhandlungen, staats- u. völkerrechtliche. VIII, 1.

Eigenwirtschaft der Gemeinden u. Individualrechte d. Steuerzahler. Studien z. franz. Gemeinderechte. Von Dr. Leo **Wittmayer.** Leipzig: Duncker & Humblot 1910. XI, 282 S. 8°
(Staats- u. Völkerrechtliche Abhandlungen. Bd 8, H. 1.) [10. 15654

Wittmayer, L., Die Genossenschaften. Nach dem Entwurf einer Gewerbenovelle. 8°. Wien 1903.

Wittmayer, L., s. Gesetzausgabe, Manzsche. Nr. 75.

Wittmayer, Leo., die organisierende Kraft des Wahlsystems. Vortrag, geh. in der Wiener jurist. Gesellschaft am 9. IV. 1902. (28 S.) gr. 8. Wien 903. Manz. n. — 50
Sonderabdruck aus: „Allg. öst. Gerichts-Zeitg."

Wittmayer, Leo, unser Reichsrathswahlrecht u. die Taaffe'sche Wahlvorlage. Eine polit. Abhandlg. gr. 8. (VIII, 188 S.) Wien 901. Manz. n. 2. 80

— Staats- u. völkerrechtliche Rückblicke auf den Ausgleich. Nach e. am 7. V. 1908 in der „Sozialen Sektion der österr. Leo-Gesellschaft" geh. Vortrage. (18 S.) gr. 8. Wien 908. Manz. — 50
Sonderabdruck aus: „Allg. österr. Gerichts-Ztg."

— Emil Steinbach als Sozialphilosoph. (28 S. m. 1 Bildnis.) gr. 8. Ebd. 907. — 85
Sonderabdruck aus: „Schmoller's Jahrb."

Wittmer, ..., neue Fibel, nach d. Lautmethode kurz u. zweckmäßig entworfen. 8. Rotweil 819. Herder. 1 ℳ

WITTMER, Friedrich (Rom): De inhalationibus oxygenii et ozonis in emphysemate et aliis morbis. (Titel nach der Urkunde)
3.8.1871 - Urk; F 73; Chr 1871/72,19
Diss. Ingolst.-Landsh.-Mchn.

Wittmer, Gust., Bericht über die internationale Kunstausstellung in München 1863. Ein Beitrag zur neueren Geschichte der Malerei. München 864. Fleischmann. 8. (VIII, 128 S.) 16 ngr.

Wittmer, Gust., Bericht über die internationale Kunstausstellung in München 1863. Ein Beitrag zur neueren Geschichte der Malerei. 8. (VIII und 128 S.) München 864, [Merhoff's Verlag.]

Wittmer, Gust., die Festspiele von Bayreuth, ihre religiöse, künstlerische und nationale Bedeutung. 8. (46 S.) Leipzig 888, [Schloemp.] Reißner. *

Wittmer, Gust., die naive Poesie in unserer Zeit. gr. 8. (60 S.) Cassel 868, Fischer.

Wittmer, Gust., Wege u. Ziele deutscher Kulturarbeit. gr. 8. (94 S.) Leipzig 891. Siegismund & Volkening. n. 1. 50; geb. n. 2. —

Wittmer, Hugo, z. Z. einj.-freiw. Arzt im 5. Kgl. bayr. Chevauxlegers-Reg. 'Erzh. Albr. v. Österr.' in Saargemünd ⟨Lothr.⟩: **Ein Beitrag zur Kenntnis der Beziehungen der akuten Miliartuberkulose zur Operation tuberkulöser Lymphomata colli.** Aus d. Heidelb. chirurg. Klinik. *Tübingen 1901 [vielm. 1902/03]: H. Laupp Jr.* (36 S.) 8° ¶(Aus: Beiträge zur klinischen Chirurgie, Bd 33, H. 3.)
Heidelberg, Med. Diss. v. 1902

Wittmer, J. G., das Bad Freiersbach im Renchthale (Großherzogthum Baden) und seine Heilquellen. 8. (VIII und 176 S. mit 1 Tab. in qu. 4.) Freiburg im Br. 854, Wangler. *

Wittmer, Mich., und Wilh. Molitor, Rom. Ein Wegweiser durch die ewige Stadt und die römische Campagna. 8. (VIII und 458 S. mit chromolithogr., topograph. Karte, lithogr. und ill. Specialkarten von Rom, Tivoli und Albano, und dem neuesten lithogr. Stadtplane Roms in 8., 4. und qu. Fol.) Regensburg 866, Pustet. geb. *

Wittmer, Mich., und Wilh. Molitor, Rom. Ein Wegweiser durch die ewige Stadt und die röm. Compagna. 2. verm. und verb. illustr. Aufl. Mit grosser (lithogr.) topograph. Karte, 4 neuen (lithogr.) Detail-Stadtplänen (in 4. und qu. Fol.), (3 lithogr.) Special-Karten der nächsten Umgebung, Tivolis und Albanos, (4) Plänen des alten Roms, des Forum Rom., des Vaticans. 8. (VIII, 498 S. mit 7 Holzschntaf.) Regensburg 870, Pustet. geb. *

Wittmer, Rudolf

Wittmer, R., grosse u. kleine Kreuzer, s.a. Meereskunde. II, 8.

Große und kleine Kreuzer von R[udolf] **Wittmer,** Kapitän z. See a. D. Berlin: Mittler 1908. 33 S. 8° [Umschlagt.] (Meereskunde. Jg. 2, H. 8.)

— Kriegsschiffsbesatzungen in Vergangenheit u. Gegenwart, s.a. Meereskunde. IV, 6.

Kriegsschiffs-Besatzungen in Vergangenheit und Gegenwart von R[udolf] **Wittmer,** Kapitän z. See a. D. Berlin: Mittler 1910. 40 S. 8° [Umschlagt.] (Meereskunde. Jg. 4, H. 6.)

— Die Torpedowaffe, s.a. Meereskunde. III, 4.

Die Torpedowaffe. Von R[udolf] **Wittmer,** Kapitän z. See a. D. Berlin: Mittler 1909. 33 S. 8° [Umschlagt.] (Meereskunde. Jg. 3, H. 4.)

Wittmer, Wilh., Handbuch d. Rechnens mit u. ohne Ziffern, nebst Anwendung. Von d. ersten Stufe d. Zahlens bis z. Schlusse mit d. Logarithmen. Methodisch bearb. Zum Lehr- u. Selbstgebr. in Volks- u. höh. Schulen. 2 Thle. gr. 8. Karlsruhe 838, Groos. à 2/3 Thlr.
A. u. d. Ttln.:
Thl. 1. Handbuch d. reinen Kopf- u. Zifferrechnens. (18¼ B.)
- 2. Handbuch d. angewandten Kopf- u. Zifferrechnens. (14¼ B.)

Wittmer, Wilh., Methode d. reinen u. angewandten Rechnens mit u. ohne Ziffern, nebst e. Anleit. zur Meßkunst, für Volks- u. höhere Schulen. Aus d. Pestalozzischen Grundsätzen entwickelt. 5 Thle. gr. 8. Stuttg. 820. v. Cotta. 2 ℳ 16 ₰

Wittmer, Wilh., Raumlehre auf dem Wege d. Anschauung u. Erfahr. f. d. gewöhnl. Leben. Pract. dargest. Zum Lehr- u. Selbstgebr. in Elementar- u. Gewerbsschulen. gr. 8. (7¼ B.) Karlsruhe 836, Groos. Thlr.

— Rechnungs-Aufgaben über die gewöhnlichen Fälle des Lebens, für Volks- u. höhere Schulen u. für Alle, welche sich im Rechnen üben wollen. 4e verb. Aufl. 8. Rastatt 832. (Karlsruhe, Creuzbauer.) ½ ℳ

Wittmer, Wilh., der Schreibunterricht in Verbindung mit d. Lesen, als Grundlage d. Sprachlehre; nebst e. Anleit. zur Elementarlehre d. Zeichnens f. Volksschulen. Methodisch bearb. Mit Holzschn. u. (3) lith. Taf. 8. (6 B.) Heidelberg 833, A. Oßwald.

— deutsche Sprachlehre, in Verbindung mit d. Anleit. zu schriftl. Aufsätzen. gr. 8. Heidelb. 827. Winter. 16 ₰

Wittmers, Fritz, approb. Arzt aus Gelsenkirchen: Aus d. chirurg. Universitäts-Klinik zu Bonn. Ueber maligne Tumoren des Colon. *Bonn 1902: J. Trapp.* (85 S.) 8°
Bonn, Med. Diss. v. 11. Juli 1902

Wittmeyer, L., über die Leichenverbrennung, s.a. Zeit- und Streit-Fragen, deutsche.

Wittmeyer L., über die Leichenverbrennung. (Zeit- u Streitfr. 71) Berlin 1876

Wittmeyer, Ludov. Henr. (geb. Wesel 29. 11. 1837): De chloroformio et aethere sulfurico externe adhibendis. Berolini (1859). (32 S.) 8°
Berlin, Med. Diss. v. 10. Dez. 1859

Wittmund [Schlagwort]

Wittmund, Kreis, s.: Aurich, Reg.-Bez.

Wittmund, s.: Deutschland. Kürschner-Pelp.

Wittmund [Verf.]

Wittmund, Aron Joseph: „Neu ausgerechnete Wechsel-Tabellen Durch alle Handlungs-Städte von gantz Europa . . . .", Hamburg 1764 (Handschrift). Dasselbe. Hamburg 1782 (Handschrift)

Wittmüß, drei Kommaregeln statt vieler, zur Verständigung d. Lehrer über ungleichmäßige Interpunction in unseren Musterschriftwerken. gr. 8. (IV u. 62 S.) Greifswald 850, Koch's Verlagshandlung. ¼ ℳ

Wittmüß, geb. Doebrecht, Amalie, Gesänge aus dem alten Testamente. gr. 8. (1⅞ B.) Berlin 845, (J. A. Wohlgemuth, Berl.)

Wittmüß, C. A. R., zur Theorie magnetischer Reiseriensapparate, insbesond. des Gaußischen Magnetometers. gr. 4. Hamburg 844. (Nestler u. Melle.) n. ⅓ ℳ

Wittmütz, Thomas (Wolgast) A. S. 570/45

Dissertationis academicae de eo quod justum est circa parochiam ruralem vacantem in Pomerania et Rugia sectio I. de parochia rurali vacante.
Präs. Siegfried Caeso Aeminga.
Greifswald (Struck) 22. III. 1743. 24 S.

37052

Wittneben, Lackschrift-Lehr-Werk, s.: Hirsch, Rud.

Wittneben, A., tafelförmiger Leitfaden f. den Geschichtsunterricht auf höheren Lehranstalten. 1. Hft. gr. 8. Leipzig 890. Jul. Baedeker. n. 1. —
Morgenländische Völker u. klassisches Altertum. (VII, 96 S.)

Wittneben, A[lbert]: [Bericht über die Zusammenkunft früherer Schüler des Clausthaler Gymnasiums am 8. und 9. Juni 1897.] *Clausthal 1898: E. Pieper.* (XVI–XVII S.) 4° [Ant. u. J.]
Clausthal, L. G., OP 1898 (316)

Wittneben, [Albert]: Die Einweihung des neuen Gymnasialgebäudes. S. III–XV. 4. **Progr.** Kgl. Gymn. *Clausthal* 1906 (368).

Wittneben, A[lbert]: [Die Feier der Grundsteinlegung beim neuen Gymnasium.] S. XX–XXIII. 4. Kgl. Gymn. *Clausthal* 1904 (352)
Progr.

Wittneben, A., nordische Götterplauderei. Deklamation m. eingeschalteten Chören u. Liedern. 12. (II, 16 S.) Clausthal 900. Grosse. n. — 40

Wittneben, A[lbert], Dir.: Preussisches **Königtum.** Ein Gedenkblatt zum 18. Jan. 1901. *Clausthal 1901: E. Pieper.* (S 1–VIII.) 4° [F.]
Clausthal, k. G, OP 1901 (320)

*Wittneben, A[lbert]: Das perikleische Zeitalter in Aristoteles' Schrift vom Staate der Athener. S. 1–38. 8.
In: Festschrift zu der am 30. Sept. 1905 stattfindenden Einweihung des neuen Schulgebaudes Kgl. Gymn. *Clausthal* 1905
Progr.

Wittneben, Leopold, Referendar in Nienburg a. W.: Partitionslegat und Universalfideikommiß. Borna-Leipzig 1907: R. **Noske.** (69 S.) 8°
Göttingen, Jur. Fak., Ref. Detmold, Diss. v. 13. Mai 1907
[Geb. 4. Febr. 84 Wilhelmshaven; Wohnort: Clausthal i. Harz; Staatsangeh.: Preußen; Vorbildung: Gymn. Clausthal Reife O. 02; Studium: Marburg 2, München 1, Berlin 1, Göttingen 2 S.; Rig. 14. Febr. 07.]

Wittneben, Robert [approb. Arzt aus Rautenberg (Prov. Hannover)]: **Ulcus ventriculi traumaticum** .... Hannover, Druck v. Wilh. Riemschneider, 1886; 16 S. 8°.
Würzburg, Med. Fak., Inaug.-Diss. v. 1886.

Wittneben, Robert, Ulcus ventriculi traumaticum. Diss. Würzburg 1886, Stahelsche Univ.-Buchh. 8°. 16 S.

Wittneben, Wilhelm, a. Holtensen (Hannover): Aus dem Königl. hygienischen Institut zu Kiel. Prof. Dr. B. Fischer. Untersuchungsergebnisse bei dem Vergleich eines neuen Filters mit dem Berkefeld-Filter. Berlin 1906: L. Schuhmacher. (20 S.) 8° ¶(Aus: Hygienische Rundschau 1906 No. 16.)
Kiel, Med. Fak., Ref. Fischer, Diss. v. 20. Okt. 1906
[Geb. 16. Apr. 81 Holtensen (Hannover); Wohnort: Bückeburg; Staatsangeh.: Preußen; Vorbildung: Fürstl. Gymn. Adolfinum Bückeburg Reife M. 99; Studium: Erlangen 6, Kiel 6 S.; Coll. 29. Juni 06; Approb. 1. Okt. 06.]

Wittner, Adf., d. Hygiene des Auges, s.: Hausbücher, medizin., Nr. 1.

Wittner, Carl, s. Wittner, Karl

Wittner, Hugo, approb. Arzt: Aus d. Kgl. med. Klinik zu Breslau. Ein casuistischer Beitrag zur Kenntnis der Chlorzinkvergiftung. *Breslau 1902: Bresl. Genoss.-Buchdr.* (40 S.) 8°
Breslau, Med. Diss. v. 26. Juli 1902

Wittner, Karl

Wittner, Carl: Aus der Königl. Dermatologischen Klinik zu Breslau. Experimentelle Beiträge zur Frage des gleichzeitigen Gebrauchs von Inunktionskuren und Schwefelbädern. *Breslau: Schletter 1898.* (31 S.) 8°
Breslau, Med. Diss. v. 13. Dez. 1897

Wittner, Max, s.: Assecuranz-Jahrbuch.

Wittner, Max, s. Börsenorganisationen. 3. Spanien.

Wittner, O., mein Kaiser u. mein Vaterland. Lyrisch-ep. Worte an jung u. alt. (III, 68 S.) 8. Dresden 904. E. Pierson. n. 1. 20; geb. n. 2. 20

Wittner, Otto: Moritz Hartmann, s. Sammlung gemeinnütziger Vorträge.

Wittner, Otto [aus Leipzig]: **Moritz Hartmanns Jugend. [Kap. 1—3 einer grösseren Biographie Moritz Hartmann's.] Wien 1903. 86 S. 8°. [21. II. 02.]**
Bern. Phil. Diss. 1903/1904.

Wittner, Otto. Moritz Hartmanns Jugend. Diss. Phil. Bern. 86 S. 8. Wien, Verlag des Verf., Druck Johann N. Vernay, 1903.

— Moritz Hartmanns Leben u. Werke, s. a. Bibliothek deutscher Schriftsteller aus Böhmen. 18. u. 19. Bd.

Moritz Hartmanns Leben und Werke. Ein Beitrag z. polit. u. literar. Geschichte im 19. Jh. von Dr. Otto **Wittner.** Mit Lichtdruckbild. T. 1. 2. Prag: J. G. Calve 1906–07. 2 Bde 8° [F.]
T. 1. Der Vormärz u. die Revolution. 1906. T. 2. Exil u. Heimkehr. 1907.
= Hartmann, Moritz: Gesammelte Werke. Bd 1. 2.
= **Bibliothek** Deutscher Schriftsteller aus Böhmen. Bd 18. 19. (08. 5695

Wittner, Otto, österreichische Porträts u. Charaktere. (280 S.) 8. Wien 906. H. Heller & Co. n. 3. 50

Wittner, Ph. Ludwig

— — Rede zu Joach. Camerarius Gedächtniss, gehalten bei der zweihundertjährigen Jubel-Feyer des Nürnbergischen Collegiums der Aerzte, am 30. Mai 1792. Nürnberg 1792. 4.

Wittola, Herr Probst, und Herr Doktor Aloys Merz in einem Zweykampfe vorgestellet . . . **Presburg 1783.** V: *Jann, Franz Xaver.* (Jes)

Wittola u. Merz, in e. Zweikampf vorgestellt. 8. Augsb. 783. (Wolff). 4 Kr

Wittola, Marx Anton

— das Buch d. Psalme zum allgem. Gebrauch andächtiger Christen. 8. Wien 781.

Wittola, M. A., betrachtender Christ. 6 Thle. gr. 8. Wien, Tendler. 776.

Wittola, Marx Ant., († d. 24. März 1797.) der seine Religion nach d. wahren Geiste ihrer Grundsätze betrachtende Christ. 6 Thle. gr. 8. Wien 776. Trattner. 4 fl 16 Kr

— Erinnerung an d. Exjesuiten Hrn. Wurz, wegen seiner Trauerrede auf d. Kaiserin. 8. Wien 781.

— der Jansenismus. Ein Schreckbild für Kinder. 8. Friedburg 776.

Wittorf [Schlagwort]

Wittorf, s.: Preussen, Messtischblätter.

Wittorff, Adolph Heinrich Friedrich Gottlieb von (Lüneburg) A. S. 574/21

Dissertatio iuridica de erroribus quibusdam circa querelam inofficiosi testamenti.
Präs. Karl Friedrich Paelike.
Helmstedt (Schnorr) 25. X. 1763. 44 S.

W. v.: Präs. 37053

Wittorff, Andr. v., Brigitta. Lyrisch-epische Dichtung in Rhapsodien. 16. (103 S.) Riga 879. Stieda. n. 2. 40

Wittpenning, H. W., das amtsgerichtliche Straf-Verfahren in Formularen und Entwürfen mit Angabe der gesetzl. Bestimmungen und mit Erläuterungen dargestellt. 4. (76 S.) Stade 853. (Hannover, Hahn'sche Hofbuchh.) *

Wittram, E., Leitfaden f. den Unterricht in der deutschen Grammatik. II. Tl. Satzlehre (Syntax). (156 S.) gr. 8. Riga 904. R. Kymmel's Sort. Kart. n. 1. 80
Der I. Tl. ist noch nicht erschienen.

Wittram, E., Leitfaden f. den Unterricht in der deutschen Grammatik. 1. Tl. Wortlehre (Etymologie). 2. verb. Aufl. (VIII, 168 S. m. 1 Taf.) gr. 8. Riga 910. R. Kymmel. Kart. 2. 60

Wittram, Ed. Bacteriologische Beiträge zur Aetiologie d. Trachom's. Diss. gr. 8. (77 S.) Dorpat 889, (Karow). * 1 50

Wittram, J. F., Theologumena Taciti. Gel. 1852. 24 S. 4°.

Wittram, Thdr., zur Berechnung der speciellen Störungen der kleinen Planeten. Inaugural-Dissertation. gr. 8. (55 S.) St. Petersburg 885. (Dorpat, Karow.) *

— allgemeine Jupiterstörungen d. Encke'schen Cometen f. den Bahntheil zwischen 152° 21' 7", 62 u. 170° wahrer Anomalie, s. a. Mémoires de l'académie impériale des sciences de St.-Pétersbourg.

Wittram, Th. Allg. Jupiterstörungen des Encke'schen Cometen. St. Petersburg 1883. 4.

Wittram, Th., u. F. Renz, telegraphische Längenbestimmung zwischen Pulkowo u. Potsdam, s. a. Publications de l'observatoire central Nicolas. XVIII. 1.

Telegraphische Längenbestimmung zwischen Pulkowo und Potsdam von Th[eodor] Wittram u. F. Renz. *St. Pétersbourg 1903: Acad. Imp. d. Sciences.* (II, 41, 31 S.) 2°(4°)
= Publications de l'Observatoire central Nicolas. Sér. 2, Vol. 18, 1.

Wittram, Th., tables auxiliaires pour la détermination de l'heure par des hauteurs correspondantes de différentes étoiles. gr. 8. (22 S.) St.-Pétersbourg 892. (Leipzig, Voss' Sort.) n. 1. —

Wittrien, *Otto* [Dir.]: *Bericht über seine Einführung als Direktor der Anstalt.* Königsberg, Hartungsche Buchdr., 1894; 15—17 S. 4.
Königsberg i. Pr., st. RG, OP 1894 (20)

Wittrien, *Otto* [Dir.]: Verzeichnis der bisher von der Schule veröffentlichten Programm-Abhandlungen. Königsberg, Hartungsche Buchdr., 1897; 1 Bl. 4.
Königsberg i. Pr., st. RG, OP 1897 (20)

Wittrien, [Otto]: Verzeichnis der bisher von der Schule veröffentlichten Programm-Abhandlungen. *Königsberg 1898: Hartung.* (1 Bl.) 4° ¶ [Vgl. P-Beilage 1897.]
Königsberg i. Pr., st. RG, OP 1898 (20)

Wittrien, [Otto], Dir.: Verzeichnis der bisher von der Schule veröffentlichten Programm-Abhandlungen. *Königsberg 1899: Hartung.* (1 Bl.) 4° ¶ [Vgl. Progr. 1897. 98.]
Königsberg i. Pr., st. RG, OP 1899 (20)

Wittrien, O[tto], Dir.: Verzeichnis der bisher von der Schule veröffentlichten Programm-Abhandlungen. (1755—1899.) *Königsberg 1900: Hartung.* (1 Bl.) 4° ¶ [Vgl. Progr. 1897—99.]
Königsberg i. Pr., st. RG, OP 1900 (18)

Wittrien, [Otto], Dir.: Verzeichnis der bisher von der Schule veröffentlichten Programm-Abhandlungen. (1755—1900.) *Königsberg 1901: Hartung.* (2 ungez. S.) 4° ¶ [Vgl. Progr. 1897—1900.]
Königsberg i. Pr., st. RG, OP 1901 (18)

Wittrien, O[tto], Dir.: Verzeichnis der bisher von der Schule veröffentlichten Programm-Abhandlungen. (1755—1901.) *Königsberg 1902: Hartung.* (2 ungez. S.) 4° ¶ [Vgl. Progr. 1897—1901.]
Königsberg i. Pr., st. RG, OP 1902 (18)

Wittrien, O[tto], Dir.: Verzeichnis der bisher von der Schule veröffentlichten Programm-Abhandlungen. [1765—1902.] *Königsberg 1903: Hartung.* (S. 29—30.) 4°
Königsberg i. Pr., st. RG, OP 1903 (18)

Wittrin, Wilhelm Gustav

Wittrin, Guil. Gust. (geb. Heiligenbeil in Ostpr. 1818): De phthisi intestinali. Berolini (1843). (29 S.) 8°
Berlin, Med. Diss. v. 13. Apr. 1843

Wittrisch, Max, methodisches Handbuch für den Unterricht in der mathemat. Geographie in der Volksschule. (VI, 140 S. m. 88 Fig.) gr. 8. Halle 904. H. Schroedel. n. 2. —

Wittrisch, Max, s. Jahrbuch der Philatelie.

Wittrock, Otto [app. Arzt aus Schleswig]: Aus d. chirurg. Klinik zu Kiel. Beitrag zur Kenntniss der Zungengeschwülste. . . . Kiel, Druck v. Schmidt & Klaunig, 1889; 50 S. + 1 Bl. 8°
Kiel, Med. Fak., Inaug.-Diss. v. 26. Jan. 1889

Wittrock, Otto. Beitrag zur Kenntniss der Zungengeschwülste. Diss. gr. 8. (50 S.) Kiel 889, (Lipsius u. Tischer). * 1 60

Wittrock, Vikt., an die Arbeit f. mein Volk! Predigt üb. Matth. 14, 14, geh. zum Jahresfest der Rigaer Stadtdiakonie am I. Advent, den 3. XII. 1906 in der St. Petrikirche zu Riga. (14 S.) gr. 8. Riga 906. (Jonck & Poliewsky.) — 60

— s.: Heimatstimmen.

— Der Katechismusunterricht im Feuer der Kritik. Vortrag. (19 S.) gr. 8. Dorpat 909. J. G. Krüger. — 60
Sonderabdr. aus: „Mitteilgn. u. Nachr. f. d. ev. Kirche in Rußland".

— **zur Konfirmationsfrage. Synodal-Vortrag. (26 S.) gr. 8. Jurjew (Dorpat) 905. (J. G. Krüger.) n. — 60**
Sonderabdruck aus: „Mitteilgn. u. Nachrichten f. die ev. Kirche Rußlands.

Wittrock, Vict., die Trunksucht und ihre Bekämpfung, s. a. Studien u. Skizzen aus der inneren Mission. II.

Die Trunksucht und ihre Bekämpfung. Mit bes. Berücks. d. Mässigkeitsbewegung u. d. Krugsfrage in den balt. Ostseeprov. dargest. von Victor Wittrock, Pastor zu Oberpahlen in Livland. *Riga: L. Hoerschelmann 1909.* (IX, 263 S.) 8° [5.-]
= Studien u. Skizzen a. d. inn. Mission u. ihren Grenzgebieten. 2

Wittsack, F.: Das Tellurium u. seine Anwendung. Berlin 1865. IV u. 36 S.
Schul-/Univ.-Schrift

Wittsack, F., das Tellurium und seine Anwendung. Hauptsächlich zum Gebrauch der in der geographisch-artistischen Anstalt in Berlin gefertigten Instrumente. Ein Leitfaden für Lehrer und Schüler. 8. (IV und 36 S.) Berlin 868, Schotte und Comp.

Wittsack F., das Tellurium m. Lunarium u. seine Anwendg. Hauptsächlich zum Gebrauch der v. E. Schotte construirten u. gefertigten Instrumente. Ein Leitfaden f. Lehrer u. Schüler. Neuer Abdr. 8. (44 S.) Berlin 875. Schotte & Co. — 60

Wittsack, P., Handbuch f. den praktischen Maschinen-Konstrukteur, s.: Uhland. Wilh. Heinr.

Wittsack, P., s.: Uhland's, Wilh. Heinr., Handbuch für den prakt. Maschinen-Konstrukteur.

Wittsack, Paul, Einführg. in die Festigkeitslehre. gr. 8. (VII, 152 S. m. 4 Taf.) Hildburghausen 895. Kesselring. n. 4. —

Wittsack, Paul: Über das identische Verschwinden der Hauptgleichungen der Variation vielfacher Integrale. Leipzig 1910: Teubner. 30 S. 8°
Heidelberg, Naturw.-math. Diss. v. 13. Jan. 1911, Ref. Königsberger
[Geb. 8. Febr. 62 Küstrin; Wohnort: Mannheim; Staatsangeh.: Baden; Vorbildung: Andreas-Realgymn. Berlin Reife O. 83; Studium: Berlin Techn. Hochsch. 5, Univ. 2, Rostock 1, Heidelberg 4 S., Rig. 23. Okt. 10.] [U 11. 2357

Wittschewsky, Valent., Rußlands Handels-, Zoll- u. Industriepolitik von Peter dem Großen bis auf die Gegenwart. (X, 892 S.) gr. 8. Berlin 905. E. S. Mittler & Sohn. n. 7. —; geb. n. 8. 50

Wittschieben, Otto, das Findelwesen in Steiermark, s. a. Mitteilungen, statistische, üb. Steiermark.

Das Findelwesen in Steiermark. Im statist. Landesamte von Steiermark verf. von Dr. Otto **Wittschieben**. (Vorr.: Dr. Ernst Mischler.) Graz: Leuschner & Lubensky in Komm. 1907. (118 S.) 4° (8°)
(Mitteilungen, Statistische, über Steiermark. H. 17.)

Wittschieber, Ernst, 50 Ausflüge in Hildesheims Umgegend u. in den Harz. Unter Berücksicht. der schönsten Partien in das Wesergebiet, den Deister u. den Teutoburger Wald. 12. (VII, 29 S.) Hildesheim 894. E. Wittschieber. n. — 50

Wittschier, das staatliche Besiedelungswesen in den preussischen Ostprovinzen. Vortrag, geh. auf der 22. Hauptversammlg. des deutschen Geometer-Vereins zu Cassel. Mit 1 Plane. gr. 8. (36 S.) Stuttgart 901. K. Wittwer. n. — 60
Sonderabdruck aus: „Zeitschrift f. Vermessungswesen".

Das älteste **Wittschopbuch** der Stadt Reval (1312—1360). Dargebracht ... durch L[eonid] Arbusow. — Reval: Kluge 1888. XII, 224 S. 8°
(Revaler Stadtbücher. 1.)
(Archiv f. d. Gesch. Liv-, Est- u. Curlands. Folge 3, Bd. 1.)

Das Ästhetische Erziehungs-System. E. Grundriss v. Dr. Albert **Wittsock**, Schuldir. a. D. Leipzig: H. Haacke 1896. (X S., 1 Bl., 212 S.) 1 Bd 8°

Wittstein, A. J. de, Poesias de la America meridional, s. Coleccion de autores españoles.

Wittstein, Armin, ein Beispiel zum Thdr. von Oppolzer'schen „Kanon der Finsternisse". gr. 4. (38 S.) Leipzig 888. Koebler's Antiqu. **

Wittstein, Armin, Geschichte des Malfattischen Problems. Inaugural-Dissertation. 4. (39 S. mit 4 Holzschntaf.) München 871, (Palm's Hofbuchh.) *

Wittstein, Armin, zur Geschichte des Malfatti'schen Problems. gr. 8. (27 S. mit 2 Stnt.) Nördlingen 878, Beck'sche Buchh. *

Wittstein, Armin, Julius Klaproth's Schreiben an Alexander von Humboldt über die Erfindung des Kompasses. (Aus dem franzos. Original im Auszuge mitgetheilt.) Leipzig 1885

Wittstein, August, aus Hannoversch-Münden: Der § 326 des Bürgerlichen Gesetzbuches in seiner Anwendung auf den Kaufvertrag. *Rostock 1903: C. Hinstorff.* (148 S.) 8°
Rostock, Jur. Diss. v. [10. Nov.] 1903

Wittstein, Georg Christoph

Wittstein, G. C., Anleitung zur Analyse der Asche von Pflanzen oder organischen Substanzen überhaupt. 8. (16 S. mit eingedr. Holzschn.) München 862, [Grubert.] *

Wittstein, G. C., Anleitung zur chemischen Analyse von Pflanzen und Pflanzentheilen auf ihre organischen Bestandtheile. gr. 8. (VIII, 356 S.) Nördlingen 868, Beck'sche Buchh. *

— Anleitung zur Darstellung und Prüfung chemischer und pharmaceutischer Präparate. München, 1845. 8vo.

Wittstein, G. C., Anleitung zur Darstellung und Prüfung chemischer und pharmaceutischer Präparate. Ein auf eigene Erfahrungen gegründetes, insbesondere den Apothekern gewidmetes prakt. Hülfsbuch. Mit einer Vorrede von J. A. Buchner sen. 2., verb. und verm. Aufl. gr. 8. (755 S.) München 851, Palm's Hofbuchh. *

Wittstein, G. C., Anleitung zur Darstellung und Prüfung chemischer und pharmaceutischer Präparate. Ein auf Erfahrungen gegründetes, insbesondere den Apothekern gewidmetes prakt. Hülfsbuch. 3., verb. und verm. Aufl. gr. 8. (768 S.) München 857, [Grubert.] Thlr. *

—— Anleitung zur Darstellung und Prüfung chemischer und pharmaceutischer Präparate. Ein auf eigene Erfahrungen gegründetes, insbesond. den Apothekern gewidmetes prakt. Hülfsbuch. 4., verm. und verb. Aufl. gr. 8. (VIII und 764 S. mit eingedr. Holzschn.) München 867, Grubert. *

—— Anleitung zu qualitativen chemisch-analytischen Untersuchungen. Mit Zugrundelegung des ausführl. Handbuches der analyt. Chemie von H. Rose für Anfänger bearb. 1. Aufl. 1851. und 2., unveränd. Aufl. 8. (VIII und 166 S.) München 852, Palm's Hofbuchh.

Wittstein, G. C., s. Arznei-Taxe der deutschen Staaten.

—— Autoren- und Sach-Register zu den Bdn. 1—C (Jahrg. 1832—1856) der Annalen der Chemie und Pharmacie. gr. 8. (IV und 596 S.) Leipzig 861, C. F. Winter'sche Verlagsh. *

—— dass. — zu den Bdn. CI—CXVI (Jahrg. 1857—1860). gr. 8. (III und 123 S.) Ebendas. 861. *

—— Autoren- und Sach-Register zu den bis jetzt erschienenen 131 Bdn. des Archivs der Pharmacie. (Jahrg. 1822—1857.) Bearb. im Auftrage des Directoriums des norddeutschen Apotheker-Vereins. gr. 8. (723 S.) Hannover 859, Hahn'sche Hofbuchh. *

—— Autoren- und Sach-Register zu sämmtl. 69 Bänden des Schweigger'schen Journals für Chemie und Physik. (Jahrgänge 1811—1833.) gr. 8. (IV und 299 S.) München 848, (Kaiser.) *

Wittstein, G. C., Autoren- und Sachregister zu der 1. und 2. Reihe des Buchner'schen Repertoriums für die Pharmacie. (Jahrg. 1815—48 oder 100 Bde.) 3 Bde. 12. (VIII und 1498 S.) München 848, (Palm's Hofbuchh.) Thlr. *

—— Autoren- und Sachregister zu Bd. 1—10 der Vierteljahresschrift für praktische Pharmacie, s. Vierteljahresschrift.

Wittstein, G. Dr. (Lehrer der Chemie) „Beobachtungen über das Harzgebirge in chemischer, mineralogischer, geognostischer und metallurgischer Beziehung". pg. 8—12. 4°. Brügel.
Ansbach, Progr. 1851/52

Wittstein, G. C., über die Darstellung u. Prüfung chemischer u. pharmaceut. Präparate. Ein auf eigene Erfahrungen gegründetes, insbesond. den Apothekern gewidmetes prakt. Hülfsbuch. Mit e. Vorr. v. J. A. Buchner sen. gr. 8. ($43\frac{1}{2}$ B.) München 845, Palm's Hofbuchh. *

Wittstein, G. C., Grundriss der Chemie. Zunächst bearb. für techn. Lehranstalten. 1. Abthl.: Allgemeiner Theil und unorgan. Chemie. gr. 8. (XVIII und 476 S.) München 852, Palm's Hofbuchh. *

—— dass. — 2. Abthl.: Organische Chemie. gr. 8. (S. XIX —XXV und 477—775.) Ebds. 852. *

—— Grundriss der Chemie. Zunächst bearb. für technische Lehranstalten und Realgymnasien. 2. umgearb. Aufl. 2 Abthlgn. gr. 8. München, Grubert. *

Inhalt:

Abthl. 1. Einleitung und unorganische Chemie. (XVI, 450 S.) 868. *M. 4.

» 2. Organische Chemie. (VIII, 256 S.) 869. *M. 2.

— etymologisch-botanisches Handwörterbuch. Enthaltend: die genaue Ableitung u. Erklärung der Namen sämmtl. botanischer Gattungen, Untergattungen u. ihrer Synonyme. 2 Lfgn. gr. 8. (VIII u. 952 S.) Ansbach 852, Junge. (1: n. $2\frac{1}{3}$ Thlr 2: n. 2 Thlr) n. $4\frac{1}{3}$ Thlr

—— etymologisch-botanisches Handwörterbuch. Enthaltend: die genaue Ableitung und Erklärung der Namen sämmtl. botan. Gattungen, Untergattungen und ihrer Synonyme. Lex.-8. (VIII und 952 S.) Ansbach 852. [Erlangen, Palm und Enke.] *

—— dass. — 2. (Titel-)Ausg. Lex.-8. (VIII und 952 S.) Ebds. 856. *

Wittstein, G. C., Handwörterbuch der Pharmakognosie des Pflanzenreichs. 2 Hälften. gr. 8. (994 S.) Breslau 883, Trewendt. *

geb. in Halbfrz. *

Vgl.: Encyklopädie der Naturwissenschaften.

—— vollständ. etymolog.-chemisches Handwörterbuch, m. Berücksichtig. d. Geschichte u. Literatur d. Chemie. Zugleich als synoptische Encyclopädie d. gesammt. Chirurgie. 1. Bd. 8 Lfgn. u. 2. Bd. 1—4. Lfg. (A—Tartralsäure.) gr. 8. ($100\frac{3}{8}$ B.) München 846, 47, Palm's Hofbuchh. à Lfg. * 25 Ngr. *

—— vollständ. etymologisch-chemisches Handwörterbuch mit Berücksichtigung der Literatur und Geschichte der Chemie. 11. und 12. oder 2. Bd. 5. und 6. Lfg. (Tartrate — Schluss.) gr. 8. (S. 673—992.) München 847, Palm's Hofbuchh. à Lfg * 25 Ngr. *

—— vollständiges etymologisch-chemisches Handwörterbuch, mit Berücksicht. der Geschichte und Literatur der Chemie. Zugleich als synopt. Encyclopädie der gesammten Chemie. Ergänzungsheft. gr. 8. (III und 184 S.) Ebds. 849. *

—— dass. — Neue (Titel-)Ausg. 2 Bde. gr. 8. Ebds. [1. (VI und 926 S.) 2. (992 S.) 850.] *

Mit Ergänzungsheft. *

—— vollständiges etymologisch-chemisches Handwörterbuch, mit Berücksichtigung der Geschichte und Literatur der Chemie. Zugleich als synopt. Encyclopädie der gesammten Chemie. 2. Ergänzungsheft. gr. 8. (III und 213 S.) München 853, Palm's Hofbuchh. *

Der Preis des vollständ. Werkes ist * 12 Thlr. 10 Ngr.

—— vollständiges etymologisch-chemisches Handwörterbuch, mit Berücksicht. der Geschichte und Literatur der Chemie. Zugleich als synoptische Encyclopädie der gesammten Chemie. 3. Ergänzungsheft. gr. 8. (V und 359 S.) München 858, [Grubert.] *

Wittstein, G. C.: Mitterbad Arsen-Eisen-Trinkwasser, s. Simon, Herm.

—— die chemische Nomenklatur, von dem gegenwärtigen Standpunkte der Wissenschaft aus beurtheilt, nebst Vorschlägen zu einer möglichst einfachen und consequenten Durchführung derselben gr. 12. (24 S.) München 849, (Palm's Hofbuchh.) *

WITTSTEIN, G. C.
Die chemische Nomenklatur von dem gegenwärtigen Standpunkte der Wissenschaft aus beurtheilt, nebst Vorschlägen zu einer möglichst einfachen und consequenten Durchführung derselben. München, 1849. 12mo. Second edition, 1852.

— fünfstellige logarithmisch-trigonometrische Tafeln. 21. Aufl. gr. 8. (XXXVI, 122 S. Ebd. 902.

Geb. in Leinw. n. 2.—

— Taschenbuch der Chemikalien-Lehre. Für das häusliche Leben, sowie für künstlerische u. gewerbliche Beschäftigungen aller Art praktisch u. leichtfasslich bearb. 8. (IV, 326 S.) Nördlingen 879. Beck. n. 3. 60

—— Taschenbuch der Geheimmittellehre. Eine kritische Uebersicht aller bis jetzt untersuchten Geheimmittel. Zunächst für Aerzte und Apotheker, dann zur Belehrung und Warnung für Jedermann hrsg. 1. Aufl. 1867. und 2., verm. Aufl. 8. (VI und 204 S.) Nördlingen 868, Beck'sche Buchh.

—— Taschenbuch der Geheimmittellehre. Eine krit. Uebersicht aller bis jetzt untersuchten Geheimmittel. Zunächst für Aerzte und Apotheker, dann zur Belehrung und Warnung für Jedermann hrsg. 3. verm. Aufl. (VI, 252 S.) 1870. M. 2,50., und 4. sehr stark verm. Aufl. 8. (VI, 301 S.) Nördlingen 876, Beck'sche Buchh. *

—— Taschenbuch der Nahrungs- und Genussmittel-Lehre. Mit besond. Berücksicht. der Verderbnisse, Verunreinigungen und Verfälschungen, nach eigenen Erfahrungen für Jedermann leicht fasslich dargestellt. 8. (IV, 176 S.) Ebendas. 878. *

Wittstein G C, Taschenbuch der Nahrungs- und Genussmittellehre. Nordlingen 1880

—— Widerlegung der chemischen Typenlehre. gr. 8. (III und 96 S.) Nördlingen 862, Beck'sche Buchh. *

Wittstein, Richard R. von (Hrsg.), s. Zeitschrift, Österreichische botanische.

Wittstein, Thdr., kurzer Abriß der Elementar-Mathematik, zum Gebrauch für den Unterricht und bei Repetitionen. 2. Aufl. gr. 8. (V und 62 S.) Hannover 858, Hahn'sche Hofbuchh.

Wittstein, Th. Anfangsgründe der Analysis und der analytischen Geometrie. Hannover. 1872.

Wittstein, Theod., kurze Anleitung zum Verständniß der neuen Maße und Gewichte und Vergleichung derselben mit hannoverschen Maßen und Gewichten. Für Schule und Haus. 2. Aufl. gr. 8. Hannover 870, Hahn'sche Buchh.

Wittstein, Theod. Die Bedeutung überseeischer Kolonieen für die Wissenschaft. Hannover 1889.

Wittstein, Theod., neue Behandlung des mathematisch-psycholog. Problems v. der Bewegung einfacher Vorstellungen, welche nach einander in die Seele eintreten. Zugleich als Beitrag zu e. schärferen Begründung d. mathemat. Psychologie Herbart's. gr. 4. (4 B.) Hannover 845, Hahn'sche Hofbh.

—— über die Berechnung der Ablösung von Bauverpflichtungen durch Capital oder Rente. gr. 8. (51 S.) Hannover 861, C. Rümpler. *

Wittstein, Thdr. Vier Briefe aus Samoa u. die Bedeutung überseeischer Kolonien f. die fortschreitende heutige Wissenschaft, an e. Beispiele nachgewiesen. gr. 8. (24 S.) Hannov. 889, Hahn. * — 50

Wittstein, Thdr., Gedächtnissrede auf Carl Friedrich Gauss zur Feier des 30. April 1877. gr. 8. (19 S.) Hannover 877, Hahn'sche Buchh. *

Wittstein, Theod. Analytische Geometrie. Hannover 1880.

Wittstein, Thdr., das mathematische Gesetz der Sterblichkeit. 2. verm. Aufl. gr. 8. (65 S. mit 1 eingedr. Fig.) Hannover 883, Hahn'sche Buchh. *
1. Aufl. war nicht im Handel.

Wittstein T, die Goldwährung und die deutsche Reichswährung. Hannover 1880

Wittstein, Thdr., Grundzüge der mathematisch-physikalischen Theorie der Musik. gr. 8. (IV, 55 S.) Hannover 888, Hahn'sche Buchh. *

Wittstein, Allgemeines Coordinaten-Verzeichniss als Ergebniss der Hannoverschen Landes-Vermessung aus den Jahren 1821—44. Hannover 1868.

Wittstein, Thd., Lehrbuch der Arithmetik f. höhere Bildungsanstalten. Aus historischen u. psycholog. Grundlagen für die Zwecke des Unterrichts neu entwickelt. 1. Abthl. Die Operationen an einfachen rationalen Zahlen. gr. 8. Hannover 846, Hahn'sche Hofbuchh. 1/3 ℛ — 2. Abthl. Die Operationen an zusammengesetzten Zahlen. gr. 8. Ebd. 846. 1/2 ℛ

Wittstein, Thdr., Lehrbuch der Elementar-Mathematik. 1. Bd. Arithmetik und Planimetrie. gr. 8. (XI und 399 S. mit eingedr. Holzschn.) Hannover 856, Hahn'sche Hofbuchh.

Wittstein, Thdr., Lehrbuch der Elementar-Mathematik. Hannover, Hahn. gr. 8.
1. Bd. 1. Abth.: Arithmetik. 2. Aufl. 863. (X, 217 S.) 20 ngr.
2. Bd. 1. Abth.: Ebene Trigonometrie. 859. (VII, 127 S. m. Holzschn.) 15 ngr.
2. Bd. 2. Abth.: Stereometrie. 862. (IX, 177 S. m. Holzschn.) 21 ngr.

Wittstein, Thdr., Lehrbuch der Elementar-Mathematik. 1. u. 2. Bd. à 2 Abthlgn. Hannover, Hahn'sche Hofbuchh. gr. 8. 2 ℛ 16 ngr.
1. Bd. 1. Abthl. Arithmetik. 3. Aufl. (X, 218 S.) 868. 20 ngr.
1. Bd. 2. Abthl. Planimetrie. 3. u. 4. Aufl. (IV, 210 S. mit eingedr. Holzschn.) 867,69. 20 ngr.
2. Bd. 1. Abthl. Ebene Trigonometrie. 2. Aufl. (VI, 130 S. mit eingedr. Holzschn.) 867. 15 ngr.
2. Bd. 2. Abthl. Stereometrie. 2. Aufl. (VIII, 180 S. mit eingedr. Holzschn.) 868. 21 ngr.

—— Lehrbuch der Elementar-Mathematik. 1. und 2. Bd. à 2 Abthlgn. und 3. Bd. 1. Abthl. gr. 8. Ebendas. 868—74.
Inhalt:
Bd. 1. 1. Abthl. Arithmetik. 4. und 5. Aufl. (X, 217 S.) ℳ 2.; 2. Abthl. Planimetrie. (IV, 210 S. mit eingedr. Holzschn.) 4.—7. Aufl. ℳ 2.
Bd. 2. 1. Abthl. Ebene Trigonometrie. 3. Aufl. (VI, 155 S. mit eingedr. Holzschn.) ℳ 1,50. — 2. Abthl. Stereometrie. 2. und 3. Aufl. (VI, 190 S.) ℳ 2,10.
" 3. 1. Abthl. Anfangsgründe der Analysis und der analytischen Geometrie. (VIII, 238 S. mit eingedr. Holzschn.) ℳ 2,40.

—— Lehrbuch der Elementar-Mathematik. 3 Bde. in 6 Abthlgn. gr. 8. Ebendas.
Inhalt:
Bd. 1. 1. Abthl.: Arithmetik. 6. und 7. Aufl. (X, 217 S.) 876,79. ℳ 2.; 2. Abthl.: Planimetrie. 8. Aufl. (IV, 211 S. mit eingedr. Holzschn.) 876; 9.—11. Aufl. (IV, 212 S. mit 193 eingedr. Holzschn.) 878,79. ℳ 2.
Bd. 2. 1. Abthl.: Ebene Trigonometrie. 4. und 5. Aufl. (VI, 156 S. mit 24 eingedr. Holzschn.) 876,79. ℳ 1,50.; 2. Abthl.: Stereometrie. 4 Aufl. (VIII, 190 S. mit eingedr. Holzschn.) 877; 5. Aufl. (VIII, 191 S. mit 71 eingedr. Holzschn.) 880. ℳ 2,10.
" 3. 1. Abthl.: Analysis. 2. Aufl. (VI, 245 S.) 880. ℳ 2,40.; 2. Abthl.: Analytische Geometrie. (VII, 200 S. mit eingedr. Holzschn.) 880. ℳ 2,10.

— Lehrbuch der Elementar-Mathematik. 1—3. Bd. in 6 Abthlgn. gr. 8. Ebend. 879—81. 12. 10
I, 1. Arithmetik. 7. Aufl. (X, 217 S.) 2. —. — I, 2. Planimetrie. 12. Aufl. (IV, 212 S. m. 193 eingedr. Holzschn.) 2. —. — II, 1. Ebene Trigonometrie. 5. Aufl. (VI, 156 S. m. 24 eingedr. Holzschn.) 1. 50. — II, 2. Stereometrie. 6. Aufl. (VIII, 194 S. m. 71 eingedr. Holzschn.) 2. 10. — III, 1. Analysis. 2. Aufl. (VI, 245 S.) 2. 40. — III, 2. Analytische Geometrie. (VII, 200 S. m. eingedr. Holzschn.) 2. 10

—— Lehrbuch der Elementar-Mathematik. 1. Bd. 2. Abtl.: Planimetrie. 12. und 13. Aufl. gr. 8. (IV, 212 S. mit eingedr. Fig.) Ebendas. 880,83.
—— dass. — 2. Bd. 2. Abtl.: Stereometrie. 6. Aufl. gr. 8. (X, 191 S.) Ebendas. 881.

— dasselbe. 3. Bd. 2. Abth. Analytische Geometrie. 2. Aufl. gr. 8. (VI, 206 S. m. Fig.) Ebend. 886. 2. 10

— Lehrbuch der Elementar-Mathematik. 1. Bd. in 2 Abtlgn., 2. Bd. in 2 Abtlgn. u. 3. Bd. 2. Abtlg. gr. 8. Ebd. n. 9. 70 (1.—3. Bd. in 6 Abtlgn.: n. 12. 10)
I. 1. Arithmetik. 8. Aufl. (X, 217 S.) 887. n. 2. —
2. Planimetrie. 14. Aufl. (IV, 212 S.) 887. n. 2. —
II. 1. Ebene Trigonometrie. 7. Aufl. (VI, 156 S.) 887. n. 1. 50
2. Stereometrie. 7. Aufl. (VIII, 191 S.) 886. n. 2. 10
III. 2. Analytische Geometrie. 2. Aufl. (VI, 206 S. m. eingedr. Fig.) 886. n. 2. 10

—— Lehrbuch der Elementar-Mathematik. 1. Bd. 2. Abtl. u. 2. Bd. 2. Abtl. gr. 8. Ebd. 4 10
Bd. 1. 2. Abtl. Planimetrie. 15. Aufl. (VII, 211 S. m. 193 Fig.) 891. 2 —.
Bd. 2. 2. Abtl. Stereometrie. 8. Aufl. (VIII, 191 S.) 890. 2 10.
1. Bd. 1. Abtl., 2. Bd. 1. Abtl., 3. Bd. 1. u. 2. Abtl. Ebd. 1889—87. * 8 —.

Wittstein, Thdr., Lehrbuch der Elementar-Mathematik. I. Bd. 2. Abtlg. Planimetrie. 19. Aufl. gr. 8. (VIII, 211 S. m. Fig.) Hannover 902. Hahn. 2.—

—— siebenstellige Gaussische Logarithmen zur Auffindung des Logarithmus der Summe oder Differenz zweier Zahlen, deren Logarithmen gegeben sind. In neuer Anordnung. Ein Suppl. zu jeder gewöhnl. Taf. siebenstell. Logarithmen. 4. (XVI und 127 S.) Hannover 866, Hahn'sche Hofbuchh. cart. *

Wittstein, Theod., Methode der kleinsten Quadrate, s. Navier.

— die Methode des mathematischen Unterrichts. Nebst Proben einer schulmäßigen Behandlung der Geometrie. gr. 8. (IV, 92 S.) Ebend. 879. n. 1. 20

—— Die Methode d. mathematischen Unterrichts. Nebst Proben einer schulmäß. Behandlg. der Geometrie. 2. m. e. Anh. verm. Aufl. gr. 8. (IV, 103 S.) Ebd. 890. * 1 20

Wittstein, Th. Die Mortalität in Gesellschaften mit successiv eintretenden und ausscheidenden Mitgliedern; o. O. u. J.

—— das Prismatoid. Eine Erweiterung der elementaren Stereometrie. 4. (24 S. mit eingedr. Holzschn.) Hannover 860, Hahn'sche Hofbuchh. *

—— das mathematische Risiko der Versicherungs-Gesellschaften, sowie aller auf dem Spiele des Zufalls beruhenden Institute. Lex.-8. (VI, 106 S.) Ebendas. 885. *

— der goldene Schnitt und die Anwendung desselben in der Kunst. Ein stenograph. Vortrag gehalten im Hannover. Künstlerverein am 24. Jan. 1874. gr. 8. (32 S. mit 1 lithogr. Taf.) Hannover 874, Hahn'sche Buchh.

Wittstein, Thdr., mathematische Statistik und deren Anwendung auf National-Ökonomie und Versicherungs-Wissenschaft. gr. 4. (IV und 55 S.) Hannover 867, Hahn'sche Hofbuchh. *

— der Streit zwischen Glauben u. Wissenschaft auf Grundlage der Lehre David Hume's u. der Wahrscheinlichkeitsrechnung. gr. 8. (16 S.) Ebend. 884. — 60

— fünfstellige logarithmisch-trigonometrische Tafeln. Lex.-8. (XXVII und 131 S.) Hannover 859, Hahn'sche Hofbuchh. *

— fünfstellige logarithmisch-trigonometrische Tafeln. 2. Aufl. 1865. und 3. Aufl. 1. Ster.-Abdr. gr. 8. (XXXI und 136 S.) Hannover 868, Hahn'sche Hofbuchh. cart. *

— fünfstellige logarithmetisch-trigonometrische Tafeln. 3.—7. Aufl. 1.—5. Ster.-Abdr. gr. 8. (XXXII, 136 S.) Ebendas. 868—75. *

— fünfstellige logarithmisch-trigonometrische Tafeln. 8. Aufl. 6. Ster.-Abdr. gr. 8. (XXXIV, 136 S.) Ebendas. 877. cart. *

— fünfstellige logarithmisch-trigonometrische Tafeln. 10. Aufl. gr. 8. (XXXVI, 136 S.) Ebendas. 881. cart. *

— fünfstellige logarithmisch-trigonometrische Tafeln. 11.—18. Aufl. gr. 8. (XXXVI, 136 S.) Ebendas. 884—87. geb. *

— Fünfstellige logarithmisch-trigonometrische Tafeln. 14. Aufl. gr. 8. (XXXVI, 136 S.) Ebd. 890. geb. * 2 —

Wittstein, Thdr., fünfstellige logarithmisch-trigonometrische Tafeln. 17. Aufl. gr. 8. (XXXVI, 122 S.) Hannover 896. Hahn. Geb. in Leinw. n. 2. —

Fünfstellige logarithmisch-trigonometrische Tafeln v. Theodor Wittstein, Dr. phil. u. Prof. 18. Aufl. *Hannover & Leipzig: Hahn 1897.* (XXXVI, 136 S.) 1 Bd 8. [98. 3617 Ge

Wittstein, Thdr., fünfstellige logarithmisch-trigonometrische Tafeln. 23. Aufl. (XXXVI, 122 S.) gr. 8. Hannover 906. Hahn. Geb. in Leinw. n. 2. —

— vierstellige logarithmisch-trigonometrische Tafeln. Lex.-8. (12 S.) Hannover 860, Hahn'sche Hofbuchh. *

— vierstellige logarithmisch-trigonometrische Tafeln. 2. Aufl. gr. 8. (20 S.) Ebendas. 887. *

— Trattato di matematica elementare. Planimetria. Traduzione eseguita sulla Xa ediz. tedesca da Stef. Scarizza. gr. 8. (V, 178 S. mit eingedr. Holzschn.) Wien 879, Hölder. *

— Trattato di matematica elementare: Trigonometria piana. Traduzione eseguita sulla IVa ediz. tedesca da Stef. Scarizza. gr. 8. (VII, 134 S. mit eingedr. Fig.) Wien 880, Hölder. *

— dass. — Stereometria. Traduzione eseguita sulla IVa ediz. tedesca da Stef. Scarizza. Con 71 fig. intercalate nel testo. gr. 8. (VIII, 172 S.) Ebendas. 880. *

Wittstein, Th., drei Vorlesungen zur Einleitung in die Differential- u. Integralrechnung. Gehalten zur Eröffnung d. Winter-Vorlesungen 1850—1851. gr. 8. (VI u. 44 S.) Hannover 851, Hahn. 1/4 ₰

Wittstock [Sachl. OW]

Wittstock (Dosse). Führer durch d. Stadt u. ihre Umgegend. Hrsg. v. Bürgerverein zu Wittstock 1910. ([Wittstock] 1910.) 84 S. quer-8° [10. 8503

Wittstock [Schlagwort]

Wittstock, s.: Deutschland, Kürschner-Pelp. — Geologische Karten. Preussen. 69.

Wittstock [Verf.]

Wittstock: Die Lösung der Schulemancipationsfrage. Bleicherode.
Schul-/Univ.-Schrift

Wittstock: Die Stellung von Bistritz im Thronstreite zwischen Ferdinand I. und Johann Zápolya und sein Verhältnis zu Peter, Fürsten der Moldau. 45 S. 8° Bistritz, Progr. 1860

Wittstock: Aelteres Zunftwesen in Bistritz bis ins 16. Jahrhundert. 44 S. 8° Bistritz, Progr. 1864

Wittstock, A., Frau von Pompadour. Mit Porträts. Braunschweig 1868. 8°. (60 Pfg., B. Seligsberg, 1907.)

Wittstock, A. F., Golgatha. Eine Ostergabe. Berlin 859. (Akadem. Buchh.) 16. (50 S.) cart. 7½ ngr.

Wittstock, Alb., l'antiquité littéraire. Extraits des classiques grecs et latins traduits en français. Choisis et présentés avec quelques éclaircissements. gr. 8. (XI, 466 S.) Jena 881, Costenoble. *

— s. Autodidakten-Lexikon.

Wittstock, Alb.: Die große ethische Bewegung in unseren Tagen, s. An der Tagesordnung.

Wittstock, Alb. Die Bine. Eine Idylle aus der Mark Brandenburg. gr. 16. (72 S. m. Illustr.) Rheinsberg 892, Pinkert. * — 80

— the ancient Classics. English Reading Book, containing pieces selected and translated from the Greek and Latin classic authors. Compiled and partially annotated. 2 vols. 8. Bremen 880, Heinsius. *

Inhalt:
Vol. 1. Greek Classics. (VII, 462 S.) *M 2,80.
» 2. Latin Classics. (385 S.) *M 2,40.

Wittstock, Alb., Einführung in die englische Sprache. Nach der heurist. Methode bearb. gr. 8. (X, 92 S.) Leipzig 878, Barth. *

Wittstock, Alb., Encyclopädie der Pädagogik im Grundriß. Zum Gebrauche bei Vorlesungen u. zum Selbstunterricht. Heidelberg 865. Bassermann'sche Verlagsh. gr. 8. (VIII, 134 S.) 24 ngr.

— Lessings Erziehung d. Menschengeschlechts als pädagogisches System. gr. 8. (III, 185 S.) Ebd. 888. n. 2.25

Wittstock, Albert, die Erziehung im Sprichwort oder die deutsche Volks-Pädagogik. gr. 8. (281 S.) Leipzig 888, C. G. Naumann. *

Wittstock, A., die Erziehung im Sprichwort od. die deutsche Volks-Pädagogik. gr. 8. (IV, 281 S.) Leipzig 889. C. G. Naumann. n. 3. —

Wittstock, Alb., Erziehungsaufgaben in unserer Zeit, s. a. Sammlung gemeinverständl. wissenschaftl. Vorträge.

Erziehungsaufgaben in unserer Zeit. Von Dr. Albert Wittstock, Schuldir. a. D. in Leipzig: Hamburg: Verlagsanst. u. Dr. A.-G. 1899. (31 S.) 8°
(Sammlung gemeinverständl. wiss. Vorträge. N. F. Ser. 14. H. 313.

Wittstock, Alb., das ästhetische Erziehungs-System. E. Grundriß. gr. 8. (XI, 212 S.) Leipzig 896. H. Haacke. n. 3. 60

— Geschichte der deutschen Pädagogik im Umriß. Von den ältesten Zeiten bis zur Gegenwart. Leipzig 866. Klinthardt. gr. 8. (IV, 180 S.) 21 ngr.

— Geschichte der deutschen Pädagogik im Umriß. Von den ältesten Zeiten bis zur Gegenwart. 2. Aufl. gr. 8. (330 S.) Ebd. 887. n. 3. —

Wittstock, Alb., Grundriß e. Encyklopädie der Pädagogik. Neue Ausg. gr. 8. (VIII, 134 S.) Leipzig 876. Siegismund & Volkening. n. 1. 20

—— über die Gründung pädagogischer Facultäten an den Universitäten. Eine Denkschrift, den hohen Regierungen, Universitäten, Lehrern, sowie allen Freunden der Wissenschaft, insbesond. der Pädagogik zur geneigten Erwägung vorgelegt. gr. 8. (30 S.) Bleicherode 864, Rüdiger.

Wittstock, Alb., das Hohelied der Natur. (Gedichte.) Mit Buchschmuck v. H. Meyer-Cassel. (152 S.) gr. 8. Leipzig (905.) G. Wigand. Geb. in Leinw. n. 5. —

— altclassisches Lesebuch. Musterstücke aus den griechischen u. lateinischen Classikern in deutscher Uebersetzung von Klopstock, Lessing, Wieland u. A. gr. 8. (VIII, 696 S.) Halle 879. Buchh. des Waisenhauses. 5. 40; geb. 6. 60

—— die Lösung der Schulemancipationsfrage. 8. (16 S.) Bleicherode 864, Rüdiger.

Wittstock, Alb., Paris. Haus, Frau, Familie im Babel an der Seine. 2 Bde. 8. (VI, 158; IV, 139 S.) Berlin 870, Langmann und Comp. [Deutsches Verlags-Institut.] *

— Reim-Spruchbuch der deutschen Volksweisheit. 8. (VII, 111 S.) Leipzig 899. O. Wigand. Geb. in Leinw. 1.80

— französische Sprachlehre für den formal bildenden Unterricht. Mit vergleichender Berücksichtigung des deutschen Sprachunterrichts bearb. 1. u. 2. Stufe. gr. 8. (128 S.) Leipzig 877. Klinkhardt. à n. — 60

—— Der Traum d. Glücks. Dramat. Idyllen-Dichtung. 12. (88 S.) Lpz. 890, Hucke. * 1 —

Der Thurm zu Babel. Schauspiel in vier Aufzügen von Tubalkain [d. i. Albert **Wittstock**]. Leipzig: Zechel 1876. 99 S. 8°
Auszug in: R. 2 (1875) S. 85—86.
Recens: Bh. 18 (1875) S. 333—334; FZ. 29 (1875) S. 349; R. 2 (1875) S. 93—94; BN. 6 (1879) S. 60—61 (J. P. Vaillant); Z. 10 (1880) S. 88.
cf. FZ. (Wien) 2 (1875) S. 130—131 (Meschorer); Z. 5 (1875) S. 176; DrL. 5 (1875—1876) S. 303—304 (E. A. F. Rumpelt gen. Walther).
Tt. 2694. Schilderung der Anfeindungen, welche die Werkmrei von der kathol. Kirche im vorreformatorischen Zeitalter erfahren hat.

— die Überfüllung der gelehrten Berufszweige, s.: Magazin, pädagogisches.

—— die Vertretung der deutschen Schule im deutschen Parlament. 8. (30 S.) Leipzig 866, Klinkhardt.

Wittstock, A., die deutsche Volksbildung und die preußischen Schul-Regulative. Ein Beitrag zur Geschichte der deutschen Pädagogik. gr. 8. (45 S.) Pasewalk 860, Braune. (Leipzig, Hartmann.) **

—— pädagogische Wanderungen. gr. 8. (VIII, 246 S.) Cassel [Leipzig und Berlin] 870, Luckhardt'sche Verlagsh.

—— über das Wesen und die Ziele der evangelischen Pädagogik gr. 8. (IV und 36 S.) Bleicherode 864, Rüdiger.

Wittstock, Chr. Cph., Einige Beobachtungen zur Bestätigung der Heilkräfte der fixen Luft. Kiel. 1790. P. (U. B.).

***Wittstock*, F., Specimen inaug. med. exhibens nonnulla theoremata de Pertussis natura atque medendi methodo. 4. Götting. 806. Dieterich. 4 K**

Wittstock, Gust., Vergleichungen der alten mecklenburgischen mit den neuen Maaßen und Gewichten zusammengestellt. 8. (1 Bl. in qu. 4.) Schwerin 872, (Stiller'sche Hofbuchh.) *

Wittstock, H.: Ueber die Eintheilung der epischen Poesie. 14 S.–Bistritz, Progr. 1854

Wittstock, Hans [app. Arzt aus Stendal]: Ueber Facialislähmung bei Ohraffectionen ... Göttingen, Druck d. Dieterich'schen Univ.-Buchdr., 1893; 98 S. 8.
Göttingen, Med. Fak., Inaug.-Diss. v. [3. Aug.] 1893

Wittstock, Hans, üb. Facialislähmung bei Ohraffectionen. Diss. gr. 8. (98 S.) Göttingen 893. (Vandenhoeck & Ruprecht.) n. 2. —

Wittstock, Heinrich, *Gymnas.-Lehrer.* Beiträge zur Reformations-Geschichte des Rösnergaues. *Wien* 1858. *C. Gerold's S.* 60 S., 8°.

Wittstock, Heinrich [aus Berlin]: Zur Klinik des Ileus durch Darmtuberkulose ... Berlin, Buchdr. v. G. Schade. *1893;* 30 S., 1 Bl. 8.
Berlin, Med. Fak., Inaug.-Diss. v. 6. Okt. 1893

Wittstock, Heinr., aus Heltau. Vergangenes u. Gegenwärtiges. Gedenkblatt zum 400. Gedächtnistage der Geburt Dr. Martin Luthers, im Namen d. evang. Presbyteriums A. B. veröffentlicht. gr. 8. (77 S.) Hermannstadt 883. (Michaelis.) n. 1. —

Wittstock, Levie Mark., 1062 Münz- u. Wechseltabellen von Friedrichsd'or, Dukaten, Souverain, Karolin u. Laubthaler &c. von 1 bis 100.000 gegen preuß. Courant reducirt. gr. 8. Berl. 797. Unger. 2 ℛ

Wittstock, Max, wie leitet man e. Stenographen-Verein am erfolgreichsten? gr. 8. (8 S.) Berlin 896. (Leipzig, J. H. Robolsky.) n. — 25

Wittstock, Oskar Beiträge zur siebenbürgisch-sächsischen Trachtenkunde. (4 S. 3 – 15, 1 Taf.).
Ev. G. A. B. u. Rsch. u. ev. Elementarsch. A. B. *Hermannstadt* 1895.
Progr.

Wittstock, Osc., Bilder aus der vaterländ. Geschichte, s.: Teutsch, Frdr.

— kleine Geschichten aus dem Siebenbürger Sachsenlande, s. a. Bibliothek deutscher Erzähler aus Siebenbürgen u. Ungarn.

Wittstock, Oscar, Kleine Geschichten aus dem Siebenbürger Sachsenlande. (Bibliothek deutscher Erzähler aus Siebenbürgen und Ungarn. I. Bd.) 16. (166 S.) —.80, eleg. in Hlblnwdbd. 1.—
Hermannstadt: Seraphin 1898.

Wittstock, Osc., Grün od. Schwarz? Eine Beleuchtg. d. gegenwärt. polit. Verhältnisse der Siebenbürger Sachsen. gr. 8. (51 S.) Hermannstadt 896. W. A. Seraphin. n. — 80

Wittstock, Osk., s. Kalender des siebenbürger Volksfreundes.

— Strandgut v. e. Amerikareise. (148 S.) 8. Hermannstadt 910. (W. A. Seraphin.) 1. —

— Der sechste Tag. Aus den Briefen e. siebenbürgisch-sächs. Lehrerin. 3.—5. Taus. (231 S.) 8. Berlin 907. K. Curtius. 1.80; geb. 2. 50

Unsere Volksgenossen in Amerika. Bericht über e. Studienreise zu den in d. Vereinigten Staaten ausgewanderten Siebenbürger Sachsen. Von Oskar Wittstock. Hermannstadt 1910: Drotleff. 59 S. 8°

— Unsere Volksgenossen in Amerika. Bericht üb. e. Studienreise zu den in die Vereinigten Staaten ausgewanderten Siebenbürger Sachsen. (59 S.) 8. Hermannstadt 910. (W. A. Seraphin.) — 60

— Volkstümliches der Siebenbürger Sachsen, s. a. Forschungen z. deutschen Landes- u. Volkskunde, IX.

Wittstock, O. Volkstumliches der Siebenburger Sachsen. Stuttgart, Verlag von J. Engelhorn 1895.
128 S.; 2 Taf. 8°
Aus: Forschungen zur deutschen Landes- und Volkskunde 9,2

Wittstock, Osc., Wollen u. Vollbringen. 4 Vorträge. (74 S.) 8. Hermannstadt (904). W. A. Seraphin. n. 1. —; kart. n. 1. 20

Wittstock, Otto Max, die Londoner Fondsbörse. (XI, 140 S.) gr. 8. Berlin 907. [C. A. Schwetschke & Sohn.] Verlag f. Sprach- u. Handelswissenschaft. 2.50; geb. 4. —

Wittum, Johanna

— unterm roten Kreuz in Kamerun u. Togo. 8. (160 S. m. 4 Bildern u. 1 Karte) Heidelberg 899. Evangel. Verlag. n. 1.80; geb. n. 2. 80; erm. Pr. n. 1.—; geb. n. 1.50

Wittum, Johanna, sieben Monate im Burenkriege. Erlebnisse der ersten deutschen Ambulanz. 8. (III, 128 S. m. 10 Abb.) Freiburg i/B. 901. F. E. Fehsenfeld. n. 1.50

[F.] Beispiele zum Unterrichte über die Gebote Gottes und der Kirche, sowie der Sakramente der Busse und des Altars, m. bes. Rücks. auf d. Vorbereitg z. ersten hl. Kommunion. Ges. v. Eduard Wittus, Pfarrer. *Trier: Paulinus-Dr. 1897* (a. d. Umschl. *1898.*) (83 S.) 1 Bd 8. [illegible]

Wittus, Ed. Kreuzwegandacht m. Wechselgebeten. 16. (31 S.) Trier 889, Paulinus-Druckerei. * — 15; geb. * — 25

Wittus, Eduard, Gerichtsreferendar a. Ottweiler: Das Rechtsverhältnis zwischen Verlierer und Finder und seine rechtlichen Konsequenzen nach dem Recht des Bürgerlichen Gesetzbuches. Borna-Leipzig 1905: R. Noske. (VIII, 72 S.) 8°
Leipzig, Jur. Fak.. Diss. v. 22. Febr. 1905
[Geb. 28. Sept. 80 Schönecken, Bez. Trier; Wohnort: Ottweiler; Staatsangeh.: Preußen; Vorbildung: Gymn. Hadamar Reife O. 00; Studium: Freiburg i. B. 1, Berlin 2, München 1, Bonn 2 S.; Rig. 1. Aug. 03.]

Wittus, Ed., kleiner Wegweiser durchs Leben. 16. (63 S.) Dülmen 880, Laumann'sche Verlagsh. *

Wittwe

— die,. Lustsp. 8. Frkft. Gebhardt u. K. 764.

Wittwe, Die, ein Lustspiel in einem Aufzug. Wien 1770. V: *Gebler, Tobias Philipp Freih. von.* (ML) »1776« (Ky)

Witwe, Die. Nachspiel in einem A. Wien 1772. V: *Bergobzoom(er), Johann Baptist.* (GGr)

— die; Lstspl. (von T. Ph. v. Gebler). 8. Wien 776. Ghelen. 3 Kr

Wittwe, Die. [Ein Lustsp.] in zwey Akten: Neue Thalia. 4. Bd., 6. Stück des Jgs. 1793 [Anfang 1795 ausgegeben], S. 254/330. V: *Schreyvogel, Joseph.* Vgl. GGr IX, 8 f. (DARP)

Wittwe, d., a. d. Engl. d. M. Robinson, m. K. (od. Auswahl d. best. engl. Rom. 13). 16. Lpz. Sommer. 795.

Wittwe, die,. Lustsp. in 2 Aufz. v. A. G. Eberhard. 8. Halle, Renger. 805.

Witwe, Die, von einer Witwe. Berlin 1811. V: *Gürnth, Christine Dorothea geb. Hentschell.* (MGT) (Schl)

Wittwe, die, (von Chr. Doroth. Gürnth, mit e. Vorrede von Karl Heun). 8. Berl. 811. Maurer. 1 ʀß

Wittwe, die, und ihre Bibel. 8. (12 S.) Berlin 861, (Beck.)

Wittwe, die, von Ephesus, Lustspiel in 1 Akt von A. Klingemann. gr. 8. Braunschweig, Meyer. 817.

— die getäuschte; oder die Sympathie. Lustsp. v. Dyk. 8. Lpz. Dyk. 797.

Wittwe, Der, des seelig verschiedenen Herrn Rehbolds bey Seinem Sarge freundschaftlich gewidmet, Berlin o. J. V: *Karschin, Anna Luise.* (BRESL 31, S. 113)

Wittwe, die indianische; e. Lstspl. (von Jos. v. Pauersbach). 8. ... 771.

Witwe, Die indianische. Ein Lustspiel in einem Aufzug. Aufgeführt auf der kk. Schaubühne. 1772. Wien [1772]. V: *Pauersbach, Joseph von.* (WBL 21/366) (GGr V/315, Nr. 31/1) V: *Wieland, Joh. Andreas.* (WBL 56/17) (BiblPort)

— die junge; Lstspl. in 1 Akt nach Gellert. 8. Augsb. 777. v. Jenisch u. St. 2 gʀ

— d. junge. Lustsp. in 1 Akt nach Gellert. 8. Augsb. Stage. 777.

Wittwe Nordland
Die junge Wittwe in Nordland. Aus dem Schwedischen. Bdchn 1-3.4-6.
Stuttgart: Franckh 1844.

Wittwe, die junge, in Norrland. Erzählung aus d. Schwed. v. der Verfasserin der „Schwestern" v. Carl Eichel. 3 Thle. 8. (53 B.) Leipzig 845, Kollmann. Thlr.
Vgl.: Ausland, das belletristische.

Wittwe, die, und ihre Kinder. Eine Erzählung für's Volk von E. v. F. Hrsg. vom christl. Verein im nördl. Deutschland. gr. 16. (III, 209 S.) Eisleben 879, Christlicher Verein. geb.

WITTWE, Die, nach der Mode. Eine moralische (sehr liederliche) Erzehlung. (Frankf. u. Lpz. 1779.) 8°. (In Oettingen, Fürstl. Bibl.)

— in Nordland, s. auch: Ausland, das belletristische, von K. Spindler, 219.—224. Bdchen.

Witwe, Die reiche, und die Abentheurer, ein Lustspiel in einem Aufzug. Leipzig 1791. V: *Thilo, Friedrich Theophilus.* (NN) (Ky)

— die reiche, u. der Abentheurer; Lstspl. (von Fr. Th. Thilo). 8. Leipz. 791. Linke. 3 gʀ

— die, u. das Reitpferd. Schsp. v. Kotzebue. 8. Leipzig, Kummer. 796.

Wittwe, die Scheschionische; ein Roman in dramat. Form; aus e. chinesisch. Handschrift. 8. Leipz. 798. Sommer. (W. Rauck). 8 gʀ

— die schlaue, v. Goldoni. 8. Wien, Kraus. 756.

Wittwe, die, und ihr Sohn. — Herr Grund oder die zerbrochene Fensterscheibe. Zwei Erzählungen für die Jugend. Mit (3 lith. u.) color. Bildern. Stuttgart 857. Thienemann. 16. (2 Bl., 123 S.) 11¼ ngr.

Witwe, der armen, Weihnachtsreise, s. Immergrün.

— die witzige; Oper. 8. Berl. 755. ... 8 gʀ

Wittwenbüchlein. 16. (32 S.) [Neu-Erkerode, Buchh. der Idioten-Anstalt.] Braunschweig, Grüneberg's Buchh.

Wittwenbüchlein. 16. (32 S.) Braunschweig 877. Wollermann. — 10

Wittwen-Fisci-Ordnung für d. weltl. Dienerschaft des badischen Markgrafthums. 8. Karlsr. 804. Macklot. 3 gʀ

Wittwen- u. Waisenfreund, der, eine pädagogische Zeitschrift in zwanglosen Heften, herausg. von d. Lehrer-Vereine d. Isarkreises in Baiern. (Redigirt vom Rath Kästner). 1s—12s Bdchn. gr. 8. Münch. 823—32. (Finsterlin). (à 10 gʀ) 5 ʀß

Wittwen- u. Waisenfreund, der, eine pädagog. Zeitschrift. Herausg. von dem Lehrer-Vereine d. Isarkreises in Bayern. XIII. — XVIII. Bdchn. gr. 8. Münch. 833—839. (Finsterlin.) à n. 5/12 ʀß

Wittwen- u. Waisenfreund, der, e. pädagog. Zeitschr. Hrsg. v. Lehrer-Vereine in Oberbayern. 15—20. Bdchn. gr. 8. München, (Finsterlin.) [15. (11½ B.) 836, 16. (13 B.) 837., 17. (10 B.) 838., 18. (8¼ B. u. 1½ B. Musikbeil.) 839., 19. (11½ B.) 841., 20. (10 B.) 842. à * 10 Gr.] *

Wittwen- u. Waisenfreund, der, zugleich Tröster dienstesunfähig gewordener Schullehrer. Eine pädagog. Zeitschrift. Hrsg. v. den Schullehrer-Vereinen in Oberbayern. 21. u. 22. Bdchn. gr. 8. (10 u. 13⅛ B.) München 843, 45, (Finsterlin.) * .

Wittwen- und Waisenfreund, der, zugleich Tröster dienstesunfähig gewordener Schullehrer. Eine pädagog. Zeitschrift. Hrsg. von den Schullehrer-Vereinen in Oberbayern. 23—27. Bdchn. gr. 8. (VI und 322 S.) München 846, Finsterlin. [23. (VI und 322 S.) 846., 24. (XII und 323 S.) 847., 25. (XV und 336 S.) 849., 26. (XII und 408 S.) 850., 27. (VIII und 264 S.) 852. à Bdchn. * 20 Ngr.] *

Wittwen- und Waisenfreund, der, zugleich Tröster dienstesunfähig gewordener Schullehrer. Eine pädagog. Zeitschrift. Hrsg. von den Schullehrer-Vereinen in Oberbayern. 28—30. Bdchn. Lex.-8. München, (Finsterlin.) [28. (VIII und 324 S.) 853., 29. (VIII und 230 S. mit 1 Tab. in qu. Fol.) 854. à Bdchn. * 20 Ngr. 30. (VIII und 231 S.) 855. * 15 Ngr.] *

Wittwen- und Waisenfreund, der. Eine pädagogische Zeitschrift. Hrsg. von den Schullehrer-Vereinen in Oberbayern. 31. Bdchn. gr. 8. (VI und 228 S.) München 857, (J. A. Finsterlin.) *

Wittwen- und Waisen-Freund: Jahrgang 1—2, no. 10, Dec. 1904—Oct. 1906.
Roman Catholic monthly. Sub-title: Officielles Organ des Wittwen- und Waisen-Fonds des D.R.K. Central-Vereins. Quarto, each 4 pages. Edited by J. W. Freund.
Springfield, IL

Freiwillige bürgerliche Witwen- und Waisenkasse der Stadt Basel. Kassa-Rechnung und Status Nr. 107 auf 31. Dezember 1901. [4 S.] fol. (Basel, Fr. Reinhardt, 1902.)

Witwen-Kasse, die — der bürgerl. Herren Gold-, Silber- und Juwelenarbeiter im Jahre 1854. 4. (4 Blätt.) Wien. Mechitharisten-Buchdruckerei.

Witwen-Kasse, Die — der bürgerlichen Herren Gold-, Silber- und Juwelenarbeiter im Jahre 1855. Mechitharisten-Buchdruckerei in Wien. (18 Bl. 4.)

Wittwen- u. Waisenkasse, die, der Lehrer an evangel. Schulen im Königreiche Sachsen; in ihrer gesetzl. Bestimmung, Verwaltung u. s. w., nebst gründl. Anweisung für Lehrer, Wittwen und Waisen, von einem Sachverständigen. kl. 8. Leipzig, 843, Weinedel. 1/6 ₰

Wittwenkassen (Ueber). 8⁰. Segeberg 1837.

Wittwencassen, üb. d. königl. Dänischen. 8. Schleswig, Kohs.

Wittwenkassen, über d. königl. dänischen, u. d. Calenberg. Verpflegungsgesellschaft. Einige Briefe. 8. Schleswig. (Hammerich in Altona). 3 ℊ

Witwenleben. Ein W. (Françoise Garnier-Chabot, 1811-1855). (Aus dem Französischen.) [Hrg. vom] Verein zur Verbreitung christlicher Schriften Basel (Nr. 120.) 8. Basel 1898.

Witwenleben, ein. (Aus dem Franz.) 12. (18 S.) Basel 898. (Missionsbuchh.) n. — 15

Wittwen-Lob. Scherzhaftes Gedicht aus dem 17. Jahrh. 12. (14 S.) Köln 890, Teubner. * — 75

Witwen-Pension oder Capital-Versicherung. Elberfeld o. J. V: *Buchbinder, B. Th.* (Kat. d. Bibl. d. Statist. Amts. Berlin 1901.)

Wittwenscherf zum Baue des Reichs Gottes. 8. Leipz. 769. Pilscher. 6 ℊ

Wittwen-Spiegel, od. Beispiele heil. Wittwen. Ein Erbauungsbuch für fromme Wittwen. 8. Augsb. 825. Bolling. 8 ℊ

Witwenstübchen, zwei, od. der Adel der Arbeit. Eine lehrreiche Erzählg. 8. (16 S.) Reutlingen 886. Enßlin & Laiblin. — 10

Witwentreue. [Bremen 1738.] V: *Renner, Caspar Frdr.* (Mn)

Wittwer, der; Lstspl. (von Gli. Fr. Lorenz). 8. Weimar 791. Hoffmann. 3 ℊ

Witwer, Der, zweyer Frauen nach Imbert. Berlin 1788. V: *Schulz, Joach. Christoph.* (EE) (Ky)

Wittwer, der, mit zwei Frauen, (v. Fr. Schulz). 8. Berl. 788, a. 793. Nauck. 16 ℊ

Wittwer, d., zweyer Frauen, nach Imbert, von Schulz. 8. Berlin, Hesse. (Nauck.) 793.

Wittwer, Meinem lieben, in der Stunde seiner Abreise von Nürnberg ... 1784. O. O. V: *Holzschuher, Johann Carl Siegmund.* (will)

Wittwer, Meinem, bey Niederlegung seines academischen Lehramtes ... O. O. 1785. V: *Holzschuher, Johann Carl Siegmund.* (will)

— der triumphirende. Lustspiel. 8. Coppenhagen, Rothe. 766.

— der triumphirende; Lstspl. 8. Kopenh. 786. Rothe. 2 ℊ

— Kleine practische medicinische und chemische Schriften. Leipzig, 1786. 8vo.

Wittwer: Die Ueberschwemmungen. 16 S. Regensburg, Progr. 1865

[ℌ.] Durch's Erdenthal zum Himmelssaal. Originallieder f. gemischten Chor, komp. u. Vereinen u. Kirchenchören gewidm. v. Chr. Wittwer ... *Bonn: Adr. f. Bestellungen J. Schergens; (Dr. d. Buchdr. d. Berner Tagblatt, Bern)* 1895. (2 Bl., 76 S.) 1 Bd 8. [96. 176

Wittwer, Chrn., Ehre sei Gott. Lieder f. gemischte Chöre u. Familien. gr. 8. (32 S.) Basel 893. Jaeger & Kober. n. — 40

Wittwer, Chr(istian). Vierzig Lieder. Eine Sammlung von gemischten Chören für religiöse Gesangvereine und Kirchenchöre komponiert von Chr. W. IV + 79 S. 8. Bern, G. Grunau, 1907. [fr. 1. 20]

WITTWER, Franz Xaver (Oberdorf): De angina membranacea.- Monachii: Weiss 1840. 20 S. 20.6.1839 - Urk: F 6A (= Witwer)
Diss. Ingolst.-Landsh.-Mchn

Wittwer, J. L., die politische Polizei und das französische Polizeikommissariat. gr. 8. (86 S.) Straßburg 900. Straßburger Druckerei u. Verlagsanstalt. 2.—

Die politische Polizei und das Französische Polizeikommissariat von J. L. Wittwer, Kais. Kantonal-Polizeikommissar. *Strassburg: R. Schultz & Co.* 1900. (86 S.) 8° [ℌ.] [∞ 5494

Wittwer, J. L., Signalements-Lehre. 8. (24 S. mit 21 Stnt.) Straßburg 888, Straßburger Druckerei und Verlagsanstalt. *

Wittwer, Johann Konrad (Nürnberg) A. S. 1311/12

Dissertatio inauguralis medica de vomitu vomitus remedio.
Altdorf (Hessel) 26. VI. 1742. 32 S.

W. v.: Johann Nikolaus Weiss. 37061

WITTWER, Johann Philipp: Beyträge und Erläuterungen zu des Hrn. Staatsraths etc. G. L. Hartig Lehrbuch für Förster. - Marburg, Cassel 1819. XVI, 318 S., Tl. 1

Wittwer, Jh. Ph., Beiträge zu Hartigs Lehrbuch für Förster. 1r Thl. gr. 8. Marb. 819. Krieger. 1 ₰ 6 ℊ

Wittwer, Max [Assistenzarzt 2. Cl. im k. 11. Inf.-Reg. „von der Tann"]: Die Beurteilung und Behandlung des Erysipels im Laufe der letzten 50 Jahre. . . . Straubing, C. Attenkofer'sche Buchdr., 1891; 24 S. 8°
Erlangen. Med. Fak., Inaug.-Diss. v. 1891

Wittwer, Philipp Ludwig

— dem Andenken Jak. R. Spielmann's. 8. Helmst. u. Leipz. 784. Müller. 2 gr.

Wittwer, Ph. Ldw., († d. 24. Dec. 1792.) Archiv für d. Geschichte d. Arzneikunde in ihrem ganzen Umfenge. 1r Bd. gr. 8. Nürnb. 790. (Eichhorn). 16 gr.

Wittwer, P. L., Archiv für Arzneykunde. 1r Thl. gr. 8. Nrnbg. Grattenauer. 790.

— Briefe an Aerzte. 1r Brief, über d. herrschenden Krankheiten im Winter 1788 bis 89 in Nürnberg. 8. ... 789.

— delectus Dissertationum medicarum Argentoratensium IV Voll. 8maj. Nürnb. 777—81. Grattenauer. 3 Rthlr. 8 gr. Schrbp. 4 Rthlr.

— Denkmal, Joh. Konr. Wittwer errichtet. 4. Nürnb. 780.

— Nicolaus Dulp: dem Priesterjubiläum des Prediger Mörl gewidmet. 4. Nürnb. 785. Grattenauer.

Philipp Ludwig Wittwer

Entwurf einer Geschichte des Kollegiums der Aerzte in der Reichsstadt Nürnberg. Eine Einladungs-Schrift zu der oeffentl. Iubel- Feyer der vor 200 Iahren geschehenen Errichtung desselben. [Verf.: Philipp Ludwig Wittwer.] Nürnberg (1792:) Stiebner. 40 S. 8

— Entwurfe. Geschichte des Collegiums d. Aerzte in Nürnberg. 4. Nürnb. 792. Stiebner. (Barth in Leipz.) 6 gr.

Philipp Ludwig Wittwer

Ueber den jüngsten epidemischen Katarr [Katarrh]. Von Philipp Ludwig Wittwer. Nürnberg: Grattenauer 1782. 88 S. 8

— Leben J. R. Spielmann's. 8. Lpz. Müller. 784.

— Rede zu Joachim Camerars II. Gedächtniß. bey der Jubelfeyer. 4. Lpz. Barth. 792.

Rede an dem feyerlichen Vereinigungstage der ger. und vollk. Loge Joseph zur Einigkeit, gesprochen von dem Br. Redner [Phil. Ludw.] W[ittwer]. Den 8ten Jan. 1778. o. O. 1784. 8 S. 4°
[Umschlagtit.]
Auszug in: Almanach od. Taschen-Buch f. Frmr. 4 (1779) Bl. 94—95.
Kl. 994. Am 8. I. 1778 trat die Loge Union unter dem Namen Joseph z. Einigkeit der Str. Obs. bei. Gelegenheitsworte.

Wittwer, S[amuel]. La Conjugaison des Verbes allemands. 54 p. 8. Berne, A. Francke, 1904. [cart. fr. 1. 20]

Wittwer, S. Die deutsche Orthographie. Zusammenstellung der wichtigsten Abweichungen vom Bisherigen, insbesondere auch v. den in der Schweiz übl. Orthographien. In-8°. 16 S. Bern, Schmid, Francke & Co. — 25
1893

Wittwer, S., die deutsche Orthographie. Zusammenstellung der wichtigsten Abweichgn. vom Bisherigen, insbesondere auch v. den in der Schweiz übl. Orthographien. 3. Aufl. 8. (16 S.) Bern 894. Schmid, Francke & Co. — 20

Wittwer, kurz gefaßte Vaterlandskunde. Vorzugsweise zur Wiederholung für die bernische Jugend. 8. (IV, 34 S.) Bern 876, Dalp'sche Buchh. *

Wittwer, [Samuel]. Kurz gefasste Vaterlandskunde. Vorzugsweise zur Wiederholung für die bernische Jugend verfasst. 8. Bern
[1. Aufl.] 1876. — 2. Aufl. 1877.
3. sorgfältig revidirte Aufl. Mit einer Karte der Schweiz von R[udolf] Leuzinger. 1888.
4. sorgf. revidierte Aufl. Mit einer Karte der Schweiz von R[udolf] Leuzinger. 1895.

Wittwer, S., kurzgefaßte Vaterlandskunde. Vorzugsweise zur Wiederholung für die bernische Jugend verfaßt. 3. sorgfältig revid. Aufl. 8. (32 S. mit 1 Karte der Schweiz von R. Leuzinger.) Bern 888, Schmid, Francke und Comp. cart. *

— kurz gefaßte Vaterlandskunde. Vorzugsweise zur Wiederholg. f. die bern. Jugend. 5. sorgfältig rev. Aufl. Mit 1 (farb.) Karte der Schweiz v. R. Leuzinger. (34 S.) 8. Ebd. 904. n. — 50

Wittwer, S[amuel]. Kurz gefasste Vaterlandskunde. Zur Wiederholung und zur Vorbereitung auf die Rekrutenprüfung, insbesondere für die bernische Jungmannschaft verfasst von S. W.... 6., sorgfältig revidierte Aufl. Mit einer Karte der Schweiz von R[udolf] Leuzinger. 36 S. 8. Bern, A. Francke, 1910. [fr. —.60]

Wittwer, Wilhelm Konstantin

Wittwer, W. C., Briefe über A. v. Humboldt's Kosmos, s. Briefe.

Wittwer, W. C., und A. Vogel, über den Einfluss der Vegetation auf die Atmosphäre, s. Vogel, A.

Wittwer, W. C., die physikalische Geographie faßlich dargestellt für Studirende und Freunde der Naturwissenschaften. Mit 97 in den Text gedr. Abbildgn. (Holzschn.) 855. n. 2 Rthlr. 20 ngr. — 2. (Titel-)Ausg. Leipzig 858. O. Wigand. gr. 8. (VII, 576 S.) 2 Rthlr. 10 ngr.

Wittwer, W. C., Grundzüge der Molecular-Physik und der mathematischen Chemie. gr. 8. (VII, 198 S. mit 3 Stnt.) Stuttgart 885, Wittwer's Verlag. *

Wittwer, W. C., Grundzüge der Molecular-Physik u. der mathematischen Chemie. 2., verm. u. verb. Aufl. gr. 8. (X, 304 S. m. Fig.) Stuttgart 893. K. Wittwer's Verl. n. 6. —

Wittwer, W. C.: Alexander v. Humboldt, s.a. Briefe über Alexander v. Humboldt's Kosmos.

Wittwer, W. C. Alexander von Humboldt. Sein wissenschaftliches Leben und Wirken den Freunden der Naturwissenschaften dargestellt. Mit Bildniss und Facsimile. Leipzig 1860. XIV, 440 S., 2 Tf. 8°. [Humboldt-Sammlung.]

Wittwer, W. C., Klimatologie von Oberbayern.

— Klimatologie von Schwaben und Neuburg. 1863.

Wittwer, W. C., Lehrbuch der Physik zum Gebrauche in Schulen und für den Selbstunterricht bearb. gr. 8. (X und 416 S. mit 300 in den Text eingedr. Holzschn.) Regensburg 866, Pustet. *

Wittwer, W. C., die Moleculargesetze. gr. 8. (VIII, 155 S. mit 1 lithogr. Figurentaf. in qu. 4.) Leipzig 871, Teubner. *

Wittwer, W. C., Ueber die Newton'schen Ringe im Regenbogen. (Diss. pro ven. leg.) München 1850. 4°.

Wittwer, W. C., die thermischen Verhältnisse der Gase m. besond. Berücksicht. der Kohlensäure. gr. 8. (III, 56 S.) Stuttgart 887. Wittwer's Verl. n. 1. 80

— Versuch einer Statik der chemischen Verbindungen. München, 1854. 8vo.

Karl Ludwig Wittwerck

De varia humani cranii Forma. Berolini (1825:) Brueschcke. 24 S. 4°

Berlin, Med. Diss. v. 16. Dez. 1825

2. Ex.: Mx 4° 32 (19)
3. Ex.: Mx 4 (5)
4. Ex.: Mx 18 (3)

Wittwerk, Mart. Lud., praes. Chr. Go. Gruner, De caussis melancholiae et maniae dubiis in medicina forensi caute admittendis. 26 pp. Jen. 4°. *Schlegel*, Syll. Coll. IV. *Doering*, I, 306. 1783

Der Wittwer-, Wittwen- u. Waisenverein z. Kreuz. Ein Beitrag zur Geschichte der sogen. gemeinnützigen auf Gegenseitigkeit gegründeten Vereine für Unterstützung in Todesfällen. 30 Seiten 8. Zürich: Druck von Zürcher & Furrer. 1871.

Wittzack, Aemil. (Ern. Adolph.) (geb. Templin 23. 9. 1820): De variis mercurii in syphilide sananda adhibendi methodis. Berolini (1845). (40 S.) 8°

Berlin, Med. Diss. v. 9. Sept. 1845

Wittzack, Herm., üb. die Behandlung d. chronischen Blasenkatarrhs, s.: Klinik, Berliner.

Wittzack, Herm., d. gerichtsärztl. Beurtheilg. d. Darmverletzgn., s. Klinik, Wiener, 1898, Hft. 8/9.

Die gerichtsärztliche Beurtheilung der Darmverletzungen. Von Dr. Hermann Wittzack in Frankfurt a. M. *Wien: Urban & Schwarzenberg 1898.* (1 Bl., 241—286 S.) 8.
= Klinik, Wiener. 1898. H. 8. 9. [98. 10304

— Notiz üb. das Lycetol (Dimethylpiperazinum tartaricum), e. harnsäurelösendes Mittel. [Aus: „Allg. med. Centralzeitg."] gr. 8. (4 S.) Berlin 894. O. Coblentz. n. 1. —

Wittzack, Hermann, Wert der Secundärnaht. Diss. München 1888, A. Buchholz. 8°. 14 S.

Wittzack, Hermann [prakt. Arzt aus Templin]: Wert der Secundairnaht.... München, k. Hof- u. Univ.-Buchdr. Dr. C. Wolf & Sohn, 1888; 14 S. 8°
München, Med. Fak., Inaug.-Diss. v. 1888

Johann Christoph Wittzack

Joannes Christ(ophorus) Wittzack: De Rheumatismo calido. ([Berlin] 1823:) Brüschcke. 40 S. 8°

Berlin, Med. Diss. v. 16. Okt. 1823

Wittzack, Joan. Christ(oph.) Aug. (geb. Doessel im Saalkreis): De piscium cerebro et systemate nervoso. Berolini (1817). (30 S.) 8°
¶ Nachgeliefert von dem am 25. Febr. 1813 promovierten Verf.
Berlin, Med. Diss. v. 25. Febr. 1813

Wittzack, Joan. Christoph. Aug.: Theses medicae. (1813). ¶ Exemplar nicht nachweisbar.
Berlin, Med. Thes. [v. 25. Febr. 1813]

Wituski, Ernst, um e. Welt. Drama in 5 Akten. 8. (III, 162 S.) Dresden 902. E. Pierson. n. 2. 60

Wituski, Leo Ladislaus (geb. Markowitz in Posen 1826): De maximis atque minimis valoribus functionum algebraicarum cum cuiuslibet numeri variabilibus, inter quae quotlibet aequationes algebraicae conditionales propositae sunt, atque praecipue de secunda problematis huius variatione tractanda. Berolini (1853). (25 S.) 4°
Berlin, Phil. Diss. v. 15. Jan. 1853

Witwe ..., s. Wittwe ...

Witwicki, Stefana, Poezije biblijne, Piosnki Sielskie i wiersze rózne. 12. Berlin 840. B. Behr. n. 2⅓ ₰

Witwicki, St., Wieczory Pielgrzyma, s. Biblioteka pisarzy polskich.

Witwicki, Steff., Zbiór pism pomniejszych utworu, s. Biblioteka pisarzy polskich.

Witz und Verstand, Altteutscher. [Leipz. 1806.] V: *Docen, Bernhard Joseph.* (MGT)

Witz und Verstand, Altdeutscher. Reime und Sprüche aus dem 16. und 17. Jahrhundert. Für Liebhaber eines tristigen Sinns. Bielefeld 1877. H: *Forck, L.* (Kürschners Deutscher Litteratur-Kalender XII/890) (Hdschr. Mitth. von Friedrich Müller, München)

Witz und Verstand, altdeutscher. Reime und Sprüche aus dem 16. und 17. Jahrh. Für Liebhaber eines trist. Sinnes in ungekünstelten Worten. (Ausg. der Kabinetsstücke.) 1.—5. Aufl. 16. (XI, 218 S. auf Büttenpap. mit eingedr. Vignetten.) Bielefeld 877, Velhagen und Klasing. * ℳ 4.; geb. *
Ausg. auf holländ. stärkerem Büttenpap. *
Ausg. auf chines. Pap. *

— — und Verstand, Altdeutscher. Reime und Sprüche aus d. sechszehnten u. siebenzehnten Jahrhundert. Für Liebhaber eines triftigen Sinnes in ungekünstelten Worten. (Hrsg. von Forkl.) 3. Aufl. (Ausgabe d. Kabinetstücke). Bielefeld u. Leipzig, Velhagen & Klasing, 1877. 16°. (Mk. 7—.) (3 Mk. 50 Pfg., auf deutsch. Büttenpap. in Orig.-Hfrzbd., Rich. Bertling, Dresden. 1888.)

— u. Verstand, altdeutscher. Reime u. Sprüche aus dem 16. u. 17. Jahrhundert. Für Liebhaber eines triftigen Sinnes in ungekünstelten Worten. 6. Aufl. [Ausg. der Kabinetsstücke.] 16. (XI, 218 S. auf Büttenpapier mit eingedr. Vignetten.) Bielefeld 879. Velhagen & Klasing. n. 4. —; geb. n.n. 7. —

Witz und Verstand, altdeutscher. Reime und Sprüche aus dem 16. und 17. Jahrh. Für Liebhaber eines triftigen Sinnes in ungekünstelten Worten. [Ausg. der Kabinetstücke.] 6. Aufl. 16. (IX, 218 S.) Bielefeld 888, Velhagen und Klasing. cart. *
In Liebhaberhalbfrzbd. * *

Witz, Berliner, in Wort und Bild. Mit 80 Illustr. (Holzschn. im Text) von W. Scholz und H. König. Berlin 857. Hofmann u. Co. 8. (2 Bl., 91 S.) n. 10 ngr.

Witz und Humor
v. Emmenthaler Nachrichten, Oberland.

Witz und Humor im Post- und Eisenbahn-Verkehr. Humoristisches Eisenbahn- und Post-Coursbüchlein. Giltig für alle Sommer- und Winter-Halbjahre bis Ende des J. 1899. Eine scherzhafte Anthologie und ein Vademecum des Frohsinns und der guten Laune. 4 Hefte. 8. (à Heft 16 S.) Erfurt 882 Körner'sche Buchh. à Heft 15 Pf.

WITZ, Humor, Satyre. Ein heiteres Lexikon unter Mitwirkung vieler Humoristen hrsg. von Jean qui rit. 20 Hefte. (= 2 Bde., cplt. A—Z). Budapest, Gust. Grimm, o. J. (c. 1890). 8⁰. (Mk. 10—.) (4 Mk. 50 Pfg., Orig.-Lwd., Lipsius u. Tischer, Kiel, c. 1908; 7 Kr. Halm & Goldmann, Wien, 1904.)
Dr. Franz Schnitzer's Bibl. München, Hugo Helbing, Novbr.-Auct. 1902.

Witz, Humor u. Satyre. Ein heiteres Lexikon, unter Mitwirkg. vieler Humoristen hrsg. v. Jean qui rit. 20 Lfgn. gr. 8. (1280 S.) Budap. 889,90, Grimm. à Lfg. * — 50; compl. 2 Bde. * 8 —; geb. * 10 —

Witz, der kleine, oder Versuch die Kinder, welche schon deutsch lesen können, auf eine sehr leichte Art französisch zu lehren. 8. Basel 814. Schweighäuser. 5 gr Erschien 1827 unt. d. Tit.: Anleitung zum richtigen Lesen u. Sprechen d. französ. Sprache. 8. Ebd. 2 gr

Witz und Laune, s. a. Zeitvertreiber.

WITZ und Laune, eine Sammlung charakteristischer Anekdoten der französischen Nation. Aus d. Französ. (übers. von Johann Friedr. Schütze). 1790. 8⁰. (5 Mk. Gust. Fock, Lpz., 1909.)
Anon.-Lex. IV. p. 405 (nach Meusel, Kayser u. Kordes, Schlesw.-holst. u. eutinischen Schriftsteller. Schleswig 1797).

Witz u. Laune; e. Samml. charakterist. Anekdoten d. französ. Nation; aus d. Französ. (von Jh. Fr. Schütze II.) 8. Leipz. 790. Schneider. (Linke). 12 gr

— — und Laune, oder: Der Guckkastenmann. Mügeln, o. J. (18**). 8⁰. (40 Pfg. G. Priewe, 1895.)

Witz u. Laune, oder Auswahl d. besten u. witzigsten Anekdoten u. Gedichte, welche sich bei verschied. Gelegenheiten passend anbringen lassen. 3 Bde. 8. Stadtamhof 803—808. Daisenberger. 3 rthl

WITZ und Laune, oder Auswahl der besten und witzigsten Anekdoten und Geschichten. Bd. (1). Zweyte verbess. Auflage. Mit TKpf. u. TVign. Stadtamhof, in der J. M. Daisenberger'schen Buchhdlg. 1805. 8⁰ — Bd. 2. Dritte Aufl. Ebd. 1805. — Bd. 3. Ebd. 1808. 8⁰.

— u. Laune, oder scherzhafte Erzählungen, Bonmots u. sinnreiche Gedanken d. besten Köpfe Frankreichs u. Deutschlands. 8. Leipz. 805. (Rauck). 12 gr

— u. Laune; od. scherzhafte Erzählungen, Bonmots u. sinnreiche Gedanken der besten Köpfe Frankreichs und Deutschlands. 8. Lpz. Sommer. 805.

— u. Laune, eine poet. Samml. von 467 Epigrammen, Erzählungen u. Anekdoten. 8. Wien 807. Wallishauser. 1 rthl Hbg. Pr. 12 gr

WITZ und Laune oder Sammlung scherzhafter Anekdoten, fröhlicher und sonderbarer Geschichten etc. Allen Gesellschaften, Mißvergnügten und Grillenfängern zur Aufheiterung und Erschütterung des Zwergfelles mitgetheilet. Ulm 1835. 8⁰. 304 S.

Witz und Laune oder der Guckkastenmann. 16. (72 S.) Mügeln 872. (Leipzig, Senf.)

— über Witz oder Na, da lacht zu! Lustiges Durcheinander von Anecdoten und Schwänken in Wort und Bild von Hilarius Jocosus. Ster.-Ausg. 16. (160 S.) Reutlingen 880, Enßlin und Laiblin's Verlagsh. cart.

— und Witz oder wer lachen will, der lacht zu! Lustiges Durcheinander von Anecdoten und Schwänken in Wort und Bild. 8. (80 S.) Berlin 882, Bartels.

Witz über Witz in Novellen und Geschichten, Anekdoten und Gedichten aus dem Leben und aus den besten humoristischen Blättern. Mit einem Anhang von Schnurren und Schnarzen, wie auch mit einer humoristischen Blätterschau. Herausg. von C. F. v. Naundorf. Ilmenau 857. (Erfurt, Otto.) 16. (126 S.) 6 ngr.

Witz, Charles Alphonse

Witz, Ch. Alphonse, der erste Brief Petri. Für die Gemeinde in Vorträgen ausgelegt. gr. 8. (VIII, 500 S.) Wien 881. Braumüller. n. 8. —

Witz-Oberlin, C. A., der Brief an die Galater, s.: Wort, das, des Heils. IV. Serie.

— Der zweite Brief Petri. In homiletisch-exeget. Reden erklärt. gr. 8. (IX, 94 S.) Gütersloh 890, Bertelsmann. * 1 20

Witz, C[harles-] A[lphonse]. Calvin, der Unionsmann. Vortrag, gehalten am 23. Oktober 1909 zu Wien von D. C. A. Witz-Oberlin. 43 S. 8. Heidelberg, Evangelischer Verlag, 1910. [M. —.50]

— unser Christenthum. E. evang.-apostol. Erwiderg. auf e. römisch-kathol. Behauptg. Erweit. Vortrag. gr. 8. (36 S.) Ebd. 898. n. — 40

Witz, Ch. Alph., Ehe und Ehescheidung. Zwei Vorträge. 8. (43 S.) Wien 876, C. A. Müller. *

— Einleitung in die Schriften Alten und Neuen Testaments. Für gebildete Bibelfreunde. gr. 8. (X, 292 S.) Wien 876, Braumüller. *

Witz, Charles Alphonse, der Evangelischen Freude u. Dank. Festrede, geh. anläßlich des 50jähr. Regierungs-Jubiläums Sr. Maj. Kaiser Franz Joseph's I. in der evangel. Kirche helv. Bek. zu Wien. 8. (10 S.) Wien 899. (Leipzig, Literar. Anstalt, A. Schulze.) n. — 25

— das christliche Gebet. Vorträge über Matth. Cap. 6, Vers 5—15. gr. 8. (VII, 193 S.) Wien 877. Braumüller. n. 3. —

—— Geschichte der christlichen Kirche, in den Hauptzügen ihrer Entwickelung dargestellt für evangel. Schulen und Familien Österreichs. gr. 8. (X, 326 S.) Wien 881, Klinkhardt. *

— Gustav Adolf u. Jesus-Christus. Eine erweit. Festrede. 8. (39 S.) Wien 895. Manz. n. — 40

— s.: Hausfreund, evangelischer.

— s.: Jahrbuch der Gesellschaft f. die Geschichte des Protestantismus in Österreich.

— Jesus Christus nach dem Evangelium Johannis. Exegetisch-homilet. Reden über die Worte des Herrn Kap. 5—7. gr. 8. (VII, 238 S.) Berlin 902. C. A. Schwetschke & Sohn. n. 3. 60; geb. n. 4. 50

Witz, Ch. Alphonse, zur 25jährigen Jubel-Feier der Erlassung d. A. h. Protestanten-Patentes vom 8. Apr. 1861. gr. 8. (44 S.) Klagenfurt 886. Heyn. n. — 70

—— zur 100jährigen Jubelfeier der evangelischen Kirchengemeinde H. C. in Wien. Festrede, gehalten am 25. Decbr. 1884. gr. 8. (40 S.) Wien 885, (Frick.) *

—— der Heidelberger Katechismus. Hrsg. und bearb. 8. (VII. 149 S.) Wien 881, Braumüller. cart. *

Witz, Ch. Alphonse. Der Heidelberger Katechismus. Hrsg. u. bearb. 2. Aufl. 12. (VII, 149 S.) Wien 889, Braumüller. cart. * — 70

— der Heidelberger Katechismus. Hrsg. u. bearb. v. W. 3., durchgeseh. Aufl. 12. (VII, 148 S.) Wien 896. W. Braumüller. Geb. in Leinw. n. — 70

— der Heidelberger Katechismus. Hrsg. u. bearb. 4. durchgeseh. Aufl. (VII, 155 S.) kl. 8. Wien 905. W. Braumüller. Geb. in Leinw. n. — 80

— die evangelischen Kirchen augsb. u. helv. Bekenntnisses. Anlässlich des 50jähr. Regierungsjubiläums Sr. k. u. k. apostol. Maj. Kaiser Franz Joseph I. gr. 8. (VI, 208 S.) Wien 898. Stähelin & Lauenstein. n. 3. —; ermäss. Pr. n. 2. —

Witz, Ch. Alphons, die zweite helvetische Confession. Uebersetzt und hrsg. 8. (154 S.) Klagenfurt 881, Heyn's Buchh. *

—— die Lehre Christi nach den Seligpreisungen. Apologetische Vorträge. gr. 8. (VIII, 128 S.) Ebendas. 876. *

Witz, Ch. Alph., la vraie ligue d'Alsace par un Alsacien. 8. (20 S.) Mühlhausen, Detloff's Buchh. +

— la vraie ligue d'Alsace par un Alsacien. 8. (20 S.) Mühlhausen 871. Detloff. n. — 40

— keine Lücke im Leben Jesu. Antwort auf die Schrift v. Nik. Notowitsch: D. Lücke im Leben Jesu. 8. (82 S.) Wien 895. C. Konegen. n. 1. 50

Witz-Oberlin, C. A., das Evangelium Matthäus. Für Bibelfreunde erklärt. (X, 538 S.) 8. Stuttgart 905. M. Kielmann. n. 7. —; geb. n. 8. 20

(S) — Das Evangelium Matthäus. 905. (KBL 34.) Erm. Pr. 3.50; geb. 4. 50

— unser Panier im 20. Jahrh. 8. (18 S.) Ebd. 901. n. — 25

— der Baumeister Solneß. Vortrag. gr. 8. (20 S.) Ebd. 900. n. — 40

— Paulus Speratus, e. Prediger des Evangeliums in Wien u. Iglau. Vortrag. 8. (25 S.) Ebd. 899. n. — 40

Witz, C. A., Petrus Canisius, d. erste deutsche Jesuit, u. d. evang. Kirche. Vortrag, geh. in d. evang.-reform. Kirche zu Wien am 16. XI. 1897. 12. (27 S.) Wien 897. Stähelin & Lauenstein. n. — 45

— s.: Predigten, 9, bei der 50. Hauptversammlg. des evang. Vereins d. Gustav Adolf-Stiftg.

— s.: Predigten, vier, bei der 57. Hauptversammlung d. evangel. Vereins der Gustav Adolf-Stiftung geh.

Witz, Ch. Alph., die Reformationskirche nach Epheser 2, 20. Eine erweit. Festrede. gr. 8. (31 S.) Gütersloh 891. C. Bertelsmann. n. — 40

— evangelische Vereins- u. Liebestätigkeit in Oesterreich. Hrsg. in Verbindg. m. mehreren Amts- u. Vereinskollegen. (IV, 287 S.) gr. 8. Klagenfurt 905. J. Heyn. n. 4. —

—— Was thut unserer Kirche Noth? Predigt über I. Petri 4/11, gehalten in Triest bei Eröffnung der VI. Superintendential-Versammlung. gr. 8. (22 S.) Klagenfurt 880, [Bertschinger und Heyn.] Heyn's Buchh. — Gütersloh, Bertelsmann. *

—— das evangelische Wien. 16. (III, 86 S.) Wien 887, Hartleben. *

— die Worte des Herrn nach dem Evangelium Johannis Kap. 1—4. In exegetisch-homilet. Reden erklärt. gr. 8. (V, 203 S.) Berlin 894. R. J. Müller. n. 2. 50; geb. n. 3. 50

—— Ulrich Zwingli. Vorträge. gr. 8. (VIII, 144 S.) Gotha 884, F. A. Perthes. *

Witz, Emil, neuestes Punktier-Spiel od. 272 Antworten d. Schicksals auf 16 Hauptfragen, welche die Zukunft u. die wichtigsten Interessen im Leben e. jeden Menschen betreffen. Eine äußerst angenehme Unterhaltg. m. unerschöpfl. Stoff zu Scherz u. freundl. Neckerei f. alle Freundes- u. Familienkreise, f. größere u. kleinere Gesellschaften zu jeder Jahreszeit. gr. 16. (39 S.) Bern 876. Heuberger. — 60

Witz, F. A., Versuch einer Geschichte der theatralischen Vorstellungen in Augsburg. Von den frühesten Zeiten bis 1876. Mit einer (lith.) Abbildung. Als Jubiläumsgabe für den 100. Gedächtnißtag der Eröffnung des Stadt-Theaters am Lauterlech 16. Oktober 1776. gr. 8. (VIII, 315 S.) Augsburg 877. (Lampart & Co.) n. 5. —

Witz, Joh., Versuch, d. Kinder, welche schon deutsch lesen können, auf eine sehr leichte Art französisch zu lehren. Straßb. Levrault.

Witz, Max „Festspiel für die K. Oberrealschule Ludwigshafen a. Rh. zur Feier ihres 25 jährigen Bestehens als Realschule". pg. 3—10. kl. 8°. A. Lauterborn.
Ludwigshafen a. Rh., Progr. 1910/11

Witz, Osk., Jubiläumsbüchlein. Belehrungen u. Andachtsübungen zur Feier des 50jähr. Jubiläums der Verkündigung des Dogmas der unbefleckten Empfängnis Mariä u. des v. Papst Pius X. ausgeschriebenen außerordentl. Ablaß-Jubiläums. (VIII, 56 S. m. Titelbild.) 16. Freiburg i/B. 904. Herder. n. — 25

Unsere Pflichten als Seelsorger bezüglich des Dekrets über die tägliche Kommunion. Mit e. Anh. über d. Feier d. ersten Monatsfreitags von Oskar Witz. Saarlouis: Hausen 1909. 58 S. 8⁰

Witz, Osk., unsere Pflichten als Seelsorger bezüglich des Dekrets üb. die tägliche Kommunion. Mit e. Anh. üb. die Feier des ersten Monatsfreitags. (59 S.) kl. 8. Saarlouis 909. F. Stein Nachf. — 50

— theologische Prinzipienlehre, s.: Schill, Andr.

Witz, (Pfarrer) Pt., Gesundheits-Unterricht in Fragen u. Antworten. 8. Zürich 813. Schultheß. 1 fl

— allgemein faßl. u. vollständ. Rechenbuch, oder Versuch e. leichten Art Kindern d. ganze Rechenkunst gründl. beizubringen, alles im gemeinen Leben u. besond. in dem Waaren- u. Wechselhandel Vorkommende auszurechnen. 2 Thle. gr. 8. Bern 808, 9. Walthard. 2 ₰ 16 fl 826. Ebd. 3 ₰

— Versuch einer französ. Sprachlehre für Kinder. Mit 30 methodischen Uebungen zum Lesenlernen u. Text zum Uebersetzen. Abgekürzte u. verb. Aufl. 8. Zürich 812. Schultheß. 22½ fl

Witz, Rudolf, aus Polička (Böhmen): 1. Ueber Anile aus Thiophenaldehyd. 2. Ueber Diazoderivate aus p-Amidodiphenylamin. *Würzburg 1902: C. J. Becker.* (37 S.) 8°
Würzburg, Phil. Diss. v. 1902

Witz-Oberlin, C. A., s. Witz, Charles Alphonse

WITZ- und Lachalmanach, Humoristisch-jocoser, besonder theatralisch-satirischen Inhalts, hrsg. von G. Schonstein. Wien 1851. 8⁰. ⅓ Kr. Josef Grunfeld, Wien, 1907.

Witzbacher, [illegible] Der [illegible] in der [illegible] [illegible] und beigelacht. [illegible] Berlin [illegible]

Witzbacher, A., Der gesprengte Demokratenklub in der Paddengasse. gr. 8⁰. Berlin 1848.

Witz-Bilder, komische Scenen u. Carricaturen f. Freunde solch lustiger Bilder, ganz insbesondere auch zu Cartonnage-Arbeiten. (Bilder aus d. Witz- u. Carricaturen-Pfennig-Magazin.) 1. u. 2. Lfg. 4. (à 6 Bl.) Leipzig 843, Schmaltz. à

Witzblatt, das kleine. Red.: A. Gottwald. Jahrg. 1896. 26 Nrn. (à ca. 2 Bog. m. Abb.) 8. Berlin, Berl. der Lust. Blätter. 2. 50; einz. Nrn. — 10

— dasselbe. Red.: Herm. Seyffert. Jahrg. 1897—1899. à 24 Nrn. (à ca. 2 Bog. m. Abb.) 8. Ebd. à Jahrg. n. 2. 40; einz. Nrn. — 10
Kann auch vierteljährlich bezogen werden.

Witzblatt, das kleine. Red.: Eug. Stangen. Jahrg. 1909. 52 Nrn. (à ca. 20 S. m. z. Tl. farb. Abbildgn.) gr. 8. Berlin, Verlag das kleine Witzblatt. 6. —

Witzblatt, Wiener. 20. Jahrg. 1888. 52 Nrn. (Bog.) gr. Fol. Wien, Administration. (Leipzig, J. Werner.) *

Witz-Blatt, Wiener. Hrsg. u. Red.: A. Wechsler. 21. Jahrg. 1889. 52 Nrn. (2 B. m. Illustr.) Fol. Wien, (Mich. Stern). n 16. —

Witzblattbilderbuch, s. Bilderbuch des "Kleinen Witzblatt". Bd. 5-13.

Witzbold, Der bestrafte. [Ratzeburg] 1809. V: *Gottschalk, Joh. Mart. Chn.* (LS)

Witzbold, der, im fröhlichen Gesellschaftskreise. Oder: Das Buch zum Lachen, enth.: Komisches, Launiges und Satyrisches zur angenehmen Kurzweil. Von Jocosus Lachmund. 8. (152 S.) Quedlinburg 851, Basse.

Witzbold, der, im fröhlichen Gesellschaftskreise. Oder: Das Buch zum Lachen, enthaltend: Wortspiele, Calembours und Räthselfragen, sowie Launiges, Komisches und Satyrisches zur angenehmen Kurzweil. Von Jocosus Lachmund. 2., verm. Aufl. 8. (192 S.) Quedlinburg 856, Basse. *

Witzbold, der, im fröhlichen Gesellschaftskreise. Oder: Das Buch zum Lachen, enthltd.: Wortspiele, Calembours u. Räthselfragen, sowie Launiges, Komisches u. Satyrisches zur angenehmen Kurzweil. Von Jocosus Lachmund. 3., verm. Aufl. Quedlinburg 867. Basse. gr. 8. (192 S.) 15 ngr

Witzbold, der, im fröhlichen Gesellschaftskreise. Oder: Das Buch zum Lachen, enth.: Wortspiele, Calembours u. Räthselfragen, sowie Launiges, Komisches u. Satyrisches zur angenehmen Kurzweil. Von Jocosus Lachmund. 4., verm. (Titel-)Aufl. 8. (192 S.) Quedlinburg 889. Basse. n. 1. —

Witzbold: Oberaargauischer Witzbold v. Berner Volkszeitung (Ill.)

Witzbold, Onkel. Schnurren u. Anekdoten. 8. (47 S. m. Abb.) Berlin 896. A. Weichert. — 25

Witzbold und Spaßvogel, der. Neue Witze und Schnurren. Von Dr. Kalau. 12. (48 S.) (Oberhausen) Styrum 887, Spaarmann.

Witzbold, A., siehe: Anecdotenschatz, Deutscher.

Witzbold, F., deutscher Anecdotenschatz, s. Anecdotenschatz.

Witzchronik in heitern Memoiren aus dem Leben berühmter und berüchtigter Personen seit Vater Adam bis auf die Zeitgenossen. 1. Lfg.: Friedrich der Große, König von Preußen und der alte Dessauer. 16. (56 S.) München 853. (Leipzig, Thomas.) *

—— dass. — 2. Lfg.: Kaiserin Maria Theresia, Kaiser Joseph II. und Leopold II.; Minister Kaunitz, Feldmarschall Loudon, Tondichter Mozart, Kaiserin Katharina II. von Rußland und Feldmarschall Potemkin. 16. (48 S.) Ebds. 853. *

Witze, 555 neueste. gr. 8. (88 S. m. Abbildgn.) Neu-Weißensee (902). E. Bartels. — 25

— **u. Anecdoten** zum Todlachen. Zur Unterhaltung für lachlustige Leute. 1—15. Hft. gr. 16. (à ½—1 B.) Erfurt 879. Körner. à n. — 10

Witze, berliner. 1—8. Hft. gr. 12. Berlin, [Stange.?] •
A. u. d. Ttln.:
Hft. 1. Wollmarkt u. Pferderennen. 1. u. 2. Aufl. (à 2 B.) 837, 38. à * 4 Gr.
„ 2. Guckkästner. 1. u. 2. Aufl. (à 2 B.) 837, 38. à * 4 Gr.
„ 3. Tabagie u. Billard. 1. u. 2. Aufl. (à 2 B.) 837, 38. à * 4 Gr.
„ 4. Weihnachtsfreuden u. Neujahrsgratulanten. (2 B.) 838. * 4 Gr.
„ 5. Nante auf d. Kunstausstellung. ($1^1/_2$ B.) 839. * 4 Gr.
„ 6. Berliner Anekdoten u. Geschichtchen. (2 B.) 839. * 4 Gr.
„ 7. Nante's Tod, od.: Die Verschwörung d. Federfuchser. Histor.-romant.-kom. Tragödie in 5 Act. v. H. v. A. 2. Aufl. (2 B.) 840. * 6 Gr.
„ 8. Nante als Fremdenführer. Oder Ganz Berlin f. $7^1/_2$ Sgr.! Ein Wegweiser f. Fremde, die hier bleiben wollen, u. f. Einheimische, die noch nicht gehörig orient- u. occidentirt sind. Nach d. besten Flüssen bearb. v. Dr. Nante. 8. ($3^1/_4$ B. u. 1 Plan v. Berlin.) 840. * 6 Gr.

—— 9—11. Hft. — A. u. d. T.: Das Lis!t—ge Berlin. 3 Hfte. 16. ($3^1/_2$ B. u. 3 ill. Ttlbild.) Berlin 842, [Eyssenhardt'sche Buchh.?] à 6 Gr.

Witze, berliner, u. Anekdoten. Bildl. dargest. 1—7. Hft. gr. Fol. (à 4 lith. u. ill. Bl. u. 1 Bl. Text.) Berlin 829, 30, [Gropius.] à
Einzelne Blätter à 8 Gr.

Witze, 300 neueste, u. humorist. Redensarten zum Todtlachen (32 S. m. Abb.) 8. Neuweißensee, E. Bartels. — 25

Witze, illustrirte, von Ernst Humorl, mit (chemigr.) Federzeichnungen von K. Klic, H. Schlismann, Zabnik u. A. 2 Bdchn. 12. (320 S.) Teschen 881, Feitzinger's Verlag. à Bdchr. * ℳ 1. *

Witze und Anekdoten, musicalische. Zur Unterhaltung für lachlustige Leute. Erfurt 859. Körner'sche Buchhdlg. 16. (31 S.) n. $2^1/_2$ ngr.

Witze und Anekdoten, musikalische. Zur Unterhaltung für lachlustige Leute. 1. und 2. Heft. 1. und 2. Aufl., und 3.—5. Heft. 16. (à Heft 16 S.) Erfurt 872—75, Körner'sche Buchh. à Heft 10 Pf.

Witze, die neuesten und besten. 16. (15 S.) Düsseldorf 887, Köpping.

— u. Scherze, Geistesblitze, Wortspiele, Anekdoten ꝛc., genannt der „lustige Timofal", v. Lito. (5. bedeutend verm. u. verb. Aufl.) gr. 16. (103 S.) Komotau 900. (A. Stumpf.) n. — 80

Witze, schlechte, während fünfzig Jahren gesammelt von einem alten Moselaner. 1. und 2. Dosis. 8. (242; 224 S.) Kempten 877,79, Kösel'sche Buchh. à Dosis ℳ 1,50.
geb. à Dosis ℳ 1,80.

—— aus dem Theaterleben. Zur Unterhaltung für lachlustige Leute. 1.—4. Heft. gr. 16. (à Heft 16 S.) Ebendas. 872—75. à Heft 10 Pf.

—— aus dem Theaterleben. Zur Unterhaltung für lachlustige Leute. 5. (Schluß-)Heft. gr. 16. (16 S.) Erfurt 875, Körner'sche Buchh.

—— zum Todtlachen. Zur Unterhaltung für lachlustige Leute. 1.—4. Heft. gr. 16. (à Heft 16 S.) Ebendas. 874,75. à Heft 10 Pf.

Witze, 1000. Eine Fundgrube d. Witzes u. Humors. Für lachlust. Leute ausgebaggert von Pius v. Ascalon. gr. 8. (34 S.) Berlin 898. A. Weichert. — 10

— 1000 urfidele, zum Todtlachen sind schwer zu machen, doch muß man auch üb. wenige lachen. gr. 8. (32 S. m. Abbildgn.) Ebd. (902). — 25

Witzeck, Otto, technische Erholungen. (III, 170 S.) kl. 8. Leipzig (904). J. G. Bach. n. 1.50

Witzeck, Rudolf

Witzeck, R., Einrichtung u. Betrieb e. Gaswerkes, s.: Oldenbourg's technische Handbibliothek. (Schäfer, A.)

Witzeck, Rudolf: Über die Schwefelverbindungen im Leuchtgase. 1902 IX, 99 S., 1 Taf. 8⁰ ¶ Aus: Schilling's Journal f. Gasbeleuchtung. Jg. 46. 1903.
Karlsruhe, Dr.-Ing.-Diss. v. 22. 7. 1902

Witžek's colorirter 10 kr.-Führer durch Aussee (Salzkammergut). Fol. (8 S. m. Plan u. Abb.) Prag 894. M. & M. Witžek. n. — 20

— colorierter 10 kr.-Führer durch Gmunden. Fol. (8 S. m. Plan u. Abb.) Ebd. 895. n. — 20

— colorirter 10 kr.-Führer durch Teplitz-Schönau, Bilin u. Eichwald. Fol. (8 S. m. Abb. u. 2 Plänen.) Ebd. 895. n. — 20

— color. 10 Kr.-Führer durch die Umgebung v. Prag. Fol. (8 S. m. Abb. u. 1 eingedr. Karte.) Ebd. 896. n. — 20

— color. 20 Heller-Führer durch Pressburg. (Deutsch u. ungarisch.) Fol. (8 S. m. Plan u. Abb.) Ebd. 895. n. — 20

— colorirter 20 Pfennig-Führer durch Dresden. Fol. (8 S. m. Abb. u. 1 eingedr. Karte.) n. — 20

Witzel, A. W., Confirmations-Scheine mit biblischen Einsegnungs-Sprüchen versehen. 1. Sammlung mit Sprüchen aus dem A. T. 1. Abth. qu. 8. (196 Bl.) Osterode 850, Sorge. $^5/_6$ ₰

Witzel, A. W., Confirmations-Scheine mit biblischen Einsegnungs-Sprüchen versehen. 2. Sammlung, mit Sprüchen aus d. Neuen Testamente. Peine (853.) Heuer. qu. 8. (158 Bl.) 25 ngr.

Witzel, A. W., das Konclave, oder: Erkrankung und Tod des heil. Vaters sowie die Wiederbesetzung des heil. apostol. Stuhles; nebst dabei stattfindenden Feierlichkeiten und einer chron. Uebersicht d. Päpste. 8. Borken 846, Brünn. n. $^1/_6$ ₰

Witzel, A. W., das Konclave, od.: Erkrankung u. Tod des heil. Vaters sowie die Wiederbesetzung des heil. apostol. Stuhles; nebst dabei stattfindenden Feierlichkeiten u. e. chron. Uebersicht d. Päpste. 8. (3 B.) Borken 846. [Münster, Coppenrath'sche Buchh.] *

Witzel, Adolf

Witzel, A., üb. Antiseptik bei Operationen an den Alveolarfortsätzen der Kiefer, s.: Zahnheilkunde, deutsche, in Vorträgen.

Witzel, Adph., die antiseptische Behandlung der Pulpakrankheiten des Zahnes, mit Beiträgen zur Lehre von den Neubildungen in der Pulpa. Lex.-8. (VII, 223 S. mit 18 lithogr. und chromolithogr. Taf. und 70 eingedr. Holzschn.) Berlin 879, (Bohne.) geb. *

Witzel, Adph., das Füllen der Zähne mit Amalgam. Mit 9 Lichtdr.-, 11 Aquarelldr.-Taf. u. 466 Fig. im Texte. Nebst e. Anh. ub. die moderne Behandlung pulpakranker Zähne. Mit 4 Taf. u. 42 Fig. im Texte. gr. 8. (XIV, 448, VI u. 65 S.) Berlin 899. Berlinische Verlagsanstalt. Geb. in Leinw. 28. —; in Halbldr. 30. —

Witzel, Adph. Ueber den Gebrauch d. Schlafgases in der zahnärztlichen Praxis, s. Zahnheilkunde, deutsche.

Witzel, Adph., üb. Cocain-Anästhesie bei Operationen in der Mundhöhle, s.: Zahnheilkunde, deutsche in Vorträgen.

— Compendium der Pathologie u. Therapie der Pulpakrankheiten d. Zahnes. Mit 14 xylogr. Taf. u. 128 Holzschn. im Texte. gr. 8. (XLI, 199 S.) Hagen 886. Risel & Co. n. 8. —

—— zahnärztlicher Notizkalender. 1886. 4 Quartale. 4. (VII, 191; 189; 191; 191 S.) Hagen, Risel und Comp. geb. à Quartal *

Witzel, Adph., s.: Zahnheilkunde, deutsche.

Witzel, Carl, s. Witzel, Karl

Witzel, Charles, s. Witzel, Karl

Witzel, Frz., ein Beitrag zur Beurteilung der „Revolution" v. 1866. Antwort auf die Forderg. v. 13 Laien, daß die renitenten Pfarrer in „Sachen der Anwendg. des göttl. Wortes auf die Dinge dieser Welt wieder zu dem klaren u. richt. Standpunkt zurückkehren möchten, welchen die renitenten Pfarrer ausnahmslos früher eingenommen haben". (33 S.) gr. 8. Cassel 908. E. Hühn. — 60

— Die Wahrheit üb. die hessische Renitenz. Brief des renit. Pfarrers M. Hartwig an den renit. Pfarrer J. Rausch. (68 S.) 8. Ebd. 909. — 75

Witzel's, G., Biographie, s.: Schmidt, G. L.

Wizel, Geo., s. Gutachten d. theolog. Facultät zu Coimbra.

Witzel, Georg: Gewerbegeschichtliche Studien zur niederländischen Einwanderung in Deutschland im 16. Jahrhundert. Marburg (Trier: Lintz) 1910. 66 S. 8° ¶ (Vollst in: Westdeutsche Zeitschrift f. Gesch. u. Kunst. Jg. 29.)
Marburg, Phil. Diss. v. 19. Sept. 1910, Ref. Troeltsch
[Geb. 4. Dez. 81 Offenbach a. M.; Wohnort: Cöln; Staatsangeh.: Preußen; Vorbildung: Gymn. Hersfeld Reife O. 02; Studium: Berlin 2, Marburg 12 S.; Rig. 16. Dez. 08.] [U 11. 3509

Witzel, H[ans], prakt. Arzt zu Göllheim: Aus der chirurgischen Klinik in Gießen. Beitrag zur radikalen Behandlung des callösen Magengeschwürs. Neustadt a. Hdt. 1907: Pfälzische Verlagsanstalt. (21 S.) 8°
Gießen, Med. Fak., Ref. Poppert, Diss. v. 11. März 1907
[Geb. 6. Juli 82 Mosbach (Starkenburg); Göllheim (Pfalz); Staatsangeh.: Hessen; Vorbildung: Gymn. Worms Reife O. 00; Studium: Gießen 7, Berlin 1, Gießen 2 S.; Coll. 18. Dez. 06; Approb. 30. Jan. 05.]

Witzel, Johs., Rechte u. Pflichten der Anlieger v. Ortsstraßen. Zusammenstellg. der gesetzl. Bestimmgn. u. der ergangenen Entscheidgn. m. zeichner. Darstellgn. (123 S.) 8. Mühlheim (910). J. Bagel. 1. 50

Witzel, Julius

Witzel, Karl, Atlas d. Zahnheilkunde in stereoskop. Bildern. I. u. II. Serie. 14×19 cm. Berlin, J. Springer. In Leinw.-Mappe à Ser. 24. —
I. (Doppelserie): Anatomie. 52 Taf. m. deutschem, engl. u. französ. Text. (108 S.) 909.
II. (Doppelserie): Röntgenaufnahmen. 50 Taf. m. deutschem, engl. u. französ. Text. (101 S.) 910.

Witzel, Karl, Chirurgie u. Prothetik bei Kiefererkrankungen. Mit 246 Abbildgn. im Texte u. 8 Taf. (VIII, 268 S.) gr. 8. Berlin 905. Berlin. Verlagsanstalt. Geb. in Leinw. n. 13. 50

— Entwicklung der Kiefer u. der Zähne beim Menschen. (In deutscher, franz. u. engl. Sprache.) (65 S. m. 75 Taf.) 20,5×25 cm. Dresden 907. Verlag der Centralstelle f. Zahnhygiene. 24. —; geb. in Leinw. 26. —

— Über die pathologischen Erscheinungen beim Durchbruch der unteren Weisheitszähne, s. Zahnheilkunde, deutsche. 1. Heft.

Über die pathologischen Erscheinungen beim Durchbruch der unteren Weisheitszähne. Mit 14 Textabb. u. 5 Taf. Nach hinterlass. Niederschriften von Adolph Witzel u. unter Benutzung s. Sammlung bearb. u. ergänzt von Julius **Witzel**. Leipzig: G. Thieme 1907. (39 S.) 4°(8°)
= **Zahnheilkunde**, Deutsche, in Vorträgen. [N. F.] H. 1. [07. 13330

Witzel, Jul., die Bier'sche Stauung u. deren Anwendg. als Heilmittel in der Zahnheilkunde. (26 S. m. 4 Abb.) 8. Berlin (907). Berlinische Verlagsanstalt. 1. 20
Sonderabdruck aus: „Zahnärztl. Rundschau".

Die Kruppsche Zahnklinik. Von Prof. Dr. Jul. **Witzel**. Berlin: Berlinische Verlagsanst. 1904. (79, 1 S.) 8°

Witzel, *Karl Heinrich Viktor* Julius [pr. Zahnarzt, Leiter d. kgl. zahnärztl. Univ.-Inst. in Marburg]: Ueber Zahnwurzelcysten, deren Entstehung, Ursache und Behandlung ... Freiburg i. B., *Leipzig, Druck v. A. Th. Engelhardt,* 1896; 4 Bl., 58 S., 1 Taf. 8.
Freiburg i. B., Med. Fak., Inaug.-Diss. v. 1896

Witzel, Jul., über Zahnwurzelcysten, deren Entstehg., Ursache u. Behandlg gr. 8. (V, 58 S. m. 1 Taf.) Leipzig 896. A. Felix. n. 2. 50

Witzel, K.: Kurze Erörter. d. Unterschieds zw. unterstand., angefang. u. vollend. Verbrechen u. deren Strafen. *Jena*, Göpferdt. (Schmid.) 808. gr. 8. (9 Gr.)

Witzel, Karl

Witzel, Charles, Conjugaisons françaises à l'usage des allemands. 12. (46 S.) Miltenberg 882, Halbig. *

Witzel, Charles, gems of German poetry. A collection of the choicest German songs and ballads. Translated into English by the most eminent authors. 12. (IV, 118 S. m. Abb.) Dresden 896. A. Köhler. Geb. in Damast n. 2. 50; in Ldr. n. 3. 50

Witzel, C., praktischer Lehrgang der französischen Sprache nach dem Oral-System. 8. (295 S.) Grossenhain 886, Baumert und Ronge. cart. *

WITZEL, Karl: Der Teckel als Gebrauchshund und seine Erziehung zum Jagdgefährten. - Cöthen o. J. XII, 127 S.

Witzel, Karl, und Karl Deutschbein, 844 Übungssätze aus der kaufmännischen Korrespondenz zu Deutschbein's Lehrgang der englischen Sprache. Auf Wunsch der Konferenz der sächs. Handelsschuldirektoren hrsg. 2. verm. Aufl. gr. 8. (55 S.) Cöthen 885, Schulze. *

—— —— Übungssätze und Musterbriefe zur Einführung in die englische Handelskorrespondenz. Auf Wunsch der Konferenz der sächs. Handelsschuldirektoren hrsg. 3. erweit. Aufl. gr. 8. (IV, 62 S.) Ebendas. 887. *

Witzel, Karl, u. Karl Deutschbein. Übungssätze u. Musterbriefe zur Einführung in die englische Handelskorrespondenz. 5. erweit. Aufl. gr. 8. (IV, 91 S.) Cöthen 892, Schulze Verlag. cart. * i —

Witzel, Karl, u. Karl Deutschbein, Uebungssätze u. Musterbriefe z. Einführg. in d. englische Handelskorrespondenz. Auf Wunsch d. Konferenz d. sächs. Handelsschuldirektoren hrsg. 7., verb. Aufl. gr. 8. (IV, 95 S.) Cöthen 897. O. Schulze. Kart. n. 1. —

Witzel, Karl, u. Karl Deutschbein, Übungssätze u. Musterbriefe zur Einführg. in die englische Handelskorrespondenz. Auf Wunsch der Konferenz d. sächs. Handelsschuldirektoren hrsg. 8., verb. Aufl. gr. 8. (IV, 96 S.) Cöthen 901. O. Schulze, Verl. Kart. n. 1. —

Witzel, Karl, u. Deutschbein, Uebungssätze u. Musterbriefe zur Einführung in die englische Handelskorrespondenz. Auf Wunsch der Konferenz der sächs. Handelsschuldirektoren hrsg. 9., verb. Aufl. (IV, 100 S.) 8. Cöthen 905. O. Schulze, Verl. Kart. n. 1. —

—— und H. Messien, Übungssätze zur Einführung in die französische Handelskorrespondenz. Auf Wunsch des Vereins sächs. Handelsschuldirektoren hrsg. gr. 8. (42 S.) Ebendas. 885. *

2. Aufl. u. d. T.:

—— —— Übungssätze und Musterbriefe zur Einführung in die französische Handelskorrespondenz. Auf Wunsch des Vereins sächs. Handelsschuldirektoren hrsg. 2. erweit. Aufl. gr. 8. (52 S.) Ebendas. 888. *

— u. H. Messien, Ubungssätze u. Musterbriefe zur Einführung in die französische Handelskorrespondenz. 3., erweit. u. verb. Aufl. gr. 8. (IV, 80 S.) Ebd. 890. cart. n. 1. —

— u. H. Messien, Ubungssätze u. Musterbriefe zur Einführung in die französische Handelskorrespondenz. Auf Veranlassg. des Vereins sächs. Handelsschuldirektoren hrsg. 4., erweit. u. verb. Aufl. gr. 8. (IV, 88 S.) Ebd. 893. Kart. n. 1. —

— u. H. Messien, Uebungssätze u. Musterbriefe z. Einführung in d. französische Handelskorrespondenz. Auf Veranlassg. d. Vereins sächs. Handelsschuldirektoren hrsg. 5., erweit. u. verb. Aufl. gr. 8. (IV, 104 S.) Ebd. 897. Kart. n. 1. —

— u. H. Messien, Ubungssätze u. Musterbriefe zur Einführung in die französische Handelskorrespondenz. Auf Veranlassung d. Vereins sächs. Handelsschuldirektoren hrsg. 7., verb. Aufl. gr. 8. (IV, 108 S.) Ebd. 902. Kart. n. 1. —

— u. H. Messien, Uebungssätze u. Musterbriefe zur Einführung in die französische Handelskorrespondenz. Auf Veranlassung des Vereins sächs. Handelsschuldirektoren hrsg. 9., verb. Aufl. (IV, 108 S.) 8. Cöthen 906. O. Schulze Verl. Kart. n. 1. —

—— und Karl Deutschbein, 844 Übungsstücke aus der kaufmännischen Korrespondenz zu Deutschbein's Lehrgang der englischen Sprache. Auf Wunsch der Konferenz der sächs. Handelsschuldirektoren hrsg. gr. 8. (40 S.) Cöthen 884, Schulze. cart. *

Witzel, Karl Heinrich Viktor Julius, s. Witzel, Julius

Witzel, Osk. Ueber den medianen Bauchbruch, s. Sammlung, klinischer Vorträge.

Witzel, Osc. (geb. Langensalza 29. 8. 1856): Ueber den nervösen Charakter des Ekzems und die Behandlung desselben mit Elektricität und Ergotin. Berlin (1879). (32 S.) 8°

Berlin, Med. Diss. v. 30. Juli 1879

Witzel, O., praktische Erwägungen üb. das Operiren unter Anwendung der Narkose. [Aus: „Deutsche med. Wochenschr."] gr. 8. (22 S.) Leipzig 894. G. Thieme. n. — 40

— die Gelenk- u. Knochenentzündungen bei acut-infectiösen Erkrankungen. gr. 8. (146 S.) Bonn 890. Fr. Cohen. n. 3. —

Witzel, O., F. Wenzel, P. Hackenbruch, die Schmerzverhütung in der Chirurgie. (107 S. m. 20 Abb.) gr. 8. München 906. J. F. Lehmann's Verl. n. 3. -

Witzel, Osc., über Sehnenverletzungen und ihre Behandlung, s. Sammlung klinischer Vorträge.

—— allgemeine chirurgische Semiotik und Diagnostik. gr. 8. (VII, 174 S.) Bonn 888, Cohen und Sohn. *

Witzel-Gough, E., alles lebendige Übung. Lehrbuch der engl. Umgangssprache. (VII, 210 S.) 8. Dresden 910. C. A. Koch. Geb. in Leinw. 2. 80

Witzelhuber Karl: Quo tempore scriptae sint Frontonis epistulae.
II. 1905 PN 1888 Diss. Wien, Univ 1595

Witzemann, G., siehe: *Monats-Blatt.*

Nachtrag, zweiter — zu dem Musikalien-Verlags-Katalog von A. O. Witzendorf in Wien, Graben Nr. 1144. Second supplementan Catalogue de Musique des ouvrages publiés par A. O. Witzendorf, à Vienne, 1851 1855. (8 S. 8.) (Der Titel deutsch und französisch.)

Witzendorff, Adolph Friderich von: Rede von der Glückseligkeit unter einem vollkommenen Monarchen. — Altona 1762: Burmester. 30 S. 8° (4°)
Altona, k. G., 31. Marz 1762.

v. Witzendorff, Ad. Fr., († d. 2. April 1819.) Unterricht von d. Vorzügen einer Standesperson. 8. Hamb. 763. (Leipz., Gleditsch). 5 ℛ

Witzenhausen [Sachl. OW]

Kreis Witzenhausen im preuß. Reg.-Bez. Cassel. Bearb. m. Auftr. d. Kreisausschusses zu Witzenhausen im Geogr. Inst. v. Dietrich Reimer. Maßstab 1 : 35,000. *(Berlin: D. Reimer 1903.)* (2 Kartenbl. je 93 × 71 cm.) 2° [Kol.]

Witzenhausen, s.: **Deutschland. Kürschner-Peip.**

Witzenhausen, s.: Preussen. **Messtischblätter.**

Witzenmann, Ad., Sesvenna u. Lischanna, s.a. Gipfelführer, alpine.

Witzenmann, Ad. Sesvenna und Lischanna. Mit 14 Abbildungen [wovon 8 Tafeln], 1 Karte und 1 Panorama. 80 S. 8. Stuttgart und Leipzig, Deutsche Verlags Anstalt, 1907. [geb. M. 1.50]
Alpine Gipfelführer. [Nr.] 13.

Witzenmann, Thom., († d. 22. Febr. 1787.) göttl. Entwickelung des Satans durch d. Menschengeschlecht. 8. Dessau 792.

— die Geschichte Jesu nach dem Matthäus. Mit e. Vorrede von J. F. Kleuker, herausg. von Fr. Hnr. Jacobi. gr. 8. Leipz. 789. Göschen. 1 ₰ 12 gr

Wizenmann, Thom., die Geschichte Jesu nach Matthäus als Selbstbeweis ihrer Zuverlässigkeit betrachtet. Ein nachgelass. Werk zum ersten Male 1789 mit einer Vorrede hrsg. von Joh. Friedr. Kleuker, zum zweiten Male mit einer Einleitung und dem Meisten und Bedeutensten aus Wizenmanns Nachlasse von C. A. Auberlen. gr. 8. (XXX und 511 S.) Basel 861, Bahnmaier's Verlag.

— s. a. Resultate d. Jacobischen u. Mendelssohnschen Philosophie

(Th. **Wizenmann**): Resultate d. *Jacob.* u. *Mendelss.* Philos, krit. untersucht. *Eb.*

WITZ-FUNKEN. Lustige Schnurrpfeifereien in Wort und Bild. (F. H. Nieten in Duisburg.) O. J. 10 Bl u. 32 S. 8⁰. (In Berlin, Magistratsbibl.)

Witz-Funken. Lustiges und Schnurriges, Anekdoten, Schwanke, lustige Geschichten in Wort und Bild. 1. und 2. Sammlung. 8. (à Sammlung 56 S. mit eingedr. Holzschn.) Mülheim 872, Bagel. à Sammlung * 50 Pf. *

Witz-Funken. Lustiges u. Schnurriges, Anekdoten, Schwänke, lust. Geschichten in Wort u. Bild. 1. u. 2. Sammlg. 8. (à 56 S. m. Holzschn.) Mülheim 874. Bagel à n. — 50

Witzfunken. Eine Sammlg. neuer u. vorzügl. Anekdoten u. Kalauer v. garantierter Wirkg. 12. (62 S.) Köln 891. J. Püttmann. — 30

WITZFUNKEN und Lichtleiter, oder neue, geordnete Auswahl von Gegenständen des Scherzes, der Laune, des Witzes u. Scharfsinns. Zur Erheiterung, Belustigung und Belehrung (hrsg. von Friedr. Liebegott Becher). 8 Bde. à 2 Thle. Mit Kpf. Leipzig, Cnobloch 1816 25. Gr. 8⁰. Rothe Orig.-Umschl. (14⅔ Rthl.) (18 Mk. Heberle, Cöln, 1889; 6 Bde., 1816 22 15 Mk. P. Hönicke, Heidelberg, c. 1895.) Engelmann I. p. 492; Anon. Lex. IV. p. 405 (nach Meusel u. Kayser).

Witzfunken u. Lichtleiter, oder neue geordnete Auswahl von Gegenständen d. Laune, des Witzes u. des Scharfsinnes. Zur Erheiterung, Belustigung u. Belehrung, (von F. Lbg. Becher). 8 Bde à 2 Hefte. gr. 8. Leipz. 816—25. Cnobloch. 16 ₰ (7r u. 8r Bd. A. u. d. T.: neue Witzfunken. 1r, 2r Bd.)

Witzgall, Die T. T. und die sogen. „Nationalfestspiele", Vortr., 1899, 7 S., 8⁰.

Joh. Witzgall, Bienenkalender.
„Von Mittelfranken ist mit dem ... Bienenkalender von Kantor Joh. Witzgall eine neue Art von Fachliteratur ausgegangen".
o. O. 1884
u. ff.

Witzgall's, J., Bienen-Kalender für das J. 1888. 5. Jahrg. In Gemeinschaft mit einer Anzahl hervorragender Imker und Bienenschriftsteller bearb. von Joh. Witzgall. 12. (140 S. mit dem Bildnisse C. J. H. Gravenhorst's.) Amberg, E. Pohl's Verlag. cart. [* 80 Pf.] **

— — dass. — für das J. 1889. 3. Jahrg. Mit ausführl. Garten- und Blüten-Kalender. In Gemeinschaft mit einer Anzahl hervorragender Imker, Gärtner und Bienenschriftsteller bearb. von Joh. Witzgall. 12. (172 S. mit dem Bildnisse von Witzgall's Bienenstand, des Frhrn. v. Ehrenfels und zahlreichen Illustr.) München 888, E. Pohl's Verlag. geb. *
3. und 4. Jahrg., s. Bienenkalender. — 1.—4. Jahrg. zu herabgesetztem Preise à ** 40 Pf.

Witzgall's Bienen-, Garten- u. Haus-Kalender f. d. J. 1891. VIII. Jahrg. In Gemeinschaft m. e. Anzahl hervorrag. Imker, Gärtner u. Bienenschriftsteller bearb. v. Joh. Witzgall. Mit den Bildnissen d. verstorbenen 1. Vorstandes d. unterfränk. Kreisbienenzüchtervereins Mügemer u. d. Kalendermannes Witzgall, sowie e. Anzahl v. Illustr. 12. (130 S.) Nördlingen, Beck. geb. n. — 75

Witzgall's, Joh., Bienen-, Garten- u. Haus-Kalender f. d. J. 1893. X. Jahrg. gr. 16. (143 S. m. Bildern.) Münch., Callwey. geb. * 1 —
Jahrg. 1890 erschien in Pohl's Verlag in München, 1891 u. 92 bei Beck in Nördlingen.

Witzgall's, Joh., Bienen-, Garten- u. Haus-Kalender f. d. J. 1895. XII. Jahrg. In Gemeinschaft m. e. Anzahl hervorrag. Imker, Gärtner u. Bienenschriftsteller bearb. v. Joh. Witzgall. Mit dem Bildnis u. der Biographie des österreich. Bienenapostels Karl Gatter. gr. 16. (139 u. VI S.) München 894. G. D. W. Callwey. Geb. in Leinw. n. 1. —

Witzgall, J., das Buch v. d. Biene. Unt. Mitwirkg. v. Elsäßer, Gmelin, Klein, Krancher u. V. Wüst hrsg. gr. 8. (XI, 542 S. m. 295 Abb.) Stuttgart 898. E. Ulmer. Geb. n. 6. 50

Witzgall, J., das Buch v. der Biene. Unter Mitwirkg. v. Elsäßer, Gmelin, Klein, Krancher u. V. Wüst hrsg. 2. verm. u. verb. Aufl. (X, 580 S. m. 305 Abbildgn.) 8. Stuttgart 906. E. Ulmer. Geb. in Leinw. n. 6. 50

—— s. Dollinger's, Mart., Bienenzucht.

—— kurz gefaßte Geschichte der Bienenzucht mit 25 Biographien und 22 Bildnissen der hervorragendsten Imker und Bienenschriftsteller des In- und Auslandes. gr. 8. (VI, 97 S.) Stuttgart 889, Ulmer. *
Aus: Illustriertes Handbuch der Bienenzucht von J. Witzgall und M. Felgentreu, besonders abgedruckt.

—— und M. Felgentreu, illustriertes Handbuch der Bienenzucht. Ein ausführl. Lehrbuch für Imker und solche, die es werden wollen. Auf Grund der neuesten Forschungen und der bewährtesten Lehren der größten Bienenmeister bearb. 11 Lfgn. gr. 8. (XII, 534 S.) Ebendas. 888,89. à Lfg. 50 Pf. geb. *
Auf den Umschlagtiteln der ersten 6 Lfgn. stand der Name Felgentreu voran.

Witzgall, Rud., Turnübungen aus Gauvorturnerstunden u. Uebungsstunden d. Turnwarte d. Leipziger Schlachtfeldturngaues. 12. (VII, 136 S.) Leipzig 897. E. Strauch. Kart. n. 1. 50

Witzheller, Johannes, prakt. Arzt in Schmallenberg ⟨Westf.⟩: Über einen **Fall** von spongiösem Osteom der Stirnbeinhöhle. *Greifswald 1900: J. Abel.* (32 S.) 8°
Greifswald, Med. Diss. v. 24. Dez. 1900

Witzig, A., Tierkunde, s.: Franke, W.

Witzig, Eva: Zum Gebrauche des Artikels im Althochdeutschen. Bonn: Georgi 1910. 51 S. 8°
Bonn, Phil. Diss. v. 27. Juli 1910, Ref. Wilmanns
[Geb. 20. Juni 84 Haferungen; Wohnort: Zehlendorf b. Berlin; Staatsangeh.: Preußen; Vorbildung: Kaiserin-Augusta-Gymn. Charlottenburg Reife O. 04; Studium: Berlin 1, Heidelberg 1, Bonn 1, Berlin 1, Bonn 5 S.; Rig. 2. März 10.] [U 10. 430

Witzig, W[illegible] C. Zürich. Zur Lehre vom depositum irregulare. Abhandlungen W. Hepting Dr. 1888. 74 S., 1 Bl. 8°.
Zürich, Jur. Diss. [v. 14. Dez. 1888].

Witzkall, Rudolf, s. Witzgall

Witzke, Otto, Gerichtsreferendar in Landsberg a. W.: Ungültigkeit eines Vergleiches nach gemeinem Recht und bürgerlichem Recht. Landsberg a. W. 1904: Dermietzel & Schmidt. (50 S.) 8°
Greifswald, Jur. Fak., Ref. Weismann, Diss. v. 3. Dez. 1904
[Geb. 28. Juli 80 Sorau N.-L.; Wohnort: Landsberg a. W.; Staatsangeh.: Preußen; Vorbildung: Gym. Friedeberg Reife M. 99; Studium: Berlin 1, Heidelberg 1, Greifswald 4 S.; Rig. 7. Mai 03.]

Witz-Laterne. Eine Sammlung der besten und neuesten Anekdoten und Schnurren. 8. (54 S. mit eingedr. Holzschn.) Elberfeld 873, Büttmann.

Witz-Laterne, die, oder: Ne, Gottlieb! über das närrische Zeut hie drinne. 16. (71 S.) Mügeln 875. (Leipzig, G. Senf.)

Witzlaw, Fürst v. Rügen. Lieder und Sprüche. Nach den Ausg. von v. d. Hagen in den Minnesangern und v. Ettmüller in der Bibliothek der deutschen Nationalliteratur übersetzt und erläutert von Thdr. Byl. gr. 8. (48 S.) Greifswald 872, (Bindewald.)

(Witzleben, v.) Dienst-Instruction für das Kaiser Franz Grenadier-Regiment. (Berlin 1819.) 8°. (Lithogr.)

Witzleben, v., das Feldartillerie-Exerzier-Reglement (Feldkanone) in der Zigarrentasche. (72 S. m. Abb.) 11,5×7 cm. Straßburg 907. (W. Heinrich.) — 30

-- Felddienst-Ordnung vom 22. III. 1908 in der Cigarrentasche. (47 S.) 11×7 cm. Ebd. 908. — 25

Witzleben, v., das Infanterie-Exerzir-Reglement in der Cigarrentasche. 32. (86 S.) Straßburg 901. (W. Heinrich.)
n.n. — 30

Witzleben, v., das Infanterie-Exerzier-Reglement vom 29. V. 1906 in der Cigarrentasche. 1. u. 2. Aufl. (à 60 S.) 32. Straßburg 906. (W. Heinrich.) n. — 25

— Das Infanterie-Exerzier-Reglement vom 29. V. 1906 in der Cigarrentasche. 5. Aufl. unter Berücksicht. der neuesten Ändergn. (57 S.) 11,4×7,2 cm. Ebd. 910. — 25

WITZLEBEN, v.: Über Sammlung forstlicher Betriebsergebnisse. - Dresden 1869. 45 S.

(v. **Witzleben.**) Uebersicht der beyden merkwürdigen Feldzüge am Rhein 1795 u. 1796. 12. M. 3 Pl. Deutschland 1797.

Witzleben, A. v., Major: Das Buch vom eisernen Herzog. Leben und Kriegsthaten des Wellington in Indien, Dänemark, Portugal, Spanien, Frankreich, den Niederlanden etc. Mit Benutzung englischer Quellen bearbeitet. Mit mehreren Portraits und Schlachtscenen. Leipzig 1853. 8°

Witzleben, A. v., Dienst-Unterricht für den preußischen Infanteristen. 1.—3. Aufl. 8. (XI und 151 S. mit 24 in den Text gedr. Holzschn.) Berlin 863—67, Bath. *

Witzleben, A. v., Dienst-Unterricht für den preußischen Infanteristen. 4. Aufl. 8. (XI, 150 S. mit 24 in den Text gedr. Holzschn.) Berlin 871, Bath. **

— die Elementar-Taktik der Kompagnie u. des Bataillons nach dem Preuß. Exerzir-Reglement. [Abdr. aus dem Werke: Grundzüge des Heerwesens u. Infanteriedienstes."] Mit 11 in den Text eingedr. Holzschn. gr. 16. (80 S.) Berlin 850, Grobe. n. 12 ngr

—— Exercier-Bataillon. (1 Kasten m. Blei-Figuren.) Nebst Erläuterungen. 16. (½ B.) Berlin 845, Grobe. *

—— und Hassel, Fehrbellin. 18. Juni 1675. Zum 200jähr. Gedenktage. Mit 2 lithogr. Facs. [Schlachtplan und Brief des großen Kurfürsten] (in Fol. und qu. gr. Fol.) und 1 (lithogr.) Uebersichtskarte (in qu. gr. 4). gr. 8. (105 S. und Beilagen 75 S.) Berlin 875. Mittler und Sohn. *

—— **Prinz Friedrich Josias von Coburg-Saalfeld, Herzog zu Sachsen, k. k. und des heil. röm. Reiches Feldmarschall.** 3 Thle. Mit dem (lithogr.) **Brustbilde des Prinzen, einer** (lithogr.) **Ansicht von Chotin und 17 (lithogr.) Karten und Plänen** (wovon 2 in Farbendr. und 12 ill., in Imp.-Fol., mit 4 S. Text). Lex.-8. (**XXXI und 1439 S. mit eingedr.** Holzschn. und 2 Bl. Facs.) Berlin 859, **Decker'sche geheime** Ober-Hofbuchdruckerei. *

— der Garnison-Wachtdienst nach den neuesten Bestimmungen v. 11. April u. 8. Aug. 1850. [Abdr. aus d. Werke: Grundzüge des Heerwesens u. Infanteriedienstes.] gr. 16. (36 S.) Ebd. 850. n. 4 ngr

Witzleben, A. v., Grundzüge des Heerwesens u. Infanteriedienstes der kgl. preuß. Armee. gr. 8. (22¾ B. u. 16 Stnt.) Berlin 845, Grobe. *

—— **Grundzüge des Heerwesens und des Infanteriedienstes der k. preuß. Armee. 2., verm. und veränd. Aufl. gr. 8. (XVI und 498 S. mit 64 in den Text eingedr. Holzschn. und 4 Stnt.) Berlin 850, Grobe.** *

—— **Heerwesen und Infanteriedienst der königl. preuß. Armee. 3., verm. und verb. Aufl. gr. 8. (XV und 536 S. mit 65 in den Text eingedr. Holzschn. und 4 Stnt.) Berlin 851, Grobe.** *

Witzleben, A. v., Heerwesen und Infanteriedienst der königl. preuß. Armee. 4., verm. und verb. Aufl. gr. 8. (XVI und 562 S. mit 76 in den Text eingedr. Holzschn. und 4 Stnt.) Berlin 854, [Bergemann.] *

Witzleben, A. v., Heerwesen und Infanteriedienst der königl. preußischen Armee. 5—7. Aufl. gr. 8. (XV und 702 S. mit 1 Tab. in qu. Fol., vielen in den Text gedr. Holzschn. und 4 Stnt., wovon 1 ill.) Berlin 857—61, [Bath.] *

—— **Heerwesen und Infanteriedienst der königl. preußischen Armee. 8.—10. Aufl. gr. 8. (XXV und 840 S. mit 1 Tab. in qu. Fol., vielen in den Text gedr. Holzschn. und 4 Stnt.) Berlin 864—68, Bath.** *

—— Heerwesen und Infanteriedienst des deutschen Reichsheeres. 11. Aufl. (XIX, 849 S.) 1869; 12. Aufl. (XIX, 902 S.) 1871. *M. 9.; 13. Aufl. 1872. *M. 10., und 14. Aufl. 2 Thle. gr. 8. (XXXII, 878 S. mit vielen in den Text gedr. Holzschn. und 4 lithogr. Taf.) Ebendas. 875. *

Witzleben, A. v., Heerwesen u. Infanteriedienst des deutschen Reichsheeres. 15. Aufl. 2 Thle. gr. 8. (XII, 427 u. VI, 368 S. m. eingedr. Holzschn. u. 4 Steintaf.) Berlin 879. Bath. n. 10. 50

Witzleben, A. v. Des Fürsten Leopold I. v. Anhalt-Dessau Jugend- u. Lehrjahre, s. Beiheft zum Militär-Wochenblatt. 4.

— der Wasunger Krieg, s. Aus der Kriegsgeschichte d. Herzogth. Coburg u. Gotha.

—— Aus der Kriegsgeschichte der Herzogth Coburg und Gotha. 1. Heft. A. u. d. T.: **Der wasunger Krieg zwischen Sachsen-Gotha-Altenburg und Sachsen-Meiningen. (1747—1748.) 8. (V und 108 S. mit 1 lithogr. Karte des Kriegsschauplatzes.) Gotha 855, Scheube. Thlr.**
Vgl.: Aus der Kriegsgeschichte der Herzogth. Coburg und Gotha.

—— Leopoldine Marie, Markgräfin v. Brandenburg-Schwedt, geb. Prinzessin von Anhalt-Dessau. [Aus den nachgelassenen Papieren ihres Gemahls Heinrich, des letzten Markgrafen von Schwedt. † 1788.] 8. (76 S.) Dessau 870, Barth. *
Mit 1 Photogr. *

Witzleben, A. v., Deutschlands Militär-Literatur im letzten Jahrzehnt und Uebersicht der wichtigsten Karten und Pläne Central-Europa's. gr. 8. (VII und 247 S.) Berlin 850, Mittler's Sortimentsh. Thlr. *

—— Organisation de l'armée de l'Allemagne du Nord. Recrutement et libération. Traduit par L. Le Maitre. [Extrait de la 12e édit. de l'ouvrage Heerwesen und Infanteriedienst des deutschen Reichsheeres von A. v. Witzleben.] gr. 8. (IV, 95 S.) Strassburg [Nancy] 872, Berger-Levrault und Comp. *

v. Witzleben, A., aus alten Parolebüchern der Berliner Garnison zur Zeit Friedrichs des Großen. gr. 8. (IV u. 89 S.) Berlin 847, Mittler's Sortiments-Buchhandlung. n. 2/3 Thlr.

Witzleben, A. v., Aus alten Parolebüchern der berliner Garnison zur Zeit Friedrichs des Großen. gr. 8. (IV und 89 S.) Berlin 851, Mittler's Sortimentsh. *

—— Schützen-Instruction. Nach dem neuen Exercier-Reglement bearb. Als Manuscript gedr. 5. u. 6. (Aufl.) gr. 8. (à 2½ B. u. 1 Stnt.) Berlin 845, 47, Grobe. à *

— Schützen-Instruction. Nach dem Exercier-Reglement vom J. 1847. 6. neu bearb. Aufl. gr. 8. (39 S. m. 8 lith. Taf.) Berlin 847, Grobe. — 7. Aufl. gr. 8. (39 S. m. 4 lith. Taf.) Ebd. 847. n. 6 ngl

Witzleben, A.: Herzog A. v. Wellington und seine Zeit. 2. Ausg. Leipzig 1853.

[F.] *von Witzleben, Arthur* [Erbadministrator d. Klostersch.]: Ansprache, gehalten bei der Einführung des Rektors Dr. Heilmann am 18. Okt. 1892. Görlitz, Druck d. Akt.-Ges. Görl. Nachr. u. Anzeiger, 1893; 6—7 S. 4.
Rossleben, Kloster-S, P 1893 (250)

Witzleben, Arwied v., Genealogie und Geschichte des gesammten Fürstenhauses Nassau, königl. niederländisches und herzogl. nassauisches Haus von den ältesten bis zu den neuesten Zeiten 1854. qu. gr. Fol. (IX S. und 21 Bl. mit eingedr. Wappen.) Stuttgart 855, Ed. Hallberger. *

Witzleben, August von

König Przemysl Ottocar II. Von August von Tromlitz [d.i. August von Witzleben].
Dresden, Leipzig: Arnold 1843. 333 S. 8°

v. Witzleben, C. M. Die ersten 50 Jahre des 2. magdeburgischen Infanterie-Regiments No. 27. (51) 4. M. 7 Taf. Magdeburg 1865.

Witzleben, Carl August Friedrich, s. Witzleben, Karl August Friedrich

Witzleben, Cäsar Dietrich

Witzleben, C. D. v., die Entstehung der constitutionellen Verfassung des Königr. Sachsen. Zur Feier des 50jähr. Bestehens der Verfassungsurkunde vom 4. Septbr. 1831. Im Auftrage der königl. Staatsregierung verfaßt. gr. 8. (IX, 417 S.) Leipzig 881, Teubner. *

Witzleben, C. D. v., Geschichte der leipziger Zeitung. Zur Erinnerung an das 200jähr. Bestehen der Zeitung. Lex.-8. (VI und 218 S.) Leipzig 860, (Teubner.) *

v. Witzleben, C. D., die Grenzen der Volksrepräsentation in der constitutionellen Monarchie. Ein Versuch im Gebiete des constitutionellen Staatsrechts. Eine bei der Bewerbung als Beste anerkannte Preisschrift. gr. 8. Leipzig 847 (846), G. Mayer. 1 Thlr.

Witzleben, C. D. v., Eduard v. Wietersheim. Ein Lebensbild. gr. 8. (IV und 88 S.) Leipzig 865, Teubner.

Witzleben, C. D. v., Heinrich Anton v. Zeschau. Sein Leben und öffentl. Wirken. Ein Beitrag zur sächs. Landesgeschichte, zur Gründungsgeschichte des deutschen Zollvereins und zur Geschichte des sogenannten Dreikönigsbündnisses [1849]. gr. 8. (VIII, 334 S. mit Portr. in Stahlst. und Facsimile.) Leipzig 874, B. Tauchnitz. *

Witzleben, Charlotte v., s. † Wollmar, Charl. v.

Witzleben, Chr., der unverwüstliche Vereinskomiker. Eine vorzügl. Sammlg. humorist. Soloszenen, kleiner Aufführgn. f. 1 u. mehrere Personen, Kostümcouplets, Deklamationen, Couplets, Scherzgedichte, Tafellieder 2c. zur Aufführg. bei Vereinsfesten. 1. Tl. (160 S.) 8. Reutlingen (910). R. Bardenschlager. — 75; geb. in Halbleinw. 1. —

v. Witzleben, Dietrich, über die Hauptquellen des Pauperismus und über die Hauptmittel zu seiner Ableitung. gr. 8. Leipzig 844, O. Wigand. n. 12 ngl

Witzleben, Ferd. v. Der Hypnotiseur. Schwank in 3 Akten. gr. 8. (III, 123 S.) Rathenow 892, Babenzien. * 2 —

Witzleben, Ferd. Aug. v., geschichtl.-geograph. Atlas v. Europa. Von d. Errichtung d. ersten Staaten bis zu d. neuesten Zeiten. 3 Lfgn. Zum Gebr. f. höh. Schulen bearb. gr. Fol. Berlin, Mittler.
Lfg. I. Von Errichtung d. ersten Staaten bis auf Karl d. Gr., od. v. J. 2000 nach Erschaffung d. Welt bis 768 n. Chr. (Tab. I—V. u. Karte I—IV.) 829. 1 Thlr. 18 Gr.
" II. Von Karl d. Gr. bis zum Beginn d. Reformation, od. v. 768 bis 1517. (Tab. VI—XI. u. Karte V—VIII.) 832. 1 Thlr. 18 Gr.
" III. Von d. Reformation bis zur neuesten Zeit, od. v. 1517—1832. (Tab. XII—XIV. od. Karte IX—XIII.) 833. 2 Thlr.

(——) Atlas von Preussen, s. Atlas.

— Atlas von Preußen (in 27 Bl.) 1e—7e Lief. Fol. Erfurt 831, 32. Müller. à Bl. 2 Gr.

— Atlas d. alten Welt, in 18 lithogr. Karten. Fol. Magdeb. 830. Mazzuchi. (Rubach). 2 Rthlr.

—— Bellona, Soldaten-Zeitung, s. Bellona.

—— Darstellung d. russ.-türk. Feldzugs im J. 1828 in Europa u. Asien. 8. (7 B. u. 1 lith. Karte.) Magdeburg 829, [Berlin,] Rubach.

—— Darstellung d. russ.-türk. Feldzuges im J. 1829 in Europa u. Asien, als Fortsetz. d. „Feldzuges 1828." 2. Thl. 8. (7¾ B. u. 2 Schlachtpläne.) Ebds. 831.

—— geschichtl.-geograph. Entwickelung d. Zuwachses u. der Abnahme d. poln. Reiches v. J. 992 bis zum J. 1831, dargest. in 5 Karten. Mit e. Texte, e. kurze Uebersicht d. poln. Geschichte enthalt. gr. Fol. (3 B.) Berlin 831, Reimer.

Türkischen Reichs — Fluss- und Bergkarte etc. von Witzleben. S. Hydrogr. Generalk. d. Türkey. 1 : 2,500,000.

Türkischen Reichs — Fluss- und Bergkarte des — in Europa und Asien etc., entworfen und gezeichnet von Ferd. Aug. v. Witzleben I. Magdeburg im Verlage bey G. Mazzuchi 1829. 1 : 2,500,000. 2 Bl.

— Fluß- u. Berg-Karte des türk. Reichs in Europa u. Asien. 2 Sect., mit d. Umgegend von Konstantinopel u. d. Plan von Szumla. Fol. Magdeb. 830. Mazzuchi. (Rubach). 1 Rthlr. 12 Gr.

— die Geschichte Polens. 8. Halberst. 831. Brüggemann. 16 Gr.

—— die Geschichte Polens. 8. (14½ B.) Halberstadt 831. [Leipzig, Schreck.]

Witzleben, Freih. F. A. von, Karte von West-Deutschland, Nord-Ost-Frankreich, Süd-Holland und Belgien. M. 1 : 400000. Rev. u. org. im J. 1848. 16 lith. u. kolor. Blätter in Fol. Berlin, C. Heymann, 1848. (6½ Rthlr.)
Besteht aus folgenden Sectionen, jede einzeln à 12 Sgr. Kolorirt à ½ Rthlr.
I. Titel. II. Rotterdam. III. Münster. IV. Braunschweig. V. Lille. VI. Brüssel. VII. Aachen. VIII. Frankfurt. IX. Paris. X. Reims. XI. Metz. XII. Stuttgart. XIII. Orleans. XIV. Troyes. XV. Strassburg. XVI. Zürich.
——, —— Revid. u. org. im J. 1859. 16 Bll. lith. Ebenda 1859. Imp.-Fol. (Br. Mus.)
——, —— Desgl. im J. 1870. Ebenda 1870. Imp.-Fol. Kupferst. u. kol. 16 Bll. (Br. Mus.)

Witzleben, F. A. v.: Kreiskarten des Regierungsbezirks Frankfurt. Berlin 1833-1838. 17 Bl. c. L. Ff.

Witzleben, F. A. v.: Kreiskarten des Regierungs-Bezirks Gumbinnen. Berlin 1834. 17 Bl. c. L. Ff.

Witzleben, F. A. v.: Kreis-Karten vom Regierungs-Bezirk Magdeburg. 1:200 000. Berlin 1834-1838. 14 Bl. c. L. Ff. und 1 Uebersichtsbl.

Witzleben, F. A. v.: Kreiskarten des Regierungsbezirks Potsdam. Berlin 1833–1839. 15 Bl. c. L. Ff.

Witzleben, F. A. v.: Kreiskarten des Königl. Preuß. Staates. Berlin, (1. 3:) Düsseldorf. 1 Atlas
[Inhalt:]
1. Kreis Crefeld. 1836.
2. Kreis Jüterbogk-Luckenwalde. 1836.
3. Kreis Kempen. 1837.
4. Nieder-Barnimscher Kreis. 1837.
5. Ruppiner Kreis. 1839.
6. Storkow-Beeskower Kreis. 1836.
7. Teltower Kreis. 1837.
8. Westhavelländischer Kreis. 1833.
9. West Priegnitzer Kreis. 1837.
10. Zauch-Belzigscher Kreis. 1837.

v. Witzleben I., F. A. Plan und Ansicht der Stadt **Magdeburg** nach der Natur gezeichnet. Magdeburg 1830. 1 Bl. L.

— **Plan u. Ansicht der Stadt Magdeburg. Nach der Natur gez. In Stein gest. von A. Platt. gr. Fol. Magdeburg 847, Quednow. 1⅙ Rthlr. color. 2⅓ Rthlr.**

— Post- u. Reise-Karte von Deutschland u. den angrenzenden Staaten, nach den neuesten Quellen entworfen. Lithograph. u. ill. Roy.-Fol. Magdeb. 831. Mazzuchi. (Rubach). In Futteral 20 Gr. Mit Leinwand 1 Rthlr. 8 Gr.

Witzleben, F. A. v., Post- u. Reise-Karte von Deutschland u. von den angränzenden Staaten. Magdeburg, Mazzucchi, 1834. (1 Rthlr.)
——, —— Magdeburg, Mazzucchi, 1840. Roy-Fol. Lith. u. kol. (1 Rthlr.)

Witzleben, F. A. v., Special-Karte von Deutsch-Elsass und Lothringen. 1 : 400,000. Fol. Berlin 871, C. Heymann. [Bichteler und Comp.] •

Witzleben, Friedrich Ludwig von

v. Witzleben, Ritter Frhr. Fr. Ldw., Abhandl. über einige noch nicht genug erkannte u. beherzigte Ursachen des Holzmangels, mit e. Vorrede von C. P. Laurop. gr. 8. Frankf. 800. Hermann. 9 Gr.

— über d. rechte Behandlung d. Rothbuchen, in Hoch- oder Saamenwaldung. 1r Thl. 8. Leipz. 795. 2e Aufl. 805. Voß. 16 Gr.

v. Witzleben, Ritter Frhr. Fr. Ldw., Beiträge zur Holzkultur. 8. Marb. 796. 2e A. 800. Krieger. 10 Gr.

Witzleben, Friedrich Sigismund

— Catalogus numorum aureorum, argenteorum, aereorum veterum, tam Graecorum, quam Romanorum, nec non Bracteatorum et Solidorum. 8. Leipz. 772.

Witzleben, Fridericus Sigismundus. Dissertatio historica trium antiquorum numismatum Plautillae, Antonini Caracallae et Gallieni cum Venere victrici explicationem continens. Halae salicae 1740. 4°.

***Witzleben*, Fr. Siegm., († ...) selecta quaedam numismata graeca, inedita hactenus nunc vero explicata. 4. Leipz. 754. Breitkopf u. H. 5 Gr.**

Witzleben, Friedrich Sigismund (Querfurt) A. S. 102/22

Dissertatio iuridica. Uxor Romana per propter nuptias donationem de alimentis secura tantum.
Präs. Johann Gottlieb Heineccius.
Halle (Grunert) V. 1740. 57 S.

W. v.: Präs. 37067

Witzleben, G. A. u. A. H. v., Geschichte der Familie von Witzleben. 2 Bde. Berlin 1869—80. 8. Nicht im Handel.

(**Witzleben,** [Georg Hartmann] von): [Verordnung und Warnung des Königlichen Ministeriums der geistlichen, Unterrichts- und Medizinal-Angelegenheiten über das unsittliche, gemeine und unanständige Benehmen mehrerer hiesiger Studierenden] [Anfang:] Durch das wohlbekannte, wiederholte, ... [Am Ende:] Der Königl. Vice-Berghauptmann, als außerordentlicher Regierungs-Bevollmächtigter und Curator der hiesigen Universität von Witzleben. Dat. Halle August 1826. 1 Bl. 8° (4°)

Schrader spricht 2, 221 von 2 Ministerialerlassen, die der Kurator damals drucken liess, es ist aber nur diese eine Verordnung gedruckt und in 2 Exemplaren in den Akten aufbewahrt.

Witzleben, H. v. Im Dienst dor freiwilligen Krankenpflege 1870/71. Paris 1877. 8°. (Bh. z. M. W. B.)

Witzleben, J. P., de oraculorum circa nativ. Chr. silentio. Lips. 1702. 4.

v. Witzleben, Job, Mittheilungen desselben u. seiner Freunde zur Beurtheilung Preußischer Zustände u. wichtiger Zeitfragen. Herausgeg. vom Hofrathe &c. Dr. Dorow. Mit Portr. u. Facsimile. gr. 8. Leipzig 842, B. Tauchnitz jun. 1¾ ℔

Witzleben, Johann Hartmann Ernst von (Gotha) A. S. 136/7

Specimen iuris Germanici de obligatione sub poena banni ecclesiastici et imperialis Oder: (Bey Strafe des Bannes und der Acht).
Präs. Christian Heinrich Eckhard.
Jena (Ritter) 3. X. 1739. 48 S.

W. v.: Präs. 37068

v. Witzleben, Karl Aug. Fr., s. A. Tromlitz.

WITZLEBEN, Karl Aug. Friedr. v., Das stille Thal; ein romantisches Gemälde aus den Zeiten der heimlichen Gerichte. Mit Titelkpfr. u. gestoch. Titel mit Vignette, gestoch. von Penzel. Frankfurt, Fr. Esslinger, 1799. 8°. 2 Bll., 279 S. (3 Mk. Dieterich, Göttingen, 1907.)

Theilweise in Dialogform. — Zahm.

v. Witzleben, Karl Aug. Fr., das stille Thal; e. romant. Gemälde aus den Zeiten der heimlichen Gerichte. 8. Frankf. 799. (Schäfer). 1 ℔ 8 gr

Witzleben, Carl Aug. Friedr. v., † (Aug. v. Tromlitz,) das stille Thal. Romant. Gemälde aus d. Zeiten d. heiml. Gerichte. Neue Ausg. 8. (17½ B., Ttlkpfr. u. Ttlvign.) Frankfurt a. M. 832, Schaefer. Thlr.

Witzleben, Carl Aug. Friedr. v., Curt v. Staudenbach und Adelheid v. Walogau, oder; Das stille Thal. Ein romant. Gemälde aus den Zeiten der heimlichen Gerichte. 2 Bde. 8. (311 S.) Leipzig 860, (Hunger.) * *

Witzleben, Kurt Frhr. v., Leid um Lieb'. Zwei Novellen. 8. (239 S.) Dresden 882, Baensch. *
—— dass. — 2. (Titel-)Ausg. 8. (239 S.) Leipzig 883, Reißner.

Witzleben, Kurt Frhr. v., pro et contra Maria Stuart, Königin von Schottland, und ihr Verhältniss zu Jacob Earl v. Bothwell, nach Briefen und Akten dargestellt und psychologisch betrachtet. gr. 8. (84 S.) Zürich 877, Schmidt. *

Witzleben, M. v., Handbuch der regelmäßigen u. unregelmäßigen Verben der italienischen Sprache, m. deutschen Bemerkgn. 2., verb. u. erweit. Aufl. des Hilfsbuchs zur schnelleren Erlernung der italien. Sprache. (86 S.) gr. 8. Leipzig 903. R. Gerhard. n. 1.—

Witzleben, M. v., Iwan. Eine dramat. Lebensgeschichte in 7 Bildern. Für die Jugend zum Aufführen eingerichtet. gr. 8. (16 S.) Dresden (902). (E. H. Meyer.) n. 1.—

— Konradin. Erzählung aus der Zeit der letzten Hohenstaufen. Mit Abbildgn. nach Originalen v. Mart. Männike. (175 S.) 8. Berlin (905). H. J. Meidinger.
Geb. in Leinw. n. 4.—

— kleine russische Lehrbibliothek f. Anfänger u. Kinder m. deutschen Anmerkungen. 1.—19. Bd. gr. 8. Leipzig, R. Gerhard. à n. — 60

1. Übungssätze, deutsch-russische, f. Anfänger u. Kinder. I. Tl. 2. verb. Aufl. (59 S.) 901.
2. 3. Dasselbe. 2. Tl. Sätze, Gespräche, Erzählungen u. Briefe. (IV, 97 S.) 901.
4. Katharina. Erzählung aus der russ. Geschichte, bearb. nach Koa. Von A. Zickler. (68 S.) 901.
5. Wort, ein gutes. Erzählung aus der englischen Geschichte. (23 S.) 901.
6. Tod, e. schöner. Erzählung aus der Zeit der Hohenstaufen. (31 S.) 901.
7. Kaiser, der gefangene. Erzählung aus der russ. Geschichte. (49 S.) 901.
8. Mazeppa. Erzählung aus dem russisch-schwedischen Kriege. (31 S.) 902.
9. Braut, die. Die spätere Kaiserin Katharina II. (33 S.) 902.
10. Alte, der sonderbare. Erzählung aus der Zeit des Dekabristenaufstandes. 1. Tl. (32 S.) 902.
11. Pascha. Erzählung aus dem Volksleben. (Neue [Titel-]Ausg.) (30 S.) [901.] 902.
12—14. Monika. Eine Kindergeschichte aus dem Deutschen v. A. Stein. (Neue [Titel-]Ausg.) (141 S.) [901.] 902.
15. Demetrius. Erzählung aus der russ. Geschichte, frei bearb. nach Biethe. (Neue [Titel-]Ausg.) (33 S.) [901.] 902.
16. Alte, der sonderbare. Erzählung aus der Zeit des Dekabristenaufstandes. 2. Tl. (S. 33—67.) 902.
17. 18. Drei Erzählungen f. kleine Mädchen. Von Agnes Sapper. Aus dem Deutschen übers. v. Adele Zickler. Mit Genehmigung der Vers. (59 S.) 902.
19. Dankbarkeit. Aus dem Leben der Kaiserin Katharina II. (31 S.) 902.

Die Bde. 11—15 erschienen in 1. Ausg. u. d. T.: Zickler, A., russische Kindererzählungen.

— kleine russische Lehrbibliothek f. Anfänger u. Kinder m. deutschen Anmerkungen. 20.—29. Bd. gr. 8. Leipzig, R. Gerhard. à n. — 60

20. 21. Helden, zwei, v. Sebastopol. Erzählung aus der Zeit des Krimkrieges. (63 S.) 902.
22.—25. Nieritz, Gust., der kleine Trommelschläger. Eine Geschichte aus dem Feldzuge Napoleons I. 1812. Autoris. Ueberſetzg. v. A. Zickler. (141 S.) 902.
26. Murik u. seine Bruder. (27 S.) 903.
27. Erinnerungen an Kaiserin Alexandra v. Rußland, geb. Prinzessin Charlotte v. Preußen. (26 S.) 903.
28. 29. Iwan. Eine dramat. Lebensgeschichte in Bildern aus der russ. Geschichte. (65 S.) 904.

Witzleben, Margarethe v., Leitfaden d. Haushaltungslehre in Frage u. Antwort, verf. u. hrsg. i. A. des deutschen Vorstände-Verbandes der evang. Jungfrauenvereine Deutschlands. gr. 8. (II, 20 S.) Leipzig 898. W. Vobach & Co. n. — 40

Witzleben, Margarethe v., Leitfaden der Haushaltungslehre in Frage u. Antwort, im Auftrage des Vorstände-Verbandes der Jungfrauenvereine Deutschlands. 2. Aufl. 8. (42 S.) Berlin (902). W. Vobach & Co. n. — 40

Witzleben, Margarethe v., wie wecken wir bei unserer weibl. Jugend tieferes Verständnis für die Bedeutung unserer evangel. Gottesdienste u. Gotteshäuser? (24 S.) gr. 8. Berlin 903. (Buchh. des ostdeutschen Jünglingsbundes.) n. — 30

Sonderabdruck aus: „Fürsorge".

Witzleben, Margar. v., wie werde ich e. gute Hausfrau? Besprechungen m. Jungfrauen üb. häusl. Dinge u. prakt. Lebensfragen. (67 S.) kl. 8. Berlin 907. F. Zillessen. — 50

Witzleben, Marie

Witzleben, M. Grf., geb. Prinzeß Reuß, Bilder aus der ägyptischen Geschichte. In 5 Vorträgen nach Reise-erinnergn. zusammengest. 2., unveränd. (Titel-) Aufl. 12. (IX, 162 S.) Leipzig (893) 896. Dürr'sche Buchh. Geb. in Leinw. n. 3. —

Witzleben, Marie Gräfin, geb. Pr. Reuß j. L., Erzählgn. zu den sieben Wundern der alten Welt. 2. verb. Aufl. gr. 8. (XV, 183 S.) Altdöbern N.-L. 900. G. A. Katzschke. n.n. 2. 75

— dasselbe. 3. verb. Aufl., als Prachtausg. illustr. v. Frz. Müller-Münster. gr. 4. (VII, 75 S.) Berlin (902). Düsseldorf, Fischer & Franke. Geb. in Leinw. m. Goldschn. n. 6. —

Witzleben, M. v., griechische Geschichte. Mit (5) Illustr. in Farbendr. nach Originalen v. Max Wulff. (XV, 208 S.) 8. Berlin (908). Meidinger's Jugendschriften-Verlag. Geb. in Leinw. 3. —

Witzleben, Max von, Kammergerichtsref. aus Potsdam: Ausser-kontraktliche Haftung für blosse Erteilung einer Auskunft oder eines Rates, mit einem Anhang: Wie stellt sich das Bürgerliche Gesetzbuch zu dieser Frage? *Cöthen 1898: P. Schettler's Erben.* (41 S.) 8°
Erlangen, Jur. Diss. v. 21. Jan. 1898

Witzleben, Max. Ernst Jul. v., statist. Atlas v. Europa. 1. Lfg. Bayern. (1. Abthl.) — Hannover. — Baden. — Meklenburg u. Braunschweig. gr. Fol. (2 B.) Bautzen 837, Reichel.

Witzleben, M. E. J. v., Geschichte v. Sachsen, in 7 Tab. gr. Fol. (5 B.) Schneeberg 830, Schumann.

— Geschichte des Ernestinischen Hauses Sachsen vom Jahre 1547 — (Wittenberger Capitulation) — bis auf die neuesten Zeiten, nebst einer statistisch-geograph. Uebersicht d. Großherzogthums Sachsen-Weimar-Eisenach, — der Herzogthümer Sachsen-Meiningen-Hildburghausen-Saalfeld, — Sachsen-Altenburg — und Sachsen-Coburg-Gotha, in sechs Tabellen, nebst einer Geschlechts-Tafel der gesammten sächs. Regenten-Häuser, mit Inbegriff des Albertinischen (königl.) Hauses, seit Churfürst Friedrich dem Streitbaren, vom Jahre 1428. gr. Fol. Budissin 837. (Bautzen, Schlüssel.) n. 1⅓ ℛ

—— Geschichte d. ernestin. Hauses Sachsen v. J. 1547 — (Wittenberger Capitulation) — bis auf d. neuesten Zeiten, nebst e. statist.-geograph. Uebersicht d. Großhrzgth. Sachsen-Weimar-Eisenach, — d. Hrzgth. Sachsen-Meiningen-Hildburghausen-Saalfeld, — Sachsen-Altenburg, — u. Sachsen-Coburg-Gotha, in sechs Tabn., nebst e. Geschlechts-Tafel d. gesammten sächs. Regenten-Häuser, mit Inbegriff d. albertin. (königl.) Hauses, seit Churfürst Friedrich d. Streitbaren, v. J. 1428. gr. Fol. (7½ gedr. u. 1 lith. B.) Budissin 837. (Bautzen, Weller.) *

Witzleben, Max Ernst Jul. v., Stamm-Baum des erlauchten Hauses Wettin. 9 lithogr. Bl. in Imp.-Fol. Meissen 855, (Klinkicht und Sohn.) *

v. Witzleben, Oscar, Novellen aus meinem Wanderbuche. 2 Bde. 8. (XIV u. 723 S.) Breslau 852, Max & Co. 2⅚ ℛ

Witzleben-Wendelstein, Ferd. v., die Hofdame der Erzherzogin. Roman. 8. (188 S.) Breslau 882, Schottländer. * geb. *

Witzleben-Wendelstein, Ferd. v., s.: Revue, internationale, üb. die gesammten Armeen u. Flotten.

Witzlsteiner, Jak., Gebetbuch nach dem Gebrauche unserer heil. kathol. Kirche, nebst gewöhnl. Kirchenliedern. 4e verb. Aufl. gr. 12. Linz 826. Fink. 4 gl

Witzlsteiner, J., Gebethbuch nach d. Gebr. uns. heil. kathol. Kirche, nebst d. gewöhnl. Kirchen-Liedern. 4., neu durchges. Aufl. gr. 12. (6 B. u. Titkpfr.) Linz 830, [Fink.]

— u. Schauermann, Muster e. reinen Tugend, dargestellt in dem Leben Jesu Christi, Mariens, Josephs u. Johannes des Täufers ꝛc. Mit Titelkpf. 8. Linz 819. Fink. 6 gl

Witzmann, Geo., die unterrichtliche Behandlung der Gleichnisse Jesu. Ein Beitrag zur Reform d. Religionsunterrichts. Mit e. Anh., enth. Kontext, Texte u. Grundgedanken der wichtigeren Gleichnisse. (VIII, 119 S.) gr. 8. Dresden 904. Bleyl & Kaemmerer. n. 2. —; geb. n. 2. 50

Die unterrichtliche Behandlung der Psalmen. Mit Präparations-Entwürfen zu ausgewählten Psalmen. Von Dr. Georg **Witzmann**, Sem. Dir. Langensalza: H. Beyer & Söhne 1906. (V, 112 S.) 8° [F.] [07. 3930 3

Witzmann, Georg, Oberl. in Coburg: Zur Frage nach der unterrichtlichen Behandlung der Gleichnisse Jesu. *Jena 1903: (A. Rietz & Sohn in Naumburg a. S.).* (66 S.) 8° [F.]
¶ [Erschien mit Anhang 1904 bei Bleyl & Kaemmerer in Dresden.]
Jena, Phil. Diss. v. (21. Febr.) 1903

— Präparations-Entwürfe zu den Gleichnissen Jesu. Auf Grund seiner Schrift: „Die unterrichtl. Behandlg. der Gleichnisse Jesu" bearb. (60 S.) gr. 8. Dresden 906. Bleyl & Kaemmerer. n. 1. —

Witzmann, Walter: Über die Oxyde des Iridiums. 1907. 80 S., 1 Taf. 8° ¶ Ausz. in: Zeitschrift f. anorgan. Chemie. Bd 57. 1908.
Karlsruhe, Dr.-Ing.-Diss. v. 18. 5. 1907

Witz- und Carricaturen-Pfennig-Magazin, Humoristisch-komisches. Leipzig [1842—52?]. H (Bd. 5—8): *Amthor, Eduard.* (9, 10): *Drobisch, Theodor.* (BrMm)

Witz- u. Carricaturen-Pfennig-Magazin, humoristisch-komisches, mit Zeichnungen von Grandville, Daumier, Alophe, Forest, Gavarni, Janet-Lange, Lorentz, Monnier, Vernier, Cruikshank u. Anderen. In zwanglosen Lfgn. 1—94. Lfg. Lex.-8. (989 Bl. Carricaturen u. 146¼ B.) Leipzig 842—47, Schmaltz. à L. * 2½ Ngr. *

Witz- und Carricaturen-Pfennig-Magazin, humoristisch-komisches. Mit Zeichnungen nach Grandville, Daumier u. A. Redig. von E. Amthor. 95—98. Lfg. gr. 8. (6 Bog. Text und 12 Stnt. Schluß des 8. Bds.) Leipzig 847, Schmaltz. à Lfg. * 2½ Ngr. *

—— dass. — Redig. von E. Amthor und fortges. von Theod. Drobisch. 99—122. Lfg. oder 9—10. Bd. gr. 8. Ebds. [9. Bd. (VIII und 280 S. mit 30 Stnt.) 848., 10. (280 S. und 36 Stnt.) 849. à Lfg. * 2½ Ngr.] *

—— dass. — (Deutsche Walhalla.) Redig. von Theod. Drobisch. Neue Folge. 1—24. Heft. oder 1. und 2. Bd. gr. 8. Ebds. [1. (VIII und 280 S. mit 36 Stnt.) 850., 2. (VIII und 280 S. mit 30 Stnt.) 850—52. à Bd. * 1 Thlr.] *

Witzpumpe, allerneueste. Zehn Schock u. ein Peupliers zum Nacherzählen bei Tische, beim Töpschen u. im Reisewagen f. Antimucker u. Spiritualisten, v. Dropus II., Erstem Pumpier des Jahrh. u. patentirtem Entwässerer der pentinischen Sümpfe. 32. Grimma 846, Verlags-Compt. n. 1/6 ₰

— oder das kleine Buch voll Witz über Witz und Possen über Possen, für Hypochondristen und Leute, die gern lachen. 3. Aufl. . . . Saalfeld 846, Niese. 6 ngl

Witz- und Märchen-Schatz aus den Schriften des P. Abraham a St. Clara, s. **Volksbücher**, neue.

Witzschel: Über den Sommergewinn in Eisenach. Eisenach 1852. 14 S. 4° Eisenach, Großherzogl. Carl-Friedr.-Gymn. P 1852.

Witzschel, August

Witzschel, Aug., Luthers Aufenthalt auf der Wartburg. Nach seinen eigenen Mittheilgn. gr. 16. (74 S.) Wien 876. Braumüller. n. 1. —

Witzschel, A., kleine Beiträge zur deutschen Mythologie, Sitten- und Heimatskunde in Sagen und Gebräuchen aus Thüringen. 2 Thle. gr. 8. Wien 866,78. Frankfurt a. M., Völcker's Verlag.

Witzschel, Aug., kleine Beiträge zur Mythologie, Sitten- und Heimathskunde in Sagen und Gebräuchen aus Thüringen. 1. Thl.: Sagen aus Thüringen. gr. 8. (XX und 324 S.) Wien 866, Braumüller. *

Witzschel, Aug., kleine Beiträge zur deutschen Mythologie, Sitten- und Heimatskunde in Sagen und Gebräuchen aus Thüringen. 2. (Schluß-)Thl. A. u. d. T.: Sagen, Sitten und Gebräuche aus Thüringen. Hrsg. von G. L. Schmidt. gr. 8. (XV, 342 S.) Wien 878, Braumüller. *

Witzschel, Aug., die tragische Bühne in Athen. Eine Vorschule zum Studium der griech. Tragiker. gr. 8. (VIII und 186 S.) Jena 847, Mauke.

s. Euripides: Fabulae.

s. Euripidis Medea.

s. Euripides: Tragoediae.

Witzschel, Aug., Der Johannistag in seiner alten Feier und Bedeutung als Fest der Sommersonnenwende. Eisenach 1858. 4.
Progr. . . . . (b.)

Witzschel, A., Observationes criticae in Euripidis Hippolytum. Gel. 1887. 28 S.

Witzschel, Dr August, Sagen aus Thüringen. (Kleine Beiträge zur deutschen Mythologie, Sitten- und Heimatskunde in Sagen und Gebräuchen aus Thüringen. 1. Thl.) gr. 8. (XX u. 324 S.) Wien, Braumüller. 2 fl 50 kr.

s. Sophokles: Tragoedien.

Witzschel, A., Thüringen, s. Grieben's Reise-Bibliothek.

Witzschel, Aug., die attische Tragödie eine Festfeier des Dionysos. Eine Einleitung z. Lectüre der griech. Tragiker. gr. 8. (3½ B.) Leipzig 844, Geuther.

Witzschel, Benj. Über die Art der Bewegung, welche wir Wärme nennen. 1857.

Witzschel, Benj., Grundlinien der neueren Geometrie mit besond. Berücksicht. der metrischen Verhältnisse an Systemen von Punkten in einer Graden und einer Ebene. gr. 8. (X und 274 S.) Leipzig 858, Teubner. *

Witzschel, Benj., die Physik faßlich dargestellt nach ihrem neuesten Standpunkte. Zum Gebrauch für höhere Unterrichtsanstalten, Studirende und Freunde der Naturwissenschaften. gr. 8. (X und 568 S. mit 361 Holzschn. und 2 Stnt. Abbildungen in gr. 8. und gr. 4.) Leipzig 854, O. Wigand. *

— die Physik faßlich dargestellt nach ihrem neuesten Standpunkte. Zum Gebrauch für höhere Unterrichtsanstalten, Studirende und Freunde der Naturwissenschaften. Mit 361 Holzschn. (im Text) u. 2 lith. Taf. Abbildgn. (in 8. u. 4.) 854. n. 2 ₰. 25 ngr. — 2. (Titel-)Ausg. Leipzig 858. O. Wigand. gr. 8. (X, 568 S.) 2 ₰. 10 ngr.

Witzschel, C. T., De civitate Nemansensi. P. I. Pr. 1837. 40 u. 1 Taf. 4°. 1.

Witzschel, *Ernst* Hermann [aus Löbejün]: Der Ausgang der Sachsenkriege Karls des Grossen 792–804. . . . Halle a. S., Hofbuchdr. v. C. A. Kaemmerer & Co., 1891; 55 S. 8°
Halle, Phil. Fak., Inaug.-Diss. v. [16. Jun.] 1891

Witzspiele. Eine Samml. deutscher u. französ. Anagramme, Charaden, Logogryphen, Palindromen u. Räthsel, nebst ihren Auflösungen. 8. Grätz 813. Ferstl. 12 ₰

Witzthum, Der Böse, oder der Greiss Loma. 2 Theile. Wien u. Prag [ca. 1800]. V: *Gleich, Joseph Alois.* (BGE VIII³, 558)

Wiwel, A., Skizzen. 25 Bl. in Lichtdr. gr. 4. München 877, Stroefer. In Mappe *

Wiwet, F. W., Erzählung einiger merkwürd. dän. u. norweg. Rechtssachen, welche im höchsten Gericht zu Kopenhagen ausgeführt worden sind. 2 Bde. 8. Kopenh. 778—80. (Brummer). 1 ₰ 8 ₰

Wix, S., Betrachtungen üb. d. Zweckmäßigkeit, e. Concilium d. Kirche v. England u. der v. Rom zu halten, um d. Religionsstreitigkeiten zu vermitteln u. die Einheit d. Religion in dem Band d. Friedens zu befördern. A. d. Engl. d. 2. Ausg. d. Originals, welche 1819 zu London erschienen ist, u. nach e. handschriftl. franz. Uebersetzung. gr. 8. (9½ B.) Heidelberg 829, Mohr.

Wiz, P., allgem. faßl. u. vollständ. Rechenbuch, od. Versuch e. leicht. Art, Kindern die ganze Rechenkunst gründlich beyzubringen, alles in gemeln. u. besond. in d. Waaren und Wechselhandl. vorkomm. auszurechnen. 2 Thle. gr. 8. Bern Walthard. (Palm in Erlang.) 808–9. (I. 1 Rthlr. 8 gr. II 1 Rthlr. 4 gr.)

Wiz, P.: Allgemein faßl. u. vollständ. Rechenbuch, ist auch bei Sauerländer in Agrau in Commission zu haben.

— allgem. faßliche französische deutsche Sprachlehre. 8 Ebend. 809.

Wizami, J. F., der Landschaftsmaler in schwarzen u. illum. Kupfern. qu. 4. Dresd., Beger. (Leipz., Weygand). 1 ₰

Wizani, J. F., d. Landschaftsmahler, m. schw. u. illum. K fl. 4. Dresden, Gerlach. (Beger.)

Wize, Kasim. Filip, Abriss e. Wissenschaftslehre der Ästhetik. (1788.) gr. 8. Berlin 909. R. Trenkel. 5. —

Wize, Kasimir Filip: Friedrich Justus Riedel und seine Ästhetik. Berlin: R. Trenkel 1907. (65 S.) 8°
Leipzig, Phil. Fak., Ref. Volkelt-Heinze, Diss. v. 5. Aug. 1907
[Geb. 15. Apr. 73 Michorzewo; Wohnort: Jezewo; Staatsangeh.: Preußen; Vorbildung: Gymn. Posen Reife M. 93; Studium: Breslau 4, München 2, Berlin 1, Breslau 1, München 2, Leipzig 4 S.; Rig. 18. Juni 07.]

Wize, K. F., „in der Stunde der Gedanken". Ueber die schönen Künste. (VI, 111 S.) gr. 8. Berlin 905. R. Trenkel. n. 2. —

[Umschlagt.:] **Wizemann,** *Eduard* [Prof. Dr.]: Die Giebelgruppen des Parthenon. Stuttgart, Druck d. K. Hofbuchdr. Zu Guttenberg '(C. Grüninger)', 1895; 3—54 S. 4.
Stuttgart, k. RG, P 1895 (611)

Wizenmann, Thom., s. **Witzenmann.**

Wizlâw's IV., Fürsten von Rügen, Sprüche u. Lieder, siehe: Bibliothek der deutschen National-Literatur. 33. Bd.

Lieder und Sprüche des Fürsten WIZLAW von RÜGEN. Nach den Ausgaben von v. d. Hagen in den Minnesängern und von Ettmüller in der Bibliothek der Deutschen Nationallitteratur übersetzt und erläutert von THEODOR PYL. ib. 1872. Vereinsschrift der Rügisch-Pommerschen Abtheilung der Gesellschaft für Pommersche Geschichte und Alterthumskunde in Stralsund und Greifswald. 8°.

Wizleben, Diss. de autochiria. Lps. 4°. 1702

Wizorowski, Georg, Wahrheit, Freiheit, Recht. Gedichte eines Gefangenen. Zum Besten der Familien der Stassfurter Inhaftirten. Hrsg. von den Stassfurter Parteigenossen. 8°. Stassfurt, Gottl. Hartmann, 1893.

Wlach, Fritz, kleine Gedichte. (73 S.) kl. 8. Dresden 910. E. Pierson. Geb. in Leinw. m. Goldschn. 2. —

Wlach, Hans. Bicyclisten-Abenteuer, s. Randl, A.

Wlach, J. P., die Erfindung der Quadratur des Kreises auf Grundlage des sechsmal. [unvollständ.] Umgehens des Halbmessers, und hiedurch des dreimal. Enthaltens des Durchmessers in der Peripherie eines jeden Kreises in 2 Lösungen, nebst Berechnungen aller Linien und Flächentheile desselben auf einfachem Verhältnisswege. gr. 8. (30 S. mit 7 in den Text eingedr. Erklärungs-Fig. in Holzschn.) Prag 872, Hunger. [Kosmack und Neugebauer.] *

Wlachoff, Christo, a. Sewliewo ⟨Bulgarien⟩: Die landwirtschaftliche Entwicklung Bulgariens. Erlangen 1907: Junge & Sohn. (x, 81 S., 3 Beil.) 8°
Erlangen, Phil. Fak., Ref. v. Eheberg, Diss. v. 13. März 1907
[Geb. 13. Juni 80 Sewliewo ⟨Bulgarien⟩; Wohnort: Erlangen; Staatsangeh.: Bulgarien; Vorbildung: Staatl. Handelssch. Sistowo Reife M. 01; Studium: Berlin 10, Erlangen 1 S.; Rig. 21. Febr. 07.]

WLADICZEK, Regina von (ps.), Die Fieberschule der Amalgamisten. Dämonischer (höchst unsinniger) Roman aus der Gegenwart. Privatdruck. O. O. u. J. (c. 1906). 8°. (Br. Mk. 15—; in Leder gebd. 20—.)
Vortit., Tit., 187 S. Antiquasatz. Nicht im Handel. Nur 400 in der Maschine numer. Expll. gedruckt und vergriffen.
— — Dasselbe. O. O. 1907. 8°. (20 Mk., Ldrbd., Adolf Weigel, 1908.)

WLADICZEK, R. v., Die Fieberschule der Amalgamisten. Dämonischer (sotadischer) Roman aus der Gegenwart. O. O. 1907. 8°. Privatdruck. (20 Mk. Ad. Weigel, 1910.)

— — Die Graufamkeit, eine erotifche Paffion des Weibes. Budapeft, M. G. Schneider, o. J. (um 1900). 8°. 167 S.
Verb. d. Ldg. Dresden 6. A. 82/06.

— — Die Grausamkeit, eine erotische Passion des Weibes. Roman. Privatdruck. Budapest, Schneider, o. J. (c. 1905). (Mk. 4—.) (3 Mk. Adolf Weigel, 1908; 4 Kr. 80 H. W. Schindler, Pressburg, 1910.)
— — Dasselbe. Dresden, Verlag von Stoll.

Wladiczek, Regina v., die Grausamkeit, e. erotische Passion des Weibes. (167 S.) 8. Dresden. Stuttgart, E. Engelmann's Nachf. n. 4. —
Im Deutschen Reiche verboten.

— — Moderne Märtyrer. Budapest, Schneider, o. J. (190*). (Mk. 4—.)

— — Moderne Märtyrer. Intimes aus dem Liebesleben graufamer Frauen. Dresden und Leipzig, Moderner Dresdener Verlag (um 1900). 8°.
Verb. d. Ldg. Dresden 6 A. 82/06.

— moderne Märtyrer. Intimes aus dem Liebesleben grausamer Frauen. (154 S.) 8. Dresden (906). Leipzig, Moderner Dresdner Verlag. n. 4. —

— — Nero reincarnatus. Zur Geschichte vergewaltigter Leidenschaft. Aus den Bekenntnissen einer Nonne. Budapest, Schneider, o. J. (190*). (Mk. 4—.)

— — Nero Reincarnatus. Zur Gefchichte vergewaltigter Leidenfchaft. Aus den Bekenntniffen einer Nonne mitgeteilt. Selbftverlag der Verfafferin. Kommiffionsverlag M. G. Schneider, Budapeft o. J. (1906). 8°. 144 S.
Verb. d. Ldg. III Berlin A. 4. J. 891/14.

Wladik, Melchior, Kränze der Andacht für Gebildete. Enthalt. eine Sammlung von auserwählten frommen Gesängen aus den Werken der vorzügl. Classiker. ... Olmütz 838. (Wien, Beck's Universitäts Buchh.) n. 1 1/6 ₰

Wladik, Melch., theoretisch-praktischer Unterricht in der deutschen Rechtschreibung. 2., verb. und verm. Aufl. 8. (VII und 192 S.) Olmütz 854, (Neugebauer.)

Wladimir, Fürst, und dessen Tafelrunde. Alt-russische Heldenlieder. Leipzig 1819. Ü: *Busse, Carl Heinrich von.* (BrVV) (Ky) (BrMm)

Wladimir, Fürst, u. dessen Tafelrunde; altrussische Heldenlieder, (von ... v. Busse). gr. 12. Leipz. 819. Brockhaus. 1 ₰

Wladimir, Hannover u. Altenburg, s. Hannover.

Wladimir, ..., Phantasie u. Wirklichkeit in Novellen u. Erzählungen. 8. Leipzig 842, Fr. Fleischer. n. 1 1/2 ₰

Wladimir, der Liebe Wonn' u. Weh'. Sagen, Novellen u. Skizzen. 8. Altenburg 840. Pierer. 1 1/4 ₰

Wladimiroff, Alexander

Wladimiroff, A., üb. die Rückwirkung der artificiellen Hydronephrose auf das Herz. Inaug.-Diss. gr. 8. (56 S.) Dorpat 889. (Karow.) n. 1. 20

Wladimirsky, Michael, aus Arsamas ⟨Russl.⟩: Die gonorrhoische Pyelitis und Nephropyelitis. *Berlin 1902: G. Pöllner.* (34 S.) 8°
Berlin, Med. Diss. v. 30. Juli 1902

Wladislav, oder Männertreue u. Weiberrache. 8. Wien 792. Hörling. 12 gl.

Wladislav oder Männertreue und Weiberrache, mit 1 Kupf. 8. Wien, 793. Hörling. 15 sgl.

Wladislav II., böhmischer Herzog, dann König. 8. Leipz., (Rauf) 10 gl.

— II. Böhmischer Herzog, dann König, v. Verf. d. Walron. 8. Lpz. Sommer.

Wladislaw der Zweite, Böhmischer Herzog, dann König; historisches Schauspiel in fünf Aufz. . . . Prag 1791. V: *Möller, Hnr. Ferdinand.* (ML) (Ky)

Wladislaw der zweyte, böhmischer Herzog, dann König. Historisches Schsp. 8. Prag. (Joachim in Lpz.) 792.

Wladislaw d. Zweite; böhmischer Herzog; Schspl. (von H. F. Möller). 8. Prag 792. Leipz., Centr.-Compt. 12 gl.

Wladiwostok [Schlagwort]

Wladiwostok. s.: **China. Karte.**

Wlaïnatz, Milan, aus Wranje (Serbien): Die agrar-rechtlichen **Verhältnisse** des mittelalterlichen Serbiens. *Halle a. S. 1903: (Lippert & Co., Naumburg a. S.).* (VIII, 71 S.) 8°
¶[Erschien vollst. 1903 als: Sammlung nationalökon. u. statist. Abhandl. d. staatswiss. Sem. zu Halle a. S., Bd 40.]
Halle, Phil. Diss. v. 1903

Wlaïnatz, Milan, die agrarrechtlichen **Verhältnisse** des mittelalterlichen Serbiens, s. Sammlung nationalökonomischer u. statistischer Abhandlungen 40. Bd.

Die agrar-rechtlichen Verhältnisse des mittelalterlichen Serbiens. Dargest. von Dr. Milan **Wlainatz.** Jena: G. Fischer 1903. (XVI, 311 S.) 8°
(Sammlung nationalokonom. u. statist. Abhandlungen d. staatswiss. Seminars zu Halle. Bd 40.

Wlamos, Georg: Ueber die Kindersterblichkeit. Halle a. S. 1881: Gebauer-Schwetschke. 32 S., 1 Tab. 8°
Halle-Wittenberg, Med. Diss. v. 16. Nov. 1881
Geb. Allazata bei Smyrna (Kleinasien) 10. 3. 1857. V.

Wlangali's Reise nach der östlichen Kirgisen-Steppe, s. Beiträge zur Kenntniss des russischen Reiches.

Wlasák, Jos. Wěnc., padesát krátkých powidek pro mládež, w česke a německé řeči. Sebrané a preložone. — 50 kurze Erzählungen für die Jugend in böhm. und deutscher Sprache. Gesammelt und übers. 8. (79 S.) Prag 848, Heß.

Wlasak, Jos. Wěnc., padesát krátkých powidek pro mládež, w česke a německé řeči. Sebrané a preložone. — 50 kurze Erzählungen für die Jugend in böhm. u. deutscher Sprache. Gesammelt u. übers. 8. (79 S.) Prag 850, Heß 1/4 gl.

Wlasak, Joseph W. Böhmische und deutsche Sprachlehre in Beispielen, insbesondere für diejenigen, welche die eine oder die andere Sprache leicht erlernen, jedoch den langsamen und trockenen Unterricht mittelst der Regeln vermeiden wollen. Mit einer beigefügten kurzen Geschichte Böhmens. Vierte Auflage. 8. (VIII, 208 S.) Prag, Druck und Verlag von Jar. Pospisil, 1853. (Böhmisch und Deutsch.)

Wlasak, Joseph W. Böhmische und deutsche Sprachlehre in Beispielen insbesondere für diejenigen, welche die eine oder die andere Sprache leicht erlernen, jedoch den langsamen und trockenen Unterricht mittelst der Regeln vermeiden wollen. Mit einer beigefügten kurzen Geschichte Böhmens. Sechste Auflage. — Česká i německá Mluvnice v příkladech, zvláště pro ty, kteří se té neb oné řeči snadně naučiti avšak zdlouhavým a suchopárným pravidlům mluvnickým vyhnouti chtějí. *Prag* 1857. Druck und Verlag von *Jarosl. Pospíšil.* VIII. 200 S. 8°. — Deutsch und böhmisch.

Wlasák, Josef W., Böhmische u. deutsche Sprachlehre in Beispielen, insbesondere für Diejenigen, welche die eine oder die andere Sprache leicht erlernen, jedoch den langsamen und trockenen Unterricht mittelst der Regeln vermeiden wollen. Mit einer beigefügten kurzen Geschichte Böhmens. 14. Auflage. 8. (199 S.) cart. .50
Wien: Szelinski 1889.

Wlasák, Jos. W., böhmische u. deutsche Sprachlehre in Beispielen, insbesondere f. Diejenigen, welche die e. od. die andere Sprache leicht erlernen, jedoch den langsamen u. trockenen Unterricht mittelst der Regeln vermeiden wollen. Mit e. beigefügten kurzen Geschichte Böhmens. 15. Aufl. 12. (192 S.) Prag 893. (Wien, G. Szelinski.) Kart. n. 1.—

Wlaschütz, Ferd., einiges über das Wesen des Infanterie-Angriffes. gr. 8. (80 S.) Wien 900. L. W. Seidel & Sohn. n. 1.—

Wlaschütz, Wilh., Bedeutung v. Befestigungen in der Kriegführung Napoleons. Bearb. nach der „Correspondance de Napoléon 1er". Mit 1 Beilage u. 4 Textskizzen. (Suppl. zu den Mitteilgn. des k. u. k. Kriegsarchivs.) (V, 312 S.) gr. 8. Wien 905. L. W. Seidel & Sohn. n. 8.—; geb. n. 10.—

Wlassak, Theorie d. Rechtsquellen i. Zeitalter d. klass. Juristen. Graz 884.

Wlassak, Ed.

Wlassak, E., Chronik des k. k. Hof-Burgtheaters. Wien 876, Künast. *

Wlassack, Ed., Chronik des k. k. Hof-Burgtheaters. Zu dessen Säcular-Feier im Febr. 1876 hrsg. gr. 8. (VII, 340 S. mit 2 lithogr. Plänen, 1 photozinkotyp. Theaterzettel von 1776 und 1 Holzschntaf.) Wien 876, Rosner. *

Wlassak, M., Ueb. die Actio. S.-A. O. J. 16 S.

Wlassak, Mor., Edict und Klageform. Eine romanist. Studie. gr. 8. (VIII, 137 S.) Jena 882, Fischer.

Wlassak, Mor., der **Gerichtsmagistrat** im gesetzlichen Spruchverfahren. Mit Beiträgen zur Lehre v. der Einlassg. u. v. gerichtl. Anerkenntnis. Römischrechtl. Studie. (222 S.) gr. 8. Weimar 907. H. Böhlau's Nachf. 5.—
Sonderabdr. a.: „Ztschr. der Savigny-Stiftg. f. Rechtsgeschichte".

Wlassak, Mor., zur Geschichte der Cognitur. [Aus: „Festgabe f. Jhering".] Lex.-8. (75 S.) Breslau 893. Schletter. n. 2.—

— dassolbo, s.a. Jhering, Rud. v., Festgabe der Breslauer Juristenfacultät.

Wlassak, Mor., zur Geschichte der Negotiorum gestio. Eine rechtshistor. Untersuchung. gr. 8. (VII, 207 S.) Jena 879, Fischer. *

Wlassak, Mor., die Litiskontestation im Formularprozess, s.a. Festschrift zum Doktor-Jubiläum des Herrn Geh. Rats und Prof. Dr. Windscheid.

Wlassak, M., die Litiskontestation im Formularprozess. [Aus: „Festschrift zum Doktor-Jubiläum Windscheid's".] gr. 8. (87 S.) Leipzig 889. Duncker & Humblot. n. 2.40

—— römische Processgesetze. Ein Beitrag zur Geschichte des Formularverfahrens. 1. Abtl. gr. 8. (XI, 276 S.) Leipzig 888, Duncker und Humblot. *

— römische Processgesetze. Ein Beitrag zur Geschichte d. Formularverfahrens. 2. Abtlg. gr. 8. (XXIII, 387 S.) Leipzig 891. Duncker & Humblot. n. 9. — (kplt.: n. 15. —)

Wlassak, Mor., kritische Studien zur Theorie der Rechtsquellen im Zeitalter der klassischen Juristen. gr. 8. (IX, 201 S) Graz 884. Leuschner & Lubensky. n. 4 —

— Der Ursprung der römischen Einrede. Eine Skizze. (50 S.) gr. 8. Wien 910. Gerold & Co. 1.20
Sonderabdr. a.: „Ztschr. f. Notariat u. freiwill. Gerichtsbark. in Österr."

Wlassak, Rud. (Hrsg.), s. Abstinent, Der.

Wlassak, Rud., gegen d. Alcohol, s.a. Volksschriften d. österr. Gesellschaft f. Gesundheitspflege, Nr. 8.

Wlassak, Dr. Rud. Gegen den Alkohol. Wien 1896.

Wlassak, Dr. Rud. Gegen den Alkohol. Ein Wort für die Totalabstinenzler. Vortrag. Wien 1897. 42 S. 16⁰. fl. —.20.

— Alkoholfrage und Sozialpolitik. Vortrag. Wien 1899. 8⁰.

Wlassak, R., der Alkoholismus im Gebiete v. Mährisch-Ostrau. (19 S.) gr. 8. Wien 903. (Wiener Volksbuchh.)
Sonderabdruck aus: n. — 50
„Intern. Monatsschr. z. Erforschg. d. Alkoholismus".

— Die Erziehung zur Demokratie. Ein Vortrag. (Aus: „Deutsche Worte".) 8⁰. Wien 1902.

Wlassak, R., Karl Ludwig. [Aus: „Schweizer. Rundschau".] gr. 8. (16 S.) Zürich 896. A. Müller. n. — 40

Wlassak, Rudolf, das Kleinhirn des Frosches, s. Archiv für Anatomie und Physiologie, Suppl.-Bd. zur physiolog. Abthl.

Wlassak, Rudolf: Die optischen Leitungsbahnen des Frosches. I. (Aus dem physiologischen Institut zu Zürich.) (Hierzu Taf. I—IV.) [Nicht beigegeben]. S. A. aus: Archiv für Anatomie u. Physiologie: Physiol. Abtheilg; 1893 [Suppl.-bd; S. 1—28]. [Leipz. Veit & Cie] 1893. 28 S. 8⁰.
[Zürich, Med. Fac., Habilitationsschrift].

Wlassow, K.: Zur Entwiclg. d. Pankreas b. Schwein. S.-A. Jena 94. Fischer.

Wlast, Pet., Südafrika. Entwicklungsgeschichte u. Gegenwartsbilder. 8. (V, 310 S. m. Abb.) Berlin (900). A. Schall. n. 3.50; geb. n. 4.50

WLASTA u. Scharka, oder der Mädchenkrieg in Böhmen. Prag, Neureutter, 1794. 8⁰. (2/3 Rthl.)
Kayser 1827, S. 135. — Selten!

Wlastoff, Georges, Prométhée, Pandore et la légende des siècles. Essai d'analyse de quelques légendes d'Hésiode. Édition de l'autour. Lex.-8. (IV, 212 S.) St.-Pétersbourg 883. (Leipzig, Teubner.) n. 6. —

Wlczek, Ladisl., Wege u. Mittel der Mädchenfortbildung, s.a. Lehrer-Bibliothek, kleine.

Wlczek, Ladislaus, Wege und Mittel der Mädchenfortbildung. Referat bei der mährischen Landeslehrerconferenz (deutsche Abtheilung). 8. (33 S.)
Znaim: Fournier & Haberler 1893. —.20

Wlha, Jos., das Belvedere in Prag. 40 Lichtdr. nach photogr. Aufnahmen von J. W., mit einer kunsthistor. Einleitung von Alb. Ilg. qu. gr. 4. (2 S.) Wien 885, (Gerold und Comp.) In Mappe *
Aus dem Handel zurückgezogen.

Wlha, Jos., s.: Mosserschmidt's, Frz. Xav., Werke.

Wlha, Jos., Miniaturen aus dem Psalterium der hl. Elisabeth. 54 photograph. Orig.-Aufnahmen. Mit krit. Text erläutert v. Heinr. Swoboda. gr. 4. (22 S.) Wien 898. (J. J. Plaschka.) n.n. 55. —

— englische Möbel aus der Sammlg. des k. k. österr. Museums f. Kunst u. Industrie in Wien. Fotografisch aufgenommen u. hrsg. 2 Hfte. gr. 4. (à 20 Bl.) Ebd. 901. à n. 12.50

Wlislocki, Heinr. v., Haideblüten. Volkslieder der transsilvan. Zigeuner. Inedita, Orig.-Texte und Verdeutschungen. 8. (47 S.) Leipzig 880, Friedrich. *

—— eine Hildebrands-Ballade der transsilvanischen Zigeuner. 8. (8 S.) Ebendas. 880.

Wlislocki, Heinrich v. Aus dem inneren Leben der Zigeuner. Ethnologische Mitteilungen. Berlin. Emil Felber 1892
Tit., 3 Bl., 220 S. m. 28 Holzschn. 8.

Wlislocki, Heinr. v.: Aus dem Leben der Siebenbürger Rumänen, s.a. Sammlung gemeinverständl. wissenschaftl. Vorträge.

Wlislocki Hv, aus dem Leben der Siebenbürger Rumänen. (Sammlung gemeinverständlicher wissenschaftlicher Vorträge Neue Folge 87) Hamburg 1889

von **Wlislocki**, Heinrich: Märchen und Sagen der Bukowinaer und Siebenbürger Armenier. Aus eigenen und fremden Sammlungen übersetzt. Hamburg 1891. VIII. 188 S. 8⁰.

— Märchen u. Sagen der Bukowinaer u. Siebenbürger Armenier. Aus eigenen u. fremden Sammlgn. übers. gr. 8. (VIII, 188 S.) Hamburg 892. Verlagsanstalt u. Druckerei, A.-G. n. 5. —

Wlislocki, Heinr. v., Märchen u. Sagen der transsilvanischen Zigeuner. Gesammelt u. aus unedirten Orig.-Texten übers. gr. 8. (XVIII, 139 S.) Berlin 886. Nicolai's Verl. n. 2.40

– Sitte und Brauch der Siebenbürger Sachsen, s.a. Sammlung gemeinverständlicher wissenschaftlicher Vorträge.

von Wlislocki, Heinrich: Sitte und Brauch der Siebenbürger Sachsen. (Sammlung gemeinverständlicher wissenschaftlicher Vorträge. N. F. Heft 63.) Hamburg 1888 36 S. 8°.

— die Sprache der transsilvanischen Zigeuner. Grammatik, Wörterbuch. 8. (VI, 128 S.) Leipzig 883. Friedrich. n. 3. —

— die Szekler u. Ungarn in Siebenbürgen, s.a. Sammlung gemeinverständlicher wissenschaftlicher Vorträge.

von Wlislocki, Heinrich: Die Szekler und Ungarn in Siebenbürgen. (Sammlung gemeinverständlicher wissenschaftlicher Vorträge. N. F. Heft 137.) Hamburg 1891 40 S. 8°.

—— Volksdichtungen der siebenbürgischen u. südungarischen Zigeuner. Gesammelt u. aus unedirten Orig.-Texten übers. 8. (XVI, 431 S.) Wien 890, Graeser. * 6 —

– Volksglaube u. religiöser Brauch der Magyaren, s.a. Darstellungen aus d. Gebiete der nichtchristlichen Religionsgeschichte.

—— Volksglaube u. religiöser Brauch der Magyaren. Dafelbst 1893, gr. 8°, XIV, 171 S., 3 Mk.

Die beiden vorstehenden Schriften bilden den 4. u. 8. Bd. der Aschendorffschen „Darstellungen etc."

Recens. v. Dahlmann, Stimmen a. M.-Laach Bd. 46, S. 119–51. G. E. Haas, Litt. Anzeiger f. d. kath. Österr. Jahrg. 8, Nr. 9.

—— Volksglaube u. religiöser Brauch der Zigeuner, s.a. Darstellungen aus dem Gebiete d. nichtchristlichen Religionsgeschichte.

Wlislocki, Heinr. v., Volksglaube u. religiöser Brauch der Zigeuner. Vorwiegend nach eigenen Ermittelungen. Münster, Aschendorff, 1892, gr. 8°, XIV, 184 S., 3 Mk.

– Volksglaube u. Volksbrauch der Siebenbürger Sachsen, s.a. Beiträge zur Volks- u. Völkerkunde.

—— Volksglaube u. Volksbrauch der Siebenbürger Sachsen. Weimar, Felber, 1893, gr. 8°, XIII, 212 S., 5 Mk.

Bd. 1: „Beiträge zur Volks- u. Völkerkunde". Das.

— zur Volkskunde der transsilvanischen Zigeuner, s.a. Sammlung gemeinverständl. wissenschaftl. Vorträge.

Wlislocki Hv, Volkskunde d. transsilvan. Zigeuner. (S. w. Vortr. N F II, 12) Hamburg 1887

— aus dem Volksleben der Magyaren. Ethnologische Mittheilgn. gr. 8. (X, 183 S.) München 893. Literar. Institut Dr. M. Huttler. n. 7. —; geb. n. 8. 50

UNGARN. — Wlislocki, H. v., Aus dem Volksleben der Magyaren. Ethnologische Mitteilungen. München 1893. 8°. (Mk. 7—.) (4 Mk. 25 Pfg. Conr. Skopnik, Berlin, 1910.)

Enthält u. a.: Höhenkultus. — Festgebräuche. — Zauber mit menschlichen Körperteilen. — Schatzgewinnung. — Hexenglauben. — Hexenspruch und Zauberbann. — Eine Geburtsgöttin u. a.

Wlislocki, Heinr. v., s.: Weltgeschichte.

— vom wandernden Zigeunervolke. Aus dem Leben der Siebenbürger Zigeuner. Geschichtliches, Ethnologisches, Sprache u. Poesie. gr. 8. (IX, 390 S.) Hamburg 890. Verlagsanstalt u. Druckerei, A.-G. n. 10. —

* Wlk, Hans: Über die Steinerschen Ellipsen des Dreieckes. S. 3—20. 8. Kaiser Franz Joseph-Gymn. (Landes-Unter- und Kommunal-Ober-Gymn.) *Mährisch-Schönberg* 1906.
Progr.

WLOCH, Thomas: Aegyptiorum sacra cum hebraicis conferantur. — (1896) 155 S. 4° (Handschr.) Diss. 464
Diss. Wien, Univ.

Wlochatius, A. W., Elemente geometr. Auflösungen, d. Delischen Problems, d. Aufgabe vom Dreischnitt des Winkels u. einiger andern Sätzen, als ein reguläres 7, 11, 13, 17, 19, 23 u. 29Eck geometrisch zu zeichnen. Mit 2 Kpft. 8. Königsb. 804. Unzer. 16 Gr.

Wlochatius, W. L., Elementar. geometr. Auflös. d. Delischer Problems d. Aufgabe v. Dreyschnitt d. Winkels u. e. andern Sätzen, m. K. 8. Königsb. Unzer. 804.

Wlochatz, E., Ansprachen u. Reden, geh. an vaterländ. Gedenktagen in e. sächsischen Bürgerschule. gr. 8. (76 S.) Dresden 899. A. Huhle. n. — 90

Wlochatz, E., der Gesangunterricht in den Bürgerschulen zu Bautzen. Ein Beitrag zur speciellen Methodik. Lex.-8. (48 S.) Plauen 879, Hohmann. *

WLODZIMIRSKA, K., Vater und Liebhaber? (190*.) (Kr. 1.20.) (80 Heller Gilhofer & Ranschburg, 1910, ohne Orts- u. Jahrsangabe.)

Wlokka, A., ist auch der kleinere Landwirt in der Lage, ebenso wie der Gutsherr, m. Vorteil e. den Forderungen der Brau- u. Malzindustrie entsprechend ergiebige Braugerste zu erzielen u. welche Grundregeln sind dabei zu beachten? (11 S.) 8. Erfurt (909). (K. Keil.) p — 25

Wlokka, Alfred, a. Ermsleben: Über das n-Butenylbenzol, einige Homologe und Halogenderivate derselben. Rostock 1905: C. Hinstorff. (49 S.) 8°
Rostock, Phil. Fak., Ref. Michaelis, Diss. v. 31. Okt. 1904
[Geb. 1. Aug. 78 Ermsleben; Wohnort: Rostock; Staatsangeh.: Preußen; Vorbildung: Realgymn. der Frankeschen Stiftg. Halle Prima-Reife O. 97; Studium: Halle 3, Rostock 7 S.; Rig. 24. Okt. 04.]

Wlokka, Matthäus, Weisheit u. Wolthätigkeit das glücklichste Loos der Regenten. An d. Geburtstage Friedrichs II d. Gr. in einer Rede abgehandelt. Neisse 1783. 4.

Wlokka, Valentin (Schreibendorf) F, zk/15

Dissertatio inauguralis de materia vegetabilium nutritia.
Erlangen (Kunstmann) 21. V. 1795. 84 S.

Gew.: Matthaeus Wlokka (Bruder). 37074

Wloeme, Stephan Sigismund (Sachsen) A. S. 836/8

De relationibus judicum et magistratuum, partibus communicandis, vel non communicandis, occasione leg. I. et authent. novo jure c. de relat.
Präs. Johann Wilhelm Waldschmidt.
Marburg (Müller) (19.) VII. 1724. 36 S.

W. v.: Philipp Christian Firnhaber (Opp.), Johann Adolph Huth (Opp.). 37069

Wloemen, Gottlob Theodor (Dresden) A. S. 564/35a

Dissertatio iuridica de testamenti factione vasalli.
Präs. Heinrich Gottfried Bauer.
Leipzig (Langenheim) 6. IX. 1768. 36 S.

37070

Wloemen, Steph. Sigism. [Präs.] u. Joh. Alhard.Gerling (Hann.-Münden) [Auct. et Iesp.]
Disputatio iuridica de aestimatione poenarum juxta meritum.
Gissa 24. April 1742: Eb. Henr. Lammers. 16 S. 4°

Wloemen, Steph. Sigism. [Präs.] u. Ant. Hentzerling (Arnsburg) [Auct. et Resp.]
Dissertati juridica de conservatione sui tanquam primo principio juris.
Giessae 28. Feb. 1742: Eb. Henr. Lammers. 18 S. 4°

Wloemen, Stephan Sigismund [Praes.], s. Gaub, Johann Heinrich: De laesione ultra dimidium peremta re ab emtore non praestanda.

Wloemen, Stephan Sigismund [Praes.], s. Gerling, Johann Alhard: De aestimatione poenarum juxta meritum.

Wloemen, Stephan Sigismund [Praes.], s. Hentzerling, Anton: De conservatione sui tanquam primo principio juris.

Wloemen, Stephan Siegmund A. S. 570/35

Disseratio iuridica de iure successionis tam civili ab intestato quam feudali lineali huiusque origine.
Giessen (Lammers) 7. IX. 1741. 28 S.

Gew.: Kilian von Schwarzenau. 37072

Wloemen, Stephan Sigismund U. S. Giessen 1740/1

Disquisitio academica de iustitia universali et particulari eiusque subdivisione et usu contra communem opinionem hodiernorum iureconsultorum.
Giessen (Lammers) (ca. 1740). 24 S.
37073

Wloemen, Steph. Sigm. [Präs.] u. Joh. Heinr. Gaub (Frankfurt a.M.) [Resp.]
Disputatio iuridica de laesione ultra dimidium peremta re ab emtore non praestanda.
Giessae 23. Aug. 1762: Eb. Henr. Lammers. (6), 10 S. 4°

Wloemen, Steph. Sigism. [Präs.] u. Daniel Wirthwein (Darmstadt) [Auct. et Resp.]
Dissertati juridica de naturali ordine succedendi foeminarum illustrium secundum ius primogeniturae indeque ratione demonstrativa successionis domus illustrissimae Hasso-Darmstadinae in terras Hanoicas.
Giessae 14. März 1742: Eb. H. Lammers. (4), 28 S. 4°
publice deend.

Witžeks clorirter Führer durch Braunlage im Harz, Höhencurort u. Eisenmoorbad. Fol. (4 S.) Prag (896). M. & M. Witžek. n. — 20

Witžeks colorirter Führer durch Karlsbad. Fol. (8 S.) Prag 893. M. & M. Witžek. n. — 20

— dasselbe. Marienbad. Fol. (8 S.) Ebd. 893. n. — 20

— dasselbe. Prag. Fol. (8 S.) Ebd. 893. n. — 20

— dasselbe. Wien. Fol. (8 S.) Ebd. 893. n. — 20

— colorirter 10 kr. Führer durch Brünn. Fol. (8 S.) Ebd. 899. n. — 20

Witžeks kolorirter 20 h. Führer durch Prag. (8 S. m. 1 farb. Plan.) 33,5×20,5 cm. Prag (908). M. & M. Witžek. — 20

— colorirter 20 Pf. Führer durch die Nordseebäder Westerland u. Wenningstedt auf Sylt. Fol. (8 S.) Ebd. 899. (Auslieferg. durch J. Meyer in Westerland.) n. — 20

— Reden, geh. bei Entlassungen aus der Schule. gr. 8. (60 S.) Ebd. 899. n. — 80

Wnich, Nicolaus Ritter v., Lehrbuch d. äusseren Ballistik. 3. Lfg., enthaltend: Die Theorie d. Beweg. d. Längenachse d. Geschosses, der horizontalen Bahnprojection der Treffwahrscheinlichkeit u. des Einschliessens. gr. 8°. (S. 359—592 mit zwei Tafeln) pro complet (4 Hfte.) Wien, Seidel & Sohn. Baar fl. 6.—.
1886

Festschrift zur Feier des 50jährigen Bestehens der Knaben-Mittelschule zu Insterburg 1860–1910. Als Jubiläumsgabe dargeboten von Victor v. **Wnorowski**, Rektor. Insterburg 1910: Bittner. 40 S. 8° [10. 16180 10

(**Wnorowski,** V[iktor] v., Rekt.): Unser **Neubau** und dessen Einweihungsfeier. *Insterburg 1903: A. Bittner.* (S. 3—7.) 4° [F.]
Insterburg, Knaben-Mittelschule, P 1903**

Wnuck, Meta Clara v., Glücksbote. Gedichte. 1. Lfg. (14 S.) 8. Berlin (W., Ansbacherstr. 42) 906. Selbstverlag. p — 10

Glückssterne. Gedichte von Meta Clara v. **Wnuck.** (Berlin [1907]: D. Dreyer & Co.) (90 S.) 8° [F.] [07. 12970

Wo amüsiert man sich? Wo weilt man gern? Berliner ill. Vergnügungs-Anzeiger. Hrsg.: Richard Simmer Jg. 1, Nr. 1. Berlin: 'Wo-Wo' 1910. 2°

— bleibt das Geld, wo soll man's hernehmen? Ein Wort an die deutsche Jugend. 8. (31 S.) Königsberg 887. Hartung. n. — 30

Wo bleibt die akademische Freiheit? Randbemerkgn. zu dem ministeriellen Erlass vom 2. Juni 1890 v. J. B. gr. 8. (12 S.) Berlin 890. G. F. Lenz. n. — 50

Wo bleibt die Moral? Auslassungen eines Mediziners über das sogenannte «Tierschutzgesetz». ([Veröffentlicht] zur Volksabstimmung [vom] 8. Februar [1903 durch den] Verein gegen die Vivisektion, Bern.) Beilage zu Nr. 10 der «Berner-Tagwacht». [4 S.] 4. [Bern, Unionsdr., 1903.]

Wo du bleibst, da bleibe ich auch. Traureden, hrsg. v. Ernst Nielffs, s.: Predigt-Bibliothek, moderne. VIII, 1.

Wo fehlt es? Einige Worte über das Löschwesen am Lande von einem Feuerwehrmanne. gr. 16. (VII, 64 S.) München 877. Franz in Comm. n. — 40

Wo finde ich 'die evangelisch-lutherische Kirche in Preussen? Ein Wegweiser f. Lutheraner. Elberfeld: Luth. Bücherver. [1900?]. (48 S.) 8°

Wo Frömmigkeit, da Brot. In-8°, 8 S. Basel, C. F. Spittler. — 03
1883

Wo gehen wir heute hin? Umgebungskärtchen zu Tagesausflügen. a—d. kl. 4. Münch. 889, J. A. Finsterlin. à * — 20
a. Bodensee. — b. Innsbruck. — c. Salzburg. — d. München.
Aus: Michel's Alpenkarte, besonders abgedruckt.

—— hinaus? Ein Beitrag zur Lösung der kirchl. Wirren. gr. 8. (16 S.) Aarau 873, Sauerländer's Verlag.

[F.] **Wo** ist das **Glück?** Eine Sammlg v. Altem u. Neuem hrsg. v. [P.] L. 9.—18. Taus. *Berlin: Buchh. d. Berl. Stadtmiss. [1896].* (142 S., 1 Bl.) 1 Bd 8. [97. 878

— dasselbe, s. a. Glück u. Gewinn.

Wo ist das Glück? E. Sammlg. v. Altem u. Neuem, hrsg. v. L. 19. bis 30. Tauſ. 8. (142 S.) Berlin 898. Buchh. d. Berliner Stadtmiſſion. n. 1. —; geb. m. Goldſchn. n. 2. —

— ist das Zuchthaus? Darſtellung der ſozialdemokrat. Volkswirtſchaft. 8. (60 S.) München 893. Münchner Handelsdruckerei u. Verlagsanſtalt M. Poeßl. n. — 40

WO iſt denn das Kind hergeſchneit? Eine ſeltſame, natürliche Begebenheit. (= Geheimnisvolle Bibliothek, Bd. 44.) Dresden, Dresdener Roman-Verlag (um 1905). 8°.
Verb. d. Ldg. Dresden V A. 217/08.

Wo ist der Dritte? Vexierbuch. 12. (4 farb. Falte-Bilder m. Text.) Stuttgart 893. F. Loewe. — 15

Wo ist d. große König? s.a. Jasmin.

WO ist der große König? (Freier, z. Theil erot. Roman.), 3 Bde. Straßburg (Erfurt, Hennings) 1807. Kl. 8°. 461. 238. *** S. (Th. 3 lag nicht vor.)

Wo ist der Himmel? Eine Erzählung von der Verfasserin der Schriften »Ein Jahr in Chalonnes« und »Durch Nacht zum Licht«. Erfurt 1859. V: *Bauernfeind*. (EB)

Wo iſt der Himmel? Ein Erzählung von der Verf. der Schriften „Ein Jahr in Chalonnes" und „Durch Nacht zum Licht." Erfurt 859. Villaret. 8. (306 S.) 24 ngr.

Wo ist der Platz der Freimaurerei in der Menschheit? . . . Hannover 5838. V: *Blumenhagen, Wilhelm*. (Kl) (SJL)

Wo ist der Vater? — Die zwei Chriſtbäume, ſ.: Volksſchriften des Arbeiterfreundes. Nr. 10.

Wo ist die Grenze? Ein Mahnwort an den deutſchen Arbeiter. Von e. Vaterlandsfreunde. 8. (43 S.) Leipzig 902. Dürr'ſche Buchh. n. — 30

Wo iſt d. natürl. u. ſichere Grenzlinie für die mit Frankreich benachbarten Staaten? Worin beſteht ihr Nutzen? Wie kann ſie erhalten werden? gr. 8. Germanien 814. (Frankf., Boſelli). 8 K

— ist die Seele des Menſchen während des Schlafes? Nach den neueſten Sanskrit-Forſchgn. dargeſtellt. (20 S.) gr. 8. Leipzig (906). K. F. Pfau. n. — 50

Ⓑ — iſt die Seele. 906. (KBL 34.) Jetzt: Berlin, Magdeburger Verlagsanſtalt.

— ist die Wahrheit? Vorurtheilsfreie Prüfg. d. Glaubens der Reformatoren gegenüber der kathol. Kirchenlehre, m. e. reichen, den Schriften u. Reden der Reformatoren wörtlich entnommenen Beweismaterial. Von e. rhein. Juriſten. gr. 8. (XX. 482 S.) Regensburg 876. Manz. 4. 20

Wo iſt die Wurzel der Drillerei vornehmlich mit zu ſuchen? Eine Beleuchtung der Schrift: „Der Ruf nach einer verbeſſerten Truppenausbildung." Von einem deutſchen Offizier. Kaiſerslautern 859. Meuth. 12. (48 S.) n. 5 ngr.

Wo iſt er? Die Geſchichte von einem verborgenen Schatz. — Wer hat am beſten gewählt? 12. (24 S.) Gernsbach 883, Chriſtl. Kolportage-Verein. *

Wo iſt's geblieben unſer preußiſch Courant? und wie kriegen wir's wieder mit Zinſen. gr. 8. (20 S.) Berlin 818, L. Schleſinger.

—— iſt's in Oeſterreich noch furchtbar ungleich?! oder einige Trauer-Scenen aus dem Beamtenſtande, von einem k. k. Rechnungs-Revidenten. gr. 8. (28 S.) Wien 849, (Klang.) *

Wo ist Europas Zukunft. Freiburg i. Br. 1871. V: *Blome, Otto Paul Julius Graf von*. (EB)

Wo ist Europas Zukunft? gr. 8. (60 S.) Freiburg i. Br. 871, Herder'sche Verlagsh.

Wo ist Gott? Konnte Deutſchland der Helfer Transvaals ſein? gr. 8. (16 S.) Leipzig (900). K. Bauer. n. — 50

Wo iſt in Hamburg die Staatshoheit? Zur Beurtheilung der am 27. April 1852 vom Ausſchuß der Bundes-Verſammlung an den Hamburg. Senat erlaſſenen Note. Von A. gr. 8. (24 S.) Hamburg 852, Perthes-Beſſer und Mauke. *

Wo ist Licht und Freiheit, in der katholischen oder in der protestantischen Kirche? Münster 1843. V: *Seling, Joh. Martin* [?]. (Gla I/2, 742)

Wo iſt Licht und Freiheit, in der kathol. oder in der proteſtant. Kirche? Auf Veranlaſſung des Reformationsfeſtes in Osnabrück beantwortet von einem Prieſter der Osnabrückſchen Diöceſe. 8. Münſter 843, Coppenrath. 6¼ ngl

Wo iſt Licht u. Freiheit, in der kathol. od. in der proteſtant. Kirche? Auf Veranlaſſung des Reformationsfeſtes in Osnabrück beantwort. v. e. Prieſter d. osnabrückſchen Diöceſe. 8. (3⅛ B.) Münſter 844, Coppenrathſche Buchh.

Wo iſt man liberal, in Frankreich od. in Preußen? Von C. W. K.... gr. 12. (1 B.) Berlin 831, Laue.

Wo iſt Olympia? Über London nach Frankfurt, v. O. T., Breslau, 6 S., Gr.-8°.

Wo iſt Wahrheit? Vorurteilsfreie Prüfung des Glaubens der Reformatoren gegenüber der kath. Kirchenlehre, mit einem reichen, den Schriften u. Reden der Reformatoren wörtlich entnommenen Beweismaterial. Von einem rheiniſchen Juriſten [Franz Reinhard]. Regensburg, Manz (jetzt Verlagsanſt.). 1876, 8°, XX, 482 S., 4,20 Mk

A[lma] a/d. O[stsee]. Wo Licht ist, ist auch Leben, wo Leben ist, da soll die Freude nicht fehlen. [Dat.:] Kiel 1890. 2 Bl. 2° [Umschalgtit.]
Betr. Einrichtung einer Kegelbahn in der Loge.

Wo liegt das Größere Deutschland? Eine Kritik unserer gegenwärt. Angst-Politik. Von e. Deutschen. *Berlin: Fußinger 1903.* (15 S.) 8° [F.]
[Umschlagt.:] Unsere Angstpolitik! Wo ... [04. 493

Wo liegt das größere Deutſchland? Eine Kritik unſerer gegenwärt. Angſt-Politik. Von einem Deutſchen. (15 S.) gr. 8. Berlin 905. Fußinger. n. — 50

Wo liegt der Hase im Pfeffer? Militärisches Sendschreiben an alle freisinnigen Abgeordneten. Berlin 1862. V: *Luck, W. von.* (Singer, A., Bismarck in d. Literatur. Würzburg 1909. S. 9.)

S. (Fliegende Blätter aus Süddeutschland. 1.)
Wo liegt die Ausgleichung der österreichisch-preußischen Gegensätze? Frankfurt a. M. 1866. 8°.

— liegt die Schuld? Antwort e. Frau auf Fürst Galitzin's „Du sollst nicht töten". 8. (121 S.) Berlin 892. H. Steinitz' Verl. n. 1. —

„— logiere ich?" Internationaler Hotel-Verkehr. Zuverlässiger Taschen-Hotelführer. 1. Hft. Rheinprovinz. Ausg. 1902/3. 12. (IV, 186 S.) Metz, Verlag d. „Hotel-Verkehr". — 50

— logiere ich am besten? Ein prakt. Wegweiser u. Rathgeber f. Kurgäste, Sommerfrischler u. Touristen. Harz, Thüringen u. Kyffhäuser. 3. Aufl. 12. (51 S.) Jena 900. (P. Doebereiner.) — 50

— logieren Sie? Kleines Gasthof-Lexikon f. die Städte, Sommerfrischen u. Bäder d. Deutschen Reiches. 64. (102 S.) Bremen 887. Leipzig, Rauert & Rocco. n. — 50

—— man singet, laß dich ruhig nieder, s. Fröhlichs, L., Liederkranz.

—— sind deine Sonntage? Ein Wort über Sonntagsheiligung. Hrsg. vom deutschen Sonntagsschulverein. 16. (40 S.) Leipzig 872. (Brckt.) *

WO find unfere jungen Paffagiere? Druck und Verlag von Jg. Bohm, Wien. Räthfelfcherzbild (1878). 8°.

— soll das hinaus? s.: Dasbach, F., Volksbibliothek.

Wo soll das hinaus? Ein freies Wort zur Warnung für besonnene Katholiken ... Paderborn 1870. V: *Schneemann, Gerh.* (Gla I/2, 729) (Jes)

—— soll das hinaus? Ein freies Wort zur Warnung für besonnene Katholiken von einem deutschen Theologen. gr. 8. (16 S.) Paderborn 870, Junfermann'sche Buchh.

—— soll das hinaus? oder: „Schutz und Trutz" der Katholiken in der Bedrängniß der heil. Kirche. 16. (48 S.) Dulmen 871, Laumann'sche Verlagsh.

Wo sollen unsere Toten bleiben? s.a. Richter, Eugen.

Wo sollen unsere Toten bleiben? Einige zu beherzigende Worte für alle, denen die Gesundheitsgefährlichkeit der jetzigen Leichenbestattung einleuchtet. Hamburg. 1874.

Wo Süddeutschland Schutz für sein Dasein findet. Ein Wort an die Süddeutschen ... Stuttgart 1869. V: *Suckow, H. W. Ludw. A. v.* (Klüpfel) (Hauptkat. d. Univ.-Bibl. Tübingen. F, Nachtr. 6)

—— Süddeutschland Schutz für sein Dasein findet? Ein Wort an die Süddeutschen von einem süddeutschen Offizier. gr. 8. (V, 91 S.) Stuttgart 869, Aue. *

Wo war sie? oder Ehrfurcht u. Liebe, s. a. Ehrimfeld.

Wo war sie? od. Ehrfurcht u. Liebe. Lustsp. in 4 Aufz. 8. Wien, Wallishausser. 865.

Woakof, A.

— Die Klimate der Erde. I. u. II. Theil. Nach dem Russischen. Vom Verfasser besorgte, bedeutend veränderte deutsche Bearbeitung. Jena 1887.

Woans Meckelnbörg binah tau 'ne schöne Verfatung kamen wir. Ut Entspekter Bräsigen sin' hinnerlatene Poppieren. (31 S.) 8. Wismar 907. Hinstorff's Verl. — 50

Woas: Interessenkampf zwischen Land und Stadt. (Leipzig 1893.)

Woas, Anna. Das Normalkind. Praktische Anleitg. f. Mütter, Kinder gesund, schön u. gut großzuziehen. Mit 8 Abbildgn. 12. (VIII, 81 S.) Berl. 889, Verlag der „Werkstatt". — 80

—— dass. — 2. u. 3. Aufl. 12. (VIII, 80 S.) Berl. 889, Werkstätte. — 80

Woas, Frau Anna, das Normalkind. Praktische Anleitg. f. Mütter, Kinder gesund, schön u. gut groß zu ziehen. 6. Aufl. (80 S. m. Fig.) kl. 8. Wiesbaden 906. F. Woas. 1. 20

Woas, Franz (Hrsg.). s. Altersliste der höheren Eisenbahn-Beamten.

Woas, Frz., der Asphalt, seine Geschichte, Gewinnung u. Verwendung. [Aus: „Glaser's Annalen für Gewerbe u. Bauwesen".] gr. 8. (22 S.) Berlin 880. Polytechn. Buchh. in Comm. n. — 60

—— die Denkmäler der Cimbern am Rhein, s. Preis-Humoresken, drei.

Woas, Frz., Encyclopädie der Eisenbahn-Technik. gr. 8. (32 S.) Berlin 881, Springer. *

Franz **Woas**-Wiesbaden. Die Japanerin. Schauspiel in 1 Aufz. Wiesbaden: Werkstatt 1900. (50 S.) 8° [Umschlagt.] 68. 1000

Im Namen des Königs. Schauspiel in 5 Akten. Von Franz **Woas**. Wiesbaden: 'Werkstatt' 1899. (141 S.) 8° [F.] 106. 1000

Woas, Frz., im Namen des Königs. Schauspiel in 5 Akten. 12. (141 S.) Wiesbaden 899. F. Woas. 1. —

— **s.: Rang- u. Altersliste der höheren Beamten des Reichseisenbahnamts etc.**

Woas, Frz., s.: Rangliste der preussischen, elsass-lothr. u. Reichs-Baubeamten.

Woas, Frz., Reiseerlebnisse. Vom Rhein zur Meurthe. gr. 16. (162 S.) Saarbrücken 876, [Siebert.] Selbstverlag. *

— Repertorium der Journal-Literatur der Eisenbahn-Technik. I. Die J. 1880 und 1881. 8. (XVI, 260 S.) Ebendas. 882. *

Der Tag von Spichern. Schauspiel in 1 Akt von Franz Woas. Berlin & Saarbrücken: 'Werkstatt' [1893]. (30 S.) 8° [F.]

Woas, Frz., die Wahrheit üb. die Japaner. (44 S.) 8. Berlin 908. Herm. Walther. 1. —

Wobbe, J. G., die Verwendung d. Gases zum Kochen, Heizen, u. in der Industrie, m. 56 Abbildgn. bewährter Apparate, nebst Anleitg. zu deren Benutzg. u. Angabe d. Gasverbrauches. gr. 8. (VIII, 48 S.) München 885. (Troppau, Zenker.) n.n. 3. —

Wobbe, Paul, prakt. Arzt, Neufahrwasser: Die Behandlung des Brustkrebses mit besonderer Berücksichtigung ihrer geschichtlichen Entwickelung. Königsberg i. Pr. 1905: O. Kümmel. (35 S.) 8°
Königsberg, Med. Fak., Ref. Garrè, Diss. v. 3. Apr. 1905
[Geb. 16. Jan. 78 Friedrichshof, Kr. Heiligenbeil; Wohnort: Neufahrwasser bei Danzig; Staatsangeh.: Preußen; Vorbildung: Gymn. Bartenstein Reife M. 98; Studium: München 1, Königsberg 8 S.; Coll. 28. März 05; Approb. 28. Mai 03.]

Wobbe, Willy, Handkommentar zum Arzneibuch f. das Deutsche Reich, s.: Schneider, Alfr.

— pharmaceut.-techn. Manuale, s.: Hager, Herm.

— s.: Vierteljahresschrift f. praktische Pharmazie.

Wöbbe, Emma, Nußknacker auf Reisen. Reichhaltige Sammlg. d. Orig.-Rätseln d. verschiedensten Art. 12. (56 S. m. Abb.) Hamburg 896. G. Fritzsche. n. — 50

Wöbbeking, Ricardus: De anaphorae apud poetas Latinos usu. Marpurgi Catt. 1910: Noske Bornensis. 113 S. 8°
Marburg, Phil. Diss. v. 26. Nov. 1910, Ref. Birt
[Geb. 20. März 86 Obernkirchen; Wohnort: Marburg; Staatsangeh.: Preußen; Vorbildung: Gymn. Rinteln Reife O. 05; Studium: Marburg 2, München 1, Berlin 1, Marburg 7 S.; Rig. 23. Juli 10.] [U 11. 3510

Wobbermin, Geo., Aufgabe u. Bedeutung d. Religionspsychologie. Vortrag. (19 S.) gr. 8. Berlin-Schöneberg 910. Protestant. Schriftenvertrieb. — 60
Sonderabdr. a.: „Protokoll d. 5. Weltkongr. f. freies Christent. u. relig. Fortschr."

Wobbermin, Georg [aus Stettin]: Die innere Erfahrung als Grundlage eines moralischen Beweises für das Dasein Gottes. E. methodolog. Studie ... Berlin, C. Vogts Buchdr., *1894;* 87 S. 8.
Berlin, Phil. Fak., Inaug.-Diss. v. 13. Aug. 1894

— Die religiöse Erfahrg. in ihrer Mannigfaltigkeit, s.: James, William.

Wobbermin, Geo., der christliche Gottesglaube in seinem Verhältnis zur gegenwärtigen Philosophie. Allgemeinverständliche wissenschaftl. Vorlesgn. gr. 8. (IV, 127 S.) Berlin 900. A. Duncker. n. 2. —; geb. in Leinw. n.n. 2. 60

Der christliche Gottesglaube in seinem Verhältnis zur gegenwärtigen Philosophie. Allgemeinverständl. wiss. Vorlesungen von Georg Wobbermin, Privatd., Berlin. Berlin: A. Duncker 1902. (127 S.) 8°

— Der christl. Gottesglaube in seinem Verhältnis z. heutigen Philosophie u. Naturwissenschaft. 2. umgearb. Aufl. (VII, 171 S.) 8. Berlin 907. [A. Duncker.] Leipzig, J. C. Hinrichs' Verl. 2.50; geb. in Lw. 3.25

Ernst Haeckel im Kampf gegen die christliche Weltanschauung Von Dr. Georg Wobbermin, Univ. Prof. (Vortrag geh. im Berliner Zweig-Verein d. Evang. Bundes.) Leipzig: J. C. Hinrichs 1906. (30 S.) 8°

Wobbermin, Geo., altchristliche liturg. Stücke aus d. Kirche Aegyptens, nebst e. dogmat. Brief d. Bischofs Serapion v. Thmuis, s. a. Texte u. Untersuchungen zur Geschichte d. altchristl. Literatur, N. F. II.

Altchristliche liturgische Stücke aus der Kirche Aegyptens nebst e. dogmat. Brief d. Bischofs Serapion von Thmuis v. Georg Wobbermin, Dr. phil. ... Zur Überlieferung d. Philostorgios v. Dr. Ludwig Jeep, Prof. ... an d. Univ. Königsberg. Leipzig: J. C. Hinrichs 1899. (36, 33 S.) 8°
(Texte u. Untersuchgn z. Geschichte d. altchristl. Literatur. Bd 17, H. 3b.)

Religionsgeschichtliche Studien zur Frage der Beeinflussung des Urchristentums durch das antike Mysterienwesen v. Georg Wobbermin, Dr. phil. ... *Berlin: E. Ebering 1896.* (VIII, 190 S., 1 Bl.) 1 Bd 8.

Theologie und Metaphysik. Das Verhältnis d. Theologie z. modernen Erkenntnistheorie u. Psychologie von Georg Wobbermin. Privatd., Berlin. *Berlin: A. Duncker 1901.* (XII, 291 S.) 8°

(B) — Theologie u. Metaphysik. 901. — Zwei akadem. Vorlesgn. üb. Grundprobleme d. systemat. Theologie 899. (KBL 32.) Jetzt: Leipzig, J. C. Hinrichs' Verl.

Wobbermin, Georg [Dr. phil., cand. pro lic. conc. aus Stettin]: Theologische Thesen ... zur Erwerbung des Grades eines Licentiaten der Theologie ... Berlin, Buchdr. v. G. Schade, *1895;* 2 Bl. 4.
Berlin, Theol. Fak., Thes. v. 2. Aug. 1895

— zwei akademische Vorlesungen üb. Grundprobleme der systematischen Theologie. I. Der Wahrheitsbeweis f. die christl. Religion. II. Aufgabe u. Methode der evangel. Dogmatik. gr. 8. (43 S.) Ebd. 899. n. 1. —

das Wesen des Christentums, s.: Beiträge zur Weiterentwicklung der christlichen Religion. 10.

Wobbermin, Wilh., Johannes Haß. E. Bürgermeister v. Görlitz. Festsp. f. d. Volksbühne in 4 Aufzgn. u. e. Nachspiel. gr. 8. (76 S.) Görlitz 891. Leipzig, Breitkopf & Härtel. n. 1. —

Woebcken, Karl: Die Bestimmung und Erziehung des Weibes. Ein Vortrag, geh. im literarisch-geselligen Verein. — Oldenburg: Schulze ⟨Berndt & Schwartz⟩ 1865. 104 S. 8°

Wöbcken, K., die städtische Cäcilienschule in 25 Jahren d. Lehrens u. Lernens. Eine Festschrift zum Jahrestage ihrer Eröffng., den 6. Mai 1867. gr. 8. (56 S.) Oldenburg 892. (Schulze.) n. — 50

Wöbcken, Karl, Luther und die Einführung seiner Lehre in die Grafschaften Oldenburg u. Delmenhorst u. die Herrschaft Jever. Eine Festgabe zur 400jähr. Gedenkfeier d. Geburtstages unseres Reformators. 8. (48 S.) Oldenburg 883. Schulze. n. — 60; cart n. 1. —; geb. n. 1. 60

— eine Luther-Feier in deutschen Reimen. 8. (20 S.) Ebend. 884. — 30

Wöbcken, K., aus der Mädchenschule. Gedenkworte zur Beherzigg. u. Erhebg. f. deutsche Frauen u. Mädchen. 8. (VIII, 147 S.) Oldenburg 876. Büttmann & Gerriets. n. 2. 40; geb. n. 3. 25

Wöbcken, K., aus der Mädchenschule. Gedenkworte zur Beherzigung und Erhebung für deutsche Frauen u. Mädchen. 2., verm. Aufl. 8. (VIII, 162 S.) Oldenburg 878. Büttmann & Gerriets. n. 2. 50; geb. m. Goldschn. n. 3. 50

[J.] **Wöbcken,** *Karl* [Dir.]: Der Schulbesuch der Mädchen in der Stadt Oldenburg in den 26 Jahren von 1869—1895. Der abnehmende Besuch der Cäcilienschule. Oldenburg, Schulzesche Hof-Buchdr., 1895; 20—35 S. 8.
Oldenburg, Cäcilien-S, P 1895**

Wöbcken, die confessionslose Schule. gr. 8. (16 S.) Oldenburg 870, Schulze'sche Buchh.

— am Wege. Sprüche christl. Weisheit. 8. (IV, 64 S.) Ebend. 884. n. — 80

[J.] **Wöbcken,** *Karl* [Dir.]: Die Städtische Cäcilienschule in fünfundzwanzig Jahren des Lehrens und Lernens. Oldenburg, Schulzesche Hof-Buchdr., 1892; 2 Bl., 56 S. 8.
Oldenburg, Cäcilien-S, Festschr. 1892**

Woeber: Hystoria von den heilig drein Kuning. Aus der Handschrift herausgegeben und mit Anmerkungen versehen. 67 S. Przemysl, Progr. 1857

Woeber: Ain guett ler von der mess tzu nuz und haill allen layen durch Nicolaum Tzipser. Anno domini MCDLXX. Mit einer Uebersetzung. 52 S. Przemysl, Progr. 1856

Wöber, Franz Xaver

Wöber, F. X., die Reichersberger Fehde und das Nibelungenlied. Eine genealog. Studie. 8. (164 S. mit 1 Stammtaf.) Meran 885, Plant. *

Wöber, F. X., Revisor d. k. k. Hofbibl. in Wien. **Ritter Götz der Mülner, Bürger und Vogt des H. Röm. Reiches zu Zürich, Hofmeister des Herzog Leopold des Eiderben v. Oesterr., der Herzöge v. Oesterr., Vogt zu Glarus und zu Wesen, Pfandherr auf Rapperschwil und Landvogt im Argau, Thurgau und auf dem Schwarzwald, nach den Urkunden dargestellt.** In-4°, 82 S. **Die ältesten Siegel der Mülner v. Z. nach den im Staatsarchive zu Zürich befindlichen Original-Siegeln.** 10 Taf. In-4°. Druck von Ad. Holzhausen in Wien. Selbstverlag. Als Manuscr. gedruckt. *1884*.

Wöber, Franz Xaver. Über die Heraldik des Uradels. Theilweise aus dem in Vorbereitung befindlichen zweiten Bande von des Verfassers „Geschichte der Mülner von Zürich" besonders abgedruckt, mit Voranstellung eines offenen Sendschreibens an Herrn Dr. [Heinrich] Zeller-Werdmüller] in Zürich und Anfügung einiger die ältere Topographie und Geschichte Zürichs betreffenden Bemerkungen. Als Manuscript gedruckt. [Illustriert.] gr. 8. Wien 1894.

Wöber, Frz. X., die Miller von u. zu Aichholz. Eine genealog. Studie. 1. Thl. Die Mülner v. Zürich u. ihr Sturz. (1102—1386.) 1. Bd. Von den ältesten Zeiten bis zum Tode d. Reichsvogtes Jacob d. Mülners. (1287.) gr. 4. (575 S. m. Illustr. im Text u. auf z. Tl. farb. Taf. u. genealog. Tab.) Wien 893. (Gerold & Co.) Kart. n. 28. —; auf Velin-Pap. n. 34. —

Wöber, Frz. X., die Miller von u. zu Aichholz. E. genealog. Studie. 1. Thl. D. Mülner v. Zürich u. ihr Sturz. (1102—1386.) 2. Bd. Vom Tode d. Reichsvogtes Jakob des Mülners bis zur Schlacht bei Sempach. (1287—1386.) A u. B. gr. 4. Wien 898. (Gerold & Co.) Kart. n. 36. — (I, 1. u. 2.: n. 64. —)
A. Text. (620 S. m. Abb.)
B. Anmerkgn. (889 S. m. Abb., 8 Stammtaf. u. 15 photogr. Urkundentaf.)

Wöber, Frz. X., die Miller von u. zu Aichholz. Eine genealog. Studie. III. (Schluss-)Bd. Die Tiroler Miller, bis zum Tode des Stammherrn der Wiener: Miller v. u. zu Aichholz, 1871. (V, 606 S., 308 Sp. u. S. 309—391 m. Abb. u. 25 Taf.) Lex. 8. Wien 907. (Gerold & Co.) Kart. 60.— (Vollst. 124. —)

Wöber, Franz X[aver]. Dr Ulricus Molitoris, Kanzler von Tirol, und die Familie Reber. Besonders abgedruckt aus dem 3. Bande der Geschichte der Miller von und zu Aichholz. [Mit Illustrationen und 1 Stammtafel.] II S. + S. 261—296 + Sp. 229—266. 4. Wien, (Dr. von Adolf Holzhausen,) 1902.

Die Mülner von Zürich und ihr Sturz. (1102—1386.) Eine genealog. Studie von Franz X[aver] **Wöber**. Bd 1. 2. A. B. Wien: Gerold & Co. in Comm. 1893—98. 3 Bde 4°
1. Von d. ältesten Zeiten bis z. Tode d. Reichsvogtes Jacob d. Mülners. (1287.) 1893
2. Vom Tode d. Reichsvogtes Jakob d. Mülners bis z. Schlacht bei Sempach (1287—1386.) A. Text. B. Anmerkungen. 1898
— **Wöber:** Die Miller von u. zu Aichholz. T. 1. [08. 8,58

Wöber, Frz. Xav., der Minne Regel, s. Cerane, Eberhardus.

Wöber, Franz Xaver. Der Minne Regel von Eberhardus Cersne aus Minden 1404. Mit einem Anhange von Liedern. In musikalischer Hinsicht unter Mitwirkung von A. W. Ambros. gr. 8. (XXXI. 65 S.) Wien. Braumüller. 1861 3 fl.

Wöber, F. X. Die Skiren u. die deutsche Heldensage. Eine genealog. Studie üb. den Ursprung d. Hauses Traun. Mit e. Taf. u. 4 Abbildgn im Text. gr. 8. (281 S.) Wien 890, Konegen. * 6 —

—— wort- und sachverzeichnis zu Jac. Grimm's deutscher grammatik und geschichte der deutschen sprache. (In 2 Thln.) 1. Thl.: Wortverzeichnis. 1. und 2. Hälfte. 4. (IV und 604 S.) Wien 860, Wenedikt. à Hälfte 3 Thlr. 6 Ngr.

Woeber, J., die oberpolizeilichen Vorschriften f. die Oberpfalz u. Regensburg nebst Ergänzungsbestimmgn. 8. (VIII, 216 S.) Ansbach 900. C. Brügel & Sohn. Kart. n. 1. 50

Wöber, Jakob Freyherr von: Zirkulare von der k.k.n.ö.Landesregierung im Erzherzogthume Oesterreich unter der Enns von J.Freyherr von Wöber, Ferdinand Graf von Kuffstein und Pascal Joseph Ferro. 1 S., gbd.

Wien: 1801

JB 5.778

Woeber, Josef August

— physikal.-prakt. Abhandl. üb. d. Zucht u. Veredelung d. Obstes. Nebst e. Anleit. z. Schnitt d. jungen Zöglinge als Hochstämme, Pyramiden etc. 8. Wien, 1808. Doll. (Leipzig, Liebeskind.) 1. 10

— physisch-prakt. Lehrbuch üb. das Ganze d. Zucht u. Veredlung des Obstes. Nebst e. nach den Grundsätzen d. Natur entworf. Anleitung zum speziellen Schnitte rc. u. e. Entwurf z. Anlegung e. Provinzialbaumschule. 2 Thle. gr. 8. Wien, Camesina. 814.

— physisch-prakt. Lehrbuch über d. Ganze d. Zucht u. Veredlung d. Obstes. Nebst e. nach den Grundsätzen d. Natur entworfenen Anleitung zum speciellen Schnitte rc. u. e. Entwurf z. Anlegung e. Provinzialbaumschule. 2 Thle. gr. 8. Wien 814. (Heubner). 1 ß 16 K

Wöber, Jos. Aug., Unterricht z. Schnitte d. jungen hochstämmigen Obstbäume. 8. Wien, 1812. (Braumüller.) — 3¼

— Unterricht zum Schnitte d. jungen hochstämmigen Obstbäume. 8. Wien 812. v. Mösle. 3 ℛ

Wöber, J. A., Unterricht zum Schnitte d. jungen hochstämmigen Obstbäume. 8. Wien, v. Mösle. 814.

WÖBER, WOLFGANG: Der ewig eingeborene Sohn Gottes, unser Herr und Heiland Jesus Christus. Betrachtet und besungen nach der heiligen Schrift von Wolfgang Wöber, Laienbruder des Kapuziner-Ordens. Preßburg 1878: J. Mühlhammer. Druck von Rudolf Komenek. 4, 336 S. - 180 mm

von Wobern-Wilde, Albert [aus Kiel]: Aus d. pharmakolog. Institut d. Univ. Greifswald. Untersuchungen über die Wirksamkeit und Brauchbarkeit der Tinctura Colombo ... Greifswald, Druck v. J. Abel, 1891; 38 S. 8.
Greifswald, Med. Fak., Inaug.-Diss. v. 30. Dez. 1891

Wobersin, Franz, Pastor: Die Echtheit der Bil'amsprüche Num. 22—24. *Gütersloh 1898: C. Bertelsmann.* (V, 75 S.) 8° [F.]
Rostock, Theol. Diss. v. [23. Juli] 1898

Wobersin, Frz., die Echtheit der Bil'amsprüche Num. 22—24. Mit e. (farb.) Karte v. Palästina. gr. 8. (80 S.) Gütersloh 900. C. Bertelsmann. n. 1. 20

Nachrichten von dem adeligen Geschlechte der von Wobeser. (Verf.: Oberst Albrecht Wilhelm v. Wobeser.) Breslau:1893: Th. Schatzky. (77 S.) 8°

Wobeser, Bl. v., Anleitung zur Brillant-Perlmutter-Malerei unter Glas. [Perlmutter-Imitation.] Mit 8 Vorlagen. 4. (15 S.) Leipzig 887. [Zehl.] Haberland. n. 2. —

Wobeser, Blanka, kleine Reit-Instruktion für Damen, befürwortet von E. J. Seidler. 8. (VII, 39 S. mit 12 eingedr. Holzschn.-Illustr.) Berlin 880, Mittler und Sohn.

Wobeser, Blanka v., kleine Reit-Instruktion f. Damen, befürwortet v. E. J. Seidler. 2., durch e. Instruktion üb. Ringstechen u. Quadrillereiten stark verm. Aufl. Mit 130 Illustr. 8. (VIII, 111 S.) Berlin 884. Mittler & Sohn. cart. n. 2. 50

Wobeser, Blanka v., kleine Reitinstruktion f. Damen, befürwortet von E. J. Seidler. 3. umgearb. Aufl., m. e. Anleitg. über Ringstechen u. Quadrillereiten. gr. 8. (X, 118 S. m. 130 Illustr.) Berlin 901. E. S. Mittler & Sohn. n. 2. 50; geb. in Leinw. n. 3. —

Wobeser, Blanka v., Vorlagen für Brandmalerei, s. Wendland, Marg.

v. Wobeser, Er. Wetislaus Wlh., († d. 16. Dec. 1795.) Gedichte vermischten Inhalts. 1e u. 2e Samml. 8. Frankf. a. M. u. Leipz. 778, 79.

— s. Homer, Iliade. — Horaz, 60 Oden. — Psalmen, die, dem König David nachgesungen.

(—) Zypressenzweige um d. Urne Ludwigs XVI. 4. Görlitz 793.

Wobeser, H. v., Henry M. Stanley u. Dr. Pechuël-Loesche. gr. 8. (53 S.) Leipzig 886. Brockhaus. n. — 80

v. Wobeser, Louis, dichter. Versuche. gr. 8. Berl. 811. Dümmler. 20 ℛ

Wobeser, O. v., Statistik der Reichstagswahlen v. 1867—1893 im VIII., u. soweit es den Stadttheil Ottensen betrifft, im VI. schleswig-holstein. Wahlkreise m. besond. Berücksicht. der Stadt Altona. gr. 8. (56 S.) Altona 894. F. L. Mattig. n. 1. —

Wobeser, O. v., Statistik der Prov. Schleswig Holstein im Rahmen d. Deutschen Reiches u. Preußens. Nach amtl. Quellen bearb. gr. 8. (VIII, 200 S.) Altona 887. Reher. n. 3. —

Wobig, R., Lehr- u. Lesebuch f. ländl. Fortbildungsschulen, s.: Deißmann, K.

Wobith, R., Aurelius Augustinus. Ein Lebensbild. (48 S.) 8. Bremen (903). Buchh. u. Verlag des Traktathauses. Geb. in Leinw. n. — 75

Wöbking, W., nötige Anweisung ⁊c., s.: Block, Bernh.

Wöbking, W., der Konfessionsstand der Landgemeinden des Bist. Osnabrück am 1. I. 1624. (97 S.) gr. 8. Braunschweig 904. A. Limbach. n. — 90
Sonderabdruck aus: „Ztschr. f. niedersächs. Kirchengesch."

WOBORNIK, HIERONYMUS, Pfarrer zu Leutschaw: Der lang verborgene, aber mit hochster Glory wiederumb erhobene Seelen-Schatz / Das ist: hochst-schuldige Lob und Ehren-Rede / von der grossen Vorbild der glorwürdigen Heiligen Jungfrauen und Martyrin Barbarae, welche bey den ersten hoch-feyerlich gehaltenen Eintzug der löbl. Ihr zu Ehren aufs neue aufgerichteten Bruderschaft in koniglicher Berg- und XIII. Stadt Neudorff d. 6. Dez. 1722 in alldasiger Pfarr-Kirchen abgeredet worden. o. O. 1722. o. Dr. 9 S. - 4°

Wobsa, Georg: Zustandsgleichung des Ammoniakdampfes und seine thermischen Eigenschaften. ⟨Mitteilung aus dem Maschinenlaboratorium B der Technischen Hochschule Dresden.⟩ 1907. 54 S. 8°
¶ Ausz. in: Zeitschrift f. d. gesamte Kälte-Industrie. Jg. 14.
Dresden, Dr.-Ing.-Diss. v. 22. 12. 1906

Wobst, Geo., die Forellenzucht in Teichen. Kurze prakt. Anleitg. f. Landwirthe, welche Fischzucht als Nebenbetrieb betreiben wollen. gr. 8. (49 S. m. 15 Abb.) Schmallenberg 900. (Kötzschenbroda, B. Rost.) n. 1. —

Wobst, K. A., Veränderungen in der Flora von Dresden und seiner Umgebung. 28 S. Progr. Ann Rg. Dresden 1880

Woburg, abgerißne Scenen der Einbildungskraft, s. a. E. A. Eschke.

Woburg. Abgerissene Scenen der Einbildungskraft, welche sich jedoch in mancher grossen Stadt realisiren. Halle 1791. V: *Eschke, Ernst Adolph.* (BGE VIII³, 559)

Woburg abgerissene Scenen der Einbildungskraft, welche sich jedoch in mancher großen Stadt realisiren, von E. A. Eschke 8. Halle, 791. Hendel. 13 gr.

Wanderungen im Städtisch Hermsdorfer Berglande und am Kolbenkamme. Von M. Wobus. *Hartau städt. b. Liebau i. Schl.: Selbstverl. [1903].* (63 S.) 8° [04. 4396 2

Woel, Johann Erasmus

Woel, Joh. Erasm., die Bedeutung der Stein- und Bronzealtrthümer für die Urgeschichte der Slaven. gr. 4. (51 S. mi 2 lithogr. Taf.) Prag 869, (Tempsky.) *
As: Abhandlungen dor k. böhm. Gesellschaft der Wissenschaften, esondors abgedruckt.

Wocl, Joh., Bericht uber die im Aug. u. Septbr. 1851 unternommne kunstarchäolog. Bereisung Böhmens. [Aus den Sitzungsberichten 1852 der k. Akademie der Wissensch. abgedr.] gr. 8. (2 S.) Wien 852. (Braumüller.) n. 4 ngr

Wocl, Joh. (Erasm.), Bericht über die im Aug. und Septbr. 181 unternommene kunstarchäolog. Bereisung Böhmens. gr. 8. (23 S.) Wien 852, (Gerold's Sohn.) *

Wocl, Joh. Erasm., die Echtheit der Königinhofer Handschift. Ein auf Grundlage des von Joh. und Hermenegild Jireck über diesen Gegenstand veröffentlichten Werkes in derkönigl. böhm. Gesellschaft der Wissenschaften gehaltener Vorrag. gr. 8. (20 S.) Prag 863, (Rziwnatz.) *

Wocl, Jh. Erasmus, Grundzüge der böhmischen Alterthumsfunde. Mit 8 lithogr. Taf. von Joseph Hellich. gr. 8. Prg 845. (Kronberger u. Rziwnatz.) n. 1 2/3 ℛ

Wocla, J. Eraz., Labyrint slàwy. gr. 8. (17⅝ B.) W Praze 84(. Calve'sche Vrlgsh. Thlr.

[illegible]
Separatdruck

—— rchäologische Parallelen. 2. Abthl. Lex.-8. (61 S. mit 3 Stnt. in Lex.-8. und qu. Fol.) Wien 855, (Gerold's Soh.) *
Schrift des Verf. wurde aus: Sitzungsberichte der k. Akademie der Wissenschaften, besonders abgedruckt.

— o sirotčeském dědickém pravu. Ebend. 861. gr. 4. (61 S.) n. 20 ngr

—— . Scheiwl, Jos., kalligraph. Denkmale.

Woce, J. E., die Wandgemälde der St. Georgs-Legende in der burg zu Neuhaus. Imp.-4. (36 S. mit 4 chromolithogr. Taf in qu. Fol. und qu. gr. Fol.) Wien 859, (Gerold's Soh.) *
Aus Denkschriften der k. Akademie der Wissenschaften, besonders abgedruckt.

—— Welislaw's Bilderbibel.

Woche, Eine, Idyll-Novelle . . . Leipzig 1848. V: *Kothe, Friedrich August.* (BrVV) (ADB)

Woche, eine. Idyll-Novelle, hrsg. von dem Einsiedler bei St. Johannes. 2 Thle. gr. 12. (1015 S.) Leipzig 848, Brockhaus.

Woche, Die. I. Jahrg 1882/83. 4. (jährlich 52 Nummern) Nr. 1 pro complet 8 fl. (mit Post) 9 fl. Wien: Sentenis 1882.

Die Woche: Jahrgang [illegible]
[illegible]
St. Louis MO

Woche, die. Moderne illustr. Zeitschrift. Red.: Gust. Dahms. 1. Jahrg. März—Dezbr. 1899. 41 Nrn. gr. 4. (à ca. 40 S.) Berlin 899. A. Scherl. à Nr. n. —20

— dasselbe. Red.: Paul Remer, f. Oesterreich B. Wirth. 2.—4. Jahrg. 1900—1902. à 52 Nrn. gr. 4. (à ca. 40 S.) Ebd. à Nr. —25
Die Jahrgge. 2 u. 3 sind noch v. G. Dahms redigiert.

Woche, die. Moderne illustr. Zeitschrift. Chefred.: Paul Dobert, f. Oesterreich B. Wirth. 5.—8. Jahrg. 1903 bis 1906. à 52 Nrn. (2356; 2376; 2288 u. 2300 S.) gr. 4. Berlin. A. Scherl. à Nr. —25

Woche, die. Moderne illustr. Zeitschrift. Chefred.: Paul Dobert, f. Österreich-Ungarn B. Wirth. 9.—12. Jahrg. 1907—1910. à 52 Nrn. (à ca. 40 S.) Lex. 8. Berlin, A. Scherl. à Nr. —25

Woche, eine, in Berlin und Potsdam. Billigster Wegweiser für Fremde, welche beide Städte nur im Fluge besuchen können. 3. Aufl. 16. Graudenz 842, Glück. n. 1/6 ℛ — 4. Aufl. 16. Leipzig 843, Glück. 2 ngr — Mit 1 Stahlst. 1/8 ℛ

Woche, eine, in Berlin u. Potsdam. Billigster Wegweiser f. Fremde, welche beide Städte nur im Fluge besuchen können. 3. Aufl. Graudenz 842. * 5 Ngr., u. 4. Aufl. 16. (à 2 B.) Leipzig 844, Glück's Sep.-Conto.
geb. m. 1 Stahlst.

Die Christliche Woche: [illegible]
[illegible]
Buffalo, NY

Eine denkwürdige [illegible]
[illegible]
Flugblatt. Berlin. 18. Okt. 1848.

Woche, e., in der Goldingenschen Diakonie. Sechs kurze Betrachtgn. üb. Diakonie nach der Apostelgeschichte. 8. (41 S.) Leipzig 891. A. Neumann's Verl. n.n. — 65

Woche, die ewige. Ein verlässl. Gebirgsstecken bei Wanderungen in den Gebieten der Geschichte und des Lebens zugleich ein angenehmes Medium für gesellige Freuden und Neugier. gr. 4. (4 S.) Prag 876, Bellmann's Verlag.

Woche, die durch die Andacht zum heil. Herzen Jesu geheiligte. Von einem Priester der Gesellschaft Jesu. 16. (31 S.) Luxemburg 866, Brück.

Woche, Eine, aus der Geschichte von Paris. Deutsch von Friedrich Gleich. Leipzig 1830. V: *Lamothe-Langon, E. L. Baron de.* (GGr X, 204) (Zeitschr. f. Büch. N. F. 15, 1923, 127)

Woche, eine, aus d. Geschichte v. Paris. Von d. Baron v. L... L.... Deutsch v. Fr. Gleich. gr. 16. (17 B.) Leipzig 830, Allgem. Niederl. Buchhandl. 1 Thlr. 4 Gr., hrbgf. Pr.

Woche. Die Grosse W' in der Geschichte der Menschheit s. H[innig], F W.

Woche, Die grosse, der Polen, oder Darstellung der merkwürdigen Begebenheiten in Warschau . . . 1830. A. d. Poln. Leipzig 1831. V: *Hoffmann, Carl Borromaeus Alexander.* (BrVV) (BrMm)

—— die große, der Polen, od. Darstellung der merkwürdigen Begebenheiten in Warschau vom 29. Nov. bis zum 5. Decbr. 1830. Aus d. Polnischen übersetzt. gr. 8. (4 B.) Leipzig 831, Brockhaus.

—— hilf= u. troſtr. Marianiſche, in Gebeten f. Haus u. Kirche, beſond. f. d. heil. Kreuzweg, die Feſttage d. Herrn, Mariens, d. Heiligen, u. jeden Tag d. Woche. 9., verb. Aufl. 8. (21½ B. u. Titkpfr.) Einſiedeln 827. (Augsburg, Kollmann.)

— (die), für die deutſche Jugend. 1.—10. Tauſ. (VI, 189 S. m. z. Tl. farb. Abbildgn. u. Taf.) gr. 4. Ebd. (906). Kart. 3. —

Woche für die Deutsche Jugend. (Vorr.: August Scherl.) 11.-20. Taus. Berlin: A. Scherl (1906). (VI, 189 S.) 4° [F.]
= Woche, Die. Sonderh. 9. [06. 15299

— die Kieler. Hrsg. v. G. Lehmann-Felskowski. Illuſtr. v. Willy Stöwer. 1. Jahrg. gr. 8. (32 S. m. 3 Farbdr.) Berlin 900. Boll u. Pickardt. n. 1. 50

— die Kieler. Hrsg. v. G. Lehmann-Felskowski. 4. Jahrg. 1904. (48 S. m. Abbildungen.) Lex.-8. Berlin, Boll & Pickardt. n. — 60

Die Kieler Woche, 1882–1907. Berlin 1907: W. Büxenstein. (328 S.) 8° [F.] [07. 4359

— Köpenicker. Gedenkblatt an die ſchaurig-ſchöne Begebenheit zu Köpenick an der Dahme. (4 S. m. Abbildgn.) Fol. Hamburg (Große Theaterſtr. 6.) (906). Ost. Stoltze. — 10

— eine, in London oder ſo ſieht man die Rieſenſtadt mit allen ihren National-Anſtalten u. Inſtituten, öffentl. Gebäuden, Merkwürdigkeiten ꝛc. in ſieben Tagen. Nebſt hiſtor. u. beſchreibender Skizze der Hauptſtadt von den früheſten Zeiten bis auf die Gegenwart. Mit 32 Anſichten in Stahlſt. (auf 4 Bl. in 4.) u. 1 Plan von London in Stahlſt. (u. Imp.-Fol.) 8. (IV u. 78 S.) Leipzig 850, Engl. Kunſtanſtalt von Payne. n. ½ ℛ

— die luſtige. Moderne Wochenſchrift f. Humor u. Kunſt. Red.: Ed. Roſe. Mitred.: Loth. Meggendorfer. Für Oeſterreich-Ungarn: Adalb. R. Gazda. 1. Jahrg. Oktbr. bis Dezbr. 13 Nrn. (à ca. 12 S. m. z. Tl. farb. Abbildgn.) gr. 4. Neuroda, Verlag „Die luſt. Woche“. à Nr. n. — 25

Die lustige Woche. Moderne Wochenschrift f. Humor u. Kunst. (Jg. 1.) H. 1. Neurode-Leipzig: E. Rose (1906). 4° [06. 11409

— die luſtige. Moderne Wochenſchrift f. Humor u. Kunſt. Hrsg. Eduard Roſe. Red.: Loth. Meggendorfer u. Leo Wulff. 3. Jahrg. 1908. 52 Hefte. (à ca. 20 S. m. z. Tl. farb. Abb.) 30,5×23 cm. Berlin, Guckkaſten-Verl. 12. —
Fortſetzg., ſ.: Guckkaſten, der.

— die medicinische. Red.: P. Meissner. Jahrg. 1900. 52 Nrn. gr. 4. (à ca. 10 S.) Berlin [Verlag d. medicin. Woche.] Vogel & Kreienbrink. 6. —

— dasselbe u. balneologische Centralzeitung. Organ d. allgem. deutschen Bäderverbandes, des Schwarzwaldbädertags etc. Red.: W. H. Gilbert. Jahrg. 1901 u. 1902. à 52 Nrn. gr. 4. (à ca. 8 S. m. Abbildgn.) Ebd. à Jahrg. 6. —
Jahrg. 1901 ist noch v. P. Meissner redigiert.

— die medicinische, u. balneologische Centralzeitg. Organ des allgemeinen deutschen Bäderverbandes, des Schwarzwaldbädertages usw. Hrsg. von R. Deutschmann, A. Dührssen, M. Elsner u. a. Red.: P. Meissner. 4.—6. Jahrg. 1903—1905. à 52 Nrn. (à ca. 8 u. 4 S.) gr. 4. Berlin. Halle, C. Marhold. à Jhrg. n. 6. —

— dasselbe. Hrsg. v. R. Deutschmann, A. Dührssen, A. Hoffa u. a. Mit d. Beilage: Balneologische Centralzeitung. Organ des allgemeinen deutschen Bäderverbandes usw. Red.: P. Meissner. 7. Jahrg. 1906. 52 Nrn. (à ca. 12 u. 4 S.) gr. 4. Halle, C. Marhold. n. 10. —

— medicinische. Hrsg. v. R. Deutschmann, A. Dührssen, A. Hoffa u. a. Organ d. Schwarzwaldbädertages, des Verbandes der deutschen Nordseebäder u. d. Vereins der Badeärzte d. Ostsee. Red.: P. Meissner. 8. Jahrg. 1907. 52 Nrn. (à ca. 12 S.) 32,5×25,5 cm. Halle, C. Marhold. 10. —
Fortsetzg., s.: Rundschau, therapeutische.

— Münchener, f. Theater, Musik u. Kunst. Red.: H. Dimmler. 1. Jahrg. April—Oktbr. 1910. 24 Nrn. (à ca. 8 S. m. Abb.) 30,5×22,5 cm. München, V. Höfling. 3. 60
Erscheint nicht mehr.

— pädagogiſche. Organ des weſtfäl. Prov.-Vereins des „Kath. Lehrerverbandes“ u. der „Hermann-Hubertus-Stiftg.“ Gratisbeilagen: „Literaturblatt“, „Jugend- u. Volkslektüre“. Hrsg. v. den Vorſtänden dieſer Vereine. 1. u. 2. Jahrg. 1905 u. 1906. à 52 Nrn. (VIII, 672 u. VIII, 640 S.) Lex.-8. Arnsberg, J. Stahl. à Jhrg. n. 5. —

Woche, pädagogiſche. Organ d. weſtfäl. Prov.-Vereins d. „Kath. Lehrerverbandes“ u. der „Hermann-Hubertus-Stiftg.“ Gratisbeilagen: „Literaturblatt“, „Jugend u. Volkslektüre“. Hrsg. v. den Vorſtänden dieſer Vereine. 3. u. 4. Jahrg. 1907 u. 1908. à 52 Nrn. (638 u. 48 S. u. 673 u. 48 S.) Lex. 8. Arnsberg, J. Stahl. à Jahrg. 5. —

— dasſelbe. Organ der „Hermann-Hubertus-Stiftg.“ u. f. die Mitglieder des weſtfäl. Prov.-Vereins d. „Kathol. Lehrerverbandes“. 5. u. 6. Jahrg. 1909 u. 1910. à 52 Nrn. (693 u. 695 S.) Lex. 8. Ebd. à Jahrg. 6. —

— ſächſiſche. Illuſtr. Wochenblatt. Rundſchau f. Jedermann. Chefred.: Heinr. Goeres. 1. Jahrg. Febr. bis Mai 1903. 15 Nrn. (à ca. 36 S.) gr. 4. Zwickau, Verlag der „Sächſ. Woche“. à Nr. — 15
Mitte Mai 1903 mit „Das Telephon“ vereinigt.

Eine Woche in Venedig. Ill. Führer enth. d. Bemerkenswürdigste [!] in d. Stadt u. auf d. benachbarten Inseln. Mit e. topogr. Pl. 9. Aufl. *Venedig: L. Alzetta 1895.* (188 S.) 8° [96. 15144 10

— verkehrstechnische. Technische Rundschau üb. das Gebiet des gesamten Verkehrswesens. Chefred.: Gust. Braun. Mit den Beilagen: „Das Luftschiff“ u. „Das Wasser“. 1. Jahrg. Oktbr.—Dezbr. 1906. 13 Nrn. (à ca. 36 S. m. Abbildgn.) Lex.-8. Berlin, Verkehrstechn. Woche. n. 3. —

— verkehrstechnische, u. eisenbahntechn. Zeitschrift. Organ der Vereinigg. v. höh. techn. Beamten der preussisch-hess. Staats-Eisenbahn-Verwaltg. Mit regelmäss. Nachrichten v. Staats- u. Privat-Eisenbahnen sowie v. Klein- u. Strassenbahnen. Schriftleiter: Gust. Braun. 2.—5. Jahrg. Oktbr. 1907—Septbr. 1911. à 52 Nrn. (à ca. 30 S. m. Abb.) Lex. 8. Berlin, W. Moeser. à Jahrg. 16. —

Woche, vorige. Eine Abhandlung, geſchrieben in dieſer Woche. In usum puellae. 16. (36 S.) Bonn 869, (Cohen und Sohn.)

Wocheiner-Bahn [Schlagwort]

Wocheiner-Bahn, s.: Tauernbahn.

Wocheler, Decan ..., Predigt über d. Gewiſſenhaftigkeit des heil. Johann v. Nepomuk. 8. Rotweil 823. Herder. 2 K

Wochen, acht, in Syrien. Ein Beitr. z. Geſch. d. Feldzuges 1840, s.a. Reiſen u. Länderbeſchreibungen, 22. Lfg.

Acht Wochen in Syrien. Ein Beitrag zur Geschichte des Krieges 1840. Mit einer Karte. 8. Stuttgart 1841.

Wochen, Drei, aus dem Leben eines Katers. In: Pappes »Lesefrüchte« [Hamb. 1828—1831], Bd. IV, S. 177, 195, 212. V: *Lyser, Johann Peter.* (Friedrich Hirth: J. P. Lyser. München u. Leipzig 1911. S. 545)

Wochen, Drei, auf der Halbinsel Sinai. Wien 1895. V: *Otto Erzherzog von Österreich.* (KA) (Ky)

Wochen, drei, auf d. Halbinsel Sinai. (Von Erzherzog Otto.) gr. 8. (65 S. m. Abb. u. 8 Taf.) Wien 896. R. Lechner's Sort. Geb. m. Goldschn. n. 10.—

Wochen, funfzehn, s.a. Bonaparte.

Wochen, Funfzehn, oder Buonapartes letzte Regierung; a. d. Franz. Leipz. 1815. V: *Michaud, Jean Bapt.* (Cat. d. Stadtbibl. Zürich. Zürich 1864—97.)

Wochen, funfzehn, oder Buonaparte's letzte Regierung. Nach d. 18n Ausg. aus d. Französ. übers. 8. Leipz. 815. Er. Fleischer. 12 gr

Wochen, Geistliche, oder Sieben Christliche Regeln . . . darnach ein jeder Christ . . . sein Thun und Lassen richten . . . soll. A. d. Franz. . . . Prag 1708. Ü: *Spork, Maria Eleonora Cajetana Al. von.* (BrMm)

Die Grosse Wochen der Carlsruhisch-Fürstlichen Hof=Capelle, Durlach (1719) siehe Johann Laurentius Hölzlein.

— die letzten, Ungarns von der Schlacht bei Kecskemet bis zur Niederlage bei Szegedin u. dem Verrath von Villagos. Erinnerungen aus der Campagne eines „deutschen Jägers." Mit einem Vorwort von A. Ruge. 8. (32 S.) Leipzig 850, Verlagsbureau. n. 4 ngr

Wochen, Sechs, aus dem Leben des Chevaliers von Faublas. A. d. Franz. Paris u. London 1789. V: *Louvet, Jean Bapt.* (Wr)

Wochen, Vier, aus dem Leben eines Pr—schen Officiers. Komische Erzählungen. Braunschweig 1798. V: *Occolowitz, F. V.* (?). (BGE VIII², 128)

Wochen, vier, aus d. Leben e. preuß. Offiziers. 8. Braunschw. 798. Schröder. 9 gr

Wochen, Vier, auswärtiger Politik. Berlin 1851. V: *Duncker, Max, Peter Wilhelm Forchhammer & Carl Friedrich Lucian Samwer.* (ADB 48, S. 177) (Mitth. Dr. H. Bäsecke.) (Dn)

— vier, auswärtiger Politik. Mit Urkunden. 1—4. Aufl. gr. 8. (63 S.) Berlin 851, Veit und Comp.

Wochen, vier, auf Reisen. Ein Vademecum malerischer Umrisse, Novellen, humorist. Skizzen und Anekdoten. Von K. G. Galen. 8. Halberstadt, Vogler. 820. — 18

Wochen, vier, in Wien. Ein treuer Führer zu den Merkwürdigkeiten der Kaiserstadt u. ein freundlicher Wegweiser in die reizendsten Umgebungen derselben. Nebst vielen schätzbaren Beilagen zur genauen und bequemen Uebersicht über manche dem Fremden nothwendig zu wissenden Gegenstände. Mit e. vollständ. Namen- u. Sachregister u. 1 Plane der Stadt u. Vorstadt in Stahlst. 12. Wien 841, Braumüller u. S. 1 ß

Wochen, die zwei und funfzig. Ein Festgeschenk für die Jugend beiderlei Geschlechts. (Fortsetzung der „zwölf Monate") von einer Jugendfreundin. 12. (VI und 366 S. mit 8 lithogr. und ill. Bildern.) Hamburg 855, Nestler und Melle. *

Wochenbände f. d. geistige u. materielle Wohl des deutschen Volkes. Hrsg. v. d. Gesellschaft zur Verbreit. guter u. wohlf. Bücher. Mit (eingedruckten) Abbild. Aus d. Engl. von Frz. Kottenkamp. Nr. 1—168. 8. Stuttgart 846, 47, [Rieger'sche Vrlgsh.] à 1 Ngr.

Inhalt:

Nr. 1—3. Die Schöpfung in ihrer Herrlichkeit. 3 Thle. (8½ B.)
" 4., 5. Die Gesetze d. Materie u. Bewegung. (Umfassend: Statik, Pyronomik u. Dynamik.) 2 Thle. (5½ B.)
" 6., 7. Die Mechanik u. die Elemente d. prakt. Maschinenkunde. 2 Thle. (6 B.)
" 8., 9. Die Hydrostatik mit d. Hydraulik u. Pneumatik. 2 Thle. (6 B.)
" 10—14. Die Geologie z. Selbst- u. Schulunterr. v. Dav. Page. 5 Thle. (14 B.)
" 15. Physische Geschichte des Menschen. (3¼ B.)
" 16. Alte Geschichte. — Aegypten. (3 B.)
" 17. Geschichte der Juden. Heil. Land. Arabia Peträa. (3 B.)
" 18. Alte Geschichte von Griechenland u. Rom. (3 B.)
" 19. Beschreibung der brittischen Hauptstadt ꝛc. (3 B.)
" 20. Auswanderung nach Canada ꝛc. (2¾ B.)
" 21. Auswanderung nach den Vereinigten Staaten. (3 B.)
" 22. Auswanderung nach Australien. (3 B.)
" 23. Auswanderung nach Vandiemensland u. Neu-Seeland. (3 B.)
" 24. Beschreibung der Vereinigten Staaten v. Nordamerika. (3 B.)
" 25. China u. der Theehandel. (3½ B.)
" 26. Das Meer, Schiffe, Schifffahrt u. See-Entdeckung. (3 B.)
" 27. Der Wallfisch u. Wallfischfang. (3 B.)
" 28. Transportmittel. Straßen, Kanäle, Eisenbahnen. (3 B.)
" 29. Beschreibung des menschl. Körpers. Aus d. Engl. v. Theod. Roth. (3½ B.)
" 30. Leben u. Grundsätze Benjamin Franklins. Aus d. Engl. v. Theod. Roth. (3 B.)
" 31. Erhaltung der Gesundheit. Aus d. Engl. v. Theod. Roth. (3¾ B.)
" 32. Der Aberglaube. A. d. Engl. v. Theod. Roth. (3¾ B.)
" 33. Die Meteorologie. — Das Wasser. Aus dem Engl. v. Theod. Roth. (3½ B.)
" 34—36. Die Phrenologie. 3 Hfte. A. d. Engl. v. Theod. Roth. (8 B.)
" 37—42. Die Hand u. ihre Eigenschaften v. Sir Charles Bell. 6 Thle. (17 B.)
" 43. Der Blumengarten. Aus d. Engl. v. Theod. Roth. (3¾ B.)
" 44. Der Obstgarten. (3½ B.)
" 45. Die Waldbäume. (3¼ B.)
" 46. Die Bienenzucht. (3¼ B.)
" 47. Die Angelfischerei. (3¼ B.)
" 48. Die gymnast. Uebungen, oder Erholungen außerhalb des Hauses. (3½ B.)
" 49. Erholungsspiele im Hause. (3¼ B.)
" 50—52. Die verschied. Trachten. 3 Bdchn. (8½ B.)
" 53—59. Die Baukunst der Vögel, v. Jam. Rennie. 7 Thle. (20 B.)
" 60. Die Zeitmessung u. die Uhren. (3¼ B.)
" 61. Der Schlüssel zum Kalender. (3 B.)
" 62. Die Buchdruckerkunst, Kupferstich u. Steindruck. (3¼ B.)
" 63. Die Rettung in Lebensgefahr u. nützliches Mancherlei. (3 B.)
" 64. Die Heizung, Luftreinigung u. Beleuchtung. (3¼ B.)
" 65. Die Baukunst. (3¼ B.)
" 66. Die Dampfmaschine. (3¼ B.)
" 67. Die Berg-, Hütten- u. Salzwerkskunde. (3¼ B.)
" 68. Verschiedene Künste u. Gewerbe. (3½ B.)
" 69—73. Kapital u. Arbeit, mit Inbegriff der Ergebnisse d. Maschinerie Von Charl. Knight. A. d. Engl. v. Theod. Roth. 5 Thle (15¼ B.)
" 74—84. Vorschule der Thierkunde. 11 Thle. (30¾ B.)
" 85—90. Die Geschichte des Pferdes, sein Ursprung, seine körperl. u psychische Charakteristik, seine Varietäten u. Stammverwandten. Von W. C. L. Martin. Nebst e. Anhange W. Youatt's Ueber die Krankheiten des Pferdes. 6 Thle. (16½ B.)
Nr. 91—96. Die Baukunst der Insekten, ihre Verheerungen, ihre Aufbewahrung zu wissenschaftl. Zwecken u. ihre Eintheilung. Von James Rennie. 2 Bde. 1. Bd. 5 Hfte. u. 2. Bd. 1. Hft. (17½ B.)
" 99—100. Die Baukunst der Insekten ꝛc. Von James Rennie. 2. Bd. 2—5. Heft. (11 B.)
" 101. Die Schlangen. (2¾ B.)
" 102. Die Geschichte Richard Falconers. (2¾ B.)
" 103. Die Geschichte Peter Williamsons. (2¾ B.)
" 104. Die Spinnen. (2¾ B.)
" 105. Die Mäßigkeitsvereine. (2¾ B.)

„ 106—113.} Die Menagerie, od. Beschreibung u. Abbildung der vierfüßigen
„ 121—128.} Thiere nach lebendigen Exemplaren. Nach d. 2. Aufl. übersetzt. 2 Thle. (45½ B.)
„ 114. Die eiserne Maske. (2¾ B.)
„ 115. Die Eroberung Englands durch die Normannen. (2¾ B.)
„ 116. Gespenstertäuschungen. (2¾ B.)
„ 117. Das Leben des Elephanten. (2¾ B.)
„ 118. Der Vesuv, Pompeji u. Herculanum. (2¾ B.)
„ 119. Mechanische Merkwürdigkeiten. (2¾ B.)
„ 120. Die natürliche Magie. (2¾ B.)
„ 129—131. Darstellung der Elektricität, v. P. M. Roget. 3 Thle. (8¾ B.)
„ 132. Darstellung des Galvanismus, v. P. M. Roget. In 2 Thln. 1. Thl. (2¾ B.)
„ 133. Der Galvanismus. 2. Thl. A. d. Engl. v. Wilh. Schöttlen. (2½ B.)
„ 134. Louis Philipp I., König der Franzosen. A. d. Engl. v. Wilh. Schöttlen. (2¾ B.)
„ 135. William Penn, der Gründer Pennsylvaniens. A. d. Engl. v. Wilh. Schöttlen. (3 B.)
„ 136. Das Leben Washingtons. Aus d. Engl. v. Wilh. Schöttlen. (3 B.)
„ 137. Leben u. Reisen J. L. Burckhardts. Aus d. Engl. v. Wilh. Schöttlen. (2¾ B.)
„ 138. Christoph Columbus, der Entdecker von Amerika. A. d. Engl. v. Wilh. Schöttlen. (2¾ B.)
„ 139—146.} Die Menagerie od. Beschreibung u. Abbildung d. vierfüßigen
„ 164—168.} Thiere nach lebendigen Exemplaren. Nach der 2. Aufl. aus d. Engl. übers. v. Frz. Kottenkamp. 3. Bd. (23¾ B.) u. 4. Bd. (14½ B.)
„ 147. Die Geschichte Silvio Pellico's. A. d. Engl. v. Theod. Roth. (2¾ B.)
„ 148. Das Leben (Horatio) Nelsons. A. d. Engl. v. Theod. Roth. (2¾ B.)
„ 149. Peter der Große. A. d. Engl. v. Theod. Roth. (2¾ B.)
„ 150. Das Leben J. F. Oberlins. Aus d. Engl. v. Theod. Roth. (2¾ B.)
„ 151. Das Leben des Kapitain Cook. A. d. Engl. v. Theod. Roth. (2¾ B.)
„ 152—156. Darstellung des Magnetismus von P. M. Roget. 5 Thle. (13¾ B.)
„ 157—163. Die Geheimen Gesellschaften des Mittelalters. Aus d. Engl. v. W. Drugulin. 7 Thle. (20¼ B.)

Wochenbände für das geistige und materielle Wohl des deutschen Volkes. Hrsg. von der Gesellschaft zur Verbreitung guter und wohlf. Bücher. Mit Abbildungen in Holzschn. (Aus dem Engl.) Nr. 172—300. 8. Stuttgart 847—49, Rieger'sche Vrlgsh. à Nr. 1 Ngr.

Inhalt:

Nr. 172—177., 203—208., 230—234. und 247—252. China und die Chinesen. Von John Francis Davis. Nach der 2. Aufl. übers. von Wm. Drugulin. 4 Bde. (.... S.)
„ 178—186., 239—246. und 253—260. Pflanzenstoffe, übers. von Wm. Drugulin. 3 Bde. (.... S.)
„ 187—193. Geschichte von Griechenland, seine Literatur, Philosophie und Kunst, übers. von Wilh. Schöttlen. (301 S.)
„ 194. Die Fähigkeiten der Tauben, Stummen und Blinden, übers. von Frz. Kottenkamp. (38 S.)
Nr. 195. Die Mauren in Spanien, übers. von Frz. Kottenkamp. (36 S.)
„ 196. Die Hindus und ihr Aberglaube, übers. von Frz. Kottenkamp. (36 S.)
„ 197—202. Darstellung des Elektromagnetismus. Von P. M. Roget, übers. von Frz. Kottenkamp. (232 S.)
„ 209. Die berühmtesten Bauwerke, übers. von Frz. Kottenkamp. (39 S.)
„ 210. Die Wunder der Pflanzenwelt, übers. von Frz. Kottenkamp. (40 S.)
„ 211. Die Wunder der Ameisenwelt, übers. von Frz. Kottenkamp. (40 S.)
„ 212—217. Vorschule der Chemie in einer Reihe von Versuchen. Mit Erläuterungen über chemische Erscheinungen im tägl. Leben. Von D. B. Reid. Uebers. von Frz. Kottenkamp. (238 S.)
„ 218. Die Schätze des Erdreichs, übers. von Frz. Kottenkamp. (36 S.)
„ 219. Der Schiffbruch; in der Geschichte des Unterganges der Medusa geschildert, übers. von Frz. Kottenkamp. (38 S.)
„ 220. Der Sklavenhandel Amerika's, übers. von Theod. Roth. (43 S.)
„ 221—229. und 269—278. Populäre vergleich. Physiologie der Thier- und Pflanzenwelt, von P. Roget. Nach der 3. Aufl. übers. von Frz. Kottenkamp. 2 Bde. (344 und 387 S.)
„ 235. Johanna v. Arc, die Jungfrau von Orleans, übers. von Theod. Roth. (40 S.)
„ 236. Geschichte des Sklavenhandels, übers. von Theod. Roth. (40 S.)
„ 237. Die Camisarden, übers. von Theod. Roth. (40 S.)
„ 238. Die große Pest in London, übers. von Theod. Roth. (40 S.)
„ 261—268. Die Mineralogie. Von F. S. Beudant. Nach der neuesten Aufl. aus dem Französ. übers. von J. G. Kurr. (Aus der Naturgeschichte der drei Reiche abgedr.) (311 S.)
„ 279—290. Die Wunder des Himmels. Von Thom. Dick. Aus dem Engl. von J. Eichstrom. (390 S.)
„ 291—300. Handbuch der Botanik. Aus dem Engl. von Arth. Schott. (388 S. mit eingedr. Holzschn.)

Nr. 1—171. Ebendas. 1846—47. 5 Thlr. 21 Ngr. Hiernach ist die Zahl der Nummern und Angabe des Preises im 10. Bde. abzuändern.

—— dass. — Neue durchaus verb. Aufl. Nr. 1—300. 10 Serien à 30 Nrn. 8. Ebds. 851—52. à Serie 27 Ngr. Thlr.

Inhalt:

Nr. 1—3. Die Schöpfung in ihrer Herrlichkeit und ihren Gesetzen. Eine gemeinfaßl. Einleitung in die Wissenschaften. Aus dem Engl. von Frz. Kottenkamp. (128 S.)
„ 4., 5. Die Gesetze der Materie und Bewegung. (Umfassend: Statik, Phoronomik und Dynamik.) Für Schule und Haus. Aus dem Engl. von Frz. Kottenkamp. (88 S.)
„ 6., 7. Die Mechanik und die Elemente der prakt. Maschinenkunde und der bewegenden Kräfte. Aus dem Engl. von Frz. Kottenkamp. (96 S.)
„ 8., 9. Die Hydrostatik mit der Hydraulik und Pneumatik. Aus dem Engl. von Frz. Kottenkamp. 3., durchaus verb. Aufl. (96 S.)
„ 10—14. Die Geologie zum Selbst- und Schulunterricht von Dav. Page. Aus dem Engl. von Frz. Kottenkamp. 3., durchaus verb. Aufl. (224 S.)
„ 15. Physische Geschichte des Menschen. Aus dem Engl. von Frz. Kottenkamp. (48 S.)
„ 16. Beschreibung des menschl. Körpers. Aus dem Engl. von Theod. Roth. (52 S.)
„ 17. Beschreibung Aegyptens, übers. von Frz. Kottenkamp. (47 S.)
„ 18. Geschichte der Juden. Heiliges Land. Arabia Peträa. Uebers. von Frz. Kottenkamp. (44 S.)
„ 19. Alte Geschichte von Griechenland und Rom, übers. von Frz. Kottenkamp. (48 S.)
„ 20. Beschreibung der brittischen Hauptstadt und Wegweiser durch dieselbe, übers. von Frz. Kottenkamp. (44 S.)
„ 21. Auswanderung nach Canada und anderen britt. Besitzungen in Amerika, übers. von Frz. Kottenkamp. (42 S.)
„ 22. Auswanderung nach den verein. Staaten, übers. von Frz. Kottenkamp. (43 S.)
„ 23. Auswanderung nach Australien, übers. von Frz. Kottenkamp. (42 S.)
„ 24. Auswanderung nach Vandiemensland und Neu-Seeland, übers. von Frz. Kottenkamp. (44 S.)
„ 25. Beschreibung der verein. Staaten von Nordamerika, übers. von Frz. Kottenkamp. (44 S.)
„ 26. China und der Theehandel, übers. von Frz. Kottenkamp. (47 S.)
„ 27. Das Meer, Schiffe, Schifffahrt und See-Entdeckung, übers. von Frz. Kottenkamp. (48 S.)
„ 28. Der Wallfisch und Wallfischfang, übers. von Frz. Kottenkamp. (44 S.)
„ 29. Transportmittel, Straßen, Kanäle, Eisenbahnen, übers. von Frz. Kottenkamp. (47 S.)
Nr. 30. Leben und Grundsätze Benjamin Franklins, übers. von Theod. Roth. (48 S.)
„ 31. Erhaltung der Gesundheit, übers. von Theod. Roth. (55 S.)
„ 32. Die Angelfischerei, übers. von Frz. Kottenkamp. (48 S.)
„ 33. Die gymnast. Uebungen oder Erholungen außerhalb des Hauses, übers. von Frz. Kottenkamp. (50 S.)
„ 34. Erholungsspiele im Hause, übers. von Frz. Kottenkamp. (52 S.)
„ 35. Die Mäßigkeitsvereine, übers. von Frz. Kottenkamp. (38 S.)
„ 36. Der Aberglaube, übers. von Theod. Roth. (53 S.)
„ 37. Die Hindus und ihr Aberglaube, übers. von Frz. Kottenkamp. (36 S.)
„ 38—40. Die Phrenologie, übers. von Theod. Roth. (116 S.)
„ 41—46. Die Hand und ihre Eigenschaften, von Charles Bell. Aus dem Engl. von Frz. Kottenkamp. (252 S.)
„ 47. Der Blumengarten, übers. von Theod. Roth. (55 S.)
„ 48. Der Obstgarten, übers. von Frz. Kottenkamp. (51 S.)
„ 49. Die Waldbäume, übers. von Frz. Kottenkamp. (46 S.)
„ 50. Die Bienenzucht, übers. von Frz. Kottenkamp. (48 S.)
„ 51. Die Spinnen, übers. von Frz. Kottenkamp. (40 S.)
„ 52. Die Schlangen, übers. von Frz. Kottenkamp. (40 S.)
„ 53. Das Leben des Elephanten, übers. von Frz. Kottenkamp. (40 S.)
„ 54—60. Die Baukunst der Vögel von James Rennie. Aus dem Engl. nach der neuesten Aufl. von Frz. Kottenkamp. (290 S.)
„ 61. Die Meteorologie. Das Wasser. Uebers. von Theod. Roth. (52 S.)
„ 62. Die Zeitmessung und die Uhren, übers. von Frz. Kottenkamp. (48 S.)
„ 63. Der Schlüssel zum Kalender, übers. von Frz. Kottenkamp. (42 S.)
„ 64—66. Die verschiedenen Trachten, übers. von Frz. Kottenkamp. (122 S.)
„ 67—71. Kapital und Arbeit, in Verbindung mit den Ergebnissen der Maschinerie. Von Charles Knight. Aus dem Engl. von Theod. Roth. (222 S.)
„ 72. Die Buchdruckerkunst, Kupferstich und Steindruck, übers. von Frz. Kottenkamp. (48 S.)
„ 73. Die Baukunst, übers. von Frz. Kottenkamp. (48 S.)
„ 74. Die Dampfmaschine, übers. von Frz. Kottenkamp. (48 S.)
„ 75. Die Berg-, Hütten- und Salzwerkskunde, übers. von Frz. Kottenkamp. (46 S.)
„ 76. Verschiedene Künste und Gewerbe, übers. von Frz. Kottenkamp. (50 S.)
„ 77. Der Schiffbruch; in der Geschichte des Untergangs der Medusa geschildert, übers. von Frz. Kottenkamp. (38 S.)
„ 78. Die Rettung in Lebensgefahr und nützl. Mancherlei, übers. von Frz. Kottenkamp. (42 S.)
„ 79. Die Heizung, Luftreinigung und Beleuchtung, übers. von Frz. Kottenkamp. (47 S.)
„ 80—90. Vorschule der Thierkunde, übers. von Frz. Kottenkamp. (447 S.)
„ 91—93. Darstellung der Elektrizität, von P. M. Roget. Aus dem Engl. von Frz. Kottenkamp. (128 S.)
„ 94. Gespenstertäuschungen, übers. von Frz. Kottenkamp. (40 S.)
„ 95. Mechanische Merkwürdigkeiten, übers. von Frz. Kottenkamp. (40 S.)
„ 96. Die natürliche Magie, übers. von Frz. Kottenkamp. (40 S.)
„ 97, 98. Darstellung des Galvanismus von P. M. Roget. Aus dem Engl. von Frz. Kottenkamp. (76 S.)
„ 99—108. Die Baukunst der Insecten; ihre Verheerungen, ihre Aufbewahrung zu wissenschaftl. Zwecken und ihre Eintheilung. Von James Rennie. Aus dem Engl. von Frz. Kottenkamp. (207 S.)
„ 109—114. Die Geschichte des Pferdes, sein Ursprung, seine körperl. und psych. Charakteristik, seine Varietäten und Stammverwandten. Von W. C. L. Martin. Nebst einem Anhange W. Youatt's: Ueber die Krankheiten des Pferdes. Nach dem Engl. bearb. von F. M. Duttenhofer. (238 S.)
„ 115—120. Darstellung des Elektromagnetismus von P. M. Roget. Aus dem Engl. von Frz. Kottenkamp. (232 S.)

„ 121. Der Vesuv, Pompeji und Herculanum, übers. von Frz. Kottenkamp. (40 S.)
„ 122. Die berühmtesten Bauwerke, übers. von Frz. Kottenkamp. (39 S.)
„ 123. Die Wunder der Pflanzenwelt, übers. von Frz. Kottenkamp. (40 S.)
„ 124. Die Wunder der Ameisenwelt, übers. von Frz. Kottenkamp. (40 S.)
„ 125. Die Schätze des Erdreichs, übers. von Frz. Kottenkamp. (36 S.)
„ 126. Die Geschichte des Sklavenhandels, übers. von Theod. Roth. (40 S.)
„ 127. Der Sklavenhandel Amerika's, übers. von Theod. Roth. (43 S.)
Nr. 128. Johanna v. Arc, die Jungfrau von Orleans, übers. von Theod. Roth. (40 S.)
„ 129. Christoph Columbus, der Entdecker von America, übers. von Wilh. Schöttlen. (39 S.)
„ 130. Peter der Große, übers. von Theod. Roth. (39 S.)
„ 131. Das Leben des Kapitän Cook, übers. von Theod. Roth. (40 S.)
„ 132. Das Leben Washingtons, übers. von Wilh. Schöttlen. (42 S.)
„ 133. Die Geschichte Peter Williamsons, übers. von Frz. Kottenkamp. (39 S.)
„ 134. William Penn, der Gründer Pennsylvaniens, übers. von Wilh. Schöttlen. (42 S.)
„ 135. Leben und Reisen J. L. Burckhardts, übers. von Wilh. Schöttlen. (39 S.)
„ 136. Die Geschichte Rich. Falconers, übers. von Frz. Kottenkamp. (40 S.)
„ 137. Das Leben Nelsons, übers. von Theod. Roth. (40 S.)
„ 138. Die Geschichte Silvio Pellico's, übers. von Theod. Roth. (40 S.)
„ 139. Das Leben J. F. Oberlins, übers. von Theod. Roth. (39 S.)
„ 140. Louis Philipp I., König der Franzosen, übers. von Wilh. Schöttlen. (40 S.)
„ 141—150. Handbuch der Botanik, übers. von Arth. Schott. (388 S.)
„ 151. Die große Pest in London, übers. von Theod. Roth. (40 S.)
„ 152. Die Eroberung Englands durch die Normannen, übers. von Frz. Kottenkamp. (40 S.)
„ 153. Die Mauren in Spanien, übers. von Frz. Kottenkamp. (36 S.)
„ 154. Die eiserne Maske, übers. von Frz. Kottenkamp. (40 S.)
„ 155. Die Camisarden, übers. von Theod. Roth. (39 S.)
„ 156—171. und 211—218. Die Menagerie, oder Beschreibung und Abbildung der vierfüß. Thiere nach lebenden Exemplaren. Nach der 2. Aufl. aus dem Engl. übers. von Frz. Kottenkamp. 3 Bde. (978 S.)
„ 172—180. und 225—240. Pflanzenstoffe. Aus dem Engl. von Wm. Drugulin. 3 Bde. Bd. 1.: Die in Gewerben verwendeten Pflanzenstoffe. (360 S.) — 2.: Nutzholzbäume. Früchte. — 3.: Die zur menschlichen Nahrung dienenden Pflanzenstoffe. (572 S.)
„ 181—189. und 261—270. Populäre vergleichende Physiologie der Thier- und Pflanzenwelt von P. M. Roget. Nach der 3., verm. und verb. Aufl. aus dem Engl. von Frz. Kottenkamp. 2 Bde. (344 und 387 S.)
„ 190—196. Die geheimen Gesellschaften des Mittelalters, übers. von Wm. Drugulin. (304 S.)
„ 197—203. Geschichte von Griechenland, seine Literatur, Philosophie und Kunst, übers. von Wilh. Schöttlen. (301 S.)
„ 204. Die Fähigkeiten der Tauben, Stummen und Blinden, übers. von Frz. Kottenkamp. (38 S.)
„ 205—210. Vorschule der Chemie in einer Reihe von Versuchen. Mit Erläuterungen über chem. Erscheinungen im tägl. Leben. Gemeinfaßlich behandelt von D. B. Reid. Aus dem Engl. von Frz. Kottenkamp. (238 S.)
„ 219—224. und 279—295. China und die Chinesen. Eine allgem. Beschreibung von China und dessen Bewohnern. Von John Francis Davis. Nach der 2. Aufl. aus dem Engl. übers. von Wm. Drugulin. 4 Bde. (930 S.)
„ 241—248. Die Mineralogie. Von F. S. Beudant. Nach der neuesten Aufl. aus dem Französ. übers. von J. G. Kurr. (311 S.)
„ 249—260. Die Wunder des Himmels. Dargestellt von Thom. Dick. Aus dem Engl. von F. Eichstrom. (390 S.)
„ 271—278. Die Menagerie, oder Beschreibung und Abbildung der vierfüßigen Thiere nach lebendigen Exemplaren. Aus dem Engl. übers. von Wm. Drugulin. 4. Bd.: Naturgeschichte der Affen, Meerkatzen und Paviane. (336 S.)
„ 296—300. Darstellung des Magnetismus von P. M. Roget. Aus dem Engl. von Frz. Kottenkamp. (200 S.)

Wochenbericht. Fach-Organ der österreich-ungarischen Seifen-, Kerzen-, Parfümerie-, Oel- und Fettwaaren-Industrie und des einschlägigen Handels. Wien: Königstein 1878 (1902). 8° Hrsg.: A. Königstein.

—— allgemeiner literarischer, über alle empfehlenswerthen Neuigkeiten des In- und Auslandes nebst literar. Notizen und Mittheilungen. Redact.: P. Th. Lissner. 1.—3. Jahrg. 1872/73—1874/75. à Jahrg. 52 Nrn. (à 3/4—1 Bog.) gr. 8. Leipzig, Expedition. à Jahrg. **

Wochen-Bericht, allgemeiner literarischer, über alle empfehlenswerthen Neuigkeiten des In- und Auslandes nebst literar. Notizen und Mittheilungen. Redact.: P. Th. Lissner. 4. Jahrg. 1875/76. 52 Nrn. (à 1/2—1 Bog.) gr. 8. Leipzig, Expedition. **
Nicht weiter erschienen.

Wochen-Bericht, allgemeiner litterarischer, über alle empfehlenswerten Neuigkeiten des In- und Auslandes, nebst litterar. Notizen und Mitteilungen. Redact.: Th. Lissner. 5.—12. Jahrg. 1877—1884. à Jahrg. 52 Nrn. (à Nr. 1/2—1 Bog.) gr. 8. Leipzig, Expedition. à Jahrg. *

Wochen-Bericht, allgemeiner litterarischer, über alle empfehlenswerten Neuigkeiten des In- und Auslandes, nebst litterar. Notizen und Mitteilungen. Redact.: Th. Lissner. 13. Jahrg. 1885. 52 Nrn. (à Nr. 1/2—1 Bog.) gr. 8. Leipzig-Reudnitz, Expedition. *

—— dass. — Zugleich ein Wegweiser für Volksbibliotheken. Hrsg. von Max Vogler. 14. und 15. Jahrg. 1886 und 1887. à Jahrg. 52 Nrn. (à Nr. 1/2—1 Bog.) hoch 4. Leipzig, Kufss. à Jahrg. *
Nicht weiter erschienen.

Wochenbericht der Gross-Einkaufs-Gesellschaft Deutscher Consum-Vereine. Hamburg: H. Kaufmann 1894—? 8°

Wochenbericht, literarischer, aus Leipzig. Vollständige geordnete Uebersicht aller im deutschen Buchhandel neu erschienenen Schriften. 1. Jahrg. 1867. Octbr. bis Decbr. 13 Nrn. (à 1/2—1 Bog.) hoch 4. Leipzig, Wuttig.

Wochenbericht, literarischer, aus Leipzig. Vollständige systematisch geordnete Uebersicht der im deutschen Buchhandel neu erschienenen Schriften, sowie der wichtigsten der französ., engl. und italien. Literatur. 2. Jahrg. 1868. 52 Nrn. (à 1/2—1 Bog.) hoch 4. Leipzig, Wuttig.

—— dass. — Vollständige, systematisch geordnete Uebersicht aller im deutschen Buchhandel neu erschienenen Schriften und der wichtigeren der ausländ. Literatur. 3. und 4. Jahrg. 1869 und 1870. à Jahrg. 52 Nrn. (à 1/2—1 Bog.) 4. Ebendas. à Jahrg. **

Wochenbericht der Preisberichtstelle des Deutschen Landwirtschaftsrats. Jg. 4 ff. Berlin 1909 ff. 4° *[Kopftit.]*

Statist. Wochenber. üb. d. Bevölkerungsvorgänge v. New-York 1879—81, 3 Bde.

Wochenberichte, Handelsblatt d. Leipziger Monatsschrift f. Textil-Industrie. Zugl.: Wochenschrift für Spinnerei u. Weberei. Allgem. Zeitschrift f. Textil-Industrie, vormals „D. Textil-Zeitung". Handelsblatt f. d. ges. Textil-Branche. Fachzeitschrift f. d. Wollen-, Baumwollen-, Seiden-, Leinen-, Hanf- u. Jute-Industrie, f. d. Garn- u. Manufacturwaarenhandel, sow. d. Tuch- u. Confectionsbranche. Organ d. Vorstandes d. sächs. Textil-Berufsgenossenschaft, d. Vereinigg. sächs. Spinnerei-Besitzer u. f. Wollkämmer u. Kammgarnspinner. Chefred.: Thdr. Martin. 10.—13. Jahrg. 1895—1898. à 52 Nrn. (à ca. 10 S.) Imp.-4. Leipzig, Verlag d. Leipziger Monatsschrift f. Textil-Industrie (Th. Martin). à Jahrg. n. 10.—

Wochenberichte. Handelsblatt d. Leipziger Monatsschrift f. Textil-Industrie. Zugleich: Wochenschrift f. Spinnerei u. Weberei. Begründet 1884. Allgemeine Zeitschrift f. die Textil-Industrie, vorm. „Die Textil-Zeitung". Handelsblatt f. die gesammte Textil-Branche. Fachzeitschrift f. d. Wollen-, Baumwollen-, Seiden-, Leinen-, Hanf- u. Jute-Industrie, f. den Garn- u. Manufacturwaarenhandel, sowie f. die Tuch- u. Confectionsbranche. Organ des Vorstandes d. sächs. Textil-Berufsgenossenschaft, der Vereinigg. sächs. Spinnerei-Besitzer u. f. Wollkämmer u. Kammgarnspinner. Hrsg.: Thdr. Martin. 14.—17. Jahrg. 1899—1902. à 52 Nrn. Fol. (à ca. 16 S.) Leipzig, Verlag der Leipziger Monatsschrift f. Textil-Industrie (Th. Martin). à Jahrg. n. 10.—

Wochenberichte. Handelsblatt der Leipziger Monatsschrift f. Textil-Industrie. Zugleich: Wochenschrift f. Spinnerei u. Weberei. Begründet 1884. Allgem. Zeitschrift f. die Textil-Industrie, vormals „Die Textil-Zeitung". Handelsblatt f. die gesammte Textil-Branche. Fachzeitschrift f. die Wollen-, Baumwollen-, Seiden-, Leinen-, Hanf- u. Jute-Industrie, für den Garn- u. Manufakturwarenhandel, sowie die Tuch- u. Konfektionsbranche. Organ der sächs. Textil-Berufsgenossenschaft, der Vereinigg. sächs. Spinnerei-Besitzer u. der norddeutsch. Textil-Berufsgenossenschaft. Hrsg.: Thdr. Martin. 18.—21. Jahrg. 1903—1906. 52 Nrn. (à ca 16 S.) Leipzig, Verlag der Leipziger Monatsschrift f. Textil-Industrie. à Jhrg. n. 10. —

Wochenberichte. Handelsblatt der Leipziger Monatschrift f. Textil-Industrie. Zugleich: Wochenschrift f. Spinnerei u. Weberei. Begründet 1884. Allgemeine Zeitschrift f. die Textil-Industrie vorm. „Die Textil-Zeitung". Handelsblatt f. die gesamte Textil-Branche. Fachzeitschrift f. die Woll-, Baumwoll-, Seiden-, Leinen-, Hanf- u. Jute-Industrie, f. den Garn- u. Manufakturwarenhandel, sowie die Tuch- u. Konfektionsbranche. Organ d. sächs. Textil-Berufsgenossenschaft, der Vereinigg. sächs. Spinnerei-Besitzer u. der norddeutschen Textil-Berufsgenossenschaft. Hrsg.: Thdr. Martin. 22.—25. Jahrg. 1907—1910. à 52 Nrn. (à ca. 16 S.) 35×26 cm. Leipzig, Verl. d. Leipziger Monatschrift f. Textil-Industrie. à Jahrg. 10. —

Wochenberichte. – Amsler und Ruthardts Wochenberichte. Berlin: Amsler und Ruthardt 1894 ? 8°
Red.: F. Hillebrandt.
Vorh. u.d.T.: Wochen-Berichte für Kunst, Kunsthandel und Kunstgewerbe. Jg. 1. 2. 1891 1893.

Wochen-Berichte f. Kunst, Kunsthandel u. Kunstgewerbe, hrsg. v. Amsler & Ruthardt (Gebr. Meder). Red.: Paul Hildebrandt. 2. Jahrg. Juli 1893—Juni 1894. 52 Nrn. (Bog.) Fol. Berlin, Amsler & Ruthardt. n. 12. —
Fortsetzg. s.: Amsler u. Ruthardt's Wochenberichte.

Wochenberichte. – Leipziger Wochenberichte. Monatsschrift für Textil-Industrie. Jg. 6 10. Leipzig: Expedition 1891 1895. 4°
Hrsg. u. Red.: Theodor Martin.
Vorh. u.d.T.: Handelsblatt für die gesamte Textil-Industrie. Jg. 1 5. 1887–1891.
Forts. u.d.T.: Wochenberichte. Jg. 11. 1896 ff.

Wochenberichte. – Wochenberichte und Monatsberichte und Jahrbuch des statistischen Amtes der Stadt Dresden. Bd. 1 19. Dresden: Statistisches Amt 1877 1896. 8°

Wochen- u. Monatsberichte u. Jahresbericht des statistischen Amtes d. Stadt Dresden auf d. J. 1896. 19. Jahrg. Fol. (III, 214 S.) Dresden (v. Zahn & Jaensch.) n.n. 3. —

— dasselbe, Fortsetzg., s.: Berichte.

— der Leipziger Monatsschrift f. Textilindustrie. Handelsblatt f. die gesammte Textil-Branche, insbesondere f. die Wollen-, Baumwollen-, Seiden-, Leinen-, Hanf- u. Jute-Industrie, f. den Garn- u. Manufacturwaarenhandel, sowie die Tuch- u. Confectionsbranche. Organ d. Vorstandes der sächs. Textil-Berufsgenossenschaft u. des Vereins deutscher Wollkämmer u. Kammgarnspinner. Hrsg. u. Red.: Thdr. Martin. 6.—9. Jahrg. 1891—1894. à 52 Nrn. (Bog.) Imp.-4. Leipzig, Expedition der Leipziger Monatsschrift f. Textil-Industrie (Th. Martin). à Jahrg. n. 10. —

Wochenberichte über die Schneebeobachtungen im österreichischen Elbegebiete und im böhmischen Donau- und Odergebiete für den Winter — Herausgegeben von der k. k. hydrographischen Landesabteilung der böhmischen Stadthalterei. (K. K. Hydrographischer Dienst in Oesterreich.) 1896/97 1900/1901. Prag 1897 ff. Fol.

Wochenberichte über die Schneebeobachtungen im österreichischen Rhein-, Donau-, Oder- und Adriagebiete für den Winter — Herausgegeben vom k. k. hydrographischen Centralbureau. (K. K. hydrographischer Dienst in Oesterreich.) 1896/97–1901/1902. Wien 1897 ff. Fol.

Wien, k. k. Hydrographisches Central-Bureau. Wochenberichte uber Schneebeobachtungen.
1) im österreichischen Rhein-, Donau- und Adriagebiete fur den Winter 1897/98. Prag 1898.
2) im österreichischen Elbegebiete und in dem Bohmischen Donau- und Odergebiete fur den Winter 1897/98. Prag 1898.
3) im österreich. Weichsel-, Dniestr-, Styr-, Pruth- u. Serathgebiete vom 18. Dezember 1897 bis 19. Marz 1898. Lemberg. Fol.

Wochenberichte über die Schneebeobachtungen im österreichischen Weichsel-, Dnjester-, Styr-, Pruth-, und Sereth-Gebiet für die Zeit vom 15. November 1896 bis 6. März 1897. Hrsg. v. der k. k. hydrographischen Landesabteilung in Lemberg. Lemberg: k. k. hydrograph. Landesabt. 1897.

Wochenberichte der Konigl. Sternwarte zu Munchen uber Meteorologische Beobachtungen und Magnetische Variations-Beobachtungen.
Lithographirt. Jahrg. 1865—69, 1870—75.

Wochenbett, Das, und seine Krankheiten. ... Leipzig 1828. V: *Urban, Joseph.* (Ky) (Call) (EngM)

Wochenbett, das, u. seine Krankheiten. Nichtärzten höherer Bildung überh., insbesond. aber zärtl. Müttern, u. die es werden wollen, zur Belehr. u. Beherzigung empfohlen v. U*** (J. Urban). 8. (10 B.) Leipzig 828, Kollmann.

Wochenbibliothek. Schweizer Wochen-Bibliothek. Band 1—24. 8. Zürich, Justus Hebsacker, [1902]. ... à fr. —. 20
Band 1: Ueber das Grab hinaus. Von M W Sophar; — Judith *und* Gift. Von Gebh[ardt] Schätzler-Perasini. II + 143 S.
Band 2: An ihrem Hochzeitsmorgen. Von C M B . II + 128 S.
Band 3: Die Erbin vom fahrenden Volk. Von H[edwig] v[on] Rittberg. II + 143 S.
Band 4: St. Georgen. Von Hans v(on) Normann. II + 126 S.
Band 5: Die schöne Sünderin. Von A v(on) Mosel. II + 159 S.
Band 6: Im entscheidenden Augenblick. Von Reinhold Kronheim; — Am Kreuze. Von Gebh[ardt] Schätzler-Perasini. II + 142 S.
Band 7. Die Perle von Florenz. Von Irene v(on) Hellmuth. II + 160 S.
Band 8: Die Feuerliese. Von Irene v(on) Hellmuth. II + 144 S.
Band 9: Das Rätsel einer Nacht. Von Gebh[ardt] Schätzler-Perasini; — Der wilde Kaspar. Von Wilhelm Herbert. II + 160 S.
Band 10: Ohne Examen. Von [Frau Ida] John-Arnstadt; — Verlorenes Glück. Von Gebh[ardt] Schätzler-Perasini; — Des Glückes Stiefkind. Von M[aria Antoinette] v[on] Markovics. II + 144 S.
Band 11: Ab vom Wege. Von H(ans) v(on) Wachenhusen. II + 144 S.
Band 12: Paula. Von [Frl.] O[ttilie] Heller; — Miss Florette. Von Mark Roberts [*pseud.* = Gebhardt Schätzler-Perasini]. II + 128 S.
Band 13: Vom Baume des Lebens. Von Hermann Thom; — Dämon; Eifersucht. Von Franc Mac Gibsy. II + 128 S.
Band 14: Unwiederbringlich. Von Paul Bourget. [Aus dem Franz.] Der Erfinder. Von Theodor Eicke. II + 142 S.
Band 15: Polnische Novellen und Skizzen. [Uebersetzt] Von H Szmideberg. II + 143 S.
Band 16: Onkel Paul. Von Ernst Kohlhäuser. II + 141 S.
Band 17: Fieber. Von S Steiner. II + 126 S.
Band 18: Das Geheimnis Dragynianus. Von M[aria] A[ntoinette] v[on] Markovics; — Auf eigenen Füssen. Von M. A. v. Markovics; — Polnische Erzählungen. [Uebersetzt] Von H Szmideberg. II + 128 S.
Band 19: Aus zu grosser Liebe. Von Camille Bruno [Aus dem Franz.]; — Die Tochter des Rebellen. Von Theodor Eicke. II + 128 S.
Band 20: Leonida. [Aus dem Russ. übersetzt] Von [Frau] F[anny] Palm-Nasaroff. II + 125 S.
Band 21: Vergieb uns unsere Schuld. Von C M Brame. [Aus dem Engl.]; — Der erste Schnee. [Aus dem Poln. übersetzt] Von H Szmideberg. II + 128 S.
Band 22: Das Mädchen aus der Fremde. Von John Strange Winter. [Aus dem Engl.]; — Die Brücke. Von [Frau] M[arg] Marasso. II + 128 S.
Band 23: Max und Moritz. Von Toni Schlott. II + 112 S.
Band 24: Rauschgold. Von M[aria] A[ntoinette] v[on] Markovics. II + 127 S.

Wochenbibliothek. Schweizer Wochenbibliothek. Band 25—29. 8. Zürich, Justus Hebsacker, [1903]. ... à fr. —. 20
Band 25. Ein Opfer. Von B Saworra. [Aus dem Engl.] II + 121 S.
Band 26: Ferdinand von Lanz. Von Heinrich Graus; — Das Heiligtum. Von Franz Wichmann. II + 121 S.
Band 27: Auf falscher Fährte. Von Th[eodor] Eicke; — Gestillter Durst. Von [Frl.] Friede H Kraze. II + 126 S.
Band 28: Die rote Pepi. Von Oskar Schumann-Arndt; — Die Wunder der Madonna. Von [Frau] M[arg] Marasso. II + 127 S.
Band 29: In Liebesketten. Von Adolf Kahle; — Pilatus. Von Franz Wichmann. II + 127 S.

Wochenbibliothek. Schweizer Wochen-Bibliothek. Band 30—35. 8. Zürich, Justus Hebsacker, [1903]. ... à fr. —. 20

Band 30: Von Generation zu Generation. Von Emil de la Tour [*pseud.* = Maria Antoinette von Markovics]; — Petschorin. Von E v[on] Mdenko; — Der Brillant. Von F[ranz] Wichmann. II + 127 S.
Band 31: Wie ich dazu kam. Von Henry Wenden. II + 126 S.
Band 32: Versunken Eiland. Von [Frl.] Th(eodolinde) von Paschwitz. II + 128 S.
Band 33: Ueberwunden und andere Novellen. Von C. Gerhard [*pseud.* = Clara Gerlach]. II + 127 S.
Band 34: Dem Glücke wiedergegeben. Von C. Gerhard; — Pieta. Von C. Gerhard. II + 144 S.
Band 35: Ein Namenloser. Von Herm[ann] Hirschfeld; — Rein. Von [Frl.] F(riede) H Kraze. II + 127 S.

Wochenbibliothek. Schweizer Wochen-Bibliothek. [Illustriert.] Band 36—48. 8. Zürich, Justus Hebsacker, [1903]. ... à fr. —.20

Band 36: Das Gesellschaftsfräulein. Von Adolphe Belot. [Aus dem Franz.] II + 126 S.
Band 37: Fürstin Olsdorf. Von Réné de Pont-Jest. (Autorisierte Uebersetzung [aus dem Franz. — Mit Anhang].) II + 126 S.
Band 38: Das Geheimnis des Stollens. Von Dr. Karl Mai. II + 126 S.
Band 39: Elisabeth von Ellern. Von [Frau] Ida v[on] Conring. [Mit Anhang.] II + 144 S.
Band 40: Therese. Von [M] Jenkin-[Aus dem Franz. von Victor] Schwarz. II + 141 S.
Band 41: Der Waldwächter. Von Clara Schott. II + 123 S.
Band 42: Verschlungene Pfade. Von Adolf Wilhelm Johannes [*pseud.* = Adolf Kahle]. II + 127 S.
Band 43: Die Tochter des Piratenkapitäns. Von Adolph Lynn. II + 125 S.
Band 44: Die Jugend. Von [Frl.] F(anny) Stöckert; — Verirrt. Von C. Gerhard [*pseud.* = Clara Gerlach]. II + 128 S.
Band 45: Der silberne Pfeil. Von Anna Seyffert-Klinger. II + 143 S.
Band 46: Ein Schiff von anno '49. Von Bret Harte. (Deutsch von Arthur Roehl.) II + 111 S.
Band 47: Um der Ehre willen. Von Clara Schott. II + 112 S.
Band 48: Erzählung eines Vaters. Von Henry Greville. (Deutsch von B Neumann.) II + 128 S.

Wochenbibliothek. Schweizer. W'-B'. [Illustriert.] Band 49—60. 8. Zürich, Justus Hebsacker, [1903—1904]. ... *je* fr. —. 20

Band 49: Der falsche Graf. Von Karl Schmeling. II + 144 S.
Band 50: Das goldene Herz. Von E Fahrow. II + 128 S.
Band 51: Kastell Belcaro. Von Clarissa Lohde. II + 144 S.
Band 52: Im Sturm. Von E Fahrow. II + 128 S.
Band 53: Die Goldtrupf. Von Franz Wichmann; — Das Problem des Glückes und andere Novellen. Von Robert Plöhn. II + 127 S.
Band 54: Die Perlen der Grossmutter. Von Anna Seyffert-Klinger. II + 144 S.
Band 55: Vom Seine-Strand. Von M[aria] A[ntoinette] v[on] Markovics. II + 127 S.
Band 56: Lieblinge des Glückes. Von Kurt v[on] Walfeld. II + 127 S.
Band 57: Mörder. Von H[ans] Hyan. II + 127 S.
Band 58: Angela Ritter. Von Hans Karlsen. II + 112 S.
Band 59: Irene. Von [Frl.] Zoë von Reuss. II + 127 S.
Band 60: Das rettende Geld. Von Karl Teschner. II + 127 S.

[F.] (A.) Weichert's **Wochen-Bibliothek.** E. Ausw. d. besten Romane u. Erzählgn a. d. deutschen u. ausländ. Litt. Bd 1—12, 15—25. *Berlin: A. Weichert [1897].* 8. [97. 5159

Wochenblatt, s.a. Amts-u. Wochenblatt

Wochenblatt (BL)
s.a. Wochenblatt für die Kantone Basel-Land und Basel-Stadt.

Wochenblatt (Gr)
s.a. Wöchentlicher Anzeiger (Gr).

Wochenblatt. Gedanken der unsichtbaren Gesellschaft. Halle 1741. H: *Pyra, Immanuel Jacob.* (GGr)

Wochenblatt, f. 1746. 8. Göttingen.

Wochen-Blatt. –
Plauen. – IV.1792 – IV.1799.
Vorh. u.d.T.: Unterhaltend gemeinnütziges Anzeige-Blatt.
Fortges. u.d.T.: Voigtländisches Provinzialblatt.

Wochenblatt. –
Kiel. – 4.VI.1794 – 27.III.1841.
Vorh. u.d.T.: Wochenschrift.
Fortges. u.d.T.: Kieler Wochenblatt.

Wochenblatt. –
Goslar. – 5.I.1801 – 10.I.1809.
Vorh. u.d.T.: Goslarsches Wochenblatt.
Fortges. u.d.T.: Berg-Zeitung.

Wochenblatt. –
Bonn. – 6.II.1808 – 12.I.1811.
Fortges. u.d.T.: Bonner Nachrichts- und Anzeigeblatt.

Wochenblatt. Hrsg. von Freunden der vaterländischen Geschichte. Jg. 1810–34. Solothurn 1810–34.

Wochenblatt. –
Offenburg. – IX.1811(?) – 1816.
Fortges. u.d.T.: Offenburger Wochenblatt.

Wochenblatt. –
Schwäbisch Gmünd. – 1.(?)I.1811 – 31.III.1811.
Vorh. u.d.T.: Wöchentlicher Anzeiger.
Fortges. u.d.T.: Gemeinnütziges Wochenblatt.

Wochenblatt. –
Baden-Baden. – 1815 – 17.X.1864.
Fortges. u.d.T.: Badener Wochenblatt.

Wochenblatt. –
Lahr. – 3.I.1816 – 9.I.1819.
Vorh. u.d.T.: Lahrer Intelligenz- und Wochenblatt.
Fortges. u.d.T.: Lahrer Wochenblatt.

Wochenblatt. –
Zweibrücken. – 6.IV.1816 – 3.I.1817.
Vorh. u.d.T.: Zweybrücker Wochenblatt.
Fortges. u.d.T.: Anzeige-Blatt.

Wochenblatt. –
Mühlhausen/Thür. – 1817 – 1821(?).
Vorh. u.d.T.: Neues Mühlhäusisches Wochenblatt.
Fortges. u.d.T.: Mühlhäuser Kreisblatt.

Wochenblatt. –
Hanau. – 3.I.1822 – 30.XII.1868.
Vorh. u.d.T.: Hanauer Privilegirte Wochennachricht.
Fortges. u.d.T.: Hanauer Wochenblatt.

Wochenblatt. –
Kassel. – 2.I.1822 – 1.I.1858.
Vorh. u.d.T.: Casselsche Polizey- und Commerzienzeitung.
Fortges. u.d.T.: Tageblatt.

Wochenblatt. –
Hamm. – 2.II.1825 – 10.XII.1850.
Vorh. u.d.T.: Kreis Hammsches Wochenblatt.
Fortges. u.d.T.: Westfälischer Anzeiger.

Wochenblatt. –
Stolp. – 19.II.1825 – 1.I.1856.
Fortges. u.d.T.: Stolper Wochenblatt.

Wochen-Blatt. –
Goslar. – 2.I.1828 – 16.III.1848.
Vorh. u. fortges. u.d.T.: Goslarsches Wochenblatt.

Wochenblatt. –
Bochum. – 10.I.1829 – 13.VIII.1842.
Fortges. u.d.T.: Bochumer Kreisblatt.

Wochenblatt. –
Göppingen. 20.V.1829 27.XII.1848.
Vorh. u.d.T.: Intelligenzblatt.
Fortges. u.d.T.: Göppinger Wochenblatt.

Wochenblatt. –
Hechingen. 3.X.1829 6.I.1837.
Fortges. u.d.T.: Verordnungs- und Intelligenzblatt.

Wochen-Blatt. –
Hof. 3.I.1829 31.XII.1851.
Vorh. u.d.T.: Intelligenz-Blatt.
Fortges. u.d.T.: Höfer Wochen-Blatt.

Wochenblatt. –
Recklinghausen. 7.V.1831 15.V.1895.
Fortges. u.d.T.: Recklinghäuser Zeitung

Wochen-Blatt. –
Lippstadt. 1.VII.1832 (vor) 1905.
Vorh. u.d.T.: Ordinari Lippstädtische Postzeitungen.
Fortges. u.d.T.: Lippstädter Zeitung.

Das Wochenblatt : 1833. Osnaburgh, OH
Edited & published by Henry Kurtz.

Wochenblatt. –
Offenbach. 4.VII.1834 15.V.1848.
Vorh. u.d.T.: Privilegirtes Offenbacher Frag- und Anzeige-Blatt.
Fortges. u.d.T.: Intelligenz-Blatt.

Wochenblatt. –
Zweibrücken. 1.I.1837 1854(?).
Vorh u.d.T.: Zweibrücker Zeitung.
Fortges. u.d.T.: Zweibrücker Wochen-Blatt.

Wochenblatt. –
Freiburg. 1.VII.1839 25.XII.1841.
Fortges. u.d.T.: Breisgauer Amts- und Wochenblatt.

Wochenblatt. –
Offenburg. 4.I.1839 2.I.1851.
Vorh. u.d.T.: Offenburger Wochenblatt.
Fortges. u.d.T.: Der Ortenauer Bote.

Wochenblatt (Zh)
⑤ Februar 1840 (Probeblatt) ⑧ Wädenswil. Johann Rudolf Fretz ⑪ Fretz: Zeitungsgründer am See vor 1842, p. 43.

Wochenblatt. –
Dortmund. 2.I.1841 25.V.1847.
Vorh. u.d.T.: Dortmunder Wochenblatt.
Fortges. u.d.T.: Dortmunder Anzeiger.

Wochenblatt (Tg)
③ Thurgauer allgemeiner Anzeiger ④ Intelligenzbote ⑤ 1843 ⑦ Wochenblatt ⑧ Frauenfeld: Christian Beyel ⑩ der Drucker ⑬ Hagen: Buchdruck- und Zeitungswesen im Thurgau ⑮ Beyel kaufte Prokurator Frölich das Verlagsrecht des Thurgauer allgemeinen Anzeigers ab; dieser ist nie erschienen, sondern nur projektiert worden.

Wochenblatt. –
Kirchheimbolanden. 8.VI.1849 – 27.XII.1866.
Vorh. u.d.T.: Kirchheimbolander Wochenblatt.
Fortges. u.d.T.: Nordpfälzisches Wochenblatt.

Wochenblatt. –
Neubrandenburg. 1.IV.1849 2.I.1850.
Vorh. u.d.T.: Neubrandenburger Wochenzeitung.
Fortges. u.d.T.: Allgemeiner Mecklenburgischer Anzeiger.

Wochenblatt. –
Pirna. 16.I.1850 31.XII.1859.
Vorh. u.d.T.: Pirnaisches Wochenblatt.
Fortges. u.d.T.: Pirnaer Anzeiger und Tageblatt.

Wochen-Blatt. –
Goslar. 1.I.1851 12.X.1852.
Vorh. u.d.T.:Goslarsches Wochenblatt.
Fortges. u.d.T.: Allgemeiner Anzeiger.

Das Wochenblatt : Feb 26, 1859 1861
Weekly. Edited & published by Carl Schmidt, Feb 26 May 1859, by Charles F. Beardsley, May Aug 1859, by Charles Kolbe, Aug 1859 Nov 1860, by Morris M Wiseman, Nov 1860 Mar 1861, by F. Albert Ludwig, Mar June 1861.
Honesdale, PA

Wochenblatt. –
Kassel. 2.I.1862 27.X.1868.
Vorh. u.d.T.: Tageblatt.

Wochenblatt. –
Oppeln. 5.X.1864 31.XII.1897.
Fortges. u.d.T.: Oppelner Zeitung.

Wochenblatt. –
Pirmasens. 1866(?) 1873(?).
Vorh. u.d.T.: Pirmasenser Wochen-Blatt.
Fortges. u.d.T.: Pirmasenser Wochenblatt.

—— hrsg. von Mitgliedern des Architekten-Vereins zu Berlin. Hrsgbr.: W. Boekmann. Redact.: K. E. O. Fritsch. 1. Jahrg. 1867. 52 Nrn. (Bog. mit eingedr. Holzschn.) gr. 4. Berlin, (Beelitz.) Vierteljährlich * –
Die Fortsetzung erscheint unter dem Titel: Bauzeitung, deutsche.

Das Wochenblatt : Oct Dec 4, 1868.
Independent Republican weekly. Continued as CENTRAL ILLINOIS WOCHENBLATT (Ottawa, Ill.). Edited & published by H. F. Haenbach. Information from Miss Beem, Aug. 11, 1944.
La Salle, IL

Das Wochenblatt : 1874? ? Vinvennes, IN
Weekly. Edited & published by Rosenthal & Brader.

Das Wochenblatt : 1876 ? Franklin, TX
Independent weekly. Circulation: 1876, 1585.

Wochenblatt: 1876 ? Petropolis
Weekly. See Gehse, p. 24.

Wochenblatt : 1877? 1881? Rochester, NY
Wednesday edition of SONNTAGS-BLATT

Wochenblatt: Feb 9, 1878 ?
Weekly German edition of Berlin Daily News, founded by P. E. W. Moyer
Kitchener, Ont.

Wochenblatt, das. Eine Chronik fürs Haus. Redact.: Fritz Mauthner. 1. Jahrg. Oktbr.—Decbr. 1878. 13 Nrn. (à 2 Bog.) gr. 4. Berlin, Grote'sche Verlagsh. *
Nicht weiter erschienen.

Wochenblatt : 1879 1886?
Independent weekly. Circulation: 1881, 700; 1885, 1450. Edited & published by Heinrich Schütze. & Albert Schutze. Other editors: J. P. Duvernage (also as, Duvinage, and as Duvernoy).
Austin, TX

Das Wochenblatt : 1881? ?
Independent weekly.
Kingsville, OH

Das Wochenblatt : 1882? –1906?
Independent weekly. Circulation: 1890, 500; 1905, 800. Edited by C. L. Vogel, 1883; by John Doenier, 1884 89; published by Riffe & Born, 1884—89; edited & published by Louis Schloenbach, 1890 1906.
Kenton, OH

Das Wochenblatt: 1883?–1884? Evansville, IL

Weekly. Edited & published by L. & W. Fritsch.

Das Wochenblatt: May 15, 1884–1895?

Republican weekly. Circulation: 1891, *840*. Edited & published by Robert Lange & Emil Pohl, 1884; by Henry Garn, 1884–86; by L. B. Schonlau, 1887–90; by J. N. Kilian, 1891–94. Established by a German Pole, Robert Lange. Sold to Schonlau & published by him till his death in 1890, then bought by J. N. Kilian and became NEBRASKA BIENE.
Columbus, NE

Wochenblatt: 1885–1849? Chartiers, PA
Weekly

Das Wochenblatt: 1885?–1896?

Independent weekly. Only paper in Mansfield. Place of publication varies: Carnegie, Pa., 1895–96. Circulation: 1886, 650; 1895, 500.
Edited & published by Charles Krusche, 1885–96.
Mansfield, PA

Das Wochenblatt: 1885?–1934?

Weekly, 1885–90; semi-weekly, 1903–19; weekly, 1920–34. Independent. Circulation: 1890, 650; 1910, 1575; 1917, 1721; 1925, 2038; 1930, 2526. Edited & published by Julius Stoll, 1885?–1890; by E. Vossmeyer, 1929?–1934. Published by Rochester German Publishing Co., 1903–34.
Lockport, NY

Das Wochenblatt: 1886?–1910?

Democratic weekly. Circulation: 1890, 750; 1900, 950; 1910, 1100. Edited by Adolph Weixelbaum; by Christian Heyn; by C. W. Beute; by J. M. Hoffa. Published by Hancock Publishing Co., 1887–1910.
Findlay, OH

Das Wochenblatt: 1890?–1894?

Weekly. Circulation: 1894, 1500. Edited by Sigm. Dormitzer, & published by Dormitzer & Hetz, 1890–94.
Bridgeport, CT

Wochenblatt (SG)
⑤ 1897 ⑦ Wochenblatt ⑧ Henau-Niederuzwil ⑬ BGSZ: 1045.

Das Wochenblatt: 1899–1902?

Republican weekly. Edited & published by Rothe & Waltenberger, 1899–1902.
East St.Louis, IL

Das Wochenblatt: Jahrgang 1–?, 1904–1923?

Weekly. Contains news and literary material, original in character; illustrated. Small folio, each issue 16 pages; special issues appeared, as "Jahrgang 6, no. 41, Oct. 1909," published in 5 Theilen, each 16 pages, with title: "Die Deutschen" by F. Mannhardt; illustrated, including portraits. Circulation: 1910, 15,300; 1920, 15,500. Edited & published by C. F. Pietsch, 1904–?
Chicago, IL

Das Wochenblatt: Aug. 5, 1909–1940?

Weekly. Democratic, 1909–31; Independent, 1932–40. The issue for Aug. 5, 1909 [Jahrgang 1, no. 1], gives as sub-title: Nachfolger des "Bellville Wochenblatt". With the issue of Aug. 23, 1916, a change in numbering is made: Jahrgang 25, no. 47 (In Austin, Jahrgang 8, no. 4), Aug. 23, 1916; and, thereafter this method of numbering was followed; in the issue for Sept. 17, 1931, Circulation: 1910, 2400 (est.); 1935, 2851; 1940, 3167. Edited & published by Wilhelm Andreas Trenckmann (also as William Andrew Trenckmann), Aug. 5, 1909–Mar. 29, 1935; edited by Walter Wuppermann, as Lokal-Redakteur, Mar. 1935–1940, with Dr. H. F. Fritsch & Felix Schmidt, as Schriftleiter of National Weeklies, Winona, Minn., which company became publishers with the issue of Apr. 7, 1935. Date-line, Apr. 7, 1933–1940: Winona-Austin.
Austin, TX

Wochenblatt von Aarau
⑤ 1836–1842 ⑦ Wochenblatt ⑧ Aarau ⑬ BGSZ: 12, p. 32.

Aarburger Wochenblatt
① Publikationsmittel des Wiggerthales ④ Aarburger Anzeiger (?) ⑤ 1874–1875 (?) ⑥ 2° ⑦ Wochenblatt ⑧ Aarburg: E. Müller ⑩ der Drucker ⑪ wahrscheinlich der Drucker ⑫ neutral.

Wochenblatt: Aargauisches Wochenblatt
s.a. Aargauer-Zeitung (II).

Wochenblatt: Aargauisches Wochenblatt (II)
s.a. **Lenzburger** Wochenblatt und Anzeiger.

Wochenblatt: Aargauisches Wochenblatt (I)
③ Hochobrigkeitlich privilegiertes aargauisches Intelligenz-Blatt (1811–1832) ④ Aargauisches Kantonsblatt (I) ⑤ 1832–1833 ⑥ 8° ⑦ Wochenblatt ⑧ Aarau: Obrigkeitliche Buchdruckerei ⑭ Aa: K ⑮ Es enthält amtliche und private Anzeigen und Urteile des Obergerichts.

— allgemeines, verschied. histor.-, geograph.-, statist.-, ökonom. ꝛc. Materialien enthaltend. 8. Bauzen 781. Deinzer. 12 gr

Allgemeines Wochenblatt. Herausgeg. von H[ANS] KOPPERHOLDT 1828—1839. Apenrade. 4. (defekt; begynder med Nr. 233).

Wochenblatt, Allgemeines Berlinisches literarisches. Berlin 1776—77. H: *Bertram, Christian August von.* (Ky)

— allgem. Berlin., literarisches, für 1776, 77. 3 Bde u. 6 Beilagen, herausg. v. (Chr. Aug. v. Bertram). 8. Berl., Birnstiel. 2 rß 16 gr

— allgem. deutsches, zur Ehre d. Lektüre, (von A. Wittenberg). 4 Thle. 8. Hamb. 774, 75. Möller. 4 rß

Wochenblatt, Allgemeines, zur Ehre der Lektüre. Hamburg 1774—75. H: *Wittenberg, Albrecht.* (MGT) »Wochenblatt, Allgemeines deutsches« (Ky)

— allgem., zur Erhaltung d. unschäzbaren Gesundheit, (von Jh. Mch. Hofmann). 4 Quart. 8. Frkf. 787, 88. Weiß. 1 rß 8 gr

— — allgemeines, für Kinder. Eine Zeitschrift für zweckmäßige Bildung deutscher Jugend, verfaßt von einer Gesellschaft deutscher Kinderfreunde und Jugendlehrer, und herausgeg. v. G. H. Haumann. 1r Jahrg. 12 Hefte. 8. Erfurt, Maring. 816.

Wochenblatt. – A l l g e m e i n e s Wochenblatt für Kinder, eine Zeitschrift für zweckmässige Bildung deutscher Jugend. H. 1–6. Erfurt: Otto 1817. 8°
Hrsg. v. Gust. Heinr. Haumann.

Wochenblatt, Allgemeines Zittauisches. Zittau 1771. H: *Spieckermann, Adam Jacob.* (MI.)

Wochenblatt. – A l l g e m e i n n ü t z l i c h e s Wochenblatt, besonders zur Erhaltung der unschätzbaren Gesundheit und Heiterkeit des Gemüths . . .
Frankfurt/M.: Eichenberg 1786–87. 8°
Hrsg. v. Joh. Mich. Hoffmann.

Wochenblatt, Allgemeinnützliches, besonders zur Erhaltung der unschätzbaren Gesundheit und Heiterkeit des Gemüths . . . Frankf. a. M. 1787. H: *Hofmann, Johann Michael.* (MGT) »1787—88« (Ky)

— altmärkisches, z. Belehrung u. gegenseit. Mittheilung. 8. Stendal. Franzen u. G. 708.

Wochenblatt, Altmärkisches, zur Belehrung und Mittheilung. Stendal 1788. H: *Gayl, Casimir Wilhelm von.* (Ky)

Wochenblatt, altmärkisches, zur Belehrung u. Mittheilung, (von Kasim. Wlh. v. Gayl). 8. Stendal 788. Frantzen u. Gr. 21 gl.

Wochenblatt. – A l t m ä r k i s c h e s Wochenblatt zur Belehrung und gegenseitigen Mittheilung. Bd 1 (= St. 1 -12).
Stendal: Frantzen u. Große 1798.
Hrsg. v. Cas. Wilh. v. Gayl.

Wochenblatt der Amerika: 1872 - New York, NY

Wochenblatt des Amerika: 1872 - Nov. 9, 1924.
Weekly edition of AMERIKA, issued weekly 1872–1902, semi-weekly, 1903–24. Title varies with frequency. "Beilage" issued, 1888–89. Circulation: 1875, 16,400; 1895, 42,000; 1910, 32,000; 1920, 32,558.
St. Louis, MO

Wochenblatt: Amtliches Wochenblatt von Uri
v. Wochenblatt von Uri

Wochenblatt. – Herzoglich- A n h a l t - D e s s a u i s c h e s Wochenblatt. -
3.I.1829 – 31.XII.1848.
Vorh. u.d.T.: Fürstl. Anhalt-Deßauische wöchentliche öffentliche Nachrichten.
Fortges. u.d.T.: Herzoglich Anhalt-Dessauischer Staats-Anzeiger.

Wochenblatt. – A n h a l t - K ö t h e n s c h e s Wochenblatt. -
1.(?)I.1805 - 10.V.1811.
Vorh. u.d.T.: Gemeinnütziges Anhaltisches Wochenblatt.
Fortges. u.d.T.: Anhaltische Staatszeitung.

Wochenblatt zu den Annalen der Landwirthschaft in den königl. preußischen Staaten, s. Annalen.

Wochenblatt. – A n n w e i l e r Wochenblatt. -
Landau/Pfalz. - 4.I.1865 - 31.XII.1867.
Fortges. u.d.T.: Landauer Anzeiger.

Kgl. privil. Apenrader Wochenblatt. Herausgeg. von FR. FISCHER. Nr. 1—26. (2/10 1839—25/3 1840). Apenrade. 4.

Arboner Wochenblatt
④ Bodan ⑤ 1. 1. 1860—14. 9. 1860 ⑦ wöchentlich 2× ⑧ Arbon: J. H. Vogt ⑬ Hagen: Buchdruck- und Zeitungswesen im Thurgau.

—— für Architekten und Ingenieure. Unter Mitwirkung von Mitgliedern des Architekten-Vereins zu Berlin hrsg. von Adf. Boetticher. 1. Jahrg. Mai — Decbr. 1879. 34 Nrn. (à 2—2½ Bog.) Fol. Berlin, Oehmigke's Verlag. *

Wochenblatt für Architekten und Ingenieure. Unter Mitwirkung von Mitgliedern des Architekten-Vereins zu Berlin. Redact.: Adf. Boetticher und Peter Wallé. 2. Jahrg. 1880. 52 Nrn. (à Nr. 1—1½ Bog.) Fol. Berlin, Oehmigke's Verlag. *

—— dass. — Redact.: Peter Wallé. 3. Jahrg. 1881. 52 Nrn. (à Nr. 1—1½ Bog.) Fol. Berlin, (Polytechn. Buchhandlung.) *

—— dass. — Hrsg. von Friedr. Scheck. 4. und 5. Jahrg. 1882 und 1883. à Jahrg. 52 Nrn. (à Nr. 1—1½ Bog.) Fol. Berlin, (Springer.) à Jahrg. *

—— dass. — Verkündigungsblatt des Verbandes deutscher Architekten- und Ingenieur-Vereine. Organ des ostpreuss. Architekten- und Ingenieur-Vereins. Hrsg. von Friedr. Scheck. 6. Jahrg. 1884. 104 Nrn. (à Nr. 1—1½ Bog.) Fol. (Ebendas.) *

Wochenblatt: Aergäuisches Wochenblatt
v. Unter-Aergaüisches Intelligenz-Blatt.

Argentinisch-Deutsches Wochenblatt: Jahrgang 1, no. 1, Feb. 28, 1875 - May 30, 1876. 007
Weekly. Founded by Jakob Peuser. Continued as Argentinische Deutsche Zeitung. 8 pages. Editors: A. Amerlan, W. Kessler
Buenos Aires

Argentinisches Wochenblatt. Jahrgang 1, March 2, 1878 to date.
Weekly edition of Argentinisches Tageblatt. Small folio, each issue 48 - 60 pages, with slight variations. Has supplements, q.v.: 1) Haben und Drüben, 2) Der Kolonist, 3) Der Tittelmeier. Editor Ernesto Alemann. Publisher: Alemann y Cia.
Buenos Aires

— arithmetisches. 4 Quart. 4. Berl. 796. Felisch. (à 18 gl.) 3 rthl.

Wochenblatt. – A r t i s t i s c h e s Wochenblatt für Kunst- und Buchhändler. Nr. 1 -30. Frankfurt a. M.: Guilhaumann 1830. 4⁰
Hrsg. v. I. C. Stellweg.

A s c h e r Wochenblatt. (4. Jahrgang.) Herausgeber und Redakteur Wilh. Weiß. Druck der Mintzel'schen Buchdruckerei in Hof. 4. 2spaltig. Jeden Sonnabend. 25 kr. vierteljährig.

Wochenblatt. – B a d e n e r Wochenblatt. -
Baden-Baden. – 18.X.1864 - 30.IV.1896.
Vorh. u.d.T.: Wochenblatt.
Fortges. u.d.T.:Badener Tagblatt.

Badener Wochenblatt
① Aargauische Bauernzeitung ③ Aargauische Landeszeitung ④ Badener Wochenblatt und Aargauische Bauernzeitung ⑤ 26. 12. 1885—1906 ⑥ 2° ⑦ Wochenblatt, später wöchentlich 2× ⑧ Baden: Jos. Jäger ⑨ Badener Sonntagsblätter (z. B. 1894 achtseitig) ⑩ der Drucker ⑪ der Drucker ⑫ freisinnig-demokratisch ⑬ BGSZ: 911; Haberbosch: Badener Zeitungen (1950) ⑭ Baden: Stadtarchiv (1886—1906) ⑮ Die Probenummer vom 26. 12. 1885 zeigt senkrecht an den Rand gedruckt: »Statt ‚Landeszeitung' Probenummer des neu erscheinenden ‚Badener Wochenblattes'«. Die nächste Nummer erschien 2. 1. 1886. — Kopfblatt der »Schweizer Freien Presse«.

Badener Wochenblatt und Aargauer Bauernzeitung
② Aargauisches Wochenblatt und Aargauer Bauernzeitung ③ »Badener Wochenblatt« und »Aargauische Bauernzeitung« getrennt erscheinend ⑤ 1907—1912 ⑥ 2° ⑦ wöchentlich 2× ⑧ Baden: Jos. Jäger ⑨ Badener Sonntagsblätter ⑩ der Drucker ⑪ der Drucker ⑫ bäuerlich ⑬ Haberbosch: Badener Zeitungen (1950) ⑭ Baden: Stadtarchiv (1910—1912).

—— großherz. badisches landwirthschaftliches. Jahrg. 1848—51. à Jahrg. 52 Nrn. (½ Bog.) 8. Karlsruhe, Braun. à Jahrg. *
Jahrg. 1846 und 1847. Ebendas. à Jahrg. * 1 Thlr. 15 Ngr.

Wochenblatt. – Großherzoglich B a d i s c h e s privilegirtes Freyburger Wochenblatt. -
1.XI.1810 – 31.XII.1820.
Vorh. u.d.T.: Großh. Badische Privilegirte Freyburger Zeitung.
Fortges. u.d.T.: Freiburger Zeitung.

Wochenblatt des Baltimore Wecker: 1855-? Baltimore, MD

Wochenblatt, Barmer, zur Belehrung u. Unterhaltung rc. 1r—12r Jahrg. 1829—1840. ... Barmen, Steinhaus. à Jahrg. n. 1 rthl.

Wochenblatt, Barmer. 13. Jahrg. 1841. 104 Numm. 4. Barmen, Steinhaus. n. 1 rthl.

Wochenblatt für die Kantone Basel-Land und Basel-Stadt
① Allgemeiner Anzeiger für Basel-Land und Basel-Stadt (nach 1873) ② Wochenblatt (BL) (nach 1873) ④ Basellandschaftlicher Volksfreund ⑤ 1872—1888 ⑥ 4° (verkleinertes Format nach 1873) ⑦ Wochenblatt (1872); wöchentlich 2× (1873); wöchentlich 3× (1874—1888) ⑧ Basel; Binningen: Jakob Lüdin (1872—1888) ⑨ Das Plauderstübchen (Beilage zum »Wochenblatt für Basel-Land und Basel-Stadt«; 1. 4. 1872—1888; 4°; Wochenbeilage; illustriert) ⑩ Jakob Lüdin ⑪ K. Kramer (1872—1873), Jakob Lüdin (1874—1888) ⑫ freisinnig-demokratisch, zeitweise Organ der Revisionsbewegung Rolles ⑭ Bs: L (14. 2. 1872, 28. 4. 1877); Binningen: Druckerei Walter Lüdin (einzelne Jahrgänge).

Wochenblatt: Basellandschaftliches Wochenblatt (I)
⑤ 9. 1. 1837—1838 (?) ⑥ 8° ⑦ Wochenblatt ⑧ Liestal: Banga & Honegger ⑩ Banga & Honegger ⑬ Inseratenblatt ⑭ Bs: U (nur 1837).

Wochenblatt: Basellandschaftliches Wochenblatt (II)
③ Das gleichlautende Inseratenblatt (Basellandschaftliches Wochenblatt I) und Jura-Blätter (bis 9. 3. 1839) ④ Neue Basellandschaftliche Zeitung ⑤ 1839—27. 12. 1845 ⑥ 4° ⑦ Wochenblatt ⑧ Liestal: Banga & Honegger, W. Honegger (seit 1839) ⑨ Unterhaltungsblatt (Monatsblatt) ⑩ die Drucker ⑪ Dr. Johann Gihr, Julius Zschokke (bis 10. 5. 1845), Gottlieb Begle (1845); Mitarbeiter: »General« Buser ⑫ liberal ⑬ BGSZ: 182, 954 (p. 70/71) ⑭ Li: K; Bs: U (unvollständig); Be: L (unvollständig).

Basler Wochenblatt
v. Avis-Blättlein Dienstags.

Wochenblatt für Baukunde. Organ der Architekten- und Ingenieur-Vereine von Bayern, Elsass-Lothringen, Frankfurt a. M. etc. Verkündigungsblatt des Verbandes deutscher Architekten- und Ingenieur-Vereine. Hrsg. von Friedr. Scheck. 7. Jahrg. 1885. 104 Nrn. (à Nr. 1½ Bog.) Fol. Berlin, (Springer.) *

—— dass. — 8. und 9. Jahrg. 1886 und 1887. à Jahrg. 104 Nrn. (à Nr. 1½ Bog.) Fol. Frankfurt a. M., Expedition. à Jahrg. *

—— dass. — [Sonderausg. der Deutschen Bauzeitung.] Organ der Architekten- und Ingenieur-Vereine von Bayern, Elsass-Lothringen, Frankfurt a. M., Mittelrhein, Niederrhein-Westfalen, Ostpreussen und Württemberg. Verkündigungsblatt des Verbandes deutscher Architekten- und Ingenieur-Vereine. Hrsgbr. und Redact.: Friedr. Scheck. 10. Jahrg. 1888. 104 Nrn. (à Nr. 1½ Bog.) hoch 4. Berlin, Expedition, S. W., Jerusalemer Strasse 48/49. *
Die ersten 6 Jahrgänge erschienen u. d. T.: Wochenblatt für Architekten und Ingenieure.

Bayerisches Wochenblatt: 1875? - Apr 1918?
Independent weekly.
Place of publication varies: Philadelphia, Pa., 1875 - 79?; New York? Merged with Der Deutsche Correspondent, to form Baltimore Correspondent. Edited & published by August Walther, by Louis Heise & August Strauff, by Arthur M. Bommel & Joseph A. Fleisch, jr., ? - Apr 1918; by Otto Sturzbach. Circulation: 1885, 3500; 1900, 9610; 1910, 10,600; 1918, 8500.
Baltimore, MD

Wochenblatt. – Baierisches Wochenblatt. Jg. 1–9.
München: Zeitungs-Comptoir 1800–08. 4°
Zeitungsähnliches Periodicum, doch vorwiegend belehrenden Inhalts.
Hrsg. v. Lorenz Hübner.
Fortges. u.d.T.: Münchner Miscellen. München 1809 f.

WOCHENBLATT, Baierisches und Kurpfalzbaierisches, später: Wochenblatt von München, — dann Münchner Miscellen zum Nutzen u. Vergnügen für alle Stände. Hrsg. v. Hubner u. Wolf. Jahrg 1–10. (Nicht mehr erschienen). Mit 1 Bl. Musik. München 1800–1809. 4°. (Emil Hirsch, München, Cat. 45. [1904?] Verkauft.)

Wochenblatt. – Königl. Baier. Landshuter Wochenblatt. 1807 – 31.(?)XII.1824.
Vorh. u.d.T.: Landshuter Anzeiger.
Fortges. u.d.T.: Landshuter Wochenblatt.

Wochenblatt, bayrisches, f. das katholische Volk. Red.: Ed. Reitmeier. 1. Jahrg. Oktbr. 1891 – Septbr. 1892. 52 Nrn. (Bog. m. Abbildgn.) 4. [München.] Passau, R. Abt's Verl. n. 2. —

Wochenblatt. – Bayerisches Wochenblatt für den oberfränkischen Wahlkreis. Nürnberg: Expedition 1883–1890. 4°

Das Beardstowner Wochenblatt: 1878 - 1885?
Independent weekly. Circulation: 1881, 400 (est.); 1885, 500. Edited & published by Theodore Wilkins, 1878--81; by J. C. Ross & Son, 1881—85. Continuation of Der Beobachter am Illinois-Fluss.
Beardstown, IL

Wochenblatt, Bellville, Texas. Austin Co. Beilage z Bellville Wochenblatt, den alten Texanern gewidmet u den jungen zu Nutz u Frommen. Bellville, 190-[?].

Wochenblatt. – Bergedorfer Wochenblatt. –
Hamburg-Bergedorf. – 1.I.1831 – 12.II.1843.
Vorh. u.d.T.: Bergedorfer Bote.
Fortges. u.d.T.: Bergedorfer Wochenblatt und Eisenbahn-Zeitung.

Wochenblatt. – Bergedorfer Wochenblatt und Eisenbahn-Zeitung. –
Hamburg-Bergedorf. – 19.II.1843 – 12.XII.1851.
Vorh. u.d.T.: Bergedorfer Wochenblatt.
Fortges. u.d.T.: Bergedorfer Eisenbahn-Zeitung.

Wochenblatt, bergedorfer, u. Eisenbahn-Zeitung. Jahrg. 1846 u. 1847. à 104 Nrn. (Bog.) Fol. Bergedorf. (Hamburg, Berendsohn.) à Thlr. *

Wochenblatt und Eisenbahn-Zeitung, bergedorfer. Redig. von C. M. Ed. Jahrg. 1848. 104 Nrn. (Bog.) gr. Fol. Bergedorf. (Hamburg, Berendsohn.) Thlr. *
Jahrg. 1846 und 1847. Ebendas. à Jahrg. * 2 Thlr. 20 Ngr.

—— Berliner, für christliches Leben und Wissen. Hrsg. von Paulus Cassel. 1. Jahrg. Octbr. bis Dezbr. 1862. 13 Nrn. (½ Bog.) * 10 Ngr. und 2. Jahrg. 1863. 5 Nrn. * 1 Thlr. 10 Ngr. gr. 4. Berlin, W. Schultze. *

Wochenblatt, Berliner litterarisches. Berlin 1776—77. H: *Bertram, Christian August von.* (MGT)
Birnstiel.

— Berliner polit. (3r — 10r Jahrg.) 1834 — 1840. Redigirt von F. W. Streit. à 52 Numm. (à 1 — 2 Bogen.) Fol. Berlin 834 — 40. Dümmler. à n. 6⅓ ₰ (1r u. 2r Jahrg., Ebd. 832, 33, redigirt vom Prof. Jarcke, auch à n. 6⅓ ₰ — Der 1e Jahrg. ist vergriffen.)

— Berliner, zur Unterhaltung u. Belehrung. Herausgeg. z. Besten d. Wadzeck-Anstalt. Redakt. W. Moeser. 31.—36. Jahrg. ... 37. Jahrg. 1846. 52 Numm. (à 1½ Bog.) 4. Berlin, Moeser u. Kühn. n. 2⅔ ₰

— Berliner, zur Unterhaltung u. Belehrung. Red. W. Moeser. 38. Jahrg. 1847. 52 Nrn. 4. (1½ B., m. d. Kirchenzettel.) Berlin, Moeser u. Kühn. n. 2 ₰

— Berlinisches kritisches, oder neue Literatur- u. Kunstzeitung. 1s, 2s Quartal. 8. Berl. 782. Hesse. 16 gr.

— Berlinisches literarisches, f. 1776–77. 3 Bde. u. 6 Beylagen v. kl. Sing- und Spielstücken. 8. Berl. Birnstiel 766–77.

— Berlinisches, nützliches u. unterhaltendes, für den gebild. Bürger u. denkenden Landmann, herausg. von F. Wadzeck, f. 1809, 10, 11. 4. Berl., Maurers B. 6 ₰ 16 gr.

Dieltz, K. (Herausgeber): „Berlinisches nützliches und unterhaltendes Wochenblatt für den gebildeten Bürger und denkenden Landmann", 1.—4. Jahrgang Berlin 1825—1828 (Oehmigke).

Berner Wochenblatt
v. Bernisches AVIS-Blättlein Montags.

Berner Wochenblatt und Oberländer Volks-Zeitung
v. Der Werktag.

Berner Wochenblatt und Oberländer Zeitung
v. Der Werktag.

— z. Besten d. Armen, (mit Beiträgen v. M. Ehlers). 8. Kiel 794.

Wochenblatt zum Besten der Armen in Kiel. Herausgeg. von einigen Mitgliedern der Gesellschaft freiwilliger Armenfreunde. 2—10. Jahrg. Kiel. 1795—1802 og 1821—40. (Fra 1833 4to). (Fortsættes). (jf. Wochenschrift. 1793).

⊙ **Wochenblatt** zum Besten der Armen in Kiel. Kiel. 8°.
Die Jahrgänge reichen v. 1. Juni des einen bis zum 31. Mai des folgenden Jahres; erst von 1841 an beginnt die Zählung mit dem 1. Januar.
Jg. 5—7. 1797/98—1799/1800.
Jg. 12—13. 1804/05—1805/06. Jg. 15—16. 1807/08—1808/09.
Jg. 18—19. 1810/11—1811/12. Jg. 21—40. 1813/14—1832/33.
Fortges. u. d. T., aber in größerem Format. 4°.
Jg. 41—49. 1833/34—41. Fortges. u. d. T.: Kieler **Wochenblatt.** 4°.
Jg. 50—56. 1842—48. Fortges. u. d. T.:

Correspondenz-Blatt und Kieler Wochenblatt

Wochenblatt zum Besten der Kinder. Berlin 1760—68. H (Th. 1—3): *Krickende, Samuel.* (Th. 4): *Franz, Johann Georg Friedrich.* (Ky) (MGT) (ML)

—zum Besten d. Kinder (von S. Krickende u. 4r Bd. von Jh Geo. Fr. Franz.) 4 Bde. oder 8 Abschnitte. 8. Berl. 760—69 Birnstiel. 8 ℔

Wochenblatt. – Bielefelder Wochenblatt. – 1.I.1865 – 31.XII.1876.
Vorh. u.d.T.: Öffentliche Anzeigen.
Fortges. u.d.T.: Bielefelder Tageblatt.

Bielitzer Wochenblatt. Herausgegeben unter Verantwortung der Buchhandlung von L. Zamarski in Bielitz. Erscheint 2spaltig. 4. 1857.

Böhmisch-Leipaer Wochenblatt. Red. Joh. Gerzabek, Verleger und Druck. Phil. Gerzabek, 3. Jahrg. 4. 2spaltig, Wöchentlich 1mal. 30 kr. vierteljahr. Böhmisch-Leipa 1854

Böhmisch-Leipaer Wochenblatt. 5. Jahrgang. Redakteur: Joh. Gerzabek. Druck und Verlag des Phil. Gerzabek. 4. 2spaltig. Jeden Donnerstag. 2 fl. und 2 fl. 52 kr. jährlich. Böhmisch-Leipa 1855

Böhmisch-Leippaer Wochen-Blatt. (VI. Jahrg.) Redakteur: Joh. Gerzabek. Druck und Verlag des Phil. Gerzabek. 4. 2spaltig. Erscheint jeden Donnerstag. Böhmisch-Leipa 1856

Böhmisch-Leipaër Wochenblatt. 7ter Jahrg. Verantwortl. Redakteur: W. Heinrich. Druck und Verlag von Philipp Gerzabek. Erscheint jeden Donnerstag. 4. 2spaltig. 1857

Böhm. Leipaer Wochenblatt. VIII. Jahrgang. Verantw. Red. *Wenzel Heinrich.* Druck und Verl. d. *Phil. Geržabek.*
Erscheint in **Böhm.-Leipa,** jeden Donnerstag, 1 Bg. in 4°. m. e. Beil. v. *J. Hamann* (Buchhdl.) in *B.-Leipa.* 2-spalt. Prän.-Pr. ¼-jähr. 37 kr.; pr. Post 50 kr. Einzelne Numm. 4 kr. Inserate: Die gespaltene Petitzeile 2 kr., bei Wiederholung 1 kr.

Wochenblatt. Böhmisch-Leipaer. 12. Jahrg. 1862. Verantw. Redacteur: Wenzel Heinrich. 52 Nrn. 4. Prag. Gerzabek. 3 fl. 70 kr.

Wochenblatt. – Bonner Wochenblatt. – 4.II.1816 – 31.VIII.1850.
Vorh. u.d.T.: Bönnisches Wochenblatt.
Fortges. u.d.T.: Bonner Zeitung.

Wochenblatt. – Bönnisches Wochenblatt. – Bonn. – 22.I.1814 – 28.I.1816.
Vorh. u.d.T.: Bonner Nachrichten- und Anzeige-Blatt.
Fortges. u.d.T.: Bonner Wochenblatt.

Bozner Wochenblatt. Redakteur G. Ferrari. Druck und Verlag der Jos. Eberle'schen Buchdruckerei. 4. 2spaltig. Mittwoch und Samstag 2 fl. 20 kr. und 3 fl. 30 kr. jährlich. 1855

—Braunsberger, zur Beförderung gemeinnütziger Kenntnisse u. unterhaltender Lectüre. Redakteur: Otto Model. 1r Jahrg. 1840. 52 Numm. (Bog.) Mit Titelvign. u. Beilagen. 4. Braunsberg, Model. n. 2 ℔

— Braunsberger, für die Stadt und den ländl. Kreis. 2. Jahrg. 1841. 52 Numm. mit Beilagen. 4. Braunsberg, Model. n. 2 ℔

Bregenzer Wochenblatt. Redakteur H. Flatz. Gedruckt und verlegt bei Jul. Hild's sel. Witwe. 4. 2spaltig. Jeden Dinstag. 1854

Bregenzer Wochenblatt. Redakteur: H. Flatz. Gedruckt und verlegt bei Julius Hild's sel. Wwe. 4. 2spaltig. Jeden Dienstag. 1855

Bregenzer Wochenblatt. Redakteur und Herausgeber H. Flatz. Gedruckt u. verlegt bei Julius Hild's sel. Witwe. 4. 2spaltig. Erscheint jeden Dienstag. 1856

Bregenzer Wochenblatt. Redakteur: H. Flatz. Druck und Verlag Julie Hild's Witwe. 4. 2spaltig. 1857

—— bregenzer. 1861. Redig. von A. Flatz. 52 Nrn. Bregenz, Selbstverlag.

Bremgarter Wochenblatt
① heute: Bremgarter Volksfreund, Bremgarter Zeitung. Anzeigeblatt für die Bezirke Bremgarten, Muri, Baden ② Bremgarter Volksfreund (1. 1. 1911). Bremgarter Bezirks-Anzeiger (1. 1. 1934) ⑤ 1860 (cont.) ⑥ 4°, dann 2° (seit 1879) ⑦ Wochenblatt (1860—1910), wöchentlich 2× (seit 1911) ⑧ Bremgarten (Ag): Ferdinand Weißenbach (1860—1910), Ferdinand Weißenbach jun. (seit 1911) ⑨ Sonntagsblatt; Freiämter Blätter ⑩ die Drucker ⑪ die Drucker ⑫ katholisch-konservativ

Wochenblatt, Breszlauisches, vor das Jahr 1760. Breslau 1760. H: *Belach, Andreas.* (Kat. d. Druckschr. üb. Breslau. Breslau 1903. S. 395.) (ML)
Korn.

Wochenblatt. – Breslauisches Wochenblatt. Nr. 1–38.
Breslau: Kreuzer u. Scholz 1816.
Hrsg. v. Prediger Wunster.
Forts. u.d.T.: Zerstreuungen. Breslau 1816 f.

Wochenblatt. – Briegisches Wochenblatt. Jg. 1–16.
Brieg: Tramp 1790–1805. 8°
Hrsg.: Ernst Gottlieb Glawnig.
Forts. u.d.T.: Briegische Monatsblätter. Brieg 1806 ff.
(Weitere Angaben fehlen.)

Wochenblatt. – B r o m b e r g e r Wochenblatt.
1845 31.(?)XII.1861.
Fortges. u.d.T.: Bromberger Zeitung.

Wochenblatt für lustige Brüder und Schwestern. Berlin 1760. H: *Forkert, Johann Gabriel.* (MGT) »für muntere Brüder und lustige Schwestern.« (Ky)

WOCHENBLAT (sic!) f ü r l u s t i g e B r u d e r u n d m u n t e r e S c h w e s t e r n (hrsg. von Joh. Gabriel F o r k e r t). Erstes (einz.) Quartal. 13 Stücke. O. O. (Glogau, Günther) 1761. 8°. (6 Mk., 13 Stücke, G. Priewe, Heringsdorf, 1895.)
Haupttitel u. 208 fortl. pag. SS., enth. Erzählungen, Schwänke, Gedichte (wobei ein Schäfergedicht von *Rost*).
Anon.-Lex. IV p. 406 nach Meusel: hat „Berlin 1760" (?), Kayser hat „für muntre Brüder und lustige Schwestern" und nur „12 Stücke". — Cpit. selten!

— für muntere Brüder u. lustige Schwestern, (von J.G. Forkert). 8. Berl. 760. Chr. Fr. Günther in Glogau. 8 gr.

— f. muntere Brüder und lustige Schwestern, 12 Stck. 8. Glogau. F. Günther. 761.

— für Buchhändler, Buchdrucker, Antiquare u. Musikhändler. 1r —10r Jahrg. 1821—30. 4. Cassel, Krieger. à J. 1 rthl. 16 gr.

Wochenblatt für die Bezirke Bülach und Regensberg
(1) Demokratisches Volksblatt [illegible] (2) Bülach-Regensberger Wochen-Zeitung [illegible] 12. 1855 [illegible] 1871 (3) Bülach-Dielsdorfer Wochen-Zeitung (5) 21. 12. 1849 Probenummer [illegible] 1855 [illegible] 1871 (7) Wochenblatt, wöchentlich 2 × [illegible] 1868 [illegible] (8) Zürich J. J. Ulrich [illegible] Bülach: Felix Lohbauer [illegible] Dr. Fr. Scheuchzer [illegible] (9) Bilder aus der Heimat und Fremde [illegible] Felix Lohbauer, Dr. Friedrich Scheuchzer (1. 12 [illegible]) Felix Lohbauer, S. Bäder, Hausherr [illegible] Dr. Friedrich Scheuchzer [illegible] Bülach-Dielsdorfer Wochen-Zeitung 1949. Nr. 1 [illegible] ZB Z Be [illegible] 1865 1866.

— für den Bürger u. Landmann, (von L. Adf. Fr. Jos. v. Baczko). 8. Ludwigsb. 779.

Wochenblatt für den Bürger und Landmann. O. O. [179?]. H: *Baczko, Ludwig Adolph Franz Jos. von.* (MGT) »Ludwigsburg 1779.« (Ky)

Wochenblatt für den Bürger und Landmann. Passau 1799. H: *Durach, Joh. Baptist, Huber & Josef Kurz.* (GGr VI/622, Nr. 8/1) (Ky 6/270) (BiblPort) S. a. IV, 12668.

— für d. Bürger u. Landmann. Herausg. von J. B. Durach, Jos. Kurz u. Frz. X. Huber. 2 Thle. 8. Passau 799.

Charlottenburger Wochenblatt. Dritter u. vierter Jahrgang. 1848, 49. 4.

Wochenblatt, Das christliche. Bunzlau 1807—22. H: *Dreist.* (MGT)

Wochenblatt, Christliches. Giessen 1783. H: *Köster, Heinrich Martin Gottfried.* (stri) (Adel) (Ky) (MGT)

— christliches, (von H. M. G. Köster). 8. Gießen 783. Krieger. 12 gr. A. u. d. T.: Gebräuche d. Katholiken u. Protestanten; ein Lehrbuch für gegenwärt. Zeiten. 1r Thl. 8. Frankf. 784. Krieger. 12 gr.

Wochenblatt. – C h r i s t l i c h e s Wochenblatt. Breslau: Kreutzer 1806 09.

— christliches; herausg. von J. W. M. Henning u. K. A. Gli. Dreist. 1r—16r Jahrg. 1809—22. Bunzlau ...

Wochenblatt. – C h r i s t l i c h e s Wochenblatt. Jg. 1. Schweidnitz 1826. 8°
Hrsg. v. K. G. Hoffmann.

Wochenblatt. – C h r i s t l i c h e s Wochenblatt. Nr. 1 52. Cannstadt: Etzel 1839. 4°

— christliches, vernünftiger Gottesdienst nach Römer 12s Kapitel. 1r Jahrg. 1839. 52 Numm. (Bog.) 4. Stuttgart, Etzel. n. 1 2/3 rthl.

Wochenblatt, christliches, vernünftiger Gottesdienst nach Römer 12. Kap. 1. Jahrg. 1839. 52 Nrn. (Bog.) 4. Stuttgart, [Rommelsbacher.]

Wochenblatt, christliches, f. das J. 1811. (à 4 Quart.) 8. Reichenbach. (Leipz. Kummer in Comm.)

— christl., für gesammelte u. zerstreute Kinder Gottes. 1r—4r Jahrg. 1806—9. 1s, 2s Quartal. 8. Reichenb. (Kummer in Leipz.) 1 rthl. 8 gr. Für 1810 u. 11. 4 Qart. 8. Reichenb. (Kummer in Leipz.) 2 rthl. Dass. Jahrg. 1810—14. 8. (Nürnb., Raw). à J. 1 rthl.

Wochenblatt, Christliches, für die gegenwärtige Zeit. [Zürich] 1798. V: *Lavater, Johann Kaspar.* (schstr S. 131)

Churer Wochenblatt
v. Wöchentlicher Anzeiger.

Wochenblatt des C i n c i n n a t i C o u r i e r, s. C i n c i n n a t i C o u r i e r.

— für Damen. 1s Bdchen. gr. 8. Düsseldb. 789. Dänzer. 16 gr.

Wochenblatt. – D a n z i g e r Katholisches Wochenblatt. 1862 10.I.1873.
Vorh. u.d.T.: Katholisches Wochenblatt.
Fortges. u.d.T.: Westpreußisches Volksblatt.

Wochenblatt für die Landschaft Davos
(1) Davoser Amtsblatt (4) Davoser Zeitung und Bündner Volksblatt (5) 5. 3. 1881 – Ende 1889 (7) 4°, 2° (seit 1887) (7) Wochenblatt, wöchentlich 2 × (ab 25. 9. 1889) (8) Davos: Hugo Richter, Becker & Heckel (7. 5. 1884—26. 11. 1884), Richard Becker (3. 12. 1884—1889) (7) die jeweiligen Drucker (11) J. P. Stiffler, Hugo Richter (1889) (13) Davoser Zeitung v. 27. 5. 1955 (14) Ch. K

Davoser Wochenblatt
(15) Die von Jules Ferdmann in seinem Buche »Der Aufstieg von Davos« (Davos 1947, auf S. 53 unter diesem Titel genannte Zeitung, heißt »Wochenblatt für die Landschaft Davos«.

Demokratisches Wochenblatt : May 1850
Democratic weekly. Sub-title: Ein Organ für Politik, Neuigkeiten, Literatur, Kunst, Handel und Gewerbe. Edited by Heinrich Rödter, & published by H. Rödter & Co.
Cincinnati, OH

Demokratisches Wochenblatt, Organ der deutschen Volkspartei. 1868. Nr. 1—52. Leipzig 1868. 4. (Verantwortlicher Redakteur: W. Liebknecht.)

Wochenblatt. – D e m o k r a t i s c h e s Wochenblatt. – Leipzig. – 4.I.1868 – 1.X.1869.
Fortges. u.d.T.: Der Volksstaat.

Deutsches Wochenblatt : 1848-? Abbottstown, PA
Independent weekly. Edited & published by James Franklin Koehler.

— d e u t s c h e s. Organ der deutschen Volkspartei. Hersg. von Ludw. E c k a r d t. 1–3. Jahrg. 1865–67. à Jahrg. 52 Nrn. (Bgn.) Mannheim, Schneider's Verl. Imp. 4. 1. u. 2. Jahrg. à 1 Thlr 22 ngr; 3. Jahrg. 2 Thlr 12 ngr.

Wochenblatt. – D e u t s c h e s Wochenblatt. Organ für Jedermann. Nr 1–7. Leipzig: Expedition 1879. 8°
Mit Nr. 7/30. 4.1879 verboten.
Vorh. u.d.T.: Leipziger Beobachter (Zeitung) 1878.

Deutsches Wochenblatt 1882-1886. Curitiba
Weekly. Continued as: Deutsches Echo. Edited and published by A. Schneider.

Wochenblatt, D e u t s c h e s

—— —— Organ für das Gesammtgebiet der Hygiene, mit Berücksichtigung der Sanitäts-Polizei . . . herausg. von P. Börner. Jhg. 1. 2. 1884—85. Berlin. gr. 4.

Wochenblatt. – D e u t s c h e s Wochenblatt. München: Expedition 1885. 1886. 4°
Hrsg. v. Louis Viereck.
Red.: Wilhelm Eichhoff.

— d e u t s c h e s. Hrsg. v. O. Arendt. 1. Jahrg. April—Decbr. 1888. 40 Nrn. (1½ B.) gr. 4. Berlin, Walther & Apolant, Verl. n. 9. —; geb. n. 10. 50

— dasselbe. 2. u. 3. Jahrg. 1889. 1890. à 52 Nrn. (1½ B.) gr. 4. Ebd. à Jahrg. n. 12. —; geb. n. 13. 50

— d e u t s c h e s. Hrsg. v. Otto A r e n d t. 4.—7. Jahrg. 1891—1894. à 52 Nrn. (1½ Bog.) gr. 4. Berlin, H. Walther. à Jahrg. n. 12. —

— d e u t s c h e s. Hrsg. v. Otto A r e n d t. 8.—10. Jahrg. 1895—1897. à 52 Nrn. (à ca. 12 S.) gr. 4. Berlin (Kleinbeerenstr. 27), Gose & Tetzlaff. à Jahrg. n. 12. —; erm. Pr. à Jahrg. n. 10. —

— dasselbe. 11. Jahrg. Jan.—Juni 1898. 26 Nrn. (à ca. 12 S.) gr. 4. Ebd. n. 6. —; erm. Pr. 5. —

— dasselbe. Red.: Fritz T y r o l t. 11. Jahrg. 2. Sem. Juli—Dezbr. 1898. 26 Nrn. (à ca. 12 S.) gr. 4. Ebd. n. 6. —; einz. Nrn. — 50; erm. Pr. n. 5. —; einz. Nrn. — 25

— d e u t s c h e s. Zeitschrift f. nationale Politik, f. Kunst u. Litteratur. Hrsg.: Heinr. Rippler u. Carl Busse. Red.: Arwed Ritter. 12. Jahrg. 1899. gr. 8. (1600 S.) Berlin [W. Süsserott], Gose & Tetzlaff. n. 12. –

— dasselbe. Red.: A. Tetzlaff. 13. Jahrg. 1900. gr. 8. (838 S.) Berlin, Gose & Tetzlaff. 5. 50
Erscheint nicht mehr.

Deutsches Wochenblatt : 1895?–1898?
Weekly. Circulation: 1898, 500. Edited by W. Brend, & published by German Publishing Co., 1898.
Norwich, CT

Deutsches Wochenblatt: Jahrgang 1, no. 1, March 23, 1899 – no. 2, March 30, 1899
Weekly.
Punta Arenas

Deutsches Wochenblatt für Belehrung und Unterhaltung : 1820. Lancaster, PA
Literary weekly. Edited by Johann Bär, & published by Wilhelm Braun.

—— d e u t s c h e s, zur Besprechung der öffentlichen Angelegenheiten des Reichs. Redact.: Leop. Kayßler. 1. Jahrg. 1872. Octbr.—Decbr. 13 Nrn. (à 1—1½ Bog.) 4. Berlin, Mittler und Sohn. *

—— dass. — 2. und 3. Jahrg. 1873 und 1874. à Jahrg. 52 Nrn. (à 1—1½ Bog.) 4. Ebendas. à Jahrg. *

— deutsches, f. G e s u n d h e i t s p f l e g e u. Rettungswesen, hrsg. v. Paul Börner. Jahrg. 1883. 15. Novbr.—Dezbr. 3 Nrn. (1½ B.) gr. 4. Berlin, Pasch. n. 1. —

— dasselbe. 1. Jahrg. 1884. 24 Nrn. (1½ B.) gr. 4. Ebend. n. 8. —

— dasselbe. Organ f. das Gesammtgebiet der Hygiene, m. Berücksicht. der Sanitäts-Polizei. In Verbindg. m. bewährten Fachgenossen hrsg. v. Paul B ö r n e r. 2. Jahrg. 1885. 52 Nrn. (à 1—1½ B.) gr. 4. Berlin, E. Rudolph. n. 12. —

Deutsches Wochenblatt für Kings County : 1865?–1887?
Independent weekly. Circulation: 1885, 2150. Edited & published by Charles S. Schleier.
Brooklyn, NY

—— d e u t s c h e s, für constitutionelle Monarchie. Mit besond. Berücksichtigung Bayerns. Zur Beherzigung für unsere Landsleute, die es treu mit Gott, König und Vaterland meinen. Redig. von T. Friedr h. 1. Jahrg. Juli—Decbr. 1849. 26 Nrn. (Bog.) hoch 4. Augsburg, Schmid'sche Vrlgsh. *

W o c h e n b l a t t, deutsches, für constitutionelle Monarchie. Mit besond. Berücksicht. Bayerns rc. 2. und 3. Jahrg. 1850 und 1851. à Jahrg. 52 Nrn. (Bog.) hoch 4. Augsburg, Schmid'sche Vrlgsh. [2. Jahrg. * 24 Ngr., 3. Jahrg. 1 Thlr.] Thlr.

Deutsches Wochenblatt für die Schweiz
⑤ 1896 (Probeblatt: 28. 3. 1896) ⑥ 2° ⑦ Wochenblatt ⑧ Basel: Emil Birkhäuser ⑪ G. L. Kattentidt ⑫ für die deutschen Staatsangehörigen, die in der Schweiz leben, bestimmt: freisinniger Tendenz ⑬ Jung-Deutschland und Jung-Elsaß 1896, Nr. 19/20 ⑭ Bd. I. (Nr. 7, 16. 5. 1896).

—— d e u t s c h e s, für das gesammte Volksleben. Redig. von Gust. Widenmann 1847. 52 Nrn. (Bog.) Fol. Stuttgart, Rommelsbacher. *

— Deutschlands, für 1806, 7, 8. 4. Regensb., Daisenberger. (à 2 Thlr) 6 Thlr

Wochenblatt. – D i ä t e t i s c h e s Wochenblatt für alle Stände. Bd 1–3. Rostock 1781–83. 8°
Hrsg. v. Peter Ben. Christian Graumann.

— D i l l e n b u r g e r. Jahrg. 1841. 52 Numm. gr. 4. Dillenburg, Pagenstecher. 1 Thlr

Wochenblatt, Dörpatsches politisch-gelehrtes. Dorpat 1789. H: *Findeisen, Friedrich Gotthilf.* **(ML) (Ky) (MGT) (R-N) (Rotermund, Gel. Hannover. Bremen 1823.)**

— Dorpatisches politisch-gelehrtes, herausg. (von F. G. Findeisen). 8. Dorpat 789.

Wochenblatt. – D o r t m u n d e r Wochenblatt. – 4.X.1828 – 26.XII.1840.
Fortges. u.d.T.: Wochenblatt.

Wochenblatt, Dramatisches, in nächster Beziehung auf die königl. Schaubühne zu Berlin. Berl. 1815—17. H: *Levezow, Conrad Ritt. v.* (MGT) (Ky)

— **dramaturgisches, in nächster Beziehung auf d. königl. Schauspiele in Berlin, (von K. Levezow). 1r Jahrg. Juli—Dec. 1815 u. Jan.—Juni 1816. 2r Jahrg. Juli—Dec. 1816 u. Jan.—Juni 1817. 4. Berl. (Halle Waisenh.-B.) à 4 ₰ 8 ₰**

Eckernförder **Wochenblatt.** — (Schleswig 1842: Serringhausen.) 8°
1842, Nr. 16—18.

—— für Elementar-Lehrer, hrsg. v. J. P. Rossel, s.a. Rossel.

— **für Elementarlehrer. Herausg. von J. P. Rossel. 1r—5r Jahrg. 5r J., fortgesetzt von J. P. Hasselbach. gr. 4. Aachen 828—32. Expedition. (Leipz., Wienbrack). (à J. 2 ₰) 10 ₰**

— **für Elementar-Lehrer. Herausg. von J. P. Rossel, fortgesetzt von J. P. Hasselbach. 6r Jahrg. gr. 4. Aachen 833. Rossel's Buchh. 2 ₰**

Elgger Wochenblatt
④ Allgemeiner Anzeiger im Bezirke Winterthur ⑤ 1. 5. 1842—3. 2. 1844 (?) ⑥ 8° ⑦ Wochenblatt ⑧ Löß (Winterthur), J. J. Keller ⑩ der Drucker ⑪ der Drucker ⑭ Zh: Z.

Wochenblatt für rechtschaffene Eltern. Nürnberg 1772—73. H: *Sattler, Johann Paul.* (MGT) (Ky)

— **für rechtschaffene Eltern, (von J. P. Sattler). 2 Bde. 8. Nürnb. 772, 73. Bauer. 1 ₰ 16 ₰**

Wochenblatt des Emmenthals
① Unabhängiges Tagblatt für den Kanton Bern und die Nachbargebiete (8. 10. 1956) ② Emmenthaler Wochenblatt (1852—1854), Emmenthaler Blatt (ab 1855) ③ Dorfblatt von Langnau ⑤ Feb. 1844 (cont.) ⑥ 4°; 2° (ab 1855) ⑦ Wochenblatt; wochentlich 2× während des Sonderbundskrieges und vorübergehend auch 1849 regelmäßig v. 1855—1910: wochentlich 3× (1911—6. 10. 1956): wochentlich 5× (ab 8. 10. 1956) ⑧ Langnau (Be) Friedrich Wyß (1844—1861). Elisabeth Wyß-Käser (1861—30. 12. 1895). Wyß & Cie. (Fritz Wyß) (31. 12. 1895—10. 12. 1905). Ritschard-Wyß & Cie. (1906—7. 2. 1920). Heiniger & Cie. (10. 2. 1920—28. 6. 1924). Emmenthaler-Blatt AG (ab 1. 7. 1924) ⑨ Der Emmenthaler Joggeli (ab 1856). Das Alphorn (ab 1858). Sprechsaal für die Milchwirtschaft (1912—1914). Sprechsaal für Land- und Milchwirtschaft, mit Wochenbericht über den Landes-Produktenhandel. Für die Frauen (ab 1925) dazu Sonderseiten ⑩ die Drucker ⑪ Friedr. Wyß (1844—1861). Christian Wiedmer (1856—1857). Gottlieb Bracher (1861—1886). Joh. Wyß (1885—1895). Gottl. Berger, Nationalrat (1891—1923). Dr. Arnold Lang (1. 5. 1923—25. 3. 1911). Karl Schneider (29. 3. 1911—29. 7. 1916). Dr. A. Weder, früher Bundesstadtkorrespondent des Aargauer Tagblattes (1. 8. 1916—27. 12. 1930). C. Gerber (3. 1. 1931—. 12. 1941). Dr. Gustav Renker, früher Redaktor am Berner Tagblatt (IV. 1. 1. 1931—31. 12. 1943). Siegfried Aellen (3. 1. 1944—29. 6. 1945). Fritz Zopfi (ab 3. 1. 1944, mit Unterbruch), Ernst Roth (ab 2. 7. 1945). Walter Stalder ⑫ Lokalblatt bürgerlicher Färbung ⑬ BGSZ 913. 921. 973; Emmenthaler Blatt, Jubiläums-Nummer v. November 1944; ferner Nr. 25 v. 29. 3. 1911, Sonderbeilage zu Nr. 62 v. 1. 6. 1951, Mitteilung in Nr. 114 v. 1. 10. 1956 ⑭ Be: L.

Emmenthaler Wochenblatt
v. **Wochenblatt** des Emmenthals.

Wochenblatt, entomologisches. (Insekten-Börse.) Hrsg. v. Camillo Schaufuss u. A. Frankenstein. 24. u. 25. Jahrg. 1907 u. 1908. à 52 Nrn. (à ca. 6 S.) 32×24,5 cm. Leipzig, Frankenstein & Wagner.
à Jahrg. 6. —
Fortsetzg., s.: Rundschau, entomologische.

Solothurner Wochenblatt: Erneuertes Solothurner Wochenblatt
v. **Solothurner Wochenblatt.**

Wochenblatt für Erwachsene. Weissenfels 1772. H: *Brawe, Joh. Friedrich Ernst von.* (MGT) »1772—75« (Ky)

— **für Erwachsene, (von Jh. Fr. Er. Brawe). 3 Bde. gr. 8. Weißenf. 772—75. (Aue in Altona). 1 ₰ 12 ₰**

Wochenblatt. — Eßlinger Wochenblatt. — 1.I.1851 – 31.XII.1886.
Vorh. u. fortges. u.d.T.: Eßlinger Tagblatt.

—— evangelisches. 16.—20. Jahrg. 1875—1879. à Jahrg. 52 Nrn. (à ½—¾ Bog.) gr. 4. Zürich, Depot der evangel. Gesellschaft. à Jahrg. *

—— evangelisches. 21.—25. Jahrg. 1880—1884. à Jahrg. 52 Nrn. (à Nr. ½ Bog.) gr. 4. Zürich, Depot der Evangel. Gesellschaft. à Jahrg. *

—— **evangelisches. 26.—29. Jahrg. 1885—1888. à Jahrg. 52 Nrn. (à Nr. ½ Bog.) 4. Zürich, Depôt der Evangel. Gesellschaft. à Jahrg. ***

—— evangelisches. 30.—31. Jahrg. 1889—1890. à Jahrg. 52 Nrn. (à Nr. ½ Bog.) 4. Zür., Depôt der Evangel. Gesellschaft. à Jahrg. * 3 20

— **evangelisches. 32.—35. Jahrg. 1891—1894. à 52 Nrn (à ca. ½ Bog.) gr. 4. Zürich, Dépôt d. evangel. Gesellschaft.** à Jahrg. n. 2. 50

— **evangelisches.** 36.—39. Jahrg. 1895—1898. à 52 Nrn. (à ca. 4 S.) gr. 4. Zürich, Dépôt d. evangel. Gesellschaft. à Jahrg. n. 2. 50

— **evangelisches.** Organ der evangel. Gesellschaft Zürich. Red.: L. Pestalozzi u. E. Preiswerk. 40. u. 41. Jahrg. 1899 u. 1900. à 52 Nrn. gr. 4. (à ca. 4 S.) Zürich, Depot der ev. Gesellschaft. à Jahrg. n.n. 4. 50

— dasselbe. Red.: L. Pestalozzi. 42. u. 43. Jahrg. 1901 u. 1902. à 52 Nrn. gr. 4. (à ca. 4 S.) Ebd. à Jahrg. n.n. 2. 50

— **evangelisches.** Organ der evangel. Gesellschaft Zürich. Red.: L. Pestalozzi. 44.—47. Jahrg. 1903—1906. à 52 Nrn. (à 4 S.) gr. 4. Zürich, Buchh. der ev. Gesellschaft. à Jhrg. n.n. 2. 50

— **evangelisches. Organ d. evangel. Gesellschaft Zürich. Red.: L. Pestalozzi. 48.—50. Jahrg. 1907—1909. à 52 Nrn.** à ca. 4 S.) 33×25 cm. Zürich, Buchh. d. ev. Gesellschaft.
Ist eingegangen. à Jahrg. nn 2. 50

— **evangelisches.** Sonntagsblatt f. Stadt u. Land. Hrsg. v. Anthes, Krücke, Wolf. Red.: W. Krücke. 5. u. 6. Jahrg. 1893. 1894. à 52 Nrn. (Bog.) 4. Wiesbaden, R. Bechtold & Co. à Jahrg. n. 2. —

— **evangelisches.** Monatsblatt f. Stadt u. Land. Hrsg. v. Anthes, Krücke, Wolf. Red.: W. Krücke. 7.—10. Jahrg. 1895—1898. à 52 Nrn. (Bog.) gr. 4. Wiesbaden, R. Bechtold & Co. à Jahrg. n. 2. —

— **evangelisches.** Sonntagsblatt f. Stadt u. Land. Hrsg. v. Anthes, Krücke, Wolf. Red.: W. Krücke. 11. u. 12. Jahrg. 1899 u. 1900. à 52 Nrn. gr. 4. (à ca. 8 S.) Wiesbaden, R. Bechtold & Co. à Jahrg. n. 2. —

Wochenblatt, evangelisches, zur Erbauung und Belehrung für Kirche, Schule und Haus. Hrsg. und redig. von Vict. Hornyánszky. 1—5. Jahrg. 1857—61. à Jahrg. 52 Nrn. (à 1—1½ Bog.) Mit: Der Glaubensbote. Illustrirtes Beiblatt zum „Evangelischen Wochenblatte." Hrsg. und redig. von Vict. Hornyánszky. 1—4. Jahrg. 1858—61. à Jahrg. 26 Nrn. (Bog.) gr. 4. Pesth, (Osterlamm.) à Jahrg. Thlr. * *
Das Wochenblatt einzeln à Jahrg. * *
Der Glaubensbote allein à Jahrg. * *

Wochenblatt. – E v a n g e l i s c h e s Wochenblatt für Stadt und Land. Offenbach: J. Scherz 1894 – (1900). 8°
Hrsg. v. C. Zaubitz.

— evangelisches, f. Stadt u. Land. Hrsg.: C. Zaubitz. 7. Jahrg. 1900. 52 Nrn. gr. 4. (416 S. m. Abbildgn.) Offenbach, J. Scherz. n. 2.—

Wochenblatt. – E v a n g e l i s c h e s Wochenblatt von Zürich. Zürich: Depot der evangelischen Gesellschaft 1880 (1900). 8°
Hrsg. v. L. Pestalozzi.

—— für Familie, Haushalt und Küche. Organ für die Interessen des Frauenberufes und der Familie. Ein Leitfaden und Rathgeber für unsere Frauen und Töchter. Unter Mitwirkung prakt. Hausfrauen und namhafter Schriftsteller hrsg. von Th. Schröter. 1. Jahrg. Juli 1881—Juni 1882. 52 Nrn. (Bog. mit Holzschn.) gr. 4. Zürich, Trüb'sche Buchh.

Feldkircher Wochenblatt. Redakteur, Druck und Verlag J. Graff's Witwe. 45. Jahrgang. 4. 2spaltig. 1853.

Feldkircher Wochenblatt. (46. Jahrgang.) Redigirt, gedruckt u. verlegt von J. Graff's Witwe. 4. 1854.

Feldkircher Wochenblatt. 47 Jahrgang. Redigirt, gedruckt und verlegt von J. Graff's sel. Wwe. fl. 4. 2spaltig. 1855.

Feldkircher Wochenblatt. (XLVIII. Jahrgang) Redigirt, gedruckt und verlegt von J. Graff's Witwe. kl. 4. Erscheint jeden Dienstag. 1856.

Feldkircher Wochenblatt. 49. Jahrg. Redigirt, gedruckt und verlegt von J. Graff's Witwe. Erscheint in 4. 2spaltig. 1857.

Wochenblatt. – F l e n s b u r g s c h e s Wochenblatt für jedermann. Flensburg 1788 – 1840.
Hrsg. v. H. Harries.

Flensburgsches Wochenblatt für Jedermann, hrgg. v. Gerhard Christoph Jäger. Flensburg. 8°.
Jg. 35. 1822/23; Jg. 37—38. 1824/25—25/26; Jg. 41—43. 1828/29+30/31; Jg. 45 u. 48, 1832 u. 35.
Die Jahrgänge 35—43 zählen vom Juli bis Ende Juni des nächsten Jahres.

Flensburgsches Wochenblatt für Jedermann. Herausgeg. von GERH. CPH. JÄGER (fra 48. Jahrg. von G. C. JÄGERS Erben; 49—66. Jahrg. von J. D. JÄGER). 43—66. Jahrg. 1831—53. Flensburg. 4. [Af 66. Jahrg. kun Nr. 1—38 (14/5). (jf. B. D. IV. 645).

Forstliches Wochenblatt. Organ für Forstwesen und Jagd. Beilage zum Allgemeinen Holzverkaufs-Anzeiger. – Hannover. Jg. 1. 1888. -(M. n. ersch.)

—— für land- und volkswirthschaftliche Fragen. 1. Jahrg. 1880. 51 Nrn. Fol. (204 S.) Luxemburg, Brück. *

—— dass. — [Beiblatt zum „Luxemburg-Wort".] 2. und 3. Jahrg. 1881 und 1882. 53 und 52 Nrn. (Bog.) Fol. Ebendas. à Jahrg.

Wochenblatt. – F r a n k e n t h a l e r Wochenblatt.
23.II.1814 – 25.VI.1816.
10.III.1818 – 1.I.1879.
Fortges. u.d.T.: Frankenthaler Zeitung.

Wochenblatt, Frankfurter medicinisches. Frankfurt a. M. 1789. H: *Thom, Georg.* (MGT)

Wochenblatt. – F r a n k f u r t h e r patriotisches Wochenblatt.
Frankfurt an der Oder. 5.I.1811 – 2.IX.1836.
Fortges. u.d.T.: Frankfurter patriotisches Wochenblatt.

Wochenblatt. – F r a n k f u r t e r patriotisches Wochenblatt.
Frankfurt an der Oder. 3.IX.1836 – 31.XII.1879.
Vorh. u.d.T.: Frankfurther patriotisches Wochenblatt.
Fortges. u.d.T.: Frankfurter Oder-Zeitung.

Wochenblatt. – F r a n k f u r t i s c h e s Wochenblatt. Frankfurt a. O. 1777.
Hrsg. v. Joh. Friedr. Zoellner.

Fredericksburger Wochenblatt; [illegible] 1877 – Dez. 1945.
[illegible]
Fredericksburg, TX

Freiamter Wochenblatt
(4) Der Bote für Berg und Thal (5) 1834 – 1862 (6) 2° oder 4° (7) Wochenblatt (8) Sarmenstorf: J. B. Keller (9) [illegible] Geschichte von Sarmenstorf, p. 263; Wiederkehr in [illegible] 50 Jahre Freiamter Zeitung (August 1949); BGSZ 12 (p. 33) mit den Daten »1834–1893« (5) Die Übersicht »Die Publicistik der Gegenwart« Heft 3, Würzburg 1879, erwähnt beim »Boten für Berg und Thal« als Anmerkung »Hievon erscheint ebenfalls eine Wochen-Ausgabe unter dem Namen ›Freiamter Wochenblatt‹«.

Freiamtler Wochenblatt
v. Der Bote von Berg und Thal.

Wochenblatt, Freyburger, historisch moralisch politischen Inhalts. Freyburg 1793. H: *Ruef, Caspar.* (Heinr. Amann, Zur Erinnerung an Kaspar Ruef. Freib. 1836. S. 40) (BIBLPORT)

Wochen-Blatt. – F r e i m u n d 's kirchlich-politisches Wochenblatt für Stadt und Land. Jg. 1 – 75 (zu je 52 Nrn). Nördlingen: Beck 1855 – 1929. 4°
Red.: Johann Friedrich Wucherer, sp. u.a.
Forts. u.d.T.: Freimund. Kirchl.-Pol. Wochenblatt.

Wochenblatt, Freysinger. Freys. 1804. H: *Zuber, Ant. Emanuel.* (MGT)

Wochenblatt. – F r e y s i n g e r Wochenblatt.
1804 – 1865.
Vorh. u.d.T.: Freysinger Anzeiger.
Fortges. u.d.T.: Freisinger Wochenblatt.

Wochenblatt. – Freisinger Wochenblatt. –
1865 – 31.XII.1867(?).
Vorh. u.d.T.: Freysinger Wochenblatt.
Fortges. u.d.T.: Freisinger Tagblatt.

Wochenblatt. – Freystädtisches Wochenblatt zur Unterhaltung für Jedermann. Freystadt 1827–37.
Hrsg. v. J. G. Kahl.

Wochenblatt für Freunde der Literatur und vaterländischen Geschichte
② Jahrgang 2–3: Wochenblatt für Freunde der schönen Literatur und vaterländischen Geschichte ③ Wochenblatt für die Städte Solothurn und Olten (1844 45) und Solothurnisches Wochenblatt (1824–1834) ⑤ 6. 7. 1845 (Probenummer)–26. 6. 1847 ⑥ 8° ⑦ Wochenblatt ⑧ Solothurn: Franz Xaver Zeptel (1811–1864). Jahrg. 1: J. Gaßmann, Sohn, Jahrg. 2 u. 3 ⑨ Der Postheiri ⑩ Jahrg. 1: Verleger Franz Xaver Zepfel in Verbindung mit den Hrr. Alfred Hartmann (1814–1897), Franz Krutter (1807–1873) und Georg Schlatter (1812–1872). - Jahrg. 2 und 3: Verlag von Jent und Gaßmann in Verbindung mit den erwähnten Persönlichkeiten ⑪ Alfred Hartmann, Franz Krutter und Georg Schlatter ⑬ BGSZ: 1059, 1060. - Altermatt, L.: Die Buchdruckerei Gaßmann AG, p. 195 ⑭ So: Z; Be: L.

Wochenblatt für Freunde der Weisheit und Litteratur. [Stück 1—6.] Berlin 1783: Spener. 48 S. 4⁰
Kl. 19, 20, Tt. 167. Äusserst selten.
Früh. u.d.T.: Freimaurer-Zeitung

Wochenblatt. – Fürther Demokratisches Wochenblatt. –
28.X.1871 – 31.XII.1873.
Fortges. u.d.T.: Social-Demokratisches Wochenblatt.

Wochenblatt. – Fürther demokratisches Wochenblatt.
Nürnberg: Expedition 1871–1873. 4⁰
Hrsg. v. Gabriel Löwenstein.
Red.: Anton Memminger, sp. Wilhelm Blos u.a.
Forts. u.d.T.: Socialdemokratisches Wochenblatt. Jg. 1874.

Wochenblatt. – Gemeinnütziges Wochenblatt. Bd 1.
Augsburg: E. T. Lotter in Comm. 1790. 8⁰

Wochenblatt. – Gemeinnütziges Wochenblatt.
Tilsit. 1.V.1816 – 1823.
Fortges. u.d.T.: Das Tilsener gemeinnützige Wochenblatt.

Wochenblatt. – Gemeinnütziges Wochenblatt. –
Schwäbisch Gmünd. – 2.VII.1825 – 1838.
Vorh. u.d.T.: Wochenblatt.
Fortges. u.d.T.: Der Bote vom Remsthale.

Wochenblatt. – Gemeinnütziges Wochenblatt. –
Paderborn. – 1.I.1846 – 5.IV.1848.
Fortges. u.d.T.: Westfälische Zeitung.

Wochenblatt. – Gemeinnütziges Anhaltisches Wochenblatt. –
Köthen. – 14.IV.1771 – 25.(?)XII.1804.
Vorh. u.d.T.: Cöthnische gemeinnützige Anzeigen und Nachrichten.
Fortges. u.d.T.: Anhalt-Köthensches Wochenblatt.

Wochenblatt. – Gemeinnütziges Wochenblatt zur Beförderung des Menschenwohls. St. 1–25. Elbing 1793: Nohrmann.

Wochenblatt: Gemeinnütziges Wochenblatt zur Belehrung und Unterhaltung
s.a. Neues helvetisches Volksblatt.

Wochenblatt, Gemeinnütziges, zur Belehrung und Unterhaltung. Zürich 1800. H: *Schweizer, Joh. Jac.* (Cat. d. Stadtbibl. Zürich. Zürich 1864—97.)

Wochenblatt. – Gemeinnütziges Wochenblatt für den Bürger und Landmann. Jg. 1793–96. Lübeck: Römhild 1793–96. 8⁰
Bandtitel: Lübeckisches gemeinnütziges Wochenblatt für den Bürger und Landmann.

Wochenblatt. – Gemeinnütziges Wochenblatt für Bürger, ohne Unterschied des Standes und der Religion. Jg. 1–3. Kaufbeuren 1780–83. 8⁰
Hrsg. v. Christian Jakob Wagenseil.

— gemeinnütziges, des Gewerb=Vereins zu Köln, herausg. von dem Verein, redigirt von dem Vorsitzenden, C. Bohl. 1r — 6r Jahrg. 1836 — 1841. à 52 Numm. (1/2 Bog.) Mit 12 lithogr. Zeichnungen. 4. Köln u. Aachen, Kohnen. à n. 3 ₰

— gemeinnütziges, des Gewerb=Vereins zu Köln, herausgeg. von dem Verein, redigirt von C. Bohl. 5.—9. Jahrg. 1840—1844. à 52 Numm. (1/2 Bog.) Mit 12 lith. Zeichn. 4. Köln, Kohnen. à n. 3 ₰

— dass. 10. Jahrg. Neue Folge. 1. Jahrg. 52 Numm. gr. 4. Ebend. 845. (Bachem.) n. 2 ₰

—— gemeinnütziges, des Gewerb-Vereins zu Köln. Hrsg. von dem Vereine. 11—17. Jahrg. (Neue Folge. 2—8. Jahrg.) 1846—52. à Jahrg. 52 Nrn. (1/2 Bog.) 4. Cöln, (Bachem.) à Jahrg. *

—— gemeinnütziges, des Gewerb-Vereins zu Köln. Hrsg. von dem Vereine. 18—20. Jahrg. Neue Folge. 9—11. Jahrg. 1853—55. à Jahrg. 52 Nrn. (1/2 Bog.) gr. 4. Cöln, (Bachem.) à Jahrg. *

Wochenblatt, Gemeinnütziges, zunächst für Guben und die umliegende Gegend. Guben 1805—6. H: *Richter, Wilhelm & Steuer.* (MGT)

— gemeinnütziges, für Halberstadt u. die Umgegend. 1r—5r Jahrg. 1836 — 1840. ... Halberstadt, Helm. à J. 1 ₰

Wochenblatt. – Gemeinnütziges Wochenblatt physischen und medizinischen Inhalts. Zürich: Orell, Geßner, Füßli 1791–92. 8⁰
Hrsg. v. Joh. Heinr. Rahn.

Wochenblatt, Gemeinnütziges, zur Kenntniss der Staaten. Dresden 1792—93. H: *Merkel, Dankegott Immanuel.* (ML) (Kläbe, Neuest. Gel. Dresden. Leipz. 1796.)

Wochenblatt, Gemeinnütziges, zur Kenntniss der Staaten. Meissen 1792—93. H: *Engelhardt, D. J.* (Ky)*

— gemeinnütz., zur Kenntniß d. Staaten (von D. J. Engelhardt). 1r Jahrg. 1s—4s Hft. 2r Jahrg. 1s, 2s Stck. 8. Meißen 792, 93, Erbstein. (Goedsche). (à 12 gr) 3 ₰

Wochenblatt. – Gemeinnütziges Colberger Wochenblatt. –
7.I.1826 – 24.I.1835.
Vorh. u.d.T.: Colberger Wochenblatt.
Fortges. u.d.T.: Kolberger Wochenblatt.

— gemeinnütziges, für Lissa und die Umgegend. 1850. 52 Nrn. (1/3 Bog.) 4. Lissa, (Günther.) *

Wochenblatt. – G e m e i n n ü t z i g e s Pirnaisches Wochenblatt. –
7.I.1804 – 31.(?)XII.1816.
Fortges. u.d.T.: Pirnaisches Wochenblatt.

— gemeinnütziges, für Quedlinburg u. die Umgegend; herausg. von C. Basse. Jahrg. 1820—32. 4. Quedlinb., Basse. (à J. 16 ℊ) 8 ℞ 16 ℊ

Gemeinnütziges Wochenblatt für Rendsburg und die umliegende Gegend. 1—14. St. 1/1—3/4 1808. U. St. (U. B.).

Wochenblatt: Gemeinnütziges Schweizerisches Wochenblatt zur Belehrung und Unterhaltung
⑤ kurz vor 1818 ⑦ Wochenblatt ⑧ Baden: Jakob Diebold ⑩ der Drucker ⑪ wahrscheinlich der Drucker ⑮ David Heß »Die Badenfahrt« (Orell Füßli Zürich 1818; p. 466) »... eine Buchhandlung und Druckerey, die aber nur Fibeln, Postillen und ähnliche Artikel verlegte, kürzlich auch noch eine Art von Zeitung unter dem Titel (siehe oben ...)« herausgab, welche aber nichts als ein später Nachdruck anderer Zeitungsblätter war, und bald einging.«

Wochenblatt. – G e m e i n n ü t z i g e s und unterhaltendes Wochenblatt. –
Itzehoe. – 5.VII.1817 – 25.XII.1824.
Fortges. u.d.T.: Königlich privilegirtes gemeinnütziges, unterhaltendes Wochenblatt.

Gemeinnütziges und unterhaltendes **Wochenblatt** für Itzehoe und die umliegende Gegend. Jg. 1—7. Itzehoe. 1817—23. 8°.

Gemeinnütziges (und) unterhaltendes Itzehoer **Wochenblatt.** Jg. 13—23. ebd. 1829—39; Jg. 24. ebd. 1840, Nr. 1—13. 4°.
Fortges. u. dems. T., aber in Fol.:
⊙ Jg. 27—29, 1843—45; Jg. 30, 1846, Nr. 1—25; Jg. 31, 1847, Nr. 14—52; Jg. 32—35, 1848—51; Jg. 37—38, 1853—54. Fortges. u. d. T.:
Gemeinnützige unterhaltende Itzehoer **Nachrichten.** N. F. Jg. 43—46, 1859—62; Jg. 48, 1864; Jg. 50—52, 1866—68. Fortges. u. d. T.:
Itzehoer **Nachrichten.** N. F. Jg. 52—57. 1869—74. Fol.

Gemeinnütziges und unterhaltendes Itzehoer **Wochenblatt.** Jg. 25—26. [Unvollst.] 39. — Itzehoe 1841—42. 1855. 4° u. 2°

Wochenblatt.– G e m e i n n ü t z i g e s und unterhaltendes Itzehoer Wochenblatt. Jg. 29. 30 u. 32. Itzehoe. 1845, 1846 u. 1848. Fol.
Fortges. u. d. T.: Gemeinnützige unterhaltende Itzehoer Nachrichten.

Wochenblatt. – G e m e i n n ü t z i g e s (und) unterhaltendes Itzehoer Wochenblatt. –
30.III.1848 – 2.II.1856.
Vorh. u.d.T.: Königlich privilegirtes gemeinnütziges unterhaltendes Itzehoer Wochenblatt.
Fortges. u.d.T.: Gemeinnützige, unterhaltende Itzehoer Nachrichten.

Wochenblatt. – G e o g r a p h i s c h e s Wochenblatt. Qu. 1–4. Dresden 1794. 8°
Hrsg. v. Karl Aug. Engelberdt.

Wochenblatt der Germania: Nov. 9, 1874 – Sept. 8, 1922.
Weekly edition of TAGBLATT DER GERMANIA until the end of 1918, then an independent weekly. It is believed that this edition of the GERMANIA was issued semi-weekly for a time, since the paper advertises weekly and daily editions, then semi-weekly and daily editions. The last issue of the daily edition is that of Dec. 31, 1918, and the January 1919 issues are weekly, as are those as early as 1876. Announcement that it will cease publication appears in the issue of Sept. 8, 1922. Title varies slightly: In 1876, it was called WOCHENBLATT DER GERMANIA; in Jan. 1919, QUINCY GERMANIA. Circulation: 1875, 1616; 1885, 2500; 1910, 1750; 1922, 700.
Quincy, IL

Wochenblatt für das schöne Geschlecht. Ilmenau 1779. H: *Hezel, Charlotte Henriette geb. Schwabe.* (Schl) (Ky) (MGT)

— für das schöne Geschlecht (von Chrl. Henr. Hezel.) 4 Hefte. 4. u. 8. Ilmenau 779. (Keyser in Erf.)

— des N. Ö. Gewerbe-Vereines. 32. Jahrg. 1871. 52 Nrn. (à 1–1½ B.) hoch 4. Wien, Hölder. n. 13. —

— dasselbe. 33–37. Jahrg. 1872—1876 à 52 Nrn. (à 1—1½ B.) hoch 4. Ebend. à Jahrg. n. 12. —

— Gießener für 1750. 4. Gießen, Krieger. 1 ℞ 8 ℊ

Wochenblatt, Das Giesser, auf das Jahr 1750. H: *Böhm, Andreas.* (ML)

Wochenblatt. – G i e s s e r Wochenblatt. –
Giessen. – 6.I.1750 – 2.I.1764(?).
Fortges. u.d.T.: Gies(s)ische wöchentliche-gemeinnützige Anzeigen und Nachrichten.

Wochenblatt. – G i e s s e r Wochenblatt. –
Giessen. – 1.I.1771 – 6.I.1792(?).
Vorh. u.d.T.: Gies(s)ische wöchentliche-gemeinnützige Anzeigen und Nachrichten.
Fortges. u.d.T.: Giesser Intelligenzblatt.

Wochenblatt, Giesser gelehrtes. Giessen 1763—64. H: *Zimmermann, Christian Hnr.* (MGT)

Glarner Wochenblatt
v. Wochenblatt für den Kanton Linth.

G m u n d n e r Wochenblatt. Verantwortlicher Verleger Johann H a b a c h e r. 3. Jahrg. 4. 2spaltig. 1 fl. 20 kr. jährlich. 1853.

G m u n d n e r Wochenblatt. (IV. Jahrgang.) Redakteur und Verleger Johann Habacher. 4. 2spaltig. Jeden Dinstag. 20 und 30 kr. vierteljährig. 1854.

G m u n d n e r W o c h e n b l a t t. V. Jahrgang. Verantwortliche Redaktion, Druck und Verlag: Johann Habacher. 4. 2spaltig. Jeden Dienstag. 1 fl. 20 kr. u 2 fl. jährlich. Gmunden 1855.

G m u n d n e r Wochenblatt. (VI. Jahrg.) Verantwortl. Redakteur, Druck und Verlag von Johann Habacher. 4. 2spaltig. Erscheint jeden Dienstag.

G m u n d n e r Wochenblatt. 7. Jahrg. Redaktion, Druck und Verlag von Johann Habacher. Erscheint jeden Dienstag. 2spaltig. 4. 1857.

Gmundner Wochenblatt. VIII. Jahrg. Verantw. Redakt.. Druck u. Verl. v. *Joh. Habacher.*
Erscheint in **Gmunden**, jeden Dinstag, 1 Bogen in 4°. mit einem halb. Bog. Beiblatt in 8°. 2-spalt. Prän.-Pr. 1/4-jähr. 35 kr.; pr. Post 45 kr. Insertionsg. 3 kr. pr. Zeile, bei Wiederholung 1 kr. — Das Beiblatt führt den Titel: *Christlicher Hausschatz.* Mit diesem ist der Prän.-Pr. 1/4-jähr. 20 kr. mehr.

— gmundner. Mit Beiblatt: Christlicher Hausschatz. Redig. von Joh. Habacher. 1861. 52 Nrn. (Bog.) 4. Gmunden. Habacher.
Mit dem Beiblatt. 8. (à Nr. 1/2 Bog.)

Wochenblatt. – Göppinger Wochenblatt. –
3.I.1849 – 1.I.1902.
Vorh. u.d.T.: Wochenblatt.
Fortges. u.d.T.: Göppinger Zeitung.

Wochenblatt. – Goslarsches Wochenblatt. –
4.I.1800 – 29.XII.1800.
Vorh. u.d.T.: Polizey- und Commerzzeitung.
Fortges. u.d.T.: Wochenblatt.

Wochenblatt. – Goslarsches Wochenblatt. –
11.VI.1814 – 1.I.1828.
Vorh. u.d.T.: Allgemeine Zeitung.
Fortges. u.d.T.: Wochen-Blatt.

Wochenblatt. – Goslarsches Wochenblatt. –
23.III.1848 – 25.XII.1850.
Vorh. u. fortges. u.d.T.: Wochen-Blatt.

— **Gothaisches, gemeinnütziges. 4 Jahrgg. Juli 1779 — Juni 1781. gr. 4. Gotha, Ettinger. (à J. 1 ₰) 4 ₰**

— Gothaisches gemeinnütziges, 4 Jahrg. July 1779 bis Juny 1783. gr. 4. Gotha. Ettinger. (à Jahrg. 1 Rthlr.)

Wochenblatt. – Göttingisches Wochenblatt. –
1.I.1814 – 1.I.1868.
Fortges. u.d.T.: Göttinger Tageblatt.

Wochenblatt. – Grazer litterarisch-ökonomisches Wochenblatt [Stücktitel]. Bd 1 (= Nr. 1–26), Bd 2 (= Nr. 1–25). Gräz: Joh. G. Weingand u. Franz Ferstl 1787. 8°
Hrsg. v. Patriz Dengg.
Bandtitel: Gräzer Magazin über verschiedene Gegenstände der Litteratur und Oekonomie.

— Grazer, f. Literatur, Kunst u. öffentliches Leben. Hrsg. M. Cohn (A. Mels.) Red.: Ig. Wosetzky. 1. Jahrg. 1876/77. 52 Nrn. (1½ B.) gr. 4. Graz, Cyller. n. 12. —

Wochenblatt. – Greifswalder Wochenblatt. –
5.I.1822 – 31.III.1851.
Vorh. u.d.T.: Greifswalder wöchentlicher Anzeiger.
Fortges. u.d.T.: Greifswalder Kreis- und Wochenblatt.

Wochenblatt. – Greifswalder Wochenblatt. –
22.XI.1864–31.XII.1874.
Vorh. u.d.T.: Greifswalder Kreis- und Wochenblatt.
Fortges. u.d.T.: Greifswalder Tageblatt.

Wochenblatt. – Greifswalder gemeinnütziges Wochenblatt für den Bürger und Landmann zu größerer Aufnahme der Landes-Oeconomie, Manufakturen, Fabriken und Handlungen. Nr. 1–52. Greifswald: J. H. Eckhardt 1794–95.
Hrsg. v. Georg Stümpf.

„Greifswaldisches Wochenblatt von allerhand gelehrten und nützlichen Sachen", Greifswald ab 1743. Löffler.
Hrsg.: Jakob Heinrich Balthasar.

Grenchner Wochenblatt
④ Jura Post (I) ⑤ 1. 10. 1872 (Probenummer vom 18. 9. 1872)—1. 4. 1874 ⑥ 4° ⑦ wöchentlich 2× ⑧ Grenchen: F. Jungen-Bütschi ⑩ Verlag F. Jungen-Bütschi ⑫ fortschrittlich ⑬ BGSZ: 1060; Strub, W.: Heimatbuch Grenchen (Solothurn 1949), p. 541; Historische Mitteilungen (Oltner Tagblatt) 1953, Nr. 13 ⑭ So: Z (Probenummer); O: S (Probenummer).

— **Grimmaisches, für Stadt u. Land. Jahrg. 1813—23. 8. (Lpz., Göschen). 11 ₰**

Groß-Becskereker Wochenblatt, Redakteur, Herausg. u. Drucker Fr. Paul Pleitz. 3. Jahrgang. 4. 2spaltig. 48 kr. vierteljährig. 1853.

Groß-Becskereker Wochenblatt für den Geschäfts-, Gewerb- und Landmann. Organ für amtliche Verordnungen und alle Arten Anzeigen, für Gewerbkunde, Gartenkunst, Land- und Hauswirthschaft. Redakteur und Herausgeber Fr. P. Pleitz. Buchdruckerei von Fr. P. Pleitz. 4. 2spaltig. Jeden Samstag. 48 kr. und 1 fl. 12 kr. vierteljährig. 1854.

Groß-Becskereker Wochenblatt für den Geschäfts-, Gewerb- und Landmann. Organ für amtliche Verordnungen und alle Arten Anzeigen für Gewerbkunde, Gartenkunst, Land- und Hauswirthschaft. 5. Jahrgang. Redigirt und herausgegeben von Fr. P. Pleitz. Druck von Fr. P. Pleitz. 4. 2spaltig. Jeden Samstag. 48 kr. und 1 fl. vierteljährig. 1855.

Groß-Becskereker Wochenblatt für den Geschäfts-, Gewerb- und Landmann. Organ für ämtliche Verordnungen und alle Arten Anzeigen, für Gewerbkunde, Gartenkunst, Land- und Hauswirthschaft. (VI. Jahrg.) Herausgeber und Redakteur: Franz Paul Pleitz. Druck von Fr. P. Pleitz. kl. 4. 2spaltig. Erscheint jeden Samstag. 1856.

Wochenblatt des Deutschen Gruben- und Fabrik-Beamten-Verbandes. Bochum: Verband 1892–(1902). 8°

Wochenblatt. – Güstrowsches Wochenblatt. St. 1–42. Güstrow 1781–82. 8°

Wochenblatt. – Güstrowsches Wochenblatt. –
1.I.1839 – 31.XII.1848.
Vorh. u.d.T.: Güstrowsches Gemeinnütziges Wochenblatt.
Fortges. u.d.T.: Güstrower Zeitung.

Wochenblatt. – Güstrowsches Gemeinnütziges Wochenblatt. –
17.VI.1817 – 25.XII.1838.
Fortges. u.d.T.: Güstrowsches Wochenblatt.

Wochenblatt. – Hallisches Wochenblatt. –
1.XI.1806 – 8.XI.1806.
Vorh. u.d.T.: Hallisches Patriotisches Wochenblatt.
Fortges. u.d.T.: Hallisches patriotisches Wochenblatt.

Wochenblatt, Hallesches, zum Besten der Armen. Halle 1785. H: *Niemeyer, Aug. Herm. & Andere.* (Ky)

—Hallesches, zum Besten d. Armen, (von A. H. Niemeyer u. A.) 1r Thl. 8. Halle 785. Gebauer. 12 ℊℊ

Wochenblatt, Hallisches, für Neu- und Wissbegierige, zu Beförderung gemeinnütziger Welt- und Menschenkenntniss . . . 1. Quartal. Halle 1791. H: *Rüdiger, Joh. Chn Chph.* (MGT)

Wochenblatt. – Hallisches Patriotisches Wochenblatt. – 5.X.1799 – 25.X.1806.
Fortges. u.d.T.: Hallisches Wochenblatt.

—Hallesches patriot., von Mitgliedern d. Gesellschaft freiwilliger Armenfreunde zur Beförderung wohlthätiger Zwecke, herausg. von A. H. Niemeyer u. H. B. Wagnitz. 1r—31r Jahrg. 1800 1830. 8. Halle, Waisenh.-B. (à J. 1 ꝛß) 31 ꝛß

Wochenblatt. – Hallisches patriotisches Wochenblatt. – 15.XI.1806 – 2.I.1856.
Vorh. u.d.T.: Hallisches Wochenblatt.
Fortges. u.d.T.: Hallisches Tageblatt.

— Hallisches patriotisches. Zur Beförderung nützlicher Kenntnisse u. wohlthät. Zwecke, herausg. v. A. G. Niemeyer u. H. B. Wagnitz. 13r—16r Jahrg. 8. Halle, Waisenhausbuchh. 812—15. (à 1 Rthlr.)

— Hallisches patriot., z. Beförderung wohlthät. Zwecke. Herausgegeben von A. H. Niemeyer u. H. B. Wagnitz. 23r —28r Jahrgg. 1822—27. 8. Halle, Waisenhaus-Buchh. à 1 Rthl. —

—— hamburger. Redig. von Emil Lehmann und Jürgen Bona Meyer. 1859. October bis December. 13 Nrn. (Bog.) gr. 4. Hamburg, O. Meißner. *

—— dass. — Redig. von Denselben. Jahrg. 1860. 52 Nrn. (Bog.) gr. 4. Ebendas. *

— Hamburger litterarisches. Begründet u. hrsg. v. Ernst Aug. Möller. Red.: Paul Alexander. (Paul Kleinmann.) Mai 1896—April 1897. 52 Nrn. (à ca. 2 Bog.) gr. 4. Hamburg. Wandsbeck (Hamburgerstr. 23), E. A. Möller. n. 6. —; einz. Nrn. n. — 20

⊙ Hamburger **Wochenblatt** zur Unterhaltung für Jedermann. 1862, Nr. 22. 23. Hamburg. 1862. 4° [Kopft.]
Enthaltend: Das Rendsburger Turnfest. Noch ein Zug zur Charakteristik der Hadersleben er Gelehrtenschule u. a. m.

Wochenblatt. – Hamburgisches Wochenblatt T. 1–4 (= St. 1–52). Hamburg u. Leipzig: Buchenröder u. Ritter 1768. 8°

— Hamburgisches. 4 Thle. 8. Hamb. 768. Möller. 2 ꝛß

— Hamburgisches, f. d. Jugend u. ihre Erzieher, herausg. v. J. F. Ernst, 1s 2s Quartal f. 1803. 8. Hamb. Kratzsch.

—Hamburgisches, für die Jugend u. ihre Erzieher. Herausg. v. J. F. Ernst. 1s, 2s Quartal für 1805. 8. Hamb., Kratzsch. 1 ꝛß 4 ℊℊ

Wochenblatt, Hamburgisches, für Kinder. Hamburg 1776—77. H: *Röding, Joh. Hnr.* (Ky)

—Hamburgisches, für Kinder (von J. A. Röding I.) 6 Thle. 8. Hamb. 776, 77. Reuß. 3 ꝛß

Wochenblatt. – Hammsches Wochenblatt hauptsächlich zur genauern Kunde der westphälisch-rheinischen Geschichte. Jg. 1 (= Nr. 1–52). Hamm: Grote 1824. 4°
Hrsg. v. Ludw. Troß.
Forts. u.d.T.: Westphalia. Hamm 1825 f.

Wochenblatt. – Hanauer Wochenblatt. – 6.I.1869 – 25.XII.1869.
Vorh. u.d.T.: Wochenblatt.
Fortges. u.d.T.: Hanauer Kreisblatt.

— für deutsches Handels- u. Wechselrecht nach den Entscheidgn. d. Oberhandelsgerichts in Leipzig. Hrsg. v. D. Calm u. E. Mallison. 1. Jahrg. 1871. 52 Nrn. (B.) gr. 4. Leipzig, Roßberg. 10. —

— dasselbe. 2. u. 3. Jahrg. 1872 u. 1873 à 52 Nrn. (à 1—1½ B.) gr. 4. Ebend. à Jahrg. n. 12. —

Wochenblatt, Hannoversches, für Handel und Gewerbe. Jahrgang 1868—73. Hannover. 4.

—— hannoversches, für Handel und Gewerbe. Mittheilungen des Gewerbe-Vereins für Hannover und Organ der hannover. Handelskammer. Redact.: F. Jugler. Jahrg. 1877—1879. à Jahrg. 52 Nrn. (Bog.) gr. 4. Hannover, Schmorl und v. Seefeld. Jahrg. 1877 und 1878 à *
Jahrg. 1879 *
Jahrg. 1868—1876 erschienen als Beiblatt zu Mittheilungen des Gewerbe-Vereins für Hannover.

—— hannoversches, für Handel und Gewerbe. Mittheilungen des Gewerbe-Vereins für Hannover und Organ der hannover. Handelskammern. Redact.: F. Jugler. Jahrg. 1880—1882. à Jahrg. 52 Nrn. (Bog.) gr. 4. Hannover, Schmorl und v. Seefeld. à Jahrg. *
Fortsetzung u. d. T.: Gewerbeblatt, hannoversches.

Wochenblatt. – Heidelberger Wochenblatt. – 1806 – 27.XII.1830.
Fortges. u.d.T.: Heidelberger Wochenblätter.

Wochenblatt. – Heilbronnisches Wochenblatt. – 1780 – 12.V.1801.
Vorh. u.d.T.: Wochentlich-Heilbronnisches Nachricht- und Kundschaffts-Blatt.
Fortges. u.d.T.: Heilbronnisches Intelligenzblatt.

—Helmstädtisches, oder öffentl. Anzeigen für den Distrikt Helmstädt, nebst gelehrten Beilagen. Jahrg. 1809—15. 4. Helmst. (Fleckeisen). (à 2 ꝛß) 14 ℊℊ

—Helmstädtisches, u. Beil. Jahrg. 1809, 10. 4. Helmst., Fleckeisen. (à 2 ꝛß) 4 ꝛß

Wochenblatt, Helmstädtisches gelehrtes, herausg. v. Seidel. Jahrg. 1751—53. 4. Halle, (Schwetschke u. S.) 1 ꝛß 4 ℊℊ

—Helmstädtisches gelehrtes, auf die J. 1761, 62. Herausg. von Jh. Frz. Wagner. 4. Helmst.

Wochenblatt, Herisauer, s. a. Herisauer-Wochenblatt.

Herisauer Wochenblatt (I)
⑤ 4. 8. 1832—? ⑦ Wochenblatt ⑧ Herisau: J. C. Steiger ⑬ Anzeige in der Zeitung »Der Patriot«, vom 3. 8. 1832 ⑮ Das Wochenblatt muß, nach Zeitungsnotizen zu schließen, im Oktober 1832 noch erschienen sein.

Hermanner Wochenblatt: Sept. 5, 1845–Oct. 1854.
Weekly. Democratic, but became Republican under Graf. Title varies slightly: Das Wochenblatt, 1845. Continued as Hermanner Volksblatt. Edited & published by Eduard Mühl & Karl Strehly [with Friedrich Münch as co-editor for a time], Sept. 5, 1845–1854, by Jacob Graf, 1854
Hermann, MO

Wochenblatt. – H e s s i s c h e s Wochenblatt. –
Kassel. 6.I.1877 – 15.XII.1879.
Fortges. u.d.T.: Hessisches Tageblatt.

Wochenblatt. – H i l d e s h e i m i s c h e s Wochenblatt.
Jg. 1–5 (zu je 52 Stücken). Hildesheim: Joh. Chr. Lud. Tuchtfeld 1778–82. 8°

— **Hildesheimisches.** 2 Jahrgg. 8. Bremen 779, 80. Förster 4 ℛ

Wochenblatt für den Hinterthurgau
④ Volksblatt vom Hörnli ⑤ 1863—31. 12. 1864 ⑧ Kreuzlingen: Jakob Feierabend ⑩ der Drucker ⑬ BGSZ 1068; Hagen: Buchdruck- und Zeitungswesen im Thurgau.

Wochenblatt für den Bezirk Hinweil und das Zürcher Oberland
① Publikationsorgan für sämtliche Gemeinden des Bezirks Hinw(e)il, Pfäffikon, Uster und Meilen; seit 1905 mit dem Zusatz: Für die Gemeinde Grüningen obligatorisch ② Wochenblatt für den Bezirk Hinwil und das Zürcher Oberland ③ Anzeiger für den Bezirk Hinweil und das Zürcher Oberland ④ Wochenblatt für das Zürcher Oberland und den Bezirk Meilen ⑤ 31. 1. 1903—31. 12. 1912 ⑥ 2° ⑦ Wochenblatt ⑧ Grüningen: J. Wirz ⑨ Schweizerische illustrierte Gartenlaube (1908) ⑩ der Drucker ⑪ der Drucker ⑭ Zh: Z, Be: L (1905–1907).

Wochenblatt für den Bezirk Hinwil und das Zürcher Oberland
v. **Wochenblatt** für den Bezirk Hinweil und das Zürcher Oberland.

Wochenblatt: Historisches Wochenblatt
v. **Solothurner** Anzeiger (II)

Wochenblatt: Hoch-Oberkeitlich-Privilegiertes Wochenblatt
v. Bernisches **AVIS-Blättlein** Montags

Wochenblatt der Höfe
⑮ In einer Übersicht der schwyzerischen Zeitungen, erschienen im «Wochenblatt der Urschweiz» vom 28. 1. 1865 wird für Lachen ein «Wochenblatt der Höfe» genannt. v. Wochenblatt für den Bezirk Höfe.

Wochenblatt für den Bezirk Höfe
④ Volksblatt des Bezirkes Höfe ⑤ Ende 1862–1891 ⑥ 2° ⑦ Wochenblatt; wöchentlich 2× (seit 1883) ⑧ Lachen: Frau Josephine Anselmier-Eberle ⑨ Sonntagsblatt (seit 1882) ⑪ BGSZ 1058 ⑮ Kopfblatt des «March-Anzeigers».

Wochen-Blatt. – H ö f e r Wochen-Blatt.
Hof. 1.I.1852 – 31.XII.1853.
Vorh. u.d.T.: Wochen-Blatt.
Fortges. u.d.T.: Anzeiger.

Wochenblatt für das Fürstenthum Hohenzollern-Hechingen. Jg. [1]—7. Hechingen 1829—36. 7 Bde

Wochenblatt. – H o h e n z o l l e r n s c h e s Wochenblatt. –
Hechingen. – 5.VII.1854 – 31.XII.1866.
Vorh. u.d.T.: Amts-Blatt.
Fortges. u.d.T.: Hohenzollernsche Blätter.

Wochenblatt für den deutschen H o l z h a n d e l . Stuttgart: Lindheimer 1887–(1902). 8°
Red.: A. Lindheimer.

Wochenblatt, Holzmindisches. Holzminden 1785—92. H (85—86): *Grotian, Theodor Christoph.* H (87—92): *Raabe, August.* (MGT)

Wochenblatt der Bezirke Horgen und Höfe
① Obligatorisches Publikationsmittel der Gemeinde Richterswil ④ Grenzpost für den Zürichsee und den Kanton Schwyz ⑤ 1864—1869 (?) ⑥ 4° ⑦ wöchentlich 2× ⑧ Richterswil: F. Lang ⑩ der Drucker ⑫ Lokalblatt ⑭ Zh: Z.

— der **H o r n i s s e.** Red.: H. Heise u. Kellner. 1. Jahrg. April–Decbr. 1850. 39 Nrn. Imp. 4. (½ Bog.) Kassel. (Raabé & Co.) 1½ ℛ

—— **der Hornisse.** Redig. von H. Heise und Kellner. 1. Jahrg. April — Decbr. 1850. 39 Nrn. (½ Bog.) Imp.-4. Kassel, (Württemberger.)

Wochenblatt: Humoristisches Wochenblatt
s.a. Hidigeigei's Lustige Blätter.

— humoristisches. 1. Jahrg. 1887. 52 Nrn. (B.) gr. 4. Demmin, Frantz. n. 3. 20; Monats-Ausg. u. d. T.: Humoristische Rundschau. 13 Hfte. à — 30

Wochenblatt. – H u m o r i s t i s c h e s Wochenblatt. Zürich: A. Munk 1895. 4°
Red.: A. Munk.
Vorh. u.d.T.: Hidigeigi's Lustige Blätter. 1891–1894.

Husumer Königlich privilegirtes **Wochenblatt.** Jg. 1. 3. 20. 23. Husum 1816. 18. 35. 38. 4°.

Kgl. privil. Husumer Wochenblatt. Redig. gedruckt und verlegt von H. A. Meyler. 16—38. Jahrg. Nr. 26, (26/6). Husum. 1831—53. Husum. 4. (Paa Titelbladene 18—38. Jahrg.: Husumer kgl. privileg. Wochenblatt, medens Nr. har den oprindelige Overskrift). (jf. B. D. IV. 646).

Wochenblatt, illustrirtes. Jahrg. 1865. April bis Decbr. 39 Nrn. (Bgn. mit eingedr. Holzschn.) Altona, Expedition. gr. 4. n. 22½ ngr.

— illustrirtes. Jahrg. 1865. 52 Nrn. (Bgn. mit eingedr. Holzschn.) Leipzig, Payne. gr. 4. n. 1 ℛ

— illustrirtes. Redact.: E. O. Schurmann. Jahrg. 1866. 52 Nrn. (Bgn. mit eingedr. Holzschn.) Leipzig, Expedition. gr. 4. n. 1 ℛ

– illustrirtes. Jahrg. 1867. 52 Nrn. (Bgn. mit eingedr. Holzschn.) Dresden, Wallerstein. gr. 4. n. 1 ℛ 18 ngr.

—— **illustrirtes, für Stolze'sche Stenographie. Organ des Vereins für Stenographie [Neustolze] Hamburg. Redact.: Ph. Ch. Martens. Jahrg. 1885. 52 Nrn. (à Nr. ½ Bog.) gr. 8. Hamburg, Martens.** *

Industrielles Wochenblatt für Glasindustrie. — vols., Coblenz, 1870, '71.

Wochenblatt des Schweizerischen Industrievereins
③ Monatsblatt des Schweizerischen Gewerbevereins (Tg) ④ Schweizerisches Gewerbeblatt oder Mittheilungen über Volkswirtschaft, Handel und Industrie ⑤ 6. 1. 1849—28. 6. 1850 ⑥ 4° ⑦ Wochenblatt ⑧ Basel: Schweighausersche Buchdruckerei ⑩ Schweizerischer Industrieverein ⑪ W. Schmidlin; Mitarbeiter: Joh. Jakob Speiser ⑫ liberal; Eintreten für den Freihandel, für Handels- und Gewerbefreiheit, Münzreform, Arbeiterschutz, Förderung des Mittelstandes. Organ des Schweizerischen Industrievereins und des Gewerbe-Vereins in Basel ⑬ J. J. Speiser: Die Stellung des Schweizerischen Industrievereins. «Wochenblatt des Schweizerischen Industrievereins» Nr. 1 v. 6. 1. 1849 ⑭ Bs: U, WA; Be: L, Zh: Z; Lu: Z.

— des österreichischen Ingenieur- u. Architekten-Vereins, s.: Zeitschrift desselben Vereins.

Wochenblatt. – Wochen- und Intelligenzblatt. – Wurzen. – I.1839 – 31.III.1848.
Vorh. u.d.T.: Wurzener Wochen- und Intelligenzblatt.
Fortges. u.d.T.: Wurzener Wochenblatt.

Wochenblatt für die Interessen der Deutschen in Brasilien: 1907–1917. Montenegro
Weekly. Editor: Rudi Schafer.

Wochenblatt der Johanniter-Ordens-Balley Brandenburg. Jg. [1]-48. 1860–1907. Berlin: G. Hickethier (8–16: F. Heinicke; 17ff.: C. Heymann) 1860–1907. 48 Bde 4° [F.]
Forts. s. u. d. T.: Johanniter-Ordensblatt. 1908. (o8. 11997

— der Johanniter-Ordens-Balley Brandenburg. Jahrg. 1861—63. Red. von A. E. Brachvogel. — Jahrg. 1864. Red. von C. Herrlich. à 52 Nrn. (à ½—1 Bgn.) Berlin, Behr in Comm. gr. 4. Jeder Jahrg. n. 2 ₰

— der Johanniter-Ordens-Balley Brandenburg. Redig. von C. Herrlich. Jahrg. 1865—70. à Jahrg. 52 Nrn. (à ¾—1 Bgn.) Berlin, (Behr's Buchh.) gr. 4. Jeder Jahrg. n. 2 ₰

Wochenblatt der Johanniter-Ordens-Balley Brandenburg. Im Auftrage der Balley-Brandenburg red. v. C. Herrlich. Jahrg. 1871—1876. à 52 Nrn. (½ B.) gr. 4. Berlin, C. Heymann's Verl. à Jahrg. n. 6. —

—— der Johanniter-Ordens-Balley Brandenburg. Im Auftrage der Balley Brandenburg redig. von C. Herrlich. 17.—20. Jahrg. 1876—1879. à Jahrg. 52 Nrn. (Bog.) gr. 4. Berlin, C. Heymann's Verlag. Jahrg. 1876 und 1877 à *
Jahrg. 1878 und 1879 à *

Wochenblatt der Johanniter-Ordens-Balley Brandenburg. Im Auftrage der Balley Brandenburg redig. von C. Herrlich. 21.—25. Jahrg. 1880—1884. à Jahrg. 52 Nrn. (Bog.) gr. 4. Berlin, C. Heymann's Verlag. à Jahrg. *

—— der Johanniter-Ordens-Balley Brandenburg. Im Auftrage der Balley Brandenburg redig. von C. Herrlich. 26.—29. Jahrg. 1885—1888. à Jahrg. 52 Nrn. (à Nr. ½—1 Bog.) gr. 4. Berlin, C. Heymanns Verlag.
à Jahrg. *

—— der Johanniter-Ordens-Balley Brandenburg. Im Auftrage der Balley Brandenburg redig. v. C. Herrlich. 30.—33. Jahrg. 1889—1892. à Jahrg. 52 Nrn. (à Nr. ½—1 Bog.) gr. 4. Berl., C. Heymann. à Jahrg. * 8 —

— der Johanniter-Ordens-Balley Brandenburg. Im Auftrage der Balley Brandenburg red. v. C. Herrlich. 32.—35. Jahrg. 1891—1894. à 52 Nrn. (à ½—1 Bog.) gr. 4. Berlin, C. Heymanns Verl. à Jahrg. n. 8. —

— der Johanniter-Ordens-Balley Brandenburg. Im Auftr. d. Balley Brandenburg red. v. C. Herrlich. 36.—39. Jahrg. 1895—1898. à 52 Nrn. (à ca. 6 S.) gr. 4. Berlin, C. Heymann's Verl. à Jahrg. n. 8. —
Kann auch halbjährlich bezogen werden.

— der Johanniter-Ordens-Balley Brandenburg. Im Auftrage der Balley Brandenburg red. v. C. Herrlich. 40.—43. Jahrg. 1899—1902. à 52 Nrn. gr. 4. (à ca. 6 S.) Berlin, C. Heymann. à Jahrg. n. 8 —

— der Johanniter-Ordens-Balley Brandenburg. Im Auftrage der Balley Brandenburg red. von Dietr. v. Oertzen. 44.—47. Jahrg. 1903—1906. à 52 Nrn. (à Jhrg. VI, 312 S.) gr. 4. Berlin, C. Heymann. à Jhrg. n. 8. —

— der Johanniter-Ordens-Balley Brandenburg. Im Auftrage der Balley Brandenburg red. von Dietr. v. Oertzen. 48. Jahrg. 1907. 52 Nrn. (VI, 310 S.) 32,5×24 cm. Berlin, C. Heymann. 8. —
Fortsetz., s.: Johanniter-Ordensblatt.

Wochenblatt des New-Yorker Journal: 1866?—1878?
Weekly edition of New-Yorker Journal. Sub-title: Organ für Politik, Literatur, Kunst, Gewerbe und Ackerbau. Circulation: 1870, 18,000; 1875, 7000; 1877, 1200.
New York, NY

— israelitische, f. die religiösen u. socialen Interessen d. Judenthums. Red. u. hrsg.: A. Treuenfels. 2. u. 3. Jahrg. 1871 u. 1872 à 52 Nrn. (à 1—2 B.) gr. 4. Magdeburg, (Leipzig, Friese.) à Jahrg. n. 8. —

— dasselbe. 4—7. Jahrg. 1873—1876 à 52 Nrn. (B.) Mit Beilagen: Das jüd. Literaturblatt. Hrsg. v. M. Rahmer. (½ B.) gr. 4. Ebend. à Jahrg. n. 9. —

Wochenblatt: Israelitisches Wochenblatt
v. Jüdische Volkszeitung und Zentralorgan für die Israeliten in der Schweiz.

Wochenblatt: Israelitisches Wochenblatt für die Schweiz
① Journal israélite suisse ⑤ 4. 1. 1901 (cont.) ⑥ 4° ⑦ Wochenblatt ⑧ Zürich: G. v. Ostheim (erster Drucker), später u. a. Hans A. Gutzwiller, Buchdruckerei z. Gutenberg, vormals Juchli-Beck ⑨ Omanut. Blätter für jüdische Kunst und Literatur (Monatsbeilage: Oktober 1941—Juli/August 1942; Omanut-Kunst) ⑩ Rabb. Dr. Littmann und Dr. David Strauß (erste Herausgeber), später Dr. Erich Marx-Weinbaum ⑪ die Herausgeber ⑫ für die Schweizer Juden ⑬ Israelitisches Wochenblatt 1901, Nr. 1; 1926, Nr. 1; 1931, Nr. 1; 1941, Nr. 1; 1950, Nr. 50 ⑭ Be. L.; Zh. BICZ.

—— für Itzehoe und die Umgegend.
Jg. 9. ebd. 1825. Jg. 11—12. ebd. 1827—28. 4°.
Vorh. u.d.T.: Gemeinnütziges und unterhaltendes Wochenblatt für Itzehoe.
Fortges. u.d.T.: Gemeinnütziges und unterhaltendes Itzehoer Wochenblatt.

Jüdisches Wochenblatt zur angenehmen und nützlichen Unterhaltung. No. 1—3. 19.—26. Marḥešvan og 3. Kislev 5571 (ɔ: 16., 23. og 30. November 1810). Altona. 4. (Tysk med hebr. Bogstaver).

Wochenblatt für die mitleidige Jugend ... Freiberg 1814—18. H: *Bernhardi, Elisabeth Eleonora.* (MGT) (Schl) (Ky) (GGr)

— für die mitleidige Jugend. (Herausg. von E. L. Bernhardi. 7 Bdchn. 8. Frberg 814—18.

— für d. österreich. Jugend. 1r Jahrg. Mit Kpf. 8. Wien 777 Trattner. 2 ₰ 16 Kr

— juristische. Organ d. deutschen Anwalt-Vereins hrsg. v. S. Haenle u. J. Johannsen. Jahrg. 1872 u. 1873 à 52 Nrn. (B.) gr. 4. Berlin, Weidmann. à Jahrg. n. 12. —

— dasselbe. Jahrg. 1874. 26 Nrn. (B.) gr. 4. Ebend. n. 7. —

— dasselbe. Jahrg. 1875 u. 1876 à 26 Nrn. (B.) gr. 4. Berlin, Moeser. à Jahrg. n. 7. —

Wochenblatt. – Juristisches Wochenblatt. Jg. 1–4. Leipzig: Heinsius 1772–75. 8°
Hrsg. v. A. F. Schott.
Jg. 4 u.d.T.: Magazin für Rechtsgelehrte.

Wochenblatt. – Kaiserslauterer Wochenblatt. – 1820 – 1864.
Vorh. u.d.T.: Anzeiger.
Fortges. u.d.T.: Pfälzische Volkszeitung.

Wochenblatt der Kansas City Presse: 1884—? Kansas City, MO

„Carlsruher Wochenblatt oder Nachrichten zum Behuf der Policey, des Haussthaltungs- und Handlungswesens, wie auch der Gelehrsamkeit", Carlsruhe 1757, 1758, 1759.

Wochenblatt. – K ä r n t n e r Wochenblatt. Klagenfurt: J. & R. Bertschinger 1893–(1900). 8°

— Kaschauer, für Oberungern auf d. Jahr 1818, herausg. von Otto Wigand. Nr. 1—26. 4. Kaschau 818. Wigand. 1 ß

Wochenblatt. – C a s s e l s c h e s Wochenblatt. – 30.X.1813 – 31.XII.1813.
Vorh. u.d.T.: Feuilleton oder Supplement des Westphälischen Moniteurs.
Fortges. u.d.T.: Casselsche Polizey- und Commerzienzeitung.

Wochenblatt. – K a t h o l i s c h e s Wochenblatt. – Danzig. – 2.X.1842 – 1862.
Fortges. u.d.T.: Danziger Katholisches Wochenblatt.

Katholisches Wochenblatt : 1859 – 1932?
Reported in DABZ Nov. 1, 1892. Sub-title: Zur Hebung kirchlichen Sinnes und Wandels. Herausgegeben von Franz Xaver Brandeckr. After 1931 printed in Omaha, Nebraska.
Chicago, IL

—— katholisches. Zur Hebung kirchl. Sinnes und Wandels. Redact.: Ludw. Maria Müller. 2. und 3. Jahrg. 1861 und 1862. à Jahrg. 52 Nrn. (à 2 Bog.) gr. 4. Chicago, Ill. (Philadelphia, Schäfer und Koradi.) à Jahrg. *

Wochenblatt. – K a t h o l i s c h e s Wochenblatt. Rheydt: Leuchtenrath 1891–(1901). 8°
Hrsg. v. Heinz Nissen.

Wochenblatt. – K a t h o l i s c h e s Wochenblatt. Padua: Antonianische Buchdruckerei 1896–(1900). 8°
Hrsg. v. H. J. Bruniera.

—— katholisches, zunächst für die Diöcesen Culm, Ermland und das Erzbisth. Posen und Gnesen. Redakt.: J. Hasse. 9. und 10. Jahrg. 1851 und 1852. à 52 Nrn (à 1/2—1 Bog.) gr. 4. Danzig, Weber. à Jahrg. *

—— dass. — Redig. von Demf. 11. und 12. Jahrg. 1853 und 1854. à 52 Nrn. (à 1/2—1 Bog.) gr. 4. Ebdf. à Jahrg. *

—— katholisches, zunächst für die Diöcesen Culm und Ermland. 13—18. Jahrg. 1855—61. à Jahrg. 52 Nrn. (à 1/2—1 Bog.) gr. 8. Danzig, Weber. à Jahrg. *

—— katholisches, zunächst für die Diöcesen Culm und Ermland. 19.—21. Jahrg. 1862—64. à Jahrg. 52 Nrn. (à 1/2—1 Bog.) gr. 8. Danzig, Weber. à Jahrg. *
Neue Folge, s. Kirchenblatt

Katholisches Wochenblatt und der Landmann : Oct. 1859 – 1954
Roman Catholic weekly, containing general news and agricultural articles; its purpose in later years: [after the merger of the two papers] "die dem katholischen Familienkreis dienen und die Interessen der deutschen katholischen Landbevölkerung besonders wahrnehmen." Sub-title: [in 1876] Ein Wochenblatt für katholisches Leben, Wissen und Wirken; [in 1908] Zur Hebung kirchlichen Sinnes und Wandels. Title varies: KATHOLISCHES WOCHENBLATT, Oct. 1859—Aug. 1941. Place of publication varies: Chicago, Ill., 1859—1943. Formed by union of KATHOLISCHES WOCHENBLATT and DER LANDMANN. Circulation: 1872, 4000; 1892, 7800; 1910, 5300; 1940, 15,242.
Edited & published by E. Schultze, 1859?—1863; by Franz Xavier Brandecker, 1864—1901; published by Franz Xavier Brandecker, 1901—30; by Tribune Publishing Co., Sept. 4, 1941—1954. Other editors: F. P. Kenkel, George Schleyer, Hans Dexl, Ernst A. Held, Val. J. Peter.
Omaha, NE

— katholisches, für Leser aller Stände; zunächst für die Diöcesen Culm, Ermland u. das Erzbisthum Posen u. Gnesen. Red.: F r d r. L a n d m e s s e r. Jahrg. 1849 u. 1850. à 52 Nrn. gr. 4. — Red.: J. H a s s e. Jahrg. 1851 u. 1852. à 52 Nrn. gr. 4. (1/2—1 Bog.) Danzig, Weber. à Jahrg. n. 1 1/3 ß

— katholisches, aus Ost- und Westpreußen für Leser aller Stände. Unter Mitwirkung mehrerer kathol. Geistlichen redigirt von Ed. Herzog. Herausgeber: E. J. Dormann. 1. Jahrg. 1842. Oktober—December. 13 Numm. gr. 4. Danzig, Gerhard. n. 1/3 ß — 2. u. 3. Jahrg. 1843 u. 1844. à 52 Numm. gr. 4. Marienburg, Dormann. à n. 1 1/3 ß — dass. 4. u. 5. J. 1845 u. 1846. Red. E. Herzog. gr. 4. Ebend. à n. 1 1/3 ß

—— katholisches, für das Großherzogth. Posen. Redig. von Jureck. Jahrg. 1850. 52 Nrn. (Bog.) gr. 4. Lissa, Günther. *

Wochenblatt (Kiel-Altonaer demokratisches). Wöchentlich 1mal. Hrsg. von Conrad Bernhard Schramm. Altona 1848—49.

Wochenblatt. – K i e l e r Wochenblatt. – 3.IV.1841 – 31.XII.1848.
Vorh. u.d.T.: Wochenblatt.
Fortges. u.d.T.: Correspondenzblatt.

Kieler Wochenblatt. Jg. 50—51, 1842—43. 4°.

Wochenblatt. – K i e l e r Wochenblatt. – 2.VII.1861 – 30.XII.1879.
Vorh. u.d.T.: Correspondenzblatt.

Wochenblatt für Kinder zur angenehmen und lehrreichen Beschäftigung in ihren Feyerstunden. Wien 1787. H: *May*. (wrztg 1787, S. 432. 2543) (zenker S. 151, Nr. 258) (biblport)

Wochenblatt für K i n d e r zur angenehmen und lehrreichen Beschäftigung in ihren Feyerstunden. Bd 1. 2. Wien 1787.
Hrsg. v. Jos. May.

— für Kinder z. Verbesserung der häusl. Erziehung u. d. Schulunterrichts. 2 Quartale. 8. Oels 783. (Gutsch in Bresl.) 12 K

— für die neue Kirche. Red.: G. O. T a f e l. 1. Jahrg. 1872. 52 Nrn. (B.) gr. 4. Stuttgart, Mittnacht. 6. 80

— dasselbe. 2. u. 3. Jahrg. 1872 u. 1874 à 52 Nrn. (B.) gr. 4. Stuttgart, neukirchl. Buchh. à Jahrg. u. 7. —

Wochenblatt. – K i r c h h e i m b o l a n d e r Wochenblatt. – 5.(?)IV.1816 – 1.VI.1849
[in Kirchheimbolanden bis 1883].
Fortges. u.d.T.: Wochenblatt.

Wochenblatt. – K i r c h l i c h e s Wochenblatt. Breslau: Graß, Barth u. Co. 1814–1943. (1842ff: für die evangelischen Gemeinden Breslaus).
Hrsg. v. Gerhard.

—— kirchliches. Hrsg. von Weber. Jahrg. 1870—1873. à Jahrg. 52 Nrn. (à 1/2 Bog.) hdch 4. Barmen, (Klein.) à Jahrg. *

—— kirchliches, aus der Diöcese Rottenburg. Redig. von Ed. Vogt. 1. Jahrg. 1848. 34 Nrn. (à 1/2—1 Bog.) und 2. Jahrg. 1849. 104 Nrn. (Bog.) gr. 4. Stuttgart, [Quack.] [1. Jahrg. 1 Thlr., 2. Jahrg. 27 Ngr.]

— kirchliches, aus der Diöcese Rottenburg. Red.: Ed. Vogt. 1. Jahrg. 1848. 34 Nrn. 2. Jahrg. 1849. 104 Nrn. gr. 4. (à 1/2—1 Bog.) Stuttgart, Rümelin. 1848: 1 ℛ 1849: 27 ngℛ

—— kirchliches, für die Prov. Sachsen. Redig. von O. Blumner und F. Begrich. 2. und 3. Jahrg. 1878 und 1879. à Jahrg. 52 Nrn. (à 1/2—1 Bog.) gr. 4. (Ebendas.) à Jahrg. **

—— kirchliches, für die Prov. Sachsen. Organ evangel. Gemeinden und ihrer Vertreter. Redact.: F. Begrich. 4. und 5. Jahrg. 1880 und 1881. à Jahrg. 52 Nrn. (à Nr. 1/2 Bog.) gr. 4. Magdeburg, (Creutz'sche Buchh.) à Jahrg. **

—— dass. — Redact.: O. Blumner. 6. Jahrg. 1882. 52 Nrn. (à Nr. 1/2 Bog.) gr. 4. (Ebendas.) **
Nicht weiter erschienen.

— kirchliches. Zunächst für Schlesien. Red.: Schian. Jahrg. 1860—64. à 52 Nrn. (à 1/2—1 Bgn.) Liegnitz. (Breslau, Dülfer.) gr. 8. Jeder Jahrg. n. 1 ℛ

— kirchliches. Zunächst für Schlesien. Redact.: Schian. Jahrg. 1865. 52 Nrn. (à 1/2—1 Bgn.) Liegnitz. Breslau, Dülfer. gr. 8. n. 1 ℛ

—— dass. — für Schlesien und die Oberlausitz. Redact.: Schian in Verbindung mit Weickert und Spillmann. Jahrg. 1866 und 1867. à Jahrg. 52 Nrn. (à 1/2—1 Bog.) gr. 8. Ebendas. à Jahrg. *

—— kirchliches, für Schlesien und die Oberlausitz. Redact.: Schian in Verbindung mit Weikert und Spillmann. Jahrg. 1868—1875. à Jahrg. 52 Nrn. (à 1/2—1 Bog.) gr. 8. Breslau, (Dülfer's Verlag.) à Jahrg. *

—— kirchliches, für Schlesien und die Oberlausitz. Redact.: Schian, in Verbindung mit Weikert und Spillmann. Jahrg. 1876. 52 Nrn. (Bog.) gr. 4. Liegnitz. (Breslau, Dülfer's Verlag.) *

—— dass. — Redact.: Weikert. Jahrg. 1877—1879. à Jahrg. 52 Nrn. (Bog.) gr. 4. Liegnitz. (Ebendas.) à Jahrg. *

—— kirchliches, für Schlesien und die Oberlausitz. Redact.: Weikert. Jahrg. 1880—1884. à Jahrg. 52 Nrn. (Bog.) gr. 4. Liegnitz. (Breslau, Dülfer's Verlag.) à Jahrg. *

— kirchliches, f. Schlesien u. die Oberlausitz. Red: Weikert. Jahrg. 1883—1886. à 52 Nrn. (B) gr. 4. Liegnitz. (Breslau, Dülfer.) à Jahrg. n. 3. —

— kirchliches, f. Schlesien u. die Oberlausitz. Red.: Weikert. 29.—32. Jahrg. 1887—1890. à 52 Nrn. (B.) gr. 4. Liegnitz. (Breslau, Dülfer.) à Jahrg. n. 3. —

— kirchliches, f. Schlesien u. die Oberlausitz. Red.: Weikert. 33.—36. Jahrg. 1891—1894. à 52 Nrn. (Bog.) gr. 4. Liegnitz. (Breslau, C. Dülfer.) à Jahrg. n. 3. —

— kirchliches, f. Schlesien u. die Oberlausitz. Red.: Weikert. 37.—40. Jahrg. 1895—1898. à 52 Nrn. (Bog.) gr. 4. Liegnitz. Breslau (C. Dülfer). à Jahrg. n. 3. —
Kann auch vierteljährlich bezogen werden.

— kirchliches, f. Schlesien u. die Oberlausitz. Red.: von Schweinitz. 41.—44. Jahrg. 1899—1902. à 52 Nrn. gr. 4. (à ca. 16 Sp.) Mertschütz. (Breslau, C. Dülfer.) à Jahrg. n. 3. —
Der 41., v. Weikert redig. Jahrg. erschien in Liegnitz.

— kirchliches, f. Schlesien u. die Oberlausitz. Red.: v. Schweinitz. 45.—48. Jahrg. 1903—1906. à 52 Nrn. (à Jahrg. 832 Sp.) gr. 4. Diesdorf. (Breslau, C. Dülfer.) à Jhrg. n. 3. —

— kirchliches, f. Schlesien u. die Oberlausitz. Red.: v. Schweinitz. 49.—52. Jahrg. 1907—1910. à 52 Nrn. (416, 420, 417 u. 416 S.) Lex. 8. Diesdorf bei Gäbersdorf (Kr. Striegau), Buchdruckerei d. Schreiberhau-Diesdorfer Rettungsanstalten. à Jahrg. 3. —

—— kirchliches, zur Verständigung über kirchl. Zeitfragen und zur Beförderung christl. Sinnes und Lebens. Redact.: Merbach. Jahrg. 1872 und 1873. à Jahrg. 52 Nrn. (à 1/2 Bog.) gr. 4. Leipzig, (C. G. Naumann.) à Jahrg.

Wochenblatt, Kleines, drolligen und ernsthaften Inhalts. Hamburg 1827. H: *Geier, Johann Peter Christian.* (GGr VII, 377, 43, 8) (BGE III³, 51) S. a. IV, 407.

—— der Kreise Coesfeld, Borken, Ahaus. 1. Jahrg. 1834. Juli—Dec. 26 Nrn., 2—5. Jahrg. 1835—38. à 52 Nrn. (Bog.) Mit Abbild. gr. 4. Coesfeld, (Riese's Verl.) à J. *

—— dass. 6—9. Jahrg. 1839—42. à 52 Nrn. (Bog.) gr. 4. Coesfeld, Wittneven Vater. à J. *

Wochenblatt. – Colberger Wochenblatt. – 9.VII.1825 - 31.XII.1825.
Fortges. u.d.T.: Gemeinnütziges Colberger Wochenblatt.

Wochenblatt. – Kolberger Wochenblatt. 31.I.1835 – 25.(?)XII.1835.
Vorh. u.d.T.: Gemeinnütziges Colberger Wochenblatt.
Fortges. u.d.T.: Colberger Wochenblatt.

Wochenblatt. – Colberger Wochenblatt. – 1.(?)I.1836 – 28.II.1903.
Vorh. u.d.T.: Kolberger Wochenblatt.
Fortges. u.d.T.: Colberger Zeitung.

Wochenblatt. – Königsbergisches Wochenblatt voll Scherz und Ernst. St. 1–25. Königsberg: Degen 1800.

— konservatives. Zeitschrift f. Politik, Volkswirthschaft, kirchl. Leben, Literatur u. Kunst. Red.: F. W. Hilken. 1. Jahrg. Mai—Dezbr. 1890. 36 Nrn. (1 1/2 B.) gr. 4. Berlin, Schneider & Co. Vierteljährlich n. 3. —; f. Mai u. Juni n. 2. —

— konservatives. Zeitschrift f. Politik, Volkswirtschaft, kirchl. Leben, Litteratur u. Kunst. Red.: F. W. Hilken, 2. Jahrg. 1. Quartal Jan.-März 1891. 18 Nrn. (1 1/2 Bog.) gr. 4. Berlin, Schneider & Co. n. 8. —

— dasselbe. 2.—4. Quartal Apr.—Dezbr. 1891. 39 Nrn. (1 1/2 Bog.) gr. 4. Berlin, G. Schuhr. n. 9. —

— dasselbe. Red.: A. Clar. 3. Jahrg. 1892. 52 Nrn. (1 1/2 Bog.) gr. 4. Ebd. n. 12. —

— dasselbe. Red. u. Hrsg.: M. Griesemann. 4. Jahrg. Jan.—März 1893. 13 Nrn. (1 1/2 Bog.) gr. 4. Ebd. n. 3. —
Erscheint nicht mehr.

Wochenblatt. – Constanzisches Wochenblatt. –
2.I.1775 – 25.XII.1786.
Vorh. u.d.T.: Wochentliche Ordinari Post-Zeitung.
Fortges. u.d.T.: Konstanzisches Wochenblatt.

Wochenblatt. – Konstanzisches Wochenblatt. –
1.I.1787 – 6.VI.1791.
Vorh. u.d.T.: Constanzisches Wochenblatt.
Fortges. u.d.T.: Konstanzisch-Montags-Wochenblat.

—— **constitutionelles. Jahrg. 1849. 52 Nrn. (à ½ — 1 Bog.) gr. 4. Schweidnitz, Hetge.** *

— des Ziegenrücker Kreises. 5 Jahrgg. 1818—22. 4. Neust. a.O., Wagner. (à 1 ₰ 8 ℋ) 6 ₰ 16 ℋ

Wochenblatt. – Kreis Hammsches Wochenblatt. –
3.IV.1822 – 26.I.1825.
Fortges. u.d.T.: Wochenblatt.

Kremser Wochenblatt. Herausgeber, Redaktion, Druck und Verlag: Maximilian Pammer. 4. 2spaltig. Erscheint jeden Samstag. 1856.

Kremser Wochenblatt für Unterhaltung, Landwirthschaft, Handel und Industrie. III. Jahrg. Redaktion, Druck u. Verl. v. ***Maximil. Pammer*** **in** ***Krems.***
Erscheint in Krems, jeden Samstag, 1 Bogen in 4°. 2 spalt. **Prän.-Pr.** jährl. 2 fl. 20 kr.; pr. Post 3 fl. **Insertionsgeb.: Für** die Petit-Spaltenzeile das erste Mal 3 kr, f. d. folg. 1 kr.

Kreuzlinger Wochenblatt
⑤ 1878 ⑦ Wochenblatt ⑧ Kreuzlingen ⑬ BGSZ: 12.

Kriegerisches Wochenblatt (von Nr 4 an: Der Patriot in Kriegszeiten). Von dem Verf. des Berlinischen Zuschauers. T. 1. Berlin 1778–79. 8°.

Kulmer Wochenblatt
⑤ 1890—März 1893 ⑦ Wochenblatt ⑧ Unterkulm: Bolliger (?) ⑮ Nach BGSZ 12 soll die Zeitung auch in Gontenschwil (1892—1893) erschienen sein. Nachweisbar hat aber dort nie eine Druckerei existiert.

—— für Kunst- u. Musikalienhändler. 1. Jahrg. 1837. 52 Nrn. (Bogen.) gr. 4. Stuttgart, [Rieger'sche Vrlsh.] *

—— dass. 2. u. 3. Jahrg. 1838 u. 39. gr. 4. Leipzig, Schubert. (?) [838. (52 Nrn. Bog.) * 2 Thlr., 39. in 2 Abthln. 1. Für Kunsth. (26 Nrn. ½ B.) * 1 Thlr., 2. Für die Musikalienh. (52 Nrn. ½ B.) * 2 Thlr.] *

Wochenblatt von den Lägern
⑮ Das «Volksblatt vom Zürichsee» erwähnt in der Nr. v. 29. 12. 1869, daß im Januar 1870 unter diesem Namen in Dielsdorf eine neue Zeitung (wöchentlich 2×) erscheinen sollte. Ob erschienen?

Wochenblatt. – Lahrer Wochenblatt. –
1796 – 26.XII.1812.
Fortges. u.d.T.: Lahrer Intelligenz- und Wochenblatt.

Wochenblatt. – Lahrer Wochenblatt. –
16.I.1819 – 31.XII.1866.
Vorh. u.d.T.: Wochenblatt.
Fortges. u.d.T.: Ortenauer Tagblatt.

Wochenblatt, Laibacher, zum Nutzen und Vergnügen. I. Jg. 1/3—31/12 1804. 2. Jg. 1805. Red: *Stadelmann, Georg.* Mitarb.: *Breckenfeld, Franz Anton von.* (GGr VI/685c) Laibach: Kleinmayer

Wochenblatt. – Landshuter Wochenblatt. –
1.(?)I.1825 – 28.XII.1873.
Vorh. u.d.T.: Königl. Baier. Landshuter Wochenblatt.

— Landshuter. J. 1841. gr. 4. Landshut, v. Vogel. 1⅙ ₰

Wochen- und Anzeigs-Blatt. – Landshuter Wochen- und Anzeigsblatt. –
5.I.1793 – 31.(?)XII.1802.
Fortges. u.d.T.: Landshuter Anzeiger.

— **f. deutsche Land- u. Forstwirthe m. den Gratis-Beilagen: „Milchhandel u. Viehzucht", „Hauswirthschaft u. Gartenbau". Organ f. die wirthschaftspolit. Interessen u. die landwirthschaftl. Praxis. 57. Jahrg. des prakt. Wochenblattes. General-Anzeiger f. das landwirthschaftl. Gewerbe. Red.: O. Kurtze. Jahrg. 1893. 52 Nrn. (à ca. 2 Bog. m. Abbildgn.) Fol. Berlin, S. O., Skalitzerstr. 20, Kurtze & Freitag.** n. 8. —

— **dasselbe. Zeitschrift f. die wirthschaftspolit. Interessen u. f. die landwirthschaftl. Praxis. Organ der gesammten landwirthschaftl. Maschinen-Industrie. 58. Jahrg. 1894. 88 Nrn. (à ca. 1 Bög. m. Abbildgn.) gr. 4. Berlin. (Leipzig, C. F. Tiefenbach.)** n. 4. —

— **für deutsche Land- u. Forstwirthe, Handel, Gewerbe u. Industrie. Verkündigungs-Organ der „Deutschen Waarenbank Harzheim". Red.: O. Kurtze. 59. Jahrg. 1895. 52 Nrn. (à ca. 6 S. m. Abb.) gr. 4. Berlin (NW. 52, Spenerstr. 23), Ph. Münch.** n. 4. —

— **dasselbe. Red.: Phpp. Münch. 61. Jahrg. 1897. 52 Nrn. (à ca. 12 S.) gr. 4. Ebd.** n. 6. —

—— **für Land- und Forstwirthschaft. Hrsg. von der k. württemberg. Centralstelle für die Landwirthschaft. (Redig. von Riecke.) Jahrg. 1849—52. à Jahrg. 52 Nrn. (½ Bog.) 4. Stuttgart, Cotta'sche Buchh.** à Jahrg. *
Vgl. Nachstehendes.

—— **für Land- und Forstwirthschaft. Hrsg. von der k. württemb. Centralstelle für die Landwirthschaft. Redig. von Riecke. Jahrg. 1853—56. à Jahrg. 52 Nrn. (½ Bog.) Mit Beilagen und Stnt. gr. 4. Stuttgart, Cotta'sche Buchh.** à Jahrg. *

—— **für Land- und Forstwirthschaft. Hrsg. von der k. württemberg. Centralstelle für die Landwirthschaft. Redig. von Riecke. Jahrg. 1857—61. à Jahrg. 52 Nrn. (½ Bog.) Mit Beilagen und Stnt. gr. 4. Stuttgart, Cotta'sche Buchh.** à Jahrg. *

—— **für Land- und Forstwirthschaft. Hrsg. von der K. Württemberg. Centralstelle für die Landwirthschaft. Redact.: Riecke. Jahrg. 1862—67. à Jahrg. 52 Nrn. (½ Bog.) Mit Beilagen und Lithogr. gr. 4. Stuttgart, Cotta'sche Buchh.** à Jahrg. *

—— **für Land- und Forstwirthschaft. Hrsg. von der königl. württemberg. Centralstelle für die Landwirthschaft. Jahrg. 1868—1875. à Jahrg. 52 Nrn. (à ½ Bog.) Mit Beilagen und Stnt. gr. 4. Stuttgart, Cotta'sche Buchh.** à Jahrg. *

—— für Land- und Forstwirthschaft. Hrsg. von der k. württemberg. Centralstelle für die Landwirthschaft. Redact.: Stirm. Jahrg. 1876 und 1877. à Jahrg. 52 Nrn. (à ½—1 Bog.) Mit Beilagen und Stnt. gr. 4. Stuttgart, Cotta'sche Buchh. à Jahrg. *

Die Fortsetzung bildet:

—— der Land-, Forst- und Hauswirthschaft für den Bürger und Landmann. Hrsg. von der k. k. patriotisch-ökonom. Gesellschaft im Königr. Böhmen. Redig. von F. Schopf. 1. Jahrg. April—Decbr. 1850. 39 Nrn. (Bog.) gr. 4. Prag, (André.) *

—— dass. — 2. und 3. Jahrg. 1851 und 1852. à Jahrg. 52 Nrn. (à 1—1½ Bog.) gr. 4. (Ebds.) à Jahrg. *

Wochenblatt der Land-, Forst- und Hauswirthschaft für den Bürger und Landmann. Hrsg. von der k. k. patriotisch-ökonom. Gesellschaft im Königr. Böhmen. Redakt.: Alois Borrosch. 4—6. Jahrg. 1853—55. à Jahrg. 52 Nrn. (à 1—1½ Bog.) gr. 4. Prag, (André.) à Jahrg. Thlr. *

—— dass. — Redig. von Demf. 7. Jahrg. 1856. 52 Nrn. (Bog. mit eingedr. Holzschn.) gr. 4. Prag, [Tempsky.] *

—— der Land-, Forst- und Hauswirthschaft für den Bürger und Landmann. Hrsg. von der k. k. patriotisch-ökonom. Gesellschaft im Königr. Böhmen. Redig. von Alois Borrosch. 8—12. Jahrg. 1857—61. à Jahrg. 52 Nrn. (Bog. mit eingedr. Holzschn.) gr. 4. Prag, (Calve'sche Universitäts-Buchh.) à Jahrg. *

—— der Land-, Forst- und Hauswirthschaft für den Bürger und Landmann. Hrsg. von der k. k. patriotisch-ökonom. Gesellschaft im Königr. Böhmen. Redact.: Alois Borrosch. 13.—18. Jahrg. 1862—67. à Jahrg. 52 Nrn. (Bog. mit eingedr. Holzschn.) gr. 4. Prag, (Calve'sche Universitäts-Buchh.)
13.—15. Jahrg. à * 1 Thlr. 20 Ngr. und 16.—18. Jahrg. à *

Wochenblatt für Landwirthschaft und Gartenbau
v. Landwirthschaftliches Wochenblatt für den Kanton Bern.

—— für Land- u. Hauswirthschaft, Gewerbe u. Handel. Redig. v. Riecke. 1. Jahrg. 1834. März—Dec. 43 Nrn. (½ Bog.) Mit Beiln. u. Abbildn. gr. 4. Stuttgart, Cotta.

—— für Land- u. Hauswirthschaft, Gewerbe u. Handel. Hrsg. v. d. Centralstelle d. Landwirthschaftl. Vereins zu Stuttgart in Verbind. mit d. Gesellschaft f. Beförder. d. Gewerbe in Würtemberg, d. Weinverbesserungs-Gesellschaft u. d. pomolog. Verein. Redig. v. Riecke. 2—8. Jahrg. 1835—42. à 52 Nrn. (½ Bog.) Mit Beiln. u. Stnt. gr. 4. Stuttgart u. Tübingen, Cotta'sche Buchh. à J.

—— f. Land- u. Hauswirthschaft, Gewerbe u. Handel. Redakt. Riecke. 9—13. Jahrg. 1843—47. à 52 Nrn. (½ B.) 4. Stuttgart, Cotta'sche Buchh. [1843. 1 Thlr., 44—47. à * 28 Ngr.] *

— f. Land- u. Hauswirthschaft, Gewerbe u. Handel. Red.: Riecke. Jahrg. 1846—1848. à 52 Nrn. 4. (½ Bog.) Stuttgart, Cotta. à Jahrg. n. 28 ngr (Fortsetzg. s.: Wochenblatt f. Land- u. Forstwirthschaft.)

— für Landwirthschaft, Industrie u. Handel. Hrsg. v. e. Vereine prakt. Männer. Organ d. landwirthschaftl. Vereins in Niederbayern. 5—9. Jahrg. 1871—1875 à 52 Nrn. (½ B.) Lex.-8. Landshut, Thomann. à Jahrg. n. 3.—

—— für praktische Landwirthschaft. Die Schranne. Hrsg. unter Mitwirkung des Vereins prakt. Landwirthe von Fraas. 6. Jahrg. 1867. 52 Nrn. (½ Bog.) Lex.-8. München, Fleischmann'sche Buchh. * *
Vgl.: Schranne, die.

—— für praktische Landwirthschaft. Die Schranne. Organ der Landesprodukten- und Waarenbörse in München. Hrsg. unter Mitwirkung des Vereins prakt. Landwirthe von Fraas. 7.—10. Jahrg. 1871—1874. à Jahrg. 52 Nrn. (Bog.) Lex.-8. München, Fleischmann'sche Hofbuchh. à Jahrg. *

—— dass. — Repertorium. Organ des Landesprodukten- und Waarenmarktes in München. Hrsg. unter Mitwirkung prakt. Landwirthe von Fraas. 11. Jahrg. 1872. 52 Nrn. (à ½ Bog.) gr. 8. München, Beck. *

— für praktische Landwirthschaft. Die Schranne. Repertorium. Organ d. Landesprodukten- u. Waarenmarktes in München. Hrsg. unter Mitwirkg. prakt. Landwirthe v Fraas. 11. Jahrg. 1872. 52 Nrn. (½ B.) gr. 8. München, Gummi. n. 2. 50

— — landwirthschaftl. s.a. Albrecht, W.

—— landwirthschaftliches. Zur belehrenden Unterhaltung f. Jedermann, insbesondere f. d. Volk u. die Volksschule. Hrsg. v. Treßler. 1843. 52 Nrn. (½ B.) 4. (Schwäb. Hall, Haspel'sche Buchh.) *

Wochenblatt, landwirthschaftliches. Hrsg. unter Mitwirkung eines Vereins praktischer Landwirthe v. A. M. Colditz. Jahrg. 1844—47. à 52 Nrn. (½ Bog.) 4. Jüterbog, Colditz. Thlr. à

—— landwirthschaftliches. Hrsg. von einem Vereine prakt. Landwirthe durch A. M. Colditz. Jahrg. 1848—51. à Jahrg. 52 Nrn. (à ½ Bog.) 4. Jüterbog, Colditz. à Jahrg.

—— landwirthschaftliches. Hrsg. von dem schleswig-holsteinischen landwirthschaftl. Generalverein. Redig. unter Leitung der Direction. Jahrg. 1852. 52 Nrn. (Bog.) gr. 4. Altona, (Lehmkuhl und Comp.) *

—— landwirthschaftliches. Hrsg. von dem landwirthschaftl. General-Verein der Herzogth. Schleswig und Holstein-Lauenburg. (3. und 4. Jahrg. redig. von Rehder, und 5. Jahrg. von F. Nitzsch.) Jahrg. 1853—55. à Jahrg. 52 Nrn. (Bog.) gr. 4. Kiel, (Schröder und Comp.) à Jahrg. *

—— landwirthschaftliches. Zeitschrift für Land- und Hauswirthschaft. Redakt.: Ed. Hellm. Freyberg. 1. Jahrg. Febr.—Decbr. 1854. 47 Nrn. und 2. und 3. Jahrg. 1855 und 1856. à Jahrg. 52 Nrn. (Bog.) 4. Pasewalk, (Braune.) à Jahrg. *

— landwirthschaftliches. Organ des schweizerischen landwirthschaftlichen Centralvereins. 1—3. Jahrg. 1860—62. Red.: Dängeli. — 4. Jahrg. 1863. Red.: F. Römer. à 52 Nrn. (à ½ Bgn.) Zürich, (Meyer & Zeller.) gr. 4. Jeder Jahrg. n. 1 ₰ 15 ngr.

Wochen-Blatt: Landwirthschaftliches Wochen-Blatt
① Organ der landw. Gesellschaft des Kts. St. Gallen ③ Ostschweizerische Bauernzeitung ⑤ 4. 1. 1879—31. 12. 1892 ⑥ 4° ⑦ Wochenblatt ⑧ Goßau (SG). H. Kellenberger (4. 1. 1879—18. 10. 1879). W. Kellenberger (25. 11. 1879—29. 5. 1880). J. G. Cavelti (5. 6. 1880—25. 12. 1880); St. Gallen: J. J. Sonderegger (1. 1. 1881—25. 12. 1886); Goßau (SG): J. G. Cavelti (1. 1. 1887—31. 12. 1892) ⑩ Landwirtschaftliche Gesellschaft des Kantons St. Gallen ⑬ BGSZ: 1917 ⑭ SG: Va (unvollständig); Be: L.

—— landwirthschaftliches, des k. k. Ackerbauministeriums. 1. Jahrg. 1869. 14 Nrn., und 2. Jahrg. 1870. 52 Nrn. (à 1—2 Bog. mit eingedr. Holzschn.) gr. 4. Wien, Gerold's Sohn. Vierteljährlich *

Wochenblatt, landwirthschaftliches, f. d. Großh. Baden. Hrsg. v. d. Centralstelle d. landwirthschaftl. Vereines. 1. Jahrg. 1833. 52 Nrn. (Bog.) Mit Abbild. u. Ktlogn. 4. Karlsruhe, Braun. Thlr.

—— landwirthschaftliches, f. d. Großhrzgth. Baden. Hrsg. v. d. Centralstelle d. landwirthschaftl. Vereins. 2—10. Jahrg. 1834—42. à 52 Nrn. Mit Beiln., Stntafn. u. Holzschnn. 4. Karlsruhe, Braun'sche Hofbuchh. à J. *

Wochenblatt: Landwirthschaftliches Wochenblatt für den Kanton Bern

② Wochenblatt für Landwirthschaft und Gartenbau (28. 7. 1846—26. 12. 1848) ④ Bernische Blätter für Landwirthschaft, Wald- und Gartenbau ⑤ 9. 6. 1846—26. 12. 1848 ⑥ 8° ⑦ Wochenblatt ⑧ Bern: Carl Stämpfli (9. 6. 1846—30. 6. 1846), Hallersche Buchdruckerei (28. 7. 1846—24. 12. 1848) ⑩ Oekonomische Gesellschaft des Cantons Bern ⑪ Wilhelm v. Fellenberg, Apotheker Guthnick, Robert von Erlach in Hindelbank ⑫ Diskussionen über die Gemeindeverwaltung (zum Teil in volkstümlicher Form: Gespräche zwischen Joggi, dem Riedbauer, und Uli), vor allem über das Armenwesen ⑬ Bernische Blätter für Landwirthschaft, Jubiläumsnummer 1846—1896, Nr 57 v. 17. 7. 1896: Arnold Bikle: Das »Wochenblatt für Landwirthschaft und Gartenbau«. »Festschrift zur Jahrhundertfeier. Der Schweizer Bauer 1846—1946« (Bern 1946), p. 31—34 ⑭ Be: L; Lu: Z.

Wochenblatt: Landwirtschaftliches Wochenblatt für Bünden

⑮ 1795 ließ Christian Pellizari jünger eine »Anzeige einer neuen Leseanstalt für Bünden« erscheinen, in welcher er bemerkte, daß er, wenn genügend Subskriptionen eingehen würden, ein »Landwirtschaftliches Wochenblatt für Bünden« publizieren würde. Nicht erschienen. v. auch BGSZ: 1023.

— landwirthschaftl., f. das Herzogthum Nassau, s. a. Albrecht.

— **landwirthschaftl., für das Herzogthum Nassau, herausg. von W. Albrecht. Jahrgg. 1819—27. 8. Wiesb., (Schellenberg.) à 1 Thlr 8 gGr. Jahrgg. 1828, 29. 8. Ebd., Ritter. à J. 1 Thlr 8 gGr.**

—— **landwirthschaftliches, f. d. Hrzgth. Nassau. Jahrg. 1836. 52 Nrn. (½ B.) Wiesbaden, (Haßloch.)** *

— landwirthschaftliches, f. das Herzogth. Nassau. Jahrg. 1847 u. 1848. à 52 Nrn. 8. (½ Bog.) Wiesbaden. (Friedrich.) à Jahrg. n. 1 Thlr (Fortsetzung siehe: Zeitschrift, Nassauische, für Land- u. Forstwirthe.)

— **landwirthschaftliches**, für Neuvorpommern und Rügen. Red.: Rohde. 1—3. Jahrg. 1856—58. à 52 Nrn. (à ½ Bgn. m. Beilagen.) Greifswald, (Koch.) 4. Jeder Jahrg. n. 2 Thlr.

— landwirthschaftliches, für Neuvorpommern und Rügen. Red.: Rohde. (4. u. 5.) Jahrg. 1859 u. 60. à 52 Nrn. (à 1 Bgn.) Eldena. (Greifswald, Koch.) 4. Jeder Jahrg. n. 2 Thlr

Die Fortsetzung, vgl.: Wochenschrift, landwirthschaftliche, des baltischen Centralvereins.

— landwirthschaftliches, für die Herzogthümer Schleswig, Holstein und Lauenburg. Herausg. von dem landwirthschaftl. Generalverein des Herzogthums Holstein. 3—5. Jahrg. 1853—55. à 52 Nrn. (à 1 Bgn.) (3. u. 4. Jahrg. redig. von Rehder, 5. Jahrg. von E. Nitzsch.) Kiel, (Schröder u. Co.) gr. 4. Jeder Jahrg. n. 2 Thlr.

— landwirthschaftliches, für die Herzogthümer Schleswig, Holstein und Lauenburg. Herausg. durch die ausführende Direction des landwirthschaftlichen Generalvereins des Herzogthums Holstein. Red.: E. Nitzsch. 6—14. Jahrg. 1856—64. à 52 Nrn. (à 1 Bgn.) Kiel, (Schröder & Co.) 4. Jeder Jahrg. n. 2 Thlr

— landwirthschaftliches, für Schleswig-Holstein u. Lauenburg. Hersg. durch die Direction des Schleswig-Holstein. landwirthschaftlichen Generalvereins. Redact.: Henr. Meier u. F. A. Hach. 15—19. Jahrg. 1865—69. à Jahrg. 52 Nrn. (Bgn.) Kiel, (Schröder & Co. Schwers'sche Buchh.) 4. Jeder Jahrg. n. 2 Thlr

Jahrg. 15—17. wurde von H. Meier 18 u. 19 von F. A. Hach redigirt.

—— **landwirthschaftliches, für Schleswig-Holstein. Hrsg. durch die Direction des Schleswig-Holstein. landwirthschaftl. Generalvereins. Redact.: F. A. Hach. 18.—25. Jahrg. 1868—1875. à Jahrg. 52 Nrn. (Bog.) 4. Kiel, (Schwers'sche Buchh.) à Jahrg.** *

— — Red. von F. A. Hach. 20. Jahrg. 1870. 52 Nrn. (Bgn.). Ebend. 4. n. 1 Thlr 15 ngr.

—— **landwirthschaftliches, für Schleswig-Holstein. Hrsg. durch die Direction des Schleswig-Holstein. landwirthschaftl. Generalvereins. Redact.: F. A. Hach. 26.—29. Jahrg. 1876—1879. à Jahrg. 52 Nrn. (Bog.) 4. Kiel, (Schwers'sche Buchh.) à Jahrg.** *

— landwirthschaftliches, f. Schleswig-Holstein. Organ d. Schleswig-Holsteinischen landwirthschaftl. Generalvereins. Hrsg. v. der Direktion. Red. v. Boysen. 35. u. 36. Jahrg. 1885 u. 1886. à 52 Nrn. (2½ B.) hoch 4. Kiel, (Biernatzki). à Jahrg. n. 2. 40

Wochenblatt, landwirthschaftliches, f. Schleswig-Holstein. Organ d. Schleswig-Holsteinischen landwirthschaftl. Generalvereins. Hrsg. v. der Direction. Red. v. Boysen. 37.—39. Jahrg. 1887—1889. à 52 Nrn. (2 B.) hoch 4. Kiel, (Biernatzki). à Jahrg. n. 2. 40

— dasselbe. 40. Jahrg. 1890. 52 Nrn. (2 B.) hoch 4. Kiel, (Haeseler's Sort.). n. 2. 40

— **landwirthschaftliches, f. Schleswig-Holstein. Organ d. Schleswig-Holsteinischen landwirthschaftl. Generalvereins. Hrsg. v. der Direction. Red. v. Boysen, 41. Jahrg. 1891. 52 Nrn. (à ca. 2 Bog.) hoch 4. Kiel, H. Eckardt. n. 2. 40**

— **dasselbe. Red. v. Kirstein. 42. u. 43. Jahrg. 1892. 1893. à 52 Nrn. (à ca. 2 Bog.) hoch 4. Ebd. à Jahrg. n. 2. 40**

— **dasselbe. Red. v. Breyholz. 44. Jahrg. 1894. 52 Nrn. (à ca. 2 Bog.) hoch 4. Ebd. n. 2. 40**

— landwirthschaftliches, f. Schleswig-Holstein. Organ d. Schleswig-Holstein. landwirthschaftl. Generalvereins. Hrsg. v. d. Direction. Red. v. H. Breyholz. 45.—48. Jahrg. 1895—1898. à 52 Nrn. (à ca. 2 Bog.) hoch 4. Kiel (H. Eckardt). à Jahrg. n. 2. 40

Wochenblatt der k. k. Landwirthschafts-Gesellschaft in Salzburg. (IV. Jahrgang.) Redakteur Johann Freih. v. Mesnil. Druck der Duyle'schen Buchdruckerei. 8. Salzburg 1854.

Wochenblatt der k. k. Landwirthschafts-Gesellschaft in Salzburg. Gewidmet den Interessen der Landeskultur. V. Jahrgang. Verantwortlicher Redakteur: Leopold v. Hueber. Druck der Duyle'schen Buchdruckerei. kl. 8. Salzburg 1855.

Wochenblatt der k. k. Landwirthschafts-Gesellschaft in Salzburg. (VI. Jahrg.) Gewidmet dem Interessen der Landeskultur. Verantw. Redakteur: Joh. Theoph. Max. Zetter. Druck der Duyle'schen Hofbuchdruckerei. 8. Salzburg 1856.

Wochenblatt der k. k. Landwirthschafts-Gesellschaft in Salzburg. Gewidmet den Interessen der Landeskultur. Verantwortl. Redakteur: Johann Theophil Max Zetter. 6. Jahrg. 1856. Nr 1—14. Salzburg, 1856. Druck der Duyle'schen Hofbuchdruckerei. (S 1—56. 8.) Salzburg 1856.

Wochenblatt der k. k. Landwirthschafts-Gesellschaft in Salzburg. Gewidmet den Interessen der Landeskultur. Verantwortlicher Redakteur: Joh. Theophil Max Zetter. 6. Jahrgang. Nr. 25—32. Salzburg, 1856. Druck der Duyle'schen Hofbuchdr. (S. 97—118. 8.)

Wochenblatt der k. k. Landwirthschaftsgesellschaft in Salzburg. Redakteur: J. T. M. Zetter. Drucker. Duyle. Erscheint in Salzburg wöchentlich eine Nr. 8. 4 Bogen stark. 7. Jahrg. 1857.

Wochen-Blatt der k. k. Landwirthschafts-Gesellschaft in Salzburg gewidmet den Interessen der Landescultur. VIII. Jhrg. Verantw. Red. *Joh. Theoph. Max Zetter*. Druck der *Duyle'schen Hofbuchdruckerei*.
Erscheint in **Salzburg**, monatl. 3-mal ½ Bog. in kl. 8°. Ohne Preisangabe.

Wochenblatt der k. k. steiermärkischen Landwirthschafts-Gesellschaft. Redakteur Dr. Hlubek. Druck von A. Leikam's Erben. 4. 2spaltig. 2 fl. und 3 fl. jährlich. Graz 1852.

Wochenblatt der k. k. Steiermärk. Landwirthschafts-Gesellschaft. 4 2. Jahrg. 2spaltig. Grätz, Dr. Hlubek, Redakt. Druck A. Leykam's Erben 1853. 2 fl. jährlich.

Wochenblatt der k. k. steiermärk. Landwirthschafts-Gesellschaft. IV. Jahrgang. Verantwortl. Redakteur: Dr. Hlubek. Druck von A. Leykam's Erben. 4. 2spaltig. Wochentlich einmal. 2 und 3 fl. jährlich.
Graz 1854/55.

Wochenblatt der k. k. steiermärkischen Landwirthschafts-Gesellschaft. (V. Jahrg.) Verantwortl. Redakteur: Dr. Hlubek. Druck von A. Leykam's Erben. 4. 2spaltig. Graz 1856.

Wochenblatt der k. k. steiermärk. Landwirthschaftsgesellschaft. 6. Jahrg. Redakteur: Dr. Hlubek. Dr. und Papier von A. Leykams Erben. Erscheint wöchentlich ein Bogen. 4. 2spaltig.
Graz 1857.

Wochenblatt der k. k. steierm. Landw.-Ges. VII. Jhrg. Im Namen des Central-Ausschusses d. Secret. als verantw. Red. *Dr. Hlubek*. Druck v. *Jos. A. Kienreich*.
Erscheint in **Graz**, jed. Donnerstag in 1 Bog. in 4°. 2-sp. Prän.-Pr. jährl. 2 fl. — pr. Post 3 fl.

— der k. k. steierm. Landwirthschafts-Gesellschaft. 1862. 10. Jahrg. Verantw. Redacteur: Dr. Hlubek. 26 Nrn. 4. (à 1 Bg.)
Graz, Selbstverlag 3 fl. 15 kr.
Für Steiermark 2 fl. 10 kr.

—— der k. k. Landwirthschafts-Gesellschaft v. Tirol u. Vorarlberg. (Jahrg.) 1841 u. 42. à 52 Nrn. (½ Bog.) Innsbruck, Wagner'sche Buchh. à R. *

—— der k. k. Landwirthschafts-Gesellschaft von Tirol u. Vorarlberg. Jahrg. 1843—47. à 52 Nrn. (½ B.) gr. 4. Innsbruck, Wagner'sche Buchh. [Jahrg. 1843—45. à * 2 Thlr. 7½ Ngr., 1846 u. 47. à * 2 Thlr. 10 Ngr.] *

Wochenblatt der k. k. Landwirthschafts-Gesellschaft von Tirol und Vorarlberg. Jahrg. 1848 und 1849, à Jahrg. 52 Nrn. (½ Bog.) gr. 4. Innsbruck, Wagner'sche Buchh. à Jahrg. Thlr. **

—— der k. k. steiermärkischen Landwirthschafts-Gesellschaft. 1—9. Jahrg. 1853—61. à Jahrg. 26 Nrn. (Bog.) 4. Gratz, (Kienreich.) à Jahrg.

—— der k. k. steiermärkischen Landwirthschafts-Gesellschaft. 10. Jahrg. 1862. Verantw. Redact.: Hlubek. 26 Nrn. 4. (à 1 Bog.) Gratz, Selbstverlag. *

Wochenblatt für Laufen, Dorneck-Thierstein und Birseck
② Wochenblatt für Laufen und Umgebung (ab Januar 1871) ⑤ 1. 1870—1871 ⑥ 2° ⑦ Wochenblatt ⑧ Delémont: H. L. Feune; Basel ⑩ Franz Müller, Notar, Amtsschreiber, Laufen ⑪ Franz Müller ⑫ katholisch-konservativ ⑬ BGSZ: 1 (Nr. 6427). 962. 973; Nordschweiz 6. 7. 1938; Wyß: Politische Presse Solothurn (1955).

Wochenblatt für Laufen und Umgebung
v. **Wochenblatt** für Laufen, Dorneck-Thierstein und Birseck.

Wochenblatt. – L a u s i t z i s c h e s Wochenblatt. Jg. 1834 (= Nr 1–39). Guben 1834. 4°
Vorh. u.d.T.: Mittheilungen aus dem Gebiete der Wissenschaft und Kunst. Guben 1832f.

Wochenblatt, Lausitzisches, zur Ausbreitung nützlicher Kenntnisse . . . Zittau 1790—91. H: *Pescheck, Christian August*. (Ky) (MGT)

— Lausitzisches, zur Ausbreitung nützl. Kenntnisse rc., herausg. (v Chr. Aug. Pescheck.) (A. u. d. T.: Beitr. zur natürl., ökonom. u. polit. Geschichte d. Ober- u. Niederlausitz rc.) Jahrgg. 1790, 91. 4. Zittau, (Schöps). ... Fortsetzung, s. Monatsschrift, Lausitzer.

Wochenblatt, Lausitzisches, für den Bürger und Landmann. O. O. 1794. H: *Segnitz, Friedrich Ludwig*. (OL) (MGT)

Wochenblat[t]: Johann Kaspar Lavaters Christliches Wochenblat für die gegenwärtige Zeit
③ Christliche Monat-Schrift für Ungelehrte ⑤ März 1798—Dezember 1798 ⑥ 8° ⑦ Wochenblatt (in 3 Sammelheften zusammengefaßt) ⑧ Zürich: Ziegler & Ulrich ⑩ Johann Kaspar Lavater ⑪ Johann Kaspar Lavater (Verfasser) ⑫ Predigten, die sich mit den politischen Ereignissen befassen (»Kriegspredigten«) ⑭ Zh: Z; Be: L.

Wochenblatt: Leberbergisches Wochenblatt — Journal du Jura, Canton de Berne
③ Gazette de Berne ④ L'Helvétie (I); Feuille officielle du Jura ⑤ 15. 2. 1817—30. 6. 1832 ⑥ 4° ⑦ Wochenblatt ⑧ Pruntrut: Imprimerie des Baillages du Jura, Deckherr frères; Louis Sam. Seffert (ab 1. 1. 1823) ⑫ zweisprachiges amtliches Organ für den Jura ⑬ BGSZ: 314. 962. 973 ⑭ Be: L ⑮ Veröffentlichung der Gesetze und offiziellen Artikel der Regierung. Später öffnet das Blatt die Spalten auch der Politik. Als Anhang zum 1. Jahrg. des Wochenblattes eine »Sammlung der Gesetze und Verordnungen«, die die bernische Regierung seit der Vereinigung des ehemaligen Bistums Basel mit dem Kanton Bern in den 5 leberbergischen Ämtern bekannt gemacht hat.

— f. Lehrer u. Schulfreunde. Red.: Hr. Meier. 1. Jahrg. 1848. 20. Mai — Decbr. 33 Nrn. (2. Jahrg.) 1849. 52 Nrn. hoch 4. (½ – 1 B.) Schwerin. (Kürschner, jetzt: Hildebrand.) 1848: n. 27 ngl 1849: n. 1⅔ ßf

Wochenblatt, Leipziger, für Kinder. Leipzig 1773—75. H: *Adelung, Joh. Christoph*. (MGT) (Ky) (Kläbe, Neuest. Gel. Dresden. Leipz. 1796.) »1773—74.« H: *Weisse, Chn Felix*. (ErschDL)

— Leipziger, für Kinder; (herausg. v. Jh. Chr. Adelung.) 9 Thle 8. Leipz. 773—75. (W. Vogel.) 4 ßf 14 ℊℊ

—— leipziger politisches. Redakt.: Carl Weidinger. 1. Jahrg. März 1856 — April 1857. 52 Nrn. (Bog.) gr. 4. Leipzig 856, Baumgärtners Buchh. *

Leitmeritzer Wochenblatt zu allem Wissenswerthen für Stadt und Land. III. Jahrg. Redakt., Druck und Verlag von *C. W. Medau.*
Erscheint in **Leitmeritz,** jeden Samstag in 4°. 2-spalt. Prän.-Pr. in loco ganzj. 2 fl. 24 kr.; pr. Post 3 fl. Einzelne Nummer 4 kr.

—— **Leitmeritzer, zu allem Wissenswerthen für Stadt und Land. 7. Jahrg. 1862. Redact.: C. W. Medau. 52 Nrn. gr. 4. Leitmeritz, Medau.** *

Lenzburger Wochenblatt und Anzeiger
① Allgemeiner Anzeiger für den Kanton Aargau. Allgemeines Anzeigeblatt für Stadt und Bezirk Lenzburg (1907) ② Lenzburger Wochenblatt. Aargauisches Wochenblatt (12. 12. 1857) (II). Lenzburger Zeitung (1907) (II) ⑤ 3. 7. 1850 (cont.) ⑥ 8°, dann 4°, jetzt 2° ⑦ Wochenblatt: wöchentlich 2× (1863); wöchentlich 3× (Dezember 1930—1939); wöchentlich 2× (ab 1940) ⑧ Lenzburg: Robert Bertschinger, Diethelm Hegner († 1883), Hegnersche Buchdruckerei, Genossenschaft »Aargauisches Wochenblatt« (1906), Genossenschaft der »Lenzburger Zeitung«, Christian Ebner († 1947) (1930—1947), R. und L. Müller (1947) ⑨ Aargauisches Unterhaltungsblatt (?—1876—?) ⑩ die Drucker ⑪ Robert Bertschinger, Diethelm Hegner, Fürsprech Weber (1865—1868), Jakob Urech, Dr. Alfred Güntert ⑫ freisinnig-demokratisch; heute ohne politische Bindung ⑬ BGSZ: 315; 100 Jahre Lenzburger Zeitung (September 1949) ⑭ Lenzburg: Stadtarchiv.

Wochenblatt für den Kanton Linth
② Glarner Wochenblatt (7. 6. 1799—24. 7. 1799). Glarner Zeitung (30. 7. 1799 —7. 11. 1799). Wochenblatt für den Kanton Linth (zum zweiten Mal: 21. 1. 1799—5. 11. 1800). Zeitungs-Blatt für den Kanton Linth (13. 11. 1800—25. 12. 1801) ④ Der Alpenbott (Gl.); Politische Wochenschrift von Rapperswyl (SG) ⑤ 12. 1. 1799—1. Halbjahr 1803 (?) (wahrscheinlich mit Unterbruchen im Jahre 1800) ⑥ 4° ⑦ Wochenblatt ⑧ Glarus: Freulerische Buchdruckerei, Buchdruckerei zu Glarus (ab 12. 1801) ⑩ wahrscheinlich die Drucker ⑪ vielleicht Regierungsstatthalter Joh. Jak. Heussi, von Bilten ⑬ BGSZ: 997; Blumer & Heer, Gemälde des Kts. Glarus; Fretz, Zeitungsgründer am See ⑭ Gl. Landesbibliothek ⑮ Am 12. 7. 1800 erschien die Ankündigung für ein »Wochenblatt für den Kanton Linth«. Wahrscheinlich war die Zeitung vom April—Juli 1800 nicht erschienen.

— literarisches, bearbeitet von einer Gesellschaft von Gelehrten, herausg. von Geistinger. gr. 8. Wien, Geistinger. à J. 3 rß

Wochenblatt, Literarisches,
oder gelehrte Anzeigen mit Abhandlungen. Nürnb. 1769—70. H: *Will, Georg Andreas.* (BrMm) ›1770—71‹ (ML) (BB) (Ky)

— literarisches. (Herausg. von G. A. Will.) 2 Bde. 8. Nürnb. 770, 71. Bauer. 1 rß 16 gr

— literarisches, oder gelehrte Anzeigen und Nachrichten, 2 Thle. gr. 8. Nürnb. Bauer, (Schmidmer) 770–71.

— literar., herausg. von A. v. Kotzebue. 1r–3r Bd. gr. 4. Weimar 818, 19. Hoffmann. 4r u. 5r Bd. Redigirt von W. Hoffmann. gr. 4. Ebd. 820. 6r Bd. Herausg. v. Fr. Arn. Brockhaus. gr. 4. Leipz. 820. Alle 6 Bde. Leipz., Brockhaus. 25 rß Hbg. Pr. 12 rß Fortsetz., s. Conversationsblatt.

— literarisches, der deutschen Nationalzeitung. Redig. von Dr. Hermes. 1r Jahrg. 1832 März (27) — Dec. 37 Numm. (Bogen.) gr. 4. Braunschw. 832. Vieweg. 2 rß (Vergl. auch Nationalzeitung.)

— literarisches, der Deutschen National-Zeitung. 2r – 4r Jahrg. 1833 — 1835. Redig. v. J. Sporschil u. C. Jürgens. à 52 Numm. (Bog.) gr. 4. Braunschweig, Vieweg. à n. 3 rß

Wochenblatt, Litterarisches,
zu Neuburg. 1818. H: *Aretin, Joh. Chph Anton Maria Freiherr von.* (MGT) (Ky)

— literar., zu Neuburg; herausg. (von Frhr. Jh. Chr. Ant. M. von Aretin). 8. Neuburg 818.

—— literarisches, f. Volkslehrer in Kirche u. Schule, d. i. Summarium d. Neuesten u. Wissenswerthesten aus d. Gebiete d. theolog.-pädagog. Literatur u. Journalistik. Hrsg. v. J. A. L. Hoffmann. 1. Jahrg. 1837. 52 Nrn. (à ½—1 Bog.) u. 2. J. 1838. fortges. v. K. G. Hergang. (104 Nrn. (½ Bog.) 4. Grimma, Verlags-Comptoir. à Z. *

Wochenblatt. – Löwenberger Wochenblatt (sp.: Die Fama von den Sudeten); ein allgemeines Unterhaltungsblatt. Landau: Scharf 1820–22.
Hrsg. v. Rasper u. Heinze.

— Lübecker, s. Landwirtschaft u. Gartenbau. Red.: L. Danger. 18. u. 19. Jahrg. 1905 u. 1906. à 52 Nrn. (à Jahrg. 416 S.) 4. Lübeck, Ch. Coleman. à Jhrg. n. 2. —

— **Lübecker, s. Landwirtschaft u. Gartenbau. Red.: L. Danger. 20.—23. Jahrg. 1907—1910. à 52 Nrn. (VIII, 424; VIII, 434; VIII, 444 u. VII, 484 S. m. Abb.) 31×22,5 cm. Lübeck, Ch. Coleman. à Jahrg. 3. —**

— Lübeck'sches, e. Beytr. z. angenehmen u. nützl. Unterhalt. 8. Lübeck, Iversen. 785.

Wochenblatt, Lübeckisches gelehrtes.
Lübeck 1785. H: *Gödike, Friedrich.* (MGT) (Ky)

— Lübeck. gelehrtes, (von Fr. Gödike). Lübeck 785.

— Lübeckisches gemeinnütziges, f. d. gemeinen Mann. 16, 26 Stck. Lübeck 795. Bohn. 1 rß

Wochenblatt, Lübeckisches,
für den gemeinen Mann. Leipzig 1775—77. H: *Wichmann, Gfr. Joach.* (Ky)

— Lübeckisches, für d. gemeinen Mann (von Gf. J. Wichmann.) 2 Jahrgänge von 1775 u. 1777. 8. Leipz., Jacobäer. 2 rß 16 gr

Wochenblatt. – Ludwigsburger Wochenblatt. – 1.VII.1818 – 31.XII.1845.
Fortges. u.d.T.: Ludwigsburger Tagblatt.

—— ludwigsluster. 1. und 2. Jahrg. 1853 und 1854. à 104 Nrn. (Bog.) Fol. Ludwigslust, Hinstorff'sche Hofbuchh. à Jahrg. **

—— dass. — 3. und 4. Jahrg. 1855 und 1856. à Jahrg. 104 Nrn. (Bog.) Fol. Ebds. à Jahrg. *

—— ludwigsluster. 5. Jahrg. 1857. 104 Nrn. (Bog.) Fol. Ludwigslust, Hinstorff'sche Hofbuchh.

—— dass. — Redig. von Harder. 6—10. Jahrg. 1858—62. à Jahrg. 104 Nrn. (Bog.) Fol. Ebendas. à Jahrg. *

— Ludwigsluster. 11—15. Jahrg. 1863—67. à Jahrg. 104 Nrn. (Bgn.) Ludwigslust, Hinstorff'sche Hofbuchh. Fol. Jeder Jahrg. n. 2 rß 20 ngr.

— lustiges, u. der Blumenkranz, interessanten u. launigen Inhalts. 1r Jahrg. 1827. 8. Hamb., Hoffmann u. Campe. 1 rß 16 gr

Wochenblatt, Lustiges, zur Erschütterung des Zwergfells und Erweckung froher Laune. Hamburg 1826. Red: *Geier, Joh. Peter Chn.* (Ky)

— lustiges, zur Erschütterung d. Zwergfells u. Erweckung froher Laune. (Redigirt von J. C. C. Geier). 8. Hamb. 826. Hoffmann u. Campe. 1 ℛ 8 gℓ

Luxemburger Unabhängiges Wochenblatt : 1871–1897

Independent weekly, published in English and German, by the Luxemburger American Publishing Co.
Chicago, IL

Wochenblatt von Luzern — Feuille d'avis de Lucerne
⑤ 9. 10. 1798 bis wahrscheinlich 22. 4. 1799 ⑥ 4° ⑦ Wochenblatt ⑧ Luzern: Meyer & Cie ⑨ Balthasar, Meyer & Cie., Luzern ⑫ Anzeigeblatt ⑬ BGSZ: 1028, 1034 ⑭ Lu. Z. ⑮ Erste zweisprachige Zeitung Luzerns.

Luzerner Wochenblatt
v. **Hochdorferamts-Anzeiger.**

Wochenblatt: Luzernerisches Wochenblatt (I)
② der 10. Jg. 1790 trägt den Titel «Gemeinnütziges Luzernerisches Sonntagsblatt oder des Wochenblatts Zehnter Jahrgang», alle vorher und nachher nur «Luzernerisches Wochenblatt» ③ Luzerner-Intelligenz-Blatt (I) ⑤ 1. 1. 1782—31. 12. 1793 ⑦ 8° ⑧ Luzern: J. A. Salzmann ⑨ 1790. Luzernerisches Intelligenzblatt Nr. 1 (3. 1.)—Nr. 11 (14. 3.) ⑩ J. A. Salzmann ⑬ BGSZ: 99, 1027, 1028; Großmann: J. A. Salzmann ⑭ Lu. Z; Be: I. (1785—1786) ⑮ Der Jahrgang 1782 trägt die Bezeichnung «2. Jahrgang». Salzmann hat also sein Wochenblatt als Fortsetzung des Intelligenzblattes angesehen. Der Nr. 18 vom 1. Mai 1787 war eine Beilage beigegeben, von welcher der Verleger Salzmann in Nr. 19 schrieb: «Der Verleger dieses Wochenblatts macht allen denjenigen, welche dasselbe lesen, hiemit bekannt, daß das Blättlein, so den 2ten dieses Monats unter dem falschen Namen, Beylage zu Nro. 18 herumgetragen worden, nicht aus seiner Offizin gekommen, sondern von einem ** in eine fremde geschickt, und alsdann hier ausgetheilt worden ist.»

Wochenblatt: Luzernerisches Wochenblatt (II)
① Ein Blatt zur Belehrung und Unterhaltung (Nr. 1—13); Ein Blatt für Vaterlandsgeschichte und Unterhaltung (Nr. 14—26) ② Luzernerisches Wochenblatt für Belehrung und Unterhaltung (Nr. 27—52) ⑤ 1837 ⑥ 8° ⑦ Wochenblatt ⑧ Luzern: Kaspar Hubscher (Die letzten Nummern wurden wahrscheinlich in Allschwil gedruckt) ⑨ Kaspar Hübscher ⑪ Ludwig Keller, Archivar, Luzern, dann Kaspar Hubscher ⑫ neutral ⑬ BGSZ: 685, 1028, 1031 ⑭ Lu. Z; Be: I. ⑮ In den Strafakten gegen die Schillernachdruckfabrik in Allschwil wird das «Luzernerische Wochenblatt» als «Luzernerisches Intelligenzblatt» erwähnt. — In der Abonnementseinladung hatte Hübscher seine Zeitung «Wochenblatt für den Kanton Luzern» genannt.

Wochenblatt: Luzernerisches Wochenblatt (III)
⑮ In einer Geschäftsanzeige, erschienen in der «Luzerner Zeitung» 1837, Nr. 104, kennt Johann Furrer, Leihbibliothekar, Muhleplatz, Luzern, ein «Luzernerisches Wochenblatt» für 1838. Druck Xaver Meyer in Luzern. Gemeint ist wahrscheinlich das «Luzernerische Intelligenzblatt», v. Luzernerisches Kantonsblatt

Wochenblatt: Luzernerisches Wochenblatt (IV)
⑤ 24. 12. 1862 (Probeblatt)—23. 12. 1864 ⑥ 2° ⑦ Wochenzeitung ⑧ Luzern: C. M. Härdi ⑨ Luzernerisches Unterhaltungsblatt ⑩ C. M. Härdi ⑪ C. M. Härdi ⑫ freisinnig ⑬ BGSZ: 237, 1025, 1032 ⑭ Lu. Z. ⑮ Wochenausgabe des «Eidgenossen» (Lu.), als dieser 1863/64 täglich erschien.

Wochenblatt: Luzernerisches Wochenblatt für Belehrung und Unterhaltung
v. Luzernerisches Wochenblatt (II).

— für Mädchen und Jünglinge, zur Bildung des natürlichen und zur Verbesserung des verdorbenen Geschmacks. Nürnberg 1780. 8°. Rar!

— Magdeburger, für Angelegenheiten des bürgerlichen Lebens. 1.—4. Jahrg. 1843—1846. à 52 Numm. (Bog.) Lex.-8. Magdeburg, Fabricius u. Schäfer. à n. $2^2/_3$ ℛ

— Magdeburger, f. Angelegenheiten des bürgerl. Lebens. 5. Jahrgang. 1847. 52 Nrn. Lex. 8. (B.) Magdeburg, Rubach. — 6. Jahrg. 1848. 52 Nrn. Lex. 8. (B.) Magdeburg, Fabricius & Schaefer. n. $2^2/_3$ ℛ

—— Magdeburger kirchliches. Hrsg. von D. Blummer, redig. von F. Begrich. Jahrg. 1877. 52 Nrn. (Bog.) gr. 4. Magdeburg, (Creutz'sche Buchh.) *
Die Fortsetzung bildet:

— für den gemeinen Mann. 2 Jahrg. von 1775 u. 77. 8. Lpz. Jacobäer.

Wochenblatt für Marienberg und das Chursächsische Erzgebirge. Mariaberg 1802. H: *Wagner, Christian Ehrenfried Wilh.* (MGT)

—— märkisches. Redig. von E. Uttech. 1. und 2. Jahrg. 1851 und 1852. à Jahrg. 104 Nrn. (½ Bog.) gr. 4. Fürstenwalde. Uttech's Buchh. à Jahrg. *

—— märkisches. Redig. von E. Uttech. 3. und 4. Jahrg. 1853 und 1854. à Jahrg. 104 Nrn. (½ Bog.) gr. 4. Fürstenwalde, Uttech's Buchh. à Jahrg. *

Wochenblatt für Mascoutah und Umgegend : Jan. 1862–1865? Mascoutah, IL

— Mecklenburgisches, des Neuesten u. Wissenswürdigsten für Land-, Hauswirthschaft, Gewerbe u. Handel. Redigirt von Mussehl. 1r Jahrg. 1836. Juli – Dec. gr. 4. Neubrandenburg (u. Neustrelitz), Dümmler. n. $^5/_6$ ℛ

— dass. 2r u. 3r Jahrg. 1837 u. 1838. à 52 Numm. (Bog.) 4. Ebd. à J. n. $1^2/_3$ ℛ

— dass. 4r u. 5r Jahrg., u. d. T.: Wochenblatt, praktisches, des Neuesten u. Wissenswürdigsten für Landwirthschaft, Gartenbau, Hauswirthschaft u. Handel in landwirthschaftl. Produkten. Redig. von Mussehl. 4. Ebd. 839, 40. à n. $1^2/_3$ ℛ

Grossh. Mecklenb.-Schwerin. offic. Wochenbl. 10 Jahrgg. *Schwerin*, 812—21. 4. (6 Thl. 16 Gr.)

MICHELSEN, Ch. F.: Register üb. dasselbe v. 1812—13. *Wismar*, Oesten, 814. 4. n. Ausz. a. d. Landesgesetzen u. allgem. Verordnn., welche durch d. offic. Wochenbl. seit d. Anf. dess. bis z. Anf. d. J. 1816 bekannt gemacht sind. *Güstrow*, Ebert, 817. 4.

Wochenblatt. – Medizinisches Wochenblatt. Wien 1781.

— medicinisches, od. fortges. medicin. Annalen, herausg. v. J. V. Müller u. G. F. Hoffmann f. d. J. 1790 bis 93. 8. Frkft. Jäger. (6 Jahrg. v. 4 Quart. 2 Rthlr.)

— — Forts. desselb. s. J. V. Müller u. G. F. Hoffmann, medicinischer Rathgeber.

Wochenblatt. – Medizinisches Wochenblatt für Ärzte, Wundärzte und Apotheker. Jg. 1–9. Frankfurt: Jäger 1780–88. 8°
Hrsg. v. J. J. Reichard; Jg. 4ff.: J. Val. Müller.
Forts. u.d.T.: Frankfurter medicinische Annalen. Frankfurt a. M. 1789.

Wochenblatt, medicinisches, für Nichtärzte, herausg. v. W. F. W. Klose u. Mendel. 3 Stcke. 8. Bresl. 804, 5.

Wochenblatt des Bezirkes Meilen
v. **Wochenblatt** vom Zürichsee (Zh).

Wochenblatt der Bezirke Meilen und Horgen
v. Wochenblatt vom Zürichsee (Zh).

Wochenblatt. – Meiszener gemeinnütziges Wochenblatt. 2.I.1802 – 3.I.1848.
Fortges. u.d.T.: Meiszener Blätter.

— Meißner, gemeinnütziges, für d. Bürger u. Landmann. Meißen, Klinckicht. à J. 1 ℛ

Wochenblatt für den Menschen und Bürger. Bdchen 1 (= St. 1–4). München: Waisenhaus 1786.

– Militärisches

— — Wochenblatt. Jhrg. 1. H. 1—4. Augsburg 1805.

— militärisches. 1r Jahrg. 1816. Juli bis Dec. 4. Berl., Mittler. 2 ₰ 12 ℊ Jahrg. 1817 u. 1818. 4. Ebd. (à 5 ₰) 10 ₰

WOCHENBLAT (sic!), Das, nach der Mode. Bd. 1. Stuck 1—23. (Mehr erschien nicht.) Frankfurt und Leipzig (Nürnberg, b. Joh. Jac. Bauer's Wwe.) 1772. (Das 1. Stuck v. 4 Febr., d. letzte v. 8. Julius.) 8°. (5 Mk., unbeschn., W. H. Kuhl, Berlin, c. 1882; jetzt theurer!)

Tit., 3 Bll. Inh. u. 360 S. Pikant u. ziemlich selten! Enth. u. a.: D. jezige (sic!) Welt nach d. Mode. — Heyrathen nach d. Mode. — Ueb. d. Frauenzimmerschonheit. — Gotzen unter dem Frauenzimmer. — E. verliebtes Anekdotgen. — Die fromme Anna, e. wahrhafte Geschichte, in einem Gedicht. — Lebensgesch. der Minna Lura, von ihr selbst aufgesetzt. — Die zerschlagene Heyrath, e. Gedicht. — Die Frau nach d. Mode. — Das Maulen, e. hausl. Anecdote. — Amors Guckkasten. — Real-Register einiger Worter. — Staatsangelegenheiten d. Frauenzimmers etc.

Wochenblatt, Moralisches. Leipzig 1768—69. H: *Lawätz, Heinrich Wilhelm.* (MGT) (Ky) (Kordes, Schlesw.-holst. u. eutin. Schriftst. Schleswig 1797.)

— moralisches (von H. W. Lawätz.) 4 Thle. 8. Leipz. 768, 69. (Brockhaus.) 1 ₰ 21 ℊ

WOCHENBLATT, Moralisches (hrsg. von Heinr. Wilh. Lawätz). 4 Bde. Leipzig, Holle, 1768—69. 8°.

Cat. Meusath IV. Nurnb. 1785. 8°. p. 455. Anon. Lex. IV. p. 407 (nach Kordes). — Cplt. selten!

Wochenblatt. – Moralisches Wochenblatt für die Jugend. Hamburg 1783. 8°
Hrsg. v. Gottl. Timoth. Mich. Kühl.

Wochenblatt. – Mühlhäuser Wochenblatt. Mühlhausen/Thür. 1.I.1765 – 1796.
Fortges. u.d.T.: Mühlhäusisches Wochenblatt.

Wochen-Blatt. – Münchner Wochen- und Intelligenz-Blatt. 19.VIII.1790 – 17.(?)XI.1790.
Vorh. u.d.T.: Kurfürstlich gnädigst privilegirte Zeitung.
Fortges. u.d.T.: Münchner Zeitung.

Wochenblatt. – Münchnerisches Wochenblatt in Versen, Kriegs-, Friedens-, inn- und ausländische Begebenheiten und Zufälle betreffend. Jg. 1–19. München 1759–77: Franz Jos. Thuille; sp.: Joh. Chr. Mayr; sp.: Paul Jak. Vötter. 4°
Hrsg. v. Mathias Etenhueber.

Wochenblatt. – Münsterisches gemeinnütziges Wochenblatt. Münster: Aschendorff 1785–1804. 4°

Wochenblatt, Musikalisches. Berlin 1791—92. H: *Reichardt, Joh. Frdr. & Frdr. Emil Kunzen.* (Ky)

— musikalisches. 1s, 2s Hft. (von J. F. Reichardt u. F. A. Kunze.) gr. 4. Berl. 791, 92. Musikhandl. 2 ₰ 18 ℊ

—— musikalisches. Organ für Tonkünstler und Musikfreunde. 1. und 2. Jahrg. 1870 und 1871. à Jahrg. 52 Nrn. (à 2 Bog. mit eingedr. Holzschn.) 4. Leipzig, Fritzsch. à Jahrg.

—— dass. — Organ für Musiker und Musikfreunde. 3. Jahrg. 1872—1875. à Jahrg. 52 Nrn. (à 2 Bog.) 4. Ebendas. 1872 und 1873 à
1874 und 1875 à *

—— musikalisches. Organ für Musiker und Musikfreunde. 7.—10. Jahrg. 1876—1879. à Jahrg. 52 Nrn. (à 2 Bog.) gr. 4. Leipzig, Fritzsch. à Jahrg. *

— musikalisches. Organ f. Musiker u. Musikfreunde. 9.—13. Jahrg. 1878—1882. à 52 Nrn. (2 B.) gr. 4. Leipzig, E. W. Fritzsch. à Jahrg. n. 8. —

— musikalisches. Organ f. Musiker u. Musikfreunde. 14—17. Jahrg. 1883—1886. à 52 Nrn. (à $1^1/_2$—2 B.) gr. 4. Leipzig, E. W. Fritzsch. à Jahrg. n. 8. —

— musikalisches. Organ f. Musiker u. Musikfreunde. 18.—21. Jahrg. 1887—1890. à 52 Nrn. (à $1^1/_2$—2 B.) gr. 4. Leipzig, E. W. Fritzsch. à Jahrg. n. 8. —

— musikalisches. Organ f. Musiker u. Musikfreunde. 22.—25. Jahrg. 1891—1894. à 52 Nrn. (à ca. $1^1/_2$ Bog.) gr. 4. Leipzig, E. W. Fritzsch. à Jahrg. n. 8. —

— musikalisches. Organ f. Musiker u. Musikfreunde. 26.—29. Jahrg. 1895—1898. à 52 Nrn. (à ca. 2. Bog. m. Abb.) gr. 4. Leipzig, E. W. Fritzsch. à Jahrg. n. 8. —
Kann auch vierteljährlich bezogen werden.

— dasselbe. Inhalts-Verzeichniss d. Jahrgänge I—XXV (1870—1894). Angefertigt v. Willib. Fritzsch. gr. 4. (II, 168 S.) Ebd. 897. n. 6. —

— musikalisches. Organ f. Musiker u. Musikfreunde. 30.—33. Jahrg. 1899—1902. à 52 Nrn. gr. 4. (XII, 716; XII, 712; XIV, 702 u. VI, 744 S.) Leipzig [E. W. Fritzsch]. C. F. W. Siegel. à Jahrg. n. 8. —

— musikalisches. Organ f. Musiker u. Musikfreunde. Red.: Carl Kipke. 34.—36. Jahrg. 1903—1905. à 52 Nrn. (XVI, 752; XVI, 944 u. XXIV, 936 S.) gr. 4. Leipzig, C. F. W. Siegel. à Jhrg. n. 8. —

— dasselbe. Organ f. Musiker u. Musikfreunde. 37. Jahrg. Neue Zeitschrift f. Musik. Begründet 1834 v. Rob. Schumann. 73. Jahrg. Vereinigte Leipziger musikal. Wochenschriften. Red.: Carl Kipke. 1906. 52 Nrn. (XX, 988 S.) gr. 4. Leipzig [C. F. W. Siegel], G. Kreysing. n. 8. —
Die Vereinigg. erfolgte am 1. Oktober.

— musikalisches. Organ f. Musiker u. Musikfreunde, vereinigt seit 1. X. 1906 m. d. v. Rob. Schumann 1834 gegründeten Neuen Zeitschrift f. Musik. Schriftleitung u. Chefred.: Ludw. Frankenstein. Red. f. Berlin u. Umgegend: Adf. Schultze, f. Österreich-Ungarn: Ernst Perles. 40. Jahrg. April 1909—März 1910. 52 Nrn. (IV, 736 S. m. Bildnissen.) Lex. 8. Leipzig, Gebr. Reinecke. 10. —

— dasselbe. 41. Jahrg. April—Dezbr. 1910. 39 Nrn. (IV, 451 S. m. Bildnis.) Lex. 8. Ebd.

Wochenblatt der Bündner Nachrichten
② Wochenblatt des Freien Rhätiers (seit 1892) ⑤ 1887—1894 ⑥ 2° ⑦ wöchentlich 2° ⑧ Chur: Manatschal & Ebner ⑦ Das Alphorn ⑬ BGSZ: 12, p. 62.

Wochenblatt für N a h r u n g s m i t t e l - K o n t r o l l e, öffentliche und private Gesundheitspflege. Jg. 1. Leipzig: Kramer u. Co. 1887/88. 8°
Red.: Hermann Dege.

Wochen-Blatt. – N a s s a u - S a a r b r ü c k i s c h e s Wochen-Blatt. –
1.IV.(?)1761 – 1794.
Fortges. u.d.T.: Saarbrücker Wochenblatt.

—— des N a t i o n a l - V e r e i n s. Hrsg. im Auftrage des Vereins-Ausschusses. Redig. von P. Schmitt. Jahrg. 1866. 52 Nrn. (Bog.) gr. 4. Frankfurt a. M., Expedition.

—— dass. — Redig. von K. Schwab. Jahrg. 1867. 52 Nrn. (Bog.) gr. 4. Heidelberg, Expedition.

— neue pharmazeutische Organ u. Anzeige-Blatt f. Apotheker, Droguisten etc. Red.: M. B i e c h e l e. 1. Jahrg. 1874. 52 Nrn. (1 B.) Fol. Eichstätt, Krüll.
n 4. —

—— neues Berlinisches, zur Belehr. u. Unterhaltung. Hrsg. v. K. Dielitz. Jahrg. 1830 u. 31. à 52 Nrn. (Bog.) Nebst Beiln. Mit Vign. 4. Ebds.
à J.

— neues, historisch-ökonomisches von e. Gesellschaft Gelehrten. 8 Gießen 790. Krieger. 16 Pf

Wochenblatt. – N e u e s Wochenblatt für Kinder und Kinderfreunde. Jg. 1. 2. Leipzig: Crusius 1789–90. 8°
Hrsg. v. Georg Karl Claudius.

Wochenblatt. – N e u e s Wochenblatt für wissbegierige Leser Stück 1–24. Breslau: Wilh. Gottl. Korn 1775. 8°
Hrsg. v. Joh. Phil. Dettmers.

Wochenblatt. – N e u e s medicinisches Wochenblatt für Ärzte, Wundärzte, Apotheker und Freunde der Naturwissenschaft, unter der Aufsicht der medicinischen Facultät zu Giesen. Quartal 1–4 (= Nr. 1–52). Gießen u. Frankfurt a. M. 1789. 8°
Hrsg. v. Georg Thom.

Wochenblatt. – N e u e s Mühlhäusisches Wochenblatt. –
Mühlhausen/Thür. – 1796 – 1817.
Vorh. u.d.T.: Mühlhäuser Wochenblatt.
Fortges. u.d.T.: Wochenblatt.

Wochenblatt: Neues St. Gallisches Wochenblatt
v. St. Gallisches Wochenblatt.

Solothurner Wochenblatt: Neues Solothurner Wochenblatt
v. Solothurner Zeitung (III).

— neues, d. landwirthschaftl. Vereins in Baiern. 1r—12r Jahrg 1821—32. à 4 Quartal-Hefte. gr. 4. Münch., Fleischmann (à J. 6 gGr 8 Pf) 76 gGr

—— neues, des l a n d w i r t h s c h a f t l. Vereins in B a y e r n. 4—14. Jahrg. 1824—34. à 4 Hfte. Mit Vign. gr. 4. München, (Fleischmann.)
à J.

Wochenblatt: Neues weltliches Wochenblatt
① bestehend in scherzhaften Liedern, mit angenehmen Melodien ⑤ 1775 ⑦ Wochenblatt ⑧ Zürich: David Bürkli ⑮ Angekündigt mit anderen von Bürkli herausgegebenen Schriften auf der letzten Seite von G. W. Burmanns «Kleine Lieder für kleine Mädchen und Knaben» (Zürich 1774). Vielleicht mit dem im gleichen Jahre erschienenen «musikalisch-wöchentlichen Belustigungen» identisch.

Wochenblatt, Neues Wittenbergisches, fürs Jahr 1793. Wittenb. 1794ff. H: *Titius (Tietze), Joh. Daniel.* (Gatterer, Repert. d. mineral. Litt. Giessen 1798—99. I, 301.)

— neues Wittenbergisches, für d. J. 1793—1804. u. f. d. J. 1805—14. herausg. v. K. H. L. Pölitz. 4. Wittenb., Zimmermann. à J. 2 gGr 8 Pf

Wochenblatt, Neues Wittenbergisches, bestimmt für locale und provinzielle Verhältnisse ... Wittenb. 1805—8. H: *Pölitz, Carl Heinrich Ludwig.* (MGT)

— neues Wittenbergisches, bestimmt f. locale u. provinzielle Verhältnisse f. Oekonomie, Industrie etc. Herausgeg. von K. H. L. Pölitz. Jahrg. 1812—15. 4. Wittenb. Zimmermann. (à 2 Rthlr.)

des Neuesten und Wissenswürdigsten für Land-, Hauswirthschaft, Gewerbe und Handel, Mecklenburgisches. Red.: Mussehl. Jhg. 1–3. 1836—38. Neubrandenburg. 4.
— – des Neuesten und Wissenswürdigsten für Landwirthschaft, Gartenbau, Hauswirthschaft u. Handel in landwirthschaftlichen Producten, Praktisches. Redigirt von Mussehl. Jhg. 1–8. 1839—1843. Neubrandenburg. 4.

— f. d. Kreise N e u h a l d e n s l e b e n u. Gardelegen. Redig. u. Verantw. des Verlegers. Mit Beilagen. 27. Jahrg. 1846. 52 Numm. (Bog.) Neuhaldensleben, Eyraud. n. $1^1/_3$ ℛ

— für die Kreise N e u h a l d e n s l e b e n u. Gardelegen. 28. Jahrg. 1847. 52 Nrn. 4. (B.) Neuhaldensleben, Eyraud. — f. die Kreise Neuhaldensleben, Gardelegen u. Wolmirstedt. Red.: C. A. E y r a u d. 29—33. Jahrg. 1848—1852. à 52 Nrn. Mit Beilagen u. Lith. Fol. (Bog.) Ebd. à Jahrg. n. 1 ℛ

—— für die Kreise N e u h a l d e n s l e b e n, Gardelegen und Wolmirstedt. Redig. von C. A. Eyraud. Jahrg. 1849—52. à Jahrg. 52 Nrn. (Bog.) Mit Beilagen und Stnt. 4. und Fol. Neuhaldensleben, Eyraud.
à Jahrg. *

—— für die Kreise N e u h a l d e n s l e b e n, Gardelegen und Wolmirstedt. Hrsgbr.: H. Eyraud. Jahrg. 1853—56. à Jahrg. 52 Nrn. (Bog.) Mit Beilagen und Stnt. Fol. Neuhaldensleben, Eyraud. [Jahrg. 1853. * 1 Thlr., 1854—56. à * 1 Thlr. 4 Ngr.]
*

W o c h e n b l a t t für die Kreise N e u h a l d e n s l e b e n, Gardelegen und Wolmirstedt. Hrsg. von H. Eyraud. 39—45. Jahrg. 1857—62. à Jahrg. 52 Nrn. (Bog.) Mit Beilagen und Stnt. Fol. Neuhaldensleben, Eyraud.
à Jahrg. Thlr. *

—— für die Kreise N e u h a l d e n s l e b e n, Gardelegen und Wolmirstedt. Hrsg. von H. Eyraud. 45.—49. Jahrg. 1863—67. à Jahrg. 52 Nrn. (Bog.) Mit Beilagen und Stnt. Fol. Neuhaldensleben, Eyraud.
à Jahrg. *

—— für die Kreise N e u h a l d e n s l e b e n, Gardelegen und Wolmirstedt. Amtliches Kreisblatt für den Kreis Neuhaldensleben. Redact.: Herm. Eyraud. 50.—57. Jahrg. 1868—1875. à Jahrg. 52 Nrn. (Bog. mit Beilagen.) Fol. Neuhaldensleben, Eyraud.
à Jahrg. *

Wochenblatt, Neustädter. Neustadt a. d. O. 1799—1800. H: *Hebenstreit, Christoph Wilhelm.* (MGT)

Wochenblatt des New Orleans Journal: Jahrgang 1, no. 1–5, Jan. 31 – March 1867?
Weekly edition of New Orleans Journal. Published by Leon von Zinken, a celebrated German hero of the Confederate Army.
New Orleans, LA

New Yorker Wochenblatt : vol. 1, Jan. 6, 1910--1945?
New York, NY

New Yorker Schwäbisches Wochenblatt : 1877—1944?

Non-political weekly. Circulation: 1880, 5000; 1890, 10,500; 1900, 12,000; 1910, 5000; 1916, 6000. Edited & published by Gustav Heerbrandt, 1877—87; by Heerbrandt Publishing Co., 1888—1909; by Hermann Haussler, 1910—15; by M. V. Hess, 1916—39; by Eugene Zimmermann, 1940—44.
New York, NY

Wochenblatt, Nidwaldner, s.a. N i d w a l d n e r - W o c h e n b l a t t .

Nidwaldner Wochenblatt (I)
④ Nidwaldner Wochenblatt (II) (1848) ⑤ 2. 1. 1844—26. 3. 1844 ⑥ 8° ⑦ Wochenblatt ⑧ Luzern: A. Petermann ⑪ Fürsprecher Melchior Joller ⑫ freisinnig ⑬ BGSZ: 1070; Schweizer Graphischer Zentralanzeiger 1944, Nr. 3; Schweiz. Gutenbergmuseum 1952, p. 147 ff. ⑭ Stans: Staatsarchiv (1 Nummer) ⑮ Am 26. 3. 1844 richteten 10 geistliche und 12 weltliche Personen an den Landgemeinderat von Nidwalden das Begehren, die Zeitung möchte verboten werden. Daraufhin ging das Wochenblatt wieder ein. Es erschienen total 13 Nummern.

Nidwaldner Wochenblatt (II)
③ Nidwaldner-Wochenblatt (I) ⑤ 1. 1. 1848—27. 6. 1857 ⑥ 4° ⑦ Wochenblatt ⑧ Luzern: A. Petermann (1. 1. 1848—25. 3. 1848); Stans: Vereindruckerei (1. 4. 1848—27. 6. 1857) ⑨ Unterhaltungsblatt (1848—1849) ⑪ Melchior Joller, Fürsprech, Fürsprech K. Deschwanden ⑫ freisinnig ⑬ BGSZ: 1070, 1071; Schweiz. Buchdruckerzeitung 1948, Nr. 14 ⑭ Lu: Z ⑮ Da der letzte Jahrgang der Zeitung als der 11. bezeichnet wird, haben die Herausgeber das «Nidwaldner-Wochenblatt (I)» als 1. Jahrgang mitgezählt.

Wochenblatt, Niedersächsisches, für Kinder. Hannover 1774—76. H: *Benzler, Johann Lorenz.* (ErschDL) (MGT)

—**Niedersächsisches, für Kinder. 3 Jahrgg. von 1774—77.** 8 **Hannov., Helwing. 4 Thlr**

—— **nikolsburger, für landwirthschaftliche, gemeinnützige Interessen und Unterhaltung.** 1. und 2. Jahrg. 1860 und 1861. **Redig. von J. Bezdieka.** à Jahrg. 52 Nrn. hoch 4. **Nikolsburg, Selbstverlag.** à Jahrg.

Wochenblatt. – N o r d d e u t s c h e s Wochenblatt.
Berlin. -- 1.VII.1861 – 30.IX.1861.
Fortges. u.d.T.: Norddeutsche Allgemeine Zeitung.

—— **norddeutsches. Politisch-sociales Organ. Hrsg. von Karl Wartenburg. 1. Jahrg. Oktbr. 1868 bis Septbr. 1869. 52 Nrn. (Bog.) gr. 4. Gera, Strebel.** Vierteljährlich *

Wochenblatt. – N o r d d e u t s c h e s Wochenblatt. –
Bremen, sp. Wilhelmshaven. – 6.VIII.1882 – 2.VI.1887.
Fortges. u.d.T.: Norddeutsches Volksblatt.

Wochenblatt für Nord Illinois : 1877--1889?

Independent weekly. Circulation: 1880, 800; 1889, 900. Edited by Charles M. Henssgen, 1880; by J. F. Dorr, 1881--86?; published by Francis Woerndle, 1880--86?, edited & published by J. F. Dorr, 1887; by Adolf Wuhl, 1888--89.
Joliet, IL

Wochenblatt. – N o r d p f ä l z i s c h e s Wochenblatt. –
Kirchheimbolanden. -- 3.I.1867 – 31.XII.1878.
Vorh. u.d.T.: Wochenblatt.
Fortges. u.d.T.: Pfälzische Presse.

WOCHENBLATT, N ü t z l i c h e s u n d u n t e r h a l t e n d e s B e r l i n i s c h e s, für den gebildeten Bürger und denkenden Landmann. Hrsg. von Fr. W a d z e c k. Auf Kosten des Herausgebers. Jahrg. I—XII (soviel ersch.?). Berlin 1809—20. 4⁰. (Jahrg. 4 u. 6: 20 Mk., 11 u. 12: 12 Mk., Wilh. Jacobsohn & Co., Breslau, 1907:)
„Seltene Zeitschrift; für die Kenntniss des damaligen Berliners von Werth."

— **nützl. u. unterhaltendes Berlinisches, für den gebildeten Bürger u. denkenden Landmann. Herausg. zum Besten d. milden Stiftungen des Prof. Fr. Wadzeck. Redig. von K. Dieliz. Jahrg. 1823—28. Berl., L. Oehmigke. (à 2 Thlr 16 Sgr) 16 Thlr Jahrg. 1829—32. 4. Ebd., Plahn. (à 2 Thlr 16 Sgr) 10 Thlr 16 Sgr**

—— **dass., redig. v. dems. Jahrg. 1829. 4. Berlin, (Schultze.)**

Wochenblatt, O b e r k ä r n t n e r. Spittal a. d. Drau, Klgft. u. Villach, Bertschinger, 1893—1907. Folio. 15 Jgg. (Letzter Jg. unter dem Titel: D e u t s c h e K ä r n t n e r L a n d e s - Z e i t u n g.)

Wochenblatt für das zürch. Oberland
① Obligatorisches Publikationsorgan der Gemeinden Bauma, Hittnau, Fehraltorf, Illnau, Kyburg, Lindau, Pfäffikon, Russikon, Sternenberg, Weißlingen, Wildberg, Wyla ③ Der Freimuthige (Abspaltung) ④ Wochenblatt von Pfäffikon ⑤ 1. 1. 1881—1894 ⑥ 2° ⑦ wöchentlich 2× ⑧ Pfäffikon (Zh): J. Peter ⑨ Illustrierte schweizerische Gartenlaube ⑩ der Drucker ⑪ Bezirksgerichtschreiber Hauser (1880) ⑫ demokratisch ⑭ Zh: Z (1885).

Wochenblatt, Oberpfälzisch statistisches. Sulzbach 1794. H: *Schleis von Loewenfeld, Christoph Raphael.* (ML) (MGT) (Ky)

Wochenblatt. – O b e r s c h l e s i s c h e s Wochenblatt oder Nützliches Allerlei für alle Stände. Ratibor: Bögner 1802–03. Hrsg. v. Frosch und Dr. Werner.

Obertoggenburger Wochenblatt
① Anzeigeblatt für den Bezirk Obertoggenburg. Amtliches Publikationsorgan der Gemeinden Wildhaus, Alt St. Johann, Stein, Neßlau und Krummenau (1887 cont.) ⑤ 24. 12. 1887 (Probenummer) (cont.) ⑥ 2° ⑦ Wochenblatt; wöchentlich 2× (ab 1913) ⑧ Neßlau: R. Bösch (1887—1941), R. Bösch & Cie. (1942 cont.) ⑩ die Drucker ⑫ freisinnig ⑬ BGSZ: 1045—1047 ⑭ Be: L. (1915—1918)

Wochenblatt. – O f f e n b u r g e r Wochenblatt. –
1816 – 3.I.1839.
Vorh. u. fortges. u.d.T.: Wochenblatt.

Officielles **Wochenblatt** für das Herzogthum Lauenburg. 1848—1850. Ratzeburg (1848—50.) 8⁰

Officielles **Wochenblatt** für das Herzogthum Lauenburg. Jg. 1851—58. 1861—76. Ratzeburg. 13 Bde
Reg. zu 1854—58. 1859—63. 1864—66.
[Sammelbd enth.: Lauenburgische **Verordnungen** u. Reskripte. Hs.] **fol.**

Officielles **Wochenblatt** für das Herzogthum Lauenburg. Jg. 1861 bis 75. Ratzeburg. 1861—75. 4⁰ k.
E x t r a - A u s g a b e des officiellen Wochenblatts etc. Ratzeburg. Montag, den 27. Dez. 1869.
Gesetz über die Trennung der Rechtspflege von der Verwaltung, die Aufhebung der Privatgerichtsbarkeit und des eximirten Gerichtsstandes, sowie über die Gerichtsverfassung im Herzogthum Lauenburg. Geg. Berlin, den 4. Dec. 1869.
E x t r a - A u s g a b e. Offizielles Wochenblatt etc. Ratzeburg, Sonnabend den 29. April 1876.
Bekanntmachung. (Bericht des Rechnungs-Abschlusses über die ständische Rechnung pro 1873.)

„Oekonomisches Wochenblatt für Stadt-, Haus- und Landwirthschaft", 1. (einziger) Jahrgang in 12 Heften, Esslingen 1814 (Fixdorff und Kleinheinz).

— **ökonomisches, f. Stadt-, Haus- u. Landwirthschaft. 1r Jahrg. in 12 Heften. 4. Esling. 814. Fixdorff u. Kleinheinz. 2 Thlr**

Oldesloer Wochenblatt für Stadt und Land. Jg. 4, 1842, Nr. 13–53; Jg. 5, 1843. Fol.

Wochenblatt Olmützer — für Industrie und Landwirthschaft. Verantwortl. Redakteur und Verleger: Eduard Hölzel. Nr. 1—13. Olmütz, 1856. Schnellpressendruck von Franz Slawik. (26 Bl. 4.)

Olmützer Wochenbl. (Beilage »zur neuen Zeit.«) Redaktion und Verlag von Eduard Hölzel. Druck von Franz Slawik. Erscheint jeden Samstag. 4. 2spaltig. 1857.

Wochenblatt von Olten und Gösgen
④ Oltner Wochenblatt (II) ⑤ 7. 6. 1853 (mit Probe-Nr. v. 31. 5. 1853)—1855 ⑥ 8° ⑦ Wochenblatt ⑧ Olten: Samuel Hunziker ⑩ Samuel Hunziker ⑪ Notar Theodor Brosi; Mitarbeiter: Benedikt von Arx, Dr. Viktor Christen ⑫ liberal ⑬ Oltner Geschichtsblätter 1949, Nr. 3; Historische Mitteilungen (Oltner Tagblatt) 1953, Nr. 2; W56: Politische Presse Solothurn (1955) ⑭ O: S.

Oltner Wochenblatt (I)
s.a. **Berichthaus Olten.**

Oltner Wochenblatt (II)
① Organ der Jungfreisinnigen des Kantons Solothurn (1918). Organ für Schweizertum, Demokratie und sozialen Fortschritt (ab Nr 2, 1918) ③ Wochenblatt von Olten und Gösgen ⑤ 3. 1. 1856 (als 4. Jg. des Wochenblattes von Olten und Gösgen)—28. 6. 1919 ⑥ 2° ⑦ Wochenblatt: wöchentlich 2× (seit 1858 und ab 1887); wöchentlich 3× (1882—1886) ⑧ Olten: Samuel Hunziker (1856—1858), August, Paul und Werner Michel (seit 1859) ⑨ Sonntags-Blatt (1889—1916) ⑩ die Drucker ⑪ Dr. Viktor Christen (1804—1868), Arzt; Benedikt von Arx (1817—1875), Amtsschreiber und Nationalrat; Dr. Adolf Christen (1843—1919), Arzt; gelegentliche Mitarbeiter: Franz Trog (1828—1904), Oberamtmann; Adrian von Arx (1847—1919), Fürsprecher, Nationalrat; Adrian von Arx (1879—1934), Fürsprecher ⑫ radikaldemokratisch ⑬ BGSZ: 1060; Oltner Geschichtsblätter 1949, Nr. 4; Historische Mitteilungen (Oltner Tagblatt) 1953, Nr. 2, 4; Oltner Neujahrblätter 1954 ⑭ So: Z; O: S ⑮ Das Oltner Wochenblatt schwenkte 1856 vom altliberalen Geiste, in dem das »Wochenblatt von Olten und Gösgen« geschrieben war, ins gouvernementale Lager ab.

—— für die Diöcese Osnabrück. Jahrg. 1863. 52 Nrn. (½ Bog.) gr. 8. Osnabrück, Richard. [Overwetter.] *
Vgl.: Kirchen- und Volksbote.

— oesterreichische, f. Wissenschaften u. Kunst. Jahrg. 1872. 52 Nrn. (2 B.) Lex.-8. Wien, Rosner in Comm. n. 8. —

—— **österreichisches botanisches. Gemeinnütziges Organ für Botanik und Botaniker, Gärtner, Oekonomen, Forstmänner, Aerzte, Apotheker und Techniker. Redig. von Alex. Skofitz. 1. und 2. Jahrg. 1851 und 1852. à Jahrg. 52 Nrn. (½ Bog.) gr. 8. Wien, Seidel. à Jahrg. ***

Wochenblatt, österreichisches botanisches. Gemeinnütziges Organ für Botanik und Botaniker, Gärtner, Oekonomen etc. Redakt.: Alex. Skofitz. 3—6. Jahrg. 1853—56. à Jahrg. 52 Nrn. (½—1 Bog.) gr. 8. Wien, Seidel. à Jahrg. *

—— österreichisches botanisches. Gemeinnütziges Organ für Botanik und Botaniker, Gärtner, Oekonomen etc. Redig. und hrsg. von Alex. Skofitz. 7. Jahrg. 1857. 52 Nrn. (à ½—1 Bog.) gr. 4. Wien, Seidel und Sohn. * *
Die Fortsetzung erschien unter dem Titel: Zeitschrift, österreichische botanische etc., vgl. diese.

Wochenblatt, österreich., f. Industrie, Gewerbe, Land- u. Hauswirthschaft. Redig. v. M. Ehrmann. 1. Jahrg. 1835. Juli—Dec. 52 Nrn. (Bog.) Mit 12 Beiln. u. 2. Jahrg. 1836. 104 Nrn. (½ B.) gr. 4. Wien, [Singer u. Goering.] [835. 3⅓ Thlr., 36. 4 Thlr.] Thlr.

Ehrmann, M. S. (Herausg.): „Oesterreichisches Wochenblatt für Industrie, Land- und Hauswirthschaft", Wien 1830—1836 (Kupfer & Singer).

— österreichisches landwirthschaftliches. Red. v. Guido Krafft. 1. u. 2. Jahrg. 1875 u. 1876 à 52 Nrn. (3 B.) Fol. Wien, Faesy & Frick. à Jahrg. n. 16. —

— österreichisches landwirthschaftliches. Red. v. Guido Krafft. 3—8. Jahrg. 1877—1882. à 52 Nrn. (3 B.) Fol. Wien, Frick. à Jahrg. n. 16. —

— österreichisches landwirthschaftliches. Red. v. Guido Krafft. 9—12. Jahrg. 1883—1886. à 52 Nrn. (à 2—3 B.) Fol. Wien, Frick. à Jahrg. n. 16. —

— österreichisches landwirtschaftliches. Red. v. Guido Krafft. 13.—16. Jahrg. 1887—1890. à 52 Nrn. (à 2—3 B.) Fol. Wien, Frick. à Jahrg. n. 16. —

— österreichisches landwirthschaftliches. Red. v. Guido Krafft. 17.—20. Jahrg. 1891—1894. à 52 Nrn. (à ca. 2 Bog. m. Abbildgn.) Fol. Wien, W. Frick. à Jahrg. n. 16. —

— österreichisches landwirthschaftliches. Red. v. Guido Krafft. 21.—24. Jahrg. 1895—1898. à 52 Nrn. (à ca. 8 S. m. Abb.) Fol. Wien, W. Frick. à Jahrg. n. 16. —
Kann auch vierteljährlich bezogen werden.

— **österreichisches landwirthschaftliches. Red. v. Guido Krafft. 25.—28. Jahrg. 1899—1902. à 52 Nrn. gr. Fol. (à ca. 8 S. m. Abb.) Wien, W. Frick. à Jahrg. n. 16. —**

— österreichisches landwirtschaftliches. Red. v. Guido Krafft. 29.—32. Jahrg. 1903—1906. à 52 Nrn. (à ca. 8 S. m. Abb.) Fol. Wien, W. Frick. à Jhrg. n. 16. —

— österreichisches landwirtschaftliches. Red. v. Guido Krafft. 33. Jahrg. 1907. 52 Nrn. (à ca. 8 S. m. Abb.) 40,5×29 cm. Wien, W. Frick. 16. —
Fortsetzg., s.: Monatshefte f. Landwirtschaft.

— österreich. pädagogisches, zur Beförderung des Erziehungs- u. Volksschulwesens. 1.—4. Jahrg. 1842—1845. Redakteur: Jos. Kaiser. à 104 Numm. (½ Bog.) gr. 8. (Wien, Mayer u. Comp.) à J. n. 3⅛ ℳ

— oesterreichisches pädagogisches, zur Beförderung des Erziehungs- und Volksschulwesens. Red.: Jos. Kaiser. 12—17. Jahrg. 1853—58. à 52 Nrn. (à 1 Bgn.) Wien, Beck in Comm. gr. 8. Jeder Jahrg. n. 4 ℳ.

—— oesterreichisches pädagogisches, zur Beförderung des Erziehungs- und Volksschulwesens. Redig. von Jos. Kaiser. 17—20. Jahrg. 1858—61. à Jahrg. 52 Nrn. (Bog.) gr. 8. Wien, Pichler's Wwe. und Sohn. (Beck'sche Universitäts-Buchh.) [17. Jahrg. * 4 Thlr., 18—20. Jahrg. à * 3 Thlr.] *

—— österreichisches pädagogisches. Zur Beförderung des Erziehungs- und Volksschulwesens. Redact.: Josef Kaiser. 21.—24. Jahrg. 1862—65. à Jahrg. 52 Nrn. 8. (à 1 Bog.) Wien, Pichler's Wittwe und Sohn. à Jahrg. *

Wochenblatt: Ostschweizerisches Wochenblatt
v. Rorschacher Wochenblatt.

Wochenblatt. – Pädagogisches Wochenblatt. Heidesheim 1778. 8°
Hrsg. v. Karl Fr. Bahrdt.

—— pädagogisches. Zeitung für deutsche Elementarlehrer. Redact.: W. Freier. Jahrg. 1863. 52 Nrn. (à ½—1 Bog.) gr. 4. Zielenzig, Koserowski. *

— pädagogisches, f. den akademisch gebildeten Lehrerstand Deutschlands, Fortsetzg., s.a. Korrespondenzblatt f. den akademisch gebildeten Lehrerstand.

— pädagogisches, f. den akademisch gebildeten Lehrerstand Deutschlands. Hrsg.: E. Stengel. 1.—4. Jahrg. Oktbr. 1891—Septbr. 1895. à 48 Nrn. (Bog.) 4. Leipzig, Renger. à Jahrg. n. 9. —

Wochenblatt, pädagogisches, f. d. akadem. gebild. **Lehrerstand Deutschlands. Hrsg.: E. Stengel. 5. Jahrg. Oktbr. 1895—Septbr. 1896.** 48 Nrn. (Bog.) 4. **Leipzig, Renger. n. 9. —**

— dasselbe. Red.: Adf. Kressner. 6.—8. Jahrg. Oktbr. 1896—Septbr. 1899. à 48 Nrn. (Bog.) 4. Ebd.
à Jahrg. n. 8. —
Kann auch halbjährlich bezogen werden.

— pädagogisches, f. den akadem. gebildeten Lehrerstand Deutschlands. Red.: Adf. Kressner. 9. Jahrg. Oktbr. 1899 - Septbr. 1900. 48 Nrn. 4. (IV, 384 S.) Leipzig, Renger.
n. 8. —

— dasselbe. Schriftleitung: R. Werner. 10.—12. Jahrg. Oktbr. 1900—Septbr. 1903. à 48 Nrn. 4. (à Jahrg. IV, 384 S.) Ebd.
à Jahrg. n. 10. —
Die Jahrgge. 10 u. 11 sind v. E. Penner redigiert.

— pädagogisches, für den akademisch gebildeten Lehrerstand Deutschlands. Schriftleitung: R. Werner. 13.—16. Jahrg. Oktbr. 1903—Septbr. 1907. à 48 Nrn. (à Jahrg. IV, 384 S.) 4. Leipzig, Renger.
à Jhrg. n. 10. —

—— für Papierfabrikation. Hrsg. von Güntter-Staib. 1.—6. Jahrg. 1870—1875. à Jahrg. 52 Nrn. (Bog.) 8. Biberach, Güntter-Staib.
à Jahrg. **

—— für Papierfabrikation. [Organ des Vereins deutscher Papierfabrikanten und des Vereins deutscher Holzstoff-Fabrikanten.] Hrsg. von Güntter-Staib. 7. und 15. Jahrg. 1876—1884. à Jahrg. 52 Nrn. (à Nr. 1/2 Bog. mit Beilagen.) gr. 8. Biberach, (Dorn'sche Buchh.)
à Jahrg. **

—— für Papierfabrikation. [Organ des Vereins deutscher Papierfabrikanten und des Vereins deutscher Holzstoff-Fabrikanten.] Hrsg. von Güntter-Staib. 16. und 17. Jahrg. 1885 und 1886. à Jahrg. 52 Nrn. (à Nr. 1/2 Bog. mit Beilagen.) gr. 8. Biberach, (Dorn'sche Buchh.)
à Jahrg. **

Wochenblatt für Papierfabrikation. [Organ des Vereins deutscher Papierfabrikanten und für die Bekanntmachungen des Vereins deutscher Holzstoff-Fabrikanten.] Hrsg. von Güntter-Staib. 18. und 19. Jahrg. 1887 und 1888. à Jahrg. 52 Nrn. (à Nr. 1/2 Bog. mit Beilagen.) gr. 8. Biberach, (Dorn'sche Buchh.)
à Jahrg. **

—— für Papierfabrikation. [Organ d. Vereins deutscher Papierfabrikanten u. f. die Bekanntmachgn. d. Vereins deutscher Holzstoff-Fabrikanten.] Hrsg. v. Güntter-Staib. 20.—23. Jahrg. 1889—1892. à Jahrg. 52 Nrn. (à Nr. 1/2 Bog. m. Beilagen.) gr. 8. Biberach, (Dorn).
à Jahrg. ** 8 —

— für Papierfabrikation. [Organ d. Vereins deutscher Papierfabrikanten u. f. die Bekanntmachgn. d. Vereins deutscher Holzstoff-Fabrikanten.] Hrsg. v. Güntter-Staib. 22.—25. Jahrg. 1891—1894. à 52 Nrn. (à ca. 1/2 Bog.) gr. 8. Biberach, (Dorn). à Jahrg. n.n. 8. —

— für Papierfabrikation. Organ d. Vereins deutscher Papierfabrikanten, d. Vereins deutscher Holzzellstofffabrikanten u. f. d. Bekanntmachgn. d. Vereins deutscher Holzstofffabrikanten. Hrsg. v. Güntter-Staib. 26.—29. Jahrg. 1895—1898. à 52 Nrn. (à ca. 80 S.) gr. 8. Biberach (Dorn). à Jahrg. n.n. 8. —
Kann auch halbjährlich bezogen werden.

— für Papierfabrikation. Alleiniges Vereinsblatt d. Vereins deutscher Papierfabrikanten. Organ d. Vereins deutscher Zellstoff-Fakrikanten, u. f. die Bekanntmachgn. des Vereins deutscher Holzstoff-Fabrikanten u. des Vereins deutscher Pappen-Fabrikanten. Hrsg. v. Güntter-Staib. 30.—33. Jahrg. 1899—1902. à 52 Nrn. Lex.-8. (4868; 5028; 3504 u. 3460 S.) Biberach (Dorn).
à Jahrg. n.n. 8. —

— für Papierfabrikation. Alleiniges Vereinsblatt des Vereins deutscher Papierfabrikanten. Offizielles Organ des Vereins deutscher Zellstoff-Fabrikanten, des Vereins deutscher Holzstoff-Fabrikanten usw. Hrsg.: Günter-Staib. 34.—37. Jahrg. 1903—1906. à 52 Nrn. (à ca. 40 S.) Lex.-8. Biberach (Dorn). à Jhrg. n.n. 8. —

— für Papierfabrikation. Alleiniges Vereinsblatt des Vereins deutscher Papierfabrikanten. Offizielles Organ d. Vereins deutscher Zellstoff-Fabrikanten, des Vereins deutscher Holzstoff-Fabrikanten usw. Hrsg. u. Red.: Güntter-Staib. 38.—41. Jahrg. 1907—1910. à 52 Nrn. (à ca 60 S.) Lex. 8. Biberach (Dorn).
à Jahrg. nn 8. —

Wochenblatt für die Provinz Parana: 1. Jahrgang, January, 1883 ? Curitiba
BrRBN: Ano I, nos. 3, 5, January, 1883.

Simon, Joh. Fr. (Herausgeber): „Patriotisches Wochenblatt. Feuille hebdomadaire patriotique", Straßburg 1789—1790. — Vorh.: UB Straßburg.

— patriotisches, f. Stadt u. Land. Hrsg. v. J. W. Leschke. 1—4. Jahrg. 1849—1852. à 52 Nrn. gr. 4. (1/2 B.) Schreiberhau. (Breslau, Dülfer & Geiser.) à Jahrg. n. 1 1/3 ₰

— patriotisches, für Stadt und Land. Herausg. von J. W. Leschke. 5—10. Jahrg. 1853—58. à 52 Nrn. (à 1/2—1 Bgn.) Schreiberhau. (Breslau, Dülfer.) 4. Jeder Jahrg.
n. 1 ₰. 10 ngr.

— patriotisches, für Stadt und Land. Herausg. von J. W. Leschke. 11—15. Jahrg. 1859—63. à 52 Nrn. (à 1/2—1 Bgn.) Schreiberhau. (Breslau, Dülfer.) 4. Jeder Jahrg.
n. 1 ₰ 10 ngr.

— patriotisches, für Stadt u. Land. Hersg. von J. W. Leschke. 16—19. Jahrg. 1864—67. à Jahrg. 104 Nrn. (à 1/2—1 Bgn.) Schreiberhau. Breslau, Dülfer. gr. 4. Jeder Jahrg.
n. 1 ₰ 10 ngr.

— patriotisches, für Ungarn, zur Verbreitung gemeinnütziger Kenntnisse u. zur Beforderung alles Guten u. Nützlichen, herausg. von J. K. Lübeck. Für d. Jahr 1804. 8. Pesth, Hartleben. 4 ₰

Wochenblatt, Pester. 1785. H: *Hoffmann, Leop. Alois.* (Realzeitung 1785, S. 61) (BiblPort)

Wochenblatt von Pfäffikon
① 1. Untertitel: Demokratisches Volksblatt; heute: Fortschrittliches Volksblatt für das Zürcher Oberland und das Tößtal - Amtliches Publikationsorgan der Gemeinden des Bezirkes Pfäffikon ② Tagblatt des Bezirkes Pfäffikon (1. 2. 1957) ③ Wochenblatt für das zürch. Oberland ⑤ 1894 (cont.) ⑥ 2° ⑦ Wochenblatt, dann wöchentlich 2×, 3× (1908), 4× (1927), Tagblatt (1957) ⑧ Pfäffikon (Zh): Jakob Peter, August Peter (1911—1934), E. Fritz-Peter (1934—1935), Buchdruckerei Wochenblatt AG (seit März 1935) ⑨ Feierabend; Für die Frauen; Land-, Forst- u. Hauwirtschaft ⑩ die Drucker ⑪ Jakob Peter, August Peter, Dr. W. E. Diethelm, Dr. Arthur Baur, Leo Schmid, Hs. Ulrich Waßmer, Dr. Werner Geißberger, Dr. E. Baldinger ⑫ fortschrittlich ⑬ Tagblatt des Bezirkes Pfäffikon 1957, Nr. 1 (Sonderbeilage) ⑭ Zh: Z; Be: L (1953 cont.).

③ Wochen-Blatt des Bezirkes Pfäffikon (Abspaltung) ⑤ 1857 (?) ⑦ Wochenblatt ⑧ Pfäffikon (Zh): J. U. Zwingli ⑩ J. U. Zwingli ⑪ J. U. Zwingli ⑫ liberal, Oppositionsblatt zu dem radikalen «Wochenblatt des Bezirkes Pfäffikon» ⑬ Tagblatt des Bezirkes Pfäffikon 1957, Nr. 1 (Sonderbeilage).

Wochen-Blatt der Bezirke Pfäffikon und Hinweil

① Obligatorisches Publikationsblatt der Gemeinden Bauma, Illnau, Pfäffikon und Russikon (erster Untertitel) ② Wochen-Blatt des Bezirkes Pfäffikon (1856—1879) ④ Wochenzeitung (Zh II) (Abspaltung 1857); Der Freimüthige (SG—Zh) (Fusion) ⑤ 20. 12. 1851—1852. 1856—Juni 1879 ⑥ 4°, später 2° ⑦ Wochenblatt; wöchentlich 2× (ab 1872) ⑧ Pfäffikon (Zh): J. U. Zwingli (1851—1852). Zwingli & Wuhrmann (1856—?). Wuhrmann & Schellenberg (?—1858—1871). Jakob Peter aus Elgg (1872—1879) ⑨ Monatsblatt (1856—?) ⑩ die Drucker ⑪ J. U. Zwingli, J. U. Wuhrmann, Jakob Peter ⑫ demokratisch ⑬ BGSZ. 1111 (p. 461—462); Tagblatt des Bezirkes Pfäffikon 1957. Nr. 1 (Sonderbeilage) ⑭ Zh: Z (1858—1877) ⑮ Das «Wochen-Blatt» ist vom 1. 1. 1853 bis zum 29. 12. 1855 durch die Zeitung «Der Allmann (I)» ersetzt worden. v. Literatur sub 13 und «Der Allmann» (I) vom 8. 12. 1855.

— für das evangelische Pfarramt u. das kirchliche Gemeindeamt. Hrsg.: R. Schneider. 1. u. 2. Jahrg. 1874 u. 1876 à 52 Nrn. (à ½—1 B.) hoch 4. Gütersloh, Bertelsmann's Verl. à Jahrg. n. 8. —

Wochenblatt. – Pforzheimer Wochenblatt. – 15.(?)XII.1810 – 28.II.1832.
Vorh. u.d.T.: Pforzheimer Wöchentliche Nachrichten.
Fortges. u.d.T.: Der Beobachter.

— pharmaceutisches, insbesondere den materiellen Interessen des Standes gewidmet. Hrsg. von der Direction des süddeutschen Apotheker-Vereins unter Redact. von H. Hanstein. Jahrg. 1867. 52 Nrn. (½ Bog.) Heidelberg, (Weiß.) *

PHARMACEUTISCHES WOCHENBLATT AUS WÜRTTEMBERG. Herausgegeben von ZWINK.
1861. No. 1-26 — 1866. № 1-10. Göppingen. Im Selbstverlag des Herausgebers. Druck von P. J. Buck, später: A. Rieber. (Ohne bes. Titelblatt.) 8°.

PHARMACEUTISCHES WOCHENBLATT AUS WÜRTTEMBERG. Organ zunächst für gewerbliche Interessen der Pharmacie. (Im Selbstverlag herausgegeben von ZWINK.)
Jahrg. VI. № 11-52 — XII. 1866—1872. Göppingen. Druck & Expedition von A. Rieber. (Ohne bes. Titelblatt.) 8°., später: 4°.

PHARMACEUTISCHES WOCHENBLATT AUS WÜRTTEMBERG. Organ für die Angelegenheiten und Interessen der württemb. Apotheker. (Im Selbstverlag herausgegeben von ZWINK in Cannstatt.)
Jahrg. XIII—XIV. 1873—1874. Göppingen. Schnellpressendruck & Expedition von A. Rieber. (Ohne bes. Titelblatt.)
Jahrg. XV. 1875. Göppingen, später: Cannstatt. Druck der G. F. Rapp'schen Buchdruckerei in Cannstatt. (Ohne bes. Titelblatt.)

PHARMAC. WOCHENBLATT AUS WÜRTTEMBERG. Organ für die Angelegenheiten und Interessen der württemb. Apotheker. (Verlegt und redigirt von ZWINK in Cannstatt.)
Jahrg. XVI—XVII. 1876—1877. Cannstatt. Druck der G. F. Rapp'schen Buchdruckerei. (Ohne bes. Titelblatt.)

PHARMAC. WOCHENBLATT AUS WÜRTTEMBERG. Organ für die Angelegenheiten und Interessen der württemb. Apotheker und für Verbreitung gemeinnütziger Kenntnisse.
(Verlegt und redigirt von ZWINK in Cannstatt.)
Jahrg. XVIII—XXI. №. 1—89. 1878—1881. Cannstatt. Druck der G. F. Rapp'schen Buchdruckerei. (Ohne bes. Titelblatt.)
Redigirt und verlegt von E. HEIM, Apotheker in Gundelsheim a. N.
Jahrg. XXI. № 40 — № 52 — Jahrg. XXII. 1881—1882. Druck von Franz Oehler's Buchdruckerei in Heilbronn, später: Druck und Expedition der M. Schell'schen Buchdruckerei in Heilbronn. (Ohne bes. Titelblatt.)

PHARMACEUTISCHES WOCHENBLATT AUS WÜRTTEMBERG Organ für Apotheker, Aerzte, Chemiker und Drogisten. Redigirt von ERNST HEIM.
Jahrg. XXIII—XXIV. 1883—1884. Gundelsheim. Druck und Verlag der M. Schell'schen Buchdruckerei in Heilbronn. (Ohne bes. Titelblatt.) fol.

PHARMACEUTISCHES WOCHENBLATT AUS WÜRTTEMBERG Zeitschrift für Apotheker, Aerzte, Chemiker und Drogisten.
Herausgegeben von FRIEDR. KOBER.:
Jahrg. XXV. Heilbronn, 1885. (Ohne bes. Titelblatt. — Expedition, Druck und Verlag der Schell'schen Buchdruckerei (Kraemer & Schell) in Heilbronn.) fol.

PHARMACEUTISCHES WOCHENBLATT AUS WÜRTTEMBERG. Süddeutsche Apotheker-Zeitung. Zeitschrift für Apotheker und Vertreter verwandter Berufszweige.
Herausgegeben von FRIEDR. KOBER.:
Jahrg. XXVI. № 1—26. Heilbronn a. N. 1. Januar — 24. Juni 1886. (Ohne bes. Titelblatt. — ib. —)

Wochenblatt des Philadelphia Tageblatt : 1879—1929? Philadelphia, PA
Weekly edition of PHILADELPHIA TAGEBLATT. Also see PHILADELPHIA SONNTAGSBLATT.

Das Philadelphier Wochenblatt : 1794.
Weekly. Follows DIE CHESNUTHILLER WOCHENSCHRIFT (Chestnut Hill, Pa.). Quarto, each issue 4 pages. Edited & published by Samuel Saur [son of Christoph Saur II]. H. Cassell owned a copy dated Aug. 26, 1794.
Philadelphia, PA

Wochenblatt. – Photographisches Wochenblatt. Zeitschrift für Photographie und vervielfältigende Künste. Jg. 1–? Berlin, Leipzig: Krüger (sp. Mentzel, sp. Knapp) 1875–? 8°
Hrsg. v. Ernst Düby; sp. F. Stolze, J. Gädice.

— photographisches. Zeitschrift f. Photographie u. vervielfältig. Künste. Hrsg. unter Mitwirkung v. Jul. Schnauss, Fritz Haugk, Ad. Braun etc. v. Ernst Düby u. F. Stolze. Offizielles Organ d. Photograph. Vereins zu Berlin. 4–8. Jahrg. 1878—1882. à 52 Nrn. (à 1—1½ B.) Lex.-8. Berlin. Halle, Knapp in Comm. à Jahrg. n. 8. —

— photographisches. Zeitschrift u. Repertorium f. Photographie u. vervielfältig. Künste. Red. v. F. Stolze. Officielles Organ d. Photograph. Vereins zu Berlin. 9—12. Jahrg. 1883—1886. à 52 Nrn. (à 1—1½ B.) Lex.-8. Berlin. (Halle, Knapp.) à Jahrg n. 8. —

— photographisches. Zeitschrift u. Repertorium f. Photographie u. vervielfältig. Künste. Officielles Organ d. Photograph. Vereins zu Berlin. Red. v. F. Stolze. 13.—15. Jahrg. 1887—1889. à 52 Nrn. (à 1—1½ B.) Lex.-8. Berlin. (Halle, Knapp.) à Jahrg. n. 8. —

— dasselbe. Red. v. A. Miethe. 16. Jahrg. 1890. 52 Nrn. (à 1–1½ B.) Lex.-8. Ebd. n. 8. —

— photographisches. Zeitschrift u. Repertorium f. Photographie u. vervielfältig. Künste. Unter Mitwirkg. hervorrag. Fachmänner red. v. A. Miethe. 17. Jahrg. 1891. 52 Nrn. (à 1—1½ Bog. m. Kunstbeilagen.) Lex.-8. Berlin. (Halle a/S., Knapp.) n. 10. —

— dasselbe. 18. u. 19. Jahrg. 1892. 1893. à 52 Nrn. (à 1—1½ Bog. m. Kunstbeilagen.) gr. 8. Berlin. (Leipzig, E. H. Mayer.) à Jahrg. n. 10. —

— dasselbe. Red. v. J. Gaedicke. 20. Jahrg. 1894. 52 Nrn. (à 1—1½ Bog. m. Kunstbeilagen.) gr. 8. Ebd. n. 10. —

— photographisches. Red. v. J. Gaedicke. 21.—24. Jahrg. 1895—1898. à 52 Nrn. (à ca. 8 S. m. Abb.) gr. 8. Berlin. (Leipzig, E. H. Mayer.) à Jahrg. n. 10. —
Kann auch vierteljährlich bezogen werden.

— photographisches. Red. v. J. Gaedicke. 25.—28. Jahrg. 1899—1902. à 52 Nrn. gr. 8. (II, 446; II, 416; II, 416 u. II, 428 S. m. Abb. u. 7 bezw. 10, 7 u. 4 Taf.) Berlin. (Leipzig, E. H. Mayer.) à Jahrg. n. 10.—

— photographisches. Red. u. hrsg. v. J. Gaedicke. 29.—32. Jahrg. 1903—1906. à 52 Nrn. (II, 416; VIII, 416; VIII, 512 u. VIII, 512 S. m. Abb. u. 4, 6, 26 u. 26 Taf.) gr. 8. Berlin. (Leipzig, E. H. Mayer.) à Jhrg. n. 10. —

— photographisches. Red. v. Johs. Gaedicke. 33.—36. Jahrg. 1907—1910. à 52 Nrn. (à ca. 8 S.) gr. 8. Berlin, Expedition. à Jahrg. 10. —

Wochen-Blatt. – Pirmasenser Wochen-Blatt. – 3.I.1831(?) – 1866(?).
Fortges. u.d.T.: Wochenblatt.

Wochenblatt. – P i r m a s e n s e r Wochenblatt. – 1873(?) – 1880.
Vorh. u.d.T.: Wochenblatt.
Fortges. u.d.T.: Pirmasenser Zeitung.

Wochenblatt. – P i r n a i s c h e s Wochenblatt. – 1.(?)I.1817 – 15.I.1850.
Vorh. u.d.T.: Gemeinnütziges Pirnaisches Wochenblatt.
Fortges. u.d.T.: Wochenblatt.

Wochenblatt, Pirnaisches gemeinnütziges. [Pirna Nov. Dec. 1804.] H: *Carlson, Joh. Carl (= Ferd. Renner).* (MGT)

Plöner **Wochenblatt** und öffentlicher Anzeiger für den Kreis Plön. Red. v. S. W. Hirt, dann v. O. Kaven. (Plön.) Fol.
Jg. 53 (7)—69 (23) 1875—91. Fortges. u. d. T.:
Plöner **Wochenblatt** nebst amtlicher Beilage. Verantw. Herausgeber O. Kaven.
Jg. 70 ff. 1892 ff. Fol.

Plöner **Wochen-** (und Unterhaltungs)**blatt.** Jg. 5. 47—100. — Plön. 4° u. 2°
5. 1827. 47—100. 1869—1922.
Forts. s. Ost-Holsteinisches Tageblatt u. Plöner Zeitung.

Wochenblatt, Poetisches, worinnen die Neuigkeiten des Kriegs- Finanz- und Polizeywesens in Reimen vorgetragen werden. München. Jg. 1—21. 1759—1779. H: *Etenhuber, Matthias.* (BGE V³, 235)

Wochenblatt: Politisches Wochenblatt
⑮ Peter Wegelin erwähnt in seiner 1842 erschienenen Schrift »Geschichte der Buchdruckereien im Kt. St. Gallen« (p. 95) für 1822–23 eine Rapperswiler Zeitung dieses Namens. Fäßler (BGSZ 1047) hat den Namen übernommen. Diese Zeitung ist identisch mit der von Fretz zitierten »Politischen Wochenschrift von Rapperschwyl«.

—— **politisches.** Redig. von O. W. Hingenau und P. R. Chlumecky, unter Mitwirkung eines Comités von Schriftstellern. 1. Jahrg. April 1848 — März 1849. 52 Nrn. (à 3—5 Bog.) 4. Brünn, Winiker's Buchh.

Wochenblatt. – P o l i t i s c h e s Wochenblatt. Stettin [vor 1850].
Red.: J. de Marle.

— **politisches.** 1. Jahrg. 1898. 52 Nrn. (à ca. 2 Bog.) gr. 4. Stuttgart, D. Gundert. n. 6. —

— **politisches.** 2. Jahrg. 1899. 52 Nrn. gr. 4. (IV, 828 S.) Stuttgart, D. Gundert. n. 6. —

— **dasselbe.** 3. Jahrg. 1900. 52 Nrn. gr. 4. (II, 414 S.) Ebd. n. 4. —
Erscheint nicht mehr.

Wochenblatt. – P o l i t i s c h e s Wochenblatt für das deutsche Volk. Gera (Druckort München): Expedition 1884. 8°
Hrsg. v. Bruno Schönlank.

— **politisch-praktisches f. Mecklenburg.** Red.: v. Gloeden. 1. Jahrg. 1846. 52 Nrn. 2. Jahrg. 1847. 65 Nrn. 3. Jahrg. 1848. 104 Nrn. 4. (B.) Rostock, Leopold in Comm. 1846: n. 1½ ₰ 1847: n. 1⅚ ₰ 1848: n. 3 ₰

—— **polytechnisches.** Zeitschrift zur Verbreitung des Neuesten und Wissenswürdigsten im Gebiete der Künste, Gewerbe und Naturwissenschaften. Für Techniker, Künstler ꝛc. Redig. von C. H. Hassenstein. 1. Jahrg. 1848. Octbr. — Decbr. 13 Nrn. (½ Bog. mit Holzschn.) gr. 8. Leipzig, Brügmann. *

—— **posener,** für Eltern und Lehrer. Hrsg. von dem Central-Lehrervereine für die Provinz Posen. Redig. von Schönke. Jahrg. 1849. 52 Nrn. (½ Bog.) gr. 8. Posen, [Scherk'sche Buchh.] *

Wochenblatt. – P r a g e r Wochenblatt für Landleute. St. 1–12. Prag 1793.

— **Prager** landwirthschaftliches. Red.: Rich. Zahn. 6. u. 7. Jahrg. 1875 u. 1876 à 52 Nrn. (ca. 2 B. m. eingedr. Holzschn.) hoch 4. Prag, (Calve.) à Jahrg. n. 16. —

— **Prager** landwirthschaftliches. Red.: Rich. Jahn. 8—13. Jahrg. 1877—1882. à 52 Nrn. (ca. 2 B. m. eingedr. Holzschn.) Fol. Prag, (Calve). à Jahrg. n. 16. —

— **Prager** landwirthschaftliches. Red.: Rich. Jahn. 14—17. Jahrg. 1883—1886. à 52 Nrn. (ca. 2 B. m. eingedr. Holzschn.) Fol. Prag, (Calve). à Jahrg. n. 16. —

— **Prager** landwirthschaftliches. Red.: R. Jahn. 18.—20. Jahrg. 1887—1889. à 52 Nrn. (ca. 2 B. m. eingedr. Holzschn.) Fol. Prag, (Calve). à Jahrg. n. 16. —

— **Prager landwirthschaftliches. Hrsg. u. Red.: Rich. Jahn. 21.—25. Jahrg. 1890—1894. à 52 Nrn. (8 Bog. m. Illustr.) Fol. Prag, (J. G. Calve). à Jahrg. n. 16. —**

— **Prager landwirthschaftliches. Hrsg. u. Red.: Rich. Jahn. 26. Jahrg. 1895. 52 Nrn. (à ca. 10 S.) Fol. Prag (J. G. Calve). n. 16. —**
Weiter nicht erschienen.

Wochenblatt, Prager land- und volkswirthschaftliches. Organ für volkswirthschaftliche Interessen, Agricultur, Forstwirthschaft, Industrie und Handel. Redact.: Rich. Jahn. 1.—6. Jahrg. 1870—1875. à Jahrg. 52 Nrn. (ca. 2 Bog. mit eingedr. Holzschn.) Mit Beilagen. hoch 4. Prag, (Calve'sche Universitäts-Buchh.) 1870—1872 à *
1873—1875 à *

— **practisches.** Allgemeine deutsche landwirthschaftl. Zeitung. Red.: Mussehl. Jahrg. 1847 — 1852. à 104 Nrn. gr. 4. (½—1 Bog.) Neubrandenburg, Brünslow. à Jahrg. n. 3⅓ ₰

—— **practisches.** Allgemeine deutsche landwirthschaftl. Zeitung. Redakt.: Bohm. 18. und 19. Jahrg. 1853 und 1854. à Jahrg. 104 Nrn. (à ½—1 Bog.) gr. 4. Neubrandenburg, Brünslow. à Jahrg. *

—— dass. — im Verein mit pract. Landwirthen Mecklenburgs redig. von F. A. Pinckert. 20. und 21. Jahrg. 1855 und 1856. à Jahrg. 104 Nrn. (à ½—1 Bog.) gr. 4. Ebds. *

—— **praktisches.** Allgemeine deutsche landwirthschaftliche Zeitung, im Verein mit prakt. Landwirthen Mecklenburgs bearb. von F. A. Pinckert. 22. Jahrg. 1857. 104 Nrn. (à ½—1 Bog.) gr. 4. Neubrandenburg, Brünslow. *

—— dass. — Zunächst für Norddeutschland. Hrsg. und redig. von Carl Stein. 23—26. Jahrg. 1858—61. (Des prakt. Landwirthes 6—9. Jahrg.) à Jahrg. 52 Nrn. (à 1½ Bog.) gr. 4. Ebendas. à Jahrg. *

Wochenblatt, praktisches. Allgemeine deutsche landwirthschaftliche Zeitung. Zunächst für Norddeutschland. Hrsg. und redig. von Karl Stein. 27.—31. Jahrg. 1862—66. (Des prakt. Landwirths 10.—14. Jahrg.) à Jahrg. 52 Nrn. (à 1½ Bog.) gr. 4. Neubrandenburg, Brünslow. à Jahrg. *

—— dass. — Hrsg. und redig. von Demselben. 32. Jahrg. 1867. (Des Prakt. Landwirthes 15. Jahrg.) 52 Nrn. (à 1 1/2 Bog.) gr. 4. Malchin, Wendt. *

—— praktisches. Allgemeine deutsche landwirthschaftl. Zeitung. Zunächst für Norddeutschland. Hrsg. und redig. von Karl Stein. 33. und 34. Jahrg. 1868 und 1869. [Des prakt. Landwirths 16. und 17. Jahrg.] à 52 Nrn. (à 1 1/2 Bog.) Fol. Malchin, Wendt. à Jahrg. *

—— dass. — 35. Jahrg. 1870. [Des prakt. Landwirths 18. Jahrg.] 52 Nrn. (à 1 1/2 Bog.) Fol. Charlottenburg. Berlin, Expedition.

—— dass. — Zeitung für deutsche Land- und Forstwirthe. Jahrg. 1871. April — Dezbr. 39 Nrn. (à 1 1/2—2 Bog.) gr. Fol. Berlin, Stankiewicz. *
Vgl.: Vereins-Correspondenzblatt Deutschlands, landwirthschaftl.

—— pract., d. Neuesten u. Wissenswürdigsten f. Landwirthschaft, Gartenbau, Hauswirthschaft u. Handel in landwirthschaftl. Producten. Redig. v. Mussehl. 4—8. Jahrg. 1839—43. 4. Ebds. à J. *
1—8. Jahrg. 1836—43. zusamm. genomm. hrbgs. Pr. * 8 Thlr.

—— practisches, des Neuesten u. Wissenswürdigsten für Landwirthschaft, Gartenbau, Hauswirthschaft u. Handel in landwirthschaftl. Producten. Redact. Mussehl. Jahrg. 1844—47. à J. 52 Nrn. (Bog.) gr. 4. Neubrandenburg, (Brünslow.) à J. *

— — für Prediger und Schullehrer d. Preuß. Monarchie. Jahrg. 819 bis 821. 4. Erfurt, Müller. à 2 Rthlr. 12 Gr.

— f. Prediger u. Schullehrer d. Preuß. Monarchie. Jahrgg. 1822—27. 4. Erfurt, Müller. à 2 Rthl. 12 gr.

—— für Prediger u. Schullehrer. (Hrsg. v. J. C. Müller.) Jahrg. 1828. 4. Erfurt, Müller.
Jahrg. 1819—26. Ebendas. à 2 Thlr. 12 Gr. — J. 1827 zählt nur 9 Nrn. Bei J. 1828 ist der bisher. Zusatz: „der Preuß. Monarchie," hinter „Schullehrer" weggefallen.

Wochenblatt, Pressburgisches, zur Ausbreitung der Wissenschaften und Künste. Pressb. 1771—73. H: *Windisch, Carl Gottlieb von.* (ML) (Ky) Landerer.

Wochenblatt der New Yorker Presse : July 1873-- 1876?
Weekly edition of New Yorker Presse. Circulation: 1876, 4000 (est.).
New York, NY

—— preußisches, zur Besprechung politischer Tagesfragen. Redakt.: v. Jasmund. (1.) Jahrg. Decbr. 1851 — Novbr. 1852. 52 Nrn. (à 1—1 1/2 Bog.) gr. 4. Berlin, (Springer's Verlag.) **

— Preußisches, zur Besprechung politischer Tagesfragen. 2—7. Jahrg. 1853—58. à 52 Nrn. (à 1 Bgn.) (2—6. Jahrg. redig. von v. Jasmund, 7. Jahrg. von G. Hertzberg.) Berlin, (J. Springer.) gr. 4. Jeder Jahrg. nn. 3 Rthlr. 20 ngr.

— preußisches, zur Besprechung politischer Tagesfragen. Red.: G. Hertzberg. 8. u. 9. Jahrg. 1859 u. 60. à 52 Nrn. (à 1 Bgn.) Berlin, (J. Springer.) gr. 4. Jeder Jahrg. nn. 3 Rthlr. 20 ngr.

—— dass. — 10. Jahrg. 1861. 1. Halbjahr. 4. Berlin, (Hertz.) **
Ist nicht fortgesetzt worden.

Wochenblatt. – Königl. P r e u ß. privil. Hennebergisches Wochenblatt.
Suhl. – 18.IV.1821 – 3.(?)VII.1834.
Vorh. u.d.T.: Königl. Preußisches Hennebergisches Intelligenzblatt.
Fortges. u.d.T.: Ortsnachrichtsblatt.

Königlich privilegirtes **Wochenblatt.** Husum. 1825 ff. 4°.
Einzelne Nummern aus den Jahrgängen 1825, 1831, 1832, 1834, 1836, 1837 u. 40.

Kgl. privil. Wochenblatt für Eckernförde und die Umgegend. Herausgeg. und redig. von J. KNUTZEN. 16. Jahrg. Nr. 25. (1/7) — 22. Jahrg. Nr. 34. Schleswig. 1829—35. — Eckernförder Wochenblatt. 22. Jahrg. Nr. 35. — 38. Jahrg. Nr. 26. Sm. St. 1836—50. 4. (Fortsættelse af Kgl. privil. wöchentliches Intelligenzblatt für Eckernförde 1814 ff., jf. B. D. IV. 645; meget defekt).

Wochenblatt. – Königlich p r i v i l e g i r t e s gemeinnütziges, unterhaltendes Wochenblatt.
Itzehoe. – 1.I.1825 – 27.XII.1828.
Vorh. u.d.T.: Gemeinnütziges und unterhaltendes Wochenblatt.
Fortges. u.d.T.: Königlich privilegirtes gemeinnütziges, unterhaltendes Itzehoer Wochenblatt.

Kgl. privil. gemeinnütziges unterhaltendes Wochenblatt für Itzehoe und die Umgegend. 12—24. Jahr. Redig., gedruckt und verlegt von PT. SAM. SCHÖNFELDT. Itzehoe. 1828—40. (fortsættes; de første 11 Aarg. mglr. i U. B. og 24. Jahrg. begynder med Nr. 36).

Wochenblatt. – Königlich p r i v i l e g i r t e s gemeinnütziges, unterhaltendes Itzehoer Wochenblatt. –
3.I.1829 – 23.III.1848.
Vorh. u.d.T.: Königlich privilegirtes gemeinnütziges, unterhaltendes Wochenblatt.
Fortges. u.d.T.: Gemeinnütziges (und) unterhaltendes Itzehoer Wochenblatt.

Kgl. privil. Preetzer Wochenblatt für den Bürger und Landmann. 1. Jahrg. 1828. Nr. 1—27. Redacteur und Verleger J. F. G. HENNINGSEN. Kiel. 4. (U. B. har kun denne og 17. Jahrg. Nr. 27. — 19. Jahrg. 1845—47).

Königlich-privilegirtes **Wochenblatt** für Rendsburg und Umgegend.
Jg. 25. (Rendsburg). 1832. 4°. Fortges. u. d. T.:
Rendsburger Kön.-privil. **Wochenblatt.**
Jg. 29. Rendsburg. 1836 4°.
Jg. 34—36. ebd. 1841—43. Fol.

Königlich-privilegirtes **Wochenblatt** für Rendsburg und die umliegende Umgegend. Rendsburg. Jg. 17—18, 1824—25. 8°; Jg. 20, 1827. Jg. 22—28, 1829—35. 4° Fortges. u. d. T.:
Rendsburger Königlich-privilegirtes **Wochenblatt.** Rendsburg. Jg. 30–33, 1837—40. 4°; Jg. 37—41, 1844—48. Fol. Fortges. u. d. T.:
Rendsburger **Wochenblatt.** Jg. 42—73. Rendsburg. 1849—80. Fol.

Wochenblatt. – Kurfürstl. gnädigst p r i v i l e g i r t e s Münchner Wochen- oder Anzeigungsblatt, s. Z e i t u n g , Kurfürstlich gnädigst privilegirte Münchner.

Wochenblatt, Quedlinburger. Quedlinburg 1820—26. H: *Basse, Gfr.* (MGT)

Rapperswyler Wochenblatt
v. Zeitung vom Zürichsee (sub 15).

Wochenblatt. – Rastatter Wochenblatt. –
28.VII.1803 – 31.(?)XII.1807.
7.I.1826 – 31.XII.1896.
Fortges. u.d.T.: Rastatter Tagblatt.

Wochenblatt des Freien Rätiers
v. Wochenblatt der Bündner Nachrichten

— für denkwürdige Rechtsfälle, in actenmäß. Darstellgn. aus dem Gebiete der Justizpflege u. Verwaltg. f. das Königr. Sachsen. Red.: Werner. Neue Folge. 19—21. Jahrg. 1871—1873 à 64 Nrn. (B.) gr. 4. Leipzig, B. Tauchnitz. à Jahrg. n. 12. —

—— für merkwürdige Rechtsfälle, s. Repertorium, drittes.

— für merkwürdige Rechtsfälle, s.a. Repertorium zu der Zeitschrift für Rechtspflege rc.

— für merkwürdige Rechtsfälle in actenmäßigen Darstellungen aus dem Gebiete der Justizpflege u. Verwaltung, zunächst für das Königr. Sachsen. 1. Jahrg. 1841. April—December. 39 Numm. (Bog.) Mit ausführl. Register. Schmal gr. 4. Leipzig, B. Tauchnitz jun. n. $2^1/_2$ ℛ — 2.—6. J. 1842—1846. à 4 Quartale. gr. 4. Ebend. à J. n. $3^1/_3$ ℛ

— f. merkwürdige Rechtsfälle, in actenmäß. Darstellungen aus dem Gebiete der Justizpflege u. Verwaltung zunächst f. das Königr. Sachsen. 7—11. Jahrg. — Red.: Th. Tauchnitz 12. Jahrg. — 1847—1852. à 64 Nrn. gr. 4. (Bog.) Leipzig, Bernh. Tauchnitz. 1847: n. $3^1/_3$ ℛ 1848—1852: à n. 4 ℛ

Wochenblatt für merkwürdige Rechtsfälle, in actenmäßigen Darstellungen aus dem Gebiete der Justizpflege und Verwaltung, zunächst für das Königr. Sachsen. Redig. von Th. Tauchnitz. (13—16. oder) Neue Folge. 1—4. Jahrg. 1853—56. à Jahrg. 64 Nrn. (Bog.) hoch 4. Leipzig, B. Tauchnitz. à Jahrg. Thlr. *

— — Vollständiges Wort- und Sachregister für 1841—1855. (Von Ed. Siebenhaar.) Leipzig 856. B. Tauchnitz. gr. 8. (3 Bl., 66 S.) n. 16 *ngr.*

—— für merkwürdige Rechtsfälle, in actenmäß. Darstellungen aus dem Gebiete der Justizpflege und Verwaltung zunächst für das Königr. Sachsen. Redig. von Thdr. Tauchnitz. (16—21. oder) Neue Folge. 5—10. Jahrg. 1857—62. à Jahrg. 64 Nrn. (Bog.) hoch 4. Leipzig, B. Tauchnitz. à Jahrg. *

—— für merkwürdige Rechtsfälle, in actenmäßigen Darstellungen aus dem Gebiete der Justizpflege und Verwaltung zunächst für das Königr. Sachsen. Redact.: Thdr. Tauchnitz. Neue Folge. 11.—16. Jahrg. 1863—68. à Jahrg. 64 Nrn. (Bog.) hoch 4. Leipzig, B. Tauchnitz. à Jahrg. *

—— für merkwürdige Rechtsfälle, in actenmäß. Darstellungen aus dem Gebiete der Justizpflege und Verwaltung zunächst für das Königr. Sachsen. Redact.: Carl Werner. Neue Folge 16.—21. Jahrg. 1868—1873. à Jahrg. 64 Nrn. (Bog.) hoch 4. Leipzig, B. Tauchnitz. à Jahrg. *
Vgl.: Repertorium.

Wochenblatt, reformirtes. Herausg. von dem Presbyterium der reform. Gemeinde zu Elberfeld, unter der Red. von Schröder. 1—3. Jahrg. 1856—58. à 52 Nrn. (à ½ Bgn.) Elberfeld, (Bädeker.) gr. 8. Jeder Jahrg. nn. 24 *ngr.*

—— des deutschen Reformvereins. Jahrg. 1863. 52 Nrn. (Bog.) Fol. Frankfurt a. M., Keller. *

Reichenberger Wochenblatt. Red. und Verlag. Phil. Gerzabek. 4. 2spaltig; 30 kr. viertelj. Reichenberg 1853.

Reichenberger Wochenblatt. Redaktion und Verlag von Philipp Gerzabek. 4. 2spaltig. Jeden Samstag. 30 kr. und 43 kr. vierteljährig.
Reichenberg 1854.

Reichenberger Wochenblatt. Verantwortlicher Redakteur: Dr. G. R. Groß. Verleger: Philipp Gerzabek. Druck von Rud. Gerzabek. 4. 2spaltig. Jeden Samstag. 2 fl. und 2 fl. 52 kr. jährlich.
Reichenberg 1855.

Reichenberger Wochenblatt. Verantw. Redakteur: Dr. G. R. Groß. Verleger: Philipp Gerzabek. 4. 2spaltig. Erscheint jeden Samstag.
Reichenberg 1856.

Wochenblatt. – Reichsstadt Wormsisches Wochenblatt. –
I.1777 – 3.I.1786.
Vorh. u.d.T.: Reichsstadt-Wormsisches Intelligenz- und Zeitungs-Manual.
Fortges. u.d.T.: Wormsisches Zeitung- und Intelligenz-Manual.

Rendsburger Wochenblatt, Jg. 36. 1843. Fol.

—— reußisches. Redig. von Carl Wartenburg. (1.) Jahrg. Novbr. und Decbr. 1852. 13 Nrn. (½ Bog.) gr. 4. Gera, Illgen's Erben.

—— dass. — (2.) Jahrg. 1853. 104 Nrn. (½ Bog.) gr. 4. Ebds.

Wochenblatt. – Rheinisches Wochenblatt. Organ für volkstümliche Politik und freisinnige Sozialreform. Mainz: Expedition 1884–1885. 4⁰
Hrsg. v. Louis Viereck.
Red.: B. Schönlank.

Rheinthaler Wochenblatt
④ Rheinthaler Bote (II) ⑤ 1841—1842 ⑦ Wochenblatt ⑧ Altstätten ⑫ freisinnig ⑬ BGSZ: 1046, 1047.

Wochenblatt über die Richtigkeit des Teutschen Ausdrucks . . . Züllichau 1803. H: *Heynatz, Joh. Friedrich.* (MGT)

Wochenblatt über die Richtigkeit des Deutschen Ausdrucks. Quartal 1–4 (= St.1–52). Berlin: Franke 1809. 8⁰
Hrsg. v. Joh. Fr. Heynatz.

Rorschacher Wochenblatt
① für den Bezirk Rorschach und die Kantone St. Gallen, Zürich, Appenzell, Glarus, Thurgau, Graubündten etc. (7. 1. 1859). Tagblatt des Bezirkes Rorschach und der Kantone St. Gallen, Appenzell und Thurgau. Amtliches Publikationsorgan für Rorschach und die benachbarten Gemeinden (22. 4. 1918—28. 1. 1925) ② Ostschweizerisches Wochenblatt (1856—4. 11. 1899). Ostschweizerisches Tagblatt (7. 11. 1899—9. 12. 1899). Ostschweizerisches Wochenblatt (12. 12. 1899—30. 9. 1913). Ostschweizerisches Tagblatt und Rorschacher Tagblatt (seit 1. 10. 1913) ⑤ 16. 1. 1846 (Probenummer) (cont.) ⑥ 8⁰, dann 4⁰, 2⁰ (seit 15. 10. 1876) ⑦ Wochenblatt, dann wöchentlich 2× (bis 30. 6. 1859); wöchentlich 3× (ab 4. 7. 1859); Tagblatt (7. 11. 1899—9. 12. 1899), wöchentlich 4× (ab 1. 10. 1906); Tagblatt (ab 1. 10. 1913) ⑧ Rorschach: Metzger & Koch (16. 1. 1846—2. 4. 1847). Wilh. Koch (9. 4. 1847—1. 2. 1868), Josephine Koch (4. 2. 1868—1885), Wilh. Koch (1885—20. 11. 1902), Fanny Koch (22. 11. 1902—10. 11. 1925), Ella Koch (11. 11. 1925—31. 12. 1926), E. Löpfe-Benz (3. 1. 1927—31. 3. 1950). E. Löpfe-Benz AG (ab 1. 4. 1950) ⑨ Unterhaltungs-Blatt (?—1883—1905). Gewerbeblatt. Das Blatt der Familie - Frauen-Zeitung, Monats-Chronik ⑩ die Drucker ⑪ Philipp Grünberger, Hermann Niederer ⑫ freisinnig ⑬ BGSZ: 418, 708, 1045—1047; Sondernummer vom 17. 1. 1946 ⑭ Rorschach: E. Löpfe-Benz AG; Be: L (1900—1911, 1915—1918, 1951 cont.).

Wochenblatt. – R o s t o c k i s c h e s gemeinnütziges Wochenblatt für alle Stände. Jg. 1 3. Rostock 1791 93. 8°
Hrsg. v. Wilh.J. Josephi.

Wochenblatt. – R u d o l s t ä d t e r Wochenblatt.
5.I.1773 31.XII.1815.
Vorh. u.d.T.: Rudolstädter wöchentliche Anzeigen und Nachrichten.
Fortges. u.d.T.: Fürstl. Schwarzb. Rudolst. gnädigst privilegirtes Wochenblatt.

— Ruppinisch-Priegnitzisches. 1r Jahrg. 4 Quartale. 8. Ruppin 792. (Maurer in Berl.) 1 ℛ 12 g

Wochenblatt. – S a a r b r ü c k e r Wochenblatt.
1794 31.(?)XII.1807.
Vorh. u.d.T.: Nassau-Saarbrückisches Wochen-Blatt.
Fortges. u.d.T.: Saarbrücker offizielles Intelligenzblatt.

Wochenblatt. – S ä c h s i s c h e s Wochenblatt.Magdeburg: Expedition 1882. 1883. 4°
Hrsg. v. Louis Viereck.

— sächsisches, f. Verwaltung u. Polizei. Zugleich Verordnungsblatt der kgl. Kreishauptmannschaft zu Leipzig. Red.: Schmöger. Jahrg. 1903—1905. à 52 Nrn. (XII, 296; XVI, 292 u. XXIII, 296 S.) gr. 4. Leipzig, G. Kürsten. à Jhrg. n. 4. —

— dasselbe. Verzeichnis des Hauptinhalts der Jahrgänge 1867 bis m. 1902. Bearb. u. alphab. zusammengestellt v. A. Wengler. (IV, 79 S.) gr. 4. Ebd. 903. n. 4. —

— dasselbe. Jan.—Juni 1906. 26 Nrn. (XXIV, 144 S.) gr. 4. Ebd. n. 2. —
Erscheint nicht mehr.

Wochen-Blatt. – S a g a n e r Wochen-Blatt.
3.I.1838 19.VII.1850.
Vorh. u.d.T.: Sagansches Wochenblatt.
Fortges. u.d.T.:Saganer Wochenblatt.

Wochenblatt. – S a g a n e r Wochenblatt.
20.VII.1850 31.XII.1902.
Vorh. u.d.T.: Saganer Wochen-Blatt.
Fortges. u.d.T.: Niederschlesische Allgemeine Zeitung.

Wochenblatt. – S a g a n s c h e s Wochenblatt.
1.I.1800 1.I.1838.
Vorh. u.d.T.: Die neuesten Begebenheiten dieser Zeit.
Fortges. u.d.T.: Saganer Wochen-Blatt.

— für Saida und Umgegend. Redig. von C. Stettner. 1. Jahrg. 1840. März—December. 44 Nrn. (Bog.) hoch 4. Freiberg, Craz und Gerlach. *

Wochenblatt: St. Gallisches Wochenblatt
② Neues St. Gallisches Wochenblatt (1802—29. 12. 1831) ④ Tagblatt der Stadt St. Gallen und der Cantone St. Gallen u. Appenzell ⑤ 2. 1. 1801—30. 12. 1840 ⑥ 8° ⑦ Wochenblatt (1801—1838); wochentlich 2× (1839/40) ⑧ St. Gallen: Johannes Zollikofer & Leonhard Dieth (1801—24. 6. 1803), Johannes Zollikofer (1. 7. 1803—30. 12. 1823), Johannes Zollikofer & Johannes Zubin (6. 1. 1824—24. 12. 1834), Zollikofer'sche Offizin (1. 1. 1835—30. 12. 1840) ⑩ die Drucker ⑬ BGSZ: 476, 1045—1047, 1050 ⑭ SG: Va; Be: L (1803, 1817—1818).

Wochenblatt für den Kanton Säntis
③ Schweizerische Tag-Blätter ⑤ 14. 7. 1798—18. 5. 1799 oder 25. 5. 1799 ⑥ 8° ⑦ wöchentlich 2× (14. 7. 1798—29. 12. 1798), dann Wochenblatt ⑧ St. Gallen: Johannes Zollikofer (?); Verlag Huber & Cie., St. Gallen ⑩ Georg Leonhard Hartmann ⑪ Georg Leonhard Hartmann ⑬ BGSZ: 107, 1045—1048, 1050 ⑭ SG: Va; Lu: Z; Be: I

Wochenblatt für die Stadt und den Kanton Schaffhausen
v. Hoch-Oberkeitlich begünstigtes **Kundschaf[f]ts-Blättlein.**

Schaffhauser Wochenblatt
v. Hoch-Oberkeitlich begünstigtes **Kundschaf[f]ts-Blättlein.**

— Schleswig-Holsteinisches. Hrsg. von N. Falck. 1. Jahrg. 1848. Juni -- Decbr. 60 Nrn. (2. Jahrg.) 1849. 104 Nrn. gr. 4. (½ B.) Kiel, Schröter & Co. 1848: n. 2 ℛ 4 ngr 1849: n. 3 ℛ 20 ngr

Wochenblatt, Schleswigisches. O. O. 1755. H: *Camerer, Johann Friedrich.* (ML) (Ky) (BB) *Camerer, J. F., Joh. Jac. Dusch & Andere.* (Kordes, Schlesw.-holst. u. eutin. Schriftst. Schleswig 1797. Nachtr.)

— Schleswigsches, (herausg. von J. F. Camerer.) 4. 755.

Wochenblatt für die S c h u l e n in Form einer Schulzeitung. Quartal 1 6. Halle: Crusius 1781 82. 8°
Hrsg. v. Ernst Christian Trapp.

Wochenblatt. – S c h w ä b i s c h e s Wochenblatt.
Stuttgart. 1.IV.1882 31.VIII.1890.
Vorh. u.d.T.: Stuttgarter Presse.
Fortges. u.d.T.: Schwäbische Tagwacht.

Schwabisches Wochenblatt : 1883 Philadelphia, PA
Wkly

Wochenblatt. – Fürstl. S c h w a r z b . R u d o l s t . gnädigst privilegirtes Wochenblatt.
Rudolstadt. 1.I.1816 2.I.1872.
Vorh. u.d.T.: Rudolstädter Wochenblatt.
Fortges. u.d.T.: Fürstlich Schwarzburg-Rudolstädtische privilegirte Zeitung. Wochenblatt.

— schwedisches ökonomisches, herausg. (von Jh. Karl Dähnert.) 4 Stck. 8. Greifsw. 765, 66. (Cnobloch in Leipz.) 1 ℛ

Wochenblatt, Schwedisches ökonomisches. Greifswald 1765—66. H: *Dähnert, Johann Carl.* (Ky)
Röse

Wochenblatt des Schweizerboten
v. Der aufrichtige und wohlerfahrne Schweizerbote (Ag).

Wochenblatt: Schwyzerisches Wochenblatt
① Amtliches Publikationsorgan mit Genehmigung der Regierung des Kantons (1. Hälfte 1827); verschiedene Nachrichten des In[n]- und Auslands enthaltend (2. Hälfte 1827 und 1828) ② Schwyzer-Wochenblatt (1826) ④ Schwyzerisches Volksblatt (I) ⑤ 1819, 1823, 1824, 1825, 1826, 1827, 1828 (1. Nr. am 7. 1. 1819, letzte Nr. 24. 12. 1828) ⑥ 8°, dann 4° ⑦ Wochenblatt ⑧ Ingenbohl-Brunnen: Franz Xaver Bronner (1819); Schwyz: Franz Xaver Bronner (1823, 1824), M. K. Ulrich (1825—September 1828), Franz Xaver Bronner (Oktober—Dezember 1828) ⑩ Gemeinnützige Gesellschaft des Kts. Schwyz ⑪ Mitarbeiter: Landammann Heinrich Martin Hediger, Spitalpfarrer und Frühmesser Augustin Schilag, Landschreiber Carl Alois Triner, Pfarrer Rigert ⑫ fortschrittlich ⑬ BGSZ: 1958; Bote der Urschweiz 1919, Nr. 7 ⑭ Ei: Sh (1819, 1824, 1825); Be: L (1819, 1823—1824, 1826—1828); Lu: Z (1819, 1827, 1828, unvollständig) ⑮ Obrigkeitlicher Zensor war Dominik Jütz von Siebnen. Viele geschichtliche Abhandlungen.

— schweizerisches, f. Pharmacie. Im Auftrag d. schweizer. Apotheker-Vereins hrsg. v. A. Gruner u. C. W. Stein. Jahrg. 1871—1873 à 52 Nrn. ½ B.) Schaffhausen, Brodtmann. à Jahrg. n. 5. 10

-- dasselbe. Jahrg. 1874—1876 à 52 Nrn. (½ B.) Mit Beilagen. Lex.-8. Ebend. à Jahrg. n. 6. --

Wochenblatt vom See-Bezirk und Gaster

① Obligatorisches Publikationsmittel der Gemeinden Rapperswil, Jona, Eschenbach, Schmerikon und Uznach (30. 1. 1887). Obligatorisches Publikationsmittel der Gemeinden Rapperswil, Jona, Eschenbach, Schmerikon und Uznach (31. 12. 1920) ② Wochenblatt vom Seebezirk, Gaster und Sargans (1856—1863). Wochenblatt vom Seebezirk und Gaster (auch: Wochenblatt vom Seebezirk und Gaster) (2. 1. 1864—28. 12. 1920) ④ Die Linth (I) ⑤ 6. 5. 1848—28. 12. 1920 ⑥ 4°, dann 2° ⑦ Wochenblatt, wöchentlich 2× (ab 1857); wöchentlich 3× (ab 1. 1. 1889); wiederum 2× (ab 1918) ⑧ Rapperswil (SG), F. Breny (6. 5. 1848—?), Zürich: J. J. Ulrich (?—17. 6. 1848—?); Rapperswil: F. Breny (?—Ende 1848) Huber (1849—5. 7. 1853); Stäfa: Wirz (Juli 1853—Ende 1853); Rapperswil: Huber (1854) L. Curti (1855—27. 1. 1858), R. Gull (30. 1. 1858—31. 12. 1861), Gull & Steiner (3. 1. 1863—1865), F. Steiner-Helbling (1866—1895), F. Steiner-Nater (1898—30. 5. 1922), H. Gasser-Akeret (2. 6. 1922—28. 12. 1920) ⑨ Sonntags-Blatt (1879—1899), Sonntagsruhe (1900—1918), ⑩ Gemeinnützige Gesellschaft des Seebezirks (1848—1879), dann die Drucker ⑪ Carl Curti, Georg Anton Glaus, Hans Gasser ⑫ freisinnig ⑬ BGSZ: 480, 1045 [illegible] ⑭ Be: L (seit 1895), Rapperswil (SG): Buchdruckerei Gasser & Co.

Wochenblatt, das, vom Seebezirk und Gaster und die Katholiken. Mahnruf an das gläubige Volk von der Seelsorgsgeistlichkeit der Landkapitel Uznach und Gaster. In-8⁰, 37 S. St. Gallen, Buchdruckerei von F. J. Moriell. 1882.

Wochenblatt vom Seebezirk, Gaster und Sargans
v. Wochenblatt vom See-Bezirk und Gaster.

—— **siebenbürger.** Redig. von Joh. Gött und Wilh. Nemeth. Jahrg. 1848. 52 Nrn. (½ Bog.) Mit den Beilagen: Satellit des siebenbürger Wochenblatts. 52 Nrn. (½ Bog.) und: Blätter für Geist, Gemüth und Vaterlandskunde. 52 Nrn. (Bog.) gr. 4. Kronstadt, Nemeth. *

Wochenblatt. – S i e b e n b ü r g i s c h e s Wochenblatt. Beilagen: Satellit des siebenbürg. Wochenblattes; Blätter für Geist, Gemüth, Vaterlandskunde. Jg. 1848. Kronstadt: Nemeth 1848.
Red.: Joh. Gött u. Wilh. Nemeth.

Wochenblatt. – S o l i n g e r Wochenblatt.
1.I.1822 – 8.I.1835.
Vorh. u.d.T.: Der Verkündiger.
Fortges. u.d.T.: Solinger Kreis-Intelligenzblatt.

Wochenblatt für die Städte Solothurn und Olten

② Solothurner Volksblatt (I) (1. 1. 1845—28. 6. 1845) ④ Wochenblatt für Freunde der schönen Literatur und vaterländischen Geschichte ⑤ 3. 2. 1844—28. 6. 1845 ⑥ 4° ⑦ Wochenblatt ⑧ Solothurn: Franz Xaver Zepfel ⑩ der Drucker ⑬ BGSZ: 1059, 1060 ⑭ So: Z.

Solothurner Wochenblatt s.a.
Solothurner Tagblatt für Stadt und Land.

Solothurner Wochenblatt

② Erneuertes Solothurner Wochenblatt (ab Nr. 3, 1835) ⑤ 3. 1. 1835—1. 10. 1836; 7. 1. 1837—1. 7. 1837 (Nr. 26) ⑥ 4° ⑦ Wochenblatt ⑧ Solothurn: Ludwig Vogelsang ⑩ Solothurn: Verlag Ludwig Vogelsang ⑪ P. Heinrich Josef Suter (1779—1860) ⑫ konservativ ⑬ BGSZ: 1059, 1060 ⑭ So: Z, St ⑮ Am 1. 10. 1836 stellte das Blatt das Erscheinen ein. Die Redaktion wies auf die »Schildwache am Jura« hin, die am 8. 10. 1836 sich zum erstenmal den Lesern vorstellen werde. Am 7. 1. 1837 erlebte die Zeitung ihre Auferstehung. Sie ging aber nach einem halben Jahr endgültig ein. Das Solothurner Wochenblatt wurde von den politischen Gegnern als das »Möffeliblatt« verspottet.

Wochenblatt: Solothurnerisches Wochenblatt

② Solothurnisches Wochenblatt (1793—1794) ④ Helvetischer Hudibras ⑤ 5. 1. 1788 (mit vorausgegangener undatierter Probenummer unter dem Titel »Vorläufiger Versuch des Solothurnerischen Wochenblatts«) bis 27. 12. 1794 ⑥ 8° ⑦ Wochenblatt ⑧ Solothurn: Franz Josef Gaßmann ⑩ Franz Josef Gaßmann der Ältere (1755—1802) ⑪ Franz Josef Gaßmann der Ältere ⑫ liberal ⑬ BGSZ: 477, 641, 1059, 1060; Altermatt: Die Buchdruckerei Gaßmann AG (Solothurn, 1939), p. 100 ff. ⑭ So: Z, St; Be: L ⑮ Erste Zeitschrift des Kantons Solothurn. Moralische Wochenschrift mit Nachrichtenecke (Käufe und Verkäufe, Anzeigen, Nachrichten verschiedenster Art).

Wochenblatt, Solothurnisches. Solothurn 1788 ff. H: *Gassmann, Franz Joseph.* (MGT)

Wochenblatt. – S o l o t h u r n i s c h e s Wochenblatt. Jg. 1–7. Solothurn: Franz Joseph Glassmann 1788–94.
Hrsg. v. Franz Joseph Glassmann.

Wochenblatt: Solothurnisches Wochenblatt (II)

④ Solothurner Wochenblatt (I) ⑤ 1804—1834 ⑥ 8° ⑦ Wochenblatt ⑧ Solothurn: Ludwig Vogelsang ⑩ der Drucker (1804—1809), Freunde der vaterländischen Geschichte (1810—1834) ⑪ Urs Josef Lüthy, Robert Glutz-Blotzheim, Peter Ignaz Scherer, genannt Dr. Urkundio (seit 1810) ⑫ Anzeigeblatt (1804—1809), Anzeigeblatt mit historischen und literarischen Beiträgen (1810 ff.) ⑬ BGSZ: 478, 1059, 1060; Leo Altermatt: Buchdruckerei Gaßmann, p. 160 ⑭ So: Z, St; Be: L ⑮ Das Wochenblatt enthält rund 4000 Urkunden und Regesten zur Geschichte des 10.—16. Jahrhunderts.

Solothurnisches Wochenblatt für Freunde d. Litteratur u. vaterländ. Geschichte. 1810—34, 1845—47.

Wochenblatt. – S o c i a l - D e m o k r a t i s c h e s Wochenblatt. –
Nürnberg. – 1.I.1874 – 30.IX.1874.
Vorh. u.d.T.: Fürther Demokratisches Wochenblatt. (Fürth)
Fortges. u.d.T.: Nürnberg-Fürther Sozial-Demokrat.

Wochenblatt. – S o c i a l - D e m o k r a t i s c h e s Wochenblatt. Nürnberg: Expedition 1874. 4⁰
Red.: C. Grillenberger.
Vorh. u.d.T.: Fürther Demokratisches Wochenblatt.
Jg. 1871–1873.
Forts. u.d.T.: Nürnberg-Fürther Social-Demokrat.
(Zeitung) 1874 ff.

Wochenblatt für die inneroesterreichischen S t a a t e n.
Bd 1–3. Graz 1775: Widmannstätterische Erben. 8⁰
Hrsg. v. Gotfried Uhlich.

Wochenblatt für die inner-östreichischen Staaten. . . . Wien 1776. H: *Ulich a S. Elisabetha, Gottfried.* (ML) (Ky)

— **für die innern österreich. Staaten** (von Gf. Uhlich.) 3 Bde. 8. Wien 776. (Gerold). 1 ℔

Wochenblatt der N.Y. Staats-Zeitung. Jg [illegible]. New York [illegible]

Wochenblatt des St. Galler Stadt-Anzeiger
v. St. Galler Stadt-Anzeiger (sub 15)

—— **für medizinische Statistik und Epidemiologie.** Organ des deutschen Vereins für medizinische Statistik. Redig. von W. Zuelzer. 2. und 3. Jahrg. 1869 und 1870. à Jahrg. 52 Nrn. (à ½—1 Bog.) gr. 8. Berlin, Th. C. F. Enslin. à Jahrg. *

Der 1. Jahrg. erschien als: Wöchentliche Uebersicht der Geburten und Todesfälle aus den grösseren Städten Deutschlands, kam aber nicht in den Handel.

— **stenografisches.** Red.: Ant. Zanner. 1. u. 2. Jahrg. 1862 u. 63. à 52 Nrn. (à ½ lith. Bgn.) Wien, (Rospini.) 4. Jeder Jahrg. n. 2 ℔ 20 ngr.

Wochenblatt. – S t e n o g r a f i s c h e s Wochenblatt. Jg. 1–4 (zu je 52 Nrn). Wien: Zunck 1862–66. 4⁰
Red.: Anton Zauner.
Jg. 4 (1866) u.d.T.: Österreichische Wochenschrift zur Belehrung und Unterhaltung für stenographische Kreise.
Hrsg. v. F. Jentsch.

— **d. Stenotachygraphen-Verein München.** 1. Jahrgang 1893. 12 Nrn. gr. 8. (24 S.) München, Stenotachygraphen-Verein. à Nr. n. – 10

Wochenblatt, Stettinisches, zum Nutzen und Vergnügen. 1796—97. Stettin. H: *Beneke.* (MGT) Leich.

— **Stettinisches, zum Nutzen u. Vergnügen.** 1s, 2s Quart. 8. Stettin 796, 97. Leich.

Wochenblatt. – Stolper Wochenblatt.
2.I.1856 1870.
Vorh. u.d.T.: Wochenblatt.
Fortges. u.d.T.: Zeitung für Hinterpommern.

— f. Strafrechtspflege in Thüringen, hrsg. v. Reinhold Schmid. 1. Jahrg. Octbr. – Decbr. 1851. 6 Nrn. (2.) Jahrg. 1852. 24 Nrn. gr. 8. (Bog.) Weimar, Hoffmann. 1851: n. 1/2 ₰ 1852: n. 2 ₰

— Stralsundisches. 1r Thl. 8. Stralſ. 780. Koppe. 12 gr

—— süddeutsches evangelisch-protestantisches. Jahrg. 1866. 52 Nrn. (Bog.) Fol. Heidelberg, (E. Mohr.) *

—— dass. — für Geistliche und Gemeindeglieder. Hrsg. von W. Hönig und E. Zittel unter besond. Mitwirkung von D. Schellenberg, H. Holtzmann, K. W. Doll ꝛc. Jahrg. 1867. 52 Nrn. (à 1/2—1 Bog.) Mit Beiblatt: Protestantische Sonntagsblätter für Religion und Kirche. 26 Nrn. (à 1/2 Bog.) gr. 4. Heidelberg, (E. Mohr.) *

Wochenblatt, süddeutsches evangelisch-protestantisches, für Geistliche und Gemeindeglieder. Hrsg. von W. Hönig und E. Zittel, unter besond. Mitwirkung von D. Schellenberg, H. Holtzmann, K. W. Doll ꝛc. Jahrg. 1868—1871. à Jahrg. 52 Nrn. (à 1/2—1 Bog.) Mit Beiblatt: Protestantische Sonntagsblätter für Religion und Kirche. à Jahrg. 26 Nrn. (à 1/2 Bog.) gr. 4. Heidelberg, (E. Mohr.) à Jahrg. *

—— dass. — Hrsg. von Wilh. Höchstetter, unter besond. Mitwirkung von Schellenberg, H. Holtzmann und W. Hönig ꝛc. Jahrg. 1872 und 1873. à Jahrg. 52 Nrn. (à 1/2 Bog.) gr. 4. Mit Beilage: Protestantische Sonntagsblätter zur Erbauung und Belehrung. à Jahrg. 52 Nrn. (à 1/2 Bog.) gr. 8. Ebendas. à Jahrg. *
Sonntagsblätter à Jahrg. **

—— süddeutsches evangelisch-protestantisches. Organ des bad. und hess. Protestantenvereins. Hrsg. von Wilh. Höchstetter. 15. Jahrg. 1874. 52 Nrn. (à 1/2 Bog.) gr. 8. Heidelberg, Emmerling. *

— dasselbe. Red.: Schellenberg. 16. u. 17. Jahrg. 1875 u. 1876 à 52 Nrn. (à 1/2 B.) gr. 4. Heidelberg, Emmerling. à Jahrg. n. 7. 20

— süddeutsches evangelisch-protestantisches. Organ d. bad. u. hess. Protestantenvereins. Hrsg.: Schellenberg. Red.: Eberlin u. Schneider. 18—23. Jahrg. 1877—1882. à 52 Nrn. (à 1/2—1 B.) gr. 4. Heidelberg, Emmerling & Sohn. à Jahrg. n. 3. 60

— süddeutsches evangelisch-protestantisches. Organ d. bad. u. hess. Protestantenvereins. Red.: Schneider. 24—27. Jahrg. 1883—1886. à 52 Nrn. (à 1/2—1 B.) gr. 4. Heidelberg, Emmerling & Sohn. à Jahrg. n. 3. 60

— süddeutsches evangelisch-protestantisches. Organ d. bad. u. hess. Protestantenvereins. Red.: Schneider. 28.—30. Jahrg. 1887—1889. à 52 Nrn. (à 1/2—1 B.) gr. 4. Heidelberg, Emmerling & Sohn. à Jahrg. n. 3. 60

— dasselbe. 31. Jahrg. 1890. 52 Nrn. (à 1/2—1 B.) gr. 4. Ebd. n. 4. 30

— süddeutsches evangelisch-protestantisches. Organ d. bad. u. hess. Protestantenvereins. Red.: Schneider. 32. Jahrg. 1891. 52 Nrn. (à 1/2—1 Bog.) gr. 4. Heidelberg, Emmerling & Sohn. n. 3. 60

— dasselbe. Red.: Treiber. 33. Jahrg. 1892. 52 Nrn. (à 1/2—1 Bog.) gr. 4. Ebd. n. 3. 60

— süddeutsches, kynologisches. Illustrierte Zeitschrift f. Züchter u. Liebhaber v. Rassehunden. Red.: G. Wichmann. 1. Jahrg. Oktbr.—Dezbr. 1910. 17 Nrn. (à ca. 12 S.) Lex. 8. Heilbronn, O. Weber. 1. —

—— der Stadt Sulzbach im Regierungs-Bezirke von Oberpfalz und Regensburg des Königr. Bayern. (10—12.) Jahrg. 1852—54. à Jahrg. 52 Nrn. (Bog.) 4. Sulzbach, v. Seidel'sche Buchh. [10. Jahrg. 2 Thlr., 11. und 12. Jahrg. à 1 Thlr. 10 Ngr.] *

WOCHENBLATT für Tabagien, worinnen die Betrügereien aller Künstler und Handwerker freimüthig entdecket werden. 2 Thle. Berlin, Birnstiel, 1773—74. 8°. Ungemein rar!
Citirt der Cat. Monath, Th. 4. Nürnb. 1785, S. 457.

Wochenblatt der Texas Post : 1869 - > Galveston, TX

Wochenblatt, Theatralisches. Prag 1772. H: *Löper, Christian.* (MGT) (Ky)

— theatralisches, (v. Chr. Löper.) 8. Prag 772.

— theatralisches, (von K. K. Streit.) 25 Stck. 8. Bresl. 773. W. G. Korn. 16 gr

Wochenblatt, Theatralisches. Breslau 1774. H: *Streit, Carl Conrad.* (MGT) »1773« (Ky)

Wochenblatt, Theatralisches. Hamburg 1774—75. H (vom 30. Aug. 1774 bis 28. April 1775, Nr. 1 bis 29): *Bock, Johann Christian.* (Litzmann, Schröder. Hamb. u. Leipzig 1894. II, 118.) H: *Bode, Joh. Joach. Chph.* (ML) (Schr) (Ky)

— theatralisches, (von J. J. Cph. Bode.) 8. Hamb. 774, 75. (Göschen in Leipz.) 12 gr

Wochenblatt. – Thorner Wochenblatt.
1.VII.1816 30.IX.1867.
Fortges. u.d.T. : Thorner Zeitung.

Thuner Wochenblatt
① Anzeiger für Stadt und Land (?—1877—1897—?) ② Thuner-Blatt (ab 1845); Thuner-Blatt und Allgemeiner Anzeiger für Stadt und Land (ab 3. 1. 1872) Thuner-Blatt (ab ?—1877) ④ Tagblatt der Stadt Thun ⑤ 3. 1. 1838—Ende 1907 ⑥ 4°; später 2° ⑦ Wochenblatt, halbwöchentlich (ab 1845) ⑧ Thun: J. J. Christen (31. 3. 1838—1853), Th. Rippstein (29. 3. 1853—19. 12. 1901), Wwe. E. Rippstein (Ende 1901—8. 2. 1902), Oskar Hopf (9. 2. 1902—Herbst 1907), Carl Muntwyler (Herbst—Ende 1907) ⑨ Erholungsstunden (ab 1858) ⑩ die Buchdrucker ⑪ J. J. Christen, Th. Rippstein ⑫ anfänglich politisch neutrales Nachrichtenblatt, seit Mitte der 40er Jahre Verfechter fortschrittlich-freisinniger Politik ⑬ BGSZ: 973 ⑭ Be: S (einzelne Nummern), St

Wochenblatt für den Kanton Thurgau
④ Frauenfelder Zeitung ⑤ 22. 8. 1798—1805 (1798: 35 Nummern; 1799: keine; 1800: 40 Nummern; 1801: 27 Nummern, d. h. v. 3. 1.—4. 7.) ⑥ 4° ⑦ unregelmäßig (1798—1801), Wochenblatt (1802—1805) ⑧ Frauenfeld: Daniel Fehr, Buchdruckerey Frauenfeld ⑨ Pfarrer Zwingli, Lustdorf (Tg) ⑬ BGSZ: 1069; Hagen: Buchdruck- u. Zeitungswesen im Thurgau: Thurgauer Zeitung 1948, Nr. 196 (Sonderbeilage) ⑭ Ff: K; Lu: Z (1798).

Wochenblatt. – Thüringisches Wochenblatt für Kinder, ihre Lehrer und Freunde. Bd 1—4. Rudolstadt: Klüger 1796—99. 8°
Hrsg. v. Chr. Jerem. Langbein.

— thierärztliches. Organ des General-Komités der thierärztl. Kreisvereine Bayerns. Redig. von G. Ricklas. 1—4. Jahrg. 1849—52. à Jahrg. 52 Nrn. (Bog.) 4. Ulm, (Stettin'sche Buchh.) [1. Jahrg. * 1 Thlr. 12 Ngr., 2—4. Jahrg. à * 1 Thlr. 20 Ngr.] Thlr. *

— thierärztliches. Organ des Vereins deutscher Thierärzte. Redakt.: G. Ricklas. 5—8. Jahrg. 1853—56. à Jahrg. 52 Nrn (1/2 Bog.) 4. Ulm, (Stettin'sche Buchh.) à Jahrg. *

Wochenblatt. — Das T i l s e n e r gemeinnützige Wochenblatt.
Tilsit. 1823 4.I.1847.
Vorh. u.d.T.: Gemeinnütziges Wochenblatt.
Fortges. u.d.T.: Das Tilsiter gemeinnützige Wochenblatt.

Wochenblatt. — Das T i l s i t e r gemeinnützige Wochenblatt.
5.I.1847 1879.
Vorh. u.d.T.: Das Tilsener gemeinnützige Wochenblatt.
Fortges. u.d.T.: Tilsiter Tageblatt.

Wochenblatt, Das, ohne Titel. Nürnberg 1770. H: *Schmit (Schmid), Friedrich & Andere.* (MGT) »1771« (Ky)

— ohne Titel (von Fr. Schmidt u. A.) 4 Thle. 8. Nürnb. 771. Bauer. (Schmidmer.) 1 ₰ 16 ₰

Wochenblatt furs Toggenburg
[illegible] 1847 1849

Toggenburger Wochenblatt (I)
s. a. **Wochenblatt furs Toggenburg.**

Toggenburger Wochenblatt (II)
(1) Obligatorisches Publikationsmittel für die Gemeinden Ebnat, Kappel, Krummenau, Neßlau, Stein (3. 1. 1885) Obligatorisches Publikationsorgan für die Gemeinden Ebnat und Kappel - Anzeigeblatt für das Obertoggenburg (1. 1. 1952) (2) Das Toggenburger Wochenblatt [illegible]

— für das Transportwesen. Herausgeg. v. A. Vogtherr. 1846. 1. u. 2. Semester. à 26 Numm. Frankfurt a/M. 846. (Hermann'sche Buchh.) à n. 1 1/3 ₰

— für das Transportwesen. Herausg.: A. Vogtherr. 1847. 52 Nrn. gr. 4. (1/2 B.) Frankfurt a. M. (Hermann.) n. 2 2/3 ₰

Wochenblatt. — T r i e r i s c h e s Wochenblatt.
4.I.1789(?) 29.XII.1798.
Vorh. u.d.T.: Trierisches Wochenblättgen.
Fortges. u.d.T.: Der Trierer Ankündiger.

Wochenblatt für Trogen
(5) 3. 1. 1829—1830 (6) 8° (7) Wochenblatt (8) Trogen: Meyer & Zuberbühler (13) BGSZ [illegible] (15) Titelblatt des vollständigen Jahrganges »Trogner Wochenblatt«.

Trogner Wochenblatt
v. **Wochenblatt für Trogen.**

Wochenblatt. — T ü b i n g e r Wochenblatt.
1.I.1891 20.V.1898.
Fortges. u.d.T.: Tübinger Tagblatt.

Wochenblatt der Union: Oct. 1858 1872: Galveston, TX
[illegible]

Wochenblatt: Unter-Aergäuisches Wochenblatt
v. Unter-Aergäuisches Intelligenz-Blatt.

— unterhalt., f. Kinder u. junge Leute. 6 Bde. s. Museum, neues, z. Nutzen u. zur Unterhalt. für Kinder u. junge Leute 6 Bde.

— unterhalt., zum Nutzen u. zur Unterhaltung für Kinder u. junge Leute. (A. u. d. T.: neues Museum zum Nutzen u. zur Unterhaltung für Kinder u. junge Leute.) 6 Bde. 8. Leipz. 794, 95 (W. Nauck). 3 ₰

Wochenblatt des Unterhalters an der Warne. O. O. 1786. H: *Koppe, Johann Christian.* (MGT)

Wochenblatt dem U n t e r r i c h t des Landvolks gewidmet durch eine Gesellschaft wahrer Freunde der Freiheit und Gleichheit. St. 1 26. Colmar 1792: J. H. Decker.

Wochenblatt von Uri
(2) Amtliches Wochenblatt von Uri (1842—1842), Das Wochenblatt von Uri (1843—1845) [illegible] 4° (7) Wochenblatt (8) Altdorf: Franz Xaver Zgraggen (9) J. Lusser, Regierungsrat, 1848 [illegible] 1896, p. [illegible] Das »Wochenblatt« brachte neben den amtlichen Mitteilungen auch politische Nachrichten. In der Landratssitzung v. 20. 7. 1848 wurde beschlossen, den politischen Teil der Zeitung wegzulassen; so erschienen in den Nr. 31, 1848 ff. nur noch amtliche Mitteilungen. [illegible]

Wochenblatt der vier löblichen Kantone Ury, Schwytz, Unterwalden und Zug
(2) Neue Zuger Zeitung (seit 5. 1. 1822), Zuger Zeitung (seit 4. 1. 1823), Der freie Schweizer (seit 6. 1. 1832) (5) 12. 11. 1814—31. 12. 1849 (6) 4° (7) Wochenblatt (8) Zug: Beat Joseph Blunschi (12) seit ca. 1833 freisinnig (13) BGSZ 479. 492 (14) Zg. [illegible] (15) Auf dem Titelblatt der vollständigen Jahrgänge heißt die Zeitung »Wochenblatt für die vier löblichen Kantone Ury, Schwytz, Unterwalden und Zug.«

Urner Wochenblatt
[illegible]

Wochenblatt der Urschweiz
[illegible] Wochenblatt [illegible] A. Eberle [illegible]

Wochenblatt des Bezirks Uster
[illegible]

— vaterländisches, für 1870. 1r Jahrg. 4 Quartale. 8. Marb., Krieger. 1 ₰ 8 ₰

Wochenblatt. — V e g e s a c k e r Wochenblatt.
Bremen. 4.I.1849 22.IX.1860.
Fortges. u.d.T.: Wochenschrift.

Wochenblatt d. badischen landwirtschaftlichen Vereins. Hrsg. v. dessen Präsidium. Red.: A. Keller. Jahrg. 1907—1910. à 52 Nrn. (à ca. 16 S.) 31,5×22,5 cm. Karlsruhe, (G. Braun'sche Hofbuchdr.). à Jahrg. 2. 80

Wochenblatt des V e r e i n s nassauischer Land- und Forstwirthe. Jg. 1 51 (zu je 52 Nrn). Wiesbaden: Kreidel 1819 69. 4°
Hrsg. v. Thomae; sp. Wilhelm Dünkelberg.
Forts. u.d.T.: Zeitschrift des Vereins nassauischer Land- und Forstwirthe. Wiesbaden 1870ff.

—— des Vereins nassauischer Land= und Forstwirthe. Hrsg. von Thomä. (32—34. oder) der neuen Folge 2—4. Jahrg. 1850—52. à Jahrg. 52 Nrn. (à ½—1 Bog.) hoch 4. Wiesbaden, (Kreidel.) à Jahrg. *

—— des Vereins nassauischer Land- und Forstwirthe. Hrsg. von Thomä. 35—38. oder der neuen Folge 5—8. Jahrg. 1853—56. à Jahrg. 52 Nrn. (à ½—1 Bog.) Mit Stnt. hoch 4. Wiesbaden, (Kreidel und Riedner.) à Jahrg. *

— des Vereins nassauischer Land= und Forstwirthe. Herausg.: Dünkelberg. 39—46. oder der neuen Folge 9—16. Jahrg. 1857—1864. à 52 Nrn. (à ½—1 Bgn.) Wiesbaden, (Kreidel.) 4. Jeder Jahrg. n. 1 ℛ

— des Vereins nassauischer Land- u. Forstwirthe. Hersgbr.: Dünkelberg. 47—50. oder der neuen Folge 17—20. Jahrg. 1865—68. à Jahrg. 52 Nrn. (à ½—1 Bgn.). Wiesbaden, (Kreidel's Verlag.) 4. Jeder Jahrg. n. 1 ℛ

— — 51. oder der neuen Folge 21. Jahrg. 1869. 52 Nrn. (à ½—1 Bgn.) Ebend. 4. n. 1 ℛ 10 ngr.
Fortsetzung s. unter „Zeitschrift."

— des landwirthschaftlichen Vereins im Großherzogthum Baden. Herausg. von der Centralstelle für die Landwirthschaft. Red. von Bauer. Jahrg. 1863 u. 64. à 52 Nrn. (à ½ Bgn.) Karlsruhe, (Braun.) 4. 63.: n. 1 ℛ; 64.: n. 16 ngr.

— des landwirthschaftlichen Vereins im Großherzogthum Baden. Hersg. von der Centralstelle. Jahrg. 1865—70. à Jahrg. 52 Nrn. (à ½—1 Bgn.) Karlsruhe, (Braun'sche Hofbuchh.) gr. 4. Jeder Jahrg. n. 1 ℛ

— des landwirthschaftlichen Vereins im Großherzogth. Baden. Hrsg. v. der Centralstelle. Red.: Märklin. Jahrg. 1871—1876 à 52 Nrn. (B. m. eingedr. Holzschn.) gr. 4. Karlsruhe, (Braun.) à Jahrg. n. 2. 80

— des landwirthschaftlichen Vereins im Großherzogth. Baden. Hrsg. v. der Centralstelle. Red.: Märklin. Jahrg. 1877—1882. à 52 Nrn. (B.) hoch 4. Karlsruhe, Braun in Comm. à Jahrg. n. 2. 80

— des landwirthschaftlichen Vereins im Großherzogth. Baden. Hrsg. v der Centralstelle. Red.: Märklin. Jahrg. 1883—1886. à 52 Nrn. (B.) hoch 4. Karlsruhe, (Braun). à Jahrg. n. 2. 80

— des landwirthschaftlichen Vereins im Großherzogth. Baden. Hrsg. v. der Centralstelle. Red.: Märklin. Jahrg. 1887—1890. à 52 Nrn. (B.) hoch 4. Karlsruhe, (Braun). à Jahrg. n. 2. 80

Wochenblatt des landwirthschaftlichen Vereins im Großherzogth. Baden. Hrsg. v. dessen Präsidium. Red.: Märklin. Jahrg. 1891—1893. à 52 Nrn. (à ca. 1 Bog.) hoch 4. Karlsruhe, (G. Braun). à Jahrg. n. 2. 80

— dasselbe. Red.: Bach. Jahrg. 1894. 52 Nrn. (à ca. 1 Bog.) hoch 4. Ebd. n. 2. 80

— des landwirtschaftlichen Vereins im Großherzogth. Baden. Hrsg. v. dessen Präsidium. Red.: Bach. Jahrg. 1895—1898. à 52 Nrn. (à ca. 12 S.) hoch 4. Karlsruhe (G. Braun'sche Hofbuchdruckerei u. Verlag.) à Jahrg. n. 2. 80

— des landwirthschaftlichen Vereins im Großherzogth. Baden. Hrsg. v. dessen Präsidium. Red.: Bach. Jahrg. 1899—1902. à 52 Nrn. hoch 4. (à ca. 12 S.) Karlsruhe (G. Braun'sche Hofbuchdr.) à Jahrg. n. 2. 80

— des landwirtschaftlichen Vereins im Großherzogt. Baden. Hrsg. v. dessen Präsidium. Red.: Stengele. Jahrg. 1903—1906. à 52 Nrn. (1905 u. 06 VIII, 698 u. VIII, 780 S.) hoch. 4. Karlsruhe (G. Braun'sche Hofbuchdr.) à Jhrg. 2. 80

— des landwirthschaftl. Vereins in Baiern. 1r u. 2r Jahrg. 8. Münch. Lindauer. 811 u. 12.

„Wochenblatt des landwirthschaftlichen Vereins in Bayern", München 1811 ff. Fortsetzung: „Neues Wochenblatt des landwirthschaftlichen Vereins in Bayern", zu je 4 Quartalheften, 1.—16. Jahrgang, München 1821—1836 (Fleischmann); Fortsetzung „Centralblatt des landwirthschaftlichen Vereins . . .", ebda. 1837 ff.

„Wochenblatt des landwirthschaftlichen Vereins im Brieger und Steinauer Kreise", Brieg 1838 (Schwarz); Fortsetzung: „Mittheilungen aus den Verhandlungen und Arbeiten der schlesischen ökonomischen Vereine zu Brieg, Steinau, Glogau, Liegnitz, sowie anderer schlesischer Oekonomen", Brieg 1839 ff. (Schwartz).

Wochenblatt des Stenotachygraphischen V e r e i n s München. Jg. 1 (mehr nicht erschienen). München: Stenotachygraphischer Verein 1893. 8°

„Wochenblatt für die landwirthschaftlichen Vereine in Thüringen, eine für jeden Landmann wichtige nützliche Zeitschrift", Rudolstadt 1835 (Fröbel). Fortsetzung: „Zeitschrift für Landwirthschaft und Gewerbe in Thüringen; Organ der Landwirthschaftsgesellschaft zu Ranis", herausgegeben von G. F r ö b e l, 2.—6. Jahrgang, monatlich 1 Heft, Rudolstadt 1836—1840 (Hofbuchdruckerei) (Leipzig, Engelmann).

Wochenblatt, Vermischtes, fürs Publikum. Berlin 1775. H: *Brumbey, Carl Wilhelm.* (Ky) (MGT)

— vermischtes, für das Publikum. 2 Thle. 8. Berl. 775. Birnstiel. 1 ℛ

— — der Viehzucht, Thierarzneykunde rc. s. a. Weidenkeller, J. J.

Wochenblatt der Viehzucht, Thierarzneikunde, Reitkunst etc. herausg. von I. I. Weidenkeller. Jhg. 1—4. Altenburg 1818—21. gr. 8.

Vierwaldstätter Wochenblatt
☞ Die im »Adreßbuch-Kalender für den Kanton Luzern« 1857/58, Seite 136 erwähnte Zeitung ist identisch mit dem »Waldstätter Wochenblatt« s. dieses Stichwort.

—— für das christliche Volk. 1. Jahrg. 1863. Juli bis Decbr. 26 Nrn. * 10 Ngr. und 2.—5. Jahrg. 1864—67. à Jahrg. 52 Nrn. (Bog. mit eingedr. Holzschn.) 4. Augsburg, Schmid's Verlag. à Jahrg. *

Wochenblatt für das christliche Volk. 6.—13. Jahrg. 1868—1875. à Jahrg. 52 Nrn. (Bog. mit eingedr. Holzschn.) 4. Augsburg, Schmid's Verlag. à Jahrg. *

—— für das christliche Volk. 14.—17. Jahrg. 1876—1879. à Jahrg. 52 Nrn. (à 2 Bog. mit eingedr. Holzschn.) hoch 4. Augsburg, Schmid'sche Verlagsh. à Jahrg. *

—— für das christliche Volk. 18.—22. Jahrg. 1880—1884. à Jahrg. 52 Nrn. (à Nr. 2 Bog. mit eingedr. Holzschn.) hoch 4. Augsburg, Schmid'sche Verlagsh. à Jahrg. *

Wochenblatt für das christliche Volk. 23.—26. Jahrg. 1885—1888. à Jahrg. 52 Nrn. (à Nr. 2—2½ Bog. mit eingedr. Holzschn.) hoch 4. Augsburg, Schmid'sche Verlagsh. à Jahrg. *

—— für das christliche Volk. Redact.: R. Morat. 27.—30. Jahrg. 1889—1892. à Jahrg. 52 Nrn. (à Nrn. 2—2½ Bog. m. eingedr. Holzschn.) hoch 4. Augsb., B. Schmid's Verlag. à Jahrg. * 2 —

— f. das christliche Volk. Red.: R. Morat. 29.—32. Jahrg. 1891—1894. à 52 Nrn. (à ca. 2 Bog. m. Bildern.) gr. 8. Augsburg, B. Schmid's Verl. à Jahrg. n. 2.—

Wochenblatt f. d. christliche Volk. Red.: R. Morat. 33.—36. Jahrg. 1895—1898. à 52 Nrn. (Bog. m. Bild.) gr. 8. Augsburg, B. Schmid's Verl. à Jahrg. n. 2. —
D. 30. Jahrg. war v. Th. Stadler redigiert.

Wochenblatt f. das christliche Volk. Red.: Th. Stadler u. seit 1902: P. Sieberß. 37.—40. Jahrg. 1899—1902. à 52 Nrn. Lex.-8. (à ca. 16 S. m. Abb.) Augsburg, B. Schmid's Verlag. à Jahrg. n 2. —

Wochenblatt f. das christliche Volk. Red.: F. J. Meier. 41. Jahrg. 1903. 52 Nrn. (à ca. 16 S. m. Abbildgn.) Lex.-8. Augsburg, B. Schmid's Verl. n. 2. —
Fortsetzg., s.: Sonntags-Blatt, katholisches bayerisches.

— d. aufricht. Volksarztes, s. D. Collenbusch.

Wochenblatt des aufrichtigen Volksarztes. Jg. 1796 bis 1798 (zu je 12 Hftn) Eisenberg (1798: Jena) 1796–98. 8°
Hrsg. v. Dan. Collenbusch.

—— für d. Volksschulwesen, in Verbindung mit mehr. Geistlichen, Directoren u. Lehrern an Seminarien u. a. Lehranstalten, hrsg. v. J. G. Hientzsch. 1—3. Jahrg. 1833—35. à 52 Nrn. (Bog.) Mit literar. Beiln. gr. 4. Breslau, Aderholz. à J.
1. Jahrg. hrsg. v. Joh. Gtfr. Hientzsch, 2. u. 3. J., v. dems. u. J. Chr. Gtl. Berndt

—— volkswirthschaftliches. Centralorgan für die Vertretung wirthschaftl. und commercieller Interessen, Hrsgbr.: Paul Steller. 1. Jahrg. 1881. 52 Nrn. (Bog.) gr. 4. Stuttgart, Maier. *

Wochenblatt. – Waldenburger Wochenblatt.
3.I.1855 – 31.XII.1918.
Fortges. u.d.T.: Waldenburger Zeitung.

Wochenblatt, Waldstätter, s. Waldstätter Wochenblatt.

Walliser Wochenblatt
(1) Walliser [illegible] (2) Walliser [illegible] (3) 1.5.1858 – 3.7.1869 (6) 4° (7) Wochenblatt (8) Sitten [illegible] Steinbach [illegible] Karl Steinbach [illegible] J. Schmid [illegible] (9) Amtsblatt (9) Gesellschaft Walliser Wochenblatt (8) [illegible] v. Riedmatten, Leo Luzian v. [illegible] (9) Katholisch-konservativ (6) Walliser Bote [illegible] 1927, 1.1.1922 [illegible] BGSZ 465 [illegible]

Wochenblatt, wandsbecker, s. Gesellschafter, der hamburger.

Wochenblatt. – Weimarisches Wochenblatt.
1.I.1801 – 3.IV.1832.
Vorh. u.d.T.: Weimarische Wöchentliche Frag- und Anzeigen.
Fortges. u.d.T.: Weimarische Zeitung.

Wochenblatt. – Weißenfelser Wochen- und Intelligenz-Blatt.
9.I.1813 – 5.I.1827.
Fortges. u.d.T.: Weißenfelser Kreisblatt.

Wochen- u. Intelligenzblatt, Weißenfelser. Organ f. amtl. u. Privatbekanntmachungen, sowie zur angenehmen Unterhaltg. u. zur Beförderung gemeinsamen Interesses. Red.: Wilh. Stiebitz. 1. Jahrg. Octbr. — Decbr. 1849. 26 Nrn. (2.) Jahrg. 1850. 104 Nrn. gr. 4. (½ B.) Weißenfels. (Sueß.) 1849: n. ⅙ ₰ 1850: n. 1 ₰

Wochen-Blatt. – Wernigerödisches Gemeinnütziges Wochen-Blatt.
3.X.1808 – 31.XII.1815.
Vorh. u.d.T.: Wernigerödische Intelligenz-Blätter.
Fortges. u.d.T.: Wernigerödisches Gemeinnütziges Intelligenz-Blatt.

Wochenblatt. – Wetzlarisches gemeinnütziges Wochenblatt.
3.I.1803 – 2.I.1811.
Fortges. u.d.T.: Wetzlarisches wöchentliches Intelligenzblatt.

—— wiener. Hrsg. und redig. von D. Bernh. Friedmann. 1. Jahrg. 1858. 52 Nrn. (Bog. mit eingedr. Holzschn.) Mit: Familienblätter. 52 Nrn. (Bog.) gr. 4. Wien, (v. Waldheim.) *
Ist nicht fortgesetzt worden.

Wochenblatt, Wittenbergisches, zum Aufnehmen der Naturkunde ... Wittenb. 1769—93. II: *Titius, Joh. Daniel.* (Gatterer, Repert. d. mineral. Litt. Giessen 1798—99. I, 501.) [1792]: *Ebert, Joh. Jac.* (Ky)

„Wittenbergisches Wochenblatt zum Aufnehmen der Naturkunde und des ökonomischen Gewerbes". Herausgegeben seit 1768 von Johann Daniel Titius, seit 1796 von Salomon Konstantin Titius, seit 1801 von Johann Jakob Ebert und seit 1805 von K. H. L. Pölitz. Erschien seit 1793 unter dem Titel „Neues Wittenbergisches Wochenblatt", bis 1814 insgesamt erschienen 47 Bände.

— **Wittenbergisches, zur Naturkunde u. Oekonomie für d. Jahre 1768—91.** (1768 — 75. von J. D. Titius. 8 Bde.) 4. Wittenb.... (à 1 ₰ 12 ℊℊ) 36 ₰ Dass. für 1792. (von Ebert.) 4. 1 ₰ 12 ℊℊ

„Wittenbergisches Wochenblatt zur Naturkunde und Oekonomie für die Jahre 1768—1791 (1768—1775 herausgegeben von J. D. Titius, 8 Bände), Wittenberg (Dürr). — Vorh.: Preußische Staatsbibliothek Berlin. — Signatur: Ac 6215 — ferner Landesbibliothek Dresden. Dasselbe für 1792, herausgegeben von Ebert, Ebenda; Fortsetzung: „Neues Wittenbergisches Wochenblatt" für die Jahre 1793—1804 und für 1805–1814, herausgegeben von K. H. L. Pölitz, Wittenberg (Zimmermann).

Wochenblatt, Wunsiedler. O. O. 1800—1. II (29. St. 1800 — 5. St. 1801): *Wendt, Christian Ernst.* (Fiker)

—— **Württembergisches,** für die Landwirthschaft. Hrsg. von der k. württemberg. Centralstelle für die Landwirthschaft. Redact.: Stirm. Jahrg. 1878 und 1879. à Jahrg. 52 Nrn. (à ½—1 Bog.) Mit Beilagen und Stnt. gr. 4. Stuttgart, Kohlhammer. à Jahrg. *

—— württembergisches, für die Landwirthschaft. Hrsg. von der k. württemberg. Centralstelle für die Landwirthschaft. Jahrg. 1880—1881. à Jahrg. 52 Nrn. (à Nr. ½—1 Bog.) gr. 4. Stuttgart, Kohlhammer. à Jahrg. *

— württembergisches, f. Landwirtschaft. Hrsg. v. der kgl. württ. Zentralstelle f. die Landwirtschaft. Red.: Stirm. Jahrg. 1887—1890. à 52 Nrn. (B.) gr. 4. Stuttgart, Kohlhammer. à Jahrg. n. 4. —

—— württembergisches, für Landwirthschaft. Hrsg. v. der Kgl. Zentralstelle f. die Landwirthschaft. Jahrg. 1889—1892. à 52 Nrn. (Bog.) gr. 4. Stuttg., Kgl. Zentralstelle f. Landwirthschaft. à Jahrg. ** 4 —

— württemberg., f. Landwirtschaft. Hrsg. von d. kgl. Zentralstelle f. d. Landwirtschaft. Red.: Stirm. Jahrg. 1895—1898. à 52 Nrn. (à ca. 12 S.) gr. 4. Stuttgart, k. Zentralstelle f. d. Landwirtschaft. à Jahrg. n. 4. —

— württembergisches, f. Landwirtschaft. Hrsg. v. der kgl. Zentralstelle f. die Landwirtschaft. Red.: Stirm. Jahrg. 1904—1906. à 52 Nrn. (à ca. 16 S.) 4. Stuttgart (F. Stahl). à Jhrg. n.n. 4. —

— **württembergisches**, f. Landwirtschaft. Hrsg. v. der kgl. Zentralstelle f. die Landwirtschaft. Red. i. V.: Haakh. Jahrg. 1907—1910. à 52 Nrn. (XII, 934; XII, 878; XII, 862 u. XII, 802 S. m. Abb.) 31,5×23,5 cm. Stuttgart (Urbanstr. 14), Geschäftsstelle. (Nur direkt.)
à Jahrg. nn 4. 50

Wochenblatt. – Wurzener Wochenblatt. –
1.IV.1848 – 1.X.1883.
Vorh. u.d.T.: Wochen- und Intelligenzblatt.
Fortges. u.d.T.: Wurzener Tageblatt.

Wochenblatt. – Wurzener Wochen- und Intelligenzblatt. –
19.X.1833 – I.1839.
Fortges. u.d.T.: Wochen- und Intelligenzblatt.

Wyler Wochenblatt
④ Der Pilger an der Thur ⑤ 4. 3. 1845 (1. Probenummer)—23. 12. 1845 ⑥ 4° ⑦ Wochenblatt ⑧ Wil: Heinrich Allgöwer ⑩ Heinrich Allgöwer ⑫ freisinnig ⑬ BGSZ: 1045, 1046 ⑭ Ei: Sb (unvollst.).

Wochenblatt. – Zahnärztliches Wochenblatt. Hamburg: Rademacher 1886–(1902). 8°
Red.: W. Rademacher.

— **zahnärztliches.** Correspondenz- u. Anzeigeblatt f. die Interessenten der Zahnheilkunde u. Zahntechnik. Red.: Andreae. VII. Jahrg. Juli 1893—Juni 1894. 52 Nrn. (Bog.) gr. 4. Hamburg, F. W. Rademacher.
n. 8. —

— **zahnärztliches.** Korrespondenz- u. Anzeigeblatt f. d. ges. Gebiet d. Zahnheilkunde. Red.: Max Lustig. VIII. Jahrg. Juli 1894—Juni 1895. 52 Nrn. (Bog.) gr. 4. Hamburg, F. W. Rademacher. n. 8. —

—— der Zeitschrift der k. k. Gesellschaft der Aerzte in Wien, s.a. **Jahrbücher**, medizinische.

Wochenblatt der Zeitschrift der k. k. Gesellschaft der Aerzte zu Wien. Red.: Hebra. 1—3. Jahrg. 1855—57. à 52 Nrn. (a 1 Bgn.) Wien, Gerold. gr. 8. Jeder Jahrg.
n. 5 ℛ︎. 10 ngr.

Wochenblatt der Davoser Zeitung
① Amtliches Publikationsmittel der Gemeinden Davos, Klosters-Serneus, Saas, Conters i. P., Luzein, Furna, Grüsch und Seewis ⑤ 18. 6. 1891—Dezember 1892 ⑥ 2° ⑦ Wochenblatt ⑧ Davos: Hugo Richter ⑩ Hugo Richter ⑪ Hugo Richter ⑬ Davoser Zeitung v. 27. 8. 1955.

Wochenblatt der New-Yorker Deutschen Zeitung: 1851.
Weekly edition of New-Yorker Deutsche Zeitung: Advertised in daily edition.
New York, NY

Wochenblatt. – Zellisches Wochenblatt. Celle: Joh. Dietr. Schulze 1756. 8°
Hrsg. v. Elias Fr. Schmersahl.

Znaimer Wochenblatt, zugleich Organ für Gemeinde-Interessen. Für die Redaktion verantw.: M. Schima. Druck und Verlag von Mart. Hofmann. 4. 2spaltig. 2 fl. und 2 fl. 52 kr. jährlich.
Znaim 1855.

Znaimer Wochenblatt, zugleich Organ für Gemeinde-Interessen. Für die Redaktion verantwortlich: M. Schima. Druck und Verlag von Martin Hofmann. 4. 2spaltig. Erscheint wöchentlich viermal.
Znaim 1856.

Zofinger Wochenblatt für Stadt und Land
④ Zofinger Volksblatt ⑤ 1811—1. 1. 1925 ⑥ 8°; 4° ⑦ Wochenblatt ⑧ Zofingen: Daniel Sutermeister (1811), Daniel Sutermeister's Erben (1829); Liestal: Banga & Honegger (1832); Zofingen: Rudolf Ringier (1833), Joh. Franz Emil Ringier (1847), Francke & Emil Ringier (1874), Johann Fehlmann (1885) ⑩ die jeweiligen Drucker ⑪ die jeweiligen Drucker; seit 1885 die gleichen wie beim Zofinger Tagblatt ⑫ freisinnig-demokratisch ⑬ BGSZ: 939, 941; Sondernummer des Zofinger Tagblatts 18. 4. 1947, Nr. 89 ⑭ Zo: St ⑮ Am 1. 1. 1925 mit dem Zofinger Volksblatt verschmolzen.

Zuger Wochenblatt
⑤ 21. 12. 1867—31. 12. 1869 ⑥ 2° ⑦ Wochenblatt ⑧ Zug: J. M. Blunschi ⑩ der Drucker ⑭ Zg: S.

Wochenblatt für den Kanton Zürich
v. **Donnstags-Nachrichten** von Zürich.

Wochen-Blatt: Zür[i]cherisches Wochen-Blatt
v. **Donnstags-Nachrichten** von Zürich.

Wochenblatt vom Zürichsee (Zh—SG)
⑤ Januar 1836—Sommer 1836 ⑦ Wochenblatt ⑧ Wädenswil: J. C. Steiger (Januar 1836—?); Rapperswil (SG): (?) (Frühjahr—Sommer 1836) ⑪ Dr. F. Schwarz ⑬ Diethelm Fretz: Zeitungsgründer am See vor 1842 (1912).

Wochenblatt vom Zürichsee (Zh)
① Obligatorisches Publikationsmittel der Gemeinden Stäfa, Meilen und Küsnacht (21. 2. 1852—26. 6. 1852 = 1. Untertitel). Obligatorisches Publikationsorgan der rechtsufrigen Zürichsee-Gemeinden: Stäfa, Hombrechtikon, Oetweil, Männedorf, Meilen, Herrliberg, Erlenbach, Küsnacht und Zumikon (5. 1. 1895—31. 12. 1906 = letzter Untertitel) ② Wochenblatt der Bezirke Meilen und Horgen (1846—März 1849); Wochenblatt der Bezirke Meilen und Hinweil (April 1849—31. 12. 1853), Wochenblatt des Bezirkes Meilen (7. 1. 1854—31. 12. 1906) ③ Kirchenruf (?) ④ Zürichsee-Zeitung ⑤ 4. 1. 1845—31. 12. 1906 ⑥ 4° (1845—1852, 1856—1861, vergrößert 31. 12. 1859); 2° (1. 1. 1853—20. 12. 1856, 1862—1906, vergrößert 1. 1. 1868, 3. 1. 1885, 4. 1. 1894, 3. 1. 1897, verkleinert 1. 1. 1892) ⑦ Wochenblatt (4. 1. 1845—20. 12. 1856); wöchentlich 2× (3. 1. 1857—30. 12. 1893); wöchentlich 3× (4. 1. 1894—31. 12. 1906) ⑧ Stäfa: Johann Jakob Keller (1845—1846), Sassenfeld (1827—1848), Wilhelm Wirz (1849—24. 11. 1855), W. Wirz sel. Erben (1. 12. 1855—26. 5. 1856), Gebrüder Gull (3. 5. 1856—1. 12. 1866), Boßhard & Rüege (15. 12. 1866—14. 12. 1867), Rudolf Gull (18. 12. 1867—Ende 1873), Witwe Luise Gull-Boßhard (3. 1. 1874—29. 12. 1886) (Druckerangabe genauer seit dem Tode der Witwe Luise Gull 21. 9. 1881 die Firma Rudolf und Luise Gull's sel. Erben), Emil Gull (1. 1. 1887—15. 3. 1902), Stäfa AG (18. 3. 1902—31. 12. 1906) ⑨ Rundschau (Dezember 1862—26. 12. 1863, 2°; Wochenblatt); Nachrichten vom Zürichsee (2. 1. 1864—28. 12. 1867; 2°; Wochenblatt; v. Nachrichten vom Zürichsee I); Wochenzeitung (4. 1. 1848—19. 12. 1868; 2°; Wochenblatt); Anzeiger des Bezirkes Meilen (Samstagsbeilage zum Wochenblatt des Bezirkes Meilen; Untertitel seit 8. 1. 1876; 26. 12. 1869—27. 12. 1884; 2°; Wochenblatt) ⑩ Lesegesellschaft Stäfa (4. 1. 1845—19. 2. 1887), Emil Gull (23. 2. 1887—15. 3. 1902), Aktiengesellschaft Buchdruckerei Stäfa (18. 3. 1902—31. 12. 1906) ⑪ Wilhelm Wirz (1849—24. 11. 1855), Ignaz Sartori (1849—1854), H. Meier, Küsnacht, Pfarrer Wismann, Gottlieb Bodmer, Rudolf Gull (1857—1873), Emil Gull (September 1881—1906) ⑫ ursprünglich neutrales Anzeigeblatt mit kurzem Textteil auf der letzten Seite, größere Artikel in den wöchentlichen Beilagen, die auch als selbständige Blätter erscheinen, später liberales Organ mit ausführlichem Textteil ⑬ Das erste Halbhundert 1845—1895. Von einem seiner Mitarbeiter. »Wochenblatt des Bezirkes Meilen« Nr. 151, 31. 12. 1894; Emil Stauber: 100 Jahre Zürichsee-Zeitung. »Zürichsee-Zeitung« Nr. 303—305, 26.—28. 12. 1944; Emil Stauber: Die »Zürichsee-Zeitung« 100 Jahre alt. »Neue Zürcher Zeitung« Nr. 2296, 31. 12. 1944 ⑭ Zh: Z (seit 1852).

Wochenblatt für den östlichen Zürichsee
② Schweizerisches Volksblatt (SG) (seit 4. 7. 1832) ⑤ Frühling 1832—Juli 1833 (?) ⑥ 4° ⑦ Wochenblatt ⑧ Rapperswil (SG): Wegelin & Bosch, Zürich: Geßner ⑩ die Drucker ⑬ BGSZ: 1246—1247; Diethelm Fretz: Zeitungsgründer am See vor 1842 (1942) ⑭ Bc: I. (einige Nummern des Volksblattes).

Zurzacher Wochenblatt (I)
⑤ 1847—1850 ⑥ 8° ⑦ Wochenblatt ⑧ Zurzach: Bircher ⑩ Hans Bircher ⑫ links orientiert ⑬ BGSZ: 12 (nur für 1850, aber 2× wöchentlich), 941.

Zurzacher Wochenblatt (II)
① Organ des liberalen Fortschritts ⑤ November 1869—1874 (BGSZ: 12 für 1868—1874) ⑥ 2° ⑦ Wochenblatt ⑧ Zurzach: Edwin Schaufelbühl ⑪ Oswald Schön ⑫ liberal ⑬ BGSZ: 941; Erinnerungen ... des letzten Propstes von Zurzach ... Johann Huber, p. 97.

Wochen-Blatt. – Zweybrücker Wochen-Blatt. –
7.I.1806 – 8.V.1806.
Vorh. u.d.T.: Zweybrücker Anzeigeblatt.
Fortges. u.d.T.: Zweibrücker Intelligenzblatt.

Wochenblatt. – Zweybrücker Wochenblatt. –
I.1815 – 5.IV.1816.
Vorh. u.d.T.: Zweibrücker Intelligenzblatt.
Fortges. u.d.T.: Wochenblatt.

Wochen-Blatt. – Zweibrücker Wochen-Blatt. –
1.I.1825 – 1830(?).
Vorh. u.d.T.: Anzeige-Blatt.
Fortges. u.d.T.: Zweibrücker Allgemeiner Anzeiger.

Wochen-Blatt. – Zweibrücker Wochen-Blatt. –
1854(?) – 1866(?)
Vorh. u.d.T.: Wochenblatt.
Fortges. u.d.T.: Zweibrücker Wochenblatt.

Wochenblatt. – Z w e i b r ü c k e r Wochenblatt. – 1866(?) – 1.VII.1871.
Vorh. u.d.T.: Zweibrücker Wochen-Blatt.
Fortges. u.d.T.: Zweibrücker Zeitung.

Wochenblatt. – Z w i c k a u e r Wochenblatt. – 2.X.1802 – 31.XII.1902.
Fortges. u.d.T.: Zwickauer Zeitung.

Wochenblätter

—— allgemeine politisch-sociale. Ein Organ für die Tages-Geschichte der Gegenwart. 1. Jahrg. Octbr.—Decbr. 1850. 65 Nrn. (½ Bog.) gr. 4. Gera, Illgen's Erben. —

Wochenblätter, Dresdner, f. Kunst u. Leben. Hrsg.: Heinr. Pudor. 1. Jahrg. Febr.—Dezbr. 1892. 48 Hfte. (Bog.) Lex.-8. Dresden. Leipzig, H. Pudor. Für Febr. u. März n. 3.—; vierteljährlich 4.50; einzelne Hfte. à n. —50

— dasselbe. 2. Jahrg. 1893. [52 Hfte. (Bog.)] Lex.-8. Ebd. Vierteljährlich n. 4.50; einzelne Hfte. à n. —50
Im Laufe des 1. Sem. eingegangen.

Wochen-Blätter, die englischen. Eine Studie. gr. 8. (31 S.) Berlin 857, Decker'sche geheime Ober-Hofbuchdruckerei. *
Aus: Die Zeit, besonders abgedruckt.

—— für Erneuerung der Kirche. Hrsg. von J. F. Imman. Tafel. (2. und 3.) Jahrg. 1851 und 1852. à Jahrg. 52 Nrn. (Bog.) 8. Tübingen, Verlags-Expedition. à Jahrg. *

Wochenblätter, evangelisch-lutherische, f. Kirche, Schule u. inn. Mission. Organ d. evangelisch-luther. Vereinigg. im Lande Braunschweig. Hrsg v. A. Schwartz. 16.—18. Jahrg. 1896—1898. à 52 Nrn. (à ca. 4 S.) gr. 4. Wolfenbüttel, J. Zwißler. à Jahrg. n. 4.—
Kann auch vierteljährlich bezogen werden.

— dasselbe, s. a.: Monatsblätter, evang.-luther.

Wochenblätter, evangelisch-lutherische, f. Kirche, Schule u. innere Mission. Organ der evangelisch-luther. Vereinigg. im Lande Braunschweig. Begründet v. Schwartz, hrsg. v. H. Hausdörffer. 19.—22. Jahrg. 1899—1902. à 52 Nrn. gr. 4. (à ca. 4 S.) Wolfenbüttel, J. Zwißler. à Jahrg. n. 4.—

Wochenblätter, evangelisch-lutherische, f. Kirche, Schule u. innere Mission. Organ der evangelisch-luther. Vereinigg. im Lande Braunschweig. Begründet v. Schwartz, hrsg. v. W. Kirchberg. 23.—26. Jahrg. 1903—1906. à 52 Nrn. (II, 232; II, 222; II, 228 u. II, 228 S.) gr. 4. Wolfenbüttel, J. Zwißler. à Jhrg. n. 4.—

Wochenblätter, evangelisch-lutherische, f. Kirche, Schule u. innere Mission. Organ d. evangelisch-luther. Vereinigg. im Lande Braunschweig. Begründet v. Schwartz. Red. u. Hrsg.: Kirchberg. 27.—30. Jahrg. 1907—1910. à 52 Nrn. (220, IV, 210; IV, 212 u. IV, 212 S.) Lex. 8. Wolfenbüttel, J. Zwißler. à Jahrg. 4.

Wochenblätter, für Freiheit und Gesetz. Redig. von Glückselig. 1. Jahrg. 1848. 20. April — 31. Decbr. 73 Nrn. (Bog.) hoch 4. Karlsbad, Gebr. Franieck. *

Wochenblätter. – H e i d e l b e r g e r Wochenblätter. – 3.I.1831 – 31.XII.1839.
Vorh. u.d.T.: Heidelberger Wochenblatt.
Fortges. u.d.T.: Heidelberger Tageblätter.

Wochenblätter, histor., redig. v. Guttenstein u. Heinr. Müller. 1. Jahrg. 1832. Aug.—Dec. 22 Nrn. (Bog.) M. 22 Stnt. gr. 4. Karlsruhe, Velten.
Fortsetzung, vgl. Bilder, histor.

Wochenblätter: Illustrirte Wochenblätter — Für die Schweizer Familie
① Illustriertes Wochenblatt - Verbreitetstes illustrirtes Familien-Blatt der Schweiz (auf dem Umschlag 29. 12. 1900—31. 10. 1914). Illustriertes Wochenblatt (7. 11. 1925—31. 10. 1931) ② Illustrirte Schweizer Familie (12. 5. 1900—9. 11. 1901). Die Schweizer-Familie (16. 11. 1901—27. 11. 1928, auf dem Umschlag 29. 12. 1900—31. 10. 1914). Die Schweizer Familie - Das rote Heft (3. 11. 1928—24. 10. 1931, auf dem Umschlag 7. 11. 1925—31. 10. 1931). Schäublis illustrierte Zeitung für die Schweizer Familie (31. 10. 1931 cont., auf dem Umschlag 7. 11. 1931 cont.) ⑤ 12. 5. 1894 (cont.) ⑥ 2° (1894—9. 11. 1901); 4° (16. 11. 1901 cont.) ⑦ Wochenblatt ⑧ Bassersdorf: Hans Schwarz & Co. (19. 5. 1894—1895—?). Eduard Schäubli (?—1900—6. 7. 1901, 9. 3. 1907—26. 4. 1924). Schäubli & Co. (13. 7. 1901—2. 3. 1907). Eduard Schäublis Erben (3. 5. 1924—14. 1. 1926). Oskar Schäubli (21. 1. 1926—9. 4. 1933—?); Zürich: Imago AG (?—5. 11. 1938—31. 12. 1949). Tiefdruckanstalt Imago (7. 1. 1950 cont.) ⑨ Kleine Wochen-Rundschau (1894—1895—?; 4°: Wochenbeilage; politisches Nachrichtenblatt) (Übrige Beilagen nicht aufgeführt) ⑩ die Drucker (1894—1932). Schäublis illustrierte Zeitung für die Schweizer Familie AG (1933 cont.) ⑪ Eduard Schäubli (1894—1923). Oskar Schäubli (1924—1950—?) ⑬ Oskar Schäubli: Die Schweizer Familie begeht ihren 50. Geburtstag. »Schäublis illustrierte Zeitung für die Schweizer Familie«, 7. 11. 1942, Nr. 1 ⑭ Be l. (1894—1896, 1900 cont.).

Wochenblätter für Kunst und Malerei: Heft 1—15?, Feb. ?—June 9, 1894?
Weekly. German edition of ART WEEKLY. Sub-title: Gewidmet der Reproduktion von Meisterwerken in sämtlichen Amerikanischen und transatlantischen Kunst- und Gemälde-Gallerien. Oblong quarto, each, probably, 8 pages [16 plates], with one page of "Explanation." Subscription rate: $ 10. per year. Published by Art Engraving Co.
New York, NY

Wochenblätter, Leipziger, vom Verfasser der wöchentlichen Beiträge zur Gottseligkeit. Leipzig 1784—85. H: *Lynar, Hnr. Casimir Glob Graf zu.* (ML) Crusius.

— Leipziger, vom Verf. der wöchentl. Beiträge zur Gottseligkeit (Graf H. K. G. zu Lynar). 1 ß, 2 ß Quart. 8. Leipz. 784,85. (W. Vogel). (à 6 ℊ) 12 ℊ

H a c q u e t, Balth. (Herausgeber): „Oekonomische Wochenblätter des Herzogthums Krain", o. O. 1774—1775.

Wochenblätter. – P r i v i l e g i r t e Jenaische Wochenblätter. – 3.I.1837 – 2.I.1850.
Vorh. u.d.T.: Privilegirte Jenaische Wöchentliche Anzeigen.
Fortges. u.d.T.: Blätter von der Saale.

Wochenblätter des Schweizerischen Sammlers
v. Schimpf und Ernst oder Wochenblätter des Schweizerischen Sammlers.

Wochenblätter, Tirolische, für das Jahr 1769. Innsbruck. H: *Faber, Ignaz von.* (Erbländische Staatsanzeigen. Wien 1784. 6. Heft, S. 455) (BiblPort)

Wissenschaftliche Wochenblätter. V1-4. Dubuque. 1883-87. (Title changed, Oct 15, 1886, to Wisschi Monatsblätter.)

Wissenschaftliche Wochenblätter: 1884—1885?
Scientific semi-monthly. Large quarto, each issue 20 pages. Edited & published by Chr. Schmidt. *Joest* has it in Dubuque, Iowa in 1885.
New York, NY

Wissenschaftliche Wochenblätter: 1885—? Dubuque, IA
Bi-monthly. Edited & published by C. Schmidt & Co.

Wochenblatt Kalender: 1892—? Belleville, TX
Edited & published by Wilhelm Andreas Trenckmann.

Wochenblättgen. – T r i e r i s c h e s Wochenblättgen. – 1.I.1758 – 3.I.1789(?).
Fortges. u.d.T.: Trierisches Wochenblatt.

Wochenblättle, s. A n z e i g e r , Wöchentlicher. – Schwäbisch-Gmünd.

Wochenblät[t]lein von Basel
v. Avis-Blättlein Dienstags.

Wochenblätli für Glarus
⑤ Juli 1848 (Probe-Nr.) ⑥ 4° ⑤ Glarus. Caspar Jenni, im Zaun ⑩ Caspar Jenny ⑬ BGSZ: 997 ⑭ Gl. Probenummer in Privatbesitz der Glarner Nachrichten.

Wochenbuch mit Angabe der Unterrichtsstoffe für die katholischen Elementarschulen, [einklassige, zweiklassige, dreiklassige mit vereinter Mittel- und Oberstufe, drei-, vier-, fünf- und sechsklassige], zur Bezeichnung der wöchentl. abgehandelten Lektionen. Fol. (46 S.) Gebweiler 880, Boltze. geb. *

Linzer Wochen-Bulletin für Theater, Kunst und Belletristik. Eigenthümer und Redakteur J. A. Rossi. Druck und Verlag von J. Schm d. 4. 2spaltig. Jeden Samstag. 25 kr. vierteljährig. Linz 1854.

Linzer Wochen-Bulletin für Theater, Kunst und Belletristik. 8. Jahrgang. Eigenthümer und Redakt.: J. A. Rossi. Druck und Verlag: J. Schmid. 4. 2spaltig. Jeden Samstag. 25 und 30 kr. vierteljährig. Linz 1855.

Linzer Wochenbulletin für Theater, Kunst und Belletristik. (IX. Jahrg.) Eigenthümer und Redakteur: J. A. Rossi. Druck und Verlag von J. Schmid. kl. Fol. 2spaltig. Erscheint jeden Samstag. Linz 1856.

Bulletin. Das Linzer Wochen —. Eigenthümer und Redakteur: A. Rossi. Dr. und Verlag v. J. Schmid. 10. Jahrgang. Erscheint wöchentlich am Samstag. Linz 1857.

Linzer Wochen-Bulletin, das — für Theater, Kunst und Belletristik. XI. Jahrg. Eigenth. und Red. *J. A Rossi.* Druck und Verl. von *J. Schmid.* Erscheint in **Linz**, jeden Samstag $1/2$ Bogen in 4°., zeitweise mit einer Beilage, 2-spalt. Pran.-Pr. $1/4$-jahr. 25 kr. 1858.

Wochen-Bulletin, Linzer, für Theater, Kunst u. geselliges Leben. Gegründ. u. Redact.: J. A. Rossi. 15. Jahrg. 1862. 52 Nrn. hoch 4. Linz, Selbstverlag. 1862. 2 fl. 10 kr.

Wochenbulletin, sanitarisch - demographisches, der Schweiz. — Bulletin démographique et sanitaire suisse. Hrsg. vom schweizer. Gesundheitsamt u. eidgenöss. statist. Bureau. 1. Jahrg. 1894. 52 Nrn. (Bog.) gr. 8. Bern, A. Siebert. n. 5. —

Wochenbulletin, sanitarisch-demographisches, d. Schweiz. — Bulletin démographique et sanitaire suisse. Hrsg. v. schweizer. Gesundheitsamt u. eidgenöss. statist. Bureau. 2. Jahrg. 1895. 52 Nrn. (Bog.) gr. 8. Nebst Beilage: Aerztlicher Central-Anzeiger. 52 Nrn. (à ca. 12 S.) gr. 8. Bern, C. Sturzenegger. n. 6. 25

— dasselbe. 3. Jahrg. 1896. 52 Nrn. (Bog.) gr. 8. Nebst Beilage: Aerztl. Central-Anzeiger. 52 Nrn. (à ca. 8 S.) gr. 8. Ebd. n. 5. —

— dasselbe. 4. u. 5. Jahrg. 1897 u. 1898. Nebst Beilage: Aerztl. Central-Anzeiger. Je 52 Nrn. (Bog.) gr. 8. Ebd. à Jahrg. postfrei n. 10. —

Wochenbulletin, sanitarisch-demograph., der Schweiz. — Bulletin démographique et sanitaire suisse. Hrsg. vom schweizer. Gesundheitsamt u. eidgenöss. statist. Bureau. Jahrg 1899. 52 Nrn. gr. 8. (à ca. 16 S.) Bern Scheitlin, Spring & Co. n. 10. —

— dasselbe. Jahrg. 1900—1902. à 52 Nrn. gr. 8. (à ca. 16 S.) Ebd. à Jahrg. 3. —; postfrei 5. —

Wochenbulletin, sanitarisch-demograph., der Schweiz. — Bulletin démographique et sanitaire suisse. Hrsg. vom schweiz. Gesundheitsamt u. eidg. statist. Bureau. Jahrg. 1903—1906. à 52 Nrn. (à ca. 16 S.) gr. 8. Bern, Scheitlin, Spring & Co. 1903—05 à Jhrg. n. 3.—; 1906 n. 4. —; postfrei n. 6. —

Wochenbulletin, sanitarisch-demograph., der Schweiz. — Bulletin démographique et sanitaire suisse. Amtl. Organ des schweiz. Gesundheitsamtes u. des eidg. statist. Bureau. Aerztlicher u. pharmazeut. Zentral-Anzeiger. Hrsg. v. schweiz. Gesundheitsamt u. eidg. statist. Bureau. Jahrg. 1907—1910. à 52 Nrn. (à ca. 16 S.) gr. 8. Bern, Scheitlin & Co. 1907 u. 08 à 4.—; 1909 u. 10 à 5. —

Wochenchronik: Allgemeine Wochenchronik
⑤ 1866 ⑥ [illegible] ⑬ BGSZ [illegible] p. 8[illegible]

Wochenchronik: Illustrierte Wochenchronik
v. Oberthurgauer (II)

Wochen-Chronik: Illustrierte Wochen-Chronik der Kantone St. Gallen, Appenzell und Thurgau
[illegible] Schweizerische Wochen-Chronik für Industrie, Handel und Gewerbe, sowie für das gesamte Kur-, Bade- und Hotelwesen, Reise- und Fremdenverkehr, Sport [illegible] Wochenblatt [illegible] BGSZ [illegible]

Wochenchronik: Israelitische Wochenchronik
v. Hanescher

Wochenchronik von Küßnacht
[illegible] Publikationsorgan für den Bezirk Küßnacht. Anzeigeblatt für [illegible] Kantons Luzern [illegible] Wochenblatt ⑥ Küßnacht [illegible] Illustriertes Sonntagsblatt [illegible] BGSZ [illegible] (1915—1918)

Wochen-Chronik: Schweizerische Wochen-Chronik für Industrie, Handel und Gewerbe, sowie für das gesamte Kur-, Bade- und Hotelwesen, Reise- und Fremdenverkehr, Sport
s. Illustrierte Wochen-Chronik der Kantone St. Gallen, Appenzell und Thurgau.

Zürcher Wochen-Chronik
s.a. Zürcher Adreßbuch-Zeitung.

Wochen-Chronik, Zürcher. Der „Zürcher Adreßbuch-Zeitg." 2. Jahrg. 1900. 52 Nrn. hoch 4. (à ca. 8 S. m. Abb.) Zürich, Art. Institut Orell Füßli. 10. 80

— dasselbe. 3. u. 4. Bd. 1901 u. 1902. à 52 Nrn. hoch 4. (à ca. 8 S. m. Abbildgn.) Ebd. à Jahrg. n. 8. — Vergl.: Adreßbuch-Zeitung, Zürcher.

Wochen-Chronik, Zürcher. 5.—8. Bd. 1903—1906. à 52 Nrn. (III, 428; III. 426; III, 420 u. IV, 436 S. m. Abbildgn.) hoch 4. Zürich, Art. Institut Orell Füßli. à Jhrg. n. 8. —; geb. 12. — Der Einbd.- u. Jahrg.-Titel lautet: Chronik d. Stadt Zürich.

Wochen-Chronik, Zürcher. Red.: W. Nauer. 9.—12. Bd. 1907—1910. à 52 Nrn. (à ca. 8 S. m. Abb.) 32,5×25 cm. Zürich, Art. Institut Orell Füßli. à Jahrg. 8.—; geb. u. d. T.: Chronik der Stadt Zürich à 12. —

Wochenende: Das Wochenende
v. Neue Zürcher-Zeitung.

Wochengottesdienste, unsere, in den Festzeiten des Kirchenjahres. (12 S.) kl. 8. Rothenburg o/T. 904. J. P. Peter. n. — 10

Wochenhefte. — Radler's Wochenhefte. Illustrierte Zeitschrift für die deutsche Familie. Jg. 1. Berlin: Hauck 1899. 8°
Red.: K. Hedrich.
Forts. u.d.T.: Deutscher Automobil- und Radfahr-Sport. Jg. 2. 1900ff.

Allgemeines: **Wochenkalender über die Logenarbeiten in Berlin und Umgebung. Gratisbeilagen zur Zeitschrift „Der Herold".**
Es lag nur Nr. 5 des XXV. Jg. vor.

Wochen-Kränzchen für Haus und Familie. München ca. 1870. Hrsg. v. C. R. Schurich.

Wochenmarkt, der. 4. (12 S. m. farb. Bildern.) Leipzig-Reudnitz 889. Schmidt & Römer. cart. — 30

Wochenmarkt-Ordnung für Berlin (vom 9. Febr. 1848). Berlin: Zschiesche 1848.

Wochen-Marckt-Ordnung, für die Städte des Fürstenthums Minden und der Grafschafft Ravensberg. [Dat.:] Berlin, den 30. Jan. 1749. Minden 1749.

Wochen-Nachricht. Hanauer Privilegirte Wochen-Nachricht.
15.VII.1790 — 2.I.1811.
Vorh. u.d.T.: Privilegirte Hanauer Wochen-Nachricht.
Fortges. u.d.T.: Hanauer Departements-Blatt.

Wochennachricht. Hanauer Privilegirte Wochennachricht
9.XII.1813 — 27.XII.1821.
Vorh. u.d.T.: Hanauer Departements-Blatt.
Fortges. u.d.T.: Wochenblatt.

Wochen-Nachricht. Privilegirte Hanauer Wochen-Nachricht.
24.I.1765 — 8.VII.1790.
Vorh. u.d.T.: Hessen-Hanauer Wochentliche Frag- und Anzeigungs Nachrichten.
Fortges. u.d.T.: Hanauer Privilegirte Wochen-Nachricht.

Wochen-Notizblock-Kalender pro 1893. Fertig adjustirt. Graz: Leykam 1892. —.80

Wochen-Notizblockkalender für 1894. Fertig adjustirt. Graz: Leykam 1893. —.80

Wochen-Notizblock-Kalender für d. J. 1895. Fertig adjustirt. Graz: Leykam 1894. —.80

Wochen-Notizblock-Kalender f. d. Jahr 1896. Fertig adjustirt. Graz: Leykam 1895. —.80

Wochen-Notizblock-Kalender pro 1899. Fertig adjustirt. Graz: Leykam 1898. —.80

Wochen-Notiz-Bloc-Kalender, Fromme's, f. 1882. Vollst. Kalendarium f. Katholiken, Griechen, Protestanten u. Israeliten, Coupons-, Stempel-, Post- u. Telegraphen-Tarife. Notizraum f. jeden Tag des Jahres u. auf jeder Wochenseite Tagesmarken d. ganzen Monats. Folio. I. Jahrg. sehr eleg. ausgestattet 80 kr.

Bloc-Kalender, Wochen-Notiz-, Fromme's, f. 1883. Vollständ. Kalendarium f. Katholiken, Griechen, Protestanten u. Israeliten, Coupons-, Stempel-, Post- u. Telegraphen-Tarife. Notizraum f. jeden Tag des Jahres u. auf jeder Wochenseite Tagesmarken des ganzen Monats. Folio. II. Jahrgang, sehr elegant ausgestattet 80 kr.

— Blockkalender

— Wochen-Notiz-, Fromme's, für 1884. Vollständ. Kalendarium. Coupons-, Stempel-, Post- u. Telegraphen-Tarife. Notizraum für jeden Tag d. Jahres u. auf jeder Wochenseite Tagesmarken d. ganzen Monats. Folio. III. Jahrg. Ebds. Sehr eleg. ausgestattet 80 kr. Wien: Fromme 1883.

Blockkalender

— Wochen-Notiz-, pro 1885. IV. Jahrg. Ebds. 80 kr.

— Wochen-Notiz-, pro 1886. V. Jahrg. Ebds. 80 kr.

— Wochen-Notiz-, VI. Jahrg. 1887. [illegible]

Wochen-Notiz-Block-Kalender. Fromme's, für das Jahr 18[illegible]. VII. Jahrg. Wien: Fromme [illegible] —.80

Wochen-Notiz-Block-, Fromme's, Kalender, für 1890. 9. Jahrg. Wien: Fromme 1889. —.80

Block-Kalender, Fromme's Wochen-Notiz-, 10. Jahrg. 1891 Wien: Fromme 1890. —.80

Wochen-Notiz-Block-Kalender, Fromme's. 11. Jahrg. 1892. Wien: Carl Fromme 1891.

Wochen-Notiz-Block-Kalender, Fromme's, pro 1893. 12. Jahrg. Wien: Fromme 1892. —.80

Block-Kalender, Wochen-Notiz-, Fromme's, 1894. 13. Jahrg. Wien: Fromme 1893. —.80

Block-Kalender, Fromme's Wochen-Notiz-, pro 1896. 15. Jahrg. Wien: Fromme 1895. —.80

Block-Kalender, Fromme's Wochen-Notiz-, 1897er. 16. Jahrg. Wien: Fromme 1896. —.80

Block-Kalender, Fromme's Wochen-Notiz-, 1898er. 17. Jahrg. Wien: Fromme 1897. —.80

Block-Kalender, Fromme's Wochen-Notiz-. 18. Jahrg. 1899 Wien: Fromme 1898. —.80

Wochen-Notizkalender 1911. (90 S.) 16. Hildesheim, F. Borgmeyer. Geb. — 75

Die **Wochenpflege**. 2. Abdr. Potsdam: Stiftungsverl. [1907]. (15 S.) 8° [ ]
= Ratgeber, Kurzer. f. Gesunde u. Kranke. No 1.

Wochen-Post, deutsche. Redact.: J. P. Richter. 1. Jahrg. April—Decbr. 1887. 39 Nrn. (à Nr. 2 Bog.) Lex.-8. Berlin, Kowarf. *
—— dass. — 2. Jahrg. 1888. 52 Nrn. (Bog.) Lex.-8. Ebendas. *

Wochen-Post, Kärntner. Organ für allgemeine Interessen. Villach, Muhr, 1878. Folio. 1 Jg.

Neuhauser Wochenpost. Redakteur Vincenz Bibus, Druck und Verlag von Al. Landfraß. 4. 2spaltig. Wöchentlich 1mal. 35 und 44 kr. vierteljährig. Neuhaus 1854.

Neuhauser Wochenpost. II. Jahrgang Redakteur: Vinc Bibus. Druck und Verlag von Al. Jos. Landfraß. 4. 2spaltig. Wochentlich einmal. 3 fl. und 3 fl. 50 kr. jährlich. Neuhaus 1855.

—— schlesische. Redact.: Alb. Tholuck. 2. Jahrg. 1888. 52 Nrn. (Bog.) gr. 4. Liegnitz, Niegisch. à Nr. * 10 Pf. *
Erscheint nicht mehr.

Wochen-Post, ungarische. 1862. Eigenthümer u. Redact.: Carl Müller. 52 Nrn. 4. Pest. Selbstverlag. 1862. 4 fl.

Wochen-Rennkalender f. Deutschland. Officielles Bulletin d. Union-Klubs. Bearb. u. hrsg. v. General-Sekretariat d. Union-Klubs. Jahrg. 1887. 1888. à 52 Nrn. 8. (958; 1086 S.) Berlin, (Kühl). à Jahrg. n. 30. —

— dasselbe. Jahrg. 1889. 52 Nrn. 8. (Nr. 1: 54 S.) Ebd. n. 37. 50

— dasselbe. Jahrg. 1890. 52 Nrn. 8. (Nr. 1: 64 S.) Ebd. n. 39. —

Wochen-Rennkalender f. Deutschland. Offizielles Bulletin d. Union-Klub's. Bearb. u. hrsg. vom General-Sekretariat d. Union-Klub's. Jahrg. 1891. 52 Nrn. (à ca 4 Bog.) 8. Berlin, (W. H. Kühl). n. 40. —

— dasselbe. Jahrg. 1892. 1893. à 52 Nrn. (à ca. 4 Bog.) 8. Ebd. à Jahrg. n. 44. —

— dasselbe. Jahrg. 1894. 52 Nrn. (à ca. 4 Bog.) 8. Ebd. n. 40. —

Wochen-Rennkalender f. Deutschland. Offic. Bulletin d. Union-Klubs. Bearb. u. hrsg. v. General-Sekretariat d. Union-Klubs. Jahrg. 1895—1898. à 52 Nrn. (à ca. 5 Bog.) 8. Berlin (W. H. Kühl). à Jahrg. n.n. 40. —

Wochen-Renn-Kalender f. Deutschland. Offizielles Organ des Union-Klub. Bearb. u. hrsg. vom General-Sekretariat d. Union-Klub. Jahrg. 1899—1902. à 52 Nrn. 8. (à ca. 72 S.) Berlin (W. H. Kühl). à Jahrg. n.n. 40. —

Wochen-Renn-Kalender für Deutschland. Amtliches Organ des Union-Klub. Bearb. u. hrsg. vom General-Sekretariat des Union-Klub. 29.—32. Jahrg. 1903 bis 1906. à 52 Nrn. (à ca. 72 S.) 8. Berlin (W. H. Kühl). 1903 u. 04 à n.n. 40. —; 1905 u. 06 à n.n. 55. —

Wochen-Renn-Kalender f. Deutschland. Amtl. Organ d. Union-Klub. Bearb. u. hrsg. v. General-Sekretariat des Union-Klub. 36. Jahrg. 1910. 52 Nrn. (Nr. 1. 148 S.) 8. Berlin (N.W. 7, Schadowstr. 9), General-Sekretariat d. Union-Klub. nnn 40. —

Wochen-Roman, der. 26 Bde. (à 32 S.) Lex. 8. Niedersedlitz (908). H. G. Münchmeyer. à Bd. — 20

Wochenrundschau, illustr., üb. das Berliner Leben. Red.: E. Brausewetter. I. Jahrg. Oktbr. 1894—Septbr. 1895. 52 Nrn. (Bog) gr. 4. Berlin, Verl. der Illustr. Wochenrundschau ꝛc. n. 5. 60

Wochen-Rundschau für dramatische Kunst, Literatur und Musik. Unter Mitwirkung von Fachmännern redigirt von Anton Bing. Frankfurt am Main: Druck und Verlag von Kumpf & Reis. Jahrgang 1. 1880–27. 1906.

Wochen-Rundschau f. dramatische Kunst, Literatur u. Musik. Unt. Mitwirkg. v. Fachmännern hrsg. v. Ant. Bing. 17. Jahrg. 1896. 52 Nrn. (à ca. 4 S.) Lex.-8. Frankfurt a/M. (Fichardstr. 41), A. Bing. n. 12. —

— dasselbe. 18. Jahrg. 1897. 52 Nrn. (à ca. 4 S.) gr. 4. Frankfurt a/M., Kumpf & Reis. n. 12. —

Wochen-Rundschau f. dramatische Kunst, Litteratur u. Musik. Unter Mitwirkg. v. Fachmännern red. von Ant. Bing. 20. Jahrg. 1899. 52 Nrn. hoch 4. (à ca. 4 S.) Frankfurt a/M., Kumpf & Reis. Postfrei n.n.n. 14. —
Nicht durch den Buchhandel zu beziehen.

Wochenschach, deutsches. Eine Fortsetzg. der „Brüderschaft". Hrsg. von E. Schallopp, Alb. Heyde u. B. Hülsen. 5. u. 6. Jahrg. 1889. 1890. à 52 Nrn. ($^3/_4$ B. m. eingedr. Diagrammen.) gr. 8. Braunschweig, Löbbecke. à Jahrg. n. 9. —

Wochenschach, deutsches. Hrsg. v. Alb. Heyde u. Bernh. Hülsen. Unter regelmäss. Mitwirkg. v. S. Alapin, Adf. Albin, A. Barbier u. a. 7.—10. Jahrg. 1891—1894. à 52 Nrn. (à ca. $^3/_4$ Bog. m. Diagrammen.) gr. 8. Berlin, W. T. Bruer. à Jahrg. n. 9. —

Wochenschach, deutsches. Unt. Mitwirkg. v. Siegb. Tarrasch hrsg. v. Alb. Heyde, B. Hülsen u. H. Ranneforth. 11. u. 12. Jahrg. 1895 u. 1896. à 52 Nrn (à ca. 8 S.) gr. 8. Berlin. Potsdam, A. Stein. à Jahrg. n. 9. —

— dasselbe. 13. u. 14. Jahrg. 1897 u 1898. à 52 Nrn. (à ca. 10 S.) gr. 8. Ebd. à Jahrg. n. 10. —

Wochenschach, deutsches, u. Berliner Schachzeitung. Unter Mitwirkg. v. Siegb. Tarrasch hrsg. von Alb. Heyde, B. Hülsen u. H. Ranneforth. 15. Jahrg. 1899. 52 Nrn. gr. 8. (XIX, 423 S. m. Diagr.) Berlin [W. T. Bruer]. Potsdam, A. Stein. n. 10. —

— dasselbe. 16. Jahrg. 1900. 52 Nrn. gr. 8. (XIX, 411 S. m. Diagr. u. 1 Bildnis.) Potsdam, A. Stein. n. 10. —

— dasselbe. 17. u. 18. Jahrg. 1901 u. 1902. à 52 Nrn. gr. 8. (XXI, 397 u. XXII, 432 S. m. Diagr.) Ebd. à Jahrg. n.n. 12. —

Wochenschach, deutsches, u. Berliner-Schachzeitung. Hrsg. v. H. Ranneforth, B. Hülsen u. M. Karstedt. 19.—22. Jahrg. 1903—1906. à 52 Nrn. (1904—06: II, 484; II, 499 u. II. 480 S. m. Diagr.) gr. 8. Potsdam, A. Stein. Postfrei à Jhrg. n.n. 12. —

Wochenschach, deutsches, u. Berliner Schachzeitung. Hrsg. v. H. Ranneforth, E. Hasselkus u. M. Karstedt. 23.—26. Jahrg. 1907—1910. à 52 Nrn. (464, 468, 460 u. 464 S. m. Diagr.) gr. 8. Potsdam, A. Stein. à Jahrg. nn 12. —

Göttinger freistudentische **Wochenschau**. Offizielles Organ d. Göttinger Finkenschaft. Hrsg. v. Präsidium d. Göttinger Finkenschaft. Jg. 1. Göttingen 1905: L. Hofer. 4° 106. 7788 7

Wochenschau: Illustrierte Wochenschau v. Berner Volkszeitung (II).

Illustrierte Westdeutsche **Wochenschau**. Jg. 1, Nr. 1. Essen-Ruhr: Girardet 1909. 4° 5

Wochenschau, illustrierte westdeutsche. Verantwortlich: Karl Wilke. 2. Jahrg. 1910. 52 Nrn. (1700 S. m. 2 Taf.) 30,5×23,5 cm. Essen, W. Girardet. à Nr. — 10

Politische Wochenschau für Bürger und Landmann. Von Dr. Andreas Sommer. Berlin 1849.

Wochenschau: Politische Wochenschau — Welthändel und Welthandel v. Allgemeine Schweizer-Bauernzeitung

Wochen-Schreib-Kalender 1896. M. e. gemeinnütz. Anh. schmal gr. 8. (VI S., Schreibkal. u. 32 S.) Düsseldorf, A. Bagel. Geb. n. 1. —

Eine **Wochenschrift.** St. 1–52. Flensburg 1754–55. 4⁰
Hrsg. v. A. G. Junghans.

Wochenschrift. Ratzeburg 1759: Belzenberg.
Hrsg. v. Pfeiffer, Rektor.

Eine **Wochenschrift**, etwas vor die Langeweile. St. 1–12. o. O. [Breslau?] 1781. 8⁰
ab St. 3: Etwas für die Langeweile, eine Wochenschrift.

Wochenschrift. –
Kiel. 3.IV.1793–28.V.1794.
Fortges. u.d.T.: Wochenblatt.

Wochenschrift. –
Bremen. 29.IX.1860–28.XII.1872.
Vorh. u.d.T.: Vegesacker Wochenblatt.
Fortges. u.d.T.: Vegesacker Wochenschrift.

Wochenschrift: 1884–1891: Erie, PA
Weekly edition of [illegible]. Circulation 1885, 900; 1891, [illegible]

Wochenschrift, agrarpolitische. Hrsg.: U. Gerber. Jahrg. 1911. 52 Hefte. gr. 8. Steglitz, Verlag der Wochenschrift. Vierteljährl. 5. –; einz. Hefte —. 50. 1910.

Wochenschrift, akademische. Organ f. die gesamte Studentenschaft u. alle gebildeten Kreise. Red.: Paul Schaumburg. Sommer-Sem. 1905 u. Winter-Sem. 1905/6. (à ca. 8 S.) 4. Halle, Paalzow & Co. à Sem. n. 2. —
Vergl.: Hochschulzeitung, Hallesche. — Erscheint nicht mehr.

Wochenschrift f. Aktienrecht u. Bankwesen, Fortsetzg., s. a. Monatsschrift f. Aktienrecht ꝛc.

Wochenschrift f. Aktienrecht u. Bankwesen, Steuer- u. Stempelfragen. Hrsg. v. Paul Holdheim. 1. u. 2. Jahrg. 1892–1893. à 52 Nrn. (à ca. 2 Bog.) hoch 4. Berlin, C. Heymanns Verl. à Jahrg. n. 20. —

— dasselbe. 3. Jahrg. 1894. 26 Nrn. (à ca. 3 Bog.) hoch 4. Ebd. n. 20. —

Wochenschrift. – Allgemeine israelitische Wochenschrift. Jeschurun. Jg. 4–8. Königsberg: E. Moser 1895–1899. 8⁰
Vorh. u.d.T.: Jeschurun. Jg. 1–3. 1892–1894.
Forts. u.d.T.: Israelitische Wochenschrift. Jg. 9.1910ff.
Hrsg. v. Adolf Lewin.

— allgem. israelitische. Nebst e. wissenschaftl. Beilage „Jeschurun". Red.: A. Levin. 5. Jahrg. 1896. 52 Nrn. (à ca. 2 Bog.) gr. 4. Berlin, S. Cronbach. n. 8. —

— dasselbe. Nebst e. wissenschaftl. Beilage. Red.: M. A. Klausner. 6. u. 7. Jahrg. 1897 u. 1898. à 52 Nrn. (à ca. 2 Bog.) gr. 4. Ebd. à Jahrg. n. 10. —
Kann auch vierteljährlich bezogen werden.

— allgem., für Land- u. Hauswirthschaft und die einschlagenden Gewerbe für Deutschland, die Kaiserl. Oesterreich. Staaten, die Schweiz ꝛc. unter Mitwirkung des Frhrn. L. v. Babo, Prof. Geier, Prof. Kaufmann, Garteninspect. Metzger, Oekonomierath Pabst, D. v. Thünen u. A. herausg. von E. v. Ladiges. 1r Jahrg. 1835. 12 Hfte. Mit vielen Abbildd. gr. 4. Darmstadt, Leske. 2 ℛ — Fortsetzung s. Zeitschrift f. Land- und Hauswirthschaft.

— allgemeine politisch-sociale. Ein Organ f. die Tages-Geschichte der Gegenwart. 1. Jahrg. Octbr. — Decbr. 1850. 65 Nrn. gr. 4. (½ B.) Gera, Illgen's Erben. ¾ ℛ

Wochenschrift des Deutschen und Oesterreichischen Alpenvereins. Probenummer. München, 15. Mai 1893. 4. . . . . (D.)

Wochenschrift. – Antipiratische Wochenschrift oder Ideen-Magazin für Handel und Gewerbe. Hamburg 1821.
Hrsg. v. Karl Kreyssing.

— f. Aquarien- u. Terrarienkunde. Hrsg. unter freundl. Mitwirkg. hervorrag. Fachleute v. Karl Stansch. 1. Jahrg. April—Dezbr. 1904. 39 Nrn. (246 S. m. Abbildgn.) 4. Braunschweig, G. Wenzel & Sohn. n. 3. —

— dasselbe. 2. u. 3. Jahrg. 1905 u. 1906. à 52 Nrn. (à ca. 8 S. m. Abbildgn.) 4. Ebd. à Jhrg. n. 4. —

— f. Aquarien- u. Terrarienkunde. Hrsg. von Ziegler. 4.—7. Jahrg. 1907—1910. à 52 Nrn. (à ca. 16 S. m. Abbildgn.) Lex. 8. Braunschweig, G. Wenzel & Sohn. à Jahrg. 4. 60

— des Architekten-Vereins zu Berlin. Hrsg. vom Verein. Verantwortlich: M. Guth. 1. Jahrg. 1906. 52 Nrn. (VI, 232 u. 420 S. m. Abbildgn.) 4. Berlin, C. Heymann. n. 8. —

— des Architekten-Vereins zu Berlin. Hrsg. vom Vereine. Verantwortlich: M. Guth. 2.—5. Jahrg. 1907—1910. à 52 Nrn. (1910: VI, 356 S. m. Abbildgn.) 32,5×24,5 cm. Berlin, C. Heymann. à Jahrg. 8. —

Wochenschrift für Astronomie, Meteorologie u. Geographie. Neue Folge. 1. Jahrg. 1858. (Der Astronomischen Unterhaltungen 12. Jahrg.) Redig. von Heis. 52 Nrn. (à ½ Bgn.) Halle, Schmidt. gr. 8. n. 3 ℛ.

Wochenschrift für Astronomie, Meteorologie und Geographie. Red. von Heis. Neue Folge. 2—7. Jahrg. 1859—64. (Der „Astronomischen Unterhaltungen" 13—18. Jahrg.) à 52 Nrn. (à ½ Bgn.) Halle, Schmidt's Verlag. gr. 8. Jeder Jahrg. n. 3 ℛ

Wochenschrift für Astronomie, Meteorologie u. Geographie. Redig. von Heis. Neue Folge. 8—13. Jahrg. 1865—70. (Der „Astronomischen Unterhaltungen" 19—24. Jahrg.) à Jahrg. 52 Nrn. (½ Bgn.) Halle, Schmidt's Verlag. gr. 8. Jeder Jahrg. n. 3 ℛ

Wochenschrift für Astronomie, Meteorologie und Geographie. Redact.: Heis. Neue Folge 11.—18. Jahrg. [Der „Astronom. Unterhaltungen" 28. Jahrg.] 1868—1875. à Jahrg. 52 Nrn. (à ½ Bog.) gr. 8. Halle, Schmidt's Verlag. à Jahrg. *

Wochenschrift für Astronomie, Meteorologie und Geographie. Redig. von Herm. J. Klein. Neue Folge. 19.—22. Jahrg. [Der „Astronom. Unterhaltungen" 30.—33. Jahrg.] 1876—1879. à Jahrg. 52 Nrn. (à ½ Bog.) gr. 8. Halle, Schmidt's Verlagsh. à Jahrg. *

Wochenschrift für Astronomie, Meteorologie und Geographie. Redig. von Herm. J. Klein. Neue Folge. 23.—27. Jahrg. [Der „Astronom. Unterhaltungen" 34.—38. Jahrg.] 1880—1884. à Jahrg. 52 Nrn. (à Nr. ½—1 Bog.) gr. 8. Halle, Schmidt's Verlagsh. à Jahrg. *

Wochenschrift für Astronomie, Meteorologie und Geographie. Redig. von Herm. J. Klein. Neue Folge. 28.—31. Jahrg. [Der „Astronomischen Unterhaltungen" 39.—42. Jahrg.] 1885—1888. à Jahrg. 52 Nrn. (à Nr. 1/2—1 Bog.) gr. 8. Halle, Schmidt's Verlagsh. à Jahrg. *

—— für Astronomie, Meteorologie u. Geographie. Redig. v. Herm. J. Klein. Neue Folge. 32.—34. Jahrg. [Der „Astronom. Unterhaltungen" 43.—45. Jahrg.] 1889—1891. à Jahrg. 52 Nrn. (à Nr. 1/2—1 Bog.) gr. 8. Halle, Schmidt. à Jahrg. * 10 —
Nicht weiter erschienen.

Wochenschrift, Badische, zur Belehrung u. Unterhaltung für alle Stände, herausg. von A. W. Schreiber. 1r Bd. od. Jahrg. 1806. Juli—December. gr. 4. Heidelb., Mohr. 1 ₰ 8 gl. 2r u. 3r Bd. oder Jahrg. 1807. gr. 4. Ebd. 2 ₰ 16 gl.

Wochenschrift für deutsche Bahnmeister. Organ zur Vertretung der Interessen des Bahnmeisterstandes. Berlin: O. Elsner 1884–1906. 8°
Hrsg. v. W. Angerstein.
Red.: C. Klapper.

— f. deutsche Bahnmeister. Organ zur Vertretg. der Interessen des Bahnmeisterstandes. Zugleich Organ der Wohlfahrts-Einrichtg. f. deutsche Bahnmeister. Begründet v. W. Angerstein. Red.: C. Klapper. 10. u. 11. Jahrg. 1893. 1894. à 52 Nrn. (à ca. 1 Bog.) gr. 4. Berlin, Exped. (O. Elsner). à Jahrg. n. 10. —

Wochenschrift für deutsche Bahnmeister. Organ zur Vertretung d. Interessen d. Bahnmeisterstandes. Zugl. Organ d. Wohlfahrts-Einrichtung für deutsche Bahnmeister. Red.: C. Klapper. 12.—15. Jahrg. 1895—1898. à 52 Nrn. (à ca. 10 S. m. Abb.) gr. 4. Berlin, O. Elsner. à Jahrg. postfrei n.n. 10. —
Kann auch vierteljährlich bezogen werden.

— für deutsche Bahnmeister. Organ zur Vertretg. der Interessen des Bahnmeisterstandes. Zugleich Organ der Wohlfahrts-Einrichtg. f. deutsche Bahnmeister. Red.: C. Klapper. 16.—19. Jahrg. 1899—1902. à 52 Nrn. gr. 4. (à ca. 14 S. m. Fig.) Berlin, O. Elsner. Postfrei à Jahrg. n.n. 10. —

— für deutsche Bahnmeister. Organ zur Vertretg. der Interessen des Bahnmeisterstandes. Zugleich Organ der Wohlfahrts-Einrichtg. f. deutsche Bahnmeister. Red.: C. Klapper. 20.—23. Jahrg. 1903—1906. à 52 Nrn. (à ca. 20 S. m. Fig.) gr. 4. Berlin, O. Elsner. Postfrei à Jahrg. n.n. 10. —

— für deutsche Bahnmeister. Organ zur Vertretg. der Interessen des Bahnmeisterstandes. Zugleich Organ der Wohlfahrts-Einrichtung f. deutsche Bahnmeister. Red.: C. Klapper. 24.—27. Jahrg. 1907—1910. à 52 Nrn. (à ca. 16 S. m. Abbildgn.) 31,5×24 cm. Berlin, O. Elsner. Postfrei à Jahrg. nn 10. —

Wochenschrift, baltische, f. Landwirtschaft, Gewerbe u Handel. 1881-84. 90-92. 4°
Dorpat 1881-92

Baltische Wochenschrift f. Landwirtschaft, Gewerbefleiss u. Handel ... Jahrg. 39—51. Redaktion: G. v. Stryk 39-50 u. H. v. Pistohlkors. Dorpat 1901—13. 4°.

Wochenschrift. – Baierische Wochenschrift. München: Lindauer 1821–22. 4°
Hrsg. v. Chr. Karl Barth, Ign. Rudhardt u. F. Roth.

Wochenschrift, Baierische. München 1823. H: *Barth, Chn Carl* (MGT) & *Ignaz Rudhardt*. (Ky)

— baierische, herausg. (von Chr. K. Barth u. Ign. Rudhardt). 4. Münch. 823.

Wochenschrift. – Belehrende Wochenschrift für junge Kaufleute. Memmingen 1803. 8°
Hrsg. v. Balth. Wachter.

—— Berliner. Finanziell-polit. Revue. Redact.: G. Lewinstein. 1. Jahrg. 1872. April—Decbr. 39 Nrn., und 2. Jahrg. 1873. 52 Nrn. (à 2 Bog.) Fol. Berlin, Goldschmidt. Vierteljährlich *

— Berliner akademische. Hrsg. v. der akadem. Auskunftsstelle an der königl. Friedrich-Wilhelms-Universität. Schriftleiter: Wilh. Paszkowski. 1. Jahrg. Oktbr. 1906—Septbr. 1907. 52 Nrn. (à ca. 8 S.) Lex.-8. Berlin (N. 24, Linienstr. 158), Universitäts-Druckerei v. G. Schade. n. 6. —

Wochenschrift, Berliner akademische, Fortsetzg., s.a. Nachrichten, Berliner akademische.

—— Berliner klinische. Organ für pract. Aerzte. Mit Berücksichtigung der preuss. Medicinalverwaltung und Medicinalgesetzgebung nach amtl. Mittheilungen. Redact.: L. Posner. 1.—4. Jahrg. 1864—67. à Jahrg. 52 Nrn. (à 1—1 1/2 Bog.) gr. 4. Berlin, A. Hirschwald. à Jahrg. *

—— Berliner klinische. Organ für pract. Aerzte. Mit Berücksicht. der preuss. Medicinalverwaltung und Medicinalgesetzgebung nach amtl. Mittheilungen. Redact.: L. Posner. 5. Jahrg. 1868. 52 Nrn. (à 1—1 1/2 Bog.) gr. 4. Berlin, Hirschwald. *

—— dass. — Redact.: L. Waldenburg. 6.—12. Jahrg. 1869—1875. à Jahrg. 52 Nrn. (à 1—1 1/2 Bog.) gr. 4. Ebendas.
1869 *
1870—1873 à *
1874 und 1875 à *

—— Berliner klinische. Organ für pract. Aerzte. Mit Berücksicht. der preuss. Medicinalverwaltung und Medicinalgesetzgebung nach amtl. Mittheilungen. Redact.: L. Waldenburg. 13.—16. Jahrg. 1876—1879. à Jahrg. 52 Nrn. (à 1 1/2—2 Bog.) gr. 4. Berlin, Hirschwald. à Jahrg. *

—— Berliner klinische. Organ für pract. Aerzte. Mit Berücksicht. der preuss. Medicinalverwaltung und Medicinalgesetzgebung nach amtl. Mittheilungen. Redact.: L. Waldenburg. 17. und 18. Jahrg. 1880 und 1881. à Jahrg. 52 Nrn. (à Nr. 1 1/2 Bog.) gr. 4. Berlin, Hirschwald. à Jahrg. *
—— dass. — Redact.: C. A. Ewald. 19.—21. Jahrg. 1882—1884. à Jahrg. 52 Nrn. (à Nr. 1 1/2 Bog.) gr. 4. Ebendas. à Jahrg. *

—— Berliner klinische. Organ für pract. Aerzte. Mit Berücksicht. der preuss. Medicinalverwaltung und Medicinalgesetzgebung nach amtl. Mittheilungen. Redact.: C. A. Ewald. 22.—25. Jahrg. 1885—1888. à Jahrg. 52 Nrn. (à Nr. 1 1/2 Bog.) gr. 4. Berlin, Hirschwald. à Jahrg. *

—— Berliner klinische. Organ f. pract. Aerzte. Mit Berücksicht. der preuss. Medicinalverwaltg. u. Medicinalgesetzgebg. nach amtl. Mittheilgn. 26. u. 27. Jahrg. 1889 u. 1890 redig. v. C. A. Ewald, 28. u. 29. Jahrg. 1891 u. 1892 redig. v. C. A. Ewald u. C. Posner. à Jahrg. 52 Nrn. (à Nr. 1 1/2—3 Bog.) gr. 4. Berl., A. Hirschwald. à Jahrg. * 24 —

— Berliner klinische. Organ f. pract. Aerzte. Mit Berücksicht. der preuss. Medicinalverwaltg. u. Medicinalgesetzgebg. nach amtl. Mittheilgn. Red.: C. A. Ewald u. C. Posner. 28.—31. Jahrg. 1891—1894. à 52 Nrn. (à ca. 2 1/2 Bog.) gr. 4. Berlin, A. Hirschwald. à Jahrg. n. 24. —

Wochenschrift, Berliner klinische. Organ f. pract. Aerzte. M. Berücksicht. d. preuss. Medicinalverwaltg. u. Medicinalgesetzgebg. nach amtl. Mittheilgn. Red.: C. A. Ewald u. C. Posner. 32.—35. Jahrg. 1895—1898. à 52 Nrn. (à ca. 24 S. m. Abb.) gr. 4. Berlin, A. Hirschwald. à Jahrg. n. 24. —
Kann auch vierteljährlich bezogen werden.

— Berliner klinische. Organ f. pract. Aerzte. Mit Berücksicht. der preuss. Medicinalverwaltg. u. Medicinalgesetzgebg. nach amtl. Mittheilgn. Red.: C. A. Ewald u. C. Posner. 36.—39. Jahrg. 1899—1902. à 52 Nrn. gr. 4. (XX, 1178; XVII, 1243; XVI, 1225 u. XVI, 1224 S.) Berlin, A. Hirschwald. à Jahrg. n. 24. —

— Berliner klinische. Organ f. prakt. Aerzte. Mit Berücksicht. der preuss. Medizinalverwaltg. u. Medizinalgesetzgebg. nach amtl. Mitteilgn. Red.: C. A. Ewald u. C. Posner. 40.—43. Jahrg. 1903—1906. à 52 Nrn. (XIX, 1231 u. 76 S.; XVII, 1398 u. 68 S.; XX, 1663 u. 68 S.; XIX, 1710 u. 68 S.) gr. 4. Berlin, A. Hirschwald. à Jhrg. n. 24. —

— Berliner klinische. Organ f. prakt. Aerzte. Mit Berücksicht. der Medizinalverwaltung u. Medizinalgesetzgebg. nach amtl. Mitteilgn. Red.: C. Posner u. Hans Kohn. 44.—47. Jahrg. 1907—1910. à 52 Nrn. (XX, 1714; XVII, 2396; XVII, 2434 u. XVII, 2476 S. m. Abb.) 32,5×25 cm. Berlin, A. Hirschwald. à Jahrg. 24. —

— Berliner klinisch-therapeutische. Medizinische Rundschau, unter ständ. Mitwirkg. v. E. Finger, Goldscheider, v. Hacker u. a. Hrsg. v. M. T. Schnirer u. Alfr. Wolff. Red.: Alfr. Wolff. Jahrg. 1905. 52 Nrn. (à ca. 24 Sp.) gr. 4. Berlin, Berliner Verlagsanstalt. Fortsetzg. u. d. T.: n. 8. —

— Berliner philologische. Hrsg. v. Chr. Belger, O. Seyffert u. K. Thiemann. 4. Jahrg. 1884. 52 Nrn. (2 B.) hoch 4. Ebend. n. 18. —

— dasselbe. 5. Jahrg. 1885. 52 Nrn. (2 B.) hoch 4. Ebend. n. 20. —

— dasselbe. 6. Jahrg. 1886. 52 Nrn. (2 B.) hoch 4. Ebend. n. 24. —

— Berliner philologische. Hrsg. v. Chr. Belger u. O. Seyffert. 7. Jahrg. 1887. 52 Nrn. (2 B.) hoch 4. Berlin, Calvary & Co. n. 24. —

— dasselbe. Mit dem Beiblatte: Bibliotheca philologica classica bei Vorausbestellg. auf den vollständ. Jahrg. 8.—10. Jahrg. 1888—1890. à 52 Nrn. (2 B.) hoch 4. Ebd. à Jahrg. n. 24. —

— **Berliner philologische. Hrsg. v. Chr. Belger u. O. Seyffert. Mit dem Beiblatte: Bibliotheca philologica classica bei Vorausbestellg. des vollständ. Jahrg. 11.—15. Jahrg. 1891—1895. à 52 Nrn. (2 Bog.) hoch 4. Berlin, S. Calvary & Co. à Jahrg. n. 24. —**

— **Berliner philologische. Hsrg. v. Chr. Belger u. O. Seyffert. M. d. Beiblatte: Bibliotheca philologica classica bei Vorausbestellg. auf d. vollst. Jahrg. 16.—18. Jahrg. 1896—1898. à 52 Nrn. (à ca. 2 Bog.) hoch 4. Berlin. Leipzig, O. R. Reisland. à Jahrg. n. 24. —**
Kann auch vierteljährlich bezogen werden.

— **dasselbe, Beiblatt, s. a.: Bibliotheca philologica classica.**

— **Berliner philologische. Hrsg. v. Chr. Belger u. O. Seyffert. Mit dem Beiblatte: Bibliotheca philologica classica bei Vorausbestellg. auf den vollständ. Jahrg. 19.—22. Jahrg. 1899—1902. à 52 Nrn. hoch 4. (à Jahrg. X S. u. 1632 Sp.) Leipzig, O. R. Reisland. à Jahrg. n. 24. —**

— **Berliner philologische. Hrsg. v. O. Seyffert u. K. Fuhr. Mit dem Beiblatte: Bibliotheca philologica classica bei Vorausbestellg. auf den vollständ. Jahrg. 23.—26. Jahrg. 1903—1906 à 52 Nrn. (X, 1664; XII, 1664; X, 1680 u. X, 1664 Sp.) hoch 4. Leipzig, O. R. Reisland. à Jhrg. n. 24. —**

— Berliner philologische. Hrsg. von K. Fuhr. Mit dem Beiblatte: Bibliotheca philologica classica bei Vorausbestellung auf den vollständ. Jahrg. 27.—30. Jahrg. 1907—1910. à 52 Nrn. (à ca. 32 Sp.) Lex. 8. Leipzig, O. R. Reisland. à Jahrg. 24. —

— Berliner thierärztliche. Organ f. Thierarzneiwissenschaft u. thierärztl. Standesinteressen. Red.: Grosswendt. 5. Jahrg. 1889. 52 Nrn. (à 1—2 B.) gr. 4. Berlin, Th. Ch. F. Enslin. n. 14. —
Erscheint seit 1. Septbr. 1888 als Fortsetzung von: Rundschau auf dem Gebiete der Thiermedicin etc.

— dasselbe. Red. v. W. Dieckerhoff u. R. Schmaltz. 6. Jahrg. 1890. 52 Nrn. (à 1—2 B.) gr. 4. Ebd. n. 14. —

— **Berliner thierärztliche, red. v. W. Dieckerhoff u. R. Schmaltz. 7. Jahrg. 1891. 52 Nrn. (à ca. 2 Bog.) gr. 4. Berlin, R. Schoetz. n. 14. —**

— **dasselbe. Hrsg. v. W. Dieckerhoff, R. Schmaltz, R. Lothes. Jahrg. 1892—1894. à 52 Nrn. (à ca. 2 Bog.) gr. 4. Ebd. à Jahrg. n. 20. —**

— **Berliner thierärztliche. Hrsg. v. W. Dieckerhoff, R. Schmaltz, R. Lothes. Jahrg. 1895—1897. à 52 Nrn. (à ca. 12 S.) gr. 4. Berlin, R. Schoetz. à Jahrg. n. 20. —**

— **dasselbe. Nebst Beilage: Mittheilgn. für Veterinärbeamte. Jahrg. 1898. 52 Nrn. (à ca. 12 u. 4 S.) gr. 4. Ebd. n. 20. —**
Kann auch vierteljährlich bezogen werden.

— **Berliner thierärztliche. Nebst Beilage: Mittheilungen f. Veterinärbeamte. Hrsg. v. W. Dieckerhoff. R. Schmaltz, R. Lothes, B. Peter. Jahrg. 1899 u. 1900 à 52 Nrn. gr. 4. (XVI, 634 u. XVI, 624 S.) Berlin, R. Schoetz. à Jahrg. n. 20.—; geb n. 22. —**

— **dasselbe. Red.: Schmaltz, verantwortlich, u. De Bruin, Kühnau, Lothes u. a. Jahrg. 1901 u. 1902. à 52 Nrn. gr. 4. (XXIV, 800 u. XXIII, 848 S.) Ebd. à Jahrg. n. 20. —; geb. n. 22. —**

— **Berliner tierärztliche. Red.: Schmaltz, verantwortlich, De Bruin, Jess, Lothes u. a. Jahrg. 1903 bis 1906 à 52 Nrn. (XXII, 816; XXII, 914; XXXI, 904 S. m. Abb. u. XXXIV, 962 S. m. Abb., 2 Taf., u. 116 S.) gr. 4. Berlin, R. Schoetz. à Jhrg. n. 20. —**

— **Berliner tierärztliche.** Red.: Schmaltz, verantwortlich Glage, Lothes, Peter u. a. 23.—26. Jahrg. 1907—1910. à 52 Nrn. (XXXI, 974; XXXV, 992; XXXII, 978 u. XXVI, 1072 S.) 33×25 cm. Berlin, R. Schoetz. à Jahrg. 20.—; geb. 22. —

Wochenschrift zum Besten der Armen. Wien 1786.

Wochenschrift zum Besten der Armen in Kiel. Kiel 1793 ff. H: *Holst, Gerhard.* (MGT)

Wochenschrift (oder Wochenblatt) zum Besten der Armen in Kiel. Kiel. (Später Kieler Wochenblatt). Jg. 1—4. 1793—97; Jg. 41—43, 1833—35; Jg. 47—49. 1839—41; Jg. 52. 1844; Jg. 54—56. 1846—48. 8°.

Wochenschrift zum Besten der Erziehung der Jugend. Stuttgart 1771—72. H: *Böckh, Chn Gfr.* (ML) (BB) (Ky)

— zum Besten der Erziehung der Jugend. (Mit Beiträgen von Chr. Göz.) Herausg. von Chr. Gf. Böckh. 4 Thle. 8. Stuttg. 771, 72. v. Cotta. 4 ₰

Wochenschrift. — Dr. Blochs oesterreichische Wochenschrift. Central-Organ für die gesammten Interessen des Judentums. Jg. 12—35. Wien: Administration 1896—1918. 8°
Hrsg. v. Joseph Samuel Bloch.

— für Brauerei. Eigenthum d. Vereins.: Versuchs- u. Lehranstalt f. Brauerei in Berlin. Hrsg. v. M. Delbrück u. M. Hayduck. Red.: E. Lange. 1—3. Jahrg. 1884—1886. à 52 Nrn. (2 B.) gr. 4. Berlin, Parey. à Jahrg. n. 20. —

— für Brauerei. Eigenthum d. Vereins: Versuchs- u. Lehranstalt f. Brauerei in Berlin. Hrsg. v. M. Delbrück u. M. Hayduck. Red.: W. Windisch. 4.—7. Jahrg. 1887—1890. à 52 Nrn. (2 B.) gr. 4. Berlin, Parey. à Jahrg. n. 20. —

— f. Brauerei. Eigenthum d. Vereins: Versuchs- u. Lehranstalt f. Brauerei in Berlin. Hrsg. v. M. Delbrück u. M. Hayduck. Red. in B.: M. Student. 8. Jahrg. 1891. 52 Nrn. (2 Bog.) gr. 4. Berlin, P. Parey. n. 20. —

— dasselbe. Red.: W. Windisch. 9.—11. Jahrg. 1892—1894. à 52 Nrn. (2 Bog.) gr. 4. Ebd. à Jahrg. n. 20. —

— für Brauerei. Eigenthum d. Vereins: Versuchs- u. Lehranstalt f. Brauerei in Berlin. Hrsg. v. M. Delbrück u. M. Hayduck. Red.: W. Windisch u. E. Struve. 12.—15. Jahrg. 1895—1898. à 52 Nrn. (à ca. 2 Bog.) gr. 4. Berlin, P. Parey. à Jahrg. n. 20. —

— für Brauerei. Eigenthum des Vereins: Versuchs- u. Lehranstalt f. Brauerei in Berlin. Hrsg. v. M. Delbrück. Red.: W. Windisch u. E. Struve. 16.—19. Jahrg. 1899—1902. à 52 Nrn. hoch 4. (XVI, 720; XVII, 800; XVIII, 708 u. XVIII, 812 S. m. Abb. u. 8, bezw. 8, 2 u. 5 Taf.) Berlin, P. Parey. à Jahrg. n. 25. —
Mit der „Tageszeitung f. Brauerei" vereinigt u. nur noch durch die Post zu beziehen.

— für Brauerei. Eigentum des Vereins Versuchs- u. Lehranstalt f. Brauerei in Berlin. Unter Mitwirkg. von C. v. Eckenbrecher, W. Goslich, H. Hanow u. a. hrsg. v. M. Delbrück, red. v. W. Windisch. 22. u. 23. Jahrg. 1905 u. 1906. à 52 Nrn. (XX, 788 u. XVIII, 760 S. m. Abbildgn. u. je 1 Taf.) 4. Berlin, P. Parey. à Jhrg. n. 20. —

— f. Brauerei. Eigentum d. Vereins Versuchs- u. Lehranstalt f. Brauerei in Berlin. Unter Mitwirkg. v. G. Bode, C. v. Eckenbrecher, K. Fehrmann u. a. hrsg. v. M. Delbrück, red. v. W. Windisch. 24.—27. Jahrg. 1907—1910. à 52 Nrn. (XX, 760; XXI, 868; XVIII, 686 u. XIII, 684 S. m. Abbild. u. 3, 16, 4 u. 3.) 33×25,5 cm. Berlin, P. Parey. à Jahrg. 20. —

— dasselbe. Ergänzungsbd., s.: Jahrbuch der Versuchs- u. Lehranstalt f. Brauerei in Berlin.

Wochenschrift, Brünner, zum Besten der Armen. Brünn 1786. H: *Riecke, Vict. Heinr.* (WBL 46/279) (Trautenberger, Chronik von Brünn 4/157) (Biblport)
Siedler.

Die Chesnuthiller Wochenschrift: Dec. 15, 1790—1794.
Weekly. Prospectus, dated Oct. 8, 1790, announces that the paper will be published "für 5 Schilling des Jahrs;" however, no. 1—137, Dec. 15, 1790—Aug. 13, 1793, list it at "3 Schilling, neun Pens des Jahrs." Edited & published by Samuel Saur. Quarto, each issue 4 pages. Continued as Das Philadelphia Wochenblat (sic). Phila.
Chestnut Hill, PA

Wochenschrift, Danziger. Danzig 1783. H: *Turner, Samuel Wilh.* (MGT)

— deutsche. Herausg. von Karl Gödeke. (1.) Jahrg. 1854. 52 Hefte (à 2 Bgn.). Hannover, Rümpler. gr. 8. n. 8 ₰.

— deutsche. Organ für Politik, Volkswirthschaft, Kunst und Literatur. Redact.: Rich. Reuter. Jahrg. 1877. 1. Bd. (Jan.—Juni). 26 Nrn. (à 1—2 Bog.) gr. 4. Leipzig, Hildebrandt und Comp.

— dass. — Organ für Volkswirtschaft, Politik, Literatur und Kunst. Chef-Redact.: Heinr. Contzen. Jahrg. 1877. 2. Bd. (Juli—Decbr.) 26 Nrn. (à 1½—2 Bog.) gr. 4. Ebendas.
Nicht weiter erschienen.

Wochenschrift, deutsche. Organ für die nationalen Interessen des deutschen Volkes. Herausgegeben von Dr. Josef Eugen Russel. Redigirt von Dr. Karl Neisser. IV. Jahrg. gr. 4°. 52 Nummern. Wien, Administration. fl 10.—, vierteljährl. fl. 2.50. 1886.

— deutsche chemische. Rundschau über die Fortschritte u. Beweggn. auf dem Gesammtgebiete der chem. Technologie unt. besond. Berücksicht. der Gewerbehygiene, Arbeiterwohlfahrt u. Unfallverhütung. Allgem. deutscher Anzeiger f. chemische Industrien u. verwandte Gewerbebetriebe. Organ der Fabrikanten chem. u. techn. Produkte. Unter Mitwirkg. hervorrag. Fachleute hrsg. v. Hans Braun. 4. u. 5. Jahrg. 1903 u. 1904. 52, bzw. 24 Nrn. (à ca. 8 S. m. Abbildgn.) gr. 4. Berlin, Polytechn. Buchh. 1903 n. 10. —; 1904 n. 5. —
Fortsetzg., s.: Ratgeber, chemisch-technischer.

— deutsche kaufmännische. Organ des „Vereins junger Kaufleute v. Berlin", f. die Bekanntmachgn. des „Kaufmänn. Hilfsvereins f. weibl. Angestellte" in Berlin, des Vereins deutscher Kaufleute (German Mercantile Society) in London E.S. Zentralblatt f. die Interessen des gesamten Kaufmannsstandes. Red.: E. Witte. 1. Jahrg. Oktbr.—Decbr. 1893. 13 Nrn. (à ca. 2 Bog.) gr. 4. Berlin, (H. Spamer). n. 3. —

— dasselbe. Red.: Max Hirsch. 2. Jahrg. 1894. 52 Nrn. (à ca. 1 Bog.) gr. 4. Ebd. n. 6. —
Die „Kaufmännischen Blätter" wurden mit dieser Zeitschrift verschmolzen.

— deutsche kaufmännische (früher „Kaufmänn. Blätter".) Organ d. „Vereins junger Kaufleute v. Berlin", f. die Bekanntmachgn. d. „Kaufmänn. Hilfsvereins zu Berlin" ꝛc. Zentralblatt f. d. Interessen des ges. Kaufmannsstandes u. der Industrie. Red.: W. Baringer (für 1898: L. Bamberger). 15.—18. Jahrg. Neue Folge. 3.—6. Jahrg. 1895—1898. à 52 Nrn. (Bog.) gr. 4. Berlin, Thormann & Goetsch. à Jahrg. n. 6. —

Wochenschrift, deutsche klinisch-therapeutische. Unter ständ. Mitwirkg. von v. Baumgartner, E. Finger, v. Hacker u. a. hrsg. von O. v. Boltenstern u. M. T. Schnirer. Red.: O. v. Boltenstern. 3. Jahrg. 1906. 52 Nrn. (à ca. 24 Sp.) gr. 4. Leipzig, P. Schimmelwitz. n. 8. —

-- deutsche landwirtschaftliche. Hrsg.: J. H. Vogel. Juni 1899—Mai 1900. 52 Nrn. hoch 4. (à ca. 8 u. 4 S. m. Abb.) Berlin, Naturwissensch. Verlagsanst. n. 4. —

—— deutsche medicinische. Mit Berücksicht. der öffentl. Gesundheitspflege und der Interessen des ärztl. Standes. Redact.: P. Börner. 1. Jahrg. 1875. Octbr. bis Decbr. 13 Nrn. (à 1½ Bog.) gr. 4. Berlin, (G. Reimer.) *

—— dass. — Redact.: P. Börner. 2.—5. Jahrg. 1876—1879. à Jahrg. 52 Nrn. (à 1½ Bog.) gr. 4. Ebendas. à Jahrg. *

— deutsche medicinische. Mit Berücksichtigung der öffentlichen Gesundheitspflege u. der Interessen des ärztlichen Standes. Red.: P. Börner. 3—8. Jahrg. 1877—1882. à 52 Nrn. (1½ B.) gr. 4. Berlin, G. Reimer. à Jahrg. n. 24. —

— deutsche medicinische. Mit Berücksicht. der öffentl. Gesundheitspflege u. der Interessen d. ärztl. Standes. Red.: P. Börner u. S. Guttmann. 9—12. Jahrg. 1883—1886. à 52 Nrn. (1½ B.) gr. 4. Berlin, G. Reimer. à Jahrg. n. 24. —

— deutsche medicinische. Mit Berücksicht. d. deutschen Medicinalwesens nach amtl. Mittheilgn., der öffentl. Gesundheitspflege u. der Interessen d. ärztl. Standes. Begründet von P. Börner. Red.: S. Guttmann. 13.—16. Jahrg. 1887—1890. à 52 Nrn. (1½ B.) gr. 4. Leipzig, G. Thieme. à Jahrg. n. 24. —

— deutsche medicinische. Mit Berücksicht. d. deutschen Medicinalwesens nach amtl. Mittheilgn., der öffentl. Gesundheitspflege u. der Interessen d. ärztl. Standes. Begründet v. Paul Börner. Red.: S. Guttmann. 17.—19. Jahrg. 1891—1893. à 52 Nrn. (à ca. 3 Bog. m. Abbildgn.) gr. 4. Leipzig, G. Thieme. à Jahrg. n. 24. —

— dasselbe. Red.: Eulenburg u. Jul. Schwabe. 20. Jahrg. 1894. 52 Nrn. gr. 4. (à ca. 3 Bog. m. Abbildgn.) gr. 4. Ebd. n. 24. —

— deutsche medicinische. M. Berücksicht. d. deutschen Medicinalwesens nach amtl. Mittheilgn., der öffentl. Gesundheitspflege u. der Interessen des ärztl. Standes. Begründet v. Paul Börner. Red.: A. Eulenburg u. Jul. Schwalbe. 21.—25. Jahrg. 1895—1899. à 52 Nrn. (à ca. 24 S. m. Abb.) gr. 4. Leipzig, G. Thieme. à Jahrg. n. 24. —
Kann auch vierteljährlich bezogen werden.

Wochenschrift, deutsche medicinische. Mit Berücksicht. d. deutsch. Medicinalwesens nach amtl. Mittheilgn., der öffentl. Gesundheitspflege u. der Interessen d. ärztl. Standes. Begründet v. Paul Börner. Red.: A. Eulenburg u. J. Schwalbe. 26.—29. Jahrg. 1900—1903. à 52 Nrn. gr. 4. Leipzig, G. Thieme. (à ca. 32 S. m. Abb.) à Jahrg. n. 24. —

— deutsche medizinische. Mit Berücksicht. des deutschen Medizinalwesens nach amtl. Mitteilgn., der öffentl. Gesundheitspflege u. der Interessen des ärztl. Standes. Begründet v. Paul Börner. Red.: J. Schwalbe. 30.—32. Jahrg. 1904—1906. à 52 Nrn. (à ca. 48 S. m. Abb. u. Taf.) 4. Leipzig, G. Thieme. à Jhrg. n. 24. —

— dtsche. medizinische. Begründet v. Paul Börner. Hrsg. u. Red.: J. Schwalbe. 33.—36. Jahrg. 1907—1910. à 52 Nrn. (72, 2200; 72, 2328; 69, 2336 u. 67, 2440 S. m. Abb. u. 11, 12, 11 u. 13 Taf.) 38,5×25 cm. Leipzig, G. Thieme. à Jahrg. 24. —

Deutsche Thierärztliche Wochenschrift. Jg. 1. 1893—19. 1911. Karlsruhe [u. a.] 1893—1911. 4⁰

— deutsche tierärztliche, hrsg. v. Dammann, Lydtin, Röckl. Unter Mitwirkg. v. Edelmann, Garth, Haas, Vogel u. Willach red. v. Malkmus. 5. u. 6. Jahrg. 1897 u. 1898. à 52 Nrn. (à ca. 10 S.) gr. 4. Karlsruhe. Hannover, Gebr. Jänecke. à Jahrg. n. 16. —
Kann auch vierteljährlich bezogen werden.

— deutsche thierärztliche, hrsg. von Dammann, Lydtin, Röckl. Unter Mitwirkg. v. Edelmann, Feist, Garth u. a. red. v. Malkmus. 7.—10. Jahrg. 1899—1902. à 52 Nrn. gr. 4. (à ca. 16 S.) Hannover (M. & H. Schaper). à Jahrg. n. 16. —

— deutsche tierärztliche, hrsg. v. Dammann, Lydtin, Röckl. Unter Mitwirkg. v. Edelmann, Feist, Garth u. a. red. v. Malkmus. 11.—14. Jahrg. 1903—1906 à 52 Nrn. (XVI, 496; XIV, 556; XVI, 612 u. XVI, 680 S.) gr. 4. Hannover (M. & H. Schaper). à Jhrg. n. 16. —

— deutsche tierärztliche, hrsg. v. Dammann und R. Röckl. Unter Mitwirkg. v. Edelmann, Feist, Garth u. a. red. von Malkmus. 15.—18. Jahrg. 1907—1910. à 52 Nrn. (XIII, 748; XVIII, 760; XX, 784 u. XVII, 804 S. m. Abb. u. 8, 3, 2 u. 1 Taf.) 32×24,5 cm. Hannover, M. & H. Schaper. à Jahrg. 16. —

— deutsche, f. Versicherungswesen, früher Assecuranztribüne. Red.: L. Grothe. 18. Jahrg. 2. Sem. Juli—Dezbr. 1891. 26 Nrn. (Bog.) Fol. Cannstatt, L. Grothe. n. 7. 50
s.: Assecuranz-Tribüne.

— dasselbe. Organ f. Volkswirtschaft. Red.: L. Grothe. 19.—21. Jahrg. 1892—1894. à 52 Nrn. (Bog.) Fol. Ebd. à Jahrg. n.n. 14. —

— deutsche, f. Versicherungswesen, (früher Assekuranztribüne). Organ f. Volkswirtschaft. Red.: L. Grothe. 22.—25. Jahrg. 1895—1898. à 52 Nrn. (à ca. 4 S.) Fol. Wiesbaden, L. Grothe. à Jahrg. n.n. 15. —
Das 1. Sem. des 22. Jahrg. erschien noch in Cannstatt. — Kann auch halbjährlich bezogen werden.

— deutsche, f. Versicherungswesen (früher Assekuranz-Tribüne). Organ f. Volkswirtschaft. Red.: L. Grothe. 26.—29. Jahrg. 1899—1902. à 52 Nrn. Fol. (à ca. 4 S.) Wiesbaden (Kapellenstr. 97), L. Grothe. Postfrei à Jahrg. n.n. 15. —

— deutsche, f. Versicherungswesen (früher Assekuranz-Tribüne). Organ f. Volkswirtschaft. Red.: L. Grothe. 30.—33. Jahrg. 1903—1906 à 52 Nrn. (204, 206, 208 u. 206 S.) Fol. Wiesbaden (Kapellenstr. 97). L. Grothe. Postfrei à Jhrg. n.n. 15. —

Wochenschrift, deutsche, f. Versicherungswesen (früher Assekuranztribüne), Organ f. Volkswirtschaft. Red.: L. Grothe. 36. Jahrg. 1908. 52 Nrn. gr. 4. Wiesbaden (Kapellenstr. 97), L. Grothe. 1908. Halbjährlich 7. 50.

— deutsche, f. Versicherungswesen (früher Assekuranztribüne) Organ f. Volkswirtschaft. Red. L. Grothe. 37. Jahrg. 1909. 52 Nrn. gr. 4. Wiesbaden (Kapellenstr. 97), L. Grothe. 1909. Halbjährlich 7. 50.

— deutsche, f. Versicherungswesen (früher Assekuranztribüne). Organ für Volkswirtschaft. Red.: L. Grothe. 38. Jahrg. 1911. gr. 8. Nrn. 52. Wiesbaden, L. Grothe. 1910. Halbjährl. 7. 50.

DEUTSCHE ZAHNÄRZTLICHE WOCHENSCHRIFT. Organ des Vereinsbundes Deutscher Zahnärzte.
Redigiert von F(RITZ) STIEREN, Zahnarzt in Wiesbaden.
Jahrg. VIII. Jahrg. XI des Bundesorgan. Berlin 1905. Verlag des Vereinsbundes Deutscher Zahnärzte. Druck von Schmitz, Bukofzer. 4°.
Redigiert No. 1–16 von Zahnarzt F. STIEREN, Wiesbaden,
Nr. 17–30 von Professor Dr. PORT, Heidelberg,
No. 31–38 von Zahnarzt Dr. H. DELLEVIE, Hamburg,
No. 39–52 von Zahnarzt Dr. H. CHR. GREVE, München.
Jahrg. IX. Jahrg. XII des Bundesorgans. Berlin 1906. Druck und Verlag von Schmitz & Bukofzer.
Redigiert von Zahnarzt Dr. H. CHR. GREVE, München.
Jahrg. X. Jahrg. XIII des Bundesorgans. ib. 1907. –
Jahrg. XI. Jahrg. XIV des Bundesorgans. ib. 1908. ––
Jahrg. XII. Jahrg. XV des Bundesorgans. ib. 1909. –
Jahrg. XIII. Jahrg. XVI des Bundesorgans. ib. 1910. ––
Redigiert von Dr. R. PARREIDT, Leipzig.
Jahrg. XIV. Jahrg. XVII des Bundesorgans. ib. 1911. –
Schriftleitung: Dr. R. PARREIDT, (Zahnarzt in) Leipzig.
Jahrg. XV. Jahrg. XVIII des Bundesorgans. ib. 1912. –
Jahrg. XVI. Jahrg. XIX des Bundesorgans. ib. 1913.
Jahrg. XVII. Jahrg. XX des Bundesorgans. ib. 1914.
Jahrg. XVIII. Jahrg. XXI des Bundesorgans. ib. 1915.

— Dithmarsische, zum Nutzen u. Vergnügen. 4 Thle. 8. Heyde 775. Bauer. 1 ₰

— dramaturgische. Reformorgan u. Archiv für das gesammte deutsche Bühnenwesen. Hersg. von J. Klang u. Ab. Silberstein. 1. Jahrg. Mai bis Decbr. 1869 36 Nrn. (Bgn.) Leipzig, Priber. Lex.-8. n. 1 ₰ 15 ngr.

Wochenschrift, dramaturgische. Reformorgan u. Archiv für das gesammte deutsche Bühnenwesen. Hersg. v. J. Klang u. Ab. Silberstein. 2. Jahrg. 1870. 52 Nrn. (Bgn.) Ebend. Lex.-8. n. 2 ₰

—— für den Drogen-, Kolonialwaaren- und Farbenhandel. Redact.: Carl Habermalz. 1. Jahrg. 1883. 52 Nrn. (à Nr. 1—1¼ Bog.) gr. 4. Leipzig, Expedition. *
Fortsetzung erschien u. d. T.: Kolonialwaaren-Zeitung.

— dasselbe. 2. Jahrg. 1884. 52 Nrn. (à 1—1½ B.) gr. 4. Leipzig, Klöpsch. n. 6. —

— f. Eisenbahn-Betriebs- u. Verkehrsbeamte. Organ des Vereins mittlerer Beamten des Stations- u. Abfertigungsdienstes preuß. Staatsbahnen. 8. Jahrg. 1894. 52 Nrn. (Bog.) gr. 4. Ebd. n. 8. —

— für Eisenbahn-Betriebs- u. Verkehrsbeamte. Organ d. Vereins mittl. Beamten des Stations- u. Abfertigungsdienstes preuß. Staatsbahnen. 9.—11. Jahrg. 1895—1897. à 52 Nrn. (à ca. 12 S.) gr. 4. Berlin, Siemenroth & Troschel. à Jahrg. n. 8. —

— dasselbe. 12. Jahrg. 1898. 52 Nrn. (Bog.) gr. 4. Ebd. n. 6. —
Kann auch vierteljährlich bezogen werden.

Wochenschrift für Eisenbahn-Betriebs- u. Verkehrsbeamte. 13. u. 14. Jahrg. 1899 u. 1900. à 52 Nrn. gr. 4. (à ca. 8 S.) Berlin, F. Siemenroth. à Jahrg. n. 6. —

— f. Eisenbahn-Stations- u. Expeditionsbeamte. Organ der preuß. Eisenbahn-Stations-, Expeditions- u. Telegraphenbeamten. 5.—7 Jahrg. 1891—1893. à 52 Nrn. (Bog.) gr. 4. Berlin, Siemenroth & Worms. à Jahrg. n. 8. —
Frühere Jahrg. u. d. T.: Wochenschrift f. deutsche Stations- u. Expeditionsbeamte. — Fortsetzung u. d. Titel:

— f. Eisenbahn-Telegraphen-Beamte. Organ des Wohlfahrts-Uebereinkommens der preuß. Staatsbahn- u. Reichs-Eisenbahn-Telegraphenbeamten. 1. Jahrg. 1894. 52 Nrn. (Bog.) gr. 4. Ebd. n. 6. —

— f. Eisenbahn-Telegraphen-Beamte. Organ des Wohlfahrts-Uebereinkommens d. preuß. Staatsbahn- u. Reichs-Eisenbahn-Telegraphenbeamten. 2.—5. Jahrg. 1895—1898. à 52 Nrn. (Bog.) gr. 4. Ebd. à Jahrg. n. 6. —

— für Eisenbahn-Telegraphen-Beamte. Organ d. Wohlfahrts-Uebereinkommens der preuß. Staatsbahn- u. Reichs-Eisenbahn-Telegraphenbeamten. 6. Jahrg. 1899. 52 Nrn. gr. 4. (à ca. 8 S.) Berlin. Grunewald, A. Troschel. n. 6. —

— dasselbe. Red.: Frz. Siemenroth. Nebst Beilage: Illustr. Unterhaltungsblatt. Red.: A. Ihring. 7. u. 8. Jahrg. 1900 u. 1901. à 52 Nrn. gr. 4. (à ca. 8 u. 4 S.) Ebd. à Jahrg. n. 6. —

— dasselbe. 9. Jahrg. 1902. 52 Nrn. gr. 4. (à ca. 8 u. 4 S.) Berlin u. Leipzig, Luckhardt's Buchh. f. Verkehrswesen. n. 6. —
Erscheint nicht mehr.

Wochenschrift für die Eisen-Industrie. Organ für Arbeitgeber, Leiter industrieller Unternehmungen, Behörden und Verwaltungen. Hrsg. von H. Joly. [Von April 1901 – Dezember 1902 u. d. T.: Technischer Anzeiger für die Industrie, das Bauwesen, die technischen Behörden und Verwaltungen; von Januar 1903 – Dezember 1905: Joly's Technische Wochenschrift für die Industrie, das Bauwesen, die technischen Behörden und Verwaltungen.] Jg. 1–5 (April 1901 – Juni 1906), [Schluß]. Wittenberg, 1901–1906.

— f. die Erneuerung der Kirche. Hrsg.: J. F. Imman. Tafel. (2 u. 3) Jahrg. 1851 u. 1852. à 52 Nrn. 8. (B.) Tübingen, Verlagsexpedition. à n. 2 ₰

—— für die Erneuerung der Kirche. Hrsg. von J. F. Imman. Tafel. (4.) Jahrg. 1853. 52 Nrn. (Bog.) 8. Tübingen, Verlags-Expedition. *

Wochenschrift für Fabrikanten aller Branchen. Spandau: Nebe 1898 (1902). 8°
Hrsg. v. Wilhelm Nebe.

— f. deutsche Förster. Organ zur Vertretg. der Interessen des Förster- u. Forstkassenbeamtenstandes. Nebst humorist. Beilage: Seifenblasen. Red.: A. Wolff. 2. Jahrg. 1894. 52 Nrn. (à ca. 1 Bog.) Lex.-8. Berlin, (R. Hertzberg). n. 6. 40

— für deutsche Förster. Organ z. Vertretg. d. Interessen d. Förster- u. Forstkassenbeamtenstandes. Nebst „Illustr. Unterhaltungsblatt". Red.: A. Wolff (seit 1897: G. v. Stresow). 3.—6. Jahrg. 1895—1898. à 52 Nrn. (à ca. 1 Bog. u. 8 S. in 4.) Lex.-8. Berlin (R. Hertzberg). à Jahrg. n.n. 6. 40
Kann auch vierteljährlich bezogen werden.

— für deutsche Förster. Organ zur Vertretg. der Interessen des Förster- u. Forstkassenbeamtenstandes, des Vereins preuß. Forstbeamten, des Förster-Vereins von Elsaß-Lothringen, des Vereins großh. hess. Forstwarte, sowie vieler anderer forstl., jagdl. u. Hundezucht-Vereine. Nebst „Illustriertes Unterhaltungsblatt". Schriftleitung: G. v. Stresow. 7. u. 8. Jahrg. 1899 u. 1900. à 52 Nrn. gr. 8. (à ca. 24 u. 4 S.) Berlin (R. Hertzberg). à Jahrg. n.n. 6. 40

— dasselbe. 9. Jahrg. 1901. 52 Nrn. gr. 8. (à ca. 22 u. 4 S. in gr. 4.) Ebd. n.n. 8. —

— f. deutsche Förster. Organ zur Vertretg. der Interessen des Förster- u. Forstkassenbeamtenstandes, des Vereins preuß. Forstbeamten, des Vereins rhein. Gemeindeförster, des Förstervereins v. Elsaß-Lothringen, sowie vieler anderer forstl., jagdl. u. Hundezucht-Vereine. Nebst: „Wort u. Bild". Schriftleitung: G. v. Stresow. 11.—14. Jahrg. 1903—1906. à 52 Nrn. (à ca. 16 S. u. 8 S. in gr. 4.) gr. 8. Berlin (O. Rahmmacher). à Jhrg. n.n. 8. —

— für deutsche Förster. Organ zur Vertretg. d. Interessen des Förster- u. Forstkassenbeamtenstandes, des Vereins preuß. Forstbeamten, des Vereins rhein. Gemeindeförster, des Förstervereins von Elsaß-Lothringen, sowie vieler anderer forstlicher, jagdl. u. Hundezucht-Vereine. Nebst: „Wort u. Bild". Schriftleitg.: G. von Stresow. 15. Jahrg. 1907. 1. Halbj. 26 Nrn. (479 S.) gr. 8. Berlin (O. Rehmmacher). nn 4. —
Fortsetzg. s.: Forst- u. Jagdblätter, deutsche.

— der Fortschrittspartei in Bayern. Redact.: E. Th. Jacob. Jahrg. 1866 u. 1867 à Jahrg. 52 Nrn. (Bgn.) Erlangen, (Besold.) gr. 4. Jeder Jahrg. 1 ℛ 22 ngr.

Wochenschrift der Fortschrittspartei in Bayern (redig. v. *E. Th. Jacob*). Jahrg. VI. 1—3; VII—IX. (schluss) 1870—73. (4 voll.) Druck der Univers.-Buchdr. von E. Th Jacob. 4°. Ppbde. m. Tit. (Titelblatt zu Jahrg. VI unvollst., die Schlussbll. zu Quartal 3 ausgebess.)
Cplt. sehr selten! — Erschien seit 1865. Die meisten Jahrgg. total vergriffen!

— f. Frauenzimmer, mit Kupf. u. Musik, 2 Bde. gr. 8. Stuttgart, Magazin f. Literatur. 803.

Wochenschrift für Frauenzimmer. Bd 1. 2. Stuttgart: Sonnewald 1803. 8°

Wochenschrift. – Frdr. Fröbel's Wochenschrift. Ein Einigungsblatt f. alle Freunde d. Menschenbildung. Jg. 1 (= Nr. 1–52). Liebenstein: Verlagsbuchh. d. Kinderbeschäftigungs-Anstalt 1850. 4°
Red.: Wichard Lange.

— fur Gartnerei und Pflanzenkunde. Herausg. von **Karl Koch** und **G. A. Fintelmann**. 1. Jahrg. 1858. 52 Nrn. (à 1 Bgn. mit Holzschn. u. Lithogr.) Mit Beilage: Garten-Nachrichten. (12 Nrn.) Berlin, K. Wiegandt. 4. n. 5 ℛ. 10 ngr.

— fur Gartnerei und Pflanzenkunde. Herausg. von **K. Koch** u. **G. A. Fintelmann**. 2. Jahrg. 1859. 52 Nrn. (à 1 Bgn. m. Holzschn. u. Lithogr.) Mit Beilage: Garten-Nachrichten. (12 Nrn.) Berlin, K. Wiegandt. 4. n. 5 ℛ 10 ngr.
Fortsetzung s. Wochenschrift des Vereines zur Beförderung des Gartenbaues etc.

Wochenschrift. – Gastwirtschaftliche Wochenschrift. Hannover: Carl Fr. Augustin 1895–(1902). 8°
Hrsg. v. W. Herbst.

Wochenschrift für die Gegend des Eulengebirges. Jg. 1. 2. Reichenbach in Schles.: Müller 1805–06.

— dies. Organ f. die Interessen der Technik, des Handels, der Landwirthschaft u. der Armenpflege, hrsg. von der Direction des polytechnischen Vereins zu Würzburg u. dem Kreis-Comité des landwirthschaftl. Vereins f. Unterfranken. Red.: Schubert u. Bauer. 2. Jahrg. 1852. 52 Nrn. Lex. 8. (à ½—1 Bog.) Ebd. n. n. 1⅓ ℛ

—— gemeinnützige. Organ für die Interessen der Technik, des Handels, der Landwirthschaft und der Armenpflege, hrsg. von der Dir. des polytechn. Vereins zu Würzburg und dem Kreis-Comité des landwirthschaftl. Vereins für Unterfranken und Aschaffenburg. Redig. von Schubert und Bauer. 3. und 4. Jahrg. 1853 und 1854. à Jahrg. 52 Nrn. (à ½—1 Bog.) gr. 8. Würzburg, (Stahel'sche Buchh.) à Jahrg. * *

—— dass. — Hauptredakt.: Herberger. Redakt.: Bauer. 5. und 6. Jahrg. 1855 und 1856. à Jahrg. 52 Nrn. (à ½—1 Bog.) (Ebds.) à Jahrg. * *

Wochenschrift, gemeinnützige. Organ für die Interessen der Technik, des Handels, der Landwirthschaft und der Armenpflege, hrsg. von der Direction des polytechn. Vereins zu Würzburg und dem Kreis-Comité des landwirthschaftl. Vereins von Unterfranken und Aschaffenburg. Redig.: für den techn. Theil von Fr. A. Huberti, für den landwirthschaftl. von Bauer. 7. und 8. Jahrg. 1857 und 1858. à Jahrg. 52 Nrn. (à ½—1 Bog.) gr. 8. Würzburg, (Stahel'sche Buchh.) à Jahrg. Thlr. * *

—— dass. — Organ für Technik, Landwirthschaft, Handel und Armenpflege. Hrsg. von der Direction des polytechn. Vereins zu Würzburg und dem Kreis-Comité des landwirthschaftl. Vereins von Unterfranken und Aschaffenburg. Redig.: für den techn. Theil von Fr. A. Huberti, für den landwirthschaftl. von Rud. Wagner. 9—12. Jahrg. 1859—62. à Jahrg. 52 Nrn. (à ½—1 Bog.) gr. 8. Ebendas. à Jahrg. *

—— gemeinnützige. Organ für Technik, Landwirthschaft, Handel und Armenpflege. Hrsg. von der Direction des polytechn. Vereins zu Würzburg und dem Kreis-Comité des landwirthschaftl. Vereins von Unterfranken und Aschaffenburg. Redact.: für den techn. Theil: Gerstner, für den landwirthschaftl.: Louis Häfele. 13.—15. Jahrg. 1863—65. à Jahrg. 52 Nrn. (à ½—1 Bog.) gr. 8. Mit Beilagen und Lithogr. Würzburg, (Stahel'sche Buchh.) à Jahrg. *

—— dass. — Organ für Technik, Volkswirthschaft und Armenpflege. Hrsg. von der Direction des polytechn. Vereins zu Würzburg. Redact.: Gerstner. 16. und 17. Jahrg. 1866 und 1867. à Jahrg. 52 Nrn. (à ½—¾ Bog. mit eingedr. Holzschn.) gr. 8. Würzburg, (Stuber.) à Jahrg. *

—— gemeinnützige. Organ für Technik, Volkswirthschaft und Armenpflege. Hrsg. von der Direction des polytechn. Central-Vereins zu Würzburg. 18.—22. Jahrg. 1868—1872. à Jahrg. 52 Nrn. (à ½—¾ Bog.) gr. 8. Würzburg, Stuber. à Jahrg. *

—— dass. — Organ des polytechn. Central-Vereins für Unterfranken und Aschaffenburg. Redact.: F. Nies. 23.—25. Jahrg. 1873—1875. à Jahrg. 52 Nrn. (à ½—¾ Bog.) gr. 8. Ebendas. à Jahrg. *

Wochenschrift, gemeinnützige. Organ d. polytechn. Central-Vereins f. Unterfranken u. Aschaffenburg. Red.: Nies u. N. Endres. 27—32. Jahrg. 1877—1882. à 26 Nrn. (à ½—1 B.) gr. 8. Würzburg, Stuber's Verl. in Comm. à Jahrg. n. 4. —

— gemeinnützige. Organ d. polytechn. Zentral-Vereins f. Unterfranken u. Aschaffenburg. Red.: N. Endres. 33—36. Jahrg. 1883—1886. à 26 Nrn. (à 1—1¼ B.) gr. 8. Würzburg, (Stuber's Verl.) à Jahrg. n. 4. —

— gemeinnützige. Organ des polytechn. Zentralvereins für Unterfranken u. Aschaffenburg. Red.: L. Erhard. 37. u. 38. Jahrg. 1887. 1888. à 26 Nrn. (à 1—1½ B.) gr. 4. Würzburg, (Stuber's Verl.). à Jahrg. n. 4. —

— dasselbe. Red.: F. X. Bauer. 39. u. 40. Jahrg. 1889. 1890. à 26 Nrn. (à 1—1¹/₈ B.) gr. 4. Ebd. à Jahrg. n. 4. —

— gemeinnützige. Organ d. polytechn. Zentralvereins f. Unterfranken u. Aschaffenburg. Interims-Red.: C. Maier. 41. Jahrg. 1891. 26 Doppel-Nrn. (à 1—1¹/₂ Bog.) gr. 4. Würzburg, (A. Stuber's Verl.). n. 4. —

— dasselbe. Red.: J. Helldörfer. 42.—44. Jahrg. 1892—1894. à 26 Doppel-Nrn. (à 1—1¹/₄ Bog.) gr. 4. Ebd. à Jahrg. n. 4. —

— gemeinnützige. Organ d. polytechn. Zentralvereins f. Unterfranken u. Aschaffenburg. Red.: J. Helldörfer (für 1896: A. Stöhr). 45. u. 46. Jahrg. 1895 u. 1896. à 26 Doppel-Nrn. (Bog.) gr. 4. Würzburg (A. Stuber's Verl.) à Jahrg. n. 4. —

— dasselbe, Fortsetzg., s.: Monatsschrift, gemeinnützige.

Wochenschrift: Gemeinnüzige Wochenschrift physischen und medicinischen Innhalts
① Zum Besten des Zürcherischen Seminars geschikter Landärzte herausgegeben von D. Joh Heinrich Rahn (auf dem Umschlagblatt der Quartalbände) ② Gemeinnüziges Wochenblatt physischen und medicinischen Innhalts (Titel auf dem Umschlagblatt der Quartalbände) ③ Archiv gemeinnuziger physischer und medizinischer Kenntnisse ④ Anzeiger fur gemeinnüzige Arzneikunst ⑤ 6. 1. 1792—14. 12. 1792 ⑥ 8° ⑦ Wochenblatt ⑧ Zurich: Orell, Geßner, Füßli & Comp. (?) ⑩ Dr. Johann Heinrich Rahn ⑪ der Herausgeber ⑬ BGSZ: 57 (p. 10—12), 70 (p. 70 Nr. 30) ⑭ Zh: Z; Be: L ⑮ In der Bibliographie der Schweizerischen Landeskunde V, 5 (R. Schmid, Gesundheitswesen, p. 40), sowie BGSZ 57, p. 10 wird ein Jahrgang 1790 erwähnt. Ein solcher ist jedoch nicht auffindbar. In dem Vorwort zur Zeitschrift vom 6. 1. 1792 ist übrigens angedeutet, daß es sich um das erste Heft einer neugegründeten Zeitschrift handelt.

Wochenschrift, gemeinnützige, des polytechnischen Vereins zu Würzburg. Hrsg. durch die Direction des Vereins. 1. Jahrg. 1851. 52 Nrn. (à ¹/₂ — 1 Bog.) Lex.-8. Würzburg, (Stahel'sche Buchh.) **

—— dass. — Redig. von Schubert und Bauer. 2. Jahrg. 1852. 52 Nrn. (¹/₂ — 1 Bog.) Lex.-8. Ebds. **

Wochenschrift des Gewerbevereins der Stadt Bamberg. 1860. 63. 72. 74. Bamberg 1860-74

—— des niederösterreichischen Gewerbe-Vereines. Eine gewerbl. und volkswirthschaftl. Zeitung. Redact.: W. F. Warhanek. 26. und 27. Jahrg. 1865 und 1866. à Jahrg. 52 Nrn. (à 1—1¹/₂ Bog. mit eingedr. Holzschn.) gr. 8. Wien, (Seidel und Sohn.) à Jahrg. *
Vgl.: Verhandlungen und Mittheilungen des niederösterreichischen Gewerbe-Vereines.

—— des niederösterreichischen Gewerbe-Vereines. 32.—36. Jahrg. 1871—1875. à Jahrg. 52 Nrn. (à 1—1¹/₂ Bog.) hoch 4. Wien, (Hölder.) à Jahrg. *
Vgl.: Verhandlungen und Mittheilungen des niederösterreich. Gewerbevereines.

—— des niederösterreichischen Gewerbe-Vereins. 37. Jahrg. 1876. 52 Nrn. (à 1—1¹/₂ Bog.) gr. 4. Wien, (Hölder.) *

—— dass. — Redact.: Ed. Tobisch. 38.—40. Jahrg. 1877—1879. à Jahrg. 52 Nrn. (à 1—1¹/₂ Bog.) Imp.-4. Ebendas. à Jahrg. *

—— des niederösterreichischen Gewerbe-Vereins. 41.—45. Jahrg. 1880—1884. à Jahrg. 52 Nrn. (à Nr. 1—1¹/₂ Bog.) gr. 4. Wien, (Hölder.) à Jahrg. *

— des niederösterreichischen Gewerbe-Vereins. 47.—50. Jahrg. 1886—1889. à 52 Nrn. (1—1¹/₂ B.) gr. 4. Wien, Expedition. à Jahrg. n. 10. —
Nicht im Buchhandel.

Wochenschrift des niederösterreichischen Gewerbe-Vereins. LXI. Jahrgang. 1900. Wien. 1900. Selbstverlag. erscheint in 52 Nummern halbjährig K 6.—

Wochenschrift des Niederösterreichischen Gewerbevereins. 1901-07. 4° Wien 1901-07

Wochenschrift des niederösterr. Gewerbevereins. 1908-13. 4° Wien 1908-13

—— Grazer, für Literatur, Kunst und öffentliches Leben. Hrsgbr.: M. Cohn (A. Mels). Redact.: Jg. Mosetzky. 1. Jahrg. 1876/77. 52 Nrn. (à 1¹/₂ Bog.) gr. 4. Graz, Cyller. *
Nicht weiter erschienen.

—— für deutsches Handels- und Wechselrecht nach den Entscheidungen des Oberhandelsgerichts in Leipzig. Hrsg. von D. Calm und C. Mallison. 1. Jahrg. 1871. 52 Nrn. (Bog.) gr. 4. Leipzig, Roßberg'sche Buchh. [Berlin, C. Heymann's Verlag.] *

—— dass. — Hrsg. von D. Calm. 2. und 3. Jahrg. 1872 und 1873. à Jahrg. 52 Nrn. (à 1—1¹/₂ Bog.) gr. 4. Berlin, C. Heymann's Verlag. à Jahrg. *
Vgl.: Archiv für Theorie und Praxis des allgemeinen deutschen Handels- und Wechselrechts.

Wochenschrift f. d. gesammte Heilkunde. Unter d. Mitredaction v. M. H. Romberg, A. W. v. Stosch, E. Thaer hrsg. v. J. L. Casper. 1. Jahrg. 1833. 2 Bde. od. 52 Nrn. (à 1—2 B.) Mit Register. gr. 8. Berlin, Reimer.

—— dies., hrsg. v. denselb. 2. u. 3. Jahrg. 1834 u. 35. à 2 Bde. od. 52 Nrn. (à 1—1¹/₂ B.) Mit Registern. gr. 8. Berlin, Hirschwald. à J.
Schliesst sich als indirecte Fortsetz. an d.: „Krit. Repertorium f. d. ges. Heilkunde, hrsg. v. J. N. Rust u. J. L. Casper," vgl. dieses.

Wochenschrift f. d. gesammte Heilkunde. Hrsgeb.: Casper. 4—10. Jahrg. 1836—42. à 52 Nrn. (à 1—1¹/₂ Bog.) Nebst literar. Anzeiger u. Registern. gr. 8. Berlin, A. Hirschwald. à J. *

Wochenschrift f. die gesammte Heilkunde, hrsg. v. Casper. 11—15. Jahrg. 1843—47. à 52 Nrn. (à 1—1¹/₂ Bog.) Nebst krit. Anzeiger, Register u. Abbild. gr. 8. Berlin, Aug. Hirschwald, Verl. à J. *

—— für die gesammte Heilkunde. Hrsg. von Casper. Jahrg. 1848—51. à Jahrg. 52 Nrn. (à 1 — 1¹/₄ Bog.) Mit Abbildungen. gr. 8. Berlin, A. Hirschwald. à Jahrg. *

Wochenschrift: Historische, Philosophische und Moralische Wochenschrift, gesammelt in Luzern von einigen Freunden der Litteratur
⑤ 6. 1. 1779—29. 3. 1779 ⑥ 8° ⑦ Im Januar Wochenschrift; im Februar und März alle 14 Tage je 1 Doppelnummer ⑧ Luzern (?) ⑩ Joseph Pfyffer v. Heidegg ⑬ BGSZ: 99, 5. 2. 1227, 1228 ⑭ Lu: Z ⑮ Der Druckort wird nicht genannt, doch wurde die Schrift wahrscheinlich in Luzern bei J. Frz. Jb. Wyssing gedruckt.

Otto Janke's Deutsche Wochenschrift. Supplement zur Roman-Zeitung. Hrsg. von Friedrich Spielhagen. Nr ...
Berlin: Janke 4°

1-7(1863)

Wochenschrift: Illustrirte Wochenschrift zur Belehrung und Unterhaltung
⑤ 1855 (?) ⑦ Wochenblatt ⑥ Altdorf: Johann Jakob Högger ⑩ Freunde der Literatur ⑮ Diese «Wochenschrift», die einzig aus einem Inserat im «Bund» Nr. 356, 1854, bekannt ist und die auch eine Rubrik über die Weltereignisse enthalten sollte, ist wahrscheinlich nicht erschienen.

— illustr., für Entomologie. Internat. Organ f. alle Interessenten d. Insektenkunde. Hrsg. u. red. unter Mitwirkg. zahlr. Gelehrten, sow. hervorrag. Kenner u. Beobachter d. Insektenwelt. Red.: Udo Lehmann. 1. Jahrg. Apr.—Decbr. 1896. 39 Nrn. (à ca. 20 S.) gr. 8. Neudamm, J. Neumann. 9. —

— dasselbe. Offizielles Organ der Berliner entomolog. Gesellschaft. 2. Jahrg. 1897. 52 Nrn. (Bog.) gr. 8. Ebd. 12. —

— dasselbe, Fortsetzung, s.: Zeitschrift, illustr., für Entomologie.

— illustr., f. Haus u. Familie f. d. J. 1894. 1895. 7. u. 8. Jahrg. (Oktbr. 1893 — Septbr. 1895.) à 52 Nrn. (à ca. 3 Bog.) Fol. Dresden, Wolf & Wagner. à Jahrg. n. 4. —

— für Industrie u. Technik, s.: Uhland, Wilh. Heinr.

—— des österreichischen Ingenieur- und Architekten-Vereins, s.a. Zeitschrift des österreichischen Ingenieur- und Architekten-Vereins.

Wochenschrift des österreichischen Ingenieur- und Architekten-Vereines. Jg. 1—16. 1876—1891. Wien

— des österreichischen Ingenieur- u. Architekten-Vereines. Red.: Jos. Melan. 7. Jahrg. 1882. 52 Nrn. (B. m. Illustr.) gr. 4. Wien, Seidel & Sohn in Comm. n. 20. —

—— des österreichischen Ingenieur- und Architekten-Vereines. Redact.: Jos. Melan. 10. und 11. Jahrg. 1885 und 1886. à Jahrg. 52 Nrn. (à Nr. 1½ Bog. mit Illustr.) Nebst Zeitschrift des Vereins. 4 Hefte. gr. 4. Wien, (Seidel und Sohn.) à Jahrg. *

—— dass. — Redact.: Paul Kortz. 12. und 13. Jahrg. 1887 und 1888. à Jahrg. 52 Nrn. (à Nr. 1½ Bog. mit Illustr.) Nebst Zeitschrift des Vereins. 4 Hefte. gr. 4. (Ebendas.) à Jahrg. *

Frühere Jahrgänge u. d. T.: Zeitschrift des österreichischen Ingenieur- und Architekten-Vereins.

—— des österreichischen Ingenieur- u. Architekten-Vereines. Redact.: Paul Kortz. 14.—16. Jahrg. 1889—1891. à Jahrg. 52 Nrn. (à Nr. 1½ Bog. m. Illustr.) Nebst Zeitschrift d. Vereins. à Jahrg. 4 Hefte. gr. 4. Wien, (Seidel u. Sohn). à Jahrg. * 20 — Jahrg. 1892 s. u. d. T.: Zeitschrift d. österr. Ingenieur- u. Architekten-Vereines.

— internationale, f. Wissenschaft, Kunst u. Technik, hrsg. v. Paul Hinneberg. Begründet v. Frdr. Althoff. Red.: Wilh. Paszkowski. 1.—4. Jahrg. 1907—1910. à 52 Nrn. (1255, 1663, 1655 u. 1689 S.) Lex. 8. München, Bayerische Druckerei u. Verlags-Anstalt. à Jahrg. 12. —

— israelitische. Zeitschrift für die Gesamtinteressen des Judentums. Nebst e. wissenschaftl. Beilage. Red.: M. A. Klausner. 8. Jahrg. 1899. 52 Nrn. gr. 4. (à ca. 16 S.) Berlin, S. Cronbach. n. 10. —

— dasselbe. Nebst dem Beiblatt: Jüdisches Litteraturblatt. Red.: M. A. Klausner. 9. Jahrg. 1900. 52 Nrn. gr. 4. (à ca. 12 u. 8 S.) Ebd. n. 10. —

— dasselbe. Red.: M. A. Klausner. 10. u. 11. Jahrg. 1901 u. 1902. à 52 Nrn. Nebst dem Beiblatt: Jüdisches Litteratur-Blatt. Red: M. Rahmer. 25. u. 26. Jahrg. 1901 u. 1902. à 12 Nrn. gr. 4. (à ca. 16 S.) Berlin (C. 19, Roßstr. 3), A. Scholem. à Jahrg. n. 12. —; Litteraturblatt allein à Jahrg. n. 4. —

— israelitische. Zeitschrift f. die Gesamtinteressen des Judentums. 12.—14. Jahrg. 1903—1905. à 52 Nrn. (à ca. 16 S.) Nebst Beiblatt: Jüdisches Litteratur-Blatt. Red.: L. A. Rosenthal. 29. Jahrg. 1905. 24 Nrn. (à 4 S.) gr. 4. Berlin (C. 19, Roßstr. 3), A. Scholem. à Jhrg. n. 12. —; Litteraturblatt allein 4. —

Erscheint nicht mehr.

—— israelitische, für die religiösen und socialen Interessen des Judenthums. Redact. und Hrsgbr.: A. Treuenfels. 1. und 2. Jahrg. 1870 und 1871. à Jahrg. 52 Nrn. (à 1½—2 Bog.) gr. 4. Breslau, Skutsch. à Jahrg. *

—— dass. — 3. Jahrg. 1872. 52 Nrn. (à 1—2 Bog.) gr. 4. Magdeburg, Simon. (Leipzig, Friese.) *

—— dass. — 4.—6. Jahrg. 1873—1875. à Jahrg. 52 Nrn. (Bog.) Mit Beilagen: Das jüdische Literaturblatt. Hrsg. von M. Rahmer. (½ Bog.) gr. 4. Ebendas. 1873 und 1874 à * 1875 *

Wochenschrift, israelitische, für die religiösen und socialen Interessen des Judenthums. Redact. und Hrsgbr.: A. Treuenfels. 7. und 8. Jahrg. 1876 und 1877. à Jahrg. 52 Nrn. (Bog.) Mit Beilage: Das jüd. Literaturblatt. Hrsg. von Mor. Rahmer. 5. und 6. Jahrg. à 24 Nrn. (à ½ Bog.) gr. 4. Magdeburg. (Leipzig, Friese.) à Jahrg.

—— dass. — 9. Jahrg. 1878. 52 Nrn. (Bog.) Mit Beilage: Das jüd. Literaturblatt. Hrsg. von Mor. Rahmer. 7. Jahrg. 52 Nrn. (à ½ Bog.) gr. 4. (Ebendas.) ** Literaturblatt allein

—— dass. — Redact. und Hrsgbr.: Mor. Rahmer. 10. Jahrg. 1879. 52 Nrn. (Bog.) Mit Beilage: Das jüd. Literaturblatt. 8. Jahrg. 51 Nrn. (à ½ Bog.) gr. 4. Ebendas. * Literaturblatt allein

—— israelitische, für die religiösen und socialen Interessen des Judenthums. Redact. und Hrsgbr.: Mor. Rahmer. 11.—15. Jahrg. 1880—1884. à Jahrg. 52 Nrn. (Bog.) Mit Beilage: Das jüdische Literaturblatt. 9.—13. Jahrg. à Jahrg. 52 Nrn. (à Nr. ½ Bog.) gr. 4. Magdeburg. (Leipzig, Friese.) à Jahrg. * Literaturblatt allein à Jahrg. *

Wochenschrift, israelitische, für die religiösen und socialen Interessen des Judenthums. Redact. und Hrsgbr.: Mor. Rahmer. 16. Jahrg. 1885. 52 Nrn. (Bog.) Mit Beilage: Jüdisches Litteraturblatt. 14. Jahrg. 52 Nrn. (à Nr. ½ Bog.) gr. 4. Magdeburg. (Leipzig, Friese.) Litteraturblatt allein *

—— dass. — 17.—19. Jahrg. 1886—1888. à Jahrg. 52 Nrn. (Bog.) Mit Beilagen: Jüdisches Familien-Blatt. Zur Unterhaltung und Belehrung für die israelit. Jugend. à Jahrg. 52 Nrn. und Jüdisches Litteraturblatt. 15.—17. Jahrg. à Jahrg. 52 Nrn. (à Nr. ½ Bog.) gr. 4. (Ebendas.) à Jahrg. * Litteraturblatt allein à Jahrg. *

— israelitische, f. die religiösen u. socialen Interessen des Judenthums. Red. u. Hrsg.: M. Rahmer. 18.—21. Jahrg. 1887—1890. à 52 Nrn. (B.) Mit Beilagen: Jüdisches Familien-Blatt. Zur Unterhaltg. u. Belehrg. f. die israelit. Familie. à 52 Nrn. u. Jüdisches Litteraturblatt. 16.—19. Jahrg. à 52 Nrn. (½ B.) gr. 4. Magdeburg. (Leipzig, Friese.) à Jahrg. n. 12. —; ohne Litteraturblatt n. 9. —; Litteraturblatt ap. jährlich n. 8. —

— israelitische, e. allgemeine Zeitg. des Judenthums. Hrsg. v. Mor. Rahmer. 22.—25. Jahrg. 1891—1894. à 52 Nrn. (Bog.) Mit Beilagen: Jüdisches Familien-Blatt. Zur Unterhaltg. u. Belehrg. f. die israelit. Familie. à 52 Nrn. (½ Bog.) u. Jüdisches Litteraturblatt. 20.—23. Jahrg. à 52 Nrn. (½ Bog.) gr. 4. Magdeburg, (W. Niemann). Vierteljährlich n. 3. —; ohne Litteraturblatt n. 2. 25; Litteraturblatt allein n. 2. —

Wochenschrift, Itzehoe'sche, zur Beförderung des Guten, Nützlichen und Angenehmen. O. O. 1801—2. V: *Hennings, Chn Wilh. Carl.* H: *Ancken, Hans von.* (NN) (LS)

Wochenschrift für die Jugend. (Wahrscheinl. nur 1 Stück ersch.) Prag: Trattner 1777.

Wochenschrift für einheitliche Jugenderziehung und Volksbildung
① Organ der Friedensvereine. Sprechsaal für Friedensfreunde, Erzieherinnen und Lehrer aller Stufen ④ Der Friede ⑤ t. ? 1892—Anfang Juni 1893 ⑥ 8° ⑦ Wochenblatt ⑧ St. Gallen: Zollikoter'sche Buchdruckerei ⑩ ein Konsortium von Gesinnungsgenossen ⑪ G. Schmid, St. Galler, Präsident des Schweiz. Friedens- und Erziehungs-Vereins ⑫ Friedensbewegung ⑬ SG: Va; Be: L (1892).

—— juristische. Organ des deutschen Anwalt-Vereins hrsg. von S. Haenle und J. Johannsen. Jahrg. 1872 und 1873. à Jahrg. 52 Nrn. (Bog.) gr. 4. Berlin, Weidmann'sche Buchh. à Jahrg. *

—— dass. — Hrsg. von S. Haenle und A. Lüntzel. Jahrg. 1874 und 1875. à Jahrg. 26 Nrn. (Bog.) gr. 4. Ebendas. à Jahrg. *

—— juristische. Organ des deutschen Anwalt-Vereins. Hrsg. von S. Haenle und A. Lüntzel. Jahrg. 1876—1879. à Jahrg. 26 Nrn. (Bog.) gr. 4. Berlin, Moeser.
Jahrg. 1876—1878 à *
Jahrg. 1879 *

— dasselbe. Hrsg. von S. Haenle u. M. Kempner. Jahrg. 1879—1882. à 26 Nrn. (B.) gr. 4. Ebend. à Jahrg. n. 12. —

— juristische. Organ d. deutschen Anwalts-Vereins. Hrsg. v. S. Haenle u. M. Kempner. Jahrg. 1883—1885. à 26 Nrn. (B.) gr. 4. Berlin, Moeser. à Jahrg. n. 12. —

—— juristische. Organ des deutschen Anwalts-Vereins. Hrsg. von S. Haenle und M. Kempner. Jahrg. 1885. 49 Nrn. gr. 4. (406 S.) Berlin, Moeser. *
—— dass. — Jahrg. 1886. 54 Nrn. gr. 4. (478 S.) Ebendas. *
—— dass. — Jahrg. 1887. 61 Nrn. gr. 4. (528 S.) Ebendas. *
—— dass. — Jahrg. 1888. ca. 60 Nrn. gr. 4. (480 S.) Ebendas. *

—— juristische. Organ d. deutschen Anwalt-Vereins. Hrsg. v. M. Kempner. Jahrg. 1889—1892. à Jahrg. ca. 60 Nrn. gr. 4. Berl., Moeser. à Jahrg. * 20 —

— dasselbe. Inhalts-Uebersicht zu Jahrg. 1872—1890 u. Gesammt-Verzeichniß zu den darin mitgetheilten Reichsgerichts-Entscheidgn. in der Buchstabenfolge u. nach der Ordng. der Gesetzesstellen. Hrsg. vom deutschen Anwaltverein. gr. 4. (402 S.) Ebd. 891. n.n. 10. —

Wochenschrift, juristische. Organ d. deutschen Anwalt-Vereins. Hrsg. v. M. Kempner. Jahrg. 1891—1894. gr. 4. Berlin, W. Moeser. à Jahrg. n. 20. —
Erscheint in zwanglosen Nrn.

— juristische. Organ d. deutschen Anwalt-Vereins. Hrsg. von M. Kempner. Jahrg. 1895—1898. à 52 Nrn. (Bog.) gr. 4. Berlin, W. Moeser. à Jahrg. n. 20. —

— juristische. Organ des deutschen Anwalt-Vereins. Hrsg. v. M. Kempner. Jahrg. 1899. gr. 4. (63 u. 862 S.) Berlin, W. Moeser. n. 20. —

— dasselbe. Hrsg. v. M. Kempner u. seit 1902 v. L. Kuhlenbeck. 29.—31. Jahrg. 1900—1902. gr. 4. (LXV, 904; LXIII, 888 S. u. LXI, 652, 28 S. u. Beilage 1—14.) Ebd. à Jahrg. n. 25. —

— juristische. Organ des deutschen Anwalt-Vereins. Hrsg. u. red. v. Hugo Neumann. 32.—35. Jahrg. 1903 bis 1906. (XLVIII, 440 u. XVI, 148 S.; L, 628 S.; XLVIII, 792 S. u. LIV, 840 S.) gr. 4. Berlin, W. Moeser. à Jhrg. n. 25. —

— juristische. Organ des deutschen Anwalt-Vereins. Hrsg. u. red. v. Hugo Neumann. 36.—39. Jahrg. 1907—1910. (48, 899; 51, 768; 40, 768 u. 49, 1040 S.) 30,5×22,5 cm. Berlin, W. Moeser. à Jahrg. 25. —
Von 1912 an ermäß. Abonnementspreis 20. —

Juristische Wochenschrift für das Herzogthum Schleswig. Hgg. v. (Heinrich Christian Piel) v. Wöldike. (A. u. d. T.: Juridisk Ugeskrift for Hertugdommet Slesvig.) Bd. 1—10. Flensburg. 1854—63. 4°.

— juristische, für die Preuß. Staaten. Mit Genehmigung der Justiz-Minister u. unter Mitwirkung der Herren Dr. Bornemann, Gärtner, Göschel, Dr. Homeyer, Scholz, v. Strampff u. m. A. herausg. von F. S. A. Hinschius. 1r—6r Jahrg. 1835—1840. à 104 Numm. (Bog.) 4. Berlin, Jonas Verlagsbuchh. à Jahrg. n. 4 ℛ

— Register zum 1n — 3n Jahrg. (1835—37.) 4. Ebd. 838. 2/3 ℛ

— juristische, für die Preußischen Staaten. Mit Genehmigung Ihrer Exzellenzien der Herren Staatsminister. Herausgeber: F. S. A. Hinschius. 7. u. 8. Jahrg. 1841 u. 1842. à 104 Numm. (B.) Nebst Beilagen. gr. 4. Berlin, Jonas Verlagsb. à n. 4 ℛ — 9. u. 10. J. f. 1843 u. 1844. Herausgeber: J. D. H. Demme. 11. u. 12. J. 1845 u. 1846. v. Justizrath Arndts. gr. 4. Ebend. 843—46. à n. 4 ℛ

— juristische, f. d. Preußischen Staaten. Hrsg.: Striethorst. 13. Jahrg. 1847. 52 Nrn. gr. 4. Berlin, Jonas Verl. — 14. Jahrg. 1848. 52 Nrn. Imp. 4. (B.) Mit d. Beiblatt: Rechtsfälle aus der Praxis des K. Geh. Ober-Tribunals neuern Verfahrens. gr. 8. (52 B.) Ebd. à Jahrg. n. 4 ℛ 1848, mit Beiblatt, n. 5 ℛ 24 ng ℛ

—— katholische. Hrsg. von F. X. Himmelstein. 1. und 2. Jahrg. 1853 und 1854. à Jahrg. 52 Nrn. (Bog.) gr. 8. Würzburg, Stahel'sche Buchh. à Jahrg. *

—— dass. — Redig. von Demf. 3. und 4. Jahrg. 1855 und 1856. à Jahrg. 52 Nrn. (Bog.) Mit: Würzburger Diöcesan-Blatt. 1. Jahrg. 1855. 52 Nrn. (½ Bog.) Lex.-8. Ebds. à Jahrg. *

—— katholische. Hrsg. von F. X. Himmelstein. 5. Jahrg. 1857. 52 Nrn. (Bog.) Mit: Würzburger Diöcesen-Blatt. 3. Jahrg. 1857. 52 Nrn. (½ Bog.) Lex.-8. Würzburg, Stahel'sche Buchh. *
Ist nicht fortgesetzt worden.

— für Kaufleute, herausg. von der Berlin. Handlungsschule. 1s Quart. A. u. d. T.: der Unterhalter rc. (von J. M. F. Schulze.) 8. Berl. 795. Langhoff. 11 ℛ

— kaufmännische. Handel — Industrie — Export. Mit den Beiblättern: Export u. Grosshandel. Der Schaufenster-Arrangeur. Nahrungsmittel- u. Kolonialwarenhandel. Eisenwaren- u. Küchengeräte-Zeitung. Der Manufaktur- u. Modewarenhändler. Spiel- und Galanteriewaren-Rundschau. Chefred.: Aug. Fischer. Verantwortlich: Ign. Tenger. 11. Jahrg. 1908. 12 Nrn. (à ca. 16 S. m. Abbildgn.) 32×22 cm. Wien, O. Maass Söhne. nn 6. —
Fortsetzg., s.: Zeitschrift, kaufmännische.

Wochenschrift f. die neue Kirche. Hrsg.: J. F. Imman. Tafel. 1. Jahrg. Juni — Decbr. 1850. 31 Nrn. 8. (B.) Tübingen, Verlagsexpedition. n. 1⅙ ℛ

—— für die neue Kirche. Redact.: R. L. Tafel und J. G. Mittnacht. 1.—3. Jahrg. 1872—1874. à Jahrg. 52 Nrn. (Bog.) gr. 4. Stuttgart, Neukirchl. Buchh. — Oberstraß-Zürich, Mittnacht. à Jahrg. *

— kirchliche, f. evangelische Christen. Hrsg. v. den Freunden der positiven Union. Schriftleitung: Geo. Lasson. Jahrg. 1901 u. 1902. à 52 Nrn. gr. 4. (à ca. 8 S.) Berlin, Trowitzsch & Sohn. à Jahrg. n. 6. —
Bildet zugleich die Fortsetzung v.: Monatsschrift, kirchliche.

— kirchliche, f. evangelische Christen. Hrsg. von den Freunden der positiven Union. Schriftleitung: Geo. Lasson. Jahrg. 1903. 52 Nrn. (à ca. 8 S.) gr. 4. Berlin, Trowitzsch & Sohn. n. 6. —
Fortsetzg., s.: Union, positive.

— klinisch-therapeutische, früher therapeutische Wochenschrift. Hrsg. u. red. v. M. T. Schnirer. Red.: Max Kahane. 5. Jahrg. 1898. 52 Nrn. (à ca. 2 Bog.) gr. 4. Wien (F. Deuticke.) n. 12. —

— klinisch-therapeutische, früher therapeutische Wochenschrift. Hrsg. u. red. v. M. T. Schnirer. 6.—9. Jahrg. 1899—1902. à 52 Nrn. gr. 4. (à ca. 32 Sp.) Wien (F. Deuticke). à Jahrg. n. 12. —

— klinisch-therapeutische, früher therapeutische Wochenschrift. Hrsg. u. red. v. M. T. Schnirer. 10. Jahrg. 1903. 52 Nrn. (XX, 1498 Sp.) gr. 4. Wien (F. Deuticke.) n. 12. —
Fortsetzg., s.: Wochenschrift, Wiener klin.-therapeut.

Klinisch-therapeutische Wochenschrift. XV. Jahrg. 1908. 4°. Erscheint in 52 Nrn. Wien: Deuticke 1908. kompl. K 10. —

— klinisch-therapeutische, unter ständ. Mitwirkg. von P. v. Baumgarten, L. Brauer, A. Elschnig u. a. Red. v. M. T. Schnirer u. Geo. Zehden. Red.: Geo. Zehden. 17. Jahrg. 1910. 52 Nrn. (1336 Sp. u. XVI S.) 32×24,5 cm. Berlin-Wilmersdorf, Dr. W. Rothschild. 12. —

Wochenschrift für Kommunal-Angelegenheiten. Verantwortl. Redakteur: Ignaz Kankoffer. Erster Jahrgang Nr. 1–24. Wien, 1856. Druck und Verlag von Leopold Sommer. (S. 1–384. 8.)

Wochenschrift für Communal-Angelegenheiten. Verantwortl. Redakteur: Ignaz Kankoffer. Erster Jahrg. Nr. 25—39. Wien, 1856. Druck und Verlag von Leopold Sommer. (S. 385—624. 4)

Wochenschrift für Communal-Angelegenheiten. Verantw. Redakteur: Ignaz Kankoffer. 1. Jahrg. 1856. Nr. 40—52. Wien, 1856. Druck und Verlag von Leop. Sommer. (S. 625—816. 8.) (Vergleiche 2459/1856.) Schluß des 1. Jahrg.
Inhalt: Nr. 42. Luxus. — Gesetzliche Bestimmungen über das Armenwesen und die Armenpflege. (Nr. 43, 44.) — Nr. 43. Die Forstwirthschaft. (Nr. 44.) — Nr. 44. Das Polytechnikum in Ofen. — Ein- und Ausfuhr in Oesterreich. — Nr. 45. Ueber das Lehren der Landwirthschaft in Volksschulen. — Mähmaschine. — Ungarisch-Altenburg. — Nr. 46. Sonntags-Gewerbsschule. (Nr. 47.) — Humanitäts- und Wohlthätigkeitsanstalten, Stiftungen und Vereine für diese Zwecke. — Nr. 48. Vereine zur Unterstützung unbemittelter erwerbsfähiger Leute ohne Unterschied der Confession durch unverzinsliche Darlehen. — Von der geeignetesten Lage zum Weinbau. — Nr. 49. Von der Behandlung des Mostes. — Nr. 50. Katholischer Gesellen-Verein, gegründet in Wien im März 1850. — Ueber die Verwendung der wilden Kastanie. — Nr. 51 u. 52. Verein zur wechselseitigen Unterstützung seiner durch Feuer verunglückten Mitglieder in Niederösterreich.

— der deutschen Conserven- u. Obstgelée-Industrie. Vereins-Organ. Hrsg. v. A. P. Holingshausen. 1. Jahrg. Aug. 1893—Juli 1894. 26 Nrn. (Bog.) gr. 4. Coblenz, (W. Groos). n. 20. —

Wochenschrift des Kreditorenvereins zum Schutze von Forderungen bei Insolvenzen. Wien: Kreditoren-Verein 1875 (1902). 8°
Red.: Rudolf Lembe.

— für Kunst u. Musik. Red.: J. Forgách. Hrsg.: Ant. Stöckler. Verantwortlicher Red.: Alex. Frhr. v. Eder. 3. Jahrg. 1905. 52 Nrn. (à ca. 12 S.) 4. Wien (I, Tuchlauben 17), Administration. n. 8. —

— für deutsche Landwirthe. Mit den Beiblättern: Der prakt. Landwirth, Allgem. Zeitung f. die ges. Spiritus-Industrie, Roman-Bibliothek, Frauenheim. 1. Jahrg. 1895. 52 Nrn. (à ca. 24 S. m. Abb. u. 8 S. in gr. 8.) gr. 4. Berlin, Nebe & Schütze. n. 6. —

Wochenschrift für Land- und Forstwirthschaft. Stuttgart: Cotta 1871—1875. 8°

Wochenschrift für Land- u. Hauswirthschaft u. d. einschlagenden Gewerbe f. Deutschland, d. kaiserl. österreichischen Staaten, d. Schweiz etc. Allgemeine. Herausg. v. E. v. Ladiges. Jhg. 1. Mit vielen Abbildungen. Darmstadt 18[illegible] gr. 4.
Später: Allgem. Zeitschrift für Land- und Hauswirthschaft.

— für Landwirthschaft, Industrie und Handel. Hrsg. von einem Vereine prakt. Männer. Organ des landwirthschaftl. Vereins für Niederbayern. 2.—9. Jahrg. 1868—1875. à Jahrg. 52 Nrn. (à ½ Bog.) Lex.-8. Landshut, Thomann'sche Buchh.
1868—1873 à *
1874 und 1875 à *

Landwirthschaftliche Wochenschrift für die Provinz Sachsen. Amtsblatt d. Landwirthschaftskammer. Der "Zeitschrift d. Landwirthschaftskammer f. d. Prov. Sachsen" N. F. Jg. 1. 1899. Halle a. S. (Landwirtschaft [illegible]) 1899 [illegible]

— landwirtschaftliche, f. die Prov. Sachsen. Amtsblatt f. die Landwirtschaftskammern f. die Prov. Sachsen u. das Herzogt. Anhalt. Der „Zeitschrift der Landwirtschaftskammer f. die Prov. Sachsen“ neue Folge. Schriftleitg.: Detlev Lienau. 10. Jahrg. 1908. 52 Nrn. (à ca. 10 S.) 32×24 cm. Halle a/S. (Kaiserstr. 7), Landwirtschaftskammer f. die Prov. Sachsen. nnn 3. —
Nicht durch den Buchhandel zu beziehen.

— landwirthschaftliche, des baltischen Central-Vereins. Hrsg. vom Haupt-Vorstande desselben und redig. von Rohde und Trommer. Jahrg. 1861. 24 Nrn. (Bog.) gr. 8. Greifswald. (Frauenstedt.)
Ist die Fortsetzung des „Landwirthschaftlichen Wochenblatts für Neuvorpommern“, vgl. dieses.

— landwirthschaftliche, des Baltischen Central-Vereins. Hrsg. vom Haupt-Vorstande desselben und redig. von Rohde und Trommer. Jahrg. 1862—66. à Jahrg. 24 Nrn. und 1866 und 1867. à Jahrg. 26 Nrn. (Bog.) gr. 8. Eldena. Berlin, Wiegandt und Hempel.
1862 und 1863. *
1864—67. à Jahrg. *

— landwirthschaftliche, des Baltischen Central-Vereins. Hrsg. vom Haupt-Vorstande desselben und redig. von Rohde und Trommer. Jahrg. 1868—1875. à Jahrg. 24 Nrn. (Bog.) gr. 8. Eldena. Berlin, Wiegandt, Hempel und Parey.
à Jahrg. *

— landwirthschaftliche, des Baltischen Central-Vereins. Hrsg. vom Haupt-Vorstande desselben und redig. von Rohde. Jahrg. 1876—1878. à Jahrg. 52 Nrn. (Bog.) gr. 8. Eldena. (Berlin, Parey) à Jahrg. *
Die Fortsetzung erschien u. d. T.: Landwirthschaftliche Vereinsschrift des Baltischen Central-Vereins.

Wochenschrift für die Liebhaber der Geschichte, der Erdbeschreibung, der Naturkunde, der Weltweissheit und der schönen Wissenschaften. Bd 1. Oedenburg: J. J. Siesz 1779. 8°

Wochenschrift. – Löwenberger Wochenschrift zur Belehrung und angenehmen Unterhaltung. Löwenberg: Bergmann 1820–22.
Hrsg. Ratmann.

— für Maschinen- u. Metall-Industrie, Berg- u. Hüttenwesen. Früher: Der Weltmarkt. Verantwortlich: Kurt Sachisthal. 21. Jahrg. 1907. 52 Nrn. (à ca. 16 S.) 32×23 cm. Braunschweig, A. Limbach. 4. —
Erscheint nicht mehr.

Wochenschrift, medizinische, für Hamburg. Herausg. von P. Schmidt u. E. F. Homann. (27 B. od. 52 Numm.: 2. Nov. 1833 – 25. Oct. 1834.) gr. 8. Hamburg 835. (Magazin für Buchh. ꝛc.) 2 ß

Wochenschrift Medizinische, Wiener. Redakteur L. Wittelshöfer, Dr. A. Pichler's Witwe u. Sohn, 4. 2spaltig, 3. Jahrgang, 8 fl. jährlich.
Wien 1853.

Medizinische Wochenschrift, Wiener —. (4ter Jahrgang.) Redakteur Dr. L. Wittelshöfer. Druck von A. Pichler's Witwe und Sohn. 4. 2spaltig. Jeden Samstag. 4 fl. und 5 fl. halbjährig.
Wien 1854.

— f. Menschenbildung, s. a. H. Pestalozzi.

Wochenschrift für Menschenbildung. Bd 1–4 (zu je 3 Heften). Aarau: Sauerländer 1807–11. 8°
Hrsg.: Heinr. Pestalozzi.
Bd 1 u. 2 erschien 1815. in 2. Auflage.

Wochen- oder Monatsschrift für das Land Breisgau. Freiburg 1781. H: *Zähringer*. (Kasp. Ruef, Abgenöthigte Ehrenrettung. Freib. i. B. 1781. S. 5, 13) (KY 2/30) (BiblPort)

— Münchener medicinische. [Früher Aerztl. Intelligenz-Blatt.] Organ f. amtl. u. prakt. Aerzte. Hrsg. v. Bollinger, H. Ranke, v. Rothmund, v. Schleiss, Seitz, Winckel. Red: B. Spatz. 33. Jahrg. 1886. 52 Nrn. ($1^1/_2$ B.) gr. 4. München, J. A. Finsterlin. n. 20. —

— Münchener medicinische. [Früher Aerztl. Intelligenz-Blatt.] Organ f. amtl. u. prakt. Aerzte. Hrsg. v. Bollinger, Heineke, Michel, H. Ranke, v. Rothmund, v. Schleiss, Seitz, Winckel. Red.: B. Spatz. 34.—36. Jahrg. 1887—1889. à 52 Nrn. ($1^1/_2$ B.) gr. 4. München, J. A. Finsterlin. à Jahrg. n. 20. —

— dasselbe. 37. Jahrg. 1890. 1.—3. Qu. Januar—Septbr. 39 Nrn. ($1^1/_2$ B.) gr. 4. Ebd. n. 15. —

— dasselbe. 37. Jahrg. 1890. 4. Qu. Octbr.—Decbr. 13 Nrn. ($1^1/_2$ B.) gr. 4. München, F. Lehmann. n. 5. —

— Münchener medicinische. [Früher Aerztl. Intelligenz-Blatt.] Organ f. amtl. u. prakt. Aerzte. Hrsg. v. O. Bollinger, C. Gerhardt, W. v. Heineke, G. Merkel, J. Michel, H. v. Ranke, M. v. Schleiss, F. v. Winckel, H. v. Ziemssen. Red.: B. Spatz. 38.—41. Jahrg. 1891—1894. à 52 Nrn. (à ca. 2 Bog.) gr. 4. München, J. F. Lehmann's Verl. à Jahrg. n. 20. —

— Münchener medicinische. (Früher Aerztl. Intelligenz-Blatt.) Organ f. amtl. u. prakt. Aerzte. Hrsg. v. Ch. Bäumler, O. Bollinger, H. Curschmann, C. Gerhardt, W. v. Heineke, G. Merkel, J. V. Michel, H. v. Ranke, F. v. Winckel, H. v. Ziemssen. Red.: B. Spatz. 42.—45. Jahrg. 1895—1898. à 52 Nrn. (à ca. 30 S. m. Abb.) gr. 4. München, J. F. Lehmann's Verl. à Jahrg. n. 24. —; einz. Nrn. n. — 60
Kann auch vierteljährlich bezogen werden.

— Münchener medicinische. (Früher Ärztl. Intelligenz-Blatt.) Organ f. amtl. u. prakt. Ärzte. Hrsg. von Ch. Bäumler, O. Bollinger, H. Curschmann, C. Gerhardt, G. Merkel, J. v. Michel, H. v. Ranke, F. v. Winckel, H. v. Ziemssen. Red.: B. Spatz. 46.—49. Jahrg. 1899—1902. à 52 Nrn. gr. 4. (L, 1776; LV, 1836; LXII, 2150 u. LXVI, 2186 S. m. Abbildgn.) München, J. F. Lehmann's Verl. à Jahrg. n. 24. —

— Münchener medizinische. Organ f. amtl. u. prakt. Aerzte. Hrsg. von O. v. Angerer, Ch. Bäumler, O. v. Bollinger u. a. Red: B. Spatz. 50.—53. Jahrg. 1903 bis 1906. à 52 Nrn. (LXXI, 2304; LXXVIII, 2340; LXXXV, 2544 u. LXXX, 2588 S. m. Abbildgn. u. 10, 9, 16 u. 17 Taf.) gr. 4. München, J. F. Lehmann's Verl. à Jhrg. n. 24. —

— Münchener medizinische. Organ f. amtl. u. prakt. Ärzte. Hrsg. von O. von Angerer, Ch. Bäumler, H. Curschmann u. a. Red.: B. Spatz. 54.—57. Jahrgang. 1907—1910. à 52 Nrn. (86, 2652; 92, 2714; 94, 2716 u. 100, 2780 S. m. Abb. u. 20, 15, 21 u. 24 Taf.) 32,5 ×25 cm. München, J. F. Lehmann's Verl. à Jahrg. 24. —

Muenchener medizinische Wochenschrift. Festnummer zum 50jährigen Jubiläum des kgl. Operationskurses für Militärärzte in München. 1860—1910. Mit 1 Bld.
München 1910. 64 S. 4°

— Münchener stenographische. Uebungs- u. Unterhaltungsblatt [System Gabelsberger]. Red.: A. Sckell. 1. u. 2. Jahrg. 1888 u. 1889. à 52 Nrn. ($^1/_4$ B.) gr. 8. München, (Rieger). à Jahrg. n. 3. —; viertelj. n. — 80

— dasselbe. 3. Jahrg. 1890. 52 Nrn. ($^1/_4$ B.) gr. 8. Ebd. n. 4. —

— Münchener stenographische. Uebungs- u. Unterhaltungsblatt [System Gabelsberger]. Red.: A. Sckell. 4. u. 5. Jahrg. 1891. 1892. à 52 Nrn. ($^1/_4$ Bog.) gr. 8. München, (M. Rieger). à Jahrg. n. 4. —

— dasselbe. 6. Jahrg. 1893. 1. Quartal. 13 Nrn. ($^1/_4$ Bog.) gr. 8. Ebd. n. 1. —
Fortsetzung s.: Zeitschrift, Münchener stenographische.

— Münchner theologische, f. den katholischen Seelsorgsklerus deutscher Zunge. In Verbindg. m. Professoren u. Doktoren der Theologie hrsg. v. J. E. Weis-Liebersdorf. 1. Jahrg. April–Dezbr. 1904. 39 Nrn. (316 S.) Lex.-8. München. Baden-Baden, P. Weber. n. 4. 50

— Münchener tierärztliche (früher: Wochenschr. f. Tierheilkunde u. Viehzucht). Unter Mitwirkg. bewährter Fachmänner hrsg. u. red. von M. Albrecht. 53. u. 54. Jahrg. 1909 u. 1910. à 52 Nrn. (à Jahrg. XX, 888 S.) gr. 8. München (M. Rieger). à Jahrg. nn 8. —

— für Nahrungsmittel u. Kochkunst, hrsg. vom internationalen Kochkunst-Verein zu Leipzig. Red. für den wissenschaftl. Theil: Reyher, Fach-Red.: F. Häckel. 3. Jahrg. 1888. 52 Nrn. (1 1/2 B.) Fol. Leipzig, Expedition (M. Schmeißer). n. 8. —
Bildet die Fortsetzg. von: Blätter, Leipziger, f. Nahrungsmittel-Hygiene.

— f. Nahrungsmittel-Kontrolle, öffentliche u. private Gesundheitspflege. Red. v. H. Dege. 1. Jahrg. Juli 1887—Juni 1888. 52 Nrn. (à 1—2 B.) gr. 4. Leipzig, Kramer & Co. n. 6. —

Wochenschrift, Die, ohne Namen. Naumb. 1768. II: *Freytag, Frdr. Gotthilf.* (ML)

—— des Nationalvereins. Hrsg. von A. L. v. Rochau. Unter Verantwortlichkeit von E. Rückert. Jahrg. 1860. Mai bis Decbr. 34 Nrn. (Bog.) gr. 4. Coburg, Expedition.

—— dass. — Jahrg. 1861. 52 Nrn. (Nr. 35—86.) (Bog.) gr. 4. Ebendas.

Wochenschrift des Nationalvereins. Hrsg. von A. L. v. Rochau. Jahrg. 1862—65. à Jahrg. 52 Nrn. (Bog.) gr. 4. Coburg, Expedition. à Jahrg. *
Vgl.: Wochenblatt.

— die, des Nationalvereins über Waldheim (Abdr. aus dem Dresdner Journal) u. früher veröffentlichte amtl. Berichtigungen in der Mitteldeutschen Volks-Zeitung u. Deutschen Allgemeinen Zeitung. Leipzig 865. Teubner. 8. (74 S.) gratis.

—— naturwissenschaftliche. Redact.: H. Potonié. 2. Bd. April—Septbr. 1888. 26 Nrn. (Bog. mit Illustr.) gr. 4. Berlin, Riemann und Möller. *

—— dass. — 3. Bd. Octbr. 1888—März 1889. 26 Nrn. (Bog. mit Illustr.) gr. 4. Berlin, Riemann. *
Der 1. Bd. erschien u. d. T.: Naturwissenschaftler, der (s. d.). — Mit dem 4. Bde. ist die Wochenschrift an F. Dümmler's Verlag in Berlin übergegangen. — Vgl.: Naturforscher, der.

—— naturwissenschaftliche. Redact.: H. Potonié. 4. Bd.: April—Decbr. 1889. 40 Nrn. (Bog. m. Illustr.) gr. 4. Berl., [Riemann.] Dümmler's Verlag. * 9 —
Vgl.: Umschau, naturwissenschaftlich-technische.

Wochenschrift, naturwissenschaftliche. Red.: H. Potonié. 5. Bd. 1890. 52 Nrn. (B. m. Illustr.) gr. 4. Berlin, Dümmler's Verl. n. 12. —

Wochenschrift, naturwissenschaftliche. Red.: **H. Potonie. 6. u. 7. Bd. 1891. 1892. à 52 Nrn.** (Bog. m. Illustr.) **gr. 4.** Berlin, F. Dümmler's Verl. **à Jahrg. n. 12.** —

— **dasselbe. 8. Bd. Jan.— Juni 1893. 26 Nrn.** (Bog.) **gr. 4. Ebd. n. 6. —; auch in 6 Hftn. à n. 1.** —

— **dasselbe. 8. Bd. 1893. 2. Halbj. Juli—Decbr. 26 Nrn.** (**à ca. 1 1/2 Bog. m. Illustr.**) **gr. 4. Ebd. n. 8.** —

— **dasselbe. 9. Bd. 1894. 52 Nrn. (à ca. 1 1/2 Bog. m. Illustr.) gr. 4. Ebd. n. 16. —; auch in 12 Hftn. à n. 1. 35**

— **naturwissenschaftliche.** Red.: H. Potonié. 10.—13. Bd. 1895—1898. à 52 Nrn. (à ca. 12 S. m. Abb.) gr. 4. Berlin, F. Dümmler's Verl. à Jahrg. n. 16. —
Kann auch vierteljährlich u. in je 12 Hftn. à n. 1. 35 bezogen werden.

— **naturwissenschaftliche.** Red.: H. Potonié. 14. u. 15. Bd. 1899 u. 1900. à 52 Nrn. gr. 4. (à Jahrg. II, 624 S. m. Abbildgn.) Berlin, F. Dümmler's Verl. à Jahrg. n. 16. —

— **dasselbe. 16. Bd. (Jan.—Septbr.) 1901. 39 Nrn. gr. 4.** (II, 452 S.) Ebd. n. 12. —

— dasselbe. Red.: H. Potonié u. F. Körber. Neue Folge 1. Bd.; der ganzen Reihe 17. Bd. (Oktbr. 1901—Septbr. 1902.) 52 Nrn. gr. 4. (VII, 624 S. m. Abbildgn.) Jena, G. Fischer. n. 6. —

— dasselbe. Einschliesslich der Zeitschrift „Die Natur“ (Halle a. S.). Seit 1. IV. 1902. Organ der deutschen Gesellschaft f. volkstüml. Naturkunde in Berlin. Red.: H. Potonié u. F. Koerber. Neue Folge 2. Bd.; der ganzen Reihe 18. Bd. (Oktbr. 1902—Septbr. 1903.) 52 Nrn. gr. 4. (VII, 624 S. m. Abbildgn.) Ebd. n. 6. —

— naturwissenschaftliche. Einschliesslich der Zeitschrift „Die Natur“ (Halle a. S.). Seit 1. IV. 1902. Organ der deutschen Gesellschaft f. volkstüml. Naturkunde in Berlin. Red. v. H. Potonié u. F. Koerber. Neue Folge. 3. Bd.; der ganzen Reihe 19. Bd. Oktbr. 1903—Dezbr. 1904. 65 Nrn. (VIII, 1040 S.) hoch 4. Jena, G. Fischer. n. 7. 50

— dasselbe. Neue Folge. 4. u. 5. Bd.; der ganzen Reihe 20. u. 21. Bd. Jahrg. 1905 u. 1906 à 52 Nrn. (à ca. 16 S. m. Abbildgn.) hoch 4. Ebd. à Jhrg. n. 8. —

— **naturwissenschaftliche.** Organ d. deutschen Gesellschaft f. volkstüml. Naturkunde in Berlin. Red.: H. Potonié u. F. Koerber. Neue Folge 6.—9. Bd.; der ganzen Reihe 22.—25. Bd. Jahrg. 1907—1910. à 52 Nrn. (à ca. 16 S. m. Abb.) Lex. 8. Jena, G. Fischer. à Jahrg. 8. —

Wochenschrift. – Neue Wochenschrift. Oesterreichisch-ungarische Revue. Jg. 1–12. Wien: Administration 1872–1884. 4⁰

—— neue. Oesterreichisch-ungarische Revue. 8.—12. Jahrg. 1880—1884. à Jahrg. 52 Nrn. (Bog.) 4. Wien, Administration. à Jahrg. * *

—— neue, für den Oel- und Fettwaarenhandel, sowie für die verwandten Geschäftszweige. Redact.: S. Landsberger. 1.—3. Jahrg. 1877—1879. à Jahrg. 52 Nrn. (Bog.) Imp.-4. Berlin. (Leipzig, Mentzel.) à Jahrg. *

—— neue pharmazeutische. Organ und Anzeige-Blatt für Apotheker, Droguisten etc. Redact.: M. Biechele. 1. Jahrg. 1874. 52 Nrn. (Bog.) Fol. Eichstätt, Krüll'sche Buchh. *

Wochenschrift. Nikolsburger; für landwirthschaftliche, gemeinnützige Interessen und Unterhaltung. 2. Jahrg. 1861. Redaction: Joh. Bezdieka. 52 Nrn. hoch 4. Nikolsburg, Selbstverlag. 2 fl. 60 kr.

(2.) Wochenschrift. Nikolsburger, für landwirthschaftliche gemeinnützige Interessen u. Unterhaltung. 3. Jahrg. 1862. Eigenthümer u. Redacteur: Jos. Bezdieka. 52 Nrn. hoch 4. Nikolsburg, Selbstverlag. 2 fl. 40 kr.
Mit Prämie 2 fl. 90 kr.

— für d. Noblesse u. Freunde d. Wappen- u. adelichen Geschlechtskunde. 8. Eisenach 786. Wittekind. 12 ⁄⁄

— f. politische Oekonomie. Im Verein mit Mehreren hrsg. von Ad. Soetbeer. 1. Jahrg. 1 u. 2. Hft. Juli—Septbr. Octbr.—Decbr. 1850. hoch 4. (IV u. 223 S.) Hamburg, Perthes-Besser & Mauke. (à n. 1/2 ⁄⁄) n. 1 ⁄⁄

Wochenschrift: Oekonomische, gemeinnützige Wochenschrift für Haus- und Landwirtschaft, Handel und Gewerbe zur Belehrung und zum Nutzen der Jugend
⑤ Oktober 1858 ⑦ Wochenschrift ⑧ Bern, Lacksche Buchdruckerei ⑪ Dr. G. Sieber ⑬ Berner Zeitung Nr. 253 v. 2. 10. 1859 (Ankündigung)

— ökonom.-physikalische. 6 Quartt. 4. Stuttg. 753—66. Metzler. 2 ℛ

— österreichische. Centralorgan f. die gesammten Interessen d. Judenthums. Hrsg. u. Red.: Jos. S. Bloch. 6. Jahrg. 1889. 52 Nrn. ($2^1/_2$ B.) gr. 4. Wien, Administration, I., Rothenthurmstr. 39. n. 16. —

— **österreichische,** f. den öffentlichen Baudienst. Amtliches Fachblatt, hrsg. von den k. k. Ministerien des Innern, der Finanzen, des Handels, der Eisenbahnen u. des Ackerbaues. Berathungs-Ausschuss: Emil Ritter v. Förster, Ign. Schrey, Romuald Iszkowski u. a. Chef-Red.: Alfr. Ritter Weber v. Ebenhof. Red.-Stellvertr.: Heinr. Köchlin, Hugo Franz, Carl Holzer, Heinr. Hillinger, Karl Stöckl u. Ed. Markus. 7. u. 8. Jahrg. 1901 u. 1902. à 52 Hfte. gr. 4. (LII, 1016 u. LV, 914 S. m. Abb. u. 96 bezw. 93 Taf.) Wien, R. v. Waldheim. à Jahrg. n. 18. —
Vergl.: Monatsschrift, österr., f. öffentl. Baudienst.

— **österreichische,** f. d. öffentlichen Baudienst. Amtliches Fachblatt, hrsg. v. den k. k. Ministerien des Innern, der Finanzen, des Handels, der Eisenbahnen u. des Ackerbaues. Beratungs-Ausschuss: Emil Ritter v. Förster, Jos. Goldbach, Alfr. Ritter Weber v. Ebenhof u. a. Chef-Red.: Alfr. Ritter Weber v. Ebenhof, Red.-Stellvertr.: Heinr. Köchlin, Hugo Franz, Leop. Nowotny, Heinr. Hillinger, Karl Stöckl u. Eduard Markus. 8.—12. Jhrg. 1903—1906. à 52 Hefte. (XXXIX, 894; XL, 902; XXIII, 798 u. XXVI, 846 S. m. Abbildgn. u. 99, 123, 92 u. 82 Taf.) Fol. Wien, Druckerei- & Verlags-Akt.-Ges. vorm. R. v. Waldheim. à Jhrg. n. 18. —

— **österreichische,** f. den öffentl. Baudienst. Amtl. Fachblatt, hrsg. von den k. k. Ministerien für öffentl. Arbeiten, der Finanzen, des Handels, der Eisenbahnen u. des Ackerbaues. Beratungs-Ausschuss: Jos. Goldbach, Alfr. Ritter Weber v. Ebenhof, Ernst Lauda u. a. Chef-Red.: Alfr. Ritter Weber v. Ebenhof. Red.-Stellvertreter: Heinr. Köchlin, Hugo Franz u. a. 13.—16. Jahrg. 1907—1910. à 52 Hefte. (25, 832; 25, 926; 22, 772 u. 30, 800 S. m. Abbildgn., 1 Taf. u. 1 Karte.) 34,5×26,5 cm. Wien, Druckerei- u. Verlags-Aktiengesellschaft vorm. R. v. Waldheim. à Jahrg. 18. —

— österreichische, zur Belehrung u. Unterhaltung für stenografische Kreise. Redact.: F. Jantsch. 1. Jahrg. 1866. 52 Nrn. (½ lith. Bgn.) Wien, (Rospini.) gr. 4. n. 2 ℛ 20 ℊ

Wochenschrift österreichische medizinische
Osterreichische medicinische Wochenschrift 1845-48. Wien: 1845-48

s.: Jahrbücher, Medicinische, des k.k. österreichischen Staates. Erg.blatt

Oesterreichische Wochenschrift für Tierheilkunde und Revue für Tierheilkunde und Tierzucht. N. F. d. Oesterreich. Monatsschrift für Tierheilkunde. Hrsg. Alois Koch. Jg. 36 = N. F. Bd 1. Wien 1911. 2°

— österreichische, für Wissenschaft, Kunst und öffentliches Leben. (Beilage zur K. Wiener Zeitung.) Mitarbeiter: A. W. Ambros, S. Barach, A. Bauer etc. Redact.: Leop. Schweitzer. 1.—6. Bd. Jahrg. 1863—65. à Jahrg. 52 Nrn. (à 2 Bog.) Lex.-8. Wien, (Gerold's Sohn.) à Jahrg. *

— oesterreichische, für Wissenschaft und Kunst. Jahrg. 1872. 52 Nrn. (à 2 Bog.) Lex.-8. Wien, (Rosner.) *

— pädagogische, für den Norden Deutschlands, von Johs. Schmarje und Chr. Tönsfeldt. 1. Jahrg. 1869. 13 Nrn. (à $^1/_2$—$^3/_4$ Bog.) gr. 4. Altona [Leipzig], Mentzel. *

— dass. — 2. und 3. Jahrg. 1870 und 1871. à Jahrg. 52 Nrn. (à $^1/_2$—$^3/_4$ Bog.) gr. 4. Ebendas. à Jahrg. *

— für den Papier- u. Schreibwaaren-Handel u. die Papier verarbeitende Industrie. Rundschau f. Industrie u. Handel im Fache. Organ d. Papier-Vereins Berlin, d. deutschen Papier-Vereins, Schutz-Vereins für den Papier- u. Schreibwaaren-Handel etc. 1.—4. Jahrg. Oktbr. 1885—Septbr. 1889. à 52 Nrn. (2 B.) gr. 4. Berlin, Armand M. Lamm. à Jahrg. n. 4. —

— **für den Papier- u. Schreibwaaren-Handel u. die Papier verarbeitende Industrie. Rundschau f. Industrie u. Handel im Fache. Begründet v. Armand M. Lamm. Organ d. Papier-Vereins Berlin u. Prov. Brandenburg etc. Red.: Heinr. Hirschberg. 7.—10. Jahrg. 1891—1894. à 52 Nrn. (à ca. 2 Bog.) gr. 4. Berlin, Wochenschrift. à Jahrg. n. 4. —**

— für d. Papier- u. Schreibwaaren-Handel u. d. Papier verarbeit. Industrie. Fachblatt u. Central-Organ f. d. Interessen d. ges. Papier- u. Schreibwaaren-Handels u. d. Schreibwaaren-Erzeugg., f. alle Zweige d. Papier-Verarbeitg. einschliessl. d. Buchbinderei u. d. graph. Gewerbe, sowie f. die zugehör. Maschinen-Industrie u. sonst. Hilfsbetriebe. Hrsg. u. Red.: Heinr. Hirschberg. 11.—14. Jahrg. 1895—1898. à 52 Nrn. (à ca. 4 Bog.) gr. 4. Berlin, Wochenschrift etc. à Jahrg. n. 4. —
Kann auch vierteljährlich bezogen werden.

— für den Papier- u. Schreibwaaren-Handel u. die Papier verarbeitende Industrie. Fachblatt u. Central-Organ für die Interessen des gesammten Papier- u. Schreibwaaren-Handels u. der Schreibwaaren-Erzeugg. f. alle Zweige der Papier-Verarbeitg. einschliessl. der Buchbinderei u. der graph. Gewerbe, sowie f. die zugehör. Maschinen-Industrie u. sonst. Hilfsbetriebe. Hrsg. u. Red.: Heinr. Hirschberg. 15.—18. Jahrg. 1899—1902. à 52 Nrn. gr. 4. (à ca. 48 S. m. Abbildgn.) Berlin, Wochenschrift etc. à Jahrg. n. 4. —

— **für den Papier- u. Schreibwaren-Handel u. die Papier verarbeitende Industrie. Fachblatt u. Zentral-Organ f. die Interessen des gesamten Papier- u. Schreibwaren-Handels u. der Schreibwaren-Erzeugg. f. alle Zweige der Papier-Verarbeitg. einschl. der Buchbinderei u. der graph. Gewerbe, sowie f. die zugehör. Maschinen-Industrie u. sonst. Hilfsbetriebe. Hrsg.: Heinr. Hirschberg. Red.: Hans Drabsch. 19. bis 22. Jahrg. 1903—1906 à 52 Nrn. (à ca. 48 S. m. Abbildgn.) gr. 4. Berlin, Wochenschrift usw. à Jhrg. n. 4. —**

— **für den Papier- u. Schreibwaren-Handel u. die Papier verarbeitende Industrie. Fachblatt und Zentral-Organ f. die Interessen des gesamten Papier- u. Schreibwaren-Handels u. d. Schreibwaren-Erzeugg., f. alle Zweige d. Papier-Verarbeitg. einschl. d. Buchbinderei u. der graph. Gewerbe sowie f. die zugehör. Maschinen-Industrie u. sonst. Hilfsbetriebe. Hrsg.: Heinr. Hirschberg. Red.: Hans Drabsch. 23.—26. Jahrg. 1907—1910. à 52 Nrn. (à ca. 36 S. m. Abbildgn.) 30,5×23,5 cm. Berlin, Verlag C. Marfels. à Jahrg. 4. —**

Die Pennsylvanische Wochenschrift: Apr. 1797 - Feb. 1805
Weekly. Edited & published by W. D. Lepper & Samuel Ludwig Sretmann, Apr. 1797 - 1802; by William Daniel Lepper, 1802 - 1805
Hanover, PA

—— für das evangelische Pfarramt und das kirchliche Gemeindeamt. Hrsgbr.: R. Schneider. 1.—4. Jahrg. 1875—1878. à Jahrg. 52 Nrn. (à $\frac{1}{2}$—1 Bog.) hoch 4. Gütersloh, Bertelsmann. à Jahrg. *
Nicht weiter erschienen.

—— pharmaceutische. Zeitung und Anzeige-Blatt für Apotheker, Droguisten etc. Redact.: F. Vorwerk. 1.—6. Jahrg. 1868—1873. à Jahrg. 52 Nrn. (Bog.) Fol. Speyer, (Neidhard.) à Jahrg. *

Wochenschrift. – Pharmaceutische Wochenschrift.
Berlin: Gebrüder Engelke 1884–(1902). 8°
Red.: L. Engelke.

PHARMACEUTISCHE WOCHENSCHRIFT. Zeitschrift für die Gesamtinteressen der Pharmacie. Korrespondenzblatt der „Pharmaceutischen Vereinigung für Deutschland".
XX. Jahrg. 1903. (Berlin. Verlag der „Pharm. Wochenschrift", Gebr. Engelke.) 8°.
XXI. Jahrg. 1904. (ib. —.)
XXII. Jahrg. 1905. Berlin. Druck und Verlag. Gebr. Engelke.
XXIII. Jahrg. 1906. (ib. —.) (Ohne bes. Titelblatt.)
XXIV. Jahrg. 1907. ib. —
XXV. Jahrg. 1908. (ib. —.)
XXVI. Jahrg. 1909. (ib. —.)
XXVII. Jahrg. (1. Januar bis 30. Juni) 1910. ib. —

— für klassische Philologie, unter Mitwirkg v. Geo. Andresen u. Herm. Heller hrsg. v. Wilh. Hirschfelder. 1—3. Jahrg. 1884—1886. à 52 Nrn. (2 B.) hoch 4. Prag, Tempsky. — Leipzig, Freytag. à Jahrg. n. 24. —

— für klassische Philologie. Hrsg. v. G. Andresen u. H. Heller. 4. u. 5. Jahrg. 1887. 1888. à 52 Nrn. (2 B.) hoch 4. Berlin, Gaertner. à Jahrg. n. 24. —

— dasselbe. Hrsg. v. G. Andresen, F. Harder u. H. Heller. 6. u. 7. Jahrg. 1889. 1890. à 52 Nrn. (2 B.) hoch 4. Ebd. à Jahrg. n. 24. —

— für klassische Philologie. Hrsg. v. Geo. Andresen, Hans Draheim u. Frz. Harder. 8.—11. Jahrg. 1891—1894. à 52 Nrn. (2 Bog.) hoch 4. Berlin, R. Gaertner. à Jahrg. n. 24. —

Wochenschrift für klassische Philologie. Hrsg. v. Geo. Andresen, Hans Draheim u. Frz. Harder. 12.—15. Jahrg. 1895—1898. à 52 Nrn. (à ca. 16 S.) hoch 4. Berlin, R. Gaertner. à Jahrg. n. 24. —
Kann auch vierteljährlich bezogen werden.

— f. klassische Philologie. Hrsg. v. Geo. Andresen, Hans Draheim u. Frz. Harder. 16.—19. Jahrg. 1899—1902. à 52 Nrn. hoch 4. (à Jahrg. XII S. u. 1432 Sp.) Berlin [R. Gaertner.] Weidmann. à Jahrg. n. 24. —

— für klassische Philologie. Hrsg. v. Geo. Andresen, Hans Draheim u. Frz. Harder. 20.—23. Jahrg. 1903 bis 1906 à 52 Nrn. (à Jahrg. XIV S. u. 1432 Sp.) hoch 4. Berlin, Weidmann. à Jhrg. n. 24. —

Wochenschrift f. klassische Philologie. Hrsg. v. Geo. Andresen u. Hans Draheim. 24.—27. Jahrg. 1907—1910. à 52 Nrn. (à Jahrg. XIV S. u. 1432 Sp.) Lex. 8. Berlin, Weidmann. à Jahrg. 24. —

— philologische. Unter Mitwirkung von Geo. Andresen u. Herm. Heller hrsg. von Wilh. Hirschfelder. 1. Jahrg. Oktbr.—Decbr. 1881. 13 Nrn. (2 B.) gr. 4. Berlin, Calvary & Co. n. 6. —

— dasselbe. 2. Jahrg. 1882. 52 Nrn. (2 B.) gr. 4. Ebend. n. 24. —

— philologische. Unter Mitwirkg. v. Geo. Andresen u. Herm. Heller hrsg. v. Wilh. Hirschfelder. 3. Jahrg. 1883. 52 Nrn. (2 B.) gr. 4. Berlin, Calvary & Co. n. 24. —
Fortsetzung davon:

Wochenschrift. – Philosophische Wochenschrift.
Königsberg 1764. 4°
Hrsg. v. Daniel Weymann.

— philosophische, unter Mitwirkg. hervorragender Fachgelehrter hrsg. v. Hugo Renner u. Karl Hoffmann. 5.—12. Bd. à 13 Nrn. (à ca. 24 S.) gr. 8. Charlottenburg, Dr. H. Renner. à Bd. 4. —

Wochenschrift, philosophische, u. Literatur-Zeitg. Unter Mitwirkg. hervorrag. Fachgelehrter hrsg. v. Hugo Renner. Jahrg. 1906. 4 Bde. 52 Nrn. (IV, 404; VI, 399; VI, 358 u. VII, 358 S.) gr. 8. Leipzig [H. Rohde.] Charlottenburg, O. Günther. n. 12. —

Physikalisch-Oekonomische Wochenschrift, welche als eine Realzeitung das nützlichste, zuverlässigste, angenehmste u. neueste aus der Natur- und Haushaltungs-Wissenschaft enthält, zur Beförderung des Feldbaues, der Heilungskunst, des Cameralwesens, der Polizei, der Künste, Manufakturen u. Handlung. 2 Bde. Stuttgart 1756 u. 1758. (Phys. Oek. W.)

— Plauensche, für alle Stände, für 1789. 4. Plauen, Kühne. 1 Rthlr 12 Kr

— politische. Redig. u. herausg. von Frz. v. Florencourt. (1.) Jahrg. 1854. August — December. 1. Bd. 20 Hefte (à 2—3 Bgn.). Köln, W. Greven in Comm. 8. n. 2 Rthlr. 15 Ngr.

— (2.) Jahrg. 1855. 52 Hefte (à 2—3 Bgn.). Köln, W. Greven in Comm. 8. n. 7 Rthlr.

—— politische. Hrsg. von Hans Delbrück und Steph. Gans Edler Herr zu Putlitz. 1. Jahrg. 18. März—Decbr. 1882. 42 Nrn. (Bog.) gr. 4. Berlin, Walther und Apolant.
—— dass. — Redact.: Hans Delbrück. 2. Jahrg. 1883. Jan. bis Juni. 26 Nrn. (Bog.) gr. 4. Ebendas. *
Nicht weiter erschienen.

Wochenschrift: Politische Wochenschrift von Rapperschwyl
③ Wochenblatt für den Kanton Linth ⑤ Ende Dezember 1852—März 1853 (13 Nummern) ⑦ Wochenblatt ⑧ Rapperswil (SG): Cosmus Freuler ⑫ liberal ⑬ Fretz: Zeitungsgründer am See ⑮ v. auch die Angaben unter dem Stichwort »Politisches Wochenblatt«.

—— Prager medizinische. Organ des Vereines prakt. Aerzte. Redact.: Jos. Kaulich. Jahrg. 1864. 52 Nrn. (Bog.) Imp.-4. Prag, Credner. *

—— Prager medicinische. Correspondenzblatt der deutschen Aerzte Böhmens. Redact.: Gfr. Ritter, Edwin Klebs, Friedr. Ganghofner. 1. und 2. Jahrg. 1876 und 1877. [4. und 5. Jahrg des ärztl. Correspondenz-Blattes.] à Jahrg. 52 Nrn. (à 1—$1\frac{1}{2}$ Bog.) gr. 8. Prag, Dominicus. à Jahrg. *

—— Prager medicinische. Redact.: Gfr. Ritter, Edwin Klebs, Friedr. Ganghofner. 3. und 4. Jahrg. 1878 und 1879. à Jahrg. 52 Nrn. (à 2—$2\frac{1}{2}$ Bog.) Fol. Ebendas. à Jahrg. *

—— Prager medicinische. Redact.: Friedr. Ganghofner und Otto Kahler. 5. und 6. Jahrg. 1880 und 1881. à Jahrg. 52 Nrn. (à Nr. 2—$2\frac{1}{2}$ Bog.) Fol. Prag, Dominicus. à Jahrg. *
—— dass. — 7.—9. Jahrg. 1882—1884. à Jahrg. 52 Nrn. (à Nr. 2—$2\frac{1}{2}$ Bog.) Fol. Prag, Tempsky. — Leipzig, Freytag. à Jahrg. *

—— **Prager medicinische.** **Redact.: J. Soyka und Otto Kahler. 10. und 11. Jahrg. 1885 und 1886. à Jahrg. 52 Nrn. (à Nr. 2—2½ Bog.) Fol. Prag, Tempsky. — Leipzig, Freytag. à Jahrg. ***

—— **dass. — Hrsgbr.: Ad. Schenkl und Otto Kahler. Redact.: R. W. Raudnitz. 12. und 13. Jahrg. 1887 und 1888. à Jahrg. 52 Nrn. (à Nr. 2—2½ Bog.) Fol. Ebendas. à Jahrg. ***

Die Wochenschrift ist am 1. April 1888 in den Verlag von Fischer's medicin. Buchh. in Berlin übergegangen.

—— Prager medicinische. Hrsgbr.: Ad. Schenkl u. Otto Kahler. Schriftleiter: R. W. Raudnitz. 14. Jahrg. 1889. 52 Nrn. (à Nr. 2—2½ Bog.) Fol. Berl., Fischer's medicin. Buchh. * 16 —

— dasselbe. Schriftleiter: P. Dittrich, Ed. Pietrzikowski u. R. v. Limbeck. 15. Jahrg. 1890. 52 Nrn. (à 2—2½ B.) Fol. Ebd. n. 16. —

— Prager medicinische. Hrsg.: Ad. Schenkl, E. Zaufal. Schriftleiter: Ed. Pietrzikowski, Herrnheiser, Egm. Münzer, v. Wunschheim. 16.—19. Jahrg. 1891—1894. à 52 Nrn. (à ca. 2 Bog.) gr. 4. Berlin, Fischer's medicin. Buchh. à Jahrg. n. 16. —

— Prager medicinische. Hrsg.: Ad. Schenkl, E. Zaufal. **Schriftleiter: Herrnheiser, Egm. Münzer, Ed. Pietrzikowski, v. Wunschheim.** 20. Jahrg. 1895. 52 Nrn. (à ca. 12 S.) gr. 4. Berlin, Fischer's medicin. Buchh. n. 16. —

— dasselbe. 21. Jahrg. 1. Sem. Januar — Juni 1896. 26 Nrn. (à ca. 12 S.) gr. 4. Ebd. n. 8. —

— dasselbe. 21. Jahrg. 2. Sem. Juli — Dezbr. 1896. 26 Nrn. (à ca. 2 Bog.) gr. 4. Prag, C. Bellmann. n. 8. —

— dasselbe. 22. u. 23. Jahrg. 1897 u. 1898. à 52 Nrn. (à ca. 2 Bog.) gr. 4. Ebd. à Jahrg. n. 16. —

Kann auch halbjährlich bezogen werden.

— Prager medicinische. Amtliche Zeitschrift der deutschen Section der Aerztekammer für das Königr. Böhmen, der Aerztekammer f. das Königr. Böhmen, des Centralvereines deutscher Aerzte in Böhmen etc. Schriftleiter: I. Herrnheiser. 24.—27. Jahrg. 1899—1902. à 52 Nrn. Fol. (XII, 669; XI, 628; XII, 636 u. XI, 655 S.) Prag, C. Bellmann. à Jahrg. n. 16.—

— Prager medizinische. Amtliche Zeitschrift der deutschen Sektion der Aerztekammer f. das Königr. Böhmen, der Aerztekammer f. das Königr. Böhmen, des Zentralvereines deutscher Aerzte in Böhmen usw. Schriftleiter: Ludw. Waelsch. 28.—30. Jahrg. 1903 bis 1905 à 52 Nrn. (à ca. 12 S.) gr. 4. Prag (C. Bellmann). à Jhrg. n. 16. —

— Prager medizinische. Amtliche Zeitschrift der deutschen Sektion der Ärztekammer f. das Königr. Böhmen, der Ärztekammer für das Königr. Böhmen, des Zentralvereines deutscher Ärzte in Böhmen usw. Schriftleiter: Karl Walko. 32.—35. Jahrg. 1907—1910. à 52 Nrn. (à 16 S.) 33,5×28 cm. Prag (C. Bellmann). à Jahrg. 16. —

Wochenschrift für baugewerbliche Praxis. 1885-86. Karlsruhe 1885-86

Wochenbericht d. Preisberichtstelle des deutschen Landwirtschaftsrats. Jg. 4 ff. Berlin 1909 ff. 4°

— psychiatrische. Sammelblatt zur Besprechg. aller Fragen des Irrenwesens u. der prakt. Psychiatrie einschliesslich der gerichtl. Irrenärztliches Correspondenzblatt. Unter Mitwirkg. zahlr. hervorrag. Fachmänner des In- u. Auslandes hrsg. K. Alt, G. Anton, A. Guttstadt, E. Mendel. Unter Benützg. amtl. Materials red. v. Joh. Bresler. 1.—3. Jahrg. April 1899—März 1902. à 52 Nrn. gr. 4. (480, 528 u. 522 S. m. Abbildgn.) Halle, C. Marhold. à Jahrg. n. 16. —

Fortsetzung unter dem Titel:

Wochenschrift, psychiatrisch-neurologische Sammelblatt zur Besprechg. aller Fragen des Irrenwesens u. der prakt. Psychiatrie einschliesslich der gerichtl., sowie der prakt. Nervenheilkunde. Irrenärztliches Correspondenzblatt f. Irrenärzte u. Nervenärzte. Unter Mitwirkg. zahlr. hervorrag. Fachmänner des In- u. Auslandes hrsg. von K. Alt, G. Anton, A. Guttstadt u. a. Unter Benützg. amtl. Materials red. v. Joh. Bresler. 4. Jahrg. April 1902—März 1903. 52 Nrn. gr. 4. (572 S. m. Abb.) Ebd. n. 16. —

— psychiatrisch-neurologische. Sammelblatt zur Besprechg. aller Fragen des Irrenwesens u. der prakt. Psychiatrie einschliesslich der gerichtl., sowie der prakt. Nervenheilkunde. Irrenärztliches Correspondenzblatt f. Irrenärzte u. Nervenärzte. Unter Mitwirkg. zahlreicher hervorrag. Fachmänner des In- u. Auslandes hrsg. v. K. Alt, G. Anton, Bleuler u. a. Unter Benützg. amtl. Materials red. v. Joh. Bresler. 5. bis 8. Jahrg April 1903—März 1907 à 52 Nrn. (6. bis 8. Jhrg. XII, 536; X, 472 u. X, 492 S. m. Abb. u. 9, 7 u. 1 Taf.) gr. 4. Halle, C. Marhold. à Jhrg. n. 16. —

— psychiatrisch-neurologische. Sammelblatt zur Besprechg. aller Fragen des Irrenwesens u. der prakt. Psychiatrie einschl. der gerichtl., sowie der prakt. Nervenheilkunde. Internation. Correspondenzblatt f. Irrenärzte u. Nervenärzte. Unter Mitwirkg. zahlr. hervorrag. Fachmänner des In- u. Auslandes hrsg. v. K. Alt, G. Anton, Beyer u. a. Unter Benützg. amtl. Materials red. von Joh. Bresler. 9.—12. Jahrg. April 1907—März 1911. à 52 Nrn. (9.—11. Jahrg. VIII, 472; VIII, 456 u. VIII, 470 S. m. Abb.) Lex. 8. Halle, C. Marhold. à Jahrg. 16. —

—— für Recht und Verwaltung im Großherzogth. Hessen, Herzogth. Nassau und in der freien Stadt Frankfurt a. M. Redakt.: (P.) Bopp. 1. Jahrg. 1855. 52 Nrn. (½ Bog.) gr. 8. Darmstadt, Leske. *

— für die Rechtspflege u. Verwaltung in Baden. Redig. von Dreyer. Jahrg. 1865. 1. Semester. 25 Nrn. (Bgn.) Mannheim, Schneider's Verl. gr. 4. n. 1 ℛℳ 26 ngr

— religiöse, für gottgläubige Gemüther aller Confessionen. Verantwortl. Redakteur: Ldw. Philippson in Magdeburg. 1. Jahrg. 1844. April bis Dezbr. 39 Numm. (½ Bog.) gr. 8. Halberstadt, Lindequist u. Schönrock. 1⅛ ℛℳ

—— rheinische. Zeitschrift für Politik, Volkswirthschaft, Kunst und Literatur. Hrsgbr.: W. Rullmann. Redact.: Rich. Reuter. 1. Jahrg. Juli—Decbr. 1876. 26 Nrn. (à 1—1½ Bog.) Mit Gratis-Beigabe des Unterhaltungsblatts: „Rheinisches Museum". 26 Nrn. (à 1—1½ Bog.) gr. 4. Wiesbaden. (Wolfenbüttel, Zwißler.) *

Rheinisches Museum allein **

Wochenschrift. – Riesaer Wochenschrift. Riesa 1848–49. Red.: Siegel.

—— **St. Petersburger medicinische. Redact.: E. Moritz. 1. Jahrg. März—Decbr. 1876. 43 Nrn. (à 1½ Bog.) gr. 4. St. Peterburg, Röttger. ***

— St. Petersburger medicinische. Red.: E. Moritz, A. Böttcher, L. v. Holst u. W. Koch. 2—7. Jahrg. 1877—1882. à 52 Nrn. (B.) gr. 4. St. Petersburg, Röttger. à Jahrg. n.n. 22. 50

— St. Petersburger medicinische, unter der Red. v. E. Moritz u. L. v. Holst. 8. Jahrg. 1883. 52 Nrn. (à 1—1½ B.) gr. 4. St. Petersburg, Röttger. n.n. 22. 50

— dasselbe. Neue Folge. 1—3. Jahrg. 1884—1886. à 52 Nrn. (à 1—1½ B.) gr. 4. St. Petersburg, Ricker. à Jahrg. n. 16. —

— St. Petersburger medicinische, unter der Red. von Ed. v. Wahl, L. v. Holst u. G. Tiling. 12. Jahrg. Neue Folge. 4. Jahrg. 1887. 52 Nrn. (à 1—1½ B.) gr. 4. St. Petersburg, Ricker. n. 16. —

— dasselbe, unter der Red. von Ed. v. Wahl, L. v. Holst u. Th. v. Schröder. 13. Jahrg. Neue Folge. 5. Jahrg. 1888. 52 Nrn. (à 1—1½ B.) gr. 4. Ebd. n. 16. —

— St. Petersburger medicinische. Hrsgbr.: Thdr. v. Schröder. 14.—17. Jahrg. Neue Folge 6.—9. Jahrg. 1889—1892. à Jahrg. 52 Nrn. (à Nr. 1—1½ Bog.) gr. 4. St. Petersb., Ricker. à Jahrg. * 20 —

— dasselbe. Hrsg.: Rud. Wanach. 18. u. 19. Jahrg. Neue Folge. 10. u. 11. Jahrg. 1893. 1894. à 52 Nrn. (à 1—1½ Bog.) gr. 4. Ebd. à Jahrg. n. 20. —

— St. Petersburger medicinische, unter der Red. v. Karl Dehio, Johs. Krannhals, Rud. Wanach. Hrsg.: Rud. Wanach. 20.—23. Jahrg. Neue Folge. 12.—15. Jahrg. 1895—1898. à 52 Nrn. (à ca. 10 S.) gr. 4. St. Petersburg, K. L. Ricker. à Jahrg. postfrei n. 20. —

— St. Petersburger medicinische, unter der Red. v. Karl Dehio, Johs. Krannhals, Rud. Wanach. Hrsg.: Rud. Wanach. 24.—27. Jahrg. Neue Folge. 16—19. Jahrg. 1899—1902. à 52 Nrn. (à ca. 10 S.) Nebst Revue der russ. medicin. Zeitschriften. 12 Nrn. gr. 4. (à ca. 6 S.) St. Petersburg, K. L. Ricker. Postfrei à Jahrg. n.n. 20. —
Die Jahrgg. 1900—1903 sind vergriffen.

— St. Petersburger medicinische, unter der Red. v. Karl Dehio, Johs. Krannhals, Rud. Wanach. Hrsg.: Rud. Wanach. 28.—31. Jahrg. Neue Folge. 20.—23. Jahrg. 1903—1906. à 52 Nrn. (1906: XIV, 612 S. m. Abbildgn.) Nebst Revue der russ. medizin. Zeitschriften. 12 Nrn. gr. 4. St. Petersburg, K. L. Ricker. Postfrei à Jhrg. n.n. 20. —

— St. Petersburger medicinische, unter der Mitwirkung von Ad. v. Bergmann, E. Blessig, O. Brehm u. a. unter der Red. v. Karl Dehio, Johs. Krannhalz, Frz. Dörbeck. Hrsg.: Frz. Dörbeck. 32.—35. Jahrg. 1907—1910. à 52 Nrn. (à ca. 16 S.) 32,5×24,5 cm. St. Petersburg (Jekateringofsky Pr. 15), A. Wienecke. Postfrei à Jahrg. nn 20. —

Schaffhauser Wochenschrift
⑤ 20. 11. 1845—1847 ⑥ 4° ⑦ Wochenblatt ⑧ Schaffhausen: Schalch & Wölflin ⑩ Brodtmann'sche Buchhandlung, Schaffhausen ⑫ konservativ-freisinnig ⑬ BGSZ: 1052, 1053 ⑭ Sh: S; Be: L (1845—10. 10. 1846).

SCHWEIZERISCHE WOCHENSCHRIFT FÜR CHEMIE UND PHARMACIE. Organ des schweizerischen Apotheker-Vereins und des Vereins schweizerische analytische Chemiker. Redakteur: Fr. Seiler. 35 vols. Zürich, 1848–97 +

— schweizerische, f. Chemie u. Pharmacie. Organ d. schweizer. Apotheker-Vereins u. d. Vereins schweizer. analyt. Chemiker. Red.: F. Seiler. 30.—32. Jahrg. 1892. 1894. à 52 Nrn. (½ Bog.) gr. 8. Zürich, Art. Institut Orell Füssli, Verl. à Jahrg. n.n. 8. —
s.: Wochenschrift, schweizerische, für Pharmacie.

— schweizerische, f. Chemie u. Pharmacie. Organ d. schweizer. Apotheker-Vereins u. d. Vereins schweizer. analyt. Chemiker. Red.: F. Seiler. 33.—35. Jahrg. 1895—1897. à 52 Nrn. (à ca. 12 S.) gr. 8. Zürich, Art. Institut Orell Füssli, Verl. n.n. 8. —

— dasselbe. — Journal suisse de chimie et pharmacie. Red.: Th. Vogel u. C. Buhrer. 36. Jahrg. 1898. 52 Nrn. (à ca. 8 S.) gr. 8. Ebd. n.n. 10. —

— schweizerische, f. Chemie u. Pharmacie. — Journal suisse de chimie et pharmacie. Organ des schweizer. Apotheker-Vereins u. des Vereins schweizer. analyt. Chemiker. Red.: C. Buhrer u. B. Studer-Steinhäuslin. 37.—40. Jahrg. 1899—1902. à 52 Nrn. gr. 8. (à ca. 10 S.) Zürich, Art. Institut Orell Füssli. à Jahrg. n.n. 10. —

Wochenschrift, schweizerische, f. Chemie u. Pharmazie. — Journal suisse de chimie et pharmacie. Organ d. schweizer. Apotheker-Vereins. Red.: C. Buhrer u. B. Studer-Steinhäuslin u. seit 1906: Jul. Thomann u. Eduard Béguien. 41.—44. Jahrg. 1903—1906. à 52 Nrn. (XII, 640; XII, 728; XII, 710 u. XII, 872 S.) gr. 8. Zürich, Art. Institut Orell Füssli. à Jhrg. n.n. 10. —

— schweizerische, f. Chemie u. Pharmazie. — Journal suisse de chimie et pharmacie. Organ des schweizer. Apotheker-Vereins. Red.: Jul. Thomann u. Edouard Béguin. 45.—48. Jahrg. 1907—1910. à 52 Nrn. (à ca. 16 S.) gr. 8. Zürich, Art. Institut Orell Füssli. à Jahrg. nn 10. —

Wochenschrift: Schweizerische Wochenschrift für Kriminal-, Polizei- und Zivilrechtspflege, Politik, Unterhaltung etc.
v. Schweizer Kriminal-Zeitung (sub 15).

Wochenschrift. – Schweizerische Wochenschrift für Pharmacie. Jg. 1–29. Schaffhausen: Brodtmann 1863–91. 8°
Hrsg. v. O. Dietzsch; sp. A. Grüner.
Vorh. u.d.T.: Schweizerische Zeitschrift für Pharmacie. Schaffhausen 1856 ff.

— schweizerische, für Pharmacie. Im Auftrag des schweizerischen Apotheker-Vereins hrsg. von A. Gruner. Jahrg. 1863—67. à Jahrg. 52 Nrn. (½ Bog.) Lex.-8. Schaffhausen, Brodtmann'sche Buchh. à Jahrg.
Jahrg. 1863 und 1864 wurden von O. Dietzsch herausgegeben.

— schweizerische, für Pharmacie. Im Auftrag des schweizer. Apotheker-Vereins hrsg. von A. Gruner. Jahrg. 1868—1872. à Jahrg. 52 Nrn. (à ½ Bog.) Lex.-8. Schaffhausen, Brodtmann'sche Buchh. à Jahrg.

— dass. — hrsg. von C. W. Stein. Jahrg. 1873—1875. à Jahrg. 52 Nrn. (à ½ Bog.) Mit Beilagen. Lex.-8. Ebendas. 1873
1874 und 1875 à *

Wochenschrift, schweizerische, für Pharmacie. Im Auftrage des schweizer. Apotheker-Vereins hrsg. von C. W. Stein. 14.—17. Jahrg. 1876—1879. à Jahrg. 52 Nrn. (à ½ Bog.) Lex.-8. Schaffhausen, Brodtmann'sche Verlagsh.
Jahrg. 1876—1878 à *
Jahrg. 1879 *

—— schweizerische, für Pharmacie. Im Auftrage des schweizer. Apotheker-Vereins hrsg. von A. Klunge. 18.—21. Jahrg. 1880—1883. à Jahrg. 52 Nrn. (à Nr. 1/2 Bog.) gr. 8. Schaffhausen, Brodtmann'sche Buchh. à Jahrg. *
—— dass. — Hrsg. von Otto Kaspar. 22. Jahrg. 1884. 52 Nrn. (à Nr. 1/2 Bog.) gr. 8. Ebendas. *

— dasselbe. 23. Jahrg. 1885. 52 Nrn. (1/2 B.) gr. 8. Schaffhausen, Stötzner. n. 6. —

— dasselbe. 24. Jahrg. 1886. 52 Nrn. (1/2 B.) gr. 8. Schaffhausen, Kober. n. 6. —

— schweizerische, f. Pharmacie. Im Auftrage des schweizer. Apotheker-Vereins hrsg. v. O. Kaspar. 25.—27. Jahrg. 1887—1889. à 52 Nrn. (1/2 B.) gr. 8. Schaffhausen, Kober. à Jahrg. n. 8. —

— dasselbe. Hrsg. v. Bader. 28. Jahrg. 1890. 52 Nrn. (1/2 B.) gr. 8. Ebd. n. 8. —

— schweizerische, f. Pharmacie. Im Auftrage d. schweizer. Apotheker-Vereins hrsg. v. G. Bader. 29. Jahrg. 1891. 52 Nrn. (1/2 Bog.) gr. 8. Schaffhausen, Kober. n. 8. —
Fortsetzung s.: Wochenschrift, schweizerische, f. Chemie u. Pharmacie.

— für Spinnerei u. Weberei, s.a. Zeitschrift, allgemeine, f. Textil-Industrie.

— für Spinnerei u. Weberei. Illustrirtes Fachblatt f. die gesammte Textil-Industrie, umfassend: Spinnerei, Weberei, Wirkerei, Bleicherei, Färberei, Druckerei u. Appretur. Red.: Th. Martin. 1—3. Jahrg. 1884—1886. à 52 Nrn. (à 1–2 B.) gr. 4. Leipzig, E. Krause. à Jahrg. n. 8. —

— für Spinnerei u. Weberei. Illustrirtes Fachblatt f. die gesammte Textil-Industrie: Spinnerei, Weberei, Wirkerei, Bleicherei, Stickerei etc. Red.: G. Reinhard. 4.—6. Jahrg. 1887—1889. à 52 Nrn. (à 1—2 B.) gr. 4. Leipzig, Heitmann. à Jahrg. n. 10. —

— dasselbe. 7. Jahrg. 1890. 52 Nrn. (à 1—2 B.) gr. 4. Leipzig, Grumbach. n. 10. —

— spiritistische. Hrsg. u. red. v. Jac. Kupsch. 1. Jahrg. April 1885—März 1886. 52 Nrn. (1/2 B.) gr. 4. Rostock. (Leipzig, Uhlig) n. 8. —
Erscheint nicht mehr.

— für deutsche Stations- u. Expeditionsbeamte, s. Wochenschrift f. Eisenbahn-Stations- u. Expeditionsbeamte.

— für deutsche Stations- u. Expeditionsbeamte. Organ der preuß. Stations-Assistenten u. Stations-Assistenten-Vereine. Red.: J. Wetter. 1. Jahrg. Juli—Decbr. 1887. 26 Nrn. (B.) gr. 4. Berlin, Siemenroth & Worms. n. 3. —

— dasselbe. Red.: F. J. Conrady. 2. Jahrg. 1888. 1. Quartal. 13 Nrn. (B.) gr. 4. Ebd. n. 1. 50

— dasselbe. 2. Jahrg. 1888. 2.—4. Quartal à 13 Nrn. (B.) gr. 4. Ebd. Vierteljährlich n. 2. —

— dasselbe. 3. Jahrg. 1889. 52 Nrn. (B.) gr. 4. Ebd. n. 8. —

— dasselbe. Organ der preuß. Stations-, Expeditions- u. Telegraphenbeamten. 4. Jahrg. 1890. 52 Nrn. (B.) gr. 4. Ebd. n. 8. —

—— des fränkischen Stenographen-Bundes. Redact.: H. Vaillez und J. Stenger. 5.—7. Jahrg. 1863—65. à Jahrg. 52 Nrn. (1/4 lithogr. Bog.) gr. 8. Bamberg, (Buchner'sche Buchh.) à Jahrg. *
Fortsetzung s. Unterhaltungsblatt, stenographisches.

— der Gabelsberger Stenographen-Vereine in Franken. 1—3. Jahrg. 1860—62. à 52 Nrn. (à 1/4 lith. Bgn.) Bamberg, (Buchner.) gr. 8. Jeder Jahrg. n. 2 ₰ 8 ngr.

Wochenschrift der Gabelsberger Stenographen-Vereine in Franken. 4. Jahrg. 1862. Red.: H. Vaillez u. J. Stenger. 52 Nrn. (à 1/4 lith. Bgn.) Bamberg, (Buchner.) gr. 8. n. 1 ₰ 12 ngr.

— für Scheithauers Stenographie. April 1901—März 1903. à 52 Nrn. 12. (à ca. 12 S.) Naunhof-Leipzig, K. Scheithauer. à Jahrg. n. 5. —

Wochenschrift. – Südafrikanische Wochenschrift. Journal für Banquiers, Industrielle und Capitalisten. Jg. 1–27. Berlin: Expedition 1892–1914. 8°
Hrsg. u. Red.: F. Bittorf; sp. Georg Funder.

— süd-afrikanische. Journal f. Banquiers, Industrielle u. Capitalisten. Hrsg. u. Red.: F. Bittorff. 3. Jahrg. 1895. 52 Nrn. (à ca. 12 S.) gr. 4. Berlin (Grossbeerenstr. 33), Expedition. n. 12. —

— dasselbe. 4. Jahrg. Jan.—Sept. 1896. 39 Nrn. (à ca. 20 S. m. Abb.) gr. 4. Ebd. n. 9. —

— dasselbe. Journal f. Goldminen-Interessenten. Hrsg. u. Red.: F. Bittorff. 5.—7. Jahrg. Oktbr. 1896—Septbr. 1899. à 52 Nrn. (à ca. 24 S. m. Abb.) gr. 4. Ebd. à Jahrg. n. 12. —
Kann auch vierteljährlich bezogen werden.

— süd-afrikanische. Journal für Goldminen-Interessenten. Hrsg. u. Red.: F. Bittorff u. seit 1902: Geo. Funder. 8.—11. Jahrg. Oktbr. 1899—Septbr. 1903. à 52 Nrn. gr. 4. (XVI, 1720; XVI, 1312; XVI, 1260 u. XVI, 1116 S. m. Abb.) Berlin (SW., Wilhelmstr. 32), Expedition. à Jahrg. n. 12. —

— süd-afrikanische. Journal f. Goldminen-Interessenten. Hrsg. u. Red.: Geo. Funder. 12.—15. Jahrg. Oktbr. 1903—Septbr. 1907 à 52 Nrn. (XII, 992; XII 968; XII, 972 u. XII, 912 S.) gr. 4. Berlin (SW. 48 Wilhelmstr. 32), Expedition. à Jhrg. n.n. 12. —

— süd-afrikanische. Journal f. Goldminen-Interessenten. Hrsg. u. Red.: Geo. Funder. 16.—19. Jahrg. Oktbr. 1907—Septbr. 1911. à 52 Nrn. (16.—18. Jahrg. XII, 856; XII, 916 u. XII, 924 S. m. Abb.) 30,5×23,5 cm. Berlin (SW. 48, Wilhelmstr. 32), Expedition. à Jahrg. nn 12. —

— süddeutsche. Polemische Blätter f. öffentl. Leben, Wissenschaft, Kunst u. Literatur. Hrsg: Erwin Wolfram. Chefred.: Rich. Dahl. 1. Jahrg. Oktbr.—Dezbr. 1904. 13 Nrn. (à ca. 32 S.) 8. München, Verlag der süddeutschen Wochenschrift. à Nr. — 20
Erscheint nicht mehr.

— theologische, f. den katholischen Seelsorgsklerus deutscher Zunge. Eine Blütenlese aus den neuen theolog. Werken v. J. E. Weis-Liebersdorf. 2. Jahrg. 1905. 52 Nrn. (408 S.) Lex.-8. Baden-Baden, P. Weber. n. 6. —
Erscheint nicht mehr. — Jahrg. 1 u. d. T.:

— therapeutische. Red. v. M. T. Schnirer. Red.: Max Kahane. 1. Jahrg. Decbr. 1894. 4 Nrn. (à ca. 80 S.) Lex.-8. Wien. (Leipzig, F. Förster.) à Nr. — 30

— dasselbe. 2. u. 3. Jahrg. 1895 u. 1896. à 52 Nrn. (à ca. 24 S.) Lex.-8. Ebd. à Jahrg. n. 8. —

— dasselbe. 4. Jahrg. 1897. 52 Nrn. (à ca. 24 S.) Lex.-8. Ebd. n. 10. —

— dasselbe, Fortsetzg., s.: Wochenschrift, klinisch-therapeutische.

— f. Therapie u. Hygiene d. Auges. Unt. ständ. Mitwirkg. v. Herm. Cohn, Gottschalk, Herrnheiser etc. hrsg. v. Wolffberg. 1. Jahrg. Octbr. 1897—Septbr. 1898. 52 Nrn. (à ca. 8 S. m. Abb.) gr. 4. Breslau. Dresden-Blasewitz, Steinkopff & Springer. n. 6. —

— dasselbe. Unt. ständ. Mitwirkg. v. Herm. Cohn, K. Elze, Gottschalk etc. hrsg. v. Wolffberg. 2. Jahrg. Octbr. 1898—Septbr. 1899. 52 Nrn. (à ca. 8 S.) gr. 4. Ebd. n. 12. —

Wochenschrift für Therapie u. Hygiene des Auges. Unter ständ. Mitwirkg. v. Herm. Cohn, K. Elze, Gottschalk u. A. hrsg. v. Wolffberg. 3. u. 4. Jahrg. Oktbr. 1899—Septbr. 1901. à 52 Nrn. gr. 4. (VIII, 412 u. u. VIII, 420 S.) Dresden, Steinkopff & Springer. à Jahrg. n. 12. —

— dasselbe. Unter ständ. Mitwirkg. v. R. Bylsma, Herm. Cohn, F. Daxenberger u. A. hrsg. v. Wolffberg. 5. u. 6. Jahrg. Oktbr. 1901—Septbr. 1903. à 52 Nrn. Fol. (à Jahrg. VIII, 416 S. m. Abb.) Ebd. à Jahrg. n. 12. —

— für Therapie & Hygiene des Auges. Unter ständ. Mitwirkg. v. R. Bylsma, F. Daxenberger, K. Elze u. a. hrsg. v. Wolffberg. 7.—10. Jahrg. Oktbr. 1903 bis Septbr. 1907. à 52 Nrn. (à ca. 8 S.) gr. 4. Dresden [Steinkopff & Springer], Bleyl & Kaemmerer. à Jhrg. n. 12. —

Wochenschrift f. Therapie u. Hygiene des Auges. Unter ständ. Mitwirkg. von R. Bylsma, F. Daxenberger, K. Elze u. a. hrsg. v. Wolffberg. 11.—13. Jahrg. Oktbr. 1907—Septbr. 1910. à 48 Nrn. (VIII, 418; VIII, 408 und VIII, 400 S.) 31,5×23 cm. Dresden-Blasewitz, Bleyl & Kaemmerer. à Jahrg. 18. —

Wochenschrift für Thierheilkunde. München: Expedition 1890 –? 8°

— für Thierheilkunde und Viehzucht. Hrsg. von Thdr. Adam. — Geo. Nicklas. 1—5. Jahrg. 1857—61. à Jahrg. 52 Nrn. (½ Bog. mit eingedr. Holzschn.) gr. 8. Augsburg, (Schmid'sche Verlagsbuchh.) à Jahrg. *

— für Thierheilkunde und Viehzucht. Hrsg. von Th. Adam. — W. Probstmayr. 6.—11. Jahrg. 1862—67. à Jahrg. 52 Nrn. (½ Bog.) Mit Holzschn. gr. 8. Augsburg, (Schmid's Verlag.) à Jahrg. *

— für Thierheilkunde und Viehzucht. Hrsg. von Th. Adam. — W. Probstmayr. 12.—14. Jahrg. 1868—1870. à Jahrg. 52 Nrn. (à ½ Bog.) Mit Holzschn. gr. 8. Augsburg, (Schmidt's Verlag.) à Jahrg. *

— dass. — Unter Mitwirkung bewährter Fachmänner hrsg. von Th. Adam. 15.—19. Jahrg. 1871—1875. à Jahrg. 52 Nrn. (à ½ Bog.) gr. 8. Augsburg, Lüderitz'sche Buchh. 1871 und 1872 à *
1873—1875 à *

— für Thierheilkunde und Viehzucht. Unter Mitwirkung bewährter Fachmänner hrsg. von Th. Adam. 20.—23. Jahrg. 1876—1879. à Jahrg. 52 Nrn. (à ½—¾ Bog.) Augsburg, Lüderitz. à Jahrg. *

— für Thierheilkunde und Viehzucht. Unter Mitwirkung bewährter Fachmänner hrsg. von Th. Adam. 24.—28. Jahrg. 1880—1884. à Jahrg. 52 Nrn. (à Nr. ½—¾ Bog.) gr. 8. Augsburg, Lüderitz. à Jahrg. *

— für Thierheilkunde und Viehzucht. Unter Mitwirkung bewährter Fachmänner hrsg. von Th. Adam. 29.—32. Jahrg. 1885—1888. à Jahrg. 52 Nrn. (à Nr. ½—¾ Bog.) gr. 8. Augsburg, Lüderitz. à Jahrg. *

— für Thierheilkunde u. Viehzucht. Unter Mitwirkung bewährter Fachmänner hrsg. v. Th. Adam. 33. Jahrg. 1889. 52 Nrn. (à Nr. ½—¾ Bog.) gr. 8. Augsb., Lüderitz. * 6 —

— dasselbe, hrsg. v. Ph. J. Göring. 34. Jahrg. 1890. 52 Nrn. (à ½—¾ B.) gr. 8. München, (Fritsch). n. 6. —

— für Thierheilkunde u. Viehzucht. Unter Mitwirkg. bewährter Fachmänner hrsg. v. Ph. J. Göring. 35. u. 36. Jahrg. 1891. 1892. à 52 Nrn. (à ½—¾ Bog.) gr. 8. München, (C. Fritsch). à Jahrg. n. 6. —

— dasselbe. Hrsg. v. M. Albrecht u. Ph. J. Göring. 37. u. 38. Jahrg. 1893. 1894. à 52 Nrn. (à ½—¾ Bog.) gr. 8. Ebd. à Jahrg. n. 7. —

— f. Thierheilkunde u. Viehzucht. Unt. Mitwirkg. bewährter Fachmänner hrsg. v. M. Albrecht u. Ph. J. Göring. 39.—42. Jahrg. 1895—1898. à 52 Nrn. (à ca. 12 S.) gr. 8. München (C. Schimon & L. Burger). à Jahrg. n.n. 7. —
Kann auch halbjährlich bezogen werden.

— für Thierheilkunde u. Viehzucht. Unter Mitwirkg. bewährter Fachmänner hrsg. v. M. Albrecht u. Ph. J. Göring. 43.—46. Jahrg. 1899—1902. à 52 Nrn. gr. 8. (à ca. 8 S.) München. (M. Rieger.) à Jahrg. n.n. 7. —

— für Tierheilkunde u. Viehzucht. Unter Mitwirkg bewährter Fachmänner hrsg. v. M. Albrecht. 47. bis 50. Jahrg. 1903—1906 à 52 Nrn. (XV, 628; XVI, 836; XVI, 836 u. XXXVI, 1040 S. m. Abbildgn.) gr. 8. München (M. Rieger). à Jhrg. n. 8. —

— f. Tierheilkunde u. Viehzucht. Unter Mitwirkg. bewährter Fachmänner hrsg. v. M. Albrecht. 51. und 52. Jahrg. 1907 u. 1908. à 52 Nrn. (à Jahrg. XX, 888 S. m. Abbildgn.) gr. 8. Ebd. à Jahrg. nn 8. —

Wochenschrift. – Uhlands Wochenschrift für Industrie und Technik. Leipzig-Gohlis: Bureau der praktischen Maschinen-Konstrukteure 1886–? 8°
Hrsg. v. W. H. Uhland.

— zur Unterhaltung und Belehrung der Jugend. Redact.: Frz. Zistler. 1. Jahrg. 1863. 52 Nrn. (Bog.) gr. 4. Graz. (Leipzig, Haessel.) *

— für vaterländ. Unterhaltung, herausg. von F. K. Lubloff. 4. Sondersh. 821.

Wochenschrift. – Vegesacker Wochenschrift. – Bremen. – 4.I.1873 – 1.IV.1885.
Vorh. u.d.T.: Wochenschrift.
Fortges. u.d.T.: Norddeutsche Volkszeitung.

—— des Vereines zur Beförderung des Gartenbaues in den königl. preussischen Staaten für Gärtnerei und Pflanzenkunde. Redig. von Carl Koch. (3—5.) Jahrg. 1860—62. à Jahrg. 52 Nrn. (Bog. mit eingedr. Holzschn.) gr. 4. Berlin, K. Wiegandt. à Jahrg. *
Der 1. und 2. Jahrg. erschienen unter dem Titel:

—— des Vereines zur Beförderung des Gartenbaues in den königl. preussischen Staaten für Gärtnerei und Pflanzenkunde. Redact.: Karl Koch. Jahrg. 1863—67. à Jahrg. 52 Nrn. (Bog.) gr. 4. Berlin, Wiegandt und Hempel. à Jahrg. *

Wochenschrift des Vereines zur Beförderung des Gartenbaues in den königl. preussischen Staaten für Gärtnerei und Pflanzenkunde. Redact.: Karl Koch. Jahrg. 1868 und 1869. à Jahrg. 52 Nrn. (Bog.) gr. 4. Berlin, Wiegandt, Hempel und Parey. à Jahrg. *

—— des Vereins zur Beförderung des Gartenbaues in den Königl. Preussischen Staaten für Gärtnerei und Pflanzenkunde. Redig. von K. Koch. Jahrg. 1870—1872. à Jahrg. 52 Nrn. (Bog.) gr. 4. Berlin, [Wiegandt, Hempel und Parey.] Parey. à Jahrg. *
Die Fortsetzung erschien u. d. T.: Monatsschrift des Vereines zur Beförderung des Gartenbaues.

WOCHENSCHRIFT DES VEREINES DEUTSCHER INGENIEURE.
Redacteur: R. ZIEBARTH, Civil-Ingenieur in Berlin, unter Mitwirkung von Prof. Dr. DÜRRE in Aachen, Dr. LIST in Hagen, Prof. LUDEWIG in München und Prof. WERNER in Darmstadt.
1877. No. 1—52. Selbstverlag des Vereines. Commissionsverlag von R. Gaertner in Berlin. (Ohne bes. Titelblatt.) 4°.

WOCHENSCHRIFT DES VEREINES DEUTSCHER INGENIEURE. Unter Mitwirkung von Prof. Dr. DÜRRE, Aachen, Dr. LIST, Hagen, Prof. LUDEWIG, München, und Prof. WERNER, Darmstadt.
Redacteur: R. ZIEBARTH in Berlin.
Jahrg. 1878. Mit 35 Holzschnitten. ib. — (Mit bes. Titelblatt.)
Jahrg. 1879. Mit 127 Holzschnitten. ib. —
WOCHENSCHRIFT DES VEREINES DEUTSCHER INGENIEURE.
Redacteur: R. ZIEBARTH in Berlin, Geschäftsführer des Vereines.
Jahrg. 1880. Mit 142 Holzschnitten. ib. —
Jahrg. 1881. Mit 109 Holzschnitten. ib. —
Redacteur: TH. PETERS in Berlin, Generalsekretär des Vereines.
Jahrg. 1882. ib. —
Jahrg. 1883. ib. —

— des Vereines deutscher Ingenieure, Inhaltsverzeichnis 1877 bis 1883, s.: Zeitschrift desselben Vereines.

Das Kreiscomité des landwirtschaftlichen Vereins von Niederbayern.
Wochenschrift des landwirtschaftlichen Vereins von Niederbayern. Landshut 1867.

—— des schlesischen Vereins für Berg- und Hüttenwesen. Redig. von H. Schwarz. 1—3. Jahrg. 1859—61. à Jahrg. 52 Nrn. (à 1—2 Bog.) gr. 4. Breslau, E. Trewendt. à Jahrg. *

WOCHENSCHRIFT DES VOLKSWIRTHSCHAFTLICHEN VEREINS FÜR RHEINLAND. Für die Redaction verantwortl. J. BROIX.
1877. Nr. 1—16. 12. Juli — 27. December. Neuss. Druck u. Verlag der Gesellschaft für Buchdruckerei. (Ohne bes. Titelbl.) 4°.
1878. Nr. 1—52. 3. Januar — 27. December. ib. — (Ohne bes. Titelbl.)

Wochenschrift für Versicherungswesen. 1901-07. fol Wiesbaden 1901-07

Wochenschrift. – Volkswirtschaftliche Wochenschrift. Bd 1–(34). Wien: Volkswirtschaftlicher Verlag Dorn 1883–(1900). 8°
Red.: Alexander Ritter v. Dorn.

—— volkswirtschaftliche, v. Alex. Dorn. Organ f. die Mittheilgn. d. Oesterreich.-Ungar. Export-Vereines. 11.—18. Bd. oder 6.—9. Jahrg. 1889—1892. à Jahrg. 52 Nrn. gr. 4. (à Nr. 20 S.) Wien, Volkswirtschaftl. Verlag, A. Dorn. à Jahrg. * 24 —

— volkswirtschaftliche v. Alex. Dorn. Organ f. die Mittheilgn. d. Oesterr.-Ungar. Export-Vereines. 15.—22. Bd. (1891—1894.) à Jahrg. 52 Nrn. (à ca. 3 Bog.) gr. 4. Wien, Volkswirtschaftl. Verl., A. Dorn. à Jahrg. (= 2 Bde.) n. 24.—

— volkswirtschaftliche, v. Alex. Dorn. Organ f. d. Mittheilgn. d. Oest.-Ung. Export-Vereines. 23.—30. Bd. (1895—1898.) à Jahrg. 52 Nrn. (à ca. 20 S.) gr. 4. Wien, Volkswirtschaftl. Verl., A. Dorn. à Jahrg. n. 24.—

— volkswirtschaftliche, v. Alex. Dorn. Organ für die Mittheilgn. des oest.-ung. Export-Vereines. Red.: Wilh. Sträussler. 31.—38. Bd. 1899—1902. à 52 Nrn. gr. 4. (à ca. 16 S.) Wien, Volkswirtschaftl. Verlag A. Dorn. à Bd. n. 12.—

— volkswirtschaftliche, v. Alex. Dorn. Mit der Monats-Beilage „Der österr. Export". Organ f. die Exportinteressen Oesterreichs. Hrsg.: Alex. Dorn u. Mor. Pozsonyi. Red.: Wilh. Sträussler. 39.—46. Bd. 1903—1906 à 52 Nrn. (à ca. 20 S.) gr. 4. Wien, Volkswirtschaftl. Verlag A. Dorn. à Jahrg. n. 24.—

— volkswirtschaftliche, v. Alex. Dorn. Organ f. d. Exportinteressen Österreichs. Hrsg.: Alex. Dorn u. Mor. Pozsonyi. Red.: Wilh. Sträussler. 47.—54. Bd. Jahrg. 1907–1910. à 52 Nrn. (à ca. 16 S.) 32×22 cm. Wien, Volkswirtschaftl. Verlag A. Dorn. à Jahrg. (2. Bde.) 24. —

Wochenschrift, Warrens, für Politik und Volkswirthschaft. Wien 1872 ff. H: *Pisling, Theophil.* (EB)

Wochenschrift, Wiener. Wien 1781. H: *Schröckh, Sam. Jac.* (wrztg 1781, Beil. bei Nr. 53) (zenker S. 149, Nr. 200) (Brünner Zeitung 1781, Beil. zu Nr. 59) (biblPort) Trattner

— Wiener klinische, unter ständ. Mitwirkg. von E. Albert, Th. Billroth, C. Braun, R. v. Fernwald etc. hrsg. v. H. v. Bamberger, E. Fuchs, H. Kundrat, E. Ludwig u. L. Schrötter Ritter v. Kristelli. Organ der k. k. Gesellschaft der Aerzte in Wien. Red. v. G. Riehl. 1. Jahrg. April—Decbr. 1888. 39 Nrn. (2 B.) gr. 4. Wien, Hölder. n. 15.—

— dasselbe. 2. u. 3. Jahrg. 1889. 1890. à 52 Nrn. (à 2—2½ B.) gr. 4. Ebd. à Jahrg. n. 20.—; mit dem Beiblatt: Das österreich. Sanitätswesen. à 52 Nrn. à Jahrg. n. 24.—

— Wiener klinische, unter ständ. Mitwirkg. v. E. Albert, G. Braun, V. R. v. Ebner etc. begründet v. H. v. Bamberger, hrsg. v. Thdr. Billroth, Rud. Chrobak, Ernst Fuchs, Otto Kahler, Hans Kundrat, Ernst Ludwig u. L. R. v. Schrötter. Organ der k. k. Gesellschaft der Aerzte in Wien. Red. v. Gust. Riehl. 4. u. 5. Jahrg. 1891. 1892. à 52 Nrn. (à 2—2½ Bog.) gr. 4. Wien, A. Hölder. à Jahrg. n. 20.—; m. dem Beiblatt: Das österreich. Sanitätswesen. à 52 Nrn. (1½ Bog.) gr. 8. n. 28.—

— dasselbe. 6. u. 7. Jahrg. 1893. 1894. à 52 Nrn. (à 2—2½ Bog.) gr. 4. Wien, W. Braumüller. à Jahrg. n. 20. —
s.: Sanitätswesen, das österreichische.

— Wiener klinische, unter ständ. Mitwirkg. von E. Albert, C. Braun, V. R. v. Ebner etc. begr. von H. v. Bamberger, hrsg. v. Rud. Chrobak, Ernst Fuchs, Karl Gussenbauer, Ernst Ludwig, Edm. Neusser, L. R. v. Schrötter u. Ant. Weichselbaum. Organ der k. k. Gesellschaft d. Aerzte in Wien. Red. v. Gust. Riehl (seit 1897 v. Alex. Fränkel). 8.—11. Jahrg. 1895—1898. à 52 Nrn. (à ca. 20 S.) gr. 4. Wien, W. Braumüller. à Jahrg. n. 20. —
Kann auch halbjährlich bezogen werden.

— Wiener klinische, unter ständ. Mitwirkg. von G. Braun, O. Chiari, Rud. Chrobak u. a. Begründet von H. v. Bamberger. Hrsg. v. Ernst Fuchs, Karl Gussenbauer, Ernst Ludwig, Edm. Neusser, L. R. v. Schrötter u. Ant. Weichselbaum. Organ der k. k. Gesellschaft der Aerzte in Wien. Red. v. Alex. Fraenkel. 12.—15. Jahrg. 1899—1902. à 52 Nrn. gr. 4. (à ca. 24 S.) Wien, W. Braumüller. à Jahrg. n. 20. —

— Wiener klinische, unter ständ. Mitwirkg. v. G. Braun, O. Chiari, Rud. Chrobak u. a. Begründet von H. v. Bamberger. Hrsg. von Ant. Frhr. v. Eiselsberg, Thdr. Escherich, Ernst Fuchs, Jul. Hochenegg, Ernst Ludwig, Edm. Neusser, L. R. v. Schrötter u. Ant. Weichselbaum. Organ der k. k. Gesellschaft d. Aerzte in Wien. Red. v. Alex. Fraenkel. 16.—19. Jahrg. 1903—1906. à 52 Nrn. (XVIII, 1474; XX, 1424; XX, 1398 u. XX, 1608 S. m. Abbildgn.) gr. 4. Wien, W. Braumüller. à Jhrg. n. 20. —

Wochenschrift, Wiener klinische, unter ständ. Mitwirkg. v. G. Braun, O. Chiari, Rud. Chrobak u. a. Begründet v. H. v. Bamberger. Hrsg. von Ant. Freih. v. Eiselsberg, Thdr. Escherich, Alex. Fraenkel, Ernst Fuchs, Jul. Hochenegg, Ernst Ludwig, Edm. v. Neusser, Rich. Paltauf, Gust. Riehl u. Ant. Weichselbaum. Organ d. k. k. Gesellschaft d. Aerzte in Wien. Red. v. Alex. Fraenkel. 20.—23. Jahrg. 1907—1910. à 52 Nrn. (XX, 1670; XXVI, 1836; XXVI, 1844 u. XXVIII, 1894 S. m. Abb.) 33,5×25 cm. Wien, W. Braumüller. 20. Jahrg. 20.—; 21.—23. Jahrg. à 24. —

— Wiener klinisch-therapeutische, unter ständ. Mitwirkg. von v. Baumgarten, E. Finger, Goldscheider u. a. hrsg. u. red. v. M. T. Schnirer. 11.—13. Jahrg. 1904—1906. à 52 Nrn. (XVIII, 1408; XVI, 1362 u. XIII, 1348 Sp.) gr. 4. Wien (F. Deuticke). 1904 u. 05 à n. 16. —; 1906 n. 10. —

—— wiener medizinische. Redig. von L. Wittelshöfer. 1. und 2. Jahrg. 1851 und 1852. 52 Nrn. (Bog.) Imp.-4. Wien, Seidel. à Jahrg. *

—— wiener medizinische. Redig. von L. Wittelshöfer. 3—6. Jahrg. 1853—56. à Jahrg. 52 Nrn. (Bog.) Mit Beilagen. Imp.-4. Wien, Seidel. à Jahrg. **

—— wiener medicinische. Redig. von L. Wittelshöfer. 7—11. Jahrg. 1857—61. à Jahrg. 52 Nrn. (Bog.) Mit Beilagen. Imp.-4. Wien, (Seidel und Sohn.) [7. und 8. Jahrg. à * 5 Thlr. 10 Ngr., 9—11. Jahrg. à * 6 Thlr. 20 Ngr.] *

—— Wiener medicinische. Redact.: L. Wittelshöfer. 12.—17. Jahrg. 1862—67. à Jahrg. 52 Nrn. (Bog.) Mit Beilagen. Imp.-4. Wien, (Seidel und Sohn.) à Jahrg. **

Wochenschrift, Wiener medizinische. Redact.: L. Wittelshöfer. 18.—25. Jahrg. 1868—1875. à Jahrg. 52 Nrn. (Bog.) Mit Beilagen. Imp.-4. Wien, (Seidel und Sohn.) à Jahrg. **

—— Wiener medizinische. Hrsgbr. und Redact.: L. Wittelshöfer. 26.—29. Jahrg. 1876—1879. à Jahrg. 52 Nrn. (à 1½ Bog.) gr. 4. Wien, (Seidel und Sohn.) à Jahrg. **

Wochenschrift, Wiener medicinische. Hrsgbr. und Redact.: L. Wittelshöfer. 30.—34. Jahrg. 1880—1884. à Jahrg. 52 Nrn. (à Nr. 1½ Bog.) gr. 4. Wien, (Seidel und Sohn.) à Jahrg. **

—— Wiener medicinische. Hrsgbr. und Redact.: L. Wittelshöfer. Mitredact.: Rich. Wittelshöfer. 35.—38. Jahrg. 1885—1888. à Jahrg. 52 Nrn. (à Nr. 1½ Bog.) gr. 4. Wien, (Seidel und Sohn.) à Jahrg. **

—— Wiener medicinische. Begründet 1851 v. Leop. Wittelshöfer. Redig. v. Heinr. Adler. 39.—42. Jahrg. 1889—1892. à Jahrg. 52 Nrn. (à Nr. 2 Bog. m. Abbildgn.) Nebst Beilage: Der Militärarzt. 23.—26. Jahrg. à Jahrg. 24 Nrn. (à Nr. ½ Bog.) gr. 4. Wien, Perles. à Jahrg. ** 20 —

— Wiener medizinische. Begründet 1851 v. Leop. Wittelshöfer. Red. v. Heinr. Adler. 45.—48. Jahrg. 1895—1898. à 52 Nrn. (à ca. 24 S.) Nebst Beilage: D. Militärarzt. Je 24 Nrn. (à ca. 4 S.) gr. 4. Wien, M. Perles. à Jahrg. n.n. 20. —; m. d. Centralblatt f. d. medizin. postfrei n n. 24. —; Wissenschaften à Jahrg. n.n. 30. —
Kann auch vierteljährlich bezogen werden.

— Wiener medizinische. Red. v. Heinr. Adler. 49.—52. Jahrg. 1899—1902. à 52 Nrn. (à ca. 64 Sp.) Nebst Beilage: Der Militärarzt. 24 Nrn. gr. 4. Wien, M. Perles. à Jahrg. n.n. 20. —; postfrei n.n. 24. —; m. dem Centralblatt f. die medicin. Wissenschaften n.n. 30. —

— Wiener medizinische. Organ der Gesellschaft f. innere Medizin u. Kinderheilkunde in Wien. Red. v. Heinr. Adler. 53.—56. Jahrg. 1903—1906 à 52 Nrn. (2472, 2484, 2504 u. 2568 Sp. m. Abb. u. Taf.). Nebst Beilage: Der Militärarzt. 24 Nrn. 4. Wien, M. Perles. à Jhrg. n.n. 20. —; postfrei n.n. 24. —; m. dem Zentralblatt f. die gesamte Therapie n.n. 28. —; postfrei n.n. 30. —

— Wiener medizinische. Organ der Gesellschaft f. innere Medizin u. Kinderheilkunde, der laryngolog. Gesellschaft u. der Gesellschaft f. physikal. Medizin in Wien. Begründet v. L. Wittelshöfer, 1889—1909 red. von Heinr. Adler. Red.: Adf. Kronfeld. 57.—60. Jahrg. 1907—1910. à 52 Nrn. (à ca. 64 Sp. m. Abb.) Nebst Beilage: Der Militärarzt. 24 Nrn. 34,5×26 cm. Wien, M. Perles. à Jahrg. nn 20. —; postfrei nn 22. —; m. d. Zentralblatt für die gesamte Therapie nn 28. —; postfrei nn 30. —

— für homiletische Wissenschaft u. Praxis, s.: Haec loquere et exhortare.

ZAHNTECHNISCHE WOCHENSCHRIFT. Offizielles Organ des Vereins der Zahnkünstler (Zahntechniker u. Dentisten) im Deutschen Reiche (E. V.) zur Vertretung der gesamten Standesinteressen.
Verantwortlicher Redakteur: JULIUS BACH, Augsburg.
Jahrg. XII[1]. 1908. No. 1—52. Breslau, Druck und Verlag von Th. Schatzky G. m. b. H. (Ohne bes. Titelbl.) 4⁰.
Offizielles Organ des Verbandes der Dentisten im Deutschen Reiche. (E. V.)
Jahrg. XIII. 1909. No. 1—52. ib. —
Jahrg. XIV. 1910. No. 1—52. ib. —
Jahrg. XV. 1911. No. 1—52. ib. —
Jahrg. XVI. 1912. No. 1—53. ib. —
Jahrg. XVII. 1913. No. 1—52. ib. —
Jahrg. XVIII. 1914. No. 1—52. ib. —

[1]) Die fehlenden Jahrgänge habe ich nicht einsehen können.

— des Centralvereins f. Rübenzucker-Industrie in der Oesterr.-Ungar. Monarchie. Red.: E. Kutschera. 28. Jahrg. 1890. 52 Nrn. (3 B.) Fol. Wien, (Frick). n. 14. —

— des Centralvereines f. Rübenzucker-Industrie in der Oesterr.-Ungar. Monarchie. Red.: Edm. Kutschera. 29.—32. Jahrg. 1891—1894. à 52 Nrn. (8 Bog.) Fol. Wien, (W. Frick). à Jahrg. n. 14.—

— d. Centralvereines f. Rübenzucker-Industrie in d. Oesterr.-Ungar. Monarchie. Red.: Edm. Kutschera. 33.—36. Jahrg. 1895—1898. à 52 Nrn. (à ca. 16 S.) Fol. Wien (W. Frick). à Jahrg. n. 14. —

— des Centralvereines f. Rübenzucker-Industrie in der Oesterr.-Ungar. Monarchie. Red.: Edm. Kutschera. 37. Jahrg. 1899. 52 Nrn. Fol. (à ca. 16 S.) Wien (W. Frick). n. 14. —

— dasselbe. 38.—40. Jahrg. 1900—1902. à 52 Nrn. Fol (à ca. 14 S.) Ebd. à Jahrg. n. 16. —

— des Centralvereins f. Rübenzucker-Industrie in der Oesterr.-Ungar. Monarchie. Red.: Edm. Kutschera. 41.—44. Jahrg. 1903—1906 à 52 Nrn. (à ca. 12 S.) Fol. Wien (W. Frick). à Jhrg. n. 16. —

— d. Zentralvereines f. Rübenzucker-Industrie Österreichs u. Ungarns. Red.: Frz. Skuttek. 45.—48. Jahrg. 1907—1910. à 52 Nrn. (VIII, 728; VIII, 764; IX, 802 u. XII, 824 S.) 35,5×27 cm. Wien (W. Frick). à Jahrg. 16. —

WOCHENSCHRIFT FÜR ZUCKERFABRIKATION. — vols. Braunschweig, 18— -'81 [+?]

Wochensprüche, 2 Jahrgg. biblischer, nebst Liederversen, Schulgebeten, nützlichen Schulliedern u. lehrreichen Sprüchwörtern. 12. Magdeb. 805. Hessenland. 3 ℳ

Wochensprüche für Schulen und Familien . . . Gütersloh 1860. H: *Brandt, Mart. Glieb Wilh.* (Ky)

Wochensprüche für Schulen und Familien. Nach den Sonn- und Festtags-Evangelien und Episteln in 2 Sammlungen 1. Im Anschluß an die Evangelien. 2. Im Anschluß an die Episteln. (Hrsg. von M. G. W. Brandt.) qu. gr. 4. (à Sammlung III S. und 64 Bl.) Gütersloh 860, Bertelsmann. à Samml. * -

— für Schulkinder auf dem Lande, nach den Hauptwahrheiten d. christlichen Glaubens- u. Sittenlehre geordnet. Leipz., Serig. 2 ℳ

Wochenstoffbuch f. die zweisprachige Elementarschule. (48 S.) gr. 4. Gebweiler (904). J. Boltze Geb. n.n. 1.80

Wochenstoffbuch f. die ein-, zwei-, drei- u. mehrklassigen Elementarschulen in Elsaß-Lothringen m. allgemeiner Angabe der Unterrichtsstoffe. Fol. (59 S.) Gebweiler 889. Boltze. geb. n.n. 2. 50

Wochenstoffbuch f. die ein-, zwei-, drei- u. mehrklassigen Elementarschulen in Elsaß-Lothringen m. allgemeiner Angabe der Unterrichtsstoffe. 3.—5. Aufl. Fol. (66 S.) Gebweiler 891—893. J. Boltze. Geb. in Pappbd. n.n. 2. —

— dasselbe. 6. Aufl. (Ausg. f. Ober-Elsaß.) Fol. (66 S.) Ebd. 894. Kart. n.n. 2. —; Ausg. f. Unter-Elsaß n.n. 2. —

Wochenstoffbuch f. d. 1-, 2-, 3- u. mehrklass. Elementarschulen in Elsaß-Lothringen m. allgem. Angabe d. Unterrichtsstoffe. 10. Aufl. (Ausg. f. Ober- u. Unter-Elsaß.) Fol. (à 66 S.) Gebweiler 898. J. Boltze. Kart. à n.n. 2. —

Wochenstoffbuch für die ein-, zwei-, drei- u. mehrklassigen Elementarschulen in Elsaß-Lothringen, m. allgemeiner Angabe der Unterrichtsstoffe. 14. Aufl. Ausg. f. Ober- u. Unter-Elsaß. Ausg. 1902. Fol. (à 66 S.) Gebweiler, J. Boltze. Kart. à n.n. 2.—

— f. die ein-, zwei-, drei- u. mehrklassige Elementarschulen in Elsaß-Lothringen, m. allgemeiner Angabe der Unterrichtsstoffe. 18. Aufl. Ausg. f. Ober- u. Unter-Elsaß. Ausg. 1906. (64 bezw. 66 S.) gr. 4. Gebweiler, J. Boltze. Kart à n.n 2. —

Wochenstoffbuch für die ein-, zwei-, drei- u. mehrklassigen Elementarschulen in Elsaß-Lothringen mit allgemeiner Angabe der Unterrichtsstoffe. 22. Aufl. Ausg. f. Ober- u. Unter-Elsaß. (64 u. 66 S.) 37,5×25 cm. Gebweiler 910. J. Boltze. Geb. à nn 2. —

Wochenstoffbuch für die katholischen Elementarschulen. 6. Aufl. Fol (46 S.) Gebweiler 887, Boltze'sche Buchh. **

Wochenstube, die,. Lustsp. v. Holberg. 8. Frankf. u. Leipz. 748. — 2

Wochenstube, die. Antwort auf d. Fragen: Was ist Alles f. d. Wochenstube nöthig? Was f. Gegenstände sind unbedingt od. bedingungsweise im Voraus bereit zu halten? (2. Aufl.) 8. (48 S. m. Abb.) Dresden (895). (A. Köhler.) Kart. — 60

Wochenstube, die politische. Von e. deutschen Sozialisten gr. 8. (III, 121 S.) Nossen i/S. 892. P. Westphal. n. — 75

Wöchentlich Etwas; eine Wochenschrift. Prag 1773—74. H: *Opitz, Johann Ferdinand.* (MGT, (Adel)

Wochentlich-Ordinari-Post-Zeitung, s. Ordinari-Post-Zeitung.

Wochen-Vormerk-Block-Kalender, zum Aufstellen Wien: Engel 1890. —,60

Wochen-Vormerk-Kalender pro 1883. I. Jahrg. Für jede Woche eine Seite. Feinste Ausstattung 80 kr. Wien: Perles 1882.

Wochen-Vormerkkalender pro 1884. II. Jahrg. Für jede Woche eine Seite. Wien, Moritz Perles Feinste Ausstattung 80 kr. 1883.

Wochenvormerk-Kalender pro 1886. IV. Jahrg. Wien, Moritz Perles. Zum Stellen u. Hängen 80 kr. 1885.

Wochenvormerk Kalender pro 1887. V. Jahrg. Zum Stellen und Hängen. Wien, Perles. fl. —.80. 1886.

Wochen-Vormerk-Kalender pro 1888. VI. Jahrg. Für jede Woche eine Seite. Zum Aufstellen und zum Hängen eingerichtet. Wien, Perles. fl. —.80. 1887.

Wochen-Vormerk-Kalender pro 1890. VIII. Jahrgang. Feinste Ausstattung zum Aufstellen eingerichtet Wien: Perles 1889. —.80

Wochen-Vormerk-Kalender pro 1891. IX. Jahrgang. Für jede Woche eine Seite. Zum Aufstellen und zum Hängen eingerichtet —.80
Wien: Perles 1890.

Wochenvormerk-Kalender pro 1892 X. Jahrg. für jede Woche eine Seite, feinste Ausstattung, zum Aufstellen eingerichtet —.80
Derselbe. Salon-Ausgabe pro 1892. I. Jahrg. 1.—
Wien: Perles 1891.

Wochen-Vormerk-Kalender pro 1893 XI. Jahrg. Für jede Woche eine Seite. Zum Aufstellen und zum Hängen eingerichtet —.80
Wien: Perles 1892.

Wochen-Vormerk-Kalender pro 1894. XII. Jahrgang. Für jede Woche eine Seite. Feinste Ausstattung. Zum Aufstellen eingerichtet —.80 (25 Exemplare à * —.48, 50 Exemplare à * —.46.) Wien: Perles 1893.

Wochen-Vormerk-Kalender pro 1895. Jahrgang XIII. Für jede Woche eine Seite. Feinste Ausstattung. Zum Aufstellen eingerichtet Wien: Perles 1894. —.80

Wochen-Vormerk-Kalender pro 1896. Jahrgang XIV. Für jede Woche eine Seite. Feinste Ausstattung. Zum Aufstellen eingerichtet Wien: Perles 1895. —.80

Wochen-Vormerk-Kalender pro 1897. Jahrgang XVII. Für jede Woche eine Seite. Feinste Ausstattung. Zum Aufstellen eingerichtet Wien: Perles 1896. —.80

Wochen-Vormerk-Kalender pro 1898. Jahrgang XVIII. Für jede Woche eine Seite. Feinste Ausstattung. Zum Aufstellen eingerichtet Wien: Perles 1897. —.80

Wochen-Vormerk-Kalender 1899. XXI. Jahrgang. Für jede Woche eine Seite. Feinste Ausstattung. Zum Aufstellen eingerichtet
Wien: Perles 1898. —.80

Wochen-Vormerkkalender. 1909. Fol. Mit Block. K 1.50
Wien: Perles 1908.

Andelfinger-Winterthurer Wochenzeitung
③ Anzeiger von Andelfingen ④ Andelfinger Zeitung ⑤ 1858—26. 12. 1863 ⑥ 2° ⑦ Wochenblatt ⑧ Andelfingen: A. Büche, J. U. Meyer (seit 11. 4. 1863). ⑩ die Drucker ⑭ Zh: Z.

Wochenzeitung aus Baselland
③ Der Beobachter aus Baselland (?) ④ Sissacher-Zeitung (?) ⑤ 1868 ⑦ Wochenblatt ⑧ Frenkendorf ⑬ BGSZ: 12, p. 38.

Bülach-Dielsdorfer Wochen-Zeitung
① Demokratisches Volksblatt ③ Bülach-Regensberger Wochen-Zeitung ④ Zürcher Unterländer ⑤ 8. 5. 1872—4. 1. 1949 ⑥ 2° ⑦ wöchentlich 2× (1872), wöchentlich 3× ⑧ Bülach: Severin Scheuchzer (1895—1918), S. Scheuchzers Erben (1919—1927), G. Steinemann-Scheuchzer (1927) ⑨ Sonntagsbeilage ⑩ G. Steinemann-Scheuchzer ⑪ Dr. Friedrich Scheuchzer, Fritz Bopp (1889), Alfred Illi (1928), Dr. Ernst Geyer (1936), Dr. Gottfried Kummer (1939), Walter Blickensdorfer (1943), Fred Heyn (1945) ⑫ demokratisch-bürgerlich-bäuerlich ⑬ Bülach-Dielsdorfer Wochen-Zeitung 1949, Nr. 1 ⑭ Zh: Z.

Bülach-Regensberger Wochen-Zeitung
v. **Wochenblatt** für die Bezirke Bülach und Regensberg.

Bündner Wochenzeitung
① Wochenausgabe des Bündner Tagblatt ⑤ 26. 9. 1891—1894 ⑥ 2° ⑦ Wochenblatt ⑧ Chur ⑨ Feuilleton-Beilage ⑬ BGSZ: 12.

Wochenzeitung: Bündnerische Wochenzeitung
③ Der liberale Alpenbote ④ Bündnerische Volkszeitung ⑤ 18. 3. 1860—23. 9. 1865 ⑥ 2° ⑦ Wochenblatt ⑧ Chur L. Hitz (1860—1864), Braun & Jenny (9. 4. 1864—23. 9. 1865) ⑩ L. Hitz, dann Braun & Jenny ⑪ P. C. Planta ⑬ BGSZ: 1001 ⑭ Ch: K; Be: L.

Sonder-Ausgabe der Deutschen Wochenzeitung für die Niederlande und Belgien zur Erinnerung an den Besuch der Vertreter von Westdeutschlands Handel und Gewerbe in Belgien, 17.—20. Juni 1907. Antwerpen, 1907. 45 S. mit 67 Abb.
Antwerpens Beziehungen zu Deutschland in der Vergangenheit.
Festtage in Antwerpen. Ausflug nach Brüssel. Ausflug nach Zeebrügge.

Wochenzeitung, deutsche, für Politik u. Literatur. Redig. v. Fr. Giehne. 1843. 52 Numm. (Bog.) kl. Fol. Karlsruhe. (Braun.) n. 3 1/3 ℔

Wochenzeitung: Freytägliche Wochenzeitung
v. Ordinari Wochen-Zeitung (Zh).

Wochen-Zeitung: Gewohnliche [Gewonl. resp. Gewonnl.] Wochen-Zeitung
v. Ordinari Wochen-Zeitung (Zh).

Wochen-Zeitung, illustrierte. Eine Zeitschrift m. Kunstbeilagen. 46. Jahrg. des illustr. Familienblattes: „Der Hausfreund". Red.: Wolfg. Engel. Jahrg. 1902. 52 Hfte. gr. 4. (à ca. 16 S. m. Taf.) Berlin, W. Vobach & Co. à Hft. — 15

Wochenzeitung, illustrierte, Fortsetzg., s.: Im häuslichen Kreise.

Wochenzeitung. – L a s s a l l e 'sche Wochenzeitung. Berlin: Expedition 1874–1875. 8°
Forts. u.d.T.: Der Agitator. Jg. 1. 1875 ff.

Wochenzeitung: Liechtensteinische Wochenzeitung
① Amtsblatt des Fürstenthums (nur Januar 1877) ⑤ 24. 1. 1873—28. 12. 1877 ⑥ 4° ⑦ Wochenblatt ⑧ Feldkirch Heinrich Graff ⑩ Dr. med. Rudolf Schädler ⑪ Dr. med. Rudolf Schädler ⑬ Bohatta: Liechtensteinische Bibliographie: Liechtensteiner Vaterland 1944, Nr. 27 ⑭ Zg: B Matt.

Luzerner Wochen-Zeitung (I)
② Luzerner Wochenzeitung (1855) ③ Luzerner Volksblatt (III) ⑤ 23. 12. 1853—27. 7. 1855 ⑥ 4° ⑦ Wochenblatt ⑧ Luzern: Kaspar Hübscher ⑩ Kaspar Hübscher ⑪ Philipp Anton Segesser ⑫ katholisch-konservativ ⑬ BGSZ: 685, 1028, 1032; Müller: Philipp Anton v. Segesser ⑭ Lu: Z ⑮ Neben der «Luzerner Wochen-Zeitung» gab Hübscher gleichzeitig die «Luzerner Tagszeitung» heraus.

Wochenzeitung: Luzernerische Wochenzeitung
⑤ 2. 1. 1863—26. 6. 1863 ⑥ 4° ⑦ Wochenblatt ⑧ Luzern: Xaver Meyer ⑪ Dr. J. Bühler, Luzern ⑫ freisinnig ⑬ BGSZ: 1028, 1032 ⑭ Lu: Z.

Wochenzeitung: Montägliche Wochenzeitung
② Montags-Zeitung (?—1769—1785) ④ Zürcher Zeitung ⑤ um 1670—1780 ⑥ 8° ⑦ Wochenblatt ⑧ Zürich: David Geßner (und Nachfolger) ⑩ die Drucker ⑬ BGSZ: 482; Leemann-van Elck: Druck, Verlag, Buchhandel im Kanton Zürich von den Anfängen bis um 1850, p. 42 ff. ⑭ Zh: Z (unvollständig) ⑮ Diese Wochenzeitung trägt das genaue Ausgabedatum nach dem alten und neuen Stil, z. B. «Montägliche Wochenzeitung vom 6. 16. Jenner M. DC. LXXIII».

Wochenzeitung. – N e u b r a n d e n b u r g e r Wochenzeitung. –
1.I.1848 – 31.III.1849.
Fortges. u.d.T.: Wochenblatt.

— neue illustrierte. 46. Jahrg. des illustr. Familienblattes: „Der Hausfreund". Ein Blatt fürs deutsche Haus." Red.: Wolfg. Engel. 1. Jahrg. Oktbr.—Dezbr. 1901. 13 Hfte. gr. 4. (à ca. 16 S.) Ebd. à Hft. — 15
Bildet die Fortsetzung d. Zeitschriften: Am deutschen Herd. — Blätter, illustr. — Erholungsstunden. — Familienzeitung, illustr. — Hausfreund, der. — Heimat, die. — Sonntagsblatt, Breslauer.

Obwaldner Wochen-Zeitung
② Obwaldner Zeitung (13. 12. 1865—30. 12. 1873) ④ Rütli (Küßnacht, Sz) ⑤ 17. 6. 1862 (Probe-Nummer)—30. 12. 1873 ⑥ 4°, dann 2°, dann 4° und zuletzt wieder 2° ⑦ Wochenblatt (—9. 12. 1865), wöchentlich 2× (13. 12. 1865—30. 12. 1873) ⑧ Sarnen: Kaspar Baumann (17. 6. 1862—16. 10. 1870), Müllersche Buchdruckerei (19. 10. 1870—30. 12. 1873) ⑩ die Drucker ⑪ Nikolaus Hermann, Ständerat, Nationalrat, Sachseln ⑫ liberal ⑬ BGSZ: 350, 1071; Küchler: Geschichte v. Sachseln. «Geschichtsfreund» 54, 1899, p. 328 ff. ⑭ Lu: Z ⑮ Nr. 1 v. 3. 1. 1863 trägt irrtümlicherweise die Bezeichnung 3. Januar 1862.

Wochen:Zeitungen: Ordentliche Wochen-Zeitungen
v. Newe Vnpartheysche Zeittung vnd Relation

Ordinari Wochen-Zeitung (Zh)
① M S (= Michael Schaufelberger, um 1676). M S C H M (in Klammern, mit längeren, wechselnden Sprüchen, um 1696—1699). Relata refero (um 1766—31. 21. 1773). Relata refero, gedruckt und zu haben in Bürgklischer Buchdruckerey (14. 1. 1774—26. 12. 1783), etc ② Gewonl[iche] Wochen-Zeitung (um 1696). Gewonnl[iche] Wochen-Zeitung (um 1699). Gewohnliche Wochenzeitung (um 1705). Freytägliche Wochenzeitung (um 1710—1718). Wochentliche Ordinari-Freytags-Zeitung (um 1766-31. 12. 1773). Fortsetzung. Der Wochentlich-herauskommenden Freytags-Zeitung (Titel der ersten Zeitung im neuen Jahre, um 1773—3. 1. 1783). Wochentliche Freytags-Zeitung (14. 1. 1774—26. 12. 1783). Zurcher Zeitung (II) (2. 1. 1784—9. 3. 1798, 23. 3. 1798—28. 12. 1798). Zürcher-Zeitung (II) (16. 3. 1798, 4. 1. 1799—31. 5. 1799). Zürcher Freitags-Zeitung (7. 6. 1799—25. 12. 1801). Züricher Freitags-Zeitung (1. 1. 1802—29. 12. 1837). Zuricher Freit[ags-] Zeitung (5. 1. 1838—23. 12. 1853). Zürcherische Freitagszeitung (30. 12. 1853—25. 12. 1914) ⑤ 1674—25. 12. 1914 ⑥ 8° (1674—23. 12. 1803); 4° (30. 12. 1803—27. 12. 1844); 2° (3. 1. 1845—25. 12. 1914) ⑦ Wochenblatt ⑧ Zürich: Michael Schaufelberger sel. Wittib (Barbara Schaufelberger) (1671—1694). Schaufelberger & Hardmeyer (1694—1712). Christoph Hardmeyer (1712—1716). Christoph Hardmeyer's sel. Witwe (1716—1724). Johann Kaspar Bürkli (1724—um 1730). Gebrüder Bürkli (um 1730—um 1738). Johann Heinrich Burkli (um 1738—1756). David Bürkli 1756—14. 3.(?) 1890). Ulrich & Co. im Berichthaus (21. 3.(?) 1890—30. 8. 1895). Berichthaus (6. 9. 1895—25. 12. 1914) ⑨ Zeitgeschichtliche Beiträge zur Züricher Freytags-Zeitung (Februar 1832—Oktober 1833; 8°: Halbmonatsbeilage mit Berichten über die Sitzungen des Zurcher Großen Rates und der in Zürich abgehaltenen Tagsatzung). Zürcherblätter (3. 1. 1840—24. 2. 1843; 8°: alle 14 Tage 1840 u. 1843; Wochenblatt 1841—1842). Züricher Flugblätter (21. 4. 1843—18. 12. 1843; 4°: ungeregelmäßig. ⑩ Michael Schaufelberger sel. Wittib (Barbara Schaufelberger) (1674—1694). Michael Schaufelberger sel. Erbin und Christoph Hardmeyer (1694—1712). Major Christoph Hardmeyer (1712—1716). Christoph Hardmeyer's sel. Witwe (1716—1724). Johann Kaspar Bürkli (1724—um 1730). Gebruder Burkli (um 1730—um 1738). Johann Heinrich Bürkli (I) (um 1738—1756). David Burkli (I) (1756—1791). Johann Heinrich Bürkli (II), genannt David Burkli (II) (1791—1821). Johann Wilhelm Bürkli, genannt Wilhelm Burkli (1821—1847). Friedrich Paul David Bürkli, genannt Fritz Burkli (1847—17. 1. 1890). Gesellschaft für die Herausgabe der Zürcherischen Freitagszeitung (24. 1. 1890—25. 12. 1914) ⑪ die Herausgeber (1674—1791). Johann Heinrich Burkli (II), genannt David Bürkli (II) (1791—1798, 1800—14. 12. 1821). Prof. C. J. Fäsi (1799). Johann Wilhelm Bürkli, genannt Wilhelm Burkli (1822—1847). Friedrich Paul David Bürkli, genannt Fritz Bürkli (1847—1877, 23. 11. 1889—17. 1. 1890). Fritz Schinz (1877—22. 11. 1889). E. A. Hofer (24. 1. 1890—25. 7. 1890). Samuel Zurlinden (24. 1. 1890—25. 12. 1914) ⑫ unter David Burkli (II) foderalistisch und österreicherfreundlich, unter Wilhelm Burkli konservativ (Septemberpartei), unter Fritz Bürkli zeitweise demokratisch (Mitarbeit von Dr. Friedrich Locher). Eidgenössischer Verein (1890—1913). Liberal-demokratische Partei (1914) ⑬ BGSZ 107 (p. 62, 150—179, 204—208), 262. Heiner Gautschy: Die Schweizer Presse in der Mitte des 19. Jahrh. Ihre Reaktion auf den Staatsstreich Napoleon Bonapartes (Basler Beiträge zur Geschichtswissensch. Bd. 33), p. 50—51; Peter Rinderknecht: Der eidgenössische Verein 1875—1913 (Zurcher Beiträge zur Geschichtswissenschaft Bd. 3), p. 201, 267—268 ⑭ Zh: Z (1766—1914. Es fehlen die Jahrgänge 1793, 1796—1797. Unvollständig 1788—1792. Vereinzelte Nummern der Jahrgänge 1676, 1696, 1699, 1705, 1710, 1718) ⑮ Sie wird als »Bürkli-Zeitung« bezeichnet. Diese Bezeichnung ist vor allem in der Zeit von 1784—1799 wichtig, um die beiden »Zürcher-Zeitungen« zu unterscheiden.

Ordinari Wochen-Zeitung: Neue Ordinari Wochen-Zeitung
④ Post und Ordinari Mittwochs- und Samstags-Zeitung (?) ⑤ ?—1699—? ⑥ 8° ⑦ Wochenblatt ⑧ Schaffhausen (?) ⑬ Sh: St ⑮ Bekannt ist ein Zeitungsblatt vom Januar 1699. Auf dem Titel eine Zierleiste, unterbrochen von den beiden Buchstaben (A) und (R). Vignette (Blasender Postreiter). Keine Angabe des Druckortes, vermutlich Schaffhausen.

Wochenzeitung, rheinische. Das billigste Blatt für Stadt und Land. Redact.: Nic. Hauth. 1.—3. Jahrg. Oktbr. 1881 bis Septbr. 1884. à Jahrg. 52 Nrn. (Bog.) gr. 4. Trier, Lintz'sche Buchh. à Jahrg. *

Wochenzeitung, rheinische. Das billigste Blatt für Stadt und Land. Red.: Nic. Hauth. Jahrg. 1886—1889. à 52 Nrn. (B.) gr. 4. Trier, Lintz'sche Buchhandlg. à Jahrg. n. 2. 40

Wochenzeittung für Schule und Haus. Guttenberg: Expedition 1873. 1874. 4°
Hrsg. v. C. Gegner.

Wochen-Zeitung (Zh 1)
③ Schweizer Wochenzeitung (I) ⑤ 8. 12. 1843 (Probe-Nr.)—12. 5. 1846 ⑥ 2° (1844: 355 mm, 1845: 400 mm, 1846: 375 mm) ⑦ Wochenblatt ⑧ Zürich: J. J. Ulrich (1845/46) ⑨ Friedrich Schultheß, Zürich (1843); Meyer & Zeller, Zürich (1845/46) ⑩ Pfarrer Bohmer ⑫ liberal-konservativ ⑬ BGSZ 1111 ⑭ Zh: Z; Lu: Z; Be: L ⑮ Die Zeitung enthält im Jg. 1845 interessante politische Karikaturen

Schweizer Wochen-Zeitung für Kriminal-, Polizei-Civilgerichtspflege, Politik, Unterhaltung und Humor — Kriminal-Zeitung — Lokal-Anzeiger
Schweizer Wochen-Zeitung (Schweizer Zeitung)
s.a. Schweizer Kriminal-Zeitung

Wochenzeitung. – Schweizer (sp. Schweizerische) Wochenzeitung für Kriminal-Polizei-, Civilgerichtspflege, Politik, Unterhaltung und Humor. Zürich: Jean Frey 1893 1946. 4°
Red.: Jean Frey; sp. Jos. Urban Allenspach; sp. Jean Enderli u.a.
Vorh. u.d.T.: Schweizer Kriminal-Zeitung. Jg. 1890–1893.
Forts. u.d.T.: Die Wochen-Zeitung. Jg. 1946ff.

Wochen-Zeitung: Schweizerische Wochen-Zeitung (Schweizer Zeitung)
s.a. Schweizer Kriminal-Zeitung

Wochenzeitung: Schweizerische Wochenzeitung (Sh)
② Schweizer. Wochenzeitung (8. 2. 1863—März 1872) ⑤ 3. 1. 1863—ca. März 1872 ⑥ 2° ⑦ Wochenblatt ⑧ Schaffhausen: Alexander Gelzer ⑨ Wöchentliches Unterhaltungsblatt (seit 1. 4. 1863) ⑬ BGSZ: 1052, 1053 ⑭ Sh: St.

Wochenzeitung: Schweizerische Illustrierte Wochenzeitung
① Für Unterhaltung, Belehrung und Humor ⑤ 21. 3. 1863—1867 ⑥ 4° u. 2° ⑦ Wochenblatt ⑧ Bern: R. F. Haller ⑨ Der Freischutz ⑪ R. F. Haller ⑬ BGSZ: 973 ⑭ Be: L.

Thurgauer Wochenzeitung
④ Der Wächter (III) ⑤ 1844—31. 12. 1899 ⑥ 2° ⑦ wöchentlich 1×; wöchentlich 2×; wöchentlich 3× (1861) ⑧ Frauenfeld: J. Kolb, J. Gromann (1844), katholischer Preßverein (1895—1899) ⑨ Illustriertes Unterhaltungsblatt (aus einem Beilagenvertrieb) ⑩ Oberrichter Augustin Ramsperger, freies Preßkomitee (ab 1889) ⑪ Oberrichter Ramsperger, W. R. Rueß (ab 1863), Dr. V. Lampert (ab 1895), Joh. Ev. Hagen (ab 1897) ⑬ BGSZ: 1068; Hagen: Buchdruck- u. Zeitungswesen im Thurgau ⑭ Ff: K.

Toggenburger Wochenzeitung und Allgemeiner Anzeiger vom Bezirk Untertoggenburg
⑤ September 1864—Frühjahr 1865 ⑦ wöchentlich 2× ⑧ Degersheim ⑬ BGSZ: 1047.

Wochenzeitung der Urschweiz
① heute: Unabhängiges, fortschrittliches Volksblatt ② Der Bote aus der Urschweiz (2. 7. 1859—Ende 1862). Bote der Urschweiz (seit 1863) ⑤ Ankündigung 13. 11. 1855. Probe-Nr. 11. 12. 1858. Nr. 1: 1. 1. 1859 (cont.) ⑥ zuerst 4°, dann 2° ⑦ Wochenblatt (bis 25. 6. 1858); wochentlich 2× (seit 1. 7. 1858) ⑧ Schwyz: Buchdruckerei Gebr. Triner, dann Dominik Triner-Abegg, seine Bruder Bernhardin Triner-Gemsch und Melk Triner-Weber (1872), Caspar Triner (des Melk) (1899), Wwe. Josefine Triner-Immoos (1931), Buchdruckerei Triner ⑨ Urschweiz Illustriertes schweizerisches Familienblatt (1903—1904). Illustriertes Sonntagsblatt (1905). Das Erholungsstündchen (1906—1913). Fürs Schwyzerhüsli (1913—1917) ⑩ die Drucker ⑫ unabhängig fortschrittlich ⑬ BGSZ 229, 873, 874, 1258 ⑭ Sz: K. A. ⑮ Im Juni 1858 wollte man der kommenden Zeitung den Namen »Der Schwyzer Bote« geben.

Vitznauer Wochenzeitung
⑮ Die von Walter Boesch (BGSZ 1032 p. 147) unter diesem Titel erwähnte Zeitung heißt heute »Wochen-Zeitung«, v. »Wochen Zeitung und Publikations-Organ für die Gemeinden Wergis, Vitznau, Greppen und Umgebung«

Wochenzeitung für den Bezirk Winterthur und den angrenzenden Thurgau
v. Allgemeiner Anzeiger im Bezirke Winterthur.

Zuger Wochen-Zeitung
v. Baarer-Anzeiger.

Zürcher Wochenzeitung
① Anzeiger von Neumünster ⑤ Oktober 1885—1886 (?) ⑦ wöchentlich 2× ⑧ Dielsdorf: Handschin ⑩ Fürsprech G. Aeppli, Riesbach ⑬ Helvetische Typographia 1885, p. 179.

Wochenzettel f. die Ausbildung der Ersatz-Reservisten der Infanterie während der ersten Uebung v. 10 Wochen. Nach dem neuen Exerzir-Reglement u. den Ausführungs-Bestimmgn. d. königl. Kriegs-Ministeriums v. 7. Febr. 1889 zusammengestellt v. e. älteren Frontoffizier. 12. (34 S.) Berl. 889, Mittler u. Sohn. * — 40

—— dass. — Neue Ausg., unter Berücksicht. d. „Leitfaden, betr. das Gewehr 88 u. seine Munition". 12. (34 S.) Ebd. 890. * — 40

(**Wocher,**) über d. Bildung e. Vereins rc., s. Ueber.

Wocher, **..., trismi tonici cum anepithymia, agrypnia etc. XI fere Hebdamadum per Magnetem facta. 8. Frburg ... Wagner. 4 K**

WOCHER, Anton (Günzburg): Ueber Tuberculosis.- Günzburg: Bayer 1841. 15 S.
29.8.1839 - Urk: F 64
Diss.Ingolst.-Landsh.-Mchn.

v. Wocher, Karl, († ...) rechtl. Gutachten in Inquisitionssachen wider die des Kindermordes wegen peinlich prozessirte Magdalena Frölich von Bännicken im Thurgäu. 4. Chur 785.

— Stoff zu Betrachtt. für Naturforscher u. Aerzte. gr. 4. Ulm 779.

Wocher, L., Predigt, geh. am Feste d. heil. Gebhard auf dem St. Gebhardsberge bei Bregenz am 27. Aug. 1888. 8. (15 S.) Bregenz 888. Teutsch. — 20

Wocher, Ludwig [aus Aichach]: Ein Fall von Sarkoma tonsillae ... München, J. F. Lehmann, 1893; 17 S. 8.
Würzburg, Med. Fak., Inaug.-Diss. v. 1893

Wocher, Ludw., e. Fall v. Sarkoma tonsillae. Diss. gr. 8. (17 S.) München 893. J. F. Lehmann's Verl. n. 1. —

Wocher, Max Josef (auch: Johann)

— üb. Bildung, über die, e. Vereins über die Aufhebung d. Cölibatgesetzes.

ÜBER die Bildung eines Vereins für die kirchliche Aufhebung des Cölibatgesetzes .... (von *Max Joseph Wocher*). Ulm 1831.
Anon.-Lex. IV. p. 215 (nach d. Allg. Dtsch. Biogr., Zuchold u. Schmalhofer); Engelmann u. Kayser nennen „Rup. Wocher" als Verfasser.

Wocher, M. J., s. a. **Briefe d. apostol. Väter Clemens u. Polykarpus.**

Wocher, Max J., die Briefe d. apostol. Väter Clemens u. Polykarpus, neu übers. u. mit Einleitungen u. Commentarien versehen. Nebst einigen Zugaben. gr. 8. (15½ B.) Tübingen 830, Laupp.

Wocher, Max., die Entwicklung der deutschen Sprache v. vierten Jahrhundert her bis auf unsere Zeit. Ein Beitrag z. deutschen Phonologie. gr. 8. (5¾ B.) Ulm 843, Wohler'sche Bh. *

Wocher, M. J., die Entwicklung der deutschen Sprache vom 4. Jahrh. her bis auf unsere Zeit. Ein Beitrag zur deutschen Phonologie. 2. (Titel-)Ausg. gr. 8. (VIII und 84 S.) Stuttgart (843)59, [Cammerer.]

— Phonologische Erläuterungen. Ehingen, G., 1847. 64 S. 4. Progr.

s. des heil. **Ignatius, Briefe.**

Wocher, M. J. Ueber das reiche Naturspiel der Laut-Assimilation. Ehingen, G., 1838. 28 S. 4. Progr.

—— die hebräischen Nominalformen, nach G. H. Ewald's System erläut. u. ausführl. in Paradigmen dargest. Lex.-8. (3 B.) Tübingen 832, Laupp.

Wocher, Max, allgemeine Phonologie, oder natürliche Grammatik der menschlichen Sprache. Mit specieller Anwendung auf das Hebräische, Griechische, Latein., Italien., Französ., Englische, Deutsche, und die resp. alten und neuen Mundarten. gr. 8. Stuttgart und Tübingen 841, Cotta'scher Verl. 2½ ₰

—— neuere Phonologie für das Englische, Italienische, Französische, als Theorie vom Naturleben der Sprache, wie es in Wortbildung, Aussprache, Wortbiegung, Wort- und Satzgefüg sich wahrnehmen läßt. Ein Beitrag für lebendiges und rationelles Sprachstudium. Neue (Titel-)Ausg. gr. 8. (XII und 228 S.) Stuttgart (846)59, [Cammerer.]

— neuere Phonologie, f. das Engl., Italien., Französ. als Theorie vom Naturleben der Sprache, wie es in Wortbildung, Aussprache, Wortbiegung, Wort- u. Satzgefüg sich wahrnehmen läßt. gr. 8. Ulm 846, Wohler. n. 24 ngl

—— die lateinische Wortstellung, nach logischen und phonetischen Grundsätzen erläutert; auch zum Gebrauch für gereiftere und denkende Schüler der obern Gymnasialklassen. Neue (Titel-) Ausg. gr. 8. (68 S.) Stuttgart (849)59, [Cammerer.]

Wocher, Rupert, (Pater), s. 1) Religion, die, ist die Grundveste. 2) Volkspredigten nach d. Geiste d. Zeit. **3) Volksprediger, der praktische. 4) Volksprediger,** der Marianische.

Wocher, Wunib., Anrede, gehalten am Grabe des Herrn Aegyd Dezl, Hofkaplans zu Rimpach. 8. (Landsh. 813. Thomann). 1 fl

Cagliostro und die Hexe. Lustspiel in 4 Akten von Carolina v. **Wocher-Schäffer.** Kehl 1874: Ginzel. 64 S. 8⁰

WOCHER-SCHAFFER, Caroline v., Lola Montez. Originallustspiel in 4 Akten. Lahr 1874. 8⁰. (7 Mk. 50 Pfg., unbeschn. im Orig.-Umschl., E. Frensdorff, 1904.)

Wochinger, Karl, Bayerns Gebührengesetze, umfassend das Gebührengesetz, die Hinterlegungs-Gebührenordnung, die Gebührenvorschriften der Gerichtsvollzieher, die Gebührenordnungen der Rechtsanwälte, nebst e. Anh. m. den Texten der Gebührenordngn. f. die Notare u. pfälz. Hypothekenämter sowie e. Zusammenstellg. älterer noch gelt. Gebührenvorschriften, Tabellen u. ausführl. Sachregister. Handausg. m. Erläutergn. f. den Gerichtsdienst bearb. (XV, 429 S.) 8. München 901. J. Schweitzer. Geb. in Leinw. n. 6. —

Wochinger, Karl, d. Gebühren- u. Rechnungswesen bei d. Amtsgerichten. M. e. Anh. ausgefüllter Geschäftsformulare, Gebührentabelle u. Quellenregister. Nach d. einschlkg. Gesetzen, Verordnungen u. Vorschriften bearb. gr. 8. (XX, 491 S.) Bamberg 896. C. C. Buchner, Verl. n. 6. —

Wochinger, Karl, die Prozeßgebühren-Gesetze f. das Deutsche Reich in der Neuredigierung vom 20. V. 1898, umfassend: das Gerichtskostengesetz, die Gebührenordnung f. Zeugen u. Sachverständige, die Gebührenordng. f. Gerichtsvollzieher, die Gebührenordng. f. Rechtsanwälte. Handausg. m. Erläutergn., Tabellen u. ausführl. Sachregister. 8. (VIII, 295 S.) München 899. J. Schweitzer Verl. Geb. in Leinw. n. 4. 20

Wochinger, Seb., († ...) Kritik über Chr. Menschenfreunds Fr.: Warum ist der Wohlstand der protestant. Länder sogar viel größer, als der katholischen? 8. Münch. 775.

Wochner, Gg., Stuttgart seit 25 Jahren. Ansichten aus der Hauptstadt, in einer Reihe von Bildern zu zeichnen versucht. gr. 4. (VI, 91 S. mit 7 Holzschntaf. und 1 chromolithogr. Plan in qu. Fol.) Stuttgart 871, (Roth.) cart. *

Wochidnik, Franz, Gedenkschrift anläßlich des 25jährigen Bestandes des Knittelfelder Turnvereins 1869—1894. Knittelfeld 1894. 70 S., 8⁰.

Wock, s. Wok.

Wocke, Erich, die Alpen-Pflanzen in der Gartenkultur der Tiefländer. Ein Leitfaden für Gärtner u. Gartenfreunde. M. 22 Abb. im Text u. 4 Taf. gr. 8. (XI, 257 S.) Berlin 898. G. Schmidt. n. 5. —; geb. n. 6. —

Wocke, E., illustriertes Gehölzbuch für Gartenfreunde und Gärtner. (VIII, 315 S. m. 104 Abbildgn.) gr. 8. Frankfurt a/O. 910. Trowitzsch & Sohn. Geb. in Leinw. 4.50

Wocke, Herbert, Referendar: Streitigkeiten zwischen dem Gemeinschuldner und dem Konkursverwalter über die Zugehörigkeit eines Gegenstandes zur Konkursmasse. Breslau 1908: Schles. Druck.-Genossensch. 51 S. 8⁰
Erlangen, Jur. Diss. v. 2. Okt. 1908, Ref. Oertmann
[Geb. 7. Apr. 85 Breslau; Wohnort: Ohlau; Staatsangeh.: Preußen; Vorbildung: Johannes-Gymn. Breslau Reife O. 04; Studium: Breslau 6 S.; Rig. 10. Juli 08.] [U 09. 756

Wocke, M.

—— Catalogus lepidopterorum, s. a. Staudinger, O.

Wocke, M., Catalogus Lepidopterorum Silesiae. Auf Veranlassung des Vereins für schles. Insektenkunde zu Breslau zusammengestellt. gr. 8. (16 S.) Breslau 853, (Kern.) **

Wocke, M., und O. Staudinger, Catalog der Lepidopteren Europa's, s. Staudinger, O.

Wocke, M. F., s. Heinemann, H. v., die Schmetterlinge Deutschlands und der Schweiz.

Wocke, Max, Regierung und Volksvertretung gegenüber dem Nothstande in Oberschlesien, nebst positiven Vorschlägen zur Hebung der Nothstandskreise. gr. 8. (28 S.) Breslau 880, Morgenstern. *

Wocke, Maximil. Ferd. (geb. Breslau 27. 11. 1820). De creosoti vi et effectu in morbis variis curandis. Berolini (1844). (27 S.) 8°
Berlin, Med. Diss. v. 28. März 1844

Wöckel, J. Lor., s. Wöckel, Lorenz

Wöckel, Lorenz

Ueber geometrische Aufgaben und deren Lösung. Von Dr. L. Wöckel, P. der Math. — 1839. Ebend. — S. 3—16.
Progr. Nürnberg.

Wöckel, Lor., Beispiele u. Aufgaben zur Algebra. Für Gymnasien, Realschulen u. zum Selbstunterricht. 4. Aufl. Nürnberg 868. Rechmeyer. 8. (61 S.) cart. 5 ngr.

Wöckel's Beispiele und Aufgaben zur Algebra. Für Gymnasien, Realschulen und zum Selbstunterricht. 5. und 6. Aufl., verm. und verb. von Thdr. Schroeder. 8. (IV, 77 S.) Nürnberg 869,71, Bauer und Raspe. cart. *

—— dass. — 7. verm. Aufl. bearb. von Th. E. Schröder. 8. (89 S.) Nürnberg 874, Korn'sche Buchh. cart. *

Wöckel, Beispiele u. Aufgaben aus der Algebra, 10. Aufl., s.: Schröder, Th. E.

Wöckel, Lor., Formeln u. Aufgaben zur Stereometrie. Für Gymnasien, Gewerbschulen u. zum Selbstunterricht. gr. 12. Nürnberg 841, Riegel u. Wießner. 1/4 ₰

— Geometrie der Alten, Auflösungen v. Aufgaben, s.: Auflösungen.

—— die Geometrie d. Alten in e. Samml. v. 712 Aufgaben, mit e. neuen, d. Selbstthätigkeit d. Schülers sowohl, als d. Erinnerung an d. früher Gelernte stets in Anspruch nehmenden Art d. Auflösung u. mit Beweisen. Zum Gebr. in Gymnasien u. techn. Lehranstalten, so wie beim Selbststud. d. Geometrie. gr. 12. (7 B.) Nürnberg 839, Bauer u. Raspe.

Woeckel, Lor., die Geometrie der Alten in einer Sammlung von 824 Aufgaben mit einer neuen, die Selbstthätigkeit des Schülers sowohl, als die Erinnerung an das früher Gelernte stets in Anspruch nehmenden Art der Auflösung und mit Beweisen. Zum Gebrauch in Gymnasien und techn. Lehranstalten etc. 2., verm. und verb. Aufl. 8. (XII und 137 S.) Nürnberg 847, Bauer und Raspe.

Wöckel, Lor., die Geometrie der Alten in einer Sammlung von 850 Aufgaben mit einer neuen, etc. Art der Auflösung u. mit Beweisen. Zum Gebrauch in Gymnasien u. techn. Lehranstalten, sowie beim Selbststudium der Geometrie. 3. Aufl. 853. 20 ngr. — 4. verm. Aufl. (Herausg. von W. C. F. Fischer.) Nürnberg 856. Bauer u. Raspe. 8. (XV, 152 S.) 18 ngr.

Wöckel, Lor., die Geometrie der Alten in einer Sammlung von 850 Aufgaben mit einer neuen, die Selbstthätigkeit des Schülers sowohl, als die Erinnerung an das früher Gelernte stets in Anspruch nehmenden Art der Auflösung und mit Beweisen. Zum Gebrauche in Gymnasien u. technischen Lehranstalten, so wie beim Selbststudium der Geometrie. 5. Aufl. 859. — 6. Aufl. Nürnberg 862. Bauer & Raspe. 8. (XVI, 152 S.) 18 ngr.

— Geometrie der Alten in einer Sammlung von 850 Aufgaben mit einer neuen, die Selbstthätigkeit des Schülers sowohl, als die Erinnerung an das früher Gelernte, stets in Anspruch nehmenden Art der Auflösung u. mit Beweisen. Zum Gebrauch in Gymnasien u. techn. Lehranstalten etc. 7. u. 8. Aufl., neu bearb. u. verb. von Thdr. Schroeder. Ebend. 864, 69. 8. (XVI, 161 S.) 18 ngr.

—— Geometrie der Alten in einer Sammlung von 850 Aufgaben. Zum Gebrauch in Gymnasien und techn. Lehranstalten, so wie beim Selbststudium der Geometrie, neu bearb. und verb. von Thdr. Schroeder. 8. und 9. Aufl. 8. (VIII, 164 S.) Nürnberg 869,71, Bauer und Raspe. cart. *

Wöckel's, Lor., Geometrie der Alten in einer Sammlung von 850 Aufgaben. Zum Gebrauch in Gymnasien und techn. Lehranstalten, so wie beim Selbststudium der Geometrie, neu bearb. und verb. von Th. E. Schroeder. 10. und 11. Aufl. gr. 16. (VIII, 160 S.) Nürnberg 873,76, Korn'sche Buchh. cart. *

Wöckel's, Lor., Geometrie der Alten in einer Sammlung von 856 Aufgaben. Zum Gebrauch an Gymnasien und Realschulen, so wie beim Selbststudium der Geometrie, neu bearb. und verb. von Th. E. Schroeder. 12. Aufl. 8. (VIII, 160 S.) Nürnberg 880, Korn'sche Buchh. geb. *

Wöckel's, Lor., Geometrie der Alten in e. Sammlung v. 856 Aufgaben. Zum Gebrauch in Gymnasien u. Realschulen, so wie beim Selbststudium der Geometrie, neu bearb. u. verb. v. Th. E. Schröder. 13. Aufl. 8. (VIII, 165 S.) Nürnberg 886. Korn. geb. n. 1. 80

—— üb. d. Kometen, besond. den im Laufe dies. Jahres erschein., großen Halley'schen. gr. 8. (2¾ B. u. 1 Sternkarte.) Nürnberg 835, Riegel u. Wießner.

—— Lehrbuch d. mathemat. Geographie f. Gymnasien u. techn. Anstalten, so wie f. Alle, welche sich ohne mehr, denn die gewöhnl. mathemat. Vorkenntnisse e. deutl. Begriff v. d. Weltsysteme zu verschaffen wünschen. gr. 8. (14 B. u. 4 Kpfrt.) Nürnberg 838, Riegel u. Wießner.

—— Lehrbuch d. ebenen u. sphär. Trigonometrie, mit e. Anh. trigonometr. Aufgaben; zum Gebr. f. Gymnasien u. techn. Lehranstalten. 8. (8 B. u. 1 Kpfrt.) Nürnberg 836, Riegel u. Wiessner.

—— die Lehre von der Wärme mit besonderer Rücksicht auf die alltägl. Erscheinungen u. auf ihre Anwendung in den Gewerben, der Landwirthschaft u. im Haushalte überhaupt. gr. 8. (12¾ B. u. 1 Kpfrt.) Nürnberg 846, (47,) Bauer u. Raspe.

Wöckel, (J.) Lor., Sammlung geometr. Aufgaben aus der Planimetrie. Mit 4 Figurent. 8. Nürnb. 834. v. Ebner. 2/3 ₰

Die Sonne und ihre Flecken. Von Dr. Lorenz Woeckel, P. der M. — 1846. Nürnberg, Campe. — S. 3—31.
Progr. Nürnberg.

Woeckel, Lor., die Sonne u. ihre Flecken. 4. (4 B.) Nürnberg 846, Friedr. Campe. Thlr.

— neue Sternkarte. 2 Blätter in Roy.-Fol. u. Text: Einrichtung u. Gebrauch ꝛc. gr. 8. Nürnberg 834. Campe. 1 ₰

— ganz neue Sternkarte, zum Schulgebrauch. 2 Bl. mit Anweisung. Ebd. 838. 2/3 ß

Woeckel, (J.) Lor., neue Sternkarte für Schulen und zum Selbstunterricht. In 2 Blättern (in Kpfrst.) (Neue Ausg.) gr. Fol. (Mit 10 S. Text in gr. 8.) Nürnberg 852, Lotzbeck.

—— Populäre Vorlesungen über die Sternkunde. gr. 8. (22 B. u. 4 Kpfrt.) Nürnberg 814, Bauer u. Raspe.

—— der geometr. Zeichner. Als Vorbereit. zu Heideloff's kleinem Vignola u. dess. Schattenconstruktion, f. d. Schüler d. k. Kriegsgewerbschule zu Nürnberg. 16. (3 1/4 B. u. 8 Stnt.) Nürnberg 835, Fr. Campe.

—— der kleine geometrische Zeichner. Als Vorbereitung zu Heideloff's kleinem Vignola und dessen Folge: der Schatten-Construction. Für Gewerbs- und polytechn. Schulen, sowie zum Selbststudium für sämmtl. Baugewerke. 3. (Titel-) Aufl. 16. (52 S. und 8 Stnt.) Nürnberg 851, Lotzbeck.

—— der kleine geometrische Zeichner. Als Vorbereitung zu Heideloff's kleinem Vignola etc. Für Gewerbs- und polytechn. Schulen, sowie zum Selbststudium für sämmtl. Baugewerke. 4. Aufl. 16. (IV und 52 S. mit 8 Stnt.) Nürnberg 855, Lotzbeck.

Wockenfuß, Arthur, appr. Arzt aus Stüblau, Kr. Danzig: Ueber Larynxfrakturen mit besonderer Berücksichtigung zweier selbstbeobachteter Fälle. *Leipzig 1902: B. Georgi.* (26 S.) 8°
Leipzig, Med. Diss. v. (8. Dez.) 1902

Wockenfuß, Petrus Laurentius: Als die weyland woll edle und tugendbegabte Frau ... [Musiqv-Text zur Beisetzung auf Catharina **Bünemannin**, geb. Bullen, † 21. Sept. 1710.] — Kiel (1710): Reuther. 2 Bl. 4°

Wockenfuß, Petrus Laurentius: Als der weyland wohledle und wohlgelahrte nunmehro seelige Herr ... [Musiqv-Text auf Otto Bernhardus **Lutherus**, Student, † 16. Febr. 1710.] — Kiel (1710): B. Reuter. 4 Bl. 4°

WOCKENFUS, PETR. LAUR., Das wie aus Aegyptisch- so auch Römischen Dienstbarkeit befreyete Volck Gottes auff den verordneten Danck-Tag d. 5. Nov. in dem 2. Jubel-Jahre nach begonnener Reformation des Heil. Lutheri in einer Cantata vorgestellet. Kiel. 1717. Fol. P.

Wöckl, Gottfried: Beitrag zur Behandlung erzählender Gedichte. S. 3–32. 8. **Progr.** K. k. Gymn. *Znaim* 1903.

Wöckl, Leopold Andreas

— s. Bedenken über Aufklärung.

(—) kurze Erinnerung über die österr. Steuerregulirung. 8. Wien 790.

Wöckl, Leop. Andr., († d. 18. Oct. 1800.) Gedanken über die Fähigkeit der Menschen; e. Rede. 4. Burghaus. u. Münch. 774. Lentner. 4 ɣ

— s. Was sollen jetzt alle Stände thun?

Wockowitz, E., Wernigerode's Trinkwasser. Chemische Untersuchungen der Brunnen-, Fluss- und Quellwasser in Wernigerode. [Hrsg. vom wissenschaftl. Verein.] gr. 8. (96 S.) Wernigerode 873, Finkbein.

Wöck-Uhr zum Seele-Stand ... Clagenfurt, Kleinmayr. 1735. 8 S.

WOCRAULICZEK, Franta, Böhmische Kolatschen. Eine Sammlung böhmischer Charakterzuge und belustigender Anekdoten. Mit color. Titelkpfr. Leipzig 1833. 8°. (In Hannover, Stadtbibl.) (G. Kr. Gilhofer & Ranschburg, Wien, 1909.) Selten!

Woda, Clemens [aus Slawiarowo '(Wpr.)']: Erkrankungen der Haut m. Bezug auf d. Enquête d. kaiserl. Gesundheitsamtes d. denaturierten Spiritus betreffend ... Berlin, C. Vogts Buchdr., *1894;* 25 S., 2 Bl. 8.
Berlin, Med. Fak., Inaug.-Diss. v. 18. Dez. 1894

Wodaege, L., Katechismus f. evangelische Taubstumme. 8. (175 S.) Friedberg 887. Scriba. n. 1. 60

Wodaege, L., Umgangssprache f. Taubstumme. [Unter-Stufe.] 8. (49 S.) Friedberg 887. Scriba. n. — 70

Wodan. 2 Thle. Hamburg. Reuß 772—79. 1 ß

Wodan. Hamburg 1778—79. II: *Reuss, Joh. Philipp Chn.* (BrMm) (schr)

— eine deutsche periodische Samml., für Geschmack u. Wissenschaft. 2 Bde. 8. Manh. 778. Löffler. 1 ß

WODAN. (Eine Zeitschrift, hrsg. v. J. Ph. Ch. Reuss). Erster, Zweiter u. letzter Band. (8 Stücke.) Hamburg, J. Ph. Ch. Reuss 1778–79. 8°. VIII, 502 S. Rar! (Max Perl's Berliner Bücher-Auct. 1908, no. 1300: Schönes Expl. auf starkem Pap. in 1 Ppbde. d. Zeit.)
Alles was von dieser Hamburger Zeitschrift erschienen ist. Der Verleger war zugleich auch Herausgeber. Der Inhalt besteht grösstenteils aus Gedichten mit wenigen Prosabeiträgen. Hauptmitarbeiter war Carl Hein. Hanker unter d. Pseudon. [illegible] (Goedeke V, 382, 8). Auch die meisten der übrigen Mitarbeiter verschleiern ihre wirklichen Namen. Die 2 Bde. enth. ferner Beitrag von [illegible] „Der Rheinfall", [illegible] „Der Lästerer", Schenk, „Der Dichter u. d. Zefir", „An das Leipziger Publikum am Abend d. Benefiz f. Mme. Vulp.", Opitz, Schummel, Patzke, J. F. Weisse, J. F. West, Sch. Lange, J. A. M. [illegible]

Wodan. Eine deutsche periodische Sammlung für Geschmack und Wissenschaft. Bd. 1. 2. Mannheim: Löffler 1788. 8°

Wodan, der Sachsen Held und Gott. Dresden 1775. V: *Behrisch, Henrich Wolfgang.* (Behrisch, Die Wiener Autoren. 1784.)

— der Sachsen-Held u. Gott. 8. Dresd. 775. Hilscher. 8 ɣ

In der am 10 ten Sept. 1759 über das höchstschmerzhafte Absterben ihres sehr ehrw. und innigstgeliebten Br. Peter Carpsers des Aeltern von der schottischen Loge Judica [in Hamburg] gehaltenen Trauer-Versammlung verlas nachstehenden brüderlichen Beytrag zum wohlverdienten Nachruhme des seelig [!] Verstorbenen der [Br.] Matthias Arnold **Wodarch.** Hamburg 1760: Piscator. 11 S. 4° [Umschlagtit.]
Kl. 1306.

Wodarch, Matth. Arnold (Hrsg.), s. Beyträge, Hamburgische, zur Aufnahme der gelehrten Historie...

Rede die in der ordentlichen und constituirten Freymaurer-Loge Absalom in Hamburg als sie sich zum erstenmahle im Jahre 1756 versammlet hatte, gehalten worden von dem Sekretår und Redner [Matthias Arnold Wodarch]. [Hamburg 1756]: Piscator. 16 S. 4⁰ [Umschlagtit.]
Kl. 834. Sehr seltener Privatdr. Üb. d. Wesen e. wahren Frmrs.

Rede welche bey dem Anfange des **1744** sten Jahres in der constituirten deutschen Loge der Freymåurer in Hamburg gehalten worden von dem Secretår und Redner [d. ▭ Absalom Matthias Arnold **Wodarch**]. Hamburg [1744]: Piscator. 24 S. 1 Kpfr. 4⁰ [Kupfertit.]
Abgedr. in: D. sich selbst vertheidigende Frmr. 1744 S. 232—255; D. neu-aufgesteckte brennende Leuchter d. Frmr-Ordens. 1746 S. 408—424.
Kl. 797, Tt. 2247. Sehr selten. Die 1. gedr. deutsche Logenrede. Es wird bewiesen, dass nur edle Seelen wahre Frmr sein können. D. Kpfr. stellt 3 Münzen dar.

Canthiers [Matthias Andr. Alardus Wodarch] Reden und Gedichte. Hamburg: Piscator 1746. 8⁰
Kl. 292.

Wodarg, K., fünf Jahre viehlose Wirtschaft in Maulbeerwalde, s.: Preisschriften u. Sonderabdrücke der Deutschen landwirtschaftlichen Presse.

Wodarz, Antonius J. (geb. Pogrzebin bei Ratibor 9. 6. 1839): De resectione articulationis cubiti post vulnera sclopetaria. Vratislaviae 1866. (23 S.) 8°
Breslau, Med. Diss., nachgeliefert von dem am (30. Juni) 1866 auf Thesen promovierten Verf.

Wodarz, Arthur: Zur Behandlung der Prostatahypertrophie durch Resection der vasa deferentia. ⟨Aus dem Allerheiligen-Hospital zu Breslau.⟩ *Breslau 1898: Bresl. Gen.-Buchdr.* (28 S.) 8°
Breslau, Med. Diss. v. 1. März 1898

Wodarz, Arth., zur Behandlung der Prostatahypertrophie durch Resection der vasa deferentia. Diss. gr. 8. (29 S.) Breslau 898. (Schletter.) n. — 80

Woddo, oder die Folgen der falschen Aufklärung. Gera 1785. V: *Müller, Christian Carl Friedrich.* (MGT) (Ky)

Woddo, od. die Folgen der falschen Aufklärung, (v. Chr. Karl Fr. Müller). 2 Bdchn. 8. Gera 785. Beckmann. 12 gr

Wode, Alwin, aus Oldendorf: Anordnung und Zeitfolge der Lieder, Sprüche und Leiche Konrads von Würzburg. *Marburg 1902: R. Friedrich.* (98 S.) 8°
Marburg, Phil. Diss. v. [1. Aug.] 1902

Wode, Alwin, die Wandgemälde im Kaiserhaus zu Goslar, s.: Wislicenus, Herm.

Wode, Alwin, die Wickingsbraut. E. Sang aus alter Zeit in Ballade u. Lied. 12. (44 S.) Marburg 895. O. Ehrhardt. Geb. in Halbleinw. n. 1. —

Wode, Alwine, s.: Saga, die, vom Hühner-Thor.

Woden, Alexis: Zur Kritik der Transzendentalpsychologie. München 1909: Kastner & Callwey. 75 S. 8°
München, Phil. Diss. v. 13. Juli 1908, Ref. Lipps
[Geb. 14. Nov. 70 Trubtchewsk; Wohnort: Petersburg; Staatsangeh.: Rußland; Vorbildung: Gymn. Nowgorodsjewersk Reife Juni 89; Studium: Petersburg 5, Lausanne 2, München 12 S.; Rig. 13. Juli 08.] [U 09. 3531

Wodianer, R. Cosman. Liber hereditatis Josuae. Commentationes in plerosque talmudi babylonici tractatus, additis commentationibus in Pentateuchum reliquit manu sua scriptas. Nunc primum ed. Arnoldus Wodianer. 2 partes. (Hebräisch.) gr. 8. (XVI, 575; IV, 700 S.) Wien 890, Lippe. * 10 —

Wodička, Karl

Wodička Carl: Friedrich Ludwig Jahns Bemühungen um die deutsche Sprache.
1899 PN 1266 Diss. ... Univ. 97

Wodicka Karl: Friedrich Ludwig Jahns Bemühungen um die deutsche Sprache. 41. Znaim R. 06.
Progr.

Wodiczka, Frz., die Sicherheits-Wetterführung od. das System der Doppel-Wetterlosung f. Bergbaue m. entzündlichen Grubengasen zur Verhütg. der Schlagwetter-Explosionen, erfunden v. F. W. Mit 5 lith. Taf. u. 5 Holzschn. gr. 8. (VIII, 89 S.) Leipzig 885. Folix. n. 4. —

Wodiczka, Rudolf. k. u. k. Militär-Intendant. Handbuch für ökonomisch-administrative Inspicierungen bei den k. u. k. Truppen und Heeresanstalten. 8. Agram 1903.

Wodiczka, Vict., Bellicosus. Roman aus der Geschichte Oesterreichs. 2 Bde. 8. (497 S.) Dresden 893. E. Pierson. n. 6. —; geb. n. 8. —

Ⓑ **Wodiczka,** V., Bellicosus. 893. Jetzt: Berlin, Verlag Berlin-Wien.

Wodiczka, Vict., der schwarze Junker, s. Bibliothek für Ost und West.

Wodiczka, Vict., der schwarze Junker, s. Universal-Bibliothek Nr. 2388.

Wodiczka, V., Narzisse, die Blumenfee s. a. Zaubermärchen, dramatische.

Wodiczka, Viktor: Narzisse die Blumenfee, oder: Die drei Zaubergeschenke. Romantisches Feenmärchen mit Gesang, Tanz, Tableaux und Evolutionen in 4 Abtheilungen und 6 Bildern. Allen andern Bühnen gegenüber Manuscript. Wien: Leo 1869. (53 S.) kl. 8⁰

— der Ring des Gnomenkönigs, s. a. Zaubermärchen, dramatische.

— Der Ring des Gnomenkönigs, oder: Vetter Hansens Abenteuer und sein Glück. Zaubermärchen mit Gesang und Tanz in 3 Abtheilungen und 6 Bildern. Den anderen Bühnen gegenüber Manuscript. Ebds. 1869. (56 S.) kl. 8⁰

Wodiczka, Vict., der Student. Eine Geschichte aus den oberösterreich. Bauernkriegen. 8. (235 S.) Stuttgart 896. A. Bonz & Co. n. 3. —; geb. in Leinw. n. 3. 80

—— Stürme im Frühling. Novelle. 8. (152 S.) Wien 882, Konegen. *

— aus Herrn Walther's jungen Tagen. Eine Geschichte aus Oesterreichs Vorzeit. 8. (384 S.) Leipzig 886. Haessel. n. 6. —; geb. n. 7. —

Wodiczka, Wilh. Die Marchfeldbewässerung u. Verwerthung der Wiener Abfallwässer. gr. 8. (31 S. m. 2 Taf.) Wien 892, Frick. * 1 60

Vgl. Podhagsky, J. v.

Woditschka, Ant., die Drahtriese. Eine neue u. billige Bringungsart f. Gebirgsforste. gr. 8. (18 S. m. 4 Abb.) Wien 897. (C. Gerold's Sohn.) n. — 80

Woditschka, Anton, Die Giftgewächse der Steiermark. Mit Angabe der Standorte, der Blüthezeit und der Dauer, sowie auch ihrer Eigenschaften und Wirkungen der durch sie hervorgerufenen Vergiftungserscheinungen und der ersten Hilfeleistung bei Vergiftungen, erläutert durch viele der Wirklichkeit entnommene Erzählungen von Unglücksfällen, welche durch die Giftgewächse bewirkt wurden. Mit vielen colorirten Abbildungen. 1. Lfg. gr. 8. (S. 1—32.) Graz, Ludewig & Wohlfarth in Comm. 70 kr. 1867

Woditschka, Ant., die Giftgewächse der österr.-ungarischen Alpenländer u. der Schweiz m. besond. Berücksicht. der Steiermark. Nebst Angabe der Standorte, der Blüthezeit u. der Dauer, sowie auch ihrer Eigenschaften u. Wirkgn. der durch sie hervorgerufenen Vergiftungs-Erscheingn. u. der ersten Hilfeleistg. bei Vergiftgn. Ein unentbehrl. Handbuch f. Schule u. Haus. 2. theilweise umgearb. u. verm. Aufl. Mit 122 color. Abbildgn. auf 92 (Stein-)Taf. gr. 8. (260 S. m. 92 Taf.) Graz 874. Cieslar. 15. 40

Woditschka, Ant., die Zirbe (Pinus Cembra L.) u. ihre Cultur. gr. 8. (81 S. m. 11 Abbildgn.) Wien 900. (C. Gerold's Sohn.) n. 1. 20

Sonderabdruck aus: „Oesterr. Forst- u. Jagd-Zeitung".

Wödl, Hans (Red.), s. Alpenzeitung, Österreichische.

Wodnatik, Ed., Europäische Organisation zur Veranstaltung von Ferialreisen für die studirende Jugend. In französischer, deutscher, ungarischer und böhmischer Sprache. gr. 8. (16 S.), 10 kr. Brünn: Winkler 1882.

†(**Wodomerius, Ernst**,) s. a. Heeringen, Gust. v.

Wodomerius, Er., (G. v. Heeringen), der schwarze Born, u. der Egoist. 2 Erzähll. 8. Leipz. 827. Kollmann. 1 ₰ 6 gr.

— die Einnahme v. Choczym. Erzählung. 8. Coburg 825, (Leipz., Hinrichs.)

— die Einnahme von Choczym. Erzählung. 8. Coburg 826. Riemann. 1 ₰ 12 gr.

— Elisabeth u. Anna; e. Roman aus d. russ. Geschichte. 2 Thle. 8. Leipz. 827. Kollmann. 2 ₰

— Madame Géoffrin u. Alopse. Zwei Erzähll. aus dem vorigen Jahrhundert. 8. Leipz. 826. Kollmann. 1 ₰

— aus dem Leben Madame Elisabeth's, Prinzessin von Frankreich. — Iwan, Zwei Erzähll. 8. Leipz. 825. Kollmann. 1 ₰ 4 gr.

— das Trauerspiel. Erzählung nach einer wahren Begebenheit. 8. Leipz. 824, Kollmann.

Sur quelques Erreurs de méthode dans l'étude de l'homme primitif. Notes crit. par Louis **Wodon**. Bruxelles & Leipzig: Misch & Thron 1906. 37 S. 4°

(Inst. Solvay. Travaux de l'Institut de sociologie. 1. Notes et mémoires. Fasc. 4.) [10. 18341

WÖDREDY, PAULUS JOSEPHUS. Amor filialis. Oder Höchst-verpflichte Kindliche Lob- und Liebs-Rede. An die Allerheiligste, unzertheilte, unbegreiffliche Dreyfaltigkeit. Dem Allergrösten Monarchen Himmels und der Erden, GOtt dem Vatter, dem ewigen Sohn des ewigen Vatters, unserm Erlöser und Seeligmacher. Dem Erleuchter aller Recht-glaubigen / Und Tröster aller betrangten Hertzen, So Am hohen Titular-Fest des barfüsser Ordens Der Allerheiligsten Dreyfaltigkeit / von Erlösung der gefangenen Christen. In selbst eigener Closter-Kirchen zu Preßburg, vor dem Michaeler Thor . . . abgeredet Paulus Josephus Wödredy, Hungarus, Posoniensis. Gedruckt zu Preßburg bei Johann Paul Royer. (1727) 4 f. - 200 mm

Wodrig, Alb., Analecta Liviana de codicis Veronensis auctoritate. gr. 8. (41 S.) Greifswald 873, Bamberg. *

[J.] Vorschläge betreffend die Regelung der Entwässerungsverhältnisse des Vorortes Gross-Lichterfelde. (Vf.: [Albert] **Wodrig**, Geh. Baurath.) *Berlin: Hofbuchdr. Gebr. Radetzki (1895).* (21 S.) 1 Bd 8. [96. 637

Wodrig, Bruno, appr. Arzt a. Berlin, Unterarzt beim Inf.-Leibreg. Großherzogin ⟨3. Großh. Hessisches⟩ Nr. 117: Ein Fall von Arthritis nach Ophthalmoblennorrhoe mit besonderer Berücksichtigung der geschichtlichen Entwicklung der Lehre von den gonorrhoischen Erkrankungen. Berlin (1906): G. Schade. (29 S.) 8°

Berlin, Med. Fak., Ref. Hildebrand, Diss. v. 3. Mai 1906

[Geb. 6. Juni 82 Berlin; Wohnort: Mainz; Staatsangeh.: Preußen; Vorbildung: Gymn. Groß-Lichterfelde Reife O. 00; Studium: Berlin Kaiser Wilh.-Akad. 10 S.; Coll. 30. Apr. 06; Approb. 22. Apr. 06.]

Wodrig, Kurt, Kammerger.-Referendar: Das Amt des Beistandes nach dem Bürgerlichen Gesetzbuch. Berlin: Radetzki 1908. 115 S. 8°

Erlangen, Jur. Diss. v. 26. Nov. 1908, Ref. Binder

[Geb. 10. Dez. 84 Großlichterfelde; Wohnort: Großlichterfelde; Staatsangeh.: Preußen; Vorbildung: Gymn. Großlichterfelde Reife O. 04; Studium: Jena 3, Berlin 3 S.; Rig. 24. Okt. 08.] [U 09. 757

Wodsak, Felix, a. Langenau ⟨Kr. Danzig⟩: Die Schlacht bei Kortryk 11. Juli 1302. (Berlin-Wilmersdorf: C. Arnold 1905.) (95 S.) 8°

Berlin, Phil. Fak., Ref. Delbrück, Diss. v. 23. Dez. 1905

[Geb. 13. Juli 74 Langenau; Wohnort: Langenau; Staatsangeh.: Preußen; Vorbildung: Gymn. Neustadt in Westpr. Reife O. 95; Studium: Berlin 10 S.; Rig. 30. Nov. 05.]

Wodtke, v., Beiträge zu d. Verwendg. d. Reserven in der Schlacht v. Vionville—Mars la Tour m. bes. Berücksicht. d. 5. Infanterie-Division, s. a. Beiheft z. Militär-Wochenblatt 1895, Hft. 4.

Wodtke, v. Beiträge zu der Verwendung der Reserven in der Schlacht von Vionville—Mars la Tour. Berlin 1895. 8°. (Bh. z. M. W. B.)

Wodtke, s.: Wohnungs-Anzeiger, allgemeiner, f. Stargard i. P.

WODTKE, A.

Neuesten (Die) Verfahren im Brennerei-Betriebe. Reval, 1897. 8vo.

Wodtke, A., kurze Zusammenstellg. d. neuesten Verfahren im Brennerei-Betriebe m. e. Anh., enth. d. beim Betriebe nothwend. Bestimmgn. u. Berechngn., nebst e. Tabelle zur Bestimmg. d. Stärkequantums in d. Maische. gr. 8. (VII, 119 S.) Reval 897. F. Kluge. n. 6. —

Woedtke, von, Frei- u. Gewehrübungen, bearb. nach der Turnvorschrift für die Infanterie 1905. In Gruppen zusammengestellt zum Gebrauche f. Unteroffiziere, Rekruten-Gefreite u. Einjährig-Freiwillige. (4 S. auf Karton.) 8. Berlin (909). Vossische Buchh. nn — 15

Der Patrouillenführer der Infanterie. Bearb. nach d. Felddienst-Ordnung 1908 u. d. Manöver-Ordnung 1908. Zum Gebrauche f. Offiziere .. hrsg. von v. **Woedtke**, Hauptm. Berlin. Voss 1909. 54 S. 8° [10. 14582

Woedtke, A. v., Geschichte des 4. Rheinischen Infanterie-Regiments Nr. 30 1815—1881, s. Paulizky, O.

Woedtke, Erich v.

Woedtke, E. v., u. Frz Caspar, Gewerbe-Unfallversicherungsgesetz, s. a. Guttentag's Sammlung deutscher Reichsgesetze.

Woedtke E v, Gewerbe-Unfallversicherungsgesetz und Gesetz betreffend die Abänderung der Unfallversicherungsgesetze vom 30.6.1900. Text-Ausgabe mit Anmerkungen. 7. Auflage (469 S.) (Guttentag 23) 16° Berlin 1901

Gewerbe-Unfallversicherungsgesetz. Textausg. mit Anm. u. Sachreg. von weil. Dr E[rich] v. Woedtke, Dir. im Reichsamte d. Innern. 8. neu bearb. Aufl. von Franz Caspar, Dir. im Reichsamte d. Innern. Berlin: J. Guttentag 1904. (460 S.) 8° [F]
— **Sammlung,** Guttentag'sche, Deutscher Reichsgesetze. No 23. 6.6. 11365

Woedtke, E[rich] v., Gewerbe-Unfallversicherungsgesetz. Text-Ausg. m. Anmerk. u. Sachreg. 9. Aufl. von Franz *Caspar.* Berlin 1907. 8°.
(Guttentagsche Sammlung Deutscher Reichsgesetze. Nr 23.)

— u. H. Follmann, Invalidenversicherungsgesetz, s. a. Guttentag's Sammlung deutscher Reichsgesetze.

Woedtke, E. v., Invalidenversicherungsgesetz vom 13. Juli 1899 mit Ausführungsbestimmungen. Textausgabe mit Anmerkungen und Sachregister 6. Aufl. Berlin, 1900. 368 S.

Dasselbe. 8. Aufl. Ebd, 1901. 368 S.

Dasselbe. 10. Aufl., hrsg. von H. Follmann. Ebd., 1906. 613 S.

Woedtke, E. v.: Invalidenversicherungsgesetz vom 13. Juli 1899 in der Fassung der Bekanntmachung vom 19. Juli 1899. Text-Ausg. mit Anm. 8. Aufl. Berlin 1901.
(Guttentag'sche Sammlung Dt. Reichsgesetze. Nr 30.)

Woedtke, E[rich] v., Invalidenversicherungsgesetz vom 13. Juli **1899**. M. Ausführungsbestimm. Textausg. m. Anmerk. u. Sachreg. 10. umgearb. Aufl. hrsg. von H. *Follmann*. Berlin 1906. 8°.
(Guttentagsche Sammlung Deutscher Reichsgesetze. Nr 30.)

Woedtke, E. v., die Invaliditäts- u. Altersversicherung. Nach dem Reichsgesetz vom 22. Juni 1889 im Abriß systematisch dargestellt. [Aus: „Stengel's Wörterbuch d. deutschen Verwaltungsrechts".] 12. (43 S.) Freiburg i/Br. 890. J. C. B. Mohr. n.n. —50

— u. Eucken-Addenhausen, Krankenversicherungsgesetz, s. a. Guttentag's Sammlung deutscher Reichsgesetze.

Woedtke, E. v., Krankenversicherungsgesetz. Vom 15. Juni 1883. Hrsg. m. Einleitg. u. Erläutergn. 2. Aufl. gr. 8. (XXVI, 297 S.) Berlin 885. Guttentag. n. 6. —; geb. n. 6. 50

Woedtke, E. v., Krankenversicherungsgesetz. Vom **15. Juni 1883. Text-Ausg. mit Anmerkungen. 3. Aufl.** 16. **(VIII, 224 S.) Berlin 885, Guttentag.** cart. *

—— Krankenversicherungsgesetz [vom 15. Juni 1883] und die dasselbe ergänzenden reichsgesetzlichen Bestimmungen. Mit Einleitung und Erläuterungen. 3. verm. Aufl. gr. 8. (XXXII, 393 S.) Ebendas. 886. *M 9.—; geb. *

Woedtke, E. v., Krankenversicherungsgesetz vom 15. Juni 1883 in der Fassung der Novelle vom 10. Apr. 1892 u. die dasselbe ergänzenden reichsrechtlichen Bestimmungen. Mit Einleitg. u. Erläutergn. 4., gänzlich umgearb. Aufl. 3 Lfgn. gr. 8. (XVI, 600 S.) Berlin 893. J. Guttentag. n. 14. —; geb. in Leinw. n. 15. —

Woedtke, E. v., Krankenversicherungsgesetz vom 15. Juni 1883 in d. Fassg. d. Novelle v. 10. Apr. 1892 u. d. dasselbe ergänz. reichsgesetzl. Bestimmgn. Kommentar. 5., erweit. Aufl. gr. 8. (XVI, 625 S.) Berlin 896. J. Guttentag. n. 14. —; geb. n. 15. —

Woedtke, E. v., Krankenversicherungsgesetz, 10. Aufl. v. Geo. Eucken-Addenhausen, s. a. Guttentag's Sammlung deutscher Reichsgesetze.

Woedtke E v, Krankenversicherungsgesetz. 10. Auflage von G Eucken-Addenhausen (575 S.) (Guttentagsche Sammlung 20) 16° Berlin 1903

Woedtke, Erich v., Krankenversicherungsgesetz. Text-Ausg. m. Einl., Anmerk., Anh. u. Sachreg. 12. Aufl. hrsg. von Georg Eucken-Addenhausen. Berlin 1905. 8°
(Guttentagsche Sammlung Deutscher Reichsgesetze. Nr 20.)

— das Reichsgesetz, betr. die Invaliditäts- u. Altersversicherung, s. a. Bosse, R.

— Reichsgesetz betr. d. Invaliditäts- u. Altersversicherung, } s. a. Guttentag's Sammlung deutscher Reichsgesetze, Nr. 30.

— das Reichsgesetz betr. die Invaliditäts- u. Altersversicherung vom 22. Juni 1889. Text-Ausg. m. Anmerkgn. u. Sachregister. 16. (XLIX, 201 S.) Berlin 889. Guttentag. cart. n. 2. —

Woedtke, E. v., das Reichsgesetz, betr. die Krankenversicherung der Arbeiter. Vom 15. Juni 1883. Text-Ausg. m. Anmerkgn. 16. (V, 150 S.) Berlin 883. Guttentag. cart. n. 1. —

— dasselbe. Mit e. Anh., enth. die f. Preußen erlassene Ausführungsanweisg. vom 26. Nov. 1883. Text-Ausg. m. Anmerkgn. 2. Aufl. 16. (IV, 222 S.) Ebend. 884. cart. n. 1. 20

— dasselbe. 2. Aufl. Mit e. Anh., enth. das kgl. bayr. Ausführungsgesetz vom 28. Febr. 1884, nebst Einleitg. u. Erläutergn., bearb. v. e. bayr. Juristen. 16. (V, 184 S.) Ebend. 884. cart n. 1. 50

— dasselbe. Text-Ausg. m. Anmerkgn. 2. Aufl. Mit e. Anh., enth. die Ausführungsbestimmgn. f. die Königreiche Sachsen u. Württemberg, f. das Großherzgth. Baden u. f. das Reichsland Elsaß-Lothringen. 16. (VI, 279 S.) Ebend 884. n. 2.

— dasselbe. Hrsg. m. Einleitg. u. Erläutergn. gr. 8. (XXVI, 233 S.) Ebend. 883. n. 5. —, geb. n. 5. 50

—— Unfallversicherungsgesetz. Vom 6. Juli 1884. Hrsg. mit Einleitung und Erläuterungen. gr. 8. (XXVIII, 347 S.) Berlin 884, G. Reimer. M 7.; geb. *

—— dass. — Textausg. mit Anmerkungen und Sachregister. 16. (XXXV, 163 S.) Berlin 884, Guttentag. cart. *

— Unfallversicherung der in land- u. forstwirthschaftlichen Betrieben beschäftigten Personen. Nach dem Reichsgesetz vom 5. Mai 1886. Als Kommentar bearb. gr. 8. (XLII, 435 S.) Berlin 886. G. Reimer. n. 10. —; geb. n. 11. —

— Unfallversicherung der in land- u. forstwirthschaftlichen Betrieben beschäftigten Personen in Preußen. Nach dem Reichsgesetz vom 5. Mai 1886 u. dem preuß. Ausführungsgesetz vom 20. Mai 1887. Textausg. m. Anmerkgn. Im amtl. Auftrage unter Mitwirkg. v. Heydebrand u. der Lasa bearb. 12. (XII, 285 S.) Berlin 887. G. Reimer. geb. n. 2. 40

— Unfallversicherung der in land- u. forstwirthschaftlichen Betrieben beschäftigten Personen. Nach dem Reichsgesetz vom 5. Mai 1886. Als Kommentar bearb. 2., verm. Aufl. gr. 8. (X, 564 S.) Ebd. 888. n. 12. —; geb. n. 13. —

— dasselbe. Mit dem „Ausdehnungsgesetz" vom 26. Mai 1885 u. unter theilweiser Berücksicht. d. Bau-Unfallversicherungsgesetzes vom 11. Juli 1887. Kommentar. 4., verm. Aufl. Im amtl. Auftrage. gr. 8. (XII, 585 S.) Ebd. 889. n. 13. —; geb. n. 14. —

— Unfallversicherungsgesetz. Vom 6. Juli 1884. Hrsg. m. Einleitg. u. Erläutergn. gr. 8. (XXVIII, 347 S.) Ebend 884. 7. —; geb. n. 8. —

—— Unfallversicherungsgesetz. Vom 6. Juli 1884. Mit Einleitung, Erläuterungen und dem Gesetz über die Ausdehnung der Unfall- und Krankenversicherung. Vom 28. Mai 1885. 2. verm. Aufl. gr. 8. (XXXII, 405 S.) Ebendas. 885. * geb. *

—— dass. — Vom 6. Juli 1884. Mit dem Gesetz über die Ausdehnung der Unfall- und Krankenversicherung vom 28. Mai 1885. Kommentar. 3. verm. Aufl. Im amtl. Auftrage. gr. 8. (XII, 500 S.) Ebendas. 887. * ℳ 11.—.; geb. *

—— Unfallversicherungsgesetz vom 6. Juli 1884 und Gesetz über die Ausdehnung der Unfall- und Krankenversicherung vom 28. Mai 1885. Textausg. mit Anmerkungen und Sachregister. 2. verm. Aufl. 16. (XXXVII, 255 S.) Berlin 886, Guttentag. cart. *

—— dass. — 3. verm. Aufl. 16. (XLII, 308 S.) Ebendas. 888. cart. *

—— Unfallversicherungsgesetz. Vom 6. Juli 1884. Mit dem „Ausdehnungsgesetz" v. 26. Mai 1885 u. unter theilweiser Berücksicht. d. Bau-Unfallversicherungsgesetzes vom 11. Juli 1887. Kommentar. 4. verm. Aufl. Im amtl. Auftrage. gr. 8. (XII, 585 S.) Berl. 889, G. Reimer. * 13 —; geb. * 14 —

— Unfallversicherungsgesetz vom 6. Juli 1884 u. Gesetz üb. die Ausdehnung der Unfall- u. Krankenversicherung vom 28. Mai 1885. Text-Ausg. m. Anmerkgn. u. Sachregister. 4., verm. Aufl. 16. (XXXXII, 328 S.) Berlin 890. Guttentag. cart. n. 2. —

— **Unfallversicherungsgesetz. Kommentar. 5. Aufl. In der Fassg. des Gesetzes, betr. die Abänderg. der Unfallversicherungsgesetze, vom 30. VI. 1900 als Gewerbe-Unfallversicherungsgesetz neu bearb. v. F. Caspar. gr. 8. (XII, 722 S.) Berlin 901. G. Reimer. n. 15. —; geb. in Halbfrz. n. 17. —**

— Unfallversicherungsgesetz u. Gesetz üb. d. Ausdehnung d. Unfall- u. Krankenversicherung, } s. a. Guttentag's Sammlung deutscher Reichsgesetze, Nr. 23.

Woedtke, Elfrieda v., das Hausschlachten. Eine prakt. Anleitg. zum Einschlachten auf dem Lande u. rationellem Selbstschlachten in der Stadt, unter besond. Berücksicht. der Zubereitg. aller Arten hausschlachtener Wurst. Mit Anh.: „Die Gänseschlächterei". Eigene Erfahrgn., für junge Hausfrauen u. Wirtschafterinnen bearb. (64 S.) 8. Leipzig, A. Kade. 1. 20

Wodurch können wir unser Pferdematerial vor Druckschäden schützen? Berlin 1889. 8°. (Bh. z. M. W. B.)

Wodurch noch die Kirchenspaltung? Eine kurze offene Antwort auf des Bischofs von Paderborn, Dr. Conr. Martin, Frage: „Wozu noch die Kirchenspaltung?" Von einem schlesischen Protestanten. Ohlau 869. (Bial.) 8. (31 S.) n. 3 ngr

Wodurch ward es möglich, daß das kleine Corps Sachsen, welches in 4 Feldzügen am Rhein gegen Frankreichs mächtige Krieger stritt, sich rühmen kann, nie von ihnen geschlagen worden zu sein? 8. Dresd. 806. (Arnold). 4 gr

Wodurch wir uns v. d. Katholiken unterscheiden. Ein Schutz- u. Trutzbüchlein f. evangelische Christen. gr. 8. (46 S.) Leipzig 896. Buchh. d. Evang. Bundes v. C. Braun. n. — 60

Wodyński, Roman, klinisch-bacteriolog. Beobachtgn an d. Malariafällen, s.: Kobler, G.

— s. a. Mitteilungen aus d. Prosectur d. bosn.-herceg. Landesspitales in Sarajevo.

Wodyński, Prof. Dr. Roman, Mittheilungen aus der Prosectur des bosn.-herceg. Landes-Spitales in Sarajevo. (1. Juli 1894 bis 31. December 1896.) Mit 30 Abbildungen im Texte. Lex.-8. (97 S.) Wien: Šafář 1898. 1.80

Wodzicki, Henr., do delegowanych ligi. gr. 8. (19 S.) Breslau 848. Lissa, (Günther'sche Buchh.) *

—— Liga i zasady demokratyczne. gr. 8. (22 S.) Lissa 848, Günther'sche Buchh.

Wodzicki, Kazim. hrabia, o wpływie jaki wywiérają ptaki na gospodarstwo tak polne jak i leśne w ogólności a w szczególności o owadach lasom szkodliwych. 12. (18 S.) Lissa 852, Günther.

— Wycieczka ornitologiczna w Tatry i Karpaty Galicyjskie na początku czerwca 1850. 8. (100 S.) Ebd. 851. ½ ₰

Wodzinski, Graf, Caritas. Roman. Autoris. Übersetzg. v. A. Mager. 8 (238 S.) Mannheim 891. Bensheimer's Verl. n. 3. —; geb. n.n. 4. —

Wodziński, Ernest, Kazania świąteczne. 2 Zeszyt. gr. 8. (1. Zeszyt VI und 194 S.) Bielitz 855, (Zamarski.) *

Воейковъ, А. Ѳ., Домъ Сумасшедшихъ. Сатира. (Woeikoff, A. Th., das Irrenhaus. Eine Satire.) 8. (31 S.) Berlin 858, F. Schneider. *
Vgl. Wojikoff

Woeikof(f), Alexander

Wojeikoff: Berechnung der vom Drehungsgesetz abhängigen Bewegungen des Barometers in Providence. (Auszug aus dem Monatsbericht der K. Akad. der Wissenschaften zu Berlin. Januar 1865.)

Wojeikof, A.: Einfluss der topograph. Bedingungen auf die mittlere Temperatur des Winters etc. St. Petersburg [1882.]

Woeikof, A., der Einfluss e. Schneedecke auf Boden, Klima u. Wetter, s. a. Abhandlungen, geographische.

Woeikof, Alexander, Der Einfluss einer Schneedecke auf Boden, Klima und Wetter. Wien und Olmütz 1889.

von Wojeikoff, Alexander: Ueber die directe Insolation und Strahlung an verschiedenen Orten der Erdoberfläche. (Inaugural-Dissertation. Gottingen.) Gottingen 1865. 78 S. 8°.

Woeikoff, A., 1) Zum Klima des Amurlandes. 2) Zur Verbreitung des Eisbodens in Transbaikalien. 3) Zur Frage der Erstreckung des Eisbodens und geothermische Beobachtungen in Sibirien. (Meteorologische Zeitschrift, 1895, 96.)

Woeikoff, Alexander: Das Klima Centralasiens nach den Beobachtungen von Prschewalsky. (Meteorologische Zeitschrift. Jahrg. 13. 1896. No. 2 u. 3. S. 49–61 u. 90–100.) (Wien 1896.) 1 Bd. 14; 11 S. 8°.

Woeikoff, A., die Klimate der Erde. Nach dem Russ. vom Verf. besorgte, bedeutend veränd. deutsche Bearb. 2 Tle. gr. 8. (396; XXIII, 422 S. mit 10 Karten, 13 Diagrammen, nebst Tab.) Jena 887, Costenoble. *

Woeikoff, Alexander: Die Regenverhältnisse des malayischen Archipel. Nach dem „Rainfall in the East Indian Archipelago", herausgegeben von der Niederländisch ostindischen Regierung. 5 Jahre. 1879—83. ([S.-A.] Zeitschrift der österr. Gesellschaft für Meteorologie. Bd. 20. 1885. April-Juni- und Juli-Heft.) (Wien 1885.) 48 S. 8°.

Woeikow, Alex., Rußland, s.: Kraßnow, Andr. v.

Wojeikoff, Skizzen von einer Reise in Indien und Japan. St. Petersburg 1878.

Wojeikof, A., die atmosphärische Circulation, s. a. Mittheilungen aus J. Perthes' geograph. Anstalt.

Wojeikoff Alexander: Die atmosphärische Circulation. Verbreitung des Luftdruckes, der Winde und der Regen auf der Oberfläche der Erde. Mit 3 Originalkarten. Gotha 1874. (II., 36 S.
= Ergänzungsheft zu Petermann's Geographischen Mittheilungen. No. 38. 8°.

Wofür kämpft Ungarn? Wien 1860. V: *Auersperg, Carlos Fürst.* (Mitth. Dr. Ign. Schwarz.)

Wofür kämpft Ungarn? (Zur Klärung der politischen Standpunkte.) Wien 866. (Gerold's Sohn.) gr. 8. (16 S.) n. 8 ngr.

Wogasli, Demetrius [aus Philippopel]: Die Normen des altgriechischen Völkerrechtes '(νόμοι κοινοὶ τῶν Ἑλλήνων)' ... (Theil e. gröss. Arb.) Freiburg i. B., Univ.-Buchdr. v. Ch. Lehmann, 1895; 40 S. 8.
Freiburg i. B., Jur. Fak., Inaug.-Diss. v. 1895

Wogau, Johann David (Memmingen) A. S. 202/9

Dissertatio iuridica inauguralis de societate bonorum connubiali, secundum ius commune et statutarium, liberae S. R. I. civitatis Memmingensis considerata. Präs. Dietrich Hermann Kemmerich.
Jena (Horn) 17. X. 1739. 46 S. 37110

Wogau, Max v., a. St. Petersburg: Die Diffusion von Metallen in Quecksilber. Freiburg i. B.: Speyer & Kaerner 1907. (38 S., 5 Taf.) 8°
Freiburg i. B., Phil. Fak., Ref. Himstedt, Diss. v. 1907
[Geb. 12. Dez. 84 Petersburg; Wohnort: Freiburg i. B.; Staatsangeh.: Rußland; Vorbildung: Gymn. Moskau Reife Juni 02; Studium: Berlin 3, Freiburg i. B. 6 S.; Rig. 19. Febr. 07.]

de **Wogau**, Sigm., De somno morboso et praeter naturam aucto. Jen. 4°. 1774.

Wogau, Theodor: Bewegung zweier materieller Punkte, welche durch einen gewichtslosen Faden miteinander verbunden sind, im Raume und in der Ebene unter Einwirkung der Schwerkraft und beliebig gegebener Anfangsgeschwindigkeiten. Memel, gedr. bei F. W. Siebert, 1891; S. 3–30: 4°
Memel. k. G, P. 1891 (11.

Woge, Daniel. Die gottesdienstlichen Alterthümer der Obotriten, aus dem Tempel zu Rhetra, am Tollenzer-See. Nach den Originalien auf das genaueste gemahlet und in Kupferstichen, nebst Andreas Gottlieb Maschens Erläuterung derselben, herausgegeben. Berlin 1771. 4°. 2 Exempl.

Woge, Hugo, über die Anwendung der Flexion der Extremitäten bei Behandlung von Aneurysmen und arteriellen Blutungen. Abhandlung. gr. 8. (40 S. mit 1 lithogr. Abbild.) Dorpat 861, (Gläser's Verlag.) *

Woge, Paul [aus Alfeld '(Prov. Hannover)']: Über die Wertigkeit des Berylliums ... Berlin, Buchdr. v. G. Schade, *1897*; 52 S., 2 Bl. 8.
Berlin, Phil. Fak., Inaug.-Diss. v. 7. Aug. 1897

Agricultur im Jahre 1800. Nach d. Briefen d. Geh.R. Rost-Dessau hrsg. von Dr. R. **Woge**. Leipzig 1910: Schmidt. 43 S. 8° [11. 7831] 11

Woge, Richard [aus Alfeld '(Hannover)']: Einfluss des Zuckerrübenbaues auf die Landwirthschaft unt. bes. Berücks. einiger im Fürstenthum Calenberg gelegenen Güter ... Leipzig-Reudnitz, Druck v. O. Schmidt, 1892; 3 Bl., 64 S., 1 Bl., 5 Tab. 8.
Leipzig, Phil. Fak., Inaug.-Diss. v. [17. Dez.] 1892

W[illegible], Willy: Ueber einige Derivate des Isopropylbenzols. Freiburg im Breisgau, 1882.

Wogen d. Lebens. Erinnerungsblätter. 8. (12 farb. S. m. eingedr. Text.) Leipzig 890. Baldamus, Sep.-Cto. cart. m. Goldschn. n. 1. 20

Wogen der Zeit.
Danzig. 1848 31.(?)XII.1849.
Fortges. u.d.T.: Die neuen Wogen der Zeit.

Wogen, die neuen, der Zeit. Volksblatt f. Unterhaltg., öffentl. Leben, Lokal- u. Provinzial-Interessen; verbunden m. politischer Zeitung u. Intelligenzblatt. Red.: G. Jaquet. 1 u. 2 Jahrg. 1849 u. 1850. à 156 Nrn. 4. (Bog.) Danzig. (Devrient.) à n. 2⅔ ₰

Wogen. – Die neuen Wogen der Zeit.
Danzig. 1.(?)I.1850 1897(?).
Vorh. u.d.T.: Wogen der Zeit.
Fortges. u.d.T.: Danziger Allgemeine Zeitung.

Wogen u. Schaum. Reimlein vom alten Meergreis (Rurik, der Seefahrer). (Von F. Baunach.) (VI, 144 S.) 8. Altona 905. Verlag der Altonaer Rundschau. n. 3. —

Wogen, D., gottesdienstliche Alterthümer der Obotriten aus dem Tempel zu Rhedra, nach d. Originalien gemalt u. erläutert vor Masch. Mit Kpf. gr. 4. Berl. 772. Rellstab. (Gebhard u. K. in Frankf.) 4 ₰

Wogen, Rhard., Frühlingsliebe. (Leicht übers. aus dem ind. Gitagowinda des Dschajadeva.) (144 S.) kl. 8. Halle (906). (J. Krause.) n. 2. —

Wogenfels, Ferdinand v., v. Karl Hille. 8. Lpz. Schäfer. (Kuhn.) 799.

Wögerbauer Georg: Quae ratio intercesserit inter Ciceronem et Caesarem in republica Romana gerenda. II. 1909 PN 2699 **Diss.** Wien Univ. 1654

Wogihara, Unrai: Asanga's Bodhisattvabhūmi. Ein dogmatischer Text der Nordbuddhisten nach dem Unikum von Cambridge im allgemeinen und lexikalisch untersucht. Leipzig 1908: Kreysing. 45 S. 8° ¶(Ersch. vollst. in: Indica. H. 0.)

Straßburg, Phil. Diss. v. 1. Aug. 1905, Ref. Leumann

[Geb. 10. Febr. 69 Tokio; Staatsangeh.: Japan; Vorbildung: Priester-Seminar Tokio; Studium: Straßburg 12 S.] [U 09. 3861

Wöginger, C., s. Krone von der Einsiedler-Tabelle.

Wogner, Herr Richard, der musikal'sche Struwelpeter, saane naiste Oper: Crischan Isosolldich! saane grauße Cacophonie ßu Bayreuth un saan fordtbarer Tod. Weih geschriggen ibber das grauße Schlemassel! Vertraaliches Schreibebriefle an Rebbe Schmul in Schermeißel vun Isaac Moses Hersch. 16. (55 S.) Alsleben 876. Schlegel's Filiale. n. — 50

Wogrinz Alfred: Über die Kondensation von Isovaleraldehyd und Acetaldehyd. S. 109 IIb 98 . . . .

Separatabdruck

— Notiz über α-Isopropyl und α-Dimethyl-β-Oxybuttersäure. S. 112. IIb. 98 . . .

Separatabdruck

Wogt, Karl, a. Warendorf: Wesen und Inhalt des Schenkungsbegriffs nach § 516 und § 517 des Bürgerlichen Gesetzbuches. Warendorf 1906: J. Schnell. (103 S.) 8°

Rostock, Jur. Fak., Ref. Matthiaß, Diss. v. 20. Dez. 1906

[Geb. 1. Aug. 74 Wilhelmshöhe b. Cassel; Wohnort: Beckum, Westf.; Staatsangeh.: Preußen; Vorbildung: Gymn. Warendorf Reife O. 94; Studium: Heidelberg 1, Leipzig 2, Berlin 1, Göttingen 3 S.; Rig. 12. Okt. 06.]

Woher der Abgang vom Religionsfond? 8. Wien 788. Wucherer. (a. Mayr in Salzb.) 5 *K*

— die Opposition? Ein Wort von liberaler Seite. Karlsruhe 869. Macklot. gr. 8. (24 S.) 2 *ngr*

— entsteht die zunehmende Verlegenheit der erwerbenden Klasse? rc. 8. Berl. 810. (Schöne.) 6 *K*

Anonym: „Woher entsteht die zunehmende Verlegenheit der erwerbenden Klasse? und sind aus der Entwicklung ihrer Veranlassungen nicht zugleich die Mittel anzudeuten, um einen beruhigenden Zustand dieser so nothwendigen als nützlichen Klasse der Staatsbürger herbeizuführen?" Berlin 1810. — Vorh. Preuß. Staatsbibl. Berlin.

Woher haben der Kar-Freitag und das Osterfest ihre Benennung. [Braunschweig 1795.] V: *Ress, Joh. Hnr.* (MGT)

Woher kommt es, daß in unseren Tagen das Abendmahl weniger als sonst geachtet u. benutzt wird? Ein Sendschreiben an Alle, welche dieses Sakrament zu verwalten haben, von einem protestant. Geistlichen Sachsens. gr. 8. (4 B.) Dresden 845, [Kori'sche Buchh.] *

— kommt es, daß so viele katholische Geistliche den weisesten kirchl. Verordnungen d. Obrigkeit entgegen streben? Von einem Freunde d. Wahrheit beantwortet. 8. Ulm 805. Wohler. 4 *K*

Woher kommt es, daß v. den Preisschwankungen e. Handelsartikels die zu seiner Herstellung geleistete Arbeit in ganz anderm Verhältniß betroffen wird, als das dazu aufgewandte Kapital? Ein Beitrag zur Lösg. der socialen Frage. gr. 8. (16 S.) Bonn 871. Weber's Verl. n. — 40

Woher nehmen wir Geld? s. Schriften des Berliner Unionsvereins.

Woher stammen die Mutterrechte der Kirche über die Schule? und ist die letztere wirklich eine Tochter der ersteren. Oldenburg 1851. V: *Riepen, Claus.* (A)

Woher stammen die Mutterrechte der Kirche üb. die Schule? u. ist Letztere wirklich eine Tochter der Ersteren? Ein Versuch, zur Beantwortung dieser Doppelfrage, von einem Laien. gr. 12. (24 S.) Oldenburg in Holstein 851. (Leipzig, Brauns.) 3 *ngr*

—— und Wohin? Ein Wort in der schleswig-holsteinischen Sache von einem Unbefangenen. gr. 8. (23 S.) Hamburg 865, Mauke Söhne. *

Woher u. wohin? Total unwissenschaftliche Einfälle, Ideen u. Expektorationen d. Laien u. Idioten Eugenius Philaletes. 12. (20 S.) Basel 894. Jaeger & Kober. n. — 8

Woher und Wohin? Ein Kunstrausch. Festspiel . . . Breslau 1899. V: *Körber, Heinrich & Heinrich Wendt.* (Kat. d. Druckschr. üb. Breslau. Breslau 1903. S. 343.)

Woher? Wohin? an das Volk in Schleswig-Holstein. O. O. 1864. V: *May, Martin.* (A)

—— Wohin? An das Volk von Schleswig-Holstein. gr. 8. (16 S.) Hamburg 864. (Kiel, Schwers'sche Buchh.)

Woher? Wohin? od. Mensch u. Thier, s. a. Volksaufklärung.

S., R., Woher? Wohin? oder: Mensch u. Tier. Warnsdorf, Opitz, 1900. 16°. 51 S. (Aus: „Volksaufklärung" rc. Nr. 29, dai.)

Woher? und wohin? Das, der reformatorischen Bewegung in der katholischen Literatur. Leipzig 1845. V: *Schön, Theodor von.* (Gottschall, R., Aus meiner Jugend. Berlin 1898. S. 97.)

—— und Wohin?, das, der reformatorischen Bewegung in der katholischen Kirche. gr. 8. (1 B.) Leipzig 845, Friese.

Wohin? Ein Schauspiel in fünf Aufzügen. Leipzig 1806. V: *Iffland, Aug. Wilhelm.* (BrMm) (GGr)

Wohin? Schsp. v. Iffland. 8. Lpz. Göschen. 806.

Wohin? Eine kirchliche Zeitfrage in Andeutungen zu beantworten versucht durch ein Gemeindeglied. gr. 8. Königsberg 845, Theile. 1/8 *ß*

Wohin? Ein ernster Mahnruf in ernster Zeit an alle liberalen Parteien, von einem Arbeiterfreund. Berlin [1878]. V: *Kretzer, Max.* (zuwzür 1912)

Wohin? Ein ernster Mahnruf in ernster Zeit. Von einem Arbeiterfreund. gr. 8. (31 S.) Berlin 878, Hohorst. *

Wohin? Ein Wort zur Warnung v. e. Alt-Liberalen. 8. (25 S.) Leipzig 894. G. Wigand. n. — 50

„**Wohin?**" Berliner illustr. Wochenschrift. Red.: Alfr. Moeglich. 1. Jahrg. Mai—Dezbr. 1902. 35 Nrn. hoch 4. (à ca. 16 S.) Berlin, Klimoff & Co. n. 2. 60

— des Wegs? Von — f — [Aus: „Licht und Leben".] (19 S.) kl. 8. Elberfeld 909. Buchh. der ev. Gesellschaft f. Deutschland. nn — 05

Wohin die Frauenrechtlerei führt oder: Gesetzliche Frauenprivilegien in England. Von 2 engl. Juristen. Ins Deutsche übers., m. e. Vorw. v. E[rnest] Belfort Bax. — Zürich: Schabelitz 1898. 102 S. 8°

Wohin die Frauenrechtlerei führt od. gesetzl. Frauenprivilegien in England. Von zwei engl. Juristen. Ins Deutsche übers., m. e. Vorwort v. E. Belfort. Lex.-8. (III, 102 S.) Zürich 898. Verlags-Magazin. n. 1. —

— die Frauenrechtlerei führt, 2. Aufl., s.: Frauen-Privilegien, gesetzliche, in England.

„— dieses Jahr?" „Was kostet's?" Stockhausen's illustr. Führer durch die Bäder, Luftkurorte u. Sommerfrischen. I. Der bad. u. württemberg. Schwarzwald. Praktischer Ratgeber f. Erholungsbedürftige u. Touristen. Nebst genauer Angabe der Preise f. Kurtaxe, Bäder, Wohng. u. Verpflegg. in den einzelnen Hotels etc. 4. Aufl. Mit ca. 90 Abbildgn. (nach photograph. Aufnahmen). gr. 8. (VIII, 118 S.) Nürnberg 902. Litterar. Institut Stockhausen. n. 1. 50

Wohin führt die aargauische Instruktion und die Limmatthalpetition für Ausweisung des Jesuitenordens aus der Schweiz durch die Tagsatzung? Ausgegeben am 11. Juni 1844. 8. [Zürich.]

Wohin führt die sogenannte Organisation der Arbeit? gr. 8. (15 S.) Leipzig 848, Jurany. 1 1/2 *ngr*

Wohin gehen wir? Eine verständ. Antwort auf die nothdürft. Beleuchtg. verschiedener kirchl. u. sonst. Zustände u. Verhältnisse u. deren Repräsentanten v. e. unbeliebten Wohlbekannten. gr. 8. (27 S.) Melsungen 884. (Hannover & Celle, Schulbuchh.) n. — 50

— gehen wir? gr. 8. (16 S.) Konstanz 895. C. Hirsch. — 05

Wohin gehen wir morgen? Ein Führer durch die Umgebungen Zürichs. Zürich-Oberstrass 1903. V: *Speidel, Eugen.* (BBullschw 3, 1903)

Wohin gehen wir morgen? Ein Führer durch die Umgebgn. Zürichs. (40 S.) 8. Zürich 903. E. Speidel. n. — 50

Wohin hat der Liberalismus den Bauernstand geführt? Eine Untersuchung über die Ursachen des Verfalles der Landwirthschaft und das Mittel zur Abhülfe. Von einem Kleinbauern. 8. (58 S.) Hagen 882, Risel und Comp. *

Wohin kommen wir. Ein Wort an die gesetzestreuen Israeliten Württembergs von Gabiah ben Psisa. gr. 8. (32 S.) Mainz 864, Le Roux'sche Hofbuchh. *

Wohin kommt das Geld? Kampfschrift zum Schutz der kantonalen Wohlfahrtswerke. Herausgegeben und verantwortlich: « Amicitia » Luzern. [Illustriert.] 16 S. 8. (Luzern, Räber & Cie., [1905].)

(*Zur Abstimmung über die kant. luzern. Steuergesetz-Vorlage vom* 29. Oktober [1905].)

Wohin reise ich? Illustrirtes Zentral-Organ f. Reisewesen u. Ratgeber f. Reisende. Red: Paul Schumann. Mit Unterhaltungsbeilage: Zu Hause. 2. Jahrg. Oktbr. 1909—Septbr. 1910. 24 Nrn. (à ca. 24 u. 8 S.) 31,5×28,5 cm. Stuttgart. Verlag von „Wohin reise ich". 6. 40

Wohin reisen wir? Nützliche Winke u. Ratschläge f. Alle vor u. während d. Reise m. 1 Eisenbahnkt. d. Ostalpen-Gebietes... Leipzig: Amthor 1897/98. 24, 8 S. 8°

Wohin soll ich meinen Beitrag zur Heidenmission geben? Ein Gespräch z. Berichtigung des v. Hrn. Pfarrer W. Löhe hrsg. Büchleins „die Mission unter den Heiden" geschrieben. 12. (1 B.) Nürnberg 843, [Geiger.] *

Wohin soll ich meinen Beitrag zur Heidenmission geben? Ein Gespräch zur Berichtigung des vom Herrn Pfarrer W. Löhe herausgeg. Büchleins „die Mission unter den Heiden" geschrieben. 12. Nürnberg 843, Stein. n. 1/12 ß

Wohin steuern wir? Sozialpolitik od. Humanitätsdusel? Zugleich e. Versuch e. Beitrages zur Geschichte d. Bergarbeiterstreikes u. d. Ausfalles der diesjähr. Reichstagswahlen, nebst e. Schlußbetrachtg. üb. d. Folgen d. Rücktrittes d. Fürsten Bismarck. Von e. alten Gewerken. 8. (92 S.) Hagen i. W. 890. Risel u. Comp. * — 75

—— steuern wir im deutschen Reich? Ein Entweder-Oder für den deutschen Liberalismus. 1. und 2. durchges. Aufl. gr. 8. (52 S.) Basel 882, Schwabe. *

—— steuert Fürst Bismarck mit seiner innern Politik? Ein offenes Wort an das deutsche Volk. 1.—6. unveränd. Abdr. gr. 8. (41 S.) Neuwied 881, Heuser's Verlag. *

Wohin treiben wir? Ein Mahnruf an das bayer. Volk bei Gelegenheit der bevorstehenden Wahlen. Von einem Wähler. München 869. Leutner. gr. 8. (27 S.) 4 *ngr.*

Wohin treiben wir? Ein Mahnruf an das bayer. Volk bei Gelegenheit der bevorstehenden Wahlen. Von einem Wähler. gr. 8. (27 S.) München 869, Stahl.
Vgl.: Antwort.

Wohin und Warum ziehen unsere Vögel? (Njbl.) Zürich 1876 *s. a.* [Moesch, Casimir].

Wohin und warum ziehen unsere Vögel? Zürich 1876. V: *Mösch, Cas.* (Cat. d. Stadtbibl. Zürich. Zürich 1864—97.)

Wohl dem, der den Herrn fürchtet. Das Leben Josephs u. andere Geschichten m. Bildern. (20 S.) gr. 8. Konstanz (906). Zürich, Christl. Buch- u. Kunstverl. C. Hirsch. n. — 15

Wohl dem Volcke, des der Herr ein Gott ist . . . Bresl. 1741. V: *Quasius, Johann Adam.* (Kat. d. Druckschr. üb. Breslau. Breslau 1903. S. 14.)

Wohl, Das, des Kindes. Häusliche Gesundheitspflege des Säuglings und der Kinder in den ersten Lebensjahren. 8. (90 S.) .90
Wien: Wiener Mode 1895.

Wohl, das, des Kindes. Häusl. Gesundheitspflege d. Säuglings u. d. Kinder in d. ersten Lebensjahren. Von F. K. 8. (VI, 91 S. m. Tab.) Wien 895. Gesellschaft f. graph. Industrie. n. 1. 50

Wohl rostet alte Liebe. Roman nach dem Leben, von Jul. v. Voß. 8. Berlin, Schmidts W. und S. 818.

Wohl. Ueber das Wohl des Vaterlands …, 1848. Basel s. [Zündel, David].

Wohl, das wahre, der Auswanderer, besprochen von e. Landgeistlichen, e. westphäl. Bauer, Namens Drucksatt, u. e. Doctor d. Philosophie. gr. 8. (4 B.) Bremen 834, Kaiser.

Wohl, A., organische Chemie u. die Lehre vom Leben. Rede zur Feier des Geburtstages Sr. Maj. des Kaisers u. Königs: geh. am 27. I. 1910: in der Aula d. königl. techn. Hochschule zu Danzig. (49 S.) 8. Danzig 910. G. Boenig. — 60

Wohl, Alfred [aus Graudenz]: Methylaldehyd und seine Derivate .... Berlin, gedr. bei L. Schumacher, 1886; 45 + 1 S. + 1 Bl. 8°.
Berlin, Phil. Fak., Inaug.-Diss. v. 18. Dez 1886.

Wohl, Alfred, Methylaldehyd und seine Derivate. Diss. Berlin 1886, Mayer & Müller. 8°. 45 S.

Wohl, Aug., kurzgefasste populäre Wein-Chemie (oenologische Chemie.) Nach dem Ungar. des Anton v. Györky deutsch frei bearb. gr. 8. (X und 68 S.) Wien 860. (Pest, Pfeifer.) *

Wohl, Janka, Frz. Liszt. Erinnerungen einer Landsmännin. Deutsche Orig.-Ausg. 8. (235 S.) Jena 888, Costenoble. *
geb. *

Wohl, Isidor (geb. Berlin 2[illegible] 1822). De [illegible] saturnina. Accedit descriptio [illegible] intoxicationis metallicae exemplorum. Berolini (1845). (32 S.) 8°.
Berlin, Med. Diss. v. 24. Nov. 1845.

Wohl, Julius, dipl. Chemiker des eidgen. Polytechnikums Zürich, aus Tar (Ungarn): Untersuchungen über Pentaphenylaethanol und über die Verbindungsfähigkeit des Triphenylmethylrestes. Oerlikon 1909. VIII + 70 S. [16. XI. 09.]
Zürich Univ. Phil. Diss. II. S. 1909/10.

Wohl, Julius. Untersuchungen über Pentaphenylaethanol und über die Verbindungsfähigkeit des Triphenylmethylrestes. Diss. Phil. [II.] Univ. Zürich. VIII + 70 S. 8. Oerlikon, H. Kraut, 1909.

Wohl, Luise, Dramatisches. 8. (VII, 84 S.) Dresden 902. E. Pierson. n. 1. 50

Wohl, Luise, Emil Redivivus. Briefe u. Blätter e. Schülers an seinen Lehrer. (VII, 75 S.) 8. Dresden 904. E. Pierson. n. 1. —; geb. n. 2. —

Wohl, Moriz Kurt, approb. Arzt: Aus d. gynäkol. Abteilung d. Krankenhauses d. Elisabethinerinnen zu Breslau. (Prof. Pfannenstiel.) Beitrag zur Kenntnis der Tuberkulose der weiblichen Genitalien. Breslau 1900: M. Kragen & Co. (47 S.) 8°
Breslau, Med. Diss. v. 3. Juli 1900.

Wohl, Moses

Wohl, M. Maimonides Commentar zum Traktat Chulin. Arabischer Urtext, mit verbesserter hebräischer Übersetzung, Einleitung und Anmerkungen. In-8°. 21, 22 S. Bern. These. 1894.

Wohl, Moses, Maimonides' Commentar zum Tractat Chulin. Arabischer Urtext, m. verbesserter hebr. Uebersetzg., Einleitg. u. Anmerkgn. gr. 8. (22 u. 21 S.) Frankfurt a/M. 894. J. Kauffmann. n. 1. 50

Wohl, P., Übungsbuch für mündliches und schriftliches Rechnen, s. Räther, H.

Wohl, Siegfr. (geb. Altona 1807). De hypertrophia. Berolini (1831). (35 S.) 8°
Berlin, Med. Diss. v. 12. Febr. 1831

Wohl, Stephanie. Rauschgold. Roman aus der ungar. Gesellschaft. Von der Verf. selbst besorgte deutsche Ausg. 2 Bde. 8. (351, 326 S.) Jena 889, Costenoble. * 10 —

Woehl, P., Sammlung kathol. Kirchenlieder f. vierstimm. Männerchor. Für Seminare u. kirchl. Männerchöre. (112 S.) 8. Breslau (906). F. Goerlich. n. 1. —

Wohlandt, K., Geistliche als Erfinder, s. a. Sammlung zeitgemäßer Broschüren. Nr. 16.

(F) **Wohlandt, K.,** Geistliche als Erfinder. (Sammlung zeitgemässer Broschüren. Nr. 16.) 8°. (46 S.) K —.30
Graz: Styria 1902.

Wohlanständigkeitslehre, die, in Denksprüchen für Elementarschüler aller Konfessionen. Nebst e. Anhange von Deklamationen auf Kinderfesten. 16. Dünkelsbühl 831. Walthr. (Leipz., Centr.-Cpt.) 1 gr.

Wohlart, Gustav; e. deutsche Geschichte, (v. Karl Ign. Geiger). 8. Weissenburg 782. Jacobi. 10 gr.

Wohlau [Schlagwort]

Wohlau, s. a. Breslau. Reg.-Bez. — Kreiskarten.

Wohlau. Hilscher, A., Karte des Kreises Wohlau. Ausg. ohne Amtsbezirksgrenzen. 1 : 140,000. Chromolithogr. Imp.-4. Liegnitz 887. Zippel's Buchh. n. — 75

— — Schulwandkarte des Kreises Wohlau. 1 : 50,000. 6 Blatt. Chromolith. Imp.-Fol. Ebd. 888. n.n. 9. —; aufgezogen m. Stäben n.n. 12. —

Wöhlau, B. v. der, Herz oder Seele? Eine Erzählung. 8. (297 S.) Leipzig 887, Böhme Nachf. * M 3.75.; geb. *

Wöhlau, B. v. d., das Ideal. Beim Kommandierenden. Friedlinde. 3 Erzählgn. gr. 8. (95 S.) Leipzig 891. E. Ungleich. n. 1. 25; geb. n. 1. 90

Wohlauer, Albert, Dr.: Goethes **Helena-Dichtung** in ihrer Entwickelung. ⟨Einl.⟩ *Breslau 1902: Graß, Barth & Co.* (S. 3—8.) 4°
Breslau, st. Johannes-G, OP 1902 (195)

Wohlauer, Albert, Dr.: Das erste P a r a l i p o m e n o n und der erste Entwurf zu Goethes 'Faust'. Breslau 1899: Grass, Barth & Co. (S. 3–18.) 4°
Breslau, St. Johannes-G, OP 1899 (185).

Wohlauer, Albert *(geb. Wohlau 24. 4. 1858)*: Stein und Schoen in der Provinz Preussen zu Anfang des Jahres 1813. Breslau 1882. (58 S.) 8° *[Im Buchhandel 1882 bei Köhler in Breslau]*
Breslau, Phil. Diss. v. 10. Juni 1882

Wohlauer, Alb., Stein und Schoen in der Prov. Preussen zu Anfang des J. 1813. Inaugural-Dissertation. gr. 8. (58 S.) Breslau 882, (Köhler.) *

Wohlauer, Arth., im Kampfe. Histor. Drama in 1 Aufz. 8. (16 S.) Ottmachau. Leipzig (894). A. Bocken. – 75

Wohlauer, Ernst, aus Breslau: **Entwicklung des Embryonalgefieders** von Eudyptes chrysocome. *Stuttgart: E. Nägele 1901.* (S. 149—178.) 8° ¶ (Aus: Zeitschrift f. Morphol. u. Anthropol., Bd 4.)
Leipzig, Phil. Diss. v. [10. Dez.] 1901

Wohlauer, Frz., Atlas u. Grundriss der Rachitis, s. a. L e h m a n n's medizinische Atlanten. 10. Bd.

Atlas und Grundriss der Rachitis. Von Dr. Franz **Wohlauer.** Mit 2 farb. u. 108 schwarzen Abb. auf Taf. u. 10 Textabb. München: Lehmann 1911. VII, 154 S. 8°
(Lehmann's **Medizinische Atlanten.** Bd 10.) [10. 16356

— Technik u. Anwendungsgebiet der Röntgenuntersuchung. (VII, 126 S. m. 74 Abb.) Lex. 8. Stuttgart 909. F. Enke. 8.60; geb. in Leinw. n 4.60

Wohlauer, Franz, approb. Arzt in Berlin: Ein V e r s u c h , die verschiedenen am Krankenbette zu beobachtenden Formen unregelmäßigen Pulses auf Grund der modernen Lehre von der myogenen Natur des Herzschlags zu erklären.
Berlin (1903): Schaefer & Rosenfeld. (72 S.) 8°
Leipzig, Med. Diss. v. (6. Mai) 1903

Wohlauer, Rich., Haematurie durch Hefewirkung. (5 S.) gr. 8 Leipzig 906. Verlag der Monatsschrift f. Harnkrankh. n. — 50
Sonderabdruck aus: „Monatsschr. f. Harnkrankh."

Wohlauer, Richard [aus Breslau]: Über P h a r y n x t u b e r c u l o s e . . . Berlin, Buchdr. v. Gustav Schade (Otto Francke) (1890); 31 + 1 S. 8°
Berlin, Med. Fak., Inaug.-Diss. v. 14. März 1890.

Wohlauer, Rich., urologisch-kystoskopisches Vademecum. (XI, 190 S. m. 34 Abb.) 8. Wiesbaden 907. J. F. Bergmann. Geb. in Leinw. 3.60

Wohlauf, Nikolaus

— Bethlehem u. Jerusalem, s.: H e i d e l m a n's, A., Theaterbibliothek.

— Der Drachenkampf, s.: H e i d e l m a n n's, A., Theaterbibliothek.

— Ehre sei Gott in der Höhe! Mit Anh.: Die drei Weisen vor der Krippe, s.: H e i d e l m a n n's, A., Theaterbibliothek.

Wohlauf, Nikol. (Alois Unger), auf Bethlehems Fluren. Mit e. Anh.: „Die drei Könige vor d. Krippe", s.: H e i d e l m a n n's, A., Theaterbibliothek.

— Rom u. Bethlehem, s.: H e i d e l m a n n's, A., Theaterbibliothek.

— Zeppelin X od.: Zwei Fenster zu vermieten, s.: T h e a t e r b i b l i o t h e k.

Wohlberedt, Otto, meine zweite Reise nach Montenegro (1905). Vortrag, geh. in der Gesellschaft v. Freunden der Naturwissenschaften in Gera. (Mit Anmerkgn.) (S. 124—167.) gr. 8. Gera (906). (Leipzig, Buchh. G. Fock.) n. 1.20
Sonderabdruck aus: „Jahresber. d. Gesellsch. v. Freunden d. Naturwiss., Gera".

Wohlberg, Karl [aus Bremen]: Beobachtungen aus dem Absonderungshause der medicinischen Klinik in Göttingen ... Göttingen, Druck d. Dieterich'schen Univ.-Buchdr., 1895; 36 S. 8.
Göttingen, Med. Fak., Inaug.-Diss. v. [17. Juli] 1895

Wohlberg, Meier, aus Wilkowischken, Russl.: **Ueber β-Amidopropionaldehyd** und seine Derivate. *Berlin (1901): E. Ebering.* (30 S.) 8°
Berlin, Phil. Diss. v. 14. Dez. 1901

Wohlberg, Robert, aus Förste a. H.: **Grundlinien einer talmudischen Psychologie.** *Berlin 1902: E. Wertheim.* (57 S.) 8°
Erlangen, Phil. Diss. v. 21. Jan. 1902

Wohlbold, H., der Mineraliensammler, s.: T a s c h e n b ü c h e r, illustr., f. die Jugend.

Wohlbold, Hans, unheimliche Geschichten. 8. (III, 202 S.) Dresden 900. C. Reissner. n. 3. —; geb. n. 4. —

Wohlbold, Hans, aus Nürnberg: **Die Kraniologie,** ihre Geschichte und ihre Bedeutung für die Classification der Menschheit. *Nürnberg 1899: H. Zeder.* (151 S.) 8°
Erlangen, Phil. Diss. v. 21. Juni 1898

Wohlbrück, A., Sammlung von Liedern aus den neuesten Vaudevilles, s. S a m m l u n g.

Wohlbrück, Frdr., Melodie=Verfolgungswahn, s.: S o l o = S c e n e.

Wohlbrück, Gf., († d. 27. April 1822.) das Gelübde. Schspl. in 5 A., für d. Bühne bearb. 8. Hamb. 802. Nestler u. M. 16 gr.

Wohlbrück, Ludw. Aug., das Leben Jesu. Nach dem Bibel-Text metrisch bearb. Lex.-8. (20 S.) Bremen 851, Schünemann's Vrlgsh.

Wohlbrück, Olga, das goldene B e t t. Roman. 1.—5. Aufl. (473 S.) 8. Berlin (910). Concordia Deutsche Verlags-Anstalt. 5.—; geb. 6.—

Das goldene Bett. Roman von Olga **Wohlbrück** [d. i. Olga Wendland]. 6. Aufl. Berlin: Concordia (1910). 473 S. 8° [10. 14003

— Die B o y e r s e n. Neue Novellen. (307 S.) 8. Leipzig (909). Grethlein & Co. 3.50; geb. in Leinw. 4.50

Wohlbrück, Olga, V a t e r C h a ï m u. Pater Benediktus. D. Recht auf Glück. Zwei Erzählgn. 2. Aufl. (Neue [Titel-] Ausg.) 8. (342 S.) Leipzig (895) 896. Berlin, G. H. Meyer. n. 3. —; geb. n. 4. —

Du sollst ein Mann sein! Roman von Olga **Wohlbrück.** Leipzig, Berlin, Paris: Grethlein [1908]. 593 S. 8° [11. 1269

Wohlbrück, Olga, im Dunkel. (Novellen.) 8. (214 S.) Berlin (900). Vita. n. 3. —

Wohlbrück, Olga, aus Weimar, Sachsen: Einwirkung von Natrium auf höher molekulare Fettsäureaether. Jena G. Neuenhahn Dr. 1887. 48 S. 8°.
Zürich. Phil. Diss. [v. 28. Juli 1887].

Wohlbrück, Olga, Einwirkung v. Natrium auf höher molekulare Fettsäureaether. Inaug.-Diss. gr. 8. (48 S.) Jena 887. (Neuenhahn.) n. — 80

Wohlbrück, Olga, Extreme, s. a. Kürschner's, Jos., Bücherschatz.

Extreme. Roman von Olga **Wohlbrück**. Mit Ill. von Baworowski [vielm. Bawarowski]. Berlin, Eisenach, Leipzig: H. Hillger [1904]. (124 S.) 8° [F.]
= Bücherschatz, Kürschners. No 425. [05. 11604*

— Glück. Novellen. 8. (V, 293 S.) Berlin 893. Weimar, E. Felber. n. 4. —; geb. in Leinw. n. 5. —

— Das kleine Glück. Roman. Völlig umgearb. 3. Aufl. v. „Iduna". Eine Sehnsuchtsgeschichte. (251 S.) 8. Ebd. (910). 3.50; geb. in Leinw. 4.50

— Iduna. Eine Sehnsuchtsgeschichte. 8. (256 S.) Leipzig (902). Berlin, H. Seemann Nachf. n. 3. —

— Herr Ivenhang, s. a. Kürschner's Bücherschatz.

Herr Ivenhang. Roman von Olga **Wohlbrück**. Berlin, Leipzig: Hillger [1908]. 112 S. 8°
(Kürschners Bücherschatz. Nr 626.)

Wohlbrück, Olga, Carriere. Roman. 8. (250 S.) Berlin 892. Verein der Bücherfreunde. n. 3. —; geb. n. 3. 75

Wohlbrück, Olga, aus eigener Kraft, s. a. Kürschner's Bücherschatz.

Aus eigener Kraft. Roman v. Olga **Wohlbrück**. M. Ill. v. R. A. Jaumann. Berlin, Eisenach, Leipzig: H. Hillger [1898]. (128 S.) 1 Bd 8°
(Bücherschatz, Kürschners. No 107.)

— aus drei Ländern. Novellistische Sittenbilder. 1. u. 2. unveränd. Aufl. 8. (III, 291 S.) Stuttgart 890. Göschen. n. 4. —; geb. n. 5. —

— aus drei Ländern. Sittenbilder. 8. (Titel-)Aufl. 8. (III, 291 S.) Wiesbaden 894. M. Richter. n. 3. —; geb. n. 4. —

— aus drei Ländern. 3., unveränd. [Titel-] Aufl. (Neue Ausg.) 8. (V, 291 S.) Leipzig (894) 896. Berlin, G. H. Meyer. n. 4. —; geb. in Leinw. n. 5. —

— Novellen. 2. (Titel-) Aufl. (v. Unauslöschlich u. and. Novellen). 8. (256 S.) Berlin (892) 894. Braunschweig, Frdr. Euler, Verlag. 1. —

— Phoma, der Samojedenfürst, s.: Erzählungen, 1001, f. jung u. alt.

— s.: Roman, der, der XII.

— besond. Umstände halber, s. a. Bloch's, Ed., Theater-Korrespondenz.

Besonderer Umstände halber. Lustsp. in 1 Aufz. v. Olga **Wohlbrück** ... Berlin: E. Bloch [1896]. (49 S.) 1 Bd 8°
(Theater-Korrespondenz, Eduard Blochs. No 285.)

— unauslöschlich u. andere Novellen. 8. (256 S.) Berlin 892. [Schweitzer & Mohr.] Aug. Schultze's Verl. n. 3. 50; geb. in Leinw. 4. 50

— Vortragsmappe. 8. (VI, 290 S.) Halle a/S. 893. H. Gesenius. n. 2. 40; geb. in Leinw. n. 3. 20

Wohlbrück, S. W., s. Ehemann, der empfindsame.

Wohlbrück, Sigm. Wilh., Geschichte der Altmark bis zum Erlöschen der Markgrafen aus ballenstädtschem Hause. Aus dem handschriftl. Nachlasse mit Zusätzen hrsg. von Leop. v. Ledebur. gr. 8. (XIV und 338 S.) Berlin 855, Rauh. *

Wohlbrück, Siegm. Wilh., Geschichte d. ehemal. Bisthums Lebus, u. d. Landes dieses Nahmens. 3 Thle. gr. 8. (114 B. u. 3 Titvign.) Berlin 829—32, (Nauck.)

—— geschichtl. Nachrichten v. d. Geschlechte v. Alvensleben u. dess. Gütern. 3. Thl. gr. 8. ($29\frac{1}{2}$ B., 1 Stammtaf. u. 2 Vign.) Berlin 829, (Nauck.)
1. u. 2. Thl. Ebendas. 1819. 6 Thlr.

—— Versuch e. Geschichte d. Ordens de la Générosité, u. des daraus entstand. Ordens pour le mérite. gr. 4. ($2\frac{1}{4}$ B.) Berlin 827, (Nauck.)

Wohlbrück, Wilh. Aug., des Falkners Braut. Kom. Oper in 3 Aufz. Nach e. Spindler'schen Erzähl. frei bearb. In Musik gesetzt v. H. Marschner. Zum Gebr. d. Nachlesens im Theater. 8. ($4\frac{1}{4}$ B.) Leipzig 831, (Wienbrack.) Thlr.

Wohlbrück, Wilh. Aug., Lieder und vermischte Gedichte. gr. 8. (208 S.) Riga 848, Frantzen's Verlags-Comptoir. (Rudolstadt, Froebel.) *

Wohlbrück, Wilh. Aug., der Schöffe von Paris. Kom. Oper in 2 Aufz. In Musik gesetzt v. Heinr. Dorn. 8. (7 B.) Leipzig 839. [Hartung.]

Wohlbrück, Wilh. Aug., der Schöffe von Paris. Komische Oper in 2 Aufzügen. In Musik gesetzt von Heinr. Dorn. 8. Leipzig 839. Wunder. 1/2 ℳ

Wohlbrück, Wilh. Aug., der Templer u. die Jüdin, s. a. Marschner, Heinr.

Wohlbrück, W. A., der Templer u. die Jüdin, } s. a. Mode's Opern-Text-Bibliothek.

—— der Templer u. d. Jüdin. Große romant. Oper in 3 Aufz. nach W. Scotts Roman: „Ivanhoe" frei bearb. In Musik gesetzt v. H. Marschner. gr. 12. (7 B.) Leipzig 829, Focke.

Wohlbrück, Wilhelm August, Der Templer und die Jüdin. Große romantische Oper in drei Acten. Text. Musik von Heinrich Marschner. 8. (40 S.) Wien: Künast 1894. —.25

Der Templer und die Jüdin. Romant. Oper in 3 Aufz. v. Heinrich August Marschner. Dichtg nach Walter Scott's Ivanhoe' v. Wilhelm August **Wohlbrück**. Vollständ. Buch. Durchgearb. u. hrsg. v. Carl Friedrich Wittmann. Leipzig: P. Reclam jun. [1896]. (190 S.) 1 Bd 8°
(Universal-Bibliothek. [No] 3553.)

Wohlbrück, W. A., Textbuch zu des Falkners Braut. Kom. Oper in 3 Aufz. Nach e. Spindlerschen Erzählung frei bearbeitet. 8. Leipz. 831. (Wienbrack). 4 ℋ

Wohlbrück, W. A., s. a. Vampyr, der.

— der Vampyr, } s. a. Mode's Opern-Text-Bibliothek.

—— der Vampyr. Romant. Oper in 2 Aufz. Nach Lord Byron's Erzähl. frei bearb. In Musik ges. v. H. Marschner. 16. (7 B.) Leipzig 828, [Böhme.]

— der Vampyr. Romant. Oper in 2 Aufz. Nach Lord Byrons Erzählung frei bearb. (In Musik gesetzt von H. Marschner). 16. Leipz. 828. Hartmann. 12 ℋ

Der Vampyr. Romant. Oper in 4 Aufzügen v. Heinrich August Marschner. Dichtg v. Wilhelm August **Wohlbrück**. Vollst. Buch. Durchgearb. u. hrsg. v. Carl Friedrich Wittmann. Leipzig: Ph. Reclam jun. [1896]. (103 S.) 1 Bd 8°
(Universal-Bibliothek. [No] 3517.)

Wohldringh, C., die Triangulation v. Java, s.: Oudemans, J. A. C.

Wohlenberg, Christoph

Wohlenberg, C., die Arbeit der schleswig-holsteinischen ev.-luth. Mission in Indien. (58 S.) 8. Ratzeburg 910. G. Schetelig. — 60

Wohlenberg, C., Geschichte unserer Missionsstation Koraput in Jeypur (Vorderindien). gr. 8. (91 S. m. Abbildgn.) Breklum 902. (Christl. Buchh.) n. — 50

Hinduismus und Damonen-Kultus auf unserem indischen Missionsfelde, die Beziehungen beider Religionsformen zueinander und die Stellung ihrer Anhänger zum Christentum. Vortrag auf der schleswig-holsteinischen Missionskonferenz zu Neumünster 1900 v. Chr **Wohlenberg.** Flensburg 1901. 8°

— ins Jeypurland. Reisebeschreibung. gr. 8. (40 S. m. Abbildgn.) Ebd. 901. n. — 20

Paulus, das Ideal eines Missionars. Vortrag v. Christoph **Wohlenberg.** Breklum 1903. 8°

Wohlenberg, Gustav

— Jesu Auferstehung v. d. Toten. E. Vortrag, auf Wunsch d. kirchl. Vereins zu Hamburg am 3. II. 1897 in d. Aula d. Johanneums geh. gr. 8. (31 S.) Schwerin 897. F. Bahn. n. — 60

Wohlenberg, G., die einzigartige Bedeutung des apostolischen Glaubensbekenntnisses. gr. 8. (III, 47 S.) Leipzig 900. A. Deichert Nachf. n. — 75

Wohlenberg, Gust., die Briefe an die Epheser, an d. Kolosser, an Philemon u. an die Philipper, ausgelegt. [Aus: „Strack-Zöckler's Kommentar zu d. hl. Schriften A. u. N. Testaments".] gr. 8. (121 S.) München 895. C. H. Beck. n. 2. 40

— dasselbe, s. a. Kommentar, kurzgef., zu d. hl. Schriften Alten u. Neuen Testamentes.

Die Briefe des Paulus an die Epheser, an die Kolosser, an Philemon, an die Philipper, ferner d. Briefe d. Jakobus, Petrus, Judas u. Johannes. Ausgelegt von P. Lic. [Gustav] **Wohlenberg**, P. auf Pellworm, D. Karl Burger, Oberkonsist. R. in München, u. D. Ernst Chr[istoph] Luthardt, Prof., Leipzig. 2. völlig neubearb. Aufl. *München: C. H. Beck 1895.* (XI, 280 S.) 8° [F.]
— Kommentar, Kurzgefaßter, zu d. heil. Schriften A. u. N. Testamentes. B. 4. [04. 8139 3

Wohlenberg, G., empfangen vom Heiligen Geist, geboren v. der Jungfrau Maria. Eine Schutz- u. Trutzschrift, der christl. Gemeinde dargeboten. gr. 8. (44 S.) Leipzig 893. A. Deichert Nachf. n. — 60

Wohlenberg, Gust., das Evangelium des Markus, s. a. Kommentar zum Neuen Testament. 2. Bd.

Das Evangelium des Markus ausgelegt von D. Gustav **Wohlenberg**, Hauptpastor. 1. u. 2. Aufl. Leipzig: Deichert 1910. x, 402 S. 8°
(Kommentar z. Neuen Testament. Bd 2.) [10. 10579

Wohlenberg, G., das Gebet u. seine Erhörung, s.: Wort, das, sie sollen lassen stahn!

Wohlenberg, Gust., ein alter lateinischer Kommentar üb. die vier Evangelien, s.: Studien, theologische.

Wohlenberg, G., die Lehre der zwölf Apostel in ihrem Verhältnis zum neutestamentlichen Schrifttum. Eine Untersuchung. gr. 8. (III, 96 S.) Erlangen 888, Deichert'sche Verlagsh. Nachf. *

— die Pastoralbriefe (der 1. Timotheus-, der Titus- u. der 2. Timotheusbrief), m. e. Anh.: Unechte Paulusbriefe, s. a. Kommentar zum Neuen Testament. 13. Bd.

Die Pastoralbriefe (der erste Timotheus-, der Titus- und der zweite Timotheusbrief) ausgelegt von Lic. G[ustav] **Wohlenberg**, Pastor. Mit e. Anh.: Unechte Paulusbriefe. Leipzig: A. Deichert 1906. (VI, 355 S.) 8°
= Kommentar z. Neuen Testament. Bd 13. [06. 5430

— Paulus, das Ideal e. Missionars. Vortrag auf dem Bibel- u. Missionslehrkursus in Breklum 1901. (22 S.) gr. 8. Breklum 903. (Christl. Buchh.) n. — 20

— die alttestamentlichen Propheten als Vorbild f. uns Pastoren als Prediger. 8. (III, 31 S.) Leipzig 897. A. Deichert Nachf. n. — 60

Wohlenberg, Gustav [Cand. d. Predigtamts aus Ahrensburg in Holstein]: Thesen ... behufs Erlangung der Würde eines Licentiaten der Theologie .... Kiel, Druck v. Schmidt & Klaunig, 1888; 2 Bl. 4°
Kiel, Theol. Fak., Thes. v. 23. Apr. 1888

— Der erste u. zweite Thessalonicherbrief ausgelegt, s. a. Kommentar zum Neuen Testament. 12. Bd.

Der erste und zweite Thessalonicherbrief ausgelegt von Lic. G[ustav] **Wohlenberg**, Pastor in Altona. *Leipzig: A. Deichert 1903.* (214 S.) 8°
= Kommentar z. Neuen Testament. Bd 12. [03. 9904

Der erste und zweite Thessalonicherbrief ausgelegt von D. G[ustav] **Wohlenberg**, Hauptpastor. 2. durchges., verm. Aufl. Leipzig: A. Deichert Nachf. 1909. (VI, 223 S.) 8°
(Kommentar z. Neuen Testament. Bd 12.)

— Vaterunser u. Segen. 11 Predigten, 10 über das Vaterunser u. 1 üb. den Segen, in d. Friedenskirche zu Altona geh. 8. (IV, 110 S.) Ebd. 898. n. 1. 60; geb. n. n. 2. 20

Wohlenberg, W[ilhelm], Referendar, Gadenstedt in Hannover: Die Beklagtenrolle bei der Erbschaftsklage. Jena 1907: G. Neuenhahn. (47 S.) 8° [J.]
Jena, Jur. Fak., Ref. Thon, Diss. v. 21. Jan. 1908
[Geb. 22. Okt. 82 Gadenstedt (Hannover); Wohnort: Gadenstedt; Staatsangeh.: Preußen; Vorbildung: Andreas-Realgymn. Hildesheim Reife O. 03; Studium: Freiburg i. B. 1, München 2, Berlin 1, Jena 3 S.; Rig. 10. Dez. 07.]

Wohler, C. Fr., s. Wohlers. Christian Friedrich

Wöhler, Friedrich. Ein Jugendbildnis in Briefen an Hermann v. Meyer. Hrsg. u. m. Anmerkgn. versehen v. Geo. W. A. Kahlbaum. gr. 8. (97 S.) Leipzig 900. J. A. Barth. n. 2. 40; geb. in Leinw. n. 3. 40

Wöhler, Frdr., zur Erinnerung an denselben, s.: Hofmann, A. W.

Wöhler, Friedr. Gedächtnisrede, s. Hofmann, Aug. Wilh. v.

Wöhler, mecklenburgisches Choralbuch oder die Melodien zum mecklenburgischen Kirchen-Gesangbuch, in vierstimm. Satze für Orgel, Clavier und Chorgesang unter Mitwirkung von Pitschner bearb. 2. Aufl. gr. 4. (IV, 180 S.) Wismar 885, Hinstorff'sche Hofbuchh., Verlag. *M 6.—; geb. *

Wöhler, mecklenburg. Choralbuch od. die Melodieen zum mecklenburg. Kirchen-Gesangbuch in vierstimm. Satze f. Orgel, Clavier u. Chorgesang unter Mitwirkg. v. Pitschner bearb. 3. Aufl. gr. 4. (IV, 180 S.) Wismar 899. Hinstorff's Verl. n. 6. —; geb. in Leinw. n. 7. 50

Wöhler, A., über die Festigkeitsversuche mit Eisen und Stahl. Auf Anordnung des Ministers für Handel, Gewerbe und öffentl. Arbeiten, Grafen v. Itzenplitz, angestellt. gr. 4. (17 S. mit 5 Kpfrt. in gr. 4. und Fol.) Berlin 870, Ernst und Korn. *

—— Maschinenwesen und Transportmittel, s. Bericht, amtlicher, über die Wiener Weltausstellung.

Wöhler, A. Theorie rechteckiger eiserner Brückenbalken mit Gitterwänden und mit Blechwänden. 1855. fol.

Wöhler, Arno: Aus d. Kinder-Poliklinik zu Kiel. Über zwei Fälle von Pneumococcenarthritis. Görlitz 1909: Hoffmann & Reiber. 16 S. 8°
Kiel, Med. Diss. v. 24. Jan. 1910, Ref. Lüthje
[Geb. 6. Sept. 86 Dresden; Wohnort: Flensburg; Staatsangeh.: Sachsen; Vorbildung: Realgymn. Freiberg Reife M. 03; Studium: Kiel 2, Würzburg 1, Kiel 3, Leipzig 1, Kiel 3 S.; Coll. 13. Mai 09; Approb. 1. Jan. 10.] [U 10. 2489

Wöhler, Aug., der Milzbrand des Hornviehes; e. Abhandl. wodurch d. Landmann diese Krankheit kennen, ihr vorbeugen u. heilen lernen kann. 8. o. O. (Frankf.) 808. (Stiller in Rostock). 4 fl. 2e Aufl. 8. Wiesb. 822. Schellenberg. 6 fl.

Wöhler, August: Der Milzbrand des Hornviehes und dessen Heilung. Wiesbaden 1822. XX, 52 S.

— Noth- u. Hülfstäflein über d. jetzt herrschende Klauenseuche u. Mundfäule d. Rindviehes. Fol. Frankf. a. M. 809. Simon. 1 fl.

Wöhler, Aug. Ant. Einladungsschrift zu der öffentlichen Prüfung der Wöhlerschule. 5. April 1871. Frankfurt a. M. Mit Biographie.

Wöhler, C. (Frau Cordula Schmid), s. a.: Peregrina, Cordula. — Schmid, Cordula.

Wöhler, C., Anna oder Gottes Reich baut Hauses Glück. Matth. 6, 33. Eine Erzählung für die christl. Frauen- und Mütterwelt. 12. (IV, 125 S.) Donauwörth 880, [Buchh. des kathol. Erziehungsvereins.] Auer.

Wöhler, C., neues Gebhardsbuch. Katholisches Haus- und Gebetbuch. Hrsg. und mit einer Vorrede versehen von Frz. Hattler. 32. (XV, 243 S.) Bregenz 878, Teutsch'sche Buchh. *
geb. mit Goldschn. *
geb. in Leinw. *
geb. mit Lederrücken *
geb. in Leder mit Goldschn. *
geb. mit Rahmen und Schloß *
geb. mit Goldvignette *

—— s. Geschichte, die, der heil. Nothburga von Rottenburg.

—— Krippe und Altar, oder Weihnachten in der Eucharistie. Betrachtungen. Mit einer Vorrede von Frz. Hattler. 8. (XVI, 454 S. mit 1 Stahlst.) Regensburg 880, Manz.

— Krippe u. Altar, od. Weihnachten in der Eucharistie. Betrachtungen. Mit e. Vorrede v. Frz. Hattler, S. J. 5. u. 6., verb. u. verm. Aufl. 12. (XVI, 454 bezw. XVI, 471 S. m. 1 Stahlst.) Regensburg 900—902. Verlagsanstalt vorm. G. J. Manz. 3. —; geb. in Leinw. n. 3. 75

— Krippe u. Altar, od. Weihnachten in der Eucharistie. Betrachtungen. Mit e. Vorrede v. Frz. Hattler, S. J. 7., verb. u. verm. Aufl. (XVI, 471 S. m. 1 Stahlst.) kl. 8. Regensburg 906. Verlagsanstalt vorm. G. J. Manz. n. 3. —; geb. in Leinw. n. 3. 75

Wöhler, C. (Frau Cordula Schmid), Osterbilder aus Gottes Wort u. Gottes Haus in Prosa u. Poesie. 12. (XX, 462 S. m. Titelbild.) Ebd. 903. n. 2. 50; geb. in Leinw. n. 3. 20

Wöhler, C., ein Stücklein Volksleben aus den Tiroler Bergen, in Prosa und Poesie erzählt. (XVI, 176 S.) Innsbruck 887, Vereinsbuchhandlung und Buchdr. *

—— s. Was das ewige Licht erzählt.

—— der Weg nach Golgatha. Betrachtungen, Gebete und Lieder. Mit einer Vorrede von Frz. Hattler. 16. (VIII, 363 S. mit 1 Stahlst.) Regensburg 878, Manz.

— der Weg nach Golgatha. Betrachtungen, Gebete u. Lieder. Mit e. Vorrede v. F. Hattler. 2. Aufl. 12. (VIII, 364 S. m. e. Stahlst.) Regensburg 890. Verlags-Anstalt. 2. 70; geb. n. 3. 50

Wöhler, C. (Frau Cordula Schmid), der Weg nach Golgatha. Betrachtgn., Gebete u. Lieder. M. e. Vorrede v. Frz. Hattler, S. I. 3., verb. Aufl. 12. (VIII, 364 S. m. 1 Stahlst.) Regensburg 896. Verlagsanstalt vorm. G. J. Manz. 2. 70; geb. in Leinw. n. 3. 50

— der Weg nach Golgatha. Betrachtungen, Gebete u. Lieder. Mit e. Vorrede v. Frz. Hattler, S. J. 4. u. 5., verb. u. verm. Aufl. (VIII, 364 bezw. VIII, 374 S. m. 1 Stahlst.) Ebd. 899. 902. 2. 70; geb. n. 3. 50

Die Familie Wöhler. Biogr. Skizzen u. Stammbäume. Zsgest. von Emilie Wöhler. Als Ms. gedr. *(Kassel 1903: F. Scheel.)* (VIII, 72 S.) 8° [J.]
[04. 1605 7

Wöhler, Friedrich

Wöhler Friedrich: Analyse des Meteoreisens von Rasgatá in Neugranada mit Notizen über das Vorkommen und die physikalischen Eigenschaften desselben. S. 8. 501
Separatabdruck

Analyse der Meteorsteine von Mezö-Madaras in Siebenbürgen. (Aus den Sitzungsb. d. k. Akad.) Wien. 1855. 8.

Wöhler, F. Analyse des Meteorsteins von Rasgatà in Neugranada, mit Notizen über das Vorkommen und die physikalischen Eigenschaften desselben von P. Partsch. (Aus d. Sitzungsb. der k. Akad.) Wien. 1852. 8.

—— s. Aus Justus Liebig's und F. W.'s Briefwechsel.

—— u. Just. Liebig, Annalen der Chemie u. Pharmacie, s. Annalen.

—— und Just. Liebig, Annalen der Chemie etc., s. Annalen.

Wöhler, Friedrich, Arzt: Aus d. Röntgenlabor. d. Med. Poliklinik in Jena. Experimentelle Beiträge zur Wirkung der Röntgenstrahlen auf menschliches Blut. Jena 1908: Vopelius. 42 S. 8°

Jena, Med. Diss. v. 31. Aug. 1908, Ref. Krause

[Geb. 22. Sept. 72 Strelitz; Wohnort: Strelitz; Staatsangeh.: Mecklenburg-Strelitz; Vorbildung: Gymn. Neustrelitz Reife O. 93; Studium: Tübingen 1, Leipzig 3, Würzburg 2, Rostock 8, Jena 2 S.; Coll. 11. Aug. 08; Approb. 30. März 08.] [U 09. 2157

s. J. J. Berzelius, Jahresbericht u. dess. Lehrbuch d. Chemie.

Ueber die Bestandtheile des Meteorsteines von Bachmut in Russland. (Aus den Sitzungsb. d. k. Akad.) Wien. 1862. 8.

— Über die Bestandteile des Meteorsteines von Kaba in Ungarn S. 33. 305
Separatabdruck

— Über die Bestandteile des Meteorsteines von Kakova im Temeser Banate. S. 34. 8
Separatabdruck

Wöhler, Fr., über die Bestandtheile des Meteorsteines vom Capland. Schreiben an W. Haidinger. Lex.-8. (10 S.) Wien 859, (Gerold's Sohn.) *

Aus: Sitzungsberichte der k. Akademie der Wissenschaften, Jahrg. 1859 besonders abgedruckt.

—— und H. Sainte Claire Deville, über das Bor, s.a. Sainte Claire Deville, H.

Wöhler, F. Ueber das Bor. Göttingen. 1857.

Wöhler, F., Briefwechsel. s.: Berzelius, J.

Wöhler, Friedr., Bruchstücke aus Briefen von J. J. Berzelius, s. Hjelt, E.

s.a. Grundriß d. Chemie.

Wöhler, F., Grundriss d. Chemie. — Unorgan. Chemie. 1. Aufl. (9½ B.) 831. 12 Gr., 2., umgearb. A. (13 B.) 833., 3. A. (12½ B.) gr. 8. Berlin 835, Duncker u. Humblot. à

Wöhler, Friedr., Grundriss d. Chemie. 2 Thle. gr. 8. Berlin, Duncker u. Humblot. à * ⅚ Thlr. *

A. u. d. Tteln.:

Thl. 1. Grundriss d. unorganischen Chemie. 4. u. 5. Aufl. (à 12½ B.) 837, 38.

2. Grundriss d. organischen Chemie. 1. Aufl. (11 B.) 840., 2. A. (11½ B.) 841.

— dass. 2. Thl. A. u. d. T.: Grundriß der organischen Chemie. 2. verb. u. verm. Aufl. gr. 8. Ebend. 841. n. 2/3 ℛ — 3. verb. Aufl. gr. 8. Ebend. 844. n. 2/3 ℛ

Wöhler, F., Grundriß der Chemie. 1. Theil. A. u. d. T.: Grundriß der unorganischen Chemie. 8. umgearb. Aufl. gr. 8. Berlin 845, Duncker u. Humblot. n. 2/3 ℛ (1. 2.: n. 1⅓ ℛ)

Wöhler, Friedr., Grundriss der Chemie. 2. Thl. Organische Chemie. A. u. d. T.: Grundriss der organischen Chemie. 4., umgearb. Aufl. gr. 8. (X und 213 S.) Berlin 848, Duncker und Humblot. *

1. Thl. 8. Aufl. Ebendas. 1845. * 20 Ngr.

Wöhler, F., Grundriss der Chemie. 1. Thl. 10. umgearb. Aufl. A. u. d. T.: Grundriss der unorganischen Chemie. 10. umgearb. Aufl. gr. 8. (VI u. 210 S.) Berlin 851, Duncker & Humblot. n. 2/3 ℛ

Wöhler, Friedr., Grundriss der Chemie. 1. Thl. 11., umgearb. Aufl. A. u. d. T.: Grundriss der unorganischen Chemie. 11., umgearb. Aufl. gr. 8. (VIII und 256 S.) Berlin 854, Duncker und Humblot. *

—— dass. — 2. Thl. 5., umgearb. Aufl. A. u. d. T.: Grundriss der organischen Chemie. 5., umgearb. Aufl. gr. 8. (XIV und 259 S.) Ebds. 854. *

Wöhler, F., Grundriss der Chemie. 2 Thle. gr. 8. Berlin [Leipzig] 863, Duncker und Humblot. *

Inhalt:

Thl. 1. Grundriss der unorganischen Chemie. 13., umgearb. Aufl (VIII und 287 S.) * 27 Ngr.

" 2. Grundriss der organischen Chemie. 6., umgearb. Aufl. Bearb von Rud. Fittig. (XVI und 336 S.) * 1 Thlr. 6 Ngr.

Wöhler's, (F.), Grundriss der organischen Chemie, s.a. Fittig, R.

— Grundriss der organischen Chemie. 7. Aufl. von Rud. Fittig. Ebend. 868. 8. (415 S.) 1 ℛ 15 ngr.

Vgl.: Handwörterbuch der reinen u. angewandten Chemie.

Wöhler's, (F.), Grundriss der organischen Chemie von Rud. Fittig. 8. umgearb. Aufl. gr. 8. (XX, 511 S.) Leipzig 871, Duncker und Humblot. *

—— dass. — 9. Aufl., s. Fittig, R.

Wöhler's Grundriss der organischen Chemie v. Rud. Fittig. 11., umgearb. Aufl. 1. Hälfte. gr. 8. (451 S.) Leipzig 886. Duncker & Humblot. n. 6. 80

Wöhler's Grundriss der organischen Chemie v. R. Fittig. 11., umgearb. Aufl. 2. Hälfte. gr. 8. (XXIII u. S. 455 — 1116.) Leipzig 887. Duncker & Humblot. n. 10. 20 (cplt.: 17. —)

—— Grundriss der unorganischen Chemie. 14., umgearb. Aufl. Mit einer Einleitung: Allgemeines, und ein Kapitel: Theoretisches über die Zusammensetzung der Körper enth. von Herm. Kopp. gr. 8. (VIII und 358 S.) Leipzig 868, Duncker und Humblot. *

—— Grundriss der unorganischen Chemie. 15. umgearb. Aufl. Mit einer Einleitung: Allgemeines, und ein Kapitel: Theoretisches über die Zusammensetzung der Körper enth., von Herm. Kopp. gr. 8. (X, 374 S.) Leipzig 873, Duncker und Humblot. *

—— Handwörterbuch d. reinen u. angewandten Chemie, s. Handwörterbuch.

Wöhler.: Handwörterbuch der reinen und angewandten Chemie. s. Liebig

Wöhler, F(riedrich) (Übers.):

s.: Jahresbericht über die Fortschritte der physischen Wissenschaften. Jg. 4-24. Tübingen: 1825-44.

JB 6.168

-- Maschinenwesen u. Transportmittel, s.: Bericht, amtlicher, üb. die Wiener Weltausstellung.

Wöhler Friedrich: Über das Meteoreisen von Toluca in Mexiko. S. 20. 217 . . . .
Separatabdruck

Ueber den Meteorstein-Fall bei Bremervörde. (Aus Erdmann's Journal für prakt. Chemie.) Leipzig. 1856. 8.

Wöhler, Fr. Vortheilhafte Methode zur Darstellung des Kaliums. 1825.

—— die Mineral-Analyse in Beispielen. 2., umgearb. Aufl. gr. 8. (XIV und 234 S. mit 7 eingedr. Holzschn.) Göttingen 861, Dieterich'sche Buchh. *

—— die Schwefelwasserquellen zu Nenndorf, s. Oleire, H. d'.

-- Die organische Substanz im Meteorsteine von Kaba. S. 34. 7 . . . .
Separatabdruck

—— über das Telluräthyl. (Aus den Abhandlungen der k. Gesellsch. der Wiss. zu Göttingen. Bd. 6.) gr. 4. (14 S.) Göttingen 854, Dieterich'sche Buchh. *

(**Wöhler**, F.,) Theorie rechteckiger eiserner Brückenbalken mit Gitterwänden u. mit Blechwänden. Berlin 856. (Ernst u. Korn.) Fol. (23 S. mit Holzschn. im Text.) 15 ngr.
Vgl. Wöhler, A.

— über das Titan. [Aus dem 4. Bd. der Abhandlungen der K. Gesellschaft d. Wissenschaften zu Göttingen.] gr. 4. (16 S.) Göttingen 851, Dieterich. 6 ngr

—— practische Uebungen in der chemischen Analyse. gr. 8. (XIV und 218 S. mit 7 eingedr. Holzschn.) Göttingen 853, Dieterich'sche Buchh. *

—— Untersuchungen über das Chinon. Der kgl. Societät vorgelegt am 24. Junius 1844. gr. 4. (2½ B.) Göttingen 844, Dieterich'sche Buchh.

—— Untersuchungen über das Narcotin u. seine Zersetzungsproducte. gr. 4. (4½ B.) Göttingen 844, Dieterich'sche Bh. *
Aus: Abhandlungen der kgl. Gesellschaft der Wissenschaften, 2. Bd. besond. abgedruckt.

Neuere Untersuchungen über die Bestandtheile des Meteorsteines vom Capland. Schreiben an Herrn W. Haidinger. (Aus den Sitzungsb. d. k. Akad.) Wien. 1860. 8.

—— u. Liebig. Untersuchungen üb. das Radikal der Benzoesäure, s. Klassiker der exakten Wissenschaften.

WÖHLER, FRIEDRICH, UND JUSTUS VON LIEBIG.
Untersuchungen über das Radikal der Benzoësäure. Herausgegeben von H. Kopp. Leipzig, 1891. 8vo.
Ostwald's Klassiker der exakten Wissenschaften, No. 22.

—— und H. Buff, über neue Verbindungen des Siliciums, s. Buff, H.

—— über Verbindungen des Siliciums mit Wasserstoff und Sauerstoff. gr. 4. (17 S.) Göttingen 863, Dieterich'sche Buchh.
Aus: Abhandlungen der königl. Gesellschaft der Wissenschaften zu Göttingen, besonders abgedruckt.
Vgl.: Handwörterbuch der reinen und angewandten Chemie.

—— und E. v. Siebold, das forensisch-chemische Verfahren bei einer Arsenik-Vergiftung. gr. 8. (32 S.) Berlin 847, Th. Enslin.
Aus: v. Sieboldt's Lehrbuch der gerichtlichen Medicin, besonders abgedruckt.

Wöhler, Fr. Über die Zusammensetzung der phosphorsauren und arseniksauren Bleierze. 1825.

Wöhler, G., Aufgabensammlung aus der Buchstabenrechnung und Algebra mit vorbereitendem Texte, sowie mit Antworten und Auflösungen. Für Baugewerk-, Gewerbe- und Fortbildungs-Schulen. gr. 8. (VII und 217 S.) Holzminden 860, (Müller'sche Buchh.) *

Wöhler, Heinr., Blätter der Erinnerung an weil. Past. prim. A. W. Fechner. gr. 8. (30 S. m. Bildnis.) Moskau 893. (J. Deubner.) n. — 80

Wöhler, Hellmuth, das Münzwesen in Mecklenburg-Schwerin. Ein Beitrag zur beabsichtigten Münz-Conversion. gr. 8. (VI u. 72 S.) Schwerin 847, Kürschner (jetzt: Hildebrand). n. ½ ℳ

Wöhler, J. W., Melodien zu den Gesangbüchern im Großhrzgth. Mecklenburg-Schwerin, z. Schul- u. häusl. Gebrauche. 8. (2¼ B.) Parchim 840, Hinstorff'sche Hofbuchh.

Wöhler, Lothar [aus Bernburg]: I. Beobachtungen über das Verhalten von Argon. II. Ueber die Durolcarbonsäure . . Heidelberg, Univ.-Buchdr. v. J. Hörning, 1897; 41 S. 8.
Heidelberg, Naturw.-math. Fak., Inaug.-Diss. v. [19. Mai] 1897

Wöhler, Lothar, Dr. phil.: Die pseudokatalytische Sauerstoffaktivierung des Platins. 1901. 127 S., 2 Taf. 8°
Karlsruhe Te. H., Hab.-Schr. v. 25. 2. 1902

Pilgerlieder. Gedichte von Marie **Wöhler**. Berlin, Vorstandsverband d. ev. Jungfrauenvereine Deutschlands 1905. (VII, 11 S.) 8° [5] [illegible]

Wöhler, Otto, Referendar, Ohligs ⟨Rhld.⟩: Die **Höchstbetraghypothek** des Bürgerlichen Gesetzbuchs. *Köln a. Rh. 1904: Gebr. Brocker.* (31 S.) 8°
Heidelberg, Jur. Diss. v. 1904

Wöhler, Paul, wiss. Hilfsarbeiter im Kais. Gesundheitsamt: Die katalytische Wirksamkeit des Chromoxyds und Kupferoxyds im Schwefelsäureprozess. 1907. 53 S. 8°
¶ Vgl. Zeitschrift f. phys. Chemie. Jg. 62. 1908.
Karlsruhe, Dr.-Ing.-Diss. v. 23. 7. 1907

Wöhler, R. Über den Einfluss des Lucrez auf die Dichter der augusteischen Zeit. I (L. und Vergil.) 26 S. *Greifswald* 1876.
Progr.

Wöhler, Wlh. u. W. G. Engelhard, Darstellung des westphälischen Civilprocesses in Formeln; nebst dem Verfahren bei der Ehescheidung. 1r Thl. 8. Hannov. 809. Hahn. 18 gr.

Wöhler, Wilh., Hohenstein oder das Lied von der Eiche im deutschen Reiche. 8. (387 S.) Rostock 874, Stiller'sche Hofbuchh.

—— Singt dem Herrn! 1. Thl., enth. Altes und Neues an geistl. Liedern, zumeist im Volkston, gesammelt und für gemischten Chor gesetzt. gr. 4. (IV, 128 S.) Ebendas. 870. *

Wöhlermann, Otto: In Sapphus carmen II quaestiones criticae. *Stettin 1903: Herrcke & Lebeling.* (S. 3—13.) 4°
Stettin, k. Marienstifts-G, OP 1903 (170)

Wohlers, C. M., s. Wohlers, Kornelius Martin

Wohlers, Christian Friedrich

Wohlers, Chr. Fr., Grundriß eines stufenweise zu erweiternden Unterrichts in der Erdbeschreibung. 8. Berlin, Nauck. 819.

Wohler, (C. Fr.) Grundriß eines stufenweis zu erweiternden Unterrichts in d. Erdbeschreibung, vorzügl. f. d. Elementar-Klassen in d. königl. Preuß. Cadetten-Instituten. 2e Aufl. 8. Berl. 826, Nauck.

Wohler, Chr. Fr., Grundriß e. stufenweise zu erweiternden Unterrichts in d. Erdbeschreibung, vorzügl. f. d. Elementar-Classen in d. Kgl. Preuß. Cadetten-Instituten. 3. Aufl. 8. (6 B. u. Titvign.) Berlin 834, Nauck.

Wohler, Chr. Fr., Grundriß e. stufenweise zu erweiternden Unterrichts in d. Erdbeschreibung, vorzügl. f. d. Elementar-Classen in d. k. preuß. Cadetten-Instituten. 4. Aufl. gr. 12. (4 B.) Berlin 840, Nauck'sche Buchh.

Wohlers, Chr. Friedr., Grundriß eines stufenweise zu erweiternden Unterrichts in der Erdbeschreibung vorzüglich für die Elementar-Klassen in den königl. preuß. Cadetten-Instituten. 5. Aufl. 12. (XIV und 80 S.) 1847., 6. Aufl. 8. (XII und 84 S.) 1851. à 7½ Ngr. und 6. Aufl. 2. Ausg., neu bearb. von F. G. L. Walter. gr. 16. (X und 102 S. mit 8 in Kpfr. gest. und ill. Karten.) Berlin 852, Nauck'sche Buchh.

Wohlers, Chrn. Friedr., Grundriß eines stufenweise zu erweiternden Unterrichts in der Erdbeschreibung vorzüglich für die Elementarklassen in den Kgl. Preuß. Cadetten-Instituten. 7. Aufl. Neu bearb. von F. G. C. Walter. Mit 8 color. Karten in Stahlst. Berlin 858. Nauck'sche Buchhdlg. 8. (XII, 91 S.) n. 13 ngr.

Wohlers, Chrn. Friedr., Grundriß eines stufenweise zu erweiternden Unterrichts in der Erdbeschreibung vorzüglich für die Elementarklassen in den königl. preuß. Cadetten-Instituten. Bearb. von F. G. C. Walter. 8. bericht. Aufl. Mit 8 illum. Karten in Stahlst. 8. (XII, 91 S.) Berlin 869, Nauck'sche Buchh. geb. *

Wohlers, Chrn. Friedr., Grundriß eines stufenweise zu erweiternden Unterrichts in der Erdbeschreibung vorzüglich für die Elementarklassen in den königl. preuß. Cadetten-Instituten. 9. bericht. Aufl. Mit 8 illum. Karten in Stahlst. 8. (IV, 90 S.) Ebendas. 874. [Leipzig, Fernau.] geb. *

Wohlers, Christian Friedrich Gottlieb

Wohlers, C. F. G., Briefe v. Karolinen an Julien, über die vornehmst. Regeln, die deutsche Sprache richtig zu schreiben u. zu sprechen, e. Leitfaden f. Lehrer, welche junge Frauenzimmer unterrichten. 8. Berlin, Lange. 800. Rthlr.

Wohlers, Chr. Fr. Gli., Briefe von Karolinen an Julien über die vornehmsten Regeln, die deutsche Sprache richtig zu schreiben u. zu sprechen, ein Leitfaden für Lehrer, welche junge Frauenzimmer unterrichten. 8. Berl. 800. (Reimer). 16 gr.

— — dasselbe, mit Anmerkungen. 8. Ebend. 800.

— erstes Gedächtnißwerk aus der deutschen Sprachlehre. 12. Berl. 816.

See- und Landcharte eines Theils von Europa, Afrika und Nordamerika von der Nordsee an bis zur Aequinoctiallinie, auch ein Theil der mittelländischen See und dem Golfo von Venetia und Trieste; mit einer Reiseroute des Verf. nach und von Westindien; entworfen von dem Capitain *F. W. Wohlers.* Hamburg.

Wohlers, H., über Längsbrüche der Patella. Inaugural-Dissertation. gr. 8. (22 S. mit 1 Stnt.) Göttingen 874, (Vandenhoeck und Ruprecht's Verlag.) *

Wohlers, H[ans] E., a. New-York: Beiträge zur Kenntnis der Überchromsäuren. Freiburg i. B. 1907: H. M. Poppen & Sohn. (54 S.) 8°

Freiburg i. B., Phil. Fak., Ref. Gattermann, Diss. v. 1907.

[Geb. 12. Dez 77 New-York; Wohnort: Freiburg i. B.; Staatsangeh.: Vereinigte Staaten; Vorbildung: Thomassch. Leipzig (Gymn.) Reife O. 99; Studium: München 7, Freiburg i. B. 5 S.; Rig. 19. Jan. 06.]

Wohlers, J. Fr. H., Erinnerungen aus meinem Leben. gr. 8. (IV, 142 S.) Bremen 883, (Valet: und Comp.) *

Wohlers, Jh., († d. 18. Oct. 1810.) prakt. Katechisationen über die christl. Glaubenslehre rc. 1r Thl. A. u. d. T.: Katechisat. über die Lehre von Gott u. seinen Eigenschaften, zum Gebrauch für Jugendlehrer u. Eltern rc. 8. Hannov. 795. 2e Ausg. 8. Götting. 801. Dieterich. 10 gr. 2r Thl. über Vaterlandsliebe u. Arbeitsamkeit; u. über die Lehre von der Schöpfung, Erhaltung, Regierung, von den Menschen rc. 8. Hannov. 797. Hahn. 14 gr. 3r Thl. von der Erlösung des menschl. Geschlechts, dem Charakter Jesu u. über die Heiligung. 8. Hannov. 799. Hahn. 16 gr.

— Predigten zur Beförderung edler Gesinnungen für gebildete Leser. 8. Götting. 799. Dieterich. 6 gr.

— s. Predigten für Bürger u. Landleute.

— katechet. Unterredungen über die Vaterlandsliebe u. Arbeitsamkeit. 8. Hannov. 796. Hahn. 4 gr.

s. a. Versuch e. prakt. Anweisung.

— Versuch einer prakt. Anweis. üb. d. Sittenlehre zu katechisiren, z. Gebrauch f. Prediger, Jugendlehrer und Aeltern, (h. a. d. Tit. Unterricht in der Sittenlehre d. Vernunft u. d. Christenthums in katechet. Form.) 8. Götting. Dieterich. 800.

Wohlers, Kornelius Martin

Denkmahl für die Nachkommenschaft, in einem accuraten Abrisse derjenigen **Hamburg**schen Gegenden, welche durch einem am 8. Juli 1771 vom Ober-Wasser in der Neuen Gamme erfolgten Durch-Bruch des Elb-Deichs, welcher 600 Fuss weit war, bis an das Deich-Thor von Hamburg, überschwemmt worden sind etc. gez. durch **Wohlers.** (Hamburg.) o. J.

Darunter: Prospect der von dem Deichthore bis zu der Hammerkirche unter Wasser gesetzten Gärten, Deiche und Ländereien. Kupferstich, die obere Hälfte koloriert. 1 Bl. Fol., 52,6/73 cm (beschn.). Aufgez. a. Leinen.

Grund Riss der alten Stadt **Hamburg.** Von **C. M. Wohlers.** (Hamburg.) 1789. Kupferstich. 1 Bl. Fol., 34,5/47,5 cm (beschn.). Aufgez. a. Carton.

Accurate Charte vom **Elbe-Strom,** von oben Geesthacht zu der Stadt Hamburg, u. s. w. zu Kuckshaven bey der Rothen Tonne in der See bis Helgoland, mit deren Signalen nach dem Compas, entworfen durch Cornelius **Martin Wohlers** & Sohn. (ca. 1 : 140000.) o. O. u. J. 2 Bl. Quer-Fol., 48/79,5 cm; aneinander geklebt.

Ausser dem deutschen noch mit lateinischem, englischem und holländischem Titel.

Wohlers, C. M., **Accurate Charte vom Elbstrom von der rohton [sic] Tonne in der See zum Amte Ritzebüttel. ... [Hamburg?] 1774.** . . . .

Accurate Charte vom **Elbe-Strom** von der rohten Tonne in der See zum Amte Ritzebüttel, u. s. w. und der Stadt Hamburg bis Geesthacht, mit allen in der Elbe liegenden Inseln, und Sandbänken, und Signalen, auch gelegten Tonnen, nach dem Compas, und Distantz der Meilen. Entworfen durch Cornelius **Martin Wohlers.** Anno 1774. o. O. (ca. 1 : 140000.) Kupferstich, kol. 2 Bl. Quer-Fol., ca. 42/70 cm. An einander geklebt, aufgez. a. Leinen.

——— nicht koloriert.

Carte von der Lübecker-Reede. in die Oost See. bey Travemünde. auch dem Trave Flus. zu der Stadt Lübeck. und der Gegend. bis zu der Stadt Hamburg. am Elbe Strom. auch die Süder. und Norder Elbe. mit dem Inseln. und die Oben Elbe biss an Lauenburg. und Lüneburg. an Elmenau Flus vorstellig macht. mit Prospect. von der Stadt Lubeck. Entworfen durch Capitain Cornelius Martin Wohlers. Anno 1781. (1 : 115000.) Hamburg. Kupferstich v. F. A. Pingeling. 1 zusammengeklebtes Bl. Quer-Fol., ca 52,109 cm (beschn.). Aufgez. a. Leinen.
Auch mit lateinischem Titel.

Wohlers, Max, Unterstützung der nationalen Jugendpflege durch Militär- und Eisenbahnbehörden, Leipzig, 16 S., 8°.

Wohlers, Wilhelm

Wohlers, Entscheidungen des Bundesamtes für das Heimathwesen. 1.—5. Heft. 8. Berlin, Vahlen. cart. *

Inhalt:

Heft 1. Enth. die bis zum 1. Decbr. 1872 ergangenen wichtigeren Entscheidungen. (VII, 116 S.) 873. *M 1,60.
" 2. Enth. die seit dem 1. Decbr. 1872 bis zum 15. Mai 1873 ergangenen wichtigeren Entscheidungen. [Mit einem die beiden ersten Hefte umfassenden alphabet. Sachregister.] (VIII, 144 S.) 873. *M 2.
" 3. Enth. die seit dem 15. Mai bis zum 1. Decbr. 1873 ergang. wichtigeren Entscheidungen. [Mit einem die drei ersten Hefte umfassenden alphabet. Sachregister.] (X, 150 S.) 874. *M 2.
" 4. Enth. die seit dem 1. Decbr. 1873 bis zum 31. Aug. 1874 ergangenen wichtigeren Entscheidungen. [Mit einem die vier ersten Hefte umfassenden alphabet. Sachregister.] (VIII, 132 S.) 875. *M 2.
" 5. Enth. die seit dem 1. Septbr. 1874 bis zum 15. März 1875 ergangenen wichtigeren Entscheidungen. [Mit einem die fünf ersten Hefte umfassenden alphabet. Sachregister.] (VIII, 165 S.) 875. *M 2.

Wohlers, Entscheidungen des Bundesamtes für das Heimathwesen. 6.—10. Heft. 8. Berlin, Vahlen. à Heft cart. *M 2. *

Inhalt:

Heft 6. Enth. die seit dem 15. März 1875 bis zum 1. Novbr. 1875 ergangenen wichtigeren Entscheidungen. [Mit einem die 6 ersten Hefte umfass. alphabet. Sachregister.] (X, 132 S.) 876.
" 7. Enth. die seit dem 1. Novbr. 1875 bis zum 1. Oktbr. 1876 ergangenen wichtigeren Entscheidungen. [Mit einem die 7 ersten Hefte umfass. alphabet. Sachregister.] (X, 168 S.) 876.
" 8. Enth. die seit dem 1. Oktbr. 1876 bis zum 1. Mai 1877 ergangenen wichtigeren Entscheidungen. [Mit einem die 8 Hefte umfass. alphabet. Sachregister.] (VIII, 162 S.) 877.
" 9. Enth. die seit dem 1. Mai 1877 bis zum 15. Febr. 1878 ergangenen wichtigeren Entscheidungen. [Mit einem die 9 Hefte umfass. alphabet. Sachregister.] (VIII, 171 S.) 878.
" 10. Enth. die seit dem 15. Febr. 1878 bis zum 31. Dezbr. 1878 ergangenen wichtigeren Entscheidungen. [Mit einem die 10 ersten Hefte umfass. alphabet. Sachregister.] (X, 150 S.) 879.

1.—5. Heft. Ebendas. 1873—75. *M 9,60.

Wohlers, Entscheidungen des Bundesamtes für das Heimathwesen. 11.—15. Heft. 8. Berlin, Vahlen. cart. à Heft *M 2. *

Inhalt:

Heft 11. Die seit dem 1. Jan. 1879 bis zum 31. Dezbr. 1879 ergangenen wichtigeren Entscheidungen. (VIII, 157 S.) 880.
" 12. Die seit dem 1. Jan. bis zum 31. Dezbr. 1880 ergangenen wichtigeren Entscheidungen. (VIII, 174 S.) 881.
" 13. Die seit dem 1. Jan. bis zum 1. Dezbr. 1881 ergangenen wichtigeren Entscheidungen. (VIII, 169 S.) 882.
" 14. Die seit dem 1. Dezbr. 1881 bis 30. Novbr. 1882 ergangenen wichtigeren Entscheidungen. (VIII, 156 S.) 883.
" 15. Die seit 1. Dezbr. 1882 bis 31. Oktbr. 1883 ergangenen wichtigeren Entscheidungen. (VIII, 169 S.) 884.

1.—10. Heft. Ebendas. 1873—79. *M 19,60.

Wohlers, Entscheidungen des Bundesamts für das Heimathwesen. 16.—20. Heft. [Mit je einem, auch die vorhergehenden Hefte berücksichtigenden alphabet. Sachregister.] 8. Berlin, Vahlen. cart. à Heft. *M 2.—. *

Inhalt:

Heft 16. Enthaltend die seit dem 1. Novbr. 1883 bis 1. Oktbr. 1884 ergangenen wichtigeren Entscheidungen. (VIII, 208 S.) 885.
" 17. Enth. die seit dem 1. Oktbr. 1884 bis 1. Septbr. 1885 ergangenen wichtigeren Entscheidungen. (VIII, 187 S.) 885.
" 18. Enth. die seit dem 1. Septbr. 1885 bis 1. Septbr. 1886 ergangenen wichtigeren Entscheidungen. (VIII, 206 S.) 886.
" 19. Enth. die seit dem 1. Septbr. 1886 bis 1. Septbr. 1887 ergangenen wichtigeren Entscheidungen. (VIII, 206 S.) 887.
" 20. Enth. die seit dem 1. Septbr. 1887 bis 1. Septbr. 1888 ergangenen wichtigeren Entscheidungen. (VIII, 235 S.) 888.

Wohlers. Entscheidungen d. Bundesamtes f. das Heimathwesen. 21.—23. Heft. [Mit e. auch die vorhergehenden Hefte umfass. alphabet. Sachregister.] 8. (VIII, 208 S.) Berl., Vahlen. [21., vom 1. Septbr. 888— dahin 889; 22. 1. Septbr. 889/90; 23. 1. Septbr. 890/91]. à Heft cart. * 2 —; * 6 —

Fortsetzung, s. Krech, J.

—— das Gesetz betreffend die Verfassung der Verwaltungsgerichte und das Verwaltungsstreitverfahren vom $\frac{\text{3. Juli 1875}}{\text{2. Aug. 1880}}$, nebst den dazu erlassenen Regulativen rc., erläutert nach den Motiven, den Verhandlungen des Landtags und den Entscheidungen des Oberverwaltungsgerichts rc. 8. (VIII, 204 S.) Ebendas. 881. cart. *

—— das Reichsgesetz über die Beurkundung des Personenstandes und die Eheschließung vom 6. Febr. 1875, nebst den dazu ergangenen Ausführungsverordnungen, Instruktionen und Entscheidungen des Bundesrathes und der preuß. Ministerien, nach den Ministerialakten bearb. und hrsg. 8. (VII, 155 S.) Berlin 879, Vahlen. cart. *

Wohlers, das Reichsgesetz über die Beurkundung des Personenstandes und die Eheschließung vom 6. Febr. 1875, nebst den dazu ergangenen Ausführungsverordnungen, Instructionen und Entscheidungen des Bundesrathes und der preuß. Ministerien, nach den Ministerialakten bearb. und hrsg. 2. verm. Aufl. 8. (VIII, 168 S.) Berlin 882, Vahlen. cart. *

— das Reichsgesetz üb. die Beurkundung d. Personenstandes u. die Eheschließung vom 6. Febr. 1885, nebst den dazu ergangenen Ausführungsverordngn., Instruktionen u. Entscheidgn. d. Bundesrathes u. der preuß. Ministerien, nach den Ministerialakten bearb. u. hrsg. 3. Aufl. 8. (VII, 186 S.) Ebend. 886. cart. n. 3. —

— das Reichsgesetz üb. die Beurkundung d. Personenstandes u. die Eheschließung vom 6. Febr. 1875, nebst den dazu ergangenen Ausführungsverordngn., Instruktionen u. Entscheidgn. d. Bundesrathes u. der preuß. Ministerien, nach den Ministerialakten bearb. u. hrsg. 4., verm. Aufl. 8. (VII, 190 S.) Ebd. 890. cart. n. 3. 50

— das Reichsgesetz vom 6. II. 1875, 6. Aufl., s.: Kruse, F., das Standesamt.

Wohlers, das Reichsgesetz über den Unterstützungswohnsitz vom 6. Juni 1870, erläutert nach den Entscheidungen des Bundesamtes für das Heimatswesen. 8. (IV, 111 S.) Ebendas. 876. cart. *

—— das Reichsgesetz über den Unterstützungswohnsitz vom 6. Juni 1870, erläutert nach den Entscheidungen des Bundesamtes für das Heimathwesen. 2. verm. Aufl. (IV, 152 S.) 1880. cart. *M 2,40.; 3. verm. Aufl. 8. (IV, 176 S.) Ebendas. 884. cart. *

—— das Reichsgesetz über den Unterstützungswohnsitz vom 6. Juni 1870, erläutert nach den Entscheidungen des Bundesamtes für das Heimathwesen. 4. verm. Aufl. 8. (IV, 195 S.) Ebendas. 887. cart. *

—— Das Reichsgesetz üb. den Unterstützungswohnsitz v. 6. Juni 1870, erläutert nach den Entscheidgn. d. Bundesamtes f. das Heimathwesen. 5. verm. Aufl. 8. (IV, 213 S.) Ebd. 892. cart. * 4 —

— dasselbe. 6., veränd. u. verm. Aufl. Nach dem Tode des Verf. bearb. v. J. Krech. 8. (IV, 200 S.) Ebd. 895. n. 4. —; geb. n.n. 4. 80

Wohlers, Wilh., das Reichsgesetz üb. d. Unterstützungswohnsitz v. 6. VI. 1870, erläut. nach den Entscheidgn. d. Bundesamtes f. das Heimathwesen. 8., verm. Aufl. Bearb. v. J. Krech. gr. 8. (IV, 241 S.) Berlin 898. F. Vahlen. n. 4. —; geb. n.n. 4. 80

Wohlers, Wilh., das Reichsgesetz üb. den Unterstützungswohnsitz, erläutert nach den Entscheidungen des Bundesamtes f. das Heimathwesen. 9. verm. Aufl., nebst e. Anh., behandelnd die f. die Armenverbände wichtigsten Vorschriften des bürgerl. Gesetzbuchs. Bearb. v. J. Krech. gr. 8. (VII, 296 S.) Berlin 901. F. Vahlen. n. 4. 60; geb. n. 5. 50

Wohlers, Wilh., das Reichsgesetz üb. den Unterstützungswohnsitz in der Fassung der Novelle vom 30. V. 1908, erläutert nach den Entscheidungen des Bundesamts f. das Heimatwesen. 12. verm. Aufl., nebst e. Anh., behandelnd die f. die Armenverbände wichtigsten Vorschriften des bürgerl. Gesetzbuchs, u. e. Beilageheft. Bearb. v. J. Krech. (VIII, 339 u. 24 S.) 8. Berlin 910. F. Vahlen. Geb. in Leinw. 6. —
10. Aufl. (VIII, 304 S.) 907. — 11. Aufl. (X, 320 S.) 908.

Wohlert, Hugo, Tierarzt aus Lesigfeld in Holstein: Zur Anatomie der Papilla foliata und der Tonsille des Pferdes. (Aus dem veterinär-anatomischen Institute der Universität Bern.) Leipzig 1909. 37 S. 8°. [9. XII. 08.]
Bern Vet.-med. Diss. 1908/09

Wohlert, Hugo. Zur Anatomie der Papilla foliata und der Tonsille des Pferdes. Diss. Vet.-Med. Bern. *Kopftitel:* Aus dem veterinär-anatomischen Institute der Universität Bern. 37 S. 8. Leipzig. August Hoffmann. 1909.

Wohlert, Jo. Gttl., Geschichte und Heilung einer Kopfwunde. Kopenh. 8°. 1776.

Wohlerzogen, Das Fräulein; Lustspiel. München 1783. V: *Babo, Joseph Maria.* (Ky)

Wohlerzogen, das Fräulein, ein Lustspiel in 3 Aufz. Ein Sittengemälde aus München. München, 1783. Bey Joh. Bapt. Strobl. Kl. 8º. Ppb. Prosa. 71 S. — Selten!

Wohlfahrt, die. Zeitschrift f. volksthüml. Heilweise u. sociale Gesundheitspflege. Begründet u. hrsg. unter Mitarbeiterschaft bewährter Fachschriftsteller von Jos. Beranek. I. Jahrg. 1894. 12 Hfte. (à ca. 2 Bog.) 4. Reichenberg, Verl. der „Zeitschwingen" (J. Beranek). n. 3. —; vierteljährlich n. — 80

Wohlfahrt, die. Zeitschrift f. volksthüml. Heilweise u. sociale Gesundheitspflege. Begründ. u. hrsg. unter Mitarbeiterschaft bewährter Fachschriftsteller v. Jos. Beranek. II. u. III. Jahrg. 1895 u. 1896. à 12 Hfte. (à ca. 16 S.) 4. Reichenberg, J. Beranek. à Jahrg. n. 3. —

— dasselbe. 4. u. 5. Jahrg. 1897 u. 1898. à 12 Hfte. (à ca. 24 S.) 4. Ebd. à Jahrg. n. 3. —

Wohlfahrt, die. Zeitschrift f. naturgemässe Lebens- u. Heilweise auf Grundlage der Selbstreform u. sozialer Gesundheitspflege. Begründet u. hrsg. unter Mitarbeiterschaft bewährter Fachschriftsteller v. Jos. Beranek. 6.—9. Jahrg. 1899—1902. à 12 Hfte. 4. (à ca. 6—16 S. m. Abb.) Ruppersdorf-Reichenberg i/B., J. Beranek. (Nur direkt.) à Jahrg. n. 2. 60

Wohlfahrt, die. Zeitschrift f. naturgemässe Lebens- u. Heilweise auf Grundlage der Selbstreform u. sozialer Gesundheitspflege. Begründet u. hrsg. unter Mitarbeiterschaft bewährter Fachschriftsteller v. Jos. Beranek. 10. u. 11. Jahrg. 1903 u. 1904 à 12 Hefte. (à ca. 12 S.) 4. Ruppersdorf-Reichenberg i/B., J. Beranek. (Nur direkt.) à Jhrg. 3. —
Erscheint nicht mehr.

Wohlfahrt, Teutschlands; eine Schrift für den gegenwärtigen Zeitpunct. Leipzig 1805. V: *Hohenhausen, Sylvester Joseph Freih. von.* (WBL)

Wohlfahrt, die, Deutschlands und die Kirchen- und Wirthschafts-Politik. Parteilose Zeitbetrachtungen von einem liberalen preuß. Protestanten. 8. (148 S.) Leipzig 875, [Mentzel.] A. Krüger. *

Wohlfahrt, die, von Europa, in e. bedenkl. Zustande betrachtet. Aus d. Französ. 8. Cöln 758. Eßlinger in Frankf. a. M. 8 gr.

Anonym: „Sachsens Wohlfahrt durch einen billigen und festen Getraide-Preis versichert", o. O. 1781. — Vorh.: Com. Bibl. Hamburg.

Wohlfahrt, Ἰχθύς. Das reine Evangelium. Ein Ketzerbrief. 8. (24 S.) Leipzig 898. W. Friedrich. n. — 60

Wohlfahrt, A. H. E.

— Bibelsprüche als Grundlage des Christenthums, zum Auswendiglernen in Schulen. 8. Meißen 832. Goedsche. 4 gr.

Wohlfahrt, A. H. F., Bibel-Sprüche als Grundlage d. Christenthums, zum Auswendiglernen in Schulen. 8. (4 B.) Meißen 832. [Leipzig, Rostosky u. Jackowitz.]

—— Grundlage d. Erdbeschreibung, Völkerkenntniß u. Naturgeschichte, als Leitfaden f. Lehrer, u. Lesebuch zur Wiederholung f. Kinder in Bürger- u. Landschulen. 8. (6 B.) Neustadt a. d. O. 829, Wagner.

—— der Menschen-Geist u. seine Bestimmung. Zur Beförderung d. Selbstkenntniß. 8. (5½ B.) Neustadt a. d. O. 831, Wagner.

—— Natur u. Religion od. Körper- u. Geisterwelt. Zur Bildung u. Erbauung d. reif. Jugend unt. Anleit. denkender Lehrer. 8. (14½ B.) Neustadt a. d. O. 831, Wagner.

—— Vorläufer d. Algebra, od. leichte u. nöthige Vorübung in algebraischen Gleichungen u. deren Auflösungen, zum Gebr. in höhern Schulclassen, so wie beim Privat- u. Selbstunterr. 8. (7 B.) Neustadt a. d. O. 829, Wagner.
Vgl. Wohlfarth. — Wolfart.

Wohlfahrt, Albert

Wohlfahrt, A., Die Mühlen-Umsatz-Steuer. Zugleich e. Antwort an Hrn. Reichstags-Abgeordneten G. Gothein auf seine Schrift „Die Vermahlungs-Steuer f. Mühlen". (33 S.) gr. 8. Leipzig, Th. Fritsch. 1908. 1. —
Vgl. Wohlfahrth, Alb.

Wohlfahrt, Alb.: Die Mühlen-Umsatz-Steuer. Zugleich Antwort an Gothein: „die Vermahlungsteuer für Mühlen". Leipzig Verlag des D. Müller 1908.
Vgl. Wohlfahrth, Albert

Wohlfahrt, B. Die Apostelgeschichte, s. Testamentum, novum, graece.

B. Wohlfahrt, Garnisonpfarrer. Bilder aus dem Friedensleben des altpreussischen Heeres. *Berlin & Jena: H. Costenoble 1901.* (168 S.) 8° [illegible]

— das Evangelium des Johannes, } s.: Testamentum, novum, graece.

Wohlfahrt, B., Perikopen- und Textbuch. Aus den vorhandenen Perikopensystemen zusammengestellt und hrsg. 2 Tle. 8. Gotha 888, Schloeßmann. *

Inhalt:

Tl. 1. Perikopen. (VIII, 188 S.) *ℳ 1.60.
„ 2. Textbuch. (VII, 233 S.) *ℳ 3.60.

Wohlfahrt, Ernst, s.: Reichs-Postkalender, deutscher.

Wohlfahrt, Fr., d. Geheimnis d. Waldschenke. Eine Kriminalgeschichte. 12. (140 S.) Frankfurt a/O. 897. H. Andres & Co. n. — 30

Wohlfahrt, Fritz, im Lande der Yankees. Heiteres Allerlei von einem verschämten Anfänger. gr. 8. (301 S. mit eingedr. Holzschn.) [Berlin 881, Auerbach.] Leipzig, Unflad. (*ℳ 10.)

WOHLFAHRT, Fritz. Der Mund von Madame X. Verlag J. Frick-Vogel (?) (um 1890). 8°.
Verb. d. Ldg. Leipzig A. III 304/93.

— — Der Mund von Madame Z. Berlin, W. Heichen & Skoprik (um 1895). 8°.
Verb. d. Ldg. Frankfurt 5 M. 5/95.

Wohlfahrt, Heinrich

—— kleine Guitarreschule f. Musikalische, od. f. Solche, denen d. Elemente d. Musik schon bekannt sind. Eine leichtfassl. Anweis., d. gewöhnl. Guitarrespiel in sehr kurzer Zeit u. ohne Beihülfe e. Lehrers zu erlernen. Lithogr. 4. (3 B.) Meissen 835, Goedsche.

—— neueste Guitarren-Schule, od. gründl. Anweisung zum Selbstunterr. im Guitarrespielen etc. Nebst Uebungsstücken u. e. Anh. v. Gesängen mit Begleit. d. Guitarre. 1., u. 2., verb. Aufl. gr. 4. (à 6½ B. u. 1 Ansicht d. Guitarre.) Meissen 830, 34, Goedsche. à

— neueste Guitarren-Schule, oder gründl. Anweisung zum Selbstunterrichte im Guitarrespielen, vom erst. Elementarunterrichte an bis zur vollkommensten Ausbildung. Nebst instructiven Uebungsstücken u. Gesängen. 2e verb. u. verm. Aufl. qu. gr. 4. Ebd. 835. 1⅙ ß

Wohlfahrt, Heinr., Katechismus der Harmonielehre. Leichtfaßliche Anleitung zum Selbstunterricht. 8. (56 S.) Leipzig 874, Merseburger.

Wohlfahrt, Heinr., Katechismus der Harmonielehre. Leichtfaßliche Anleitung zum Selbstunterricht. 2. Aufl. 8. (IV, 56 S.) Leipzig 884, Merseburger.

Wohlfahrt, Heinr., Katechismus der Harmonielehre. Leichtfaßl. Anleitg. z. Selbstunterr. 3. Aufl. 8. (56 S.) Leipzig 896. C. Merseburger. — 90

Wohlfahrt, Heinr., Katechismus der Harmonielehre. Leichtfaßliche Anleitg. zum Selbstunterricht. 4. Aufl. (IV, 56 S.) kl. 8. Leipzig 908. C. Merseburger. — 90

—— Kinder-Klavierschule, od. musikal. ABC- u. Lesebuch f. junge Pianoforte-Spieler. qu. gr. 4. (12 B.) Leipzig 836, Breitkopf u. Härtel.

Wohlfahrt, Heinr., der angehende Klavierstimmer. Anleitung zum Selbstunterricht. 8. (45 S.) Leipzig 881. Merseburger. — 90

Wohlfahrt, Heinr., der angehende Klavierstimmer. Anleitung zum Selbstunterricht. 2., verm. Aufl., besorgt v. Jul. Blüthner jr. 8. (56 S.) Leipzig 891. C. Merseburger. — 90

— Der angehende Klavierstimmer. Anleitung zum Selbstunterricht. Durchgesehen v. Jul. Blüthner jr. 3. Aufl. (60 S.) kl. 8. Ebd. 910. — 90

Wohlfahrt, Heinr., Leseschule f. Kinder. 8. (7 B.) Leipzig 846, Breitkopf u. Härtel.

Wohlfahrt, Heinr., Methodik des Clavier-Unterrichts zum Studium für angehende Clavierlehrer. 8. (48 S.) Leipzig 876, Merseburger.

Wohlfahrt, Heinr., theoretisch-praktische Modulation-Schule. Die Accordfolge in den verschied. Stellungen, Uebergängen und Ausweichungen nach leichter Methode zum Selbstunterricht für Musikschüler dargestellt. gr. 8. (VI und 74 S.) Leipzig 859, Breitkopf und Härtel.

—— theoretisch-praktische Modulations-Schule. Die Accordfolge in den verschiedenen Stellungen, Uebergängen und Ausweichungen nach leichter Methode zum Selbstunterricht für Musiklehrer dargestellt. 2. Aufl. gr. 8. (VI, 74 S.) Leipzig 871, Breitkopf und Haertel.

—— theoretisch-praktische Modulation-Schule. Die Accordfolge in den verschiedenen Stellungen, Uebergängen und Ausweichungen, nach leichter Methode zum Selbstunterricht für Musikschüler dargestellt. 3. Aufl. gr. 8. (VI, 74 S.) Leipzig 878, Breitkopf und Härtel. geb. *

Wohlfahrt, Heinr., theoretisch-praktische Modulation-Schule. Die Accordfolge in den verschiedenen Stellungen, Uebergängen und Ausweichungen, nach leichter Methode zum Selbstunterricht für Musikschüler dargestellt. 4. Aufl. 8. (VI, 74 S.) Leipzig 887, Breitkopf und Härtel. *ℳ 1.—; geb. *

Wohlfahrt, Heinr., Schreibeschule für die kleinen Anfänger. Ein geheftetes Büchlein, welches die kleinen Schreibeschüler leicht und bald befähigt, nicht nur Geschriebenes und Gedrucktes, sondern auch kleine Sätzchen aus dem Kopfe zu schreiben. Mit Bemerkungen für Eltern, welche ihre Kinder schon zum Schreiben anhalten, ehe selbige die Schule besuchen. Herausg. nach 35jähr. Gebrauch in seinen Schulen u. Privatstunden. Ansbach 854. Gummi. (München, Giel.) 8. (IV, 47 lith. S.) 5 ngr.

Wohlfahrt, Hnr., Dinters Vermächtniß als Führer zur Glückseligkeit. Ein Erbauungs-Buch für Alle, welche Wahrheit u. Tugend lieben, Trost u. Beruhigung suchen. 2. Ausg. 8. Eisenberg 841, Schöne'sche Buchh. ½ ß

—— Vorschule der Harmonielehre. Eine leicht fassl. Anleileitung zu schriftl. Bearbeitung der Tonstufen, Tonleitern, Intervalle, Accorde etc. Zum Gebrauch für Clavierschüler hrsg. gr. 8. (VI und 74 S.) Leipzig 857, Breitkopf und Härtel.

—— Vorschule der Harmonielehre. Eine leicht fassl. Anleitung zur schriftl. Bearbeitung der Tonstufen, Tonleitern, Intervalle, Accorde u. s. w. Zum Gebrauche für Clavierschüler hrsg. 2. Aufl. gr. 8. (VI, 74 S.) Ebendas. 872.

—— Vorschule der Harmonielehre. Eine leicht fassl. Anleitung zu schriftl. Bearbeitung der Tonstufen, Tonleitern, Intervalle, Accorde etc. Zum Gebrauch für Clavierschüler hrsg. 3. und 4. Aufl. gr. 8. (VI, 74 S.) Ebendas. 874,77. geb. *

—— Vorschule der Harmonielehre. Eine leichtfassl. Anleitung zu schriftl. Bearbeitung der Tonstufen, Tonleitern, Intervalle, Accorde u. s. w. Zum Gebrauch für Clavierschüler hrsg. 5.—7. Aufl. 8. (VI, 74 S.) Leipzig 880—84, Breitkopf und Härtel.

—— Vorschule der Harmonielehre. Eine leicht fassl. Anleitung zu schriftl. Bearbeitung der Tonstufen, Tonleitern, Intervalle, Accorde etc. Zum Gebrauch für Clavierschüler hrsg. 8. Aufl. gr. 8. (VI, 74 S.) Ebendas. 888. *M 1.—.; geb. *

— Vorschule der Harmonielehre. Eine leicht fassl. Anleitg. zu schriftl. Bearbeitg. der Tonstufen, Tonleitern, Intervalle, Accorde u. s. w. Zum Gebrauch f. Clavierschüler hrsg. 9. Aufl. 8. (VI, 74 S.) Leipzig 893. Breitkopf & Härtel. n. 1. —; geb. n. 1. 80

Wohlfahrt, Heinr., Vorschule der Harmonielehre. Eine leicht fassl. Anleitg. zu schriftl. Bearbeitg. der Tonstufen, Tonleitern, Intervalle, Accorde u. s. w. Zum Gebrauch f. Clavierschüler. 10. Aufl. gr. 8. (VI, 74 S.) Leipzig 900. Breitkopf & Härtel. n. 1. —; geb. n. 1. 50

—— acht Wandtafeln z. Elementarunterr. im Notensingen (in Imp.-Fol.), nebst Anleit. z. Gebr. ders. Zunächst f. Stadt- u. Landschulen. gr. 8. (1 B.) Leipzig 839, Breitkopf u. Härtel.

—— Wegweiser zum Componiren für Musik-Dilettanten, welche sich in kurzer Zeit und ohne Hülfe eines Lehrers befähigen wollen, Melodieen zu bilden und mit passender Begleitung zu versehen, überhaupt leichtere Arten von Musikstücken zu componiren. gr. 8. (VI und 92 S.) Leipzig 858, Breitkopf und Härtel.

—— Wegweiser zum Componiren für Musik-Dilettanten, welche sich in kurzer Zeit und ohne Hülfe eines Lehrers befähigen wollen, Melodieen zu bilden und mit passender Begleitung zu versehen, überhaupt leichtere Arten von Musikstücken zu componiren. 2. Aufl. gr. 8. (VI, 92 S.) Ebendas. 871.

—— Wegweiser zum Componiren für Musik-Dilettanten, welche sich in kurzer Zeit und ohne Hülfe eines Lehrers befähigen wollen, Melodieen zu bilden und mit pass. Begleitung zu versehen, überhaupt leichtere Arten von Musikstücken zu componiren. 3. Aufl. gr. 8. (VI, 92 S.) Ebendas. 877. M 1,50.; geb. *

— Wegweiser zum Componiren f. Musik-Dilettanten, welche sich in kurzer Zeit u. ohne Hülfe e. Lehrers befähigen wollen, Melodieen zu bilden u. m. pass. Begleitg. zu vers., überhaupt leichtere Arten v. Musikstücken zu componiren. 5. Aufl. gr. 8 (VI, 92 S.) Leipzig 891. Breitkopf & Härtel. n. 1. 50

— Wegweiser z. Komponieren f. Musik-Dilettanten, welche sich in kurzer Zeit u. ohne Hülfe e. Lehrers befähigen wollen, Melodien zu bilden u. m. pass. Begleitg. zu versehen, überhaupt leichtere Arten v. Musikstücken zu komponieren. 6. Aufl. (VI, 192 S.) 8. Leipzig 909. Breitkopf & Härtel. 1.—; geb. n 1. 50

Gedenkblätter für die evangelische Gemeinde Sagan zur Feier des 200jährigen Jubiläums ihrer Gnadenkirche am 14. bis 16. Mai 1909 von J. Wohlfahrt, Superint.. u. G. Michael, Lehrer. Sagan 1909: (Koeppel). 44 S 8°

Wohlfahrt, J., u. G. Michael, Gedenkblätter f. die evangel. Gemeinde Sagan zur Feier des 200jährigen Jubiläums ihrer Gnadenkirche am 14. bis 16. V. 1909. (44 S. m. 2 Taf.) 8. Sagan 909. (R. Schoenborn.) — 50

Wohlfahrt J. C.: Versuch üb. die Erkenntniss u. Kur d. vorzüglichsten Krankheiten einiger Haus- u. Nutzthiere. Stück 1-2 (1 Vol.) Halle 1801. 126 S.
Vgl. Wohlfarth.

Wohlfahrt, J. F. Th., s. Wohlfarth, Johann Friedrich Theodor

Wohlfahrt, Jh. Aug., (Sohn), († ...) Biographie der griech. Aerzte, zusammengetragen aus d. Gesch. der Medizin des le Clerc. gr. 8. Halle 770. Gebauer. 9 gr.

Wohlfahrt, Johann August:

De Bronchiis vasisque bronchialibus. Halae Magdeb. (1748:) Hilliger. 34 S. 8°
Halle, Med. Diss. v. Juni 1748

— Diss. de ossis et exostosis rarioris genesi. 4. Leyden 775.

— die Gesundheit der Frauenzimmer, in e. Briefen entworfen. 8. Bresl. 773. (Gosohorsky). 7 gr.

— Gesundheit der Frauenzimmer in e. Briefen entworfen. 8. Breslau, Meyer. 773.

Wohlfahrt, Jh. Aug., (Vater) († d. 15. Sept. 1784) observatio de vermibus per nares excretis. 4. Halle 768. Trampe. 5 gr.

Wohlfahrt, Johann Georg

(—) Denkmäler Sachsens, oder kurze Geschichte der sächs. Nation u. ihrer Beherrscher. Ein nützl. Lesebuch für den Bürger u. Landmann, wie auch für die vaterländische Jugend. 8. Leipz. 809.

(—) drei Katechisationen über das Thierquälen, die Baumbeschädigung u. die Kuhpocken. 8. Altenb. 802.

Wohlfahrt, Jh. Geo., die letzten Lebensjahre K. H. Heydenreichs, ein Beitrag zu Schellers Schrift. 8. Altenb. 802. (Leipz., Hinrichs). 6 gr.

WOHLFAHRT, JOAN. PHIL. EBERH., Diss. inaug. med. sistens animadversiones circa solutionem placentae uterinae. Kiliae Hols. 1788. 4. P.

Wohlfahrt, Jul. Chr., Versuch über d. Erkenntniß u. Kur der vorzügl. Krankheiten einiger Haus- u. Nutzthiere. 1s, 2s Stck. 8. Halle 801. Hendel. 8 gr.

Wohlfahrt, L., die gerechte und billige Forderung der evangel. Kirche an die sich neu organisirende Volksschule. Eine Würdigung der Schrift: „Die Wünsche der Volksschullehrer. Zwei Fragen, beantwortet von einem evangel. Geistlichen in Schlesien." gr. 8. (14 S.) Brieg 848, (Schwartz.) *

Wohlfahrt, Mor., einstimmige mit Terzzeilen versehene Choralmelodien zu den evangel. Kirchenliedern der im Königr. Sachsen eingeführten Gesangbücher. Alphabetisch geordnet und mit einer Einleitung: Instructive Uebungsstücke für den Gesangunterricht in Volksschulen enth. und einigen Anhängen versehen. 3. Aufl. gr. 8. Leipzig 872, Klinkhardt. *
Vgl. Wohlfarth.

Wohlfahrt, R. Die Pflanzen d. Deutschen Reichs, Deutsch-Oesterreichs u. der Schweiz. Nach der analyt. Methode zum Gebrauch auf Excursionen, in Schulen und beim Selbstunterricht bearb. 2. (Titel-)Ausg. gr. 8. (XVI, 788 S.) Berl. 890, Nicolai's Verlag. 6 —
Vgl. Wohlfahrth
Vgl. Wohlfarth

Wohlfahrt, Rob., populäre Kompositions-Lehre. Eine leichtfassl. Anleitg. zum selbständ. Komponieren kleiner Musikstücke f. Dilettanten, sowie zum Gebrauche in Musikschulen, Seminarien, Präparanden-Anstalten etc. 2 Thle. 8. (VIII, 136 u. V, 103 S.) Leipzig 885. 888. R. Forberg. à n. 1. 20

Wohlfahrt, Theodor [Dr.]: Über die offene oder geschlossene Aussprache der Vokale E und O im Italienischen. München, Buchdr. v. J. B. Lindl, 1897; 35 S. 8.
München, k. Luitpold-G, P 1897*

Wohlfahrt, Th[eodor]: Über die stimmhafte oder stimmlose Aussprache der Konsonanten S, Z und ZZ im Italienischen. München 1910: Lindl. 38 S. 8°
München, k. Luitpold-G P 1910*

Wohlfahrt, Theodor, aus Forchtenberg: Über einige Benzidine. Giessen 1902: v. Münchow. (40 S.) 8°
Giessen, Phil. Diss. v. 1902

Wohlfahrt, Thdr., französische Grammatik f. die bayerischen Gymnasien. 1. u. 2. Tl. gr. 8. München, Literar.-artist. Anstalt. Geb. in Leinw. à n.n. 3. —
1. Formenlehre m. syntakt. Anhang u. Uebungsbuch. (VII, 302 S.) 891.
2. Französische Syntax f. höhere Schulen. Mit stilist. Anhang u. Übungsbuch. (VII, 295 S.) 894.

Wohlfahrt, Thdr., französische Grammatik für die bayer. Gymnasien. 1. Tl.: Formenlehre m. syntakt. Anh. u. Uebungsbuch. 2. Aufl. gr. 8. (VIII, 339 S.) München 895. Literarisch-artist. Anstalt. Geb. in Leinw. n.n. 3. —

Wohlfahrt, Thdr., französische Grammatik f. die bayer. Gymnasien. 2 Tle. gr. 8. München 899. Literarisch-artistische Anstalt. Geb. à n.n. 3. —
1. Formenlehre m. syntaktischem Anh. u. Übungsbuch. 3. Aufl. (VIII, 330 S.)
2. Französische Syntax f. höhere Schulen. Mit stilist. Anh. u. Uebungsbuch. 2. verb. Aufl. (XI, 290 S.)

Wohlfahrt, Thdr., französische Grammatik f. die bayer. Gymnasien. 1. Tl.: Formenlehre m. syntakt. Anh. u. Übungsbuch. 4. Aufl. (VIII, 230 S.) gr. 8. München 908. Literarisch-artist. Anstalt. Geb. in Leinw. 2. 40

Wohlfahrt, Th., de l'imparfait et du passé défini. 4. (17 S.) München 878, (Kellerer.) *
Vgl. Wohlfarth.

Wohlfahrt, Theod [aus Würzburg]: Die Syntax des Verbums in Aelfric's Uebersetzung des Heptateuch und des Buches Hiob. München, Druck v. F. Staub, 1885: VIII + 94 + 1 S. 8°
Leipzig, Phil. Fak. Inaug.-Diss. v. 25. Dez. 1885.

Wohlfahrt, Th., die Syntax des Verbums in Aelfric's Übersetzung des Heptateuch und des Buches Hiob. Ein Beitrag zur Grammatik des Angelsächsischen. 8. (VIII, 94 S.) München 886, Literarisch-Artist. Anstalt. *

Wohlfahrth, Frau, das neue Verfahren zur Wiedererlangung schlanker Hüften u. zur Beseitigung des Fettleibes ohne Apparat u. ohne fremde Hilfe. (61 S. m. Abb.) 8. Leipzig (908). H. Beyer. 1. —

Wohlfahrth, Alb., die Mühlen-Umsatz-Steuer. Zugleich e. Antwort an Hrn. Reichstags-Abgeordneten G. Gothein auf seine Schrift „Die Vermahlungs-Steuer f. Mühlen". (33 S.) gr. 8. Leipzig 908. Th. Fritsch. 1. —
Vgl. Wohlfahrt

WOHLFAHRTH, R.: Die Pflanzen des Deutschen Reichs, Deutsch-Österreichs und der Schweiz. Nach der analytischen Methode . . . Berlin 1881. 788 S.
Vgl. Wohlfahrt.
Vgl. Wohlfarth.

Die unter Leitung der Königlichen Versicherungskammer vereinigten Wohlfahrtsanstalten für Brand-, Hagel-, Vieh- und Pferdeversicherung in Bayern. Denkschrift, hrsg. von d. Kgl. Versicherungskammer. (Vorr.: Präs. Dr. [Heinrich] v. Haag.) München: R. Oldenbourg 1906. (VI, 128 S.) 4°(8°) [F.] 06. 8806

Wohlfahrtsarbeit, ländliche. 4. u. 5. Hauptversammlg. des Ausschusses f. Wohlfahrtspflege auf dem Lande am 13. II. 1900, bezw. 13. II. 1901 in Berlin. Hrsg. vom Ausschuß f. Wohlfahrtspflege auf dem Lande. 8. (96 u. 80 S.) Berlin 900. 901. G. H. Meyer. à n. 1. —
Vorh. u.d. T.: Bericht über die Hauptversammlung des Ausschusses für Wohlfahrtspflege auf dem Lande.

Wohlfahrtsarbeit, ländliche. 6. u. 7. Hauptversammlg. des Ausschusses f. Wohlfahrtspflege auf dem Lande. 8. Berlin, Deutsche Landbuchh. n. 1. 50
6. Am 14. II. 1902 in Berlin. (108 S.) n. 1. —
7. Am 10. II. 1903 in Berlin. Hrsg. vom Ausschuß f. Wohlfahrtspflege auf dem Lande. (82 S.) n. — 50

— dasselbe. 8.—10. Hauptversammlg. des deutschen Vereins f. ländl. Wohlfahrts- u. Heimatpflege. 8. Ebd. n n. 2. 50
8. Am 17. II. 1904 in Berlin. (69 S.) 904. n.n. — 50
9. Am 14. II. 1905 in Berlin. (81 S.) 905. n.n. — 50
10. Am 12. u. 13. II. 1906 in Berlin. (164 S. m. Abbildgn. u. 1 Taf.) 906. n. 1. 50

Wohlfahrtsarbeit, ländliche. 11.—14. Hauptversammlg. d. deutschen Vereins f. ländl. Wohlfahrts- u. Heimatpflege. 8. Berlin, Deutsche Landbuchh. à 1. 50
11. Am 13. u. 14. II. 1907 in Berlin. (136 S.) 907.
12. Am 20. u. 21. II. 1908 in Berlin. (164 S.) 908.
13. Am 24. u. 25. II. 1909 in Berlin (184 S.) 909.
14. Am 21. u. 22. II. 1910 in Berlin. (214 S.) 910.

Wohlfahrtsbuch für Deutsche, enthaltend eine Auswahl nützl. Aufsätze, Rathschläge u. Belehrungen für die Menschen u. Bürger. 8. Zwickau 806. Schumann. 1 ₰

Wohlfahrts-Correspondenz, s. Wohlfahrts-Korrespondenz

Die Wohlfahrtseinrichtungen für die Arbeiter auf den Gruben der Königlichen Bergwerksdirektion zu Saarbrücken. Weltausstellung zu St. Louis 1904. Berlin: J. Springer 1904. (124 S.) 4°(8°) 07. 16134

— die, der Arbeitgeber zu Gunsten ihrer Angestellten u. Arbeiter in Oesterreich. Hrsg. im k. k. arbeitsstatist. Amte im Handelsministerium. I. Thl. Wohlfahrts-Einrichtgn. der Eisenbahnen. 1. Hft. Privat-Eisenbahnen. Lex.-8. (X, 239 S.) Wien 902. A. Hölder. n. 4. —

— die, der Arbeitgeber zu Gunsten ihrer Angestellten u. Arbeiter in Oesterreich. Hrsg. v. k. k. arbeitsstatist. Amte im Handelsministerium. I. Thl. 2. Heft u. II. Thl. Lex.-8. Wien, A. Hölder. n. 8. — (vollst. n. 12. —)
I. 2. Wohlfahrts-Einrichtgn. der Eisenbahnen. 2. Heft. Die bei den k. k. österr. Staatsbahnen besteh. Wohlfahrts-Einrichtgn. (VI, 118 S.) 903. n. 2. —
II. Wohlfahrts-Einrichtgn. der gewerbl. u. Handelsbetriebe. (IX, 414 S.) 904. n. 6. —

Wohlfahrtseinrichtungen, die, Berlins. E. Auskunftsbuch, hrsg. v. d. Auskunftsstelle d. deutschen Gesellschaft f. eth. Kultur. gr. 8. (XVI, 431 S.) Berlin 896. C. Heymann's Verl. Kart. n. 3. —

Wohlfahrtseinrichtungen, die, Berlins u. seiner Vororte. Ein Auskunftsbuch, hrsg. v. der Auskunftsstelle der deutschen Gesellschaft f. eth. Kultur. 2. vollständig umgearb. u. erweit. Aufl. gr. 8. (XXII, 427 S.) Berlin 899. J. Springer. Kart. n. 3. —; geb. in Leinw. n. 3. 60

Wohlfahrtseinrichtungen, die, Berlins u. seiner Vororte, nebst e. Anh. üb. öffentl. Armenpflege, Arbeiterversicherg. u. andere für die Wohlfahrtspflege wicht. Rechtsgebiete. Ein Auskunftsbuch, hrsg. von der Auskunftsstelle der deutschen Gesellschaft f. eth. Kultur. 3. neubearb. u. verm. Aufl. (XXIV, 496 S.) gr. 8. Berlin 904. J. Springer. Kart. n. 1. 50

Die **Wohlfahrtseinrichtungen** Berlins und seiner Vororte nebst e. Anh. über öffentl. Armenpflege, Arbeiterversicher. u. andere f. d. Wohlfahrtspflege wichtige Rechtsgebiete. E. Auskunftsbuch hrsg. von d. Zentrale f. private Fürsorge vormals Auskunftsstelle d. Deutschen Ges. f. ethische Kultur. Neudruck d. 1901 erschien. 3. Aufl. m. Nachtr. nebst neuem Nachtr. von Ende 1906. Berlin 1907. 8°.
[Dasselbe.] 4. Aufl. [u. d. Tit.]:
Die Wohlfahrtseinrichtungen von Gross-Berlin nebst e. Wegweiser f. d. prakt. Ausüb. d. Armenpflege in Berlin. E. Auskunfts- u. Handbuch hrsg. v. d. Zentrale f. private Fürsorge. 4. neu bearb. u. verm. Aufl. Berlin 1910. 8°.

— die, Bremens. Ein Auskunftsbuch, hrsg. v. der Auskunftsstelle f. Wohlthätigkeit. gr. 8. (XII, 160 S.) Bremen 899. (G. A. v. Halem.) Kart. n.n. 2. —

Die **Wohlfahrtseinrichtungen** Bremens. Ein Auskunftbuch hrsg. von d. Auskunftstelle f. Wohlthätigkeit. *Bremen 1899: C. Schunemann.* (XII, 160 S.) 8° [F.]

Wohlfahrtseinrichtungen, die, Bremens. Ein Auskunftsbuch, hrsg. v. der Auskunftsstelle f. Wohltätigkeit. 2. Aufl. (XIV, 239 S.) 8. Bremen 910. (F. Leuwer.) Geb. nn 2. —

— die, Charlottenburgs. Ein Führer f. die Praxis. Mit alphabet. Sachregister. Hrsg. v. d. Armen-Direktion Charlottenburg. (III, III, 61 S.) 8. Charlottenburg 907. (C. Ulrich & Co.) — 30

Wohlfahrtseinrichtungen der Farbenfabriken vorm. Friedr. **Bayer** & Co. Aufl. v. Nov. 1910. Leverkusen (1910): Farbenfabriken. 307 S. 8°

Wohlfahrts-Einrichtungen der Farbwerke vorm. Meister, Lucius & Bruning in Hoechst a. M. Nach d. Stande im J. 1903. (94 S., 31 Taf.) 8°

Wohlfahrtseinrichtungen, Die, von Gross-Berlin . . . Ein Auskunfts- und Handbuch herausg. von der Zentrale für private Fürsorge . . . 4. Aufl. Berlin 1910. B: *Wronsky, Siddi & Eugen Wronsky.* (EbertBJb I, S. 137)

— die, v. Groß-Berlin nebst e. Wegweiser f. die prakt. Ausübung der Armenpflege in Berlin. Ein Auskunfts- u. Handbuch, hrsg. v. der Zentrale f. private Fürsorge, vormals Auskunftsstelle der deutschen Gesellschaft f. eth. Kultur. 4., neu bearb. u. verm. Aufl. (XXIV S., 6 Bl. u. 503 S.) 8. Berlin 910. J. Springer. Kart. 3. —

Wohlfahrtseinrichtungen der Friedr. Krupp'schen Gussstahlfabrik zu Essen . . . Essen 1883. V: *Krupp, Frdr.* (Kat. d. stat. Bureaus. Dresden 1890.)

Wohlfahrtseinrichtungen der Gußstahlfabrik von Fried. Krupp zu Essen. 2. Ausg. Essen 1891

Wohlfahrtseinrichtungen der Gußstahlfabrik von Fried. Krupp zu Essen a. d. Ruhr. Mit e. Anh.: Wohlfahrtseinrichtungen der Firma Fried. Krupp Grusonwerk zu Magdeburg-Buckau. 3. Ausg. Bd 1-3. *Essen a. d. Ruhr: Gußstahlfabrik von F. Krupp 1902.* 3 Bde 4°(8°)
1. [Text.] 2. Zeichnungen. 3. Anlagen.

Wohlfahrtseinrichtungen, die, Hildesheims. Ein Auskunftsbuch. gr. 8. (VII, 52 S.) Hildesheim, Gerstenberg. 1900 1. 20

Die **Wohlfahrtseinrichtungen** für Judische Hilfsbedürftige in Berlin und Vororten. Hrsg. von d. Armen-Kommission d. Jüd. Gemeinde zu Berlin. (Vorr.: Dr. Wilhelm Feilchenfeld.) Berlin: M. Poppelauer 1906. (39 S.) 4°

Wohlfahrtseinrichtungen im Kreise Hörde. Seit dem Bestehen des Kreises in der Zeit von 1887 bis 1897. gr. 8°. Hörde, Druck von May u. Co., 1897.

Wohlfahrtseinrichtungen, kommunale, s. a. Schriften d. Centralstelle f. Arbeiter-Wohlfahrtseinrichtungen, Nr. 12.

[F.] Kommunale Wohlfahrtseinrichtungen. D. planmässige Schwindsuchtsbekämpfg durch Errichtg v. Heilstatten f. Lungenkranke. Vorberichte u. Verhandlgn d. VI. Konferenz v. 10. u. 11. Mai 1897 in Frankfurt a. M. *Berlin: C. Heymanns 1897.* (V, 172 S.) 1 Bd 8.
= Schriften d. Centralstelle f. Arbeiter-Wohlfahrtseinrichtungen. No 12.

Die **Wohlfahrtseinrichtungen** der Vereinigten Königs- und Laurahutte für ihre Beamten und Arbeiter. (Berlin) 1906: (C. Ringer & Sohn). (26 S.) 4° [Umschlagt.]

— die, in Leipzig. (III, 104 S.) 8. Leipzig 905. J. C. Hinrichs' Verl. n. 1. —

— dasselbe. Festschrift zum 33. Kongreß f. innere Mission am 25.—28. IX. 1905. (XXIX, 104 S.) 8. Ebd. 905. n. 1. 20

Wohlfahrtseinrichtungen d. Wurtt Metallwarenfabrik. (48 S. 1 T.) Geislingen 1908

Die **Wohlfahrtseinrichtungen** der Stadt M.-Gladbach im Hardter Walde (Luise Gueury-Stiftung). Dargest. vom Oberbürgermeister der Stadt. M.-Gladbach. 1906. 30 S. mit 10 Taf.

— die, Nürnbergs. Ein Auskunftsbuch, hrsg. v. der Ortsgruppe Nürnberg des allgemeinen deutschen Frauenvereins. gr. 8. (VIII, 284 S.) Nürnberg 901. F. Korn. Geb. in Halbleinw. n.n. 3. —

Oesterreichs Wohlfahrts-Einrichtungen 1848—1898. Festschrift zu Ehren des 50jährigen Regierungs-Jubiläums Seiner k. u. k. Apostolischen Majestät des Kaisers Franz Joseph I. Herausgegeben von der unter dem höchsten Protectorate Sr. k. u. k. Hoheit des durchlauchtigsten Herrn Erzherzog Otto stehenden Commission der Oesterreichischen Wohlfahrts-Ausstellung Wien 1898. Chef-Redacteur Dr. Hans Heger. I. Bd. Armenpflege und Wohlthätigkeit in Oesterreich. Redigiert von Dr. Ernst Mischler. Wien. 1899. Perles. Lex.-8. XLII, 479 S. compl. fl. 20.—

Oesterreichs Wohlfahrts-Einrichtungen 1848—1898. Festschrift zu Ehren des 50jährigen Regierungs-Jubiläums Seiner k. u. k. Apostolischen Majestät des Kaisers Franz Joseph I. Herausgegeben von der unter dem höchsten Protectorate Sr. k. u. k. Hoheit des durchlauchtigsten Herrn Erzherzog Otto stehenden Commission der Oesterreichischen Wohlfahrts-Ausstellung Wien 1898. Chef-Redacteur Dr. Hans Heger. II. Bd. Jugendpflege und Pflege der Kunst. Wien. 1900. Perles. Lex.-8°. VI, 588 S. Preis des ganzen Werkes K 40.—

Oesterreichs Wohlfahrts-Einrichtungen 1848—1898. Festschrift zu Ehren des 50jährigen Regierungs-Jubiläums Seiner k. u. k. Apostolischen Majestät des Kaisers Franz Joseph I. Herausgegeben von der unter dem höchsten Protectorate Sr. k. und k. Hoheit des durchlauchtigsten Herrn Erzherzog Otto stehenden Commission der Oesterreichischen Wohlfahrts-Ausstellung Wien 1898. Chef-Redacteur: Dr. Hans Heger. III. Bd. Gesundheitspflege. Wien. 1900. Perles. Gr.-8°. IV, 555 S. als Rest. Preis des ganzen Werkes K 40 —

Wohlfahrts-Einrichtungen, Die, der Deutschen Reichs-Post- u. Telegraphen-Verwaltung. Berlin 1878. gr. 8.

— der bayerischen Staatseisenbahnen. Bearb. im k. b. Staatsministerium f. Verkehrsangelegenheiten. (VI, 112 S.) Lex.-8. München 906. (Nürnberg, Vertriebsstelle der offiziellen Drucksachen der bayer. Jubiläums-Landes-Ausstellg.) n. — 75

Wohlfahrtseinrichtungen (Städtische und private) der Städte Köln, Mülheim a. Rh. und Kalk. Hrsg.: Rechtsschutzstelle „Frauen" Köln. 8⁰. Köln 1905.

Wohlfahrtseinrichtungen. Die W' des Vereins Schweizer. Geschäftsreisender. ([Bearb. vom] Centralvorstand [für die] Internationale Ausstellung in Mailand 1906; Abteilung: Fürsorgeeinrichtungen.) Ergänzende Bemerkungen zu der ausgestellten Tafel ([mit verkleinerter Reproduktion dieser T', und] Tabellen zu den graphischen Darstellungen). II + 18 S. 4. ([Basel, Wassermann & Schäublin,] 1906.)

— des Eisenwerkes Witkowitz. 2 Bde. (IV, 161 S. m. 2 Tab. u. 86 S. m. Abb., 1 Plan u. 1 Taf.) 36,5×29 cm. Witkowitz 908.07. (Amende & Holaň.) Geb. in Leinw. 54.—; erm. Pr. 27. —

[Die **Wohlfahrtskasse** der vereinigten fünf Frankfurter eklektischen Logen. Frankfurt a. M. 1901.] 2 Bl. 8⁰
Entstehung u. Entwicklung der Wohlfahrtskasse der Loge Carl zum aufgeh. Licht, Frankfurt a. M., den Berichten des Br E. Fromm in Bh. 1900 u. 1901 entnommen.

Wohlfahrts-Korrespondenz

Wohlfahrts-Correspondenz der Centralstelle für Arbeiter-Wohlfahrts-Einrichtungen. Jg. 1. 2. Berlin: Centralstelle f. Arbeiter-Wohlfahrts-Einrichtungen 1892 - 93. 1 Bd 2⁰. 1 Bd 4⁰
Forts. u. d. T.: Zeitschrift d. Zentralstelle f. Arbeiter-Wohlfahrtseinrichtungen. 1894 1900. Concordia 1901 ff.

KLEIN-MARIA-ZELL. Drey gantz neue Marianische Wohlfahrts-Lieder. Von dem neuerfundenen Gnaden-Bild Klein-Maria-Zell, Zu Dömelkh in Hungarn. (Oedenburg) 1746 Druck. Rennauer

DREY schöne neue geistliche Wohlfahrts Lieder. O Maria von Radna. O trauriger Sohn Maria wir fallen. Segedin o. J.: Druckerei Grünn. 8 S. - 170 mm

VIER gantz neue Marianische Wohlfahrts Lieder von dem Neu-erfundenen Gnaden-Bild Klein-Maria-Zell, zu Dömelkh in Hungarn. Hört, ihr Christen, was ich singe, von Maria, Jungfrau rein. Ton: Maria, wir fallen dir alle zu Füssen. Wer soll dann traurig seyn? der ihm's nur bildet ein; nach Klein-Maria-Zell. Kommt her, ihr Christen, saumt euch nicht, zu diesem Gnaden-Saal. Maria, die dich lieben, auserwähltes . . . Oedenburg o. J.

Vier gantz neue Marianische Wohlfahrts-Lieder von dem neuerfundenen Gnaden-Bild Klein-Maria-Zell zu Dömölck in Hungarn. Oedenburg n. 1739 (Druck. Rennauer)

Vier schöne neue Marianische Wohlfahrts-Lieder, von dem wunderthätigen Gnadenbild klein Maria-Zell zu Dömölkh. Oedenburg 1740. Druck. Rennauer
- Dass. Ebd. 1746. Druck Rennauer.

Wohlfahrtspflege, die, im Kreise. D. individuelle Hygiene d. Arbeiters, s.a. Schriften d. Centralstelle f. Arbeiter-Wohlfahrtseinrichtungen, Nr. 16.

Wohlfahrtspflege (Die) im Kreise. Die individuelle Hygiene des Arbeiters. Vorberichte und Verhandlungen der 7. Konferenz vom 16. u. 17. V. 1898 in Berlin. Schriften der Zentralstelle f. Arbeiterwohlfahrtseinrichtungen, Nr. 16. gr. 8⁰. Berlin 1898.

Wohlfahrtspflege, Kulturelle, in Oberschlesien. Denkschrift der Königlichen Regierung zu Oppeln. Kattowitz 1907. V: *Küster, Rudolph.* (Berl)

Kulturelle **Wohlfahrtspflege** in Oberschlesien. Denkschrift d. Kgl. Regierung zu Oppeln. Kattowitz 1907: Gebr. Böhm. (63 S.) 4⁰ [J.] (07.16135 2

Wohlfahrtspflege in den Provinzen Rheinland, Westfalen, dem Regierungsbezirk Wiesbaden, d. Städten Offenbach u. Hanau. Im Auftr. u. unter Mitw. d. Vorst. d. Gruppe XXI (Gesundheitspflege u. Wohlfahrtseinrichtungen) d. Industrie-, Gewerbe- u. Kunstausstellung in Düsseldorf 1902. Hrsg. von Dr. med. Aug. Hoffmann u. Kgl. Gewerbeinsp. H[erm.] Simon, in Düsseldorf. Düsseldorf: F. Wolfrum [1902]. (217, 1 i S.) 4⁰

Wohlfahrtspflege (Sociale) in Deutschland. Im Auftrage des Gruppenvorstandes der deutschen Untergruppe für sociale Wohlfahrtspflege, hrsg. von Prof. H. Albrecht (Gross-Lichterfelde). 4⁰. Berlin, gedr. bei J. Sittenfeld, 1900.

Wohlfahrtstädter, Jh. Evang., († ...) Anfangsgründe der Mathematik zum Gebrauch der deutschen Schulen. Mit Kpf. 8. Salzb. 785. Mayr. 4 K

— Anfangsgründe d. Meßkunst. 8. Salzb. 784. Mayr. 4 K

— Anfangsgründe der gemeinen Rechenkunst, aus d. mathemat. Vorles. d. Hrn. D. Beck zusammengetragen. 8. Salzb. 774.

— s. Dienst Gottes.

Wohlfahrts-Zeitung der Teutschen. Leipzig: Fleischer 1798. 4⁰
Hrsg.: Christoph Gottlieb Steinbeck.

Wohlfahrtszeitung d. Deutschen f. 1800. 4. Jena, Voigt. 1 fl 12 K

WOHLFART, Franz Xaver (Buchloe): De morbis bronchitide anginis phthisi in nosocomio urbis Monacensis per biennium 1876-1877 observatis. (Titel nach der Urkunde) 8.3.1877 - Urk: Chr 1878/79,11
Diss. Ingolst.-Landsh.-Mchn.

Wohlfarth, Bilder aus d. antisemitischen Bewegung. I. [Aus: „Antisemit. Jahrb. f. 1898".] gr. 8. (60 S.) Berlin 898. W. Giese. n. 1.—

Wohlfarth, Schiess- und Spreng-Pulver, s. Schiess- und Spreng-Pulver.

Wohlfarth [Referendar aus Halle a/S.]: Der Trödelvertrag . . . Magdeburg, Druck v. E. Baensch jun., 1890; 31 S. 8⁰
Göttingen, Jur. Fak., Inaug.-Diss. v. [10. Okt.] 1890.

Wohlfarth, der Trödelvertrag. Diss. gr. 8. (31 S.) Magdeburg 890. (Göttingen, Vandenhoeck & Ruprecht.) n. — 80

Wohlfarth, Arno, Ref. in Plauen i. V.: Der Einfluß der Ausgleichung auf die Erbenhaftung im Bürgerlichen Gesetzbuche. Borna-Leipzig 1906: R. Noske. (VIII, 34 S.) 8°
Leipzig, Jur. Fak., Diss. v. 11. Jan. 1906
[Geb. 11. Dez. 80 Plauen i. V.; Wohnort: Plauen; Staatsangeh.: Sachsen; Vorbildung: Gymn. Schneeberg i. E. Reife O. 00; Studium: Jena 1, Leipzig 5 S.; Rig. 30. Juni 03.]

Wohlfarth, C., s. Wohlfarth, K.

Freimaurer-Gedichte von Ernst **Wohlfarth.** Budapest: Rosenberg 1879. 69 S. 8°
Recens: Bh. 22 (1879) S. 150 (L. Rosenberg); O. 5 (1879) S. 121—122.
cf. Z. 9 (1879) S. 42.
Tt. 2386.

Wohlfarth, Friederike Emma Rosalie, geb. Streibhardt, Jesus Christus in zwölf Gesängen nebst mehreren Gedichten aus (ihrem) literar. Nachlasse. Ein Erbauungsbuch für denkende und fühlende Verehrer Jesu. Hrsg. von Joh. Fr. Thdr. Wohlfarth. 8. (VIII und 136 S.) Neustadt a. d. Orla 851, (Wagner.) *

Wohlfarth, Fr[iedrich]: Bericht über die Feier des 25jährigen Direktorjubiläums des Herrn Professor Dr. Reinmüller. Hamburg 1904: Lütcke & Wulff. (S. 24—38.) 4°
Hamburg, R in St. Pauli P 1904 (856)

Wohlfarth, Friedr.: Zur **Morphologie** der Wüsten. *Hamburg 1902: Lütcke & Wulff.* (S. 1—32.) 4°
Hamburg, R in St. Pauli, P 1902 (821)

Wohlfarth, Friedrich Paul [Praes.], s. Stuckenbrock, Johann Christian: De cognitione sedandi adfectus oratori maxime necessaria.

Wohlfarth, Günth., beten u. moderner Mensch sein, s.: Pfade, neue, zum alten Gott. 8.

Wohlfarth, J. C., Vers. üb. d. Erkenntniß u. Cur d. vorzüglichsten Krankheiten r. Haus- u. Nutzthiere. 1s u. 2s Stck. 8. Halle, Hendel. 801.
Vgl. Wohlfahrth.

Wohlfarth, J. G., d. letzten Lebensjahre K. H. Heydenreichs, e. Beytr. z. Schellers Schrift. 8. Lpz. Hinrichs.

Wohlfarth, Joh. Friedr. Theod., Abracadabra, od. d. dritte u. letzte Stufe d. höh. Weihe in d. gesammten geheimen Wissenschaften od. d. Magie. 8. (22¼ B. u. lith. Ttlblatt.) Weimar 836, Voigt.

Wohlfarth, Joh. Friedr. Theod., Abracadabra, oder die 3. u. letzte Stufe der höhern Weihe in die gesammten geheimen Wissenschaften oder Magie. 2. Ausg. 8. (22⅜ B.) Weimar 843, Voigt.

Wohlfarth, Joh. Friedr. Theod., Abracadabra oder die dritte und letzte Stufe der höhern Weihe in die gesammten geheimen Wissenschaften oder die Magie. 3., mit Rücksicht auf die Fortschritte der Wissenschaft umgearb. und verb. Aufl. 8. (XII und 896 S.) Weimar 858, Voigt.

Wohlfarth, Joh. Frdr. Thdr., Andachtsbuch auf alle heiligen Tage des Kirchenjahres f. Auswanderer u. Ausgewanderte. Eine christliche Mitgabe. Mit 1 Stahlst. 8. (X u. 375 S.) Leipzig 848, Baumgärtner. In Engl. Einb. n. 1 ₰

Wohlfarth, Joh. Friedr. Theod., Andachtsbuch auf alle heiligen Tage des Kirchenjahres für Auswanderer und Ausgewanderte. Eine christl. Mitgabe. 8. (X und 375 S. mit 1 Stahlst.) Leipzig 849, Baumgärtners Buchh. *

Wohlfarth, Joh. Frdr. Thdr., Andachtsbüchlein f. Deutschlands in Frankreich zu Felde liegenden Heldensöhne wie deren Angehörige in der Heimath, zu dieser unserer Zeit, wie zu Erinnerg. an dieselbe. 8. (54 S.) Berlin 871. Grosser. n. — 50

— s. Apologet, der.

Wohlfarth, Joh. Fr. Theod., über die Bedeutung u. die Folgen d. Streites zwischen Rationalismus, Supernaturalismus u. Mysticismus. Zur Beruhigung aller denkenden Verehrer Jesu, welchen dieser Streit e. Anstoß ist. Ein Sendschr. an Hrn. Geh. Kirchenr., Prof. rc. D. Baumgarten-Crusius in Jena. gr. 8. (6 B.) Halle 833, Kümmel.

—— Betstunden-Postille, d. i.: Zwei mal 52 bibl. Geschichten z. Erbauung aller Confessionen aufgestellt f. Kirche, Schule u. Haus. 4 Lfgn. Neues Testament. gr. 8. (23½ B.) Leipzig 845, 46, [Voigt.] (à 7½ Ngr.)

— Betstunden-Postille d. i. Stunden d. Andacht zum Gebrauch f. Nachmittags-Gottesdienste vor der Gemeinde u. zur häusl. Erbauung. 2 Thle. [Das Alte Testament. — Das Neue Testament.] 2. (Titel-)Aufl. des „Familien- u. Andachtsbuch." Mit 1 Stahlst. gr. 8. (XII u. 356 S.) Leipzig (846) 850, Fr Voigt. 1 ₰

—— Bibel für das liebe christliche Volk aller Bekenntnisse, nach dem Plane des seligen Heinrich Zschokke. 1.—3. Ausg. 3 Bde. in 29 Lfgn. gr. 8. (XII, 547; VII, 308; 564 S., mit Zschokke's Portr. in Stahlst.) Ebendas. 871—75. à Lfg. 50 Pf.

—— **Blicke in das Jenseits an den Sterbebetten und Gräbern unserer Lieben. Ein Buch für Trauernde und Zweifelnde aller Confessionen. 8. (VI und 102 S.) Eisleben 847, Reichardt.**

—— Blicke in d. Vergangenheit, Gegenwart u. Zukunft, in Hinsicht auf Kirchen- u. Menschenthum. Zur Feier d. 1900jähr. Jubiläums d. letzten Ereignisse im Leben Jesu u. der Stiftung d. christl. Kirche im J. 1834. 8. (9½ B.) Eisenberg, Schöne.

— daß der Geist des Christenthums vor dem Geiste der Empörung kräftig verwahre. Predigt. gr. 8. Altenb. 831. Literar.-Cpt. 3 gr.

—— daß der Geist d. Christenthumes vor dem Geiste d. Empörung kräftig verwahre. Predigt am Michaelis-Feste 1830. gr. 8. (1½ B.) Altenburg 831, [Pierer.]

—— das kathol. Deutschland frei von Rom! Und was ist nach den neuesten Vorfällen zu hoffen für ein einiges christl. Deutschland? gr. 8. (8 B.) Weimar 845, Voigt.

—— über d. Einfluß d. schönen Künste auf d. Religion u. d. Cultus überh. u. auf d. Christenthum u. d. christl. Cultus insbesond., in Rücksicht auf d. unserm Cultus bevorsteh. Reformen. Eine histor.-krit. Untersuchung. gr. 8. (9½ B.) Leipzig 836, Klinkhardt.

—— **„Es war ein Mann von Gott gesandt, der hieß: Johannes!" Joh. 1, 6. Worte bei der am 7. Sonnt. n. Trin. 1848 wegen Ernennung Sr. kais. Hoheit, des Erzherzogs Johann von Oestreich zum Verweser des deutschen Reichs angeordneten kirchl. Feier gesprochen. gr. 8. (8 S.) Neustadt a. d. Orla 848, (Wagner.)**

——, Eutaria, s. Eutaria.

Wohlfarth, Joh. Friedr. Theod., Familien-Andachtsbuch zur Verehrung Gottes und Stärkung des Herzens in bibl. Geschichten mit allgemein faßl. Auslegungen aus dem alten und neuen Testamente auf alle Sonn- und Festtage im Jahre. (Neue Titel-Ausg.) gr. 8. (VII und 356 S. mit 1 Stahlst.) Leipzig 850, Voigt. Thlr. —

Wohlfahrt, Dr. J. F. Th., zur Feier des dritten Säcularfestes der feierl. Uebergabe der Augsburg. Confession auf dem Reichstage zu Augsburg den 25. Juni 1530. gr. 8. Altenb. 830. Literatur-Cpt. 21 ℳ

—— zur Feier d. dritten Secularfestes d. feierl. Uebergabe d. Augsburg. Confession auf d. Reichstage zu Augsburg d. 25. Jun. 1530. gr. 8. (12½ B.) Altenburg 830, [Pierer.]

— Fest- u. Zeitpredigten in den Jahren 1821—25 gehalten. 8. Eisenb. 826. Schöne. 18 ℳ

— Fluch u. Segen der Auswanderungen. Von d. Standpunkte der Geschichte, Moral u. Politik. ... Rudolstadt ... Fröbel. ¹ ℳ

— neues Freiheitsbüchlein oder die jetzigen Rechte, Freiheiten u. Pflichten des deutschen Volkes. Sowohl für den Bürger u. Landmann als zum Gebrauch in Volksschulen. 12. (80 S.) Weimar 848. Voigt. ¼ ℳ

—— neuestes Freiheitsbüchlein oder die jetzigen Rechte, Freiheiten und Pflichten des deutschen Volkes. Sowohl für den Bürger und Landmann, als zum Gebrauche in Volksschulen. 12. (80 S.) Weimar 848, Voigt.

—— der Geburtstag, od. Erweckungen zu e. würdigen Feier dieses Tages f. denk. Verehrer Jesu. Eine Zugabe zu jed. Gesang- u. Andachtsbuche. gr. 8. (2 B.) Weimar 835, Voigt.

—— die Gefahren der Kirche gegenüber den Paragraphen 14 bis 20 der Grundrechte des deutschen Volkes. gr. 8. (VI und 98 S.) Weimar 849, Voigt. —

—— der Geist Philipp Melanchthons an die evangelische Kirche unserer Zeit. Predigt am Sonntage Misericordias-Domini 1860, als dem Tage der 300jähr. Gedächtnißfeier des ehrwürd. Mitreformators. gr. 8. (28 S.) Rudolstadt 860, Müller'sche Buchh. *

Wohlfarth, Joh. Frdr. Thdr., Geist aus Lucius Annäus Seneca's sämmtlichen Werken, oder die wichtigsten Aussprüche des großen Weisen über die höchsten Angelegenheiten des Lebens. Ein Wegweiser zu einem glückseligen Leben für alle Stände, insbesondere eine Mitgabe für gebildete Jünglinge bei ihrem Eintritte in die Welt. Apolda 860. Teubner. 8. (XVI, 399 S.) 22½ ngr.

—— Geschichte des gesammten Erziehungs- und Schulwesens, in besond. Rücksicht auf die gegenwärt. Zeit und ihre Forderungen. Für Schulaufseher, Geistliche, Lehrer, Erzieher und gebildete Eltern. 1. Heft. gr. 8. (1. Bd. S. 1—192.) Quedlinburg 851, Basse.

Wohlfarth, Joh. Fr. Th., Geschichte des gesammten Erziehungs- und Schulwesens, in besond. Rücksicht auf die gegenwärt. Zeit und ihre Forderungen. 2—9. (letztes) Heft. gr. 8. Quedlinburg 852—55, Basse. [1. Bd. (VIII und S. 193—803.) und 2. Bd. (X und 935 S.) à Heft 15 Ngr.]

1. Heft. Ebendas. 1851. 15 Ngr.

— Geschichte des Reichstags zu Augsburg u. der Uebergabe der Confession d. 25. Juni 1530. gr. 8. Altenb. 830. Liter.-Cpt. 3 ℳ

—— Geschichte d. Reichstags zu Augsburg u. der Uebergabe d. Augsburg. Confession d. 25. Jun. 1530. Als Vorbereit. zur Secularfeier 1830. Zum Vorlesen in Landkirchen, f. Schulen, u. f. d. Bürger u. Landmann. gr. 8. (1½ B.) Altenburg 830, [Pierer.]

—— die Gleichnisse Jesu. Ein Büchlein für die liebe christl. Jugend. 8. (VIII und 112 S.) Quedlinburg 851, Basse.

—— Glückseligkeitslehre. Ein Laienbrevier. 1869. ℳ 4,50., und Neue Ausg. gr. 8. (XII, 387 S.) Leipzig 874, T. O. Weigel. ℳ 3.; geb.

—— halte was du hast, daß Niemand deine Krone nehme! Offenb. 3, 11. Pred. am Reformationsfeste 1841. gr. 8. (1¼ B.) Bremen, [Schünemann's Brlsbuchh.]

—— Herzensergießungen am Grabe meiner verklärten Gattin, der frömmsten Lebensgefährtin und treuesten Mutter, Frau Friederike Emma Rosalie geb. Streibhardt. 8. (8 S.) Neustadt a. d. Orla 851, (Wagner.) *

—— hier ist gut seyn; hier lasset uns Hütten bauen. Eine Samml. heil. Reden üb. d. wichtigsten Lehren d. Evangel., mit e. Vorw. üb. d. gegenwärt. Kämpfe in d. evangel. Kirche. Ein Erbauungsbuch f. Gebildete. gr. 8. (26½ B. u. W's. Bildn.) Neustadt a. d. O. 840, Wagner.

—— Confirmanden-Brevier. Eine Weihegabe für Nachtmahlskinder aller Stände und Confessionen ꝛc. 8. (VIII und 168 S.) Eisleben 847, Weichardt. *

— der heilige Krieg des J. 1870. Ein Wort an das liebe deutsche Volk überhaupt u. dessen Heldensöhne zu Felde, wie deren Angehör. daheim insbesondere. Berlin 870. Grosser. 16. (18 S.) n. 3 ngr.

—— das Leben Jesu. Ein Erbauungsbuch f. christl. Jünglinge u. Jungfrauen vor u. nach ihrer Confirmation. Eine Mitgabe für's Leben. gr. 8. (30½ B.) Neustadt a. d. O. 842, Wagner.

—— das Leben Jesu für die liebe christliche Jugend. Ein Büchlein für Haus und Schule, so wie ein Christ- und Geburtstagsgeschenk für Kinder. 8. (VIII und 139 S.) Quedlinburg 851, Basse.

—— die Lehre von d. heil. Schrift von d. Standpunkte d. Gesch. u. Philosophie. Zur Verständigung d. verschied. Meinungen üb. d. Göttlichkeit, d. hoh. Werth u. d. zweckmäß. Gebr. uns. Religionsurkunden. Eine Denkschr. z. Feier d. 300jähr. Jubiläums d. Vollendung d. luther. Bibelübersetzung. gr. 8. (9½ B.) Neustadt a. d. O. 835, Wagner.

—— Luther im Kreise der Seinigen. Ein Haus- und Familienschatz. Zur Belehrung und Erbauung. 8. (XIII und 404 S. mit Luthers Portr. in Stahlst.) Leipzig 861, Baumgärtner's Verlagsbuchh. 1 Thlr. 15 Ngr.; geb.

— Dr. Mart. Luther als Schulmeister. Eine Blumenlese aus dessen pädagogischen Schriften für Geistliche, Predigtamtscandidaten, Lehrer ꝛc. Detmold 861. Meyer. gr. 8. (IX, 115 S.) n. 10 ngr.

— ernste Mahnungen der Religion unter den Gefahren der uns immer näher rückenden fürchterl. Seuche. Eine Predigt. gr. 8. Altenb. 831. Liter.-Cpt. 4 ℳ

—— ernste Mahnungen d. Religion unt. d. Gefahren der uns immer näher rückenden fürchterl. Seuche. Eine Predigt. gr. 8. (1½ B.) Altenburg 831, [Pierer.]

— Matth. VII, 15 bis 23: Sehet euch für für den falschen Propheten! Eine Predigt. gr. 8. Altenb. 826. Literat.-Compt. 3 ℳ

Wohlfarth, Joh. Friedr. Theod., Philipp Melanchthon. Zum Secular-Andenken an den 300jähr. Todestag des großen Reformators den 19. April 1860. Ein Buch für Gebildete aller Stände. gr. 8. (XVI und 370 S.) Leipzig 858, Fr. Fleischer. Thlr.

— Melanchthon-Büchlein, d. i.: die getreue Geschichte des Lebens, Wirkens und Sterbens des weisen und frommen Reformators M. Philipp Melanchthon. Zur Erinnerung an denselben bei dem 300jähr. Gedächtniß seines Todes am 19. April 1560, sowie zur Erbauung in dem Herrn. Für das liebe evangel. Volk und dessen Schulen. br. 8. (VIII und 133 S. mit Melanchthons lithogr. Portr. und Familienwappen.) Weimar 860, Voigt.

— Nothwendigkeit, Wesen u. Mittel einer bessern Volkserziehung. 8. (2 B.) Görlitz 846, Heinze u. Comp.
Aus: Mende, pädagog. Volksfreund, besond. abgedruckt.

— und Mor. Wilh. Gthe. Müller, Pastoral-Spiegel, od. Musterbild e. evangel. Geistlichen, in besond. Bezugnahme auf d. Bedürfnisse u. Forderungen uns. Zeit. Ein Wegweiser f. Geistliche u. Candidaten. Aus d. Papieren e. bejahrten Geistlichen hrsg. 8. (24 B.) Weimar 836, Voigt.
Vgl. Wolfart.

— der Pauperismus nach seinem Wesen, Ursprunge, Folgen u. Heilmitteln von dem Standpunkte der Geschichte, Anthropologie, Staatsökonomie, Legislation, Polizei, Moral u. christl. Kirche. gr. 8. Weimar 845, Voigt. 1 ℳ

— Prediger-Bibel, s. Prediger-Bibel.

- s. Predigerbibel.

— die Reformation d. evangel. Kirche des 19. Jahrh. vom Standpunkte des Christenthums, der Geschichte, des Rechtes u. s. w. Ein bescheidenes Wort an Deutschlands Fürsten, Minister, Adel ꝛc. 8. (4⅓ B.) Rudolstadt 846, Renovanz. *

— Sabbathruhe für Mühselige und Beladene, s. Schatzgräber, der, in christlichen Landen.

— der Schatzgräber, od. untrügliche Anweisung, die in u. auf der Erde verborgenen Schätze leicht zu entdecken u. sicher zu heben. Ein Büchlein f. den Bürger u. Landmann. 2., verb. Aufl. 12. (3⅓ B.) Leipzig 843, Klinkhardt.

— pädagogisches Schatzkästlein. Eine Anthologie aus den besten Werken alter und neuer Zeit über Erziehung und Unterricht. Für Eltern und Lehrer. Neue (Titel-)Aufl. 8. (VI und 417 S.) Leipzig (857), Pernitzsch. 1 Thlr.; geb.
Vgl.: Schatzkästlein, pädagogisches.

— pädagogisches Schatzkästlein. Eine Anthologie aus den besten Werken alter u. neuer Zeit über Erziehung u. Unterricht. Für Eltern u. Lehrer. Neue Aufl. Leipzig 861. Pernitzsch. 8. (VI, 417 S.) 1 ℳ

- s. Schrift, die heil., A. u. N. Testaments.

— Schulbibel, s. Schrift, die heil., A. u. N. Testaments.

— himmlische Stimmen an den Gräbern unserer Lieben! oder Worte des Trostes an Alle, die an Grüften weinen ꝛc. Salzungen 867. Scheermesser. 16. (31 S.) 3 ngr

Wohlfarth, Joh. Fried. Theod., Stimmen der Religion am Aerntedankfeste des durch seltene Dürrung merkwürd. Jahres 1842. gr. 8. (1 B.) Neustadt an d. O. 842, Wagner. Thlr.

— der Student von Oxford. Pädagogischer Roman als Rathgeber sowohl für gebildete Eltern, wie auch als Führer für Jünglinge beim Eintritte in die Welt. 2 Bde. 2. (Titel-)Ausg. 8. (VIII und 390 S.) Leipzig (861)62, Grunow. *

— Tempel d. Unsterblichkeit, od. neue Anthologie d. wichtigsten Aussprüche besond. neuerer Weisen üb. Fortdauer u. Wiedersehen. Ein Buch f. Zweifelnde u. Trauernde. gr. 8. (16 B. u. W's. Bildn.) Blankenhain 837, Anholt. (Leipzig, Klinkhardt.)

— das alte Testament, s. Prediger-Bibel.

— christliches Todtenamt zum Gedächtnisse unserer 1870 u. 71 in Frankreich auf dem Felde der Ehre gefallenen Heldensöhne. Allen gewidmet, welche über solche Schmerzensverluste theurer Söhne, Gatten, Brüder u. Freunde trauern. gr. 8. (20 S.) Berlin 872. Grosser. n. — 25

— die Trennung der Kirche von dem Staate und der Schule von der Kirche. gr. 8. (VIII und 88 S.) Weimar 848, Voigt. —

— Triumph des Glaubens an Unsterblichkeit u. Wiedersehen über jeden Zweifel. gr. 8. Rudolstadt 836. Fröbel. (Leipzig, Engelmann.) 1¾ ℳ

— Triumph des Glaubens an Unsterblichkeit u. Wiedersehen über jeden Zweifel. Ein Buch für Trauernde und Alle, die nach der ewigen Wahrheit forschen. 2. wohlfeilere, verb. u. verm. Aufl. gr. 12. Rudolstadt 842. (Leipz., Böhme.) ¾ ℳ

— Triumph d. Glaubens an Unsterblichkeit u. Wiedersehen üb. jed. Zweifel. Ein Buch f. Trauernde u. Alle, die nach d. ewigen Wahrheit forschen. 1. Aufl. gr. 8. (15¾ B.) 836. 1¾ Thlr., 2., wohlf. verb. u. verm. A. gr. 12. (12½ B.) Rudolstadt 842, Fröbel'sche Hofbuchdruckerei.

— die Unantastbarkeit der Kirchengüter, nachgewiesen. gr. 8. (VII und 86 S.) Weimar 849, Voigt.

— Unfug an heil. Stätte. Ein Wort zu seiner Zeit. gr. 8. Altenb. 829. Literat.-Cpt. 16 ℊ

— Unfug an heil. Stätte. Ein Wort zu seiner Zeit. gr. 8. (9 B.) Altenburg 829, [Pierer.]

— die Wahrheit wird euch frei machen. Ein Bruderwort an evangel. Geistliche, zur Feier des dritten Jubelfestes der Protestation der evangel. Stände auf der Reichsversammlung zu Speyer am 19. April 1529. gr. 8. Altenb. 829. Lit.-Cpt. 1 ℳ

Wohlfarth, Joh. Fr. Theod., die Wahrheit wird Euch frei machen. Ein Bruderwort an evangel. Geistliche, zur Feier d. dritten Jubelfestes der Protestation d. evangel. Stände auf d. Reichsversamml. zu Speyer am 19. April 1529. gr. 8. (14 B.) Altenburg 829, [Pierer.] Thlr.

— Was, meinst du, soll aus dem Kindlein werden? Predigt am Feste Johannis des Täufers 1850. gr. 8. (8 S.) Neustadt a. d. O. 850, Wagner. *

— über Wesen u. Bestimmung d. Universitäten, so wie d. zweckmäß. Anwendung d. Universitätsjahre in besond. Rücksicht auf uns. Zeit. Für Studirende, deren Aeltern u. Vormünder. 8. (22½ B.) Eisenberg 833, Schöne.
Vgl. Wohlfahrt. — Wolfart.

— wie viel gerade Wir Ursache haben, das Wort des Herrn zu bedenken: Sehet euch vor für den falschen Propheten! Predigt. gr. 8. Altenb. 831. Literat.-Cpt. 3 ℊ

— wie viel gerade Wir Ursache haben, das Wort d. Herrn zu bedenken: Sehet euch vor vor d. falschen Propheten! Predigt. gr. 8. (1½ B.) Altenburg 831, [Pierer.]

— Würdigung und Beleuchtung einer soeben bei Kollmann in Leipzig unter dem Titel: „Enthüllungen über die wirkl. Todesart Jesu" erschienenen Schrift. 12. (X und 169 S.) Weimar 849, Voigt.

Wohlfarth, Joh. Friedr. Theod., üb. Censur u. Preßgesetzgebung. Nebst e. Entwurfe zu e. allgem. constitution. Preßgesetze f. Deutschland. Ein Votum d. Kirche. 8. (2¼ B.) Rudolstadt 835, Fröbel'sche Hofbuchdruckerei.
* 6 Gr., hrbaſ. Pr. Thlr.

—— Heinrich Zschokke und die Stunden der Andacht. Beigabe zu Grosser's wohlfeiler Ausgabe „der Stunden der Andacht". gr. 8. (20 S.) Ebendaſ. 871. *

Wohlfarth, K., neues Maaß und Gewicht in Versen und Beispielen. [Die alten Maaße und Gewichte sind sächsisch.] 16. (14 S.) Altenburg 869, Bonde.

Wohlfarth, Max [cand. med. aus Plauen i. V.]: Klinische Beiträge zur Lehre vom hämorrhagischen Lungeninfarct … Würzburg, P. Scheiner's Buchdr., 1893; 38 S., 1 Bl. 8.
Würzburg, Med. Fak., Inaug.-Diss. v. 1893

Wohlfarth, Mor., einstimmige mit Textzeilen versehene Choralmelodieen zu den evangel. Kirchenliedern der im Königr. Sachsen eingeführten Gesangbücher. Alphabetisch geordnet und mit einer Einleitung: Instruktive Uebungsstücke für den Gesangunterricht in Volksschulen enthaltend, und einigen Anhängen versehen. gr. 8. (II und 62 S.) Leipzig 857, Klinkhardt. *
Vgl. Wohlfahrt

Wohlfarth, Mor., einstimmige mit Textzeilen versehene Choralmelodieen zu den evangelischen Kirchenliedern der im Königr. Sachsen eingeführten Gesangbücher. Alphabetisch geordnet und mit einer Einleitung: Instruktive Uebungsstücke für den Gesangunterricht in Volksschulen enth. und einigen Anhängen versehen. 4. Aufl. (62 S.) 1875; 5. Aufl. gr. 8. (64 S.) Leipzig 878, Klinkhardt. *
Vgl. Wohlfahrt

Wohlfarth, Mor., der kleine Leser, oder die ersten Leseübungen des Kindes. Bearb. und hrsg. 2., unveränd. Aufl. 8. (40 S.) Crimmitschau 851. (Leipzig, Thomas.) *

—— und H. Heß, der kleine Sänger, s. Heß.

Wohlfarth, R., die Pflanzen des Deutschen Reichs, Deutsch-Oesterreichs u. der Schweiz. Nach der analyt. Methode zum Gebrauch auf Excursionen, in Schulen u. beim Selbstunterricht bearb. 8. (XVI, 788 S.) Berlin 881. Nicolai's Verl. n. 6. —
Vgl. Wohlfahrt
Vgl. Wohlfahrth

Wohlfarth, R., d. Sagen d. Kyffhäusers. 12. (128 S.) Frankenhausen 896. C. Werneburg. n. — 80

Wohlfarth, R., Synopsis der deutschen u. Schweizer Flora, s.: Koch, W. D. J.

Wohlfarth, Th., de l'imparfait et du passé défini. 4. (17 S.) München 878. (Kellerer.) n. — 25
Vgl. Wohlfahrt, Theodor.

Wohlfarth, Th., Rede bei Eröffnung der Versammlung für Schleswig-Holstein am 6. Decbr. 1863 zu Rudolstadt gehalten. gr. 8. (7 S.) Rudolstadt 863, Müller'sche Buchh. *

Wohlfarth, Theodor, Referendar: Das gemeinschaftliche Testament nach dem Bürgerlichen Gesetzbuche. Königsberg i. P. 1909: Königsberger Allgem. Zeitung. 95 S. 8°
Breslau, Jur. Diss. v. 30. Jan. 1909, Ref. Meyer-Leonhard
[Geb. 10. Jan. 81 Breslau; Wohnort: Alt-Rahlstedt; Staatsangeh.: Preußen; Vorbildung: König-Wilhelms-Gymn. Breslau Reife O. 00; Studium: Breslau 4, Bonn 1, Breslau 1 S.; Rig. 17. Dez. 08.] [U 09. 535

Wohlfeil, Kaspar

— Anleit. den Kindern die ersten Begriffe von Gott u. d. Religion auf d. faßl. beizubringen, um sie höherer Religions- u. Sittenlehren empfänglich zu machen. In deutscher u. poln. Sprache. 8. Lemberg 796. 5e Aufl. 8. Krakau 806.

— Anleit., den (polnischen) Kindern das deutsche Rechtsprechen u. Rechtschreiben am faßl. beizubringen. 3e Aufl. 8. Krakau 806.

Wohlfeil, Kaſ., Anleitung zur deutschen Sprachlehre f. Polen. 8. Lemberg 795. 4e Aufl. 8. Krakau 807.

— Benennungen d. interessantest. sinnl. Dinge nach Art d. Bilderwelt von Comenius. 8. Leipz. 784. Neue umgearb. Ausg. unt. d. T.: prakt. Uebungen in d. deutschen u. polnischen Sprache, mit der Absicht verbunden, die Jugend mit den interessant. Dingen bekannt zu machen. 8. Krakau 805.

Wohlfeil, Kaſ., Handbuch für Eltern, Lehrer u. Erzieher. 8. Lemb. 798. 2e A. 8. Krakau 803.

— prakt. deutsche Sprachlehre: Practiczna Grammatica Niemiecka. 8. Krakau 806. 2e A. 808. … 3e Aufl. 2 Thle. (Deutsch u. französ.) 8. Lemb. 822. (Leipz., Leich.) 16 K

Wohlfeil, Kaſ., prakt. deutsche Sprachlehre. (Deutsch u. Poln.) 3. Aufl. (2 Thle.) 8. (35¼ B.) Lemberg 822, Piller.

— polnisch-deutsches Wörterbuch: Słownik-Niemiecki. 8. Lemb. 793.

Wohlfeil, Paul, der Kampf um die neusprachliche Unterrichtsmethode, s.: Flugschriften des neuen Frankfurter Verlags. IV.

Wohlfeil, Paul: The Lay of Havelok the Dane. Ein Beitrag zur mittelenglischen Sprach- und Litteraturgeschichte … Leipzig-Reudnitz. Druck v. M. Hoffmann, 1890; 61 S., 1 Bl. 8°
Leipzig, Phil. Fak., Inaug.-Diss. v. [1. Jan. 1891.

Wohlfeil, Paul, Dr.: Die deutschen Molière-Übersetzungen. Eine bibliographisch-literarische Studie. Frankfurt a. M. 1904: C. Adelmann. (S. 1—48.) 4°
Frankfurt a. M., Adlerflycht-S OP 1904 (479)

Wohlfromm, Ernst: Untersuchungen zur Syntax des Codex Hammurabi's. Leipzig 1910: Drugulin. 84 S. 8°
Königsberg, Phil. Diss. v. 2. Aug. 1910, Ref. Brockelmann
[Geb. 14. Sept. 62 Kinten; Wohnort: Gr.-Karpowen; Staatsangeh.: Preußen; Vorbildung: Gymn. Tilsit Reife M. 85; Studium: Theol. u. Phil. Königsberg 7 S.; Rig. 3. März 10.] [U 10. 2633

Normal-Sortiment für die in der Provinz Ostpreußen geeigneten Obstsorten nebst kurzen Erl. über Obstbau u. -Pflege … Unter Mitw. von Fachmännern entw. von H[ermann] **Wohlfromm**, Forstmeister a. D. (5. Aufl.) *Insterburg 1904: A. Bittner.* (32 S.) 8° [F.] [illegible] 10

Normal-Sortiment für die in der Provinz Ostpreußen geeigneten Obstsorten nebst kurzen Erl. über Obstbau u. Pflege … Unter Mitw. von Fachmännern entw. von H[ermann] **Wohlfromm**, Forstmeister a. D. (6. Aufl.) Königsberg i. Pr. 1907: Ostpr. Dr. (35 S.) 8° [F.] [08. 1890 10

Wohlgebohren, Er. Fr. Hnr., über d. Auferziehung der Füllen. 8. Götting. 794. Vandenhoeck u. R. 3 K 80 S.

Wohlgebohren, Heinrich, s. Wohlgebohren, Er. Fr. Heinrich

Wohlgeboren, Abbildungen z. Naturlehre, s.: Breitfeld.

Wohlgeboren-Wohlbrück, Reise-Erinnerungen, s. Reise-Erinnerung.

Wohlgeborne, die,. Lstsp. v. Stephani. gr. 8. Lpz. Rein. 795.

Wohlgefallen, Das göttliche, ... Breslau 1763. V: *Burg, Joh. Friedrich.* (Kat. d. Druckschr. üb. Breslau. Breslau 1903. S. 20.)

Wohlgemut, Gotthold. Erinnerungen aus seiner Jugendzeit. Seinen lieben Kindern gewidmet v. W. J. K. 8. (93 S. m. Abbildgn.) Bremen 899. Verlag des Tractathauses. n. — 50

Wohlgemut. – Leberecht Wohlgemut. Der Bund vom Bund der Glücklichen. Berlin: Schneider 1899. 8°
Hrsg.: S. A. Häussler.

Wohlgemut, s. Gemälde, die, von Dürer und Wohlgemut.

Wohlgemut, Conrad, s. Wohlgemut, Konrad

Wohlgemut, Hans, Zeitgedichte. 12. (10⅔ B.) Mannheim 843, Hoff.

Wohlgemut, Konrad

Wohlgemut, Conr(ad). Aufsteigende u. absteigende Entwicklung im Sonnensystem. Von Konr. W' (Frasnacht b. Arbon). II + 13 S. 8. Zu beziehen vom Verfasser: Buchdr. Albert Schläpfer, Arbon, 1906. fr. —. 70

Wohlgemuth, Felix, (Fr Laun), ich u. meine Gläubiger. 8. Hirschberg 809, a. 823. (Nesener). 18 gr

Wohlgemuth, Felix, ich u. meine Gläubiger v. Fr. Laun, 8. Hirschberg, Thomas. 809.

Wohlgemuth: Geometrische Betrachtung der Gaussischen J – und der complexen Grössen. 10 S. 8° und Figt. Bozen, Progr. 1861

Wohlgemuth, Gedanken. 8. Lpz. Bruder. 810.

Wohlgemuth, Leben, Lied und Liebe, s. Leben, Lied und Liebe.

Wohlgemuth, Sorgenvoll, s.: Quousque tandem.

Wohlgemuth: Die der Gesundheit schädlichen Stoffe im Haushalt. Zs. 54 S. 8°. Bozen, Progr. 1867,69.

Wohlgemuth, A., Lehrbuch der Geometrie im Umfange des vollen Gymnasialcursus. gr. 8. (164 S. mit eingedr. Holzschn.) Libau 877, Zimmermann. *

—— Mathematik für das Einjährig-Freiwilligen-Examen. gr. 8. (VI, 65 S. mit 54 in den Text gedr. Fig. in Holzschn.) Leipzig 876, Theile. *

Wohlgemuth, Alexius, hundert Jahre in eine tiroler Familie, s. Lesekranz.

Wohlgemuth, Alexius, Schattenbilder aus dem Volksleben, s. Lesekranz.

Wohlgemuth, Alexius (Ant. Oberkofler), Schattenbilder aus d. Volksleben, s.: Zehnpfennigbibliothek, Regensburger.

Wohlgemuth, Aloysius (ps.), Fackeln zur Beleuchtung des Koch-Buches und der Brocken in die Suppe. Köln 1819. 8°. 188 S. (2 Mk. der Vorige.)

Wohlgemuth, Anna

— Doktor Jansen. Eine Erzählg. aus dem Leben. (63 S.) 8. Ebd. 908. 1. —

Wohlgemuth, Anna, geb. Stahel. Gesammelte dramatische Werke. 1. u. 2. Bd. 8. Leipzig-Gohlis. Raschwitz b/Leipzig, B. Volger. 3. 25

1. Der Edelknabe. Schauspiel m. Gesang in 5 Aufzügen. (2. Aufl.) (84 S.) 908. 1. 25
2. Frau v. Staël. Drama in 5 Akten. Teilweise nach e. Roman v. Amely Bölte. (95 S.) 908. 2. —

Wohlgemuth, Christ., Entdeckung d. systematis Chr. Democriti. 8. Berl. Haude. 73..

— Rettung d. 53ten Kap. Jesaiä wid. Chph. Eschrichs Erklärung u. d. Unsündlichkeit d. menschl. Natur Christi wider Ch. Feud. 8. Halle, Waisenh. Buchhandl. 736.

— fortges. Rettung d. Unsündlichkeit Christi. 8. Ebd. 737.

Wohlgemuth, Emil v.

—— s. Polarforschung.

Wohlgemuth, Emil Edler v., Vorbericht zur wissenschaftlichen Publication der österreichischen Polarexpedition nach Jan Muyen. Hrsg. von der kaiserl. Akademie der Wissenschaften. Imp.-4. (III, 119 S. mit 3 Taf. und 2 Karten.) Wien 886, (Gerold's Sohn.) *
Aus: Die internationale Polarforschung 1882—1883. Die österreich. Polarstation Jan Mayen. I. Bd., besonders abgedruckt.

Wohlgemuth, Ernst

— — Humoristische Betrachtungen auf der Frankfurter Messe. Frankfurt a. O. Druck u. Verlag von F. W. Koscky (c. 1840). Kl. 8°.
19 S. (incl. Titel).

Wohlgemuth, Ernst, Herr Buffey auf d. frankfurter Messe. Lokal-Scherz. 2. Aufl. gr. 12. (1½ B. u. ill. Ttlbild.) Frankfurt a. d. O. 839. [Berlin, Danz.]

Wohlgemuth, Ernst, Herr Buffey auf der Frankfurter Messe. Lokal-Scherz. 2e Aufl. (Mit ill. Titelbild.) gr. 12. Frankfurt a. O. 839. Tempel'sche Buchh. ¼ ₰

—— Nante auf d. frankfurter Messe. Lokal-Scherz. 8. (1¾ B.) Frankfurt a. d. O. 840, (Harnecker u. Comp.) *

FRANKFURT a. Oder. —* Wohlgemuth, Ernst (Verf. von: „Buffey", „Nante auf der Frankfurter Messe", „Humorist. Betrachtungen" etc.), Ramsch, auf der Frankfurter Messe gesammelt u. zum gänzlichen, wirklichen, wahrhaften Ausverkauf gestellt. Frankfurt a. O. In Commiss. bei G. Harnecker & Comp. (c. 1840). Kl. 8°.
35 S. (incl. 1 Bl. Vorr. u. 2 Bll. „Einläutung", in Versen).

Wohlgemuth, Ernst, Sang u. Klang, s. Sang u. Klang.

Wohlgemuth, E., Sang und Klang für fröhliche Vereine, s. Sang u. Klang 2c.

Wohlgemuth, Ernst, Sang und Klang für fröhliche Vereine. Ein Liederbuch, enthaltend die beliebtesten älteren und neuesten Volksgesänge. 6. Aufl. 16. (148 S.) Tangermünde 857. [Osterburg,] Doeger'sche Buchh. *
Vgl.: Sang und Klang.

Wohlgemuth, Eugenie. La Cristans. Eine Volksidylle aus dem Grödnertbale. 8. (46 S.) Wien, Moritz Perles. 80 kr., eleg. geb. 1 fl. 20 kr. 1883.

Wohlgemuth, Ferd., neueste, leichtfaßliche Volks-Buchhaltungs-Lehre für Schulen und zum Selbstgebrauche oder Anleitung für Handelsleute ꝛc. Handwerker und Landwirthe, ihre Rechnungen klar, deutlich ꝛc. zu führen, nebst umfassenden Reduktionen der alten Schweizermünzen und des Reichsgeldes in's neue Schweizergeld; aus amtl. Quellen geschöpft. 3., unveränd. Ausg. gr. 8. (VIII und 144 S.) Weinfelden 852. (Herisau, Meisel's Sortimentsb.) Thlr. *

Wohlgemuth, Frdr., Schreiben an den Verfasser des Fidibus, den Durchgang der Venus durch die Sonne betreffend. Leipzig 1768. 8⁰. 16 S.

Wohlgemuth, Fritz: Riesen und Zwerge in der altfranzösischen erzählenden Dichtung. Stuttgart 1906: A. Bonz. (109 S.) 8⁰
Tübingen, Phil. Fak., Ref. Voretzsch, Diss. v. 6. Aug. 1906
[Geb. 17. April 83 Stuttgart; Wohnort: Stuttgart; Staatsangeh.: Württemberg; Vorbildung: Karlsgymn. Stuttgart Reife M. 01; Studium: Tübingen 3, Heidelberg 2, Tübingen 3 S.; Coll. 17. Mai 06.]

Wohlgemuth, Fr., Riesen u. Zwerge in der altfranzös. erzählenden Dichtung. (Diss.) (110 S.) 8. Leipzig 907. O. Harrassowitz. 2.—

Wohlgemuth, Fritzchen, neues Recht. Scherzhafter Ernst aus dem bürgerl. Gesetzbuch zum Handgebrauch im Gebiet des französ. Rechts. gr. 8. (VII, 94 S.) Neuwied 901. Heuser's Verl. n. 1.50

Wohlgemuth, G., der deutsche Aufsatz für das Einjährig-Freiwilligen-Examen. 8. (IV, 44 S.) Leipzig 875. G. Körner. *

—— dass. — Nachträge und Ergänzungen. Bedingt laut Prüfungsordnung vom 28./XII. 75. gr. 8. (22 S.) Leipzig 876. Theile's Buchh. *

— Mathematik f. das Einjährig-Freiwilligen-Examen. Mit 54 in den Text gedr. Fig. (in Holzschn.) gr. 8. (VI, 65 S.) Ebend. 876. n. 2.—

Wohlgemuth u. Fritz Schneider, Taschenbuch f. Baugenossenschaften, Bau- u. Sparvereine, f. a. Handbibliothek f. das deutsche Genossenschaftswesen. 4. Bd.

Taschenbuch für Baugenossenschaften, Bau- und Sparvereine. Eine Anweisung f. deren Gründung u. Einrichtung von [G.] Wohlgemuth, weil. Dir. d. Verbandes d. Baugenossensch. Deutschlands. Nach dessen Tode vollendet u. bearb. von Dr. Fritz Schneider, Revisor d. Verbandes d. Baugenossensch. Deutschlands, nebst e. Anleitung z. Buchführung von E. Syring. Berlin: J. Guttentag 1899. (X, 334 S.) 8⁰
(Handbibliothek f. d. Deutsche Genossenschaftswesen. Bd 4.)

Wohlgemuth, Otto., Klatschrosen u. Stechpalmen, s. a. Klatschrosen ꝛc.

WOHLGEMUTH, Gottlob (nicht: Gustav, wie Raßmann hat). Klatschrosen u. Stechpalmen. Rechts u. links gestohlen. Für Lacher und lustige Leute gesammelt und herausgegeben von —. 8 Hfte. Mit illum. Titelkpfrn. Leipzig, Magazin f. Industrie, 1827—31. 16⁰. 5, 6½, 7, 6½, 6, 6, 6, 6 Bogen. Cplt. sehr selten, besonders in saubern Expll.
A. G. Schmidt, Gallerie etc.; Weller, Lex. Ps. p. 614. — Vielfach pikante Sammlung.

Wohlgemuth, H., Passionsandachten üb. d. 7 Kreuzesworte. 12. (48 S.) Kiehnwerder 897. (Berlin, K. J. Müller.) n. — 50

Wohlgemuth, Heinz [aus Neu-Stettin]: Zur Pathologie und Therapie der scrofulös-tuberkulösen Lymphdrüsengeschwülste bei Kindern bis zu 10 Jahren ... Berlin, Buchdr. v. Gustav Schade (Otto Francke) (1889); 30 S. + 1 Bl. 8⁰
Berlin, Med. Fak., Inaug.-Diss. v. 13. Sept. 1889.

Wohlgemuth, J., s.: Bücher, die fünf, Moses.

— zur Erinnerung an David Kaufmann. gr. 8. (12 S.) Berlin 899. (M. Poppelauer.) n. — 50
Sonderabdruck aus: „Jüd. Presse".

Wohlgemuth, J., s.: Luzzatto, Mosche Chajim, der Weg der Frommen.

— die Unsterblichkeitslehre in der Bibel. Progr. gr. 8. (III, 58 S.) Ebd. 900. n. 1.50

Wohlgemuth, Jak., Doctor Martin Luther. Ein Charakterbild. Zum Lutherjubiläum dem deutschen Volk gewidmet. 2. Aufl. 8. (III, 134 S.) Trier 883. Paulinus-Druckerei. n. 1.—

Wohlmuth, Johann A. S. 744/22

Disputatio juridica de matrimonio ex ratione status, Von Staats-Heyrathen. Präs. Elias August Stryk. Kiel (Reumann) 1700. 48 S.
37112

Wohlmuth, Johann A. S. 281/35

Disputatio iuridica de matrimonio ex ratione status. Von Staats=Heyrathen. Präs. Elias August Stryk. Wittenberg (Eichsfeld) 1733. 48 S.

Diss. Kiel 1691. 37113

Wohlmuth, Johann A. S. 46/28

Disputatio iuridica de matrimonio ex ratione status Von Staats=Heyrathen. Präs. Elias August Stryk. Wittenberg (Eichsfeld) 1745. 48 S.
37114

Wohlgemuth, Josef: Henry Homes Ästhetik und ihr Einfluss auf deutsche Ästhetiker ... Berlin, gedr. bei W. Röwer, 1893; 1 Bl., 77 S. 8.
Rostock, Phil. Fak., Inaug.-Diss. v. [16. März] 1893

Wohlgemuth, Joseph: Der Stil in George Crabbe's Dichtungen. Würzburg 1910: Bonitas-Bauer. IV, 108 S. 8⁰
Würzburg, Phil. Diss. v. 18. Mai 1910, Ref. Förster.
[Geb. 11. März 85 Königsberg i. P.; Wohnort: Würzburg; Staatsangeh.: Preußen; Vorbildung: Wilhelm-Gymn. Hamburg Reife M. 04; Studium: Berlin 8, Würzburg 1 S.; Rig. 28. Juli 09.] [U 10.4409

Wohlgemuth, Jos., die Vorträge des P. Erich Wasmann in Berlin. (III, 110 S.) gr. 8. Frankfurt a/M. 907. Verlag des Israelit. 1.50

Wohlgemuth, Julius: Ein Fall von infantiler Hemiplegie nach Diphtherie. Freiburg i. Br. 1898: H. Epstein. (27 S.) 8⁰
Freiburg i. B., Med. Diss. v. 1898

Wohlgemuth, Jul., u. Mich. Strich, Untersuchungen üb. die Fermente der Milch u. über deren Herkunft. (Aus der experimentell-biolog. Abteilg. d. patholog. Instituts der kgl. Universität Berlin.) (S. 520—524.) Lex 8. Berlin 910. G. Reimer. — 50
Sonderabdruck aus: „Sitzungsber. d. preuss. Akad. d. Wiss."

Wohlgemuth, Julian, Zeitgedichte und Lieder. Dem deutschen Volke gewidmet. 8. (23 S.) Fraustadt 848, Neustadt'sche Buchh.

Wohlgemuth, Just., Handbuch für Auswanderer nach Australien, s. Lang.

LEBEN, Lied und Liebe. Nur für Verwandte und Freunde (von *Justus Albert Wohlgemuth*). Berlin 1855.
Anon.-Lex. V. p. 187 (nach Kayser).

Wohlgemuth, L. Max, der Fabrikchemiker, seine Ausbildung u. Stellung, s. a. Monographien üb. chemisch-technische Fabrikationsmethoden. 1.

Der Fabrikchemiker, seine Ausbildung und Stellung. Von L. Max Wohlgemuth. Essen-Ruhr. Halle a. S.: W. Knapp 1906. (36 S.) 8°
= Monographien über chem.-techn. Fabrikationsmethoden. Bd 1.

Wohlgemuth, L. Max, s.: Laboratoriumsbücher f. die chemische u. verwandte Industrien.

— s.: Monographien üb. chemisch-technische Fabrikationsmethoden.

Wohlgemuth, Leonh., s. Wohlmuth, Leonh.

Wohlgemuth, Pauline

—— neuestes allgem. verständl. u. brauchbares Wiener-Kochbuch, od.: Gründl. Anweis. z. Kochen, Braten, Backen, Einmachen rc. Ein Hausfrauen, Köchinnen u. allen, welche ihre Speisen ohne große Kosten auf die leichteste, wohlschmeckendste u. gesundeste Art zubereiten wollen, unentbehrl. Handbuch. 8. (23½ B.) Leipzig 836, Drobisch. (?)

— neuestes allgemein verständl. u. brauchbares Wiener Kochbuch, oder: Gründl. Anweisung zum Kochen, Braten, Backen, Einmachen rc. 8. Ebd. 835. ¾ ₰ — 2e verb. Aufl. 836. ¾ ₰

Wohlgemuth's, Pauline, allgemein brauchbares und leicht verständliches Wiener-Kochbuch und Tafelbäckerin für jede bürgerl. Haushaltung, welche ihre Speisen auf die leichteste und gesundeste Art ohne große Kosten fein und wohlschmeckend zubereitet haben will. 3. (Titel-)Aufl. 8. (XIV und 361 S.) Leipzig 851, Voigt.

Wohlgemuth, Pauline, Sechs-Pfennig-Kochbuch. — Neuestes allgem.-verständl. u. brauchbares Kochbuch f. jede Haushaltung rc. (8 Lfgn.) 8. (... B.) Leipzig 835, Drobisch. (?) *

Wohlgemuth, Rich., bürgerliche Geschäfts-Aufsätze. Verläßlicher, prakt. u. nützlicher Rathgeber für Beamte, Eigenthümer, Kaufleute rc. (In ca. 5 Lfgn.) 1. Lfg. gr. 8. (48 S.) Leipzig 877. Rasch? — 50

Wohlgemuth, Vict., der fidele amüsante Gesellschafter. Eine Sammlg. allerlei Kunstfertigkeiten u. Geheimnisse, sich in Gesellschaft unentbehrlich zu machen. Interessante Spiele, humor. Vortragsgedichte, Scherzfragen, Anekdoten, Parodien u. Kartenkunststücke. (120 u. 125 S.) 8. Dresden (910). Welt-Reform-Verlag. 2. —

†Wohlgemuth, W. [Otto de Grahl], Fürst Bismarck 1815—1885. Eine Festschrift für das deutsche Volk. 1. und 2. Aufl. gr. 16. (96 S. mit eingedr. Illustr.) Berlin 885, [M. Schulze.] *

— s.: Sammlung illustrirter Biographien deutscher Fürsten u. großer deutscher Männer.

Wohlgemuth, W., (Otto de Grahl), unser Heldenkaiser Wilhelm I. Mit zahlr. Illustr. gr. 16. (144 S.) Berlin 887. Görnicki. — 50; geb. n.n. 1. —

Wohlhaupt, F., das Lebensziel des Menschen — diesseitig od. jenseitig? Eine Prüfg. der Lebensideale, besonders der gegenwärt. Richtgn. in der Theologie. gr. 8. (III, 92 S.) Leipzig 902. A. Deichert Nachf. n. 1. 50

Wohlhaupt, Frz., d. Ziel d. Mystik, s.: Allotria, ernste.

Wohlien, C. W., 18 (lithogr.) Vorlegeblätter für Anfänger im freien Handzeichnen. Gezeichnet und nach den Regeln der Perspective geprüft. 1. Heft. 4. Altona 850, (Schlüter.) *

Wohlien, Heinr., 25 Wandtafeln für die 2. Unterrichtsstufe im freien Zeichnen. Eine Sammlung ornamentaler Flächenfiguren zum Gebrauche an Volksschulen. 1. Aufl. 1872, und 2. unveränd. Aufl. Lithogr. gr. Fol. Hamburg 869, Nestler und Melle. In Mappe. *

Wohlien, Heinr., 40 (chromolithogr.) Wandtafeln für die 2. Unterrichtsstufe im freien Zeichnen. Eine Sammlung ornamentaler Flächenfiguren. Zum Gebrauche an Volksschulen. 3. erweit. Aufl. gr. Fol. Hamburg 876, Nestler und Melle. In Mappe *

Wohlien, Heinr., 40 Wandtafeln für die zweite Unterrichtsstufe im freien Zeichnen. Eine Sammlung ornamentaler Flächenfiguren. Zum Gebrauche an Volksschulen. 4. und 5. Aufl. Lithogr. gr. Fol. [Hamburg 877,83, Nestler und Melle.] Berlin, Spemann. *

Wohlien, Heinr., 40 Wandtafeln f. die zweite Unterrichtsstufe im freien Zeichnen. Eine Sammlg. ornamentaler Flächenfiguren. Zum Gebrauche an Volksschulen. 5. Aufl. Lith. gr. Fol. Hamburg 883. Nestler & Melle. n. 8. 25

Wöhling, W., unsre Stellung zur Hermannsburger Mission. 8. (16 S.) Verden 891. Mahnke. n. — 20

—— Der Streit über die Lehre von der Eingebung d. heiligen Schrift. 8. (31 S.) Ebd. 890. * — 25
Vgl.: Scholze, O.

Woehlke, Karl: Die Ausstattung und die Aussteuer nach dem Bürgerlichen Gesetzbuch für das Deutsche Reich. Berlin 1909: Pilz. 105 S. 8°
Heidelberg, Jur. Diss. v. 19. Dez. 1909, Ref. Schröder
[Geb. 27. Aug. 86 Eydtkuhnen; Wohnort: Berlin; Staatsangeh.: Preußen; Vorbildung: Königstädt. Realgymn. Berlin Reife M. 05; Studium: Berlin 7 S.; Rig. 12. Nov. 09.] [U 10. 2045

Wohlleben, Karl, s.a. Wohlleben, O. Karl

Wohlleben, Karl

Wohlleben, das preuss. Fürsorge-Erziehungsgesetz, s.o. Magazin, pädagogisches.

Das preussische Fürsorge-Erziehungsgesetz unter bes. Berücks. der den Lehrerstand interessierenden Gesichtspunkte. Vortrag geh. in d. Sitzung d. Kölner Lehrerverbandes 1901, von Pastor [Karl] Wohlleben in Köln. Langensalza: H. Beyer & Söhne 1902. (15 S.) 8°
(Magazin, Pädagogisches. H. 182.)

Wohlleben, O. C., s. Wohlleben, O. Karl

Wohlleben, O. Karl

Wohlleben, O. C., s.: Bilder a. Deutschlands Werdegang.

-- Bilder aus der Zeit der deutschen Hansa, s.a. Bilder aus Deutschlands Werdezeit. 7. Bdchn.

Bilder aus der Zeit der deutschen Hansa. Von O. C[arl] **Wohlleben**. Mit 8 Bild. Gütersloh: C. Bertelsmann 1904. (116 S.) 8° [F.]
= Bilder aus Deutschlands Werdezeit. Bdch. 7.
= **Jugendbibliothek**, G. Nieritz'. No 252. 105. 12731 B

Wohlleben, O. C., des deutschen Adlers Flug in fremde Erdteile, s.a. Bilder aus Deutschlands Werdezeit. 12. Bdchn.

Des Deutschen Adlers Flug in fremde Erdteile. Von O. C[arl] **Wohlleben**. Mit 20 Bild. Gütersloh: C. Bertelsmann 1905. (130 S.) 8° [F.]
= Bilder aus Deutschlands Werdezeit. Bdch. 12.
= **Jugendbibliothek**, G. Nieritz'. No 257. 105. 12735 B

deutsche Kultur unter den sächsischen Kaisern, s.a. Bilder aus Deutschlands Werdezeit. 4. Bdchn.

Deutsche Kultur unter den sächsischen Kaisern. Von O. C[arl] **Wohlleben**. Mit 8 Abb. Gütersloh: C. Bertelsmann 1905. (123 S.) 8°
(Bilder aus Deutschlands Werdezeit. Bdch. 4.)
(Jugendbibliothek, G. Nieritz. No 249.)

— deutsche Kulturbilder aus dem Zeitalter der Kreuzzüge, s.a. Bilder aus Deutschlands Werdezeit. 5. Bdchn.

Deutsche Kulturbilder aus dem Zeitalter der Kreuzzuge. Von O. C[arl] **Wohlleben**. Mit 15 Bild. Gütersloh: C. Bertelsmann 1904. (133 S.) 8° [F.]
= Bilder aus Deutschlands Werdezeit. Bdch. 5.
= **Jugendbibliothek**, G. Nieritz'. No 250. 105. 12730 B

Wohlleben, Karl, der Deutsche Ritterorden in den Ostmarken, s.a. Bilder aus Deutschlands Werdezeit. 6. Bdchn.

Der Deutsche Ritterorden in den Ostmarken. Von [O.] Karl Wohlleben. Mit 8 Bildern. *Gütersloh: C. Bertelsmann 1904.* (124 S.) 8° [F.]
= Bilder aus Deutschlands Werdezeit. Bdch. 6.
= Jugendbibliothek G. Nieritz'. No 251. [illegible]

Wohlleben, O. C., Leitfaden f. den evangelischen Religionsunterricht in den ob. Klassen höh. Lehranst. gr. 8. (XVI, 212 S.) Leipzig 895. Aug. Neumann. n. 2. 50

— s.: **Volksbücher** f. Jung u. Alt.

Wohlleben, O. C., Wer soll den Kanal bezahlen? (Umschlag: 2. Taus.) (20 S.) 8. Cöln '04, Westdeutscher Schriftenverein. —. 30.

— wer soll den Kanal bezahlen? (Umschlag: 4. Taus.) (20 S.) 8. Cöln (905). Westdeutscher Schriftenverein. n. — 30

die Zeit der Karolinger, s.a. Bilder aus Deutschlands Werdezeit. 3. Bdchn.

Die Zeit der Karolinger. Von O. C[arl] **Wohlleben**. Mit 8 Bild. Gütersloh: C. Bertelsmann 1905. (132 S.) 8°
= Bilder aus Deutschlands Werdezeit. Bdch. 3.
= **Jugendbibliothek**, G. Nieritz'. No 248. 105. 13018

Wohlleben, William J., aus Chicago Ill., U. S. A.: Zur Kenntnis der Monohalogenphenole. [**Mit einer Figur.**] Freiburg (Schweiz) 1909. 95 S. und eine Tafel. 8°.
Freiburg i. Schw., Math.-naturw. Diss. 1908/09.

Wohlleben, William J. Zur Kenntnis der Monohalogenphenole. Diss. Math.-Naturw. Freiburg in der Schweiz. [Mit 1 Figur und 1 Tabelle.] 95 S. 8. Freiburg ⟨Schweiz⟩, St.-Paulus-Druckerei, 1909.

Wohllehn, Chr., die besten, einfachsten, bewährtesten u. sichersten Mittel, das Durchgehen d. Wagenpferde zu verhindern. 8. (3 B.) Dresden 830, (Walther.)

Wollehn oder Wohllehn? (Kutscher) Chr., die besten, einfachsten, bewährtesten u. sichersten Mittel, das Durchgehen der Wagenpferde zu verhindern. 8. Dresd. 830. (Walther.) 6 K

Wohlmann, Frz. Xav., s.: Fastenprediger, der.

Wohlmann's, Frz. Xav., Fastenpredigten üb. die Bestimmung d. Menschen. Umgearb. u. hrsg. v. Joh. Evang. Zollner. gr. 8. (IV, 88 S.) Regensburg 873. Manz. 1. 20

— Fastenpredigten üb. die letzten Dinge d. Menschen. Umgearb. u. hrsg. v. Jos. Evang. Zollner. gr. 8. (IV, 89 S.) Ebend. 874. 1. 20

— Fastenpredigten üb. das Heilsgeschäft d. Menschen. Umgearb. u. hrsg. v. Joh. Evang. Zollner. gr. 8. (IV, 101 S.) Ebend. 872. 1. 20

— Lobreden auf die allerseligste Jungfrau Maria. Umgearb. u. hrsg. v. Jos. Evang. Zollner. gr. 8. (VIII, 255 S.) Ebend. 871. 2. 70

—— Predigten auf alle Sonn- und Festtage des Kirchenjahres. Umgearb. und hrsg. von Joh. Evang. Zollner. 3 Bde. gr. 8. Ebendas. 871. à Bd. *M.* 3.
Inhalt:
Bd. 1. 2. Sonntagspredigten. 2 Bde. (XII, 359; VIII, 350 S.)
" 3. Festtagspredigten. (VIII, 460 S.)

—— Predigten und Standesunterweisungen bei Missionen und Renovationen. Umgearb. und hrsg. von Joh. Evang. Zollner. gr. 8. (IV, 284 S.) Ebendas. 872.

Wohlmannstetter, Johann Franz: [illegible] Geschichte der Standortentwicklung der [illegible]industrie.
(Titel nach der [illegible])
[illegible]
Diss. Ingolst.-Landsh.-**Mchn.**

Wohlmuth, Alois, ungeschminkt. Autobiographische Skizzen. Mit Zeichngn. von Frz. v. Defregger, W. Diez, St. Grocholsky u. A. Mit dem Portr. d. Verf. in Heliograv. 8. (VII, 139 S.) München 890. Münch. Kunst- u. Verlags-Anstalt Dr. E. Albert & Co. n. 3. —; geb. n. 4. —

Wohlmuth, Worte d. Liebe an Volks-Schullehrer gerichtet, das Amt u. Leben betreff. gr. 8. (10¼ B.) Breslau 838, Graß, Barth u. Comp.

Wohlmuth's, A., neue galv.-elektrische Heil-Methode. Eine gänzlich schmerzlose Innenbehandlg. m. galv.-elektr. Schwachstrom. Eine Anleitg. zum Gebrauch meiner Apparate nebst Beschreibg. der hauptsächlichsten Krankheiten u. deren Behandlg. nach meiner Methode. (XIV, 253 S. m. Abbildgn. u. Bildnis.) 8. München (909). Bickels Söhne. (Nur direkt.) 5. —

Wohlmuth, Alois, Benedikt Broemel. Eine Lebensgeschichte. 8. (VII, 244 S.) München 895. A. Ackermann's Nachf. n. 3. —

Wohlmuth, Alois, Epigramme. 1. Heft. 8. (18 S.) Wismar 868, Hinstorff'sche Hofbuchh.

—— dass. — 8. (24 S.) Brünn 871, Nitsch.

Wohlmuth, Alois, Ferien-Träume. gr. 8. (75 S.) München 891. Münchener Kunst- u. Verlags-Anstalt Dr. E. Albert & Co. n. 1. 50

Wohlmuth, Alois. Ferien-Träume. Mit Umschlagzeichnung von Franz Rauch und zwei Vignetten von Franz Stuck. IV + 72 S. 8. München und Leipzig, Georg Müller, 1904. [geb. M. 2. —]
In Versen und Prosa; grossenteils St.-Ursanne und Umgegend betr.

Wohlmuth, Alois, Gedichte. 8. (123 S.) München 902. A. Langen. n. 2. —; geb. n. 3. —

— **aus der Gegenwart!** Komödie in 4 Akten. 16. (102 S.) München (898). Rubinverlag. n. 1. —

— **der Komödiant.** Romant. Spiel in 3 Aufzgn. 8. (VII, 151 S.) München 897. C. H. Beck. n. 2. —

Wohlmuth, Alois, Newyorker Kunst- und Strassenbilder. Neue Folge der „Streifzüge eines deutschen Comödianten". gr. 8. (87 S.) Wien 883, [Wallishausser'sche Buchh.] Künast. *

Wohlmuth, A., Lessing in Kamenz, s. a. Bibliothek, neue, f. das deutsche Theater.

—— Lessing in Camenz. Charakterbild in 1 Act. gr. 8. (24 S.) Schwerin 869, (Schmale.) *

— **der Normalmensch.** Posse in 1 Aufzug. 16. (36 S.) München (898). Rubinverlag. n. 1. —

— Reise-Momente u. Erinnerungen. Neue Folge der Streifzüge e. deutschen Comödianten. 8. (111 S.) Weimar 884. Böhlau. n. 1. 20

— **die kleine Residenz.** Komödie in 3 Akten. (97 S.) 8. Ebd. 904. n. 2. —

—— s. a. Schreyer, Hans.

— **Hans Schreier, der große Mime.** Mit Illustr. v. Frz. Stuck. 2. Aufl. (58 S.) gr. 8. Leipzig 903. Berlin, H. Seemann Nachf. n. 1. —

—— ein moderner Simplicissimus. Orig.-Lustspiel in 3 Aufzügen. 8. (138 S.) München 880, (Palm.) *

— **Streber.** Zeitbild in 4 Akten. gr. 8. (90 S.) Ebd. 887. n. — 50

Wohlmuth, Alois, Streifzüge eines deutschen Comödianten. Erlebnisse aus dem kleinen Bühnenleben. Mit 9 (eingedr. Holzschn.-)Illustr. von Ed. Grützner und einem Vorworte von Ed. Hanslick. 8. (XV, 148 S.) Leipzig 878, Barth. *

— **Streifzüge e. deutschen Comödianten.** Erlebnisse aus dem kleinen Bühnenleben. Mit 9 Illustr. v. Ed. Grützner u. e. Vorworte v. Ed. Hanslick. 3. (Titel-)Aufl. 8. (XV, 148 S.) München 891. Münchener Kunst- u. Verlags-Anstalt Dr. E. Albert & Co. n. 1. 50

Wohlmuth, Eugenie, la Cristana. Ein Volksidyll aus dem Grödnerthale. 8. (45 S.) Wien 884, Perles. *
geb. *

Wohlmuth, Eugenie, im Freiheitskampfe. Gedicht aus dem serb. Volks- und Kriegsleben. 8. (63 S.) Wien 888, Konegen. *

Wohlmuth, Eugenie, was's Moidl erzählt. Aus dem Tiroler Volksleben. 8. (35 S.) Wien 882. Perles. n. 1. 50; geb. n. 2. 40

Wohlmuth, Geo., Lehrbuch der Philosophie, s.: Stöckl, Alb.

Wohlmuth, Gg., zum Streit um die geistliche Schulaufsicht in Bayern. (IV, 124 S.) gr. 8. Augsburg 909. Kranzfelder. 1. 80

Wohlmuth, Leonh., das Bild der Mutter, s. Familien-Bibliothek.

Wohlmuth, Leonhart, Blumen des bayrischen Hochlandes. Dichtungen. Erlangen 853. Palm u. Enke. gr. 8. (IV, 75 S.) n. 12 ngr.

Wohlmuth, Leonh., Gedichte. 16. Leipzig 846, Grunow. 1 ₰

—— Gedichte. 2., gänzlich umgearb. Aufl. 16. (IV und 173 S.) Erlangen 853, Palm und Enke. *

—— dass. — 3., stark verm. Aufl. 16. (VI und 281 S.) Nürnberg 856(57,) v. Ebner'sche Buchh., Verlags-Conto. *

Wohlmuth, Leonhart, Gedichte. 4. Aufl. 16. (VIII und 209 S.) Augsburg 863, Rieger'sche Buchh.

Wohlmuth, Leonh., Gedichte. 5. Aufl. 8. (VII, 136 S.) München 887, Callwey. *M 2.25.; geb. *

Wohlgemuth, Leonh., Goethe in Walhalla. Festspiel zur Feier von Goethe's hundertjähr. Geburtstag. 8. (16 S.) München 849, (Kaiser.) *

—— der Kaiserdom zu Speier. Ein deutsches Lied. gr. 16. (IV und 92 S.) Nürnberg 855, v. Ebner'sche Buchh., Verlags-Conto. *

—— deutsche Lieder. 16. (47 S.) Bayreuth 871, Giessel.

Wohlmuth, Leonhart. Mozart. Künstler-Lebensbild. Drama in vier Aufzügen. Nürnberg 1856.

—— Starnberg. Eine See-Idylle. (Miniatur-Ausg. aus des Verf. „Gedichte. 3. Aufl.") 32. (III und 66 S.) Nürnberg 856, v. Ebner'sche Buchh., Verlags-Conto.

—— deutsche Treue. Dramatisches Gedicht. gr. 16. (III, 53 S.) Aarau 869, Sauerländer's Verlag. *

Wohlmuth, Leonhart, dramatische Werke. 1. und 2. Bd. 8. Nürnberg 856, v. Ebner'sche Buchh., Verlags-Conto. à Bd. 16 Ngr.
Inhalt:
Bd. 1. Mozart. Künstler-Lebensbild. Drama in 4 Aufzügen. (103 S.)
" 2. Elisabeth von Bayern. Trauerspiel in 5 Aufzügen. (124 S.)

Wohlmuth, Leonhart, dramatische Werke. 3. Bd.: Die Zerstörung von Jerusalem. Trauerspiel in 5 Aufzügen. 8. (128 S.) Nürnberg 857, v. Ebner'sche Buchh. Verlags-Conto.
1. und 2. Bd. Ebendas. 1856. 1 Thlr. 2 Ngr.

WOHLMUTH, Max (München): Klinische Mittheilungen über Orbital-Fracturen.- München: Wohlthaler 1874. 17 S.
29.7.1874 - Urk (Titel: De fracturis orbitalibus.): Chr 1874/75,12
Diss. Ingolst.-Landsh.-Mchn.

Wohlrab u. Johansen, Shambaa-Lesefibel. Hrsg. v. A. W. S(chleicher). 12. (48 S.) Berlin 892. Th. Fröhlich. n. 1. —

Wohlrab, A., Ueber die neueste Behandlung des Platontextes. S.-A. 1876. 14 S.

Wohlrab, Adf., die Zollbehandlung der Pflanzen. Eine Zusammenstellg. aller auf die Ein-, Durch- u. Ausfuhr leb. Pflanzen Bezug hab. Gesetze, Verordngn. u. Vorschriften nach dem Stande vom 1. V. 1907. (35 S.) 8. Wien 907. Manz. — 85

Wohlrab, Albert: Das Vogtland als orographisches Individuum. Eine Studie zur deutschen Landeskunde. Mit 1 Übersichtskarte, 7 Lichtdrucktaf. u. 12 Textill. Stuttgart 1899: Union. (89 S.) 8° (Aus: Forschungen zur deutschen Landes- u. Volkskunde, Bd 12, H. 2.)
Leipzig, Phil. Diss. v. [18. Aug.] 1899

Wohlrab, Alb, das Vogtland als orographisches Individuum, s.a. Forschungen zur deutschen Landes- u. Volkskunde. XII. 2.

Das Vogtland als orographisches Individuum. Eine Studie z. deutschen Landeskunde von Dr. Albert Wohlrab in Leipzig. Mit 1 Übersichtskarte, 7 Lichtdrucktaf. u. 12 Textill. Stuttgart: J. Engelhorn 1899. (S. 97—185.) 8°
(Forschungen z. deutschen Landes- u. Volkskunde. Bd 12, H. 2.)

Wohlrab, E. H., zum Ausbau der ländlichen Fortbildungsschule m. Rücksicht auf das Handwerk. (30 S.) 8. Leipzig 908. A. Hahn. — 50

— Die Jahresarbeit e. Elementarklasse. Das 1. Schulj. e. sächs. Landschule, skizzenmäßig ausgeführt nach den Grundsätzen der Arbeitsschule. Mit e. Begleitwort v. K. Neubecker. (139 S. m. 33 Abbildgn.) gr. 8. Leipzig 910. E. Wunderlich. 2.—; geb. n 2. 50

— Weitere Vorschläge zum Ausbau unserer ländlichen Fortbildungsschule m. Rücksicht auf die Ministerialverordnung vom 17. XII. 1907. (31 S.) 8. Meissen (909). Sächs. Schulbuchh. — 80

Wohlrab, Ernst Martin, s. Wohlrab, Martin

Wohlrab, Ge. Aug. M.

Wohlrab, Ge. Aug. M., praes. C. G. **Kuhn**, De doctrina electricitatis ejusque usu potissimum medico. 52 pp. Lps. 4°. 1798.

Wohlrab, Diss. de usu electricit. med. Lps. 4°. 1786.

Wohlrab, Mart. Antrittsrede. S. 30—39. G. *Dresden-Neustadt* 1885.
Progr.

Wohlrab, Mart., Aufgabensammlung zur Einübung der Formenlehre und der einfachsten syntaktischen Regeln der griechischen Sprache. 2 Thle. gr. 8. Leipzig 864,65, Teubner. -
Inhalt:
Thl. 1. Das Nomen und das regelmäss. Verbum auf ω. (VIII und 86 S.) 7½ Ngr.
» 2. Verba auf μι. Anomale Verba. Syntaktischer Anhang. (103 S.) 10 Ngr.

Wohlrab, Mart., Aufgabensammlung zur Einübung der Formenlehre und der einfachsten syntaktischen Regeln der griechischen Sprache. 2. verb. und verm. Aufl. 1. und 2. Thl. gr. 8. Leipzig, Teubner.
Inhalt:
Thl. 1. Das Nomen und das regelmässige Verbum auf ω. (IV, 102 S.) 870. 75 Pf.
» 2. Verba auf μι. Anomale Verba. Syntaktischer Anhang. (103 S.) 874. ℳ 1.

Wohlrab, Martin, Rekt. Prof. Dr., Oberschulr.: [**Bericht** über die Feier des fünfundzwanzigjährigen Jubiläums der Schule.] *Dresden 1900: B. G. Teubner.* (S. 4—6.) 4°
Dresden-Neustadt, K. G, OP 1900 (574)

Das neutestamentliche Christentum auf psychologischer Grundlage dargest. von Martin **Wohlrab**, Geh. Studien-R. Leipzig, Dresden, Berlin: Ehlermann 1910. 151 S. 8° [illegible]

Wohlrab, Mart., ästhetische Erklärung klassischer Dramen. 5. u. 6. Bd. 8. Dresden. L. Ehlermann. à n. 1. 50
5. Sophokles' König Oedipus. (75 S.) 904.
6. Shakespeares Julius Cäsar. (V, 88 S.) 905.

Wohlrab, Mart., ästhetische Erklärung klassischer Dramen. 1. 7. u. 8. Bd. 8. Dresden, L. Ehlermann. à 1.50; geb. à 2. —
1. Shakespeares Hamlet, Prinz v. Dänemark. 2., verb. Aufl. (VII, 106 S.) 906.
7. Shakespeares Macbeth. (62 S.) 907.
8. Shakespeares König Lear. (63 S.) 909.

— ästhetische Erklärung Shakespearischer Dramen. 1. u. 2. Bd. 8. Ebd. à n. 1. 50; geb. à n. 2. —
1. Hamlet, Prinz v. Dänemark. (VII, 98 S.) 901.
2. Coriolan. (VI, 96 S.) 902.

— ästhetische Erklärung Sophokleischer Dramen. 1. Bd. Antigone. (VIII, 68 S.) 8. Ebd. 903. n. 1. 50

Wohlrab, Mart., ästhetische Erklärung v. Goethes Iphigenie auf Tauris. 8. (XIII, 84 S.) Dresden 903. L. Ehlermann. n. 1. 50; geb. n. 2. —

—— Gymnasium und Gegenwart. gr. 8. (32 S.) Ebendas. 874.
Aus: Neue Jahrbücher für Philologie, besonders abgedruckt.

Wohlrab, M., De aliquot locis Gorgiae Platonici. Pr. 1863. 20 S.

Wohlrab, Mart., Melusine. Trauerspiel in 5 Aufzügen. 8. (156 S.) Leipzig 885. Breitkopf & Härtel. n. 3. —; geb. n. 4. —

—— die Platonhandschriften und ihre gegenseitigen Beziehungen. gr. 8. (88 S.) Leipzig 887, Teubner. *
Aus: Jahrbücher für classische Philologie. 15. Suppl.-Bd., besonders abgedruckt.

— Quid Plato de animae mundanae elementis docuerit. Pr. 1872. 21 S. 4°.

Wohlrab, Mart. Die altklassischen Realien im Gymnasium. 1. Aufl. (IX, 82 S.) 889; 2. verb. Aufl. gr. 8. (XII, 86 S.) Lpz. 890, Teubner. geb. n 1 20

Wohlrab, Mart., die altklassischen Realien in Gymnasien. 4., verb. u. verm. Aufl. gr. 8. (XII, 102 S. m. 2 Plänen.) Leipzig 898. B. G. Teubner. Geb. n. 1. 20

— die altklassischen Realien im Gynasium. 5., verb. Aufl. gr. 8. (XII, 104 S. m. 2 Plänen.) Leipzig 902. B. G. Teubner. Geb. n. 1. 20

Wohlrab, Mart., die altklassischen Realien im Gymnasium. 6. Aufl. (VIII, 104 S. m. 2 Plänen.) 8. Leipzig 905. B. G. Teubner. Geb. n. 1. 20

— Die altklassischen Realien im Gymnasium. 7. u. 8. Aufl. (VIII, 104 S. m. 2 farb. Plänen.) 8. Leipzig 907, 11. B. G. Teubner. Geb. 1. 20

— dasselbe, bearb. f. Realgymnasien, s. a. Schnobel, Carl.

Wohlrab, Mart., vier gemeinverständliche Vorträge über Platons Lehrer und Lehren. 8. (IV, 87 S.) Leipzig 879, Teubner. *

Wohlrab, Rich. Fr. J., Handbuch der praktischen Seelsorge zunächst für Neomysten beim Eintritte in die Seelsorge; sodann aber als ein Vademecum für jeden anderen Seelsorgspriester. Nach mehreren prakt. Anleitungen zusammengestellt und bearb. Lex.-8. (IX und 274 S.) Prag 863, (Credner.)

—— kurzgefaßter Religions-Unterricht für erwachsene katholische Christen. Lex.-8. (88 S.) Prag 862 (Credner.) *
Aus des Verf. größerem Werke: „Handbuch der prakt. Seelsorge", besonders abgedruckt.

Wohlrabe, Frau L., Lesebuch f. Mädchenfortbildungsschulen, s.: Kuntz, O.

Wohlrabe, Wilhelm

Wohlrabe. Alpenwanderungen. Buchschmuck v. E. Manz. (VIII, 144 S.) Halle. 1909. M. 1.20

Wohlrabe, s.: Antwort d. Halleschen Lehrer-Vereins auf den offenen Brief d. Hrn. Kohlrausch: „Die geistl. Lokalschulinspektion".

— Aufgaben der Invaliditäts-, Alters-, Kranken- u. Unfallversicherung zum Gebrauch in Volks- rc. Schulen, s.: Steger, A.

Wohlrabe [Wilh.], ein Beitrag zur Charakteristik ultramontaner Geschichtsauffassung. Entgegnungsschrift an den Hrsgbr. der kathol. Zeitschrift für Erziehung und Unterricht Sem.-Dir. Dr. Gansen zu Boppard a. Rh. gr. 8. (IV, 100 S.) Halle 887, Tausch und Grosse. *

Wohlrabe, Deutschland v. heute. Ein Ergänzungsband zu jedem Volks- u. Fortbildungsschul-Lesebuche. 1. Tl. Meer u. Flotte. gr. 8. (160 S. m. Abbildgn.) Leipzig 902. Dürrsche Buchh. n. — 60

Wohlrabe, Deutschland v. heute. Ein Ergänzungsband zu jedem Volks- u. Fortbildungsschul-Lesebuche. 3 Tle. gr. 8. Leipzig, Dürr'sche Buchh. n. 2. —;
in 1 Bd. geb. n. 3. —
1. Meer u. Flotte. 11.—15. Tauf. (167 S. m. Abbildgn.) 905. n. — 60; geb. n. — 80
2. Unser Heer. (147 S. m. Abb.) 903. n. — 60; geb. n. — 80
3. Land u. Stadt. (208 S m. 1 Abb.) 905. n. — 80: geb. n. 1.10

— die Durchführung der Schulklassen, s.: Zeit- u. Streitfragen, pädagogische.

— Einrichtungs-, Lehr- u. Stoffplan f. Halbtags- usw. Schulen, s.: Pfeiser, W.

— Einrichtungs-, Lehr- u. Stoffplan f. Halbtagsschulen, s.: Roehl, W.

Wohlrabe. Fibel, s.: Scharlach, F.

— Fibel, s.: Scharlach, J. C. F.

Wohlrabe, Fibel, s.: Steger.

— **Fibel-Lesebuch,** s.: Pfeifer, W.

— O. Frick, s.: **Magazin,** pädagogisches.

Gedächtnisrede.

Wohlrabe, Wilh., üb. Gewissen u. Gewissensbildung. gr. 8. (V, 74 S.) Gotha 883. Thienemann. n. 1.20

— üb. Gewissen u. Gewissensbildung. Neue (Titel-) Ausg. gr. 8. (V, 74 S.) Ebd. 888. n. 1.20

— Königin-Luise-Büchlein. Zum Gedenken d. 100jähr. Wiederkehr des Todestages der Königin hrsg. Mit 1 geographisch-geschichtl. Karte, 1 Fksm., einigen Skizzen u. 18 Abb. (138 S.) 8. Leipzig 910. Dürr'sche Buchh. — 80; geb. 1.20

— s. a. Land u. Volk, deutsches.

Deutsches Land und Volk (in Lied-, Spruch- u. Prosa-Schilderung). Hrsg. von Rektor Dr. [Wilhelm] **Wohlrabe.** (Buchschmuck von Alfred Wessner, Ewald Manz, Heinrich Kopp.) H. 1–15. Halle a. S.: Gebauer-Schwetschke (1908–[11]). 8°
1. Die Nordsee. (1908.) 2. Die Ostsee. (1908.) 3. Zwischen d. Meeren. [1909.] 4. Vom Ems- u. Weserland z. Elbestrand. (1909.) 5. Das nordostl. Deutschland. [1910.] 6. Das schles. u. sächs. Flachland. [1911.] 7. Zu beiden Seiten d. Oder. Mecklenburg. Pommern, Brandenburg.) [1910.] 8. Der Rhein. [1909.] 9. Links u. rechts vom Rhein. [1909.] 10. Der Harz. (1910.) 11. Thuringen. Hessenland u. Franken. [1910.] 12. Elb- u. Odergebirge. Zwischen Donau u. Main. [1910.] 13. 14. Die Alpen. T. 1. Alpenklange. Alpenweisheit. 2. Alpenwanderungen. [1910.] 15. Über See. [1911.]

Wohlrabe, Wilh., Kants Lehre vom Gewissen, historisch-kritisch dargestellt. gr. 8. (VIII, 39 S.) Gotha 880. Thienemann. n. — 80

—— **Kants Lehre vom Gewissen, historisch-kritisch dargestellt.** Neue (Titel-) Ausg. gr. 8. (VIII, 39 S.) Ebendas. 888. *

— **der Lehrer in d. Litteratur.** Beiträge zur Geschichte d. Lehrerstandes. 1. u. 2. Aufl. gr. 8. (à XI, 468 S.) Freiburg i/B. 898. P. Waetzel. n. 6. —; geb. n. 7. —

— der Lehrer in der Literatur. Beiträge zur Geschichte des Lehrerstandes. 3. verm. Aufl. (XVI, 563 S.) gr. 8. Osterwieck 905. A. W. Zickfeldt. Geb. in Leinw. n. 5.50

—— Vom IX. deutschen Lehrertage. Sendschrift an den Hrsgbr. der „Pädagog. Blätter". Mit e. Nachworte v. Schöppa. gr. 8. (24 S.) Halle a. S. 892, Tausch u. Grosse. * — 50

— Lehrplan f. d. Religions-Unterricht der sechsstufigen Volksschule zu Halle. gr. 8. (24 S.) Ebd. 890. n. — 50

—— **Lehrplan für den naturgeschichtlichen Unterricht der sechsstufigen Volksschule zu Halle.** Nebst Präparationen für das Pensum der Mittelmeer-Zone, nach den Formalstufen bearb. von B. Maennel. gr. 8. (72 S.) [Gotha, Thienemann.] Halle 887, Tausch und Grosse. *

Wohlrabe, Lehrplan der sechsstufigen Volksschule zu Halle a. S. f. den Unterricht in Geschichte, Geographie, Naturlehre, Raumlehre, Deutsch, s.: Magazin, pädagogisches.

— Lesebuch, s.: Scharlach, J. C. F.

— **Lesebuch f. Bürger- u. Volksschulen,** s.: Scharlach, F.

— Deutsches Lesebuch, s.: Steger.

— **u. Storbeck, Lesebuch f. berg- u. hüttenmännische Fortbildungsschulen.** Im Auftrage der Mansfeldschen kupferschieferbauenden Gewerkschaft zu Eisleben hrsg. (544 S. m. Abbildgn.) 8. Leipzig 905. R. Voigtländer. Geb. in Leinw. n. 3.50

— **u. Storbeck, Lesebuch f. berg- u. hüttenmännische Fortbildungsschulen.** Im Auftrage der Mansfeldschen kupferschieferbauenden Gewerkschaft zu Eisleben hrsg. 2. Aufl. (575 S. m. Abbildgn.) 8. Leipzig 907. R. Voigtländer. Geb. 3.50

— Lesebuch f. einfache Fortbildungsschulen, s.: Kälker, Geo.

— Lesebuch f. gewerbliche Fortbildungsschulen. gr. 8. (II, III, 483 S.) Leipzig 902. R. Voigtländer. Geb. in Leinw. n. 2. —

— Lesebuch f. gewerbliche Fortbildungsschulen. 3., unveränd. Abdr. (IV, 483 S.) 8. Leipzig 905. R. Voigtländer. Geb. n. 2. —

— Lesebuch f. Mittelschulen, s.: Steger.

s. Magazin, pädagogisches.

— Friedrich Mykonius, der Reformator Thüringens, s.: Magazin, pädagogisches.

— Nachträge zu den Auflösungen des 6. Heftes der Scharlach'schen Aufgaben im schriftlichen Rechnen, s.: Steger, A.

—— Pein und Wülknitz, einige Präparationen zu profangeschichtl. Quellenstoffen, nach den Formalstufen bearb., nebst einer theoret. Begründung des Lehrverfahrens von Wohlrabe. gr. 8. (48 S.) Ebendas. 887. *
Aus: Pädagogische Blätter, besonders abgedruckt.

— Schäden u. Gefahren d. sexuellen Unsittlichkeit u. deren Bekämpfung. Erweiterter Synodal-Vortrag. (84 S.) gr. 8. Ebd. 908. 1. 20

— Schillerbüchlein. Zum Gedenken der 100jährigen Wiederkehr des Todestages des Dichters. (160 S. m. 36 Abb.) gr. 8. Leipzig 905. Dürr'sche Buchh. n. — 80

— die Stellung d. Aufsatzes im Gesamt-Unterricht. gr. 8. (III, 39 S.) Halle a/S. 892. H. Schroedel. n. 1. —

— d. Stellung d. Herbartschen Pädagogik zur Frage der Lehrerbildg., s.: Beiträge zur Lehrerbildg. u. Lehrerfortbildg., Hft. 1.

— Volksschul-Lesebuch, s.: Scharlach, F.

— Volksschul-Lesebuch, s.: Scharlach, L.

Wohlrath, Thdr., Dichtungen. (Maduschka. — Veleda.) (191 S.) 8. Dresden (907). E. Pierson. 2.50; geb. n 3. 50

— Freiübungen f. Wett-Turner. (12 S. m. 9 Abb.) 16. Stuttgart (908). P. Mähler. — 25

Wohlrath, Th., Hilfsbuch für das Frauen- u. Mädchenturnen. Mit 28 Abbildgn. u. 44 prakt. Anleitgn., besonders empfehlenswert f. Turnlehrerinnen, Turnlehrer u. Turnwarte. 12. (VI, 115 S.) Stuttgart 902. P. Mähler. n. 1. 50; geb. in Leinw. n. 2. —

Wohlrath, Thdr., Hilfsbuch f. das Frauen- u. Mädchenturnen. 2. verb. Aufl. Mit 28 Abbildgn. u. 44 prakt. Anleitgn.; besonders empfehlenswert f. Turnlehrerinnen, Turnlehrer u. Turnwarte. (123 S.) 8. Stuttgart 910. P. Mähler. 1.50; geb. 2. —

— u. Frz. Jakob, das Keulenschwingen. Ein Handbuch f. Lehrende u. Lernende in Vereinen u. Schulen. Die reinen Kreise nach ihrem Wesen systematisch geordnet u. in Gruppen zusammengestellt. 12. (108 S. m. 34 Fig.) Ebd. 901. n. 1. —

Wohlrath, Thdr., menschliche Kraft od. Wie man seinen Körper kräftigen u. bis ins hohe Alter gesund erhalten kann. (Bibliothek Menschliche Wohlfahrt.) (83 S. m. Abbildgn. u. 1 Taf.) 8. Hannover (903). Gebr. Hiller. n. 2. —

— Leiden u. Freuden e. Turnwarts. Schwank in 2 Bildern. Ein Gedenkblatt f. treue Turnwarte. (19 S.) 8. Ebd. 907. 1. —

— Ein Leitfaden u. Wegweiser f. deutsche Wett- u. Kampf-Spiele, f. Sport, Turnen, Athletik, nebst den allgemeinen u. offiziellen Regeln dieser Verbände. (IV, 80 S. m. 24 Abb.) kl. 8. Ebd. (909). — 80; geb. 1. 20

— eine Quelle für Turnwarte u. Turnlehrer. Enth.: Neue Uebungsgruppen in den Frei-, Hantel-, Stab- u. Keulenübgn, m. 19 (Umschlag: 21) bildl. Erläutergn. (65 S.) 12. Stuttgart (904). P. Mähler. n. — 85; geb. n. 1. —

— dasselbe. Enth.: Neue Uebungsgruppen an den Geräten (Reck, Barren, Pferd, Bock, Ringe, Leitern, Stangen, Seil, Sprung etc.), in drei Schwierigkeitsstufen zusammengestellt u. m. bildl. Erklärngn. versehen. (IV, 57 S.) gr. 16. Ebd. 903. n. — 65; kart. n. — 80

— Eine Quelle f. Vorturner, Turnwarte u. Turnlehrer. Enth.: Neue Uebungsgruppen an den Geräten (Reck, Barren, Bock, Pferd, Leitern, Ringe, Seil, Sprung etc.), nebst Frei- u. Geräte-Übgn. f. Wettturner. In 3 Schwierigkeitsstufen zusammengestellt. 2. verb. u. verm. Aufl. (IV, 103 u. 12 S.) kl. 8. Ebd. (909). — 85; geb. in Leinw. 1. 20

— neun Reigentänze f. Vereins-Festlichkeiten, Maskenbälle u. turnerische Aufführungen etc. enth.: Einen Zigeuner-, Matrosen-, Indianer-, Griechen-, Stab- oder Fechter-, Elfen-, Bauern-, Ball- u. Keulen-Reigen. Mit e. Anh.: Das Lanzenschwingen. Mit 66 bildl. Erläuterungen. (IV, 63 S.) 8. Ebd. (905). n. 1. 50; kart. n. 1. 80

Wohlrath, Theodor, Zehn Reigentänze für Vereinsfestlichkeiten, Maskenbälle und turnerische Aufführungen usw., enthalt.: Einen Zigeuner-, Matrosen-, Indianer-, Griechen-, Stab- oder Fechter-, Elfen-, Bauernball- und Keulenreigen sowie einen Schleiertanz, m. 61 Abb., Stuttgart, 79 S., 8°.

— Der Schlittschuhlauf u. das Kunstlaufen auf dem Eise. Ein Leitfaden u. Wegweiser m. vielen Abbildgn. (Winter-Sport.) (26 S.) 8. Ebd. (909). — 50

— Das Schneeschuhlaufen od. der Skisport. Ein Leitfaden u. Wegweiser m. Abbildgn. (Winter-Sport.) (31 S.) 8. Ebd. (909). — 60

— Spiel-Buch für Turn-Vereine u. Schulen. Enth.: Ball- u. Kampf-Spiele, Spiele f. Mädchen, sowie Lauf- u. Fang-Spiele f. Kinder- u. Volksschulfeste. (XII, 253 S. m. Abbildgn.) kl. 8. Ebd. 905. 906. 2. —; geb. 2. 60; in 4 Tln. à n. n. — 65

I. 27 Ballspiele, wie Fußball, Schleuderball, Faustball, Schlagball, Wanderball, Stoßball, Lawn-Tennis u. s. w. (III, 85 S. m. Abbildgn.)
II. 18 Kampfspiele, wie Dauer- u. Schnellauf, Stafettenlauf, Hindernislauf, Ringkampf, Reiterkampf, Kriegsspiel, Barlaufspiel u. s. w. (III, 66 S.)
III. 21 Spiele für Mädchen wie Seilhüpfen, Reifenfangen u. -werfen, Heckspiel, Husch, husch! basch, basch! Kegelspiel, Croquet, Tamburinspiel u. s. w. (III, 53 S.)
IV. 28 Lauf- u. Fangspiele f. Kinder- u. Volksschulfeste geeignet, wie Wettlauf, Sackhüpfen, Topfschlagen, Seil- od. Mastklettern, Fuchsprellen, Brückenspiel, Schlangenziehen u. s. w. (49 S.)

— zehn Turnreigen. Tanz-, Lieder-, Stab-, Fahnen- u. Keulenreigen. 12. (III, 57 S. m. 41 Abbildgn.) Wien 901. A. Pichler's Wwe. & Sohn. n. — 60

— **Zehn Turnreigen.** Tanz-, Lieder-, Stab-, Fahnen- u. Keulenreigen. 2. Aufl. (III, 57 S. m. 41 Abbildgn.) kl. 8. Wien 909. A. Pichler's Wwe. & Sohn. — 60

Wohlrath, Th.: Neue Übungsgruppen an den Geräten in drei Schwierigkeitsstufen. Stuttgart. 57 S. m. Abb.
— — 2. Aufl. 1909. 103 S.

— **Der Wintersport.** Ein Ratgeber u. Leitfaden zum Schlittschuhlaufen, Schneeschuhlaufen u. Rodeln, sowie zur Anleitg. v. Eisspielen. (IV, 79 S. m. Abbildgn.) 8. Stuttgart (909). P. Mähler. 1.60; geb. 2. 20

Wohlsecker, Franz, prakt. Arzt in Burkardroth: Über einen Fall von Adenofibroma peri- et intracanaliculare obliterans mammae. *Würzburg 1900: N. Seubert.* (27 S.) 8°
Würzburg, Med. Diss. v. 1900

Wohlstand, der, oder Moral d. 18ten Jahrh. 8. Halle, Hemmerde u. S. 775.

Wohlstand, der, oder Moral d. 18. Jahrhunderts. 8. Halle 775. (Schwetschke u. S.) 3 ℛ

— der von Jedermann so eifrig gesuchte äußerliche, hergeleitet von den innerlichen Pflichten der Menschen. 8. Nürnb. 758. Monath u. K. 8 ℛ

Wohlstand, persönlicher. IV. Aufl. v. „Der prakt. Weg zum Wohlstand". (Bibliothek Menschliche Wohlfahrt.) (96 S.) 8. Hannover (906). Gebr. Hiller. n. 2. —

— über den, von Schlesien (von F. A. Zimmermann.) 8. Bresl. 800. W. G. Korn. 4 ℛ

Wohlstandsquelle, die, der Franzosen. Ein Hausbedarf des Nützlichsten u. Neuesten der Künste, Handwerke, Haus- u. Landwirthschaft, Volksarzneikunde u. aller Bedürfnisse des Lebens. Von den zuverlässigsten Künstlern, Handwerkern, Oekonomen, Aerzten u. Gelehrten Frankreichs. Uebersetzt u. mit vielen Zusätzen vermehrt. 16 Bändchen. 12. Stuttg. 832. Scheible. 12 ℛ

Wohlstands-Quellen, neu eröffnete, oder nützliches Allerlei aus den Gebieten der Künste, Handwerke, Haus- und Landwirthschaft, Volksarzneikunde rc. 16. Stuttgart 867, Fischhaber. Verklebt.

Wohlstein, J. P., Materie u. Weltseele in d. platon Systeme. Diss. 1863. 39 S.

Wohlstein, Jos., Dämonenbeschwörungen aus nachtalmudischer Zeit, inschriftlich auf Thongefässen des königl. Museums in Berlin. Hrsg., übers. u. erklärt. [Aus: „Zeitschr. f. Assyriologie".] gr. 8. (59 S.) Berlin 894. Weimar, E. Felber. n. 2. --

Wohlstein, Jos., die Hagiographen, ihre Verfasser, Entstehungszeit u. Inhalt. In 8 Hftn. 1. Hft. 8. Wien 888. (Lippe.) n. 1. 60
Das 1. Buch der Sprüche u. Psalmen. (VIII, 91 S.)

Wohlstein, Joseph: Ueber einige aramäische Inschriften auf Thongefässen des Königlichen Museums zu Berlin ... (Aus: Zeitschr. f. Assyr., Bd. VIII u. IX. 1893 94.) München, Druck d. Akad. Buchdr. v. F. Straub, 1894; 1 Bl., 59 S. 8.
Giessen, Phil. Fak., Inaug.-Diss. v. 1894

Wohltat

Wohlthat, Die. [Berlin 1824.] V: *Bernstein, Caroline.* (GGr)

Wohlthat, die, der Aufhebung der Leibeigenschaft in den Herzogthümern Schleswig und Holstein. Eine Predigt von J. B. [ɔ: Joh. Bevers] Prediger zu Q. in Schleswig. U. St. 1805. (U. B.).

WOHLTHAT, Die, Des F=====S erkläret: Oder die Fundament-all Ursache der Kranckheiten, denen das schöne Geschlecht so sehr unterworffen zu seyn pfleget, untersuchet: Wo a posteriori bewiesen wird, daß die meisten innerlichen Beschwehrungen, so ihnen anhängen, solchen Flatulentzen und Blehungen, denen nicht zu rechter Zeit Lufft gemacht wird, zuzuschreiben und: In Spanischer Sprache abgefasset von Don Fartinando Puffindorff, Professor Burnbast auf der Universitat Crakau Und auf Verlangen, und zum Gebrauch der Lady Dampfard von Herfart-Shire ins Englische ubersetzt, durch Obedia Fizzle, Groom of the Stool bey der Printzeßin von Arsimini in Sardinia. Nun aber dem Deutschen Frauenzimmer, (so kein Holländisch verstehet) zum Besten, auch ihrer Frau Mutter-Sprache anvertrauet, Von Flatulent Puffendorff, geheimen Kammer-Diener und Flöh-Fänger der Grafin von Seufzer-Hayn in Hinter-Pommern. (Strich.) Langfart (Langford) in Irland, bey Simon Bumbubbard, in der Wind-Mühle der Quatscher-Straße gegen uber, 1738. (Neudruck: Koln, Franz Teubner, 1890; Druck von Elias Neufeld, Budapest. 8 vollbedruckte unbeziff. Bll. Reproduktion des Originals.)

Wohltaten

Wohlthaten, Die, unter den Anverwandten; ein Lustspiel in drei Aufz. Wien 1769. V: *Klemm, Chn Gottlob.* (Ky)

Die Wohlthaten des Christentums. Eine Schilderung der aus dem Christentume hervorgegangenen wohlthätigen Anstalten, Einrichtungen u. Verbesserungen. Aachen, Cremer, 1844. 12 . 1,25 Mk

Wohlthaten gewinnen die Herzen. Drama; aus d. Ruff. von Jak. Rodde. 8. Riga 771. Leipz., Hartknoch. 4 ℛ

Wohltäter

Wohlthäter, der, eine Wochenschrift (von Jh. Sam. Patzke.) 6 Thle. 8. Magdeb. 772—73. Scheidhauer. 2 ℛß

Die **Wohltäter** der reformierten Gemeinde zu Fredericia. — Fredericia 1885: Nielsen. 30 S. 8°

Wohlthäter, Moderne. Wien 1888. V: *Dankmar, Rudolph.* (EB)

Wohltätige

Wohlthätige, Der, ein Schauspiel ... von F. A. v. C. München 1774. V: *Courtin, Friedrich August.* (Oberbayr. Arch. 51, 2) (Zeitschr. f. Büch. N. F. 15, 1923, 127)

Wohlthätige, Der. Periodische Schrift. Brünn 1788. H: *Riecke, Victor Hch.* (GGr VII/4c) (Trautenberger, Chronik von Brünn 4/172; 4/157) (WBL 46/279) (BiblPort)

Wohltätigkeit

Wohlthätigkeit, über die, e. Rede von e. Mitgliede der Prager Humanitätsgesellschaft rc. gr. 8. Prag. (Walther in Dresd.) 4 ℛ

Wohlthätigkeit, über die. Dem Wohle der leidenden Menschheit gewidmet von einem Menschenfreunde (W. Balzano). gr. 8. (54 S.) Prag 847. (Credner.) n. 1/3 ℛ

Wohlthätigkeit und Gemeinsinn, Riga's, von 1801 bis 25. Riga 1826. V: *Sonntag, Carl Glob.* (R-N)

WOHLTÄTIGKEIT des hohen Klerus in Ungarn. In: Ehrentempel der katholischen Geistlichen. Wien 1845. In Commission bei Jakob Dirnböck, Buchhändler. 87 bis 91, 116-140, 144, 158-161, 165-169, 172 f. S. u. in. Poetische Zugabe, 55-60 S. - 215 mm

Wohltätigkeit, Moderne. Erzählung von der Prinzessin ***, Verf. des Romans »Eglantine«. Dresden 1883. V: *Amalie, Prinzessin zu Schleswig-Holstein.* (Brü I, 57) (Zeitschr. f. Büch. N. F. 15, 1923, 127)

Wohlthätigkeit, moderne. Erzählung von der Prinzessin ***, Verf. des Romans „Eglantine". 8. (152 S.) Dresden 883. Minden. n. 2. —; geb. n.n. 3. —

Wohlthätigkeit, moderne, 2. Aufl., s.: Amalie Prinzessin zu Schleswig-Holstein.

Wohltätigkeit, die schönste Pflicht des Menschen. o. O. u. J. 2 Bl. 8⁰.
Gedicht: „Vorüber rauscht das flücht'ge Leben" . . .

— über die, der franzöf. Revolution, von e. Brandenburger. 8. Quedlinb. 796. Ernst. 4 ℊ

(Wohlthätigkeit. [Schweizerische] W. in ältern Zeiten des Eidgenössischen Freystaates.) Njbl. s. [Orelli, Johann Conrad von].

Über wahre maurerische **Wohlthätigkeit** in Hinsicht auf allgemeine und einzelne Wohlfahrt. Eine Rede, bey der glücklichen Zurückkunft Franz II. von seinen drey Krönungsfesten, gehalten in der s. e. □ zur gekr[önten] Hoffn[ung] im O. v. W[ien] am $\frac{8}{9}$ 5792 von J. A. S . . . t. Wien [1792]: Alberti. 36 S. 8⁰ [Umschlagtit.]
Kl. 1106. Selten.

Wohltätigkeit und Wohlfahrtspflege in der Stadt Stettin. Ein Wegweiser, hrsg. von d. Armendirektion. Stettin: Selbstverl. 1910. 125 S. 8⁰

Wohlthätigkeitsanstalt der Loge Carl zur Einigkeit zu Carlsruhe [bestätigt am 30. März 1810]. Carlsruhe: Müller [1810]. 15 S. 8⁰
Kl. 575.

Wohlthätigkeitsanstalt, Die, in Valduna . . . Feldkirch 1903. V: *Wilburger, Vinzenz.* (Margr)

Wohlthätigkeits-Anstalten. Von G. (Staatslexikon von Rotteck u. Welcker, 1866.)

Die **Wohlthätigkeitsanstalten** im Großherzogthum Baden in den Jahren 1890 und 1898. Hrsg. v. Statist. Landesamt. Karlsruhe: C. F. Müller (1910). 6, 73 S. 4⁰
(Beiträge z. Statistik d. Großherzogt. Baden. N. F. H. 8.) [10. 14203 4

Wohlthätigkeitsanstalten in Hadersleben oder Verzeichnisz der sämmtlichen Stiftungen, Vermächtnisse und Schenkungen zu wohlthätigen Zwecken in Hadersleben, zum Druck befördert und mit Anmerkungen begleitet von E[RASMUS] LAUTRUP. Hadersleben. 1831. 4. P.

Wohlthätigkeits-Anstalten, die katholischen, s. Vereine und Wohlthätigkeits-Anstalten.

Wohlthätigkeits-Anstalten u. Vereine, die katholischen, sowie das katholisch-soziale Vereinswesen in der Diözese Straßburg, s.: Charitas-Schriften. 3.

Wohlthätigkeitsanstalten, Die, von Lausanne. Zürich [1878]. V: *Lochmann.* (Cat. d. Stadtbibl. Zürich. Zürich 1864—97.)

Kassel: Die **Wohlthätigkeitsanstalten** der Loge zur Eintracht und Standhaftigkeit zu Kassel. I. Die Unterstützungskasse für die Hinterbliebenen verstorbener Brüder. II. Die Unterstützungsanstalt für nachgelassene Wittwen und Waisen verstorbener Brüder Mitglieder der vier Freimaurerlogen zu Göttingen, Heiligenstadt, Münden und Kassel. III. Freimaurer-Sterbekasse-Verein in Hannover. IV. Armenkasse der Loge. V. Christbescherung. Kassel [1867]: Döll & Schäffer. 20 S. 8⁰ [Umschlagtit.]
Tt. 1287.

Neujahrsblatt der Hülfsgesellschaft in Zürich. 1872. Zürich, Druck v. Fr. Schulthess. 17 Stn. 4. mit 1 Abbildung. 1. —
Inhalt: Die Wohlthätigkeits-Anstalten im Ktn. Neuenburg.

Wohlthätigkeits-Anstalten, Die öffentlichen und privaten, des Kantons Zug. [Zürich 1892.] V: *Weber, Ant.* (Berl)

Wohlthätigkeits-Anstalten, Die, der Stadt Schaffhausen. Zürich [1879—80]. V: *Keller, Carl.* (Cat. d. Stadtbibl. Zürich. Zürich 1864—97.)

Wohlthätigkeits-Anstalten und Vereine im Königr. Württemberg. Wegweiser über die den Hülfsbedürftigen aus dem ganzen Lande zugängl. Einrichtungen. Von dem k. Ministerium des Innern unter Mitwirkung der Centralleitung des Wohlthätigkeitsvereins bearb. und hrsg. gr. 8. (51 S.) Stuttgart 879, Knapp. *

— — im Königr. Württemberg. Wegweiser üb. die den Hilfsbedürftigen aus dem ganzen Lande zugängl. wohlthät. Einrichtgn. Bearb. v. der Zentralleitg. des Wohlthätigkeitsvereins. gr. 8. (72 S.) Stuttgart 898. W. Kohlhammer. n. 1. —

Wohltätigkeits-Anstalten u. -Vereine im Königr. Württemberg. Bearb. v. der Zentralleitg. des Wohltätigkeitsvereins. (100 S.) gr. 8. Stuttgart 906. (W. Kohlhammer.) — 50

Wohlthätigkeits-Kalender. Illustr. Haus-Kalender f. d. J. 1903. Zu Gunsten e. Unterstützungsfonds f. Mitglieder der Deutschen freiwill. Sanitäts-Kolonnen vom Rothen Kreuz. gr. 4. (99 S.) München, Seitz & Schauer. n. — 60

Wohltätigkeits-Kalender. Illustr. Haus-Kalender für d. J. 1904. Zu Gunsten e. Unterstützungsfonds für Mitglieder der Deutschen freiwill. Sanitäts-Kolonnen vom Roten Kreuz. (97 S.) gr. 4. München, Seitz & Schauer. n. — 60
Forts. s.: Rote-Kreuz-Freund, der.

Ueber die Wohlthätigkeits-Colonien zu Friedrichsoord und Wortel, vom Ritter de Kirckhoff, übertragen von F. A. Rüder. 8. *Leipzig, Hartmann.* 1828.

Wohltätigkeitskomitee, das, u. anderes. Von Homunkulus (Rob. Weil). Illustrationen v. Fritz Schönpflug. Titelbild v. Curt Libesny. (61 S.) 8. Wien 909. P. Knepler. 2. —

Die Wohlthätigkeits-Vereine der k. k. Reichshaupt- und Residenzstadt Wien. Ein Nachschlagebuch für die Zwecke der öffentlichen und privaten Armenpflege herausgegeben vom Armen-Departement der Stadt Wien. Wien. 1900. In Comm. Braumüller. Gr.-8°. XXIX, 337 S. K 4. –

Wohlthat [Sachliches OW], s. Wohltat

Wohlthat, Arthur [aus Berlin]: Zur Charakteristik und Geschichte der Genieperiode ... Wismar, Eberhardt'sche Hof- u. Raths-Buchdr., 1893; 1 Bl., 32 S., 1 Bl. 8.
Kiel, Phil. Fak., Inaug.-Diss. v. [25. Febr.] 1893

Wohlthat, Arth., die klassischen Schuldramen nach Inhalt u. Aufbau. 8. (X, 192 S.) Wien 902. F. Tempsky. — Leipzig, G. Freytag. Geb. n. 2. —

Wohlthat, Arth., die klassischen Schuldramen nach Inhalt u. Aufbau. 2. (verb.) Aufl. in neuer Rechtschreibg. (X, 192 S.) 8. Leipzig 905. G. Freytag. – Wien, F. Tempsky. Geb. n. 2. —

Wohlthat, Friedr. Wilh., das Liquidations- und Gebührenwesen für Thierärzte. gr. 8. (II, 82 S.) Berlin 875, Denicke's Verlag. *

Wohlthat, H., Berlin und die Nordarmee im Spätsommer des J. 1813. Zur Erinnerung an die Schlachten von Großbeeren und Dennewitz bei deren Jubelfeier 1863. 8. (142 S. mit 2 Plänen der Schlachtfelder in eingedr. Holzschn. und 1 Holzschntaf.) Berlin 863, Boettcher. *

Wohlthat, H., eine Reichsacht unter Kaiser Sigismund, s. Geschichtsbilder aus dem deutschen Vaterlande.

Das Rosen- und Johannisfest. Allen Brüdern dargebracht am 24. Juni 1868 von [Heinr. Gust. Ferd.] **Wohlthat.** o. O. [1868.] 1 Bl. 8° [Kopftit.]
Lied ohne Noten.

Wohlthat, Nathanael Ferdinand

Wohlthat, Rede, geh. bei d. Schulfeier im kgl. Victoria-Gymnasium zu Burg z. 25jähr. Wiederkehr d. Sedantages am 2. Septbr. 1895. gr. 8. (15 S.) Burg 895. A. Hopfer. n. — 50

Wohlthat, über das Verhältniß zwischen Staat und Kirche in Frankreich, besonders im 16. und 17. Jahrh. 4. (29 S.) Burg 874, (Hopfer.) *

Wohlthat, Nathanael Ferdinand: Die Verschwörung des Gracchus Babeuf. T. 1. S. 3–24. **Progr.** Viktoria-G. *Burg* 1887. 211

Wohlthat, W. A. H., Predigt üb. Ev. Johannis 12, 35. 36, geh. am 3. Erinnerungsfeste (1. Nov. 1839) d. Reformation in d. Mark Brandenburg. gr. 8. (1 B.) Berlin 840, [J. A. Wohlgemuth.]

— Predigt z. Nachfeier d. Reformationsfestes, am 3. Nov. 1839 üb. Matth. 22, 15—22 geh. gr. 8. (1 B.) Berlin 840, [J. A. Wohlgemuth.]

Erinnerungen aus dem deutsch-französischen Kriege 1870/71. **Von Wilhelm Wohlthat.** — Brandenburg a. H.: Im Selbstverl. des **Verfs.** 1910. 36 S. 8° [Umschlagt.]

Wohlthaten, s. Wohltaten

Wohlthäter, s. Wohltäter

Wohlthätige, s. Wohltätige

Wohlthätigkeit ..., s. Wohltätigkeit ...

Wohlthun, s. Wohltun

Wohltmann, Ferdinand

Wohltmann, F., die nationale u. ethische Bedeutung unserer Kolonien. Ein Vortrag, geh. auf dem 25 jähr. Stiftungsfeste des Halleschen Kolonialvereins am 17. XI. 1907. (23 S.) gr. 8. Berlin 908. P. Parey. — 40

Wohltmann, Ferdinand [aus Hitzacker]: Ein Beitrag zur Prüfung und Vervollkommnung der exacten Versuchsmethode zur Lösung schwebender Pflanzen- und Bodenkulturfragen. ... Halle a. S., Druck v. Johannes Paessler, Dresden, 1886. 1 Bl., 30 S., 1 Bl. 4°
Halle, Phil. Fak., Inaug.-Diss. v. 10. Nov. 1886.

— Beitrag zur Prüfung u. Vervollkommung der exakten Versuchsmethode zur Lösung schwebender Pflanzen- u. Bodenkulturfragen, s. Berichte aus dem physiologischen Laboratorium u. der Versuchsanstalt d. landwirthschaftlichen Instituts der Universität Halle.

Wohltmann, Ferd., ein Beitrag zur Prüfung und Vervollkommnung der exacten Versuchsmethode zur Lösung schwebender Pflanzen- und Bodenkulturfragen. Inaugural-Dissertation. gr. 4. (30 S.) Halle 886. (Dresden, G. Schönfeld's Verlag.) *

— dass. — s. Berichte aus dem physiologischen Laboratorium und der Versuchsanstalt des landwirthschaftlichen Instituts der Universität Halle.

Bericht über seine Togo-Reise. Ausgeführt im Auftr. d. Kolonial-Abt. d. Auswärt. Amtes im Dez. 1899. Von Dr. F[erd.] **Wohltmann**, Geh. Reg. R. zu Bonn-Poppelsdorf. Mit 1 Karte u. 20 Abb. Berlin: Kolonial-Wirtschaftl. Komitee; E. S. Mittler & Sohn in Komm. 1900. (S. 197 223.) 8°
(Tropenpflanzer. Beihefte. Bd 1, No 5.)

Chilisalpeter oder Ammoniak? Von Prof. Dr. F[erdinand] **Wohltmann**, Geh. Reg.R. 2. Aufl. *Berlin: P. Parey 1903.* (50 S.) 8° [F.] [c4. 906

— **Deutsch-Ostafrika. Bericht üb. die Ergebnisse seiner Reise, ausgeführt im Auftrage der Kolonial-Abteilg. des auswärt. Amtes, Winter 1897/98. Mit 46 Bildertaf., 6 in den Text gedr. Bildern u. 1 Karte. gr. 8.** (XII, 92 S.) Schöneberg-Berlin 898. [F. Telge.] Berlin, Deutsche Tageszeitung. n. 5. —

—— **die Grundsteuer und das Programm der directen Besteuerung.** gr. 8. (IV, 50 Pf.) Leipzig 885, H. Voigt. *

— Handbuch der tropischen Agrikultur f. die deutschen Kolonien in Afrika, auf wissenschaftlicher u. praktischer Grundlage. 1. Bd. gr. 8. Leipzig 892. Duncker & Humblot. n. 10. —
Die natürlichen Faktoren der tropischen Agrikultur u. die Merkmale ihrer Beurteilung. (XXI, 440 S.)

— ist es zur Zeit noch rationell, englisches Zuchtvieh zum Zweck der Reinzucht od. Kreuzung, sowie englisches Saatgut nach Deutschland zu importiren? [Aus: „Fühling's landwirthschaftl. Zeitg."] gr. 8. (27 S.) Leipzig 893. H. Voigt n. — 80

— u. P. **Holdefleiß**, Julius Kühn, sein Leben u. Wirken. **Festschrift zum 80. Geburtstag am 23. X. 1905. Hrsg. im Auftrage des Festausschusses. (56 S. m. 1 Bildnis, 2 Taf. u. 1 Tab.) Lex.-8. Berlin 905. P. Parey.** n. 2. 50

— **120 Kultur- u. Vegetations-Bilder aus unseren deutschen Kolonien.** (120 Bl. m. VIII S. Text.) gr. 4. **Berlin 904. W. Süsserott.** Geb. in Leinw. n. 16. —

— **unsere Lage u. Aussichten in der Kolonie Deutsch-Südwest-Afrika. Ein offenes Wort.** (49 S.) 8. **Bonn 905.** F. Cohen. n. — 60

— **Mitteilungen aus d. Versuchsfelde d. landwirtschaftl. Akademie Bonn-Poppelsdorf.** Nr. 5, 8 u. 11—13. [Aus: „Illustr. landw. Zeitg."] gr. 8. Ebd. n. 2. 40
5. Die landwirtschaftl. Wetterwarte d. akadem. Versuchsfeldes zu Bonn-Poppelsdorf u. d. meteorolog. Stationen d. Städte. Mit Assistenz v. Paul Thiele. (20 S. m. 8 Fig.) 896. n. — 60
8. Anbauversuche m. Futterrüben im akadem. Versuchsfelde Bonn-Poppelsdorf. M. Assistenz v. Paul Thiele. (12 S.) 897. n. — 40
11. D. deutsche Landwirtschaft u. uns. Kolonien. (12 S.) 897. n. — 40
12. Üb. Kartoffelzüchtg. M. Assistenz v. P. Thiele. u. A. Hecker. (16 S.) 897. n. — 50
13. Über d. Anbau d. Wintergerste. M. Assistenz v. Paul Thiele. A. Hecker u. H. Mehring. (18 S.) 897. n. — 50
Nr. 1—4, 6, 7, 9 u. 10 sind nicht im Handel.

— das **Nährstoff-Kapital** westdeutscher Böden m. besond. Berücksicht. ihrer geologischen Natur, ihrer Kataster-Bonität u. ihres Düngerbedürfnisses. (Gedenkschrift zur Einweihg. des neuen Institutes für Bodenlehre u. Pflanzenbau d. landwirtschaftl. Akademie Bonn-Poppelsdorf im Beginn des Sommer-Sem. 1901. Zugleich Bericht Nr. I dieses Institutes.) gr. 4. (VII, 63 S. m. 1 Abb. u. 7 Tab.) Bonn 901. C. Georgi. n. 5. —

Wohltmann, F., Pflanzen- u. Bodenkulturfragen, s.: Berichte aus dem physiol. Laboratorium u. der Versuchsanstalt d. landwirthschaftl. Instituts der Universität Halle.

Pflanzung und Siedlung auf Samoa. Erkundungsbericht von Prof. Dr. F[erdinand] **Wohltmann**, Geh. Reg. R. Mit 20 Taf., 9 Abb. u. 2 Karten. (Berlin: Tropenpflanzen 1904.) (IV, 164 S.) 8°
(Tropenpflanzer, Der. Beihefte. Bd 5, No 1. 2.)

— **Pflanzung u. Siedlung auf Samoa. Erkundungsbericht an das kolonial-wirtschaftl. Komitee zu Berlin. Mit 20 Taf., 9 in den Text gedr. Abbildgn. u. 2 (farb.) Karten. (V, 164 S.) gr. 8. Berlin 904.** (E. S. Mittler **& Sohn).** n. 5. —

[F.] Der Plantagenbau in Kamerun u. s. Zukunft. Drei Reiseberichte v. Prof. Dr. F[erdin.] **Wohltmann**, Bonn-Poppelsdorf, m. 12 Abb., 2 Kt. u. 2 Pl. *Berlin: F. Telge 1896.* (39 S., 12 Taf., 2 Kt.) 1 Bd 8. [97. 483

— landwirthschaftliche Reisestudien üb. Chicago u. Nord-Amerika. gr. 8. (VIII, 440 S.) Breslau 894. Schletter. n. 6. —; geb. in Leinw. n. 7. —

— s.: **Tropenpflanzer, der.**

Wohltmann, Ferdinand [Dr.]: Über die Verbesserung und künstliche Veranlagung der natürlichen Produktionsfaktoren in der tropischen Agrikultur. . . . (Ersch. vollst. u. d. T.: „Handbuch d. Agrikultur d. deutschen Kolonien in Afrika" im Verl. v. Dunker & Humblot in Leipzig.) Halle a. S., Pierer'sche Hofbuchdr. in Altenburg. 1891. 1 Bl., 32 S. 8°
Halle, Phil. Fak., Hab.-Schr. v. [6. Aug.] 1891

— warum bedürfen wir landwirthschaftlich-meteorologischer Stationen, u. wie sind dieselben am zweckmäßigsten einzurichten, s.: Preisschriften u. Sonderabdrücke der landwirthschaftlichen Thierzucht.

Wohltmann, F., wie zieht man hochfeine Braugerste? E. Vortrag, geh. im landwirthschaftl. Verein zu Zülpich, erweit. u. ergänzt. 12. (31 S.) **Berlin 895.** Schöneberg. **F. Telge.** n. — 50

— s.: Wirtschafts-Kalender f. den schlesischen Landwirth.

— **d. Ziele u. Erfolge d. deutschen Kolonialpolitik u. d. Bestrebungen d. deutschen Kolonial-Gesellschaft. gr. 8. (23 S.) Bonn 897. F. Cohen.** n. — 60

Wohltmann, Hans: Die Entstehung und Entwicklung der Landeshoheit des Abtes von Prüm. Trier 1910: Lintz. XI, 96 S. 8° ¶ (Aus: Westdeutsche Zeitschrift f. Gesch. u. Kunst. Bd 28, H. 4. 1909.)
Leipzig, Phil. Diss. v. 19. April 1910, Ref. Seeliger, Lamprecht
[Geb. 8. Dez. 84 Schwanewede; Wohnort: Schwanewede; Staatsangeh.: Preußen; Vorbildung: Gymn. Verden Reife O. 05; Studium: Tübingen 3, Leipzig 6 S.; Rig. 8. Juli 09.] [U 10. 1274

Wohltmann, W., u. F. Rollwage, Wirtschaftsbuch f. d. braunschweig. Landwirt. In Rücksicht auf d. Selbsteinschätzg. zur Einkommensteuer bearb. u. hrsg. Fol. (80 S.) Braunschweig 897. J. Neumeyer. Geb. n. 2. —

Wohltun. [Regensburg] o. J. 1 Bl. 8°. [Kopftit.]
„Bald sinkt nun der Mitternacht" . . .

Wohlthun bringt Segen . . .
Berlin 1897. V. *Mayer-Bergwald, Anna.* (Berl)

Wohlthun bringt Segen. — E. Gebetserhörg. — Weidenkätzchen. — Weihnachtsbilder. — Aus d. Leben e. Hirtenbübchen. 12. (64 S. m. 4 Farbdr.) Berlin 897. Schriftenniederlage. Kart. — 50

Wohlthun macht glücklich. E. Originalschauspiel in fünf Aufz. Meissen 1790. V: *Senf, Frz Traug.* (GGr)

— — — Schsp 8. Meißen, Erbstein. (Gödicke.) 790.

Wohlthun macht glücklich: ein Schauspiel in zwei Aufz. Dessau 1794. V: *Leuchert, Michael.* (MGT) (Ky)

Wohlthun macht glücklich. Schspl. (von Mch. Leuchert). 8. Dessau 794. (Hamb., Herold). 8 K (s. auch F. T. Senf).

Wohlthun macht glücklich. Schsp. 8. Dessau. (Vollmer in Hamb.) 795.

Wohlthun trägt Zinsen. Erzählung für die Jugend. 8. (29 S.) Mülheim 882, Buchh. des evangel. Vereinshauses. *

WOHLWEND, Wilhelm (Wertingen): De aneurismatibus.- Monachii: Poessenbacher (1829). 23 S. 26.1.1829 - Urk; F 59
Diss. Ingolst.-Landsh.-Mchn.

Wohlwill, Adolf

Wohlwill, A.: Die Anfänge der landständigen Verfassung im Bisthum Lüttich. I. Hamburg 1867. 97 S.
Schul-/Univ.-Schrift

Wohlwill, Adf., die Anfänge der landständischen Verfassung im Bisth. Lüttich. Leipzig 867. Hirzel. gr. 8. (213 S.) n. 20 ngr.

Wohlwill, Adf., die Befreiung Hamburgs am 18. März 1813. Verf. und hrsg. im Auftrage des Comités für die Märzfeier 1888. gr. 8. (32 S. mit Bildern.) Hamburg 888, (Herold'sche Buchh., Verlag.) *

Wohlwill, Adf., Geschichte des Elsasses in kurzer Uebersicht. 2. durchgeseh. Aufl. gr. 8. (78 S.) Hamburg 871, O. Meißner.

Wohlwill, Adf., zur Geschichte des Gottorper Vergleichs v. 27. Mai 1768. [Aus: „Jahrb. der hamburg. wissenschaftl. Anstalten."] Lex.-8. (42 S.) Hamburg 896. (L. Gräfe & Sillem.) n. 1. 50

Wohlwill, Adf., Hamburg während der Pestjahre 1712—1714. [Aus: „Jahrb. d. hamburg. wissenschaftl. Anstalten".] Lex.-8. (118 S.) Hamburg 893. (L. Gräfe & Sillem.) n. 2. 40

Wohlwill, Adf., Hamburg im Todesjahre Schillers. Der 48. Versammlg. deutscher Philologen u. Schulmänner dargeboten vom Professoren-Konvent der hamburg. wissenschaftl. Anstalten. (63 S.) Lex.-8. Hamburg 905. (L. Gräfe & Sillem.) n. 2. —
Sonderabdruck aus: „Jahrb. d. hamburg. wiss. Anstalten".

Aus drei Jahrhunderten der Hamburgischen Geschichte '(1648–1888)'. Von Adolf **Wohlwill**. Hamburg: Comm.-V. v. L. Gräfe & Sillem; (Gedr. bei Lütcke & Wulff) 1897. (2 Bl., 195 S.) 4⁰ (Jahrbuch d. Hamburgischen Wissenschaftl. Anstalten. [Jg.] 14. 1896. Beih. 5.)

Wohlwill, Adf., Georg Kerner. Ein deutsches Lebensbild aus dem Zeitalter der französ. Revolution. Mit Kerners Bildnis in Stahlst. gr. 8. (X, 192 S.) Hamburg 886. Voß. n. 3. —

— die hamburgischen Bürgermeister Kirchenpauer, Petersen, Versmann. Beiträge zur deutschen Geschichte des 19. Jahrh. (VIII, 196 S. m. 3 Bildnissen.) gr. 8. Hamburg 903. O. Meißner's Verl. n. 6. —; geb. in Leinw. n. 7. 50

(B) **Wohlwill**, Adf., die hamb. Bürgermeister Kirchenpauer, Petersen, Versmann. 903. Erm. Pr. 3.—; geb. 4. 50

Bürgermeister Petersen. Ein hamburg. Lebensbild von Adolf **Wohlwill**. (Als Ms. gedr.) *Hamburg 1900: Lütcke & Wulff.* (VIII, 224 S.) 8° [F.]
(Hamburgische Liebhaberbibliothek.) 103. 7349 4

— s.: Versmann, Johs., Jenaer Studentenbriefe.

Wohlwill, Adf., Weltbürgerthum und Vaterlandsliebe der Schwaben, insbesondere von 1789 bis 1815. gr. 8. (VIII, 96 S.) Hamburg 875, O. Meißner. *

Wohlwill, Emil. Die Entdeckung des Beharrungsgesetzes. Weimar 1884.

Wohlwill, Emil, Galilei betreff. Handschriften der Hamburger Stadtbibliothek. [Aus: „Jahrb. d. Hamburg. wissenschaftl. Anstalten."] Lex.-8. (77 S.) Ebd. 895. n. 2. —

Wohlwill, Emil, Galilei u. sein Kampf f. die Copernican. Lehre. 1. Bd. Bis zur Verurteilg. der Copernican. Lehre durch die röm. Kongregationen. (XX, 646 S.) gr. 8. Hamburg 909. Leipzig, L. Voss. 14. —

Wohlwill, Emil. Hat Leonardo da Vinci das Beharrungsgesetz gekannt? 1888.

Wohlwill, Emil, der Inquisitionsprocess des Galileo Galilei. Eine Prüfung seiner rechtl. Grundlage nach den Acten der röm. Inquisition. 8. (VII, 96 S.) Berlin 870, Oppenheim. *

Wohlwill, Emil, Ist Galilei gefoltert worden? Eine krit. Studie. gr. 8. (VIII, 192 S.) Leipzig 877, Duncker und Humblot. *

Wohlwill, Emil, Joachim Jungius. Festrede, zur Feier seines 300. Geburtstages am 22. Oktbr. 1887 im Auftrage der Hamburger Oberschulbehörde geh. Mit Beiträgen zu Jungius' Biographie und zur Kenntnis seines handschriftl. Nachlasses. gr. 8. (III, 87 S.) Hamburg 888, Voss. *

—— **Joachim Jungius und die Erneuerung atomistischer Lehren im 17. Jahrh. Ein Beitrag zur Geschichte der Naturwissenschaft in Hamburg.** gr. 4. (66 S.) Hamburg 887, Friederichsen und Comp. *
Aus: Abhandlungen aus dem Gebiete der Naturwissenschaften, 10. Bd., besonders abgedruckt.

Wohlwill, E., J. F. Martens zum Gedächtniß. Rede, gehalten am 25. Febr. 1877 im Bildungs-Verein für Arbeiter. gr. 8. (27 S.) Hamburg 877, Hoffmann und Campe. *

Wohlwill, Emil, über isomorphe Mischungen der selensauren Salze. Inaugural-Dissertation. gr. 8. (53 S.) Göttingen 860, (Vandenhoeck und Ruprecht's Verlagsh.) * *

Wohlwill, Friedrich: Der Kaliumgehalt des menschlichen Harns bei wechselnden Zirkulationsverhältnissen in der Niere. Leipzig 1906: J. B. Hirschfeld. (11 S.) 8°
Straßburg, Med Fak., Ref. von Krehl, Diss. v. 12. April 1906
[Geb. 20. Aug. 81 Hamburg; Wohnort: Hamburg; Staatsangeh.: Hamburg; Vorbildung: Wilh.-Gymn. Hamburg Reife O. 00; Studium: Freiburg i. B. 1, München 2, Straßburg 6 S.; Coll. 16. Nov. 05; Approb. 26. Jan. 05.]

Wohlwill, Frdr., über gleichzeitiges Vorkommen v. Hirngliom u. -Sarkom, s.: Mitteilungen aus den hamburg. Staatskrankenanstalten. XI, 4.

Wohlwill, Heinrich, aus Hamburg: Über die Elektrolyse der Alkalichloride. Halle a. S. 1898: W. Knapp. (49 S.) 8⁰
Göttingen, Phil. Diss. v. [25. Okt.] 1898

(Wohlwill, J.): „Beiträge zur Theorie des Armenwesens". Hamburg 1834. — Vorh.: Com. Bibl. Hamburg.

Wohlwill, J., s. Gesangbuch, Israelitisches.

Wohlwill, Konrad, Referendar in Hamburg: Die Genehmigung nach B. G. B. Rostock 1902: C. Hinstorff. (135 S.) 8°
Rostock, Jur. Diss. v. [24. Dez.] 1902

Wohlwill, Rudolf, Referendar in Hamburg: Der Schutz des Aktionärs gegen Beeinträchtigungen des Gewinnanteilrechts. Borna-Leipzig 1908: R. Noske. (VIII, 84 S.) 8° [G.]
Jena, Jur. Fak., Ref Rosenthal, Diss. v. 27. April 1908
[Geb. 10. Juli 81 Hamburg; Wohnort: Hamburg; Staatsangeb.: Hamburg; Vorbildung: Wilhelms-Gymn. Hamburg Reife O. 00; Studium: Tübingen 3, Leipzig 1, Kiel 3 S.; Rig. 3. März 08.]

Wohlzogen, Karoline v., s.: Wolzogen, Karoline v.

Wohmann, M. Ueber die Diazoverbindungen der Thiazolreihe und ihre Reactionen. (Basel) Zürich, 1893.

WOHMANN, Wilhelm: Die Maße und Gewichte des Herzogthums Nassau verglichen mit denen der übrigen deutschen und mehreren anderer Staaten. Bearbeitet und zusammengestellt für Forst- und Landwirthe, Handel- und Gewerbetreibende. - Wiesbaden 1855. 92 S.

Wohmann, W., C. Neubauer und C. A. Lotichius, die Schälung von Eichenrinden zu jeder Jahreszeit, vermittelst Dampf nach dem System von J. Maitre. Im Auftrag der königl. preuss. Regierung zu Wiesbaden forsttechnisch, chemisch und durch Gerbversuche geprüft. gr. 8. (88 S. mit 1 Tab. in 4.) Wiesbaden 873, Kreidel's Verlag. [Bergmann.]

Wohmann und **Conradi**, Tabellen zur Bestimmung des cubischen Gehaltes der Rundhölzer, je nach gemessenem Umfange oder Durchmesser, der quadratförmig beschlagenen Hölzer und des Holzpreises nebst einem Anhange. Nach dem Dezimal-System bearb. u. herausg. 2. verb. Aufl. Weilburg 854. (Lanz.) gr. 8. (VIII, 66 S.) n. 20 ngr.

Wohmann und **Conradi**, Tabellen zur Bestimmung des cubischen Gehaltes der Rundhölzer, je nach gemessenem Umfange oder Durchmesser, der quadratförmig beschlagenen Hölzer u. des Holzpreises nebst einem Anhang. Nach dem Dezimal-System bearb. 3. Aufl. Weilburg 862. (Lanz.) gr. 8. (VIII, 66 S.) n. 20 ngr.

[**Wohnanstalt.**] Wohn- und Speiseanstalt für unverheiratete Arbeiter der Bergwerksgesellschaft Dahlbusch. Essen-Ruhr, 1906. 2 S. mit 1 Taf.

Wöhner, Paul Gttl., Handbuch vom Kassen- u. Rechnungswesen. gr. 8. Berl. 797. Akad. Buchh. 2 rß 4 gr Holl. Pap. 2 rß 8 gr 2e revid. u. ergänzte Aufl. Bearbeitet von J. D. Symanski. gr. 8. Berl. 824. Dunker u. H. 2 rß 16 gr

— **Steuerverfassung d. platten Landes der Churmark Brandenburg.** 3 Bde. gr. 4. Berl. 804, 5. Voß. 6 rß 16 gr

Wöhner, P. Gll.: „Steuerverfassung des platten Landes der Kurmark Brandenburg", Berlin 1818 (Voss).

Wöhnert jun., Geo. Ein Besuch im Yellowstone-National-Park. Nach dem Tagebuche. gr. 8. (62 S.) Altona 890. (Lübeck, Dittmer.) * 1 20

Wohngebäude, ausgeführte ländliche. 1. und 2. Lfg.: Ländliche Wohngebäude in der Umgegend von Sanssouci und Potsdam. Auf allerh. Befehl theils neu ausgeführt, theils umgebaut von L. Hesse. Imp.-Fol. (12 Kpfrt. und 2 Bl. Text.) Berlin 854—55, Riegel's Verlag. à Lfg. * 1 Thlr. 10 Ngr. *

—— dass. — 1. und 2. Lfg. 2. Aufl. und 3. Lfg. (à 6 Kpfr.- und chromolith. Taf. mit 1 Bl. Text.) Imp.-Fol. Ebds. 856. à Lfg. * 1 Thlr. *

Wohngebäude, ausgeführte ländliche. (Entworfen von L. Hesse.) 4. Lfg. Imp.-Fol. (6 Stnt. mit 1 Bl. Text.) Berlin 859, [Ernst und Korn.] *
1. und 2. Lfg. 2. Aufl. und 3. Lfg. [Ebendas.] 1856. * 3 Thlr.

—— ausgeführte städtische, in Berlin. 1. und 2. Lfg. Imp.-Fol. (8 Kpfrt. und 6 S. Text.) Berlin 854—55, Riegel's Verlag. à Lfg. * 1 Thlr. 10 Ngr. *

—— dass. — 1. und 2. Lfg. 2. Aufl. und 3. Lfg. Imp.-Fol. (11 Kpfr.- und 1 chromolith. Taf. und 1 Bl. Text.) Ebds. 856. à Lfg. * 1 Thlr. *

Wohngebäude, ausgeführte städtische, in Berlin. Hersg. von C. A. Hahnemann. 4. Heft. Berlin 866. Ernst & Korn. Imp.-Fol. (3 Kpfrtaff., wovon 1 color., mit 4 S. Text.) n. 1 rß

Wohngrundstücke, Steuerkraft und Verkehrsziffern der 40 wichtigsten Orte der Sächsischen Oberlausitz, im Verhältniss zur Einwohnerzahl. [Zittau 1878.] V: *Roscher, Carl.* (Bibl. d. stat. Bureaus. Dresden 1890.)

v. *Wohnhaas*, Fr., († d. 6. Aug. 1831.) Diss. inaug. de signis diversi febrium characteris. 8. Halle 792. (42 S.)

Wohnhaus, Ein bürgerliches, der Stadt Zürich in der 1. Hälfte des 19. Jahrh. Zürich 1903. V: *Schulthess-Meyer, Frdr.* (Zuwachsverz. d. Bibliotheken in Zürich 1898 ff.)

Wohnhaus, das, und was darinnen. Ein Bilderbuch für kleine Kinder. Mit 78 bunten Bildern. 8. (8 S. mit 12 Stnt.) Neusalza 855, Bornbrück.

Wohnhaus, das, und was darinnen. Ein Bilderbuch für kleine Kinder. Mit 78 bunten Bildern. 3. Aufl. 8. (6 S. mit 12 ill. Stnt.) Neusalza 857, Bornbrück.

Wohnhäuser (Die) der Bau- und Spargenossenschaft Arbeiterheim. 8°. München 1875.

Wohnhäuser, bürgerliche. Ausgeführte und projektirte Entwürfe in Façaden-Ansichten, Grundrissen, Quer- und Durchschnitten etc. Neuere Façaden-Gestaltungen von R. Balthasar-Stettin, F. R. Bichweiler-Hamburg, W. Bogler-Wiesbaden etc. Redact.: Hittenkofer. hoch 4. (39 lithogr. und photolithogr. Taf., 9 lithogr. Beilagen in qu. gr. Fol. und 12 S. Text mit eingedr. Holzschn.) Leipzig 879, Scholtze. In Mappe *

Wohnhäuser. Einfache Schweizerische W'. Aus dem Wettbewerb der Schweizerischen Vereinigung für Heimatschutz. ([Entwürfe, Abbildungen und Planskizzen. Mit] Auszug aus dem Preisgerichtlichen Gutachten. Bearb. und zusammengestellt von Dr. C[asimir] H[ermann] Baer....) Mit sechs farbigen Kunstbeilagen. Hrg. von der Sch' V' für H'. 56 S. 4. Bümpliz, Benteli A.-G., 1908. [cart. fr. 4. 80]

Wohnhäuser, einfache schweizerische. Aus dem Wettbewerb der schweizer. Vereinigg. f. Heimatschutz. Mit 6 farb. Kunstbeilagen. (56 S. m. Abbild.) 32×24 cm. Bümpliz 908. Heimatschutz-Verlag. Kart. 4. —

—— herrschaftliche. Ausgeführte und projektirte Entwürfe in Façaden-Ansichten, Grundrissen, Querschnitten und Innen-Dekorationen. Von Friebus und Lange-Berlin, Girard und Rebleuder-Wien, E. H. Hoffmann-Berlin etc. Redact.: Hittenkofer. hoch 4. (10 lithogr. und chromolithogr. Taf., 6 lithogr. Beilagebogen in qu. gr. Fol. und 6 S. Text mit eingedr. Holzschn.) Ebendas. 879. *

Wohn- u. Bureauhäuser, kleine. Modelle u. Grundrisse, ausgeführt v. Schülern der k. k. deutschen Staatsgewerbeschule in Brünn unter der Leitg. v. Leop. Karl Mayer. (31 Taf. m. III S. Text.) 8. Wien 910. E. Kosmack. In Mappe 4. 20

Wohn- u. Geschäftshäuser, moderne. Eine Sammlung neuer ausgeführter Bauten. 1. u. 2. Lfg. Fol. (à 26 Lichtdr.-Taf.) Berlin (900. 901). Leipzig, Baumgärtner. à Lfg. n. 10.—

— u. Villen, moderne kleine, s.: Rink, J. Ferd.

Wohnhäuser, mustergiltige ebenerdige. Eine Sammlg. von freisteh. u. eingebauten ebenerd. Wohnhäusern, sowie Eckparterrehäusern in einfacher aber gediegener Ausführg. in allen Stylarten. Jeder Entwurf ist m Façade, Grundriss u. Schnitten 1:100 gezeichnet u. bringt auch alle Zimmermanns-Arbeiten. 10 Hfte. gr. 4. (90 Taf.) Budapest (901. 902). Internationale Gewerbebuchh. Mit Mappe à Hft. n. 4.—

Wohnhäuser, städtische, ausgew. u. hrsg. v. der Schriftleitg. d. Blätter f. Architektur u. Kunsthandwerk (Paul Graef). 1. Hft. Aus Berlin u. s. Umgebg. 15 Taf. in Lichtdr. nebst Grundrissen u. erläut. Text. gr. 4. (4 S.) Berlin 897. M. Oldenbourg. n. 5.—

(8) — städtische. 897. Jetzt: Berlin, M. Spielmeyer.

—— mit eingebauten Verkaufs-Läden. Ausgeführte und projektirte Entwürfe in Façaden-Ansichten, Grundrissen, Quer- und Durchschnitten etc. Neuere Façaden-Gestaltungen von J. H. M. Brekelbaum-Hamburg, F. Ewerbeck-Aachen, Th. Eyrich-Nürnberg etc. Redact.: Hittenkofer. hoch 4. (25 Stnt., 3 lithogr. Beilagebogen und 10 S. Text mit eingedr. Holzschn.) Ebendas. 879. *
Vorstehende drei Schriften sind aus: Scholtze's, Carl, Façaden-Entwürfe, besonders abgedruckt.

Wohnig, Karl, trachytische u. andesitische Ergussgesteine vom Tepler Hochland, s. a. Archiv f. die naturwissenschaftliche Landesdurchforschung v. Böhmen. XIII, 1.

Trachytische und andesitische Ergußgesteine vom Tepler Hochland. Von Karl **Wohnig**, Assist., Prag. Prag: F. Rivnac in Komm. 1904. (24 S.) 4° (8°)
(Archiv f. naturw. Landesdurchforschung von Böhmen. Bd 13, No 1.)

Wohnlich, Emil, die Prüfung der Arzneimittel des deutschen Arzneibuches nebst Erklärung der chem. Prozesse u. Berechnungen. Für den prakt. Gebrauch im pharmazeut. Laboratorium. (VII, 522 S.) gr. 8. Stuttgart 907. F. Enke. 10.—; geb. in Leinw. n 11.—

Wohnlich, Emil, Dipl.-Ing., appr. Nahrungsmittelchemiker u. Apotheker a. Gondelsheim ⟨Baden⟩: Über eine Synthese von α- und γ-Oxychinolinen aus Acidylderivaten des Orthoamidopropiophenon. Kondensation von p-Bromphenylessigester mit Ameisensäureäthylester. Würzburg 1905: C. J. Becker. (16 S.) 8°
Tübingen, Naturw. Fak., Ref. Wislicenus, Diss. v. 9. Nov. 1904
[Geb. 22. März 74 Gondelsheim, Baden; Wohnort: Tübingen; Staatsangeh.: Baden; Vorbildung: Pharmaz. Staatsprüf. 1. Mai 98; Studium: Karlsruhe T.H. 5, Tübingen 1 S.; Rig. 9. Nov. 04.]

Wohnlich, Hub. v., schlichte Kinder. (Gedichte.) 12. (VIII, 111 S.) München (899). (Seitz & Schauer.) Geb. n. 2.—

— Menschen, Menschen sind sie alle. Illustrationen v. Hans Volkert. 12. (114 S.) München (901). A. Schupp. n. 1.—; geb. in Leinw. n. 1.50; Luxusausg., geb. n. 1.50

Wohnlich, Wilhelm [app. Arzt aus Gondelsheim]: Ueber das Empyema antri Highmori m. bes. Berücks. der bis z. Jahre 1895 in d. ambulator. Klinik f. Nasen-, Rachen- u. Kehlkopfkranke d. Hrn Prof. Dr. Jurasz in Heidelberg beobacht. Fälle ... Jena, Frommannsche Hof-Buchdr., 1895; 68 S. 8.
Heidelberg, Med. Fak., Inaug.-Diss. v. [4. März] 1895

Zentralverband der Zimmerer u. verwandten Berufsgenossen Deutschlands. **Wohnorte** und Anzahl der ermittelten Zimmerer und deren Organisationsverhältnisse. Hrsg. vom Zentralvorstand d. Verbandes. Hamburg: Schrader 1907. XII, 115 S. 8°
(Publikation aus d. statist. Erhebungen im Monat August 1906. 1.)

Wohnräume. Lieferungswerk. Hrsg. im Auftrage des k. k. Ministeriums f. Kultus u. Unterricht vom Lehrmittelbureau f. kunstgewerbl. Unterrichtsanstalten am k. k. österreich. Museum f. Kunst u. Industrie, Wien. 1. bis 10. Lfg. (82 Bl. à 43×56,5 cm., 11 Bl. à 56,5×85,5 cm. u. 8 Bl. à 112×85,5 cm.) Wien 903—905. Hof- u. Staatsdruckerei. à Lfg. 10.—

Wohnräume. Lieferungswerk. Hrsg. im Auftrage des k. k. Ministeriums f. Kultus u. Unterricht vom Lehrmittelbureau f. kunstgewerbl. Unterrichtsanstalten am k. k. österreich. Museum f. Kunst u. Industrie. 11. u. 17. Lfg. (88 Taf.) 57,5×45 cm. Wien (906—09). Hof- u. Staatsdruckerei. à Lfg. 10.—

Wohnräume, bürgerliche. Praktische Orig.-Entwürfe f. Speise- u. Schlafzimmer, Herrenzimmer u. Salons in modernem Geschmack. 48 farb. Taf. 2 Abtlgn. 60×43,5 cm. Wien (910). F. Wolfrum & Co. In Mappe 10.—

— moderne, s. a. Architektur-Welt, Berliner. 8. Sonderheft.

— moderne. Interieurs, Gruppen u. Einzelmöbel aus der I. württemberg. Ausstellg. für Wohnungs-Ausstattgn. in Stuttgart. Hrsg. v. der Ausstellungs-Kommission. Mit Angaben üb. die verwendeten Materialien u. Farben. (40 Taf. m. VIII S. Text.) 4. Stuttgart (906). Greiner & Pfeiffer. Geb. in Leinw. n. 18.—

Wohnräume aus Steiermark. 3 vollständ. Holztäfelungen aus den Jahren 1568, 1596 und 1607. Aufgenommen und herausg. von Carl Lacher, k. k. Prof. an der Staatsgewerbeschule. 7 Lichtdruckbilder in qu. fol. Graz, Friedrich Goll. In Mappe fl. 5.—. 1886.

Wohnräume, traute. 1.—3. Lfg. gr. Fol. (à 10 Taf. in Photogr. m. 1 Bl. Text.) Berlin 892. 893. E. Wasmuth. In Mappe. à n. 18.—

Wohnräume, traute. 4. Lfg. gr. Fol. (10 Taf. in Photogr. m. je 1 Bl. Text.) Berlin (895). E. Wasmuth. In Mappe n. 18.—

Wohnsitze, die ländlichen, Schlösser und Residenzen der ritterschaftlichen Grundbesitzer in der Provinz Brandenburg. 1—20. Lfg. qu. gr. Fol. (à Lfg. 3 chromolithogr. Taf. und 3 Bl. Text.) Ebendas. 858—62. à Lfg. ** 1 Thlr 12½ Ngr. **

Wohnsitze, die ländlichen, Schlösser und Residenzen der ritterschaftlichen Grundbesitzer in der Provinz Pommern. 1—9. Lfg. qu. gr. Fol. (à Lfg. 3 chromolithogr. Taf. und 3 Bl. Text.) Berlin 859—62, A. Duncker. à Lfg. ** 1 Thlr. 12½ Ngr. Thlr. ** 1

—— dass. — in der Provinz Posen. 1—4. Lfg. qu. gr. Fol. (à Lfg. 3 chromolithogr. Taf. und 3 Bl. Text.) Ebendas. 860—62. à Lfg. ** 1 Thlr. 12½ Ngr. **

—— dass. — in der Provinz Preussen. 1—8. Lfg. qu. gr. Fol. (à Lfg. 3 chromolithogr. Taf. und 3 Bl. Text.) Ebendas. 859—62. à Lfg. * * 1 Thlr. $12\frac{1}{2}$ Ngr. * *

—— dass. — in der Rhein-Provinz. 1. und 2. Lfg. qu. gr. Fol. (à Lfg. 3 chromolithogr. Taf. und 3 Bl. Text.) Ebendas. 859—61. à Lfg. * * 1 Thlr. $12\frac{1}{2}$ Ngr. * *

—— dass. — in der Provinz Sachsen. 1—13. Lfg. qu. gr. Fol. (à Lfg. 3 chromolithogr. Taf. und 3 Bl. Text.) Ebendas. 857—62. à Lfg. * * 1 Thlr. $12\frac{1}{2}$ Ngr. * * 1

—— dass. — in der Provinz Schlesien. 1—16. Lfg. qu. gr. Fol. (à Lfg. 3 chromolithogr. Taf. und 3 Bl. Text.) Ebendas. 859—62. à Lfg. * * 1 Thlr. $12\frac{1}{2}$ Ngr. * *

—— dass. — in der Provinz Westphalen. 1—6. Lfg. qu. gr. Fol. (à Lfg. 3 chromolithogr. Taf. und 3 Bl. Text.) Ebendas. 859—62. à Lfg. * * 1 Thlr. $12\frac{1}{2}$ Ngr. * *

Wohnsitze, die ländlichen, Schlösser und Residenzen der ritterschaftlichen Grundbesitzer in der preuss. Monarchie nebst den königl. Familien-, Haus-Fideicommiss- und Schatull-Gütern in naturgetreuen, künstlerisch ausgeführten, farbigen Darstellungen nebst begleitendem Text. Hrsg. von Alex. Duncker. 1—88. Lfg. qu. gr. Fol. (à Lfg. 3 chromolithogr. Taf und 3 Bl. Text.) Berlin 857—62, A. Duncker. à Lfg. * * 1 Thlr. $7\frac{1}{2}$ Ngr. * *

Wohnsitze, die ländlichen, Schlösser und Residenzen der ritterschaftlichen Grundbesitzer in der preuss. Monarchie nebst den königl. Familien-, Haus-Fideicommiss- und Schatull-Gütern in naturgetreuen, künstlerisch ausgeführten farbigen Darstellungen nebst begleitendem Text. Hrsg. von Alex. Duncker. 89.—197. Lfg. qu. gr. Fol. (à Lfg. 3 Chromolithogr. und 3 Blatt Text.) Berlin 863—68, A. Duncker. à Lfg. * * 1 Thlr. $7\frac{1}{2}$ Ngr. * * 13
1.—88. Lfg. Ebendas. 1857—62. * * 110 Thlr.

—— dass. — in der Provinz Brandenburg. 21.—37. Lfg. qu. gr. Fol. (à Lfg. 3 Chromolithogr. und 3 Blatt Text.) Ebendas. 863—68. à Lfg. * * 1 Thlr. $12\frac{1}{2}$ Ngr. * *

—— dass. — in der Provinz Pommern. 10.—24. Lfg. qu. gr. Fol. (à Lfg. 3 Chromolithogr. und 3 Blatt Text.) Ebendas. 863—68. à Lfg. * * 1 Thlr. $12\frac{1}{2}$ Ngr. * *

—— dass. — in der Provinz Posen. 5.—8. Lfg. qu. gr. Fol. (à Lfg. 3 Chromolithogr. und 3 Blatt Text.) Ebendas. 865—67. à Lfg. * * 1 Thlr. $12\frac{1}{2}$ Ngr. *

—— dass. — in der Provinz Preussen. 9.—13. Lfg. qu. gr. Fol. (à Lfg. 3 Chromolithogr. und 3 Blatt Text.) Ebendas. 863—65. à Lfg. * * 1 Thlr. $12\frac{1}{2}$ Ngr. * *

—— dass. — in der Rhein-Provinz. 3.—16. Lfg. qu. gr. Fol. (à Lfg. 3 Chromolithogr. und 3 Blatt Text.) Ebendas. 863—68. à Lfg. * * 1 Thlr. $12\frac{1}{2}$ Ngr. * *

—— dass. — in der Provinz Sachsen. 14.—25. Lfg. qu. gr. Fol. (à Lfg. 3 Chromolithogr. und 3 Blatt Text.) Ebendas. 863—67. à Lfg. * * 1 Thlr. $12\frac{1}{2}$ Ngr. * *

—— dass. — in der Provinz Schlesien. 17.—44. Lfg. qu. gr. Fol. (à Lfg. 3 Chromolithogr. und 3 Blatt Text.) Ebendas. 863—68. à Lfg. * * 1 Thlr. $12\frac{1}{2}$ Ngr. * *

—— dass. — in der Provinz Westphalen. 7.—16. Lfg. qu. gr. Fol. (à Lfg. 3 Chromolithogr. und 3 Blatt Text.) Ebendas. 863—68. à Lfg. * * 1 Thlr. $12\frac{1}{2}$ Ngr. * *

Wohnsitze, die ländlichen, Schlösser und Residenzen der ritterschaftlichen Grundbesitzer in der preuss. Monarchie, nebst den königl. Familien-Haus-Fideicommiss-Schatull-Gütern in naturgetreuen, künstlerisch ausgeführten farb. Darstellungen nebst begleit. Text. Hrsg. von Alex. Duncker. 198.—264. Lfg. qu. Fol. (à 3 Chromolithogr. und 3 Bl. Text.) Berlin 868—75, A. Duncker. à Lfg. * * ℳ 8,75. * *
Je 20 Lfgn. oder 60 Abbild. bilden einen Band. à * * ℳ 75.; geb. mit Goldschn. * * ℳ 86,25.

—— dass. — in der Provinz Brandenburg. 38.—47. Lfg. qu. Fol. (à 3 Chromolithogr. und 3 Bl. Text.) Ebendas. à Lfg. * * ℳ 4,25. * *

—— dass. — in der Provinz Pommern. 25.—28. Lfg. qu. Fol. (à 3 Chromolithogr. und 3 Bl. Text.) Ebendas. à Lfg. * * ℳ 4,25. * *

—— dass. — in der Provinz Posen. 9. und 10. Lfg. qu. Fol. (à 3 Chromolithogr. und 3 Bl. Text.) Ebendas. à Lfg. * * ℳ 4,25. * *

—— dass. — in der Provinz Preussen. 14.—21. Lfg. qu. Fol. (à 3 Chromolithogr. und 3 Bl. Text.) Ebendas. à Lfg. * * ℳ 4,25. * *

—— dass. — in der Rhein-Provinz. 17.—30. Lfg. qu. Fol. (à 3 Chromolithogr. und 3 Bl. Text.) Ebendas. à Lfg. * * ℳ 4,25. * *

—— dass. — in der Provinz Sachsen. 26.—36. Lfg. qu. Fol. (à 3 Chromolithogr. und 3 Bl. Text.) Ebendas. à Lfg. * * ℳ 4,50. * *

—— dass. — in der Provinz Schlesien. 45.—58. Lfg. qu. Fol. (à 3 Chromolithogr. und 3 Bl. Text.) Ebendas. à Lfg. * * ℳ 4,25. * *

—— dass. — in der Provinz Westphalen. 17.—25. Lfg. qu. Fol. (à 3 Chromolithogr. und 3 Bl. Text.) Ebendas. à Lfg. * * ℳ 4,25. * *
Von dieser Separatausg. bilden je 13 Lfgn. oder 39 Abbildungen einen Band. geb. à * * ℳ 66.

Wohnsitze, die ländlichen, Schlösser und Residenzen der ritterschaftlichen Grundbesitzer in der preuss. Monarchie, nebst den königl. Familien-, Haus-, Fideicommiss- und Schatull-Gütern in naturgetreuen, künstlerisch ausgeführten, farb. Darstellungen mit begleit. Text. Hrsg. von Alex. Duncker. 265.—296. Lfg. qu. Fol. (à Lfg. 3 Chromolithogr. mit 3 Bl. Text.) Berlin 876—79, A. Duncker. à Heft * *
Je 20 Lfgn. oder 60 Abbild. bilden einen Bd. à * * ℳ 75.; geb. mit Goldschn. * * ℳ 86,25.

—— dass. — Provinz Brandenburg. 48.—52. Lfg. qu. Fol. (à Lfg. 3 Chromolithogr. mit 3 Bl. Text.) Ebendas. 876,77. à Lfg. * *

—— dass. — Prov. Posen. 11.—15. Lfg. qu. Fol. (à Lfg. 3 Chromolithogr. mit 3 Bl. Text.) Ebendas. 879. à Lfg. * *

—— dass. — Prov. Preussen. 22. und 23. Lfg. qu. Fol. (à Lfg. 3 Chromolithogr. mit 3 Bl. Text.) Ebendas. 879. à Lfg. * *

—— dass. — Rheinprovinz. 31.—39. Lfg. qu. Fol. (à Lfg. 3 Chromolithogr. mit 3 Bl. Text.) Ebendas. 877—79. à Lfg. * *

—— dass. — Prov. Sachsen. 37.—41. Lfg. qu. Fol. (à Lfg. 3 Chromolithogr. mit 3 Bl. Text.) Ebendas. 876—79. à Lfg. * *

—— dass. — Prov. Schlesien. 59.—67. Lfg. qu. Fol. (à Lfg. 3 Chromolithogr. mit 3 Bl. Text.) Ebendas. 876—79. à Lfg. * *
Von dieser Einzelausg. bilden je 13 Lfgn. oder 39 Abbild. einen Bd. geb. à * * ℳ 66.

Wohnsitze, die ländlichen, Schlösser und Residenzen der ritterschaftlichen Grundbesitzer in der preuss. Monarchie, nebst den königl. Familien-, Haus-, Fideicommiss- und Schatull-Gütern in naturgetreuen, künstlerisch ausgeführten farb. Darstellungen mit begleitendem Text. Hrsg. von Alex. Duncker. 297.—320. (Schluss-)Lfg. qu. Fol. (à Lfg. 3 Chromolithogr. mit 3 Bl. Text.) Berlin 880—84, A. Duncker. à Lfg. * * ℳ 3,75. * *

—— dass. — Prov. Brandenburg. 53. und 54. Lfg. qu. Fol. (à Lfg. 3 Chromolithogr. mit 3 Bl. Text.) Ebendas. 881. à Lfg. * * ℳ 4,25. * *

—— dass. — Prov. Sachsen. 42.—44. Lfg. qu. Fol. (à Lfg. 3 Chromolithogr. mit 3 Bl. Text.) Ebendas. 881. à Lfg. * * ℳ 4,25. * *

—— dass. — Prov. Schlesien. 68. und 69. Lfg. qu. Fol. (à Lfg. 3 Chromolithogr. mit 3 Bl. Text.) Ebendas. 881. à Lfg. * * ℳ 4,25. * *

Wohnsitze, über die, der ältesten Russen. Sendschreiben an d. Staatsrath G. Ewers in Dorpat. gr. 4. Dorp. ... (Leipz., Cnobloch.)

Wohnung, die, des Arbeiters, s. a. Arbeiter-Bibliothek.

Die Wohnung des Arbeiters. Was man vom Bauen, Wohnen, Mieten u. vom Garten wissen muß. M.Gladbach: Westdeutsche Arbeiter-Zeitung 1910. 67 S. 8°
(Arbeiter-Bibliothek. H. 12.)

Wohnung, die einsame, oder das Archiv des Bundes. Vom Verfass. d. „schwarze Bruder" (Karl Augustini, ein Pseudonymus). 2 Thle. 8. Berl. 807. Auf Kosten des Verfassers. (Müller in Arnst.)

— u. Hausrat. Beispiele neuzeitl. Wohnräume u. ihrer Ausstattg. Mit einleit. Text v. Herm. Warlich. (240 S. Abbild. m. XXVIII S. illustr. Text.) Lex.8. München 908. F. Bruckmann. Geb. in Leinw. 10. —

— die schaurige, e. Scene aus d. Thälern des Schwarzwaldes. 2 Thle. 8. Bremen, (Heyse). 18 gGr.

Wohnung im Waldthale, d. einsame, od. Archiv d. Bundes. 2 Thle. 8. Arnst. Müller. 807.

Wohnungen, die leeren, in München. Ergebnisse der Zählg. vom 12. VI. 1907. Hrsg. vom statist. Amt der Stadt München. (5 S.) Lex. 8. München (907). (J. Lindauer.) — 20

[**Wohnungen**]. Statistisches Amt der Stadt Barmen. Die leerstehenden Wohnungen in Barmen nach d. Zählung vom 1. Dez. 1909. (Barmen) o. J. 4°.

Die leerstehenden **Wohnungen** u. Geschäftslokale in Stettin. [1.] 1909-1911. Stettin (1912): Bauchwitz. 4°
(Stettiner Statistik. H. 1.)

Wohnungen, über die, der Seele nach dem Tode. Oder: Blicke jenseits des Grabes, nach Anleitung der heil. Schrift u. mit Berücksichtigung der neuen Aufschlüsse über die Zustände d. Seelen in der Ewigkeit. (Mit einem Anhange.) 2 Abthl. gr. 8. Basel 838, 39. (Neukirch.) n. 1½ ℳ

Die **Wohnungen** mit Teilvermietung und die Dresdner Wohnungsordnung vom 25. Januar 1898 auf Grund e. statist. Untersuchung v. J. 1901. *(Dresden 1903: Güntz'sche Stiftung.)* (48 S., 4°(8°) [J.]
= **Mitteilungen** d. Statistischen Amtes d. Stadt Dresden. H. 11.

Wohnungen, von den verschiedenen, d. Seligen im Himmel rc. In e. Unterredung zwischen G. Derstegen u. J. Teschemacher. 8. 790. 14 gGr.

Wohnungs-, Handels- u. Gewerbe-Adreßbuch, allgemeines, der Landeshauptstadt Linz u. der Stadt Urfahr, nebst Handels- u. Gewerbe-Adreßbuch der Städte: Braunau, Eferding, Enns, Freistadt, Gmunden, Grein, Grieskirchen, Ried, Schärding, Schwanenstadt, Steyr, Steyregg, Vöcklabruck, Wels, sowie der Curorte Bad Hall u. Ischl. gr. 8. (XII, V, 258 S.) Linz 894. (Städtebilder-Verlag.) Kart. n. 6. 70

— dasselbe. Nachtrag (zur 1. Aufl.). M. vollst., neuestem Verzeichniß aller nach u. v. Linz verkehr. Boten. Jänner 1895. gr. 8. (II, 34 S. Ebd. 895. n.n. — 60 (Hauptwerk u. Nachtrag: n.n. 7. 30)

Wohnungs-, Handels- u. Gewerbe-Adreßbuch, allgem., d. Landeshauptstadt Linz u. der Stadt Urfahr. 2. Aufl. gr. 8. (II, 256 S.) Linz 896. E. Mareis' Sort. Kart. n.n. 5. —

Wohnungs-, Handels- u. Gewerbe-Adreßbuch, allgemeines, der Landeshauptstadt Linz u. der Stadt Urfahr f. d. J. 1901. Lex.-8. (216 S. m. 1 Bildnis.) Linz 900. E. Mareis. Kart. n.n. 5. —

— — — allgemeines, der Landeshauptstadt Salzburg. Im 2. Thl.: Handels- u. Gewerbe-Adreßbuch sämmtl. Städte, Bäder u. aller bedeutenderen Orte der Prov. Salzburg. Im Anh.: Wegweiser durch die Städte Wien u. München. Aufl. 1891—93. Zusammengestellt u. unter Vorlage amtl. Quellen verf. v. C. J. Lankus. Lex.-8. (113, 64 u. 69 S.) Linz 891. (Salzburg, H. Kerber.) Geb. in Leinw. n. 7. —

Wohnungs - Adressbuch v. Brünn u. der Vororte Königsfeld, Hussowitz u. Kumrowitz f. 1896. M. e. Plan d. Stadt Brünn u. e. Sitzplan d. Stadttheaters. gr. 8. (XX, 231 S.) Brünn, C. Winkler. Kart. n. 3. 60; geb. in Leinw. n. 4. —

(F) **Wohnungs- und Geschäfts-Adressbuch** für den Currayon Baden und Weikersdorf. Herausgeber: Gustav Waldheim. I. Jahrgang 1899/1900. Wien. Steckler. Gr.-8°. XIII, 81 S. Geb. K 4.—

Wohnungs- u. Geschäfts-Adressbuch der Stadt Baden. Hrsg.: Gust. Waldheim. 4. Jahrg. 1903. (66 S.) gr. 8. Wien, L. Steckler. Geb. n. 4. —

Wohnungs- und Geschäftsadressbuch der Stadt Baden. 5. Jahrg. 1904. Gr.-8°. (44 S.) Wien: Steckler 1904. geb. K 4.—

Wohnungs- u. Geschäfts-Adreßbuch der Stadt Krems. Hrsg.: Gust. Waldheim. 1. Jahrg. 1901—1902. gr. 8. (48 S.) Krems, F. Oesterreicher. Kart. n. 3. 60

(F) **Wohnungs- und Geschäfts-Adressbuch** für die Stadt Mödling. Herausgeber: Gustav Waldheim. I. Jahrgang 1900/1901. Wien. Steckler. Gr.-8°. VIII, 47 S. Cart. K 4.—

— — der Stadt Mödling. Hrsg.: Gust. Waldheim. 2. Jahrg. 1903/4. (V, 43 S.) gr. 8. Wien, L. Steckler. Geb. n. 4. —

(F) **Wohnungs- und Geschäfts-Adressbuch** der Stadt St. Pölten. Herausgeber Gustav Waldheim. I. Jahrgang. 1900/1901. Wien und Baden. Steckler. Gr.-8°. XXIII, 57 S. Geb. K 4.—

— — v. Wiener-Neustadt. 1901—1902. gr. 8. (II, 168 S.) Wr.-Neustadt, A. Folk. Kart. n.n. 5. —

Wohnungs- und Geschäfts-Adressbuch der Stadt Znaim. I. Jahrg. 1904/1905. Gr.-8°. (62 S.) Wien: Steckler 1904. geb. K 4,

Wohnungs-Adreßbuch f. Luckenwalde 1883/84. Hrsg. v. Ernst Gutdeutsch. 8. (119 S.) Luckenwalde, (Wartenstein). cart. n. 2. 50

Charlottenburger Wohnungsamt (Das). Seine Entstehung und Organisation. 8⁰. Charlottenburg 1911.

Wohnungsamt, das Stuttgarter. Seine Aufgaben und sein Betrieb. (47 S und Beilagen) 4⁰ Stuttgart 1903

Wohnungs-Anzeiger, s. a.: Adreßbuch.

Wohnungsanzeiger, s.a. Adresskalender.

Wohnungs-Anzeiger der Abgeordneten der ersten und zweiten (preuß.) Kammer. (1849.) 1—5. Aufl. Lex.-8. (14 S.) Berlin 849, [Stargardt.]

Wohnungs-Anzeiger der Abgeordneten zur zweiten Kammer. August 1849. Druck von J. Pleßner. 4 Bl. 8. Flugblatt. Berlin, 13. Aug. 1849.

Wohnungs-Anzeiger und Adreß-Buch für die Stadt und den Polizeibezirk Bromberg auf das Jahr 1864, unter Benutzung der amtlichen Materialien bearb. von Aug. Schmidt u. Osw. Wende. Bromberg, Levit. gr. 8. (110 S.) nn. 17½ ngr.

—— nebst Adreß- und Geschäftshandbuch für die Stadt Anklam, deren Umgebungen und Anklamer Peenedamm. Auf das J. 1868. Aus amtl. Quellen zusammengestellt von Valent. Tietz. 1. Jahrg. gr. 8. (VII, 141 S.) Anklam 868, Dietze. *

Wohnungs-Anzeiger, nebst Adreß- u. Geschäftshandbuch f. d. Stadt Anklam u. deren Umgebgn. f. d J. 1896. Zusammengest. durch Allodi. gr. 8. (95 S.) Greifswald (Anklam, H. Wolter.) n.n. 3. 40

— nebst Adreß- u. Geschäftshandbuch f. die Stadt u. den Kreis Anklam, sowie f. die Ortschaften d. Kreises Greifswald, welche bis zu 15 Klm. v. Anklam entfernt liegen f. d. J. 1903. Zusammengestellt durch Allodi. gr. 8. (III, 123 S.) Anklam (E. Süssermann). n.n. 4. —

— nebst Adreß- u. Geschäftshandbuch f. die Stadt u. den Kreis Anklam, sowie für die Ortschaften des Kreises Greifswald, welche bis zu 15 Klm. v. Anklam entfernt liegen, f. d. J. 1904. Zusammengestellt durch Allodi. (IV, 125 S.) gr. 8. Anklam (E. Süssermann). n.n. 4. —

Wohnungsanzeiger nebst Adreß- und Geschäftshandbuch für die Stadt Aschaffenburg auf das J. 1879. Zusammengestellt von Max Hochsprung. 8. (126 S.) Aschaffenburg. (Krebs'sche Buchh.) *

—— nebst Adreß- und Geschäftshandbuch für Berlin, dessen Umgebungen und Charlottenburg auf die J. 1868—1871. Aus amtl. Quellen zusammengestellt durch J. A. Bünger. 13.—16. Jahrg. Lex.-8. (1233; 1332; 1422; VIII, 1443 S. mit 7 lithogr. Plänen und 1 chromolithogr. Plan in Imp.-Fol.) Berlin, Hayn's Erben. Subscr.-Pr. à Jahrg. ** M 5,75.; geb. ** Ladenpr. ** M 6,75.; geb. **

—— nebst Adreß- und Geschäfts-Handbuch für die Stadt Bromberg und Umgebung auf das J. 1872. Aus amtl. Quellen zusammengestellt von O. Wende. 8. (VI, 138 S.) Bromberg 872, Mittler'sche Buchh. geb. *

— nebst Adreß- u. Geschäfts-Handbuch f. die Stadt Bromberg u. Umgebung auf d. J. 1876. 8. (VI, 104 S.) Bromberg 876. Mittler. n. 4. —

Wohnungsanzeiger nebst Adreß- und Geschäfts-Handbuch für Bromberg und Umgebung auf das J. 1878. Nach amtl. Quellen bearb. von L. Koch. 8. (VI, 192 S.) Bromberg, Mittler'sche Buchh. cart. **

Wohnungs-Anzeiger nebst Adreß- und Geschäfts-Handbuch für Bromberg und Umgebung auf die J. 1880, 1882 und 1883. Nach amtl. Quellen bearb. von L. Koch. 8. (138, LXVII; VI, 208; 217 S.) Bromberg, Mittler'sche Buchh. geb. Jahrg. 1880 und 1882 à ** geb. Jahrg. 1883 **

Wohnungs-Anzeiger nebst Adreß- u. Geschäfts-Handbuch f. Bromberg u. Umgebung f. d. J. 1886. Nach amtl. Quellen bearb. v. P. Anders. 8. (291 S.) Bromberg, Dittmann. cart. n. 3. 50

— nebst Adreß- u. Geschäftshandbuch f. Bromberg u. Umgebung f. d. J. 1888. Bearb. v. C. Gardiewski. 8. (400 S.) Bromberg, Dittmann. cart. n. 4. —

—— nebst Adreß- und Geschäfts-Handbuch für Eberswalde auf das J. 1882. gr. 8. (46 S.) Eberswalde, Rust. *

— nebst Adreß- u. Geschäfts-Handbuch f. Eberswalde auf d. J. 1886. Zusammengestellt v. J. Schwan u. A. Stötzer. gr. 8. (133 S.) Eberswalde, Wolfram. n. 2. —

— nebst Adreß- u. Geschäfts-Handbuch f. Eberswalde auf d. J. 1888. Zusammengestellt v. J. Schwan u. A. Stötzer. gr. 8. (141 S.) Eberswalde, Wolfram's akadem. Buchhandlg. n. 2. —

Wohnungsanzeiger, Adreß- und Geschäfts-Handbuch der Stadt und des Kreises Graudenz, in 5 Nachweisungen nach amtl. Quellen zusammengestellt. gr. 8. (IV, 54 S.) Graudenz 872, Röthe. *

——, Adreß- und Geschäfts-Handbuch für Landsberg an der Warthe auf das J. 1863. Nach amtlichen Mittheilungen zusammengestellt von der Verlagshandlung. gr. 8. (95 S.) Landsberg a. d. W. 863, Schäffer und Comp. cart. *

— — für Neu-Ruppin auf d. J. 1900, sowie e. Ortschafts-Verzeichniß des Kreises Ruppin, m. Angabe der Poststationen, Gemeinde- u. Gutsvorsteher, Amtsvorsteher u. deren Stellvertreter, Pastoren u. Lehrer. gr. 8. (IV, 182 u. XXII S.) Neu-Ruppin, P. Howe. n.n. 4. —

— nebst Adreß u. Geschäfts-Handbuch f. die Stadt Tilsit auf d. J. 1872. Aus amtl. Quellen zusammengestellt v. H. Rahnenführer. 8. (59 S.) Tilsit 872. akadem Buchhandlung. n.n. 2. 50

—— und Adreß-Buch der Stadt Görlitz. Nach amtl. Quellen zusammengestellt. gr. 8. (IV und 222 S.) Görlitz 856, Heyn'sche Buchh. **

— — der Stadt Görlitz. Nach amtlichen Mittheilungen zusammengestellt. 4. Aufl. Görlitz 864. Remer. gr. 8. (193 S.) n. 20 ngr.

—— und Adreßbuch der Stadt Görlitz. Nach amtl. Mittheilungen zusammengestellt. 5. Aufl. (242 S.) 1868. * M 2,25.; 6. Aufl. (236 S.) 1872. ** M 2,50., und 7. Aufl. gr. 8. (260 S.) Görlitz 874, Römer. cart. **

—— und Adreß-Buch der Stadt Görlitz. Nach amtl. Mittheilungen zusammengestellt. 8. Aufl. (272 S.) 1877. cart. ** M 3,50.; 9. Aufl. gr. 8. (284 S.) Görlitz 880, Remer. cart. **

—— und Adreß-Buch der Stadt Görlitz. Nach amtl. Mittheilungen zusammengestellt. 12. Aufl. gr. 8. (III, 851 S.) Görlitz 886, Remer. cart. **

Jahrg. 1889 s. Adreßbuch. — Der Preis für Jahrg. 1889 (Görlitz, Remer.) beträgt ** ℳ 4.—, nicht ** ℳ 2.25., wie irrthümlich angegeben.

—— für die Gesammtstadt Halle a. d. S. auf die J. 1862 und 1863. Hrsg. von H. Berner, unter Mitwirkung von F. Dieß. Lex.-8. (200 S., 212 S.) Halle, Berner. à **

Wohnungs-Anzeiger und Adreßbuch für die Gesammtstadt Halle a. d. S. auf die J. 1864—66. Hrsg. von Herm. Berner. Lex.-8. Halle, Berner. 1864. (214 S.) ** 22½ Ngr., 1865. (215 S.) und 1866. (221 S.) à Jahrg. **

— [Adreß-Buch] der Stadt u. Feldmark Wesel. 8. (VIII, 170 S. m. 1 Plan.) Wesel 888. Kühler. cart. n. 4. —

—— [Adreß-Buch] der Stadt u. Feldmark Wesel. Ausg. im Juli 1891. gr. 8. (VIII, 184, 16 S.) Wesel 891, Kühler. cart. * 4 —

— (Adreß-Buch) der Stadt u. Feldmark Wesel, sowie der im Lager Friedrichsfeld wohnenden Offiziere, Wachtmeister u. Beamten. Ausg. im Aug. 1894. gr. 8. (VIII, 206 S. m. farb. Plan.) Wesel, C. Kühler. Kart. n. 4. 50

— (Adreß-Buch) der Stadt u. Feldmark Wesel. Ausg. im April 1902. gr. 8. (VIII, 223 S. m. Stadtplan.) Wesel, C. Kühler. Kart. n. 4.—

Wohnungs-Anzeiger und Adreß-Kalender für Frankfurt a. d. O. auf das J. 1848. Nach amtl. Mittheilungen zusammengestellt. 8. (VIII und 240 S. mit 1 lithogr. Plan von Frankfurt a. O. in gr. Fol.) Frankfurt a. O. 848, Koscky und Comp. Thlr. *

—— dass. — auf das J. 1852. Nach amtl. Mittheilungen zusammengestellt. 8. (VIII und 204 S.) Ebds. 852. *

Wohnungs-Anzeiger und Adreß-Kalender für Frankfurt a. d. O. auf das J. 1853. Nach amtl. Mittheilungen zusammengestellt. 8. (VIII und 261 S.) Frankfurt a. d. O., [Koscky.] Thlr. *

—— —— dass. — auf das J. 1855. 8. (VIII und 268 S.) Ebds. *

—— und Adreß-Kalender, für Frankfurt an der Oder auf das J. 1859. Nach amtl. Mittheilungen zusammengestellt. gr. 8. (VIII und 268 S.) Frankfurt a. d. O., (Schiefer.) **

—— und Adreß-Kalender für Frankfurt a. d. O. auf das J. 1863. Nach amtl. Mittheilungen zusammengestellt. gr. 8. (VIII und 281 S.) Frankfurt a. d. O. 863, (Schiefer.) cart. *

—— und Adreß-Kalender für Frankfurt a. d. O. auf die J. 1869. 1871. 1874. Nach amtl. Mittheilungen zusammengestellt. gr. 8. (VIII, 298; IV, 303; VIII, 344 S.) Frankfurt a. O., (Harnecker und Comp.) cart. 1869. ** ℳ 3.; 1871. * 1874. *

—— und Adreß-Kalender für Frankfurt a. d. O. auf das J. 1876. gr. 8. (XI, 339, IV, 47 S.) Frankfurt a. d. O., (Harnecker und Comp.) geb. **

—— dass. — auf das J. 1879. Zusammengestellt auf Grund amtl. Materials. gr. 8. (VI, 392, IV, 57 S.) (Ebendas.) geb. **

Jahrg. 1877, 1878 und 1880 sind nicht erschienen.

—— und Adreß-Kalender für Frankfurt a. O. auf das J. 1882. Zusammengestellt auf Grund amtl. Materials. gr. 8. (VII, 408; IV, 56 S.) Frankfurt a. O., (Harnecker und Comp.) geb. *

— u. Adreß-Kalender f. Frankfurt a/O. auf d. J. 1885. Zusammengestellt auf Grund amtl. Materials. gr. 8. (VI, 427 u. IV, 55 S.) Frankfurt a/O., (Harnecker & Co.). geb. n. 8. —

— u. Adreß-Kalender f. Frankfurt a. d. Oder auf d. J. 1888. gr. 8. (VII, 417; 20 u. 56 S.) Frankfurt a/O., (Harnecker & Co.). cart. n. 8. —

—— u. Adreß-Kalender f. Frankfurt an der Oder auf d. J. 1891. gr. 8. (VII, 424, 29, IV, 58 S. m. 1 Theaterplan.) Frankf. a. O., (Harnecker u. Comp.). cart. * 8 —

— u. Adreß-Kalender f. Frankfurt an der Oder auf d. J. 1893. Zusammengestellt auf Grund amtl. Materials. gr. 8. (II, VII, 463 u. 58 S. m. 1 Theaterplan.) Frankfurt a/O., (G. Harnecker & Co.). Kart. n. 8. —

— u. Adreß-Kalender f. Frankfurt a/O. auf d. J. 1897. Zusammengest. auf Grund amtl. Materials. gr. 8. (II, VI, 463 u. II. 52 S. m. Theaterplan.) Frankfurt a/O. (G. Harnecker & Co.). Kart. n. 8. —

— — f. Pritzwalk. Nach amtl. Mittheilgn. zusammengest. 1896. gr. 8. (II, 80 S.) Pritzwalk, C. Lemke. Kart. 3. —

Wohnungsanzeiger, allgemeiner, f. d. Jahr 1825. gr. 8. Berlin, Bolke.

Wohnungs-Anzeiger, allgemeiner, nebst Adreß- und Geschäftshandbuch für Berlin, dessen Umgebungen und Charlottenburg auf das J. 1856. Aus amtl. Quellen zusammengetragen. 1. Jahrg. Lex.-8. (796 S.) Berlin 856, Hayn. **

Wohnungs-Anzeiger, allgemeiner, nebst Adreß- und Geschäftshandbuch für Berlin, dessen Umgebungen und Charlottenburg auf die J. 1857 — 61. Aus amtl. Quellen zusammengestellt durch J. A. Bünger. 2 — 6. Jahrg. gr. Lex.-8. (à Jahrg. IV und ca. 900 S.) Berlin 857—61, Hayn. à Jahrg. ** cart. à Jahrg. **

—— allgemeiner, nebst Adreß- und Geschäftshandbuch für Berlin, dessen Umgebungen und Charlottenburg auf die J. 1862 — 67. Aus amtl. Quellen zusammengestellt durch J. A. Bünger. 7.—12. Jahrg. gr. 4. (à Jahrg. ca. VI und 1175 S.) Berlin, Hayn's Erben. à Jahrg. ** 2 Thlr. 7½ Ngr.; cart. à Jahrg. ** Schreibp. à Jahrg. ** 2 Thlr. 17½ Ngr.; cart. à Jahrg. **

— allgemeiner, nebst Adreß- u. Geschäftshandbuch für Berlin, dessen Umgebungen u. Charlottenburg auf die J. 1862—67. Aus amtl. Quellen zusammengestellt durch J. A. Bünger. 10—15. Jahrg. Berlin, Hayn's Erben. gr. 4. Jeder Jahrg. (ca. VI, 1200 S.) n.n. 2 ℛ 7½ ngr.; cart. n.n. 2 ℛ 10 ngr.; Schreibp. n.n. 2 ℛ 17½ ngr.; cart. n.n. 2 ℛ 20 ngr.

— allgemeiner, pro 1889. Adreß- u. Geschäftshandbuch f. Colberg. 8. (VIII, 258 S.) Colberg, (Post'sche Buchh.). n. 2. —

—— allgemeiner, nebst Adreß- und Geschäfts-Handbuch für Cöslin auf das J. 1873. Ausgearb. durch Ruhnke. 2. Jahrg. gr. 8. (78 S.) Cöslin 873, Hendeß. **

—— allgemeiner, nebst Adreß- und Geschäfts-Handbuch für Cöslin auf das J. 1877. Im Polizei-Büreau ausgearbeitet. 8. (86 S.) Cöslin, (Hendeß.) cart. **

—— dass. — auf das J. 1879. Nach amtl. Quellen zusammengestellt im Standes-Amts-Büreau. 8. (104 S.) (Ebendas.) cart. **

Wohnungs-Anzeiger, allgemeiner, nebst Adreß- u. Geschäfts-Handbuch f. Cöslin auf d. J. 1890 u. 1891. 11. u. 12. Jahrg. gr. 8. (92, LXII S.; 152 S. m. 1 Tab.) Cöslin, Hendeß.
cart. Jahrg. 1890 * 2 —; Jahrg. 1891 * 2 50

Wohnungs-Anzeiger, allgemeiner, nebst Adreß- u. Geschäfts-Handbuch f. Köslin auf d. J. 1893. Nach amtl. Quellen zusammengestellt. 13. Jahrg. gr. 8. (90 u. LX S.) Köslin, (C. G. Hendeß). Kart. n. 2. —

— allgemeiner, nebst Adreß- u. Geschäfts-Handbuch für Köslin f. d. J. 1911. Nach amtl. Quellen zusammengestellt. 31. Jahrg. (244 S.) 8. Köslin, A. Hoffmann. Geb. nn 2. —

—— allgemeiner, nebst Adreß- und Geschäfts-Handbuch für Neu-Ruppin, auf das J. 1880, sowie ein Adreß-Auszug der Städte Alt-Ruppin, Gransee, Lindow, Neustadt a. D., Rheinsberg und Wusterhausen a. D. und einem Ortschafts-Verzeichniß des Kreises Ruppin mit Angabe der Poststationen, Gemeinde- und Guts-Vorsteher, Amts-Vorsteher und deren Stellvertreter, Pastoren und Lehrer. gr. 8. (IV, 125 S.) Neu-Ruppin, Howe's Buchh. **

—— allgemeiner, nebst Adreß- und Geschäfts-Handbuch für Neu-Ruppin auf das J. 1885, sowie ein Ortschafts-Verzeichniß des Kreises Ruppin, mit Angabe der Poststationen, Gemeinde- und Guts-Vorsteher, Amtsvorsteher und deren Stellvertreter, Pastoren und Lehrer. gr. 8. (II, 148 S.) Neu-Ruppin, Howe. *

— allgemeiner, nebst Adreß- u. Geschäfts-Handbuch f. Neu-Ruppin auf d. J. 1890, sowie e. Ortschafts-Verzeichnis d. Kreises Ruppin, m. Angabe d. Poststationen, Gemeinde- u. Gutsvorsteher, Amtsvorsteher u. deren Stellvertreter, Pastoren u. Lehrer. gr. 8. (307 S.) Neu-Ruppin, Howe. n.n. 3. —

— allgem., nebst Adreß- u. Geschäfts-Handbuch f. Neu-Ruppin auf d. J. 1895, sow. e. Ortschafts-Verzeichniß d. Kreises Ruppin m. Angabe d. Poststationen, Gemeinde- u. Gutsvorsteher, Amtsvorsteher u. deren Stellvertreter, Pastoren u. Lehrer. gr. 8. (II, 167 u. XXII S.) Neu-Ruppin, P. Howe. n.n. 4. —

—— allgemeiner, nebst Adreß- und Geschäfts-Handbuch für Stargard in Pommern auf die J. 1869—1871. Ausgearb. durch Wobike. 1.—3. Jahrg. gr. 8. (IV, 156; 164; 167 S.) Stargard, (Dannenberg und Dühr.) 1869. *
1870 und 1871 à **

—— dass. — auf die J. 1872 und 1873. Ausgearb. durch Möhnert. 4. und 5. Jahrg. gr. 8. (179; 190 S.) Ebendas. à Jahrg. **

—— dass. — auf die J. 1874 und 1875. Ausgearb. durch A. Duffe. 6. und 7. Jahrg. 8. (210; 168 S.) Stargardt, Just. 1874. **
1875. **

—— allgemeiner, nebst Adreß- und Geschäfts-Handbuch für Stargard in Pommern. Hrsg. von A. Duffe. Jahrg. 1875—1879. 8. (218; 230; 235; 235 S.) Stargard, Selbstverlag. à Jahrg. *

— allgemeiner, nebst Adreß- u. Geschäfts-Handbuch, für Stargard i. Pomm. auf d. J. 1876. Ausgearb. durch A. Duffe. 8. Jahrg. gr. 8. (169 S.) Stargrrd 876. (Just.) n.n. 2. 75

—— allgemeiner, nebst Adreß- und Geschäfts-Handbuch für Stargard in Pommern auf die J. 1880, 1882 und 1884. Verfaßt von A. Duffe. 12.—14. Jahrg. gr. 8. (III, 180; III, 196; III, 187 S.) Stargard, (Just.)
cart. Jahrg. 1880 und 1882 à **
cart. Jahrg. 1884 **

— allgemeiner, nebst Adreß- u. Geschäfts-Handbuch für Stargard in Pomm. auf das J. 1888. Verf. von A. Duffe. 20. Jahrg. 8. (III, 193 S.) Stargard i/Pomm., (Just). cart. n.n. 3. —

— allgemeiner, nebst Adreß- u. Geschäfts-Handbuch f. Stargard in Pommern auf d. J. 1892. Verf. v. A. Duffe. 24. Jahrg. gr. 8. (III, 213 S.) Stargard i/P., (R. Just). Kart. n. 4. —

— allgem., nebst Adreß- u. Geschäfts-Handbuch f. Stargard in Pomm. auf d. J. 1894. Verf. v. A. Duffe. 26. Jahrg. gr. 8. (III, 222 S.) Stargard (R. Just). Kart. n. 4. —

Wohnungsanzeiger, allgemeiner, für Berlin u. dessen Umgebungen. 1r—9r Jahrg. 1821—30. gr. 8, Berl., Boike. à J. 1 ℛ 18 ¼

Wohnungsanzeiger, allgem., f. Berlin u. dess. nächste Umgebungen, mit Einschluß v. Charlottenburg, auf d. J. 1835—42. 14—21. Jahrg. 4. Berlin, Veit u. Comp. [835—37. à * 1⅓ Thlr., 38—42. à * 1⅓ Thlr.] Thlr. *
Jahrg. 1835—37., hrsg. v. J. W. Boike, J. 1838—42., hrsg. v. K. Winckler.
1—13. Jahrg. 1822—34. Ebendas. ...

Wohnungsanzeiger, allgem., für Berlin rc. auf d. Jahr 1840. Redig. v. K. Winckler. Lex.-8. Berlin, Veit u. Comp. 1 7/12 ℛ
— Die frühern Jahrgänge s. J. W. Boike.

Wohnungsanzeiger, allgemeiner, für Berlin, Charlottenburg u. Umgebungen auf das Jahr 1841—1846. 20.—25. J. Redigirt von dem Königl. Polizei-Rath Winckler. Lex.-8. Berlin, Veit u. Comp. baar à 1¾ ℛ

—— allgemeiner, für Bromberg auf das J. 1855. Nebst geschichtl. und statist. Nachrichten über die Stadt Bromberg. Hrsg. von M. Aronsohn. gr. 8. (LXVIII und 107 S. mit einem lithogr. Plane von Bromberg und Umgegend in Fol.) Bromberg, Aronsohn. **

—— allgemeiner, für Bromberg auf das J. 1858. Nebst den neuesten Postbericht und Fahrplan der königl. Ostbahn. Hrsg. von M. Aronsohn. 8. (IV und 65 S.) Bromberg 858, Aronsohn.

—— allgemeiner, für Danzig und dessen Vorstädte auf das J. 1854. Hrsg. von P. A. Weier. gr. 8. (VI und 364 S.) Danzig, (Anhuth.) **

—— allgemeiner, für Danzig und dessen Vorstädte auf die J. 1857 und 1859. Hrsg. von P. A. Weier. gr. 12. Danzig, (Anhuth.) [1857. (V und 246 S.) ** 1 Thlr., 1859. (XV und 98 S.) ** 1 Thlr. 10 Ngr.] **

— allgemeiner, von Danzig und dessen Vorstädten auf die Jahre 1859 und 1863. Herausg. von P. A. Weier. Danzig, (Anhuth.) gr. 8. (X, 154 S.; X, 176 S.)
59.: n. 1 ℛ 10 ngr; 63.: n. 1 ℛ 20 ngr

— allgemeiner, von Danzig u. den Vorstädten. 1864—65 nebst Nachtrag u. 1867—68. Hersg. von C. E. Eyff. 15. Jahrg. u. Nachtrag u. 16. Jahrg. Danzig, (Anhuth. — Saunier'sche Buchh.) gr. 8. [15. Jahrg. (IV, 198 S.) n. 1 ℛ 10 ngr, 15. Jahrg. nebst Nachtrag. (IV, 238 S.) n. 1 ℛ, 16. Jahrg. (V, 256 S.)] n. 1 ℛ 20 ngr

— — für 1869 u. 1870. Unter Mitbenutzung amtlicher Quellen hersg. von A. W. Kafemann. Danzig, Kafemann. 4. 1869. (256 S. mit einem chromolith. Plane in gr. Fol.) n.n. 1 ℛ 12½ ngr, 1870. (IV, 193 S.) n. 1 ℛ 10 ngr;
geb. n.n. 1 ℛ 15 ngr

—— allgemeiner, für Dortmund. Nebst einer geschichtl. Einleitung. Hrsg. von W. Joedicke. 8. (XV und 98 S.) Dortmund 857, Grote'sche Buchh. *

— allgemeiner, für Greifswald und die Vorstädte für das Jahr 1854. Enthltd.: 1. den Nachweis eines jeden einzelnen Hauses ꝛc.; 2. den Nachweis sämmtlicher Einwohner ꝛc. Greifswald. (Bamberg.) gr. 8. (92 S.) 15 ngr.

Wohnungs-Anzeiger, allgemeiner, nebst Handels- und Gewerbe-Adreßbuch für die Landeshauptstadt Brünn. 1881. 8. (247 u. 81 S.) geb. 2 fl. 40 kr. nur baar.

—— allgemeiner, nebst Handels- und Gewerbe-Adreßbuch für die Landeshauptstadt Troppau. 1885/86. 1. Jahrg. gr. 8. (X, 152 S.) Troppau, (Zenker.) **

— allgemeiner, nebst Handels- u. Gewerbe-Adreßbuch, f. die Landeshauptstadt Troppau sammt Kolonie Karlsau. Hrsg. v. Arth. Vetter. 2. Jahrg. gr. 8. (IX, 204 S.) Troppau 888. Buchholz & Diebel. n.n. 2. 40

— allgemeiner, nebst Handels- u. Gewerbe-Adreßbuch f. die Landeshauptstadt Troppau sammt Colonie Karlsau. Hrsg. v. Arth. Vetter. 3. Jahrg. gr. 8. (VIII, 236 S.) Troppau 891. Zenker. Kart. n. 2. 50

—— allgemeiner, nebst Handels- und Gewerbe-Adreßbuch für die k. k. Reichshaupt- und Residenzstadt Wien und Umgebung von Adph. Lehmann. 4.—6. Jahrg. 1864., 1865 und 1867. 4. Wien, Gerold's Sohn. [1864. (XII und 652 S.) * 4 Thlr., 1865. (616 S.) * 3 Thlr. 10 Ngr., 1867. (XIII und 618 S.) cart. * 4 Thlr.; mit lithogr. Plan in Imp.-Fol. *

— allgemeiner, nebst Handels- u. Gewerbe-Adreßbuch für die k. k. Reichshaupt- u. Residenzstadt Wien u. Umgebung von Adph. Lehmann. 5—7. Jahrg. 1865, 1867 u. 1868. Wien, Gerold's Sohn. 4. 1865. (616 S.) n. 3 rℬ 10 ngr., 1867. (XIII, 618 S.), 1868. (XVI, 691 S.) Jeder Jahrg. cart. n. 4 rℬ; mit lith. Plan in Imp.-Fol. n. 4 rℬ 12 ngr.

— — 8. Jahrg. 1870. Wien, Beck'sche Univ.-Buchh. hoch 4. (XIV, 706 S.) cart. n.n. 5 rℬ

— allgemeiner, f. Potsdam auf das J. 1849. Red. v. Schreiber. Lex. 8. (100 S.) Potsdam, Janke. n. 7/12 rℬ; feine Ausg. n. 3/4 rℬ

—— allgemeiner, für die königl. Residenzstadt Potsdam und Umgebungen auf das J. 1858. Nach amtl. Mittheilungen. gr. 8. (190 S.) Potsdam, Schlesier. **
Schreibp. cart. **

—— dass. — Auf das J. 1861. Nach amtl. Mittheilungen. gr. 8. (214 S.) Ebendas. geb. **
Ist für die J. 1857, 1859 und 1860 nicht erschienen.
Vgl.: Adreßbuch.

—— allgemeiner, für die königl. Residenzstadt Potsdam und Umgebung auf die J. 1872—1875. Ueber Mitbenutzung amtl. Register hrsg. von C. W. Dirksen. 10.—13. Jahrg. gr. 8. (246; 256; 256; 260 S.) Potsdam, Pusch. à Jahrg. geb. *
Mit Plan. **

—— allgemeiner, für die königl. Residenzstadt Potsdam und Umgebung auf das J. 1876. Unter Mitbenutzung amtl. Register von E. Thiele. 13. Jahrg. gr. 8. (278 S.) Potsdam, Pusch. geb. *

—— dass. — auf die J. 1877—1879. Unter Mitbenutzung amtl. Register hrsg. von F. W. Schulz. 14.—16. Jahrg. gr. 8. (138, 148; 302; 154, 184 S.) Ebendas. geb. à Jahrg. *

—— allgemeiner, für die königl. Residenzstadt Potsdam und Umgebung auf die J. 1880—1884. Unter Mitbenutzung amtl. Register hrsg. von F. W. Schulz. 17.—21. Jahrg. gr. 8. (IV, 160, 196; IV, 368; IV, 368, 376; IV, 388 S.) Potsdam, Pusch. geb. à Jahrg. *

— allgemeiner, f. die königl. Residenzstadt Potsdam u. Umgebung auf d. J. 1885. Unter Mitbenutzg. amtl. Register hrsg. v. F. W. Schulz. 22. Jahrg. gr. 8. (176 u. 220 S.) Potsdam, Pusch. geb. n.n. 4. —

—— allgemeiner, für Potsdam und Umgebungen auf das J. 1856. Redig. von Friedr. Wilh. Schreiber. 8. Jahrg. 4. (167 S. mit 1 Tab. in qu. Fol.) Berlin, (R. Kühn.)

— allgemeiner, für Stettin auf das Jahr 1830 u. 31. Herausg. v. Mor. Böhme. 1r u. 2r Jahrg. Mit 1 Grundriß von Stettin (in Fol.) 8. Stettin, (Morin). à J. 1 rℬ 3 gγ

—— allgemeiner, für die Stadt Thorn pro 1869. Nach amtl. Quellen entworfen und hrsg. von J. Majorowski. gr. 8. (VIII, 96 S.) Thorn 869, Wallis. *

—— allgemeiner, für die Stadt Thorn für 1880. gr. 8. (128, 24 S.) Thorn, E. Lambeck. *

Wohnungsanzeiger: Amtlicher Wohnungsanzeiger
v. Kantons-Blatt oder Publikationen für Stadt- und Land-Bürger des Kantons Basel

—— der Haupt- und Residenzstadt Breslau für das J. 1848. Hrsg. von Ferd. Behrend. Lex.-8. (VIII und 338 S.) Breslau 848, [Trewendt und Granier.] **

— d. Stadt Cöthen f. 1897. Hrsg. v. A. Ascherberg. 12. (160 S.) Cöthen (O. Schulze Verl.). Kart. n. 2. —

— der Stadt Cöthen f. 1900. Hrsg. von A. Ascherberg. 12. (171 S.) Cöthen (O. Schulze Verl.) Kart. n. 2. 50
Fortsetzung, s.: Adreßbuch.

Wohnungs- und Geschäfts-Anzeiger, Dortmunder, von Emil Lahme. 1873—1875. gr. 8. Dortmund, Köppen. [1873. (XLVIII, 272 S.) *ℳ 4.; 1874. (IVC, 296 S.) *ℳ 4,25.; 1875. (LXXII, 429 S.)] cart. *

Wohnungs- und Geschäftsanzeiger, Dortmunder, für die J. 1877 und 1878. Hrsg. von Otto Faehre. gr. 8. (IV, 446; IV, 380 S.) Dortmund, Köppen'sche Buchh. cart. à Jahrg. *

Wohnungs- u. Geschäftsanzeiger, Dortmunder, für das Jahr 1881. Hrsg. v. Otto Faehre. gr. 8. (XXXII, 416 S.) Dortmund, (Köppen). cart. n.n. 5. —

Wohnungs- und Geschäftsanzeiger, Dortmunder, für die J. 1885, 1886 und 1887. Hrsg. von Otto Faehre. gr. 8. (XXXIX, 511; XXXIX, 498; XXXIX, 520 S. mit je 1 Plane der Stadt Dortmund.) Dortmund, (Köppen.) cart. à Jahrg. **

—— —— dass. — für das J. 1888. Hrsg. von Otto Faehre. gr. 8. (LXXIV, 315, 179 S. mit 1 Plane der Stadt Dortmund.) (Ebendas.) cart. **

Wohnungs- u. Geschäftsanzeiger, Dortmunder, f. d. J. 1889. Hrsg. v. O. Faehre. Mit 1 Plane der Stadt Dortmund. gr. 8. (52, 313 u. 177 S.) Dortmund, (Köppen). cart. n.n. 5. —

—— —— Dortmunder, f. d. J. 1891. Hrsg. v. Otto Faehre. Mit e. Plan. gr. 8. (IV, 85; 340, 204 S.) Dortmund, (Garms). cart. ** 6 50

— — Dortmunder, f. d. J. 1893. Hrsg. v. Otto Faehre. gr. 8. (IV, 96; 404 u. 224 S. m. 1 farb. Plan.) Dortmund, (Ch. Garms). Kart. n.n. 6. 50

— — dasselbe f. d. J. 1895, s.: Adreßbuch, Dortmunder.

—— der Einwohner der Stadt Greifswald für das J. 1887 und 1888. Nach amtl. Angaben hrsg. gr. 8. (116; III, 120 S.) Greifswald, (Bindewald.) à Jahrg. ** geb. à Jahrg. **

Erscheint jährlich.

— der Einwohner der Stadt Greifswald f. d. J. 1889. gr. 8. (III, 120 S. m. 1 farb. Plan.) Greifswald, (Bindewald). n.n. 1. —; geb. n.n. 1. 35

—— Elbinger, für 1864. Lex.-8. (96 S.) Elbing, Meißner. * cart. *

—— Elbinger, für 1870. 1872. 1874. hoch 4. (à 80 S.) Elbing, Meißner. 1870. ** ℳ 3.; 1871. * ℳ 4.; 1874. *

—— Elbinger, für 1876. Lex.-8. (87 S.) Elbing, Meißner. *

—— dass. — für 1880. gr. 8. (88 S.) Ebendas. **

— Elbinger, für 1881. gr. 8. (95 S.) Elbing, Meißner. n.n. 4. 50

Wohnungs-Anzeiger, Elbinger, f. 1884. gr. 8. (104 S.) Elbing, Meißner. n.n. 4. —

—— Elbinger, für 1887. gr. 8. (112 S.) Elbing, Meißner. **

— Elbinger, f. 1890. gr. 8. (78, 43 u. 19 S. m. 1 lith. Plan.) Elbing, Meißner. n.n. 4. 50

—— für die Stadt Erfurt auf das J. 1853. 8. (84 und XL S.) Erfurt, Villaret. *

—— —— Essener, für das J. 1887. Hrsg. von H. Eickel und O. Schmidt. gr. 8. (VIII, 349 S. mit 1 Plan.) Essen, (Bädeker.) cart. *

— — Essener, f. d. J. 1889. Hrsg. v. H. Eickel u. H. Faßbender. gr. 8. (X, 207 u. 173 S. m. 1 Plan.) Essen, (Baedeker). cart. n. 8. —

—— —— Essener, f. d. J. 1891. Hrsg. v. H. Faßbender u. H. Pieper. gr. 8. (XII, 222; 15, 8, 36, 24, 114 S. m. 1 Plan.) Essen, (Baedeker). geb. * 9 35

— — Essener, f. d. J. 1893. Hrsg. v. H. Faßbender u. H. Pieper. gr. 8. (XVI, 251; 15, 10, 40, 24 u. 130 S. m. farb. Plan.) Essen, (G. D. Baedeker). Kart. n. 8. —

— — Essener, f. d. J. 1898. Hrsg. v. H. Faßbender, H. Pieper, Kuhlenbahl. gr. 8. (XXIII, 27, 343, 16, 62, 30 u. 168 S. m. Stadt- u. Theaterplan.) Essen (G. D. Baedeker). Geb. n.n. 11. —

Fischers allgemeiner Wohnungsanzeiger nebst vollständigem Behörden-, Handels- und Gewerbeadreßbuch für die Landeshauptstadt Laibach. 5. Jahrg. 1906. Lex.-8⁰.)XII, 145, 134 S.) Laibach: Fischer 1906

Wohnungs- u. Geschäftsanzeiger der Bürgermeisterei Altendorf (Rheinland) f. d. J. 1892. Hrsg. v. Jul. Schultz u. Osk. Kerckhoff. gr. 8. (III, 83 S.) Essen, (H. L. Geck). n. 3. —

Wohnungs- u. Geschäfts-Anzeiger der Stadt Arnstadt. 1897. Bearb. v. C. Mönch. 8. (II, 312 S.) Arnstadt, E. Frotscher. n. 2. —

Wohnungs- u. Geschäfts-Anzeiger der Stadt Arnstadt. 1902. Bearb. v. C. Mönch. 8. (II, II, 284 S.) Arnstadt, E. Frotscher. n. 2. 25

Wohnungs- u. Geschäftsanzeiger der Stadt Arnstadt. 1907. Bearb. v. G. Ganz u. P. Vogelsberg. (VIII, 292 S. m. 1 Plan.) 8. Arnstadt, E. Frotscher. n n. 2. 25; geb. n. 2. 50

Wohnungs- u. Geschäfts-Anzeiger der Stadt Beuthen O.-S. f. d. J. 1876. 1. Jahrg. Ausgearb. durch Rob. Laube. gr. 8. (232 S.) Beuthen 876. (Görlich & Coch in Comm. n.n. 4. —

— — für Inowrazlaw u. Strelno, nebst Ortschafts- u. Einwohner-Verzeichniß d. beiden Kreise. 1898. 8. (283 S.) Inowrazlaw, E. Lehmann. Kart. n.n. 4. —

Wohnungs- u. Geschäftsanzeiger der landesfürstl. Stadt Krems a. d. W. Ausg. 1909. (IV, 85 S.) gr. 8. Krems, F. Oesterreicher. Kart. 3. 60

—— —— für Merseburg und Venenien. Jahrg. 1875—1880. 8. (à Jahrg. 140—146 S.) Merseburg, (Stollberg.) à Jahrg. *

Wohnungs- u. Geschäftsanzeiger der Stadt Mülheim-Ruhr u. der Bürgermeistereien Broich, Heißen u. Styrum. 1888. Mit 1 Plan der Stadt Mülheim a. d. Ruhr. Hrsg. v. R. Spitzer. gr. 8. (IV, 290 S.) Mülheim a. d. Ruhr, (Baedeker). cart. n.n. 4. 50

—— —— der Stadt Mülheim-Ruhr 1890/91. Nach dem Stande vom 1. Octbr. 1890. Hrsg. v. Rich. Spitzer. gr. 8. (151 S.) Oberhausen. (Mülheim a. R., Baedeker.) geb. ** 4 —

—— —— für Posen. 1884. gr. 8. (306 S.) Posen, Merzbach. geb. *

— — Pozsonyer, f. das westliche Oberungarn. 1906. (Ungarisch u. deutsch.) (XXVIII, 464 S.) Lex.-8. Pozsony (Pressburg), Ph. Schwarz. n. 6. 70; geb. n. 7. 50

— — der Stadt Reichenberg. Verf. u. hrsg. v. Jos. F. Dreßler. gr. 8. (IX, 128, 139, 48, 42, 144 u. 36 S. m. farb. Stadtplan.) Reichenberg 901. (Schöpfer.) Geb. in Leinw. n.n. 8. —

Wohnungsanzeiger und Geschäftsbuch.
s. a. Adress- und Geschäftshandbuch.

Wohnungs-Anzeiger nebst Geschäftshandbuch für die Stadt Anklam und deren Umgebung. Auf das J. 1886/87. Nach amtl. Quellen zusammengestellt durch Gust. Kabe. 2. Jahrg. gr. 8. (IV, 177 S. mit 1 lithogr. und color. Plan.) Anklam, [Kirchner.] Wolter. **

—— und Geschäfts-Handbuch für Quedlinburg. 1865. 8. (VIII und 236 S.) Quedlinburg, (Huch.) *

—— und Geschäfts-Handbuch der Stadt Zeitz, sowie des Gutsbezirks Moritzburg. 1888. Hrsg. Ende Decbr. 1887 von Adf. Barnick und Mor. Rohmer. gr. 8. (228 S.) Zeitz, (Huch.) * geb. *

— u. Geschäfts-Handbuch der Stadt Zeitz, sowie d. Gutsbezirks Moritzburg. 1890. Hrsg. Ende Dezbr. 1889 v. A. Barnick u. M. Rohmer. gr. 8. (218 S.) Zeitz, (Huch). geb. n. 2. 70

—— u. Geschäfts-Handbuch der Stadt Zeitz, sowie d. Gutsbez. Moritzburg 1892. Hrsg. Ende Decbr. 1891 v. Adf. Barnick u. Mor. Rohmer. 8. (272 S.) Zeitz, (A. Huch). * 2 40; cart. * 2 70

— u. **Geschäfts-Handbuch** der Stadt Zeitz, sowie des Gutsbezirks Moritzburg. 1894. Hrsg. Ende December 1893 v. Adf. Barnick u. Mor. Rohmer. gr. 8. (280 S.) Zeitz, (A. Huch). n. 2. 40; geb. n. 2. 70

— u. **Geschäfts-Handbuch** d. Stadt Zeitz, sow. d. Gutsbez. Moritzburg. 1898. Hrsg. Ende Dezbr. 1897 v. Adf. Barnick u. Mor. Rohmer. gr. 8. (308 S.) Zeitz (A. Huch). Geb. n.n. 2. 40

— u. **Geschäfts-Handbuch** der Stadt Zeitz, sowie des Gutsbezirks Moritzburg 1902. Hrsg. Ende Dezbr. 1901 v. Adf. Barnick u. Mor. Rohmer. gr. 8. (186 u. 168 S. m. Stadtplan.) Zeitz (A. Huch). Geb. n. 3. —

Wohnungs- u. Gewerbe-Adressen-Anzeiger f. Floridsdorf nebst Gr.-Jedlersdorf, Leopoldau, Kagran u. Strebersdorf. 1. Jahrg. Mit e. Straßenverzeichnis v. Floridsdorf u. Gr.-Jedlersdorf. Mit Benutzg. amtl. Quellen zusammengestellt u. hrsg. v. Otto Mohrstedt u. Frdr. Weiß. gr. 8. (XX, 178 S.) Floridsdorf 902. Wien (IV/1, Taubstummengasse 6). Verlag der Floridsdorfer Zeitg. (Otto Mohrstedt). Kart. n.n. 5. —

—— der Stadt Görlitz. Nach amtl. Mittheilungen zusammengestellt. 10. Aufl. (III, 163 S.) 1882. cart. **ℳ 2.; 11. Aufl. gr. 8. (III, 339 S.) Görlitz 883, Remer. **

—— für Greifswald und die Vorstädte für das J. 1854. gr. 8. (100 S.) Greifswald, (Bamberg.) **

—— für Guben. Hrsg. von F. Glasemann und Th. Michaelis. Lex.-8. (104 S.) Guben 869, Ehrlich. *

—— für Guben. Hrsgbr.: O. Bunzel. 8. (116 S.) Guben 879, König. *

—— für Guben. Hrsg. von O. Bunzel. gr. 8. (125 S.) Guben 880, König.

Wohnungs-Anzeiger f. Guben. [Geschlossen am 31. Decbr. 1891.] Hrsg. v. O. Bunzel. 8. (260 S.) Guben, A. Koenig. n. 4. —

— f. Guben. (Geschlossen am 21. Aug. 1896.) Hrsg. v. O. Bunzel u. H. Müllenberg. gr. 8. (312 S.) Guben, A. Koenig. n. 4. —

— f. Guben. (Geschlossen am 31. XII. 1900.) Hrsg. v. O. Bunzel u. H. Müllenberg. gr. 8. (328 S.) Guben 901. A. Koenig. n. 4.—

— Güstrower, f. 1910. 33. Jahrg. (II, 223 u. 24 S. m. 1 farb. Plan.) gr. 8. Güstrow, (Opitz & Co.). Geb. nnn 1.50

—— für die Gesammtstadt Halle a. d. S. auf die J. 1857—61. Lex.-8. Halle, Berner. [1857. (210 S.) 1858. (IV und 213 S.) 1859. (194 S.) 1860. (200 S.) 1861. (198 S.)] à Jahrg. ** —
Jahrg. 1857 hrsg. von W. Wenzel. 1858 und 1859 erschienen ohne Angabe des Herausgebers, 1860 und 1861 hrsg. von Herm. Berner und F. Dietz.

— für die Gesammtstadt Halle a. d. S. auf die Jahre 1859—63. Herausg. von Herm. Berner. Halle, Berner. Lex.-8. Jeder Jahrg. n. 22½ ngr.
Fortsetzung s. Wohnungs-Anzeiger und Adreßbuch.

—— für die Stadt Halle a. d. S. auf das J. 1854. Redig. von W. Wenzel. gr. 8. (III und 204 S.) Halle, Berner. *

—— dass. — für das J. 1856. Redig. von Dems. gr. 8. (V und 207 S.) Ebds. **

— für die Stadt Halle a./S. auf das Jahr 1856 u. 57. Redig. von W. Wenzel. Halle, Berner. gr. 8. Jeder Jahrg. nn. 22½ ngr.

— v. Innsbruck-Wilten. Allgemeines Handels- u. Gewerbe-Adress-Buch sämmtl. deutschen Städte v. Tirol u. Vorarlberg. 1893. Zusammengestellt u. unter Vorlage amtl. Quellen verf. v. C. J. Lankus. Lex.-8. (152 u. 46 S.) Innsbruck, (Wagner). n. 4. —; geb. n. 4. 80

—— für die Städte St. Johann und Saarbrücken. Hrsg. von Wirtz und Faerch. 1875. gr. 8. (XIX, 103 S.) St. Johann. (Saarbrücken, Möllinger.) **

—— für die Städte St. Johann und Saarbrücken. gr. 8. (XII, 120 S.) Ebendas. 880. **

Wohnungsanzeiger, kleiner, v. Colmar i. Elsaß. 1. IV. 1900. gr. 8. (46 S.) Colmar, M. Wettig. n. — 60

— f. Köslin auf d. J. 1906. Nach amtlichen Quellen zusammengestellt. 26. Jahrg. (117 u. 107 S.) 8. Köslin, A. Hoffmann. Kart. n. 2. —

—— Liegnitzer, f. d. J. 1893. Hrsg. v. Brinschwitz u. Schimann. gr. 8. (330 S. m. 2 Theaterplänen.) Liegnitz, (Reißner). * 6 70
Erscheint alljährlich.

— Liegnitzer, f. d. J. 1895. Hrsg. v. Brinschwitz u. Schimann. gr. 8. (V, 142 u. 212 S.) Liegnitz (E. Zippel). Geb n. 6. 50

(F) **Marels' neuer allgemeiner Wohnungsanzeiger** nebst Handels- und Gewerbeadreßbuch der Landeshauptstadt Linz und der Stadt Urfahr für das Jahr 1904/05. Lex.-8°. (471 S.) Linz. Marels 1904. K 6.—

— für die Stadt Merseburg auf das J. 1865. Redig. von G. A. Lindenstein. Merseburg, Stollberg. 8. (124 S.) 15 ngr.

—— Metzer. — Liste alphabétique des habitants notables de Metz. Annexe de l'Annuaire de la Lorraine [2e année 1876]. gr. 8. (99 S.) Metz 876, Deutsche Buchh. *
Andere Jahrgänge sind nicht erschienen.

—— für Mühlhausen in Thüringen, redig. und hrsg. von Chr. Knauth. gr. 8. (130 S.) Mühlhausen 869, (Heinrichshofen'sche Buchh.) *

—— dass. — redig. und hrsg. von B. Block und W. Dönhardt. gr. 8. (151 S.) Ebendas. 875. **

—— neuer, nebst allgemeiner Geschäfts-Anzeiger von Danzig und dessen Vorstädten auf die J. 1869 und 1870. Unter Mitbenutzung amtl. Quellen hrsg. von A. W. Kafemann. 4. (256; IV, 193 S.) Danzig, Kafemann. à Jahrg. *ℳ 4.; geb. **

—— neuer, nebst allgem. Geschäfts-Anzeiger von Danzig und dessen Vorstädten für 1876. gr. 8. (VIII, 168; 94, 92, 24 S. mit lithogr. Theaterplan.) Danzig, [Kafemann.] Gruihn's Verlag. cart. **

— neuer, nebst allgemeinem Geschäfts-Anzeiger von Danzig u. dessen Vorstädten für 1878. 6. Jahrg. gr. 8. (VIII, 171; 100 u. 78 S.) Danzig, Kafemann. geb. n. 10. —

—— neuester allgemeiner, für Leipzig. 1847. gr. 8. (139 S.) Leipzig 847, Schrey. *

Wohnungs-Anzeiger, neuester, der Garnison Berlin. Nach amtl. Quellen zusammengestellt. 16. (VI und 89 S.) Berlin 867, Bath. *

— von Neunkirchen, Nieder-Neunkirchen, Schlawerie, Sinnerthal, Heinitz-Dechen, Kohlhof, Spiesen, Elversberg u. Wellesweiler, unt. namentl. Aufführg. aller Beamten u. Gewerbetreibenden, sow. d. Beamten u. Gewerbetreib. d. Orte Wiebelskirchen u. Illingen, nebst d. wichtigsten neueren Lokalpolizei-Verordngn. Hrsg. v. Jul. Langer. gr. 8. (III, 196 S.) Neunkirchen 895. (F. C. Fuchs.) Geb. n. 3. —

— der Stadt Neu-Ruppin nach dem Stand vom 1. VII. 1904. Zugleich Geschäfts-Handbuch u. Nachschlagebuch m. Angabe sämtl. Behörden der Stadt u. des Kreises Ruppin, sowie auch der Poststationen, Gemeinde- u. Gutsvorsteher, Amtsvorsteher u. deren Stellvertreter, Pastoren u. Lehrer. (II, 195 u. XX S.) 8. Neu-Ruppin (P. Howe). Kart. n. 4. —

— der Stadt Neu-Ruppin nach dem Stand v. 1. VII. 1908. Zugleich Geschäfts-Handbuch u. Nachschlagebuch m. Angabe sämtl. städt., Kreis- u. Provinzial-Behörden. Als Anh.: Wohnungs-Anzeiger v. Alt-Ruppin. (II, 216, XXI, u. 16 S.) 8. Neu-Ruppin 908. Schallehn & Reinelt. Kart. nn 3. 50

— für Offiziere u. höhere Beamte der kaiserl. Marine (Marinestation der Nordsee u. Berlin). Abgeschlossen 1. XI. 1906. Auf Grund amtl. Materials zusammengestellt in der Registratur des Kommandos der Marinestation der Nordsee. (II, 32 S.) 8. Wilhelmshaven, F. Schmidt. — 50

— für Offiziere u. höhere Beamte der Marinestation der Nordsee. Abgeschlossen 1. V. 1907. Auf Grund amtl. Materials zusammengestellt in der Registratur des Kommandos der Marinestation der Nordsee. (34 S.) gr. 8. Wilhelmshaven, C. Lohse's Nachf. — 50

— sämtl. Offiziere, Aerzte u. Beamten der Garnison Augsburg f. 1896, nebst Angabe d. Kasernen u. Geschäftszimmer. M. Genehmigg. d. Kommandantur hrsg. v. Ammann. 16. (III, 23 S.) Augsburg (M. Rieger). n. — 20

— der Offiziere, Sanitäts-Offiziere u. Militär-Beamten rc. der Garnison Stuttgart. 16. (38 S.) Stuttgart 886. (Metzler's Verl.) n. — 40

— d. Offiziere, Sanitäts-Offiziere u. Militär-Beamten rc. der Garnison Stuttgart. (Novbr. 1888.) 32. (36 S.) Stuttgart, (Metzler's Verl.). n.n. — 50

— der Offiziere, Sanitäts-Offiziere u. Militärbeamten d. Garnison Köln-Deutz f. 1896. Nach amtl. Quellen. 12. (67 S.) Köln, J. G. Schmitz. 1. —

— der Offiziere, Sanitäts-Offiziere u. Militärbeamten der Garnisonen Köln-Deutz-Mülheim. 6. Jahrg. 1901. Nach amtl. Quellen. 12. (70 S.) Köln, J. G. Schmitz. n. 1. —

— der Offiziere, Sanitäts-Offiziere u. Militärbeamten des Standortes Cöln, (Cöln, Deutz, Mülheim u. Kalk). 11. Jahrg. 1906. Nach amtl. Quellen. (78 S.) 16. Köln, J. G. Schmitz. n. 1. —

— der Offiziere, Sanitäts-Offiziere u. Militärbeamten des Standortes Cöln (Cöln, Deutz, Mülheim u. Kalk). 13. Jahrg. 1908. Nach dem Stande vom 15. I. 1908. Nach amtl. Quellen. (79 S.) 16. Köln, J. G. Schmitz. 1. —
Fortsetzg., s.: Wohnungs-Liste.

—— Parchimer, für 1873. Hrsg. von F. Zander. gr. 8. (75 S.) Parchim 873, Wehdemann. geb. **

—— Posener, auf das J. 1862. Aus amtl. Materialien zusammengestellt. gr. 8. (III und 195 S.) Posen, Behr's Buchh. *

—— Posener, auf die J. 1865 u. 1868. Aus amtl. Materialien zusammengestellt. Posen, Merzbach. gr. 8. Jeder Jahrg. (ca. 230 S.) n. 1 *ℛ* 10 *ℊ*

—— für Potsdam auf das J. 1849. Redig. von Schreiber. Lex.-8. (100 S.) Potsdam 849, Janke. * -
Feine Ausg. * -

— der Stadt Prenzlau nebst deren Vorstädte. Nach amtl. Quellen zum ersten Male hersg. Prenzlau, [Mieck.] gr. 8. (82 S.) n. 17½ *ℊ*; cart. n. 20 *ℊ*

—— der Stadt Prenzlau nebst deren Vorstädte. Nach amtl. Quellen zum ersten Male hrsg. gr. 8. (82 S.) Prenzlau, [Uhse.] * - cart. *

—— der Stadt Prenzlau, nebst deren Vorstädten und Abbauten, auf das J. 1880. Nach amtl. Quellen bearb. Zugleich Auskunftsbuch für Gewerbetreibende und Private. gr. 8. (IV, 126 S.) Prenzlau, Mieck. * *

—— für die Kreisstadt Rathenow und Dorf Neufriedrichsdorf pro 1882/83. Hrsg. von Otto Lennweit. gr. 8. (III, 172 S.) Rathenow, (Haase's Buchh.) cart. *

Wohnungs-Anzeiger der Bürgermeisterei Rüttenscheid. Ausg. 1903–1905 [Schluß]. Rüttenscheid. 1903–1905.

—— für die Städte Saarbrücken und St. Johann, nebst Nachweis der Civil- und Militär-Behörden, der öffentl. Institute, der Geschäfts- und Gewerbetreibenden. gr. 8. (124 S.) Saarbrücken 884, Klingebeil. * *

— für die Städte Saarbrücken u. St. Johann, nebst Nachweis der Civil- u. Militär-Behörden, der öffentl. Institute, der Geschäfts- u. Gewerbetreibenden. Mit 1 (chromolith.) Plane beider Städte. gr. 8. (137 S.) Saarbrücken 886. Klingebeil. n.n. 3. —

— f. d. Städte Saarbrücken u. St. Johann, nebst Nachschlagebuch f. d. Umgegend. Mit e. auf Grund amtl. Materials v. Geitner vervollst. neuen Plane beider Städte. gr. 8. (151 S.) Saarbrücken 888. Klingebeil. cart. n.n. 2. 50

— Schweriner, für 1850. 9. Jahrg. gr. 8. (121 S. m. 1 lith. Plan in Fol.) Schwerin, Kürschner (Hildebrandt). n. ½ *ℛ*

—— Schweriner, für die J. 1875—1879. Hrsg. vom Stadt-Polizeiamt. 8. (à Jahrg. ca. 350 S.) Schwerin, (Stiller'sche Hofbuchh.) **

—— Schweriner, f. 1893. Hrsg. vom Stadt-Polizeiamt. gr. 8. (VIII, 314 S. m. 1 Karte.) Schwerin 892, (Stiller). * * 3 50
Erscheint alljährlich.

— der in der Stadt Schleswig wohnhaften Staats-, Militär- u. Communal-Beamten m. Einschluß der Herren Aerzte, Apotheker, Rechtsanwälte, Gymnasial-, Taubstummen-, Elementar-Lehrer u. Lehrerinnen. gr. 8. (18 S.) Schleswig, L. Detleffen. — 30

—— der in der Stadt Schleswig wohnhaften Staats-, Militär- u. Communal-Beamten m. Einschluß der Herren Aerzte, Apotheker, Rechtsanwälte, Gymnasial-, Taubstummen-, Elementar-Lehrer u. Lehrerinnen. gr. 8. (18 S.) Schleswig 892, Detleffen. — 30

Wohnungs-Anzeiger der in d. Stadt Schleswig wohnhaften Staats-, Militär- u. Communal-Beamten m. Einschluß der Herren Aerzte, Apotheker, Rechtsanwälte, Gymnasial-, Taubstummen-, Elementar-Lehrer u. Lehrerinnen. gr. 8. (18 S.) Schleswig 893. L. Detleffen. — 30

Wohnungsanzeiger: Städtischer Wohnungsanzeiger v. Tagblatt der Stadt Zürich.

—— Steglitzer, f. 1892, m. Bebauungsplan v. Steglitz. 11. Jahrg. Hrsg. v. R. Steinmeister. gr. 8. (III, 92 S.) Berl., (Amelang's Sort.) cart. * 2 40

— Steglitzer, f. 1894, nebst Plan v. Steglitz u. e. Anh., enth. Ortspolizei-Verordngn. ꝛc. 13. Jahrg. Hrsg. v. R. Steinmeister. gr. 8. (V, 108 u. 12 S.) Steglitz. (Berlin, Amelang's Sort.) Kart. n. 2. 40

—— für die Stadt Stolp nebst den vorzüglichsten Adressen des Stolper Kreises auf die J. 1864 und 1865. Nach amtl. Quellen bearb. von W. Oeffner. 8. Stolp, Schrader. 1864. (184 S.) 15 Ngr., 1865. (182 S.) *

—— für die Stadt Stolp nebst den vorzüglichsten Adressen des Stolper und der umliegenden Kreise auf das J. 1868. 3. Jahrg. Nach amtl. Quellen bearb. von W. Oeffner. 8. (162 S.) Stolp 868, Schrader. *

—— für die Stadt Stolp, nebst den wichtigsten Adressen des Stolper und der umliegenden Kreise [Bütow, Lauenburg, Rummelsburg, Schlawe] und einem Anhang, enthaltend Stolper Droschken- und Dienstmanns-Tarif, Porto-, Depeschen- und Wechselstempel-Tarif. Nach amtl. Quellen bearb. von Geo. Holder. gr. 8. (275 S.) Stolp 880, (Schrader.) cart. **

— für die Stadt Stolp, nebst den wichtigsten Adressen der Stolper u. der umliegenden Kreise [Bütow, Lauenburg, Rummelsburg, Schlawe] u. einem Anh., enth. Stolper Droschken- u. Dienstmanns-Tarif, Porto-, Depeschen- u. Wechselstempel-Tarif. Nach amtlichen Quellen bearb. von Geo. Holder. gr. 8. (279 S.) Stolp 882. (Schrader.) cart. n. 4. —

— für die Stadt Stolp, nebst den wichtigsten Adressen d. Stolper u. der umlieg. Kreise [Bütow, Lauenburg, Rummelsburg, Schlawe] u. e. Anh., enth. Stolper Droschken- u. Dienstmanns-Tarif, Porto-, Depeschen- u. Wechselstempel-Tarif. Nach amtl. Quellen bearb. v. Geo. Holder. gr. 8. (293 S.) Stolp 884. (Schrader.) cart. n. 4. —

— f. den Stadtkreis Stralsund. 1895. Zusammengest. auf Grund d. am 12. Novbr. 1894 stattgeh. amtl. Personenstands-Aufnahme. gr. 8. (III, 122; 114 u. 44 S. m. Theaterplan.) Stralsund, Regierungs-Buchdruckerei. Kart. n. 4. —

Wohnungsanzeiger von Torgau. Nebst e. Verzeichnis der wichtigsten Ortsstatute u. Polizei-Verordngn., sowie e. nach amtl. Quellen bearb. Bebauungsplan der Stadtgemeinde Torgau. V. Ausg. 1. I. 1902. gr. 8. (VII, 132 u. 156 S.) Torgau (901). (F. Jacob.) n. 2. 50

— Troppauer. Aufgenommen im städt. Meldeamte nach dem Stande vom 1. XI. 1909. (126 S.) gr. 8. Troppau, (O. Gollmann). nn 2. —

(F) Wohnungs-Anzeiger und Verzeichnis der Hausbesitzer für die Landeshauptstadt Klagenfurt. Nach amtlichen Aufzeichnungen. Klagenfurt. 1899. Kleinmayr Gr.-8°. 134 S. Geb. * fl. —.90

— u. Verzeichniß der Hausbesitzer f. die Landeshauptstadt Klagenfurt. Nach amtl. Aufzeichngn. 2. Ausg. schmal gr. 8. (II, 162 S.) Klagenfurt (901). F. v. Kleinmayr. n. 2. 40

Wohnungs-Anzeiger für Warnemünde. Rostock [1857]. V: *Keinlers, A.* (Bachmann, Mecklenburg. Güstrow 1889. S. 473.)

Wohnungs-Anzeiger von Wesel. Ausg. im Aug. 1906. (IX, 263 S. m. 1 Stadtplan.) 8. Wesel, C. Kühler. Geb. n. 4. —

— der Stadt Wesel u. der Gemeinde Obrighoven-Lackhausen. Mit e. (farb.) Plan der Stadt Wesel. (XIV, 350 S.) 8. Wesel 909. C. Kühler. Kart. 4. —

—— für Wien, s. Lehmann, (Adph.).

—— für die Stadt Zeitz. Redig. von G. Werner. Nebst einem Anh.: Geschichtliche Notizen der Stadt Zeitz, zusammengestellt von D., und einem (lithogr.) Plane der Stadt (in Fol.). 8. (IV und 149 S. mit 2 Tab. in Fol.) Zeitz 862, Webel. **

Wohnungsaufsicht u. Wohnungsfürsorge nach der hess. Gesetzgebung, bearb. v. Matthiae, s.: Gesetzgebung, sozialpolit.

Wohnungs- u. Adreßbuch, s. a.: Adreßbuch.

Wohnungs- und Adreß-Buch von Staßfurt und Leopoldshall, nebst einem Nachweis der obersten Civilbehörden und deren öffentl. Institute in der Prov. Sachsen, im Reg.-Bez. Magdeburg und der Behörden im Kreise Calbe, in der Stadt Staßfurt, sowie in der Gemeinde Leopoldshall. Zusammengestellt von Otto Berger und Friedr. Schulze. gr. 8. (IV, 56, 25 S.) Calbe a. S. 877. (Staßfurt, Förster's Buchh.) *

—— —— von Staßfurt und Leopoldshall. Zusammengestellt von Otto Berger. gr. 8. (160 S.) (Ebendas.) 878. **

Wohnungs- u. Adreßbuch von Staßfurt u. Leopoldshall. 1880. Zusammengestellt von Otto Berger. gr. 8. (175 S.) Staßfurt, Förster's Verl. in Comm. n.n. 3. —

Wohnungs- u. Adreß-Buch v. Staßfurt u. Leopoldshall. 1883. Zusammengestellt v. Otto Berger. gr. 8. (197 S.) Staßfurt, (Foerster). n. 4. —

Wohnungs- und Adreß-Buch von Staßfurt und Leopoldshall 1888. Zusammengestellt von Otto Berger. gr. 8. (251 S.) Staßfurt, (Förster's Buchh.) *

Wohnungs- u. Adreß-Buch v. Staßfurt u. Leopoldshall 1890. Zusammengestellt v. O. Berger gr. 8. (278 S.) Staßfurt, (Foerster). n. 4. —

Wohnungs- u. Adreß-Buch v. Staßfurt u. Leopoldshall 1893. Zusammengestellt v. Otto Berger. gr. 8. (292 S.) Staßfurt, (A. Foerster). n. 4. —

Wohnungs- u. Adreß-Buch v. Staßfurt u. Leopoldshall 1896. Zusammengest. v. Otto Berger. gr. 8. (303 S.) Staßfurt (R. Weicke's Verl.). n. 4. —

— von Staßfurt u. Leopoldshall. 1906. Zusammengestellt v. Otto Berger. (807 S.) gr. 8. Staßfurt. (Leipzig, Schulze & Co.) n.n. 4. —

Wohnungs-, Handels- u. Gewerbe-Adreß-Buch, allgemeines, der Landeshauptstadt Salzburg. Im 2. Thl.: Handels- u. Gewerbe-Adreßbuch sämmtl. Städte, Bäder u. aller bedeutenderen Orte der Prov. Salzburg. Zusammengestellt v. C. J. Lankus. Lex.-8. (113, 64, 69 S.) Linz 891. (Salzburg, Kerber.) geb. * 7 —

Wohnungs-Einrichtungen aus der elektrischen Ausstellung in Wien im J. 1883. Mit einem Vorwort von R. v. Eitelberger und erklär. Texte von A. Décsey. 5 Hefte. qu. Fol. (à Heft 5 Photogr.) Wien 884, Lechner's Sortiment. à Heft *ℳ 10. *

Wohnungs-Einrichtungen aus der Elektrischen Ausstellung zu Wien im J. 1883. Mit einem Vorwort von R. v. Eitelberger und erklär. Texte von A. Décsey. 6. (Schluss-) Heft. qu. Fol. (2 Photogr. mit 11 S. Text.) Wien 885, Lechner's Sortiment. *
1.–5. Heft. Ebendas. à Heft *ℳ 10.—.; compl. in Mappe *ℳ 56.—.

Wohnungselend, das, u. s. Abhilfe in Frankfurt a/M., } s.a. Flugschriften d. Frankfurter Mietervereins.

[F.] Das Wohnungselend und seine Abhilfe in Frankfurt a. M. Dargest. nach e. Untersuchg d. Frankf. Mietervereins v. Herbst 1897. Hrsg. v. Vorstande. *Frankfurt a. M.: B. Schmidt 1898.* (1 Bl., 54 S., 1 Bl.) 1 Bd 8.
= Flugschriften d. Frankfurter Mietervereins. No 2. [98. 9703 M.

Wohnungs-Enquete in Augsburg. Veranstaltet u. bearb. vom wirtschaftl. Verband der Arbeitervereine v. Augsburg u. Umgebg. Nebst Anh. üb. die Wohnungsverhältnisse der sogenannten Arbeiter-Quartiere der hies. Fabrik-Etablissements, der Fuggerei u. übr. Arbeiter-Stiftungshäuser. gr. 8. (45 S.) Augsburg 901. (Literar. Institut v. Dr. M. Huttler.) n.n. — 50

Wohnungs-Enquête, die, in der Stadt Bern vom 17. Februar bis 11. März 1896. Im Auftrage der städtischen Behörden bearb. v. *Carl Landolt.* Lex.-8°. LV, 711 S. m. 2 Pl. Bern, Neukomm & Zimmermann. 1899 12 –

Wohnungs-Enquête (Unsere) im J. 1904. 4°. Berlin, Verlag d. Ortskrankenkassen f. d. Gewerbebetriebe d. Kaufleute etc., 1905.

Wohnungs- u. Grundstückserhebung, die, in der Stadt Zürich, s.: Mitteilungen aus der Wohnungs- u. Grundstückserhebung. 7. Heft.

Wohnungsfrage, die. Eine sociale Skizze von A. M. 8. (28 S.) Leipzig 872, Genossenschaftsbuchdruckerei.
Aus: Der Volksstaat, besonders abgedruckt.

Wohnungsfrage, die, mit besond. Rücksicht auf die arbeitenden Klassen. In Verbindung mit der ständ. Deputation des Kongresses deutscher Volkswirthe hrsg. vom Centralverein in Preußen für das Wohl der arbeit. Klassen. gr. 8. (IV und 160 S. mit 3 Stnt. in qu. Fol. und gr. Fol.) Berlin 865, Janke. *

Wohnungsfrage (Die) mit besond. Rücksicht auf die arbeitenden Klassen. In Verbindung mit der ständischen Deputation des Kongresses deutscher Volkswirthe herausg. vom Centralverein in Preussen für das Wohl der arbeitenden Klassen. gr. 8°. Berlin, Janke, 1865. 2. Aufl. 8°. Ibid. 1866.

Wohnungsfrage, Die, und das Reich. Eine Sammlung von Abhandlungen . . . H. 1. Göttingen 1900. H: *Mangoldt, Carl & Paul Scheven.* (Berl)

Wohnungsfrage, die, u. das **Reich.** Eine Sammlg. v. Abhandlgn., hrsg. vom Verein Reichs-Wohnungsgesetz. 1.—6. Hft. gr. 8. Göttingen, Vandenhoeck & Ruprecht. Einzelpr. n. 5. 70; Subskr.-Pr. bis 31. XII. 1901 für 10 Hfte. n. 5. —
1. Die Wohnungsinspektion u. ihre Ausgestaltung durch das Reich. Von Hans Frhr. v. d. Goltz. Mit dem Entwurfe e. Reichsgesetzes im Anh. u. zahlreichen orts- u. landesgesetzl. Bestimmgn. als Beilagen. (XII, 104 S.) 900. n. 1. 50
2. Reichshilfe f. Errichtung kleinerer Wohnungen. Von Liebrecht. (16 S.) 900. n. — 40
3. Die Baugenossenschaften im Rahmen e. nationalen Wohnungsreformplanes. Von Paul Kampffmeyer. (53 S.) 900. n. 1. —
4. Unser Mietrechtsverhältnis u. seine Reform. Von Fritz Stier-Somlo. (IV, 39 S.) 902. n. — 80
5. Die Bedeutung der Bauordnungen u. Bebauungspläne f. das Wohnungswesen. Von J. Stübben. Mit e. Litteraturverzeichnisse. (55 S.) 902. n. 1. —
6. Die deutsche Wohnungsstatistik, ihr gegenwärtiger Stand u. ihre Bedeutung f. die Wohnungsreform. Von Karl Seutemann. (52 S.) 902. n. 1. —

Wohnungsfrage, die, u. das **Reich.** Eine Sammlg. von Abhandlgn., hrsg. vom Verein Reichs-Wohnungsgesetz. 7. Heft. gr. 8. Göttingen 903. Vandenhoeck & Ruprecht. n. 1. 60
Wohnungsreform u. Lokalverkehr. Mit e. Literaturverzeichnisse. Von Clem. Heiß. (125 S.)

Wohnungsfrage, die, u. das Reich. Eine Sammlg. von Abhandlgn., hrsg. vom deutschen Verein f. Wohnungsreform. 8. Heft. gr. 8. Göttingen 907. Vandenhoeck & Ruprecht. 10.—; geb. 11. 20
8. Die städtische Bodenfrage. Eine Untersuchg. üb. Tatsachen, Ursachen u. Abhilfe. Von K. v. Mangoldt. (XXX, 745 S.)

— u. **Säuglingsfürsorge.** Konferenzbericht. Frdr. Naumann, W. Brausnitz, Luppe Referenten, s.: Veröffentlichungen des Vereins f. Säuglingsfürsorge im Reg.-Bez. Düsseldorf. 4. Heft.

Wohnungsfrage u. Stadtverordneten-Wahl, } s.a. Flugschriften d. Frankfurter Mietervereins.

[Umschlagt.:] [F.] Wohnungsfrage und Stadtverordneten-Wahl. Hrsg. v. Vorstand. Frankfurt a. M.: Selbstv. d. Miether-Vereins 1896. (16 S.) 1 Bd 8°
= Flugschriften d. Frankfurter Miethervereins No 1. [98. 10543 de

Wohnungsfrage, Die, vom Standpunkte der Armenpflege. Berichte der in der Jahresversammlung vom 25. Septbr. 1888 berufenen Kommission. Mit Plänen u. Abbildungen e. Muster-Arbeiter-Miethhauses. Leipzig 1890. 8.
Ist: Schriften d. deut. Ver. f. Armenpflege etc. H. 11.

— u. **Volkswohl.** 5 Vorträge v. Frz. Oppenheimer, M. Neisser, Gonser, Dalmatius, Frdr. Naumann, geh. in der öffentl. Abendversammlg. des I. allgemein. deutschen Wohnungskongresses zu Frankfurt a. M. am 18. X. 1904. Hrsg. im Auftrage des I. allgemeinen deutschen Wohnungskongresses. (46 S.) gr. 8. Ebd. 905. n. — 80

— u. **Wohnungspolitik,** s.a. Volksbibliothek, soziale.

Wohnungsfrage und Wohnungspolitik. 8°. M.-Gladbach, Volksvereins-Verlag, 1910. (Sociale Volksbibliothek, Heft 14.)

— u. Wohnungsreform. Studien u. Beiträge zur modernen Sozialpolitik. 1. Hft. gr. 8. Dresden 900. Steinkopff & Springer. n. 1. —
Die Wohnungsnoth. Kritische Untersuchung des Begriffes u. Wesens der Wohnungsnoth, ihrer geschichtl. Entwickelung u. sozialen Bedeutg. Von A. Grävell. (80 S.)

Praktische Wohnungsfürsorge in Hessen. Ernst-Ludwig-Verein, Darmstadt. Hessischer Zentralver. f. Errichtung billiger Wohnungen ... (Darmstadt 1908: Heedt & Ganss.) (98, 56 S.) 4°

Wohnungsfürsorge, praktische, in Hessen. Hrsg. v. Ernst-Ludwig-Verein, Darmstadt, hess. Zentralverein f. Errichtg. billiger Wohngn. Protektor: Se. kgl. Hoh. der Großherzog. (IV, 98 S. u. 56 S. Abbildgn.) Lex. 8. Darmstadt 908. (Müller & Rühle.) 6. —

— dasselbe. Die Kleinwohnungs-Kolonie auf der hess. Landes-Ausstellg. f. freie u. angewandte Kunst 1908 in Darmstadt. (65 S. m. Abb.) Lex. 8. Ebd. 908. 6. —

Wohnungsfürsorge, die, im Reiche u. in den Bundesstaaten. Denkschrift, bearb. im Reichsamte des Innern. (VII, 510 u. IX, 233 S.) 4. Berlin 904. C. Heymann. n. 9. —

— in deutschen Städten, s. a. Beiträge zur Arbeiterstatistik. Nr. 11.

Wohnungsfürsorge in deutschen Städten. Bearb. im Kais. Statist. Amte. Abt. f. Arbeiterstatistik. Berlin: Heymann 1910. VIII, 635 S. 8°
(Beiträge z. Arbeiterstatistik. Nr 11.)

Wohnungsgeldzuschuß-Gesetz, das, nebst den kriegsministeriellen Erläuterungen u. nachträgl. Bestimmgn. Zum Gebrauch f. Offiziere, Aerzte u. Beamte. [Nach amtl. Quellen.] gr. 8. (24 S.) Berlin 874. Militaria. n. — 80

Der preussische Wohnungsgesetzentwurf. Verhandlungen d. 8. ordentl. Landesverbandstages d. Preuss. Landesverbandes städt. Haus- u. Grundbesitzer-Vereine. (Zugleich 20. Heft d. 'Mitteilungen'.) Spandau 1905: R. Graßmann, Stettin. (68 S.) 8° [Umschlagt. F.]

Wohnungs-, Adreß- und Geschäfts-Handbuch für Landsberg a. d. W. auf das Jahr 1863. Nach amtlichen Mittheilungen zusammengestellt von der Verlagshandlung. Landsberg a. d. W., Schäffer & Co. gr. 8. (95 S.) n. 18 ngr.

Wohnungs- u. Geschäfts-Handbuch der königl. Residenz- u. Hauptstadt Dresden f. d. J. 1890. Bearb. durch das Einwohneramt der königl. Polizeidirektion. 36. Ausg. Nebst Nachträgen zum I. u. II. Thl. u. e. (chromolith.) Plane der Stadt Dresden. Lex.-8. (XXVIII, 1224 u. 467 S.) Dresden, (Kaufmann's Sort.). geb. n.n. 10. —

— — der Vororte v. Dresden, u. zwar v. Blasewitz, Bühlau, Cotta, Deuben, Döhlen, Hainsberg, Klotzsche, Kötzschenbroda, Leubnitz, Löbtau, Loschwitz, Mickten, Neuostra, Niedersedlitz, Niederlößnitz, Oberlößnitz, Pieschen, Plauen, Potschappel, Radebeul, Räcknitz, Serkowitz, Strehlen, Striesen, Tharandt, Trachau, Trachenberge, Uebigau, Weißer Hirsch, Zschertnitz. 1889/90. Mit Unterstützg. der betr. Gemeindeämter bearb. durch die Verlagshandlg. gr. 8. (VIII, 399 S.) Dresden, Albanus'sche Buchdr. (Chr. Teich). cart. n. 4. 50

Wohnungs- u. Geschäfts-Handbuch der kgl. Residenz- u. Hauptstadt Dresden f. d. J. 1892. Bearb. durch das Einwohneramt der kgl. Polizeidirektion. 38. Ausg. Nebst Nachträgen zum I. u. II. Thl. u. e. (farb.) Plane. Lex.-8. (XXXII, 1340, 504 S.) Dresd., (Kaufmann's Sort.). ** 10 50; cart. ** 11 50; Plan allein * 3 —
Erscheint jährlich.

Wohnungs- u. Geschäfts-Handbuch der königl. Residenz- u. Hauptstadt Dresden f. d. J. 1894. Bearb. m. Unterstützung der königl. Polizei-Direktion, sowie anderer königl. u. städt. Behörden. 40. Ausg. Nebst neuestem (farb.) Plane der Stadt Dresden, Uebersichts-Plänen der königl. Hoftheater Dresden-Altstadt u. -Neustadt, sowie des Residenztheaters. Lex.-8 (XXVIII, 1480 u. 544 S.) Dresden, (G. A. Kaufmann's Sort.). Geb. in Halbleinw. n. 12. —; in Leinw. n. 13. 60

— — der Vororte v. Dresden u. zwar v. Blasewitz, Briesnitz, Bühlau, Cotta, Döhlen, Dölzschen, Gruna, Hainsberg, Klotzsche, Langebrück, Leubnitz, Loschwitz, Löbtau, Mickten, Naußlitz, Neuostra, Niederlößnitz, Niedersedlitz, Niederpoyritz, Oberlößnitz, Pieschen, Plauen, Potschappel, Rabenau, Radebeul, Räcknitz, Serkowitz, Strehlen, Striesen, Tharand, Trachau, Trachenberge, Uebigau, Wachwitz, Weißer Hirsch, Zschertnitz. 1891/92. Mit Unterstützg. der betr. Gemeindeämter bearb. durch die Verlagshandlg. gr. 8. (VIII, 427 S.) Dresden, Albanus. Kart. n.n. 5. —

Wohnungs- u. Geschäfts-Handbuch der kgl. Residenz- u. Hauptstadt Dresden, Fortsetzg., s.: Adreßbuch, Wohnungs- u. Geschäfts-Handbuch rc.

— — der Gemeinde Löbtau. 1890/91. Nach amtl. Quellen bearb. gr. 8. (152 S.) Löbtau 890. (Dresden, Albanus.) n. 1. 50; geb. n. 1. 75

— — für Pieschen f. die J. 1889/90. Nach amtl. Quellen bearb. gr. 8. (129 S. m. 1 Plan.) Ebd. n. 1. 50

— — f. Pieschen f. die J. 1891/92. Nach amtl. Quellen bearb. Nebst Anh.: Geschäfts-Anzeiger. gr. 8. (IV, 152 S. m. Plan.) Ebd. u.n. 2. —

— — für Pieschen f. d. J. 1895/96. Nach amtl. Quellen bearb. Nebst Anh.: Geschäfts-Anzeiger. gr. 8. (VIII, 104 u. 121 S. m. 1 Plan.) Dresden, Albanus. n. 2. —

— — der Gemeinde Plauen b/Dresden f. d. J. 1890. Nach amtl. Quellen bearb. gr. 8. (100 S. m. Plan.) Ebd. n. 1. 25

— — der Gemeinde Plauen bei Dresden f. d. J. 1891. Nach amtl. Quellen bearb. Nebst Anh.: Geschäfts-Empfehlgn. gr. 8. (110 S. m. 1 Plan.) Ebd. n.n. 1. 25

Wohnungs- und Geschäfts-Handbuch (Adreßbuch) der Stadt Wermelskirchen. [1.] 1904. *Wermelskirchen: W. Kenzler (1904).* 8° [A.]

Wohnungs- und Adreß-Kalender, für Frankfurt a. d. O. auf das Jahr 1859. Nach amtlichen Mittheilungen zusammengestellt. Frankfurt a. d. O., (Schiefer.) gr. 8. (VIII, 265 S.) nn. 1 ₰ 5 ngr.

— — auf das Jahr 1863. Nach amtlichen Mittheilungen zusammengestellt. Ebend. gr. 8. (VIII, 281 S.) n. 1 ₰ 10 ngr.

Wohnungskunst. Das bürgerl. Heim, vereinigt m. der Münchner Halbmonatsschrift Die Raumkunst. Red.-Kommission: Hans Dietr. Leipheimer, W. Schölermann, F. Rosenbaum. Red.: Maxim. Maul. 1. u. 2. Jahrg. 1909 u. 1910. à 24 Nrn. (VI, 352 u. VI, 438 S. m. Abbildgn.) 31,5×24 cm. Darmstadt (Rheinstr. 47) Wohnungskunst. (Leipzig, Amthor.) (Für die Schweiz: Art. Institut Orell Füssli.) à Jahrg. 12. —

Wohnungskunst u. Holzarchitektur. Reichillustrierte Tischler-Ztg. Mit den Beilagen: „Der Möbelzeichner", „Holzindustrielle Neuheiten u. Patentberichte" u. „Der holzindustrielle Stellenmarkt". Fachschr. f. alle Zweige der Holz- u. Möbel-Industrie, Innenausbau, Holz- u. Gartenarchitekturen, Tischlerei, Drechslerei, Baukunst, Bildhauerei, Tapeziererei u. verwandte Gewerbe, sowie f. den gesamten Holz- u. Möbelhandel u. das gewerbl. Unterrichtswesen. Hrsg. u. red. von Alfr. Busch. Jahrg. 1910. 26 Hefte. (à ca. 16 S.) 32×23,5 cm. Berlin, [A. Busch] Allgem. Verlagsanstalt. à Jahrg. 10.—; ohne Beilagen 6. —
Erscheint nicht mehr.

Wohnungsliste, s. a.: Adreßbuch.

Wohnungsliste f. sämtliche Kommandobehörden, Truppenteile u. Militär-Verwaltungsbehörden XV. Armeekorps. Standorte: Bischweiler, Bitsch, Breisach, Dieuze, Hagenau, Molsheim, Mutzig, Müllheim i. B., Neubreisach, Pfalzburg, Saarburg, Saargemünd, Schirmeck, Schlettstadt, Straßburg, Ulm a. D., Weißenburg, Zabern. Unter Benutzg. amtl. Quellen hrsg. v. A. Katzwinkel. 10. Jahrg. 1910/11. 4 Hefte. (1. Heft. 103 S.) kl. 8. Straßburg, Schlesier & Schweikhardt. à — 50
Vergl.: Rang- u. Wohnungsliste.

Wohnungsliste der Offiziere und Beamten der Garnison Danzig. Ausg. I und II. 1888. gr. 8. (16; 19 S.) Danzig, Kafemann. à Ausg. *

Wohnungsliste der Offiziere u. Beamten der Garnison Danzig. Sommer-Ausg. 1889. [3. Ausg.] gr. 8. (22 S.) Danzig, Kafemann. n. — 25

—— der Offiziere u. Beamten der Garnison Danzig. Winter-Ausg. 1892. gr. 8. (29 S.) Danzig, Kafemann. * — 25
Erscheint jährlich 2 mal.

Wohnungsliste der Offiziere u. Beamten der Garnison Danzig. Sommer- u. Winter-Ausg. 1894. gr. 8. (à 32 S.) Danzig, A. W. Kafemann. à n — 25

— der Officiere u. Beamten der Garnison Düsseldorf. Ausg. am 15. Juli. gr. 8. (19 S.) Düsseldorf 890. Schrobsdorff. — 30

— der Offiziere u. Beamten sowie der Reserve- u. Landwehr-Offiziere der Garnison Düsseldorf. Nach amtl. Quellen zusammengestellt v. Otto Hoff. Ausg. 1904/05. (17 S.) 8. Düsseldorf (Schrobsdorff). n. — 50

— der Offiziere u. Beamten der Garnison Coblenz-Ehrenbreitstein. Mai 1907. (29 S.) 8. Coblenz, (F. Hölscher). 1. —

Wohnungsliste der Offiziere u. Beamten der Garnison Posen. Sommer-Ausg. 1894. gr. 8. (21 S.) Posen, F. Ebbecke. n. — 40

— d. Offiziere u. Beamten d. Garnison Posen. Ausg. 1897/98. gr. 8. (34 S. m. 1 Theater- u. 1 Stadtplan.) Posen, F. Ebbecke. n.n. 1. 50

— der Offiziere u. Beamten der Garnison Posen. Ausg. 1901/02. gr. 8. (41 S. m. 1 Plan.) Posen, F. Ebbecke. n. 1.—

— der Offiziere u. Beamten etc. der Garnison Thorn. Unter Benutzg. amtl. Quellen zusammengestellt u. am 25. IV. 1905 geschlossen. (25 S.) 16. Thorn, W. Lambeck. n. — 50

— der Offiziere u. Beamten usw. der Garnison Thorn nebst Verzeichnis der Telephonanschlüsse. Unter Benutzg. amtl. Quellen zusammengestellt u. am 25. X. 1910 geschlossen. (26 S.) 16. Thorn 910. W. Lambeck. — 50

— der Offiziere u. Beamten d. Garnison Wesel einschließlich Friedrichsfeld. Ausg. anfangs Dezbr. 1894. gr. 8. (24 S.) Wesel 894. B. Schmithals. n. — 50

— der in Graudenz garnisonier. Offiziere u. Militärbeamten. Sommer 1895. 4. (27 autogr. S. u. Nachtrag 1 Bl. in Fol.) Graudenz, J. Gaebel. n. — 50

Wohnungs-Liste der Offiziere u. Militär-Beamten der Garnison Danzig (einschl. Langfuhr u. Neufahrwasser). Winter-Ausg. 1902/1903. Mit e. alphabet. Namensverzeichniß. gr. 8. (43 S.) Danzig, A. W. Kafemann. n.n. — 50

— der Offiziere u. Militär-Beamten der Garnison Danzig (einschl. Langfuhr u. Neufahrwasser). Herbst und Winter 1905/06. Mit e. alphabet. Namensverzeichnis. (42 S.) gr. 8. Danzig, A. W. Kafemann. n. — 50

— der Offiziere u. Militär-Beamten der Garnison Danzig (einschl. Langfuhr u. Neufahrwasser). Herbst u. Winter 1910/11. Mit e. alphabet. Namensverzeichnis. (43 S.) gr. 8. Danzig 910. A. W. Kafemann. — 50

Wohnungsliste der Offiziere u. Militärbeamten der Garnisonen u. Militärbehörden d. XVI. Armee-Korps. Nr. 10 [der ganzen Folge Nr. 34]. Juli 1892. Mit Anh.: Garnison Dieuze. gr. 8. (22 S.) Metz, Deutsche Buchh. ** — 50

— der Offiziere u. Militärbeamten der Garnisonen u. Militärbehörden des XVI. Armee-Korps. Nr. 14—17 [der ganzen Folge Nr. 38—41]. Juli 1893—Juli 1894. Mit Anh.: Garnison Dieuze. gr. 8. (Nr. 14. 23 S.) Metz, Deutsche Buchh. n. 1. 60; einzelne Nrn. à n. — 50

Wohnungsliste d. Offiziere u. Militärbeamten d. Garnisonen u. Militärbehörden des XVI. Armee-Korps. Nr. 34 u. 35 [der ganzen Folge Nr. 58 u. 59]. Juli u. Oktbr. 1898. M. Anh.: Garnison Dieuze u. Saargemünd. gr. 8. (à 30 S.) Metz 898. Deutsche Buchh. à n. — 40; jährlich 4 Hfte. n.n. 1. 20

Wohnungs-Liste der Offiziere u. Militärbeamten der Garnisonen u. Militärbehörden des XVI. Armee-Korps. Jahrg. 1901. 4 Hfte. gr. 8. (Nr. 44 [der ganzen Folge Nr. 68]. Jan. 30 S.) Metz, Deutsche Buchh. n.n. 1. 20; einzelne Hfte. n. — 40
Erscheint nicht mehr.

— der Offiziere u. Militärbeamten d. Garnison Königsberg i. Pr. Zusammengest. v. d. kgl. Kommandantur im Oktbr. 1898. gr. 8. (II, 44 S.) Königsberg 898. Bon's Buchh. n. — 70

— der Offiziere u. Militärbeamten der Garnison Königsberg i. Pr. Zusammengestellt v. der königl. Kommandantur im Oktbr. 1900. gr. 8. (II, 40 S.) Königsberg, Bon's Buchh. n.n. — 70

— der Offiziere u. Militär-Beamten der Garnison Posen. Winter-Ausg. 1906/07. (40 S.) 8. Posen, F. Ebbecke. n. 1. —

— der Offiziere u. Militär-Beamten der Garnison Posen. Winter-Ausg. 1910/11. (48 S.) 8. Posen, F. Ebbecke. 1. —

— sämmtl. Offiziere, Aerzte u. Beamten d. Garnison Würzburg m. Namensregister. 12. (20 S.) Würzburg 897. J. Staudinger's Sort. n.n. — 30

— sämtlicher Offiziere, Aerzte u. Beamten der Garnison Würzburg. 12. (11 S.) Würzburg 900. J. Staudinger. n.n. — 25

— d. Offiziere, Sanitäts-Offiziere u. Militär-Beamten in Breslau. 1. Mai 1895. gr. 8. (24 S.) Breslau 895. (Hirt'sche Buchh.) n.n. — 60

— dasselbe, s. a.: Rang- u. Quartier-Liste d. Offiziere etc.

— der Offiziere, Sanitäts-Offiziere u. Militärbeamten des Standortes Cöln (Cöln, Deutz, Mülheim u. Kalk). Hrsg. vom Geschäftszimmer des Gouvernements. Nach dem Stande vom 15. V. 1909. (58 S.) kl. 8. Köln, J. G. Schmitz. 1. —
Vergl.: Wohnungs-Anzeiger.

— der Offiziere, Sanitätsoffiziere u. Militärbeamten der Garnison München. Zusammengestellt von der königl. Kommandantur im Oktbr. 1901. 12. (83 S.) München, J. Palm. n. — 40

— der Offiziere, Sanitätsoffiziere, Militär-Beamten der Garnison Rastatt. Nach dem Stand vom Monat Mai 1906. (8 S.) 8. Rastatt (H. Greiser). n. — 50

— der Offiziere, Sanitätsoffiziere u. der Militärbeamten der Garnison Rastatt. Stand vom 1. V. 1910. (8 S.) 8. Rastatt, (H. Greiser). — 50

— Schrobsdorff'sche, der Officiere u. Beamten der Garnison Düsseldorf. Ausg. am 15. Juni 1891. gr. 8. (22 S.) Düsseldorf, Schrobsdorff. n. — 50

—— Schrobsdorff'sche, der Officiere u. Beamten der Garnison Düsseldorf. gr. 8. (22 S.) Düsseld. 892, Schrobsdorff. * — 50
Erscheint seit 1890 jährlich.

Stadt Magdeburg. Der Wohnungsmarkt Ende October 1899. (Magdeburg 1899.) 124 S. 4° [Kopft.]

Der Kieler Wohnungsmarkt Mitte Oktober 1909. (Kiel 1909: Schmidt & Klaunig.) 9 S. 4° [Kopft.]
(Mitteilungen d. Statist. Amts d. Stadt Kiel. Nr 14.) [10. 17550

Wohnungsmarkt, der Zürcher 1896—1905. (53 S.) gr. 8. Zürich 906. (Rascher & Co.) n. — 50
Sonderabdr. aus: „Statist. Jahrb. d. Stadt Zürich".

Wohnungsmarkt. Der Zürcher W' am 1. Dezember 1906: Die leerstehenden Wohnungen und die im Jahre 1907 voraussichtlich beziehbaren Neubauten in Zürich und Umgebung. Sonderabdruck aus dem Statistischen Jahrbuch der Stadt Zürich für 1906. Hrg. vom Stat' Amt der St' Z'. [Mit Figuren.] 24 S. 8. Zürich, Komm. Rascher & Co., 1907. fr. —. 50

Wohnungsmarkt. Der Zürcher W' am 1. Dezember 1907: Die leerstehenden Wohnungen und die im Jahre 1908 voraussichtlich beziehbaren Neubauten in Zürich und Umgebung. Sonderabdruck aus dem Statistischen Jahrbuch der Stadt Z' für 1907. Hrg. vom Stat' Amt der St' Z'. [Mit 1 Stadtplan.] 26 S. 8. Zürich, Komm. Rascher & Co., 1908. fr. —. 50

Wohnungsmarkt, der, in Zürich u. Umgebung. Ende Novbr. 1908. Hrsg. vom statist. Amt der Stadt Zürich. (46 S. m. 1 eingedr. Kartenskizze.) gr. 8. Zürich 909. Rascher & Co. — 75
Sonderabdr. aus: „Statist. Jahrb. d. Stadt Zürich f. 1908".

Wohnungsmarkt. Der W' in Zürich und Umgebung Ende November 1909. Sonderabdruck aus dem Statistischen Jahrbuch der Stadt Z' für 1909. Hrg. vom Statistischen Amt der Stadt Z'. [Mit 1 Plan.] 26 S. 8. Zürich, Komm. Rascher & Cie., 1910. fr. —. 50

Wohnungs-Miethe. Im Geltungsbereich d. Allgem. Landrechts. Kurze Anleitg. üb. d. Abschluß v. Miethsverträgen u. Belehrg. üb. d. Kündigg., d. Zurückbehaltungs-(Retentions-)Recht d. Vermiethers, sow. das d. Letzteren zusteh. Pfandrecht gegenüber Pfändungsgläubigern, nebst Auszug aus d. Stempelsteuer-Gesetz v. 31. Juli 1895, Mieths-Verträge betr. Rathgeber für alle Vermiether, Miether u. Hausverwalter. gr. 8. (15 S.) Neusalz a/O. 896. J. Pröbster. n. — 50

[J.] Wohnungs-Miethe. Im Geltgsbereich d. Allgem. Landrechts. Kurze Anl. üb. d. Abschluss v. Mieths-Verträgen ... nebst Auszug aus d. Stempelsteuer-Ges. v. 31. Juli 1895, Mieths-Verträge betr. Rathgeber f. alle Vermiether, Miether u. Hausverwalter ... *Neusalz a. O.: J. Pröbster 1897.* (15 S.) 1 Bd 8. [91. 5212

Wohnungs-Miethe 3. Aufl., s.: Alten-Bockum, H.

— die, nach dem bürgerl. Gesetzbuche. Kurze Erläutergn. üb. Rechte u. Pflichten des Mieters u. Vermieters, sowie Anleitg. zu e. Mietvertrage. 8. (20 S.) Boppard (899). O. Maißl. — 20

Wohnungsmiethe, die, nach braunschweigischem Recht. Ein kurzgefaßter Wegweiser f. Miether u. Vermiether. Von e. prakt. Juristen. 2. Aufl. 12. (IV, 127 u. VII S.) Braunschweig 890. A. Limbach. Kart. n. 1. —

Wohnungsmiete. Ueber W' und die bezügliche Stadtbaslerische Rechtsübung s. [Brodbeck, Gustav].

Der Wohnungs-Mieter (4–7: Die Wohnungsreform). Informations- u. Publikations-Organ d. verbündeten deutschen Mietervereine (3: Organ d. Centralverbandes deutscher Mietervereine; 4–7: Organ d. Verbandes deutscher Mietervereine). Jg. 1–7, No 1–3. 1899-1905. [Mehr nicht erschienen.] Erfurt (4–7: Berlin-Erfurt): K. Schumacher 1899–1905. 5 Bde 4°, 2 Bde 2° [Kopft.]

Erfurter Wohnungsmiether-Zeitung (Jg. 1, No 1–10: Mittheilungen d. Erfurter Wohnungsmiether-Vereins). Vereins- u. Insertionsorgan. Hrsg. v. Vorst. d. Vereins. Jg. 1–9, No 6. [Mehr nicht erschienen.] Erfurt 1897–1906: W. Wellendorf & Sohn. 9 Bde 2° [Kopft.]
1. 1897/8. 2. 1898/9. 3–9, 1–6. 1900–1906.

Wohnungsnoth der ärmeren Klassen in deutschen Grossstädten, Die, und Vorschläge zu deren Abhülfe. Gutachten und Berichte, herausg. im Auftrage des Vereins für Socialpolitik. Bd. 1. 2. Mit 1 Plane von Strassburg. — Mit 8 Steintafeln. Leipzig 1886. 8.
A. u. d. T.: Schrr. d. Ver. f. Soc.-Pol. 30. 31.

Wohnungsreform (Die) durch Beseitigung des Wohnungswesens und Herstellung eines allgem. Haus- und Wohnungs-eigentums. 1. Denkschrift des Deutsch-sozialen Reformvereins in Berlin. 8°. Berlin 1889.

Zur **Wohnungs-Reform** durch Maßnahmen des Reichs. Enth. eine an d. Reichstag gerichtete diesbezügl. Bittschrift. Berlin: 1910: Berl. Verlagsbuchd. 16 S. 8° [Umschlagt.] (Schriften d. Zentralverbandes der städt. Haus- u. Grundbesitzer-Vereine Deutschlands. N. F. Bd 15, H. 2.)

Dresdner **Wohnungsstatistik** vom 1. Dez. 1900. Die Wohndichtigkeit d. Dresdner Bevölkerung nach Baublöcken von 1880 bis 1900. Lohnstatistik d. Jahre 1899 bis 1902. *Dresden: v. Zahn & Jaensch 1904.* (79 S.) 4°(8°) [ℑ.]
— **Mitteilungen** d. Statistischen Amtes d. Stadt Dresden. H. 12. (64 67)

Wohnungs- u. Gesundheitsverhältnisse, die, der Heimarbeiter in der Kleider- u. Wäscheconfection Hrsg. v. arbeitsstatist. Amte im Handelsministerium. Lex.-8. (IV, 121 S.) Wien 901. A. Hölder. n. 2. —

Wohnungs- u. Gesundheitsverhältnisse, die, der Schuhmacher. Hrsg. vom k. k. arbeitsstatist. Amte im Handelsministerium. (IV, 182 S.) Lex.-8. Wien 906. A. Hölder. n. 2. 60

Wohnungsverhältnisse, die, der ärmsten Klassen in Frankfurt am Main u. ihre Reform durch kommunale Fürsorge. Nach den Ergebnissen e. statist. Erhebg. des Frankfurter Mietervereins im J. 1898. Hrsg. vom Vorstand. gr. 8. (III 54 S.) Frankfurt a/M. 900. Berlin (S.W. 61, Planufer ,26), R. Hülsen. n. 1. —

Wohnungs-Verhältnisse, Königsberger. Denkschrift, hrsg. v. Vorstande d. allgem. Wohnungs-Bauvereins zu Königsberg i. Pr. (E. G. m. b. H.) (Von v. Czihak.) gr. 8. (36 S.) Königsberg 895. (Gräfe & Unzer.) n.n. — 25

Die **Wohnungsverhältnisse** in der Stadt Mannheim nach der Erhebung vom 2. Dez. 1895. Mannheim 1897: Haas. 55 S. 4°
(Beiträge z. Statistik d. Stadt Mannheim. H. 2.) (10. 55, 11

Wohnungsverhältnisse in der k. Hauptstadt Prag und den Vororten Karolinenthal, Smichow, Königliche Weinberge und Žižkow, sowie in fünf anderen Vororten, nach den Ergebnissen der Volkszählung vom 31. December 1890. Herausgegeben von der statist. Commission der k. Hauptstadt Prag sammt Vororten zum Gedächtnisse ihres 25jährigen Bestandes, unter der Redaction des Directors k. k. Prof. a. D. Jos. Erben. Deutsche Ausgabe mit Diagrammen und Kartogrammen. Lex.-8. (305 S.) In Comm. 3.50
Prag: F. Rivnac 1895

Wohnungsverhältnisse hamburgisch. Volksschullehrer und -lehrerinnen. Bearb. v. d. Statist. Kommission d. „Gesellschaft d. Freunde d. vaterländischen Schul- und Erziehungswesens in Hamburg." — — Hamburg u. Leipzig: Voss 1904. 123 S. 8°

Wohn-Verhältnisse, Die, in Wien. Ergebnisse der Volkszählung vom 31. Dezember 1890. Mittheilungen des statistischen Departements des Wiener Magistrates. Bearbeitet von Dr. Stephan **Sedlaczek**, Magistrats-Rath etc. 8. Wien 1893.

Wohnungs-Verzeichnis, s. a.: Adreßbuch.

Wohnungs-Verzeichnis der Offiziere, Beamten, Fahnenjunker u. Einjährig-Freiwilligen etc. der Garnisonen Mainz-Kastel, Wiesbaden, Biebrich, Homburg v. d. H. u. Hanau. Abgeschlossen am 1. XI. 1910. Bearb. nach amtl. Material, m. Unterstützg. des kgl. Gouvernements. (43 S.) gr. 8. Mainz 910. V. v. Zabern. — 80

Wohnungs-Verzeichniß der Offiziere u. Beamten der Garnison Königsberg i. Pr. Winter-Ausg. 1892/93. Bearb. nach amtl. Materialien. gr. 8. (25 S.) Königsb. i. Pr., Braun u. Weber. * — 40
Erscheint seit 1890 jährlich 2 mal.

Wohnungs-Verzeichniß der Offiziere u. Beamten der Garnison Königsberg in Pr. Winter-Ausg. 1894/95. gr. 8. (26 S.) Königsberg, Braun & Weber. n. — 40

Wohnungs-Verzeichnis d. Offiziere u. Beamten d. Garnison Königsberg, neue Ausg., s.: Wohnungs-Liste d. Offiziere u. oberen Militärbeamten 2c.

— dasselbe, der Garnison Mainz-Kastel. Winter-Ausg. 1894, abgeschlossen am 20. Oktbr. 1894. Bearb. nach amtl. Materialien. gr. 8. (16 S.) Mainz, V. v. Zabern. n. — 50

— d. Offiziere u. Beamten d. Garnison Mainz-Kastel. Winter-Ausg. 1896, abgeschlossen am 1. Dezbr. 1896. Bearb. nach amtl. Materialien. gr. 8. (16 S.) Mainz 896. V. v. Zabern. n. — 50

— der Offiziere u. Beamten etc. der Garnisonen Mainz-Kastel, Wiesbaden u. Biebrich. Winter-Ausg. 1904/05, abgeschlossen 1. XI. 1904. Bearb. nach amtl. Material. (17 S.) gr. 8. Mainz, V. v. Zabern. n. — 80

— d. Offiziere, Sanitäts-Offiziere u. Militär-Beamten pp. der Garnisonen Metz, Diedenhofen, Mörchingen, St. Avold, Forbach u. Dieuze. Nachweisg. d. Lage d. militär. Geschäftszimmer, Offizierkasinos 2c. Hrsg. v. A. Koenigs. 3. Jahrg. 1898. 4 Hfte. gr. 8. (1. Hft. II, 42 u. XI S.) Metz, P. Müller. n. 1. 20; einz. Hfte. — 50

Wohnungs-Verzeichniß der Offiziere, Sanitäts-Offiziere u. Militär-Beamten pp. der Standorte Metz, Diedenhofen, Mörchingen, St. Avold, Forbach u. Dieuze. Nachweisung der Lage der militär. Geschäftszimmer, Offizierkasinos 2c. Hrsg. v. R. Freimark. 7. Jahrg. 1902. 4 Hfte. gr. 8. (à ca. 42 u. XI S.) Metz, P. Müller. n.n. 1. 50; einzelne Hfte. n. — 50

— der Offiziere, Sanitäts-Offiziere u. Militär-Beamten pp. der Standorte Metz, Diedenhofen, Mörchingen, St. Avold, Forbach u. Dieuze. Nachweisung der Lage der militär. Geschäftszimmer, Offizierkasinos etc. Hrsg. v. R. Freimark. 11. Jahrg. 1906. 4 Hefte. (à ca. 45 u. XII S.) 8. Metz, P. Müller. n.n. 1.50; einzelne Hefte n. — 50

— der Offiziere, Sanitäts-Offiziere u. Militär-Beamten pp. der Standorte Metz, Diedenhofen, Mörchingen, St. Avold, Forbach u. Dieuze. Nachweisung der Lage der militär. Geschäftszimmer, Offizierkasinos etc. Hrsg. v. R. Freimark. 15. Jahrg. 1910. 4 Hefte. (1. Heft IV, 45 u. XII S.) 8. Metz, P. Müller. nn 1.80; einz. Hefte — 60

Wohnungs-Verzeichniß der Offiziere, Sanitäts-Offiziere und Militärbeamten pp. der Garnison Trier. Nachweisung d. Lage d. militär. Geschäftszimmer &c. Jg. 1, H. 1. *Trier: F. Lintz 1899.* 8° [5.] [04. [illegible]

— der Offiziere, Sanitäts-Offiziere u. Militär-Beamten pp. der Garnison Trier. Nachweisung der Lage der militär. Geschäftszimmer etc. 7. Jahrg. 1906. 4 Hefte. (à ca. 8 S.) 8. Trier, F. Lintz. n. 1. —

— der Offiziere, Sanitäts-Offiziere u. Militär-Beamten pp. der Garnison Trier. Nachweisung der Lage der militär. Geschäftszimmer 2c. 12. Jahrg. 1910. 3—4 Hefte. (à ca. 8 S.) 8. Trier, F. Lintz. 1. —

Wohnungswesen, das. Hrsg. vom Kärntner Vereine. 12. (98 S.) Klagenfurt 886, (v. Kleinmayr.) *
Aus: Kärntnerisches Gemeindeblatt, besonders abgedruckt.

Die Wohnungszählung vom November 1903. T. 1. 2. Kiel 1904 05: Schmidt & Klaunig. 4°
1. Die reinen Mietwohnungen, ohne Geschäftslokale. (Tab.) 1904.
2. Samtl. Wohnungen. Mit e. Anh.: Die Zählung d. leerstehenden Wohnungen in d. Nachbargemeinden ... am 1. Dez. 1904. 1905.
(Mitteilungen d. Statist. Amts d. Stadt Kiel. Nr 3/4.)

Wohnungszulage den deutschen Offizieren?, s.a. Zeit- und Streitfragen, militärische.

Wohnungs-Zulage der deutschen Officiere? („Militärische Zeit- und Streitfragen." 16. Heft.) 8. Leipzig 1873.

Wohr, Joh., s.: Wiesing, Hans.

Wöhr, Joh., Gottes Eigenschaften, geoffenbart im Leiden unseres Heilandes. 7 Fastenpredigten, geh. in der Domkirche zu Graz im J. 1891. gr. 8. (82 S.) Graz 892. U. Moser. n. 1. —

Wöhr, Joh., Jesus und Pius oder Kreuz vom Kreuze. Sieben Fastenbetrachtungen für das J. 1871. 8. (83 S.) Graz 871, Moser. *

Wöhr, Joh., St. Johannes Liebe, s.a. Vereinsbühne. III.

(F) Vereinsbühne. Sammlung von Theaterstücken für katholische Vereine. Herausgegeben aus dem Theater-Archiv des Grazer Gesellenvereines. III. Bd. St. Johannes Liebe. Dramatisierte Legende in 4 Aufzügen bearbeitet von Johann Wöhr. Graz. 1901. Moser's Buchh. 8°. 56 S. K —.80

Wöhr, Karl, neue Formen der Friedhof-Architektur, s.: Maier, Herm.

Woehrer, Josef, s. Woehrer, Justin

Woehrer, Iustin., de A. Cornelii Celsi rhetorica, s.a. Dissertationes philologae Vindobonenses. VII, 2.

Wöhrer Josef: De A. Cornelii Celsi rhetorica. D: Diss. phil. Vindobonensis, VII. Bd., 1903. 1899 PN 1189 Diss. Wien, Univ. 1552

Wöhrer Dr. Justin: Studien zu Marius Victorinus. 41. Wilhering 05. Progr.

Studien zu Marius Victorinus. Von Dr. P[ater] Justinus Wöhrer. Wilhering: Selbstverl. 1905. (44 S.) 8°
Aus: Jahresbericht d. Privat-Untergymn. d. Zisterzienser zu Wilhering. 1904/05. [05. 10536

Wöhrl, Anton

Wöhrl, Studien betr. das Donau-Main-Kanal-Projekt, s.a. Verbands-Schriften des deutsch-oesterr.-ungar. Verbandes f. Binnenschiffahrt. 58.

Studien betreffend das Donau-Moldau-Elbe-Kanal-Projekt (übergekl.: Donau-Main-Kanal-Projekt). Mittheilungen d. techn. Amtes d. Vereins z. Hebung d. Fluss- u. Kanalschiffahrt in Bayern. Erstattet auf d. IV. Verbands-Tage in Budapest 1899 vom Kgl. Abth.Ingen. [Anton] Wöhrl, Nurnberg. Mit 1 Taf. *Berlin: Siemenroth & Troschel 1900.* (20 S.) 8°
= Deutsch-Oesterr.-Ung. Verband f. Binnenschiffahrt. Verbands-Schriften. No 58. [01. 8581

Wohrl, Hch. Ar., neue in d. Rechtsgelehrsamkeit untersuchte Wahrheiten v. d. Gerechtigkeit, Zinsen v. Zinsen zu nehmen. 8. Nürnb. 753.

Wöhrle, Edm., Baden-Baden, s.: Grieben's Reiseführer.

— Der Schwarzwald, s.: Grieben's Reiseführer.

Wöhrle, Georg, Die Lage der Handwerker in Messkirch, mit besonderer Berücksichtigung der Schmiede, Wagner und Sattler. Schriften des Vereins f. Socialpolitik, Bd. 69. gr. 8°. Leipzig 1897.

Wöhrle, Gfried., Unterricht in der Bienenzucht. 8. (75 S.) Waldsassen 866, (Kunstmann.)

Woehrlin, A[ndreas]: Über Verletzungen und traumatische Aneurysmen der Arteria maxillaris interna. *Tübingen: H. Laupp 1898.* (29 S.) 8° ¶(Aus: Beiträge zur klinischen Chirurgie, Bd 21 H. 3.)
Strassburg, Med. Diss. v. 1898

Woehrlin, Karl Albert (Ulm) A. S. 110/22

Dissertatio circularis III de proprietatibus voluntariae iurisdictionis. Prüs. Johann Ernst Schroeter. Erlangen (Becker) 6. VII. 1748. 15 S.

37078

Die Fürsorge für alkoholkranke Frauen. Vortrag auf der 9. Jahres-Versammlung des Verbandes von Trinkerheilstätten des deutschen Sprachgebietes zu Cassel am 15. Septbr. 1908, gehalten von Pastor WÖHRMANN, Herford. Sonder-Abdruck aus dem Bericht über die Jubiläums-Versammlung (25. Jahresversammlung) des Deutschen Vereins gegen den Missbrauch geistiger Getränke, Cassel 1908. Berlin 1909. Mässigkeits-Verlag des Deutschen Vereins gegen den Missbrauch geistiger Getränke. 8°.

v. **Wöhrmann**, S. Freiherr: Die Fauna der sogenannten Cardita- und Raibler-Schichten in den Nordtiroler und bayerischen Alpen. ... (Aus: Jahrb. d. k. k. geol. Reichsanst. 1889. 39. Bd. 1. u. 2. H.) Wien, Alfred Hölder, k. k. Hof- u. Univ.-Buchh., 1889; 1 Bl. + S. 181—258 + 6 Bl. u. 6 Taf. 4°
München, Phil. Fak., Inaug.-Diss. v. 1889

Wojcicki, K. W., Biblioteka starożytna pisarzy polskich, z facsimilami. 6 Bde. 8. Warschau 843, Orgelbrand. 9 ₰

— Pamiętniki dopanowania Zygmunta III, Władysława IV i Jana Kazimierza, z rękopismu wydał, 2 tomy, z facsimilami. 8. Ebend. 846. 2½ ₰

Wojcicki, Wł. K., Amerykanin. Powieść z czasów Kościuzki. Posen 869. Leitgeber. br. 8. (145 S.) 22½ ngr.

Wojciech v. Kętrzyński, s. **Kętrzyński**.

Wojciech von Ketrzyński, Der deutsche Orden und Konrad von Masovien 1225—1235. Gr.-8°. (188 S.) K 5.40
Lemberg: Gubrynowicz & Schmidt 1904.

Wojciechowski, Adolf von: Studien über die Giftigkeit verschiedener Handelssorten des Benzols in Gasform. Würzburg 1910: Staudenraus. 83 S. 8°
Würzburg, Med. Diss. v. 8. Febr. 1910, Ref. Lehmann
[Geb. 14. Juni 86 Elisabethgrad; Wohnort: Würzburg; Staatsangeh.: Rußland; Vorbildung: Richelieu-Gymn. Odessa Reife O. 04; Studium: Odessa 2, Würzburg 10 S.; Rig. 5. Febr. 10.] [U 10. 4372

Wojciechowski J.: Über die Pseudomorphosen des Mineralreiches. 12. Czernowitz 75.
Progr.

Wojciechowsky, Nik., üb. Qualification u. Stellung der Güterbeamten. (Internationaler land- u. forstwirthschaftl. Congress zu Wien 1890, 29. Hft.) gr. 8. (12 S.) Wien 890. (Frick.) n. — 60

Wójcik, Carl, s. Wójcik, Karl

Wójcik, Johann, aus Krakau (Gallizien): Ueber die erschöpfende Halogenirung einiger aromatischer Substanzen. Zür. Genossenschafts-Buchdr. Dr. 1881. 43 S. 8°.
Zürich. Phil. Diss. [v. 18. Nov. 1881].

Wójcik, Karl

Wójcik, Carl, über den Krieg in Süd-Afrika. 1.—4. Hft. gr. 8. Wien 900. (L. W. Seidel & Sohn.) n. 11. 40
1. (Mit e. militär. Übersichtskarte von Süd-Afrika 1:5 Mill. u. e. Skizze zu den Kämpfen im J. 1881, 1:200,000.) Vorgeschichte u. unmittelbare Ursachen des Krieges. — Geographische Übersicht des Kriegsschauplatzes. — Wehrmacht Englands. — Wehrkraft Transvaals u. des Oranje-Freistaates. — Schlussbetrachtungen. (VIII, 71 S. m. 2 Abbildgn.) n. 2. 40
2. (Mit e. Übersichtskarte des östlichen Kriegsschauplatzes 1:1 Million, e. Umgebungskarte v. Ladysmith u. Colenso 1 : 200.000, dann 4 Situations-Oleaten, 8 Landschafts-Skizzen.) Beiderseitiger Aufmarsch. — Kriegsereignisse in Natal. — Cernierung v. Ladysmith. — Seetransporte. — Schlussbetrachtungen (Gefechtsverluste, Aufmarsch u. Operationen). — Ordre de bataille u. Vertheilg. der engl. Streitkräfte. — Chronologische Übersicht der Kriegsereignisse auf allen Kriegsschauplätzen etc. (III, 89 S.) n. 3. —
3. (Mit e. Übersichtskarte des südwestl. Kriegsschauplatzes 1:1,000,000, 2 Gefechts-Skizzen, 2 Situations-Oleaten u. 4 Landschafts-Skizzen.) Kriegsereignisse in Natal im Jänner, Februar u. März. — Kriegsereignisse in Nordcapland bis Mitte März. — Kriegsereignisse im Westen bis zum Beginne der Offensive des Feldmarschall Lord Roberts. — Gefechtsverluste. — Vertheilung der engl. Streitkräfte Ende Jänner. (III, 80 S.) n. 3. —
4. Die Operationen des Feldmarschalls Lord Roberts bis zur Einnahme v. Pretoria. (Ereignisse auf allen Kriegsschauplätzen bis Mitte Juni.) — Verpflegs-Vorsorgen. — Verluste. Ordre de bataille der engl. Streitkräfte seit Mitte April. — Übersicht sämmtl. für Südafrika aufgebotenen engl. Streitkräfte u. deren Transporte zur See. Hiezu 5 Karten m. Situationen, 1 Übersichtskarte, 1 Situations-Skizze u. 2 Landschafts-Skizzen. (III, 97 S.) n. 3. —

Wójcik, Karl, die moralischen u. geistigen Mittel im Kriege. (32 S.) gr. 8. Wien 905. L. W. Seidel & Sohn. n. 1. 20

— **Ursachen** u. Verlauf der chinesischen Wirren. (Kurzer Überblick.) Vortrag, geh. am 3. u. 10. I. 1902 im militär.-wissenschaftl. Verein in Wien. Hiezu 6 Beilagen, darunter 5 Skizzen. gr. 8. (41 u. 6 S.) Ebd. 902. n. 2. —
Sonderabdruck aus: „Organ der militärwiss. Vereine".

Wojczyński, F., Wiadomości Chemiczno-gospodarskie, czyli opisanie najważniejszych potrzeb życia, jako to: pokarmów, napojów i niektórych przypraw; ich wyrabianie, dobroć i czystość, tudzież dochodzenie przypadkowego zanieczyszczenia i umyślnego zafałszowania, oraz o naczyniach kuchennych i stołowych. 8. Warschau 846, Orgelbrand. ⅔ ₰

WOJDA, Marcellus von (Lublin): De morbis secundariis in typho. (Titel nach der Urkunde)
15.7.1869 - Urk: F 72 (= Wojde); Chr 1869/70,11
Diss. Ingolst.-Landsh.-Mchn.

Woide, C. Gfr., s. Woide, Karl Gottfried

Woide, Karl

Woide, K., Friedensmanöver u. ihre Bedeutg. M. Genehmigg. d. Hrn. Verf. ins Deutsche übertr. v. Krafft. gr. 8. (III, 142 S.) Berlin 896. E. S. Mittler & Sohn. n. 2. 75

Woide, K. Die Selbständigkeit der Unterführer im Kriege. A. d. Russ. übs. v. B. Berlin 1895. 136 S.

Woide, die Ursachen der Siege u. Niederlagen im Kriege 1870. Versuch e. krit. Darstellg. des deutsch-französ. Krieges bis zur Schlacht bei Sedan. Aus dem Russ. übers. v. Klingender. (In 2 Bdn.) 1. Bd. Mit 7 Skizzen in Steindr. u. 1 Uebersichtskarte. gr. 8. (V, 371 S.) Berlin 894. E. S. Mittler & Sohn. n. 7. 50

— die Ursachen der Siege u. Niederlagen im Kriege 1870. Versuch e. krit. Darstellg. d. deutsch-franz. Krieges bis z. Schlacht bei Sedan. Aus d. Russ. übers. v. Klingender. In 2 Bdn. gr. 8. Berlin, E. S. Mittler & Sohn. n. 16. —; geb. in Leinw. n.n. 19. —
1. 2. Aufl. Mit 7 Skizzen in Steindr. u. 1 Uebersichtskarte. (VI, 370 S.) 897. n. 7. 50; geb. in Leinw. n.n. 9. —
2. Mit 6 Skizzen in Steindr. (V, 431 S.) 896. n. 8. 50; geb. n.n. 10. —

Woide, die Ursachen der Siege u. Niederlagen im Kriege 1870. Versuch e. krit. Darstellg. des deutsch-französ. Krieges bis zur Schlacht bei Sedan. Aus dem Russ. übers. v. Klingender. 2. Bd. 2. Aufl. Mit 6 Skizzen in Steindr. gr. 8. (VII, 439 S.) Berlin 899. E. S. Mittler & Sohn. n. 8 50; geb. in Leinw. n.n. 10. —; (kplt. n. 16. —; geb. n.n. 19. —)

Woide, Karl Gf., notitia codicis Alexandrini cum variis ejus lectionibus, ed Gli. L. Spohn. 8maj. Leipz. 789. Breitkopf u. H. 1 ₰ 12 𝒦

Woidich, Karl: Führer durch die Umgebung von Marienbad. Marienbad ('02). 95 S.

Wojdyslawski, L., Toldoth. Menachem Asarja aus Fano, enth.: Menachem Asarjas Lebensbeschreibg., Wirken u. Psychologie, nebst Beurteilg. seiner Schriften u. Abhandlgn. (In hebr Sprache.) (88 S. m. Bildnis.) gr. 8. St. Petersburg 903. (Frankfurt a/M., J. Kauffmann.) n. 2. 50

Wojeikof(f), Alexander v., s. Woeikoff

Wojikoff, A. Th., ДОМЪ СУМАСШЕДШИХЪ. Сатира. Berlin 858. F. Schneider. 8. (31 S.) 10 ngr.
Vgl. Woeikoff

Woike, C. L., s. Woike, Karl Leopold

Woike, Carl, s. Woike, Karl

Woike, Karl

Woike, Carl, die Befangenheit d. sittl.-relig. Urtheils uns. Zeit. Zunächst e. Sendschreiben an d. Redakt. d. „Danziger Dampfboots", Hrn. W. Schumacher, in Betreff seiner „Finsterlinge im Lande d. Lichtes". 8. (10 B.) Königsberg 835, (Unzer.) *

Woike, (Carl), Gallerie von Charaktergemälden aus d. bibl. Geschichte. Ein Erbauungsbuch f. alle Freunde des göttl. Wortes. 12. (16½ B.) Berlin 811, Heymann.

Woike, Karl, Nachweis der Grundlosigkeit der gegen d. Nichtzulassung des Dr. Rupp in der General-Versammlung des Gust.-Adolph-Vereins in Berlin erhobenen Einwendungen namentlich aus rechtl. Standpunkt und Unsere Hoffnung, Gustav-Adolph-Fest-Predigt. gr. 8. Braunsberg 846. (Beyer.) 1/6 ₰

— was will? und woher stammt der Gustav-Adolph-Verein? Predigt, gehalten am Sonnt. Judica 1844. gr. 8. Königsberg 844, Theile. 1/12 ₰

Woike, Karl Leopold

Woike, C. L., zweimal 48 biblische Historien für evangelische Elementarschulen mit Zugrundelegung der bibl. Geschichten von Preuß, zusammengestellt und mit einer Anweisung für den Lehrer versehen. 19., bericht. Aufl. gr. 8. (IV und 124 S.) Königsberg 867, Bon's Verlag. *

Woike, C. L., zweimal 48 biblische Historien für evangelische Elementarschulen mit Zugrundelegung der bibl. Geschichten von Preuß, zusammengestellt und mit einer Anweisung für den Lehrer versehen. 20.—35. bericht. Aufl. 8. (IV, 124 S.) Königsberg 868—75, Bon's Verlag. * 35 Pf.; geb. *

Woike, C. L., zweimal 48 biblische Historien für evangelische Elementarschulen mit Zugrundelegung der bibl. Geschichten von Preuß. 36. Aufl. Neue erheblich veränd. und verm. Bearbeitung. Hrsg. von R. Triebel. 8. (IV, 176 S.) Königsberg 876, Bon's Verlag. *
—— dass. — zusammengestellt und mit einer Anweisung für den Lehrer versehen. 37.—39. Aufl. Unveränd. Ausg. 8. (IV, 124 S.) Ebendas. 876,77. *
—— dass. — 40. Aufl. Neue erheblich veränd. und verm. Bearbeitung. Hrsg. von R. Triebel. 2. Aufl. 8. (IV, 176 S.) Ebendas. 878. *
—— dass. — Mit einer Anweisung für den Lehrer versehen. 41. Aufl. Alte unveränd. Ausg. gr. 8. (IV, 124 S.) Ebendas. 878. *

Woike, C. L., zweimal 48 biblische Historien für evangelische Elementarschulen mit Zugrundelegung der biblischen Geschichten von Preuß, zusammengestellt und mit einer Anweisung für den Lehrer versehen. 42.—54. Aufl. Alte unveränd. Ausg. 8. (IV, 124 S.) Königsberg 880—84, Bon's Verlag. *
Ausg. mit Katechismus. (IV, 176 S.) *

Woike, C. L, zweimal 48 biblische Historien f. evangelische Elementarschulen, m. Zugrundelegg. der bibl. Geschichten v. Preuß zusammengestellt. 53. Aufl. Neue erheblich veränd. u. verm. Bearbeitg. Hrsg. v. R. Triebel. 6. Aufl. 8. (IV, 176 S.) Königsberg 884. Bon's Verl. n. — 50; Einbd. n.n. — 18

— dasselbe. 54. Aufl. Alte unveränd. Ausg. 8. (IV, 124 S.) Ebend. 885. n. — 35; Einbd. n.n — 10

Woike, C. L., 2 × 48 biblische Historien für evangelische Elementarschulen mit Zugrundelegung der Biblischen Geschichten von Preuß, zusammengestellt und mit einer Anweisung für den Lehrer versehen. Alte unveränd. Ausg. 55.—62. Aufl. 8. (IV, 124 S.) Königsberg 885—88, J. H. Bon's Verlag. * geb. **
—— dass. — Neue erheblich veränd. und verm. Bearbeitung hrsg. von R. Triebel. 65. [12.] Ster.-Aufl. 8. (IV, 176 S.) Ebendas. 888. * 50 Pf.; geb. **

Woike, C. L. Zweimal 48 biblische Historien für evangelische Elementarschulen, m. Zugrundelegg. der bibl. Geschichten v. Preuß zusammengestellt. 75. Aufl. Neue verm. Bearbeitg. Hrsg. v. R. Triebel. 17. Aufl. gr. 8. (VI, 203 S.) Königsb. i. Pr. 891, Bon's Verlag. * — 50 geb. * — 75
Ergänzung dazu, s. Triebel, R. Die wichtigsten Abschnitte der Kirchengesch.

Woike, C. L., 2 × 48 biblische Historien für evangel. Elementarschulen mit Zugrundelegg. der biblischen Geschichten v. Preuß. 94. Aufl. (1117—1128. Tauf.) Neue, erheblich veränd. u. verm. Bearbeitg. Hrsg. v. R. Triebel. 27., durchgeseh. u. verb. Aufl. gr. 8. (203 S.) Königsberg 895. J. H. Bon's Verl. n. — 50; geb. n. — 75

Zweimal achtundvierzig Biblische Historien für evangelische Elementarschulen mit Zugrundelegung d. Bibl. Geschichten von Preuß, zsgest. von C. L. Woike, weil. Reg.- u. Schulrat in Königsberg i. Pr. 116. Aufl. Neue, erhebl. veränd. u. verm. Bearb. Hrsg. von R[obert] Triebel, Geh. Reg.- u. Schulrat. 49. Aufl., in d. neuen deutschen Rechtschreibung. M. 4 Karten u. e. Abb. von Jerusalem. *Königsberg i. Pr.: J. H. Bon* *1903.* (203 S.) 8° [F.] geb. 10

Zweimal achtundvierzig Biblische Historien für evangelische Elementarschulen mit Zugrundelegung d. Bibl. Geschichten von Preuß, zsgest. von C. L. Woike, weil. Reg.- u. Schulrat in Königsberg i. Pr. 117. Aufl. Neue, erhebl. veränd. u. verm. Bearb. Hrsg. von R[obert] Triebel, Geh. Reg.- u. Schulrat. 50. Aufl., in d. neuen deutschen Rechtschreibung. Mit 4 Karten u. e. Abb. von Jerusalem. *Königsberg i. Pr.: J. H. Bon* *1908.* (203 S.) 8° [F.] geb. 10

Zweimal achtundvierzig Biblische Historien für evangelische Elementarschulen mit Zugrundelegung d. Bibl. Geschichten von Preuß, zsgest. u. mit e. Anweisung f. d. Lehrer versehen von C. L. **Woike** weil. Reg.- u. Schulrat in Königsberg i. Pr. 74. Aufl. Alte, unveränd. Ausg. *Königsberg i. Pr.: J. H. Bon 1895.* (124 S.) 8° [Fr.] 10

Zweimal achtundvierzig Biblische Historien für evangelische Elementarschulen mit Zugrundelegung d. Bibl. Geschichten von Preuß, zsgest. u. mit e. Anweisung f. d. Lehrer versehen von C. L. **Woike**, weil. Reg.- u. Schulrat in Königsberg i. Pr. 76. Aufl. Alte, unveränd. Ausg. *Königsberg i. Pr.: J. H. Bon 1896.* (124 S.) 8° [Fr.] 10

Zweimal achtundvierzig Biblische Historien für evangelische Elementarschulen mit Zugrundelegung d. Bibl. Geschichten von Preuß, zsgest. u. mit e. Anweisung f. d. Lehrer versehen von C. L. **Woike**, weil. Reg.- u. Schulrat in Königsberg i. Pr. 78. durchges. Aufl. Alte Ausg. *Königsberg i. Pr.: J. H. Bon 1898.* (144 S.) 8° [Fr.] 10

Woike-Triebel: Zweimal achtundvierzig Biblische Historien für Evangelische Elementarschulen. Mit Zugrundelegung d. Bibl. Geschichten von Preuß zsgest. von C[arl] L[eopold] **Woike**, weil. Reg.- u. Schulrat in Königsberg i. Pr. Neue, erheblich veränd. u. verm. Bearb. hrsg. von R[obert] Triebel, Geh. Reg.- u. Schulrat. 122. Aufl. Mit 4 Karten u. 1 Abb. von Jerusalem. Königsberg i. Pr.: J. H. Bon 1905. (203 S.) 8° [Fr.] 10

Woike-Triebel: Zweimal achtundvierzig Biblische Historien für Evangelische Elementarschulen. Mit Zugrundelegung d. Bibl. Geschichten von Preuß zsgest. von C[arl] L[eopold] **Woike**, weil. Reg.- u. Schulrat in Königsberg i. Pr. Neue, erheblich veränd. u. verm. Bearb. hrsg. von R[obert] Triebel, Geh. Reg.- u. Schulrat. 123. Aufl. Mit 4 Karten u. 1 Abb. von Jerusalem. Königsberg i. Pr.: J. H. Bon 1905. (203 S.) 8° [Fr.] 10

Woike-Triebel: Zweimal achtundvierzig Biblische Historien für Evangelische Elementarschulen. Mit Zugrundelegung d. Bibl. Geschichten von Preuß zsgest. von C[arl] L[eopold] **Woike**, weil. Reg.- u. Schulrat. Neue, erheblich veränd. u. verm. Bearb. hrsg. von R[obert] Triebel, Geh. Reg.- u. Schulrat. 124. Aufl. Mit 4 Karten u. e. Abb. von Jerusalem. Königsberg i. Pr.: J. H. Bon 1906. (203 S.) 8° [Fr.] 10

Woike, C. L., zweimal 48 biblische Historien f. evangelische Elementarschulen. Mit Zugrundelegung der bibl. Geschichten v. Preuß zusammengestellt. Neue, erheblich veränd. u. verm. Bearbeitg., hrsg. v. R. Triebel. 127. Aufl. Mit 4 Karten u. 1 Abbildg. v. Jerusalem. (203 S.) 8. Königsberg 906. J. H. Bon's Verl. n. — 50; geb. n. — 75

Woike, C. L., zweimal 48 biblische Historien f. evangelische Elementarschulen. Mit Zugrundelegg. der bibl. Geschichten v. Preuß zusammengestellt. Neue, erheblich veränd. u. verm. Bearbeitg., hrsg. v. R. Triebel. 136.—138. Aufl. Mit 4 (farb.) Karten u. 1 Abbildg. von Jerusalem. (203 S.) 8. **Königsberg 910. J. H. Bon's** Verl. Geb. nn — 75

Du kartu keturis dešimt ir aštūni Szvento Rašto nusidawimai. [2 mal 48 Biblische Historien zsgest. von Karl Leopold **Woike**.] Trumpas suglaudimas Szw. Rašto nusidawimu, krikšczioniškam kudikiu pamokinimui wēl lietuwiškay išleistas. Bitenai: Jankus 1903. 126 S. 8° 10

von **Woikowsky-Biedau**, Victor *Hugo Emanuel Adam Maria*: Das Armenwesen des mittelalterlichen Köln in seiner Beziehung zur wirtschaftlichen und politischen Geschichte der Stadt ... Breslau, Schles. Volkszeitungs-Buchdr., 1891; 3 Bl., 106 S., 1 Bl. 8°
Breslau, Phil. Fak., Inaug.-Diss. v. 12. März 1891

Woikowsky-Biedau, V. v., Das Armenwesen des mittelalterlichen Köln in seiner Beziehung zur wirtschaftlichen und politischen Geschichte der Stadt Breslau. 8°. Breslau 1891.

Woikowsky-Biedau, Vict. v., das Bewegungsspiel in d. deutschen Volkshygiene u. Volkserziehg. [Aus: „Zeitschr. d. preuss. statist. Bureaus".] Imp.-4. (63 S.) Leipzig 895. R. Voigtländer. n. 3. —

Helga. Tondrama in 3 Aktz. Dichtung u. Musik von Victor v. **Woikowsky-Biedau**. [Textbuch.] Berlin: Stern in Komm.; [Magdeburg: Heinrichshofen] [1904]. 96 S. 8°

Woikowsky-Biedau. Vict. v., **Helga.** (96 S.) 8. Stuttgart (904). (Magdeburg, Luckhardt). — 80

Woillez, M.

Woillez, Frau, Emma oder der weibl. Robinson. Aus d. Franz. übersetzt von Karl Emil. (Mit 4 Steindr.) gr. 12. Ludwigsburg ... Imle u. Krauß. 7/8 ₰ — illum. 1 ₰

Woillez, Frau, Emma, od. d. weibl. Robinson. A. d. Franz. übers. v. Carl Emil gr. 12. (10⅓ B. u. 4 Strt.) Ludwigsburg 835, [Liesching u. Comp.] 21 Gr., ill.

—— dass. u. d. Ttl.: Emma, d. weibl. Robinson, od. d. Macht d. Frömmigkeit u. e. guten Erziehung. N. d. Franz. bearb. v. Charlotte Leidenfrost. 12. (10 B. u. 4 ill. Stnt.) Weimar 836, Voigt.

[Woillez]. *Emma, der weibliche Robinson.* [Übersetzt von Charlotte Leidenfrost]. 2te Auflage. Stuttgart, Imle & Krauß, 1837. 244 S., Titel und 3 handkolor. Tafeln in Lithographie. Kl.-8°. Or.-Karton. 22.—
Ullrich IV, 138 c, gibt zwar für diese Ausgabe Kupfer an, doch handelt es sich um Lithos. Durchgehend fleckig, teilweise lose. Linbd. etwas fleckig.

Woillez, M., die Freundinnen. Erzählung. Nach dem Französ. von einem katholischen Pfarrer. Aachen 864. Cremer. 8. (181 S.) 18 ngr

— Leontine und Marie, s. Erzählungen, katholische.

Wojnarowski, Karol., Pierścionki, s. Biblioteka domowa polska.

Woinovich, Anna v., Fernande Lamarlaine. Roman aus der Zeit von 1800—1821. (359 S. m. Bildnis.) 8. Dresden 906. E. Pierson. n. 4. —; geb. n. 5. —

— Novellen. (Der Rächer. — Als er lieben lernte.) (III, 90 S.) 8. Ebd. (906). n. 1. 60; geb. n. 2. 60

Woinovich. E. v. Benedek und sein Hauptquartier im Feldzuge 1866. Wien 1911. 4°.

Woinovich, Emil, Elemente der Kriegführung. Beitrag zum Studium der Kriegsgeschichte. gr. 8. (85 S. m. Fig.) Wien 894. L. W. Seidel & Sohn. n. 3. —

Woinovich, Emil, Elemente der Kriegführung. Beitrag zum Studium der Kriegsgeschichte. 2. verm. Aufl. gr. 8. (IV, 91 S. m. Abbildgn.) Wien 901. L. W. Seidel & Sohn. **n. 3. —**

Woinovich, E. v. Gedanken über den modernen Krieg. Wien (1910). 4°. (Aus: Österreichische Rundschau.)

Woinovich, Emil v., in der Herzegowina, s.a. Truppen, unsere, in Bosnien u. der Herzegowina 1878. 3. Bd.

In der Herzegowina. Skizzen zsgest. von F. M. L. Emil v. **Woinovich**. Ill. von Otto Gstöttner. Wien & Leipzig: C. W. Stern 1908. (96 S.) 8°
(Truppen, Unsere, in Bosnien u. Herzegowina, 1878. Bd 3.

Woinovich, Emil v., Kämpfe in der Lika, in Kroatien u. Dalmatien, s.a. Kriegsjahr, das, 1809.

Kämpfe in der Lika, in Kroatien u. Dalmatien. Von Emil v. **Woinovich**, Feldmarschallt. Wien: C. W. Stern 1906. (105 S.) 8°
= **Kriegsjahr**. Das, 1809, in Einzeldarstellungen. Bd 6. [06. 13047

— s.: Kriegsjahr, das, 1809 in Einzeldarstellungen.

Woinovich, E. v. Kulm, Leipzig, **Hanau 1813. Wien 1911. 8°.**

(**Woinovits**, Illia, k. k. Hauptm. im Generalstabe.) Gegenwärtige Organisation der k. k. Armee, richtig gestellt nach allen bis Ende September 1867 erschienenen Verordnungen und bearb. für die Truppenschulen. (Mit einer Tabellen-Beilage.) 8. Wien 1867.

Woinovits, **Illia, die taktischen Reglements der k. k. Armee mit Berücksicht. aller nachgefolgten Berichtigungen und Aenderungen für k. k. Officiere aller Waffen. 8. (271 S. mit 77 in den Text gedr. Fig.) Wien 872, (Seidel und Sohn.)** *

—— dass. — 2. Aufl. 8. (271 S. mit 77 in den Text gedr. Fig.) Wien 873. (Teschen, Prochaska.) **

Woinow M.: Über die Entstehung der bipolaren Anordnung der Linsenfasern (mit 1 Taf.). S. 60. II. 151 . . . .
Sonderabdruck

Woinow, M., über die Entstehung der bipolaren Anordnung der Linsenfasern. Lex.-8. (4 S. mit 1 lithogr. Taf.) Wien 870, (Gerold's Sohn.)
Aus: Sitzungsberichte der k. Akademie der Wissenschaften, besonders abgedruckt.

Woinow,, M., Ophtalmometrie. Mit 23 (eingedr.) Holzst. gr. 8. (VI, 130 S.) Wien 871. Braumüller. n. 2. 40

—— ophthalmometrische Studien, s. Reuss, A.

—— über das Verhalten der Doppelbilder bei Augenmuskellähmungen in Tafeln dargestellt. 4. (8 S. mit 15 Chromolithogr.) Wien 870, Braumüller. *

Wojinowić, Welislaw P. [aus Serbien]: Beiträge zur Morphologie, Anatomie und Biologie der Selaginella lepidophylla Spring. . . . *Gräfenhainichen, Druck v. C. H. Schulze & Co.* (1890); 2 Bl. + 38 S. 8°
Breslau, Phil. Fak., Inaug.-Diss. v. 12. Aug. 1890

Woinowitz, J., s. Woinovits, Illia

KSCHIŽNE WÓJNY, sserbskemu ludu we sserbskej ryczi powedane. (Die Kreuzzüge, dem wendischen Volke in wendischer Sprache erzählt.) ib. 1857. — 8°.

Woisin, J[ohannes], Dr.: Ueber die **Anfänge** des Merovingerreiches. T. 1. *Meldorf 1900: P. Bundies.* (49 S.) 8° [F.]
Meldorf, k. G, OP 1900 (300)

Woisin, J., über die Anfänge des Merovingerreiches. 1. u. 2. Tl. gr. 8. Meldorf, M. Hansen. à n. 1.20
1. (49 S.) 900.
2. Studien zur Geschichte des 4. u. 5. Jahrh. (57 S.) (901.)

Woisin, Johannes [Hamburgensis]: De Graecorum notis numeralibus. . . . Kiliae, ex offic. L. Handorff 1886. 1 Bl., 54 S., 14 Bl. 8°
Leipzig, Phil. Fak., Inaug.-Diss. v. 9. Dez. 1886.

Woisin, Johannes, de Graecorum notis numeralibus. Diss. Leipzig 1886, Gustav Fock. 8°. 54 S.

Woisin, J[ohannes], Dr.: **Studien zur Geschichte des 4. und 5. Jahrhunderts.** *Meldorf 1901: P. Bundies.* (57 S.) 8° [F.]
¶ (Forts. d. P-Beil. 1900.) — [Erschien auch u. d. T.: Ueber die Anfänge des Merovingerreiches. T. 2: Studien . . .]
Meldorf, k. G, OP 1901 (304)

Woisin, Magnus, die Belagerung v. Woldegk, s.: Jugend- u. Volksbibliothek, deutsche.

Woiske, Wilhelm, approb. Arzt aus Schwelm Bez Arnsberg, Aus d. chirurg. Klinik d. Kgl. Universität Marburg. **Operationen der Pseudarthrosen.** *Marburg 1901: R. Friedrich.* (34 S.) 8°
Marburg, Med. Diss. v. 16. Apr. 1901

Woisky, Bertha v.

Woisky, B. v., Friedrich der Große *rc.*, s. Volksbücher, preußische.

Woisky, Bertha v., aus dunkeln u. hellen Stunden. Gedichte. (III, 170 S.) 8. Dresden 904. E. Pierson. n. 2. —; geb. n. 3. —

Woisky, B. v., Trotzköpfchen, s. Kühling's, A., Volks-Schaubühne.

Wojslaw, S, Bodenuntersuchung und Nachforschung nach nützlichen Mineralien vermittelst des Handbohrers. [In russischer Sprache.] 4. Aufl. St. Petersburg, 1899. 87 S. mit 5 Taf.

Woit, Jak., († ...) die ersten Grundlehren einer demonstrativen Rechenkunst, nach Art d. elementorum matheseos Chr. von Wolfs. 8. Danz. 756. Knoch. 4 ℛ

— s. auch Woyt.

— **numi historiam Athenaei Elbingensis illustrantes. Fol. Elbing. 754.**

Woita, A. C., Untersuchung nach der Natur u. Arzneikunst des Selenitzsch oder Glas-Hütten-Bandes, so zwischen denen k. k. Nieder-Hungarischen Berg-Städten in Schemnitz u. Kremnitz gelegen rc. Mit 1 Kpfrtaf. 8. Grätz ... Kienreich. $\frac{1}{4}$ ℛ

Woita, A. K., Untersuchung n. d. Natur u. Arzeneykunst d. Selenitzsch- od. Glashüttenbades *rc.* m. K. 8. Wien, Gerold. 753.

Woita, Hans: Tuberkulose und Gravidität. München 1909: Wolf. 42 S. 8°
München, Med. Diss. v. 7. Juni 1910, Ref. Döderlein
[Geb. 31. Mai 83 Rawitsch; Wohnort: Lyck; Staatsangeh.: Preußen; Vorbildung: Gymn. Wehlau Reife M. 03; Studium: Berlin Jura 1, Med. 7, München 3 S.; Coll. 7. Juni 10; Approb. 22. Mai 10.] [U 10.3608

Woite, E., Leitfaden der Geschichte, s. Steinert, K.

Woite, Hans: Märchenmotive im Friedrich von Schwaben. Kiel 1910: Lüddens & Haase. 106 S. 8°
Kiel, Phil. Diss. v. 10. Nov. 1910, Ref. Kauffmann
[Geb. 23. Okt. 84 Segeberg; Wohnort: Segeberg; Staatsangeh.: Preußen; Vorbildung: Oberrealsch. Flensburg Reife M. 04; Studium: Tübingen 2, Leipzig 1, Berlin 2, Kiel 6 S.; Rig. 7. Mai 10.] [U 11. 2671

Woite, Paul, Weihnachtsfeier in der Schule, s.: Mannlich, Paul.

Woitech, Joh., gründl.-prakt. Selbstunterricht im Maaßnehmen, Zeichnen u. Zuschneiden aus freier Hand nach vorgezeichn. Maaßeintheilung der sämmtl. Damenkleidungsstücke. Mit e. Reductions-Schema von 36 verschied. Größen u. 42 Zeichn. 8. (1⅓ B. u. 3 lith. Bl.) Neisse 846, (Burckhardt.) *

Woitech, Joh., gründl.-prakt. Selbstunterricht im Maaßnehmen, Zeichnen, u. Zuschneiden der sämmtlichen Damenkleidungsstücke. Mit einem Reductions-Schema u. 42 verschied. Zeichnungen. 8. (23 S. u. 3 Bl. in gr. Fol.) Neiße 847. (Burckhardt.) n. 2/3 *ß*

Woithe, experimentelle Untersuchungen üb. Dourine, s.: Uhlenhuth, P.

Woithe, Friedrich, approb. Arzt aus Görlitz: Über Nierenverletzungen. München 1901: C. Wolf & Sohn. (109 S.) 8°
München, Med. Diss. v. 1901

Woithe, Gustav

Woithe's, G., Deckenskizzen f. Dekorationsmaler. Fol. (14 Taf.) Leipzig 894. (Jüstel & Göttel.) n. 1. 50

Woithe, Gust., 9 Blatt Detail-Zeichnungen [bestehend in Rosetten, Ecken, Mitten und Friesen] für Zimmer-Maler. 1. Serie. Autogr. Imp.-Fol. Leipzig 887, (Scholtze.) In Mappe *

Woithe, G. Schablonen f. Zimmermaler, einschlägig, in Originalgrösse: Rosetten, Ecken, Mitten, Friese, Wand-, Decken- u. Fliesenmuster etc. 4 Lfgn. (48 Bog.) Fol. Lpz. 891, Jüstel u. Göttel. à Lfg. ** 2 50; ** 10 —

Wojtischek, Ferd. — Anleitung zur Vermehrung und Veredlung des Maulbeerbaumes, besonders aber des chinesischen Laubaumes durch Zweige, Blätter u. s. w. Für Anfänger der Maulbeerbaumzucht. Mit 52 Abbild. Als Beitrag zur Beantwortung einer der Fragen, welche die Seiden-Bau-Sektion der deutschen Land- und Forstwirthschaft in Prag, im Septemb. 1856 verhandelt hat. Geschrieben und nach dem Wunsche mehrerer Freunde der Seidenkultur veröffentlicht von — —. Eigenthum des Verfassers. Wien, 1856. Mechitharisten-Buchdr. (46 S. 8. Mit 7 Tafeln.)

Wojtišek, Karl A.

Wojtišek, Carl A., der kleine Čech. Gründliche und leichtfaßl. Anleitung, die böhmische Sprache theoretisch und praktisch in 14 eingetheilten Lectionen, ohne Hilfe eines Lehrers, gut lesen, schreiben und sprechen zu lernen. Für jeden Stand und jedes Alter. 1. Aufl. (127 S.) 1848. 6 Ngr. und 2., verm. und verb. Aufl. A. u. d. T.: Neuer unfehlbarer Schlüssel zur schnellsten Erlernung der böhm. Sprache. Mit einem Anhange von Sprüchwörtern, Spracheigenheiten, Aufgaben rc. Nach den besten Quellen bearb. 32. (144 S.) Wien 850, Wenedikt.

Wojtišek, Karl A., der kleine Czech. Gründliche und leichtfaßliche Anleitung, die böhmische Sprache theoretisch und praktisch in 14 eingetheilten Lectionen, ohne Hülfe eines Lehrers, gut lesen, schreiben u. sprechen zu lernen. Fur jeden Stand und jedes Alter. 3. verm. rc. Aufl. A. u. d. T.: Neuer unfehlbarer Schlüssel zur Erlernung der bohmischen Sprache. Mit einem Anhang von Sprüchwörtern, Spracheigenheiten, Aufgaben u. Leseübungen rc. Nach den besten Quellen bearb. rc. Wien 856. Wenedikt. 32. (4 Bl., 128 S.) 9 *ngr.*

Wojtišek, Karl A., der kleine Čech. Gründliche u. leichtfaßliche Anleitung, die böhmische Sprache theoretisch u. praktisch in 14 eingetheilten Lectionen ohne Hilfe eines Lehrers, gut lesen, schreiben u. sprechen zu lernen. Für jeden Stand u. jedes Alter. A. u. d. T.: Neuer unfehlbarer Schlüssel zur schnellen Erlernung der böhmischen Sprache. 4. bedeutend verm. Aufl. Wien 864. Wenedikt. 16. (160 S.) 9 *ngr.*

Wojtišek. Karl A., Neuer unfehlbarer Schlüssel zur schnellen Erlernung der böhmischen Sprache. Nach den besten Quellen bearbeitet. 4 bedeutend verm. Aufl. 16. (158 S.) Wien 1864, Wenedikt. 36 kr.

Aus meinem Leben von Ignatz **Woititz**. Bd [1]. 3. Frankfurt a. M. 1901. 4: Staudt (3: Münch). 8°
1. 2. 2. ganzl. umgearb. u. stark verm. Aufl. mit Ill. 1901.
3. Kunst u. kulturelle Betrachtungen. 1904.

Woitke, Fr., die wahre Ursache der Tuberkulose [Lungenschwindsucht]. gr. 8. (66 S.) Berlin 885. (Leipzig, Fock.) *

Wojtkiewicz, Sophie: Über die knorpelhaltigen Auswüchse am Halse. Zürich-Oberstrass 1900. 82 S. 8°.
Zürich, Med. Diss. 1900/1901.

Woitko, Basil, Grammatik der romänischen Sprache für öffentlichen, Privat- und Selbst-Unterricht. gr. 8. (IV, 242 S.) Wien 883, Perles.

Woitsch, L., aus den Gedichten Po-Chü-i's. (III, 76 S.) Lex. 8. Peking 908. (Leipzig, O. Harrassowitz.) 4. —

— Einige Hsieh-Hou-Yü. (14 S.) Lex. 8. Ebd. 908. 1. —

— Zum Pekinger Suhua. I. Tl. (III, 56 S.) Lex. 8. Ebd. 908. 2. —

Woitschach, Georg (geb. Freystadt in Schles. 11. 8. 1856): Das Granitgebirge von Königshain in der Ober-Lausitz mit besonderer Berücksichtigung der darin vorkommenden Mineralien. Görlitz 1881. (61 S., 1 Taf.) 8° [Im Buchhandel 1881 bei Köhler in Breslau.]
Breslau, Phil. Diss. v. 23. [illegible] Juni 1881.

Woitschach, Geo., das Granitgebirge von Königshain in der Ober-Lausitz mit besond. Berücksicht. der darin vorkommenden Mineralien. Inaugural-Dissertation. gr. 8. (61 S. mit 1 Stnt.) Görlitz 881. (Breslau, Köhler.)

Woitschach, Geo. Repetitorium der Mineralogie u. Petrographie, s. **Hussak,** Eug.

Woitylak, [illegible]
Berlin, Med. Fak. [illegible] Jan. [illegible]

Woitylak, G. L. F.: Ueber die Bedingungen für gewisse ebene und geradlinige Bahnen eines Punktes, welcher von zwei festen Punkten angezogen wird. 16 S. 4° Gr.-Strehlitz, Joh., Progr. 1871.

Wojucki, Emilian, über die Emancipation der Frauen. Rectoratsrede, geh. zu Czernowitz am 2. XII. 1901. gr. 8. (31 S.) Czernowitz 901. (H. Pardini.) n.n. 1. —

Wojwocanin. Srbsko-narodnyi Kalendar za prestupnu 1856 godinu od Milena D. Raszica IV. godina. U Beczu. Pismenu Ermenskog' Monastyra. (104 S. 8.) (Der Wojwodiner. Serbischer Volkskalender auf das Schaltjahr 1856. IV. Jahrgang. Wien. Druck der Mechitharisten-Buchdruckerei.)

Wojwoda o terzo, Fr., die Lichtensteiner. Gemälde in 5 Akten nach Vandervelde. gr. 8. Schweidnitz 825. (Reclam in Leipz.) 12 *gr.*

Wojwodoff, Stojan, a. Bulgarien: Ueber die Methoden der Pepsinbestimmung und das Fermentgesetz. Berlin-Charlottenburg (1907): J. Załachowski. (34 S.) 8°
Berlin, Med. Fak., Ref. Kraus, Diss. v. 6. März 1907
[Geb. 28. Aug. 82 Pasardjik, Bulgarien; Wohnort: Pasardjik: Staatsangeb.: Bulgarien; Vorbildung: Gymn. Philippopel Reife O. 00; Studium: Berlin 11 S.; Rig. 23. Jan. 07.]

Wojwodschaftsfrage, die serbische, vom kroatisch-slavonischen Standpunkte betrachtet. Von X. Y. Z. Wien 863. (Typograf.-literar.-artist. Anstalt.) gr. 8. (36 S.) 7½ ngr

Wokaun, P. v., s. Wokaun v. Wokaunius, Peter

Wokaun v. Wokaunius Peter

— Abhdl. verschied. Arten d. Steuern, besond. d. Contributionen im Königreich Böhmen. 8. Prag, Mangold. 780.

— histor. Abhandl. von der Unterthänigkeit u. Leibeigenschaft im Königr. Böheim. 8. Prag 775.

Wokaun, Pt. v., Nachr. v. d. Alterthume u. d. ehemal. u. jetzigen Beschaffenheit des Burggrafenrechts. gr. 8. Prag, Gerle. (F. C. W. Vogel in Lpz.) 775.

Wokaun v. Wokaunius, Pt., († ...) histor. Nachr. von der Alterthume u. d. ehemal. u. jetz. Beschaffenheiten d. Burggrafenrechts. gr. 8. Prag 779. Gerle. (W. Vogel in Leipz.) 5 ℛ

— chronolog. Verzeichniß d. berühmten Männer Böhmens. gr. 8. Prag 779. Gerle. (W. Vogel in Leipz.) 4 ℛ

Wökel, Abhdl. u. Gedank. ub. d. Fähigkeiten d. Menschen ꝛc. 4. München, Lentner. 774.

Woken, Franz, Anleitung // zur // Teutschen // Poesie // Zum bequemen Gebrauch // Seiner // AUDITORUM // entworffen // von // M. FRANCISCO WOKENIO, // des Königlichen Gymnasii zu Neu-Stettin // jtzigen Con-Rectore. // LEIPZIG, 1715.// Zu finden im Cörnerischen Buchladen auf // den neuen Neu-Marckt. - 2 Blatt (nicht paginiert) Titelblatt und Vorwort. - 86 S.

E. S. T. 8°.779.

Woken, Fr., Beytrag zur Pommerschen Historie, aus geschriebenen Urkunden u. Jahrbüchern. 4. Lpz. Crusius. (W. Vogel.) 732.

Woken, F., hist. Bibelfleiss d. ersten Christen. Leipz. 1732. 4.

— Bibliotheca theolog. philolog. philosoph. historica, qua varia difficillima dubia ad theolog. vel directe spectantia. 8. Wittenb. 732.

— Comment. in Cantic. Canticorum. 4. Wittenb. Knoch. 729.

— Comment. in librum Estherae. 4. Lips. Knoch. 730.

Wokenius, Franciscus, Disputatio philologica de Esterae cum Ahasvero coniugio quam praeside Francisco Wokenio ... publicae disquisitioni exponit Gottl. Ludovicus Aster. Vitembergae 1729.

Wokenius, Franciscus, Dissertatio philologica qua antiquissimam patriarcharum historiam ellipsibus caroro praesido Francisco Wokenio ostendet Ioannes Ieremias Kein. Wittebergae 1729.

— — Ellipses ex historia Israelis et Israelitarum ante legem solenniter promulgatam praeside Francisco Wokenio ... σιμμυτολογούντων iudicio exponit Ioan. Christoph. Redde. Vitembergae 1729.

— liber de ellipsibus e textu biblico hebraeo solicite eliminandis. 4. Wittenb. Zimmermann. 732.

— Erklärung der Prophezeihung Jesaiä. 4. Lpz. Crusius. 732.

Wokenius, F., de flammis inter fideles distributis Lips. 1726. 4.

WOKENIUS', M. Franciscus, Verbesserter u. vermehrter Historischer Gedenck Zettul. Leipzig u. Lubben 1718. 8°. (In Nürnberg. Stadtbibl. ex bibl. Solger. III. p. 249.) Bibl. Menz. III. Lps. 1752. p. 1081. Selten!

Woken, F., de locis et temporibus, quae fideles ante legem ceremonialem precibus destinarunt. Rost. 1720. 4.

— meletemata antiquaria eaque philologico-critica. 4. Wittenb. 730.

Wokenius, Franciscus, De professorum linguarum orientalium academiae Wittenbergensis in philologia sacra meritis, praeside — ... disputabit Rudolph. Frider. de Wichmannshausen. Wittenbergae 1730.

— Moses harmonicus seu harmonia V. et N. Test. II Tom. 4. Lips. Bauer. 730.

Wokenius, Franciscus, De praejudiciis quibusdam criticis in Jobi lectione evitandis. [Programm.] Wittenbergae [1729].

Wokenius, Franz [Praes.], s. Rothbarth, Georg Christoph: De templo cadaveribus regum non inquinando ad Ezech. XLIII. 7. 8.

Woken, F., de salitura oblationum Deo in V. T. factarum. Lips. 1727. 4.

— selecta sacra, quibus varia ad s. codicis expositionem, theologiam, artem criticam ac antiquitates pertinentia exhibentur. 4. Lips. 728.

— stromata apostolica, s. annotationes et dispositiones in textus epistolicos anniversarios. 4. Lips. 725.

— textus veteris Testamenti originalis ab enallages et hypallages vitio liberatus. 8. Lips. 726.

Wokenius, Franciscus, [illegible] Samaritani [illegible] Matthes [illegible] Wittenbergae 1728.

Woken, F., de albis Judaeorum vestibus. Lips. 1727. 4.

Wokenius, F., s. Woken, Franz

Wokenius, Hugo, aus Weimar: Polyneuritis acuta infectiosa. Jena: G. Fischer 1899. (18 S.) 8°
Würzburg, Med. Diss. v. 1899

Wokenius, Jh. Karl Frz., († d. 11. April 1817.) christl. Gesangbuch, s. T. L. Kämpfe.

Woker, Franz Wilhelm

Woker, Fr. Wilh., der Bonifatius-Verein, s.: Kleffner, Ant. Jgn.

Woker, F. W. Christentum u. Socialdemokratie. Predigt Entwürfe. 1. Reihe. 8. (IV, 160 S.) Paderb. 891, F. Schöningh. 1 40

Woker, Frz. Wilh., Geschichte der norddeutschen Franziskaner-Missionen der sächsischen Ordens-Provinz vom heil. Kreuz. Ein Beitrag zur Kirchengeschichte Norddeutschlands nach der Reformation. Mit Unterstützung der Görres-Gesellschaft hrsg. gr. 8. (XII, 735 S.) Freiburg i. Br. 880, Herder'sche Verlagsh.

Woker, F. W., Geschichte der katholischen Kirche u. Gemeinde in Hannover u. Celle. Ein weiterer Beitrag zur Kirchengeschichte Norddeutschlands nach der Reformation. gr. 8. (IV, 264 S.) Paderborn 889. F. Schöningh. n. 7. —

Woker, Frz. Wilh., aus norddeutschen Missionen d. 17. u. 18. Jahrh. Franciscaner, Dominicaner u. andere Missionare. Ein Beitrag zur Kirchengeschichte Norddeutschlands nach der Reformation. (1. Vereinsschrift f. 1884 der Görres-Gesellschaft.) gr. 8. (VIII, 113 S.) Köln 884. (Bachem.) n. 1. 80
Steffani, Bischofs v. Spiga, spätern apostol. Vicars v. Norddeutschland. Deutsche Angelegenheiten, Friedensverhandlgn. zwischen Papst u. Kaiser. 1703—1709. [2. Vereinsschrift der Görres-Gesellschaft f. 1885.] gr. 8. (VII, 124 S.) Köln 885. (Bachem.) n. 1. 80

Woker, Frz. Wilh., aus den Papieren des kurpfälzischen Ministers Agostino Steffani, Bischofs von Spiga, spätern apostol. Vicars von Norddeutschland. Deutsche Angelegenheiten, Friedensverhandlungen zwischen Papst und Kaiser. 1703 — 1709. [1. Vereinsschrift der Görres-Gesellschaft für 1885.] gr. 8. (VII, 124 S.) Köln 885, (Bachem.) *

[F.] Die Vincke'sche Provinzial-Blindenanstalt für Westfalen zu Paderborn und Soest. Festschr. z. 50j. Bestande ders. Im Auftr. d. Provinzial-Verwaltg hrsg. v. . . . Dr. F[ranz] W[ilhelm] **Woker,** Domcapitular . . . *Münster: Selbstv. d. Provinzialverwaltg; (Dr. d. Bonifacius-Dr. in Paderborn) 1897.* (256 S., 1 Bl., 1 Portr.) 1 Bl 8. (97. 236)

— die Vincke'sche Prov.-Blindenanstalt f. Westfalen zu Paderborn u. Soest. Festschrift z. 50jähr. Bestande derselben. Hrsg. v. d. Vorsitzenden des Vorstandes d. Zweiganstalt zu Paderborn. 2. Aufl. gr. 8. (256 S. m. 1 Bildn.) Paderborn 898. Bonifaciusdruckerei. n. 3. —

Woker, F. W., s.: Seelsorger, der katholische.

Woker, Frz. Wilh., Agostino Steffani, Bischof v. Spiga i. p. i. apostolischer Vicar v. Norddeutschland 1709 — 1728. [3. Vereinsschrift der Görres-Gesellschaft f. 1886.] gr. 8 (VII, 134 S.) Köln 886. (Bachem.) n. 1. 80

Woker, Gertr., die Katalyse, s. Analyse, die chemische. Bd. 11. 12.

Woker, Gertrud. Die Katalyse. Die Rolle der K' in der analytischen Chemie. 1. Allgemeiner Teil. [Mit Figuren.] 646 S. 8. Stuttgart, Ferdinand Enke, 1910. (M. 20. —, [geb. 21. —])
Die chemische Analyse. Sammlung von Einzeldarstellungen auf dem Gebiete der chemischen, technisch-ch' und physikalisch-ch' Analyse. … hrg. von Dr. B. M[ax] Margosches …. Band 11/12.

Woker, Gertrud. Probleme der katalytischen Forschung. Von Dr. G' W', Privatdozentin … an der Universität Bern. Antrittsvorlesung, gehalten am 27. April 1907. 48 S. 8. Leipzig, Veit & Comp., 1907. [M. 1. 20]

Woker, Gertrud. Skizzen. [Gedichte. Mit Vignetten.] II + II + 24 S. 8. Bern, C. Sturzenegger, 1902.

Woker, Gertrud [aus Kirchberg, Bern]: Synthesen des 3, 4-Dioxyflavons. Bern 1903. 45 S. 8°. [30. X 03.]
Bern. Phil. Diss. 1903/1904.

Woker, Gertrud. Synthesen des 3,4-Dioxyflavons. Diss. Phil. Bern. 47 S. 8. Bern, Harald Jensen, 1903.

Woker, Harald, Fürsprecher von Kirchberg (Kt. Bern): Die Gewährleistung für Mängel und zugesicherte Eigenschaften beim schweizerischen Viehhandel (Viehwährschaft). Zürich 1909. 147 S. 8°.
Bern. Jur. Diss. 1908,09.

Woker, Harald. Die Gewährleistung für Mängel und zugesicherte Eigenschaften beim schweizerischen Viehhandel ⟨«Viehwährschaft»⟩. 147 S. 8. Zürich, Orell Füssli, 1909.
Ausg. A: Diss. Jur. Bern….
Ausg. B: … von Dr. jur. H' W', Fürsprecher…. [fr. 2. —]

Woker, [Philipp]: Der nationale Charakter und die internationale Bedeutung unserer Hochschule. Rektoratsrede gehalten bei der 70. Gründungsfeier der Universität Bern am 26 November 1904. Bern 1905. 35 S. 8°.
Bern. Univ.-Schr. 1904/1905.

Woker, der nationale Charakter u. die internationale Bedeutung unserer Hochschule. Rektoratsrede, geh. bei der 70. Gründungsfeier der Universität Bern am 26. XI. 1904. (35 S.) 8. Bern 905. Haller'sche Buchdr. — 80

Woker, Phpp., das kirchliche Finanzwesen der Päpste. Ein Beitrag zur Geschichte des Papstthums. gr. 8. (VII, 225 S.) Nördlingen 878, Beck'sche Buchh. *

—— Hontheim und die römische Curie, s. Bilder aus der Geschichte der kathol. Reformbewegung

Woker, Phpp., üb. das Nationalkirchenthum. Referat, geh. am II. internationalen Altkatholiken-Kongresse zu Luzern. [Aus: „Der 2. internationale Altkatholiken-Kongress".] gr. 8. (15 S.) Luzern 892. (Leipzig, Buchh. d. Evangel. Bundes v. C. Braun.) n. — 10

Woker, Philippus (geb. am 21 Aug. 1848 in Brilon Westf.): De Erasmi Rotterdami studiis irenicis . . . Paderbornae, typ. expr. F. Schöningh 1872. 3 Bl., 48 S. 8. ¶ Erschien zugleich selbständig bei Schöningh in Paderborn.
Bonn, Phil. Fak., Diss. v. 20 Juli 1872

Woker, Phpp., de Erasmi Rotterdami studiis irenicis. Dissertatio historica. gr. 8. (48 S.) Paderborn 872, Schöningh. *

Woker, [Philipp]. Die Unterdrückung des Protestantismus in Frankreich vor 200 Jahren. ⟨Aufhebung des Edikt's von Nantes vom 22. Okt. 1685.⟩ Oeffentlicher Vortrag gehalten … in Luzern den 8. Nov. 1885. SA. 8. Luzern 1885.

Wokrauticzek, Franta, Böhmische Kolatschen, s. Kolatschen.

Wokrauticzek, Franta, böhmische Kolatschen. Eine Sammlung böhmischer Charakterzüge u. belustigender Anekdoten. 2. Aufl. Leipzig 861. O. Wigand. 16. (IV, 146 S.) n. 10 ngr.

Woksch, Karl. Der römische Lustgarten. 22 S. 8. G. *Leitmeritz* 1881.
Progr.

Wokurek, Ludw., d. österreichische Unfallversicherung. E. krit. Studie. gr. 8. (III, 109 S.) Wien 898. F. Deuticke. n. 2. —

Kolibri 360 GmbH
Ferdinand-Jühlke-Straße 7
99095 Erfurt, Deutschland
produktsicherheit@kolibri360.de